玉溪大红山矿业有限公司简介

玉溪大红山矿业有限公司是隶属云南省昆明钢铁集团有限责任公司的全资子公司，地处中国花腰傣之乡的云南省玉溪市新平县戛洒镇，海拔标高 500m，占地面积约 1600 多亩，在职职工 986 人。矿山距昆明 282km，经新平至昆钢本部约 260km。

大红山铁矿现探明铁矿石储量 458000kt（平均 TFe 36.32%），属国内地下特大型铁矿山。昆钢于 20 世纪 90 年代开始进行大红山铁矿开发利用的前期工作，先后于 1990 年、1992 年、1997 年、2004 年成立了大红山铁矿筹建组、大红山铁矿工程指挥部、大红山铁矿建设指挥部、大红山矿业公司。经过昆钢人近 20 年艰苦卓绝的努力，相继在 2002 年建成了 500kt/a 采选实验工程，2006 年建成了 4000kt/a 采、选、管道工程，2009 年启动 8000kt/a 扩产工程，2011 年建成了扩产工程的 1500kt/a 铜系列和 3800kt/a 熔岩系列选矿厂。目前，3 个选矿厂生产规模达到年处理原矿 10000kt，入选原矿品位：井下矿 35%、露天矿 19.31%，可生产出铁成品矿 4000kt 以上。

4000kt/a 井下采矿设计矿床开拓方式为胶带斜井、无轨斜坡道、盲竖井联合开拓方式，采矿方法主要采用高分段、大间距（20m×20m）无底柱分段崩落法。4000kt/a 选矿生产采用半自磨＋一段球磨、二段球磨的磨矿分级流程；选别采用阶段磨矿、阶段选别流程；主要选矿方法有弱磁、SLon 高梯度强磁选，摇床、离心机进行尾矿再选，铁精矿经细筛后送 1 号泵站浓缩到 65% 以上，由 5 级（座）泵站加压（最大压力 24.44 MPa）后，经 171km 管道从大红山矿区输送到昆钢总部（最大高差 1512m）。

大红山矿业公司所采用的先进工艺技术和设备，在国内外均属领先水平：长距离矿浆输送管道敷设复杂程度为世界第一；管线 171km 的长度为国内第一；大型半自磨机容积（8.8m×4.8m）为国内第一；井下采 2 号胶带机 (1858.6m) 绝对提升高度 421.15m 为国内第一；高分段、大间距（20m×20m）无底柱分段崩落法采场结构参数为全国黑色金属矿山第一。

在"十三五"期间，矿业公司将以建设"资源节约型、环境友好型、安全发展型、自主知识型"企业为宗旨，以原矿生产 11000kt/a 以上，成品矿生产 5000kt/a 以上为目标，努力实现矿山转型升级。

昆明有色冶金设计研究院股份公司简介

昆明有色冶金设计研究院股份公司（以下简称公司）创建于 1953 年，是各类专业工程技术人才和现代化技术装备相配套，跨地区、跨行业的国家甲级大型工程技术公司。拥有矿山、冶金、建筑、市政、水保等多个行业的设计、咨询、工程总承包、工程造价、工程监理、环境污染治理等多专业的甲级资质及其他 20 余个资质证书。取得了中国合格评定国家认可委员会 (CNAS) 质量、环境和职业健康安全管理体系认证证书，英国皇家认可委员会 (UKAS) 质量、环境管理体系认证证书；荣获国家高新技术企业、全国勘察设计行业创新型优秀企业和云南省科技小巨人企业等多项荣誉称号。

业务范围遍及海内外，涉及国内近三十余个省市自治区、数十个地州市，国外东南亚、中亚、非洲、南北美洲、澳洲、欧洲等三十多个国家。

公司下设矿山工程设计院、建筑设计院、冶金化工工程设计院和市政工程设计院等四个设计院；云南金吉安建设咨询监理有限公司、中国有色金属华昆工程承包公司、昆明有色冶金设计研究院项目管理公司、昆明科汇电气有限公司和昆明金瓯造价咨询评估有限公司等五个公司。

公司专业门类齐全，技术力量雄厚，配备 40 余个专业，现有在职职工 800 余人。拥有省部级设计大师 7 人，享受政府特殊津贴专家 11 人，正高级工程师 45 人，高级工程师 196 人，工程师 235 人；拥有各类国家注册执业资格专业人员共 170 余人。

公司先后完成工程咨询设计项目 6000 余项、工程总承包项目 40 余项、监理工程项目 230 多项，电气自动化工程 1000 多项，工程造价 210 多项。荣获国家级、省部级以上优秀工程咨询、工程设计、优质工程、科技进步、标准设计和计算机软件成果奖 360 余项。获国家专利授权 80 余件。主编及参编国家标准 20 余部。

在大红山铁矿开发建设中，先后承担大红山铁矿前期开发可行性研究，扩产工程总体规划，一、二期工程及扩产工程采矿，尾矿和公辅设施，铁精矿输送管道（与美国管道系统工程公司合作）等的设计和咨询工作。勇于创新，率先提出了国内第一的大参数无底柱分段崩落采矿法、井下长距离多段胶带运输开拓、坑露结合多矿段同时立体开采、复杂通风系统建构、铁精矿输送管道东线方案等具有国内一流水平的设计方案，并进行精心设计、参与全过程工程建设，为大红山铁矿开发建设作出了重要贡献。

公司将一如既往，秉承"创精品、重环境、保安全、讲诚信、守法规、求发展"的管理方针，坚持"融入、开放、合作、创新、服务"的发展理念，做精做专咨询设计、做大做强工程总承包、做优做实投资融资，走"融、投、建、管"相结合的发展道路，努力构建多元化、国际化、具有较强影响力的国家工程技术公司，竭诚为国内外客户提供优质高效的服务，与各界朋友与时俱进、大展宏图，共创美好未来！

地　址：中国云南省昆明市白塔路 208 号　　邮　编：650051
办公室电话（传真）：0871-63168255、63132505
电子信箱（E－mail）：kmy@kmyjsjy.com　　网　址：www.kmyjsjy.com

大红山铁矿开发的
综合研究和实践

玉溪大红山矿业有限公司
昆明有色冶金设计研究院股份公司　编
云南大红山管道有限公司

北京

冶金工业出版社

2017

内 容 简 介

大红山铁矿目前规模达 11000kt/a，是国内最大的以地下开采为主的金属矿山之一。本书系统介绍了该矿山在设计、理论研究和试验、建设及生产方面积累的丰富实践经验和最新成果。全书分为上卷正文卷和下卷论文集。上卷正文卷分为 4 篇 35 章。其中采矿篇系统介绍了大参数无底柱分段崩落法、深井胶带斜井及高中段开拓、复杂矿井通风系统、多矿段立体采矿等，在国内具有突破性技术的应用；选矿篇介绍了具有国内一流水平的大型半自磨工艺、微细粒矿物的强磁—离心重选联合回收技术等的成功实践；精矿输送管道篇介绍了具有世界领先水平、复杂地形和输送条件下的长距离铁精矿管道输送的应用和创新；新模式办矿的探索与实践篇介绍了现代化特大型矿山采用合同承包采矿等办矿新模式方面的经验。下卷论文集为在矿区规划和建设，以及采矿、选矿、精矿管道、办矿模式和经济等方面内容的补充和细化研究成果。

本书可供矿山、科研、设计院所及高等院校等相关专业人员阅读和参考。

图书在版编目（CIP）数据

大红山铁矿开发的综合研究和实践/玉溪大红山矿业有限公司，昆明有色冶金设计研究院股份公司，云南大红山管道有限公司编 . —北京：冶金工业出版社，2017.7

ISBN 978-7-5024-7309-9

Ⅰ.①大…　Ⅱ.①玉…　②昆…　③云…　Ⅲ.①铁矿床—金属矿开采—研究—玉溪　Ⅳ.①TD861.1

中国版本图书馆 CIP 数据核字（2016）第 246729 号

出 版 人　谭学余

地　　　址　北京市东城区嵩祝院北巷 39 号　邮编　100009　电话　（010）64027926
网　　　址　www.cnmip.com.cn　电子信箱　yjcbs@cnmip.com.cn
责任编辑　杨盈园　徐银河　美术编辑　彭子赫　版式设计　彭子赫
责任校对　王永欣　责任印制　牛晓波
ISBN 978-7-5024-7309-9
冶金工业出版社出版发行；各地新华书店经销；三河市双峰印刷装订有限公司印刷
2017 年 7 月第 1 版，2017 年 7 月第 1 次印刷
787mm×1092mm　1/16；80.75 印张；7 彩页；2300 千字；1256 页
888.00 元

冶金工业出版社　投稿电话　（010）64027932　投稿信箱　tougao@cnmip.com.cn
冶金工业出版社营销中心　电话　（010）64044283　传真　（010）64027893
冶金书店　地址　北京市东四西大街 46 号（100010）　电话　（010）65289081（兼传真）
冶金工业出版社天猫旗舰店　yjgycbs.tmall.com

（本书如有印装质量问题，本社营销中心负责退换）

编辑委员会

主 编 单 位：玉溪大红山矿业有限公司（大红山铁矿）

昆明有色冶金设计研究院股份公司

云南大红山管道有限公司

编委会主任：徐士申

副 主 任：谭 锐 余南中 蔺朝晖 刘 刚 万多稳

张成名 张志雄 李金恩 邢志华 普光跃

李登敏 余正方

编 委：

玉溪大红山矿业有限公司：

徐 炜 王志成 李雪明 蔡正鹏 宋钊刚

徐 刚 郑 旭 杨建华 沈立义 温合平

王 健

昆明有色冶金设计研究院股份公司：

陈爱明 陈发兴 黄兴益 魏建海 谢宁芳

徐进平 杨 燕 杨 勇 杨 泽

云南大红山管道有限公司：

潘春雷 瞿承中 刘弘伟

全书统稿和执行主编：余南中

副主编：余正方 陈爱明

（黄建君参加了后期编修工作）

参编人员

（按姓氏笔画排序）：

马 波	马 昭	王 健	王 海	王 晗	王 蕾	方原柏
韦辉朕	邓维亮	邓 琴	申成龙	田 敏	代苏丽	白建民
吉 伟	朱冰龙	乔登攀	刘仁刚	刘永寿	刘弘伟	刘壮福
刘 洋	刘 娟	刘家文	刘维平	汤文昆	孙国权	孙贵爱
李云寿	李 丹	李世虎	李申鹏	李冬洋	李 刚	李向东
李红芳	李 波	李奕然	李雪明	李庶林	李 超	李 博
李登敏	李 颖	杨天明	杨文兵	杨国永	杨 泽	杨建华
杨俊毅	杨 勇	杨锡林	杨 锦	杨德源	杨 燕	吴 边
吴鹏举	吴锡煌	何玉军	余正方	余贤斌	余南中	沙 斌
沈立义	张 平	张平南	张志伟	张志雄	张 岚	张 坤
张 杰	张晓昆	张 涛	张润红	柳振星	陈发兴	陈爱明
邵重阳	范有才	范远仁	罗正泥	罗永刚	周开伟	周甫庆
周茂林	周富诚	府 华	郑 旭	宗 琪	孟伯涛	赵立群
赵 明	赵健雄	赵 强	赵增佳	胡 远	胡 斌	胡静云
胡 麟	饶荣军	饶慧琦	袁 歌	钱 琪	徐士申	徐万寿
徐 刚	徐 炜	徐进平	徐宜宾	徐 峰	高文娟	高 伟
高 薇	郭 志	郭枝新	郭朝辉	郭俊辉	唐国栋	资 伟
夏 欣	黄兴益	黄建君	常树能	崔 宁	彭朝伟	董越权
韩先智	傅 博	普光跃	普绍云	温合平	温海滨	谢宁芳
雷 敏	解天华	谭 锐	蔡正鹏	潘春雷	戴光玮	戴洪波
魏建海	瞿承中					

序 （1）

大红山铁矿是一座著名的矿山，其开采条件比较复杂，缓倾斜-倾斜矿体，多矿段，矿体厚度变化很大，且已进入1200m的深部开采，矿石品位不是很高，又属于"三下开采"，在当前疲软的矿业市场环境中，它仍能屹立于盈利的企业行列之中，实属不易。个中必然凝结着一些值得关注的重要经验。

该矿在20世纪末到21世纪初的筹建过程中，对生产规模、开采方案、技术装备水平、选矿流程、铁精矿浆管道输送、筹资方式等关键建设方案进行了深入的研究，选取了最优的方案，并建设了500kt/a的采选试验工程，为正式工程设计和建设提供了重要的指导依据。

规模效益是保证矿山盈利的重要途径之一。过去，在类似开采条件下，我国矿山产能比矿业发达国家低1/3~1/2。这反映了我们在设计理念、技术装备水平、工人素质、生产管理方面的综合差距。大红山铁矿在这方面有所突破，20世纪90年代设计4000kt/a采选规模，扩产后如今已达到11000kt/a的生产能力，是一个很大的飞跃。

技术方案的先进性是企业提升竞争力的基石。大红山铁矿矿石的地下长距离多段胶带运输系统、选矿的大型半自磨—球磨系统及微细粒矿物的强磁—离心重选联合回收技术的应用，铁精矿浆长距离管道输送系统，都是很有特点的技术方案，而且管道输送实现了一条线路向三个终点输送两种浆料的复杂运行作业。这些技术方案对降低生产成本发挥着重要的作用。采用高分段（20m、30m）、大间距（20m）、无底柱分段崩落采矿法，大型无轨采掘设备，高中段（一期工程340m，二期工程200m）高溜井有轨运输集矿系统，体现着当代先进的技术水平。

特别值得一提的是，采用大型无轨采掘设备条件下的合同承包采矿，这在国内也属创举。从国外的经验来看，专业承包采矿有其技术熟练、效率高、管理专业化的特点，它要求承包单位具有熟练的操作和维修工人，如能实现预防性维修管理，则更具高超的水平。大红山铁矿的经验可为推动我国专业承包采矿业的发展提供良好的范例。

应当说，大红山采矿在技术上也有其独特的难点，分段崩落采矿法是在覆岩下放矿，而对于缓倾斜-倾斜矿体，形成覆盖岩层往往需要依靠强制放顶，这在经济上是一种负担，在技术上处理不当也会遇到一定的风险。大红山铁矿在这方面做了大量的工作，取得了可贵的经验。多矿（区）段立体式特大规模开采给通风设计和管理也带来很大的难度。大红山铁矿通风巷道长达 250km，总风量超过 1500m³/s，主力风机 35 台，采用四级机站的压抽结合的通风系统，以 ProfiNet 工业以太网通信控制技术进行控制。在实测值与设计值对比上基本接近，万吨矿石供风率达到 1.5 以上，应当说设计成功地应对了挑战。

大红山铁矿在采矿、选矿、管道输送以及管理方面都建立了一定的信息化管理和监控系统，在矿山信息化建设，最终实现"采矿办公室化"方面迈出了坚实的步伐。

本书以较大的篇幅系统总结了企业从设计、筹建、建设、一期工程生产到二期工程及扩产等方面的丰富实践经验和理论研究成果，对中国矿业的发展都是很有价值的贡献。

中国工程院院士 **于润沧**

2016 年 4 月

序 (2)

由玉溪大红山矿业有限公司、昆明有色冶金设计研究院股份公司和云南大红山管道有限公司等共同编写的《大红山铁矿开发的综合研究和实践》一书正式出版了，这是我国矿山界的一件盛事。

位于云南省玉溪市的大红山铁矿，始建于21世纪初，是一座设计年产原矿4000kt/a的坑内矿。该矿的设计、施工及生产充分体现了改革开放以来我国矿山发展的创新之路，在诸多方面处于国内领先地位。例如，大型胶带机斜井开拓方法在我国坑内矿设计中属首创；高分段大进路无底柱分段崩落采矿法设计参数居国内之冠；通过扩建和实施多矿段露天地下协同开采，年产量超过11000kt/a，生产规模在全国坑内铁矿中名列前茅；171km矿浆输送管道是我国输送高差最大、输送距离最长的精矿输送管道；采用合同采矿方式，创建了矿山管理新模式。大红山铁矿以其辉煌业绩，于2012年、2015年荣获"全国十佳冶金矿山"光荣称号，其技术创新成果被评为冶金矿山科技进步一等奖。

当前，我国经济发展进入新常态，钢铁行业正处在加快结构调整、转型升级的关键时期，落实供给侧结构性改革要求，化解过剩产能的任务繁重而艰巨。铁矿行业受形势和环境的影响，市场价格低位运行将成为常态，行业经济运行形势严峻的局面短期难以改变。但是，中国仍然是全球最大的钢材消费市场，对于铁矿石的需求总量依旧很大，7亿吨左右的粗钢表观消费量，年需要国产铁矿石原料14亿吨左右，巨大的市场需求对国内铁矿资源勘查开发仍将形成持久支撑。我国铁矿行业的主要任务是实现可持续发展，建立矿产资源安全保障供应体系，确保铁矿资源自给率25%的底线。为此，一方面要促使现有具备条件的优质矿山真正强壮起来，另一方面需要建设一批新矿山。无论新老矿山都必须以五大发展理念为引领，增强赢利能力和抗市场风险能力。具体到某个矿山如何建设发展，则要坚持务实、改革、创新。按照绿色矿山目标，坑内矿要大力推广充填采矿法，但具体情况应具体分析、区别对待，条件适宜的铁矿更应采用阶段矿房自然崩落采矿法，自然崩落法生产效率高、成本低、产品市场竞争力强。大红山铁矿作为我国坑内铁矿的典型矿山，其研究开发及生产实践的成果和经验，对提高我国资源的有效利用率，提升铁矿资源的自给能力，建立资源节约型、环境友好型的铁矿开发体系，具有积极的示范意义和借鉴作用。

本书的出版发行，将有助于大红山铁矿区开发经验的广泛传播。本书内容丰富，充分展现了冶金矿山风貌，荟萃了改革发展管理业绩，谱写了科技兴矿新篇章，研究了矿山发展战略方向，总结了我国开矿办矿经验。本书融思维创新，指导性与实用性于一体，对矿山管理部门、学会、协会，以及矿山企业、科研院所、大专院校等都具有重要的参考价值。

我曾有幸在大红山铁矿建设伊始，参加了《大红山铁矿可行性研究报告》评估和后续项目的评审、大红山铁矿荣获冶金十佳矿山的评选和科技进步奖项目的评审。今愚翁年老，别无它好，潜心矿业，兴趣盎然，2013 年出版《世界铁矿资源开发实践》一书，曾收录大红山铁矿专篇。上述缘分让我始终关注大红山铁矿的发展变化。这次受邀撰写序言，有机会再尽绵薄之力，深感欣慰。

通读本书，受益匪浅，颇受鼓舞。感谢大红山矿、昆明有色院和云南大红山管道公司干部职工的卓越实践，感谢编撰者的不辞劳苦。希望本书能为铁矿行业的持续发展注入一丝活力，祝愿我国铁矿行业能够破解发展难题、接续发展动力、形成发展新优势，努力开创一个新的发展阶段。

中国矿业联合会高级资政
中国冶金矿山企业协会顾问
《矿业工程杂志》总编辑
鞍山冶金设计研究总院原院长

2016 年 6 月 20 日

前　　言

　　21 世纪初，在祖国西南边陲、云南省哀牢山下戛洒江畔，建起了一座现代化特大型铁矿山——大红山铁矿。

　　大红山铁矿资源丰富，开采关系复杂，精矿外运管道条件复杂、距离长，通过创新，攻坚克难，取得显著成绩，创多项世界和国内第一，在冶金行业和云南省影响很大。

　　开发大红山的目的是在安全、环保、经济的前提下，充分挖掘大红山的资源潜力，实现大规模开采、优质选矿和经济输送，以满足昆钢对铁原料不断增长的需求。这也是开发大红山铁矿的主线。通过设计、建设和生产实践，在取得丰硕成绩的同时，积累了若干成功的经验，也存在一些有待进一步研究和解决的问题。体现在以下方面：

　　第一，采矿实现矿山大规模开采的综合技术和经验。

　　(1) 一期地下开采 4000kt/a，当时国内无成功先例。为实现大规模采矿采取的措施为：

　　1) 采矿方法用大参数。一、二期主要地段分段高度 20m (二期首采地段 30m)，进路间距 20m，设计参数为国内地下金属矿山第一。

　　2) 采掘设备全面采用现代化大型设备。

　　3) 初步实行立体开采，主矿组上下多区段同时开采。

　　4) 开采顺序：先采中部富厚地段。

　　5) 开拓提升运输通风系统给予充分保障。尤其是胶带斜井开拓发挥了重要作用。一期工程采用大倾角 (14°)、长距离 (1850m)、高强度胶带运输机，四段胶带运输机接力运输，提升高度 421.15m，居当时国内同类矿山首位。

　　(2) 扩产和二期。全面进行多矿段、坑露结合立体采矿。为满足提供大产量铁精矿的要求，在资源分布面积有限的条件下，由平面采矿扩大到全方位的立体采矿，实现大规模上下左右多矿段同时开采。

　　开采关系和技术措施必须保障能实现安全、高效、经济、环保的生产。主要措施为：

　　1）作好开采关系协调，在时间和空间关系上处理好开采顺序。

　　2）下部矿体开采采用合理可行的采矿方法，多种采矿方法联合使用。

　　3）下部矿体开采采用可靠的充填措施；关键矿段采用可靠的分层充填，提高充填率和充填效果。

　　4）加强岩石力学的分析研究和地压监测。

　　5）理顺复杂的开拓、通风和提升运输系统。胶带斜井开拓更上一个新台阶。

　　4000kt/a 二期工程进一步往下延伸胶带斜井开拓，用七段胶带接力运输，提升高度达到 783m（胶带总长度 4801.478m，运输能力 5000kt/a 以上），该系统无论从胶带段数还是提升高度来看，在国内地下开采矿山中都是少有的，亦居目前在建的同类矿山首位。

　　大红山扩产后形成的多矿段、坑露结合立体采矿，其时空关系及系统的复杂程度，在国内特大型、大型金属矿山实属罕见。目前矿山年产量已达千万吨以上，成为国内最大的地下金属矿山之一，许多难以预计的问题和新的发展在今后长期的实践中还将进一步展现出来。真正的功夫还要下在今后。在将来的实践中无论顺利与否，其经验和问题，都具有供同行借鉴和参考的意义。

　　第二，选矿对复杂类型的矿石进行大规模加工，尽量提高资源的回收和利用，产出优质合格的精矿，实现节能减排，提高经济、环保、社会效益。

　　大型半自磨工艺的应用，尤其是大型自磨机和半自磨流程的成功应用，与规模相适应的大型选矿设备的选型和应用，尽量提高资源的综合回收和利用，不断改进和完善提铁降尾、充分回收高、低品位精矿的流程和设备，取得了良好效果。体现在阶段磨矿阶段选别预先抛尾磨选工艺的应用、离心机回收微细粒赤铁矿的大规模工业应用、磁重联合流程降低尾矿品位、阳离子反浮选处理次级精矿、原矿中极低品位金资源的回收等方面。

　　进行绿色生产，对尾矿、污水减排、安全排放和回收利用取得显著成果。尾矿库的亮点是龙都尾矿库这一国内高堆坝尾矿库，在实现由前期上游法改为中期中线法过程中，解决粗粒级尾矿欠缺的一系列措施，以及在不利条件下实现安全运行方面的监测和经验。

第三，管道输送。从大红山至昆明安宁昆钢本部，大规模长距离的铁精矿输送，采用经济、环保、安全、节能低耗的管道输送方式。

大红山矿浆管道输送的特点：

（1）铁精矿矿浆输送管线长度全国第一；

（2）矿浆扬送高差全国第一；

（3）长距离矿浆输送管道敷设复杂程度居世界前列；

（4）矿浆输送压力与秘鲁安塔密娜铜锌金矿并列世界第一；

（5）主泵及自动化控制系统具世界一流水平；

（6）通过扩能，使运量翻番，并实现了一条线路向三个终点输送两种浆料的复杂运行作业。取得了极好的经济、社会、环境效益。

第四，为有效地实现大规模生产，采用合同采矿等新的办矿模式，充分利用社会优势资源，发挥竞争和激励机制，取长补短，避免了传统模式包袱沉重、因循守旧、缺乏活力的弊端，有利于实现安全、环保、高效、经济的合理开发。

第五，在大规模生产中通过数字化矿山的建设，实现了科学，高效，安全的运行和管理。与时俱进，贯彻科学发展观，建设绿色矿山，保护生态环境，把开采的不利影响降至最低程度。

为了更好地对大红山铁矿长期以来在设计、理论研究和试验、建设和生产中积累的丰富的实践经验进行系统总结，以便有效传承，为进一步创新和发展提供借鉴，并供同行参考。本着"总结、传承、创新、发展"的宗旨，玉溪大红山矿业有限公司（大红山铁矿）、昆明有色冶金设计研究院股份公司、云南大红山管道有限公司共同编写了本书。

本书力图充分体现大红山铁矿鲜明的、国内一流的先进特色，使之具有较高的可读性、参考性、实用性。

本书的编写依靠广大的工程技术人员。参与编写的都是大红山铁矿建设和生产的参与者，包括地质工作者、设计者、试验研究者、设备材料供应者、建设者、管理者、生产者等等，用矿业公司员工的话来说，都是"红山人"。在以往的创业历程中，正是他们用辛勤劳动、聪明才智，紧密团结，共同奋斗，才取得了大红山的辉煌，今天，他们在繁忙的工作之余，回顾以往，冷静思索，书写心得，可能有不妥之处，但点点滴滴都是真实体验的总结，以期实现"总结、传承、创新、发展"的宗旨。

在大红山铁矿的开发过程中，一代又一代的老领导、老专家、老前辈呕心沥血、付出了艰辛的劳动，作出了巨大的奉献，为大红山今天所取得的成就奠定了基础，在此对他们致以深深的敬意和衷心的感谢。

全书分上下卷。上卷：正文卷，共4篇；下卷：论文集，共57篇（论文），以作为正文卷的补充、深化和细化。

上卷正文卷：综述由余南中编写；第1篇采矿篇（上、下）中的第1章由余南中编写，第2~11章由余南中，张志雄，陈爱明，陈发兴，魏建海，余正方，李雪明，徐万寿编写；第2篇选矿篇中的第12~22章由李登敏，蔡正鹏编写，昆明理工大学童雄教授，昆明有色冶金设计研究院股份公司刘永寿教授进行了中间稿的修改；第3篇精矿输送管道篇中的第23~31章由普光跃编写，刘弘伟、解天华分别进行了前期和后期的编修工作；第4篇新模式办矿的探索与实践篇中的第32~35章由徐士申、余正方、范有才编写。下卷论文集：收录了有特色的57篇论文。

在本书编写过程中，余贤斌，乔登攀，李向东，李庶林，孙国权，谢贤，胡静云等教授和专家在百忙之中为本书撰写了专题稿件。此外，在本书中引用了一些单位或个人的论文资料或研究成果，在此一并表示衷心的感谢。

2016年10月

目　录

上卷　正文卷

1　综述 ……………………………………………………………… 3

1.1　资源概况 …………………………………………………… 3
1.1.1　自然概况 ……………………………………………… 3
1.1.2　资源简况 ……………………………………………… 3
1.2　开发简况 …………………………………………………… 6
1.2.1　昆明钢铁集团有限责任公司简况 …………………… 6
1.2.2　开发大红山铁矿的必然性 …………………………… 6
1.2.3　大红山铁矿开发简史 ………………………………… 7
1.3　在矿区开发阶段解决的重大课题 ………………………… 9
1.3.1　开采规模 ……………………………………………… 9
1.3.2　开采方式 ……………………………………………… 9
1.3.3　精矿外运方式 ………………………………………… 10
1.3.4　采矿方法 ……………………………………………… 11
1.3.5　选矿碎磨方案 ………………………………………… 11
1.4　矿山特点 …………………………………………………… 11
1.4.1　开发大红山的指导思想和原则 ……………………… 11
1.4.2　采矿 …………………………………………………… 12
1.4.3　选矿 …………………………………………………… 15
1.4.4　长距离铁精矿浆输送管道 …………………………… 18
1.4.5　新模式办矿 …………………………………………… 21
1.4.6　大红山铁矿数字化矿山建设与实践 ………………… 22
1.5　经济、社会、环境效果 …………………………………… 26
1.5.1　先进的技术经济指标 ………………………………… 26
1.5.2　绿色矿山建设和资源综合利用 ……………………… 26
1.5.3　大红山铁矿开发的意义和影响 ……………………… 28

参考文献 ……………………………………………………………… 29

第1篇　采矿篇（上）

2　矿山开采基础条件 ·· 30

2.1　概述 ·· 30

2.2　矿区自然地理气候条件 ·· 30

2.3　矿区地质特征 ·· 31

  2.3.1　地层及岩性 ·· 31

  2.3.2　构造 ·· 32

  2.3.3　古火山机构 ·· 33

  2.3.4　岩浆岩 ·· 34

  2.3.5　变质作用及围岩蚀变 ·· 34

2.4　矿床及矿体地质特征 ·· 34

  2.4.1　矿床特征 ·· 34

  2.4.2　主要矿体特征 ·· 36

  2.4.3　矿石质量特征 ·· 41

2.5　矿床成因及成矿规律 ·· 47

  2.5.1　矿床成因 ·· 47

  2.5.2　成矿模式 ·· 49

  2.5.3　成矿控制条件及铁铜矿分布富集规律 ························· 50

2.6　工程地质条件及岩石力学特征 ·· 54

  2.6.1　工程地质条件概述 ·· 54

  2.6.2　原岩应力 ·· 55

  2.6.3　矿岩物理力学性质 ·· 57

  2.6.4　岩体力学参数的确定 ·· 60

2.7　水文地质条件 ·· 66

  2.7.1　区域水文地质 ·· 66

  2.7.2　矿区水文地质 ·· 67

  2.7.3　矿井涌水量 ·· 68

2.8　矿区环境地质条件 ·· 68

  2.8.1　地质灾害 ·· 68

  2.8.2　地热异常 ·· 68

  2.8.3　放射性异常 ·· 69

参考文献 ·· 70

彩图 2-1 ~ 彩图 2-20 ··· 72

3　矿区开发规划和开采系统简况 ·· 78

3.1　资源分布及矿体特点 ·· 78

3.1.1　矿床总体特点及对开采的影响 ················· 78

3.1.2　各矿段的特点 ···································· 78

3.2　开采总体规划 ·· 79

3.2.1　规划原则及背景 ································· 79

3.2.2　规划发展 ·· 81

3.3　开发规划及开采系统概况 ····························· 82

3.3.1　地下开采 4000kt/a 一期工程 ················· 82

3.3.2　大红山铁矿扩产开采 ···························· 88

3.3.3　二期工程 ·· 95

3.4　扩产建设中的主要环保问题 ··························· 100

3.4.1　严格执行国家环保、水保及安全方面的技术标准和规程规定 ···· 101

3.4.2　科学设计，优化系统 ···························· 101

参考文献 ··· 101

彩图 3-1 ~ 彩图 3-8 ······································ 103

4　大参数无底柱分段崩落法开采 ························· 107

4.1　引言 ·· 107

4.2　主矿体开采技术条件 ·································· 107

4.3　主矿体采矿方法选择与比较 ··························· 108

4.3.1　无底柱分段崩落法与阶段空场法（嗣后充填）的比较 ··· 108

4.3.2　无底柱分段崩落法与有底柱分段崩落法的比较 ········ 108

4.3.3　二期工程对无底柱分段崩落法与阶段充填法的比较 ····· 109

4.4　无底柱分段崩落法大参数的研究 ······················ 110

4.4.1　大参数的选用 ···································· 110

4.4.2　室内模拟试验 ···································· 112

4.4.3　设计的分析研究 ································· 114

4.4.4　采场工业试验 ···································· 132

4.4.5　现场实践研究及改进 ···························· 135

4.4.6　二期模拟试验研究 ······························· 140

4.4.7　本章小结 ·· 145

4.5　工艺设计及实施 ······································ 147

4.5.1　矿块布置与采切工程 ···························· 147

4.5.2　平面和竖向的开采顺序 ·························· 150

4.5.3　主要采掘设备的选择 ···························· 150

4.5.4　采掘设备的配置 ································· 152

4.5.5　凿岩、落矿工艺 ································· 153

4.5.6　铲装、放矿工艺 ································· 157

4.5.7　围岩稳固情况下的落顶方式和方法 ················ 158

4.5.8　大参数无底柱分段崩落法应用效果 ················ 163

4.6　调整与改进方向的探讨 ……………………………………… 165

4.6.1　概述 ……………………………………………………… 165

4.6.2　深孔凿岩设备及深孔孔径调整 ………………………… 166

4.6.3　出矿设备大型化 …………………………………………… 168

4.6.4　提高自动化水平 …………………………………………… 169

4.6.5　二期工程更新的无轨设备 ………………………………… 170

参考文献 ……………………………………………………………… 175

5　胶带斜井开拓的应用 …………………………………………… 177

5.1　开拓提升方式的选择 …………………………………………… 177

5.2　胶带斜井开拓的风险和存在问题 ……………………………… 177

5.3　一期胶带系统的应用 …………………………………………… 178

5.3.1　一期开拓方式的比较与确定 ……………………………… 178

5.3.2　一期胶带提升运输系统 …………………………………… 179

5.3.3　胶带系统控制 ……………………………………………… 181

5.3.4　胶带系统使用情况 ………………………………………… 184

5.4　二期胶带系统的应用 …………………………………………… 187

5.4.1　二期开拓方式的比较与确定 ……………………………… 187

5.4.2　二期胶带系统 ……………………………………………… 192

5.5　配套系统 ………………………………………………………… 201

5.5.1　概况 ………………………………………………………… 201

5.5.2　井下破碎及给矿 …………………………………………… 201

5.5.3　斜坡道 ……………………………………………………… 213

5.5.4　废石及辅助提升系统 ……………………………………… 216

参考文献 ……………………………………………………………… 217

6　高中段开拓的应用 ……………………………………………… 218

6.1　中段高度的确定 ………………………………………………… 218

6.1.1　一期工程中段高度的确定和设置 ………………………… 218

6.1.2　二期工程中段高度的确定 ………………………………… 219

6.2　大中段高度和高溜井的设置及应用 …………………………… 222

6.2.1　高中段的设置 ……………………………………………… 222

6.2.2　主溜井 ……………………………………………………… 224

6.2.3　采区溜井 …………………………………………………… 226

6.3　高溜井施工方法 ………………………………………………… 228

6.3.1　概述 ………………………………………………………… 228

6.3.2　工程简述 …………………………………………………… 228

6.3.3　工程地质、水文地质情况 ………………………………… 229

6.3.4　大红山铁矿天井钻机初步实践 …………………………… 229

6.3.5　二期采矿工程溜井施工方法选择 ……………………………… 229
6.3.6　天井钻机施工过程中常见的问题及预防、处理措施 ………… 230
6.3.7　应用、实践效果 ………………………………………………… 232
6.4　主要开拓配套系统 ……………………………………………………… 232
6.4.1　坑内有轨运输系统 ……………………………………………… 232
6.4.2　井下排泥、排水 ………………………………………………… 237
参考文献 ……………………………………………………………………… 238

7　矿井通风 ……………………………………………………………………… 239
7.1　大红山铁矿通风系统综述 ……………………………………………… 239
7.1.1　大红山铁矿一期通风系统 ……………………………………… 239
7.1.2　大红山铁矿二期及扩产工程通风系统 ………………………… 240
7.1.3　大红山铁矿全矿通风系统关系图及汇总指标 ………………… 242
7.2　大红山铁矿通风系统设计技术特点 …………………………………… 243
7.2.1　通风系统设计难点分析 ………………………………………… 243
7.2.2　通风方式与通风方案的优化选择 ……………………………… 244
7.2.3　矿井总风量及通风规模的确定 ………………………………… 245
7.2.4　主要通风工程及通风网路设计 ………………………………… 246
7.2.5　风机站串并联布置方式与风机选型 …………………………… 246
7.2.6　复杂通风网络并网计算技术 …………………………………… 247
7.2.7　复杂通风网络精确解算技术 …………………………………… 247
7.2.8　多级机站风机的检测与控制特点 ……………………………… 248
7.3　大红山铁矿通风系统运行状态分析 …………………………………… 249
7.3.1　大红山铁矿一期通风系统实测结果分析 ……………………… 249
7.3.2　大红山铁矿一期与扩产工程通风系统并网后实测结果分析 … 251
7.3.3　矿井有毒有害元素及通风效果分析 …………………………… 253
7.4　"通风专家"VentExpert 2013 在工程中的应用总结 ………………… 258
7.4.1　"通风专家"VentExpert 2013 简介 …………………………… 258
7.4.2　通风网络建模过程 ……………………………………………… 258
7.4.3　通风网络解算与输入输出数据表 ……………………………… 259
7.4.4　通风系统设计或运行过程中容易出现的各类问题 …………… 261
7.4.5　通风系统图及各类通风施工图输出 …………………………… 263
7.4.6　近年来本系统在国内外矿山中的应用总结 …………………… 263
7.5　"通风专家"VentExpert 2013 工程图自动化核心技术 ……………… 266
7.5.1　工程制图文件格式 ……………………………………………… 266
7.5.2　AutoCAD 图元格式 …………………………………………… 268
7.5.3　工程图自动化生成 ……………………………………………… 269
参考文献 ……………………………………………………………………… 271
彩图 4-20 ~ 彩图 7-7 ……………………………………………………… 272

第1篇 采矿篇（下）

8 多矿（区）段立体采矿及"三下开采"技术研究与应用 ·············· 279

8.1 概述 ··· 279

8.1.1 大红山铁矿立体采矿关系的形成和挑战 ················ 279

8.1.2 多矿（区）段立体高效开采的安全措施 ·············· 279

8.1.3 在进行具体的时空关系协调中，采取的一些原则和措施 ······ 280

8.2 多矿段立体高效开采的安全措施之一——各矿段开采时空关系的研究
和协调 ·· 280

8.2.1 深部 II_1 矿组与浅部熔岩露天开采关系 ················ 280

8.2.2 I 号铜矿带与其他矿段开采关系 ·················· 281

8.2.3 III_1、IV_1 号矿组与其他矿段开采关系 ·············· 282

8.2.4 浅部熔岩铁矿露采对地下开采制约影响关系的处理 ········ 282

8.2.5 二道河与其他矿段开采关系 ·················· 283

8.3 多矿段立体高效开采的安全措施之二——合理可行的采矿方法研究 ····· 283

8.3.1 II_1 矿组二期深部采矿方法 ·················· 283

8.3.2 各矿段充填采矿法的选择和应用 ·················· 285

8.3.3 I 号铜矿带采矿方法比较 ·················· 287

8.3.4 二道河铁矿采矿方法的比选 ·················· 292

8.3.5 二道河点柱式上向水平分层充填采矿法若干问题的研究 ······ 299

8.4 多矿段立体高效开采的安全措施之三——充填技术研究 ·········· 305

8.4.1 概述 ·················· 305

8.4.2 I 号铜矿带深部 1500kt/a 工程充填试验研究 ·············· 306

8.4.3 低温陶瓷胶凝固化材料胶结充填的试验室及地表扩大试验 ······ 325

8.4.4 低温陶瓷胶凝固化材料胶结充填的井下工业试验 ·········· 327

8.4.5 碎石胶结充填的试验研究 ·················· 333

8.4.6 充填系统和应用 ·················· 337

8.5 多矿（区）段立体高效开采的安全措施之四——多种开拓方式联合应用 ····· 347

8.5.1 概述 ·················· 347

8.5.2 联合开拓系统的基本构架和形成情况 ·············· 349

参考文献 ··· 352

彩图 8-1~彩图 8-9 ·································· 353

9 岩石力学研究及矿山地压监测 ·························· 357

9.1 矿山岩石力学研究 ·································· 357

9.1.1 主矿体地下开采围岩稳定性的数值模拟研究 ············ 357

彩图 9-1 ~ 彩图 9-27 ·· 363
　　9.1.2　Ⅰ号铜与露天矿开采关系的数值模拟研究 ·············· 379
彩图 9-28 ~ 彩图 9-56 ·· 384
　　9.1.3　二道河铁矿数值模拟研究 ······························ 398
彩图 9-59 ~ 彩图 9-67 ·· 405
　　9.1.4　二道河矿段地表沉降与变形规律研究 ·················· 410
彩图 9-68 ~ 彩图 9-134 ··· 456
　9.2　矿山地压监测、研究和管理 ································· 464
　　9.2.1　概述 ··· 464
　　9.2.2　大红山铁矿地压监测系统 ····························· 466
　　9.2.3　采场地压监测与研究 ································· 466
　　9.2.4　采空区及上覆岩层监测与研究 ························· 480
　　9.2.5　地压控制 ··· 486
　　9.2.6　岩移监测 ··· 486
　　9.2.7　大红山岩移有关情况和数据分析 ······················ 491
　　9.2.8　地压监测和研究初步小结 ····························· 493
　参考文献 ·· 496
彩图 9-136 ~ 彩图 9-171 ·· 499

10　矿床数字模型及应用 ·· 509
　10.1　浅部熔岩铁矿数字建模及露天三维设计 ················· 509
　　10.1.1　矿床模型 ··· 509
　　10.1.2　境界圈定及优化 ····································· 510
　　10.1.3　露天三维设计 ······································· 511
　10.2　二道河铁矿数字建模及应用 ···························· 512
　　10.2.1　矿床数字建模 ······································· 512
　　10.2.2　开采方案的三维数字化研究 ························· 513
　10.3　Ⅰ号铁铜矿带数字建模及应用 ························· 516
　　10.3.1　Ⅰ号铁铜矿带钻孔数据库 ··························· 516
　　10.3.2　实体模型及储量计算 ······························· 516
　　10.3.3　块体模型及估值 ····································· 517
　　10.3.4　开拓及采切工程模型 ······························· 518
　　10.3.5　采矿设计及打印出图 ······························· 518
　10.4　无底柱分段崩落法的爆破设计 ························· 519
　参考文献 ·· 521
彩图 10-1 ~ 彩图 10-37 ··· 522

11　矿山自动化与信息化 ·· 532
　11.1　矿山生产自动化监控调度系统 ························· 532

11.2　井下运输监控系统 …………………………………………………… 532
　　11.2.1　概况 ……………………………………………………………… 532
　　11.2.2　系统基本结构 ……………………………………………………… 533
　　11.2.3　系统工作原理 ……………………………………………………… 533
11.3　箕斗竖井提升控制系统 ………………………………………………… 534
　　11.3.1　概述 ……………………………………………………………… 534
　　11.3.2　系统特点 ……………………………………………………………… 534
　　11.3.3　提升机驱动控制 ……………………………………………………… 536
11.4　过磅房远程控制系统 …………………………………………………… 539
　　11.4.1　矿业公司原有过磅系统存在的问题 ……………………………… 539
　　11.4.2　矿业公司过磅房无人值守、集中远程控制系统 ………………… 539
　　11.4.3　矿业公司过磅房无人值守、集中远程控制系统达到的效果 …… 540
11.5　变配电站远程控制系统 ………………………………………………… 540
　　11.5.1　矿业公司电网现状 ………………………………………………… 540
　　11.5.2　系统运用原则 ……………………………………………………… 541
　　11.5.3　系统实现功能 ……………………………………………………… 541
11.6　供水加压泵站远程控制系统 …………………………………………… 542
　　11.6.1　概况 ……………………………………………………………… 542
　　11.6.2　供水系统现状 ……………………………………………………… 542
　　11.6.3　系统更新改造 ……………………………………………………… 542
11.7　矿山安全监测系统 ……………………………………………………… 543
　　11.7.1　视频监控 …………………………………………………………… 543
　　11.7.2　井下人员、车辆定位 ……………………………………………… 543
　　11.7.3　井下环境监测监控系统 …………………………………………… 544
参考文献 ………………………………………………………………………… 545
彩图 11-1～彩图 11-6 ………………………………………………………… 546

第2篇　选矿篇

12　大红山铁矿选矿的基础研究和基本情况 …………………………… 548
12.1　大红山铁矿选矿厂简介 ………………………………………………… 548
　　12.1.1　一选矿厂 …………………………………………………………… 548
　　12.1.2　二选矿厂 …………………………………………………………… 548
　　12.1.3　三选矿厂 …………………………………………………………… 549
12.2　大红山铁矿的"物性"研究及"大红山式铁矿"的提出 …………… 550
　　12.2.1　深部铁矿的矿石性质研究 ………………………………………… 550
　　12.2.2　大红山铁矿的"物性"特点与选矿流程的关系 ………………… 555
　　12.2.3　一选矿厂各作业点产品中主要矿物含量的研究 ………………… 556

12.3 大红山铁矿前期的主要选矿试验研究 ……………………………… 558
　12.3.1 深部铁矿的选矿试验研究 ………………………………………… 558
　12.3.2 熔岩铁矿的选矿试验研究（包含浅部含铜铁矿的试验研究） ……… 565
　12.3.3 含铜铁矿的选矿试验研究与评价 ……………………………… 566
　12.3.4 深部铜矿的选矿试验研究 ……………………………………… 568
12.4 大红山铁矿的选矿工艺流程 …………………………………………… 570
　12.4.1 一选矿厂的选矿工艺及主要设备 ……………………………… 570
　12.4.2 二选矿厂的选矿工艺及主要设备 ……………………………… 572
　12.4.3 三选矿厂铜系列的选矿工艺及主要设备 ……………………… 576
　12.4.4 三选矿厂铁系列的选矿工艺及主要设备 ……………………… 578
参考文献 …………………………………………………………………… 581

13 半自磨机的生产实践 ………………………………………………… 582
13.1 自磨机的构造特点 …………………………………………………… 582
13.2 一选矿厂 500kt/a 半自磨机的设计计算 …………………………… 583
　13.2.1 一选矿厂 500kt/a 半自磨工业试验厂建设的目的 …………… 583
　13.2.2 一选矿厂 500kt/a 自磨机的设计计算 ……………………… 583
13.3 二选矿厂 4000kt/a 自磨机的设计计算 …………………………… 587
　13.3.1 二选矿厂 4000kt/a 自磨机的选型计算 …………………… 587
　13.3.2 半自磨方案的效益与经营成本分析 …………………………… 588
13.4 500kt/a 选矿厂半自磨机的生产实践 ……………………………… 589
　13.4.1 半自磨的给矿粒度研究 ………………………………………… 589
　13.4.2 半自磨机钢球的充填量计算 …………………………………… 591
　13.4.3 半自磨机钢球的补加量 ………………………………………… 592
13.5 4000kt/a 选矿厂半自磨机的生产实践 …………………………… 593
　13.5.1 4000kt/a 选矿厂生产指标 …………………………………… 594
　13.5.2 技术改进与创新 ………………………………………………… 595
　13.5.3 钢球的使用情况 ………………………………………………… 596
13.6 半自磨机影响因素的控制和调整 …………………………………… 597
　13.6.1 矿石粒度和硬度 ………………………………………………… 597
　13.6.2 顽石 ……………………………………………………………… 597
　13.6.3 钢球的材质及大小 ……………………………………………… 598
　13.6.4 格子板 …………………………………………………………… 598
　13.6.5 直线振动筛 ……………………………………………………… 598
　13.6.6 半自磨机的控制 ………………………………………………… 598
参考文献 …………………………………………………………………… 599

14 磨矿分级循环的生产实践 …………………………………………… 600
14.1 球磨机的生产实践 …………………………………………………… 600

14.1.1　球磨机的工作原理及构成 ……………………………………… 600

14.1.2　溢流型球磨机在大红山铁矿应用 ………………………………… 600

14.1.3　大红山溢流型球磨机的基本配置 ………………………………… 602

14.2　直线振动筛的生产实践 ………………………………………………… 603

14.2.1　直线振动筛在大红山矿业公司选别流程中的台（套）数及分布 …… 603

14.2.2　直线振动筛在大红山矿业公司应用实践中遇到的问题及采取的措施 …… 604

14.2.3　矿业公司在实践中应用直线振动筛的经验总结 ………………… 606

14.3　高频细筛的生产实践 …………………………………………………… 607

14.3.1　高频细筛结构及工作原理 ………………………………………… 607

14.3.2　高频细筛技术参数 ………………………………………………… 608

14.3.3　高频细筛的生产实践 ……………………………………………… 608

参考文献 ………………………………………………………………………… 610

15　铜浮选生产实践研究 ……………………………………………………… 611

15.1　大型浮选机的应用实践 ………………………………………………… 611

15.1.1　设备的选型 ………………………………………………………… 611

15.1.2　KYFⅡ-200 型浮选机的结构特点 ………………………………… 611

15.1.3　KYFⅡ-200 型浮选机的技术参数 ………………………………… 612

15.1.4　KYFⅡ-200 型浮选机的生产实践 ………………………………… 612

15.2　浮选药剂的研究 ………………………………………………………… 614

15.2.1　丁基黄药的对比试验研究 ………………………………………… 614

15.2.2　起泡剂的种类和用量的对比试验 ………………………………… 615

15.3　不同浮选药剂的工业试验 ……………………………………………… 617

15.3.1　原矿的性质及工艺流程 …………………………………………… 617

15.3.2　起泡剂对生产指标的影响及对策 ………………………………… 618

15.3.3　起泡剂的工业试验 ………………………………………………… 619

15.3.4　捕收剂的工业试验 ………………………………………………… 622

15.3.5　小结 ………………………………………………………………… 622

15.4　铁铜矿中伴生金属的分离与富集的试验研究 ………………………… 623

15.4.1　含铁铜矿中的伴生元素 …………………………………………… 623

15.4.2　钴的工艺矿物学及回收试验研究 ………………………………… 623

15.4.3　金、银的回收试验 ………………………………………………… 624

15.4.4　实际选矿生产中伴生元素的回收 ………………………………… 624

参考文献 ………………………………………………………………………… 625

16　提铁降杂探索研究与生产实践 …………………………………………… 626

16.1　提铁降杂概述 …………………………………………………………… 626

16.1.1　昆明冶金研究院对提高烧结精矿品位的试验研究 ……………… 626

16.1.2　重选螺旋溜槽＋摇床工业试验 …………………………………… 628

16.1.3　强磁机精矿的离心机重选试验研究 ·········· 628

16.1.4　离心机处理强磁机精矿的工艺流程与实践 ·········· 631

16.2　反浮选提铁降硅生产实践 ·········· 632

16.2.1　矿石性质研究及工业试验的准备 ·········· 632

16.2.2　阳离子反浮选的生产实践 ·········· 633

16.2.3　阴离子反浮选的生产实践 ·········· 634

16.2.4　小结 ·········· 635

16.3　连续性离心选矿机的生产实践 ·········· 636

16.3.1　连续性离心选矿机的工作原理 ·········· 636

16.3.2　离心机提高二段强磁精矿品位的生产实践 ·········· 636

16.3.3　生产流程的改造 ·········· 638

16.3.4　离心机降尾流程在生产中的应用 ·········· 640

16.3.5　影响离心机分选的主要因素 ·········· 641

16.4　磁选柱用于磁铁矿生产探索研究及实践 ·········· 642

16.4.1　磁选柱简介 ·········· 642

16.4.2　磁选柱回收磁铁矿的生产指标 ·········· 643

16.5　磁筛回收磁铁矿的研究及实践 ·········· 644

16.5.1　磁筛的分选原理 ·········· 644

16.5.2　磁筛的结构 ·········· 645

16.5.3　磁筛在大红山铁矿的生产研究 ·········· 646

16.6　多极漂洗磁选机的生产实践 ·········· 648

16.6.1　多磁极磁选机的工作原理、结构与优点 ·········· 648

16.6.2　多磁极磁选机与普通磁选机的对比试验研究 ·········· 649

16.7　提铁降杂探索研究的评述 ·········· 650

参考文献 ·········· 651

17　降尾提量研究与应用实践 ·········· 652

17.1　立环脉动高梯度磁选机在降尾提量中的应用实践 ·········· 652

17.1.1　立环脉动高梯度磁选机的结构及分选原理 ·········· 652

17.1.2　立环脉动高梯度磁选机在大红山铁矿的应用 ·········· 653

17.2　磁重联合流程在降尾提量中的应用实践 ·········· 657

17.2.1　4000kt/a选厂磁重联合流程在降尾提量中的应用实践 ·········· 657

17.2.2　一选厂磁重联合流程在降尾提量中的应用 ·········· 661

17.3　降尾提量前后各选厂的指标对比 ·········· 665

参考文献 ·········· 666

18　尾矿浓缩、输送生产实践 ·········· 667

18.1　尾矿浓缩、输送概况 ·········· 667

18.1.1　物理性质 ·········· 667

18.1.2 尾矿浓缩及输送系统简况 ……………………………………… 668

18.2 水隔离浆体泵在大红山铁矿的生产实践 ………………………… 669

18.2.1 水隔离泵简介 …………………………………………………… 669

18.2.2 水隔离泵原理及系统组成 ……………………………………… 669

18.2.3 水隔离泵在大红山铁矿的生产应用 ………………………… 669

18.3 隔膜泵用于大红山铁矿尾矿输送的生产实践 …………………… 672

18.3.1 隔膜泵的结构、工作原理及技术参数 ……………………… 672

18.3.2 现场应用条件及尾矿指标 ……………………………………… 675

18.3.3 隔膜泵的运行点巡检要点 ……………………………………… 675

18.3.4 隔膜泵使用运行总结 …………………………………………… 675

18.4 高效浓缩机在大红山铁矿的生产实践 …………………………… 676

18.4.1 生产工艺 ………………………………………………………… 676

18.4.2 高效浓缩机最佳运行的主要工艺参数 ……………………… 676

18.4.3 高效浓缩机的主要参数 ………………………………………… 676

18.4.4 生产中絮凝剂的使用 …………………………………………… 677

18.5 斜板浓密箱在大红山铁矿的生产实践 …………………………… 677

18.5.1 KMLZ 型斜板浓密箱的结构及工作原理 …………………… 677

18.5.2 斜板浓密箱在大红山铁矿的应用 …………………………… 678

18.5.3 小结 ……………………………………………………………… 681

参考文献 …………………………………………………………………… 681

19 铁精矿脱水 …………………………………………………………… 682

19.1 圆盘过滤机的生产实践 …………………………………………… 682

19.1.1 大红山铁矿精矿的粒度组成及过滤工艺流程 ……………… 682

19.1.2 大红山铁矿 ZPG-72 过滤机的操作特点 …………………… 683

19.1.3 过滤机的运行成本 ……………………………………………… 684

19.1.4 结论 ……………………………………………………………… 685

19.2 陶瓷过滤机的生产实践 …………………………………………… 685

19.2.1 陶瓷过滤机的主要构造及工作原理 ………………………… 685

19.2.2 铜精矿的过滤指标及 HTG-45-Ⅱ型陶瓷过滤机的技术参数 … 686

19.2.3 陶瓷过滤机的使用条件 ………………………………………… 686

19.2.4 陶瓷过滤机的常见故障及处理方法 ………………………… 687

19.2.5 影响陶瓷过滤机的主要因素 ………………………………… 687

参考文献 …………………………………………………………………… 688

20 尾矿库 ………………………………………………………………… 689

20.1 概况 ………………………………………………………………… 689

20.1.1 地理位置及流域概况 …………………………………………… 689

20.1.2 地形地貌 ………………………………………………………… 689

20.1.3　水文地质条件及地层岩性 ………………………………………… 690

20.2　入库尾矿 ……………………………………………………………………… 690

　　20.2.1　入库尾矿量 ………………………………………………………… 690

　　20.2.2　入库尾矿粒度 ……………………………………………………… 690

20.3　尾矿库筑坝、堆存总体规划 ………………………………………………… 691

20.4　尾矿库排洪 …………………………………………………………………… 692

20.5　尾矿库筑坝 …………………………………………………………………… 693

　　20.5.1　尾矿库前期上游法筑坝 …………………………………………… 693

　　20.5.2　尾矿库中期中线法筑坝 …………………………………………… 693

　　20.5.3　尾矿库后期上游法筑坝 …………………………………………… 699

20.6　尾矿库回水 …………………………………………………………………… 699

　　20.6.1　概述 …………………………………………………………………… 699

　　20.6.2　回水量 ………………………………………………………………… 700

　　20.6.3　回水系统及回水加压设施 ………………………………………… 700

20.7　尾矿库安全监测 ……………………………………………………………… 700

　　20.7.1　概况 …………………………………………………………………… 700

　　20.7.2　在线安全监测系统概要 …………………………………………… 701

　　20.7.3　在线监测系统建设情况 …………………………………………… 701

　　20.7.4　在线监测系统功能 ………………………………………………… 707

　　20.7.5　小结 …………………………………………………………………… 709

参考文献 ………………………………………………………………………………… 709

21　选矿系统自动控制 ………………………………………………………………… 710

21.1　大型设备的远程自动控制 …………………………………………………… 710

　　21.1.1　破碎机系统 ………………………………………………………… 710

　　21.1.2　半自磨、球磨系统 ………………………………………………… 710

　　21.1.3　浮选自动控制系统 ………………………………………………… 715

　　21.1.4　尾矿输送（水隔泵、隔膜泵）系统 ……………………………… 718

　　21.1.5　尾矿充填输送系统 ………………………………………………… 719

21.2　选矿工艺指标的实时优化控制 ……………………………………………… 721

　　21.2.1　半自磨给矿控制系统 ……………………………………………… 721

　　21.2.2　磨矿分级 …………………………………………………………… 723

　　21.2.3　大红山矿业有限公司选别自动控制系统 ………………………… 724

参考文献 ………………………………………………………………………………… 727

22　选矿厂技术、管理创新 …………………………………………………………… 728

22.1　选矿厂技术创新 ……………………………………………………………… 728

　　22.1.1　大型半自磨工艺的应用与创新 …………………………………… 728

　　22.1.2　阶段磨矿阶段选别、预先抛尾的磨选工艺的应用与创新 ……… 728

22.1.3　异磁性矿物的梯级场强磁分离技术 ……………………………… 729

22.1.4　优势互补的集成模式与微细粒矿物的强磁-离心重选联合回收技术 …… 729

22.1.5　研发复合流程和集成技术 …………………………………………… 729

22.1.6　阳离子反浮选处理次级精矿 ………………………………………… 730

22.1.7　形成了6项关键的集成技术 ………………………………………… 730

22.1.8　构建4个"互补体系" ………………………………………………… 731

22.1.9　从极低金品位的原矿中回收金 ……………………………………… 731

22.2　选矿厂管理特色与创新 …………………………………………………… 732

22.2.1　机构精简，管理高效化 ……………………………………………… 732

22.2.2　建立了分工不分家、工作任务互保联保的管理制度 ………………… 732

22.2.3　设置信息沟通及时、反应迅速的层级会议制度 ……………………… 732

22.2.4　强化与落实领导干部的带班制度和现场综合检查制度 ……………… 733

22.2.5　"一岗一策"的激励考核办法 ………………………………………… 733

22.2.6　常抓不懈，实现长周期无生产安全事故 …………………………… 733

22.2.7　生产事故的分析处理制度 …………………………………………… 734

22.2.8　不断建立健全和完善管理制度 ……………………………………… 734

彩图12-1~彩图22-4 …………………………………………………………… 735

第3篇　精矿输送管道篇

23　概述 ………………………………………………………………………… 744

23.1　长距离固液两相流浆体管道输送发展综述 ……………………………… 744

23.1.1　运量大 ………………………………………………………………… 744

23.1.2　占地少 ………………………………………………………………… 744

23.1.3　管道运输建设成本低、建设周期短 ………………………………… 744

23.1.4　管道运输安全可靠、连续性强 ……………………………………… 745

23.1.5　能耗少、成本低、效益高 …………………………………………… 745

23.2　大红山铁精矿输送管道概述 ……………………………………………… 746

23.2.1　大红山铁精矿输送管道设计和实施 ………………………………… 747

23.2.2　大红山铁精矿输送管道投产运行及其特点 ………………………… 756

参考文献 …………………………………………………………………………… 758

24　长距离固液两相浆体阻力特性与流速分布 ……………………………… 760

24.1　浆体的水力学特性 ………………………………………………………… 760

24.1.1　大红山管道浆体主要基础参数 ……………………………………… 761

24.2　水力损失计算（水力坡度） ……………………………………………… 768

24.3　压力损失计算 ……………………………………………………………… 769

24.4　矿浆固体浓度范围选择 …………………………………………………… 769

24.5　管道最小运行临界速度 ………………………………………………… 769

参考文献 ……………………………………………………………………… 770

25　大红山管道工艺简介 …………………………………………………… 771

25.1　浆体制备系统及加压系统 ……………………………………………… 771

25.1.1　大红山管道浆体制备系统设备组成及作用 ……………………… 771

25.1.2　大红山管道加压系统组成及作用 ………………………………… 773

25.2　大红山浆体管道 ………………………………………………………… 773

25.2.1　大红山管道的设计要求 …………………………………………… 773

25.2.2　大红山矿浆管道路线和泵站设置 ………………………………… 773

25.2.3　大红山矿浆管道直径和壁厚选择 ………………………………… 774

25.3　设备选型及配置 ………………………………………………………… 775

25.3.1　浓缩机 ……………………………………………………………… 775

25.3.2　搅拌槽 ……………………………………………………………… 776

25.3.3　渣浆泵（喂料泵） ………………………………………………… 776

25.3.4　主泵 ………………………………………………………………… 777

25.4　压力监测站的分布 ……………………………………………………… 780

参考文献 ……………………………………………………………………… 780

26　固液分离工艺流程设计 ………………………………………………… 782

26.1　终端脱水建设规模 ……………………………………………………… 782

26.1.1　终端脱水工艺流程说明 …………………………………………… 782

26.1.2　固液分离工艺配套设施 …………………………………………… 783

26.2　固液分离设备选型 ……………………………………………………… 784

26.2.1　固液分离设备对比 ………………………………………………… 784

26.2.2　陶瓷过滤机运行原理 ……………………………………………… 786

26.2.3　陶瓷过滤机的技术改造 …………………………………………… 787

26.3　固液分离工艺实践 ……………………………………………………… 789

26.3.1　平衡原理 …………………………………………………………… 789

26.3.2　循环原理 …………………………………………………………… 789

26.3.3　衰减控制理论 ……………………………………………………… 790

26.3.4　操作实践 …………………………………………………………… 790

26.4　生产实践及应对措施 …………………………………………………… 790

26.4.1　生产案例 …………………………………………………………… 790

26.4.2　案例分析 …………………………………………………………… 791

26.4.3　应对措施分析 ……………………………………………………… 791

参考文献 ……………………………………………………………………… 792

27　管道运行和机械设备维护 …………………………………………………… 793

27.1　管道系统的运行 …………………………………………………………… 793
27.1.1　高压矿浆 …………………………………………………………… 793
27.1.2　磨损 …………………………………………………………………… 793
27.1.3　主泵的保护 ………………………………………………………… 794
27.1.4　振动 …………………………………………………………………… 794

27.2　管道主要输送设备系统维护 ……………………………………………… 795
27.2.1　主泵的维护 ………………………………………………………… 795
27.2.2　ZTZP1600 型主泵设备检修与维护 ……………………………… 795

参考文献 …………………………………………………………………………… 804

28　管道输送运行管理及智能工厂平台 ………………………………………… 805

28.1　系统设计 ……………………………………………………………………… 805

28.2　智能工厂系统结构 …………………………………………………………… 806
28.2.1　设计思路 …………………………………………………………… 806
28.2.2　主要功能 …………………………………………………………… 808
28.2.3　主要的实现内容 …………………………………………………… 808

28.3　系统网络平台建设 …………………………………………………………… 810

28.4　基于维修决策的故障设备管理信息系统 ………………………………… 811
28.4.1　故障设备分析 ……………………………………………………… 812
28.4.2　更换维修建模 ……………………………………………………… 812
28.4.3　系统设计与实现 …………………………………………………… 812

28.5　管道输送数据采集与监控系统设计 ……………………………………… 814
28.5.1　网络设备技术要求 ………………………………………………… 815
28.5.2　以太网技术要求 …………………………………………………… 815
28.5.3　数据采集系统——PLC 控制系统 ……………………………… 816
28.5.4　系统结果分析与结论 ……………………………………………… 817

参考文献 …………………………………………………………………………… 818

29　科研成果与技术创新应用 …………………………………………………… 819

29.1　加速流控制消除技术研发与应用 ………………………………………… 819

29.2　管道安全保障技术 …………………………………………………………… 820
29.2.1　管道内部磨蚀控制技术 …………………………………………… 820
29.2.2　管道外部腐蚀控制技术 …………………………………………… 820
29.2.3　管道输送泄漏点定位技术 ………………………………………… 821

29.3　矿浆计量的数学模型 ………………………………………………………… 824

29.4　泵站连打模式与独立模式的无扰动切换技术 …………………………… 826

29.5　多品级矿物顺序输送新工艺 ……………………………………………… 827

29.5.1　多品级矿物分级存储 ·· 828

29.5.2　多品级矿物分级顺序输送 ··· 828

29.5.3　多品级矿物分级脱水 ·· 828

29.6　管道输送智能化物联网浆体运行状态在线监控技术 ·············· 828

29.7　长距离固液两相流多线多点输送创新技术应用 ·················· 829

参考文献 ··· 830

30　知识产权战略 ·· 831

30.1　大红山管道专利战略 ··· 831

30.1.1　激励发明战略 ··· 831

30.1.2　技术开发战略 ··· 831

30.1.3　知识产权成果 ··· 831

参考文献 ··· 832

31　泵站建（构）筑物与跨越设计 ·· 833

31.1　泵站建（构）筑物设计 ·· 833

31.1.1　泵房 ··· 833

31.1.2　支墩 ··· 833

31.2　跨越设计 ·· 833

31.2.1　跨越类型 ··· 833

31.2.2　跨越变形控制 ··· 834

参考文献 ··· 834

彩图 23-1 ~ 彩图 31-1 ·· 835

第4篇　新模式办矿的探索与实践篇

32　办矿新模式的背景 ·· 840

32.1　观念创新 ·· 840

32.2　实践探索 ·· 841

33　新模式办矿管理 ·· 842

33.1　新模式有效管控 ·· 842

33.1.1　招标 ··· 842

33.1.2　合同管理 ··· 843

33.1.3　过程管理 ··· 844

33.1.4　制度落实 ··· 846

33.1.5　工程造价管理与结算 ·· 847

33.2　大规模、多系统、连续性生产的有效组织 ·························· 850

33.2.1　生产概况 ……………………………………… 850

33.2.2　生产调度系统 ………………………………… 851

33.2.3　信息化在矿山的应用 ………………………… 852

33.2.4　生产组织 ………………………………………… 852

33.2.5　外委采矿模式下的放矿管理 ………………… 852

33.3　以人为本、加强安全生产管理 ……………………… 855

33.3.1　分级管理 ………………………………………… 855

33.3.2　安全培训 ………………………………………… 855

33.3.3　监测监控 ………………………………………… 856

33.3.4　制度创新 ………………………………………… 856

33.3.5　安全标准化 ……………………………………… 857

33.4　建立创新管理体系、打造企业核心竞争力 ………… 859

33.4.1　技术中心管理体系 ……………………………… 859

33.4.2　科研技改管理体制 ……………………………… 860

33.4.3　技术参谋议事 …………………………………… 861

33.4.4　市场运营分配机制 ……………………………… 861

33.4.5　技术人才管理机制 ……………………………… 866

33.5　倡导大红山精神与企业文化，实现矿山和谐发展 … 869

33.5.1　企业文化 ………………………………………… 869

33.5.2　矿区和谐 ………………………………………… 870

33.5.3　融合发展 ………………………………………… 871

33.5.4　社会和谐发展 …………………………………… 874

34　新模式信息化办矿 ……………………………………… 877

34.1　管理信息系统 ………………………………………… 877

34.1.1　协同办公和移动办公的结合 …………………… 877

34.1.2　信息系统整合 …………………………………… 877

34.2　信息发布系统 ………………………………………… 878

34.2.1　说明 ……………………………………………… 878

34.2.2　系统功能 ………………………………………… 878

34.2.3　权限分配 ………………………………………… 878

34.3　企业资源计划系统（ERP） ………………………… 878

34.3.1　ERP 系统的基础 ………………………………… 879

34.3.2　全新的财务与成本控制管理 …………………… 880

34.3.3　精准的生产计划与控制管理 …………………… 882

34.3.4　规范和完善的库存物资管理 …………………… 884

34.3.5　精细化的设备管理 ……………………………… 885

34.3.6　科学的人力资源管理 …………………………… 886

35　新模式办矿总体目标及思路 ·· 887

35.1　创四型企业、建一流矿山 ·· 887
35.1.1　资源节约型 ·· 887
35.1.2　环境友好型 ·· 888
35.1.3　安全发展型 ·· 889
35.1.4　自主知识型 ·· 890
35.1.5　建设一流矿山 ·· 891
参考文献 ··· 891

下卷　论文集

综　述

大红山矿区的设计与实践 ·· 余南中　895
大红山矿区扩产设计中的风险和对策 ····································· 余南中　909
技术创新与管理创新并举，努力打造一流现代化矿山企业 ············· 徐　炜　917

采　矿

地质与采矿方法

利用偏线钻孔确定大红山铁矿隐伏矿体空间位置的探讨
··· 王志成　余正方　张　玮　943
大红山采场矿体群的"二次圈定"
······················· 覃龙江　王志成　余正方　徐　刚　丁红力　948
高分段大间距无底柱分段崩落法在大红山铁矿的应用
··· 刘仁刚　王　健　徐　刚　952
大红山铁矿中部Ⅰ采区回采中深孔布置方案的优化 ················· 普绍云　957
大红山铁矿 4000kt/a 放矿管理技术分析··················· 范有才　李雪明　962

开拓与井建

胶带斜井在金属矿山及深井开拓中的应用和探讨 ········· 余南中　张志雄　郭枝新　970
大红山铁矿地下破碎站设计中若干问题的处理 ······················· 魏建海　980
高深溜井在大红山无底柱分段崩落采矿法中的应用与改进
··· 范有才　徐万寿　陈双云　984
大红山铁矿箕斗竖井的快速施工技术 ········· 黄明健　王军华　谢海鹏　988

通风与充填

大红山铁矿 4000kt/a 二期通风系统合理供风量研究 ……………………… 高 伟 994

大红山铁矿通风系统现状分析与调控策略 ……………… 杨光勇 王旭斌 谢宁芳 998

全尾砂胶结充填体制备技术探讨 ……………… 周富诚 唐国栋 郭俊辉 1005

大红山微细粒铁尾矿沉降特性研究

………………… 罗钧耀 张召述 王金博 伍 祥 唐国栋 1009

分级尾砂胶结充填新工艺与新材料的研究 ……………… 徐万寿 周富诚 1015

地压与岩石力学

大红山铁矿崩落法开采覆盖岩层合理厚度研究 ……………… 余正方 1020

大红山铁矿采场垮塌区的处理 ……………………… 李雪明 杨国永 1027

大红山铁矿中、深部采区衔接贯通方案的探讨 ……………… 杨国永 李雪明 1030

昆钢大红山铁矿塌陷区沉降测量的必要性 ……………… 李 波 王莎莎 1033

大红山铁矿地压综合监测系统的初步应用研究

……………… 赵子巍 胡静云 林 峰 彭府华 李庶林 余正方 1036

设备与自动化

大红山铁矿主斜井胶带运输 ……………………………… 徐进平 1044

无轨采矿设备在大红山矿区的应用 ……………… 余南中 谭 锐 1048

金属非金属地下矿山"三大系统"探索 ……………… 赵立群 资 伟 郭朝辉 1055

地下特大型铁矿山数字化监控调度系统的开发和应用

……………… 资 伟 赵立群 郭朝辉 1062

LC + FM458 构架在大红山铁矿箕斗井提升机上的应用 ……………… 杨建华 1068

数控模拟视频监控在大红山铁矿视频整合中的应用 ……………… 谢顺荣 1073

经济与管理

大红山铁矿 4000kt/a 采选管道工程建设的初步经济评价和效果分析

……………… 余南中 张 岚 1077

大红山铜铁矿项目风险分析与对策研究 ……………… 张 岚 1086

昆钢大红山铁矿工程建设投资的控制 ……………………… 王正华 1099

浅谈矿山井下基建项目管理探索与实践 ……………… 李春红 1104

选 矿

选矿工艺

昆钢大红山铁矿 4000kt/a 选矿厂设计方案探讨 ……………………… 沈立义 1108

云南大红山铁矿 4000kt/a 选矿厂半自磨系统设计 ……………………… 曾 野 1113

云南大红山铁矿三选厂深部铜系列选矿设计 ………………… 曾　野 1122

浅谈昆钢大红山铁矿 4000kt/a 选厂生产工艺改造实践 ………… 张江龙　刘　娟 1131

大红山铁矿 4000kt/a 选矿厂降尾改造 ………………… 王　蕾　李冬洋 1141

大红山铁矿 4000kt/a 选厂再磨流程及设备选择讨论 ………… 李登敏　段希祥 1145

昆钢大红山二选厂强磁选精矿提质降硅技改实践 ……… 刘仁刚　沈立义　刘　洋 1150

大红山铁矿 4000kt/a 选矿厂尾矿再选试验及初步实践 ………………… 沈立义 1156

大红山铁矿矿物资源加工综合利用研究 …… 童　雄　王　晓　谢　贤　蓝卓越 1161

设备与自动化

大红山选矿厂半自磨自动化控制系统的应用 ………… 李　丹　王　浩　刘建平 1170

昆钢大红山铁矿 4000kt/a 选矿厂中 $\phi 8.53m \times 4.27m$ 半自磨机的应用实例

………………………………………………………… 李登敏 1174

水隔泵回水池和压力波动技改解决多级清水泵的磨损问题 ………… 杨天明 1181

在线式粒度分析仪在选矿自动化上的应用 ………………… 杨建华 1185

昆钢大红山提高 $\phi 8.53m \times 4.27m$ 半自磨机处理量实践 ………………… 郑　旭 1188

大红山铁矿 500kt/a 铁选厂三段磨细磨与高频振网筛闭路分级技术改造

………………………………………………… 李　平　沈立义 1195

尾矿与总图

龙都尾矿库中线法筑坝尾矿料的物理力学性能研究

………………………… 杨　燕　戴红波　杨永浩　徐佳俊 1200

大红山尾矿固化干堆探索 ………………… 郭俊辉　唐国栋　周富诚 1207

大红山铁矿总图设计中的突出问题与对策 ………………… 刘家文　夏　欣 1214

精矿管道

大红山铁精矿管道试车和调试研究 ………………… 薛天铸　傅玉滨 1219

钢铁科技的世纪进发

　——记"复杂地形长距离铁精矿固液两相浆体输送关键技术及应用"的科技攻关

………………………………………………………… 1225

陶瓷过滤机尾轮控制系统的改进设计

………………… 李如学　普光跃　潘春雷　白建民　吴建德 1228

一种长距离浆体输送管道拒雷击控制系统的设计

………………… 拔海波　安　建　普光跃　潘春雷　吴建德 1232

长距离、高扬程固体物料输送管道压力分段控制系统设计 ………… 拔海波 1236

新模式办矿

践行科学发展观与深化矿山改革 ………………… 王正华 1239

论企业运营中协作单位有效管控的探索与实践 ………………… 1245

上　卷　正文卷

1　综　述

玉溪大红山矿业有限公司（大红山铁矿）隶属云南省昆明钢铁集团有限责任公司，是昆钢集团公司主要的自产铁矿石基地。

1.1　资源概况

1.1.1　自然概况

大红山矿区位于云南省玉溪市新平县戛洒镇，在云南省省会昆明市西南。从矿区经270km公路通昆明市，经260km公路至昆钢本部，经165km公路至玉溪，交通方便。矿区属构造剥蚀中山地形，区内地势陡峻，河谷深切，海拔标高600~1850m，属亚热带气候。

1.1.2　资源简况

1.1.2.1　勘探简况

矿区先后经历了几次重要的地质勘探工作：

（1）大红山矿区是1959年发现的古海相火山岩型铁铜矿床。其后地质部门进行了地面物探和少量地表地质工作。

（2）1966年由云南省地质局第九地质队对大红山铁铜矿区（东段）进行普查、勘探。云南省地质矿产局第一地质大队（由第九地质队改建）于1982年9月提交了大红山铁铜矿区西矿段详细普查地质报告。于1983年11月编写完成《云南省新平县大红山矿区东段铁矿详细勘探和铜矿初步勘探地质报告》，1987年年末提交审查，经云南省储委组织审查后以云储决字（1988）第6号（总193号）决议书批准。

（3）1986年进行浅部熔岩铁矿勘探。1986年10月，云南省地矿局第一地质大队受昆钢的委托，又对浅部铁矿（A28~A38线，700m标高以上）按熔岩铁矿补充部分野外工作，于1988年9月提交《云南省新平县大红山铁铜矿区浅部熔岩铁矿详细勘探地质报告》，报告经云南省储委以云储决字（1988）第7号（总194号）决议书批准。

（4）1986年进行曼岗河以西Ⅰ号铜矿带勘探。

（5）2004年对Ⅱ₁矿组首采区进行基建探矿地质工作。进一步有效地验证了地勘资料，大大地提高了矿床的控制程度，满足了4000kt/a基建投产所需的三级矿量。

（6）2009年对Ⅰ号铁铜矿带首采区进行基建探矿地质工作。

（7）2009年对二道河铁矿进行进一步勘查，于2009年10月提交了《云南省新平县大红山铁铜矿区西矿段二道河Ⅳ₃铁矿地质详查（初勘）报告》（以下简称详查报告）。

1.1.2.2　资源量

20世纪60~80年代地勘时期，大红山矿区以F_3断层为界，分为东部铁、铜详勘区段及西部详细普查区段。

东段矿体分布范围西自 F_3 断层，东至 A49 线，北自大水井梁子，南至肥味河 F_4 断层，东西长约 4000m，南北宽约 2000m，面积 8km²。

F_3 断层以东区段又以曼岗河为界分为西部大红山铜矿（云铜玉溪矿业公司开采）及东部大红山铁矿（昆钢开采）。

勘探工作表明，东部的大红山铁矿为特大型铁矿和铁铜矿床，资源量丰富。大红山铁矿矿权范围，以铁资源为主，共有铁矿石量 5.08 亿吨，占全矿区铁矿资源的 88.99%，另外，该范围内还有铜矿石量 0.76 亿吨，金属量 52.81 万吨，铜金属量占比为全区的 29.23%。

根据矿体平面分布、产出部位、埋藏深度、构造边界等因素，东矿段可划分为浅部铁矿（F_2 断层以北）、深部铁矿（F_2 断层以南）、曼岗河北岸铁矿、哈姆白祖铁矿和 I 号铁铜矿带 5 个地段（见图 1-1）。

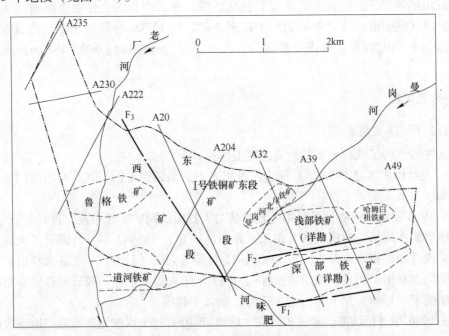

图 1-1　矿段划分及矿体投影平面示意图

东矿段中，深部铁矿、浅部铁矿、哈姆白祖铁矿及曼岗河南岸 I 号铁铜矿带为昆钢大红山铁矿矿权所属。

西矿段由 I 号铁铜矿带、鲁格铁矿、二道河铁矿等组成，其中二道河铁矿（主要部分）为昆钢大红山铁矿矿权所属矿体。

1.1.2.3　主要矿体简况

根据矿体产出层位和部位，由下而上划分为 7 个含矿带，其中有工业矿体的矿带 5 个（由下而上依次为 I、II、III、IV、V）。矿体的产出层位，上部以铁矿为主，下部以铜矿为主。II 矿带为主要铁矿带，IV、V 矿带为铁矿，I、III 矿带为铁铜矿带。

大红山东矿段共计 70 个矿体，其中大型矿体 4 个、中型矿体 9 个、小型矿体 57 个。

A　深部铁矿

分布于曼岗河南岸 A25～A45 勘探线和 F_1 与 F_2 两断层之间，东西长 2660m，南北宽 400～750m，面积 1.3km²。由上而下共有 IV₁、III₁、II₁、II₂ 四个矿组、大小 27 个矿体。

II₁ 矿组是最主要的矿组，埋深 362.48～988.31m，资源量大，其表内矿石量占全矿详勘表内矿储量的 79.73%，占详勘 B + C 级储量的 89.74%，为缓倾斜矿体，矿体极厚大（厚度 2.62～221.61m，平均 72.85m）。矿石类型，上部以磁铁矿、赤磁铁矿为主，下部以磁赤铁矿为主，品位高，表内铁矿石品位 43.52%，为主要开采对象。

III₁、IV₁ 矿组为深部铁矿的组成部分，在 II₁ 矿组的上部，两矿组由 5 个含矿层、大小 19 个矿体组成。埋深 415～707m，矿体分布范围零散。为中型铁矿，主要矿体表内矿 TFe 品位为 41%。

B　I 号铜矿带

I 号矿带为铁铜含矿带，处于上述各个矿带的下部。东段曼岗河东岸大红山铁矿开采范围的铜矿，位于 A29～A49 勘探线间、50～850m 标高范围，矿体埋深 170～950m。由三层平行的含铁铜矿体及位于上述铜矿体上下相间的四层含铜铁矿体，共 7 个矿体组成。

矿体呈缓倾斜-倾斜多层产出，为中厚至厚矿体，矿体间夹层厚度从零米到几十米不等。

属大型、低品位铜、铁矿。铜矿石为原生矿。含铁铜矿体（表内 + 表外）品位为 Cu 0.61%，SFe 20.25%。铁矿体（表内 + 表外）品位为 SFe 24.49%，Cu 0.16，资源量中菱铁矿占 40%，暂无利用价值。

C　浅部熔岩铁矿

原《云南省新平县大红山矿区东矿段铁矿详细勘探及铜矿初步勘探地质报告》提供的"浅部铁矿"在 II₁ 主矿组的北西侧、F_2 断层以北，III₁、IV₁ 矿组的北侧，I 号铜矿带的上方，为一组中型铁矿体，表内矿 TFe 品位在 34% 左右，主要产出于大红山组下段含铁变钠质熔岩中。由于熔岩平均含铁量 10%～20%，为了充分利用资源，满足大规模露天开采的需要，在原"浅部铁矿"的地质基础上补充了部分野外地质工作，按含铁边界品位大于等于 13%，工业品位大于等于 18% 的工业指标重新圈定了矿体，"浅部铁矿"也就成了矿区低品位铁矿资源"浅部熔岩铁矿"。

"浅部熔岩铁矿"含 II₅ 铁矿 4 个矿体，III₂ 铜铁矿组 2 个矿体，共 6 个矿体，呈层状、似层状层叠产出，矿体厚度为 3.6～35m，矿层总体倾角为 0°～25°。各矿层间夹层厚度为 0～30m，平均厚度多在 10m 以内。

III₂ 铜铁矿组，其矿石工业类型为含铜磁铁贫矿。

II₅ 铁矿组，矿石类型为长英磁铁贫矿。

表内矿 TFe 品位 21.66%，表外矿 TFe 品位 16.84%；伴生铜表内外合计铜品位 0.33%，为低品位的贫矿体。

D　二道河铁矿

二道河铁矿 IV₃ 铁矿体为大红山铜铁矿区西矿段中的一独立中型铁矿体，距 II₁ 主矿组西侧约 1.5km。产于红山组上部角闪变钠质熔岩底部。矿体呈似层-透镜状，缓倾斜-倾斜产出，以倾斜矿体为主，埋深在地面下 400～800m，埋藏在 -179～363m 标高之内。矿体铅垂厚度 6.19～142.37m，平均厚度为 53.39m，水平厚度约为 1～170m。

矿体为磁铁、赤铁及赤-磁、磁-赤铁型铁矿体，在大红山铁矿矿权设计范围内，TFe品位 38.30%。

在矿床赋存范围的地表有二道河、矿区公路、大红山铜矿辅助工业场地及民用、工业设施等，开采技术条件较为复杂，为典型的"三下开采"矿体。

1.1.2.4 矿石类型、矿物及结构构造总体特征

东矿段铁矿石按自然类型划分为单一铁矿石、含铁铜矿石及含铜铁矿石三大类；矿石工业类型有单一的铁矿石、铜铁共生矿石（按铁铜含量多少，又划分为含铜铁矿石和含铁铜矿石）两类。

II_1 矿组矿石主要金属矿物以磁铁矿、赤铁矿为主，假象赤铁矿（磁赤铁矿）次之，矿石工业类型有磁铁矿石、赤磁铁矿石、磁赤铁矿石和赤铁矿石。

1.1.2.5 开采技术条件

矿体产于红山组浅色变钠质熔岩中，含矿围岩为浅色块状含磁铁变钠质熔岩、绿泥石化变钠质熔岩。矿体顶底板围岩除少量绿泥片岩、角闪黑云片岩和接触带部位的蚀变辉长辉绿岩稳固性较差外，一般稳固性较好。

从矿岩物理力学性质测定结果看，岩石多属坚硬、半坚硬岩类，矿石多属半坚硬类型，矿岩抗压强度较高，稳固性较好。工程地质条件的复杂程度属于中等类型。

水文地质条件较简单，属以裂隙含水层充水为主的简单类型。

1.2 开发简况

1.2.1 昆明钢铁集团有限责任公司简况

位于春城昆明西南近郊安宁市境内的昆钢集团有限责任公司（以下简称昆钢），隶属于云南省国资委，是云南省的支柱企业之一，是全国特大型工业企业和中国企业 500 强之一。昆明钢铁控股有限公司，在 2011 中国企业 500 强排行榜中居第 369 位，在 2012 中国企业 500 强排行榜中居第 341 位，在 2013 中国企业 500 强排行榜中居第 320 位。

昆钢是云南省最大的钢铁联合生产基地。昆明钢铁控股有限公司 2011 年、2012 年在云南省百强企业中排名均为第 3 名。它是集钢铁冶金、煤焦化工、矿业开发、重型装备、新型材料、水泥建材、地产开发、现代物流、工程设计、国际贸易、海外业务和酒店旅游等于一体的特大型企业集团。

昆明钢铁控股有限公司始建于 1939 年 2 月，其前身是诞生于抗日战争烽火中的中国电力制钢厂和云南钢铁厂。

昆钢的发展经历了一个由小到大的过程。从建厂到 1949 年止，两厂累计产钢仅3526t。解放后，两厂合并发展为昆明钢铁总公司。经过多年来的发展，目前已形成资源型产业、新材料产业、现代服务业和参股钢铁产业四大产业板块。其中，钢铁产能达到年产1000 万吨综合生产能力，水泥产业达到年产 2000 万吨控制产能。

1.2.2 开发大红山铁矿的必然性

昆钢的发展离不开铁矿石原料的供给。昆钢所需的铁矿石过去主要依靠原有的 4 座资

源量为中型的铁矿山。最早的王家滩铁矿在解放前就已由国民党资源委员会易门铁矿局开采，1942~1945年仅生产11240t，1945年停产。解放后，1951年由昆钢组织恢复生产，在1958年进行了矿山扩建，1960年达到34万吨，之后年产量基本保持15万吨左右。1958~1966年昆钢先后建设和改建了八街、罗茨、上厂铁矿，20世纪80年代前期，铁原矿年产量最高达到163.43万吨，是当时国内中小型钢铁企业中为数不多的矿石能自给的单位。

但经过多年来的开采，资源已近枯竭。2000年以后，八街铁矿、王家滩铁矿已闭坑停采；罗茨铁矿、上厂铁矿露天铁矿石已近采完；4座矿山的选矿厂主要靠收购乡镇民采矿石维持生产。2004年，昆钢进厂成品矿中，自产矿仅占11.7%，进口矿占31.9%，省内收购矿占59.32%。铁矿石供应不足已成为严重制约昆钢生产发展的因素，因此，为了适应昆钢发展的需要，建设大红山铁矿势在必行。

1.2.3 大红山铁矿开发简史

昆钢大红山铁矿的开发进程情况：自20世纪80年代中后期以来，由于已有矿山的可采矿量逐年消失，铁矿石产量逐步下降，已不能满足昆钢发展的要求。昆钢自80年代初期以来，已意识到这一问题，并开始研究后续资源问题。

昆钢自80年代初期就着手大红山铁矿的开发利用研究，做了大量的前期工作，为大红山铁矿的开发打下了良好基础。其后，经历了以下主要发展历程：

（1）1985年4月12日，云南省人民政府和中国有色金属工业总公司签订了《关于全面合作加快发展云南有色金属工业的协议》。该协议第三条："关于大红山铁铜矿的开发，原则上以曼岗河为界，河东铁矿由钢铁企业开采，河西铜矿带作为易门铜矿的接替矿山，铁、铜矿各成系统，分别建设，具体分界线由设计、地质及建设单位共同确定。公用设施可由双方统一规划建设。铜矿带副产铁精矿销售给昆明钢铁公司，具体办法由易门铜矿与昆明钢铁公司商定。"从而确定了大红山矿区的开发原则。

其后，1992年3月，根据国家计委的要求，昆明有色冶金设计研究院（现改制为昆明有色冶金设计研究院股份公司，以下简称昆明院）曾编制上报了铜铁统一建设的方案。但由于昆明钢铁公司与易门铜矿分属云南省和中国有色金属工业总公司两个不同的行政体系，当时建设投资困难、融资体系也不相同，统一建设投资一次性投入额度大，难以落实，没有再进一步推进，仍按分别建设实施。

（2）80年代中期以来，昆钢先后委托长沙黑色冶金矿山设计研究院（现改制为中冶长天国际工程有限责任公司，以下简称长沙院）、昆明院进行大红山铁矿的规模论证和可行性研究工作，并与国内外有关研究、设计单位进行精矿运输方案的研究和管道输送方案的论证工作。

1989年2月，由长沙院和昆明院编制的、大红山提供600~700kt/a铁精矿的可行性研究，通过了云南冶金厅组织的可研评审会评审，确定采用1500kt/a小露天开采+1000kt/a坑采、坑露结合的方案。按此上报冶金部和国家计委。

（3）1990年10月成立大红山铁矿筹建组。1993年成立大红山铁矿工程指挥部，同年3月依据国家计委计原材（1993）550号文，按采选2500kt/a规模原矿方案开展"三通一平"工作。

至 1993 年 8 月由于国家进行针对经济过热的调整，有关实施工作暂停。

（4）1994～1996 年期间昆明院与长沙院配合美钢联、加拿大吞公司进行中外合资开发大红山铁矿的研究工作，明确了进行地下开采 4000kt/a 的目标。后来中外合资未能达成一致。从 1997 年年中开始，进行国内地下 4000kt/a 自主开采的设计和建设工作。

国家计委于 1996 年 8 月以计原材（1996）1621 号文《国家计委关于昆明钢铁公司大红山铁矿修改项目建议书的批复》，明确大红山铁矿采、选、管道工程按地下开采 4000kt/a 规模一次建成考虑。

（5）1997 年，云南省计委按自筹资金建设大红山铁矿的方案，可行性研究报告上报国家计委，同时获得了国家环保局的环境影响报告书批复意见和冶金部的预审，肯定了地下 4000kt/a 规模采选方案。1998 年中国国际咨询公司对该方案进行了评估，认可了可研报告。

（6）1997 年 10 月，根据可研方案，重新开始地面的三通一平和井下主控工程的建设施工。但后来由于昆钢投资方向及资金安排调整，大红山建设进度放缓。

（7）1998 年由武钢矿山所进行了矿石的自磨性能试验研究，结论是该矿石适用（半）自磨工艺生产。

（8）2002 年，为了验证 4000kt/a 采、选、管道工程大规模建设的采选工艺，收集采、选技术参数，并达到培养和锻炼队伍的目的。在充分结合 4000kt/a 规模采选工程设计的基础上，于 2002 年 3 月 16 日～2002 年 12 月 31 日先期投资 1.17 亿元建成 500kt/a 采、选试验性工程，生产情况充分表明对 4000kt/a 工程的设计和建设具有重要的指导意义和现实意义。

（9）2004 年年初，经玉溪市委、市政府穿针引线，为昆明钢铁集团和玉溪红塔集团构建了一个强强联合、联袂开发大红山铁矿资源，充分发挥各自优势，施展两大集团抱负和才能的坚实平台。2004 年 1 月 7 日，昆钢集团和红塔集团共同投资组建玉溪大红山矿业有限公司，公司注册资金本金 5.55 亿元，其中昆钢出资 51000 万元，占股份的 91.89%，红塔集团出资 4500 万元，占股份的 8.11%。公司完全按照现代公司制度模式运作。

（10）2004 年 8 月国家发改委以发改工业〔2004〕1618 号文核准昆钢大红山铁矿地下 4000kt/a 规模采、选、管道工程项目的可行性研究报告。这是 2004 年国务院实行投资体制改革后国家发改委首批核准的五个项目之一。此后，项目建设抓紧实施，提出了"三年建成投产、三年达产"的目标。经参与组织、设计、建设等各个单位广大员工的共同努力，总投资 23 亿元的大红山铁矿 4000kt/a 采选管道工程最终于 2006 年年底建成投产。

（11）大红山铁矿地下 4000kt/a 规模采、选、管道工程投产后各系统运行顺利，很快达产和超产，显示出了极好的建设效果。为实现把玉溪大红山矿业有限公司建成国内一流、国际知名的现代化矿山的目标迈出了最关键的一步。

（12）为实现云南省"十一五"发展规划和省政府对云南省大型国有企业集团提出的实现倍增计划的要求，相应的昆钢"十一五"发展规划要求大红山铁矿开展矿山扩产项目研究及建设，"十一五"期间实现年产 4000kt 铁精矿目标，相应采选能力再扩大 8000kt/a，铁精矿外运也相应扩能。自 2006 年以来，昆钢委托昆明院编制了"昆钢集团玉溪大红山矿业有限公司 8000kt/a 采选运扩产工程总体开发利用规划"，利用 500kt/a 工程及 4000kt/a 工程建设创造的良好条件，陆续展开了以其他低品位及难采资源为开采对象的总规模为

8000kt/a 扩产系列工程的建设。这些工程包括浅部熔岩铁矿露天 3800kt/a 工程，Ⅰ号铜矿带深部 1500kt/a 工程，Ⅲ、Ⅳ号矿体 800kt/a 工程，Ⅱ₁矿组 720 头部 500kt/a 工程，二道河 1000kt/a 工程等，以及相应地承担露采 3800kt/a、Ⅰ号铜 1500kt/a、二道河 1000kt/a 采矿工程选矿任务的三选厂（长沙院设计），精矿输送管道的扩能（输送能力由 2300kt/a 提升到 3500kt/a，由美国管道系统工程公司（PSI）设计）项目。其中 720 头部 500kt/a 工程已于 2010 年建成投产，露天 3800kt/a 工程及Ⅲ、Ⅳ号矿体 800kt/a 工程于 2011 年建成投产。Ⅰ号铜矿带深部 1500kt/a 工程于 2012 年年底投产。三选厂也于 2011 年建成投产。精输送管道的扩能建设也相应实现。

（13）为使 4000kt/a 采矿工程能持续生产，昆钢委托昆明院开展了 4000kt/a 二期工程设计，目前处于施工安装收尾阶段。

经过扩产，近年来，大红山铁矿已达到年产原矿 1100 万吨以上（其中井下 10520kt/a），铁精矿 400 万~450 万吨，品位 62% 以上；铜精矿 4 万吨，品位 20% 以上；金精矿 100t，品位 35g/t。

1.3 在矿区开发阶段解决的重大课题

1.3.1 开采规模

按照大红山铁矿的资源情况和昆钢对铁矿石的急需程度，大红山铁矿只有实现大规模开采，才能与之相适应。但在 20 世纪 80 年代中后期及 90 年代初期，由于受当时设备、技术、管理等因素的制约，国内地下金属矿山虽然有三个设计规模为 4000~5000kt/a（其中两个投产已 20 多年了），但没有一个达到设计规模。而且在国内特大型冶金矿山的建设中往往还存在投资大、周期长、效益差的问题，因此大红山铁矿生产规模到底设计为多大才合适，成为一个十分关键的问题。昆明院在矿山设计中通过认真调查、分析、研究，认真总结国内外类似矿山建设和生产的经验，结合大红山铁矿的实际情况，解放思想，改革创新，在主体工艺和关键环节等的设计方面瞄准世界先进水平，消化和采用高起点的技术，先进的工艺和设备，以实现大规模、高效、可靠的生产。

在昆明院于 1988 年 11 月提供的《云南新平大红山铁矿可行性研究》中，详细进行了规模论证，指出"大红山铁矿坑采的生产能力主要由深部铁矿提供，根据矿体总体上呈缓倾斜产出的特点，可以上下同时开采，充分考虑各部分矿体的相互协调关系后，600m 水平以下矿体只要保持两个区段同时回采（不在同一垂面上），即可以达到 4000~5000kt/a 的生产能力。为使矿山规模稳妥可行，坑采生产能力可按 4000kt/a 考虑。"

随后，在 1989 年 2 月由云南冶金厅组织的可研评审会通过的评审意见，肯定了大红山铁矿地下开采规模为 4000kt/a。在 1994~1996 年进行的中外合资开发大红山铁矿的可行性研究中及 1998 年中国国际咨询公司进行的评估中都肯定了这一规模。

2004 年 8 月国家发改委以发改工业［2004］1618 号文核准昆钢大红山铁矿地下 4000kt/a 规模采、选、管道工程项目的可行性研究报告。

1.3.2 开采方式

20 世纪 80 年代中后期，昆钢钢产量 600~900kt/a，规划到 1995 年末产钢 1000kt/a，相应要求大红山提供 600~700kt/a 铁精矿。

80 年代中后期进行规划时，从各矿组（带）的条件出发，在开采方案上存在先露后坑、坑露结合、全坑采方案的选择。通过比较，认为全坑采方案一期关系简单，基建投资少，出矿品位高，精矿成本低，二期坑露关系协调，但此方案一期建设时间长，投产时间晚，因而影响了经济效益，加之在当时条件下，考虑到昆钢对组织大规模全坑采方案的建设和生产缺乏经验，难度大，故没有采用这一方案。

按大红山铁矿提供 600~700kt/a 铁精矿的要求，1989 年编制可行性研究报告时，长沙院研究了 3000kt/a 大露天开采即先露后坑的方案，昆明院研究了 1500kt/a 小露天开采 +1000kt/a 坑采、坑露结合的方案。两者产出的精矿数量相近，投资相近，但坑采产出的精矿质量好，更主要的是，大红山铁矿是以坑采为主的矿山，适合露采的铁金属量只有总金属量的 5% 左右，先建设大露天矿不能为坑采创造条件，矿山的进一步扩大和发展后劲不足，经过云南冶金厅组织的可研评审会评审，确定采用 1500kt/a 小露天开采 +1000kt/a 坑采、坑露结合的方案，按此上报冶金部和国家计委。并按此方案组织了相关的前期工作。至 1993 年 8 月由于国家进行针对经济过热的调整，有关实施工作暂停。

90 年代中后期，规划至 2000 年昆钢钢产量 2000kt/a，相应需要铁成品矿 3200kt/a，要求大红山铁矿供给 2000kt/a 左右成品矿，重点进行了地下开采 4000kt/a 的研究。

1994~1996 年期间，昆明院与长沙院配合美钢联、加拿大吞公司进行中外合资开发大红山铁矿的研究工作，明确了进行地下开采 4000kt/a 的目标。后来中外合资未能达成一致。从 1997 年年中开始，进行国内地下 4000kt/a 自主开采的设计和建设工作。

1.3.3 精矿外运方式

20 世纪 80 年代中后期，大红山铁矿往东经玉溪至安宁昆钢本部公路距离 299km，往西经楚雄至昆钢 328km。大红山铁矿建成后每年有上百万吨铁精矿运往昆钢。大红山铁矿与昆钢相距甚远，高差约 1200m，沿途地形陡峻，精矿运输方式对于经济和环境效益影响极大。设计对精矿外运方式进行了比较，当年运输 200 万吨左右精矿时，公路运输方案虽然投资较省（公路运输方案较管道输送方案投资少 2.6 亿元），但经营费太高（公路运输方案年经营费较管道输送方案多 3.15 亿元），不宜采用。用铁路运输不具备条件，而且投资太高，所以，大红山铁矿的开发在一定程度上取决于精矿输送管道的开发。

80 年代中后期，用管道长距离输送铁精矿，在国内尚无先例，更缺乏经验。为此，昆钢委托美国管道系统工程公司（PSI）进行了管道运输的研究，表明在技术上是可行的。

经充分研究和比较，确定采用管道输送方案。这在当时具有重大的创新意义。

在线路选择方面，当时 PSI 推荐的线路方案是西线方案，管线从大红山铁矿拟建的矿山选矿厂起，至楚雄拟建的过滤车间，全长 160km，6 个泵站输送。过滤后的铁精矿用铁路运输约 150km，到达昆钢安宁总厂。

1988 年昆明院编制可行性研究时提出了由东线直送昆钢的方案，与西线方案相比，虽然投资稍多一些，但无中间脱水和倒运工序，无铁路转运环节，管理方便，外部干扰因素少，经营费用低，总效益优于西线方案。在 1989 年 2 月由云南冶金厅组织的可研评审会通过的评审意见，肯定了东线直送昆钢方案，以后昆钢和 PSI 又进行了几个具体线路的选择，都是围绕东线方案进行的。

1.3.4　采矿方法

根据矿体和矿岩稳固的条件，可考虑的采矿方法有崩落法和空场法（采后充填处理采空区）。当采用空场法（采后充填处理采空区）时，如矿柱不使用胶结充填，损失率很大，由于当时铁精矿价格低，使用胶结充填时，经济上难以承受。经比较，表明崩落法方案投资省、成本低、效益好，故推荐采用高分段无底柱崩落法方案。

1.3.5　选矿碎磨方案

选矿厂自磨-球磨方案与常规碎磨方案比较：在可行性研究阶段，限于当时未做自磨试验，国内又缺乏可靠的大型自磨设备，故采用了常规碎磨工艺方案。以后随着自磨试验的成功，以及洽谈引进加拿大二手大型磨机的进展，为自磨工艺在本矿的应用创造了条件。1998年长沙院初步设计在对这两种磨矿工艺方案均做到初步设计深度的基础上，进行了详细的技术经济比较工作。

通过比较，可以看出：

（1）两方案的选矿指标相同，在技术上均属可行。

（2）自磨-球磨方案：井下采出原矿经坑下粗碎后直接进入半自磨，省去了中、细碎、筛分及一段中矿浓缩，流程简化，减少了生产环节，有利于管理。同时，由于厂房占地较少，对于场地略显狭窄的厂址来说，在总图布置上更为有利。

（3）自磨-球磨方案：采用自磨工艺，简化生产设施，工艺设备总重少1011t，厂房面积也较小，比静态投资相对减少2629万元。

（4）自磨-球磨方案：采用自磨工艺，总的生产材料消耗较省（其中尤以钢球消耗每年省2525.2t），电耗较低（每年省电耗902.9万千瓦·时），选矿系统定员少101人，基建投资的节约也相应带来折旧费和修理费的降低，总计年加工成本少1904万元，折算单位原矿选矿加工费少4.76元/t。

综上所述，鉴于自磨工艺在简化流程和提高经济效益方面的优越性，在得到半工业性自磨试验肯定和引进大型半自磨机的前提下，推荐采用半自磨-球磨工艺方案。

1.4　矿山特点

1.4.1　开发大红山的指导思想和原则

开发大红山的目的是充分满足昆钢对铁原料不断增长的需求。充分挖掘大红山的资源潜力，实现大规模开采，为昆钢提供大的精矿量是开采的主线。大红山铁矿开发的主题是大规模。

从大红山铁矿的实际情况出发，矿山设计和建设的指导思想是解放思想，改革创新，以效益为中心，认真总结国内外类似矿山建设和生产的经验，贯彻新模式办矿方针，精心设计，把矿山建成为起点高，工艺设备先进，效率高，达产快，指标先进，效益好的国内新型现代化特大型地下冶金矿山。

矿山设计和建设的原则是：在工艺、设备等方面，突出主体工艺和关键环节，采用高起点的先进技术、工艺和设备，向国际先进水平靠拢，关键设备采用进口的一流产品，提高自动化水平，以实现先进、高效、可靠的生产；对一般设备和辅助环节，采用国内先进产品，或从简设置，把资金用在关键的地方。

在大红山铁矿的设计、建设和生产实践中，充分体现了这些指导思想和原则，具有许多特点和亮点。

1.4.2 采矿

1.4.2.1 大红山铁矿采矿工程的简况

A 开采发展过程

大红山铁矿的开采经历了由小到大逐步发展的过程。前期于 2002 年先建成 500kt/a 小规模试验性开采工程，取得经验后，进入正式大规模开发阶段；2006 年年底建成地下开采 4000kt/a 一期工程，先开采 II₁ 主矿组富厚的主体部分，以尽快形成大规模产能，取得好的经济效益，进一步积累经验和资金，为矿区全面开发创造条件，打好基础。而后，在主体部分开采的同时，根据市场需求及产品价格的变化，适时开采主矿体周边及会受主矿体进一步开采影响的次要矿体，全面开展新增 8000kt/a 扩产工程的建设，以提升资源利用率，并避免因主次矿体开采相互影响造成的资源损失。随着地下开采 4000kt/a 一期工程大规模开采的全面进行，适时建设地下开采 4000kt/a 二期工程，做好生产持续工作，实现可持续发展。

B 4000kt/a 一、二期地下开采工程

（1）设计规模：4000kt/a。

（2）开采范围：一期首采 II₁ 矿组 400～705m 间矿体，并适时用 720m 以上头部矿体及 III₁、IV₁ 矿组来补充，二期开采 II₁ 矿组 400m 以下矿体。

一期服务年限 17 年，4000kt/a 稳产 14 年。

一、二期服务年限内，可达 4000kt/a，稳产 40 年。

（3）采矿方法：地下开采 4000kt/a 一、二期工程主要采用高分段大间距无底柱分段崩落法。一期分段高度 20m，进路间距 20m，二期首采地段分段高度 30m，进路间距 20m。

（4）矿床开拓：一期采用胶带斜井、斜坡道及盲竖井联合开拓方案。二期在一期工程基础上，往下延伸，继续采用胶带斜井、斜坡道及废石箕斗竖井联合开拓。

C 扩产工程

扩产开采项目组成：

（1）规模。根据昆钢的发展规划，大红山铁矿总体生产能力在"十一五"期间要提升到年产铁精矿（成品矿）4000kt 以上。为满足 4000kt/a 铁精矿的要求，除已建成投产的 4000kt/a 一期采、选、管道工程外，需要同步开发建设 8000kt/a 采矿及相应选矿、外部运输工程。

（2）扩产矿山项目。包括：

1）井下开采：

I 号铁铜矿带深部采矿工程（1500kt/a）；

深部 III₁、IV₁ 矿组采矿工程（800kt/a 技改）；

二道河铁矿采矿工程（1000kt/a）；

Ⅱ₁矿组 720 头部采矿工程（500kt/a 技改）；

Ⅰ号铁铜矿带浅部采矿工程（200kt/a）。

2）露天开采：浅部熔岩铁矿露天开采工程（3800kt/a）。

1.4.2.2　采矿工程特点

大红山采矿工程依据先进的设计理念，通过工艺创新，设备创新，充分体现了现代矿业的特点：资源利用最大化、参数大型化、设备大型化、运输连续化、控制自动化、环境友好化。

A　达产措施

一期地下开采 4000kt/a 设计时国内无达产先例，采取的主要措施：

（1）采矿方法用大参数。

（2）采掘设备用现代化大型设备。

（3）初步实行立体开采，主矿组上下多区段同时开采。

（4）开采顺序：先采中部富厚地段。

（5）开拓提升运输系统给予充分保障。

B　扩产

全面进行多矿段立体采矿。为满足提供大产量的铁精矿，在资源分布面积有限的条件下，由平面采矿扩大到全方位的立体采矿，实现大规模多矿段同时开采。

开采关系和技术措施必须保障安全、高效、经济、环保的生产。

主要措施：结合大红山铁矿实际情况，通过矿山设计和实践，探索了一整套实现大规模高效开采的综合技术和经验，突出体现为"三大"、"四多"、"一连续"及相应的配套设施和措施。

（1）"三大"：

1）"大参数"。采矿方法采用大参数结构的高分段大间距无底柱分段崩落法。一、二期主要地段分段高度 20m（二期首采地段 30m），进路间距 20m，设计参数为国内地下金属矿山第一，处于国内领先、国际先进水平。它可以极大地降低采矿工程的万吨采切比，提高每次崩落矿石量，为采用大型无轨采矿提供条件，对提高矿块生产能力和降低损失、贫化率起到了基本的保证作用。其成功应用推动了国内无底柱分段崩落向高分段、大间距结构参数的发展，大大地缩小了与国际先进水平的差距。

2）"大设备"。井下全面采用进口的具有国际先进水平的大型无轨机械化采掘设备。井下有轨运输水平采用 20t 电机车牵引 10m³ 底侧卸式矿车等大型运输设备运输矿岩。

无轨高效采掘设备的全面使用，不但极大地提高了巷道掘进和采、出矿的效率，而且为采用大的阶段高度和矿块参数提供了保障，根本改变了传统矿山效率低、人员多、劳动强度大、产量低、能耗高、成本高的状况，是实现大规模、经济、高效开采的基本手段。由于用无轨设备施工，简单、方便、效率高，在大红山铁矿平、斜巷掘进中，无论断面大小，基本都使用无轨设备施工，效果很好，大大缩短了采、探矿和采场准备、开拓工程的施工工期，保障了大规模持续生产的进行。

3）"大段高"。采用大高度集中运输水平的设置方式，取代常规的低段高、多中段分别运输方式。一期有轨集矿高度达到340m。二期有轨运输阶段高度为200m。

创新和积累了高中段及高溜井的掘进、维护，主溜井防损坏的技术措施和经验。对于约220m高度以内的高溜井，设计采用天井钻机进行施工。

（2）"四多"：

1）主矿体沿倾斜划分多个区段，上、下同时开采；一期中部和下部两个区段同时开采，二期深部两个区段同时开采；

2）地下上下与左右多个相邻矿段同时开采；

3）露天地下同步开采；

4）多种采矿方法和开拓方式同时使用，以适应多矿段、多地段、多采区开采的需要，从而提高了矿山整体产量。

采取的保证安全生产的主要措施：

一是做好开采关系协调，合理安排大红山铁矿各矿段之间，一、二期工程各区段、块段（采区）间的开采顺序，使各开采矿段时空错开，以实现安全、均衡协调的生产。

二是下部矿体开采采用合理可行的采矿方法，多种采矿方法联合使用。根据具体情况，分别采用无底柱分段崩落法、上向点柱式水平分层充填法、空场嗣后充填法、房柱法等，适应矿体埋藏条件和特点，因矿制宜，灵活应用，取得最佳效果。

三是下部矿体开采采用可靠的充填措施；关键矿段（如Ⅰ号铜深部开采）采用可靠的分层充填，提高充填率和充填效果。

四是进一步完善复杂高效的开拓系统，多种开拓方式联合使用。依据各矿段的具体特点和确保生产的需要，分别应用胶带斜井、无轨斜坡道、箕斗竖井、罐笼竖井、平硐、电梯井等井巷，进行科学合理的组合，优势互补、高效灵活，构建了与大型矿床开采相适应的开拓系统，保证了大规模开采的需要。

与"四多"相适应，设计和建立了特大型的复杂通风系统。大红山铁矿属于国内特大型地下矿山，六个矿段同时生产，相互之间均不同程度有联通关系。二期建成后全矿将形成总通风量1556m³/s、永久性基站数22个、系统性风机约50台、通风巷道数6500~7000条、巷道长度超过250km的庞大的复杂通风系统。采用自行开发的软件进行系统网络解算和优化，使之满足井下通风要求，同时，尽可能避免井下各系统之间的相互影响和干扰。

一是事先进行充分的岩石力学分析，数值模拟研究，提出事先指导意见。

二是工作过程中采取先进的监测手段，逐步建立完善的监测系统，实时掌握地压动态情况，及时进行调整和采取相关措施，以保证安全开采。

在上述措施中，值得注意的是在时空关系协调方面，采取了以下三项措施：

其一，协调开采顺序。各矿段、采区等，宏观上在同时开采的情况下，在时间和空间上，尽量错开，在安全上避免影响，对空间上会发生影响的地段，安排和协调开采顺序，在影响到来之前，将会受到影响的地段提前开采完毕。部分地段保留临时保安矿柱。

其二，尽量以动态平衡来实现简单、易行的安全开采。开采关系的变化会经历平衡—不平衡—通过动态协调再平衡的过程，必须做好动态平衡。相关矿段不完全拘泥于既定规模，视平衡状况，有的要加大、加速，有的适当减小、放缓。

其三，充填与协调开采关系并举。上、下之间应采用必要的充填手段，但也并非完全靠充填，通过开采顺序的合理协调，可以简化措施，降低成本和费用。

（3）"一连续"：在特大型地下金属矿山的开拓系统构建中，率先用胶带运输机连续运输，取代了传统的竖井或斜井的箕斗间断运输，取得了良好的效果，对于革新地下金属矿山的开拓方式具有十分重要的意义。

4000kt/a一期工程在国内地下冶金矿山率先采用了具有国际先进水平的胶带斜井、无轨斜坡道及盲竖井联合开拓方式。一期工程采用大倾角（14°）、长距离（1850m）、高强度胶带运输机，四段胶带运输机接力运输，提升高度421.15m，居当时国内同类矿山首位。4000kt/a二期工程进一步往下延伸胶带斜井开拓，一、二期共用七段胶带接力运输，提升高度达到783m（胶带总长度4801.478m，运输能力5000kt/a以上）。该系统无论从胶带段数还是提升高度来看，在国内地下金属矿山中都是少有的，居目前在建的同类矿山首位。

（4）建立了完善的供排水、供配电、信息化、综合通信调度等辅助综合系统，为实现大产量高效开采、迅速达产和超产提供了强有力的保障。

（5）通过系统的岩石力学分析研究和地压监测，为安全开采提供指导和依据。

（6）开展数字化矿山系统建设，为实现自动化、信息化高效开采提供保障。

（7）实施新模式办矿，充分利用社会优良资源，使各方面的积极性和潜力得以通畅涌流，并有效地组织到矿山建设和生产中，保证了开采目标的实现。

由于这些手段的综合应用，自2006年年底4000kt/a一期采选系统及其他各系统相继建成以来，生产规模不断攀升。大红山铁矿一期4000kt/a采矿工程，投产第一年完成317万吨，第二年达到400万吨，实现两年达产；近年来，大红山铁矿已达到年产原矿1100万吨以上（其中井下10520kt/a），铁精矿400～450万吨，品位62%以上；铜精矿4万吨，品位20%以上；金精矿100t，品位35g/t。

1.4.3　选矿

1.4.3.1　大红山铁矿选矿工程简况

A　矿石性质

深部铁矿II_1铁矿组的矿石，工业类型可分为磁铁矿、赤磁铁矿、磁赤铁矿、赤铁矿四类。富矿主要为中至粗粒块状及斑块状石英磁铁矿及赤磁铁矿型；贫矿主要为细粒斑块状及浸染状石英赤铁矿及磁赤铁矿型。

大红山铁矿石以磁铁矿（MFe）为主，占比为34.02%，赤铁矿次之，占比为18.30%，脉石矿物以石英为主，占比为32.96%，MFe/TFe≈0.63，（CaO＋MgO）/（SiO_2＋Al_2O_3）≈0.06，属于磁铁矿-赤铁矿型酸性混合矿石，脉石主要为含铁硅酸盐，在回收工业铁矿物时，必须采用多种选矿工艺，对强磁性铁矿物磁铁矿及弱磁性赤铁矿分别进行选别。

矿石中磁铁矿嵌布粒度较粗，近半数为大于0.1mm嵌布，易于磨选，而赤铁矿嵌布粒度较细，60%以上分布在0.05mm以下，其中-0.02mm占33.44%，为含铁硅酸盐的微细粒嵌布的难选赤铁矿。

总的来说，大红山铁矿具有贫、细、杂的难选铁矿特征，富含的高比磁化率含铁硅酸盐矿物使得赤铁矿较难分选。

B　铁矿石的原则流程

选矿试验推荐采用弱磁选—强磁选—正浮选工艺流程作为设计流程。

通过生产实践、技术改造，将生产流程改造为弱磁—强磁—离心机＋摇床的"磁-重"联合流程，取代了反浮选工艺，产出62%品级的磁-赤混合铁精矿。

C 选矿厂

（1）概况：大红山铁矿目前有3个选矿厂、4个系列，分别为500kt/a选矿厂（一选厂）、4000kt/a选矿厂（二选厂）和7000kt/a选矿厂（三选厂，包括熔岩铁系列、深部铜系列）。选矿厂设计总规模为年处理原矿1150万吨，年产铁精矿400万吨以上、铜精矿2.5万吨以上。经改造，现大红山铁矿选矿厂已具有12500kt/a的实际处理能力，大于采矿能力。

（2）一选厂作为大规模选厂建设之前的试验性选厂，设计原矿处理能力500kt/a，2002年12月31日建成投产。设计处理能力67.2t/h，现处理能力达750kt/a（100t/h）以上。

一选厂原工艺按照阶段磨矿、阶段选别、预先抛尾的总原则，采用粗碎—半自磨—二段球磨—二段弱磁—二段强磁工艺。经改造，现为一段半自磨—球磨—弱磁—强磁抛尾流程，二段为球磨—弱磁—强磁—摇床的精选流程。弱磁及强磁精选精矿合并为62%品级铁精矿。强磁扫选精矿为35%品级精矿，根据生产需要可进入二选厂流程选别，也可利用一选厂摇床设备进行选别。

（3）二选厂设计原矿处理能力4000kt/a，处理井下4000kt/a一、二期工程采出的铁矿石，2006年12月31日建成投产。设计处理能力4000kt/a（537.2t/h），现经过改造，处理能力提升到4500kt/a（600t/h）以上。

选矿工艺流程为阶段磨矿-阶段选别。磨矿段数为三段，其中一段为半自磨，二、三段为球磨，一、二段为连续磨矿。一段自磨和一段球磨产品经第一次弱磁＋第一次强磁选别，粗精矿进入二段球磨。二段球磨的产品经二次弱磁选及一次强磁选选别。第三次弱磁选选别的精矿进入总精，二段强磁的精矿进入一期离心机进行提铁降杂处理。一期离心机的精矿并入总精，其尾矿和第二次强磁的尾矿合并进入"降尾系统强磁—二期离心机"流程选别得到50%品级的精矿，进入总精，二期离心机尾矿经浓缩机浓缩后，进入强磁扫选得到35%品级的精矿，再经过摇床精选并入总精。

二选厂设备按大型化、自动化、节能化要求进行配置。

（4）三选厂规划由三个选矿系列组成，处理扩产工程产出的矿石，原设计包括熔岩铁系列、深部铜系列和以二道河铁矿为主的铁系列。设计原矿处理能力7000kt/a，其中熔岩系列包括铁矿3200kt/a＋含铜铁矿800kt/a；深部铜系列1500kt/a；铁系列1500kt/a。后因在生产中，一、二选厂经不断改进，能力扩大，可以处理二道河产出的铁矿石，故二道河铁系列已停止建设。2009年10月三选厂开工建设，2010年12月28日，熔岩系列建成投产；2011年3月，深部铜系列建成投产。为满足生产发展要求，2012年熔岩铁矿系列、深部铜矿系列进行了流程扩能改造和降尾改造，2013年7月两项工程完成。熔岩铁矿系列处理能力提高到5000kt/a，深部铜矿系列处理能力提高到2000kt/a，两个系列原矿处理能力仍达到了7000kt/a。

1）破碎和磨矿工艺的确定：三选厂采用半自磨碎磨工艺。

2）熔岩铁矿系列：磨选流程。采用熔岩铁矿和含铜铁矿两种矿石分时段选别方案，熔岩铁矿和含铜铁矿共用粗碎、磨矿系统。当处理熔岩铁矿时，磨、选系统采用三段磨矿、阶磨阶选的工艺流程。磁选工艺流程采用弱磁+强磁选工艺。当处理含铜铁矿时，采用三段磨矿、阶段磨矿—浮铜—选铁流程。设备按大型化、节能化和国产化发展要求进行配置。

3）深部铜系列：深部铜系列处理的矿石为深部 I 号铜矿。选矿工艺流程采用粗碎—半自磨—阶段磨矿—浮铜—弱磁选铁选别流程。粗碎后矿石进入一段半自磨和二段磨矿。磨矿后先浮铜，浮铜尾矿进行三段磨矿后，进入磁选，通过连续两段弱磁精选，获得 TFe 60% 的铁精矿。

1.4.3.2　大红山铁矿选厂特点

大红山铁矿选矿厂形成了一系列具有自身特色的选矿特点和亮点，例如大型半自磨工艺的应用、阶段磨矿阶段选别预先抛尾磨选工艺的应用、离心机回收微细粒赤铁矿的大规模工业应用、磁重联合流程降低尾矿品位、阳离子反浮选处理次级精矿、原矿中极低品位金资源的回收等。正是由于这些选矿新方法、新技术的熟练运用，大红山铁矿年生产规模达到原矿处理量 1000 万吨以上，可生产铁成品矿 400 万吨以上，铜精矿 2.5 万吨，金精矿 100t 以上。据统计，2013 年 1~6 月，大红山铁矿选矿厂的尾矿累计品位为 10.03%，比全国铁矿山尾矿平均品位低 4.7%，金属回收率为 86.71%，比全国平均水平高 10.84%。具体的选矿特点与亮点有以下几个方面。

A　大型半自磨机的成功应用

大红山铁矿在 21 世纪初建成了国内第一座达产达标、最大规模的用半自磨工艺（即 "SABC" 流程）替代中细碎作业的大型选矿厂，形成了粗碎-半自磨的工艺流程。至 2010 年，共建成了 3 条大型半自磨生产线，分别为 4000kt/a 二选厂 $\phi 8.53m \times 4.27m$ 半自磨机、7000kt/a 三选厂 3500kt/a 铁系列 $\phi 8.8m \times 4.8m$ 半自磨机以及 1500kt/a 铜系列 $\phi 8.0m \times 3.2m$ 半自磨机。最终的磨矿细度达到 $-45 \mu m$ 占 80%，满足了铁矿物单体解离的要求，磨机处理能力提高了 25 个百分点。不但对大红山铁矿的 "增量" 起到了非常重要的作用，而且对大型半自磨机在国内的发展和推广应用起到了引领作用。

B　阶段磨矿阶段选别、预先抛尾磨选工艺的应用

大红山矿原矿是混合型矿石，主要可回收矿物为磁铁矿和赤铁矿。磨矿工序的成品消耗是各工序中最大的，为降低制造成本，采用了阶段磨矿阶段选别预先抛尾磨选工艺。此工艺在一段磨矿分级后就进行预先选别作业，经弱磁—强磁后抛掉 33% 左右的粗尾，粗精矿进入二段磨矿作业系统，大幅度减少了二段磨的入磨量，对控制磨矿工序的生产成本起到了至关重要的作用。

C　高梯度磁选机与离心选矿机相结合的磁选-离心机重选技术

磁选-离心机重选的复合集成工艺与设备，是大红山式铁矿资源高效分选的重要技术。大红山铁矿在国内首次大规模地引进了 72 台 $\phi 2400mm$ 新型离心机设备，解决了难选微细粒、高硅型赤褐铁矿提质、降尾的技术难题，引领了国内大型连续离心选矿机应用于微细粒赤褐铁矿物回收的技术潮流；而且工艺流程简单、合理，生产运行稳定可靠，特别是高效回收了 $-37 \mu m$ 的弱磁性铁矿物；同时，精矿品位由 60% 提高至 62% 以上、硅含量平均降低了 2 个百分点；原矿入选铁品位由 41% 降至 35%，释放了 35% 的低品位铁矿资源 1 亿吨；取得了很好的经济效益、环境效益和社会效益。

D　磁-重联合流程降低尾矿品位的成功应用

根据大红山式铁矿资源的特点，提出了"分类逐级降尾、同步提质降硅的平衡理论观点"、"优势互补的集成技术理论观点"，研发了适合大红山式铁矿资源性质的绿色的选矿工艺流程和集成技术，采用独特设计的"小闭路大开路"磁-重复合流程，首次在国内外工业生产中完成了集"降尾"、"降硅提质"与"增量"于一体的复合分选技术。选矿厂总尾矿品位从刚投产时的17%~18%，降低到现在的10%左右，取得了很好的经济和社会效益。下一步通过采用高梯度磁选，加强对贫、细难选弱磁性铁矿物的回收，可进一步使尾矿品位降到8%以下。

此外，在原矿中极低品位金资源的回收利用方面也取得了较好的成果。

大红山铁矿矿石中金、银含量较低，流程中各点金含量均小于0.2g/t，银含量均小于5g/t，低于常规化验方法的下限。从2010年起，采用土法溜槽毛毡富集原矿中极低品位金获得成功。现每月可从尾矿中获得品位30g/t左右的金精矿10t以上，创造了一定的经济效益，2015年铜、金、银的销售收入29328万元，实现了伴生金属的综合回收利用。

1.4.4　长距离铁精矿浆输送管道

1.4.4.1　大红山铁矿长距离铁精矿浆输送管道的概况

在大红山铁矿开发中，对铁精矿外运至昆钢的输送方式，经过比较，确定采用管道输送方式。

管道输送作为一种新兴运输方式，区别于公路、铁路、水运、航空运输，它具有技术先进、可靠、无污染及运输成本低等特点。管道运输不仅运输量大、连续、迅速、经济、安全、可靠、平稳以及投资少、占地少、费用低，并十分有利于实现自动控制。

与大红山铁矿铁精矿产量由小到大的发展相适应，大红山铁精矿输送管道也经历了精矿输送量由一期2300kt/a扩能至二期3500kt/a，再进一步扩能至三期5000kt/a的发展过程。

A　一期地下4000kt/a采、选、管道工程中大红山铁精矿输送管道

这一阶段铁精矿输送能力按2300kt/a设计和建设。一期最终建成的大红山铁精矿输送管道，精矿输送能力2300kt/a（290.4t/h），矿浆质量浓度65%，设计矿浆流量226.7m^3/h，输送流速1.5m/s。起点在大红山矿区二选厂西侧铁精矿浓缩池接口处，终点在安宁昆钢球团厂西侧的终点站。输送系统由3个泵站、终点站及输送管线组成，管道总长171km，管道外径244.5mm，起点标高670m，终点标高1898m，线路三起三落，最高点标高2190m，输送高差达1520m。每个泵站设3台进口荷兰Geho正排量活塞隔膜泵，主泵最大工作压力24.44MPa。

B　精矿输送管道扩能

（1）第一次扩能。2009年，为满足大红山铁矿扩产的需要，将输送能力由2300kt/a提升到3500kt/a（由307.8t/h提升到437.5t/h）。

在已建成2300kt/a输送管道3座泵站的基础上再增加4号、5号两座泵站，整个管道输送系统采用5级加压泵站输送。利用已有管道，管径不变，将矿浆输送浓度由65%提高到68%，流速提高到1.95m/s。在1号及2号泵站之间增加4号泵站（距起点1号泵站28.157km），在3号泵站之后增加5号泵站（距起点116.5km）。4号、5号泵站各设一台

16.5MPa 的进口正排量活塞隔膜泵。并相应对与各泵站配套的浓缩、搅拌、喂浆、终点站过滤设施等进行改造。

(2) 第二次扩能。2011 年，为满足大红山铁矿精矿产量进一步增加的输送需要，在充分利用现有输送管道设施的条件下，进行大红山管道输送技术创新节能减排技改项目，以满足每年输送 5000kt/a 铁精矿的要求。改造后，采用不同的管道输送不同品质的铁精矿，每年把 180 万吨、TFe 60% 品位的铁精矿输送到玉溪钢铁厂研和终点站，320 万吨、TFe 64% 品位的铁精矿输送到昆钢现有安宁终点站。

除利用从大红山至安宁已有的 3500kt/a 管道输送设施外，在 1 号和 3 号泵站之间新建一条外径为 13.375 英寸（339.7mm）、长度约 70km 的精矿管道；从 3 号泵站到玉溪研和终端站新建一条外径为 219mm、长度为 64km 的精矿管道，在玉溪研和新建一个终端站，并相应改造和建设有关输送设施。

大红山选矿厂每年生产的 500 万吨精矿，通过原有外径 244.5mm 以及新建的外径 339.7mm 的精矿管道输送到现有 3 号泵站，而后，其中 3200kt/a 高品位的精矿给到原有外径为 244.5mm 的管线，输送到安宁终端；另外 1800kt/a 低品位精矿，通过新建的外径为 219mm 的精矿管道输送到玉溪研和终端过滤车间。大红山精矿输送管道的主要参数见表 1-1。

表 1-1 大红山精矿输送管道主要参数

序号	项 目	单位	一期 2300kt/a	二期 3500kt/a	三期 5000kt/a		
					1~3 号泵站	3 号泵站至玉溪终端	3 号泵站至安宁终端
1	输送能力	kt/a（精矿）	2300	3500	5000	2300	3500
		t/h	290.4	442	625	290.4	433.7
2	固体密度	g/cm³	4.261~4.815	4.261~4.815	4.261~4.815	4.261~4.815	4.261~4.815
3	精矿细度	%	0.044mm 含量 >73	0.044mm 含量 >73	0.044mm 含量 >73	0.044mm 含量 >73	0.044mm 含量 >73
4	矿浆质量浓度	%	62~68	62~68	62~68	62~68	62~68
5	输送流速	m/s	1.5	1.48~2.11	1.48~2.11	1.48~1.62	1.48~2.11
6	设计矿浆流量	m³/h	226.7	300	450	168	226.7
7	管道长度	km	171	171	新增 70	64	102
8	管道坡度	(°)	12≤坡度≤15	12≤坡度≤15	12≤坡度≤15	12≤坡度≤15	12≤坡度≤15
9	线路最大高差	m	1520	1520	1520	72.7	182.1
10	管道外径	mm	D244.5	D244.5	D339.7	D219mm	D244.5
11	管道壁厚	mm	7.92~18.26	7.92~18.26	7.93~14.27	8.74~12.7	7.92~18.26
12	管道材料		API5L 钢 1GrX65	API5L 钢 1GrX65	API5L 钢 GrX65	API5L 钢 1GrX65	API5L 钢 1GrX65
13	加压泵站	座	3	3+2	5		

序号	项 目	单位	一期 2300kt/a	二期 3500kt/a	三期 5000kt/a		
					1～3 号泵站	3 号泵站至玉溪终端	3 号泵站至安宁终端
14	主泵		荷兰 Geho 1600 型隔膜泵，3 台/座泵站，共 9 台	4 号、5 号泵站各新增 1 台荷兰 Geho 2000 型隔膜泵，共 11 台	1 号站、2 号站各增加 3 台荷兰 Geho 2000 型隔膜泵，3 号站增加 2 台荷兰 Geho 1600 型隔膜泵，共 19 台		
	流量	m^3/h	114.5	新增泵 300	新增泵一台为 230（3 号站 E 泵），6 台 150（1、2 号站 DEF 泵），1 台 114.5（3 号站 D 泵）		
	出口压力	MPa	24.4	新增泵 16.5	新增泵 24.2，3 号站 E 泵 15.8		
15	终端过滤陶瓷过滤机		8 台 60m²	增加 4 台 80m²	8 台 80m²	8 台 60m²，增加 4 台 80m²，共 12 台	

注：此表由解天华提供。

1.4.4.2 大红山管道输送技术的主要科研成果与创新应用

大红山铁精矿管道输送管线长、矿浆扬程高差大、矿浆输送压力大、矿浆输送管道控制难度高。通过设计和扩能发展，以及管道公司在实际运行中不断引进、消化、吸收和再创造，在技术方面取得了丰硕的成果，主要有以下几个方面：

（1）多级泵站独立/连打运行模式之间的互相切换。

（2）U 形管道加速流的消除技术。

（3）矿浆管道运输中固体运量的数学模型及计量方法。

（4）管道泄漏点定位的数学模型与检测方法。

（5）矿浆在管道中运行状态的监控系统。

（6）设备故障在线智能检测分析系统。

（7）固体物料浆体管道输送智能工厂数字化平台。

上述 7 个方面获得 7 个计算机软件著作权登记、25 项专利保护。

此外，在以下方面也取得重大成果：

（1）管道安全保障技术，包括：

1）管道内部磨蚀控制技术；

2）管道外部腐蚀控制技术；

3）管道输送泄漏点定位技术。

（2）多品级矿物顺序输送新工艺，包括：

1）多品级矿物分级存储；

2）多品级矿物分级顺序输送；

3）多品级矿物分级脱水。

（3）长距离固液两相流多线多点输送创新技术应用。

1.4.4.3 知识产权成果

截至 2012 年年底，管道公司共计申请国内专利 313 项，其中，发明专利申请 157 项，实用新型专利 156 项，申请国际专利 7 项。获得授权国内专利共计 186 项，其中，授权发明专利 43 项，授权实用新型专利 143 项，获得授权国际专利 1 项。另外，管道公司获得软件著作权授权 24 项，拥有 1 项注册商标。

以大红山管道知识产权为依托的核心技术广泛应用于国内外工程项目，大红山管道核心产品已经进入国内和国际市场。

1.4.4.4 大红山矿浆管道输送的亮点和效益

A 亮点

（1）铁精矿矿浆输送管线长度居全国第一。

（2）矿浆扬送高差居全国第一。

（3）长距离矿浆输送管道敷设复杂程度居世界前列。

（4）矿浆输送压力与秘鲁安塔密娜铜锌金矿并列世界第一。

（5）主泵及自动化控制系统具有世界一流水平。

（6）实现了一条线路向 3 个终点输送两种浆料的复杂运行作业。

B 效益

（1）经济效益：一期管道总投资约为 8.4 亿元，运行寿命 30 年。汽车运输为每吨 140 元（市场价），当每年运输 350 万吨精矿时，汽车运费为 4.9 亿元，而管道输送运费为 40 元/t，当年输送 350 万吨精矿时，需 1.4 亿元，年节约运费为 3.5 亿元。

（2）社会效益：管道输送是真正的节能运输通道，能源消耗量仅相当于汽车输送能源消耗量的 1/10。

（3）生态环境效益：对于大规模的精矿运输来说，它避免了公路汽车运输所产生的大量尾气和扬尘对环境的严重污染，生态效益十分突出。

1.4.5 新模式办矿

1.4.5.1 现代企业管控新模式

大红山铁矿采用合同采矿等新的办矿模式，在极大地减少自有人员、减轻企业的长期负担的同时，充分利用了社会优势资源，发挥竞争和激励机制，取长补短，解决了老矿山企业"小而全、大而全"的问题，避免了传统模式包袱沉重、缺乏活力的弊端，提高了劳动生产率。

大红山铁矿的办矿新模式——以资源型企业为主体，充分运用社会化协作条件，引进专业化团队，形成井建开拓、采矿生产、加工服务、生产后勤等外委承包，以合同关系为纽带，多种经济成分并存，主体企业有效管控、运营高效率，协作单位互利共赢、共同发展的新的矿山企业发展模式。

2003 年，大红山铁矿开始了 500kt/a 采矿工程，在全国冶金矿山行业率先创新推行采矿合同制，引入专业协作单位承包采矿，取得了明显的成效。2007 年，井下 4000kt/a 采矿工程投产后，继续运用新模式采矿，采用合同制采矿模式，形成大红山铁矿新形势下办矿山企业的主体与核心。2010 年后，玉溪大红山矿业有限公司进一步深化新办矿模式，针对新形势，不断加强与外委合作单位的交流和联系，把外委协作单位纳入矿业公司总体发展目标来统筹管理。

大红山铁矿已不再是一个简单的企业概念，而是一个地域概念、一个经济概念，是一个多元经济、多种利益共存、协作发展的新的矿业经济圈。尽管各个协作单位性质有所不同、隶属关系不一，但都处在一个地域内，共同在大红山矿区生存，生产上相互协作、经济上相互联系、生活上相互交流、文化上相互融合。矿区经济圈强化整体协调发展的意识，从整体利益出发，统筹兼顾、突出重点，合作共赢、和谐发展，构建和谐矿山。

新模式办矿和市场经济规律相适应，业主单位与协作单位的目标一致，充分体现了高效率、高效益。

新模式办矿充分发挥了各协作单位的各类专业人才的作用，运用市场手段进行资源的有效配置，迅速实现达产、达标，对新建矿山经济效益的提升很有好处。

1.4.5.2　措施

（1）以合同管理为前提和基础。

（2）以精细管理为手段。

（3）以严格管理为保证。

（4）建立行之有效的日常监督管理体系，形成严格、有效的管控模式。

（5）利益目标的统一。

（6）指导并帮助协作单位降低成本，形成合理的利润空间，为实现共同利益目标打牢基础。

（7）生产、安全目标的统一。

（8）企业文化的融合和人文关怀。

1.4.6　大红山铁矿数字化矿山建设与实践

1.4.6.1　大红山矿业有限公司数字化矿山建设现状

玉溪大红山矿业有限公司在数字化矿山的建设过程中采用与国外相似的发展路线，先实现单机自动化、单个环节的生产过程自动化，再完成全矿井的数字化。

为了更好地建设数字化矿山，玉溪大红山矿业有限公司做了以下工作：

（1）矿区网络基本全面覆盖，矿区光纤信道网，光缆的芯数留有余地，井下形成光纤环网；矿区主要网络设备的性能在不断提升；具备有线和无线网，内网、外网、工控网络，物理上隔离的内、外网系统，外网具备 VPN 功能。

运用 Microsoft SQL Server、Oracle 等数据库，建立了地质监测、资源、矿床数据、开采环境、选矿设备参数、井下人员（车辆）、安全监控、环境监控、经济信息、供销信息、计量等数据库。

（2）通过组态软件（Intouch、WCC 等）、PLC 技术、数据库技术、三维建模技术、视频监控技术等，大红山已建成了井下运输信集闭系统、长距离胶带运送可控传输系统、箕斗竖井提升控制系统、井下通风远程集中控制系统、井下车辆识别系统、矿体建模系统等基础数字化系统。选矿厂生产流程的自动控制信号系统、集中闭锁系统，包括选矿单机设备的自动控制系统、选矿工艺优化控制系统。在矿山安全数字化方面，建立了矿山地面和井下视频监控系统、井下人员定位系统、地压在线监测系统、尾矿库在线监测系统。

（3）大红山通过先进的计算机网络技术、数据库技术、计算机技术，把生产经营活动中的信息整合、共享，为企业各层级决策者提供决策依据，提高了企业的经济效益；建立了变电站无人值守集中监控系统、过磅房无人值守集中计量系统、供水加压泵站无人值守集中远程控制系统，以及 ERP 系统、协同办公系统、移动办公系统、信息发布系统等信息管理系统。

（4）部分系统简况：

1）矿山。其中矿床数字模型是数字化矿山建设的核心和基础。大红山铁矿在矿床数字模型创建及应用方面也进行了一些有效探索和研究，并取得了有益成果：

①矿区浅部熔岩铁矿由于其埋藏较浅，适宜露天开采。大红山在浅部露天矿设计和建设工作中，采用矿业 SURPAC 软件（澳大利亚）进行了矿床建模和境界优化设计的研究和探索。

②二道河铁矿属典型"三下开采"矿床。为了合理确定矿床开拓方案、选择采矿工艺，满足保护地表的要求，实现矿床安全、经济、高效回采，大红山采用了 Surpac、3Dmine、FLAC^{3D} 等先进数字化设计、分析软件，进行了矿床数字化建模，对三维可视化开拓设计、采矿工艺设计进行了有益探索，对地表沉降变形进行数值模拟研究。

③利用 DIMINE 矿业软件对 I 号铁铜矿带进行建模。

井下 380 有轨运输主中段建立了运输控制信集闭系统。为了提高机车运行效率，保证安全行车，使运输调度员做到指挥上心中有数，矿山于 2006 年安装了一套 KJ150 矿井机车运输监控系统（后面升级成 KJ293），监控中心站设置在计量硐室内。该系统技术领先，工作可靠，便于维护，操作方便，适应性强，采用工控网络式多层总线星型混合结构可以接入综合集控系统。

大红山铁矿井下运输采用胶带斜井、斜坡道及盲竖井联合开拓方案。对运矿主胶带斜井长距离胶带运送建立了可控传输控制系统。通过 PLC 和计算机控制系统在中央控制室实现长距离胶带机的运转控制。控制系统具备主要故障的检测和保护功能，可实现机旁无人操作。为此，长距离胶带机系统中设计了防跑偏、打滑、堵塞、撕裂及急停（拉绳）开关等附属装置。为在启动过程加速阶段降低张力作用对皮带机带来不利影响，采用 CST，通过控制启动上升曲线，减小皮带机空载或满载启动时带来的瞬时尖峰张力。

对 I 号铜矿带箕斗竖井提升控制系统，采用交叉变频传动系统，双 PLC 设计，一路主控，另一路监控，所有与安全有关的信号都纳入控制系统，参与连锁保护，确保提升机安全运行。控制系统元件和传动系统的控制装置均为西门子公司欧盟原厂生产，元件性能可靠。采用软件来实现各项控制及保护，系统简洁合理，故障率更低。针对矿井提升系统，设计了专用的工艺控制模块，编写了专用的工艺控制系统，所有元件及计算机等均采用目前主流的配置。工艺控制关键数据均采用参数形式，修改方便，画面显示系统更为检修和故障查找带来了方便。

井下多级机站风机集控。大红山铁矿通风系统十分复杂，主力风机总数超过 35 台，全部采用 PLC 网络控制系统，实现远程集中控制。风机使用变频器驱动，利用光纤以太网对分布于井下的多级多基站 PLC 进行联网通信，获取与 PLC 连接的变频器、电力仪表等基础数据，在监控调度中心进行集中控制，实现了基站无人值守。通过基础数据计算风量调节风机转速，达到既保障井下通风又节约电能的目的。

2）选矿。在选矿单机设备的自动控制系统方面，包括：

①破碎系统。破碎系统是选矿厂的主要生产系统之一，大红山铁矿自建厂以来，根据不同需求主要选用旋回破碎机和颚式破碎机。破碎机系统主要由稀油站控制，运用西门子 S7-200 可编程控制器进行控制，通过 PROFIBUS DP 现场通信总线上传上位机，由 WinCC 组态监控软件在上位机进行显示、报警，实现了破碎机稀油润滑站的智能监控和数据管理。

②半自磨、球磨系统。磨机使用罗克韦尔 Logix5000 型号的 PLC 及相关模拟量 I/O 模块作为控制器，现场控制柜触摸屏通过控制器自带的 RS232 端口与 PLC 连接，实现磨机主要参数的实时监控，如轴瓦温度、定子温度、油压力及流量等。同时通过控制柜内 Controlnet 通信模块连接到工业以太网中，与选矿中控室上位机通信，上位机平台上运行 Intouch 组态监控软件，主要实现磨机稀油站油流量、压力、温度等主要信号，同时对给矿量、磨机补加水量、同步电机功率等信号的历史趋势设置，实现了现场与控制台的实时监控，做到了智能化控制与数据化管理。

③浮选自动控制系统。液位控制回路是浮选自动控制系统重要部分，由液位测量装置、就地操作箱、气动调节阀和质量流量计等构成。液位测量装置将液位信号传递到就地操作箱，根据液位的设定值对气动执行机构进行自动调节，最终达到理想的液面高度。再通过外部提供的电源驱动柜内的 PLC 工作，发出各项指令，进而实现远程控制浮选液位的目的。

④尾矿输送系统（隔膜泵）。系统电气控制部分充分考虑管道输送过程中出现的各种非稳定运行情况，并对相应的情况自动做出相应的反应。如：管道正常启动，正常停车，紧急停车，紧急停车后再启动，浓缩池底流泵故障切换，浓缩机故障，主管道阀门故障，主管道泵故障，主泵入口管道泄漏，主泵入口管道泄漏，主泵过压等，确保了设备安全稳定运行。该系统除电气控制外，充分考虑安全稳定性、经济性，对其进行了有效的过程控制。

⑤尾矿充填输送系统。采用 Wonderware 公司的 Intouch 作为监控软件，Rockwell Rslogix5000 最新版本作为 PLC 编程软件。上位机，对相关工艺段进行监控（压力、流量、浓度、工作模式、运转情况等）和操作。

在选矿工艺优化控制方面，设有：

①半自磨机给矿控制系统。半自磨机给矿控制系统包括给料机、皮带、半自磨机、直线振动筛和补加水控制。这是一个小的闭环系统，采用现场总线结构，主机 PLC 采用模糊控制 + 常规控制实现（FUZZY + PID），磨音电耳、功率和返砂量，多因素分析。三选厂半自磨机给矿控制运用数据库进行升级控制，综合了各种数学方法、模糊理论、机器学习、智能逻辑推理的复杂"灰箱"系统。包括数据预处理、专家知识库、推理机、知识学习、数据输出 5 个部分。

②磨矿分级控制系统。包括球磨机、旋流器、泵池液位控制。利用模糊控制理论，使模糊控制系统得以接受人的经验，模仿人的操作策略。通过调节给矿量和给矿水，使分级溢流粒度和浓度满足工艺要求，同时使磨机的台时处理量达到最大。

③选别自动控制系统。它是根据品位仪、浓度计检测的实时数据及高梯度磁选机的励磁电流等参数动态调节影响铁精矿品位的相关因素。

3）辅助生产系统。包括：

①变电站无人值守、集中远程控制。大红山变配电站工作站集中控制，采用以太网进行数据传输，建立工作站，工作站可显示和查看下层所有子站的各种实时数据、画面、表格和管理信息等，通过控制系统还可以完成 VQC（电压无功综合控制）功能及小电流接地选线功能、操作票、谐波测试功能等。可在线监测与管理电网电压、电流不平衡度、频率变化、有功电能、无功电能、负序变化等。在电力系统发生异常和事故时，系统通过集中监视提供实时数据，有利于调度及时、快速和准确地处理。

②供水加压泵站无人值守、集中远程控制。泵站设备实现现场、远程监控，自动对泵站的加压泵做出启停控制。在上位软件上可以监视高位水池，泵站的吸水池的水位，供水管内压力状况；可以监视水泵的运行状况，电流、电压的情况。能全面直观地统计班、天、月、年的供水变化趋势和供水量，及时做出调整。

③过磅房无人值守、集中远程控制。系统整合了大红山的 7 台汽车衡、1 台轨道衡、16 台皮带秤，并结合多种计量防作弊手段，利用分布式网络、远距离计量数据传输、自动语音指挥、称重图像即时抓拍、红绿灯控制、红外防作弊、远程监控等技术，构建完善的远程计量管理系统，应用 MOXA 卡技术实现了现场仪表和计量管控大厅点对点数据传输，解决了干扰信号影响计量问题，并且对每个计量点安装多台全方位的视频监控设备，完成计量过程的监控、图像抓拍及计量操作过程的截图，辅助计量操作员完成计量任务，最终实现系统的自动计量和计量员在远程计量中心进行统一调度、分配、接管计量任务。

4）矿山安全。包括：

①矿山视频监控。大红山视频监控系统涉及井下和地面生产设备和现场的监控、矿区和生活区的安防监控，以及过磅房和变电站无人值守等。将全矿所有视频整合，视频图像及控制信号接入矿业公司生产指挥中心，实现全矿视频集中监控。同时在采矿和三个选矿厂分别设置分控中心，通过中心矩阵对控制权限进行划分、优先级设置，实现各分控中心对所需图像的调用、控制功能。技术应用方面主要体现了国产和进口监控设备的融合、网络传输设备之间的融合和模拟、数字、网络、智能化的融合。

②地压在线监测。基于大红山铁矿存在的地压问题，大红山铁矿和长沙矿山研究院声发射/微震监测研究组合作，建立了一套全数字型 60 通道微震监测系统，实现了对矿山岩体工程的全天候、空间立体、实时在线和远程控制监测，利用网络技术，实现了国内和全球任何地区的远程监控。

③尾矿库在线监测。该系统建成了坝体表面位移监测系统、坝体内部位移监测系统、浸润线监测系统、干滩监测系统、库水位监测系统、雨量监测系统、视频监控系统及监控中心等。为尾矿库的安全管理提供及时、准确的监测信息，尾矿库坝体如有异常变化时，可及时发布预（报）警信息。

5）ERP 系统。大红山结合矿山企业特有的生产情况，建立完善 ERP 系统所需基础，将 ERP 系统的管理思想和模块功能，充分运用于矿山经营的各个环节，将原来各专业部门分散、割裂的职能集成一条完整的管理流程，实现了大红山铁矿独具特色的矿山 ERP 管理系统。其中，主要包括几大模块：全新的财务及控制管理、精准的生产计划与控制管理、规范和完善的库存物资管理、精细化的设备管理、科学的人力资源管理等。

1.4.6.2　大红山矿业有限公司数字化矿山发展规划

数字化矿山分为三个阶段：一是矿山数字化信息管理系统，这是初级阶段。二是虚拟矿山，即把真实矿山的整体以及和它相关的现象整合起来，以数字的形式表现出来，从而了解整个矿山动态的运作和发展情况。三是远程遥控和自动化采矿的阶段。也就是说，坐在办公室里就可以操纵很远的地方，比方说几十千米以外的井下设备运转。

大红山矿业目前正处于数字化矿山建设的第二阶段，加大对现有系统资源的优化，促进系统之间的融合；深度发掘现有数据资源，提高生产决策水平。将信息化信息和现有监控系统在井下整合，以数据和图像的形式构建出整个矿山，实现矿山可视化。

构建以生产精益、供应协同、产融倍增、决策灵活为特点的"四链融合"信息平台，优化原有的横向到边、纵向到底的企业"一体化"应用系统。加大以大数据、云计算、电商平台、移动互联网为核心技术，构建新基础设施。对国外先进矿山进行考察学习，本着前瞻性、完整性、先进性、可行性的原则，吸收和消化国内外先进技术，结合矿山特点，不断开拓进取，朝着"绿色矿山、数字矿山、和谐矿山"的目标前进。

1.5 经济、社会、环境效果

1.5.1 先进的技术经济指标

由于矿山具有上述特点，使矿业公司多项技术经济指标都位于我国黑色金属矿山的前列。

中矿协 2012 年统计数据显示（见表 1-2），目前在中矿协登记的 20 多家大中型地下铁矿生产企业中，大红山铁矿原矿生产能力位居全国第一，采矿凿岩机效率位居全国第一，从业人员劳动生产率位居全国第一，工序能耗位居全国第一，掘采比及电力单耗均居全国第二位，电机车效率及铲运机效率等指标也都位居国内同行业前列。大红山铁矿已进入我国地下铁矿采选行业的领跑行列。

表 1-2 2012 年大红山铁矿各项技术经济指标在国内地下矿中排名

项目	矿石产量/万吨	从业人员劳动生产率/t·人$^{-1}$	采矿凿岩机效率/m·台$^{-1}$	掘采比/m·万吨$^{-1}$	电力单耗/kW·h·t^{-1}	工序能耗(标煤)/kg·t^{-1}
数据	1144.5	6367.42	98671.09	17.32	5.09	0.63
排序	1	1	1	2	2	1

注：该表摘自中国冶金矿山企业协会编制的大中型地下矿山主要技术经济指标表。

1.5.2 绿色矿山建设和资源综合利用

1.5.2.1 绿色环保——荣获"国家级绿色矿山试点单位"称号

近年来，大红山铁矿在节能减排、环境保护技术的开发与应用工作中取得重要进展，建立了清洁化生产的技术体系，生产过程的"三废"排放量大幅度降低。2011 年 12 月，大红山铁矿荣获中国矿山企业协会"十佳矿山"称号。2013 年 3 月，通过"国家级绿色矿山试点单位"公示。

A 长距离管道矿浆输送的应用

这是实现绿色矿山建设的主要亮点之一。对于大规模的精矿运输来说，它避免了汽车运输所产生的大量尾气和扬尘对环境的严重污染。

用管道输送 2300kt/a 精矿时，每年可减少：排放碳微粒 80462.5kg；CO_2 排放量 65406t；SO_2 排放量 205.2t；CO 排放量 210t；HC（HC 是碳氢化合物统称，即烃）排放量 147t。同时，避免了 3500t 微细矿粉漂浮到哀牢山自然保护区。生态环境效益十分突出。

B 实现生产、生活废水零排放

大红山铁矿已建成了完善的生产和生活污水处理系统，实现了生产和生活污水全部循环利用（坑内每天外排的废水，经回水调节水池，再进入全自动反冲净水器，经处理后供生产循环使用）。

C 建成尾矿回水循环利用系统

2012 年 8 月，大红山铁矿建成了尾矿回水工程。尾矿废水回用率达 95% 以上，每年可减少 990 万立方米以上含重金属废水排放，其中，削减重金属排放量为：砷 98.24kg/a、铅 171.6kg/a、镉 8.58kg/a、汞 128.7kg/a、铜 171.6kg/a、锌 686.4kg/a。

该工程争取到了国家重金属污染防治资金补助 1000 万元。尾矿回水系统取水成本为 1.36 元/m³，较江边取水（2.56 元/m³）节省 1.2 元/m³，按年回水量 800 万立方米计算，每年可节约成本 960 多万元。

D 积极进行固体废弃物的利用

大红山铁矿在建设与生产中，全面实施废石抛废回收低品位矿石，废石充填和尾砂充填、粗骨料充填工艺技术，合理利用废石与尾砂，大大降低了废石及尾矿外排量。

a 含铁废石利用

大红山铁矿坑下每年产生废石近 100 万吨，其中近 60 万吨含铁 17%。为能利用此部分含铁废石，建设了含铁废石抛选系统。此系统的处理能力为 1500kt/a，除能对井下近 100 万吨含铁废石进行破碎抛选外，还能对井下回收的近 500kt/a 低品位矿石和二级富矿进行破碎。同时，碴石经深加工后作为公分石、石粉和建筑材料充分利用，化废为宝，并由此产生良好的经济和社会效益。每年可以增加 577 万元/a 的净效益。

b 尾矿和废石的循环利用

结合扩产工程的需要，充分利用尾砂和粗骨料进行井下充填。目前已对井下 I 号铜矿带深部及 III、IV 号矿组的开采及正在规划的二道河铁矿段实施分级尾砂充填，在此基础上，积极开展粗骨料充填工艺研究和实施，最大限度利用废石和尾矿资源，减少废石、尾矿排放量与堆存量，尽量减少土地占用面积。

为进一步循环利用尾矿资源，初步开展了尾矿制砖项目的实施，已取得积极成果。

E 土地复垦

（1）重点对浅部熔岩铁矿露天 3800kt/a 采矿项目的采空区和废石场进行复垦。编制了完整的复垦规划，并已实施。

按照"谁开发、谁保护，谁破坏、谁恢复，谁污染、谁治理"的原则，从每吨原矿中提取 4~8 元的安全环保费用，交给当地政府，用于修复矿山，恢复植被。

按开采进度有计划地分区、分期对采空区和废石场及时进行复垦，回填土并覆土植树绿化。对采空区做到采一片，开一片，补偿恢复一片。

目前已对哈姆白祖上废石场及露天采场终了台阶 1120m、1150m 边坡、67733m² 的土地进行了复垦绿化。

（2）对采选工业场地，不断扩大矿区绿化植被。在 710m 平台、720m 平台、矿区道路、选矿厂及周边场所等进行绿化，进一步美化了工作环境。

在露天采矿区域 1175m 复垦土场设立了苗圃基地，栽有苗木 3000 株，预计 5 年后成材，具有良好的绿色环保和经济效益。

1.5.2.2　资源综合利用

近年来，大红山铁矿不断强化科技成果总结、提炼，在矿产资源综合利用方面的水平得到显著提高，取得了明显的成效。在开采低品位熔岩铁矿资源、尾矿降尾、精矿降硅利用方面，选矿指标进一步提高，伴生金属铜、金、银的回收利用，尾矿伴生金的综合利用、尾矿资源的综合利用、外围资源的利用等方面取得丰硕成果，2013 年 4 月，大红山铁矿被国土资源部授予"矿产资源节约与综合利用先进适用技术推广应用示范矿山"的称号。

1.5.3　大红山铁矿开发的意义和影响

1.5.3.1　对昆钢和云南省的经济发展具有十分重要的作用

昆钢发展的制约因素之一是铁矿石供应严重不足。大红山铁矿先后建成了 4000kt/a 地下采矿、选矿、管道工程和扩产工程，原矿生产规模达到 11000kt/a，可为昆钢提供 4000kt/a 以上优质铁精矿及 10kt/a 精矿含铜，大大缓解了昆钢发展急需的铁矿石原料供运的紧张状况，使昆钢拥有了自己的长期稳定的大型铁矿石供应基地。这对昆钢目前和今后的发展具有十分重要的作用，同时对云南省的经济发展也具有积极的意义。

1.5.3.2　对推动行业的发展具有可贵的借鉴作用

4000kt/a 地下采矿、选矿、管道工程创造了国内特大型地下金属矿山投产第二年就快速达产的新纪录。进一步通过扩产工程的建设，使大红山铁矿成为目前我国最大的以地下开采为主的金属矿山之一，而且在技术和装备方面将有很大发展，并跻身国内先进列。在开采方式方面，特大型井下矿和大型露天矿并存；在开拓运输方面，拥有大提升高度的胶带斜井、长距离无轨斜坡道、千米深度的箕斗竖井、罐笼竖井、长平硐、井下破碎站；在采矿方法方面，适应开采技术条件各异的崩落法、空场法、充填法门类齐全，内容丰富；在采掘设备方面，以国内外一流的无轨设备为主，矿山机械水平先进；在选矿方面，半自磨、球磨并举，磁、浮、重选独特的选矿工艺取得良好效果，大型自磨机、球磨机、浮选机、磁选机、输送泵、长距离精矿输送管道高效应用，自动化、信息化水平再上一层楼；在管理方面，大胆实践新模式办矿，形成以项目制为核心的管理模式，提高劳动生产效率，成效显著。大红山的开发在提升我国金属矿业技术和装备方面发挥了重要作用，对推动行业的发展具有可贵的借鉴意义。

1.5.3.3　取得良好的经济和社会效益

仅以 4000kt/a 一期工程 2007 年投产以来到 2011 年为例，大红山铁矿产成品矿 1416.73 万吨，销售收入 88.12 亿元，上缴税费 16.98 亿元。2007～2010 年实现利润 11.65 亿元。不但为昆钢和新平县的经济发展作出了重要贡献，而且带动了新平县、戛洒镇等少数民族地区的社会发展，每年提供了数以千计的就业机会，有力地推动了当地第三产业的发展，加快了戛洒镇城镇化建设的进度，为地区的脱贫致富和繁荣作出了贡献。

　　在"十二五"期间，矿业公司将以建设"资源节约型、环境友好型、安全发展型、自主知识型"企业为宗旨，努力实现矿山转型升级。

参 考 文 献

[1] 昆明有色冶金设计研究院. 云南新平大红山铁矿可行性研究 [R]. 1988. 11.

[2] 长沙冶金设计研究院，昆明冶金设计研究院. 昆明钢铁总公司大红山铁矿地下 4000kt/a 规模采、选、管道工程可行性研究报告 [R]. 1997. 3.

[3] 中冶长天国际工程有限责任公司，昆明有色冶金设计研究院. 昆明钢铁集团有限责任公司大红山铁矿（玉溪大红山矿业有限公司）地下 4000kt/a 采、选、管道工程初步设计 [R]. 2005. 9.

[4] 昆明有色冶金设计研究院. 昆钢集团玉溪大红山矿业有限公司 8000kt/a 采选运扩产工程总体开发利用规划 [R]. 2007. 12.

[5] 昆明有色冶金设计研究院股份公司，中冶长天国际工程有限责任公司. 昆钢集团玉溪大红山矿业有限公司二道河矿段 1000kt/a 采选工程可行性研究 [R]. 2010. 12.

[6] 云南华昆工程技术股份公司（原昆明有色冶金设计研究院），中冶长天国际工程有限责任公司. 昆钢集团有限责任公司大红山铁矿Ⅰ号铜矿带及三选厂铜系列 1500kt/a 采选工程初步设计 [R]. 2009. 9.

[7] 昆明有色冶金设计研究院股份公司. 昆钢集团有限责任公司大红山铁矿地下 4000kt/a 二期采矿工程初步设计 [R]. 2011. 6.

[8] 徐炜. 技术创新与管理创新并举，努力打造一流现代化矿山企业 [J]. 中国矿业，2012. 8.

第1篇 采矿篇（上）

2 矿山开采基础条件

2.1 概述

云南大红山铜铁矿床为一赋存于火山沉积地层中的超大型矿床，是早元古代中国南方地区伴随海相火山岩、碳酸盐岩产出的火山岩型铜铁矿床中的典型代表。

矿区位于滇中中台坳南端，介于红河深断裂与绿汁江深断裂所夹持的三角地区（彩图2-1）。矿区西南侧为呈北西向展布的，以变质深、混合岩化强烈为特征的哀牢山群；东部为近东西向或北北东向出露的昆阳群，变质较浅。矿区仅出露两套地层，基底为早元古代大红山群，系一套富含铁、铜的浅-中等变质的钠质火山岩系；在大红山群之上，为中生代晚三叠世地层呈不整合覆盖。

区域内构造运动强烈，从太古代末期开始，不同时期和不同阶段的构造运动，形成的构造线、构造形态和伴随的岩浆活动、变质作用，自成体系，相互继承和干扰，致使本区地质构造趋于复杂化。区内主要有两大构造区，即哀牢山构造带（Ⅰ）与滇中盖层构造区（Ⅱ）及东—西向、南—北向及北—西向三组主要构造线。

大红山铜铁矿床是古海相钠质火山岩分布区与偏碱性的中基性岩浆喷发-侵入活动有关的矿床。铁矿与次火山岩及火山机构有关，铜矿主要赋存在火山喷发间歇期的凝灰岩和沉凝灰岩中。成矿建造为浅海火山喷发形成的一套基性火山岩，因受晚期钠化的影响，火山岩富含 Na。大红山式铜铁矿床成矿作用复杂，包括火山喷溢分凝、火山沉积、火山热液及后期叠加改造等多种成矿方式。

2.2 矿区自然地理气候条件

矿区地处云南高原中部哀牢山脉以东。区内地壳上升强烈，以构造剥蚀作用为主，山坡陡峻，河谷深切，相对高差较大，属于构造剥蚀中山地貌。海拔一般为 600~2000m。区内河溪、山脉走向受地质构造的控制，总体走向南北，呈北高南低展布（彩图2-2）。

地表水系为红河水系流域区，发育有肥味河、老厂河、曼岗河等河流，均汇入戛洒江（红河上游）。三条河流既是区域地势高处地下水的排泄渠道，又是低洼处地下水的补给水源，均具有山区河流的特点，河床坡降大，流量受降雨控制，暴雨骤涨，雨停速退，动态变化大。各条河流流量详见表2-1。

表 2-1　河流流量

河流名称	汇水面积/km²	流量/m³·s⁻¹			最小径流模数/L·(km²·s)⁻¹
		一般	最大	最小	
曼岗河	164	0.1~0.5	211	0.023	0.14
肥味河	55	0.05~0.1	135	断流	>0
底巴都河	114	0.1~0.3	83	0.030	0.26

区内气候夏秋炎热多雨，冬春温和干燥，年平均气温 23.5℃（最高气温 45℃、最低气温 1℃），年降雨量 700~1200mm，平均 930mm，大气降雨集中于 6~9 月，多以阵雨、暴雨形式降落。年均蒸发量 1270mm，3~5 月为最大，占全年总蒸发量的 40%，12 月份为最小，仅占 5%。

2.3　矿区地质特征

2.3.1　地层及岩性

大红山矿区分基底和盖层两套地层，盖层为上三叠统干海子组（T_3g）及舍资组（T_3s），以陆相为主的海陆交互相砂页岩建造，广泛分布于矿区四周山岭地区；基底为早元古代大红山群（Ptd），为富含铁、铜的浅-中等变质程度的钠质火山岩系，属古海底火山喷发-沉积变质岩系，是区内铁铜含矿地层（彩图 2-3）。矿区地层由老到新描述如下。

2.3.1.1　晚太古代哀牢山群底巴都组（Ard）

底巴都组总的岩性岩相特征是：变质较深，混合岩化强烈，由各类混合岩及片岩等构成，总厚 684m。整个底巴都组属中深变质的绿帘角闪岩相，原岩基本上是沉积成因的砂泥质岩，其层位自下而上具有沉积旋回性。该组与上覆老厂河组呈假整合接触。

2.3.1.2　早元古代大红山群（Ptd）

（1）老厂河组（Ptdl）。该组为大红山群下部地层，总厚 377m。全组自下而上由碎屑岩→白云片岩→碳酸盐岩组成，为一海侵序列，属滨海→浅海相正常沉积，为陆源碎屑岩夹少量碳酸盐的组合建造，以具斜层理的钾长石英岩及石榴白云片岩为标志性特征，与上覆曼岗河组为过渡接触。

（2）曼岗河组（Ptdm）。该组为一套较深海底火山喷发-沉积建造，缺乏陆源碎屑，富含硅质条带，全组总厚约 650m，与其上红山组为火山不整合接触。以钠质火山沉积岩为特征，火山岩以凝灰岩为主，熔岩较少，可划分为四个不同的岩性段。下部两段（$Ptdm^1$、$Ptdm^2$）主要为中基性钠质火山岩，以凝灰岩为主，显层纹构造，钠质火山岩中含绿帘石斑点、团块及片状镜铁矿为其特征；第三段（$Ptdm^3$）为火山沉积变质的绿片岩段，厚 135m，下部为深灰绿色石榴角闪片岩夹石榴角闪钠长片岩、石榴黑云角闪白云石大理岩，上部为深灰色石榴黑云片岩、石榴黑云白云石大理岩，钠长片岩（变钠质凝灰岩）呈互层或互为消长过渡，其间夹少量炭质板岩，产铜铁矿多层，为矿区主要铜矿（Ⅰ号铜铁矿带）产出层位；第四段（$Ptdm^4$）为正常沉积的大理岩。

（3）红山组（Ptdh）。该组为一套细碧角斑岩建造，以熔岩为主，下部主要为浅灰色碱中性变钠质熔岩（角斑岩）；上部为暗绿色碱基性的角闪变钠质熔岩（细碧岩），具有明显的火山岩结构构造，是"大红山式"铁矿产出的主要层位；中部为绿色片岩，产条带状黄铜长英磁铁矿为其特征。全组总厚约800m，与上覆肥味河组为过渡接触。可划分为三个不同的岩性段：下段（Ptdh^1）厚320m，主要为浅灰色块状变钠质熔岩（角斑岩），灰绿色角闪变钠质熔岩，两岩性间夹浅灰绿色条纹条带状角闪黑云白云大理岩，呈透镜状，不稳定。块状变钠质熔岩，钠长石含量75%~85%，磁铁矿含量10%~20%，铁品位8%~18%，为矿区最主要的铁矿带（Ⅱ号铁矿带）产出部位。中段（Ptdh^2）厚80m，为绿色石榴绿泥角闪片岩，夹含铜铁石榴白云石大理岩（产Ⅲ号铜铁矿带）。上段（Ptdh^3）厚480m，为暗绿色角闪变钠质熔岩（产Ⅳ、Ⅴ两个铁矿带）。

（4）肥味河组（Ptdf）。全组总的特征为浅色中等变质的碳酸盐建造，以白色块状白云石大理岩为其特征，靠底部大理岩中含火山碎屑及钠质火山岩透镜体，上部夹多层含黄铁矿的炭质板岩。厚大于375m，与其上覆坡头组为整合接触。

（5）坡头组（Ptdp）。该组为一套变质较浅的，含炭质、砂泥质及碳酸盐的组合建造，具有复理石特征，主要为陆源物质沉积变质而成，未见或很少见角闪石、钠长石等火山成分，铁、铜矿化低，大理岩、片岩中很少见黄铜矿、磁铁矿及赤铁矿，与曼岗河组及红山组截然不同。已知厚大于626m，与其上被三叠系为不整合覆盖。

2.3.1.3 中生界上三叠统（T$_3$）

在大红山群之上，为中生代晚三叠世地层不整合覆盖。矿区上三叠统包括干海子组（T$_3$g）及舍资组（T$_3$s），二者之间局部存在沉积间断。

（1）干海子组（T$_3$g）。其上部为灰黑色炭质泥岩及页岩，间夹薄煤层；下部为灰色、灰绿色长石石英砂岩及砂砾岩；厚约120m。

（2）舍资组（T$_3$s）。主要以中厚至厚层状石英砂岩及细至粗粒长石石英砂岩为主，局部夹泥岩；厚度大于150m。

2.3.2 构造

矿区位于东西向、北西向及南北向诸组构造线的交汇地带偏东西向构造带内。北部为区域一级的近东西轴向的底巴都背斜，矿区本身位于该背斜南翼西端（图2-4）。

（1）东西向构造：是矿区含矿系的主干构造，形成时间最早（早元古代末），由一系列的褶皱及断裂组成，既是成矿构造，也是控矿构造。东西向各种构造形态主要有底巴都背斜及其南翼的次级大红山向斜、肥味河向斜、肥味河背斜与F$_1$、F$_2$等断层。东西向构造，是矿区主要基底构造，是同一南北向挤压应力作用的结果，大红山铁铜矿位于东西向底巴都主背斜南翼西端，属层控矿床。铜矿沿背斜翼部延展，受曼岗河组第三岩段（Ptdm^3）控制；铁矿分布于曼岗河南岸及大红山向斜中，受红山组地层控制，铁铜矿含矿岩系的分布，与东西向古断裂（F$_1$）有关。区内东西向断层，具有多期活动特点，早期为逆断层或逆平移断层，晚期为正断层或正平移断层。

（2）北西向构造：是成矿后的晚期构造，也是哀牢山构造带与红河深断裂多次活动影响的结果。由一系列的正断层、逆断层及平移断层等组成，在矿区境内反映比较明显的有F$_3$、F$_4$、F$_6$、F$_8$、F$_{10}$、F$_{16}$、F$_{18}$等断层。

（3）南北向及北东向构造：在矿区内不十分明显。

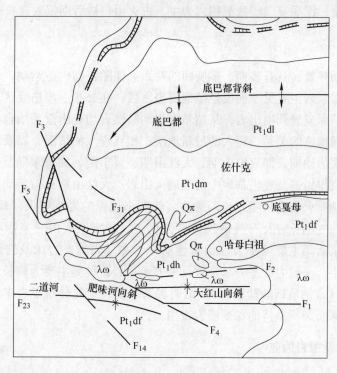

图 2-4 矿区构造图

（4）矿区东西向及北西向构造：不仅对侵入岩、火山岩及铁铜矿有明显的控制作用或不同程度的影响，而且某些断层还是划分矿段和采区的自然边界线。F_1 构成了本矿区东矿段南部的自然边界，F_2 构成了浅部铁矿与深部铁矿的天然分界线，F_3 构成了矿区西段与东段的天然分界线。

2.3.3 古火山机构

大红山铁矿产于红山组钠质火山岩系中，受红山组古火山构造（古火山机体或古火山机构）控制。该构造由火山锥、火山口、火山通道、次火山岩体等要素构成，是同一火山作用（爆发、喷发、喷溢、侵入等）的产物。古火山构造位于底巴都主背斜南翼红山向斜区，濒于东西向（F_1 断层）与北西向断裂交叉点，属中心式喷发。大红山地区古火山构造，均位于下元古界大红山群曼岗河组与肥味河组沉积层之间，属层火山。

火山构造呈东西方向延伸，为似椭圆形，其长轴长约 4km，南北向短轴长约 2km。古火山机构示意如彩图 2-5 所示。这一锥体因其夹持于上下地层之间，故保存良好，图上反映的只是 F_1 北侧经钻孔控制的半个火山锥，其南由于 F_1 断层上盘下降，另半个锥体可能深埋地下，也可能是单向喷溢的结果。

该火山锥体近中心部位厚 880m，向外逐渐变薄、尖灭或与其他锥体相接，面积约 4km^2。组成火山锥体的岩石以熔岩为主，其次为火山碎屑岩、次火山岩及含火山碎屑的沉积岩。近火山口喷发相广泛发育，自下而上主要由角斑质及细碧质的火山集块岩、火山角砾岩、熔岩角砾岩、熔岩、凝灰岩和次火山岩（斑状变钠质熔岩）等组成；远离火山口以含火山碎屑的炭质、泥质及碳酸盐沉积岩为主。古火山口被后期侵入辉长辉绿岩充填。

2.3.4　岩浆岩

本区岩浆活动频繁，具有多期、多旋回的特点。伴随各期构造运动，均有不同程度的岩浆活动。各类岩浆岩主要见于前震旦纪地层出露区，在分布上严格受区域断裂控制。岩石种类较复杂，从深成岩到喷出岩，从超基性岩到酸性岩均有出露。结合火山岩的产出层位和侵入岩与区域构造的关系，侵入的最新地层，相互侵入的情况，以及岩性特征等，初步划分为五个岩浆活动期，即哀牢山期、大红山期、晋宁期、加里东期及燕山期。哀牢山期岩浆岩主要为哀牢山群及底巴都组中的变质火山岩。大红山期火山活动及岩浆侵入均较剧烈、频繁，以钠质火山岩浆喷发流溢为主，伴有小规模的岩浆侵入，其产物以细碧-角斑岩、变辉绿岩、变钠长岩及石英钠长斑岩为代表。晋宁期火山岩浆活动较弱，远离矿区。加里东期岩浆活动主要见于大红山群地层中，多呈岩株、岩床及岩墙产出，分布零星，出露面积很小，一般为数平方米至数百平方米，岩石种类主要为辉长辉绿岩，其次为白云石钠长石岩（或钠质碳酸盐岩）。燕山期岩浆活动，主要分布于哀牢山区，产于哀牢山深断裂与红河深断裂所夹持的深变质岩带内。

2.3.5　变质作用及围岩蚀变

变质作用以区域变质为主，其次有热液变质和动力压碎变质。大红山群各类岩石都经受了浅-中等的区域变质。

近矿围岩蚀变一般不明显，与铁矿有关的为硅化、绢云母化、钠化、碳酸盐化；与铜矿有关的主要为绿泥石化、棕色云母化及含铜石英碳酸盐脉；与菱铁矿富集有关的有铁白云石化及铁方解石化。

2.4　矿床及矿体地质特征

2.4.1　矿床特征

矿区内铁、铜矿体产于大红山群曼岗河组、红山组地层中。矿体分布范围东西长约6000m，南北宽约2000m，面积12km²。铁矿主要分布于曼岗河以南，F_1、F_4断层以北。铜矿呈层状展布于全区。

大红山矿为古海相火山岩型铁铜矿床，规模巨大。根据矿体产出层位和部位，矿区（东矿段、西矿段）由下而上划分为7个含矿带（Ⅰ、Ⅱ、Ⅲ、Ⅳ、Ⅴ、Ⅵ、Ⅶ），其中有工业矿体的矿带5个（Ⅰ、Ⅱ、Ⅲ、Ⅳ、Ⅴ）（彩图2-6），共有70个矿体，其中大型矿体4个，中型矿体9个，小型矿体57个。

Ⅰ矿带为铁铜矿带，产于曼岗河组中上部石榴黑云角闪片岩夹变钠质凝灰岩段（$Ptdm^3$）中，由铜、铁矿体平行互层的7个矿体组成。其中Cu金属量大于50万吨的大型含铁铜矿体2个（I_3、I_2矿体，含西矿段），铁矿石量大于1000万吨的中型含铜铁矿体2个（I_c、I_b矿体，含西矿段）。

Ⅱ矿带为主要铁矿带，产于红山组下段（Ptdh^1）变钠质熔岩中，由Ⅱ$_1$、Ⅱ$_2$、Ⅱ$_3$、Ⅱ$_4$、Ⅱ$_5$等 5 个矿组（群）计 27 个矿体组成。其中铁矿石量大于 1 亿吨的大型铁矿体 2 个（Ⅱ$_{1-3}$、Ⅱ$_{1-4}$），铁矿石量大于 1000 万吨的中型铁矿体 5 个（Ⅱ$_{1-1}$、Ⅱ$_{1-2}$、Ⅱ$_{5-2}$、Ⅱ$_{5-3}$、Ⅱ$_{5-4}$）。

Ⅲ矿带为铁铜矿带，产于红山组中段（Ptdh^2）石榴角闪绿泥片岩中，由Ⅲ$_1$、Ⅲ$_2$ 2 个矿组（群）计 11 个矿体组成，均为小型矿体。

Ⅳ矿带为铁矿带，产于红山组上段（Ptdh^3）角闪变钠质熔岩底部，由Ⅳ$_1$、Ⅳ$_2$、Ⅳ$_3$（西段二道河铁矿）、Ⅳ$_4$（西段鲁格铁矿）4 个矿组（群）计 13 个矿体组成。其中铁矿石量大于 1000 万吨的中型铁矿体 2 个（Ⅳ$_3$、Ⅳ$_{1-1a}$）。

Ⅴ矿带为铁矿带，产于红山组角闪变钠质熔岩段（Ptdh^3）顶部及 F$_1$、F$_2$断层带附近，由 5 个小型矿体组成。

Ⅵ矿带为贫铁矿带，产于曼岗河组含角闪变钠质凝灰岩段（Ptdm^2）中下部，矿体不具有工业价值。

Ⅶ矿带为贫铁铜矿带，产于曼岗河组含绿帘角闪变钠质熔岩段（Ptdm^2）底部，不具有工业价值。

矿区按照自然边界 F$_3$断层划分为东段和西段两个矿段。又根据矿体平面分布、产出部位、埋藏深度、构造边界等因素，划分为"浅部（熔岩）铁矿"、"深部铁矿"、"哈姆白祖铁矿"、"北岸铁矿"、"二道河铁矿"、"鲁格铁矿"、"Ⅰ号铁铜矿（东段、西段）"等地段，矿床主要矿体（带）分布见彩图 2-7。

矿床为铁、铜共生矿床，共有铁矿总资源/储量 5.71 亿吨（另外含铁铜矿中伴生铁金属 2531.90 万吨），铜矿总资源/储量矿石量 2.42 亿吨，金属 180.70 万吨（含伴生 Cu 10.68 万吨）。

矿床铜矿资源主要由"Ⅰ号铁铜矿"产出，铜金属量 168 万吨（包括东段及西段），占全区铜矿资源（金属）的 93%。铁矿资源以"深部铁矿"为主，矿石量 3.56 亿吨，占全区铁矿（矿石量）资源的 62.33%；其次为"Ⅰ矿带含铜铁矿"，矿石量 0.93 亿吨，占 16.35%；"浅部（熔岩）铁矿"矿石量 0.74 亿吨，占 12.95%；二道河铁矿石量 0.37 亿吨，占 6.50%，其余铁矿资源量较小。

矿区"浅部（熔岩）铁矿"、"深部铁矿"、"哈姆白祖铁矿"、"二道河铁矿"及"Ⅰ号铁铜矿东段"曼岗河以东等矿段（体）矿权属昆明钢铁集团有限公司大红山铁矿所有，矿区其余矿权主要属云南铜业集团有限公司所有。本书所阐述的大红山铁矿矿权范围，以铁资源为主，共有铁矿石量 5.08 亿吨，占全矿区铁矿资源的 88.99%。另外，该范围内还有 Cu 矿石量 0.76 亿吨，金属量 52.81 万吨，Cu 金属量占比为全区的 29.23%。

大红山铁矿矿区范围主要铁资源为"深部铁矿"的Ⅱ$_1$主矿组，矿石量 3.0 亿吨，占其铁矿资源（矿石量）的 59%。其次分别为"浅部（熔岩）铁矿"，矿石量 0.74 亿吨，占 15%；深部铁矿Ⅲ、Ⅳ矿组矿体矿石量 0.53 亿吨，占 10%；Ⅰ号铁铜矿带铁矿 0.41 亿吨，占 8%；二道河铁矿 0.37 亿吨，占 7%。

大红山铜铁矿床有多个成矿矿带，矿体数量众多，空间关系非常复杂。Ⅰ号铁铜矿带的铜铁矿体由北向南以 20°～30°的倾角呈巨大面状舒缓铺展在整个矿床的底部，Ⅱ、Ⅲ、Ⅳ、Ⅴ矿带矿体呈各种形态"点缀"、"漂浮"（彩图 2-8）。在平面投影图上（彩图 2-7），其他矿带的铁矿体（"深部铁矿"、"浅部铁矿"、"二道河铁矿"等）重叠于Ⅰ号铁铜矿带矿体之上，特别是曼岗河以东地段，矿区最主要铁矿体"深部铁矿"及"浅部铁矿"与"Ⅰ号铁铜矿带东段"较大范围地重叠在一起。从垂直方向上（纵、横剖面图分别见彩图2-9、彩图2-10）看，Ⅱ号矿带的Ⅱ$_1$主矿体直接侧卧于Ⅰ号铁铜矿带（体）之上，最近仅相距十几米；Ⅲ、Ⅳ矿带的主要矿体直接产出于Ⅱ$_1$主矿体之上，几层矿体之间的夹层一般为数米至几十米，Ⅱ、Ⅲ、Ⅳ矿带的主要矿体由于空间位置集中靠近，且埋深较深，一起构成了"深部铁矿"；再往上，浅部铁矿位于Ⅰ号铜铁矿带（体）的正上方，位于深部铁矿的北侧上方，距深部铁矿一般在300m以上，至Ⅰ号铜铁矿带（体）垂直距离150～300m。

"浅部（熔岩）铁矿"靠近地表产出，有矿体出露地表，整体埋藏较浅，埋深0～350m，适宜露天开采。"Ⅰ号铁铜矿带"矿体靠近曼岗河谷的少量地段出露地表，其余绝大部分埋藏于地下，矿体埋深0～1000m，一般大于300m，只适合地下开采。除此之外的矿区其他主要矿体均为盲矿体，且埋深大，只能由地下开采。"深部铁矿"埋深350～1000m，"二道河铁矿"埋深400～800m。矿区主要矿体埋藏情况如彩图2-11所示。

2.4.2　主要矿体特征

本矿床主要矿体有深部铁矿的Ⅱ$_1$矿组、Ⅲ$_1$矿组、Ⅳ$_1$矿组铁矿体，浅部熔岩铁矿的Ⅱ$_5$矿组铁矿体、Ⅲ$_1$矿组含铜铁矿体，Ⅰ号铁铜矿带铁铜矿体，二道河铁矿Ⅳ$_3$铁矿体等。

2.4.2.1　深部铁矿主要矿体

A　Ⅱ$_1$矿组矿体

Ⅱ$_1$矿组由4个矿体（层）组成。受大红山向斜的控制（向斜轴部产状平缓，南翼倾角40°，北翼倾角15°左右，南北两翼平均18°），矿体沿轴向近东西向的向斜核部产出，总体东高西低、中部厚边部薄、南北翘起、似船形（见彩图2-8、图2-12）。Ⅱ$_1$矿组东西长1969m，南北宽440～640m，面积1.02km^2，赋存标高为25.72～945.00m，埋深362.48～988.31m。矿体产状与围岩基本一致，倾伏方向南西（倾伏角A40′以西5°～21°，A41～A41′线间41°～68°，A41′线以东为20°左右，图2-12）。

矿体产于红山组下段（Ptdh^1）浅色变钠质熔岩中，含矿围岩与岩石产状一致，矿体顶板与红山组中段（Ptdh^2）地层及Ⅲ$_1$矿组呈整合接触，界线清楚，底板多被辉长辉绿岩破坏，保存不全，但矿体内部未见辉长辉绿岩侵入破坏的现象。

A30线以西地段，含矿地层厚度增大，矿体分层增多，有5～8个分层，结构复杂，夹石甚多。矿石品级贫富交替，互为消长。A34～A39线矿体厚大富集，几乎没有夹石，全部为矿体（见图2-12、图2-13）。

A33线以西，出现夹石多层。每个分层都以1～2层富矿为主，并上下伴随着厚薄不一的贫矿和表外矿；每一分层之间通常有一层厚度较大的夹石隔开，或由富贫品级变化显示出来（图2-14）。

Ⅱ$_1$矿体厚度巨大，矿化连续，矿体总厚2.62～221.61m，平均厚72.58m，中部厚大完整，两边薄而多分支。Ⅱ$_1$矿体中的夹石比例，西段A25～A33线夹石较多，夹石比平均

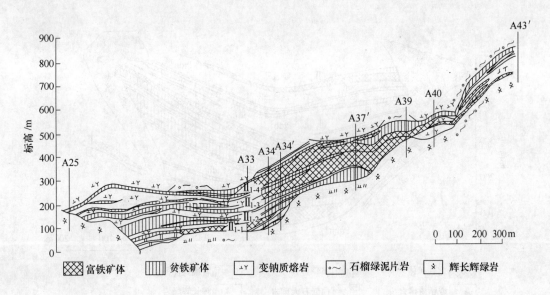

图 2-12　II$_1$ 矿体纵 II 线剖面图

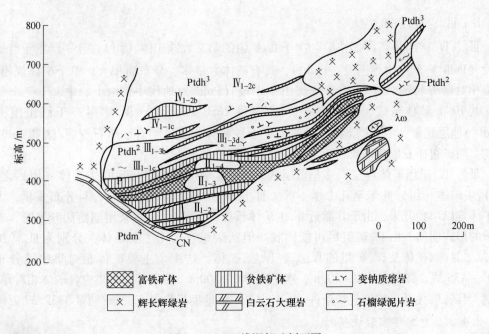

图 2-13　A37′线深部矿剖面图

48.47%；中段 A34 ~ A39 线，夹石较少，夹石比平均 14.67%；东段 A39′ ~ A43″线，矿层薄、夹石厚度大，夹石比平均 50.71%，整个 II$_1$ 矿体夹石比为 37.95%。

II$_1$ 铁矿组的矿石类型，空间分布具有上磁下赤、东磁西赤、富磁贫赤的展布特征。即 400m 标高以上以磁铁矿、赤磁铁矿为主，400m 标高以下以磁赤铁矿为主，A34 线以东以磁铁矿、赤磁铁矿为主，A34 线以西以磁赤铁矿、赤铁矿为主。富矿以磁铁矿、赤磁铁矿为主，而贫矿则以赤铁矿、磁赤铁矿为主。

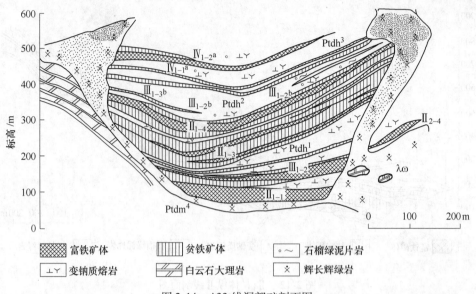

图 2-14   A33 线深部矿剖面图

B   Ⅲ₁、Ⅳ₁矿组矿体

Ⅲ₁、Ⅳ₁矿组是"深部铁矿"次于Ⅱ₁矿组的第二大铁矿体（组），分别产出于红山组中段（Ptdh²）和红山组上段（Ptdh³），具有矿体数量多、分布面积大、单个矿体规模小、品位相对富等特征。Ⅲ₁矿组产于红山组中段（Ptdh²）地层中，由上、中、下三个含矿层，共 10 个矿体组成，共有矿石资源/储量 2650.75 万吨。Ⅳ₁矿组产于红山组上段（Ptdh³）地层底部，由上、下两个含矿层 9 个铁矿体组成，共有铁矿石资源/储量 2611.69 万吨。两矿组矿石以磁铁矿石为主，局部有少量赤铁矿石。

Ⅲ₁、Ⅳ₁矿组矿体（层）多呈似层状、透镜状顺层断续产出于Ⅱ₁主矿体（组）之上，距Ⅱ₁主矿体（组）几米至几十米不等。Ⅲ₁、Ⅳ₁矿组矿体规模较小，且分布零星，大部分矿体难以单独开采，由于其靠近Ⅱ₁主矿体顶板，在Ⅱ₁主矿体采用崩落法开采时，多以落顶的形式崩落，由Ⅱ₁矿组尽可能回收。但两矿组有 4 个主要矿体，分别为Ⅲ₁矿组的Ⅲ₁₋₂ᵇ、Ⅲ₁₋₃ᵇ矿体及Ⅳ₁矿组的Ⅳ₁₋₂ᵃ、Ⅳ₁₋₁ᵃ矿体。这 4 个主要矿体相对集中地分布于A29′~ A35 线，倾斜长 300~500m，水平宽 200~300m，由于其分布集中，矿体相对厚大、完整，具备单独开采的价值和条件。4 个主要矿体地勘报告提交资源/储量 3837.37 万吨。

2.4.2.2   浅部熔岩铁矿

鉴于"浅部铁矿"主要产出于大红山组下段含铁变钠质熔岩中，熔岩平均含铁 10%~20%。为了充分利用资源，满足大规模露天开采的需要，在原"浅部铁矿"的地质基础上补充了部分野外地质工作，按含铁边界品位大于等于 13%，工业品位大于等于 18% 的工业指标重新圈定了矿体，"浅部铁矿"也就成了矿区低品位铁矿资源"浅部熔岩铁矿"。

"浅部熔岩铁矿"由产于红山组第二岩性段中的Ⅲ₂ᵇ、Ⅲ₂ₐ两个含铜铁矿体及产于红山组第一岩性段中的Ⅱ₅₋₄、Ⅱ₅₋₃、Ⅱ₅₋₂、Ⅱ₅₋₁ 4 个铁矿体构成。矿体产状较平缓，沿曼岗河谷出露地表，北西部分埋藏较浅，南东部分埋藏较深，随着矿体逐渐向山体内延伸，越往南东埋藏越深（彩图 2-15）。

"浅部熔岩铁矿"的 6 个矿体呈层状、似层状层叠产出（彩图 2-16）。矿体主要为单层，稳定、连续性好，基本无分支、夹石。矿层总体走向北西—南东、倾向南西，倾角 0°~25°。各矿层间夹层厚度 0~30m 不等，平均多在 10m 以内。

III_2 矿组矿体产于红山组第二岩性段石榴绿泥角闪片岩的底部，属磁铁黄铜共生矿体。III_{2b} 顶板为石榴绿泥角闪片岩，下距 III_{2a} 矿体 5~10m，以石榴绿泥角闪片岩相隔，矿体东西长 350m，南北宽 350m，面积 0.12km²，矿体厚 3.69~19.67m，平均厚 9.23m；III_{2a} 含铜铁矿体下与 II_{5-4} 矿体相接，东西长 1000m，南北宽 100~500m，面积 0.25km²，矿体厚 4.07~18.43m，平均厚 9.86m。

II_5 矿组矿体产于红山组第一岩性段的上部浅色变钠质熔岩中，属磁铁矿体。II_{5-4} 铁矿体上与 III_2 矿组相接，下距离 II_{5-3} 矿体 0~34m（平均 14m），以浅灰色钠长石化变钠质熔岩相隔，矿体东西长 1100m，南北宽 100~700m，面积 0.5km²，矿体厚 4.07~35.11m，平均厚 16.57m；II_{5-3} 矿体下距离 II_{5-2} 矿体 0~29m（平均 7m），以浅灰色钠长石化变钠质熔岩相隔，矿体东西长 1100m，南北宽 200~550m，面积 0.4km²，矿体厚 4.52~34.25m，平均厚 18.77m；II_{5-2} 矿体为呈断续分布的次要矿体，下距离 II_{5-1} 矿体 0~20m（平均 8m），以浅灰色钠长石化变钠质熔岩相隔，矿体东西长 1000m，南北宽 100~400m，面积 0.35km²，矿体厚 3.62~35.21m，平均厚 16.75m；II_{5-1} 矿体为呈断续分布的次要矿体，底板为黑云母化变钠质熔岩或条纹条带状黑云角闪白云石大理岩，矿体东西长 1000m，南北宽 150~400m，面积 0.3km²。

2.4.2.3　I 号铁铜矿带矿体

I 号铁铜矿带位于 $Ptdm^3$ 石榴黑云角闪片岩夹变钠质凝灰岩段的中上部，东西延长达 5000~6000m，南北宽 1500~2000m，为一走向近东西、向南倾斜的单斜构造，倾角 20°~30°。矿带矿体埋深 0~1000m。矿带于西端被 F_3 断层错断，垂向断距达 100~200m，根据自然边界 F_3 断层矿带划分为东段和西段两个矿段（彩图 2-7），其中东段矿体铜资源/储量（金属量）占全区的 75%。

I 号矿带为一铁铜含矿带，铁铜矿体共生。按铜工业指标从上到下可圈出 I_3、I_2、I_1 三层平行的含铁铜矿体；铜不足工业品位要求时，再按铁工业指标从上到下又可圈出位于上述铜矿体上下相间的 I_c、I_b、I_a、I_0 四层含铜铁矿体，共 7 个矿体。

I 号铁铜矿带中 7 个矿体总体分布有以下一些规律：

（1）在垂直方向上：从上到下，矿体规模由大变小，由厚变薄，由富变贫，层状到似层状；围岩由白云石大理岩到变钠质凝灰岩，过渡到黑云片岩。

（2）在走向方向上：由西到东，矿体由厚变薄，由富变贫；由以铜为主，变成以铁为主；由以凝灰岩型磁铁为主，变成以大理岩型菱铁为主；铁铜主要富集在 A216~A26 线和 A35~A46 线两地段，A25~A35 线，铁矿变薄至尖灭。A46~A49 线由铜矿尖灭过渡为铁矿。

（3）在倾斜方向上：由浅到深，由变钠质凝灰岩为主，变成以白云石大理岩为主；由分叉、间距加大，变成复合、间距减小；铁铜富集在 400~600m 标高地段。

（4）在铁铜相互关系上：铜矿富集时，磁铁品位较高，铜矿变贫时，含铁品位就低，并往往被菱铁矿所代替。

（5）在与围岩岩性的关系上：变钠质凝灰岩中含铜和磁铁品位较高，白云石大理岩中，含铜变低，而菱铁矿较富集。

（6）在矿体产状上：西部走向为 NWW，倾向 SSW，东部走向为 NEE，倾向 SSE；倾角在浅部（600m 标高以上）较平，在 20°左右，在中深部较缓，达 30°左右，到深部变陡，达 40°左右。

Ⅰ号铁铜矿带东段 I_3 为铜金属量大于 50 万吨的大型铜矿体，I_2 为铜金属量近于 50 万吨的中型铜矿体，I_1 为铜金属量近于 5 万吨的小型铜矿体。I_c、I_b 为铁矿石量 2000 万 ~ 3000 万吨的中型铁矿体，I_a、I_0 为铁矿石量 500 万 ~ 1000 万吨的小型铁矿体，含铜铁矿体为贫铁矿石和低品位矿石，仅局部有极少富矿石，以出现大量菱铁矿为其特征。目前只有局部地段有单独开采价值。现将东段最主要两个含铁铜矿体 I_3、I_2 描述如下：

I_3 含铁铜矿体赋存于 $Ptdm^3$ 地层的上部，上距 I_c 含铜铁矿体 0 ~ 5m，下距 I_b 含铜铁矿体 0 ~ 20m，埋深 55 ~ 944m。走向长 4400m，倾斜宽 800 ~ 1500m，面积 $3.81km^2$。共有铜金属量 80.78 万吨。呈层状、似层状产出，一般为一个单层，局部分叉为两个分层。矿体走向 105°，倾向 195°，倾角一般为 21° ~ 40°。工业矿（表内矿）平均真厚 9.71m，含铜品位 0.82%，SFe 品位 23.31%。低品位矿（表外矿）平均真厚 3.50m，含铜品位 0.42%，SFe 品位 21.29%。矿体平均含 SFe 为 25.82%；贫矿含 SFe 为 8.19% ~ 33.00%，平均含 SFe 为 22.19%。

I_2 含铁铜矿体赋存于 $Ptdm^3$ 地层中上部，上距 I_b 含铜铁矿体 0 ~ 20m，下距 I_a 含铜铁矿体 0 ~ 20m，埋深 42 ~ 922m。矿体走向长 4300m，倾斜宽 300 ~ 1100m。共有铜金属储量 47.45 万吨。呈层状，似层状产出。一般为一单层，局部分叉成两层，个别地段有 3 个分层。矿体走向 105°，倾向 195°，倾角一般为 5° ~ 34°。工业矿（表内矿）平均真厚 8.96m，含铜品位 0.73%，SFe 品位 18.74%。低品位矿（表外矿）平均真厚 4.09m，含铜品位 0.41%，SFe 品位 18.53%。

Ⅰ号铜铁矿带 4 个含铜铁矿体相间含铁铜矿体产出，其含铁品位较低，SFe 总平均 24.21% ~ 28.05%，矿石中含 Cu 0.15% ~ 0.17%，且菱铁矿占 58.17%，矿石价值不高，当前仅在开采铜矿体的同时，就局部高品位、高价值部分进行有选择地附带开采。

2.4.2.4　二道河铁矿（Ⅳ₃矿体）

二道河铁矿，即 Ⅳ₃铁矿体，为矿区 Ⅳ号铁矿带主要矿体之一，以其相对独立性、独特的矿体形态及含铁品位高为特征。

Ⅳ₃矿体为中型规模的富铁矿体，产出于矿区西矿段，位于红山组第三岩性段（$Ptdh^3$）中上部变钠质熔岩中。矿区矿体以多个矿体成群产出为特征，如 Ⅱ₁、Ⅱ₅、Ⅲ₁、Ⅳ₁矿组等，而 Ⅳ₃矿体则相对独立产出，与周边矿体距离较远，一般在 400m 以上。其次，Ⅳ₃矿体呈透镜状产出，区别于矿区呈层状、似层状形态的大多数矿体。Ⅳ₃矿体独特的产出特征是基于矿床成因及控矿条件，该矿床为受变质的火山气液（热液）交代（充填）富化矿床，与矿区 Ⅱ₁主矿体成因相类似，不同点在于 Ⅱ₁主矿体由矿区主火山口控制形成，而 Ⅳ₃铁矿体则为矿区次级火山口控制，火山活动的规模和强度，特别是后期浅成的辉长辉绿岩体的发育规模及侵位形态，决定了Ⅳ₃铁矿体的产出特征。沿着二道河次级火山口侵位的辉长辉绿岩形成了一个半封闭的包络空间，在岩浆热液的钠化、交代改造过程中，使早期熔岩中分散状态的铁质迁移聚集，于辉长辉绿岩体包络腔体上部形成了富厚的透镜状矿体（彩图2-17）。

Ⅳ₃铁矿体为赤铁、赤-磁、磁-赤及磁铁型铁矿体，以富矿及贫矿为主。呈似层-透镜状产出，表现为北北东向分布长、北西向分布窄，具有中心部位厚度大、向四周沿走向和倾向变薄以至尖灭的特征。矿体西侧出现较多分支尖灭，而东边则为一体尖灭。矿体倾角16°~58°，浅部（北东部）较平缓，往深部（南西部）变陡。矿体铅垂厚度6.19~142.37m，平均53.39m。

2.4.3 矿石质量特征

2.4.3.1 矿物成分及结构构造

矿床内各矿带及其矿体，虽赋存于不同层位和地段，但其矿物成分与结构构造均比较简单，无论是铁铜共生矿体，还是单一的铁矿体，矿与含矿围岩在矿物组合、结构构造等特征上都具有明显的一致性。

A 铁矿体矿石

金属矿物主要由磁铁矿、赤铁矿组成，尚有少量假象赤铁矿（磁赤铁矿）、钛铁矿、黄铁矿、黄铜矿，偶见斑铜矿。脉石矿物主要由钠长石、石英组成，其次为白云母（绢云母）、碳酸盐（以白云石为主）和含铁硅酸盐矿物（以绿泥石为主）。磷灰石、电气石虽含量甚少，但分布广泛，偶见金红石、锆石、绿帘石、角闪石等。矿石结构以粒状结构为主，以板状、叶片状结构为次，部分为斑状结构，常见交代状结构，局部具有粒状变晶结构。矿石构造有浸染状、条纹条带状、花斑状、角砾状、斑点状、斑块状、块状和致密块状等。

矿床铁矿体的矿物组成、结构构造特征及其成矿作用虽有共同特点，但不同矿带（即不同地段）铁矿体亦有着明显的差异。尤其是深部Ⅱ₁铁矿，其主要金属矿物、脉石矿物、结构构造、矿石类型、矿化作用、矿化程度、近矿围岩蚀变等均有其独特之处，以致形成了混合型矿石为主以贫富交替厚大而富的铁矿体，使之和其他各矿带铁矿体相比别具一格。

"浅部铁矿"矿物组成简单，由磁铁矿组成，仅Ⅱ₅₋₃铁矿体西部出现少量赤铁矿，且多构成赤-磁铁贫矿石。主要脉石矿物多为他形柱粒状钠长石、他形细粒粒状集合体石英。矿石结构构造亦简单，以粒状构造、浸染状、花斑状、块状和致密块状构造为主。上述铁矿体特征与其含矿围岩的性质有着极为密切的关系。"浅部铁矿体"含矿围岩主要为角斑质磁铁变钠质熔岩，局部为角斑质变钠质凝灰岩、变钠质凝灰角砾岩等火山碎屑岩，一般含铁大于12%，平均可达12%~18%，金属矿物主要为磁铁矿，脉石矿物主要为他形柱粒状钠长石，角斑质变钠质火山碎屑岩中有少量石英，其他矿物含量均极低，它们在剖面上往往与贫铁矿体呈逐渐过渡接触关系，为磁铁矿稀疏浸染至稠密浸染而渐变为贫铁矿体。矿与围岩的矿物组成、结构构造特征完全一致。在角斑质磁铁变钠质熔岩中，磁铁矿以半自形、自形微粒为主，部分为他形微粒，颗粒大小一般为0.01~0.1mm，大多为0.05~0.1mm，少数颗粒较粗，达0.2~0.3mm，呈浸染状均匀嵌布于他形柱粒状钠长石格间或粒间。角斑质变钠质火山碎屑岩磁铁矿含量略低，仍以自形、半自形微细粒状磁铁矿为主，其特征与变钠质熔岩中磁铁矿相似，仅颗粒略粗（0.05～0.2mm），呈不均匀浸染状嵌布于钠长石粒间。总之，浅部矿带铁矿体含矿围岩矿物成分简单，铁矿物为磁铁矿，普遍含量较高，粒度主要在0.05mm以上，加工利用时基本上可与脉石矿物解离选别。

"深部铁矿" II_1 铁矿体主要金属矿物为磁铁矿、赤铁矿，同时还有大量假象赤铁矿（磁赤铁矿）。磁铁矿多为半自形、自形中粗粒磁铁矿，粒度大于0.5mm者较多，有的可达1mm以上。赤铁矿的分布特征也较为明显，在同一矿石中微细尘点状赤铁矿、他形细粒、半自形、自形板状、叶片状和假象赤铁矿均普遍出现，随着矿石品位的变富，半自形、自形板状、叶片状赤铁矿则更加聚集。脉石矿物以石英为主，普遍大量出现微细粒状石英。矿石结构构造相比浅部铁矿较为复杂，虽以粒状结构为主，但板状、叶片状结构、交代状结构亦广泛分布。常见矿石构造除浸染状、花斑状、块状、致密块状构造外，还出现有斑点状、斑块状构造，为其独特的构造类型；角砾状构造发育，且以硅质角砾普遍存在为其特征。矿石类型亦较为复杂，有磁铁矿、赤-磁铁矿、磁-赤铁矿和赤铁矿矿石，且以石英混合型矿石为主。近矿围岩下部主要为硅化赤铁变钠质熔岩，上部则多由绢云母化磁铁变钠质熔岩组成，一般含铁均较高，矿体含矿围岩对矿石的加工利用仅有一定的贫化作用，而不影响矿石的性质。

B 铁铜矿体矿石

"I 矿带"为本矿床最主要的铁铜矿体及铜矿资源"产地"，矿体分布广、规模大，矿石类型较为复杂，特征明显。现将"I 矿带"主要含铁铜矿体矿石类型特征概述如下：

含铁铜矿体矿石类型主要为黄铜磁铁石榴黑云片岩型、黄铜磁铁变钠质凝灰岩型、黄铜磁铁或菱磁铁白云石大理岩型。各类矿石金属矿物组成也相同，只是脉石矿物的主次有明显差别。金属矿物均主要由黄铜矿、磁铁矿组成，次为斑铜矿、菱铁矿，黄铜矿多为半自形、他形，粒度一般为0.02～0.4mm，斑铜矿多为他形，粒度0.01～0.2mm，磁铁矿多为半自形、他形粒状，粒度0.1～0.3mm。脉石矿物在黄铜磁铁石榴黑云片岩型中主要为黑云母及绿泥石（含量大于30%）、铁铝榴石（含量大于10%），次为钠长石、石英、碳酸盐（以白云石为主）、角闪石等；黄铜磁铁变钠质凝灰岩型中以钠长石、石英为主（含量大于40%），次为碳酸盐（白云石为主）、黑云母等；而黄铜矿磁铁或菱磁铁白云石大理岩型中则以白云石为主（包括部分方解石，含量大于40%），次为钠长石、石英、黑云母、铁铝榴石等。其结构构造以粒状结构、浸染状构造为主，富铜矿石局部常见不规则细脉状、团块状构造。各矿石在剖面上和平面上变化较为复杂，互为相间或逐渐过渡，只是在一定的层位和地段中以其中一种矿石类型为主。

本矿带含铜铁矿体主要为贫铁矿石和低品位（表外）矿石，以出现大量菱铁矿为其特征。

I 矿带无论是含铁铜矿体，还是含铜铁矿体，脉石矿物均有大量黑云母、绿泥石、铁铝榴石等含铁硅酸盐矿物，白云石也为含铁白云石即铁白云石，以上两者的含铁量在全铁中所占比例近一半，选矿难以回收利用。

2.4.3.2 矿体化学成分

矿床铁矿体主要有用组分为铁，其中深部 II_1 矿体 TFe 较高，TFe 总平均为 40.04%，工业矿 TFe 平均为 43.53%。铁矿石中含 Cu 甚微，一般为 0.01%~0.07%。铁矿中含 SiO_2 普遍较高，富铁矿石平均 20% 左右，贫铁矿石平均 39% 左右，低品位铁矿石平均 42% 左右。SiO_2 含量与 TFe 含量呈反比，富矿更为明显，各铁矿体选矿后铁精矿中 SiO_2 含量一般为 10%~14%。铁矿石含 Al_2O_3 一般为 2.25%~7.63%，总平均在 5.5% 左右。含 CaO、MgO 较低，CaO 含量一般为 1.53%~2.51%，平均为 2.39%。MgO 含量 0.59%~2.50%，平均为 1.34%。铁矿石中由于 CaO、MgO 含量低，而 SiO_2 含量很高，因此，酸碱比值很小，主要铁矿石比值为 0.04%~0.15%，属酸性矿石。各铁矿体有害组分 S、P、Pb、Zn、As、Sn、F 等含量都很低（表2-2），均未超过工业允许含量，其中 S、Cu 含量为万分之几（S 为 0.01%~0.06%，Cu 为 0.01%~0.04%），仅个别次要小矿体，由于靠近 III_2 铁铜矿组的贫矿，个别样品偏高，Cu、S 含量超过 0.2%。

含铁铜矿体主要有用组分为 Cu，其次为 Fe，其单工程平均含 Cu 0.30%~1.92%，总平均 0.50%~1.20%，表内平均 0.59%~0.82%，矿石中含 SFe 总平均 9.30%~22.99%，工业矿平均 9.30%~23.31%。I 矿带含铁铜矿及含铜铁矿选后铁精矿 SiO_2 含量较单一铁矿选后精矿 SiO_2 含量更低，一般为 5.90%~9.14%。Al_2O_3 含量平均为 6% 左右，CaO 含量一般 2.50%~6.80%，平均为 4.04%，MgO 含量一般为 1.5%~4.5%，平均 3.38%。矿石酸碱比值在 0.2% 左右，为酸性矿石。I 矿带含铁铜矿及含铜磁铁矿、含铜菱铁矿选后铁精矿各种有害组分都极低（表2-3），铁精矿含 S 为 0.0065%~0.04%，含 P 为 0.01%~0.02%，含 Cu 为 0.01%~0.03%。

单一铁矿体中未发现有综合利用价值的伴生有益组分，但铁铜共生的 I 矿带、III_2 矿组则有 Au、Ag 可以综合回收，少量 Co、Pt、Pd 等有可能回收。

2.4.3.3 矿石加工性能

矿区主要铁矿和主要铜矿矿石可选性良好，属易选矿石。

磁铁矿石和赤磁铁矿石采用弱磁性工艺即可获得品位在 62% 左右的铁精矿，回收率可达 85% 以上。采用弱磁-强磁工艺，磁赤铁矿石及赤铁矿石回收率也可以达到 70%~80%。

矿区含铁铜矿石（以 I 号铜铁矿带 I_3、I_2 矿体为代表）采用浮磁联合工艺，可得到品位 15%~18% 的铜精矿，回收率可达 92% 以上，铁精矿品位可达 65%，回收率 47%~50%。

矿区含铜铁矿石主要为 I 号铜铁矿带 I_b、I_c、I_a 等含铜铁矿体，其含铁品位较低，SFe 总平均为 24.21%~28.05%，矿石中含 Cu 为 0.15%~0.17%，且菱铁矿占 58.17%。常规磁、浮流程难以回收菱铁矿，因此，铁的回收率较低，只能达到 40% 左右（磁铁精矿品位 65% 左右）。菱铁矿经焙烧磁选，可以获得品位 50% 左右的菱铁精矿，增加回收率 30%，菱铁矿焙烧磁选在经济上是不划算的。矿石中伴生铜经浮选可获得品位 9% 左右的铜精矿，回收率 84%，可选性良好。总体上，由于矿石中菱铁矿含量高，回收难度加大，且矿石品位也不高，在当前条件下，矿区含铜铁矿体难以全部开采利用，只能在开采铜矿体的同时，有选择性地回收利用一部分。

表2-2　矿床主要铁矿体化学成分

矿段	矿体号	矿石品级	样品数	组分平均含量/%								
				TFe	SFe	FeO	S	P	SiO$_2$	Al$_2$O$_3$	CaO	MgO
深部铁矿	II$_1$	20~25	44	21.99	21.65	5.83	0.05	0.16	45.75	10.24	1.87	1.13
		25~30	50	27.41	27.16	5.92	0.03	0.17	45.03	5.83	1.74	0.63
		30~40	51	34.53	34.24	8.96	0.02	0.17	39.01	4.34	1.77	0.61
		富矿	174	51.39	49.96	13.77	0.02	0.13	23.73	1.26	1.19	0.44
		平均		39.91	39.62	10.38	0.02	0.15	30.08	3.65	1.49	0.59
	II$_{5-4}$	贫矿	11	33.11	32.54	42.00	0.11	0.16	42.11	6.98	2.61	0.76
浅部铁矿	II$_{5-3}$	贫矿	15	25.93	25.66	11.78	0.03	0.23	42.64	8.57	1.59	0.67
		富矿	10	57.54	57.15	19.00	0.06	0.14	15.38	1.34	0.65	1.57

矿段	矿体号	矿石品级	样品数	组分平均含量/%								
				K$_2$O	Na$_2$O	TiO$_2$	Mn	Cu	Co	V$_2$O$_5$	Ga	灼减
深部铁矿	II$_1$	20~25	44	1.04	2.64	1.84	0.05	0.02	0.004	0.041	0.002	2.43
		25~30	50	0.61	2.32	1.82	0.04	0.02	0.002	0.046	0.013	2.78
		30~40	51	0.48	1.21	1.45	0.03	0.01	0.003	0.035	0.0123	0.72
		富矿	174	0.09	0.61	0.90	0.02	0.02	0.004	0.027	0.0102	0.23
		平均		0.33	1.13	1.27	0.03	0.02	0.004	0.033	0.0010	1.34
	II$_{5-4}$	贫矿	11	1.23	2.51	1.79	0.10	0.07	0.000	0.113	0.0010	2.67
浅部铁矿	II$_{5-3}$	贫矿	15	0.63	2.76	1.45	0.03	0.02	0.004	0.036	0.0012	0.93
		富矿	10	0.07	0.21	0.57	0.22	0.03	0.009	0.110	0.0032	1.66

续表2-2

矿段	矿体号	矿石品级	样品数	组分平均含量/%								
				Pb	Zn	Sn	As	Ge	Cr	Ni	Mo	Ba
深部铁矿	II_1	20~25	44	0.00	0.000	0.002	0.001	0.00	0.01	0.004	0.000	
		25~30	50	0.00	0.000	0.004	0.001	0.00	0.01	0.003	0.000	
		30~40	51	0.00	0.000	0.003	0.001	0.00	0.01	0.006	0.001	
		富矿	174	0.00	0.000	0.004	0.001	0.00	0.01	0.005	0.001	0.036
		平均		0.00	0.000	0.004	0.001	0.00	0.01	0.005	0.001	0.036
浅部铁矿	II_{5-4}	贫矿	11	0.00	0.003	0.000	0.000				0.020	0.010
	II_{5-3}	贫矿	15	0.00	0.004	0.000	0.000				0.040	
		富矿	10	0.00	0.026	0.000	0.010					

表2-3 矿床主要含铁铜矿体化学成分

矿体编号	矿石类型	矿石品级	样品数	组分平均含量/%									
				TFe	SFe	FeO	S	P	SiO_2	Al_2O_3	CaO	MgO	K_2O
I_3	含铁铜矿石	富矿	20	27.82	26.76	21.87	1.17	0.11	31.29	7.14	3.21	2.57	0.67
		贫矿	60	22.41	21.51	17.95	0.73	0.10	31.27	6.80	5.33	5.26	0.99
		低品位矿	44	22.40	21.31	16.43	0.50	0.12	32.71	7.52	5.01	4.74	0.96
		总平均		23.38	22.34	18.58	0.73	0.12	31.87	7.13	5.32	4.86	0.93
I_2	含铁铜矿石	富矿	16	24.10	22.61	20.37	1.21	0.14	36.18	8.75	3.54	2.55	1.56
		贫矿	45	21.63	19.83	19.38	0.72	0.17	37.66	8.51	3.91	3.90	1.40
		低品位矿	24	18.17	15.88	16.40	0.53	0.13	37.88	9.38	5.44	3.74	1.26
		总平均		20.89	19.55	19.48	0.79	0.14	36.61	8.86	4.14	3.70	1.35

续表 2-3

矿体编号	矿石类型	矿石品级	样品数	组分平均含量/%									
				Na_2O	TiO_2	Mn	MnO	Cu	Co	V_2O_5	Ga	酌减	Pb
I₃	含铁铜矿石	富矿	20	1.30	1.51	0.65	0.68	1.25	0.012	0.020	0.0026	6.65	0.00
		贫矿	60	1.71	1.13	0.76	0.92	0.66	0.013	0.027	0.0014	8.77	0.00
		低品位矿	44	0.90	1.11	1.20	0.84	0.41	0.012	0.025	0.0014	9.25	0.00
		总平均		1.64	1.25	0.87	0.81	0.68	0.012	0.025	0.0020	8.16	0.00
I₂	含铁铜矿石	富矿	16	1.65	1.23	1.08	0.76	1.26	0.010	0.015	0.0029	5.34	0.00
		贫矿	45	1.98	1.29	0.87		0.61	0.014	0.023	0.0020	5.77	0.00
		低品位矿	24	1.08	1.29	0.99		0.40	0.012	0.031	0.0014	6.65	0.00
		总平均		1.37	1.23	1.01	0.76	0.67	0.012	0.020	0.0020	6.26	0.00

矿体编号	矿石类型	矿石品级	样品数	组分平均含量/%								
				Zn	Sn	As	F	Cr	Au (g/t)	Ag (g/t)	Pt (g/t)	Pd (g/t)
I₃	含铁铜矿石	富矿	20	0.010	0.010	0.00	0.13		0.12	1.06	0.00	0.01
		贫矿	60	0.020	0.000	0.00	0.03	0.02	0.06	0.54	0.00	0.01
		低品位矿	44	0.012	0.000	0.02	0.04	0.02	0.02	0.42	0.00	0.01
		总平均		0.013	0.005	0.01	0.04	0.02	0.08	0.53	0.00	0.01
I₂	含铁铜矿石	富矿	16	0.010	0.030	0.00	0.04		0.16	1.33	0.00	0.02
		贫矿	45	0.006	0.001	0.00	0.07		0.07	1.02	0.00	0.02
		低品位矿	24	0.010	0.020	0.00	0.08		0.07		0.00	0.01
		总平均		0.010	0.010	0.00	0.06		0.11	0.63	0.00	0.02

2.5 矿床成因及成矿规律

2.5.1 矿床成因

大红山铜铁矿床各矿带矿体，虽具有各自不同的特点，但都明显地围绕着一个火山喷发中心分布。在火山喷发活动中心，伴随中性、基性偏碱性的海底火山喷发-沉积作用，出现一组不同类型的矿化。地勘报告认为，矿床的各矿带矿体是海底火山成矿作用不同时期、不同阶段、不同环境和条件下的产物，在空间上、时间上是相互联系的，构成具有统一成因的配套关系，按各矿带矿体地质特征，可将矿区铁铜矿床划分为以下成因类型。

2.5.1.1 火山喷发（喷气）-沉积变质铁铜矿床

该类矿床主要有产于绿色片岩（夹不纯薄层大理岩）及长英质白云石大理岩中的层状铁铜矿床，如 I、III 铁铜矿带；产于角斑质层凝灰岩中的似层状铁矿床，如 II_{5-4} 铁矿体等。

根据含矿围岩性质，矿石结构、构造及硫同位素组成和电镜扫描分析，该类矿床的形成过程是：古海底的火山喷发（喷气）作用、高温海水对火山喷出物（火山灰、火山角砾及火山熔岩等）的溶解作用以及海底岩石和沉积物的浸渍作用，提供了大量成矿物质（Fe、Cu、S、CO_2、Mn、Au、Ag、Cl、F、P 等），这些物质通过火山管道带出进入海盆，在水介质的作用下，沿海底洼地迁移，经过一系列的化学反应，在相应的地质环境与地球化学条件下，与周围的成岩物质（火山灰、炭泥质及碳酸盐等）分别同时沉积下来，形成 I、III 矿带层状含铁铜矿体的雏形。随着含矿层沉积物的压固成岩作用，使包含于含矿层沉积物中的同生水被排出。压固过程中所排出的水，也就是含铜的成矿溶液，在向上流经还原带时，铜质被大量吸取，由动态变静态，并与硫结合成为硫化物而沉淀。成岩作用是矿质的第二次富集作用，它将相对分散的成矿物质，特别是铜质聚集于含矿带的有利部位，形成层状含铁铜矿床。后经变质作用，主要是区域变质作用，在近矿围岩中产于微弱的黑云母化、绿泥石化、碳酸盐化及硅化，并使铁铜矿物产生变晶结构（变晶加大），造成部分铜质的迁移，从而使矿体形态较为复杂，出现膨缩及分支复合现象，局部产生微弱切层，有用组分变得不太均匀，出现一些黄铜矿的细脉及短脉，从而形成今日的矿床面貌。

矿区火山喷发（喷气）-沉积变质铁铜矿床矿体呈层状、似层状，相互平行，且往往呈多层产出，与围岩产状一致，分布面积较大，厚度、品位较稳定。矿体均位于火山喷发沉积旋回中上部的过渡岩相中，严格受地层层位及沉积旋回控制（矿体产于变质火山-沉积岩内）。I、III 铁铜矿带与绿色片岩（基性凝灰质沉积变质岩）关系密切；II_{5-4} 铁矿体与角斑质凝灰沉积变质岩关系较大，矿体厚度和品位与凝灰物质的多寡呈正相关关系。矿石具有明显的条纹条带构造特征。金属矿物 I、III 矿带主要为黄铜矿、磁铁矿，其次为菱铁矿、斑铜矿、黄铁矿。II_{5-4} 矿体主要为磁铁矿。矿石化学成分，I、III 矿带除铜、铁为主要有益组分外，普遍含金、银、钴；II_{5-4} 矿体以铁为主，基本不含铜、金、银、钴等有益元素。围岩蚀变，I、III 矿带有黑云母化、绿泥石化、含铁碳酸盐化；II_{5-4} 矿体有弱绢云母化及碳酸盐化。

根据 I、III 矿带 46 件硫同位素测定结果，$\delta S34$ 绝大多数均为正值，$\delta S34$ 为 0‰→

+12.41‰，一般为 + 3‰→ + 6‰，仅少量样品为很小的负值，一般为 – 0.3‰→ –1.09‰，应为地幔硫，主要是来自海底火山喷发。同时，根据围岩化学分析结果，含矿围岩的氧化度（Fe_2O_3/FeO）一般小于1，表明Ⅰ、Ⅲ矿带含铁铜矿体为近还原条件下的产物。磁铁矿包体测温，基本无包体爆裂声。电镜扫描结果为矿石具有变余鲕状结构，证明属典型的沉积成因。

2.5.1.2 受变质的火山喷溢熔浆（矿浆）铁矿床

该矿床为原始富含铁的钠质熔浆（或铁质矿浆）经火山管道直接溢出，在近火山口的地方冷却凝结而成的喷溢式铁矿床。这种喷溢式铁矿床，明显地赋存于喷溢旋回的上部和顶部。其形成机理可能是：经过结晶分异或熔离作用以后的富铁岩浆或矿浆，由于构造力的作用，依次从火山口溢出地表，早期溢出的因分异程度低、钠质熔浆含铁少，挥发性组分不多，往后随着分异程度的提高，溢出的熔浆铁质逐渐增加，挥发性组分逐渐增多，最后甚至变为铁质矿浆。因而，反映在火山岩岩性剖面上，便出现了每一喷溢旋回下部为块状低铁熔岩，中部为高铁球状熔岩，上部为杏仁状、浸染状的钠质贫铁矿，顶部往往为似层状、透镜状，与上下围岩界线截然、平整接触的块状富铁矿，这是本区该类铁矿垂直方向上的分布规律。由于岩浆分异活动和火山喷发的旋回性，上述现象重复出现。分别形成了Ⅱ$_{5-1}$、Ⅱ$_{5-2}$、Ⅱ$_{5-3}$诸铁矿体。

以Ⅱ$_{5-3}$矿体为例，矿床产于浅灰色变钠质熔岩及角砾状熔岩中，位于喷溢韵律的顶部杏仁较为密集的部位。矿体呈似层状、透镜状，其产状与上下岩层一致。含矿母岩为富铁杏仁状浅色变钠质熔岩者，主要为浸染状贫铁矿，杏仁状构造较为明显，杏仁排列显示熔浆的流动方向；含矿母岩为角砾状浅色变钠质熔岩者，主要为花斑状表外矿。表明前期溢出的富铁熔浆尚在塑性状态下，又被后期相继溢出的低铁熔浆冲碎、撕裂、包裹流动而成，此种矿体上下界面虽不十分平整，但仍清晰可辨。属矿浆形成的铁矿体，主要为致密块状富铁矿，位于浅色变钠质熔岩顶部，此种矿体多呈透镜状，与上下围岩平整接触，界线清楚。矿体矿物成分均较简单，矿石矿物主要为磁铁矿，少量赤铁矿及钛铁矿。脉石主要为钠长石，其次为石英、绢云母。矿体中除铁含量较高外，其余成分与围岩一致，证明其与含矿岩石同时生成。磁铁矿包体测温，其爆裂温度为655~700℃，大致相当于早期岩浆矿床形成温度的下限。

2.5.1.3 受变质的火山气液（热液）交代（充填）富化矿床

其典型代表为产于角斑质富铁凝灰角砾岩夹角斑岩中的Ⅱ$_1$厚大富铁矿。

Ⅱ$_1$矿体是矿区辉长辉绿岩侵位过程中，特别是岩体侵入分异晚期，含铁火山气液大量喷出，富含碳酸盐的高温热液在火山活动中心附近（火山筒旁侧）物理化学条件有利的情况下，对岩体本身、接触带及围岩发生交代、钠化、退色，并导致铁的析出聚集成矿，对已形成的矿体或矿源层（富铁火山岩）发生改造、重熔富集，而生成的巨大的富铁矿。

Ⅱ$_1$矿体产于富铁的中偏碱性变钠质凝灰角砾岩、凝灰岩夹熔岩中，形态和内部结构相对比较复杂，呈似层状、透镜状、平行复合脉状，厚度品位变化较大，矿体平均厚度达150m，最厚达310m（包括夹层），总产状与围岩一致。贫矿与围岩为过渡接触，富矿与贫矿、围岩界线清楚。富矿产在熔岩（角斑岩）中者矿石为块状、斑块状；产在角斑质凝灰角砾岩中者为角砾状。贫矿石为浸染状及花斑状。矿物成分简单，矿石矿物主要为磁铁矿、赤铁矿，缺少菱铁矿及硫化物。脉石为石英、钠长石等。与Ⅰ、Ⅲ矿带显然不同，无典型的深源热液矿物组合。矿石中普遍见有磁铁矿、赤铁矿相互交代的现象。交代作用明显地选择了原岩粒化程度高、孔隙度大和构造弱带进行。富矿石有细粒致密块状和粗粒疏松块状两种，显然是不同时期的产物。近矿围岩蚀变以硅化、绢云母化及钠化最为强烈。硅化多出现于Ⅱ₁铁矿体中部，形成强烈的硅化带，常与绢云母化伴随；绢云母化多出现于矿体上部，钠长石化与矿体富化有关，多见于富矿外缘。受火山作用及后期热液作用强烈。包体测温表明磁铁矿、赤铁矿形成温度为 370～420℃。

2.5.1.4　岩浆期后热液钠化交代（充填）矿床

产于白云石钠长石岩中的不规则状钠长磁铁矿床，如 V₂、Ⅱ₂等铁矿体。

该类型铁矿系基性岩浆分异晚期，铁镁质岩石析出后伴随辉长辉绿岩侵入和结晶作用以后，富含碳酸盐的高温热液对岩体边缘及围岩（主要是含铁钠质火山岩）发生交代，甚至使其重熔、改组、退色，并导致原岩钠铁分离聚集成矿。矿体产于铁白云石钠长石岩中，呈不规则的囊状、脉状及透镜状。矿石为粗粒块状、斑块状。矿石矿物成分简单，主要为磁铁矿，脉石为钠长石、石英等。这类矿体一般是就地取材，土生土长的，形态复杂，规模较小。

2.5.2　成矿模式

2.5.2.1　成矿期和成矿阶段

大红山铁铜矿床成矿过程比较复杂，主要有两个成矿期，即火山作用成矿期和后期改造富化期。前者是形成本区铁铜矿床的主要时期，生成了火山喷发-沉积变质铁矿床（Ⅲ₂₋₃、Ⅱ₅₋₄矿体）、火山喷溢熔浆（矿浆）铁矿床（Ⅱ₅₋₃矿体）、火山气液交代充填富化铁矿床（Ⅱ₁矿带）、火山喷发（喷气）沉积变质含铁铜矿床（Ⅰ₂、Ⅰ₃矿体）、火山热液脉状铜矿床（Ⅰ₄矿体）及火山沉积变质改造菱铁矿床（Ⅰc、Ⅰb、Ⅰa、Ⅰ₀矿体）；后者对上述已成的铁铜矿床除有一定的改造富化作用外，还形成了岩浆期后热液钠化充填铁矿床（Ⅱ₂、V₂矿体）。

整个成矿过程，分四个阶段，前期包括火山喷发（喷溢）沉积成矿阶段及火山气液交代充填富化阶段，后期包括区域变质阶段及晚期钠化阶段。

A　火山喷发（喷溢）沉积成岩成矿阶段

这一阶段是生成火山岩（浅灰色变钠质熔岩、变钠质凝灰岩、凝灰角砾岩、深绿色角闪变钠质熔岩）及火山-沉积岩（石榴黑云角闪绿泥片岩、含火山碎屑的大理岩）的主要时期，是形成本区火山铁矿Ⅰ、Ⅱ、Ⅲ类型，铜矿带Ⅰ类型及菱铁矿床的时期。产生这一时期大量的他形柱粒状钠长石及半自形、自形微粒磁铁矿。同时生成少量半自形、自形细至中粒磁铁矿、黄铜矿、黄铁矿、菱铁矿和石英。这一阶段的主要典型副矿物有钛铁矿、磷灰石及电气石等，这些都是典型的火山-沉积、熔浆流溢成岩成矿的产物。

B　火山气液交代充填富化阶段

这一阶段主要在火山活动后期，富含铁质的火山气液。对火山管道旁侧的第一阶段形成的变钠质火山岩及其间的贫铁矿和少数富铁矿进行交代充填，使之高度富化，生成厚大的Ⅱ₁富铁矿，对其他各类矿床，也起到了不同程度的富化作用，生成大量半自形、自形中粗粒磁铁矿及他形细粒状至微细粒状石英、石英集合体及少量不等粒团块状石英，并形成大量他形微细粒尘点状含钛磁铁矿和半自形、自形板状、叶片状含钛赤铁矿，生成钛铁矿、磷灰石及电气石等副矿物，同时产生硅化、绢云母化、钠长石化等近矿围岩蚀变，以上多为火山气液交代作用所形成。

C 区域变质阶段

这一阶段主要使含矿围岩变成片岩，具片理化，铁铜矿床产生区域变质，出现条纹条带状构造，使磁、赤铁矿产生变晶加大，黄铁矿及黄铜矿出现部分细脉及短脉，菱铁矿变成晶质"黄铁矿"，矿体形态由层状、似层状变为透镜状及不规则状，生成铁铝榴石、角闪石、黑云母、白云母及镜铁矿等区域变质矿物。铜矿加富作用不明显，但定向排列显著。

D 后期钠化阶段

这一阶段主要是伴随辉长辉绿岩的侵入，在其内外接触带产生钠长石化，生成白云石钠长石岩及岩浆期后热液钠化磁铁矿床，同时生成半自形、自形中粗粒磁铁矿及粒柱状钠长石、白云石和不等粒团块状石英等，并对Ⅱ₁铁矿带有进一步的加富作用。

本区铁、铜矿是多期、多阶段、多因素综合作用的产物。对每一矿床类型来说，不同阶段的作用程度不同，起主导作用的往往只有一两个阶段。如第二类火山喷发-沉积变质矿床，主要是第一阶段（A）与第三阶段（C）生成的；第Ⅱ类火山熔浆（矿浆）矿床，主要是第一阶段（A）的产物；第Ⅲ类火山气液交代富化矿床，四个阶段（A～D）都起作用，但主要是第二阶段（B）的产物。

2.5.2.2 成矿模式、成矿系列

大红山铁、铜矿床是成因上既互相联系又各有差异的一套矿床，是古海相钠质火山岩分布区与偏碱性的中基性岩浆喷发-侵入活动有关的矿床，是一个海底火山成矿系列，是在时间上、空间上、成因上相互联系的一套矿床组合。这一套矿床组合，均围绕同一火山活动中心产出，严格受火山机构制约。其赋存规律是：厚大的火山气液富化矿床，主要产于火山筒两侧红山向斜底部变钠质熔岩及凝灰角砾岩中，火山熔浆或矿浆矿床，主要产于近火山口变钠质熔岩中；火山喷发-沉积矿床，主要产于火山口外缘的富钠质的火山-沉积岩系中，而火山沉积菱铁矿床则主要产于远火山口的碳酸盐沉积岩层中。这一产于海相火山岩中，且与细碧角斑岩浆的喷发-侵入活动有关的矿床，地勘报告中称为"大红山式"铁、铜矿床，并提出如图2-18所示的成矿模式概略图。

2.5.3 成矿控制条件及铁铜矿分布富集规律

2.5.3.1 成矿控制条件

A 火山活动中心控矿

大红山铁矿及铜矿床高度集中分布在约 $8km^2$ 的范围内，特别是其中主要富铁矿又集中在不足 $2km^2$ 的范围内，这样多的、成因上有别的铁、铜矿体在一起，不是偶然的，它们的分布和富集明显地受火山机体，特别是火山活动中心（火山口、火山管道）的控制。从古火山机体示意图（彩图2-5）上可以看出：各种矿体都集中于火山机体中。Ⅱ₁矿带接近喷发中心，稍远为Ⅱ₅矿带，Ⅲ矿带距喷发中心稍远，主要停积于相对稳定的地带，Ⅰ矿带则更远些，可能是火山口与火山口之间的凹部。因自火山口向外随火山机体中各种火山岩向四周变薄、尖灭并逐步为正常沉积岩所取代，矿体也相应变薄、变贫，层数减少，

矿质来源	主要成矿作用	矿床成因类型		改造转化特征	赋存部位
海底 火山	1. 火山-沉积成岩作用	A	火山喷发-沉积铁矿床	弱绢云母化磁铁矿偶有变晶加大	火山中心附近
			火山喷发（喷气）-沉积含铁铜矿床	磁铁矿变晶加大，铜呈细脉、短脉状	火山中心外缘
			火山-沉积改造菱铁矿床	热液改造加富显著	远火山中心
	2. 火山矿浆喷溢凝结作用	B	火山矿浆（熔浆）铁矿床	局部有火山气液交代现象及钠长石化	近火山喷发中心
	3. 火山气液交代充填作用	C	火山气液交代（充填）富化铁矿床	钠化、硅化、绢云母化显著，加热加富	火山筒旁侧
含铁围岩	4. 钠化聚铁作用	D	岩浆期后热液钠化交代铁矿床		辉长辉绿岩与含铁火山岩内外接触带

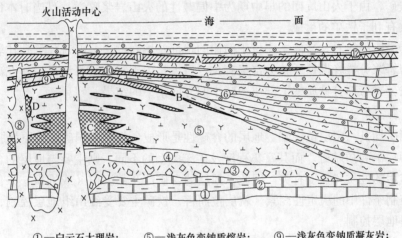

①—白云石大理岩；　　⑤—浅灰色变钠质熔岩；　　⑨—浅灰色变钠质凝灰岩；
②—黑云白云石大理岩；　⑥—石榴绿泥角闪片岩；　　⑩—条带状长英磁铁矿；
③—火山集块岩；　　　　⑦—黑云角闪白云石大理岩；⑪—条带状含铁黄铜矿；
④—深绿色变钠质熔岩；　⑧—辉长辉绿岩；　　　　　⑫—条带状块状长英菱铁矿

图 2-18　成矿模式概略图

以致尖灭。并由铁矿逐步变为铁铜矿、菱铁矿。造成这种布局的原因是火山活动中心成矿物质来源丰富，岩性构造比较有利。

B　岩性、岩相成矿的专属性

就矿区的情况而言，对于铁矿，最有利的是浅灰色角斑质凝灰岩、角斑岩（浅色熔岩）及角斑质凝灰角砾岩，属火山喷发相。这类岩石距火山口近，含钠较高（Na_2O 一般为 6%~7%），铁与富钠质的岩石关系密切，因钠和二价铁离子半径相近，亲和力大，在晶体结构中铁最靠近钠，在结合链中，铁也接近钠，因而其结合力强，常与络合物一起搬运；对于铜矿，以绿色基性凝灰质片岩、深灰色变钠质层凝灰岩、条带状磁铁矿及不纯白云石大理岩含铜较高，是最有利的岩性，这类岩石属火山-沉积变质岩，为火山喷发沉积相（过渡相）。

总之，矿区中偏碱性的火山喷发岩具有铁的成矿专属性，基偏碱性的火山喷发凝灰沉积岩与铜矿的生成关系密切。此外，后期热液交代的白云石钠长石岩和钠长石白云石岩，对铁质的富集也有着重要作用。

C　火山喷发-沉积旋回（韵律）控矿

大红山铁、铜矿与特定的火山喷发-沉积旋回有关。铁矿主要产于红山组第Ⅲ旋回中下部，铜矿主要产于曼岗河组第Ⅱ旋回中上部。该分布规律是由当时火山作用特点及地质环境决定的。每个火山旋回自下而上逐渐减弱，正常的沉积作用逐渐增强，基本上遵循爆发→喷发→宁静→溢流→间歇的发展过程。从岩性组成上看，各旋回的中下部主要由火山碎屑岩及熔岩组成，中上部主要为层凝灰岩、绿片岩及大理岩，这种岩性组成上的变化特点，直接关系着不同类型矿体的生成。对于铜矿，由于曼岗河旋回的中晚期本区为基性凝灰质的喷发沉积，当时的海盆主要为弱还原环境，海水相对稳定，所以有利于铜矿的沉积；对于铁矿，由于火山旋回的早中期为中偏碱性的火山岩浆喷溢，且当时本区主要为氧化环境，故有利于铁矿的生成。

从单个溢流韵律看，矿体主要位于韵律的顶部及熔岩的中上部杏仁气孔比较密集的部位。前者与岩浆分异晚期铁质较为富集有关，后者是由于富铁熔浆流出后，在冷凝过程中其间的挥发分携带部分铁质朝上部压力减小的方向集中的结果。

D　地层控矿

铁、铜矿均具一定层位控制。地层的含矿性是形成各类铁、铜矿床的原始胚胎矿（贫矿）或矿源层的物质基础。而其富集程度及矿床类型的不同，则主要与地层的含矿强度和后期改造作用的性质和强度有关。因此，地层的含矿性及其沉积（或堆积）条件是本区铁矿成矿诸控制条件中的决定性因素。就层位而言，铁矿主要受红山组地层控制，铜矿主要受曼岗河组地层控制。

E　构造控矿

a　背向斜控矿

铜矿的分布和产出状态，主要受底巴都背斜控制，沿底巴都背斜翼部延展，并富集于该背斜南翼；浅部铁矿、深部巨大的Ⅱ₁富铁矿受大红山向斜制约，集中分布于该向斜的底部，其产出形态与向斜一致。

b　地层接触带控矿

Ⅰ、Ⅲ铁铜矿带分别产于不同的地层（不同岩性层）接触带中。Ⅰ铁铜矿带赋存于曼岗河组三、四岩段的接触部位，此处为沉积岩相转变的过渡地区，有利于铁、铜矿的形成；Ⅲ铁铜矿带赋存于红山组一、二岩段的接触部位；Ⅳ铁矿带赋存于红山组第三岩段底部，这些矿体严格受地层接触带控制。

c　断层带及岩浆控矿

铁铜矿成矿带受成矿前的F_1古断层及受其制约的断层-喷溢带所控制，在空间上这三者是重合的。该带现紧靠矿段南侧，呈东西方向延伸，已知长5km以上，该带内浅灰色变钠质熔岩、深绿色变钠质熔岩及凝灰岩断续分布，后又有辉长辉绿岩侵入。沿断层岩浆带北侧自西向东有白糯格、二道河、大红山、坡头秀水磁异常显示及与之相应的铁矿体产出。F_2断层岩浆带位于Ⅱ₁矿带北侧、浅部铁矿的南侧，呈东西向分布。带内有辉长辉绿岩贯入及白云石钠长石岩产出，在辉长辉绿岩体内外接触带有钠长磁铁矿产出，属岩浆期后热液钠化交代铁矿床。

2.5.3.2　铁铜矿分布富集规律

A　矿床、矿体的空间分布

（1）区域上受以大红山群为基底的呈南北向展布的滇中坳陷带控制。该坳陷带夹持于红河深断裂和安宁河至绿汁江深断裂之间。该区中生代以前为长期隆起区（元谋至红山古隆起），中生代开始才下沉为地堑式盆地，其基底地层是大红山式铁、铜矿的产出层位。

（2）坳陷带内基底构造由一组东西向或近东西向的背、向斜和断层带构成，呈东西向带状分布，矿床受构造控制。矿前断层带控制着古海底火山喷发和成矿带的发展。

（3）各类矿床围绕喷发中心富集，成套出现，构成古海相火山作用成矿系列。近喷发中心由于矿质来源丰富，火山碎屑岩发育，构造、岩性有利，形成富而厚的火山气液交代富化铁矿床（II_1铁矿带）；稍远主要为角斑质熔岩，矿床类型主要是与之同生的浸染状、花斑状及致密块状的熔浆或矿浆矿床（II_{5-3}铁矿体）；外缘与中心较远为泥质、凝灰质沉积物，因而形成条纹条带状的含铜贫铁矿或含铁铜矿床（III、I矿带）；远离喷发中心逐渐变为碳酸盐的沉积，含铁铜矿被菱铁矿所取代直到尖灭。沿垂直方向上的变化也如此。

（4）铁矿和铜矿自下而上交替出现。从矿区地层柱状图（彩图 2-3）上可见，自下而上为VII（铁、铜）→VI（铁）→I（铜、铁）→II（铁）→III（铁、铜）→IV（铁）→V（铁）等 7 个矿带，造成这种时空布局的原因，与火山喷溢不同阶段、岩浆分异特点、岩浆喷发性质与火山作用及正常沉积作用的消长有关。

（5）II_1厚大的富铁矿受F_1、F_2断层控制，紧靠断层带火山气液及后期岩浆热液活动强烈，铁矿富化及围岩蚀变显著，II_2、V_2铁矿体亦沿断层带分布，与钠化成因的白云石钠长石岩具有亲缘关系。

B　矿石类型的分带性

I矿带铁矿石类型从火山活动中心，向两侧沿走向，具有磁铁矿型→菱磁铁矿型→菱铁矿型的变化规律。矿石类型与沉积岩相相适应。沿倾向由浅到深（即从北到南），沿垂向自上而下，有凝灰岩型磁铁、黄铜矿（泥质凝灰质沉积相）→石榴黑云片岩型磁铁黄铜矿（含碳酸盐的泥质沉积相）→炭质板岩型黄铜矿（含炭质泥质沉积相）的变化趋势（图 2-19）。

II_1矿带矿石类型沿走向自西向东，为赤铁矿型→磁赤铁矿型→赤磁铁矿型→磁铁矿型，沿垂向自上而下，中上部以磁铁矿型为主，中部为赤磁混合矿型，下部以赤铁矿型为主。

这种分带性，受火山喷发、沉积中心控制，火山管道附近为赤铁、磁铁混合矿石，近中心为磁铁矿和菱磁铁矿石，远离中心则相变为菱铁矿石。

C　钠化特征及聚铁作用

钠化（即钠长石化）是本区比较普遍的一种蚀变现象，主要分早、晚两期。早期的钠化比较普遍，分布均匀，主要是取代基性岩（基性熔岩及基性次火山岩）中的基性斜长石，时间早于区域变质；晚期钠化本区比较强烈，与后期辉长辉绿岩的侵入密切相关，主要分布于F_1、F_2断层带以及红山组与曼岗河组的层间脆弱带，在其与钠质火山岩的侵入接触处或岩体的节理裂隙中，往往形成一些磁铁矿团包及大小不等的磁铁矿体，矿体大小视

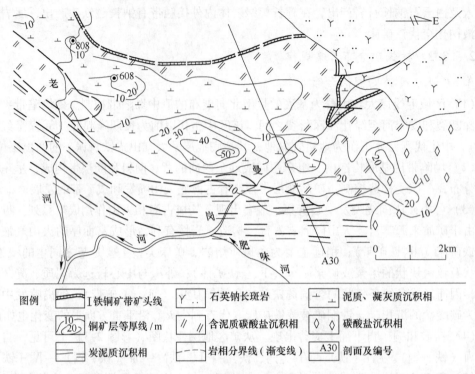

图例

Ⅰ铁铜矿带矿头线	石英钠长斑岩		泥质、凝灰质沉积相
铜矿层等厚线/m	含泥质碳酸盐沉积相		碳酸盐沉积相
炭泥质沉积相	岩相分界线（渐变线）	A30	剖面及编号

图 2-19　Ⅰ矿带岩相与矿层等厚线分布图

钠化的强度和规模而定，钠化越强，范围越大，则矿体规模也大；反之，钠化越弱，范围窄小，则矿体规模也较小。一般自原岩向矿体，钠化由弱到强，Na_2O 渐趋增高，退色逐渐明显。铁质来源是从蚀变的围岩中析出的。由于岩浆侵入及伴随而来的岩浆期后富含碳酸盐的热液，使围岩（主要是变钠质火山岩）发生交代作用，致使钠铁分离，迁移聚集，产生重结晶作用，在钠化最强部位，生成热液交代岩（白云石钠长石岩）和不规则状磁铁矿体。自原岩向矿体，岩性的大致变化为未蚀变原岩、白云石钠长石化岩、自云石钠长石岩。矿体的总产状与钠长石化带相一致。

钠化具有明显的聚铁作用，它使原岩中分散状态的铁质通过迁移聚集在一起，使原岩暗色矿物中的铁质被析出而形成矿团或大小不等的矿体，Ⅱ₁矿体部分地段的顶底板这种钠化交代岩也比较发育，对其富化也起着重要作用。

2.6　工程地质条件及岩石力学特征

2.6.1　工程地质条件概述

大红山铁、铜矿区分基底和盖层两套地层，盖层为上三叠统干海子组（T_3g）、舍资组（T_3s）及第四系（Q），是以陆相为主的海陆交互相砂页岩建造，广泛分布于矿区四周山岭地区；基底为早元古代大红山群（Ptd），是富含铁、铜的浅至中等变质程度的钠质火山岩系，属古海底火山喷发-沉积变质岩系。根据其岩土工程地质特征可划分为松软岩组、坚硬岩类沉积岩组、半坚硬岩类沉积岩组、坚硬岩组及半坚硬-坚硬岩组等五种工程地质岩组。松软岩组为第四系（Q）残、坡积碎石土、砂土，力学强度低，工程地质条件差；坚硬岩类沉积岩组为三叠系舍资组（T_3s）长石石英砂岩层，发育有多组节理、裂隙，岩心采取率为 51.3%~73%，岩体质量指标 RQD 值为 25%~30%，该组岩体破碎，力学强度低，易产生掉块、崩塌，稳定性较差，工程地质条件较差；半坚硬岩类沉积岩组为三叠系干海子组（T_3g）砂泥岩层，以泥质岩类为主，裂隙不发育，节理较发育，岩心采取率为 59.5%，岩体质量指标 RQD 值为 79%，该组岩体比较完整，岩体质量较好，工程地质条件较好；坚硬岩组为大红山群（Ptd）火山-沉积变质岩岩层，节理、裂隙发育，岩心采取率一般大于 75%，岩石质量指标一般大于 75%，该组岩体比较完整，岩石质量较好，工程地质条件较好；半坚硬-坚硬岩组为火山侵入岩（CN、$Q\pi$、$\lambda\omega$）层，主要岩性为灰绿色块状辉长辉绿岩（$\lambda\omega$）和灰白色块状白云石钠长石岩或钠长石白云石岩（CN），侵入体接触带上节理裂隙较发育，该组岩体非常完整，岩石质量极好，工程地质条件好。

软弱结构面有断层带、岩体接触带及软弱夹层。F_3 断层带岩心一般较破碎，较疏松，遇水松软，岩心采取率低，断层两侧影响带裂隙较发育；F_1、F_2 断层带常为岩体贯入充填或发育紧密胶结的角砾岩，岩心一般尚较完整，断层两侧隐裂隙较发育，力学强度有所降低，当断层围岩为坚硬岩石时，上盘裂隙发育带较宽，下盘较窄，一般在 20m 以内；岩体接触带两侧 10~20m，裂隙常较发育，钻孔岩心也较破碎；局部地段有软弱夹层存在，如肥味河北侧狮子洞附近地表及洞内的松散软弱夹层，在地表出露长 100m 以上，厚 1m 以上，此类软弱夹层只局部地段存在，其力学强度极低，工程地质条件极差。

从矿区内各工程地质岩组的特征来看，区内岩层普遍属坚硬、半坚硬岩类，抗压强度较高，矿体及围岩的稳固性较好。综合来看，矿区工程地质条件的复杂程度属中等（偏简单）类型。

2.6.2 原岩应力

2.6.2.1 矿区地质构造应力场

矿区位于滇中中台坳南端，介于红河断裂与绿汁断裂所夹持的三角地区，即东西向、南北向、北西向三组主要构造线的交汇地带。基本构造轮廓是：矿区北部为区域一级的近东西轴向的底巴都背斜，矿区本身位于该背斜南翼西端。

矿区经历了红山运动、龙川运动、晋宁运动、印支运动、燕山运动及新构造运动等七次构造运动，所形成的构造线，构造形态和伴随的岩浆活动，变质作用，自成体系，相互继承和干扰，致使矿区地质构造复杂化。根据地层接触关系、岩体组合特征、变质程度和构造形式，矿区主要大构造层为：第一构造层，由哀牢山群组成，混合岩化强烈，线形褶皱发育，构造线呈北西向；第二构造层，由大红山群组成，中基性钠质火山岩十分发育，属优地槽建造；第三构造层，位于绿汁江断裂东侧，由昆阳群组成，变质浅，由千枚岩、板岩及白云岩等组成，构造线近南北向；第四构造层，由中生界上三叠统、侏罗系等组成，为未变质的海陆互相，以陆相为主的砂、页岩建造，在继承基底建造之上，盖层构造线有东西向、近南北向及北西向三组，为印支运动及燕山运动所致。

东西向构造是矿区基底构造形式，主要由底巴都背斜、大红山向斜、肥味河向斜、肥味河背斜及 F_1、F_2 等断层构成；盖层东西向构造有新化背斜、新平向斜；南北向构造主要有哀牢山构造带。其主要特征是继承发展、叠加、复杂。

　　矿区从太古代末期开始到印支运动及燕山运动晚期经过多次构造运动活动，形成四大构造层，构造线有东西向、近南北向及北西向，根据构造线相互交合方向，矿区晚期构造应力方位大致为北东南西向。

2.6.2.2　矿区原岩应力测量及分布特征

　　大红山铁矿属于埋藏较深的大型地下矿床，地质勘探表明，其主要富矿区基本上都集中在 100m 到 720m 标高之间，岩石强度以坚硬和半坚硬为主，硬岩石如白云大理岩，单轴抗压强度为 82～137.2MPa，变钠质凝灰岩强度为 70.2～104MPa，石英钠长斑岩可达 61～176.6MPa，铁矿石的单轴抗压强度则为 36.8～114.1MPa，可见无论矿石还是围岩，强度都相当高，而且其埋深达到 500～800m，属深部开采矿山。在 380m 和 480m 等阶段岩体中裂纹快速扩展而产生的能量释放现象时常发生，而裂纹的扩展方向与岩体中的应力密切相关。因此，了解大红山铁矿区三维地应力的特征和分布规律，特别是矿区主应力的大小排序和最大主应力的方向，对大红山铁矿岩石力学分析具有指导性意义。

　　根据后期岩石力学研究对地应力测量的要求，用 6 个测点确定铁矿区三维地应力场。中南大学课题组依据对测区地质构造的实地调查与分析，选定 480m、380m、344m、320m 4 个中段，有利于研究地应力随深度变化的规律，同时考虑到构造应力在深部起主要作用，因此，在距地表较深的 380m 阶段选择了 3 个测点，480m、344m、320m 阶段则各选一个测点。从而能保证通过所选 6 个测点的测量，能给出可靠的空间地应力场的变化规律。测量结果如下：

　　（1）矿区原岩应力场主应力方向。根据大红山铁矿 4 个水平高度，共 6 个测点的三维地应力测量结果分析，可以得出该矿区最大主应力方向大致为近南北方向，精确一点应该是北北东—南南西走向。矿区最大主应力方向介于北 16°东到北 65.68°东之间，平均方向为北 40.84°东，在做整个矿区数值模拟时，这一角度可作为矿区原岩应力场的最大主应力的方向。中间主应力方向的平均方位角为北 40°西，最小主应力的平均方位角为北 153.37°东。矿区内的大红山向斜近东西向，测得的最大主应力近南北向，因此，这一结果能较好解释矿区内重要地质构造的成因。

　　（2）矿区原岩应力场主应力倾角变化规律。除受 F_3 断层影响较大的 380m 的 2 号测点外，最大主应力的倾角都小于 26°，最小倾角仅为 2.89°，平均倾角为 14.35°。在做整个矿区数值模拟时，这一角度可作为矿区原岩应力场的最大主应力的倾角。地应力理论认为最大主应力倾角小于 30°的，均可视为属于水平构造应力范围。因此，大红山铁矿的最大主应力仍是由水平构造应力主导的。

　　（3）矿区原岩应力场主应力值随深度变化规律。最大主应力的大小随测点距深度的增加而增大。6 个测点中距地表最浅的 480m 中段，最大主应力已达 21.01MPa，最深测点 320m 中段，最大主应力为 47.18MPa。最大主应力随深度变化的一元回归方程为：$\sigma_1 = 1.33 + 0.047H$（MPa）；中间主应力随深度变化的一元回归方程为：$\sigma_2 = 0.59 + 0.022H$（MPa）；最小主应力随深度变化的一元回归方程为：$\sigma_3 = 1.01 + 0.012H$（MPa）。

　　（4）测点所在阶段应力场变化规律。由于各测点所处的局部地质构造及开挖情况不同，所以各测点的主应力情况存在一定差异。为了便于更精确地进行相应阶段的开采工艺的数值模拟分析，我们采用应力张量理论对各不同中段的地应力进行了重新计算，其结果见表 2-4。

表2-4 不同水平中段地应力测量结果

不同水平中段	最大主应力			中间主应力			最小主应力		
	主应力/MPa	方位/(°)	倾角/(°)	主应力/MPa	方位/(°)	倾角/(°)	主应力/MPa	方位/(°)	倾角/(°)
480m 中段	21.01	52.68	2.89	8.37	320.24	40.13	1.34	146.10	49.72
380m 中段	24.25	196.67	7.00	17.02	19.42	82.98	12.30	343.24	0.72
344m 中段	45.69	17.21	7.35	16.26	107.30	0.48	8.24	200.98	82.64
320m 中段	47.18	245.68	25.80	31.07	83.65	63.07	17.35	339.20	7.23

注：主应力的方向是由方位角和倾角共同确定的。倾角中正值表示俯角，负值表示仰角。根据地应力测量原理，480m 中段最大主应力的方向为方位角52.68°，倾角2.89°，也可表述为方位角232.68°，倾角 −2.89°，两种表述仅是压应力的视角不同，本质是相同的。其余主应力也是如此。因此，本次测量中各中段的最大主应力的方向具有较好的一致性，说明本矿区的最大主应力基本上为北东走向。

（5）矿区原岩应力场侧压系数。大红山地应力场的侧压系数 λ（即水平应力与垂直应力之比）的最小值为 0.56，最大为 4.81，我国大陆地区的 λ 系数为 0.5～5.5，可见，大红山地区侧压系数在这一范围内。

（6）最大剪应力情况。除个别测点由于受局部构造影响外，测点的 6 个应力分量中的最大剪应力均为 τ_{xy}。根据弹性力学理论，这一剪应力将造成南北向断层发生错位。矿区 F_3 断层的东盘北移，西盘南移，正是由这一剪切作用引起的。因此，本次地应力测量结果能很好解释大红山地区的地质构造特点，也说明了本次测量的准确性。

测量结果表明，大红山矿区具有较高的地应力，特别是 480m 及以下中段具有很高的构造应力，大部分围岩属于强度较高的白云大理岩，因此这些中段的采场和巷道具备了发生潜在岩爆的地应力和岩性条件。针对以上结论，地应力测量课题组建议，在对矿区进行整体数值模拟及计算分析时，宜采用矿区原岩应力场的相关结论，而在不同阶段进行局部结构设计、计算分析时，宜采用相近原则，数值模拟时的边界条件尽可能采用最近测点的数据。

2.6.3 矿岩物理力学性质

矿体与围岩物理力学性质是矿山开采可行性研究阶段必须了解的基础性资料，也是岩体稳定性分析和采场参数设计优化最重要的基础参数。大红山铁矿矿床规模大、范围广，围岩种类多，因此必须选择代表性强、对矿床开采影响较大的岩石作为研究对象。

云南省大红山铁矿的矿岩力学参数最初由云南省地质矿产局第一地质大队 1983 年 11 月提交的《大红山铁矿地质报告》进行过比较详细测试（表2-5）；2008 年由中南大学提交的《大红山铁矿深井高温缓倾斜厚大矿体采矿综合技术研究技术总结》又专门进行了大红山铁矿岩石物理力学性质详细的试验工作，取得了大量数据资料（表2-6）。昆明理工大学于 2009 年 12 月提交的《玉溪矿业大红山铁矿二道河矿段矿岩力学性质的研究》也对大红山铁矿岩石物理力学试验（表2-7）进行过测试。

表 2-5 岩石矿石物理力学试验样结果

岩石（矿）石名称		样数	含水量/%	容积/g·cm⁻³	密度/t·m⁻³	极限抗压压强度/kg·cm⁻² 干抗压	湿抗压	极限抗拉强度/kg·cm⁻²	凝聚力/kg·cm⁻²	内摩擦角	坚硬程度
大理岩	白云石大理岩	3	0.13	2.81	2.88	820~1372	787~796	65~88	65	58°3′	坚硬
	黑云白云大理岩	5	0.55	2.43	2.93	493~872	375~711	83	143	39°8′	半坚硬为主
片岩	角闪片岩及绿泥片岩	5	0.20	2.99	2.92	233~989	203~705	78~84	124	43°2′	半坚硬为主
	黑云片岩及二云片岩	5	0.23	2.84	2.94	654~1087	452~591	57~95	—	—	半坚硬
侵入岩	辉长辉绿岩	2	0.09	2.89	—	464~600	290~820	—	121	44°16′	坚硬至半坚硬
	辉绿岩	1	0.06	2.70	—	234	353	—	117	39°6′	一般为半坚硬
	石英钠长斑岩	4	0.10	2.75	2.80	610~1766	999~1675	53~94	—	—	坚硬为主
火山岩	变钠质熔岩	5	0.29	2.96	—	282~1214	605~1219	—	97	43°3′	坚硬为主
	变钠质凝灰岩	3	0.30	2.88	3.02	703~1041	440~912	58~95	—	—	坚硬为主
铁矿石	磁铁富矿 V	1	0.03	4.36	—	645	446	—	134	35°13′	半坚硬
	磁铁贫矿 IV₁	1	—	3.50	—	1083	481	—	—	—	半坚硬
	磁铁矿 III₂	1	0.06	3.64	—	543	341	—	84	49°34′	半坚硬
	赤铁矿 III₁	3	0.07	—	—	532~1141	362~1044	—	116	45°42′	半坚硬为主
	磁铁富矿 II₁	1	—	3.38	—	666	370	—	—	—	半坚硬
	赤磁混合富矿	1	—	3.93	—	368	753	—	—	—	半坚硬
铁铜矿 I₁	含铁铜矿	1	0.12	3.29	3.31	660	652	101	—	—	坚硬
铜铁矿 Iᵦ	铜铁矿	1	0.07	2.92	3.02	634	650	65	—	—	坚硬

资料来源：云南省地质矿产局第一地质大队《大红山铁矿地质报告》。

表 2-6　室内岩石物理力学参数试验结果

岩性	密度 /t·m⁻³	抗拉强度 σ_t/MPa	抗压强度 σ_c/MPa	变形模量 E/GPa	泊松比 μ	岩石直剪试验 凝聚力c /MPa	内摩擦角 φ/(°)	弱面抗剪强度 凝聚力c /MPa	内摩擦角 φ/(°)	三轴试验 凝聚力c /MPa	内摩擦角 φ/(°)	备注
白云石大理岩（曼岗河组）(Ptdm⁴)	2.51~2.86 / 2.78	1.49~2.9 / 2.03	51.55~103.17 / 85.58	4.19~7.76 / 6.10	0.223	6.95	42.61	0.68	14.95	25.21	32.48	本表数据栏内横线上面的数据表示取值范围，横线下面的数据表示该组试验做的平均值，"—"表示虽然做了试验，但未得到有效数据
辉长辉绿岩 (λω)	2.67~2.97 / 2.77	6.84~9.44 / 8.25	44.78~103.57 / 67.33	3.39~5.95 / 4.49	0.275	9.16	46.40	0.34	49.55	12.43	56.27	
磁铁富矿	4.00~4.91 / 4.45	4.1~6.35 / 5.01	52.16~87.09 / 67.54	1.95~3.96 / 3.38	0.215	28.92	37.23	—	—	20.30	60.97	
磁铁贫矿	3.02~4.41 / 3.98	3.34~7.28 / 5.15	59.09~192.54 / 131.71	5.16~8.35 / 6.87	0.227	13.06	33.02	0.45	38.87	29.18	57.50	
变钠质凝灰岩 (Pthm³)	3.59~3.75 / 3.68	1.83~8.56 / 4.71	91.36~172.33 / 139.70	6.10~7.72 / 6.95	0.240	28.11	39.01	0.29	34.68	—	—	
白云石大理岩（肥味河组）(Ptdf¹, Ptdf²)	2.78~2.84 / 2.81	2.36~5.28 / 3.9	56.87~106.80 / 81.66	4.06~6.56 / 5.67	0.225	9.65	42.61	—	—	32.62	47.35	
条纹条带大理岩 (Ptdmf)	2.7~2.74 / 2.72	2.65~8.74 / 6.07	62.36~128.56 / 105.29	4.98~6.64 / 6.00	0.211	22.69	36.13	0.28	26.52	—	—	
石榴黑云片岩 (Ptdm³)	2.86~3.03 / 2.95	5.64~11.14 / 7.74	57.19~158.50 / 100.59	4.24~10.47 / 7.00	0.222	10.93	40.7	—	—	15.07	54.67	
白云石钠长岩 (CN)	2.72~2.79 / 2.76	2.92~10.08 / 3.18	116.02~182.53 / 150.41	7.33~8.26 / 7.79	0.257	8.91	42.92	—	—	22.37	59.43	
绿泥质糖岩 变钠质糖岩 (Ptdn)	2.77~3.38 / 2.92	2.21~4.15 / 3.18	36.04~97.90 / 60.52	3.42~7.26 / 4.94	0.190	7.35	43.83	1.00	38.94	14.20	63.73	

资料来源：中南大学《大红山铁矿深井高温缓倾斜厚大矿体采矿综合技术研究技术总结》。

表2-7 二道河铁矿岩石物理力学性质试验结果

岩 性	密度 /g·cm⁻³	单轴抗压强度 /MPa	单轴抗拉强度 /MPa	弹性模量 /MPa	常规三轴试验结果		坚硬程度	泊松比
					凝聚力 c/MPa	内摩擦角 φ/(°)		
长石石英砂岩	2.7	95.5	10.61	6.34×10^4	11.6	48.5	坚硬	0.19
炭质泥岩	2.67	44.63	7.07	5.51×10^4	5.8	46	中等坚硬	0.29
变钠质熔岩（顶板）	2.85	62.46	7.73	4.08×10^4	9	50	较坚硬	0.16
辉长辉绿岩（顶板）	2.93	65.04	7.21	6.92×10^4	11.7	51	较坚硬	0.25
矿体	3.47	107.7	8.28	6.49×10^4	16.2	54.5	坚硬	0.11
白云石大理岩（Ptdf）	2.80	50.5	7.36	5.11×10^4	8.3	48	较坚硬	0.19
变钠质熔岩（底板）	3.11	88.68	7.53	5.15×10^4	16.4	50	坚硬	0.18

资料来源：昆明理工大学《玉溪矿业大红山铁矿二道河矿段矿岩力学性质的研究》，2009.12。

通过对比分析可知：深部岩石、矿石物理力学试验结果各岩性极限抗压强度的平均值均大于50MPa。岩石强度存在地段上和岩性上的差异，以上三个单位得出的岩石力学参数均在表2-5所列的范围内，相互之间差异、离散性不大，说明他们得出的岩石力学参数均属合理，基本可以满足开采设计需要。从总体上看，矿段岩石属于坚硬较坚硬岩石，矿体及其顶底板多数属于坚硬岩石。后续岩体力学参数和数值模拟是根据中南大学得出的岩石力学参数而分析得出的。

2.6.4 岩体力学参数的确定

2.6.4.1 岩体质量评价

从表2-8可见RQD值普遍比较高，表明矿岩体的完整性普遍都很好。

表2-8 RQD值统计

岩 性	RQD/%
白云石大理岩（Ptdm）	97~90.5
辉长辉绿岩	97~90.5
铁矿体	97~90.5
白云石大理岩（Ptdf）	97~90.5
变钠质熔岩	97~90.5
石榴黑云片岩	97~90.5

资料来源：马鞍山矿山研究院《云南省大红山铁矿地下开采对露天开采危害及控制技术研究》。

根据岩体结构调查结果，并结合大红山铁矿矿段所做岩石力学试验成果，采用南非科学和研究委员会（CSIR）的Z. J. Bieniawski提出的RMR分类方法（表2-9），对该矿段待研究区域的岩体质量进行分级（表2-10~表2-12）。

RMR岩体分类法是根据岩体中5个实测参数和结构面的空间方位与开挖方向之间的相对关系所得评分值的代数和，作为划分岩体等级的依据。其数学表达式为：

$$RMR = A + B + C + D + E + F \tag{2-1}$$

式中 A——完整岩石单向抗压强度的分级评分值；

B——岩石质量指标的分级评分值；

C——结构面间距的分级评分值；

D——结构面状态，包括结构面的粗糙度、宽度、开口度、充填物、连续性及结构
面两壁岩石条件等的分级评分值；

E——地下水条件的分级；

F——结构面走向和倾角对巷道开挖影响程度的评分值。

表 2-9 岩体地质力学（RMR）分类参数及评分标准

分类参数		数值范围					
A	完整岩石强度/MPa	点荷载强度指标	>10	4～10	2～4	1～2	对强度较低的岩石宜用单轴抗压强度	
		单轴抗压强度	>250	100～250	50～100	25～50	5～25	1～5	<1
		评分值	15	12	7	4	2	1	0
B	岩芯质量指标 RQD/%		90～100	75～90	50～75	25～50	<25	
	评分值		20	17	13	8	3	
C	节理间距/cm		>200	60～200	20～60	6～20	<6	
	评分值		20	15	10	8	5	
D	节理条件		节理面很粗糙，节理不连续，节理宽度为零，节理面岩石坚硬	节理面稍粗糙，宽度小于 1mm，节理面岩石坚硬	节理面稍粗糙，宽度小于 1mm，节理面岩石较弱	节理面光滑或含厚度小于 5mm 的软弱夹层，张开度 1～5 mm，节理连续	含厚度大于 5mm 的软弱夹层，张开度大于 5mm，节理连续	
	评分值		30	25	20	10	0	
E	地下水条件	每10m长的隧道涌水量/L·min⁻¹	0	<10	10～25	25～125	>125	
		节理水压力与最大主应力的比值	0	0.1	0.1～0.2	0.2～0.5	>0.5	
		一般条件	完全干燥	潮湿	只有湿气（有裂隙水）	中等水压	水的问题严重	
		评分值	15	10	7	4	0	

表 2-10 D 节理条件分类的指标评定

节理长度	<1m	1～3m	3～10m	10～20m	>20m
评分	6	4	2	1	0
张开度	无	<0.1mm	0.1～1.0mm	1～5mm	>5mm
评分	6	5	4	1	0
粗糙度	很粗糙	粗糙	微粗糙	平滑	光滑
评分	6	5	3	1	0
充填物（断层泥）	硬质充填			软质充填	
	无	<5mm	>5mm	<5mm	>5mm
评分	6	4	2	2	0
风化	未风化	微风化	中等风化	强风化	崩解
评分	6	5	3	1	0

表 2-11　节理走向和倾角对坑道开挖的影响

走向垂直于坑道轴线				走向平行于坑道轴线		不考虑走向
沿倾向掘进		反倾向掘进				
倾角/(°)	倾角/(°)	倾角/(°)	倾角/(°)	倾角/(°)	倾角/(°)	倾角/(°)
45 ~ 90	20 ~ 45	45 ~ 90	20 ~ 45	45 ~ 90	20 ~ 45	0 ~ 20
非常有利	有利	一般	不利	非常不利	一般	一般

表 2-12　按节理走向评分的修正

结构面走向和倾向		非常有利	有利	一般	不利	非常不利
评分值	隧道	0	− 2	− 5	− 10	− 12
	地基	0	− 2	− 7	− 15	− 20
	边坡	0	− 5	− 25	− 50	− 60

　　该方法采用打分法对岩体进行评价，根据所得评分值代数和的不同将岩体划分为五类（表 2-13）。RMR 法条款简单明确，以实测参数为基础，考虑了影响岩体质量的诸多因素，在国内外获得了广泛的应用。

表 2-13　按总评分值确定的岩体级别及岩体质量评价

评分值	100 ~ 81	80 ~ 61	60 ~ 41	40 ~ 21	< 20
分　级	I	II	III	IV	V
质量描述	非常好的岩体	好岩体	一般岩体	差岩体	非常差的岩体
平均稳定时间	(15m 跨度) 20a	(10m 跨度) 1a	(5m 跨度) 7d	(2.5m 跨度) 10h	(1m 跨度) 30min
岩体内聚力/kPa	>400	300 ~ 400	200 ~ 300	100 ~ 200	<100
岩体内摩擦角/(°)	>45	35 ~ 45	25 ~ 35	15 ~ 25	<15

　　根据调查结果，经相关试验及计算，并对各相同岩性综合考虑后可得各岩性的 RMR 值及相应的评价等级（表 2-14）。经调查和统计可得出，辉长辉绿岩、白云石大理岩和变钠质熔岩，整体上属于好岩体；石榴黑云片岩和铁矿体整体上属于非常好的岩体。

表 2-14　大红山铁矿矿岩质量分级

岩　性	分类参数分值						RMR 评分值	围岩分级
	A	B	C	D	E	F		
白云石大理岩（Ptdm）	8	20	17	28	10	− 5	78	II
辉长辉绿岩	7	17	15	24	10	− 5	68	II
铁矿体	12	20	17	26	10	− 5	80	I ~ II
白云石大理岩（Ptdf）	8	20	17	28	10	− 5	78	II
变钠质熔岩	8	20	17	28	10	− 5	78	II
石榴黑云片岩	12	20	18	28	10	− 5	83	I

2.6.4.2　新 Hoek-Brown 强度准则

Hoek 和 Brown 在分析 Griffith 理论和修正的 Griffith 理论的基础上，凭借在岩石力学方面深厚的理论功底和丰富的实践经验，通过对大量岩石三轴试验资料和岩体现场试验成果的统计分析，于 1980 年在《岩体的地下开挖》一书中提出了最初的 Hoek-Brown 经验破坏准则：

$$\sigma_1 = \sigma_3 + \sqrt{m\sigma_c\sigma_3 + s\sigma_c^2} \tag{2-2}$$

式中，σ_1 为岩体破坏时的最大主应力；σ_3 为破坏时的最小主应力；σ_c 为完整岩石试件的单轴抗压强度；m、s 均为岩体材料常数，取决于岩体性质。

此后，在工程应用中，H-B 准则不断得到改进并逐渐完善。2002 年，E. Hoek 对历年来的 H-B 准则进行了详细而全面的审视，并对 m、s、a 和地质强度指标 GSI（geological strength index）的关系进行了重新定义，并提出了一个新的参数 D 来处理爆破损伤和应力松弛。改进后的广义 Hoek-Brown 强度准则可表示为：

$$\sigma_1 = \sigma_3 + \sigma_c\left(m\frac{\sigma_3}{\sigma_c} + s\right)^a \tag{2-3}$$

式中

$$\left.\begin{array}{l} m = m_i\exp\left(\dfrac{GSI-100}{28-14D}\right) \\[2mm] s = \exp\left(\dfrac{GSI-100}{9-3D}\right) \\[2mm] a = \dfrac{1}{2} + \dfrac{1}{6}\left(e^{-GSI/15} - e^{-20/3}\right) \end{array}\right\} \tag{2-4}$$

对于 $GSI > 25$ 的岩体：

$$s = \exp[(GSI-100)/9],\ a = 0.5 \tag{2-5}$$

对于 $GSI \leqslant 25$ 的岩体：

$$s = 0,\ a = 0.65 - GIS/200 \tag{2-6}$$

式中，D 为岩体扰动参数，主要考虑爆破破坏和应力松弛对节理岩体的扰动程度，取值为 $0 \sim 1$，对于未受扰动岩体，取 $D = 0$，对于严重扰动岩体，取 $D = 1$；m_i 为组成岩体的完整岩块的 Hoek-Brown 常数，反映岩石的软硬程度；s 反映岩体破碎程度。

当用 Hoek-Brown 准则估计节理化岩体强度与力学参数时，需用 3 个基本参数：

（1）组成岩体的完整岩块的单轴抗压强度 σ_c。

（2）组成岩体的完整岩块的 Hoek-Brown 常数 m_i。

（3）岩体的地质强度指标 GSI。

2.6.4.3　Hoek-Brown 准则参数的确定

A　常数 m_i 的确定

把 $\sigma_3 = -\sigma t$ 和 $\sigma_1 = 0$ 代入 Hoek-Brown 经验准则 $\sigma_1 = \sigma_3 + \sqrt{m_i\sigma_c\sigma_3 + s\sigma_c^2}$，这里因为是完整岩块，因此 $s = 1$。由此公式可得：

$$m_i = \frac{\sigma_c^2 - \sigma_t^2}{\sigma_c\sigma_t} \tag{2-7}$$

B　爆破效应对岩体扰动程度 D 值的确定

根据现场围岩节理状况、岩体开挖扰动程度，确定顶板 $D = 0.3$，矿体 $D = 0.5$，其余各岩性 $D = 0$。

C GSI 的确定

GSI 为地质强度指标，是由 Hoek、Kaiser 和 Brown 于 1995 年建立的，用来估计不同地质条件下的岩体强度。GSI 根据岩体所处的地质环境、岩体结构特性和表面特性来确定。但以往在岩体结构的描述或岩体结构的形态描述中缺乏定量化，难以准确确定岩体的 GSI 值。为使其描述定量化，引入岩体质量 RMR 分级法定量确定岩体质量等级。根据 Z. T. Bieniawski 研究认为，修正后的 RMR 指标值与 GSI 值具有等效关系，确定修正后的 RMR 指标值，即得出 GSI 值。

RMR 分级方法是采用多因素得分，然后求其代数和（RMR 值）来评价岩体质量。参与评分的 6 因素是：岩石单轴抗压强度、岩石质量指标 RQD、节理间距、节理性状、地下水状态和结构面产状对边坡工程的影响。在 1989 年的修正版中，不但对评分标准进行了修正，而且对第 4 项因素进行了详细分解，即节理性状包括节理长度、张开度、粗糙度、充填物性质和厚度以及风化程度。以上各参数确定或选取的结果见表 2-15。

表 2-15 各岩性的 D 及 m_i 值

岩　　性	m_i	D	GSI（RMR）
白云石大理岩（Ptdm）	29.48	0.5	78
辉长辉绿岩	8.96	0.5	68
铁矿体	25.54	0.7	80
白云石大理岩（Ptdf）	15.41	0.5	78
变钠质熔岩	16.94	0.6	78
石榴黑云片岩	12.91	0	83

2.6.4.4 岩体力学参数的确定原理

A 岩体变形模量

变形模量是描述岩体变形特性的重要参数，可通过现场荷载试验精确确定。但由于荷载试验周期长、费用高，一般只在重要的或大型工程中采用。因此，在岩体质量评价和大量试验资料的基础上，建立岩体分类指标与变形模量之间的关系，是快速、经济地估算岩体变形模量的重要手段和途径。

（1）E. Hoek 等建议岩体变形模量 E_m（GPa）可用下式进行估算：

$$\left. \begin{array}{l} E_m = \left(1 - \dfrac{D}{2}\right)\sqrt{\dfrac{\sigma_c}{100}} 10^{\frac{RMR-10}{40}} \quad (\sigma_c \leqslant 100\text{MPa}) \\[3mm] E_m = \left(1 - \dfrac{D}{2}\right) 10^{\frac{RMR-10}{40}} \quad\quad\quad (\sigma_c > 100\text{MPa}) \end{array} \right\} \tag{2-8}$$

（2）利用量化 RMR 系统和 E. Hock 和 M. S. Diederichs 的最新计算公式来进行岩体变形模量的取值：

$$E_m = E_i\left[0.02 + \frac{1 - D/2}{1 + e^{(60+15D-RMR)/11}}\right] \tag{2-9}$$

式中，E_i 为室内力学试验岩块的变形模量；D 为岩体的扰动程度；岩体变形模量 E_m 取以上两式的平均值。

在 RMR 与 E_m 之间的诸多关系中，式（2-8）和式（2-9）已被工程界广泛采用，普遍认为其估算结果比较接近工程实际。哈秋瓨、张永兴等根据三峡工程花岗岩岩体在现存条件下的 RMR 指标，采用式（2-8）计算的变形模量，与现场原位试验测试结果比较一致。贵州工业大学宋建波教授曾对西南工学院新图书馆岩基的变形模量进行研究，估算结果也与勘察资料提供数据基本吻合。这在国内应用效果方面，从侧面说明了以式（2-8）和式（2-9）综合估算变形模量的方法是适用可行的。

B 岩体抗剪参数

莫尔强度曲线可用下式确定。破裂面上的正应力 σ 和剪应力 τ 为：

$$\left.\begin{array}{c} \sigma = \sigma_3 + \dfrac{\tau_m^2}{\tau_m + \dfrac{m\sigma_c}{8}} \\[4ex] \tau = (\sigma - \sigma_3)\sqrt{1 + \dfrac{m\sigma_c}{4\tau_m}} \\[4ex] \tau_m = \dfrac{\sigma_1 - \sigma_3}{2} \end{array}\right\} \tag{2-10}$$

将相应的 σ_1 和 σ_3 代入式（2-10）就能在 τ-σ 平面上得到莫尔包络线上 σ 与 τ 的关系点坐标。即可得出 n 个数据点 (σ_i, τ_i)。然后对这些数据点 (σ_i, τ_i) 数据进行回归处理，确定出岩体抗剪强度参数。在运用 Hoek-Brown 法原理计算岩体抗剪强度参数时，关键是选择 σ_3 的范围，其最好范围：$0 < \sigma_3 < 0.25\sigma_c$；这里取 $0 < \sigma_3 < 0.125\sigma_c$。

由于岩体的抗剪强度，尤其是扰动岩体的抗剪强度多为非线性关系，故 Hoek 提出了非线性关系式：

$$\tau = A\sigma_c (\sigma/\sigma_c - T)^B \tag{2-11}$$

式中，A、B 为待定常数。改写方程，则变换为：

$$y = ax + b \tag{2-12}$$

式中，$y = \ln\tau/\sigma_c$，$x = \ln(\sigma/\sigma_c - T)$，$a = B$，$b = \ln A$，$T = \dfrac{1}{2}(m - \sqrt{m^2 + 4s})$。

常数 A 与 B 可由最小二乘法线性回归确定：

$$\ln A = \sum y/n - B\left(\sum x/n\right) \tag{2-13}$$

$$B = \frac{\sum xy - \dfrac{\sum x \sum y}{n}}{\sum x^2 - \dfrac{\left(\sum x\right)^2}{n}} \tag{2-14}$$

拟合相关系数：

$$r^2 = \frac{\left[\sum xy - \left(\sum x \sum y\right)/n\right]^2}{\left[\sum x^2 - \left(\sum x\right)^2/n\right]\left[\sum y^2 - \left(\sum y\right)^2/n\right]} \tag{2-15}$$

由式（2-11）可知，当 $\sigma = 0$ 时，$\tau = c_m$，则岩体的凝聚力为

$$c_m = A\sigma_c (-T)^B \tag{2-16}$$

而在任一 σ_i 时非线性莫尔包络线的切线角（即内摩擦角）可由式（2-11）求导，得

$$\varphi_i = \arctan\left[AB\left(\frac{\sigma_i}{\sigma_c} - T\right)^{B-1} \right] \tag{2-17}$$

为了表征岩体非线性破坏的总体或平均内摩擦角 φ_m，采用下式：

$$\varphi_m = \frac{\sum_{i=1}^{n} \varphi_i}{n} \tag{2-18}$$

岩体单轴抗拉强度：

$$\sigma_{mt} = \frac{2c\cos\varphi}{1 + \sin\varphi} \tag{2-19}$$

2.6.4.5 岩体力学参数的工程处理结果

在运用 Hoek-Brown 法计算岩体力学参数时，关键是选择 σ_3 的范围，其最好范围：$0 < \sigma_3 < 0.25\sigma_c$，这里选取 σ_3 为 0，1，2，3，…，逐渐增大到 $[0.125\sigma_c]$（其中 $[0.125\sigma_c]$ 代表的是取 $0.125\sigma_c$ 的整数）。σ_3 最大取值 $[0.125\sigma_c]$，在 $0 < \sigma_3 < 0.25\sigma_c$ 范围内。由表 2-14 的岩体质量分级结果，根据式（2-2）～式（2-19）计算出的岩体力学参数如表 2-16 所示。此表提供的岩体力学参数可供工程设计及岩体稳定性模拟计算作为参考。

表 2-16 大红山铁矿岩体力学参数确定结果

岩　性	密度 $\rho/g \cdot cm^{-3}$	抗拉强度 σ_{mt}/MPa	弹性模量 E_m/GPa	凝聚力 c/MPa	内摩擦角 $\varphi/(°)$	泊松比
白云石大理岩（Ptdm）	2.78	1.283	36.3	1.851	51.773	0.223
辉长辉绿岩	2.77	1.284	21.48	1.318	38.025	0.275
铁矿体	3.98	2.558	40.65	3.495	49.797	0.227
白云石大理岩（Ptdf）	2.81	1.995	37.195	2.425	45.272	0.225
变钠质熔岩	2.92	1.7	43.4	2.13	46.411	0.19
石榴黑云片岩	2.96	4.615	65.268	5.651	45.574	0.222

2.7 水文地质条件

大红山铁、铜矿区以 F₃ 隐伏断层为界分为东、西两矿段。矿区东段属以大红山群裂隙含水层充水为主的水文地质条件简单的矿床。矿区西段大红山群含水层富水性相对较好，矿体处于高压含水层中，开采时排水降深大，影响范围较广，河水对矿坑充水有一定影响，属裂隙充水、直接进水的水文地质条件中等的矿床。

2.7.1 区域水文地质

区域主要含、隔水层为第四系孔隙含水层（Q）、下侏罗统冯家河组泥质岩类隔水组（J_1f）、上三叠统舍资组上段泥岩泥质岩隔水组（T_3S^2）、上三叠统舍资组下段砂岩含水层（T_3S^1）、上三叠统干海子组泥质岩类隔水组（T_3g）、大红山群裂隙含水层（Ptd），见

彩图 2-20。

矿区东、西均有干海子组隔水层构成的隔水边界，形成了东西两面封闭、南北两端紧缩开口的水文地质单元，含水层主要靠降雨补给，地下水由东或北东向西或南西方向呈承压径流运动，通过低处露头和断层带泄入戛洒江。在天然条件下，地下水补给河水，在开采条件下可能转化为河水补给地下水。

2.7.2　矿区水文地质

大红山铁矿由浅部铁矿、深部铁矿、Ⅰ号铁铜矿（东段）及二道河铁矿（西段）组成（见图 2-21），东西长约 4km，南北宽约 2km，矿体分布面积约 8km²。浅部铁矿大部在地下水位之下但在河水面标高之上；深部铁矿、Ⅰ号铁铜矿及二道河铁矿大部埋藏在河水面标高之下。

大红山铁矿矿床主要充水来源为大红山群裂隙含水层。大红山群裂隙含水层（Ptd）是指整个大红山群浅部相对富水部位。该含水层主要由变钠质熔岩、凝灰岩、不纯的白云石大理岩以及以黑云母、

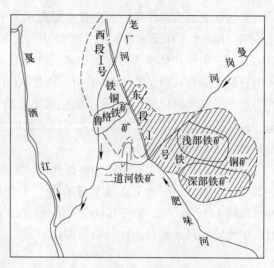

图 2-21　矿段水文地质位置示意图

角闪石、绿泥石等为主的各种片岩组成，且有较多的辉长辉绿岩侵入。裂隙是地下水集存和运移的主导条件，富水规律受岩层裂隙发育规律的控制，总的富水规律是浅强深弱，往深部渐至隔水。含水层在曼岗河以西具承压性，以东普遍具潜水特征，局部具承压性质。该含水层总体富水性弱，地表仅有三处泉水出露，流量均小于 0.1L/s。钻孔抽水试验结果显示 $q = 0.001 \sim 0.0424 \text{L}/(\text{s} \cdot \text{m})$，$K = 0.001 \sim 0.030 \text{m/d}$。

大红山群裂隙含水层的直接盖层为上三叠统干海子组泥质岩类隔水组。岩性以深灰至灰黑色、厚至薄层泥质岩为主，间夹细砂岩，泥岩和薄煤层，厚度 0～300m。与大红山群裂隙含水层呈不整合接触。含水砂岩夹层厚度一般小于 15m，隔水层占 70.0%～87.0%，泥质岩仅有闭合裂隙，隔水组厚度较大，层位稳定，产状平缓，泥质成分高，隔水性能可靠。

矿区断层发育，规模较大的有 F_1、F_2、F_3、F_4、F_{19}、F_{22} 及 F_{29} 等。其中东西走向或近乎东西走向的断层带（如 F_1、F_2、F_4）常被隔水岩体充填，含水性与正常围岩相当。北西走向的断层 F_3，泥质成分较高，局部见断层泥，富水性不强。断层破碎带两旁影响带和不同走向断层的交汇地段裂隙相对发育，含水性有趋富现象，但也属弱富水范围。矿区内断层与沟、河相交的情况甚多，但尚未发现大的泉水出露，抽水试验结果也未显示较强的富水性和导水性。断层包括其影响带的导水、富水程度受两盘围岩导水、富水性弱的限制，本身不会导致对未来矿坑的强烈充水。

大红山群裂隙含水层主要在曼岗河、肥味河、老厂河两侧的出露地段接受降雨补给，其余地段为三叠系地层掩盖，靠侧向径流补给。地下水由东、北东向西或南西方向呈承压径流运动，通过低处露头和断层带泄入戛洒江。因岩层透水性弱，地形坡度大，冲沟发

育，降雨集中且多为阵雨，易形成表流宣泄。故地下水的补给、径流、排泄条件均较差。地下水与降雨关系的密切程度视地下水所处地段到补给区的距离不同而有差异，矿区地下水洪峰出现时间滞后于降雨时间 5～45 天。

2.7.3 矿井涌水量

矿区水文地质条件属以裂隙含水层充水为主的简单类型。大红山铁矿 4000kt/a 一期工程 380m 中段地下水涌水量采用"大井法"估算，正常涌水量约 $3900m^3/d$，最大涌水量约 $4368m^3/d$；由于矿体厚大且采用崩落法进行开采，崩落范围将扩展至地表，经估算，崩落区单日最大降雨入渗量约 $7490m^3/d$。从 2006 年矿山建成至今，大红山铁矿一期工程已生产多年，根据实测资料，380m 中段正常涌水量为 $1165m^3/d$，最大涌水量为 $1980m^3/d$，考虑到此时的崩落区还未扩展到地表，未来矿坑涌水量可能会有所增大，但总的来看，矿坑实际涌水量比预测值偏小。

二道河铁矿位于大红山铁铜矿区西段，矿区水文地质条件属裂隙充水、直接进水的中等类型，−95m 中段地下水涌水量采用"大井法"估算，正常涌水量约 $6051m^3/d$，最大涌水量约 $11134m^3/d$，从与其同处一个水文地质单元的大红山铜矿西矿段的生产情况来看，矿坑实际涌水量可能比预测值偏小。

2.8 矿区环境地质条件

2.8.1 地质灾害

矿区内山高谷深坡陡，覆盖层厚，风化强烈，水系发育。地处通海—石屏地震活动带和长期反复活动红河断裂边缘，具有地震活动和滑坡、崩塌、泥石流等不良地质现象。区内河流雨季常发洪水，浑浊，含砂量大，水势迅猛。

2.8.2 地热异常

大红山群弱裂隙含水层为储热层，三叠系干海子组泥岩为隔热盖层，为储热创造了条件，矿床存在地热异常。地质勘探钻孔测温结果（表 2-17）表明，矿层附近实测及推测孔温大部分高于 35℃，一般在 45℃ 以上。

表 2-17 矿区地勘钻孔测温结果表

矿段	勘探线	孔号	测温日期（年.月.日）	稳定时间 /d	测温时的孔深 /m	测温孔深 /m	孔温/℃	备 注
东段	A39	ZK328	1978.4.6	<1	520	520	36.8	
	A22	ZK710	1976.3.6	<1	809.65	800	49.7	
	A21	ZK717	1977.9.3	<1	788.21	700	44.5	
	A18	ZK709	1976.2.25	>365	802.99	375	41	涌水孔
	A206	ZK661	1976.10.7	<1	672.9	660	39.5	

矿段	勘探线	孔号	测温日期 （年.月.日）	稳定时间 /d	测温时的孔深 /m	测温孔深 /m	孔温/℃	备　注
西段	A200	ZK681	1980.12.30	345	153.33	153	30.2	T_3g, $G=6.6$
		ZK681	1981.2.7	5	381.36	315	32	
	A206	ZK689	1977.7.14	<1	780.14	650	42.5	
	A207	ZK689	1977.9.2	<1	1024.3	800	49.3	
	A208	ZK696	1977.1.17	<1	896.37	850	49.0	
	A210	ZK232	1978.6.13	<1	400	400	41	T_3g
	A216	ZK624	1976.6.26	<1	751.75	600	40.8	
		ZK626	1976.1	<1	677.71	420	33	
		ZK556	1980.9.20	<1	397.21	350	29.5	
	A219	ZK699	1976.2.17	<1	946.09	900	60.5	涌水孔
		ZK603	1976.2.22	约300	825.53	820	57.5	涌水孔
	A202	ZK811	1979.9.2	<1	841.94	840	45	
	A226	ZK820	1978.9.9	<1	972	840	45	

注：G 代表地热增温率（℃/100m）。

矿山建设过程中，随着坑道深度增大，井下温度普遍较高，在未形成贯穿风流的情况下，独头掘进巷道的温度一般会达到 35℃以上。《大红山铁矿深井高温缓倾斜厚大矿体采矿综合技术研究》（云南省院校科技合作项目，编号：2003UDBEA01A052）认为，导致井下气温偏高的原因主要有："矿床存在火成岩余热；汽车运行会使井下气温增高；热害程度取决于是否形成贯穿风流；地表进风气温在一定程度上影响着井下气温"。设计采用通风方式进行矿井降温，生产实践证明，在形成贯穿风流的情况下，井下环境温度普遍会降至 30℃以内。

2.8.3　放射性异常

矿区存在放射性异常。1972 年 3 月云南省地质局第九地质队和地球物理探矿队采用 1/1000 ~ 1/20000 的地面放测，钻孔岩心 γ、γ + β测量、放射性 γ 测井以及天然露头、山地工程 γ 检查和 γ 编录等方法开展工作。对钻孔岩心，全面系统进行了 γ 检查和取样分析，并在矿区外围做了 1/50000 ~ 1/100000 的普查，面积约 76km²。于 1974 年 2 月提交了"云南省新平县大红山铁铜矿区放射性元素检查评价报告"。放射性元素检查评价报告将高于正常场强度 1.5 ~ 2 倍者，称为异常。矿区正常场强度值为 4 ~ 16γ，一般取 30γ 为地表异常的最小值，20γ 为岩心 γ 异常的最小值。"评价报告"所测定矿区地表地层（岩石）及钻孔所见地层（岩石）放射性 γ 强度分别如表 2-18、表 2-19 所示。

通过 γ 异常测定，在矿区发现一些 γ 异常带（点），多以中、低值异常为主，高值异常次之，属铀矿化、铀钍混合性矿化，异常峰值跳跃性大，具热液型异常特征。异常连续性差，铀矿化不均匀且贫，常呈脉状、透镜状、团块状断续分布。

表 2-18　地表各地层（岩体）放射性 γ 强度

地层（岩体）代号	岩石名称	放射性 γ 强度			备注
		最高	最低	正常值	
Q	浮土、坡积物	18	4	8～11	
T₃g	砂岩、粉砂岩、炭质页岩夹煤层	45	8	11～15	
Ptdf	白云石大理岩	25	5	8～11	
Ptdh³	角闪变钠质熔岩	140	4	6～16	
Ptdh¹	变钠质熔岩、变钠质凝灰岩	220	5	10～18	
Ptdm⁴	白云石大理岩	24	5	8～11	
Ptdm³	角闪片岩	600	4	4～8	测点少 正常值 供参考
	白云石大理岩	56	3	4～8	
	变钠质层凝灰岩	740	5	9～19	
	炭质板岩	32	10	13～16	
Ptdm²	角闪变钠质熔岩	15	5	6～8	
Ptdm¹	绿帘变钠质熔岩	10	4	4～6	
Qπ	石英钠长斑岩	18	4	7～10	
λω	辉长辉绿岩	14	6	6～9	

表 2-19　深部地层（岩体）放射性 γ 强度

地层（岩体）代号	岩石名称	放射性 γ 强度			备注
		最高	最低	正常值	
T₃g	炭质粉砂岩夹薄煤层、砂砾岩	25	9	10～15	
Ptdf²	炭质大理岩	24	9	13～16	因 ZK35 机场 γ 底数较高 （18γ），而测得 Ptdf² 的炭质板岩 达 24γ
Ptdf¹	白云石大理岩	35	7	9～13	
Ptdh³	角闪变钠质熔岩	50	6	8～15	
Ptdh²	变钠质熔岩	100	7	9～14	
Ptdm⁴	白云石大理岩	20	6	9～12	
Ptdm³	角闪片岩	14	6	8～12	
λω	辉长辉绿岩	15	6	9～12	

　　《大红山铜矿区铁矿放射性地质环境评价报告》对铀异常及放射性对深部铁矿影响的评价认为，"只要井下作业场所通风换气每小时为两次，就能保证氡浓度小于等于 1.1Bq/L，从而保证氡子体 α 潜能浓度小于等于 0.5（4×10^4Mev/L），这样，内照射年有效剂量当量将小于等于 14mSv"。生产实践中，放射性监测结果也进一步支持了以上观点。因此，矿井放射性危害防护的根本措施是通风，建立良好的矿井通风系统是本矿山放射性危害防护的最根本保障。

参 考 文 献

［1］云南省地质矿产局第一地质大队九分队. 云南省新平县大红山矿区东段铁矿详细勘探及铜矿初步勘

探地质报告［R］.1983.11.

［2］云南省地质矿产局第一地质大队.云南省新平县大红山铁铜矿区浅部熔岩铁矿详细勘探地质报告
［R］.1988.9.

［3］云南省地质矿产局第一地质大队.云南省新平县大红山铁铜矿区西段详细普查地质报告［R］.1982.

［4］云南省地质调查院.云南省新平县二道河铁矿资源储量分割报告［R］.2009.1.

［5］西南有色昆明勘测设计（院）股份有限公司.云南省新平县大红山铁铜矿区西矿段二道河IV₃铁矿
地质详查（初勘）报告［R］.2009.10.

［6］昆明钢铁集团有限责任公司,中南大学,昆明有色冶金设计研究院.大红山铁矿深井高温缓倾斜厚
大矿体采矿综合技术研究［R］.2008.10.

［7］云南省地质矿产局第一地质大队.云南省新平县大红山铁铜矿区铁矿放射性地质环境评价报告
［R］.1993.3.

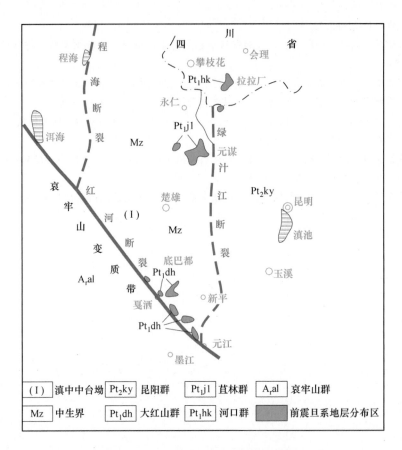

图 2-1　矿区处构造位置示意图

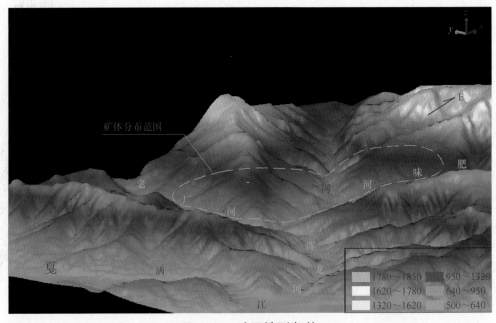

图 2-2　矿区地形条件

时代	地层			代号	柱状图	矿体号	厚度/m		岩 性 描 述
	群	组	段				分层	分段	
中生界	上三叠系（T₃）	舍资组（T₃s）	下段	T_3s^1				>320	浅灰色中厚层状粗-中粒长石石英砂岩，局部夹薄层状泥质粉砂岩、泥岩
		干海子组（T₃g）		T_3g			320		
							216		深灰色薄-中厚层状含炭泥质粉砂岩或泥岩间夹长石石英细砂岩薄层，下部夹不稳定煤线
							54	312	长石石英砂岩和薄层状含炭质泥质粉砂岩互层
							42		灰色厚层状砂砾岩夹薄层含炭质粉砂岩
下元古界	大红山群（Ptd）	肥味河组（Ptdf）	黑云白云石大理岩段	$Ptdf^1$			35		黑云角云石大理岩夹块状长英白云石大理岩
							160	195	灰色薄层状黑云白云石大理岩夹块状白云石大理岩，局部含方柱石、角闪石
		红山组（Ptdh）	角闪变钠质熔岩段	$Ptdh^3$		Ⅳ₃	103		深灰色块状角闪变钠质熔岩：顶部为角砾状变钠质熔岩或角砾岩，往下为似层状Ⅳ₃铁矿体，下部为绢云母化变钠质熔岩
			石榴绿泥角闪片岩段	$Ptdh^2$			120	223	灰绿色石榴黑云绿泥角闪片岩夹块状变钠质熔岩
		曼岗河组（Ptdm）	白云石大理岩段	$Ptdm^4$			85		灰色薄层状黑云角闪白云石大理岩
							25	110	灰白色块状长英、方柱、白云石大理岩

图 2-3 综合地层柱状图

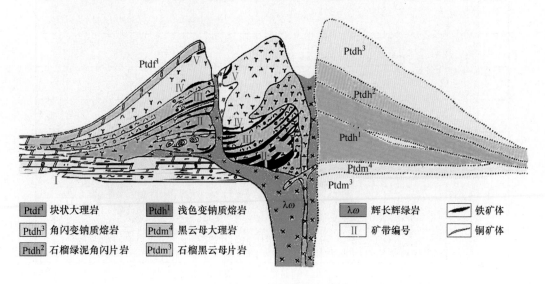

图 2-5 火山机构示意图

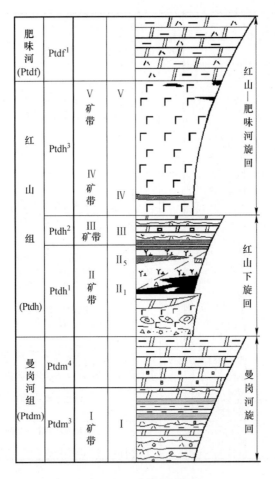

图 2-6　矿带柱状图

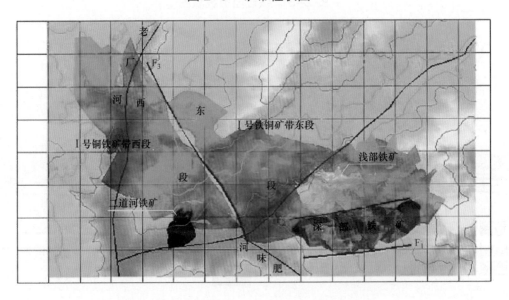

图 2-7　矿段划分及矿体投影平面示意图

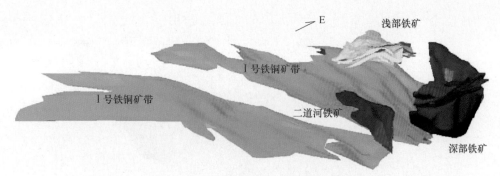

图2-8 矿体（带）三维空间关系

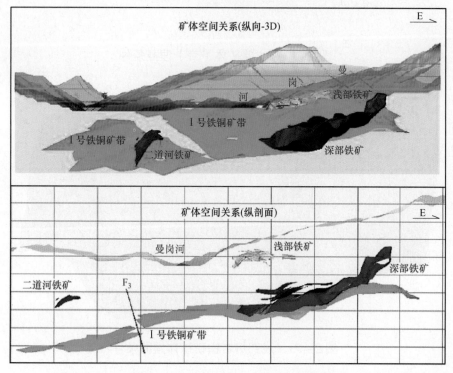

图2-9 矿体（带）纵向空间关系

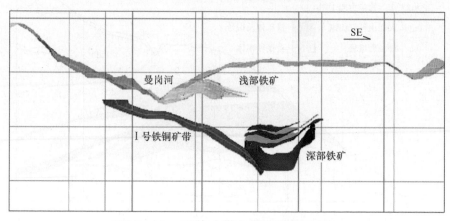

图2-10 矿体（带）横向空间关系

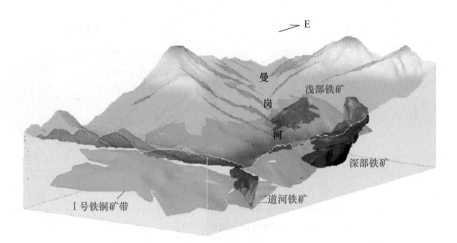

图 2-11 主要矿体（带）埋藏条件

图 2-15 浅部熔岩铁矿矿体埋藏条件

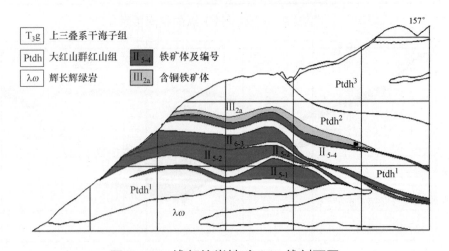

图 2-16 浅部熔岩铁矿 A34 线剖面图

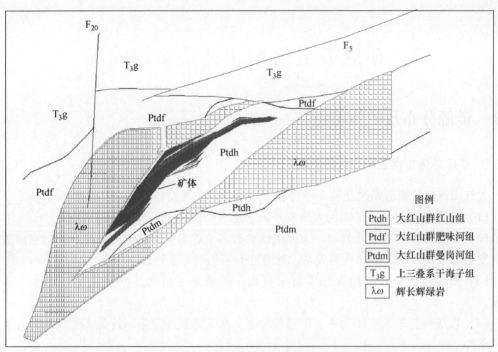

图 2-17 火山口及辉长辉绿岩体控矿示意图

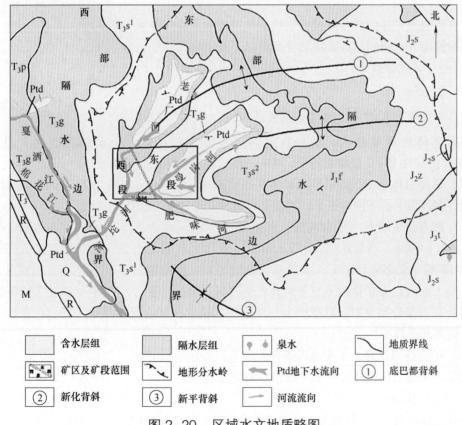

图 2-20 区域水文地质略图

3 矿区开发规划和开采系统简况

3.1 资源分布及矿体特点

3.1.1 矿床总体特点及对开采的影响

大红山铁矿的资源情况在第 2 章已做了介绍。其主要特点有：

（1）资源量巨大。这是实现大规模开采的基本条件，开采规模要相适应。

（2）矿体多，空间关系复杂。大红山铁矿有多个成矿矿带，矿体数量众多。空间关系非常复杂。勘探和开采必须理清关系，处理好开采的时空关系。

（3）资源量的分布及勘探程度有主有次。需要先主后次，分期（步）开采，全面开发。

（4）以缓倾斜厚大矿体为主，矿岩较稳固，水文地质不复杂。这是实现大规模开采的有利条件。

3.1.2 各矿段的特点

主要矿组及矿体的分布情况、产状、开采技术条件详见第 2 章。

影响拟定开采规划的各矿段的特点有以下几个方面。

3.1.2.1 深部铁矿

A　II_1 矿组

在各矿体中，II_1 矿组是最主要的铁矿体。它有以下特点：

（1）矿体资源量最大，勘探程度高，其表内矿石量占全矿详勘表内矿储量的 79.73%，占详勘 B + C 级储量的 89.74%。具有大规模开采的基础条件。

（2）矿体总体上为缓倾斜厚大矿体（厚度 2.62 ~ 221.61m，平均 72.85m）。矿体赋存条件允许多区段上、下同时开采，以提高矿床开采强度和矿山生产能力。

（3）赋存位置有利。分布范围，东边自 A43 线至西边 A25 线之间，东西长 1969m，南北宽 440 ~ 640m，埋藏标高 25.72 ~ 945m。在 I 号矿带的上盘，浅部熔岩铁矿的南侧；III_1、IV_1 矿组主要部分分布于 A36 线至 A28 线之间，虽然位于 II_1 矿组上盘，但在 II_1 矿组前期开采 A36 线以东矿体时不至于对其产生破坏。因此，II_1 矿组具有先期开采的条件。

（4）矿石品位高（TFe 43.52%），易选别，精矿杂质含量（尤其是 S、P 含量）低，有利于提高开采效益。

（5）矿岩稳固性好，水文地质条件简单。

因此，无论是勘探还是开采都将它作为首选对象。

B　III_1、IV_1 矿组

大红山铁矿 III_1、IV_1 矿组为深部铁矿的组成部分，两矿组由 5 个含矿层、大小 19 个矿体组成，主要矿体品位 TFe 为 43.37%。矿体分布范围零散，为中型铁矿体。地勘时期地质工作程度较低，系在勘探Ⅱ₁主矿组时顺带勘探，主要矿体 90% 以上为 D 级储量。不具备作为首采矿体的条件。但Ⅲ₁、Ⅳ₁矿组分布于 A36 线至 A28 线之间的主要部分，位于Ⅱ₁矿组上盘，垂直相距不远，在开采时空关系上，应于Ⅱ₁矿组的开采对其产生影响之前将其开采完毕。

3.1.2.2　Ⅰ号铜矿带

Ⅰ号矿带为一低品位铁铜含矿带，地勘时期勘探程度较低，C 级储量占 55%~56%，其余为 D 级。

矿体为中厚至厚矿体，呈缓倾斜-倾斜多层产出，由Ⅰ₃、Ⅰ₂、Ⅰ₁三层平行的含铁铜矿体及位于上述铜矿体上、下相间的Ⅰ_c、Ⅰ_b、Ⅰ_a、Ⅰ。四层含铜铁矿体，共七个矿体组成。

矿带分布面积广，埋深一般为 300~950m，位于Ⅱ₁矿组及其他各矿组之下。

在矿体西翼有曼岗河、矿体上盘有浅部熔岩矿体需保护，与Ⅱ₁主矿体开采区段之间的地压需控制。

不具备首先开采的条件。

3.1.2.3　浅部熔岩铁矿

浅部熔岩铁矿为中偏大型的低品位贫铁矿体，表内矿 TFe 品位 21.66%，表外矿 TFe 品位 16.84%；伴生铜表内外合计铜品位 0.33%。

矿体埋藏浅，有露头出露地表，在Ⅱ₁主矿组的北西侧、F₂断层以北，Ⅲ₁、Ⅳ₁矿体的北侧，Ⅰ号铜矿带的上方。需要注意这些矿段的开采对浅部熔岩铁矿的影响。

矿组由Ⅲ_{2b}、Ⅲ_{2a}两个含铜铁矿体（磁铁黄铜共生矿）及Ⅱ_{5-4}、Ⅱ_{5-3}、Ⅱ_{5-2}、Ⅱ_{5-1}四个铁矿体（磁铁矿体）构成。为缓倾斜厚矿体，呈层状、似层状层叠产出。勘探程度较高，表内矿 B 级占 30%，C 级占 53%。

由于矿石品位低，前期开采经济效益差。

3.1.2.4　二道河铁矿

二道河铁矿为大红山铜铁矿区西矿段中的一独立中型铁矿体，在Ⅱ₁主矿组的西侧，相距约 1.5km。

1982 年 8 月详查报告 TFe 为 38.98%，勘探程度低，储量级别均为 D 级。

矿岩稳定性较好，总的工程地质条件为中等偏简单。

矿体均埋藏于矿段最低侵蚀基准面以下，不利于地下水自然排泄，矿段地表有河流通过，总体水文地质条件为中等。

在矿床赋存范围的地表有二道河、矿区公路、大红山铜矿辅助工业场地及民用、工业设施等，开采技术条件较为复杂，为典型的"三下开采"矿体。

但在 20 世纪 90 年代初进行开发规划时，其所属关系还未明确，不能纳入开发规划。

3.2　开采总体规划

3.2.1　规划原则及背景

大红山矿区的开发和规划始于 20 世纪 80 年代。

3.2.1.1 大红山矿区开发的总体原则

1985 年云南省人民政府与中国有色金属工业总公司签署的《关于全面合作加快发展云南省有色金属工业的协议》明确："关于大红山铁铜矿的开发，原则上以曼岗河为界，河东铁矿由钢铁企业开采，河西铜矿带作为易门铜矿的接替矿山，铁、铜矿各成系统，分别建设，具体分界线由设计、地质及建设单位共同确定。"从而确定了大红山矿区的开发原则。

3.2.1.2 规划的历史背景

（1）昆钢逐步发展的要求。昆钢的发展经历了一个由小到大的过程。大红山铁矿也相应经历了由小到大的三次大的规划过程：

1）20 世纪 80 年代中后期及 90 年代初期。80 年代昆钢钢产量 600～900kt/a，规划到 1995 年末钢产量 1000kt/a，相应要求大红山提供 600～1000kt/a 铁精矿。

2）90 年代中期及后期。规划至 2000 年昆钢钢产量 2000kt/a，相应需要铁成品矿 3200kt/a，要求大红山提供 2000kt/a 成品矿。

3）2006～2009 年。2004 年昆钢实际生产钢 276 万吨，进厂成品矿石 470 万吨，按照昆钢"十一五"发展规划，至 2010 年钢产量将达 600 万吨，相应需成品矿石约 1100 万吨。

根据昆钢的发展规划，大红山铁矿总体生产能力在"十一五"期间要提升到年产铁精矿（成品矿）400 万吨。其后，又进一步要求达到年产铁精矿（成品矿）500 万吨。

（2）国内和昆钢的矿山技术、设备、施工、管理水平等的发展，有一个逐步提高的过程：

1）80～90 年代，受技术、设备、施工、管理水平等的限制，国内尚缺乏大型地下金属矿山建设和生产的实际经验，只有两个矿山设计规模为 4000～5000kt/a，但投产 20 多年了还没有达到设计产量。当时国产无轨采掘设备还不成熟，进口的使用也不多。昆钢的几个地下开采的老矿山，规模都仅为年产二三十万吨，缺乏建设和管理大型地下矿山的经验。

2）21 世纪以来，尤其是 4000kt/a 一期工程投产以来，昆钢的技术、设备、施工、管理水平有了很大发展和提高。矿山迅速达产达标，掌握了现代化的工艺、设备和技术，培养了人才，管理水平得到提高，为进一步的发展打下了坚实的基础。

3）市场价格，经历了由低到高的发展过程，见表 3-1。80～90 年代，精矿价格低，一些低品位的矿体（如Ⅰ号铜矿带、浅部熔岩铁矿）开采效益差，难以考虑利用。

表 3-1 各个时期设计采用的精矿价格

年　份	铁精矿价/元·t⁻¹	精矿含铜价/元·t⁻¹
1988	360（生铁）	5600
1990	TFe64%精矿，123	10710
1997	TFe64%精矿，390（含税）	19000
2002	TFe62%精矿，330（不含税）	11500
2006	TFe62%精矿，540（含税）	22000
2009	TFe60%精矿，630（含税）	31800
2010	TFe62%精矿，737（含税）	45000
2012	TFe62%精矿，750（含税）	45000

4）资金情况。80～90 年代受资金限制大。

5）大红山矿体多、关系复杂，对采技术条件和矿石选矿性有一个认识和适应的过程。

3.2.1.3　相应的规划原则

由于受以上因素的影响，矿区开发采取由小到大，分期开发的方针。遵循全面规划、远近结合、近期有利、长远合理的原则，做好矿山的总体规划。处理好近期和长远的关系，做到近期有利，达产快，效益好，长远合理，充分利用资源，发挥矿山潜力，实现长期高产、稳产。

结合前述各矿段的特点，20 世纪 90 年代总体开采规划的思路是：初期首采 II_1 矿组富厚而对其他矿段影响小的地段（主要在 A36 线以东、400m 标高以上），之后，适时开采 III、IV 矿组作为 II_1 矿组富厚地段的补充，并解决其受 II_1 矿组扩大开采范围产生影响的问题；随着开采的发展，再开采 II_1 矿组 400m 以下矿体进行持续。I 号铜矿带位于各矿段之下，基本不受其他矿段开采的影响，可在条件成熟时再考虑开采。

浅部熔岩铁矿的开采则经历了先采—暂不开采—开采的反复研究和变化过程。

回顾大红山规划发展的情况，开采总体规划所走过的道路是：前期经过小规模试验性开采，取得经验后，进入正式大规模开发阶段，先开采富厚的主体部分，以尽快形成大规模产能及取得好的经济效益，进一步积累经验和资金，为矿区全面开发创造条件，打好基础。而后，在主矿体开采的同时，根据市场需求及产品价格的变化，适时开采主矿体周边及会受主矿体进一步开采影响的次要矿体及贫小矿体，以全面提升资源利用率，避免因主次矿体开采相互影响造成的资源损失。

3.2.2　规划发展

根据昆钢逐步发展的要求，大红山进行了三次大的规划。

3.2.2.1　20 世纪 80 年代中后期到 90 年代初期

80 年代昆钢钢产量 600～900kt/a，规划到 1995 年年末产钢 1000kt/a，相应要求大红山提供 600～700kt/a 铁精矿。

80 年代中后期进行规划时，从各矿组（带）的条件出发，在开采方案上存在先露后坑，坑露结合的方案选择。在当时条件下，考虑到昆钢对组织大规模坑采方案的建设和生产尚无经验，难度大，没有采用大规模坑采的方案。

按大红山提供 600～700kt/a 铁精矿的要求，1989 年编制可行性研究时，长沙黑色冶金矿山设计研究院研究了 3000kt/a 大露天开采（即先露后坑）的方案。昆明有色冶金设计研究院研究了 1500kt/a 小露天开采 +1000kt/a 坑采、坑露结合的方案。两方案产出的精矿数量相近，投资相近。但坑采产出的精矿质量好，更主要的是，大红山铁矿是以坑采为主的矿山，适合露采的铁金属量只有总金属量的 5% 左右，先建设大露天矿不能为坑采创造条件，矿山进一步的扩大和发展后劲不足。经过云南冶金厅组织的可研评审会评审，确定采用 1500kt/a 小露天开采 +1000kt/a 坑采、坑露结合的方案，上报冶金部和国家计委。并按此方案组织了相关的前期工作。至 1993 年 8 月由于国家进行针对经济过热的调整，有关实施工作暂停。

3.2.2.2　90 年代中期及后期

规划至 2000 年昆钢钢产量 2000kt/a，相应需要铁成品矿 3200kt/a，要求大红山提供

2000kt/a 成品矿，重点进行了地下开采 4000kt/a 的研究。

1994～1996 年期间，昆明院与长沙院配合美钢联、加拿大吞公司进行中外合资开发大红山铁矿的研究工作，明确了进行地下开采 4000kt/a 的目标。后来中外合资未能达成一致。从 1997 年年中开始，进行国内地下 4000kt/a 自主开采的设计和建设工作。

国家计委于 1996 年 8 月以计原材（1996）1621 号文《国家计委关于昆明钢铁公司大红山铁矿修改项目建议书的批复》，明确大红山铁矿采、选、管道工程按地下开采 4000kt/a 规模一次建成的方案。

其间，中国国际工程咨询公司进行了评估，赞同按地下开采 4000kt/a 规模一次建成的方案。

鉴于 20 世纪 90 年代末、21 世纪初，对大红山铁矿的开采技术条件和工艺还缺乏认识，国内地下开采的金属矿山还没有一个达到 4000kt/a 规模，故于 2002 年经云南省计委批准，设计和建设了 500kt/a 试验性采选工程，当年投产后，为大规模采选工程的设计及建设获得了宝贵的经验和数据。

2004 年 8 月，国家发改委以发改工业〔2004〕1618 号文核准了地下 4000kt/a 规模采、选、管道工程项目。项目于 2006 年 12 月月底建成，试车投产。

3.2.2.3　2006～2009 年及以后

2004 年昆钢实际生产钢 276 万吨，进厂成品矿石 470 万吨，按照昆钢"十一五"发展规划，至 2010 年钢产量将达 600 万吨，相应需成品矿石约 1100 万吨。

为满足昆钢发展的要求，大红山铁矿总体生产能力在"十一五"期间要提升到年产铁精矿（成品矿）400 万吨。

同时，在这一时期，铁、铜精矿价格大幅上升，即使开采低品位矿石，经济效益也可承受。

因此，为满足昆钢对大红山提供 4000kt/a 铁精矿的要求，除已建成投产的 4000kt/a 一期采选管道工程外，将同步开发建设 8000kt/a 采矿及相应选矿、外部运输工程。

2009 年以后，进一步要求大红山铁矿挖掘潜力，提供 5000kt/a 成品矿。

3.3　开发规划及开采系统概况

3.3.1　地下开采 4000kt/a 一期工程

3.3.1.1　设计开采对象的选择

由 3.1 节中资源概况及矿体特点可以看见，在大红山铁矿主要分布范围内的各个矿带中，浅部熔岩铁矿埋藏较浅，分布在 F_2 断层以北、II_1 主矿组的西北侧，为中型低品位的贫铁铜矿体，可以露天开采，具备供初期开采的条件；属于深部铁矿、在 II_1 主矿组北侧上部的 III_1、IV_1 矿组为中型铁矿，矿体分布零散，地质工作程度较低，可提供的生产能力小，不具备作为首采矿段的条件；I 号铜矿带为大型贫铜、铁矿，分布面积广，位于深部铁矿及浅部熔岩铁矿的下方，上、下制约关系突出，勘探程度较低，也不能作为首采矿段；深部铁矿的 II_1 主矿组，矿体集中、储量最大、铁的品位高、勘探程度最好，赋存部位虽然深一些，但当开采顺序安排合适时，受周边和上部矿体的制约关系不突出，一直是勘探和开发研究的主体。

在 20 世纪 80 年代末及 90 年代初进行大红山铁矿开发规划研究时，二道河铁矿的归属尚未确定，当时未纳入规划中。

总的来说，大红山铁矿矿体上小下大，上贫下富，赋存标高较高的浅部铁矿矿量少，品位低。赋存标高较低的深部铁矿也是上小下大，II_1 矿组的主矿体主要矿量赋存于 500m 标高以下。

90 年代中期进行开发规划研究时，要求铁精矿产量达 2000kt/a。在众多矿段和矿体中，本着由小到大、分期开采的原则，可以首选的开采矿段有埋藏较浅的浅部熔岩铁矿以及深部铁矿中的 II_1 主矿组。

矿区浅部铁矿和深部铁矿具有以下特点：

F_3 断层以北的浅部熔岩铁矿。在 80 年代后期和 90 年代初期进行的可行性研究表明，浅部熔岩铁矿露天开采，采出矿石品位只达 20% 左右，且选矿回收率也较低，需 4t 多原矿才能获 1t 品位 62% 的精矿，加之露采占地面积大、废石运距远、尾矿处理量大，在当时铁精矿市场价格低的情况下，开采效益差。此外，自 90 年代中期以来，民采大量进入矿区，以采熔岩铁矿中浅部铁矿的富矿为主。无序开采对矿体造成了较大破坏。民采于 1998 年初撤出，但 500kt/a 试验选厂 2002 年年底投产以来，又开采了 II_{5-4} 及 II_{5-3} 矿体中的部分高品位矿石，使原圈定的露天场矿石品位下降，预计选矿比将增大，成本增加。而且民采和坑采形成若干采空区，尤其是民采采空区无序分布，使露采矿体受到较大影响。

根据上述情况，为了更有利地开发大红山铁矿，在 2002 年昆钢和大红山铁矿建设指挥部进行了大红山铁矿的采矿权评估工作，委托昆明院编制了《大红山铁铜矿区东段东部铁矿储量核实报告》，由云南省国土资源厅矿产资源储量评审中心组织评审。云南省国土资源厅以云国土资认储字〔2002〕2 号文下发了《云南省新平县大红山铁铜矿区东段东部铁矿储量核实报告矿产资源储量认定书》。同意核销民采造成的开采损失和受影响而难以利用的矿石量 1742.16 万吨，并将浅部熔岩铁矿保有的 B 级和 C、D 级储量重新定为新分类编码的 2S11 和 2S22（目前暂无开采利用价值）。

因此，首先开采浅部熔岩铁矿不符合"近期有利，达产快，效益好"的要求。

II_1 矿组由于具有上述优越条件，理所当然地成为一期开采的首选对象。

故自 90 年代中期以来，国内外有关设计单位所进行的可行性研究和初步设计都将设计的主要开采对象定为 II_1 矿组。

3.3.1.2 开采方式及开采规模

II_1 矿组赋存标高 25.72 ~ 945m，埋藏深度 362.48 ~ 988.31m，而且上小下大，只能采用地下开采。

昆明院和长沙院 1988 年所进行的矿山总体开发可行性研究及 1989 年 2 月召开的审查会议，1994 年以来中外各方的预可行性研究和评估报告及 1997 年可行性研究报告，均一致认为大红山铁矿地下开采的合理规模为 4000kt/a。昆明钢铁总公司与昆明院签订的设计合同要求一次设计建成规模为 4000kt/a 的矿山。当矿山达到这一生产规模时，年产出品位 67% 的铁精矿约 190 万 ~ 200 万吨，可作为昆钢一个主要的长期稳定的铁矿石原料基地。

3.3.1.3 II_1 矿组的特点

II_1 矿组不仅资源储量大，勘探程度高，而且还有许多特点，为实现大规模开采提供了条件。

（1）划分为采矿分段以后，大红山铁矿主要地段的分段（20m 高度）矿量与国内特大型地下铁矿山的对比如表 3-2 所示。

表 3-2 大红山铁矿主要分段矿量与国内特大型地下铁矿山对比

矿山及地段		分段矿量（B+C 级）/kt	设计规模/kt·a⁻¹
大红山 II₁ 矿组 300~500m 标高		8400~10450	4000
梅山铁矿	-198m 标高以上	4400~6700	4000
	-198m 标高以下	12000	5000
镜铁山铁矿 I、II 号矿体		6000（含 D 级）	3200

大红山铁矿主要采矿分段储量较大，而且矿体面积也较大，主要分段达 100~130km²，能够提供较大生产能力。

（2）矿体赋存条件有利于上、下同时开采。深部铁矿及 II₁ 矿组总体上均呈缓倾斜倾伏产出，允许多区段上、下同时开采，以提高矿床开采强度和矿山生产能力。

（3）矿岩稳固性好，水文地质条件简单。与金山店、张家洼、小官庄、玉石洼、西石门、程潮（上部）等大中型铁矿相比，矿岩条件好，允许采用大的矿块尺寸、大型高效采矿设备，实现高效开采，而且巷道支护率可以降低。

矿井涌水量不大，不仅减少了排水费用，而且减小了作业难度，有利于提高效率。

此外，矿石品位高，易选别，精矿杂质含量（尤其是 S、P 含量）低，有利于提高开采效益。

3.3.1.4 II₁ 矿组区段划分及相应的生产能力

从 II₁ 矿组的赋存特点看，矿体上小下大，上部生产能力小，中、下部生产能力大，按标高和勘探线可以分为 4 个区段：720m 标高以上，称为头部区段；500~720m 标高，称为中部区段；400~500m 标高，称为下部区段；400m 以下为深部区段。

（1）头部区段矿体较小，可以用 720m 水平平硐进行开采，可能达到的生产能力为 500kt/a 左右，主体部分在中部采区的开采影响范围外，可以晚些时候开采。

（2）中部区段矿体，按矿体特点可划分为两个采区，大致以 A40 线划分，A40 线以东称为中 I 采区，A40 线以西称为中 II 采区。生产能力可达到 1200~1500kt/a，处于矿体倾伏角较陡地段，可以安排作为首采区段之一。

（3）400~500m 的下部区段矿体，按矿体特点可划分为三个采区，A36 线以东，不受中部区段矿体压矿的部分称为主采区，A36 线以东，受中部区段矿体压矿的部分称为南翼采区，A36 线以西部分称为西翼采区。主采区 400~500m 矿体完整厚大，水平面积大，生产能力可达到 2200~2500kt/a，可以作为首采区段之一。南翼采区受中部区段矿体压矿，可作为中部区段的生产接替地段，矿体较厚大，生产能力可达到 600~1200kt/a。西翼采区矿体上段分支多，较薄，矿体下段变得较完整厚大，生产能力可达到 500~800kt/a。

（4）深部区段 300~400m 标高，矿体完整厚大，长度大，阶段矿量多，水平面积大，可形成较大的生产能力，但东侧受到 400m 标高以上矿体制约。这些部位的矿体应等上部矿体采后再采，扣除受压矿量后，阶段能力为 2500~2800kt/a，与上阶段搭配生产，合计生产能力可达 4000kt/a。

（5）深部区段 300m 标高以下，越往下部矿体分支越渐明显，矿体的水平面积也渐小，开采难度也相应增加，但可以安排上、下两个阶段搭配生产，合计生产能力可达 4000kt/a。

如果由上往下顺序开采，初期产量小，产量增长慢，投资效益差。

当采取合适的采矿方案，充分发挥矿体有利的赋存条件时，上、下两个区段同时开采，矿山生产能力可以达到 4000kt/a，这是一个与大红山资源相称的经济合理规模。整个矿山服务年限可以达到 40 年以上。

利用主矿体呈缓倾斜产出的特点，不但初期可以选择矿体中部富厚有利地段率先开采，而且可以上、下多个区段同时开采，则能获得大的生产能力。规模大，达产快，为提高开采效益打下了基础。

根据上述情况，进行矿山分期开采规划，各区段储量及生产能力见表 3-3。

表 3-3 各区段储量及生产能力

标高/m		储量所占比例/%	可提供的生产能力/万吨·年⁻¹
850~705 头部区段		3.46	30~50
705~500 中部区段		9.02	120~150
500~400 下部区段		24.78	单阶段 250~300
400~50 深部区段	400~300	26.37	单阶段 250~300
	300~50	36.37	单阶段 100~250

3.3.1.5 首采地段选择及开采顺序

A 首采地段选择

大红山铁矿 II₁ 矿组的赋存特点是上小下大，如按正常的从上到下开采顺序，头部区段生产能力较小，约为 300~500kt/a，延续时间 8~13 年，中部区段生产能力也不大，约为 1000~1500kt/a，延续时间 10~13 年，这样不能满足大规模开采的需要。

要实现大规模开采，必须利用 II₁ 矿组总体上呈缓倾斜产出的有利条件，进行多区段开采，并首先开采矿体的主体部分。可以考虑两个方案：方案一首先开采 300~500m 标高的下部和深部矿体；方案二首先开采 400~705m 标高的中部和下部矿体。

a 方案一

首先开采 300~500m 标高的下部和深部矿体。

阶段运输水平设在 280m 标高。

深部区段 300~400m 标高矿体及下部区段 400~500m 标高涉及的区段有主采区、西翼采区的矿体，占 II₁ 矿组 B+C+D 级表内矿量的 51.55%。这部分矿体除西翼采区外，总体上形态单一、厚大、完整、夹石少，可实现高效率、大规模开采，4000kt/a 可稳产 18 年左右。但这一地段矿体受上部矿体的制约大。西翼采区东侧受中部区段的压矿制约，本属于下部区段的南翼采区因受中部区段的压矿制约而不能开采，首先开采本区段矿体后，500m 标高以上 II₁ 矿体高悬于上方，上、下部高差达 200~400m，压矿制约关系更加突出；此外，对浅部熔岩铁矿及深部铁矿的上盘矿体的影响范围大。同时，主要开拓井巷须控制

300m 标高以上矿体，工程量及投资较大，建设时间较长，生产经营费较高，不利于协调整个矿山的开采顺序。

　　b　方案二

　　首先开采 400～705m 标高的矿体。

　　阶段运输水平设在 380m 标高，中部区段的矿石通过溜井集中下放到 380m 水平。

　　400～705m 标高涉及的区段下部区段有主采区、南翼采区、西翼采区及中部区段Ⅰ采区、Ⅱ采区，占Ⅱ₁矿组 B+C+D 级表内矿量的 33.8%。其中下部区段主采区矿体形态单一、厚大、完整、夹石少，开采技术条件好，其他采区开采技术条件一般。两个区段同时生产，可达到 4000kt/a 生产能力。此外，距Ⅱ₁矿组较近处还有Ⅳ₁₋₂ₐ及Ⅳ₁₋₁ₐ两个中型矿体可以作为生产能力和服务年限的补充，可形成 500～800kt/a 生产能力。在生产中可利用通至 380m 水平的斜坡道，增加为数不多的工程量就可以投入开采。而且，头部区段和外围矿石也可以作为 4000kt/a 生产能力的补充。

　　方案二与方案一相比，有以下优点：上、下矿体间的压矿制约关系容易理顺，开采顺序较协调，既能满足 4000kt/a 大规模开采的需要，又有利于协调整个矿山的开采顺序；对浅部熔岩铁矿及深部铁矿上部矿体的影响范围小；主要开拓井巷先控制到开采 400m 标高以上矿体，工程量及投资较少，生产经营费也较低，建设时间较短，将来持续 4000kt/a 生产能力也较容易。

　　鉴于方案二能满足 4000kt/a 规模要求并能维持生产 14 年，又有利于协调整个矿山的开采顺序，且基建井巷工程量少，基建投资少，生产经营费低，建设时间可缩短将近一年，为此，采用方案二为首采地段。

　　另外，设计在开拓工程布置上，井下粗碎硐室设于 344m 标高，必要时 340～400m 标高的部分矿体，在经济合理规模范围内，可以用卡车直接向粗碎硐室运矿进行开采，这样，还可以延长和扩大前期主控工程标高的服务范围和年限。

　　B　开采顺序

　　一期工程首先开采Ⅱ₁矿组中部区段Ⅰ采区、Ⅱ采区及下部区段主采区，而后用下部区段南翼采区和西翼采区接替中部采区；并及时安排开采Ⅲ₁、Ⅳ₁矿组及Ⅱ₁矿组 720 头部矿体，以调整上、下之间的开采顺序，同时补充中部采区及主采区的产量。在一期开采的第 14 年，开采深部采区的二期工程投入生产，逐步接替一期工程。深部铁矿（Ⅱ₁矿组为主）总体开采顺序由东向西进行，地表移动也是逐步由东向西发展，开采 400m 以上矿体时，对位于Ⅱ₁矿组西北侧的浅部熔岩铁矿的影响不大。对受影响的局部地段可留设井下临时保安矿柱进行保护，开采到不同深度时的岩石移动范围如彩图 3-1 所示。

　　3.3.1.6　采矿方法与开拓运输系统简况

　　经过对无底柱分段崩落法与有底柱分段崩落法的比较，以及无底柱崩落法与空场法采矿嗣后充填处理采空区方案的比较，由于无底柱分段崩落法投资省，方法简单，易于掌握，可以实现高效开采，所以采用无底柱分段崩落法。

　　为了实现高效开采以确保能达到设计规模，根据国内外先进经验，采用高分段大间距无底柱分段崩落法。分段高度 20m，进路间距 20m。

　　采场落矿凿岩采用进口设备（瑞典阿特拉斯·柯普柯公司的 Simba H1354 台车配 Cop

1838 型液压凿岩机），采场进路出矿采用 6m³ 级的进口电动铲运机（汤姆洛克公司的 Toro1400E）。

由于顶板岩石较坚硬，生产初期将强制崩落放顶，生产中后期采用强制与自然落顶相结合的方式形成覆盖层，以保证作业安全。

为保证生产期掘进工作能适应采矿的需要，掘进设备优选进口的单机液压凿岩台车，用 3m³ 柴油铲运机出渣。

经过对箕斗竖井与胶带斜井方案的比较，采用具有国内领先水平、与特大型现代化地下矿山相适应的胶带斜井、无轨斜坡道及辅助盲竖井联合开拓方案。

运矿胶带主斜井，倾角 14°，斜长 1847m。

采用带宽 1200mm 的高强度钢芯胶带运输机运送矿石。带速 4m/s，带强 40000N/cm，机长 1865m，提升高度 421.4m，运量 1000t/h。在当时具有国内领先水平。

为给井下使用的大量采矿无轨设备提供下井通道，并解决采矿各分段人员、设备材料的无轨运输问题，在采矿工业场地 710m 平台南部向矿体下盘开掘无轨斜坡道。

一期工程无轨辅助斜坡道，从井口至井下主采区 380m 标高主要段长 2719m，从主斜坡道 478m 标高，在矿体下盘向上开掘至中部采区的阶段斜坡道至 650m 标高。

此外，为了有效地满足辅助运输（井下废石、部分人员、材料的提升和运输，设置各种管缆，部分进风等），在 720 工业场地南部 720m 标高开掘 720 平硐并在 A37 勘探线附近下掘盲竖井至 380m 标高。盲竖井采用 JKMD-2.8×4（1）E 型落地式摩擦提升机，单罐平衡锤提升双层罐笼。

坑内通风采用以抽为主、压抽结合的多级机站通风系统。矿井总风量 480m³/s。进回风井呈对角式布置，在矿体南侧设一进风斜井，在矿体北侧设置两条回风斜井，因为斜井较长，为了施工安全，采取两条斜井平行布置的形式。最后一级风机设在地表。

720 平硐及盲竖井还兼作部分新风入坑的进风井。

以上 6 条主控井巷的控制范围为 380m 水平以上的矿体，其开拓系统如彩图 3-2 所示。

380m 集中运输水平用电机车有轨运输，矿石运到溜井车场卸矿，经溜井下放到设于 344m 标高破碎硐室，粗碎设备选用进口 42～56cm（42in）液压旋回破碎机一台，给矿块度 850mm 以下，破碎块度小于 250mm。

由于矿山生产能力大，并考虑到首采 400～705m 矿体的具体情况，为减轻新阶段准备工作的压力，简化运输系统和环节，保有长期稳定的开拓矿量，满足大规模生产的需要，采用高阶段集中运输的方式，在 380m 设有轨集中运输水平，选用环形运输道布置形式。

380m 水平矿石运输，采用 ZK20-9/550 型 20t 架线式电机车，牵引 10m³ 底侧卸式矿车运输矿石。为便于提升，380m 运输水平的废石用 2m³ 固定式矿车装载，经盲竖井提升至 720 平硐，再用 ZK10-9/550 型 10t 电机车牵引废石列车，运至坑外。

井下排水在 380m 水平盲竖井井底附近设中央水仓及水泵站，井下排水量，正常为 6330m³/d，最大为 9295m³/d（暴雨期间为 15313m³/d）。

井下采矿多用液压设备，保留施工用 20m³/min 空压机 8 台，分散设置，并增加 14m³/min 移动式空压机 7 台，以供各采矿分段的用风作业使用。

3.3.2　大红山铁矿扩产开采

3.3.2.1　扩产的必要性

为实现云南省"十一五"发展规划，省政府对云南省大型国有企业集团提出了实现倍增计划的要求，作为云南省最大钢铁企业的昆钢被列入其中。

按照昆钢"十一五"发展规划，对铁矿石原料的需求量大幅度增加，保证铁矿石的供应成为昆钢发展过程中的首要问题。

昆钢属内陆钢厂，铁矿石原料如依赖海外进口，在运距、成本上均不具优势，同时进口矿价连年上涨（2003 年上涨 9%、2004 年上涨 18.6%、2005 年上涨 71.5%、2006 年上涨 19%、2007 年上涨 9.5%），对生产成本影响很大。然而，到 2007 年，昆钢自产铁矿石只占 30% 左右，铁矿石供应不足已成为严重制约昆钢生产发展的因素。要降低铁原料成本，昆钢必须加大自有矿山的投入和建设，全面提升自产矿能力。

同时，在"十一五"期间，由于我国经济发展对矿产品的需求旺盛，矿业形势大好，矿石原料价格不断攀升，使低品位的资源也可得以利用。

市场需要和良好的价格形势，促进了大红山铁矿的进一步开发。

根据昆钢"十一五"发展规划目标，要求大红山铁矿开展矿山扩产项目研究及建设，"十一五"期间实现年产 400 万吨铁精矿目标，相应采选能力扩大 8000kt/a，铁精矿外运能力也要扩大，与之相适应。

此外，大红山铁矿地下开采 4000kt/a 一期工程为了能及早实现大规模提供铁矿石的要求，首先建成了 II_1 主矿体 400 ~ 720m 标高的中部区段和下部区段主采区，在其北侧上部的熔岩铁矿、III_1、IV_1 矿组和 720m 标高以上的头部矿体等，在一定时间内尚不受开采影响，但随时间的推移、开采范围的扩大，也需要调整开采顺序，及时回收，以充分和合理利用资源。因此进行扩产也是大红山铁矿自身发展的需要。

为此，有必要进行大红山铁矿的扩产设计和建设工作。

3.3.2.2　扩产的资源对象及特点

A　资源对象

大红山铁矿铁资源其主体部分 II_1 矿组矿体（720m 标高以下部分）为已建成 4000kt/a 坑采对象以及深部接替资源，因此扩产开采研究对象主要为 I 号铁铜矿带、深部 III_1、IV_1 矿组、II_1 矿组 720m 标高以上头部矿体、浅部熔岩铁矿、二道河铁矿等 5 个部分。

B　资源特点

由于先期选择了条件较好的 II_1 矿组主矿段进行建设，留下了周边、深部、勘探程度较低、品位较低、开采条件较困难的矿段，扩产设计以这些矿段为主。它们有以下特点：

（1）多为缓倾斜-倾斜、中厚至厚、多层、埋深较大的难采矿体（见表 3-4）。

（2）低品位矿石为主。扩产涉及矿量中，I 号铁铜矿带、浅部熔岩铁矿均为低品位铜、铁矿石，矿量约占 69%。

（3）"三下开采"，即在河流、建筑物、道路下开采的矿体多。

表3-4 大红山矿区扩产矿段矿体

序号	矿段	规模	主要含矿岩石	矿体	埋深/m	主矿体				品位/%
						长/m	宽/m	倾角/(°)	厚度/m	
1	Ⅰ号铁铜矿段	中型	变钠质凝灰岩	3个含铁铜矿、4个贫铁矿，层叠状产出	50~950	2200	1200~1400	12~55，平均36	1.7~21.4，平均6.9	Cu 0.61，SFe 20.25
2	720头部铁矿段	小型	变钠质熔岩	2个，层叠状产出	350~400	370	238	30~51，部分10~21	5.4~33，平均16.77	TFe 37.50
3	Ⅲ₁、Ⅳ₁矿组铁矿	中型	变钠质熔岩	19个，4个主要矿体层叠状产出	550~650	700~1000	300~600	0~40	1.3~48.7，平均22.5	TFe 41.05
4	二道河铁矿	中型	变钠质熔岩、凝灰岩	1个	400~890	斜长660	340~520	21~64	3~89.84，平均49.89	TFe 38.23
5	浅部熔岩铁矿	中型	变钠质熔岩、角闪片岩	4个铁矿、2个含铜铁矿，层叠状产出	0~350	350~1100	100~700	0~20	9~18	TFe 20.56，Cu 0.33

1号铁铜矿带在矿体西翼有曼岗河、矿体上盘有浅部熔岩铁矿露天采场需要保护，与大红山铁矿4000kt/a工程开采的Ⅱ₁主矿体相距很近，开采区段之间的地压活动会相互影响。

Ⅲ₁、Ⅳ₁矿组铁矿矿体上盘有浅部熔岩铁矿露天开采矿体需要保护，东南侧下方与大红山铁矿4000kt/a工程主矿体相距很近，会受其开采影响。

二道河铁矿，矿体上部有河流、集镇、公路需要保护。

（4）扩产矿体之间空间关系复杂。赋存空间关系上，Ⅰ号铁铜矿带井下开采矿体在浅部熔岩铁矿露天采场之下，相距190~460m。

Ⅲ₁、Ⅳ₁矿组铁矿开采矿体位于浅部熔岩铁矿露天采场南侧，距露天采场南部边帮高差为400~520m。

Ⅰ号铁铜矿带位于Ⅱ₁主矿体下盘，下段与Ⅱ₁主矿体相距最近处为3~10m，各个矿体空间关系如彩图3-3所示。

已建成的深部4000kt/a坑采工程，采用高分段大间距无底柱分段崩落法开采，位于浅部熔岩铁矿露天采场的东南侧。以65°移动角圈定移动影响区，中后期对露采境界有较大影响。

（5）岩石多属坚硬、半坚硬岩类，矿岩抗压强度较高，稳固性较好。水文地质条件简单。

3.3.2.3 建设规模、项目组成、产品方案

A 规模

根据昆钢的发展规划，大红山铁矿总体生产能力在"十一五"期间要提升到年产铁精

矿（成品矿）400万吨以上。

为满足4000kt/a铁精矿的要求，除已建成投产的4000kt/a一期采、选、管道工程外，需要同步开发建设8000kt/a采矿及相应选矿、精矿外部运输工程。

已建4000kt/a采、选、管道工程已于2006年年底建成投产。作为8000kt/a采、选、运扩产项目将在充分利用已建成的4000kt/a一期工程已有设施和潜力的基础上，新建采矿、选矿、尾矿、总图、相应公用辅助设施以及改造精矿外运输送管道。

B 项目

大红山铁矿扩产项目包括：

（1）矿山项目：

1）井下开采：Ⅰ号铁铜矿带深部采矿（1500kt/a）；Ⅰ号铁铜矿带浅部采矿（200kt/a）；Ⅱ₁矿组720头部采矿（500kt/a技改）；深部Ⅲ₁、Ⅳ₁矿体采矿（1000kt/a技改）；二道河铁矿采矿（1000kt/a）。

2）露天开采：浅部熔岩铁矿采场（3800kt/a）。

（2）7000kt/a三选厂：

1）新建7000kt/a三选厂，包括：铜系列1500kt/a；铁系列1500kt/a。

2）熔岩铁矿系列4000kt/a，含处理熔岩含铜铁矿及Ⅰ号铁铜矿带浅部铜矿流程。

3）改造现有4000kt/a二选厂及500kt/a一选厂，达到处理5000kt/a铁矿石能力。

（3）矿区新增配套的外部供电及厂区供配电、外部供水及厂区给排水、尾矿设施、机汽修设施、必要的生活福利设施、总图运输设施、其他公辅设施等。

（4）挖潜改造大红山至昆钢精矿输送管道及终点站过滤脱水设施。

（5）相应的环保、水土保持设施等。

C 产品方案

（1）扩产增加部分（达产年）：

1）铁精矿：品位62%，1733.4kt/a；品位67%，453.6kt/a；共计2187.0kt/a。

2）铜精矿：品位20%，精矿含铜9.857kt/a。

（2）扩产后全矿（达产年）：

1）铁精矿：品位62%，1733.4kt/a；品位67%，2317.6kt/a；共计4051.0kt/a。

2）铜精矿：品位20%，精矿含铜9.857kt/a。

3.3.2.4 采矿工程简况

A 开采方式

Ⅰ号铁铜矿带、Ⅲ₁、Ⅳ₁矿组、720头部矿体、二道河铁矿等埋藏深度大，不具备露天开采条件，采用地下开采。

浅部熔岩铁矿矿体的勘探程度较高，资源可靠，尽管品位较低，但露天开采平均剥采比不大（在2.5m³/m³左右），生产工艺简单，生产能力有保证，采用露天开采。

B Ⅰ号铁铜矿带深部开采

a 开采对象

扩产设计主要开采对象是Ⅰ₃、Ⅰ₂及Ⅰ₁含铁铜矿体。Ⅰ号铁铜矿带深部开采范围为700m标高以下部分。首采400~600m矿段。

矿体沿倾斜以 400m 标高为界（运输水平为 380m），分为上部区段及下部区段，初期先采上部区段。基建 400m 及 500m 两个中段（运输水平分别为 380m 及 480m），两个中段同时开采，每个中段各分段间按由下往上的顺序开采。今后 400m 标高以下作为下部区段与上部区段同时开采，以保证生产能力。下部区段各中（分）段也采用由下到上的开采顺序。

b 开采规模

设计开采规模为 1500kt/a。

c 采矿方法

矿体呈缓倾斜—倾斜多层产出，矿体主要为中厚至厚矿体，夹层厚度从几米到几十米不等。矿体倾角一般为 20°～40°；矿围岩均稳固。矿体埋深一般为 0～950m。在矿体西翼有曼岗河、矿体上盘有浅部熔岩铁矿体及露天采场需要保护，为此，经比较，采用了无轨机械化的点柱式上向水平分层充填法，以有效地保护上部露天矿和有关设施。并在西侧留有保护曼岗河的护河矿柱。

分层高度 4m，采用掘进台车打眼，3～4m³ 柴油（或电动）铲运机配 20t 卡车出矿。

分层回采结束后及时充填。分层先用废石充填，再用尾砂充填，之后最上层的 0.5m 面层用 1:4 灰砂比的水泥尾砂浆充填，以利于铲运机和汽车运行。

d 矿床开拓

按照扩产总体规划，由于Ⅰ号铁铜矿带产出的铜矿石量达 1500～2000kt/a，二道河矿段产出的铁矿石量达 1000kt/a，主要供新建的三选厂，应相应设置独立的矿石提升系统。经比较，采用箕斗竖井、斜坡道开拓方案。紧靠三选厂原矿仓设箕斗竖井，用于提升Ⅰ号铜矿带的铜矿石，并兼顾提升二道河矿段的铁矿石。

箕斗竖井为明竖井，井口标高 720m，井底标高 40m，井深 680m。提升机为 JKMD-4.5×4（Ⅲ）E 落地式多绳摩擦提升机，井筒内布置两套 11.5m³ 底卸式箕斗，为兼顾二道河铁矿的提升，采用分时间段办法调节生产。与箕斗竖井配套的溜破系统布置于矿体西南翼、箕斗竖井旁。井下粗碎设备选用国产 PXZ09/13 液压旋回破碎机 1 台。

通地表的斜坡道利用已建 4000kt/a 一期工程辅助无轨斜坡道，供无轨设备上下通行及运送人员、材料。Ⅰ号铁铜矿带首采 400～600m 标高部分，在矿体底板设置采区斜坡道，总长度 1623.6m。该采区斜坡道由 4000kt/a 斜坡道经Ⅱ₁矿组主采区 480m 分段下盘沿脉通至Ⅰ号铁铜矿带 480m 无轨运输平巷，而后开掘形成。后为了降低扩产后斜坡道的运输压力，将Ⅰ号铜矿带采区斜坡道向上往北延伸，直通地表开口于曼岗河东岸，为坑内的斜坡道系统增加了一个出口。

中段高度 100m。400m 标高以上矿体，集中在 380m 标高设置有轨主运输水平，与 4000kt/a 工程 380m 阶段运输水平相协调。380m 水平矿石运输，采用有轨环形运输系统。矿石运输车辆与 4000kt/a 一期系统相同，以便相互协调使用。

480m、580m 标高设置无轨转运水平。400m 标高以下，与 4000kt/a 二期相协调，设置 180m 有轨运输水平、280m 无轨转运水平。采出矿石经采场溜井下放，在有轨运输水平装入列车后，运往矿段西侧的卸载站卸入破碎系统上矿仓。

井下生产期间的采掘废石主要用于采空区的充填，如因采充失调、废石暂时不能充填空区时，则利用Ⅱ₁主矿组 4000kt/a 工程排废系统排出地表。

井下采用多风机多级机站通风，以抽为主，压抽结合，全矿总风量为 337.40m³/s，矿井设置三级机站。

在矿段的西侧曼岗河南岸设置进风竖井，在矿体北侧曼岗河东岸设置两条回风斜井；Ⅰ号铜矿带开拓系统如彩图 3-4 所示。

e　充填制备及输送设施

井下采用分级尾砂进行分层充填，用胶结尾砂充填铺面层。

Ⅰ号铜矿带深部充填系统，除承担该矿段充填任务外，还要承担Ⅲ₁- Ⅳ₁矿体及 4000kt/a 工程空场法采空区嗣后充填的工作。系统年充填能力在 100 万立方米左右，其中：分层充填 62 万立方米，嗣后充填 38 万立方米，充填倍线为 3.09 ~ 7.49。

采用立式砂仓和搅拌槽制备充填料浆自流输送工艺，共设四套充填制备系统，既可进行胶结充填，又可实施分级尾砂水力充填。非胶结充填料浆浓度 70%，胶结料浆浓度 72% ~ 74%，通过管道自流送井下充填。原设计胶凝材料采用水泥，投产后经试验研究和改进采用低温陶瓷胶凝材料，面层采用全尾矿按灰砂比 1∶6 添加低温陶瓷胶凝材料，非胶结充填时只添加 3% 的低温陶瓷胶凝材料，使充填体能够快速固结。

C　Ⅰ号铁铜矿带浅部开采

a　开采对象

利用Ⅰ号铁铜矿带矿体呈缓倾斜产出，浅部矿体靠近地表，开采方便的有利条件，在深部矿体开采的同时，同步开采 700m 标高以上的矿体。

b　开采规模

设计开采规模为 200kt/a。

c　采矿方法

根据矿体不同厚度，分别采用无轨机械化设备开采的房柱法、分段空场法、全面法，采后分级尾砂充填处理采空区。

d　矿体开拓

800m 标高以上采用平硐-溜井开拓，800m 以下采用平硐-辅助斜坡道开拓。中段高度为 20m（平缓地段增设副中段）。中段采用 5t 自卸汽车运输废矿石。

在 850m 水平设专用回风道，坑口设置主通风机站，抽出式通风。

D　Ⅲ₁、Ⅳ₁矿组开采

a　概况

Ⅲ₁、Ⅳ₁矿组与Ⅱ₁主矿组均属于深部铁矿，且位于Ⅱ₁主矿组上部，可利用已建地下 4000kt/a 开采工程的开拓、运输、排水、通风、供电、供水等系统进行开采，属于Ⅱ₁主矿组地下 4000kt/a 开采工程的技改工程。

设计开采对象为Ⅳ₁₋₁ᵃ、Ⅳ₁₋₂ᵃ、Ⅲ₁₋₂ᵇ、Ⅲ₁₋₃ᵇ等规模相对较大、空间位置相对集中的 4 个主要矿体，设计开采大致范围为 A29 ~ A36 线、320 ~ 520m 标高。

b　开采规模及服务年限

设计开采规模为 800kt/a。

c　采矿方法

根据矿体的不同厚度，分别选用无轨机械化分段空场法、房柱法开采，Simba H1354

采矿台车或掘进台车打眼落矿，3m³铲运机出矿。嗣后尾砂及废石充填处理采空区。

d 矿体开拓

Ⅲ₁、Ⅳ₁矿组开采的矿废石提升、辅助运输、供排水、供电、通信等利用4000kt/a一期总体开拓系统，进回风系统结合4000kt/a二期及Ⅰ号铁铜矿带的开采增加通地表的通道。Ⅲ₁、Ⅳ₁矿组开拓是在利用4000kt/a一期部分总体开拓系统基础上的局部延伸。根据矿体分布较零散的特点，采用灵活的无轨运输方式进行矿岩和辅助运输。

从4000kt/a一期南侧的斜坡道延至340m布置主运输水平，在400m布置次运输水平，选用国产20t矿用卡车作为矿、废石运输设备。矿石经运输水平运输后进入4000kt/a一期的破碎提升运输系统。

矿井总风量为120m³/s。

结合4000kt/a深部二期设计，统一在矿体南侧布置进风竖井，在矿体北侧布置专用回风斜井。

尾砂充填制备及输送系统与Ⅰ号铜矿带深部1500kt/a工程相结合，Ⅲ₁、Ⅳ₁矿组充填尾砂料浆经855～500m回风斜井、490m及480m联络通道、480～340m回风斜坡道等进入到各充填水平。

在340m下盘沿脉设置水仓和排水泵站，将水排到380m水平，进入4000kt/a一期工程水仓，由该系统经盲竖井、720m平硐，排到地表废水处理系统。

E Ⅱ₁矿组720头部（技改）

Ⅱ₁矿组720头部矿体位于Ⅱ₁主矿组的上部，可利用已建地下4000kt/a一期工程的开拓、运输、排水、通风、供电、供水等系统进行开采，属于Ⅱ₁主矿组地下4000kt/a开采工程的技改工程。

a 开采对象

Ⅱ₁矿组720头部矿体系指Ⅱ₁矿组4000kt/a坑采开采上部边界705m标高以上、850m标高以下的矿体。705m标高以下已规划由已建4000kt/a工程开采。

b 开采规模

设计规模为500kt/a铁矿石，出矿品位为36.82%。

c 采矿方法

采用无轨机械化空场类采矿方法。按矿体产状特征可分为：急倾斜矿体分段空场法（占38.13%）、倾斜矿体分段空场法（占56.39%）、缓倾斜矿体浅孔房柱法（占5.48%）。

d 矿床开拓

采用平硐溜井辅助斜坡道开拓。利用已建4000kt/a一期工程，工程的720m平坑为有轨运输主平坑，上部矿（废）石用溜井下放至主平坑装车后运出地表。为便于无轨设备通行和各分段联系，应设置采区斜坡道作为辅助运输。

采用抽出式通风，风机设于回风平巷口。矿井总风量60.30m³/s。

F 二道河铁矿开采

a 开采对象

二道河铁矿段，位于Ⅰ号铜矿带西侧，与三选厂旁、Ⅰ号铜矿带深部1500kt/a工程箕斗竖井相距约 1km，其产出的铁矿石供三选厂。

b 开采规模

生产规模为 1000kt/a。

c 采矿方法

在矿床开采影响范围的地表有二道河、二级公路及其桥梁、矿区公路、大红山铜矿辅助工业场地及民用、工业设施等，为典型的"三下"开采矿床，只能选择充填法（包括空场法事后充填）开采。

根据矿体产出特点及从保护地表的需要出发，采用机械化点柱式水平上向分层充填法采矿。二道河矿段充填采用级配碎石＋尾砂＋胶凝材料（水泥或低温陶瓷胶凝材料）的充填方案。充填骨料选用选厂尾砂、坑内采掘废石及矿区抛废站 - 10mm 碎石，胶结材料选择 PS42.5 普通硅酸盐水泥或低温陶瓷胶凝材料。开采分段高度 20m，分层高度 4m，空顶高度 1.8m。采用掘进台车钻凿水平浅孔落矿，采用 4m³ 柴油铲运机出矿。

d 开拓

采用箕斗竖井、胶带斜井-无轨斜坡道、辅助竖井联合开拓。

矿石提升箕斗竖井与Ⅰ号铜矿带深部 1500kt/a 工程共用。井下内部运输采用全无轨运输方式。采区矿石用 20t 地下矿用卡车转运至井下粗破碎站破碎后通过胶带斜井转运至与Ⅰ号铜矿带共用的箕斗竖井，提升至地表三选厂。

碎后矿石运输主胶带斜井，其控制标高为 - 20 ~ 140m，斜长 980.770m，垂直高度 160m，爬升坡度 16.5%。胶带宽度 1000mm，钢绳芯胶带强度 ST1250，运输速度 2.5m/s，单滚筒单电机头部驱动，电机功率 450kW。

斜坡道和胶带斜井分开设置可以减小断面，并有利于施工。辅助斜坡道与胶带斜井平行布置，净间距 15m，每隔 150m 左右设置一条联络通道。该斜坡道与Ⅰ号铜矿带深部 1500kt/a 工程破碎站（140m 标高）及原 4000kt/a 工程的斜坡道相连结，斜长 1084m。采区设连接各中段的采区斜坡道，作为人员、材料和无轨设备的运输通道。

在二道河矿段东南侧设置辅助竖井，主要作为进风井及提升人员、材料，并作为各种管线通道和安全出口。

通风系统采用多级机站压抽结合的通风方式，采用三级机站通风，全矿总风量为 231.22m³/s。用辅助竖井进风（净断面直径 6.2m），设总回风竖井回风；二道河铁矿开拓系统见彩图 3-5。

G 露天开采

a 开采对象

浅部熔岩铁矿，主要开采Ⅲ$_{2a}$、Ⅲ$_{2b}$ 2 个含铜铁矿体及Ⅱ$_{5-4}$、Ⅱ$_{5-3}$、Ⅱ$_{5-2}$、Ⅱ$_{5-1}$ 4 个铁矿体。

b 设计采矿规模在 3800kt/a 以上。

c 境界

用 Surpac 矿业软件建立的初步矿床模型，并以不同精矿售价及相应的成本建立的经济模型，用计算机优化出露天开采境界（彩图 3-6）。

开采范围 A28 ~ A39 剖面间，场底标高 730m，顶部标高 1165m，最大采深 435m。采场顶部尺寸为 1130m×724m，底部尺寸为 523m×172m（平均宽度）。

露天边坡参数如下：

台阶高度：工作台阶高度15m，终了时合并为30m；

台阶坡面角：65°，地表部分50°；

安全平台宽度：15m；

运输平台宽度：16m；

运输公路限制坡度：8%；

露天采场最终边坡角：北帮 46°36′06″，东帮 46°27′44″，南帮 46°40′21″，西帮46°35′16″。

d 开拓运输与采剥工艺

采用公路开拓方案，陡帮组合台阶横向剥离与缓帮横向采矿的工艺。

e 配置的主要设备

日本 EX1200-5DLD 型 $6.5m^3$ 全液压挖掘机 3 台、日本 870H（BE）-3 型 $4.5m^3$ 全液压挖掘机 2 台，进行采剥作业；衡阳 YZ-35 型牙轮钻（孔径250mm）3 台、阿特拉斯 L8 潜孔钻 2 台，进行采剥穿孔作业；TR50 型 45t 矿用卡车 38 台，进行矿岩运输。

f 废石场

项目设置哈姆白祖上废石场、哈姆白祖下废石场、硝水箐废石场、南部废石场及小庙沟废石场共 5 个废石场，生产中后期露天采场可以排废。运输距离：基建期加权平均运距为 0.50~1.00km。生产期废石平均运距为 2.74km。

g 主要指标

年供矿规模 3800~4000kt，日供矿 11515~12121t。损失率5%，废石混入率10%。供矿铁品位19.31%，铜品位0.26%。境界平均剥采比 $2.76m^3/m^3$、2.55t/t，生产剥采比 $3.09m^3/m^3$、2.85t/t。基建剥离量 561.79 万立方米，年采剥总量 15400kt，矿山生产年限 14 年。

h 供矿

熔岩铁矿和熔岩含铜铁矿两种矿石类型分采分运。熔岩铁矿占总矿量86%，熔岩含铜铁矿占总矿量14%，两种矿石供矿不均衡。

i 扩大规模的措施

为了在井下 II_1 矿组及 III_1、IV_1 矿组的开采影响到露天采场之前将境界内矿石采完，计划将露采规模扩大至 5500kt/a。露天采场采用陡帮剥离、缓帮采矿，可布置挖掘机 7 台（4 台 $6.5m^3$ 剥离，3 台 $4.5m^3$ 采矿），经生产能力验证，当采矿工程延伸速度为 22.5m/a 时，生产能力可以达到 5500kt/a。此时，需要对主要设备做适当增补。

当露天采场生产能力达到 5500kt/a 时，可以在 10 年内采完，加上在井下适当范围内留设的临时保安矿柱，能使露天采场避开坑采引起的岩石移动的影响。

3.3.3 二期工程

3.3.3.1 二期工程的由来

地下开采 4000kt/a 二期工程是一期工程的持续。原规划一期工程以开采 II_1 主矿组 400~700m 矿体为主，并用 III_1、IV_1 矿组做补充，按 3 年达产考虑，至第 17 年，深部区段二期范围的 300~400m 矿体开始投入生产，一、二期之间的持续时间比较充裕。后由于基建探矿后储量有所减少；加之一期工程投产后，生产顺利，为满足昆钢对铁矿石的急需，产量提升很快，第二年就超过了设计能力，加快了一期地段的资源消耗和下降速度；另外，为调顺前述各扩产项目与Ⅱ₁主矿组之间的相互影响关系，特别是为保证露天开采不受坑采岩石移动影响，一期开采部分地段暂时留作保安矿柱，使一期稳产时间进一步缩短。

为保持一、二期生产的顺利持续和增产稳产，需要提前研究二期开采范围的持续问题。

3.3.3.2 Ⅱ₁主矿组一、二期开采与周边各开采矿段（矿体）开采关系的处理

二期工程开采主要对象Ⅱ₁主矿组周边尚有大量铜铁资源：上部北西侧有以浅部熔岩铁矿为开采对象的露采工程、以Ⅲ、Ⅳ矿组为开采对象的坑采工程，下部有Ⅰ号铜矿带深部开采工程。它们之间由于空间位置较近及其所采用采矿方法的特点，相互之间存在复杂的制约和影响关系。开采中采取的主要协调措施是：尽量利用时空差距错开相互影响；留设必要的临时保安矿柱；采用合理的开采顺序和合适的采矿方法等，以确保矿区的开采安全和获得较好的总体效益（详见第8章）。

3.3.3.3 采矿工程

A 采矿方法

由于二期开采地段与熔岩铁矿露天采场的关系更为密切，为更有利于保护露天采场，并结合矿业开采要有利于保护地表生态环境的发展趋势，进一步研究了是继续采用以无底柱分段崩落法为主的方法，还是改用充填法开采的问题。研究情况详见8.3.1节。由于一期已采用了无底柱分段崩落法，形成了大范围的崩落岩石区，在这种极厚大矿床的核心富厚部位改用充填法，在过渡地段需要留设足够的富厚矿体作为隔离矿柱，将造成大量富矿积压和损失；需要改变由上向下的开采顺序为由下向上开采，将彻底改变采准系统和新中段及新出矿水平的建设位置，使基建工程量大量增加，建设时间延长，造成生产持续中断，不利于正常的生产衔接。经比较，仍以继续采用无底柱分段崩落法为妥（详见8.3.1节）。

根据矿体产状，二期开采对象可分成两大部分：合采部分（矿体完整厚大的部分，或可将表内矿矿体周边的表外矿和夹石与表内矿矿体合圈而形成完整厚大的回采对象的部分）及分采部分（合采部分之外，矿体零星、分支和夹层较多、厚度相对较薄的部分）。

合采部分仍采用大参数无底柱分段崩落法开采，分段高度20m，进路间距20m，占比为89.8%。在一、二期衔接部位，400～340m的矿体完整厚大，有提高分段高度的条件，同时为了解决向二期过渡时，380m水平有轨运输巷道制约二期首采分段进行采切准备作业的问题，将分段高度提高到30m，用370m分段代替380m分段作为首采分段。

分采部分占比不大，采用分段空场法、房柱法开采，嗣后用废石充填采空区。

B 采掘设备

继续使用一期生产中成功使用的无轨采掘设备。由于无底柱分段崩落法首采分段高度达到30m，深孔凿岩设备采用允许炮孔深度比 Simba H1354 台车更深的山特维克（Sandvik）DL421-15C 型顶锤式液压凿岩采矿台车；进路出矿主要采用 Sandvik LH514E 6m³ 级电动铲运机。

C 二期开拓几个主要问题的研究

400m 标高以下矿体最低赋存标高为 20～40m，竖向高差接近 400m。

设计对二期开拓几个主要问题进行了研究。

a 一段开拓、集中建设还是两段开拓、分期建设方案的研究

（1）400m 标高以下矿体一段开拓、集中建设方案。井下破碎站设置在 0m 标高，基本控制 400m 标高以下探明矿量，采出矿石通过运输水平转运到主溜井下放到破碎站，集中破碎后，提升出地表。

一段开拓方案控制高度大，考虑到高溜井的施工与生产管理难度，设置 180m 和 40m 两个运输水平，前期形成 200m 标高以上的采矿系统和下部井底破碎系统，生产中适时进行 40m 运输水平的建设，有利于矿山产能均衡稳定，减少多期建设带来的生产与基建长期交织，最大限度地消除影响和制约矿山生产的不利因素。

（2）两段开拓、分期建设方案。以 200m 标高为界，分上、下两期建设。前期（二期）先建设 200m 标高以上生产系统，运输水平设置在 180m 标高，井下破碎站在 140m 标高设置，碎后矿石转运水平标高 100m；后期（三期）再建设 200m 标高以下系统，运输水平标高设置在 40m，破碎站标高 0m，碎后矿石转运水平标高 –40m。

200m 标高以上采出矿石进入 140m 破碎站破碎；200m 标高以下矿石进入 0m 标高破碎站破碎。

两方案比较见表 3-5。

表 3-5 400m 标高以下矿体建设方案比较

序号	项 目	单 位	一段集中建设方案（Ⅰ）	两段分期建设方案（Ⅱ）	差值（Ⅰ－Ⅱ）	备 注
1	系统能力	kt/a	6700	6700		
	其中：矿石	kt/a	6000	6000		
	废石	kt/a	700	700		
2	采出矿量	kt	123375	123375		
3	可比井巷工程量	m³	262195.93	387351.16	–125155.23	
4	可比投资				0	
	总计	万元	29080.32	40529.46	–11449	
5	定员	人	60	72	–12	
6	电耗	kW·h/a	1823	1257.81	565	前 10 年
		kW·h/a	1823	2113.67	–291	10 年后
7	经营费	万元/a	1521.15	1202.73	318	前 10 年
		万元/a	1521.15	1776.16	–255	10 年后
	其中：电耗	万元/a	1221.15	842.73	378	前 10 年
		万元/a	1221.15	1416.16	–195	10 年后
	工资	万元/a	300.00	360.00	–60.00	
8	可比建设投资与经营费现值（绝对值）	万元	20299.13	23788.58	–3489.45	$i = 10\%$
9	建设工期差异	月	50.28	51.39	–1.11	按特征性工程控制

集中建设方案可以使矿山形成长期稳定的生产格局，十分有利于矿山生产的持续发展，并与多区段同时开采的采掘规划相协调，能满足200m以下矿体较早投入生产的要求；虽然前期建设工程量较大，建设投资较高，但主控工程一次到位，后期无须进行大的重复投入，总的建设投入和经营费用低；由于主要工程布置靠近矿体中部，长度较短，施工方便，建设工期与分期建设方案相比，还稍短一些。分期建设方案，前期控制的矿量较少，稳定时间短，而且与矿山多区段同时开采的特点不相协调，致使在二期工程投产后不久（第4年左右）就要开始200m标高以下系统（三期工程）的建设，使得持续接替紧张；生产与基建长期交织，互相影响，对矿山生产不利；虽前期基建工程量较小，建设投资较低，但后期还需建设三期破碎站、主溜井、矿（废）石转运工程、胶带运输系统、深部进回风、排水等工程，大大增加了主体设备和工程量，总的建设投资和经营成本高，总体经济效益差；另外，由于系统设置不如前者有利，破碎站的联络通道等较长，建设周期比集中建设方案稍长，故采用一段开拓、集中建设的方案。

b　开拓提升方案的研究

4000kt/a二期开拓系统需在一期开拓系统的基础上构建。

控制到二期开采矿体底部的主提升系统有两种选择：一是在原有胶带斜井-斜坡道系统的基础上向深部延伸；二是不利用原有系统，采用箕斗竖井从深部直接提升出地表。

经比较，明竖井方案投资大，经营成本高，且与其配套的溜破系统位置偏向西边较远，系统施工周期长；盲竖井方案投资大，经营成本高；两个胶带斜井方案在投资和经营成本方面优于各个竖井方案；而两个胶带斜井方案在投资和经营成本方面则差异不大，但两段胶带斜井方案和中段的连接较方便，施工较容易，因此推荐采用胶带斜井（两段胶带斜井接力方案）、辅助斜坡道、废石箕斗竖井联合开拓（详见5.4.1节）。

c　对中段高度及基建运输水平标高设置的研究

在确定二期采用一段开拓、集中建设方案后，还需进一步确定中段高度及基建运输水平标高的设置。

研究了以下两个方案，详细指标见表3-5。

（1）方案一：中段高度340m方案。在40m标高设基建集中有轨运输水平，基本控制到二期开采矿体的底部，采用环形运输，沿脉装车。所布置的有轨中段的装载范围可服务上部大部分矿体的分布面积，边部的局部零星小矿体出矿可采用汽车倒运至最近溜井下放至40m有轨中段。

（2）方案二：中段高度200m方案。先在180m标高基建上部有轨运输水平，控制II_{1-4}、II_{1-3}矿体A32线以东的大部分矿量，持续生产再建设下部40m有轨运输水平，控制II_{1-2}、II_{1-1}矿体，采用环形运输，沿脉装车。所布置的有轨中段的装载范围可服务上部大部分矿体的分布面积，A32线以西矿体采出矿石采用汽车倒运至最近溜井下放至下部有轨中段。

详细方案比较见6.1.2节。

两方案比较结果：

（1）方案一：采场溜井最大高度360m，溜井数量多，基建工程量大，投资高；且运输水平所处的标高低，施工困难，建设周期延长1.5年以上，对一、二期生产接替影响大；且在当前条件下，众多的高采场溜井维护量大，成本高。虽持续生产工程量小，持续建造费用低，但总的投入净现值高。

（2）方案二：溜井最大高度 220m，溜井施工及维护难度相对较小。基建工程量较小，运输水平标高较高，建设周期短，对一、二期生产持续有利。且基建投资低，虽持续生产工程量大，费用高，但总的投入净现值低。

综合分析，推荐采用方案二。

D 二期开拓系统概况

II$_1$ 矿组深部区段的开拓为 II$_1$ 矿组中下部区段的生产持续。

为满足 II$_1$ 矿组深部区段 5200kt/a 铁矿石设计能力的需要，II$_1$ 矿组深部区段的开拓在 II$_1$ 矿组中下部区段开拓系统的基础上向下延伸。经方案比较，仍然采用胶带斜井、斜坡道、辅助竖井联合开拓。

a 矿石提升系统

利用 II$_1$ 矿组中下部区段胶带系统，由下向上包括：采 2 号胶带、采 3 号胶带、选 1 号胶带。在此基础上由上向下延伸了 4 段胶带。由上向下包括：第一段主提升胶带（与 II$_1$ 矿组中下部区段采 2 号胶带搭接，称为采 4 号胶带）、第一段主提升胶带与第二段主提升胶带间的水平转接胶带（称为采 5 号胶带，长 120m）、第二段主提升胶带（称为采 6 号胶带）、破碎站下矿仓与第二段主提升胶带间的水平转接胶带（共两条，称为采 7-1 号、7-2 号胶带，各长 120m）。

采 4 号胶带斜井标高 329.31 ~ 160.6m，斜长 1082.29m，胶带机长度 1066.31m；采 6 号胶带斜井标高 165 ~ -45.95m，斜长 1314.7m，胶带机长度 1289.75m。两条胶带斜井内平行布置胶带道和无轨检修道，胶带道坡度 18°；检修道每间隔不大于 400m 的距离设置一个不小于 20m 的缓坡段，缓坡段坡度 3°。两条主胶带运输机均采用高强度钢绳芯胶带，带宽 1200mm，带强 2500N/mm，运输速度 4m/s。

II$_1$ 矿组深部区段采出矿石经 0m 破碎站破碎后，再经 II$_1$ 矿组深部区段及 II$_1$ 矿组中下部区段胶带系统提升运输出地表，进入一、二选厂原矿堆场；开拓系统见彩图 3-7。

b 废石提升系统

统一考虑 II$_1$ 矿组深部区段、III$_1$、IV$_1$ 矿组 800kt/a、I 号铜矿带 1500kt/a 等工程生产期间产出的外排废石，平均外排废石量约 700kt/a。

采用废石箕斗竖井提升废石。上述工程外排废石经 0m 破碎站破碎后进入碎后废石仓，再经废石转运胶带及废石箕斗竖井提升运出地表，最后用汽车运到废石场。

废石箕斗竖井井口位于 II$_1$ 矿组深部区段开采矿体东侧、小庙沟废石场北侧的缓坡上。井口标高 1200m，井底标高 -79m，井深 1279m。采用落地式多绳摩擦提升机双箕斗提升，提升高度 1256m，提升机型号：JKMD4 ×4-10.5，提升容器为金属矿用 5m^3 底侧卸式箕斗。

c 矿（废）石破碎系统

矿（废）石破碎系统布置于矿体南侧，靠中间部位。

在 0m 标高设置一个矿石破碎硐室及一个废石破碎硐室。

在卸载站和破碎硐室之间布置主溜井和矿仓，采用分段溜井的设置方式，共设置两条主矿石溜井和一条主废石溜井。

矿石破碎选用进口美卓 42-65 液压旋回破碎机，废石破碎采用国产 PA120100 低矮式颚式破碎机。

d 中段运输

在 180m 标高设置有轨运输中段,为环形运输穿(沿)脉装矿布置形式,弯道半径为 60m。有轨运输采用 20t 架线式电机车牵引 10m³ 底侧卸式矿车运输矿、废石。

生产持续将在 40m 标高建设完整的 40m 有轨运输中段,其布置形式基本与 180m 中段相同。

e 辅助盲竖井

辅助盲竖井位于矿体南部、靠中间部位,作为至各分段的进风、管缆及人员和材料通行的通道。竖井服务标高 380 ~ 40m,辅助盲竖井分别与 20 个分段相连通。竖井内设置梯子间方便管缆检修,同时作为一个安全出口。

采用落地式多绳摩擦提升机提升,提升高度 420m,罐笼配平衡锤,提升机型号:JKMD-2.8 × 4/10.5,提升容器为金属矿用 4 号单层罐笼。

f 进回风工程

通风系统采用以抽为主、压抽结合的多级机站通风方式,共设 3 级机站,1 级压入、2 级抽出的通风方式。全矿总风量为 737.76m³/s。

其通风工程在充分利用 II₁ 矿组一期工程、III₁、IV₁ 矿组开采工程已有的进回风工程的基础上,再增添必要的区段通风工程。

g 辅助斜坡道

在 4000kt/a 一期工程已建成的通地表的双斜坡道的基础上,往下延伸,折返布置于 II₁ 矿组深部区段开采矿体的南侧,双线到达 180m 水平,单线直至破碎系统 0m 标高及 -40m 标高。

h 排水系统

在 180m 运输水平设置中央排水系统。该系统最大排水能力为 50400m³/d。中央排水系统由排泥系统和排水系统构成。生产持续建 40m 中段时,在 40m 运输水平还需设排水泵站,将水排到 180m 中央排水泵站。

大红山铁矿包括一期、二期、扩产坑采工程,矿体分布范围东西约 4km、南北近 2km,主体部分在达到 11000kt/a 规模时,共使用 18 条通达地表的井巷,其中主提升运输井巷 3 条(胶带斜井 1 条、箕斗竖井 1 条、平巷 1 条),辅助提升运输井巷 5 条(斜坡道 3 条、竖井 2 条),专用进风井巷 3 条(斜井 1 条、竖井 2 条),专用回风井巷 7 条(斜井 6 条、竖井 1 条),整个开拓系统复合见彩图 3-8。

3.4 扩产建设中的主要环保问题

大红山铁矿 8000kt/a 采、选、运扩产项目,矿山采选系统既庞大又复杂。

扩产项目总占地面积达到 316hm²;废石排放总量 5081 万立方米;大红山铁矿及大红山铜矿扩产后,整个矿区尾矿排放总量达到 2.10 亿立方米。

矿山设计本着现代矿业“绿色、循环、持续”的设计思想,从以下几个方面提出方案及构想,以期针对环保、水保、安全等存在的主要问题得到科学合理的解决。

3.4.1　严格执行国家环保、水保及安全方面的技术标准和规程规定

贯彻"污染物减量、资源再利用和循环利用"的技术原则，努力做到矿山生态环境保护与污染防治符合国家政策要求：黑色冶金选矿的水重复利用率达到 90% 以上；尾矿利用率达到 10% 以上；破坏土地复垦率达到 75% 以上（《矿山生态环境保护与污染防治技术政策》，国家环境保护总局、国土资源部、科技部环发〔2005〕109 号）。

3.4.1.1　采矿区及废石场地表土地破坏及恢复问题

浅部熔岩铁矿露天采场，由上往下分区进行开采，可边开采、边复垦，使破坏土地复垦率最终达到 75%~85% 以上。

扩产坑采项目主要矿体（段）的采矿方法均选用空场法，采后用尾砂和废石充填处理采空区，用于充填的废石率达到 70% 以上。加之尾砂充填，地表基本不发生陷落破坏。

对露天采场及坑采产出的废石堆放所需废石场进行全面规划，分区和分期按规划，边堆放、边复垦，使复垦率最终达到 75%~85% 以上。

3.4.1.2　尾矿库复垦

与大红山铜矿密切合作，在适当时间开展复垦工作，使复垦率最终达到 75%~85% 以上。

3.4.1.3　废水处理及回用

加强厂前回水设施管理，进行尾矿库回水，使选矿生产水重复利用率达到 90% 以上。

3.4.2　科学设计，优化系统

解决项目环境问题的根本途径：一是尽量减少项目土地占用及破坏面积、减少废弃物的排放量；二是采取科学合理、切实可行的污染防治措施。设计从项目具体特点出发，合理配置系统，减少土地占用面积，减少废弃物排放量。具体表现在以下几个方面：

（1）集中建设选矿厂、改进露天废石场的设置。通过选厂总图布置、露天开拓方案优化，减少了选厂、运输道路的占地面积。

（2）采用空场采矿法，采后充填废石及尾砂处理采空区。扩产项目生产期间，井下产出废石量为 27.86 万立方米/a，用于充填的比例达 70% 以上；井下充填的尾砂量为 74.88 万立方/a，占扩产项目尾矿总量的 11%。

（3）精矿运输。通过多种运输方案的比选，确定采用精矿管道输送方式，最大限度地预防了产品输送所造成的环境污染问题。

参 考 文 献

［1］云南省人民政府与中国有色金属工业总公司.关于全面合作加快发展云南省有色金属工业的协议报告［R］.1985.

［2］昆明有色冶金设计研究院.云南新平大红山铁矿可行性研究［R］.1988.11.

［3］长沙冶金设计研究院，昆明冶金设计研究院.昆明钢铁总公司大红山铁矿地下 4000kt/a 规模采、选、管道工程可行性研究报告［R］.1997.3.

［4］中冶长天国际工程有限责任公司，昆明有色冶金设计研究院.昆明钢铁集团有限责任公司大红山铁矿（玉溪大红山矿业有限公司）地下 4000kt/a 采、选、管道工程初步设计［R］.2005.9.

［5］ 昆明有色冶金设计研究院 . 昆钢集团玉溪大红山矿业有限公司 8000kt/a 采选运扩产工程总体开发利用规划 ［R］. 2007. 12.

［6］ 昆明有色冶金设计研究院股份公司，中冶长天国际工程有限责任公司 . 昆钢集团玉溪大红山矿业有限公司二道河矿段 1000kt/a 采选工程可行性研究 ［R］. 2010. 12.

［7］ 云南华昆工程技术股份公司（原昆明有色冶金设计研究院），中冶长天国际工程有限责任公司 . 昆钢集团有限责任公司大红山铁矿 I 号铜矿带及三选厂铜系列 1500kt/a 采选工程初步设计 ［R］. 2009. 9.

［8］ 昆明有色冶金设计研究院股份公司 . 昆钢集团有限责任公司大红山铁矿地下 4000kt/a 二期采矿工程初步设计 ［R］. 2011. 6.

［9］ 余南中 . 大红山矿区的设计与实践 ［J］. 有色金属设计，2009. 9.

［10］ 余南中 . 大红山矿区扩产设计中的风险和对策 ［J］. 金属矿山，2009. 9.

［11］ 余南中 . 谈大红山矿区开发 ［J］. 金属矿山，2008. 8.

［12］ 徐炜 . 技术创新与管理创新并举·努力打造一流现代化矿山企业 ［J］. 中国矿业，2012. 8.

［13］ 云南省国土资源厅 . 云南省新平县大红山铁铜矿区东段东部铁矿储量核实报告——矿产资源储量认定书 ［R］. 2002. 2.

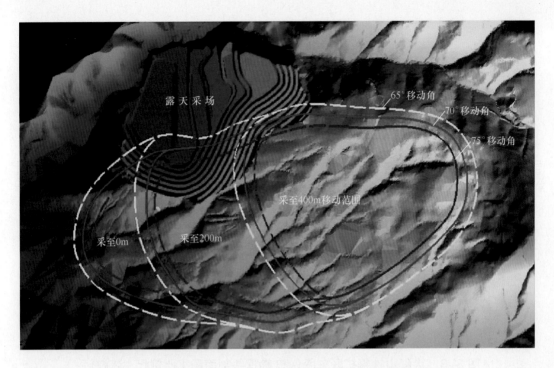

图 3-1 深部铁矿开采到不同深度时的岩石移动范围平面图

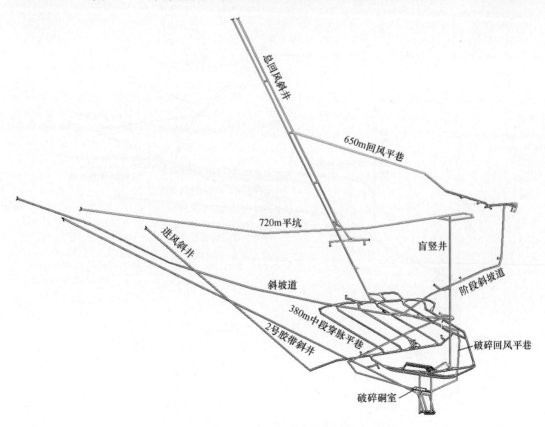

图 3-2 4000kt/a 一期开拓系统立体示意图

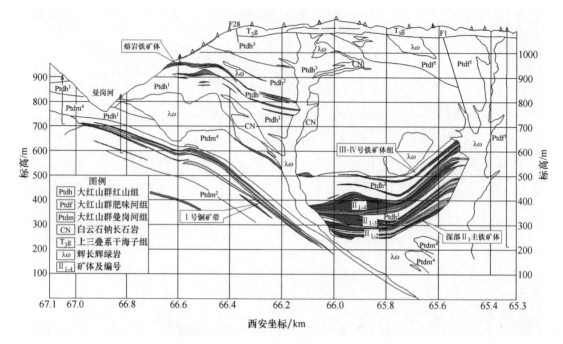

图 3-3 大红山铁铜矿区东段 A36 勘探线剖面图（比例尺 1:2000）

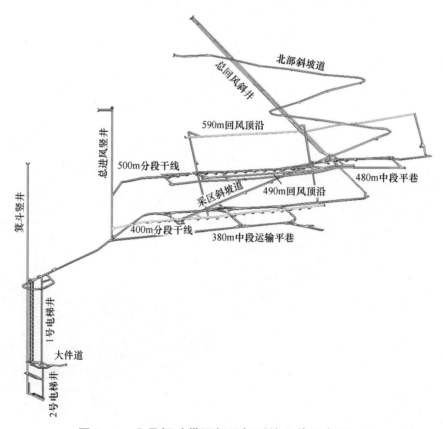

图 3-4 Ⅰ号铜矿带深部开拓系统立体示意图

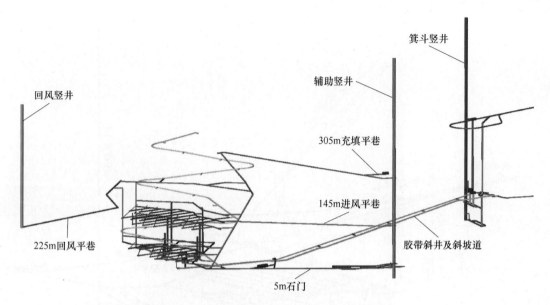

图 3-5　二道河铁矿开拓系统立体示意图

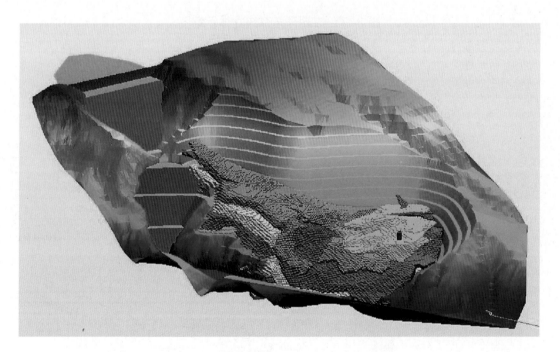

图 3-6　露天境界、矿体、基建废石场

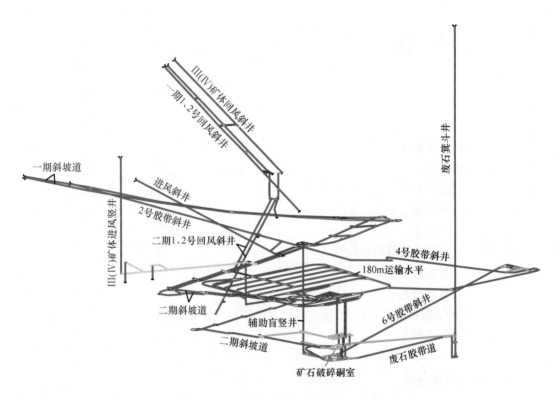

图 3-7 二期开拓系统立体示意图

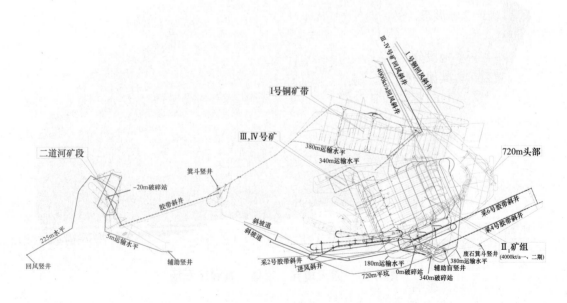

图 3-8 大红山铁矿开拓系统复合平面图

4　大参数无底柱分段崩落法开采

4.1　引言

开发大红山铁矿的目的是在安全、环保、经济的前提下，充分挖掘大红山的资源潜力，实现大规模开采，以满足昆钢对铁原料不断增长的需求。采矿方法是实现大规模开采的核心。大红山采用的采矿方法必须是在保证安全的前提下，能实现大规模高效开采，能充分利用资源，损失率，贫化率小，费用少，成本低，经济、社会和环境效益好的方法。

根据大红山铁矿 II_1 主矿组的开采技术条件，经过对可能实现大规模开采的阶段空场嗣后充填法、有底柱分段崩落法、无底柱分段崩落法的比较后，确定采用简单、易行、能实现高效开采的无底柱分段崩落法。在此基础上，认真汲取国内外先进经验，进行创新，采用了大参数无底柱分段崩落法，在国内矿山工业生产中首次采用了分段高度 20m × 进路间距 20m 的采场结构参数，目前仍居全国首位。通过实践，基本达到了预期的目的，为大红山实现大规模开采提供了可靠的保障。

4.2　主矿体开采技术条件

主要开采对象为 II_1 矿组，II_1 矿组由四个呈似层状、透镜状的矿体组成，由上往下依次为 II_{1-4}、II_{1-3}、II_{1-2}、II_{1-1} 矿体，其中 II_{1-4}、II_{1-3} 矿体主体部分赋存于约 200m 标高以上，II_{1-2}、II_{1-1} 矿体主体部分赋存于约 200m 标高以下。

II_1 矿组总体形态，在东西向剖面上呈缓倾斜状，东高西低，在南北向剖面上似船形，南高北低。

矿体在一些地段分支成多层，各层矿体间夹石或厚或薄。矿体在 A32 线以西约 180m 标高以上及矿体其他一些边缘部位分支较多，矿体核心部位则较完整厚大。矿体完整厚大部分，为 500 ~ 700m 标高，多为倾斜、急倾斜矿体，矿体倾角为 32° ~ 75°，矿体平均厚度 53m，500m 标高以下，多为缓倾斜矿体，厚度为 35 ~ 189m，平均厚度 98m；矿体分支部分，厚度为 3 ~ 29m，平均厚度 12m，倾角为 0° ~ 35°，平均倾角 16°。

从矿岩物理力学性质测定结果看，岩石多属坚硬、半坚硬岩类，矿石多属半坚硬类型，矿岩抗压强度较高，稳固性较好。f 系数多为 6 ~ 12。矿岩无自燃性和结块性。

开采范围内水文地质条件简单，矿井地质涌水量不大。

根据地勘钻孔的测温资料及实际开采情况，在坑内开采中会出现一定程度的地热影响，尤其在长距离独头巷道掘进中影响较大，应当加以注意。但据现场施工及开采的实践经验，当井下形成了贯穿风流时，加强通风，经过一段时间的热交换后，井下温度普遍下降，对回采作业的影响不大。

II_1 矿组的开采与其他矿段的开采相关，其北侧的地表为熔岩露天采场，其北侧及其北侧下方为 I 号铜矿带，其上方约在 A29 ~ 35 线为 III-IV 号矿体，矿体周边关系复杂，开采过程中需相互协调。

4.3　主矿体采矿方法选择与比较

开采对象 II$_1$ 矿组，按产状、厚度等，可划分成矿体完整厚大部分及矿体分支部分，矿体完整厚大部分所占矿量比例大，占总矿量的 90%，矿体完整厚大部分又以缓倾斜部分所占矿量居多，其所占矿量比例为 90% 以上。

矿体缓倾斜完整厚大部分大致分布在 500m 标高以下，横剖面上矿体似船形，纵剖面上矿体呈缓倾斜状，平均倾角 17°左右，矿体厚度为 35~189m，平均厚度 98m，矿体分布范围东西长度约为 1300m，南北宽度约为 500m。缓倾斜完整厚大部分矿体的开采是采矿方法选择和比较的主体，为实现大规模开采，缓倾斜完整厚大矿体可采用的采矿方法主要有阶段空场法（嗣后充填）、阶段充填法、有底柱分段崩落法和无底柱分段崩落法。

4.3.1　无底柱分段崩落法与阶段空场法（嗣后充填）的比较

在 20 世纪 90 年代可行性研究阶段，对无底柱分段崩落法与阶段空场法（嗣后充填）进行了比较。当时，铁精矿价格低，采用胶结充填体来支撑矿体顶板的方案经济效益差，只能采用阶段空场法留矿柱支撑矿体顶板，嗣后再采用非胶结废石及尾砂充填空区的方案。采用阶段空场法（嗣后充填）方案，矿块尺寸为长 115m × 宽 45m，矿柱宽 15m，矿柱损失率达 42%，综合损失率大于 50%，损失率太大；各矿块需间隔跳采，即一个矿块回采完毕，并充填、养护结束后，相邻矿块才能回采，采、充两环节间相互制约，矿块利用系数低，对生产能力的制约较大；采用阶段空场法需基建的分段数多，基建井巷工程量大，且要增加充填设施，开采效益差。采用无底柱分段崩落法方案，综合损失率为 18.18%；开采工艺相对简单，生产能力大；经济效益好，可比投资少 6353 万元，年利润多 5343 万元；由于不设矿柱，总损失率低。经分析对比，设计推荐采用无底柱分段崩落法方案。

4.3.2　无底柱分段崩落法与有底柱分段崩落法的比较

一期初步设计时，对无底柱分段崩落法与有底柱分段崩落法进行了对比。

4.3.2.1　有底柱分段崩落法

与无底柱分段崩落法相比，有复杂的底部结构，施工较困难；采准布置较复杂，在竖向上各个落矿凿岩分段及下部出矿底部结构以及各个分段的联络工程都必须建成才能生产，故基建工程量大，基建投资大（比无底柱分段崩落法方案多 5074 万元）；上、下分段之间，落矿与放矿之间，放矿各进路之间的相互牵制关系多，工艺较复杂，如掌握不好，则不易实现预期的出矿能力及损失贫化指标；下部底部结构集中出矿，不易适应矿体倾角和厚度的变化，要剔除矿体中间的夹石较困难；由于竖向上垂高大，在放矿中形成的空间大，要求的一次放顶量大。

4.3.2.2　无底柱分段崩落法

与有底柱分段崩落法相比，没有底部结构，采场结构简单；回采和出矿工艺简单，易于掌握；采准布置简单，在竖向上各个分段从上往下回采，只要建成上部分段就可以投入生产，故基建工程量小；因分段和进路回采出矿，灵活性大，易于调整和适应矿体产状、厚度、倾角的变化，要剔除矿体中间的夹石较容易；因分段回采，上、下分段的下降距离不大，而且各矿块间也较容易实现均匀下降，故要求的一次放顶量不大。

鉴于上述原因，一期初步设计推荐采用无底柱分段崩落法。

4.3.3　二期工程对无底柱分段崩落法与阶段充填法的比较

二期工程主要开采 400m 标高以下深部的 II_1 矿组，采矿方法选择面临以下问题：

（1）要满足大规模开采需要。二期开采规模需保持在 4000kt/a 以上，主要靠主矿体完整厚大部分提供，采矿方法需保证满足产量要求。

（2）需要保护上部露天开采。浅部熔岩铁矿露天采场位于深部 II_1 矿组北西侧的上部位置，在一期开采前期移动范围并不会影响到露天采场，但随着开采的往西推进到一定地段后，其地表移动范围将会波及浅部熔岩露采境界，影响露天采场边坡的稳定。II_1 矿组的采矿方法及开采要尽量避免产生这一影响。

II_1 矿组一期 400~705m 标高已采用大参数无底柱分段崩落法开采，下部二期开采是继续采用这一方法，还是从有利于保护上部露天开采出发，改用充填法，即二期采矿方法存在"崩"还是"充"的选择。

考虑到对上部露天采场保护的问题，结合满足大规模产量的要求，如改为充填法，适宜采用大直径深孔阶段空场嗣后充填法。

设计对采用大直径深孔阶段空场嗣后充填法（以下简称阶段充填法）和无底柱分段崩落法两者进行了分析比较。

4.3.3.1　阶段充填法布置及结构参数

从二期开采范围矿体的赋存情况看，适合采用阶段充填法地段是 A36 线以西矿体完整厚大部分。A36 线以东部分，因其上部一期已大面积采用无底柱分段崩落法开采，形成了崩落区，不宜采用阶段充填法。

阶段充填法矿块按南北向布置，矿块宽度为 30m，矿块长度为 100m，矿块高度为矿体铅垂厚度，为便于充填及采矿分区各矿块间沿东西向留 10m 间柱。矿块底部布置聚矿堑沟，用 6m³ 铲运机出矿，矿块顶部布置充填水平，矿块上、中部布置凿岩水平，采用平行下向深孔崩矿。开采时东西向各条带（约 5~6 个矿块）间隔跳采，一步骤开采的条带采后采用胶结分级尾砂充填（若胶结分级尾砂强度达不到要求，则必要时采用胶结块石充填），二步骤开采的条带采后采用分级尾砂充填。

4.3.3.2　无底柱分段崩落法结构参数

分段高度为 20m，进路间距为 20m，矿块宽度为 80m（4 条进路），矿块长度为 100m，采用进口采矿台车打眼，6m³ 铲运机出矿。

4.3.3.3　阶段充填法方案和无底柱分段崩落法方案的比较

（1）一期工程 II_1 矿组中部采区和主采区已按无底柱分段崩落法开采，在 A36 线以东、400m 标高以上已形成崩落区，在这一条件下，要将未开采区域改用充填法开采，则需要在崩落法区域与充填法区域之间设置隔离矿柱，有两种设置方案：第一种方案是设水平隔离矿柱，比较简单。即在 400m 水平以下留设水平隔离矿柱，将上部崩落法区域与下部充填法区域分隔开来。但 300 ~ 400m 是 II₁ 矿组主矿体的核心部位，矿量大、矿石品位较高，380m、360m、340m 分段矿体面积分别达 180 ~ 200km²，各分段矿量分别为 13000 ~ 14600kt，Fe 品位为 42.4%~38%，由于矿体面积巨大，隔离矿柱厚度至少为 40 ~ 60m，隔离矿柱标高为 360 ~ 400m 或 340 ~ 400m，隔离矿柱的矿量将达到 27360 ~ 42030kt，这样就等于将 II₁ 矿组主矿体核心部位、品位较高的矿体都留作隔离矿柱，将严重制约生产的顺利持续，而且今后隔离矿柱的回采难度大，损失率高，显然是不合适的。

第二种方案是在相邻的 A36 线以西地段、400m 标高以下改用阶段充填法开采，设置垂直和水平相结合的隔离矿柱（36 线以东 400m 以下设水平矿柱，36 线以西 400m 以上设垂直矿柱），一是水平部分面积仍达约 100km²，二是垂直部分矿柱的高度有的达到约 80m，除隔离矿柱量仍很大之外，无底柱分段崩落法与阶段充填法的回采顺序相反，无底柱分段崩落法各分段由上往下开采，而阶段充填法宜由下往上开采，中段及分段采准布置难以协调，且崩落区一侧的地压会对阶段充填法开采产生不利影响，关系复杂，隔离矿柱量很大，今后同样难以回采。

因此，深部在这一地段或相邻地段仍采用相同的无底柱分段崩落法开采，上、下之间能顺利衔接，生产持续和过渡顺畅。

（2）改用阶段充填法方案，回采顺序将调整为由下往上开采，彻底改变了无底柱分段崩落法原有的从上往下的开采顺序，新中段和新出矿水平的建设放在下部，而且需要同时建设的分段数多（需要同时形成矿块顶部充填水平，矿块上、中部凿岩水平，沿缓倾斜下盘布置的多层铲运机出矿水平），基建工程量大，建设时间长，对生产持续和衔接不利。而无底柱分段崩落法可以逐水平顺序下降，新分段建设工程量少，需要时间短，生产持续顺利。

（3）在 II₁ 矿组中部采区与主采区生产中，熟悉并掌握了无底柱分段崩落法开采工艺，深部若继续采用无底柱分段崩落法开采，矿山生产能顺利过渡，生产设备也可以沿用；采用阶段充填法，则矿山要熟悉新工艺，增加新设备。

（4）矿体底板和顶板起伏不平，矿体在横剖面上矿体似船形，纵剖面上矿体呈缓倾斜状，且矿体中间有夹石，这一条件下无底柱分段崩落法比较能适应矿体变化，采切工程布置也简单，而阶段充填法布置较复杂。

（5）由于阶段充填法多了个充填环节，并需要分两步骤回采和充填（步骤一尾砂胶结充填，步骤二尾砂非胶结充填），所以阶段充填法开采成本要高于无底柱分段崩落法。

（6）阶段充填法开采引起围岩移动要小于无底柱分段崩落法，对露天开采的影响小；当仍采用无底柱分段崩落法开采时，必须协调开采顺序，使地下开采产生的移动影响到露天开采之前，结束露天开采。

综合考虑上述因素后，在矿体主体完整厚大的地段仍采用无底柱分段崩落法开采。同时，采取措施，在开采的时间和空间安排上错开对露天采场和相邻矿段产生的影响。

4.4 无底柱分段崩落法大参数的研究

4.4.1 大参数的选用

4.4.1.1 采用大参数是国内外无底柱分段崩落法的发展趋势

随着出矿设备和凿岩设备的发展及性能提高，无底柱分段崩落法的参数也由小到大逐步发展，从而使采矿生产能力、采矿效率得到了大幅度提高，千吨采切比大幅降低。

20世纪60~80年代，我国采用无底柱分段崩落法开采的矿山多采用分段高度10~12m，进路8~10m的结构参数，如梅山铁矿、符山铁矿、向山硫铁矿等矿山。配套凿岩设备如CZZ-700型采矿凿岩台车、YZG90型凿岩机等，中深孔凿岩台·年效率20~30km，配套出矿设备如ZYQ-14型装运机、2m³铲运机，装运机出矿台·年效率为50~80kt，铲运机出矿台·年效率为80~140kt，采掘比为6~9m/kt。

90年代至今，镜铁山铁矿、梅山铁矿、大红山铁矿等，采用了分段高度15~20m，进路15~20m的结构参数，配套凿岩设备如SimbaH252液压凿岩台车、SimbaH1354液压凿岩台车等，中深孔凿岩台·年效率为60~70km，配套出矿设备如TORO-400E铲运机、TORO-1400E铲运机等，铲运机出矿台·年效率为350~600kt，采掘比为3~4m/kt。

作为世界上采用无底柱分段崩落法的最先进的矿山，基律纳矿的分段高度也有一个由小变大的过程。1983年该矿的无底柱分段崩落法的分段高度仅为12m，采用阿特拉斯·科普柯（Atllas Copco）公司的Simba323型风动凿岩台车，用8t斗容的Cat980型柴油装载机装载。2000年后，基律纳矿的分段高度已增加到30m，凿岩主要用Simba W469重型液压遥控凿岩台车。该台车以水为动力配有压力为20MPa的Wassara潜孔冲击器，能够自动钻凿一组10个扇形炮孔，孔径115mm，深度可达55m，钻孔的直线偏斜度不超过0.5m，平均凿岩速度可达300m/d。该矿85%的矿石采用Toro2500E电动铲运机装运，该机型的斗容达10m³，装运能力达500t/h，在运距为120m的情况下，每周的出矿能力可达到50000t，年产量达120万~150万吨。基律纳矿采用无底柱分段崩落采矿法采场结构参数的演变情况见表4-1。

表4-1　基律纳矿结构参数的演变情况

参　数	1956年	1960年	1980年	1984年	1989年	1990年	2000年
分段高度/m	7.5~9.0	10	12	12	20~22	27	30
进路间距/m	7.5~9.0	10	11	16.5	22.5	25	27

当然，矿山是否要采用更大的无底柱分段崩落法参数，还要看矿山的矿体情况，只有完整厚大、适合采用与大参数相适应的大椭球体放矿的矿体，才宜采用大参数无底柱分段崩落法。

4.4.1.2　大红山铁矿Ⅱ₁主矿体主体部分为缓倾斜厚大矿体，适合采用大参数无底柱分段崩落法开采

大红山铁矿Ⅱ₁主矿体是4000kt/a工程的主要开采对象，矿体主体部分为缓倾斜厚大矿体，厚度为35~189m，平均厚度98m，矿体水平投影面积大，南北方向宽度多为500m，东西方向长度为1500m，适合采用大参数无底柱分段崩落法开采。

4.4.1.3　采用大参数无底柱分段崩落法开采，实现大规模生产，并获得较好的经济效益

大红山铁矿是昆钢主要的原料生产基地，为提高昆钢成品矿的自给率，满足昆钢发展需要，根据Ⅱ₁主矿体开采技术条件，主矿体设计生产规模确定为4000kt/a，要满足这一生产规模，除采用多区段搭配生产、采用先进采掘设备、高效率无底柱分段崩落采矿法等措施外，无底柱分段崩落法还要采用大参数。

设计分析认为，在此规模情况下，生产期的下降速度较快，如将分段高度设计为15m，分段矿量较少，生产持续比较紧张，新分段的准备紧迫，对大规模生产是不利的。

经过调研，根据国内外向高分段发展的趋势，尤其是国外有关矿山的经验，在所选择的深孔凿岩及装药设备的装药能力及凿岩精度可得到保证的情况下，采用20m的分段高度是可行的。因此，设计推荐采用20m分段高度，并进一步研究了进路间距分别为15m、20m、24m的情况，然后经过放矿试验、设计研究、采场工业试验、技术经济比较，最终确定采用20m的进路间距。

采用大参数可以使用大型高效采掘设备，能大幅度提高矿块生产能力。从生产实践看，采用20m×20m的结构参数、6m³进口铲运机出矿，其矿块生产能力可达600kt/a以上，这样一个矿块生产能力已相当于一个中型开采规模的铁矿生产能力，这样一台出矿设备的生产能力已相当于10台以上50kW电耙的出矿生产能力，采用大参数及设备大型化对生产能力的提高效果是显而易见的。

采用大参数可大幅度减小采切比。大红山铁矿 II_1 主矿体，矿体厚大部位采用大参数无底柱分段崩落法开采的采切比仅为2.8m/kt，与采用10~12m的分段高度及进路间距的传统参数的采切比相比，前者只相当于后者的1/2~1/3。采用大参数及设备大型化能大幅度减少作业人员，减少作业场所，简化开采系统，提高开采效率。

从矿山实际开采情况看，矿山投产后在较短时间内就达到设计生产规模，且自投产以来连续几年均实现亿元以上的利润，也印证了采用大参数对提高生产能力及生产效益的作用。

4.4.2 室内模拟试验

为寻求一定分段高度条件下合适的进路间距及崩矿步距，并获取大红山铁矿矿岩条件的放矿椭球体参数等，大红山铁矿曾委托马鞍山矿山研究院进行了试验室物理模拟试验。

同时，为指导物理模拟放矿试验的进行，在物理模拟单体放矿试验的同时，进行了相应条件下的计算机模拟放矿试验。

4.4.2.1 计算机模拟放矿试验

采用经过大量物理试验及现场试验验证并认为能满足放矿模拟要求的模拟方法及程序进行。试验主要内容是模拟15m及20m分段高度相配套的合适的进路间距、放矿步距、进路宽度等；计算机模拟以大红山矿提供的矿石粒径组成、单体放矿试验所求得的放矿椭球体发育参数、截至放矿最后一次的当次放矿体积贫化率为40%等为基础数据。放矿模型共有4个分段、10条进路、4个放矿步距，并取第四个分段的放矿指标进行比较分析，采用第一、二分段按视在回收率为100%进行截止放矿，第三、四分段按截止废石混入率控制放矿的放矿制度；试验按类比确定了相似参数。模拟方案有：分段高度为15m时，进路间距分别为12m、15m、20m，放矿步距为2.5m、3.0m、3.5m、4.0m、4.5m、5.0m、5.5m，分段高度为20m时，进路间距分别为15m、17.5m、20m，放矿步距为4.0m、4.5m、5.0m、5.5m，以及上述两种分段高度的最优进路间距及放矿步距条件下，进路宽度做适当改变的模拟方案。

经过对各放矿模拟方案所得数据的分析比较，得出计算机模拟放矿试验结论如下：

（1）分段高度为 15m 时，合理的进路间距为 15～20m，其对应的试验室合理放矿步距为 5m。

（2）分段高度为 20m 时，进路间距为 20m 较为合适，其对应的试验室合理放矿步距为 5.5m。

（3）无论分段高度为多少，其进路宽度值大小都对无底柱分段崩落法放矿的结果影响不大。

4.4.2.2　物理模拟试验

单体试验模型每 10cm 布置一层带有编码的标志颗粒，依据达口矿量及标志颗粒描述出放矿椭球体发育过程及其形态。单体放矿试验获得的放矿椭球体参数见表 4-2。

表 4-2　试验室放出椭球体参数

15m 段高时矿石粒级放出体参数										
高/m	10	15	20	25	30	35	40	45	50	全部平均	20～50平均
横半轴/m	1.75	2.75	3.15	3.6	4.75	5.25	6	6.75	7.75		
纵半轴/m	1.65	2.6	2.8	3.8	4.55	5.25	5.75	7.05	7.95		
横轴偏心率	0.937	0.930	0.949	0.958	0.949	0.954	0.954	0.954	0.951	0.948	0.953
纵轴偏心率	0.944	0.938	0.960	0.953	0.953	0.954	0.958	0.950	0.948	0.951	0.954
流轴角/(°)									4.5		
20m 段高时矿石粒级放出体参数										
高/m	10	15	20	25	30	35	40	45	50	全部平均	20～50平均
横半轴/m	2.1	2.6	3	3.8	4.7	5.3	6.1	6.8	7.7		
纵半轴/m	2	2.4	3	3.6	4.6	5.2	5.95	6.65	7.75		
横轴偏心率	0.908	0.938	0.954	0.953	0.950	0.953	0.952	0.953	0.951	0.946	0.952
纵轴偏心率	0.917	0.947	0.954	0.958	0.952	0.955	0.955	0.955	0.951	0.949	0.954
流轴角/(°)									4.5		
两种粒级平均											
横轴偏心率平均											0.952
纵轴偏心率平均											0.954
偏心率平均											0.953

物理模拟立体放矿试验模型的比例为 1:50，模型为木质框，共设 5 层放矿分段巷道，每层巷道数量为 4 条或 5 条，上、下交错布置；试验所用矿、岩料均采自大红山铁矿现场，并按矿山提供的崩落矿岩的粒级进行加工组配；试验方案包括 15m 及 20m 分段高度下合理的进路间距、放矿步距、进路宽度试验等。

物理模拟放矿试验结果分析结论如下：

（1）分段高度为 15m 时，进路间距为 20m 较为合适；分段高度为 20m 时，进路间距为 22m 较为合适，但进路间距为 20～26m 选取时，对回贫差的影响不大。

（2）试验时进路宽度取值为 4.2～6.6m，对回贫差的影响在 1% 以内，可以认为在大参数条件下，进路宽度在一定范围内变化时对回贫差无影响。

（3）放矿结构参数为 15m×20m 时，最优放矿步距是 5m，放矿结构参数为 20m×20m 时，最优放矿步距是 6m。

综合计算机模拟及物理模拟试验，马鞍山院认为：采用分段高度 20m、进路间距 20m 的参数组合，其合理放矿步距为 5.5~6.0m，合理崩落步距为 4.1~4.5m。其中，放矿步距为 6.0m 时，回收率为 94.47%，贫化率为 12.27%，回贫差为 82.20%；放矿步距为 5.5m 时，回收率为 93.53%，贫化率为 12.30%，回贫差为 81.23%；放矿步距为 5.0m 时，回收率为 90.85%，贫化率为 12.21%，回贫差为 78.64%。

4.4.3 设计的分析研究

马鞍山院获取的以上试验成果有较高参考价值。为了进一步研究各放矿参数的关系和合理的放矿指标，设计采用马鞍山院试验的基础数据，用计算机辅助作图分析法进一步进行放矿分析研究。

4.4.3.1 分段高度

无底柱分段崩落法分段高度的选择，需考虑设备配置和矿体情况。显然，在出矿巷道断面尺寸（根据设备及放矿要求确定）一定的情况下，分段高度增大，可以减少采切工程，减少采矿成本，提高采矿效率，如果设备配置和矿体情况能满足要求，分段高度应取值大一些。

从设备配置方面看，首先是深孔凿岩设备和装药设备要能适应分段高度的要求；其次是出矿铲运机，分段高度较高时，铲运机应大型化，以便提高矿块生产能力、提高出矿效率、增加铲取深度、减少矿石损失。

近十几年来，随着我国经济的不断发展，我国矿业也迎来了较快发展的阶段。在此期间，国外先进的采掘设备在我国矿山生产中得到了推广和运用。在调查了国内地下矿山进口采掘设备使用情况及与进口设备厂家详细沟通后，设计认为无底柱分段崩落法采用 20m 分段的高度，已有成熟的进口采掘设备，其性能可满足工艺要求。

大红山铁矿 4000kt/a 工程最终选择采用的主力采掘设备为：Simba H1354 采矿台车钻凿深孔，Toro 1400E 电动铲运机出矿。这一设备配套方案，设备性能可以满足采用 20m 分段高度的要求。从其他矿山大量的实践经验看，Simba H1354 采矿台车钻凿深孔的效率能达到 70~80km/（台·a）以上，钻凿约 35m 以下的深孔其质量可以满足要求，而采用 20m 的分段高度时，爆破深孔最深约为 30m，这一深度恰在 Simba H1354 采矿台车有效钻凿深孔的深度范围内；Toro 1400E 电动铲运机出矿的效率能达到 600kt/（台·a）以上，能满足大产量出矿的要求。

从矿体方面来看，矿体厚大、要剔除的夹石少，矿体形态相对规整时，分段高度可按设备配置的适应情况可取大值，否则应按矿体情况将分段高度适当减小些，以便放矿能适应矿体的变化。大红山铁矿 4000kt/a 工程主体地段多为缓倾斜厚大矿体，矿体铅垂厚度多在 100m 以上，适合采用大参数无底柱分段崩落法进行开采。

4.4.3.2 标准矿块放矿

A　放出椭球体的排列方式

在垂直于进路的剖面上，放出椭球体的排列方式有两种，如图 4-1 所示。

　　按方式一布置时，同分段相邻进路间的放
出椭球体不相交，而是上半个椭球体的侧面与
上分段相邻进路的放出椭球体相交，上半个椭
球体的顶面与往上第二个分段处于正上方进路
的放出椭球体相交，下半个椭球体的侧面与下
分段相邻进路的放出椭球体相交，下半个椭球
体的底面与往下第二个分段处于正下方进路的
放出椭球体相交。如此布置时放出椭球体的高
度略大于两个分段的高度，放出椭球体的体积
相对较大。

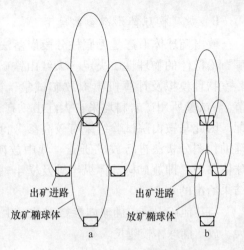

图 4-1　放矿椭球体横向排列
a—方式一；b—方式二

　　按方式二布置时，同分段相邻进路间的放
出椭球体在侧面相交，椭球体的顶面与上分段
相邻进路的放出椭球体相交，椭球体的底面与
分段相邻进路的放出椭球体相交。如此布置时放出椭球体的高度略大于一个分段的高度，
放出椭球体的体积相对较小；由于受设备性能的限制，分段高度是有限的，放出椭球体高
度有限，因此使得进路间距较小（如果加大进路间距，同时加大放出椭球体高度，为适应
设备性能，只有在矿体中间加设凿岩分段，这样布置实际上已变成高端壁无底柱分段崩落
法的布置方式）。

　　与图 4-1 相对应，放矿椭球体在沿进路方向剖面上的排列如图 4-2 所示。由于方式二
的放矿椭球体比方式一高，相应地，方式二的崩矿步距或放矿步距也比方式一大。

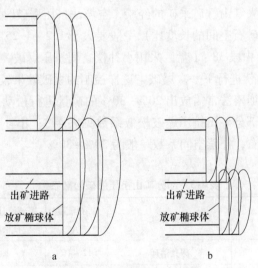

图 4-2　放矿椭球体纵向排列
a—方式一；b—方式二

　　对比图 4-1 及图 4-2，方式一的进路数量要小于方式二，方式一的一次崩矿量或放矿
量要大于方式二，从节省采切工程量及提高开采效率的角度看，方式一优于方式二，因此
应采用方式一的布置方式，也就是大间距的布置方式。

B　放矿椭球体形态参数确定

放出椭球体形态是无底柱分段崩落法放矿分析计算的基础，放出椭球体形态由崩下矿石松散体的物理性质决定。大红山铁矿建设指挥部曾委托马鞍山矿山研究院进行了试验室物理模拟及计算机模拟放矿试验，试验提供了完整的放矿椭球体参数（见4.4.3节）。试验所用矿岩料均采自大红山铁矿现场，并按矿山提供的崩落矿岩的粒级进行组配，因此马鞍山院试验结果有较高参考价值。设计采用马鞍山院的基础数据，用计算机辅助作图分析法进行放矿研究。其中放矿高度20~50m两种粒级的平均值作为放矿椭球体参数，即放矿椭球体纵半轴及横半轴偏心率均为0.953，放矿椭球体流轴角取试验结果给出的4.5°。

与其他矿山放矿椭球体参数对比，上述放矿椭球体的纵半轴及横半轴偏心率相对较大，放矿椭球体较瘦长。

C　崩落矿石有关参数选取

a　松散系数

大红山铁矿的矿岩松散系数为1.6（充分松散后），矿体在未被崩落时没有发生松散，可以理解为松散系数为1。无底柱分段崩落法崩矿是在松散围岩（或矿石）的挤压条件下崩矿的，由于松散围岩（或矿石）的挤压，矿石崩下时不可能发生充分松散，因此矿石爆破后、在未放矿前的松散系数应小于1.6、大于1。

决定无底柱分段崩落法崩落矿石松散系数的因素是多方面的，如矿石性质、爆破参数、一次崩矿量、构成挤压条件的松散体的松散程度等。而这些因素不是固定不变的，因此可以肯定无底柱分段崩落法崩落矿石松散系数也是在一定范围内变化的。

根据大红山铜矿和大红山铁矿采矿的经验，空场法挤压爆破时指向比（崩矿方向自由空间的长度和容纳崩下矿石空间的长度比）一般要大于1.2~1.25才可靠，才不会被"挤死"。大红山铜矿535m中段38-Ⅰ盘区采用小补偿空间挤压爆破，出矿时控制出矿量，只要补偿空间达到25%，就进行下一次爆破，这样控制的爆破效果较优。

高端壁无底柱分段崩落法常需放出20%~30%的矿量进行松动后，再进行下一次挤压爆破。阶段强制崩落法部分矿山挤压爆破松散系数见表4-3；小补偿空间爆破时，崩落矿石的松散系数在1.3左右，补偿空间系数一般为20%~30%。

表4-3　部分矿山挤压爆破松散系数

序号	矿山名称	落矿方式	矿石硬度 f	爆破设计采用的矿石松散系数	地质报告提供的矿石松散系数
1	铜陵狮子山铜矿	深孔落矿	12~16	1.2	1.4~1.6
2	桃林铅锌矿	水平扇形中深孔落矿	7~9	1.15~1.2	1.5~1.6
3	小寺沟铜矿	垂直层深孔落矿	8~12	1.15	1.5
4	观音山铁矿试验采区	垂直层中深孔落矿	6~8	1.2~1.3	1.66
5	德兴铜矿北山坑	垂直层中深孔落矿、水平层深孔落矿	5~7	1.15~1.2	1.3~1.5

大红山铁矿矿石硬度 f 多为 $8 \sim 12$，松散系数为 1.6，矿石比较坚硬。对比上述资料，选取大红山铁矿无底柱分段崩落法放矿设计分析计算所用崩落矿石松散系数平均值为 1.28。

b　纵向膨胀系数

上述选取的崩落矿石松散系数 1.28，其物理意义指的是崩矿前和崩矿后的体积比，是纵横竖三个方向的线性膨胀系数的乘积。在无底柱分段崩落法崩矿的一般情况下，如果将待崩矿石当作六面体的话，崩下矿石体积膨胀只可能发生在三个方向：一是崩矿指向的正前方（以下称为纵向）；二是竖直方向的上方（以下称为竖向）；三是横向的相邻已回采进路的方向（以下称为横向）。而其余方向是不可被挤压的未崩矿体。由于崩矿的指向为纵向，是爆破力推移挤压矿石的主要方向，是线性膨胀的主要方向，即在构成松散系数 1.28 的三个方向的线性膨胀系数中，纵向应占较大比例。

纵向膨胀系数也就是无底柱分段崩落法放矿设计时放矿步距与崩矿步距之间的换算系数，一般可取 $1.25 \sim 1.2$。大红山铁矿近矿围岩和矿石较坚硬，松散系数大，经分析，选取大红山铁矿无底柱分段崩落法设计分析计算所用矿石纵向膨胀系数值为 1.25。

D　放矿过程的矿石回收与废石混入分析

废石盖层的条件下，在无底柱分段崩落法放矿过程中，为增大矿石回收率与减小废石混入率，要求放出体与待放出矿石在空间形态上尽量相符，其中单独对增大矿石回收率来讲，要求放出体尽量大，当放出体增大到包容待放出矿石占有空间时，矿石回收率为 100%，但此时废石混入较多；而单独对减小废石混入来讲，要求放出体尽量小，当放出体小到不超过待放出矿石占有空间时，废石混入率为零，但此时矿石回收率不高；放矿时随着放出体不断增大，废石混入逐渐由零变大，矿石回收率也逐渐由小变大，并趋向 100%。在废石混入率及矿石回收率变大的过程中，存在一个废石混入率及矿石回收率取值的最优值，这个值就是使生产效益最好时的值，在放矿分析计算时，以其组成的回贫差最小时的值来代表。

E　标准矿块界定

为便于理论分析计算，找出放矿参数及指标变化的一般规律，选择一个假定的标准矿块放矿进行分析计算。标准矿块界定如下：矿体为水平规整厚大矿体，矿体顶面与 $480m$ 标高平齐，矿体底面在 $400m$ 标高以下，首采 $460m$ 分段，随后依次开采 $440m$、$420m$、$400m$ 等分段，在 $480m$ 水平落顶形成废石盖层，盖层厚度足够。

标准矿块布置图见图 4-3，放矿椭球体按大间距方式布置。

F　标准矿块放矿计算

为考察不同放矿步距、不同进路间距、不同放出椭球体高度对放矿指标的影响，我们将上述三种参数进行组合形成多个不同的放矿方案，放矿方案编号及相关参数见表 4-4。为方便分析计算，放矿步距这一参数改用同一进路两个相邻放矿椭球体间相交的量 δ 与放矿椭球体高度 H 的比值来代表。

标准矿块部分放矿方案放矿指标计算结果见表 4-5，其中回贫差以回收率减废石混入率来代表，即假定废石不含品位。为简化分析和计算，表 4-5 中仅列出了 $460m$、$440m$、$420m$、$400m$ 等四个分段的放矿计算情况，其中 $460m$ 为首分段放矿，因放矿高度受限，

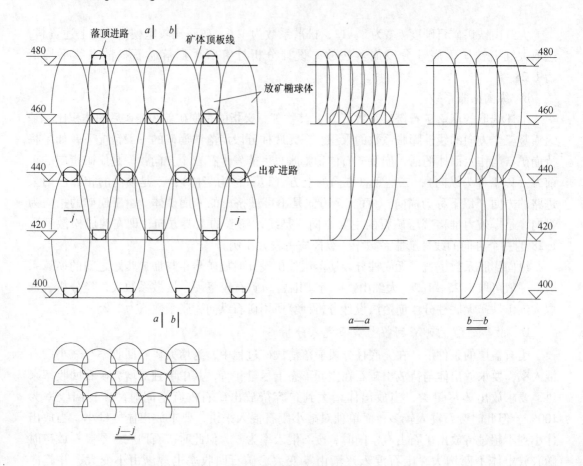

图 4-3　标准矿块布置图

仅约大于一个分段高度，放出椭球体较小，放出矿量有限，回收率仅为 30%～40%；440m、420m、400m 分段均可按大椭球体放矿，放矿高度约大于两个分段高度，放出矿量大；440m、420m 分段放出大椭球体与 460m 分段放出的小椭球体相邻，不是大间距放矿的标准状态；与 400m 分段放出椭球体相邻的均为大椭球体，是大间距放矿的标准状态，标准矿块矿体厚度若再向下延伸，以下各分段放矿指标计算与 400m 分段相同。

表 4-4　标准矿块放矿方案编号

项　目		0	1	2	3	4	5	6
一、放出椭球体高度 H/m	1. 一分段	20.5	22	23.5	25	26.5	28	29.5
	2. 二至四分段	36.9	39.6	42.3	45	47.7	50.4	53.1
二、进路间距 S/m		14	16	18	20	22	24	26
三、纵向相交量（δ/H）/%		0.50	1.25	2.00	2.75	3.50	4.25	5.00

注：方案编号顺序为放出椭球体高度编号-进路间距编号-纵向相交量 δ/H 编号，如方案 3-3-4 代表：放出椭球体高首采分段为 25m，其余分段为 45m，进路间距为 20m，纵向相交量 δ/H 为 3.50%。纵向相交量 δ/H 指同一进路两个相邻放矿椭球体间相交的量 δ 与放矿椭球体高度 H 的比值。

表 4-5　标准矿块放矿指标计算表

序号	方案名称	进路间距 S/m	纵向相交量 (δ/H)/%	放矿步距 L_f/m	纵向膨胀系数	崩矿步距 L_b/m	矿石松散系数	崩矿面积 /m²	崩下矿量 实方 /m³	崩下矿量 松方 /m³	高度 H/m	放出椭球体（松方）矿石 /m³	放出椭球体（松方）废石 /m³	放出椭球体（松方）矿废合计 /m³	回收率 /%	废石混入率 /%	回贫差 /%
	方案 3-3-0																
1	460	20	0.50	4.7	1.25	3.8	1.28	243.12	914.1	1170.1	25	431.0	68.4	499.4	36.8	11.1	25.8
2	440	20	0.50	8.5	1.25	6.8	1.28	381.76	2596.0	3322.8	45	2769.9	142.8	2912.7	83.4	3.9	79.5
3	420	20	0.50	8.5	1.25	6.8	1.28	381.76	2596.0	3322.8	45	2730.3	182.4	2912.7	82.2	5.0	77.2
4	400	20	0.50	8.5	1.25	6.8	1.28	381.76	2596.0	3322.8	45	2799.8	112.9	2912.7	84.3	3.1	81.2
合计									8702.0	11138.6		8731.1	506.5	9237.6	78.4	4.3	74.0
	方案 3-3-1																
1	460	20	1.25	4.6	1.25	3.7	1.28	243.12	894.7	1145.2	25	429.4	70.0	499.4	37.5	11.3	26.2
2	440	20	1.25	8.2	1.25	6.6	1.28	381.76	2504.3	3205.6	45	2754.0	158.8	2912.7	85.9	4.3	81.6
3	420	20	1.25	8.2	1.25	6.6	1.28	381.76	2504.3	3205.6	45	2712.6	200.1	2912.7	84.6	5.5	79.2
4	400	20	1.25	8.2	1.25	6.6	1.28	381.76	2504.3	3205.6	45	2766.6	146.2	2912.7	86.3	4.0	82.3
合计									8407.7	10761.9		8662.6	575.1	9237.6	80.5	4.9	75.5
	方案 3-3-2																
1	460	20	2.00	4.4	1.25	3.5	1.28	243.12	855.8	1095.4	25	424.4	75.0	499.4	38.7	12.2	26.6
2	440	20	2.00	7.9	1.25	6.3	1.28	381.76	2412.7	3088.3	45	2727.1	185.7	2912.7	88.3	5.1	83.2
3	420	20	2.00	7.9	1.25	6.3	1.28	381.76	2412.7	3088.3	45	2683.7	229.1	2912.7	86.9	6.3	80.6
4	400	20	2.00	7.9	1.25	6.3	1.28	381.76	2412.7	3088.3	45	2722.7	190.0	2912.7	88.2	5.2	83.0
合计									8094.0	10360.3		8557.9	679.8	9237.6	82.6	5.9	76.7
	方案 3-3-3																
1	460	20	2.75	4.2	1.25	3.4	1.28	243.12	816.9	1045.6	25	416.9	82.5	499.4	39.9	13.4	26.4
2	440	20	2.75	7.5	1.25	6.0	1.28	381.76	2290.6	2931.9	45	2674.3	238.5	2912.7	91.2	6.5	84.7
3	420	20	2.75	7.5	1.25	6.0	1.28	381.76	2290.6	2931.9	45	2628.9	283.8	2912.7	89.7	7.8	81.9
4	400	20	2.75	7.5	1.25	6.0	1.28	381.76	2290.6	2931.9	45	2648.7	264.0	2912.7	90.3	7.2	83.1
合计									7688.6	9841.4		8368.8	868.8	9237.6	85.0	7.5	77.5

续表 4-5

序号	方案名称	进路间距 S/m	纵向相交量 (δ/H)/%	放矿步距 L_f/m	纵向膨胀系数	崩矿步距 L_b/m	矿石松散系数	崩矿面积 /m²	崩下矿量 实方/m³	崩下矿量 松方/m³	高度 H/m	放出椭球体(松方) 矿石/m³	放出椭球体 废石/m³	矿废合计/m³	回收率/%	废石混入率/%	回贫差/%
	方案 3-3-4																
1	460	20	3.50	4	1.25	3.2	1.28	243.12	778.0	995.8	25	407.5	92.0	499.4	40.9	15.0	25.9
2	440	20	3.50	7.2	1.25	5.8	1.28	381.76	2198.9	2814.6	45	2623.5	289.2	2912.7	93.2	8.0	85.3
3	420	20	3.50	7.2	1.25	5.8	1.28	381.76	2198.9	2814.6	45	2574.0	338.8	2912.7	91.4	9.4	82.1
4	400	20	3.50	7.2	1.25	5.8	1.28	381.76	2198.9	2814.6	45	2582.4	330.3	2912.7	91.8	9.1	82.6
	合计								7374.8	9439.7		8187.4	1050.3	9237.6	86.7	9.1	77.6
	方案 3-3-5																
1	460	20	4.25	3.8	1.25	3.0	1.28	243.12	739.1	946.0	25	396.3	103.1	499.4	41.9	16.9	24.9
2	440	20	4.25	6.9	1.25	5.5	1.28	381.76	2107.3	2697.4	45	2563.7	349.1	2912.7	95.0	9.6	85.4
3	420	20	4.25	6.9	1.25	5.5	1.28	381.76	2107.3	2697.4	45	2508.9	403.9	2912.7	93.0	11.2	81.8
4	400	20	4.25	6.9	1.25	5.5	1.28	381.76	2107.3	2697.4	45	2507.4	405.3	2912.7	93.0	11.2	81.7
	合计								7061.0	9038.1		7976.2	1261.4	9237.6	88.3	11.0	77.2
	方案 3-3-6																
1	460	20	5.00	3.6	1.25	2.9	1.28	243.12	700.2	896.2	25	383.4	116.1	499.4	42.8	19.2	23.6
2	440	20	5.00	6.5	1.25	5.2	1.28	381.76	1985.2	2541.0	45	2471.9	440.8	2912.7	97.3	12.3	85.0
3	420	20	5.00	6.5	1.25	5.2	1.28	381.76	1985.2	2541.0	45	2404.3	508.5	2912.7	94.6	14.2	80.4
4	400	20	5.00	6.5	1.25	5.2	1.28	381.76	1985.2	2541.0	45	2396.4	516.3	2912.7	94.3	14.4	79.9
	合计								6655.6	8519.2		7655.9	1581.7	9237.6	89.9	13.9	75.9
	方案 3-0-4																
1	460	14	3.50	4	1.25	3.2	1.28	194.1	621.1	795.0	25	407.5	92.0	499.4	51.2	15.0	36.2
2	440	14	3.50	7.2	1.25	5.8	1.28	261.76	1507.7	1929.9	45	2245.7	667.0	2912.7	116.4	18.9	97.5
3	420	14	3.50	7.2	1.25	5.8	1.28	261.76	1507.7	1929.9	45	1928.6	984.2	2912.7	99.9	28.6	71.4
4	400	14	3.50	7.2	1.25	5.8	1.28	261.76	1507.7	1929.9	45	1932.2	980.5	2912.7	100.1	28.5	71.7
	合计								5144.3	6584.8		6514.0	2723.7	9237.6	98.9	24.7	74.2

续表 4-5

序号	方案名称	进路间距 S/m	纵向相交量 (δ/H)/%	放矿步距 L_f/m	纵向膨胀系数	崩矿步距 L_b/m	矿石松散系数	崩矿面积 /m²	崩下矿量 实方/m³	崩下矿量 松方/m³	高度 H/m	放出椭球体（松方）矿石 /m³	放出椭球体（松方）废石 /m³	放出椭球体（松方）矿废合计 /m³	回收率 /%	废石混入率 /%	回贫差 /%
	方案3-1-4																
1	460	16	3.50	4	1.25	3.2	1.28	212.83	681.1	871.8	25	407.5	92.0	499.4	46.7	15.0	31.7
2	440	16	3.50	7.2	1.25	5.8	1.28	301.76	1738.1	2224.8	45	2445.0	467.7	2912.7	109.9	13.0	96.9
3	420	16	3.50	7.2	1.25	5.8	1.28	301.76	1738.1	2224.8	45	2178.7	734.0	2912.7	97.9	20.9	77.0
4	400	16	3.50	7.2	1.25	5.8	1.28	301.76	1738.1	2224.8	45	2188.6	724.2	2912.7	98.4	20.6	77.8
	合计								5895.5	7546.2		7219.8	2017.9	9237.6	95.7	18.0	77.7
	方案3-2-4																
1	460	18	3.50	4	1.25	3.2	1.28	229.17	733.3	938.7	25	407.5	92.0	499.4	43.4	15.0	28.4
2	440	18	3.50	7.2	1.25	5.8	1.28	341.76	1968.5	2519.7	45	2577.1	335.6	2912.7	102.3	9.3	93.0
3	420	18	3.50	7.2	1.25	5.8	1.28	341.76	1968.5	2519.7	45	2404.1	508.6	2912.7	95.4	14.2	81.2
4	400	18	3.50	7.2	1.25	5.8	1.28	341.76	1968.5	2519.7	45	2413.8	499.0	2912.7	95.8	13.9	81.9
	合计								6639.0	8497.9		7802.4	1435.2	9237.6	91.8	12.6	79.2
	方案3-4-4																
1	460	22	3.50	4	1.25	3.2	1.28	254.7	815.0	1043.3	25	407.5	92.0	499.4	39.1	15.0	24.0
2	440	22	3.50	7.2	1.25	5.8	1.28	421.76	2429.3	3109.6	45	2623.9	288.9	2912.7	84.4	7.9	76.4
3	420	22	3.50	7.2	1.25	5.8	1.28	421.76	2429.3	3109.6	45	2675.4	237.3	2912.7	86.0	6.5	79.5
4	400	22	3.50	7.2	1.25	5.8	1.28	421.76	2429.3	3109.6	45	2688.7	224.1	2912.7	86.5	6.1	80.3
	合计								8103.1	10371.9		8395.4	842.2	9237.6	80.9	7.3	73.7

续表4-5

序号	方案名称	进路间距 S/m	纵向相交量 (δ/H)/%	放矿步距 L_q/m	纵向膨胀系数	崩矿步距 L_b/m	矿石松散系数	崩矿面积 /m²	崩下矿量 实方 /m³	崩下矿量 松方 /m³	高度 H/m	放出椭球体(松方) 矿石 /m³	放出椭球体(松方) 废石 /m³	放出椭球体(松方) 矿废合计 /m³	回收率 /%	废石混入率/%	回贫差 /%
方案3-5-4																	
1	460	24	3.50	4	1.25	3.2	1.28	263.89	844.4	1080.9	25	407.5	92.0	499.4	37.7	15.0	22.7
2	440	24	3.50	7.2	1.25	5.8	1.28	461.76	2659.7	3404.5	45	2623.9	288.9	2912.7	77.1	7.9	69.1
3	420	24	3.50	7.2	1.25	5.8	1.28	461.76	2659.7	3404.5	45	2721.2	191.6	2912.7	79.9	5.2	74.7
4	400	24	3.50	7.2	1.25	5.8	1.28	461.76	2659.7	3404.5	45	2737.3	175.4	2912.7	80.4	4.8	75.6
合计									8823.7	11294.3		8489.8	747.8	9237.6	75.2	6.5	68.7
方案3-0-3																	
1	460	14	2.75	4.2	1.25	3.4	1.28	194.1	652.2	834.8	25	416.9	82.5	499.4	49.9	13.4	36.5
2	440	14	2.75	7.5	1.25	6.0	1.28	261.76	1570.6	2010.3	45	2305.7	607.0	2912.7	114.7	17.1	97.6
3	420	14	2.75	7.5	1.25	6.0	1.28	261.76	1570.6	2010.3	45	2002.4	910.4	2912.7	99.6	26.3	73.3
4	400	14	2.75	7.5	1.25	6.0	1.28	261.76	1570.6	2010.3	45	2013.4	899.3	2912.7	100.2	25.9	74.2
合计									5363.9	6865.8		6738.4	2499.3	9237.6	98.1	22.5	75.6
方案3-1-3																	
1	460	16	2.75	4.2	1.25	3.4	1.28	212.83	715.1	915.3	25	416.9	82.5	499.4	45.5	13.4	32.1
2	440	16	2.75	7.5	1.25	6.0	1.28	301.76	1810.6	2317.5	45	2504.0	408.8	2912.7	108.0	11.3	96.7
3	420	16	2.75	7.5	1.25	6.0	1.28	301.76	1810.6	2317.5	45	2251.2	661.6	2912.7	97.1	18.7	78.4
4	400	16	2.75	7.5	1.25	6.0	1.28	301.76	1810.6	2317.5	45	2269.0	643.7	2912.7	97.9	18.2	79.7
合计									6146.8	7867.9		7441.0	1796.6	9237.6	94.6	15.9	78.7
方案3-2-3																	
1	460	18	2.75	4.2	1.25	3.4	1.28	229.17	770.0	985.6	25	416.9	82.5	499.4	42.3	13.4	28.9
2	440	18	2.75	7.5	1.25	6.0	1.28	341.76	2050.6	2624.7	45	2629.9	282.8	2912.7	100.2	7.8	92.4
3	420	18	2.75	7.5	1.25	6.0	1.28	341.76	2050.6	2624.7	45	2467.9	444.8	2912.7	94.0	12.4	81.6
4	400	18	2.75	7.5	1.25	6.0	1.28	341.76	2050.6	2624.7	45	2487.6	425.1	2912.7	94.8	11.8	83.0
合计									6921.7	8859.8		8002.4	1235.2	9237.6	90.3	10.8	79.5

续表 4-5

序号	方案名称	进路间距 S/m	纵向相交量 (δ/H)/%	放矿步距 L_f/m	纵向膨胀系数	崩矿步距 L_b/m	矿石松散系数	崩矿面积 /m²	崩下矿量 实方 /m³	崩下矿量 松方 /m³	高度 H/m	放出椭球体（松方）矿石 /m³	废石 /m³	矿废合计 /m³	回收率 /%	废石混入率/%	回贫差 /%
方案 3-4-3																	
1	460	22	2.75	4.2	1.25	3.4	1.28	254.7	855.8	1095.4	25	416.9	82.5	499.4	38.1	13.4	24.6
2	440	22	2.75	7.5	1.25	6.0	1.28	421.76	2530.6	3239.1	45	2674.6	238.2	2912.7	82.6	6.5	76.0
3	420	22	2.75	7.5	1.25	6.0	1.28	421.76	2530.6	3239.1	45	2728.8	183.9	2912.7	84.2	5.0	79.2
4	400	22	2.75	7.5	1.25	6.0	1.28	421.76	2530.6	3239.1	45	2748.4	164.4	2912.7	84.8	4.5	80.4
合计									8447.5	10812.8		8568.6	669.0	9237.6	79.2	5.8	73.5
方案 3-5-3																	
1	460	24	2.75	4.2	1.25	3.4	1.28	263.89	886.7	1134.9	25	416.9	82.5	499.4	36.7	13.4	23.3
2	440	24	2.75	7.5	1.25	6.0	1.28	461.76	2770.6	3546.3	45	2674.6	238.2	2912.7	75.4	6.5	68.9
3	420	24	2.75	7.5	1.25	6.0	1.28	461.76	2770.6	3546.3	45	2773.0	139.8	2912.7	78.2	3.8	74.4
4	400	24	2.75	7.5	1.25	6.0	1.28	461.76	2770.6	3546.3	45	2792.5	120.3	2912.7	78.7	3.3	75.5
合计									9198.4	11773.9		8656.9	580.8	9237.6	73.5	5.0	68.5
方案 1-3-3																	
1	460	20	2.75	3.7	1.25	3.0	1.28	243.12	719.6	921.1	22	318.7	21.6	340.4	34.6	5.1	29.5
2	440	20	2.75	6.6	1.25	5.3	1.28	381.76	2015.7	2580.1	39.6	1916.7	68.2	1984.9	74.3	2.7	71.6
3	420	20	2.75	6.6	1.25	5.3	1.28	381.76	2015.7	2580.1	39.6	1914.6	70.4	1984.9	74.2	2.8	71.4
4	400	20	2.75	6.6	1.25	5.3	1.28	381.76	2015.7	2580.1	39.6	1912.7	72.2	1984.9	74.1	2.9	71.3
合计									6766.7	8661.4		6062.7	232.5	6295.2	70.0	2.9	67.1
方案 2-3-3																	
1	460	20	2.75	3.9	1.25	3.1	1.28	243.12	758.5	970.9	23.5	368.4	46.4	414.8	37.9	9.0	28.9
2	440	20	2.75	7.1	1.25	5.7	1.28	381.76	2168.4	2775.5	42.3	2307.3	112.0	2419.3	83.1	3.7	79.5
3	420	20	2.75	7.1	1.25	5.7	1.28	381.76	2168.4	2775.5	42.3	2286.7	132.6	2419.3	82.4	4.3	78.0
4	400	20	2.75	7.1	1.25	5.7	1.28	381.76	2168.4	2775.5	42.3	2282.3	136.9	2419.3	82.2	4.5	77.7
合计									7263.7	9297.6		7244.6	428.0	7672.7	77.9	4.4	73.5

续表 4-5

序号	方案名称	进路间距 S/m	纵向相交量 (δ/H)/%	放矿步距 L_f/m	纵向膨胀系数	崩矿步距 L_b/m	矿石松散系数	崩矿面积 /m²	崩下矿量 实方 /m³	崩下矿量 松方 /m³	高度 H/m	放出椭球体（松方）矿石 /m³	放出椭球体（松方）废石 /m³	放出椭球体（松方）矿废合计 /m³	回收率 /%	废石混入率 /%	回贫差 /%
方案 4-3-3																	
1	460	20	2.75	4.4	1.25	3.5	1.28	243.12	855.8	1095.4	26.5	465.0	129.9	594.8	42.4	18.0	24.5
2	440	20	2.75	8	1.25	6.4	1.28	381.76	2443.3	3127.4	47.7	3002.2	466.9	3469.1	96.0	10.9	85.1
3	420	20	2.75	8	1.25	6.4	1.28	381.76	2443.3	3127.4	47.7	2918.0	551.1	3469.1	93.3	12.9	80.4
4	400	20	2.75	8	1.25	6.4	1.28	381.76	2443.3	3127.4	47.7	2968.7	500.5	3469.1	94.9	11.7	83.3
合计									8185.6	10477.5		9353.8	1648.4	11002.2	89.3	12.1	77.1
方案 5-3-3																	
1	460	20	2.75	4.7	1.25	3.8	1.28	243.12	914.1	1170.1	28	512.8	188.9	701.7	43.8	22.4	21.4
2	440	20	2.75	8.4	1.25	6.7	1.28	381.76	2565.4	3283.7	50.4	3274.7	817.5	4092.2	99.7	16.4	83.4
3	420	20	2.75	8.4	1.25	6.7	1.28	381.76	2565.4	3283.7	50.4	3152.5	939.7	4092.2	96.0	18.9	77.1
4	400	20	2.75	8.4	1.25	6.7	1.28	381.76	2565.4	3283.7	50.4	3225.5	866.6	4092.2	98.2	17.4	80.8
合计									8610.4	11021.3		10165.5	2812.7	12978.2	92.2	17.8	74.4
方案 6-3-3																	
1	460	20	2.75	4.9	1.25	3.9	1.28	243.12	953.0	1219.9	29.5	560.4	260.2	820.6	45.9	26.7	19.3
2	440	20	2.75	8.9	1.25	7.1	1.28	381.76	2718.1	3479.2	53.1	3493.9	1291.8	4785.7	100.4	22.5	78.0
3	420	20	2.75	8.9	1.25	7.1	1.28	381.76	2718.1	3479.2	53.1	3348.0	1437.7	4785.7	96.2	25.2	71.0
4	400	20	2.75	8.9	1.25	7.1	1.28	381.76	2718.1	3479.2	53.1	3436.0	1349.7	4785.7	98.8	23.5	75.2
合计									9107.4	11657.5		10838.4	4339.4	15177.8	93.0	23.9	69.1
方案 1-3-4																	
1	460	20	3.50	3.5	1.25	2.8	1.28	243.12	680.7	871.3	22	311.7	28.6	340.4	35.8	6.7	29.1
2	440	20	3.50	6.3	1.25	5.0	1.28	381.76	1924.1	2462.8	39.6	1882.0	103.0	1984.9	76.4	4.1	72.3
3	420	20	3.50	6.3	1.25	5.0	1.28	381.76	1924.1	2462.8	39.6	1879.2	105.8	1984.9	76.3	4.2	72.1
4	400	20	3.50	6.3	1.25	5.0	1.28	381.76	1924.1	2462.8	39.6	1878.0	107.0	1984.9	76.3	4.3	72.0
合计									6452.9	8259.8		5950.9	344.3	6295.2	72.0	4.3	67.7

续表 4-5

序号	方案名称	进路间距 S/m	纵向相交量 (δ/H)/%	放矿步距 L_f/m	纵向膨胀系数	崩矿步距 L_b/m	矿石松散系数	崩矿面积 /m²	崩下矿量 实方 /m³	崩下矿量 松方 /m³	放出椭球体（松方）高度 H/m	放出椭球体 矿石 /m³	放出椭球体 废石 /m³	矿废合计 /m³	回收率 /%	废石混入率 /%	回贫差 /%
	方案 2-3-4																
1	460	20	3.50	3.8	1.25	3.0	1.28	243.12	739.1	946.0	23.5	360.0	54.8	414.8	38.1	10.7	27.4
2	440	20	3.50	6.8	1.25	5.4	1.28	381.76	2076.8	2658.3	42.3	2265.0	154.3	2419.3	85.2	5.1	80.1
3	420	20	3.50	6.8	1.25	5.4	1.28	381.76	2076.8	2658.3	42.3	2244.2	175.0	2419.3	84.4	5.8	78.7
4	400	20	3.50	6.8	1.25	5.4	1.28	381.76	2076.8	2658.3	42.3	2235.2	184.1	2419.3	84.1	6.1	78.0
	合计								6969.4	8920.8		7104.4	568.3	7672.7	79.6	5.9	73.7
	方案 4-3-4																
1	460	20	3.50	4.2	1.25	3.4	1.28	243.12	816.9	1045.6	26.5	454.7	140.2	594.8	43.5	19.5	24.0
2	440	20	3.50	7.6	1.25	6.1	1.28	381.76	2321.1	2971.0	47.7	2942.6	526.5	3469.1	99.0	12.3	86.7
3	420	20	3.50	7.6	1.25	6.1	1.28	381.76	2321.1	2971.0	47.7	2842.6	626.5	3469.1	95.7	14.7	80.9
4	400	20	3.50	7.6	1.25	6.1	1.28	381.76	2321.1	2971.0	47.7	2877.6	591.6	3469.1	96.9	13.9	83.0
	合计								7780.2	9958.6		9117.4	1884.8	11002.2	91.6	13.9	77.6
	方案 5-3-4																
1	460	20	3.50	4.5	1.25	3.6	1.28	243.12	875.2	1120.3	28	501.7	200.0	701.7	44.8	23.8	21.0
2	440	20	3.50	8.1	1.25	6.5	1.28	381.76	2473.8	3166.5	50.4	3205.5	886.7	4092.2	101.2	17.8	83.4
3	420	20	3.50	8.1	1.25	6.5	1.28	381.76	2473.8	3166.5	50.4	3052.5	1039.7	4092.2	96.4	21.1	75.3
4	400	20	3.50	8.1	1.25	6.5	1.28	381.76	2473.8	3166.5	50.4	3107.9	984.3	4092.2	98.2	19.9	78.3
	合计								8296.6	10619.7		9867.6	3110.6	12978.2	92.9	19.8	73.1
	方案 6-3-4																
1	460	20	3.50	4.5	1.25	3.6	1.28	243.12	875.2	1120.3	29.5	548.8	271.8	820.6	49.0	28.0	21.0
2	440	20	3.50	8.5	1.25	6.8	1.28	381.76	2596.0	3322.8	53.1	3413.0	1372.7	4785.7	102.7	24.0	78.7
3	420	20	3.50	8.5	1.25	6.8	1.28	381.76	2596.0	3322.8	53.1	3225.1	1560.6	4785.7	97.1	27.5	69.6
4	400	20	3.50	8.5	1.25	6.8	1.28	381.76	2596.0	3322.8	53.1	3294.8	1490.9	4785.7	99.2	26.2	73.0
	合计								8663.1	11088.8		10481.8	4695.9	15177.8	94.5	26.0	68.5

G 标准矿块放矿结果对比分析

标准矿块部分放矿方案组放矿指标对比见表 4-6 ～表 4-10，部分放矿方案组回贫差变化见图 4-4 ～图 4-8。

表 4-6 标准矿块放矿 3-3- × 方案组指标对比

指 标		0	1	2	3	4	5	6
一、纵向相交量（δ/H）/%		0.50	1.25	2.00	2.75	3.50	4.25	5.00
二、400m 分段放矿指标	1. 回收率/%	84.3	86.3	88.2	90.3	91.8	93.0	94.3
	2. 废石混入率/%	3.1	4.0	5.2	7.2	9.1	11.2	14.4
	3. 回贫差/%	81.2	82.3	83.0	83.1	82.6	81.7	79.9
三、460 ～400m 分段 合计放矿指标	1. 回收率/%	78.4	80.5	82.6	85.0	86.7	88.3	89.9
	2. 废石混入率/%	4.3	4.9	5.9	7.5	9.1	11.0	13.9
	3. 回贫差/%	74.0	75.5	76.7	77.5	77.6	77.2	75.9

表 4-7 标准矿块放矿 3- × -4 方案组指标对比

指 标		0	1	2	3	4	5	6
一、进路间距 S/m		14	16	18	20	22	24	26
二、400m 分段放矿指标	1. 回收率/%	100.1	98.4	95.8	91.8	86.5	80.4	
	2. 废石混入率/%	28.5	20.6	13.9	9.1	6.1	4.8	
	3. 回贫差/%	71.7	77.8	81.9	82.6	80.3	75.6	
三、460 ～400m 分段 合计放矿指标	1. 回收率/%	98.9	95.7	91.8	86.7	80.9	75.2	
	2. 废石混入率/%	24.7	18.0	12.6	9.1	7.3	6.5	
	3. 回贫差/%	74.2	77.7	79.2	77.6	73.7	68.7	

表 4-8 标准矿块放矿 3- × -3 方案组指标对比

指 标		0	1	2	3	4	5	6
一、进路间距 S/m		14	16	18	20	22	24	26
二、400m 分段放矿指标	1. 回收率/%	100.2	97.9	94.8	90.3	84.8	78.7	
	2. 废石混入率/%	25.9	18.2	11.8	7.2	4.5	3.3	
	3. 回贫差/%	74.2	79.7	83.0	83.1	80.4	75.5	
三、460 ～400m 分段 合计放矿指标	1. 回收率/%	98.1	94.6	90.3	85.0	79.2	73.5	
	2. 废石混入率/%	22.5	15.9	10.8	7.5	5.8	5.0	
	3. 回贫差/%	75.6	78.7	79.5	77.5	73.5	68.5	

表 4-9 标准矿块放矿 × -3-3 方案组指标对比

指 标		0	1	2	3	4	5	6
一、放出椭球体高度 H/m	1. 一分段	20.5	22	23.5	25	26.5	28	29.5
	2. 二至四分段	36.9	39.6	42.3	45	47.7	50.4	53.1

续表4-9

指　　标		0	1	2	3	4	5	6
二、400m 分段放矿指标	1. 回收率/%		74.1	82.2	90.3	94.9	98.2	98.8
	2. 废石混入率/%		2.9	4.5	7.2	11.7	17.4	23.5
	3. 回贫差/%		71.3	77.7	83.1	83.3	80.8	75.2
三、460～400m 分段合计放矿指标	1. 回收率/%		70.0	77.9	85.0	89.3	92.2	93.0
	2. 废石混入率/%		2.9	4.4	7.5	12.1	17.8	23.9
	3. 回贫差/%		67.1	73.5	77.5	77.1	74.4	69.1

表4-10　标准矿块放矿×-3-4方案组指标对比

指　　标		0	1	2	3	4	5	6
一、放出椭球体高度 H/m	1. 一分段	20.5	22	23.5	25	26.5	28	29.5
	2. 二至四分段	36.9	39.6	42.3	45	47.7	50.4	53.1
二、400m 分段放矿指标	1. 回收率/%		76.3	84.1	91.8	96.9	98.2	99.2
	2. 废石混入率/%		4.3	6.1	9.1	13.9	19.9	26.2
	3. 回贫差/%		72.0	78.0	82.6	83.0	78.3	73.0
三、460～400m 分段合计放矿指标	1. 回收率/%		72.0	79.6	86.7	91.6	92.9	94.5
	2. 废石混入率/%		4.3	5.9	9.1	13.9	19.8	26.0
	3. 回贫差/%		67.7	73.7	77.6	77.6	73.1	68.5

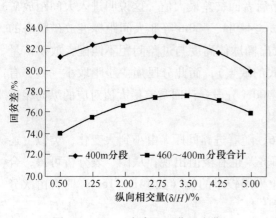

图4-4　3-3-×方案组回贫差变化

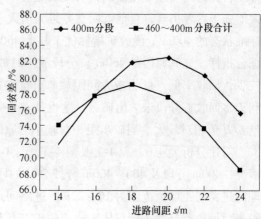

图4-5　3-×-4方案组回贫差变化

对比分析表4-5及图4-4，纵向相交量 δ/H 值由小到大变化，放矿回收率及废石混入率也由小到大变化，但回贫差存在一个最大值，回贫差变化呈一条向上凸起的曲线；从400m 分段回贫差变化曲线看，纵向相交量 δ/H 值取 2.75% 时，回贫差最大，纵向相交量

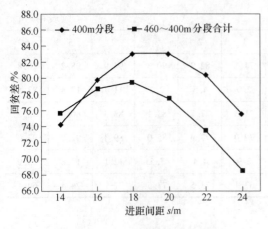

图 4-6　3-×-3 方案组回贫差变化

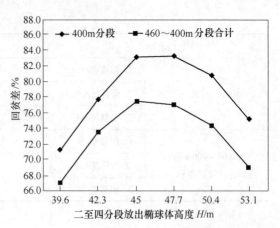

图 4-7　×-3-3 方案组回贫差变化

δ/H 值在 1.25%~4% 范围内取值时，回贫差值均接近最大，从表 4-5 看，相对应的 400m 分段崩矿步距为 6.6 ~ 5.6m；从 460~400m 分段合计回贫差变化曲线看，纵向相交量 δ/H 值取 3.5% 时，回贫差最大，纵向相交量 δ/H 值在 2%~4.7% 范围内取值时，回贫差值均接近最大，从表 4-4 看，相对应的 420~400m 分段崩矿步距为 6.3 ~ 5.3m，460m 分段崩矿步距为 3.5~2.9m；对比 400m 分段及 460~400m

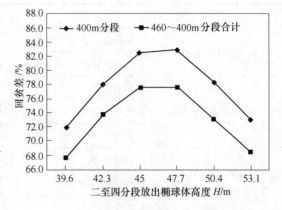

图 4-8　×-3-4 方案组回贫差变化

分段合计的回贫差变化曲线，可发现随着纵向相交量 δ/H 值由小到大变化，前者回贫差最大值先于后者出现，且前者回贫差最大值大于后者回贫差最大值。这说明进入大间距放矿标准状态的 400m 分段放矿指标优于其上 460m、440m、420m 等非大间距标准放矿状态的综合指标。究其原因是 460m 首分段放矿时放出椭球体高度与进路间距不匹配，放矿矿量较少，回收率低（此为按大间距放矿布置方式的缺点），而此分段崩矿步距取小一些，有利于多回收首分段未放出矿石，这也是 460~400m 分段合计回贫差最大值对应的纵向相交量 δ/H 值相对较大、崩矿步距相对较小的原因。

　　对比分析表 4-6、表 4-7 及图 4-5、图 4-6，随着进路间距 s 由小到大变化，类似上述情况，400m 分段及 460~400m 分段合计的回贫差也有极值出现。从图、表分析可得，合理的进路间距取值范围为 16~22m。进路间距采用较小的值（如 14m、16m）时，由次分段来对回收首分段小椭球体未放出的矿石有利。

　　对比分析表 4-8、表 4-9 及图 4-7、图 4-8，随着放出椭球体高度 H 由小到大变化，类似上述两种情况，400m 分段及 460~400m 分段合计的回贫差也有极值出现。从图、表分析可得，合理的放出椭球体高度 H 取值范围：420~400m 分段为 43~50m，460m 分段为 23~28m。

综合上述计算分析结果可知，在分段高度确定后，在正常放矿分段，与之配套的，合理的崩矿步距、进路间距、放出椭球体高度等，其实就是使放出椭球体与相邻椭球体有适当相交量的取值，此时有适当的放矿回收率及贫化率，回贫差值最大（或较接近最大），开采效益最好（或较接近最好）。

需要说明的是，上述回贫差值是以放矿回收率减废石混入率来代表的，而放矿指标最优值也是简单以回贫差值最大时对应值来代表的，实际上大红山铁矿废石是含铁品位的，且放矿指标最优值实际上应是开采效益最大化的值，因此实际上最优化的崩矿步距、进路间距及放出椭球体高度会与上述计算分析值略有不同。其中，崩矿步距、进路间距最优取值会略小一些，放出椭球体高度会略大一些，但如图 4-3 ~ 图 4-7 所示，呈向上凸起的曲线的变化趋势是一样的。另外，实际生产中的回收率和贫化率控制指标要考虑矿体边界不规整、夹石等因素的影响；实际生产中要注意对比分析设计放矿指标与实际放矿指标的差异，分析设计所选择的放矿椭球体及崩矿相关参数与实际参数的差异，并通过调整放矿椭球体高度、崩矿步距等参数等来达到最佳放矿效果。

4.4.3.3　矿体边沿部位的放矿

废石盖层条件下，在矿体的边沿部位，放矿椭球体的布置需根据实际情况做适当调整，以提高矿石回收率，减小废石混入率。

A　水平矿体的首采分段和末尾分段

采用大间距布置时，在水平矿体的首采分段和末尾分段，需通过布置小椭球体放矿来提高回收率，具体布置如图 4-9 所示。

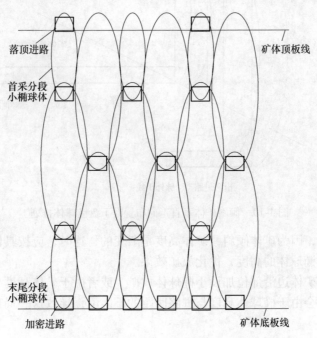

图 4-9　水平矿体首、末分段椭球体排列

在首采分段，需在下分段的两个大椭球体间布置一个小椭球体。由于首采分段的放出

椭球体高度有限，在按首采以下分段的大椭球体参数确定进路间距后，首采分段的放出椭球体与下一分段在侧面没有足够的相交面积，而且为了尽量与下一分段椭球体靠近，其高度需超过废石层适当高度。经计算，首采分段的矿石放出量较小，约为分段矿量的20%~30%。经分析比较，如首采分段的矿体高度不足3/4倍分段高度时，则首采分段已不宜放矿，而应调整第二、第三分段的放出椭球体高度，由第二、第三分段的椭球体将首采分段的矿石放出。

在末尾分段，需在本分段的两个大椭球体间加密一进路，布置一个小椭球体放矿，经计算加密进路可以回收的矿石量约20%~30%的分段矿量。有条件时，可以将加密进路的标高适当放低一些，以提高回收率。

B 倾斜矿体的上下盘位置

无底柱分段崩落法开采倾斜矿体时，有垂直走向和沿走向布置两种方式。当垂直走向布置并采用大间距布置时，当用大椭球体放矿至一定位置时，大椭球体底部有一部分已进入下盘围岩内，由于贫化加大而不宜再继续后退放矿时，应在上一分段加设进路（间距减小）用小椭球体放矿回收未放出的矿石，具体布置如图4-10所示。当沿走向布置并采用大间距布置时，当因椭球体下部贫化较大而不宜在下盘再布置出矿进路时，应在上分段两个大椭球体间加密一条进路，用小椭球体放出上分段两个大椭球体之间未放出的矿石，具体布置如图4-11所示。

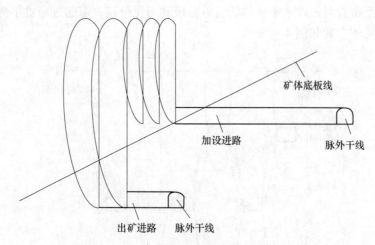

图4-10 倾斜矿体垂直走向布置时下盘椭球体排列

在矿体的上盘，因为矿体倾斜，矿体高度是渐变的，这时，应按具体情况调整靠近上盘位置的相关放出椭球体的高度，优化放矿效果。

总的来说，在矿体边沿部位加设小椭球体放矿，或者由于矿体高度变化而调整相关放出椭球体高度，都会由于椭球体高度与进路间距的不匹配，导致这一局部放矿指标会相对差一些。

4.4.3.4 矿石盖层条件下的放矿

对于急倾斜矿体，开采初期可采用矿石作盖层，大红山铁矿中部采区，初期也主要是采用矿石作盖层。

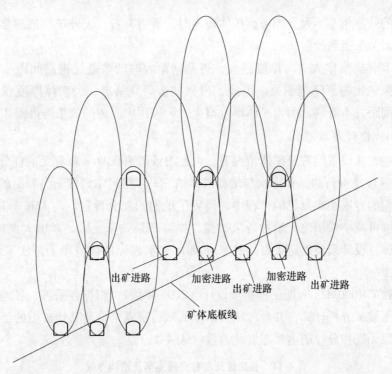

图 4-11　倾斜矿体沿走向布置时下盘椭球体排列

　　开采初期采用矿石作盖层时，在顶板废石未垮落之前，放矿时不存在盖层废石混入的问题，因此此时并不需要放出体与待放出矿石在空间形态上大致相符。正常采矿分段放矿时只需考虑放出需要放出的矿量，留下足够的能保证回采安全的矿石盖层量。

　　但随着开采空区不断扩大，顶板及上盘围岩将发生自然塌落，或如果暂不发生自然塌落，出于开采安全的需要，需强制崩落顶板或上盘围岩，这样也就由矿石盖层条件过渡为废石盖层条件下的放矿，此时需考虑对暂留作盖层的矿石进行回收。

4.4.3.5　效益对比法分析

　　除上述分析外，对无底柱分段崩落法进路间距的选择，设计又采用效益对比法进行了分析计算。

　　分析计算取分段高度为 20m，矿体厚度分别为 20m、30m、40m、50m、60m、70m、80m。分别计算了不同矿体厚度下，进路间距为 15m、20m、24m 时的损失率、废石混入率、标准矿块采出矿量及品位、采切工程量、精矿产量、销售收入及开采利润等指标。根据计算结果及分析，得出以下结论：

　　（1）进路间距越大，缓倾斜矿体底板残留的三角脊部损失率越大，尤其当矿体厚度越小时，这一损失就越突出。例如，当矿体厚度为 20m 时，24m 进路间距的脊部损失达42.68%，比 15m 间距时多 14.38%，要减少脊部损失，可采取在底板加设副分段的措施来回收脊部残留的矿石。但相应增大了底部的废石混入率。当进路间距为 24m 时，底板废石混入率达 10.56%，比 15m 间距时多 0.73%。加之放矿过程中的损失贫化的影响，总的损失贫化指标 24m 间距仍略大于 15m 间距，但由于进路间距加大，采切比及采切成本有所下降，总的效益相差不大。如考虑矿体较薄时，周边夹石、表外矿穿插较多，则进路间距大时，效益并未得到改善。

（2）当矿体厚度增大时，厚度越大，进路间距大时的效益比进路间距小时有明显改善，尤其是采切比的下降越明显。因此，根据初步研究结果，当矿体厚度仅为 20～30m 时，采用大间距并不有利，而当矿体厚度增大时，采用大间距的效果将得到体现。

4.4.3.6 设计参数推荐

如前所述，从设备配置及矿体情况看，大红山铁矿 4000kt/a 工程无底柱分段崩落法采用 20m 分段高度是可行的。在多次与瑞典基律纳、马尔格贝尔姆等著名矿山的专家及有关矿山设备公司的专家交换意见的过程中，得到了他们的充分肯定。与 15m 分段高度相比，20m 分段高度可减小采切比，增加备采矿量，提高开采效率，满足矿山大规模开采需要。经多方面论证，设计最终确定大红山铁矿 4000kt/a 工程无底柱分段崩落法采用 20m 分段高度。

大红山铁矿 4000kt/a 一期工程初步设计（2005 年版），根据各采区、各地段矿体的不同情况进行了放矿分析计算，并参考相关单位的试验研究结果及其他矿山的经验，确定各采区、各地段无底柱分段崩落法布置及参数（表 4-11）。

表 4-11 各采区无底柱分段崩落法结构参数

序号	采区及地段	矿 体 类 别	布置方式	分段高度 /m	进路间距 /m	初期盖层 类别
1	主采区主体地段	缓倾斜矿体，厚度大于 80m	沿走向	20	20	废石
2	主采区局部地段	缓倾斜矿体，厚度约 40m	沿走向	20	15	废石
3	中部 I 采区	急倾斜矿体，厚度小于 20m	沿走向	20	12～15	矿石
4	中部 II 采区	急倾斜矿体，厚度大于 30m	垂直走向	20	20	矿石

根据放矿分析计算，在设计推荐主采区主体地段采用 20m×20m 结构参数，尤其在标准放矿条件（矿体顶板平齐首采分段顶部，矿体规整厚大）下，首采分层放矿椭球体高度 25m，放矿步距 3.9m，崩矿步距 3.1m，首采分层之下的其他分层放矿椭球体高度 45m，放矿步距 6.9m，崩矿步距 5.5m。非标准放矿条件下，放矿参数作适当调整。

由于分段高度大，放矿高度也相应提高，根据计算机作图辅助分析，放矿步距较大，应在下一步的工业试验中深入研究和优化。

4.4.4 采场工业试验

为寻求合理的采场结构参数（分段高度、进路间距和崩矿步距的优化组合）、合适的强制落顶工艺及合理的凿岩爆破参数，摸索贫化损失管理制度及出矿管理制度等，大红山铁矿与中南大学、昆明有色冶金设计研究院合作开展了大红山铁矿无底柱分段崩落采矿法工业试验。

采矿方法工业试验地点选择在主采区 A38′线与纵 II 线相交点附近，具体平面范围（以 440m 为划分标准）：南北向为 A38′线与纵 II 线相交点以北 1 条进路，以南 3 条进路，南北向长度 80m；东西向为 A38′线以西 50m；在高程上包括 480m、460m、440m 三个分层，其中 480m 分段落顶分段，480m 分段部分地段为矿石。

采矿方法工业试验历时 18 个月后完成，试验取得了与无底柱分段崩落法放矿有关的主要成果和结论。

4.4.4.1　落顶

A　落顶崩矿步距、排距

大红山铁矿的落顶步距为 4.4～4.8m，排距 2.2～2.4m。切割槽排距 1.2～1.4m，每次爆破 2～3 排。

B　落顶崩矿步距、排距的理论研究和分析

放顶工业试验主要是炸药单耗和炮孔孔底距。选择这两个参数的目的，一是为了控制凿岩工作量，二是为了控制炸药的消耗。因为，孔底距的大小决定了排面炮孔的多少，增大孔底距就减少了每排炮孔的个数，减少了凿岩工作量；降低炸药单耗必然降低爆破成本。工业试验的目的是通过这些参数不同的组合，寻找到效率最高、成本最低的放顶参数。放顶爆破工业试验参数如表 4-12 所示。

表 4-12　480m 分层工业试验参数

试验项目	试　验　参　数			备　注
炸药单耗/kg·t^{-1}	0.35	0.30	0.25	装药系数 0.75
孔底距/m	3.0	3.5	4.0	

这里需说明为什么没有将炮孔排距作为试验参数，事实上，只要深入研究就会发现，炮孔排距实际上已包含在上述两项试验参数之内了。因为，孔底距确定后，排内炮孔的个数就确定了；装药系数确定后，排面的装药量就确定了，按炸药单耗计算炮孔排距自然就确定了。因此，炮孔排距不是独立的变量，不能单独作为一个试验因素。此外，由于放顶作业是在空场条件下爆破，且崩下的岩石不需运出，因此，试验过程中一次爆破几排炮孔，主要由补偿空间的大小来确定。

落顶的目的是为下面分层的回采提供覆盖岩石，设计放顶高度达 30m。由于覆盖岩石的作用是提供缓冲保护层，对块度要求不严，而事实上，覆盖岩石的块度较大反而有利于降低放矿贫化率，这就为降低崩落覆岩的成本提供了有利条件。因此，在保证形成覆盖岩石的同时应尽可能地降低成本，为此，必须尽可能地放大凿岩爆破参数。

工业试验表明，在炮孔排距 2.7m，每次崩落 2 排，落顶步距 5.4m 的条件下，爆破矿体上盘围岩就可形成覆盖岩石，这时的炸药单耗仅为 0.23kg/t，每米炮孔的崩岩量为15.55t，达到理想效果。

4.4.4.2　落矿

A　落矿崩矿步距、排距

从工业试验获得参数（表 4-13）可看出，贫化率、回收率和回贫差随崩矿步距增加而下降，这说明 460m 分层崩矿步距取小值的放矿效果较好，即崩矿步距取 2.8m 效果较好（图 4-12）。

表 4-13 试验采场 460m 分层贫化损失率平均值

崩矿步距/m	贫化率/%	回收率/%	回贫差/%	备注
2.8	3.66	39.74	36.08	
3.4	3.06	31.13	28.06	
4.0	2.98	26.47	23.49	
4.2	2.92	25.23	22.31	

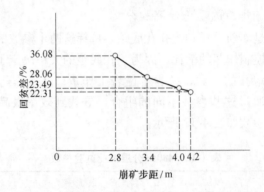

图 4-12 460m 分层回贫差随崩矿步距的变化规律

440m 分层试验的 5 种崩矿步距的贫化率、损失率及回贫差的平均值，见表 4-14。图 4-13 所示为回贫差随崩矿步距的变化规律。从图中可看出，当崩矿步距由 4.2m 增加到 4.6m 时，回贫差增加，当崩矿步距由 4.6m 增加到 5.4m 时，回贫差降低，当崩矿步距达到 4.6m 时，回贫差达到最大值，说明 4.6m 是 440m 分层崩矿步距的最优值。

表 4-14 试验采场 440m 分层贫化损失率平均值

崩矿步距/m	贫化率/%	回收率/%	回贫差/%	备注
4.2	13.10	122.8	109.70	
4.6	2.48	125.4	122.60	
4.8	7.15	114.95	107.80	
5.1	6.23	109.16	102.95	
5.4	5.15	104.3	99.20	

从工业试验的结果来看，因为矿体形态或产状的变化，各分段的合理崩矿步距应根据实际的矿体高度调整。但由于受施工及矿体变化等原因的影响，在中孔施工过程中，要做到适时调整排距有一定的难度，可操作性低。

B 工业试验推荐的步距

大量工业试验数据分析认为，460m 分层放矿高度 25m 左右，崩矿步距取 2.8m 效果较好。440m 分层放矿高度 45m 左右，崩矿步距取 4.6m 效果较好。

4.4.5　现场实践研究及改进

4.4.5.1　矿业公司实际放矿工作

A　回采顺序

矿业公司的回采顺序在立体空间上是边放顶边回采矿石层，放顶分段超前于矿石回采第一分段 1~2 个步距（约 7.2~14.4m），以下各分段依次进行回采，超前距离是两个步距以上（6.4m 以上）。为了既给下次爆破提供足够的补偿空间，又确保覆盖层的厚度满足安全生产需求，放顶分段每爆破一次仅爆破量的

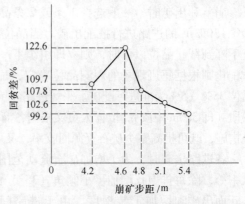

图 4-13　440m 分层回贫差随崩矿步距的变化规律

30%、落矿第一分段仅出爆破量的 30%~50%，落矿第二分段出爆破量的 90%。若处于下盘矿体尖灭的部位，则按截止品位进行回收矿石，以提高矿石资源回收率。

B　放顶层出矿

放顶层每次爆破 3 排中深孔，排距：矿石为 2.2m，岩石以 2.4m 为主。放顶步距主要为 7.2m。若遇到地质弱层，放顶炮孔发生堵塞，则需进行补孔，此时排距大于 2.4m，放顶步距也大于 7.2m。每次放顶爆破，只允许出崩落岩石量的 30%，以满足下次爆破的足够补偿空间和确保下次爆破的成功。这 30% 的岩石用铲运机运到采区废石井。若局部有矿石则用铲运到采区矿石井。

C　落矿分段出矿

在生产初期，为使崩矿爆破较易控制，生产承包单位采取由小到大的做法，参考国内有关矿山的参数，炮孔排距采用 1.6m 和 1.8m 两种，崩矿步距采用 3.2m 和 1.8m 两种。

第一落矿分段回采时，每次爆破 2 排，正排排距有 1.6m 和 1.8m 两种，崩矿步距有 3.2m 和 1.8m 两种，滞后于放顶层爆破端壁 7.2m 以上。为了确保覆盖层具有安全厚度及确保矿岩接触面均匀下降，各出矿进路进行均匀出矿，且仅按每次爆破量的 30%~50% 进行出矿。

第二落矿分段回采时，爆破及出矿情况同上，但仅按每次爆破量的 80%~90% 进行出矿。

第三、第四及以下落矿分段回采时，每次爆破 2 排，正排排距有 1.6m 和 1.8m 两种，崩矿步距有 3.2m 和 1.8m 两种，滞后于放顶层爆破端壁 7.2m 以上。此时随着采空区面积的不断增大，采空区顶板暴露面积已大于等于 12000m^2（经模拟采空区发生自由冒落的临界面积），具备自然冒落的条件。经监测和观察，此时已开始发生自然冒落，有不断冒落下来的岩石补充覆盖层，采场里不用再留存矿石作为覆盖层，为了充分回收存窿矿石量，这些分段都按截止品位进行出矿。

各分段出矿组织。切割平巷布置于每个分段的矿体厚大位置，切割槽形成后，其东、西两边的矿块分别从切割槽往后退采。一般一台铲运机负责一个矿块的进路数为 4 条或 5

条。崩落和出矿时，一般选择 1 条或 2 条品位高的进路作为备出进路，与品位低（TFe 为 20%～30%）的进路进行搭配出矿。当品位高的进路的矿石品位降低、而品位低的进路品位下降到截止品位以下时，则立即组织下一轮爆破，仍然进行高低品位进路搭配出矿。具体配比则根据每班现场的观测品位确定，配矿的标准以矿业公司年度采掘计划下达的供矿品位 35%±5% 为准进行配矿。采场进路经铲运机配矿出矿，运至溜井下放到主要有轨运输中段（即 380m 中段），取样人员又根据各溜井的矿石质量情况，进行矿车调动配矿。通过这些措施，既可提高整个矿石资源回收率，又可为选矿厂提供稳定的供矿品。

各进路出矿时，为了增加矿石流动范围，提高矿石回收率，增加出矿量，降低废石混入率等，除每排炮孔增加了小倾角（35°）的短边孔外，铲运机在进路里面出矿时，采用全断面出矿和增加铲装深度。由于进路间距为 20m，分段高度为 20m，炮孔边孔角为 45°～60°，同一分层的回采进路出矿互不影响，呈单进路出矿，相邻的各条出矿进路不需进行顺序出矿。

4.4.5.2　放矿存在的问题

前期矿业公司各个落矿分段的崩矿步距为 3.2m，在分段高度和进路间距不变的情况下，这一步距忽略了与矿体的赋存高度和放矿高度应合理搭配这一因素。简单地统一了崩矿步距，造成局部矿段因崩矿步距过小，正面的废石过多混入而导致过度贫化，同时炮孔排距过小，也造成了凿岩量增大和采矿成本增加。

为了取得更好的放矿效果和技术经济指标，现场有必要结合由模拟试验、设计研究及采场工业试验等的推荐成果，进一步进行优化和探索，以对生产进行改进指导。矿业公司人员对原用炮孔排距和崩矿步距进行了逐步增大的优化探索研究。

4.4.5.3　优化研究

为提高矿石资源的回收率、供矿质量和降低废石混入率，在分段高度和进路间距（20m×20m）已确定的情况下，应根据本分段矿体的高度选择合适的崩矿步距及排距。

进行了放矿椭球体与崩矿步距关系的研究。由图 4-14 可知，$a \cdot \tan Q + c$ 约大于等于 1.3 倍崩矿步距或放矿步距，式中，a 为放矿椭球体的竖向长半轴；Q 为放矿椭球体偏心角；c 为放矿椭球体的纵半轴；1.3 为矿岩松散系数，下同。即矿体高度要与崩矿步距相匹配。当矿体高度高时，应选用大崩矿步距或大排距，反之则相反。

一般放矿高度在纯矿石度 h_1 的基础上加 5m 便可，若放矿分段位于第三放矿分段以上（分段数位于第四、第五……），则放矿高度必须小于等于 40m，因分段高度 20m 已定，其放矿最大高度也已定，最高 40m。如图 4-15 所示，当放矿高度约为

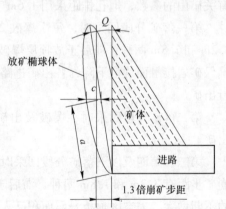

图 4-14　放矿椭球体与崩矿步距的
关系示意图

40m 时，本分段放矿椭球体与上分段相邻椭球体基本相切，此时矿石的贫化只可能发生在正面。若超过这一高度，矿石的贫化则还增加侧面和正面贫化。即放矿高度 $h_f = h_1 + 5m \leqslant$ 40m（式中，h_f 为本进路控制的放矿高度，h_1 为本进路控制出矿的纯矿石高度，下同），此

时可基本避免侧翼两边的废石混入，又可多回收矿石。若放矿分段位于第三放矿分段以内（不含第三放矿分段，指第一放矿分段和第二放矿分段），则根据第一放矿分段的矿石高度，调整本分段的放矿高度，一般第一分段放矿高度小于等于25m，第二分段放矿高度小于等于45m，当矿石高度在第一放矿分段高20m，落顶分段为全废石时，则第一放矿高度为25m和第二分段放矿高度为45m，这一组放矿高度放矿椭球体相切，贫化率小，矿石回收率最高，反之则相反（见图4-15）。

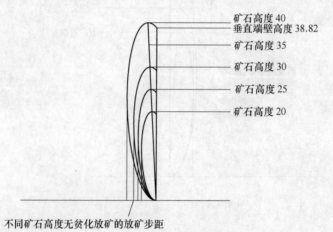

矿石高度 40
垂直端壁高度 38.82
矿石高度 35
矿石高度 30
矿石高度 25
矿石高度 20

不同矿石高度无贫化放矿的放矿步距

图4-15　不同矿石高度无贫化放矿的放矿步距模拟图（单位：m，下同）

因此，发生正面贫化和顶部贫化的放矿，矿石的回收率高于只发生正面贫化和无贫化的放矿，换言之，放矿椭球体伸入到矿石顶部岩石覆盖层中和正面低品位矿或岩石中，矿石回收率才能提高，且矿石回收率高于放矿椭球体高度与矿石高度相等，但正面已伸入到低品位矿石及岩石中的放矿或无贫化放矿（见图4-16）。

图4-15反映的是不同的矿石高度，无贫化放矿时与之相匹配的放矿步距。此时放矿步距 $= a \cdot \tan Q + c$。

放矿高度 40

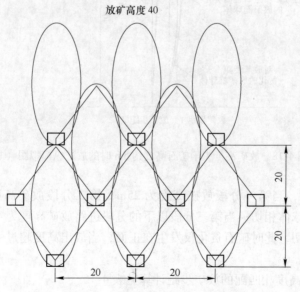

图4-16　放矿椭球体布置示意图

图 4-17、图 4-18 反映的是，当矿石高度为 30m，放矿高度定为 35m 时，放矿步距约小于等于放矿椭球体的纵半轴长度与纵向偏距长度之和（$a \cdot \tan Q + c$ 约大于等于 1.3 倍崩矿步距或放矿步距），此时放矿椭球体刚刚伸入正面岩石中，贫化较小，但矿石回收比较充分，回收率较高。

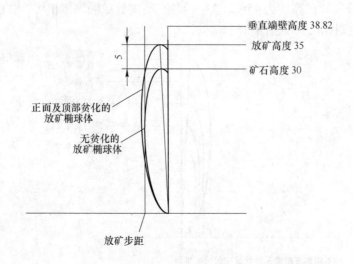

图 4-17　放矿高度大于矿石高度约 5m 时的放矿纵模拟图（一）

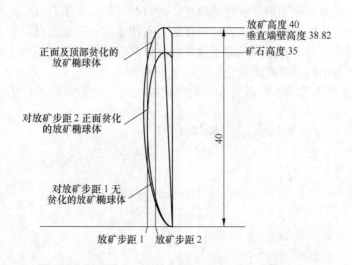

图 4-18　放矿高度大于矿石高度约 5m 时的放矿纵模拟图（二）

由图 4-19 可知，当第一分段放矿高度为 25m，第二分段放矿高度为 45m 时，第一、二两分段的放矿椭球体相切；当第三分段以下的分段进路放矿高度为 40m 时，上、下两分段的放矿椭球体相切，此时矿石贫化仅发生在正面，当放出高度超过 40m 时，放出体顶部将也开始发生贫化。

（1）与各矿石高度相匹配的放矿步距计算见表 4-15。

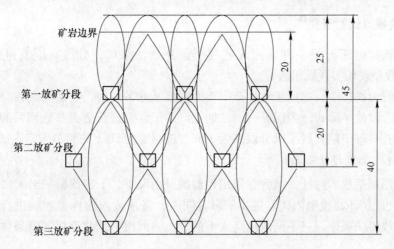

图 4-19　变分段高度下椭球体布置示意图

表 4-15　放矿步距计算

项　目	10	15	20	25	30	35	40
高度 h_f/m	15	20	25	30	35	40	40
长半轴 a/m	7.5	10	12.5	15	17.5	20	20
横半轴 b/m	2.6	3	3.8	4.7	5.3	6.1	6.1
纵半轴 c/m	2.4	3	3.6	4.6	5.2	5.95	5.95
轴偏角 Q/(°)	4.5	4.5	4.5	4.5	4.5	4.5	4.5
放矿步距 $L \leqslant a \cdot \tan Q + c$	≤2.93	≤3.7	≤4.48	≤5.66	≤6.43	≤7.36	≤7.36
一次松散系数 K	1.3	1.3	1.3	1.3	1.3	1.3	1.3
崩矿步距 B/m	≤2.25	≤2.84	≤3.44	≤4.35	≤4.95	≤5.66	≤5.66
相对应的排距/m	2、2.2	2.2、2.4	1.7	2、2.1	2.0、2.2	2.2、2.4	2.2、2.4
一次爆破排数	1	1	2	2	2	2	2

注：该表计算过程中的椭球体纵横半轴长度参照马鞍山院物理试验的放矿椭球体参数。

（2）一次松散系数 $K = 1.3$，且放矿步距 $L = K \times B$（崩矿步距），可算得 B（崩矿步距）$= L/K$，进而求得各矿石高度相匹配的崩矿步距。

（3）从降低采矿成本、降低爆破组织劳动强度和保障爆破效果的因素考虑，要取得好的放矿技术经济效果，中深孔布置应采用大排距，并应与矿石高度相匹配（取整数值）。

最终放矿参数优化结果认为：井下无底柱分段崩落采矿法的排距和崩矿步距不能同样对待，也不能一成不变，应根据具体所处分段需凿岩处的矿石高度而选择合理的排距和崩矿步距。但为了便于施工组织，矿业公司确定排距为 2m，崩矿步距定为 4m。实践表明：逐步优化后的放矿参数，在炮孔排距 2m、崩矿步距为 4m 时，更有利于改善放矿的贫损指标。

4.4.6　二期模拟试验研究[❶]

大红山铁矿地下开采一期采用无底柱分段崩落法采矿，分段高度及进路间距均为20m，该参数经现场实践效果较好。

按照大红山铁矿一、二期正常生产衔接的需要及开采规划，二期无底柱分段崩落法属高分段及变分段放矿形式。为保证一、二期生产的正常衔接及更大参数回采的需要，大红山铁矿已委托马鞍山院开展了以分段高为30m、进路宽为20m的大参数室内试验。

4.4.6.1　单体模拟试验

根据现场端壁放矿特征，试验在采用相似端壁情况下，下部预留一出矿口（相当于采场进路），利用铲斗将模型内矿岩逐步铲出，同时，将预装入的标志颗粒进行回收。根据标志颗粒被放出的顺序，将不同放出高度下的放出体圈出，据此求得端壁条件下各种发育高度的放出体。

模型采用一个一面装有玻璃的装矿箱，箱件采用与现场1:100的比例，矿口由铝片制作。试验共进行2组，分别为4.2m×4m和4.9m×4m进路尺寸，每组试验进行共3次，计算得出本矿石条件下的椭球体发育参数，参见表4-16、表4-17。

表4-16　宽4.2cm×高4cm出矿口放出体发育参数

放出体高度/cm		10	20	30	40	50	60
长半轴	第一次	4.03	9.015	14.01	19.03	24	29.035
	第二次	4.00	9.00	14.00	19.00	24.00	29.00
纵短半轴	第一次	1.51	3.65	5.12	6.08	8	9.46
	第二次	1.24	2.83	5.20	5.99	7.29	8.59
横短半轴	第一次	1.63	3.12	5.11	6.08	7.18	9.18
	第二次	1.81	3.13	4.16	6.12	7.01	8.58
偏心率	纵向	0.9272	0.9144	0.9308	0.9476	0.9428	0.9454
	纵向	0.9507	0.9493	0.9285	0.9490	0.9528	0.9551
	横向	0.9146	0.9382	0.9311	0.9476	0.9542	0.9487
	横向	0.8918	0.9376	0.9548	0.9467	0.9564	0.9552
流轴角/(°)		3.1	3.1	3.1	3.1	3.1	3.1

表4-17　宽4.9cm×高4cm出矿口放出体发育参数

放出体高度/cm		10	20	30	40	50	60
长半轴	第一次	4.03	9	14	19.025	24.015	29.04
	第二次	4.00	9.00	14.00	19.00	24.00	29.00
纵短半轴	第一次	1.26	3.78	4.72	6.07	7.13	8.3
	第二次	1.13	2.56	4.71	6.09	7.45	8.86

---

❶ 黄建君摘自中钢集团马鞍山矿山研究院有限公司、玉溪大红山矿业有限公司《大红山4000kt/a二期采矿工程大参数放矿试验总结报告》（审定版）2013.5。

放出体高度/cm		10	20	30	40	50	60
横短半轴	第一次	1.45	3	4.96	6.06	7.09	8.89
	第二次	1.50	3.13	4.93	5.95	6.89	8.04
偏心率	纵向	0.9499	0.9075	0.9415	0.9477	0.9549	0.9583
	纵向	0.9593	0.9587	0.9417	0.9472	0.9506	0.9522
	横向	0.9330	0.9428	0.9351	0.9479	0.9554	0.9520
	横向	0.9270	0.9376	0.9359	0.9497	0.9579	0.9608
流轴角/(°)		3	3	3	3	3	3

4.4.6.2　立体模拟试验

试验采用高分段及变分段放矿形式，分段高度 20m、30m 不等，即 +400m 水平以下至 +340m 水平为两个 30m 高分段。为了与该高分段放矿形式及现有采凿设备相适应，并尽可能地减少损失贫化，提高生产能力和回收率，进路间距取 20m。

立体模拟试验在此分段高度及进路间距条件下，选择合适的放矿步距及进路宽度，放矿步距分为固定步距和可变步距两种，进路宽度为 4.2m×4m 和 4.9m×4m 两种。试验通过固定步距与可变步距两种进路尺寸的不同放矿参数组合，从中寻求适合大红山铁矿的最佳放矿步距及进路尺寸参数。

分析回收率指标发现，在变分段高度为 20～30m、进路间距为 20m 时，回收率随着放矿步距的增大而增大，7.56m×4.2m（放矿步距×崩矿步距）组合参数最优，回收率达 93.84%，5.04m×4.2m 组合参数最差，回收率仅为 81.77%。废石混入率最优的是 6.72m×4.2m 组合，其次为两个变步距参数组合，这表明采用变步距放矿模型可以大大地减小废石混入率，降低贫化。回贫差指标显示 6.72m×4.2m 参数组合最优，7.56m×4.2m、(4.5－4.5－5.5－6－5.5)m×4.2m 参数组合其次，虽然 7.56m×4.2m 参数组合的回收率最高，但是其废石混入率较高，而 6.72m×4.2m 参数组合回收率仅次于 7.56m×4.2m 参数组合，其废石混入率却是最低的。

综合分析各立体试验模型的回收率、贫化率和废石混入率指标，可以得出在变分段高度为 20～30m，进路间距为 20m 时，在所有的立体试验模型中，放矿步距为 6.72m，进路尺寸为宽 4.2m、高 4m 时，回贫指标最优，此时的回收率为 92.81%，废石混入率为 11.54%，回贫差为 81.28%。

从试验结果可以看出，采用变步距参数立体模型可以有效地降低废石混入率，且具有较高回收指标。但在现场生产实践中这种变步距出矿方式较复杂，要求具有较高的生产组织技术水平。目前要在矿山得到推广实践还有一定的难度，但相对于传统的出矿方式已是一个很大的创新，具有广阔的试验研究空间。

试验首次采用可视化立体模型模拟低贫化放矿，模型正面通过透明玻璃可以直观地观察矿岩流动规律，揭示低贫化放矿原理，可视化模型放矿试验进展如彩图 4-20 所示。

从可视化模型试验过程可见，不同的放矿截止品位、不同的放矿管理方式对高分段及变分段的回采指标影响很大。矿山下一步生产中，应按试验模拟的矿岩流动规律加强放矿管理。

本次试验确定高变分段 20 ~ 30m（即 20-20-30-30-20m 分段高度），进路间距为 20m，合理放矿步距为 6.72 ~ 7.56m，合理崩矿步距为 4.8 ~ 5.4m，其中放矿步距为 6.72m 时，其回收率为 92.81%，贫化率为 11.54%，回贫差为 81.28%；放矿步距为 7.56m 时，其回收率为 93.84%，贫化率为 14.63%，回贫差为 79.21%；放矿步距为 6.16m 时，其回收率为 88.93%，贫化率为 12.97%，回贫差为 75.96%。

通过比较发现，在采用严格的低贫化放矿管理方式下，30m×20m（分段高度×进路间距）参数组合的回贫指标较 20m×20m 参数组合的回贫指标偏低，说明采用 20m×20m 参数组合仍比 30m×20m 参数组合要好，即 20m×20m 参数组合时放矿椭球体排列更为合理。

前期单体试验已经得到了进路口放矿椭球体发育形态，现对 20m×20m 参数组合与 30m×20m 参数组合按照放矿椭球体形态进行排列，分别得到这两种结构参数下放矿椭球体的排列形态。

比较图 4-21、图 4-22 可以看出，20m×20m 参数组合的放矿椭球体排列两两相切，30m×20m 参数组合在脊部有较多相交区域，根据放矿理论，一般多个椭球体平面排列时，当椭球体五点相切时，其矿石回收效果最好，20m×20m 参数组合放矿椭球体的排列较为理想。

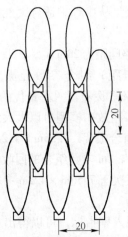

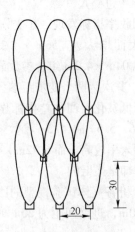

图 4-21　20m×20m 参数组合放矿
椭球体平面排列

图 4-22　30m×20m 参数组合放矿
椭球体平面排列

目前大红山铁矿一、二期过渡地段拟采用 30m×20m 参数组合，从设备配置方面看，首先是深孔凿岩设备和装药设备要能适应增大分段高度的要求；其次是出矿铲运机，分段高度较高时，铲运机应大型化，以便提高出矿效率、增加铲取深度、减少矿石损失。大红山铁矿 4000kt/a 二期采矿工程选择无底柱分段崩落法的主力采掘设备已改为：Sandvik DL421-15C 电动-液压深孔凿岩台车打深孔，Sandvik LH514E 电动铲运机和 LH514 柴油铲运机出矿。这一设备配套方案，设备性能可以满足增大分段高度的要求，比较 20m×20m 参数组合可以明显减少采切工程量、降低采矿成本。

但从两种参数组合的回贫指标考虑以及试验室的试验结果来看，30m×20m 参数组合回贫指标较 20m×20m 参数组合的回贫指标稍低。

综上所述，在采用高变分段 20~30m（即 20-20-30-30-20m 分段高度），进路间距为 20m 时，放矿步距为 6.72m，进路尺寸为宽 4.2m×高 4m 时，可以取得最优回贫指标，放矿步距为 7.56m，进路尺寸为宽 4.2m×高 4m 时，指标为次优。由于本矿未进行工业放出体试验，因此实验室与现场的参数不能直接换算，本次试验合理放矿步距为 6.72~7.56m，其现场的合理崩矿步距区间并未得到，但依据其他矿山经验及工业放出体与实验室放出体对比，实验室的放矿步距一般是现场崩矿步距的 1.2~1.4 倍，即修正系数 $K=1.2~1.4$，根据实践经验，矿山选择的段高和进路间距都比较大，因此选取 $K=1.4$ 进行修正，由此求得本矿现场的合理崩矿步距应为 4.8~5.4m，并取其小值。

4.4.6.3　PFC³ᴰ数值模拟试验

通过前期实验室内进行的立体物理模拟放矿试验，目前已经得到大红山高变分段不同参数组合下各自的回贫指标，并从中确定了最优放矿参数组合，即在放矿步距为 6.72m，进路尺寸为宽 4.2m×高 4m 时，可以取得最优的回贫指标，放矿步距为 7.56m，进路尺寸为宽 4.2m×高 4m 时，指标为次优，放矿步距为 6.16m、5.04m 时，指标较差。

数值模拟试验采用较为先进的颗粒流软件 PFC³ᴰ对其进行高变分段参数组合优选数值模拟，模拟分析更多参数组合的放矿特性。模拟试验分别建立 30m×20m 与 30m×25m 两种放矿模型，分别进行数值计算分析，得到各自不同的回贫差，以比较这两种参数组合的优劣。

同时，新增了对边孔角的模拟，根据大红山生产实际，400m 以上分段边孔角为 45°，400m 以下边孔角为 60°，所建立的 PFC³ᴰ数值模型第一、二分段放矿口边孔角为 45°，第三、四、五分段放矿口边孔角为 60°（如图 4-23 所示），克服了实验室立体物理模型中无法对边孔角进行模拟的缺点。

通过该数值模拟结果（图 4-24）分析可以看出，在高变分段情况下，30m×20m 参数组合模型的回贫差要高于 30m×25m 参数组合模型，即在大红山高变分段参数组合 20~30m 条件下，进路间距值为 25m 时可以取得更佳的回贫指标。

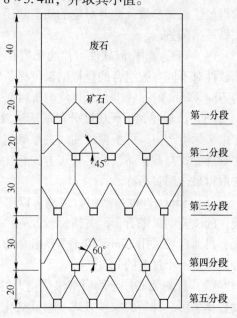

图 4-23　模型结构正视图

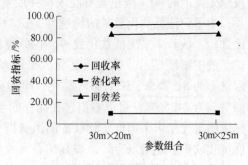

图 4-24　模拟结果曲线图

4.4.6.4　研究结论

（1）无底柱分段崩落法采用端部放矿，遵循随机介质放矿理论，放出体的流动规律符合椭球体放矿理论。试验表明，在既定的分段高度和进路间距条件下，放矿步距过大，岩石从顶面过早混入，截止出矿时存在较大的端面损失，反之若放矿步距过小，岩石则从正面过早混入，将崩落矿石截断为上、下两部分，已达截止品位。

（2）为保证一、二期生产的正常衔接及更大参数回采的需要，拟在二期的初期将分段高度加大到30m，在对矿山实际调查基础上，进行了实验室单体试验、立体物理模拟试验。单体试验揭示了不同放矿高度下放矿椭球体的发育形态。立体物理模拟试验得出在采用不同参数组合时的回贫指标。

（3）根据模拟结果，当结构参数选取高、变分段20~30m（即20-20-30-30-20m分段高度），进路间距为20m，进路断面为宽4.2m×高4m时，放矿步距取值6.72~7.56m可取得最佳回贫参数，此时对应的崩矿步距为4.8~5.4m，在实际生产中可根据现场试验情况做适当调整。

（4）PFC^{3D}颗粒流软件可作为无底柱分段崩落法放矿模拟的有效补充。从PFC^{3D}颗粒流软件对不同参数组合的模拟结果可见，在同样的放矿管理方式下，分段高度×进路间距为30m×25m的参数组合，其放矿所得回贫指标优于30m×20m。

（5）试验得到了无底柱分段崩落法放出体高度与放出椭球体关系曲线图和函数关系，矿山实际生产中，可根据该曲线关系确定每次崩落后的出矿量。该关系曲线确定的量化放矿管理方式与截止品位放矿管理方式相比，简单方便，可操作性强，便于现场管理，可有效取得最佳回贫指标。

（6）30m×20m参数组合虽然可以明显减少采切工程量，降低采矿成本，但从目前实验室的试验结果来看，回贫指标较原先一期的放矿试验20m×20m参数组合的回贫指标稍低，目前现场采用30m×20m参数组合的目的是为保证一期二期生产的正常衔接，即30m分段只是一个过渡的分段。

（7）针对无底柱分段崩落法贫化大的问题，基于矿石隔离层下放矿，根据崩落矿岩移动规律采用一种新的放矿方式——低贫化放矿，即在模型的上部第一分段和第二分段中的所有进路中按岩石截止混入率5%（质量分数）进行控制放矿。其余的第三、四、五分段按原先设定的40%截止岩石混入率（质量分数）进行放矿。

为了验证低贫化放矿的优越性，试验又对6.72m×4.2m最优回贫参数组合进行了对比试验，试验未采用低贫化放矿，各分段都按目前普遍采用的40%截止岩石混入率进行放矿。放矿结果显示，采用低贫化放矿时矿石回收率为92.81%，废石混入率为11.54%，回贫差为81.28%；未采用低贫化放矿时矿石回收率为90.54%，废石混入率为15.97%，回贫差为74.56%。可以看出，在同样的参数组合立体模型下，采用低贫化放矿的回贫指标皆明显优于未采用低贫化放矿的回贫指标。这说明，对于无底柱分段崩落法出矿，采用低贫化放矿管理可以有效地提高矿石回收率、降低废石混入率、提高回贫综合指标。

根据室内放矿及数值模拟过程，在分段高度×进路间距为30m×20m的参数组合下，只要严格按低贫化的方式进行放矿管理，也可达到较好的回贫指标。但此时由于不同出矿进路的放矿漏斗易叠加，极易出现矿石的损失或贫化，因此放矿过程中，要严格按低贫化的方式进行出矿管理。

（8）在变分段情况下，采用变步距参数立体放矿模拟可以有效地降低废石混入率，且具有较高回收指标。但在现场生产实践中，这种变步距出矿方式较复杂，要求具有较高的生产组织技术水平，目前在矿山要得到推广实践可能还有一定的难度。但相比于传统的放矿方式已有所创新，具有广阔的试验研究空间。

（9）为取得更符合矿山生产的结构参数，以更有效、更直接地指导矿山生产，建议矿山首先按推荐的结构参数和放矿管理方式进行现场工业试验，并根据相似模拟和现场工业试验结果，拟合最终确定适合的结构参数和放矿管理方式。

（10）大参数开采有大量节省采切工程量、大幅度提高生产效率等优点，因此在矿体开采条件适合、凿岩机满足深孔凿岩、装药器（台车）满足装药要求的情况下，建议矿山试验选用 30m×25m 的参数组合。

4.4.7　本章小结

综上所述，自一期设计、投产以来，结合大红山铁矿床开采技术条件，针对无底柱分段崩落采矿工艺的大参数，矿业公司先后同马鞍山院、昆明有色冶金设计研究院、中南大学等科研院所联合攻关，取得较为丰硕的研究成果，为生产提供了理论和实践的参考及依据，相应成果见表 4-18。

表 4-18　标准矿体崩落采矿工艺参数研究成果

研究单位	研究方法	进路间距 /m	分段高度 /m	放矿高度 /m	放矿步距 /m	崩矿步距 /m	回贫差 /%
马鞍山院（一期）	计算机模拟放矿试验	20	20		5.5	4.1	81.23
	物理模拟放矿试验	20	20		6	4.5	82.20
昆明院（一期）	计算机辅助作图 分析计算	20	20	25	3.9	3.1	28.9
		20	20	45	6.9	5.5	77.6
中南大学、大红山、 昆明院（一期）	物理模拟放矿试验	20	20		5.5~6		
	工业试验	20	20	25		2.8	40.24
		20	20	45		4.6	131.27
大红山铁矿（一期）	一期实际	20	20			3.2~3.6	
	优化研究	20	20			4.0	
马鞍山院（二期）	物理模拟试验	20	20~30 变分段		6.72	4.8	81.28
		20	20~30 变分段		7.56	5.4	79.21
	数值模拟	20	30		6.72	4.8	83
		25	30		6.72	4.8	84.01

注：二期工程于 2016 年建成投产，尚未进行工业试验和开采实践。

试验研究分为两类：

一是室内试验研究工作。模拟试验和计算机辅助作图分析计算都可归为室内研究工作。对于一期，两个研究单位的实验室模拟试验得出结果较接近，放矿结构参数为 20m×20m 时，最优放矿步距为 6m 左右。设计的分析计算是依据实验室模拟试验得到的基本参数进行的，因此分析结果与实验室结果比较接近。设计采用的计算机辅助作图分析计算法可对多因素进行分析，为在更广泛范围内进行放矿分析提供了一种高效率的研究方法。

二是现场工作，包括现场工业试验和实际生产情况。

现场工业试验研究推荐参数为：

（1）进路间距20m，分段高度20m，放矿高度20～25m时，崩矿步距2.8～3.1m。

（2）进路间距20m，分段高度20m，放矿高度40～45m时，崩矿步距4.1～5.5m；推荐初期采用区间较小值。

而一期在实际生产过程中，考虑矿体、管理和施工等相关因素，崩矿步距多采用3.2～3.6m，排距1.6～1.8m，每次爆破2排，均比理论研究值小。根据矿山生产和质量管理统计，采用小参数崩矿步距，矿石损失和贫化的控制并不理想。而后，矿业公司技术人员对其进行优化研究，将崩矿步距随之增加至4.0m，并对不同赋存高度和放矿高度的矿体，调整崩矿步距，取得了一定的效果。

以上研究结果表明，由于研究方法的不同，获得研究结果也不尽相同。

马鞍山院依据其他矿山经验及工业放出体与实验室放出体对比，认为一般实验室的放矿步距是现场崩矿步距的1.2～1.4倍，可取修正系数 $K=1.2～1.4$。根据实践经验，由于大红山选择的段高和进路间距都比较大，因此选取 $K=1.4$，进行修正，则室内结果经修正后，当一期放矿高度为45m时，崩矿步距为4.9～4.3m。实际生产原采用3.2～3.6m的崩矿步距偏小，后将崩矿步距调整为4m，与试验研究结果比较接近。

二期现场的合理崩矿步距应为4.8～5.4m，并取其小值。

从有利于改进放矿指标的角度考虑，在分段高度30m的情况下，可进一步研究采用30m分段高度与25m进路间距的组合，但在实际生产中，下部开采已难以改变上部矿体在历史上已形成的进路间距格局。

综观之前国内无底柱分段崩落采矿工艺的研究和应用现状，一般进路间距不大于15m，分段高度不大于15m，毋庸置疑，大红山铁矿率先开展了大参数试验研究，并进行了实践探索。事实表明，一期采用大参数无底柱分段崩落法采矿，采用分段高度×进路间距=20m×20m是合适的。在此前提下，对比较灵活的放矿步距和崩矿步距在一定范围内进行调整，渐趋合理。采用大的结构参数符合大红山铁矿地下大规模、高效率和机械化开采的要求。

20世纪90年代以来，无（低）贫化放矿的研究在金属矿山采矿界得到发展，认为采用无（低）贫化放矿可以大幅度降低废石（覆岩）混入率。大红山铁矿在一期工业试验期间曾提出上部分段按这一方式放矿。但由于一期开采范围400m标高以上只有四个放矿分段，最上部的460m分段许多地段还不完整，能进行无（低）贫化放矿的范围小，用无（低）贫化放矿，一期范围放出的总矿量少，加之，近矿围岩铁品位大于15%，因此，在生产中仍用放矿截止品位进行放矿。

二期主矿体范围，矿体总体高度增加，又有一期已形成的矿岩混杂的厚的覆盖层存在，能改善多分段无（低）贫化放矿的条件，可考虑进一步试验研究无（低）贫化放矿方式。

为满足二期工程首采区段及时进行生产衔接的实际情况，提出采用更大的分段高度，矿业公司委托马鞍山院进行了相关基础试验和理论研究。研究认为：结合二期开采技术条件，进一步加大参数，采用新型变分段高度的采矿工艺，进路间距达20～25m，变分段高度20～30m，也能够取得适当的放矿效果。下一步还将开展分段高度再提高后的工业试验。

对大红山大参数无底柱分段崩落法的放矿和崩矿步距，在大红山铁矿一期工程的研究、试验和生产期间，有关单位进行了多方面的研究和实践工作，得出了应适当采用较大参数的逐渐趋于一致的看法。但由于矿岩条件、管理因素和高分段放矿的复杂性，生产中还有待于进一步优化，以取得更好的效果。随二期工程和生产的推进，大参数崩落采矿与放矿方式和放矿参数的匹配仍需进行更为全面、深入的探索和实践，同时，在原有工艺基础上，对矿山技术管理、外委采矿单位、人员和设备性能等方面将提出更高的要求。

4.5　工艺设计及实施

4.5.1　矿块布置与采切工程

一期主采区及二期东上、东下、西下等采区大部分开采对象为缓倾斜极厚矿体，一期中部Ⅱ采区、南翼采区、二期西上采区等开采对象为缓倾斜－倾斜厚矿体，一期中部Ⅰ采区开采对象为急倾斜厚矿体。

4.5.1.1　缓倾斜极厚矿体

A　一期工程

主采区阶段高度100m，分段高度20m，因矿体面积大，切割槽呈南北向布置于主矿体一期开采平面范围的中部，在平面上将主矿体划分为东西两侧的两个回采单元，以增加作业线长度和同时回采进路数。每一侧沿东西向平行于横向勘探线方向，按100m的宽度划分为一个条带，沿条带从北向南每100~120m依次划分为一个矿块。矿块尺寸基本为100~120m（南北）×100m（东西）。一般每个矿块布置5条或6条出矿进路及一条采场溜井。

一期主采区沿矿体周边距矿体边线一定距离布置脉外联络通道。自脉外联络通道设斜坡道联络通道与斜坡道连通。在矿体南侧脉外联络通道外侧布置进风天井，在矿体北侧脉外联络通道外侧布置回风天井，使各分段在平面上形成南侧进风、北侧回风的格局。但出矿进路长100m时，通风较困难。

B　二期工程

在主矿体连续完整、水平面积大的部位，在其中部、沿东西向布置切割槽，矿体在切割槽两侧向南、北方向退采，形成南、北两个回采单元。回采进路按20m间距东西向布置。沿东西向约100m间距布置南北向的进路联络通道，其南侧连通采准干线，其北侧连通回风联络通道，在进路联络通道位置南北宽约80m划分一个矿块，矿块尺寸为80m（南北）×100m（东西），一个矿块设4条进路，布置一条采场溜井。

根据各分段矿体情况及开拓系统布置情况，总体在矿体南侧均匀布置4条进风天井（其中一条兼辅助提升及管缆通道），在各分段矿体南侧布置采准干线，将经由南侧进风系统进来的新风引入各用风分段（水平）和各矿块，同时各分段采准干线均连通斜坡道，在矿体北侧均匀布置3~4条回风天井，在各分段矿体北侧布置回风联络通道，将各分段（水平）的废风引入北侧回风系统。

4.5.1.2　缓倾斜－倾斜厚矿体

如中部Ⅱ采区，矿体厚度较大，分段高度20m，进路间距20m。

　　矿块沿走向划分，出矿进路垂直走向布置，矿块垂直走向长度为矿体水平厚度，矿块沿走向宽度80～100m，即一个矿块布置有4条或5条进路及一条溜井。

　　沿矿体下盘距矿体边线一定距离布置脉外联络通道。自脉外联络通道设斜坡道联络通道与斜坡道连通；在矿体上盘适当位置沿矿体走向布置切割槽，出矿进路垂直走向布置；采场溜井在脉外联络通道一侧布置，间距为80～100m。

　　在矿体一端脉外联络通道附近布置进风天井，在另一端脉外联络通道附近布置回风天井，这样，局部形成矿体一翼进风、另一翼回风的格局。

　　二期，在矿体呈缓倾斜和倾斜状的地段（主要为西上矿体和东上、西下矿体南侧翘起部位），回采进路垂直走向或南北向布置。

4.5.1.3　急倾斜厚矿体

　　中部 I 采区厚度相对较厚的矿体，采用沿走向双进路（间距10～15m）布置，局部矿体相对较薄的采用沿走向单进路布置。分段高度20m，沿走向长80～100m划分为一个矿块，矿块宽度为矿体水平厚度。两个矿块之间布置一条切割槽，切割槽垂直矿体布置。沿走向的出矿进路布置在矿体下盘或矿体中。每个矿块垂直矿体且平行于切割平巷布置一条出矿联络通道，与沿矿体下盘距矿体边线一定距离布置的脉外联络通道相连接，自脉外联络通道设斜坡道联络通道与斜坡道连通；在脉外联络通道一侧布置采场溜井，采场溜井间距与矿块相对应，为80～100m。

　　沿走向方向，在矿体一端的脉外联络通道附近布置进风天井，在另一端脉外联络通道附近布置回风天井，在分段上形成矿体一翼进风、另一翼回风的格局。

4.5.1.4　切割槽

　　各类矿块切割槽采用切割平巷＋切割天井的方式形成，切割天井断面一般为长2m×宽2m的矩形断面。与凿岩、出矿设备及工艺相适应，各类矿块切割平巷、出矿进路断面为宽4.8m×高3.8m，三心拱形断面，脉外联络通道为宽4.5m×高3.7m三心拱形断面。主采区切割天井高16.2m，本分段爆破后可形成宽约4.8m、高20m的切割槽。

　　切割槽的形成：先以切割天井为初始自由面，用平形上向深孔爆破将其扩大为大井，断面为（垂直切割平巷方向）长4.8m×宽4m的矩形断面，之后以扩大后的井为自由面，沿切割平巷方向后退式用平形上向深孔爆破扩刷出切割槽，切割槽宽为4.8m，在切割槽上部为覆盖层的情况下，切割天井施工时不能打通覆盖层，需留下1.5～2m厚的岩柱，深孔孔底距覆盖层0.5～1.0m。扩井后，大井在爆破作用下贯通覆盖层，此后切割槽扩刷均为在覆岩下进行，因此每次爆破前需进行松动出矿，一般每次爆破3排炮孔。切割槽长度拉够一条进路爆破的范围后，该进路即可开始回采。

　　处于退采方向的脉外联络通道是多条出矿进路的联络通道，其位置按矿块回采退到下盘的崩矿边界外推10～15m确定，此距离不宜太大，太大会使出矿进路太长，采切工程量大，也不宜太小，太小又会影响矿石回采或脉外联络通道的通行。

4.5.1.5　采切布置对生产能力的影响

A　一期主采区

　　（1）切割槽布置在东、西两个回采单元之间，呈南北方向展布，当切割槽形成后，采场从切割槽往东、西两个方向退采，这样设置有利于增加同时出矿的进路，提高采供矿石的生产能力。实际应用中，使铲装设备便于展开工作，采区生产能力较大。

（2）溜井设置与铲运机的配置关系及实际使用情况。一般一个矿块配置一台 TO-RO1400E 铲运机，在同一分段上一台铲运机负责一条溜井的供矿。实际生产中，同一个分段一个矿块用一条溜井，若遇其他溜井检修时，则两个矿块使用一条溜井，也就是两台铲运机共用一条溜井。在立体空间上，因溜井距离下分段的铲运机卸矿点较近，上、下同时作业时比较危险，故一条溜井只能在一个分段进行卸矿。铲运机和溜井的实际配置，可使采区产能满足矿业公司的生产需求。

（3）同时出矿进路数的选择及效果。根据矿块的布置方式和其配套的进路数、溜井的设置方式、设备的配置数量、无底柱分段崩落采矿法的放矿特点及矿业公司对原矿质和量的需求，每一个矿块的进路应同时进行出矿。但在实际生产过程中，由于受坑露关系的影响（露天边坡压制井下采场），尚有少部分矿块的进路不能同时进行回采。

目前，当一个分段年产矿石 1800kt 时，同时进行回采的进路数为 12 条，进路数量保证了出矿效率高，产能大，有利于配矿，质和量均能满足生产要求。

B 中Ⅱ采区及中Ⅰ采区

中Ⅱ采区切割槽沿矿体走向布置。在实际生产过程中，可给全部矿体提供较好补偿空间，有利于生产爆破，多回收矿石。

中部Ⅱ采区生产持续分段以及南翼采区，矿块在每个分段上布置 4 条出矿进路（特殊情况下布置 5 条进路），出矿进路间距 20m。每 1 个或 2 个矿块布置一条脉外矿石溜井，每个矿块配置一台 TORO1400E 铲运机或 ST3.5D 铲运机，能满足实际回采需要。

中Ⅰ采区两个矿块之间布置一条垂直矿体的切割槽，实际生产过程中，矿体倾角较陡处，有利于落矿爆破。但其缺点是矿体较缓处，不能给靠下盘的矿体提供补偿空间，造成下盘部分矿石损失。

中部Ⅰ采区矿块沿矿体走向布置，长 80～100m 划分为一个矿块，每个矿块布置一条脉外矿石溜井，每条溜井配置一台 ST3.5 铲运机，可满足回采需要。

中Ⅰ采区和中Ⅱ采区及作为其持续生产采区的南翼采区，根据矿块的布置方式和其矿块控制进路数、溜井设置方式、无底柱分段崩落采矿法的放矿规律，以及矿业公司对生产所需出矿的质和量的需求，选择相应的铲运机数量，一般每台铲运机控制一个矿块。达年产 2300kt 时，同时出矿进路数至少达到 16 条，使用 TORO1400E 铲运机 1 台、ST3.5 铲运机 5 台。

C 溜井数量的影响

在采切工程布置方面，溜井的布置对采区生产能力影响较大。溜井间距过大，溜井数量减少，一方面，增加了矿石的运输距离，降低了设备铲装效率，相应地，采区的生产能力降低；另一方面，当采区遇到大的废石夹层或进入矿体下盘时，难以设定相应的溜井作为废石井，没有出碴通道，只有混入矿石溜井。尤其当出现溜井堵塞、溜井故障、放满、放矿卡大块等情况时，更难以为铲运机正常出矿提供保障。根据大红山的生产实际情况，溜井的间距以 70～80m 为合理。

一期工程设计在确定采区生产能力时，矿块（溜井）利用系数按 0.3 考虑。

4.5.2　平面和竖向的开采顺序

无底柱分段崩落法工艺特点决定了其各开采地段在竖向上的开采顺序为由上到下。

4000kt/a 工程开采对象 II_1 矿组总体形态为，在东西向剖面上呈缓倾斜状，东高西低，在南北向剖面上似船形，南高北低，矿体形态复杂。为实现设计生产规模并均衡生产，4000kt/a 工程的开采需多区段搭配生产。根据 4000kt/a 工程开采对象赋存特点，一期开采范围将开采对象划分为中部 I 采区、中部 II 采区、主采区、南翼采区、西翼采区，设计首先开采 I 采区、中部 II 采区及主采区，之后随着中部 I、II 采区开采逐步下降并开采结束，解除其对南翼采区、西翼采区的压矿制约后，南翼采区及西翼采区再投入开采。二期开采范围将开采对象划分为东上采区、西上采区、东下采区、西下采区及分采采区。其中，前四个采区为矿体完整厚大部分，采用无底柱分段崩落法开采。矿体周边分支部分称为分采采区，采用空场法开采。设计首先开采东上采区、西上采区及分采采区 200m 标高以上部分，随着中部西上采区、分采采区 200m 标高以上部分开采逐步下降并开采结束，解除其对西下采区的压矿制约后，西下采区投入开采，东上采区开采逐步结束后，受其压矿制约的东下采区才能逐步投入开采。

一期主采区和二期东上采区是 4000kt/a 开采的主体，矿体水平面积比其他采区大。这两个采区约在矿体中部沿南北向布置切割槽，向东、西两个方向退采（在矿体中部切割槽可增加出矿工作面数量，实现大规模开采）。一期中部 II 采区、主采区、南翼采区、西翼采区垂直矿体走向布置进路，由北向南退采；一期中部 I 采区沿走向布置进路，各矿块由两端向中部退采。

4.5.3　主要采掘设备的选择

20 世纪 80 年代以来，无轨设备在我国金属矿山的使用越来越多，充分显示了无轨设备生产能力大、效率高、移动范围大等特点。与采矿方法大参数及大规模产量相配套，主要采掘设备需选用先进高效的液压无轨设备。

4.5.3.1　采矿深孔凿岩设备

在 20m×20m 结构参数的无底柱分段崩落法中，采用上向扇形孔进行落矿和落顶，落矿深孔最大深度约 30m，落顶深孔最大深度约 35m。当时满足这一作业要求的先进的液压采矿台车，主要是瑞典阿特拉斯·柯普柯公司（Atlas Copco）生产的 Simba 系列及芬兰汤姆洛克公司（Tamrock）生产的 Solo 系列采矿台车。

4000kt/a 一期工程经招标后，最终选择阿特拉斯·柯普柯公司生产的 Simba H1354 采矿台车作为深孔凿岩设备，其主要技术规格见表 4-19。

表 4-19　Simba H1354 采矿台车主要技术规格

序　号	项　目	型号或数量
1	凿岩机	COP1838ME
	冲击功率/kW	20
	冲击频率/Hz	60
	耗水量/L·s⁻¹	1.1

序 号	项 目	型号或数量
2	推进梁	BMH255
	总长/mm	3380
3	适应工作巷道尺寸	
	最小宽度/mm	3625
	最小高度/mm	3625
	最大高度/mm	4225
4	定位系统	
	环形钻孔范围/(°)	360
	平形钻孔范围/m	3
	最大前倾角度/(°)	20
	最大后仰角度/(°)	80
	回转装置中心高度/mm	1720
5	底盘	DC15
6	电气系统	
	总功率/kW	64
	电压/V	1000
	频率/Hz	50
7	自动换杆器	RHS27
	选用钻杆长度/mm	1525
	最大储存钻杆数/根	27
	自动换杆可完成最大孔深/m	42
8	外形尺寸及质量	
	宽度/mm	2380
	运输高度/mm	3140
	运输长度/mm	8020
	毛重/kg	11300
9	转弯半径	
	内侧/m	2890
	外侧/m	5440

4.5.3.2 出矿设备

为实现大规模产量，大红山铁矿4000kt/a一期工程采用先进的地下矿用铲运机。从大红山矿区及类似矿山的实践经验看，在矿体很厚大的地段，宜采用大斗容的铲运机出矿，以便发挥这些地段较大的生产能力，而在矿体中厚至厚地段，宜采用中等斗容的铲运机出矿，以便减小采切工程量、发挥设备运行的灵活性，场内出矿时能适应矿体厚度。

铲运机有电动和柴油两类可供选择。电动铲运机节能，运行时无油烟产生，有利于井下环境，但运行时要由电缆供电，活动范围受限，而柴油铲运机能耗较电动铲运机高，运行时有油烟产生，对井下环境不利，但其移动灵活，大范围调动比较方便。

当时，从国内各矿山铲运机使用的情况看，大斗容的铲运机需要用进口的，性能才可靠，而小斗容和中等斗容的铲运机，国产设备也基本能满足要求，其价格比进口的要便宜一些。

4000kt/a一期工程经招标后，铲运机最终选择为：在矿体厚大地段，采用汤姆洛克公司生产的Toro 1400E电动铲运机（斗容6.0m³），其主要技术规格见表4-20。在矿体中厚至厚地段，选择采用阿特拉斯公司所属瓦格纳（Wagner）公司生产的ST-3.5柴油铲运机（斗容3.1m³）。从一期实际生产情况看，在矿体厚大地段，Toro 1400E电动铲运机生产能力可达到600kt/（台·a）以上，出矿设备能力与20m×20m的无底柱分段崩落法结构参数是适应的；而在矿体中厚至厚的地段，ST-3.5柴油铲运机满足了生产的需要，同时也满足了因矿体相对零星而设备频繁移动的需要。

表4-20 Toro 1400E电动铲运机主要技术规格

序 号	项 目	数 量
1	铲斗容积/m³	6
2	额定载质量/kg	14000
3	电动机	
	输出功率/kW	160
	电压/V	1000
	频率/Hz	50
4	外形尺寸及质量	
	宽度/mm	2700
	高度/mm	2540
	长度/mm	10116
	质量/kg	33850
5	转弯半径	
	内侧/m	3233
	外侧/m	6677

4.5.3.3 掘进设备

从大红山铁矿生产的实际情况看，掘进工程均由外包队承包施工，平巷和斜坡道掘进装碴大多采用2m³或3m³柴油铲运机出碴，其中2m³柴油铲运机为国产设备，3m³柴油铲运机有进口的，也有国产的。掘进浅孔凿岩多采用液压掘进台车或风动气腿式凿岩机，从生产实际情况看，设备性能和能力均满足生产需要。

4.5.4 采掘设备的配置

经计算和类比，设计推荐大红山铁矿4000kt/a一期工程初步设计主要采掘设备配置见表4-21。

表 4-21 一期初步设计主要采掘设备配置

序号	设备名称	规格及型号	单位	工作设备数量
一	凿岩设备			
1	采矿台车	Simba H1354	台	6
2	液压掘进台车	Boomer 281	台	6
二	出矿、出碴设备			
1	柴油铲运机	Toro1400	台	1
2	电动铲运机	Toro1400E	台	4
3	柴油铲运机	ST-3.5	台	8
三	辅助设备			
1	液压碎石机		台	1

在实际生产中，随着产量突破了设计能力，有的采矿承包单位又自行增添了一些无轨设备，如 ST1010 型 4m³ 柴油铲 2 台、Simba H254 凿岩台车 2 台。

上述主要采掘设备成熟可靠、性能好，且在设备能力计算时已考虑了设备保养检修时间，因此在矿山投产初期，上述主要采掘设备不需考虑备用数量，今后随设备的磨耗，视实际情况再进行补充。

4.5.5 凿岩、落矿工艺

4.5.5.1 凿岩设备

无底柱分段崩落法采用 20m×20m 结构参数，其落矿孔深度一般在 30m 以内，依据设计参数及工艺要求，通过招标最终选定深孔凿岩设备为 Simba H1354 采矿台车凿岩，对采矿凿岩台车及凿岩机的要求是必须在孔深 30m 左右的范围内可以实现高效凿岩，并可以用来钻凿少量达 35m 左右的深孔，钻凿炮孔的准直度高，偏斜小，同时还要能兼顾钻凿开掘切割槽的平行炮孔，对于倾斜厚矿体有时还要用于钻凿下向深孔。从生产实际情况看，该设备性能稳定，钻凿 25m 深度内的钻孔效率高，钻孔深度超过 25m 后，随孔深的增加，凿岩效率逐渐降低，钻孔偏斜加大，一般不宜钻凿大于 35m 深度的钻孔，从实际情况看，该设备凿岩效率达 70～100km/a 以上。

4.5.5.2 落矿炮孔布置及参数

A 落矿炮孔布置及参数的试验研究

无底柱分段崩落采矿法崩矿，是在覆盖岩石下进行的挤压爆破，其补偿空间靠爆破作用力向覆盖岩石挤压获得。因此，无底柱分段崩落采矿法崩矿前，覆盖岩石必须得到充分的松动。同时，由于挤压爆破避免了临空爆破那种岩石的飞散，用于破碎矿石的能量利用率更高，爆破效果会更好。为了获得好的放矿效果和出矿效率，人们总是希望爆破崩下的矿石块度更适中更均匀。因此，在选择崩矿凿岩爆破试验参数时，主要的目标就是降低崩下矿石的大块率，同时也要尽量避免粉矿。按无底柱分段崩落采矿的工艺特点，崩矿作业必须按步距进行，因此，崩矿的步距必须是炮孔排距的整数倍。崩矿步距与放矿效果密切相关；炮孔排距又与爆破效果、炸药消耗等密切相关。因此，在选择崩矿凿岩爆破试验指标时，必须综合考虑多种因素的影响。

工业试验表明：在炸药单耗接近的情况下，孔底距较大炮孔爆破大块率较低。

440m 分层的爆破也有这种规律，分层工业试验参数见表4-22。因此，建议大红山矿区采用小排距大孔底距的炮孔结构参数。具体建议的凿岩爆破参数：460m 分层为崩矿步距2.8m、炮孔排距1.4m（两排）、孔底距3.0m、综合炸药单耗0.5kg/t 左右；分层工业试验参数见表4-23。440m 分层为崩矿步距4.6m、炮孔排距1.53～1.55m（3 排）、孔底距3.0m、综合炸药单耗0.5kg/t 左右。

表 4-22　440m 分层工业试验参数

试验项目	试 验 参 数			备　注
崩矿步距/m	4.2	4.8	5.1	装药系数 0.7
炸药单耗/kg·t^{-1}	0.45	0.40	0.35	
孔底距/m	3.0	2.5	2.0	

表 4-23　460m 分层工业试验参数

试验项目	试 验 参 数			备　注
崩矿步距/m	2.8	3.4	4.2	装药系数 0.7
炸药单耗/kg·t^{-1}	0.45	0.40	0.35	
孔底距/m	3.0	2.5	2.0	

B　落矿炮孔布置及参数的实际应用

（1）大红山铁矿现行的落矿炮孔采用垂直上向扇形中深孔。炮孔直径 $d = 76$mm。

（2）炮孔布置及其参数：

1）切割槽。采用垂直上向近似平行炮孔，炮孔排距1～1.2m，每排3～4个炮孔交叉布置，炮孔间距1～1.4m，炮孔孔底要控制到切割槽边界（见图4-25、图4-26）。实际生产中，由于受设备及切割巷道宽度的限制，切割槽边孔不能紧靠设计切割槽的边开孔，因此边孔不是完全垂直向上，而是向外有少许倾斜。

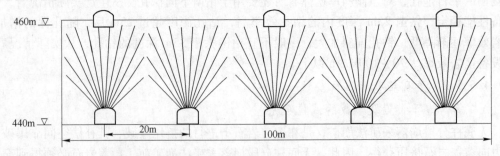

图 4-25　460m 分层试验采场炮孔布置

2）进路落矿。正常回采采用垂直上向扇形炮孔，排距为1.6～2.0m，孔底距为2.0～2.8m，边孔角为45°～60°，前后排交叉布置，炮孔孔底上至设计标高位置，相邻进路应保持1.5m 的距离（见图4-27）。具体需根据选定的崩矿步距进行计算确定，先确定每个步距的炮孔排数，再平均计算炮孔排距，每个排面炮孔数量为9～11个。在20m 分段高度、边孔角取50°的情况下，最深孔深28m，平均孔深20m；在20m 分段高度、边孔角取60°的情况下，最深孔深33m，平均孔深23m。

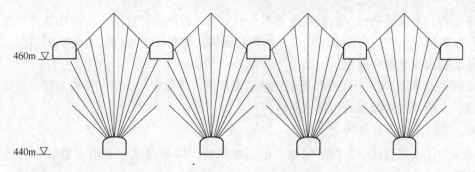

图 4-26　440m 分层试验采场炮孔布置

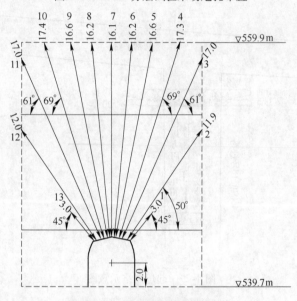

图 4-27　落矿炮孔布置图

从现场情况来看，现在的落矿炮孔布置及参数能基本满足安全生产需求，但也会出现大块多影响出矿、悬顶等爆破效果不够理想的情况。

4.5.5.3　装药、爆破

A　装药结构、方式、设备

炸药为粒状硝铵炸药，由于使用装药罐装药，装药结构（图 4-28）为耦合连续装药，装药方式选用正向装药，起爆药装在爆孔处正向起爆，装药系数控制在 80%~90%。每次爆破 2~3 排炮孔，每个矿块两个分段同时爆破，每个分段有 2~3 条回采进路同时进行，一次爆破单台设备最大装药量为 5.64~8.46t，每次崩矿步距为 2~3 个排距，一次装药、落矿为 1~3 条回采进路，单个进路 2 个排距的炸药耗量一般为 2.4t 左右，最大为 3.0t 左右。

设计最先选用从瑞典进口的 GIAMEC UV211 型

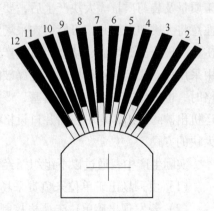

图 4-28　装药结构示意图

装药车装药，要求装药台车的装药能力不小于1t/h，据此设计选取3台深孔装药车来满足4000kt/a规模的生产装药需要。但由于国内粒状硝铵炸药性质与进口装药车不适应，因此装药车装药未得到推广应用。

实际生产采用BQF-100装药器装粒状硝铵炸药，导爆索与非电毫秒管起爆。导爆索全孔布设，非电毫秒管起爆药包置于孔口。

B　爆破方法、起爆方式

采用中深孔爆破法，起爆采用全非电起爆系统，即导爆索和非电雷管联合分段起爆（图4-29）。

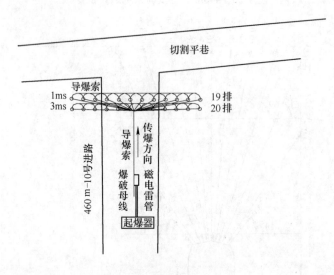

图4-29　起爆网络示意图

4.5.5.4　大块控制

设计采出合格块度小于850mm，大于此块度的称为大块，从大红山铁矿近几年生产统计资料看，大块率平均为3.1%。要减少大块率，首先要有合适的爆破参数及爆破设计，通过工业试验调整孔底距、最小抵抗线和崩矿步距等参数来改进。其次是要保证炮孔的施工质量及装药质量。大块产生后，要在采场出矿时剔除放到空闲的进路内进行破碎，若不注意将大块卸入溜井，可能会在采场溜井、采场溜井放矿口、矿车卸载出口、破碎系统放矿口、破碎机等处造成堵塞，对生产影响很大，因此要尽量避免大块进入运输系统。生产中采用移动式液压碎石机或浅孔爆破的方式来破碎大块。在溜井口设格筛，即使块度均合格时，也极易造成格筛口的堵塞，严重影响铲运机出矿的生产效率，因此绝大部分大型铲运机出矿的矿山，均不在溜井口设格筛，大红山铁矿也没有采取在溜井口设置格筛来控制大块的方式。

实际生产中，通过以下组织及经济措施来控制大块进入生产系统：

（1）由采场出矿单位来负责采场溜井的放矿工作。

（2）若发现出矿单位未严格控制，将大块放入运输及溜破系统，则对出矿单位进行严厉的经济处罚。

4.5.6　铲装、放矿工艺

4.5.6.1　放矿设计

放矿是无底柱分段崩落法的核心工艺环节，也是最复杂的环节。它是在有覆盖层的条件下，依据椭球体放矿理论，按效益最优原则，确定合适的工艺参数，按事先确定的损失率、废石混入率、采出品位、采出矿量等指标，有计划有控制地将矿石放出的活动。

可行性研究及初步设计阶段，已通过试验研究及分析计算、对比优化，对主要工艺参数，如分段高度、进路间距、标准矿块的崩矿步距等进行确定，并计算总体贫损控制指标。在生产中，对放矿来说，尚有大量的也是很细致的设计工作要做，主要是确定标准矿块各分段以及矿体边角部位的放矿椭球体高度、放矿步距、崩矿步距，各个放矿步距及各矿块放出矿量、放出品位、贫损指标等。

4.5.6.2　放出矿量及品位控制

每个放矿步距的放矿，都要可靠地计量。只有通过计量，才能确认是否按设计放出了需要放出的矿量。出矿工作面现场不便称重计量，只适合采用容积计量。需先对铲运机斗容、平均装满系数、矿石松散系数、不同品位的矿石体重进行测定，通过换算后确定各个放矿步距需出矿的斗数。每个步距的放矿过程中需对铲运机出矿斗数进行计数，并与设计斗数进行对比。

通过运输水平的轨道衡可以对各条溜井放出的每一列车运量进行称重计量。

出矿过程中，需进行有代表性的取样，以掌握放出矿石的品位及其变化，确认是否按设计截止品位放矿等。在出矿工作面，要求按每铲出一定数量的斗数取样一次。在运输水平取样硐室，可对矿车从每条溜井放出后运来的矿石进行取样。取样后需化验才能返回品位指标，这个时间一般要滞后一天，因此取样化验对现场出矿品位只能实现事后控制，不能实时控制。

对于大红山矿铁矿石的品位，现场工作人员通过一段时间的经验积累后，可目测进行大致判断，从而可对现场出矿品位进行实时控制。

何时停止出矿，通常主要以截止品位及放矿矿量两个指标进行综合判断：

（1）如果出矿工作面上的矿石品位通过目测已基本下降到截止品位，且现场放出矿量已达到设计放出矿量或与设计放出矿量差距不大，此时可停止出矿。

（2）如果出矿工作面上的矿石品位通过目测已基本下降到截止品位，但现场放出矿量已与设计放出矿量差距大，此时应进行地质分析，如果是由小的夹石引起的，可放出（剔除）废石后继续放矿，放至实际放出矿围岩总量与设计放出量相当时停止，如果是由大的夹石引起的，大量剔除夹石不经济时，则停止出矿。

（3）如果出矿工作面上的矿石品位通过目测还未下降到截止品位，但现场放出矿量已达到设计放出矿量，此时一般是覆盖层内含有矿石，如果覆盖层厚度有富余，则可继续放矿至达到截止品位时停止，如果覆盖层厚度没有富余，则停止出矿。

4.5.6.3　放矿截止品位

放矿截止品位一般以经济原则确定，放出矿石所获得产品的价值与放出矿石要获得收益所发生的成本相当时，矿石品位即为放矿截止品位，也就是放出矿石效益为零时的品位即为放矿截止品位。

实际生产中，产量有时成为企业考核的首要指标，因此有时放矿截止品位确定要考虑产量因素，而不完全以经济原则确定。

4.5.6.4 配矿

为保证出矿品位基本稳定，保证选矿流程稳定，同时充分回收低品位矿石，使效益最大化，出矿过程中需进行配矿，将高品位矿石及低品位矿石按一定比例均匀铲运到采场溜井混合，使出矿品位达到要求。大红山铁矿 4000kt/a 采出矿石品位要求达到 34% 以上。

4.5.6.5 放矿数据统计分析与放矿设计的修正

对放数据统计进行统计分析是无底柱分段崩落法放矿管理必须要做的工作。虽然无底柱分段崩落法放矿是在覆盖层条件下进行的，其间矿石及废石的流动是看不见摸不着的，但可以依据椭球体放矿理论对其进行推算。如：对放矿过程中放出量及品位的变化，并与矿块地质资料进行对比，可推算是什么部位发生了废石混入，量是多少；通过对相同条件下废石覆盖层及矿石覆盖层下放矿的不同结果，可推算放矿椭球体正面及两侧废石混入情况；通过上述两种情况，推算放矿椭球体发育情况；通过不同情况下放矿结果与放矿设计的对比，可推算放矿设计所依据的放矿椭球体参数是否切合实际等。

通过对一定数量的放矿数据统计分析，可得到现场放矿椭球体参数。依据现场放矿椭球体参数可对放矿设计进行修正，之后按修正后的放矿设计进行放矿，其后，对放矿数据进行再统计分析，对放矿设计进再修正，如此反复，最终达到放矿设计与实际放矿基本相符的结果。

4.5.6.6 夹石剔除

大红山铁矿矿石中有夹石穿插的情况较常见，设计及现场回采时要考虑对夹石进行剔除的问题。对于在退采过程中碰到有较厚、急倾斜、走向大致与出矿进路垂直的夹石的情况时，存在继续崩落夹石或不崩落夹石而新开切割槽两种选择。继续崩落夹石要发生深孔凿岩爆破、松动出废的费用，夹石越厚，此费用越高。新开切割槽要发生井巷工程及深孔凿岩爆破费用，此费用不随夹石厚度增加而改变。从费用对比看，当夹石厚度大于 15m 时，宜采用新开切割槽方案。

从实际回采的经验来看，无底柱分段崩落法回采过程中，要将含于崩落散体中的废石进行剔除是比较困难的。难点是放矿椭球体是按其既定的形态在既定的的位置发育的，它不会因矿岩穿插的情况而改变，崩下夹石进入到放矿椭球体空间范围内时，夹石就会以矿岩混杂的状态被放出，但因为有规律可循，可通过放矿设计，采用相邻放矿椭球体的组合来避开或减少废石混入，提高矿石回收率。由于大红山铁矿近矿围岩及夹石含有 12%~20% 的铁品位，放矿设计时可适当增加废石混入率以便提高矿石回收率。出矿过程中，对于前期要放出部分废石后才能放矿石的情况，可将前期放出的废石或以废石为主的矿岩分运至废石溜井。

4.5.7 围岩稳固情况下的落顶方式和方法

4.5.7.1 落顶方式的研究

A 选择大红山落顶方式的原则

在覆盖层之下崩矿和放矿，是采用无底柱分段崩落法开采的必要条件。覆盖层的作用主要有两点：一是在崩矿时形成挤压爆破的条件，并使崩下矿石集中在进路的端部放矿的区域，以便放矿时可将崩下矿石放出；二是由于有覆盖层的存在，隔断了空区与进路的通道，这样在空区顶板突然发生大面积冒落而产生冲击波时，可以保证生产的安全。

大红山铁矿主矿体顶板以变钠质熔岩为主，稳固性良好，且主矿体总体上呈缓倾斜产出，这样，在生产初期需采用强制落顶方式崩落顶板形成覆盖层，在生产中还需不断崩落顶板进行补顶工作。但如全用强制落顶方式，落顶所需井巷工程及深孔量大、费用高，加之当顶板达到足够大的暴露面积时也存在自然垮落的趋势。

因此，大红山铁矿落顶应该遵循的原则是：

（1）强制落顶与自然落顶相结合，尽量创造条件进行自然落顶。

（2）对于初期的强制落顶及生产中的必要补顶，应针对矿体的具体情况，开采情况（生产初期、正常生产期和中后期），装备及技术力量，生产持续与衔接等因素，因地制宜、具体对待，不能一刀切。

B　总体落顶方式的研究

主采区的开采范围是 400~500m 标高，矿体为缓倾斜厚大矿体，平均矿体厚度为 80m 左右。在前期 300kt/a 试验性采矿工程形成的暴露面积（约 8~9km²）的基础上，通过试验矿块进一步扩大顶板的暴露面积，由 8~9km² 扩大到 12~14km²。在投产初期已有较大的顶板暴露面积和一定的自然崩落的趋势（理论研究推断，暴露面积大于 12000m² 时顶板可能将开始自然垮落），再加上周边必要的强制落顶，可以较好地形成覆盖岩层，随生产的进行，暴露面积进一步扩大到 32~44km²。以自然崩落为主的落顶方式将越来越具备条件，必要时在需要补顶的方向、在已崩落区侧边进行拉底切割及削帮，促使顶板进一步垮落，补充新的覆盖范围。

中部采区的开采范围位于 500~705m 标高，矿体倾角陡，矿体厚度较小（30~50m），矿体沿走向长度不长。初期采用强制崩落，随回采分段下移，上盘顶板暴露面积的扩大，自然崩落逐步形成，必要时对崎角拉低切割及削帮，促使上盘岩石垮落形成覆盖岩层。

随着主采区及中部采区采空区的不断扩大，二者将日趋靠近，到一定时候将引起大的自然崩落，造成顶板大面积垮落，将二者连通，并往上部发展直至冒通地表。在开采范围逐步扩大，落顶范围也逐步扩大的过程中，要控制落顶有序进行，避免造成集中大冒、大垮并产生极大的冲击波，十分重要，这是随着开采的推进应重点研究的课题之一。

4.5.7.2　覆盖层厚度的确定

按《金属非金属矿山安全规程》的规定：采用无底柱分段崩落法回采，回采工作面的上方，应有大于分段高度的覆盖岩层，以保证回采工作的安全；若上盘不能自行冒落或冒落的岩石量达不到所规定的厚度，应及时进行强制放顶，使覆盖岩层厚度达到分段高度的 2 倍左右；上、下两个分段同时回采时，上分段应超前于下分段，超前距离应使上分段位于下分段回采工作面的错动范围之外，且应不小于 20m。

大红山铁矿矿围岩稳固，采用无底柱分段崩落法开采的初期，需采用强制崩落顶板来形成覆盖层。按《金属非金属矿山安全规程》的规定，开采初期强制崩落形成覆盖层的厚度要达到 40m 左右。按此要求，设计确定落顶分段崩落围岩（或矿石）实体的厚度为 30m，按 1.3 的松散系数计算，崩下覆盖层散体的厚度可达到接近 40m 的厚度。在废石盖层条件下，首采分段放出矿量约为崩下矿量的 40% 多，尚有 50% 多的崩下矿石留在空区内，总的覆盖层厚度已超过 40m，满足《金属非金属矿山安全规程》的规定。在矿石盖层条件下，设计要求控制首采分段的放出矿量，确保留有 40m 厚度的覆盖层量在空区内，保证回采的安全。

4.5.7.3　覆盖层物料的选择、比较与确定

一般用废石作为覆盖层的情况较多，有的情况下也可以暂留矿石作为覆盖层，如急倾斜矿体条件下，为减少废石落顶工程及提高开采初期放矿的指标，可在开采初期崩落矿石后只进行松动放矿，暂留下足够厚度的矿石作为覆盖层。在矿石覆盖层条件下，初期放矿时无废石混入，放出的是纯矿石，放矿指标较好，在不计矿石覆盖层量的前提下，回收率较高。用矿石作覆盖层通常是暂时性的，因无底柱分段崩落法开采时不留矿柱，以矿块为单元按一定顺序连续回采。随着开采的进行，矿体顶板暴露面积扩大到一定面积或空区扩大到一定体积后，矿体顶板将发生自然崩落或出于安全的需要而强制崩落顶板充填空区，此时也就形成了废石覆盖层，此后需在放矿时尽量放出（回收）以前作为覆盖层的矿石。矿体顶板自然崩落通常会逐步发生（很少会一次性崩落后就充填满空区），什么时间或什么地点崩落及崩落多少量难以精确预计，在矿体存在倾角的条件下，靠近矿体顶板部位的放出椭球体较易将崩落的废石放出，在覆盖层内形成矿岩穿插的情况，在靠近矿体下盘位置。覆盖层的矿石因下盘的摩擦力制约会停留在较高的位置。上述这些情况对有计划地回收作为覆盖层的矿石不利，最终可能会造成留作覆盖层的矿石只能部分回收，其余部分因矿岩穿插难以放出而损失。

采用暂留矿石作覆盖层有其利也有其弊。其利可减少废石落顶工程，顶板崩落前放矿管理简单，可提高放矿品位及回收率，其弊是在顶板崩落不可控或不可预计的情况下，放矿过程中会造成矿岩穿插，而使留作覆盖层的一部分矿石无法回收。采用废石作为覆盖层时，初期需投放废石落顶工程，应严格按放矿设计的要求进行放矿，放矿管理相对较复杂，但放矿是按计划可控地进行的。

大红山铁矿 4000kt/a 一期工程的覆盖层物料选择，根据实际情况，因地不同而异，具体对待。

A　中部采区落顶层物料的选择

中部采区矿体倾角陡，垂直高度大，回采分段数量多，加之上部有一定量的（如用正规采矿时工程量大的）矿石可以作为盖层，条件有利。初期强制落顶可以选择用矿石作为覆盖岩层。随回采分段下移，上盘顶板暴露面积的扩大，自然崩落逐步形成，必要时对崎角拉低切割及削帮，促使上盘岩石垮落形成覆盖岩层，初期强制崩落作为盖层的矿石部分可以在后续分段的放矿过程中逐步放出回收。

B　主采区落顶层物料的选择

主采区的情况较复杂，应具体对待。一期主采区开采主矿体 400 ~ 500m 的矿体，一共只有 4 个采矿分段（400m、420m、440m、460m），1 个落顶分段（480m），存在用矿石作为盖层及用围岩为主、部分矿石为辅作为盖层等两个方案。

如果全部用崩落矿石作为盖层，虽然可以降低出矿的贫化率和损失率，但是需要崩落一个分段的矿石来作为盖层。对基建范围来说，需用 460m 分段作矿石盖层，则主采区基

建完成的采切工程控制范围内实际采出矿量少。按照投产后主采区的产量要求，这部分矿量可满足的实际服务年限只有 1 年，使生产初期采掘协调和持续十分紧张，而且根据主采区矿体的厚度，有的地段留了矿石盖层后，下部只有 2 ~ 3 个回采分段，进一步降低了主采区能提供的采出矿石量，所以留矿石作盖层是不适合的。

大红山铁矿主采区的情况比较复杂，要因地制宜，根据上下关系、基建范围和生产持续等因素具体对待。基建范围内以 A38′线为界，分东、西两部分考虑盖层方案。A38′以东部分，北部 480m 分段及以上部分为贫矿，可作为矿石盖层，故这部分可考虑用 480m 分段的矿石作盖层、460m 分段采矿；南部 460m 分段只有 2/3 以下有矿，如 460m 分段留矿作盖层后下部只有 2 ~ 3 个分段开采，无法充分转入正常的放矿，这部分考虑用 480m 分段的废石作为盖层、460m 分段采矿。A38′以西部分，北部 480m 分段及以上无矿，460m 分段基本无矿，这部分考虑 460m 的废石作为盖层、440m 分段采矿；南部 480m 分段有部分为矿石，有部分为废石，这部分考虑 480m 分段作盖层、460m 分段采矿。

由于大红山铁矿设计开采范围内，矿体上盘围岩以及夹石本身的含铁品位较高，达到 12%~20%，有利于降低贫化率。

4.5.7.4　主采区初期强制落顶方式的比较和确定

大红山铁矿投产初期需要进行强制落顶，按照崩落顶板围岩与回采工作的关系，落顶方式可考虑三种方案：先落顶后采矿、边落顶边采矿、回采后集中落顶。

A　先落顶后采矿的落顶方式

该方式在尖林山等矿山使用过，但根据大红山铁矿矿体的产状和形态，以及大红山铁矿的开采规模，如果以采用这种方式为主进行落顶，基建期和投产初期的落顶工程量非常大，既大量增加了基建工程量和基建投资，又无法满足大红山铁矿 4000kt/a 采、选、管道工程三年建成、三年达产的既定目标。所以大红山铁矿不宜以这种落顶方式为主。

B　边落顶边采矿的落顶方式

该方式在程潮铁矿（Ⅲ号主矿体）等矿山使用过，采用这种落顶方式，既可以减轻基建期和投产初期的落顶压力，又可以与落顶同步及时进行正常回采作业，适应大红山铁矿建设的需要，是目前能选用的较好的落顶方式。

C　先采矿后集中落顶的落顶方式

该方式在梅山铁矿初期小范围使用过，采用这种方式落顶，先用空场法采矿，而后崩落矿柱，造成较大暴露面积形成盖层，或只用空场法采矿，当空区面积达到足够大时，造成上部岩石跨落形成覆盖层。这种方式用采矿代替落顶，但主要问题是在空场状态下出矿到一定程度后，随面积的扩大，空区内安全性越来越差，出矿越来越困难。留矿柱时，矿柱损失大，不留或少留矿柱时，空区内难以安全出矿的残留矿石多，而且崩落岩石与残留矿石（矿柱）接触面起伏波动大，在下部回收矿石时损失贫化大。

为了进一步研究先采矿后落顶方式，在投产初期空场状态下的矿石回收率，设计对先空场后崩落的设想做了必要的研究。根据 460m 分段矿体完整与否分为两种情况进行，对采用不同的底部结构形式的空场法作了分析计算，各种情况下的回收率详见表 4-24。

表4-24　先空场后崩落方案空场状态下的矿石回收率

460m 分段 矿块完整情况	底部结构布置情况	回收率/%		
		一步骤	二步骤	合　计
完整矿块	单侧进路布置	51.82	7.48	59.30
	双侧进路对齐布置	60.54	5.00	65.54
	双侧进路交错布置	60.54	9.80	70.34
半截矿块	单侧进路布置	45.77	4.97	50.74
	双侧进路对齐布置	54.06	3.34	57.40
	双侧进路交错布置	54.06	9.74	63.80

据此计算的主采区空场状态最大量出矿时，主采区的实际采出矿石量为 3733.3kt，实际的服务年限只有 2 年，满足不了 3 年达产的要求。因此，先空场后崩落的设想不符合大红山铁矿生产的实际需要。

4.5.7.5　落顶凿岩爆破

A　落顶炮孔布置及参数的试验研究

大红山铁矿属缓倾斜矿床，在上盘围岩形成自然崩落机制前，随着回采工作的进行，需不断地崩落围岩为回采工作提供必需的覆盖岩石。因此，在满足生产实际需求的前提下，应尽可能地增大爆破结构参数以降低放顶成本。为此，大红山铁矿进行了工业试验，放顶进路间距设计为 40m，比回采进路扩大 1 倍，最大炮孔深度大于 35m，孔底距加大以降低炸药单耗。

放顶工业试验主要是炸药单耗和炮孔孔底距，选择这两个参数的目的，一是为了控制凿岩工作量，二是为了控制炸药的消耗。因为，孔底距的大小决定了排面炮孔的多少，增大孔底距就减少了每排炮孔的个数，减少了凿岩工作量；降低炸药单耗必然降低爆破成本。工业试验的目的是通过这些参数不同的组合，寻找到效率最高、成本最低的放顶参数。放顶爆破工业试验参数如表 4-25 所示。

表4-25　分层工业试验参数

试验项目	试　验　参　数			备　注
炸药单耗/kg·t^{-1}	0.35	0.30	0.25	装药系数 0.75
孔底距/m	3.0	3.5	4.0	

根据工业试验结论，落顶：炮孔排距 2.7m，孔底距 4.0m，炸药单耗 0.25kg/t 左右。崩落覆盖岩层炮孔布置示意图见图 4-30。

B　落顶炮孔布置及参数的实际应用

a　凿岩设备

采用与落矿相同的深孔凿岩设备，即 Simba H1354 采矿台车凿岩。

b　炮孔直径

选用与落矿相同的炮孔直径，$d = 76mm$。

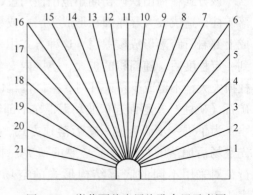

图 4-30　崩落覆盖岩层炮孔布置示意图

c　炮孔布置及其参数

（1）落顶时需要拉切割槽以形成初始爆破的自由面时，切割槽的炮孔布置及其参数也与回采切割槽相同。开掘切割槽采用垂直上向近似平行的炮孔，排距 1.2m，每排 3 ~ 4 个炮孔交叉布置，炮孔间距 1.2 ~ 1.4m，炮孔孔底要控制到切割槽边界。

（2）落顶进路。

采用垂直上向扇形炮孔。

在采用矿石作为覆盖层的地段，因矿石今后还要回收，其大块率要控制在合理范围，因此其落顶炮孔布置及其参数也与落矿基本相同，即采用垂直上向扇形孔崩矿，炮孔排距 1.6 ~ 2.0m，炮孔孔底距 2.0 ~ 2.8m，边孔角 45° ~ 60°；在采用废石作为覆盖层的地段，落顶层块度没有特别要求，只要能崩落即可，因此落顶炮孔参数比落矿稍大，边孔角为 30°，排距为 2.2 ~ 2.4m，孔底距为 2.8 ~ 3.4m；前后排交叉布置。炮孔孔底上至设计标高位置，相邻进路孔间距 1.5m 左右。

d　装药爆破

与落矿相同，采用 BQF-100 装药器装粒状硝铵炸药，导爆索与非电毫秒管复式起爆。导爆索全孔布设，非电毫秒管起爆药包置于孔口。

落顶时爆破前的松动是在其下部出矿分段通过出矿来完成的，落顶分段不需出矿松动；但当采用矿石作为覆盖层时，也可在落顶分段出矿进行松动。落顶时没有崩矿步距的限制，只是要求拉槽后逐步超前于下部出矿分段即可。大红山铁矿无底柱分段崩落法落顶一般超前于下部出矿分段 10m 左右。

4.5.7.6　二期落顶

二期开采初期，首采 370m 分段，位于东面的大部分地段处于一期开采范围内，已形成覆盖层，位于西面的少部分地段，要形成初始覆盖层，覆盖层考虑采用自然崩落为主、局部强制崩落为辅的方式形成。西上采区为急倾斜矿体，采用崩落矿石作为覆盖层。采用矿石作为覆盖层时，应考虑在顶板逐步自然垮落时，逐步回收一部分覆盖层内的矿石。

落顶采用和落矿一样的设备和崩落方式，即采用 Simba H1354 采矿台车钻凿上向扇形深孔，采用装药器装粒状硝铵炸药爆破，导爆索与非电毫秒管复式起爆，在废石覆盖层部位，爆破参数也可取大一些。根据覆盖层的作用，并考虑到凿岩设备的能力，设计落顶向上崩落的范围为 30m 高。

对于缓倾斜矿体，由于矿体顶板总是起伏不平，矿体顶板不会与分段标高完整地平齐，经放矿分析，认为当矿体在分段之上的厚度下降到大约不足 15m 时，因矿体厚度较小，此分段就不宜放矿，而改作为落顶分段，由于落顶时向上崩落的范围设计为 30m 高，这样，落顶通常一部分是废石，另一部分是矿石。

4.5.8　大参数无底柱分段崩落法应用效果

4.5.8.1　采掘设备使用情况

根据生产中采矿、掘进工作需要及施工单位已有设备的情况，4000kt/a 一期工程主采区和中部采区实际投入的主要采掘设备见表 4-26。

表 4-26 各采区实际投入设备数量

序号	设备名称	设备型号	投入数量/台	
			主采区	中部采区
一		出矿出碴设备		
1	6m³电动运机	Toro1400E	3	1
2	6m³柴油运机	Toro1400	1	
3	4m³柴油运机	ST1010	2	
4	3m³柴油运机	ST3.5	4	5
二		凿岩设备		
1	采矿台车	Simba H1354	4	3
2	采矿台车	Simba H254		2
3	掘进台车	Boomer281	2	2
4	掘进台车	Boomer104	1	

主要采矿设备实际效率指标见表 4-27。

表 4-27 采矿设备实际效率

序号	设备名称	设备型号	设备效率	
			单位	数量
一		出矿设备		
1	6m³电动运机	Toro1400E	kt/(台·a)	600
2	6m³柴油运机	Toro1400	kt/(台·a)	500
3	4m³柴油运机	ST1010	kt/(台·a)	400~500
4	3m³柴油运机	ST3.5	kt/(台·a)	200~300
二		凿岩设备		
1	采矿台车	Simba H1354	m/(台·月)	8000
2	掘进台车	Boomer281	成巷 m/(台·月)	150~200

针对无轨设备的使用，矿山制定了相应的操作规程及管理考核办法，保证设备能按规定进行操作和保养，使设备保持很高的可开动率及稳定的作业率，主要设备作业率为 95%~100%，发挥出设备应有的效率。采掘设备投入较设计有所增加，为实际采矿生产能力超过设计生产能力提供了保证。

4.5.8.2 实际生产能力指标

大红山铁矿 4000kt/a 一期无底柱分段崩落法开采实际的开采强度系数和年下降速度见表 4-28。

表 4-28 大红山铁矿开采强度系数和年下降速度

矿山名称	矿体产状		开采分段（或阶段）	开采强度	下降速度
	厚度/m	倾角/(°)	矿体水平面积/km²	/t·(a·m²)⁻¹	/m·a⁻¹
大红山铁矿主采区 400~500m	真厚度70	10~20	81.5	30.67~34.36	10~12
大红山铁矿中Ⅱ采区	50	63	20.2	51.05	20~22.5
大红山铁矿中Ⅰ采区	24	64	10.4	71.71	17.5

4.5.8.3 主要指标及消耗

大红山铁矿 4000kt/a 工程主要回采指标、设备效率、主要材料消耗、能耗等见表 4-29。

表 4-29 主要指标及消耗

序 号	指 标	单 位	数 量	备 注
一	主要指标			
1	回收率	%	79.25	不含落顶层
2	废石混入率	%	12.77	
3	大块率	%	2.73	
二	主要设备效率			
1	采矿台车钻凿深孔	m/(台·月)	8000	
2	$6m^3$ 铲运机出矿	kt/(台·a)	600	
3	$3m^3$ 铲运机出矿	kt/(台·a)	300	
三	主要材料消耗			
1	$3m^3$ 铲运机轮胎	条/kt	0.011	
2	$6m^3$ 铲运机轮胎	条/kt	0.011	
3	炸药	kg/kt	470	
4	磁电雷管	个/kt	0.0002	
5	导爆索	m/kt	0.11	
6	毫秒管	发/kt	0.01	
7	钎杆（1.5m）	根/kt	0.35	
8	合金钎头（$\phi76$）	个/kt	0.7	
9	钎尾	套/kt	0.23	
四	能耗			
1	电力单耗	kW·h/t	5.09	
2	工序能耗（标煤）	kg/t	0.63	

4.6 调整与改进方向的探讨

4.6.1 概述

4.6.1.1 新设备运用带来的变化

采掘设备的发展不断改变着采掘业的面貌，不断提高采掘业的生产效率及改善采掘业的作业环境。采掘业的发展也在促进采掘设备不断更新及提高技术水平。

随着一些更高技术水平的采掘设备在全球一些矿山推广运用，在国内一些矿山的设计或实际生产矿山的技改中，也逐步采用新的设备及更合理的参数。

4.6.1.2 分段高度局部调整带来的变化

大红山铁矿 4000kt/a 一期工程开采 400m 标高以上矿体，其运输水平设在 380m 水平。

4000kt/a 二期工程开采 400m 标高以下矿体，按 20m 分段高度布置，二期首采分段也为 380m 水平，一期向二期过渡期间，存在二期首采分段采切工程施工和一期运输水平运矿（废）交叉影响的问题。对此初步设计按以下方式解决：在 400m 标高以上尚在生产期间，先建成二期有轨运输及溜破系统、采场溜井上延至 400m 标高以上，将 400m 标高以上矿石下放至二期有轨运输及溜破系统来处理，此后再来拆除一期 380m 水平有轨运输设施及施工二期 380m 采切工程。但在实际生产中，由于一期开采下降速度加快，需要尽快建成二期采切系统并投入生产，在时间上已不允许采用上述方式来解决一、二期过渡的交叉影响问题。为使二期首采分段采切工程施工时，一期运输水平还能正常生产，矿业公司决定将二期首采分段由 380m 标高调整到 370m 标高，第二分段设于 340m 标高，340m 标高以下仍然按 20m 分段高度来设置。这样，二期无底柱分段崩落法 340 ~ 400m 标高分段高度由 20m 变为 30m，为与一期的放矿椭球体相衔接，进路间距仍为 20m，此地段的结构参数扩大为 30m×20m。对于此地段 30m×20m 结构参数的放矿问题，设计进行了分析计算，其最优方案与原设计 20m×20m 结构参数最优方案比，回贫差值约少 5.1%，表明调整后的结构参数配置及放矿指标不是很理想，但为能尽早展开二期采切工程的基建工作，以维持 4000kt/a 工程能持续正常生产，仍采取在一、二期过渡地段调整分段高度的办法来解决上述一、二期过渡的交叉影响问题。同时也是通过调整结构参数、以进一步提高矿块生产能力的一种尝试。

分段高度加大后，需选择合适的凿岩及装药设备，以适应高分段凿岩和装药的要求。

为适应分段高度调整的需要，进一步提高矿块生产能力和降低成本，在二期工程采矿设备采购之前，对主要设备及参数配置作了分析比较。

4.6.2　深孔凿岩设备及深孔孔径调整

4.6.2.1　一期深孔凿岩设备的不足及二期深孔凿岩设备选择思路

一期所选深孔凿岩设备为 Simba H1354 型顶锤式液压凿岩台车，配置 COP1838ME 凿岩机、T45 钻杆，凿岩机冲击功率 20kW，深孔孔径为 ϕ76mm。从实际生产情况看，该设备在钻凿 25m 深度内的钻孔时效率很高，钻孔深度超过 25m 后，凿岩效率逐步降低，钻孔偏斜加大，一般不宜钻凿大于 35m 深度的钻孔。二期分段高度调整为 30m 的地段，最深孔深达 40m 左右，超出了 Simba H1354 型凿岩台车高效凿岩及保证精度的范围，为保证超深孔的成孔质量及凿岩效率，需选择合适的深孔凿岩设备。

与潜孔钻机的冲击器随孔深的变化不断跟进不同，顶锤式液压凿岩台车的凿岩机及冲击锤设于孔外的台车上，随着孔深加大，钻杆数量增加，钻杆总重增加，钻杆接头数增加，孔内钻头作用于岩石的有效凿岩功率减小。

另外，随着孔深加大，钻孔偏斜也会加大。一般来说，钻孔偏斜产生的原因主要有以下几个方面：

（1）设备方面有定位精度不高、设备稳定性差、设备智能化程度不够等问题。

（2）人员方面有操作不熟练、水平低等问题。

（3）不良地质因素，如层理发育、有裂隙、岩性变化等。

（4）钻杆具方面，如钻杆刚度小、钻杆接头或钻头质量差等。

上述四方面中，（1）、（2）条可尽量选用先进的设备及选用熟练操作人员以应对；对第

（3）条，如果现场已存在不良地质因素，是客观条件，无法改变；对第（4）条，一是选用质量可靠的钻具，二是选用外径更大的钻管（需加大孔径），三是在钻管上加装稳杆器。

针对一期所用设备在钻凿 25m 以上深孔凿岩效率逐步降低，钻孔偏斜加大的问题，经研究提出了以下解决思路：

（1）选用技术先进、智能化程度高、质量优良的凿岩设备，从国内地下矿山实际使用情况看，进口的凿岩台车整体质量上可满足要求。

（2）选用潜孔钻机，或者选用配置有更大功率凿岩机的顶锤式液压凿岩台车。

（3）增大孔径，增大钻杆（管）外径，从而增大钻杆（管）刚度。

4.6.2.2　深孔凿岩设备选择和比较

潜孔钻机中以气动潜孔钻机运用较为广泛，水压潜孔钻机仅在国外少数矿山成功运用，尚未推广开来。

气动潜孔钻机按气压划分为低压（不大于 0.7MPa）、中压（0.7 ~ 1.2MPa）、高压（1.2 ~ 2.5MPa）三种。要获得较快的凿岩速度，应采用中高气压。进口的气动潜孔钻机，以阿特拉斯生产的 Simba 系列在国内运用较为广泛，其中 SimbaM4C-ITH 型气动潜孔式采矿凿岩台车具有自动化水平高、效率高、钻孔精度高等特点，孔径范围 95 ~ 178mm，最高工作气压可达 2.5MPa。

液压凿岩台车已广泛运用，并朝凿岩机大功率、台车自动化方向发展。阿特拉斯生产的 COP4050 液压凿岩机，功率达 40kW，山特维克生产的 HL1560T 液压凿岩机，功率达 33kW。这两种凿岩机适应地下深孔孔径范围 89 ~ 127mm。根据供货方的介绍和分析，采用这两种凿岩机配置的顶锤式液压凿岩台车能满足二期深孔凿岩设备选型要求。

对于大参数无底柱分段崩落法深孔凿岩（孔径按 102mm）设备，选用高气压气动潜孔钻机和大功率顶锤式液压凿岩台车的差异，主要有以下几点：

（1）凿岩速度方面，大功率顶锤式液压凿岩台车约为高气压气动潜孔钻机的 2 倍。

（2）能耗方面，大功率顶锤式液压凿岩台车约为高气压气动潜孔钻机的 1/5 ~ 1/4。

（3）设备投资方面，均以采用先进的进口设备来对比，从单台套设备看，两者的投资差异不大，但因两者在凿岩速度方面的差异，所需大功率顶锤式液压凿岩台车的总数少，总的设备投资要少得多。

上述对比结果是在钻凿炮孔孔径为 102mm、孔深为 17 ~ 42m 的上向扇形深孔、岩石 f 值为 8 ~ 12 的条件下得出的。在此条件下，凿岩效率及成本方面，顶锤式液压凿岩台车均优于高气压气动潜孔钻机。一般情况下，地下潜孔钻机适合钻凿的孔径为 90 ~ 250mm，孔深能达到 70m（甚至可高达 100m 以上），多用于凿岩下向孔，而地下顶锤式液压凿岩台车适于钻凿的孔径多为 64 ~ 127mm，孔深多在 35m 以内，最深一般不超过 50m。因此潜孔钻机与顶锤式液压凿岩台车在孔径及孔深的适用范围有所不同，且各有特点。在实际生产中，气动潜孔钻机多用于下向大直径采矿深孔凿岩，而无底柱分段崩落法上向扇形深孔多采用顶锤式液压凿岩台车凿岩。

水压潜孔钻机兼有潜孔钻凿岩速度基本不随孔深增大而降低的优点，液压凿岩效率高、能耗低。地下矿山凿岩本身就需要湿式作业降尘及冲洗岩碴，且供水点多位于高处而凿岩用水点位于低处，凿岩用水供到地下已具有一定水压，水压潜孔钻机可利用这一部分势能。因此在地下矿山使用水压潜孔钻机有很多益处。但水压潜孔钻机目前尚未推广应用，在国内还没有成功使用的先例。另外，可能由于备件不足、售后服务不配套等原因，设备供应商也不赞成在大红山铁矿4000kt/a二期工程采用水压潜孔钻机。

综合上述情况后，大红山铁矿最终确定在4000kt/a二期工程中选用大功率顶锤式液压凿岩台车钻凿深孔。

4.6.2.3 深孔孔径调整

在已采用定位精度高、稳定性好、智能化水平高的设备并由熟练工操作的前提下，要减小钻孔偏斜，最有效的措施之一是加大钻杆（管）直径、提高钻杆或钻管刚度。要采用外径更大的钻管，相应地，必须选用更大的孔径。

采矿深孔孔径由小变大后，可提高每米炮孔崩矿量，减少凿岩台车数量，提高矿块生产能力。按大红山铁矿过渡分段30m×20m的无底柱分段崩落法结构参数，以60°的边孔角布置，计算东上采区炮孔直径由小变大后每米炮孔崩矿量及深孔凿岩台车需用数量，结果见表4-30。

表4-30 东上采区炮孔直径、每米炮孔崩矿量及凿岩台车数量

序 号	炮孔直径/mm	每米炮孔崩矿量/t	东上采区所需凿岩台车数/台
1	76	9.4	7
2	89	13.1	6
3	102	17.2	4
4	115	22.5	3

从表中可看出，在炮孔直径由76mm变为115mm后，每米炮孔崩矿量提高1倍多，东上采区所需凿岩台车数量减少一半多。凿岩台车数量减少后，凿岩环节占用的矿块数减少，矿块生产能力将增大。可以说，炮孔直径加大所带来的好处是明显的。

大红山铁矿4000kt/a一期工程所选用的配置COP1838ME凿岩机的SimbaH1354型顶锤式液压凿岩台车，其设备标称适合于钻凿孔径为51~89（102）mm，若按最长一款推进梁配置，最大孔深可打50.4m。而在大红山铁矿实际使用情况是炮孔（直径为76mm）超25m时则凿岩效率逐步降低。鉴于实际使用情况，要保证凿岩台车在大红山铁矿使用有较高凿岩效率，宜在设备标称能力的中限附近选用作业参数。

瑞典基律纳铁矿是世界上采用有底柱分段崩落法开采装备最先进的矿山之一，目前其分段高度高达30m，采矿深孔孔径为115mm，深孔凿岩设备以水压潜孔钻机为主。

从目前顶锤式液压凿岩台车设备能力、大红山铁矿实际情况及类似矿山的实际经验看，大红山铁矿4000kt/a二期无底柱分段崩落法深孔孔径可选用102mm或115mm，但考虑到深孔凿岩成孔质量和速度的保障及深孔装药的可靠性，经各相关方讨论后，最终选定深孔孔径为102mm。

4.6.3 出矿设备大型化

电动铲运机与柴油铲运机相比，有节能、发热量小、不产生油烟、维修费用低等优点，其缺点是工作时要用电缆供电，其活动范围受电缆长度限制。无底柱分段崩落法多用于急倾斜厚矿体或缓倾斜厚大矿体采矿，出矿地点相对固定，出矿时移动距离短，主力出矿设备多采用电动铲运机出矿。

采用无轨设备出矿的无底柱分段崩落法出矿矿块生产能力主要取决于出矿铲运机的效率。大红山铁矿 4000kt/a 一期工程选用出矿主力设备为 Toro1400E 型 14t 电动铲运机，从实际生产情况看，该设备其出矿效率可达 600kt/（台·a）以上。

目前，已成熟运用的载重 14t 以上的电动铲运机仅有 25t 这一级别，基律纳铁矿采用此型铲运机出矿，实际出矿效率达 1200～1500kt/（台·a）。

大红山铁矿 4000kt/a 二期生产初期，受浅部熔岩铁矿露天采场的压矿制约，其主力采区——东上采区的北侧需留设保安矿柱，致使可采面积减小，可布出矿矿块数少。按矿山总体产量平衡，该采区设计最大生产能力需达 4600kt/a，按 600kt/a 的矿块出矿生产能力计（即采用 14t 电动铲运机出矿），需 8 个出矿矿块同时生产才能保证。如果改用 25t 电动铲运机出矿，出矿矿块生产能力将达到 1200kt/a，东上采区将只需 4 个出矿矿块就能达到设计生产能力，这对生产组织及和东上采区的生产能力保证将很有好处，只是该设备外形尺寸达到长 14011mm×宽 3710mm×高 3161mm，约需按宽 5000mm×高 4300mm 的三心拱形断面配置通行及作业的巷道。在大红山铁矿无底柱分段崩落法开采中是否要采用更大级别的电动铲运机出矿，值得进一步探讨。

4.6.4　提高自动化水平

随着我国经济发展水平不断提高，矿业作业人员的安全、职业健康、作业环境的舒适性等越来越受到重视。近年来，矿山人工成本越来越高，自动化水平提高后，采掘作业效率和质量将得到提高。鉴于上述原因，我国部分矿山正在逐步推进提高采掘作业自动化水平。对大红山铁矿大参数有底柱分段崩落法开采来说，也有必要逐步提高自动化水平。结合当前采掘作业自动化技术的现状，主要可重点推进以下两个方面的自动化。

4.6.4.1　铲运机出矿自动化

CAT、Sandvik、Atlas、G.H.H 等公司均已研制并成功推出了地下铲运机的远程遥控技术并应用于矿山。采用铲运机的远程遥控技术后，操作人员可在非常舒适的控制室对采场出矿的地下铲运机进行远程遥控。目前已实现的远程遥控水平为：铲运机在溜井口的卸载、在出矿联络通道内的调头、行走等环节可全自动运行；铲运机在采场矿堆位置的矿石铲装环节尚需操作人员远程辅助完成；一名操作人员最多可远程遥控 3 台铲运机。

实现了铲运机远程遥控后，可大大改善操作人员作业环境，使操作人员远离粉尘、噪声、有毒有害气体及高温等危害，大大减轻了操作人员的劳动强度，以及减少操作人员的数量。

4.6.4.2　采矿台车深孔凿岩自动化

Sandvik、Atlas 等公司均生产有可单排面全自动控制的顶锤式液压深孔凿岩台车。操作人员在现场将台车位置调整定位后，台车可按事先设定的炮孔参数全自动完成一个排面的扇形孔凿岩，包括自动对孔、开孔、换杆、退杆等作业。但目前在自动凿岩的过程中，尚不能自动更换钻头；对于因巷道壁形状不规整而需调整开孔位置情况，需操作人员在自动作业前进行设定。

采用凿岩台车自动控制技术后，能提高台车的定位精度和凿岩效率，减轻操作人员的劳动强度，减少噪声对操作人员的危害。

　　二期工程的深孔凿岩台车、出矿铲运机的选择已为进一步实现矿山生产自动化打下了基础。

4.6.5　二期工程更新的无轨设备

　　经反复研究及通过招标，深孔凿岩台车选用山特维克（Sandvik）DL421-15C 型顶锤式液压凿岩台车 4 台，配套装药台车选用挪曼尔特（Normet）Charmec MC 605 DA 型装药台车 2 台；大型出矿铲运机选用山特维克 LH514E 电动铲运机 5 台、LH514 柴油铲运机 1台，并选用了挪曼尔特 Scamec 2000M 型撬毛台车 1 台。

　　这些设备的性能及配置水平比一期设备都有很大的提高。

4.6.5.1　液压深孔凿岩台车

　　二期井下大规模凿岩作业选用瑞典 Sandvik DL421-15C 电动-液压深孔凿岩台车。该台车可用于垂直和倾斜排面的环形孔、扇形孔、平行深孔钻进，也可用于单独深孔钻进，如彩图 4-31 所示，其主要参数及配置见表 4-31。

表 4-31　设备主要参数及配置说明

主　要　参　数	配　置　说　明
行驶尺寸	长×宽×高 11250mm×3665mm×3420mm
转弯半径	内径 3550mm，外径 6800mm
转向角	±40°
发动机	奔驰 MB OM904LA
排放标准	欧盟 Tier 3 标准
凿岩机	HL1560T
冲击功率	33kW、30~40Hz
工作压力	冲击 90~200bar，旋转 200bar
钻孔直径	89~127mm
推荐钻头	直径 102mm
稳钎器	工作压力 1~150bar
蓄能器	4~55bar
工作臂	ZR30 大臂
钻臂自重	2800kg
钻孔方向	360° 回转
生产能力	100~175 钻米/班
T 形巷道宽度	3950mm
离地间隙	420mm
爬坡能力	最大 25%
输出功率	110kW
底盘	轮式铰接式底盘，静液压传动
旋转马达	OMT500

主 要 参 数	配 置 说 明
尺寸	长×宽×高 1365mm×285mm×345mm
回转扭矩	2330N·m
钻孔深度	0~54m
推荐钻管	ST68、直径87mm、$L=1525mm$
拔钎器	拔出力7kN
耗油量	600~1200g/h
平移范围	3000mm
推进梁	箱式结构，最大推力31kN
换杆器	29+1根，全机械化换杆
爆破出矿	1000~1500kt/a
钻孔效率	25m以下的平均钻孔速度约为96cm/min；当钻至30m时设备效率下降10.6%；当钻至40m时效率下降16.7%；当钻至45m时效率下降约20%
VYK 保护箱	在矿山供电和台车电缆之间，用来监测系统的接地故障、短路和过流状况，保护操作者、电缆及与台车主开关连接的电气系统的安全
其他	独特的底架式落地支撑结构，激光辅助定位设备，TMS DDS角度指示仪，大排量低压力的液压系统，防偏孔的重型钻具，上向孔扇形面的自动化操控

高效的钻孔效率和精准的钻孔精度是实现大红山铁矿大规模深孔凿岩优质崩矿的先决条件。为适应孔深的加深及孔径的加大，该凿岩台车配备33kW的HL1560T凿岩机，提高了凿岩机的功率，钻孔直径102mm，有效孔深可达45m，生产能力为100~175钻米/班。

该钻机采用独特的底架式落地支撑，坚固的大臂和前后顶尖上下支撑，推进梁推进力高达31kN，使用了更利于提高钻孔精度的大孔径重型钻管（ST68），采用有线遥控操作台控制钻进，使用角度仪和扇面自动化，使台车的钻孔精度大大提高。使用水雾洗孔替代水洗孔，能够提高洗孔能力并增加穿孔速率；能够高效地凿钻上向及下向深孔。

仪器仪表、钻孔数据以及多种自动化的选项配置，使台车的自动化等级容易升级。

4.6.5.2 出矿铲运机

大红山铁矿选用 Sandvik LH514E 电动铲运机，如彩图 4-32 所示，其主要参数见表 4-32。

表 4-32 Sandvik LH514E 电动铲运机主要参数及配置说明

主 要 参 数	配 置 说 明
外形尺寸	长×宽×高 10950mm×2886mm×2554mm
转弯半径	内径3300mm，外径7000mm
转向角	42.5°
铲斗运动时间	举升7.0s，落下4.0s，翻卸2.3s
水平行驶速度	4.0~20.5km/h
驾驶室	FOPS/POPS防落石、防翻滚

主　要　参　数	配　置　说　明
电动机	Siemens，三相，鼠笼式
电压	1000V、50Hz
变速箱	Dana 6000 可调式动力换挡
卷缆系统	专利的水平电缆卷盘
行驶巷道宽度	4500mm
转弯巷道宽度	4800mm
行驶载重	14t
标准铲斗	5.4m³
铲取力	大臂28t、收斗24.5t
配置	空调、低噪声、紧急逃生
输出功率	132kW
变速器	Dana C8000、单级
车桥	前后桥均为 Kessler D106
电缆配置	包括锚固器、缓冲器和供电箱
设备转场	最大拖动速度5km/h，VCM拖车模式，拖车需要足够动力和制动能力
液压系统	活塞液压蓄能器、Parker柱塞泵、模块化阀块化设计、独立制动回路和液压油箱
电气系统	具有标准工业线排、全信息LCD显示屏、精确的传感器、可靠的指示灯，采用新型的自动控制系统，与无线遥控、矿山监控系统和数字自动化矿山系统相兼容
诊断系统	包括发动机报警、温压、润滑故障、控制元件失效、电路接触不良、传感器失效、滤芯堵塞等液压和电气故障的报警和提示，以及可供下载的信息日志

大红山铁矿选用 Sandvik LH514 柴油铲运机，如彩图 4-33 所示，其主要参数见表4-33。

表 4-33　Sandvik LH514 柴油铲运机主要参数及配置说明

主　要　参　数	配　置　说　明
外形尺寸	长×宽×高 10518mm×2730mm×2537mm
转弯半径	内径3347mm，外径6869mm
转向角	42.5°
铲斗运动时间	举升7.0s，落下4.0s，翻卸2.3s
水平行驶速度	5.9～32.7km/h
驾驶室	FOPS/POPS 防落石、防翻滚
发动机	Volvo 柴油 TAD1340VE
排放标准	欧盟 TierⅡ 排放标准
行驶巷道宽度	4500mm
转弯巷道宽度	4712/4608mm
行驶载重	14t

续表4-33

主　要　参　数	配　置　说　明
标准铲斗	5.4m³
铲取力	大臂28t，收斗23t
配置	空调、低噪声、紧急逃生
输出功率	256kW/1770N·m
冷却系统	液压泵驱动冷却风扇
液压系统	活塞液压蓄能器、Parker柱塞泵、模块化阀块化设计、独立制动回路和液压油箱
电气系统	具有标准工业线排、全信息LCD显示屏、精确的传感器、可靠的指示灯；并配备便携式无线遥控RRC HBC组件，同驾驶室控制功能相同，包括发射器和接收器
诊断系统	包括发动机报警、温压、润滑故障、控制元件失效、电路接触不良、传感器失效、滤芯堵塞等液压和电气故障的报警和提示，以及可供下载的信息日志

使用LH514E电动铲运机，可以实现快速装矿、满斗装矿和最短运输循环周期，提高铲装效率，降低运行成本，同时，实现尾气零排放、降低噪声，以确保更好的工作环境，降低矿山的通风成本。

配置自动集成称重设备，在大臂举升时自动称重，数据及时用于生产监控和分析，能大大改善无底柱分段崩落法的出矿控制和管理。

采用新型的自动控制系统，不但可自动换挡、使操作更容易，并可提高设备完好率，减少停机故障、缩短维修时间，而且与无线遥控、矿山监控系统和数字自动化矿山系统相兼容，为进一步实现矿山自动化创造了条件。

4.6.5.3　装药台车

一期采用GIA公司生车的装药台车，由于与装药匹配性问题以及其他种种原因，未能成功用于采矿生产装药。为满足二期采矿工程孔深进一步加深的装药要求，经过考察和调研，矿业公司购买了两台芬兰Normet公司生产的Charmec MC 605 DA装药台车，如彩图4-34、彩图4-35所示，其主要参数及配置见表4-34。

表4-34　设备主要参数及配置说明

主　要　参　数	配　置　说　明
设备名称	Charmec MC 605 DA装药台车
最大作业面	高度8.8m
离地间隙	390mm
外转弯半径	6820mm
发动机	涡轮增压水冷式柴油发动机
尾气排放	满足欧洲TIER 3
传动系统	Dana动力换挡变速箱
驾驶室	放落石、防侧翻、控制台可旋转
底盘配置	矿山专用铰接式底盘

主 要 参 数	配 置 说 明
控制系统	Norsmart CAN 总线底盘控制系统
工作臂	液压举升 NBB3S 带框工作臂
举升能力	400kg（可供 2 人站立）
工作臂回旋角度	±30°
装药管	34mm×44mm、60m
设备尺寸	长×宽×高 11900mm×2000mm×2400mm
横断面积	65m²
内转弯半径	3950mm
设备质量	15000kg
功率	110kW/2200r/min
最大速度	25km/h
爬坡速度	坡度 1:7 时，可达 10km/h
驾驶室噪声	低于 75dB
驱动方式	四轮驱动
机载空压机	6m³/min、7bar
大臂举升角度	−18°～+60°
最大举升高度	6.5m（工作框底部到地面）
炸药罐	2×300L 不锈钢 ANFO 罐
ANFO 加水系统	70L
装药方式	ANFO/机械化 ANFO 装药系统，药量实时显示、有线遥控操作，可连续、无间断装药
炸药种类	各种类型的粉状、粒状铵油炸药以及粉状和粒状铵油炸药以各种比例混合而成的炸药
控制系统	NorSmart 集成、无缝控制和诊断系统用于设备所有功能，包括底盘、大臂、装药作业、安全要求、故障诊断、数据采集等
其他	配备有完善的尾气催化净化器和消声器、制动系统、电气防护、倒车摄像头

4.6.5.4 撬毛台车

由于井下地压日益增大，采场及巷道破碎岩石增多，为提高工作面作业安全，井下撬毛工作选用芬兰 Normet 公司 Scamec 2000 M 型撬毛台车。该台车采用独特的伸缩式撬毛臂，专门设计用于地下矿山和隧道机械化撬毛作业，主要由 NC200 底盘、NSB1000 撬毛臂、撬毛工具及别的撬毛附件组成，如彩图 4-36 所示，其主要参数及配置见表 4-35。

表 4-35　设备主要参数及配置说明

主 要 参 数	配 置 说 明
设备名称	Scamec 2000 M 型撬毛台车
离地间隙	420mm

主 要 参 数	配 置 说 明
外转弯半径	6790mm
发动机	Deutz 水冷式涡轮增压柴油发动机
尾气排放	欧洲 TIER3 标准
传动系统	Dana 动力换挡变速箱
底盘配置	矿山专用铰接式底盘
工作臂	NSB1000 伸缩式撬毛臂
撬毛破碎作业高度	最大垂直高度 9.8m
钎具倾斜角度	120°
撬毛锤最大冲击频率	1500bpm
外露电气防护等级	最低 IP65
设备尺寸	长 × 宽 × 高 13850mm × 2650mm × 2400mm
设备质量	26200kg
内转弯半径	4050mm
功率	155kW
最大速度	18km/h
爬坡速度	1:7 坡道上行速度可达 10km/h
驱动方式	四轮驱动
工作臂回旋角度	±40°
撬毛破碎作业宽度	最大水平宽度 14m
钎具回转角度	±45°
撬毛锤冲击功	450J
驾驶室噪声	低于 75dB
驾驶室	FOPS（防落石）和 ROPS（防侧翻）安全标准，封闭式单人驾驶、配置空调
其 他	配备废气催化净化器和消声器、空压机、水管卷盘、水箱及降尘系统，另配备前窗钢化玻璃、防护栏、前推板、倒车摄像头等

参 考 文 献

［1］中冶长天国际工程有限责任公司，昆明有色冶金设计研究院. 昆明钢铁集团有限责任公司大红山铁矿（玉溪大红山矿业有限公司）地下 4000kt/a 采、选、管道工程初步设计［R］. 2005.9.

［2］昆明有色冶金设计研究院股份公司. 昆钢集团有限责任公司大红山铁矿地下 400 万吨/年二期采矿工程初步设计［R］. 2011.6.

［3］昆明钢铁集团有限责任公司，中南大学，昆明有色冶金设计研究院. 大红山铁矿深井高温缓倾斜厚大矿体采矿综合技术研究之高分段大间距无底柱分段崩落法理论与技术研究［R］. 2008.10.

［4］马鞍山矿山研究院，昆钢大红山铁矿指挥部. 昆钢大红山铁矿 4000kt/a 采矿工程放矿试验［R］. 2003.7.

［5］中钢集团马鞍山矿山研究院有限公司，昆钢集团玉溪大红山矿业有限公司. 大红山 4000kt/a 二期采

矿工程大参数放矿试验总结报告 [R]. 2013. 5.

[6] 陈发兴，张志雄. 大参数无底柱分段崩落法在大红山铁矿的运用 [J]. 有色金属设计，2009. 09.

[7] 范有才，李雪明. 大红山铁矿4000kt/a 放矿管理技术分析 [J]. 现代矿业，2009. 09.

[8] 陈发兴. 无底柱分段崩落法出矿进路布置研究 [J]. 有色金属设计，2010. 09.

[9] 保田红. 浅议大红山铁（铜）矿石质量管理 [J]. 现代矿业，2011. 11.

[10] 余正方. 大红山铁矿二期大参数放矿试验 [J]. 现代矿业，2014. 02.

[11] 余南中. 大红山矿区的设计与实践 [J]. 有色金属设计，2009. 09.

[12] 中钢集团武汉安全环保研究院，中钢集团马鞍山矿山研究院等. GB 16423—2006 金属非金属地下矿山安全规程 [S]. 北京：中国标准出版社，2006.

5　胶带斜井开拓的应用

5.1　开拓提升方式的选择

　　大红山铁矿的开拓运输系统是否合适，对于能否实现大规模开采至关重要。开拓系统的拟定，立足点是采用现代化、高效、可靠、完善的系统来为大规模开采提供保障。

　　对于大规模地下开采金属矿山的开拓提升系统来说，主要有箕斗竖井和胶带斜井两种方式。但 20 世纪 90 年代，在实际生产中，国内尚无超过 4000kt/a 规模的地下开采金属矿山，规模超过 200kt/a 的，基本都采用箕斗竖井开拓，胶带斜井开拓当时在国内地下金属矿山的应用极少。在国内，金川公司采用，即下部用胶带斜井与上部箕斗竖井接力提升矿石，而胶带机及胶带为进口设备，90 年代中期投入使用，矿石硬度不大。在 21 世纪初运输量不到 3000kt/a。国际上大规模地下金属矿山采用胶带斜井开拓的不乏实例，但在当时环境下，矿石坚硬的特大型地下金属矿山，采用具有世界先进水平的胶带斜井作为主开拓提升，这在国内仍具有挑战性。

　　箕斗竖井虽然比较成熟，应用广泛，但属于间断式提升，提升能力主要受制于提升设备、提升容器、拖动方式及相应的提升速度。主要存在提升技术和设备复杂，投资较大；竖井上、下的附属设施多（配套电梯、粉矿回收、排水等）；井塔（架）结构复杂、土建施工难度较大，周期长，投资高；对钢绳的要求高，首绳使用中有一根不合格，就应全部更换；箕斗内衬更换频度较高，维护工作量大，维护成本高；对设备的检修维护技术要求较高；箕斗竖井提升系统建成后不容易进行改造以提高产量等问题。

　　而采用胶带斜井开拓，具有胶带运输机连续运输，运输能力大；易于实现自动化，设备和工艺系统简单，技术不复杂；附属设施少，驱动站土建结构简单；斜井施工造价比竖井低，如配置合理，可以实现综合投资低；检修维护容易，运营费用低；产能扩张性强，增加运量容易等优点。因此，在大红山铁矿 4000kt/a 一期工程设计时，提出了能否采用胶带斜井取代箕斗竖井的设想，在设计中对胶带斜井开拓做了认真调研和分析，对采用箕斗竖井开拓还是采用胶带斜井开拓进行了深入比较。

5.2　胶带斜井开拓的风险和存在问题

　　就大红山铁矿而言，斜井胶带提升存在一些问题，主要表现在以下方面：

　　（1）提升能力大，单段提升高度大，胶带斜井倾角大。大红山铁矿一期井下矿石产能为 4000kt/a；绝对提升高度达 421m，处于当时国内地下金属矿山领先水平；胶带斜井倾角为 14°，为保证可靠运行，必须精心进行胶带机设计，选用合适的驱动配置、胶带带宽、带强和带速才能完成正常提升任务。

　　（2）输送物料硬度大。物料中可能含有铁件等，而物料本身具有磁性，能否保证主胶带的安全和使用寿命是令人担心的重要问题，必须采取有效的应对措施。为此，设计在溜井受料点采用保护性低速短胶带受料，向主胶带转载给料，在短胶带上设置磁性检测装置，并配备专门人员拣出铁件；主胶带采用纵向防撕裂胶带；采用缓冲布料装置对主胶带布料。

（3）胶带系统段数多（四段），带速快（4m/s）。主胶带运行时可能存在突然停车和满载启动情况，必须采用可靠的驱动运行和控制、监测方式。主要采用了CST可控驱动系统实现平滑停车和启动。

5.3　一期胶带系统的应用

5.3.1　一期开拓方式的比较与确定

在进行一期工程设计时，国内特大型地下冶金矿山采用胶带斜井＋辅助斜坡道开拓方式尚无先例。为了实现采用现代化、高效、可靠、完善的开拓系统来为大规模开采提供保障的目标，设计分析研究了国内外的状况，提出了胶带斜井＋辅助斜坡道开拓方案。

根据大红山铁矿地表地形和地质条件，结合开采矿体赋存条件，725m水平以下的深部铁矿的开拓方案经过多方案筛选后，较为合适的方式有两个：一是胶带斜井、斜坡道、平硐盲竖井开拓方案；二是西部明箕斗竖井、斜坡道、辅助竖井开拓方案。

5.3.1.1　方案一

采用胶带斜井、斜坡道、平硐盲竖井方案（简称胶带斜井方案）：前期首采400m中段和575m中段的矿石。从西部采矿工业场地肥味河以南720m标高开掘胶带斜井，倾角14°，底部标高320m，斜长1847.305m，采用$B = 1200mm$的胶带输送机，运输至400～725m标高的矿石，主中段20t电机车牵引10m³底侧卸式矿车，运输矿石至矿石溜井，矿石经坑下破碎后由胶带运输机运至地表中间矿仓。

在采矿工业场地710m标高下掘辅助斜坡道和阶段斜坡道通至各分段及破碎硐室，为大规模无轨开采创造方便条件。

为解决废石及人员材料的提升运输问题，在工业场地720m平台南侧720m标高开掘720m平硐，并在A36线附近下掘盲竖井至400m。盲竖井内设单罐平衡锤提升装置并和725～400m的各阶段相通。

由于经斜坡道、720m平硐、胶带斜井进入井下的新风风量尚不能满足要求，在矿体南翼735m标高下掘进风斜井至400m标高，倾角25°，作为其余新风进入井下的通道。

总回风斜井设在矿体北翼，平行布置两条，一条至500m标高，另一条至400m标高。

5.3.1.2　方案二

采用西部明箕斗竖井、斜坡道、辅助竖井开拓方案（简称西部明竖井方案）。

竖井位置拟设于位于西侧的采矿工业场地。经比较，采取主、副井分设方案。

箕斗竖井净直径φ6.5m，井深450m，内设两套27t底卸式单箕斗带平衡锤提升装置，选用JKM3.5×6多绳提升机，负责提升400～725m标高的矿石和废石，各阶段矿石均溜放至400m水平，经机车转运至地下破碎站破碎后用竖井箕斗提至地表矿仓，再经1条长200m的胶带输送机运至中间矿仓。废石不经破碎直接由箕斗提至地表废石仓。

辅助竖井位于箕斗竖井东南侧，净直径6m，内设单罐平衡锤提升装置及交通罐。后期辅助竖井也延伸至＋50m水平，担负下部人员、设备材料的提升任务。

斜坡道、720m 平硐及盲竖井、回风斜井同方案一，但 720m 平硐及盲竖井不担负废石提升任务，主要功能为进风，为上部矿体和小矿体开拓创造条件，并便于 500～650m 中部矿体的开拓。

两个开拓方案的比较见表 5-1。

表 5-1　开拓方案比较

序号	项目	箕斗竖井方案		胶带斜井方案	
		前期	后期	前期	后期
一	可比投资/万元				
1	井巷工程	26168	1192	23941	
	设备及安装				
	无轨设备	903		2710	1204
	提升及电控（进口）	5036	2810		
	胶带运输机（进口）			2739	2501
2	阶段运输	2222	101	1111	
	辅助竖井设备	281			
	地表建筑	384	380	240	
	投资合计	34994	4483	30741	3705
	投资差额	+4253	+778	0	0
二	可比经营费/万元·a^{-1}				
1	阶段运输	390	71	180	
	提升运输	462	61	423	
2	经营费合计	852	132	603	0
	经营费差额	+249	+132	0	0

井巷工程量竖井方案前期多 45.544km³，后期多 27.004km³，比较结果表明：

（1）虽然竖井箕斗提升和胶带运输，在技术上均是成熟可靠的，但胶带运输更为简单方便。主要表现在：1）胶带运输机设备技术含量较低，易于维护；2）斜井提升较竖井提升更容易检修；3）有利于产能的有效发挥；4）更加安全可靠。

（2）胶带斜井方案可比投资及经营费均较省，经济上明显优越。

（3）箕斗竖井工程量较大，前期为 47.4 万立方米（胶带斜井为 42.8 万立方米），建设工期较长。

（4）胶带斜井方案的井下破碎硐室位于矿体中部，靠近斜坡道，而箕斗竖井的破碎硐室位置偏于西侧，不仅中后期延深施工困难，而且当中后期，如生产持续基建滞后、在下部提升及破碎系统尚未建成的情况下，用胶带斜井方案时，下部矿石可直接用汽车运输至破碎硐室破碎后，用上部胶带系统运至地表，而箕斗竖井方案则无此条件。

故经综合研究后，设计采用胶带斜井方案。

5.3.2　一期胶带提升运输系统

一期胶带斜井提升运输系统从下向上依次为采 1 号转运斜井胶带运输机、采 2 号主斜井胶带运输机、采 3 号转运胶带运输机、选 1 号胶带运输机。

采 1 号转运斜井胶带运输机分为两条设置，分别称采 1 号-1 转运斜井胶带和采 1 号-2 转运斜井胶带。两条转运斜井胶带分别位于碎后矿仓两侧，垂直于采 2 号斜井胶带设置，采 1 号斜井胶带斜长 89.565m，倾角 14°，带宽 $B = 1400$mm，带速 0.73m/s，电机功率 75kW，胶带为斜面受料，采用电动链式闸门、振动放矿机沿胶带顺向给料。为避免物料中铁件划伤采 2 号主胶带，在采 1 号胶带上设 LT-1E-1200 金属探测器，与 MC03-150L 除铁器、电动单轨小车构成自动除铁装置，由于物料具有磁性，为防止机械除铁装置失效，特设采 1 号胶带为 0.73m/s 低速运行，便于人工辅助拣出物料中铁件（实际生产中除铁主要靠人工进行）。

采 2 号主斜井胶带为矿石的提升井，井口标高 728.500m，井底标高 320.000m，倾角 $\alpha = 14°$，包括井底平直段在内总长度 $L = 1847.305$m。斜井内设 $B = 1200$mm、ST4000 高强度钢芯胶带运输机（称采 2 号胶带机），胶带机水平长度 1796m，绝对提升高度达 421.15m。为方便胶带机检修，在胶带机旁设置有轨检修设施，地表设置提升机房，配置 JK-3/20A 型提升机。

采 3 号胶带水平运距 98.32m，$B = 1200$mm，倾角 $\alpha = 0.8°$，带速 1.6m/s，电机功率 37kW；选 1 号胶带水平运距 310m，$B = 1200$mm，倾角 $\alpha = 0.8°$，带速 1.6m/s，电机功率 160kW。

整个系统提升高度大，达 440.76m；服务时间长，可达 50 年。

采 2 号主斜井胶带设备配置：

（1）驱动装置。电动机 Y4502-4，6000V，1484r/min，710kW，3 台；可控软启动 CST1120K，$i = 31.5$，3 台；盘形闸 2 套，带油站；驱动滚筒，$\phi1600$mm，2 个，滚筒表面铸人字形沟槽胶层，双出轴 1 个，单出轴 1 个。

（2）改向滚筒。头部改向 $\phi1600$mm，1 个，尾部改向 $\phi1000$mm，1 个，中间 $\phi1600$mm，1 个，$\phi1250$mm，2 个，$\phi1000$mm，1 个，$\phi800$mm，1 个，$\phi400$mm，2 个，改向滚筒表面均为光面铸胶。

（3）托辊组。上托辊组为 3 节槽形悬挂式，下托辊组为两节呈 V 形悬挂式，辊径 $\phi159$mm，上托辊间距 1200mm，下托辊间距 3000mm，托辊为冲压座。

（4）受料装置。受料装置采用重型，由受料板、槽形托辊、弹簧支撑架、空段支撑架、清扫器、压带托辊组、平托辊组组成。上托辊组为 5 节吊挂托辊，吊挂端设塔形弹簧，辊径 $\phi159$mm，下托辊为梳形平托辊，上托辊间距 400mm，下托辊间距 600mm。

（5）卸料漏斗。内壁安装可拆式衬胶板和调节板，设置防堵装置。

（6）胶带张紧采用重锤式拉紧装置。设置于机尾。拉紧力 50000 ~ 70000N，拉紧行程 $\Delta L = 9$m。

（7）清扫装置。头部卸料滚筒处安装弹簧清扫器，清扫承载面；尾部改向滚筒前面安装空段清扫器，清扫非承载面。

（8）胶带。钢绳芯胶带，带宽 $B = 1200$mm，带强 40000N/cm，内置弹性钢丝方格网，防止纵向撕裂。

（9）胶带硫化机。选用 DSLQ-1400 型（兼顾采 1 号、采 2 号胶带的硫化），电热蒸汽硫化胶带接头，并配备电热胶带修补器 DDQ-2 型，修补胶带局部边角。

（10）防尘。在胶带头、尾卸料处和受料段，设置喷雾除尘装置，改善工作面的环境。

采 1 号转运胶带斜井与采 2 号胶带斜井之间设转载硐室，硐室长 27.5m，硐室分上、下两层，上层为采 1 号胶带的头部驱动站，下层为采 2 号胶带尾部平直段。为便于大件吊装和检修，硐室内设有起吊装置，端部设有大件上下的吊装孔。

采 3 号转运胶带廊为地表平胶带廊，从采 2 号胶带斜井地表驱动站受料，转运至选 1 号斜胶带廊，由选 1 号斜胶带廊运输至选厂原矿堆场。

一期胶带系统具有以下特点：

（1）带速高。达到 4m/s，在物料转接处受料槽遭受冲击较大，衬板损坏严重，后对受料槽（漏斗）进行改造，改为积料型受料槽（漏斗），解决了矿石冲击问题，见图 5-1。

（2）胶带机较长。胶带机水平长度 1796m，在使用和管理中采取措施保证设备的完好率。

（3）提升能力大。4000kt/a，对设备的管理维护要求较高。

胶带斜井提升系统在一期开拓系统中的应用，有效地解决了一期工程中矿石提升问题，为大红山铁矿的稳产、高产、超产奠定了基础。胶带系统的优点主要体现在以下几方面：

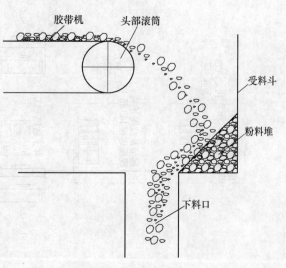

图 5-1　粉矿堆缓冲示意图

（1）提升能力大。由于胶带提升是连续生产，只要井下采矿和中段运输能够保障，则胶带的提升能力可以有效发挥。

（2）运量扩张性强。胶带提升能力取决于带速，在生产扩产过程中，可以通过提高带速方式满足增加产能的要求（这在相邻的大红山铜矿已得到很好的实现）。

（3）经营费用较低。胶带的更换可以分段更换，与箕斗竖井换绳和更换衬板相比，运营费用较低。

（4）安全性较高。斜井胶带运行在斜面上，与竖井箕斗相比，运行速度不高，在控制方面更容易实现安全运行。

（5）设备作业率高。由于胶带机经常更换托辊，更换时并不影响胶带机作业，必要时更换部分胶带和滚筒，这些更换都是局部工作，对整个系统不需要做大的调整就可以直接运行。而竖井箕斗换绳后必须经过几次调绳，系统才能够稳定运行。

5.3.3　胶带系统控制

5.3.3.1　全集成控制系统

胶带机运输控制系统由 CST 随机配套 1 套、美卓破碎机随机配套 1 套、井下破碎系统 1 套、井上驱动站 1 套共 4 套主 PLC 控制系统组成，均采用 SLC 500 系列 PLC。网络构架如图 5-2 所示。

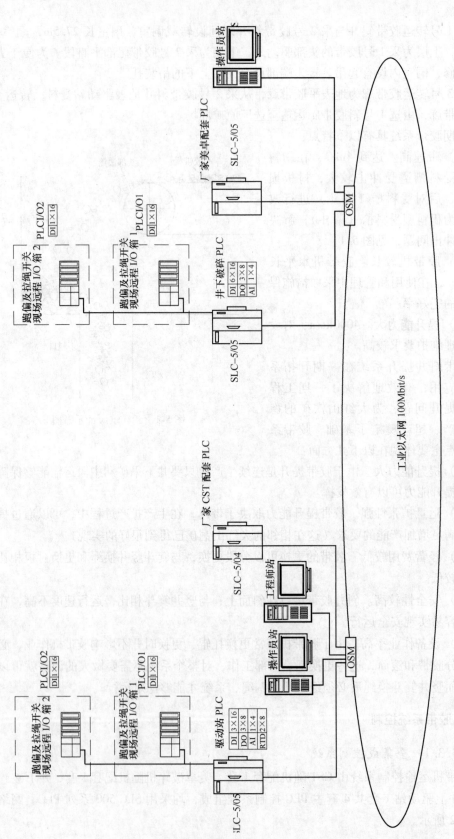

图 5-2 PLC 控制系统网络构架图

系统为基于总线通信技术的集散控制系统。系统分为三层：最上层为监控层，由操作员站和工程师站组成；第二层为控制层，共设四套控制主机为 AB SLC 500 系列 PLC；第三层为现场层，控制主机以工业以太网上连监控层、以现场总线连接现场分散的 I/O 子站。

在井上和井下各设置一台光纤交换机，两台交换机间采用双以太网冗余。四套 PLC 之间通过交换机通信。井上胶带机驱动站 PLC、井下破碎 PLC、旋回破碎机（美卓）PLC，采用的是 SLC 5/05 CPU，直接集成了以太网通信接口，直接接入交换机。CST PLC 采用的是 SLC 5/04 CPU，通过加装 1761-NET-ENI 通信转换模块接入交换机。由于采用了双网，保证系统通信的可靠性，通信速度达 100Mbps，通信长度不受限制。本系统的以太网可按需要延伸至调度室或其他需要信息的部门。

控制层设控制主机四台，均为 AB SLC500 系列 PLC。SLC500 是按用户不断变化的自动化需求而精心设计的。它提供了强大的功能和灵活性。模块化 I/O 系统提供了包括开关量、模拟量和专用模块在内的 60 多种 I/O 模块。

监控层设操作员站和工程师站。工程师站也兼作操作员站，与操作员站具有完全相同的操作功能，同时工作时任何一台出现故障，不影响系统的正常运行，保证了系统运行可靠性。

5.3.3.2　采 2 号胶带机

水平长 1796m、绝对提升高度达 421.15m，由于惯性较大，在启动、制动过程中驱动系统必须最大限度地降低系统的惯性力，从而将带式输送机的胶带张力减到最小。同时驱动系统要能够实现多机传动时的负载平衡。传统的驱动系统（由电动机、减速器组成）已经不能满足采 2 号胶带机长距离、大运量的大型带式输送机需求。

由于采 2 号主胶带机的重要性及复杂性，最终确定选用由美国道奇公司（DODGE）生产的 CST 装置，即可控启动传动装置。采 2 号胶带机由 3 台电动机及 3 台 CST 驱动。

CST 是 Controlled Start Transmission 的缩写，即可控启动传动装置，它是专门为平滑启动和停止重载皮带输送机而设计的。驱动电动机启动时，CST 的输出轴保持不动，当驱动电动机启动时，控制系统逐渐增加 CST 离合器上的液压压力，CST 的输出轴开始启动，从而驱动皮带机并逐渐加速到满速度，加速时间可以根据需要在规定范围内进行调整。停车时也可以通过延长停车时间减小对胶带的动态冲击力。

CST 可以实现平滑启动和停车，平衡各驱动单元负荷，具有过载保护功能。但 CST 无法长时间调速运行；软启动时，发热量大，传动效率低；对润滑油的质量要求高，液压及控制系统复杂。

5.3.3.3　胶带机的安全保护

采 2 号主胶带机是整个大红山铁矿的生命线，必须对它进行多重安全保护，确保安全可靠运行。沿胶带机全长共设置紧急停车拉绳开关 45 个，防跑偏开关 18 个，并设有防打滑及防纵向撕裂检测等。由于拉绳及跑偏开关沿胶带机全长设置，相当分散，共设置 4 个 I/O 远程子站，每个子站均设数字量输入模块，每两个子站分别接至上、下两个主站。可实现最长达 3050m 的远程 I/O 扩展；采用块传输功能，实现大数据量信息发送。

胶带机 CST 及旋回破碎机随机自带 PLC，但它们只考虑了自身设备的控制及保护的需要，无法满足整个运输系统的控制要求。通过昆明有色冶金设计研究院股份公司对 PLC 的合理选型，下属昆明科汇电气有限公司很好地集成了整个原矿运输系统。通过这种集成，不但实现了整个运输系统的连锁控制，同时通过上位机能很好监视这两台重要设备的运行状况。

5.3.4 胶带系统使用情况

胶带运输主要包括采 1 号-1、采 1 号-2、采 2 号、采 3 号及选 1 号胶带，其中采 2 号胶带运输机由 3 台 710kW、6000V 电机、3 台 1120kCST 减速机、润滑液压油冷却系统、2 组驱动滚筒、头部改向滚筒、中间支架、制动闸、逆止器、尾部滚筒、尾部拉紧小车、ST4000 钢芯胶带、高低压电气系统及 PLC 系统等组成，是胶带运输系的最主要组成部分，也是胶带机运输系统的关键。因此，胶带运输的管理是以采 2 号胶带机为主，其他胶带为辅。

采 2 号主胶带机垂直提升高度达 421m，在全国同行业中首屈一指，是大红山铁矿井下原矿输出咽喉。胶带运输系统的管理以采 2 号胶带机的管理为主，将采 2 号主胶带机驱动站操作室作为总调度室。

5.3.4.1 胶带运输系统的管理

胶带运输系统的管理工作主要包括操作人员、设备及备品/备件、胶带运输机维护和检修的管理。管理以人才管理和团队建设为重心，并制定了可行实用的管理规程和相应管理办法，以设备维护保养、设备操作和设备检修三大规程为基础，根据各设备的技术特点制定各项管理办法。设备操作和点检规定：设备的备件管理，加强设备备件的计划制订和采购，保证备品备件质量和到货期，兼顾成本管理；做好日常维护和胶带运输设备的检修，设备检修采取全员负责，实行维修与操作人员相结合。

5.3.4.2 胶带运输系统的运行

胶带运输系统工作制度为每天 3 班，每班 8h；根据作业区域设井下和地面两个作业工段；每个工段设多个班组，每个班组负责一台设备，设一名班长，班长负责对胶带设备进行巡检；在采 2 号胶带机驱动站操作室设胶带运输调度员，负责胶带运输系统的开启和停机。胶带运输机的操作流程介绍如下。

A 开机前的准备

(1) 阅读交接班记录，处理好交接中存在的问题。

(2) 检查电机、冷却装置 CST 制动器和逆止器是否正常。

(3) 检查漏斗是否畅通，清扫器是否完好，拉紧装置是否正常。

(4) 检查胶带机是否跑偏，各滚筒是否正常。

(5) 检查各岗位操作工是否到位。

B 开机程序

(1) 通知生产调度准备开机。

(2) 确认设备一切正常后发出开机信号。

(3) 按顺序先启动选 1 号胶带和采 3 号胶带机。

(4) 开启采 2 号胶带机盘式制动器。

(5) 启动冷却润滑油泵。

(6) 启动高压电机和 CST，随着 CST 输入轴转动，离合器压力加大，采 2 号胶带开始运行。

（7）确认运行正常后，通知采 1 号胶带机开机并开始给矿。

C 注意事项

（1）开机后应注意电机功率是否平衡，一般应控制载荷流量以控制电机功率在 550kW 以内，如果电机功率显示继续上升，应通知采 1 号胶带操作工减少放矿量。

（2）注意电机温升情况，当电机温升到 85℃ 时会自动停机，为了避免带负荷停机、开机，操作工应在电机温升达到 80℃ 时，通知操作工停止给矿并停机冷却。

（3）注意观察漏斗是否畅通，一旦发现漏斗堵塞应紧急停机。

（4）遇到故障报警停机，应通知有关人员到现场排除故障后再进行开机，要确认现场故障排除后才能启动手动复位进行开机。

（5）注意 CST 设备运行中是否有异常情况。

（6）发现电机前后端温升不正常时，应立即通知有关人员加注润滑脂。

（7）注意胶带运行是否跑偏，运行是否正常，防止胶带撕裂事故发生。

D 停机程序

（1）通知生产调度。

（2）通知采 1 号胶带机操作工停止给料。

（3）待采 2 号胶带机上完全没有料时，按停止按钮，PLC 系统将控制胶带按程序停止。

（4）采 2 号胶带机停机后确认采 3 号胶带和选 1 号胶带机上无料时，依次停采 3 号胶带机和选 1 号胶带机。

（5）如遇故障停机，排除故障后重新按正常程序开机。

5.3.4.3 胶带运输系统的使用效果

胶带运输系统运行 7 年多以来，通过优化管理、对标挖潜，产量逐年提升，超出设计能力，设备作业率平均超过 90%，体现了胶带运输在矿石提升中的优势：

（1）钢芯胶带运输机运输比竖井提运和汽车运输效率高，安全性比竖井提运要高，并且没有因汽车运输带来的尾气排放造成井下环境污染。现采 2 号胶带机每天运矿量可达 18kt，能满足井下采矿量增大的运输需求。相比之下，胶带运输具有环保、安全和高效的优势。

（2）采用采 2 号长距离钢芯胶带输送，能把井下矿石直接输送到选矿堆场，一步到位，减少其他运输方式，不受外部条件限制。

（3）运输成本低，相对于汽车运输及竖井提升，价格低廉，非常适用于产量大、运距长的井下、地面运输。

胶带运输设备的主要消耗为胶带、托辊、滚筒、轴承、漏斗衬板及胶带硫化等（表 5-2）。

表 5-2 主要备件的年消耗及成本

序号	型号名称	单位	数量	单价/元	总价/元	备 注
1	钢芯胶带 $B1200$，$v=4\text{m/s}$	m	800	1970	1576000	含胶料
2	胶带 EP300-1400×6×(8+3)	m	70	800	56000	采 1 号
3	胶带 EP300，$B=1200$	m	270	500	135000	采 3 号、选 1 号

序号	型号名称	单位	数量	单价/元	总价/元	备 注
4	槽形托辊 DTIIGP4305	个	920	350	322000	
5	平行托辊 DTIIGP4313	个	580	420	243600	
6	缓冲托辊 DTIIGP4405	个	285	450	128250	
7	V 形辊子 DTIIGP3310	个	350	400	140000	
8	滚筒更换	套	1		330000	
9	滚筒衬胶维护	个	30		740000	
10	滚筒轴承	套	8		240000	
11	漏斗维修	个	4		110000	
12	胶带硫化	个	20		86000	
总 计					4106850	

5.3.4.4 胶带运输系统的能力提升和改造

胶带运输系统自 2007 年 1 月投入运行，至今已 8 年多，为适应大红山矿业公司生产发展的需要，从技术和产能方面入手，进行了必要的技术改造、管理创新。

A 技术改造

a 增加冗余驱动单元

采 2 号胶带机原设计为 3 个驱动单元，为保证设备的有效运行时间，增加 1 个设备驱动单元，实现 4 个驱动单元同时工作，确保在一个驱动单元失效退出后，采 2 号胶带机仍然能够正常运行。

b 采 2 号胶带机滚筒的改造

2008 年采 2 号胶带机在运行过程中，厂家随机配来的滚筒出现开裂现象，项目部组织技术人员对滚筒的受力情况进行分析后，委托设备厂家重新制作两套滚筒，增强了滚筒的强度，使其运输能力从小于 800t/h 提升到大于 1000t/h。

采 2 号胶带机在运行中频繁出现滚筒脱胶，经过认真分析，对每个滚筒进行热衬胶，延长了使用周期，减少了更换滚筒的次数。

c 胶带机清扫矿粉除尘设施

由于采 2 号胶带头部驱动站灰尘较大，对设备、环境及人员健康产生严重影响。项目部研究制定了对采 2 号头部胶带及滚筒进行冲洗降尘方案。

胶带冲洗降尘技术改造包括胶带机头部冲洗、冲洗后的矿浆水输送到 500kt/a 选厂两部分。引入生产用水，在头部 2 号滚筒、3 号滚筒部位对胶带进行冲洗，并在其下制作安装接水槽，在冲洗部位的胶带上设挂水装置，使冲洗水全部流入接水槽中；然后在接水槽最低位开孔并焊接钢管，把接水槽中冲洗水引入安装在驱动站地面上的矿浆水箱内，在矿浆箱上部安装 1 台渣浆泵，将矿浆水输送到 500kt/a 选厂，使冲洗后的矿粉得到了回收利用。

d 胶带通廊安装固定胶带夹紧器

在更换胶带时长胶带在斜面上的下滑力难以控制，项目部研究采用胶带夹紧器来控制胶带下滑。

根据胶带的长度和质量大小选定胶带夹紧器固定支架的安装位置，设置上、下夹紧梁，利用夹紧螺栓分别夹紧上、下行胶带，采用千斤顶调整胶带夹紧的松紧度，便于调控胶带下放的速度。

固定夹紧器有效解决了长距离斜井胶带机胶带安装更换时胶带下滑力难以控制及更换滚筒时固定胶带的问题。该装置确保了施工安全，提高了胶带更换速度。

B　管理创新

（1）长胶带更换费时费力，对生产产生了一定的影响，经过研究改进胶带更换方法，对胶带运行状况加强监控，掌握需要更换段的位置，利用其他设备检修时间，分段更换胶带，缩短了系统停产更换胶带的时间。

（2）狠抓精细化管理，从设备点检、日常维护、设备停机维修及备品备件采购几个方面入手，大大缩短了更换胶带、更换滚筒等设备检修的时间，提高了设备作业率，效果明显。2012 年以来设备作业率都在 85% 以上，胶带运输机完好率达 92%。运输能力从设计的 4000kt/a 提升到 2012 年的 5560kt，月运矿量最高为 533kt，均达到前所未有的水平。

5.4　二期胶带系统的应用

5.4.1　二期开拓方式的比较与确定

自 4000kt/a 一期工程建成投产后，第二年即达产，随着生产的进行，开拓矿量逐渐消失，二期工程的筹建提上议事日程。通过对二期开采对象——深部资源的研究，对一期工程设备运行情况和地表实际情况的调研，初步提出了二期开拓系统的有关方案。

二期工程开采对象位于一期开采对象的下部，矿体赋存标高 25.72~400m 空间关系属于上、下关系。

二期工程开拓系统是在一期开拓系统的基础上，向深部发展，因此就二期工程开拓系统而言，主要有两种构建方式：

其一，在一期工程系统上向深部延深，该方式又衍生出三种开拓方式：用两段主胶带向深部折返式延深（简称两段胶带方案）；用盲箕斗竖井向深部延伸（简称盲箕斗竖井方案）；用一段主胶带向深部延深（简称一段胶带方案）。

其二，撇开一期的矿石提升运输系统，另行建设矿山提升运输系统，该方式主要是利用明箕斗竖井进行矿石提升运输，在现有的矿区范围内明箕斗竖井有两个井位可供选择：一是选择在一期进风斜井对面山坡上（明箕斗竖井方案一），二是选择在二选厂南侧的山坡上（明箕斗竖井方案二）。

根据以上的研究结果，二期工程主要有 5 个开拓方案进行比选。各方案的提升运输能力均按 6000kt/a 规模考虑；并考虑提升矿石和废石两种物料；各方案均开拓到深部最低标高；利用一期胶带运输系统的三个方案，均含对一期胶带运输系统进行改造，改造后运输能力为 6000kt/a。

在方案比较阶段，上述各开拓系统方案的具体布置及特点如下。

5.4.1.1　两段胶带方案 I

在一期采 2 号胶带尾部北侧布置一条胶带向东北方向延伸，再折返布置一条胶带向西南方向延伸到二期开采矿体中间部位的南侧。利用两段胶带接力将二期矿废石提升运输至上部，然后转接到一期采 2 号胶带上，之后由一期采 2 号胶带运出地表。

第一段胶带斜井倾角11°，胶带斜井顶部标高330m，底部控制标高235m，胶带斜长540m，斜井内设检修无轨通道。第二段胶带斜井倾角15°，胶带斜井顶部标高245m，底部控制标高 -40m，胶带斜长1140m，斜井内设检修道。

胶带宽度1200mm，运输速度4m/s，其中第一段胶带钢绳芯胶带强度ST1600，双滚筒双电机头部驱动，异步电机，功率2×500kW，驱动滚筒直径1250mm；第二段胶带钢绳芯胶带强度ST4000，双滚筒三电机头部驱动，异步电机，功率3×800kW，驱动滚筒直径1600mm。

该方案主要特点：

（1）胶带运输系统在大红山铁矿应用成熟，易于掌握。设备投资低，日常维护简便。

（2）二期主胶带尾部和井下粗碎站位置适中，距矿体近，与靠近矿体设置的初期180m运输水平、后期40m运输水平兼顾性好。

（3）由于受空间关系的制约，二期两段主胶带之间设有一段过渡短胶带，包括井底受料保护胶带在内，二期新增4段胶带，上部利用一期的采2号、采3号、选1号胶带，矿石运到选厂原矿堆场，共有7段胶带，原矿运输系统环节多，要提高控制水平和加强生产管理，确保运行可靠。设计和建设中必须加强各个环节的协调和可靠性。

（4）胶带系统靠近矿体主要地段，胶带系统的施工与一期生产之间存在相互影响，必须加强协调和生产管理。

5.4.1.2　一段胶带方案Ⅱ

在一期采2号胶带尾部南侧布置一条胶带向西延伸，延伸到二期开采矿体西端的南侧。利用一段胶带将二期矿废石提升运输至上部后，转接到一期采2号胶带上，之后由一期采2号胶带运出地表。

胶带斜井倾角15°，胶带斜井顶部标高330m，底部控制标高 -40m，胶带斜长1490m，斜井内设检修轨道。胶带斜井在200m标高与辅助斜坡道贯通，在0m标高与破碎大件道相通。胶带宽度1200mm，运输速度4m/s，钢绳芯胶带强度ST4000，双滚筒三电机头部驱动，异步电机，功率3×1080kW，驱动滚筒直径1600mm。

该方案主要特点：

（1）与方案Ⅰ比较，少一段主胶带，一段转接过渡短胶带，投资较少，经营费用较低。

（2）二期包括受料保护胶带在内，新增两段胶带，上部利用一期的采2号、采3号、选1号胶带，矿石运到选厂原矿堆场共5段胶带，原矿运输系统环节有所减少，但仍要提高控制水平和加强生产管理，确保运行可靠性。

（3）二期主胶带尾部及井下粗破碎站位置偏西，与围绕矿体设置的初期180m运输水平、后期40m运输水平兼顾性差。运输石门建设工程量大，周期长。

（4）主胶带系统从一期主矿体旁通过，系统施工与一期生产相互之间存在一定影响，必须加强协调和生产管理。

5.4.1.3　盲箕斗竖井方案Ⅲ

在靠近主矿体中间位置，一期斜坡道420m岔口南侧、一期采2号胶带尾部北侧，布置一条盲箕斗竖井，用以代替二期新增的胶带系统。利用盲箕斗竖井将二期矿、废石提升到上部后，再转接到一期采2号胶带上，之后由一期采2号胶带运出地表。

盲箕斗竖井机房设置于416m标高，箕斗卸矿硐室设置于380m标高，矿废石转运胶带设置于330m标高，井底装矿硐室设置于−40m标高，竖井井底标高为−105m。

提升机型号为JKM-4.5×4，主电机功率4400kW，36t底卸式双箕斗提升，交-直-交变频传动，PLC控制。

该方案主要特点：

（1）介于胶带方案与明竖井方案之间，基建井巷工程量较低。

（2）装机容量大，负荷最大。提升机供电负荷大，供电系统费用高，外部供电系统未计列。

（3）除用新建二期盲箕斗竖井提升矿岩外，上部利用一期的采2号、采3号、选1号胶带，矿石运到选厂原矿堆场共4段环节。原矿运输系统环节仍较多。

（4）盲箕斗竖井和井下粗破碎站在主矿体的中间位置南侧，系统施工与一期的采矿生产相互影响大。

5.4.1.4 明箕斗竖井方案一Ⅳ

在进风斜井对面山坡上，一、二选厂的东侧，布置一条明箕斗竖井，利用明箕斗竖井将二期矿废石提升出地表。矿石经一段胶带转运、进入一期采3号、选1号胶带、转运至4000kt/a二选厂原矿堆场。废石装汽车送至废石场。

竖井井口标高为730m，井底装矿硐室标高为−40m，竖井井底标高为−110m。

提升机型号为JKMD-5×6，主电机功率2×3800kW，45t底卸式双箕斗提升，交-直-交变频传动，PLC控制。

该方案主要特点：

（1）原矿运输系统独立，施工与生产干扰较小。原矿提升环节少，可靠性高。

（2）井筒及粗破碎站偏西，距矿体远，40m主运输水平基建工程量大，并与初期180m运输水平兼顾性差。此外，竖井提升、控制及井塔等建设费用高，总的建设投资大。

（3）竖井控制水平高，维护水平要求较高。

5.4.1.5 明箕斗竖井方案二Ⅴ

本方案与明箕斗竖井方案一的主要区别是井位不同。

在一、二选厂的南侧山坡上，紧靠4000kt/a二选厂原矿堆场布置一条明箕斗竖井，利用明箕斗竖井将二期矿废石提升出地表。矿石用短胶带送至原矿堆场。废石装汽车送至废石场。

机房设置于830m标高，箕斗卸矿硐室设置于790m标高，箕斗吊装硐室设置于735m标高，矿废石转运胶带设置于330m标高，井底装矿硐室设置于−40m标高，竖井井底标高为−110m。

提升机型号为JKMD-5×6，主电机功率2×3800kW，45t底卸式双箕斗提升，交-直-交变频传动，PLC控制。

该方案主要特点：

（1）原矿运输系统独立，施工与生产干扰较小。原矿提升环节少，可靠性高。

（2）井筒及粗破碎站偏西，距矿体远，40m主运输水平基建工程量大，并与初期180m运输水平兼顾性差。此外，竖井井筒深度及提升高度增加，提升、控制及井塔等建设费用高，总的建设投资最大。

（3）竖井控制水平高，维护水平要求较高。

5个方案综合对比情况见表5-3。

表 5-3　矿石提升系统方案综合对比

序号	项目名称	单位	两段胶带接力延伸方案 I	一段胶带延伸方案 II	盲竖井方案 III	明竖井方案 IV	明竖井方案 V
一	方案技术特征		一段胶带（330~235m），11°，长540m，二段胶带（245~-40m），15°，长1140m	胶带机330~40m，倾角15°，长1490m	提升机房设置于416m标高，箕斗卸矿硐室设置于380m标高，-40m装矿，井底标高为-105m；330m标高设置转运胶带（L=110m）将矿石转运，经采2号胶带提出地表	井筒位于驱动站东南，井口标高730m，装矿室设置于-40m标高，井底标高为-110m，井筒净直径6m。原矿提出地表后经一段胶带转运，进入采3号，选1号原矿提升到4000kt原矿堆场	井筒位于驱动站南侧山坡，井口标高830m，井底标高-110m，井筒净直径6m。原矿经胶带转运到4000kt原矿堆场
二	系统提升能力	kt/a	6000	6000	6000	提升机落地布置　6000	提升机塔式布置　6000
三	可比井巷工程量						
	长度	m	20469.83	20502.38	18995.01	18912.31	20551.31
	工程量	m³	327019.76	331289.29	298319.78	303064.3	336131.65
	混凝土	m³	25599.09	26926.76	29602.2	30453.07	33273.78
	钢材	t	1634.45	1722.84	1998.84	1672.76	2119.5
	可比总图工程						
	征地	亩①				20.54	33.16
	土石方工程量	km³				191.4	244.1
	挡墙	km³				33259.5	37758.2
	锚索护坡	m²				1960	3184.9
四	主要井简装备						
	箕斗竖井				JKM-4.5×4，4400kW，36t，底卸式双箕斗，交直交变频传动，PLC控制	JKMD-5×6，2×3800kW，45t，底卸式双箕斗，交直交变频传动，PLC控制	JKMD-5×6，2×3800kW，45t，底卸式双箕斗，交直变频，直-交变频传动，PLC控制

续表 5-3

序号	项目名称	单位	两段胶带接力延伸方案 I	一段胶带延伸方案 II	盲竖井方案 III	明竖井方案 IV	明竖井方案 V
四	胶带斜井		$B=1400$, 钢芯胶带 ST4000, $L=1140m$; 检修绞车 JK-3/20A, JK-2/20A 各540m 各一条。检修绞车 JK-3/20A, JK-2/20A 各一套	$B=1400$, 钢芯胶带 ST4000, $L=1700m$; 检修绞车 JK-3/20A, 450kW 一套			
	破碎站		矿石破碎用进口 42-65 旋回破碎机, 废石破碎用 PA1200×1000 颚式破碎机	矿石破碎用进口 42-65 旋回破碎机, 废石破碎用 PA1200×1000 颚式破碎机	矿石破碎用进口 42-65 旋回破碎机, 废石破碎用 PA1200×1000 颚式破碎机	矿石破碎用进口 42-65 旋回破碎机, 废石破碎用 PA1200×1000 颚式破碎机	矿石破碎用进口 42-65 旋回破碎机, 废石破碎用 PA1200×1000 颚式破碎机
	胶带系统改造		采 2 号胶带增加第四套 CST120K, 710kW 电机, 采 3 号传动滚筒 1800mm, 采 3 号加大电机功率 45kW, 选 1 号胶带电机, 功率 150kW 加大到 185kW	采 2 号胶带增加第四套 CST120K, 710kW 电机, 采 3 号传动滚筒 1800mm, 采 3 号加大电机功率 45kW, 选 1 号胶带电机, 功率 150kW 加大到 185kW	采 2 号胶带增加第四套 CST120K, 710kW 电机, 采 3 号传动滚筒 1800mm, 采 3 号加大电机功率 45kW, 选 1 号胶带电机, 功率 150kW 加大到 185kW	采 3 号胶带延长 200m, 电机功率加大到 75kW, 采 3 号胶带加大到 150kW, 选 1 号胶带电机, 功率 150kW 加大到 185kW	
五	装机功率	kW	10142	9662	10458	9390	9235
	有功功率	kW	5204	5072	6105	5577	5475
六	年耗电量	kW·h/a	27940000	27240000	32680000	29160000	28630000
	可比部分投资总计	万元	27332.87	26602.49	30404.39	40032.74	37441.13
	差值	万元	0	-730.38	3071.52	12699.87	10108.26
	经营费	万元/a	5123.93	4990.39	5988.73	7876.02	5827
七	差值（与方案一相比）	万元/a	0	-133.55	864.8	2752.09	703.06
	单位矿石提升费用	元/t	9.42	9.18	11.01	10.05	10.71

① 1 亩 $\approx 0.067hm^2$。

从上述对比看，明竖井方案投资大，经营成本高，且考虑与其配套的溜破系统位置偏西、距矿体较远等因素，系统施工周期长；盲竖井方案投资大，经营成本高；两个胶带方案在投资和经营成本方面优于其他方案；两个胶带方案在投资和经营成本方面则差异不大，但一段胶带方案，胶带尾部和粗破碎站位置偏西，与 180m 和 40m 运输水平的联络巷道长，施工周期长，通风也较复杂、困难，而两段胶带方案可以避免以上问题，和中段的连接也较方便。因此推荐采用两段胶带方案。

二期开拓系统见彩图 5-3。

5.4.2 二期胶带系统

5.4.2.1 二期胶带系统的组成和风险

二期矿石胶带提升运输系统是在一期胶带提升运输系统的基础上，采用胶带斜井向下接力延深来构成的。利用了一期的采 2 号主胶带斜井、地表采 3 号和选 1 号胶带。二期开拓中增加了采 4 号斜坡胶带、采 5 号平胶带、采 6 号斜坡胶带和采 7 号转运胶带（为 2 条平行设置的短胶带），共 4 段（5 条）胶带用于矿石提升系统。这样，二期生产中采出的矿石共由 7 段胶带接力运输到选厂原矿堆场。

与一期胶带系统相比，二期矿石胶带运输系统段数更多，多段串联胶带任何一段出故障都会引起整个系统的瘫痪，对运行可靠性的要求更高；开拓工程所处位置深度大，施工运输线路长，施工难度和建设周期面临的问题多，这是二期继续用胶带系统往深部延深进行开拓所面临的主要问题和风险。

在二期工程的开拓方案确定之后，通过对一期胶带系统运行情况的调研和总结，对二期胶带系统可能存在的问题进行了分析。在加强单机可靠性，系统可靠性，快速反应，设备冷备份，快速驱动切换等方面进一步采取措施，从胶带机的设备配置、电控配置、胶带机的保护系统和相应井巷工程的设置上采取相应对策，以期进一步将胶带输送系统建设成为更加可靠、能力更强大的物料输送系统，为大红山铁矿的持续生产提供充分保障。

5.4.2.2 主胶带机机械设备的配置

对于采 4 号和 6 号胶带机，胶带长度较长，两条胶带坡度相同（18%），提升长度接近（采 4 号长度 1066.31m，采 6 号长度 1289.75m）。为方便以后设备检修和备件管理，两条胶带机设备采用相同配置。两条胶带的设备配置如下：

（1）驱动装置。交流变频调速异步电机 YPTZ5001-4，900kW，1490r/min，690V，4 台（用于实现 3 + 1 的冗余驱动单元），减速机（带逆止器），$i = 28$，4 台；驱动滚筒，ϕ1400mm，2 个，滚筒表面铸人字形沟槽胶层，单出轴。

（2）改向滚筒。头部改向 ϕ1400mm，1 个，尾部改向 ϕ1250mm，1 个，中间 ϕ1400mm，2 个，ϕ1250mm，2 个，ϕ800mm，1 个，改向滚筒表面均为光面铸胶。

（3）托辊组。上托辊组为 3 节槽形悬挂式，下托辊组为两节呈 V 形悬挂式，辊径 ϕ159mm，上托辊间距 1200mm，下托辊间距 3000mm，托辊为冲压座。

（4）受料装置。受料装置采用重型，由受料板、槽形托辊、弹簧支撑架、空段支撑架、清扫器、压带托辊组、平托辊组构成。上托辊组为 5 节吊挂托辊，吊挂端设塔形弹簧，辊径 ϕ159mm，下托辊为梳形平托辊，上托辊间距 400mm，下托辊间距 600mm。

（5）转载漏斗。内壁安装可拆式衬胶板和调节板，设置防堵装置。

（6）重锤式拉紧装置。设置于机尾。拉紧力 40000～70000N，拉紧行程 $\Delta L = 8\mathrm{m}$。

（7）清扫装置。头部卸料滚筒处安装弹簧清扫器，清扫承载面；尾部改向滚筒前面安装空段清扫器，清扫非承载面。

（8）胶带。钢绳芯胶带，带宽 $B = 1200\mathrm{mm}$，带强 $2500\mathrm{N/mm}$，内置弹性钢丝方格网，防止纵向撕裂。

（9）胶带硫化机。选用 DSLQ-1400 型（兼顾采 7-1 号、采 7-2 号胶带的硫化），电热蒸汽硫化胶带接头，并配备电热胶带修补器 DDQ-2 型，修补胶带局部边角。

（10）防尘。在胶带头部卸料处，设置湿式除尘和清洗设施，改善工作面的环境。

上述设备配置相对于一期工程来说，增加了大胶带的硫化接头硐室和防尘设施，有利于改善胶带机的运行环境，缩短胶带接头时间，提高设备使用寿命，降低设备检修频率。采用冗余驱动可以快速实现驱动单元的切换，有效地保证胶带系统的可靠性。

5.4.2.3　胶带系统控制

A　胶带驱动方式的选择

二期胶带运输系统在利用一期工程 3 条胶带（采 2 号、采 3 号、选 1 号）的基础上又增加了采 7-1 号、采 7-2 号、采 6 号、采 5 号、采 4 号 5 条胶带机，形成了 8 条胶带机运行、7 条胶带机串联的提升运输系统。对于长距离多段胶带机串联输送系统来说，任何一台胶带输送机故障都会导致整个输送系统的停产。因此，电气传动控制系统的完善、可靠，对于整个输送系统的安全可靠运行具有关键的作用。但这既取决于传动、控制系统设备的可靠性，也取决于胶带输送机保护系统的完整性。

一期工程中胶带驱动系统采用 CST 装置，但近年来随着电控技术的发展，尤其是变频技术的发展，使变频控制的性价比越来越突出。变频器控制的优点如下：

（1）实现主从控制及负荷平衡。采 4 号、采 6 号胶带输送机是多机驱动，各电机的负荷平衡是多机驱动要解决的关键问题，带有主从控制功能的变频器可以完美解决此问题。

（2）实现冗余驱动方式。采 4 号、采 6 号胶带输送机为冗余驱动系统，也称 $N+1$ 系统。既可以 3 台（任何 3 台）运行、1 台退出；也可以 4 台同时运行。

（3）具有保护功能。变频器具有过载、过流、过速、过压、低电压等一系列保护功能。保护功能通过数字设定，参数长期稳定。

（4）缓慢启动及停机。胶带输送机的缓慢启动和停止，将使胶带所受到的异常应力减至最低，使胶带的使用寿命得以延长。利用数字设定任意大小的加减速度，配以 S 曲线功能，使加减速过程非常平稳，在启动前先以低速拉紧胶带，而在停车后释放张力，使胶带不受到异常应力。

（5）速度调节功能。在特定情况下，胶带输送机会产生谐波共振，导致极其严重的后果。变频调速系统可以调整带速，使其避开谐振点，保障胶带输送机的正常运行。

变频调速系统可以在满足运输能力的前提下，根据带面物料多少调整带速，既能节约能耗又能减少机件和胶带的磨损，提高使用寿命。

变频调速系统可以长期低速运行，这为安装调试检修提供了极大方便。

通过以上比较分析，采用变频控制系统和冗余驱动单元，以提高可靠性。

　　二期工程中胶带输送系统的所有传动、控制系统设备均选择了目前市场上最可靠、最先进的控制设备及方式。尤其对于关键的采 4 号、采 6 号胶带输送机变频器采取了多种策略，如变频器的冗余配置、多变频驱动系统的负荷平衡、冗余驱动系统中主从地位的快速转变等；控制系统采用分布式网络控制系统，控制网络采用光纤冗余环形网，在每一个控制站还设置有不间断电源（UPS）等。这些措施都为采 4 号、采 6 号胶带输送机的长期、稳定运行提供了强大的保障。

　　为了满足变频器对工作环境温度和粉尘浓度要求较严格的需要，在配电硐室设计上采取了以下措施：

　　（1）控制环境温度，将变配电硐室密闭，采用空调系统为变配电系统调节环境温度，同时由于采取了密闭措施，也减少了外部环境的粉尘进入变电硐室的量。

　　（2）在胶带输送机的转载处设置收尘设施，有利于降低整个胶带系统的粉尘量。

　　（3）在胶带驱动站设置胶带水洗系统，有利于降低胶带系统中托辊和胶带面与粉尘的接触，减少扬尘。

　　B　二期工程胶带输送系统驱动与控制系统具体配置

　　a　采 4 号、采 6 号胶带输送机电气传动

　　采 4 号、采 6 号胶带输送机采用变频调速驱动。采 4 号、采 6 号胶带输送机驱动站共 8 个，配置 8 套相同的变频器。变频器额定电压 690V，与 10kV/0.69kV 整流变压器组成变频机组。

　　变频器配置：变频器选用艾默生 CT 公司 SPM 系列模块化变频器。变频柜结构设计将整流单元及逆变单元配置在一个柜体中，组成基本变频单元。本工程变频器由 2 台进线电源柜及 5 台变频柜并联组成，变频器组成单线系统见图 5-4。

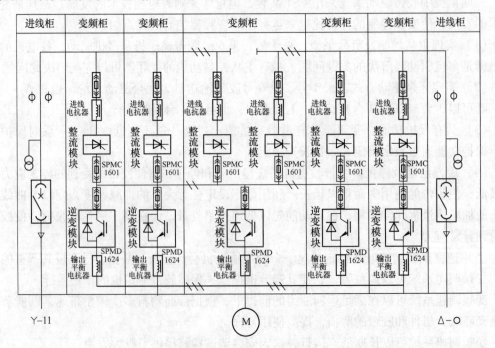

图 5-4　变频器组成单线系统

变频器整流侧按 12 脉波整流配置 6 个相同规格的整流模块，6 个整流模块并联成 2 组，通过 2 台进线断路器分别接整流变压器二次侧的三角形、星形绕组。这种配置方式能保证完整的 12 脉波整流，有效地减少 5、7、17、19 等高次谐波，提高功率因数。

整流模块选择 SPMC1601，额定电压 690V，典型交流输入电流 192A，并有短时过载 150% 的能力。整流模块运行 6 路，总输出电流 1152A。当并联的某一模块故障退出时，总输出电流 960A，满足最大负载时胶带输送机的启动及正常运行要求。整流侧的冗余量为 50%。整流模块为半控晶闸管整流桥，具有软启功能，上电时对直流母线充电。软启充电结束后，晶闸管全开通，半控晶闸管整流桥等同二极管整流桥。大功率变频器必须有直流母线预充电功能，该变频器预充电功能是当前最好的一种方式。

逆变模块选择 SPMD1624，正常负载最大持续输出电流 192A。选择 5 个模块并联，最大持续输出电流 $5 \times 192A \times 0.95 = 912A$（式中 0.95 为并联减载系数），为电动机额定电流的 1.28 倍。当某一并联模块故障时，最大持续输出电流 729.6A，为电动机额定电流的 1.03 倍，逆变模块还有 120% 1min/10min 的过载能力，完全能满足最大负载时胶带输送机的启动及正常运行要求，逆变侧的冗余量为 25%。

b　变频器谐波估算及减少谐波的措施

采 4 号、采 6 号变频器均采用 12 脉波整流，可以大大减少 5、7、17、19 等次谐波。在 10kV 母线短路容量 100MV·A 条件下，采 4 号变频器或采 6 号变频器单独运行时，10kV 母线的电压总谐波畸变率 THDu 为 2.37%，可以满足 GB/T 14549—1993 中对电压总谐波畸变率限值要求；当采 4 号变频器和采 6 号变频器同时运行时，10kV 母线的电压总谐波畸变率 THDu 为 4.75%，不满足 GB/T 14549—1993 中对电压总谐波畸变率限值要求。如 10kV 母线短路容量达不到 100MV·A，电压总谐波畸变率会超标更多一些，10kV 母线短路容量 80MV·A 时，电压总谐波畸变率 THDu 为 5.93%。

为解决采 4 号变频器和采 6 号变频器同时运行时 10kV 母线的电压总谐波畸变率超标问题，采 4 号整流变压器和采 6 号整流变压器一次绕组分别移相 +7.50 和 -7.50，组成等效 24 脉波整流。在 10kV 母线短路容量 80MV·A 条件下，10kV 母线电压总谐波畸变率 THDu 约为 2.8%。满足 GB/T 14549—1993 中对电压总谐波畸变率限值要求。

国标 GB/T 14549—1993 中对电压总谐波畸变率限值见表 5-4。

表 5-4　电压总谐波畸变率限值

电网标称电压/kV	电压总谐波畸变率/%	各次谐波电压含有率/%	
		奇次	偶次
0.38	5.0	4.0	2.0
6	4.0	3.2	1.6
10			
35	3.0	2.4	1.2
66			
110	2.0	1.6	0.8

整流变压器接线组别：

采 4 号胶带机整流变压器接线组别（4 台）：Y + 7.50/y0/d11。

采 6 号胶带机整流变压器接线组别（4 台）：Y – 7.50/y0/d11。

c　采 5 号、采 7 号胶带输送机电气传动

采 5 号胶带输送机电机 380V 110kW，采 7-1 号、采 7-2 号胶带输送机电机 380V 75kW，3 台驱动变频器均选用艾默生 CT 公司 SP 系列产品。

采 5 号胶带输送机变频器配置 SP6402，额定电压 400V，最大持续电流 236A，正常负载 132kW。变频器柜中配置切换交流接触器，当变频器故障时，采 5 号胶带输送机电动机可以通过交流接触器直接接入电网，作为变频器故障的应急运行手段。

采 7 号胶带输送机变频器配置 SP5402，额定电压 400V，最大持续电流 168A，正常负载 90kW。

变频器均配输入、输出电抗器。

d　胶带输送机保护及信号系统

二期胶带输送系统使用专门用于胶带机保护的 Dupline 开关、检测器等组成胶带机保护信号系统，并通过 DevicNet 控制器与自动控制系统进行通信连接。

Dupline 开关是在普通开关的基础上，融合了 Dupline 现场总线技术，实现了地址编码功能。适用于远距离带式输送机、远程监测现场设备的运行情况，解决了工人寻找故障点所带来的不便问题。

双向拉绳开关内嵌总线模块，通过双绞线与 Dupline 网关连接，每个网关作为一个子系统，最多支持 128 个地址，同一个地址可多个开关同时使用；其最大的特点是 I/O 模块直接由总线供电，因而不需要外部电源，这使得安装工作非常灵活，在没有就地电源时体现出很大的优势。

本工程中，胶带机拉绳开关（表 5-5）按每 40m 配置一个，双侧配置。每台胶带机的头尾各配置跑偏开关两个，采 4 号、采 6 号胶带机每隔 30m 设跑偏开关两个。采 4 号、采 6 号胶带机还配置有纵向撕裂检测器、打滑检测器。胶带机出料口设漏斗堵塞检测器。以上设施设备，使胶带机获得最大的安全运行条件。

表 5-5　胶带输送机保护设施设置　　　　　　　　　　　（个）

项　　目	拉绳开关	跑偏开关	漏斗堵塞开关	纵向撕裂报警
采 4 号胶带输送机	54	28	1	1
采 5 号胶带输送机	8	12	1	
采 6 号胶带输送机	64	32	1	1
采 7-1 号胶带输送机	4	4	1	
采 7-2 号胶带输送机	4	4	1	
总　　计	134	80	5	2

胶带输送机保护信号以 Dupline 现场总线通信方式接入 PLC。配置 2 台 Dupline 主控制器 G38910050230，组成 2 个子系统。子系统 1 接收采 4 号、采 5 号胶带输送机保护信号；子系统 2 接收采 6 号、采 7-1 号、采 7-2 号胶带输送机保护信号。子系统 1 通过 DeviceNet 网关接采 4 号胶带输送机 PLC；子系统通过 DeviceNet 网关接采 6 号胶带输送机 PLC。Dupline 主控制器设在 PLC 柜中。

有调速功能的胶带输送机，不能选用常规的打滑检测器。本工程采用的打滑检测方法

是：在胶带输送机的传动滚筒及改向滚筒侧面设感应开关，感应开关脉冲信号引入 PLC，通过 PLC 对脉冲信号的计数、运算、比较，判别是否打滑。5 条胶带输送机配感应开关 10 个，占用 PLC 开关量输入口 10 个。

　　e　控制系统

控制系统采用全集成 PLC 网络控制方式，利用工业以太网连接一期及二期所有矿石破碎输送系统的 PLC 控制站及上位监控计算机。采用 DeviceNet 现场总线连接二期所有矿石破碎输送系统胶带机变频器。采用 Dupline 现场总线连接二期所有矿石破碎输送系统胶带机的保护开关。

彩图 5-5 为控制系统网络拓扑图。

在采 4 号胶带输送机机头、采 6 号胶带输送机机头及二期井下破碎硐室新设 3 个 PLC 控制站，在二期井下破碎硐室设上位机监控站。3 台新的 PLC 采用光纤工业以太网方式进行通信连接，构成二期矿石破碎输送监控系统。二期矿石破碎输送监控系统与一期（指原大红山铁矿采矿工程矿石破碎输送系统，以下同）原矿破碎输送监控系统采用光纤工业以太网方式进行通信连接，构成一个完整的粗碎-原矿输送监控系统，在一期上位机监控站可对整个粗碎-原矿输送系统进行监控。

新的完整的粗碎-原矿输送监控系统使用 1G bits/S 通信速率的单模光纤进行以太网通信，并采用具有冗余特性的环形拓扑结构。为保证系统的可靠性及完整性，除提供二期控制系统必须的交换机及光缆以外，还对一期原有设备进行升级改造，提供两台新的交换机及 3km 长的单模光缆，与二期系统组成一个完整的环形冗余通信系统。

大红山铁矿二期工程矿石破碎及输送系统包括 1 台旋回破碎机、6 台链式闸门、4 台振动给料机、5 条胶带输送机等设备；废石破碎系统包括 1 台颚式破碎机、3 台链式闸门、2 台振动给料机等设备。所有设备可以就地控制，也可由控制系统集中联锁控制。

矿石破碎的旋回破碎机及废石破碎的颚式破碎机配套有电控装置，破碎机的本机监控由配套电控装置实现，但破碎机也必须可由控制系统集中联锁控制。

二期矿、废石破碎及输送系统工艺设备联锁流程图如图 5-6 所示。

（1）PLC 控制。设 3 个 PLC 控制站，PLC 选用 AB 公司 ControlLogix 系列 PLC。PLC 中央处理器为 1756-L61。主机框架上配置电源模块、I/O 模块、以太网通信模块及 Devicenet 通信模块。

采 4 号胶带输送机机头 PLC 控制站设 PLC、交换机、工业图形显示器等，对采 4 号胶带输送机变频器及辅助设备进行控制、采集有关的开关量模拟量信号并与粗碎-原矿输送监控系统交换信息。为减少现场接线，采 4 号胶带输送机现场设远程 I/O 箱（表 5-6），采集变频电动机、减速器的温度信号。温度信号以 DeviceNet 通信方式传至 PLC 中央处理器。

采 6 号胶带输送机机头 PLC 控制站设 PLC、交换机、工业图形显示器、通信模块及模拟量、数字量输入输出模块等，对采 6 号胶带输送机变频器、采 5 号胶带输送机变频器及辅助设备进行控制、采集有关的开关量模拟量信号并与粗碎-原矿输送监控系统交换信息。

为减少现场接线，设采 6 号胶带输送机现场远程 I/O 箱（表 5-7），采集变频电动机、减速器的温度信号。温度信号以 DeviceNet 通信方式传至 PLC 中央处理器。

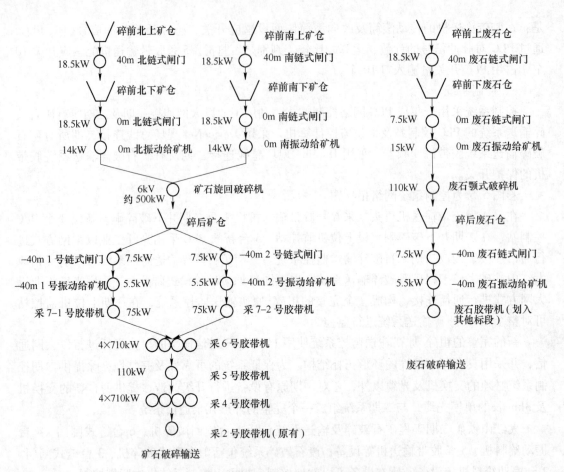

图 5-6 二期矿、废石破碎及输送系统工艺设备联锁流程图

表 5-6 采 4 号胶带输送机 PLC 控制站 I/O 配置

项 目	DI	DO	RTD	AI(4～20mA)
统计 I/O 点数	42	20	60	
配置 I/O 点数	64	32	72	16

表 5-7 采 6 号胶带输送机 PLC 控制站 I/O 配置

项 目	DI	DO	RTD	AI(4～20mA)
统计 I/O 点数	56	25	60	
配置 I/O 点数	96	32	72	16

在二期井下破碎硐室 PLC 控制站设 PLC（表 5-8）、交换机、通信模块及模拟量、数字量输入输出模块等，对矿石破碎输送线采 7-1 号胶带输送机变频器、采 7-2 号胶带输送机变频器、链式闸门（6 台）、振动给矿机（4 台）及破碎硐室辅助设备（如粗碎机主油泵、备用油泵等）进行控制，对废石破碎链式闸门（3 台）、振动给矿机（2 台）进行控制，采集有关的开关量模拟量信号，与矿石旋回破碎机、废石颚式破碎机配套电控装置交换信息。二期井下破碎硐室 PLC 与上位机监控站通过以太网方式进行通信连接。

表 5-8　破碎硐室 PLC 控制站 I/O 配置

项　　目	DI	DO	RTD	AI（4 ~ 20mA）
统计 I/O 点数	113	40	—	8
配置 I/O 点数	160	64	—	16

（2）上位监控及控制功能。

上位监控系统使用 Wonderware 公司的 Intouch 2012 软件进行组态，同时对一期监控系统也用 Intouch 2012 软件进行升级并重新组态，以保持软件的一致性。

控制系统能完成一、二期矿石、废石破碎及输送系统的集中控制、自动控制、联锁控制的所有要求。

上位监控计算机经组态后可实现以下功能：

1）破碎机及所有胶带机的联锁顺序启动及停机；

2）破碎机及胶带机辅助设备（润滑站、制动闸等）的自动启动及停机；

3）启动具有一键式全流程启动及故障后部分流程启动功能；

4）停机具有清料停机及故障紧急停机功能；

5）具有全流程电机自动控制模式；

6）具有单机远程手动运行模式；

7）可单独设置或全部一起设置全流程变频器电机的运行速度，以便调节运输负荷，在运输任务较轻时节约电能，并降低机械设备的磨损；

8）可监视所有电机的运行信号及现场控制箱信号；

9）可监视所有变压器、胶带机电机的温度并设定报警及跳闸限制值；

10）可监视所有变频器的速度、电流、电压、功率、温度及故障报警信号；

11）可监视所有胶带机保护信号的状态及位置，并按照设定进行报警或停机；

12）可将出现误动作的保护信号予以临时切除，以保证胶带机输送系统运行的连续性；

13）按照用户需要，将温度值、电流值等生成趋势图，以指导对电机进行事先维护。

如果需要，将来还可以配置数据库服务器，建立所有电气设备的运行数据库及机械设备维护数据库，生成设备维护指导数据，例如：①事故种类分析：帮助运行人员确定最容易发生故障的设备，以便具有针对性地进行改进及维护；②日常维护指导：对每一台重要设备及其零部件提供日常维护周期报警，以便配合维护安排生产计划；③能源管理：根据数据库数据及软件分析，获得在各种运输负荷情况下的最佳带速，以便最大限度节约电能，降低胶带机各种设备的机械磨损。

（3）矿石（废石）仓物位检测。全部 8 个矿石（废石）仓设激光物位计。激光物位计输出 4 ~ 20mA 信号引至二期井下破碎硐室 PLC 控制站，在上位机监控站显示矿石（废石）位置。

上部仓检测距离大于 140m，下部仓检测距离大于 40m，碎后仓检测距离大于 40m。激光物位计能在高粉尘、高温、振动、潮湿场所可靠工作。激光物位计测量绝对精度小于等于 5cm，测量速率 1 ~ 60s 可设定，防护等级 IP67。激光物位计输出 4 ~ 20mA 信号至二期井下破碎硐室 PLC。

采取以上措施，从电控和保护系统上实现胶带输送系统的无障碍化运行，即使设备出现故障，也可以保证输送系统在重负荷下启动，或重载低速运行，实现快速切换驱动单元，保障系统的可靠运行。

5.4.2.4 胶带系统井巷配置

A 措施

在井巷配置方面，采取了以下改进措施：

（1）增加溜破系统矿仓容积，提高物料缓冲量。二期井下破碎站碎前矿仓有效容积由一期的 2772t 增加到二期的 6524t，碎后矿仓有效容积由一期的 1277t 增加到二期的 3157t。由于溜井结构优化，在碎前矿仓之前增加的缓冲容积为 7345t，总的缓冲矿量比一期工程增加了 2.4 倍。

（2）为有利于加快施工进度和便于今后进行检修工作，降低了胶带斜井的坡度。主胶带斜井坡度由一期的 14°降低为 18°。将有轨检修道调整为无轨检修道。无轨检修道每隔 300~400m 左右设置一个缓坡段。以便采用无轨设备进行胶带斜井施工和实现快速检修胶带机，保证设备的完好率。

（3）增加了部分硐室以增加易耗损件及检修设备的储存空间，方便快速检修输送机。

（4）增加了胶带带面清洗设施，增设大胶带转载点的收尘措施，减少粉尘产生，延长胶带机及托辊等的使用寿命。

具体配置情况如下：

（1）采 4 号采胶带斜井标高 329.31~160.6m，坡度 18°，斜长 1082.29m。胶带井内平行布置胶带道和无轨检修道，检修道每间隔不大于 400m 的距离设置一个不小于 20m 的缓坡段，缓坡段坡度 3°，正常段坡度 18°，无轨检修道平均坡度与胶带道坡度相同，均为 18°；正常段断面净宽 6.6m，其中胶带道宽 2.9m，其底板比检修道底板高 0.3m，检修道宽 3.7m，检修道一侧巷道墙高 2m，正常段净断面积 24.66m²；在胶带道和检修道之间设置栏杆或挡墙。采 4 号头部设有驱动站和头部站，驱动站和头部站分离，驱动站净断面积 176.24m²，头部站净断面积 68.3m²。采 4 号胶带井头部设有斜坡道联络通道与Ⅲ₁-Ⅳ₁号矿体矿石运输道连通。采 4 号胶带尾部设置回风通道与废石箕斗竖井 180m 开口相通，用于解决胶带系统中部回风问题。

（2）采 5 号胶带平巷净断面积 9.52m²。采用 DTⅡ型，75kW 单电机驱动的水平胶带进行物料转运。

（3）采 6 号胶带斜井标高 165.0~-45.95m，坡度 18°，斜长 1289.75m。胶带井内平行布置胶带道和无轨检修道，检修道坡度和断面等的设置同上。采 6 号胶带井头部设有驱动站，驱动站净断面积 176.24m²，驱动站长 31m，在驱动站附近设有材料库和变电硐室。

（4）采 7-1 号、7-2 号转运胶带平巷净断面积 11.8m²。两条转运胶带平巷分别位于碎后矿仓两侧，垂直于采 6 号胶带设置。转运胶带采用 DTⅡ型胶带机，单电机驱动，功率 75kW。设置金属探测器和除铁装置。

B 效果

经过上述调整，二期胶带开拓系统取得了以下成果，主要表现在：

（1）施工速度快。由于将无轨通道和胶带机放在一条巷道内，有利于施工单位利用先进无轨设备掘进，实现了机械化快速施工，有效降低了工人劳动强度，有利于缩短建设工期。

（2）斜井坡度降低后，装机功率都有一定下降。

（3）将无轨检修道和胶带斜井结合，便于今后生产巡检，也便于今后的大件运输。充分显示了现代化矿山无轨开采的优势，特别是在深部开采中可以组成无轨设备的多通道网络，为井下快速反应和安全生产提供了有效保障。

（4）采取收尘和降尘措施，解决坑内空气污染问题，给电气设备创造了好的工作环境。

5.5 配套系统

5.5.1 概况

一、二期工程中与主胶带斜井运输系统配套的系统主要包括中段运输系统、溜破系统、辅助运输系统及通风系统等。

（1）中段运输系统采用高中段有轨集矿运输方式，一期工程设置了380m水平有轨集矿运输中段，集矿高度达340m（其间局部有560m水平无轨辅助运输中段）；二期工程主要设置了180m和40m有轨运输中段，集矿高度200～140m。这部分内容详见6.4.1节。

（2）一期工程的溜破系统主要设置于344m标高，二期工程的溜破系统主要设置于0m标高。这部分工程配置情况详见5.5.2节。

（3）辅助运输系统主要分辅助斜坡道和辅助提升两部分。辅助斜坡道主要负责无轨设备通行，由于矿山扩建，该部分功能日益突出，形成了斜坡道网络，并在多年运用中取得了相当的使用经验。这部分内容详见5.5.3节；辅助提升系统在一期和二期中设置区别较大，一期工程中废石通过盲辅助竖井提升及720m平硐运出地表，二期工程中废石由单独设置的废石箕斗竖井直接提升到地表废石场，减少了长距离的汽车倒运环节。这部分内容详见5.5.4节。

以上配套完善的辅助系统为矿山实现大规模生产提供了强大的后勤保障，特别是高中段的应用为大规模采矿所必需；斜坡道网络的运用实现了坑内外的快速连接，提供了人员、设备、材料的高效运输通道；溜破系统是采矿产品实现顺利外运的咽喉；辅助提升运输系统不但解决了废石外排、动力、排水、供水等的通道问题，而且为矿山通风、人员、设备、材料运输提供了补充通道。

5.5.2 井下破碎及给矿

5.5.2.1 井下粗碎及给矿设备的选型和比较

与井下胶带运输相配套，矿石必须进行粗破碎到适合胶带运输的块度再上胶带进行运输。

粗碎站设置在井下340m水平，该粗碎站除承担400m水平以上Ⅱ₁矿组各采区由溜井下放的原矿破碎外，还要承担深部Ⅲ₁、Ⅳ₁矿组今后产出的原矿及必要时Ⅱ₁矿组340～400m水平间用卡车运输的原矿的破碎。

井下粗碎系统设计基本参数表见 5-9。

表 5-9 井下粗碎系统设计基本参数

序 号	项 目	单 位	数 据
1	破碎前给矿块度	mm	<850
2	破碎后块度	mm	<250
3	矿石硬度		$F = 8 \sim 12$
4	矿石抗压强度	MPa	$36 \sim 111$
5	矿石松散体积密度	t/m³	
	破碎前		2.31
	破碎后		2.13
6	矿石日产量	t/d	12121
7	破碎机小时处理能力	t/h	1000
8	胶带运输能力	t/h	1000
9	破碎机工作时间	h/d	15

井下粗碎设备是生产的咽喉设备之一，对是否能确保大规模生产至关重要，必须慎重选择。

按处理能力及出矿块度的要求，曾考虑选用沈重制造用于金川镍矿二矿区井下生产的 ϕ1065mm 旋回破碎机，但存在一些问题。

沈重于 20 世纪 90 年代初制造的 ϕ1065mm 旋回破碎机非国内标准产品，是根据当时美国弗洛公司的有关资料进行仿制的轻型破碎机，国内仅生产一台。该设备由于制造时间较早，存在一些问题。但因金川二矿区的矿石松散、破碎、采场又用进路式浅眼落矿，采出矿石块度小，大块少，因此能满足生产要求。而对处理大红山铁矿坚硬的大块铁矿石该型号设备难以适应。

设计对采用进口 42in（1in = 25.4mm）旋回破碎机，国产 ϕ1200mm 旋回破碎机，国产两台 1200mm × 1500mm 颚式破碎机方案进行了比较，同时对配套给矿设备采用重型板式给料机与采用振动给矿机也进行了分析。

根据矿山生产能力大，原矿块度大，给料点多的特点，研究了五个方案。

A 方案一：国产颚式破碎机 + 重型板式给矿机

该方案采用国产 1200mm × 1500mm 颚式破碎机两台，配 2300mm × 10000mm 重型板式给矿机给矿。其特点是：

(1) 破碎设备简单，价格低廉。

(2) 检修吊车吨位较小，仅 32/5t。

(3) 两溜井距离 58.5m。

(4) 设备基坑深 12m，人员上、下不便。

(5) 破碎后下皮带的溜井要增加一条。

(6) 考虑汽车运矿，大件道进破碎硐室要分叉为两道，汽车倒车不顺当，工程量增加。

(7) 无法在破碎机处设置液压碎石机处理大块。

（8）碎后矿石大块率高，有出现超大块的可能，对胶带运输不利。

（9）破碎硐室工程量大，开挖工程量为 14229m³，混凝土工程量为 2242m³。

综上所述，该方案缺点较多，生产的可靠性较差，因此该方案不可取。

B　方案二：国产旋回破碎机 + 重型板式给矿机

该方案采用国产 φ1200mm 旋回破碎机一台，配 2300mm × 5600mm 重型板式给矿机给矿。其特点是：

（1）采用国产破碎设备，价格较低。

（2）检修吊车吨位较大，为 75/5t。

（3）采用重型板式给矿机给矿，设备质量大、投资高，需增设粉矿回收皮带。

（4）破碎机最大件（横梁部）尺寸为 4670mm，重 38589kg，而大件道宽仅为 4800mm，每边空隙不足 70mm，井下运输较困难。

（5）破碎硐室开挖工程量为 7213m³，混凝土工程量为 1337m³。

C　方案三：国产旋回破碎机 + 振动给矿机

该方案采用国产 φ1200mm 旋回破碎机一台，配 2200mm × 5000mm 振动给矿机给矿。其特点是：

（1）采用国产 φ1200mm 旋回破碎机的优点同上。

（2）采用振动给矿机给矿，设备质量轻、投资低，不需增设粉矿回收皮带。现设两个溜井，振动给矿机检修可分别进行，对整个生产流程影响不大。

D　方案四：进口旋回破碎机 + 重型板式给矿机

该方案采用进口 42in 旋回破碎机一台，配 2300mm × 5600mm 重型板式给矿机给矿。汽车进矿直接卸入破碎机。其特点是：

（1）采用进口破碎设备，其可靠性、耐久性远远高于国产设备，但价格较高，需考虑今后衬板的国产化问题。

（2）检修吊车吨位较小，为 50/5t。

（3）破碎机最大件（横梁部）尺寸为 3937mm，重 23000kg。大件道宽为 4800mm，运输下放问题不大。

（4）采用重型板式给矿机给矿，设备质量大、投资高，需增设粉矿回收皮带。

（5）破碎硐室开挖工程量为 6087m³，混凝土工程量为 1174m³。

综上所述，该方案除有重型板式给矿机的缺点外，还有投资较高。

E　方案五：进口旋回破碎机 + 振动给矿机

该方案采用进口 42in 旋回破碎机 1 台、溜井放矿口设链式闸门、2200mm × 5000mm 振动给矿机给矿。汽车运矿直接卸入破碎机。其特点是：

（1）采用进口旋回破碎机的优点同上。

（2）采用振动给矿机给矿，设备质量轻、投资低，不需增设粉矿回收皮带。现设两个溜井，振动给矿机检修可分别进行，对整个生产流程影响不大。

（3）破碎硐室开挖工程量为 6043m³，混凝土工程量为 1165m³。

各方案投资对比见表 5-10。

表 5-10　井下破碎系统方案投资对比

序号	方　案	建筑工程 /万元	设备 /万元	安装工程 /万元	合计 /万元	井巷工程量 /m³
1	进口 42in 旋回破碎机 + 板式给矿机	261.63	1054.72	21.43	1337.78	6086.99
2	国产颚式破碎机 + 板式给矿机	543.5	605.54	44.01	1192.9	14229.18
3	进口 42in 旋回破碎机 + 振动给矿机	295.83	940.62	12.91	1213.36	6042.59
4	国产 φ1200mm 旋回破碎机 + 板式给矿机	307.97	613.21	46.38	967.56	7213.30
5	国产 φ1200mm 旋回破碎机 + 振动给矿机	302.98	499.08	37.85	839.91	7136.90

　　根据以上比较和分析，最后选用进口美卓（Metso）公司 MK42-65、42in 旋回破碎机。该机性能稳定，产能高，排矿粒度符合胶带运输要求，虽设备价格较高，但其余各方面指标均能满足大红山铁矿的需求。

5.5.2.2　一期井下破碎站设置

　　一期工程中，破碎系统设于矿体南部下盘，破碎站标高为 344m，破碎硐室净跨度 9.50m，高度 12.0m，净断面 110.66m²，长度 31m。根据选用的旋回破碎机，破碎站设置为 3 面给料布置，两侧为自 380m 中段运输卸载后的溜井给料，碎前矿仓（溜井）两条，断面为圆形，净直径 φ7.0m，有效容积 1200m³（2772t），正对面为留作回采局部小矿体采用卡车运输时卡车给料，矿石经破碎后进入碎后矿仓，碎后矿仓一个，φ6.5m，有效容积 600m³（1277t）。

　　图 5-7、图 5-8 和彩图 5-9 为一期破碎站示意图。

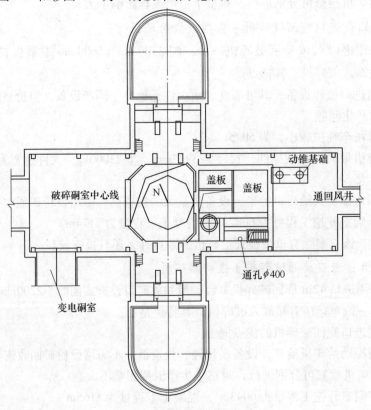

图 5-7　一期井下破碎站平面图

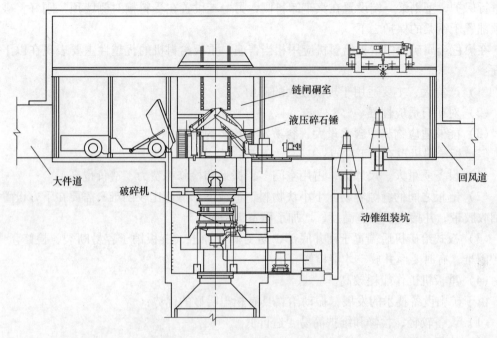

图 5-8 一期井下破碎站纵向图

在破碎机旁设置液压碎石机，可以处理三个方向给矿出现的大块。

破碎站一端为大件通道，与辅助斜坡道相连；另一端为回风通道，通过回风斜坡道与总回风斜井相连，解决了破碎站的进回风问题。破碎机上方采用雾化降尘，破碎机以下（排矿口和维修口）采取密封。

由于溜破系统自 380m 中段卸载站开始至 303m 采 1 号胶带尾部止，高差有 80m，为解决整个系统的垂直交通及通信问题，在破碎站附近设置了一条电梯井，供人员上下、采 1 号胶带等设备的检修用。电梯井设人行梯子间，安装供、排水管，悬挂电缆。电梯采用 3t 矿用电梯，双侧开门，停靠标高分别为 380m、344m 和 303m。

破碎站及附属井巷工程的配置，为溜破系统提供了空间和通道，为矿山生产提供了物料缓存空间，有利于保障连续性生产。

5.5.2.3 一期井下破碎站设备配置

破碎机选用进口美卓（Metso）公司 MK42-65 液压旋回破碎机。主要参数：规格 42 ~ 65in，生产能力 1000 ~ 1200t/h，给料块度小于 850mm、排料块度小于 250mm，电机功率 400kW，6kV，质量 118160kg。

给矿方式：三面给矿，两侧为溜井、链闸 + 振动机给矿，前方为自卸式卡车给矿。

为保护旋回破碎机动锥和横梁，避免矿块的直接冲击，在旋回破碎机入料口周边设置受料槽平台，矿石下落在平台上自然形成缓冲矿石堆，后续下落的矿石砸在缓冲矿石堆上、二次跌落进入破碎腔，既保护平台又保护动锥和横梁。

MK42-65 液压旋回破碎机正常的受料为两侧受料。两侧受料时，破碎机的顶部由两侧的弧形横梁保护，避免被矿石冲击，但要进行第三面给料时，必须对破碎机顶部进行保护。现场在使用时为避免对破碎机顶部产生冲击，在受料面和破碎机顶部设置一根型钢大梁进行保护，型钢梁一端设置在汽车卸料侧，另一端设置在受料槽对侧墙顶，刚好将破碎机顶部置于钢梁的保护之下。

在黑色金属矿山中重板给料机应用相当普遍。重板给料机的优越性主要表现在以下几方面：

（1）产能大，主要适用于规模较大的矿山。

（2）对矿石适应性强。

（3）能够适应物料中含水量大、容易发生跑矿的物料。

但重板给料机也有以下缺点：

（1）设备质量大、尺寸大，占用空间多，搬运和检修都费力，造价也高。

（2）链板之间的缝隙容易漏下小块物料，造成下部清理比较困难，需要在下方设置粉矿回收胶带，并抬高了硐室高度，增加了硐室工程量。

（3）板式给矿机后端置于溜井底部，易受矿石冲击，链板销子容易断裂，检修量大，维护困难，有时要溜井放空才能检修。

（4）重板机工作能耗较高。

由于矿山设备技术的发展，振动给料具有相当明显的优势：

（1）设备较轻，检修和维护简易，造价低。

（2）能耗较低。

（3）振动机台板可以插入矿仓底部，将继振力传入矿仓内部，起到破拱作用，防止料仓堵塞。

（4）给料均匀，容易识别大块、处理大块。

采用链闸+振动机方式，设备质量轻，机加工件少，价格低，维护量少；溜井底部简单，硐室工程量省；不存在溜井放空才能检修设备的情况，而且链闸容易过大块。

大红山铜矿一期工程1997年7月投产，二期工程2003年7月投产，坑内破碎采用国产900旋回破碎机，给矿设备配套为链闸+振动机。该破碎机组承担一、二期4800t/d原矿的井下粗破碎，实际达到最大10000t/d的能力。经过近十年的实践，链闸+振动机的给矿方式是成功的，投资省，易于维护。因此大红山铁矿的坑内破碎系统给矿设备继续采用链闸+振动机这一方式，同时，根据大红山铜矿的实践，结合大红山铁矿的实际情况，对链闸结构、角度等进行改进、优化设计，加大尺寸，使链闸能翻转使用，延长近一倍的使用寿命；改进振动机支撑结构等，减少振动机对基础的破坏，更加适应大红山铁矿的生产要求。

电动链闸主要参数：规格1600mm×2300mm，通过料块度小于850mm，生产能力1000~1200t/h，电机功率18.5kW，安装倾角40°，质量26832kg。

振动机主要参数：型号XZG2438，槽体规格2450mm×3800mm×500mm，通过料块度小于850mm，振动幅值5mm，振动频率960次/min，生产能力1000~1200t/h，电机功率14kW，安装倾角14°，质量8916kg。

吊车：规格50/10t。

为解决大块问题，在破碎机旁边设置一台固定式液压碎石锤，主要参数：RAMMER M550/E60，最大工作半径6620mm，质量600kg。

昆明院将链式闸门和振动给矿机配套使用，为大处理量破碎站提供了一种有别于传统重板给矿的简洁、高效、经济的给矿方式，可供有关矿山参考和借鉴。

5.5.2.4　二期井下破碎站设置

在一期破碎站配置的基础上，借鉴了一期破碎站的经验，对不足部分进行改进，形成了二期破碎站的布置方式，破碎站平面图见图5-10。

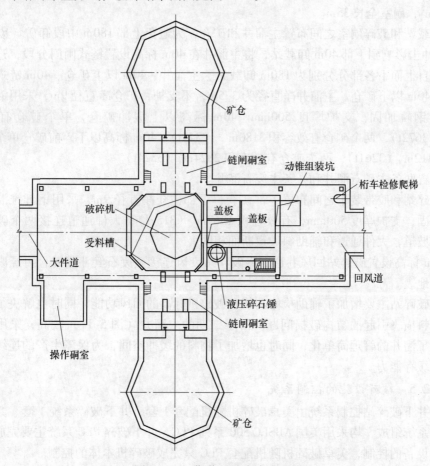

图5-10　二期井下破碎站平面图

二期工程中矿（废）石破碎系统布置于矿体南侧，A35～A36号线之间，破碎系统包括卸载站、破碎硐室、上溜井、上下矿仓、变电硐室、大件通道、溜破系统井底排水站及相关的回风工程。

在一期使用成功的基础上，二期继续采用与一期相同的破碎和给矿设备。分别在180m和40m中段矿废石卸载线上布置卸载站，每个水平共设置20t机车+10m³底侧卸式列车的卸载站三个，其中两个为矿石卸载站，一个为废石卸载站，卸载站净宽7.3m，墙高2.8m，净断面积34.46m²，每个卸载站长26.4m。

在0m标高设置破碎硐室，破碎硐室设置两个，一个矿石破碎硐室，一个废石破碎硐室。矿石破碎硐室净宽9.5m，墙高9.5m，净断面积113.99m²，硐室长度34m，采用MK42-65旋回式破碎机进行矿石破碎，采用两侧给矿布置，破碎机两侧设置振动机硐室，用链式闸门及振动机给矿，在硐室纵方向的一端设置大件通道入口，另一端设置回风联络通道，将破碎产生粉尘回至废石箕斗竖井。

废石破碎硐室净宽 7.5m，墙高 8.5m，净断面积 78.54m²，硐室内配置颚式破碎机，采用端头式给料，在硐室另一端设置大件通道入口，在硐室侧面设置回风联络通道与矿石破碎硐室回风联络通道相通。

在两个破碎硐室之间进风侧设置变电硐室，变电硐室净宽 4.5m，墙高 2.5m，净断面积 16.58m²，硐室全长 35m。

在卸载站和破碎硐室之间布置主溜井和矿仓，为避免上部 180m 中段卸矿（废）后矿（废）石冲击影响到下部 40m 卸载站，将主溜井在 40m 标高设置链式闸门分段，这样，主溜井系统自上而下各部分分别为 180m 卸载站、主溜井、40m 以上矿仓、40m 链式闸门及卸载站、40m 以下矿仓。主溜井净直径为 3.5m，不支护，矿仓净直径 9m，采用钢钎维混凝土支护钢轨加固，支护厚度 500mm。40m 标高以上缓冲矿仓，单个矿仓有效容积 1590m³（3672t），两个矿仓有效容积 3180m³（7345t）。40m 标高以下碎前矿仓单个矿仓有效容积 1412m³（3261t），两个矿仓有效容积 2824m³（6524t）。

共设置两条主矿石溜井和一条主废石溜井。

在破碎站和胶带装矿之间布置下部矿仓，下部矿仓净直径 9m，采用钢钎维混凝土支护钢轨加固，支护厚度 500mm，有效容积 1367m³（3157t）；大件通道连接两个破碎硐室和辅助斜坡道，大件通道和辅助斜坡道断面相同。

在 0m 标高设置破碎站回风巷道，将破碎站废风连接至废石箕斗竖井，再经废石箕斗竖井排出地表。

二期破碎站主要增加了辅助检修功能和破碎机标高的回风功能，同时也解决了破碎机出料口物料横飞引起的结构破损问题。由于二期的主溜井（图 5-11）较高，采用分段式溜井实现了溜井的管理简单化，同时也增加了物料的缓冲空间，为保障生产的连续性提供了适当的缓存能力。

5.5.2.5 破碎设施的控制系统

一期井下破碎站控制系统由美卓破碎机随机配套 1 套、井下破碎系统 1 套、共 2 套主 PLC 控制系统组成，均采用美国 ABSLC 500 系列 PLC。井下破碎 PLC 系统主要完成井下破碎及给矿设备的控制，美卓破碎机随机配套 PLC 只完成破碎机本体的控制。

在井下各置一台光纤交换机，与井上的交换机间采用双以太网冗余通信。两套 PLC 与井上两套 PLC 之间通过交换机通信。井下破碎 PLC、旋回破碎机（美卓）PLC 采用的是 SLC 5/05 CPU，直接集成了以太网通信接口，直接接进交换机。由于采用了双网，保证系统通信的可靠性，通信速度达 100Mbps，通信长度不受限制。

在井下破碎 PLC 柜上设置人机界面，可以完成井下破碎及给矿设施的操作与控制，并监视整个系统运行情况。

2 号胶带机靠近井下的两个 I/O 远程子站，接至井下破碎系统 PLC。在井下破碎系统主站设置 1747-SN 远程 I/O 扫描器模块，此模块具有高抗干扰的设计和可选的波特率，保证现场通信能免受噪声干扰；可实现最长达 3050m 的远程 I/O 扩展；采用块传输功能，实现大数据量信息发送。

随主机配套的旋回破碎机 PLC 只考虑了本身设备的控制及保护的需要，无法满足整个破碎及给矿系统的控制要求。通过昆明有色冶金设计研究院股份公司对 PLC 的合理选型，下属昆明科汇电气有限公司很好地集成了破碎及给矿系统。

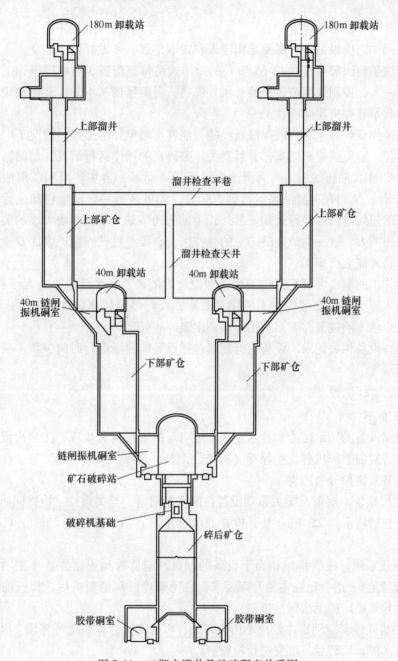

180m 卸载站 180m 卸载站

上部溜井 上部溜井

溜井检查平巷

上部矿仓 上部矿仓

溜井检查天井

40m 卸载站 40m 卸载站

40m 链闸 40m 链闸
振机硐室 振机硐室

下部矿仓 下部矿仓

链闸振机硐室

矿石破碎站

破碎机基础

碎后矿仓

胶带硐室 胶带硐室

图 5-11 二期主溜井及破碎硐室关系图

通过这种集成，不但实现了整个破碎及给矿的联锁控制，同时通过井上上位机能很好地监视旋回破碎机运行状况，实现了控制的现代化和信息共享。

5.5.2.6 使用、管理、维护、运行经验

大红山铁矿井下破碎站是矿山生产的咽喉，旋回破碎机及配套设备的运转情况决定着矿山生产是否正常。矿业公司对设备的操作和维护制定了严格的规章制度，加强管理，使一期破碎和给矿系统自投产使用以来，运行顺畅。

A 旋回破碎机运行操作

设备的操作岗位根据生产需要定岗定人和定职定责，并做好运行记录。

大红山铁矿旋回破碎机（42-65型）的操作人员每班配置3名破碎操作工，其中计算机操作岗位一人，控制旋回破碎机的开机、停机，需要懂得基本的计算机知识；放料操作工两人，也就是破碎机实际操作工。

操作室操作员要有一定的破碎放料经验，能够在料位计不准确的情况下能准确操作下部料仓的料位，避免破碎机堵塞；并且要关注破碎机的操作运行情况，如油路油管的运行通畅，破碎机 MPS 油压的压力，润滑油泵的运行时间（一台主油泵和备用油泵的运行更换时间为50h），又如有一台油泵运行到50h后，要更换另一台油泵启动运行，这样有利于延长油泵的使用寿命和运行时间。另外，主轴的调节是关系到料块大小的关键，对选矿厂碎磨作业影响大。这一岗位是破碎机的总控岗位，要经过破碎机厂家的专业指导和专业技能培训合格才能上岗操作。

放料操作工的职责为观察料位的大小加以适时的调节，注意料块的大小和铁件铁块，发现铁件掉入即刻通知胶带操作人员注意观察，及时停机拣出铁件，以防止划破损伤胶带；有超大块落入不能破碎时需利用行车调出破碎腔处理。

认真填写设备相关记录。设备运行记录包括设备的实际运行时间参数，破碎机的设备运转情况记录等。

B 旋回破碎机维护

a 维护保养

首先根据设备的技术性能和技术要求制定可行的维修保养规程，按照规程要求，由操作者负责进行旋回破碎机的维护保养（检查、调整、紧固、润滑、清洁）工作。

破碎机日常维护分为四类：

（1）润滑系统。润滑系统关系到设备各配件的润滑，至关重要。检查储油箱油量，启动前油位应在滤网下约25.4mm处；检查滤清器压降，当压降达到25psi（172kPa）及时更换滤芯。

（2）液压系统。液压系统相当于设备的动脉，应适时检查储油量（主轴位于最低点时，应为满油量），适合动锥主轴升降要求；启动破碎机和给料机后，检查油管是否有泄漏，漏油会导致破碎机无法保持排料口。

（3）小齿轮轴套。动锥主轴由小齿轮带动，零件不大，作用无可替代，因此破碎机在运行时和每次停止运转后，都要进行检查。

（4）一般性检查。破碎运行时，检查是否有螺栓和部件松动等情况，如有，必须紧固；检查滤网是否有金属碎片，有时会有少量碎屑，但是碎屑突然增多，则表明轴承表面可能磨损；检查定锥衬板和动锥衬板紧固度等。

b 定锥、动锥衬板检查、更换

（1）定锥衬板的维护。每日定时检查定锥衬板之间的间隙是否增大，衬板是否发生松动，检查衬板的磨损程度，同时用专业工具测量排料口的大小。当碎矿量达到定锥衬板更换标准或衬板出现松动掉落时，更换定锥衬板，因为衬板是粘接在上机架上，所以直接更换上机架即可。设备运行之初，没有备用的上机架，每次更换定锥衬板按照厂家的操作方法需要 100h，更换衬板时要把旧的衬板取下，打磨外表、除尘，安装新的衬板、定位、浇筑、保养后才能使用。后来备用一套上机架，衬板磨损需要更换时，直接把浇筑好衬板的上机架吊装到位就完成衬板的更换工作，把原来更换需要约 5 天时间缩短到现在只需 16h，节约检修时间至少 4 天，大大提高了破碎机的完好率和处理能力。

（2）动锥衬板的维护。每天定时检查动锥衬板是否出现裂纹，衬板磨损是否严重，锁紧螺母是否松动。对动锥备用一套备件，在动锥衬板需要检修更换时，直接把动锥吊装到位即可，大大节省了更换衬板的时间。在对动锥衬板更换了几次之后，总结出了一些经验，对动锥衬板的浇筑方法进行了改进，特制了一个支架平台，在浇筑衬板时把动锥吊到上面固定好，即可浇筑，这样既省时又省力，比原来没有支架时检修效率提高了许多。

（3）合理的安排检修内容：

1）小修。主要检查内容：①检查或更换联轴器及柱销；②电机除尘，轴承清洗；③更换油泵部分密封件；④检查电控线路。

2）中修。主要检查内容（含小修全部内容）：①检查或更换联轴器及柱销；②电机除尘，轴承清洗；③更换油泵部分密封件；④检查电控线路；⑤更换衡量衬套、主轴衬套、防尘密封圈、防溅挡板、动锥衬板、定锥衬板。

3）大修。主要检查内容（含中修全部内容）：①检查或更换联轴器及柱销；②电机除尘，轴承清洗；③更换油泵部分密封件；④检查电控线路；⑤更换衡量衬套、主轴衬套、防尘密封圈、防溅挡板、动锥衬板、定锥衬板；⑥更换破碎机所有部件的密封圈、下机架衬套、偏心衬套、止推轴承、小齿轮轴润滑油、横梁衬套润滑油、系统润滑油、MPS 液压油。

（4）检修后的试运行：

1）在连接驱动装置之前，检查所有装置旋转的方向；

2）检查电机与小齿轮轴之间的联轴器是否正常，以及检查所有的紧固件是否符合力矩要求；

3）检查电机轴承是否加了油脂；

4）检查所有的螺栓、螺母和螺钉是否紧固；

5）确保润滑油呼吸器、盖和联轴器均安装正确；

6）检查油位是否在正常范围内；

7）检查所有的电气连接，确保电气连接正确、绝缘良好。

C　外委模式下旋回破碎机的管理

旋回破碎机的运行由外委承包单位进行。管理以紧密围绕"精细管理、成本控制"为主题开展工作。

（1）以日常设备管理为基础，精密组织，认真落实，加强对设备点检、维护、保养的管理力度，严格落实各项规章制度。

（2）坚持预防为主，强制维护、视情况修理、适时更换的原则，采取"计划维修"与"状态维修"相结合的综合管理模式。按时按级做好设备的维护保养工作，定期进行维护保养情况检测，并认真做好设备的维护保养记录。

（3）做好各项报表填报工作。

（4）做好备件管理工作。严格把好进货渠道关，搞好进货质量管理、备件的库存及申请配件计划管理，确保主要配件和常用配件随用随有。

（5）做好设备技改技术改造工作。在确定生产计划的同时要安排技改计划，要严格制订和执行设备技改计划。

（6）加大设备管理考核力度，落实好奖励惩罚措施。

（7）要求各协作单位配齐相关的设备作业人员。

（8）做好设备作业人员的培训工作及传帮带，以老带新。

D 旋回破碎机的运行经验

a 提高设备运行安全意识，加大安全责任。

认真抓好破碎机操作规程、维护规程、检修规程的实施落实，有利于保障设备运行的稳定，提高设备使用的有效生产率和完好率。

b 过铁及大块处理经验

由于井下的采矿工艺和供矿方式不同，铁件和大块的大小长度都难以控制。就大红山铁矿而言，从采场到溜井到电机车运输再到矿仓的各转运环节，都会混入不同的铁件，最终落入破碎腔。破碎机应尽可能减少铁件的进入，以减轻对破碎机的损坏。首先，振动给料机的放矿是防止铁件进入破碎机的第一道关，而且，控制破碎机破碎量也由这一环节完成；其次，对于意外停机造成破碎机卡死、铁件通过不了、出现过大块等突发情况的及时处理十分重要，需要认真、专业地进行操作和管理，否则会大大增加对破碎机的损伤，影响使用寿命。

最好是把铁件、过大块等从源头上管理好，尽量避免进入破碎机。

c 控制电脑显示的数据和下部矿仓料位管理

计算机是破碎机运行是否正常和开停机控制的操作台，显示破碎机的油温、压力、料位等重要的技术数据。需注意以下问题：

（1）启动浸没式加热器，油箱温度达到30℃以上才可启动油泵。

（2）油泵启动等待120s后，回油温度达到18℃以上再启动破碎机。

（3）启动破碎机后等待300s、电脑显示屏上两个指示灯都亮绿灯，回油温度达到38℃以上才可通知振动给料机操作工给矿。

（4）注意回油温度，在破碎机碎矿工作时间回油温度控制在38~54℃。回油温度低于18℃不能启动破碎机，低于38℃不能给矿破碎，达到54℃或超过54℃应立即停止给矿，并停破碎机。

（5）运行中注意冷却水水压，冷却水量过小，回油温度容易升高。

（6）注意下部矿仓料位，下部料位情况料位显示一般只能作为参考，具体料位情况应目测实际料位情况来判断开停机，一般下部矿仓料位显示25%时开始给料破碎，料位显示75%时（即在胶带没有运料情况下破碎10min）应停机，但实际情况操作工应根据目测料位情况进行开停机，要确保破碎腔不堵料。

E 主要消耗、主要指标、成本控制

a 旋回破碎机主要消耗

动锥、动锥衬板消耗。旋回破碎机衬板消耗是破碎机的主要消耗件，主要部件消耗情况如下：

（1）动锥衬板消耗，以碎矿量达到 2300kt 或出现异常破损为更换标准；每年大概消耗动锥衬板 2~3 套。

（2）定锥衬板消耗：以碎矿量达到 1000kt 或出现异常松动为更换标准。每年大概消耗定锥衬板 4~5 套。

（3）横梁衬套消耗。横梁衬套更换标准：以旋回破碎机空载转速大于 20r/min 为依据；同时更换横梁密封。每年大概更换横梁衬套一次左右。

b 旋回破碎机主要指标

（1）作业率：

$$\{当月设备运转时间总和 \div [当月天数 \times 24 - 计划检修时间 - 特殊原因停机时间 -$$
$$当月天数 \times 3（班前检查及交接班时间）]\} \times (100/100) \geqslant 80\%$$

（2）可开动率：

$$[破碎机完好时间 \div （当月天数 \times 24）] \times (100/100) \geqslant 95\%$$

（3）主要设备事故、故障停机率：

$$[（主要设备事故、故障停机时间）\div （当月天数 \times 24）] \times (1000/1000) \leqslant 3‰$$

c 旋回破碎机成本控制

旋回破碎机最大的消耗件是衬板，控制破碎机的衬板成本是降低破碎机成本的主要途径，通过实现衬板国产化取得了很好的效果。使用进口的美卓衬板，一套定锥、动锥衬板 45 万元左右，而使用国产衬板一套 32 万元左右，价差约 13 万元。而且国产衬板与美卓公司的衬板几乎没有差别，使用寿命相同。况且，美卓衬板到货周期半年左右，国产衬板到货只要一个多月。

控制检修时间，增加运行时间，可以大大降低破碎机成本。如前所述，随着对破碎机管理经验的提高，摸索出了一套减少检修时间的方法。原来破碎机衬板检修需要 5 天左右，而现在缩短为 16h，不仅减少了人工费用，而且还提高了破碎机的作业时间，大红山铁矿每天产值 400 多万元，从 5 天缩短至 16h，4 天时间，足够节省上千万元。

F 能力提升和改造

a 能力提升

通过改进衬板检修方法，缩短检修时间，增加运行时间，从而提高了破碎机的处理能力。

b 设备改造

在扩产工程中，井下新增 III_1、IV_1 矿段 800kt/a 采矿量，原矿用汽车运到 344m 水平破碎硐室，直接倒入旋回破碎机内破碎，卸矿方向垂直破碎机横梁，为减轻汽车直接倒矿对破碎机的冲击，在破碎机上方，与破碎机原保护横梁呈 90°角，增设一根缓冲横梁。此设计简单、实用、可靠，工程量少，检修方便，不影响破碎机原整体设计，使用效果良好。

5.5.3 斜坡道

4000kt/a 一期工程，为配合大参数无底柱分段崩落采矿方法使用大量大型无轨设备的下井通行，采用了胶带斜井 + 无轨斜坡道的开拓方案。这一开拓方式及无轨斜坡道的成功运用，为大红山铁矿快速达产并超产提供了十分有力的保障。在后续的扩产工程中，斜坡道的运用更加广泛，形成了斜坡道网络交通系统，实现了坑内外快速、高效的交通联系，为矿山生产和扩产，提供了人力、物力和资源的快速运输通道。

5.5.3.1　斜坡道系统的设置

大红山铁矿 4000kt/a 一期工程，辅助斜坡道自地表 710m 标高至井下 380m 标高，中间各分段均有岔口连通，于斜坡道主线路旁、440m 分段岔口附近设置无轨设备检修间。

辅助斜坡道从井口至井下主采区 380m 标高，主要段长 2719m，斜坡道正常段坡度 14.28%（1/7），480m 标高以上每隔 300m 左右设有 60m 长的缓坡道，坡度 5%，并在缓坡段设错车道，在 480~380m 标高范围每 20m 高差设岔口进各采矿分段，分段岔口段坡度 5%。斜坡道平、竖曲线半径均为 30m。

一期斜坡道正常段断面规格为净宽 4.8m，高度 4.4m，墙高 2.8m，净面积 19.48m^2，1/3 三心拱断面。缓坡段净宽 7.2m，长度为 20m，兼具错车功能，并利用分段岔口段兼错车功能，可以节约工程量。斜坡道路面铺设混凝土路面，路面设置防滑槽和伸缩缝。

斜坡道路面采用混凝土路基、沥青混凝土面层，厚度 250mm。

从主斜坡道 478m 标高，在矿体下盘向上开掘至中部采区的阶段斜坡道至 650m 标高。

一期斜坡道的采用，大大方便了矿山井下作业点与地表的联系。与辅助竖井提升相比，使井下与地表的沟通变得简单、快捷，实际生产中，人员、设备、材料运输及相当一部分井下产出的废石外运一般都走斜坡道，与设计相比，车流量增加很多。随着大红山铁矿扩产工程的实施，各扩产矿段很大一部分开拓工程是在一期开拓工程的基础上展开的，使斜坡道的运输量大大增加，而二期深部工程的开工更加剧了斜坡道的运输压力。为适应斜坡道运量大增的需要，矿业公司在原斜坡道旁侧平行增加一条斜坡道，这条斜坡道与一期的斜坡道相伴向下延深，每隔一定距离设置联络通道相互连通，实现了一进一出的单行车道运行，大大增加了交通流量。

大红山铁矿在一期斜坡道的基础上，向各扩产矿段及深部二期开采地段扩展，形成的无轨斜坡道网络由以下各部分构成：

（1）通往 Ⅱ$_1$ 主矿组主采区各个分段的 4000kt/a 一期采矿工程斜坡道，采用的是一进一出的双斜坡道布置形式，分别设置斜坡道联络通道通往主采区各个分段。

（2）在一期采矿工程斜坡道 480m 开口，往上布置 Ⅱ$_1$ 主矿组中部采区斜坡道，连通中部采区各分段，并继续往上开掘通往 Ⅱ$_1$ 头部矿体的斜坡道，通至 720m 水平以上头部矿体各个采场。

（3）4000kt/a 二期采矿工程斜坡道，在一期主斜坡道的基础上往下延伸，并通达各基建分段。随着二期工程的投产，将通过斜坡道联络通道与各分段运输平巷相连通，成为通往二期各个工作面的主要通道。

（4）Ⅰ号铜矿带深部采区斜坡道，由一期斜坡道 480m 分段联络通道经 480m 分段沿脉巷道延伸至 Ⅰ号铜矿带、布置于北侧的下盘围岩中，从 Ⅰ号铜 380m 运输中段自下而上与各分段连通，往上与 625m 分段连通 Ⅱ$_1$ 主矿组中部采区并继续往上与 Ⅱ$_1$ 矿体头部斜坡道相连；此外，该斜坡道往上、向西北方向延至曼岗河东岸地表，开通了井下另一个通地表的斜坡道入口。

（5）Ⅲ$_1$ 号、Ⅳ$_1$ 号矿体斜坡道，由一期斜坡道向西、往下延伸至 340m 水平岔口、开掘 Ⅲ$_1$ 号、Ⅳ$_1$ 号矿体 340m 无轨运输水平，再往上布置 Ⅲ$_1$ 号、Ⅳ$_1$ 号矿体南部采区斜坡道、北部采区斜坡道，与各分段连通。

（6）二期斜坡道往下在 273m 分叉开口，开掘至二道河铁矿斜坡道，以及至 I 号铜矿带 140m 破碎硐室大件道。

二期斜坡道陡坡段坡度为 14.285%（1/7），回头弯段坡度为 8%，岔口段坡度为 3%。

这样，大红山铁矿的斜坡道形成有较完整规模的网络系统，极大方便了井下交通。各主要斜坡道配置情况见表 5-11。

表 5-11　主要斜坡道配置情况

序号	项　目	净面积/m²	坡度/%	长度/m	备　注
1	II₁矿组主矿体斜坡道	19.5	陡坡段：1/7　缓坡段：3	6367.8（单线长度，不含复线）	标高为 710～-45m，其中 710～180m 标高平行布置有一进一出的两条斜坡道
2	I 号铜矿带斜坡道	15.65	陡坡段：15　缓坡段：3	3369.8	标高为 790～380m
3	二道河铁矿斜坡道	19.5	陡坡段：18　缓坡段：3	1908.6	自主斜坡道 270m 标高接至二道河 5m 水平。自主斜坡道 710m 坑口至二道河 5m 水平总长 5538.32m
4	III₁、IV₁矿体斜坡道	14.77	陡坡段：18　缓坡段：3	1020	采区斜坡道
5	II₁矿组中部矿体斜坡道	15.58	15	1497.18	阶段斜坡道
6	II₁矿组 720 头部矿体斜坡道	15.32	15	1426	采区斜坡道

5.5.3.2　存在的问题

无轨斜坡道是大红山铁矿建设和生产的主要动脉，经过长时间的运营发现仍然存在一些亟待解决的问题：

其一，下井的车辆及其他无轨采掘设备基本上采用柴油、汽油作为燃料，许多车辆尾气净化装置效果很差。车辆排放的大量尾气，特别是重车爬坡时产生的浓烟严重污染了空气，导致斜坡道内的空气质量极差。必须在斜坡道排风系统和风压及风量调配方面采取有效措施加以改善。

其二，井下温度较高、涌水量小，一些无硬化路面的采区斜坡道在车辆行驶过程中极易产生扬尘，空气中的粉尘含量高，必须采取相应防尘措施。

其三，长距离下坡极易导致车辆刹车故障，引起交通事故，必须严格管理。

5.5.3.3　斜坡道的管理及措施

II₁矿组主矿体斜坡道是大红山铁矿多条斜坡道当中作用最大，也是最为关键的一条通道。公司从以下各方面健全斜坡道的设施，提高它的运输能力：

（1）采用混凝土路面，确保路况良好，降低车辆的损耗。

（2）完善道路标示和信号控制系统，在每个岔路口均设置指示牌；斜坡道控制系统为语音双向控制系统，即红绿灯控制系统，能够确保车辆有序、高效通行。

（3）设置降尘系统，在斜坡道内设置水幕，降低斜坡道内的粉尘。

（4）委托专门的公司承担斜坡道的日常维护工作，并指派专人对斜坡道进行维护，及时清除路面异物，保证路面的清洁和斜坡道的畅通。

（5）规范下井车辆和人员管理；严格控制超载和老化车辆下井。

（6）下井车辆安装尾气净化装置，使尾气达标排放。

5.5.4 废石及辅助提升系统

5.5.4.1 废石及辅助提升系统设置概况

4000kt/a 一期工程，设置辅助盲竖井作为辅助提升使用，作为废石提升、辅助进风、人员、供水、排水、动力和通信通道。由于斜坡道的运用，辅助竖井的人员进入功能未能充分发挥，大部分人员和材料都从辅助斜坡道中进出，但辅助竖井的其他功能一直在使用，对保障矿山生产起到了积极作用。

深部二期工程，为了全面解决 II₁ 矿组及 I 号铜矿带、III₁、IV₁ 矿体等井下各矿段的废石外排问题，结合废石场的位置，将废石的外排通道和深部二期辅助提升分开设置。二期盲辅助竖井只作为二期工程进风、人员、供水、排水、动力和通信通道，该辅助提升系统位于开拓系统心脏地带，有利于二期工程生产的后勤补给。另外，紧靠地表废石场设置废石箕斗竖井，用于提升井下废石，并可以兼作深部胶带系统的回风通道。

5.5.4.2 一期废石及辅助提升

一期工程的辅助提升系统由 720m 主平硐和辅助盲竖井组成。720m 主平硐开口于肥味河边，地表连接有废石仓及地表机车检修设施。盲竖井为落地式提升盲竖井，井筒净直径5.5m，井口标高为 720m 中段，井底为 380m 中段，中间在 560m 和 500m 开有马头门，井筒内置两套提升系统，一套为 4 号双层罐笼 + 平衡锤，另一套为检修罐 + 平衡锤；4 号双层罐笼 + 平衡锤采用 JKMD-2.8×4（1）E 形落地式多绳摩擦式提升机提升，检修罐 + 平衡锤采用井塔式 φ1.3m 多绳摩擦式提升机提升；4 号双层罐笼为一期工程的主要废石通道和井下工作人员的通道。废石的提升能力为 300kt/a 左右。

采场内采切废石经溜井下放至 380m 中段，在 380m 中段采用振机将废石装入 2.0m³ 固定式矿车。采用 10t 电机车牵引 2.0m³ 固定式矿车运输废石至辅助盲竖井车场，经竖井罐笼提升至 720m 中段。采用 10t 电机车牵引废石车至地表废石仓。采用翻笼将废石卸入废石仓，然后装入汽车，由汽车倒入废石场。

5.5.4.3 二期废石及辅助提升

二期工程中，由于二期矿石产能的增加和 I 号铜矿带等矿段的生产废石需要从二期系统排出，导致排出废石量增加，除部分废石用于充填坑内采空区外，多余部分必须排出地表。需要外排废石量为 600~700kt/a。

为解决 600~700kt/a 左右的废石提升问题，二期工程中构建了排废系统。排废系统主要由以下工程构成：废石溜破系统、废石转运胶带系统和废石箕斗竖井。废石溜破系统位于矿石溜破系统附近，设有上部运输和卸矿站，通过溜井至 0m 标高废石破碎站，废石破碎硐室净宽 7.5m，墙高 8.5m，硐室内配置颚式破碎机，采用端头式给料，在硐室另一端设置大件通道入口。废石经破碎后进入碎后废石仓，在废石仓底部采用振机给废石转运胶带给料，废石转运胶带平（斜）巷长度 680m，净宽 6.9m，墙高 2.4m，净断面积 29.08m^2，靠近箕斗竖井一段按坡度 10% 上坡设置。废石经胶带输送至箕斗井脚处废石缓冲仓深 20m，直径 6m，在废石缓冲仓底部设振机和箕斗装矿计量漏斗，经箕斗装矿设施将废石装入竖井箕斗。废石箕斗竖井位于二期开采矿体东侧、地表小庙沟废石场北侧的缓坡上。井口标高 1200m，井底标高 −79m，井筒净直径 5.5m，井深 1279m，废石箕斗竖井兼作回风通道，以供破碎系统、二期胶带系统及 180m 中段东南角的回风使用。

废石运输：生产废石经采场溜井下放到有轨中段，装入矿车经电机车牵引运输至卸载站，进入主溜井、碎前矿仓，经破碎后进入碎后矿仓，经废石转运胶带运输至废石箕斗竖井，装入竖井箕斗后提升至地表，由卡车运输至废石场。

二期辅助提升主要由辅助盲竖井构成。辅助盲竖井位于矿体南部 A30′线附近，作为进风、管缆及人员和材料通行的通道。竖井井筒净直径 6.0m。采用落地式 φ2.8m 多绳摩擦式提升机，机房布置于 380m 标高，井筒内设置 4 号单层罐笼 + 平衡锤。竖井服务标高 380～40m，辅助盲竖井分别与 380m、360m、340m、320m、300m、280m、260m、240m、220m、200m、180m、160m、140m、120m、100m、80m、60m、40m、0m 及 −40m 等分（中段）段连通。竖井内设置梯子间，方便管缆检修，同时作为一个安全出口。

参 考 文 献

[1] 中冶长天国际工程有限责任公司，昆明有色冶金设计研究院. 昆明钢铁集团有限责任公司. 大红山铁矿（玉溪大红山矿业有限公司）地下 4000kt/a 采、选、管道工程初步设计 [R]. 2005.9.
[2] 昆明有色冶金设计研究院股份公司. 昆钢集团有限责任公司大红山铁矿地下 4000kt/a 二期采矿工程初步设计 [R]. 2011.6.
[3] 余南中. 大红山矿区的设计与实践 [J]. 有色金属设计，2009，9.
[4] 中钢集团武汉安全环保研究院，中钢集团马鞍山矿山研究院等. GB16423—2006 金属非金属地下矿山安全规程 [S]. 北京：中国标准出版社，2006.
[5] 傅博. 大红山铁矿原矿运输 PLC 控制系统的设计 [J]. 有色金属设计，2009，9.
[6] 魏建海. 无轨斜坡道在大红山铁矿中的应用 [J]. 有色金属设计，2014，12.

6 高中段开拓的应用

大红山铁矿一期工程设计时，国内矿山中段高度较小，很少有超过100m的。国外著名矿山基鲁纳铁矿在1985年以后的新的运输水平设置中，采用235~270m的高中段开拓，为实现大规模长期稳定生产创造了极为有利的条件。

参考国外先进经验，采用大的中段高度是实现大红山铁矿大规模开采总体目标的重要保障。采用高中段可以减少总的中段数目，从而减少了新中段开拓及相应的运输、通风、安装等的大量工程量和投资，并且基建期在不增加多少工程量的情况下，可以大幅度增加开拓矿量，投产后减轻了新中段准备的压力和技术管理、工程管理难度，为实现高产、稳产创造了良好条件。

6.1 中段高度的确定

6.1.1 一期工程中段高度的确定和设置

6.1.1.1 集矿中段高度的确定

按照矿山总体规划对以Ⅱ₁矿组为主的深部铁矿开采区段的划分，以及首采400~720m标高矿体的原则，结合地形和坑口工业场地合理布置的需要，把矿体划分为上部720头部矿体平硐溜井开拓和Ⅱ₁主矿组中部采区及主采区胶带斜井开拓两部分。

Ⅱ₁主矿组采用大参数无底柱分段崩落法、上水平各分段用无轨设备进行高效、灵活的采矿。为满足大产量的需要，与采用胶带斜井提升矿石相配套，主要集矿水平采用运输费用低、运输能力大的电机车有轨运输。

由于大红山铁矿主矿体厚大、矿岩稳固性好、水文地质条件不复杂，具有采用高中段的有利条件，结合首采400~720m矿体的具体情况，设置380m有轨集中运输水平（采场溜井装矿车最小高度20m），集矿高度达到340m。

6.1.1.2 一期工程中段高度及运输水平的设置

A 400~720m 部分

可分为500~720m标高的中部区段及400~500m标高的下部区段两个部分。

（1）Ⅱ₁矿组500~720m标高的矿体，主要为倾斜至急倾斜矿体（称为中部区段）。按矿体特点可划分为两个采区。中Ⅰ采区，布置于625m标高以上、矿体总体上呈南北向展布，北薄南厚，采用沿走向布置的无底柱分段崩落法开采，分段高度20m。中Ⅱ采区，布置在625m标高以下、矿体总体呈东西向展布，厚度较大，采用垂直走向布置的无底柱分段崩落法开采，分段高度20m。

中Ⅱ采区的首采分段为560m分段，将下部区段主采区380m水平、位于下盘的采场溜井往上延伸，兼顾中部区段的矿石运输，溜井高度180m。中Ⅰ采区625m以上各分段的矿石由采场出矿铲运机直接卸入采场溜井，下放到625m分段，在625m水平用卡车短距离倒运后，卸入通至380m水平的两条转运溜井，之后集中由380m有轨运输水平运输至破碎卸载站。转运溜井高度达245m。

（2）400～500m标高主要为极厚大的缓倾斜矿体（称为下部区段），又划分为三个采区，其中被中部区段压矿的部分划分为南翼采区，未压矿部分、A36线以东划分为主采区，A36线以西划分为西翼采区。三个采区均采用无底柱崩落法开采，分段高度20m。本区段的有轨运输阶段设置在380m水平。各分段矿石均用采场溜井下放至380m有轨运输水平。

B　720m以上部分

720m平硐以上矿体为倾斜中厚至厚矿体（称为头部区段）。该区段采用铲运机出矿的分段空场法采矿，用平硐+溜井开拓。720m平硐自坑口向矿体位置延伸，形成有轨运输水平，按排水坡度延伸至矿体下盘时标高已达730m。由730m标高至最上分段水平850m，段高约120m。

6.1.1.3　高中段开拓需要解决的问题

高中段为大规模生产提供了较大的开拓矿量，但高中段也有以下问题需要解决。

A　矿石溜放问题

一期工程为解决高中段开拓的矿石溜放问题，根据各区段特点分别采取措施。主采区矿体极厚，主要呈缓倾斜产出，溜井布置在380～480m标高，溜井高度小于100m，多数为数十米，采用吊罐法施工。中部区段中Ⅱ采区及中Ⅰ采区倾角较大，中Ⅱ采区的溜井布置在380～560m标高，高度小于180m，利用主采区480m落顶分段水平巷道和380m运输水平巷道进行分段施工。中Ⅰ采区各采矿分段的溜井，主要布置在625～675m标高，从中Ⅰ采区625m分段采矿水平往下，至380m水平的转运溜井高度达245m，利用中Ⅱ采区560m分段采矿水平、主采区480m落顶水平进行分段施工，克服困难，顺利实现了高溜井投产。

B　竖向交通问题

大红山铁矿主要采用辅助斜坡道和辅助盲竖井工程，辅以采区电梯井，其中斜坡道发挥了关键作用。主采区直接使用辅助斜坡道，中部采区设置采区斜坡道，与采场各分段平巷无缝对接，可以快速抵达各采区工作面，构建了快速交通网络，为高产、稳产提供了交通保障。

C　采场通风问题

一期工程中主要采用采区进风天井、辅助盲竖井和采区回风天井，使新鲜风流可以快速到达各采区，同时采用多级机站，构成高效的通风网络。

与传统的低中段相比，减少一个运输中段就可节省$60km^3$工程量及相应铺轨架线、装卸矿等设施，减少投资近4000万元，并使一期开拓矿量达到54136.7kt，投产后可以从容不迫、集中力量组织生产，实现了尽快达产和持续生产。

6.1.2　二期工程中段高度的确定

6.1.2.1　概述

在一期成功使用的基础上，二期仍采用大的中段高度。二期工程设计时，施工设备有了较大的发展，天井钻机设备日益成熟，为高中段的应用提供了更好的手段。

二期工程开采对象 II₁ 矿组总体由东向西呈缓倾斜倾伏，包含 4 个主矿体：靠上部的 II₁₋₄、II₁₋₃ 及靠下部的 II₁₋₂、II₁₋₁。II₁₋₄、II₁₋₃ 矿体主要分布在 180～200m 标高以上、A24～A38 线之间，两个矿体彼此相距较近，约在 A32 线以东矿体完整厚大，A32 线以西矿体分支；II₁₋₂、II₁₋₁ 矿体主要分布在 180～200m 标高以下、约在 A26 至 A35 线之间，彼此相距较近，矿体中间部位完整厚大，周边矿体分支，主要矿量分布在 60m 标高之上。

II₁₋₄、II₁₋₃ 矿体与 II₁₋₂、II₁₋₁ 矿体之间，在 180～200m 标高有一明显的分界夹层。

另外，以赋存于 II₁ 矿组北下侧的 I 号铜矿带为开采对象的 I 号铜矿带 1500kt/a 工程，选择基建有轨集中运输水平标高为 380m，生产持续的集中运输水平标高为 180m。

6.1.2.2　二期中段高度和基建运输水平标高设置的方案比较

A　考虑方案

考虑到矿体赋存状况及相关工程的情况，在采用高中段开拓时，中段高度和基建运输水平标高的设置考虑了以下两个方案：

（1）方案一。中段高 340m、一段集中建设有轨运输水平。在 40m 标高设基建集中有轨运输水平，基本控制到二期开采矿体的底部，采用环形运输，沿脉装车，有轨中段覆盖大部分矿体，局部零星小矿体出矿采用汽车倒运至最近溜井下放至 40m 中段。

（2）方案二。中段高 200～140m、分两段建设集中有轨运输水平。先在 180m 标高基建有轨运输水平，控制 II₁₋₄、II₁₋₃ 矿体 A32 线以东的大部分矿量，持续生产再建设 40m 有轨运输水平，采用环形运输，沿脉装车，有轨中段覆盖大部分矿体，A32 线以西矿体采出矿石采用汽车倒运至最近溜井下放至下部有轨中段。

B　方案比较

（1）方案一。采场溜井最大高度 360m，并且超过 300m 的溜井多，存在以下问题：

1）大量深溜井（300m 以上）施工难度大，采用国产天井钻机施工不确定性因素多，井筒的偏斜控制较困难，同时溜井越深井筒穿过的岩层越复杂，施工精度越难把握，容易打成废井。为解决施工精度问题，有的地段需要在中间增加一个辅助中段，将溜井分段施工，但会造成工程量的增加和工期的延长；如采用进口天井钻机，成本高（1336 美元/m）。

2）根据拟采用的天井钻机的施工要求，溜井的上、下部水平都需要有巷道贯通，而形成下部施工水平的时间晚，将造成溜井的开工时间滞后，施工周期长，影响一、二期工程的正常接替。

3）由于深部矿体向西下倾斜，东部深溜井在下部段基本用不上，该部分溜井不仅造价高且造成浪费。同时底部的集矿运输中段也存在一定程度的浪费，造成运输距离加长，增加运输成本。

4）生产中大量太深的溜井在使用过程中磨损较大，并且深溜井的维护较为困难。由于大红山铁矿矿体较为厚大，为发挥铲运机的效率，大部分溜井位于矿体内，溜井磨损严重的部分会影响溜井的正常降段和采切工程布置，影响正常生产。

两方案对比指标见表 6-1。

表6-1 中段高度及运输水平比较

序号	项目名称	单位	中段高度340m、一段开拓方案（一）	中段高度200~140m、两段开拓方案（二）	（一）-（二）	备注
1	方案技术特征		400m以下矿体采用一个大中段开拓，一次基建40m运输水平	400m以下矿体采用180m、40m两个中段水平开拓；初期建设180m运输水平，投产10年左右建设40m运输水平		
2	井巷工程量					
	基建井巷工程					
2.1	长度	m	29973.97	34702.49	-4728.52	
	工程量	m³	286306.9753	349721.66	-63414.68	
	混凝土	m³	12085.4	16807.50	-4722.11	
	钢材	t	431.04	746.41	-315.38	
2.1.1	其中：基建工程					
	长度	m	20933.97	14474.47	6459.50	
	工程量	m³	222394.18	157564.35	64829.83	
	混凝土	m³	12085.39	16807.50	-4722.11	
	钢材	t	431036.89	379.66	430657.23	
2.1.2	生产续建工程					
	长度	m	9040.00	20228.02	-11188.02	
	工程量	m³	63912.8	192157.31	-128244.51	
	混凝土	m³	0	7994.86	-7994.86	
	钢材	t	0	366.76	-366.76	
2.2	安装工程					
2.2.1	中段铺轨	m	12735	18220	-5485.00	
	其中：基建	m	12735	8572	4162.20	
	生产持续	m		9647.20	-9647.20	
2.2.2	矿石卸载设施	套	3	6	-3	
	基建	套	3	3		
	生产持续	套	0	3	-3	
3	可比投资	万元	24856.11	21878.12	2977.99	
	其中：基建工程投资	万元	16092.46	9282.86	6809.60	
	持续工程投资	万元	8763.65	12595.26	-3831.61	
4	现值	万元	-17386.09	-14643.57	-2742.52	
5	建设工期差异	a			1.50	

5）太大的中段高度，巷道独头施工的时间较长，同时大红山铁矿地热较为严重，会造成通风困难，施工效率低下。

6）中段高度大，基建工程量大，建设期长，并对生产持续接替不利。

7）基建投资高，虽持续生产工程量小，费用低，但投入净现值仍高于方案二。

（2）方案二。溜井最大高度 220m，可以较大地缓解方案一存在的问题。施工难度较低，能采用国产天井钻机施工，施工成本相对较低；溜井的磨损程度和维护工作量减小；基建工程量较小；建设周期短，对一、二期生产持续有利；基建投资低，虽持续生产工程量大，费用高，但投入净现值仍低于方案一。

综合以上分析，权衡利弊，最后决定采用方案二，即设置两个运输水平，初期形成 180m 运输水平，生产中持续建设 40m 运输水平。

从方案对比和分析可见，采用高中段的实质是为实现大规模生产创造条件。大规模、特大规模矿山，采用高中段可为大规模开采创造十分有利的条件，应当提倡。但中段高度的大小，应与具体条件相结合，综合考虑岩石和矿体条件，掘进和维护手段，工程量和投资及建设时间等，选择切实可行的方案。

6.2　大中段高度和高溜井的设置及应用

6.2.1　高中段的设置

一期工程采用 340m 集矿运输高度，提供了 13.5 年的开拓矿量，为矿山稳定高产创造了有利条件，给矿山带来了很好的效益；二期工程综合考虑各种因素，将中段高度定为 200m，可为矿山提供 17.8 年的开拓矿量，同样会给矿山带来相当长时间的高产和稳产能力。同时为生产开拓的 40m 中段提供了足够的准备周期。

6.2.1.1　一期工程集矿运输水平的设置

一期工程确定的集矿有轨运输水平的设置为 720m 水平和 380m 水平。

A　720m 运输水平的布置

720m 有轨运输水平，主要担负 720m 头部矿体的矿（废）石运输、深部矿体开采的废石运输和进风任务。采用尽头式布置方式，坑口端连着 720m 坑口工业场地，另一端连着辅助盲竖井，在中间靠近头部矿体的适当位置，分岔设置至 720m 头部矿体的平坑、溜井开拓系统，担负 720m 头部矿体开采的矿（废）石运输任务。采用 10t 电机车牵引 14 辆 $2m^3$ 矿车为一列车运输矿石、废石。由于 720m 中段巷道担负辅助进风功能，巷道断面较大，为配合矿山对产能的需求，720m 平硐后铺设双轨，中间加渡线道岔来达到相应的运输能力。

B　380m 集矿运输水平的布置

（1）380m 为中部区段和下部区段的集中运输水平，担负 4000kt/a 矿石运输和相应废石运输任务。380m 水平矿石运输采用 20t 架线式电机车单机牵引 8 辆 $10m^3$ 底侧卸式矿车为一列车、废石采用 10t 架线式电机车牵引 12 辆 $2m^3$ 固定式矿车为一列车进行运输。因运输量大，采用环形运输道布置形式。运输穿脉间距约 100m，南北向布置。

（2）为使运输列车间不互相影响，装矿穿脉与沿脉的交叉点到最近的采场溜井装矿硐室的距离应大于一个列车的长度，即列车在距沿脉最近的采场溜井装矿硐室装矿时不会影响另外的列车从沿脉通过。

（3）阶段运输道距下阶段在本阶段的岩石移动界限的距离大于15m。

（4）主运输道的布置要考虑矿体平面位置可能发生的变化。

C 有轨中段运输巷道相关参数设置

（1）平曲线半径在车速较快地段为60m，车速较慢地段为40m。竖井车场只通过废石列车，为20m。

（2）巷道坡度：720m平硐为3.5‰；其他为3‰～5‰。

（3）轨道采用43kg/m，矿石运输线路道岔为6号和7号道岔，废石运输线路为4号道岔，道岔采用电动道岔。

（4）直道轨枕采用钢筋混凝土轨枕，弯道和道岔处采用木轨枕。

（5）380m标高设置"信、集、闭"系统，由调度室统一调度。

通过以上集矿运输水平的设置，使一期工程的开拓矿量达到54136.7kt，保有年限达到13.53年，备采矿量7285.7kt，采准矿量7285.7kt，保有年限达到1.82年。同时720m主平巷的设置为开采720m头部矿体提供了运输保障（720m头部矿体的矿量未计入开拓矿量内）。大红山铁矿投产后第二年就达产，其主要原因就在于有大量开拓矿量和备采矿量作为支撑，同时也为二期工程建设期间，在生产和基建并举的情况下，保持稳产、高产奠定了坚实基础。

6.2.1.2 二期工程高中段运输水平的设置

二期工程中上段180m运输水平为有轨运输水平，采用环形运输穿（沿）脉装矿布置形式，穿脉东西向布置，共有6条装矿穿脉，间距80m，各条穿脉长度约800m；沿脉南北向布置，共3条，其中两条为行车用沿脉，分别连接各条穿脉的东、西两端（分别称为东沿脉和西沿脉），另一条为装矿沿脉，布置在西沿脉西侧（称为副西沿脉）；为兼顾Ⅰ号铜矿带180m中段废石运输，在环形运输系统的东北角设置有三角车场与Ⅰ号矿带运输系统相连；在运输水平的南侧布置有卸载车场，共有两条卸矿线、一条卸废线、一条回车线。

运输平巷弯道半径为60m，单轨运输平巷净宽3.6m，墙高2.25m，净断面积11.51m²，双轨运输平巷净宽5.95m，墙高2.25m，净断面积22.70m²。

1号、2号穿脉的东端设置有储车线；1号穿脉南侧有电机车修理线，在该线路上有电机车修理硐室，该条线路西端有联络通道和辅助斜坡道180m岔口、辅助竖井、3号进风天井工程等相连。

生产持续将在下段40m标高建设完整的40m有轨运输中段，其布置形式大致与180m中段相同，巷道参数与180m中段相同。

有轨中段运输巷道相关参数设置如下：

（1）平曲线半径为60m。

（2）巷道坡度为3‰～5‰。

（3）轨道采用43kg/m，运输线路道岔为7号道岔，道岔采用电动道岔。

（4）直道轨枕采用钢筋混凝土轨枕，弯道和道岔处采用木轨枕。

（5）180m标高设置"信、集、闭"系统，由调度室统一调度。

180m中段平面布置见图6-1。

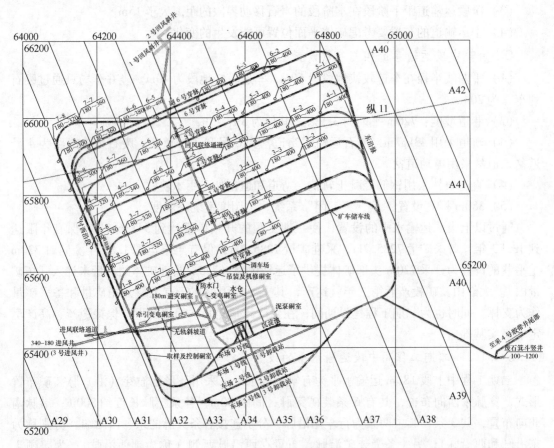

图6-1 180m中段平面布置图

在二期工程完成的情况下，开拓矿量可以达到92543.5kt、采准和备采矿量均为6897.2kt，保有年限分别达到17.8年和1.33年；通过以上数据分析，二期工程投产后，大红山铁矿仍将稳产、高产，同时也为40m集矿运输水平的建设留下了足够的时间。

6.2.2 主溜井

主溜井位于破碎站的前端，为咽喉工程的入口。一期工程中主溜井的高度较小，矿仓的容积也不大，矿仓采用挂高锰钢板加固方案；二期工程中加高了主溜井的高度，且主溜井所处的位置因部分地段围岩不够理想，设计对溜井的形式及结构进行优化，对矿仓的加固采取新的方案，确保正常生产。

6.2.2.1 一期主溜井

大红山铁矿一期工程中主溜井设置于矿体南部，344m矿石破碎站两侧，标高为344~380m，溜井矿仓有效高度14m，矿仓净直径7m，矿仓为垂直矿仓，仓壁采用钢筋混凝土支护，支护厚度300mm（不含加固层厚度），矿仓加固采用锚杆锚固H型钢，H型钢上固定高锰钢板加固，两矿仓中心距29.4m，矿仓上部为10m³底侧卸式矿车卸载站，下部为矿石破碎硐室链闸振机放矿硐室。其中卸载站受料槽也采用外挂高锰钢板加固。

一期主溜井在投产初期就遇到使用问题，主要是内挂高锰钢板大面积脱落，部分高锰钢板被冲碎，井壁上固定的 H 型钢被矿石冲击变形，卸载站加固用高锰钢板被冲击脱落，卸载站内支撑卸载凸轮的牛腿柱头被矿流冲击破损，内配钢筋被打断，露在外面。被打掉的铁件进入破碎机，引起破碎设备故障。

为了解决主溜井的加固和正常使用问题，对卸载站和矿仓进行彻底修改。

主要修改方式如下：

（1）取消卸载站受料槽加固用的高锰钢板。

（2）加固卸载站牛腿柱及支撑卸载凸轮的钢梁。

（3）取消矿仓内高锰钢板及 H 型钢。

（4）采用内衬大型号钢轨进行加固。

矿仓及卸载站经此次修改后，使用运行基本正常。在正常生产的 7 年时间，使用单位对卸载站进行精心的管理，延长了矿仓的使用寿命，减少了矿仓的维护工作量。

在卸载站和矿仓的使用过程中取得了一些经验：

（1）卸载站为底侧卸式矿车卸载站，矿车经过卸载站时控制一定车速，确保矿车卸载顺利。

（2）卸载站卸载时采用喷雾笼罩卸载站降尘，控制溜破系统粉尘，防止空气污染。

（3）增设矿仓料位计，确保矿仓不被放空。

（4）及时协调南北矿仓的卸矿量，保持均衡。

（5）及时组织处理被大块矿石卡住的矿车。

（6）及时清理卸载站两端粉矿，保证车辆顺利卸载。

6.2.2.2　二期主溜井

由于一期工程中卸载站和矿仓存在加固和使用功能上的弊端，二期工程在设置溜破系统时改进了设计。二期工程矿石的溜放高度更大（约 180m），二期工程中有轨运输中段设为 180m 和 40m 两个有轨中段，必须有效组织矿石溜放、解决生产瓶颈问题。

二期工程中破碎站与一期破碎站相同。采用两侧给料，矿石溜井分别位于破碎站两侧，为了解决 180m 中段生产和 40m 中段生产的协调问题，同时也保障在 180m 中段生产快结束时，40m 中段卸载站的稳定，设计时采取了分段式溜井的方式。180m 中段两个矿石卸载站间距 60m，卸载后矿石进入溜井及矿仓，在矿石仓底部（40m 标高）设置链闸硐室将上部矿仓的矿石转入下部的碎前矿仓，这样有效地解决了两个中段同时生产的溜矿冲突问题（见彩图 6-2）。

二期主溜井分为矿石溜井和废石溜井。矿石溜井共设置两条，废石溜井设置一条。由于采用了分段式溜井方式，在 40m 标高卸载站增加了上部溜井放矿的链闸硐室，将上部矿仓的放矿系统和 40m 中段卸载站有机结合，实现上部矿石与下部矿石的分与合，矿石溜破系统和废石溜破系统均采用该布置方式。

对卸载站进行了以下优化处理：

（1）将卸载站受料槽矿流冲击侧墙壁，向外移动，以躲开矿流的冲击，局部设置粉矿堆硐室，用于缓冲矿石冲击。

（2）矿石溜井直径采用 $\phi 4.5m$，溜井中心避开卸载站受料槽中心，使卸载矿流经缓冲后进入溜井，避免对溜井产生冲击。

（3）改进卸载凸轮梁支撑牛腿位置，确保矿流不冲击牛腿及凸轮支撑梁。

对矿仓进行了以下优化处理：

（1）增加矿仓直径至9m，增加直径有助于减少冲击破坏，提高矿仓的储矿量。

（2）修改加固方案，采用钢纤维混凝土加内衬大型号钢轨的加固方案。

（3）增加矿仓的检查系统，增设溜井检查井和检查巷，用于检查溜井和矿仓使用情况。

6.2.3　采区溜井

采区溜井位于采场附近，设置不当会对矿块生产能力产生十分不利的影响。大规模矿山要实现矿块大的生产能力，一是靠铲装运设备的高效率，二是必须有足够数量的采区溜井来保证高效设备效率的发挥。溜井的结构和放矿设备则决定了溜井的效率和水平运输的效率。高效的矿山必须加强对采区溜井的维护、使用和检修，以保证矿山生产的正常进行。

6.2.3.1　一期采区溜井

结合大红山铁矿的矿体形态、采矿方法，一期工程采区溜井主要布置于脉内，主采区共设置溜井17条，溜井间距120m，排距100m。为保证采场出矿的顺畅，井口未设置隔筛，采场溜井净直径为3m，溜井未进行支护，在溜井底部设置简易矿仓，矿仓为方形断面，高约10m，采用C20混凝土支护，并用20mm锰钢板加固。矿仓底部设置双台板振机向10m³矿车装矿，中段采用20t电机车牵引10m³底侧卸式矿车运输矿石。

A　一期采区溜井使用中存在的问题

大红山铁矿一期工程自2007年年初投产至今，已经历了8个年头，溜井及振机的使用存在一些问题：

（1）大红山铁矿4000kt/a一期采区溜井设计。放矿硐室尺寸为4m×4m，放矿硐室四周为C20混凝土浇灌，四周加锰钢板。溜井断面大小为3m，振动给矿机台板直接伸至矿仓内，造成台板易被冲击砸坏。同时由于放矿硐室尺寸较小，矿石对矿仓内的混凝土冲击也较大。

（2）溜井中心和运输巷道轨道中心线较近，卸矿时易对矿仓的额墙造成破坏。

（3）振动给矿机电机修理困难。

（4）溜井垮塌堵塞溜井。

（5）溜井眉口堵塞。

B　解决存在问题的措施

为了解决以上使用中存在的问题，在后续的工程中主要采取以下措施：

（1）增加溜井中心到轨道中心间距，以解决卸矿时矿石砸振机及砸额墙的问题。

（2）增加放矿硐室矿仓截面面积（增加为6.1m×7.1m），溜井位置设置于放矿硐室的后侧，振动给矿机台板不直接伸到溜井底部，增加硐室和运输巷道的距离。通过对放矿硐室的优化，放矿硐室内两侧及后侧会形成矿石堆积体，有效地避免矿石对振机台板、放矿硐室钢板、混凝土及额墙的损坏，同时还减少钢板的使用量。

（3）将振机由有支腿型改为无支腿型，将混凝土基础抬高，直接将振机固定在混凝土基础上，留出电机检修所需的空间，便于检修电机，同时也减小了振机支腿的破坏频率。

（4）溜井堵塞时处理办法：确定溜井被堵塞的位置，利用地质钻施工钻孔至溜井堵塞的位置，装药后进行爆破处理；如果堵塞的位置附近有平面工程，可以开掘联络通道和溜井贯通进行处理。

C　溜井维护经验

溜井检修工作具有工作量大、较为危险等特点，大红山铁矿根据情况提出较为有效的安全保障措施。不能保证检修安全的溜井，检修时必须对溜井进行封堵，封堵位置一般选择在和溜井连通的最下分层。封堵的形式主要有以下几种：

（1）混凝土封堵。用振机把溜井内的矿石下放至要封堵的标高，确认溜井内矿石充填密实（无矿石悬空现象），方可进行封堵施工。溜井施工前必须在巷道壁打锚杆，用作施工人员安全带的挂钩，在溜井内矿石堆表面敷设一层油布，将矿石和混凝土隔离开，浇灌混凝土封堵层，混凝土达到强度后，放空矿石，确保安全后方能进行检修，检修完成后再进行爆破拆除混凝土封堵层。

（2）用工字钢、钢板进行封堵。封堵后再进行检修，检修完成后拆除封堵。

（3）利用专用溜井检修气球封堵。溜井检修气球是把气球放到溜井里，使气球膨胀后进行封堵，在溜井检修期间作为缓冲设施。溜井检修气球只能在溜井岩石情况较好、不会有较大块垮塌时使用。由于气球承受不了大块的冲击，因此在实际应用中只能作为辅助设施，最有效的办法还是用混凝土或钢材进行封堵。

（4）对溜井进行优化设计，溜井检修时人员不要直接进入溜井正下方。

D　脉内溜井的降段方法

将溜井内矿石放出，矿石面到达要封堵的标高，确认溜井内矿石充填密实（无矿石悬空现象），方可进行封堵施工。溜井施工前必须在巷道壁打锚杆，用作施工人员安全带的挂钩。在溜井四周施工 8~10 根长锚杆，在溜井内矿石堆表面敷设一层油布或稻草将矿石和混凝土隔离，混凝土浇灌完成后按照相关规范进行混凝土的保养，保养期过后就可放矿。

E　溜井管理

采区溜井是采区生产的咽喉，溜井的使用情况决定着矿山的正常生产，对溜井使用的管理也是矿业公司的重要环节。矿业公司对溜井的管理主要抓以下几方面：

（1）总结现有溜井的使用经验，并提出改进措施，在设计阶段进行优化，满足使用要求。

（2）在奖罚制度上采取措施，控制大块矿石入井。

（3）在有条件的情况下在溜井上加格筛，控制入井的矿石块度。

（4）杜绝溜井放空，溜井内最少保证有 10m 左右的矿石，减少矿石对溜井的损坏。

6.2.3.2　二期采区溜井

大红山铁矿二期工程在总结了一期工程的采区溜井使用经验的基础上，对二期工程的溜井也相应进行改进。二期溜井的设置如下：

（1）采用高溜井（最高达 220m）解决矿石溜放问题。

（2）增加采场溜井数量。溜井数量决定产能、铲运机的效率甚至是中段运输的效率。二期工程将采场溜井间距调整为 100m，排距调整为 80m。

（3）加大采场溜井下部矿仓尺寸，减少溜井和矿仓的使用维护量，减少矿仓加固材料消耗量。

（4）增加装矿硐室操作人员通道，防止跑矿事故伤人，改善操作人员的工作环境。

（5）增加溜井至运输轨道中心距，消除溜井在使用中存在的设计缺陷。

（6）解决振机的安装问题和在使用期间的维护问题。

6.3　高溜井施工方法

6.3.1　概述

美国于 1962 年开始应用天井钻机，到 20 世纪 90 年代初，国外地下矿山用钻进法掘进各种用途天溜井得到迅速推广，钻进法实际已经取代天溜井传统的掘进方法。使用区域的分布主要集中在澳大利亚、加拿大、墨西哥、南非、美国和赞比亚等国。我国煤炭系统从 20 世纪 80 年代开始反井钻机的研究，21 世纪开始了大直径反井钻机的研制，并逐步在煤炭、水电、有色金属等地下工程建设领域得到了广泛应用。随着世界采矿向深部发展，采矿方法不断改变，使中段高度有继续增加的趋势，原来的掘进方式已不能适应要求。因此，近几年来，国外各主要制造厂针对深部开采和坚硬岩石制造了大扭矩、大推力的天井钻机。随着天井钻机的进步和发展，天井钻机功率已由 75kW 发展到 750kW，扩孔直径可达到 7.1m，钻孔深度达到 1500m。目前，Atlas Copco 的 Robbins 系列、Wirth 公司的 HG 系列、Tamrock 公司的 Rhino 系列天井钻机在市场同类产品中，处于领先地位，在世界各地矿山都得到了广泛应用。随着我国钻机技术的研究开发，目前国内天井钻机功率可达到 285kW，扩孔直径可达到 5m，且在国内已有应用先例。用天井钻机施工高溜井，在昆钢碾砀山石灰石矿主溜井及大红山 I 号铜主溜井（高 240~320m）施工中取得良好的效果，4000kt/a 二期采矿工程 42 条高深溜井的施工全部采用天井钻机辅助施工法。

6.3.2　工程简述

大红山二期采矿工程是一期采矿工程的延续，开采对象为 Ⅱ₁ 矿组的深部。采矿分段高度 20m。初期在 180m 设集中运输水平，控制标高为 200~400m 的矿体，在 180m 集中运输水平以上，二期采矿工程共设置有 42 条垂直溜井，开挖直径 3m，负责各开采分段的矿石下放，溜井开口主要布置在 400m、370m、340m、280m 等分段，井底布置在 180m 标高。溜井总长达 6700m，工程量大，其中深达 220m 的高溜井有 15 条。

传统的溜井施工方法有一个共同特点，即必须凿孔和爆破，施工人员必须直接到工作面，安全性很差。大红山铁矿 100m 以上的溜井数量多，如果高天溜井还采用传统凿岩爆破作业施工，不仅影响上、下、中段通风和排碴，加之工作面温度高，作业环境恶劣，使成井速度慢，而且安全隐患不容忽视，若用常规方法施工，难度很大。而反井钻进技术具有机械化程度高、劳动条件好、成井速度快、工效高、井壁光滑、安全性高等特点，特别是在高深天溜井及斜井的施工方面有着不可比拟的优势，为保证二期高溜井能安全、优质、快速的开掘，与各开采分段贯通，二期溜井采用反孔钻机配合吊罐进行施工。

6.3.3 工程地质、水文地质情况

II$_1$矿组顶板为变钠质熔岩、绢云片岩及III$_1$含铜铁矿体；底板多与辉长辉绿岩体接触，南北两翼多与辉长辉绿岩、白云石钠长石岩接触，接触界面清楚，矿体内夹石与围岩岩性一致，为变钠质熔岩，围岩及夹石平均含 TFe17% 左右。总的来看，岩体属坚硬至半坚硬岩类，完整的矿岩强度高，岩性比较好，节理裂隙不发育，岩体稳固，岩石硬度系数 $f = 8 \sim 10$。

铁矿体赋存于大红山群裂隙含水层中。该含水层主要由变钠质熔岩、凝灰岩、不纯的白云石大理岩以及以黑云母、角闪石、绿泥石等为主的各种片岩组成，且有较多的辉长辉绿岩侵入。裂隙是地下水集存和运移的主导条件，富水规律受岩层裂隙发育规律的控制，总的富水规律是浅强深弱，往深部渐至隔水，从以往的施工和生产情况看，坑道涌水量小于 $5m^3/h$，无特殊软弱地层和溶洞，水文地质情况简单。

6.3.4 大红山铁矿天井钻机初步实践

I 号铜矿带深部 1500kt/a 采矿工程，主溜井及二期采矿工程盲竖井 400 ~ 340m 段的施工采用反井钻机法与吊罐法相结合掘进。其工艺原理：将钻机安装在上水平的钻机硐室内，然后自上而下钻一导孔，导孔施工结束后，在下水平巷道内将导孔钻头并安装上扩孔钻头，然后自下而上或自上而下扩孔为直径 1.4m 小井，直到施工至上水平。再利用吊盘、吊笼扩刷为直径 3.5m 或更大直径溜井。应用反井钻机-吊罐法掘进溜井，施工安全性大大提高，掘进效率高，施工质量也能得到保证。其中盲竖井施工钻机在施工过程中还成功穿过 5m 的空区。

6.3.5 二期采矿工程溜井施工方法选择

大红山铁矿二期采矿工程溜井的施工方案有两种：

一种是采用 BMC300 型反井钻机（性能见表 6-2）先正向施工 ϕ250mm 的导孔和反向 ϕ1400mm 的导井，最后用吊罐人工由下往上扩刷成 ϕ3m，从底部联络通道出渣的施工方案。本方案的优点是采用 BMC300 反井钻机直接造孔形成导井，施工速度较快（ϕ250mm 小孔为 10 ~ 15m/天，ϕ1400mm 导孔为 8 ~ 10m/天，ϕ3m 成井扩刷为 5 ~ 6m/天），先形成的 ϕ1.4m 小井壁较为光滑，使扩井时的围岩条件较好，采用吊盘、吊笼再扩刷成 ϕ3m 溜井，在安全方面是可靠的；成本较反井钻机一次成井法低。其缺点是人员还需用吊盘进入溜井进行凿岩作业，总的安全性、掘进速度较反井钻机法要低。

表 6-2 BMC300 反井钻机主要性能参数

导孔直径/mm	ϕ244
扩孔直径/mm	1400 ~ 1520
设计井深/m	300 ~ 250

续表 6-2

先导孔钻进	
转速/$r \cdot min^{-1}$	2 ~ 40
钻压（推力）/kN	550
扭矩/kN · m	30.5
扩孔钻进	
转速/$r \cdot min^{-1}$	16
额定拉力/kN	1250
最大拉力/kN	1570
额定扭矩/kN · m	64
最大扭矩/kN · m	85
额定功率/kW	128.5
冷却水消耗/$m^3 \cdot h^{-1}$	20 ~ 30
钻孔倾角/(°)	60 ~ 90
工作尺寸（长×宽×高）/m×m×m	3.53×1.75×3.48
总重/t	8.7
适应井深/m	250 ~ 300

另一种是直接采用 ϕ3m 的反井钻机钻凿 ϕ3m 的天溜井。其优点是可以一次钻凿 ϕ3m 的天溜井，成井速度快，效率高；然而国内目前虽然能生产 ϕ3m 以上直接成井的钻机，但在大直径天井钻机的技术、经验方面尚缺乏，应用也不够广泛；进口反井钻机成本较高（是国内同类型钻机的 6 ~ 7 倍），掘进米单价也较高，且国内难以找到合适的零配件，只能原厂家供货，维护、保养比较困难。

考虑到大红山铁矿采用新模式办矿，合同承包施工，更需控制成本。

因此，大红山铁矿二期采矿工程采用效率稍低，但更可靠，更简单易行的反井钻机 + 吊罐法掘进溜井施工方案。

6.3.6 天井钻机施工过程中常见的问题及预防、处理措施

天井钻机施工过程中常见的问题：

(1) 施工涌水量大（$50m^3/h$），排水困难。

(2) 高深溜井埋钻处理困难。

(3) 随井深增加，钻孔偏斜率不容易控制，误差绝对值大。

6.3.6.1 天井钻机施工埋钻处理

天井钻机在导孔施工过程中会出现埋钻事故。造成这类事故的原因有三种：

(1) 选用的冲渣水泵的流量、扬程和所施工的井深不匹配。

(2) 施工过程中突然停电、停水。

(3) 施工地点的地质条件恶劣。

为了防止钻机在施工过程中出现卡杆、埋钻现象，应做好以下几项工作：

（1）天井钻机在导孔施工时，选用的冲渣水泵要和施工地点井深匹配，流量大于等于 $30m^3/h$，扬程大于井深。

（2）天井钻机在导孔施工时，如果必须停电需提前半小时通知，使钻机操作手有时间拆除数根钻杆，避免停电停水后碴子下沉卡住钻杆。为了防止突然停电，最好有备用电源。

（3）天井钻机在导孔施工前，首先了解地质条件状况，根据地质条件采用正确的施工工艺，如在导孔施工时发现冲碴水迅速下降，说明施工地点的岩石中存在裂隙、溶洞、流沙层，使冲碴水流失或减少，不能将碴冲出。如发现冲碴水迅速下降，应迅速开始拆卸钻杆，将钻杆全部拆除并进行注浆处理，等水泥凝固后重新导孔钻进。如果遇到施工地点地质塌方，也用同样的办法处理（将钻杆拆卸完毕后进行注浆）。

当天井钻机在导孔钻进时发生埋钻事时，采取以下处理措施：

（1）如果有巷道离导孔透点距离较近，可以打眼放炮用人工掘进的方式与钻机钻头贯通后处理。

（2）如果周边工程离导孔透点较远，用人工掘进比较困难。可以在原施工坐标点的旁边计算好距离，移动设备重新施工一小井，待井施工完毕后或施工中具备条件时，再把设备移回原位，把被埋的钻杆取出。

6.3.6.2　钻孔偏斜率控制

A　反井钻机钻孔产生偏斜的原因分析

（1）钻杆轴向荷载造成导孔的偏斜。作用于溜井钻具上的荷载有垂直分力和水平分力。垂直分力使钻头沿垂直方向向下钻进；水平分力使钻头向垂直轴线外侧钻进，从而使钻头偏离设计中心轴线。

（2）因钻杆直径比钻孔直径小，在给钻杆施加荷载时，作用在钻杆上的推进力会使钻杆产生一定程度的弯曲，在弯曲作用下，使钻头产生水平向分力，造成钻孔偏斜。

（3）岩层对钻头的反作用造成的偏斜。

（4）排碴不及时造成孔位偏移。在溜井导钻钻进中，若遇到突然停水或水量较小时，岩碴便部分垫在钻杆下方，若继续钻进，便对钻杆有抬升力，从而偏离设计中心线，同时排碴不及时也是造成堵孔的主要原因之一。

（5）钻头移步对钻孔偏斜的影响。钻头移步是指三牙轮钻头在导孔钻进中具有偏斜的趋势。钻头移步将引起钻孔偏斜，孔径超大。一般来说，软岩钻头比硬岩钻头的移步量大，至于钻头是顺时针方向还是逆时针方向移步，目前还无理论依据。

B　反井钻机钻孔施工中的防偏与纠斜措施

（1）注意井位的精确测量及对钻工的技术培训，提高其技术水平和责任感；制定操作规程，提高钻凿中心孔的质量。

（2）开口采用短钻杆、低轴压、慢钻速开口，直到第一根稳定钻杆全部进入导孔后，可酌情增加轴压，提高钻速，在钻进 3m 后，再按正常参数钻进。

（3）为防止钻杆弯曲，在开钻前的短钻杆处安装一个稳定器，以后在 3m、6m、10m 处各安一个稳定器，此后随着钻进深度增加，每隔 10~15m 安装一个稳定器。

（4）密切注意岩层产状变化，在岩层变化段采用低轴压钻井；同时控制排碴水压在

0.65～1.0MPa，水流量为30～35m³/h。

（5）做好地质预测工作，首先了解溜井中心孔穿过岩层的性质及变化情况，了解断层、破碎带、岩层变换等的确切位置，以便有针对性地采取措施。

（6）当通过断层、破碎带、裂隙和软硬岩交界面时，钻进中精心操作，控制推力，以小风压、小推力慢速钻进。

C 偏斜检测措施

大红山铁矿二期采矿工程2-5、5-5等溜井在30m、100m、150m将钻杆全部拆除，通过测斜仪进行测量，控制精度偏斜在1%以内，可以满足要求。若发生少量偏移，可采用变化钻具组合和变化钻压的方法进行纠偏；也可采用潜孔马达和一个弯接头纠偏；还可以采用充填偏斜孔段，重新钻孔的方法解决。

6.3.7 应用、实践效果

对二期采矿工程2-5、5-5等溜井在30m、100m、150m将钻杆全部拆除，通过测斜仪进行测量，偏斜率可以满足要求（见表6-3）。

表6-3 钻孔偏斜率计算

序号	溜井名称	导孔设计标高/m	导孔长度/m	设计坐标		实测坐标		钻孔偏移/m	偏斜率/%
				X	Y	X	Y		
1	2-5	400～180	220.00	65706.035	64489.179	65707.29	64491.99	3.082	1.401
2	5-5	400～180	220.00	65926.956	64395.404	65929.22	64398.56	3.887	1.767

大红山铁矿二期溜井使用BMC300型反井钻机直接施工导井，通过对反井钻机在溜井施工中产生偏斜的原因分析与采取纠偏措施，采用吊罐法扩刷成井，成功解决了溜井施工中通风、排水，安全隐患大、协调困难等难题；大大提高了溜井施工速度，加快了二期采矿工程的建设进度，为今后高溜井、天井等竖向工程施工提供了借鉴作用。

6.4 主要开拓配套系统

6.4.1 坑内有轨运输系统

坑内运输设计范围包括380m水平集中运输，720m平硐废石运输及人员辅助材料运送，无轨斜坡道通往各采矿分段平巷的人员及辅助材料运输。运输系统同时考虑了与380m以下各阶段运输系统的衔接。

6.4.1.1 一期有轨运输系统

A 运输量

有轨运输主要服务于720m平硐及380m有轨水平的矿石、废石运输及部分人员，材料运送。属于各分段水平采矿及采切作业的人员及辅助材料（包括爆破器材、钻具材料、支护材料、油料等）均用无轨斜坡道输送，运输量见表6-4。

表6-4 运输量

序 号	项 目	单 位	380m 水平	720m 平硐
1	矿石	kt/a	4000	500
2	废石	kt/a	285	343
3	辅助材料（最大运量）			
	炸药	t/d	8.92	9.677
	混凝土	m³/d	8.81	9.92
	坑木	m³/d	2.66	1.72
	设备及结构件	列车/d	1	
	其他	列车/d	1	
4	最大班人员	人	120	

注：今后产量扩大，运输量会有所增加。

B　矿岩物理力学参数及性质

矿岩物理力学参数及性质见表6-5。

表6-5 矿岩物理力学参数及性质

序 号	项 目	矿 石	废 石
1	体积密度 $r/t \cdot m^{-3}$	3.7	2.75 ~ 2.99
2	松散系数 K	1.6	1.6
3	装车后矿岩含水/%	2 ~ 3	3 ~ 5
4	最大块度/mm	850	500
5	内摩擦角/(°)	45°42′	43°2′ ~ 44°15′
6	黏结性	不黏结	不黏结

C　运输车辆选择及运输系统设置

a　矿车选择

（1）矿石运输车辆选择。380m 水平以上矿石、废石均集中到本水平统一运输。根据运输要求，对矿石运输矿车选型做了 6m³ 底卸式、10m³ 底侧卸式、10m³ 固定式矿车的比较（见表6-6）。

表6-6 矿车选型比较

序号	项 目	单位	6m³ 底卸式矿车	10m³ 底侧卸式矿车	10m³ 固定式矿车
	主要技术参数				
1	矿车容积	m³	6	10	10
	外形尺寸(长×宽×高)	mm	5500×2010×1645	5752×2050×1840	7200×1500×1550
	自重	t	7.2	11.6	7.1
	所配20t电机车宽度	mm	1900	2050	1900
	每列车矿车数	辆	10	8	10
	列车长度	m	70	61	87
	列车有效载重	t/列	131.8	175.7	219.6

序号	项　目	单位	$6m^3$ 底卸式矿车	$10m^3$ 底侧卸式矿车	$10m^3$ 固定式矿车
2	所需车辆及设施				
	ZK20-9/550 电机车	辆	8	4	6
	总质量	t	160	80	120
	总功率	kW	1360	680	1020
	矿车数	辆	50	40	50
	总质量	t	360	464	355
	卸载装置或翻车机				
	质量	t	84	90.16	120.5
	功率	kW	0	0	2×37
	所需卸载在册工人数	人	0	0	8
3	井巷工程量差额（基建期）	m^3	+720	0	+1100
4	直接工程费差额				
	设备	万元	+142	0	-31
	井巷	万元	+22.32	0	+34.1
	小计	万元	+164.32	0	+3.1
5	经营费（电费及工资）	万元/a	+37.84	0	+16.88

由表可见，$6m^3$ 底卸式矿车因容积小，每个列车的有效载重小，需要列车数量多，致使设备数量多，装机容量大，而且因列车长度较长，增加了装矿穿脉巷道的长度，井巷工程量也相应增多，故投资及经营费都比 $10m^3$ 底侧卸式矿车方案高，不宜选用。$10m^3$ 固定式矿车，虽然矿车宽度比 $10m^3$ 底侧式矿车小，矿车质量轻一些，设备费用低一些，但因所配 20t 电机车的宽度大于矿车宽度，因此能减少的井巷工程量有限，但因列车长度较长引起的工程量增加较多，故总的井巷工程量比 $10m^3$ 底侧卸式矿车方案大，投资多些，二者相抵，投资基本相当，但因增加了电动翻车机，从而增加了井巷工程量、电耗和作业人员，经营费较高，从技术上看，固定式矿车长度大，装卸不方便，而且易结底，清理麻烦，用翻车机卸矿，卸车时间长，也不宜选用。经比较，以选用 $10m^3$ 底侧式矿车作为矿石运输车辆较合适。

（2）废石运输车辆选择。废石性质为非黏结性物料，同时为适应盲竖井罐笼提升，废石运输选用 $2m^3$ 固定式矿车。$2m^3$ 固定式矿车在同类型矿车产品中，结构简单，车皮系数最小，易于制造，成本及经营费低，坚固耐用，运输途中不漏矿，不污染巷道，特别在车辆进出罐笼时，不漏矿。

（3）有关车辆选择的其他问题：

1）由于选择 20t 电机车，10t 及 20t 电机车的供电电压统一为 550V。

井下矿石 380m 水平集中运输，运输线为单线环形加多条装矿穿脉线并联。

2）废石车和辅助车辆，由于采用辅助竖井提升，为适应井口车场机械化作业线作业的要求，辅助车辆选择统一的轮对、轴距、长度。其技术参数如下：①轮对：两轴轮径 $\phi400mm$；②轴距：1000mm；③车厢长度：3000mm。

b 运输系统设置

（1）运输路线。380m 有轨运输水平采用 20t 架线式电机车牵引 10m³ 底侧卸式矿车运输矿石，矿石经采场溜井用振动给矿机装车，运到 380m 水平南环线卸矿站卸载。废石采用 10t 架线式电机车牵引 2m³ 固定式矿车运输，上水平采切过程产生的废石通过采区废石溜井，用振动给矿机转载至 2m³ 固定式矿车中，然后运输到 380m 水平井底车场，由辅助盲竖井提升至上部 720m 平硐车场，由 720m 平硐运输至地表废石仓卸载。380m 水平的巷道掘进在基建时期已全部完成，今后深部开拓运输水平的掘进废石装车，届时因地制宜加以解决。

400m 水平以上各采区开采时，矿石通过溜井下放到 380m 水平进行有轨集中运输。

（2）运输线路布置。380m 水平运输巷道采用环行运输、穿脉装矿的布置方式，装矿运输穿脉间距约 100m，呈南北向布置。运输主干道线采用曲线半径 60m，运输支线采用曲线半径 40m。此外，380m 水平盲竖井车场的废石运输线采用曲线半径 20m。

380m 水平铺轨采用 43kg/m 钢轨，720m 平硐及阶段盲竖井车场，地表车场采用 38kg/m 钢轨，轨距为 900mm，环扣式混凝土轨枕，轨道坡度向盲竖井井底附近的中央水泵站方向倾斜。重车下坡运行，用 3‰~4‰ 坡度，盲竖井车场采用自溜运输道。

380m 水平无轨与有轨相接处采用吊装设施，实现转载。

（3）装卸矿设施：

1）矿石装载。采场矿石用 6m³ 铲运机装载运至采区溜井，下放到阶段水平用振机装车。同时装车道，380m 水平为 3 条。对 10m³ 底侧卸式矿车配专用卸载装置，380m 水平设 2 套。

2）废石装卸。上部各采掘分段的废石经采区废石溜井下放到 380m 水平，再用振机装车。

废石经 720m 平硐运至地表废石仓，在废石仓处设 2m³ 固定式矿车翻车机向废石仓翻车卸载。废石仓下部设振动给矿机向汽车装车。

（4）信号和控制。矿石运输采用 20t 架线式电机车单机牵引 8 辆 10m³ 底侧卸式矿车，用 3 个列车运输矿石可达到 4000kt/a 的运量。加上废石与材料运输，在运输道上正常情况同时出现 5 个列车运行，特殊情况同时出现 6 个列车运行。线路采用单轨环形运输道，列车在行走中装矿、卸矿，从而节省了整个运输时间，也为运输系统采用"信、集、闭"创造了有利条件。穿脉为多条并联布置。

380m 水平运输系统采用"信、集、闭"系统，对运输线上的列车进行实时监控，防止列车追尾。道岔选用电动道岔。

（5）关键地段通过能力分析。380m 水平矿石列车为单机牵引，列车通过卸载站，进入环形运输线。为验证列车是否能够顺利且平稳地通过卸载站，进行了计算分析：

矿石列车组成：电机车（20t）单机牵引 8 辆 10m³ 底侧卸式矿车。

1 辆 10m³ 底侧卸式矿车自重：11.6t；

8 辆 10m³ 底侧卸式矿车自重：92.8t；

满载荷重：8 辆 × 2.31t/m³ × 10m³ = 185t；

电机车自重：20t；

整车满载自重：301t；

进入卸载站前列车速度：1m/s；

列车进入卸载后，缺省动力总长：30m；

列车综合滚动摩擦阻力系数：取 0.008；

列车总动能：$mv^2/2 = 150 \times 10^3 \text{kgm}^2$（以 1m/s 的速度计算）；

列车在卸载两侧的势能差：$mgh = 301 \times 0.02 = 6.02 \times 10^3 \text{kg} \cdot \text{m}^2$（以 1‰ 的下坡计算）；

所需克服的摩擦阻力能：$mfs = 301 \times 0.008 \times 30 = 72.24 \times 10^3 \text{kg} \cdot \text{m}^2$

$$mv^2/2 + mgh > mfs$$

即　$(150 + 301) \times 10^3 \text{kg} \cdot \text{m}^2 > 72.24 \times 10^3 \text{kg} \cdot \text{m}^2$。

列车能够顺利且平稳地通过卸载站的条件是：列车总动能加上列车在卸载站两侧的势能差必须大于通过卸载站所需克服的摩擦阻力能。

计算表明：列车能否通过卸载站主要取决于列车进入卸载站时的速度，卸载站进出侧势能的变化对通过性的影响只是次要因素，如果列车以 1m/s 以上的速度进入卸载站，列车综合滚动摩擦阻力系数为 0.008 时，列车能顺利通过卸载站，完成卸载任务。

使用情况及改进：大红山铁矿 380m 有轨运输，中段共设 4 列机车，每列车由 1 辆 14t 电机车牵引 8 辆 10m³ 底侧卸式矿车组成，轨距 900mm。每天运输量约为 15000t，三班运行，在除去每天每班约 1h 的交接班、点检时间，2010 年的运输量达到了约 4700kt。

设备在工作过程中也存在的一些问题：机车菱形受电弓运行时易刮线；机车轴距 2500mm，对轨道、弯道、轮缘磨损较为严重；在弯道上，混凝土轨枕的弹簧扣件、生根钩易断裂，轨道维护量较大；卸载站托轮固定螺栓均为右旋，以致一侧的螺栓越来越紧，另一侧的螺栓越来越松；装矿硐室机车架线高度不宜；有轨车辆修理硐室不在线路循环线，车辆修理完毕后需按原路退回而不是直接往前开出去。该运输线路上的易损件有机车轮对、矿车轮对、混凝土轨枕等。

针对以上问题，大红山铁矿采取了以下解决方法：

（1）受电弓改成"之"字形，弹性受电避免了刮线。

（2）改用轴距为 2000mm 的湘潭电机厂的机车。

（3）矿车转向架的连接方式由之前的线接触改成球面接触，转向灵活、方便。

（4）为减少卸载站的改造工作量和能使用现在已有的备件，故只将松动侧托轮的固定螺栓用电钻打孔，插上销钉以达到防松的目的。

（5）装载硐室、机车架线至振动放矿机处，用电缆沿巷道墙壁绕过振机，避免了矿石砸线。

（6）在运输线弯道及道岔部分，采用木轨枕替代混凝土轨枕铺设。

（7）机车轮对使用 3 个月后对调，再使用约 2.5 个月，然后进行再加工，再使用 2 个月后报废，从而延长了轮对使用寿命。

（8）矿车轮对也采用同样的方法，使用寿命约 5 个月。

6.4.1.2　二期有轨运输系统

根据一期有轨运输系统使用的情况，对二期工程运输系统做了一些调整：

一是 180m 中段矿、废石有轨运输车辆统一采用 10m³ 矿车运输。采用 1 台 20t 架线式电机车牵引 8 辆 10m³ 底侧卸式矿车组成一列车，运输矿石、废石。经采场溜井用振动给矿机装车，运到卸矿站卸入粗碎前矿、废石仓。在正常情况下，运输矿石需要 4 列车，废石需要 1 列车，运输道上同时出现 5 个列车运行。采用"信、集、闭"系统，对运输线上的列车进行实时监控，防止列车追尾，提高运输效率。运输道上设置集中控制调度室、取样点，列车计量站。

二是主运输线路曲率半径统一采用 60m。坑内铺轨仍采用 900mm 轨距，43kg/m 钢轨，环扣式混凝土轨枕，DK943-7-60 型电动单开道岔，架线电压 550V。运输线路采用环行运输线路。在每个溜井底部设 1 台振动放矿机给矿车装车。

6.4.2　井下排泥、排水

6.4.2.1　概述

矿山 4000kt/a 一期工程，开采地段段为中部区段 I、II 采区及下部区段主采区，最低采矿标高为 400m 分段。设置 380m 水平为集中有轨运输水平，它也是集中井下涌水的水平，设计井下采用集中一段排水，中央水仓设置在 380m 水平、盲竖井车场附近，水仓前设置沉淀池。排水管经盲竖井上到 720m 平硐，再经该平硐排水沟自流出坑，盲竖井井底及胶带斜井井底泵站的水也扬至 380m 水平，流入中央水仓，经上述系统一并排至地表。

6.4.2.2　排水、排泥方式选择

由于大红山铁矿井下围岩条件好，岩石坚固，允许井下排水采用压入式泵房。同时，采用压入式泵房，水泵吸程不受限制，有利于节约能源；又可避免汽蚀现象，提高水泵工作的可靠性，延长水泵使用寿命；并有利于实现水泵的自动控制。因此，选择既有利于设备在良好状态下运行，易于实现自动控制，又有利于节能的排水（泥）方式——压入式泵房排水（泥）方式。

6.4.2.3　排泥、排水设备和配置

A　排水设备的配置

设备配置见表 6-7。

表 6-7　排水设备选型

项　目		中央水泵站	盲竖井井底水窝	胶带井井底水窝
水泵	型号	D155-67×7		D46-30×4
	规格	$Q=155m^3/h$　$H=469m$	$Q=8m^3/h$　$H=40m$	$Q=47m^3/h$　$H=1204m$
电机	型号	Y3554-2		Y200L1-2
	功率	315kW		30kW
台数		6 台	2 台	2 台
工作方式		初期安装 4 台；正常涌水量时，工作 2 台；最大涌水量时，工作 3 台；备用 1 台；正常情况下轮换使用，8 年后再安装 2 台	工作 1 台备用 1 台正常情况下，2 台轮换使用	工作 1 台备用 1 台正常情况下，2 台轮换使用

排出液体参数：颗粒小于 0.1mm。最高液体温度低于 80℃。液体酸碱度：弱酸、弱碱。

B 排泥

380m 中央排水泵站共设置两条泥仓，一条使用，一条备用或清理。采用自然分水沉淀池方式，涌水经沉淀后，上层水溢流入水仓。沉淀池与排泥泵房用防水墙相隔，排泥采用压入式。沉淀池用于沉淀时同时使用，排泥时交替使用。

采用分段崩落法采矿，矿石含泥砂量不大，运输巷道中设置了沉砂池，减轻进入沉淀池的泥浆量不大，所以排泥泵选用地质注浆泵。该泵外形尺寸小，质量轻，易于移动，排量小，扬程高，特别适用于井下排泥量不大的矿山。昆明院设计的贵州林歹铝土矿，使用该类型泵排泥，效果很好。梅山铁矿也成功地使用该类型泵排泥。排泥管选用无缝钢管 ϕ108mm×7mm，沿 380m 水平运输巷道铺设，经胶带斜井，至 711m 甩车道出坑，进入地表污水处理站的泥浆池。

泥浆泵参数：型号 BW-320/10；电机功率 30kW；排量 9～15m³/h；最大压力 10MPa。

泥浆泵 4 台，正常工作 3 台，1 台备用。备用泵作为移动泵使用，用于水仓尾部排泥、采 1 号胶带尾部排水泵站水仓排泥。

排出液体参数：密度为 1.03～1.12g/cm³，黏度为 18～25Pa·s。颗粒直径小于 3mm。pH = 7～8。

采用泥浆泵排泥，与一般人工或铲车排泥相比，简单易行，大大减小了清泥的复杂程度和劳动强度，使用效果很好。

C 错峰用电，降低用电成本

在用电低谷时泵全部开启排水、排泥，高峰时根据水位情况停机或选择性地开启部分水泵。通过错峰用电，提高电力供应整体的效率与效益，节约能源，最终降低用电成本，降低高峰用电负荷，保障电网在高峰时用电的安全运行。

参 考 文 献

[1] 中冶长天国际工程有限责任公司，昆明有色冶金设计研究院. 昆明钢铁集团有限责任公司大红山铁矿（玉溪大红山矿业有限公司）地下 4000kt/a 采、选、管道工程初步设计 [R]. 2005.9.
[2] 昆明有色冶金设计研究院股份公司. 昆钢集团有限责任公司大红山铁矿地下 4000kt/a 二期采矿工程初步设计 [R]. 2011.6.
[3] 谢标长，汪炳昌. 国外大直径天井钻机现状 [J]. 采矿技术，2010.5.

7 矿井通风

7.1 大红山铁矿通风系统综述

7.1.1 大红山铁矿一期通风系统

早在 20 世纪 90 年代经过多次论证，确定大红山铁矿井下开采规模为 4000kt/a。井下通风系统也进行了传统主扇通风、全抽出式多级机站通风、压抽结合多级机站通风等不同方案的设计和比较，最终确定为以抽为主、压抽结合的多级机站通风模式。矿井总风量综合考虑工程投资、降温、排烟（含尾气）、排尘、排氡等因素后确定为 480m³/s，以此规模设计通风系统，解算通风网络，配置优化风机站和风机。

根据 2005 年版初步设计优化方案，大红山铁矿 4000kt/a 工程通风系统设计、实施方案为：通风系统共设 4 级机站进行压抽结合通风，其中一、二级机站压入，三、四级机站抽出，一级机站设置 1 个装机点，即一级机站 1 号风机设于主进风斜井底 380m 进风平巷中，压入全系统约 50% 的新鲜风流；设于主采区采场的二级机站 2 号 ~ 5 号风机安装在各分段进风井联络通道中，向采场工作面分风，设于中部采场（中Ⅰ、中Ⅱ采区）二级机站 6 号 ~ 7 号风机安装在各自回风平巷中；三级机站 8 号 ~ 10 号风机分别设于破碎系统 360m 回风平巷、510m 回风平巷及 650m 回风平巷，其中设于 510m 回风平巷和 650m 回风平巷的三级机站分别负责主采区及中部采区的总回风；四级机站 11 号 ~ 12 号风机担负一期工程通风系统总回风，分别设于 1 号总回风斜井口和 2 号总回风斜井口。一期破碎系统形成相对独立的通风系统，新鲜风由胶带斜井和斜坡道供给，污风通过破碎系统回风井由 8 号风机抽到 360m 回风平巷中，最终由主回风系统排出地表。

通过网络优化解算和风机站布局，在选定的风机联合作业下，矿井总风量为 480.56m³/s，万吨矿石用风率 1.20，装机总功率为 2280kW，风机总台数 17 台，主要工作区域的分风结果为：深部主采区 252.14m³/s，中部采区 163.22m³/s，380m 运输中段回风 16.25m³/s，破碎系统 48.95m³/s，通风系统主要技术总指标见表 7-1，风机优化选型参数及初期工况见表 7-2。

表 7-1 一期工程通风系统主要技术总指标

序　号	指标名称	单位	指标数值
1	总进风量	m³/s	480.56
2	总回风量	m³/s	480.56
3	机站总风压	Pa	3220.68
4	矿井总风阻	N·s²/m⁸	0.0139
5	总等积孔	m²	10.073
6	有效功率	kW	1242.93

序号	指标名称	单位	指标数值
7	总轴功率	kW	1462.84
8	风机总效率	%	84.97
9	额定总功率	kW	2280
10	风机总数	台	17
11	万吨矿石用风量	m^3/s	1.2
12	每吨矿石耗电量	kW·h	2.95

7.1.2 大红山铁矿二期及扩产工程通风系统

在大红山铁矿一期 4000kt/a 工程基础上，新增了 720m 头部矿段、Ⅲ、Ⅳ号矿体、Ⅰ号铜矿带深部、二道河铁矿等扩产工程，至 2013 年年底，除二道河铁矿工程尚在设计过程外，其他扩产工程项目已陆续投产，新增扩产采矿规模已接近 4000kt/a，各扩产工程通风系统按照相互独立的原则进行设计、实施。

7.1.2.1 720m 头部矿段通风系统

Ⅱ₁矿体是一期工程开采对象，$Ⅱ_1$ 矿体 730m 以上矿体单独形成规模为 500kt/a 的扩产工程。通风系统利用一期工程 720m 主平坑进风，采区斜坡道补充部分新鲜风，新掘一条 850~967m 回风斜坡道作为本工程总回风巷道。从 720m 主平坑口至回风斜坡道口的通风线路距离约为 4km，通风阻力很大，风机站布置在回风斜坡道中，采用两级不对称机型串联接力通风，通风系统投产运行后，通风效果比较理想，实测总回风量达到 82.50m³/s，超过设计风量 77.85m³/s。

7.1.2.2 Ⅲ、Ⅳ号矿体通风系统

本工程位于一期工程西翼，主要开采Ⅲ号矿体 340~460m 标高的矿体，设计规模为 800kt/a。通风系统利用Ⅲ号、Ⅳ号矿体专用进风竖井、340m 进风平巷进风，利用一期工程北部 480m 回风联络通道回风，通过Ⅲ、Ⅳ号矿体回风斜井排出地表。Ⅲ、Ⅳ号矿体专用进风竖井和Ⅲ、Ⅳ号矿体回风斜井并非专门为本扩产工程设计，而是兼顾了一期工程、二期工程通风需要。本工程采用两级机站布局，分别位于 480m 回风联络通道和 460m 充填回风平巷，设计总风量 138.67m³/s，实测回风量达到 207.35m³/s。风量偏高主要原因是设于Ⅲ、Ⅳ号矿体回风斜井口的二期工程风机站提前投入运行所致。

7.1.2.3 Ⅰ号铜矿带深部工程通风系统

本工程位于一期工程西北侧，开采对象是Ⅰ号矿体含铁铜矿，采矿规模为 1500kt/a，本工程虽然具有独立的开拓系统、运输系统和破碎系统，但是井下巷道与一期工程及其他工程关联十分密切，若通风系统设计不当，可能会导致其他工程通风系统陷入瘫痪，二期基建期曾出现过这种情况。本工程通风系统采用多级机站压抽结合的通风方式。多级机站布局是：一级机站设于本工程主进风竖井口，负责压入 100% 新鲜风流；二级机站设于采区两条充填回风顶沿的末端回风联络通道，负责采区总回风；三级机站设于两条总回风斜井口，负责本工程总回风。通风系统设计总风量为 390.79m³/s，在一级机站、箕斗竖井未正常通风情况下，实测回风量已达到 339.37m³/s。

表 7-2　一期工程风机优化选型结果及初始工况

风机编号	风机型号	并联台数	机站级数	工作方式	风机总数	安装角度/(°)	风机风量/m³·s⁻¹	风机风压/Pa	有效功率/kW	轴功率/kW	风机效率/%	额定总功率/kW	装机地点
1	K40X25C	2	1	压入	2	32	238.28	1098.27	261.80	314.25	83.3	400.0	主进风斜井底联络通道
2	K40X16C	1	2	压入	1	29	37.01	224.55	8.31	9.57	86.9	22.0	T1 进风井 440m 联络通道
3	K40X16C	1	2	压入	1	29	41.81	86.88	3.63	5.36	67.7	22.0	T2 进风井 440m 联络通道
4	K40X16C	1	2	压入	1	29	37.81	203.33	7.69	9.08	84.7	22.0	T1 进风井 460m 联络通道
5	K40X16C	1	2	压入	1	29	42.79	55.97	2.40	3.86	62.1	22.0	T2 进风井 460m 联络通道
6	K40X16C	1	2	抽出	1	29	42.96	50.49	2.17	3.56	61.0	22.0	1 号采区 ZT4 回风井底
7	K40X24C	1	2	抽出	1	23	109.47	192.48	21.08	25.34	83.2	160.0	625m 回风平巷
8	K40X14A	1	3	抽出	1	29	48.95	696.31	34.10	39.00	87.4	90.0	破碎 360m 回风巷
9	K40X25C	2	3	抽出	2	32	252.14	1019.59	257.18	297.17	86.5	400.0	510m 回风平巷
10	K40X20B	2	3	抽出	2	26	163.22	744.94	121.64	131.85	92.3	320.0	650m 回风平巷
11	K40X25C	2	4	抽出	2	32	239.77	1090.38	261.54	312.38	83.7	400.0	总回风斜井口 1 号
12	K40X25C	2	4	抽出	2	32	240.54	1086.23	261.39	311.42	83.9	400.0	总回风斜井口 2 号
合计					17				1242.9	1462.8		2280.0	

7.1.2.4　二道河铁矿通风系统

本工程在一期工程西侧，若从一期工程老斜坡道口沿采区斜坡道进入，通风线路距离约6km，距离Ⅰ号铜矿带破碎系统最近。据初步设计结果，本工程采矿设计规模为1000kt/a，通风系统设计总风量为210.88m³/s，类似Ⅰ号铜矿带通风系统，也采用三级机站、压抽结合的通风方式，设计独立的进风系统和回风系统。

7.1.2.5　二期工程通风系统

二期工程是一期工程的延伸，通风巷道的最低标高进入到-40m水平。除了少数一期已有的主干道工程可以利用外，二期系统需要增加大量通风工程，通风系统需要重新设计和构建，风机站需要重新布局和优化。二期工程采矿规模扩大到5200kt/a，通风系统总风量增加到737.76m³/s，部分主干工程已建成。二期工程投产后，一期工程通风系统因一期残余作业仍会保留相当长时间，会出现一、二期通风系统共存情况。

7.1.3　大红山铁矿全矿通风系统关系图及汇总指标

以一期工程通风系统为中心，随着各扩产工程通风系统陆续投产运行，井下已形成了庞大、复杂的通风网络及网络连通体，各系统之间的复杂关系难以表述（见彩图7-1、图7-2）。据测算，若包括二道河铁矿和二期工程在内，井下主要通风巷道的总长度将超过250km，巷道工程量超过3600km³。虽然扩产采矿规模只相当于一期工程的规模，但是井下通风巷道数目却增长了近10倍。各通风系统的相互关系可归结为以下几方面：

（1）通风巷道连通与共享。扩产工程的开拓系统、通风巷道是在一期工程的基础上完成的，因此形成了大量相互连通的采区斜坡道、运输平巷、措施道、联络通道等可通风巷道，有的工程还要与一期工程共用进风巷道和回风巷道。

（2）风机压力互通性。由于存在连通巷道，各系统风机站的压力相互作用，重新平衡，导致部分巷道重新分风，风量大小及风向都难以预计。

（3）通风系统稳定性降低，管理、调控难度加大。例如，在Ⅰ号铜矿带基建施工过程中，由于本工程主要风机站未投入运行，回风道用作排渣通道，导致Ⅰ号铜矿带回风斜井严重漏风和一期工程主回风巷道短路，一期通风系统几乎陷入瘫痪，井下工作环境恶化。

（4）由于历史的原因，4000kt/a一期工程设计时难以考虑后来全面扩产的需要。但后面陆续实施的扩产项目是在一期工程的系统的基础上进行的。后续扩产工程的系统设计必

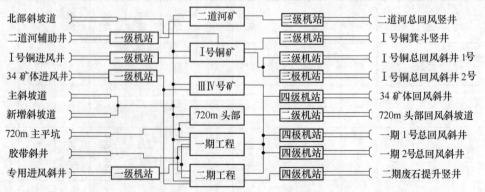

图7-2　大红山铁矿全矿通风系统关系

须与已有的工程相适应，如风机站布局、风机选型、通风构筑物设置等方面。

目前大红山铁矿通风系统实质是一个大架构的通风系统。它由许多小系统并网构成，可以称为大架构并网通风系统，主要技术指标汇总见表 7-3。由于各工程开采服务年限不同，因此大架构并网通风系统也是动态变化的，某个工程开采结束后，附属的通风巷道、风机站和构筑物可以加以利用，带来正面作用，反之，如果利用不当，也可能影响其他通风系统的正常运行，应综合考虑。

表 7-3　大红山铁矿并网通风系统主要技术指标峰值测算

序　号	指标名称	单位	指标数值
1	采矿规模	kt/a	9000
2	矿井总风量	m^3/s	1555.95
3	装机总功率	kW	5690
4	主力风机总数	台	35
5	最大机站级数	级	4
6	万吨矿石用风量	m^3/s	1.73
7	主要通风巷道总长度	km	250
8	物理巷道数	条	5270
9	网络巷道数	条	3330

7.2　大红山铁矿通风系统设计技术特点

7.2.1　通风系统设计难点分析

大红山铁矿采用大规模无轨化开采技术，采矿设备趋于大型化和无轨化，井下集中了几乎常见的通风不利因素，如地热、柴油尾气、炮烟、粉尘、放射性氡等。这些会产生有毒有害物质的不利因素，都可以通过构建高效的通风系统来消除（见后续章节），但是对设计者来说，设计这样一个高效的通风系统却要面临诸多复杂的技术难题。

7.2.1.1　通风目的与量化问题

矿井通风的目的就是用最低的投资和运营成本获取最大的通风效果值。矿井通风效果可以采用模糊数学方法进行量化定义，但是过程较为复杂，直接的方法是考察巷道、采区等对象是否有合理的分风风量以及较佳的风速，对于有大气压力要求的矿井，还应该考察巷道及采区的压力梯度分布。在通风系统投资方面，通风井巷工程通常占比最大，而通风设备、通风构筑物则占比最小。通风井巷及通风设备也与通风系统运营成本息息相关：

（1）通风井巷的断面、长度及支护方式与通风阻力、通风耗能密切关联，同时影响矿井分风效果。

（2）风机是通风系统的核心设备，其效率及与通风网络的匹配性决定矿井通风效果及运营成本。大红山铁矿一期工程及扩产工程分布有大量采区、工作面和重点区域（如破碎系统、炸药库等），通风井巷多且复杂，需要规划好预期要达到的通风效果和投资、运营成本。

7.2.1.2 复杂通风网络计算问题

必须建立以基建投资和运营成本为目标的通风网络优化解算模型，而不是纯粹、假设性网络解算。大红山铁矿通风网络是一个多风机动力源，多进口、多出口的复杂网络，以非线性方程组求解为主，同时约束条件较多，对于不匹配的风机特性参数，网络解算可能无解或迭代解算过程中不收敛。大红山铁矿通风网络巷道与节点数量巨大，三维建模过程复杂，工作量也大。

7.2.1.3 风机选型与风机站合理布局问题

国内矿用节能风机常用的型号有近千种，每种型号又有至少5个叶片安装角度和3种电机转速组合，也即矿用风机的性能曲线有上万种选择，若一个矿井有10个装机点，那么风机性能组合配对数就是个天文数字，要从浩瀚的风机性能参数中选择到与本矿通风网络相匹配的风机组合，必须做大量优化筛选工作。这项工作要依靠先进的计算机软件来完成。风机站是风机作业的场所，同一个风机站，可能有数台型号相同或不同的风机同时作业，工作方式可能是并联作业也可能是串联作业，风机站的风机控制着全矿巷道的风向和分风风量，平衡全矿的巷道压力，风机站的选址、布局、优化也十分重要。

7.2.1.4 动态通风网络结构的通风设计问题

大红山铁矿一期工程投产不久，扩产工程即投入基建，许多一期通风巷道用作措施巷道，没有实现应有的通风功能；在基建过程中，扩产工程产生的新巷道不可避免并入一期工程，局部地改变了原有的分风格局，产生了新的通风问题；当某个扩产工程基建完成后又面临与已有通风系统的并网和衔接问题。自一期工程投产后，大红山铁矿井下通风系统的主干通风网络结构始终处于动态变化过程中，给通风系统设计、生产调控管理带来困难。

7.2.1.5 重点区域的通风设计问题

井下破碎系统、炸药库、指挥中心、胶带运输巷、箕斗竖井、卸载站、泵房等重点区域位于通风系统特定部位，服务于生产，也集中了较多作业人员，部分区域处于通风系统进风段，有贯穿新鲜风流流过，且自身没有有毒有害物质产生，因此这些区域的通风问题较容易解决。但对于破碎系统、炸药库、胶带运输巷、箕斗竖井等区域，由于会产生有毒有害物质，必须在主通风系统的架构下独立设计它们的局部通风系统。本矿破碎系统、箕斗竖井及炸药库是井下局部通风的设计难点。

7.2.2 通风方式与通风方案的优化选择

7.2.2.1 通风方式

大红山铁矿全矿（泛指一期和扩产工程）通风系统以压抽结合、混合式通风方式居多。主要考虑下列因素：

（1）坑内大气压力控制需要。在进风段或用风段设置压入风机站，可以较好控制采空区的压力梯度，防止崩落区、矿岩裂隙发育带漏风和有害气体（如氡）析出。

（2）矿井分风需要。对于大型矿山，采矿设备大型化，出矿方式多样化，矿井通地表的功能性巷道多，如斜坡道、胶带斜井、辅助井、专用进风井等。这些巷道都可以作为进风巷道，但是功能性巷道的风速受到安全规程严格限制，因此通过在进风段设置压入风机站，可以较好控制这些巷道的进风量和风速。

（3）用风段和回风段容易设置抽出式风机站，与运输冲突较少，回风机站也可以很好控制分风效果，故建议一般矿山在回风段和用风段设置抽出式风机站。

（4）特定通风区域通风需要。通风方式的选择必须考虑破碎系统、炸药库、箕斗竖井等重点区域的通风问题，考察这些区域是否处在进风段或回风段以确定全矿的通风方式。

7.2.2.2 通风方案

通风系统设计是个复杂过程，应尽可能多地拟定出各种可行的通风方案，通过综合评估来确定最优方案。大红山铁矿通风系统设计优化方案主要考虑下列因素：

（1）总风量及主要采区、主干道分风的合理性。不同矿山井下开采工艺、工作环境、通风不利因素等差别较大，矿井总风量是影响井下通风效果的一个基本要素，矿井总风量既要满足井下通风需要，又不至于造成全矿通风能耗过高、设备投资过大、通风工程浪费等现象。主要采区、通风巷道的分风风量是衡量井下作业区域通风效果的主要参考量，非煤矿山井下采区、作业中段、特定通风区域一般较多，各区域分布有不同的作业设备和数量不等的作业人员，需风量不同，因此，井下通风应根据具体情况实现按需分风效果最好。

（2）风机站布局的合理性及风机选型的匹配性。风机及风机站是通风系统的核心设施，合理的风机站布局可以确保分风的有效性与可靠性，即使某个区域的巷道发生了局部变化，也不至于导致整个通风系统崩溃。风机选型应与网络特性、需要控制的机站压力、所在机站的分风量等相适应，风机自身性能的效率参数、稳定性、产品质量也是考虑的重要指标。

（3）通风系统主要技术指标及通风耗能指标的合理性。"冶金矿山通风系统鉴定指标"中有五项基本指标、一项综合指标、四项辅助指标。五项基本指标是风速合格率、有效风量率、风量供需比、扇风机装置效率、风源质量合格率。四项辅助指标是单位有效风量所需功率、单位采掘矿石量的通风费用、年产万吨耗风量和单位采掘矿石量的通风电耗。这些指标虽然是通风系统投产后的评判指标，但是在设计阶段仍有重要参考价值。目前先进的通风计算机软件网络解算结果已逼近真实结果，部分通风系统鉴定指标在设计阶段就可以计算出来。

（4）其他因素综合分析。通风系统对采矿工艺应有较强的适应性及可调性，尽量减少通风构筑物的应用。

7.2.3 矿井总风量及通风规模的确定

一个矿山的通风规模是指矿井总风量、装机总功率、通风总工程量、投资总费用以及运营总成本等多方面指标的综合值。一般来说，矿井总风量及通风设备的装机总功率能较好地反映一个矿山的通风规模，具有一定的代表性。矿井总风量取决于采矿规模，计算依据是井下工作面（硐室）数量、作业人员数量、作业设备数量、特定通风区域数量等。在上述基数上还要考虑矿井内部和外部漏风系数，对于类似大红山铁矿含地热的矿井，通风降温尤为重要，不管矿井是否采取制冷措施，都要适当加大矿井总风量，通过提高工作面风速来取得一定的降温效果。大红山铁矿实践表明，在矿井总需风量的基数上再增加20%

作为降温风量较为合适。

大红山铁矿一期工程万吨矿石用风率为 1.2。经验表明，含地热又有汽车尾气污染的矿井，若万吨矿石用风率小于 1.0，井下通风效果会变得很差，工作环境十分恶劣。有了一期工程的实践经验后，大红山铁矿后续扩产工程的矿井总风量普遍得到提高，平均万吨矿石用风率已达到 1.5 以上。

大规模采用无轨设备开采的矿山，柴油尾气将变成井下工作面头号污染源，采掘作业产生的炮烟、粉尘等有害成分退居次席。在矿井需风量计算中，柴油设备需风量应单独计算，与排尘需风量比较后取两者最大值，即便这样，柴油尾气仍是井下通风的棘手问题。根据大红山铁矿 I 号铜矿带尾气浓度的计算结果（见后续章节），正常通风时，矿井 24h 尾气浓度值已达千分之一，折合 1000×10^{-6}，远远超过规程规定的各种有毒有害气体允许浓度的总值。依靠提高矿井总风量来降低尾气浓度已不现实，因此无轨设备的合理使用、尾气净化处理变得十分重要。

7.2.4　主要通风工程及通风网路设计

大红山铁矿主要通风巷道总长度已超过 250km，利用井下开拓巷道、运输巷道和采切巷道来构建通风系统是大红山铁矿通风系统的特点之一，专用通风巷道占比较小。按照功能划分，全矿通地表可进风的巷道共有 9 条，通风断面总面积达 191m²，通地表可回风的巷道也有 9 条，通风断面总面积达 185m²，若按照较经济的巷道风速 10m/s 计算，大红山铁矿全矿通风系统的通风能力可达到 1850m³/s，24h 的通风量可达到 150000km³，目前在国内矿山中首屈一指。

在通风网路设计方面，通风系统按照三级网路（即系统级、采区级和采场级）设计。各级通风网路设计功能如下：

（1）系统级通风网路一般指总进风巷道、总回风巷道以及通地表大气的辅助生产的巷道，例如，斜坡道、胶带斜井、箕斗竖井、辅助竖井、充填巷道等。系统级通风网路是全矿风流最集中的地方，阻力大，风速高，是通风系统主力风机站最理想的设置场所，应充分利用系统级通风网路控制矿井主风流的走向。

（2）采区级通风网路是指连接采区与系统级网路的通风巷道，如大红山铁矿一期工程分为中部 I 采区、中部 II 采区和深部主采区三部分，各采区都有独立的总进风巷道和总回风巷道，与系统级通风网路连接，如一期工程 650m 总回风平巷、510m 总回风平巷等。采区级通风网路也是风机站设置的好地点，利用采区级风机站可以很好地控制各采区的分风量，同时平衡各采区压力分布。

（3）采场级通风网路是指以矿块、盘区、分段等为通风单元的通风巷道，离采场最近，若采区分风效果已比较理想，采场级通风网路就可以不再设置风机站，可改为局部通风或辅扇调节。

7.2.5　风机站串并联布置方式与风机选型

7.2.5.1　布置方式

国内以 K 系列为代表的矿用节能风机的性能特点是高风量、低风压，与国内大多数矿井通风网络是相适应的。但是，对于类似大红山铁矿这种特大型通风系统来说，其风量特性稍差，可以通过多机并联来弥补风量偏低的缺陷。大红山铁矿通风系统的风机站布置形式是以通风网路来布置的，系统级通风网路可以布置 1 ~ 2 级风机站，采区级通风网路一般只布置 1 级风机站，采场级通风网路视采场规模来确定。对于目前国内大多数矿山，全矿布置 2 ~ 4 级风机站足以克服矿井通风阻力，同时可以取得较好的分风效果。同一个风机站的风机以并联为主，并联台数根据分风量拟定，个别需要克服高阻力的风机站可以采用串联方式，如大红山铁矿 720m 头部工程回风斜坡道风机站就采用 2 台风机前后串联作业，在保证总风量的前提下，克服了长达 4km 的巷道通风阻力。

7.2.5.2　风机选型

风机选型需考虑的因素较多，也是通风系统设计的难点。大红山铁矿通风系统风机选型大致过程是：多方案拟订与比较；网络解算；风机数据库优化选型；风机工况数据评估；系统指标评估；网络及风机站的匹配性分析；分风的合理性分析；风机管理、配件备用因素分析。

7.2.6　复杂通风网络并网计算技术

大红山铁矿通风系统是由一期工程逐步扩产形成的。尽管各个扩产工程的通风系统都按照相互独立的原则进行设计，但是投产后，各工程的通风巷道是互通的，在各自风机站的作用下，部分巷道将重新分风，风量与风向都难以确定；更严重的是，若后者风机站设置不当或风机选型不匹配，会造成各方风机工况点漂移，风机工作变得不稳定，效率低下，严重时会造成通风系统崩溃。如何确定两个通风网络连通体并网后产生新的通风效果就是通风网络并网计算技术要解决的问题。

在实践中，大红山铁矿通风系统并网计算采用的技术方法是：

（1）后续工程通风网络并入已有工程通风网络，统一进行网络解算，匹配风机站及风机型号。

（2）合并后的通风网络如果过于庞大复杂，在网络解算前先进行三级深度简化合并计算。

（3）通风网络三级深度简化合并计算对象是过渡 4 型巷道、过渡 5 型巷道和网络 6 型巷道。

（4）并网后进行全网络连通性测试。

（5）并网计算后确定互通巷道的最佳调节方式。

7.2.7　复杂通风网络精确解算技术

虽然成熟的通风网络理论已有 100 多年的历史，但是在实践中，要想设计出达到预期通风效果的通风系统却非易事。矿井通风系统的复杂性与模糊性表现在以下几方面：

（1）通风巷道设计断面与实际施工后形成的通风断面（面积及周长）往往差别较大。

（2）巷道支护方式多种多样，风阻系数仍是经验值，可取值范围较大，尚无精确的计算公式。

（3）通风网络拓扑结构是动态的，即使主干通风巷道变化小，采场通风巷道也是频繁变动的，这种结构变化或多或少会改变通风系统的分风格局和压力平衡。

（4）通风网络解算采用的风机性能参数与风机产品真实的性能参数存在差异和不确定性。

（5）目前通风网络解算软件尚不能真实模拟矿山现场的大气环境及气象条件，这些因素对通风系统的影响难以定量分析。

尽管通风系统具有较多不确定性，但通过不断探索和改进，大红山铁矿通风网络精确解算技术已取得了重要成果。大量已投产工程现场测定数据表明，通风网络系统级和采区级网络解算结果已逼近真实结果（见表7-4），对通风系统设计方案的优化、生产调控管理具有重要参考价值。

表7-4 通风网络系统级和采区级网络解算结果与实测结果对比

分 类 指 标	解算结果	实测结果	说 明
一期工程总回风量/$m^3 \cdot s^{-1}$	480.56	547.20	扩产未并网，独立运行
720m头部总回风量/$m^3 \cdot s^{-1}$	77.90	82.50	与一期并网运行
Ⅲ号矿体总回风量/$m^3 \cdot s^{-1}$	138.97	130.00	与一期并网运行
Ⅰ号铜北部总回风量/$m^3 \cdot s^{-1}$	300.65	339.37	与一期并网运行
一期中部采区分风量/$m^3 \cdot s^{-1}$	163.22	193.59	扩产未并网，独立运行
一期深部主采区分风量/$m^3 \cdot s^{-1}$	252.14	378.74	扩产未并网，独立运行
一期破碎系统分风量/$m^3 \cdot s^{-1}$	48.95	65.29	扩产未并网，独立运行
一期风机实际功率/kW	1462.84	1458.41	扩产未并网，独立运行
一期风机年耗电量/$kW \cdot h$	12814400	12775700	扩产未并网，独立运行
一期风机装置效率/%	78.17	66.83	扩产未并网，独立运行
一期吨矿通风电耗/$kW \cdot h$	3.20	3.19	扩产未并网，独立运行

7.2.8 多级机站风机的检测与控制特点

相比传统集中主扇通风模式，多级机站通风模式采用的风机数量多且装机地点分散，同一个风机站的风机又以并联工作方式居多。为了管理好井下风机，大红山铁矿通风系统全部采用PLC网络控制系统实现远程集中控制，风机使用变频器驱动。为了保护风机，并联作业的风机一般同步启动、同步加速或同步减速。通风系统的反风顺序是按照机站级数同步实施。

大红山铁矿井下多级机站风机控制系统采用了最新的ProfiNet工业以太网通讯控制技术。主控PLC为西门子S7-300，设置在坑口控制室。在每个通风机站设置1台网络控制柜，柜内安装光纤以太网交换机及以太网/现场总线网桥模块。光纤以太网交换机通过光缆互相连接，构成井下通风控制系统主干网络。网络控制柜内的以太网/现场总线网桥用于连接变频器上的Profibus通信模块。这样，所有通风机驱动变频器均可以通过网络直接连接到通风系统主控PLC，结合设置在井上通风管理部的上位监控计算机，实现对整个井下通风系统的远程集中控制。

在通风系统网络故障时，风机也可以选择就地方式进行控制。

大红山铁矿井下多级机站风机控制系统具有以下优点：

（1）分布于井下各处的多个通风机站均通过光纤以太网通讯方式与主站连接，从而具有极高的实时性，可以在几秒内统一对全矿风机进行调速控制或启停控制。

（2）由于采用了最先进的网络通讯技术，风机的大量参数，如风机功率、转速、电机电流、变频器温度、风速等均可以传送到上位监控计算机上，进行显示及监控。

（3）可以实现远程故障诊断，提高了系统的可维护性。

（4）网络可以很方便地扩充。例如二期 4000kt/a 采矿工程投产后，新的风机驱动变频器已经全部接入原有的控制系统，很方便地就实现了全矿风机的集中控制。

（5）由于采用变频器驱动，即使风机在转动状态，风机也可以实现跟随原有速度的软启动，保护了风机，与采用直接启动方式的风机相比，损坏率大大降低。

（6）利用变频器可调速的特点，在某区域风量需求较小时，可降低风机转速，实现节能。

7.3 大红山铁矿通风系统运行状态分析

7.3.1 大红山铁矿一期通风系统实测结果分析

大红山铁矿一期工程通风系统于 2007 年年初投产运行，矿山委托第三方科研机构对通风系统进行了全面的测定，同时把实测结果与设计值（网络解算结果）进行了对比。其中，主要指标汇总数据见表 7-5，各风机站测定数据见表 7-6。

表 7-5 大红山铁矿一期通风系统主要指标设计与实测结果对比

序号	参 数	单 位	设计值	实测结果
1	矿井总进风量	m^3/s	480.56	523.69
2	矿井总出风量	m^3/s	480.56	547.20
3	有效风量率	%	80	84.27
4	风机额定功率	kW	2280	2280
5	风机实际功率	kW	1462.84	1458.41
6	年耗电量	kW·h	12814400	12775700
7	风机装置效率	%	78.17	66.83
8	单位采掘矿石量的通风电耗	kW·h	3.20	3.19
9	专用进风斜井分风风量	m^3/s	238.28	287.90
10	720m 主平坑分风风量	m^3/s	77.58	77.96
11	主斜坡干道分风风量	m^3/s	97.95	106.48
12	胶带斜井分风风量	m^3/s	66.70	51.35
13	1 号回风斜井分风风量	m^3/s	239.77	248.28
14	2 号回风斜井分风风量	m^3/s	240.54	298.92
15	中部采区分风风量	m^3/s	163.22	193.59
16	深部采区分风风量	m^3/s	252.14	378.74
17	破碎系统分风风量	m^3/s	48.95	65.29

表7-6 大红山铁矿一期通风系统各级风机站实测结果

风机编号	安装地点/m	所属机站	额定功率/kW	风量/m³·s⁻¹	风压/Pa	有效功率/kW	轴功率/kW	风机装置效率/%
12-1	835	四级	200	139.28	760	103.84	139	74.71
12-2	835	四级	200	159.64	700	109.63	153	71.65
11-1	835	四级	200	125.20	730	89.66	123	72.89
11-2	835	四级	200	123.08	880	106.25	148	71.79
10	650	三级	320	193.59	580	110.15	148	74.42
9	510	三级	400	378.74	500	185.77	255	72.85
8	360	三级	90	65.29	100	6.40	29	22.09
7	625	二级	160	123.65	250	30.32	80.72	37.57
6	625	二级	22	49.96	100	4.90	18.87	25.97
5	460	二级	22	54.75	30	1.61	14.50	11.11
4	460	二级	22	32.98	20	0.65	15.50	4.17
3	440	二级	22	37.33	100	3.66	17.37	21.07
2	440	二级	22	49.67	30	1.46	18.43	7.93
1	380	一级	400	287.90	780	220.30	298	73.93
合计			2280			974.61	1458.41	66.83

7.3.1.1 主要通风指标实测结果与设计值接近

矿井总风量实测结果比设计值即网络解算结果偏高约 10%。这是大部分通风巷道实际施工断面大于设计断面、总风阻减小所致；矿井有效风量率、通风耗能、风机实际功率等参数与设计结果接近；通风系统主要通风巷道（主进风斜井、主斜坡道、720m 主平坑、胶带斜井、650m 回风平巷、1 号、2 号回风斜井、360m 破碎系统回风道等）的风量分配结果与网络解算结果十分吻合。除少数机站因漏风短路出现异常外，通风系统各主力机站风机的实测工况数据、风机效率等指标与网络解算结果接近。

7.3.1.2 各采区和主干道分风结果基本达到预期目的

按工作面划分，一期工程分为中部采区、深部主采区、380m 中段运输水平、破碎系统等重点工作区域，大部分工作人员和采矿设备集中于此。各区域有相对独立的通风网路和风机站，评判工作面的通风效果好坏，首先要考察各采区的总风量分配结果是否达到要求。值得一提的是，通风系统主进风斜井在一级机站 1 号风机的作用下，进风量达到287.90m³/s，占系统总进风量约 55%，充分发挥了进风斜井的进风功能，减轻了主斜坡道、胶带斜井的进风压力，同时也就减少了汽车尾气、胶带斜井粉尘对井下空气的污染范围。

7.3.1.3 通风系统投产运行后存在的问题

通风系统存在的主要问题是 380m 中段回风联络通道反风（导致 380m 部分穿脉反风）、510m 风机站 9 号风机（主采区总回风机站）风量偏高、625m 中部Ⅱ采区回风机站7 号风机及 360m 破碎系统回风机站 8 号风机风压工况偏低、二级机站 2 号～6 号风机风压工况异常偏低等。上述问题与局部通风网络结构失控有关，即实际巷道拓扑关系、巷道属性及连通性与设计不一致，在基建期或生产初期十分明显，这些问题可以在生产过程中通过调整风路、安装辅扇、设置构筑物等措施来解决。

7.3.2　大红山铁矿一期与扩产工程通风系统并网后实测结果分析

以大红山铁矿一期 4000kt/a 工程为中心，陆续并网运行的有 720m 头部、Ⅲ（Ⅳ）号矿体、Ⅰ号铜矿带等工程通风系统。截至 2013 年年底，除了二道河铁矿工程尚在建设外，扩产工程采矿规模已接近 3000kt/a。尽管一期工程与各项扩产工程通风系统按照相互独立的原则进行设计，但是它们的通风巷道是相互连通、交织在一起的，部分扩产工程还利用了一期的进风系统和回风系统，有的扩产工程虽然具备独立的进风、回风系统，但是特定的运输水平、破碎系统、采区斜坡道等设施通道是各工程所共享的，无法分割。并网后的通风系统面临的突出问题是：

（1）各工程通风系统的总风量是否还能满足本工程通风需要。

（2）各工程通风系统分风格局和良好的通风效果是否会被破坏，风流是否还能有序流动。

（3）各工程通风系统主要风机站的风机工况点是否会严重漂移。

（4）如何避免并网后的通风系统失控甚至崩溃。

并网后的通风系统主要通风巷道的总长度已超过 250km，通风网络的复杂性与调控难度在国内外罕见。目前，对上述问题还没有深入研究，难有结论，但是根据对并网后的通风系统初步测定，一期和各扩产工程通风系统各自总回风量与设计值相比，并未出现较大偏差，基本保持一致（见表 7-7、表 7-8）。

表 7-7　一期与扩产并网后全系统总风量实测结果

分类	测定地点	风速/m·s⁻¹			平均风速 /m·s⁻¹	面积 /m²	堵塞面积 /m²	校正系数	真实风速 /m·s⁻¹	风量 /m³·s⁻¹	小计	合计
		V_1	V_2	V_3								
总回风量	Ⅰ号铜回风斜井 3-1 风机	15.30	15.30	15.30	15.30	5.90				90.27	339.37	1155.43
	Ⅰ号铜回风斜井 3-2 风机	14.80	14.80	14.82	14.82	5.90				87.44		
	Ⅰ号铜回风斜井 3-3 风机	13.10	13.10	13.10	13.10	5.90				77.29		
	Ⅰ号铜回风斜井 3-4 风机	14.30	14.30	14.30	14.30	5.90				84.37		
	一期回风斜井 4-1 风机	11.70	11.70	11.70	11.70	8.46				98.98	526.21	
	一期回风斜井 4-2 风机	20.60	20.60	20.60	20.60	8.46				174.28		
	一期回风斜井 4-3 风机	16.70	16.70	16.70	16.70	8.46				141.28		
	一期回风斜井 4-4 风机	13.20	13.20	13.20	13.20	8.46				111.67		

续表 7-7

分类	测定地点	风速/m·s^{-1}			平均风速 /m·s^{-1}	面积 /m^2	堵塞面积 /m^2	校正系数	真实风速 /m·s^{-1}	风量 /m^3·s^{-1}	小计	合计
		V_1	V_2	V_3								
总回风量	Ⅲ、Ⅳ号矿体 2-1 风机	12.9	13.2	12.8	12.97	6.50				84.28	207.35	1155.43
	Ⅲ、Ⅳ号矿体 2-2 风机	18.7	18.9	19.2	18.93	6.50				123.07		
	720m 头部 （Ⅱ$_1$）风机	3.6	3.7	3.7	3.67	22.50				82.50	82.50	
总进风量	一期专用进风井平巷	9.6	9.5	9.3	9.47	18.35	0.40	0.98	9.26	169.93	169.93	1110.25
	主斜坡道进风口	6.1	5.7	5.7	5.83	19.83	0.40	0.98	5.72	113.34	113.34	
	新增斜坡道进风口	4.1	4.4	4.3	4.27	16.17	0.40	0.98	4.16	67.29	67.29	
	720m 平坑进风口	6.4	6.1	5.8	6.10	16.21	0.40	0.98	5.95	96.44	96.44	
	胶带斜井口	5.3	5.4	5.2	5.30	13.24	0.40	0.97	5.14	68.05	68.05	
	Ⅲ、Ⅳ号矿体专用进风井	5.6	5.3	5.3	5.40	29.82		0.99	5.33	158.87	158.87	
	Ⅰ号铜箕斗竖井	9.3	9.7	9.5	9.50	12.34	0.40	0.97	9.19	113.43	113.43	
	Ⅰ号铜专用进风井									216.00	216.00	
	180m 与废石箕斗井联络通道	3.1	3.3	3.2	3.20	11.50				36.80	36.80	
	北部斜坡道口	4.1	4.3	4.4	4.27	16.83	0.40	0.98	4.17	70.10	70.10	

表 7-8　并网通风系统各子系统总回风量实测结果与设计值对比

一期和扩产子系统	实测总回风量 /m^3·s^{-1}	设计总回风量 /m^3·s^{-1}	风机运转功率 /kW	采矿规模 /kt·a^{-1}	说　明
一期通风系统	526.21	480.00	1770 (2280)	4000	已并网，一、二级机站未运行
720m 头部（Ⅱ$_1$）通风系统	82.50	77.90	200 (200)	500	与一期并网运行
Ⅲ、Ⅳ号矿体通风系统	130.00	138.97	420 (420)	800	与一期并网运行
Ⅰ号铜通风系统	339.37	390.79	742 (1619)	1500	已并网，一级机站、箕斗竖井未正常通风
二道河铁矿通风系统	—	210.88	0 (635)	(1000)	在建，未投产
二期通风系统	77.35	(737.76)	500 (2816)	(5200)	接替一期工程，在建，未投产
合　计	1155.43	1298.54	3632	6800	

　　玉溪大红山矿业有限公司于2016年4月16日组织了反风试验，参与试验的25台主扇风机全部实现反转。本次试验中，25台主扇反风运行平稳，井下通风系统反风风量率达到77.2%（规程要求60%），从风机正转→停止→反转，6分钟以内全部系统实现反风且达到最佳效果（规程要求10分钟内完成），试验结果符合《金属非金属矿山安全规程》（GB 16423—2006）相关规定。

7.3.3　矿井有毒有害元素及通风效果分析

7.3.3.1　通风降温效果分析

　　大红山铁矿存在地热异常现象，根据早期地质勘探资料，矿层附近钻孔实测温度大部分高于35℃，深部在45℃以上，见表7-9；又据同属一个矿体组的大红山铜矿测定资料，大红山矿区属高地热矿井，从535m中段往下，巷道岩壁温度达到28℃，再往下至330m中段，岩壁温度高达32~38℃。一期采场平均气温达到24~26℃，二期采场平均气温达到27~29℃。当掘进面独头长度超过150m后，空气温度超过28℃的，达到40%以上，特别是掘进工作进入485m、385m中段以下，只要独头长度超过200m，空气温度几乎都超过30℃，局部达到36℃以上。

表7-9　大红山铁矿地质勘探钻孔测温结果

线号/孔号	测温日期	稳定时间/d	测温孔深/m	测定深度/m	钻孔温度/℃
A39/ZK328	1978.04.06	<1	520	520	36.80
A22/ZK710	1976.03.06	<1	809.65	800	49.70
A21/ZK717	1977.09.03	<1	788.21	700	44.50
A18/ZK709	1976.02.25	>365	802.99	375	41.00
A206/ZK661	1976.10.07	<1	672.90	660	39.50

　　基于上述分析，矿井温度是矿山职业危害的一个重要因素之一。井下降温可以采取多种措施，如加大矿井总风量、人工制冷、热源隔离、采空区全面充填、岩层预冷及个体防护等。但是，目前成本低、效果较好的措施仍是建立完善的通风系统，并适当加大总风量，对工作面形成贯穿风流通风，根据本矿已有工程的测定数据（见表7-10），在主通风系统正常运转时，有贯穿风流的工作面的温度一般会降到27℃以下，个别硐室或重点区域如破碎系统等可以设置空调降温。

表7-10　大红山铁矿一期工程贯穿风流对工作面温度影响实测结果

序　号	项　　目	有贯穿风流时温度/℃	独头工作面温度/℃
1	650m水平	28.5	30.5
2	480m水平	29.5	32.0
3	380m水平	26.8	30.2
4	460m水平	26.5	31.5
5	温度平均值	27.8	31.1

7.3.3.2　通风排尘效果分析

地下矿山井下作业大部分与各类岩石有关，凿岩、爆破、装卸、运输、破碎等工序都产生大量粉尘，矿岩被破碎成矿尘后，化学成分基本上没有变化。根据对一般矿尘分散度统计分析，5μm 以下的尘粒占 90% 以上，这类矿尘通常处于悬浮状态，难以沉降和捕获，容易进入呼吸道并沉积在肺泡中，对人体危害很大，是导致尘肺病的主要尘源，其中又以游离二氧化硅这种矿物组分危害最大。游离二氧化硅分布很广，在 95% 的矿岩中均含有数量不等的游离二氧化硅。

大红山铁矿开采范围内，矿石组分以磁铁矿、赤铁矿、含铜铁矿为主，脉石组分含有少量石英，围岩种类为变钠质熔岩、绢云母化变钠质凝灰岩、绢云片岩、辉长辉绿岩、角砾岩、白云石钠长石岩等。矿石中有害组分较少，但围岩中游离二氧化硅含量相对较高，根据大红山铁矿一期工程实测资料分析（见表 7-11），地下采矿区和地面选矿厂主厂房各工作场所游离二氧化硅含量检测结果高于 10%，粉尘性质定性为硅尘。因此井下作业粉尘也是本矿职业危害的一个重要因素之一。

表 7-11　大红山铁矿一期工程工作场所游离二氧化硅含量检测分析

车　间	检　测　地　点	检测结果/%
地下采矿深部采矿区	电铲车操作位（降尘）	10.90
	液压旋回破碎机操作位（344m 破碎硐室）（降尘）	11.20
	矿车装车位（降尘）	12.30
	720m 废石转运站废石放料操作位（降尘）	11.50
地面选矿厂主厂房	选 2 号输送皮带振动给矿机巡检位（降尘）	12.50
	1 号半自磨机巡检位（降尘）	11.30
终点站脱水车间	1 号输送带过滤机下料口巡检位（降尘）	8.60

矿井通风是最有效的除尘措施，新鲜风流可以带走工作面绝大部分处于悬浮状态的粉尘及有毒有害气体。因此，为了排除工作面粉尘、降低工作面粉尘浓度，安全规程规定了井下各类工作面的最低排尘风速，如硐室型采场最低风速不应小于每秒 0.15m；巷道型采场和掘进巷道不应小于每秒 0.25m；电耙道和二次破碎巷道不应小于每秒 0.5m，等等。实测数据也表明，井下作业方式及工作面是否通风对工作面的粉尘浓度有直接影响，见表7-12。一般地，在巷道潮湿条件下，风速在 0.5~6m/s 范围内，随着风速增大，粉尘浓度不断下降。

表 7-12　国内矿山通风排尘效果对比

序　号	矿 山 名 称	粉尘浓度/mg·m^{-3}	
		湿式作业（未通风）	湿式作业（通风）
1	锡矿山	3.6~6.6	0.4~1.5
2	盘古山	3.9~6.8	1.4~1.9
3	大吉山	3.5	2.0
4	恒仁矿	4.54	2.6
5	龙烟铁矿	6.57	2.1

　　本矿通风系统通过风机站和通风构筑物控制，新鲜风流可以到达采场干线及采场联络通道等通风网路末梢区域。除了部分掘进工作面处于独头状态不能依靠主系统通风外，其他大部分工作面均有新鲜风流过，独头工作面需要采取局部通风措施，才能保证工作面的排尘需要。根据大红山铁矿一期工程工作面风速实测结果（见表 7-13），只要建立完善的通风系统，加强通风管理，井下工作面的排尘风速是有保障的。

表 7-13　大红山铁矿一期工程工作面风速实测数据

序号	服务对象	测点编号	地 点 名 称	作业类别	实际风速/m·s^{-1}	要求风速/m·s^{-1}	合格与否
1	下部采区	V17	510 分段出矿穿脉	出矿	0.92	0.5	不合格
2		V18	480 分段东出矿穿脉 K203 北侧	出矿	3.30	0.5	合格
3		V20	440 分段西出矿穿脉 k604 溜井附近	出矿	2.68	0.5	合格
4		V21	440 分段东出矿穿脉 4 号矿块溜井旁	出矿	1.76	0.5	合格
5		V25	440 分段北沿 6 号矿块 6 号进路北侧	出矿	1.76	0.5	合格
6		V26	440 分段 7 号矿块 4 号进路北侧	出矿	2.47	0.5	合格
7		V27	440 分段 7 号矿块 4 号进路北侧	出矿	2.32	0.5	合格
8	中部1采区	V7	675 沿脉 3 联络通道口	出矿	0.36	0.5	不合格
9		V6	675m1 号采场溜井口	出矿	0.39	0.5	不合格
10		V5	645 分段 2 号采区溜井附近沿脉	出矿	0.29	0.50	不合格
11		V4	645 沿脉 1 号采区溜井附近沿脉	出矿	2.62	0.5	合格
12		V1	625 分段 1 号采区溜井沿脉	出矿	0.37	0.5	合格
13	中部1采区	V2	625 分段 2 号采区溜井脚	出矿	0.37	0.5	不合格
14		V3	625 分段沿脉（K2002 溜井至 525 联络通道之间）	出矿	0.62	0.5	合格
15		V8	590 分段沿脉（590-4-2 进路西侧）	出矿	1.16	0.5	合格
16		V9	590 分段沿脉（K2001 溜井东侧）	出矿	1.36	0.5	合格
17	中部2采区	V9	560 分段西沿脉（560-5-3 进路西侧）	出矿	0.94	0.5	合格
18		V12	560 分段东沿脉（560-1-4 进路东侧）	出矿	2.06	0.5	合格
19		V14	540 分段西沿脉（ZT2 进风井西侧）	出矿	0.73	0.5	合格
20		V15	540 分段东沿脉（540-3-4 进路东侧）	出矿	2.46	0.5	合格
21		V16	540 分段东沿脉（540-1-4 进路东侧）	出矿	0.49	0.5	不合格
22	380 分段装矿穿脉	Q53	380 分段 10 号穿脉	装矿	1.56	0.5	合格
23		Q54	380 分段 8 号穿脉	装矿	0.53	0.5	合格
24		Q55	380 分段 6 号穿脉（反风）	装矿	-0.58	0.5	不合格
25		Q56	380 分段 4 号穿脉（反风）	装矿	-1.54	0.5	不合格
26		Q57	380 分段 2 号穿脉（反风）	装矿	-1.50	0.5	不合格
27		Q58	380 分段 1 号穿脉（反风）	装矿	-0.25	0.5	不合格
28		Q59	电机车修理洞室	洞室	-0.32	0.5	不合格
29		Q91	炸药库（反风）	炸药库	-0.47	0.25	不合格

序号	服务对象	测点编号	地 点 名 称	作业类别	实际风速 /m·s⁻¹	要求风速 /m·s⁻¹	合格与否
30		V30	344 破碎硐室	碎矿	0.23	0.25	不合格
31		V31	344 电气控制室	洞室	0.19	0.25	不合格
32		Q67	大件道	运矿	0.48	0.5	不合格
33	溜破系统	Q71	2 号胶带排尘回风	运矿	1.68	0.5	合格
34		V40	1 号与 2 号转载洞室	运矿	0.0	0.5	不合格
35		Q73	1—1 号胶带排尘回风	运矿	0.43	0.5	不合格
36		Q72	1—2 号胶带排尘回风	运矿	0.82	0.5	合格
37		Q62	380 分段南部卸载站排尘回风	卸矿	1.00	0.5	合格
38		Q63	380 分段北部卸载站排尘回风	卸矿	1.49	0.5	合格

7.3.3.3　通风排除有毒有害气体

根据地质勘探报告，本矿开采范围内的矿石及围岩中无原生性有毒有害气体（如瓦斯、二氧化硫等）存在。井下有毒有害气体主要来源于凿岩爆破、柴油设备尾气。其中，凿岩爆破产生的有毒有害气体即炮烟主要分布在采区工作面，而柴油设备尾气排放分布较广。在炸药爆炸生成的炮烟中，有毒气体的主要成分为一氧化碳和氮氧化物，如果炸药中含有硫或硫化物时，爆炸过程中，还会生成硫化氢和亚硫酐等有毒气体。这些气体的危害性极大，当人体吸入一定量的有毒气体之后，轻则引起头痛、心悸、呕吐、四肢无力、昏厥，重则使人发生痉挛、呼吸停顿，甚至死亡。因此，井下爆破产生的炮烟也是职业危害的重要因素。柴油尾气中有毒有害成分较多，主要成分以 PM 黑烟（颗粒物）、一氧化碳（CO）、碳氢化合物（HC）等为主，对人体危害也很大。根据大红山铁矿 I 号铜矿带通风系统测算，该项目采矿规模为年产矿石 150 万吨，炸药和柴油每天（24h）消耗量及其产生的有毒有害气体估算量见表 7-14。

表 7-14　矿井炸药和柴油日消耗量及其产生有害气体估算量

项 目	日 消 耗 量/kg	有害气体产出量/m³
开拓、探矿作业炸药量	321.75	32.18（占比：0.09%）
采切作业炸药量	865.82	86.58（占比：0.24%）
回采作业炸药量	2273.18	227.32（占比：0.64%）
铲运机柴油消耗	1571.35	18856.20（占比：53.0%）
辅助车辆柴油消耗	1364.11	16369.32（占比：46.0%）
有害气体 24h 产生量合计	35571.60m³	
矿井通风 24h 总风量	$390.79 \times 3600 \times 24 = 33764256 m^3$	
有害气体体积浓度	$35571.60 \div 33764256 \approx 0.001053$，约合 0.11%	

注：1kg 炸药产生有害气体量按 100L 计算，合 0.1m³；1kg 柴油约合 1.20L，燃烧产生的废气按 12.0m³ 计算。

表 7-14 计算结果表明，各类有害气体每天产出量约占总通风量（换气量）的千分之

一，相比单一有害气体允许的浓度值（如一氧化碳为 24×10^{-6}，0.0024%），井下有害气体总体浓度平均值还是较高的。但是仔细分析发现，柴油设备产生的有害气体占总量的 90%以上，若能对柴油设备排放的尾气进行净化处理，矿井有害气体浓度将会大幅度降低。

（1）在通风排除炮烟方面：炮烟主要分布在独头掘进工作面及采区回采工作面。独头掘进工作面只能采取局部通风措施，主通风系统无法对独头巷道形成贯穿风流，一般是采用高风压局扇，多级串联、压抽结合方式把新鲜风流送进工作面，同时把有害气体及粉尘排到主回风系统中去。局部通风方式在地下采矿、公路隧道、铁路等工程中已应用得十分普遍和成熟，只要局扇、风筒设计合理，同时对爆破后强制通风时间把握得当，爆破产生的炮烟浓度会很快降到安全水平。采区回采工作面的爆破作业与独头掘进工作面不同，回采工作面由于装药量大，产生的炮烟量也大，同时炮烟的抛掷距离也远，污染范围广。但是，回采工作面的爆破作业一般是在相关采切工程完成的情况下进行的，如采场进、回风巷道已接通主通风系统，因此回采作业产生的大量炮烟可以通过贯穿风流由主通风系统排出。

（2）在通风排出柴油尾气方面：矿山采用无轨化开采技术后，采矿效率比传统工艺有了大幅度提高。但同时也带来许多问题，如无轨设备的尾气污染、热源、耗氧、安全等问题，对通风系统提出了更高要求。井下柴油设备主要是移动式铲运机及各类辅助生产的车辆。铲运机集中在采场，用于出矿、出碴，作业地点相对固定，而辅助车辆则穿行在井下各个区域，活动范围很大，对风流污染也大。对于集中在采场区域作业的柴油车辆，可以通过尾气净化、完善采场通风网络、加强通风管理等措施来治理，而对辅助生产的车辆只有强制安装尾气净化装置，尾气排放达标后才能允许下井作业。

7.3.3.4 通风排氡可行性分析

根据地质报告，大红山铁矿 Ⅰ、Ⅱ、Ⅲ、Ⅳ 四个矿带的相应部位，都有不同程度的铀矿化，自下而上计有 $Y_1 \sim Y_4$ 四个铀矿化异常带，在一期设计开采范围内主要受 Y_2 异常带的影响，Y_2 异常带主要沿 $Ⅱ_1$ 矿组顶板绢云片岩和绢云母化变钠质熔岩分布，在 A26 至 A42 线间断续出现。在 A37 线以西，含铀 0.01%~0.06%，平均 0.01%；在 A37 线以东，含铀 0.01%~0.034%，平均 0.011%，个别点 0.27%。此外，Y_1 铀矿化异常带存在于 Ⅰ 号铁铜矿体下部，赋存于曼岗河组中上部角闪片岩中，沿黑色炭硅质板岩顶底板断续出现，分布于 A44 至 A49 线以东曼岗河谷一带，距离 Ⅰ 号铁铜矿体较远，含铀一般小于 0.01%。综上所述，尽管围岩中铀品位很低，但井下工作面、采空区、崩落区或多或少存在放射性氡危害是大概率事件，从职业卫生防范角度出发，必须采取措施，谨慎对待。

2004 年《昆钢大红山铁矿深井高温矿床无底柱分段崩落法开采的通风、降温及节能技术研究报告》对井下氡浓度的研究结论认为，即使采空区顶板铀矿化面积达到 31.8%，平均厚度 3.32m，平均铀品位 0.011%，采空区中的氡浓度最大值也不过为 $15.06kBq/m^3$（或 15.06Bq/L），进路巷道中的氡浓度最大值也不过为 $1.63kBq/m^3$（或 1.63Bq/L），最小排氡风速为 0.025m/s，一般排尘风速远高于此值，也即只要达到巷道的排尘风速，有少量新鲜风流，工作面的氡浓度就不会超标。

我国金属矿山（如云锡老厂）在治理矿井氡污染方面积累了丰富经验，对大红山铁矿有重要指导意义，概括总结如下：

（1）多数非铀矿山的氡来自采空区。根据调查，我国氡危害严重的 10 多个非铀矿山及瑞典调查的 23 个矿山鉴定资料证明，采空区是井下最主要的氡污染源头。大红山铁矿属于新建矿山，初期开采时采空区范围较小，采空区氡析出量较小，但随着开采往深部推进，形成的采空区范围也就越来越大，年限越久，采空区氡浓度可能会显著增高，应引起重视。

（2）非铀矿山排氡风量计算与铀矿山不同。一般铀矿山矿体暴露表面氡的析出率为 $3.7 \sim 370 kBq/(m^2 \cdot s)$，而非铀矿山暴露表面氡的析出率为 $0.0037 \sim 3.7 kBq/(m^2 \cdot s)$，两者相差几个数量级。因此，铀矿山按照矿体暴露表面氡的析出率计算矿井需风量可以取得较好的通风排氡效果，而一般非铀矿山矿岩暴露表面氡的析出率很低，不能用来作为需风量计算的唯一依据，要兼顾考虑其他排尘、排烟、地热等因素。

（3）非铀矿山排氡通风要充分利用通风压力来控制氡源对工作面的污染，尤其是不能让氡进入主要进风巷道。多级机站通风通过风机站的合理布局可以有效调节井下的压力分布，从而能有效控制采空区氡的析出污染。

（4）采取防氡措施和个体防护。减少矿岩暴露面积和氡析出率，在三级矿量充足时，开拓工程、采切工程不宜过早进行；应及时充填、密闭采空区；对氡析出率高的进风巷道进行混凝土支护；氡子体具有良好黏附性，在通风排氡不畅时，可以在工作面对空气进行局部净化与循环，同时做好个体防护，减少粉尘、氡子体等有害物质进入人体；定期检测工作环境的氡和氡子体的浓度及潜能值。

7.4 "通风专家" VentExpert 2013 在工程中的应用总结

7.4.1 "通风专家" VentExpert 2013 简介

从 1745 年俄国科学家发表空气在矿井中流动的理论以来，矿井通风网络理论与技术的发展已有 250 年的历史。"通风专家" VentExpert 由国内矿业工程师在前人理论技术基础之上，根据大量矿山通风系统设计经验、历经 20 多年积累开发而成。软件开发版本有 DOS 版和 WINDOWS 版两种。"通风专家" WINDOWS 版由 DOS 版代码升级而成，最新版本已升至 2013 版，WINDOWS 版本增加了大量面向对象编程代码，软件的功能和容错性有了质的提高。软件主界面见彩图 7-3。概括起来，"通风专家" WINDOWS 版具有以下功能特色：

（1）可视化设计环境。通风系统建模、编辑修改、数据输入和结果输出等功能有了大幅度提升。

（2）通风网络解算模型的准确性得到了大量工程案例的验证及参数修正。

（3）建立了国内最完整的矿用风机数据库，包含煤矿用防爆风机数据库。

（4）除了通风系统立体图、平面图等自动生成功能外，系统还增加了通风井巷工程、井下风机硐室、地表风机房等工程图的生成模块，与 AutoCAD 绘图无缝对接。

（5）具有通风网络简化合并、任意通风网络并网计算、通风网络系统级及采区级精确解算、通风网络连通性测试、通风网络数据错误自动检测等强大功能。

（6）与 AutoCAD、Surpac、Dmine 等流行软件生成的三维巷道模型兼容。

7.4.2 通风网络建模过程

早期 DOS 版通风软件在解算通风网络前，都需要人工绘制通风网络图，对巷道和节点进行编号，然后录入巷道关联数据，通风解算过程复杂、工作量大而且容易出错，"通风专家" WINDOWS 版通过建立通风巷道三维模型，自动生成通风网络相关数据，同时生成通风系统立体图和平面图，工作效率有了大幅度提高。三维模型的建模过程在系统的可视化环境中完成，每个节点、每条巷道都是可见的，巷道和节点的基本属性赋值可动态完成。

7.4.2.1　巷道属性分类与赋值

井下所有巷道都是通风网络建模的对象，巷道的基本属性包括：巷道节（端）点坐标、巷道断面形状、巷道断面面积、巷道断面周长、巷道长度、巷道支护类型、巷道风阻、巷道名称、巷道编号（ID）等。巷道的通风属性包括巷道风量、巷道风速、巷道阻力、巷道风向、装机巷道、通风构筑物等。巷道的基本属性可以在建模过程中完成赋值，而巷道的通风属性值需要进行复杂的网络解算后才能确定，而且随着矿井巷道、风机工况等因素的变化，巷道的通风属性值也是动态变化的。

7.4.2.2　建模方法与过程

"通风专家" WINDOWS 版可以采用手工绘制巷道、导入巷道、导入三维线条模型等方法建立通风巷道模型。在系统窗口中，允许手工绘制通风巷道，修改节点坐标，批量复制、粘贴巷道，在巷道中随意插入节点，求巷道交叉点等；导入巷道功能是通风建模最灵活的一种方式，通风系统设计通常需要与其他专业（如采矿、井建、开拓等）密切配合，导入其他专业已规划设计好的巷道作为通风模型，可以省去大量建模工作。目前系统的巷道导入功能已支持大部分线型，如多段线、直线、圆弧、二维多段线、样条曲线等；导入其他软件生成的三维线条模型效率最高，但是目前使用三维软件的用户还不多，由其他软件如 AutoCAD、Surpac、Dmine 等生成的三维线条模型一般只有巷道端点坐标值，巷道的基本属性值还需要人工输入。

7.4.3　通风网络解算与输入输出数据表

尽管在通风网络建模过程中可以输入大部分巷道的基本属值，但是要进入网络解算、确定巷道的通风属性值时，仍需要输入或定义其他初始数据，如巷道类型数据、风阻系数、风机安装初始参数等。举例见表 7-15 和表 7-16。通风网络解算是个复杂的数学求解过程，是基于一组非线性方程组求解的问题，巷道越多，非线性方程数量就越庞大，计算机程序求解的难度也就越大。目前一般采用网孔迭代法（Scott-Hinsley 法）求解，迭代误差小于给定精度时网络解算即结束。网络解算前，一般要先进行网络初算，通过风机优化模型确定风机站及风机的初始参数，然后再进行网络解算，网络解算结束后，如果一切顺利，即可求出通风系统各条巷道的通风属性值、风机工况及通风系统技术指标。举例见表 7-17 ~ 表 7-19。

表 7-15　巷道类型输入片段

类型代码	巷道平均断面面积/m²	平均周长/m	支护代码	巷道名称
1	7.94	10.72	10	910m 主平硐
2	4.25	7.86	10	910m 废石充填联络通道
3	6.15	9.42	11	2 号斜井（910 ~ 670m）
4	4.57	8.12	11	1 号斜井（910 ~ 846m）

表 7-16 巷道风阻系数（α）经验值推荐

支护代码	风阻系数/N·s²·m⁻⁴	支护方式说明
1	0.0011320 × 9.8	混凝土 20%，喷 30%，其余不支
2	0.0012870 × 9.8	混凝土 15%，喷 15%，其余不支
3	0.0006100 × 9.8	混凝土 100% 支护
4	0.0008100 × 9.8	喷混凝土 100% 支护
5	0.0018780 × 9.8	井筒无支护
6	0.0013530 × 9.8	喷 25%，其余不支
7	0.0015340 × 9.8	水平巷不支护
8	0.0038780 × 9.8	巷道型不支护
9	0.0056100 × 9.8	电耙道
10	0.0012960 × 9.8	混凝土 10%，喷 20%，其余不支
11	0.0012560 × 9.8	混凝土 30%，其余不支
12	0.0010720 × 9.8	混凝土 50%，其余不支
13	0.0013160 × 9.8	喷混凝土 30%，其余不支
14	0.0011720 × 9.8	喷混凝土 50%，其余不支
15	0.0013270 × 9.8	锚杆支护
16	0.0014290 × 9.8	矩形井筒木支护

表 7-17 风机优化选型结果与风机工况参数输出片段（举例）

风机型号	并联台数/台	串联级数/台	工作方式	风机总数/台	安装角度/(°)	风机风量/m³·s⁻¹	风机风压/Pa	有效功率/kW	轴功率/kW	风机效率/%	单机功率/kW	额定功率/kW	装机地点
DK40X17B	2	1	抽出	2	30	85.27	1628.33	138.90	168.06	82.65	150.0	300.0	1345m 总回风巷道

表 7-18 主要巷道风量网络解算结果输出片段（举例）

巷道编号	巷道名称	断面面积/m²	风量/m³·s⁻¹	风速/m·s⁻¹	风阻/N·s²·m⁻⁸	α系数/N·s²·m⁻⁴	阻力/Pa	巷道设施
43	1140m 机轨合一平巷	19.98	85.62	4.29	0.005733	0.0105099	42.02	
32	1345m 总回风巷道	10.74	85.27	7.94	0.011256	0.0129021	81.84	装风机巷道
63	102 回采工作面	10.00	49.74	4.97	0.018348	0.0130099	45.39	
30	2 号胶带机硐室	9.78	45.68	4.67	0.004003	0.0105099	8.35	

表 7-19 通风系统主要技术总指标（举例）

序　号	指　标	单　位	指标数值
1	总进风量	m³/s	430.76
2	总回风量	m³/s	430.76
3	机站总风压	Pa	1380.39

序　号	指　标	单　位	指标数值
4	矿井总风阻	$N \cdot s^2/m^8$	0.007400
5	总等积孔	m^2	13.79
6	有效功率	kW	539.61
7	总轴功率	kW	606.59
8	风机总效率	%	88.96
9	额定总功率	kW	1470.00
10	风机总数	台	9
11	机站级数	级	2
12	万吨矿石用风量	m^3/s	2.27
13	每吨矿石耗电量	$kW \cdot h$	2.78

7.4.4　通风系统设计或运行过程中容易出现的各类问题

设计一个安全可靠、经济合理、通风效果好的矿井通风系统，需要丰富的实践经验和技术支持。设计者应充分熟悉矿井空气流动的规律，合理布局风机站及优化匹配风机类型，合理确定通风系统规模即矿井总风量，合理确定各采区、各中段的分风风量，对矿井风流的流动方向要有预见性，对已有的通风巷道和即将建设的主干巷道特别是专用通风巷道应能综合分析、比较，确定这些巷道的最佳位置和最佳通风断面；在通风系统建模、进入网络解算之前，应尽量收集完整的井下相关资料。综合国内大量矿山通风系统案例，通风系统在设计阶段或投产运行后容易出现的问题概括归纳如下。

7.4.4.1　通风方案拟订不正确

通风方案拟订是指下列要素的综合决策过程：通风方式（压入式或抽出式或混合式）、通风模式（集中通风或分区通风或多级机站通风）、主通风井巷布置（对角单翼式或中央两翼式）、风机站的布局等。压入式或抽出式等通风方式主要取决于矿井漏风情况、有害气体析出区域、矿井分风策略等因素；除了煤矿井下不宜设风机站外，多级机站通风模式可适合任何需要机械通风的地下矿山，这种通风模式是通过多级风机站串联克服矿井阻力、多风机并联控制分风来达到通风目的，可根据井下生产情况、开采范围来增减风机站级数及风机并联数，是目前通风效果最好、设计灵活、高效节能、投资最省的通风模式。

7.4.4.2　通风系统规模即矿井总风量偏大或偏小严重

矿井总风量偏大，通风系统工程量、风机装机容量则相应变大，投资及功耗浪费严重；矿井总风量偏小，最直接的表现是井下通风效果差，作业环境恶劣。

7.4.4.3　主要通风巷道通风断面偏小

巷道通风阻力或耗能与通风断面的立方成反比，主要通风巷道如总进风、回风竖井（或斜井）是风流最集中的地方，应根据服务年限确定合理的风速。对于国内一般矿井，主要通风巷道的合理风速通常在10m/s以内，应根据此值确定主要通风巷道的断面大小。

7.4.4.4　主扇风机或多级机站风机与通风网络特性不匹配

国内大部分非煤矿山采矿工艺相对灵活，开拓、运输系统朝多坑口、多通道方向发展，尤其是无轨化开采工艺的应用，通达地表的功能性巷道较多，如斜坡道、胶带运输斜井、主井、副井、进风井、回风井等。上述工艺特性注定此类矿井通风网络属于小风阻、分风不均衡、容易漏风的网络特性。因此，在确定主扇风机或多级机站风机时，应注重风机与网络特性的匹配，风机站与其他风机站之间的匹配。从总体看，国内非煤矿山宜选择低风压、高风量的风机型号，以多机并联效果为最好，慎用高风压、对旋风机。

7.4.4.5 通风网路设计不合理

通风网路设计是指通风系统、采区、采场以及重要硐室场所（如破碎系统、炸药库）的主要通风巷道设计与布局。一个通风系统应有主进风网路和主回风网路，采区亦然；采场以盘区或矿块划分为通风单元，每个单元必须设置进风巷道和回风巷道，同时与通风系统的主通风网路接通，重要硐室或场所亦然。

7.4.4.6 通风构筑物设置不合理

井下巷道或硐室或多或少承载着通风、运输、人行、管缆、出矿（渣）、溜井、排水、排泥、安全通道等功能。除了溜井、排水、排泥等巷道由于堆积物阻塞空间而不能通风外，其他类型的巷道都具有通风功能。具有通风功能的巷道并非都是有用巷道，从通风系统整体效果看，部分通风巷道可能起到漏风、短路、干扰分风等副作用，因此必须对这些巷道进行调控，最常用的措施是在巷道中设置通风构筑物，如风门、风窗、密闭墙及辅扇等。

7.4.4.7 通风网络控制分风不合理

主扇集中通风模式井下巷道都是处在自然分风状态，在主扇工况确定时，巷道分风风量取决于巷道风阻及网络结构。因此，造成井下分风很不均衡，需要通风的采区、工作面可能得到的风量很低，而不需要通风的区域可能得到很高的风量。非煤矿山通风网络十分复杂，类似工作面单一的煤矿依靠风门等构筑物调控风量方法，在非煤矿山中已行不通，非煤矿山目前已普遍采用多级机站通风模式，通过在井下设置多级风机站，把风流控制到采区、中段甚至某个工作面，通风效果大为改观，有效风量高，省去大量通风构筑物。但是，在井下设置多级风机站，需要较高的技术支持，风机站的位置确定、风机型号匹配、网络解算等问题需要深入研究。

7.4.4.8 通风系统在设计阶段存在的问题

通风系统设计必须经过通风模型建立、通风网络解算、风机优化选型等复杂过程。传统人工选择通风网络最大阻力线路、人为分配风量、看图选择主扇风机等方法已不能适应矿井通风技术发展的需要，手工方法随意性强，会导致实际结果与设计值严重偏离，应予淘汰。在通风系统设计过程中，其中通风建模、巷道属性赋值、网络解算等环节常见的错误类型见表7-20。

表 7-20 通风建模及网络解算环节常见错误类型

错 误 编 码	错 误 描 述	错 误 级 别
1001	孤岛巷道	致命错误
1002	同水平巷道交叉而无节点	警告错误
1003	巷道在同一平面重叠	警告错误

错误编码	错误描述	错误级别
1004	巷道类型未赋值	致命错误
1005	单节点巷道功能未定义	警告错误
1006	无进风口或无出风口	致命错误
1007	在同一条网络巷道中多处设置风机	警告错误
1008	在同一条网络巷道中多处设置定流或密闭墙	警告错误
1009	网络圈定出现错误	致命错误
1010	风机选型出现错误	致命错误
1011	网络解算出现错误	致命错误
1012	进风口与初拟风向不符	警告错误
1013	出风口与初拟风向不符	警告错误
1014	在非通风巷道中设置风机	警告错误
1015	导入巷道未进行坐标定位	警告错误
1016	通风系统未设置风机（站）	致命错误
1017	在网络巷道中同时设置风机和定流调节	警告错误
1018	风机所在网络巷道含有密闭墙、独头、非通风巷	警告错误

7.4.5　通风系统图及各类通风施工图输出

矿井通风系统的设计、施工、管理等环节需要大量图纸表述。通风系统技术性附图有通风系统立体图、通风系统复合平面图、中段通风立体图、中段通风平面图、井下通风设施（含构筑物）定位与分布图、井下避灾逃生线路图等；涉及通风系统建设、施工、管理等方面的附图有通风巷道施工图、地表风机房施工图、井下风机硐室施工图、供配电硐室施工图、通风构筑物安装制作图、通风防尘与局部通风图、集中控制中心施工图、通风防尘化验室施工图等。早期"通风专家"DOS 版即可实现通风系统立体图和平面图的自动生成，同时输出到 AutoCAD 绘图文件中，见彩图 7-4。"通风专家"WINDOWS 版增加了通风施工图自动生成和输出功能，见图 7-5。

7.4.6　近年来本系统在国内外矿山中的应用总结

自从 1995 年 DOS 版成功开发、推广以来，本系统已在国内外 100 多个矿山通风系统工程广泛应用，通风项目设计装机容量超过 50000kW。已投产或正在建设的通风系统装机总功率接近 20000kW，与传统主扇通风模式相比，装机功率降低近 50%，若按轴功率节能 40% 计算，每年节约电能就高达 $1 \times 10^8 kW \cdot h$，为矿山企业节能降耗、提高经济效益创造了条件，见表 7-21。与此同时，已投产运行的矿山实测数据表明，通过本系统对井下通风网络进行有效分风计算、风机选型优化及风机站布局，井下通风效果和工作条件一般都有显著的提升。

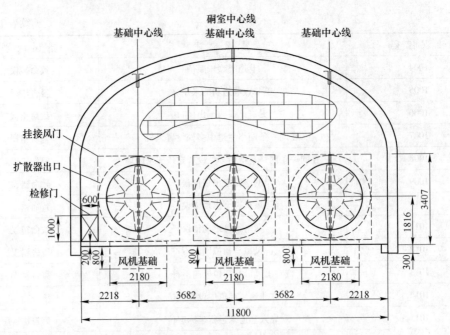

图 7-5　风机硐室安装施工图输出片段

表 7-21　"通风专家"在国内外矿山通风系统中的应用实例

序号	矿山工程名称	采矿规模 /kt·a⁻¹	矿井总风量 /m³·s⁻¹	装机功率 /kW	说　　明
1	云南大红山铜矿一期工程	790，中型矿山	184	877	国家"八五"重点工程，含高温、湿热、柴油尾气等因素，1997 年投产
2	赞比亚谦比西铜矿改扩建工程	6500，大型矿山	750	3000	北京有色冶金设计研究总院（现中国恩菲工程技术有限公司）1999 年技术交流项目，已投产
3	云南大红山铜矿二期工程	790，中型矿山	166	684	含高温、湿热、柴油尾气等因素，2003 年投产
4	云南大红山铁矿一期工程	4000，大型矿山	480	2280	含高温、湿热、柴油尾气、放射性氡气等因素，2007 年投产
5	云南羊拉铜矿里农矿段采矿工程	1650，大型矿山	255	364	属于高海拔、高山通风案例，2008 年投产
6	中铝贵州麦坝矿区坑内开采工程	500，中型矿山	110	330	在建
7	四川会东铅锌矿二期扩建工程	450，中型矿山	85	215	2004 年投产
8	四川会理锌矿深部开采工程	200，小型矿山	46	145	2004 年投产
9	广东五华白石嶂钼矿技术改造项目	1000，大型矿山	257	430	在建

续表 7-21

序号	矿山工程名称	采矿规模 /kt·a⁻¹	矿井总风量 /m³·s⁻¹	装机功率 /kW	说　明
10	攀钢集团尖山采场露天转地下工程	2000，大型矿山	319	1176	含高温、漏风、柴油尾气等因素，在建
11	云南临沧芦子园铅锌矿通风系统改造工程	660，中型矿山	126	330	2009 年投产
12	云南昭通市铅锌矿通风系统改造工程	300，小型矿山	86	185	含高温、二氧化硫等因素，2010 年投产
13	四川大铜有限责任公司通风系统改造工程	150，小型矿山	55	127	2007 年投产
14	云南大红山铁矿头部区段工程	500，中型矿山	77	200	含高温、湿热、柴油尾气等因素，2009 年投产
15	云南大红山铁矿Ⅲ（Ⅳ）号矿体工程	800，中型矿山	138	420	不利因素同上，2010 年投产
16	云南大红山铁矿Ⅰ号铜矿带工程	1500，大型矿山	390	1619	不利因素同上，2012 年投产
17	云南大红山铜矿西部矿段采矿工程	2000，大型矿山	417	1924	不利因素同上，在建
18	云南大红山铁矿二期采矿工程	5200，大型矿山	737	2816	不利因素同上，在建
19	云南大红山二道河铁矿采选工程	1000，大型矿山	210	635	不利因素同上，在建
20	攀钢集团朱矿采场露天转地下工程	4000，大型矿山	595	1655	可行性研究
21	云南北衙金矿采选工程	1900，大型矿山	430	1470	可行性研究
22	云南省景洪市疆峰铁矿采矿工程	1500，大型矿山	307	379	初步设计，在建
23	四川泸沽铁矿大顶山采选改扩建工程	1000，大型矿山	221	520	初步设计，在建
24	四川盐源县平川铁矿烂纸厂矿段采选工程	800，中型矿山	168	320	初步设计，在建
25	云南牟定郝家河铜矿床深部遗弃资源工程	500，中型矿山	85	330	初步设计，在建
26	四川凉山矿业拉拉公司深部矿段采矿工程	690，中型矿山	182	400	可行性研究
27	中电投贵州大竹园铝土矿矿山工程	1000，大型矿山	85	300	应用采煤工艺，初步设计
28	云南会泽县金牛厂磷矿采矿工程	2000，大型矿山	358	540	技术交流项目，初步设计
29	云南大红山铁矿二期及扩产采矿工程通风系统并网综合研究	10000，特大型矿山	1500	5000	优化与技术服务
30	山东济宁铁矿采矿工程	30000，特大型矿山	2430	10000	高温、深井开采，可行性研究

7.5 “通风专家” VentExpert 2013 工程图自动化核心技术

7.5.1 工程制图文件格式

由美国 Autodesk 公司开发的计算机辅助设计软件 AutoCAD（auto computer aided design）在工程制图领域中已应用得十分普遍，从 1982 年第一个版本至今，AutoCAD 共发布近 30 个版本。Autodesk 公司根据不同行业特点，还开发了机械设计与制造行业 AutoCAD Mechanical 版本、电子电路设计行业 AutoCAD Electrical 版本、勘测与土方工程和道路设计 Autodesk Civil 3D 版本等，通用版本为 AutoCAD Simplified 简体版。AutoCAD 制图功能强大，二维平面绘图、三维绘图、图形格式转换、数据交换、多平台操作、利用内嵌语言（Autolisp、Visual Lisp、VBA、ADS、ARX）二次开发等功能都十分出色。

AutoCAD 标准绘图文件格式为 DWG 文件，同时提供 WMF、SAT、STL、EPS、BMP、DXF、3DS、DWS 等格式文件，常用为 DWG 文件和 DXF 文件。DWG 文件以二进制编码方式记录用户绘图信息，专业计算机程序可以识别并进行读写操作，但是用户无法阅读其中内容，DWG 文件的优点是文件存取效率很高，占用存储空间较小；DXF 文件一般以 ASCII 编码即文本方式记录用户绘图信息，计算机程序可以操作，用户也可以阅读其中内容，但是文件存储空间较大。图 7-6 及表 7-22 所示分别为 DWG、DXF 绘图文件存储片段。

存储地址　　　　**二进制字节编码的绘图数据区**

```
0AFD:0100  41 43 31 30 32 31 00 00-00 00 00 01 03 20 0D 00   AC1021....... ..
0AFD:0110  00 1B 01 27 00 00 1B 01-00 00 00 00 00 00 00 00   ...'............
0AFD:0120  80 0C 00 00 00 00 00 00-80 00 00 00 40 4E 00 00   ............@N..
0AFD:0130  00 00 00 00 00 00 00 00-00 00 00 00 00 00 00 00   ................
0AFD:0140  00 00 00 00 00 00 00 00-00 00 00 00 00 00 00 00   ................
0AFD:0150  00 00 00 00 00 00 00 00-00 00 00 00 00 00 00 00   ................
0AFD:0160  00 00 00 00 00 00 00 00-00 00 00 00 00 00 00 00   ................
0AFD:0170  00 00 00 00 00 00 00 00-00 00 00 00 00 00 00 00   ................
0AFD:0180  A9 01 68 39 93 01 FA 67-57 A4 00 88 21 01 09 01   ..h9...gW...!...
0AFD:0190  63 01 39 52 68 FF D0 01-30 12 10 E6 85 7F B3 6D   c.9Rh...0......m
0AFD:01A0  00 04 A0 87 5B 0A 19 B8-7D 20 C9 76 7F 53 08 01   ....[...} .v.S..
0AFD:01B0  EF 02 40 20 04 77 B8 76-00 4C 39 02 D5 08 F8 32   ..@ .w.v.L9....2
0AFD:01C0  D0 10 AC 2D D8 EA 4E 4B-A3 96 87 00 00 E6 00 5E   ...-..NK.......^
0AFD:01D0  48 00 60 E9 00 09 00 00-14 3D 00 77 60 00 08 08   H.`......=.w`...
0AFD:01E0  20 86 76 00 01 31 00 13-00 02 78 7E 00 02 1A 70    .v..1....x~...p
0AFD:01F0  8A 0D 70 80 00 01 68 77-93 01 10 67 57 02 00 88   ..p...hw...gW...
```

图 7-6　DWG 绘图文件存储片段

表 7-22　DXF 绘图文件存储片段

绘图编码与数据	说　明
0	
SECTION	&& 段落开始
2	
ENTITIES	&& 图元段开始
0	
LINE	&& 图元类型（直线图元）

绘图编码与数据	说　明
5	&& 句柄编码
1A4	&& 句柄
330	&& 句柄
1F	&& 句柄
100	&& 子类标记
AcDbEntity	&& 子类 AcDbEntity
8	&& 图层名编码
7	&& 图层名
62	&& 颜色号编码
7	&& 颜色号（白色）
100	&& 子类标记
AcDbLine	&& 子类 AcDbLine
10	&& 直线图元起点 X 坐标编码
993.6799646751961	&& 直线图元起点 X 坐标
20	&& 直线图元起点 Y 坐标编码
589.185799138082	&& 直线图元起点 Y 坐标
30	&& 直线图元起点 Z 坐标编码
725536.0	&& 直线图元起点 Z 坐标
11	&& 直线图元末点 X 坐标编码
1010.025199489878	&& 直线图元末点 X 坐标
21	&& 直线图元末点 Y 坐标编码
592.0112701043835	&& 直线图元末点 Y 坐标
31	&& 直线图元末点 Z 坐标编码
725.955	&& 直线图元末点 Z 坐标
⋮	⋮

　　Autodesk 公司未公布 DWG 文件的二进制存放格式。专业机构研究表明，DWG 文件由头段（HEADER）、实体段（ENTITIES）、符号表段（TABLES）、块实体段（BLOCKS）和应急头段（CONTINGENCY HEADER）等 5 部分组成。实体段存放了用户绘图时输入的所有图元，例如：点（POINT）、线（LINE、PLINE 等）、圆（CIRCLE）、圆弧（ARC）、块（BLOCK）、尺寸标注（DIMENSION）、文字（TEXT）等内容。DWG 文件的数据类型也有 5 种，分别是字符型、单字节整型、双字节整型、四字节整型、双精度浮点数等。

　　DXF 文件存放格式对用户是透明的，用户可以使用类似 Word 编辑软件或编程语言读写其中内容。一般地，一个完整的 DXF 文件也由头段（HEADER）、类段（CLASSES）、符号表段（TABLES）、块实体段（BLOCKS）、实体段（ENTITIES）、对象段（OBJECTS）、文件结束段（EOF）等 7 部分组成。由于格式的透明性，DXF 文件成为 AutoCAD 与第三方软件交流图形数据的通用接口文件。

7.5.2　AutoCAD 图元格式

图元是由用户操作 AutoCAD 绘图命令时在实体段（ENTITIES）生成的基本单元。图元分三维图元和二维图元。三维图元，如直线、点、三维面、三维多段线、三维顶点、三维网格和三维网格顶点等，这些图元不位于某一特别的平面中，所有的点都以工程坐标系表示，在这些图元中只有直线和点可被拉伸，它们的拉伸方向可以不同于工程坐标系的 Z 轴方向。二维图元，如圆、圆弧、填充、宽线、文字、属性、属性定义、形、插入、二维多段线、二维顶点、优化多段线、图案填充和图像等，这些图元本质上是平面的，所有的点都以对象坐标表示，这些图元都能被拉伸，它们的拉伸方向可不同于工程坐标系的 Z 轴方向。Autodesk 公司公布了大部分图元的编码格式。表 7-23 汇总了图形对象常用的图元组码。为了说明 AutoCAD 图元是如何编码的，表 7-24 列举了一条直线图元的编码格式。

表 7-23　AutoCAD 常用图元组码

组　码	说　　明	缺省值
−1	APP：图元名（每次打开图形时都会发生变化）	未省略
0	图元类型	未省略
5	句柄	未省略
102	应用程序定义的组的开始，"｛application_ name"（可选）	无默认值
应用程序定义的代码	102 组中的代码和值由应用程序定义（可选）	无默认值
102	组的结束"｝"（可选）	无默认值
102	"｛ACAD_REACTORS"表示 AutoCAD 永久反应器组的开始。仅当将永久反应器附加到此对象时，此组才存在（可选）	无默认值
330	所有者词典的软指针 ID/句柄（可选）	无默认值
102	组的结束"｝"（可选）	无默认值
102	"｛ACAD_XDICTIONARY"表示扩展词典组的开始。仅当将扩展词典附加到此对象时，此组才存在（可选）	无默认值
360	所有者词典的硬所有者 ID/句柄（可选）	无默认值
102	组的结束"｝"（可选）	无默认值
330	所有者 BLOCK_ RECORD 对象的软指针 ID/句柄	未省略
100	子类标记（AcDbEntity）	未省略
67	不存在或零表示图元位于模型空间中。1 表示图元位于图纸空间中（可选）	0
410	APP：布局选项卡名	未省略
8	图层名	未省略
6	线型名（如果不是"随层"，则出现）。特殊名称"随块"表示可变的线型（可选）	BYLAYER
347	材质对象的硬指针 ID/句柄（如果不是"随层"，则出现）	BYLAYER
62	颜色号（如果不是"随层"，则出现）；零表示"随块"（可变的）颜色；256 表示"随层"；负值表示层已关闭（可选）	BYLAYER
370	线宽枚举值。作为 16 位整数存储和移动	未省略

组 码	说 明	缺省值
48	线型比例（可选）	1.0
60	对象可见性（可选）：0 = 可见；1 = 不可见	0
92	后面的 310 组（二进制数据块记录）中表示的代理图元图形中的字节数（可选）	无默认值
310	代理图元图形数据（多行；每行最多 256 个字符）（可选）	无默认值
420	一个 24 位颜色值，应按照值为 0 ~ 255 的字节进行处理。最低字节是蓝色值，中间字节是绿色值，第三个字节是红色值。最高字节始终为 0。该组码不能用于自定义图元本身的数据，因为该组码是为 AcDbEntity 类级别颜色数据和 AcDbEntity 类级别透明度数据保留的	无默认值
430	颜色名。该组码不能用于自定义图元本身的数据，因为该组码是为 AcDbEntity 类级别颜色数据和 AcDbEntity 类级别透明度数据保留的	无默认值
440	透明度值。该组码不能用于自定义图元本身的数据，因为该组码是为 AcDbEntity 类级别颜色数据和 AcDbEntity 类级别透明度数据保留的	无默认值
390	打印样式对象的硬指针 ID/句柄	无默认值
284	阴影模式。0 = 投射和接收阴影；1 = 投射阴影；2 = 接收阴影；3 = 忽略阴影	无默认值

表 7-24　一条直线图元的组码（举例）

组 码	说 明
100	子类标记（AcDbLine）
39	厚度（可选；默认值 = 0）
10	起点（在 WCS 中）；DXF：X 值；APP：三维点
20, 30	DXF：起点的 Y 值和 Z 值（在 WCS 中）
11	端点（在 WCS 中）；DXF：X 值；APP：三维点
21, 31	DXF：端点的 Y 值和 Z 值（在 WCS 中）
210	拉伸方向（可选；默认值 = 0, 0, 1）；DXF：X 值；APP：三维矢量
220, 230	DXF：拉伸方向的 Y 值和 Z 值（可选）

7.5.3　工程图自动化生成

了解了 AutoCAD 绘图文件和图元格式，就可以利用高级开发语言（如 C + +、VBA、VFOX 等）编写接口模块，实现 AutoCAD 工程图的自动化生成。但是，要做到这一步，仍有大量细致的工作要做，"通风专家" VentExpert 2013 工程图自动化过程大致如下。

7.5.3.1　建立 AutoCAD 工程图模板库

模板库定义 AutoCAD 绘图时的基本格式和数据，如线型、字形、本专业常用图块、充填和标注类型等。模板库如同建立了工程图的初始文件，其余内容则由高级语言接口模块完成图元的读取、修改和写入。

7.5.3.2　图元坐标及关键参数的推算

一张复杂的工程图可能含有成千上万个不同类型的图元，如文字、直线条、圆或弧、尺寸标注等。各图元一般不会孤立地存在于图纸空间中，尤其是图元的定位坐标和绘图坐标可以被别的图元引用,独立图元的某些值也可以通过相邻图元已有数据进行计算。实际上,通过预设参数和系列计算模型,一张工程图的所有图元坐标及绘图参数都是可以被确定的,可以实现程序化绘图。彩图 7-7 所示为生成某工程施工图需要输入的初始数据,工程图所有图元的参数(含坐标)是通过计算模型、依据初始数据连续推算完成的。

7.5.3.3 核心接口模块编程

"通风专家"VentExpert 2013 工程图自动化功能包含大量接口程序,核心程序归纳汇总见表 7-25,自动生成的工程图片段见图 7-8。

表 7-25 核心接口模块编程汇总

模块名称	功能简述	调用参数	返回参数
INIT000 ( )	绘图初始化	无	无
SHITU11 ( )	主视图绘图	有	无
SHITU22 ( )	俯视图绘图	有	无
SHITU33 ( )	左视图绘图	有	无
FUZHU3 ( )	大样视图绘图	有	无
FAN000 ( )	设备外观绘图	有	无
GONGCL ( )	工程材料量计算	有	有
TABTEXT ( )	表格文字写入	有	无
DIMTEXT ( )	标注文字写入	有	无
DIMENN ( )	尺寸标注写入	有	无
SXGCS00 ( )	三心拱三段弧节点坐标及大小弧凸度计算	有	有

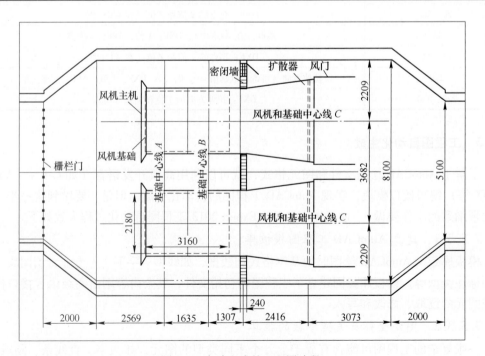

图 7-8 自动生成的工程图片段

参 考 文 献

［1］中冶长天国际工程有限责任公司，昆明有色冶金设计研究院．昆明钢铁集团有限责任公司大红山铁矿（玉溪大红山矿业有限公司）地下 4000kt/a 采、选、管道工程初步设计［R］.2005.9.

［2］昆明有色冶金设计研究院股份公司．昆钢集团有限责任公司大红山铁矿地下 4000kt/a 二期采矿工程初步设计［R］.2011.6.

［3］谢宁芳．通风专家 3.0 版主要功能及在矿山中的应用［J］.矿业快报，2001.13.

［4］赵梓成．矿井通风计算及程序设计［M］.昆明：云南科技出版社，1992.

［5］谢宁芳．矿井通风系统优化设计方法与技巧［J］.有色金属设计，1994.2.

［6］杨光勇，王旭斌，谢宁芳等．大红山铁矿通风系统现状分析与调控策略［J］.云南冶金，2011.10.

a　首分段（20m 段高）放矿后展示图　　　b　第二分段（20m 段高）放矿后展示图

c　第三分段（30m 段高）单进路放矿展示图　　d　第三分段（30m 段高）放矿后展示图

图 4-20　透明玻璃模型放矿试验进展

图 4-31　Sandvik DL421-15C 电动 - 液压深孔凿岩台车

图 4-32 Sandvik LH514E 电动铲运机

图 4-33 Sandvik LH514 柴油铲运机

图 4-34 Charmec MC 605 DA 装药台车

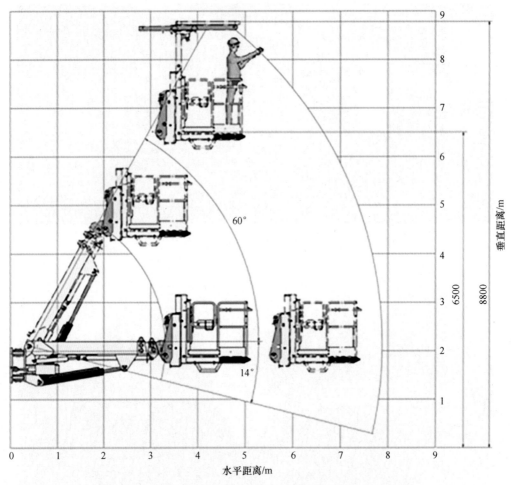

图 4-35　Charmec MC 605 DA 装药台车作业示意图

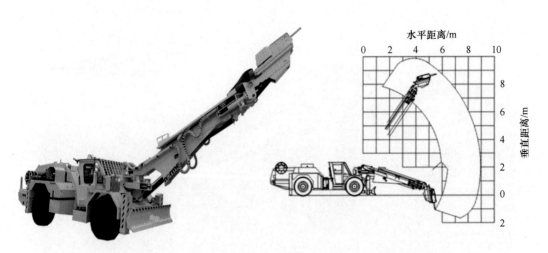

图 4-36　Scamec 2000 M 型撬毛台车及工作臂示意图

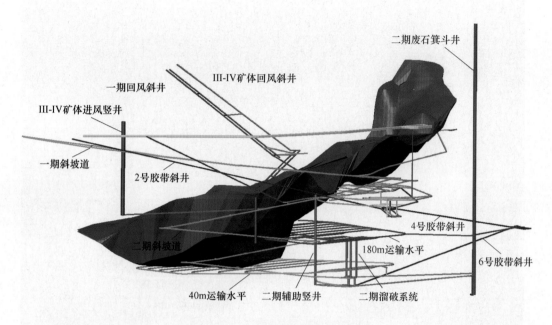

图 5-3 二期开拓系统立体图

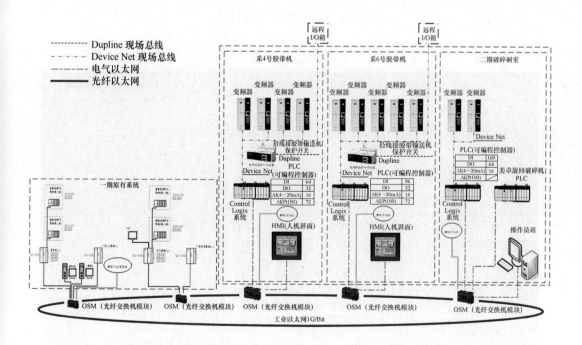

图 5-5 玉溪大红山矿业有限公司井下二期 5200kt/a 采矿工程矿石（废石）破碎输送网络拓扑结构图

图 5-9 一期井下破碎站

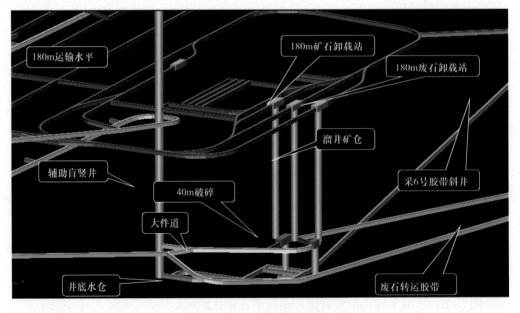

图 6-2 二期破碎系统

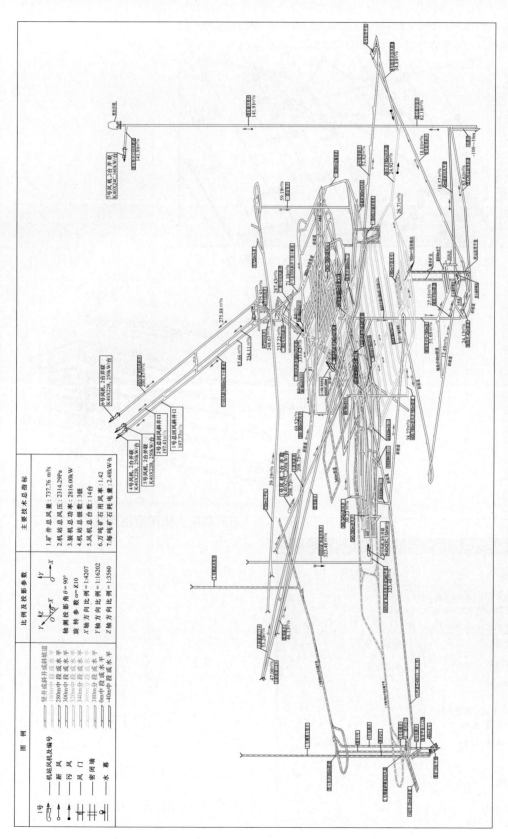

图 7-1　大红山铁矿通风系统总体布置

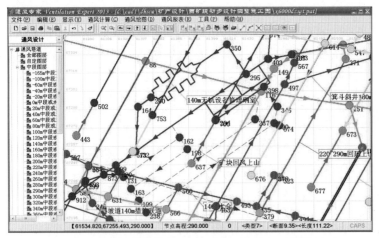

图 7-3 "通风专家"VentExpert 2013 主界面

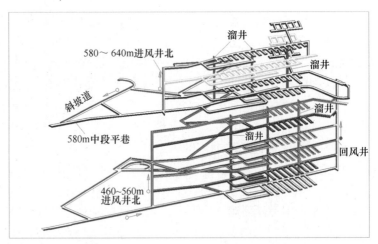

图 7-4 通风系统立体图输出片段

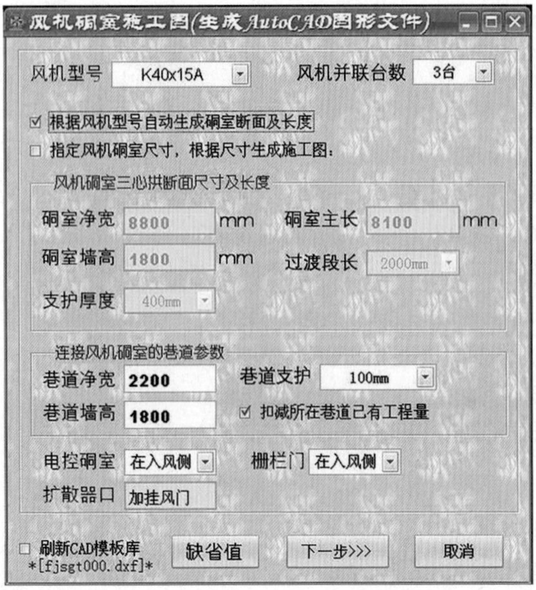

图 7-7 举例工程图生成原始数据输入

第 1 篇 采矿篇（下）

8 多矿（区）段立体采矿及"三下开采" 技术研究与应用

8.1 概述

8.1.1 大红山铁矿立体采矿关系的形成和挑战

大红山扩产的必要性在第 3 章已做介绍，这里不再赘述。

为满足昆钢"十一五"发展规划目标的需要，要求大红山铁矿开展矿山扩产项目研究及建设，"十一五"期间实现 4000kt/a 铁精矿目标，相应采选能力扩大 8000kt/a，对大红山铁矿深部铁矿 II₁ 矿组周边资源，包括其他低品位资源的开采列入了扩产规划并进行了实施。这些资源主要包括浅部熔岩铁矿、I 号铜矿带（深部和浅部）、II₁ 矿组 720m 标高以上部分（以下简称 720 头部）、深部 III 及 IV₁ 矿组、二道河铁矿。

其中，以 II₁ 矿组 720m 标高以上矿体为主要开采对象的 720 头部 500kt/a 采矿工程于 2010 年建成投产，以深部铁矿 III、IV₁ 矿组为开采对象的 800kt/a 采矿工程于 2011 年建成投产，以浅部熔岩矿体为开采对象的露天 3800kt/a 采选工程于 2011 年建成投产，以 I 号铜矿带深部矿体为开采对象的 I 号铜 1500kt/a 采选工程于 2012 年建成投产，I 号铜浅部 200kt/a 采矿工程于 2012 年投产，以二道河铁矿为开采对象的二道河铁矿 1000kt/a 采选工程目前正在建设中。

大红山铁矿在有限的平面范围内，为满足对大产量的要求，充分利用各部分资源，开采向空间发展，形成了上、下、左、右多矿段同时生产、建设、坑露开采并存，全面进行立体采矿的局面。能否保证安全开采是一个巨大的挑战。需要认真分析各矿段的相互关系，在时空关系、采矿方法和岩石移动控制、空区处理和地压监测、矿山管理等各方面，全方位采取行之有效的措施，以实现安全、高效、经济、环保的矿山开采。

8.1.2 多矿（区）段立体高效开采的安全措施

措施包括：

（1）做好开采关系协调，使开采矿段时空错开。

（2）下部矿体开采，采用合理可行的采矿方法。

（3）下部矿体开采，采用可靠的充填措施。

（4）进一步完善复杂高效的开拓系统。

（5）进行充分的岩石力学分析、数值模拟研究，提出事先指导意见。

（6）开采过程中采取先进的监测手段，逐步建立完善的监测系统，掌握动态情况。

8.1.3　在进行具体的时空关系协调中，采取的一些原则和措施

（1）协调开采顺序。各矿段、采区等，宏观上在同时开采的情况下，在时间和空间上，尽量错开，安全上避免影响。对空间上会发生影响的地段，要安排和协调开采顺序，在影响到来之前，将会受到影响的地段提前开采完毕。

（2）难以错开的局部地段，留设临时保安矿柱。

（3）在实施过程中，由于受种种因素的影响，原总体规划的开采关系会发生变化和调整。开采关系的变化经历了平衡——不平衡——通过动态协调再平衡的过程。

尽量以动态平衡来实现简单、易行的安全开采。

根据实际发展情况，相关矿段不完全拘泥于既定规模，视相互平衡状况，有的要加大、加速（如位于上部的熔岩矿体、720m 头部、Ⅰ号铜浅部），有的要减小、放缓（如位于下部的Ⅱ₁矿组主采区）。

（4）充填与协调开采关系并举。上、下矿（地）段之间应采用必要的充填手段，但也并非完全依靠充填，通过开采顺序的合理协调，可以简化措施，降低成本和费用。

8.2　多矿段立体高效开采的安全措施之一 ——各矿段开采时空关系的研究和协调

浅部熔岩铁矿露天采场与地下开采对象之间的空间关系见彩图 8-1，深部Ⅱ₁矿组开采地表移动范围与浅部熔岩铁矿开采境界平面位置关系见彩图 8-2，Ⅱ₁矿组纵向形态见彩图 8-3，Ⅱ₁矿组、Ⅲ-Ⅳ号矿组、Ⅰ号矿带与浅部熔岩铁矿剖面位置关系见彩图 8-4。

8.2.1　深部Ⅱ₁矿组与浅部熔岩露天开采关系

深部Ⅱ₁矿组主体部分为缓倾斜厚大矿体，总体上向西倾伏，矿体埋深 300～900m，浅部熔岩铁矿位于深部Ⅱ₁矿组北侧浅表位置。Ⅱ₁矿组选择采用无底柱分段崩落法开采，总的开采推进方向是由东往西，经类比选取及模拟分析，设计选取Ⅱ₁矿组开采引起的地表移动范围为 65°。浅部熔岩铁矿露天采场在其中部偏西位置，在一期开采前期移动范围并不会影响到露天采场，但随着开采往西推进到一定地段后，其地表移动范围将会波及浅部熔岩露采境界，影响到露天采场边坡的稳定。如彩图 8-2 所示，深部Ⅱ₁矿组开采至 400m 标高时，其西北角部分开采引起的地表移动范围将波及浅部熔岩露天开采境界。故浅部熔岩露天开采安排在深部Ⅱ₁矿组开采引起的地表移动波及露采境界前结束。

实际生产中，以深部Ⅱ₁矿组为主要开采对象的 4000kt/a 一期工程已于 2006 年年底建成投产，且经过一年的生产就达到并超过了设计产量，实际开采推进速度超过了设计进度。为避免Ⅱ₁矿组无底柱分段崩落法开采影响到露天采场边坡的稳定，保证浅部熔岩露天开采的安全，在 4000kt/a 二期工程初步设计中明确了以下措施，协调深部Ⅱ₁矿组与浅部熔岩露天的开采关系：

（1）适当加大露天开采规模（达到 5000～7000kt/a），尽快结束露天开采。

（2）调整坑下开采顺序，限制 4000kt/a 一期主采区及二期 380m 分段北侧开采范围，将可能影响到露天开采安全的 4000kt/a 一期主采区及二期 380m 分段北部部分矿体留作保

安矿柱，保安矿柱要留到露天开采结束后才能开采。

8.2.2 Ⅰ号铜矿带与其他矿段开采关系

Ⅰ号铜矿带是大红山铁铜矿区最下部的矿带。大红山铁矿矿权范围内Ⅰ号铜矿带矿体典型剖面见彩图 8-4。矿体为多层状缓倾斜至倾斜、中厚至厚矿体，矿带沿走向最长达2km，沿倾向分布在 0～900m 标高范围，分布面积达 2km²，分布面积广，矿量主要集中在200～700m 标高，这部分矿量约占全部矿量的 88%。Ⅰ号铜矿带矿体总体呈缓倾斜至倾斜产出，具备在标高上划分成多区段同时回采的条件。

8.2.2.1 Ⅰ号铜矿带与Ⅱ₁及Ⅲ₁、Ⅳ₁号矿组的开采关系

位于Ⅰ号铜矿带上盘的Ⅱ₁及Ⅲ₁、Ⅳ₁号矿组部分地段对Ⅰ号铜矿带部分地段开采有压矿制约关系。

Ⅰ号铜矿带深部矿体沿走向方向的东端距离Ⅱ₁矿组横剖面上矿体的北端较近，最近处仅相距十几米，如彩图 8-4 所示。以Ⅱ₁矿组为主采对象的 4000kt/a 一期工程首采区段主运输水平置于 380m 标高（开采标高范围为 400～705m），Ⅰ号铜矿带深部矿体的初期主运输水平也同样置于 380m 标高，便于统一运输。对 400m 标高以上，Ⅱ₁矿组对Ⅰ号铜矿带的压矿制约主要在 B42 线以东的部分。另外，4000kt/a 工程北部的部分工程也对Ⅰ号铜矿带开采有压矿制约关系，这些工程主要是 510m 回风平巷、650m 回风平巷、2 号电梯井等。

Ⅲ₁、Ⅳ₁号矿组对Ⅰ号铜矿带 400m 标高以上没有压矿制约关系。

在Ⅰ号铜矿带的开采顺序安排上，先安排不受压矿制约的地段进行开采，之后随着压矿制约关系的解除，再安排已解除压矿制约关系的地段进行开采。随着 4000kt/a 一期开采工程的不断下降，及Ⅲ₁、Ⅳ₁号矿体 800kt/a 工程的逐步展开，Ⅱ₁、Ⅲ₁、Ⅳ₁号矿组对Ⅰ号铜矿带开采的压矿制约关系将逐步解除。

8.2.2.2 Ⅰ号铜矿带与浅部熔岩露天采场的关系

在 A38～A27 剖面范围，Ⅰ号铜矿带矿体之上存在浅部熔岩露天采场。浅部熔岩露天采场境界范围之下的Ⅰ号铜矿带矿体分布标高在 100～650m 范围内，露天采场底界 730m标高，距Ⅰ号铜矿带矿体最近为 150m，两者之间关系密切。

8.2.2.3 协调安全开采关系的措施

A Ⅰ号铜矿带首采地段在空间上避开对Ⅱ₁矿组产生影响

根据大红山铁矿的总体规划、矿体赋存情况及压矿关系、Ⅰ号铜矿带中段生产能力验证及矿量情况等，选择Ⅰ号铜矿带 400～500m 标高矿体的 B43 线以西地段及Ⅰ号铜矿带500～600m 标高矿体为首采地段，以避开对Ⅱ₁矿组产生影响。为保证 4000kt/a 一期工程510m 回风平巷的通畅，在开采首采区 500～600m 标高矿体的 500m 分段（分段高 20m）时，在 510m 回风平巷穿过Ⅰ号铜矿带的位置（约在 B42 线）需留矿柱，以保护 510m 回风平巷。

B Ⅰ号铜矿带的开采顺序在时间上尽量避开对相邻矿组产生影响

先安排Ⅰ号铜矿带 380m 中段西段及 480m 中段生产，此部分矿量生产持续时间为 9～10年。此时 4000kt/a 一期 380m 中段主采区、中部采区等已开采完毕，Ⅲ₁、Ⅳ₁号矿组 800kt/a

工程也已基本开采完毕，4000kt/a 二期工程 280m 以上北翼矿体已投入生产，380m 标高以上 II_1 矿组北翼及 2 号电梯井等对 I 号铜矿带 380m 中段东段的压矿制约关系已解除。之后安排 380m 中段东段、580m 中段、280m 中段生产，此部分矿量生产持续时间为 10～13 年，此时 4000kt/a 一期工程 380m 中段南翼采区、西翼采区等已开采完毕，4000kt/a 二期工程 180m 中段已投入生产，4000kt/a 二期工程 280m 中段北翼矿体的开采已逐步下降。此后，随着压矿制约关系的逐步解除，适时安排 I 号铜矿带其他部分矿体的开采。

中段内的回采顺序。有压矿制约关系的中段，先安排不受压矿制约的部分（主要为西段）回采，之后再安排解除了压矿制约的部分进行回采；为便于废石充填，在标高上按由下到上的顺序安排生产。

C　限制 I 号铜矿带深部矿体开采移动的影响范围

保证 I 号铜矿带之上的熔岩铁矿露采安全，I 号铜矿带深部矿体采用点柱式上向水平分层充填法开采。并且，在露天开采结束前，I 号铜矿带深部矿体主要开采 400～500m 标高的西部矿体及 500～600m 标高的矿体，将开采范围控制在有限范围内，以减少对露天采场的影响。

8.2.3　III_1、IV_1 号矿组与其他矿段开采关系

III_1、IV_1 号矿组位于深部 II_1 矿组之上、浅部熔岩铁矿的侧下方，矿体为多层状缓倾斜、中厚至厚矿体，矿围岩稳固，划入开采范围的矿体大体分布在南北宽 300m、东西长 400m 的范围。

当深部 II_1 矿组用无底柱分段崩落法开采由东向西推进到约 36W 剖面位置时，II_1 矿组开采移动范围将影响到 III_1、IV_1 号矿组东侧标高较高的矿体，因此在开采顺序上，III_1、IV_1 号矿组各地段的开采需安排在 II_1 矿组开采移动范围影响到达之前完成。

从分析计算结果及类比看，III_1、IV_{11} 号矿组如采用崩落法开采或采用空场法开采嗣后崩落顶板处理采空区，其岩石移动将会影响到浅部熔岩铁矿露采的安全。从开采时间安排上看，III_1、IV_1 号矿组和浅部熔岩铁矿均要在 II_1 矿组开采移动影响到达之前开采结束，III_1、IV_1 号矿组和浅部熔岩铁矿的开采大致是在同一时段进行的，因此设计上考虑采用空场出矿嗣后废石-尾砂充填采空区的措施来控制 III_1-IV_1 号矿组开采移动影响范围，以保证 III_1、IV_1 号矿组的开采不会影响到浅部熔岩铁矿露天开采的安全。

8.2.4　浅部熔岩铁矿露采对地下开采制约影响关系的处理

浅部熔岩露天采场位于深部 I 号铜矿带之上、深部 II_1 矿组及 III_1-IV_1 号矿体的北侧。它对地下开采的制约影响最大，为尽可能回收浅部熔岩铁矿资源，协调各矿段的开采关系，并满足上级公司对大红山铁矿的产量要求，采取的主要措施有：

（1）浅部熔岩铁矿露采按可能达到的最大规模生产。研究表明，在利用现有设备的基础上，适当增加采剥设备，根据露天采场台阶矿量分布情况，用下降速度、采场可布置同时作业挖掘机数量、矿山工程延伸速度等方法验证生产能力，可以达到 5000～7000kt/a 矿石生产规模，具有加大生产规模的条件，能够缩短露天采场开采年限，及早解除对地下开采的制约。

（2）在露天未开采结束之前，限制深部 II_1 矿组无底柱分段崩落法开采的范围，按65°移动角圈定并暂留保安矿柱，保护露天采场的安全。位于露天采场下方的 I 号铜矿带深部采用点柱充填法开采，位于露天采场侧下方的 III_1-IV_1 号矿组、II_1 矿组主体西侧在周边厚大部分的分支矿体采用空场嗣后废石及尾砂充填法开采。

（3）在露天未开采结束之前，限制深部铁矿的开采规模及推进速度。经岩石力学分析研究，在留设矿柱及充填体的联合支撑下，可以减小开采引起的岩石移动范围，使地表沉降变形数值处于安全范围，保证露天开采的安全。

8.2.5　二道河与其他矿段开采关系

二道河铁矿 IV_3 矿体为中型规模的富铁矿体，产出于矿区西矿段，位于红山组第三岩性段（$Ptdh^3$）中上部变钠质熔岩中。为相对独立产出的矿体，与周边矿体距离较远，一般在400m以上，不存在相互制约的开采关系。在此地段，IV_3 矿体之下还有西部矿段的含铜 I 矿体，矿体为薄矿体。

二道河铁矿矿体主体部分为缓倾斜至倾斜、厚至极厚矿体，埋深400m，其上地表按70°圈定的地表监测范围内有河流、公路及公路桥、选矿设施、库房、民房、大红山铜矿生活区等需要保护，因此二道河铁矿的开采为典型的"三下开采"。根据开采技术条件，设计选择采用点柱分层充填法，以确保地表河流及各种设施的安全。

8.3　多矿段立体高效开采的安全措施之二——合理可行的采矿方法研究[1]

合理可行的采矿方法是安全地进行立体采矿的关键因素。

在立体关系相互制约条件下选择采矿方法的原则，除要提高资源利用率，减小损失、贫化率，实现经济高效开采等之外，确保安全是重要前提。因此，对于露天采场下方的各扩产矿段、面临"三下开采"的二道河矿段首选采矿方法应当是有利于保护上部矿体和设施的充填类采矿方法，但具体采用哪种方法，需要结合矿段条件具体研究和比选。II_1 主矿组主体部分在4000kt/a一期工程中已选择采用无底柱分段崩落法开采，二期工程能否改用充填采矿法，需在深入研究后确定。

8.3.1　II_1 矿组二期深部采矿方法

8.3.1.1　矿体特点及采矿方法选择

II_1 矿组二期深部开采工程主要开采对象为400m标高以下的 II_1 主矿组矿体，为400～705m标高 II_1 矿组一期开采的生产持续。

A　矿体特点

二期开采地段是大红山铁矿主矿体的主体部分，储量占 II_1 矿组的65.7%，品位（TFe）43.44%，其中400～200m标高，储量占 II_1 矿组的42%，品位（TFe）45.13%。

---

[1]　编写：张志雄、陈发兴。

矿体富厚，以厚大矿体为主，西翼也有分支矿体。

Ⅱ_1 矿组由四个呈似层状、透镜状的矿体组成，由上往下依次为 Ⅱ_{11-4}、Ⅱ_{11-3}、Ⅱ_{1-2}、Ⅱ_{1-1} 矿体。Ⅱ_1 矿组由东向西呈缓倾斜状产出，东高西低，在南北向上似船形，南高北低。根据矿体产状，二期开采对象可分成两大部分：东部和中部矿体完整厚大的主体部分（包括可将表内矿矿体周边的表外矿和夹石与表内矿矿体合圈而形成完整厚大的回采对象的部分）及西部（A32 线以西 180m 标高以上及矿体其他一些边缘部位）矿体零星、分支和夹层较多、厚度相对较薄的部分。

矿体主体完整厚大部分，厚度 35.3～189.4m，平均厚度 97.9m，倾角 0°～30°，平均倾角 4.3°。矿体分支部分，厚度 3.2～28.6m，平均厚度 11.7m，倾角 0°～35°，平均倾角 15.5°。

B 采矿方法

Ⅱ_1 矿组一期 400～705m 标高已采用大参数无底柱分段崩落法开采，下部二期开采是继续采用这一方法还是从有利于保护上部露天开采出发，改用充填法，即二期采矿方法存在"崩"还是"充"的选择。

经对阶段空场嗣后尾砂充填法与无底柱分段崩落法的详细比较（比选情况见 4.3.3 节），在矿体主体完整厚大的地段仍采用大参数无底柱分段崩落法开采。同时，采取措施，在开采的时间和空间安排上错开对露天采场和相邻矿段的影响。

西部矿体零星、分支和夹层较多、厚度相对较薄，如果合采，混入夹石太多，只适合分采。对这部分矿体，根据大红山矿区类似矿体的开采经验，并结合分支矿体的具体情况，选择采矿方法如下：

（1）矿体厚度约在 9m 以上的矿体，选择采用分段空场法开采，嗣后用废石充填空区。

（2）矿体厚度约在 9m 以下的矿体，选择采用房柱法开采，嗣后用废石充填空区。

8.3.1.2 无底柱分段崩落法

采用大参数无底柱分段崩落法的具体情况，详见第 4 章。

这里仅对根据矿体具体情况进行的调整进行介绍。

分段高度为 20m，进路间距为 20m。但前期 320～380m 分段，高度 30m。

Ⅱ_1 矿组深部开采初期，首采 370m 分段，位于东面的大部分地段处于 Ⅱ_1 矿组中下部区段开采范围之下，已形成覆盖层，位于西面的少部分地段，要形成初始覆盖层，覆盖层可考虑采用自然崩落为主，局部强制崩落为辅的方式形成。西上采区为急倾斜矿体，采用崩落矿石作为覆盖层。采用矿石作为覆盖层，应考虑在顶板逐步自然垮落时，逐步回收一部分覆盖层内的矿石。

落顶设备及工艺见第 4 章。

矿块宽度按 4 条进路的范围划分，宽 80m，矿块长度在矿体厚大地段约按 100m 划分，在矿体厚度较小的地段，矿块长度为矿体厚度。在矿体倾角较小、矿体厚大地段（各分段矿体连续完整，水平面积较大的部位），回采进路与 Ⅱ_1 矿组中下部区段一致，沿东西向布置；在矿体呈缓倾斜和倾斜状的地段（主要为西上矿体和东上、西下矿体南侧翘起部位），回采进路垂直走向或南北向布置。

在矿体连续完整、水平面积较大的部位，约在其中部、南北向布置切割槽，回采进路按 20m 间距东西向布置，矿体中部拉槽后在切割槽两侧向东、西向退采，东西向约 100m 间距布置进路联络通道，其南侧连通采准干线，其北侧连通回风联络通道，在进路联络通道位置约一个矿块（80m 间距）布置一条采场溜井。

对于矿体南侧翘起、采用回采进路垂直走向布置的部位，在矿体上盘布置切割槽，回采进路垂直矿体走向按 20m 间距布置，在矿体下盘布置采准干线，矿体较厚大部位，按需要在矿体中间布置进路联络通道，在进路联络通道或采准干线位置按约一个矿块布置一条采场溜井（与矿体厚大部位溜井布置相协调）。

回采时，工作面的废水经回采进路、进路联络通道等自流到采准干线，最后经采准干线、3 号进风井自流到 180m 中央排水泵站。采切工程施工时，巷道坡度可能控制不好而造成局部积水，这时采场的排水也可采用钻孔将积水排到下分段。

8.3.1.3　采矿方法综合技术指标

采矿方法综合技术指标见表 8-1。

该矿段正在建设中，预计 2015 年年底投产。

8.3.2　各矿段充填采矿法的选择和应用

属于需要保护上部设施及矿体的开采对象包括 I 号铜矿带、二道河矿段、III_1、IV_1 矿组铁矿体等。

I 号铜矿带在矿体西翼有曼岗河、进风竖井，在矿体上盘有浅部熔岩矿体及其露天采场等需要保护。

二道河矿段矿体分布范围不大，但在矿床开采影响范围的地表有二道河、二级公路及其桥梁、矿区公路、集镇、大红山铜矿辅助工业场地及工业设施等，需要保护。属于典型的"三下开采"矿体。

此外，III_1、IV_1 矿组铁矿体上盘有浅部熔岩铁矿露天开采矿体需要保护，东南侧下方与大红山铁矿 4000kt/a 工程主矿体相距很近，会受其开采影响。

为此，这几个矿段的采矿方法只宜选择充填类方法，但具体采用哪种方法，需要结合矿段条件具体研究和比选。

I 号铜矿带为倾斜至缓倾斜、中厚至厚矿体，多层矿体交杂、矿体连续性较差、形态变化较大，矿体间夹层厚度从零米到几十米不等，矿体赋存条件较复杂。

二道河铁矿体以倾斜、厚矿体为主，走向长度不大，虽然也有分支，但矿体相对单一。

从有利于提高采场生产能力、采场作业安全、生产组织较简单等方面考虑，可以选择中深孔落矿、嗣后充填的分段或阶段空场法；从适应矿体分层、分支、夹层多，产状变化大的情况，为减小损失和贫化率，提高充填效果，有利于保护上部设施，可选择分层充填法（包括点柱式、进路式等）。

国内金属矿山需要采用充填采矿，而又类似大红山铁矿 I 号铜矿带及二道河铁矿体这两类情况的矿体还很多，因此它们的采矿方法的比选具有一定的参考性。下面分别进行介绍。

表 8-1 采矿方法综合技术指标

序号	指　标	单位	无底柱分段崩落法 1	无底柱分段崩落法 2	无底柱分段崩落法 3	无底柱分段崩落法 4	无底柱分段崩落法 5	分段空场法 1	分段空场法 2	房柱法 1	房柱法 2	综合
1	采矿方法比例	%	48.6	12.8	12.9	2.4	13.1	4.9	1.5	3.0	0.8	100.0
2	矿块（盘区）生产能力	t/d	1818.2	1818.2	1818.2	1818.2	1818.2	909.1	909.1	454.5	454.5	1708.1
		kt/a	600.0	600.0	600.0	600.0	600.0	300.0	300.0	150.0	150.0	564.0
3	标准矿块（盘区）采切工程量	m	1009.4	985.6	1288.1	1221.0	920.2	2926.7	2481.1	974.6	555.5	1145.9
		m³	15503.3	14806.2	19518.4	18234.9	14303.7	35477.1	29446.3	9800.3	5379.6	16761.8
4	标准矿块（盘区）采出矿石量	t	548703.1	433191.2	548563.2	432784.6	548848.1	350260.9	501361.6	158630.5	137192.5	505581.7
5	废石混入率	%	16.25	18.19	17.90	19.98	15.36	12.73	12.45	11.18	11.35	16.27
6	损失率	%	19.10	22.01	20.71	23.79	18.22	35.45	33.52	24.77	25.77	20.91
7	副产矿石比	%	6.22	5.75	7.88	6.35	5.78	4.87	3.74	11.68	9.34	6.41
8	采切比	m³/kt	33.91	41.02	42.70	50.56	31.27	121.55	70.48	74.14	47.05	42.14
		m/kt	2.21	2.73	2.82	3.39	2.01	10.03	5.94	7.37	4.86	2.97
	其中：采准比	m³/kt	30.56	36.61	38.64	46.15	28.60	105.41	58.10	43.17	21.02	36.8
		m/kt	1.93	2.34	2.48	3.00	1.79	8.43	4.69	4.04	2.23	2.5
9	切割比	m³/kt	3.35	4.40	4.06	4.41	2.68	16.14	12.38	30.97	26.03	5.3
		m/kt	0.27	0.39	0.34	0.39	0.22	1.60	1.25	3.33	2.62	0.5
	其中：竖向工程比	m³/kt	0.53	0.83	0.92	1.62	0.56	6.53	4.51	4.92	2.47	1.1
		m/kt	0.10	0.17	0.16	0.28	0.10	1.42	1.02	0.70	0.35	0.2
10	废石比	%	4.75	7.19	5.95	9.47	4.34	31.27	17.38	11.95	6.02	6.98

8.3.3 Ⅰ号铜矿带采矿方法比较

8.3.3.1 Ⅰ号铜矿带初步勘探地质报告提供的矿体简况及采矿方法选择

2009年进行初步设计时，依据的地质资料为云南省地质矿产局第一地质大队于1983年提交的《云南省新平县大红山矿区东矿段铁矿详细勘探及铜矿初步勘探地质报告》。由于铜矿勘探程度低，矿段地质工作程度难以满足矿床开拓及基建采切工程布置的要求，因此，在开展设计的同时，对Ⅰ号铜矿带进行了补充勘探及储量升级工作。首先进行了Ⅰ号铁铜矿带首采区基建探矿，由西南有色昆明勘测设计（院）股份有限公司于2011年年初提供了基建探矿地质报告。

根据原地勘报告，矿带自上而下有 I_c 铁矿体、I_3 铜矿体、I_b 铁矿体、I_2 铜矿体、I_a 铁矿体、I_1 铜矿体、I_0 铁矿体。

其中最主要两个含铁铜矿体 I_3、I_2 情况如下：

I_3 含铁铜矿体呈层状、似层状产出，一般为一个单层，局部分叉为两个分层。矿体倾角 $21°\sim40°$。工业矿（表内矿）平均真厚9.71m，含铜品位0.82%，SFe品位23.31%。低品位矿（表外矿）平均真厚3.50m，含铜品位0.42%，SFe品位21.29%。矿体平均含SFe25.82%；贫矿含SFe为 $8.19\%\sim33.00\%$，平均含SFe22.19%。

I_2 含铁铜矿体呈层状，似层状产出。一般为单层，局部分叉成两层，个别地段有三个分层。矿体倾角 $5°\sim34°$。工业矿（表内矿）平均真厚8.96m，含铜品位0.73%，SFe品位18.74%。低品位矿（表外矿）平均真厚4.09m，含铜品位0.41%，SFe品位18.53%。

Ⅰ号铜铁矿带4个含铜铁矿体相间含铁铜矿体产出，其含铁品位较低，SFe总平均 $24.21\%\sim28.05\%$，矿石中含 $Cu\ 0.15\%\sim0.17\%$，且菱铁矿占58.17%，矿石价值不高，仅在开采铜矿体的同时，就局部高品位、高价值部分进行有选择地附带开采。

Ⅰ号铜铁矿带矿体主要赋存参数见表8-2。

表8-2 Ⅰ号铜铁矿带矿体主要赋存参数

矿段	规模	主要含矿岩石	矿体	埋深/m	主 矿 体				品位/%
					长/m	宽/m	倾角/(°)	厚度/m	
Ⅰ号铁铜矿段	中型	变钠质凝灰岩	3个含铁铜矿、4个贫铁矿，层叠状产出	50~950	2200	1200~1400	12~55，平均36	1.7~21.4，平均6.9	Cu 0.61，SFe 20.25

初步设计选用的采矿方法：

（1）矿体厚度在3m以下，采用电耙出矿的全面法开采。

（2）矿体厚度约在3m以上、7m以下，采用铲运机出矿，掘进台车打眼为主，辅以气腿式凿岩机打眼的房柱法开采。

（3）矿体厚度在7m以上，采用铲运机出矿、深孔台车打眼的分段空场法开采。

三种方法采后均采用废石及尾砂充填处理空区。

8.3.3.2 基建探矿后地质变化情况

基建探矿后，首采区矿体对比连接关系、矿体产状、形态及矿石质量特征等均发生了一定的变化。

A　矿体对比连接的变化

探矿范围，原 I_c 铁矿体、I_3 铜矿体、I_b 铁矿体、I_2 铜矿体、I_a 铁矿体、I_1 铜矿体、I_0 铁矿体共 7 个矿体呈铜铁互层产出的规律不复存在，表现为明显的铁铜共生的特征，即铜矿化富集的地段相应的铁也矿化较好，铁、铜矿化无明显分带特征，且矿体连续性、厚度等均有所变化。根据新的地质认识，重新圈定为 I_3、I_2、I_1 共 3 个铜铁共生矿群。

B　矿体产出特征的变化

探明或控制的矿带总的含矿层的空间产出特征与地勘时期基本一致，但各矿体、各次级分矿体或分支矿体在厚度、平剖面上的延伸变化较大，分支矿体较地勘矿体更加复杂（见彩图 8-5、彩图 8-6）。

C　矿石性质的变化

原地勘报告揭示的矿带铁矿体在本开采范围有 40% 为菱铁矿，选矿回收率低，加之地勘对铁矿石的性质、选矿性能等方面的研究还不是很清楚，因此，在 2009 年 I 号铜矿带深部矿体的设计中，暂不把铁矿石资源作为开采对象，但在系统设计上留有增加回收铁矿石资源的余地，以适应今后回收铁矿石资源的需要。

基建探矿后，铁矿石资源发生了较大的变化：除互层产出的独立铁矿体不再存在、变成铜铁共生的铜铁矿体外，磁性铁含量明显较地勘资料数据有了提高。探矿范围，总体都以磁性铁为主，只局部地段菱铁矿偏高。

D　储量变化

基建探矿探获 Cu 矿石总量较地勘期资料数据有所增加，总量增加约 12.97%，平均品位较地勘期资料数据有所降低，降低约 8.20%。

8.3.3.3　原采矿方法适应性分析

基建探矿后矿体发生了一些变化，主要体现在：

（1）一些地段连续性变差。

（2）按当时铁精矿价格分析，表内铁有开采回收价值，铜铁均可回采，与原只采铜，而不考虑采铁相比，矿体加厚。

（3）根据新的地质认识，将矿段重新圈定为 I_3、I_2、I_1 共 3 个铜铁共生矿群。但实际上每一个矿群仍由几个矿体组成，仍是矿体、夹层互相间隔产出，但储量计算未按分层矿体来计算，而是按 3 个矿群来计算。

由于仍存在多层情况，采用原来的 3 种采矿方法，如进行分采，只能选择性开采，有的层不能回采，矿石回收率低，而且上、下相互制约性强，关系复杂，开采难度大；如进行合采，贫化率要增大，而且合采时矿体厚度更大，达到 20m 以上的地段很多，除矿柱尺寸要加大，会增加损失量外，采后充填的密实度及接顶效果较差，引起的地表移动将加大，而且分段空场法大量用中深孔大爆破采矿，对保护上部露天采场安全开采不利。

基于以上情况，又对初步设计拟定采矿方法进行优化和调整，以符合矿体实际。

8.3.3.4　采矿方法调整和比较

根据开采技术条件的变化，考虑采用有一定胶结充填比例的充填法开采，以解决上述方法损失率大及难以确保露天开采安全的问题。

根据矿体情况，提出两个方案：

其一，点柱式上向水平分层充填法开采方案（方案一）。

其二，分段空场法采后充填与进路充填法相结合的方案（方案二）：厚度 7m 以上的矿体采用分段充填法开采，厚度 7m 以下的矿体采用进路充填法开采。

A　方案一：点柱式上向水平分层充填法

阶段高度 100m，分段高度 20m，矿块长度 50m，矿块宽度为矿体水平厚度，矿块高度按一个分段高度划分，矿块内按 12.5m 间距留 5m×5m 点柱，矿块间留 4m 宽间柱；采场溜井、回风上山等按 300m 间距设置。

分层高度 4m，空顶高度 1.5m，首分段首采分层回采高度 5.5m，采后充填高度 4m。

采用掘进台车打眼，硝铵炸药爆破，3～4m³ 柴油（或电动）铲运机配 20t 卡车出矿。

各矿块的各分层回采结束后要及时充填，各中段最下一个分层用 1:4 灰砂比的水泥尾砂浆充填，并在其底板铺设 200mm×200mm 的 φ16mm 钢筋网，以利于下中段最上分段的回采；其他分层先用废石、再用尾砂充填下部，之后上部的 0.6m 用 1:4 灰砂比的水泥尾砂浆充填作为面层，以利于铲运机和汽车运行；为便于充填时的脱水和回采时的排水，需在采场内设置滤水井。

回采过程中，根据顶板岩石的稳定情况，采用锚杆或锚网加固顶板。

回采时可在上分段回采联络通道内安设风机经回风井抽出采场废风。

B　方案二：分段空场法采后充填与进路充填法相结合

a　分段空场法采后充填

该方法用于厚度大于 7m 的矿体。

阶段高度 100m，分段高度 20m，矿块沿走向长度按 36m 或 24m 划分，沿倾向高度按一个分段高度（20m）划分；采场溜井、回风上山等按 300m 间距设置。

各中段总体按由下到上的顺序回采；各矿块回采结束后要及时充填，各中段最下一个矿块用 1:6 灰砂比的水泥尾砂浆充填，以利于下中段最上一个矿块的回采；其他矿块在走向上分两步骤间隔回采（如矿块按顺序编号，第一步骤采 1、3、5、…，采后用 1:6 灰砂比的水泥尾砂浆胶结充填，第二步骤采 2、4、6、…，采后用尾砂加废石非胶结充填）。由于矿体开采厚度大，为控制采后变形对露天安全的影响，对第二步骤回采部分，考虑间隔留下 50% 的矿体在露天开采完成后再开采。

采用采矿台车打中深孔、硝铵炸药爆破落矿，4m³ 柴油（或电动）铲运机出矿。

为便于充填时的脱水，在采场内设置滤水管。

b　分层进路充填法

对厚度较薄、小于 7m 的矿体，为简化工艺均采用沿走向布置的进路充填法回采。

阶段高度 100m，分段高度 20m，分层高度 4～6m，进路宽度为矿体厚度，沿走向长 300m 划分为一个盘区，盘区高度同分段高度。

采用掘进台车和气腿式凿岩机打眼、2～3m³ 柴油铲运机出矿、硝铵炸药爆破，采后用 1:6 灰砂比的水泥尾砂浆充填。

各方案主要指标见表 8-3。

表 8-3 主要回采指标估算

序号	指标	单位	数量							
			方案一				方案二			
			点柱法一（厚矿体）	点柱法二（中厚矿体）	点柱法三（薄矿体）	综合	分段法一（厚矿体）	分段法二（中厚矿体）	进路法（薄矿体）	综合
一			回采指标							
1	盘区生产能力	kt/a	600	500	300	490	600	500	200	476
2	废石混入率	%	11.9	11.9	11.8	11.9	12.5	15.9	12.3	14.7
3	损失率	%	25.0	25.5	25.0	25.3	11.5	15.1	10.9	13.8
4	副产比	%	1.8	1.5	2.6	1.7	3.7	2.6	9.7	3.8
5	采切比	m³/kt	20.16	27.09	67.38	31.6	36.50	67.57	69.86	62.1
二			成本指标							
1	采切作业成本	元/t	3.2	4.3	10.7	5.0	6.1	11.3	11.3	10.3
2	回采作业成本	元/t				22.4				27.3
3	充填作业成本	元/t				10.2				25.4
4	采矿直接生产成本	元/t	57.1	58.7	60.7	58.7	79.3	84.3	82.4	83.1
5	采矿制造成本	元/t	90.4	91.9	94.0	91.9	112.6	117.5	115.7	116.3

C 优缺点分析

a 方案一

（1）优点：

1）可对多层矿体、层间夹层多的情况进行分采，每次回采的层高小，且采用浅孔爆破，能适应矿体边界的起伏变化，贫化率低，采出矿石品位高，矿量利用系数高。

2）有均匀的矿柱（间柱与点柱）支撑体系，由下向上分层开采，充填密实，效果好，且矿柱的侧向有分层充填体的支撑，矿柱能较可靠地留设，在开采中用浅孔爆破，这些条件对上部露天开采的安全有利。

3）采切比小，约为方案二的一半，充填用水泥量小，约为方案二的40%，采矿成本较方案二低（约为方案二的80%）。

（2）缺点：

1）由于要留点柱，矿块内的损失率仍较高。

2）分层采充，循环次数多，采场生产能力降低，生产组织要求严格。

3）人员和设备要进入采场作业，必须加强顶板维护和管理。

b 方案二

（1）优点：

1）开采过程中采充交替次数少，生产组织较方案一简单，采场生产能力大。

2）人员、设备不进入空区作业，安全性较好。

（2）缺点：

1）对多层矿体、层间夹层不大的情况，只能将夹层一起合采，贫化大，采出矿石品位低；或对多层矿体进行选择性开采，开采富、厚矿体，舍弃贫、薄矿体，矿量利用系数低；矿块采用深孔爆破，矿块要相对规整地划分，开采中不易适应矿体边界的起伏变化，总的损失率大。

2) 采后充填，空顶面积大，空顶时间长，且开采中为深孔爆破，爆破振动较大，这些条件对确保上部露天开采安全不如方案一。为保证安全，要留下一部分矿块及条带在露天矿开采结束后再回采，积压的矿石量多。

3) 与方案一相比，方案二采切比大，胶结充填比例大，充填用水泥量大，采矿成本较高。

因此，结合 Ⅰ 号铜矿带具体条件，选用方案一，即点柱式上向水平分层充填法。

采矿方法主要技术经济指标见表8-4。

表 8-4　采矿方法主要技术经济指标

序　号	指　标	单　位	数　量
1	盘区生产能力	t/d	1484.7
		kt/a	490
2	标准盘区采切工程量	m	1393.3
		m^3	15186.2
3	标准盘区采出矿石量	t	611675.1
4	废石混入率	%	11.9
5	损失率	%	25.3
6	副产矿石比	%	1.7
7	采切比	m^3/kt	31.6
		m/kt	2.9
	其中：采准比	m^3/kt	24.4
		m/kt	2.0
8	切割比	m^3/kt	7.2
		m/kt	0.9
	其中：竖向工程比	m^3/kt	3.4
		m/kt	0.7
9	废石比	%	7.9

本矿段已于 2012 年建成投产。

8.3.3.5　Ⅰ号铜矿带采矿方法的进一步研究

投产后进一步做好采矿方法改进工作，研究合适的采矿方法，以寻求更佳的采矿经济指标与回采安全性。

通过一段时间的生产实践，针对大红山 Ⅰ 号铜矿带已形成的系统，结合矿岩的破碎发育程度比原来的认识有所发展，铜铁矿体夹杂、多层变化的复杂特性，要求进一步研究采矿方法的优化和改进。主要对已使用的点柱式上向水平分层充填法，及新提出的小分段空场交替充填回采法、进路式交替充填回采法适应不同条件矿体应用的可行性进行分析比较。

设计实际回采范围，主要是 420～500m，520～600m，以及 620m 以上的矿体。从基建地质资料结合部分二次圈定资料来看，矿体较厚的为 420～500m 矿体 B52 线至 B60 线 200m 的范围，此部分矿体相对连续、夹石厚度较小，基本具备中深孔分段空场法与进路式充填法实施的条件；其他区域矿体几乎不连续、夹石厚度较大，不具备中深孔分段空场法与沿走向布置进路法实施的条件，应综合考虑其他安全经济的方法，设法实现更好的方案。

经研究，中深孔分段空场嗣后充填法采矿（留 8m 间柱，50m 一个盘区）方案虽然损失指标较高，但采选综合成本较低，比点柱法能够减少部分亏损；但针对Ⅰ号铜矿带矿体厚薄不均、多变化、破碎的矿体特性，分段空场法（留矿柱）方案仅能结合现有系统局部应用，不能较好地适应上、下已开采的分层；而点柱法能适应厚薄不均的矿体选择性开采，能大范围应用；同时分段空场法（留矿柱）方案采用全尾砂充填（难以接顶），可能对露天上部台阶的安全产生影响。因此，综合分析考虑，仍然沿用原点柱法回采方案，但要进一步强化采场顶板安全的综合管理，充分发挥撬毛台车及凿岩台车高效、安全的效用。

8.3.4 二道河铁矿采矿方法的比选

8.3.4.1 开采技术条件

二道河矿段矿体呈似层–透镜状产出，具有中心部位厚度大、向四周变薄以至尖灭的特征，矿体在西北部多有分支。矿体呈缓倾斜至倾斜产出，以倾斜矿体为主，倾角为 0°～63°，平均倾角为 39°，浅部（北东部）较平缓，往深部（南西部）变陡（见彩图 8-7）。

矿体主要赋存在 –135～355m 标高范围之内，矿体埋深为 400～800m。矿体厚度为 3.6～110m，平均 31.2m。各分段矿体沿走向长度为 160～410m，各剖面矿体沿倾向斜长为 480～620m。

矿体顶底板岩层多属坚硬及非常坚硬的岩类，稳定性较好，总体工程地质条件中等偏简单。总体水文地质条件中等。

8.3.4.2 采矿方法比选

A 空场法嗣后充填方案

由于二道河矿段矿围岩总体稳固，以厚大矿体为主，但走向不长，总体规模不大，结合大红山矿区开采的实践经验，为提高矿段生产能力，首先考虑采用空场法嗣后充填方案，根据矿体的不同产状，采用以下向大直径深孔阶段空场法为主，分段空场法和房柱法为辅、嗣后充填处理采空区的空场采矿法。

a 下向大直径深孔阶段空场采矿嗣后充填法

该方法主要用于矿体中部厚及极厚的倾斜矿体（图 8-8）。矿块沿走向布置，矿块长 100m（含矿柱），矿块宽度约 18m，矿块高度为矿体垂直厚度，可达 100m，在矿块长度方向的端部垂直矿体走向留设矿柱，矿柱宽度 15m。

在矿体下盘沿走向布置分段沿脉干线及出矿进路，在矿体下盘距离矿体适当位置布置凿岩平巷（堑沟平巷），在矿体中部及顶部设凿岩硐室，打下向落矿深孔；在矿体下盘设

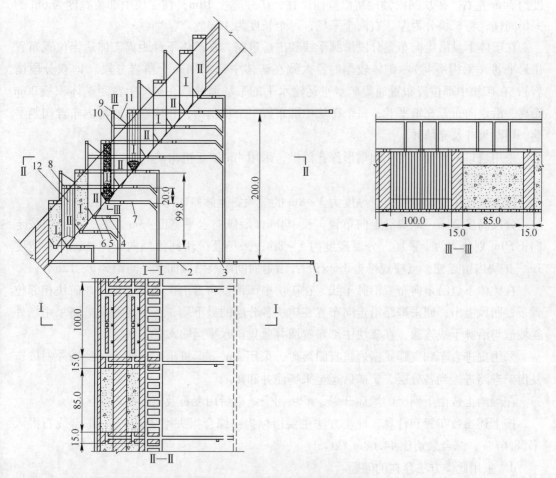

图 8-8　下向深孔阶段空场采矿法

1—中段运输平巷；2—穿脉运输平巷；3—采场溜井；4—下盘沿脉干线；5—装矿进路；6—堑沟平巷；

7—溜井联络通道；8—凿岩硐室；9—充填回风平巷；10—充填天井；11—充填钻孔；12—切割天井

溜井并联通集矿运输水平；在矿体上盘距矿体顶板20m、沿矿体走向布置充填平巷，并相应布置充填井及充填钻孔；在矿块中部布置切割槽，相应在切割槽内布置切割平巷、切割天井。

采用进口潜孔钻机打大直径平行深孔落矿，用4m³铲运机出矿。

沿倾斜和走向，相邻矿块间要求间隔跳采，第一步骤回采后，采用灰砂比1:6的胶结尾砂充填，第一步骤采空区充填完成并养护结束后，第二步骤回采才能回采，第二步骤回采结束后，采空区采用废石加尾砂充填。

b　小中段空场的后充填法

该方法适用于矿体周边厚及中厚矿体。它又分为倾斜矿体分段法（倾角大于30°）和缓倾斜矿体分段法（倾角小于30°）两种。

（1）倾斜矿体分段法：分段高度20m，矿块沿走向布置，长100m，沿倾向水平宽度约20m左右，矿块间沿倾向留沿倾向矿柱，矿柱宽度10m。

（2）缓倾斜矿体分段法：分段高度10m，矿块沿走向布置，长100m，沿倾向水平宽度约 34m 左右，矿块间沿倾向留沿倾向矿柱，矿柱宽度 10m，在矿块中部留宽度为 6m 的采场间柱，将矿块分为左、右两个采场，每个长度为 42m。

在矿体下盘沿走向布置分段沿脉干线和出矿进路，在矿体下盘距离矿体适当位置布置凿岩平巷（堑沟平巷）。矿体较厚时，大致在矿体中部增加一个凿岩分段（即双分段凿岩）；在矿块中部位置布置通集矿水平运输水平的采场溜井；在矿体上盘距矿体顶板 20m 距离、沿走向布置充填平巷；每个矿块中部布置一个切割槽，相应在切割槽内布置切割平巷、切割天井及充填井。

采用进口采矿台车打上向扇形深孔落矿，采用 4m³ 铲运机出矿。

c　房柱法

该方法适用于矿体周边、厚度为 3~8m 的缓倾斜至倾斜矿体。

分段高度 20m，矿块沿走向布置，长 100m，沿倾向水平宽度 43m 左右，矿块内按走向长 50m 划分为两个采场，分层高度为 5~8m；采场及矿块间沿倾向留间柱，间柱宽度 3m，矿块内留点柱，点柱规格为 3m×3m，沿走向间距及沿倾向水平间距为 9~12m。

在矿体下盘沿走向布置沿脉干线，在矿块中部位置布置出矿联络通道；在矿块相邻位置布置回风上山；回采进路沿走向布置在矿块各分层的最下侧，各分层回采进路采用场外斜坡道与沿脉干线连通，在矿块中部布置溜井通集矿水平运输水平。

采用掘进台车和气腿式凿岩机打眼落矿，采用 3m³ 铲运机出矿，铲运机经场外斜坡道及出矿进路进入到各分层，铲矿后运至采场溜井卸矿。

在倾向上按由下到上的顺序开采，矿块回采结束后用废石及尾砂充填空区。

按上述参数布置和计算，此类方法主要指标为：综合损失率 25.94%；综合废石混入率 28.67%；综合采切比 44.68m³/kt。

d　采用此类方法存在的问题

（1）阶段法第一步骤采后的矿柱及第一步骤胶结充填体的暴露高度大，可达到 100m（甚至 160m）。临空面大，临空面暴露时间长，且要承受大爆破的冲击，对充填方式和充填体稳定性的要求高，保证充填体强度的技术难度大。充填体和矿柱垮塌的风险大，回采过程中充填体垮塌将造成大量贫化，矿柱垮塌将造成凿岩通道堵塞，还对地表需保护的河流和设施安全造成威胁。

（2）经过详查（初勘）后所提供的地质资料表明，矿体分支和夹石增多，产状较以往资料复杂，此类方法矿块尺寸大，且矿块布置要呈相对规整的形状，对矿体夹石多、产状复杂的情况适应性差，致使损失、贫化率较高，开采效益降低。

（3）虽然第一步骤单采场出矿能力较大，阶段法和分段法矿块出矿能力可达 1500~1200t/d，但由于矿块尺寸大，每次充填量大，第一步骤矿块充填后，充填和养护时间长，两侧相邻的第二步骤矿块长时间不能投入回采，易造成采充之间，第一、第二步骤之间相互制约性大，需要有较多矿块来周转。但在二道河矿体走向短、可布矿块数少的情况下，周转矿块数更少，不易实现产量的持续和稳定。

（4）阶段法和分段法一次爆破炸药量大，井下大爆破对地表居民影响大，与居民的协调工作量大，可能需要对地表居民进行搬迁。

（5）需基建的分段数多，矿体极厚部位其顶部凿岩及充填巷的联络通道较长，基建工程量大。

（6）分两步骤回采和充填，第一步骤用胶结充填，所占比例大，充填成本高。

为解决上述方案中下向大直径深孔阶段空场采矿事后充填法矿柱及胶结充填体暴露高度大、安全可控性差的问题，设计也考虑了在矿体中部增设出矿底部结构、将阶段法的阶段高度控制在 60m 以内的方案，但此方案存在以下问题：

（1）在矿体中部需留设顶底柱，此顶底柱今后难以回收，致使总的开采损失率太大，如不留设顶底柱，则又无法形成出矿底部结构。

（2）在矿体中部布置的底部结构出矿时，需运输到矿体下盘才能卸入溜井，在矿体极厚部位其运输距离太长。因此此方案不可取。

B　点柱式上向水平分层充填法方案

为适应二道河矿段"三下开采"、矿体赋存形态复杂、矿石品位较高的条件，也考虑了采用点柱充填法开采的方案。点柱充填法具体布置及相关参数如下：分段高度 20m，矿块沿走向长度 40m，矿块垂直走向宽度为矿体水平厚度，矿块间留 4m 宽间柱，矿块内留 5m×5m 点柱，点柱间距约 13.5m；至矿体有一定距离，在矿体下盘布置分段沿脉干线，在沿脉干线一侧按 120m 左右的间距布置采场溜井通至集矿运输水平，每条采场溜井可为上、下相邻几个分段共用，每个矿块布置一条回采联络通道。回采联络通道脉外段按下坡布置，自沿脉干线至矿体下盘边线下坡高差为 8～9.5m，脉内段水平布置，在矿体上盘沿矿体上盘界线布置矿块回风上山，通至上部回采联络通道。采用掘进台车打眼、硝铵炸药爆破、4m³ 柴油铲运机出矿；回采分层高度 4m，空顶高度 1.8m，每一分层回采结束后，将回采联络通道脉外部分挑顶并垫高底板后形成上一分层的回采联络通道。每一分层采后需及时充填，充填分底层和面层两部分，底层用废石和尾砂充填，为保证无轨采掘设备运行条件，面层需胶结充填，面层厚度为 0.6m，面层充填体强度为 2MPa，按灰砂比为 1:4 的水泥分级尾砂胶结充填考虑。

根据上述参数，分别按倾斜极厚、倾斜厚、倾斜中厚、倾斜薄、缓倾斜中厚等矿体进行布置和计算有关指标。该方法的主要指标为：综合损失率 24.87%；综合废石混入率 11.84%；综合采切比 26.22m³/kt。

该方法主要特点是：

（1）每次开采的高度小，且采后充填及时，矿柱临空高度小（仅为 5～6m），矿柱易于可靠留设（即使局部地段矿体稳固性差、矿柱有局部垮塌，也可采用喷锚、钢筋混凝土等手段进行支护和修复），充填体和矿柱的组合作用可有效限制地表变形，保护地表河流及设施的安全。

（2）每次开采的幅度小，易于适应矿体复杂形态，开采损失和贫化小。

（3）与空场法事后充填方案相比，其采切比低，基建工程量小；仅在分层铺面时用胶结充填，胶结充填比例小，成本低；不足之处是回采人员和设备要进空场，顶板管理工作量相对较大，采充交替频繁。

C　空场法事后充填方案与点柱充填法的技术经济对比

空场法事后充填方案与点柱充填法技术经济指标对比见表 8-5。

表 8-5 空场法事后充填方案及点柱充填法技术经济指标对比

序号	指标	单位	点柱充填法（1）	空场法嗣后充填方案（2）	差额(2)－(1)
1	矿块出矿能力	t/d	1200	1500	
2	损失率	%	24.87	25.94	
3	废石混入率	%	11.84	28.67	
4	出矿品位	%	41.75	35.15	
5	采切比	m³/kt	26.22	44.68	
6	年产值	万元/a	34761.11	29764	－4997
7	可比成本影响因素				
7.1	胶结充填水泥	kg/t	23.459	34.55	
	年费用	万元/a	1290.25	1900.25	
7.2	采场顶板及矿柱加固	万元/a	159.83	8.95	
7.3	充填密闭墙	万元/a		76.4	
7.4	人工假巷	万元/a	0	38	
7.5	凿岩爆破	万元/a	688.86	884.00	
8	可比成本年费用	万元/a	2138.94	2907.60	769
9	生产期可比效益合计	万元/a	32622	26856	－5766

从表中可以看出，与点柱充填法相比，空场法事后充填方案虽然采场顶板及矿柱加固费用低，但其回采废石混入率高，采出品位低，采切比高，充填成本高，其生产期可比效益要少 5766 万元/a。因此，经济对比方面，点柱充填法优于空场法事后充填方案。

D 上向水平分层充填法与点柱充填法对比

为减少矿柱损失，增加采出矿量，在点柱充填法基础上，提出了采用分层充填法的方案。分层充填法具体布置及相关参数如下：分段高度 20m，矿块沿走向长度 40m，矿块垂直走向宽度为矿体水平厚度，分层高度 4m，矿块间留 4m 宽间柱，矿房分 4 个 9m 宽的条带回采。同上述点柱充填法类似，布置下盘沿脉干线、采场溜井、回采联络通道（在矿块中部的一个条带中间布置）、矿块回风上山，在每个回采区段的最下分层，除布置上述采切工程外，尚需在另外三个条带中间布置回采联络通道，并在矿体的上盘及下盘布置联络通道连通各回采联络通道；回采时采用掘进台车打眼、硝铵炸药爆破、4m³ 柴油铲运机出矿；回采顺序为自下至上逐层分条带回采，每一条带回采时其中部需挑高 2m×2m 的空间作为通风通道，每一条带采后采用灰砂比为 1:8 的水泥分级尾砂进行胶结充填，充填需接顶（仅留通风通道），充填完成并养护结束后，相邻条带才能开始回采。

此类方法主要指标为：综合损失率 16.25%；综合废石混入率 11.82%；综合采切比 25.46m³/kt。

与点柱充填法相比，二者的采场采矿能力相近。分层充填法减少了矿房间的点柱损失，提高了回采率；但胶结充填的比例增加，充填成本增加；由于每次充填需接顶，仅留下通风通道，因此回采时爆破自由空间较小，回采条件差、效率低，回采成本较高。

上向水平分层充填法与点柱充填法技术经济指标对比见表 8-6。

表 8-6　分层充填法及点柱充填法技术经济指标对比

序号	项目	单位	点柱充填法（1）	分层充填法（2）	差额(1)-(2)
一	采矿技术指标				
1	废石混入率	%	11.84	11.82	0.02
2	损失率	%	24.87	16.25	8.62
3	采切比	m^3/kt	26.22	25.46	0.76
二	差异较大材料单耗及成本				
	吨矿差异较大材料单耗				
1	充填用水泥	kg/t	23.46	66.21	-42.75
	钢材	kg/t	0.05	0.19	-0.15
	回采用炸药	kg/t	0.60	0.72	-0.12
	吨矿差异较大材料成本				
2	充填材料水泥	元/t	12.9	36.42	-23.51
	充填材料钢材	元/t	0.05	0.97	-0.92
	炸药	元/t	6.75	7.81	-1.05
3	采矿可比成本	元/t	82.71	108.68	-25.97
三	采出矿量及铁精矿量				
1	服务年限内总的采出矿量	kt	13109	14610	-1501
2	服务年限内总一级铁精矿量	kt	7238.9	8068.8	-830
3	服务年限内总二级铁精矿量	kt	536.6	598.1	-61.5
四	效益指标				
1	服务年限内总营业收入	万元	556177.78	619945.96	-63768.18
2	税后财务内部收益率	%	9.6	8.28	1.32
3	税后财务净现值（$I=6.55\%$）	万元	17556.69	10312.74	7243.95

从表中可看出，与点柱充填法相比，上向分层充填法虽然回收率高，总的采出矿量大、精矿产量大，但其充填及回采成本较高，税后财务内部收益率低1.32%。因此在经济对比方面，点柱充填法优于上向分层充填法。

E　分段充填法

以提高开采效率、减少开采成本为初衷，在分层充填法的基础上，研究对比了采用分段充填法几个方案的可行性。

a　方案一

分段高度10m，矿块沿走向长度66m，矿块宽度为矿体水平厚度，矿块间留6m宽间柱，矿房分4个15m宽的条带回采。回采时先按3.3m的分层高度采出顶层矿石并系统采用锚固等方式加固顶板，以保证下层作业的安全。下层采高6.7m，采用垂直扇形中孔向切割槽崩矿，后退式回采，一个采场中的中孔可集中打好，分段落矿后用4m³铲运机出矿。

采场出矿完毕后再集中进行充填。采场沿走向分第一、第二步骤采矿和充填，由下往上采充，第一个分段的充填高度为6.7m，留3.3m作为上一分段的凿岩空间，之后，每个分段的充填高度为 10m，都留 3.3m 的凿岩空间。第一步骤采用灰砂比 1:8 的胶结尾砂充填，第二步骤采用尾砂和废石充填，二者的面层都用灰砂比 1:4 的胶结尾砂充填，面层厚度 1m。

第一步骤视待采矿石层的稳固情况，必要时留不规则点柱，第二步骤系统留设点柱支撑待采下层矿石。

本方法第一步骤要进行切顶和锚顶，第一、第二步骤采高共为 10m，与点柱充填法相比，本方法增加了作业步骤、回采条件差、回采效率低，胶结充填比例及采切比大，采矿成本高；第二步骤回采时，要回采的矿体两侧已是第一步骤的充填体，顶部已被切顶层切断，其重量主要靠点柱支撑，安全性差；由于有切顶层和空顶层存在，回采过程中整个顶板仅由数量较少的点柱和间柱支撑，安全性差。

b　方案二

分段高度 12.5m，矿块沿走向长度 69m，矿块宽度为矿体水平厚度，矿块间留 6m 宽间柱，矿房分 14 个 4.5m 宽的条带回采。回采时先按 3.3m 的分层高度用进路法采出本分段及上分段的最下一层矿石，并形成作业空间，前者作为本分段的落矿和出矿空间，后者作为本分段的充填料输送空间及上分段矿石的落矿和出矿空间。进路沿走向分第一、第二步骤采矿和充填。

第一、第二步骤对宽 4.5m、高 9.2m 的矿石层都采用垂直平行中孔向切割槽按步距崩矿，后退式回采，一条进路中的中孔可集中打好，用 4m³ 铲运机出矿。废石和尾砂也按相应步距进行充填，边采边充。第一步骤采用灰砂比 1:8 的胶结尾砂充填，第二步骤采用灰砂比 1:16 的胶结尾砂和废石充填（以实现充填体的自立）。二者的面层都用灰砂比 1:4 的胶结尾砂充填，面层厚度 0.8m。

每次充填后 1~2 天即可进行下一步距的落矿，利用充填体尚未完全固结的孔隙作为下一步距落矿的补偿空间。

与点柱充填法相比，本方法要掘进众多的进路，每次回采量少，采充交替频繁，胶结充填比例高，采切比大，采矿成本高，回采效率低；边采边充，利用充填体尚未完全固结的孔隙，作为下一步距落矿的补偿空间的工艺可行性没有试验依据支撑。

c　方案三

分段高度 20m，矿块沿走向长度 66m，矿块宽度为矿体水平厚度，矿块间留 6m 宽间柱，矿房分 5 个 12m 宽的条带回采。各分段自下盘沿脉干线在每个条带的中部掘进一条作为进风、凿岩、出矿、充填、回风等功能的水平联络通道通到上盘，并在矿体上盘布置切割槽，回采时采用采矿台车打上向扇形中深孔落矿，遥控 4m³ 铲运机出矿。各条带间隔回采，采后用灰砂比 1:8 的胶结尾砂充填接顶（留下联络通道的空间）。先回采的条带充填并养护结束后，相邻条带才能回采。

与点柱充填法相比，本方法的不足之处是：顶板安全威胁较大，人员不能进入采场出矿，只能用遥控铲运机出矿，设备被浮石砸坏的风险较大；胶结充填比例高，采切比大，采矿成本高。

综上所述，上述三个方案均存在一定问题，技术上和经济上均不如点柱充填法，不宜采用。其他如采用混凝土抛掷车的分段充填法方案，因生产能力有限、充填成本高等原因也不宜采用。

d　结论

经上述几种方法的对比，结果为点柱充填法有利于控制地表变形、保护地表河流及设施，较适应二道河矿体形态复杂的情况，采切比低，充填成本低，开采总体效益好，因此设计推荐采用点柱充填法作为二道河矿段的采矿方法。

8.3.5　二道河点柱式上向水平分层充填采矿法若干问题的研究

8.3.5.1　点柱充填法工艺

A　矿体分类

$Ⅳ_3$ 矿体总体呈似层-透镜状产出，中心部位厚大，向四周逐步尖灭，矿体厚度为 3.6 ~ 110m；倾角则为浅部缓，中下部陡，倾角为 0° ~ 63°；矿体中部有较多夹石穿插和矿体分支向边部尖灭现象。

根据 $Ⅳ_3$ 矿体的特点，可划分为倾斜极厚矿体、倾斜厚矿体、倾斜中厚矿体、倾斜薄矿体、缓倾斜中厚矿体 5 类，以倾斜厚矿体、倾斜中厚矿为主，占 62% 以上。

B　矿块参数

矿块参数的选择可参考类似矿山实际参数及大红山矿区的生产经验。点柱充填法应用矿山的资料见表 8-7。

表 8-7　点柱充填法应用矿山的参数

序号	矿山名称	矿体厚度/m	矿体倾角/(°)	采场长度/m	顶底柱高/m	间柱宽度/m	点柱尺寸/m	点柱中心距/m	分层高度/m
1	加拿大 Strathcona 镍矿（深大于 700m）	12 ~ 100	30 ~ 50	56 ~ 75	20	0 ~ 6	6×6	18.6 × 14.4	3
2	加拿大 Strathcona 镍矿（深小于 700m）	12 ~ 100	30 ~ 50	56 ~ 75	20	0 ~ 5.4	5.4×5.4	18.6 × 14.4	3
3	印度 Surda 铜矿	8 ~ 30	35 ~ 40	60 ~ 190	8 ~ 10	3 ~ 5	4 × 4 ~ 6 × 7	17 × 13	3
4	澳大利亚 Dolphin 钨矿	10 ~ 50	30 ~ 40	50 ~ 100	15 ~ 20	3 ~ 6	6×6	14 × 14	4
5	铜绿山铜矿	20 ~ 40	65 ~ 70	48	8 ~ 9	4	6×6	16 × 18	4 ~ 5
6	凤凰山铜矿	30 ~ 80	>70	50 ~ 75	12 ~ 17	4	φ5		4 ~ 5
7	三山岛金矿	10 ~ 35	30 ~ 45	100	6 ~ 10	5	6×6	20 × 18	3
8	日本小板铜矿	20 ~ 40	0 ~ 10	40 ~ 50	无	无	5×5	12.5 × 12.5	3
9	南斯拉夫 Bor 铜矿	60		50		4	8×8	18	
10	西班牙 Sotiel 矿	40 ~ 110	40 ~ 50	90		5	8.3 ×5	19.3 × 16	4

a　分段高度

根据大红山矿区采用无轨开采的经验，选取分段高度为 20m。

b　矿块长度及宽度

二道河矿段矿体走向短，为使单分段能安排较多的采矿设备作业、实现较大的生产能力，矿块长度（沿矿体走向方向长度）应取小一些，综合考虑后取 40m。按点柱充填法的布置特点，矿块宽度（垂直矿体走向方向长度）为矿体水平厚度。

c　矿柱尺寸

从实际生产经验及地质资料看，大红山矿区矿石及近矿围岩总体稳固，但局部地段也有层理、裂隙发育、开挖后需采取支护措施才能保证生产安全的情况。大红山矿区房柱法、点柱充填法开采矿柱间净跨距为 7~9m。根据这些情况选取适中的矿柱布置参数，具体为间柱宽度 4m，矿房长度 36m，矿房内垂直走向布置两排点柱，点柱规格为 5m×5m，点柱间距为 13.5m×13.5m，柱间净跨距为 8.5m。

d　空顶高度及分层高度

空顶高度是指回采过程中充填完成后采场顶板面至充填体顶面的距离。空顶高度的留设是为了给采场通风留出空间，给下一次回采留出爆破自由面，改善回采爆破条件，给充填工作也留出人员操作的空间，按上述功能的需要，选取空顶高度为 1.8m。

分层高度是指正常回采时每次回采矿体垂直厚度。从实际生产经验看，分层高度不宜过大也不宜过小，分层高度加上空顶高度的总高度要在顶板管理（清理浮石、锚顶等）及凿岩设备的工作范围，且要大于废石充填时运输设备卸碴时的工作高度，另外，从减少采充次数、减少胶结充填比例的角度看，分层高度宜大一些。根据上述要求并类比类似矿山，选取分层高度为 4m。

实际生产中，空顶高度及分层高度均可根据生产的需要做灵活调整。

e　顶柱高度

在上部区段已先回采、下部区段后回采的情况下，下部区段的顶部要留设顶柱，以保证下部区段回采的安全。类比其他矿山，并参考岩石力学的研究结论，选择顶柱高度为12m。为减少矿石损失，点柱充填法开采所留下的顶柱，在开采后期考虑采用上向进路充填法回采。

C　采切工程布置

a　下盘沿脉干线

下盘沿脉干线沿矿体走向布置，其与矿体的距离按回采联络通道脉外段上坡至本分段最上一个分层坡度不大于 18%、下坡至本分段最下一个分层坡度不大于 15% 的要求来确定。再考虑回采联络通道脉外段与沿脉干线间留 5m 的水平缓冲段，这样，下盘沿脉干线水平距矿体的距离就为 52~54m（因矿体倾角不同略有变化）。

b　回采联络通道

回采联络通道是各矿房与下盘沿脉干线间的联络通道，一般垂直走向布置于矿房中心线位置，其可分为脉外、脉内两部分。根据区段内由下而上的回采顺序，回采联络通道施工时先按通至各分段最下一个分层的底板布置，回采过程中，随着回采分层的上升，则逐步将回采联络通道脉外段挑高，并用碴子垫高其底板，形成至各分层的回采联络通道。各区段首采分段首采分层回采联络通道脉内段需由矿体下盘掘到矿体上盘，以形成区段初期回采时的切割、通风通道。其他分段回采联络通道脉内段视其是否要作为回风充填通道而设置，如要作为回风充填通道的设置，如较高的分段已设置有回采联络通道并可作为下部各分段的回风充填通道时，中间的分段就可不设置回采联络通道脉内段。

c　矿块回风上山

矿块回风上山布置在各矿块上盘，一般沿矿体上盘界线布置于脉内，其下端连通回采矿块，其上端连通上部分段的回采联络通道，从而形成自回采矿块至上部分段的回风、人行通道，充填料也可自上部分段铺管下至回采矿块。为方便人行和检查充填管运行状况，矿块回风上山内设梯子。

d 采场溜井

采场溜井布置于下盘沿脉干线一侧，约 3 个矿块设置一条采场溜井，每个分段至少布置两条采场溜井。一条溜井可相邻多个分段共用，溜井应布置在使各共用分段溜井联络通道相对较短的位置。

D 回采

a 凿岩爆破

采用掘进台车钻凿水平浅孔落矿，在矿体边角部位，采用 YT-28 配合凿岩。采用硝铵炸药卷爆破，非电雷管和磁电雷管起爆。

b 出矿

采用 $4m^3$ 柴油铲运机出矿，薄矿体及采场边角部位采用 $2m^3$ 铲运机配合出矿。在距离溜井较远的部位，可采用卡车配合铲运机出矿。

c 各分段矿块回采范围

点柱充填法各分段回采时，需以下盘沿脉干线标高为基准，向下及向上将一定标高内的矿体划为此矿块本分段的回采范围。满足回采联络通道脉外段上坡至本分段最上一个分层坡度不大于 18% 及下坡至本分段最下一个分层坡度不大于 15% 的条件，按回采分层高度为 4m，矿体倾角为 30°～60° 计算，不含区段首采分段及最末分段，分段矿块回采标高范围、充填标高范围及回采联络通道脉外段上下坡标高范围见表 8-8。而区段首采分段回采范围下限要在表 8-8 的数据基础上减 1.8m，区段最末分段回采范围（含顶柱）上限要在表 8-8 的数据基础上加 1.8m。

表 8-8 矿块回采范围

矿体倾角/(°)	回采标高范围/m		充填标高范围/m		回采联络通道脉外段上下坡标高范围/m		备 注
	下限	上限	下限	上限	下限	上限	
30	-7.7	12.3	-9.5	10.5	-9.5	6.5	以沿脉干线标高为 ±0.000 计
40	-7	13	-8.8	11.2	-8.8	7.2	
50	-6.6	13.4	-8.4	11.6	-8.4	7.6	
60	-6.2	13.8	-8	12	-8	8	

表 8-8 的数据是指满足回采联络通道脉外段坡度要求时使回采联络通道最短的最优值，实际设计时可按某一地段矿体平均倾角对应的值选取，下盘沿脉干线在布置时距离矿体则适当远一些。

d 区段首采分层回采

区段首采分层回采是点柱充填法回采的初始，此时空顶的空间还未形成，此分层需回采的高度为分层高度加空顶高度，按上述确定的参数即为 4m + 1.8m = 5.8m，回采时需先利用已有的回采联络通道为通道，在矿房内沿走向及垂直走向开掘回采进路，之后再逐步将整个矿房扩刷至需回采的宽度及高度。

e 矿柱的留设

矿柱是保证回采安全及地设施安全的重要安全设施。因此矿柱必须要按设计要求可靠留设。矿柱要求在竖向上要铅垂留设，并上下对齐，生产过程中应对矿柱的边线进行测量放线，准确定位。矿柱在回采初期宜将其外围尺寸扩大 1～1.5m 留设，即矿柱外围留下 1～1.5m 的保护层，待回采中后期再将其外围尺寸扩刷成设计尺寸，扩刷时应按光面爆破要求布眼及爆破。在矿岩节理裂隙发育、稳固性差的地段，必要时需对矿柱进行支护，支护方式为喷锚网。如果矿柱因矿岩稳固性差或爆破影响生产片帮或垮塌，则需采用钢筋混凝土进行修复。

在矿体厚大地段，根据矿体稳固情况，点柱尺寸可适当加大，在矿体较薄地段，点柱尺寸可适当减小。

f 矿房间的夹石处理

二道河矿段部分地段矿层间有夹石穿插，对于厚度较大的夹石，回采过程中可留在矿房内不爆破，对于厚度较小的夹石，回采时难以留下不崩落的，则回采时一并崩落，并在出矿时部分剔除。

g 顶板管理

每次进入采场作业前，均应检查顶板，有浮石要及时清理干净，确认安全后方可进行其他作业。浮石清理采用撬毛台车或人工进行。根据顶板稳固情况，需要采取支护措施的，应及时进行支护，顶板采用 $L=2.5～3.5m$，$\phi20mm$ 水泥砂浆锚杆支护，锚杆眼采用气腿式凿岩机在碴堆上或平台上钻凿，出矿后在空间足够的情况下也可采用掘进台车来钻凿锚杆眼，在出矿后需大量进行系统锚顶的情况下，采用锚杆台车进行锚顶。

E 充填

每一分层回采结束后，均需进行充填，充填完成后才能进行上一分层的回采作业。

a 废石充填

各分层先用井下生产产出的采掘废石进行充填。废石用卡车或铲运机运输至采空区进行充填。因井下采掘废石是随着生产连续产出的，因此在生产组织上每个开采区段应至少留出一个矿块进行废石充填，保证连续产出的废石在井下空区有排放处，不需外运。废石充填时空区高度设计为 5.8m，此高度满足目前井下常用运废卡车的卸载。为使空区能多充填废石，卡车卸载后，可用铲运机配合将废石堆高。

二道河矿段设计废石比仅为 7.05%，产出废石量仅 82.5kt/a，在有空区产出后的生产期间，如果生产协调好，井下产出废石可全部用于充填。据充填平衡计算，废石按 70% 用于充填，30% 外排时，废石充填可完成空区充填量为 28.9km³/a。

b 混合料浆充填

井下废石充填之后，再充填由地表充填站输送来的浓度 80% 的碎石及尾砂混合料浆底层，及充填由地表充填站输送来的浓度 80% 的碎石、尾砂及水泥混合料浆面层，充填底层厚度为 3.4m，充填面层厚度为 0.6m。充填站制备、输送及井下充填系统工作制度按年工作 300 天、每天工作 12h 设计，按混合料浆充填的系统能力可完成空区充填量为 989.02m³/d。

c 充填脱水

采场充填时的水经埋设于充体内的排水管自流至设于各开采区段下部的排水井及排水平巷排走。

d　顶柱回采的假顶充填

在上部区段先回采的情况下，为了使下部区段的顶柱具备回采条件，需在上部区段首采分段首采分层充填时设置假顶。假顶做法如下：假顶厚度 4m，强度为 4MPa，先在底板铺设间距为 200mm × 200mm 的 ϕ16mm 三级钢筋网，之后充填 83% 浓度的适当配比的碎石、尾砂、水泥混合料。

F　通风

采场的新风从回采分段下盘沿脉干线东南端自充填进风斜井（上山）引入，经下盘沿脉干线、回采联络通道进入采场。废风经矿块回风上山、上部分段回采联络通道、上部分段下盘沿脉干线、区段回风天井（或上山）进入 225m 总回风平巷。

G　采场回采顺序及作业循环

a　采场回采顺序

对极厚矿体的矿块，在宽度方向（垂直走向方向）分两段回采，先采靠近上盘的一段（称前段），回采完后用砖砌起隔墙后将其充填，充填前段的同时可回采靠近下盘的一段（称后段），后段充填结束后再采前段的上一层，如此前后段交替回采。

对中厚以上矿体，回采时以矿柱为间隔分三个条带由下盘向上盘前进回采，在经过两点柱间隔位置时，将条带间采通。为保护矿柱，在初期回采时间柱宜留下 1m 厚的保护层，点柱宜留下 1.5m 厚的保护层，矿柱保护层留待回采中后期采用光面爆破进行扩刷。按此安排，初期回采时，各条带向前推进的回采工作面宽为 6m，高为 4m（即分层高度），每次回采按 3m 的长度计，则每回采矿量约为 275t，两点柱间隔位置回采工作面为宽 5.5m × 高 4m，扩刷间柱工作面为宽 1m × 高 4m，扩刷点柱工作面为宽 1.5m × 高 4m。

对于薄矿体，按沿走向自矿房中部向两侧前进回采。

b　作业循环安排

对每个矿块的回采来说，可分为凿岩、爆破、通风、顶板浮石清理、支护、出矿等作业环节。上述环节除爆破及爆破后排烟通风时其他作业不能进行外，厚大矿体回采时，其他作业均可在一个矿块内的不同地点平行作业；实际生产组织中，一般将爆破及爆破排烟通风安排在班末进行，此时其他所有作业人员在下班时撤出采区，在交接班的这一段时间，爆破及爆破排烟通风完成，人员上班便可进行其他作业，从而不受爆破及爆破排烟通风的影响。上述环节中，支护工序在局部围岩不稳地段才发生，在围岩稳固地段则不发生。

对于中厚及以上矿体的矿块回采，其典型作业见表 8-9。

表 8-9　回采作业循环

序号	工序名称	工作量		工作效率		工序时间/h	循环时间/h							
		单位	数量	单位	数量		1	2	3	4	5	6	7	8
1	准备					1								
2	4m³ 铲运机出矿	t	500	t/h	86	5.8								
3	掘进台车打炮孔	m	200	m/h	50	4.0								
4	装药连线					2								
5	爆破通风					1								
6	支护					6								

对每个矿块来说，需要顺序安排的作业环节为回采、废石充填、混合料浆充填、养护等 6 个大的作业环节，其中废石充填主要目的是解决井下废石掘进的排放问题。因废石量相对于空区量来说其数量较少，因此不是每个矿块都有废石充填环节。每个回采区段，为方便废石充填，需至少保持有一个矿块可以进行废石充填。

按二道河矿段矿体分类，各种标准矿块一个回采单元的回采、混合料浆充填所需时间计算见表 8-10。回采单元划分：倾斜极厚矿块及缓倾斜中厚矿块按一个分层划分为前、后两段分别回采，其他矿块按一个分层一次回采。

各种矿块一个回采单元回采时间需 8~53d，浆体充填时间需 1~14d，两者时间差为 7~39d，如果充填养护时间为 14d，则在不考虑废石充填时间的情况下，除倾斜薄矿块外，其他矿块可实现一个回采、一个充填养护交替循环作业，且矿量较大的矿块养护时间还有富余，倾斜薄矿块要实现一个回采、一个充填养护交替循环作业，需提高充填体早期强度，减少养护时间。一般情况下，按 6 个矿块计，可安排 2 个回采、1 个废石充填、1 个浆体充填、2 个养护或备用，可满足两台铲运机出矿、且有废石充填的工作面要求，如果矿量较大的矿块多，则工作面还有富余。

表 8-10　标准矿块一个回采单元采充作业循环时间计算

序号	矿块类别	回　采					浆　体　充　填					采充时间差/d
		工作量		工作效率		时间/d	工作量		工作效率		时间/d	
		单位	数量	单位	数量		单位	数量	单位	数量		
1	倾斜极厚矿块半段	kt	52.6	t/d	1000	53	m^3	13773	m^3/d	989	14	39
2	倾斜厚矿块	kt	35.2	m/h	1000	35	m^3	9215	m^3/d	989	9	26
3	倾斜中厚矿块	kt	14.0	m/h	800	18	m^3	3667	m^3/d	989	4	14
4	倾斜薄矿块	kt	4.2	m/h	500	8	m^3	1100	m^3/d	989	1	7
5	缓倾斜中厚矿块半段	kt	34.5	m/h	800	43	m^3	9029	m^3/d	989	9	34

H　顶柱回采

在上部区段已回采的情况下，下部区段的顶部留设有 12m 高的顶柱，在开采的后期，顶柱可采用上向进路充填法进行回采。进路宽为 4~4.5m，高为 4m，进路垂直走向或沿走向布置，回采过程中需和点柱充填法对应，留下点柱和间柱，采后进行胶结充填，充填体强度为 2MPa。

8.3.5.2　采矿方法技术指标

技术指标见表 8-11。

表 8-11　采矿方法综合技术指标

名　称	单位	倾斜极厚矿体点柱充填法	倾斜厚矿体点柱充填法	倾斜中厚矿体点柱充填法	倾斜薄矿体点柱充填法	缓倾斜中厚矿体点柱充填法	综合
废石混入率	%	11.86	11.85	11.82	11.73	11.83	11.84
损失率	%	24.88	24.87	24.87	24.84	24.87	24.87

名 称	单位	倾斜极厚矿体点柱充填法	倾斜厚矿体点柱充填法	倾斜中厚矿体点柱充填法	倾斜薄矿体点柱充填法	缓倾斜中厚矿体点柱充填法	综合
副产矿石比	%	2.02	2.14	2.56	3.90	2.42	2.26
采切比	m³/kt	11.78	21.52	46.46	136.42	16.94	26.22
	m/kt	0.96	1.74	3.81	11.23	1.52	2.15
其中：采准比	m³/kt	5.95	15.36	39.09	125.20	9.97	19.73
	m/kt	0.46	1.15	2.92	9.39	0.73	1.48
切割比	m³/kt	5.83	6.16	7.37	11.22	6.97	6.49
	m/kt	0.51	0.59	0.89	1.84	0.79	0.67
其中：竖向工程比	m³/kt	0.79	2.36	5.92	19.74	1.20	2.96
	m/kt	0.11	0.33	0.84	1.84	0.17	0.34
废石比	%	1.83	5.40	14.37	46.98	3.28	7.05

8.4 多矿段立体高效开采的安全措施之三——充填技术研究

8.4.1 概述

8.4.1.1 充填的必要性

大红山铁矿矿权范围内赋存 II_1 矿组、浅部熔岩铁矿、III_1-IV_1 矿组、I 号铁铜矿带、二道河铁矿等主要矿体。其中：II_1 矿组、浅部熔岩铁矿、III_1-IV_1 矿组、I 号铁铜矿带等矿体在空间上存在复杂的制约关系。浅部熔岩铁矿赋存于 I 号铜矿带正上方，相距 200~400m；深部 III-IV 矿体、II_1 矿组赋存于浅部熔岩铁矿侧翼下方，与熔岩铁矿相距 300m。在 20 世纪 90 年代矿山开发论证时期，金属市场低迷，上述矿段中的浅部熔岩铁矿、I 号铜矿带因品位低，均不具备开采价值，未能得到开发。矿山以 II_1 主矿体作为主要的开采对象，于 2006 年年底建成 4000kt/a 的地下开采工程，采用无底柱分段崩落法采矿工艺。进入 21 世纪，随着金属市场的发展，低品位资源体现出了较高的经济价值。根据企业发展的需要，对浅部熔岩铁矿和 I 号铜矿带资源进行开发和利用。在多矿段同时开采的条件下，浅部熔岩露天铁矿形成了对深部的 I 号铜矿带和 II_1 矿组崩落法开采的重要制约因素，深部矿体的开采对露天铁矿的安全产生影响，几个矿段间形成复杂的相互制约、相互影响关系。

实现多矿段同时开采，除在开采顺序控制上强化露天开采，深部 II_1 矿组控制开采强度和下降速度外，对 I 号铜矿带和 III-IV 矿体采取充填采空区，限制和约束上部岩体产生移动和变形，确保露天生产期间的安全。其矿体关系如彩图 8-9 所示。

二道河铁矿为大红山铜铁矿区西矿段中的一独立中型铁矿体。在矿床赋存范围的地表有二道河、矿区公路、大红山铜矿辅助工业场地及民用、工业设施等，是典型的"三下开采"矿体。开采技术条件较为复杂。矿床采用点柱式上向水平分层充填法开采，以保护地表设施和地表河流及创造井下安全开采条件。

8.4.1.2 充填材料

充填材料，就其来源的可靠性和使用的经济性而言，以矿山生产废石和选矿厂产出尾矿最为经济可靠。浅部熔岩露天铁矿产出废石量约48000km³，井下采掘废石量700kt/a，选矿厂产出尾矿量9000kt/a左右。利用于矿山井下充填，可降低充填成本和处置费用。就大红山铁矿而言，尾矿送龙都尾矿库堆存，含输送与库区堆存和维护的综合成本在11~12元/t左右，高于大红山铜矿嗣后充填采空区8~10元/t的充填成本。因此，利用尾矿进行采空区充填，既有利于解决井下安全问题，也有利于生态环境的保护，具有深远的经济和环境效益。

对于尾矿充填与堆坝，粗砂的综合平衡与利用是相互矛盾的。大红山龙都尾矿库为铜铁两矿共建，设计库容120000km³，自2012年改用中线法堆坝，入库尾矿量大于8000kt，每年需要粗砂1050~1280km³，粗砂平衡的结果，充填宜采用全尾矿充填，才能平衡堆坝所需粗砂。

围绕细粒尾矿固化和充填，矿山先后委托有关单位开展了"大红山铁矿I号铜矿带深部1500kt/a工程充填试验研究"、"微细粒铁尾矿固化及井下充填技术研究"、"低温陶瓷胶凝材料工业应用——深部I号铜矿带二分层采场试验"和"大红山铁矿粗骨料HHSL充填技术的可行性"等研究工作（分别见8.4.2节、8.4.3节、8.4.4节和8.4.5节）。

8.4.2 I号铜矿带深部1500kt/a工程充填试验研究

2010年12月，长沙矿山研究院根据大红山铁矿I号铜矿带点柱式上向水平分层充填法采矿的需要，利用大红山I号铜矿带选矿厂的尾砂完成了两种分级尾砂的充填试验研究。该两种分级尾砂按取样标准 $-19\mu m$ 含量不同区分：名义分级粒径 $-19\mu m$ 含量为5%的，简称为粗分级尾砂（或5%尾砂），名义分级粒径 $-19\mu m$ 含量为10%的，简称为细分级尾砂（或10%尾砂）。

本研究的主要目的是了解大红山铁矿分级尾砂与充填相关的物理化学性质，在此基础上进一步研究两种分级尾砂胶结充填的配合比力学特性和输送性能，为矿山充填系统设计及运行提供基础数据。

8.4.2.1 尾砂物理化学性质研究

A 尾砂的基本物理力学性质

与充填相关的尾砂的基本物理性质，主要有密度、容重、孔隙率等。本研究采用以下方法进行测试：尾砂密度测试按照《公路土工试验规程》（JTG E40—2007）进行，采用比重瓶法测量。密度测定结果，粗分级尾砂密度为2.90g/cm³，细分级尾砂密度为2.65g/cm³。有色金属矿山的尾矿密度一般为2.6~2.9g/cm³，样品尾砂密度在合理值范围内。

（1）尾砂容重测试采用容重筒法进行测定。

（2）容重结果，粗分级尾砂松散容重为1.40g/cm³，细分级尾砂松散容重为1.34g/cm³，粗分级尾砂密实容重为1.76 g/cm³，细分级尾砂密实容重为1.56 g/cm³。

（3）尾砂孔隙率测定（见表8-12）。

表 8-12　孔隙率计算结果

尾 砂 分 级	细 分 级 尾 砂	粗 分 级 尾 砂
尾砂容重（密实/松散）/g·cm⁻³	1.34/1.56	1.40/1.76
尾砂密度/g·cm⁻³	2.65	2.90
尾砂孔隙率（密实/松散）/%	49.43/40.99	51.72/39.41

B　尾砂的化学成分和矿物组成

本研究采用化学元素标定法结合 X 衍射和扫描电镜等手段进行化学成分和矿物组成分析。表 8-13 和图 8-10 所示为尾砂化学成分标定结果，图 8-11 所示为尾砂电镜分析照片。

表 8-13　尾砂化学成分分析

成　分	Fe	Fe^{2+}	FeO	SiO_2	Al_2O_3	CaO
含量（质量分数）/%	13.43	5.73	7.37	41.92	11.11	5.81
成　分	MgO	Cu	Ag	S	其他	
含量（质量分数）/%	4.22	0.024	1.46g/t	0.055	10.38	

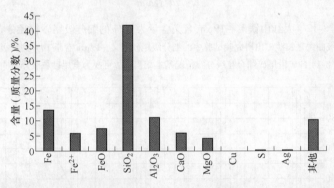

图 8-10　尾砂化学成分分析

a　　　　　　　　　　　　　　　　　　b

图 8-11　尾砂电镜分析结果

a—放大 100 倍；b—放大 5000 倍

分析结果表明，尾砂中主要化学成分有 SiO_2、Al_2O_3、CaO、MgO 等。主要矿物成分为石英、长石、云母、赤铁矿和绿泥石等。尾砂中可回收的金属含量均较低，所含的有毒有害元素矿物较少，满足井下充填的环保要求，其组成矿物物理化学性质稳定，可作为充填骨料。

C 尾砂的粒度分布

本研究通过激光粒度分析仪对尾砂进行粒级分布分析，测试结果见图8-12、图8-13和表8-14、表8-15。表中 x 表示粒径，Q_3 表示区间占比，q_3 表示累计占比。

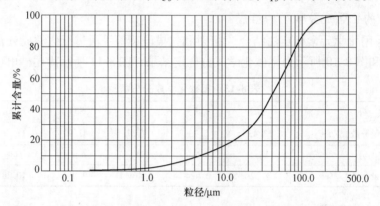

图8-12 大红山铁矿 −19μm 名义含量为10%的细分级尾砂粒径分布
（此粒级曲线是长沙矿山研究院试验中的细分级尾砂名义 −19μm 含量10%的粒级分布，与表8-14各矿段尾矿综合粒级分布情况基本相当，故可视为全尾砂粒级分布曲线）

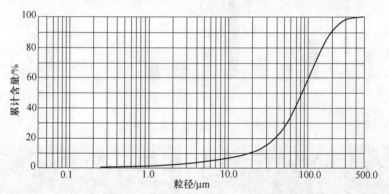

图8-13 大红山铁矿 −19μm 名义含量为5%的粗分级尾砂粒径分布

表8-14 细分级尾砂粒径分布

x	0.04	0.07	0.10	0.20	0.30	0.40	0.50	0.60	0.70	0.80
Q_3	0.00	0.05	0.13	0.39	0.63	0.87	1.11	1.34	1.56	1.78
q_3	0.00	0.01	0.01	0.02	0.04	0.06	0.07	0.08	0.09	0.11
x	0.90	1.00	1.10	1.20	1.30	1.40	1.60	1.80	2.00	2.20
Q_3	1.99	2.21	2.44	2.67	2.91	3.15	3.65	4.16	4.66	5.16
q_3	0.12	0.14	0.16	0.18	0.20	0.22	0.25	0.29	0.32	0.35
x	2.40	2.60	2.80	3.00	3.20	3.40	3.60	3.80	4.00	4.30
Q_3	5.65	6.12	6.58	7.01	7.43	7.82	8.21	8.58	8.94	9.46
q_3	0.37	0.39	0.41	0.41	0.43	0.43	0.45	0.46	0.47	0.48

x	4.60	5.00	5.30	5.60	6.00	6.50	7.00	7.50	8.00	8.50
Q_3	9.96	10.60	11.06	11.51	12.09	12.79	13.45	14.10	14.72	15.31
q_3	0.49	0.51	0.53	0.54	0.56	0.58	0.59	0.63	0.64	0.65
x	9.00	10.00	11.00	12.00	13.00	14.00	15.00	16.00	17.00	18.00
Q_3	15.89	17.10	18.09	19.13	20.14	21.14	22.14	23.13	24.12	25.12
q_3	0.68	0.71	0.75	0.80	0.84	0.90	0.96	1.02	1.09	1.16
x	19.00	20.00	21.00	22.00	23.00	25.00	28.00	30.00	32.00	34.00
Q_3	26.12	27.14	28.17	29.22	30.29	32.49	35.86	38.12	40.36	42.57
q_3	1.23	1.32	1.40	1.50	1.60	1.76	1.98	2.18	2.31	2.43
x	36.00	38.00	40.00	43.00	45.00	50.00	53.00	56.00	60.00	63.00
Q_3	44.72	46.82	48.86	51.79	53.67	58.10	60.61	63.01	66.09	68.29
q_3	2.50	2.58	2.65	2.70	2.75	2.80	2.87	2.90	2.97	3.00
x	66.00	71.00	75.00	80.00	85.00	90.00	95.00	100.0	112.0	125.0
Q_3	70.40	73.71	76.19	79.04	81.59	83.85	85.82	87.54	90.85	93.45
q_3	3.02	3.02	3.01	2.94	2.80	2.63	2.42	2.23	1.94	1.58
x	130.0	140.0	150.0	160.0	170.0	180.0	190.0	200.0	212.0	224.0
Q_3	94.24	95.55	96.56	97.34	97.95	98.43	98.81	99.10	99.37	99.57
q_3	1.34	1.18	0.97	0.80	0.67	0.56	0.47	0.38	0.31	0.24
x	240.0	250.0	280.0	300.0	315.0	355.0	400.0	425.0	450.0	500.0
Q_3	99.76	99.83	99.96	100.0	100.0	100.0	100.0	100.0	100.0	100.0
q_3	0.18	0.11	0.08	0.04	0.00	0.00	0.00	0.00	0.00	0.00

表8-15 粗分级尾砂粒径分布

x	0.04	0.07	0.10	0.20	0.30	0.40	0.50	0.60	0.70	0.80
Q_3	0.00	0.00	0.00	0.10	0.16	0.21	0.26	0.32	0.39	0.47
q_3	0.00	0.00	0.00	0.01	0.01	0.01	0.01	0.02	0.03	0.04
x	0.90	1.00	1.10	1.20	1.30	1.40	1.60	1.80	2.00	2.20
Q_3	0.56	0.65	0.73	0.82	0.91	1.00	1.18	1.35	1.53	1.71
q_3	0.05	0.06	0.05	0.07	0.07	0.08	0.09	0.09	0.11	0.12
x	2.40	2.60	2.80	3.00	3.20	3.40	3.60	3.80	4.00	4.30
Q_3	1.87	2.04	2.20	2.35	2.49	2.63	2.76	2.89	3.01	3.19
q_3	0.12	0.14	0.14	0.14	0.14	0.15	0.15	0.16	0.15	0.16
x	4.60	5.00	5.30	5.60	6.00	6.50	7.00	7.50	8.00	8.50
Q_3	3.37	3.59	3.76	3.92	4.13	4.39	4.64	4.89	5.13	5.37
q_3	0.17	0.17	0.19	0.19	0.20	0.21	0.22	0.24	0.24	0.26
x	9.00	10.00	11.00	12.00	13.00	14.00	15.00	16.00	17.00	18.00
Q_3	5.60	6.03	6.44	6.83	7.20	7.57	7.93	8.30	8.68	9.06
q_3	0.26	0.27	0.28	0.29	0.30	0.33	0.34	0.38	0.41	0.44

x	19.00	20.00	21.00	22.00	23.00	25.00	28.00	30.00	32.00	34.00
Q_3	9.46	9.88	10.30	10.75	11.20	12.15	13.67	14.74	15.85	16.99
q_3	0.48	0.54	0.56	0.63	0.66	0.75	0.88	1.02	1.13	1.23
x	36.00	38.00	40.00	43.00	45.00	50.00	53.00	56.00	60.00	63.00
Q_3	18.14	19.31	20.48	22.25	23.45	26.45	28.30	30.18	32.75	34.72
q_3	1.32	1.42	1.49	1.60	1.73	1.87	2.08	2.24	2.44	2.65
x	66.00	71.00	75.00	80.00	85.00	90.00	95.00	100.0	112.0	125.0
Q_3	36.70	40.06	42.76	46.12	49.41	52.60	55.67	58.61	65.11	71.28
q_3	2.79	3.01	3.23	3.41	3.56	3.66	3.72	3.76	3.76	3.68
x	130.0	140.0	150.0	160.0	170.0	180.0	190.0	200.0	212.0	224.0
Q_3	73.40	77.28	80.67	83.63	86.19	88.40	90.27	91.88	93.50	94.83
q_3	3.54	3.43	3.22	3.01	2.77	2.53	2.27	2.06	1.82	1.58
x	240.0	250.0	280.0	300.0	315.0	355.0	400.0	425.0	450.0	500.0
Q_3	96.25	96.96	98.47	99.10	99.40	99.83	100.0	100.0	100.0	100.0
q_3	1.35	1.14	0.87	0.60	0.40	0.24	0.09	0.00	0.00	0.00

根据激光粒度分析仪测定结果，按照式（8-1）计算得细分级尾砂主要粒径参数是 $d_{10} = 4.62\mu m$、中值粒径 $d_{50} = 41.14\mu m$、$d_{90} = 108.78\mu m$、加权平均粒径 $d_j = 51.06\mu m$、不均匀系数 $\alpha = 11.26$。粗分级尾砂主要粒径参数是 $d_{10} = 20.27\mu m$、中值粒径 $d_{50} = 85.90\mu m$、$d_{90} = 188.48\mu m$、加权平均粒径 $d_j = 97.24\mu m$、不均匀系数 $\alpha = 5.48$。

$$d_j = b_0 + b_1x_1 + b_2x_{21} + \varepsilon$$
$$\varepsilon \sim N(0, \sigma^2) \tag{8-1}$$
$$\alpha = d_{60}/d_{10} \tag{8-2}$$

试验结果表明，细分级尾砂细泥含量较高（$-19\mu m$ 占 26%），不均匀系数 $\alpha = 11.26$；粗分级尾砂细泥含量较低（$-19\mu m$ 占 10%），表明粗分级尾砂的脱泥量较少，尾砂的利用率较高。粗分级尾砂不均匀系数 $\alpha = 5.48$，根据博尔塔理论，α 接近 $4 \sim 5$，则粗细颗粒搭配较合理，有利于提高充填体的质量。

根据国内外高浓度（膏体）充填的经验，只有当充填料固体物料中 $-25\mu m$ 颗粒含量高于 25% 时，该种充填料才可能成为稳定性较好、具有一定输送性的结构流充填料浆。根据粒度分析，粗分级尾砂 $-25\mu m$ 含量为 15%，水泥 $-25\mu m$ 含量在 80% 以上，采用灰砂比 1:5 配合比的料浆，其细颗粒（$-25\mu m$）含量高于 25%，满足高浓度（膏体）料浆对骨料的要求，因而大红山铁矿粗分级尾砂和细分级尾砂一样具备实现高浓度充填的可能条件。

D　尾砂的沉降性能

研究尾砂的沉降性能采用沉降柱进行间歇沉降试验，通常用澄清液面随时间的改变表示沉降速度，用沉降终了时尾砂沉缩区浓度作为最大沉降浓度。本次研究以旋流器底流浓度 60% 作为初始浓度，试验结果如图 8-14、图 8-15 所示。图中 V_1 表示某时刻沉降水量，V_2 表示达到最大沉降后的沉降水量。

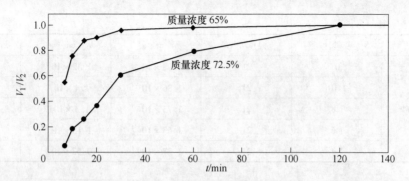

图 8-14 细分级尾砂沉降试验结果

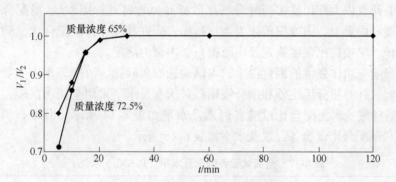

图 8-15 粗分级尾砂沉降试验结果

尾砂沉降试验开始的前几分钟尾砂浆极其混浊，难以观察清楚沉降砂浆与沉降水的界面，但随着时间的推移，浆与水界面逐渐清晰，分级尾砂沉降后 5min 可开始读取沉降水高度，而细分级尾砂 7min 时才开始可以分辨砂浆与水的界线；粗分级尾砂 20 ~ 30min 即可达到最大沉降浓度 76% ~ 77%，而细分级尾砂 2h 左右才达到最大沉降浓度 74% ~ 75%。

由试验结果可知，粗分级尾砂沉降性明显优于细分级尾砂。但与其他金属矿山相比，无论是粗分级尾砂还是细分级尾砂其沉降性都较好，有利于尾砂沉降脱水工艺实施。

E 尾砂的渗透性能

充填材料渗透性能，即水从固体颗粒间的孔隙流过的能力，通常用渗透系数 k_{10} 来表征，其物理意义是水温为 10℃ 时，单位水力坡度的渗透速度。本次尾砂材料渗透性能研究试验参考《公路土工试验规程》JTG E40—2007 进行，采用常水头渗透试验法和变水头渗透试验法测量。测得细分级尾砂和粗分级尾砂不添加水泥和不同水泥掺量的渗透系数，结果如表 8-16 所示。两种尾砂的渗透性均较差，意味着充填采场脱水方式主要以泌水为主，渗透脱水量较少，在充填作业时需考虑将充填体上部泌水及时排出采场，以提高充填体初期强度和稳定性。

表 8-16 尾砂渗透系数测定结果

样 品	灰砂比	温度 $t/℃$	$k_t/cm \cdot s^{-1}$	$k_{10}/cm \cdot s^{-1}$	$k_{10}/cm \cdot h^{-1}$
粗分级尾砂	0	21	9.74×10^{-4}	7.34×10^{-4}	2.64
	1:4	21	5.1×10^{-4}	4.33×10^{-4}	1.56

样　品	灰砂比	温度 t/℃	k_t/cm·s⁻¹	k_{10}/cm·s⁻¹	k_{10}/cm·h⁻¹
	0	21	1.92×10^{-4}	1.42×10^{-4}	0.52
	1:10	21	1.86×10^{-4}	1.4×10^{-4}	0.51
细分级尾砂	1:8	21	1.73×10^{-4}	1.3×10^{-4}	0.47
	1:6	21	1.53×10^{-4}	1.15×10^{-4}	0.42
	1:4	21	1.27×10^{-4}	9.53×10^{-5}	0.34

8.4.2.2　尾砂胶结充填配合比试验研究

本次试验研究以大红山铁矿两种分级尾砂样品为骨料进行尾砂-水泥配合比试验，以单轴抗压强度和内聚力、内摩擦角作为考核指标，研究其规律性。配合比试验主要包括试块制作及养护、单轴抗压强度测定及内摩擦角、内聚力测定。

考虑到影响充填体强度的因素很多，本试验选取灰砂比、浓度等作为主要影响因素进行配合比试验。针对粗分级尾砂和细分级尾砂各因素及水平采用全面法试验，胶凝材料为 P. C32.5 普通硅酸盐水泥配合比试验各因素及水平如表 8-17 所示。胶凝材料为 P. C42.5 普通硅酸盐水泥配合比试验各因素及水平如表 8-18 所示。

表 8-17　全面试验各因素及水平（P. C32.5 水泥）

序　号	尾　砂	灰砂比	质量浓度/%
1	粗分级尾砂	1:10	65
2	细分级尾砂	1:8	67.5
3		1:6	70
4		1:4	72.5

表 8-18　全面试验各因素及水平（P. C42.5 水泥）

序　号	尾　砂	灰砂比	质量浓度/%
1	粗分级尾砂	1:10	65
2		1:8	67.5
3		1:6	70
4		1:4	72.5

A　试块制作及养护

试块制作采用 7.07cm × 7.07cm × 7.07cm 标准三联试模。脱模后的试块在常温下养护。

B　单轴抗压强度

单轴抗压强度测定，利用 NYL-300D 型压力试验机测定其单轴抗压强度。试验按点柱式上向水平分层充填采矿法的工艺，满足胶结充填体强度 $R_3 \geqslant 0.5$MPa，$R_7 \geqslant 1.5 \sim 2$MPa 的要求进行。

配合比试验：P. C32.5 水泥作为胶凝材料的充填体 7d 强度未达到上铲运机的要求；P. C42.5 水泥和分级尾砂灰砂比 1:5 以上可满足 7d 上铲运机的强度要求。单轴抗压强度的测定结果，如表 8-19 ~ 表 8-21 所示。

表 8-19 粗分级尾砂 – P. C32.5 水泥配合比试验容重及强度测试结果

试块序号	灰砂比	质量浓度/%	试块编号	试块容重/g·cm⁻³				试块各龄期强度/MPa			
				3d	7d	14d	28d	3d	7d	14d	28d
1	1:10	65	111	1.90	1.91	1.93	1.93	0.12	0.17	0.25	0.43
2		67.5	112	1.89	1.91	1.94	1.93	0.13	0.19	0.26	0.44
3		70	113	1.87	1.85	1.92	1.96	0.15	0.21	0.28	0.45
4		72.5	114	1.93	1.93	1.86	1.99	0.17	0.24	0.30	0.48
5	1:8	65	121	1.90	1.86	1.95	1.94	0.140	0.20	0.32	0.59
6		67.5	122	1.91	1.88	1.97	1.95	0.165	0.23	0.34	0.60
7		70	123	1.91	1.94	1.94	1.96	0.192	0.26	0.36	0.61
8		72.5	124	1.97	1.98	2.00	1.90	0.220	0.30	0.40	0.62
9	1:6	65	131	1.92	1.89	1.89	1.89	0.26	0.38	0.59	1.08
10		67.5	132	1.90	1.90	1.89	1.91	0.30	0.44	0.64	1.09
11		70	133	1.94	1.94	1.95	1.95	0.35	0.50	0.70	1.11
12		72.5	124	1.99	2.02	2.07	2.06	0.40	0.57	0.76	1.16
13	1:4	65	141	1.95	1.95	1.99	1.95	0.51	0.84	1.22	1.84
14		67.5	142	1.96	1.94	2.00	1.95	0.59	0.94	1.30	1.89
15		70	143	1.98	1.93	2.02	1.96	0.66	1.04	1.38	1.95
16		72.5	144	2.01	2.00	2.03	2.01	0.74	1.15	1.48	2.04

表 8-20 细分级尾砂 – P. C32.5 水泥配合比试验容重及强度测试结果

试块序号	灰砂比	质量浓度/%	试块编号	试块容重/g·cm⁻³				试块各龄期强度/MPa			
				3d	7d	14d	28d	3d	7d	14d	28d
1	1:10	65	211	1.81	1.81	1.81	1.80	0.09	0.18	0.21	0.31
2		67.5	212	1.86	1.83	1.81	1.81	0.17	0.20	0.25	0.34
3		70	213	1.80	1.81	1.81	1.81	0.15	0.21	0.28	0.36
4		72.5	214	1.87	1.84	1.89	1.86	0.15	0.22	0.30	0.40
5	1:8	65	221	1.82	1.80	1.78	1.80	0.14	0.23	0.33	0.42
6		67.5	222	1.81	1.80	1.82	1.79	0.16	0.24	0.35	0.44
7		70	223	1.85	1.85	1.86	1.84	0.20	0.26	0.38	0.47
8		72.5	224	1.89	1.85	1.85	1.85	0.22	0.30	0.41	0.50
9	1:6	65	231	1.84	1.84	1.83	1.83	0.21	0.32	0.43	0.72
10		67.5	232	1.87	1.84	1.83	1.83	0.25	0.33	0.51	0.77
11		70	233	1.86	1.83	1.87	1.83	0.30	0.38	0.50	0.85
12		72.5	234	1.88	1.87	1.89	1.87	0.33	0.54	0.70	0.91
13	1:4	65	241	1.82	1.81	1.83	1.81	0.39	0.53	0.76	1.33
14		67.5	242	1.81	1.82	1.81	1.81	0.39	0.63	0.81	1.38
15		70	243	1.85	1.84	1.88	1.84	0.51	0.66	1.07	1.51
16		72.5	244	1.89	1.91	1.90	2.88	0.56	0.82	1.12	1.62

表 8-21 粗分级尾砂 – P. C42. 5 水泥配合比试验容重及强度测试结果

试块序号	灰砂比	质量浓度/%	试块编号	试块容重/g·cm⁻³				试块各龄期强度/MPa			
				3d	7d	14d	28d	3d	7d	14d	28d
1		70	311	1.99	1.96	1.89	1.79	0.16	0.31	0.45	0.64
2	1:10	72.5	312	1.99	1.94	1.90	1.80	0.17	0.37	0.55	0.69
3		75	313	2.01	1.98	1.86	1.83	0.22	0.43	0.60	0.87
4		70	321	2.00	1.97	1.87	1.77	0.30	0.56	0.77	1.14
5	1:8	72.5	322	2.01	1.98	1.90	1.81	0.32	0.64	0.93	1.21
6		75	323	2.00	1.97	1.91	1.82	0.36	0.73	1.02	1.41
7		70	331	2.01	1.99	1.95	1.86	0.49	0.95	1.31	1.71
8	1:6	72.5	332	2.04	2.01	1.97	1.89	0.59	1.13	1.61	2.05
9		75	333	2.01	2.02	1.97	1.91	0.60	1.18	1.77	2.29
10		70	341	2.02	2.01	1.94	1.87	1.06	2.03	2.95	3.68
11	1:4	72.5	342	2.04	2.05	1.99	1.91	1.12	2.27	3.05	4.21
12		75	343	2.05	2.04	2.00	1.93	1.27	2.32	3.33	4.51

C 胶结充填体内聚力、内摩擦角

a 试验方法

将抗剪切试验夹具安装到压力试验机上，然后调节不同角度，调节范围为 45°~70°，本试验采用间隔 10°，取 45°、55°、65°进行试验。

用不同的 α 角剪切试件，则每一个角度可以确定一对 σ_n、τ_n 值，把这些值画在直角坐标 σ-τ 的曲线图上，将各点标在坐标图上，用拟合的方法获得曲线。

b 试验结果

28d 龄期试块的变角剪切试验结果见表 8-22、表 8-23，进行拟合绘图见图 8-16、图 8-17。编号 144 试块为质量浓度 72.5%，P. C32. 5 水泥和粗分级尾砂灰砂比 1:4 配合比的试块，编号 244 试块为质量浓度 72.5%，P. C32. 5 水泥和细分级尾砂灰砂比 1:4 （配合比）的试块。根据试验数据获得的编号 144 的拟合的方程为：$y = 0.7122x + 0.555$，从而得出 144 的内聚力 $c = 0.555$MPa，内摩擦角 $\varphi = 35.458°$；编号 244 的拟合的方程为：$y = 0.7147x + 0.4067$，从而得出 244 试块的内聚力 $c = 0.407$MPa，内摩擦角 $\varphi = 35.553°$。

表 8-22 144 试块 28d 试块变角剪试验结果

序 号	角度/(°)	P_{max}/MPa	正应力/MPa	剪应力/MPa
1	45	9.148	1.176	1.402
2	45	9.186	1.181	1.408
3	45	7.05	0.907	1.08
4	55	5.733	0.573	0.993
5	55	5.581	0.558	0.967
6	55	6.535	0.654	1.132

序　号	角度/(°)	P_{max}/MPa	正应力/MPa	剪应力/MPa
7	65	3.54	0.242	0.666
8	65	3.921	0.268	0.737
9	65	4.093	0.28	0.769

表 8-23　244 试块 28d 试块变角剪试验结果

序　号	角度/(°)	P_{max}/MPa	正应力/MPa	剪应力/MPa
1	45	5.676	0.73	0.87
2	45	8.118	1.044	1.244
3	45	4.99	0.642	0.765
4	55	3.445	0.345	0.567
5	55	4.436	0.444	0.769
6	55	3.616	0.362	0.626
7	65	3.063	0.21	0.576
8	65	3.063	0.21	0.576
9	65	3.712	0.254	0.698

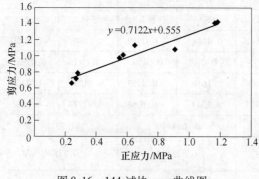 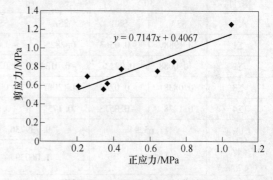

图 8-16　144 试块 τ-σ 曲线图　　　　图 8-17　244 试块 τ-σ 曲线图

D　影响充填体力学性能的主要因素

以大红山铁矿配合比试验数据为基础，开展充填体力学性能影响因素研究。针对试验数据开展极差分析和方差分析，并结合以往研究的经验，探讨影响充填体质量的因素，结合试验数据提出大红山铁矿如何提高充填体质量的建议。

a　极差分析和方差分析

对单轴抗压强度的试验数据进行极差分析和方差分析。极差分析用来确定因素的最佳水平组合和因素的主次顺序。其步骤是先计算各因素在相应于同一水平下试验指标之和及平均试验指标，计算各列的极差，最后确定重要性顺序，而由方差分析确定因素显著程度。极差分析结果如表 8-24 所示，方差分析结果如表 8-25 所示。其中，需说明的是由于尾砂种类无法定量衡量，因而在因素中不进行级差分析或方差分析。

极差分析和方差分析表明，影响充填体强度的因素主次顺序为灰砂比大于浓度，且灰砂比显著性随龄期的增长而提高。灰砂比在龄期大于 14d 时为非常显著因素。分级尾砂-

水泥料浆浓度在70%以下时，浓度的显著性不大，但浓度大于70%时，浓度成为一个显著因素。这表明由于高浓度料浆的均质性和保水性较好，避免了离析和跑浆对充填体质量的负面影响，因而高浓度料浆形成充填体质量优于浓度较低的两相流所形成的充填体。

表 8-24　粗尾砂配合比试验结果极差分析

项目	3d		7d		14d		28d	
	A 灰砂比	B 浓度	A 灰砂比	B 浓度	A 灰砂比	B 浓度	A 灰砂比	B 浓度
Σ1	2.5	1.03	3.97	1.59	5.38	2.38	7.72	3.94
Σ2	1.31	1.185	1.89	1.8	2.69	2.54	4.44	4.02
Σ3	0.717	1.352	0.99	2.01	1.42	2.72	2.42	4.12
Σ4	0.57	1.53	0.81	2.26	1.09	2.94	1.8	4.3
Σ1:4	0.63	0.26	0.99	0.40	1.35	0.60	1.93	0.99
Σ2:4	0.33	0.30	0.47	0.45	0.67	0.64	1.11	1.01
Σ3:4	0.18	0.34	0.25	0.50	0.36	0.68	0.61	1.03
Σ4:4	0.14	0.38	0.20	0.57	0.27	0.74	0.45	1.08
R	0.48	0.13	0.79	0.17	1.07	0.14	1.48	0.09

表 8-25　粗尾砂配合比试验结果方差分析

项目	3d		7d		14d		28d	
水平	SSA	SSB	SSA	SSB	SSA	SSB	SSA	SSB
Σ1	0.1988	−0.0563	0.2825	−0.0642	0.4148	−0.0919	0.6890	−0.0760
Σ2	−0.0088	0.0213	−0.0133	0.02833	−0.0106	0.0460	−0.0415	0.0385
Σ3	0.0838	−0.0263	0.12083	0.00083	0.1610	−0.0323	0.3127	−0.0265
Σ4	0.1238	−0.0513	0.175	−0.0933	0.2644	−0.1056	0.4177	−0.0881
$F_{灰砂比}$	11.65294		9.739736		9.684449		81.79164	
$F_{浓度}$/% （<70%）	1.304706		1.060393		0.822484		0.71896	
$F_{浓度}$/% （>70%）	7.175883		5.301965		3.701178		1.7974	

注：查表得 $F_{0.01}(2, 4) = 18.0$，$F_{0.05}(2, 4) = 6.94$。

b　充填体质量影响因素讨论

根据其他矿山的经验总结和本次配合比试验分析，对影响充填体质量的主要因素进行研究，得出以下几点结论：

（1）胶凝材料的种类和掺量对充填体质量产生重大影响。不同胶凝材料，在其他参数相同的条件下，胶结充填体质量差异明显。灰砂比的不同，对充填体质量影响也很大。从本次配合比试验极差分析的结果来看，水泥掺量是影响强度极其重要的因素。如图8-18所示，28d龄期试块灰砂比从1:10～1:4，其强度增长了3倍左右。因此对于矿山而言，水泥质量和灰砂比是控制充填体质量的首要方面。

（2）充填骨料是又一重要影响因素。良好级配的充填骨料，应是孔隙率小、密实性大的集合体，并能保证有良好的承载性和必要的渗透率。一般认为，不均匀系数 $\alpha = d_{60}/$

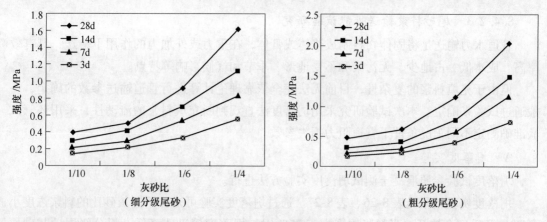

图 8-18 灰砂比-各龄期强度关系

$d_{10} = 4 \sim 5$ 为最佳级配。从配合比试验结果来看，细分级尾砂的不均匀系数为 11.26，粗分级尾砂的不均系数为 5.48，较接近最佳级配标准。如图 8-19 所示，粗分级尾砂比细分级尾砂配合比试验试块强度平均高出 30% 左右。

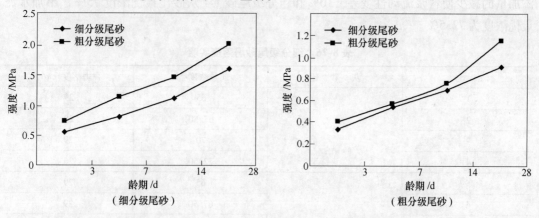

图 8-19 龄期-强度关系（灰砂比 1:4，质量浓度 72.5%）

（3）在固体物料配合比确定的情况下，浓度是影响充填体质量的关键因素。从图 8-20 可知浓度对充填体强度的影响随着水泥掺量提高，其显著性提高。

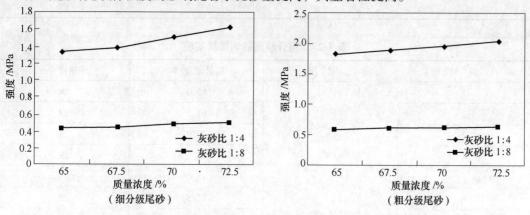

图 8-20 质量浓度-28d 龄期强度关系（分级尾砂）

8.4.2.3　尾砂料浆输送性能试验研究

管道水力输送是将固体物料制成浆体或膏体，在重力或外加力的作用下输送，具有效率高、成本低、占地少、无污染和不受地形、季节和气候影响等特点。

但由于充填料浆的复杂性，目前无法完全依靠理论计算进行管道输送参数的确定，一般通过试验来确定。本次试验研究采用坍落度法直观判断充填料浆的流动性，采用环管试验准确测定不同工况条件下管道阻力损失参数。

A　坍落度实验

坍落度试验参照混凝土测试坍落度实验方法进行。

坍落度实验结果见表8-26、表8-27。通过坍落度实验可知：不同灰砂比的料浆浓度小于70%几乎完全摊开。当料浆浓度大于75%时，坍落度值迅速降低。粗分级尾砂灰砂比为1:4的料浆浓度从75%增加至80%时，砂浆的坍落度迅速降低，料浆的流动性变差，当浓度接近80%时，料浆坍落度值较小，料浆基本不流动。同一浓度不同灰砂比的料浆，随着灰砂比减小，即水泥添加量的减小其坍落度值呈降低现象，说明在本次试验中，水泥添加量的减少使料浆流动性变差。10%和粗分级尾砂1:4灰砂比最优浓度75%，不加水泥最优浓度为72.5%。

表 8-26　细分级尾砂坍落度实验

编　号	灰　砂　比	质量浓度/%	坍落度/cm
1		65	29
2		67.50	29
3	0	70	29
4		72.50	26
5		65	29
6		67.50	29
7		70	29
8	1:4	72.50	26
9		75	25
10		77	15

表 8-27　粗分级尾砂坍落度实验

编　号	灰　砂　比	质量浓度/%	坍落度/cm
1		65.0	29
2		67.5	29
3		70.0	29
4	1:4	72.5	29
5		75.0	25
6		77.5	22
7		80.0	10

编 号	灰砂比	质量浓度/%	坍落度/cm
8		65.0	29
9	1:6	67.5	29
10		70.0	29
11		72.5	28
12		65.0	29
13	1:10	67.5	29
14		70.0	29
15		72.5	26
16		65.0	29
17	0	67.5	29
18		70.0	29
19		72.5	26

B 环管试验

环管试验通过模拟充填料浆管道输送，测取阻力损失参数，为充填系统管道设计和充填作业提供依据。对于矿山尾砂充填而言，环管试验测取管道输送阻力损失参数的方法最接近生产实际，对生产实践具有重要指导意义。

a 环管试验系统

本次环管试验采用长沙矿山研究院环管试验系统。该系统主要包括 4 个子系统：制浆系统、加压输送系统、测量系统、给排水系统。其布置情况见图 8-21。

b 环管试验结果

试验中通过数据采集卡获取各测点传感器的数据。这些数据需要做一系列处理后才可获得试验结果。首先将数据采集卡数据转换成 txt 格式，然后将数据导入 Matlab 编写的程序中，运行程序获得各测点的实时压差和压力，最后通过 Matlab 计算出管道压力损失。压力损失结果见表 8-28～表 8-33。工况条件：输送管内径为 125mm、150mm、180mm；流量为 45～78m³/h；粗分级尾砂料浆浓度 70% 以下压力损失为 0.14～0.3MPa/100m，粗分级尾砂灰砂比 1:4，料浆浓度 70%～75% 时，压力损失为 0.17～0.45 MPa/100m，粗分级尾砂灰砂比 1:4，料浆浓度 76% 时，压力损失为 0.45～0.55 MPa/100m。

8.4.2.4 配比和输送试验小结

A 配合比强度试验

配合比试验：P. C32.5 水泥作为胶凝材料和粗分级尾砂灰砂比 1:4、质量浓度 70% 的充填体 7d 强度 1.04MPa，未达到上铲运机的要求；P. C42.5 水泥和粗分级尾砂灰砂比 1:6～1:4、质量浓度 70% 的充填体 7d 强度 0.95～2.03MPa，表明灰砂比 1:5 以上时，可满足上铲运机的强度要求。

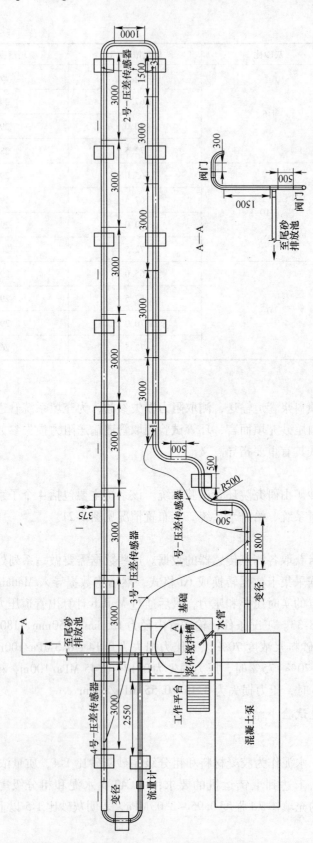

图 8-21 环管试验系统布置

表 8-28 粗分级尾砂环管试验结果 （ϕ180mm，灰砂比0）

质量浓度/%	序号	流量/m³·h⁻¹	流速/m·s⁻¹	压力损失/MPa·100m⁻¹
	1	78	0.85	0.200
60	2	65	0.71	0.185
	3	45	0.49	0.140
	1	78	0.85	0.210
65	2	65	0.71	0.195
	3	45	0.49	0.165
	1	78	0.85	0.300
70	2	65	0.71	0.275
	3	45	0.49	0.160

表 8-29 粗分级尾砂环管试验结果 （ϕ180mm，灰砂比1:4）

质量浓度/%	序号	流量/m³·h⁻¹	流速/m·s⁻¹	压力损失/MPa·100m⁻¹
	1	78	0.85	0.265
70	2	65	0.71	0.250
	3	45	0.49	0.180
	1	78	0.85	0.330
73	2	65	0.71	0.320
	3	45	0.49	0.265
	1	78	0.85	0.360
75	2	65	0.71	0.335
	3	45	0.49	0.270

表 8-30 粗分级尾砂环管试验结果 （ϕ150mm，灰砂比0）

质量浓度/%	序号	流量/m³·h⁻¹	流速/m·s⁻¹	压力损失/MPa·100m⁻¹
	1	78	1.23	0.210
60	2	60	0.83	0.190
	3	53	0.71	0.165
	1	78	1.23	0.220
	2	68	1.07	0.210
63	3	60	0.95	0.185
	4	53	0.83	0.180
	5	45	0.71	0.150
	1	78	1.23	0.235
	2	68	1.07	0.215
65	3	60	0.95	0.185
	4	53	0.83	0.180
	5	45	0.71	0.175

续表 8-30

质量浓度/%	序号	流量/m³·h⁻¹	流速/m·s⁻¹	压力损失/MPa·100m⁻¹
68	1	78	1.23	0.245
	2	68	1.07	0.215
	3	60	0.95	0.200
	4	53	0.83	0.185
	5	45	0.71	0.180

表 8-31　粗分级尾砂环管试验结果（ϕ150mm，灰砂比 1:4）

质量浓度/%	序号	流量/m³·h⁻¹	流速/m·s⁻¹	压力损失/MPa·100m⁻¹
70	1	78	1.23	0.280
	2	68	1.07	0.260
	3	60	0.95	0.200
	4	53	0.83	0.180
	5	45	0.71	0.175
72.5	1	78	1.23	0.335
	2	68	1.07	0.310
	3	60	0.95	0.270
	4	53	0.83	0.240
	5	45	0.71	0.220
74	1	78	1.23	0.330
	2	68	1.07	0.295
	3	60	0.95	0.275
	4	53	0.83	0.270
	5	45	0.71	0.205
75	1	78	1.23	0.385
	2	68	1.07	0.345
	3	60	0.95	0.340
	4	53	0.83	0.285
	5	45	0.71	0.280
76	1	78	1.23	0.495
	2	68	1.07	0.455
	3	60	0.95	0.390
	4	53	0.83	0.275
	5	45	0.71	0.295

表 8-32　粗分级尾砂环管试验结果（φ125mm，灰砂比 0）

质量浓度/%	序号	流量/m³·h⁻¹	流速/m·s⁻¹	压力损失/MPa·100m⁻¹
	1	78	1.77	0.215
	2	68	1.54	0.190
60	3	60	1.37	0.170
	4	53	1.19	0.165
	5	45	1.02	0.140
	1	78	1.77	0.260
	2	68	1.54	0.260
63	3	60	1.37	0.215
	4	53	1.19	0.185
	5	45	1.02	0.155
	1	78	1.77	0.265
	2	68	1.54	0.255
65	3	60	1.37	0.200
	4	53	1.19	0.185
	5	45	1.02	0.180
	1	78	1.77	0.315
	2	68	1.54	0.305
68	3	60	1.37	0.300
	4	53	1.19	0.230
	5	45	1.02	0.190

表 8-33　粗分级尾砂环管试验结果（φ125mm，灰砂比 1:4）

质量浓度/%	序号	流量/m³·h⁻¹	流速/m·s⁻¹	压力损失/MPa·100m⁻¹
	1	78	1.77	0.285
	2	68	1.54	0.275
70	3	60	1.37	0.220
	4	53	1.19	0.200
	5	45	1.02	0.175
	1	78	1.77	0.335
	2	68	1.54	0.295
72.5	3	60	1.37	0.240
	4	53	1.19	0.220
	5	45	1.02	0.180
	1	78	1.77	0.360
	2	68	1.54	0.320
74	3	60	1.37	0.285
	4	53	1.19	0.225
	5	45	1.02	0.180

质量浓度/%	序号	流量/m³·h⁻¹	流速/m·s⁻¹	压力损失/MPa·100m⁻¹
	1	78	1.77	0.435
	2	68	1.54	0.360
75	3	60	1.37	0.320
	4	53	1.19	0.315
	5	45	1.02	0.300
	1	78	1.77	0.520
	2	68	1.54	0.510
76	3	60	1.37	0.505
	4	53	1.19	0.495
	5	45	1.02	0.445

B　尾砂料浆输送性能试验研究

a　坍落度试验

不同灰砂比的料浆浓度小于 70% 时，几乎完全摊开。当料浆浓度大于 75% 时，坍落度值迅速降低。当浓度接近 80% 时，料浆基本不流动。在本次试验中，水泥添加量的减少使料浆流动性变差。粗分级尾砂 1:4 灰砂比，最优浓度为 75%，不加水泥最优浓度为 72.5%。细分级尾砂坍落度试验见表 8-34，粗分级尾砂坍落度试验见表 8-35。

表 8-34　细分级尾砂坍落度试验

编号	灰砂比	质量浓度/%	坍落度/cm
1		67.50	29
2	0	70	29
3		72.50	26
4		67.50	29
5		70	29
6	1:4	72.50	26
7		77	15

表 8-35　粗分级尾砂坍落度试验

编号	灰砂比	质量浓度/%	坍落度/cm
1		65.0	29
2		67.5	29
3		70.0	29
4	1:4	72.5	29
5		75.0	25
6		77.5	22
7		80.0	10

编号	灰砂比	质量浓度/%	坍落度/cm
8		65.0	29
9		67.5	29
10	1:6	70.0	29
11		72.5	28
12		67.5	29
13	0	70.0	29
14		72.5	26

b 小型输送特性试验

粗分级尾砂灰砂比 1:4，当浓度达到 77.5% 时，料浆开始突变，流动性变差。细分级尾砂灰砂比 1:4，当浓度达到 72.5% 时，料浆开始突变，流动性变差。相同浓度料浆，粗分级尾砂料浆流动性优于细分级尾砂料浆。

c 环管试验结果

当环管试验的输送管内径为 125mm、150mm、180mm，流量为 45~78m³/h，粗分级尾砂料浆浓度在 70% 以下时，压力损失为 0.14~0.3MPa/100m；粗分级尾砂灰砂比 1:4、料浆浓度 70%~75% 时，压力损失为 0.17~0.45MPa/100m；粗分级尾砂灰砂比 1:4、料浆浓度 76% 时，压力损失为 0.45~0.55MPa/100m。

8.4.3 低温陶瓷胶凝固化材料胶结充填的试验室及地表扩大试验

8.4.3.1 试验研究背景

在采选过程中，需要解决尾矿井下充填和尾矿干堆两方面的问题。利用冶金废渣制成的低温陶瓷胶凝材料固化高含水、微细粒铁尾矿，实现固化干堆和胶结充填目的，是公司践行科学发展观，资源循环利用，保护环境，安全生产和节能减排的重大科技项目。

深部 I 号铜矿带 1500kt/a 采矿工程采用的是上向水平分层充填法。其对充填体的强度要求较高，要求 3d 抗压强度达到 0.5MPa、7d 抗压强度达到 1.5MPa 以上。

2010 年 7 月，由长沙矿山研究院承担尾矿井下胶结充填试验，得出如下结论：

（1）配合比试验。P.C32.5 水泥作为胶凝材料的充填体 7d 强度未达到上铲运机的要求。P.C42.5 水泥和名义分级粒径 $-19\mu m$ 含量为 5% 的粗分级尾砂、灰砂比 1:5 以上，可满足 7d 上铲运机的强度要求。

（2）小型输送特性试验。5% 分级尾砂、灰砂比 1:4、当浓度达到 77.5% 时，料浆开始突变，流动性变差。名义分级粒径 $-19\mu m$ 含量为 10% 的细分级尾砂、灰砂比 1:4、当浓度达到 72.5% 时，料浆开始突变，流动性变差。相同浓度料浆，5% 分级尾砂料浆流动性优于 10% 分级尾砂料浆。

采用水泥胶结充填，水泥消耗量较大，且矿浆粒度和浓度对充填强度有很大影响，需分级后才能进行充填，且用水泥对尾矿进行干式堆存还没有先例。

昆明理工大学研制的低温陶瓷固化材料，在山东鲁能集团晋北铝业公司针对赤泥的固化干堆工业试验取得很好的效果，坝体强度和稳定性均达到尾矿干堆的要求。为满足大红山尾矿干堆和井下充填的要求，特委托昆明理工大学试验室对二选厂的尾矿进行尾矿固化试验。在 2011 年年中至 2012 年年初，分别进行了尾矿基础性质研究（包括物理和化学性质、沉降特性测试等），重点进行了试验室模块固化试验和地表扩大性固化干堆及胶结充填试验。

根据测试，当尾矿浓度为 65% 时，掺加 10% 的胶凝材料，3d 抗压强度达到 0.5MPa，7d 抗压强度达到 1.5MPa 以上，满足胶结充填技术要求；当尾矿浆浓度提高到 68%~70% 时，胶凝材料掺量可降到 8%。

从前期的试验情况看，采用低温陶瓷材料对尾矿进行固化干堆、胶结充填，能取得很好的效果，与水泥相比，添加量少，固化强度高。

大量研究数据说明，采用低温陶瓷胶凝材料固化尾矿充填技术方案是可行的。于 2012 年 2 月提出了微细粒铁尾矿固化干堆及井下充填技术研究报告。

8.4.3.2　低温陶瓷胶凝材料的应用

以铁尾矿的胶结充填为技术目标，优选出了具有针对性的低温陶瓷胶凝材料（固化剂）制备技术。该固化剂是以冶金废渣为主要原料，经过物理和化学活化复合配制而成。具有传统水泥的操作性和良好的经济性，能促使尾矿浆的泌水和沉降，并能在高含水状态下正常水化，产生凝胶矿物，对微细粒尾矿产生胶结。

按照水泥胶砂试样强度检验方法进行添加固化剂的充填料测试。

通过对浓度为 65% 的尾矿浆进行胶结，固化剂掺量为 10% 时，固化体 3d 抗压强度达到 0.5MPa，7d 达到 1.8MPa。该性能基本能满足充填的技术要求，通过提高矿浆的浓度，减少细粒矿的含量，充填胶结性能会更好。

试验在低浓度尾矿浆中掺加 0.5%~1.0% 固化剂，促使矿浆强化泌水，以获得高浓度矿浆。试验结果表明：若在井下直接充填 60% 浓度的原尾矿浆作为底层，因悬浮细颗粒难以沉降，长时间处于沼泽状态，很难满足面层充填的要求；在低浓度矿浆中掺加 0.5%~1.0% 固化剂，可以强化泌水效率，提高高浓度矿浆的生产效率，在基层充填过程中可减少离析，提高摊铺效果，并在一定程度上提高基层的稳定性。

试验了尚处于稀稠状基层上直接充填面层的方案，结果表明，当矿浆浓度大于 60%、固化剂掺量为 12% 时，7d 强度能够承载重型工程机械的碾压，未发生塌陷、断裂和泥化现象，说明该技术方案能够满足井下充填要求；当矿浆浓度大于 60%、固化剂掺量为 10% 时，3d 强度不能承载重型工程机械的碾压，发生了塌陷和泥化现象，而 7d 强度能够承载重型工程机械的碾压，未发生塌陷、断裂和泥化现象，说明该技术方案也能够满足井下充填要求。相比之下，固化剂掺量为 12% 的效果更好。

8.4.3.3　效果对比

A　自然环境下的充填体试块强度测试

添加低温陶瓷胶凝固化剂时，充填试验尾矿浆浓度为 55%~60%，灰砂比 1:8，同时制作各浓度下的充填体试块，试块放置于自然环境下，测试 3d 与 7d 强度。测试结果，3d 与 7d 强度均能满足要求（见表 8-36）。

B　水泥配合比试验

配合比试验：P.C32.5 水泥作为胶凝材料的充填体 7d 强度未达到上铲运机的要求。P.C42.5 水泥和 5% 分级尾砂灰砂比 1:5 以上，可满足 7d 上铲运机的强度要求。

表 8-36 不同浓度尾矿浆强度测试

尾矿浓度/%	固化剂掺量/%	灰砂比	流动度/mm	3d 抗压强度/MPa	7d 抗压强度/MPa
55	12	1:8	340	0.54	1.39
60	12	1:8	245	0.77	1.60
65	12	1:8	183	1.02	2.01
68	12	1:8	140	1.02	2.00
70	12	1:8	130	0.99	2.02

5%分级尾砂 - P. C42.5 水泥配合比试验结果见表 8-37。由表可见，灰砂比 1:6 时，3d 强度可达 0.5MPa，但 7d 强度达不到 1.8MPa。试验结果表明，水泥作为胶凝材料时，固结 5% 的分级尾砂取得的效果不理想。P. C42.5 水泥和 5% 分级尾砂灰砂比 1:5 以上，才可满足 7d 上铲运机的强度要求。也就是说，采用水泥作为胶凝材料，其要求的条件较高，即充填尾砂的浓度较高，尾砂粒度较粗，添加的水泥量较高。从尾砂的加工成本以及添加水泥的药剂的成本上看，相比于以低浓度、全尾砂、小掺量、强度高的低温陶瓷胶凝材料作为充填料，各项经济指标均较高。

表 8-37 5%分级尾砂 - P. C42.5 水泥配合比试验容重及强度测试结果

试块序号	灰砂比	质量浓度/%	试块编号	试块容重/g·cm⁻³				试块各龄期强度/MPa			
				3d	7d	14d	28d	3d	7d	14d	28d
1		70	311	1.99	1.96	1.89	1.79	0.16	0.31	0.45	0.64
2	1:10	72.5	312	1.99	1.94	1.90	1.80	0.17	0.37	0.55	0.69
3		75	313	2.01	1.98	1.86	1.83	0.22	0.43	0.60	0.87
4		70	321	2.00	1.97	1.87	1.77	0.30	0.56	0.77	1.14
5	1:8	72.5	322	2.01	1.97	1.90	1.81	0.32	0.64	0.93	1.21
6		75	323	2.00	1.97	1.91	1.82	0.36	0.73	1.02	1.41
7		70	331	2.01	1.99	1.95	1.86	0.49	0.95	1.31	1.71
8	1:6	72.5	332	2.04	2.01	1.97	1.89	0.59	1.13	1.61	2.05
9		75	333	2.02	2.01	1.97	1.91	0.64	1.18	1.77	2.29
10		70	341	2.02	2.02	1.94	1.87	1.06	2.03	2.95	3.68
11	1:4	72.5	342	2.04	2.04	1.97	1.89	1.12	2.27	3.05	4.21
12		75	343	2.05	2.04	2.00	1.93	1.27	2.32	3.33	4.51

8.4.4 低温陶瓷胶凝固化材料胶结充填的井下工业试验

8.4.4.1 试验背景及基本情况

深部 I 号铜矿带充填系统自 2012 年年底投入运行以来，至 2013 年年中，400m 和 500m 中段大部分盘区一分层充填已经结束，部分采空盘区已进入二分层废石 + 全尾砂 + 表层胶结充填。选矿厂尾砂颗粒较细、含泥量较高，致使用于充填后渗透性不强、脱水性较差，灰砂比为 1:4 的胶结充填中形成的充填体抗压强度较低，无法满足采场采运要求。为此，现阶段将初步设计中设定的 0.6m 胶结面层进一步加厚，控制在 0.8 ~ 1.0m，PSA42.5 水泥灰砂比控制在 1:3 ~ 1:3.5。因而，导致水泥消耗量增大，胶结充填成本大幅度增加。

2011 年下半年，矿业公司与昆明理工大学合作开展了"微细粒铁尾矿固化干堆及井下充填扩大性工业试验"。地表扩大试验验证了低温陶瓷胶凝材料在固化微细粒铁尾矿方面有较好的效果，能够满足井下充填工艺要求，并通过省安监局组织的验收。通过测算，低温陶瓷胶凝材料应用于生产中，将可有效改善充填效果并节约充填成本。

为了进一步摸清低温陶瓷胶凝材料在实际生产中的使用效果，进行了与 PSA42.5 水泥进行对比的井下充填工业试验，以初步确定合理的配合比，了解低掺量的胶结充填脱水效果。

深部 I 号铜矿带二分层采场充填试验自 2013 年 9 月 23 日起，至 2013 年 11 月 13 日结束数据收集，历时 50d。

开展了对 4060 采场进行 1:4 的水泥胶结充填、对 4048 采场进行 1:6 的低温陶瓷胶凝材料的胶结充填、对 4048 采场进行 1:8 的低温陶瓷胶凝材料的胶结充填、对 4066 采场进行 1:20 的低温陶瓷胶凝材料的低掺量脱水充填，并针对各个采场进行了大量的数据采集，包括钻芯取样试块的抗压强度测试、低掺量脱水充填的含水率测试。

8.4.4.2 试验目的

A 抗压强度对比

本次试验采用低温陶瓷胶凝材料与 PSA42.5 水泥进行对比试验。低温陶瓷胶凝材料的掺量为 1:6、1:8，PSA42.5 水泥掺量为 1:4，完成采场充填后，分别取 3d、7d 等龄期试块进行抗压强度测试，并对数据进行对比。

B 脱水效果对比

试验中，增加了低温陶瓷胶凝材料掺量为 1:20 的低掺量胶结充填，旨在探索解决目前全尾砂充填过程中采场脱水效果差、脱水周期长、影响采矿生产等问题。此部分试验主要通过相同体积充填体的质量变化及含水率来衡量其脱水效果。

8.4.4.3 试验采场

选取 4048、4066、4060 三个采场作为本次工业试验的试验采场。4048、4066 两个采场做低温陶瓷胶凝材料的试验，4048 采场进行废石充填 + 全尾砂充填 + 1:6 掺量胶结充填；4066 采场进行 1:20 低掺量胶结充填 + 1:6 高掺量胶结充填。另外，4060 采场做 PSA42.5 水泥的试验，进行废石充填 + 全尾砂充填 + 1:4 掺量胶结充填（详见表 8-38）。

表 8-38 尾砂及固结材料使用情况

序号	采场	充填日期	班次	充填时间/h	砂仓编号	平均流量/m³·h⁻¹	砂仓底流浓度/%	搅拌桶底流浓度/%	配比	胶固料/t	水砂量/m³	砂量/m³	充填料浆量/m³	盘区充填空间/m³	备注
1	4060-2	9.23	白班	3.25	2	165	66	71	1:4	145	448	317	537	450	水泥胶结
2	4060-2	9.27	白班	6.1	3	175	65	70	1:4	281	897	615	1070	860	水泥胶结
小计				9.35						426	1345	932	1607	1310	
3	4048-2	10.27	白班	5	1	140	67	70	1:6.5	120	628	433	700	605	低温陶瓷胶凝材料

序号	采场	充填日期	班次	充填时间/h	砂仓编号	平均流量/m³·h⁻¹	砂仓底流浓度/%	搅拌桶底流浓度/%	配比	胶固料/t	水砂量/m³	砂量/m³	充填料浆量/m³	盘区充填空间/m³	备注
小计															
4	4066-2	10.25	夜班	6.25	1	165	69	70	1:20.8	58	938	670	1030	900	低温陶瓷胶凝材料
5	4066-2	10.26	白班	4.5	2	159	69	70	1:19.5	60	860	650	990	850	
平均值						162	69	70	1:20.2						
小计				10.75						118	1798	1320	2020	1750	

8.4.4.4 试验结果

A 抗压强度对比试验

PSA42.5 水泥和低温陶瓷胶凝材料抗压强度记录见表 8-39。

表 8-39 PSA42.5 水泥和低温陶瓷胶凝材料抗压强度记录

胶结材料	配合比	料浆质量浓度/%	3d 抗压强度/MPa	5d 抗压强度/MPa	7d 抗压强度/MPa	10d 抗压强度/MPa	14d 抗压强度/MPa	28d 抗压强度/MPa
PSA42.5 水泥	1:4	70	—	0.76	—	1.78		2.75
			—	0.69	—	1.71	—	2.83
			—	0.82	—	1.83		2.67
平均值			—	0.76	—	1.77		2.75
低温陶瓷胶凝材料	1:6	70	0.65	—	1.35	2.22	2.23	8.37
			0.65	—	1.38	1.66	2.06	9.73
			0.64	—	1.79	1.63	2.45	7.96
					1.45	1.86	—	
						1.54		
平均值			0.64	–	1.49	1.78	2.24	8.69

B 采场脱水效果试验

脱水试验记录见表 8-40。

此次试验之后又补充了掺量 1:40、1:50 的脱水效果试验，结果见表 8-41。

表 8-40 1:20 掺量脱水试验记录

项目	试样编号	皮重/g	湿重/g	净湿重/g	干重/g	净干重/g	含水量/g	含水率/%
1:20 掺量脱水试验 36h 含水率测试	1 号	259.7	1389.7	1130.0	1125.4	865.7	264.3	23.4
	2 号	270.3	1665.1	1394.8	1338.9	1068.6	326.2	23.4
	3 号	262.6	1801.7	1539.1	1443.9	1181.3	357.8	23.2
	4 号	262.1	1539.3	1277.2	1246.5	984.4	292.8	22.9
	5 号	262.8	1830.1	1567.3	1475.3	1212.5	354.8	22.6
	6 号	255.4	1710.6	1455.2	1378.5	1123.1	332.1	22.8
	平均	262.2	1656.1	1393.9	1334.8	1072.6	321.3	23.1

项目	试样编号	皮重/g	湿重/g	净湿重/g	干重/g	净干重/g	含水量/g	含水率/%
1:20 掺量脱水试验 60h 含水率测试	1 号	351.2	1563.4	1212.2	1280.6	929.4	282.8	23.3
	2 号	261.5	1663.9	1402.4	1332.4	1070.9	331.5	23.6
	3 号	269.7	1731.8	1462.1	1395.4	1125.7	336.4	23.0
	4 号	265.9	1501.9	1236.0	1213.7	947.8	288.2	23.3
	5 号	367.0	1721.6	1354.6	1410.3	1043.3	311.3	23.0
	6 号	255.4	1409.3	1153.9	1139.9	884.5	269.4	23.3
	平均	295.1	1598.7	1303.5	1295.4	1000.3	303.3	23.3

表 8-41　掺量 1:40、1:50 的脱水效果记录

项　　目	试样编号	含水率/%
5032-2 盘区 1:40 掺量脱水试验，1d 含水率测试	1 号	25.7
	2 号	26.7
	3 号	26.1
	4 号	25.9
	5 号	26.0
	平均	26.1
5032-2 盘区 1:40 掺量脱水试验，3d 含水率测试	1 号	25.1
	2 号	24.7
	3 号	26.9
	4 号	25.4
	5 号	24.6
	平均	25.3
5032-2 盘区 1:40 掺量脱水试验，7d 含水率测试	1 号	20.9
	2 号	21.0
	3 号	21.4
	4 号	21.3
	5 号	21.0
	平均	21.1
5070-2 盘区 1:50 掺量脱水试验，1d 含水率测试（6 月 14 日）	1 号	18.5
	2 号	17.5
	3 号	18.2
	4 号	18.2
	5 号	18.2
	6 号	18.6
	平均	18.2

项　　目	试样编号	含水率/%
5070-2 盘区 1:50 掺量脱水试验，3d 含水率测试（6 月 16 日）	1 号	19.7
	2 号	18.8
	3 号	18.9
	4 号	20.4
	5 号	19.8
	6 号	19.6
	平均	19.5
5070-2 盘区 1:50 掺量脱水试验，7d 含水率测试（6 月 19 日）	1 号	21.5
	2 号	20.8
	3 号	21.5
	4 号	21.7
	5 号	20.2
	6 号	21.1
	平均	21.1

8.4.4.5　效果分析

A　抗压强度

a　试验模块

本试验所采用的试验模块通过钻芯取样机进行充填采场的现场取样，其钻孔直径为 110mm。钻芯试块尺寸为 110mm×110mm。抗压测试采用压力机测试试块单轴抗压最大应力，得出承受的最大应力，并除以试块的横截面面积，得出的比值即为试块的单轴抗压强度。

b　强度测试

充填采场对胶结面层的充填体强度的要求为：3d 强度大于等于 0.5MPa，人可在充填体上行走、架设管道、凿岩等不会下陷；7d 强度大于等于 1.5～2.0MPa，装载设备、装矿车辆等重型设备可自由通行，不出现下陷及明显路坑，不影响采场出矿。

在本次试验中，灰砂比为 1:4 的 42.5 水泥 5d 强度为 0.76MPa，10d 强度为 1.77MPa，28d 强度为 2.75MPa；灰砂比为 1:6 的低温陶瓷胶凝材料 3d 强度为 0.64MPa，7d 强度为 1.49MPa，10d 强度为 1.79MPa，14d 强度为 2.24MPa，28d 强度为 8.69MPa；灰砂比为 1:4 的 42.5 水泥与灰砂比为 1:6 的低温陶瓷胶凝材料胶结充填的效果基本相同，低温陶瓷胶凝材料的后期强度比水泥要高。

B　脱水效果

脱水试验采用的低温陶瓷胶凝材料掺量为 1:20，从采场充填后的脱水效果及测试的含水率来看，充填结束后 12h 采场积水全部滤清，并基本上能在采场中行走，36h 的含水率为 23.1%，60h 的含水率为 23.3%，达到加快充填采场脱水的效果，并具备进一步调低掺量的条件。

8.4.4.6 技术经济分析

A 技术分析

以42.5水泥1:4的充填效果作为对比，低温陶瓷胶凝材料1:6的掺量的固结效果与其不相上下。因此，结合42.5水泥之前在生产过程中的应用情况，若灰砂比为1:6的低温陶瓷胶凝材料在生产过程中使用，也能满足充填工艺要求。

关于采场的脱水效果试验，之前的充填并未开展相关的对比试验。4048采场便是第一个采用全尾砂进行充填的二分层充填采场。但由于纯尾矿浆的脱水速度慢，该采场经过78d的脱水后在其上部仍不能自由走动，说明纯尾矿浆的脱水速度极慢，也充分说明了纯尾砂铺底的充填方案脱水难度大、周期长，是不能满足采场出矿要求的。同时采用"废石+全尾砂充填+胶结充填"的充填方案，其上部的全尾砂充填的脱水时间仍然较长，若工期紧张也仍然无法满足生产需求；同时，由于充填用的废石是生产掘进过程中的废石，其产量难以满足各个采场的充填要求，尾砂充填量仍然很大，若脱水难度大、周期长，则势必会影响采矿生产。

采用低温陶瓷胶凝材料进行低掺量的尾砂胶结充填，其脱水速度快，脱水周期短，可在12h内把水滤干，并能具有一定的强度，方便工人在充填面开展下一道工序。本次胶结充填的灰砂比为1:20，具备了在此基础上开展两项工作的条件，一是可进一步调低灰砂比，使充填成本更优；二是可探索低浓度不分级尾砂充填的脱水效果，进一步降低充填成本和尾矿库排放压力。

B 经济分析

本次试验的目的是在满足工业应用的前提下，尽可能地降低充填成本，为Ⅰ号铜矿带的开发利用创造更好的效益。

经计算，当42.5水泥价为400元/t、低温陶瓷固化剂价为500元/t时，全尾砂充填面层成本对比见表8-42。

表8-42 全尾砂充填面层成本对比

序号	充填方式	胶结剂	灰砂比	成本	
				充填料/元·m^{-3}	矿/元·t^{-1}
1	全尾砂胶结充填	水泥	1:4	193.96	59.64
2	全尾砂胶结充填	低温陶瓷固化剂	1:6	165.44	50.84

可见，使用低温陶瓷固化剂比使用水泥的充填成本要低。

8.4.4.7 结论

（1）本次工业试验的目的是：验证灰砂比为1:6的低温陶瓷胶凝材料是否能取得灰砂比为1:4的42.5水泥的充填效果。试验结果表明，两者的充填体抗压强度基本相同。

（2）从现场的充填效果及钻芯取样数据来看，低温陶瓷胶凝材料已具备工业化应用的条件，可替代42.5水泥用于胶结充填。

（3）将低温陶瓷胶凝材料用作充填料，在与42.5水泥同等效果的前提下，其产生的费用比42.5水泥要低，能取得较好的经济效益。

（4）针对低温陶瓷胶凝材料良好的脱水效果，需要进一步验证其在尾砂粒度分布、尾矿浆浓度等因素发生变化后的实际使用情况，若能进行低浓度的全尾砂进行低掺量的胶结充填，则将对充填制备站造浆、尾矿库堆坝等产生重大影响。

8.4.5　碎石胶结充填的试验研究

用水泥作为胶结料的分级尾砂胶结充填，虽能达到一定的充填体强度，但水泥消耗量大，成本高。在大红山铁矿磨矿细度高、分级尾砂充填与尾矿堆坝矛盾突出的条件下，由昆明理工大学开展了添加粗骨料（HHSL）试验与研究。其工艺要点是：利用矿区碎石（−10mm 级配碎石）与全尾砂、水泥形成理想的配比，达到提高充填体强度、降低水泥用量，缓解充填和尾矿库堆坝的矛盾。

大红山铁矿扩产工程 I 号铜矿带和二道河铁矿开采属"三下开采"，矿体位于地表河流和厂址之下，要求严格控制岩移与变形，采矿制约因素多，开采难度大。设计采用点柱式上向水平分层充填法。为了采用高效机械化采矿，综合降低充填成本，单分层充填只能采用上、下层两次充填完成（即基层和面层），单分层基底层需要用全尾砂（或名义分级粒径 −19μm 含量为 5% 的粗分级尾砂）高浓度充填，不胶结，充填高度 3.5m 左右。该层充填的关键是脱水效果；面层用胶结充填，根据 7d 强度要求（2MPa），应考虑实现高强度胶结。

从大红山铁矿尾砂的密实特性、胶结特性、渗透特性、流动特性来看，全尾砂胶结充填难以达到预期效果。分层充填快速脱水要求充填料浆浓度高，但高浓度管输沿程阻力大，自流输送困难，易堵管且采场内难流平。因此需要解决管输、脱水、强度之间的矛盾。采用 5% 分级尾砂、灰砂比 1:4，当浓度达到 77.5% 时，料浆流动性变差。从国内外矿山充填应用情况看，尾砂充填料浆的浓度达到 75% 以上时，只有在低倍线（充填倍线小于 4.5）条件下，方可实现自流输送；浓度达到 77% 时，则用泵送充填，系统复杂。

研究表明，实现矿山低成本充填的原则应是"多加骨料、少加水泥和自流充填"。根据散粒体特性，多加骨料只有增大骨料粒径、增大骨料堆集密实度的方式才能实现。因此，大红山应在首选研究全尾砂高浓度充填的同时，开展添加废石粗骨料充填的研究，确定合理的配合比、浓度、强度以及管输稳定性，并达到低成本充填的目标。

8.4.5.1　废石集料

试验测定的大红山铁矿废石破碎集料（混合样）的堆集密实度 $\phi = 0.6237$，集料的频度分布与负累计分布见表 8-43。大红山铁矿 −10mm 废石破碎集料的粒度连续性很好，其级配指数 $n = 0.57229$，比较接近理想级配，粗粒料含量略多，表明 −10mm 废石是很好的配制混凝土的骨料，能在少用水泥的情况下获得满意的充填体强度，这是由其级配决定的。但是，用于配制自流充填料浆且要满足高强度、高流态、自流平的条件，考虑到充填成本，仍然需要配以适当量的细粒料（如全尾砂）。

8.4.5.2　全尾砂

试验尾砂取自大红山铁矿 4000kt/a 二选厂。全尾砂主要粒径参数：中值粒径 $d_{50} = 52\mu m$、加权平均粒径 $d_j = 83\mu m$。尾砂的粒度分布见表 8-44，级配指数 $n = 0.39561$，其级

表 8-43 大红山铁矿 -10mm 废石级配

粒径/mm	中位孔径/mm	大红山铁矿 -10mm 废石级配	
		粒级频度/%	负累计分布/%
+10	10.00	6.744	100.000
-10 ~ +7	8.50	17.366	93.256
-7 ~ +5	6.00	17.892	75.890
-5 ~ +3	4.00	11.942	57.998
-3 ~ +2	2.50	1.295	46.055
-2 ~ +1	1.50	13.430	44.760
-1 ~ +0.5	0.75	9.853	31.330
-0.5 ~ +0.25	0.375	5.858	21.478
-0.25 ~ +0.1	0.175	12.302	15.619
-0.1	0.05	3.318	3.318
粒度特性曲线		$y = 100\left(\dfrac{x}{10}\right)^{0.57229}$ $R^2 = 0.97683$	

配合理,密实度较好。总体来看,大红山铁矿的尾砂很细,200 目(0.074mm,下同)以下细粒料占 70% 左右,400 目以下占 42%,用于充填偏细(实际上,我国目前多数矿山胶结充填中 -200 目的尾砂大多要分级去掉,因泥化严重造成充填脱水和胶结困难)。由于尾砂细,比表面积大,胶结水泥用量大是必然的。同时,尾砂越细,胶结体的脆性越大,越容易开裂。因此,大红山应用尾砂胶结实现面层充填困难大,效果难以保证。

表 8-44 大红山铁矿二选厂尾砂(混合样)的粒度分布

粒度 d/mm	产率/%	负累计产率/%
-0.300 ~ +0.147	9.49	100.00
-0.147 ~ +0.104	5.71	90.51
-0.104 ~ +0.074	14.86	84.8
-0.074 ~ +0.037	28.1	69.94
-0.037 ~ +0.019	21.65	41.84
-0.019 ~ +0.010	4.95	20.19
-0.010 ~ +0.005	5.02	15.24
-0.005	10.22	10.22
合 计	100	

8.4.5.3 矿山废石-全尾砂的配比

应用混合料堆集密实度测定方法,对大红山破碎废石集料与尾砂按不同比例进行混合、搅拌均匀后,测定不同混合比例下的自然堆集密实度,如图 8-22 所示。当废石破碎集料占比小于 0.6 时,混合料中全尾砂占据绝对优势,混合料的堆集密实度随废石粗颗粒量的增大而增大,废石颗粒完全"悬浮"在全尾砂散体系中。在此情况下,废石颗粒"实体"替代了相同体积的全尾砂松散体,使混合料的堆集密实度增大。随着废石破碎集料量的增多，粗颗粒量也逐渐增大，并形成随机"骨架"结构，此时全尾砂细颗粒主要起到"填隙"作用，导致混合料的密实度进一步增大。随着废石粗骨料的进一步增多，此时全尾砂量逐渐减少，粗骨料完全形成"骨架"结构，但由于细粒料的减少而无法完全"填隙"，此时混合料的堆集密实度反而降低。因此，针对废石破碎集料与全尾砂混合散体系，简单地说，最密实状态就是单位体积内的粗骨料正好形成骨架结构，细粒料正好完成填隙。此时，在自然堆集

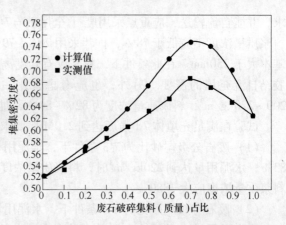

图 8-22　废石 + 全尾砂堆积密实度计算与实测值

状态下，单位体积内无论是粗粒料还是细粒料均无法再行加料。根据堆集密实度模型和试验，得出 – 10mm 废石：全尾砂 = 0.7:0.3 时，$\phi = 0.7482$，堆集密实度最大，为充填配浆时的最优配合比。即在相同浓度和水泥用量条件下，废石:尾砂 = 7:3 时，试块可获得更高的强度，料浆的流动性和管输性更好。

8.4.5.4　浓度与配比参数

充填料浆配合比设计是根据采矿方法对充填体强度要求，进行材料配合比设计，并选择合适的浓度范围以适应管道输送。充填体强度是根据采矿方法要求而设计的，是基础；而充填料浆能否实现管道稳定输送是关键。一般来说，料浆浓度越高，其抗离析性越好，泌水量越少；料浆中水泥用量越大，其抗离析性越好，泌水量越少；料浆中细集料含量越大，其抗离析性越好，泌水量越少。在相同浓度条件下，级配越好，料浆抗离析性越好。

试验在满足充填体 7d 强度达到 2.0MPa 要求的条件下，取得以下结果：

（1）废石与全尾砂比为 7:3 的条件下，水泥用量达到 180kg/m³时，料浆质量浓度应大于 78%；水泥用量达到 200kg/m³时，料浆质量浓度应大于 77%。

（2）废石与全尾砂比为 6:4 的条件下，水泥用量达到 200kg/m³时，料浆质量浓度应大于 79%；水泥用量达到 220kg/m³时，料浆质量浓度应大于 79%。

（3）废石与全尾砂比为 5:5 的条件下，水泥用量达到 220kg/m³时，料浆质量浓度应大于 79%。

充填料浆自流输送条件的配比及浓度，见表 8-45。

表 8-45　大红山粗骨料充填料浆的高浓度条件

骨　　料	水泥量/kg·m⁻³	可自流管输充填高浓度范围/%
废石:全尾砂 = 7:3	300 ~ 200	77 ~ 81
	180 ~ 100	77 ~ 82
废石:全尾砂 = 6:4	160 ~ 220	78 ~ 83
废石:全尾砂 = 5:5	160 ~ 220	78 ~ 81
– 10mm 破碎废石集料	160 ~ 300	82 ~ 84

根据大红山铁矿点柱式水平分层充填法的充填面层需要，达到 7d 强度 2.0MPa 的要

求，并能自流输送，应重点采用废石:全尾砂 = 7:3 为主，水泥用量控制在 180~220kg/m³，料浆质量浓度不应低于 78%，推荐采用 78%~79% 浓度进行自流输送充填，料浆坍落度值基本大于 250mm。在此条件下，料浆仅有轻度离析甚至不离析，完全满足分层面层高强度胶结自流充填的需要。另外，也应考虑采用 -10mm 破碎废石集料，水泥用量控制在 200~220kg/m³，料浆质量浓度为 82%~84%，推荐采用 83% 浓度，进行自流充填。

试验在满足充填体 7d 强度达到 2.0MPa 要求的条件下，取得以下结果：

（1）废石分级尾砂比为 7:3 条件下，水泥用量达到 200kg/m³ 时，料浆质量浓度应大于 83%；水泥用量达到 220kg/m³ 时，料浆质量浓度应大于 82%；水泥用量达到 240kg/m³ 时，料浆质量浓度应大于 80%。

（2）废石分级尾砂比为 6:4 条件下，水泥用量达到 200kg/m³ 时，料浆质量浓度应大于 84%；水泥用量达到 220kg/m³ 时，料浆质量浓度应大于 83%；水泥用量达到 240kg/m³ 时，料浆质量浓度应大于 82%。

（3）废石分级尾砂比为 5:5 条件下，水泥用量达到 220kg/m³ 时，料浆质量浓度应大于 83%；水泥用量达到 240kg/m³ 时，料浆质量浓度应大于 82%；水泥用量达到 260kg/m³ 时，料浆质量浓度应大于 81%。

充填料浆自流输送条件的配比及浓度见表 8-46。

表 8-46 大红山粗骨料充填料浆的高浓度条件

骨　　料	水泥量/kg·m⁻³	可自流管输充填高浓度范围/%
废石:分级尾砂 = 7:3	300~200	81~85
	180~100	82~85
废石:分级尾砂 = 6:4	300~260	80~83
	240~200	81~84
	<180	82~84
废石:分级尾砂 = 5:5	300~260	81~84
	<240	81~83
-15mm 破碎废石集料	300~60	84~85
废石:全尾砂 = 6:4	300~220	80~84
	200~80	80~83
分级尾砂	300~240	73~77
	210~180	73~76
	150	73~75
	<120	72~75
全尾砂	300~210	67~71
	180~120	68~72
	<120	69~73

根据大红山铁矿点柱式水平分层充填法的充填面层需要，达到 7d 强度 2.0MPa 要求的配合比如下：在废尾比为 7:3 条件下，水泥用量达到 180kg/m³ 时，料浆质量浓度应大于 78%，料浆坍落度值基本大于 250mm，完全满足分层面层高强胶结自流充填的需要，并且

废石-全尾砂高浓度浆体实现了自流管输充填。

8.4.6 充填系统和应用

8.4.6.1 矿山充填规模

大红山铁矿充填服务对象包括：Ⅰ号铁铜矿带、二道河矿段、$Ⅲ_1$-$Ⅳ_1$矿组及$Ⅱ_1$矿组西部 400m 标高以下采用空场法开采的分支矿体。

Ⅰ号铜矿带深部矿体为保护其上部浅部熔岩露天采场，采用点柱式上向水平分层充填法，生产能力 1500~1800kt/a；二道河矿段为保护地表河床及上部设施也采用点柱式上向水平分层充填法开采，设计生产规模 1000kt/a；$Ⅲ_1$-$Ⅳ_1$矿体及 4000kt/a 工程分支矿体采用分段空场法开采嗣后充填。矿山年充填空区 1310km³，充填量 1435km³（见表 8-47）。

表 8-47 大红山铁矿井下充填量

序号	项目	单位	Ⅰ号铜矿带深部	Ⅰ号铜矿带浅部	Ⅲ-Ⅳ号矿体	4000kt/a 工程二期（空场法部分）	二道河矿段	合计
1	生产能力	kt/a	1800	200	1000	500	1000	4500
2	采空区体积	km³/a	554	62	278	139	278	1310
3	充填量	km³/a	628	63	286	143	315	1435

表 8-48 表明，各矿段综合全尾矿粒级组成情况与长沙矿山研究院测试的大红山Ⅰ号铜矿带选厂 $-19\mu m$ 名义含量为 10% 的细分级尾砂粒径分布情况基本相同。

表 8-48 大红山铁矿各矿段综合全尾矿粒级组成 （mm）

序号	项目	粒级组成/%					备注
		0.074	0.076~0.038	0.038~0.019	0.019~0.01	-0.01	
1	一选厂	30.68	28.1	21.54	4.85	14.83	
2	二选厂	30.68	28.1	21.54	4.85	14.83	
3	三选厂						
3.1	熔岩系列	17.4	28.92	28.91	12.39	12.39	
3.2	铜系列	21.59	24.86	7.72	22.91	22.91	
正累计/%		21.94	49.81	72.37	84.8	100	
负累计/%		100	78.06	50.19	27.63	15.2	

8.4.6.2 充填方式及充填材料选择

A 充填成本分析

大红山铁矿充填系统构建需要体现以下原则：

(1) 低成本。

(2) 满足采矿工艺对强度和固化脱水的要求。

(3) 充填方式要有利于协调好尾矿堆坝与井下充填的矛盾。

以点柱式向上分层充填法为例，分层充填厚度中，按面层比例占 20%、底层比例占 80%，采用低温陶瓷固化胶凝剂，分别计算了以下三种充填方式的成本。

1）分级尾砂胶结充填：

灰砂比：面层 1:7

　　　　底层 0:1

2）全尾砂胶结充填：

灰砂比：面层 1:6

　　　　底层 1:30

3）添加 -10mm 碎石胶结充填：

灰砂比：面层 1:12

　　　　底层 0:1

点柱式向上分层充填法中，三种充填方式充填综合成本见表 8-49。

表 8-49　充填法中三种充填方式的综合成本

序号	充填方式	原矿分摊的充填成本		备注
		元/m³	元/t	
一	胶结铺面充填成本			
1	分级尾砂胶结充填	159. 79	44. 39	
2	全尾砂胶结充填	183. 04	50. 84	
3	添加 -10mm 碎石胶结充填	138. 44	38. 46	
二	底层充填成本			
1	分级尾砂充填	26. 95	7. 49	
2	全尾砂充填	49. 32	13. 70	
3	添加 -10mm 碎石充填	49. 66	13. 79	
三	井下充填成本			
1	分级尾砂部分胶结充填	53. 52	14. 87	
2	全尾砂部分胶结充填	76. 07	21. 13	
3	添加 -10mm 碎石部分胶结充填	67. 41	18. 73	

三种充填方式中，分级尾砂充填料粒度较粗，用于面层胶结充填时，胶凝剂添加量较小。用于底层非胶结充填时，不加胶凝剂，脱水时间较长，有的采场增加了井下产出的废石，也基本能满足充填需要，因而综合充填成本较低；但脱出的细泥送尾矿库堆存，增加了库容和堆坝的困难，充填和尾矿堆存在矛盾，应做好平衡和协调。

全尾砂粒度细，用于面层胶结充填时，胶凝剂添加量较多，用于底层非胶结充填时，加 3% 的胶凝剂以改善脱水性能，故胶凝材料用量大，因而充填成本较高，但有利于与尾矿堆存协调。

添加 -10mm 碎石的尾砂充填，与全尾砂充填相比，可减少胶凝剂添加量和相应费用，但增加了碎石加工的费用，充填成本居中。大量使用碎石后，外排尾矿数量大，增加了对尾矿库库容的需求和尾矿排放费用。

目前大红山铁矿主要使用分级尾砂充填（面层胶结充填，底层非胶结充填，部分采场底层充填添加井下废石），对其他充填方式正在进一步研究。

B 料浆自流输送条件分析

Ⅰ号铜矿带深部和二道河矿段为矿山主要的充填法开采对象，料浆输送系统特征见表8-50 和表8-51。

表 8-50 Ⅰ号铜矿带深部矿浆输送管线特征

序号	充填水平	充填位置	管路长度 L/m	系统高差 H/m	充填倍线 N	备注
1	400m 中段	最远点	2100	360	5.83	
		最近点	1113	360	3.09	
2	500m 中段	最远点	1780	260	6.85	
		最近点	1075	260	4.13	
3	600m 中段	最远点	1199	160	7.49	
		最近点	839	160	5.24	

表 8-51 二道河矿段输送管线特征

序号	充填水平	充填位置	累计高差 H/m	累计管长 L/m	充填倍线 N	备注
1	345 水平	最近点	345	1692.02	4.9	
		最远点	345	1732.68	5.02	
2	225 水平	最近点	465	1342.92	2.89	
		最远点	465	1348.26	2.9	
3	125 水平	最近点	565	1790.66	3.17	
		最远点	565	2112.34	3.74	
4	25 水平	最近点	665	1915.51	2.88	
		最远点	665	2092.1	3.15	

对于充填矿浆应具有良好的输送特性，满足在输送过程中均质、不离析，充入采场后能够实现自流流平、不离析或少离析的条件。根据前期试验，胶结尾砂适宜的输送浓度为70%~75%，系统倍线小于等于8；添加碎石的胶结矿浆输送浓度81%~84%，系统倍线小于等于5。

C 充填方式及充填材料

Ⅰ号铜矿带深部充填系统，除承担该矿段充填任务外，还要承担Ⅲ-Ⅳ矿体及4000kt/a 工程空场法采空区嗣后充填的工作，系统充填能力在 $1000km^3/a$ 左右，其中：分层充填 $620km^3/a$，嗣后充填 $380km^3/a$，充填倍线3.09~7.49。充填系统按分级尾砂胶结系统设置，对于Ⅰ号铜矿带分层充填，底层采用分级尾砂充填，面层采用灰砂比1:6 的低温陶瓷胶凝材料分级尾砂胶结充填；对于嗣后采空区充填，采用分级尾砂添加废石进行非胶结充填。

充填站设置4 个 $1000m^3$ 立式砂仓，4 个300t 水泥仓，与之配套形成4 个搅拌系列，每个系列制备能力为 $120~150m^3/h$，两个系列同时进行充填作业。全尾矿通过隔膜泵加压送立式砂仓沉淀储存，采用汽水联动造浆，制备成68%~70%的矿浆进入 $\phi2400mm \times 2600mm$ 搅拌槽，通过螺旋给料机添加低温陶瓷胶凝材料，最终配置成浓度70%~72%的胶结矿浆，通过管道送井下充填（见图 8-23）。

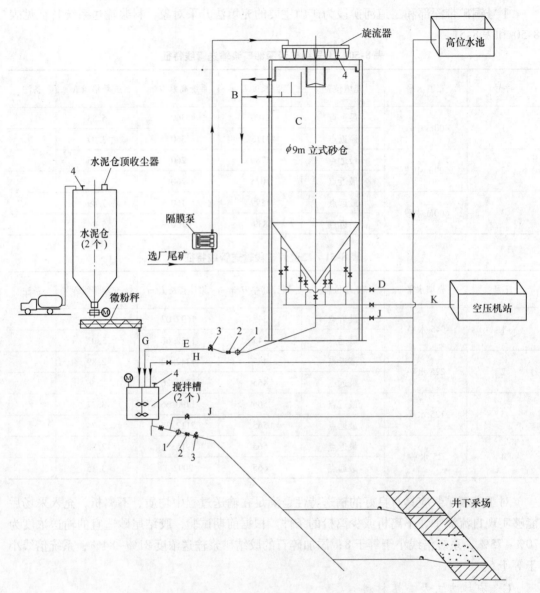

图 8-23 全尾砂-低温陶瓷固化剂胶结充填流程示意图
1—电磁流量计；2—γ 浓度计；3—电动夹管阀；4—料位计

该系统于 2012 年年底建成。目前 I 号铜矿带深部已充填 983.7km³，底层全尾砂添加 3%的低温陶瓷胶凝材料，充填体能够快速固结，充填后 3d 人员行走无明显脚印，无泥化现象；面层采用全尾矿按灰砂比 1∶6，充填后 7d 抗压强度 1.49MPa，10d 为 1.78MPa，水浸泡也不水解、不泥化，3~4m³铲运机在分层充填面上运行不泥化、不下陷，满足设备作业要求。

二道河矿段，系统充填量 300km³/a。因矿体走向长度短，可形成的周转采场数少，要满足矿山正常的采充循环，要求充填材料脱水固结性能好，充填体早期强度高，满足采矿台车和4m³铲运机在充填体上进行采矿作业要求，以采用添加 – 15mm 碎石的全尾矿充填最为有利，底层充填采用 – 15mm 级配碎石 + 全尾砂按 5:5 ~ 7:3 的混合料实现79%~80%的高浓度充填；面层采用 – 15mm 级配碎石 + 全尾砂按灰砂比 1:(7 或 8）进行胶结充填，胶结充填体强度 $R_3 \geq 0.5$MPa，$R_7 \geq 1.5 ~ 2$MPa，分层充填周期控制在 15d以内。

当前尾矿浓缩成熟可行的设备包括立式砂仓和深锥形膏体浓缩机。通过絮凝技术强化微细颗粒的沉降，再借助设备产生的重力压缩特性产出高浓度矿浆。立式砂仓的优点是用于储存沉淀砂，在浓缩的同时兼有储存的功能，这个功能对充填的阶段作业有很强的适应性，但因其沉降面积小，对于细颗粒的沉降不利，易产生较高浓度的溢流，需要进行后段处理。深锥形膏体浓缩机与立式砂仓相比，辅助设施大大减少，操作方便，底流浓度稳定，溢流可直接回水，无须后续的溢流处理设施，但其作业方式以连续作业为好，间隔作业对于浓度控制不利，有待进一步落实。本项目充填站与选厂毗邻，采用立式砂仓絮凝浓缩方案，砂仓溢流进入选厂浓缩机处理。

物料计量，碎石采用定量给料机，胶凝材料采用微粉秤，立式砂仓采用气、水联动全仓造浆，实现恒定给料（见图8-24）。

8.4.6.3　Ⅰ号铜矿带尾砂充填制备站的配置

充填料制备是充填法矿山的重要生产环节。它的主要任务是将供来的骨料（通常是尾砂、人造砂、河沙或碎石等）和胶凝材料（通常是水泥、合成胶凝材料等）按预定的比例及需要量，加水制成既满足胶结强度又满足选定的输送方式和输送量的过程。不同矿山应根据自有特点，将浆状料、粉状料、颗粒状料和水按预定的比例混合均匀后，形成不同的充填料进行充填。依据充填料的不同，可分为分级尾砂充填、水砂充填、废石干式充填、高浓度尾砂胶结充填以及膏体（包括似膏体）充填等。

大红山铁矿Ⅰ号铜矿带充填制备系统处理量及系统简况见 8.4 节中介绍的充填方式及充填材料选择。系统情况及制备工艺流程见图8-25。

根据制备的工艺流程，搅拌系列由浆料投放系统、水泥给料系统、搅拌设备、检测控制系统、收尘系统以及服务于整个制备站的供气、供水系统、土建辅助结构组成。

A　浆料投放系统

本项目的浆料投放系统由 1000m³ 立式砂仓和配套的松动、造浆系统、放砂管路组成。

选厂尾矿通过隔膜泵加压送到充填站立式砂仓仓顶旋流器。旋流器设计数量为一组，参数见表8-52，旋流器直径 250mm，沉砂嘴直径 50 ~ 62.5mm（设计），旋流器共 22 只，旋流器设计给矿粒级 – 200 目含量为 72%，处理能力为 1000 m³/h。

通过旋流器脱去不利于充填的细泥，而后直接进入立式砂仓储存。进入砂仓后的砂浆分为两部分：一部分是沉淀在砂仓下部的饱和砂或沉淀砂，另一部分是离析出来的带细泥的浑水，浮在沉淀砂上形成覆盖水，当砂仓装满到一定程度时，覆盖水便从砂仓的溢流槽流走，沉淀砂则根据需要，其浓度为 70.46%，其粒级组成见表8-53，19μm 以下粒级含量占 3.64%，达到井下设计要求 –19um 含量小于 5%~10% 的要求。再造浆放出，这个再造浆放出的过程就是充填制备系统中的浆状料供料过程。

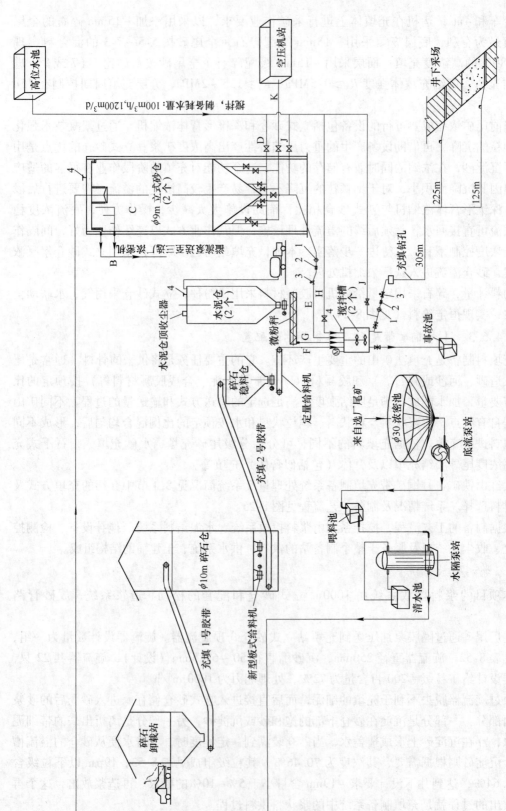

图 8-24　全尾砂-碎石�@料胶结充填流程示意图

1—电磁流量计；2—γ浓度计；3—电动夹管阀；4—料位计

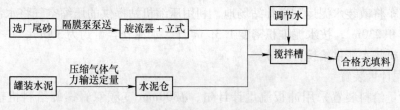

图 8-25　制备工艺流程

表 8-52　充填制备站旋流器参数

规格型号	分离粒度 -200 目/%	处理能力 /m³·h⁻¹	给矿压力 /MPa	沉砂嘴/mm	旋流器数/只
Gmax-10（φ250mm）	72	1000	0.1~0.15	31.25（实际）	22（设计28）

表 8-53　旋流器沉淀分级尾砂的粒级组成

粒级		产率/%	
mm	目	个别旋流器	负累计
+0.20	80	12.95	100.00
-0.20~+0.154	100	3.45	87.05
-0.154~+0.100	150	15.43	83.60
-0.100~+0.074	200	17.26	68.17
-0.074~+0.045	325	21.60	50.91
-0.045~+0.037（水析）		13.38	29.31
-0.037~+0.019		12.29	15.93
-0.019~+0.010		1.55	3.64
-0.010		2.09	2.09
Σ		100.00	

旋流器的应用提高了充填尾砂的粒度，有利于改善充填效果。

B　立式砂仓

1000m³ 立式砂仓为钢结构仓体，仓身直径 9m，仓底采用锥形结构，以利于放砂的稳定，提高放砂效率。仓底共设有 5 层气、水联动的松动、造浆喷嘴层，需要充填时，将立式砂仓中的沉砂制备成 70% 左右的矿浆自流输送，放砂能力为 120~150m³/h。

原设计松动、造浆喷嘴采用的是独孔喷嘴，在项目试运行时发现放砂管出料基本呈泥饼状不间断流出。针对试车情况，及时对松动、造浆配置进行了调整，将松动、造浆喷嘴改成弹簧逆止型喷嘴，喷嘴开孔分为独孔和多孔交互使用，解决了本项目尾矿泥状沉淀料的松动和造浆问题。

C　水泥给料系统

水泥给料系统由压气输送管道、水泥仓以及水泥计量输送部分组成。

a　水泥消耗

大红山铁矿 I 和铜矿带充填水泥用量平均 504.9t/d。

b　水泥仓容积

水泥罐车将散装水泥运到搅拌站场地，利用压缩机站提供的压缩空气将水泥送入水泥仓（有效容积230m³，按水泥堆积密度1.3t/m³计，水泥仓容量约为300t），在仓底通过双管螺旋给料机将水泥供给搅拌部分。

c 水泥计量装置

水泥计量给料装置采用冲板流量计计量，φ300mm变频双管螺旋给料机输送的方式供料。

经过投产使用后，发现这种方式的给料计量中，冲板流量计需经常标定，且标定的准确度不易掌握，所以实际生产中是以双管螺旋给料机的给料转速来控制水泥用量。二道河充填系统的粉料计量则采用水泥粉微粉秤。微粉秤包括稳料给料装置、计量装置以及输送装置。设备自身保证水泥粉料的稳定输送，使整体的计量精度优于1%。

D 搅拌设备

搅拌设备主要是将尾砂、水泥搅拌均匀后，再通过自流，实现连续输送，输送流量150m³/h。

根据系统放砂要求，搅拌设备选用了φ2400mm×2600mm强力搅拌槽，电机功率37kW，目前设备达到了系统放砂的使用要求。

E 检测、控制系统

为加强质量控制和经济管理，制备站对砂、水泥、水的流量，以及放砂浆料的浓度和流量均进行计量。本系统的检测、控制系统主要包括：

（1）矿浆管的浓度、流量检测。当检测出立式砂仓下的放砂管的浓度和流量的检测有很大变化时，就调节造浆、松动喷嘴的气量和水量以及放砂夹管阀的开度，使放砂浓度和流量控制在设计值的范围内。搅拌槽搅拌后的放砂浓度和流量检测，就调节搅拌槽的调节水量和放砂夹管阀的开度，使放砂浓度和流量控制在设计值的范围内。

（2）用于调节矿浆浓度的水量控制。

（3）用于调节矿浆浓度的气量控制。

（4）立式砂仓、搅拌槽的料位检测。

F 收尘部分

充填的收尘部分设计主要考虑了水泥仓仓顶和搅拌槽的收尘：

（1）根据水泥仓的容积和水泥的输送方式，水泥仓顶采用通常的袋式收尘器，并以采用正压袋式收尘器为好。本系统采用单机袋式除尘器，设备自带风机和清灰时使用振打电机。设备参数如表8-54所示。

表8-54 充填制备站水泥仓除尘系统设备参数

型 号	风量/m³·h⁻¹	功率/kW	过滤面积/m²
TG-6000/B	6000	7.75	34

同时，水泥仓顶设置了专用仓顶安全阀，以防收尘器过负荷堵塞后，气压对仓结构增加的额外负荷。

（2）对于搅拌槽的产尘点，为保证搅拌槽内的小负压，必须备有抽尘风机。风机的风量按搅拌槽的漏风量确定，但是实际漏风量很难算得准，所以设计中预留本风机的用电负荷和场地尺寸，现场调试后，根据实际情况进一步完善。

G　供气、供水系统

（1）系统的压气使用点主要是罐装水泥的气力输送用气、充填管路气、水联动冲洗用气和立式砂仓的气、水联动用气。

由于充填站的位置离矿山主要厂区较远，所以在充填站旁边设置了独立的压气站，压气站内配有 20m³ 螺杆式空压机 2 台，根据充填站用气量使用情况自动启停。

（2）供水水源由矿山地表高位水池接入，经减压后供充填站使用。

各充填系列的用水由供水管线和流量控制闸阀组成。

8.4.6.4　Ⅰ号铜矿带尾砂充填立式砂仓土建设计特点[❶]

Ⅰ号铜矿带尾砂充填制备站采用无箍钢板圆筒仓，在实际应用中取得较好的效果。

A　砂仓类型

a　混凝土卧式砂仓

20 世纪 80 年代，常用的充填制备砂仓为混凝土卧式砂仓或混凝土立式砂仓，其中混凝土立式砂仓由于浓缩效果比混凝土卧式砂仓好，应用更普遍。混凝土卧式砂仓直径一般大于 12m，高度不大于 3m。山坡场地顺地势采用落地或半架空布置，平缓场地采用架空布置。卧式砂仓属混凝土浅仓，仓壁主要以悬臂受弯为主，环向受拉力为辅，仓壁厚度由强度及构造控制，厚度一般为 200~300mm。当卧式砂仓采用落地式布置时，地基为砂类土或人工填土布置时，应注意卧式砂仓的整体性，不能采用池壁与底板分缝方案。如果采用池壁与底板分缝方案，缝内油膏等防水材料的老化会造成池底漏水、地基土被冲空失稳事故。

b　混凝土立式砂仓

混凝土立式砂仓直径一般大于 6~9m，高度大于直径的 1.5 倍。采用混凝土筒体架空布置，立式砂仓属混凝土深仓，仓壁主要以环向受力为主，悬臂受弯为辅。仓壁厚度由混凝土抗渗强度及构造控制，厚度一般为 300~400mm。混凝土立式砂仓由于水头及矿浆压力较大，混凝土抗渗强度要求在 1.4MPa 以上，C40 左右的混凝土很难试配成功，建成后渗漏成为普遍现象，需再用防水涂料进行堵漏处理。为了减少沉砂对混凝土仓壁的磨损，20 世纪 80 年代设计的立式砂仓，仓内壁衬一般为 4~6mm 的钢板，随着混凝土技术的进步，混凝土强度等级提高，大红山铜矿二选厂设计实践证明，混凝土立式砂仓内衬钢板可以取消。

c　钢板圆筒仓

20 世纪 90 年代随着钢结构的发展，钢板圆筒仓得到了广泛应用。钢板圆筒仓常见的为带箍设计，比混凝土仓施工速度更快，更美观。但常见带箍钢板圆筒仓不仅外箍不美观，还影响外围管道、楼梯的布置。大红山铁矿Ⅰ号铜矿带 1500kt/a 采矿工程充填制备站立式砂仓首次采用无箍钢板圆筒仓，既美观又方便工艺管道及楼梯的布置。

B　无箍钢板圆筒仓

a　无箍钢板圆筒仓应用背景

大红山铁矿Ⅰ号铜矿带 1500kt/a 采矿工程，充填制备站立式钢板筒仓组由 4 个直径

9m 钢圆筒仓组成。各仓中心平面网格为 16m×16m，钢圆筒仓高总高度 28.5m，顶部设有 16m×16m 钢平台，将 4 个钢圆筒仓连成一体，设有两个楼梯间下到地面；钢圆筒仓直径 9m，直壁高度 16.7m，圆锥形仓底高度 6.3m，壁厚随高度变化，钢板筒仓支撑于 10.7m 高的钢筋混凝土筒体。上、下楼梯间要求端部筒仓无外箍，要求采用无外箍钢板筒仓，在本工程中首次采用无箍钢板圆筒仓。

b 无箍钢板圆筒仓可行性

钢圆筒仓设计如果采用带箍圆筒仓，会影响管道的布置，也不美观。仓内浆体容重 2.3t/m³，通过分析计算，仓壁钢板厚度大于 14mm，而常见的带箍圆筒仓，外箍间距 0.6~1.2m，外箍型钢采用 12~18 号槽钢，单位高度型钢的刚度远小于钢板自身的刚度，环箍的作用不大，可以取消外箍，采用无箍钢板圆筒仓可行。

c 钢板圆筒仓强度设计

钢板圆筒仓设计应考虑环向拉应力、平面外弯曲应力、浆体晃动弯曲应力的组合，沿仓壁高度通过组合应力确定不同高度仓壁钢板厚度，最终仓壁的厚度应考虑腐蚀、磨损预留厚度。预留厚度一般最小为 2~4mm。

d 钢板圆筒仓稳定设计

应考虑上部钢板圆筒仓与下部支承结构混凝土筒体交界面处的稳定性，考虑水平地震荷载作用下上部筒仓不会沿支承结构顶面倾覆与滑移。倾覆安全通过验算上部筒仓支座不出现拉应力控制来实现，滑移安全通过验算上部筒仓支座面摩擦力及螺栓抗剪强度来实现。

e 支承结构设计

钢板圆筒仓支座筒一般采用钢筋混凝土筒体结构，筒体壁厚度大于 250mm 且不小于支筒高度的 1/20，把上部钢板圆筒仓的荷载均布作用于钢筋混凝土支筒体结构顶面，按单质点体系进行支筒抗震设计。

f 基础设计

采用浅基础时，埋深应满足最小埋深要求，基础埋深不小于建筑物高度的 1/15，采用桩基础时，基础埋深不小于建筑物高度的 1/18。本工程基础以碎石土层为基础持力层，地基承载力特征值为 280kPa，基础采用钢筋混凝土筏板基础，基础埋深 3.35m。

C 小结

a 优点

大红山铁矿 I 号铜矿带 1500kt/a 采矿工程，充填制备站立式钢板筒仓组由 4 个直径 9m 单仓组成，顶部大平台直接支撑于筒仓顶，提高了群仓的整体性，为顶部分料设备的布置及检修创造了较好的条件，也为仓间场地形成天然的大雨篷，为充填站地面创造了较好的工作环境。设置了两部楼梯直达仓顶平台，楼梯角度不大于 45°，楼梯宽 0.9m，人员上、下行走比较舒适。采用无箍圆板筒仓（已属公司专利），经济美观，建设周期短，经过两年的生产运行观察，放砂造浆过程仓体振动小，无箍圆板筒仓体结构安全可靠。

b 不足

由于砂仓高 28.5m，相当于民用建筑 10 层楼高，人员上、下一次还是感觉不太方便，建议以后类似的工程应增设直达仓顶电梯，楼梯可以减少为一部。

8.5 多矿（区）段立体高效开采的安全措施之四——多种开拓方式联合应用

8.5.1 概述

大红山铁矿由多个相邻的矿段组成，每个矿段都有具体的赋存条件。它们的开拓系统势必要因地制宜，各具特点，形成多种方式，既相互独立又相互关联。在各个相邻矿段开采中，II_1矿组一期4000kt/a工程首先设计和实施。该工程不但为一期工程设置了完整的开拓系统，而且为周边各个矿段的进一步开拓打下了基础。各矿段扩产和II_1矿组深部区段开采时，在一期开拓工程母体的基础上衍生而成。相应延伸、扩展、完善各个矿段的开拓系统，形成了既相互独立又相互关联的联合开拓系统。这个联合开拓系统有一些特点。

矿石、废石分开提升和运输。矿石相对独立地由地下直接运出地表，包括主胶带运输系统、箕斗竖井提升系统、平巷运输系统联合应用：

（1）主胶带提升运输系统——为II_1矿组一期和二期深部矿体及III_1、IV_1矿体铁矿石的提升服务，能力为6000kt/a。

（2）箕斗竖井提升系统，为I号铜矿带、深部铁铜矿体及二道河铁矿体的提升服务，能力为3000kt/a。

（3）720m平硐有轨运输系统，为720m头部矿体铁矿体提供运输服务，能力800kt/a。

（4）在井下出矿高峰期间，无轨斜坡道也作为矿石运输的补充，约运输1000kt/a矿石出井。

（5）I号铜矿带浅部矿体，由于规模小，所处位置高，相对独立，自成系统建立平坑出矿通道，担负自身200~500kt/a至地表的矿石运输。

这样，因矿段不同而异，形成了多种开拓方式，在生产高峰期间，互相配合，具有井下1100kt/a以上的矿石提升运输能力。

8.5.1.1 辅助运输系统相互共用

A 斜坡道

它主要由II_1矿组一期斜坡道延伸、扩展形成。II_1矿组一期斜坡道往下延伸形成了至III_1、IV_1矿体斜坡道及至II_1矿组二期斜坡道，而后分岔分别形成至I号铜矿带深部铁铜矿体粗破碎硐室斜坡道及至二道河铁矿斜坡道；II_1矿组一期斜坡道往上延伸形成至720m头部矿体铁矿体斜坡道；I号铜矿带深部铁铜矿体首采矿段采区斜坡道由II_1矿组一期斜坡道480m分段开口后向里开掘的480m分段平巷延伸形成，并进一步向上延长形成到北部地表的斜坡道。这样，大红山铁矿井下就形成了可以通达各个矿段，上、下、左、右相互连通的斜坡道系统，平面上再与各个分段平巷相连接，为400多台无轨设备提供了四通八达的通道，大大方便了无轨设备、人员、材料等的运输和调度。

B 废石提升和运输

II_1矿组一期工程的废石是通过720~380m的盲竖井——720m有轨平硐进行提升运输的。在扩产开采中，720m头部矿体仍用720m有轨平硐进行提升运输。随着I号铜矿带深部、III_1、IV_1矿组、II_1矿组二期工程、二道河铁矿投入建设，井下废石量大量增加，如按矿段分别建立废石外排系统，不但井下系统零散、复杂，而且从各井（坑）口转运至地表废石场，转运设施多，运距远，管理也繁杂。因此，井下废石除部分用于有条件的采空区进行充填外，结合地表废石场位置和运输条件，统一考虑在靠近废石场的位置建立排废通道。

Ⅱ₁矿组二期工程，在其深部区段开采矿体的东侧设废石箕斗竖井，地表井口在紧靠小庙沟废石场北侧的缓坡上。将Ⅱ₁矿组深部区段、Ⅰ号铜矿带深部、Ⅲ₁、Ⅳ₁矿组、二道河等各个矿段、外排部分约700kt/a废石汇总后统一排出，彻底解决了废石外排问题。

8.5.1.2 进回风工程

除利用Ⅱ₁矿组一期进回风井巷为各矿段的建设施工提供便利、在生产进展中能持续利用的工程外，基本按各个矿段产量需要的风量，相对独立地设置和增加矿段的进回风主要井巷，构成完善的系统，解决了1556m³/s风量的通风问题。

8.5.1.3 排水系统

根据有关矿段的排水量、位置、系统关系、采矿进度，已有排水设施的能力，分别考虑共用或独立设置。由于4000kt/a一期工程生产实际排水量（3000m³/d左右）小于设计井下排水量（正常为6330m³/d，最大为9295m³/d，暴雨期间为15313m³/d），尚有较大余地。而Ⅰ号铜矿带深部与Ⅲ-Ⅳ矿体和现有4000kt/a一期工程的排水量共计为8931（正常）约16138（最大）m³/d，现有排水设施能力可以满足。因此，Ⅰ号铜矿带深部、Ⅲ₁、Ⅳ₁矿组380m标高以上矿体利用Ⅱ₁矿组一期工程建成的排水系统进行排水，以便集中管理，避免重复建设。今后随着中段的下降与二期工程深部统一考虑深部排水设施。

Ⅱ₁矿组二期开采规模大于一期开采规模，而且开采深度下降，井下采用崩落法采矿引起的地表塌陷逐渐显现，导致雨季降水大量渗透至坑内，增加了坑内排水量。加之由于一期排水系统新增了Ⅰ号铜矿带及Ⅲ-Ⅳ矿体开采时的排水任务，因此，二期工程需要自设排水系统，前期在180m运输水平设置中央排水系统，

在前期崩落没有影响到地表、降雨没有进入井下时，正常排水量为7861m³/d，最大排水量为9979m³/d；地表塌陷区降水渗透时，正常排水量为15208m³/d，最大排水量为47366m³/d。

今后主采180m以下矿体时，另行考虑深部的排水设施。

720m头部及Ⅰ号铜矿带浅部，分别独立排水，720m头部矿段由720m平硐自流排水；Ⅰ号铜矿带浅部780m以上各中段坑内涌水，均可自流出坑，引入污水处理设施处理后达标排放；780m以下各中段井下涌水采用机械排出。

二道河矿段与其他矿段相距较远，建立独立的排水系统。排水量正常时为7256m³/d，最大时为12339m³/d。

8.5.1.4 尾砂充填系统

根据有关矿段的充填需要量、位置、系统关系，分别考虑共用或独立设置。Ⅰ号铜矿带深部、Ⅲ₁、Ⅳ₁矿组、Ⅱ₁矿组二期空场法开采地段及Ⅰ号铜矿带浅部，由于需要充填的地段，位置相距较近，关系较密切，因此，考虑共用，系统充填量1000km³/a左右。以Ⅰ号铜矿带深部充填为主，建立的充填系统可以往下延伸，充填Ⅲ₁、Ⅳ₁矿组采空区、Ⅱ₁矿组二期空场法采空区，往上延伸，充填Ⅰ号铜矿带浅部采空区。

二道河矿段相距较远，而且输送方向相反（Ⅰ号铜矿带深部等充填系统往东北方向输送充填料，二道河矿段要向西输送，而且建设时间较晚），故二道河矿段独立建设充填系统。系统充填量 300km³/a。

8.5.1.5　采用高中段开拓

保有充分的开拓矿量，为大规模稳定生产提供了充分的保障条件。一期工程的 340m 集矿运输高度，为矿山提供了 13.5 年的开拓矿量，对一期工程的稳定生产十分有利；二期工程综合考虑各种因素，将中段高度定为 200m，建成后为矿山提供 17.8 年的开拓矿量，同样会给矿山带来相当长时间的高产和稳产能力。同时为生产开拓的 40m 中段提供了足够的准备周期。即使以缓倾斜至倾斜中厚矿体为主的Ⅰ号铜矿带深部矿体也采用了 100m 的中段高度，基建保有 8.24 年的开拓矿量，为稳产创造了条件。

这样，多种开拓方式因地制宜、联合使用，既为在多矿段同时进行立体开采、实现千万吨级规模地下矿山的安全生产和提升运输方面提供了充分保障，又相互连接和支撑，方便使用，并充分发挥系统能力，节省了资金。

8.5.2　联合开拓系统的基本构架和形成情况

这里主要介绍复杂的联合开拓系统的基本构架、相互关系和形成情况。各系统具体情况可参见第 3 章介绍的矿区开发规划和开采系统简况。

8.5.2.1　Ⅱ₁矿组一期 4000kt/a 工程开拓系统的基本构架

Ⅱ₁矿组一期 4000kt/a 工程开拓系统根据矿床特点、地形条件及地表总图布置等，经比较后选择采用胶带斜井、无轨斜坡道、辅助盲竖井联合开拓方案。由矿体南北两侧、通地表的 6 条主控井巷和 380m 主运输水平环形运输平巷、排水系统、井下粗破碎系统等构成。

矿体南侧设有主胶带斜井、无轨斜坡道、720m 平硐和盲竖井，作为矿石、废石、人员、设备材料的运输通道；此外，在南侧设一条进风斜井，北侧设两条回风斜井作为主要进回风通道。

系统设置以满足 4000kt/a 矿石生产的需要为基本要求，并为今后的发展创造条件。

主胶带斜井，倾角 14°，包括井底平直段在内总长度为 1847.30m。

在 720m 工业场地南部 720m 标高开掘 720m 平硐，并在 A37 勘探线附近下掘盲竖井至 380m 标高，作为辅助运输。

在采矿工业场地 710m 平台南部向矿体下盘开掘无轨斜坡道，从坑口 710m 标高到坑下 380m 标高为主斜坡道，直线段坡度为 1/7（14.286%），缓坡段坡度为 5%，并在缓坡段设错车道。斜坡道的使用，使井下与地表的沟通比用辅助竖井提升快捷、方便得多，斜坡道上的车流量增加很多；同时随着相邻各矿段扩产工程的建设，井下各施工单位产出的废石多从斜坡道运出，大大增加了斜坡道的运输压力。为满足交通量大幅度增加的需要，在原斜坡道旁平行增加一条斜坡道。这条新斜坡道与一期的斜坡道相伴，由 710m 水平向下延深至 180m 水平，每隔一定距离设置联络通道实现互通，实现了一进一出的单行车道，大大增加了交通流量。

在矿体南翼，肥味河北岸向矿体下盘设置一条进风斜井。两条总回风斜井设在矿体北翼，坑口位于曼岗河南侧。

8.5.2.2 Ⅱ₁矿组720m头部矿段采用平硐-溜井-辅助斜坡道开拓方式

该开拓是在利用4000kt/a一期工程720m平硐有轨运输的基础上所进行的完善。

720m平硐对一期工程废石运输来说，采用单轨加错车道的设置即可，但巷道宽度预留了设置双轨的余地。扩产时，为满足720m头部500～800kt/a矿石量及其相应辅助运输的需要，将其改为双轨运输，并将其向里延伸，形成单轨加错车道的环行运输线路。矿石由采场用溜井下放到720m平巷装矿车外运。

此外，将4000kt/a一期中部区段的采区斜坡道向上延伸到720m头部矿段，并增加北部回风平巷及回风斜巷，形成完整的开拓系统。

8.5.2.3 Ⅲ₁、Ⅳ₁矿组开拓

Ⅲ₁、Ⅳ₁矿体位于4000kt/a一期工程首采地段的西、北侧，与之相邻近，其开拓工程系在利用一期工程开拓系统的基础上所进行的局部延伸和完善，形成了无轨斜坡道开拓方式。从一期工程南侧已有斜坡道及各分段联络通道开掘通道至Ⅲ₁、Ⅳ₁矿体（组）位置，形成矿石、废石运输、人员材料设备进出的通道；并在矿体西北侧增加进风竖井，在矿体东北侧增加回风斜井，形成进回风通道。

矿岩运输采用灵活的无轨运输方式，便于与Ⅱ₁矿组4000kt/a一期工程的破碎系统结合。在4000kt/a一期工程设计和建设中，344m破碎硐室已留有卡车卸矿的位置，Ⅲ₁、Ⅳ₁矿组矿石就近运到344m破碎硐室，不但工程量小，基建时间短，而且运输距离短，所需车辆少，运费不高。

根据800kt/a矿石生产和运输规模的要求、运输系统的布置及已有工程情况，选用国产20t矿用卡车作为矿石运输设备。

8.5.2.4 Ⅰ号铜矿带深部开拓

Ⅰ号铜矿带的铜矿石生产设计规模为1500kt/a，开拓运输系统能力按保证2000kt/a考虑，采用箕斗竖井开拓方式。提升系统考虑兼顾西侧相距约1km左右的二道河铁矿，按3000kt/a设计。

A 利用4000kt/a一期开拓工程进行扩展

Ⅰ号铜矿带深部矿带的首采地段在Ⅱ₁矿组4000kt/a一期工程主采区的西边，其开拓工程可以在4000kt/a一期开拓工程的基础上进行扩展。为此，充分利用了一期工程的两条通道。

其一，Ⅰ号铜矿带首采中段运输水平设置与一期工程主运输水平相同，都设在380m水平，由4000kt/a一期工程380m环行运输道的10号穿脉设联络通道与Ⅰ号铜矿带380m水平南沿脉互相沟通，使两个矿段的主运输水平连成一体，统一车型，以便于车辆统一调度、运输，并可以利用一期工程的已有设施为Ⅰ号铜矿带基建和生产中的废石、人员、材料、设备等的运输和排水以及部分通风提供通道和服务。Ⅰ号铜矿带380m有轨主运输水平通过一期主运输水平通到一期辅助竖井，为其提供了对外通道。

其二，Ⅰ号铜矿带采区斜坡道在下盘沿矿体折返布置，是由4000kt/a一期工程斜坡道经其480m分段巷道掘进至Ⅰ号铜矿带下盘沿脉干线而形成的。这样，可以利用4000kt/a一期工程斜坡道，作为Ⅰ号铜矿带井下人员、设备、材料进出及井下排碴的另一通道。

B 新增部分

a 箕斗竖井

由于Ⅰ号铜矿带的矿石生产规模达到1500kt/a以上，又是单独的含铁铜矿石，其选矿厂单独设置，不适合再使用一期工程的胶带斜井进行矿石提升运输。经比较，新建一箕斗竖井作为矿石提升通道。

箕斗竖井用于提升Ⅰ号铜矿带的矿石，并兼顾提升二道河铁矿的矿石，提升能力为3000kt/a。

井口位于三选厂附近（北侧）。提升的矿石通过井口矿仓及短胶带转运至三选厂。

b 进回风井巷

Ⅰ号铜矿带深部1500kt/a工程新增风量337.40m^3/s。为满足通风需要，在曼岗河西岸，A28线附近，设置一进风竖井。在曼岗河东岸A40线附近沿矿体下盘设置回风斜井；为减小巷道断面及便于与不同的回风水平连接，回风斜井设置为两条平行的斜井。其中Ⅰ号回风斜井长度825.4m，Ⅱ号回风斜井长度1077m，两斜井间约每间隔200m左右设一条联络通道相连，在充填回风水平标高设联络通道与充填回风平巷连接。

c 中段运输平巷

基建中段为380m和480m中段，其中380m中段为有轨运输中段，采用环形运输系统。约每200m间距布置一条穿脉运输道，在穿脉两端布置中段运输沿脉巷道。在矿体西南翼的溜破系统主溜井旁布置溜井车场，在中段运输沿脉和溜井车场间设石门相接，在南沿脉东侧设联络通道与4000kt/a的10号穿脉相连。

480m中段运输平巷采用无轨运输方案。整个中段形成折返式运输系统。

根据采矿盘区布置及采矿工艺的需要，在矿体下盘约200m间距布置中段运输穿脉，在穿脉北端布置中段运输沿脉，在穿脉南端布置人行进风井连通500m下盘沿脉干线，在B18线设联络通道连通4000kt/a一期工程480m分段。

d 北部斜坡道

由于Ⅰ号铜矿带部分矿体埋深较浅，采区斜坡道距离地表较近，为了降低斜坡道的运输压力，将Ⅰ号铜矿带采区斜坡道向上往北延伸，直通地表开口于曼岗河东岸，为坑内的斜坡道系统增加了一个出口。

8.5.2.5 Ⅱ$_1$矿组深部区段

为满足Ⅱ$_1$矿组深部区段5200kt/a铁矿石产能的需要。Ⅱ$_1$矿组深部区段的开拓在Ⅱ$_1$矿组中下部区段开拓系统的基础上向下延伸，进行构建，并与周边扩产矿段的开拓系统相互关联。仍然采用胶带斜井、斜坡道、辅助竖井联合开拓。

矿石提升系统。利用上部Ⅱ$_1$矿组一期胶带系统，自下而上包括采2号胶带、采3号胶带、选1号胶带。Ⅱ$_1$矿组深部区段在此基础上从上往下延伸了4段胶带（4号、5号、6号、7号，提升高度370m）。总提升高度达783m。

为满足Ⅱ$_1$矿组深部区段及周边扩产矿段排出废石的需要，对废石提升系统，统一考虑提升Ⅱ$_1$矿组深部区段、Ⅲ-Ⅳ号矿体800kt/a、Ⅰ号铜矿带1500kt/a等工程生产期间产出的外排废石，平均外排废石量约700kt/a。

辅助斜坡道在4000kt/a一期工程已建成的通地表的双斜坡道的基础上，往下延伸，折

返布置于 II_1 矿组深部区段开采矿体的南侧,双线已到 180m 水平,单线直至破碎系统 0m 标高及 −40m 标高。

这样,大红山铁矿包括一期、二期、扩产坑采工程,矿体分布范围东西约 4km、南北近 2km,生产规模 11000kt/a,采用了胶带斜井-斜坡道-辅助竖井、箕斗竖井、平硐、斜坡道等 4 种开拓方式,共形成 18 条通达地表的井巷,其中矿石主提升运输井巷 3 条(胶带斜井 1 条、箕斗竖井 1 条、平巷 1 条),辅助提升运输井巷 5 条(斜坡道 3 条、竖井 2 条),专用进风井巷 3 条(斜井 1 条、竖井 2 条),专用回风井巷 7 条(斜井 6 条、竖井 1 条)。

可供参考的是世界著名的基鲁纳铁矿,规模 22000kt/a,通地表的主要井巷共 28 条,其中箕斗竖井 11 条(提升矿石的 10 条,提升废石的 1 条),主斜坡道 1 条,通风竖井 16 条(进回风各 8 条)。

参 考 文 献

[1] 昆明有色冶金设计研究院. 昆钢集团玉溪大红山矿业有限公司 8000kt/a 采选运扩产工程总体开发利用规划 [R]. 2007.12.
[2] 昆明有色冶金设计研究院股份公司. 昆钢集团有限责任公司大红山铁矿地下 4000kt/a 二期采矿工程初步设计 [R]. 2011.6.
[3] 云南华昆工程技术股份公司,中冶长天国际工程有限责任公司,昆钢玉溪大红山矿业有限公司. 昆钢集团有限责任公司大红山铁矿 I 号铜矿带及三选厂铜系列 1500kt/a 采选工程初步设计 [R]. 2009.9.
[4] 昆明有色冶金设计研究院股份公司. 昆钢集团玉溪大红山矿业有限公司二道河矿段 1000kt/a 采矿工程初步设计. 2013.12.
[5] 昆明理工大学,玉溪大红山矿业有限公司. 大红山铁矿废石-尾砂高浓度充填试验研究报告 [R]. 2012.04.
[6] 长沙矿山研究院,玉溪大红山矿业有限公司. 大红山铁矿 I 号铜矿带深部 1500kt/a 工程充填试验研究报告 [R]. 2010.12.
[7] 玉溪大红山矿业有限公司,昆明理工大学. 微细粒铁尾矿固化干堆及井下充填技术研究 [R]. 2012.9.
[8] 玉溪大红山矿业有限公司. 深部 I 号铜矿带采场充填工业试验报告 [R]. 2014.08.
[9] 余南中. 大红山矿区扩产设计中的风险和对策 [J]. 金属矿山,2009.
[10] 郑伯坤. 尾砂充填料流变特性和高浓度料浆输送性能研究 [D]. 长沙矿山研究院硕士论文. 2011.3.
[11] 余南中. 金属矿山采矿设计的步骤和重点概述 [J]. 有色金属设计,2014.12.
[12] 魏建海. 无轨斜坡道在大红山铁矿中的应用 [J]. 有色金属设计,2014.12.

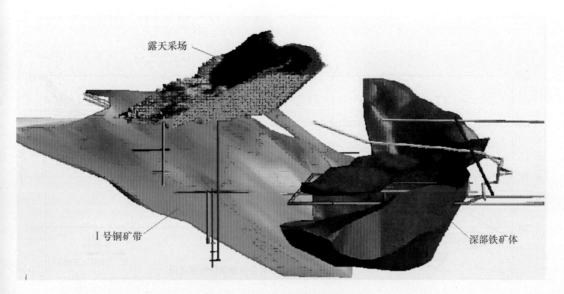

图 8-1 各开采对象空间关系

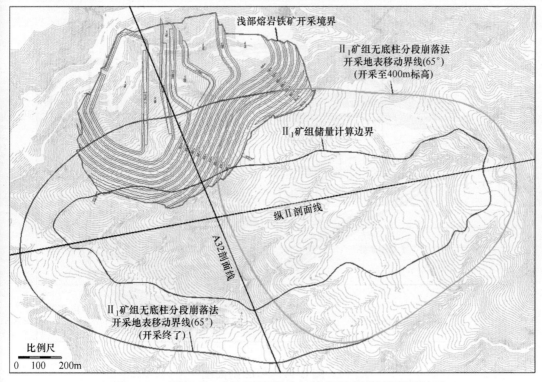

图 8-2 深部 II₁ 矿组开采移动与浅部熔岩露采平面关系

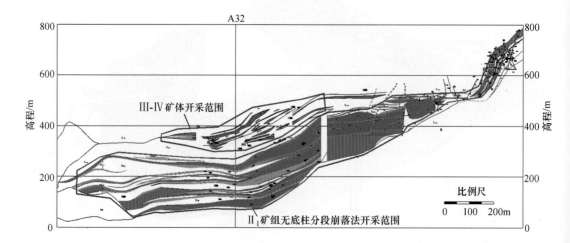

图 8-3 纵Ⅱ剖面图

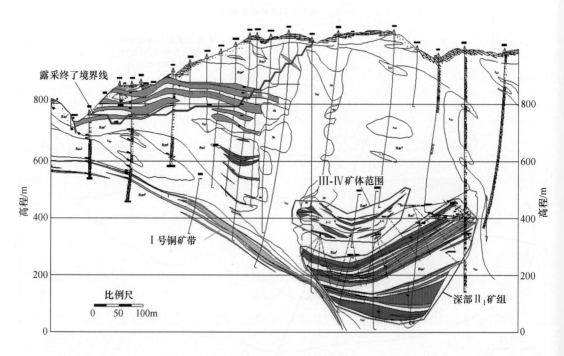

图 8-4 A32 剖面图

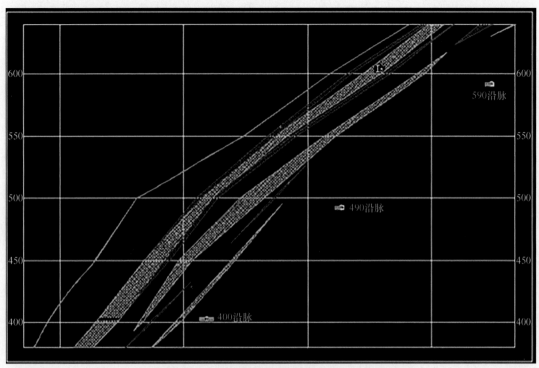

图 8-5　Ⅰ号铜矿带首采区 B48 线剖面图
（基建探矿前，据地勘资料）

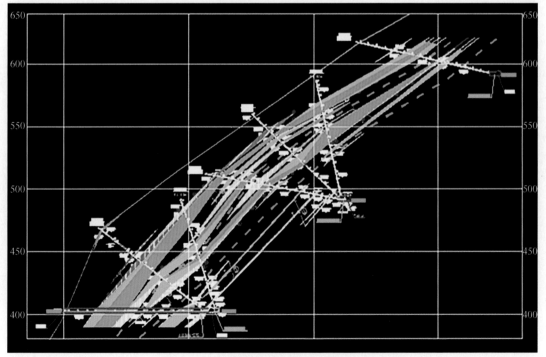

图 8-6　Ⅰ号铜矿带首采区 B48 线剖面图
（基建探矿后，据基建探矿报告）

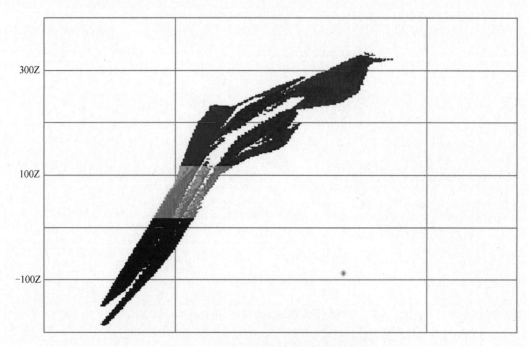

图 8-7　矿体赋存标高及形态特征

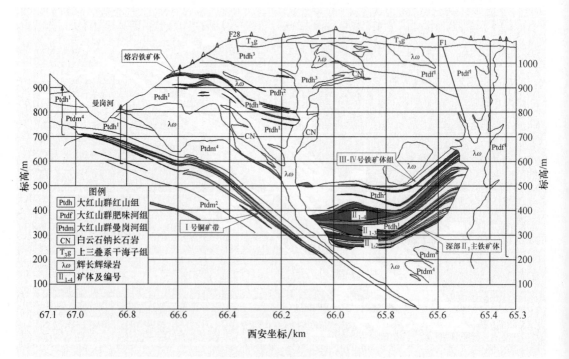

图 8-9　矿体相互关系

9　岩石力学研究及矿山地压监测

9.1　矿山岩石力学研究

进行充分的岩石力学分析和数值模拟研究，提出事先指导意见，是实现多矿（区）段立体高效开采的重要安全措施。大红山铁矿先后进行了主矿体地下开采围岩稳定性的数值模拟研究、Ⅰ号铜与露天矿开采关系的数值模拟研究、二道河铁矿数值模拟研究、二道河矿段地表沉降与变形规律研究，为安全开采提供了事先指导意见。

9.1.1　主矿体地下开采围岩稳定性的数值模拟研究

9.1.1.1　概述

为了分析Ⅱ₁主矿组地下开采对露天采场和废石场产生的影响，验证采取的安全环保措施是否合适，昆明院在现场工程地质调查和实际地质剖面的基础上，进行了主矿体地下开采围岩稳定性的模拟研究。

为了探讨分析地下开采对上覆岩层的变形破坏规律，采用美国 Itasca 咨询集团公司开发的数值分析软件 FLAC³ᴰ对矿体开挖后围岩的稳定性进行了模拟计算分析。

由于该露天采场和废石场处于不利的山坡地形，坑露开采关系又十分复杂，为了了解Ⅱ₁主矿组地下开采对露天采场和废石场产生的最不利影响程度，在模拟中未考虑围岩冒落后充填塌陷区所起的阻抗作用，而是按空场状态下引起的地表移动来进行分析。

9.1.1.2　FLAC³ᴰ软件简介

随着计算机技术的发展，数值模拟方法已广泛应用于岩土及地下工程的研究和设计中。FLAC³ᴰ是由美国 Itasca 咨询集团公司开发的三维岩土数值分析软件，它可以模拟岩土或其他材料的三维力学行为。FLAC³ᴰ（Fast Lagrangian Analysis of Cotinuum）是一种显式有限差分程序；基于显式有限差分方法求解运动方程与动力方程过程中，基本方程组和边界条件（一般均为微分方程）近似地改用差分方程（代数方程）来表示，即由空间离散点处的场变量（应力、位移）的代数表达式代替（这些变量在单元内是不确定的），从而把求解微分方程的问题转换成求解代数方程的问题。由于其分析不局限于某一类特殊问题或分析类型，再加上 FLAC³ᴰ具有良好的后处理功能，所以 FLAC³ᴰ广泛应用于土木、交通、采矿、水利等行业，进行复杂的岩土工程数值分析与设计。

9.1.1.3　计算模型的建立

数值模拟的可靠性在一定程度上取决于所选择的计算模型，包括数值模拟的本构模型；地质体几何结构的简化；选择适当的计算域和计算模型的离散化处理；确定计算模型的边界约束条件；选取岩体力学参数及其破坏准则等问题。

在数值模拟过程中，不可能将影响地下采场稳定性的因素都面面俱到地考虑进去。因此，本次模拟做了一些必要的假定：

（1）地应力比较复杂，不但有自重应力，还有构造应力。本次数值计算所采用的初试应力场采用之前，中南大学所做原岩应力测试的结果，即最大主应力方向近似水平东西向，各主应力基本都随深度逐渐增加，其中最大主应力、中间主应力、最小主应力随深度的变化规律如下：

$$\sigma_1 = 1.337 + 0.047H$$
$$\sigma_2 = \gamma H \tag{9-1}$$
$$\sigma_3 = 0.59 + 0.22H$$

式中，σ_1 为最大主应力，MPa；σ_2 为中间主应力，MPa；σ_3 为最小主应力，MPa；H 为测点深度，m。

（2）视岩体为连续均质、各向同性的力学介质。

（3）断层和节理、裂隙等不连续面对采场稳定性产生的影响，忽略不计。

（4）计算过程只对静荷载进行分析且不考虑岩体的流变效应。

（5）不考虑地下水、地震和爆破振动力对采场稳定性的影响。

由于岩体的复杂性和不确定性，计算模型中不可能真实地充分反映和考虑实际的地质条件和岩体结构条件，也不可能根据实际回采步骤逐层写真式地进行回采模拟。为了便于计算，一次开挖一个或者是多个水平。

计算域的大小对数值模拟结果有重要的影响，计算域取的太小，容易影响计算精度和可靠性；而如果取的太大，则使单元划分太多，影响计算速度。因此必须取一个适中的计算域。为了满足计算需要和保证计算精度，本次计算采用的几何模型尺寸尽可能地逼近地表及地层实际模型尺寸。模型 y 方向为矿体走向方向，长度 2900m；模型 x 方向垂直矿体走向方向，长度 2860m；模型 z 方向为竖直方向，模型底部标高 -400m，顶部最高标高 1434m，模型最高高度 1834m。

计算域边界先施加原始应力，然后采取位移约束。由于采动影响范围有限，在离采场较远处岩体位移值会很小，可将计算模型边界处位移视为零。因此，计算域边界采取位移约束，即模型底部所有节点采用 x、y、z 三个方向约束，模型 x 方向的两端采用 x 方向约束，模型 y 方向的两端采用 y 方向约束。模型顶部为自由边界。

采用莫尔-库伦（Mohr-Coulomb）弹塑性本构模型。模型共划分 462852 个单元体，483600 个节点，最终生成的网格和建好的模型如彩图 9-1 所示。

9.1.1.4　计算方案

为了再现当初地下矿体被开挖以后采空区围岩的破坏状态，用 FLAC³ᴰ 来模拟围岩在已确定的材料特性作用下的变形与应力状态发展趋势。本次计算模拟采用与现场矿体开采基本一致的顺序进行开挖。

第一步：对原始岩体进行模拟分析，该步骤无任何开挖充填过程，给所构建的模型施加自重应力场和构造应力场，岩体在重力和构造应力作用下被压实固结，在整个模型中形成初始应力场，为后续开挖及分析奠定基础。

第二步：预留保安矿体，开挖按 65° 移动角圈定的 400m 以上矿体（即标高 400m 水平以上南部部分矿体）。

第三步：不预留保安矿体，开挖标高 400m 以上全部矿体。

第四步：开挖400m以下全部矿体，即最终全部开挖。

9.1.1.5　原始状态模拟结果

在模拟的第一步，即不进行任何开挖充填，矿体中仅有自重应力场和构造应力场作用。最大主应力从模型的顶部向下依次增大，最大主应力线呈水平状态，应力方向为水平方向，最大水平主应力值，最大为63MPa（彩图9-2）；中间主应力是由自重应力产生的，也是从模型的顶部向下依次增大，中间垂直主应力线近似呈水平状态，中间主应力值最大为44MPa左右（彩图9-3）；最小水平主应力也是从模型的顶部向下依次增大，最小主应力线近似呈水平状态，但在矿体所在位置，由于矿岩参数的不同，出现一定的应力集中现象，最小水平主应力值，最大为28MPa左右（彩图9-4），模型中无塑性区域出现（彩图9-5）。

该步骤无任何开挖充填过程，给所构建的模型施加自重应力及构造应力，岩体在重力和构造应力作用下被压实固结，在整个模型中形成自重应力场及构造应力场，为后续开挖及分析奠定基础。

图9-6为数值计算过程中弹塑性求解阶段的系统最大不平衡力演化全过程曲线，FALC^{3D}程序采用最大不平衡力来刻画计算的收敛过程。在图9-6中，体系的最大不平衡力随着计算时步的增加而逐渐趋于极小值，说明计算是收敛的，同时也表明体系最终达到了力平衡状态。

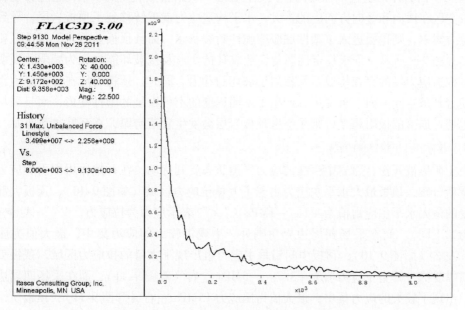

图9-6　体系中最大不平衡力演化全过程曲线

9.1.1.6　预留保安矿柱的影响

按65°移动角计算，预留北部保安矿体，400m以上南部矿体开采对地表的影响：矿体回采后，形成一定的开采空间，岩体中的原岩应力平衡状态受到破坏，应力重新分布，一些部位应力集中，另一些部位应力降低。同时，采场上方覆岩压力被空区隔绝后，便向四周转移，从而在采空区周围形成应力高度集中的固定支承压力带。

A 岩体塑性区分布特征

从模拟结果塑性区分布云图（彩图 9-7 ~ 彩图 9-9）可以看出：

（1）如彩图 9-7 和彩图 9-9 各剖面所示，按照 65°移动角圈定的矿体开挖后，空区顶板首先拉裂出现冒落现象，在 A32 ~ A42 线顶板出现了大量沿走向相互贯通连片的塑性区，悬挂的顶板岩层靠空区两侧边帮岩体支撑，这样空区两侧边帮的岩体处于高应力屈服状态，而且采空区周围岩层已失去平衡，导致顶板上覆岩层持续冒落，上覆岩层不断往下变形，从而出现一定高度的破坏岩体，随着空区跨度的不断增大，岩层冒落逐渐贯通到地表。

（2）在 A32 ~ A42 线地表出现了大量贯通的塑性区，说明地下开采产生的塑性区和变形已经贯通到地表，引起地表发生变形和塌陷；在 A31 ~ A26 线下部矿体尚未开采，还是实体，地下开采产生的塑性区并未贯通到地表（见彩图 9-7 和彩图 9-9）。从模拟结果来看，按照 65°移动角圈定的矿体开挖后引起空区冒落和地表陷落所产生的危害并未影响到露天最终境界，对露天境界不会构成太大的安全隐患，因为移动带边界在露采境界之外，距离露采境界尚有一定的安全距离（见彩图 9-7）。移动带边界距离哈姆伯祖上废石场有近 264m 左右的保护距离（见彩图 9-7）。所以，按照 65°移动角圈定的矿体开挖后，其危害基本上不会波及到哈姆伯祖上废石场。

（3）矿区岩体内垂直矿体走向方向上存在着 1.3 倍自重应力的水平构造应力场，随着地下采空区在横向和竖向方向上的扩大，水平构造应力就近转移到了顶板岩层，导致顶板岩层应力集中，则顶板进入了塑性屈服或脆性断裂状态，而且顶板上覆岩层塑性区相互贯通，如彩图 9-9 所示，顶板稳定性恶化，造成其抗变形及抗破坏能力大为减弱，说明较大的水平构造应力场的存在构成了顶板岩层破坏的动力。同时，顶板岩层在自重应力作用下不断朝着开采空间方向下沉变形，产生了不同程度的不可恢复的塑性变形，而且采场跨度已远远超过崩落的极限跨度，则采空区顶板岩层会发生冒落垮塌，直至贯通到地表。

B 顶板应力状态特征

由于矿体被开挖，原岩中存在的应力平衡状态受到扰动，在开挖体周围引起应力和位移的重新分布，顶板最大水平主应力出现了大量拉应力区域（彩图 9-10），顶板大部分范围承受的最大水平主应力值为 +5 ~ -5MPa（" + "表示应力为拉应力，" - "表示应力为压应力，下同）。而在采场四周边界角隅处，出现了较大的应力集中，最大值为压应力 15MPa 左右（彩图 9-10）；顶板中间铅垂主应力也出现了大量的拉应力区域，顶板大部分范围所承受的中垂直主应力值为 +3.7 ~ -5MPa 左右（彩图 9-11），而在采场四周边界角隅处，出现了较大的应力集中，最大值为压应力 15MPa 左右（彩图 9-11）；顶板所承受的最小主应力也出现了大量的拉应力区域，顶板大部分范围所承受的最小水平主应力值为 +2.5 ~ -2.5MPa（彩图 9-12），而在采场四周边界角隅处，出现了较大的应力集中，压应力最大值为 7.5MPa 左右（彩图 9-12）。

随着开挖的进行，主采区顶板的拉应力逐渐增大，从彩图 9-13 可以看出，采场顶板的大量区域出现了拉应力，出现在采空区顶板正中央，拉应力的合力的最大值为 1.855MPa，已超过顶板岩体的抗拉强度，导致顶板塑性区内部分岩体产生拉伸破坏。顶板其他区域未出现拉应力，该区域出现塑性或产生破坏主要是由于剪应力所致。角隅处是应力集中部位，也是剪应力最大部位，在此部位也往往出现塑性区。

9.1.1.7　不预留北部保安矿体，400m 以上矿体全部开挖后对地表产生的影响

A　岩体塑性区分布特征

从模拟结果塑性区分布云图（彩图 9-14～彩图 9-16）可以看出：

（1）如彩图 9-15 和彩图 9-16 各剖面所示，400m 以上矿体全部开挖后，空区顶板首先拉裂出现冒落现象，空区顶板出现了大量沿走向相互贯通连片的塑性区，空区两侧边帮的岩体处于高应力屈服状态，顶板岩层塑性区已贯通到地表，这样顶板上覆岩层就会发生持续的冒落和往下变形。

（2）如彩图 9-14 所示，地表出现了大量贯通的塑性区，说明地下开采产生的塑性区和变形已经贯通到地表，引起地表发生变形和塌陷；在 A30～A26 线下部矿体尚未开采，还是实体，地下开采产生的塑性区并未贯通到地表（见彩图 9-14、彩图 9-15）。从模拟结果来看，400m 以上矿体全部开挖后引起空区冒落和地表陷落所产生的危害将会影响到露天最终境界，会对露天境界造成安全威胁，影响范围是 A35 号线以西的露天境界。因移动带边界在哈姆伯祖上废石场之外，距离哈姆伯祖上废石场尚有一定的安全距离（见彩图 9-14），移动带边界距离哈姆伯祖上废石场有 244m 左右的保护距离，所以 400m 以上矿体全部开挖后，其危害基本上不会波及到哈姆伯祖上废石场，此时的哈姆伯祖上废石场整体是稳定的。

以上分析表明：400m 水平以上矿体全部开挖后，并未影响到 A35 线以东露采境界，但是影响到了 A35 线以西的露天境界。哈姆伯祖上废石场整体是稳定的。

B　顶板应力状态特征

由于矿体被开挖，原岩中存在的应力平衡状态受到扰动，在开挖体周围引起应力和位移的重新分布，顶板最大水平主应力出现了大量拉应力区域，顶板大部分范围承受的最大水平主应力值为 +6～ −8MPa（彩图 9-17），而在采场四周边界角隅处，出现了较大的应力集中，最大值为压应力 16MPa 左右（彩图 9-17）；顶板中间铅垂主应力也出现了大量的拉应力区域，顶板大部分范围所承受的中垂直主应力值为 +4～ −5MPa（彩图 9-18），而在采场四周边界角隅处，出现了较大的应力集中，压应力最大值为 15MPa 左右（彩图 9-18）；顶板所承受的最小主应力也出现了大量的拉应力区域，顶板大部分范围所承受的最小水平主应力值为 +2.5～ −2.5MPa（彩图 9-19），而在采场四周边界角隅处，出现了较大的应力集中，压应力最大值为 7.5MPa 左右（彩图 9-19）。

随着开挖的进行，主采区顶板的拉应力逐渐增大，从彩图 9-20 可以看出，采场顶板的大量区域出现了拉应力，出现在采空区顶板正中央，拉应力的合力的最大值为 1.82MPa，已超过顶板岩体的抗拉强度，导致顶板塑性区内部分岩体产生拉伸破坏。顶板其他区域未出现拉应力，该区域出现塑性区或产生破坏主要是由于剪应力所致。角隅处是应力集中部位，也是剪应力最大部位，在此部位也往往出现塑性区。

9.1.1.8　矿体全部开采围岩稳定性分析

矿体回采后，形成一定的开采空间，采场上方覆岩压力被空区隔绝后，便向四周转移，从而在采空区周围形成应力高度集中的固定支承压力带。支撑压力是作用在矿岩体上且比原岩应力高的压力，是因采矿活动而使采场内的垂直应力发生转移的应力集中现象，

位于支承压力区中的巷道变形破坏严重。

A 岩体塑性区分布特征

从模拟结果塑性区分布云图（彩图9-21~彩图9-23）可以看出：

（1）当矿体最终回采结束时，随着采矿规模的加大、加深和采空区范围的扩大，引起围岩失稳，从而导致上覆岩层冒落形成大规模塌陷坑。在这一过程中，地下采空区在横向和竖向的扩大是引起塌陷的主要原因。

（2）如彩图9-21和彩图9-23各剖面所示，矿体全部开挖后，空区顶板塑性区范围有所扩大，空区两侧边帮的岩体处于高应力屈服状态，整个矿区空区顶板岩层发生了很大面积的垮塌和冒落，顶板岩层塑性区已贯通到地表，地表将出现大规模冒落塌陷坑。

（3）如表9-1所示，矿区北边岩石移动角为68.7°，南边岩石移动角为71.6°。如表9-2所示，开挖区跨度平均为519m，开挖区高度平均为217m，埋深626m。

表 9-1 各剖面移动角

剖 面 号	北边移动角/(°)	南边移动角/(°)
A28	81	71
A29	79	75
A30	72	73
A32	64	70
A33	66	68
A34	67	66
A36	63	68
A37	64	65
A38	67	78
A38′	70	71
A39	67	76
A40	64	78
平均值	68.7	71.6

表 9-2 采矿区跨度和高度

剖 面 号	开挖区跨度/m	开挖区高度/m	埋深/m
A26	395	146	577
A28	440	238.5	601
A29	532	250	600
A30	561	342	552
A32	594	390	622
A33	557	380	620
A34	558	302	671
A36	561	180	646
A37	480	134	673
A38	542	171	633
A38′	558	125	640
A39	531	101	680
A40	437	68	622
平均值	519	217	626

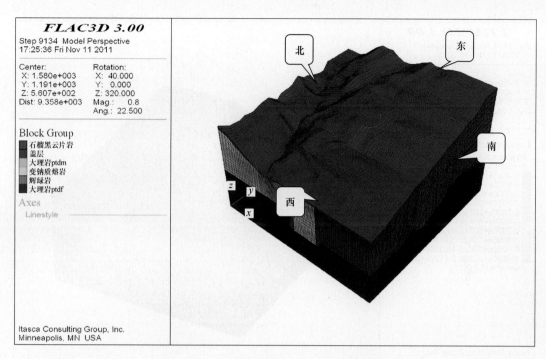

图 9-1 三维有限差分地质计算模型

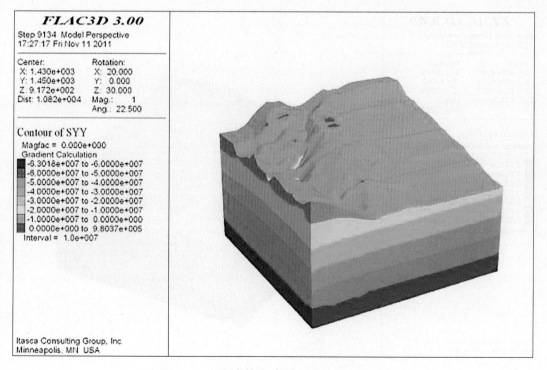

图 9-2 原始状态岩体最大主应力云图

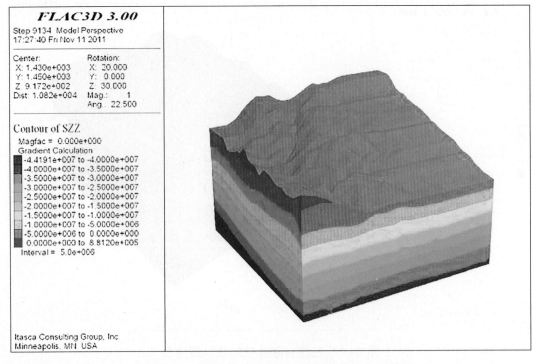

图 9-3　原始状态岩体中间铅垂主应力云图

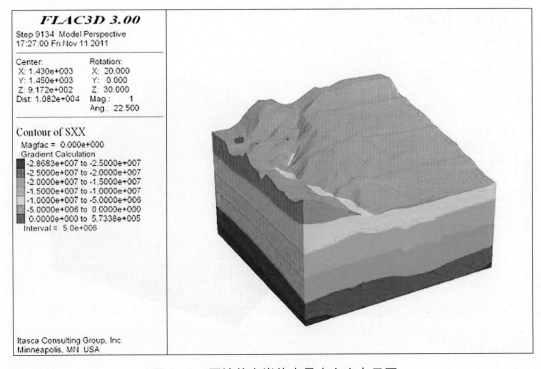

图 9-4　原始状态岩体中最小主应力云图

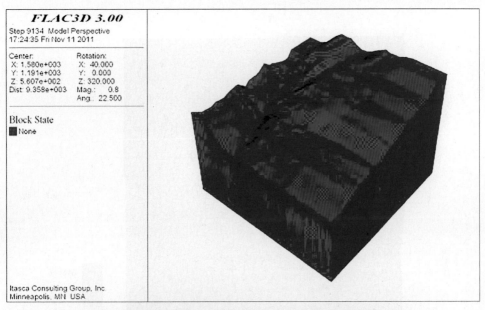

图 9-5 原始状态岩体中塑性区分布云图

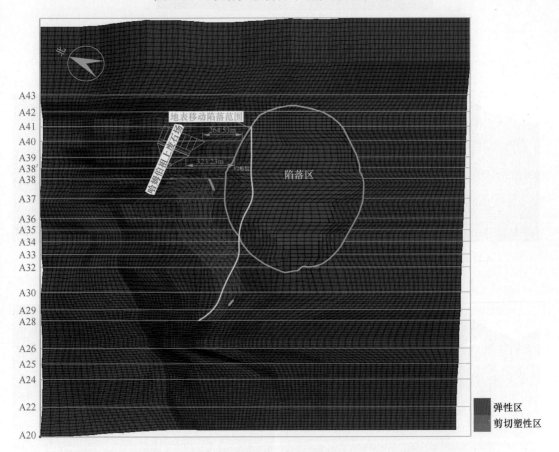

图 9-7 按照 65° 移动角圈定的南部矿体开挖后塑性区分布云图与
地表工程相互影响的关系

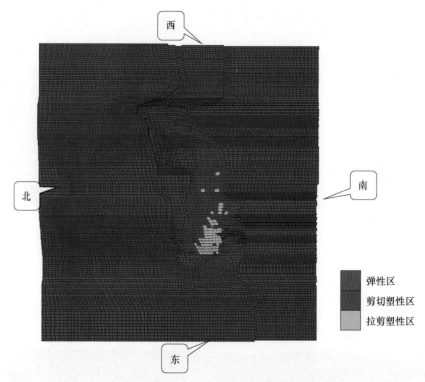

图 9-8 南部矿体开挖后顶板塑性区分布云图

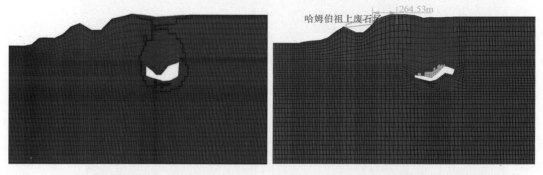

A41号剖面塑性区分布云图

A40号剖面塑性区分布云图

A39号剖面塑性区分布云图

A38′号剖面塑性区分布云图

A38号剖面塑性区分布云图

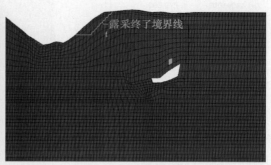

A37号剖面塑性区分布云图

A36号剖面塑性区分布云图

A34号剖面塑性区分布云图

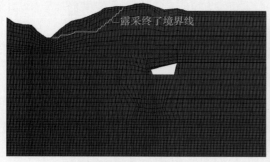

A33号剖面塑性区分布云图

A32号剖面塑性区分布云图

图 9-9 南部矿体开挖后各个剖面塑性区分布云图

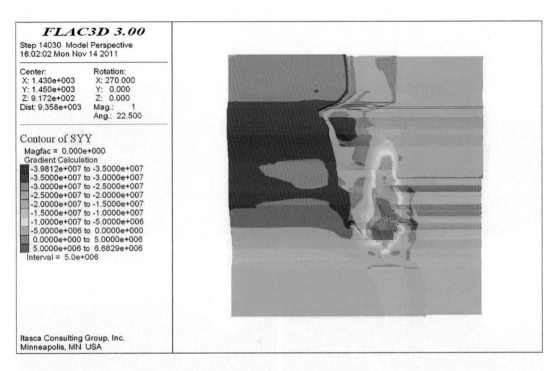

图 9-10　按照 65° 移动角圈定的南部矿体开挖后顶板最大水平主应力云图

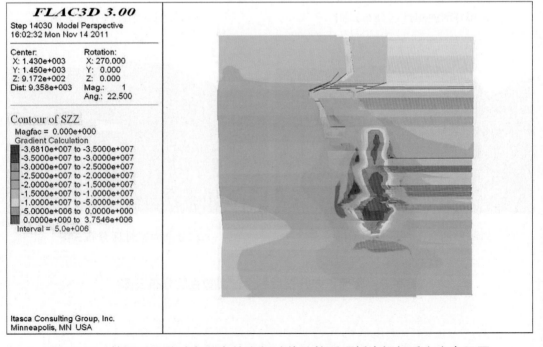

图 9-11　按照 65° 移动角圈定的南部矿体开挖后顶板中间铅垂主应力云图

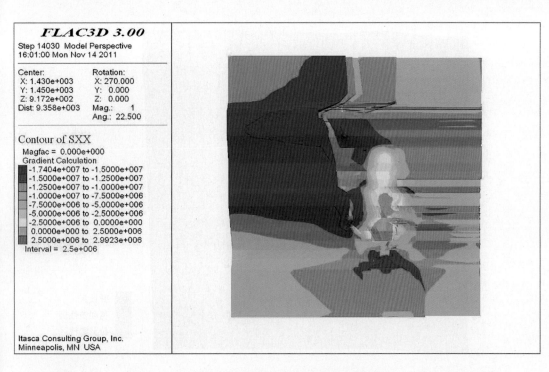

图 9-12　按照 65° 移动角圈定的南部矿体开挖后顶板最小水平主应力云图

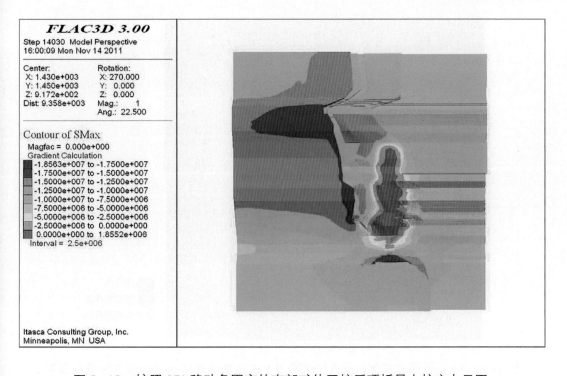

图 9-13　按照 65° 移动角圈定的南部矿体开挖后顶板最大拉应力云图

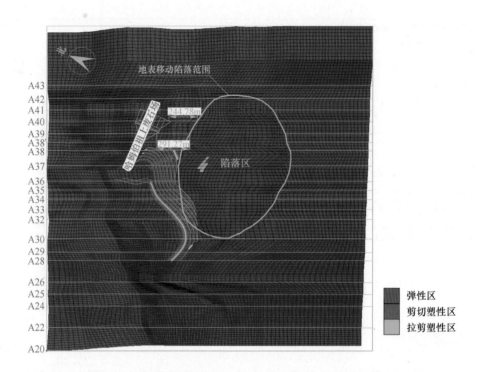

图 9–14 不预留保安矿体，400m 水平以上矿体全部开挖后塑性区分布与
地表工程相互影响关系

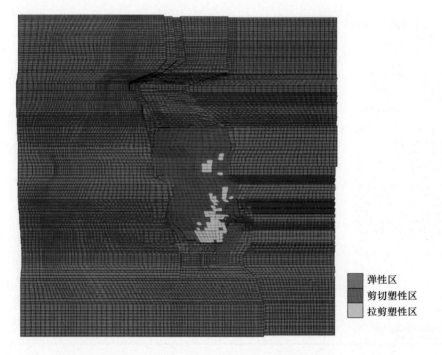

图 9–15 不预留保安矿体，400m 水平以上矿体全部开挖后顶板塑性区分布云图

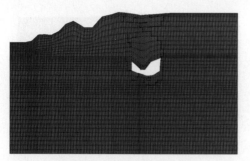

A41号剖面塑性区分布云图

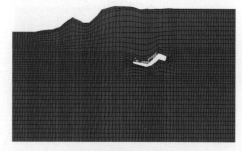

A40号剖面塑性区分布云图

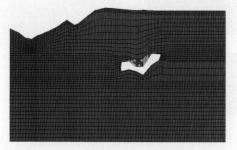

A39号剖面塑性区分布云图

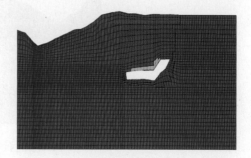

A38′号剖面塑性区分布云图

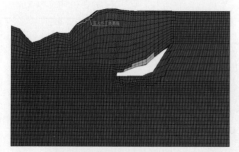

A38号剖面塑性区分布云图

A37号剖面塑性区分布云图

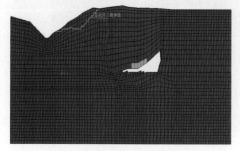

A36号剖面塑性区分布云图

A34号剖面塑性区分布云图

A33号剖面塑性区分布云图

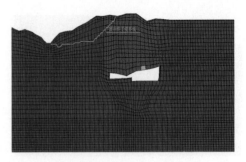

A32号剖面塑性区分布云图

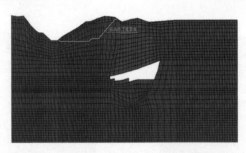

A30号剖面塑性区分布云图

图 9-16 不预留保安矿体，400m 水平以上矿体开挖后各个剖面塑性区分布云图

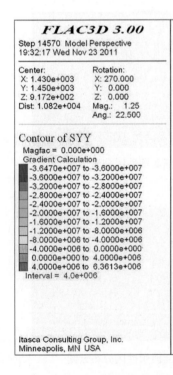

图 9-17 不预留保安矿体，400m 水平以上矿体全部开挖后顶板最大水平主应力云图

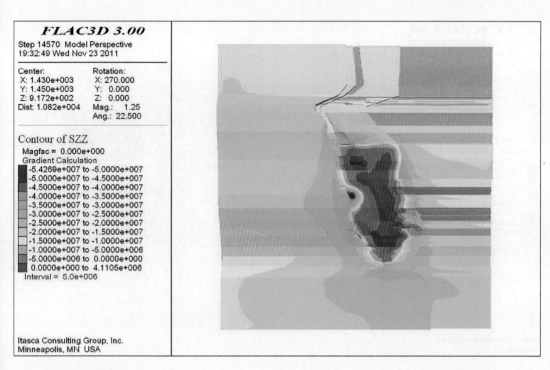

图 9-18 不预留保安矿体, 400m 水平以上矿体全部开挖后顶板中间垂直主应力云图

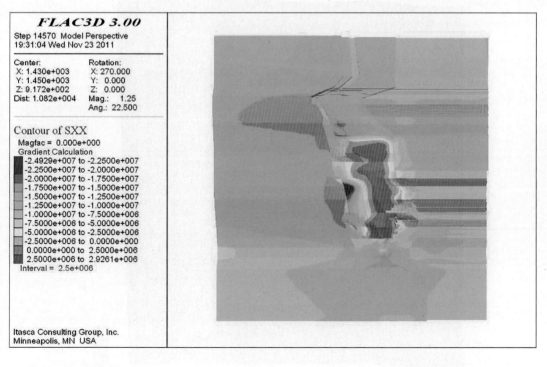

图 9-19 不预留保安矿体, 400m 水平以上矿体全部开挖后顶板最小水平主应力云图

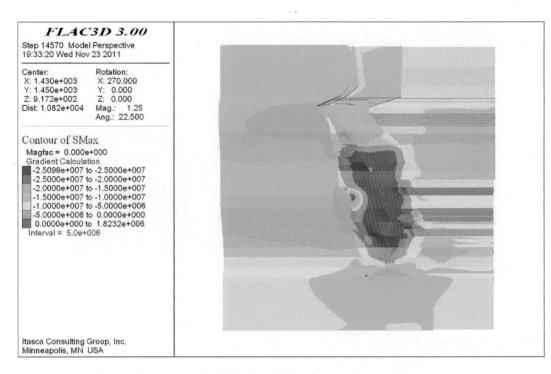

图 9-20 不预留保安矿体，400m 水平以上矿体全部开挖后顶板最大拉应力云图

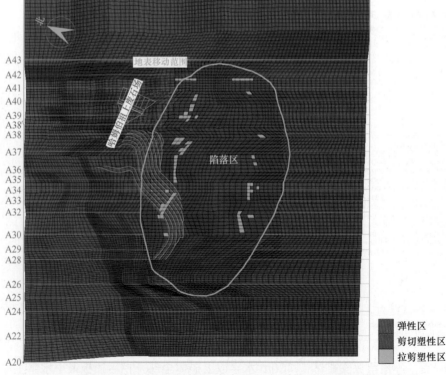

图 9-21 最终矿体开挖后塑性区分布云图与地表工程相互影响关系

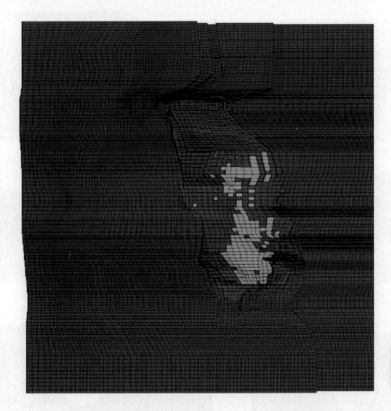

图 9-22　最终矿体开挖后开挖区顶板塑性区分布云图

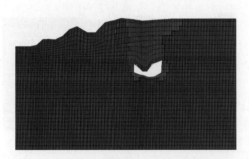

A41 号剖面塑性区分布云图

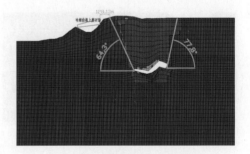

A40 号剖面塑性区分布云图

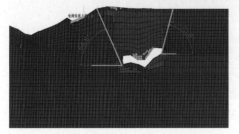

A39 号剖面塑性区分布云图

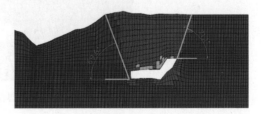

A38′号剖面塑性区分布云图

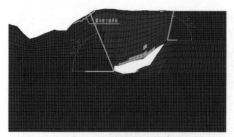

A38 号剖面塑性区分布云图

A37 号剖面塑性区分布云图

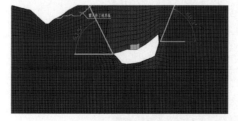

A36 号剖面塑性区分布云图

A34 号剖面塑性区分布云图

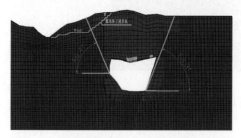

A33 号剖面塑性区分布云图

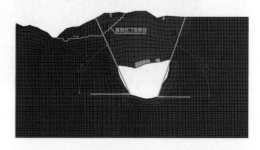

A32 号剖面塑性区分布云图

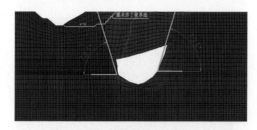

A30 号剖面塑性区分布云图

A29 号剖面塑性区分布云图

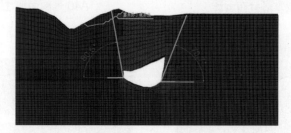

A28 号剖面塑性区分布云图

图 9-23 最终矿体开挖后各个剖面塑性区分布云图

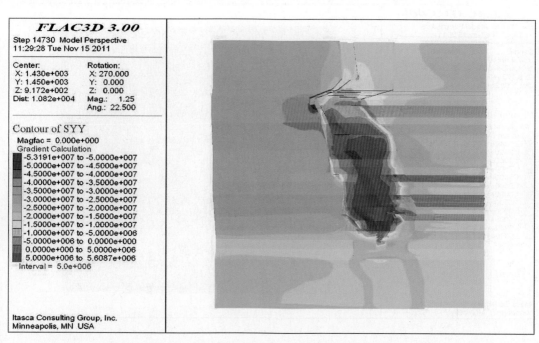

图 9-24　矿体最终全部开挖后顶板最大水平主应力云图

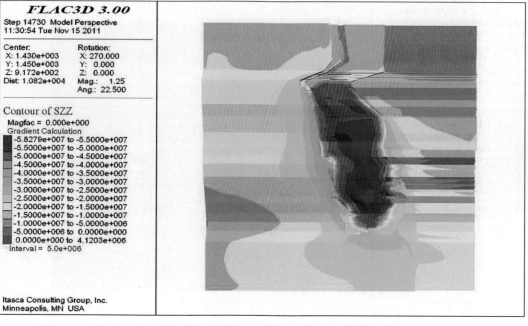

图 9-25　矿体最终全部开挖后顶板中间垂直主应力云图

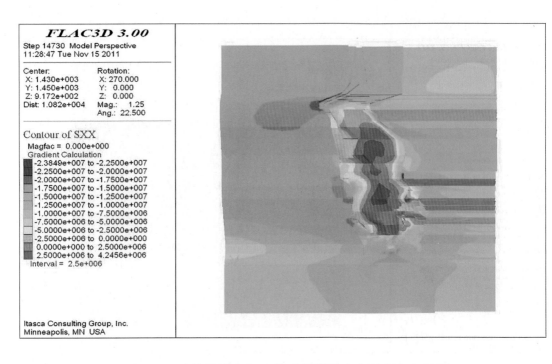

图 9-26　矿体最终全部开挖后顶板最小水平主应力云图

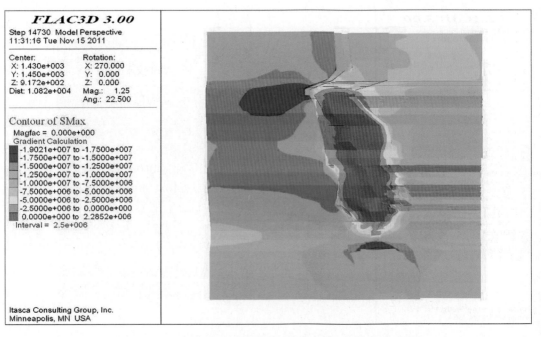

图 9-27　矿体最终全部开挖后顶板最大拉应力云图

B 顶板应力状态特征

由于矿体被开挖，原岩中存在的应力平衡状态受到扰动，在开挖体周围引起应力和位移的重新分布，顶板最大水平主应力出现了大量拉应力区域，顶板大部分范围承受的最大水平主应力值为 +5 ~ -5MPa（彩图 9-24）。

而在采场四周边界角隅处，出现了较大的应力集中，压应力最大值为 15MPa 左右，（彩图 9-24）；顶板中间铅垂主应力也出现了大量的拉应力区域，顶板大部分范围所承受的中垂直主应力值为 +4 ~ -5MPa（彩图 9-25），而在采场四周边界角隅处，出现了较大的应力集中，压应力最大值为 20MPa 左右（彩图 9-25）；顶板所承受的最小主应力也出现了大量的拉应力区域，顶板大部分范围所承受的最小水平主应力值为 +4 ~ -2.5MPa（彩图 9-26），而在采场四周边界角隅处，出现了较大的应力集中，压应力最大值为 5MPa 左右（彩图 9-26）。

随着开挖的进行，主采区顶板的拉应力逐渐增大，从彩图 9-27 可以看出，采场顶板的大量区域出现了拉应力，出现在采空区顶板正中央，拉应力的合力的最大值为 2.28MPa，已超过顶板岩体的抗拉强度，导致顶板塑性区内部分岩体产生拉伸破坏。顶板其他区域未出现拉应力。该区域出现塑性区或产生破坏主要是由于剪应力所致。角隅处是应力集中部位，也是剪应力最大部位，在此部位也往往出现塑性区。

9.1.1.9 结论

（1）按照 65°移动角计算，预留北部保安矿体，400m 以上南部矿体开挖后，A32 线以东采空区顶板已经发生冒落垮塌，贯通至地表，地表发生陷落。其危害基本上不会波及到哈姆伯祖上废石场、硝水箐废石场、下游 1 号拦碴坝和露采境界。同时也表明"按 65°移动角预留保安矿体"方案具有一定的可行性、合理性和安全保障性，为露天的安全开采提供了理论依据。

（2）不预留北部保安矿体，400m 以上矿体全部开挖后，并未影响到 A35 线以东露采境界，但是影响到了 A35 线以西的露天境界。A30 线以东空区顶板发生垮塌冒落，地表发生陷落，但哈姆伯祖上废石场在移动带以外，其整体是稳定的。

地表最大下沉变形区域也是位于 A34 线附近，即位于矿体中部。

（3）当矿体最终全部开挖后，主矿体北边岩石移动角为 68.7°，南边岩石移动角为 71.6°。开挖区跨度平均为 519m，平均高度为 217m，埋深 626m。

9.1.2 Ⅰ号铜与露天矿开采关系的数值模拟研究

9.1.2.1 Ⅰ号铁铜矿与浅部露采矿体赋存关系

Ⅰ号铁铜矿带开采范围为 A29 ~ A49 线的 50 ~ 850m 标高的矿体，主要开采Ⅰ号铜矿带Ⅰ$_1$、Ⅰ$_2$、Ⅰ$_3$、铜矿体，采用上向分层点柱充填法，设计生产规模为 1500kt/a。

露天开采范围为浅部"熔岩铁矿"，分布于 A28 ~ A38 勘探线，矿体赋存标高为 1012 ~ 680m，产状较平缓，北西部埋藏较浅，南东部埋藏较深，而且越往南东埋藏越深。

矿体平面投影示意图及矿段划分见图 1-1，露天与地下开采矿体的空间赋存关系见彩图 8-9。在多区段、立体式的开采过程中，露天与地下同时开采，尤其露天开采与Ⅰ号铜矿带地下开采的平面范围绝大部分处于上下正对应关系，露天采场完全位于Ⅰ号铜矿带地下开采的移动范围内。为此，为最大限度地开采矿山资源，地下开采的同时保障露天开采的安全，以下采用数值分析方法对大红山铁矿井下铜矿露天开采的影响进行研究。

9.1.2.2　Ⅰ号铁铜矿岩地质特征

A　Ⅰ号铁铜矿地质特征

Ⅰ号铁铜矿带位于大红山群曼岗河组第三岩性段的中上部。自上而下包含以下7个矿体：

(1) I_c含铜铁矿体。矿体赋存于$Ptdm^3$地层顶部，上距$Ptdm^4$块状白云石大理岩$0\sim20m$，下距I_3含铁铜矿体$0\sim5m$。呈层状、似层状产出。贫矿体平均厚度4.16m。

(2) I_3含铁铜矿体。矿体赋存于$Ptdm^3$地层上部，上距I_c含铜铁矿体$0\sim5m$，下距I_b含铜铁矿体$0\sim20m$。

(3) I_b含铜铁矿体。矿体赋存于$Ptdm^3$地层中上部，上距I_3含铁铜矿体$0\sim20m$，下距I_2含铁铜矿体$0\sim20m$。呈似层状产出。贫矿体平均厚度5.34m。

(4) I_2含铁铜矿体。矿体赋存于$Ptdm^3$地层中上部，上距I_b含铜铁矿体$0\sim20m$，下距I_a含铜铁矿体$0\sim20m$。呈层状、似层状产出。矿体厚度$1.45\sim15.89m$，平均为6.89m。

(5) I_a含铜铁矿体。矿体赋存于$Ptdm^3$地层中部，上距I_2含铁铜矿体$0\sim20m$，下距I_1含铁铜矿体$0\sim25m$。呈似层状产出。贫矿体平均厚度5.69m。

(6) I_1含铁铜矿体。矿体赋存于$Ptdm^3$地层中部，上距I_a含铜铁矿体$0\sim25m$，下距I_0含铁铜矿体$0\sim50m$。呈似层状产出。矿体厚度$1.81\sim25.85m$，平均为4.25m。

(7) I_0含铁铜矿体。矿体赋存于$Ptdm^3$地层中下部，I_1含铁铜矿体之下$0\sim50m$。呈似层状产出。贫矿体平均厚度5.21m。

B　工程地质条件

矿体顶、底板、夹层由火山喷发沉积变质的变钠质凝灰岩、石榴黑云角闪片岩、石榴黑云白云石大理岩等含铁铜的岩石组成，岩石多属坚硬、半坚硬岩类，矿岩抗压强度较高，稳固性较好。

C　Ⅰ号铁铜矿带节理裂隙

Ⅰ号铁铜矿带现场节理裂隙调查指标见表9-3。

表9-3　现场节理裂隙调查指标

岩　性	主要优势结构面产状		体积裂隙数 /条·m^{-3}	节理线密度 /条·m^{-1}	节理间距 /m·条$^{-1}$
	1	2			
辉长辉绿岩	70°∠65°	260°∠30°	3.1	2.6	0.39
白云石大理岩	75°∠45°	35°∠80°	3.3	2.8	0.37
变钠质熔岩	70°∠35°	150°∠75°	5.1	4.3	0.24
铜矿体	70°∠45°	250°∠60°	4.9	4.2	0.25

9.1.2.3　矿岩力学参数

根据Ⅰ号铁铜矿带地质构造、节理裂隙及岩层揭露等情况，对矿岩体现场点载荷试验及室内岩石试验结果进行强度折减，得到 I 号铁铜矿带矿岩体折减后的力学参数（见表9-4）。

表9-4　岩体力学参数

参　　数		铜矿石	变钠质凝灰岩	石榴黑云白云大理岩
密度/g·cm⁻³		3.00	2.88	2.43
抗压强度/MPa		32.1	23.8	19.5
抗拉强度/MPa		1.25	0.97	1.18
变形参数	变形模量/GPa	10.42	20.21	20.35
	泊松比	0.20	0.23	0.25
抗剪断参数	黏聚力/MPa	1.40	1.35	1.46
	内摩擦角/(°)	37.1	36.5	37.3

9.1.2.4　地下开采对露天开采的影响分析

A　模拟程序的选择

岩土工程中所用的数值模拟方法包括：有限单元元法、边界元法、有限差分法、加权余量法、离散元法、刚体元法、不连续变形分析法、流形方法等。其中前四种方法是基于连续介质力学的方法，其三种方法则基于非连续介质力学的方法，而最后一种方法具有这两大类方法的共性。

有限差分法是将问题的基本方程和边界条件以简单、直观的差分形式来表述，使得其更易于在工程实际中应用。本章将利用专门针对岩土工程开发的有限差分程序 FLAC³ᴰ 对大红山 I 号铜矿带的开采进行模拟研究。

B　模拟目标

通过对 I 号铜矿带开采和充填后矿体上部岩体内应力、位移等状态进行模拟分析，研究其开采影响范围，以论证其开采是否会影响到地表露天矿的开采。

C　计算模型

数值模型范围大小及单元划分对数值模拟结果的精度及可靠性有着十分重要的影响。在计算条件允许的情况下，计算域尽可能取大些，至少应能够基本保证由开挖引起的围岩最大移动范围或变形范围处于计算区域以内，根据矿体赋存环境与矿脉的埋藏深度，参考地质剖面图，最终确定模型长570m，宽525m，高550m。该模型顶面至+1000m标高。模型共有561750个单元，582788个节点。三维计算模型及网格划分图见彩图9-28。

D　约束条件

a　力学参数及屈服准则

数值计算结果的可靠程度在一定程度上取决于所赋予模型岩体力学参数的准确性。岩体力学参数以实验室岩样试验为基础，同时考虑岩体的结构效应并结合工程实践采用经验公式对岩体力学参数进行适当折减修正，最终模拟计算采用的矿岩体力学参数见表9-5。

表 9-5　矿岩体力学参数

矿石/岩石名称	弹性模量/GPa	容重/g·cm⁻³	极限抗拉强度/MPa	黏结力/MPa	内摩擦角/(°)	体积模量/GPa	剪切模量/GPa	岩体泊松比
石榴黑云白云大理岩	20.35	2.43	1.18	1.46	37.3	13.5	8.14	0.25
变钠质凝灰岩	20.21	2.88	0.97	1.35	36.5	12.5	8.22	0.23
辉长辉绿岩	17.94	2.80	0.57	1.42	36.8	11.96	7.16	0.2521
铜矿石	10.42	4.00	1.25	1.40	37.1	5.79	4.34	0.20
充填体		2.21	0.28	0.30	23.05	0.279	0.208	

力学试验表明，当载荷达到屈服极限时，岩体在塑性流动过程中，随着变形的继续仍会保持一定的残余强度。因此，本计算中的岩体采用理想弹塑性本构模型 Mohr-Coulomb 屈服准则描述。即

$$f_s = (\sigma_1 - \sigma_3) - 2c \cdot \cos\varphi - (\sigma_1 + \sigma_3)\sin\varphi$$

式中，σ_1、σ_3 分别为最大和最小主应力；c、φ 分别为黏结力和摩擦角；f_s 为破坏判断系数，当 $f_s \geq 0$ 时，材料将发生剪切破坏，当 $f_s < 0$ 时，材料处于弹性变形阶段。

b　初始应力场及边界条件

本次数值计算所采用的初始应力场采用矿山之前实测完成的原岩应力场测试结果，即最大主应力方向近似水平东西向，各主应力基本都随深度逐渐增加，其中最大主应力、中间主应力、最小主应力随深度的变化规律如下：

$$\sigma_1 = 1.337 + 0.047H$$
$$\sigma_2 = 0.59 + 0.22H$$
$$\sigma_3 = 1.01 + 0.012H$$

式中，σ_1 为最大主应力，MPa；σ_2 为中间主应力，MPa；σ_3 为最小主应力，MPa；H 为测点深度，m。

由于模型的尺寸已经考虑了空区的主要影响范围，因此模型左右、前后边界都施加水平方向的约束，底面施加垂直方向的约束，顶面简化为自由面，由于本次模拟的主要模型顶面以上覆岩自重荷载对本次计算的结果影响可以忽略不计，因此模型顶面均简化为水平面。

E　计算方案

模拟计算按以下四个方案进行：

(1) 模拟 I 号铜矿带采用分段空场法开挖 +400m 中段一个矿块，分析单个采空区的稳定性。

(2) 模拟 I 号铜矿带采用分段空场法开挖 +400m 中段单个盘区，分析群空区的稳定性。

(3) 模拟 I 号铜矿带采用分段空场嗣后充填法开挖 +400m 中段单个盘区，FLAC³ᴰ 运行计算 2000 时步后，充填群空区。分析空区充填前后围岩内应力、位移等变化情况。

(4) 模拟 I 号铜矿带采用上向分层充填法开挖 +400m 中段整个盘区，空区随采随充。分析周边围岩应力、位移情况，与分段空场嗣后充填法模拟情况进行比较。

F 计算结果分析

本次模拟得到了计算模型最大、最小主应力云图，位移云图，塑性区分布云图以及主应力矢量图，监测点历史记录，各向剪应变率图等。限于篇幅，下面作出部分计算结果云图（彩图9-29~彩图9-48），并进行分析。

a 应力及塑性区

彩图9-29~彩图9-48分别为某一剖面采用分段空场法开挖一个矿块、开挖单个盘区，采用分段空场嗣后充填法开挖单个盘区充填前后及上向分层充填法开挖单个盘区的最大主应力、最小主应力、塑性分布区及应力矢量图。从最大主应力云图可看出，无论采用哪种采矿方法，都会在矿体顶角、底角处产生应力集中。但空区采用充填处理后，应力集中系数明显小于未充填前的应力集中系数。

从塑性区分布图可看出，采用分段空场法开采单个盘区后上盘出现塑性区，从+500m水平向上塑性区影响高度达200m，从+500m水平矿体上盘边界向主采区水平影响范围180m。若空区形成后能够及时充填空区，塑性区将明显减小，仅在上盘处存在松动区。采用上向分层充填法时上盘仅存在松动区。

不同模拟方案最大主应力集中区与初始应力比较见彩图9-49。柱体上方数字代表应力集中系数，位置1为矿体上盘底角处，位置2为矿体下盘顶角处。

不同模拟方案最小主应力比较见彩图9-50。位置1为矿体上盘围岩处，位置2为矿体顶板处。表中正值代表拉应力，负值代表压应力。

b 位移云图

彩图9-51~彩图9-54分别为某一剖面不同方案开挖及充填后Z向位移云图。从图中可看出，分段空场法开挖单空区顶板最大位移量为4cm，开挖单个盘区后空区顶板最大位移量为15cm，分段空场嗣后充填法开挖单个盘区后空区充填前最大位移量为10cm，充填后最大位移量仅为4cm，采用上向分层充填法后顶板的最大位移量仅为0.4cm。由此可知，空场法开挖后采空区顶板位移量随着空区暴露面积的增大和闲置时间的增加而增大，最终引起采空区顶板冒落。空区形成后及时充填采空区，充填体可以有效支撑顶板，从而大大减小顶板位移。上向分层充填法由于空区暴露面积小，充填及时，对支撑围岩有利，几乎不会引起顶板移动。不同模拟方案开挖后顶板Z向最大位移量对比见彩图9-55。

综合分析可得出以下主要结论：

（1）空区充填后，由于充填体包裹矿柱（包括点柱和条柱），给矿柱表面一定的侧压力，使矿柱处于三向受力状态，对提高矿柱强度极为有利。

（2）根据模拟过程，嗣后充填对未变形矿柱及围岩的受力状态有极大的改善，可有效延缓或阻止顶板岩层变形破坏的发展，避免大面积突冒等灾难性地压活动。但对已经发生变形或处于受拉状态区段应力应变的恢复作用极为有限。

（3）对于Ⅰ号铜矿带与露天开采，当井下采用上向分层充填法时，不会影响露天开采的安全。井下也可以采用分段空场嗣后充填法，但是为了保障露天开采的安全，必须严格控制空场暴露面积不能超过一个盘区，暴露时间尽量控制在一个月之内。

（4）上向分层充填法虽采矿能力比分段空场嗣后充填法偏小，工艺复杂，但其大幅度减少了空区的暴露面积和暴露时间。从模拟结果看，开采结束后，围岩中塑性区大幅度减小，顶板位移与未开挖前相近，是一种安全性较高的采矿方法，是对大红山露天地下时空

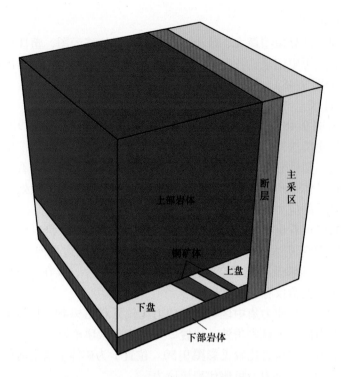

图 9-28　三维计算模型及网格划分

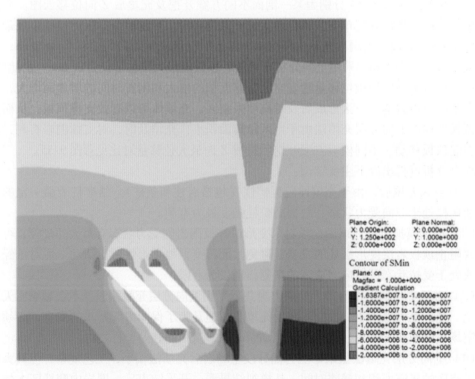

图 9-29　分段空场法开挖最大主应力云图

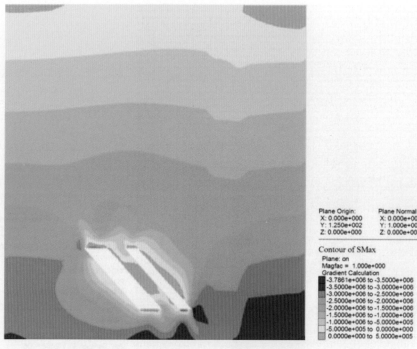

图 9-30　分段空场法开挖最小主应力云图（单空区）

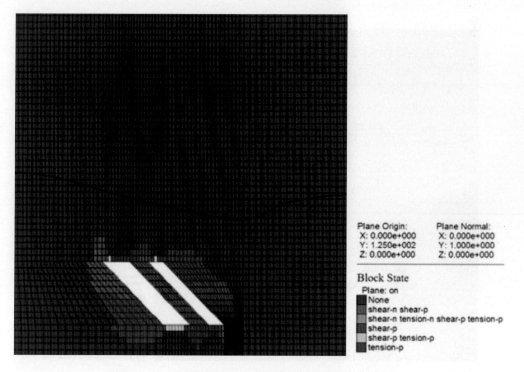

图 9-31　分段空场法开挖塑性区分布图（单空区）

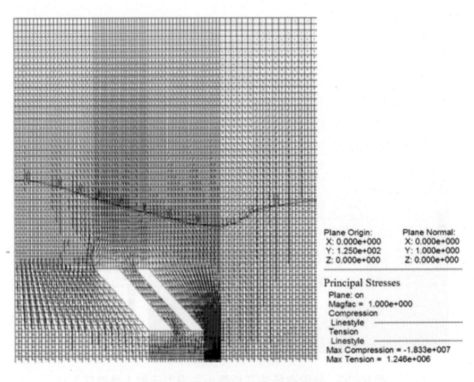

图 9-32 分段空场法开挖应力矢量图（单空区）

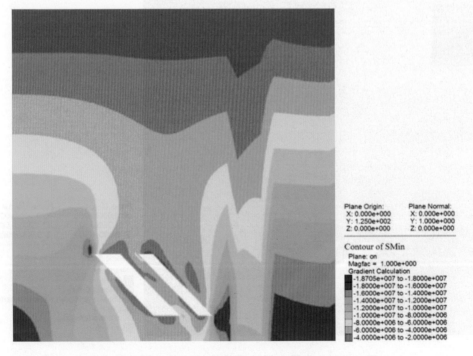

图 9-33 分段空场法开挖最大主应力图（群空区）

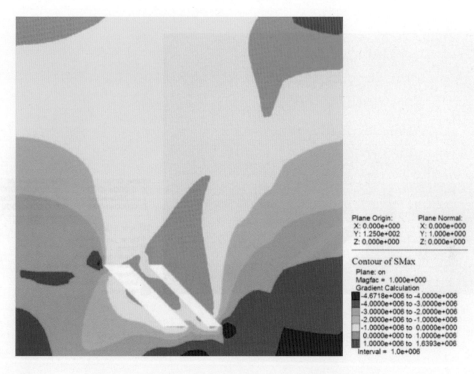

图9-34 分段空场法开挖最小主应力图（群空区）

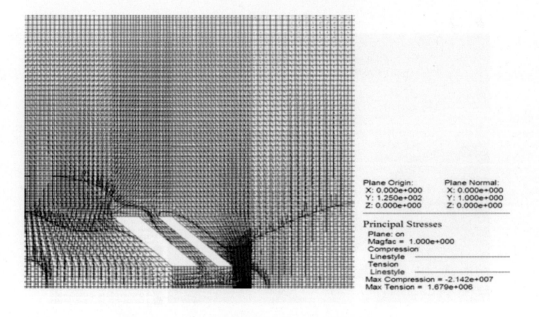

图9-35 分段空场法开挖应力矢量图（群空区）

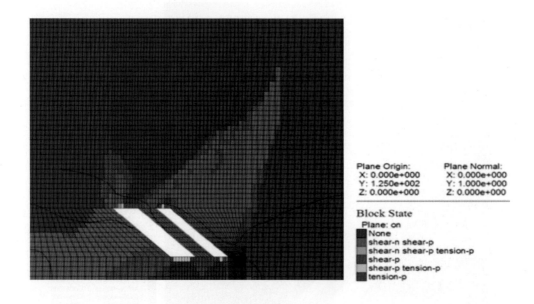

图 9-36 分段空场法开挖塑性区分布图（群空区）

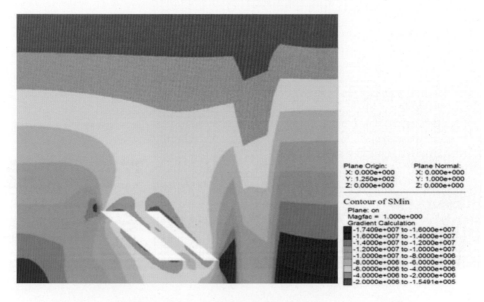

图 9-37 分段空场嗣后充填法开挖最大主应力云图（充填前）

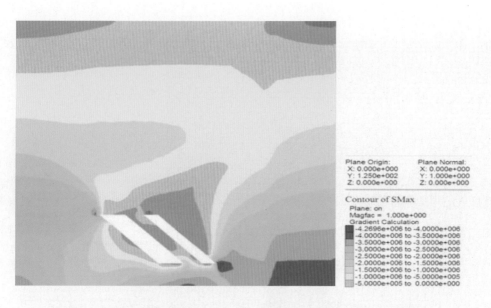

图 9-38　分段空场嗣后充填法开挖最小主应力云图（充填前）

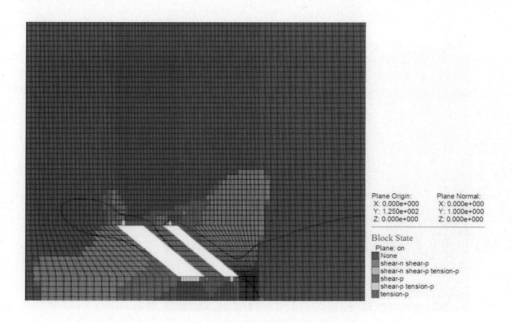

图 9-39　分段空场嗣后充填法开挖塑性区分布图（充填前）

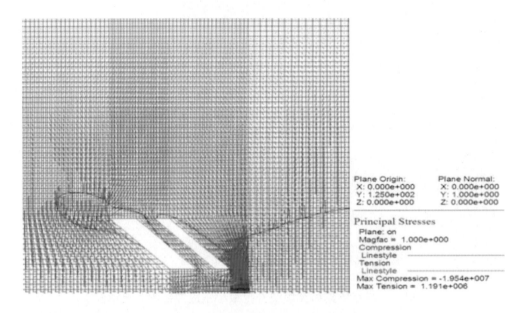

图 9-40　分段空场嗣后充填法开挖应力矢量图（充填前）

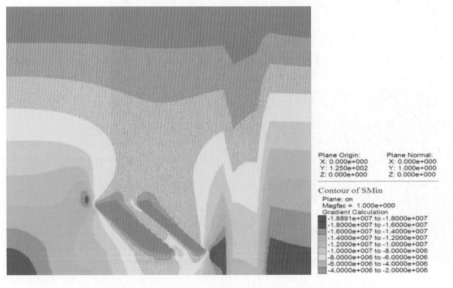

图 9-41　分段空场嗣后充填法开挖最大主应力云图（充填后）

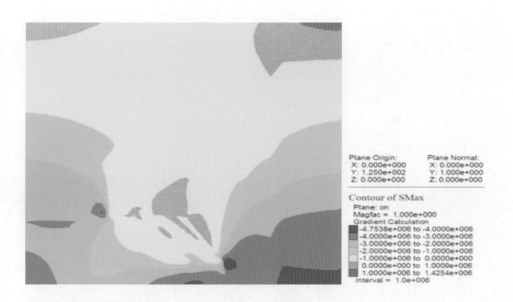

图 9-42　分段空场嗣后充填法开挖最小主应力云图（充填后）

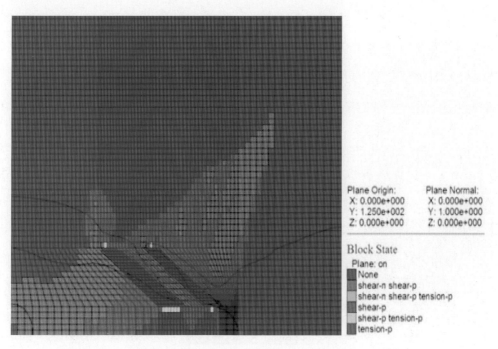

图 9-43　分段空场嗣后充填法开挖塑性区分布图（充填后）

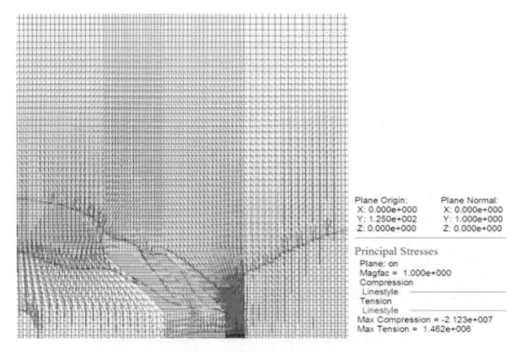

图 9-44 分段空场嗣后充填法开挖应力矢量图（充填后）

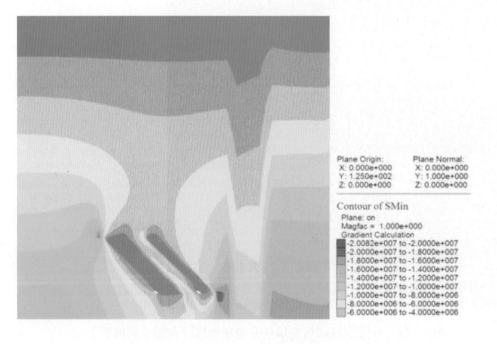

图 9-45 上向分层充填法开挖最大主应力云图

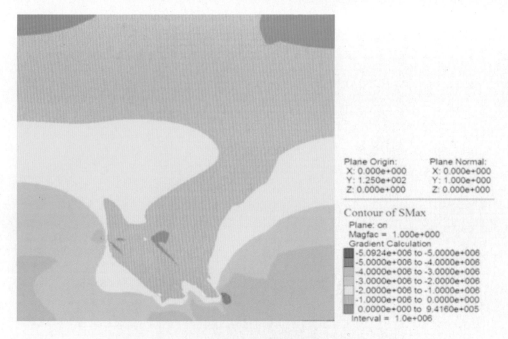

Plane Origin:　　Plane Normal:
X: 0.000e+000　　X: 0.000e+000
Y: 1.250e+002　　Y: 1.000e+000
Z: 0.000e+000　　Z: 0.000e+000

Contour of SMax
Plane: on
Magfac = 1.000e+000
Gradient Calculation
-5.0924e+006 to -5.0000e+006
-5.0000e+006 to -4.0000e+006
-4.0000e+006 to -3.0000e+006
-3.0000e+006 to -2.0000e+006
-2.0000e+006 to -1.0000e+006
-1.0000e+006 to　0.0000e+000
　0.0000e+000 to　9.4160e+005
Interval = 1.0e+006

图 9-46　上向分层充填法开挖最小主应力云图

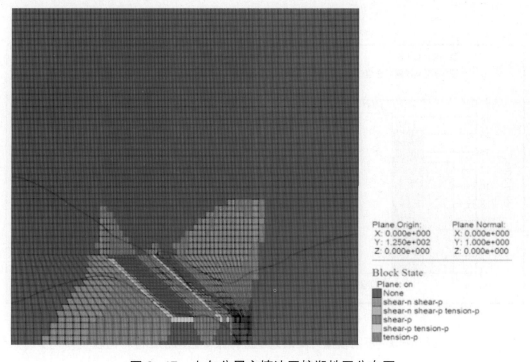

Plane Origin:　　Plane Normal:
X: 0.000e+000　　X: 0.000e+000
Y: 1.250e+002　　Y: 1.000e+000
Z: 0.000e+000　　Z: 0.000e+000

Block State
Plane: on
None
shear-n shear-p
shear-n shear-p tension-p
shear-p
shear-p tension-p
tension-p

图 9-47　上向分层充填法开挖塑性区分布图

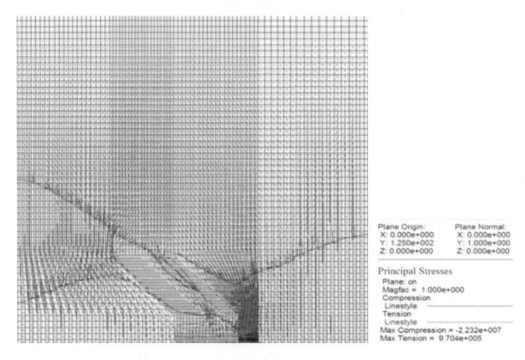

图 9-48 上向分层充填法开挖应力矢量图

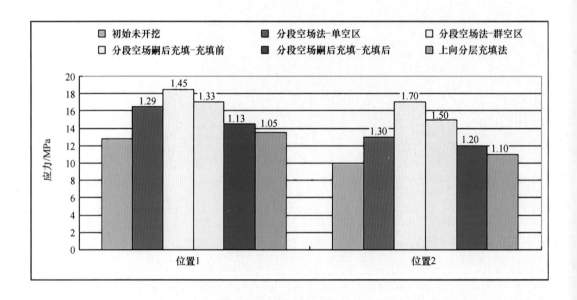

图 9-49 不同模拟方案最大主应力集中区与初始应力比较

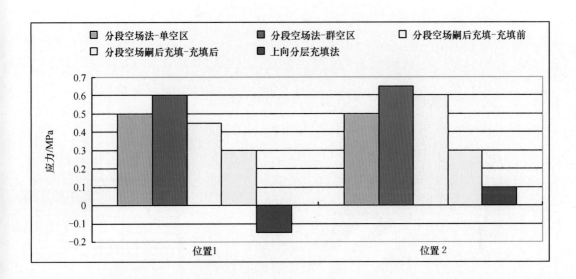

图 9-50　不同模拟方案最大主应力集中区与初始应力比较

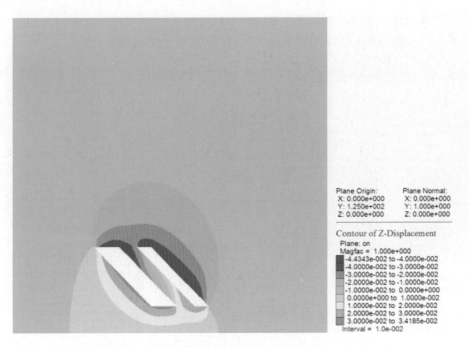

图 9-51　分段空场法开挖 Z 向位移云图（群空区）

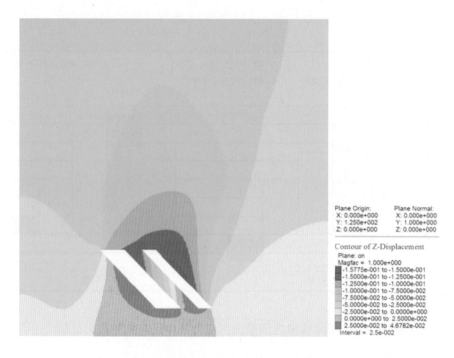

图 9-52 分段空场嗣后充填法开挖 Z 向位移云图（充填前）

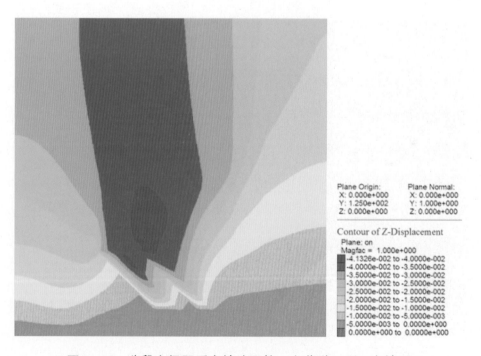

图 9-53 分段空场嗣后充填法开挖 Z 向位移云图（充填后）

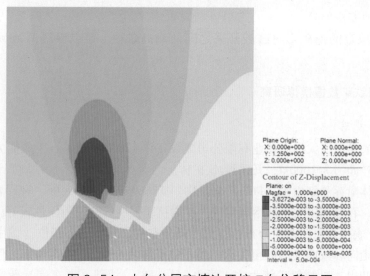

图 9-54　上向分层充填法开挖 Z 向位移云图

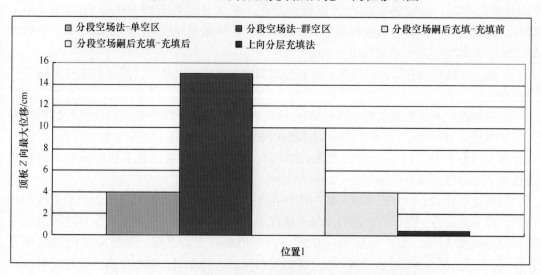

图 9-55　不同模拟方案开挖后顶板 Z 向最大位移量对比

图 9-56　二道河铁矿矿体的空间形态

同步开采的重要安全保障。

（5）设计拟定的铜矿带与露天开采之间的隔离矿柱，足以保证两区域之间的安全开采。

9.1.3　二道河铁矿数值模拟研究

9.1.3.1　引言

二道河铁矿是玉溪大红山矿业有限公司建设年产12000kt原矿石生产能力的主要资源之一。规划生产能力为1000kt，开采Ⅳ₃铁矿体。

二道河矿体赋存于红山组（Ptdh）岩层中。矿体及矿体顶、底板、夹层岩性主要由角闪变钠质熔岩、石榴角闪变钠质熔岩组成。矿岩抗压强度较高，稳固性较好。矿体呈似层-透镜状产出，表现为北北东向分布长、北西向分布窄，具有中心部位（偏南西）厚度大、向四周沿走向和倾向变薄以至尖灭的特征。矿体走向北北西-南南东，倾向南西，呈缓倾斜至倾斜产出，以倾斜矿体为主，倾角16°～58°，浅部（北东部）较平缓，往深部（南西部）变陡，沿倾斜矿体产状有较多变化。矿体北北东长约800m，东西宽340～520m，埋深400～800m，埋藏标高-179～363m。矿体铅垂厚度6.19～142.37m，平均为53.39m。矿体的空间形态见彩图9-56。

矿体上方的地面有二道河河床，并有公路和地面建筑。因此，二道河矿体开采属"三下开采"。

二道河铁矿开采的对象为-95～360m标高的Ⅳ₃铁矿体。按照昆明院的可行性研究报告，矿体划分为-95m、25m、125m及225m四个中段分期开采。前期主要开采品位较高、较为厚大部分为25～125m、125～225m的矿体。推荐采用配备无轨采掘设备的"机械化点柱式上向分层充填采矿法"。

机械化点柱式上向分层充填采矿法的特点是，在空场下进行凿岩作业，然后进行爆破落矿。爆下的矿石，用铲运机进行采场运搬作业。供矿结束后，用废石和尾砂进行分层充填。分层高度3.3m，每个分层采完矿后，首先用废石充填下部，再用分级尾砂充填至2.7m高度，上部0.6m最后用灰砂比1:4的胶结尾砂进行充填，以形成有一定强度的胶结面层，作为回采下一个分层时采矿设备作业的垫层。

对二道河铁矿而言，机械化点柱式上向分层充填采矿法成功的关键有两方面：

（1）保障生产安全。

（2）保持足够高的生产能力，从而在生产期间获得良好的效益。

因此，保持连续矿柱和点柱的稳定性，是保障生产安全的关键问题。

为此，就需要研究矿房宽度、连续矿柱的厚度，以及点柱尺寸和点柱间的间隔尺寸，进行矿房矿柱的尺寸优化研究。

因此，为达到高效、安全回采的目的，需要针对昆明院提出的"机械化点柱式上向分层充填采矿法"，开展矿房矿柱尺寸、隔层尺寸及稳定性的研究。

9.1.3.2　岩体力学参数及地应力

A　主要矿岩的强度

西南有色昆明勘测设计（院）股份有限公司和昆明理工大学都曾经对二道河矿段矿岩

进行了力学试验。所获得的主要结果见表9-6。

考虑到二道河铁矿附近的大红山矿区Ⅰ号铜矿带已经开采多年，对二道河矿段具有类比和借鉴意义，表9-6中同时给出了昆明院和昆明理工大学对大红山铜矿Ⅰ号铜矿带矿岩力学参数的试验结果。

工程岩体的实际强度，是岩石工程中十分重要但又十分难以准确确定的参数。

根据对二道河矿岩采集岩芯样品，以及进行岩块室内试验的结果，二道河铁矿矿石和直接顶底板岩石（熔岩）试块的抗压强度为60~110MPa；多组矿石和直接顶底板熔岩抗压强度的平均值，大多为85~90MPa（见表9-6）。根据类比分析和推断，二道河铁矿现场岩体的单轴强度应该大体等于岩石试块强度的60%~70%，为40~70MPa。即完整性较好的矿岩，其岩体的抗压强度可达到50~70MPa。

表9-6　二道河铁矿及附近的相关矿岩力学指标

指　标	二道河铁矿（水饱和状态）	二道河铁矿（自然含水状态）	大红山铜矿Ⅰ号铜矿带（昆明有色冶金设计研究院测量）	大红山铜矿Ⅰ号铜矿带435中段（昆明理工大学测量）
矿石抗压强度/MPa	92.12	107.54	88.8	70.14
顶板岩石抗压强度/MPa	89.48	62.46	79.7	87.95
底板岩石抗压强度/MPa	79.87	88.68	60.3	72.48
矿石抗拉强度/MPa		8.43	10.1	6.38
顶板岩石抗拉强度/MPa		7.73	8.6	7.25
底板岩石抗拉强度/MPa		7.53	4.4	6.25
辉长辉绿岩压强度/MPa	39.77	65.04		
角砾岩压强度/MPa		69.71		
绿泥片岩压强度/MPa	28.20			

另外，二道河铁矿矿体中和附近，也存在断层和侵入岩等相对较弱的岩层，如破碎带角砾岩，以及绿泥片岩、辉长辉绿岩等岩石。这些岩石的强度，低于或远低于矿石和熔岩的强度。例如，辉长辉绿岩的单轴抗压强度，大多为50~70MPa，低于矿石和熔岩的强度；绿泥片岩的抗压强度还要低得多，饱和抗压强度仅为28.2MPa。这表明，在受到弱面影响的地段，二道河矿段岩体的抗压强度，有可能低于甚至远低于40MPa。

因此，如果岩体中实际存在一些规模较大的弱面，则可能对生产产生很大影响。这是下一步生产中需要特别关注的。

B　地应力

地应力，也称原岩应力，是岩土工程进行分析计算的基本参数。岩土工程的开挖、开采，造成的主要效果就是打破原来地应力的平衡状态，在开挖的巷道、采场周围形成新的次生应力。岩土工程数值分析的主要任务，就是分析研究次生应力场形成后，巷道（采场）周围应力的变化情况及变化后应力的数值。

因此，要进行巷道和采场稳定性的数值分析，地应力资料是最基本的数据之一。没有地应力数据，数值分析无法开展。

根据中南大学的地应力测量结果和"大红山铁矿地压活动规律及顶板自然崩落规律"

课题的研究报告，大红山铁矿主采区附近的地应力场情况为：最大主应力方向218°，此方向的侧压力系数为1.3；最小主应力方向为128°，此方向的侧压力系数为0.75~0.8；中间主应力近似为铅垂方向，其数值大小约等于岩体自重。

根据前述试验结果，大理岩、砂岩等岩石的容重为27~28kN/m³，因此，可按下式来计算：

$$\sigma_v = \gamma H = (0.027 \sim 0.3)H$$

式中，H为距地表深度，m；σ_v为应力，MPa。

进入矿体中后，矿体容重较高，γ的数值依矿石的品位而变，富矿的容重γ可达40~45kN/m³，贫矿的容重则为30~40kN/m³。

中南大学的地应力测量，是在大红山铁矿主采区附近进行的，至二道河铁矿还有一定距离。但考虑到实际距离不太远，同时，与二道河铁矿以北的玉溪矿业有限公司大红山铜矿也相距不远。根据现有的部分资料，大红山铜矿的地应力，大体与中南大学在大红山铁矿所测得的结果一致。因此，可以认为，二道河铁矿的地应力，与大红山铁矿主采区以及大红山铜矿的数据大体一致。

昆明有色冶金设计研究院也曾经采用声发射的Kaiser效应，在大红山铜矿进行了原岩应力的测量。他们所测得到的结果，水平最大主应力σ_{Hmax}平均值为21.6MPa；垂直应力σ_v平均值为16.7MPa，$\sigma_{Hmax} > \sigma_v$，最大水平主应力方位角平均为118.7°（SEE—NWW）。取样测量地点据地表深度为451m。

中南大学在大红山铁矿的地应力测量结果与昆明院在大红山铜矿的测量结果相比，可以发现，地应力垂直方向大小，大体可以按照上覆岩层质量来估算；水平应力与垂直应力之比，也可以认为是一致的。即最大水平主应力与垂直应力之比，约为1.3；最小水平主应力与垂直应力之比，为0.75~0.8。

根据近年来在大红山铜矿和大红山铁矿科研工作中的观察，我们认为，上述两组地应力测量数据，是基本可靠的。最大水平主应力方向不一致，或许与多期地壳构造活动有关。因此，本课题研究的分析计算中，就采用了上述资料。即水平主应力与上覆岩层自重；应力最大主应力、最小主应力与自重应力之比，分别等于1.3和0.8。

应该特别注意的是，二道河铁矿矿体的位置，与大红山铁矿主采区以及大红山铜矿相比，都有其特殊性，这就是二道河铁矿位于两座山山谷的谷底。在这样的部位，一般会存在较大的应力集中；而且，局部区域的最大和最小水平主应力，会因地形的制约而变为与河谷平行和垂直。而对二道河铁矿矿体附近岩体来说，就有可能因为河流的侵蚀和剥蚀作用，使垂直地应力分量大于上覆岩层自重。如果出现这样的情况，二道河铁矿开采中就会因地应力数值较大而出现岩体破坏变形较大，从而使开采更为困难。这样的情况是否真实存在，需要在以后的生产中进行观察，根据实际情况采取应对措施。

9.1.3.3 计算模型与计算分析方案

根据规划，二道河铁矿拟首先开采矿体中部的25m中段和125m中段。矿房沿走向划分，每个矿房40m；其中矿柱厚度4m。沿倾斜方向，矿房尺寸根据矿体的实际情况而变，最大可达160m，但多数地段为数十米至100多米。除厚度为4m的连续矿柱外，在跨度为36m的矿房中还布置两排断面均为4.5m×4.5m的点柱；点柱与连续矿柱之间、点柱与点柱之间的净间距分别为7.5m（倾斜方向）和9m（走向方向）。因此，按照这样的布置方案，矿石回采率将达到81.56%。

本项目研究据此建立计算分析模型，见图9-57。模型尺寸为长度907.5m×宽度450m×高度450m。模型分为上、下两个中段，每个中段分为三步来开采。模型内每个采场长115.5m，宽40m（其中间柱4m、矿房36m），高99m，倾角为45°。整个模型内包含2个中段共6个采场。每个采场分为三个分段（图9-58），每个分段长115.5m，宽40m，高33m。采场中设有间隔均匀分布的点柱，上、下两中段之间留有隔层。

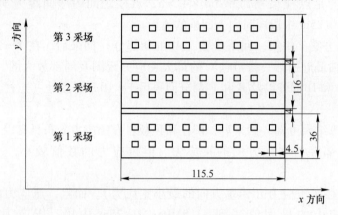

图9-57 计算模型平面图

模拟计算主要针对125m和25m中段的开采进行。按照设计，这两个中段同时回采，其间留下水平隔离矿柱（隔层），如图9-58所示。按照设计，每一回采步距的回采高度是3.5m。然后进行充填，再进行下一循环。但因受计算机容量和计算速度等的限制，本研究的计算中，采用了较大的回采步距，即每一回采步距向上回采30m。这样的回采步距虽然与实际有区别，但所得应力分布基本可以反映实际情况。

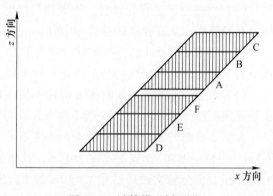

图9-58 计算模型剖面图

考虑到数值模拟根据矿体赋存环境与矿脉的埋藏深度与大红山二道河铁矿生产实际工况，并考虑不同回采顺序、点柱尺寸以及隔层厚度，最终确定按以下五个方案进行模拟计算：

方案1：点柱尺寸为4.5m×4.5m，点柱之间的净间距为9m，隔层厚度为10m。

方案2：点柱尺寸为4.5m×4.5m，点柱之间的净间距为9m（沿走向方向）×7.5m（沿倾斜方向），隔层厚度为10m。

方案3：点柱尺寸为6m×4.5m，点柱之间的净间距为9m（沿走向方向）×7.5m（沿倾斜方向），隔层厚度为10m。

方案4：点柱尺寸为4.5m×4.5m，隔层厚度为16m。

方案5：点柱尺寸为4.5m×4.5m，隔层厚度为5m。

每一个计算模型所划分的单元数量均超过 106 个，节点数量超过 1.1×10^6 个。

以上 5 个计算模型，其三维模型图及网格划分见图 9-58。彩图 9-59 为模型未进行回采前岩体中，对称轴所在剖面上的最大主应力 σ_1 云图（初始应力场）。

9.1.3.4　模拟分析的主要结果

A　点柱间间距的影响

方案 1 考虑的是点柱尺寸为 4.5m × 4.5m，点柱之间的净间距为 9m，隔层厚度为 10m，125m 中段和 25m 中段同时向上回采的情形。

彩图 9-60 是方案 1 中第一回采步骤（A 和 D 部分）回采后，在 Y = 10m 剖面处（距离计算模型对称轴最近的第一排点柱）的最大主应力云图及局部放大图。彩图 9-61 和彩图 9-62 分别是 A 和 D 部分以及 B 和 E 部分回采后 Y = 10m 剖面处（点柱上）最小主应力云图。

根据这些计算结果可知，回采后，矿柱和顶板岩石的应力分布具有以下特点：

（1）点柱中部存在水平方向的拉应力。但拉应力的数值较小，一般小于 0.5 ~ 0.8MPa。

（2）点柱上存在压应力（铅垂方向的最小主应力）。而且，压应力的数值很大。在 125m 中段，压应力的最大值达到 41.5MPa；在 25m 中段，压应力的最大值更达到 47.9MPa。

（3）对采空区进行充填后，充填体可以给矿柱施加侧向压力，从而使矿柱上的水平拉应力有所降低，从而提高矿柱的稳定性。

（4）厚度为 4.5m 的连续矿柱（间柱）中，铅垂方向的压应力的数值，低于点柱中的压应力。因此，连续矿柱的稳定性比点柱要好。

（5）在点柱和厚度 4m 的连续矿柱不发生垮塌的情况下，25m 中段和 125m 中段间的水平隔离矿柱（隔层）中，一般不存在拉应力。

方案 2 考虑的是点柱尺寸为 4.5m × 4.5m，点柱之间的净间距为 9m（沿走向方向）× 7.5m（沿倾斜方向），隔层厚度为 10m，其余条件与方案 1 完全相同。图 9-63 是方案 2 中 A 部分和 D 部分依次回采后在 Y = 10m 和 Y = 26m 剖面处（距离计算模型对称轴最近的第一排和第二排点柱）的最小主应力云图。从图 9-63b 可知，A 部分回采后，剖面上不同点柱的压应力有很大变化，采场中部点柱的应力，远大于边缘点柱。点柱上压应力的最大值等于 39.7MPa；D 部分回采后，D 点柱中部压应力的最大值则达到 41.7MPa。

与方案 1 的结果相比，方案 2 点柱上的拉应力（最大主应力）数值变化不大，可以忽略不计。但点柱上的压应力（最小主应力）则比方案 1 的结果减小 5% ~ 7%。如彩图 9-63 所示。

B　点柱尺寸的影响

方案 3 考察的情况与方案 1 类似，即沿走向方向矿块长度 40m，包含厚度为 4m 的连续矿柱。与方案 1 不同的是，点柱尺寸由 4.5m × 4.5m 改变为 6m × 4.5m。点柱之间的净间距为 9m × 7.5m。回采过程如彩图 9-66 所示，分为 A、B、C、D、E 和 F 几个部分，分步开采。

彩图 9-64 为方案 3 计算所获得的 C 和 F 部分开采后，围岩中最大主应力云图。

　　与方案 1 相比，方案 3 所获得的点柱中的应力，略小于方案 1 的结果。例如，F 部分回采后，点柱中的最大压应力等于 42.09MPa，比方案 1 的结果降低了约 4%。

　　由彩图 9-65 可见，前述 3 个计算方案中，在 25m 中段回采后，方案 1 所得点柱中的压应力最大，达到 55.0MPa；方案 2 次之，点柱最大压应力也达到 51.75MPa；方案 3 所得的应力最小，仅为 49.5MPa。

　　由此可知，点柱上的最大压应力，基本与按面积计算的回采率成正比：回采率最高的方案 1，回采率达到 82.5%，点柱中最大压应力则达到 55.2MPa；回采率等于 81.5625% 的方案 2，点柱中的最大压应力降低为 51.75MPa，比方案 1 降低约 6.2%；回采率等于 80% 的方案 3，点柱中的最大压应力降低为 49.5MPa，比方案 2 降低约 4.3%。

　　由上述计算结果也可以看出，二道河矿段开采中，矿柱的破坏以及矿柱破坏与回采率间的关系，是一个需要认真研究的问题。因为，对于岩石试块抗压强度为 60 ~ 100MPa 的矿岩，当岩体中的压应力超过 50MPa 时，能否长期保持稳定，能否保证生产安全，需要现场观察，在生产中判断。

　　另外，方案 2 与方案 1 相比，按面积计算的回采率仅降低 1%，点柱中的压应力就降低了 5% ~ 6%。这说明，在上述条件下，点柱中的压应力对回采率相当敏感。考虑到在实际生产中，1% ~ 2% 的回采率所产生的实际效益，远比不上矿柱破坏带来的负面效应。因此，建议通过加强现场生产管理、保障生产安全的方式来进一步提高效益，而不要简单追求高回采率。对埋藏较深的 −95m 中段和 25m 中段尤其如此。

　　C　水平隔离矿柱厚度的影响

　　根据可研报告，在 25 ~ 125m 中段，预留一个厚度为 10m 的水平隔离矿柱，从而可以同时在这两个中段进行回采作业。彩图 9-66 和彩图 9-67 是根据计算结果得到的，25m 中段与 125m 中段之间的隔离矿柱（隔层）厚度分别为 16m 和 5m，隔离矿柱和点柱上的最小主应力云图。

　　由彩图 9-66 和彩图 9-67 可见，当回采进行到隔离矿柱之下时，无论矿柱厚度是 16m 还是 5m，隔离矿柱中都存在数值较大的压应力。不过，隔层中压应力的数值与隔层厚度有关。与隔层厚度等于 5m 的情形相比，隔层厚度等于 16m 时，最大压应力的数值降低了约 40%。

　　但应特别注意的是，隔离矿柱中压应力最大值的位置位于隔离矿柱的边缘，而不是整个隔离矿柱中。在隔层中部，压应力的数值远低于边缘部位。这就是说，隔离矿柱中的应力集中，与采场隔角的应力集中有密切联系。因此，隔离矿柱中的压应力最大值虽然高达 100MPa 以上，但隔角效应的实际影响范围是很小的。因此，隔离矿柱中的高应力，实际的影响范围也会较小。

　　无论隔层的厚度如何，隔层中压应力的数值均高于点柱中的压应力。因此，隔层的稳定性低于点柱，是二道河矿体开采中需要特别关注的。

　　隔层厚度对压应力的数值有很大的影响。对隔层厚度为 16m 的情形，隔层中部压应力为 35 ~ 50MPa；对隔层厚度为 5m 的情形，隔层中部压应力数值要大得多，局部超过 60MPa。当隔层厚度为 5m 时，隔层因高压应力的作用，容易发生破坏。因此，隔层厚度取为 5m，对隔层本身的稳定性是不利的。建议隔层厚度取为 10 ~ 12m。此时，隔层中的压应力一般在 50MPa 以下，对隔层本身的稳定性相对较为有利。

隔离矿柱中应力集中的影响，在矿体中存在构造弱面、导致点柱垮塌的情况下，会更为严重。这是生产中需要特别关注的问题。

9.1.3.5 计算结果分析及讨论

A 点柱中的拉应力

根据 9.1.3.4 节的计算结果可知，点柱中都存在拉应力。拉应力总体是呈水平方向的，绝对值不大，一般在 0.8MPa 以下。

显然，虽然点柱中拉应力的数值不大，但对点柱的稳定性是不利的。

应该说明的是，由于受计算机容量的限制，本报告的计算结果是以开采步距为 30m 做出的。按照设计，在以后的实际生产中，回采步距是 3.5m，每一步回采后，立即要进行充填。对于矿柱所受到的上覆岩层质量的压力而言，充填体能够起到的作用是十分有限的。但充填体所提供的侧向压力，却可以显著降低点柱上拉应力的数值，从而使矿柱的稳定性得到改善。

另外，二道河铁矿矿岩试样室内试验的结果，抗拉强度相对较高，平均值接近 6MPa。虽然岩体抗拉强度低于岩石试样抗拉强度，但可以断定，岩体抗拉强度应远高于 1MPa。因此，点柱中的拉应力不会对矿柱破坏产生根本影响。

根据二道河矿岩三轴压缩试验的结果，当施加在试样上的围压（中间主应力＝最小主应力）等于 5MPa 时，试样的抗压强度比围压为零的单轴抗压强度提高 10%~140%，平均提高 55%。

点柱式上向分层充填法开采中，对于高度为 90m 的一个中段，按照充填体容重等于 20kN/m³ 计算，则充填体的自重，从充填体表面至高度为 90m 处，分别等于 0~1.8MPa。因此，受到充填体所提供的侧压的作用，矿柱的轴向抗压强度可望提高 10%~20%。

根据上述估算，采用点柱式上向分层充填法开采时，在岩体构造不发育、稳固性好的地段，矿柱能够保持稳定；在构造发育、岩体强度低的地段，矿柱的垮塌和破坏难以避免。对于这样的地段，生产中需要采取加固矿柱和顶板岩石相应的措施。

B 矿柱中的压应力

二道河矿体开采后，点柱和连续矿柱（间柱）上都会出现较大的压应力。由于点柱上的压应力大于连续矿柱上的压应力，因此，在没有弱面影响的条件下，如果矿柱发生破坏，首先破坏的会是点柱。点柱上的压应力大小，与点柱所在位置有关。位于采场中部的点柱上，应力的数值较大；上盘和下盘围岩附近的点柱，应力的数值有较大幅度降低。

点柱上压应力的数值很大。以方案 2 的结果为例，125m 中段第一步回采后，采场中部点柱上压应力的平均值达到约 43.0MPa。25m 水平点柱上压应力的平均值，则达到了 51.7MPa。

根据试验结果，二道河铁矿矿石和顶底板变钠质熔岩的抗压强度为 62~107MPa。以岩体完整性很好、完整性系数等于 0.7 来初步估算岩体抗压强度，则岩体抗压强度为 43~75MPa。这样，在强度和稳固性较好的地段，矿柱能够保持稳定；在强度低、稳定性差，以及构造发育的地段，则矿柱可能发生破坏。

当岩体中存在断层、密集节理的等构造时，岩体受这些结构面的影响，强度会显著降低。在这样的地段，矿柱的稳定性就难以保持。

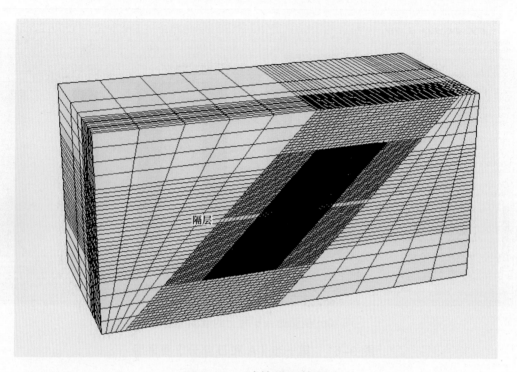

图 9-59 计算模型简图

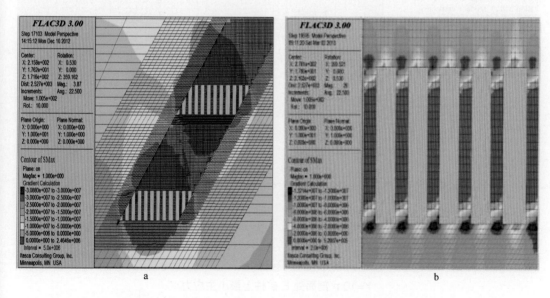

图 9-60 第一步（A 和 D 部分）回采后在 Y=10m 剖面处最大主应力云图
a—最大主应力云图；b—A 矿柱上最大主应力云图局部放大图

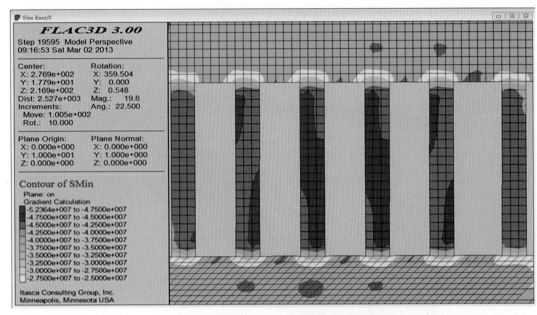

Y=10m 剖面处 A 矿柱上的最小主应力

图 9-61 第一步（A 和 D 部分）回采后

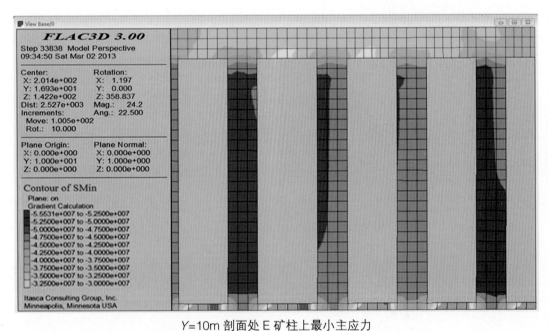

Y=10m 剖面处 E 矿柱上最小主应力

图 9-62 第二步（B 和 E 部分）回采后

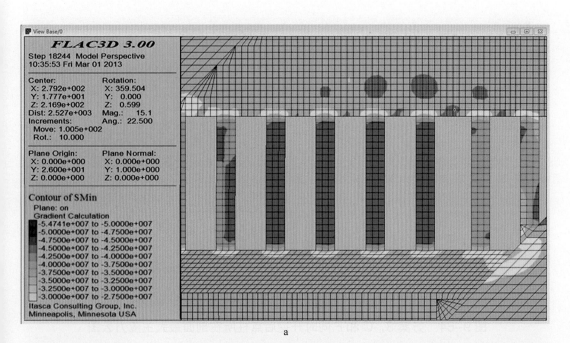

a

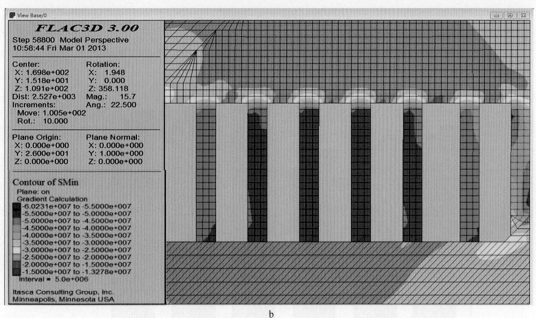

b

图 9-63　方案 2，A 和 D 部分依次回采后矿柱上的最小主应力云图

a—A 矿柱在 $Y=26m$ 处最小主应力；b—D 矿柱在 $Y=26m$ 处最小主应力

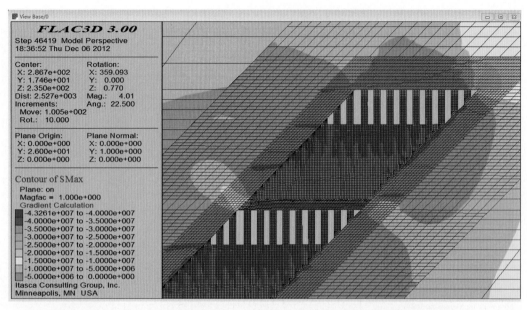

图 9-64　方案 3，C 和 F 同时开挖后点柱所在剖面最大主应力云图

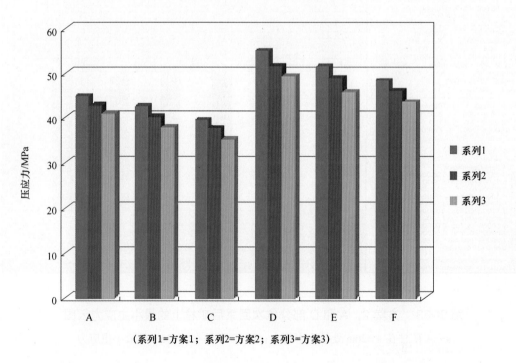

（系列1=方案1；系列2=方案2；系列3=方案3）

图 9-65　点柱中压应力的最大值，方案 1、方案 2 与方案 3 的比较

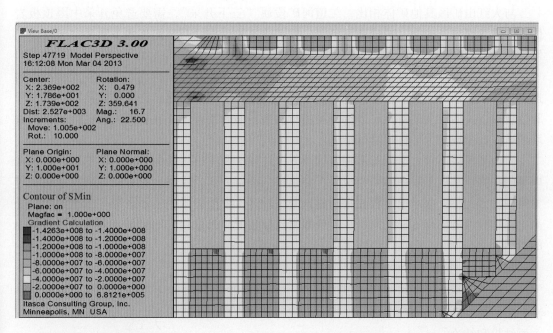

图 9-66　隔层厚度为 16m，A、D、B、E、C、F 均已回采，矿柱中的最小主应力

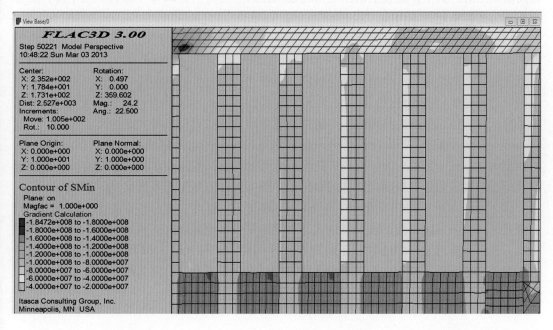

图 9-67　隔层厚度为 5m，A、D、B、E、C、F 均已回采，矿柱中的最小主应力

C "三下开采"的影响

与大红山矿区其他矿体相比,二道河矿段属"三下开采",需要避免开采中因顶板岩体冒落破坏而波及地表,造成地面下沉、地表建筑物受损,乃至河流水下泄采空区的情况发生。

因此,二道河矿段开采中,需要开展水文地质研究,并根据研究结果,在大的断层构造附近,采取预留保安矿柱等措施。同时,因点柱式上向分层充填法采矿法具有矿柱尺寸和数量难以灵活改变的特点,需要提早进行构造弱面的勘查,并在弱面发育的地段,采取增加矿柱数量或加大矿柱尺寸等措施。

二道河矿段不仅位于河流和建筑物下方,还位于两座山之间的谷底。根据国内水利水电部门在修建水电工程中的研究成果,在这样的山谷底部,往往会存在因地形而造成的应力集中。因此,一些水电工程在掘进隧道时,就多次发生轻微的岩爆现象。二道河矿段开采中,也有可能出现这样的问题。需要根据实际情况,采取相应的措施,避免岩爆对采掘的影响。

9.1.3.6 简要结论

采用差分法数值分析软件 FLAC^{3D},对二道河铁矿采用点柱式上向水平分层充填采矿法开采中围岩和矿柱中的应力分布情况,进行了三维模拟计算分析。据此,可以得出以下主要结果和结论:

(1)在采用点柱式上向水平分层充填采矿法开采二道河铁矿矿体时,矿柱上存在数值很高的压应力。其中,点柱上的压应力超过间柱的压应力。在25m中段的采场中部,点柱上压应力的数值超过50MPa。

(2)二道河铁矿矿岩试块的抗压强度为60~100MPa,根据类比分析和推断,二道河铁矿现场岩体的单轴强度,应为40~70MPa。因此,在岩体完整性好的地段,矿柱可以保持稳定性;在构造发育、完整性差的地段,则矿柱可能发生破坏垮塌。生产中所面临的主要问题之一是矿柱的稳定性。因此,在岩体完整性较好的地段,点柱尺寸4.5m×4.5m基本可行;在岩体完整性差的地段,可能需要适当增加点柱数量或增大点柱尺寸。

(3)25m中段和125m中段都开采后,两中段之间的水平隔离矿柱上,存在压应力,其数值大于点柱上的压应力。隔离矿柱上压应力的大小,与隔离矿柱的厚度有关,厚度越小,应力越大。为了提高隔离矿柱的稳定性,隔离矿柱的厚度应不低于10~12m。

(4)二道河矿体的开采属"三下开采"。因此,需要对二道河矿段的水文地质情况开展研究,防止采空区冒落而波及到地表,从而避免影响地面建筑(构筑)物,以及河水的下泄。在构造弱面发育的地段,还需要在矿柱间距、矿柱尺寸,以及充填等方面采取措施,避免出现因采场顶板岩石破坏而使冒落持续向上发展及其引发的地表沉降变形问题。

9.1.4 二道河矿段地表沉降与变形规律研究

9.1.4.1 引言

二道河铁矿采用地下开采,设计规模为1000kt/a,矿段位于戛洒江以东4~5km。开采区域地表标高630~870m,属侵蚀剥蚀山地地形,切割深,起伏大,网状沟谷发育,曼岗河由北东流向南西,肥味河由南东往北西注入曼岗河,两者汇合为二道河,二道河为矿区的天然南边界。老厂河自北向南穿越矿段，与二道河交汇后称浑龙河。浑龙河又自南东往北西流汇入自北西往南东流的戛洒江。各河流均具山区河流特点，河谷深沉狭窄，河床坡降大，流量受降水控制，暴雨骤涨，雨停汛退，动态变化大；影响二道河地下开采的主要河流为二道河。

在二道河矿段的南侧，有一条通往大红山铁矿和大红山铜矿的主干公路，至小红山分岔，往东至大红山铁矿，往北经盘山公路至大红山铜矿，因小红山至大红山铜矿盘山公路基本位于开采区正上方，受二道河地下开采的影响最大。

二道河东南侧，地表分布有多栋小红山民用建筑物、大红山铁矿尾矿浓密池及水隔离泵站，东侧建设有大红山铜矿二选厂，北侧布置有大红山铜矿机修车间及辅助设施。

综上所述，二道河铁矿属于典型的"三下开采"矿山，如何确保开采过程中河水不下灌、地表公路不改道、民用建筑物及工业设施不搬迁，是二道河铁矿能否顺利开采的技术关键。河流下采矿，不仅关系到井下工人的人身安全，而且关系到二道河矿段的井下生产的安全性，必须选择合适的采矿方法及确定相应的结构参数，寻找一条避免生产中地表河水灌入井下的安全技术措施，正确评价水体下采矿的可能性和可靠性，是二道河生产建设的重要课题。同时，矿区公路从二道河旁侧经过，开采中需保证公路的安全畅通。基于这样的技术难题，需进行地表沉降与变形移动规律的研究，以确定最优的采矿方法结构参数、充填方式及相应的对策措施，以期在安全条件下最大限度地回收矿石资源。本项目地表沉降与变形规律的研究方法和成果，不仅对二道河"三下开采"具有现实的实用价值，而且对类似的金属矿山"三下开采"也具有重要的借鉴意义。

9.1.4.2 开采技术条件及开采方式

A 地形地貌

大红山矿区地处云南高原中部，居红河河谷之东，其西侧紧邻北西走向的哀牢山脉，海拔一般 600~2000m，属构造剥蚀中山地形。山脉总体走向南北，地形起伏大，切割激烈，区内地壳历经多次差异性上升运动，以侵蚀剥蚀作用为主，河流深切，岭高谷深，山坡多较陡峻。

二道河矿段所在位置在该区内属一侵蚀剥蚀中山单斜坡地形，切割深，起伏大，地形坡度约 30°~50°。最低处为二道河河床，海拔高程约为 630m，矿区北部边缘地面海拔高程约为 880m，相对高差 250m。且区内多为灌木和杂草覆盖，没有成片森林

B 矿区水文地质

a 矿区水文地质单元

矿区整体处在老厂河与二道河夹持的一个水文地质单元中，二道河铁矿处在该单元的南侧。地下水以基岩裂隙水为主，总体富水性较弱，地下水流向从北东至南西。

矿区与戛洒江之间，有上三叠统干海子组泥质岩夹砂岩隔水层组构成的西部隔水边界。矿区以东有上三叠统舍资组上段和下侏罗统冯家河组泥质岩夹砂岩泥灰岩隔水层组构成的东部隔水边界。区域主要含水层为舍资组下段砂岩含水层组，由于西、东两隔水边界的限定，构成了东西两面封闭、南北两端紧缩开口的边界条件。区域西北及东南皆有三叠统干海子组泥质岩夹砂岩隔水层组构成的隔水边界，地下水总体流向是从北东往南西。

b 区域含（隔）水层组

矿区所在水文地质单元内的含隔水层（组）按由新到老顺序排列如下：

（1）上三叠统舍资组下段砂岩含水层（T_3s^1）。岩性为深灰至灰白色厚层块状粗至中粒长石石英砂岩，上粗下细，局部夹泥质岩类厚352m。分布于矿区及周围。含裂隙水，地下径流模数 $0.5 \sim 3L/s \cdot km^2$，富水性弱，是区域主要含水层之一。但由于下伏干海子组隔水组的存在，对矿床充水影响不大。

（2）上三叠统干海子组泥质岩类隔水组（T_3g）。岩性以深灰至灰黑色厚至薄层泥质岩为主，间夹细砂岩、泥岩和薄煤层，底部有为 $0 \sim 50m$ 砂砾岩。在矿区与大红山群呈不整合接触。隔水组层位稳定，产状较平缓。据地质报告，泥质岩类包括底部砂砾岩在内的隔水组，隔水性能较可靠。

（3）大红山群裂隙含水层（Ptd）。本含水层是指整个大红山群浅部相对富水部位。

大红山群为一套古海相火山岩和变质岩系，主要由变钠质熔岩、凝灰岩、不纯的白云石大理岩以及以黑云母、角闪石、绿泥石等为主的各种片岩构成；有较多的辉长辉绿岩（简称岩体）侵入于其中。大部分地区为中生界地层掩盖，主要出露于大红山、底戛母、坡头、老厂、东么等地，总厚 $2028 \sim 2908m$。

大红山群中各岩层，裂隙发育的深度、数量、规模、张开程度、充填情况及含水程度各具特点，均含裂隙水。富水规律受岩层裂隙发育规律的控制，因而存在富水程度的岩性差异。富水性弱且由浅至深变弱的规律最为明显。

该含水岩层相对富水部分，可由 T_3g 隔水组和 Ptd 地层深部相对隔水体所夹持，成为层状含水层，属承压性质，局部具很高的承压水头，在含水岩层出露区，含水层一般属潜水性质，局部具承压特征，为矿床充水主要含水层。

（4）区域地质构造：

1）东西向褶皱是本区域主要构造形式，有底巴都背斜，次级背向斜亦较发育。褶趋构造对区域地下水的形成分布有较大影响。较大的泉水大都出露在背斜轴部附近。

2）东西向断层（如 F_{20}）是本区早期断层，具多期复活特点，倾角陡，规模较大，断层带常有大量岩体贯入，角砾岩胶结较紧密，导富水性较弱。断层影响带节理裂隙相对发育，富水性有增强趋势。

3）南北、北西向断层（如 F_5、F_{38}、F_4等）是本区域西部主要构造形式之一，具多期复活特点。泉水沿断层带呈线状或片状分布，流量相对增大。该组断层常起聚集、排泄区域地下水的作用。

综上所述，在背斜轴部及断层带，岩层富水程度增强，地质构造对区域地下水的形成分布和运动都具有控制作用，但是控制结果只造成富水性的地段差异，且这种差异在中等至弱富水范围内，且各构造除 F_{20} 断层从二道河矿区南部边缘经过外，其余构造距二道河矿区较远，故对矿床充水无特殊影响。

c 矿床水文地质条件评价

地下开采排水疏干漏斗扩展到一定程度后，会有牵动河水进入矿体的可能性问题。可能补给矿坑的河段有三处：

第一处是二道河地段，二道河河水进入矿坑的方式是沿 F_{20} 断层带进入。由于开采陷落裂隙形成后，地下水位下降，将导致河水直接进入井下。第二处是东、西矿段接壤地带的曼岗河段，位于 5 号洪水位点即 F_4 断层附近。该处河床标高约685m，距二道河 IV_3 矿体约 1050m，高差 450m 以上，未来坑采排水漏斗必将扩展到该处，从而牵动河水进入井下。第三处是矿段西部 F_4 及 F_{20} 断层附近的老厂河段，河床标高约 625m，距二道河 IV_3 矿体边界仅 700～880m，高差约 390m，未来井下排水漏斗也将扩展到该处，从而牵动河水进入井下。

后两处河水补给坑内主要是渗入大红山群含水层后通过径流方式进入，其补给强度取决于大红山群含水层的透水性，而大红山群含水层的透水性是较弱的，河水补给坑内的强度将受到一定限制。

根据设计推荐的上向点柱式充填采矿法及矿区水文地质条件，采用"大井法"、"水平廊道法"预测坑内涌水量，其结果见表 9-7。

表 9-7　二道河矿段井下涌水量预测

标高/m	单项工程涌水量/$m^3 \cdot d^{-1}$								中段涌水量/$m^3 \cdot d^{-1}$		合计/$m^3 \cdot d^{-1}$	
	辅助竖井（−45m）		回风竖井（225m）		140～−45m斜坡道		辅助竖井联络平巷					
	正常	最大	正常	最大	正常	最大	正常	最大	正常	最大	正常	最大
5			151	278			508	934	1727	3178	3569	6567
−45	405	745			778	1432						
−95									2019	3714	3861	7103

根据上述预测，加上生产过程中的凿岩防尘溢流水、充填溢流水，井下正常排水量为 5371m^3/d，最大排水量为 8611m^3/d。

C　矿体赋存条件

a　含矿层位及含矿性

二道河铁矿 IV_3 矿体产于大红山铁铜矿西矿段 IV 号铁矿带中，位于红山组上部变钠质熔岩中。

矿带顶板为钠长石化、硅化变钠质熔岩（局部呈角砾状）、角砾岩、辉长辉绿岩，厚 4.5～214m，一般为厚 10～80m。

赋矿地层为红山组（Ptdh）变钠质熔岩，矿带本身原岩为含铁硅化、钠长石化、绢云母化角砾化变钠质熔岩。矿体为赤铁、赤-磁、磁-赤及磁铁型铁矿体，有富矿、贫矿及低品位矿，矿体厚 3～146m，一般厚为 13～47m。矿体与顶底板围岩多为过渡接触关系，界线不甚明显。

矿带底板为绢云母化变钠质熔岩、石榴角闪片岩、变钠质凝灰岩、石榴角闪变钠质熔岩。厚 5～300m，一般厚为 80～200m。

b　矿体产状、形态、规模特征

矿体在形态上一般为单层矿，一些地方出现两个分层，矿体中夹层厚 2.84～30.18m。在主矿体的上部或下部局部夹有透镜状小矿体，但都厚度小、连续性差。

矿体北北东长约 800m，东西宽 340～520m，埋深在地面下 400～800m，埋藏在 −179～363m 标高，为一中型铁矿床。

矿体呈似层-透镜状产出，表现为北北东向分布长、北西向分布窄，具有中心部位厚度大（彩图 9-68）、向四周沿走向和倾向变薄以至尖灭的特征，往西边矿体出现较多分支尖灭、而东边则为一体尖灭。矿体产状跟地层产状大体一致，走向北北西-南南东，倾向南西，倾角16°~58°，浅部（北东部）较平缓，往深部（南西部）变陡（彩图9-69）。矿体铅垂厚度6.19~142.37m，平均53.39m。其中富矿1.44~50.71m，平均14.44m；贫矿2.38~23.97m，平均9.04m；工业矿体合计厚度2.70~142.37m，平均41.13m；低品位矿2.13~17.79m，平均6.4m。

2010年昆明理工大学进行了二道河矿段矿岩力学性质研究，其测定的矿岩物理力学参数见表9-8。

表9-8 矿岩岩石物理力学参数

岩石类型	辉长辉绿岩	矿体底板变钠质熔岩	底板绢云母化变钠质熔岩	顶板变钠质熔岩	赤铁富矿	赤铁贫矿	角砾岩
容重/kN·m⁻³	28.2~29.30	27.00~35.06	28.07	27.18~30.64	34.80	34.65	29.02
抗压强度/MPa	51.95~82.12	67.57~122.14	56.43	44.06~61.68	108.45	106.99	78.17
抗拉强度/MPa	5.78~10.68	3.89~10.25	7.07	5.95~9.52	7.67	8.89	9.92
弹模/GPa	62.18~75.46	35.22~61.56	59.99	33.93~52.42	63.29	66.61	50.54
50%弹模/GPa	62.88~78.06	34.49~61.48	62.80	32.48~54.75	60.97	66.34	52.14
泊松比	0.242~0.26	0.15~0.23	0.17	0.158~0.201	0.07	0.11	0.25
0.5泊松比	0.219~0.26	0.13~0.20	0.08	0.134~0.189	0.06	0.11	0.23
声波波速/m·s⁻¹	5832~6250	4281~5494	5383.00	4526~5418	5070.00	5259.00	5553.00

D 采矿方法及开拓系统

a 开采范围

二道河铁矿IV₃矿体分布在A204~A210线，走向北北西-南南东，倾向南西，倾角16°~58°，浅部较平缓，往深部变陡。埋深在地面下400~800m，埋藏标高为-179~363m。设计开采范围为昆钢矿权范围以内、赋存标高-95~350m的矿体。-95m以下至-175m间、80m垂直高度范围内尚有地质矿量132.8kt，留待生产后期考虑，暂不纳入设计范围。

b 开采区段的划分

大红山铁矿二道河矿段矿体赋存条件比较复杂，矿体呈透镜状产出，中心厚度大、向四周沿走向和倾向变薄尖灭，矿体面积不大，上部较平缓，往深部变陡，表现为往南西方向长、沿北西-南东方向短，在竖向上高差达540m。为满足开采规模要达到1000kt/a要求，设计采用高效率的采掘出矿无轨设备运输，在竖向上划分四个区段搭配开采，区段（中段）高度达到100m（及以上），以利于实现大规模生产，各区段开采范围及运输水平之间的关系见表9-9，各区段地质储量见表9-10。

表9-9 各区段开采范围及与运输水平之间的关系

序号	区段/m	开采范围/m	矿石集中运输水平/m	备 注
1	225	225以上	5	
2	125	125~225	5	
3	25	25~125	5	
4	-95	-95~25		用斜坡道向上运至5m水平卸入破碎站

表9-10 二道河铁矿各区段地质储量

序号	区段/m	资源量 B (332)	资源量 C (333)	合 计	
		矿量/t	矿量/t	矿量/t	品位/%
1	-95	333544	1781034	2114577	44.35
2	25	3633359	746138	4379496	45.09
3	125	8048343	428179	8476522	46.67
4	225	4386846	967163	5354009	43.54
总 计		16402092	3922514	20324604	45.26

c 首采区段及开采顺序

为满足矿山 1000kt/a 的开采规模、降低基建投资并使矿山尽早达产，设计先采较厚大的中间部分矿体，并安排两个区段同时开采以满足对开采规模的要求。首采区段为中部 25m 区段和 125m 区段，两个区段同时开采。在生产的中、后期用上部 225m 区段和下部 -95m 区段进行接替，以延长矿山的达产年限。

d 采矿方法

在矿床赋存范围的地表有二道河、矿区公路、大红山铜矿辅助工业场地及民用、工业设施等，开采技术条件较为复杂，为典型的"三下开采"。为保证开采引起的地表变形对它们的影响能控制在国家有关建筑物安全保护等级标准的范围内，必须采取能够可靠保护地表设施的采矿方法。设计经过多方案比较，推荐采用点柱式上向分层充填法。

中段高度 100m，分段高度为 20m，中段内设置 5 个分段。为适应分层采矿和顶板管理的要求，每个分段设 6 个分层，分层高度为 3.3m。矿块沿走向布置，长度为 160m。对于极厚矿体和厚矿体，一个矿块划分为四个采场，采场垂直走向布置，每个采场宽 40m，其中间柱 4m、矿房 36m；对于位于矿体中部的、水平厚度大于 60m 的极厚矿体（平均约 140m），为了充分利用矿体面积，增加出矿工作面，提高出矿能力，缩短铲运机运行长度，将矿块在垂直走向方向上大体"一分为二"，上、下盘双侧同时回采，采场长度约为矿体水平厚度的一半；对于水平厚度 60~15m 的厚矿体，布置为单侧采场，由下盘往上盘单侧回采，采场长度为矿体厚度；水平厚度小于 15m 的薄矿体，一般位于矿体边部、下盘分支、深部，矿块长度视具体情况为 80~160m，在矿体连续较好的地方，一般长度为 160m，划分为两个采场，每个采场沿走向长 80m，其中间柱 4m，矿房 76m。

除了在采场之间留设间柱外，还在矿房内留设点柱。点柱面积暂按与所支撑顶板面积的比例为 1:9 设置，规格为 4.5m×4.5m，沿走向间距约为 9m，沿倾向水平间距约为 7~9m，每个采场有两排点柱。这样的设置，除了保持采场顶板的稳定外，更有利于保护地表建构筑物和设施的安全。

采场内的每个分层回采完毕后，应及时充填采空区。在充填前架设钢结构的顺路充填滤水井，首先用废石充填采空区，再用分级尾砂充填，充填高度为 2.7m，上部 0.6m 最后用灰砂比 1:4 的胶结尾砂进行充填，以形成有一定强度的胶结面层，作为采矿设备作业的垫层。充填料选用大红山铁矿二选厂 +37μm 的分级尾砂和井下采掘废石，尾砂充填管经上分段水平的沿脉干线、回采联络通道、分层回采平巷至回风充填井，下到各采场进行分层充填。当下分层充填工作结束、胶结垫层经过养护达到要求强度后，上分层才能开始进行回采工作。

e 矿山服务年限

可行性研究中，根据各区段及分段间开采中的相互制约关系进行产量安排。首先开采25m区段和125m区段，两个区段搭配生产，第一年生产规模52.8kt/a，第二年达产1000kt/a。矿山总的服务年限为16年，其中稳产达产年限12年。

9.1.4.3 地表变形移动计算方法及判据

A 概述

近20多年，国内使用的预测方法种类较多，主要有概率积分法、典型曲线法、负指数函数法、积分格网法、威布尔分布法、样条函数法、双曲函数法、皮尔森函数法等。典型曲线法和负指数函数法都要以开采矿区或类似于开采矿区地质与采矿条件的某一矿区的大量地表移动实测资料为基础，经过综合分析，找出有关规律后，方能进行。对于缺乏大量地表移动实测资料的矿山，则常用概率积分法进行预计，煤炭系统最常用的方法也是概率积分法。

概率积分法是因其所用的预计公式中含有概率积分而得名。该方法的基础为随机介质理论，所以又称随机介质理论法。随机介质理论首先由波兰学者李特威尼申于20世纪50年代引入岩层移动研究，后来我国学者将其发展成为概率积分法。该方法认为开采引起的岩层和地表移动规律与作为随机介质的颗粒体介质模型所描述的规律在宏观上相似。

概率积分法属于影响函数法，通过对单元开采下沉盆地进行积分即可求取工作面开采地表移动与变形值。在计算机实施计算时，将每个采区分成无数多个微小单元，进行积分计算，并计算出所有单元对地表影响的总和，得到地表移动值和变形值。本项目采用概率积分法来预计地表的移动和变形。

利用概率积分法各项计算公式，编制成计算机程序，可以很方便地计算出开采过程中地表任意点任意方向的下沉值、倾斜值、曲率值、水平移动值、变形值，并能计算出地表任意点的最大和最小倾斜值、最大和最小曲率值、最大和最小水平移动值、最大和最小变形值等。

B 采动区建筑物损坏程度的统计性判据

在进行建筑物下采矿时，一般要根据开采技术条件和采矿方法预计地表移动变形，然后根据预计的移动变形值大小评定建筑物的损坏程度，采取相应的建筑物加固措施和井下开采措施，最后确定开采方案。采动区建筑物损坏评定指标对"三下开采"非常重要。

采动区建筑物损坏评定指标涉及到地表变形大小、建筑物类型、地基性质、建筑物长度和高度等诸多因素。目前尚没有一个全面考虑这些因素的采动区建筑物损坏评定方法，各个国家均采用近似的评定。下面介绍我国划分采动区建筑物损坏等级的标准。

国内外都对矿区建筑物破坏程度标准进行了长期观察与研究，苏联、英国、波兰、德国等国家的研究较为深入。我国煤炭部1985年颁发了《建筑物、水体、铁路及主要井巷煤柱留设与压煤开采规程》，2000年煤炭工业局再次修订了《建筑物、水体、铁路及主要井巷煤柱留设与压煤开采规程》，按建筑物和构筑物的重要性、用途及受开采影响引起的不同后果，将保护等级分为四级，见表9-11。

表 9-11　矿区建筑物和构筑物保护等级

保护等级	主要建筑物和构筑物
I	国务院明令保护的文物和纪念性建筑物；一级火车站、发电厂主厂房，在同一跨度内有两台重型桥式吊车并三班生产的大型厂房、平炉、水泥厂回转窑、大型选矿主厂房等特别重要或特别敏感的、采动后可能导致发生重大生产、伤亡事故的建筑物、构筑物；铸铁瓦斯管道干线、大中型矿井主扇风机房，瓦斯抽放站
II	高炉，焦化炉，220kV 以上超高压输电铁塔，矿山总变电所，立交桥，高频通信电缆；钢筋混凝土框架结构工业厂房、设有桥式吊车的工业厂房、铁路煤仓、总机修厂等较重要的大型工业建筑物和构筑物；办公楼、医院、学校、百货大楼、二级火车站，三层以上住宅楼；输水管干线和铸铁瓦斯管道支线；架空索道，电视塔及转播塔等
III	无吊车设备的砖木结构工业厂房，三、四级火车站，砖木结构平房或变形缝区段小于 20m 的两层楼房，村庄民房；高压输电铁塔，钢瓦斯管道等
IV	农村木结构承重房屋，简易仓库，临时性建筑物、构筑物等

作为建筑物的保护等级，归纳起来有以下方面的含义：

I 级：最重要的建筑物，其损害可能带来严重的后果，对地表移动敏感的重要工厂，特别重要的高大建筑物，如治炼厂等。

II 级：对地表移动较为敏感的对象，如一般性的工厂、水塔、火车站、大型住宅、学校、大型蓄水池、较大的河床，主要的铁道及隧道、碗口连接的水管干线等。

III 级：不大的住宅、不大的水池或蓄水池、二级铁路、较小的河床。

IV 级：锚固的砖结构房屋，不太重要的金属结构物、水库、小河沟，经过适当保护的水管干线、无客运的次级铁路、公路等。

根据颁布的规程，破坏（保护）等级评定指标按表 9-12 中的规定执行。

表 9-12　砖石结构建筑物的破坏（保护）等级

损坏等级	建筑物损坏程度	地表变形值			损坏分类	结构处理
		水平变形 $\varepsilon/\mathrm{mm \cdot m^{-1}}$	曲率 k $/10^{-3} \cdot \mathrm{m^{-1}}$	倾斜 i $/\mathrm{mm \cdot m^{-1}}$		
I	自然间砖墙上出现宽度 1～2mm 的裂缝	≤2	≤0.2	≤3.0	极轻微损坏	不修
	自然间砖墙上出现宽度小于 4mm 的裂缝；多条裂缝总宽度小于 10mm				轻微损坏	简单维修
II	自然间砖墙上出现宽度小于 15mm 的裂缝；多条裂缝总宽度小于 30mm；钢筋混凝土梁、柱上裂缝长度小于 1/3 截面高度；梁端抽出小于 20mm；砖柱上出现水平裂缝，缝长大于 1/2 截面边长；门窗略有歪斜	≤4.0	≤0.4	≤6.0	轻度损坏	小修
III	自然间砖墙上出现宽度小于 30mm 的裂缝；多条裂缝总宽度小于 50mm；钢筋混凝土梁、柱上裂缝长度小于 1/2 截面高度；梁端抽出小于 50mm；砖柱上出现小于 5mm 的水平错动；门窗严重变形	≤6.0	≤0.6	≤10.0	中度损坏	中修

续表9-12

损坏等级	建筑物损坏程度	地表变形值			损坏分类	结构处理
		水平变形 $\varepsilon/\text{mm}\cdot\text{m}^{-1}$	曲率 k $/10^{-3}\cdot\text{m}^{-1}$	倾斜 i $/\text{mm}\cdot\text{m}^{-1}$		
IV	自然间砖墙上出现宽度大于30mm的裂缝；多条裂缝总宽度大于30mm；梁端抽出小于60mm；砖柱上出现小于25mm的水平错动	>6.0	>0.6	>10	严重损坏	大修
	自然间砖墙上出现严重交叉裂缝、上下贯通裂缝，以及墙体严重外鼓、歪斜；钢筋混凝土梁、柱裂缝沿截面贯通；梁端抽出大于60mm，砖柱出现大于25mm的水平错动，有倒塌危险				极度损坏	拆建

9.1.4.4 二道河矿段地表移动与变形计算

A 计算参数的选取

利用概率积分法计算分析地表沉降规律，首先需计算和选取下沉系数 η、拐点移动距 S、主要影响正切 $\tan\beta$、开采影响传播角 θ、水平移动系数 b、各采场计算长度等，结合开采技术条件，这些基本参数可在程序中自动计算获取。

影响地表沉降变形值最大的主要参数为下沉系数 η。总结国内外煤炭系统和金属矿山地表移动实测资料，对于尾砂充填处理空区，在留有盘区矿柱的情况下，下沉系数一般在0.06以下。结合我国金属矿山"三下开采"实践，下沉系数为0.02~0.06。二道河采用的点柱式上向分层充填法，不但留有盘区和采场矿柱，且采场内还留有点柱，采场内边采边充，充填体密实程度比一般采后充填处理空区的空场法高，充填体强度高，且接顶效果好，可有效抑制上覆岩层变形移动。为稳妥起见，本报告推荐选取下沉系数0.05，偏上限，为便于分析比较，在此分别对下沉系数0.02~0.06进行了计算。

本书将前述地表移动计算基本参数选择及变形计算公式编制成程序，就可以计算地表任意点的沉降变形值。

B 地表变形计算点的设置

为了研究二道河地下开采过程地表各点的变形情况和变形移动规模，结合中段划分及矿体赋存位置（彩图9-70），从二道河南侧开始，往北以20m间距设定计算线（彩图9-71）。从南至北分别设置了0号、20号、40号、60号、80号、100号、120号、140号、160号、180号、200号、220号、240号、260号、280号、300号、320号、340号、360号、380号、400号、420号、440号、460号、480号、500号等横剖面计算线、同时设定了纵A、纵B、纵C、纵D、纵E、纵F等六个纵剖面计算线，各计算线上以20m间距设定计算点。其目的是利用各计算点的计算结果，直观分析各计算线上地表的变形曲线与立体曲线，同时利用计算机程序分析得到地表危险点或危险区域，给定各点或各区域的保护（破坏）等级，评价地下开采对地表建筑物、公路及河流的影响程度。

地表计算点共设置了982个点，为方便起见，彩图9-71仅给出了主要特征计算点。

C 开采结束后地表移动与变形计算结果

本书分别按下沉系数0.02、0.03、0.04、0.05和0.06进行了计算。前已论证，在此推荐下沉系数为0.05。因此，为节省篇幅，按下沉系数0.05和主要特征计算点给出计算结果表。整个二道河矿床开采结束后，地表各特征计算点的沉降变形计算结果见表9-13。

表9-13　下沉系数0.05时地表变形移动计算结果

地表计算点号	坐标		下沉值 W_{axy}/mm	最大倾斜值 T_{max}/mm·m^{-1}	最大倾斜值方向 ψ_T/(°)	最大曲率值 K_{max}/10^{-3}·m^{-1}	最小曲率值 K_{min}/10^{-3}·m^{-1}	最大曲率值方向 ψ_K/(°)	最大水平移动值 U_{max}/mm	最大水平移动方向 ψ_u/(°)	最大变形值 ε_{max}/mm·m^{-1}	最小变形值 ε_{min}/mm·m^{-1}
	X	Y										
3	65426.98	61408.57	-3.87E+00	5.75E-02	-139.28	-4.73E-04	-4.76E-04	14.2	9.93E+00	1.02	2.31E-02	-1.24E-07
9	65426.98	61528.57	-1.32E+01	2.09E-01	-122.19	-4.34E-04	-2.64E-03	0.21	1.90E+01	-39.52	7.33E-02	-2.31E-07
17	65426.98	61688.57	-2.93E+01	4.51E-01	-95.29	1.25E-03	-7.23E-03	0.05	5.41E+01	-47.04	1.66E-01	-1.14E-05
25	65426.98	61848.57	-2.20E+01	3.08E-01	-71.54	5.72E-05	-4.57E-03	-0.14	5.41E+01	-31.17	-7.13E-02	-3.05E-05
96	65486.98	61408.57	-7.28E+00	1.28E-01	-140.07	-1.10E-03	-1.24E-03	88.62	9.66E+00	-15.5	1.62E-03	-1.51E-07
102	65486.98	61528.57	-3.02E+01	5.12E-01	-124.17	-1.33E-03	-5.94E-03	0.62	3.45E+01	-66.8	1.20E-01	-7.94E-07
110	65486.98	61688.57	-7.35E+01	1.11E+00	-95.72	3.59E-03	-1.53E-02	0.15	1.17E+02	-56.08	4.44E-01	-8.89E-05
118	65486.98	61848.57	-5.03E+01	7.58E-01	-67.22	3.14E-05	-9.24E-03	-0.52	1.13E+02	-35.75	-2.00E-01	-4.45E-04
162	65526.98	61408.57	-1.16E+01	2.22E-01	-140.79	-1.83E-03	-2.27E-03	88.74	9.49E+00	-43.06	-3.55E-02	-1.12E-08
168	65526.98	61528.57	-5.27E+01	8.94E-01	-125.66	-2.50E-03	-9.39E-03	1.29	5.64E+01	-80.43	1.70E-01	-2.27E-05
176	65526.98	61688.57	-1.32E+02	1.86E+00	-96.03	6.74E-03	-2.21E-02	0.29	1.89E+02	-58.28	8.12E-01	-3.63E-04
184	65526.98	61848.57	-8.65E+01	1.27E+00	-63.99	-5.83E-05	-1.26E-02	-1.18	1.82E+02	-35.51	-3.66E-01	-2.86E-03
265	65586.98	61408.57	-2.41E+01	4.82E-01	-143.15	-3.08E-03	-5.22E-03	88.78	1.68E+01	-98.49	-1.57E-01	-4.46E-05
271	65586.98	61528.57	-1.17E+02	1.87E+00	-128.71	-5.32E-03	-1.47E-02	4.28	1.11E+02	-93.5	3.07E-01	-5.90E-04
279	65586.98	61688.57	-2.88E+02	3.46E+00	-96.14	1.53E-02	-2.93E-02	0.67	3.43E+02	-57.02	1.78E+00	-2.98E-03
287	65586.98	61848.57	-1.79E+02	2.34E+00	-57.8	-5.98E-04	-1.46E-02	-4.14	3.39E+02	-31.25	-7.50E-01	-7.20E-02
327	65626.98	61408.57	-3.82E+01	7.54E-01	-146.19	-3.29E-03	-8.47E-03	88.81	2.88E+01	-120.54	-1.90E-01	-1.13E-01
333	65626.98	61528.57	-1.87E+02	2.77E+00	-131.99	-7.56E-03	-1.50E-02	12.4	1.55E+02	-99.96	4.64E-01	-3.39E-03
341	65626.98	61688.57	-4.49E+02	4.60E+00	-95.98	2.41E-02	-2.58E-02	1.03	4.59E+02	-53.18	2.75E+00	-1.12E-02
349	65626.98	61848.57	-2.70E+02	3.17E+00	-52.25	-1.31E-02	-1.15E-02	-11.48	4.77E+02	-26.37	-4.77E-01	-8.15E-01
420	65686.98	61408.57	-6.85E+01	1.27E+00	-153.54	-9.77E-04	-1.51E-02	88.94	5.20E+01	-144.72	6.89E-02	-6.90E-01
426	65686.98	61528.57	-3.32E+02	4.16E+00	-140.35	-1.46E-03	-1.30E-02	71.51	1.90E+02	-111.75	8.48E-01	-4.77E-02

续表 9-13

地表计算点号	坐标 X	坐标 Y	下沉值 W_{xy}/mm	最大倾斜值 T_{max}/mm·m^{-1}	最大倾斜方向 ψ_T/(°)	最大曲率值 K_{max}/10^{-3}·m^{-1}	最小曲率值 K_{min}/10^{-3}·m^{-1}	最大曲率值方向 ψ_K/(°)	最大水平移动值 U_{max}/mm	最大水平移动方向 ψ_u/(°)	最大变形值 ε_{max}/mm·m^{-1}	最小变形值 ε_{min}/mm·m^{-1}
434	65686.98	61688.57	−7.57E+02	5.47E+00	−95.78	4.10E−02	1.27E−03	1.77	5.90E+02	−41.13	4.57E+00	−6.21E−02
442	65686.98	61848.57	−4.33E+02	4.27E+00	−40.66	5.06E−03	−5.94E−03	−68.98	7.04E+02	−16.54	1.21E+00	−3.41E+00
482	65726.98	61408.57	−9.11E+01	1.61E+00	−160.31	2.36E−03	−1.99E−02	89.14	6.75E+01	−161.74	3.86E−01	−1.25E+00
488	65726.98	61528.57	−4.36E+02	4.82E+00	−149.27	1.35E−02	−1.46E−02	81.38	1.69E+02	−127.6	1.85E+00	−7.93E−01
496	65726.98	61688.57	−9.66E+02	4.84E+00	−96.16	5.23E−02	3.09E−02	2.72	6.24E+02	−26.5	5.83E+00	−1.63E−01
504	65726.98	61848.57	−5.38E+02	4.74E+00	−29.95	1.82E−02	−7.52E−03	−81.03	8.44E+02	−8.61	2.61E+00	−5.45E−01
575	65786.98	61408.57	−1.16E+02	1.94E+00	−172.73	7.11E−03	−2.49E−02	89.66	9.04E+01	170.15	7.83E−01	−1.91E+00
581	65786.98	61528.57	−5.47E+02	5.19E+00	−168.82	3.36E−02	−1.55E−02	87.56	1.44E+02	165.92	3.58E+00	−2.23E+00
589	65786.98	61688.57	−1.17E+03	1.77E+00	−103.24	6.76E−02	6.34E−02	86.06	6.78E+02	6.87	7.41E+00	−6.16E−01
597	65786.98	61848.57	−6.36E+02	5.00E+00	−8.9	3.35E−02	−9.69E−03	−87.93	9.89E+02	4.46	3.94E+00	−7.40E−01
605	65786.98	62008.57	−1.13E+02	1.50E+00	−4.76	5.12E−03	−1.76E−02	−89.81	2.98E+02	4.99	6.95E−01	−3.88E+00
613	65786.98	62168.57	−1.40E+01	1.52E−01	−2.39	3.53E−04	−2.35E−02	−89.99	4.70E+01	8.87	6.36E−02	−5.52E−01
657	65826.98	61408.57	−1.20E+02	1.97E+00	178.19	7.83E−03	−2.53E−02	−89.91	1.05E+02	153.01	7.89E−01	−1.95E+00
663	65826.98	61528.57	−5.59E+02	5.18E+00	175.34	3.59E−02	−1.50E−02	−89	2.33E+02	128.66	3.59E+00	−2.20E+00
671	65826.98	61688.57	−1.19E+03	1.16E+00	107.18	7.04E−02	6.39E−02	−88.63	7.80E+02	28.95	7.18E+00	−3.16E−01
679	65826.98	61848.57	−6.40E+02	5.00E+00	6.99	3.41E−02	−1.00E−02	88.4	1.02E+03	13.2	3.72E+00	−7.22E−01
687	65826.98	62008.57	−1.13E+02	1.50E+00	3.28	5.18E−03	−1.76E−02	89.87	3.04E+02	10.05	6.34E−01	−3.84E+00
695	65826.98	62168.57	−1.39E+01	1.53E−01	3.01	3.56E−04	−2.38E−02	89.99	4.73E+01	11.82	5.64E−02	−5.51E−01
780	65886.98	61408.57	−1.04E+02	1.74E+00	164.96	4.47E−03	−2.14E−02	−89.31	1.16E+02	133.53	3.64E−01	−1.35E+00
786	65886.98	61528.57	−4.76E+02	4.89E+00	153.5	2.02E−02	−1.31E−02	−83.24	3.69E+02	109.52	1.86E+00	−6.59E−01
794	65886.98	61688.57	−1.01E+03	4.55E+00	93.82	5.38E−02	3.86E−02	−2.12	9.19E+02	50.27	5.98E+00	−9.40E−02
802	65886.98	61848.57	−5.49E+02	4.77E+00	28.54	1.97E−02	−8.50E−03	81.98	9.49E+02	25.08	1.82E+00	−4.77E+00

续表 9-13

地表计算点号	坐标 X	坐标 Y	下沉值 W_{axy}/mm	最大倾斜值 T_{max} /mm·m^{-1}	最大倾斜方向 ψ_T/(°)	最大曲率值 K_{max} /10^{-3}·m^{-1}	最小曲率值 K_{min} /10^{-3}·m^{-1}	最大曲率方向 ψ_K /(°)	最大水平移动值 U_{max}/mm	最大水平移动方向 ψ_u/(°)	最大变形值 ε_{max} /mm·m^{-1}	最小变形值 ε_{min} /mm·m^{-1}
810	65886.98	62008.57	−9.99E+01	1.35E+00	14.84	3.10E−03	−1.50E−02	89.42	2.77E+02	17.22	2.95E−01	−3.09E+00
818	65886.98	62168.57	−1.29E+01	1.40E−01	10.87	2.39E−04	−2.09E−03	89.96	4.40E+01	16.26	3.01E−02	−4.72E−01
862	65926.98	61408.57	−8.28E+01	1.44E+00	157.15	1.01E−03	−1.69E−02	−89.02	1.10E+02	124.18	−2.16E−02	−7.50E−01
868	65926.98	61528.57	−3.77E+02	4.36E+00	142.59	4.77E−03	−1.12E−02	−76	3.91E+02	104.03	1.06E+00	−9.08E−02
876	65926.98	61688.57	−8.03E+02	5.48E+00	93.15	4.24E−02	7.80E−03	−1.11	9.07E+02	58.29	4.81E+00	−4.83E−02
884	65926.98	61848.57	−4.46E+02	4.33E+00	39.65	6.04E−03	−6.79E−03	72.12	8.29E+02	31.72	1.94E−01	−2.52E+00
892	65926.98	62008.57	−8.42E+01	1.15E+00	21.78	1.08E−03	−1.21E−02	89.19	2.40E+02	21.52	1.70E−02	−2.32E+00
900	65926.98	62168.57	−1.17E+01	1.23E−01	15.82	1.25E−04	−1.75E−03	89.95	4.00E+01	19.1	9.47E−03	−3.88E−01
901	65946.98	61688.57	−6.93E+02	5.49E+00	93.11	3.64E−02	−5.81E−03	−0.91	8.63E+02	61.14	4.18E+00	−3.10E−02
905	66026.98	61688.57	−3.13E+02	3.71E+00	93.86	1.56E−02	−3.06E−02	−0.47	5.39E+02	67.95	1.97E+00	−2.71E−03
909	66106.98	61688.57	−1.08E+02	1.57E+00	95.66	4.91E−03	−2.02E−02	−0.22	2.37E+02	70.32	7.23E−01	−9.96E−05
910	65946.98	61768.57	−6.08E+02	5.13E+00	64.33	2.24E−02	−4.74E−03	8.98	9.31E+02	45.25	1.67E+00	−2.90E−01
914	66026.98	61768.57	−2.84E+02	3.31E+00	74.49	1.06E−02	−2.50E−02	1.86	5.50E+02	54.33	7.92E−01	−2.01E−02
918	66106.98	61768.57	−1.05E+02	1.43E+00	80.56	4.09E−03	−1.72E−02	0.36	2.44E+02	58.9	3.56E−01	−8.06E−04
928	65946.98	61848.57	−3.90E+02	4.00E+00	44.21	5.45E−04	−6.53E−03	56.31	7.54E+02	34.61	−4.89E−01	−1.50E+00
932	66026.98	61848.57	−1.92E+02	2.37E+00	57.47	−5.55E−04	−1.45E−02	4.29	4.34E+02	43.47	−8.01E−01	−3.32E−02
936	66106.98	61848.57	−7.63E+01	1.04E+00	65.81	5.53E−04	−1.06E−02	0.84	1.98E+02	48.83	−2.38E−01	−1.15E−03
942	65946.98	61928.57	−1.91E+02	2.35E+00	32.21	−1.45E−04	−1.44E−02	85.91	4.59E+02	27.77	−3.06E−01	−2.64E+00
946	66026.98	61928.57	−9.98E+01	1.34E+00	44.58	−5.68E−03	−6.41E−03	43.83	2.66E+02	35.53	−9.50E−01	−4.62E−01
950	66106.98	61928.57	−4.38E+01	5.99E−01	53.24	−1.77E−03	−4.79E−03	1.33	1.28E+02	40.87	−5.22E−01	−1.15E−03
956	65946.98	61608.57	−5.64E+02	5.30E+00	120.24	1.93E−02	−6.25E−03	−11.48	6.32E+02	81.73	3.42E+00	−1.38E−02
960	66026.98	61608.57	−2.49E+02	3.28E+00	112	7.11E−03	−2.61E−02	−2.63	4.10E+02	82.83	1.56E+00	−1.00E−03
964	66106.98	61608.57	−8.29E+01	1.32E+00	109.4	1.72E−03	−1.68E−02	−0.68	1.78E+02	81.61	5.41E−01	−3.07E−05

至于当下沉系数为除 0.05 以外的其他数值时，在 9.1.4.4 节进行了地表移动与下沉系数的关系计算论证，也可以从计算线剖面的变形曲线图中得到相应下沉系数条件下的沉降变形值。

9.1.4.5 地表沉降变形曲线

根据我国金属矿山"三下开采"实践，结合煤炭系统"三下开采"的经验以及本项目所采用的采矿方法与充填空区处理方式，下沉系数应为 0.02 ~ 0.06，本项目分别进行了下沉系数 η 为 0.02、0.03、0.04、0.05 和 0.06 五个方案的计算与研究。为节省篇幅，本报告着重给出了按推荐的下沉系数 0.05 的计算结果。

A 开采结束后地表沉降曲线

彩图 9-72、彩图 9-73 分别为下沉系数 η = 0.05、0.02 时地表下沉等值线立体图。为了直观起见，将等值线与地形图复合在一起，可以了解地表各点及相邻各处下沉规律（彩图 9-74）。

从彩图中可看出，各地表下沉等值线曲线基本呈圆形曲线，这是因为矿体走向长度短，约 400m，但厚度较大，最厚处包含夹层在内水平厚度 186m。

靠近矿体开采中心，地表下沉位移最大，即 630 点下沉位移最大，处在自小红山算起，第五条盘山公路中部，该点平面坐标为 X = 65806.977，Y = 61688.565。离开开采区中央部分，下沉位移逐渐减小。

随着下沉系数的逐步减小，地表下沉位移有所减小，但地表各点减小的幅度不同，靠近中央 630 点减小的幅度值最大，离开此点往周边的各点，减小的幅度也逐步减少。从计算结果看，在下沉系数 η = 0.02 ~ 0.05 条件下，开采下沉对地表影响的范围基本是相同的，下沉系数对影响范围的缩小或增大是十分有限的，仅仅是对量值的改变。

当 η = 0.06 时，地表最大下沉位移为 1433mm；当 η = 0.05 时，最大下沉位移为 1194mm；当 η = 0.04 时，最大下沉位移为 955mm；当 η = 0.03 时，最大下沉位移为 716mm；当 η = 0.02 时，最大下沉位移为 478mm。随着下沉系数的减小，下沉值也减小；采区中央部分的下沉值减小幅度较大，远离中央各处减小幅度很小。

根据设计推荐的下沉系数 0.05，开采终了后，二道河下沉值小于 50mm；小红山片区下沉值约 100 ~ 250mm；大红山铁矿尾矿设施的下沉值在 14mm 以内，靠近开采区的部分最大，最大点为 195 计算点，坐标为 X = 65526.98，Y = 62068.57，该点下沉值为 13.46mm，离开此点，尾矿场地各处下沉值大幅减小；大红山铜矿机修工业场地，靠近开采区处下沉值最大，最大值为 908 点，下沉值为 143.7mm，其他各处均很小。对于大红山铜矿二选厂，靠近开采区的精矿浓密池下方的公路下沉值最大，其他各处均很小，最大下沉点为 646 点，其值为 114mm。

根据计算结果，大红山铜矿生活区的下沉值为零，不受矿床地下开采任何影响。

从上述各图来看，二道河、大红山铁矿尾矿设施、大红山铜矿机修工业场地、大红山铜矿二选厂基本不受影响，或仅是靠近开采区边界处有微量的下沉；小红山民宅和大红山铜矿盘山公路，受到地下开采的影响为最大。至于各处受到影响与破坏的程度，需要根据各点倾斜值、水平变形值及曲率值与建构筑物保护（破坏）等级进行分析论证。

这里，需要说明的是，上述下沉值是开采过程中逐渐形成的，不是突变，为生产期 16 年中逐渐叠加形成的。

B　开采结束后地表倾斜值曲线

彩图 9-75、彩图 9-76 为倾斜值立体图。彩图 9-77 所示为开采结束后，下沉系数 $\eta = 0.05$ 时的地表倾斜值等值线。同样，为便于分析，将等值线与地形图复合在一起，可以了解地表各点及相邻各处倾斜值变化规律。

从彩图中可看出，各地表倾斜等值线曲线也同样呈圆形曲线，这是因为矿体走向长度短的缘故。最大倾斜值不在开采区中央，也不是最大下沉位移处，而是偏离了开采中央一定距离。461 点倾斜值最大，处在自小红山算起，第三条盘山公路中部，该点平面坐标为 $X = 65706.977$，$Y = 61608.565$。离开开采区中央部分，倾斜逐渐减小。

随着下沉系数的逐步减小，地表倾斜值有所减小，但地表各点减小的幅度不同，靠近中央部分减小的幅度值最大，离开开采区中央部分往周边的各点，减小的幅度也逐步减少。从等值线看，中心部分倾斜值较小，往外逐步增大，然后再逐渐减小。

从计算结果看，$\eta \leqslant 0.06$ 时，大红山铜矿机修工业场地、大红山铜矿二选厂、大红山铁矿尾矿设施、二道河均处于Ⅰ级保护（破坏）等级范围内，各种设施安全可靠，由开采引起的建筑物变形是微量的，建设物不需维修。

当 $\eta = 0.06$ 时，地表处于三个保护（破坏）等级，小红山民宅处于Ⅰ级和Ⅱ级破坏范围内，开采结束后小红山Ⅱ级范围内民宅受到轻度损坏，需要进行小修，但地下开采均不会对民宅带来安全威胁。

当 $\eta = 0.05$ 时，地表处于两个保护（破坏）等级，小红山民宅处于Ⅰ级破坏范围内，开采结束后民宅仅受到极轻微损坏，不需要进行维修，即地下开采不会对民宅带来安全威胁。

当下沉系数 0.04 及 0.03 时，地表也同样呈现Ⅰ和Ⅱ两个保护（破坏）等级；下沉系数 0.02 时，地表只有Ⅰ级一个保护（破坏）等级，地表各处是安全的。

C　开采结束后地表水平变形值曲线

彩图 9-78 所示为开采结束后，下沉系数 $\eta = 0.05$ 时地表水平值等值线。同样，为便于分析，将等值线与地形图复合在一起，可以了解地表各点及相邻各处水平变形值变化规律。

彩图 9-79、彩图 9-80 为水平变形值立体图。从彩图中看出，各地表水平变形值等值线曲线形状呈现梅花形曲线，这与前述的下沉曲线及倾斜值曲线形状不同。靠近矿体开采中心，地表水平变形值最大，即 630 点水平变形值最大，处在自小红山算起，第五条盘山公路中部，该点平面坐标为 $X = 65806.977$，$Y = 61688.565$。离开开采区中央部分，水平变形值逐渐减小。

随着下沉系数的逐步减小，地表各点水平变形值有所减小，但地表各点减小的幅度不同，靠近中央 630 点减小的幅度值最大，离开此点往周边的各点，减小的幅度也逐步减少。从以上看，各种下沉系数条件下，开采产生的水平变形对地表的影响范围基本是相同的，下沉系数对影响范围的缩小或增大是十分有限的，仅仅对数值大小产生改变。

当 $\eta = 0.06$ 时，地表最大水平变形值为 9.003mm/m；当 $\eta = 0.05$ 时，最大水平变形

值为 7.503mm/m；当 $\eta = 0.04$ 时，最大水平变形值为 6.002mm/m；当 $\eta = 0.03$ 时，最大水平变形值为 4.502mm/m；当 $\eta = 0.02$ 时，最大水平变形值为 3.001mm/m。随着下沉系数的减小，地表变形值也减小。采区中央部分变形值减小的幅度最大，若以 $\eta = 0.06$ 为基准，当下沉系数分别减小至 0.05、0.04、0.03 和 0.02 时，采区中央部分地表变形值分别减小 16.67%、33.33%、49.99%、66.67%，远离中央各处，地表变形值减少幅度很小。在各计算线剖面可以观察到这一现象。

从计算结果看，下沉系数 $\eta \leq 0.06$ 时，大红山铜矿机修工业场地、大红山铜矿二选厂、大红山铁矿尾矿设施、二道河、小红山民宅均处于 I 级范围内，是安全的，由开采引起的建筑物变形是微量的，不需维修。

当下沉系数 η 为 0.06 ~ 0.05 时，地表处于四个保护（破坏）等级，开采区中央部分处于 IV 级破坏等级，往外分别处于 III、II、I 级破坏等级封闭圈。从影响的建构筑物看，处于开采区的中央部分盘山公路受到影响，其余设施受到影响很小，处于 I 级安全等级范围内。

当下沉系数 η 为 0.04 ~ 0.03 时，地表水平变形值减小，中央 IV 级破坏等级封闭圈消失，处于 III、II、I 级破坏等级封闭圈；当下沉系数 η 为 0.02 时，只有 II、I 级两个破坏等级封闭圈。

按设计推荐的下沉系数 η 为 0.05 时，各类设施中，公路受影响最大，但最大破坏等级在 IV 级范围内，且是局部的，不会受到安全威胁。

D　开采结束后地表曲率曲线

二道河矿床开采结束后，地表各点曲率值均较小（略）。各点曲率值在 I 级破坏（保护）等级范围内，地表各处设施是安全的。彩图 9-81、彩图 9-82 所示为下沉系数分别为 0.05、0.02 时的曲率值立体等值线图。

9.1.4.6　地表移动变形的破坏（保护）等级分区

根据前述移动变形计算结果，可以将二道河矿床开采结束后，地表移动变形破坏（保护）等级进行分区（彩图 9-83），以确定开采对地表建构筑物的影响程度。

根据地表建构筑物的用途，大红山铜矿机修工业场地划定为 II 级，大红山铜矿二选厂划定为 I 级，大红山铁矿尾矿设施划定为 II 级，二道河河床划定为 III 级，小红山民宅划定为 III 级，至大红山铜矿矿区的盘山公路划定为 III 级。

根据地表沉降变形理论，对地表建构筑物引起破坏的指标主要是水平变形值 ε、曲率值 k 和倾斜值。利用这三个指标，可以形成地表破坏（保护）等级的综合分区，其结果见彩图 9-83。

从该分区图看，大红山铜矿二选厂、大红山铁矿尾矿设施、二道河河床、小红山民宅均满足上述保护等级要求，地下开采中，上述设施是安全可靠的。

通往大红山铜矿的盘山公路局部处于 IV 级区，从指标上看，该 IV 部分区域，其曲率值处于 I 级破坏等级，倾斜值处于 II 级破坏等级，最大水平变形值处于 IV 级破坏等级（为 6 ~ 7.503）。这个数值，是开采 16 年后逐步形成的。该部分公路可能会出现局部塌陷，需要进行简单维修，但不会带来安全威胁。

9.1.4.7　各开采时期地表沉降变形的研究

根据开采顺序和出矿进度计划的安排，分四个区段进行开采：首采 125m 区段和 25m 区段，两区段同时生产，达到 1000kt/a 的生产能力，两区段服务年限为 9 年，即第 1 年至第 9 年开采 125m 区段和 25m 区段；这两个区段开采结束后，从第 10 年开始，开采 225m 和 -95m 区段，两区段同时生产达到 1000kt/a 矿石生产能力，这两个区段服务年限为 6 年。整个二道河矿段共服务 16 年。

根据上述开采顺序与出矿进度计划，进行了四个时期地表沉降变形计算，分析各时期地表沉降变形规律与地表受到的破坏程度，做到生产过程心中有数，防患于未然，同时便于将来生产中地表沉降变形监测的参考与对比。

模拟计算时期的划分：

第一步：125m 和 25m 区段回采中期，即生产第 5 年年末；

第二步：125m 和 25m 区段回采结束，即生产第 9 年年末；

第三步：225m 和 -95m 区段回采中期，即生产第 13 年年末；

第四步：各区段回采结束，即生产第 16 年年末。

为直观分析，本节给出部分横剖面计算线和纵剖面计算线上的各开采时期地表下沉曲线、地表倾斜值曲线、地表最大水平变形曲线、地表曲率曲线和地表最大水平移动值曲线。

A　各时期地表下沉曲线

图 9-84 ~ 图 9-89 给出了 0 号 ~500 号计算线的地表下沉曲线。

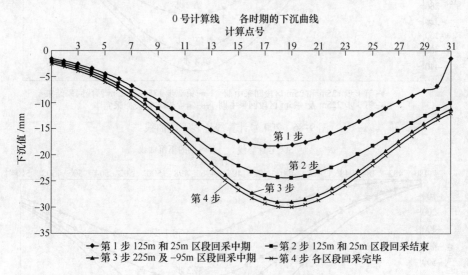

图 9-84　0 号计算线地表下沉曲线

B　各时期地表倾斜值曲线

图 9-90 ~ 图 9-95 给出了 0 号 ~500 号计算线的地表最大倾斜值曲线。

C　各时期地表最大水平变形值曲线

图 9-96 ~ 图 9-101 给出了 0 号 ~500 号计算线的地表最大水平变形值曲线。

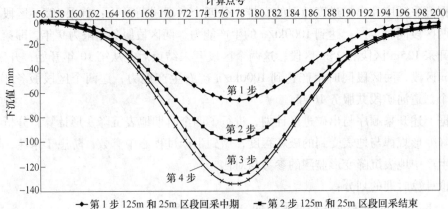

图 9-85　100 号计算线地表下沉曲线

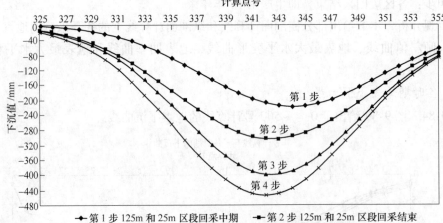

图 9-86　200 号计算线地表下沉曲线

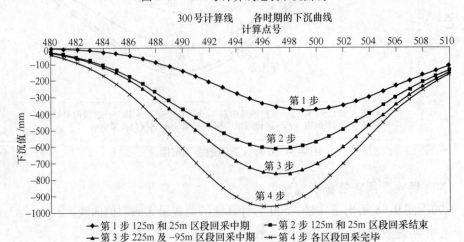

图 9-87　300 号计算线地表下沉曲线

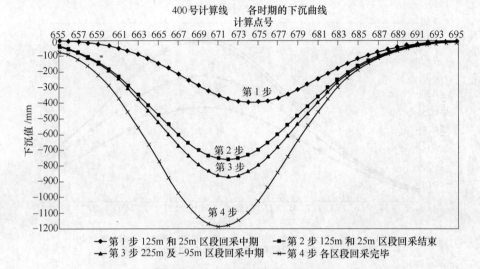

图 9-88　400 号计算线地表下沉曲线

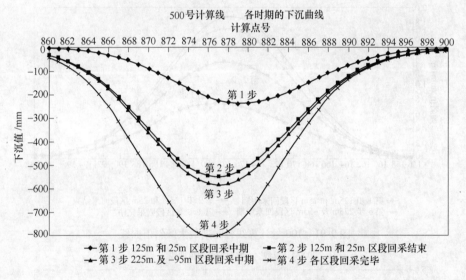

图 9-89　500 号计算线地表下沉曲线

D　本节结论

本节对二道河矿段地下开采分为四个时期进行模拟计算，生产中可以参考上述计算结果，预计各时期地表变形沉降情况及对地表设施的影响程度，以及根据计算结果设定各时期的监测点，也可以将监测值与上述计算值进行对比研究。通过分析计算，可以得出以下结论：

（1）随着开采年限增加，即区段开采面积、区段数的增多，靠近开采区中心部分地表下沉位移、倾斜值、曲率值、最大水平变形值、水平移动值等逐步加大，按上述四步划分，各时期增大的幅度为 10%~60%；若以开采区中央为中心，距离中心越远，移动变形值增加的幅度就越小，并最终趋近于零。

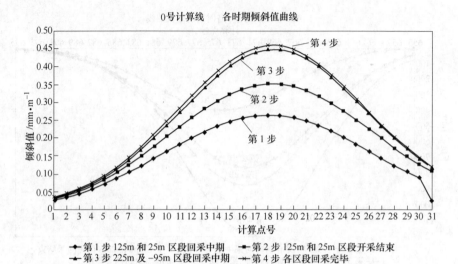

图 9-90　0 号计算线地表各点最大倾斜值曲线

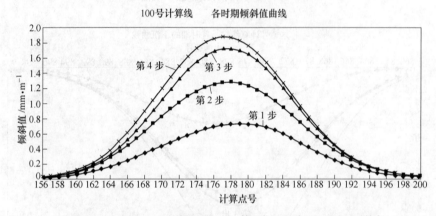

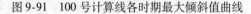

图 9-91　100 号计算线各时期最大倾斜值曲线

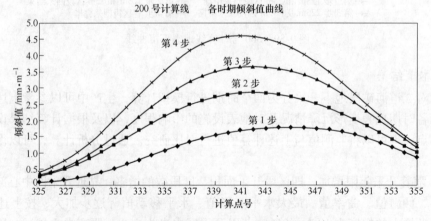

图 9-92　200 号计算线各时期最大倾斜值曲线

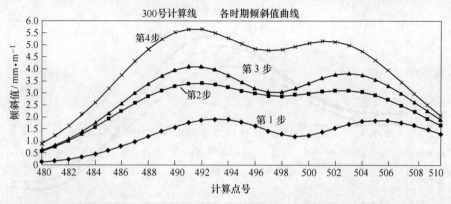

图 9-93 300 号计算线各时期最大倾斜值曲线

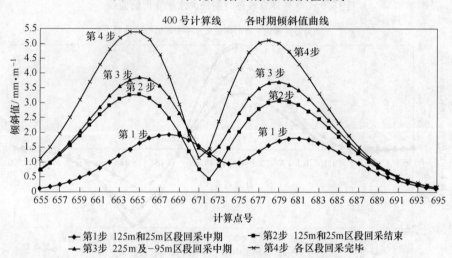

图 9-94 400 号计算线各时期最大倾斜值曲线

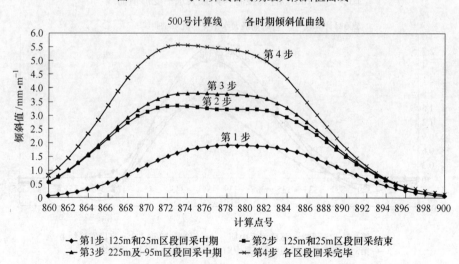

图 9-95 500 号计算线各时期最大倾斜值曲线

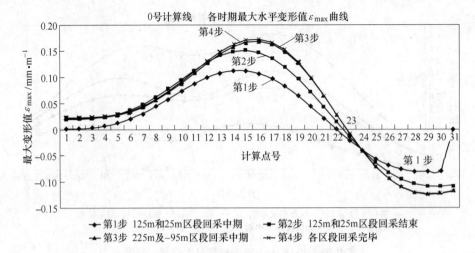

图 9-96　0 号计算线各时期最大水平变形值曲线

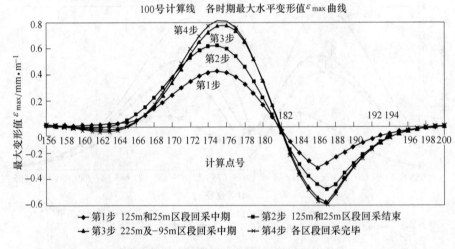

图 9-97　100 号计算线各时期最大水平变形值曲线

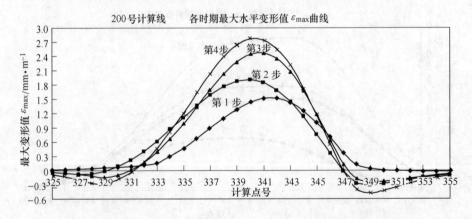

图 9-98　200 号计算线各时期最大水平变形值曲线

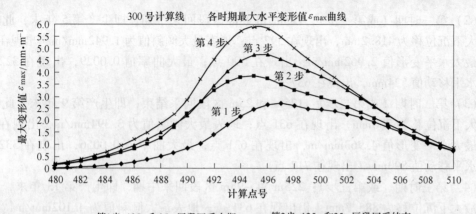

图 9-99　300 号计算线各时期最大水平变形值曲线

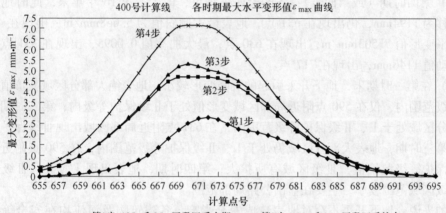

图 9-100　400 号计算线各时期最大水平变形值曲线

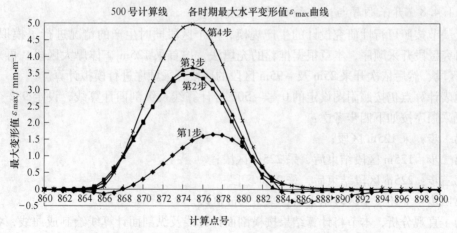

图 9-101　500 号计算线各时期最大水平变形值曲线

（2）第一时期（或第一步），125m 和 25m 区段回采中期，即生产第 5 年末，此时地表最大下沉位移为 418.2mm，出现在 592 点；地表最大倾斜值为 1.942mm/m，出现在 586 点；最大水平变形值 2.962mm/m，出现在 590 点；最大曲率值 0.0029，出现在 322 点；最大水平移动值 524mm，出现在 637 点。

（3）第二时期（或第二步）：125m 和 25m 区段回采结束，即生产第 9 年末，此时地表最大下沉位移为 760mm，出现在 631 点；地表最大倾斜值为 3.394mm/m，出现在 492 点；最大水平变形值 4.963mm/m，出现在 631 点；最大曲率值 0.0056，出现在 332 点；最大水平移动值 890mm，出现在 717 点。

（4）第三时期（或第三步）：225m 和 −95m 区段回采中期，即生产第 13 年末，此时地表最大下沉位移为 885.7mm，仍出现在 631 点；地表最大倾斜值为 4.102mm/m，出现在 461 点；最大水平变形值 5.593mm/m，出现在 590 点；最大曲率值 0.0069，出现在 333 点；最大水平移动值 967mm，出现在 717 点。

（5）第四时期（或第四步）：各区段回采结束，即生产第 16 年年末，此时地表最大下沉位移为 1194mm，仍出现在 631 点，地表最大倾斜值为 5.668mm/m，出现在 461 点；最大水平变形值 7.503mm/m，出现在 630 点；最大曲率值 0.0095，出现在 331 点；最大水平移动值 1146mm，出现在 717 点。

（6）在第一时期末，地下开采引起的沉降变形较小，地表绝大部分区域变形值在 I 级保护等级范围内，仅在 590 点附近局部区域变形值处于 II 级保护等级内；第二时期末，地表大部分区域处于 I、II 级保护等级范围内，在 631 点附近局部区域出现 III 级保护等级范围值；第三时期，地表大部分区域仍处于 I、II 级保护等级范围内，在 590 点附近区域出现 III 级保护等级范围值，III 级区域有所扩大；第四时期，地表出现 I、II、III 级和 IV 级区，IV 级区域范围较小，主要在盘山公路局部范围。

总的来说，地下开采不会对地表造成安全影响，各建筑物及河流均在安全等级范围内，至大红山铜矿的盘山公路局部地段沉降变形达到 IV 级，仅需简单维护即可，不影响行车安全。

9.1.4.8 开采顺序与地表移动的研究

上一节按照可行性研究设计的生产规模，两个区段同时生产的情况进行了模拟计算。为了研究区段开采顺序，本章根据推荐的充填法，按首采 125m 矿体厚大区段、再采上部 225m 区段、然后依次开采 25m 及 −95m 区段的区段开采顺序进行模拟计算。

地表计算点仍按照附图设定的 0 号 ~500 号计算线及纵剖面计算线，设定 982 个计算点。开采顺序按如下四步考虑：

第一步：采 125m 区段；

第二步：125m 区段结束后，采 225m 区段；

第三步：225m 区段结束后，采 25m 区段；

第四步：上述三个区段结束后，采 −95m 区段。

为了直观分析，本节将计算结果按横剖面计算线及纵剖面计算线绘制成曲线，各计算线上的变形曲线同时给出上述各开采步骤变形曲线，结合地形图及计算线、计算点位置，确定其相对位置的变形值，以便于比较分析。

本节主要给出各计算线上的下沉曲线、倾斜值曲线、最大水平变形值曲线。

A　开采顺序与地表各点下沉值

详见图 9-102 ~ 图 9-107。

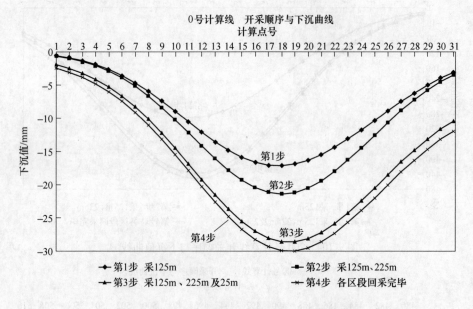

图 9-102　0 号计算线开采顺序与下沉值曲线

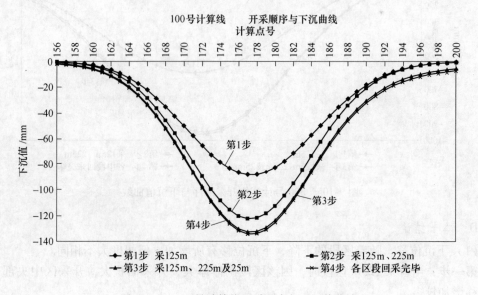

图 9-103　100 号计算线开采顺序与下沉值曲线

B　开采顺序与地表各点倾斜值研究

详见图 9-108 ~ 图 9-113。

C　开采顺序与最大水平变形值研究

详见图 9-114 ~ 图 9-119。

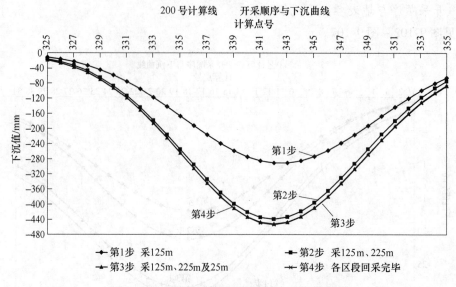

图 9-104 200 号计算线开采顺序与下沉值曲线

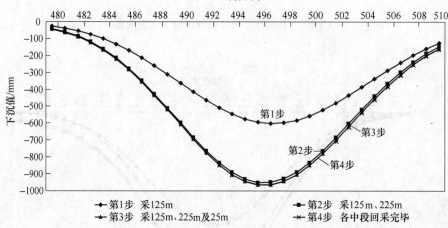

图 9-105 300 号计算线开采顺序与下沉值曲线

D 本节结论

(1) 下沉位移,随着区段的下降,下沉位移有所增加,但幅度大不相同。

第一步,当首采 125m 区段时,因该区段矿体厚大、开采面积大,开采区中央部分下沉位移增加较多。

第二步,125m 区段回采结束后,再采上部 225m 区段,此时下沉值增大的幅度也较大。其原因:不仅该区段矿体厚大,而且在立面上大部分不与 125m 区段重叠,平面上加大了开采面积。

第三步,当开采 25m 区段后,在 0 号~100 号计算线,下沉值增加的幅度也较大,中央部分最大下沉值增加 10% 以上,但 100 号计算线以北,下沉值增幅十分有限,越往北,增幅越小,至 500 号计算线,增幅不到 1%。

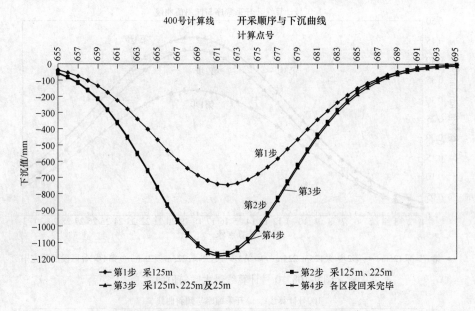

图 9-106　400 号计算线开采顺序与下沉值曲线

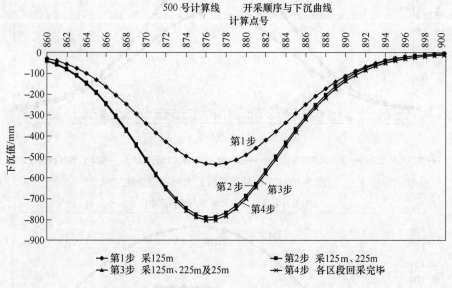

图 9-107　500 号计算线开采顺序与下沉值曲线

第四步，采 -95m 区段，由于该区段开采面积小，矿体薄，埋藏深，开采对地表产生变形的贡献很小，从图中可看出，该步骤与第三步曲线基本重合，增幅不到 1%。

从各计算线看，对地表影响幅度最大的是 125m 和 225m 区段。

（2）地表倾斜值、最大水平变形值曲线与上述下沉曲线具有相同的特征，即 100 号计算线以北，第二步、第三步和第四步曲线基本重合，也即 25m 和 -95m 区段的开采对地表变形影响较小。

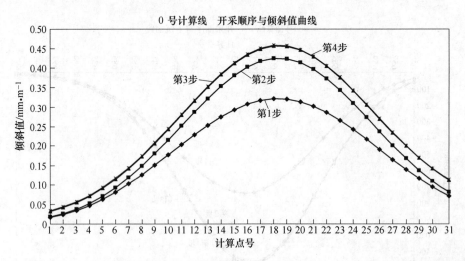

第1步 采125m ◆ 第2步 采125m、225m ■ 第3步 采125m、225m及25m ▲ 第4步 各区段回采完毕 ×

图 9-108 0 号计算线最大倾斜值曲线

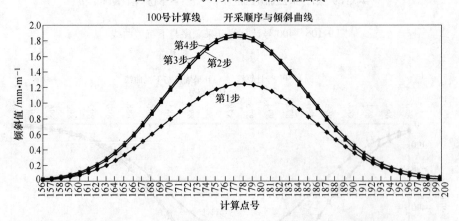

第1步 采125m ◆ 第2步 采125m、225m ■ 第3步 采125m、225m及25m ▲ 第4步 各区段回采完毕 ×

图 9-109 100 号计算线最大倾斜值曲线

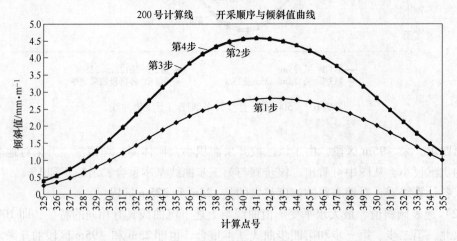

第1步 采125m ◆ 第2步 采125m、225m ■ 第3步 采125m、225m及25m ▲ 第4步 各区段回采完毕 ×

图 9-110 200 号计算线最大倾斜值曲线

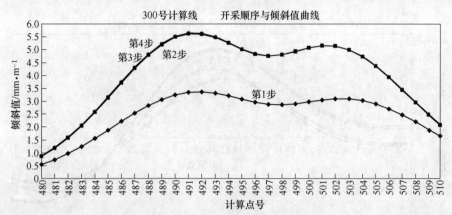

图 9-111　300 号计算线最大倾斜值曲线

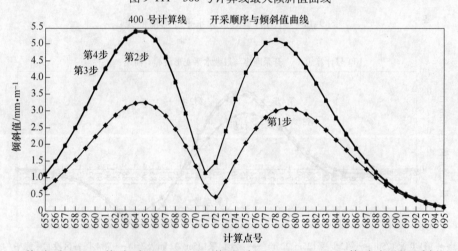

图 9-112　400 号计算线最大倾斜值曲线

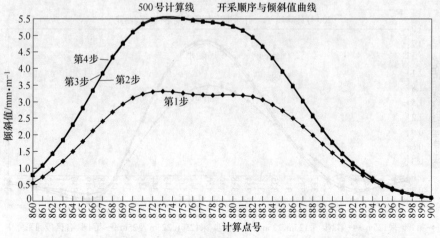

图 9-113　500 号计算线最大倾斜值曲线

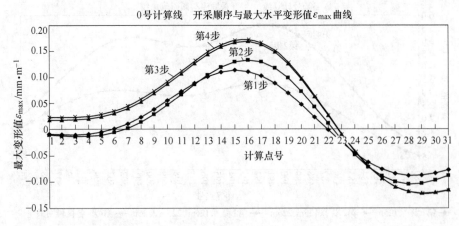

图 9-114　0 号计算线最大水平变形值曲线

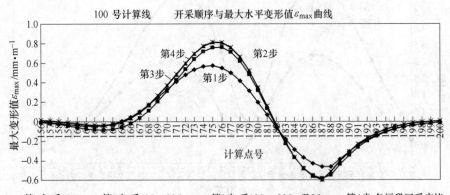

图 9-115　100 号计算线最大水平变形值曲线

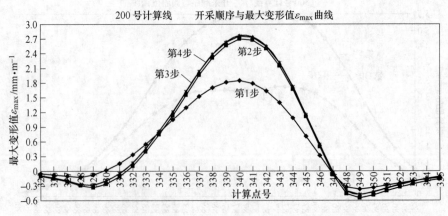

图 9-116　200 号计算线最大水平变形值曲线

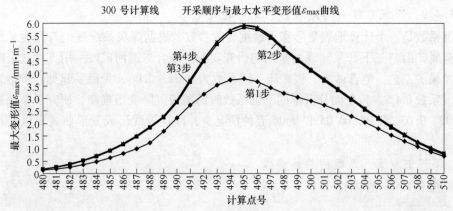

图 9-117 300 号计算线最大水平变形值曲线

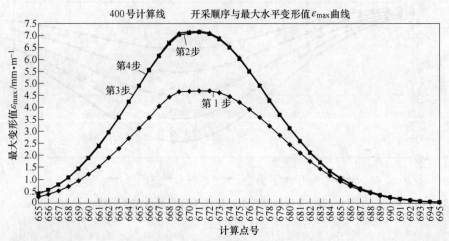

图 9-118 400 号计算线最大水平变形值曲线

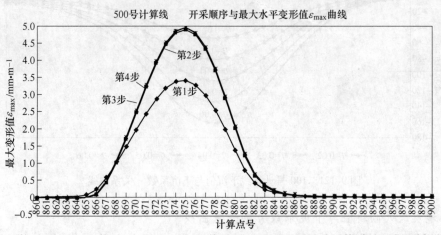

图 9-119 500 号计算线最大水平变形值曲线

9.1.4.9 下沉系数 η 与地表移动变形的关系

下沉系数是一个计算地表变形移动最重要的参数，根据煤炭系统规范与经验总结，参照我国金属矿山"三下开采"现场实测与研究实践，结合二道河矿段采用点柱式上向充填采矿法的采矿工艺，笔者认为，该矿床下沉系数为 0.02~0.06，为稳妥起见，本报告推荐采用下沉系数 0.05。为全面分析不同下沉系数时的地表沉降变形规律，研究了下沉系数分别为 0.02、0.03、0.04、0.05 和 0.06 五种情况，并以计算线形成变形曲线，以进行直观对比。

A 下沉值与下沉系数的关系曲线

详见图 9-120~图 9-125。

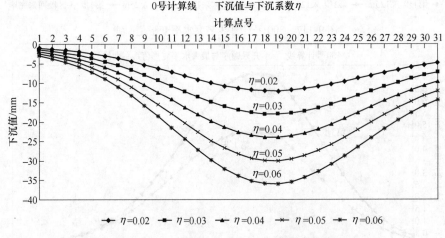

图 9-120　0 号计算线下沉值与下沉系数 η 关系曲线

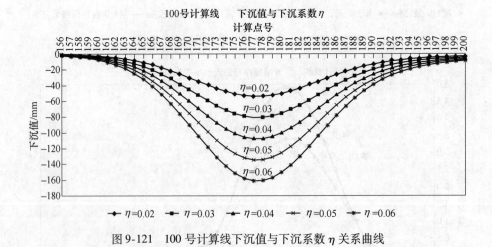

图 9-121　100 号计算线下沉值与下沉系数 η 关系曲线

B 地表最大倾斜值与下沉系数 η 的关系曲线

详见图 9-126~图 9-133。

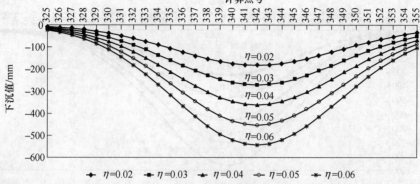

图 9-122　200 号计算线下沉值与下沉系数 η 关系曲线

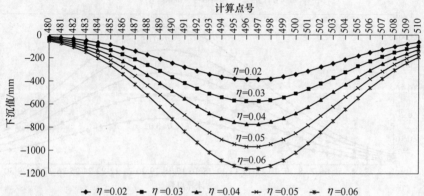

图 9-123　300 号计算线下沉值与下沉系数 η 关系曲线

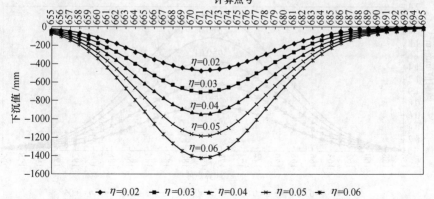

图 9-124　400 号计算线下沉值与下沉系数 η 关系曲线

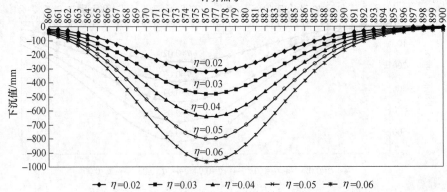

图 9-125　500 号计算线下沉值与下沉系数 η 关系曲线

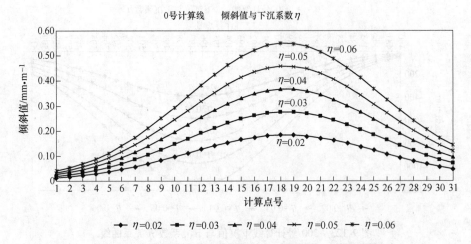

图 9-126　0 号计算线最大倾斜值与下沉系数 η 关系曲线

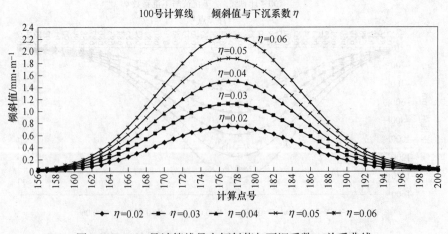

图 9-127　100 号计算线最大倾斜值与下沉系数 η 关系曲线

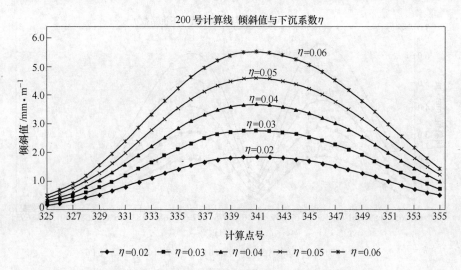

图 9-128　200 号计算线最大倾斜值与下沉系数 η 关系曲线

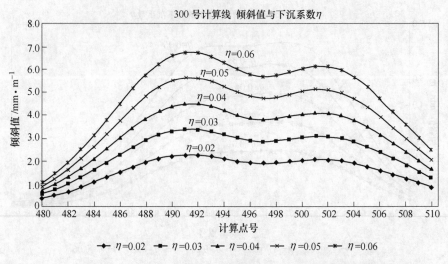

图 9-129　300 号计算线最大倾斜值与下沉系数 η 关系曲线

C　本节结论

本节模拟计算了二道河矿床开采结束后，地表各点在不同下沉系数 $\eta = 0.02 \sim 0.06$ 情况下的沉降变形值，绘制了各计算线下沉系数 η 与地表沉降变形的关系曲线。由前述各横剖面计算线和纵剖面计算线的移动变形曲线，空间上可以建立地表沉降变形的全貌、最大变形区域与沉降变形的危险区域，结合表 9-12 可以分析地表各处所处的破坏（保护）等级。本节给出的各计算线上的沉降变形曲线，不但剖面上具有规律性，空间上还与 9.1.4.3 节立体图具有相同的规律。归纳起来，可以得出以下结论：

（1）最大下沉值区域。从南 0 号计算线至北 500 号计算线，各横剖面计算线上的下沉位移是两端小、中央大，即各横剖面计算线以纵 B 和纵 D 线所夹的区段下沉位移较大，其中，靠近纵 C 计算线的地表点下沉位移最大；从东西方向看，300 号计算线与 440 号计算

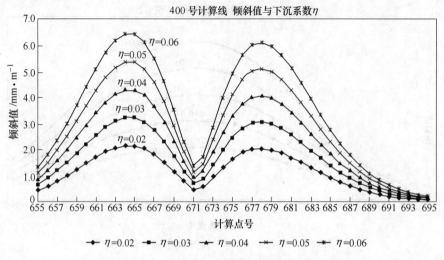

图 9-130　400 号计算线最大倾斜值与下沉系数 η 关系曲线

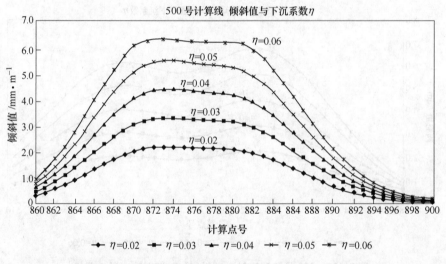

图 9-131　500 号计算线最大倾斜值与下沉系数 η 关系曲线

线所夹的区段下沉位移较大。由此，大致可以得到地表下沉位移最大区域，即是 300 号计算线与 440 号计算线和纵 B 与纵 D 线四条线围成的四边形区域。这个区域的中心点，基本上是靠近 630 点，立体图上是以 630 点为尖底的喇叭形（彩图 9-72）。

（2）最大倾斜值区域。最大倾斜值曲线及立体形态与下沉曲线不同，但具有规律性。平面上，倾斜值等值线的形态是圆形；空间上，由上述最大下沉值区域恰好是倾斜值较低区域，立体形态恰似一个"火山坑"，坑底中心也是靠近 630 点（彩图 9-75），"火山坑"的边缘就是倾斜值较大处，倾斜值最大点是边缘 461 点。这是由于各区段矿体南北走向长度不同、矿块东西方向长度（或矿体厚度）相差较大、225m 区段矿体倾角突然变缓造成的。

根据经验，本项目规律的倾斜值"火山坑"的出现，在这个项目上仅仅是一个巧合，不适用于其他"三下开采"项目。

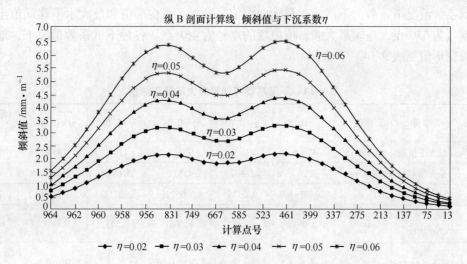

图 9-132　纵 B 剖面计算线最大倾斜值与下沉系数 η 关系曲线

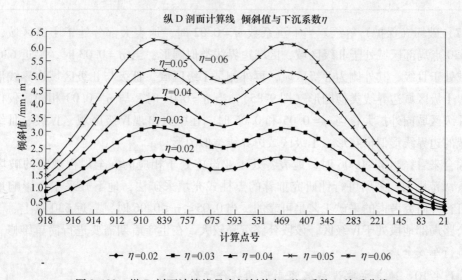

图 9-133　纵 D 剖面计算线最大倾斜值与下沉系数 η 关系曲线

（3）最大水平变形值区域。该区域位于上述最大下沉值区域，但分别向南北和东西方向延伸，平面形态似梅花形（彩图 9-78），空间形态是一个陡峭的小山包（彩图 9-79），山尖为 630 点。

（4）最大曲率值区域。基本与最大水平变形值区域一致，仍似小山包，但空间形态上，坡面平缓。

（5）随着下沉系数的增大，开采区上方的地表各点下沉值、倾斜值、曲率值、水平变形值及水平移动值也增大，靠近上述倾斜值"火山坑"（300 号与 440 号计算线和纵 B 与纵 D 线四条线围成的区域）范围内，地表下沉值、曲率值、水平变形值及水平移动值增加的幅度较大，离开此区域，增加的幅度越来越小，并趋近于零。

（6）最大变形点与沉降变形值。上述讨论火山坑区域是最大变形区域，经过计算，各种下沉系数情况下，最大下沉值、最大曲率值、最大水平变形值和最大水平移动值出现的地表点号为 630 点，地表最大倾斜值出现的点号为 461 点。各种下沉系数情况下，地表最大沉降变形值见表 9-14。

表 9-14　下沉系数与地表最大沉降变形值

序号	项目	单位	$\eta = 0.02$	$\eta = 0.03$	$\eta = 0.04$	$\eta = 0.05$	$\eta = 0.06$	最大变形点
1	最大下沉值	mm	477.6	716.4	955.2	1194	1433	630
2	最大倾斜值	mm/m	2.267	3.401	4.534	5.668	6.802	461
3	最大曲率值	$10^{-3} \cdot m^{-1}$	0.0287	0.0430	0.0573	0.0717	0.0860	630
4	最大水平变形值	mm/m	3.001	4.502	6.002	7.503	9.003	630
5	破坏（保护）等级		Ⅰ级，局部Ⅱ级	Ⅰ级、Ⅱ级，局部Ⅲ级	Ⅰ级、Ⅱ级，局部Ⅲ级	Ⅰ级、Ⅱ级、Ⅲ级，局部Ⅳ级	Ⅰ级、Ⅱ级、Ⅲ级、Ⅳ级	

　　（7）破坏（保护）等级。当下沉系数 $\eta = 0.02$ 时，地表大部分处于Ⅰ级区域，靠近中央 630 点局部区域处于Ⅱ级区域，区域边界线类似圆形；当 $\eta = 0.03$ 时，靠近 630 点局部区域处于Ⅲ级，其外侧为Ⅱ级区域，再外侧是Ⅰ级区域，Ⅲ级与Ⅱ级区域边界线形似梅花形，Ⅰ级区域边界线类似圆形（图 9-85）；当 $\eta = 0.04$ 时，与 $\eta = 0.03$ 相同，仅仅是Ⅲ级和Ⅱ级区域向外扩大；当 $\eta = 0.05$ 和 0.06 时，在中央出现Ⅳ级区域，Ⅳ级、Ⅲ级、Ⅱ级区域的边界线形似梅花形，Ⅰ级区域边界线类似圆形。

　　综合来看，当 $\eta \leqslant 0.06$ 时，地表各处工业设施处于相应的安全规程规定的破坏（保护）等级范围内，采用可行性研究推荐的点柱式充填采矿法，地下开采不会影响地表安全，可行性研究考虑的采矿工艺是可靠的。当 $0.05 \leqslant \eta \leqslant 0.06$ 时，靠近 630 点上、下两条盘山公路局部地段处于Ⅳ级区，该段公路沉降较大，在生产后期需要进行简单维修，但不会影响行车安全。

9.1.4.10　地表主要设施沉降变形的综合评价

　　本研究报告，参照类似煤炭系统和金属矿山"三下开采"实践，采用概率积分法来初步估算了地表的移动和变形。

　　根据规程，小红山片区民用建筑物、二道河河床、通往大红山铜矿的矿区公路的损坏等级按小于Ⅲ级考虑，大红山铜矿二选厂及北部铜矿机械车间、大红山铁矿尾矿设施的损坏等级按Ⅰ级考虑。

　　总结国内煤炭系统和金属矿山"三下开采"研究与地表移动实测资料，对于尾砂充填处理空区，在留有盘区矿柱的情况下，下沉系数一般在 0.06 以下，结合我国金属矿山"三下开采"实践，下沉系数为 0.02 ~ 0.06。二道河采用的分层充填法，采场内边采边充，充填体密实程度比一般采后充填处理空区的空场法高，充填体强度高，且接顶效果好，可有效抑制上覆岩层变形移动。为稳妥起见，本可行性研究推荐选取下沉系数 0.05，为便于分析比较，对下沉系数 0.02 ~ 0.06 分别进行了计算。

A　地下开采对二道河河床破坏程度的预计

二道河河床位于开采区的南侧，平面上距离开采区边界 120～220m，河床标高 630～647m，铅垂方向距离开采区边界 322m 左右。为计算河床的沉降变形，在地表以 20m 间距设置了计算线，在每个计算线上以 20m 间距设置计算点。

表 9-15 列出了整个二道河矿段开采结束后，地表二道河河床及附近各点的变形值。从该表可看出，按下沉系数 0.05 考虑，采用上向点柱式充填采矿法后，地表河流变形远小于 I 级保护等级值，即倾斜值 T 远小于 3.0，最大水平变形值 ε 远小于 2，曲率值 K 远小于 0.2。说明地下开采不会引起河床的变形破坏，反过来说，河流不会给地下开采带来安全威胁。

表 9-15　二道河河床沉降变形值（下沉系数 0.05）

计算点号	坐标		下沉值 W_{max}/mm	倾斜值 T_{max} /mm·m^{-1}	最大水平变形值 ε_{max}/mm·m^{-1}	最大曲率值 K_{max} /10^{-3}·m^{-1}	最大水平移动值 U_{max}/mm
	X	Y					
201	65546.98	61368.57	−7.912	0.1539	−0.0411	−0.001073	7.298
203	65546.98	61408.57	−14.82	0.2898	−0.06537	−0.002265	10.43
162	65526.98	61408.57	−11.63	0.2217	−0.03549	−0.001828	9.486
129	65506.98	61448.57	−15.86	0.2911	−0.005392	−0.002209	14.33
164	65526.98	61448.57	−20.52	0.3841	−0.02635	−0.00298	17.4
100	65486.98	61488.57	−19.9	0.3485	0.04547	−0.001722	20.77
131	65506.98	61488.57	−26.05	0.4635	0.04194	−0.002365	25.88
71	65466.98	61528.57	−22.81	0.3817	0.1012	−0.0009365	27.5
102	65486.98	61528.57	−30.18	0.5115	0.1196	−0.001332	34.51
42	65446.98	61568.57	−23.81	0.3834	0.1404	−0.0001231	33.05
73	65466.98	61568.57	−31.81	0.5182	0.1782	−0.0002205	41.69
44	65446.98	61608.57	−30.51	0.483	0.1961	0.0006006	45.75
75	65466.98	61608.57	−41.13	0.6532	0.2599	0.0008024	58.57
46	65446.98	61648.57	−36.25	0.5665	0.2332	0.001325	58.81
77	65466.98	61648.57	−49.16	0.7658	0.3179	0.001852	75.89
48	65446.98	61688.57	−39.9	0.6182	0.232	0.001802	70.02
79	65466.98	61688.57	−54.27	0.8353	0.3225	0.002563	90.79
50	65446.98	61728.57	−40.73	0.6274	0.1828	0.001847	77.32
81	65466.98	61728.57	−55.39	0.8474	0.2576	0.00265	100.5
52	65446.98	61768.57	−38.67	0.5914	0.09334	0.001439	79.39
83	65466.98	61768.57	−52.33	0.7992	0.133	0.002068	103.1
54	65446.98	61808.57	−34.35	0.518	−0.0118	0.0007512	76.17
85	65466.98	61808.57	−46.06	0.7003	−0.01573	0.001068	98.49
87	65466.98	61848.57	−38.05	0.5704	−0.1446	0.00004521	88.13
108	65486.98	61648.57	−66.46	1.021	0.4312	0.002565	97.69

计算点号	坐标		下沉值 W_{max}/mm	倾斜值 T_{max} /mm·m^{-1}	最大水平变形值 ε_{max}/mm·m^{-1}	最大曲率值 K_{max} /10^{-3}·m^{-1}	最大水平移动值 U_{max}/mm
	X	Y					
89	65466.98	61888.57	-29.94	0.4331	-0.2226	-0.0006746	74.69
120	65486.98	61888.57	-38.83	0.5754	-0.3085	-0.0009944	94.46
122	65486.98	61928.57	-28.91	0.4086	-0.3366	-0.001427	75.55
153	65506.98	61928.57	-36.67	0.5331	-0.4512	-0.002019	93.96
190	65526.98	61968.57	-32.3	0.4555	-0.3096	-0.002684	87.25

表9-16列出了下沉系数0.02~0.06条件下，河床最大变形值范围。从该表可看出，在整个矿床开采结束后，河床变形值远小于Ⅰ级保护等级值，即河流不会对地下开采带来安全威胁。

表9-16　各种下沉系数条件下河床沉降变形值范围

序号	下沉系数 η	下沉值 /mm	倾斜值 /mm·m^{-1}	最大变形值 ε_{max}/mm·m^{-1}	最大曲率值 K_{max} /10^{-3}·m^{-1}	最大变形点
1	0.02	≤16.45	≤0.2613	≤0.104	≤0.0007388	
2	0.03	≤24.68	≤0.3919	≤0.156	≤0.001108	
3	0.04	≤32.90	≤0.5226	≤0.208	≤0.001478	50点和
4	0.05	≤41.13	≤0.6532	≤0.2599	≤0.0008024	75点
5	0.06	≤49.35	≤0.7839	≤0.3119	≤0.002216	
破坏（保护）等级			<3.0（Ⅰ级）	<2.0（Ⅰ级）	<0.2（Ⅰ级）	

B　地下开采对大红山铁矿尾矿设施破坏程度的预计

在开采区的东南侧，地表有大红山铁矿的尾矿水隔离泵站、喂料浆池、尾矿浓缩池等尾矿建筑物设施。

表9-17列出了整个矿床开采结束后尾矿设施的沉降变形计算结果。计算结果表明，地下开采引起的该区域变形值远小于《砖石结构建筑物的破坏（保护）等级》规定的Ⅰ级破坏等级值，同时，变形值也远小于《工业构筑物的地表（基础）允许和极限变形值》规定的值。

表9-17　大红山铁矿尾矿设施沉降变形值（下沉系数0.05）

计算点号	坐标		下沉值 W_{max} /mm	倾斜值 T_{max} /mm·m^{-1}	最大水平变形值 ε_{max} /mm·m^{-1}	最大曲率值 K_{max} /10^{-3}·m^{-1}	最大水平移动值 U_{max}/mm
	X	Y					
195	65526.98	62068.57	-13.46	0.13720	-0.050460	-0.0007488	41.13
196	65526.98	62088.57	-11.60	0.10720	-0.029330	-0.0005165	35.97
197	65526.98	62108.57	-10.11	0.08443	-0.014320	-0.0003476	31.74
198	65526.98	62128.57	-8.90	0.06734	-0.003984	-0.0002271	28.25
199	65526.98	62148.57	-7.91	0.05460	0.002851	-0.0001429	25.35
200	65526.98	62168.57	-7.08	0.04520	0.007102	-0.0000855	22.92
破坏（保护）等级				<3.0（Ⅰ级）	<2.0（Ⅰ级）	<0.2（Ⅰ级）	

表 9-18 列出了下沉系数 0.02 ~ 0.06 条件下，大红山铁矿尾矿设施最大变形值范围。从该表可看出，在整个矿床开采结束后，地表尾矿设施变形值远小于 I 级保护等级值，即地下开采不会对地表大红山尾矿设施产生损害。

表 9-18 各种下沉系数条件下大红山铁矿尾矿设施沉降变形值范围

序号	下沉系数 η	下沉值/mm	倾斜值 /mm·m^{-1}	最大水平变形值 ε_{max}/mm·m^{-1}	最大曲率值 K_{max}/10^{-3}·m^{-1}	最大变形点坐标
1	0.02	≤5.38	≤0.0549	≤0.0201	≤0.0003	
2	0.03	≤8.078	≤0.08232	≤0.03028	≤0.0004493	195 点
3	0.04	≤10.77	≤0.1098	≤0.04037	≤0.000599	X: 65526.98
4	0.05	≤13.46	≤0.140	≤0.051	≤0.000749	Y: 62068.57
5	0.06	≤16.16	≤0.1646	≤0.0606	≤0.0008985	
破坏（保护）等级			<3.0（I 级）	<2.0（I 级）	<0.2（I 级）	

C 地下开采对大红山铜矿二选厂破坏程度的预计

在开采区的东北侧，地表有大红山铜矿二选厂建筑物设施。

表 9-19 列出了整个矿床开采结束后大红山铜矿二选厂地表的沉降变形计算结果。计算结果表明，地下开采引起的该区域变形值远小于《砖石结构建筑物的破坏（保护）等级》规定的 I 级破坏等级值，同时，变形值也远小于《工业构筑物的地表（基础）允许和极限变形值》规定的值。

表 9-19 大红山铜矿二选厂地表沉降变形值（下沉系数 0.05）

计算点号	坐标		下沉值 W_{max} /mm	倾斜值 T_{max} /mm·m^{-1}	最大水平变形值 ε_{max} /mm·m^{-1}	最大曲率值 K_{max} /10^{-3}·m^{-1}	最大水平移动值 U_{max} /mm	备注
	X	Y						
605	65786.98	62008.57	-112.70	1.4960	0.6950	0.005117	297.50	
607	65786.98	62048.57	-65.57	0.9045	0.3937	0.002775	189.90	建筑物
608	65786.98	62068.57	-49.77	0.6878	0.2922	0.002008	149.90	建筑物
609	65786.98	62088.57	-37.82	0.5164	0.2155	0.001439	117.90	
610	65786.98	62108.57	-28.93	0.3837	0.1581	0.00102	92.77	
613	65786.98	62168.57	-13.97	0.1519	0.0636	0.000353	47.02	
646	65806.98	62008.57	-114.10	1.5120	0.6853	0.005316	302.90	
652	65806.98	62128.57	-22.50	0.2863	0.1127	0.000743	74.16	
687	65826.98	62008.57	-113.40	1.5040	0.6343	0.005181	303.50	
688	65826.98	62028.57	-86.76	1.1790	0.4785	0.003839	243.40	建筑物
691	65826.98	62088.57	-38.03	0.5211	0.1941	0.001456	119.80	
695	65826.98	62168.57	-13.94	0.1534	0.0564	0.000356	47.26	
728	65846.98	62008.57	-110.70	1.4720	0.5465	0.004729	299.00	建筑物
729	65846.98	62028.57	-84.77	1.1550	0.4123	0.003509	239.90	建筑物

计算点号	坐 标		下沉值 W_{max} /mm	倾斜值 T_{max} /mm·m^{-1}	最大水平变形值 ε_{max} /mm·m^{-1}	最大曲率值 K_{max} /10^{-3}·m^{-1}	最大水平移动值 U_{max} /mm	备注
	X	Y						
730	65846.98	62048.57	-64.54	0.8920	0.3078	0.002573	190.60	建筑物
731	65846.98	62068.57	-48.99	0.6793	0.2278	0.001864	150.40	建筑物
732	65846.98	62088.57	-37.28	0.5109	0.1676	0.001338	118.20	建筑物
733	65846.98	62108.57	-28.47	0.3800	0.1228	0.000951	92.77	建筑物
734	65846.98	62128.57	-22.00	0.2804	0.0899	0.000669	73.13	建筑物
735	65846.98	62148.57	-17.23	0.2058	0.0662	0.000470	58.07	建筑物
736	65846.98	62168.57	-13.72	0.1509	0.0492	0.000330	46.65	建筑物
772	65866.98	62068.57	-47.16	0.6552	0.1799	0.001592	146.00	建筑物
773	65866.98	62088.57	-35.99	0.4931	0.1331	0.001149	114.80	建筑物
774	65866.98	62108.57	-27.58	0.3671	0.0980	0.000820	90.29	建筑物
775	65866.98	62128.57	-21.30	0.2711	0.0722	0.000581	71.23	建筑物
810	65886.98	62008.57	-99.92	1.3450	0.2945	0.003099	276.50	
814	65886.98	62088.57	-34.19	0.4684	0.0934	0.000909	110.00	
818	65886.98	62168.57	-12.88	0.1398	0.0301	0.000239	44.04	
858	65906.98	62148.57	-15.30	0.1787	0.0245	0.000249	52.11	建筑物
859	65906.98	62168.57	-12.32	0.1319	0.0195	0.000181	42.17	建筑物
892	65926.98	62008.57	-84.20	1.1530	0.0170	0.001075	240.00	
896	65926.98	62088.57	-29.64	0.4037	0.0121	0.000368	97.09	
897	65926.98	62108.57	-23.11	0.3019	0.0119	0.000283	76.99	
899	65926.98	62148.57	-14.43	0.1659	0.0102	0.000163	49.24	建筑物
900	65926.98	62168.57	-11.70	0.1229	0.0095	0.000125	40.04	建筑物
破坏（保护）等级				<3.0（Ⅰ级）	<2.0（Ⅰ级）	<0.2（Ⅰ级）		

表 9-20 列出了下沉系数 0.02~0.06 条件下，大红山铜矿二选厂靠近开采区边界处最大变形值范围。从该表可看出，在整个矿床开采结束后，铜矿二选厂变形值远小于Ⅰ级保护等级值，即地下开采不会对地表大红山铜矿二选厂设施产生损害。

表 9-20　各种下沉系数条件下大红山铜矿二选厂沉降变形值范围

序号	下沉系数 η	下沉值/mm	倾斜值 /mm·m^{-1}	最大变形值 /mm·m^{-1}	最大曲率值 /10^{-3}·m^{-1}	最大变形点坐标
1	0.02	≤45.64	≤0.6047	≤0.2741	≤0.002127	
2	0.03	≤68.46	≤0.9071	≤0.4112	≤0.00319	646 点
3	0.04	≤91.28	≤1.209	≤0.5482	≤0.004253	X：65806.98
4	0.05	≤114.1	≤1.512	≤0.685	≤0.005316	Y：62008.57
5	0.06	≤136.9	≤1.814	≤0.8223	≤0.00638	
破坏（保护）等级			<3.0（Ⅰ级）	<2.0（Ⅰ级）	<0.2（Ⅰ级）	

D　地下开采对大红山铜矿机修工业场地破坏程度的预计

在开采区的北侧，地表有大红山铜矿机修工业场地及设施。

表 9-21 列出了整个矿床开采结束后大红山铜矿机修工业场地地表的沉降变形计算结果。计算结果表明，地下开采引起的该区域变形值远小于 I 级破坏等级值，同时，变形值也远小于《工业构筑物的地表（基础）允许和极限变形值》规定的值。

表 9-21　大红山铜矿机修工业场地地表沉降变形值（下沉系数 0.05）

计算点号	坐标		下沉值 W_{max} /mm	倾斜值 T_{max} /mm·m^{-1}	最大水平变形值 ε_{max} /mm·m^{-1}	最大曲率值 K_{max} /10^{-3}·m^{-1}	最大水平移动值 U_{max}/mm	计算点设施
	X	Y						
971	66066.98	61548.57	-99.27	1.605	0.4207	-0.001083	192.1	
972	66086.98	61548.57	-74.61	1.247	0.3172	-0.001102	153.6	建筑物
973	66106.98	61548.57	-55.45	0.9498	0.2384	-0.0009903	120.8	建筑物
962	66066.98	61608.57	-147.7	2.174	0.9447	0.003705	281.2	建筑物
964	66106.98	61608.57	-82.94	1.315	0.5407	0.001717	177.9	
908	66086.98	61688.57	-143.7	2.009	0.9465	0.006713	298.1	建筑物
909	66106.98	61688.57	-108.3	1.566	0.7233	0.004905	236.6	
918	66106.98	61768.57	-104.6	1.432	0.3563	0.00409	244.3	
938	66146.98	61848.57	-46.11	0.6312	-0.1101	0.0005676	126.8	建筑物
939	66166.98	61848.57	-35.68	0.4867	-0.07177	0.0005174	100.9	
940	66186.98	61848.57	-27.59	0.3733	-0.04514	0.0004513	80.12	
941	66206.98	61848.57	-21.35	0.2851	-0.0272	0.0003795	63.63	
954	66186.98	61928.57	-17.9	0.2316	-0.1609	-0.000376	56.61	
955	66206.98	61928.57	-14.31	0.1806	-0.1171	-0.0002408	46.11	建筑物

表 9-22 列出了下沉系数 0.02 ~ 0.06 条件下，大红山铜矿机修场地靠近开采区边界处最大变形值范围。从该表可看出，在整个矿床开采结束后，铜矿机修工业场地变形值远小于 I 级保护等级值，即地下开采不会对地表大红山铜矿机修工业场地及设施产生损害。

表 9-22　各种下沉系数下大红山铜矿机修场地沉降变形值范围

序号	下沉系数 η	下沉值 /mm	倾斜值 /mm·m^{-1}	最大变形值 ε_{max}/mm·m^{-1}	最大曲率值 K_{max}/10^{-3}·m^{-1}	最大变形点坐标
1	0.02	≤57.50	≤0.8035	≤0.3786	≤0.002685	
2	0.03	≤86.25	≤1.205	≤0.5679	≤0.004028	908 点
3	0.04	≤115.0	≤1.607	≤0.7572	≤0.005371	X: 66086.98
4	0.05	≤143.7	≤2.009	≤0.947	≤0.00671	Y: 61688.57
5	0.06	≤172.5	≤2.411	≤1.136	≤0.008056	
破坏（保护）等级			<3.0（I 级）	<2.0（I 级）	<0.2（I 级）	

E　地下开采对小红山民房破坏程度的预计

在开采区的南侧，地表有大片小红山民房。表 9-23 列出了整个矿床开采结束后小红山民房的沉降变形计算结果。计算结果表明，地下开采引起的该区域曲率值和最大水平变形值小于 I 级破坏等级值，但局部地点达到 II 级，开采结束后，部分民房需要简单维修，即地下开采不会威胁民房安全（见彩图 9-83）。

表 9-23　小红山民宅沉降变形值（下沉系数 0.05）

计算点号	坐 标		下沉值 W_{max}/mm	倾斜值 T_{max}/mm·m^{-1}	最大水平变形值 ε_{max} /mm·m^{-1}	最大曲率值 K_{max} /10^{-3}·m^{-1}	最大水平移动值 U_{max}/mm
	X	Y					
168	65526.98	61528.57	−5.27E+01	8.94E−01	1.70E−01	−2.50E−03	5.64E+01
171	65526.98	61588.57	−8.70E+01	1.36E+00	4.86E−01	5.56E−04	1.04E+02
172	65526.98	61608.57	−9.86E+01	1.50E+00	5.98E−01	1.97E−03	1.22E+02
176	65526.98	61688.57	−1.32E+02	1.86E+00	8.12E−01	6.74E−03	1.89E+02
179	65526.98	61748.57	−1.31E+02	1.83E+00	5.22E−01	6.41E−03	2.15E+02
180	65526.98	61768.57	−1.25E+02	1.76E+00	3.49E−01	5.42E−03	2.16E+02
184	65526.98	61848.57	−8.65E+01	1.27E+00	−3.66E−01	−5.83E−05	1.82E+02
185	65526.98	61868.57	−7.56E+01	1.11E+00	−4.84E−01	−1.16E−03	1.66E+02
186	65526.98	61888.57	−6.50E+01	9.63E−01	−5.62E−01	−1.99E−03	1.50E+02
251	65566.98	61748.57	−2.22E+02	2.79E+00	8.93E−01	1.10E−02	3.29E+02
252	65566.98	61768.57	−2.11E+02	2.68E+00	5.96E−01	9.22E−03	3.31E+02
253	65566.98	61788.57	−1.97E+02	2.54E+00	2.69E−01	6.95E−03	3.27E+02
254	65566.98	61808.57	−1.81E+02	2.36E+00	−5.97E−02	4.44E−03	3.16E+02
255	65566.98	61828.57	−1.62E+02	2.16E+00	−3.63E−01	1.93E−03	3.00E+02
256	65566.98	61848.57	−1.43E+02	1.95E+00	−6.18E−01	−3.39E−04	2.79E+02
257	65566.98	61868.57	−1.24E+02	1.72E+00	−8.00E−01	−2.22E−03	2.55E+02
258	65566.98	61888.57	−1.05E+02	1.49E+00	−8.07E−01	−3.61E−03	2.29E+02
259	65566.98	61908.57	−8.84E+01	1.27E+00	−6.71E−01	−4.50E−03	2.02E+02
260	65566.98	61928.57	−7.33E+01	1.07E+00	−5.37E−01	−4.92E−03	1.76E+02
281	65586.98	61728.57	−2.90E+02	3.42E+00	1.45E+00	1.55E−02	3.85E+02
282	65586.98	61748.57	−2.82E+02	3.33E+00	1.13E+00	1.40E−02	3.96E+02
283	65586.98	61768.57	−2.68E+02	3.20E+00	7.55E−01	1.16E−02	4.00E+02
284	65586.98	61788.57	−2.50E+02	3.03E+00	3.40E−01	8.69E−03	3.95E+02
285	65586.98	61808.57	−2.28E+02	2.83E+00	−7.42E−02	5.47E−03	3.83E+02
286	65586.98	61828.57	−2.04E+02	2.59E+00	−4.51E−01	2.28E−03	3.64E+02
287	65586.98	61848.57	−1.79E+02	2.34E+00	−7.50E−01	−5.98E−04	3.39E+02
288	65586.98	61868.57	−1.55E+02	2.07E+00	−8.54E−01	−2.96E−03	3.10E+02
289	65586.98	61888.57	−1.31E+02	1.80E+00	−7.45E−01	−4.70E−03	2.78E+02
316	65606.98	61808.57	−2.84E+02	3.30E+00	−7.60E−02	6.59E−03	4.57E+02
317	65606.98	61828.57	−2.53E+02	3.04E+00	−5.09E−01	2.62E−03	4.35E+02
318	65606.98	61848.57	−2.22E+02	2.75E+00	−7.43E−01	−9.41E−04	4.05E+02
319	65606.98	61868.57	−1.91E+02	2.45E+00	−7.05E−01	−3.83E−03	3.70E+02
320	65606.98	61888.57	−1.61E+02	2.14E+00	−5.92E−01	−5.89E−03	3.32E+02
321	65606.98	61908.57	−1.35E+02	1.83E+00	−4.77E−01	−6.76E−03	2.93E+02
322	65606.98	61928.57	−1.11E+02	1.54E+00	−3.74E−01	−5.79E−03	2.54E+02

表9-24 列出了下沉系数 0.02~0.06 条件下，小红山民房最大变形值范围。从该表可看出，在整个矿床开采结束后，最大水平变形值 ε、最大曲率值小于Ⅰ级保护等级值，但当下沉系数大于 0.05 时，局部民房倾斜值达到Ⅱ级，地下开采不会威胁小红山民房安全，局部民房在开采结束后需要进行简单维修。

表9-24 各种下沉系数下小红山民宅沉降变形值范围

序号	下沉系数 η	下沉值/mm	倾斜值 /mm·m^{-1}	最大变形值 ε_{max}/mm·m^{-1}	最大曲率值 K_{max}/10^{-3}·m^{-1}	最大变形点坐标
1	0.02	≤116.1	≤1.366	≤0.5782	≤0.006182	
2	0.03	≤174.2	≤2.049	≤0.8674	≤0.009272	
3	0.04	≤232.3	≤2.733	≤1.156	≤0.01236	281 点 X：65586.98 Y：61728.57
4	0.05	≤290.3	≤3.420	≤1.45	≤0.01545	
5	0.06	≤348.4	≤4.099	≤1.735	≤0.01854	
破坏（保护）等级			<6.0（Ⅱ级）	<2.0（Ⅰ级）	<0.2（Ⅰ级）	

小红山民房最大变形点为 401 点和 466 点。

F 地下开采对地表公路破坏程度的预计

在开采区的正上方，地表有通往大红山铜矿的盘山公路。表9-25 列出了整个矿床开采结束后，地表盘山公路主要计算点的沉降变形计算结果。计算结果表明，下沉系数 0.05 时，地下开采引起的该区域曲率值小于Ⅰ级破坏等级值，但局部地段最大水平变形值 ε 达到Ⅳ级（图9-85）。开采结束后，这部分公路需要简单维护，地下开采不会影响行车安全。

表9-25 地表公路沉降变形值（下沉系数0.05）

计算点号	坐标 X	坐标 Y	下沉值 W_{max}/mm	倾斜值 T_{max} /mm·m^{-1}	最大水平变形值 ε_{max} /mm·m^{-1}	最大曲率值 K_{max} /10^{-3}·m^{-1}	最大水平移动值 U_{max}/mm	备注
166	65526.98	61488.57	−3.41E+01	6.12E−01	3.57E−02	−3.20E−03	3.31E+01	
211	65546.98	61568.57	−9.90E+01	1.55E+00	4.75E−01	−8.91E−04	1.09E+02	
213	65546.98	61608.57	−1.30E+02	1.92E+00	7.81E−01	2.68E−03	1.52E+02	
215	65546.98	61648.57	−1.57E+02	2.19E+00	1.02E+00	6.44E−03	1.96E+02	
217	65546.98	61688.57	−1.73E+02	2.34E+00	1.07E+00	9.01E−03	2.35E+02	第1段公路
219	65546.98	61728.57	−1.76E+02	2.34E+00	8.77E−01	9.30E−03	2.62E+02	
254	65566.98	61808.57	−1.81E+02	2.36E+00	−5.97E−02	4.44E−03	3.16E+02	
266	65586.98	61428.57	−3.29E+01	6.40E−01	−1.62E−01	−4.27E−03	2.59E+01	
258	65566.98	61888.57	−1.05E+02	1.49E+00	−8.07E−01	−3.61E−03	2.29E+02	
293	65586.98	61968.57	−5.98E+01	8.65E−01	−2.82E−01	−3.92E−03	1.54E+02	
353	65566.98	61788.57	−1.33E+02	2.54E+00	2.69E−01	6.95E−03	3.27E+02	第2段公路
351	65626.98	61888.57	−1.95E+02	2.48E+00	−3.46E−01	−6.35E−03	3.91E+02	
349	65626.98	61848.57	−2.70E+02	3.17E+00	−4.77E−01	−1.31E−03	4.77E+02	

计算点号	坐标		下沉值 W_{max}/mm	倾斜值 T_{max} /mm·m^{-1}	最大水平变形值 ε_{max} /mm·m^{-1}	最大曲率值 K_{max} /10^{-3}·m^{-1}	最大水平移动值 U_{max}/mm	备注
	X	Y						
347	65626.98	61808.57	$-3.46E+02$	$3.77E+00$	$-1.81E-02$	$7.78E-03$	$5.35E+02$	第2段公路
345	65626.98	61768.57	$-4.11E+02$	$4.22E+00$	$1.16E+00$	$1.74E-02$	$5.52E+02$	
312	65606.98	61728.57	$-3.64E+02$	$3.97E+00$	$1.80E+00$	$1.93E-02$	$4.53E+02$	
310	65606.98	61688.57	$-3.63E+02$	$4.04E+00$	$2.23E+00$	$1.94E-02$	$4.02E+02$	
339	65626.98	61648.57	$-4.12E+02$	$4.49E+00$	$2.64E+00$	$1.84E-02$	$3.77E+02$	
337	65626.98	61608.57	$-3.46E+02$	$4.13E+00$	$2.03E+00$	$8.99E-03$	$2.95E+02$	
366	65646.98	61568.57	$-3.27E+02$	$4.08E+00$	$1.49E+00$	$1.40E-04$	$2.41E+02$	
364	65646.98	61528.57	$-2.31E+02$	$3.25E+00$	$5.69E-01$	$-8.16E-03$	$1.73E+02$	
362	65646.98	61488.57	$-1.49E+02$	$2.36E+00$	$-6.33E-02$	$-8.34E-03$	$1.17E+02$	
391	65666.98	61448.57	$-1.07E+02$	$1.83E+00$	$-1.04E-01$	$-3.80E-03$	$8.17E+01$	
455	65706.98	61488.57	$-2.51E+02$	$3.46E+00$	$6.90E-01$	$2.83E-03$	$1.45E+02$	第3段公路
457	65706.98	61528.57	$-3.85E+02$	$4.53E+00$	$1.17E+00$	$5.54E-03$	$1.85E+02$	
428	65686.98	61568.57	$-4.67E+02$	$5.02E+00$	$2.14E+00$	$4.62E-03$	$2.50E+02$	
430	65686.98	61608.57	$-5.99E+02$	$5.50E+00$	$3.51E+00$	$1.91E-02$	$3.33E+02$	
463	65706.98	61648.57	$-8.07E+02$	$5.57E+00$	$5.10E+00$	$3.90E-02$	$4.45E+02$	
465	65706.98	61688.57	$-8.65E+02$	$5.30E+00$	$5.21E+00$	$4.68E-02$	$6.12E+02$	
498	65726.98	61728.57	$-9.45E+02$	$4.80E+00$	$5.01E+00$	$4.84E-02$	$8.06E+02$	
500	65726.98	61768.57	$-8.49E+02$	$5.07E+00$	$4.16E+00$	$3.55E-02$	$9.15E+02$	
533	65746.98	61808.57	$-7.61E+02$	$5.14E+00$	$4.19E+00$	$3.32E-02$	$9.88E+02$	
566	65766.98	61848.57	$-6.15E+02$	$4.95E+00$	$3.68E+00$	$2.98E-02$	$9.52E+02$	
568	65766.98	61888.57	$-4.36E+02$	$4.23E+00$	$2.63E+00$	$2.06E-02$	$7.91E+02$	
597	65786.98	61848.57	$-6.36E+02$	$5.00E+00$	$3.94E+00$	$3.35E-02$	$9.89E+02$	第4段公路
595	65786.98	61808.57	$-8.36E+02$	$5.03E+00$	$5.16E+00$	$4.52E-02$	$1.08E+03$	
562	65766.98	61768.57	$-9.79E+02$	$4.46E+00$	$5.84E+00$	$5.02E-02$	$1.02E+03$	
560	65766.98	61728.57	$-1.10E+03$	$3.39E+00$	$6.59E+00$	$5.77E-02$	$8.81E+02$	
558	65766.98	61688.57	$-1.13E+03$	$3.03E+00$	$6.98E+00$	$6.10E-02$	$6.50E+02$	
556	65766.98	61648.57	$-1.06E+03$	$4.02E+00$	$6.73E+00$	$5.77E-02$	$3.83E+02$	
554	65766.98	61608.57	$-9.15E+02$	$5.13E+00$	$5.46E+00$	$5.00E-02$	$1.47E+02$	
552	65766.98	61568.57	$-7.22E+02$	$5.54E+00$	$4.35E+00$	$3.96E-02$	$6.27E+01$	
550	65766.98	61528.57	$-5.20E+02$	$5.14E+00$	$3.17E+00$	$2.85E-02$	$1.35E+02$	
517	65746.98	61488.57	$-3.16E+02$	$3.99E+00$	$1.69E+00$	$1.38E-02$	$1.47E+02$	
515	65746.98	61448.57	$-1.88E+02$	$2.81E+00$	$1.01E+00$	$8.01E-03$	$1.16E+02$	
513	65746.98	61408.57	$-1.01E+02$	$1.75E+00$	$5.49E-01$	$4.20E-03$	$7.50E+01$	

计算点号	坐标 X	坐标 Y	下沉值 W_{max}/mm	倾斜值 T_{max} /mm·m^{-1}	最大水平变形值 ε_{max} /mm·m^{-1}	最大曲率值 K_{max} /10^{-3}·m^{-1}	最大水平移动值 U_{max}/mm	备注
544	65766.98	61408.57	-1.10E+02	1.86E+00	6.88E-01	5.85E-03	8.26E+01	第5段公路
577	65786.98	61448.57	-2.15E+02	3.06E+00	1.44E+00	1.33E-02	1.35E+02	
579	65786.98	61488.57	-3.59E+02	4.26E+00	2.38E+00	2.22E-02	1.62E+02	
581	65786.98	61528.57	-5.47E+02	5.19E+00	3.58E+00	3.36E-02	1.44E+02	
624	65806.98	61568.57	-7.75E+02	5.41E+00	5.09E+00	4.93E-02	1.52E+02	
626	65806.98	61608.57	-9.78E+02	4.62E+00	6.36E+00	6.12E-02	2.29E+02	
628	65806.98	61648.57	-1.13E+03	2.84E+00	7.29E+00	6.93E-02	4.53E+02	
630	65806.98	61688.57	-1.19E+03	4.93E-01	7.50E+00	7.17E-02	7.23E+02	
673	65826.98	61728.57	-1.15E+03	2.39E+00	6.89E+00	6.66E-02	9.98E+02	
716	65846.98	61768.57	-9.93E+02	4.42E+00	5.42E+00	5.29E-02	1.14E+03	
718	65846.98	61808.57	-8.16E+02	5.10E+00	4.35E+00	4.21E-02	1.13E+03	
761	65866.98	61848.57	-5.90E+02	4.90E+00	2.60E+00	2.60E-02	9.89E+02	
845	65906.98	61888.57	-3.57E+02	3.75E+00	6.41E-01	8.71E-03	7.27E+02	
780	65886.98	61408.57	-1.04E+02	1.74E+00	3.64E-01	4.47E-03	1.16E+02	第6段公路
782	65886.98	61448.57	-1.89E+02	2.76E+00	6.73E-01	8.10E-03	1.89E+02	
784	65886.98	61488.57	-3.15E+02	3.90E+00	1.14E+00	1.34E-02	2.75E+02	
786	65886.98	61528.57	-4.76E+02	4.89E+00	1.86E+00	2.02E-02	3.69E+02	
788	65886.98	61568.57	-6.56E+02	5.44E+00	3.27E+00	2.81E-02	4.72E+02	
790	65886.98	61608.57	-8.27E+02	5.40E+00	4.97E+00	3.69E-02	5.98E+02	
792	65886.98	61648.57	-9.53E+02	4.93E+00	6.04E+00	4.78E-02	7.53E+02	
794	65886.98	61688.57	-1.01E+03	4.55E+00	5.98E+00	5.38E-02	9.19E+02	
796	65886.98	61728.57	-9.77E+02	4.70E+00	4.87E+00	4.86E-02	1.05E+03	
839	65906.98	61768.57	-7.90E+02	5.27E+00	2.68E+00	3.05E-02	1.07E+03	
884	65926.98	61848.57	-4.46E+02	4.33E+00	1.94E-01	6.04E-03	8.29E+02	

　　表 9-26 列出了下沉系数 0.02~0.06 条件下，地表公路最大变形值范围。从该表可看出，在整个矿床开采结束后，最大曲率值小于 I 级保护等级值，当下沉系数大于 0.05 时，公路局部地段最大水平变形值达到 Ⅳ 级，但地下开采不会威胁行车安全。

表 9-26　各种下沉系数下地表公路沉降变形值范围

序号	下沉系数 η	下沉值 /mm	倾斜值 /mm·m^{-1}	最大变形值 ε_{max}/mm·m^{-1}	最大曲率值 K_{max}/10^{-3}·m^{-1}	最大变形点
1	0.02	≤477.6	≤2.23	≤3.001	≤0.02867	
2	0.03	≤716.4	≤3.34	≤4.50	≤0.0430	463点、630点
3	0.04	≤955.2	≤4.46	≤6.00	≤0.05734	
4	0.05	≤1194	≤5.57	≤7.50	≤0.07167	
5	0.06	≤1433	≤6.682	≤9.00	≤0.0860	
破坏（保护）等级		Ⅲ级范围内		Ⅳ级范围内	<0.2（I级）	

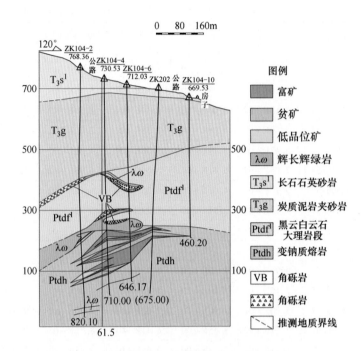

图 9-68 104 线地质剖面图

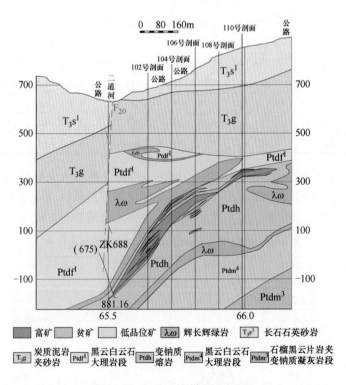

图 9-69 206 线地质剖面图

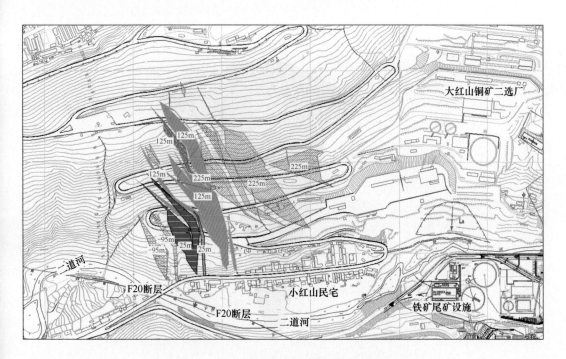

图9-70 各中段矿体水平投影与地表的关系

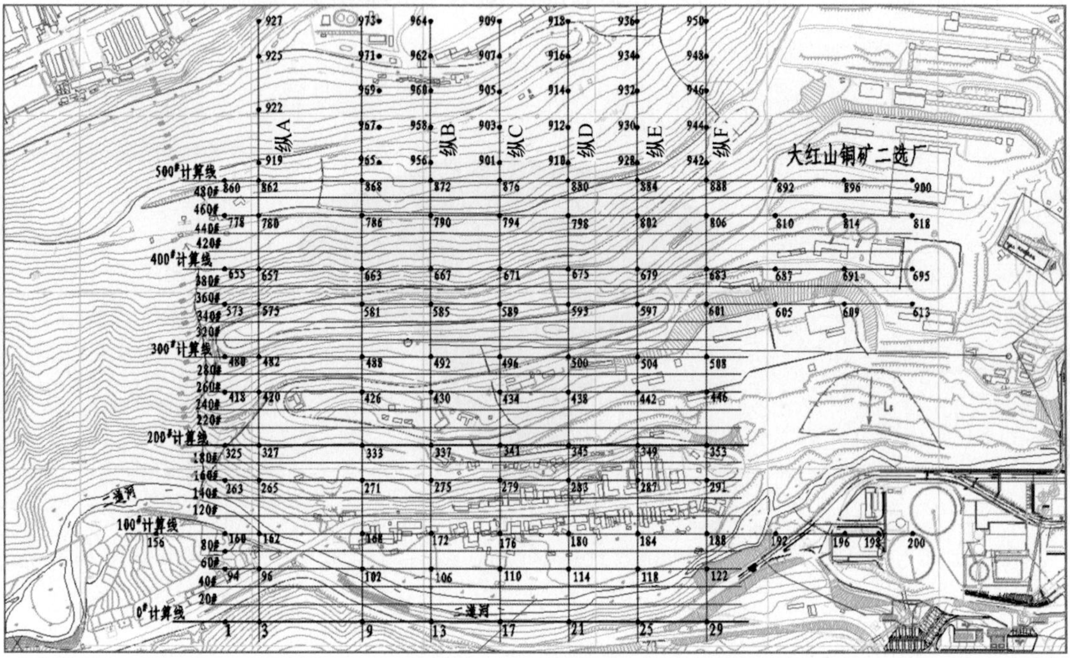

图9-71 计算点设置

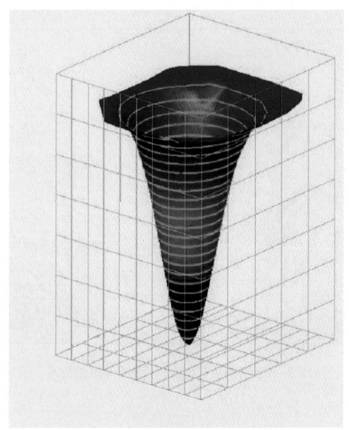

图 9-72 $\eta=0.05$ 时，地表下沉等值线

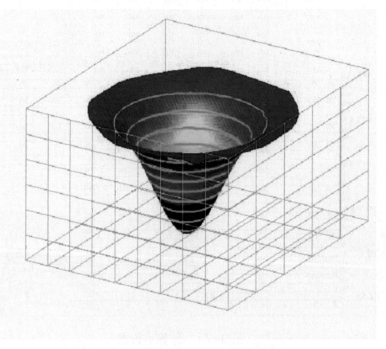

图 9-73 $\eta=0.02$ 时，地表下沉等值线

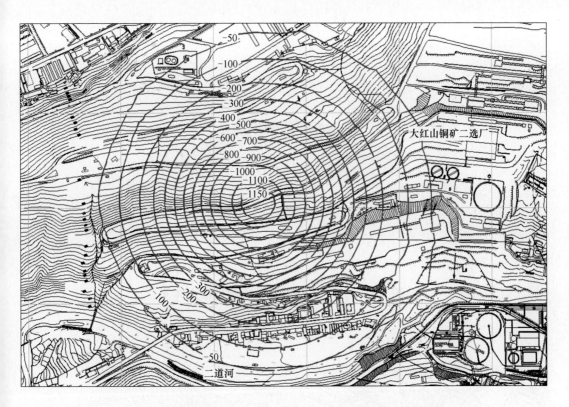

图 9-74　下沉系数 $\eta=0.05$ 时，地表下沉等值线（单位：mm）

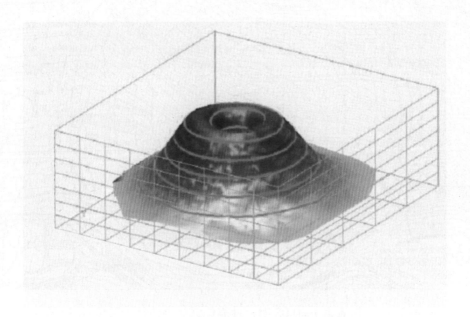

图 9-75　$\eta=0.05$ 时，地表倾斜值立体图

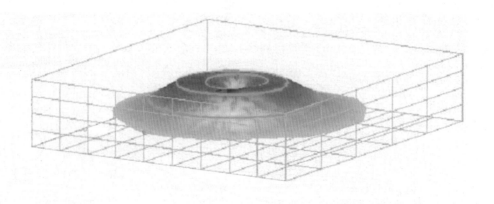

图 9-76　η=0.02 时，地表倾斜值立体图

图 9-77　下沉系数 η=0.05 时，地表倾斜值等值线（单位：mm/m）

图 9-78　下沉系数 η=0.05 时，地表水平变形值等值线（单位：mm/m）

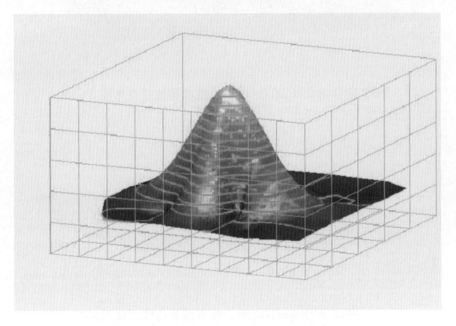

图 9-79　η=0.05 时，水平变形值立体图

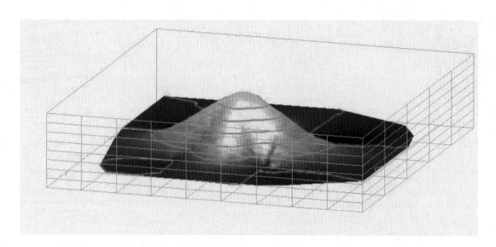

图 9–80 η=0.02 时，水平变形值立体图

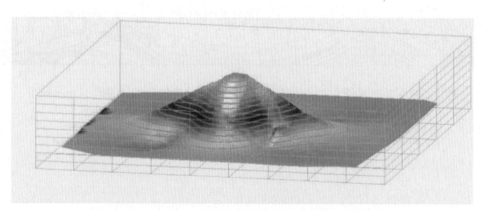

图 9–81 η=0.05 时，曲率值等值线立体图

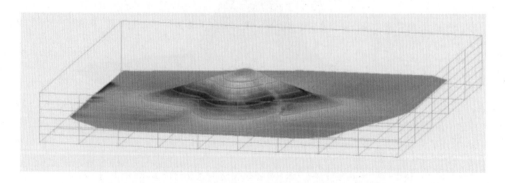

图 9–82 η=0.02 时，曲率值等值线立体图

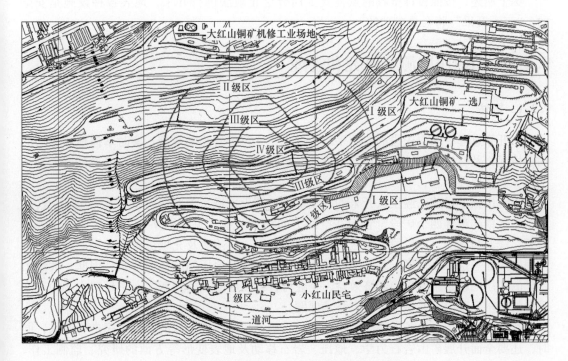

图 9-83　地表破坏（保护）的综合分区

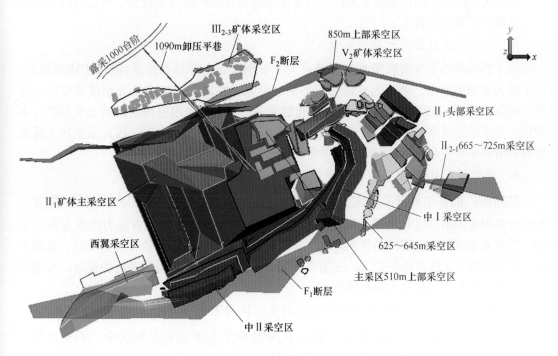

图 9-134　Ⅱ₁矿组主采空区与周边采空区的关系

综上所述，按照设计推荐的点柱式上向分层充填法进行开采，地表各种设施是安全的，"三下开采"将会是成功的。

9.2   矿山地压监测、研究和管理

9.2.1   概述

在开采过程中采取先进的监测手段，逐步建立完善的监测系统，实时掌握地压活动的动态情况，及时指导调整和完善开采措施，对实现多矿（区）段立体安全高效的开采是必不可少的重要环节。

大红山铁矿目前已经投入开采的有浅部铁矿露天采场、深部铁矿 II_1 矿组、III_1 及 IV_1 矿组、I 号铜矿带等四个矿段，它们在空间上的相互关系（见彩图 9-134），形成了露天与地下、浅部与深部、多矿段多采区同时大规模开采、崩落法及充填法等多种采矿方法同时并用的局面。这种大规模、复杂的开采方式，所导致的地压问题极为复杂。因此，大红山铁矿的地压问题是影响矿山经济效益、企业可持续发展的主要因素之一，是矿山必须高度重视的、贯穿矿山开发始终的重大技术课题。

在这一局面下，各矿段必须采用合适的采矿方法，并按合理的开采顺序进行开采，同时，还要全面开展矿山岩石力学、地压、岩石移动及地表变形等方面的研究、监测工作，以指导设计与生产，才能保证矿山开采安全。

9.2.1.1   大红山铁矿地压特点

根据大红山铁矿的开采技术条件、开采总体规划及各矿段开采设计，可以分析得出大红山铁矿的主要地压特点。

A   地下开采对露天开采的影响

位于露天采场下方的矿组有深部铁矿与 I 号铜矿带。深部铁矿 II_1 矿组矿体规模大，位于露天采场东南侧，采用无底柱分段崩落法开采，在其上方形成巨大崩落采空区。此外，深部铁矿 III_1 及 IV_1 矿组位于 II_1 矿组和露天采场之间，采用空场法嗣后充填采矿，I 号铜矿带采用充填采矿法，但它们与露天采场之间有的地段相距不远，因此采空区上覆岩层的崩落和采矿引起的岩石移动将可能影响露天边坡的稳定性。

B   深部铁矿 II_1 矿组采空区与上覆岩层地压问题

深部铁矿 II_1 矿组的开采形成了大规模的主采空区、中 I 和中 II 三大采空区。随着它们的开采形成的采空区和上覆岩层崩落规模巨大，会导致采空区围岩应力的重分布与集中，使作业巷道发生大面积的冒顶片帮，并可能形成悬顶或顶板突发性大量崩塌，造成灾害。而且随着主采区范围的扩大，主采空区与中 II、中 I 采空区将会大面积贯通，可能导致上覆岩层发生不可控的大面积崩落。

C II_1 矿组开采与坑采其他矿段之间的多空区相互影响

I 号铜矿带位于 II_1 矿组的下盘，III_1、IV_1 矿组位于 II_1 矿组的上部区域，II_1 矿组与上述两个矿段互有压矿的关系。因此，除 II_1 矿组主采空区、中 I 和中 II 三大采空区外，井下还存在更大范围的三个矿段之间的相互影响，特别是 II_1 矿组形成的特大采空区周边围

岩变形移动,可能影响另外两个矿段采场的稳定性,其中,Ⅱ₁矿组与周边开采空区之关系见彩图9-134。

D 深部铁矿400m以下二期开采岩爆、地压问题

随着深部铁矿向400m标高以下地段开采,采场埋深将会到达800~1100m,二期开拓工程已下到−40m标高,实际埋深超过1200m,属于深部开采。大红山铁矿矿岩坚硬,岩体质量好,地应力大,产生岩爆的可能性较大,深部开采中的地压问题将会是大红山铁矿面临的新的技术难题。

E 井巷工程地压问题

随着各个矿段的相继开采,各个矿段之间岩移的相互影响,会导致大红山铁矿井巷工程中的地压增大,冒顶片帮问题将会增多;4000kt/a二期工程向深部推进,高应力条件下井巷工程地压问题将会更加突出,必须加强井巷工程支护技术的研究。

F 露天边坡稳定性问题

露天开采已经形成了高陡边坡,同时露天采场开采受到井下开采的影响,露天边坡的稳定性问题将直接影响到露天开采的安全生产。

9.2.1.2 采场地压活动概况

大红山铁矿Ⅱ₁主矿组采用大参数无底柱分段崩落法开采,其面临的采场地压问题主要有:

(1)随着主采区采场生产的进行,主采空区不断冒落上升、空区体积扩大,主采空区的地压转移导致局部回采进路与作业巷道周围塑性区扩大,地应力超过岩石强度(弹塑性区)。又由于次生应力场和岩石结构体发育,产生压剪,导致采场巷道破坏。此外,构造也有明显影响,对主采区地压影响较为明显的是F_2(F_{2-1}、F_{2-2}等)断层。主采区480m、460m、440m、420m、400m分段日渐出现明显的采场地压现象,包括岩层脱落、块体冒落、巷道冒顶、片帮现象,甚至使靠近采空区的巷道发生向采空区的开裂滑移等。

(2)采空区顶板如发生不可控集中大冒顶,将导致井下采区空气冲击波次生地压灾害,对回采进路与作业巷道的人员与设备产生危害。这与上覆岩层是否可控渐进的崩落和覆盖层厚度有关。

9.2.1.3 采空区及上覆岩层冒落发展概况

大红山铁矿矿岩稳固性较好,采用无底柱分段崩落法采矿,2006年12月末在主采区480~510m落顶层采用强制崩落形成初始顶板覆岩层,随着开采面积和范围的扩大,采空区不向上发展。

根据监测记录,最早在2009年1月24日在距主采区正上方340m高的850m运输平巷斜井与环形车场岔口处出现裂缝,随后巷道出现片帮现象,当时主采区开采面积约40km²。2009年10月底920m回风平巷垮塌,冒落高度从2月的850m增加到920m,上升了70m,在2010年年初施工的导电回路监测钻孔在952m标高与空区贯通,孔口出现较大风流,在2011年年底施工的地质钻孔(150m深)已到达岩层塑性变形区。2011年8月,地表1220m标高附近出现裂缝。其后,至2013年年底,地表裂缝一直在扩大,地表的开裂范围已经基本上达到了地下各分段采空区的正上方。裂缝范围的发展经历了从少数几条到裂缝形成闭合圈、裂缝宽度从只有几毫米到几十厘米这样一个过程。

在 2010 年 8 月通过各种监测手段，采空区垮塌高度到达 1060m 标高附近。

到 2012 年年底主采空区上覆岩层冒落高度可能到达了 1115m 标高；到 2013 年 3 月主采空区上覆岩层冒落高度可能到达了 1140m 标高。地表标高约为 1170m。

到 2014 年年初地表塌陷最大处位于主采区南部、原 4 号监测孔附近，最大下沉深度约 6m。

9.2.1.4　Ⅰ号铜矿带开采对露天采场的影响

Ⅰ号铜矿带自 2012 年年初投入生产以来，首采地段开采范围有限，距露天采场较远，采用点柱式上向水平分层充填法采矿，目前尚未发现对露天采场的影响。

9.2.2　大红山铁矿地压监测系统

随着开采范围的扩大和地压活动的日渐显现，大红山逐步建立了多种方式的地压监测系统。

（1）前期自 2009 年以来，与北京交通大学合作进行过声发射监测、微震监测（国内研发设备）、锚杆应力计和地表导电回路监测。并建立了地表塌陷区警戒和地表变形监测网。

但声发射监测、微震监测（国内研发设备）、锚杆应力计和地表导电回路监测等监测手段后来随主采区上方岩层的垮塌逐步被破坏，已不再使用。

（2）2012 年至目前，正与长沙矿山研究院合作进行地压监测研究，所使用的监测手段有微震监测（加拿大研发系统）、围岩变形自动报警系统和钻孔应力计等。

1）钻孔应力计

钻孔应力计监测系统于 2012 年 9 月建立并使用。

2）2012 年 3 月以来进一步扩大和完善了微震监测系统，先针对主采区采场地压监测和主采区上覆岩层稳定性监测。微震系统总共采用 60 个通道：其中主采区 42 个通道、露天采场和上覆岩层各 18 个通道。上覆岩层（1090m 以上）监测完成之后，将上覆岩层的监测系统移至井下采区，对Ⅰ号铜矿带或Ⅲ$_1$～Ⅳ$_1$矿组采区进行监测。目前有钻孔三维微震监测。

3）2012 年 8 月在 1090m 监测平巷建立了围岩变形自动监测报警系统（激光测距仪）。

4）2012 年年初建立了 GPS 地表岩石移动监测系统。

9.2.3　采场地压监测与研究

9.2.3.1　监测对象与研究课题

从 2009 年开始，大红山铁矿井下采场地压监测的重点主要为 4000kt/a 工程主采区及中部Ⅰ、Ⅱ采区开采过程中采场的地压活动。图 9-135 为截至 2012 年年底主采区与中部Ⅰ、Ⅱ采区各分段回采边界的复合平面图相关剖面图（不含上覆岩层自然崩落部分，覆岩层厚度为假定）。

随着开采的进行，上述各采空区将逐步扩大，三个采空区也将贯通。采空区的变化必然会导致采空区周围围岩应力的重分布与集中。监测围岩应力集中区域与程度有以下目的：第一，了解复杂多采区条件下应力转移与集中的区域与规律，指导矿山有目的有重点

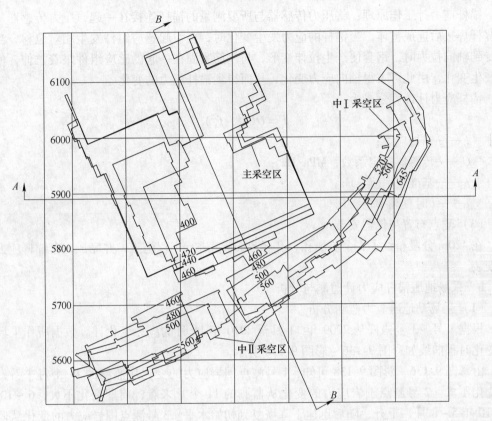

图 9-135　截至 2012 年年底采空区各分段回采边界平面复合图

地对作业巷道进行支护；第二，监测与预警由于围岩应力集中导致的作业巷道大规模的冒顶、片帮与滑移，特别是当主采空区与中部采空区大范围贯通时。

9.2.3.2　监测手段的选择●

针对上述采场地压问题与监测目的，大红山铁矿先后采用了锚杆应力计、全数字型多通道微震监测技术、钻孔应力计等监测手段。

A　锚杆应力计监测

a　采场地压锚杆应力计监测系统

（1）监测目的

主要目的是通过埋置采场巷道围岩的锚杆应力计，监测采场围岩的松动、应力变化情况，进而分析采场的地压变化情况，为预防采场较大地压波动提供依据。这里仅以 420m 分段为例进行分析和总结。

（2）测试原理

通过在围岩钻孔中浇灌高强度的水泥砂浆，用外力将锚杆应力计打入孔内高强度胶结体内，当围岩的应力或压力变化时，安装在锚杆上的压力传感器便产生应力变化值，通过定期测定安装在每个锚杆上的 4 个压力传感器的变化，便可推测出围岩压力变化情况。

● 编写：胡静云、彭府华。

锚杆应力计工作原理：将压力传感器与所要测量的锚杆连接在一起，压力传感器与受力锚杆焊接后连成整体，当锚杆的应力发生变化时，会引起感应组件发生相对位移，当钢筋受到轴向拉力时，钢套便产生拉伸变形，与钢筋紧固在一起的感应组件跟着拉伸，使钢弦产生变化，由此可求得轴向应力变化，从而得到锚杆应力的变化。

锚杆应力计计算公式为

$$F = Q(f_i^2 - f_t^2)$$

式中　F——锚杆应力；

　　　Q——传感器标定系数，MPa/Hz^2；

　　　f_i——基准频率值，Hz；

　　　f_t——t 时刻频率值，Hz。

（3）测点布置与仪器安装

在 420m 分段布设了 4 个监测孔，孔径 80mm，进行工程施工，并完成 3 套锚杆应力计的安装。

b　采场地压锚杆应力计监测与分析

（1）采场动地压应力监测分析

根据 1 号~3 号锚杆从 2009 年 11 月至 2010 年 11 月的应力变化计算数据所作采场动压变化时程曲线如彩图 9-136 ~ 彩图 9-138 所示。

由彩图 9-136 ~ 彩图 9-138 可知，1 号测点围岩应力的变化从监测的 11 个月来看，总体变化不大。2 号测点围岩应力的变化从监测的 11 个月来看，前期变化不大，6 ~ 10 月（2010 年 5 ~ 8 月）上升，随后迅速下降恢复到初始水平。3 号测点围岩应力的变化从监测的 11 个月来看，同样前期变化不大，6 ~ 10 月（2010 年 5 ~ 8 月）上升，随后迅速下降恢复到初始水平。

（2）采场支护的应力监测分析

锚杆应力端面直径为 25mm，面积为 $s = \frac{\pi}{4}d^2 = 0.00049m^2$。

从图 9-139 中可以看出，采场支护至少可以引起沿巷道 50m 范围内的应力调整，最大径向应力变化幅度为 2%。

通过监测距支护端面不同距离上的锚杆应力计的数值大小，测得的应力相对变化量反映以下问题：第一，支护反力起到一定的作用；第二，支护后地压产生向周边区域的小范围、小幅度转移；第三，曲线呈渐进式，无突跳等，说明支护的时效性和经济性尚好；第四，把锚杆应力计埋设在支护前端可能比直接埋设在支护体内更能在空间上说明和评价支护效果；第五，将地压监测与支护措施结合起来，可以提高采场的地压控制措施。

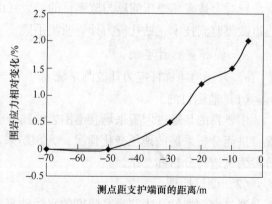

图 9-139　采场支护对地压影响分析

（3）结论

第一，主采区应力变化幅度总体不大，基本在应力平衡水平附近变化。

第二，没有出现累积应力变化趋势。

第三，采场动压水平在1MPa以内，在监测期间内应力变化幅度没有超过岩石的极限强度。

B 钻孔应力计监测

自2012年9月以来，安设了钻孔应力计。通过不定期地测量围岩中某一点应力的相对增减值，判断该区域应力转移与集中程度，进而判断采场是否大面积来压；同时通过科学合理地布置钻孔应力计监测网，获得距采空区不同距离的围岩应力的转移与集中规律，研究大红山铁矿复杂大规模采空区在不断扩大与变化过程中围岩应力的转移与重分布规律和特点，指导采场地压灾害的防治。

a 钻孔应力计监测技术的特点

应力计为振弦式钻孔应力计。振弦由于不同的受力情况，其频率不同，可由振弦传感器数据计算存储器直接测得当前应力状况下振弦的频率值f。应力相对变化值F与振弦的频率值f的关系式为：

$$F = -Af + Bf_0$$

式中，A、B为钻孔应力计出厂力学参数；f为振弦即时频率；f_0为调零时的频率值。

钻孔应力计由传感器与数据检测仪组成，数据监测仪的型号为GSJ-2A。

钻孔应力计具有以下功能与特点：第一，采用专用数学模型$F = -Af + Bf_0$，式中，A、B为传感器常数；f_0为初频（$F = 0$时的频率）。根据测量的频率值直接计算出应力相对于初始值的增减量。第二，频率准确精度为0.1Hz，分辨到0.01Hz。第三，可直接查阅历史存储数据和清除，可存储和查看，并能与计算机通信。第四，数据监测仪体积小、质量轻，集成化程度高，省电、可充电，携带方便，适合户外使用，可最多存储200个传感器的数据。第五，可接长电缆在远处监测。

b 钻孔应力计监测系统的布置

钻孔应力计布置在主采空区、中Ⅱ采空区的上下盘，目的是监测距离采空区不同距离上围岩内应力重分布与集中规律。

钻孔应力计共布置了计15套，在400m分段布置了3套应力计编号为03号、05号、19号；在440m分段布置了6套，应力计编号为01号，04号、16号、02号、06号、14号；在500m分段布置了3套，应力计编号为10号、13号、15号；在560m分段布置了3套，应力计编号为08号、09号、11号。在各分段的布置位置如图9-140所示，图中编号表示钻孔应力计所在位置。

c 钻孔应力计监测数据分析

图9-141所示为不同分段距离采空区不同距离上围岩应力变化情况。从2012年9月~2013年2月，共测量了6次，平均测量周期为1个月。

由图9-141a~c可知，主采空区下盘至采空区不同距离上（0~60m）的应力基本上为应力降低，且应力降低值不断增加。440m分段至采空区不同距离上应力降低的程度相差不大，且应力降低的幅度小，应力降低最大的为6号测点，0.4MPa。400m分段内至采空区不同距离上应力降低的程度相差较大，距离采空区最近的3号测点应力降低最大，12.6MPa。

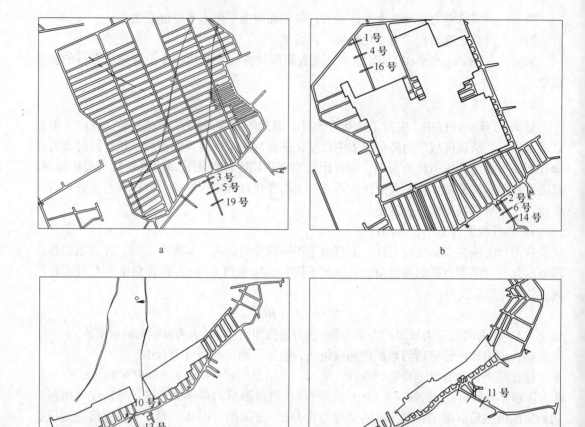

图 9-140　钻孔应力计监测网布置方案

a—400m 分段；b—440m 分段；c—500m 分段；d—560m 分段

由图 9-141b 可知，主采空区上盘 440m 分段至采空区不同距离上（0～60m）的应力基本上为应力增加，同一分段至采空区不同距离上应力增加的程度相差不大，且应力增加的幅度小，应力增加最大的为 16 号测点，0.12MPa。

由图 9-141d，e 可知，中部采空区下盘围岩至采空区不同距离上（0～60m）的应力基本上为应力降低，同一分段至采空区不同距离上应力降低的程度相差不大，且应力降低的幅度小，应力降低最大的为 500m 分段的 13 号测点，3MPa。

d　钻孔应力计监测得到的初步结论与成果

通过对钻孔应力计监测数据的分析可知，在监测期间（2012 年 9 月～2013 年 2 月）矿体上下盘应力调整幅度较小，且基本上是以应力释放为主，说明采场暂时不会发生较大规模的来压。2013 年 1～11 月的监测记录（见表 9-34～表 9-36）情况与上相似。

C　微震监测

微震监测技术是以岩石介质破裂释放的弹性波为监测对象，多通道微震监测系统实现对全范围空间内的微震事件的实时监测与数据远程传输，对破裂源实现四维时空高精度定

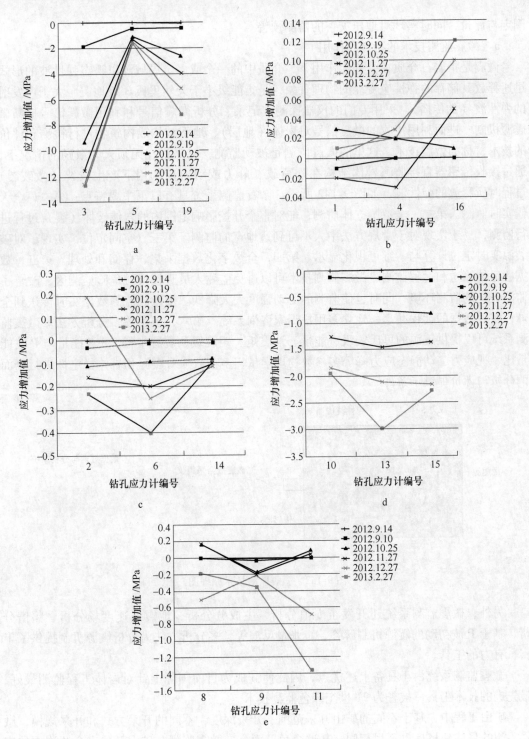

图 9-141　各分段应力监测结果

a—400m 分段；b—440m 分段北部；c—440m 分段南部；d—500m 分段；e—560m 分段

位，计算出破裂源的震级、能量与视应力等多地震学参数，为评价破裂源的位置、类型、程度与发展趋势提供丰富的资料，进而对采场应力集中区域、程度与发展趋势进行有效的圈定与评价，同时实现对地压灾害的监测预警。

a 微震监测技术的特点和作用

微震是指岩石介质在受外力作用下，介质中的一个或多个局域源以瞬态弹性波的形式迅速释放其储存的弹性应变能的物理现象，是指能级小于天然里氏 3 级地震、大于声发射的弹性波（的传播）。采用专门的仪器探测、记录、分析微震信号和利用微震信号推断微震源机制、进而利用接收的微震信号对岩体（地层）、地下结构或构筑物进行检测和评价的技术，称为微震技术。这里的微震监测是被动监测，它是指在无须人为激励的情况下，通过接收传感器直接监测岩体结构在外荷载（静力或动力）作用下产生破裂（微破裂）过程时所释放的弹性波，如图 9-142 所示。微震监测系统具有以下主要特点：第一，全天候实时监测。第二，全范围立体监测，能对整个开挖影响范围内的岩体破坏（裂）过程进行监测，易于实现对于常规方法中人不可到达地点的监测。第三，空间定位，实现了对破裂源实时定位计算与三维可视化显示。第四，全数字化数据采集、存储和处理。第五，数据的远传输送和远程监测。微震监测技术可以避免监测人员直接接触危险监测区，改善了监测人员的监测环境，同时也使监测的劳动强度大大降低。把微震监测数据实时传送到全球，实现数据的远程共享，建立多用户专家咨询系统。第六，多参数多分析方法。微震监测系统可以提供震源的里氏震级、能量、地震矩、矩震级、震源半径、S 波能量与 P 波能量比、视应力、动静态应力降等多参数物理学量，多参数为对震源和岩体稳定性进行全面的分析与评价提供了条件。

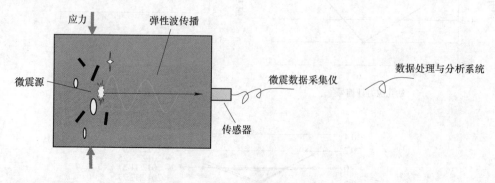

图 9-142　微震监测技术原理图

另外，微震监测系统还开发了 b 值分析、主成分分析、地震波速度场分析、频谱分析、基于 P 波初动的震源机制解答、矩张量反演等，多分析方法为分析震源机制提供了丰富、有力的工具。

微震监测系统由于具备上述优点，因此使其成为目前国际上针对岩体工程监测最好、最先进的技术工具，被誉为 21 世纪绿色监测技术。

矿山工程中，基于不同的矿山开采范围、开采深度，不同的开采方式和开采规模，微震监测的目的和目标也不尽相同。从这个角度而言，微震监测在矿山开采安全监测中的应用十分广泛。微震监测技术在矿山工程中的作用是多方面的。根据前述的微震技术的特点，可以把微震技术在矿山工程的主要作用概括为以下一些方面：

（1）开采诱发的矿山区域微震评价；

（2）岩爆危险性评估和监测预警；

（3）监测应力重分布和应力集中；

（4）监测矿柱破坏和采场大冒落；

（5）监测露天边坡稳定性；

（6）采场上覆岩层崩落和移动范围；

（7）监测环境影响（爆破震动）；

（8）地下支护结构稳定性监测；

（9）控矿断层的活性监测；

（10）为采矿设计、地下结构优化设计提供依据和参数；

（11）崩落法开采中的放矿对地压的影响；

（12）矿山岩体注浆加固效果监测。

另外，微震监测还具有以下辅助监测功能：

（1）相邻矿山开采越界的监测；

（2）井下偷矿防范监测；

（3）井下人员辅助定位；

（4）井下人员安全救助。

b 大红山铁矿地压微震监测系统实施方案简介

大红山铁矿地压微震监测系统是针对本矿井下地压问题和上覆岩层稳定性的监测系统。该监测系统针对上覆岩层稳定性、开天窗大爆破、井下采场地压、应力重分布等地压问题进行专门监测，上部监测和井下监测是一个不可分割的有机整体。在本矿微震监测系统设计中，充分考虑了上下部监测区域内传感器对微震事件监测效果的相互呼应和贡献，以获得良好的监测效果为目的，同时将重点监测、短期监测和长期监测综合考虑。

传感器布置的总体方案是：先针对主采区采场地压监测和主采区上覆岩层稳定性监测。微震系统总共采用 60 个通道，其中主采区 42 个通道、露天采场和上覆岩层各 18 个通道。上覆岩层（1090m 以上）监测完成之后，将上覆岩层的监测系统移至井下采区增加到 I 号铜矿带或 III ~ IV 号矿体采区监测。

大红山铁矿多通道微震监测系统组成如图 9-143 所示。上覆岩层区域设计布置 18 通道，其中包括 2 个三轴传感器，井下采场布置 42 个通道，分站点分别布置在露采 1090m 台阶、560m 分段、500m 分段与 400m 分段，主监控室布置在地表办公楼，如图 9-144 所示。

c 微震信号辨识

微震监测的目的是监测岩石在应力作用下产生破裂时的弹性波信号，并应用这些信号对岩石的稳定性进行评价，对可能产生的各种破坏灾害等地压现象进行预警。由于地下监测环境较复杂，各种震源产生大量的弹性波信号混杂在一起，如地震波、爆轰波、人为敲击、开采设备等产生的弹性波等，都是监测的对象。因此，掌握监测区内的震源类型，合理分析各种震源信号的特点、区分各种震源、剔除人为噪声、提取有效信息，就成为微震监测技术应用研究的第一步，也是微震监测应用技术研究的基础。

矿山地下开采作业环境较为复杂，产生震源的因素较多，有直接人为活动产生的震

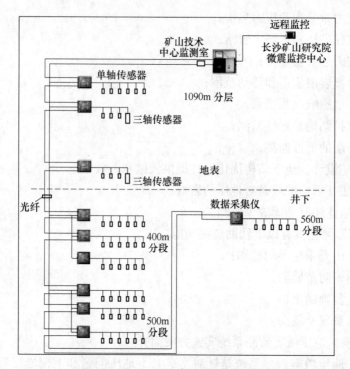

图 9-143　大红山铁矿微震监测系统组成

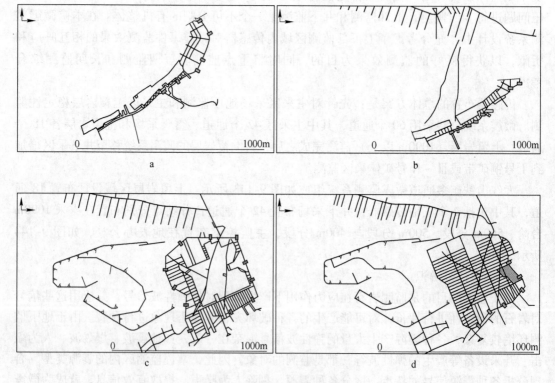

图 9-144　各分层传感器布置方案

a—480m 分段；b—460m 分段；c—420m 分段；d—400m 分段

源，如人工敲击、凿岩、出矿、通风、爆破等；也有采矿活动诱发的岩体破坏、断层错动等产生的震源。针对大红山铁矿的生产现状，概括起来，其作业环境中的主要震源包括岩石破裂时发出的弹性波、爆破产生的爆轰波、人员生产作业活动、采矿作业设备噪声、溜井放矿、电磁干扰噪声等几大类。图9-145 所示为井下主要的震动源。

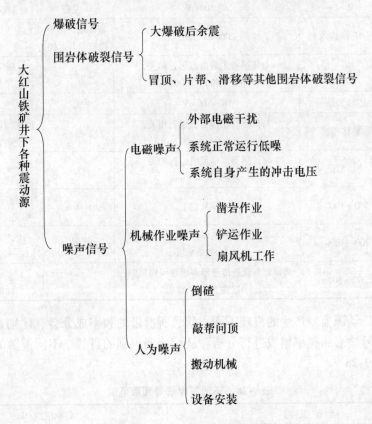

图 9-145 大红山铁矿环境震源分类

由于井下不同震动信号产生的机理不同，传感器最后记录到的波形在振幅值、持续时间与时间间隔等表征的波形形态上也不同。通过波形辨识，长期的监测与经验总结，可以摸索出一套经验型的波形辨识方法。表9-27 列出了井下不同震源的信号波形在信号持续时间、振幅值、上升时间与时间间隔等波形特征方面的差异。通过总结可以看出，铲运机行驶、扇风机工作与凿岩等机械设备产生的震动信号的波形形态特征比较明显，相比其他震源信号，可以较容易地进行区分；冲击电压与外部电磁干扰信号的波形形态特征也比较显著，也可较容易地进行经验识别；对人为干扰信号，比如采场倒碴、主溜井倒矿与有规律的人为敲击岩壁等，可以通过波形形态特征中的时间间隔对它们进行较为准确的经验识别，通过经验识别可以区分出大多数的噪声信号。但是对于一些随机发生的人工敲击岩壁等信号波形，把它们与岩石破裂信号进行经验识别还是存在一定的困难。另外，经验识别在实际应用中还面临工作量大的困难，这是因为矿山一般实行三班倒，井下大部分时间都处于各种作业之中，造成需要处理的数据量太大，以至于信号的识别与记录需要 5~6h，数据处理的劳动强度较大。

表9-27 矿山井下不同信号震源波形特征比较

信号震源	信号持续时间	信号幅值水平	上升时间	信号间隔时间
岩石破裂	15～30ms	与震源强度、传感器距震源远近相关，一般为50～1000mV	2～5ms	无规律
铲运机行驶	2～3s	约100mV	1s左右	一般以单个信号出现
冲击电压	10ms以内	2000mV以上	非常短，几乎没有上升时间	无规律
人为敲击岩壁	15～30ms	与传感器距敲击点远近相关，一般为300～2000mV	2～5ms	间隔时间均匀，规律性强
外部电磁干扰	连续型信号	10～100mV	无	无
凿岩	整体连续	与传感器距作业源远近相关，一般为500～2000mV	2～5ms	间隔时间均匀，与凿岩设备冲击频率相关
扇风机运行	连续型信号	与传感器距扇风机远近相关，一般为40～80mV	无	无
采场倒碴	500～1000ms	1000mV以上	20～40ms	与往返一次倒碴所需时间相关，一般在3～5min
主溜井倒矿	200～1000ms	与传感器距主溜井远近相关，一般在800mV以上	20～40ms	与倒矿间隔时间相关，一般为3～5min
生产爆破	200～500ms	离爆破点较近传感器多出现限幅现象，一般在500mV以上		与采场作业爆破时间安排相关

由于不同震动源信号产生的机理不同，信号所携带的频率成分会有区别。因此，可以通过对不同信号波形的频率组成进行分析，从而达到识别的目的。不同震源的信号波形的频率范围见表9-28。

表9-28 不同震源信号频率范围

信号震源	频率范围/Hz
岩石破裂	800～1400；2000～3000
生产大爆破	100～400
人为敲击岩壁	800～1000
凿岩	1000～1500
外部电磁干扰	50
主溜井倒矿	1000～2000

由表9-28可知，爆破信号与外部电磁干扰信号波形的频率范围与岩石破裂信号波形频率范围区别较大，通过频率范围可以较准确地把爆破信号、外部电磁干扰信号与岩石破裂信号识别出来。

小波理论是最近20多年发展起来的一门学科。它是信号与图像处理中最重要的科学基础，是目前信号处理中最领先的技术。小波变换理论具有很多优点，它能对时域信号进行局部时频分析，能自动地在原始信号的低频部分具有较低的时间分辨率和较高的频率分辨率，在原始信号的高频部分具有较高的时间分辨率和较低的频率分辨率，在时间、频率两域都有表征原始信号局部特征的能力，可以分析信号在时频两域上的精细结构。因此，小波理论在信号识别上的作用与潜力是十分巨大的，这将有利于信号识别的自动化与智能化，也是微震信号识别的重要发展方向。

d　微震监测数据分析

通过对 2012 年 3 月 ~2013 年 4 月一年多的微震监测数据进行分析，得到了微震定位事件在采空区围岩区域的主要分布与集中区域，如图 9-146 所示。

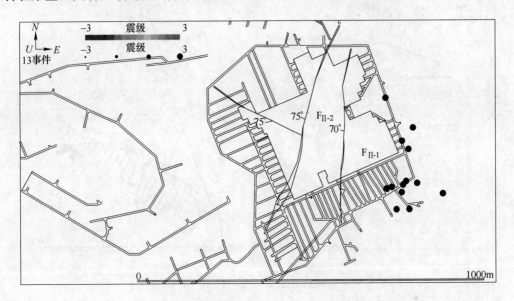

420m 分段，2012 年 3 月 14 日~6 月 30 日

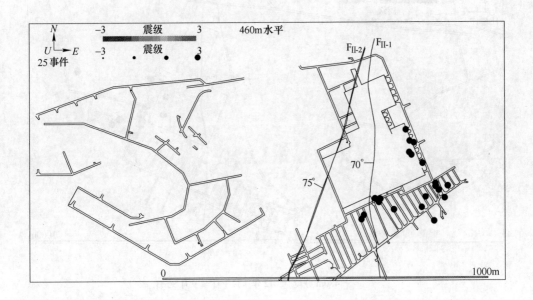

460m 分段，2012 年 10 月 1 日~12 月 31 日

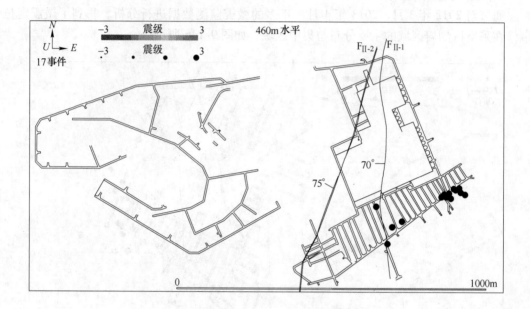

460m 分段, 2013 年 1 月 1 日～3 月 7 日

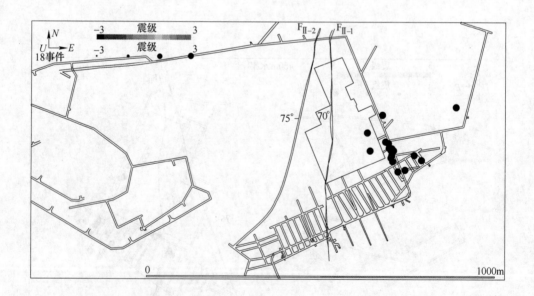

480m 分段, 2012 年 7 月 1 日～9 月 30 日

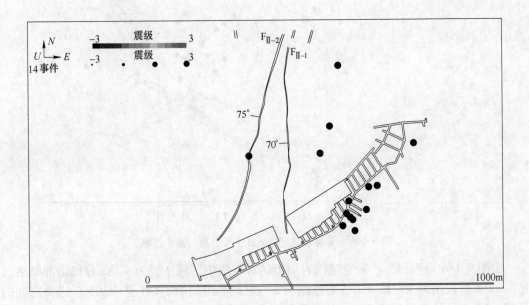

500m 分段，2012 年 3 月 14 日～6 月 30 日

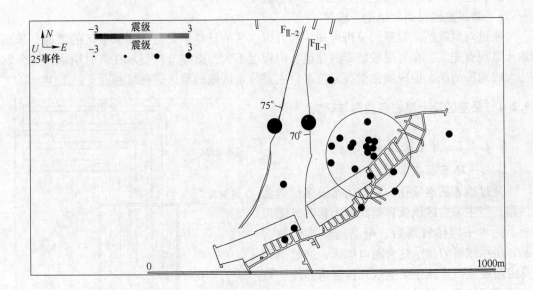

500m 分段，2012 年 7 月 1 日～9 月 30 日

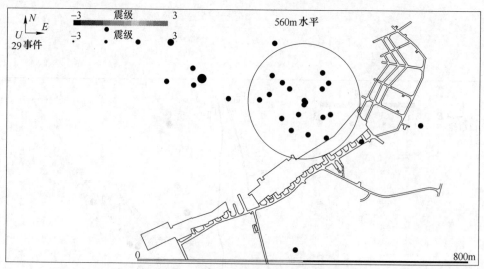

560m 分段,2012 年 7 月 1 日～9 月 30 日

图 9-146　采场微震定位事件主要分布与集中区域

由图 9-146 可以得出:采空区围岩应力转移与集中区域主要为 420m 分段南部联络通道、460m 分段南翼采区的 460-5 号进路与 2 号联络巷道的 460-5-1 至 460-5-7 进路之间的区域、480m 分段南翼采区 480-4 号进路与 2 号联络巷道区域、500m 分段至 540m 分段东沿干线的 2 号进路至 11 号进路区域。但上述区域应力集中程度不大。由于该区域岩层较破碎,仍应加强该区域的地压隐患巡视与巷道支护工作。

　　e　微震监测得到的结论与成果

通过对微震监测数据的分析可知,随着采空区的日益扩大与相邻采空区的贯通,采场地压显现首先发生在岩层较破碎的巷道,但程度不大;微震监测显示在该时期采场不会发生大的地压活动,但应加强微震定位事件主要分布区域的地压巡视与巷道支护工作。

9.2.4　采空区及上覆岩层监测与研究

9.2.4.1　导电法监测

A　导电法基本原理

通过地表钻地质孔,在孔内布设多层电源回路,当主采空区顶板冒落高度上移时,随顶板不同水平岩体冒落后,电路随冒落体被切断,指示该层的指示灯会断电熄灭,通过事先标定高度便可推测主采空区顶板冒落高度。该方法原理简单,可靠易行。

大红山铁矿自 2010 年 3 月开始采用导电法监测主采空区上覆厚大顶板冒落高度,其测试原理如图 9-147 所示。

B　导电法现场监测

共施工了 4 个钻孔来安装导电法监测

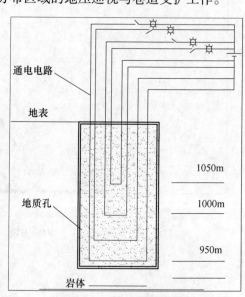

图 9-147　采空区冒落高度
导电法监测原理示意图

线路。

顶板岩层风化厚度、结构发育状况、空区顶板破碎厚度及坚硬岩层情况，如表 9-29 所示。

表 9-29　顶板岩层信息

序号	完全风化厚度/m	结构发育厚度/m	坚硬岩层种类及厚度/m	顶板破碎厚度/m
1	31	50	<155	>20
2	17	50~60	>160	15
3	34	50~60	约165	<10
4	32	63	>175	0

顶板岩层岩石种类及力学性质，如表 9-30 所示。

表 9-30　顶板岩层岩石种类及力学性质

指　标	白云石大理岩	白云质钠长岩	变钠质熔岩	辉长岩
抗压强度 R/MPa	127.60	107.22	135.34	101.85
抗拉强度 σ_t/MPa	4.70	3.17	7.09	4.50

主采空区顶板坚硬岩层厚度在 150m 左右，因此采用导电法主要监测这 150m 的垮塌情况。

2010 年 4 月~2011 年 1 月，主采空区顶板岩层冒落标高见表 9-31。

表 9-31　主采空区顶板岩层冒落标高　　　　　　　　（m）

时　间	1 号孔	2 号孔	3 号孔	4 号孔
2010 年 4 月	950~955	<950	<941	<938
2010 年 5 月	950~955	<950	<941	<938
2010 年 6 月	950~955	<950	<941	<938
2010 年 7 月	950~955	<950	<941	<938
2010 年 8 月	<960	<950	<941	<938
2010 年 9 月	<960	952	<941	<938
2010 年 10 月	<960	952	<941	<938
2010 年 11 月	<960	952	<941	<938
2010 年 12 月	<960	952	<941	<938
2011 年 1 月			<941	<938

C　监测结果分析与结论

第一，通过在测期间的导电法监测结果分析可知，顶板地压活动较弱，冒落速度明显放慢。

第二，1 号与 2 号孔之间的顶板冒落速度相对较快。

第三，截至 2010 年 12 月，在所监测的范围内，冒落最高点在 952m 水平。

第四，通过现场地压调查，在上述监测周期内主采空区在 850m 与 920m 水平无移动，可推断近期主采空区顶板相对稳定。

9.2.4.2　微震监测

为了对主采空区上覆岩层崩落范围、塑性变形范围进行监测定位，采用对破裂源具有定位功能的全数字型多通道微震监测系统进行地压监测，同时通过监测可以对上覆岩层不可控突发性崩塌进行预警。

A　微震监测系统的布置

针对上覆岩层的监测，传感器布置在 1070m、1090m、1115m 三个平巷内，并从 1090m 标高往下在主采空区正上方布置了一个深度为 102m 的垂直深孔安装传感器。

B　微震监测数据分析

彩图 9-148 所示为 2012 年 10 月～2013 年 3 月每季度微震定位事件的平面位置。由彩图可以分析出主采空区上覆岩层微震定位事件的空间位置分布有一个显著的特点，即推测冒落带东南方向微震定位事件数相对很少，其原因之一是传感器布置在推测冒落带西北方向，还有一个原因是上覆岩层强制崩落与自然崩落产生的松散覆盖层使东南方向岩体破裂释放的弹性波衰减过大，导致其监测到的微震定位事件数量少。

深部主采空区上覆岩层区域微震定位事件率与能量释放率变化趋势见图 9-149。由该图可以看出，在 2012 年 3～4 月，上覆岩层区域微震定位事件率相对稳定，能量释放率变化不大。由于 2012 年 4 月 9 日主采空区上覆岩层强制落顶硐室爆破后岩体的破碎填塞效应，上覆岩层区域微震定位事件率在 5 月相对减少。除了 2012 年 7～8 月监测设备检修的原因没有监测到微震定位事件，截止到 2013 年 3 月微震定位事件率与能量释放率总体上呈上升的趋势。这表明该区域岩体破裂与崩落在不断增加，但其活动强度仍处于较低水平。

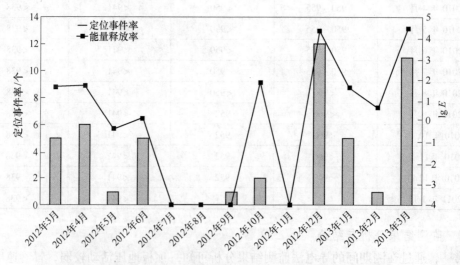

图 9-149　上覆岩层区域微震定位事件率与能量释放率变化趋势

a　主采空区上覆岩层冒落高度分析

2012 年 10 月 1 日～2013 年 3 月 7 日每季度微震源空间定位事件的正视图如彩图 9-150 所示。由彩图 9-150a 可知，截止到 2012 年年底主采空区上覆岩层冒落高度可能到达了

1115m 标高；由彩图 9-150b 可知，截止到 2013 年 3 月主采空区上覆岩层冒落高度可能到达了 1140m 标高。地表标高约为 1170m。

　　b　基于多指标地压灾害预警理论模式的主采空区上覆岩层稳定性分析

　　针对 2012 年 3 月 ~2013 年 2 月主采空区上覆岩层监测到的微震定位事件，采用多指标地压灾害预警理论模式对其稳定性进行了评价，对主采空区上覆岩层发生不可控大规模崩落、滑移等地压灾害的概率进行了理论分析。

　　（1）微震事件率。微震事件率是指为单位时间内微震事件发生的频度，即在单位时间内观察到的微震事件个数。根据分析对象的不同，单位时间可以为月、d、h、min 等。

　　一年来的微震事件与发震时间的关系如图 9-151 所示。大爆破后，对主采空区上覆岩层中监测到的微震事件的空间定位进行了分析，可知微震定位事件率最高为 4 个/d。

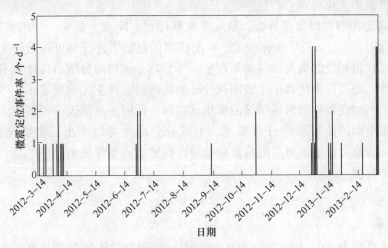

图 9-151　上覆岩层微震定位事件率变化趋势

　　（2）能量释放率。微震事件能量释放率的含义为单位时间内微震事件释放的能量。2012 年 3 月 ~2013 年 2 月微震事件能量释放率变化趋势如图 9-152 所示。由图可知微震定位事件能量释放率最高为 17288J/d。

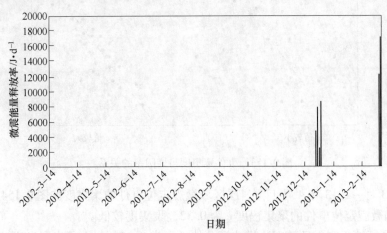

图 9-152　上覆岩层微震定位事件能量释放率变化趋势

（3）b 值分析。地震学认为不同震级的地震，其累积频度满足以下关系：

$$\lg N = a - bM_{\mathrm{L}}$$

式中，M_{L} 为里氏震级；N 为震级在 M_{L} 之上的微震事件总数；a 与 b 为参数，b 是能量分形维值。

b 值反映了微震事件中震级较大事件的多少，当 b 值变大时，说明大震级事件数降低；当 b 值变小时，说明大震级事件数增加，大震级事件数增多说明岩体破裂剧烈程度在增加，因此 b 值能定量地反映岩体稳定性状态。

2012 年 3 月 14 日～2013 年 3 月 7 日，主采空区上覆岩层区域 850m 标高至地表共监测到 49 个定位微震事件，事件数较少，不满足 b 值计算软件对定位事件个数不少于 52 个的要求。这方面的工作将在今后继续进行研究。

（4）微震定位事件聚集度分析。微震聚集事件在空间域上是一个三维变量聚集样本，每个事件都含有 x，y，z 三个坐标变量。对于任意的聚集事件，都可以通过主成分分析方法（PCA）寻找出相应的聚集面与聚集程度，不管其是随机的分散事件还是有明显聚集倾向的聚集事件。当微震事件处于比较随机分散的状态时，该主元面仅表示在数学意义事件群聚集倾向；当微震事件群形成明显的聚集倾向时，此时主元面表示断层面。

对于三维空间的微震事件分布来说，主成分分析法可以求出三个特征值，λ_1，λ_2，λ_3，根据第一与第二特征值对应的特征向量可以确定微震事件聚集面的产状，下式表示微震事件聚集的程度：

$$e = \frac{\lambda_1 + \lambda_2}{\lambda_1 + \lambda_2 + \lambda_3}$$

上式取值范围为 $[0，1]$，当 e 越大时，表示微震事件聚集程度越高。图 9-153 所示为不同 e 值所对应的微震事件聚集程度。

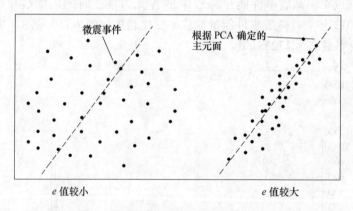

图 9-153　事件聚集度与椭圆率的关系

2012 年 3 月～2013 年 4 月上覆岩层区域微震定位事件的聚集度如图 9-154 所示。从图 9-154 中可知微震定位事件的聚集程度 e 为 0.32，聚集度较低。

根据多指标地压灾害预警理论模式评分体系见表 9-32，对上覆岩层发生地压灾害的概率进行了分析计算，其结果如表 9-33 所示。

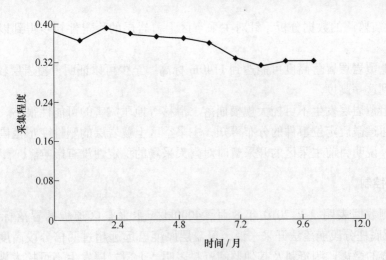

图 9-154 上覆岩层微震定位事件聚集程度

表 9-32 多指标地压灾害预警理论模式评分体系

分项指标	微震事件率/个·d⁻¹			微震事件能量释放率/J·d⁻¹		b 值		微震事件空间聚集度	
权重值	0.3			0.3		0.2		0.2	
预警值	定位事件不小于 10；或非定位事件不小于 300			≥105		快速降低		$e \geq 0.7$	
分项概率计算标准	定位事件 N_1	非定位事件 N_2	分项得分	能量释放 E	分项得分	B	分项得分	聚集度 e	分项得分
	<10	<300	$\dfrac{N}{300 \text{ 或 } 10} \times 0.3$	<100000	$\dfrac{E}{100000} \times 0.3$	非降低	0	<0.7	$\dfrac{e}{0.7} \times 0.2$
						缓慢降低	0.1		
	≥10	≥300	0.3	≥100000	0.3	快速降低	0.2	≥0.7	0.2
发生概率	0~0.2		0.2~0.5			0.5~0.7		0.7~1	
描述	低		较低			较高		高	

注：各分项指标的预警值在不同矿山具有不同的值，要由具体矿山的条件凭经验确定；微震事件率分项指标中，定位事件与非定位事件谁的分项概率得分高，该得分就是微震事件率指标的分项概率得分。

表 9-33 主采空区上覆岩层发生地压灾害概率计算

指标	微震事件率	微震事件能量释放率	b 值	微震事件空间聚集度
权重值	0.3	0.3	0.2	0.2
监测结果	非定位事件 84 个/d；定位事件 4 个/d	17288J/d	定位事件少，无规律	0.32
分项概率	0.12	0.05	0	0.09
发生概率	0.26			

计算结果为主采空区上覆岩层发生地压灾害的概率为 0.26，说明主采空区上覆岩层在该时期发生不可控大规模自然崩落、滑移等地压灾害的可能性较低。

C 微震监测得到的结论与成果

多通道微震监测工作进行以来，前期一年左右的时间内（2012 年 3 月～2013 年 4

月），通过微震监测的数据分析，针对主采空区上覆岩层的稳定性初步得到以下主要结论与成果：

第一，上覆岩层冒落高度可能达到1140m标高，至少可以证明上覆岩层较大规模塑性变形高度达到这一高度。

第二，上覆岩层发生不可控大规模崩落、滑移等地压灾害的可能性很小。

第三，通过微震定位事件的分布可知，主采空区上覆岩层的塑性变形范围距离露天采场边坡较远，说明目前主采区的开采暂时对露天采场的稳定性没有影响。

9.2.5　地压控制

上述监测数据表明，至2010年8月，4000kt/a主采空区顶板的冒落标高可能达到1060m，对无底柱分段崩落法开采来说，覆盖层厚度已远远超过两倍分段高度，覆盖层厚度足够；初步的微震监测资料及其他监测资料表明，上覆岩层发生不可控大规模崩落、滑移等地压灾害的可能性较小；从地表观测的情况看，2012年年初主采空区地表塌陷范围局部地段已出现明显开裂现象。但毕竟对井下采空区的观测仍有局限性，不可预计因素多，而且当时对采空区的监测手段有限，推测在崩落覆岩石之上可能存在悬顶，但不掌握较准确的空区体量。此外，在850~920m上下、东侧有上部小矿体的采矿作业区，距空区较近，需要保证安全。

当地政府安全监管部门因不能完全排除采空区地表塌陷风险，已将此列为安全整改项目。在现场地表塌陷区围栏偶尔会被周边村民破坏，有人畜进入地表塌陷区的情况，虽违反规定，但管理难度大；为将安全风险降到最低，确保生产安全，矿山决定实施采用硐室爆破的方式将空区顶板强制崩落的方案。强制崩落处理采空区上方顶板的硐室爆破于2012年4月9日顺利实施。其后，通过井下地压微震监测图形、数据等，反映大爆破后地压活动趋于平稳，进一步消除了可能存在的隐患。

9.2.6　岩移监测

大红山铁矿的岩移监测包括采空区上覆岩层的地表岩移监测和井下1090m巷道内的岩移监测两部分。其目的是通过监测掌握采空区上覆岩层的岩移规律和地表岩移的特点。众所周知，地表开裂沉降、形成沉降盆地直至最终产生塌陷区是无底柱分段崩落法的必然结果。了解地表开裂沉降范围和程度与开采的时空关系及发展变化过程十分重要，地表开裂沉降是否处于可控渐进的状态与采空区上覆岩层是否处于可控渐进的崩落状态密切相关，这对确保井下生产安全和防范采空区上覆地表发生地质灾害和人员伤亡意义重大，因此必须对采空区上覆岩层和地表岩移进行监测。

9.2.6.1　地下岩移监测系统

2012年8月，在主采空区上方区域的1090m巷道内建立了一套围岩变形自动监测与报警系统。该系统由靶板、激光测距仪、监测监控电脑和数据处理分析软件组成，可实现对岩移的全天候实时监测和预警。该监测系统为非接触式围岩变形（岩移）监测系统，使监测人员和监测仪器远离危险点或危险区域，确保监测人员和监测仪器的安全；系统的监测监控和数据传送链路可以共用微震监测系统的光缆，实现远距离监测、分析与报警。另外，采用该方法可大大减轻监测人员的劳动强度，提高监测效果。下面介绍激光测距仪的工作原理、监测系统的优点与布置。

A　激光测距仪的测距原理

激光测距仪的测距原理是：由激光器对被测目标发射一个光信号，然后接受目标反射回来的光信号，通过测量光信号往返经过的时间，计算出目标的距离。设目标的距离为 L，光信号往返所走过的距离即为 $2L$，则：

$$L = ct/2$$

式中　c——光在空气中传播的速度，$c = 3 \times 100000 \text{km/s}$；

　　　t——光信号往返所经过的时间，s；

　　　L——检测目标的距离，m。

B　围岩变形自动监测及报警系统的主要技术指标和特点

该围岩变形自动监测及报警系统具有以下优点：

（1）岩移变形全天候实时监测，配置专门数据处理与分析软件。

（2）精度 1mm，分辨率 0.1mm。

（3）具有输出噪声小、动态范围大、光谱响应范围宽、分辨率高、输出信号线性度好、功耗低、体积小、寿命长等优点。

（4）将测得的数值，经计算机围岩收敛分析软件对量测数据进行自动分析处理，输出可视化围岩位移测量结果。

（5）根据接收监控及图形处理软件模块所传递的判断结果信息做出 SMS 短信报警。

C　围岩变形自动监测及报警系统的组成及布置

组成围岩变形自动监测及报警系统的反光板、激光测距器、数据监控与分析终端、短信警报器及信号传送光缆等，如图 9-155 所示。该监测系统能实现对岩体变形的全天候实时监测，通过光缆实时把监测数据传输到地表监控室，进行实时数据处理与分析；同时，当顶板下沉量超过预警值时，会用手机短信的方式向指定手机号码发出一级、二级、累计上限报警，是较为先进的围岩变形实时自动监测、分析与报警系统。

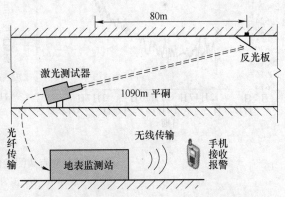

图 9-155　围岩变形自动监测及报警系统的组成

激光测距器将实时数据通过通信光缆传输到地表监测站，经计算机围岩收敛分析软件对量测数据进行自动换算分析处理，输出可视化围岩变形测量结果，若围岩变形达到设置的预警值将以手机短信的方式发出报警信息。

为了监测主采空区上覆岩层的变形沉降，在主采空区上方区域的 1090m 卸压巷道内建立了一个沉降变形自动监测点。彩图 9-156 所示为前、后两个围岩变形监测点在 A38′勘探线剖面图上的投影位置。

D　监测数据分析

测点 1 与测点 2 的监测数据分别见图 9-157 与图 9-158。图 9-157 所示为 2012 年 9 月

12 日~2012 年 11 月 13 日测点 1 的变形发展过程，由图 9-157a 可知，测量值是不断变小的，测点所在区域处于不断变形沉降过程中，累计沉降量为 14mm。

2012 年 11 月 27 日~2013 年 3 月 7 日测点 2 的变形发展过程如图 9-158 所示，由图 9-158a 可知，测量值是不断增加的，测点所在区域处于不断向采空区移动的变形过程中，累计变形量为 12mm。

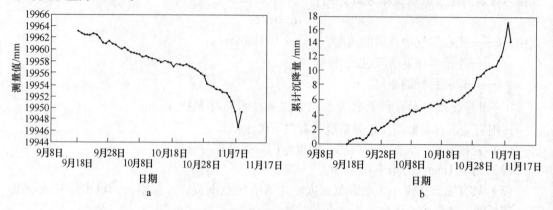

图 9-157　测点 1 测量值变化趋势

a—测量值；b—围岩沉降量

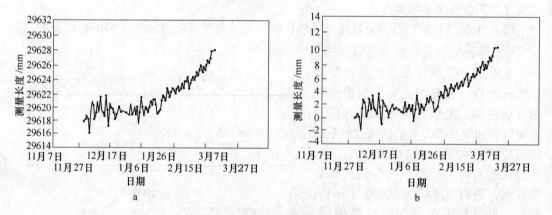

图 9-158　测点 2 测量值变化趋势

a—测量值；b—围岩变形量

9.2.6.2　地表岩移监测

A　地表岩移监测方法

大红山铁矿地表岩移监（观）测主要针对采区东北方向对应 A39~A40 勘探线的地表岩移和地表开裂开展了详细的研究工作。地表开裂位置、范围和该处的相对沉降量的监测方法为：采用手持 GPS 仪对地表开裂位置进行不定期的测量。手持 GPS 仪器型号为 E650-RTK，RTK 测量技术是以载波相位观测量为根据的实时差分 GPS 测量技术。RTK 测量技术是准动态测量技术与 AROTF 算法和数据传输技术相结合而产生的。它完全可以达到"精度、速度、实时、可用"等各方面的要求，测量精度（RMS）平面 $10mm + 1 \times 10^{-6}$、高程 $20mm + 1 \times 10^{-6}$。

地表裂缝的开裂观测则是采用钢卷尺进行定期的直接测量。实际监测中选取若干个典型裂缝，对其相对张开度和裂缝两侧的垂直相对沉降量进行测量，测量周期平均为1个月。

B 地表岩移监测结果与发展趋势

地表开裂最早发生在2011年8月，之后产生沉降。地表开裂与沉降的位置最先在深部主采空区投影到地表范围的东北角的A39～A40勘探线，如彩图9-159所示，随后地表开裂与沉降快速发展。在实施大爆破处理上覆岩层后，这些开裂的区域发展趋势一度有所缓和，但随着开采范围的扩大，在东南部的A37′～A38′勘探线却产生了较为剧烈和快速的开裂、下沉甚至塌陷。截至2013年3月底，地表明显开裂区域已经连接成一个闭合圈，开裂范围与程度显著增加，如彩图9-160所示。主采空区在地表投影范围的东南部的A37′～A38′勘探线于2013年4月出现约400m²的塌陷坑。彩图9-161与彩图9-162分别为2012年2月～2013年4月最先开裂明显的东北角最大开裂缝（A39～A40勘探线，测点1）与地表4号导电回路附近最大开裂缝（A37′～A38′勘探线，测点2）变化的照片。彩图9-161所示为上述两条典型开裂缝2011年8月～2013年2月的张开度与相对沉降度的变化趋势。从彩图9-163可以看出，自大爆破处理上覆岩层后，在2012年6月1号测点数据有一个明显的突跳增加，其他时间段的开裂和下沉相对稳定；4号测点在2012年9～10月的数据有较大的变化后，也一直处在相对变化不大的发展阶段。

由彩图9-161所示的照片可见，2012年2月20日的照片与2012年8月20日的照片对比，爆破前后测点4周边裂缝变化不大；由彩图9-161的裂缝变化曲线可见，2012年3～5月地表裂缝相对稳定，变化不大。

此外，深部主采空区上覆岩层区域微震定位事件率与能量释放率变化趋势见彩图9-163和彩图9-164。由彩图可以看出，在2012年3～4月，上覆岩层区域微震定位事件率与能量释放率相对稳定。

由此可见，在爆破之前，采空区被崩落覆岩充填的程度较好。2012年4月9日深部主采空区上覆岩层强制落顶大爆破后，崩落的岩石更对采空区具有一定的填塞效应，使地表开裂趋势减缓了2～3个月。从2012年6月开始，地表开裂与沉降重新处于可控渐进的状态中，于2013年4月出现约400m²的塌陷坑，表明上覆岩层变形、开裂与移动进入可控渐进稳定的状态。

9.2.6.3 地压监测数据统计

目前大红山铁矿地压监测包括导电回路监测系统、钻孔应力计监测、围岩变形自动监测及微震监测系统等。自2012年4月主采空区上部实施硐室爆破诱导顶板冒落以来，各监测系统陆续完成了设计安装布置工作，并得到了各月详细的地压监测记录，部分月份的记录见表9-34～表9-39。

表9-34 2013年11月监测记录

地表裂缝发展及地压监测情况	1070m、1090m和1115m平巷硐室爆破区域附近在同一垂直面上整体下沉，约下沉了1.2m，整个裂缝范围达到282.7km²
钻孔应力计监测情况	所受外力 F 值为 $-10.31 \sim 0.07$ MPa，最大处发生在440m分段的2号钻孔应力计，其应力值为0.07MPa
围岩变形自动监测情况	本月顶板累计沉降量为8.85mm，单次最大下沉量为3mm

续表 9-34

微震定位监测情况	剔除爆破、倒矿定位事件后剩余 1 件岩层破裂事件，发生在 1090m 硐室爆破上方的 969m 标高附近
微震非定位监测情况	发生非定位事件 527 件，本月发生微震事件最多的一天是 11 月 15 日，事件数为 57 件，平均每天 18 件，远远小于大面积突然垮塌所设定的预警值 300 个/d，电压值最高为 4950mV，也未超过预警值 6000mV/d

表 9-35 2013 年 6 月监测记录

地表裂缝发展及地压监测情况	裂缝增加较多，裂缝最宽处约 0.65m，本月监测到主采空区冒落高度最高在 1141m 标高附近
钻孔应力计监测情况	所受外力 F 值为 $-10.44 \sim 0.29$MPa，最大处仍然在 440m 分段的 2 号钻孔应力计，其应力值为 0.29MPa
围岩变形自动监测情况	本月顶板累计沉降量为 2.15mm
微震定位监测情况	剩余 36 件岩层破裂事件，主要发生在 1090m 硐室爆破上方的 1135m 标高附近
微震非定位监测情况	发生非定位事件 434 件，本月发生微震事件最多的一天是 5 月 15 日，事件数为 27 件，平均每天 14 件

表 9-36 2013 年 1 月监测记录

地表裂缝发展及地压监测情况	1220m 标高附近下沉深度已达 2.5m 左右
钻孔应力计监测情况	F 值为 $-10.93 \sim 0.21$MPa，最大为 440m 分段的 2 号钻孔应力计，其应力值为 0.21MPa
围岩变形自动监测情况	本月顶板累计沉降量为 0.9mm
微震定位监测情况	剩余 319 件岩层破裂事件，其中 1 月 30 日发生事件数最多，为 45 件
微震非定位监测情况	发生非定位事件 1086 件，本月发生微震事件最多的一天是 1 月 2 日，事件数为 73 件，平均每天 35 件，远远小于大面积突然垮塌所设定的预警值 300 个/d，电压值最高为 4414mV，也未超过预警值 6000mV/d

表 9-37 2012 年 8 月监测记录

地表裂缝发展及地压监测情况	裂缝与裂缝之间宽度约 4m 的土层整体下沉了 1.5m
钻孔应力计监测情况	完成井下分段所有钻孔应力计的施工
围岩变形自动监测情况	在 1090m 平巷装了一套围岩变形自动监测及预警系统，目前监测无异常现象
微震定位监测情况	排除井下溜井倒矿、生产爆破等定位事件后，共得到 213 个微震定位事件，总的微震定位事件率处于较低水平
微震非定位监测情况	发生非定位事件 981 件，本月发生微震事件最多的一天是 8 月 7 日，事件数为 51 件，远远小于大面积突然垮塌所设定的预警值 300 个/d，并且事件数较平稳，没有迅速增加，微震事件数处于较低水平，地压活动平稳

表 9-38 2012 年 5 月监测记录

地表裂缝发展较快，原有裂缝裂宽增大，长度增长，部分裂缝与裂缝之间岩土开始塌陷，塌陷深度最大处约 1.5m	
地表裂缝发展及地压监测情况	地表裂缝发展较快，原有裂缝裂宽增大，长度增长，部分裂缝与裂缝之间岩土开始塌陷，塌陷深度最大处约 1.5m
钻孔应力计监测情况	未安装

围岩变形自动监测情况	未安装
微震定位监测情况	本月排除井下溜井倒矿、生产爆破等定位事件后，共得到 1456 个微震定位事件。月初微震定位事件主要发生在中Ⅱ采空区与主采空区周围，说明该区域为微震活动活跃区，进入下旬，微震事件聚集区周围逐渐增加，发生微震动事件的范围扩大，但总的微震定位事件率处于较低水平
微震非定位监测情况	5 月 16 日事件数最多，达到 194 个，16 日之后事件数又逐渐减少，微震事件数处于较低水平，各传感器累计能量也处于较低水平，本月能量值从月初逐渐降低

表 9-39　2012 年 4 月监测记录

地表裂缝发展及地压监测情况	地表已出现裂缝
钻孔应力计监测情况	未安装
围岩变形自动监测情况	未安装
微震监测系统监测情况	在爆破过程中，使用 3 月建立的微震监测系统对爆破情况进行监测，经监测数据及爆破波形分析，无盲炮，爆破较成功。大爆破后 4min 左右，爆破人员感觉到明显余震震感，而微震监测系统于 15 时 21 分 14.536 秒监测到余震，监测结果与实际符合。大爆破后一周内（4 月 9 日～4 月 15 日），井下共发生了 10 个余震定位事件，事件数较少，地压活动较小

9.2.7　大红山岩移有关情况和数据分析

9.2.7.1　大红山主采区岩石移动上升速度

（1）2006 年 12 月底～2009 年 1 月，主采区从强制落顶范围上缘的 510m 水平往上垮塌、发展至开采Ⅴ号小矿体 850m 水平运输平巷中斜井与环形车场岔口出现明显裂缝的位置，高差约 340m，相应井下已采面积 49.3km^2。

（2）至 2009 年 10 月底，920m 水平回风平巷垮塌，冒落高度从 2009 年 1 月的 850m 上升到 920m，上升了 70m。

（3）据地表岩移监测，主采区从 2006 年年底开始强制落顶（上缘标高 510m），至 2011 年 8 月地表首次发现明显开裂（地表标高 1220m），总高度约 710m，历时 4 年零 8 个月，相应井下已采面积 77.8km^2。

（4）据微震源空间定位事件的监测正视图上覆岩层冒落高度推测图，截止到 2013 年 3 月，主采空区上覆岩层冒落高度约到达 1140m 标高，高差约 630m，历时 6 年零 3 个月。

但期间的发展速度是不均衡的：前两年较快（2007.1～2009.1，170m/a），中间较慢（2009.1～2009.10，8 个月上升了 70m；2009.10～2010.12，14 个月上升约 30m），其后又较快（2010.12～2012.12，年平均为 82m），再后较稳定（2012 年年底～2013 年年底，上升了 25m）。

岩移经历了快—慢—较快—慢的过程（见图 9-165），反映了随着开采范围的变化，岩体变形能量释放—积蓄—释放—再积蓄的情况，与 9.2.8 节中同期的微震监测情况相吻合。

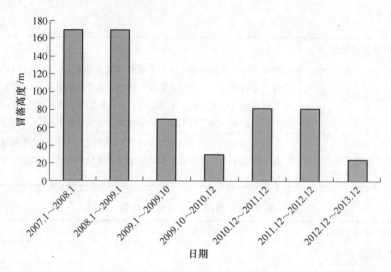

图 9-165　随时间冒落高度柱状图

此外，矿山于 2012 年 9 月建成了非接触式岩移实时监测系统并投入监测使用，截止到 2013 年 12 月，监测得到的累计下沉变形量为 1350mm，累计下沉变形量趋势整体呈"S"形，2012 年 9 月~2013 年 4 月下沉变形缓慢，2013 年 4 月~2013 年 10 月下沉变形速度加快，2013 年 10 月~2013 年 12 月下沉变形速度重新趋缓，表明上覆岩层下沉变形量具有阶段性加快与趋缓的变化规律。

9.2.7.2　地表开裂范围的发展情况

主采空区上方地表区域从 2011 年 8 月首次观测到地表开裂以来，截止到 2012 年 4 月 9 日主采空区顶板强制崩落爆破地表观测到的裂缝，经历了从少数几条到裂缝形成闭合圈、裂缝宽度从只有几毫米到几十厘米这样一个过程。

从 2011 年 8 月地表首次出现裂缝至 2013 年年底的监测记录来看，这 2 年多的时间里，其地表裂缝一直在扩大。其中，2012 年 11 月地表裂缝范围的面积约为 68920m²，空间上几乎与 480m 采空区范围重合。随着深度的增加，采空区范围的扩大，地表裂缝呈现沿着 480m 水平采空区的边界向四周发展的趋势，2013 年 11 月裂缝的面积已达到 282734m²，其裂缝范围较 2012 年 11 月地表裂缝范围扩大了约 4 倍。彩图 9-166 为爆破硐室上部地表 2014.1 现状图，地下及地表裂缝复合见彩图 9-167。

在硐室爆破后，位于其正上方地表最先出现下沉，截至 2014 年 2 月底，最先出现裂缝处最大下沉深度约 5m，位于硐室爆破正上方的地表附近截洪沟下沉深度约 3m。地表塌陷最大处位于主采区南部，原 4 号监测孔附近，最大下沉深度约 6m，见彩图 9-167。

其后，主采区开采引起的地表开裂和塌陷范围随着开采的发展，逐步加大。

到 2015 年 10 月，其正上方整个裂缝范围东北部塌陷坑深度由原来的 7m 突然增至约 50m，塌陷坑面积约 8000m²，整个塌陷坑体积约 250km³，如彩图 9-168 和彩图 9-169 所示。

到 2015 年年底，整个裂缝范围约 380km²。主采区已采面积最大的 420m 分段为 113km²，采空的体积约 6936km³，已采区上方岩层冒落至地表，有充足的覆盖层，厚度约 690m。

9.2.7.3　地表岩石裂缝 (崩落) 角

根据各采区空间地理位置关系及开采情况推断，对目前地表的开裂下沉造成主要影响的是地下主采区、南翼采区、中 I 采区、中 II 采区，其他 III、IV 号矿体与头部等采区由于地理位置距离塌陷区较远，采空区规模较小，其中 III、IV 号矿体采用充填法开采等原因，对目前地表的塌陷及开裂造成的影响较小。

综合分析主采区、南翼采区、中 I、中 II 采区开采现状及其采空区分布状况并对比地表开裂现状，从 2011 年 8 月地表首次出现裂缝至 2013 年年底的观测情况看，这 2 年多的时间里，地表裂缝一直在扩大。根据采空区的剖面及地表最近的数据记录，推导出地下主采区空区影响到地表出现裂缝该区域的角度，其上盘裂缝角度为 79°，下盘裂缝角度为 80°，如彩图 9-170 所示。总结规律，发现所示各纵剖面中地下空区至裂缝的角度都在 79° 以上，并且可以看出，随着主采区开采沿着 II 纵向西发展的趋势，其地下采空区也逐渐向西发展，地表裂缝也明显向西移动。

对彩图 9-170 和彩图 9-171 所示两剖面及地表裂缝变化进行分析，统计 2011 年 8 月地表首次出现裂缝至 2015 年年底的监测记录，在这 4 年多的时间里，由矿体开采范围上、下盘边界至地表最外侧裂缝的角度在 80° 左右，其他各纵剖面中地下空区至地表裂缝的角度也在 80° 左右，且地表裂缝的发展较为缓慢，未出现突然下陷的情况。但今后随着开采范围的扩大和时间的延长，不排除其角度会发生变化。

9.2.8　地压监测和研究初步小结

自 2009 年开始，大红山铁矿就与相关的大学和科研单位合作，开展了地压方面的研究工作。通过几年的研究工作，已经取得了一些相应的研究成果。它们有的已经在矿山的地压管理中起到了较好的作用，并建立了具有国际先进水平、能进行长期实时在线监测的地压监测系统。但由于地压研究是一个需要长期进行的工作，矿山在今后的生产中还必须高度重视地压研究的连续性，加强地压管理工作。现将 2009~2013 年的初步成果小结如下：

(1) 大红山铁矿前期通过声发射监测、微震监测 (国内研发设备)、锚杆应力计和地表导电回路监测，后来的微震监测 (加拿大研发系统)、围岩变形自动报警系统和钻孔应力计监测、GPS 监测等，了解各时期地压活动、上覆岩石移动、地表开裂变化等情况，获取了相关数据和资料，为地压管理提供了依据。

(2) 从 2009 年年初地压活动开始显现，到 2012 年 4 月爆破处理上部覆盖岩土层的 3 年来的情况：

1) 在 2009 年 11 月~2010 年 11 月采场锚杆应力计监测期内，通过监测可知，主采区应力变化幅度总体不大，采场动压水平在 1MPa 以内，应力变化幅度没有超过岩石的极限强度。在此期间，覆岩移动上升高度也发展较慢。

2) 导电法在主采空区冒落高度的监测过程中起到了一定作用，为判断主采区的冒落高度提供了依据；其监测、观测所得结果也为后来的主采空区顶板的强制崩落的设计提供了基本的参考依据。

2010 年 4 月~2011 年 1 月期间。截至 2010 年 12 月，在导电法所监测的范围内，冒落最高点在 952m 水平。

通过现场地压调查，在上述监测周期内主采空区在 850m 与 920m 水平无移动，可推断该期主采空区顶板相对稳定。

2010 年 11 月以后，主采空区冒落速度放慢；2010 年 12 月以后，速度加快；2011 年 8 月地表出现开裂。

（3）在 2009 年 1 月～2012 年 4 月期间，通过监测反映的情况：

1）据导电法监测和推断，上覆岩石的冒落最高点已超过 952m 标高，至主采区 480m 始采标高，已有约 470m 的高度，覆岩厚度远大于两个分段高度。

2）多通道微震监测工作开展以来，通过对 2012 年 3 月～2013 年 4 月 1 年多的微震监测数据进行分析可知，随着采空区的日益扩大与相邻采空区的贯通，采场地压显现首先发生在岩层较破碎的巷道，但程度不大；微震监测显示采场不会发生大的地压活动。

通过这一年多的监测，针对主采空区上覆岩层的稳定性初步得到以下主要结论：

第一，上覆岩层冒落高度可能达到 1140m 标高，至少可以证明上覆岩层较大规模塑性变形高度达到这一高度。

第二，上覆岩层发生不可控大规模崩落、滑移等地压灾害的可能性不大。

第三，通过微震定位事件的分布可知，主采空区上覆岩层的塑塑性变形范围距离露天采场边坡较远，说明目前主采区的开采暂时对露天采场的稳定性没有影响。

3）由于当时对特大采空区的了解仍具有许多不确定性，为彻底消除可能存在的安全隐患，矿山于 2012 年 4 月 9 日组织了井下 4000kt/a 主采区空区上覆悬顶岩层的强制落顶爆破。

通过对爆破前后地表裂缝变化照片的对比，2012 年 2 月 20 日与 2012 年 8 月 20 日照片的对比，爆破前后测点 4 周边裂缝变化不大；由彩图 9-162 的裂缝变化曲线可知，2012 年 3～5 月地表裂缝相对稳定，变化不大。此外，微震监测表明在 2012 年 3 月～4 月 9 日爆破前，主采区采空区未存在明显地压活动和将发生大规模岩移的迹象。

根据爆破前后的地表裂缝发展情况的照片和裂缝下沉量观测曲线，加之在此之前，崩落覆岩厚度已经很大，微震监测未见主采区采空区存在明显地压活动和将发生大规模岩移的迹象，由此可以推断在爆破之前，采空区被崩落覆岩充填的程度较好。主采空区顶板悬顶和突发性崩塌灾害可能性很小。

（4）2012 年 3 月以来，除了继续用 GPS 系统进行地表裂缝和沉降观测外，进一步建立以下监测系统：

1）建立了围岩变形自动监测及报警系统。初步建立了 1090m 巷道中岩移变形自动监测与报警系统，针对井下主采区的地压常规监测网点，即以应力计为主要手段的地压常规监测网点，为进一步的常规地压监测打下了基础。常规地压监测工作还在进一步的研究中，并将在未来的监测中不断补充和完善。

通过围岩变形自动监测及报警系统的激光测距仪测量，表明变形量很小。

2012 年 9 月 12 日～2012 年 11 月 13 日，测点 1 累计沉降量为 14mm。

2012 年 11 月 27 日～2013 年 3 月 7 日，测点 2 累计变形量为 12mm。

2）建立了钻孔应力计监测系统。由钻孔应力计监测数据的分析可知，在监测期间（2012～2013 年）矿体上、下盘应力调整幅度较小，且基本上是以应力释放为主，说明采场暂时不会发生较大规模的来压。

3）建立了国际先进的全数字型 60 通道微震监测系统，基本实现了对地下采区地压的全天候实时监测。并在主采空区上覆岩层深度为 102m 的垂直深孔内成功安装了一个三轴传感器与两个单轴传感器，安装深度为国内目前最深的。实现了远距离微震监测数据的传送，为建立远程多专家地压灾害咨询决策系统打下了坚实基础。初步的研究表明，多通道微震监测技术是一种较为适合大红山铁矿复杂开采条件下的先进的地压实时监测技术。该系统的建立为今后以微震监测技术为主、常规监测技术为辅的综合地压监测打下了基础。针对多通道微震监测技术，这里仅介绍了初步的研究成果，长期的应用研究还在继续进行中。

在 2012 年 3 月~2013 年 3 月多通道微震监测的一年时间里，通过微震监测的数据分析，并综合钻孔应力计监测、围岩变形自动监测及报警系统的激光测距仪测量、地表 GPS 监测的成果，针对主采空区上覆岩层的稳定性与井下采场地压状况，初步得出以下主要结论与成果：

①上覆岩层冒落高度可能达到 1140m 标高，至少可以证明上覆岩层较大规模塑性变形高度达到这一高度。

②上覆岩层发生不可控大规模崩落、滑移等地压灾害的可能性不大。

③通过微震定位事件的分布可知，主采空区上覆岩层的塑性变形范围距离露天采场边坡较远，说明目前主采区的开采暂时对露天采场的稳定性没有明显影响。

④随着主采空区的日益扩大与相邻采空区之间的贯通，采场地压显现首先发生在岩层较破碎的巷道，但程度不大。监测显示目前采场不会发生大的地压活动，但应加强微震定位事件主要分布区域的地压巡视与巷道支护工作。

⑤在 2012 年 9 月~2013 年 2 月监测期间内，通过对钻孔应力计监测数据的分析可知，目前 II₁ 主矿体上、下盘应力调整幅度较小，且基本上是以应力释放为主，说明采场不会发生较大规模的来压。

⑥为彻底消除隐患，2012 年 4 月 9 日对主采空区上覆岩层进行的强制爆破，对采空区具有一定的填塞效应，使地表开裂趋势减缓了 2~3 个月。随着井下开采范围的扩大和生产的发展，从 2012 年 6 月开始，地表开裂与沉降重新处于渐进变化的状态中，地表开裂范围与沉降速度均逐步扩大。2013 年 10 月裂缝的面积比 2012 年 11 月地表裂缝范围扩大了约 4 倍，达到 282.7km²，到 2015 年年底已达 380km²，并出现了明显的塌陷坑。

⑦对主采空区上覆岩层的强制落顶硐室爆破，进一步使上覆岩层中的地压得到释放，对主采空区顶板可能存在悬顶和突发性崩塌灾害的担心得以解除，并证实发生大规模的顶板岩层崩塌并影响到井下深部采区安全的可能性很小。

⑧针对特大采空区上覆岩层冲击地压和主采空区与中 II 采空区贯通时整体地压问题，通过对近两年来（2011 年 12 月~2013 年 12 月）的微震监测数据与常规地压监测数据的分析，表明目前（2014 年年初）上覆岩层发生不可控大规模崩落、滑移地压灾害的可能性很小，主采空区上覆岩层因崩落形成较大体积空区的可能性很小。

随着南翼采区的持续开采，主采空区与中 II 采空区已经逐步全面贯通，通过对微震数据的分析，随着两大采空区顶板暴露区域的逐步连通，微震事件没有监测到异常，这与南部巷道没有大的地压显现的实际情况也是相符的；同时布置在主采空区围岩内的应力监测系统的监测数据也表明围岩应力集中增加不明显。以上监测数据说明目前顶板发生不可控集中大量崩落的可能性很小，对采场巷道产生严重空气冲击波次生地压灾害的可能性很小。微震监测与应力监测数据表明，随着两大采空区的逐步贯通，贯通区域被主采空区与中Ⅱ采空区的覆盖层充填的可能性很大，或者被贯通区域上方的顶板自然崩落下的岩石填充。

（5）截止到 2013 年 3 月，主采空区上覆岩层冒落高度约到达 1140m 标高，高差约 630m，历时 6 年零 3 个月。但期间的发展速度是不均衡的。岩移经历了快—慢—较快—慢的过程，反映了随着开采范围的变化，岩体变形能量的变化具有阶段性，反映了释放-积蓄-释放-再积蓄的情况。

同样，监测得到的累计下沉变形量趋势整体呈"S"形。2012 年 9 月~2013 年 4 月下沉变形缓慢，2013 年 4 月~2013 年 10 月下沉变形速度加快，2013 年 10 月~2013 年 12 月下沉变形速度重新趋缓，表明上覆岩层下沉变形量具有阶段性加快与趋缓的变化规律。

（6）统计 2011 年 8 月地表首次出现裂缝至 2013 年年底的监测记录，这两年多的时间里，在横剖面方向，由矿体开采范围上、下盘至地表最外侧裂缝的角度在 80°左右，其他各纵剖面中地下空区至裂缝的角度也在 80°左右。

与用 FLAC^{3D}对矿体开挖后围岩的稳定性进行的数值模拟分析做对比，当模拟分析不考虑围岩冒落后充填塌陷区所起的阻抗作用时，在矿体最终全部开挖后，主矿体北边岩石移动角为 68.7°，南边岩石移动角为 71.6°。可见，实际变形范围有可能控制在数值模拟给出的最不利情况下的地表变形范围内。

总的来说，迄今为止，大红山铁矿地压和岩石移动的发展情况符合矿岩较稳固崩落法正常规律，基本属于渐进发展，并未出现大的特异情况。

但需要指出的是，随着大红山铁矿井下铜矿带的投产开采、Ⅲ$_1$-Ⅳ$_1$号矿组的开采、二期工程的投产，正式进入了真正意义上的多区段开采，随着开采范围进一步扩大，地压问题也将会更加突出。如各采区开采可能出现的不协调，将会引发全矿地压问题的"并发症"，这将直接影响矿山的大规模开采和生产的可持续发展。同时，主采空区在未来的开采中还将不断向周边围岩体中扩展，采空区范围将不断扩大，采空区对露天开采的影响、露天边坡的稳定性问题都不可忽视。今后，仍要继续关注上覆岩层的地压、地表下沉、塌陷、采空区围岩体的崩塌问题。还需对井下多采区地压相互影响、井下开采对高陡露天边坡稳定性影响、地质构造的稳定性以及对采区地压影响、二期大深度开采的深部地压与岩爆、特大采空区的不确定性、上覆岩层的沉降和向周边扩展的不确定性、地压综合管理等问题，给予高度重视，认真进行深入的监测和研究。

参 考 文 献

[1] 昆明有色冶金设计研究院. 昆明钢铁集团有限责任公司大红山铁矿地下 4000kt/a 采、选、管道工程初步设计（第二册地下开采）[R]. 2005, 9.

[2] 北京交通大学，昆钢玉溪大红山矿业有限公司. 玉溪大红山矿业公司井巷采空区地压地应力分析与监测报告 [R]. 2008, 10~2011, 3.

[3] 中钢集团马鞍山矿山研究院有限公司，玉溪大红山矿业有限公司. 玉溪大红山矿业有限公司坑露联采衔接综合开采及塌控技术研究专题五（动态塌陷坑变形特性及回填治理技术）报告 [R]. 2014, 4.

[4] 张志雄，余南中，陈发兴，等．大红山铁矿 400m 以上坑采对露采的影响 [J]．金属矿山，2011，9．

[5] 吴国兴．露天与地下联合开采采空区稳定性分析 [J]．有色金属设计，2012，3．

[6] 蔺朝晖，余正方，彭朝伟，等．大红山铁矿地压采场应力监测的探讨 [C]．中国采选技术十年回顾与展望——第三届中国矿业科技大会论文集．2012，7．

[7] 赵子巍，胡静云，余正方，等．大红山铁矿地压综合监测系统的初步应用研究 [J]．采矿技术，2013，5．

[8] 蔺朝晖，余正方，彭朝伟，等．导电法监测大红山铁矿主采空区顶板岩层冒落 [C]．中国采选技术十年回顾与展望——第三届中国矿业科技大会论文集．2012，7．

[9] 胡静云，李庶林，余正方，等．特大采空区上覆岩层地压与地表塌陷灾害监测研究 [J]．岩土力学，2014，4．

[10] 云南华昆工程技术股份公司（原昆明有色冶金设计研究院，现昆明有色冶金设计研究院股份公司）．昆钢集团玉溪大红山矿业有限公司二道河矿段资源开发利用方案 [R]．2009，6．

[11] 云南华昆工程技术股份公司（原昆明有色冶金设计研究院，现昆明有色冶金设计研究院股份公司），中冶长天国际工程有限责任公司．昆钢集团玉溪大红山矿业有限公司二道河矿段 1000kt/a 采选工程可行性研究，2010，8．

[12] 西南有色昆明勘测设计（院）股份有限公司，玉溪大红山矿业有限公司．云南省新平县大红山铁铜矿区西矿段二道河 IV₃ 铁矿地质详查报告 [R]．2010，11．

[13] 昆明钢铁集团有限责任公司，中南大学，昆明有色冶金设计研究院．大红山铁矿深井高温缓倾斜厚大矿体采矿综合技术研究总结报告 [R]．2007，10．

[14] 昆明理工大学，玉溪大红山矿业有限公司．玉溪大红山矿业二道河铁矿矿岩力学声学性质的研究报告 [R]．2009，12．

[15] ［德］米勒（Müller，L.）．岩石力学 [M]．李世平等译．北京：煤炭工业出版社，1981．

[16] 陶振宇．岩石力学的理论与实践 [M]．北京：水利电力出版社，1981．

[17] E. Hoek 和 E. T. Brown．岩石地下工程（Underground Excavations in Rock）[M]．廖国华等译．北京：冶金工业出版社，1982．

[18] 王成虎，何满潮．Hoek-Brown 岩体强度估算新方法及其工程应用 [J]．西安科技大学学报，2006，26（4）：456~459．

[19] 宋建波，张倬元，于远忠，等．岩体经验强度准则及其在地质工程中的应用 [M]．北京：地质出版社，2002．

[20] 黄兴益，宁忠，余南中．大红山铜矿岩石物理力学性质试验（大红山铜矿采矿方法试验采区稳定性研究课题，岩石力学性质研究分报告．昆明有色冶金设计研究院，易门矿务局．）[R]．2001，11．

[21] 黄兴益，宁忠，余南中．原岩应力测定报告（大红山铜矿采矿方法试验采区稳定性研究课题，原岩应力测定分报告．昆明有色冶金设计研究院，易门矿务局．）[R]．2001，11．

[22] 昆明有色冶金设计研究院，易门矿务局．大红山铜矿采矿方法试验采区稳定性研究．岩石物理力学性质试验 [R]．2001，11．

[23] 昆明理工大学，玉溪矿业大红山铜矿．大红山铜矿 435 中段矿岩力学性质的研究报告 [R]．2008，3．

[24] 煤炭科学研究院北京开采研究所．煤矿地表移动与覆岩破坏规律及其应用 [M]．北京：煤炭工艺出版社，1981，12

[25] 颜荣贵．地基开采沉陷及其地表建筑 [M]．北京：冶金工业出版社，1995，1．

[26] 国家煤炭工业局．建筑物、水体、铁路及主要井巷煤柱留设与压煤开采规程 [S]．北京：煤炭工艺

出版社，2000.6.

［27］采矿设计手册编委会.采矿设计手册矿床开采卷（下）［M］.北京：中国建筑工业出版社，1987.12.

［28］长沙矿山研究院有限责任公司，玉溪大红山矿业有限公司.大红山铁矿多采区大规模开采地压综合技术研究技术报告［R］.2014.4.

［29］玉溪大红山矿业有限公司通风地压管理部.大红山铁矿目前地压情况及综合地压研究思路介绍［R］.2016.2.

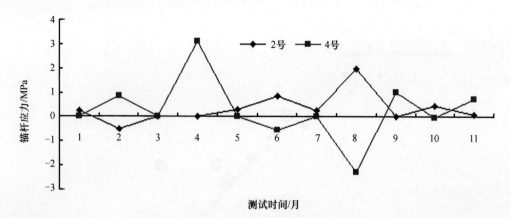

图 9-136　1 号锚杆采场动地压时程图

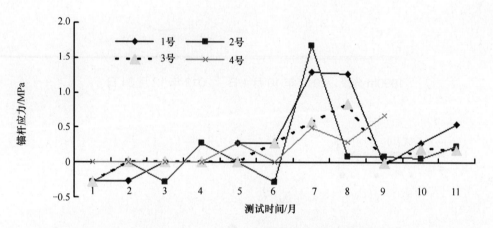

图 9-137　2 号锚杆采场动地压时程图

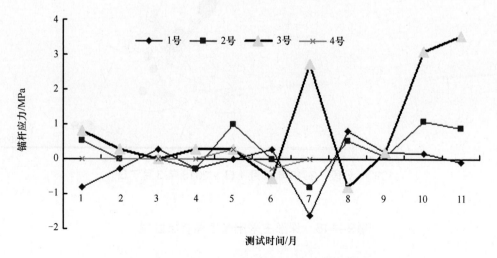

图 9-138　3 号锚杆采场动地压时程图

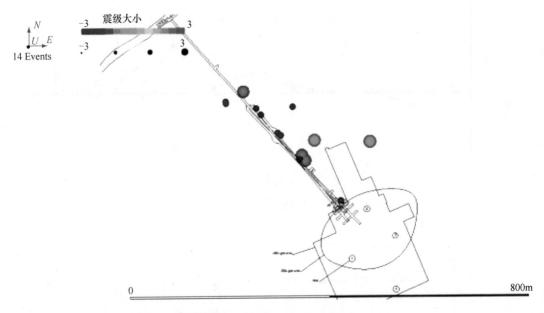

1090m 分段，2012 年 10 月 1 日～2012 年 12 月 31 日

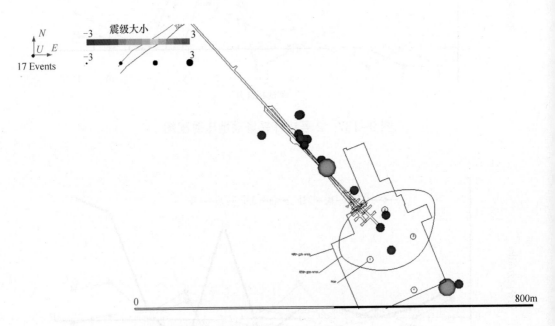

1090m 分段，2013 年 1 月 1 日～2013 年 3 月 7 日

图 9-148　深部主采空区上覆岩层区域

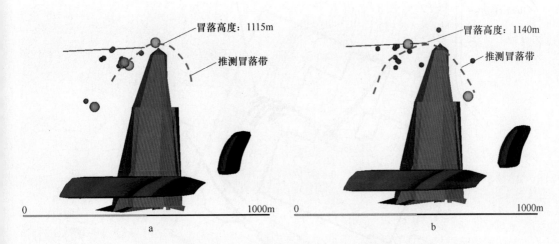

图 9-150　上覆岩层冒落高度推测图

a—2012 年 10 月 1 日～2012 年 12 月 31 日；b—2013 年 1 月 1 日～2013 年 3 月 7 日

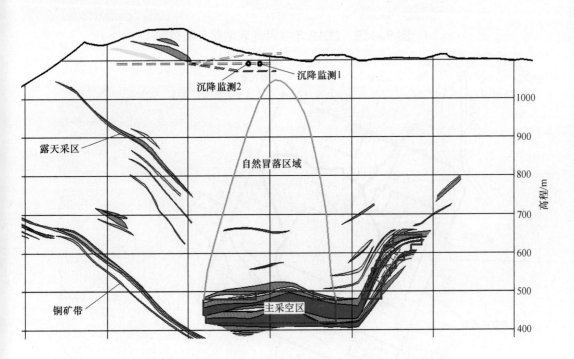

图 9-156　1090m 卸压巷道围岩变形监测点空间位置图

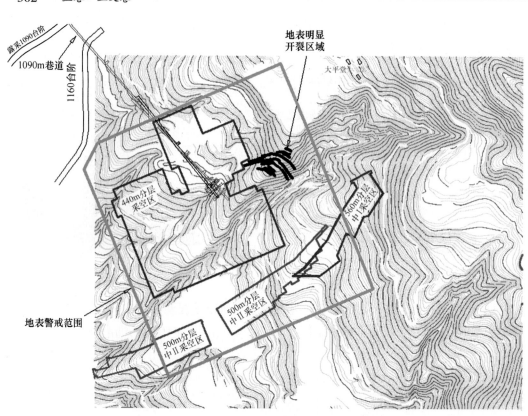

图 9-159 2012 年 3 月地表明显开裂范围

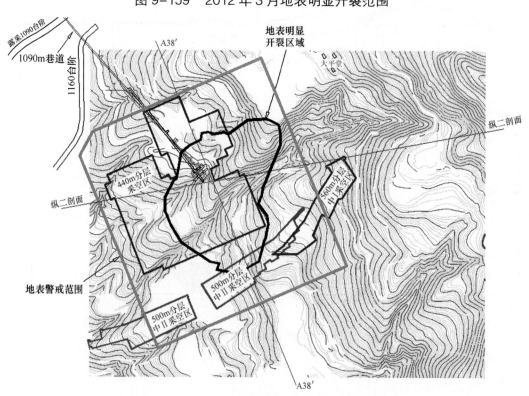

图 9-160 2012 年年底地表明显开裂范围

2012年2月20日（爆破前）　　　　　　　2012年8月20日（爆破后4个多月）

2012年11月2日　　　　　　　　　　　2013年1月5日

2013年4月11日

图 9-161　测点 4 开裂缝变化过程

2012年7月31日

2012年11月2日

2012年12月18日

2013年1月15日

2013年4月11日

图9-162 测点2开裂缝变化过程

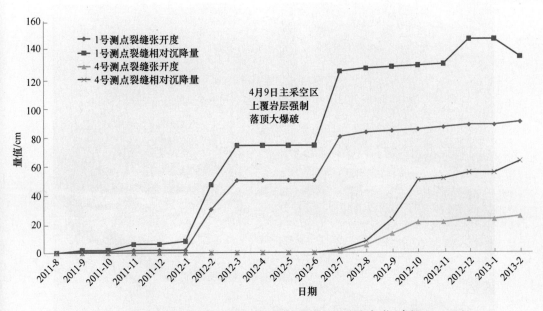

图 9-163 A37′~A40 勘探线典型开裂缝变化过程

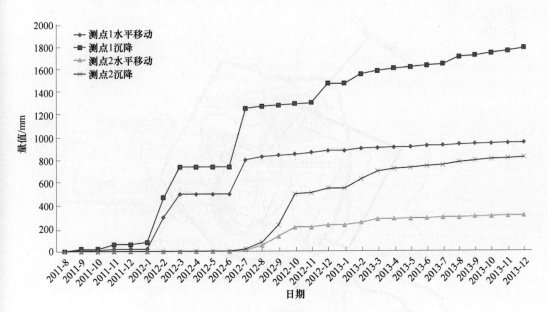

图 9-164 测点累计沉降与水平移动变化趋势

图 9-166 爆破硐室上部地表 2014 年 1 月现状图

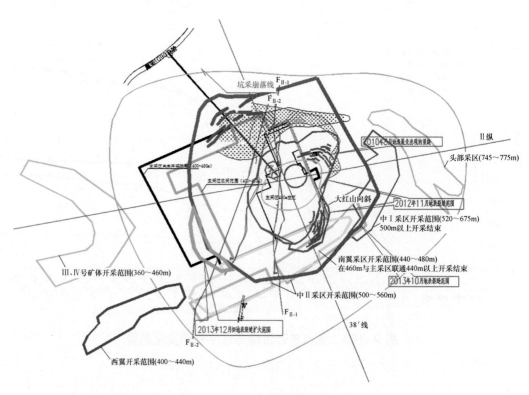

图 9-167 地下空区、断层及地表裂缝 2014 年 1 月现状叠合图

图 9-168　2015 年 10 月主采区上方形成的塌陷坑

图 9-169　2016 年 1 月主采区上方形成的塌陷区

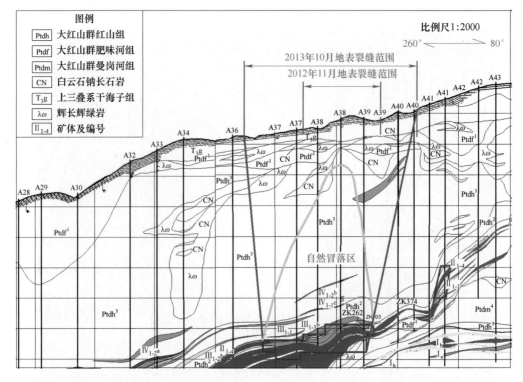

图例
- Ptdh 大红山群红山组
- Ptdf 大红山群肥味河组
- Ptdm 大红山群曼岗河组
- CN 白云石钠长石岩
- T₃g 上三叠系干海子组
- λω 辉长辉绿岩
- II₁₋₄ 矿体及编号

图 9-170 Ⅱ纵剖面及地表裂缝变化（2013年）

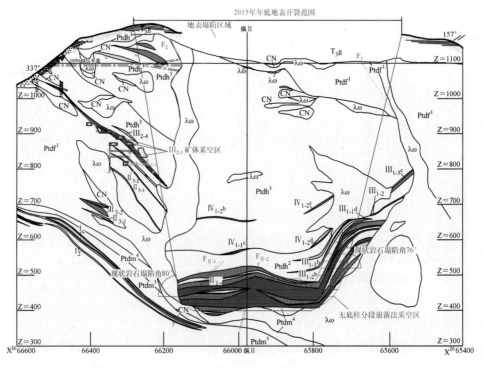

图 9-171 A38剖面及地表裂缝变化（2015年）

10 矿床数字模型及应用

矿床数字模型是数字化矿山建设的核心和基础。大红山铁矿作为近年建设开发的特大型现代化矿山，一直秉持技术先进的理念，坚持采用先进技术和手段，进行矿山设计、建设，并在生产过程中应用、发展和完善。在矿床数字模型创建及应用方面也进行了一些有效探索和研究，并取得了有益成果。

10.1 浅部熔岩铁矿数字建模及露天三维设计

大红山矿区浅部熔岩铁矿是矿区重要铁矿资源，由于其埋藏较浅，适宜露天开采。矿体呈缓倾斜层状产出，露头于曼岗河河谷出露，沿 SE 向矿体延伸进入山腹，埋藏逐渐加深，露采边界的合理确定是该露天矿建设需要解决的重大技术问题。基于传统方法和理论，进行露天境界圈定，仍存在一定程度的缺陷，致使难以实现最优化。浅部露天矿设计和建设工作中，采用矿业 Surpac 软件（澳大利亚）进行了矿床建模和境界优化设计的研究和探索，取得了良好的效果。

10.1.1 矿床模型

鉴于本矿床地质控制和研究程度较高，矿床建模的指导思想立足于尽可能精确模拟地质勘探成果，使传统二维图纸及矿体转化为三维数字矿体；同时，利用软件三维可视功能和特点对原二维成果进行校核和修订，使矿体的圈定连接更为合理可靠。

通过地勘报告纵横剖面图、底板等高线图及地形地质图等资料三维数字化，进行相互校核、协调和修正，在三维空间统一资料后进行地形、地层、矿体实体建模（彩图 10-1、彩图 10-2）。实体建模过程中充分注意了各地质体之间的接触关系，如矿体与矿体间，矿体、地层与地形间，各地层间等，尽可能满足共面接触的要求。

在实体建模基础上，结合露天境界优化需要，进行了矿体块体模型创建。块体模型基础块的尺寸一方面与勘探网度相适应，另一方面也考虑与开采单元的尺寸相协调。块体属性的设置要求充分满足储量评估、分类管理、境界优化和三维演示的需要（彩图 10-3）。

另外，为满足露天境界优化需要，模型（地形模型、块体模型或其他约束边界模型）边界和范围（平面范围和标高范围）需要能够涵盖和超出可能的最大露天境界范围。

对储量评估的主要参数采用直接赋值的方法予以给定。依据地勘报告储量计算的块段划分，建立块段边界，对每一储量计算块段单元，引用地勘报告储量块段成果，分别赋予块段储量计算的品位、体重、资源编码等参数，块段体积由模型计算而得。该储量评估方法实质为地质块段法的三维应用。本矿床地质工作程度深，矿体圈定连接合理，三维建模以尽可能拟合地勘矿体为目的，建模工作实为地勘成果三维数字化的过程，因此，建模结果与地勘成果比较，精度高，误差小（表 10-1）。

表 10-1 大红山熔岩铁矿模型储量误差分析

矿体号	绝对误差		相对误差/%	
	铁矿石量/kt	伴生铜金属量/kt	铁矿石量	铜金属量
III$_{2b}$	−27.6	−0.08	−0.97	−0.73
III$_{2a}$	20.5	0.03	0.29	−0.15
II$_{5-4}$	−9.9		−0.05	
II$_{5-3}$	−11.2		−0.05	
II$_{5-2}$	−329.7		−2.26	
II$_{5-1}$	−45.4		−0.48	
合计	−403.4	−0.11	−0.54	−0.35

10.1.2 境界圈定及优化

在确定了露天边坡角的前提下，决定露天境界形态的最重要的因素就是经济效益。就经济因素而言，露天最终境界在本质上是各生产工序成本和产品价格的函数，因此，从理论上讲，存在一个使矿山企业效益最大化的最终开采境界，境界优化的实质即求解（圈定）一个经济上最优的最终开采境界。露天最佳境界优化设计理论和方法主要有浮动圆锥法、三维图论法、三维动态规划法、网络最大流法等。这些方法的成功使用均需依赖计算机技术的进步及专业软件的发展。在本矿床露天境界圈定过程中，利用澳大利亚的 Surpac 矿业软件进行了露天境界优化、研究和设计。

境界优化计算基于矿床块体价值模型。价值模型是在矿床模型的块体模型基础上，通过价值化的计算形成的。价值模型包含了将要开采的矿体以及废石，同时对矿石和废石赋予了经济价值属性，这个属性表示假设将其采出并处理后能够带来的经济净价值。块体的净价值是根据块中所含可利用矿物的含量，开采与处理中各道工序的成本及产品价格计算的。每个块体的净价值是它被开采出来并加工处理后产生的净现金流量（彩图 10-4）。

$$净值(V) = 销售收入(P) − 成本(C)$$

P 为块体有价组分加工成产品的销售所得。对于废石和空气（浮于地表之上的块体），销售收入为 0。C 为块体的开采费用、加工费用、销售费用、管理费用、财务费用等。开采费用不包括开采其上方覆盖块体的费用。矿石和废石的块体具有相关的开采费用，空气块体无成本，净值为 0。

通过分析，影响本矿床的主要经济因素是产品售价。境界优化研究中采用多种精矿价格进行多方案露天境界优化，通过分析筛选确定最佳境界方案。

采用 LG 法和浮动圆锥法，分别按不同精矿价格优化了五个境界方案（彩图 10-5），进行技术经济比较和筛选。

从剖面图（彩图 10-6）来看，境界①、境界②、境界③底部基本重合，扩大境界主要是通过平面范围的扩大来实现境界矿量的增加，境界③、境界④、境界⑤边帮基本重合，境界主要是通过采深的增加来实现境界矿量的扩大。通过对矿体赋存情况分析，露天底部主要为 II$_{5-1}$、II$_{5-2}$两个低品位矿体（彩图 10-7，境界③底部及边帮剩余矿体）。当精矿售价较低时，开采两矿体亏损，当精矿价格上涨到适当程度时，开采以上两矿体仍有效益。境界③边帮所压部分矿体，境界向外扩展时埋深越来越大，尽管精矿价格提高到境界⑤的价格时，仍然难以更多地圈入境界。通过计算，境界③底部残余矿石量11250kt，TFe品位18.49%。由于开采这部分矿量无须扩大境界周边范围，而只是向深部延深，容易实现，加之露天开采系统及相应选矿厂都已形成，开采这部分矿量可以更好地发挥它们的投资效果，与进口矿比仍是合算而且方便的。故境界③底部矿石仍具有开采价值，这样，整个境界③可采地质储量将达到66080kt，与境界④、境界⑤可采地质储量相差不大（表10-2）。

表10-2 不同境界储量及剥采比

境界	境界内矿石量/kt	品位/%	平均剥采比/t·t⁻¹
①	31530	20.99	1.89
②	38890	20.96	2.26
③	54830	20.39	2.36
④	65810	20.06	2.23
⑤	68620	20.08	2.35

根据五个境界的净值，绘制成曲线（图10-8）。根据不同境界净值变化曲线可知，境界⑤、境界⑥虽然资源的利用率是高的，但按当期价格计，所圈境界净值为负，企业是亏损的。在当期精矿价格前提下，境界①、境界②、境界③才是盈利的。

基于以上研究分析，推荐境界③为浅部熔岩铁矿露天开采的终了境界。该境界在开采后期，如果产品售价提高，则可以考虑下延多回采底部的11250kt低品位矿石。这样，既保证了当期经济效益，又为后期充分回收利用资源创造了最有利的条件。

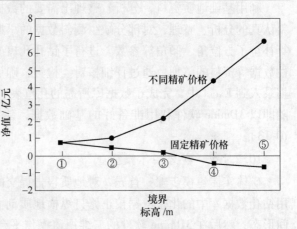

图10-8 不同售价所圈定境界净值变化

10.1.3 露天三维设计

10.1.3.1 露天终了境界圈定及开拓运输布置

经过境界优化确定了本开采露天开采境界轮廓，接着利用Surpac软件的境界设计功能进行境界设计。按照确定的边坡、台阶、道路等参数，详细进行了露天境界的细化设计（彩图10-9），根据细化的境界进行了境界内保有矿岩量的计算；根据确定的废石场、粗碎站位置进行了露天公路开拓运输设计（彩图10-10）。

10.1.3.2 基建及进度计划

除完成露天境界优化及境界详细设计外，还可以利用软件的三维可视化作图及实时快速计算功能来进行基建方案研究和生产过程模拟（进度计划）。露天设计过程中，对基建部位选择进行了可视化的方案比较和优选（彩图10-11），对生产过程按照年度进行了模拟排产（彩图 10-12）。

10.2　二道河铁矿数字建模及应用

二道河铁矿为矿区西矿段一中型盲铁矿体，埋深较大，适宜地下开采。矿体上部地表有河流、公路、民居及一些工业设施，属典型"三下开采"矿床。为了合理确定矿床开拓方案，选择采矿工艺，满足保护地表的要求，实现矿床安全、经济、高效回采，矿床开采方案研究过程中采用了 Surpac、3Dmine、FLAC^{3D}等先进数字化设计、分析软件，进行了矿床数字化建模，就三维可视化开拓设计、采矿工艺设计进行了有益探索，对地表沉降变形进行数值模拟研究（沉降变形数字模拟研究详见 9.1.4 节）。

10.2.1　矿床数字建模

10.2.1.1　地质数据库

利用基础地质资料，分析、整理出需要的数据，建立钻孔地质数据库。通过对基础资料认真的分析、整理，对部分缺少测斜数据的早期钻孔，利用平面图中钻孔轨迹线量取反算补全了方位角、倾角等参数。进行了钻孔孔口坐标、钻孔测斜数据、化验分析结果及岩性数据等资料的整理，通过仔细核对、检查，确认了基础数据的准确性后，将这些原始数据录入到 Excel 中，完成了数据库所需的孔口表、测斜表、化验表及岩性表四个基础表格。随即以 3Dmine 软件利用准备好的基础数据，建立完成二道河矿床的地质数据库（彩图 10-13）。

10.2.1.2　矿岩实体模型

矿体实体建模步骤：首先，对地质报告提交的纵横地质剖面图进行三维化处理；再利用钻孔数据库中的化验数据校正修订纵横地质剖面图，以真实反映矿体（及地层）三维空间形态；然后在 3Dmine 软件的三维视窗操作平台中连接各个地质剖面图上的矿体及地层界线，建立矿体实体模型及矿体的边界模型。

根据地质报告，二道河铁矿床成因与矿区火山活动和岩浆侵入密切相关，属火山沉积改造矿床，后期侵入的辉长辉绿岩对矿床具有明显的改造和破坏作用，辉长辉绿岩包络矿体构成了矿体的直接控制边界。因此，为了准确反映矿体边界，还需要建立控制矿体边界的控矿边界实体模型——辉长辉绿包络体。除辉长辉绿岩岩体控制矿体边界外，矿床控制边界还有红山组与肥味河组之间的地层边界及矿区盖层和基底之间的不整合地质边界。这些边界模型的建立，可以有效界定矿体展布空间，使所建立的矿体模型符合成矿地质规律，提高模型准确性和精度。矿体控制边界实体模型如彩图 10-14 所示。

矿体的空间展布完全受以上地质边界的限制，矿体实体建模是在以上边界条件的约束下进行的。二道河铁矿矿体实体建模主要根据地质报告提交的纵、横两组剖面图，再结合地质钻孔数据库来圈定矿体，建立矿体的实体模型。纵、横剖面图放入三维空间后，通过地质数据库中的三维探矿工程来对纵、横剖面图中的矿体界线及形态进行修正（彩图 10-15）。由于矿体在相邻剖面上的形态变化较大，要想顺利建立矿体模型，就必须厘清矿体在空间上的产出形态，厘清相邻剖面上各品级各分支矿层的对应连接关系。通过剖面图上富矿、贫矿及表外矿 3 个品级矿层的深入细致分析，进一步将矿体按品级分成了 25 个小的"分层矿体"，其中富矿 5 个、贫矿 13 个及表外矿 7 个。厘清矿层对应关系后，按照不同分层、不同品级，结合钻孔地质数据库先建立小"分层矿体"实体模型，然后将各品级的小实体模型组合到一起，构成了二道河铁矿体三维实体模型（彩图 10-16）。

10.2.1.3 块体模型及赋值

首先，根据矿体空间分布及开采设计的需要确定块体建模的范围（X、Y、Z 坐标范围），根据勘探工程间距、矿体的产状、厚度等参数，确定单元块的尺寸后，建立矿床初始块体模型，再结合需要确定和建立块属性。

二道河矿床块体模型所确定属性及其含义如下：

K ljb——储量级别/资源类别，属性值有 331、332、333 及 334；

g——体重，属性值随着 TFe 品位的不同呈线性变化；

K jfw——矿权属性（矿界范围），属性值有是和否两种；

K ybm——矿岩编码，属性值有 1 和 0，1 代表矿，0 代表岩；

TFe——全铁品位，%；

MFe——磁性铁品位，%；

Pj——矿石品级，属性值有 f、p、b 三种，f 代表富矿，p 代表贫矿，b 代表低品位矿。

根据不同块体属性，采用不同方法进行估值。储量级别、矿权属性、矿岩编码等固定属性，根据各自的约束边界和条件进行直接赋值即可。矿石体重、矿石品级等与 TFe 含量有关的属性，根据其相关函数，采用公式计算予以估值。

矿石品位估值采用距离平方反比法。考虑到所建模型与地质规律，与地勘报告成果的符合性，拟按照不同矿层、不同品级分别进行品位赋值。以矿体实体模型作为约束边界，对地质数据库对样品数据进行组合，得到 TFe（全铁品位）属性赋值所需的组合样品线文件，再利用 Pj（品级）、组合样品线文件以及矿体实体模型作为约束条件，对各品级、各分层矿体的 TFe（全铁品位）进行估值。由于采用的品位估值方法合理，且采用了细分的估值方法，所建模型品位与地勘报告比较，TFe 品位误差非常小，分级别最大误差约 4%，总体接近于 0.00%。

完成了对块体模型中各项参数及属性的赋值之后，即得到了矿床的块体模型（彩图 10-17）。

10.2.2 开采方案的三维数字化研究

矿床开采方案的选择及工程布置需要考虑以下因素：矿区地形、地质构造和矿体埋藏条件；矿山岩石性质及水文地质条件；矿界关系；与地表及周边其他工程、设施的关系；与开采移动界线（范围）的关系；矿体空间形态分布及品质分布等。因此，在一定意义上来说，开采方案研究，特别是开拓方案研究，在很大程度上是一种空间关系的处理过程。由于存在各种错综复杂的空间关系，传统二维开拓设计往往存在不直观、工作量大、容易遗漏形成"死角"、不易交流和理解等不足，而三维矿床模型的建立（地形地表数字模型、矿体数字模型、地层岩性数字模型、构造数字模型、水文地质数字模型、环境地质数字模型等），为"三维可视化采矿设计"奠定了基础。通过建模，把庞杂巨大的地理地质信息浓缩在地质数据库和矿床模型之中，避免了二维图形和数据的离散性、局限性以及地质体空间拓扑关系理解的复杂性，将专业领域复杂的、抽象的或专业性过强的成果及结论，用简洁的、直观的、易于理解的三维可视化技术表达出来，有助于采矿工程师快速、直观地理解和掌握开采对象，有助于不同领域方便、正确地进行知识交流，有助于决策者做出正确判断。同时，矿床数字化后，有利于快速、便捷地获取需要的数据和图件，有利于利用专业软件和功能对矿床进行研究分析，提高采矿设计效率和质量。

"三维可视化采矿设计"就是在三维可视化图形操作平台直接对"数字矿床"进行开采研究分析，布置采矿工程，并获得"三维可视化"采矿设计成果。"三维可视化采矿设计"技术和手段，目前尚不成熟，还处于局部运用和探索阶段。二道河铁矿开采方案研究中，从以下几个方面进行了有益探索。

开拓系统研究与布置：

（1）开采移动范围圈定。软件的三维设计功能提供了快速、准确圈定开采移动界线（范围）的多种方法和手段。本矿床开采移动界线（范围）圈定采用以下方法（使用3DMine 软件）：

1）调出大红山二道河铁矿的矿体模型及地表模型。

2）隐藏地表模型，在俯视图上对矿体模型的边界进行圈定，形成"移动漏斗"的底部边界线，如彩图 10-18 所示。

3）利用软件露天台阶边坡设计的功能进行"移动漏斗"的圈定。打开菜单栏中的"露天"栏，点击"扩展台阶"项，填写默认的坡面角（移动角），在 z 值方向上选择"向上"项，再根据矿体至地表的大致距离，在"台阶高度限制"栏中填入向上扩展的台阶高度，此高度要高出矿体至地表的距离，点击确认，出现彩图 10-19 所示的向上台阶扩展线，形成了"移动漏斗"的上部边界线。

4）将"移动漏斗"上、下边界线连接形成表面模型，显示地表模型，如彩图 10-20 所示。

5）生成地形与"移动漏斗"两个 DTM 模型的交线，则形成了地表移动界线，如彩图 10-21 所示。

6）各开采区段"移动漏斗"及移动界线的做法与上类似，只是其底边界线为下部区段开采矿体的水平投影边界，按照拟定开采顺序确定的各区段移动界线。

（2）开拓工程布置研究。二道河铁矿为"三下开采"矿床，上部地表有河流、工业设施、道路等需要进行保护（彩图 10-22）。供矿选厂及矿石运输方向已经确定。开拓工程布置受矿界、移动界线等的限制。结合地形条件、开采工艺、矿山现状等条件，确定的开拓方式为箕斗竖井、胶带斜井-无轨斜坡道、辅助竖井联合开拓方案，如彩图 10-23、彩图 10-24 所示。

（3）开采区段划分及采矿方法的三维研究。建立了三维矿床（体）数字模型（块体模型）后，就可以利用三维数字模型三维直观展示、快速切制剖面、快速计算储量、快速统计和测量、快速地质信息查询等功能，充分理解和准确掌握矿体的形态、空间展布、品质等特点，为采矿工艺方案研究等提供准确的数据和图件，为采矿工艺的确定奠定科学的基础。同时，地质信息的三维集成化及三维图形操作平台的存在，对采矿工艺研究方法、手段也展现了进一步探索的必要。在二道河采矿工艺研究中，就"开采区段的合理确定及划分"、"三维可视化标准采矿方法图"、"采矿方法三维可视化应用"等方面进行了一些初步的、有一定借鉴意义的探索。

大红山铁矿二道河矿段矿体赋存条件比较复杂，矿体整体呈透镜状产出，中心厚度大、向四周沿走向和倾向变薄乃至尖灭。矿体倾斜方向长、走向东方向短，竖向高差大。对矿体三维模型进行认真分析，可以清楚地看出，在 225m 标高以上，矿体较平缓，呈缓倾似层状产出，但矿体厚度相对要小；而往深部，则矿体变陡且渐至尖灭，矿体形态为透镜状。由于矿体在平面上面积较小，为满足矿山规模要求，宜在竖向上划分区段同时搭配开采，区段（中段）高度宜大于 100m。因此，根据矿体空间产出特征，结合采矿工艺等要求，正好将矿体由下往上大致按照 100m 划分为 4 个区段（彩图 10-25），各区段地质储量见表 10-3。

表 10-3　区段地质储量表

序　号	区段/m	矿量/t	品位/%
1	25 以下	2114577	44. 35
2	25 ~ 125	4379496	45. 09
3	125 ~ 225	8476522	46. 67
4	225 以上	5354009	43. 54

传统采矿方法研究，在分析开采技术条件，初步筛选几种相对适宜的采矿方法后，主要以绘制标准采矿方法图的方式，进一步验证采矿方法的合理性，计算采矿方法技术经济指标，做进一步的详细比较和筛选。

传统三视图标准采矿方法的直观性不足，不易理解和掌握，且容易掩盖存在的错误。在二道河矿床三维可视化设计中，进行了"三维可视化标准采矿方法图"创建的探索（本矿床选择的采矿方法为上向水平点柱式分层充填法）。其步骤如下：首先，根据确定的标准矿块尺寸，绘制三维标准矿块线框模型，标准矿块由分层矿房、矿柱等单元构成。然后，以确定的原则围绕矿块布置采准巷道，形成采准巷道线框模型。以上两步建成了标准采矿方法的线框模型（彩图 10-26）。最后将标准采矿方法的线模型生成实体模型，并赋予不同的体号进行着色，同时将实体模型透明化处理，以便看清采场内部工程，最后生成如彩图 10-27 所示的三维采矿方法实体模型。

标准采矿方法图基于"标准矿体（块）"而绘制。"标准矿体"是通过对实际矿体进行分析、量测、统计后归纳而成，其特征基本反映了实际矿体的平均统计特征。理论上，通过标准采矿方法图计算的采矿技术指标就可以近似反映整个矿体的指标。由于实际矿体的复杂性，所构建的"标准矿体"往往已经歪曲了矿体实际。三维数字矿体的建立及三维图形操作平台的支撑，使得针对三维矿体进行采切工程的实际布置和统计计算成为可能，由此确定的采矿工艺和技术指标更为真实、合理、可靠。二道河铁矿点柱式水平上向分层充填法采切工程实际布置见彩图 10-28，针对实际矿体真实布置采切工程，根据实际布置对该采矿方法的适应性及特点进行了可靠分析；按照实际布置计算了采切工程量、矿房量、矿柱矿量等数据，由此计算确定了采矿方法技术指标。

10.3 Ⅰ号铁铜矿带数字建模及应用

Ⅰ号铁铜矿带铜矿体以 I_3、I_2 含铁铜矿体为主，位于矿区铁矿下盘，分布在曼岗河东、西两岸，东岸范围内的金属量只占 1/3 左右，作为玉溪大红山矿业有限公司的开采资源，矿业公司利用 DIMINE 矿业软件对其进行建模工作。

10.3.1 Ⅰ号铁铜矿带钻孔数据库

大红山铁铜矿区东段曼岗河以东Ⅰ号铁铜矿带，其铁、铜矿体位于 A29～A49 勘探线、50～850m 标高，矿带近东西向展布，走向长约 2.2km，倾斜宽约 0.879km，面积1.93km^2，按垂直矿体总体走向布设新勘探线，编号 B2～B90。Ⅰ号铁铜矿带基建探矿范围为 400～600m 标高、A30～A38′线以西的首采区范围，基建勘探主要对象为Ⅰ号铁铜矿带 I_3、I_2 铜矿体，其余矿体附带控制。基建探矿范围的铁铜矿体走向长 1575m，倾斜宽200～470m。铁铜矿体大体划分为 3 个矿体，由上到下编号为 I_3、I_2、I_1 号，它们均为铜铁混生的铁铜矿体，总体以铜为主，局部地段以铁为主。共设计布置了 121 个钻窝，在每个钻窝中均沿 14°、194° 方向的新勘探线剖面放射状布设扇形勘探钻孔，主要控制400～600m 标高的矿体。共设计钻孔 215 个。单孔设计孔深 29.22～191.27m，以上向钻孔为主。钻孔直径不小于 $\phi42mm$。

将Ⅰ号铜矿基建探矿钻孔的开口文件、测斜文件和样品文件按软件的要求整理好，导入软件中生成 dmt 格式的数据表格文件，经校验后，软件会提示错误描述，根据提示对错误描述进行检查修改之后，便可创建 DIMINE 的 dmd 地质数据库文件。为了在块段模型估值时有效利用创建好的钻孔数据库，将钻孔数据库 dmd 文件转换为一种 dmg 格式地质文件。地质数据库中的数据是块段模型内所有单元块各种参数估值的依据，也是矿床储量计算的依据。根据地质统计学原理，为确保得到各参数的无偏估计量，所有的样品数据应该落在相同的承载上。Ⅰ号铜矿带的样品组合采用钻孔组合方法，考虑到原始样本长度、原始样本容量的大小、块段建模时单元块的尺寸等因素，组合样长度取 1.5m。在样长组合时，先按设定的特高品位处理参数对钻孔数据库进行特高品位的处理，然后进行样长组合。

为了掌握矿床各元素分布规律，确定特高值和块段模型的估值，采用了柱状图进行统计分析，使用变异函数分析和交叉验证，以便知道样品的统计值与空间分布情况。

10.3.2 实体模型及储量计算

把勘探线平面图按正确的位置导入 DIMINE 中，用不同的图层和颜色对不同的矿体、断层和侵入体加以区分，根据矿床地质特征和软件要求对矿体线进行编辑，相同矿体线的编号及类型统一表示为不同勘探线的同一矿体线，侵入体与断层也做相应的编辑。

根据市场变化情况，结合公司实际发展需要，公司决定在基建探矿成果的基础上，重新圈定矿体，将原矿体按照工业铜、低品位铜、工业铁、低品位铁的圈矿顺序进行重新圈定，并计算储量。

创建矿体实体模型时，按照矿体线的编号和类型把同一矿体在不同勘探线上的矿体线显示出来，根据勘探线找矿体线之间的关系，参照探矿报告中确定的矿体连接依据及矿体外推和尖灭的原则和要求，结合算量表进行矿体圈定，生成各矿体的实体模型。从平面图上看，外推的方位角基本上按垂直勘探线方向（104°或284°），个别按相邻矿体方位角外推，除非与其他矿体相交或在与相邻矿体关系明确的情况下，按相邻矿体方位角外推，可从 CAD 图上量取。对于报告上没有算量的实体，直接采用线或点尖灭，距离为 25m 或 12.5m，缩放比例为 1。外推方位角垂直勘探线方向（104°或284°），倾角为 0°。

创建小矿体实体模型（彩图 10-29）时，在每个剖面图上结合算量表确定小矿体，以算量表上的尖灭形式和距离进行尖灭。侵入体实体模型的创建以中段平面图连线框，连侵入体，最上端、最下端参考剖面图尖灭。断层实体模型以平面图生成表面，最上端、最下端延伸到剖面位置。夹石以剖面图进行尖灭，线尖灭，尖灭距离为 25m，勘探线间距的一半。

各种地质实体模型创建过程中，会出现模型间的相互交叉现象（彩图 10-30）。为避免矿岩储量的重复计算，使实体模型与实际更加贴切，需对模型进行相应的布尔运算，根据矿体特征和地质情况去除交叉部分，如运算后的矿体与侵入体的关系（彩图 10-31）。

对经过布尔运算的矿体实体模型进行体积计算，由于报告中出现同一个矿体闭合圈，在厚大部分有算量编号，在细长、薄的部分没有算量编号的情况，所以两个体积有差距（表 10-4），但误差仍在允许范围之内。用矿体模型的体积与相应矿体的体重相乘便可算出矿体储量。

表 10-4　I 号铜矿体模型与探矿报告体积对比

矿体号	模型体积/m³	报告体积/m³	绝对差/m³	相对差/m³
I₋₁	613784.9	587084.4	26700.54	0.04548
I₋₂	4298642	4234174	64467.67	0.015226
I₋₃	7121116	7017534	103582.2	0.01476
合计	12033543	11838792	194750.4	0.01645

块段建模是矿床品位推估及储量计算的基础。块段模型的基本思想是将矿床在三维空间内按照一定的尺寸划分为众多的单元块，然后根据已知的样品点，通过空间插值方法对整个矿床范围内的单元块的品位进行推估。并在此基础上进行储量的计算。创建的块段模型可以为实体或 DTM 范围内的单元块赋予岩性、层位、品位、密度等相关信息。

10.3.3　块体模型及估值

以 I 号铜矿体及巷道工程模型为界，通过自动获取起点坐标、延伸长度以及基础块尺寸等来创建空块段模型，如图 10-32 所示。

对已创建的块段模型根据计算需要使用实体、DTM 面和约束文件等类型进行约束。采用距离立方反比法对块段模型进行估值。样品数选择 2 和 6，内部级数选 9，边界级数选 11，内部块尺寸 10m×10m×4m，边界块尺寸 2.5m×2.5m×1m，块体约束一次同时添加 I₋₁、I₋₂、I₋₃，样品全部矿体内部约束。由于矿体的倾角一般为 20°~40°，走向长约 2.2km，倾斜宽约 0.879km，组合样长为 1.5m，选择搜索椭球体参数为长半轴 60m、次半轴 24m、短半轴 3m、方位角 104°、倾角 0°、倾伏角 30°。块段模型通过约束进行估值

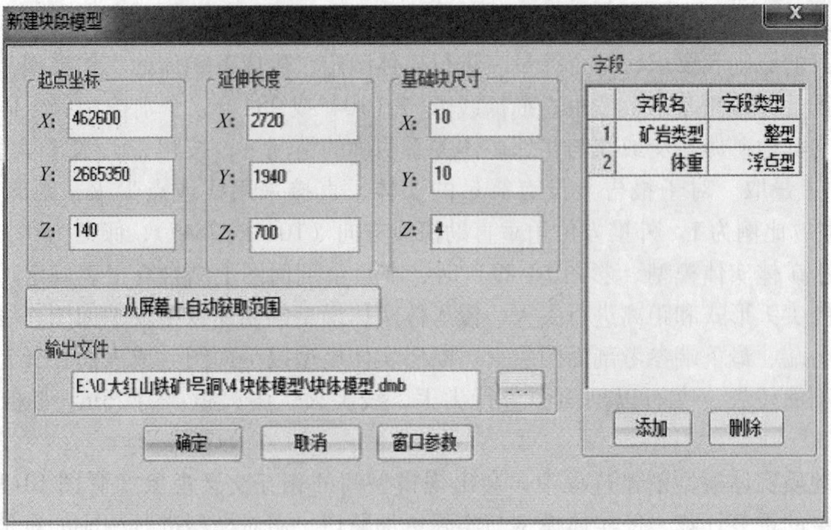

图 10-32　新建块段模型窗口示意图

后，分析体重和品位之间的关系，给块段模型赋上体重值，如彩图 10-33 所示。

从总体来看，Cu 矿品位大体与 TFe 含量成正比，即 Cu 品位较高，其 TFe 品位也相对较高，但各剖面的品位变化规律不明显。从中段来看，自下向上其 TFe 品位以及 MFe 含量均有逐渐增高的趋势。Cu 品位无论是平面还是剖面，总体分布都较为均匀，向深部总体品位略有增高。基建探矿范围内铁矿 TFe 含量总体分布规律不明显，MFe 含量在工业矿有自西向东略有逐渐减小的趋势，在低品位矿以及垂直方向上，其变化规律不明显，分布较为均匀。

10.3.4　开拓及采切工程模型

采矿工程模型的创建可以根据工程资料类型采用不同的方法建立。其中最为准确和方便的方法就是将巷道控制点的实测数据整理为符合导入 DIMINE 软件的固定格式，或者将施工图上的坐标值利用辅助软件提取整理为要求的格式，然后利用导入"展测点"的工具，将开拓采切工程的控制点导入软件中的正确位置，利用"追踪线"的功能把这些控制点按一定的容差，自动生成线文件，然后根据巷道的实际情况，利用已经设置好的巷道断面，选择适合的方法生成巷道实体模型，如彩图 10-34、彩图 10-35 所示。并对生成的巷道实体模型进行属性设置，以便计算巷道工程量。

10.3.5　采矿设计及打印出图

利用 DIMINE 矿业软件，在工程设计中主要功能有中心线的设计、巷道坡度的调整、巷道断面设计、巷道实体生成、巷道帮线生成及施工图输出，包括巷道、弯道、单道岔、双道岔等。当巷道断面发生变化时，在断面变化的位置绘制断面轮廓线，然后按连线框的方法将各个断面轮廓线连成巷道实体。当巷道中心线有交汇时，根据巷道的实际情况，可以选用不同的方法生成叉口连通或非连通、两端封闭或不封闭的巷道实体。生成的竖井也可以为沿断面中心线逆时针旋转。施工图功能可以对巷道中心线的属性进行检测、自动标注、提取双线及打印出图，打印图纸时将 X、Y 坐标及坐标网格设置好，根据需要设定标注后生成二维文件，视图自动转到二维视图中，视图中包括控制点点号、坐标、方位角、坡度和距离等参数。

10.4 无底柱分段崩落法的爆破设计

对于创建好的矿体模型，在地下采矿设计中可以进行采场工具、堑沟设计、漏斗设计、水平爆破设计、无底柱采矿等操作。结合玉溪大红山矿业公司生产实际情况，针对Ⅲ、Ⅳ号矿体、南翼采区和西翼进行无底柱分段崩落法的爆破设计。以南翼采区 460m 分段的 2 号切割槽和 20 ~ 23 进路前几排炮孔为例介绍大红山无底柱分段崩落法的爆破设计。

首先，根据实际情况进行炮孔参数、钻机参数及显示选项的设置，利用已经定义好的工作面和地质体自动生成一个包含有爆破边界的新炮孔文件，然后双击第 1 排炮孔，在视图中出现对应的每个工作面的爆破边界，然后就可以进行爆破设计了。爆破边界的边孔角上下水平均取 55°，钻机高度为 2m，底板标高容差取 0.1 或 1，计算爆破矿岩量时先后用"TFe"和体重字段进行约束，细分级数为 12，块段大小为 0.25m × 0.25m × 0.13m，孔底距 2.65m，孔底距容差 0.15m，边界容差 0 ~ 1.5m，机身高度 1.8m，钻机宽度 1m，钻机支高 0.2m，钻机最大高度 2m，钻孔直径 76mm，扇形孔左侧角度 55°，右侧角度 55°，孔底与采场的距离为垂直距离，炸药密度为 5kg/m^3，深孔按孔口间隔 2m、4m 交替填塞炮孔。炮孔设计结束后进行爆破实体的创建，如彩图 10-36 所示。

将进路炮孔 DMF 文件导入二维出图，加入坐标网加以整理，便可输出"炮孔排面图. dwg"。

由软件地下采矿功能的无底柱采矿技术经济指标工具直接计算出爆破经济技术指标，稍加整理便可得到如表 10-5 所示的综合指标。此表记录了一个进路每排炮孔的排号、孔数、设计米数、设计装药米数、炸药量、崩落矿量、岩量、每米崩矿量、炸药单耗、贫化损失等，如彩图 10-37 所示。

表 10-5 南翼采区 460mm 部分进路爆破设计经济技术指标

460mm 进路	排号	孔数 /个	设计米数 /m	设计装药米数 /m	消耗 炸药/kg	崩落矿量 /t	矿石品位 /%	崩落岩量 /t	岩石品位 /%	崩落总量 /t	平均品位 /%	每米崩矿量/t	炸药单耗 /kg·t^{-1}	贫化率/%
	1	11	184.33	152.33	685.47	715	36.96	628	16.85	1344	27.56	7.29	0.96	46.76
	2	11	184.33	152.33	685.47	842	37.19	525	16.85	1367	29.38	7.42	0.81	38.40
	3	11	184.32	152.32	685.46	995	38.06	403	16.85	1398	31.95	7.58	0.69	28.83
	4	11	184.32	152.32	685.46	1197	38.78	243	16.85	1440	35.08	7.81	0.57	16.85
20 号进路	5	11	184.32	152.32	685.45	1351	39.50	124	16.85	1475	37.60	8.00	0.51	8.39
	6	11	184.32	152.32	685.45	1469	40.19	37	16.85	1507	39.61	8.17	0.47	2.48
	7	11	184.32	152.32	685.45	1529	40.78	3	16.85	1531	40.73	8.31	0.45	0.17
	8	11	184.32	152.32	685.44	1544	41.25	0	16.85	1544	41.25	8.38	0.44	0.00
	9	11	184.32	152.32	685.44	1547	41.43	0	16.85	1547	41.43	8.40	0.44	0.00
	10	11	184.32	152.32	685.44	1547	41.43	0	16.85	1547	41.43	8.40	0.44	0.00

460mm进路	排号	孔数/个	设计米数/m	设计装药米数/m	消耗炸药/kg	崩落矿量/t	矿石品位/%	崩落岩量/t	岩石品位/%	崩落总量/t	平均品位/%	技术指标		
												每米崩矿量/t	炸药单耗/kg·t⁻¹	贫化率/%
21号进路	1	11	184.22	152.22	685.00	610	36.61	715	16.85	1325	25.95	7.19	1.12	53.95
	2	11	184.22	152.22	684.99	824	37.38	542	16.85	1366	29.23	7.42	0.83	39.70
	3	11	184.22	152.22	684.98	1061	38.40	355	16.85	1415	33.00	7.68	0.65	25.05
	4	11	184.22	152.22	684.97	1282	39.47	186	16.85	1468	36.61	7.97	0.53	12.64
	5	11	184.21	152.21	684.97	1456	40.37	58	16.85	1514	39.47	8.22	0.47	3.82
	6	11	184.21	152.21	684.96	1520	40.86	16	16.85	1536	40.61	8.34	0.45	1.03
	7	11	184.21	152.21	684.95	1544	40.99	2	16.85	1546	40.96	8.39	0.44	0.11
	8	11	184.21	152.21	684.94	1545	40.79	0	16.85	1545	40.79	8.39	0.44	0.00
	9	11	184.21	152.21	684.93	1520	40.86	16	16.85	1536	40.61	8.34	0.45	1.03
	10	11	184.20	152.20	684.92	1540	40.45	0	16.85	1540	40.45	8.36	0.44	0.00
	11	11	184.20	152.20	684.91	1533	40.33	0	16.85	1533	40.33	8.32	0.45	0.00
	12	11	184.20	152.20	684.90	1525	40.25	0	16.85	1525	40.25	8.28	0.45	0.00
22号进路	-1	6	100.32	82.32	370.45	175	39.26	464	16.85	639	22.98	6.37	2.12	72.64
	1	11	184.10	152.10	684.47	387	40.26	906	16.85	1293	23.86	7.02	1.77	70.04
	2	11	184.11	152.11	684.50	651	40.84	702	16.85	1353	28.39	7.35	1.05	51.90
	3	11	184.12	152.12	684.53	990	40.79	437	16.85	1427	33.45	7.75	0.69	30.65
	4	11	184.12	152.12	684.56	1325	40.66	174	16.85	1500	37.89	8.14	0.52	11.62
	5	11	184.13	152.13	684.59	1497	40.55	38	16.85	1536	39.97	8.34	0.46	2.49
	6	11	184.17	152.17	684.75	1539	40.46	6	16.85	1545	40.37	8.39	0.45	0.38
	7	11	184.20	152.20	684.92	1547	40.44	0	16.85	1547	40.44	8.40	0.44	0.01
	8	11	184.15	152.15	684.68	1542	40.33	0	16.85	1542	40.33	8.37	0.44	0.00
	9	11	183.73	151.73	682.76	1528	40.11	0	16.85	1528	40.11	8.32	0.45	0.00
	10	11	177.13	145.13	653.09	1403	39.89	0	16.85	1403	39.89	7.92	0.47	0.00
	11	11	177.13	145.13	653.10	1469	39.92	0	16.85	1469	39.92	8.29	0.44	0.00
	12	11	177.15	145.15	653.18	1417	40.13	0	16.85	1417	40.13	8.00	0.46	0.00
	13	12	240.99	204.99	922.47	2530	40.13	77	16.85	2607	39.44	10.82	0.36	2.97
	14	12	256.64	220.64	992.87	2771	40.20	108	16.85	2880	39.32	11.22	0.36	3.76
	15	12	242.79	206.79	930.57	2816	40.35	63	16.85	2879	39.83	11.86	0.33	2.20
23号进路	-1	6	102.15	84.15	378.69	11	40.53	580	16.85	591	17.28	5.79	35.40	98.19
	1	11	184.20	152.20	684.90	50	40.93	1174	16.85	1224	17.83	6.64	13.70	95.92
	2	11	183.85	151.85	683.31	241	41.28	1024	16.85	1265	21.51	6.88	2.83	80.92
	3	11	184.18	152.18	684.81	575	41.03	762	16.85	1337	27.25	7.26	1.19	57.00
	4	11	184.24	152.24	685.09	981	40.65	442	16.85	1423	33.26	7.72	0.70	31.04
	5	11	184.25	152.25	685.11	1328	40.36	161	16.85	1490	37.81	8.08	0.52	10.83

续表10-5

460mm 进路	排号	孔数 /个	设计米数 /m	设计装药米数 /m	消耗 炸药/kg	崩落矿量 /t	矿石品位 /%	崩落岩量 /t	岩石品位 /%	崩落总量 /t	平均品位 /%	技术指标		
												每米崩矿量/t	炸药单耗 /kg·t⁻¹	贫化率/%
23号进路	6	11	184.25	152.25	685.12	1492	40.32	31	16.85	1523	39.84	8.27	0.46	2.05
	7	11	184.25	152.25	685.14	1529	40.26	2	16.85	1531	40.23	8.31	0.45	0.12
	8	11	181.98	149.98	674.92	1554	40.12	0	16.85	1554	40.12	8.54	0.43	0.00
	9	11	178.55	146.55	659.50	1612	39.93	0	16.85	1612	39.93	9.03	0.41	0.00
	10	11	177.00	145.00	652.48	1607	39.75	0	16.85	1607	39.75	9.08	0.41	0.00
	11	10	157.04	127.04	571.70	1616	40.02	0	16.85	1616	40.02	10.29	0.35	0.00
	12	11	212.71	180.71	813.22	2371	40.81	130	16.85	2501	39.56	11.76	0.34	5.21
	13	12	243.31	207.31	932.89	2551	42.05	103	16.85	2653	41.07	10.90	0.37	3.87
	14	12	245.03	209.03	940.64	2680	43.27	56	16.85	2736	42.74	11.16	0.35	2.04
	15	12	243.69	207.69	934.61	2734	44.06	17	16.85	2751	43.89	11.29	0.34	0.62

参 考 文 献

[1] 云南华昆工程技术股份公司（昆明有色冶金设计研究院），中冶长天国际工程有限责任公司，昆钢玉溪大红山矿业有限公司．昆钢集团有限责任公司大红山铁矿I号铜矿带及三选厂铜系列1500kt/a采选工程初步设计［R］. 2009.9.

[2] 昆明有色冶金设计研究院股份公司．昆钢集团玉溪大红山矿业有限公司二道河矿段1000kt/a采矿工程初步设计［R］. 2013.12.

[3] 谭锐，陈爱明，瞿金志．矿业软件在露天境界优化中的运用［J］. 有色金属设计. 2010.6.

[4] 曾以和，陈爱明，张岚．大红山铁矿浅部熔岩露天境界圈定及优化研究［J］. 有色金属设计，2009.9.

图 10-1 矿区地形及矿体露头

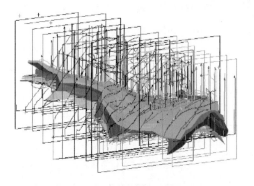

图 10-2 矿体实体建模

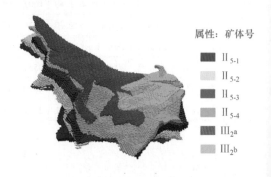

图 10-3 矿体块体模型

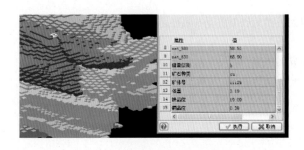

图 10-4 矿床块体价值模型中的属性

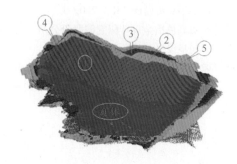

图 10-5 不同产品售价的五个境界方案

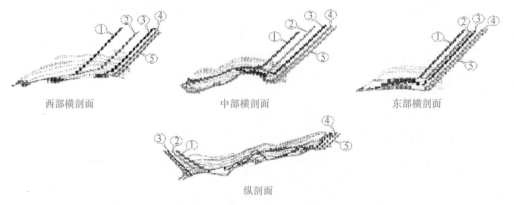

图 10-6 五种不同精矿价格圈定的露天境界剖面

图 10-7 境界③底部及边帮残余矿体

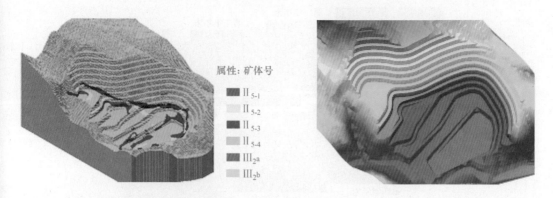

属性：矿体号

- II₅₋₁
- II₅₋₂
- II₅₋₃
- II₅₋₄
- III₂ₐ
- III₂ᵇ

图 10-9 露天终了境界

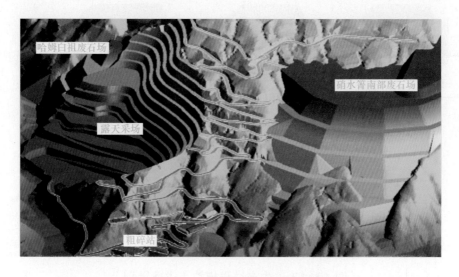

图 10-10 露天开拓线路布置图

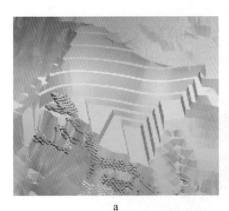 

a   b

图 10-11 基建方案研究

a—自上而下开采方案；b—中上部开采方案

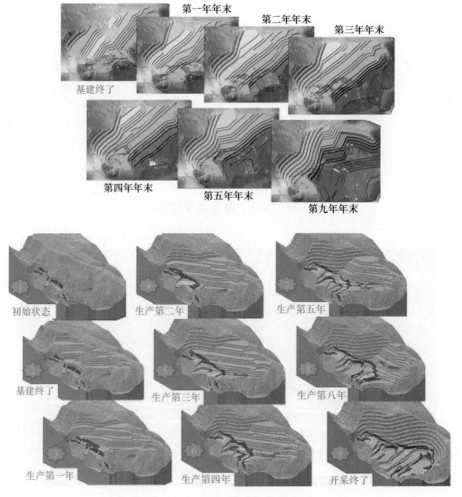

图 10-12 生产过程模拟（进度计划）

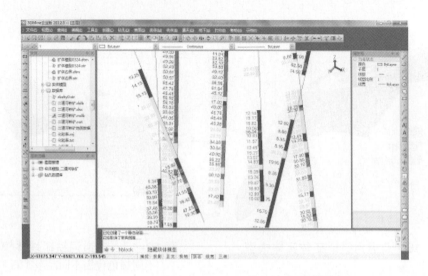

图 10-13 二道河铁矿三维地质信息数据库

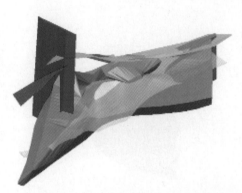

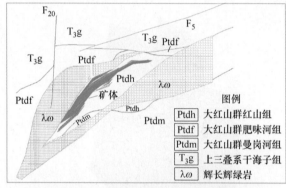

图 10-14 二道河铁矿矿体控制边界实体模型

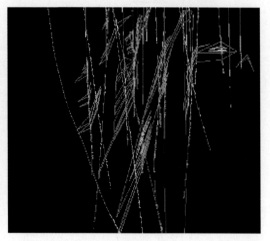

横剖面　　　　　　　　　　　纵剖面

图 10-15 利用钻孔地质数据库解译修正后的剖面矿体

图 10-16 二道河铁矿矿体实体模型

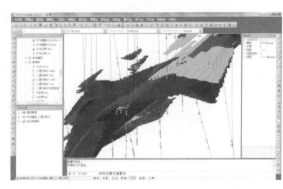

图 10-17 二道河铁矿块体模型
（不同颜色代表不同品级矿石）

图 10-18 移动漏斗底部边界线

图 10-19 移动漏斗上部边界线

图 10-20 移动漏斗境界面

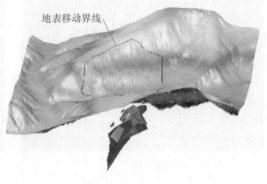

图 10-21 地表移动界线

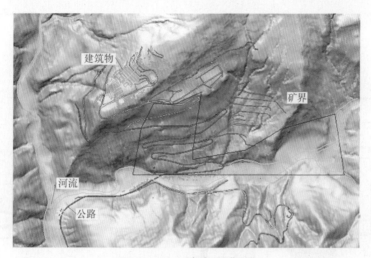

图 10-22　地表示意图

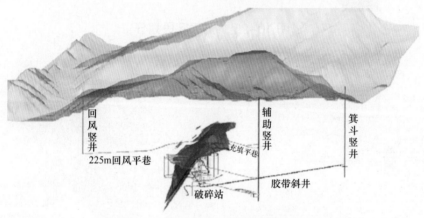

图 10-23　矿床开拓工程布置图（一）

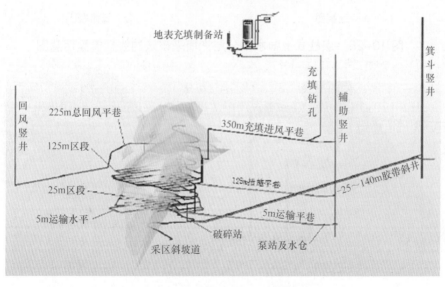

图 10-24　矿床开拓工程布置图（二）

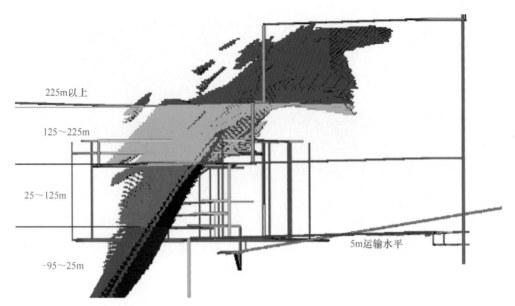

图 10-25　开采区段划分

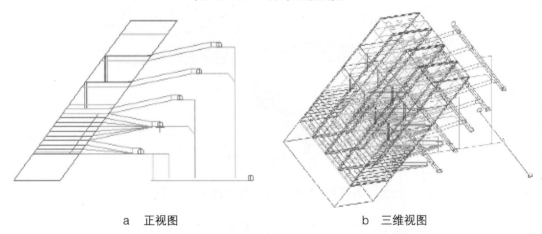

a　正视图　　　　　　　　b　三维视图

图 10-26　点柱式上向水平分层充填采矿法的线框模型示意图

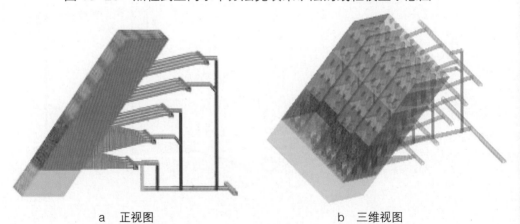

a　正视图　　　　　　　　b　三维视图

图 10-27　点柱式上向水平分层充填法采切工程三维示意图

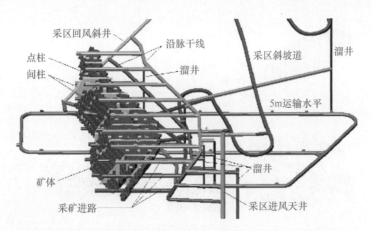

图 10-28　点柱式上向水平分层充填法采切工程布置

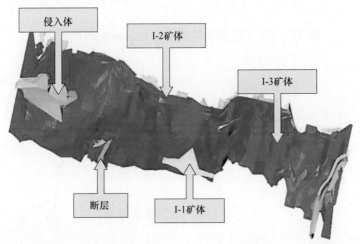

图 10-29　Ⅰ号铜矿体实体模型

图 10-30　矿体与侵入体运算前

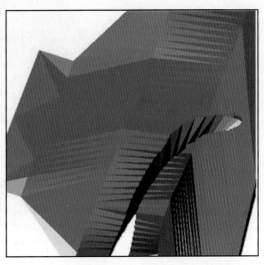

图 10-31　矿体与侵入体运算后

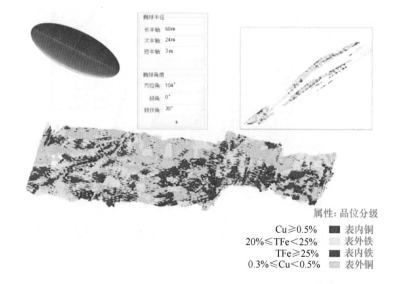

属性：品位分级

Cu≥0.5%	表内铜
20%≤TFe＜25%	表外铁
TFe≥25%	表内铁
0.3%≤Cu＜0.5%	表外铜

图 10-33　Ⅰ号铜块体模型按品位级别风格显示

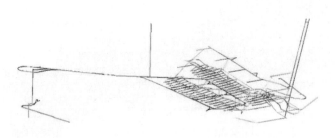

图 10-34　Ⅰ号铜巷道模型

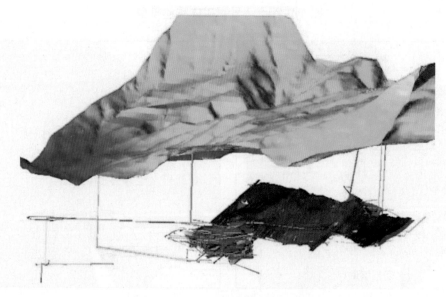

图 10-35　Ⅰ号铜全部实体模型

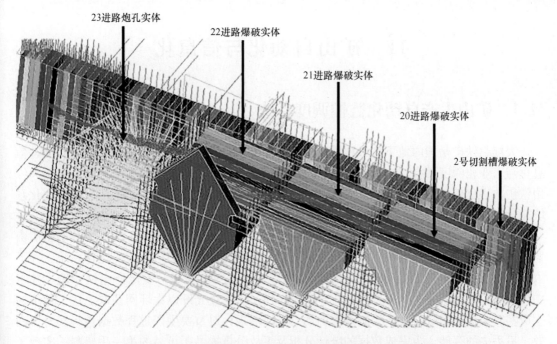

图 10-36 南翼采区 460 部分进路爆破设计实体图

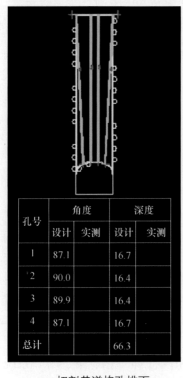

孔号	角度		深度	
	设计	实测	设计	实测
1	87.1		16.7	
2	90.0		16.4	
3	89.9		16.4	
4	87.1		16.7	
总计			66.3	

a 切割巷道炮孔排面

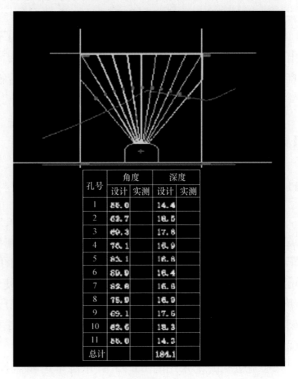

孔号	角度		深度	
	设计	实测	设计	实测
1	88.0		14.4	
2	62.7		18.5	
3	69.3		17.8	
4	76.1		16.9	
5	81.1		18.8	
6	89.9		16.4	
7	82.6		16.8	
8	75.9		16.9	
9	69.1		17.5	
10	62.6		18.3	
11	88.0		14.3	
总计			184.1	

b 进路炮孔排面

图 10-37 南翼采区 460m 切割巷道和进路部分爆破炮孔排面图

11　矿山自动化与信息化

11.1　矿山生产自动化监控调度系统

　　大红山铁矿是国内地下特大型铁矿山，年生产铁矿石产量达到11000kt以上。推进信息化与工业化深度融合，走中国特色新型工业化道路，是企业发展的必由之路。昆钢大红山铁矿数字化矿山监控调度系统的投运，优化了矿山的生产和技术决策，使矿山自动化系统充分发挥效能，实现了企业的良好运作。

　　自矿山开采以来，为实现矿山的基础自动化生产，大红山铁矿逐步建立了数字化矿山监控调度系统，初期包括井下多级通风系统、盲竖井提升系统、矿石破碎运输系统、井下人员车辆定位调度系统、380铁路信号系统、35kV变电站及6kV变电所电网系统、井下中央泵房控制系统等7个基础自动化子系统。通过工业级光纤以太环网获取上述子系统的生产实时数据，完成其生产控制系统的动态画面展现；对重要生产过程数据进行实时、高效、不丢失的存储，为完成数据的统计分析及事故分析提供了可靠的第一手资料；实现了对生产过程数据的统计、分析及历史趋势分析图表化；相关数据还可进一步加工处理，以实现运输安全保障、故障预测诊断等功能。

　　系统投入运行以来，运行稳定，极大地提高了矿山的管理和安全运行水平，实现并超出了用户的预期目标，在节能、维护、提高采出矿量等方面取得了很好的效果，每年产生直接和间接经济效益约4600万元。下一步，随着矿山建设的加快，将扩大系统规模，进一步发挥系统性能。

11.2　井下运输监控系统

11.2.1　概况

　　玉溪大红山矿业有限公司井下有轨运输380m平巷采用20t电机车牵引10m³矿车进行运输。运输距离比较远，正常运行电机车4辆，每辆电机车一般牵引8个矿车。每辆电机车都要经过计量硐室、取样硐室，进出车让车时间长。且380m平巷拐弯多，出口多，岔道多，为了提高机车运行效率，保证安全行车，使运输调度员做到指挥有效，矿山于2006年安装了一套KJ150矿井机车运输监控系统（后升级成KJ293），监控中心站设置在计量硐室内。几年来的运行表明，该系统技术领先，工作可靠，便于维护，操作方便，适应性强，因而具有较大的推广应用价值。

　　矿业公司井下采用的KJ293矿井机车运输监控系统（即"信、集、闭"系统）是基于DCS控制的本安型轨道运输监控系统，具有很高的成熟度与性价比。该系统能够适用于恶劣环境下作业，主要用于对大巷轨道机车运输系统的信号机状态、转辙机状态、机车位置、机车编号、运行方向、车皮数、空（实）车皮数等进行检测，可以实现信号机、转辙机闭锁控制、地面远程调度与控制等功能。系统能实时反映区段占锁情况以及每一台设备和传感器的工作状态，并具有故障自动诊断、报警、数据记录等功能。整个系统在地面主控室通过监控主机对井下大巷的矿车运输实现监控和自动调度，指挥列车安全运行。整个系统无动触点，可靠性高，人机界面友好，操作方便。且可根据现场需要进行灵活配置，以适应井下不同规模运输管控的需要。

11.2.2　系统基本结构

KJ293 系统主要由主控室、远地控制分站和测控现场三部分组成（见彩图 11-1）。其中，地面调度站有主控计算机、显示设备、打印机、管理计算机和智能通讯器等设备；远地控制分站有隔爆电源箱和控制分站；测控现场有轨道计轴器、井下收发机、动态信号机、电动转撤机等设备。

KJ293 系统所用的工控网络是多层总线星形混合结构的二级网络，设置一主一备两台工业控制计算机。从主控室可以引出 4 根网络通讯电缆引往测控分场。控制分站安装在巷道井壁上，采用自行研制的专用工业计算机。每根网路通信电缆（四芯网络电缆）上可挂接 15 台（或 15 台以下）控制分站，控制分站是由高档工业控制微型机组成的专用现场智能分站，直接管理传感设备和执行设备，每个控制分站都配有专用电源箱，可以管理 4 个测控点。每个测控点包括 1 对计轴传感器、1 台收讯机、1 台信号机和 1 台电动转辙机。每个控制分站都配有电源箱提供控制分站以及传感、执行设备工作电源。

11.2.3　系统工作原理

11.2.3.1　工作原理

装在机车头的发讯机将机车运行的车况信息发送给分布在井下大巷各处的收讯机，由计轴器、收讯机设备构成的机车运行状态传感器采集的机车运行信息经控制分站处理后，通过通讯网络、通讯站、光缆传送至主控室监控主机，监控主机根据预编制的"数据基"及调度计划，发出控制信息，经光缆、通讯站、通讯网络至控制分站，由控制分站控制信号灯发信号、控制转辙机控制箱驱动电动/气动转辙机将道岔扳向指定位置，指挥机车行进。

11.2.3.2　主要功能

（1）基本闭锁功能：KJ293 系统包括区间联锁、敌对进路闭锁、信号机、计轴器和转辙机联锁等"信、集、闭"的全部功能。

（2）显示功能：控制主机设置在地面调度站，采用直观、清晰的显示终端作为机车监控模拟屏，在计算机终端和图形设备上以汉字、模拟图和表格等形式显示各列车位置、区段占用及解锁情况、信号机状态、道岔位置、机车调度任务以及系统操作提示等信息（见彩图 11-2）。

（3）调度功能：系统按调度员给定的运行任务，自动指挥列车循环运行，也可随时分进路、分车辆进行调度，即实现自动和半自动调度。

（4）机车定位功能：系统能以轨道计轴器感应机车的当前位置、行车方向、车速和车皮数等机车定位信息。

（5）机车信息识别功能：系统根据安装在设定位置的无线接收器感应接收机车头部发讯机的机车信息，能识别出机车的车号、车类和作业请求信息。

（6）统计功能：系统通过安装在指定统计点的轨道计轴传感器感应机车的过车情况，能统计当班统计点的车皮车辆总数、当前机车数、当前车列数和车皮数，并能生成报表。

（7）司机作业申请功能：在有收讯机的工作区域，司机可利用安装在机车顶部无线发射装置进行作业申请、进路预排，达到司控道岔的功效。

（8）故障诊断功能：系统内各个设备之间的连接，采取有故障安全处理措施，在显示器上能随时反映系统内设备的工作状态，自动诊断故障类型和故障发生位置，并发出醒目报警提示。

（9）重演功能：根据记录的运行过程数据在管理计算机显示设备上可以以任意速度重现指定时间内实际运输过程，为分析事故原因，改进调度策略提供依据。

（10）系统联网功能：主控系统预留有与矿信息系统的数据接口，以便融入矿局总信息系统，根据授权可以远程浏览、远程诊断系统运行状态。

11.3　箕斗竖井提升控制系统

11.3.1　概述

在大型提升机的电气传动方案的选择上，交交变频传动方式具有其鲜明的优势：从1980年第一台交交变频矿井提升机投产以来，世界上已有70~80套大型矿井提升机应用了采用矢量控制模式的交交变频传动系统。在钢铁工业中的应用更是不胜枚举，其理论和系统的成熟度是毋庸置疑的。系统结构单一、简单，系统的主回路功率元器件只有可控硅和熔断器。对技术人员掌握和维护方面的要求较简单。另外，为维持日常生产而所需配备的备件种类和数量要比交直交传动系统要少，而且国内有一些工程公司和研究单位已经具备系统维护的工作能力。

交交变频传动系统，最适合运行的场合为：低速、大转矩输出场合（如：0~10Hz，尤其是0~3Hz）；而矿井提升机恰恰就是低速、大转矩的应用场合。而其他传动形式多用于0~100Hz工作的工艺对象，作为低速直联的矿井提升机是不可能需要如此宽的调速范围的，况且其他传动方式并不用在0~10Hz的最佳工作点。

11.3.2　系统特点

11.3.2.1　控制系统分工明确

针对矿山行业的特殊性，采用PLC + FM458构架的控制系统。逻辑控制部分由S7-400 PLC来实现，工艺控制部分由FM458控制器来实现。

S7-400是西门子公司生产的高端PLC系列，主要用来实现逻辑连锁控制和保护功能。FM458是针对某些行业对自动化和工艺控制要求比较高的场合而开发的64位处理器。

S7-400PLC可扩展Ethernet通信，为矿山集中调度和信息集中显示提供了方便。扩展的通讯功能可实现远程诊断，为系统故障的查找和排除、参数修改等带来方便。

11.3.2.2 电气信号总线通信传送方式

提升机控制系统会对高压柜、低压柜、变压器、井筒信号、装/卸载信息、操作台、电动机和风机等设备进行信号采集和连锁控制。西门子公司对主要远程信号采集和控制均采用 Profibus DP 通信方式进行，在远程站放置 ET200 装置。S7-400 PLC 可扩展 Ethernet 通信，为矿山集中调度和信息集中显示提供了方便。

11.3.2.3 位置、速度、转矩三闭环控制

(1) 位置控制：提升控制工艺中位置决定了速度，位置给定值决定了速度给定值。通过轴编码器反馈回来的实际位置信号，实时调整速度给定值，确保提升机完全按照设计曲线运行。同时根据反馈回来的位置值来判断何时停车，实现精确停车。

(2) 速度控制：提升系统为全数字控制，闭环无级调速。由于加入了冲力值（加速度的导数）控制，使在速度的拐角处实现了 S 形弧线，减少了对钢丝绳和机械设备的冲击和磨损。速度的精确检测和闭环控制，实现了在速度为 0 的情况下施闸停车，改变了过去靠停车开关停车、靠磨闸瓦停车的传统方式。

(3) 转矩控制：西门子高性能的传动装置确保了转矩的静态精度和动态响应。力矩预置功能保证了提升机启动时不会下坠或上蹿，启动平滑。力矩保持功能保证了零速停车施闸时提升机不会倒溜。减少了启动和停车时对机械设备的冲击和闸瓦的磨损。三闭环的控制方式使系统能严格按照设定曲线运行，全数字的闭环控制方式使停车位置准确，不依赖停车开关停车，减少了故障点，自动化程度高，减少了系统运行过程中的人工参与。

11.3.2.4 三大控制回路

(1) 安全回路：故障发生后，提升机立即抱闸实施机械制动，提升机不能再启动，直至故障被排除。

(2) 电气停车回路：故障发生后，系统将立即实行电气停车。之后，提升机将不能启动，直至故障被排除。

(3) 闭锁回路：故障发生后，仍允许提升机继续完成本次提升。但在本周期完成之后，提升机将被闭锁，不能启动，直至故障被复位。

11.3.2.5 双 PLC 控制的主控、监控系统

双 PLC 控制的主控、监控系统提升机控制工艺复杂，设备之间连锁较多，对实时性和安全性要求甚高。

提升机控制系统把安全可靠性摆在第一位。所有的与安全有关的现场设备信号分别进入主控、监控系统进行连锁比较，任意一个系统发现故障信号时立即采取相应措施，有效避免了单 PLC 系统可能发生的信号误采集，CPU 自身运算错误等故障发生。主控 PLC、监控 PLC 系统在工艺控制功能上实行双路独立信号采集、状态判断、实时运算、控制指令生成等，再进行互相比较的方式，确保了控制的每一步都是安全的。

11.3.2.6 传感器信号的双路检测

(1) 轴编码器：对位置（滚筒大轴处）、速度（滚筒外缘处）、滑绳（天轮轴处）检测分别设置了一个双路输出的高精度编码器，信号分别进入主控和监控系统。五个编码器分三处反馈数据互相比较，确保每一次参与运算数据的准确性。

(2) 井筒开关：井筒开关信号直接进入控制系统。井筒开关信号分别进入主控和监控

系统，形成了双路保护。

11.3.2.7 提升机控制专用功能块和工艺控制程序

西门子开发的提升机控制专用功能块。位置、速度、加速度、冲力（加速度导数）、爬行等曲线设定只需要改变参数即可，大大节省了编程开发时间、人力成本、调试时间等。工艺控制中加入了连续速度、逐点速度等速度监视，以及重载提升、重载下放、提升超载、滑绳、位置突变、超速、过卷等软件保护功能。所有的提升控制工艺均为参数输入，功能块参数化的方式给以后的维护和诊断带来了方便。操作方式有手动方式、半自动方式、自动方式、提矿、验绳和检修等。

11.3.2.8 技术参数

提升机主要参数见表11-1。

表 11-1　提升机主要参数

提 升 机 型 号	JKMD-4.5×4（Ⅲ） 多绳摩擦式提升机
导轮直径/m	4.5
天轮直径/m	4.5
首绳根数/根	4
尾绳根数/根	3
提升高度/m	670
加、减速度/$m \cdot s^{-2}$	0.72
提升方式	双箕斗
正常荷载/t	25
传动方式	低速直联提升速度
正常最大提升速度/$m \cdot s^{-1}$	10.6
验绳和检修速度/$m \cdot s^{-1}$	0.5
慢速/$m \cdot s^{-1}$	0.1
加、减速度变化率/$m \cdot s^{-3}$	0.6

提升主电机、直联式交流同步提升电机，标称功率为3150kW。

11.3.3 提升机驱动控制

提升电动机连接到12脉冲的交交变频器上。变频器由6台树脂浇注型干式变压器供电。

主要技术数据包括：定子变压器，由干式环氧树脂浇注；数量为6台；标称容量为950kV·A；频率为50Hz，高压为10kV±2×2.5%；低压为950V。

11.3.3.1 驱动控制功能

提升机驱动控制由西门子公司的全数字控制系统 SIMADYND 系列的模板构成，执行由提升机控制系统中 FM458 模块的而来的转矩给定值。并包含以下主要功能：

（1）与提升机工艺控制的接口（PROFIBUS DP 通信）；

（2）转矩控制；

（3）矢量控制；

（4）定子相电流控制；

（5）磁通控制；

（6）励磁电流控制（PROFIBUS DP 通信）；

（7）高压柜等外围信号控制；

（8）对电机和变频器的监控，产生相应故障和报警。例如过流、过压、欠压、超速、温度故障、快熔故障、通讯故障、供电故障、高压柜故障、实际值检测故障、定子接地故障、励磁接地故障，以及输入电压相序错误、设定参数超限错误、换相错误、零电流错误等。

11.3.3.2　提升机工艺控制、监控系统（第一路）

矿井提升机的解决方案分别对传动部分和自动化部分进行控制，传动部分则包括传动控制部分和传动功率部分。自动化部分把普通启停连锁和工艺控制分开处理。S7400-PLC 主要用来实现逻辑连锁控制和保护功能。

FM458 主要用来实现工艺控制，比如位置、井筒开关信号检测，行程控制，速度控制，工艺控制等。其主要输入输出点已考虑了 20% 的 I/O 余量。

提升机的主控系统由西门子公司的 SIMATIC S7-400 PLC + FM458 模块结合 ET200 组成，协调管理提升机的操作和报警任务。通过检测提升容器在井筒中的准确位置以及速度的基础上实现行程控制。

（1）行程控制，主要包括：速度和位置传感器的输入，速度手柄的输入，对两个提升容器的位置检测，同步位置输入，目标位置，速度和爬行距离的参数确定，爬行速度、加速度、减速度和冲击控制，带冲击限幅功能的位置、速度、加速度的参考值发生器，全提升周期位置闭环控制，速度闭环控制，摩擦轮直径的补偿（绳衬磨损），力矩预控，与传动系统的通信等。

（2）对提升机用电设备的启停进行联锁控制并管理。

（3）对提升机所有用电设备的工作状态进行信号收集和处理。

（4）接收从主操作台来的操作信号。

（5）与井筒信号系统以及装卸载控制系统进行通讯（PROFIBUS DP）和联锁控制。

（6）与主操作台上人机界面设备的通讯。

（7）工艺监控功能以及提升机闭锁回路/电气停车回路/安全回路的软件（双监控系统和安全回路的第一路，即通道 A）。

（8）对所有的报警信号进行处理并输出到操作台人机界面中。

11.3.3.3　提升机监控系统（第二路）

提升机的第二路（即通道 B）监控功能由西门子公司的 SIMATIC S7-400 PLC + FM458 模块结合 ET200 组成。它是在硬件和软件上均独立于第 11.3.3.2 项中所描述的提升机主控系统 PLC 的，主要完成对滑绳、过卷和超速等的判断，实现提升全过程的位置、速度监控。

它的主要功能有：

（1）对提升容器 1 和 2 的全提升周期的连续速度监控（即速度包络线）。

（2）位置突变的监控。

（3）重载提升的监控。

（4）重载下放的监控。

（5）滑绳监控。

（6）所有编码器测量值之间的相互监控。

（7）对井筒同步开关的监控。

（8）两个监控系统（通道 A/B）对各自的运算结果通过通讯实时进行互相比较和监控。

（9）软过卷保护：在控制系统内部设定停车位以上 0.3m 处为软过卷监测点，当提升机到达此位置时，系统实现安全制动。

（10）硬过卷保护：在停车位以上 0.5m 处安设过卷开关，为硬过卷监测点，当提升机到达此位置时，系统实现安全制动。在此检测点以上某个位置安设极限过卷开关，此检测点可以在安全制动之后通过操作台上的按钮旁路。

（11）实现提升机闭锁回路/电气停车回路/安全回路的软件（双安全回路的第二路，即通道 B）。

（12）其他的一些监控功能：

减速段的软件和硬件速度监控：

1）软件逐点速度监控。

2）通过通讯实现系统 A/B 中速度包络线的相互监控。

3）紧急停车监控。

4）错向保护。

提升机每一侧提升容器位置的测量、计算、同步以及显示等均为独立回路。3 个安装位置的编码器均输出两路独立的编码器电信号，进入不同的 PLC 系统进行计算，并进行互相比较，能够达到高安全性和可靠性，见彩图 11-3。

11.3.3.4　安全回路

A　主要安全回路分类

（1）闭锁回路：故障发生后，仍旧允许提升机继续完成本次提升。但在本周期完成之后，提升机将被闭锁，不能启动，直至故障被排除后复位。

（2）电气停车回路：故障发生后，系统将立即实行电气停车。之后，提升机将不能启动，直至故障被排除后复位。

（3）安全回路：故障发生后，提升机立即抱闸实施机械制动，提升机不能再启动，直至故障被排除后复位。

B　信号的划分

至少应包括以下部分：过卷、超速、过载、过流、欠压、紧停、过压、滑绳、同步超限、绳衬磨损、接地、错向、超温、通讯故障、井口设备闭锁、制动系统故障、绳伸长、缺相、励磁故障、尾绳故障、硬件故障等。

安全回路设计在两套完全独立的硬件（PLC）和软件系统中。其分别是在主控 PLC 和提升机监控系统 PLC 中描述的结构实现的。上述两个通道中的安全回路的运算结果是相互监控的。当发现有不同结果时，系统将启动紧急制动，并且发出系统不对称报警。

11.3.3.5　工业以太网

在 HMI 画面 PC 中安装以太网通信网卡，用于通过工业以太网（TCP/IP）与矿调度室内的计算机系统进行联网,传输关于主井提升机的运行基本数据。与调度室计算机通讯采用开放的 OPC 协议。

11.3.3.6 制动系统

制动系统应当满足以下要求:

(1) 制动系统的电气控制自成一体。

(2) 其核心控制部件可以作为从站通过 PROFIBUS DP 与主控 PLC 通信。可以通过 DP 总线向主控 PLC 传输提升电控系统所需要的控制和显示信号。

(3) 通过硬线连接方式与主控 PLC 间传输重要控制信号和状态信号。

11.4 过磅房远程控制系统

11.4.1 矿业公司原有过磅系统存在的问题

矿业公司过磅系统计量数据信息原来采用纸质单据进行传递、统计,每天有大量的手工填单和计算工作,极易发生错误。同时计量数据信息不能实时、准确地传输到各相关业务部门。各现场磅房分布在厂区各处,物资、人员等资源调度困难,不能动态平衡各磅房的资源和负荷,既造成了人力资源浪费,也影响了物流的顺畅程度。主要存在以下问题:

(1) 因所有信息的录入均由司磅员进行手工操作,操作效率较低,对数据的准确性也有一定影响。

(2) 衡器负载时间上不均衡,不同时段物流量不均匀的矛盾比较突出,计量人员工作量大、强度高。

(3) 公司各个管理部门未与计量系统联网,计量系统成为一个"信息孤岛",数据无法实现共享,也无法集中管理监控。

(4) 衡器监控配置不全,外来车辆在人员不能及时观察到的情况下,会采取多人、少人、换人、换车与换牌等多种作弊行为,尤其在夜晚更难发现。

(5) 收发货的货单为纸质单据,但系统未对单据进行拍照存储。

11.4.2 矿业公司过磅房无人值守、集中远程控制系统

通过一个控制中心(即公司调度中心),将分散的各计量点现场状况通过视频技术接入计量大厅操作终端,并设置大厅与各计量点的语音对讲系统和计量信息交互传递系统,计量操作在计量大厅内完成,计量结果在现场计量点实时显示,各部门及用户通过网络即可查询、统计计量数据。过磅房无人值守、集中远程控制系统充分整合了矿业公司的 7 台汽车衡、1 台轨道衡、16 台皮带秤,并结合多种计量防作弊手段,利用分布式网络、远距离计量数据传输、自动语音指挥、称重图像即时抓拍、红绿灯控制、红外防作弊、远程监控等技术,构建完善的远程计量管理系统,并且对每个计量点安装多台全方位的视频监控设备,完成计量过程的监控、图像抓拍及计量操作过程的截图,辅助计量操作员完成计量任务,最终实现系统的自动计量和计量员在远程计量中心进行统一调度、分配、接管计量任务。

整个系统采用集中管理、分布监控的模式,所有的业务数据(数据、语音、图像、控制信号等)通过无人值守机(终端)和软件系统进行就地处理,通过网络与控制中心

（调度中心）进行交互。

11.4.2.1 汽车衡计量

汽车衡现场利用原有磅房进行技术改造，整个计量过程由司磅员远程操作完成，现场配置见彩图 11-4。视频监控采用 7 路摄像机监控，1 路监控车厢顶部，2 路监控汽车前后车牌，2 路抓拍驾驶室与司机头像，1 路查看业务票据，1 路监控磅房内运行状况。7 路视频通过利用硬盘录像机进行录像采集和存储，并将视频信号上传至控制中心计算机。安装一套远程票据打印设备，计量完成后根据用户需要进行单据打印。

11.4.2.2 动态轨道衡计量

矿车过磅时，自动采集车号、质量、过磅时间、录像等信息，形成过磅记录，并且上传到服务器，其动态轨道衡设备配置见彩图 11-5。

11.4.2.3 皮带秤计量

在室外安装一台 IP 摄像机以实时监控皮带运行情况，从原有 PLC 系统中采集到皮带称量数据，并将数据传到计量大厅。

11.4.3 矿业公司过磅房无人值守、集中远程控制系统达到的效果

控制系统可达到的效果：

（1）具备现场无人值守条件。

（2）建立了适合矿山公司生产、经营、管理的信息化计量平台，实现所有计量、计量调度业务数据的规范化、标准化、电子化和集成化。

（3）把计量过程中需要的数据信息，按业务部门的职能，合理分配并提前完成，计量时通过刷卡或输入车号匹配即可调出，提高计量业务的整体作业效率。

（4）集中管理各个计量点，流程规范，业务部门统一管理、调度，实现快速的自动计量，保证公司物流的顺畅。

（5）计量过程实现视频实时监控，视频信息与物流信息、车辆信息一一对应，实时掌握车辆和计量的全过程，利用先进的红外探测技术，确保车辆完全上秤，达到准确计量。

（6）物资与 IC 卡中的仓库进行绑定，指定的物资入指定的库房，出库也必须与 IC 卡中的物资相一致才允许出库，保证的出入库物资的准确。实现一车一卡，计量过程实行 IC 卡一卡通管理，IC 卡与计量业务绑定。进一步完善防作弊功能，杜绝计量过程中的人为干扰，利用更先进的设备与技术，提高防范作弊的手段和水平。

（7）业务逻辑控制严密、设置灵活，各种业务实现闭环管理；每车业务从开始到结束要完成所有的操作步骤，否则无法完成本车计量。

（8）计量过程信息进行实时监控录像，为事件的追溯提供查询手段，出现问题可以通过系统和录像进行追溯和复现。

11.5 变配电站远程控制系统

11.5.1 矿业公司电网现状

矿业公司现有变配电站 16 座（其中：1 座为正泰后台监控系统、1 座为南瑞后台监控

系统、1 座为湖南雁能英科后台监控系统、12 座采用紫光测控计算机监控系统)。各站都实现了自动化监控系统。见表 11-2。

表 11-2　变电站及监控系统配置情况

序　号	站　名	监控系统
1	35kV 铁矿变配电站	湖南紫光
2	6kV，344m 粗碎变配电站	湖南紫光
3	6kV，地面驱动站	湖南紫光
4	6kV，380m 中央泵房	湖南紫光
5	6kV，三选厂粗碎	湖南紫光
6	35kV，铁选变配电站	湖南紫光
7	6kV，二号环水配电室	湖南紫光
8	6kV，并管工程配电室	无后台，拟并入 6kV 2 号环水后台
9	35kV，供水变配电站	正泰继保
10	10kV，新加压泵站	湖南紫光
11	6kV，老加压泵站	湖南紫光
12	110kV，曼岗变配电站	南瑞继保
13	10kV，三选厂电器楼	湖南紫光
14	10kV，三选厂回水变配电站	湖南紫光
15	10kV，三选厂磨矿间	湖南紫光
16	10kV，三选厂尾矿变配电站	湖南紫光

11.5.2　系统运用原则

整个调度系统遵循技术先进、经济合理、安全适用、运行可靠、使用维护方便、性能价格比高的原则，进行工程设计和建设。

根据矿业公司电网总体规划，运用管理信息系统，对现有变电站及在建变电站进行全面综合监视和操作控制，以求适应矿业公司未来发展的需要。尤其对后期变电站的改扩建、电力调度自动化，可逐步进行系统的伸缩和管控。

11.5.3　系统实现功能

系统主要完成数据采集、处理、计算、显示、报警、事项记录、事故追忆、事件顺序记录、遥控遥调处理和打印制表以及历史数据存储等功能，为电网运行调度人员提供监控电网运行必需的数据信息与手段，以及进行日常操作必需的人机界面。

(1) 数据采集、处理和控制类型。实时采集各变电站 RTU 传送的信息，包括遥测、遥信等数据；同时，向 RTU 发送各种数据信息及控制命令。

(2) 数据处理。主要包括遥测量数据处理和遥信量处理。

(3) 电量处理。接收并处理 RTU 发送的实测脉冲计数值；对相关的有功功率、无功功率进行积分累计生成电度量值。包括送电、受电累计；调度员人工设置电度量值；能按峰、谷、平时段处理电度量，峰谷时段可定义选择；日总供电量、网供电量和网损计算；

对累计的各种时段的电量进行日、月、年统计计算；对累计的各种时段的电量按不同费率进行电费的计算。

（4）计算功能。包括遥测、遥信计算量。

（5）遥控遥调功能。既能通过 RTU 或变电站综合自动化系统执行，又能通过计算机网络通信对象执行。

（6）事件记录。报警对象包括遥信变位、遥测越限、RTU 故障、通道异常；系统故障包括异常切机、关键进程异常、数据库异常和网络设备故障等。可由用户根据需要自行设定系统报警范围及内容。

11.6 供水加压泵站远程控制系统

11.6.1 概况

大红山铁矿 500kt/a 选厂于 2002 年建成投产，继而扩产建成 4000kt/a 选厂（二选厂）；自 1998 年 6 月已建成提取夏洒江沙滩伏流水管井 18 口，并建有江边加压泵站及输送管道，可供生产、生活的新水用量为 33600m³/d，通过江边取水完全能够满足生产生活需求。

后续建成大红山铁矿三选厂，设计处理量 8000kt/a。三选厂的建成，使大红山选厂处理量由原来的 4500kt/a 扩大到 12000kt/a，生产规模扩大了 2.7 倍。但原供水系统受气候变化、干旱日趋严重、河道变迁等原因的影响，导致取水量减小，仅靠夏洒江原有管井供水系统已不能满足扩产项目用水需求，必须进一步寻找和建设新的水源。除进一步利用夏洒江水系寻求新水源外，还利用矿山井下排出的坑内水处理后回用，并建成尾矿库回水系统。矿山采选系统日耗水量约 4.5 万立方米，供水来源较复杂（主要水源有江边管井、江边取江水、井下回水、尾矿库回水等系统），各种水源成本价不同，水质也不一样。并且面对每天的"峰、平、谷"时段电价不同，实时调整用水来源以求达到成本最优化，这是降低成本的有效途径。而且供水系统改造之前均为人工现场操作，其时效性差，面对生产指令及时性不够，生产的高效运转和原始低效的人工操作之间的矛盾越来越突出。经过多方论证，采取全自动化无人值守、集中远程控制的管理模式，能够达到高效动态管理，有效解决问题。

11.6.2 供水系统现状

大红山铁矿江边水源地江边一共有 6 个泵站：老加压泵站（7 台高压泵）；新加压泵站（8 台高压泵）；1 号管井泵站（4 台低压管井泵）；2 号管井泵站（4 台低压管井泵）；3 号管井泵站（5 台低压管井泵）；4 号管井泵站（4 台低压管井泵）。

系统现在有两套 PLC 控制系统对泵站进行控制，一套控制老泵站及 4 个管井泵站；一套控制新泵站。两个系统都可实现对各泵站内各泵的远程启停，但新老泵站内电动阀未能远程控制，因此两个泵站都必须由人员值守，现场操控。

11.6.3 系统更新改造

根据远程操控方案要求，需增设一个新的 PLC 控制总站，通过控制各点电动阀、泵和水位监测装置，对每个高压电机回路加装 Profibus 通信功能的多功能终保，并网低压管井泵的保护和参数，就可以实现对整个泵站系统电压、电流、功率、报警参数的全面监控，实现对泵站所有设备的逻辑自动控制，将泵站设备的控制按照权限高低不同，分配给总调度室值班人员，根据制度实施责、权分配到岗，落实到人。

为了全面掌握水泵及电机的运行情况，还增加高压电动机或水泵的振动检测。这样，通过 PLC 对电机电流及振动值的实时监控，在设备出现异常情况时，可以及时进行报警或停机保护。通过在监控计算机上对长期电流及振动曲线的对比，可以建立电机预警系统，保证设备长期可靠运行。

为了保证系统运行的可靠性，在水池加装两套新的液位检测装置，通过选用可靠的液位仪获得准确的液位信号。

原有的两套 PLC 控制系统将通过以太网与新的 PLC 控制站连接，通过通讯互相交换信号，实现必要的联锁控制，并形成一个完整的泵站控制系统。

为了满足无人值守的要求，还在泵站设置 6 台摄像机，用于远程视频监控。

在新的 PLC 柜内加装光纤以太网交换机，除了将 3 套 PLC 互相连接以构成一个完整的泵站控制系统外，通过已经布设的光缆，还可以将泵站控制系统及视频监控系统连接到总调度室的监控站，这样就可以实现在调度室对水源泵站的完整远程监控，在实现泵站无人值守的同时也能看到泵站内的一切情况。

在两个泵站各设置两台交换机，其中一台主要用于连接网络摄像机，另一台具有光纤接口的交换机除了连接控制设备外，还通过单模光缆连接总调度室交换机，并构成可靠性较高的环形网络。

远程控制系统的实施提高了生产系统调控能力，将原来需要 1h 才能完成的控制指令能够在瞬间实现，是适应现代化高效生产、节约成本的必由之路。

11.7 矿山安全监测系统

11.7.1 视频监控

视频监控系统以其能够实时、形象、真实地反映被监控对象的特征，逐渐成为现代化管理和监控的重要技术手段之一。核心是与其配套的平台系统。平台系统是智能化视频监控系统的大脑和心脏，具有高清、智能、移动、云监控等特点。

大红山铁矿视频监控系统涉及井下和地面生产设备和现场的监控、矿区和生活区的安防监控，以及过磅房和 35kV、110kV 变电站无人值守的监控等。将全矿所有视频整合，视频图像及控制信号接入矿业公司生产指挥中心，实现全矿视频集中监控。同时在采矿和三个选矿厂分别设置分控中心，通过中心矩阵对控制权限进行划分、优先级设置，实现各分控中心对所需图像的调用、控制功能。技术应用方面主要体现了国产和进口监控设备的融合、网络传输设备之间的融合和模拟、数字、网络、智能化的融合。

11.7.2 井下人员、车辆定位

11.7.2.1 系统建设

井下人员、车辆定位采用天地（常州）自动化股份有限公司自主研发的 KJ69J 系列人员定位管理系统。系统构成见彩图 11-6。

根据系统建设的要求，在矿业公司地面建立中心处理站，负责完成整个系统设备及人员监测数据的管理、分站实时数据通讯、统计存储、屏幕显示、查询打印、画面编辑、网络通讯等任务。

采用 KJF80.1 型监测站处理器，通过 KJF80.2A 无线接收器对无线编码发射器发出的无线编码信号进行接收处理，检测出井下人员的位置、编码等信息，并可提供开关量信号输出和串行数据信号输出。

与系统配套采用的 KGE37B 无线编码发射器，应用了先进的 RFID 射频识别技术，通过 KJF80 型无线数据监测站，可完成对井下人员及机车等动目标的位置监测功能。

11.7.2.2 系统功能

根据检测系统功能和现场使用情况，整个系统在矿业公司生产中实现了以下功能：

（1）实时了解井下人员及机车的流动情况、了解当前井下人员的准确数量及分布情况，查询任一指定下井人员当前或指定时刻所处的区域，查询任一指定人员本日或指定日期的活动踪迹。

（2）作为下井人员考勤系统，统计与考核下井人员的出勤情况，可以对任一日期或指定日期段、任一指定月份，对下井人员进行下井次数、下井时间、下井班次等进行分类统计，生成人员考勤的日报表、月报表，便于考核，并能打印相关报表。

（3）可用来规范人员的活动，防止缺岗、串岗、迟到和早退，提高矿井生产效率，有效防止只考勤不下井或下井不考勤的情况，确保考勤统计数量与井下作业人员的数量完全一致。

（4）与门禁相结合，要求出入井人员也要一一刷卡才能通过门禁，更加准确统计井下人员，杜绝一人多卡等情况发生。

（5）下井人员超时时间可设定为 12h 及 16h 两档，超过 12h 为黄色报警，超过 16h 为红色报警。

（6）可由管理员在 web 界面上安排领导带班下井计划，其他用户登录后可见，便于群众监督。

（7）当发生事故时，救援人员也可根据井下人员定位系统所提供的数据，迅速了解有关人员的位置情况，及时采取相应的救援措施，提高应急救援工作的效率。

11.7.3 井下环境监测监控系统

11.7.3.1 系统工作原理

大红山铁矿井下环境监测监控系统以井下工业环网为平台，在系统中井下与地面的数据交换，均通过此平台实现。整个环境监测监控系统采用集散式控制体系结构，配置灵活，可满足矿井不同情况的需要。系统采用三级结构：第一级为地面监控中心，是安全监控系统的大脑，负责监控系统的运行情况及监测数据的管理、定义配置、实时数据采集、分析处理、统计存储、屏幕显示、查询打印、实时控制、远程传输、画面编辑等任务。第二级为主干传输链路，由系统内地面监控主机与井下各现场监测传感器组成的数据采集通道。第三级为前端数据采集、控制部分，包括各类传感器、控制器等设备，主要布设在采矿中段、探矿区、井下变电所、主通风机、总回风巷、主运输巷、辅助运输巷等范围内设置传感器。各类传感器将采集到的各种环境及生产信息传送给地面监测主机，监测主机实时显示、存储、并实现控制、报警等。通过执行器和报警器来完成远程控制、区域声光报警功能。

11.7.3.2　井下环境监测监控系统的功能

（1）监测矿井上、下的各类环境安全参数（一氧化碳、二氧化碳、风速、风机开停状态、风压、水位）。系统能随时向地面反映井下环境变化，使工作人员能及时了解井下各地点有关环境参数的变化情况，对存在的隐患能够迅速作出处理决策，从而有效避免中毒事故的发生。

（2）系统能监测矿井主扇风机、辅扇风机运行情况，发现风机停止后人员能立即组织开启。

（3）对井下水仓水位变化情况进行监测，发现水位监测仪器报警后，能立即组织人员撤离或开启抽水泵。

整个系统有效降低各类专业工作人员的工作量，帮助领导和调度员及时掌握生产情况。

玉溪大红山矿业有限公司井下环境监测监控系统是一个综合性的监控系统。它可以将安全与生产监测信息等各种信息综合在一起，实现了信息的综合利用。同时，系统还可以方便汇接其他监测系统（如提升装置等），实现了信息共享和局部环节的自动化控制。整个系统具有技术先进、结构合理、运行可靠、故障分散、维修方便等优点。

参 考 文 献

[1] 杨建华. PLC + FM458 构架在大红山铁矿箕斗井提升机上的应用 [J]. 云南冶金，2010.8.

[2] 徐炜. 技术创新与管理创新并举，努力打造一流现代化矿山企业 [J]. 中国矿业，2012.8.

[3] 资伟，赵立群，郭朝辉等. 地下特大型铁矿山数字化监控调度系统的开发和应用 [J]. 采矿技术，2011.11.

[4] 徐刚，张坤，胡艳芳等. 有源 RFID 技术在大红山铁矿井下定位系统中的应用 [J]. 现代矿业，2015.1.

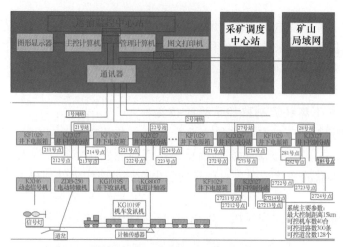

图 11-1 KJ293 系统结构

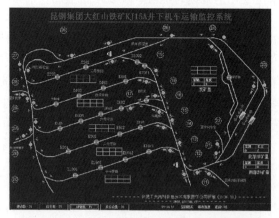

图 11-2 大红山铁矿井下机车监控系统

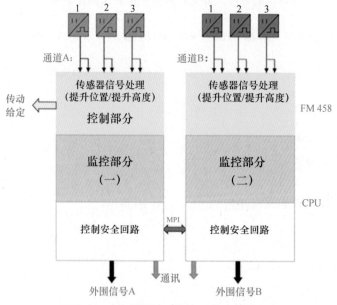

图 11-3 提升机监控系统示意图

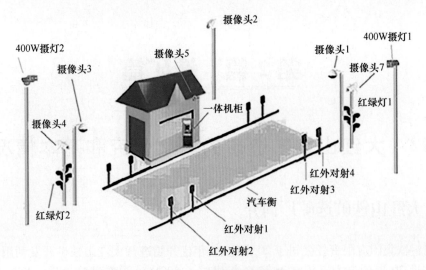

图 11-4　现场设备配置

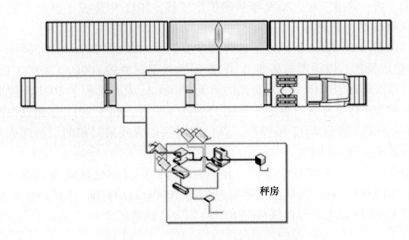

图 11-5　动态轨道衡设备配置

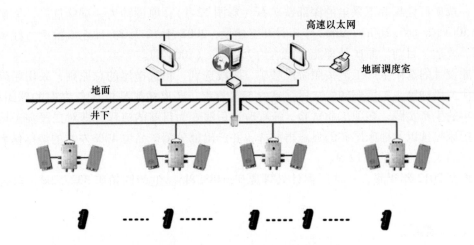

图 11-6　系统结构组成

第2篇　选矿篇

12　大红山铁矿选矿的基础研究和基本情况

12.1　大红山铁矿选矿厂简介

昆明钢铁集团有限责任公司于 20 世纪 90 年代开始进行大红山铁矿开发利用的前期工作，经过近 20 年的努力，相继于 2002 年建成了 500kt/a 采选试验工程，2006 年建成了 4000kt/a 采、选、管道工程，2009 年启动扩产工程，2011 年建成了扩产工程 1500kt/a 铜系列和 3800kt/a 熔岩系列等几个选矿厂。

其中，以 $Ⅱ_1$ 矿组 720m 标高以上矿体为主要开采对象的 720m 头部 500kt/a 采矿工程于 2010 年建成投产，以深部铁矿 $Ⅲ_1$、$Ⅳ_1$ 矿组为开采对象的 800kt/a 采矿工程于 2011 年建成投产，以浅部熔岩矿体为开采对象的露天 3800kt/a 采选工程于 2011 年建成投产，以 Ⅰ 号铜矿带深部矿体为开采对象的 Ⅰ 号铜 1500kt/a 采选工程于 2012 年建成投产，Ⅰ 号铜浅部 200kt/a 采矿工程于 2012 年投产，以二道河铁矿为开采对象的二道河铁矿 1000kt/a 采选工程目前正在建设当中。

大红山铁矿选矿厂下辖三个分厂，分别为一选矿厂（年处理能力 500kt）、二选矿厂（年处理能力 4000kt）和三选矿厂（年处理能力 7000kt）。目前，选矿厂生产总规模达到年处理原矿 11500kt 以上，年产铁精矿 4000kt 以上、铜精矿 25kt 以上。

12.1.1　一选矿厂

一选矿厂处理井下采出的深部铁矿石（彩图 12-1），原设计为一试验选厂，原矿处理能力 500kt/a（67.2t/h），2002 年 3 月开工建设，2002 年 12 月 31 日建成投产。经多年的调整、改造，目前，原矿处理能力已达约 750kt/a（100t/h）。

原设计的选矿生产工艺按照阶段磨矿、阶段选别、粗选抛尾的总原则，采用粗碎 + 半自磨 + 二段球磨 + 二段弱磁 + 二段强磁的工艺流程，产出精矿品位 62% 左右的球团精矿。经多年的生产实践、多项工业试验、流程改造后演变为目前的流程，即对二段强磁尾矿增加了摇床扫选以及摇床尾矿的强磁再扫选，并产出部分精矿品位 40% 左右的烧结精矿。目前生产的工艺流程见图 12-9。

截至 2012 年年底，一选厂累计处理原矿 6483.8kt，生产铁精矿 3327.2kt，取得了较好的经济效益。

12.1.2　二选矿厂

二选矿厂处理的矿石为采自深部铁矿 $Ⅱ_1$ 铁矿组的矿石（彩图 12-2），设计原矿处理能力 4000kt/a（537.2t/h），2003 年 12 月 26 日开工建设，2006 年 12 月 31 日建成投产。经过几年的不断改进，现处理能力已达约 4500kt/a（600t/h）。

原设计的选矿生产工艺仍然按照阶段磨矿、阶段选别、粗选抛尾的总原则，采用井下粗碎 + 半自磨 + 二段球磨 + 三段弱磁 + 二段强磁，第二段强磁精矿再浮选，浮选精矿与三段弱磁精矿合并，即最终精矿；浮选尾矿与二段强磁尾矿合并，即最终尾矿的工艺流程。产出精矿铁品位为 64% 的铁精矿（球团精矿）。经过几年的生产实践和不断试验，采用了离心机提质降杂，以取代原设计的正浮选，并对两段强磁的尾矿增加了强磁 + 摇床的降尾作业。除产出铁品位为 64% 的铁精矿外，还产出部分铁品位为 50% 的铁精矿（烧结精矿），以及部分铁品位为 40% 的铁精矿（烧结精矿）。目前生产的工艺流程见图 12-10。

截至 2012 年年底，累计处理原矿 23885.4kt，生产铁精矿 11689.1kt。

12.1.3　三选矿厂

三选矿厂原规划由三个选矿系列组成，包括熔岩铁矿系列（处理地表产出的熔岩铁矿和地表含铜铁矿）、深部铜矿系列（处理井下产出的含铁铜矿）和二道河铁矿系列（处理二道河矿井下产出的铁矿石）。规划原矿处理能力 7000kt/a。其中：首先建设熔岩铁矿系列 3800kt/a（包含地表含铜铁矿 800kt/a）、深部铜矿系列 1500kt/a，合计 5300kt/a。2009 年 10 月，三选矿厂（彩图 12-3）开工建设，2010 年 12 月 28 日，熔岩铁矿系列建成投产；2011 年 3 月，深部铜矿系列建成投产。2012 年熔岩铁矿系列、深部铜矿系列进行了流程扩能改造、降尾改造实验和可行性研究，并开始进行改造，2013 年 7 月两项工程完成。熔岩铁矿系列处理能力从设计的 3800kt/a 提高到 5000kt/a，深部铜矿系列处理能力从设计的 1500kt/a 提高到 2000kt/a，两个系列原矿处理能力达到了 7000kt/a 的目标。目前由于熔岩铁矿系列、深部铜矿系列的扩能改造和降尾改造工程完成，二道河铁矿系列停止了建设。

12.1.3.1　熔岩铁矿系列

熔岩铁矿系列原设计规模 3800kt/a（包含地表含铜铁矿 800kt/a）。选矿工艺流程采用熔岩铁矿和含铜铁矿两种矿石分时段选别方案，熔岩铁矿和含铜铁矿共用粗碎、磨矿系统。

处理熔岩铁矿时采用粗碎、半自磨一段球磨连续磨矿、弱磁选、（一段磨选后抛除产率 60% 的合格尾矿）、粗精矿再磨后再进行两次弱磁选，得到合格精矿并丢弃尾矿的选别流程。产出精矿品位为 60% 的铁精矿。

处理地表含铜铁矿时，采用粗碎、半自磨一段球磨连续磨矿、浮铜、浮铜尾矿弱磁选选铁、铁粗精矿再磨再弱磁选铁的选别流程。产出精矿品位为 18% 的铜精矿和精矿品位为 60% 的铁精矿。

随着露天采场不断向下开采，熔岩铁矿矿石中赤铁矿的含量逐渐增加，造成尾矿铁品位逐渐升高，2012 年熔岩铁系列进行降尾、扩能改造，降尾改造是在原设计单一弱磁选流程的基础上，增加了强磁选，提高赤铁矿的回收率，大大降低了尾矿品位。扩能改造是在熔岩铁矿系列第三段磨矿中，使用三台日产 $\phi1500mm$ 塔磨机代替原设计的一台 $\phi5000mm \times 8300mm$ 球磨机，使熔岩铁矿系列的处理能力由 3800kt/a 提高到 5000kt/a。而 $\phi5000mm \times 8300mm$ 球磨机应用到深部铜矿系列第三段磨矿，使深部铜矿系列的处理能力从设计的

1500kt/a 增加到 2000kt/a。目前生产的工艺流程见图 12-12。

12.1.3.2 深部铜矿系列

深部铜矿系列原设计 1500kt/a。选矿工艺流程采用粗碎 + 半自磨 + 二段球磨的阶段磨矿—浮铜—弱磁选铁的选别流程。产出精矿铜品位为 18% 的铜精矿和精矿铁品位为 60% 的铁精矿。在降尾、扩能的实验研究中发现，深部铜矿系列降尾的意义不大，而熔岩铁矿系列的 1 台 $\phi5000mm \times 8300mm$ 球磨机应用到深部铜矿系列第三段磨矿，可以使深部铜矿系列的处理能力从设计的 1500kt/a 增加到 2000kt/a。目前生产的工艺流程见图 12-11。

截至 2012 年年底，三选厂累计处理原矿 9285.3kt，生产成品铁精矿 2296.0kt、铜精矿 5.34kt。

12.2 大红山铁矿的"物性"研究及"大红山式铁矿"的提出

大红山铁矿产出的铁矿石，其脉石主要为含铁硅酸盐，脉石与某些铁矿物磁性相近，难以分选，类似如白云鄂博的东矿和西矿、河南舞阳的赤铁矿、山西袁家村的闪石型铁矿石等，以及新疆的阿齐山、雅满苏-沙泉子、天山地区以及西天山吾拉勒成矿带中的备战铁矿、查岗若尔铁矿、智博铁矿等。该类型的铁矿石储量大、分布广，由于主要为含铁硅酸盐的脉石与微细粒的铁矿物嵌布紧密，脉石具备了与铁矿物相近的密度、表面化学性质和磁性，因而使其与铁矿物的分离变得困难，因此，把该类型的脉石主要为含铁硅酸盐、微细粒的难选铁矿石命名为"大红山式铁矿"。

大红山铁矿技术中心选矿实验室进行了大量的研究工作，在马鞍山矿山研究院选矿试验研究的基础上，针对含铁硅酸盐与微细粒嵌布的难选赤铁矿，先后完成了多项工艺矿物学的研究和工艺流程的探索性研究。

12.2.1 深部铁矿的矿石性质研究

1988 年和 2003 年，马鞍山矿山研究院先后两次对大红山深部铁矿试样进行了工艺矿物学研究，这里介绍 2003 年的主要研究结果。

12.2.1.1 矿石性质

原矿的多元素分析、铁物相分析和磨矿细度试验的结果分别见表 12-1 ~ 表 12-3。

原矿不同磨矿细度的试验结果表明，磨矿细度越细，磁性物的铁品位越高；当磨矿细度为 -0.076mm 占 50% 时，磁性物的铁品位在 64% 以上，非磁性物的铁品位在 20% 以上；说明在较低的磨矿细度条件下，可以获得铁品位 64% 以上的铁精矿，但尾矿中的铁矿物还需进一步回收。

表 12-1 原矿的多元素分析结果

成 分	TFe	SFe	FeO	Al_2O_3	CaO	MgO
含量（质量分数）/%	39.21	38.92	13.56	3.72	1.14	0.93
成 分	SiO_2	K_2O	Na_2O	烧损	S	P
含量（质量分数）/%	33.79	0.05	1.16	0.80	0.05	0.16

表 12-2　原矿的铁物相分析结果

矿　物	磁铁矿	赤褐铁矿	假象赤铁矿	黄铁矿	硅酸铁	碳酸铁	合计
含量（质量分数）/%	24.60	12.50	0.46	0.06	0.54	1.00	39.16
占比/%	62.82	31.92	1.17	0.15	1.38	2.56	100.00

表 12-3　原矿的磨矿细度试验结果

磨矿细度 -0.076mm 占比/%	产品名称	产率/%	铁品位/%	铁收率/%
50	磁性物	39.19	64.46	64.47
	非磁性物	60.81	22.89	35.53
	原矿	100.00	39.18	100.00
55	磁性物	36.45	65.02	60.74
	非磁性物	63.55	24.11	39.26
	原矿	100.00	39.02	100.00
60	磁性物	36.24	65.42	60.47
	非磁性物	63.76	24.31	39.53
	原矿	100.00	39.21	100.00
70	磁性物	34.34	66.60	58.39
	非磁性物	65.66	24.82	41.61
	原矿	100.00	39.17	100.00
80	磁性物	33.78	67.98	58.71
	非磁性物	66.22	24.39	41.29
	原矿	100.00	39.11	100.00
90	磁性物	31.67	69.56	56.17
	非磁性物	68.33	25.16	43.83
	原矿	100.00	39.22	100.00
-0.043mm 80%	磁性物	35.05	70.21	54.86
	非磁性物	64.95	22.39	45.14
	原矿	100.00	39.15	100.00

12.2.1.2　矿石结构构造

A　矿石构造

矿石主要为块状构造，少数为角砾状、浸染状和斑状构造，不同类型的矿石颜色有差异。

B　矿石结构

矿石主要呈以下三种结构：

（1）粒状结构。主要由磁铁矿或赤铁矿晶粒构成，部分颗粒为他形粒状结构，与石英互嵌。

（2）浸染状结构。主要见于围岩，由他形粒状铁矿物呈单晶稀疏或稠密浸染状嵌布于脉石矿物集合体中。

（3）碎裂结构。先期生成的板柱状、自形晶磁铁矿，受地壳应力作用碎裂成若干他形颗粒后被硅质重新胶结。

C　矿物组成及含量

经显微镜观察得知，矿石主要由以下矿物组成：

（1）金属矿物：

1）氧化物：磁铁矿、赤铁矿、褐铁矿、磁-赤铁矿等。

2）硫化物：黄铁矿、磁黄铁矿、黄铜矿等。

（2）脉石矿物：主要为石英，其余为斜长石、白云母、黑云母、碳酸盐、绿泥石、透闪石、符山石、石榴石、磷灰石、独居石、蛇纹石等。

D　矿石中各矿物的含量

矿石中各矿物含量见表12-4。

表 12-4　大红山铁矿中矿物的含量

矿　物	磁铁矿	赤铁矿	黄铁矿	石英	长石	白云母
含量（质量分数）/%	34.02	18.30	0.13	32.96	3.29	4.16
矿　物	黑云母	绿泥石	碳酸盐	闪石英	其他	合计
含量（质量分数）/%	2.01	1.72	2.01	0.89	0.51	100.00

E　矿物嵌布特征

由显微镜观察，矿石变质程度较深，主要表现为云母类矿物，矿物形态不规则，矿石中矿物种类较多。

a　金属矿物

（1）磁铁矿：结晶粒度较粗，大于0.1mm部分约占50%，主要与石英互嵌；其次为绿泥石、方解石。呈致密集合体、自形-半自形粒状、变形柱状或细粒半自形-他形嵌布形态。

（2）赤铁矿：主要伴生矿物为石英，少量为绿泥石，粒度较磁铁矿细，60%以上分布于0.05mm以下。嵌布形态为：

1）自形晶板柱状，相邻矿物为石英，少量为绿泥石。

2）不规则粒状集合体。

3）呈他形粗粒晶与磁铁矿相连，并与脉石互嵌。

4）半自形-他形粒状，均匀浸染于脉石中，矿物与脉石关系紧密，且粒度微细，磨矿后，解离效果不好。

（3）磁赤铁矿：呈条带状、透镜状或水滴状嵌布于磁铁矿中，两者关系紧密，但含量甚微。

b　脉石矿物

（1）石英：主要呈他形单晶颗粒组成集合体棱角状产出。

（2）斜长石：均匀半自形板柱状晶，颗粒中有时还包裹有细粒铁矿物。

（3）黑云母：形态较差，由于变质作用而呈撕裂状或他形粒状，主要与石英互嵌，少量和铁矿物呈连晶状，颗粒较大，一般为0.1~0.5mm，少数粗粒可达1mm，细粒晶为

0.01mm 左右。

（4）绿泥石：他形、纤维形集合体，呈团粒状与石英、铁矿物互嵌。在铁矿石中有时可见蠕虫状绿泥石充填于铁矿物裂隙中。

F 矿物粒度

主要铁矿物及脉石的粒度分布范围见表 12-7，由此可以看出：

（1）工业铁矿物磁铁矿的粒度较赤铁矿粗，在 0.05mm 以下，磁铁矿和赤铁矿的分布率分别为 36.65% 和 63.75%；而大于 0.10mm 时，磁铁矿和赤铁矿的分布率分别为 46.53% 和 17.61%。也就是说，磁铁矿将近一半富集在粗粒级中，而赤铁矿大部分富集在细粒级中。

粒度分布累计曲线见图 12-4 ~ 图 12-6。

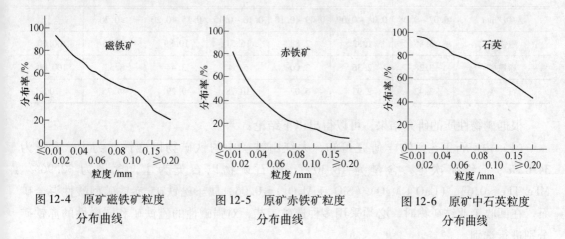

图 12-4 原矿磁铁矿粒度 分布曲线　　图 12-5 原矿赤铁矿粒度 分布曲线　　图 12-6 原矿中石英粒度 分布曲线

（2）主要脉石矿物石英的粒度总体较铁矿物粗，在 0.05mm 以下，其分布率仅为 16.95%；而大于 0.1mm 时，其分布率为 64.82%，有利于磨矿过程的充分解离。

G 主要铁矿物的物理性质研究

将矿石中主要铁矿物（磁铁矿和赤铁矿）的单矿物提纯后进行比磁化系数测定，测定结果见表 12-5，矿物密度及显微硬度测定结果见表 12-6，粒度分析见表 12-7。

表 12-5　主要铁矿物的比磁化系数测定结果

矿 物	磁场强度/Oe	比磁化系数/ $\times 10^{-6} m^3 \cdot kg^{-1}$
磁铁矿	20	649
	25	988
	50	598
	100	363
赤铁矿	50	6.45
	100	8.06
	250	4.13
	450	2.63

注：样品采用古依法测定。

表 12-6 主要铁矿物的密度及显微硬度测定

矿 物	密度/t·m⁻³	韦氏硬度 （HV）	相当于摩氏硬度 （HM）
磁铁矿	5. 12	488 ~ 519	5. 3 ~ 5. 4
赤铁矿	4. 56	847 ~ 900	6. 4 ~ 6. 5

表 12-7 大红山铁矿原矿的粒度分布范围 （%）

粒级/mm	≤0.01	0.01 ~ 0.02	0.02 ~ 0.03	0.03 ~ 0.04	0.04 ~ 0.05	0.05 ~ 0.06	0.06 ~ 0.07
磁铁矿	7. 25	8. 59	7. 98	5. 16	7. 67	3. 51	4. 81
赤铁矿	16. 27	17. 17	12. 01	8. 11	10. 19	4. 79	6. 21
石 英	1. 21	2. 22	6. 00	3. 05	4. 47	3. 18	3. 63
粒级/mm	0.07 ~ 0.08	0.08 ~ 0.09	0.09 ~ 0.10	0.10 ~ 0.15	0.15 ~ 0.20	≥0.20	合计
磁铁矿	3. 86	1. 82	2. 82	16. 71	10. 89	18. 93	100. 00
赤铁矿	3. 28	2. 36	2. 00	5. 64	3. 44	8. 53	100. 00
石 英	3. 42	2. 93	5. 07	10. 78	9. 29	44. 75	100

根据矿物性质的研究结果，可以得出以下结论：

（1）由矿石工艺矿物学研究可知，大红山铁矿中的铁矿物以磁铁矿为主，含量为 34. 02%；赤铁矿次之，含量为 18. 30%；脉石矿物以石英为主，含量为 32. 96%。 MFe/TFe ≈ 0. 63，（CaO + MgO）/（SiO_2 + Al_2O_3） ≈ 0. 06，属于磁铁矿-赤铁矿型酸性混合矿石。在回收工业铁矿物时，必须采用多种选矿工艺，对强磁性的磁铁矿和弱磁性的赤铁矿分别进行选别。

（2）矿石中磁铁矿嵌布粒度较粗，近半数嵌布粒度大于 0. 1mm，易于磨选；部分与赤铁矿呈连晶体存在，将一同进入弱磁精矿。

（3）矿石中赤铁矿嵌布粒度较细，60% 以上的嵌布粒度小于 0. 05mm，其中 -0. 02mm 占 33. 44%。需要注意的是，一部分微细粒晶体呈浸染状嵌布于脉石中，与脉石关系紧密，磨矿后，这部分贫连生体在强磁场作用下，会带入较多脉石（尤其是含铁硅酸盐中的暗色矿物）进入精矿，因此，难以获得高品位的强磁精矿，部分细粒还可能会随脉石进入尾矿，影响铁的回收率。

（4）矿石中有害元素硫主要赋存于黄铁矿中，磷主要呈独立矿物磷灰石的形式存在。上述两种矿物含量低微，且易于脱除，不会对精矿质量造成影响。

（5）矿石中部分石英颗粒与铁质胶结，在长石等脉石矿物晶体中可见微细粒铁矿物包裹体，在强磁场作用下，将有可能进入强磁精矿。

H 球磨功指数的测定

原矿球磨功指数数据如下：

球磨 55 目 （0. 351mm）：9. 94kW·h/st，11. 13kW·h/t；

球磨 100 目 （0. 154mm）：11. 03kW·h/st，12. 36kW·h/t；

球磨 200 目 （0. 074mm）：12. 15kW·h/st，13. 61kW·h/t；

球磨 325 目（0.043mm）：42.06kW·h/st，46.36kW·h/t。

Ⅰ　可磨度试验

采用凹山铁矿石作为标准矿石，测得矿石的相对可磨度曲线见图 12-7。

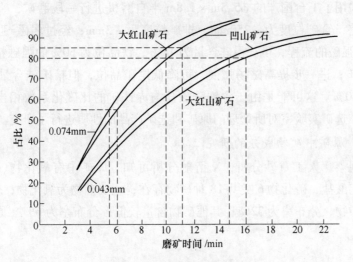

图 12-7　相对可磨度曲线

由相对可磨度曲线可知：

（1）就新生成 -0.074mm 粒级而言，大红山铁矿石比凹山铁矿石易磨。

$$K_{55}=6.0/5.4=1.11 \qquad K_{85}=11.0/9.9=1.11$$

即当新生成 -0.074mm 粒级含量为 55% 和 85% 时，大红山铁矿原矿相对可磨度系数均为 1.11。

（2）就新生成 -0.043mm 粒级而言，大红山铁矿石比凹山铁矿石难磨。

$$K_{80}=14.7/16.0=0.919$$

即当新生成 -0.043mm 占 80% 时，大红山铁矿石的相对可磨度系数为 0.919。

12.2.2　大红山铁矿的"物性"特点与选矿流程的关系

工艺矿物学的研究是选矿试验的前期基础，在马鞍山矿山研究院对大红山铁矿性质研究的基础上，针对目的矿物为磁铁矿和赤褐铁矿的特点，采用弱磁-强磁联合流程进行回收；针对矿石的结构构造和矿物嵌布粒度粗细不均的特点，采用阶段磨矿-阶段选别的磨选工艺流程；针对含铁硅酸盐细粒嵌布的难选赤铁矿的"物性"特点，采用三段磨矿、磁-重联合的工艺流程。

碎矿、磨矿的投资和生产成本各占 25%，采用三段磨矿的投资与生产成本会相应增加，因此，采用常规的三段一闭路破碎、三段球磨的工艺流程来实现大规模生产是不现实的。半自磨工艺是一个制造矛盾、利用矛盾的过程，利用矿石和矿物自然形成的软硬差和一段破碎人为制造的块度差和粒度差，采用大型半自磨机，集中一体化的短流程，可节约投资和生产成本 25%；同时，在原矿品位低的情况下，可大幅度地提高选矿效率，并可节约用地，避免二次扬尘，为高效率、低成本、安全、环保的选矿生产奠定了基础。

12.2.3　一选矿厂各作业点产品中主要矿物含量的研究

一选矿厂采用了 1 台国产的 $\phi 5.5m \times 1.8m$ 半自磨机进行一段磨矿，直线筛与半自磨机构成磨矿闭路，给矿粒度为 $-250mm$，排矿粒度为 $-3mm$；经过弱磁-强磁抛尾，粗精矿再磨、弱磁-强磁的流程，可获得硅含量为18%、铁品位为50%的强磁精矿，强磁尾矿铁品位高达25%；进一步提高磁场强度，可降低尾矿品位，但精矿硅含量达到20%、精矿铁品位降到40%。这可能是由于含铁硅酸盐与赤铁矿的比磁化系数相当而造成的。为此，大红山铁矿选矿实验室对所处理的原矿和选矿产品的性质进行了研究。

12.2.3.1　原矿中矿物成分的研究

通过镜下观察、人工重砂分析、X 衍射分析可知，原矿中有氧化物、硅酸盐、磷酸盐、碳酸盐、钨酸盐、硫化物 6 类共 18 种矿物存在；主要矿物为氧化物，分布率为62%，其次为硅酸盐矿物，分布率为32%；其他矿物含量较低，分布率为6%。原矿中的矿物含量见表12-8。

表 12-8　原矿中的矿物含量

类　型	矿　物	分　子　式	粒度/mm	含量（质量分数）/%
氧化物	磁铁矿	Fe_3O_4	0.02 ~ 2 0.002 ~ 0.01	30
	赤铁矿	Fe_2O_3	0.002 ~ 0.01 0.006 ~ 0.7	19
	钛铁矿	$FeTiO_3$	0.03 ~ 0.3	3
	石英	SiO_2	0.01 ~ 1	10
	锡石	SnO_2	0.01 ~ 0.4	偶见
硅酸盐	白云母	$K\{Al_2[AlSi_3O_{10}](OH)_2\}$	0.004 ~ 0.3 0.004 ~ 0.02	7
	绿泥石	$(Mg, Fe, Al)_3(OH)_6\{(Mg, Fe^{2+}, Al)_3$ $[(Si, Al)]_4O_{10}(OH)_2\}$	0.004 ~ 0.7	7
	电气石	$Na(MgFeLiAl)_3Al_6[Si_6O_{18}][BO_3]_3$ $(O, OH, F)_4$	0.01 ~ 0.2	2
	绿帘石	$Ca_2FeAl_2[Si_2O_7][SiO_4]O(OH)$	0.01 ~ 0.3	偶见
	黑云母	$K\{(MgFe)_3[AlSi_3O_{10}](OH)_2\}$	0.05 ~ 2	少
	石榴石	$Fe_3Al_2[SiO_2]_3$	0.5	偶见
	锆石	$ZrSiO_4$	0.002 ~ 0.03	少
	长石	$Na[AlSi_3O_8]$	0.03 ~ 2.5	16
磷酸盐	磷灰石	$Ca_5[PO_4]_3(OHF)$	0.01 ~ 0.7	3

类　型	矿　物	分　子　式	粒度/mm	含量（质量分数）/%
碳酸盐	白云石	$CaMg[CO_3]_2$	0.004 ~ 0.5	3
钨酸盐	白钨矿	$CaWO_4$	0.02 ~ 0.3	偶见
硫化物	黄铁矿	FeS_2	0.006 ~ 0.8	少
	黄铜矿	$CuFeS_2$	0.006 ~ 0.8	少
合　计				100.0

由表 12-8 可知，大红山铁矿原矿中含硅酸盐，硅酸盐中含量较高的是长石，为16%。由于矿物嵌布粒度较细，-0.024mm 以下粒度的微细粒铁矿物，嵌布或包裹在长石中，和赤铁矿在二段强磁精矿中同时被富集，采用单一的强磁选不可能有效地提高精矿品位。

12.2.3.2　各作业点产品中矿物含量

各作业点产品中矿物含量见表 12-9。

表 12-9　500kt/a 选矿厂各作业点产品中矿物的含量（占比）

产品名称	磁铁矿	钠长石	石英	赤铁矿	白云石	绿泥石	氧化锑铅矿
一段弱磁粗精矿/%	40	24	32	4	1	2	小于1
总精矿/%	75	10	4	3		小于1	
二段弱磁给矿/%	60	12	8	4	1		
强磁精选精矿/%	1	30	4	50		3	

从表 12-9 可以看出，脉石主要为含铁硅酸盐，硅酸盐的比磁化系数与赤铁矿的相近，强磁精选精矿中的石英含量仅为 4%，说明单一的石英可通过强磁选进行抛除。此外，含铁硅酸盐钠长石的含量很高，-0.024mm 以下粒级的微细粒铁矿物嵌布在钠长石中，导致钠长石与赤铁矿有相近的比磁化系数，强磁回收赤铁矿时，钠长石也被富集在精矿中，导致强磁精矿品位偏低、硅含量高。

12.2.3.3　二段强磁精矿中的矿物成分研究

二段强磁精矿呈灰黑色、粒度为 -0.3mm 的碎粉状，经镜下观察、人工重砂分析、X 衍射分析，矿样中主要有氧化物、硅酸盐、碳酸盐、磷酸盐 4 类共 9 种矿物存在。主要为氧化物，分布率为 73%，其次为硅酸盐矿物，分布率为 24%；其他矿物含量较少，分布率仅为 3%。二段强磁精矿中铁矿物的分布率达到 70%，矿物含量见表 12-10。

表 12-10　二段强磁精矿中矿物的含量

类型	矿物	分　子　式	粒度/mm	含量（质量分数）/%	密度/g·cm^{-3}
氧化物	磁铁矿	Fe_3O_4	0.004 ~ 0.04	25	4.9 ~ 5.2
	赤铁矿	Fe_2O_3	0.003 ~ 0.05	40	4.8 ~ 5.3
	钛铁矿	$FeTiO_3$	—	5	4.5 ~ 5.5
	石英	SiO_2	0.003 ~ 0.3	3	2.65

类型	矿物	分 子 式	粒度/mm	含量（质量分数）/%	密度/g·cm⁻³
硅酸盐	白云母	$K\{Al_2[AlSi_3O_{10}](OH)_2\}$	0.003~0.3	2	2.76~3.1
	绿泥石	$(Mg,Fe,Al)_3(OH)_6\{(Mg,Fe^{2+},Al)_3$ $[(Si,Al)]_4O_{10}(OH)_2\}$	0.003~0.3	10	2.65~2.97
	电气石	$Na(MgFeLiAl)_3Al_6[Si_6O_{18}][BO_3]_3$ $(OOH,F)_4$	0.003~0.3	5	3~3.2
	长石	$Na[AlSi_3O_8]$	0.003~0.3	7	2.62~2.65
磷酸盐	磷灰石	$Ca_5[PO_4]_3(OHF)$	0.003~0.3	1	3.2
碳酸盐	白云石	$CaMg[CO_3]_2$	0.003~0.3	2	2.8~2.9
合 计				100	

由表 12-10 可知，铁矿物与脉石的密度差均大于 2.5g/cm³，达到了重选分离的要求。

12.3 大红山铁矿前期的主要选矿试验研究

选矿试验研究作为选矿厂的设计依据，在矿山建设过程中具有重要的作用和意义。针对深部铁矿、熔岩铁矿、深部铜矿等矿石的不同"物性"，进行了大量的前期选矿试验研究。

12.3.1 深部铁矿的选矿试验研究

12.3.1.1 深部铁矿石的选矿试验研究

A 1988 年和 1993 年完成的小型、连续及扩大的选矿试验

1988 年 8 月，马鞍山矿山研究院在可选性试验的基础上，以弱磁-强磁为骨干流程，分别进行了连续磨矿和阶段磨矿的小型试验，以及实验室条件下阶段磨矿的连选试验，推荐流程的连续试验结果见表 12-11。

表 12-11 小型及连续选矿的试验结果

磨矿方式	产品名称	产率/%	铁品位/%	铁回收率/%	备 注
阶段磨矿 （小试）	精矿	50.43	64.84	85.33	一段细度：-0.074mm 占 35%； 二段细度：-0.074mm 占 85%
	尾矿	49.57	11.34	14.67	
	原矿	100.00	38.32	100.00	
连续磨矿 （小试）	精矿	47.91	65.98	83.28	磨矿细度：-0.074mm 占 85%
	尾矿	52.09	12.19	16.72	
	原矿	100.00	37.96	100.00	
阶段磨矿 （连选）	精矿	47.84	64.60	82.20	一段细度：-0.074mm 占 52.55%； 二段细度：-0.074mm 占 86.30%
	尾矿	52.16	12.82	17.80	
	原矿	100.00	37.59	100.00	

1993 年 7 月，昆明冶金研究院对大红山铁矿深部铁矿石以弱磁-强磁为骨干流程，对阶段磨矿-阶段选别流程进行了验证试验和扩大试验，结果见表 12-12、表 12-13。

表 12-12　阶段磨矿-阶段选别流程的小型验证试验结果

产品名称	产率/%	铁品位/%	铁回收率/%	备　注
铁精矿	51.74	63.39	85.41	一段磨矿细度：-0.074mm 占 55%；
尾矿	48.26	11.61	14.59	二段磨矿细度：-0.074mm 占 85%
原矿	100.00	38.40	100.00	

表 12-13　扩大试验结果

产品名称	产率/%	铁品位/%	铁回收率/%	备　注
铁精矿	52.15	63.17	86.15	一段磨矿细度：-0.074mm 占 56.91%；
尾矿	47.85	11.07	13.85	二段磨矿细度：-0.074mm 占 85.03%
原矿	100.00	38.24	100.00	

从表 12-12、表 12-13 可以看出，上述两个单位对大红山铁矿深部铁矿石进行的阶段磨矿-阶段选别流程的试验结果非常接近。

B　2003 年完成的小型及连选的选矿试验

为了满足昆钢球团厂对铁精矿质量的要求（TFe 品位 66%~68%）和美国 PSI 公司对管道输送精矿的粒度要求（-0.043mm 占 80%~85%），受昆钢公司委托，马鞍山矿山研究院在 2003 年 1~6 月，利用深部采场采取的代表性矿样，根据不同的试验方案，进行了弱磁—强磁和弱磁—强磁—强磁精矿反浮选两个流程的小型试验和扩大连选试验，结果见表 12-14。

表 12-14　小型及连续选矿试验结果

试验规模	试验流程	产品名称	产率/%	铁品位/%	铁收率/%	磨 矿 细 度
小型试验	二段磨矿全磁流程	弱磁精矿	35.35	69.77	62.88	一段 -0.076mm 占 55%；二段 -0.043mm 占 80%
		强磁精矿	12.37	59.50	18.76	
		综合精矿	47.72	67.10	81.64	
		尾矿	52.28	13.77	18.36	
		给矿	100.00	39.22	100.00	
	二段磨矿磁-浮流程	弱磁精矿	34.21	70.19	61.22	一段 -0.076mm 占 55%；二段 -0.043mm 占 80%
		浮选精矿	11.53	61.71	18.15	
		综合精矿	45.74	68.06	79.37	
		尾矿	54.26	14.91	20.63	
		给矿	100.00	39.22	100.00	
	三段磨矿全磁流程	弱磁精矿	34.25	70.22	61.27	一段 -0.076mm 占 55%；二段 -0.076mm 占 85%；三段 -0.043mm 占 80%
		强磁精矿	12.25	59.51	18.58	
		综合精矿	46.50	67.39	79.85	
		尾矿	54.50	14.51	20.15	
		给矿	100.00	39.25	100.00	

试验规模	试验流程	产品名称	产率/%	铁品位/%	铁收率/%	磨 矿 细 度
小型试验	三段磨矿磁浮流程	弱磁精矿	34.30	70.20	61.35	一段 -0.076mm 占55%；二段 -0.076mm 占85%；三段 -0.043mm 占80%
		浮选精矿	12.59	62.54	20.05	
		综合精矿	46.89	68.14	81.40	
		尾矿	53.11	13.75	18.60	
		给矿	100.00	39.25	100.00	
扩大连选试验	一段粗磨、三段连续磨矿磁浮流程	弱磁精矿	35.70	70.02	63.86	一段 -0.076mm 占55.62%；二、三段 -0.043mm 占80.83%
		浮选精矿	10.02	61.29	15.86	
		综合精矿	45.72	68.11	79.54	
		尾矿	54.28	14.76	20.46	
		给矿	100.00	39.15	100.00	
	一段粗磨、三段连续磨全磁流程	弱磁精矿	35.35	69.75	63.93	一段 -0.076mm 占55.86%；二、三段 -0.043mm 占81.02%
		强磁精矿	12.99	59.43	19.73	
		综合精矿	48.84	67.01	83.67	
		尾矿	51.16	12.49	16.33	
		给矿	100.00	39.12	100.00	

C 产品考察

根据试验推荐的一段粗磨、二、三段连续磨矿的阶段磨矿-阶段选别的磁-浮流程，对选别产品进行了考察，结果见表 12-15 ~ 表 12-19。

表 12-15 主要产品的多元素分析结果 （%）

元 素	TFe	SFe	FeO	Al_2O_3	CaO	MgO	SiO_2	K_2O	Na_2O	烧损	S	P
综合精矿	68.21	68.05	27.32	0.42	0.24	0.16	3.40	0.015	0.11	0.59	0.012	0.006
反浮选精矿	61.32	61.02	4.72	0.85	0.24	0.16	3.40	0.039	0.23	0.86	—	—

表 12-16 主要产品中铁的物相分析结果 （%）

产品名称		磁铁矿	赤铁矿	褐铁矿	假象赤铁矿	黄铁矿	硅酸铁	碳酸铁	合计
综合尾矿	含量	0.08	10.97	0.37	0.31	0.05	1.73	1.10	14.61
	分布率	0.55	75.09	2.53	2.12	0.34	11.84	7.53	100.00
反浮精矿	含量	0.50	58.78	0.37	未检出	0.16	0.64	0.85	61.30
	分布率	0.82	95.89	0.60	—	0.26	1.04	1.39	100.00
反浮尾矿	含量	0.90	33.60	0.97	0.60	0.07	2.96	1.00	40.1
	分布率	2.24	83.79	2.42	1.50	0.17	7.38	2.50	100.00

表 12-17 主要产品的密度测定结果

产品名称	综合精矿	综合尾矿	弱磁选精矿	反浮选精矿	原矿
密度/$g \cdot cm^{-3}$	4.94	2.84	5.01	4.78	3.59

表 12-18 主要产品的松散密度测定结果

产品名称	原矿 (5~0mm)	综合精矿	综合尾矿
松散密度/g·cm⁻³	2.18	3.25	1.76

表 12-19 主要产品的安息角测定结果

产品名称	原矿 (5~0mm)	综合精矿	综合尾矿
安息角/(°)	38.5	35.6	35

D 流程比较与分析

(1) 二段磨矿-阶段选别流程和三段磨矿-阶段选别流程相比，后一个流程可及时抛除部分尾矿产品，降低磨矿功耗，但其设备配置较复杂，中间环节多，生产管理不方便；而前一个流程具有流程结构简单、生产管理方便等优点。

(2) 全磁流程和磁-浮联合流程相比，全磁流程具有结构单一、操作简单、管理方便等优点，但是，无论是两段磨矿流程还是三段磨矿流程，其综合铁精矿品位均为 67.10% ~ 67.39%，而相应的磁-浮联合流程的综合铁精矿品位均达到 68% 以上。

(3) 2003 年 5 月，马鞍山矿山研究院完成的选矿试验研究推荐采用一段粗磨、二、三段连续磨矿的弱磁-强磁-阳离子反浮选的工艺流程作为建设方案，由于阳离子反浮选精矿品位仍然较低，且尾矿品位偏高，需对该方案中赤铁矿的选别工艺做进一步的研究。随着赤铁矿的选矿新工艺、新药剂的迅速发展，受玉溪大红山矿业有限公司委托，马鞍山矿山研究院于 2004 年 3~4 月，利用 2003 年试验所剩的矿样，进行了提高赤铁矿品位的试验研究，按照合同要求，进行了正浮选和重选小型试验；在 2003 年 5 月马鞍山矿山研究院提交的《昆钢大红山铁矿选矿试验报告》的基础上，为进一步提高赤铁矿的选别指标，采用最新研制的 MP-28 系列药剂作为捕收剂，进行正浮选工艺研究和重选工艺研究；试验仍以弱磁-强磁方案为骨干流程，其中磁选部分仍采用一段粗磨（-0.076mm 占 55%）、二段连续磨矿（-0.043mm 占 80%）的弱磁-强磁的阶段选别流程，套用 2003 年试验报告中推荐的工艺条件，采用部分弱磁选中矿和强磁选精矿的混合矿作为给矿，分别进行正浮选和重选试验研究，以进一步提高赤铁矿的选别指标。

(4) 采用正浮选和螺旋溜槽重选工艺，提高赤铁矿的选别指标，前者可获得铁品位为 63.15%、作业回收率为 79.15% 的铁精矿，后者可获得铁品位为 63.17%、作业回收率为 62.78% 的铁精矿；两个流程比较，铁精矿品位基本相同，但前者比后者的作业回收率提高了 16.38%。这主要是因为矿石中赤铁矿的嵌布粒度极细、-0.02mm 粒级占 33.44%，而螺旋溜槽选别的适用粒度范围为 0.1~0.03mm；由重选尾矿的水析结果（见表 12-20）也可以看出：螺旋溜槽尾矿中 -0.038mm 粒级的铁品位较高，影响了重选作业的铁回收率。

(5) 就综合铁精矿而言，采用弱磁-强磁-正浮选工艺流程（简称磁-浮流程），可获得铁品位为 68.15%、回收率为 82.93% 的铁精矿；采用弱磁-强磁-螺旋溜槽工艺流程（简称磁-重流程），可获得铁品位为 68.47%、回收率为 78.47% 的铁精矿。

(6) 磁-浮流程与磁-重流程相比，综合铁精矿品位基本相同，但前者的回收率比后者提高 4.46%，因此，推荐采用弱磁选—强磁选—正浮选工艺流程作为设计流程。

表 12-20　重选尾矿的水析结果

粒级/mm	产率/%		铁品位/%	铁分布率/%	
	个别	累积		个别	累积
+0.074	2.00	2.00	15.95	0.79	0.79
-0.074 ~ +0.043	12.50	14.50	20.47	6.30	7.09
-0.043 ~ +0.038	21.50	36.00	27.25	14.43	21.52
-0.038 ~ +0.019	44.50	80.50	54.77	60.01	81.53
-0.019 ~ +0.010	15.50	96.00	38.97	14.87	96.40
-0.010	4.00	100.00	36.42	3.60	100.00
合　计	100.00	—	40.61	100.00	—

E　产品分析

（1）原矿工艺矿物学研究结果和强磁选精矿、反浮选精矿的显微镜下观察分析结果表明，原矿中赤铁矿嵌布粒度很细，有相当部分的微细粒赤铁矿单体及连生体进入强磁选尾矿中，导致强磁选尾矿和反浮选尾矿中铁品位偏高。有部分赤铁矿贫连生体进入精矿产品，使精矿品位难以提高。另外，由于原矿中部分比磁化系数较高的绿泥石等硅酸盐类脉石矿物易进入强磁精矿，因此，强磁精矿品位要低于反浮选精矿品位。

（2）与 2003 年的阳离子反浮选试验结果相比，精矿中有害成分 Na_2O、K_2O 的含量大幅度降低。通过对主要产品中 K_2O、Na_2O 含量的分析结果可知，将磨矿细度提高至 $-0.043mm$ 占 80% 以后，全磁流程和磁-浮联合流程的综合铁精矿中（$K_2O + Na_2O$）含量分别为 0.101% 和 0.102%，（$K_2O + Na_2O$）含量均较低，因此，不必增加作业以降低产品中的钾、钠含量。

F　选矿试验工作的总体评价

a　试样的代表性

2003 年，选矿试验所用试样由不同的开采地段分别采取，采样点分布于 510m 分段、480m 分段、440m 分段、420m 分段及 380m 分段；试样在矿石类型、磁铁矿与赤铁矿的比例等方面与生产入选的矿石接近，试样铁品位为 39.27%，与之后 8 年生产入选的平均品位为 39.41% 的矿石差距很小，说明试样具有较好的代表性。2004 年，选矿试样为 2003 年选矿试验的剩余矿样，同样具有代表性。

b　试验规模及深度

2003 年的选矿试验是在过去大量的可选性试验的基础上进行的，而且设计部门对试验工作提出了相应的要求；在小型试验的基础上，进行了实验室连续试验；研究部门推荐的工艺流程结构合理，指标稳定，试验结果的可重复性较好。

经昆钢批准，马鞍山矿山研究院编写的"大红山铁矿深部铁矿石工艺矿物学研究及选矿试验报告"可作为大红山铁矿选矿厂的初步设计依据。作为 2003 年选矿试验的延续，2004 年进行的选矿试验同样可作为大红山选矿厂的初步设计依据。

12.3.1.2　深部铁矿石的自磨试验

根据长沙冶金设计研究院提出的自磨试验要求，大红山铁矿建设指挥部委托北京矿冶研究总院进行了大红山铁矿石自磨介质的适应性试验，委托武钢矿业公司矿山设计研究所进行了大红山铁矿石的半工业自磨试验。在设备选型阶段，美国 Metso 公司利用大红山铁矿提供的井下矿样，也进行了相关的试验研究。

A　自磨介质的适应性试验

研究单位采用的主要试验设备是 ϕ1800mm × 400mm 自磨介质试验器，结果如下：

试样低能冲击功指数：7.31kW·h/t，6.63kW·h/st；

100 目球磨功指数：12.63kW·h/t，11.45kW·h/st；

10 目棒磨功指数：12.51kW·h/t，11.43kW·h/st；

自磨介质功指数：172.8kW·h/t。

Norm 基准是用来判断介质能否以足够的块度与被粉碎物料并存于自磨机中的衡量标准。一般来说，Norm 数大于 1 时，自磨机中可形成足够的介质；等于 1 时，属于临界状态；小于 1 时，则不能形成足够的介质（见表 12-21）。

表 12-21　Norm 的计算结果

项　目	P 值	低能冲击功指数	100 目球磨功指数	10 目棒磨功指数
$Wi/kW \cdot h \cdot st^{-1}$		6.63	11.45	11.34
Norm（1）	16	2.41	1.40	1.41
Norm（2）	21.44%	2.59	1.50	1.51
Norm（3）	30.55%	1.84	1.07	1.08
Norm（4）	105000μm	2.44	1.41	1.42
平均 Norm		2.32	1.35	1.36

根据大红山铁矿试样的试验结果，并对照上述标准，说明大红山铁矿石在自磨时能够形成充分的自磨介质。但最终仍需半工业试验进行验证，才能确定大红山铁矿石是否适合自磨。

B　自磨半工业试验

a　试样的采取

鉴于大红山铁矿首采区在 400~650m 范围内，铁矿石埋藏较深，而自磨半工业试验所需矿样量较大，采样难度大。

通过对地质报告中 II_1 矿组浅部和深部矿石的性质分析，认为可以在浅部采取具有一定代表性的矿样进行自磨试验。根据首采区的矿物组成、结构构造、嵌布粒度和物理化学特性，在浅部圈定采样点，共采取主试样（I 号样）260t，验证样（II 号样）50t。

b　工艺的选择

从自磨半工业试验结果可知：大红山铁矿石采用全自磨或半自磨工艺均可，但半自磨工艺更为适合。

1998 年 8 月，武钢矿业公司矿山设计研究所完成了半自磨的半工业试验，使用的主要试验设备见表 12-22，结果见表 12-23。从试验结果可知：大红山铁矿石采用全自磨或半自磨工艺均可行，但更适合采用半自磨。

表 12-22 自磨、半自磨的半工业试验主要设备

序号	主要设备名称、型号、规格	台 数	备 注
1	瀑落式格子型自磨机 ϕ1830mm×610mm	1	格子板条孔 10mm
2	振动筛 szz2900mm×1800mm	1	编织筛方孔 2mm
3	格子型球磨机 MQG1200mm×1200mm	1	
4	水力旋流器 ϕ125mm	1	
5	半逆流永磁筒式磁选机 CTB-715	1	$B\leqslant$150mT
6	鼓形湿式弱磁场磁选机 XCRS-74	1	$B\leqslant$150mT
7	半逆流永磁筒式磁选机 CTB-718	1	$B\leqslant$150mT
8	三头高频细筛 3mm×900mm	1	强磁粗选隔粗
9	湿式强磁机 SHP-700	1	$B\leqslant$1500mT

表 12-23 武钢所半自磨半工业流程试验结果

项 目			单 位	全 自 磨	半 自 磨
试验条件		自磨台时处理量	t/h	0.7	0.9
		自磨控制浓度	%	65.0	65.0
		自磨机转速	r/min	22.2	22.2
试验结果		介质（钢球）添加比例	%	0.0	1.97
		振动筛上返矿量平均值	%	37.35	38.25
		自磨负荷平均值	kg	833.97	796.16
		自磨充填率平均值	%	27.01	24.00 *
		自磨实际排矿浓度	%	63.44	64.78
		自磨介质单位消耗	kg/t	0.00	0.23
	单位功耗	自磨 总功耗	kW·h/t	13.53	10.72
		自磨 净功耗		9.69	7.65
		球磨 总功耗		31.81	25.94
		球磨 净功耗		83.14	58.02
	产品细度	自磨给矿	% −0.076mm	1.68	1.68
		振动筛下		55.70	50.95
		球磨给矿		50.05	42.32
		分级溢流		88.31	87.02
	选别指标	原矿铁品位	%	38.45	37.75
		综精品位		63.37	63.27
		综尾矿品位		9.84	9.25
		综精铁回收率		88.09	88.11

C Metso 公司进行的自磨机设备选型试验

美卓约克试验工厂共收到总重约为 3t 的 4 箱矿样，进行了批次瀑落式试验和邦德球磨功指数试验。邦德球磨功指数为 11.18kW·h/t。

D　自磨试验的评价

（1）自磨试验的试样与选矿工艺流程试验的 87A 试样相比，有一定的差距，但由于深部矿样无法采取，故在浅部采样布点时，尽量考虑接近首采区矿石的性质，因此自磨试验试样具有一定的代表性，但与 87A 矿样相比，其代表性要差一些。Metso 公司进行的自磨机选型试验试样是从各开采地段分别采取的，代表性最好。

（2）介质适应性试验所用试样与自磨试验的试样相同，同样是从浅部采样。介质适应性试验过程合理，所提供的数据可作为继续进行半工业试验的依据。

（3）在选择合理的磨矿条件的基础上，进行了全自磨与半自磨连续 48h 的稳定流程试验，整个试验过程基本稳定，数据、指标基本满足设计要求，说明可以采用自磨或半自磨工艺处理大红山铁矿石，推荐采用半自磨工艺流程。

（4）鉴于 2003 年所采试样的代表性好于自磨试样和 1988 年所采集的 87A 矿样，设计认为有关选别流程的数据以 2003 年的小型及连选试验数据为主。

（5）1998 年 9 月，昆明钢铁总公司主持召开了"昆钢大红山铁矿半工业自磨、半自磨试验研究报告验收会议"，与会者一致认为"推荐半自磨工艺流程是正确的"，该试验研究报告可作为昆钢大红山铁矿新建 4000kt/a 自磨、半自磨工艺选矿厂的设计依据。为争取更大的效益和降低风险，首先建设 500kt/a 半自磨选矿试验厂。

（6）500kt/a 选矿厂半自磨半工业试验流程的结果表明，自磨机总功耗为 10.72kW·h/t、电机额定功率为 719.85kW、电机设计功率为 800kW，符合生产要求。

（7）2002 年 12 月 31 日，500kt/a 选矿厂竣工投产；2003 年 6 月，首次完成"大红山铁矿 500kt/a 选矿厂流程考察报告"的撰写。

（8）通过两年的生产实践和多次流程考察，证实了"大红山铁矿 500kt/a 选矿厂流程考察报告"的可靠性；同时，也证明了 500kt/a 试验厂的试验参数是可靠的，可用于 4000kt/a 特大型选矿厂的流程设计和设备选型。

12.3.2　熔岩铁矿的选矿试验研究（包含浅部含铜铁矿的试验研究）

12.3.2.1　选矿试验概述

1988 年和 2007 年、2008 年，马鞍山矿山研究院先后两次对大红山浅部熔岩铁矿试样和含铜铁矿试样进行了工艺矿物学和选矿试验研究，两次的结果相近。对浅部熔岩铁矿，推荐采用粗粒抛尾-二段阶段磨矿、弱磁流程，2008 年的选矿试验，可获得铁品位 63.15%、回收率 53.59% 的铁精矿；对含铜铁矿，推荐采用阶段磨矿-浮铜-选铁流程，2007 年的选矿试验，可获得铜品位 18.55%、回收率 82.48% 的铜精矿和铁品位 64.07%、回收率 81.10% 的铁精矿。

12.3.2.2　熔岩铁矿的选矿试验研究

A　原矿的粗粒抛废试验

原矿的粗粒抛废试验分别进行了原矿 10~0mm 湿式磁选、10~5mm 干式磁选、5~0mm 湿式磁选的抛废试验，结果表明：

（1）原矿 10~0mm 的湿式磁选，在磁场强度为 238.73kA/m、底箱冲洗水量 3030L/h 的条件下，可以抛除产率为 37.47%、铁品位为 12.62% 的合格尾矿，尾矿中磁性铁的品位仅为1.62%。

（2）原矿10~5mm的干式磁选，抛废试验的分离隔板距离为7.5cm，筒表面线速度为1.34m/s，磁场强度为135.28kA/m。

（3）原矿5~0mm的湿式磁选，在磁场强度为238.73kA/m、底箱冲洗水量3030L/h的条件下，可以抛除产率为28.73%、铁品位为12.84%的合格尾矿，尾矿中磁性铁的品位仅为1.74%。

粗粒抛废试验结果表明，在同等的试验条件下，0~10mm全粒级湿式磁选流程与5~10mm干式磁选和0~5mm湿式磁选流程相比，抛除尾矿的铁品位、磁性铁品位接近，但0~10mm全粒级湿式磁选流程抛除的尾矿产率更高，流程更简单。

B 磨选试验

磨选试验主要针对两种粗粒抛废试验的粗精矿进行一段磨选试验和二段磨选试验。磨选试验确定了一段的磨矿细度为-0.074mm占55%、磁选磁场强度为159.15kA/m；二段的磨矿细度为-0.074mm占90%、磁选磁场强度为111.41~159.15kA/m。在此基础上，进行了两种粗精矿的连续磨矿-磁选和阶段磨矿-磁选流程的试验。

a 连续磨矿-磁选流程

试验分别对给矿0~10mm湿式磁选抛废试验的粗精矿和湿式+干式磁选抛废试验的粗精矿，进行阶段磨矿-磁选流程试验，选择阶段磨矿的一段磨矿细度为-0.076mm占55%，二段磨矿细度为-0.076mm占90%。

b 阶段磨矿-磁选流程

阶段磨矿-磁选流程的试验结果及数质量流程见图12-8。

c 从尾矿中回收铁的探索试验研究

从尾矿中回收铁的探索试验结果表明，0~10mm湿式磁选抛废试验的粗精矿的选别指标优于湿式+干式磁选抛废试验的粗精矿指标，阶段磨矿-磁选流程的选别指标优于连续磨矿-磁选流程的指标，且经第一段粗磨-磁选后，可以抛出大量的合格尾矿。故设计采用0~10mm湿式磁选抛废+阶段磨矿+磁选的流程。

C 矿石相对可磨度的测定试验

矿石相对可磨度测定试验的入磨矿石为大红山熔岩铁矿石原矿和0~10mm湿式磁选抛废后的粗精矿，标准矿石为大红山选矿厂现场生产所用的矿石。试验结果表明，熔岩铁矿石和0~10mm湿式磁选抛废后的粗精矿比大红山选矿厂生产的矿石易磨。

D 自磨介质的适应性研究

为了评价大红山熔岩铁矿石自磨时介质的适应性，进行了自磨介质的适应性试验。结果表明，大红山熔岩铁矿石的介质能力基准Norm值都大于1，可作为高品质的自磨介质。

12.3.3 含铜铁矿的选矿试验研究与评价

Ⅲ号含铜铁矿（浅露天系列）与Ⅰ号含铁铜矿的矿石性质相近，含铜铁矿套用Ⅰ号含铁铜矿的试验研究，分别进行了一段磨矿细度为-0.076mm占70%的浮铜开路试验和闭路试验以及阶段磨矿-浮铜-选铁的全流程试验。含铜铁矿浮选药剂用量及浮选时间见表12-24。

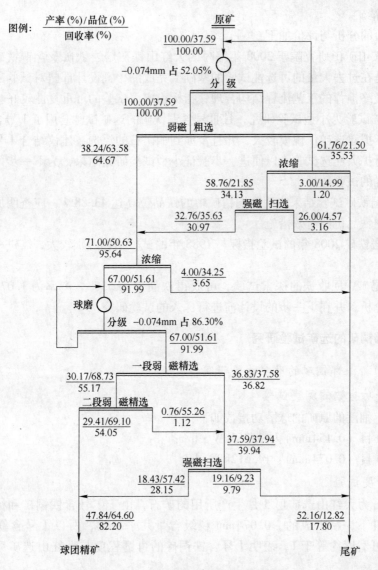

图例：$\dfrac{产率(\%)/品位(\%)}{回收率(\%)}$

原矿

100.00/37.59 / 100.00

−0.074mm 占 52.05%

分　级

100.00/37.59 / 100.00

弱磁 粗选

38.24/63.58 / 64.67

61.76/21.50 / 35.53

浓缩

58.76/21.85 / 34.13

3.00/14.99 / 1.20

强磁 扫选

32.76/35.63 / 30.97

26.00/4.57 / 3.16

71.00/50.63 / 95.64

浓缩

67.00/51.61 / 91.99

4.00/34.25 / 3.65

球磨

分级　−0.074mm 占 86.30%

67.00/51.61 / 91.99

一段弱 磁精选

30.17/68.73 / 55.17

36.83/37.58 / 36.82

二段弱 磁精选

29.41/69.10 / 54.05

0.76/55.26 / 1.12

37.59/37.94 / 39.94

强磁扫选

18.43/57.42 / 28.15

19.16/9.23 / 9.79

47.84/64.60 / 82.20

52.16/12.82 / 17.80

球团精矿

尾矿

图 12-8　推荐流程连续试验结果

表 12-24　含铁铜矿的浮选药剂用量及浮选时间

选别作业	吨原矿药剂用量/g		浮选时间
	丁基黄药	2 号油	
粗　选	60	36	3min30s
精选Ⅰ	—	—	2min20s
精选Ⅱ	—	—	2min
精选Ⅲ	—	—	1min50s
扫　选	30	18	2min

通过含铁铜矿的浮选药剂用量及浮选时间试验，可获得产率为 1.04%、铜品位为
18.55%、铜回收率为 82.48% 的铜精矿和产率为 41.76%、铁品位为 64.07%、回收率为

81.10%的铁精矿。

选矿试验的分析与评价如下：

（1）马鞍山矿山研究院于2008年编写的大红山铁矿熔岩铁矿及含铜铁矿的两个选矿试验报告，是在过去大量的可选性试验的基础上完成的，且设计部门对试验工作提出了相应的要求。最终推荐的工艺流程结构合理，指标稳定，试验的可重复性较好。

（2）选矿试验为小型试验研究，且Ⅲ号含铜铁矿的选矿试验套用了Ⅰ号含铁铜矿的试验流程。由于拟建选矿厂规模较大，并且牵涉到铜矿石的浮选，建议结合Ⅰ号含铁铜矿与含铜铁矿进行扩大连选试验，以便进一步验证小型试验研究结果，为下一步的初步设计提供详细、准确的试验数据。

（3）含铜铁矿试验结果表明，铜精矿中的铁品位高达43.88%，应查明原因，并提出降低铜精矿中铁品位的有效措施。

（4）熔岩铁矿2008年的试验指标与1988年的试验指标差别较大，需进一步分析其中的原因。

（5）从尾矿中回收铁的探索试验，可获得铁品位为55%、产率为1.07%的铁精矿，应对此进行分析，并在下一步的设计前进行深入的试验研究。

12.3.4　深部铜矿的选矿试验研究

12.3.4.1　深部铜矿的磨矿试验研究

A　球磨功指数的测定试验

不同磨矿细度的原矿的球磨功指数如下：

球磨100目（0.154mm）：13.763kW·h/t；

球磨200目（0.074mm）：14.612kW·h/t。

B　可磨度试验

标准矿石为大红山选矿厂5月生产所用的矿石，由于Ⅰ号含铁铜矿和标准矿石在相同的磨矿条件下，新生成的−0.074mm粒级含量几乎一样，所以Ⅰ号含铁铜矿相对于标准矿石的可磨度约等于1，表明Ⅰ号含铁铜矿的可磨程度与大红山选矿厂的生产样品相当。

12.3.4.2　Ⅰ号含铁铜矿石的自磨介质适应性试验研究

A　自磨介质功指数的计算

$$W_{im} = 177.72 \text{kW} \cdot \text{h/st}$$

B　邦德自磨介质适应尺度 Norm 值的确定

自磨介质适应性试验结果表明：大红山Ⅰ号含铁铜矿石的介质能力基准 Norm 值都大于1，可作为高品质的自磨介质。

12.3.4.3　选矿试验研究

A　试验流程及指标

2007年1月，马鞍山矿山研究院进行了阶段磨矿、选铁-浮铜、浮铜-选铁的流程试验，结果见表12-25。

表 12-25 选铁-浮铜、浮铜-选铁的流程试验结果

流　程	产品名称	产率/%	品位/%		回收率/%	
			铜	铁	铜	铁
浮铜-选铁	铜精矿	2.36	18.78	43.95	90.41	4.87
	铁精矿	9.55	0.141	65.24	2.75	29.26
	尾矿	88.09	0.038	16.01	6.84	65.97
	原矿	100.00	0.49	21.37	100.00	100.00
选铁-浮铜	铜精矿	2.42	17.04	38.43	83.99	4.42
	铁精矿	9.56	0.302	64.84	5.88	29.54
	尾矿	88.02	0.057	15.32	10.13	66.04
	原矿	100.00	0.491	20.98	100.00	100.00

B　对弱磁性铁矿物的回收试验

一段弱磁尾矿铁品位达到 15.85%，且产率较高，其中铁矿物主要以不易回收的赤褐铁矿、碳酸铁、硅酸铁等弱磁性铁矿物为主，对弱磁性铁矿物的回收进行了强磁、重选、强磁-重选的试验研究。

C　产品考察

对试验推荐的阶段磨矿-浮铜-选铁流程进行了产品性质考察，结果见表 12-26 ~ 表 12-30。

表 12-26 铁精矿的多元素分析结果

元　素	TFe	FeO	SFe	CaO	MgO	SiO$_2$	Al$_2$O$_3$
含量（质量分数）/%	65.30	28.75	65.06	0.360	0.542	6.62	0.70
元　素	S	P	Cu	K$_2$O	Na$_2$O	烧损	
含量（质量分数）/%	0.031	0.013	0.153	0.106	0.113	1.18	

表 12-27 铜精矿的多元素分析结果

元　素	Cu	Fe	Co	S	Au	Ag
含量（质量分数）/%	18.80	43.77	0.262	24.60	1.4g/t	16.8g/t

表 12-28 总尾矿的铁物相分析结果

铁物相	磁铁矿	赤褐铁矿	黄铁矿	碳酸铁	硅酸铁	合　计
含量（质量分数）/%	0.40	6.96	0.75	3.20	4.70	16.01
分布率/%	2.50	43.47	4.68	19.99	29.36	100.00

表 12-29 总尾矿中铜物相分析结果

铜物相	硫化铜	氧化铜	合　计
含量（质量分数）/%	0.016	0.022	0.038
分布率/%	42.11	57.89	100.00

表 12-30 不同产品的密度测定结果

产品名称	铜精矿	铁精矿	尾矿	原矿
密度/g·cm⁻³	3.564	4.53	2.98	3.05

D 试验结果的分析

（1）阶段磨矿-浮铜-选铁流程和阶段磨矿-选铁-浮铜流程的对比试验结果表明，前者可获得铜品位为 18.78%、回收率为 90.14% 的铜精矿和全铁品位 65.24%、回收率为 29.26% 的铁精矿，试验指标比后者好。

（2）弱磁性铁矿物的选矿试验结果表明，弱磁性矿物主要为极难选的赤褐铁矿、碳酸铁等，其铁精矿品位仅 19%~23%，回收的意义不大。

12.4 大红山铁矿的选矿工艺流程

12.4.1 一选矿厂的选矿工艺及主要设备

12.4.1.1 工艺流程的制定及演变

一选矿厂原设计为一试验选厂，其目的是为大规模开采深部铁矿石提供各种选矿技术参数，积累经验，培养人才。设计采用粗碎＋半自磨＋阶段磨矿-阶段选别的弱磁＋强磁的磁选流程。一段磨矿采用 ϕ5.5m×1.8m 半自磨机一台，与直线振动筛形成闭路。磨矿产品进入到弱磁选＋高梯度强磁选机进行选别抛尾。粗精矿进入 ϕ2.7m×3.6m 溢流型球磨机与 ϕ350mm 水力旋流器组成闭路的二段磨矿，成品直接进入二段弱磁选别出最终精矿，尾矿进入 ϕ24m 浓密机中浓缩后进入二段强磁选。设计指标：原矿铁品位 40.0%，精矿铁品位 64%，回收率 82.8%，尾矿铁品位 14.91%，一段半自磨磨矿细度 -0.074mm 占 55%，二段磨矿细度 -0.074mm 占 85%，小时处理量 67.15t，年产铁精矿 264.3kt。

500kt/a 选厂投产后发现强磁选精矿中含有大量的贫连生体，使强磁选精矿铁品位难以提高，影响到总精品位。其贫连生体的脉石中主要含有钠长石、石英、绿泥石等，与铁矿物密度差较大。因此进行了重选技改，将强磁选精矿给入到螺旋溜槽中，精矿并入总精矿，尾矿上摇床，摇床精矿并入总精矿，摇床尾矿抛尾，形成了弱磁-强磁-螺旋溜槽重选、摇床重选的磁重联合流程。后因螺旋溜槽不能有效地回收细粒级的铁矿物，经过多次技改，包括为了改善入选粒度将两段磨矿改为三段磨矿等，形成了现在的粗碎-半自磨-两段球磨-弱磁-强磁粗选-强磁精选-摇床重选-强磁扫选的磁重联合流程。

12.4.1.2 原矿破碎

井下采出的矿石用汽车送至现有富矿破碎站进行破碎，破碎机为 1200mm×900mm 复摆式颚式破碎机，破碎后矿石粒度为 250~0mm，破碎产品用带式输送机送至地面矿仓。

12.4.1.3 磨选流程

矿石在地面矿仓底部用槽式给矿机和带式输送机给入一台 ϕ5.5m×1.8m 半自磨机进行一段磨矿，半自磨机与 ZKX2460 型振动筛组成闭路磨矿系统。二段磨矿和三段磨矿分别采用一台 ϕ3.2m×5.4m 球磨机和 ϕ2.7m×3.6m 球磨机构成连续磨矿，并与水力旋流器组成闭路磨矿系统。

选别工艺为阶段磨矿-阶段选别，第一段磨矿产品经第一次弱磁-第一次强磁选别排出尾矿，粗精矿经两段连续磨矿后，采用第二次弱磁 + 第二、第三次强磁 + 摇床选别，两次弱磁的精矿为最终精矿，第二、第三次强磁的精矿可以并入最终精矿，也可以作为 50% 品级的精矿，摇床选别的尾矿再用强磁扫选，摇床选别的精矿和强磁扫选的精矿合并为 35% 品级的精矿，其尾矿并入最终尾矿。弱磁选采用 CTB1024 型弱磁选机，强磁选分别采用 SLon-1500 型、SLon-2000 型高梯度强磁选机。

12.4.1.4　精矿、尾矿的输送

球团精矿经过 ϕ22m 高效浓缩机浓缩后，采用管道输送至昆钢；其他品级的精矿就地浓缩过滤后汽车外运。尾矿经 ϕ30m 浓缩机浓缩后，采用先扬送后自流的输送方式，送入龙都尾矿库或送井下充填。

500kt/a 的选矿工艺流程见图 12-9。

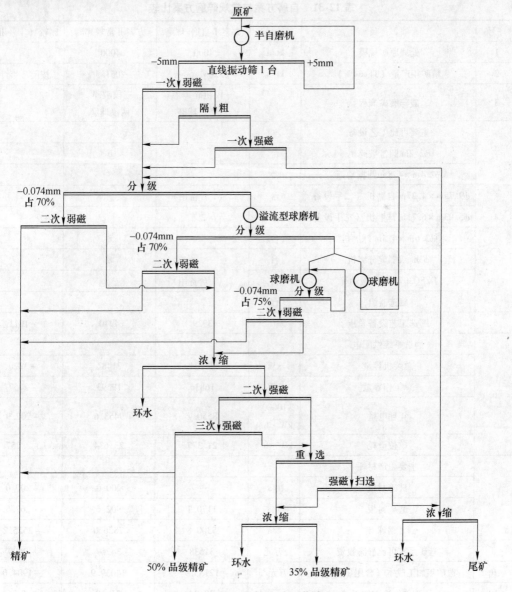

图 12-9　500kt/a 的选矿工艺流程

12.4.2 二选矿厂的选矿工艺及主要设备

12.4.2.1 工艺流程的制定及演变

二选厂在设计过程中按矿石性质及其特点，对工艺流程的确定进行过详细的比较。

A 自磨流程的确定

从大红山铁矿深部铁矿石的矿物工艺学研究看出，两种主要铁矿物磁铁矿、赤铁矿的硬度存在一定的差异，而且自磨介质适应性试验、一选厂半自磨的工业性试验也证明大红山铁矿深部铁矿石适应采用半自磨。设计对半自磨-球磨工艺和常规碎磨工艺进行了方案比较，见表12-31。

表 12-31　自磨方案与常规碎磨方案比较

序号	项　目	单位	方案Ⅰ自磨-球磨	方案Ⅱ常规碎磨	比较（Ⅰ-Ⅱ）
1	处理原矿规模	kt/a	4000	4000	
2	精矿年产量（TFe64%）	kt/a	2051.5	2051.5	按前7年计
3	破碎磨矿流程		一段粗碎、半自磨、球磨	三段破碎、两段球磨	
4	主要可比工艺设备				
	φ2.2m 圆锥破碎机	台		6	
	φ2.4m×4.8m 圆振动筛	台		8	
	φ9.75m×4.27m 自磨机（二手设备）	台	2（1台备用）		
	φ5.03m×6.71m 球磨机（二手设备）	台	2		
	φ3.6m×4.5m 球磨机	台		8	
	φ3m 双螺旋分级机	台		8	
	DZSQ3070 直线振动筛	台	2（1台备用）		
	旋选器组	台	2		
5	磨选工艺设备总重	t	3929	4940	-1011
6	磨选系统供配电				
	总装机容量	kW	24704	21484	+3220
	总工作容量	kW	16836	19593	-2757
	年耗电量	10000 kW·h/t	8550.7	9453.6	-902.9
	单位电耗	kW·h/t	21.377	23.634	-2.257
7	主要生产材耗				
	破碎衬板	t/a	—	200.0	-200.0
	磨矿衬板	t/a	1170.1	902.6	+267.5
	钢球	t/a	5300.8	7826.0	-2525.2
8	选矿系统可比静态投资	万元	31638	34267	-2629
9	选矿年加工成本（含尾矿输送）	万元/a	12135.9	14039.9	-1904.0
10	原矿单位选矿加工费	元/t	30.34	35.10	-4.76

比较结果表明，自磨＋球磨工艺在简化流程和提高经济效益方面具有优势，推荐使用半自磨＋球磨工艺。

B 磨矿段数的确定

从矿石性质的研究看出，主要金属矿物磁铁矿的嵌布粒度较粗，而赤铁矿嵌布粒度较细，60%以上的嵌布粒度小于0.05mm，其中－0.02mm占33.44%。需要注意的是，一部分微细粒晶体呈浸染状嵌布于脉石中，与脉石关系紧密。只有在磨矿细度达－0.043mm占80%以上时，才能获得较理想的单体解离度。根据国内外的生产实践，对于这样的磨矿细度，几乎全部采用三段或四段磨矿。因此，采用三段磨矿。

C 阶段磨矿阶段选别流程的确定

由于铁矿物嵌布粒度粗细不均，应该采用阶段磨矿阶段选别流程，而选矿试验结果表明，连续磨矿流程与阶段磨矿流程的选别指标接近。考虑到一段磨矿细度为－0.074mm占55%时，阶段磨矿流程可在一段磨矿选别后弃除占原矿产率约25%的合格尾矿，阶段磨矿具有一定的优越性。设计过程中对阶段磨矿-阶段选别流程和连续磨矿流程进行了方案比较：

(1) 从技术上看，阶段磨选流程与连续磨矿流程均可实现，也不缺乏类似选矿厂的实践案例。选矿试验结果表明，对大红山铁矿矿石而言，两个流程的选矿指标相近。

(2) 从经济效益上看，采用阶段磨选流程的经济效益是明显的，在今后选矿厂的实际运营中，其经济效益也是可以保证的。

(3) 从管理上看，连续磨选流程与阶段磨选流程相比，简单便于实现两段磨矿和选别流程的平衡和稳定。但只要加强管理，可以弥补磨矿成本增加的不足，比较结果见表12-32。

表12-32 选矿厂阶段磨选与连续磨选流程比较

序号	项 目	单 位	方案Ⅰ阶段磨选	方案Ⅱ连续磨选	比较（Ⅰ-Ⅱ）
1	处理原矿规模	kt/a	4000	4000	
2	第二段入磨矿量	kt/a	3084	4000	－91.6
3	精矿年产量 （TFe64%）	kt/a	2051.5	2051.5	按生产前7年
4	主要可比工艺设备				
	ϕ9.75m×4.27m 自磨机	台	2	2	
	ϕ5.03m×6.71m 球磨机	台	2	2	
	XCTB1224 永磁磁选机	台	6（单筒）		
	CTB1224 永磁磁选机	台	6（单筒）	6（双筒）	
	SLon-2000 强磁选机	台	10	10	
	SY-1420mm×1500mm 圆筒筛	台	10	6	
	350/300 ST-AH 渣浆泵	台	4	4	
	350/250 ST-AH 渣浆泵	台	4		
5	工艺设备总重	t	3929	3901	＋28
6	主厂房建筑面积	m²	5173	4925	＋248
	主厂房建筑体积	m³	121515	120029	＋1486

序号	项　目	单　位	方案 I 阶段磨选	方案 II 连续磨选	比较（I－II）
	主要生产材耗				
7	钢耗：第二段磨矿衬板	t/a	370.1	480.0	－109.9
	第二段钢球	t/a	3700.8	4800.0	－1099.2
	磨矿电耗	10000kW·h/a	6821.3	7041.9	－220.6
	生产水耗	万立方米/a	2684.5	3483.0	－798.5
8	可比投资	万元	11521.8	11430.4	＋91.4
9	可比年经营费	万元/a	5713.2	6437.9	－724.7

因此，大红山铁矿选矿厂设计采用阶段磨矿-阶段选别的流程。

D　选别流程的确定

根据选矿全流程试验结果，磁浮流程与全磁流程结构上的区别在于：对二次强磁精矿的精选方法分别为浮选和强磁选的两方案技术经济比较结果表明，磁浮流程综合指标优于全磁流程。而且，在今后的实际生产中，只有磁浮流程可以生产出含铁品位为 67% 的精矿，满足昆钢球团厂的要求。因此确定采用磁浮流程。

正浮选与反浮选试验结果对比，浮选精矿铁品位，正浮选为 63.15%，反浮选为 61.29%；铁回收率，正浮选为 21.56%，反浮选为 15.68%；且正浮选精矿有害元素 $Na_2O + K_2O$ 大幅下降，从 0.269% 降低到 0.066%。鉴于正浮选效果明显优于反浮选，设计确定采用正浮选工艺。

根据试验研究的成果以及铁精矿管道输送对精矿粒度 -0.043mm 占 80% 的特殊要求，并对各种工艺流程方案进行详细比较，设计确定采用粗碎-半自磨--一、二段球磨的碎磨流程。粗碎设于坑下，粗碎产品粒度为 250~0mm，即为半自磨的入磨粒度，半自磨产品细度为 -0.074mm 占 21%，第一段球磨产品细度为 -0.074mm 占 60%，第二段球磨产品细度为 -0.043mm 占 80%。一段球磨后采用一段弱磁选一段强磁选，抛弃合格尾矿。一段弱磁选和一段强磁精矿合并经二段球磨后，再进行两段弱磁选、第二段强磁选，强磁精矿再浮选，浮选精矿与三段弱磁精矿合并，即最终精矿；浮选尾矿与二段强磁尾矿合并，即最终尾矿。

E　选矿工艺流程的演变

2006 年 12 月二选厂按设计流程建成投产。由于各方面原因，浮选作业一直未能顺利用于生产，第二段强磁选的精矿直接并入总精矿，影响了最终精矿的质量。另外，随着开采深度的逐渐加深，矿石中赤铁矿的比例逐渐增加，尾矿品位提高、铁回收率降低的趋势逐渐显现。一方面，很有必要探索提高精矿质量的途径，另一方面，探索降低尾矿品位以提高回收率的途径。经不断地探索、研究，不断地试验、总结，采取了许多措施，实施了一些技改工程。

a　提高精矿质量

提高精矿质量主要是提高第二段强磁选精矿的质量。

第二段强磁选精矿中，主要可回收的铁矿物是赤（褐）铁矿，分布率达 73.13%；难以回收的铁矿物是硅酸铁、菱铁矿和与脉石连生的赤铁矿、包裹于脉石中的贫细杂的赤铁矿和磁铁矿。由于矿石性质复杂、嵌布粒度细,第二段强磁选精矿品位仅50%左右,硅含量高达16%~17%,第二段强磁尾矿品位为25%左右。第二段强磁选精矿中铁矿物在各粒级中的分布情况,其铁金属的分布与粒度分布的特征是一致的,集中分布在0.019~0.074mm,占99%以上。由于第二段强磁精矿中脉石主要是SiO_2,而SiO_2和铁矿物的密度差异很大,可以考虑用重选的方法进行选别。而第二段强磁选精矿中磁(赤)铁矿的单体解离率达98.3%,已具备了选别的条件。

曾经试验过使用螺旋溜槽+摇床来提高第二段强磁精矿品位,由于螺旋溜槽+摇床工艺可以有效地回收+0.045mm的铁矿物,而不能回收-0.037~+0.019mm的铁矿物,其多半流失在尾矿中。

采用连续性离心选矿机+摇床的选别工艺,利用离心机使用离心力场的内流膜分选原理,强化了流膜选矿,大幅度地提高了设备的处理能力,降低了粒度的回收下限,为微细粒赤铁矿的选别创造了有利的条件,可以有效地应用在提高第二段强磁精矿品位这一环节。经过详细的试验室试验和工业试验,对生产工艺流程进行了改造,增加了44台离心机,将第二段强磁精矿先经过离心机选别后,离心机精矿再并入球团精矿中,离心机尾矿经浓缩后,再进入提质降硅的40台摇床选别。这一改造工程称为提质降硅工程,或称一期离心机工程。改造工程于2010年8月16日建成,投产后,第二段强磁精矿经离心机选别后,其精矿品位可提高10%,使总球团精矿品位由62.60%提升到64.32%,提高了1.72%,精矿含硅量7.49%降到5.85%,降低了1.64%,取得了很大的效果。

b 降低尾矿品位

二选厂的尾矿由第一段强磁选尾矿和第二段强磁选尾矿组成,随着生产的进行,原矿中磁性铁的比例由设计的60%降到40%,赤铁矿比例增大,细粒级矿物增多,尾矿品位居高不下,必须探索降低尾矿品位的途径。

一期离心机选别的尾矿品位较高,影响了总尾矿品位的降低。

为了降低尾矿品位,实施了一期离心机工程的降尾技改,即将第二段强磁的尾矿、一期离心机的尾矿,进入新增加的降尾一段强磁粗选,降尾一段强磁粗选的精矿进入新增加的28台离心机精选,可得到品位为50%以上的烧结精矿。离心机尾矿直接进入新增的降尾二段强磁选别,降尾二段强磁精矿并入烧结精矿,尾矿进入摇床扫选,摇床精矿并入烧结精矿,尾矿抛尾。这一技改工程称为离心机降尾再选工程或二期离心机工程,于2011年6月正式投入生产。自投产以来,增加了可销售的50%品级的精矿量,减少了40%品级烧结精矿的堆存风险,同时尾矿品位由改造前的11.55%降到9.17%、降低了2.38%。

一段强磁尾矿中铁矿物主要以赤铁矿的形式存在,分布率为89.09%;一段强磁尾矿的粒度较细,-0.074mm粒级占62.55%,-0.037mm粒级占38.77%,铁矿物-0.104~+0.019mm粒级有明显富集现象,产率和金属分布率分别为55.15%和49.27%,因此,如何回收这部分的铁矿物是降尾工程的关键。通过试验研究,确定采用:强磁粗选-强磁精选-精选尾矿用摇床扫选的联合流程,来降低一段强磁尾矿的品位。这一技改工程于2012年1月完成并投产,系统共采用7台ϕ2000mm的高梯度强磁选机,其中6台用于粗选,1台用于精选,强磁精选的尾矿进入24台摇床选别。一段强磁尾矿铁品位可降到6.57%;还可获得铁品位、作业回收率分别为36.16%、33.43%的精矿,降尾效果显著。经过上述几次关键的技术改造,逐渐形成现在使用的生产工艺流程。

12.4.2.2　原矿破碎

原矿粗碎设于坑下 344m 标高的破碎硐室。采场采出的矿石块度为 0～850mm，破碎后矿石粒度为 0～250mm。设计选用一台进口的液压旋回破碎机，破碎产品用胶带输送机送至地面坑口后，由采 3 号胶带输送机送至选矿厂的转运矿仓，再由选 1 号胶带送至地面自磨矿仓。

12.4.2.3　磨选流程

经技术经济指标对比，磨矿工艺采用半自磨-球磨工艺。一段磨矿采用进口的一台 ϕ8.53m×4.27m 半自磨机，与 2 台 TM-ARC3070 双质体直线振动筛构成闭路；二段、三段各采用 2 台 ϕ4.5m×7m 溢流型球磨机，分别与 F660 和 F350 水力旋流器构成闭路。

选别的工艺流程为阶段磨矿-阶段选别。磨矿段数为三段，其中一段为半自磨，二、三段为球磨，一、二段为连续磨矿。一段自磨和一段球磨产品经第一次弱磁＋第一次强磁选别，它们的精矿进入二段球磨。二段球磨的产品经第二、第三次弱磁＋第二次强磁选别。第三次弱磁选别的精矿为最终精矿，第二次强磁的精矿进入一期离心机进行提铁降杂处理。一期离心机的精矿并入最终精矿，其尾矿和第二次强磁的尾矿合并进入第一次降尾流程处理。首先用降尾一次强磁选别、降尾一次强磁的精矿进入二期离心机精选得到 50% 品级的精矿，其尾矿进入降尾二次强磁选别，得到 40% 品级的精矿，降尾二次强磁的尾矿上摇床扫选，摇床精矿并入 40% 品级的精矿，尾矿为最终尾矿。第一次强磁的尾矿进入第二次降尾流程处理，经一次强磁扫选、一次强磁精选得到 40% 品级的精矿，精选强磁的尾矿上摇床再次回收铁矿物，摇床精矿并入 40% 品级精矿，摇床尾矿与强磁扫选尾矿合并入最终尾矿。弱磁使用 XCTB1224 型永磁筒式磁选机和 CTB1224 型永磁筒式磁选机；强磁使用 SLon-2000 型高梯度磁选机；离心机使用 F2400mm×1300mm 连续性离心机。

12.4.2.4　精矿、尾矿的输送

球团精矿经过一台 ϕ22m 高效浓缩机浓缩后，经管道输送至昆钢；其他品级的精矿就地浓缩过滤后用汽车外运。尾矿经两台 ϕ53m 浓缩机浓缩后，采用先扬送后自流的输送方式，送入龙都尾矿库或送井下充填。

4000kt/a 的选矿工艺流程见图 12-10。

12.4.3　三选矿厂铜系列的选矿工艺及主要设备

12.4.3.1　工艺流程的制定及演变

A　半自磨工艺的确定

大红山铁矿 500kt/a 选厂和 4000kt/a 选厂投产后，半自磨机处理能力在短时间内达到设计要求，没有明显的顽石积聚现象。自磨介质适应性试验结果表明：大红山 I 号含铁铜矿石的介质能力基准 Norm 值都大于 1，作为自磨介质是合格的，而且是较好的介质。大红山铁矿扩产工程场地狭窄，不具备布置常规碎磨设备的条件，而半自磨工艺在简化流程方面具有优势。通过多年的生产实践，现场技术人员已积累了丰富的半自磨生产经验，同时，国内已经具备设计、制造大型半自磨机的能力，为大红山铁矿又好又快的发展提供了有利条件。综上所述，在三选矿厂铜系列建设时采用了半自磨碎磨工艺。

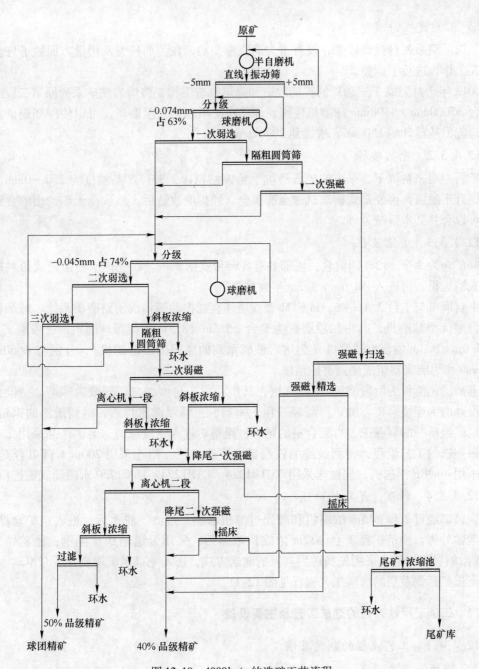

图 12-10　4000kt/a 的选矿工艺流程

B　选别工艺流程的确定

根据选矿流程对比试验结果，"浮铜–选铁"流程铜精矿品位、回收率比"选铁–浮铜"流程分别高 1.74% 和 6.42%，且"选铁–浮铜"流程铁精矿中铜含量超标，高达 0.302%。设计采用"浮铜–选铁"工艺流程。弱磁性铁矿物的选矿试验结果表明，该部分铁矿物为极难选的赤褐铁矿、碳酸铁等铁矿物。经各种方法选别，其精矿品位仅 19%～23%，回收意义不大。因此，三选厂铜系列的选别流程中没有弱磁性铁矿物的选别环节。

C 工艺流程的演变

三选厂铜系列自投产以来，没有重大的流程变动，在药剂种类及用量方面做了许多试验研究工作，进行了调整。

2013 年 7 月完成了三选厂的扩能改造和降尾改造工程，将熔岩铁矿系列原第三段磨矿的 1 台 $\phi5000mm \times 8300mm$ 球磨机应用到深部铜矿系列第三段磨矿，可以使深部铜矿系列的处理能力从设计的 1500kt/a 增加到 2000kt/a。

12.4.3.2 原矿破碎

矿石主要来自坑下，采出的矿石经坑下粗碎站粗碎，破碎产品粒度为 250～0mm，由箕斗提升至地面，再经带式输送机送至磨矿仓。经扩能改造后，地表露天矿产出的含铜铁矿也可以合并到本系统处理。

12.4.3.3 磨选流程

磨矿仓为 2 个 $\phi12m$ 圆筒仓，底部共有 8 台带式给料机。矿仓内矿石由带式给料机给入带式输送机，再进入 $\phi8.0m \times 3.2m$ 半自磨机。

半自磨机与 1 台 2.4m×6.1m STM 型双质体直线振动筛构成闭路磨矿系统。球磨机采用 2 台溢流型球磨机，其中二段磨矿为 1 台 $\phi5.5m \times 8.5m$ 溢流型球磨机、三段磨矿为 1 台 $\phi5.0m \times 8.3m$ 溢流型球磨机（为熔岩铁矿系列的原第三段磨矿机），分别与 $\phi660mm$、$\phi350mm$ 水力旋流器组成闭路磨矿系统。

选矿工艺流程为阶段磨矿-阶段选别，其中一段为自磨，二、三段为球磨，一段自磨和一段球磨为连续磨矿，磨矿产品经一粗、一扫、三精浮选流程后，得到最终的铜精矿；浮选尾矿经单一的弱磁选，得到合格的尾矿；粗精矿进入三段球磨，磨矿产品采用二、三段弱磁连选的工艺流程，得到最终的铁精矿。浮选机粗、扫选采用 200m³ KYF Ⅱ 浮选机，精选采用 4m³ BF 浮选机；弱磁选采用 XCTB1224、CTB1224、DPC1230 永磁筒式磁选机。

12.4.3.4 精矿、尾矿的输送

铜精矿经过 2 台 $\phi15m$ 浓缩机和陶瓷过滤机浓缩、过滤、脱水后，进入精矿仓堆存、汽车运输外售。铁精矿经 1 台 $\phi32m$ 浓缩机浓缩后，采用管道输送至昆钢；尾矿经 2 台 $\phi53m$ 浓缩机浓缩后，采用先扬送后自流的输送方式，送入龙都尾矿库或井下充填。

三选矿厂铜系列的选矿工艺流程见图 12-11。

12.4.4 三选矿厂铁系列的选矿工艺及主要设备

12.4.4.1 工艺流程的制定及演变

A 碎磨流程的确定

半自磨碎磨工艺占地少，流程简单。大红山铁矿 500kt/a 选厂和 4000kt/a 选厂投产后，半自磨机处理能力在短时间内达到设计要求，没有明显的顽石积聚现象，现场技术人员已积累了丰富的半自磨生产经验，同时，国内已经具备设计、制造大型半自磨机的能力。大红山熔岩铁矿石自磨介质适应性试验结果表明：熔岩铁矿石是较好的自磨介质。因此确定采用粗碎 + 半自磨碎磨工艺流程。

B 磨矿、选别流程的确定

大红山浅部熔岩铁矿属于粗、细粒不均匀嵌布。根据试验报告，要获得 TFe 60% 的铁

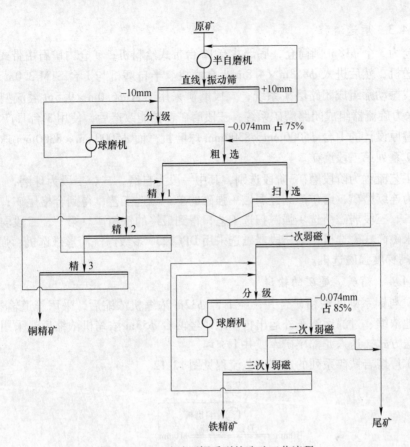

图 12-11　三选矿厂铜系列的选矿工艺流程

精矿，最终的磨矿细度需磨至 –0.074mm 占 95% 左右。阶段磨矿阶段选别的选别指标明显好于连续磨矿-磁选流程。所以磨、选系统采用三段磨矿，阶段磨矿阶段选别的工艺流程。半自磨 + 第二段磨矿细度为 –0.074mm 占 68% 时，通过弱磁选可以抛除约 60% 左右的合格尾矿；第三段磨矿后，最终磨矿细度为 –0.074mm 占 95%，再通过连续两段弱磁精选，可以获得 TFe 60% 左右的铁精矿。

C　工艺流程的演变

随着露天采场不断向下开采，熔岩铁矿矿石中赤铁矿的含量逐渐增加，造成尾矿铁品位逐渐升高，2012 年熔岩铁系列进行降尾、扩能改造，降尾改造是在原设计单一弱磁选流程的基础上，增加了强磁选别，提高赤铁矿的回收率，大大降低了尾矿品位，2012 年 8 月这一改造完成。扩能改造是在熔岩铁矿系列第三段磨矿中，使用 3 台日产 φ1500mm 塔磨机代替原设计的 1 台 φ5000mm × 8300mm 球磨机，使熔岩铁矿系列的处理能力由 3800kt/a 提高到 5000kt/a。而 φ5000mm × 8300mm 球磨机应用到深部铜矿系列第三段磨矿，使深部铜矿系列的处理能力从设计的 1500kt/a 增加到 2000kt/a，2013 年 7 月这一改造完成。

经过上述技术改造，形成了目前使用的工艺流程。

12.4.4.2　原矿破碎

露天采出的熔岩铁矿矿石经汽车由采矿堆场运送至粗破碎站，粗碎后的矿石粒度为 300 ~ 0mm，然后经带式输送机送至磨矿仓。

12.4.4.3　磨选流程

磨矿仓为3个 ϕ18m 圆筒仓，底部共有12台带式给料机；矿仓内矿石由带式给料机给入带式输送机，然后进入 ϕ8.8m×4.8m 半自磨机。半自磨机与1台 STM 3.0m×7.3m 型双质体直线振动筛组成闭路磨矿系统；二段磨矿采用1台 ϕ6.0m×9.5m 溢流型球磨机与 ϕ660mm 水力旋流器组成闭路磨矿系统；三段磨矿在扩能改造后，使用3台日产 ϕ1500mm 塔磨机代替原设计的1台 ϕ5000mm×8300mm 球磨机，而 ϕ5000mm×8300mm 球磨机应用到深部铜矿系列第三段磨矿。

选矿工艺流程为阶段磨矿-阶段选别，其中一段为自磨，二、三段为球磨，一段自磨、一段球磨为连续磨矿，磨矿产品经弱磁+强磁的单一磁选工艺，得到合格尾矿；二段球磨产品采用二、三段弱磁精选+强磁扫选工艺，得到最终的铁精矿。第一、二段弱磁选采用 CTB1230 永磁筒式磁选机，第三段弱磁选采用 DPC1230 多级漂洗筒形磁选机，强磁选采用 ϕ3000mm 高梯度强磁选机。

12.4.4.4　精矿、尾矿的输送

铁精矿与铜系列的铁精矿合并，经1台 ϕ32m 浓缩机浓缩后，采用管道输送至昆钢；铜精矿就地浓缩、过滤后汽车外运出售。尾矿经两台 ϕ53m 浓缩机浓缩后，采用先扬送后自流的输送方式，送入龙都尾矿库或井下充填。

三选矿厂熔岩铁矿系列的选矿工艺流程见图 12-12。

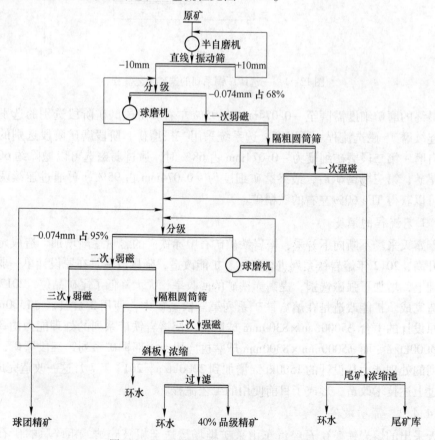

图 12-12　三选矿厂铁系列的选矿工艺流程

参 考 文 献

[1] 马鞍山矿山研究院. 大红山铁铜矿深部矿样小型及连选试验报告 [R]. 1988. 8.

[2] 马鞍山矿山研究院. 大红山铁铜深部矿样 22 号、2 号、3 号样选矿试验研究报告 [R]. 1988. 8.

[3] 马鞍山矿山研究院. 大红山铁矿深部铁矿石工艺矿物学研究 [R]. 1988. 6.

[4] 武钢矿业公司矿山设计研究所. 昆钢大红山铁矿石半工业自磨试验研究报告 [R]. 1988. 8.

[5] 昆明冶金研究院. 大红山铁矿深部铁矿石选矿试验报告 [R]. 1993. 7.

[6] 马鞍山矿山研究院. 昆钢大红山铁矿选矿试验报告 [R]. 2003. 6.

[7] 马鞍山矿山研究院. 昆钢大红山铁矿扩产所处理的矿石工艺矿物学及选矿试验研究报告 [R]. 2007. 1.

[8] 马鞍山矿山研究院. 浅部熔岩铁矿选矿试验 [R]. 1988.

[9] 昆明冶金研究所. 浅部熔岩铁矿选矿试验 [R]. 1988.

[10] 沈立义. 大红山铁矿难选赤铁矿的选别 [J]. 矿业工程, 2010 (增刊): 123 ~ 125.

[11] 方启学, 卢寿慈. 世界弱磁性铁矿石资源及其特征 [J]. 矿产保护与利用, 1995 (4): 44 ~ 46.

[12] 马鸿文. 工业矿物与岩石 [M]. 北京: 化学工业出版社, 2005. 5.

[13] 朱冰龙, 张保. 昆钢大红山 500kt/a、4000kt/a 铁选厂工艺流程研究 [J]. 云南冶金, 2010. 8.

[14] 李平, 沈立义. 昆钢大红山铁矿 500kt/a 选矿厂重选工艺在生产中的应用 [C]. 2004. 10.

[15] 曾野. 云南大红山铁矿三选厂深部铜系列选矿设计 [J]. 工程建设, 2013. 2.

13 半自磨机的生产实践

13.1 自磨机的构造特点

自磨是将块度很大（一般最大块度可达 300～500mm）的矿石直接给入到自磨机中，当磨矿机运转时，由于不同块度的矿石在磨矿机中被带动也产生与在球磨机内相近似的运动。这样自磨机内的矿石彼此之间强烈冲击、研磨，从而将矿石粉碎。不同之处在于自磨机中不另外加入磨矿介质（有时为了消除难磨粒子而加入少量介质），而是靠矿石本身的相互冲击、磨剥而使矿石磨碎，所以称为自磨。

彩图 13-1 所示为 8.53m×4.27m 半自磨机。

自磨机由给矿漏斗部、筒体部、传动部、排矿漏斗部、基础部及润滑装置等组成。图 13-2 为 $\phi5500mm×1800mm$ 湿式自磨机结构示意图。自磨机的构造特点为：

（1）自磨机的直径大、长度小，像一个偏平圆鼓。它的长度与直径之比（L/D）一般为 0.3～0.35。

（2）自磨机筒体两端中空枢轴的直径大，这样才能与自磨机给矿块度大相适应。

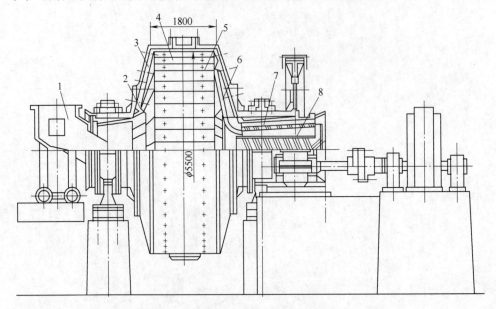

图 13-2 $\phi5500mm×1800mm$ 湿式自磨机结构示意图

1—给矿小车；2—波峰衬板；3—端盖衬板；4—筒体衬板；5—提升衬板；
6—格子板；7—圆筒筛；8—自返装置

（3）自磨机筒体装有 T 形衬板，即提升板。其作用有：

1）提升矿石。因为自磨机给矿块度大，为防止大块矿石向下滑动，所以提升板要有一定的高度，两提升板之间的距离以能容下最大矿石为准，一般为 350～450mm。

2）起撞击大块矿石的作用。湿式自磨机筒体衬板中央向下凹，这样是为使物料向磨矿机中央偏积，借以防止磨矿机中产生的物料粒度离析，因为湿式自磨机中水流向排矿端流动，其冲携矿块的力量比干式自磨机气流的冲携力量大。

（4）自磨机的衬板磨损严重，采用高锰钢的较少，多采用硬镍钢及铬钼钢等，而瑞典、加拿大及美国等试验采用橡胶衬板。

（5）由于自磨机内的磨矿介质是矿石自身，矿石性质的变化（矿石强度及矿料粒度组成）必然使破碎行为主体的磨矿介质也发生变化。为了稳定矿石自磨过程，自磨机的转速通常设计成可调速的，通过调速来保持磨机内破碎力的稳定。磨机内大块过多时破碎力有余，可适当提高转速，当磨机内大块消失过快时，磨机内破碎力不足，可适当减慢转速，减少大块的消失速度。

（6）由于矿石自磨可变因素比常规磨矿要多，因此，自磨机及相关附属设备的工作过程要求自动化程度较高，才能适应矿石自磨过程的要求。给矿的性质应力求稳定，磨内的矿石充填率应尽量稳定，这是自磨中两个重要的必须自动控制的因素。

（7）自磨机与生产能力相同的球磨机相比，磨机容积为球磨机的数倍，因此衬板的暴露面积比球磨机大得多，矿浆的腐蚀磨损及机械磨损比球磨机大，故自磨机衬板更换频繁。为了提高自磨机的运转率，自磨机设计时应考虑设计专用的更换衬板的机械装置，减少更换的时间过程。

13.2 一选矿厂 500kt/a 半自磨机的设计计算

选矿厂设计年产品位为 64% 的铁精矿 264.3kt、回收率达到 82.8%；一段半自磨磨矿细度为 -0.074mm 占 55%，二段磨矿细度为 -0.074mm 占 85%，小时处理量 67.15t。

13.2.1 一选矿厂 500kt/a 半自磨工业试验厂建设的目的

设计建厂时，大型半自磨机在国内为首次应用，没有任何的参数和经验可以借鉴，因此，500kt/a 半自磨工业试验厂的建设有以下三个目的：

（1）为 4000kt/a 选厂的建设、生产探索经验，并提供设计参数。

（2）为 4000kt/a 选厂的建设、生产培养锻炼干部和职工队伍。

（3）为昆钢集团总公司提供一部分优质的铁精矿。

13.2.2 一选矿厂 500kt/a 自磨机的设计计算

2002 年建成的 500kt/a 选矿厂设计采用 1 台国产 $\phi5.5\text{m} \times 1.8\text{m}$ 半自磨机作为一段磨矿、1 台 $\phi2.7\text{m} \times 3.6\text{m}$ 溢流型球磨机作为二段磨矿，阶段磨矿-阶段选别的弱磁 + 强磁的磁选流程。

13.2.2.1 一选矿厂 500kt/a 半自磨机的规格

大红山铁矿 500kt/a 选矿厂设计推荐国产的 $\phi5.5\text{m} \times 1.8\text{m}$ 半自磨机为一段半自磨，与直线筛形成闭路磨矿系统。

A 设计指标与计算

设计小时处理量为 67.15t；给矿粒度为 250～0mm；排矿粒度为 −0.074mm 占 55%。

自磨机达到设计指标需要的规格（取武钢选矿试验所（下称武钢所）半工业试验参数）计算如下：

根据

$$67.15 = 0.9\left(\frac{5.5}{1.8}\right)^{2.6}\frac{l}{0.61}$$

可求得

$$l = 2.6m$$

式中 67.15——500kt/a 的小时处理量，t/h；

     0.9——半工业试验的小时处理量，t/h；

     5.5——500kt/a 的磨机直径，m；

     1.8——半工业试验的磨机直径，m；

     l——500kt/a 的自磨机长度，m；

     0.61——半工业试验自磨机长度，m；

     2.6——中硬矿系数（软矿取 2.5，硬矿取 2.7）。

由此可见，当排矿粒度为 −0.074mm 占 55% 时，自磨机规格应是 $\phi5.5m \times 2.6m$，设计推荐的 $\phi5.5m \times 1.8m$ 自磨机规格偏小。

B 存在问题

按照自磨机排矿粒度 −0.074mm 占 55% 的粒度要求，设计推荐国产 $\phi5.5m \times 1.8m$ 半自磨机的处理能力不足；如果自磨机排矿粒度为 −0.074mm 占 25%，则在满足生产要求的同时，处理量相应地提高。

C 解决的办法

根据 $67.15 = Q_0\left(\frac{5.5}{1.8}\right)^{2.6}\frac{1.8}{0.61}$，求得 $Q_0 = 1.3t/h$，即：如果自磨机的排矿粒度降到 −0.074mm 占 25%，处理量增加到 1.3t/h，则 $\phi5.5m \times 1.8m$ 半自磨机能够满足生产要求。

13.2.2.2 500kt/a 选矿厂自磨机功率的计算

A 自磨机功率的计算

根据半自磨机半工业试验结果可知，当介质充填率从 0% 增加到 1.97% 时，磨机处理量可从 0.7t/h 增加到 0.9t/h，总功耗从 13.53kW·h/t 降到 10.72kW·h/t，净功耗从 9.69kW·h/t 降到 7.65kW·h/t，−0.076mm 粒级的含量从 55.7% 降到 50.95%。说明充填率增加，$\phi5.5m \times 1.8m$ 自磨机处理量有提高的空间，同时缩小了总功耗与净功耗之间的差距。而自磨机中的难磨粒子可随介质充填率的提升而大幅度的减少。

大红山铁矿半自磨 500kt/a 选矿厂进行了不同钢球充填率、小时处理量、支出功率、−0.074mm 含量的模拟计算。目的是确定半自磨机小时处理量的最大极限参数、半自磨机中难磨粒子的变化情况和最佳工作状态。该计算方法通过 500kt/a 选矿厂的实践，符合支出功率为 0.08 的黄金乘积依次增加法的规律。

B 500kt/a 选矿厂的模拟计算

a 武钢所的自磨、半自磨半工业试验

$\phi 1.83m \times 0.65m$ 半自磨机，有效容积 $v = 1.43m^3$，总充填率（矿＋钢球）$v_{p1} = 24.38\%$，其中钢球充填率 $v_{p2} = 1.97\%$，处理量 $Q = 0.9t/h$，总功耗 $10.72kW \cdot h/t$、净功耗 $7.65kW \cdot h/t$。

b 500kt/a 自磨选矿厂工业试验

$\phi 5.5m \times 1.8m$ 半自磨机；有效容积 $v = 42m^3$，总充填率 $v_p = 25\%$，其中钢球充填率 $v_{p2} = 4\%$；处理量 $Q = 63t/h$；电机额定功率 $N = 800kW$；额定电流 93A；实际电流 55～60A；支出功率 494kW。

按 85% 的支出功率计算为 $800 \times 85\% = 680kW$，半自磨机功率还有 $680 - 494 = 186$（kW）的提产空间；按半工业试验总功耗 $10.72kW \cdot h/t$ 计算，自磨机处理量在 63t/h 的基础上，半自磨机逐步加球至 11% 时，小时处理量可达到 80t/h，半自磨机支出功率 $8kW \cdot h/t$，钢球充填率为 1.97% 时，支出功率 $7.65kW \cdot h/t$，净功耗还有 $8 - 7.65 = 0.35$（$kW \cdot h/t$）的提升空间。

C 0.08 的乘积依次增加法

武钢所自磨、半自磨半工业试验，由于受试验物料的限制，仅能做钢球充填率 1.97%（2%）的半工业试验。

500kt/a 选矿工业试验厂的钢球充填率可依次按 4%、6%、8%、10%、11% 分为 4.5 个档次，按照半自磨的理论计算，钢球充填率 v_{p2} 最大值为 12%，因此钢球充填率试验必须设置在 12% 以下，选择 11% 是合理的。

$$0.35/4.5 = 0.077，取 0.08$$

例如，钢球充填率为 4% 时，支出功率为 498kW，钢球充填率为 6% 时，支出功率为 537kW。

D 500kt/a 选矿试验厂的实际生产半自磨参数的试验

试验结果见表 13-1。

表 13-1 半自磨参数试验

钢球充填率/%	0	2	4	6	8	11
小时处理量/t · h⁻¹	60	64	66	67	70	81
支出功率/kW	420	457	498	537	581	645
-0.074mm 含量/%	42	41	40	39	37	36

从表 13-1 可看出，模拟计算的结果和实际生产的是吻合的。随钢球充填率的增加，半自磨机小时处理量和支出功率随之增加，而磨矿产品中 -200 目（-0.074mm，下同）粒级的含量随之降低；当钢球充填率在 8% 以下时，小时处理量有小幅度的增加；当钢球充填率达 11% 时，小时处理量的增幅较大，支出功率达到 645kW，磨矿产品中 -200 目粒级的含量缓慢减少，达到 25%。半自磨的排矿粒度放粗，就需要对磨矿流程进行改造，将原设计的两段磨矿改造为三段磨矿。

2005 年 9 月 1 日，三段磨矿技术改造完成，并一次性试车成功，实际生产达到了模拟计算的最大极限参数和最佳工作状态，说明半自磨机中没有难磨粒子存在。

改造后 500kt/a 选矿厂的数质量流程图见图 13-3。

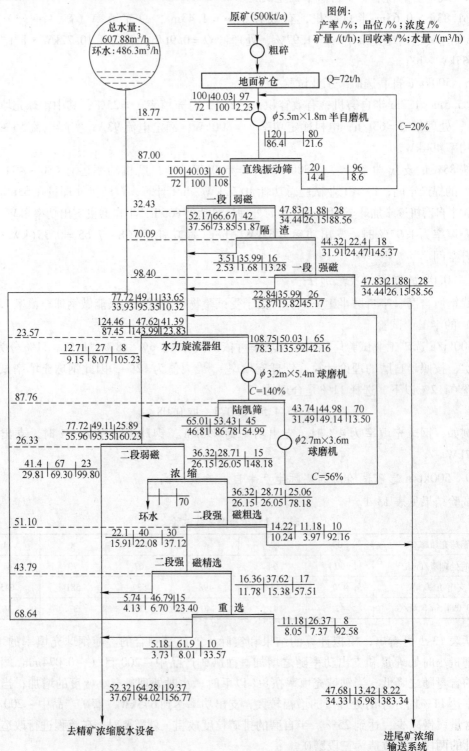

图 13-3　500kt/a 的数质量流程（三段磨改造图）

13.3 二选矿厂 4000kt/a 自磨机的设计计算

2006 年建成的 4000kt/a 选矿厂，选用 1 台当时国内最大的 $\phi 8.53m \times 4.27m$ 半自磨机为一段磨矿，选用国内较大的 $\phi 4.8m \times 7m$ 球磨机作为二、三段磨矿（二、三段各 2 台），投产时选别流程为阶段磨矿-阶段选别的弱磁 + 强磁 + 正浮选的磁-浮联合流程。

13.3.1 二选矿厂 4000kt/a 自磨机的选型计算

4000kt/a 选矿厂自磨机外形尺寸的选型依据是 500kt/a 选矿厂的生产参数和计算数据，其自磨机的设计功耗和磨机规格计算（取 500kt/a 选矿试验参数计算）如下：

$$Q = 80 \times \left(\frac{8.53}{5.5}\right)^{2.6} \times \frac{4.27}{1.8} = 593.98$$

式中　Q——4000kt/a 小时处理量，t/h；

　　　80——500kt/a 工业试验小时处理量，t/h；

　　8.53——4000kt/a 的磨机直径，m；

　　5.5——500kt/a 工业试验的磨机直径，m；

　　4.27——4000kt/a 自磨机长度，m；

　　1.8——500kt/a 工业试验自磨机长度，m；

　　2.6——中硬矿系数（软矿取 2.5，硬矿取 2.7）。

可见，4000kt/a 选矿厂选择 $\phi 8.53m \times 4.27m$ 自磨机（1 台）作为一段磨矿是合理的，满足设计、生产的要求。

4000kt/a 半自磨选矿厂的磨矿设备选型见表 13-2。

表 13-2　大红山铁矿 4000kt/a 半自磨选矿厂的设备选型

项　目	一段自磨	二段球磨	三段球磨	处理量	总装机容量
规　格	8.53m×4.27m	4.8m×7m（2 台）	4.8m×7m（2 台）	537.2t/h	
额定功率/kW	5400	5000	5000		15400

根据以上标准，对照国外制造厂商的试验与计算结果，可判断 4000kt/a 半自磨选矿厂的设备选型与设计是否满足要求。

奥托昆普公司对大红山铁矿 4000kt/a 选矿厂磨矿机选型提出四个方案，见表 13-3。

表 13-3　国外 4000kt/a 半自磨选矿厂的设备选型-奥托昆普的四个方案

方案	一段自磨	二段球磨	三段球磨	小时处理量/t·h⁻¹	总装机容量/kW
一	规格 9.14m×4.57m	规格 6.1m×7.47m		一段 538、二段 390	13000
	额定功率 7000kW	额定功率 6000kW			
二	规格 7.92m×4.27m	规格 5.21m×7.62m	规格 5.21m×7.62m	一段 538、二、三段 323	13000
	额定功率 5000kW	额定功率 4000kW	额定功率 4000kW		
三	规格 9.1m×6m	规格 6.1m×9.75m		一段 672、二段 487	17500
	额定功率 10500kW	额定功率 7000kW			
四	规格 8.52m×4.27m	规格 5.49m×8.23m	规格 5.49m×8.23m	一段 627、二、三段 403	16000
	额定功率 6000kW	额定功率 5000kW	额定功率 5000kW		

由表13-3看出：奥托昆普第四个方案能满足4000kt/a选矿厂的设计选型要求。从工艺的角度出发，球磨机直径增大，线速度随之增加，钢球主要作用于衬板，磨矿效率会随之降低；球磨机长度太大，扭矩随之增加，细度难以控制。因此，二、三段球磨机应为2台，当初期投产的供矿量较小时，可运行1台球磨机。

美卓公司对大红山铁矿4000kt/a选矿厂磨矿机选型也提出四个方案（见表13-4）。

由表13-4可看出，美卓四个方案的选型与500kt/a试验计算参数有较大的差距，不能满足4000kt/a半自磨选矿厂的设计选型要求。

表13-4 美卓的四个方案

方案	一段自磨	二段球磨	三段球磨	小时处理量/t·h⁻¹	总装机容量/kW
一	规格8.53m×3.35m	规格4.72m×6.4m	规格5.02m×9.75m	538	9855
	额定功率4045kW	额定功率2059kW	额定功率3751kW		
二	规格8.53m×4.3m	规格4.72m×7.16m	规格5.48m×8.39m	672	11400
	额定功率4780kW	额定功率2354kW	额定功率4266kW		
三	规格6.1m×8.84m	规格5.49m×8.3m		537	8899
	额定功率10500kW	额定功率7000kW			
四	规格7.1m×10.36m	规格5.49m×10.82m		627	13974
	额定功率8826kW	额定功率5148kW			

创新点：根据武钢选矿实验所自磨、半自磨的半工业试验，用少量矿样，采用0.08的乘积依次增加法，在国内外首次计算了500kt/a选矿厂的最佳处理能力为80t/h、额定功率为10kW·h/t，为4000kt/a选矿厂的设备选型打下基础。

13.3.2 半自磨方案的效益与经营成本分析

13.3.2.1 自磨、半自磨的效益与经营成本

对大红山铁矿自磨工艺与常规碎磨工艺进行了对比，结果见表13-5。

表13-5 自磨方案与常规碎磨方案的比较

序号	项 目		半自磨+球磨	球磨+球磨	比较	单价	金额/万元
1	流 程		一段粗碎、半半自磨+球磨	三段破碎两段球磨			
2	设备总重/t		888	1502	-614		
3	总工作容量/kW		5667	6995	-1328		
4	年耗电量/10000kW·h		4488	5539	-1051	0.38元/(kW·h)	-399.4
5	主要生产材耗	破碎衬板/t·a⁻¹		200	-200	10元/kg	-200
		磨矿衬板/t·a⁻¹	717	57.2	+660	10元/kg	+660
		钢球/t·a⁻¹	5400	8000	-2600	5元/kg	-1300

从表13-5看出：自磨方案与常规球磨方案比较，在同等的两段磨矿流程条件下，设备总重减少614t、节约投资成本25%、节约电耗399.4万元/年、节约钢耗1300万元/年、

增加衬板消耗 660 万元/年，全项正负相加减，可节约成本 1239.4 万元/年（不包括减少岗位福利费用，折旧和相应减少的岗位工资、福利等），可见，自磨技术大型化具有可观的经济效益和社会效益，也为我国自磨、半自磨工艺的大型化奠定了基础。

13.3.2.2 自磨、半自磨工艺的经济效益与经营成本的临界点

在相同的原矿性质和设计规模的情况下，寻找自磨、半自磨工艺的经济效益与经营成本的临界点至关重要。

为实现扩大产能的目的，满足冶炼的发展和要求，在 500kt/a、4000kt/a 选矿厂的基础上需要新建选矿厂。

在规划过程中，曾考虑新建处理 1500kt/a 深部含铁铜矿选矿系列，和处理 2500kt/a 熔岩铁矿选矿系列的选矿厂。由于入选矿石一部分为井下开采，一部分为露天开采，加之矿种不同，选别方法不一样，只能采取分系列建设的方案。

规划的 1500kt/a、2500kt/a 选矿系列自磨方案与常规碎磨方案的比较见表 13-6。

从表 13-6 可知，同样为两段磨矿，自磨工艺与常规球磨工艺相比，自磨机直径均小于 8m，设备总重减少 439.8t，节约电耗 774.42 万元/a、减少自磨破碎衬板成本 120 万元/a、自磨机衬板消耗增加 80 万元/a、节约钢耗 660 万元/a，全项正负相加减，自磨比常规的增加成本 74.42 万元/a。

从比较结果可看出，自磨机直径小于 8m 时，其优势不明显。

表 13-6 1500kt/a、2500kt/a 选矿厂自磨方案与常规碎磨方案的比较

序号	项 目	自磨 + 球磨		球磨 + 球磨		比较	单价	金额/万元
		150 万	250 万	150 万	250 万			
		一段 φ7.32m ×3.05m 1 台；二段 φ4m × 6.1m 1 台	一段 φ7.92m ×4.57m 1 台；二段 φ4m × 6.1m 1 台	一段 φ3.6m ×4.5m 1 台；二段 φ3.6m × 6m 1 台	一段 φ3.6m × 6m 1 台；二段 φ3.6m × 6m 1 台			
1	流 程	一段粗碎、半自磨 + 球磨		三段破碎两段球磨				
2	设备总重/t	1742.7		1303.22		-439.48		
3	总工作容量 /kW	10816		7971.1		-2844.9		
4	年耗电量 /kW·h	68455500		48075800		-20379700	0.38 元 /kW·h	-774.42
5	破碎衬板 /t·a⁻¹				120	+120	10 元/kg	+120
	磨矿衬板 /t·a⁻¹	1000		920		-80	10 元/kg	-80
	钢球/t·a⁻¹	2680		4000		+1320	5 元/kg	+660

13.4 500kt/a 选矿厂半自磨机的生产实践

13.4.1 半自磨的给矿粒度研究

最初，500kt/a 半自磨选矿试验厂生产不稳定，精矿产量高时达 900t/d，精矿产量低时为 500 ~ 600t/d；重选摇床床面上有粗粒矿物出现；泵、管道磨损严重，说明半自磨加

球、配球不合理，造成磨矿处理量变化大，时有粒度粗和不均匀的现象发生。

　　大红山铁矿半自磨机处理的矿石工业类型有四类，即磁铁矿、赤-磁铁矿、磁-赤铁矿和赤铁矿。富矿主要为中至粗粒块状及斑块状石英磁铁矿及赤-磁铁矿型，贫矿主要为细粒斑块状、浸染状石英赤铁矿及磁-赤铁矿型；磁铁矿嵌布粒度粗，硬度小，品位高；赤铁矿嵌布粒度细，硬度大，品位低。由于大红山铁矿石属于存在软硬差矛盾的矿石类型，具备了半自磨的生产条件，同时人为制造的块度差的矛盾，半自磨处理的150~250mm大块的比例应占25%~30%，但对半自磨入磨粒级筛析，250mm大块比例为0，-250~+150mm大块比例仅占10.53%，大块的比例严重不足（表13-7），因此，必须补加适量的大直径钢球，弥补大块矿粒的不足，才能充分发挥半自磨机冲击力的优势。

表 13-7　半自磨机给矿的粒级筛析结果

粒级/mm	质量/kg	占比/%
-250 ~ +150	120	10.53
-150 ~ +100	220.8	19.37
-100 ~ +50	184.2	16.16
-15	304	26.67
-15 ~ +10	59.3	5.2
-10 ~ +5	69.3	6.08
-5 ~ +2.5	37.3	3.27
-2.5 ~ +0.9	34.6	3.08
-0.9 ~ +0.45	18.8	1.65
-0.45 ~ +0.3	13.5	1.19
-0.3 ~ +0.2	7.9	0.67
-0.2 ~ +0.15	7.5	0.66
-0.15 ~ +0.125	4.4	0.39
-0.125 ~ +0.105	4.1	0.36
-0.105 ~ +0.097	3.1	0.27
-0.097 ~ +0.088	2.6	0.23
-0.088 ~ +0.075	4.2	0.37
0.075	37.3	3.27
合　计	1132.9	100

　　为摸清半自磨机内矿石的粒级分布、钢球分布和各粒级的质量占比，为半自磨机的合理补加球、配球提供依据，进行了半自磨机内矿石和钢球粒级的分布研究，结果见表13-8和表13-9。

表 13-8　半自磨机内矿石粒级的分布情况

粒级/mm	质量/kg	占比/%
-250 ~ +150	127.7	11.25
-150 ~ +100	114.3	10.07
-100 ~ +50	319.5	28.15
-50 ~ +15	350.2	30.89
合　计	1134.6	100

表 13-9　半自磨机内钢球粒级的分布情况

钢球粒级/mm	钢球个数/个	质量/kg	占比/%
120	16	99	20.2
110	24	122	24.9
95	21	93	19
90	10	33	6.7
80	5	12	2.5
70	23	39.61	8.1
60	41	52	10.6
50	42	30.81	6.3
40	17	6.9	1.4
-30	1		
合　计	245	489.88	100

从表 13-8 中看出，半自磨机内 +250mm 粒级的矿石量为 0，-250 ~ +150mm 的含量为 11.25%，粒级主要分布为 -100 ~ +15mm，占 59.04%。

从自磨机钢球分布的质量占比和钢球个数来看，90mm 钢球的个数和质量占比明显减少，80mm 钢球的个数更少，质量占比更小，几乎没有，而自磨机内这一粒级的矿石占比达 60%。

直径 70mm 以下的钢球个数和质量占比开始增加，需要补加的钢球是 90 ~ 80mm 的钢球，特别是 80mm 钢球的补加与矿石粒级相匹配，以弥补 80mm 钢球的断带，但大量补加 80mm 的钢球经半自磨机短时间的磨剥，会变成 70mm 以下的钢球，造成 70mm 以下级别的钢球增加，影响了半自磨的磨矿效率。结合实际生产中半自磨给矿粒级筛析的具体情况，250mm 大块比例为 0（要求 25% ~ 30%），-250mm +150mm 大块的比例仅占 10.53%，大块比例严重不足，必须增加大直径钢球的比例，以弥补大块的不足，充分发挥半自磨用于冲击矿石的动能占 90%、为球磨的 2 倍的优势，同时兼顾自磨机内 90mm 钢球的个数和质量占比明显偏少、80mm 钢球的个数更少，质量占比更小、几乎没有；而自磨机内这一粒级的矿石占比又高达 60% 的实际情况。

因此，生产中 4 种不同直径钢球的配球方案选择为：150mm 钢球添加比例占 40%、120mm 钢球占 40%、90mm 钢球占 10%、80mm 钢球占 10%。不同比例的锻造钢球的充填和添加，经半自磨机的自然磨剥，形成了钢球与不同级别矿石的配比，达到了提高磨矿效率和提升小时处理量的目的。

13.4.2　半自磨机钢球的充填量计算

除半自磨机钢球不同直径的比例配比以外，还有配合处理量的增加，半自磨机钢球不同的充填率计算也显得很重要。其计算方法如下：

$$Q = V \times 0.1 \times 4.8$$

式中　Q——充填量（500kt/a 工业试验厂自磨机充填 10% 时，钢球充填量为 20.16t），t；

　　　V——半自磨机容积，500kt/a 工业试验厂半自磨机容积为 42m³；

　　　0.1——10% 的充填率；

4.8——钢球堆密度，4.6～4.8t/m³，视钢球质量而定。

13.4.3 半自磨机钢球的补加量

自试生产以来，除了对半自磨机钢球的配比进行了研究以外，对钢球的添加也进行了试验。生产的第一年补加的钢球量为 0.25kg/t，第二年为 0.35kg/t，第三年为 0.45～0.65kg/t。通过多个阶段的研究，当补加钢球量为 0.65kg/t 时，半自磨机内钢球达到了平衡和稳定，钢球充填率达到预计的 10%，收到了较好效果，解决了半自磨机给矿因原矿块度配比的变化而影响生产指标的问题，达到了流程顺畅、指标稳定的目的。与半自磨形成闭路的直线筛筛孔由 2004 年的 1.2mm 改为 2mm、3mm 后，筛下粒级并没有因筛孔放大而相应变粗，由筛析结果可以看出（见表 13-10），由于加、配球合理，粒级更加均匀，粗粒级反而相对减少。通过 2005 年 9 月的生产实践，泵、管道的磨损相应减轻，生产指标趋于稳定，为 500kt/a 半自磨选矿的生产和 4000kt/a 大型半自磨选矿厂的设计、建设提供了宝贵经验。

表 13-10　1.2mm、3mm 筛孔的直线筛的筛下粒级分析

粒级/mm	2004 年，筛孔 1.2mm		2005 年，筛孔 3mm	
	单个/%	累计/%	单个/%	累计/%
+0.9	7.34	4.53		
-0.9～+0.45	9.68	17.02	6.28	10.81
-0.45～+0.3	9.57	26.59	7.51	18.32
-0.3～+0.2	4.79	31.38	5.35	23.67
-0.2～+0.15	8.3	39.68	6.07	29.74
-0.15～+0.125	3.83	43.51	4.42	34.16
-0.125～+0.105	3.4	46.91	3.81	37.97
-0.105～+0.097	1.5	48.41	2.67	40.64
-0.097～+0.088	1.6	50.01	1.54	42.18
-0.088～+0.074	0.32	50.33	6.82	48.46
-0.074～+0.037	21.06	71.39	15.33	63.78
-0.037～+0.019	18.51	89.9	23.97	87.76
-0.019～+0.01	6.91	96.81	5.86	93.62
-0.01	3.19	100	6.38	100
合　计	100	100		

从表 13-10 可知：

（1）采用 1.2mm 筛孔，0.15～+0.125mm 粗粒级占 43.51%；采用 3mm 筛孔，粗粒级仅占 34.16%，3mm 筛孔的粗粒级含量比 1.2mm 的低 10%，细粒级含量相应增加，而且均匀。

（2）2005 年 4 月，生产品位 63.83% 的精矿 22.817kt，小时处理量 63.87t，作业率 96.1%；5 月，生产品位 63.55% 的精矿 22008.5t，小时处理量 66.72t，作业率 90.12%；特别是投产的第三年，即 2005 年，三段磨技术改造后，处理量上升，生产指标稳定，达到了达产（处理量 67.15t/h）达标的目标；2006 年超产超标，除了作业率提高以外，自

磨机钢球的配比、添加量都取得较大的研究进展，为 500kt/a 选矿厂稳定生产和 4000kt/a 大型自磨选矿厂的设计、建设、生产打下了坚实的基础。

特色与创新之处：由于自磨、半自磨的冲击力占 90% 以上，根据各点矿物、钢球的筛析结果，选择 ϕ150mm 和 ϕ120mm 大直径钢球各占 40%，ϕ90mm 和 ϕ80mm 直径钢球各占 10% 的配球比例，使选矿厂自磨机、半自磨机的小时处理能力在设计的基础上增加了 20%。

13.5　4000kt/a 选矿厂半自磨机的生产实践

自 20 世纪 50 年代北美和南非的矿业采用自磨工艺以来，自磨技术取得了飞速的发展。大红山铁矿自 2002 年以来，先后有 4 台半自磨机投入运行（2002 年底，半自磨机开始在大红山铁矿 500kt/a 选矿厂使用），首次成功地将大型半自磨机技术运用于生产，在消化吸收国外先进技术的同时，进行了大量的研究和技术改造，取得了显著的经济效益（见表 13-11）。

表 13-11　玉溪大红山矿业有限公司使用的自磨机的情况

型　号	使用时间	设计处理能力 /t·h^{-1}	实际处理能力 /t·h^{-1}	容积/m^3	生产厂家
ϕ5.5m×1.8m	2002 年 12 月	67.15	109.1	42.0	北方重工
ϕ8.53m×4.27m	2006 年 12 月	537.2	619.4	239.0	美卓公司
ϕ8.8m×4.8m	2010 年 12 月	510.75	581.5	278.8	北方重工
ϕ8.0m×3.2m	2011 年 3 月	201.61	308.5	160.0	中信公司

下面介绍 4 种型号的半自磨机：

（1）ϕ5.5m×1.8m 半自磨机。2002 年年底，500kt/a 选矿厂使用的半自磨机是由北方重工生产的 ϕ5.5m×1.8m 半自磨机，该型号半自磨机在我国北方广泛使用，是我国自行设计的一种比较成熟的半自磨机。

（2）ϕ8.53m×4.27m 半自磨机。美卓公司生产的 ϕ8.53m×4.27m 半自磨机在大红山铁矿 4000kt/a 选矿厂使用，自 2006 年年底投产以来，曾一直是国内最大的自磨机；直到 2008 年，中国黄金集团乌努格土山使用我国中信重工研发制造的 ϕ8.8m×4.8m 半自磨机，才超越了大红山铁矿的自磨机尺寸。目前，国内最大的半自磨机是江西德兴铜矿使用的由中信重工集团生产的直径 ϕ10.37m×5.19m 的半自磨机，其日磨矿能力达 22.5kt。大红山铁矿使用的 ϕ8.53m×4.27m 半自磨机仅 2 年时间就达产、达标，对我国半自磨机的发展和推广应用起到了重要的促进作用。

（3）ϕ8.8m×4.8m 半自磨机。2010 年 12 月，由北方重工生产的 ϕ8.8m×4.8m 半自磨机在三选矿厂投入生产，主要用于处理品位 20% 左右的熔岩铁矿；设计处理能力为 510.75t/h，目前实际处理能力达 581.5t/h。该设备在生产过程中存在缺陷，使用 3 个月后，出现筒体开裂的事故，影响了设备的正常运行。

（4）ϕ8.0m×3.2m 半自磨机。2011 年 3 月，由中信重工生产的 ϕ8.0m×3.2m 半自磨机在三选矿厂投入生产，主要处理铜矿石。该设备投入运行后，生产稳定；设计处理能力为 201.61t/h，目前实际处理能力达 308.5t/h。

13.5.1　4000kt/a 选矿厂生产指标

4000kt/a 选矿厂设计处理能力为 537.2t/h。有效容积为 239.2m³ 的 φ8.53m×4.27m 半自磨机，2006 年 12 月底投产时，该半自磨机是当时国内最大的半自磨机。选矿厂采用粗碎-半自磨—一、二段球磨的碎磨流程，粗碎设于坑下，粗碎产品粒度为 250~0mm，即为半自磨机的入磨粒度，半自磨产品的细度为 -0.074mm 占 21%，第一段和第二段球磨产品细度分别为 -0.074mm 占 60% 和 -0.043mm 占 80%。

13.5.1.1　产量指标

2008 年，即投产的第二年，φ8.53m×4.27m 半自磨机的处理能力就超过设计指标，随着技改项目的推进，小时处理量进一步提高。由于 2011 年自磨机大齿轮出现断齿故障，备件供货周期长，为确保生产的正常运行，下调了处理量，自磨机的处理能力出现了大幅度的下降（见表 13-12）。

表 13-12　φ8.53m×4.27m 半自磨机的实际处理量

年份	自磨机年处理量/t	增长率/%	自磨机小时处理量/t	增长率/%
2007	2542463.6		432.56	
2008	4066374.6	59.94	557.3	28.84
2009	4546994	11.82	586.03	5.16
2010	4825047.2	6.12	619.45	5.70
2011	4360431.40	-9.63	602.92	-2.7
2012	3544095.90	-18.72	559.04	-7.3

13.5.1.2　细度指标

在自磨机的指标选取方面，大红山铁矿走过弯路。2002 年年底，500kt/a 选矿厂半自磨机设计的磨矿细度为 -200 目占 55%，设计目标不仅要完成产量任务，还要完成一定的细度任务。在生产过程中，细度指标一直未能达到设计指标。2006 年，在设计 4000kt/a 选矿厂半自磨机的细度指标时，借鉴了国外的先进经验，设计细度仅为 -200 目占 21%；三选矿厂铁系列和铜系列的半自磨机的细度全部仅设计为 -200 目占 21%，生产中半自磨机的细度为 20%~30%，达到了设计指标。以二选矿厂的指标为例，半自磨机的指标见表 13-13。

表 13-13　φ8.53m×4.27m 半自磨机的排矿粒度分析

粒级/mm	2009 年排矿		2012 年排矿	
	产率/%		产率/%	
	单个	累计	单个	累计
+25	0.26	0.26	2.92	2.92
-25~+20	0.16	0.42	1.49	4.41
-20~+15	0.8	1.22	2.47	6.88
-15~+10	1.93	3.15	3.46	10.34
-10~+5	5.39	8.54	6.38	16.72
-5~+3	5.35	13.89	4.31	21.03
-3~+0.9	12.44	26.33	9.79	30.82
-0.9~+0.45	14.03	40.36	10.33	41.15

粒级/mm	2009 年排矿		2012 年排矿	
	产率/%		产率/%	
	单个	累计	单个	累计
-0.45 ~ +0.3	5.86	46.22	5.08	46.23
-0.3 ~ +0.2	7.16	53.38	5.97	52.2
-0.2 ~ +0.154	4.18	57.56	3.73	55.93
-0.154 ~ +0.125	2.78	60.34	3.45	59.38
-0.125 ~ +0.105	0	60.34	2.5	61.88
-0.105 ~ +0.088	3.24	63.58	4.88	66.76
-0.088 ~ +0.074	5.74	69.32	2.99	69.75
-0.074 ~ +0.063	0	69.32	2.5	72.25
-0.063 ~ +0.056	0	69.32	0.92	73.17
-0.056 ~ +0.045	9.44	78.76	6.81	79.98
-0.045	21.24	100	20.02	100
Σ	100		100	

半自磨机的产品细度为 -0.074mm 占 21%，从表中可以看出，自磨机的实际排矿细度为 -0.076mm 占 30% 左右，比设计的提高 9%。

13.5.2　技术改进与创新

由于一些技术已经申请了专利（半自磨机格子板，专利号：ZL2009 20253789.6），所以在此只做简单的介绍。

13.5.2.1　盲板改格子板

ϕ8.53m×4.27m 半自磨机设计的处理量为 537.2t/h，通过扩大直线筛筛孔直径、增大球径、增加钢球充填率等方式，处理量达到了 550 ~ 560t/h，但仍不能满足公司生产的需求。

自磨机的排料端衬板由格子板和盲板组成。格子板和盲板的后面是卸料槽。自磨机盲板是位于排料端的无孔钢板，由 16 块小盲板构成。在盲板上开孔，将会扩大自磨机中矿浆的排矿通道，提高矿浆的流动速度，从而增加自磨机的处理量。盲板开孔要适宜，开孔过少，矿浆的通过量变化不大，处理量提高不多；开孔过多，盲板的强度受到影响，而且使用寿命过短，将会影响自磨机的正常生产。

将自磨机盲板改造为有孔（孔径约 40mm×100mm）的格子板，不仅可以提高自磨机的通过率，而且可以达到提高自磨机处理量的目的。

13.5.2.2　衬板的改造

原装衬板由于硬度大，无法承受大红山铁矿高产量的负荷，在高钢球充填率和大钢球的冲击下，纷纷断裂。经过反复的试验和研究，利用高锰钢材质在受到冲击后仍然会形成坚硬表面膜的特性，开发出了高锰钢系列的衬板，满足了高产量的需求。

13.5.2.3　衬板提升条的改造

自磨机提升条是承担着提高钢球和物料形成磨矿冲击力的关键环节。但是，自磨机的某些部位衬板提升条的设计高度偏高，在使用中，会被抛落的钢球砸到，导致提升条开裂，磨损加剧，使用寿命缩短。围绕此技术问题，进行了技术开发，并获得了专利。

13.5.2.4 半自磨机电机降温改造

原设计半自磨机电机定子预警温度110℃、跳闸温度120℃，前端冷却空气预警温度50℃、跳闸温度60℃，后端预警温度70℃、跳闸温度80℃。由于现场环境温度高达40℃以上，自磨机电机运行温度过高，超过80℃会跳闸，需对电机线圈绕组及前后端冷却空气进行降温。因此，增加了冷却系统对电机线圈绕组及前后端冷却空气进行降温的系统。改进后，自磨机电机定子的运行温度为90~100℃，前端冷却空气温度约40℃，后端冷却空气温度60℃左右，设备能够正常运行。

13.5.2.5 半自磨机中空轴冷却润滑系统的降温改造

原设计半自磨机中空轴润滑油预警温度54℃，跳闸温度60℃。由于现场环境温度较高，自磨机在运行过程中中空轴运行温度过高，冷却降温不够，需对中空轴冷却润滑系统进行降温。通过加大冷却器的散热面积，增强了冷却效果，使进入中空轴的冷却润滑油得到了冷却，从而冷却了中空轴。

采取了冷却器的降温措施以后，获得了明显的降温效果。在半自磨机的处理量到605t/h左右时，中空轴运行温度42℃左右，设备运行正常，大大降低了中空轴的运行温度，降温幅度达10℃左右，比预期的降温幅度大。在降温的同时，中空轴的上油压力正常，为120kPa左右，与改进前的一样；中空轴正常运行的工作压力（油压64bar以内，随给矿量调节而变化）正常，解决了半自磨机中空轴因为环境温度过高、冷却器内部冷却水管结垢、冷却效果不佳所导致的运行温度过高的技术难题。

13.5.3 钢球的使用情况

13.5.3.1 钢球的初装情况

厂家推荐使用的初装球量、球径、配比情况见表13-14。最大充填率为12%，推荐的充填率为5%~8%。但在实际使用过程中，由于产量要求较高，钢球充填率为12%~14%。考虑到自磨机添加钢球是为了增加冲击力，增加产量，尝试加大钢球的直径，因此，使用的最大锻钢球直径达到了180mm，但是，180mm钢球对磨机衬板的冲击力过大，造成了衬板的损坏。经过系统的试验、摸索和研究，目前固定的补加模式是：只添加150mm钢球，不补加小尺寸的钢球，钢球在磨蚀过程中，逐渐形成一定的配比。

表 13-14 ϕ8.53m × 4.27m 半自磨机的钢球初装情况

球径/mm	初装球比例/%	质量/t	装料量/t
125	18.5	26.8	22.3
115	29.3	42.4	35.3
100	20.6	29.8	24.8
90	13.8	20	16.6
75	8.7	12.6	10.5
65	5.4	7.8	6.5
50	3.7	5.4	4.5
合 计	100	144.8	120.5

13.5.3.2 钢球消耗

增加钢球，是提高半自磨机处理量的最有效手段之一。大红山铁矿对产量的要求较高，因此，半自磨机的钢球消耗也维持在较高的水平（见表13-15）。为了降低钢球的消耗，2011年前使用65锰锻压钢球，2011年开始使用贝氏体锻压钢球，大幅度地降低了钢球消耗。

表 13-15 ϕ8.53m×4.27m 半自磨机钢球的消耗

年 份	钢球消耗/t	单位磨耗/kg·t^{-1}
2007	2491.25	0.97
2008	3726.96	0.91
2009	5656	1.12
2010	6114.42	1.28
2011	1552.5	0.67
2012	—	0.80
2013 年 1 ~ 10 月	—	1.05

13.6 半自磨机影响因素的控制和调整

与全自磨工艺相比，大红山铁矿石适合采用半自磨工艺。半自磨可借助钢球的冲击磨剥作用，有效地消除顽石（25 ~ 75mm）的积累，弥补原矿中作为自磨介质的 +150mm 大块矿的不足，有助于提高产量，降低磨矿功耗。其缺点是增加了球耗和衬板消耗。此外，加强半自磨工艺的操作控制，是确保设备作业率、提高处理量不可或缺的因素。

13.6.1 矿石粒度和硬度

对于半自磨机来说，矿石硬度和粒度组成是影响处理能力的一个重要因素。一、二选矿厂原矿的普氏硬度为8 ~ 12，三选矿厂铜铁系列原矿的普氏硬度为10 ~ 12，原矿的硬度较高，降低了半自磨机的处理能力。原矿的粒度组成对于半自磨机的处理能力的提高，影响非常明显。设计及生产中，三选矿厂铜、铁系列分时段共用破碎设备，受设备及操作条件的影响，破碎产品最大粒度为300mm，意味着三选矿厂大块的自磨介质含量较高，对通过补加钢球提高处理能力产生负的影响；一、二选矿厂破碎产品的最大粒度为250mm。从生产实践来看，一、二选矿厂自磨机的磨矿效能高于三选矿厂，主要是因为矿石的硬度和粒度存在较大的差异。

13.6.2 顽石

由于半自磨机本身的工作特点，生产过程中会产生粒径为25 ~ 70mm 的一些顽石，也称难磨粒子或临界粒子，这种粒径的矿石不具备介质的作用，同时又需要更大的矿石或钢球撞击它们才能使其破碎，因而在半自磨机中的可磨度较差，会不断积累而占用半自磨机的有效体积，造成半自磨机生产率降低、能耗增加。据文献报道，顽石循环所导致的能耗约占磨机功耗的 20% 左右。一选矿厂曾采用球磨机对自磨返砂进行了单独处理，但从试验结果来看，所处理的返砂粒度小于 20mm，而不是顽石，因而这项措施对提高半自磨机的处理能力没有产生明显的效果。

13.6.3　钢球的材质及大小

在设备厂商提供的说明书中，没有明确钢球的类型及大小。电炉生产的多元合金铸造钢球，存在较严重的破碎现象，碎球降低了充填率，增加了能量消耗。锻造钢球的碎球率大大低于铸造钢球。为此，公司制定了积极的激励政策，奖励操作人员定期清除返回皮带上的碎钢球，使磨机排出的碎球不再进入循环，提高了磨矿介质的效率。通过添加 $\phi180mm$ 及 $\phi150mm$ 钢球试验，发现添加大钢球有利于提高半自磨机的处理能力，而且降低球耗。但较大钢球的更大冲击作用使衬板消耗加剧，目前选矿厂使用的均为 $\phi150mm$ 的钢球。

13.6.4　格子板

为了增强半自磨机的排矿，提高其处理能力，增大了出料衬板的筛孔尺寸或增加了衬板的开孔率，加速了矿石的及时排出，半自磨机的处理能力有一定幅度的提高。

13.6.5　直线振动筛

增大直线振动筛的筛孔，可在一定程度上减少自磨机的返矿量，提高了半自磨处理能力。该项措施在平衡球磨机"吃不饱"而自磨机过负荷方面发挥了较大作用。

13.6.6　半自磨机的控制

(1) 严格按照规程操作，维持磨机的负荷和监控进料量，有助于磨矿系统提高效率。定期监控进料量、矿石硬度、实际功率、磨机负荷（介质质量）、目测钢球体积（磨机停下将磨机内的钢球取出放在地面），确定要磨物料的钢球单位耗量。按照收集的上述信息，制订合理的加球计划（加球量和时间间隔），并持续调整。

(2) 均匀喂料是磨机获得最高产量的重要条件之一，因此，操作人员应精心调整喂料量，使其达到高产、稳产。入料的含水量将显著地影响物料在筒体内的运动，从而影响处理能力；如果要保持一定的物料通过量，可以适当增大球径，降低充填率。

(3) 介质充填率对出料粒度的影响很大，单一的增加介质充填率（球加的多），出料的粒度明显变细；反之，出料粒度变粗。在实际生产中，为适应磨机不同处理能力的要求，可以把充填率作为调整磨机产量的重要手段之一。

(4) 其他应注意的事项：

1) 不给料时，磨机不能长时间运转，以免损坏衬板、消耗介质。

2) 操作人员应保证给入物料的均匀。

3) 定期检查磨机筒体内部的衬板和介质的磨损情况，对磨穿和破裂的衬板要及时更换；对松动或折断的螺栓应及时拧紧或更换，以免磨穿筒体。

4) 经常检查和保证各润滑点（小齿轮轴轴承，主轴承及主轴承环形密封圈等处）有足够和清洁的润滑油（脂）。对稀油站的回油过滤器定期清洗，一般每三个月清洗一次；

每半年检查一次润滑油的质量,必要时更换新油。

5)经常检查磨机大、小齿轮的啮合情况和接口螺栓是否松动。

6)根据入磨物料及产品粒度要求,调节钢球的加入量及级配,并及时向磨机内补加钢球,补加钢球的尺寸应为首次加球中的最大直径的钢球(但如果较长时间没有加球,也应加入较小直径的钢球),使磨机内钢球始终保持最佳状态。

7)磨机的安全防护罩完好可靠,并在危险区域内挂警示牌。

8)磨机在运转过程中不得从事任何机件的拆卸检修工作,当需要进入筒体内工作时,必须事先与有关人员联系,采取监控措施。如果在磨机运行时观察主轴承的情况,应特别注意,以防被端盖上的螺栓刮伤。

9)对磨机进行检查和维护修理时,只准使用低压照明设备;对磨机上零件实施焊接时,应注意接地保护,防止电流灼伤齿面和轴瓦面。

10)主轴承及各油站的冷却水温度及其用量,应以轴承温度不超过允许的温度为准,可以适当调整。

11)使用过程中,应制定定期的检查制度,对机器进行维护。

12)必须精心保养设备,经常打扫环境卫生,做到不漏水,不漏浆,无油污,螺栓无松动,设备周围无杂物。

参 考 文 献

[1] 沈立义. 昆钢大红山铁矿4000kt/a选矿厂设计方案探讨 [J]. 金属矿山,2004(10)增刊:184~186.

[2] 彭成善,沈立义. 大红山铁矿500kt/a选矿自磨、半自磨试验及相关问题探讨 [J]. 金属矿山,2005(8)增刊:268~270.

[3] 沈立义. 自磨、半自磨效益与经营成本二者经济效益的探讨 [J]. 金属矿山,2008(11)增刊:377~378.

[4] 沈立义. 500kt/a半自磨试验选厂三段磨改造后可能达到的选矿指标与4000kt/a选厂半自磨机选型 [J]. 金属矿山,2008(11)增刊:373~376.

[5] 李登敏. 昆钢大红山铁矿4000kt/a选矿厂 ϕ8.53m×4.27m半自磨机的应用实例 [J]. 金属矿山,2008(11)增刊:369~372.

[6] 黄晓燕,沈慧庭. 当代世界的矿物加工与技术 [M]. 北京:科学出版社,2006.

[7] 吴建明. 自磨(半自磨)的进展 [J]. 金属矿山,2004.

[8] 郑旭,刘洋. 昆钢大红山提高 ϕ8.53m×4.27m半自磨机处理量实践 [J]. 云南冶金,2013.6.

[9] 徐炜. 技术创新与管理创新并举,努力打造一流现代化矿山企业 [J]. 中国矿业,2012.8.

[10] 曾野. 云南大红山铁矿4000kt/a选矿厂半自磨系统设计 [J]. 工程建设,2013.6.

[11] 朱冰龙,孙贵爱,沙发文等. 昆钢大红山500kt/a选厂 ϕ5.5m×1.8m半自磨机返砂再磨再选研究及技术改造实践 [J]. 云南冶金,2013.4.

14 磨矿分级循环的生产实践

14.1 球磨机的生产实践

14.1.1 球磨机的工作原理及构成

14.1.1.1 球磨机的工作原理

物料由球磨机进料端中空轴进入筒体内，当筒体转动时，研磨体由于惯性、离心力和摩擦力的作用，使其贴附于筒体衬板上被筒体带走。当被带到一定的高度时，由于其本身的重力作用而被抛落产生冲击力，没有上升到一定高度的介质沿筒体泻落产生研磨力，筒体内的矿石在两种力的联合作用下受到破碎，击碎后的物料由排料端中空轴排出。

14.1.1.2 球磨机的构成

球磨机由给料、出料、回转、传动（大小齿轮、电机、电控等）及润滑系统等主要部分组成；给矿端的端盖内侧铺有平的扇形锰钢衬板。在中空轴颈内镶有内表面为螺旋叶片的轴颈内套，内套既可保护轴颈不被矿石磨坏，又有把矿石送入磨机内的作用；中空轴采用铸钢件，回转大齿轮采用铸件滚齿加工，筒体内镶有合金衬板，具有较好的耐磨性。

14.1.2 溢流型球磨机在大红山铁矿应用

大红山铁矿已建成一选厂 500kt/a、二选厂 4000kt/a 和三选厂 7000kt/a 及其配套设施，形成了年处理 11500kt 原矿的采矿、选矿生产能力。球磨机在大红山选矿生产中发挥着不可替代的作用，三个选矿厂、四个系列共使用不同规格的球磨机 13 台，均采用溢流型球磨机，其中 10 台用于主体工艺，3 台用于精矿的再磨和再选。

14.1.2.1 溢流型球磨机在一选厂的应用

一选厂于 2002 年 3 月开始建设，2003 年 1 月建成投产；设计处理能力为 500kt/a。设计之初，被定性为试验型选矿厂，目的是为二、三选厂的设计建设提供确定选矿工艺、设备选型和生产指标等重要参数的依据。

一选厂破碎磨矿系统采用 1 台 900mm × 1200mm 颚式破碎机进行粗碎，1 台 $\phi 5.5$m × 1.8m 半自磨机和 1 台 $\phi 2.7$m × 3.6m 溢流型球磨机进行磨矿；选别工艺为三段弱磁加两段强磁的磁选工艺。生产过程中，磨矿细度未达到选别要求，通过技术改造，增加了 1 台 $\phi 3.2$m × 5.4m 溢流型球磨机作为一段球磨，将原来的 $\phi 2.7$m × 3.6m 溢流型球磨机改为二段球磨。

截至 2012 年年底，一选厂累计处理原矿 6483.8kt，生产精矿 3327.2kt，取得了较好的经济效益。

14.1.2.2 溢流型球磨机在二选厂的应用

二选厂的设计充分吸取了一选厂的生产经验，破碎磨矿工艺采用粗碎 + 半自磨 + 球磨工艺，球磨选用4台国产的 ϕ4.8m×7.0m 溢流型球磨机（彩图14-1），一段球磨、二段球磨各两台；磨矿细度一段球磨达到 −200 目占 60% 左右，二段球磨达到 −325 目占 75% 左右，分选工艺采用阶段磨矿-阶段选别，由三段弱磁、两段强磁和浮选组成。

二选厂于 2003 年年底开工建设，2006 年年底建成投产；截至 2012 年年底，累计处理原矿 23885.4kt，生产精矿 11689.1kt。

14.1.2.3 溢流型球磨机在三选厂的应用

三选矿厂设计处理铜铁矿，分为处理浅部熔岩铁矿和熔岩含铜铁矿的熔岩系列和处理深部含铁铜矿的铜系列。铜系列和熔岩系列原矿处理能力分别为 1500kt/a 和 3800kt/a，其中，熔岩系列正在进行技术改造，原矿处理能力有望达到 5000kt/a；两个系列都采用粗碎+半自磨+球磨的破碎磨矿工艺和浮选选铜+磁选选铁的分选工艺。

三选厂于 2007 年开始建设，2010 年年底建成投产；截至 2012 年年底，累计处理原矿 9285.3kt，生产铁精矿 2296.0kt、铜金属 5341.14t。

大红山溢流型球磨机工艺参数见表14-1。

表14-1 大红山溢流型球磨机工艺参数

选厂	设 备	处理能力 /t·h⁻¹	磨矿介质	充填率 /%	磨矿浓度 /%	磨矿细度
一选厂	ϕ3.2m×5.4m 球磨机	80~120	ϕ45mm×50mm×50mm 铸铁段	30~35	70~75	−200 网目占 60%
	ϕ2.7m×3.6m 球磨机	30~60	ϕ40mm×45mm×45mm 铸铁段	25~30	65~70	−325 网目占 65%
二选厂	ϕ4.8m×7m 球磨机	280~380	ϕ45mm×50mm×50mm 铸铁段	30~35	70~75	−200 网目占 60%
	ϕ4.8m×7m 球磨机	280~380	ϕ45mm×50mm×50mm 铸铁段	30~35	70~75	−200 网目占 60%
	ϕ4.8m×7m 球磨机	150~240	ϕ40mm×45mm×45mm 铸铁段	30~35	65~70	−325 网目占 75%
	ϕ4.8m×7m 球磨机	150~240	ϕ40mm×45mm×45mm 铸铁段	30~35	65~70	−325 网目占 75%
三选厂铜系列	ϕ5.5m×8.5m 球磨机	250~350	ϕ45mm×50mm×50mm 铸铁段	25~30	70~75	−200 网目占 75%
	ϕ3.2m×6.4m 球磨机	100~140	ϕ40mm×45mm×45mm 铸铁段	25~30	65~70	−325 网目占 85%
三选厂熔岩系列	ϕ6.0m×9.5m 球磨机	580~700	ϕ45mm×50mm×50mm 铸铁段	25~30	70~75	−200 网目占 70%
	ϕ5.0m×8.3m 球磨机	220~300	ϕ40mm×45mm×45mm 铸铁段	25~30	65~70	−325 网目占 85%

注：磨矿介质规格为 $\phi D_1 \times D_2 \times L$（$D_1$ 为小头直径，D_2 为大头直径，L 为长度），一段球磨磨矿介质为 ϕ45mm×50mm×50mm 铸铁段，二段球磨磨矿介质为 ϕ40mm×45mm×45mm 铸铁段。

大红山溢流型球磨机的使用情况见表14-2。

表14-2 大红山溢流型球磨机的使用情况

序号	规格/m	配用功率 /kW	数量/台	传动配置	润滑方式	轴承	用 途	衬板
1	3.2×5.4	800	1	同步电机+离合器	动静压润滑	巴氏合金	一选厂一段球磨	磁性
2	2.7×3.6	400	1	同步电机+离合器	动静压润滑	巴氏合金	一选厂二段球磨	磁性
3	2.1×2.8	220	1	异步电机+减速机	动静压润滑	巴氏合金	一选厂自磨返砂再磨	磁性
4	4.8×7.0	2500	4	同步电机+离合器	动静压润滑	巴氏合金	二选厂一、二段球磨	磁性
5	2.7×4.0	400	1	同步电机+离合器	动静压润滑	巴氏合金	二选厂精矿再磨	磁性

序号	规格/m	配用功率/kW	数量/台	传动配置	润滑方式	轴承	用途	衬板
6	1.5×3.6	80	1	异步电机+减速机	低压润滑	巴氏合金	二选厂精矿再磨	磁性
7	6.0×9.5	6000	1	同步电机+离合器	全静压润滑	铜合金	三选厂熔岩一段球磨	合金
8	5.0×8.3	3300	1	同步电机+离合器	全静压润滑	铜合金	三选厂熔岩二段球磨	磁性
9	5.5×8.5	4500	1	同步电机+离合器	全静压润滑	铜合金	三选厂铜一段球磨	合金
10	3.2×6.4	1000	1	同步电机+离合器	全静压润滑	铜合金	三选厂铜二段球磨	磁性

14.1.3 大红山溢流型球磨机的基本配置

经过多年实践，对球磨机的基本配置取得了一些基本的认识和经验，并能够充分应用于球磨机的选型过程中，取得了较好的效果。

14.1.3.1 球磨机传动部的配置

选矿厂建设需要遵循的一个基本原则是节省用地，结合设计产能的要求，设备均采用大型化配置，以减少占地面积，提高土地利用率。经过充分的论证和各种传动方式的比较，球磨机传动部配置采用国内外普遍采用的同步电机+离合器的配置方式，电机全部为国产同步电动机，$\phi 4.0m$ 以上球磨机的离合器选用进口离合器，其他的选用国产离合器。同时，所有磨机均配置慢盘装置，以方便维修。

14.1.3.2 球磨机润滑系统的配置

目前国内大中型球磨机的润滑系统主要采用动静压润滑和全静压润滑系统，两种系统各有优缺点。动静压润滑的效果比全静压的差，但相对节能，适合中型球磨机；全静压的润滑效果最好，但对稀油站特别是高压油泵的要求较高，能耗也相对较高，适合大型球磨机。

根据设备规格和润滑技术的发展，大红山球磨机润滑系统有多种润滑方式，一选厂和二选厂以动静压润滑方式为主，三选矿厂全部采用全静压润滑方式。

同时，把全静压润滑方式应用到了 2500kW 以上磨机同步电机轴承润滑，取得了较好的效果。

14.1.3.3 球磨机进出料的配置

根据大红山铁矿选矿厂的工艺要求，所用球磨机的给料装置均采用车载管式给料器。车载给料器配置了电驱动行走装置，出料端配置筒式隔渣筛。

14.1.3.4 球磨机衬板的配置

目前，溢流型球磨机使用的衬板主要有合金衬板、橡胶衬板和磁性衬板等。各种衬板的特性不同，使用的环境要求也不同。

合金衬板适用于粗磨、细磨等环节，其使用寿命较短，一般一年左右，但磨矿效率和能耗相对较高；磁性衬板是 20 世纪 90 年代在国内逐步发展起来的。目前，国内使用磁性衬板的球磨机主要用于二、三段球磨，最大型号为鞍山调军台选矿厂的 $\phi 5.5m \times 8.8m$ 型球磨机。磁性衬板与传统合金衬板比较，具有使用寿命长、能耗相对较低的特点，同时，更换次数减少，有效地提高了设备的作业率。但磁性衬板对磨矿介质的材质和规格有限制，对磨矿效率有一定的影响。大红山铁矿除三选矿厂的 $\phi 6.0\mathrm{m} \times 9.5\mathrm{m}$ 和 $\phi 5.5\mathrm{m} \times 8.5\mathrm{m}$ 两台球磨机选用合金衬板外，其他球磨机全部选用磁性衬板，为大红山铁矿在较短的时间内达产创造了条件。

14.1.3.5　机械手的应用

大红山铁矿三选厂两个系列的一段球磨机（$\phi 6.0\mathrm{m} \times 9.5\mathrm{m}$ 和 $\phi 5.5\mathrm{m} \times 8.5\mathrm{m}$）选用合金衬板，单件衬板最大质量达 1200kg。为提高衬板的更换效率，配置了专用的衬板更换的进口机械手，两台球磨机共用一台机械手，能快速向磨机内运送衬板，且能在磨机内准确地吊装到位，既满足了衬板更换的需要，也节约了投资成本。经过对传统方式与机械手两种换衬板方式的比较，应用机械手方式比传统方式在时间上可大大缩短。

14.1.3.6　球磨机轴承的配置

大红山铁矿选厂的球磨机轴承主要有两种配置：一种是传统的巴氏合金滑动轴承，应用于一、二选厂的球磨机中；另一种是免刮铜合金滑动轴承，应用于三选厂的球磨机中。

巴氏合金滑动轴承是磨机的传统轴承，具有使用广泛、造价较低、可修复性强等优点。二选厂 $\phi 4.8\mathrm{m} \times 7.0\mathrm{m}$ 球磨机，从 2006 年至今发生多次烧瓦，每次都是经过现场研磨修复，继续使用，而且每年都需要进行细磨维护。

随着加工和制造技术的进步，免刮铜合金轴承得到了较多的使用。和巴氏合金轴承相比，铜合金瓦具有免刮、免维护、性能稳定等特点，但造价较高。二选厂半自磨机使用铜合金，从 2006 年投产至今，达到了零故障、免维护的目标要求。

14.2　直线振动筛的生产实践

直线振动筛的特点是振动力大、振幅大、振动强烈，筛分效率高、生产率高，可筛分粗块物料，应用广泛，是大中型选矿厂分级工序的主要设备之一。大红山矿业有限公司在设计阶段，根据矿石性质进行选矿试验后，引进当时先进的磨选工艺，以半自磨机取代中、细碎设备。半自磨机的特点是磨矿效率高，处理量大，排矿粒度粗，从而限制了其后分级设备的选型。为了满足半自磨机闭路磨矿工艺的要求，分级设备选择了振动强烈，处理能力大，能筛分粗块物料的直线振动筛。现将直线振动筛在大红山矿业公司选别流程中的实践应用做以下总结。

14.2.1　直线振动筛在大红山矿业公司选别流程中的台（套）数及分布

目前，矿业公司已投产的 4 个选别系列中，半自磨机闭路磨矿的分级设备和尾矿脱水隔渣工序的设备均采用直线振动筛，共有 10 台（套），规格型号及分布见表 14-3。

表 14-3　直线振动筛在大红山矿业公司选别流程中的台（套）数及分布

设　备	规格型号	选别流程	数量 /台（套）	用　途	生产厂家
直线振动筛	1ZKB1845	500kt/a 选厂	1	半自磨机闭路 磨矿矿浆分级	昆明茨坝矿山机械 有限公司
直线振动筛	TZS65-420	500kt/a 选厂	1	尾矿隔渣	河南太行振动机械 股份有限公司

设 备	规格型号	选别流程	数量/台（套）	用 途	生产厂家
双质体直线振动筛	TM-ARC10×20（TM-ARC3070）	4000kt/a 选厂	2	半自磨机闭路磨矿矿浆分级	美国 GK 公司昆明茨坝矿山机械有限公司
直线振动筛	TSX1550×3000	4000kt/a 选厂	1	尾矿隔渣	河南太行振动机械股份有限公司
双质体直线振动筛	STM3073	7000kt/a熔岩铁系列	1	半自磨机闭路磨矿矿浆分级	美国 GK 公司昆明茨坝矿山机械有限公司
双质体直线振动筛	STM2461	7000kt/a 铜系列	1	半自磨机闭路磨矿矿浆分级	美国 GK 公司昆明茨坝矿山机械有限公司
直线振动筛	1ZKB2148	7000kt/a 选厂	3	尾矿隔渣	昆明茨坝矿山机械有限公司

14.2.2 直线振动筛在大红山矿业公司应用实践中遇到的问题及采取的措施

由于筛子制造质量的原因，500kt/a 选矿流程、4000kt/a 选矿流程的原设计安装的直线振动筛在使用中均出现了一些问题，事故故障较多，严重影响生产的正常组织。随着国外先进技术及设备进入国内，矿业公司对直线筛的应用实践也与时俱进，以符合生产实际为原则，引进技术先进、质量可靠的筛子，淘汰技术落后、故障多的筛子。经过以下技术改造，选别流程中振动筛的装备水平节节攀升，对选别流程的达产、超产提供了强有力的保障。

14.2.2.1 500kt/a 选别流程的直线筛由 2ZKX2448 型改为 1ZKB1845 型

在 500kt/a 选矿流程中的半自磨机有自返装置，磨机的排矿粒度在 8mm 以下，且矿浆经筛分后直接进入弱磁选流程。为了保证弱磁选机能正常运转，在选择半自磨机排矿的筛分设备时，选择了鞍山矿山机械厂生产的双层筛网的直线振动筛，型号参数见表14-4。

表 14-4　2ZKX2448 型直线振动筛型号参数

规格型号	筛 面					给料粒度/mm	振动方向角/(°)	处理量/t·h⁻¹	振次/r·min⁻¹	双振幅/mm	振动方向角/(°)	传动方式	电机转速/r·min⁻¹	电机功率/kW
	层数	面积/m²	倾角/(°)	筛孔尺寸/mm×mm	结构									
2ZKX2448	2	12	0	15×2	上编下条	<100	45	80~120	890	9~11	45	皮带传动	1470	22

在实际生产中，通过双层筛网分级后的筛下物料，在粒度方面满足后段流程的工艺需要，在设备投运初期，筛子运行良好。使用半年后，筛子本身的缺陷逐渐暴露，故障停机频繁，严重影响整个流程的正常生产。主要故障表现在以下几方面：

（1）筛网的结构形式为上、下两层筛网，上层筛网为编织网状，筛孔较大，预先分离粗颗粒，下层为板式条形结构，筛孔较小，筛分物料为细颗粒。物料粒度不同，使两层筛网的使用周期不能同步，增加了维护量。另外，下层筛网的磨损程度不易掌握，非计划停机次数多；更换下层筛网工序烦琐，工作量大，停机检修时间长，难以组织均衡稳定的生产。为了解决筛网故障影响生产的问题，根据实际情况，将上层筛网改型为下层筛网规格，取消下层筛网。改型后减少了停机维护时间，在提高设备作业率的同时，减轻了职工的劳动强度。

（2）激振器与激振电机之间的传动方式为皮带减速传动，在运行中，由于传动皮带的延展、老化，使张紧度发生变化，加之交变载荷的影响，出现皮带打滑现象，导致两激振器的转速不同步，激振频率紊乱，带来以下负面结果：首先，筛子的激振力下降，振幅减小，筛分效率低，处理量下降，致使半自磨机的小时处理量下降；其次，筛框运行不平稳，受力不平衡，导致筛框开裂，激振器轴承频繁烧坏。

2ZKX2448 型直线振动筛的设备故障频繁，不能满足高效、均衡、稳定的生产组织，经矿业公司研究后，对此振动筛重新设计选型。于 2005 年 1 月 29 日将 2ZKX2448 型直线振动筛改型为茨坝矿山机械厂生产的 1ZKB1845 型自同步直线振动筛，设备参数见表14-5。

表 14-5　1ZKB1845 型自同步直线振动筛参数

| 规格型号 | 筛 面 | | | | | 给料粒度/mm | 振动方向角/(°) | 处理量/t·h⁻¹ | 振次/r·min⁻¹ | 双振幅/mm | 振动方向角/(°) | 传动方式 | 电机转速/r·min⁻¹ | 电机功率/kW |
	层数	面积/m²	倾角/(°)	筛孔尺寸/mm×mm	结构									
1ZKB1845	1	12	0	3×30	条形	<100	45	80~120	960	7	45	轮胎联轴器	960	22

自 1ZKB1845 型自同步直线振动筛投入运行后，由于对筛网结构、激振器传动形式改进后，筛子操作维护简单、事故故障少，运行 8 年多，仅发生过一次由于润滑不到位导致轴承烧坏事故。日常维护检修与半自磨机的检修同步，极大地提升了半自磨机设备作业率，为 500kt/a 选矿流程的达产、超产奠定了坚实基础。

14.2.2.2　双质体直线振动筛在大红山矿业公司的应用

4000kt/a 选矿流程中的直线振动筛历经两次改型，由 2ZKR3070 型改为 1ZKB3070 型，接着再改为 TM-ARC10×20 型。TM-ARC10×20 是美国 GK 公司生产的双质体直线振动筛，运行稳定，维护量小，保证了生产的正常进行。

A　2ZKR3070 直线振动筛改型为 1ZKB3070 直线振动筛的原因

在流程设计选型时，选择了当时国内先进的南昌矿山机械有限公司制造的 2ZKR3070 型振动筛，在使用中，出现以下两个问题：

（1）下层筛网的检修维护难度大，在更换筛网时检修时间长，工人劳动强度大，且存在一定安全隐患。在满足工艺要求的前提下，将下层筛网取消，只保留上层筛网。

（2）激振器轴承温度高、烧毁事故频发，严重影响生产的正常组织。经技术论证后，分别于 2008 年 3 月 20 日和 2008 年 9 月 11 日将 1 号和 2 号筛更换为茨坝矿山机械厂生产的 1ZKB3070 直线振动筛。

B 1ZKB3070 直线振动筛改型为 TM-ARC10×20 双质体直线振动筛的原因

1 号 ZKB3070 型直线振动筛投入运行一年后，出现激振器附近的筛框开裂现象，生产厂家采取绞制孔螺栓加装加强钢板等一系列措施，均无法解决筛框开裂的问题，致使筛子不能继续使用。为了彻底解决筛子故障与生产经营目标之间的矛盾，引进国外先进技术，于 2009 年 12 月 6 日更换为由美国 GK 公司设计、茨坝矿山机械厂生产的 TM-ARC10×20 双质体直线振动筛。2 号 1ZKB3070 型直线振动筛运行一年半左右的时间，也出现筛框开裂故障，于 2010 年 7 月 5 日更换为 TM-ARC10×20 双质体直线振动筛。

TM-ARC10×20 双质体直线振动筛投入运行后，运行情况良好，仅发生了几次由于润滑不良导致振动电机轴承烧坏和轴承烧坏引起的电机线圈烧坏，其余仅需更换筛网和紧固螺栓等日常维护。基于 TM-ARC10×20 双质体直线振动筛良好的运行状况，在建设三选厂时，铜、铁系列的半自磨机闭路磨矿系统的分级设备均采用由美国 GK 公司设计、茨坝矿山机械厂制造的 STM2461、STM3073 型直线振动筛。

14.2.3 矿业公司在实践中应用直线振动筛的经验总结

矿业公司规模性生产历史仅为 10 年，在国内属于新型大规模铁矿山。在建设时本着高起点、高水平的理念，采、选、运输均采用了国内外先进的技术及装备。同时，在 10 年的生产经营中，大胆地采用新技术、新设备，为设计生产规模的达产、超产，奠定了坚实基础。总结直线振动筛在 4 条生产线上的应用实践，得出以下经验：

（1）在要求高作业率运转的半自磨机闭路磨矿工艺中，直线振动筛的筛网结构采取单层结构形式更符合生产要求。筛网的外形尺寸在物料运行方向采取小尺寸，可减少筛网的使用成本。原因为筛网的磨损在沿排料方向是递减的，接料处磨损最大，排料口最小，在局部更换筛网时，小尺寸的筛网能减少筛网的浪费。

（2）激振器是筛子振动的动力源，其与驱动电机的连接形式应选择直连的弹性联轴器，可减缓在启动时对电机的冲击和保证激振器转速的同步。

（3）GK 双质体振动筛与传统技术振动筛的各项性能指标对比见表 14-6。双质体振动筛更适合大规模、高效连续的生产组织。

表 14-6 GK 双质体振动筛与传统技术振动筛的性能对比

对比项目	GK 双质体振动筛	传统技术振动筛
激振器特点	特制振动电机，使用轴承较小，轴承摩擦功率较小，轴不易发热，稳定性高	块偏心式，使用轴承较大，轴承极限转速较低，已接近工作转速，轴承容易发热，轴承摩擦功率消耗较大
激振力	激振力大，但对筛体影响较小	激振力小，对筛体的破坏性极大
振幅	随着处理量增加而在线增加	不会随着处理量增加而增加
激振器维修	简单。更换振动电机只需 4~6h，且振动电机使用寿命一般在 5 年以上	复杂。轴承使用寿命较短，国产轴承 5 个月左右需要更换轴承，进口轴承 10 个月左右需要更换轴承
启动和停车	由于振动频率低于共振区，启动和停车较平稳，对弹簧及筛体的作用力很小，提高弹簧和筛体的使用寿命	通过共振区时振幅急剧增加，跳动很大，不稳定，不可控。对弹簧及筛体的作用力较大，大幅降低筛体的使用寿命

续表 14-6

对比项目	GK 双质体振动筛	传统技术振动筛
振幅变化	振幅不会随着处理量的增加而产生明显变化	随处理量的增加而减小，筛子的振幅与偏心质量距有关。筛子越大，偏心质量距越大，也就增加激振器的质量；随着轴承负荷增加，轴承规格也就随之变大；轴承型号变大，轴承的极限转速降低，轴承容易发热，缩短了轴承的使用寿命，特别是润滑不当时，更加恶化
筛板更换	简单。采用小块镶嵌式设计，只需把磨损筛板撬出，将新筛板用橡胶锤敲入即可，所需时间 1h（以 2 人计算）	复杂。筛板磨损后需要整体更换，筛板压紧螺栓不易拆除，拆装更换一套筛板需要 16h（以 4 人计算），容易存在螺栓松动的隐患
设备维护	简单。电机自动加油；检查螺栓紧固程度；无须采购大批零件作为备件	复杂。频繁检查电机、轴承、轴承座的磨损状况；检查结构件的开裂损坏状况；需长期储备各种零部件

（4）良好的激振器轴承的润滑，是直线振动筛正常运转的关键因素，因而采用润滑脂泵对轴承进行定时定量润滑是理想形式。

14.3　高频细筛的生产实践

14.3.1　高频细筛结构及工作原理

以 4000kt/a 选矿厂应用的德瑞克 28G48-60W-5STK 高频细筛（以下简称高频细筛）为例。该型号细筛实际为重叠式高频振动细筛。物料经矿浆分配器分五路均匀给入重叠式并联的筛分单元，物料在直线式强力振动和高开孔率的耐磨防堵筛网条件下，实现高效筛分；筛上物、筛下物经各自收集料斗进入下道工序。结构及工作原理见图 14-2。

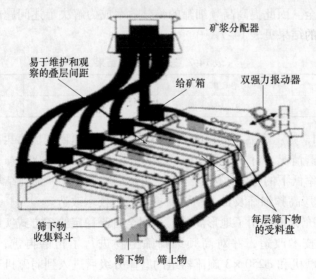

图 14-2　重叠式高频振动细筛结构及工作原理

14.3.2 高频细筛技术参数

(1) 处理物料：铁精矿；

(2) 给料质量浓度：45%~55%；

(3) 矿石固体真密度：4.94t/m³；

(4) 总给料量（固体干量）：常态 250.34t/h，峰值 300.41t/h；

(5) 给料粒度：-0.043mm 占 50%~80%；

(6) 分离粒度：0.15~0.18mm；

(7) 隔除粒度：+0.15mm，筛下物中 +0.15mm 含量小于等于 0.20%；

(8) 筛分效率：大于 85%；

(9) 供电条件：低压 380V/3 相/50Hz；电压波动 ±10%；

(10) 振动方式：高频振动；

(11) 筛面层数：5 层；

(12) 筛网材料：聚氨酯筛网；

(13) 环境温度：低于 45℃；

(14) 年作业率：大于 85%，设备运转时间 7446h/a。

14.3.3 高频细筛的生产实践

14.3.3.1 高频细筛生产实践

为确保进入精矿管道输送系统的最终精矿粒度达到要求（-0.15mm），设置了安全筛这一环节，所采用的设备就是德瑞克 28G48-60W-5STK 高频细筛。4000kt/a 选矿厂从 2006 年年底投产以来，高频细筛的负荷大，筛分效果差，大量合格粒级的矿物从筛上跑掉，三段球磨的循环负荷过大、磨矿效率低下，还造成了相当部分的矿物过磨，资源损失，能源消耗，已经严重地制约了 4000kt/a 选厂的扩产增效、节能降耗、球团精矿品位的提高和铁精矿管道运输的安全。因此提高高频细筛的筛分效率成为解决上述问题的关键。2008 年 3 月份对安全筛考察的结果见表 14-7。

表 14-7 安全筛粒度结果

安 全 筛	给 矿	筛 上	筛 下
细度（-0.15mm）	97.4%	84.8%	99.5%

由表 14-7 可知，筛上产品 -0.15mm 粒级占 84.8%，返回三段磨再磨，加重了循环负荷，且势必造成过磨情况。对其原因进行了认真分析后，认为 4000kt/a 选厂主厂房内的 4 台高频细筛筛分效率低下的主要原因是给矿波动大、矿浆量大、筛孔结垢堵塞。因此建议实施对 4000kt/a 选厂高频细筛及筛上物再磨再选进行技术改造。

2008 年 4 月，充分地利用了地形高差，采用全自流稳定给矿方式实施了高频细筛搬出 4000kt/a 主厂房的技术改造，并对高频细筛筛上物进行了再磨再选，即筛上矿石经过 MQG1.5×3.6m 球磨机和 φ250×3 旋流器组的磨矿分级后进入到弱磁机选别，精矿品位能够提高到 61.3% 左右，尾矿品位降到 20.89%（精矿产率 67%）；弱磁机尾矿再经过降尾工程摇床（8 台）选别，精矿进入烧结精矿，尾矿进入 φ53m 浓缩机。经过改造后，提高了球团精矿的品位，形成了阶段磨矿阶段选别、细筛返回再磨再选磁重选联合流程的多道选别工艺，使有用矿物得到最大的回收，流程见图14-3。

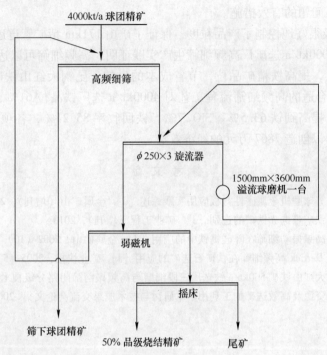

图 14-3　阶段磨阶段选、细筛返回再磨再选磁重选联合流程

通过对原设计 4000kt/a 主厂房 4 台高频细筛流程的改造，在高频细筛给矿前增设脱磁器，严格控制高频细筛的给矿浓度为 45%～50%，并将孔径 0.15mm 聚酯筛网改为孔径 0.18mm 后，开孔率从 35% 提高到了 45%，加之配合高压冲洗水，有效地解决了筛网结垢和堵塞的问题，并提高了筛分效率，筛分效率从 63.52% 大幅度提高到 97.89%，铁精矿品位提高 2.5%。采用 $\phi 1.5m \times 3.6m$ 溢流型球磨机对原来抛尾的铁品位 40%、含 SiO_2 28.42% 的筛上物进行再磨再选，多回收了占筛上物数量 2/3 的铁精矿，每年可以创造 7867 万元的经济效益。为 2008 年 4000kt/a 选厂提前一年达产、超产创造了前提条件。同时保障了精矿管道运输安全，也避免了因筛上物在主流程中的恶性循环而造成的有用矿物的过磨泥化损失现象，消除了浓密机和尾矿输送水隔离泵负荷增大、影响 4000kt/a 选厂正常生产等不利因素。

通过高频细筛的长期生产实践可得出以下结论：

（1）提质脱硅效果好，筛下铁品位比筛上铁品位高 17%，筛下比筛上 SiO_2 含量低 21%。

（2）高频细筛筛分效率高，可以有效地减少磨矿循环量，改善选厂磨矿分级效果。

（3）当给入的矿浆量越大时，更多的细粒级物料还未来得及筛分就留在筛面上。因而筛上产率增大，筛下产品的筛分效率降低，更多的铁精矿进入筛上产物，导致筛下产品的硅含量增加。

（4）稳定高频细筛给矿方式并对高频细筛筛上物进行再磨再选，在高频细筛给矿前增设脱磁器并严格控制高频细筛的给矿浓度 45%~50%，通过对孔径 0.15mm 聚酯筛网改为孔径 0.18mm 后，开孔率从 35% 提高到 45%，加之配合高压冲洗水，是解决筛网结垢和堵塞，筛分效率低下问题的有效措施。

（5）隔除分级很好地控制了产品粒度，保证了矿山 171km 精矿管道运输安全。

昆钢大红山 4000kt/a 选矿厂高频细筛生产实践证明，高频细筛可以达到降低 SiO_2 等脉石及有害元素含量，提高铁精矿品位，节省成本的目的。昆钢大红山铁矿在细度 -43mm 占 84.81%，采用合适的高频细筛流程工艺对 4000kt/a 选厂铁品位 61%、SiO_2 9.6% 细粒铁精矿进行选别，提高到铁 63.5%、SiO_2 7%，铁回收率 85.21%，各项选别指标均达到满意效果，每年可以创造 7867 万元的经济效益。

参 考 文 献

[1] 周鲁生，段其福. 球磨机金属磁性衬板应用实践综述 [J]. 金属矿山（增刊），2004（10）.
[2] 沈立义. 大红山铁矿难选赤铁矿的选别 [J]. 矿业工程（增刊），2010.
[3] 周洪林. 德瑞克高频振动细筛在降硅提铁中的应用 [J]. 金属矿山，2002（10）.
[4] 王允火. 德瑞克 Derrick 高频细筛在铁矿石选矿的应用 [J]. 矿业快报，2005（5）.
[5] 李平，沈立义. 大红山铁矿 500kt/a 铁选厂三段细磨与高频振网筛闭路分级技术改造 [C]. 2006 年全国金属矿节约资源及高效选矿加工利用学术研讨与技术成果交流会论文集. 2006.8.

15 铜浮选生产实践研究

新建的三选矿厂,熔岩铁矿系列有时要处理地表产出的含铜铁矿;深部铜矿系列处理坑下产出的含铁铜矿,必须要采用铜矿石浮选工艺。铜浮选工艺于 2012 年 3 月份投产,采用浮-磁选别流程。由于矿石来源点多而面广,矿石性质差异大,生产指标不稳定。为探索合适的生产工艺,工程技术人员在设备、药剂等方面开展了大量实验研究工作。现就大红山铁矿开展的铜浮选相关工作进行归纳总结。

15.1 大型浮选机的应用实践

15.1.1 设备的选型

由于 KYF Ⅱ-200 型浮选机运转平稳可靠,矿浆悬浮状态好,空气分散均匀,气泡大小适宜,占地面积小,节能效果明显,矿浆液位的自动控制操作方便,因此,粗、扫选均选择 KYF Ⅱ-200 型浮选机(见表 15-1)。

表 15-1 浮选设备选型

作业名称		给矿量 /t·h⁻¹	矿浆量 /m³·h⁻¹	浮选时间 /min	浮选机型号	容积 /m³·台⁻¹	计算槽数 /台	选用槽数 /台
铜系列	粗选	343.4	1030.2	15	KYF Ⅱ-200	200	1.61	2
	扫选	326.8	1013.08	15	KYF Ⅱ-200	200	1.58	2
熔岩系列	粗选	604	1691.2	15	KYF Ⅱ-200	200	2.64	3
	扫选	570	1653	15	KYF Ⅱ-200	200	2.58	3

15.1.2 KYF Ⅱ-200 型浮选机的结构特点

KYF Ⅱ-200 型浮选机的泡沫槽分为外泡沫槽和内泡沫槽,分别固定在浮选机内壁上和悬挂在横梁上,两个用钢板制造的泡沫槽用管道连接,同浮选槽连成一体。靠近中间的泡沫通过内泡沫槽溢流出去,把泡沫一分为二,缩短了泡沫输送的距离,减少了局部停滞。在浮选槽内,低压空气用搅拌机构搅拌并分散在矿浆中,该机构由一个转子和一个定子组成,前者与旋转的中空轴相连,后者固定在槽底上。中空轴有整体轴和两段轴两种形式,由电机通过皮带轮驱动。具体结构见图 15-1。

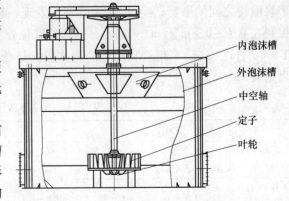

内泡沫槽
外泡沫槽
中空轴
定子
叶轮

图 15-1 KYF Ⅱ-200 型浮选机的基本机构

15.1.3 KYFⅡ-200 型浮选机的技术参数

KYFⅡ-200 浮选机的相关技术参数见表 15-2。

表 15-2 KYFⅡ-200 浮选机的相关技术参数

技 术 参 数		单 位	数 值
槽体尺寸	直径	mm	7500
	高	mm	6500
单槽容积		m^3	200
处理量		m^3/min	40~100
充气量		$m^3/(m^2 \cdot min)$	0~1.5
安装功率		kW	220

15.1.4 KYFⅡ-200 型浮选机的生产实践

15.1.4.1 浮选工艺流程

浮选工艺流程为一粗、一扫、三精。铜系列和熔岩铁系列的粗选和扫选都使用 KYFⅡ-200 型浮选机，铜系列粗选2槽、扫选2槽，铁系列粗选3槽、扫选3槽；铜系列精选使用 BF-4 型浮选机，熔岩系列精选使用 BF-8 型浮选机。浮选工艺流程见图 15-2。

15.1.4.2 浮选机液位的自动控制

浮选机的液位采用自动控制方式，以保持浮选槽的液位稳定，保证生产指标的稳定。生产过程中，粗选和扫选矿浆中有用矿物的含量不同，对充气量与矿浆液位的要求也不同。2012

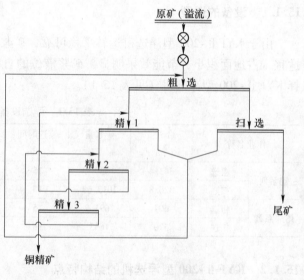

图 15-2 浮选工艺流程

年8月27日~9月4日，对粗选和扫选液位自动控制系统进行了调试，以寻求充气量与矿浆液位之间的平衡；经过12天的调试发现，粗选的液位控制在 450~500mm、充气量控制在 0.6~0.8$m^3/(m^2 \cdot min)$，扫选的液位控制在 510~560mm、充气量控制在 0.6~0.9$m^3/(m^2 \cdot min)$，粗选和扫选的泡沫层比较稳定，铜的回收率达到 91.39%。调试结果见表 15-3。

表 15-3 液位与充气量的平衡

试验时间	粗 选		扫 选		原矿品位/%	粗精品位/%	尾矿品位/%	铜回收率/%
	充气量/$m^3 \cdot (m^2 \cdot min)^{-1}$	液位/mm	充气量/$m^3 \cdot (m^2 \cdot min)^{-1}$	液位/mm				
8月27日~8月29日	0.8~1	400~450	0.8~1.1	500~550	0.318	14.68	0.036	88.90

试验时间	粗　选		扫　选		原矿品位/%	粗精品位/%	尾矿品位/%	铜回收率/%
	充气量/m³·(m²·min)⁻¹	液位/mm	充气量/m³·(m²·min)⁻¹	液位/mm				
8月30日~9月1日	0.6~0.8	400~500	0.6~0.9	510~560	0.307	13.32	0.027	91.39
9月2日~9月4日	0.4~0.6	500~550	0.5~0.7	550~580	0.306	13.55	0.032	89.75

15.1.4.3　不同粒级的回收率

由于 KYFⅡ-200 型浮选机的体积较大, 与中小型的浮选机比较, 泡沫的输送距离相对较长, 黏附在气泡上的较粗颗粒易脱落, 影响浮选指标。KYFⅡ-200 型浮选机对 +140 目的粗粒回收效果较差, 对 -140 目的细粒回收较好。不同粒级的回收率见表 15-4。

表 15-4　不同粒级的回收率

粒级/目	+100	-100+140	-140+200	-200+270	-270+325	-325+400
回收率/%	10.25	33.64	88.65	93.56	92.7	91.9

15.1.4.4　浮选药剂条件

在生产中若使用单一的起泡剂, 其适应性较差。为此进行了大量试验研究工作。试验结果表明, 两种起泡剂混合后, 起泡性能增强, 泡沫层稳定, 药剂用量大幅度降低, 且浮选指标比使用单一起泡剂要好。试验结果见表 15-5。经过一系列的调整, 确定药剂制度为: 捕收剂使用丁基黄药, 用量 60g/t; 起泡剂为 730A 与松醇油混合使用, 混合配比为2:1, 起泡剂用量 50g/t。可获得铜品位为 20.27% 的铜精矿, 尾矿铜品位降到 0.027%。浮选指标达到要求。在生产中使用了不同结构的混合药剂, 利用不同性能起泡剂的协同作用, 可以调节泡沫层的体积和泡沫的稳定性, 以及气泡的上升速度, 增强起泡性能, 泡沫层稳定, 可以大幅度降低药剂用量, 提高浮选指标。

表 15-5　浮选药剂的试验结果

试验日期	起泡剂	药剂用量/g·t⁻¹		原矿铜品位/%	精矿铜品位/%	尾矿铜品位/%	铜回收率/%
		丁基黄药	起泡剂				
10.26~11.01	730A	70	85	0.278	19.00	0.029	89.71
11.02~11.13	松醇油	75	40	0.269	20.17	0.04	85.30
11.14~11.25	730A 与松醇油按 1:1 配制	65	45	0.214	19.26	0.034	84.26
11.26~12.09	730A 与松醇油按 2:1 配制	60	50	0.212	20.27	0.027	87.38

15.1.4.5　生产指标

铜矿石浮选的调试初期, 出现了很多问题; 经多方努力、多次调试, 实现了浮选机的正常运转。实践证明, 根据矿石性质的变化, 可对 KYFⅡ-200 型浮选机的药剂用量和液位进行调节, 控制粗精矿的产率, 获得稳定的生产技术指标 (见表 15-6)。

表 15-6 浮选生产指标

生产时间	原矿铜品位/%	铜精矿品位/%	尾矿品位/%	铜回收率/%
2012 年 2 月	0.312	20.57	0.077	75.60
2012 年 3 月	0.212	19.30	0.04	81.30
2012 年 4 月	0.383	19.18	0.044	88.72
2012 年 5 月	0.356	19.82	0.031	91.44
2012 年 6 月	0.381	19.71	0.039	89.94
2012 年 7 月	0.363	21.31	0.043	88.33
2012 年 8 月	0.296	21.18	0.024	92.00
2012 年 9 月	0.301	21.19	0.028	90.82
2012 年 10 月	0.276	19.96	0.027	90.34
2012 年 11 月	0.251	19.57	0.032	87.39
2012 年 12 月	0.205	20.26	0.028	86.46

15.1.4.6 节能降耗

北京矿冶研究总院研制的 KYFⅡ-200 型浮选机是 KYF 型浮选机的改进型，它对 KYF 型浮选机的结构参数，特别是叶轮-定子系统的结构参数进行了改进。在铜精矿品位和回收率略有提高的基础上，浮选过程的能耗降低了 5%~10%，并且减少了浮选设备和备品备件的数量，方便了操作与维护，节约了设备运行成本和维护成本。

15.2 浮选药剂的研究

15.2.1 丁基黄药的对比试验研究

丁基黄药用量按 60g/t、30g/t、6g/t 分别进行粗选试验，粗选和扫选的起泡剂松醇油用量分别固定为 39g/t 和 19.5g/t，对比了 A 公司和 B 公司生产的丁基黄药对大红山铜铁矿的应用效果。由于粗选和扫选存在多因素影响，对比时，仅对粗选结果进行比较，试验流程见图 15-3，试验结果见表 15-7。

由表 15-7 可知，使用 A 公司生产的丁基黄药，随着捕收剂用量增加，粗选的铜精矿品位分别为 15.57%、13.60% 和 14.16%，回收率分别为 63.05%、66.82% 和 57.10%，铜精矿的品位和回收率没有呈现规律性。使用 B

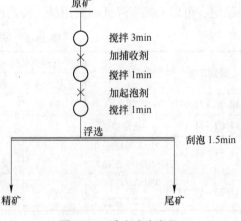

图 15-3 浮选试验流程

公司生产的丁基黄药，随着捕收剂用量的增加，粗选的铜精矿品位分别为 13.79%、13.50% 和 13.00%，回收率分别为 48.82%、64.50% 和 71.81%，铜精矿品位呈下降趋势，回收率则逐步提高，呈现出一定的规律性。

表 15-7　丁基黄药捕收剂的对比试验结果

捕收剂用量	产品	A 公司丁基黄药			B 公司丁基黄药		
		产率/%	品位/%	回收率/%	产率/%	品位/%	回收率/%
丁黄药（粗选 60g/t，扫选 30g/t）	粗选精矿	1.47	14.16	57.10	1.94	13.00	71.81
	扫选精矿	1.63	6.75	30.25	0.85	7.00	16.89
	扫选尾矿	96.90	0.0475	12.65	97.21	0.0408	11.29
	原矿	100.00	0.3639	100.0	100.00	0.3512	100.00
丁基黄药（粗选 30g/t，扫选 15g/t）	粗选精矿	1.72	13.60	66.82	1.70	13.50	64.50
	扫选精矿	0.91	8.16	21.16	0.76	9.00	19.28
	扫选尾矿	93.37	0.0433	12.02	97.53	0.0593	16.22
	原矿	100.00	0.3508	100.0	100.00	0.3565	100.00
丁基黄药（粗选 6g/t，扫选 4g/t）	粗选精矿	1.42	15.57	63.05	1.28	13.79	48.82
	扫选精矿	1.29	6.68	24.55	0.96	11.04	29.29
	扫选尾矿	97.30	0.0446	12.40	97.76	0.0811	21.90
	原矿	100.00	0.3500	100.00	100.00	0.3621	100.00

可见，对于大红山含铜铁矿而言，不同厂家生产的捕收剂对铜浮选的生产指标的影响也较大。在具备条件的情况下，有必要继续开展药剂的相关实验研究工作，寻求合理的药剂制度。

15.2.2　起泡剂的种类和用量的对比试验

15.2.2.1　试验条件及流程

试验采用的浮选设备为 FX-3.0L 单槽浮选机，试验条件为：给矿量 1000g，浮选浓度 33% 左右；捕收剂丁基黄药用量为 60g/t，起泡剂为 730A 和松醇油；试验流程见图 15-4。

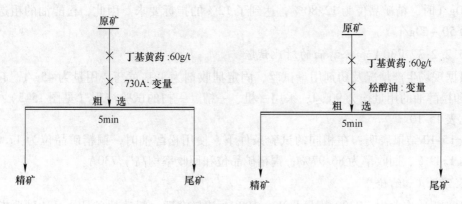

图 15-4　起泡剂种类和用量的对比试验流程

15.2.2.2　730A 和松醇油的用量试验

730A 和松醇油的用量试验结果分别见表 15-8 和表 15-9。

表 15-8 730A 用量试验结果

730A 用量/g·t⁻¹	产品	产率/%	铜品位/%	回收率/%
60	粗选精矿	3.43	8.574	92.41
	粗选尾矿	96.57	0.025	7.59
	给矿	100.00	0.318	100.00
80	粗选精矿	2.29	12.356	82.13
	粗选尾矿	97.71	0.063	17.87
	给矿	100.00	0.364	100.00
100	粗选精矿	2.17	13.55	89.84
	粗选尾矿	97.83	0.034	10.16
	给矿	100.00	0.327	100

表 15-9 松醇油用量的试验结果

松醇油用量/g·t⁻¹	产品	产率/%	铜品位/%	回收率/%
40	粗选精矿	2.79	11.17	91.18
	粗选尾矿	97.21	0.031	8.82
	给矿	100.00	0.342	100.00
60	粗选精矿	2.46	12.80	89.15
	粗选尾矿	97.54	0.0393	10.85
	给矿	100.00	0.353	100.00
100	粗选精矿	3.70	8.071	92.26
	粗选尾矿	96.30	0.026	7.74
	给矿	100.00	0.324	100.00

表 15-8 结果表明：随着 730A 用量的增加，铜精矿品位逐渐升高；用量为 80g/t 时，精矿品位为 12.36%；用量为 100g/t 时，精矿品位为 13.55%，粗选精矿品位均可达到要求（目标品位 12% 以上）。可见，粗选的 730A 用量为 80~100g/t 时，指标较好。

表 15-9 结果表明：随着松醇油用量的增加，铜精矿品位先升高后降低；当松醇油用量为 60g/t 时，精矿品位为 12.80%，达到了 12% 的指标要求。因此，松醇油的粗选用量确定为 50~60g/t。

15.2.2.3 730A 和松醇油的对比试验

根据现场生产情况及药剂用量试验，固定捕收剂为丁基黄药、用量为 45g/t，起泡剂 730A 和松醇油的用量均为 90g/t，采用一粗、一精、一扫的试验流程（见图 15-5），试验结果见表 15-10。

表 15-10 结果表明：在相同的试验条件下，使用松醇油时，铜精矿品位为 17.06%、产率为 1.42%、回收率为 86.97%；铜精矿品位和回收率均高于 730A。

15.2.2.4 结论

（1）粗选作业中，730A 用量为 80~100g/t 比较合适，粗选精矿品位可达到要求（目标品位 12% 以上），且药剂用量越大，精矿品位及回收率越高；松醇油的用量为 50~60g/t 比较合适，小于 50g/t 时，精矿品位达不到要求；大于 60g/t 时，回收率虽有所上升，但精矿品位急剧下降。

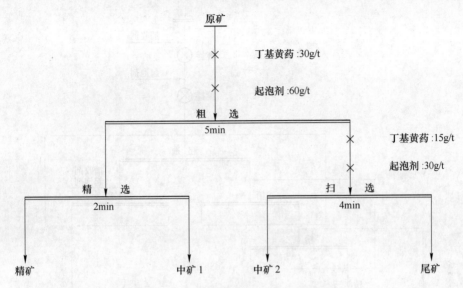

图 15-5　730A 和松醇油的对比试验流程

表 15-10　730A 和松醇油的对比试验结果

产品名称	730A			松醇油		
	产率/%	Cu 品位/%	回收率/%	产率/%	Cu 品位/%	回收率/%
精矿	1.62	14.690	83.80	1.42	17.060	86.97
精选尾矿	1.81	1.200	7.65	0.82	1.690	4.98
扫选精矿	1.38	1.070	5.20	0.64	1.380	3.17
扫选尾矿	95.19	0.010	3.35	97.12	0.014	4.88
给矿	100.00	0.284	100.00	100.00	0.279	100.00

（2）从实验室指标看，730A 的用量比松醇油的大，成本会相应增加。

（3）生产实践中，必须控制好松醇油的用量，其浮选指标可达到或超过 730A 的指标。由于松醇油价格及用量均较低，成本优势明显，建议使用松醇油进行工业试验。

15.3　不同浮选药剂的工业试验

15.3.1　原矿的性质及工艺流程

原矿为铜品位 0.2%~0.5%、铁品位 19%~23% 的铜铁伴生矿，其中铜矿物以黄铜矿为主，其次为斑铜矿、铜蓝等；铁矿物以磁铁矿为主，其次为赤铁矿、磁黄铁矿、黄铁矿及褐铁矿等。黄铜矿一般呈他形粒状，个别呈半自形，部分呈星点状，以单晶粒和集合体嵌布于硅酸盐和碳酸盐脉石中。经过试验研究，采用一粗、一扫、三精的浮选流程（见图 15-6）。

浮选设备：2 台 3.55m × 3.55m 搅拌槽；4 台 KYF-200m³ 浮选机，粗、扫选各 2 台；12 台 BF-4m³ 浮选机，其中精Ⅰ为 7 台、精Ⅱ为 3 台、精Ⅲ为 2 台。

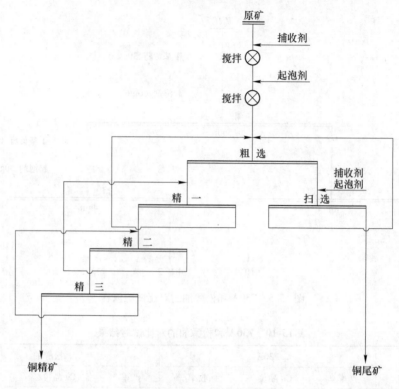

图 15-6 铜浮选的工艺流程

15.3.2 起泡剂对生产指标的影响及对策

根据矿石的性质和实验室试验，矿石采用捕收剂和起泡剂即可分选出品位 20% 铜精矿，但在工业生产中，生产指标不稳定。所以一直在不断地探索药剂制度，解决生产中指标不稳定的问题。试验研究中，使用了不同的起泡剂和捕收剂，采用不同药剂配比的方式对比，以寻找最合适的药剂制度。

15.3.2.1 松醇油

2012 年 2 月~4 月，铜浮选使用的捕收剂为丁基黄药、起泡剂为松醇油；粗选时，丁黄药和松醇油的用量分别为 40g/t 和 65g/t，扫选时，丁黄药和松醇油的用量分别为 30g/t 和 20g/t。生产指标见表 15-11。

表 15-11 使用松醇油的生产指标

时 间	原矿铜品位/%	铜精矿品位/%	尾矿品位/%	回收率/%
2012 年 2 月	0.292	19.08	0.064	78.28
2012 年 3 月	0.182	18.66	0.039	80.42
2012 年 4 月	0.384	19.08	0.049	88.66

从表 15-11 可知，使用丁黄药和松醇油，指标波动较大，尾矿品位最低为 0.039%、最高达 0.064%；由于操作技能和经验的不足，造成生产指标不稳定，2 月的综合指标最差。使用松醇油时，浮选槽的泡沫黏度较大，铜精矿在浓缩池浓缩时的泡沫难以消除，造

成溢流水浑浊，铜精矿流失。因此，在浓缩池增加了水管消泡喷雾装置，并设置溢流水沉淀池，但仍有少量的微细粒铜精矿流失。总之，松醇油起泡能力较强，但黏度较大，泡沫难消，需对起泡剂进行调整，以减少铜精矿的损失。

15.3.2.2　730A

为了解决以上溢流水跑浑的问题，起泡剂更换为730A。2012 年 6 月~10 月，丁黄药和 730A 在粗选的用量分别为 35g/t 和 80g/t，扫选的用量均为 25g/t；生产指标见表 15-12。

表 15-12　使用 730A 的生产指标

时　间	原矿铜品位/%	铜精矿品位/%	尾矿品位/%	回收率/%
2012 年 6 月	0.381	19.71	0.043	89.91
2012 年 7 月	0.363	21.31	0.048	88.23
2012 年 8 月	0.309	21.12	0.026	92.01
2012 年 9 月	0.301	21.19	0.031	90.69
2012 年 10 月	0.276	19.96	0.029	90.46

从表 15-12 可知，使用 730A，浮选指标稳定且优于松醇油，解决了生产中泡沫难消的问题，铜精矿品位基本在 20% 以上。但浮选泡沫易碎，泡沫层不稳定，需加大用量，以维持泡沫层的稳定，减少浮选生产的不稳定因素；由于 730A 的用量和价格均高于松醇油，因此，生产成本较高。

15.3.3　起泡剂的工业试验

由于松醇油和 730A 各有优势，又都存在不足，自 2012 年 11 月以来，选矿厂开始对组合起泡剂进行工业试验研究，以提高药剂的性价比、稳定分选指标。

15.3.3.1　松醇油的工业试验

粗选时，丁黄药和松醇油的用量分别为 30g/t 和 25g/t；扫选时，丁黄药和松醇油的用量分别为 25g/t 和 20g/t。试验结果见表 15-13。

表 15-13　松醇油的工业试验结果

日期（年.月.日）	原矿铜品位/%	铜精矿品位/%	尾矿品位/%	回收率/%
2012.11.1	0.274	19.76	0.035	88.48
2012.11.2	0.272	18.63	0.035	88.29
2012.11.3	0.282	19.57	0.034	89.12
2012.11.4	0.253	17.97	0.036	87.57
2012.11.5	0.281	20.23	0.045	85.68
2012.11.6	0.270	22.08	0.043	85.54
2012.11.7	0.262	22.27	0.036	87.86
2012.11.8	0.292	21.50	0.050	85.40
2012.11.9	0.286	22.12	0.051	84.51

日期（年.月.日）	原矿铜品位/%	铜精矿品位/%	尾矿品位/%	回收率/%
2012.11.10	0.268	18.95	0.037	88.05
2012.11.11	0.270	21.26	0.040	87.29
2012.11.12	0.260	19.86	0.045	84.60
2012.11.13	0.234	18.74	0.039	85.17

由表 15-13 可知，铜精矿品位最高可达 22.27%、最低为 17.97%，综合品位基本达到 20%，但回收率为 84.51%~89.12%。单独使用松醇油时，由于其起泡性能较强，用量仅为 45g/t。

15.3.3.2　730A 起泡剂的工业试验

粗选时，丁基黄药和 730A 的用量分别为 30g/t 和 50g/t；扫选时，丁基黄药和 730A 的用量分别为 25g/t 和 20g/t。工业试验结果见表 15-14。

表 15-14　730A 的工业试验结果

日期（年.月.日）	原矿铜品位/%	铜精矿品位/%	尾矿品位/%	回收率/%
2012.12.28	0.248	20.68	0.075	72.99
2012.12.29	0.177	20.90	0.067	66.18
2012.12.30	0.171	19.33	0.059	67.62
2012.12.31	0.197	15.62	0.060	73.28
2013.1.1	0.208	20.59	0.044	81.21
2013.1.2	0.246	19.61	0.056	79.99
2013.1.3	0.225	20.35	0.041	84.02
2013.1.4	0.193	20.41	0.036	83.30
2013.1.5	0.159	17.51	0.034	80.64

由表 15-14 可知，原矿的铜品位波动大，铜精矿品位波动也较大，最低只有 15.62%，回收率也较低；而且浮选泡沫层不稳定，粗选经常出现泡沫较少甚至无泡沫现象，造成浮选作业不稳定，指标也不稳定。

15.3.3.3　松醇油和 730A 按 1:1 配比的工业试验

松醇油和 730A 按 1:1 配比时，粗选的丁基黄药用量为 30g/t、松醇油和 730A 混合起泡剂的用量为 25g/t，扫选的丁基黄药用量为 25g/t、松醇油和 730A 混合起泡剂的用量为 20g/t。试验结果见表 15-15。

表 15-15　松醇油和 730A 按 1:1 配比的工业试验结果

日期（年.月.日）	原矿铜品位/%	铜精矿品位/%	尾矿品位/%	回收率/%
2012.11.14	0.215	17.19	0.031	87.13
2012.11.15	0.236	20.14	0.031	88.26
2012.11.16	0.257	19.64	0.038	87.01
2012.11.17	0.221	18.66	0.040	83.92

续表 15-15

日期（年.月.日）	原矿铜品位/%	铜精矿品位/%	尾矿品位/%	回收率/%
2012.11.18	0.234	20.17	0.033	87.46
2012.11.19	0.245	17.83	0.032	88.52
2012.11.20	0.205	18.49	0.027	87.63
2012.11.21	0.211	21.64	0.033	85.99
2012.11.22	0.184	20.09	0.032	84.17
2012.11.23	0.211	18.14	0.039	83.68
2012.11.24	0.191	19.97	0.038	82.03
2012.11.25	0.178	19.30	0.034	82.29

由表 15-15 可知，原矿中铜的品位比前期试验有所下降，铜精矿品位最高为 20.17%、最低为 17.19%，回收率为 84.51%~89.12%，尾矿品位有所下降，最低为 0.027%。试验期间，泡沫层稳定，与单独使用松醇油比较，回收率有所提高，药量变化不明显。

15.3.3.4　松醇油和 730A 按 1:2 配比的工业试验

松醇油和 730A 按 1:2 配比，捕收剂为丁基黄药，1 号搅拌槽丁基黄药用量为 30g/t，2 号搅拌槽松醇油和 730A 混合起泡剂的用量为 30g/t，扫选的丁基黄药和松醇油 + 730A 的用量分别为 25g/t 和 20g/t。生产指标见表 15-16。

表 15-16　松醇油和 730A 按 1:2 配比的工业试验结果

日期（年.月.日）	原矿铜品位/%	铜精矿品位/%	尾矿品位/%	回收率/%
2012.11.26	0.193	20.31	0.034	84.07
2012.11.27	0.245	20.88	0.035	87.62
2012.11.28	0.211	21.06	0.028	88.15
2012.11.29	0.245	23.31	0.034	88.07
2012.11.30	0.239	22.13	0.033	87.40
2012.12.1	0.229	24.36	0.030	88.15
2012.12.2	0.278	21.60	0.020	93.13
2012.12.3	0.196	24.35	0.023	89.45
2012.12.4	0.188	20.37	0.025	88.17
2012.12.5	0.233	20.42	0.027	89.62
2012.12.6	0.251	18.24	0.033	88.25
2012.12.7	0.176	17.06	0.025	87.24

由表 15-16 可知，虽然原矿的铜品位有所下降，但铜精矿品位基本能达到 20% 以上（最低为 17.06%），回收率有所提高，最高为 93.13%；而且，泡沫层较稳定，虽然起泡剂综合用量增加了 5g/t 左右，但铜精矿品位与回收率都有所提高，说明该配比的起泡剂能获得更好的生产指标。

15.3.4 捕收剂的工业试验

从 2012 年 11 月开始，浮选作业处理的原矿为露天铜矿，铜精矿回收率较低。对原矿进行物相分析的结果表明，氧化铜的分布率最高达 32% 以上、最低仅为 6% 左右。经过考察与研究，添加丁胺黑药作捕收剂。

使用丁基黄药和丁胺黑药，粗选时，丁基黄药和丁胺黑药的用量分别为 30g/t 和 10g/t，松醇油和 730A 按 1:2 配比的综合用量为 20g/t；扫选时，丁基黄药和丁胺黑药的用量分别为 25g/t 和 10g/t，松醇油和 730A 按 1:2 配比的综合用量为 15g/t。工业试验结果见表 15-17。

表 15-17 丁基黄药、丁胺黑药作捕收剂的工业试验结果

日期（年.月.日）	原矿铜品位/%	铜精矿品位/%	尾矿品位/%	回收率/%
2013.1.18	0.198	20.97	0.033	85.62
2013.1.19	0.172	19.72	0.038	80.65
2013.1.20	0.188	19.55	0.030	86.13
2013.1.21	0.165	20.61	0.048	74.04
2013.1.22	0.226	22.27	0.021	91.43
2013.1.23	0.217	21.94	0.035	85.75
2013.1.24	0.232	22.73	0.034	86.84
2013.1.25	0.293	20.22	0.032	90.05
2013.1.26	0.272	21.79	0.040	86.70
2013.1.27	0.336	20.23	0.036	90.19
2013.1.28	0.305	22.02	0.042	87.61
2013.1.29	0.289	20.14	0.037	88.40
2013.1.30	0.273	20.25	0.030	89.80
2013.1.31	0.242	21.04	0.028	89.17

由表 15-17 可知，虽然原矿的铜品位波动大，但铜精矿品位较为稳定，尾矿品位最低只有 0.021%，回收率有时在 90% 以上，说明黑药对铜的浮选具有一定的改善效果。由于丁胺黑药具有起泡性，起泡剂用量减少了 10g/t。考虑到原矿性质的变化，扫选最后一槽有时泡沫量较少，故在扫选最后一槽引入加药管，适量添加丁胺黑药（一般为 5g/t 左右），加大扫选的泡沫量，以提高回收率。

15.3.5 小结

捕收剂的组合使用和起泡剂的组合使用比单独使用一种药剂效果好。一种效力强的捕收剂，配合另一种弱的捕收剂，不但不削弱反而增强了它的作用，两种药剂的混合是相互协同的，如黑药与黄药的配合使用、730A 与松醇油的配合使用。

现浮选作业面临最大的问题是氧化铜的浮选，因原矿性质变化较大，氧化铜含量变化也较大，且难以选别，造成浮选作业指标不稳定。

在生产实践过程中，矿石性质的变化对生产指标有一定的影响，添加浮选药剂时，起

泡剂松醇油和 730A 是在配药时按相应的比例配制混合添加，捕收剂丁基黄药和丁胺黑药是单独配制，在给药时合并添加。从工业生产试验可以看出，在大红山铜浮选的生产实践中，药剂的混合使用能够获得比药剂单一使用好的生产指标，也减少了生产成本。

15.4　铁铜矿中伴生金属的分离与富集的试验研究

根据地质勘探报告，昆钢大红山 I 号铜矿带表内矿石量 59574.1kt，铜品位 0.67%，伴生铁品位 20.71%。铜矿中伴生铁的回收率较低，回收指标直接受硅酸盐含铁和菱铁矿含量的影响，回收率一般为 30%~50%。

15.4.1　含铁铜矿中的伴生元素

I 号铜矿带含铁铜矿中可回收的主要元素为铜和铁，伴生元素按照其工业价值，依次为金、银、钴、镍、钛、锌等，品位分别为 0.07g/t、1.8g/t、0.014%、0.027%、0.75%、0.012%，较具有回收价值的有金、银、钴。

15.4.2　钴的工艺矿物学及回收试验研究

15.4.2.1　钴的物相分析

钴的物相分析结果见表 15-18。由表可知，矿石中仅有 28.57% 的钴以硫化钴的形态存在。

表 15-18　钴的物相分析结果

物　相	氧化钴	硫化钴	磁铁矿中钴	其他钴	合　计
钴含量/%	0.001	0.004	0.001	0.008	0.014
钴分布率/%	7.14	28.57	7.14	57.14	100.00

15.4.2.2　钴的赋存状态分析

硫钴矿（Co_3S_4）是矿石中最主要的、可回收的钴矿物，多呈半自形-他形晶粒状产出，且多以细粒-微细粒浸染状分布在脉石矿物中。这部分硫钴矿矿物很难完全单体解离，易损失在尾矿中。此外，硫钴矿与黄铜矿的嵌布关系也比较密切，常包裹在黄铜矿颗粒中（见彩图 15-7），在选矿过程中，易随黄铜矿进入铜精矿中；部分硫钴矿分布在黄铁矿裂隙中（见彩图 15-8），或与黄铁矿连晶分布在脉石中。

钴矿物包裹于脉石中见彩图 15-9。

硫钴矿的嵌布粒度较细，一般分布在 −0.074mm，主要集中在 0.005~0.05mm。

硫铜钴矿（$CuCo_2S_4$）是矿石中的次要钴矿物，与黄铜矿的共生关系较为密切，嵌布粒度很细，有时包裹于脉石中。镍矿（Ni_3S_4）是镍的主要矿物，与硫钴矿的产出形式类似，镍与钴可形成类质同象置换。

15.4.2.3　钴的回收试验

北京矿冶研究总院进行了钴的回收试验。原矿钴品位为 0.014%，经过一次粗选，铜粗精矿中的钴含量为 0.03%，回收率为 20% 左右，粗精矿经过两次精选，铜精矿中的钴含量仅为 0.07%。可见，进一步提高铜精矿中的钴含量的可能性很小，很难获得钴品位大于 0.2% 的铜精矿。

15.4.3　金、银的回收试验

原矿中的金、银含量都很低，开展工艺矿物学的研究比较困难。昆明理工大学进行了含铜铁矿中金、银的回收试验，研究了 Y89、BK320、丁基黄药、戊基黄药、乙基黄药、540、TX-31、Z-200、丁胺黑药 9 种捕收剂对硫化铜矿物及极低品位的共伴生金银的捕收，发现采用对铜矿物具有较好选择性、对金银具有较好富集作用的新型捕收剂 TX-31（用量为 140g/t）、起泡剂 730A（用量为 20g/t），通过一粗三精两扫的浮选闭路流程，可获得平均品位和回收率分别为 22.48% 和 92.85% 的铜精矿（见图 15-10），铜精矿中金、银的含量分别为 2.68g/t 和 15.96g/t，回收率分别为 50.74% 和 37.77%，实现了铜精矿中金、银含量的大幅度提高。与丁基黄药相比，采用捕收剂 TX-31，铜精矿品位提高 3.86%，说明 TX-31 能够明显地提高铜精矿的品位，而回收率提高 0.37%；同时，精矿中金、银的含量分别提高 0.73g/t 和 3.83g/t，说明 TX-31 对铜铁矿中极低品位的金、银也具有明显的富集作用。

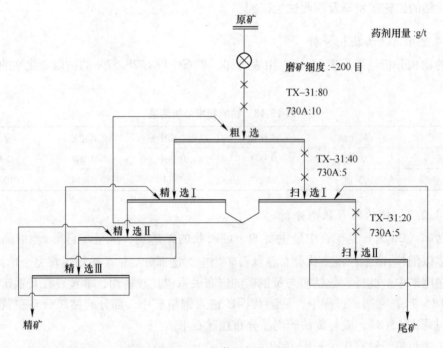

图 15-10　推荐的工艺流程

15.4.4　实际选矿生产中伴生元素的回收

2012 年，三选厂铜系列共处理含铜铁矿石 1570kt，原矿含铜 0.304%，铜精矿产率为 1.49%、品位为 20.32%、回收率为 86.04%，总尾矿中铜品位为 0.043%。按照原矿中金、银、钴的品位分别为 0.07g/t、1.8g/t 和 0.014% 计，铜精矿中金、银、钴的品位分别为 2.96g/t、18g/t 和 0.07%，回收率分别为 63.01%、14.90% 和 7.45%。

参 考 文 献

[1] 沈立义. 大红山铁矿难选赤铁矿的选别 [J]. 矿业工程, 2010 (增刊): 123~125.

[2] 李登敏, 朱冰龙, 邓维亮. KYFⅡ-200 在大红山铁矿 150 万 t/a 选矿厂的生产应用 [J]. 有色金属 (选矿部分), 2014 (1): 123~125, 61~64.

[3] 谢卫红. 超大型充气机械搅拌式浮选机的研究应用 [J]. 有色设备, 2010 (2): 5~8.

[4] 吴扣荣. KYF-130m³ 浮选机在泗洲选矿厂的生产应用 [J]. 中国矿业, 2012 (3): 88~91.

[5] 刘承帅, 卢世杰, 杨文旺, 等. KYF-200 型浮选机的工业应用 [J]. 有色金属 (选矿部分), 2011 (zl): 189~191.

[6] 刘邦瑞. 浮选理论基础. 矿粒与气泡的附着理论及浮选几率 [J]. 云南冶金, 1980 (4).

[7] 高珊珊. 浅谈浮选操作中的技术要领 [J]. 能源科技, 2011: 36.

16 提铁降杂探索研究与生产实践

16.1 提铁降杂概述

针对集团公司要求大红山铁矿生产的管道球团精矿质量达到进口矿的水平，同时，提高烧结精矿的品位、降低硅杂质的含量，近年来，选矿厂进行了多方面的提质降杂试验研究。

先后进行了重选螺旋溜槽+摇床工业试验；强磁机精矿的离心机重选试验研究；反浮选提铁降硅试验研究；磁选柱用于磁铁矿生产探索研究；磁筛回收磁铁矿的研究；多极漂洗磁选机的研究。取得了许多有价值的成果。

4000kt/a 选矿厂的入选原矿采用三段磨矿、弱磁-强磁的生产流程，磨矿细度为 -0.043mm 占 80%，磨矿产品中，+0.05mm 以上的颗粒占 60%，-0.05mm 以下的颗粒占 40%。由于矿石性质复杂、嵌布粒度细，强磁精矿品位仅 50% 左右，硅含量高达 16%~17%，尾矿品位为 25% 左右。

50% 品级精矿的市场价格较低，只能并入品位为 63% 的球团精矿中进行销售，导致球团精矿的品位降到 61%，冶炼成本增加。为了提高精矿品位，降低杂质含量，采用振动螺旋溜槽+摇床工艺，对强磁精矿进行精选；为了降低尾矿品位，采用强磁+摇床工艺，对尾矿进行再选，但两项技改工程只能有效地回收 +0.045mm 粒级的铁矿物。通过系统的实验室试验和工业试验，发现离心机对烧结精矿中 -0.037mm 粒级的回收效果显著，可以弥补强磁+摇床、振动螺溜+摇床流程不能有效回收细粒级的不足。

尾矿再选的降尾流程产生的精矿即为烧结精矿。为了提高烧结精矿的品位，需要进行烧结精矿的工艺矿物学研究、粒度组成及粒级金属分布率的分析、矿物与脉石的密度测定，以及重选螺旋溜槽+摇床工业试验、离心机工业试验等工作。

16.1.1 昆明冶金研究院对提高烧结精矿品位的试验研究

16.1.1.1 烧结精矿的物化性质研究

烧结精矿的真密度为 $4.10t/m^3$（$0.043 \sim 0mm$ 时测定），其粒度特征分析、多元素分析、铁物相的结果分别见表 16-1、表 16-2 和表 16-3。

表 16-1 烧结精矿的粒度特征分析

粒度 d/mm	产率/%	负累计产率/%	正累计产率/%	品位/%	分布率/%
+0.147	0	100	0	0	0
-0.147 ~ +0.104	0	100	0	0	0
-0.104 ~ +0.074（筛分）	3.08	100	3.08	15.72	0.97
+0.074（水析）	33.49	96.92	36.57	51.05	34.28
-0.074 ~ +0.037	53.58	63.43	90.14	51.91	55.77

粒度 d/mm	产率/%	负累计产率/%	正累计产率/%	品位/%	分布率/%
-0.037 ~ +0.019	9.22	9.86	99.36	46.07	8.52
-0.019 ~ +0.010	0	0.64	99.36	0	0
-0.010 ~ +0.005	0	0.64	99.36	0	0
-0.005	0.64	0.64	100	35.5	0.45
合　计	100			49.86	100

表 16-2　烧结精矿的多元素分析结果

元素	TFe	SiO$_2$	S	P	As	CaO
含量(质量分数)/%	49.97	15.69	0.008	0.040	<0.1	2.48
元素	Al$_2$O$_3$	MgO	K$_2$O	Na$_2$O	Cu	
含量(质量分数)/%	3.64	2.12	0.22	0.99	0.012	

表 16-3　烧结精矿的铁物相分析结果

物相	硅酸铁	磁铁矿	菱铁矿	赤（褐铁矿）	其他	全铁
含量(质量分数)/%	5.04	3.50	1.29	36.53	3.60	49.96
分布率/%	10.09	7.00	2.58	73.13	7.20	100.00

　　此外，通过镜下观察，对烧结精矿的矿物成分进行了研究，发现矿样中有石英、长石、电气石、云母、绿泥石、白云石及赤铁矿、磁铁矿等，粒径一般为 0.005 ~ 0.1mm，多数呈单体解离的碎粉状，个别与脉石连生或包裹于脉石中。磁（赤）铁矿的单体解离率见表 16-4。

表 16-4　磁（赤）铁矿的单体解离率

颗粒种类	单体颗粒数	连生体颗粒数			解离率/%
		1/4	2/4	3/4	
颗粒数	1627	31	22	13	98.3
折算为单体颗粒数	1627	7.75	11	9.75	

16.1.1.2　结论

　　(1) 根据对烧结精矿的粒度特征分析，其粒度集中分布在 0.074 ~ 0.019mm 粒级，从铁矿物在各粒级中的分布情况看，铁金属的分布与粒度分布的特征是一致的，0.074 ~ 0.037mm 粒级的金属分布率最高，达 55.77%。要从烧结精矿中回收微细粒铁矿物，提高烧结精矿品位并降低硅含量，必须选择适宜的回收细颗粒的选矿设备。由于烧结精矿中脉石主要是 SiO$_2$，而 SiO$_2$ 和铁的密度差异很大，因此，可以考虑用重选的方法进行选别。

　　(2) 磁（赤）铁矿的单体解离率达 98.3%，已为选别创造了条件。

　　(3) 铁物相的分析结果表明，全铁品位为 49.96%，主要可回收的铁矿物是赤（褐）铁矿，分布率达 73.13%；难以回收的铁矿物是硅酸铁、菱铁矿和与脉石连生的赤铁矿、包裹于脉石中的贫细杂的赤铁矿和磁铁矿。

　　(4) 烧结精矿的多元素分析结果表明，精矿中含铁 49.97%、硅 15.69%，磷、砷等有害元素的含量较低。

16.1.2　重选螺旋溜槽 + 摇床工业试验

根据昆明冶金研究院对烧结精矿的研究和矿业公司的下一步目标，管道精矿品位需要达到 64%~65%，降尾的精矿品位必须达到 60% 以上，才能并入管道精矿。为此，选矿厂进行了螺旋溜槽-摇床的工业试验，详细结果见表 16-5。

表 16-5　重选振动螺溜产品的粒级分析

粒级/mm	螺溜给矿					螺溜精矿					螺溜尾矿				
	产率/%	TFe/%	金属分布率/%	SiO₂含量/%	SiO₂分布率/%	产率/%	TFe/%	金属分布率/%	SiO₂含量/%	SiO₂分布率/%	产率/%	品位/%	金属分布率/%	SiO₂含量/%	SiO₂分布率/%
+ 0.2	0.42					1.46	25.95	0.67	48.11	7.50	0.57				
− 0.2 ~ + 0.154	0.60	20.65	0.42	40.47	2.95	1.05	19.29	0.36	47.53	5.30	1.09	12.79	0.79	48.93	6.45
− 0.154 ~ + 0.125	0.79	15.61	0.25	48.61	2.75	0.98	21.78	0.38	43.34	4.52	1.29	14.47	0.43	46.35	2.95
− 0.125 ~ + 0.105	0.99	16.78	0.50	45.76	4.88	1.03	27.93	0.84	37.04	6.70	0.66	13.37	0.69	50.93	5.60
− 0.105 ~ + 0.088	0.50					0.67					1.56				
− 0.088 ~ + 0.074	4.82	23.96	2.31	39.88	13.77	5.74	43.66	4.43	24.28	14.83	5.85	17.97	2.43	43.28	12.54
− 0.074 ~ + 0.045	18.14	42.93	15.59	21.73	28.21	28.07	65.30	32.41	9.10	27.19	14.76	28.87	9.87	30.41	22.25
− 0.045 ~ + 0.037	40.94	63.87	52.37	4.91	14.39	52.02	57.63	52.99	3.77	20.87	27.58	61.07	39.00	57.90	79.14
− 0.037 ~ + 0.019	26.75	46.02	24.65	10.89	20.85	7.51	51.57	6.84	12.03	9.61	35.87	46.03	38.23	16.24	28.87
− 0.019 ~ + 0.010	3.74	34.78	2.60	25.08	6.71	0.96	45.26	0.77	17.55	1.79	6.74	36.63	5.72	22.46	7.51
− 0.010	2.31	27.89	1.29	33.35	5.52	0.51	34.37	0.31	25.93	1.42	4.03	30.65	2.86	29.64	5.91
Σ	100	49.93	100	13.97	100	100	56.57	100	9.37	100	100	43.19	100	20.18	100

从螺旋溜槽的给矿、精矿、尾矿的粒级分析结果可知，螺旋溜槽给矿中，铁和硅主要分布在 0.045 ~ 0.019mm 粒级；而精矿中 + 0.045mm 粒级得到了有效回收，0.037 ~ 0.019mm 粒级的回收效果不好，大部分流失在尾矿中，说明摇床、螺旋溜槽对细粒级矿物的回收效果较差。因此，采用离心机进行试验，以回收细粒级矿物。

16.1.3　强磁机精矿的离心机重选试验研究

16.1.3.1　二段强磁精矿的离心机重选试验研究

按拟定的试验方案离心机给矿为二选厂主厂房二段强磁精矿，φ1600mm×900mm 离心机经过 276h 的连续运转，在给矿品位为 50%~53% 时，精矿品位为 57%~63%，尾矿品位为 23%~33%；$\phi2400mm \times 1300mm$ 离心机一直处于不正常运转状态，经过冲洗水由生产用水改为清水以及给矿管的技术改造后，$\phi2400mm \times 1300mm$ 离心机运转正常，连续正常运转了 192h，达到了试验的目的。

A　离心机给矿浓度的试验

从表 16-6、表 16-7 可知，当给矿浓度不断增加时，尾矿品位、精矿品位逐步降低，产率、回收率相应提高，硅含量有增加的趋势，因此，给矿浓度为 20%~25% 即可（即生产时二段强磁的精矿浓度）。

表 16-6　$\phi1600mm \times 900mm$ 离心机给矿浓度的试验结果

给矿浓度 /%	给矿		精矿				尾矿	
	TFe/%	SiO$_2$/%	TFe/%	SiO$_2$/%	产率/%	回收率/%	TFe/%	SiO$_2$/%
17.48	47.36	15.56	62.26	4.97	54.03	71.02	29.85	27.47
20.19	48.97	15.13	61.75	5.12	57.17	72.09	31.91	27.47
22.43	49.52	14.73	60.43	5.80	65.52	79.95	28.79	30.55
24.89	50.79	14.48	61.29	5.58	66.12	79.79	30.30	30.00
27.94	48.48	13.42	57.96	7.87	70.00	83.69	26.36	33.20
29.04	50.44	12.56	59.53	6.39	67.81	80.03	31.29	28.63
30.45	50.59	12.52	59.56	5.81	74.71	87.96	24.09	36.47
34.63	48.84	15.81	63.06	4.88	63.58	82.09	24.02	38.62

表 16-7　$\phi2400mm \times 1300mm$ 离心机给矿浓度的试验结果

给矿浓度 /%	给矿		精矿				尾矿	
	TFe/%	SiO$_2$/%	TFe/%	SiO$_2$/%	产率/%	回收率/%	TFe/%	SiO$_2$/%
17.48	47.36	15.56	63.20	5.40	45.70	60.98	34.03	26.93
20.19	48.97	15.13	61.90	5.80	57.27	72.39	31.64	27.51
22.43	49.52	14.73	62.55	5.69	56.33	71.16	32.71	26.96
24.89	50.79	14.48	62.06	5.40	60.05	73.37	33.85	31.59
27.94	48.48	13.42	58.87	7.40	68.32	82.97	26.07	30.14
29.04	50.44	12.56	60.88	5.76	72.12	87.04	23.44	33.40
30.45	50.59	12.52	59.74	6.46	71.15	84.02	28.02	34.12
34.63	48.84	15.81	58.25	8.44	73.40	87.55	22.87	39.14

B　给矿量、耗水量的试验

给矿量和耗水量试验结果分别见表 16-8 和表 16-9。由表 16-8、表 16-9 可知：给矿浓度低时，相应地，耗水量要低一些；按试验最大给矿量计算，$\phi2400mm \times 1300mm$ 离心机的处理量为 3.5t/h 时，耗水量为 18.13m^3/h；$\phi1600mm \times 900mm$ 离心机的处理量为 2t/h 时，耗水量为 8.66m^3/h，从表 16-6、表 16-7 可看出，精矿品位随着给矿浓度的增加而降低，因此，保证离心机的低浓度给矿较为合适。

表 16-8　φ1600mm×900mm 离心机的耗水量

给矿浓度/%	处理量/t·h⁻¹	精矿浓度/%	尾矿浓度/%	耗水量/t·h⁻¹	漂洗水/t·h⁻¹	冲洗水/t·h⁻¹
17.48	0.75	10.87	3.51	9.29	5.96	3.33
22.43	1.90	20.01	5.78	9.06	4.10	4.96
24.89	2.78	20.86	7.18	10.75	3.78	6.97
27.94	2.22	13.22	5.21	16.62	6.40	10.22
29.04	2.08	18.23	10.08	7.21	0.89	6.32
34.63	1.99	27.02	7.45	8.66	5.25	3.42

表 16-9　φ2400mm×1300mm 离心机的耗水量

给矿浓度/%	处理量/t·h⁻¹	精矿浓度/%	尾矿浓度/%	耗水量/t·h⁻¹	漂洗水/t·h⁻¹	冲洗水/t·h⁻¹
17.48	2.19	12.69	6.51	13.60	6.73	6.87
22.43	3.45	14.13	7.20	19.29	7.49	11.81
24.89	3.85	20.86	8.08	14.54	5.71	8.84
27.94	3.34	25.44	9.16	8.58	1.88	6.70
29.04	3.85	24.15	5.53	18.65	10.16	8.49
34.63	3.50	18.28	6.57	18.13	6.64	11.49

C　离心机对强磁精矿的分选试验

选择最佳条件对强磁精矿进行离心机分选试验，以提高降尾流程的强磁精矿品位到 60%，且并入管道精矿。试验结果见表 16-10 ~ 表 16-12。由表 16-10 和表 16-11 可知，给矿浓度选择为 18% ~ 26%、原矿品位为 51% ~ 55% 时，精矿品位可达到 64% ~ 66%，尾矿品位降到 31% ~ 38%，产率均为 57% ~ 64%，回收率为 71% ~ 78%，硅含量降到 4% 左右。根据水析结果可知，细粒矿物得到了有效的回收，达到并超过了预期的指标，说明使用离心机回收强磁精矿中的细粒级矿物是可行的，可应用于工业生产。

表 16-10　φ1600mm×900mm 离心机对强磁精矿的试验结果

给矿浓度/%	给矿		精矿				尾矿	
	TFe/%	SiO₂/%	TFe/%	SiO₂/%	产率/%	回收率/%	TFe/%	SiO₂/%
26.61	51.59	14.90	63.09	4.67	64.10	78.38	31.06	35.31
18.30	55.35		65.84		63.33	75.33	36.30	

表 16-11　φ2400mm×1300mm 离心机对强磁精矿的试验结果

给矿浓度/%	给矿		精矿				尾矿	
	TFe/%	SiO₂/%	TFe/%	SiO₂/%	产率/%	回收率/%	TFe/%	SiO₂/%
26.61	51.59	14.90	64.25	3.94	57.94	72.16	34.15	32.13
18.30	55.35		66.56		59.63	71.71	38.79	

从表 16-12 可知，离心机给矿中 0.045 ~ 0.01mm 粒级的铁金属的分布率较高，该粒级在精矿中得到了有效的回收，回收效果最好的是 0.037 ~ 0.01mm 粒级；+0.045mm 以上

粒级采用磁选和粗粒级重选设备进行选别；-0.01mm 以下粒级的分选难度较大，且占比较小。因此，离心机对烧结精矿的回收是有效的，可应用于工业生产。

表 16-12　各粒级下的离心机产品分析

粒级/mm	给 矿		精 矿		尾 矿	
	产率/%	TFe/%	产率/%	TFe/%	产率/%	TFe/%
+0.2	0.73		0.10		2.17	11.47
-0.2 ~ +0.154	0.66	19.40	0.05		2.02	13.82
-0.154 ~ +0.105	1.54		0.15	55.01	4.18	17.75
-0.105 ~ +0.074	4.67	30.56	1.01		11.87	28.44
-0.074 ~ +0.045	17.09	45.13	9.67	63.56	26.46	35.40
-0.045 ~ +0.037	24.20	58.10	28.66	69.19	17.90	42.47
-0.037 ~ +0.019	29.73	49.67	33.26	59.78	24.76	35.41
-0.019 ~ +0.010	15.14	47.73	21.12	58.84	6.72	32.07
-0.010	5.12	45.27	5.97	57.75	3.92	27.67
Σ	100.00	50.49	100.00	62.46	100.00	33.62

16.1.4　离心机处理强磁机精矿的工艺流程与实践

烧结精矿的"提质降杂"工程利用二段弱磁的尾矿进行二段强磁选别，二段强磁精矿自流至 44 台 φ2400mm×1300mm 离心机进行一次粗选，尾矿自流至降尾工程的 40 台摇床进行重选，精矿自流至总精矿，并入管道精矿，其工艺流程见图 16-1；图 16-2 为离心机提质降杂改造前的流程图。

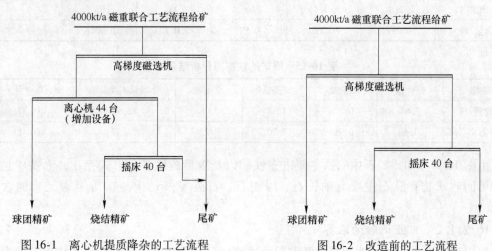

图 16-1　离心机提质降杂的工艺流程　　　　图 16-2　改造前的工艺流程

大红山铁矿对 4000kt/a 选矿厂二段弱磁机尾矿的后续流程进行技术改造后，离心机给矿品位为 50%，铁精矿品位达到 60%~64%（要求 60%）、尾矿品位为 35%、产率为 60% 左右、回收率为 72% 左右，每年可生产铁精矿 180kt，增加了管道铁精矿的产量，减少了尾矿的排放量，达到了节约资源、减少能耗、降低污染、保护环境的目的，具有巨大的经济效益和社会效益。

项目达产后，年均销售收入为 10800 万元（含税），年总成本为 2220 万元，年税后利润为 8316 万元，投资回收期为 10 个月（含半年的建设期），总投资收益率为 312.6%。

16.2 反浮选提铁降硅生产实践

16.2.1 矿石性质研究及工业试验的准备

16.2.1.1 矿石性质研究

反浮选提铁降硅工业试验的原矿为 35% 品级的铁精矿（以下简称原矿），是一、二选矿厂降尾流程生产的低品位铁精矿，铁品位为 32%~40%，原矿的光谱分析、化学多元素分析、铁物相分析结果分别见表 16-13、表 16-14 和表 16-15，原矿的 X 射线衍射分析结果见图 16-3。

表 16-13　原矿的光谱分析结果

元素	Fe	Si	Ca	B	Mn	Mg	V	Cu	Na
概量/%	>10.00	3~10	0.3	0.1	0.03	0.3	0.01	0.03	1.00
元素	Pb	Sn	Ga	Ti	Mo	Na	Ni	Co	
概量/%	0.01	0.01	<0.1	0.1	0.003	1.00	0.003	0.01	

表 16-14　原矿的化学多元素分析结果

元素	Fe	SiO$_2$	Al$_2$O$_3$	CaO	MgO	P
含量/%	35.47	29.53	6.05	1.62	1.95	0.18
元素	S	K	Na	As	Ga	
含量/%	0.091	0.31	0.58	<0.10	0.0016	

表 16-15　原矿的铁物相分析结果

物相	磁性铁	碳酸盐	硅酸盐	硫化物	赤褐铁矿及其他	总量
铁含量/%	7.64	0.32	1.38	0.08	25.95	35.37
铁分布率/%	21.60	0.91	3.90	0.22	73.37	100.00

由图 16-3 可知，矿石中的铁主要以赤铁矿以及少量磁铁矿的形式存在，赤铁矿是主要的可回收矿物；脉石主要有钠长石、绿泥石、石英等；S、P、As 等有害元素的含量较低。

16.2.1.2 工业试验的准备

根据现场设备配置、地理位置及前期的试验情况，工业试验是在充分利用现有的存量资产、不影响整个选矿厂总尾矿降尾的前提下进行的，为后续的低品位精矿的反浮选提铁降硅提供依据、积累经验。工业试验的设计处理能力为 50t/h，采用一粗两扫的浮选流程（见图 16-4），主要设备为 20m^3 的浮选机，共 12 槽，其中粗选 5 槽、扫选一 4 槽、扫选二 3 槽。

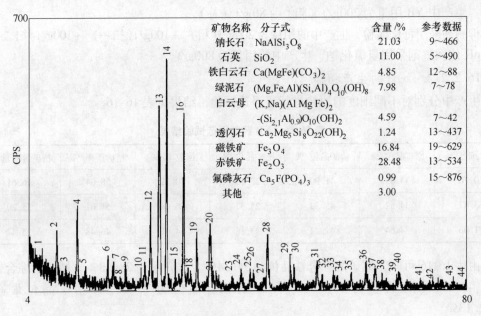

矿物名称	分子式	含量 /%	参考数据
钠长石	$NaAlSi_3O_8$	21.03	9~466
石英	SiO_2	11.00	5~490
铁白云石	$Ca(MgFe)(CO_3)_2$	4.85	12~88
绿泥石	$(Mg,Fe,Al)(Si,Al)_4O_{10}(OH)_8$	7.98	7~78
白云母	$(K,Na)(Al\ Mg\ Fe)_2$	4.59	7~42
	$-(Si_{2.1}Al_{0.9})O_{10}(OH)_2$		
透闪石	$Ca_2Mg_5Si_8O_{22}(OH)_2$	1.24	13~437
磁铁矿	Fe_3O_4	16.84	19~629
赤铁矿	Fe_2O_3	28.48	13~534
氟磷灰石	$Ca_5F(PO_4)_3$	0.99	15~876
其他		3.00	

图 16-3　原矿的 X 射线衍射分析图谱

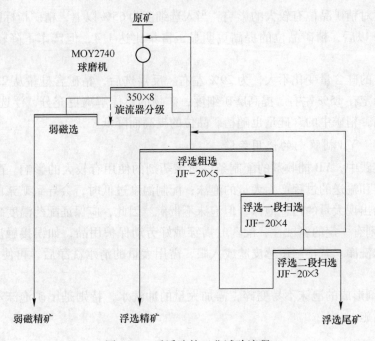

图 16-4　反浮选的工业试验流程

16.2.2　阳离子反浮选的生产实践

16.2.2.1　浮选药剂简介

由昆明冶金研究院研制的阳离子捕收剂 YB，为淡黄色或白色膏状，有胺类刺鼻气味，溶于水，低温下溶解会产生大量的泡沫。实践表明，在 80℃ 以上时溶解，YB 的捕收效果较好。生产中 YB 用量为 200g/t（粗）＋80g/t（补）。

抑制剂采用苛化淀粉，生产中的用量为 200g/t（粗）＋100g/t（扫一）＋100g/t（扫二）。

pH 值调整剂采用氢氧化钠，生产中的用量为 800g/t。

16.2.2.2　统计的生产指标

生产中分别对不同细度的原矿进行了浮选试验，结果见表 16-16。

表 16-16　YB 药剂浮选试验结果

原矿细度/%	原矿品位/%	精矿品位/%	尾矿品位/%	回收率/%	精矿产率/%	精矿含硅量/%
60.70	34.09	41.90	23.10	70.72	58.04	16.61
65.47	34.52	45.39	23.37	66.06	51.01	15.20
71.06	34.64	47.22	23.16	64.02	46.48	15.47

由表 16-16 可知，原矿的综合铁品位为 34.34%、硅含量为 28.68%，精矿的综合铁品位为 44.05%、硅含量为 15.32%，尾矿的综合品位为 23.22%。精矿品位最高达到 52.13%。

16.2.2.3　生产指标的分析

磨矿细度对精矿品位有较大的影响。当入选细度为 65% 以上，精矿指标明显提高；细度提高到 70% 以后，精矿品位的提高更明显，富集比达 1.4，但产率下降较多，为 40% 左右。

入选原矿的硅含量变化不大，为 29% 左右。反浮选后，精矿含硅量从 23% 降到 20% 以内，最终稳定在 15% 左右。提高磨矿细度，矿物的单体解离更充分，浮选效果更明显，浮选指标更高，精矿中的含硅量也随精矿品位的提高而降低。

16.2.2.4　YB 捕收剂的使用经验

在生产实践中，YB 捕收剂的配制条件对该药剂的使用有较大的影响。配制温度较低时，会在搅拌和输送的过程产生大量的泡沫；配制温度过低时，会导致矿浆的矿化程度较差，浮选槽内出现大量的白色泡沫，但泡沫不带矿。因此，应保证配药温度高于 80℃。

YB 捕收剂有一定的腐蚀性，配药时需穿戴好劳动保护用品，如误接触皮肤，应尽快用大量的清水洗净。若接触敏感皮肤或入眼，需用大量的清水洗净后，再使用 3% 的醋酸溶液清洗。

YB 捕收剂形成的泡沫不易变碎，需加大量的冲洗水，特别是尾矿泡沫不易流动，需要采取消泡措施。

16.2.3　阴离子反浮选的生产实践

16.2.3.1　药剂简介

根据前期实验室的试验结果，工业试验的捕收剂选用山东无棣欣广化学有限公司生产的 GH-HL 阴离子捕收剂，GH-HL 为褐色膏状，有刺鼻气味，不易溶于水，在 70℃ 以上配制时，溶解情况较好，生产中的用量为 900g/t。

抑制剂和 pH 值调整剂分别采用苛化淀粉和氢氧化钠，生产中的用量分别为 800g/t 和

1200g/t。活化剂采用 CaO，生产中的用量为 150g/t。

16.2.3.2　生产情况

GH-HL 阴离子捕收剂在生产实验中进行了短时间的试验，且试验期间的原矿矿石性质波动较大。综合指标为：精矿品位平均可提高 3%（富集比 1.09），最高可提高 7%（富集比为 1.2）；精矿含硅量较高，平均为 19.21%；尾矿品位都较低，在 17% 以下。

在试验室进行的多种条件下的试验结果和生产现场的生产情况基本相符。试验室试验中，精矿品位只能达到 46%~48%，产率为 45% 左右。

16.2.3.3　GH-HL 的使用经验

GH-HL 对单一的石英矿物捕收效果较好、选择性较强，对矿石中的钠长石和绿泥石捕收能力较弱，导致其容易混入精矿中，造成精矿品位不高。

同时，GH-HL 对于 pH 值的反应迅速，泡沫层随着 pH 值的变化而迅速变化，因此在使用该药剂时，需要保证矿浆浓度、pH 值的稳定。

GH-HL 形成的泡沫易碎，稍加冲洗水即可破碎流动，因此有利于浮选作业中的浓度控制。

GH-HL 捕收剂对于单一杂质矿物（例如 SiO_2）的浮选效果较好，而对于含杂情况复杂，特别是含其他硅酸盐杂质矿物的浮选效果不理想。

16.2.4　小结

（1）实验室小型浮选试验和工业试验的结果表明，采用阳离子捕收剂 YB 对 35% 品级的低品位铁精矿进行提铁降硅的反浮选，分选效果明显；磨矿细度越高，精矿品位越高，精矿含硅量越低；细度在 −320 目 60% 以上时，采用一粗、两扫的反浮选流程，精矿品位可提高 10%，尾矿品位为 20% 左右。

（2）pH 值对浮选的影响较为明显，YB 对 pH 值的变化不敏感，pH 值为 8~11，均可获得比较稳定的浮选指标。因此，YB 适合大红山铁矿的低品位铁精矿的反浮选。GH-HL 受 pH 值的影响较大，pH 值为 9~10 时，泡沫较多；pH 值为 10~11 时，泡沫较少；pH 值大于 12 时，泡沫过少，影响浮选过程的顺利进行。

（3）浮选药剂的配制对浮选指标影响较大，对于 YB，低温配制时，起泡性较好，捕收效果较差；温度高于 80℃ 时，捕收性能较好，起泡效果也较好。因此，药剂配制温度要高于 80℃。

（4）苛化淀粉的配制温度要求严格，在低于 60℃ 的较低温度配制，淀粉容易结块成团，苛化效果不好，溶液呈悬浊状，手感较涩，抑制效果差，会增加药剂用量；此外，悬浊状淀粉容易沉淀，会造成管道堵塞。

在 70~80℃ 的稍高温度配制时，苛化效果较好，淀粉溶液呈半透明乳浊液，偶有清液，且手感滑腻，带一定黏性，抑制效果一般；浓度高时，容易在冷却后沉淀。

在高于 80℃ 的高温下配制，苛化效果好，淀粉溶液呈淡黄色、半透明至透明清液，偶见浑浊，手感滑腻，稍有黏感，抑制效果好，用量较低，配制后不容易沉淀，可适当提高配制浓度、减少配制次数，可降低劳动强度。

（5）反浮选降硅效果明显。以 YB 捕收剂为例，在原矿硅含量 29% 左右，可将硅含量降到15%以下，达到提铁降硅的目的。

将反浮选用于低品位铁矿石的提铁降硅，在国内的应用并不多，特别是对含硅复杂的低品位铁精矿进行的反浮选的应用更少。大红山铁矿反浮选的提铁降硅实践，取得了一定的成效和经验，对低品位铁矿石和次精矿的反浮选具有重要的示范作用。

16.3　连续性离心选矿机的生产实践

经过持续的技术创新与技改，4000kt/a 选矿厂提质降硅、降尾工程投产以来，技术指标有了很大的提高，球团精矿品位提高到62.5% 左右，尾矿品位降到13% 左右。随着生产的进行，原矿中磁性铁的比例由设计的60% 降到40%，赤铁矿比例增大，细粒级矿物增多，摇床、螺旋溜槽已不能有效地回收细粒级矿物。

为进一步提高球团精矿的产量和品位以及烧结精矿品位，降低产品中的硅含量，对细粒级矿物进行有效的回收，选矿厂对工艺流程进行了技术改造和完善。根据离心机能够对细粒矿物有效回收的特点，结合离心机在海南铁矿、凌钢铁矿等矿山的应用实践，进行了离心机回收细粒矿铁物的试验研究。

16.3.1　连续性离心选矿机的工作原理

连续性离心选矿机是基于离心力场的内流膜分选原理，利用离心转鼓的卧式旋转，在转鼓内膜表面上形成径向均匀分布的离心力场。在旋转的截锥形转鼓中，矿浆由转鼓的小直径段沿切线方向给到转鼓壁上，在离心力作用下，随即附在转鼓上形成流膜，同时沿着转鼓壁的轴向坡度，向着大直径段流动，在转鼓内表面上呈螺旋状沿轴向运动。在做螺旋运动的矿浆液流中，大密度矿粒在弱紊流流膜和离心力场的联合作用下，与小密度矿粒发生选择性分离。大密度矿粒群在极短的时间内离心沉降到转鼓的内表面，呈压实薄层状颗粒层随转鼓一起旋转，小密度矿粒群受流膜脉动扩散作用无法到达流膜底层，沿转鼓坡度随冲洗水一起排出。利用离心机强化流膜选矿，大幅度地提高了设备的处理能力，降低了粒度的回收下限，为微细粒赤铁矿的选别创造了有利的条件。从连续性离心选矿机原理上来看，回收微细粒赤铁矿是可行的，为了验证其可行性需进行生产实践。

16.3.2　离心机提高二段强磁精矿品位的生产实践

16.3.2.1　二段强磁精矿的粒级分析

二段强磁精矿的粒级分析见表16-17。由表可知：二段强磁精矿中 $-0.074 \sim +0.1mm$ 粒级的分布率达79.28%。采用螺旋溜槽-重选工艺的回收效果不好。然而，离心机利用不同矿粒之间的密度差异，能够实现矿粒群的选择性分离，可有效分选 $-0.074 \sim +0.01mm$ 粒级的铁矿物，起到提质降硅的作用。

表 16-17　二段强磁精矿的粒级分析结果

粒级/mm	产率/%	累计产率/%	品位/%
+0.15	2.85	2.85	20.5
−0.15 ~ 0.125	1.75	4.60	12.36

粒级/mm	产率/%	累计产率/%	品位/%
−0.125~0.105	2.04	6.64	13.64
−0.105~0.093	0.99	7.63	15.9
−0.093~0.088			
−0.088~0.074	6.66	14.29	22.7
−0.074~0.045	20.33	34.62	45.47
−0.045~0.037	45.18	79.80	64.26
−0.037~0.019	12.44	92.24	38.95
−0.019~0.01	3.48	95.72	31.51
−0.01	4.28	100.00	28.67
Σ	100.00	—	48.19

16.3.2.2　离心机处理二段强磁精矿的试验研究

离心机的给矿浓度、给矿量和耗水量的试验结果分别见表 16-18 和表 16-19。由表 16-18 和表 16-19 可知，给矿浓度增加，尾矿品位、精矿品位逐渐降低，产率、回收率逐渐提高，硅含量呈升高的趋势；给矿浓度为 20%~25% 较为合适，相当于二段强磁精矿的浓度。

表 16-18　$\phi2400mm \times 1300mm$ 离心机给矿浓度的试验结果

给矿浓度 /%	给　矿		$\phi2.4m$ 精矿				$\phi2.4m$ 尾矿	
	TFe/%	SiO₂/%	TFe/%	SiO₂/%	产率/%	回收率/%	TFe/%	SiO₂/%
17.48	47.36	15.56	63.20	5.40	45.70	60.98	34.03	26.93
20.19	48.97	15.13	61.90	5.80	57.27	72.39	31.64	27.51
22.43	49.52	14.73	62.55	5.69	56.33	71.16	32.71	26.96
24.89	50.79	14.48	62.06	5.40	60.05	73.37	33.85	31.59
27.94	48.48	13.42	58.87	7.40	68.32	82.97	26.07	30.14
29.04	50.44	12.56	60.88	5.76	72.12	87.04	23.44	33.40
30.45	50.59	12.52	59.74	6.46	71.15	84.02	28.02	34.12
34.63	48.84	15.81	58.25	8.44	73.40	87.55	22.87	39.14

表 16-19　$\phi2400mm \times 1300mm$ 离心机的给矿量、耗水量试验结果

给矿浓度/%	处理量/t·h⁻¹	精矿浓度/%	尾矿浓度/%	耗水量/t·h⁻¹	漂洗水/t·h⁻¹	冲洗水/t·h⁻¹
17.48	2.19	12.69	6.51	13.60	6.73	6.87
22.43	3.45	14.13	7.20	19.29	7.49	11.81
24.89	3.85	20.86	8.08	14.54	5.71	8.84
27.94	3.34	25.44	9.16	8.58	1.88	6.70
29.04	3.85	24.15	5.53	18.65	10.16	8.49
34.63	3.50	18.28	6.57	18.13	6.64	11.49

从表 16-19 可知，给矿浓度低时，耗水量相应低一些；给矿浓度为 17.48%，按试验最大给矿量计算，ϕ2400mm × 1300mm 离心机处理量为 2.19t/h，耗水量为 13.6m^3/h。因此，保持离心机的低浓度给矿对选别有利。

经过不断的调试，离心机给矿品位为 48%~50% 时，选别后，铁精矿品位为 58%~63%，回收率达到 72% 以上，单机处理能力为 3.5t/h，试验指标稳定，微细粒赤铁矿的回收效果较好。离心机产品的粒级分析结果见表 16-20。

表 16-20　离心机产品的粒级分析结果

粒级/mm	给矿			精矿			尾矿			回收率/%
	产率/%	品位/%	分布率/%	产率/%	品位/%	分布率/%	产率/%	品位/%	分布率/%	
+0.2	3.21	13.52	0.97	0.70	17.87	0.43	6.38	10.41	2.21	13.31
-0.2~+0.154	3.10	12.54	0.87	0.67			6.10	11.82	2.40	
-0.154~+0.105	5.62	15.12	1.89	1.50	25.90	0.69	10.49	14.36	5.01	20.60
-0.105~+0.074	10.87	24.65	5.97	5.19	40.22	3.71	18.53	21.88	13.48	35.05
-0.074~+0.045	22.26	43.47	21.55	20.98	53.48	19.91	23.33	34.93	27.11	52.14
水析 -0.045~+0.037	40.07	61.93	55.26	50.82	64.29	57.99	17.69	54.46	32.04	59.21
-0.037~+0.019	9.77	44.03	9.58	15.03	50.22	13.39	9.43	32.03	10.05	78.91
-0.019~+0.010	2.47	38.98	2.15	3.43	45.41	2.77	3.56	30.60	3.63	72.75
-0.010	2.64	30.27	1.78	1.67	37.61	1.12	4.48	27.37	4.08	35.44
Σ	100	44.90	100	100	56.35	100	100	30.07	100	

16.3.3　生产流程的改造

生产中，为了提高二段强磁精矿的品位，使其达到 60% 左右，确保球团精矿品位在 64% 以上，对生产工艺流程进行了改造，增加了 44 台离心机，将二段强磁精矿先经过离心机选别后，离心机精矿再并入球团精矿中，离心机尾矿经浓缩后，再进行提质降硅的摇床选别。这一改造工程称为"提质降硅"工程，或称一期离心机工程。改造工程于 2010 年 8 月 16 日建成，投产后，二段强磁精矿经离心机选别后，品位可提高 10%，使球团精矿品位大于等于 64%，同时，精矿的含硅量也明显降低。具体改造的工艺流程见图 16-5。

离心机的选别指标见表 16-21。可以看出，离心机精矿品位随给矿品位的提高而提高，相对给矿品位，可提高 7%~10%。

离心机重选于 2010 年 8 月投入生产后，球团精矿品位有了大幅度地提高，尾矿品位有所降低。

由表 16-22 可以看出，离心机对于回收细粒级产品具有较好的效果，能够很好地提高球团精矿的品位，球团精品位从 62.78% 提高到 63.96%，提高 1.18%。同时可以进一步降低尾矿品位，使尾矿品位从 12.85% 降到 11.77%，降低了 1.08%。

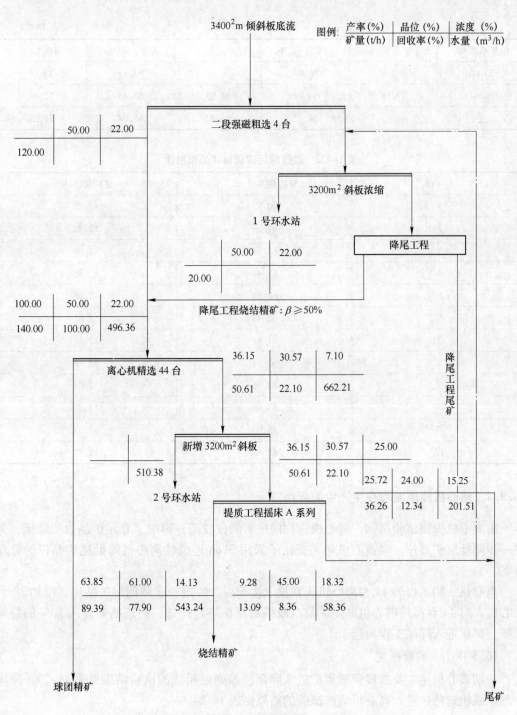

图 16-5 二段强磁精矿进离心机选别的第一阶段生产的数质量流程

表 16-21 离心机选别指标

给矿浓度/%	给矿品位/%	精矿品位/%	尾矿品位/%	精矿产率/%	回收率/%
24.53	42.84	51.14	32.78	54.79	65.41
27.73	46.27	54.22	32.68	63.09	73.93

给矿浓度/%	给矿品位/%	精矿品位/%	尾矿品位/%	精矿产率/%	回收率/%
33.60	49.68	56.94	36.87	63.83	73.15
36.41	47.18	54.78	34.55	62.43	72.49
Σ	46.49	54.27	34.22	61.04	71.25

表 16-22　改造前后球团精矿品位对比

月　份	球团精品位/%	尾矿品位/%
1	60.93	13.72
2	61.99	12.82
3	62.72	12.69
4	61.41	12.35
5	62.58	12.08
6	62.48	13.62
7	61.81	13.39
8	62.78	12.85
9	63.96	12.04
10	63.96	12.77
11	63.99	12.07
12	63.81	11.77

16.3.4　离心机降尾流程在生产中的应用

由离心机提质试验可知，离心机选别的尾矿品位较高，影响了总尾矿品位的降低。为进一步降低尾矿品位，对离心机尾矿提出了采用 SLon 连续性离心机降低尾矿品位的处理方案。

离心机一期工程的 44 台离心机正常投入生产后，为进一步降低尾矿品位，增加 28 台离心机，对 44 台精选离心机的尾矿及二段强磁尾矿进行扫选，扫选精矿并入 50% 的烧结精矿，尾矿进入降尾工程再选。

16.3.4.1　试验研究

一期离心机尾矿及二段强磁尾矿进入降尾一段强磁粗选的试验结果见表 16-23。降尾一段强磁粗选精矿进入离心机精选试验的结果见表 16-24。

表 16-23　一段强磁粗选试验结果

取　样	产品	产率/%	TFe/%	回收率/%
综合样 1	精矿	52.34	39.46	79.25
	尾矿	47.66	11.35	20.75
	给矿	100.00	26.06	100.00

取　样	产　品	产率/%	TFe/%	回收率/%
	精矿	29.20	41.60	56.24
综合样2	尾矿	70.80	13.35	43.76
	给矿	100.00	21.60	100.00

表16-24　离心机精选的试验结果

序　号	产　品	产率/%	TFe/%	回收率/%
	精矿	52.23	53.28	70.52
1	尾矿	47.77	24.26	29.48
	给矿	100.00	39.46	100.00
	精矿	48.65	51.72	62.15
2	尾矿	51.35	29.84	37.85
	给矿	100.00	40.48	100.00

由表16-23和表16-24可知，二段强磁尾矿及一期离心机尾矿经降尾一段强磁粗选，可得到40%品级左右的烧结精矿，再经离心机选别后，精矿品位可提高10%~12%，获得50%品级以上的二级精矿。但是，离心机尾矿品位较高，必须对离心机尾矿进行再处理。

16.3.4.2　生产流程的改造及其指标对比

为了实现烧结精矿品位大于50%，同时降低尾矿品位，对4000kt/a选矿厂降尾流程的给矿（即二段强磁的尾矿、离心机一期工程的尾矿），进行了降尾技改，经降尾一段强磁粗选，降尾一段强磁粗选精矿进入离心机精选，可得到品位为50%以上的烧结精矿，离心机尾矿直接进入降尾工程的二段强磁选，降尾二段强磁精矿并入烧结精矿，尾矿进入摇床扫选，摇床精矿并入烧结精矿，尾矿抛尾；降尾一段强磁尾矿集中后，采用渣浆泵给入提质降硅流程的给矿箱进行再选，提质降硅的摇床可产出50%品级的烧结精矿，也可产出40%品级的烧结精矿。生产中离心机降尾工程的改造流程见图16-6。

离心机降尾再选工程（离心机二期工程）自2011年6月正式投产以来，增加了可销售的50%品级的精矿量，减少了40%品级烧结精矿的堆存风险，同时尾矿品位由改造前的11.55%降到9.17%、降低了2.38%，改造前后的烧结精矿生产指标见表16-25。

表16-25　改造前后的烧结精矿指标对比

2011年5月之前		2011年6~12月	
40%烧结精矿量/t	40%烧结精矿品位/%	50%烧结精矿量/t	50%烧结精矿品位/%
279488.5	41.15	257730.9	50.09

16.3.5　影响离心机分选的主要因素

（1）给矿浓度。离心机分选的最佳给矿浓度为20%~25%，当浓度较高时，尾矿品位、精矿品位逐步降低，产率、回收率相应提高。

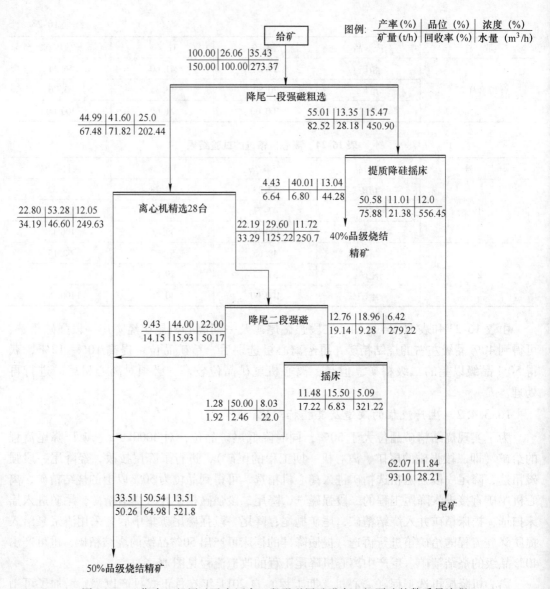

图 16-6　一期离心机尾矿及主厂房二段强磁尾矿进离心机再选的数质量流程

（给矿即为一期离心机尾矿及主厂房二段强磁尾矿）

（2）冲洗水、卸矿水的水量大小必须确保卸矿干净。

（3）确保给矿摆斗、卸矿摆斗的摆动到位，禁止精矿、尾矿出现跑槽现象；同时，加强设备点的巡检。

16.4　磁选柱用于磁铁矿生产探索研究及实践

16.4.1　磁选柱简介

16.4.1.1　磁选柱的分选原理

入选矿浆由矿斗经给矿管给入磁选柱的中上部，磁性矿粒特别是单体的磁铁矿粒在由上而下的磁场力作用下，团聚与松散交替的进行；再加上由下而上的切向上升水流的动力剪切、冲刷和淘洗等作用，在多次松散时，使夹杂于磁性颗粒群中的单体脉石及中、贫连生体分出，在上升水流的带动下，最后由柱体上缘溢出成为尾矿。磁铁矿颗粒，包括单体磁铁矿颗粒及富连生体，在相对强大的连续向下的磁力及磁聚磁链重力的作用下，不会被上升水流所冲带，由底鼓的下部精矿排矿阀门排出，成为高品位的磁铁矿精矿。

16.4.1.2 磁选柱的主体结构

磁选柱的主体结构见图16-7。

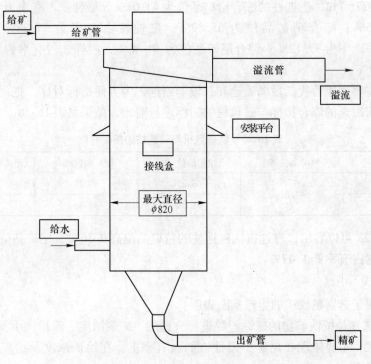

图 16-7　磁选柱的结构

16.4.2　磁选柱回收磁铁矿的生产指标

16.4.2.1　磁选柱的处理能力及耗水量

为掌握磁选柱的综合指标，在工业生产期间，对处理量和耗水量进行了测定和推算。通过容积法测算，该磁选柱的处理量（干矿量）为47.29t/h；通过产品浓度和处理量进行推算，磁选柱的耗水量为1.73m³/t。计算结果见表16-26。

表 16-26　磁选柱的处理能力及耗水量工业生产指标

产品	品位/%	浓度/%	给矿量/t·h⁻¹	吨原矿耗水量/m³
精矿	65.89	63.41		
尾矿	30.86	11.54	47.29	1.73
给矿	44.61	26.51		

16.4.2.2　磁选柱的生产指标

根据大红山铁矿的选矿工艺及厂房布置情况，将磁选柱替代二段弱磁选机和三段弱磁选机。磁选柱的连续生产综合指标见表16-27。

表16-27 磁选柱的连续生产指标

产　品	品位/%	磁性铁品位/%	磁性铁占有率/%	SiO₂/%
磁选柱精矿	65.89	50.92	77.28	5.49
磁选柱尾矿	30.86	5.45	17.47	33.59
磁选柱给矿	44.61	22.40	50.24	23.45

从表16-27可知，磁选柱的综合给矿品位为44.61%，磁性铁占有率为50.24%，SiO₂含量为23.45%；综合精矿品位65.89%，磁性铁占有率为77.28%，SiO₂含量为5.49%，精矿产率为39.12%；综合尾矿品位30.86%，磁性铁占有率17.47%，SiO₂含量为33.59%。

磁选柱主要用于替代二段弱磁选和三段弱磁选，为方便指标对比，把磁选机的二段弱磁选和三段弱磁选的综合指标与磁选柱的指标进行对比，结果见表16-28。

表16-28 弱磁选机与磁选柱的指标对比

产　品	原矿品位/%	精矿品位/%	尾矿品位/%	尾矿磁性铁占有率/%
磁选机		66.25	32.22	16.00
磁选柱	44.61	65.89	30.86	17.47

从表16-28可以看出，磁选机比磁选柱的精矿品位高0.36%，尾矿品位高1.36%，尾矿中磁性铁的占有率低1.47%。

16.4.2.3　小结

磁选柱用于选别磁铁矿的生产实践表明：

（1）磁选柱是按铁矿物的磁性差异进行分选的，矿浆浓度、流量大小及粒度对其分选效果影响较大，主要体现在尾矿中磁性铁的占有率上。在给矿浓度及给矿量稳定的情况下，指标较稳定。

（2）磁选柱的选别指标与二次磁选机的指标相当，可替代二段弱磁机和三段弱磁机。但磁选柱分选的尾矿中，磁性铁含量比磁选机含量高。

（3）耗水量：工业试验结果表明，磁选柱每处理1t矿石需耗水量为1.73m³。

16.5　磁筛回收磁铁矿的研究及实践

16.5.1　磁筛的分选原理

磁筛的分选原理与传统磁选机的最大区别就是磁筛不是靠磁场直接分选磁性矿物，而是在低于磁选机数十倍的均匀磁场中，利用单体磁性矿物与连生体的尺寸差、密度差，再经过安装在磁场中的专用筛子（其筛孔比最大给矿颗粒尺寸大数倍）让磁铁矿在筛网上形成链状磁聚体，沿筛面滚下，并进入精矿箱；而脉石和连生体矿粒由于磁性弱，以分散状态存在，极易透过筛孔而排出。因此，磁筛比磁选机更能有效地分离出脉石和连生体，使精矿品位得到进一步的提高；同时，使给矿粒度的适应范围更宽。磁筛对磁铁矿连生体也能回收，只需对影响品质的连生体进行再磨再选，而不像传统细筛工艺只能过筛才能成为精矿。可见，磁筛在提高精矿品质的同时，还能减少过磨，放粗磨矿细度，提高生产能力。

16.5.2　磁筛的结构

磁筛由给矿装置、分选装置、储排矿装置三大部分组成；给矿装置由分矿筒、分矿头等组成；分选装置由磁系、分选筛片及辅助部件组成；贮排矿装置由螺旋排料机、中矿、精矿矿仓和阀门组成。磁筛结构见图 16-8。

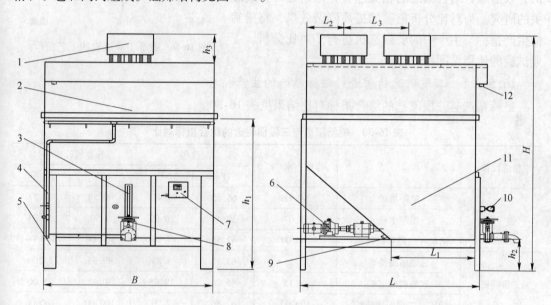

图 16-8　磁场筛选机的结构示意图

1—给矿系统；2—磁系及专用筛（内部）；3—精矿观察窗；4—给水管；5—设备外支撑框架；
6—螺旋排料机；7—精矿自控箱；8—精矿阀门；9—中矿阀门；10—传感器；11—槽体；12—溢流管

磁筛的分选包括给矿、分选、分离及排矿四个过程。物料由给矿箱分配给入设备上部的给矿筒后，经给矿筒二次分配到安装在筛子上端的给矿头中，由给矿头将物料均匀地给入安装在设备内部排列的专用筛中，每片筛单独分选得到精矿和中矿两种产品，精矿和中矿分离后集中进入到设备下部特设的精矿和中矿区，再自行排出箱体。

磁筛系列设备的主要技术参数见表 16-29。大红山铁矿工业试验使用的一台磁筛是 CSX-Ⅱ型，筛孔规格为 0.8mm。

表 16-29　磁场筛选机主要技术参数

参　数	CSX-Ⅰ	CSX-Ⅱ	CSX-Ⅲ
处理能力/t·h⁻¹	8～14	15～25	26～35
槽体容积/m³	7	12	17
质量/t	4.5	5.5	6.5
长×宽×高/m×m×m	2.3×1.4×4.6	2.3×2.2×4.6	2.9×2.2×4.6
筛孔规格/mm	0.6, 0.8, 1.0, 1.2, 1.5（根据给料细度确定）		
螺旋排料机	φ300mm, 20r/min；电机：Y90L-4, 2.2kW；减速机：XWY4-71-2.2		

16.5.3 磁筛在大红山铁矿的生产研究

大红山铁矿 4000kt/a 选矿厂采用自磨-球磨-弱磁-强磁的阶段磨矿、阶段选别的工艺流程，其中弱磁选为三段弱磁选，二段弱磁选和三段弱磁选的精矿品位分别为 63% 左右和 65% 左右。为探索提质降杂的有效措施，结合国内的相关经验，采用磁筛开展相关的研究。为对比分析磁筛的提质降杂效果，将磁筛的生产指标与生产中的弱磁选机进行了对比分析。工业试验的流程见图 16-9。

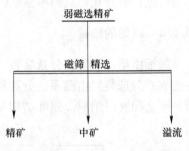

图 16-9 磁筛工业试验的工艺流程

16.5.3.1 二段磁选精矿进行磁筛精选的生产指标

磁筛精选与三段磁选的综合指标对比结果见表 16-30。

表 16-30 磁筛精选与三段弱磁选的综合指标对比

精选设备	产 品	作业产率/%	品位/%		作业回收率/%	
			TFe	SiO₂	TFe	SiO₂
磁 筛	磁筛精矿	84.93	66.65	4.44	90.50	48.97
	磁筛中矿	15.07	39.44	26.09	9.50	51.03
	给矿（二段弱磁精矿）	100.00	62.55	7.70	100.00	100.00
三段弱磁	三磁弱磁精矿	85.85	65.18	5.83	89.53	65.00
	三磁弱磁尾矿	14.15	46.24	19.05	10.47	35.00
	给矿（二段弱磁精矿）	100.00	62.50	7.70	100.00	100.00

由表 16-30 对比结果可知，二磁精矿进行磁筛精选后的综合指标与三段磁选的相比，精矿品位提高了 1.5%、SiO₂ 含量降低了 1.4%、作业回收率提高了 1%。

16.5.3.2 三段弱磁精矿进行磁筛精选的生产指标

三段弱磁精矿进行磁筛精选的工艺流程见图 16-10，工业试验指标见表 16-31。

对比结果表明：三段弱磁精矿进行磁筛精选后，精矿品位提高了 2.1%、SiO₂ 含量降低了 1.8%、作业回收率达到 89.24%。

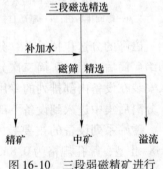

图 16-10 三段弱磁精矿进行磁筛精选的工业试验流程

表 16-31 三段弱磁精矿磁筛精选的工业试验结果

精选设备	产 品	作业产率/%	品位/%		作业回收率/%	
			TFe	SiO₂	TFe	SiO₂
磁 筛	磁筛精矿	86.44	67.27	3.97	89.24	58.96
	磁筛中矿	13.56	51.71	17.61	10.76	41.04
	给矿（三段弱磁精矿）	100.00	65.16	5.82	100.00	100.00

16.5.3.3　磁筛精选产品的粒度分析

磁筛精矿和中矿产品的筛析结果见表 16-32。

表 16-32　磁筛精矿和中矿产品的筛析结果

产　品	粒级/目	粒级产率/%	品位/%		分布率/%	
			TFe	SiO$_2$	TFe	SiO$_2$
磁筛精矿	+140	2.18	42.25	24.83	1.36	13.80
	−140 ~ +200	2.60	45.09	25.56	1.74	16.94
	−200 ~ +325	9.67	64.19	7.93	9.19	19.54
	−325	85.55	69.22	2.28	87.71	49.72
	合　计	100.00	67.52	3.92	100.00	100.00
磁筛中矿	+120	6.45	18.26	51.38	2.39	16.76
	−120 ~ +140	3.07	15.10	46.67	0.95	7.24
	−140 ~ +200	9.34	18.29	44.84	3.47	21.18
	−200 ~ +325	16.59	38.27	32.05	12.91	26.88
	−325	64.55	61.16	8.56	80.28	27.94
	合　计	100.00	49.18	19.78	100.00	100.00

由表 16-32 可知，经磁筛分离的中矿中的铁矿物以连生体为主，需要经细磨后进行再选。

16.5.3.4　磁筛中矿的实验室磁选试验

对二、三段弱磁精矿进行磁筛工业试验连续运转时，接取了两种产品的磁筛中矿样，采用实验室 XCRS-ϕ400 型鼓形湿式弱磁选机进行了磁选回收铁的试验，试验流程见图 16-11，结果见表 16-33。

由表 16-33 可知：二段弱磁精矿经磁筛精选产生的中矿经磁选后，铁品位从 39.7% 提高到 48.53%；三段弱磁精矿经磁筛精选产生的中矿经磁选后铁品位从 51.71% 提高到 56.06%。

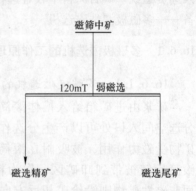

图 16-11　磁筛中矿的实验室磁选试验的工艺流程

表 16-33　磁筛中矿的实验室磁选试验结果

磁筛中矿种类	产品	作业产率/%	品位/%		作业回收率/%	
			TFe	SiO$_2$	TFe	SiO$_2$
二磁磁筛精选中矿	磁选精矿	32.42	48.53	21.71	39.89	26.85
	磁选尾矿	67.58	35.08	28.37	60.11	73.15
	磁筛中矿	100.00	39.44	26.21	100.00	100.00
三磁磁筛精选中矿	磁选精矿	79.27	56.06	13.61	85.94	43.33
	磁选尾矿	20.73	35.08	32.91	14.06	56.67
	磁筛中矿	100.00	51.71	17.61	100.00	100.00

16.5.3.5 小结

采用磁筛回收磁铁矿的工业试验结果表明：

（1）磁筛用于精选流程的指标优于磁选机。

（2）通过对磁筛中矿的实验室磁选试验，得到的次精矿铁品位较低，主要是由于矿石的单体解离度不够造成，通过细磨后，磁选品位可明显提高。

（3）与磁选机相比，磁筛的处理能力比磁选机稍低，台·时处理量约20t左右，且占地面积更大。采用磁筛进行精选作业，大约需要25台左右，才能满足生产要求，现场不具备磁筛的使用条件。

（4）磁筛对给矿浓度、流量、粒度等的波动适应性强，分选指标稳定。

（5）磁筛精矿浓度高（65%~75%），并采用高浓度自动化排矿装置，适当控制可替代传统浓缩工艺。

（6）磁筛设备耗电少，安装使用方便，无须基础固定。

16.6 多极漂洗磁选机的生产实践

近年来，随着铁精矿生产规模的不断扩大，冶炼对铁精矿质量的要求不断提高，以及入选贫磁铁矿矿石原料中较难选物料部分的增加，都促使选矿厂使用性能更优良的磁选设备——多磁极漂洗磁选机。

16.6.1 多磁极磁选机的工作原理、结构与优点

16.6.1.1 多磁极磁选机的工作原理

矿浆由进矿箱给入槽体滚筒下部，在分选空间入口处可以产生分选作用，磁性矿物受磁力作用，被吸附在滚筒表面，随滚筒旋转被带到卸矿区，作为精矿产出；而非磁性矿物则沿给矿相反方向随矿浆流入溢流槽内，作为尾矿排出。工作原理见图16-12。

16.6.1.2 多磁极磁选机的结构

多磁极磁选机由永磁滚筒、槽体、进矿箱、槽体支架、磁系调整装置及动力传动装置等部分组成，其结构见图16-13。

16.6.1.3 多磁极磁选机的优点

常规永磁筒式磁选机的磁系沿周围方

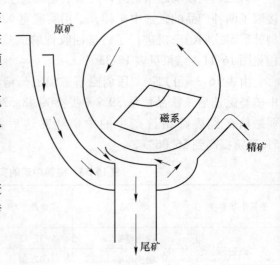

图 16-12 多磁极磁选机的工作原理示意图

向一般有4~6个大极，极性交替排列。因此，在分选过程中，物料在筒体表面翻滚的次数较少，对夹杂的脉石、细泥和连生体等分选不够彻底。多磁极磁选机的磁系沿圆周方向最多可设计18~21个极，物料在筒体表面的翻滚次数明显增加，对提高精矿品位十分有利，在精选作业中得到了广泛的应用。

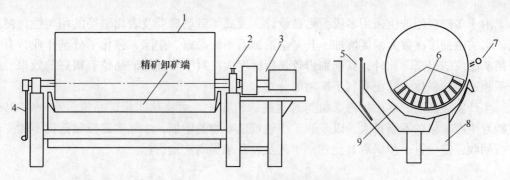

图 16-13　多磁极磁选机的结构

1—筒体；2—注油孔；3—动力传动装置；4—磁系调整装置；5—冲散水水管；
6—磁系；7—精矿冲洗管；8—槽体；9—尾矿溢流堰

多磁极漂洗磁选机与常规磁选机相比，其表面磁系极面与极间隙比值尽可能小，使间隙处与磁极表面处的磁感应强度均匀，其表面场强也相对均匀，有利于物料的分选、输送以及提高磁选机的选别精度。多磁极、普通磁极的磁选机磁力指数曲线见图 16-14。从图 16-14 可看出，多磁机磁选机在整个工作区间内具有的磁力指数（即磁场力）都高于普通磁选机。因此，不仅可获得高品位的精矿，而且可获得品位合格的尾矿。

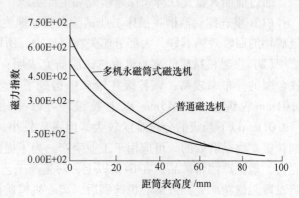

图 16-14　多磁极与普通磁极的
磁选机磁力指数曲线

16.6.2　多磁极磁选机与普通磁选机的对比试验研究

为了更好地了解多磁极磁选机对普通磁选机在精选作业上的优势，分别进行了单机调试和平行对比试验。单机调试的主要试验内容包括不同底箱间隙、不同磁系磁偏角和不同给矿浓度等。其目的是保证磁选机的选别效果处于最佳状态。在确定磁选机最佳工作参数的基础上，在同系列的 2 台三段弱磁机上进行了平行对比试验，即在给矿性质相同的情况下，进行多磁极漂洗磁选机和 2 台普通磁选机的对比分选试验。平均指标结果见表 16-34。

表 16-34　多磁极磁选机与普通磁选机的对比试验结果

指　标	给矿浓度 /%	给矿品位 /%	精矿品位 /%	品位提高 /%	给矿硅含量 /%	精矿硅含量 /%	硅降低 /%
多级磁选机	29.05	62.55	66.33	3.78	7.58	5.38	2.20
磁选机	29.58	62.41	65.33	2.22	7.40	4.86	2.54

从表 16-34 可以看出，在给矿量、给矿品位和给矿性质基本一致的条件下，多磁极磁选机的精矿品位为 66.33%、硅含量为 5.38%，比普通磁选机的分别提高 1.0% 和 0.52%。可见，多磁极磁选机对于提高铁精矿品位效果很好。

由于多磁极磁选机采用多极面磁系设计，提高了磁场梯度及表面磁场的均匀性，使入选矿浆的磁翻滚次数大幅度增加，其夹杂的脉石不断暴露、剔除，强化了分选作业，有利于精矿品位的提高。此外，其选别带较长、梯度大，对于降低尾矿品位有很好的效果。与磁系相适应的槽体设计更有利于矿物的分选。

生产实践证明，多磁极磁选机与普通磁选机相比，可将球团精矿品位提高 $1\% \sim 2\%$。但随着生产规模的不断扩大，以及原矿中较难选矿物的增加，单靠多磁极磁选机不能完全进行回收，需要进一步采取其他选别工艺及设备来提高选别指标。

16.7 提铁降杂探索研究的评述

通过前期大量提铁降杂探索研究和生产实践，可得出以下结论：

（1）重选螺旋溜槽 + 摇床工业试验表明：螺旋溜槽 + 摇床对 $0.037 \sim 0.019mm$ 的细粒级矿物的回收效果不好，大部分流失在尾矿中，所以逐渐被离心机所取代。

（2）强磁机精矿的离心机重选试验研究表明：离心机给矿中 $0.045 \sim 0.01mm$ 粒级的铁金属的分布率较高，该粒级在精矿中得到了有效的回收。回收效果最好的是 $0.037 \sim 0.01mm$ 粒级；$+0.045mm$ 以上粒级，可以采用磁选和粗粒级重选设备进行选别；$-0.01mm$ 以下粒级的分选难度较大，但占比较小，因此，使用离心机回收强磁精矿中的细粒级矿物是有效的，可应用于工业生产。为了提高二段强磁精矿的品位，使其达到60%左右，确保球团精矿品位在64%以上，对生产工艺流程进行了改造：增加了44台离心机，将二段强磁精矿先经过离心机选别后，离心机精矿再并入球团精矿中，离心机尾矿经浓缩后，再进入离心机降尾再选工程。这一改造工程称为提质降硅工程，或称一期离心机工程。改造工程于2010年8月16日建成，投产后，二段强磁精矿经离心机选别后，品位可提高10%，使球团精矿品位大于等于64%，同时，精矿的含硅量也明显降低。离心机一期工程的44台离心机正常投入生产后，为进一步降低尾矿品位，增加28台离心机，对44台精选离心机的尾矿及二段强磁尾矿进行扫选，即二段强磁的尾矿、离心机一期工程的尾矿，经降尾一段强磁粗选后，降尾一段强磁粗选精矿进入28台离心机精选，可得到品位为50%以上的烧结精矿，离心机尾矿直接进入下一级降尾工程。这一技改工程称离心机降尾再选工程或称离心机二期工程。2011年6月正式投产以来，增加了可销售的50%品级的精矿量，减少了40%品级烧结精矿的堆存风险，同时尾矿品位由改造前的11.55%降到9.17%、降低了2.38%。这些生产实践都表明，连续离心机成功地用于大红山铁矿选别细粒赤铁矿，取得了很大的成效。

（3）反浮选提铁降硅的生产实践。通过在 $4000kt/a$ 选厂进行工业试验，取得了一定的成效和经验，对低品位铁矿石和次精矿的反浮选具有重要的示范作用。试验表明：使用阳离子捕收剂，比使用阴离子捕收剂反浮选效果要好；但两者都需要以一定量的 NaOH 作为 pH 值调整剂和以高碱性的苛化淀粉作为抑制剂；捕收剂和苛化淀粉的制备比较复杂，需要在不低于80℃的条件下溶解，药剂制备的条件难以控制，而且容易堵塞管道。由此带来的一些后续的问题，比如防腐、排污、环保、安保等问题，需要进一步试验研究，加以解决。

（4）磁选柱用于磁铁矿生产的探索研究。在 $4000kt/a$ 选厂的生产实践表明：磁选柱用于选别 4000kt/a 选厂中的磁铁矿是可行的，并可应用于大规模的生产，可以作为一种重要的后备设备。

（5）为探索提质降杂的有效措施，结合国内的相关经验，进行了磁筛回收磁铁矿的研究。实践表明，磁筛可以提高精矿品位；对给矿浓度、流量、粒度等波动的适应性强；分选指标稳定。但磁筛的处理能力较磁选机低，且占地面积更大，现场不具备磁筛的使用条件。

（6）使用比磁选机性能更优良的磁选设备即多极漂洗磁选机的生产实践表明：多磁极磁选机与普通磁选机相比，可将球团精矿品位提高 1% ~ 2%。可以代替第三段弱磁选机，而且在三选厂的设计中，也已经采用了这一设备作为第三段弱磁选机使用。

参 考 文 献

[1] 沈立义. 400 万 t/a 选厂提铁降硅研究 [J]. 中国矿业，2009（7）：331~332.

[2] 沈立义. 大红山铁矿 400 万 t/a 选矿厂尾矿再选试验及初步实践 [J]. 金属矿山，2008（5）：143~148.

[3] 沈立义. 大红山铁矿离心机尾矿中回收细粒级的实践 [J]. 中国矿业，2009（7）：394~397.

[4] 沈立义. 大红山铁矿尾矿再选精矿的提质降硅试验 [J]. 金属矿山，2009（11）：307~310.

[5] 刘仁刚，沈立义，刘洋. 昆钢大红山二选厂强磁选精矿提质降硅技改实践 [J]. 金属矿山，2010（7）：63~66.

[6] 李彩，刘洋. 离心振动螺旋溜槽在大红山选矿厂应用 [J]. 现代矿业，2011（4）：108~109.

[7] 赵言勤，段其福. 本钢铁精矿用磁选柱降硅提铁的工业试验 [J]. 金属矿山，2004（6）：40~41.

[8] 刘秉裕，王连生. 磁选柱精选磁铁矿的效果及效益 [J]. 金属矿山，2005（8）增刊：370~374.

[9] 陈广振. 磁选柱及其工业应用 [J]. 金属矿山，2002（9）.

[10] 王蕾，李冬洋. 大红山铁矿 400 万 t/a 选矿厂降尾改造 [J]. 现代矿业，2012（8）.

[11] 沈立义. 大红山铁矿离心机尾矿中回收细粒级的实践 [C]. 2009 中国选矿技术高峰论坛暨设备展示会论文集. 2009.7.

[12] 沈立义. 大红山铁矿尾矿再选精矿的提质降硅试验 [C]. 2009 年金属矿产资源高效选冶加工利用和节能减排技术及设备学术研讨与技术成果推广交流暨设备展示会论文集. 2009.11.

17　降尾提量研究与应用实践

大红山铁矿先后建成了年处理量为 500kt、4000kt 和 7000kt 的三个选矿厂。建厂初期，公司以最大限度利用有限的矿石资源作为建矿思路，并结合矿石性质，吸收国内外先进的选矿理念，将"降尾提量"作为选厂生产过程中的一项重点工作，并不断地进行探索、技改、创新和总结。大红山铁矿石属于磁铁矿-赤铁矿型酸性混合矿石，其中磁铁矿嵌布粒度较粗，近半数大于 0.1mm，容易解离；而 60% 以上的赤铁矿分布在 -0.05mm，其中 -0.02mm 占 40%，粒度细、硬度高，属难磨、难选矿石。赤铁矿与脉石伴生紧密，硅酸盐的比磁化系数又与赤铁矿相近，且矿物组成复杂。随着生产的发展，不断进行了"降尾提量"的研究和改造工作。其中一选厂，磁重联合流程的使用，不仅大幅度地降低了尾矿铁品位，还从尾矿中回收了 36%、50% 品级的烧结精矿，增加了精矿产量；二选厂设计采用的是阶段磨矿、阶段选别流程，三段磨矿；对磨矿产品的选别：一段为弱磁-强磁，单一磁选；二段采用弱磁-强磁-浮选。2007 年投产初期，尾矿中铁品位一直居高不下，根据金属流失的程度，分阶段对尾矿回收进行了研究和改造。采用磁重联合流程进行改造后，取得较好效果。2012 年对三个选厂进行了降尾工程的总体规划改造，其中立环脉动高梯度磁选机均得到了成功的应用，保证了弱磁性矿物的有效回收。

17.1　立环脉动高梯度磁选机在降尾提量中的应用实践

17.1.1　立环脉动高梯度磁选机的结构及分选原理

17.1.1.1　立环脉动高梯度磁选机的结构

高梯度磁选机主要由转环、磁感应介质、磁轭、励磁线圈、脉动机构、卸矿冲水装置、各接矿斗、支架和电气控制柜组成。

17.1.1.2　立环脉动高梯度磁选机的分选原理

立环脉动高梯度磁选机的主磁系为立式转环，环内装有特制的高磁感应强度、低剩磁的磁介质。磁介质在背景磁场中感应出非常强的感应磁场，并通过感应出的高梯度磁场对磁性颗粒进行捕集，从而实现磁性颗粒与非磁性颗粒的分离。具体分选原理见彩图 17-1。

17.1.1.3　立环脉动高梯度磁选机的产品

从立环脉动高梯度磁选机在大红山铁矿的应用可看出，高梯度磁选机应用于一段强磁粗选时，产品分为精矿、尾矿；应用于强磁精选或扫选时，产品可分为精矿、中矿和尾矿。

17.1.1.4　大红山铁矿高梯度磁选机的相关技术参数

大红山铁矿 3 个选厂共使用 4 种不同型号的高梯度磁选机，其参数见表 17-1。

表 17-1 立环脉动高梯度磁选机的相关技术参数

型号	转环外径 /mm	背景场强 /T	脉动冲程 /mm	冲次 /r·min^{-1}	激磁功率 /kW	给矿粒度 -0.074mm/%	给矿浓度 /%	矿浆通过能力 /m^3·h^{-1}
ϕ1500	1500	0~1.0	12~30	0~300	50	60~96	35~40	50~100
ϕ2000	2000	0~1.0	12~30	0~300	86	60~96	35~40	100~200
ϕ2500	2500	0~1.0	12~30	0~300	115	60~96	35~40	200~400
ϕ3000	3000	0~1.0	12~30	0~300	145	60~96	35~40	350~650

注：不同型号高梯度磁选机在 3 个选厂皆有应用，故相关数据为总体数据。

17.1.2 立环脉动高梯度磁选机在大红山铁矿的应用

自大红山铁矿建厂以来，从 500kt/a 选厂的降尾流程改造到 2012 年对 3 个选厂降尾工程的总体规划改造，立环脉动高梯度磁选机均得到了成功的应用。

17.1.2.1 立环脉动高梯度磁选机在一选矿厂的应用

A 工业试验

2003 年 4 月 1 日，500kt/a 选矿厂正式投产后，对 SLon-1500mm 立环脉动高梯度磁选机进行了单机及全流程的工业试验，指标见表 17-2。高梯度磁选机应用后，500kt/a 选矿厂的最终铁精矿铁品位达到 64.0%、回收率达到 80.0% 以上。

表 17-2 SLon-1500mm 高梯度磁选机的工业试验指标

作业名称	给矿铁品位/%	精矿			尾矿		
		品位/%	产率/%	回收率/%	品位/%	产率/%	回收率/%
强磁粗选	19.73	37.77	14.39	15.37	13.20	39.76	14.85
强磁精选	52.78	58.49	6.95	11.50	42.72	3.95	4.77
强磁扫选	27.79	52.78	10.90	16.27	10.60	15.84	4.75

B 二段弱磁降尾的技术改造

为进一步降低 500kt/a 选矿厂的尾矿铁品位，对二段弱磁工艺流程也进行了改造，增加了两台高梯度强磁机，对二段弱磁选尾矿（ϕ24m 浓缩机底流）进行再选，形成了"强磁粗选 + 强磁精选 + 摇床重选 + 强磁扫选"的磁-重联合流程，生产过程的数质量流程见图 17-2。

17.1.2.2 立环脉动高梯度磁选机在二选矿厂的应用

4000kt/a 选厂设计初期，将"半自磨 + 阶段磨选 + 强磁抛尾 + 强磁精选"作为原则流程；在选厂达产、稳产后，在原矿铁品位为 36.26% 的条件下，取得了精矿铁品位为 62.32%、回收率为 75.16%、尾矿铁品位为 16.01% 的生产指标。

A 二段强磁降尾的技术改造

4000kt/a 选矿厂投产以来，尾矿铁品位一直偏高，二段强磁抛尾铁品位高达 24%~28%。针对二段强磁尾矿中难以回收的铁矿物，昆明院和云锡设计院开展了相关的试验研究。结果表明，采用强磁选别流程，可获得铁品位为 50% 以上的二级精矿，总尾矿铁品位

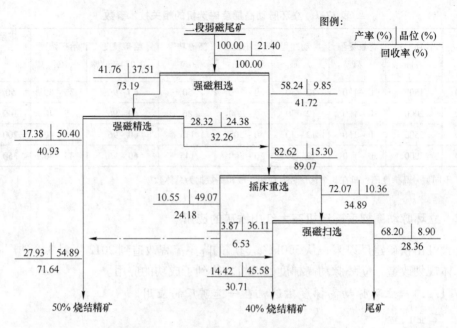

图 17-2 500kt/a 选矿厂降尾工程的数质量流程

可降到 13%。

在此基础上，选矿厂于 2007 年年底实施了二段强磁降尾的技改工程，总尾矿铁品位由 16% 左右降到 13% 左右，并且回收了部分烧结精矿，二段强磁降尾流程的数质量流程见图 17-3。

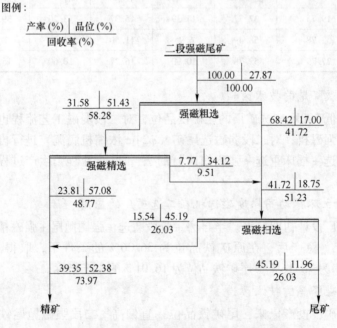

图 17-3 二段强磁降尾改造工程的数质量流程

B　一段强磁降尾流程

2008 年 11 月，昆明院对 4000kt/a 选厂进行了流程考察，发现一段强磁的作业效率仅为 69.84%；针对这一现象，进行了一段强磁尾矿利用立环脉动高梯度磁选机降尾的工业试验和实验室试验研究，结果见表 17-3。

表 17-3　一段强磁选降尾的实际生产指标与实验室试验指标的对比

项　目		细度（-200目）	实际生产				实验室小试					
			激磁电流：1350A				激磁电流：800A			激磁电流：1200A		
			浓度/%	品位/%	产率/%	回收率/%	品位/%	产率/%	回收率/%	品位/%	产率/%	回收率/%
5号高梯度	给矿	49.28	32.43	23.90	100.0	100.0	23.93	100.0	100.0	23.93	100.0	100.0
	精矿	—	—	36.55	54.66	83.59	43.90	44.53	81.69	41.77	49.07	85.66
	尾矿	—	—	8.65	45.34	16.41	7.90	55.47	18.31	6.74	50.93	14.34
6号高梯度	给矿	45.43	53.78	28.29	100.0	100.0	28.36	100.0	100.0	28.36	100.0	100.0
	精矿	—	—	35.65	72.27	91.07	45.82	54.66	88.31	44.84	56.92	89.99
	尾矿	—	—	9.11	27.73	8.93	7.31	45.34	11.69	6.59	43.08	10.01

考察结果说明，当给矿浓度由 53.78% 降到 32.43%（设计 32%）时，尾矿铁品位由 9.11% 降到 8.65%，精矿铁品位由 35.65% 提高到 36.55%。说明给矿量减小，浓度降低，尾矿铁品位随之降低，反之，尾矿铁品位升高。

为了解决一段强磁给矿量大、浓度大、尾矿铁品位偏高、选矿效率低、设备负荷大的问题，大红山铁矿于 2010 年 3 月进行一段强磁降尾的技术改造。改造后，尾矿铁品位降低 1.4%、多回收铁金属 62.5kt/a（作业回收率为 85%）。可见，通过增加一段弱磁、强磁设备，降低负荷，达到了提高生产效率的目的。具体数质量流程见图 17-4。

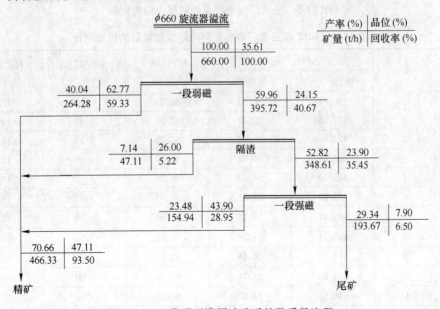

图 17-4　一段强磁降尾改造后的数质量流程

17.1.2.3　立环脉动高梯度磁选机在三选矿厂的应用

7000kt/a 选厂于 2011 年年初正式投产。由于已经投入开采的露天熔岩铁矿的矿石性质发生变化，弱磁性矿物的比例增加，现生产流程缺乏相应的弱磁性矿物回收的有效方法，导致尾矿铁品位偏高。

为了减少资源浪费，最大限度地实现资源的有效利用，2012 年对熔岩铁系列进行了降尾工程的技术改造，通过立环脉动高梯度磁选机对弱磁性矿物的回收，对一段弱磁选抛尾的尾矿进行再选；同时，增加强磁扫选，实现了对有价金属的有效回收。具体改造流程见图 17-5，降尾投产前后的相关指标见表 17-4。

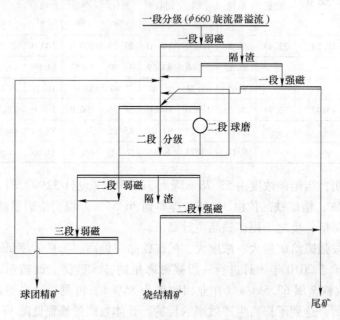

图 17-5　三选厂熔岩铁系列降尾改造后流程

表 17-4　2012 年三选厂熔岩系列降尾技改前后的指标对比

阶段	月份	原　矿		球团精矿 品位/%	烧结精矿 产率/%	尾矿铁品位 /%
		处理量/t·h^{-1}	品位/%			
技改前	1	276.68	34.57	62.24	0.00	11.40
	2	377.58	32.47	62.22	1.41	11.97
	3	433.56	33.54	62.28	5.74	10.92
	4	462.00	27.79	61.67	2.50	11.82
	5	445.39	34.33	62.20	5.12	11.20
	6	453.67	29.63	62.33	3.35	11.81
	7	469.27	20.15	61.88	0.44	12.78
技改后	8	489.21	23.19	59.97	5.02	10.93
	9	511.37	20.84	61.72	4.20	10.34
	10	568.83	23.74	61.39	5.00	10.97
	11	686.61	24.22	60.98	8.94	10.77
	12	559.72	22.99	59.67	5.00	11.49

由表 17-4 可知，8 月降尾工程投产后，半自磨机的产能得到了充分的释放，处理量大幅度提高；同时，烧结精矿的产率增加，尾矿铁品位下降，减少了金属的流失，降尾工程取得了很好的效果。

17.2　磁重联合流程在降尾提量中的应用实践

17.2.1　4000kt/a 选厂磁重联合流程在降尾提量中的应用实践

4000kt/a 选厂于 2007 年投产，总尾矿由一段强磁尾矿和二段强磁尾矿组成。系统投产后，尾矿中铁品位一直居高不下，其中一段强磁尾矿产率达 30% 以上、铁品位约 10%，二段强磁尾矿产率达 13% 以上、铁品位约 28%。根据金属流失的严重程度，分阶段对尾矿回收进行了研究和改造。

17.2.1.1　二段强磁尾矿再选工程

A　矿石性质

a　二段强磁尾矿的光谱分析

二段强磁尾矿光谱分析结果见表 17-5。

表 17-5　二段强磁尾矿光谱分析结果

元素	Al	Si	Mn	Mg	Pb
概量/%	0.3	10.00	1.00	0.3	0.01
元素	Fe	V	Cu	Na	Ni
概量/%	>10	0.01	0.1	1.0	0.003

由表 17-5 可知，二段强磁尾矿中的主要元素有 Fe、Si、Mn、Na 等。

b　二段强磁尾矿的多元素分析

二段强磁尾矿多元素分析结果见表 17-6。

表 17-6　二段强磁尾矿多元素分析结果

元素	Fe	SiO_2	CaO	MgO	Al_2O_3	Na_2O
含量/%	27.78	37.89	2.49	2.59	8.05	1.24

由表 17-6 可知，二段强磁尾矿中 Fe 含量高，品位为 27.78%，SiO_2 和 Al_2O_3 含量较高，分别为 37.89% 和 8.05%，CaO 和 MgO 的含量都在 3% 以下。

c　二段强磁尾矿的矿物组成分析

二段强磁尾矿的矿物组成分析结果见表 17-7。

表 17-7　二段强磁尾矿的矿物组成分析结果

矿物	赤铁矿	绿泥石	石英	白云母	钠长石	白云石	方解石	其他
含量/%	34.05	20.30	18.48	10.27	8.62	6.21	1.07	1.00

由表 17-7 可知，二段强磁尾矿中有用矿物为赤铁矿，占 34.05%；脉石矿物主要有绿泥石、石英、白云母等。

d 二段强磁尾矿粒级组成及金属分布率

二段强磁尾矿的粒级组成及金属分布率见表17-8。

表 17-8 二段强磁尾矿的粒级组成及金属分布率结果

粒级/mm	产率/%	Fe 品位/%	金属分布率/%
+0.074	10.16	9.54	3.49
-0.074 ~ +0.063	7.27	12.89	3.37
-0.063 ~ +0.045	9.45	20.41	6.94
-0.045 ~ +0.037	26.34	44.84	42.52
-0.037 ~ +0.019	23.04	30.18	25.03
-0.019 ~ +0.010	6.79	24.36	5.95
-0.010 ~ +0.05	2.30	22.14	1.83
-0.05	14.65	20.60	10.87
合 计	100.00	27.78	100.00

由表17-8可知，二段强磁尾矿的粒度较细，-0.074mm 和 -0.045mm 粒级的产率分别占89.84%和73.12%，铁矿物在 -0.045 ~ +0.019mm 粒级中有明显的富集现象，其产率为49.38%、金属分布率为67.55%，因此，如何回收 -0.045 ~ +0.019mm 粒级中的铁矿物是降尾工程的关键。

B 试验研究

二段强磁尾矿中的有用矿物主要为赤铁矿，因此采用预先抛废-磁重联合的工艺流程进行了赤铁矿的回收试验。试验结果见表17-9，试验流程见图17-6。

表 17-9 二段强磁尾矿磁重联合流程试验结果

产 品	产率/%	Fe 品位/%	回收率/%
精矿	38.37	51.16	71.77
尾矿	61.63	12.53	28.23
给矿	100.00	27.35	100.00

由表17-9可知，通过预先抛废-磁重联合流程，二段强磁尾矿铁品位可降至12.53%；还可获得铁品位、作业回收率分别为51.16%、71.77%的精矿。选矿指标较好，降尾效果明显，可产出50%品级的精矿产品。

C 生产改造

生产系统改造过程中，为了进一步稳定生产流程，降尾工作分为两个阶段：第一阶段。增加6台 φ2000mm 的高梯度强磁机和40台摇床，其中4台用于粗选，2台用于精选，40台摇床用于扫选强磁精选的尾矿。工程改造于2008年1月完成并投产，生产数据见表17-10，生产流程见图17-7。

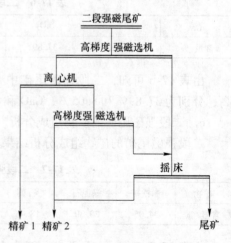

图 17-6 二段强磁尾矿磁-重联合流程的试验流程

表 17-10　改造前后总尾矿铁品位对比

阶　段	改　造　前	改　造　后
铁品位/%	15.84	13.54

从表 17-10 可以看出，生产过程中原二段强磁选尾矿经一粗一精强磁选别和摇床扫选强磁精选尾矿流程，铁尾矿铁品位从 15.84% 降到 13.54%。

在实验取得理想指标的情况下，进行了生产工艺完善和改造，增加了回收系统中强磁选设备的数量，高梯度强磁选机增至 12 台，其中强磁粗选 8 台，强磁精选 4 台，减轻了设备负荷。

第二阶段。增加 28 台离心机，同时对强磁粗选的尾矿进行摇床扫选，总尾矿铁品位进一步降低，至此，生产流程与实验流程一致，生产数据见表 17-11。

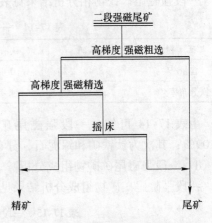

图 17-7　二段强磁尾矿再选第一阶段生产流程示意图

表 17-11　改造前后总尾矿铁品位对比

阶　段	改　造　前	改　造　后
铁品位/%	13.54	11.50

从表 17-11 可以看出，二段强磁尾矿降尾第二阶段，二段强磁尾矿增加离心机精选和摇床扫选强磁粗选尾矿后，总尾矿铁尾矿铁品位进一步下降到 11.50%，有效地控制了金属流失。

17.2.1.2　一段强磁尾矿再选

A　矿石性质

a　一段强磁尾矿的光谱分析

一段强磁尾矿光谱分析结果见表 17-12。

表 17-12　一段强磁尾矿的光谱分析结果

元素	TFe	Mg	K	Ca	Na	Al	Si
概量/%	9.00	1.7	1.08	3.15	2.2	5.43	25.94

由表 17-12 可知，一段强磁尾矿中的主要元素为 Fe、Ca、Na。

b　一段强磁尾矿的多元素分析

一段强磁尾矿多元素分析结果见表 17-13。

表 17-13　一段强磁尾矿的多成分分析结果

成　分	As	P	S	TFe	SiO_2
含量/%	7.28×10^{-6}	0.35	0.03	9.52	58.30
成　分	CaO	MgO	K_2O	Na_2O	Al_2O_3
含量/%	3.74	2.52	1.08	3.50	10.43

由表 17-13 可知，一段强磁尾矿中铁品位为 9.52%；SiO_2 和 Al_2O_3 含量较高，分别为 58.30% 和 10.43%；同时 P 的含量也较高，为 0.35%。

c 一段强磁尾矿物相分析

一段强磁尾矿铁物相分析结果见表 17-14。

表 17-14 一段强磁尾矿铁物相分析结果

矿 物	赤铁矿	钛铁矿	绿泥石	电气石	合 计
含量/%	8.48	0.42	0.46	0.16	9.52
铁分布率/%	89.09	4.45	4.80	1.66	100.0

由表 17-14 可知，一段强磁尾矿中铁矿物主要以赤铁矿的形式存在，分布率为 89.09%；其次为钛铁矿和绿泥石，分布率分别为 4.45%、4.80%。

d 一段强磁尾矿矿物组成分析

一段强磁尾矿矿物组成分析结果见表 17-15。

表 17-15 一段强磁尾矿的矿物组成分析结果

矿 物	赤铁矿	绿泥石	石英	白云母	钠长石	白云石	磷灰石	其他
含量/%	11	5	33	11	28	6	4	2

由表 17-15 可知，一段强磁尾矿中有用矿物为赤铁矿，占 11%，脉石矿物主要有石英、钠长石、白云母等。

e 一段强磁尾矿粒级组成及金属分布率

一段强磁尾矿粒级组成及金属分布率见表 17-16。

表 17-16 一段强磁尾矿的粒级组成及金属分布率结果

粒级/mm	产率/%	铁品位/%	金属分布率/%
+0.25	4.26	7.93	3.55
-0.250 ~ +0.147	12.67	7.81	10.39
-0.147 ~ +0.104	8.38	7.15	6.29
-0.104 ~ +0.074	12.14	15.86	20.22
-0.074 ~ +0.037	23.78	6.51	16.26
-0.037 ~ +0.019	19.23	6.81	13.76
-0.019 ~ +0.010	3.70	12.9	5.01
-0.010 ~ +0.005	3.17	8.71	2.90
-0.005	12.67	16.24	21.62
合 计	100.00	9.52	100.00

由表 17-16 可知，一段强磁尾矿的粒度较细，-0.074mm 粒级占 62.55%，-0.045mm 粒级占 38.77%，铁矿物在 -0.104 ~ +0.019mm 有明显富集现象，产率和金属分布率分别为 55.15% 和 49.27%，因此，回收这部分的铁矿物是降尾工程的关键。

B 试验研究

一段强磁尾矿中的有用矿物主要为赤铁矿，因此采用强磁粗选-强磁精选-精选尾矿摇床扫选的工艺流程,进行了赤铁矿的回收试验。试验结果见表 17-17,试验流程见图 17-8。

表 17-17　一段强磁尾矿磁重联合流程实验结果

产品	产率/%	Fe 品位/%	回收率/%
精矿	8.37	36.16	33.43
尾矿	91.63	6.57	66.57
给矿	100.00	9.05	100.00

由表 17-17 可知,通过强磁粗选-强磁精选-精选尾矿摇床扫选联合流程,一段强磁尾矿铁品位可降到 6.57%;还可获得铁品位、作业回收率分别为 36.16%、33.43% 的精矿,降尾效果显著。

C　生产改造

一段强磁尾矿在回收系统改造流程为试验流程,于 2012 年 1 月完成工程改造并投产。系统共采用 7 台 ϕ2000mm 的高梯度强磁选机,其中 6 台用于粗选,1 台用于精选,强磁精选的尾矿进入 24 台摇床选别。一段强磁选尾矿回收系统流程考察结果见表 17-18。

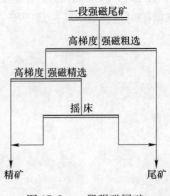

图 17-8　一段强磁尾矿再选实验流程

表 17-18　改造前后总尾矿铁品位对比

阶　段	改　造　前	改　造　后
铁品位/%	11.50	10.20

从表 17-18 可以看出,一段强磁-尾矿经磁重联合流程选别后,总尾矿铁尾矿铁品位由 11.50% 降到 10.20%,有效地控制了金属流失。

17.2.2　一选厂磁重联合流程在降尾提量中的应用

500kt/a 选厂初步设计流程为:一段磨矿采用 ϕ5.5m×1.8m 半自磨机一台,与直线振动筛形成闭路,筛上物返回到半自磨机,筛下物进入到弱磁选-高梯度强磁选机进行选别抛尾。粗精矿进入 ϕ350mm 水力旋流器中进行分级,溢流产品直接进入二段弱磁选别出最终的精矿产品,尾矿进入 ϕ24m 浓密机中浓缩后进入二段强磁选,旋流器沉砂进入 ϕ2.7m× 3.6m 溢流型球磨机中,进行二段磨矿,磨矿产品再次返回到旋流器,形成闭路。设计指标:原矿铁品位 40.0%,精矿铁品位 64%,回收率 82.8%,尾矿铁品位 14.91%,一段半自磨磨矿细度 -200 目占 55%,二段磨矿细度 -200 目占 85%,小时处理量 67.15t,年产铁精矿 264.3kt。

500kt/a 选厂从 2002 年建成后到目前为止经过了多次技改,从最初的弱磁-强磁选别流程改为现在的弱磁-强磁粗选-强磁精选-摇床重选-强磁扫选流程,磁-重联合流程的采用,不仅大幅度地降低了尾矿铁品位,还从尾矿中回收了 36%、50% 品级的烧结精矿,增加了精矿产量,为公司创造了一定的经济效益。

17.2.2.1 磁-重联合流程的应用

500kt/a 选厂投产后，发现高梯度强磁选精矿铁品位难以提高，进而影响到总精品位。经过多次流程考察后，发现高梯度强磁选精矿中含有大量的贫连生体，脉石中主要含有钠长石、石英、绿泥石等。为此，对一选厂进行了重选技改，将高梯度强磁选精矿给入到螺旋溜槽中，精矿并入总精矿，尾矿上摇床，摇床精矿并入总精矿，摇床尾矿抛尾，形成了弱磁-强磁-螺旋溜槽重选、摇床重选的磁-重联合流程。

从图 17-9 所示的数质量流程中可知，当入磨原矿铁品位为 37% 时，螺旋溜槽精矿和摇床精矿可达到 60.0%~63.59%，表明采用磁重联合流程，对提高铁精矿铁品位效果显著。

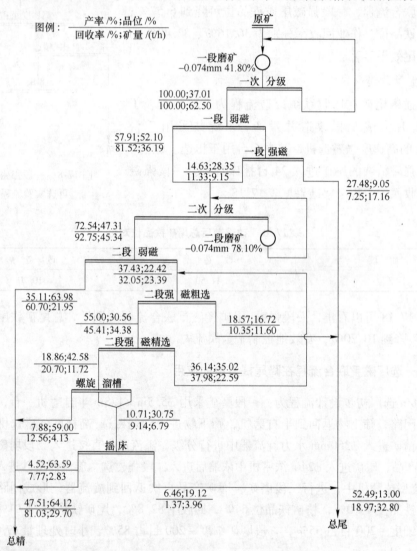

图 17-9　2003 年 500kt/a 选厂重选技改数质量流程

17.2.2.2 磁-重联合流程的改进

A 一段半自磨，二、三段球磨连续磨矿，弱磁-强磁-摇床重选流程

500kt/a 选厂原设计指标中磨矿细度 -200 目占 85%，但投产后磨矿细度一直徘徊在

70%左右，严重制约着选矿指标的提升。

为了提高磨矿细度，达到提升选矿指标和增大产矿能力的目的，于 2005 年 2 月开始对 500kt/a 选厂进行三段磨矿细磨与高频振动网筛闭路分级的技术改造。改造后形成一段半自磨，二、三段球磨连续磨矿，弱磁-强磁-摇床重选的生产工艺流程，见图 17-10。

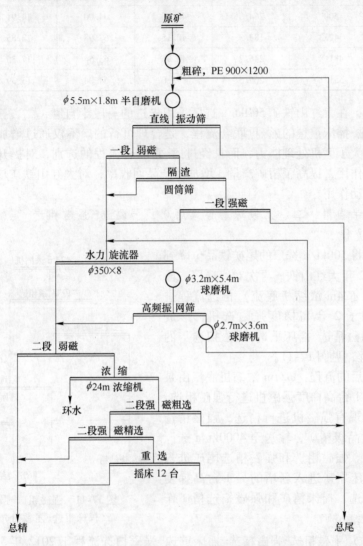

图 17-10　500kt/a 选厂三段球磨改造工艺流程

改造后磨矿分级流程为：一段磨矿采用 $\phi 5.5m \times 1.8m$ 半自磨机 1 台，与直线振动筛形成闭路，二段采用新增的 $\phi 3.2m \times 5.4m$ 溢流型球磨机与 $\phi 350mm$ 水力旋流器形成闭路，三段磨矿采用 $\phi 2.7m \times 3.6m$ 溢流型球磨机与 MVS 型高频振网筛形成闭路，磨矿细度从 2004 年的 -200 目占 71.90% 提高到 85%。

由表 17-19 可以看出，对 500kt/a 选厂进行了三段磨矿技术改造后，入选原矿经过弱磁-强磁-摇床重选的生产工艺流程的选别，铁精矿铁品位从 2004 年的 63.54% 提高到 64.04%，尾矿铁品位从 17.35% 降到 13.39%，回收率从 79.30% 提高到 82.46%。500kt/a 选厂小时处理量从 2003 年的 64t 提高到 80t（原设计为 67.15t/h），在原设计的基础上提高了13t，达到了精矿产量提高10%~15%的预期目的。

表17-19　2003~2005年500kt/a选厂生产技术指标

年份	年处理原矿量 /kt	年产精矿 /kt	原矿铁品位 /%	精矿铁品位 /%	尾矿铁品位 /%	回收率 /%
设计	500	264.3	40.86	64.00	14.91	82.00
2003	342.3	183.3	40.15	62.98	13.85	83.98
2004	481.8	246.2	40.96	63.54	17.35	79.30
2005	551.1	265.5	395.0	64.04	13.39	82.46

综上所述，在大红山铁矿500kt/a选厂采用先进的一段半自磨，二、三段球磨连续磨矿，弱磁-强磁-摇床重选的磁-重联合流程，是合理可行的。不仅通过增加三段磨改善了磨矿细度、加大了磨机处理能力，而且经过磁-重联合流程的选别，对提升和稳定选矿指标起到了促进作用，提高了精矿产量，增加了产品回收率，对大红山铁矿增加经济效益起到了良好的推动作用。

　　B　一段半自磨，二、三段球磨连续磨矿，弱磁选-强磁粗选-强磁精选-摇床重选-强磁扫选流程

为进一步将500kt/a选厂的尾矿铁品位降到8%以下，2012年大红山铁矿再次对一选厂二段弱磁选尾矿（φ24m浓缩机底流）再选流程进行改进，增加了2台高梯度强磁选机，形成"强磁粗选-强磁精选-摇床重选-强磁扫选"的磁-重联合流程，见图17-11。

降尾改造后的流程：φ24m浓缩机底流由泵池打入新增的1台高梯度强磁机进行强磁粗选，粗选精矿进入现有强磁机进行精选，强磁精选精矿作为50%品级精矿，输送至4000kt/a选厂进行脱水作业。强磁粗选和强磁精选尾矿进入摇床重选，摇床尾矿进入新增的另1台高梯度磁选机进行扫选，摇床精矿和强磁扫选精矿作为36%品级烧结精矿。

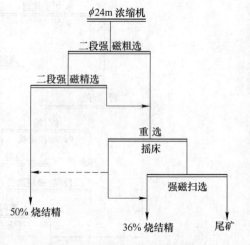

图17-11　强磁粗选-强磁精选-摇床重选-强磁扫选流程

500kt/a选厂强磁粗选-强磁精选-摇床重选-强磁扫选流程于2012年5月投产后，经过几个月的生产调整，每月能稳定生产4500t左右的50%品级次级精矿，具体数据见表17-20。

表17-20　2012年500kt/a的50%品级精矿产品指标

月　份	产出烧结精矿量/t	品位/%	产率/%	回收率/%
5	6968.60	48.63	9.36	12.42
6	11442.20	48.64	14.80	20.40
7	8486.30	48.09	12.86	17.86
8	4724.40	46.16	5.99	8.28

月　份	产出烧结精矿量/t	品位/%	产率/%	回收率/%
9	4370.30	52.93	5.30	8.10
10	4568.90	52.89	6.30	9.16
11	4886.30	52.96	5.89	8.39
12	5075.80	52.38	6.30	8.71

同时，尾矿铁品位由之前的 10% 左右降到 8% 左右。其中 2012 年 5 月多日降到 8% 以下。此后为提高 50% 品级精矿质量进行了调整，尾矿铁品位有所上升，但保持在 8% 左右。从表 17-21 数据分布可以看出，尾矿铁品位比 2012 年年初有大幅度降低。

表 17-21　2012 年 500kt/a 选厂尾矿指标

月　份	尾矿量/t	品位/%	金属量/t
1	18836.70	9.69	1825.28
2	37999.80	10.46	3974.78
3	34736.50	9.96	3459.76
4	31074.80	9.87	3067.08
5	30922.30	8.16	2523.26
6	33516.60	8.28	2775.17
7	30082.20	8.97	2698.37
8	37727.60	9.67	3648.26
9	39878.20	8.43	3361.73
10	32656.40	8.76	2860.70
11	33264.40	8.19	2724.35
12	33556.70	7.88	2644.27

综上所述，500kt/a 选厂采用强磁粗选-强磁精选-摇床重选-强磁扫选流程的磁重联合流程后，尾矿铁品位不断降低，接近 8% 的预期目标，且增加了部分 50% 品级的次级精矿，为公司创造了一定的经济效益，取得了较明显的效果。

17.3　降尾提量前后各选厂的指标对比

近年来，由于大红山铁矿的矿石性质不断变化，通过专业技术人员的不断探究与实践，对 3 个选厂的生产工艺流程进行了局部改造与完善。2011～2012 年度，通过数次"降尾提量"技改，效果显著。以 2012 年全年为例，"降尾提量"改造前后，3 个选厂的指标对比见表 17-22。

表 17-22　技改前后一、二、三选厂"降尾提量"的指标对比

规模/kt·a⁻¹	投产时间	降尾工程投产前			降尾工程投产后		
		烧结精矿产率/%	烧结精矿品位/%	总尾矿品位/%	烧结精矿产率/%	烧结精矿品位/%	总尾矿品位/%
500	2012 年 4 月	—	—	10.05	5.75	49.86	8.56

规模/kt·a⁻¹	投产时间	降尾工程投产前			降尾工程投产后		
		烧结精矿产率/%	烧结精矿品位/%	总尾矿品位/%	烧结精矿产率/%	烧结精矿品位/%	总尾矿品位/%
4000	2012 年 7 月	4.41	31.64	11.27	3.76	34.21	10.10
7000（铁系列）	2012 年 8 月	2.87	32.54	11.82	3.71	40.28	10.91

注：7000kt/a 选厂分为铁系列、铜系列，铜系列不在此次"降尾提量"工程范围之内。

从表 17-22 可以看出，实施"降尾提量"技改工程后，3 个选厂的总尾矿铁品位都有所降低，"降尾"效果显著。同时，40% 品级烧结精矿的产量增加，减少了金属的流失，达到了"提量"的目的。

参 考 文 献

[1] 饶宇欢，蔡正鹏. SLon 立环脉动高梯度磁选机在昆钢大红山选矿厂的应用 [J]. 矿业快报，2004（2）：24～26.

[2] 刘仁刚，沈立义，刘洋. 昆钢大红山二选厂强磁选精矿提质降硅技改实践 [J]. 金属矿山，2010（7）：63～66.

[3] 王蕾，李冬洋. 大红山铁矿 400 万 t/a 选矿厂降尾改造 [J]. 现代矿业，2012（8）：148～151.

[4] 苏成德，汪守朴，等. 选矿操作技术解疑 [M]. 石家庄：河北科学技术出版社，1998.

[5] 张淑会，薛向欣，金在峰. 我国铁尾矿的资源现状及其综合利用 [J]. 材料与冶金学报，2004（12）：241～245.

[6] 蔡正鹏. 玉溪大红山矿业有限公司 50 万 t/a 降尾试验研究及技术改造 [J]. 金属矿山，2008（11）增刊：268～270.

18 尾矿浓缩、输送生产实践

18.1 尾矿浓缩、输送概况

玉溪大红山矿业有限公司 500kt/a、4000kt/a、7000kt/a 采选项目分别于 2003 年、2007 年、2012 年投产运行，2013 年已达到 11000kt/a 采选规模，尾矿量近 7000kt/a。

18.1.1 物理性质

（1）总尾矿真密度为：$2.84t/m^3$（$0.074 \sim 0mm$ 时测定）。

（2）粒度特征分析结果见表 18-1。

表 18-1 总尾矿粒度特征分析结果

粒度 d/mm	产率/%	负累计产率/%	正累计产率/%
+0.147	9.49	100.00	9.49
-0.147 ~ +0.104	5.71	90.51	15.19
-0.104 ~ +0.074（筛分）	6.06	84.81	21.26
+0.074（水析）	9.42	78.74	30.67
-0.074 ~ +0.037	28.10	69.33	58.77
-0.037 ~ +0.019	21.54	41.23	80.31
-0.019 ~ +0.010	4.85	19.69	85.16
-0.010 ~ +0.005	4.42	14.84	89.59
-0.005	10.41	10.41	100.00
合 计	100.00		

注：数据为 2012 年所测。

（3）多成分分析结果见表 18-2。

表 18-2 多成分分析结果

成 分	TFe	SiO_2	S	P	As	CaO
含量/%	10.53	58.41	0.055	0.33	<0.1	4.86
成 分	Al_2O_3	MgO	K_2O	Na_2O	Cu	
含量/%	9.18	2.68	1.11	3.87	0.024	

注：数据为 2012 年所测。

（4）脉石矿物：

1）长石、石英。分子式分别是 $Na[AlSi_3O_8]$、SiO_2，含量有 25% 及 30%，矿样中主要脉石矿物多为单体解离的破碎颗粒，少数与赤（磁）铁矿连生，或包裹赤（磁）铁矿。

2）绿泥石。分子式是 $(Mg, Fe, Al)_3(OH)_6[(Mg, Fe_{2+}, Al)_3(Si, Al)_4O_{10}(OH)_2]$，含

量有 10% 及 8%，显微鳞片状，集合体为单体解离的破碎粒状，部分与长石、石英等连生。

3）白云石。分子式是 $CaMg(CO_3)_2$，含量有 7%，单体解离的破碎粒状；根据物相分析结果看，其中的镁部分被铁所取代，为含铁白云石。

4）磷灰石。含量有 4%，单体解离的破碎粒状。

5）黄铁矿、黄铜矿。分子式分别是 FeS_2、$CuFeS_2$，含量有 0.1%，为单体解离的碎粒状。

6）电气石、锆石、黑云母等，均为单体解分离的破碎粒状。

18.1.2 尾矿浓缩及输送系统简况

18.1.2.1 一选厂尾矿设计时采用的参数

（1）尾矿粒径 0~2.0mm，平均粒径 0.332mm，尾矿密度 $2.96t/m^3$，给矿浓度 11.67%，矿浆流量 $382m^3/h$。

（2）浓缩采用 $500m^2$ 斜板浓密箱，尾矿输送采用 2 台 LSGB-85-4.0 型水隔离泵扬送 2.3km 再送到 865m 标高的大平掌，再经 10.66km 自流沟送至龙都尾矿库。

18.1.2.2 二选厂尾矿设计时采用的参数

（1）矿浆重度为 $\gamma_k = 1.36 \times 9.81 kN/m^3$。

（2）粒径为平均粒径 $d_{cp} = 0.0406mm$；中值粒径 $d_{50} = 0.031mm$；$d_{90} = 0.092mm$。

（3）矿浆质量浓度为 $P = 40\%$，体积浓度 $P_V = 18.38\%$，质量稠度 $C = 67\%$，体积稠度 $C_V = 22.67\%$。

（4）输送粒度为 $d_{max} \geq 0.5mm$，$d_{cp} = 0.0406mm$，$d_{50} = 0.031mm$，$d_{90} = 0.092mm$，相对黏滞系数为 $\eta_r = 3.0$。

（5）矿浆流量为 $490m^3/h$。

采用 2 座 $\phi53m$ 的 GZN-53 高效周边齿条传动浓缩池进行浓缩，尾矿输送采用 3 台 LSGB280/40 型水隔离泵扬送 1.4km 再送到 865m 标高的小平掌，再经 10.66km 自流沟送至龙都尾矿库。

18.1.2.3 三选厂尾矿

浓缩采用 1 座 $\phi53m$ 高效浓缩池进行浓缩，高效浓缩机的主要工艺参数见表 18-3，尾矿输送采用隔膜泵。尾矿输送包括一期工程和二期工程。在一期工程中，尾矿经过 $\phi53m$ 中心传动浓缩机浓缩后，通过 4 台（3 用 1 备）3D11MF400/5-BY-IA 型往复式液压隔膜泵扬送到标高为 865m 的结合池（高差约 200m），并自流到龙都尾矿库。在二期工程中，通过两台 3D13M500/5.0-IA 型往复式液压隔膜泵（1 用 1 备），将尾矿输送至充填制备站，用于 I 号铜矿带 1500kt/a 工程的井下充填。

表 18-3 高效浓缩机的主要工艺参数

序 号	项 目	工 艺 参 数	序 号	项 目	工 艺 参 数
1	浓缩能力	696t/h（干重）	5	尾矿品位	-10%
2	给矿浓度	10%	6	尾矿密度	$2.94t/m^3$
3	底流浓度	50%	7	底流量	$933m^3/h$
4	尾矿粒度	-200 目占 68.26%	8	溢流量	$5568m^3/h$

本章对水隔离泵、隔膜泵及高效浓密机在大红山选矿厂的使用情况做一些介绍。此外，在 500kt/a 及 4000kt/a 选厂的部分工艺流程的矿浆浓缩中，采用了斜板浓密箱，也一并介绍。

18.2　水隔离浆体泵在大红山铁矿的生产实践

18.2.1　水隔离泵简介

水隔离泵是一种新型浆体输送设备，是以水为驱动液体或传压介质，以等流量等压离心泵作为动力源，通过主机变频控制 3 个隔离罐交替吸入或排出矿浆，实现矿浆输送，是一种具有扬程高、流量适应范围大、输送浆体浓度高、使用周期长的理想输送设备。该泵具有结构简单、运行可靠、磨损小、使用寿命长、操作和维护方便等特点，是高浓度浆体、长距离、高扬程管道输送尾矿的设备。

18.2.2　水隔离泵原理及系统组成

18.2.2.1　水隔离泵的组成

水隔离泵由高压清水泵、隔离罐、给料装置、控制阀、液压站、变频器、PLC 微机自控系统及辅助装置组成，如图 18-1 所示。

18.2.2.2　水隔离泵系统的组成及设备

单罐水隔离泵输送尾矿浆过程是断续的，不符合实际生产的需要。实际生产中的水隔离泵是一个严密的设备组合系统。主要设备有：隔离罐组合（A、B、C 3 个）、渣浆泵、清水泵、液压站、喂料罐、清水回水池及变频设备等（见图 18-2）。

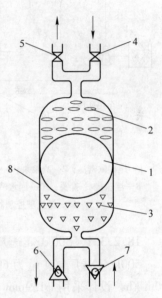

图 18-1　单罐水隔离泵示意图
1—浮球；2—清水；3—尾矿浆；
4—进水清水阀；5—出水清水阀；
6—出浆止回阀；7—进浆止回阀；
8—水隔离泵罐体

18.2.3　水隔离泵在大红山铁矿的生产应用

大红山铁矿 500kt/a 和 4000kt/a 选矿厂均选用了水隔离泵作为尾矿输送的设备，主要输送浓度为 40%~50% 的尾矿，尾矿输送流速为 1.4~1.5m/s，扬程为 200~220m，从 4000kt/a 选矿厂水隔离泵站到 865m 结合池输送管道长度 1.5km。

水隔离泵 2002 年首次投入使用。它操作简单，其作业率能够达到 80% 以上，泵组的运行效率为 65%~85%，其电耗主要为清水泵和液压站，500kt/a 选厂总装机功率为 344kW，正常情况为一用一备，4000kt/a 选厂总装机功率为 1383kW，正常情况为二用一备，水耗基本上能够控制在排尾矿量的 3%~10%。根据几年来的使用维修情况，其使用成本较低，年备件消耗费用为 5 万~8 万元。主要易损件为进、排浆单向阀，清水阀密封圈，浮球和阀座。

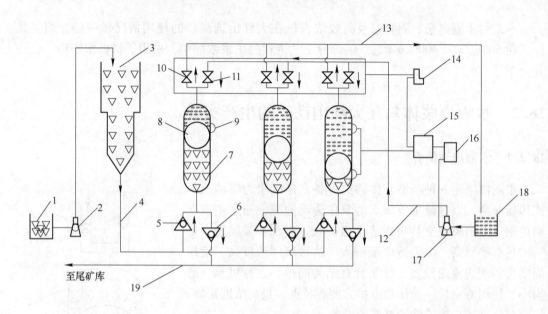

图 18-2 水隔离泵组工作原理

1—尾矿浓密池；2—渣浆泵；3—喂料罐；4—进浆管；5—进浆止回阀；6—排浆止回阀；7—水隔离泵罐体；
8—浮球；9—探头；10—回水清水阀；11—进水清水阀；12—清水进水管；13—清水回水管；14—液压站；
15—微处理控制器；16—变频器；17—多级离心泵；18—回水池；19—排浆管

18.2.3.1 500kt/a 选厂生产应用

500kt/a 选厂尾矿量为 60t/h，经浓缩后，质量浓度为 40%~50%，尾矿流量为 70~90m^3/h，设计采用 ϕ159mm×8mm 无缝管，流速为 1.4~1.5m/s，压力为 3.9MPa 左右。由于尾矿输送地形复杂，只能采用一级泵站输送。2002 年设备选型时可以一级输送的浆体泵，只有水隔离泵、油隔离泵（玛尔斯泵）、隔膜泵（奇好泵）。使用沈阳大学浆体所生产的 LSGB80/4.0 水隔离泵两台，一用一备，LSGB80/4.0 主要参数见表 18-4。

表 18-4 LSGB80/4.0 主要参数

流量 $Q/m^3 \cdot h^{-1}$	80
被输送物料粒径 d_s/mm	≤2
泵本体效率 n	≤0.98
压力 P/MPa	4.0
被输送物料重量/$N \cdot m^{-3}$	7100
泵组效率	0.65~0.85

从原理来说，水隔离泵是先进的，它兼具离心泵流量大和往复泵扬程高的优点。但在具体应用中，也发现一些不足，配合厂家进行了改造和完善，在实践中积累了不少使用和维修的经验和窍门。

水隔离泵前期运行中出现的主要问题，一是清水阀杆掉头，二是浮球掉腿，三是有水锤振动。这三个问题厂家承认是设计问题，阀杆掉头，是阀杆设计细了，后来选用强度更好的材料制造阀杆，掉头现象少了许多。浮球掉腿既有操作问题也有强度设计问题，水锤振动，主要是阀芯设计问题，后来加了消振三角槽和密封胶块加骨架，也使水锤振动小了许多。

在使用水隔离泵时，最应注意的事项是混浆。一旦混浆，清水泵很快磨损。在实践中，发现以下几个问题会造成混浆：一是浮球进水，二是浮球掉腿爬行，三是清水侧进入杂物卡浮球，四是清水阀掉头，五是止回阀落不下来，六是供浆过快使上部传感器信号反馈不灵。为防止混浆和快速排出混浆故障，在实践中积累了很多经验和窍门。为防止混浆，在运行中控制浮球偏下运行，严控清水侧进入杂物，严控大于 3mm 碎石等进入浆体，严把清水阀杆材质关等。把握好这些环节，混浆现象就大大减少了。判断和排除混浆故障非常关键，不仅可提高作业率，还可减少清水泵磨损。一般根据混浆的状态，可以快速判断混浆原因，及时排除故障。通常，轻微混浆，主要是浮球爬行，或浮球偏重造成的。间断混浆，常常是罐内清水侧进入杂物卡球，或止回阀没及时关闭。严重混浆，是清水阀掉头造成的。

水耗是运行中又一控制重点。水隔离泵水耗由两部分组成：一是由隔离机理造成的，这部分水耗和浮球与罐壁的间隙成正比。设备出厂时，水耗量为排尾矿量的 3%~5%，随着浮球磨损间隙加大，水耗量可以达到 10% 以上。二是由水耗在浮球已经到达大罐底部但清水阀没关闭造成的，这段时间会安排尾矿的流量打清水，这部分水耗控制好可以为零，控制不好可达到尾矿量的 20%。因此，为减少水耗，一是注意检查浮球间隙，及时修复磨损的浮球，二是操作中控制浮球不要在下死点停留时间超过 2s。

水隔离泵主要易损件是清水阀。它有两个部位容易损坏：一个是清水阀的油封和水封，一个是清水阀的阀芯更换。维修这两项都要对清水阀大拆大卸，维修任何一项都要 2h 以上。后来找到了窍门，把清水阀分为两个大的部件，一为阀体，二为油缸阀芯。油缸阀芯组件为易损件，其维修更换时间由 2h 以上减少到 0.5h 以内。

18.2.3.2　4000kt/a 选厂的生产应用

4000kt/a 选厂尾矿量为 300t/h，经浓缩后质量浓度在 40% 左右，尾矿流量在 300m³/h 左右，设计采用 ϕ273mm×8mm 钢塑复合管，流速为 1.4~1.5m/s，压力为 3.9MPa 左右，选用辽宁维扬机械有限公司生产的 LSGB 300/4.0 水隔离泵 3 台，二用一备。LSGB 300/4.0 型主要参数见表 18-5。

表 18-5　LSGB300/4.0 主要参数

流量 $Q/\text{m}^3 \cdot \text{h}^{-1}$	300
被输送物料粒径 d_s/mm	≤2
泵本体效率 n	≤0.98
压力 P/MPa	4.0
被输送物料重量 $/\text{N} \cdot \text{m}^{-3}$	7100
泵组效率	0.65~0.85

相对于 500kt/a 选厂水隔离泵而言，4000kt/a 选厂的水隔离泵在设计上做了很大改进

和提升。首先在控制上更加智能化，过去控制微机仅是 PLC 加面板显示，改进后的微机在 PLC 基础上加工业控制机。除了动画显示水隔离泵的运行状态外，还对泵运行重要参数进行显示和记载，且有故障显示和专家诊断系统。对隔离罐和浮球的结构，也做了改进设计。隔离罐上、下均有球座，支腿基本不再受力，因而浮球不再损坏。同时为了减少水耗，给浮球加了柔性腰带。

4000kt/a 选厂水隔离泵运行初期，仍有轻微混浆。即使轻微混浆，也造成清水泵磨损加剧。轻微混浆的原因是，刚运行时浮球和罐壁尚未磨合好，浮球爬行；另外，操作时，浮球经常到达上极限。运行几个月后，浮球没有爬行，操作时尽量不让浮球到达上极限，回水水质就好多了。二选厂水隔离泵智能化程度比较高。运行时，不需要人去调整。岗位操作工主要是注意观察微机的显示运行状态、运行数据及回水水质。根据这些情况，判断设备运行是否正常。当发现异常时，有些问题，应当在微机上设定新的运行指令去改正。有些问题则需要停机处理。控制微机对许多运行数据都做了记录，查找异常时应翻阅以前的运行数据，进行对比。

控制微机由 PLC 可编程控制器和工业控制机组成。控制指令均由 PLC 发出。工业控制机可修改 PLC 程序，可显示并记载各种运行参数及其变化。比如运行时泵的瞬时流量、压力、清水阀启闭的实际状态，以及偏离理想状态的数据值，清水泵的电机电流在时间坐标轴上的瞬间变化，液压站电流的数值及变化，可观察回水水质和喂料仓的液位变化。根据这些显示与记录可以判断水隔离泵是否正常及如何调整。

水泵电流的变化和水隔离泵的流量变化是相对的。从电流的变化可以看出流量的变化。若电流周期波动较大，说明隔离罐内有气体，这种波动对清水泵平衡盘有损坏。若电流突然升高或降低，并持续或间断保持，说明管路短路或不畅通。从压力数值变化可以知道外管路的状态。如微机显示输出压力持续高于正常运行压力，甚至达到水泵憋死压力，无疑外管路堵死了。如压力持续大幅度低于正常压力，就说明外管路破裂，还可以根据泄压的数值判断泄压点的远近及大小。

从清水阀启闭的曲线图可以判断浮球运行是否偏上，是否需要调整供排浆的流量匹配。

总之，大红山铁矿 500kt/a 和 4000kt/a 选矿厂选择使用水隔离泵作为尾矿输送设备，其作业率较高，运行成本较低，操作简单易控制，检修也方便，从目前来看，使用效果较好。

18.3　隔膜泵用于大红山铁矿尾矿输送的生产实践

18.3.1　隔膜泵的结构、工作原理及技术参数

大红山铁矿三选厂于 2010 年年底建成投产。尾矿输送由美国管道系统工程（包头）有限公司设计，包括一期工程和二期工程。在一期工程中，尾矿经过 φ53m 中心传动浓缩机浓缩后，通过 4 台（3 用 1 备）3D11MF400/5-BY-IA 型往复式液压隔膜泵扬送到标高为 865m 的结合池（高差约 200m），并自流到龙都尾矿库。在二期工程中，通过两台

3D13M500/5.0-IA 型往复式液压隔膜泵（1 用 1 备），将尾矿输送至充填制备站，用于 I 号铜矿带 1500kt/a 工程的井下充填。

18.3.1.1　设备结构

隔膜泵机组主要由传动机座部件、隔膜泵头部件、减速机及其底座、油路系统、电机及其底座等组成（见图 18-3）。泵组主要由泵、减速机、电动机用联轴器连接起来，减速机、电动机安装在各自独立的底座上，传动部件直接安装在水泥基础上。泵组配调频电机，通过变频改变电机转速，可改变泵速而达到输送量的无级调节，以满足系统工艺流程要求。

18.3.1.2　隔膜泵的技术参数

主要技术参数见表 18-6。

表 18-6　3D 型隔膜泵的主要技术参数

部件	基本参数	3D11MF400/5-BY-IA 型（尾矿输送）	3D13M500/5.0-IA 型（尾矿充填）
主机	额定流量/m·h^{-1}	400	500
	额定压力/MPa	5	5
	冲次/mm	49	39
	活塞直径/mm	400	450
	活塞行程/mm	400	500
	进料管直径/mm×mm	$\phi 475 \times 16$	$\phi 377 \times 14$
	出料管直径/mm×mm	$\phi 356 \times 18$	$\phi 325 \times 30$
	喂料压力/MPa	≥0.15	≥0.3
	整机外形尺寸/mm×mm×mm	10776×6120×9170	10911×7915×4840
	泵总质量/t	约 95	约 130
	泵的容积效率/%	≥90	≥90
	泵的机械效率/%	78	78
	泵的机械噪声/dB	≤85	≤85
主电机	型号	YSP500-6	YSP560-6
	额定电压/V	690	690
	额定功率/kW	710	900
	额定频率/Hz	50	50
	防护等级	IP54	IP54
	同步转速/r·min^{-1}	980	980
减速机	型号	ML3PSF120	ML3PSF130
	速比	20	25

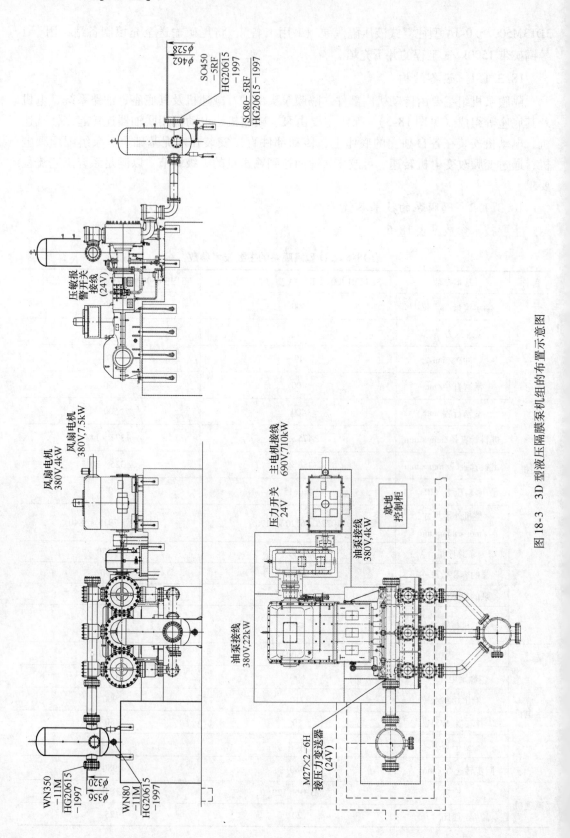

图 18-3 3D 型液压隔膜泵机组的布置示意图

18.3.2　现场应用条件及尾矿指标

大红山铁矿隔膜泵主要输送介质为尾矿。隔膜泵易损部件为隔膜和进、排浆阀芯。这两个部件受到输送介质指标的影响最大，选型隔膜泵是否成功，输送介质的指标显得尤为重要。三选厂包括熔岩露天系列和深部铜系列，其尾矿都进入 $\phi53m$ 中心传动浓缩机浓缩至 $30\%\sim50\%$（设计为 40%）的质量浓度，pH 值为 $7.9\sim8.0$，固体颗粒密度为 $2.92t/m^3$，矿浆密度为 $1.367t/m^3$。尾矿粒度分布见表 18-7。

表 18-7　尾矿的粒度分布

矿种/原矿 /kt·a^{-1}	尾矿量 /kt·a^{-1}	+0.074mm	0.074~ 0.038mm	0.038~ 0.019mm	0.019~ 0.01mm	-0.01mm	小计	颗粒密度 /t·m^{-3}
露天熔岩 铁矿/3470	2687.9	27	27.7	23	10.5	11.8	100	2.81
		725.7	744.5	618.2	282.2	317.2	2687.9	
露天含铜 铁矿/930	655.6	30.06	27	20.77	10.41	11.76	100	2.98
		197.1	177.0	136.2	68.2	77.1	655.6	
深部铜矿 /2400	1958	30.06	27	20.77	10.41	11.76	100	2.98
		588.6	528.7	406.7	203.8	230.3	1958.0	
深部铁矿 /1500	811	24.67	25.58	14.98	16.89	17.88	100	2.84
		197.6	204.9	120.0	135.3	143.2	801.0	
综合 尾矿	6102.4	27.99	27.11	20.94	11.34	12.62	100	2.88
		1708.0	1654.4	1277.8	692.0	770.1	6102.4	

18.3.3　隔膜泵的运行点巡检要点

隔膜泵主要的检修项目为更换隔膜和更换进、排浆阀门阀芯。其余没有太多的检修项目，主要还是通过加强日常点巡检进行维护。每天工作时必须认真进行以下项目的检查，发现问题要及时处理。主要的检查项目有：

（1）动力端润滑油油箱油位、动力端推进液油箱油标、减速器油位（油位不得低于油标视窗一半处）。

（2）隔膜泵放气阀排气，排油管中微滴油，用手感觉是否漏风。

（3）出料空气包氮气压力，这是对整个隔膜泵比较重要的检查，工作压力如果波动，则需要对空气包进行补充氮气，直到表针稳定。

（4）检查喂料压力，必须符合设备操作规程的要求。

（5）检查隔膜泵润滑油压力，必须大于 $0.05MPa$。

18.3.4　隔膜泵使用运行总结

玉溪大红山矿业有限公司使用的两个型号的往复式液压隔膜泵，初期调试阶段存在较多的问题，经过公司技术维修人员和厂方人员的共同改进，设备逐步处于稳定运行状态，设备维修保养也较为规律。同时，厂方较为重视用户使用过程中的跟进服务，对生产中发现的问题能及时处理，并加以改进。隔膜泵技术越来越成熟，隔膜泵势必将成为大流量介质输送的优选设备。

18.4 高效浓缩机在大红山铁矿的生产实践

高效浓缩机的占地面积小，底流浓度高，正常情况下底流浓度可达70%以上；溢流水质好，溢流水含固量小于500mg/L。大红山铁矿7000kt/a选矿厂使用了一台 ϕ53m 高效浓缩机对尾矿进行浓缩。该设备自动化程度较高，稳定性好，处理能力大，成功地解决了矿浆含泥量大、细度高的尾矿输送难题。

18.4.1 生产工艺

三选矿厂各系列的尾矿全部集中于总尾矿箱中，然后均匀分配给三台直线振动筛进行隔渣作业，隔除3mm以上大颗粒；筛上大颗粒用汽车运走，直线筛下自流槽收集各台直线筛筛下物，自流至排气池；矿浆通过排气池大约需45s，随即进入 ϕ53m 高效浓缩机，并加入絮凝剂；浓缩合格后，通过底流泵给入尾矿加压泵，并输送到龙都尾矿库。

18.4.2 高效浓缩机最佳运行的主要工艺参数

7000kt/a选厂投产两年来，高效浓缩机最佳运行的主要工艺参数见表18-8。

表 18-8 高效浓缩机的主要工艺参数

序 号	项 目	参 数	序 号	项 目	参 数
1	浓缩能力（干重）/t·h^{-1}	696	5	尾矿品位/%	-10
2	给矿浓度/%	10	6	尾矿密度/t·m^{-3}	2.94
3	底流浓度/%	50	7	底流量/m^3·h^{-1}	933
4	尾矿粒度/%	-200目占68.26	8	溢流量/m^3·h^{-1}	5568

18.4.3 高效浓缩机的主要参数

生产中使用的道尔（DORR） ϕ53m 中心传动高效浓缩机，其主要参数见表18-9。

表 18-9 ϕ53m 高效浓缩机的主要设备参数

序 号	项 目	参 数	备 注
1	中心驱动器型号	MX2000s-2	
2	浓缩机直径/m	53	内径
3	设计处理量/t·h^{-1}	816.4	
4	耙架转速		
5	驱动电机数量/个	2	
6	驱动电机功率/kW	11	
7	耙架提升电机功率		

18.4.4 生产中絮凝剂的使用

φ53m 高效浓缩机使用聚丙烯酰胺作为絮凝剂，在正常生产中均匀添加，用量一般为 10~25g/t，极端情况下用量可达 45g/t。若因原矿波动导致溢流水质恶化，需补加絮凝剂进行调整。

18.5 斜板浓密箱在大红山铁矿的生产实践

18.5.1 KMLZ 型斜板浓密箱的结构及工作原理

在选矿生产中，为了提高设备的处理能力，减少水资源的浪费，获得合格的底流和溢流十分重要。利用高效的浓缩设备，可以增加矿浆沉降面积，同时减少设备的占地面积。结合大红山选厂的自身情况，采用了斜板浓密箱作为部分工艺流程的矿浆浓缩设备。

18.5.1.1 设备结构及工作原理

斜板浓密箱整机包括上部箱体和下部锥体。上部箱体内有斜置的若干个相互独立的斜板单元构成的斜板组群，处理物料由斜板单元下端两侧进入，斜板组群上方有一贯通全长的溢流槽，槽底开有节流孔，造成外排溢流的水力背压，控制了进入斜板间料浆的进料速度，保证各斜板单元载荷均匀，防止径向紊流。侧向半逆流的给料方式，能使下沉的固体颗粒、上行的澄清液各行其道，互不干扰，沿斜板下滑的浓泥进入下部锥体后，压缩脱水，并靠重力外排。斜板浓密箱的结构见图 18-4，固体颗粒的受力过程分析见图 18-5。

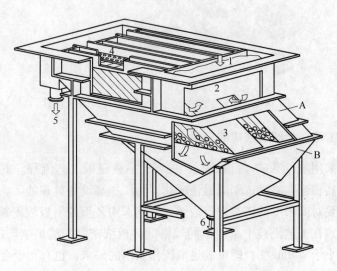

图 18-4 斜板浓密箱的结构示意图

1—给料口；2—给料槽；3—斜板组；4—溢流槽；5—溢流口；
6—底流；A—上箱；B—下锥斗

如图 18-5 所示，斜板浓密箱在工作时，矿浆由分矿筒均匀给入壳体，细粒级料浆从倾斜板下部两侧的进料口进入各斜板之间，在流体拖力 F 和自身重力 G 的作用下，固体颗粒移向板面，澄清水向上流动，经强制出水槽有压排出。细粒物料沉降到倾斜板上形成浓浆层，并沿倾斜板向下流，和粗粒级一起进入下部锥斗排出。

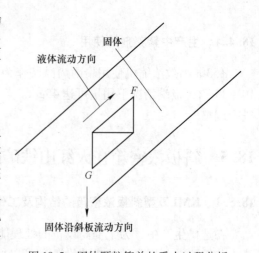

18.5.1.2 结构特征

斜板浓密箱基于浅层沉淀原理，采用三级单元集成的方式，用异形断面的侧边条、工字条及平板等单元件集成为斜窄流单体，各个完全相同的单体以榫接方式集成为组合体，各组合体根据使用要求可任意集成为各种形状及规格的斜板浓密机。该单元集成方式不仅使设备配置灵活、易大型化，而且能使进料均匀进入

图 18-5 固体颗粒简单的受力过程分析

各组合体单元格内，最大限度地发挥倾斜板的增效作用，解决了设备因进料不均造成的效率低下难题。

溢水排出槽设计如图 18-6 所示，槽底开节流孔，并低于水平面，使溢流靠压差平稳地从槽底节流孔排出，最大限度地减小上升水速对溢流质量的影响。

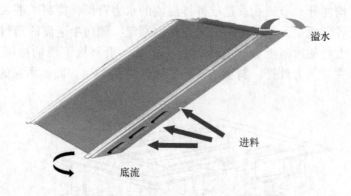

图 18-6 在斜窄流单元件中水、渣分离的示意图

18.5.2 斜板浓密箱在大红山铁矿的应用

大红山铁矿采用阶段磨矿-阶段选别、先弱磁后强磁的工艺流程。弱磁机分选出强磁性矿物后，再用高梯度强磁机选别弱磁性矿物。为了提高设备处理能力，满足设备对矿浆浓度的要求，需要对低浓度的矿浆进行浓缩。采用 KMLZ 型的斜板浓密箱浓缩矿浆，根据生产能力的要求，在工艺流程中采用不同规格的斜板浓密箱来满足生产的需要。设计中，要求溢流含固量小于 200mg/L，即可满足溢流作回水的要求，也有利于金属的回收。

18.5.2.1 斜板浓密箱在 500kt/a 选矿厂的浓缩实践

铁精矿的浓缩要求底流浓度达到 35% ~ 60%，保证溢流水含固量小于 190mg/L。500kt/a 选矿厂采用 KMLZ500/50 斜板浓密箱对精矿进行浓缩，底流用泵送至过滤机过滤。整台设备采用钢结构，生产指标见表 18-10。

从表 18-10 可以看出，随着底流浓度的增加，溢流固体含量也随着上升，但能保持在小于 200mg/L 的范围内，满足作为回水使用的生产要求。

表 18-10　斜板浓密箱在 500kt/a 选矿厂的生产指标

给料量/m³·h⁻¹	给料浓度/%	底流浓度/%	溢流含固量/mg·L⁻¹	回水率/%
142	19.8	45.0	105	63.0
120	18.0	47.0	160	61.0
190	20.0	45.0	169	74.0
201	18.0	48.0	180	76.0

18.5.2.2　斜板浓密箱在 4000kt/a 选矿厂的浓缩实践

4000kt/a 选矿流程中有四个部分用到不同型号的斜板浓密箱，见图 18-7。

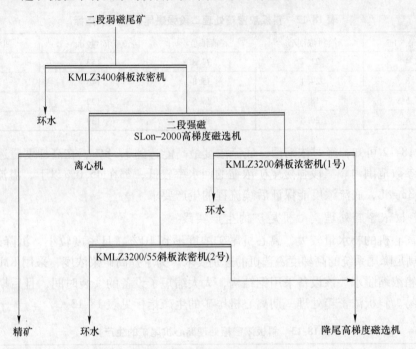

图 18-7　斜板浓密箱的浓缩流程

A　斜板浓密箱处理二段弱磁尾矿的生产实践

为满足后续流程的选别浓度要求（高梯度磁选机选别浓度控制在 10%~40%），减小矿浆的体积量，提高设备的利用率，二段弱磁尾矿采用 KMLZ3400/55 斜板浓密箱浓缩，其结构为钢混结构，生产指标见表 18-11。

表 18-11　斜板浓密箱在 4000kt/a 选厂二段弱磁尾矿浓缩的生产指标

给料量/m³·h⁻¹	给料浓度/%	底流浓度/%	溢流含固量/mg·L⁻¹	回水率/%
975.7	16.9	33.8	153	53.0
1389.1	11.7	32.0	194	67.6
1599.8	9.1	30.0	214	74.9
1198.2	17.0	40.3	172	60.7

由表 18-11 可知，浓密箱底流浓度可达 40.3%、溢流固体含量为 172mg/L，能满足回水质量的要求；给料量为 1599.8m³/h 时，由于矿浆体积量大，造成斜板浓密箱负荷过大，溢流固体含量没有达到小于 200mg/L 的要求，主要是给矿量大、给矿浓度低和给矿细粒级含量高于设计值等原因造成。通过增大底流管夹阀流量、降低处理量可改善生产指标。若倾斜板大量堵塞，则需要用高压水冲洗斜板间隔。

B 斜板浓密箱处理二段强磁尾矿的生产实践

二段强磁尾矿最终进入降尾系统的高梯度磁选机进行选别，二段强磁尾矿经过选别后，浓度降低，细粒级含量较多，沉降难度较大。对二段强磁尾矿的浓缩选择 KMLZ3200 斜板浓密箱，其结构为钢混结构，底流用泵送至高梯度磁选机进行选别，斜板浓密箱的生产指标见 18-12。

表 18-12 斜板浓密箱处理二段强磁尾矿的生产指标

给料量/m³·h⁻¹	给料浓度/%	底流浓度/%	溢流含固量/mg·L⁻¹	回水率/%
732.4	21.7	37.8	153	45.0
657.8	24.1	35.8	146	35.4
868.5	18.3	26.5	122	33.6
761.8	20.8	30.1	139	33.8

由表 18-12 可知，经过浓缩后，底流浓度最高能达到 37.8%，在高梯度磁选机要求的工艺技术参数范围内。二段强磁尾矿浓缩的回水率较低，都在 45.0% 以下，溢流固体含量最高为 153mg/L，底流浓度能保证后续流程的生产要求。

C 斜板浓密箱处理离心机尾矿的生产实践

由于离心机的补水量较大，离心机尾矿浓度不到 10%，且密度较小，沉降速度很慢，浓度难以满足降尾系统的高梯度磁选机的选别要求。为了提高矿浆浓度，采用 KMLZ3200/55 斜板浓密箱浓缩脱水。该设备采用钢结构，大大缩短了设备的安装时间，且后期维护比钢混结构容易。斜板浓密箱处理一期离心机尾矿的生产指标见表 18-13。

表 18-13 斜板浓密箱处理离心机尾矿的生产指标

给料量/m³·h⁻¹	给料浓度/%	底流浓度/%	溢流含固量/mg·L⁻¹	回水率/%
622.2	7.1	25.0	160	77.8
750.3	6.83	19.6	135	72.6
501.2	10.39	22.9	149	60.1
576.4	8.7	26.17	167	71.9

由表 18-13 可知，离心机尾矿的浓度较低，最低仅为 6.83%、最高为 10.39%，斜板浓密箱的底流浓度最高仅为 26.17%、溢流固体含量在 167mg/L 以下，能达到设计要求。斜板底流利用设备之间的高差，采用自流的方式进入后续流程。

D 斜板浓密箱浓缩精矿的生产实践

4000kt/a 选矿厂在精矿过滤前，采用 1 台 KMLZ500/55 和 1 台 KMLF500 两种型号的斜板浓密箱浓缩精矿，两台设备用途一致，浓缩后的底流混入泵池输送到过滤流程，生产指标见表 18-14。

表 18-14　斜板浓密箱浓缩精矿的生产指标

给料量/m³·h⁻¹	给料浓度/%	底流浓度/%	溢流含固量/mg·L⁻¹	回水率/%
142	17.3	45.6	178	65.0
120	18.0	47.0	185	64.4
190	16.3	40.2	169	62.5
201	17.6	48.1	191	66.2

从表 18-14 可以看出，底流浓度最高为 48.1%，相对的溢流固体含量为 191mg/L，回水率为 66.2%，底流浓度最低为 40.2%，会增大过滤设备的负荷。

18.5.3　小结

KMLZ 型号的斜板浓密箱结构简单，大大改善了矿浆在浓密机内的流动和分布特性，提高了浓密机的容积利用系数，为固体颗粒的快速沉降创造了良好的条件；在斜窄流内沉降，使沉降距离大幅缩短，有利于提高底流的体积浓度；池顶呈方形，使池顶面积得到最大限度的利用，进一步提高了单位面积的处理能力；KMLZ 浓密箱有效沉降面积为占地面积的 2～10 倍，可在有限的厂区面积内，根据已有地形设计，能达到较高的澄清面积；该设备具有运行可靠，操作、维护简单和高效的特点。

参 考 文 献

[1] 苏兴国，胡振涛，齐永新. 齐大山铁矿选矿分厂尾矿高效浓缩技术研究 [J]. 金属矿山，2007 (3)：68～72.
[2] 刘仁刚，沈立义，刘洋. 昆钢大红山二选厂强磁选精矿提质降硅技改实践 [J]. 金属矿山，2010 (7)：63～66.
[3] 沈立义. 大红山铁矿离心机尾矿中回收细粒级的实践 [J]. 中国矿业，2009 (7)：394～397.
[4] 王蕾、李冬洋. 大红山铁矿 400 万 t/a 选矿厂降尾改造 [J]. 现代矿业，2012 (8)：148～151.
[5] 苏成德，汪守朴，等. 选矿操作技术解疑 [M]. 石家庄：河北科学技术出版社，1998.
[6] 张淑会，薛向欣，金在峰. 我国铁尾矿的资源现状及其综合利用 [J]. 材料与冶金学报，2004 (12)：241～245.
[7] 张志明，许锦康，李平. KMLZ500/50 斜板浓密机的设计和应用 [J]. 矿山机械，2006 (1)：70～71.
[8] 陈述文，陈启文. HRC 高压浓缩机的原理、结构及应用 [J]. 金属矿山，2002 (12)：34～37.
[9] 陈述文，马振声，等. 高效浓密机现状及其在我国的应用前景 [J]. 湖南有色金属，1996，12 (5)：15～18.
[10] 季振万，宋悦杰. 高效浓密技术的发展及应用 [J]. 铀矿冶，1995，14 (2)：89～97.

19　铁精矿脱水

大红山铁矿所产的球团精矿用管道输送至设在安宁的昆钢本部球团厂进行脱水；所产的烧结精矿在大红山矿区用真空过滤机进行过滤脱水。此外，对三选厂深部铜系列所产铜精矿采用陶瓷过滤机进行过滤。下面介绍它们在生产中的使用简况。

19.1　圆盘过滤机的生产实践

大红山铁矿于 2002 年建成 500kt/a 一选矿厂，2006 年建成 4000kt/a 二选矿厂，并相继投入生产运行。采用"磨矿-磁选抛尾-粗精矿再磨再选"为主生产流程，以重选（摇床、离心机）为辅助生产流程。在烧结精矿脱水方面，使用 2 台 ZPG-40 型真空过滤机处理一、二选厂的铁品位为 40% 的烧结精矿，使用 3 台 ZPG-72 型盘式真空过滤机处理一、二选厂总计每年约 400kt、铁品位为 50% 的烧结精矿，预计每台处理能力为 50~90t/h，利用系数为 $0.62t/(m^2 \cdot h)$，过滤后滤饼含水量为 10%。ZPG-72 型盘式真空过滤机具有处理能力大、占地面积小、滤饼含水量低、易于操作调整等优点。通过多年来的生产实践，在满足滤饼含水量为 9.95% 的同时，过滤机的利用系数提高到 $0.967t/(m^2 \cdot h)$，提高幅度为 55.97%。

盘式真空过滤机虽然结构简单，需要更换的部件很少，但产生的滤饼含水量偏高，必要时需用压滤机干燥，才能使滤饼的含水量达到预期；但压滤设备结构复杂，维护费用较高，还要消耗大量的压缩空气。

近 20 年来，脱水技术的应用领域不断扩大，固液分离的粒度也越来越细，总的发展趋势是要求滤液的高澄清度和滤饼的低含水量，以减少干燥和进一步处理的工作量，降低固液分离成本，使固液分离技术面临新的挑战。

19.1.1　大红山铁矿精矿的粒度组成及过滤工艺流程

19.1.1.1　精矿的粒度组成

精矿的粒度组成见表 19-1。

表 19-1　精矿的粒度组成

粒级/mm	产率/%	负累计产率/%
+0.154	0.49	100.00
-0.154 ~ +0.125	0.25	99.51
-0.125 ~ +0.90	1.89	99.26
-0.090 ~ +0.071	3.32	97.37
-0.071 ~ +0.056	9.61	94.05
-0.056 ~ +0.043	13.46	84.44

粒级/mm	产率/%	负累计产率/%
-0.043 ~ +0.031	16.06	70.98
-0.031 ~ +0.021	21.50	54.92
-0.021 ~ +0.0105	1.38	33.42
-0.0105 ~ +0.008	11.57	32.04
-0.008	20.47	20.47
合　计	100.00	

从表 19-1 可以看出，所过滤的精矿产品粒度较细，-0.043mm 含量达到 70.98%，且极难过滤的 -0.008mm 粒级含量占 20.47%，这部分微细颗粒容易堵塞滤孔，使过滤机的利用系数降低。

19.1.1.2　过滤流程

50% 品级的烧结精矿经过浓密机浓缩，矿浆浓度为 55%~65%；加入浓度为 98% 的浓硫酸，将矿浆 pH 值调至 7.5~8.5 后进行过滤。过滤机滤液经浓密机浓缩后，底流返回过滤机形成闭路过滤流程，见图 19-1。

19.1.2　大红山铁矿 ZPG-72 过滤机的操作特点

19.1.2.1　给矿浓度

过滤机的给矿浓度控制在 20%~40%，可得到合格的精矿产品。如果给矿浓度过高，会造成滤饼较

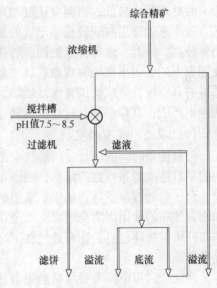

图 19-1　过滤的流程

厚，虽然生产台·时能力增加，但滤饼水分较高；如果给矿浓度过低，将造成滤饼较薄，滤液量过大，不利于设备效率的提高，而且由于滤液量大，滤液的排放难度也将增加。

19.1.2.2　溢流量

合理的溢流量是满足产品水分含量要求的前提，过多的溢流量将使过滤机的给矿返回浓缩机，加重了浓缩机的循环负荷和电力资源的浪费，同时使过滤机料浆槽浓度升高，过滤产品的水分含量升高，主驱动的负荷加重；反之，如果没有溢流，会使产品水分过高。因此 GPZ 型圆盘过滤机的溢流控制较为关键。对于单台过滤机而言，在新装滤布后，刚刚开始运转的一段时间里，保证较大的溢流量至关重要。在最初运转的 24h 内，调整溢流高度为 30mm；运转 24h 后，可将溢流调整到 0~15mm，以保证其生产效率。对于同时运行的多台过滤机而言，要将新旧滤布的过滤机穿插使用，可保证过滤机的平均出矿效率。

19.1.2.3　卸矿

ZPG-72 盘式真空过滤机的卸矿也是极为重要的一步。该机如果采用白钢刮板与反吹风联合卸料方式，易造成刮板磨损滤布，所以生产中仅使用反吹风卸料，刮板只起到导料作用。在滤饼形成区形成的滤饼随着主驱动装置的运转，经滤饼脱水区后进入卸矿区，卸矿位置由安装在主轴上的可调整的定位环控制。如果卸矿较早，则滤饼在脱水区的行程较

短，真空作用的时间相应较短，滤饼含水量较高；如果卸矿较晚，虽然滤饼含水量较为理想，但由于受安装在卸落区的导向板的影响，会造成部分滤饼卸落在料浆槽中，从而降低过滤机的台·时处理能力，料浆槽浓度升高，反而造成滤饼水分升高，进入卸矿区时卸矿不佳，形成恶性循环。因此，合理的安排卸矿时间就显得极为重要。试验表明：通过调整环将卸矿的时机安排在滤扇边缘距导向板 100mm 为最佳的卸矿方案。

19.1.2.4　圆盘转速

过滤机圆盘转速在控制过滤机的出矿水分和台·时处理量方面同样起着很重要的作用。当圆盘转速相对较快时，对于每一次的过滤过程，圆盘在滤饼形成区、脱水区的作用时间较短，在滤饼形成区形成的滤饼较薄，但由于脱水时间相对较短，滤饼水分较高，台·时处理量也较低；当圆盘速度相对较慢时，对于每一次的过滤过程，圆盘在滤饼形成区、脱水区的作用时间较长，形成的滤饼较厚，即使脱水作用时间相对较长，滤饼含水量仍然较高。因此，选择合适的圆盘转速至关重要。过滤机在运转过程中，可清晰地看到附在圆盘上的滤饼出现龟裂现象，该现象是由圆盘转速较慢、滤饼较厚造成的，会直接影响滤饼的真空度，造成滤饼含水量增加，此时，适当将过滤机的圆盘转速调高是必要的。在实际生产中，ZPG 型圆盘过滤机的转速一般控制在 $0.33 \sim 1r/min$。

19.1.2.5　滤布的更换

随着使用时间的延长，过滤机会出现处理量降低的情况。原因一般有两种：一是矿浆中的矿粒造成滤布空隙的堵塞，使滤布的透气量下降，从而使过滤机滤扇过滤面积相应减少，台·时处理量下降。如果矿浆中矿泥含量增加或矿浆泥化现象严重，则滤布堵塞情况加剧，滤布的使用周期会缩短。二是在上道工序添加水或生产用水中含有胶体物质，造成滤布纤维被胶体包裹、滤布透气性下降，导致台·时处理量降低，需要按照现场的具体情况更换滤布。

在生产过程中，需要尽量避免多台新换了滤布的过滤机同时投入生产运行，因为新投入运行的过滤机会有一段时间滤饼水分较大，而精矿含水量过大，会对存储和输送造成影响。受矿石性质的影响，有时新装滤布的过滤机的滤饼含水量长时间（24h 以上）达不到要求，如果这种情况持续的时间较长，采取部分更换滤布的办法，可以保证过滤机的滤饼含水量达标。

大红山铁矿过滤机使用的是锦纶过滤布。二选厂滤布每周更换，更换量不定，每月更换 120 只左右。

19.1.3　过滤机的运行成本

过滤机的运行成本见表 19-2。

表 19-2　过滤机的运行成本

成本组成	计算结果/元·t^{-1}	备注
动力消耗	1.9	
滤布消耗	3.47	每只滤布袋 54 元，可用 30d
油脂消耗	0.035	设备为多点干油润滑，所用油为锂基脂
维修成本	5.405	不含检修费用
合　计	10.81	

19.1.4 结论

（1）使用 ZPG 型盘式真空过滤机，精矿含水量可控制在 10% 以下，效果明显。

（2）给矿浓度为大于等于 35%、真空度为大于等于 0.06MPa 时，在最佳操作参数范围内，过滤精矿含水量为 9.95%，台·时处理量为 38.125t，过滤系数可达 0.967t/（m^2·h）。

（3）盘式过滤机的给矿浓度对其处理量影响较大，当给矿浓度小于 30% 时，处理量大大减小，溢流增加，造成恶性循环，盘式过滤机的操作控制关键是适当提高给矿浓度。

（4）GPZ 型过滤机作为精矿过滤设备，以处理量大、占地面积小、滤饼含水量低等特点而得到应用。通过合理的操作，可得到利用系数为 0.967t/（m^2·h）和滤饼含水量为 9.95% 的良好指标，能达到设计水平，满足精矿生产的需要。

（5）GPZ 型过滤机的搅拌传动装置为链传动，传动不准确，存在失效可能。但考虑到该传动装置主要功能是让矿浆搅拌均匀、不沉淀，因此，可基本满足生产需要。

（6）GPZ 型过滤机的主轴及错气盘润滑液采用人工加注的方式，工作人员的劳动量较大，加注效果不理想。

19.2 陶瓷过滤机的生产实践

陶瓷过滤机是 20 世纪 90 年代中期由国外开发并推广应用的过滤设备。起初，其整机设备及主要部件（例如陶瓷过滤板）在品质和性能上都不是很完善。经过 20 多年不断地改进和发展，目前陶瓷过滤机已经发展成为集微孔陶瓷、机械、超声、自动控制等技术于一体的全自动过滤设备，属于比较成熟、可靠的过滤设备。相比于传统的滤布型过滤机，陶瓷过滤机具有过滤效率高、节能、运行稳定、成本低、滤液清澈、操作维护简便以及劳动强度小等优点，广泛应用于锌精矿、铜精矿、硫精矿、铅精矿等产品的过滤脱水和化工、煤炭、制药、环保等行业的固液分离作业。目前，陶瓷过滤机已经成为大多数工业设计院及选矿厂首选的过滤设备。大红山铁矿三选厂深部铜系列于 2011 年 3 月正式投入生产，设计铜精矿采用陶瓷过滤机进行过滤后外运销售。

19.2.1 陶瓷过滤机的主要构造及工作原理

19.2.1.1 主要构造

陶瓷过滤机主要由辊筒系统、搅拌系统、给排矿系统、真空系统、滤液排放系统、刮料系统、反冲洗系统、联合清洗（超声波清洗、自动配酸清洗）系统、全自动控制系统、槽体、机架等组成。采用的过滤介质为陶瓷过滤板，不用滤布，因此降低了生产成本，卸料时刮刀和滤板之间留有 1mm 左右的间隙，以防止机械磨损，延长使用寿命。

陶瓷过滤机采用反冲洗、联合清洗等方法以及 PLC 全自动控制，并配有变频器、液位仪等装置，可根据用户的不同要求，采用远程控制或集中控制。

19.2.1.2 工作原理

陶瓷过滤机工作原理（见彩图 19-2）与传统的过滤机工作原理相近，利用抽取陶瓷板内腔的空气使得陶瓷板外部形成压力差，使料槽内悬浮的物料在负压的作用下吸附在陶瓷板上，固体物料因不能通过微孔陶瓷而被截留在陶瓷板表面，而液体因真空压差的作用及陶瓷板的亲水性则顺利通过，进入气液分配装置（真空桶）外排或循环利用，达到固液分离的目的。

主轴转子运转一周，工作过程分为四个区域：吸浆（料）区、干燥区、卸料区和清洗区，反复循环。

陶瓷板工作一定的时间（一般为 8 ~ 12h）后，陶瓷板微孔因逐渐被堵而使过滤效率降低，因此，应启用联合清洗系统，通过超声清洗、化学清洗和反冲清洗的协同作用，达到最佳的清洗效果。

19.2.2 铜精矿的过滤指标及 HTG-45-Ⅱ 型陶瓷过滤机的技术参数

深部铜系列铜精矿的过滤指标见表 19-3。HTG-45-Ⅱ 型陶瓷过滤机的技术参数见表 19-4。

表 19-3 铜精矿的过滤指标

指 标	给矿浓度/%	矿浆细度（-200 目）/%	滤饼水分/%
数 值	45 ~ 55	70 ~ 75	8 ~ 10

表 19-4 HTG-45-Ⅱ 型陶瓷过滤机的技术参数

参 数	数 值
陶瓷板过滤/m^2	45
圆盘数量/盘	15
陶瓷板数量/块	180
主轴转速/$r \cdot min^{-1}$	0.5 ~ 2
搅拌转速/$r \cdot min^{-1}$	6 ~ 20
主轴电机功率/kW	3.0
搅拌电机功率/kW	7.5
长×宽×高/$m \times m \times m$	7.81 ×3.4 ×2.83
质量/t	15.6

19.2.3 陶瓷过滤机的使用条件

（1）压缩空气：5 ~ 7bar（1bar = 0.1MPa），最大瞬间耗气量 40m^3/h，固体物料小于 40μm，用于驱动气控装置。

（2）环水条件：压力 3.5 ~ 6bar，用于真空泵水环密封、矿槽冲洗。

（3）清洗用酸：根据不同配置，硝酸液浓度不一。

（4）矿浆条件：pH 值为 1 ~ 12，温度为 5 ~ 50℃。

（5）环境条件：温度为 5 ~ 50℃，电气装置严禁被水冲淋。

19.2.4　陶瓷过滤机的常见故障及处理方法

陶瓷过滤机的常见故障及处理方法见表 19-5。

表 19-5　陶瓷过滤机的常见故障及处理方法

故障现象	原因/检查	消除方法
发生振动	减速机齿轮磨损、搅拌架变形、缺油润滑、真空泵缺水、循环水泵不平衡	检查真空泵、冷却水，更换减速机，检查搅拌架、循环水泵、加润滑油
跳停	气压不足、真空不足、过载、电压不稳	检查真空泵、减速机，检查搅拌架、空气压缩机、电压
分配头泄漏	分配头或摩擦片磨损、弹簧无力	更换分配头或摩擦片，调节或更换弹簧
气阀误动或关闭不到位	气阀有杂质、气压不足、电磁阀有问题	消除杂质、调整气压、更换电磁阀、检查三点式过滤器
刮刀损坏	有杂质	消除杂质、更换刮刀
陶瓷板损坏	有杂质、反冲洗压力太高	消除杂质、更换陶瓷板
真空不足	检查真空泵、气路、陶瓷过滤板、橡胶套、分配头部件	检查真空泵及冷却水、气路、橡胶套，更换陶瓷板过滤板、分配头部件
滤桶液位一直上升	循环水泵轴封泄漏	检查管路、更换轴封
滤饼薄、水分高	真空不足、反冲洗压力不足、陶瓷板清洗不干净堵塞、浓度偏低	检查真空泵及冷却水，更换过滤滤芯、酸泵、超声波，更换陶瓷板，提高浓度
供油不上	管路受堵、滤脂有杂质、电动泵不工作	更换管路、滤脂器、电动泵，消除杂质

19.2.5　影响陶瓷过滤机的主要因素

19.2.5.1　温度

一般情况下，温度越高，液体黏度越小，越有利于过滤速度的提高、滤饼或沉渣含水量的降低。同时，料浆黏度降低有利于提高处理量。

19.2.5.2　浓度

浓度可以改变悬浮液的性质，因为悬浮液浓度达到一定值后，其黏度不再是恒定值，而具有非牛顿流体的性质。对含微细颗粒的悬浮液，低浓度料浆滤饼的阻力大于高浓度料浆的滤饼阻力，所以，提高浓度可以改善过滤性能。精矿浓度越高，处理量越大。一般可以采用增加溢流量的方式来提高精矿浓度，但精矿浓度过高会对搅拌产生影响，可通过调整溢流位来提高产能。

19.2.5.3　pH 值

pH 值会影响颗粒的电势，因而影响其流动性；根据物料的性质，改变 pH 值可有效地提高陶瓷过滤机的产能。

19.2.5.4　料位高低

随着陶瓷过滤机槽体内料位的升高,陶瓷过滤板在真空区内的吸浆时间增长,吸浆厚度增大,产能增加。但干燥时间相对缩短,精矿含水量会适当增大。选择最佳的料位,才能保证产能和精矿含水量达到要求。

19.2.5.5　主轴转速

主轴转速变慢,在真空区滤饼形成的时间延长,产能增大,但由于单位时间内吸浆厚度不与主轴转速成正比,所以陶瓷过滤机的产能在某个范围呈现最大。

另外,随着主轴转速变慢吸浆厚度变厚,也影响精矿的含水量。对于黏性物料来说,陶瓷过滤机开始工作时是以陶瓷板为过滤介质,当形成滤饼后逐渐转化为以滤饼本身作为过滤介质,而黏性物料的滤饼不易形成,不能形成干燥滤饼。相反,主轴转速加快,在真空区滤饼形成时间缩短,吸浆厚度变薄;对于易成型的物料,可提高产能。但主轴转速太快,不易于循环陶瓷板的清洗。对于黏性物料,主轴转速加快,滤饼不易形成,会影响产能。所以,应针对精矿的固有性质摸索最佳的主轴转速。

19.2.5.6　搅拌转速

陶瓷过滤机吸浆机理实际上是颗粒在真空力的作用下运动,搅拌转速影响细颗粒的吸浆。处理易沉降的料浆时,应提高搅拌转速,一方面可防止料浆沉降,另一方面易于颗粒的吸附。一般情况下,处理不易沉降、黏性大、粒径较细的物料时,应降低搅拌转速;处理易沉降、黏性小、粒径较粗的物料时,应提高搅拌转速。

19.2.5.7　真空度

一般情况下,过滤机的真空度高,真空吸力大、产能高,滤饼水分控制得较好。目前,陶瓷过滤机都配套了二级真空系统,以提高真空度。如鑫海陶瓷过滤机的真空度可达 $0.09 \sim 0.098\text{MPa}$,滤饼水分低。此外,还可通过滤液泵来协助提高真空度。

19.2.5.8　刮刀间隙

由于陶瓷过滤机采用非接触式卸料,刮刀与陶瓷过滤板之间的间隙越小,单位时间内刮下的滤饼越多,产能越高,因此,在条件允许时,可调整间隙大小。

19.2.5.9　陶瓷过滤板

(1) 物料粒径及分布与陶瓷过滤板的微孔相匹配,虽然过滤板孔径越大,越容易吸浆,但易引起过滤板的堵塞。

(2) 选择孔径透水率高的陶瓷过滤板,其透水率较高,吸浆性能较好。

参 考 文 献

[1] 沈立义. 昆钢大红山铁矿 400 万 t/a 选矿厂设计方案探讨 [J]. 金属矿山, 2004 (10) 增刊: 184 ~ 186.

[2] 沈立义. 大红山铁矿难选赤铁矿的选别 [J]. 矿业工程, 2010 (增刊): 123 ~ 125.

[3] 苏成德, 汪守朴, 等. 选矿操作技术解疑 [M]. 石家庄: 河北科学技术出版社, 1998.

[4] 田素霞. ZPG-72m² 盘式真空过滤机的应用及改进 [J]. 包钢科技, 2005 (4): 44 ~ 47.

[5] 张存涛. ZPG-40 型盘式真空过滤机的应用及改进 [J]. 矿业快报, 2007 (1): 62 ~ 63.

[6] 李桂鑫. 高效节能的过滤设备——陶瓷过滤机 [J]. 国外金属矿选矿, 1998 (7): 35 ~ 38.

[7] 李正东, 吴伯明. 影响陶瓷过滤机产能的因素 [R]. 金属材料与冶金工程, 2007.1.

20 尾 矿 库

20.1 概况

大红山铁、铜矿由昆明钢铁集团玉溪大红山矿业有限公司和云铜集团玉溪矿业有限公司大红山铜矿分别开采。龙都尾矿库设施工程为铁、铜两矿采选工程的配套项目，为减少投资和环境污染，两公司共同出资建设龙都尾矿库。于 1997 年 7 月建成尾矿库一期工程并投入使用。首先由大红山铜矿一选厂一期工程向尾矿库排放尾矿，2002 年大红山铁矿500kt/a 选矿厂、大红山铜矿一选厂二期工程、后续的铜矿二选厂、铁矿 4000kt/a 二选厂、7000kt/a 三选厂先后建成投产并向尾矿库排放尾矿。

龙都尾矿库最终坝高达 210m（其中初期堆石坝高 30m、尾矿堆坝高度 180m），属于国内高堆坝尾矿库之一，可获得超过 120000km³ 的库容。根据《尾矿设施设计规范》GB 50863—2013，确定初期库等别为四等、中期库等别为三等，后期库等别为二等，相应初期坝为 4 级构筑物，中期尾矿坝为 3 级构筑物，后期尾矿坝为 2 级构筑物。

20.1.1 地理位置及流域概况

龙都尾矿库位于玉溪市新平县戛洒乡戛洒江东岸（左岸）的龙都河河谷中，龙都河为戛洒江的一级支流，尾矿库流域范围为东经 101°36′39.3″ ~ 101°41′39.3″、北纬24°01′20.0″ ~ 24°04′15.6″。尾矿库坝脚与大红山矿区平距约 8km，尾矿库坝脚距戛洒江边约 1000m，有简易公路通达。

龙都尾矿库流域属龙都河（也称竜都河）流域，为红河流域中游的干流戛洒江左岸较小级别的一级支流。流域面积 29.8km²，为季节性河流，一般流量 0.33 ~ 0.015m³/s，暴雨后最大流量可达 16.3m³/s，枯水季节，龙都河经常断流。在库区附近龙都河流向自北向南，汇入戛洒江中。

龙都河流域的河谷、缓坡、丘陵地区植被主要为农作物、灌木、杂草，流域植被覆盖率在 90% 以上，森林覆盖率约 60%。

尾矿库交通示意图见彩图 20-1，龙都河流域水系及地理位置示意图见彩图 20-2。

20.1.2 地形地貌

尾矿库东面大鬼子山头标高 1748.0m，南西面龙都河谷与戛洒江交汇处标高493.25m，相对高差在 1000m 以上，为中度切割的中山地形。地势与龙都河河谷近似，总体为北东高，南西低。

区内处于北西向哀牢山脉的东侧，属侵蚀构造地形，区内发育树枝状冲沟。龙都尾矿库地形地貌详见彩图 20-3。尾矿库内主沟坡度为 2.58°，两侧山坡的植被完好，坡度为25° ~ 40°，当尾矿堆积到最终标高 730m 高程附近时，尾矿库库长 5 ~ 6km。此库具有库容量大、沟口地形窄、筑坝工程量小的特点，是一个较为理想的尾矿库库址。

20.1.3 水文地质条件及地层岩性

由于自然地形的原因，龙都河流域为一完整的水文地质单元，尾矿库区即处在该水文地质单元的补给、径流、排泄区内。

库区地下水主要为第四系冲洪积层（卵、砾石）中的潜水，下伏三叠系砂、泥岩层中存在少量基岩裂隙水，水位受龙都河水控制。即雨季龙都河水补给地下水，旱季地下水补给龙都河水，地下水总体流向与龙都河流向一致。

库区附近植被茂盛，一般降雨量不大时，雨水会被植被及土壤吸收或渗入地下，不会形成地表径流。遇大雨或暴雨时，山坡部位形成片流、面流，汇集于冲沟中流入龙都河谷。库区内未见有泉水出露。

戛洒江为区内最低侵蚀基准面，龙都河与戛洒江交汇处标高为493.25m，区内地表水流总体流向自北东向南西，汇入戛洒江中。

库区分布的地层主要有第四系人工堆积（Q4ml）层、第四系冲洪积（Q4al + pl）层、第四系坡残积（Q4dl + el）层和三叠系舍资组岩层（主要为泥岩、石英砂岩和泥质粉砂岩等）。库坝区内无不良地质现象，仅局部有滑坡、崩塌等。历年来进行的多次尾矿库工程地质详细勘察工作表明，泥岩与粉砂岩属隔水层，不存在地下水向库外渗漏。由于库区地表水分水岭与地下水分水岭一致，地下水分水岭又高出尾矿库蓄水位，封闭条件好。正是隔水层的存在，使库水不能向外渗漏和邻谷渗漏，此处适宜修建尾矿库。

20.2 入库尾矿

20.2.1 入库尾矿量

龙都尾矿库服务大红山铁、铜矿两矿选厂，原设计大红山铜矿一、二期合计选矿规模为1584kt/a，大红山铁矿一、二选厂选矿总规模为4500kt/a，目前大红山铜矿经过改造和扩产，选矿规模已达到4950kt/a，大红山铁矿新建三选厂，并经过扩产，选矿规模由原设计的4950kt/a已扩至7000kt/a。

目前大红山铜矿选厂总尾矿产出量为4229kt/a左右，其中2506kt/a粗颗粒尾矿用于井下充填，实际入库尾矿量为1723kt/a。大红山铁矿一、二选厂全部尾矿排入尾矿库，入库量为2900kt/a；大红山铁矿三选厂总尾矿产出量为5000kt/a，其中1756kt/a粗颗粒尾矿用于井下充填，实际入库尾矿量为3244kt/a。大红山铁、铜矿两矿选厂年排入龙都尾矿库的总尾矿量为7870kt/a左右。

20.2.2 入库尾矿粒度

大红山铜矿采用立式砂仓自然分级的粗尾砂充填井下采空区，分级溢流及不充填的全尾砂送尾矿库堆存；大红山铁矿原设计无井下充填工艺，实际生产过程中，扩产工程增设了井下充填工艺，用三选厂的尾矿进行充填。充填工艺为通过水力旋流器分级将粗颗粒尾矿用于矿山井下充填，分级后的溢流及不充填的全尾砂送龙都尾矿库堆存。原设计井下粗尾矿充填量约占入库总尾矿量的22%左右，而目前大红山铁矿三个选厂用于井下充填的粗粒尾矿量增加至总入库尾矿量的 35%。龙都尾矿库实际入库尾矿粒度因此而变细。大红山铜、铁两矿全尾矿及分级后沉砂尾矿和溢流尾矿颗粒组成分布见表 20-1。

表 20-1 大红山铁、铜矿两矿各选厂入库尾矿颗粒组成

粒度/mm	铜矿全尾砂/%	铜矿充填溢流尾矿/%	铁矿一二选厂全尾砂/%	铁矿三选厂全尾砂/%	铁矿三选厂充填溢流尾矿/%
>0.074	31.47	4.94	24	30	4.94
0.037	29.82	24.90	34.47	30.90	24.90
0.018	19.87	51.50	30.36	19.34	51.50
0.010	7.52	12.65	7.26	9.82	12.65
<0.01	11.31	6.01	5.33	9.94	6.01
合 计	100.00	100.00	100.00	100.00	100.00

根据大红山铁、铜矿两矿各选厂入库全尾矿及分级溢流尾矿入库排放量和各尾矿粒度情况，大红山铁、铜矿两矿选厂尾矿混合后入库尾矿颗粒组成分布见表 20-2。

表 20-2 大红山铁、铜矿两矿选厂尾矿混合后入库尾矿颗粒组成

粒度/mm	>0.074	0.037	0.018	0.010	<0.01
混合后尾矿粒度分布/%	22.68	30.65	29.96	9.21	7.50
累计/%	22.68	53.33	83.29	92.50	100

20.3 尾矿库筑坝、堆存总体规划

20 世纪 90 年代初期，龙都尾矿库设计堆存大红山铜矿一、二期合计选矿规模为 4800t/d 的铜尾矿、大红山铁矿选矿规模为 4000kt/a 的铁尾矿。根据当时尾矿的颗粒特性，昆明有色冶金设计研究院的设计方案为：初期坝的坝顶标高 550m，坝高 30m，为透水堆石坝，堆坝高程 550~730m，堆坝高 180m；总库容约 2.1 亿立方米。尾矿堆坝方式初期用上游法筑坝 550~600m 标高（一期筑坝工程），当铜铁尾矿入库至堆坝标高 600~640m 时用中线法堆坝、标高 640m 以上又改用上游法堆坝（中后期筑坝工程）。

大红山铜、铁矿均为国内大型铜铁矿山，随着生产的持续发展，两矿生产规模不断扩大。目前大红山铜矿产量已达 15000t/d（至 2012 年），大红山铁矿三个选厂的规模已达 12000kt/a（至 2012 年），所产尾矿除井下充填部分外，均进入龙都尾矿库堆存

由于两矿不断扩产，导致堆坝上升速度超过 10m/a，远超过原设计尾矿库的上升速度。因此，20 世纪 90 年代设计时的基本条件已发生了重大变化。一方面，在入库尾矿量剧增的同时，选矿磨矿细度加大，使尾矿颗粒相应变细，堆坝上升速度加快，导致坝前尾矿固结时间缩短，呈饱和状态，加之井下采用分级粗粒尾矿进行充填，使入库粗粒含量大大减少，从而给上游法堆坝稳定带来一系列安全问题。至 2009 年 4 月龙都尾矿库尾矿堆

坝标高已达602m，经稳定分析计算，该尾矿坝在特殊工况（洪水＋地震）情况下坝体安全稳定系数已不能满足规范最小安全稳定系数的要求。另一方面，尾矿颗粒变细使得干滩坡比由原设计的1.25%变缓至0.3%~0.4%等，导致尾矿库调洪库容大为降低；2008年进行了尾矿库中后期水文计算及调洪演算，当时堆坝标高约585m，正在使用3号排水井，计算结论为在一期已建的1~4号排水井管使用的610m以下高程期间，尾矿库一期排水系统不能满足设计频率下的防洪要求，故当时在610m标高以下每年新增了尾矿坝坝肩溢洪道。以上这些变化因素使得尾矿库要按原规划继续筑坝使用至730m高程的难度及风险均增加，为此需适时调整筑坝方法。

为了科学、合理地使用好龙都尾矿库，在保证安全的前提下，使库容利用最大化，而采取中线法堆坝工艺是实现龙都尾矿库安全合理使用的主要工程保障措施。因此2009年大红山铜、铁两矿即委托昆明有色冶金设计研究院股份公司开展龙都尾矿库中期中线法堆坝的设计工作。

2009~2012年，昆明有色冶金设计研究院进行的尾矿库中后期筑坝工程设计中确定的筑坝、堆存总体规划为：在550~620m高程已用上游法堆坝的基础上，中线法堆积高程为620~700m，再往上700~730m高程又改用上游法堆坝，堆坝平均堆积外坡比1:4。加大了中线法筑坝的高度区间，由原来的40m高度提高到80m，以期增加坝体的安全稳定性，并由此增加库容至1.748亿立方米。在2009年，尾矿坝采用上游法已堆存至约590m标高，考虑到从设计到实施需2~3年的前期工作及建设周期，故在中后期筑坝工程设计中，将中线法起堆标高提高至620m高程。

本尾矿库的堆坝流程为"上游法-中线法-上游法"。在中线法堆坝阶段具有以下特点：

（1）中线法各级子坝的坝轴线位置基本保持不变。

（2）坝体下游坡面和浸润线在不断升高变化。

（3）中线法子坝表面布设的固定设备和设施将不断地被流动的尾砂埋没。

20.4　尾矿库排洪

尾矿库排洪方式设计为：堆坝在610m标高以下用管井排洪（一期排洪工程），610m标高以上用隧洞排洪（中后期排洪工程）。

1997年7月一期筑坝及一期排洪工程均建设完成。一期排洪工程由1~4号钢筋混凝土排水井及配套排水管组成，井径3.5m，高度15~18m，排水管直径为2m。

原计划中后期筑坝工程设计在尾矿堆坝将达到600m标高前1年完成，中后期隧洞排洪工程在尾矿堆坝将达到610m标高前两年实施。

中后期排洪工程由排水井-排水管-隧洞组成。中后期一期排洪工程由7~12号排水井-排洪主洞组成，井架外径为4.5m，高度15~21m，配套连接的排水管内径为3.0m，主隧洞为圆弧拱形、$b \times h = 3.5m \times 4.5m$，其中8~9号、10~11号排水井为双井并联使用；中后期二期排洪工程由13~16号井-排洪支洞-排洪主洞组成，13~14号排水井及配套排水管尺寸同前，15~16号井外径为3.5m，配套排水管内径为2m，高度为15~21m，排洪支洞为圆弧拱形、$b \times h = 2.4m \times 2.8m$。

20.5　尾矿库筑坝

20.5.1　尾矿库前期上游法筑坝

龙都尾矿库尾矿坝前期采用上游法进行堆坝至 620m 标高，为保证尾矿粗颗粒沉积坝前，细颗粒排向库尾，坝前不出现粗、细尾矿颗粒夹层。大红山铁、铜矿两矿选厂排放的尾矿由尾矿加压泵站输送至尾矿库坝前，采取坝顶分散放矿的方式排放尾矿。堆坝时取沉积于库前的粗颗粒尾砂筑成子坝放置放矿主管，放矿主管随尾矿坝的上升而抬高，主管上每间隔 10~15m 设置一根放矿支管，支管上接橡胶管，每 5~8 根支管为一个工作组，每 3 个工作组为一放矿区域，每一放矿区域分为干燥区、准备区、冲积区三区。堆坝放矿时干燥区、准备区、冲积区三区交替轮流放矿，随着堆坝高度的上升，堆坝放矿区域需适当加宽。

初期坝为堆石坝，初期坝坝顶标高 550m，坝高 30m。坝基基础持力层为石英砂岩和泥岩层，初期坝坝顶标高 550m，坝底标高 520m，初期坝高 30m，初期坝内坡比为 1:1.75，外坡为 1:2.0，坝顶宽 4m，坝外坡在 534m 高程处设一宽 2m 的马道。初期坝坝体构造设置为：初期坝内坡设置由土工布、碎石、砾石、干砌块石护坡等组成的坝内坡反滤层，起护坡、滤水导水的作用；初期坝下游坡设置干砌块石护坡，中间为堆石坝体。从初期坝顶 550m 标高开始堆坝，按 1:5 的外坡比采用坝前沉积的粗颗粒尾矿垒筑子坝进行上游法堆坝。为有效地降低坝体内浸润线，在初期坝内沿沟底设置了层厚 2m 的褥垫排渗层、在尾矿堆积体中设置了多层纵向排渗盲沟，排渗盲沟采用打孔钢管外包土工构成，在堆坝过程中预埋入堆坝体内进行排渗。至 2009 年 4 月龙都尾矿库尾矿堆坝标高已达 602m，尾矿堆高 52m，总坝高 82m，已使用库容约 1000 万立方米。

20.5.2　尾矿库中期中线法筑坝

中线法堆坝是利用水力旋流器进行尾矿分级，将分级所得的沉砂与溢流分别向坝外和坝内堆筑，沉砂成为溢流沉积体的支承体，沉砂尾矿不含尾矿泥和尾黏土，粒径粗，透水性强，具有坝体浸润线低和力学强度高等特点。中线法堆坝适于尾矿高堆坝。龙都尾矿库由上游法堆坝改中线法堆坝，在保证安全的前提下，有效地提高了堆坝高度。根据目前龙都尾矿库使用现状及所服务选厂的规模，将龙都尾矿库中期中线法堆坝范围调整为 620~700m 标高，堆坝外坡比为 1:4。通过采用中线法堆坝工艺，增大了龙都尾矿库的尾矿堆积高度，大大地提高了可使用的库容。

20.5.2.1　旋流器选择及布设

根据中线法堆坝工艺要求，用作堆坝的外坝壳的粗颗粒尾矿（+0.074mm）含量不得小于 70%，而大红山铜、铁两矿的选厂排放入库的尾矿中粗颗粒（+0.074mm）的含量远远小于 70%，因此必须采用旋流器对入库尾矿进行旋流分级，将旋流分级满足堆坝要求（+0.074mm 粗颗粒尾矿）含量必须不得小于 70% 的沉砂尾矿用于堆坝，溢流尾矿排向库内堆存。

为提高旋流器对满足中线法堆坝要求粗颗粒尾矿的产率，威海市海王旋流器有限公司根据龙都尾矿库实际入库尾矿粒度进行旋流分级试验，根据试验结果该公司最终推荐龙都尾矿库中线法堆坝分级设备型号为 FX500-GX 型新型多锥旋流器。FX500-GX 旋流器的处理能力为 $160 \sim 200 m^3/h$，分级后的沉砂尾矿中粗颗粒（ $+0.074mm$）的含量占 70.6%，满足中线法堆坝对粗颗粒尾矿的要求，其对粗颗粒尾矿的分级率为 65%。龙都尾矿库实际入库尾矿 $+0.074mm$ 含量为 $21.5\% \sim 22.7\%$，相应旋流器的分级沉砂产率为 $21\% \sim 22.3\%$，根据实际入库尾矿粒度情况及旋流器的分级沉砂产率情况，确定旋流分级沉砂平均产率为 21.5%。

根据大红山铜、铁两矿选矿及充填工艺等的不同影响，实际入库尾矿质量浓度为 $35\% \sim 40\%$，入库尾矿排放量为 $1080 \sim 2830m^3/h$。为了有效地保证旋流器对全部尾矿进行分级以提高沉砂产量，按最大尾矿处理量确定需要旋流器 FX500-GX 16 台。为便于旋流器给矿，旋流器布设形式为组合式布置，每 8 台组成一组，共三组，最大量情况下两组（16台）工作，1 组（8 台）备用。旋流器的给料压力要求 $0.08 \sim 0.12MPa$，每组旋流器设置一均压给料分配器，根据矿浆量进行统一均匀分配至每台旋流器。根据旋流器组的布设台数，FX500-GT×8 外形尺寸（直径×高度）为 $\phi5.1m \times 4m$。

由于旋流器为集中布设，设备较重（重达 $20 \sim 30t$），因此旋流器组不宜每年搬迁，根据龙都尾矿库堆坝上升速度，考虑每 $3 \sim 5$ 年搬迁一次。中线法堆坝在 $630 \sim 700m$ 标高设置三期旋流器组，第一期旋流器组标高为 675m 标高，相应服务库内尾矿堆积在 $630 \sim 660m$ 标高（满足堆存矿山铜铁矿约 4 年多的尾矿排放量要求）；第二期旋流器组标高为 695m，相应服务库内尾矿堆积在 $660 \sim 680m$ 标高（满足堆存矿山铜铁矿约 5 年多的尾矿排放量要求）；第三期旋流器组标高为 710m，相应服务库内尾矿堆积在 $680 \sim 700m$ 标高（满足堆存矿山铜铁矿约 6 年多的尾矿排放量要求）。

20.5.2.2 中线法堆坝粗颗粒尾矿平衡计算

参照同类工程经验，大红山铜、铁两矿选厂的旋流器分级沉砂尾矿堆积干容重按 $1.5t/m^3$、溢流尾矿堆积干容重按 $1.2t/m^3$ 考虑，入库尾矿经计算 $2011 \sim 2025$ 年（即 $620 \sim 700m$ 标高）的两矿选厂入库总尾矿及 $+0.074mm$ 粗颗粒尾矿平衡量见表 20-3。

由表 20-3 计算结果可见，经总量平衡（旋流器沉砂尾矿堆积干容重为 $1.5t/m^3$，溢流尾矿堆积干容重为 $1.2t/m^3$），当堆坝从 620m 标高堆至 700m 标高时，尾矿粗颗粒（ $+0.074mm$)沉砂总量不满足中线法堆坝要求的尾矿粗颗粒尾矿（ $+0.074mm$）沉砂总量，尚差 64.61 万立方米。

为了实现中线法堆坝，保证尾矿的安全堆存，对不足粗颗粒尾矿量采用外来人工粗砂或块石料来补充。根据粗颗粒尾矿的平衡计算，需要补充的人工粗砂或块石料量大，但尾矿库周边无较大的石料可开采，而大红山铜、铁两矿有大量外排废石，故采用废石场堆存的废石作为人工粗砂或块石料代替粗颗粒尾矿的石料料源。初期 5 年补充 89.5 万立方米废石量，经总量平衡后，采用中线法堆坝从 620.0m 标高堆至 700.0m 标高，其沉砂粗颗粒尾矿（ $+0.074mm$ 占 70% 以上）量能满足中线法堆坝需要量的要求，并且除初期 2 年外其余各年度还留有 20% 的富余量，因此，采用废石补充不足粗砂进行中线法堆坝基本可行。由于实际生产中可能还受各种不利因素的影响，后期实施过程中还考虑采用库内坡积土填筑沉砂尾矿与溢流尾矿分隔子坝，从而置换出大量粗尾矿用于中线法堆坝，以确保龙都尾矿库中线法堆坝安全可靠实施。

表20-3 大红山铜、铁矿入库总尾矿及+0.074mm粗尾矿平衡量

年份	铜入库总量/kt	铁入库总量/kt	铜、铁入库总量/kt	沉砂分级率/%	分级沉砂量/万立方米	分级溢流量/万立方米	库内尾矿堆高/m	堆坝粗砂需求量/万立方米	入库堆坝粗砂剩余量/万立方米	累计入库粗砂剩余量/万立方米
2011	1723.0	6390.0	8113.0	21.5	116.29	534.11	620~630.48	148.38	-13.4	-32.09
2012	1723.0	6413.0	8136.0	21.5	116.62	535.62	630.48~638.96	128.06	-4.09	-43.53
2013	1723.0	5891.0	7614.0	21.5	109.13	501.26	638.96~645.79	111.81	-2.85	-46.21
2014	1723.0	5794.0	7511.0	21.5	107.66	494.47	645.79~651.76	107.73	-0.56	-46.28
2015	1723.0	6144.0	7867.0	21.5	112.76	517.91	651.76~657.43	114.66	-3.36	-48.18
2016	1723.0	6144.0	7867.0	21.5	112.76	517.91	6557.43~662.64	114.64	-4.92	-50.06
2017	1723.0	6144.0	7867.0	21.5	112.76	517.91	662.64~667.46	112.53	-5.77	-49.83
2018	1723.0	6144.0	7867.0	21.5	112.76	517.91	667.46~671.97	115.22	-6.89	-52.29
2019	1723.0	6144.0	7867.0	21.5	112.76	517.91	671.97~676.22	113.01	-8.71	-55.27
2020	1723.0	6144.0	7867.0	21.5	112.76	517.91	676.22~680.25	117.30	-11.8	-57.08
2021	1723.0	6144.0	7867.0	21.5	112.76	517.91	680.25~684.03	109.34	-16.12	-53.66
2022	1723.0	6144.0	7867.0	21.5	112.76	517.91	684.03~687.62	117.57	-15.77	-58.47
2023	1723.0	6144.0	7867.0	21.5	112.76	517.91	687.62~691.07	115.66	-15.47	-61.37
2024	1723.0	6144.0	7867.0	21.5	112.76	517.91	691.07~694.36	117.13	-15.96	-65.74
2025	1723.0	6144.0	7867.0	21.5	112.76	517.91	694.36~697.49	111.63	-15.88	-64.61

20.5.2.3 尾矿初期坝及沉砂拦渣坝

根据中线法堆坝工艺，龙都尾矿库由上游法改中线法堆坝的初期坝利用原上游法堆坝的初期坝作为中线法堆坝的初期坝，同时在原初期坝下游新建一拦碴坝拦挡分级沉砂尾矿。根据龙都尾矿库使用现状，中线法堆坝起堆标高为620m，中线法堆坝最终堆坝标高700m，中线法堆坝外坡1:4，沉砂拦碴坝设置于排洪隧洞出口上游约200m位置，拦碴坝坝顶标高530.0m，坝高20.0m，坝顶宽3.0m，上游内坡比为1:1.75，下游坡为1:2.0。沉砂拦碴坝内坡设置由土工布、碎石、砾石、干砌块石护坡等组成的坝内坡反滤层，起护坡、滤水导水的作用；拦碴坝下沿库底铺设由土工布、砾石、软式透水管等组成的排渗盲沟，收集坝前尾矿渗水排出坝外；拦碴坝下游坡设置干砌块石护坡，中间为堆石坝体。为防止汛期坝前雨水无法及时外排，于沉砂拦碴坝前设置一外径2.5m、高18m的框架式排水井，排水井下接直径1.2m排水管，汛期库区降雨时，坝面积水通过排水井、管排向坝下游。

20.5.2.4 堆坝体排渗设施及初期坝与沉砂堆坝间排渗褥垫

尾矿坝浸润线是尾矿坝的生命线，它是直接影响坝体安全的重要的因素之一。而影响浸润线的最重要因素是尾矿库地基、尾矿沉积层的渗透性、颗粒分级程度以及库内水位相对于坝顶的位置。当靠近坝坡面浸润线埋深较浅时，则会危及坝体的稳定性；在极端情况下，可造成漫坝甚至溃坝。中线法堆坝即是利用旋流器将透水性好、力学指标高的粗尾矿分级出来用作外坝壳，以降低堆坝体浸润线、提高外坝壳稳定性。由于龙都尾矿库前期采用上游法进行堆坝，现由上游法改中线法进行堆坝，势必在上游法堆坝坝坡与后期中线法堆坝坝坡造成一渗透性能强弱不同的明显分界面，不利于坝体稳定。为有效降低堆坝体内的浸润线走势，在沉砂拦碴坝与尾矿初期坝间布设有2.0m厚的碎石褥垫；于上游法堆坝外坡纵向每间隔20m铺设一条纵向排渗盲沟，盲沟中铺设软式排水管，规格为$\phi100mm$，横向上从549.0m标高开始每升高10m在堆坝外坡上铺设一条横向排渗盲沟，盲沟中铺设软式排水管，规格为$\phi200mm$；同时于中线法堆坝子坝轴线上游5m、10m处每间隔10m布设一座竖向排渗井（梅花型布置），竖向排渗井用土工布包裹碎石构成（直径为1.0m），排渗井中铺设穿孔PE管，规格为$DN=200mm$。竖向排渗井与坝面上设置的纵横向排渗盲沟相连。通过设置纵横向排渗盲沟、排渗井及排渗褥垫，将粗颗粒尾矿堆积体内的渗透水排向沉砂拦渣坝下游，有效地降低堆坝体内的浸润线走势。

20.5.2.5 废石补充填筑工艺

在由上游法堆坝改中线法堆坝时，如上所述，上游法坝坡与后期中线法堆坝坝坡间会形成一渗透性能强弱不同的明显分界面，不利于坝体稳定。此外，目前龙都库采用上游法堆坝坝高已达100m，采用中线法堆坝后，从坝顶排放的旋流分级沉砂势必冲刷破坏上游法堆坝外坝面，造成尾矿坝安全隐患。由于龙都库拟采用废石代替中线法堆坝不足的粗颗粒尾砂，根据目前尾矿库的现状及上游法堆坝情况，实施时考虑将部分废石堆存至初期坝部位加厚、加高初期坝体；将另一部分废石堆存至上游法堆坝外坝面，既作为上游法堆坝外坝面的贴坡体，又作为上游法坝坡与后期中线法堆坝交接面的排渗通道，同时也保护上游法堆坝外坡不受中线法堆坝旋流分级沉砂排放冲刷破坏。

根据各年需补充量及所需补充部位和尾矿坝现状，第一年废石堆存量为33.68万立方米、第二年废石堆存量为 27.19 万立方米、第三年废石堆存量为 12.98 万立方米、第四年废石堆存量为 10.13 万立方米、第五年废石堆存量为 7.18 万立方米，总废石补充堆存量为 91.16 万立方米，通过头 5 年的废石补充使龙都尾矿库中线法堆坝每年度留有 20% 以上的粗尾矿富余量，保证了实施中线法堆坝所需的粗颗粒尾矿量。

20.5.2.6　中线法坝顶子坝实施工艺

选厂排放的尾矿由加压泵站输送至尾矿库坝侧旋流器组，经旋流器分级后沉砂粗颗粒尾矿（+0.074mm 含量大于 70%）泵送至尾矿坝顶向坝外坡排放，溢流尾矿也采用管道自流输送至尾矿坝顶排向库内堆存。

实施中线法堆坝时先在现状尾矿坝顶堆筑子坝（沉砂尾矿和溢流尾矿的分隔坝）。由于龙都尾矿库入库 +0.074mm 尾矿含量低，经分 5 年补充 91.16 万立方米废石平衡后，虽保证每年度留有 20% 以上的粗尾矿富余量，但若后期使用过程中旋流器沉砂分级产率降低或由于其他情况影响降低了沉砂产率，多余补充的 29.44 万立方米废石被做沉砂补充使用后，则无法保证每年度留有 20% 以上的粗尾矿富余量，甚至出现沉砂量不足，影响中线法堆坝的安全实施。为保证中线法堆坝的安全可靠实施，将中线法堆坝子坝（沉砂尾矿和溢流尾矿的分隔坝）采用库内坡积土填筑，通过采用该工艺置换部分沉砂尾矿用于中线法外坝壳填筑，以提高用于中线法外坝壳填筑的粗尾矿保证率。根据龙都尾矿库入库尾矿量情况及尾矿堆存上升速度，每期坡积土分隔子坝高 10.0m，子坝顶宽 40.0m，坡积土分隔子坝内坡比为 1:1.5、外坡比为 1:2。为便于布设溢流放矿管，内坡坡积土分隔子坝在高 3m、6m 处设置一宽 1.5m 的马道。坡积土分隔子坝填筑时取库内坡积土运至子坝部位，按 0.6 ~ 0.8m 一层进行分层碾压夯实，要求密实度达 98% 以上，碾压干密度控制在 1.6t/m³ 以上。

坡积土分隔子坝施工安排在旱季进行，汛期来临前子坝必须高于库内尾矿滩面 5m 以上，以防汛期洪水来临造成洪水漫坝。每期 10m 高坡积土分隔子坝填筑施工完毕后就不再加高子坝，待库内堆存的尾矿滩面距离子坝顶在 2m 以上时再进行下一期子坝的填筑。

20.5.2.7　中线法堆坝沉砂量保证措施

对龙都尾矿库沉砂量不足的问题，通过采用三大措施来增加用于中线法堆坝的沉砂量。

A　措施一

分级设备选用对 +0.074mm 粗尾矿分级效果较好的 FX500-GX 型大锥角高效旋流器，其对粗颗粒尾矿的分级率在 65% 以上。FX500-GX 型大锥角高效旋流器每台的处理能力为 160 ~ 200m³/h，为了有效地保证旋流器对全部尾矿进行分级以提高沉砂产量，按旋流器最小处理能力 160m³/h 及最大尾矿处理量确定需要的旋流器数量。共设置 24 台 FX500-GX 型旋流器，每 8 台组成一组，共三组，最大量情况下两组（16 台）工作，1 组（8 台）备用。旋流分级设备备用率为 50%。

B　措施二

从大红山铜、铁两矿废石场运输 91.16 万立方米废石补充粗砂，堆存于初期坝部分及目前上游法堆坝外坝面，加厚、加高初期坝体，同时将部分废石堆存至上游法堆坝外坝面，既作为上游法堆坝外坝面的贴坡体，又作为上游法坝坡与后期中线法堆坝交接面的排渗通道，同时也保护上游法堆坝外坡不受中线法堆坝旋流分级沉砂排放冲刷破坏。

C 措施三

采用库内坡积土填筑沉砂尾矿和溢流尾矿的分隔子坝，每期坡积土分隔子坝可置换出 17.05～28.54 万立方米沉砂尾矿，在 620～700m 标高实施中线法堆坝期间，共可置换出 182.88 万立方米沉砂，以补充不足沉砂量，从而大大提高了用于中线法堆坝的总沉砂富余量，保证了中线法堆坝的安全可靠实施。

目前大红山铜矿采用全尾砂进行井下充填的试验较为成功，如下阶段井下实施全尾砂充填作业，则无溢流细尾矿产出，入库尾矿中 +0.074mm 粗颗粒尾矿相应增加。根据目前大红山铜、铁两矿的井下充填规模，下阶段井下全尾砂充实施后，相应每年增加约 248km³ 沉砂尾矿。通过实施井下全尾砂充填，进一步增加了用于中线法堆坝的沉砂总量，提高了充足的沉砂富余量，可进一步保障中线法堆坝的安全可靠实施。

20.5.2.8 溢流尾矿排放

根据威海市海王旋流器有限公司的分级试验数据及入库实际尾矿量，计算出溢流尾矿矿浆最大排放量为 2764.8m³/h、沉砂尾矿矿浆最大排放量为 175.9m³/h。由于尾矿分级旋流器设置于库岸进行集中分级，因此旋流器溢流尾矿通过静压采用管道输送至库内排放。溢流尾矿采用两根 426mm×10mm 无缝钢管输送至中线法堆坝子坝顶，采用分散式放矿方式向库内排放，溢流尾矿排放水力坡降为 1.03%～1.51%。每期旋流器组地坪标高均高于库内溢流尾矿排放点标高 10m 以上。中线法堆坝子坝顶最大坝长约 580m，坝前均匀分散放矿，以实现粗颗粒尾矿沉积于坝前，细颗粒尾矿排至库内，尾矿堆积体均匀上升。不得任意从库后或库侧放矿，并应设专人管理。溢流放矿主管沿子坝上游坝堤顶敷设，并随坝堤的升高而向上移和加长，放矿支管后接橡胶管，溢流放矿时应控制放矿支管离滩面的高度及管内矿浆流速，以免冲刷破坏坝坡。

20.5.2.9 沉砂尾矿排放

根据旋流器布设形式、旋流器分级沉砂尾矿特性，经水力学计算，沉砂尾矿由于颗粒较粗、浓度较高，采用静压输送容易堵管，而且输送距离较短，无法输送到坝另一端，因此考虑在每组旋流器组沉砂排放口处设置一直径 3m 的搅拌槽，在搅拌槽后设置一加压泵将沉砂泵送至中线法堆坝子坝顶往下游排放。旋流器组为二用一备，采用 2 根管道输送沉砂尾矿，为防止交替排矿时管道堵塞，每根沉砂输送管设一备用管，沉砂尾矿交替排放时改用备用管输送，并回扬库内的渗透水清洗停用的管道，作为下一次交替排放的备用管道。沉砂尾矿采用 4 根 HDPE 高密度聚乙烯管（ $d×δ=140mm×12.7mm$ ）输送至中线法堆坝子坝顶，而后采用分散式放矿方式向坝外坡排放，沉砂尾矿输送水力坡降为 8.04%～9.08%。第一期分级站对应最大输送距离约 320m，第二期分级站对应最大输送距离约 490m，第三期分级站对应最大输送距离约 540m；每期旋流器组地坪标高均高于沉砂尾矿排放点 15～45m，输送距离为 280～680m，管线输送沿程最大损失为 25.5～61.8m。根据尾矿沉砂排放量设置 3 台 80ZGB（P）（二用一备）型碴浆泵（输送流量 95m³/h，输送扬程 77.1m）。沉砂尾矿采用坝后分散放矿，沉砂放矿主管沿子坝下游坝堤顶敷设，并随坝堤的升高而上移和加长，放矿支管后接橡胶管，放矿支管每间隔 40m 设置 1 根，具体间距现场根据实际排放情况确定。

20.5.2.10 中线法堆坝沉砂尾矿堆存工艺

为了便于实施中线法堆坝，要求提前运输废石加厚、加高初期坝体及进行外坝面的废石贴坡工作，待中线法第一期子坝形成后，从第一期子坝脚开始采用分散放矿的方式排放沉砂尾矿。中线法堆坝最终外坡为 1:4，在外坝坡沉砂排放过程中，应控制沉砂堆积体的平均外坡为 1:3.5 ~ 1:4.0。当沉砂外坡按 1:4 的坡比排放至第一期子坝顶时即完成一个循环，依此类推，以后每个循环都按先堆筑 10m 高子坝、再从子坝脚排放沉砂尾矿，一直堆至中线法堆坝最终坝顶标高 700.0m 后，即结束中线法堆坝工艺，再改用上游法进行堆坝。

在排放过程中，由于沉砂尾矿浓度较高（67% ~ 70.5%），液固分离较快，沉砂尾矿容易在排放点快速排水固结，因此考虑在外坝坡每下降 10m 高差设置一子坝拦挡沉砂尾矿分离水及部分细颗粒尾矿。子坝采用颗粒较粗的沉砂尾矿堆筑，每台子坝高 2m、顶宽 1m，上下游坡比为 1:1.5。旋流分级后的沉砂尾矿输送至坡积土分隔坝外坝脚后，通过分散放矿支管从外坝面各台拦挡子坝顶往下逐级排放沉砂尾矿，沉砂放矿堆积厚度达 2 ~ 3m 即停止本区域沉砂排放，改往下一台拦挡子坝往下排放沉砂尾矿。当整个外坝面均完成一层 2 ~ 3m 厚沉砂排放堆积后即完成第一个循环。下一循环在平面位置的两道拦挡子坝的中部堆筑另一循环的拦挡子坝，该循环拦挡子坝也是每下降 10m 高设置一道，放矿方式与第一循环一致，如此一层层往上堆存沉砂尾矿。实际沉砂尾矿排放过程中，现场根据各道拦挡子坝前细颗粒尾矿沉积情况，调整每一循环层与层之间拦挡子坝位置，避免细颗粒尾矿集中于外坝坡堆坝中的一些区域，影响坝体局部地带的安全稳定性。在沉砂排放堆存过程中，局部无法排放到的地方采用推土机、挖掘机配合作业，控制沉砂尾矿堆积平均外坡在 1:4 左右。

20.5.3　尾矿库后期上游法筑坝

待龙都尾矿库采用中线法堆积至 700m 标高后，根据将来的中线法实际堆积状况结合坝体稳定分析，从 700m 标高开始按 1:5 的堆坝外坡再堆高 30 ~ 730m 规划最终堆积标高。700m 标高以后的尾矿堆坝应结合大红山铜、铁两矿的生产规模、磨矿粒度等情况进行设计，若入库尾矿粒度太细，可采用干式堆存或其他安全可靠的新堆存工艺进行堆坝。

20.6　尾矿库回水

20.6.1　概述

水是生命之源、生产之要、生态之基。我国本来就是一个干旱、缺水严重的国家，特别是近几年来云南省已明显成为了一个少雨、干旱的重灾区。铜、铁两大矿山的主要供水水源，是远离矿山的戛洒江的地表及地下水，输水距离长、运行成本高。近几年来，除受干旱影响外，戛洒江水还受到上游的选矿、挖泥采砂的污染，致使取水管井容易堵塞。地表水的变化对两大矿山的供水产生了很大的影响。由于铜、铁两矿也是一个用水大户，为了进一步解决生产所需的用水要求和建设绿色矿山、减少对环境的影响，两大矿山按照国家及环保的相关要求，采取了一系列措施，提高厂前的回水率、重复处理利用井下排水，经浓缩机浓缩后的尾矿送到尾矿库后，再将尾矿库内的澄清尾水提升输送回采选厂使用，从而达到了节能减排的效果，减少了对环境的污染，减少了供水成本，同时也减少了对江水的采集，更有意义的是让水资源得到了相应的保护，是建设绿色矿山的重要举措。

20.6.2　回水量

龙都尾矿库是大红山铜矿和大红山铁矿共建的尾矿库，其回水量是以两矿的尾矿入库量来计算的，尾矿入库量为7867kt/a，其中大红山铜矿尾矿入库量为1723kt/a，大红山铁矿尾矿入库量为6144kt/a。从入库尾矿含水中扣除蒸发损失、沿程损失及尾矿含水量后，经计算尾矿库可回水量为26032.8m³/h（流量为1084.7m³/h）。

20.6.3　回水系统及回水加压设施

20.6.3.1　回水系统

尾矿库回水取水分为两段加压，第一段是浮船取水加压泵站，由设在库中的浮船将水提升至岸边加压泵站的调节水池。第二段是岸边二级加压泵站，调节水池中的水，由设置在岸边加压泵站的加压设施扬送至设在小平掌铜、铁两矿回水分送点865m标高旁的10km³回水高位水池，铜、铁两矿的用水由该水池分别自流供给。

20.6.3.2　回水加压设施

A　浮船取水加压泵站

浮船设在尾矿库11号、12号排洪井附近，取水标高约625m。浮船尺寸为18m×10m，浮船上设有DFD600-60×3型单吸多级离心泵。其性能参数为$Q = 600$m³/h，$H = 180$m，配电机功率为$N = 450$kW（电压等级10kV）3台（两用一备）。库内的尾矿水由该水泵通过$DN450$、管长约为$L = 474$m的直焊缝钢管，将水扬送至设在高程为771.0m的尾矿回水二级加压泵站回水池调节池内。

B　二级加压泵站

二级加压泵站设在回水池调节池内的下方，设置高程为765.0m，站内设有DFD600-60×4型单吸多级离心泵。其性能参数为$Q = 600$m³/h，$H = 240$m，配电机功率为$N = 560$kW（电压等级10kV），3台（两用一备）。回水由该泵站扬送至设在865m标高的10km³回水高位水池，输水管径为$DN450$的直焊缝钢管，输水管长约为8500m，其中有约为3064m的输水管由尾矿隧洞穿行。其他顺两矿的尾矿沟边缘敷设。

20.7　尾矿库安全监测

20.7.1　概况

大红山龙都尾矿库设计库容1.2亿立方米，尾矿堆坝方式，初期用上游法堆坝，当铜、铁尾矿入库至堆坝标高624～700m时，用中线法堆坝，标高700m以上又改用上游法堆坝。

尾矿库排洪方式为：堆坝在610m标高以下用管井排洪，610m标高以上用隧洞排洪。

大红山龙都尾矿库总库容1.2亿立方米，总坝高210m（其中初期堆石坝高30m，尾矿堆坝高180m），最终堆积高程为730m，有效库容大于1.0亿立方米。根据《选矿厂尾矿设施设计规范》ZBJ1—90，确定初期库等别为三等、四等、中后期库等别为二等，相应基础坝为 4 级构筑物，中期尾矿坝为 3 级构筑物，后期尾矿坝为 2 级构筑物。

本尾矿库的堆坝流程为"上游法-中线法-上游法"。

20.7.2　在线安全监测系统概要

20.7.2.1　尾矿库安全监测的内容

根据尾矿库的运行状况、筑坝特点和现场条件，参照《尾矿库安全监测技术规范》和《尾矿库安全技术规程》等，尾矿库的监测项目如下：

（1）坝体位移监测：包括坝体及坝外坡面水平位移与竖向位移（沉降）监测、坝体内部位移监测。

（2）浸润线监测：包括坝体及坝外坡面浸润线监测。

（3）库区降雨量监测。

（4）库水位监测。

（5）干滩监测。

（6）库区视频监控。

（7）尾矿库现场在线巡查系统。

20.7.2.2　尾矿库在线安全监测系统总体要求

（1）系统平台基本功能要求。系统各种监测监控数据利用数据库进行集中存储，利用软件平台进行数据的统一分析处理，软件平台支持对各种监测监控数据实现监测、评价预警功能，支持多用户同时登录访问。

（2）通讯系统包括光纤传输系统、信号传输系统等。在系统建设时，应采用具有良好扩展性的系统结构，以保证整个系统的可扩展性。

（3）企业调度指挥中心平台接收尾矿库各在线监测点的数据，实时通过软件管理平台展示相关信息及管理三级预警信息、处理结果等自动存储备份。

（4）系统建立开放的数据接口，通过公用互联网，根据政府监管部门需要，适时接入或远程查看。

（5）系统要求具有预警信息自动传送功能，根据安全预警级别的不同，预警信息分别发送到相应指挥中心及责任人处。

（6）整体架构为服务器 + 客户端方式（B/S 结构）。

（7）监测仪器与仪表、设施的选择，要力求先进和便于实现在线监测。

（8）监测布置应根据尾矿库中线法堆坝的实际情况，力求具有代表性和合理性，突出重点，兼顾全面，相关项目统筹安排，对薄弱部位进行针对性监测。

（9）各监测仪器、仪表、设施应保证在恶劣气候条件下，能进行准确的监测。

（10）监测周期应满足尾矿库日常管理的要求，应做到监测、数据整理分析及时，异常情况应及时上报及报警。

20.7.3　在线监测系统建设情况

20.7.3.1　在线监测建设内容

大红山龙都尾矿库的在线监测系统按照尾矿库筑坝工艺流程分首期建设和后期建设。

（1）首期建设：根据尾矿库堆筑的情况对尾矿库在线监测系统进行首期建设，初步建成全方位的尾矿库在线监测系统。

（2）后期建设：根据中线法堆坝进度逐步延伸加高设施并依次新增监测设备和设施，新增的监测设备和设施融入首期建成的尾矿库在线监测系统。

大红山龙都尾矿库前期上游法筑坝监测由重庆大学设计，于 2008 年建成投入使用，建有地表位移、浸润线、视频监测系统。由于尾矿库由上游法转中线法筑坝，外坝坡面不断上升，前期监测系统的大部分监测设施难以重复利用。

根据中线法堆筑工艺要求，尾矿库在线监测系统首期建成全方位的尾矿库在线监测系统。后期建设根据中线法外坝坡放矿情况建成可延伸监测设备和设施，后期建设项目充分融入首期建成的尾矿库在线监测系统。

尾矿库在线监测系统首期建设项目情况见表 20-4，后期建设项目情况见表 20-5。

表 20-4　系统首期建设项目

序号	项目名称	设备要求	技术指标	单位	数量
1	测量机器人系统	Leica 测量机器人（1″级）监测系统	监测精度优于 3mm，监测周期 5～30min	套	1
2	坝体表面位移监测点	PF1 圆形反光棱镜组位移监测墩	测量距离大于 1000m	套	13
3	坝体内部位移监测	固定式/滑轮式智能测斜仪	监测精度 0.05mm/m，监测周期 5～30min	套	11
4	浸润线监测	智能渗压计	监测精度 10mm，监测周期 5～30min	孔	12
5	库水位	智能型超声波水位计	监测精度 10mm，监测周期 5～30min	套	1
6	雨量监测	智能雨量计	监测精度 0.1mm，监测周期 5～30min	套	1
7	视频监控	激光红外夜视仪	监控半径：白天 500～1000m、夜晚 200～300m。监控频率：实时在线	套	3
8	干滩监测	工业高清广角数字相机	监测精度符合规范，监测周期 5～30min	套	1
9	在线巡查系统	手持在线巡查终端	巡查指标符合规范要求	套	1
10	监控中心	服务器及正版操作系统、数据库	采用网络化 B/S 构架，自动接收、分析、储存、发布监测数据	套	1

表 20-5 系统后期建设项目

序 号	项目名称	技术和设备	单位	数量	备 注
1	坝体表面水平位移监测	测量机器人监测系统	套	1	在首期建设中，11 个监测点原位置逐步延长观测墩，按照中线法堆高 80m 计算，每 3m 延长一个，每个监测点位置先后延长 24 次观测墩； 另外增设监测点 13 个，每堆高 3m 延长一次，每个监测点位置先后延长 20 次
2	坝体表面竖向位移监测	测量机器人监测系统	套	1	共用测量机器人系统
3	坝体内部位移监测	坝体内部位移监测系统	套	2	2 个测斜孔，后期安装 8 个测斜仪
4	浸润线监测	坝体浸润线监测系统	套	1	新增 3 排浸润线监测孔、9 个浸润线孔，包括首期建设的共 24 个浸润线孔都需要随着外坝面的堆高逐步安装延长测压管
5	数据采集系统	采集箱	套	2	用于现场数据的自动采集控制传输
6	通信系统	无线 GPRS 通信	套	2	新增数据采集系统各一套
		总线通信	套	2	新增数据采集系统各一套
7	供电系统	太阳能 + 36AH 蓄电池	套	2	新增数据采集系统各一套

20.7.3.2 坝体位移监测

A 坝体表面水平位移监测

水平位移监测设施布设

首期工程于 2013 年 12 月底建成，利用原上游法 1 个监测站、在尾矿库东、西两岸共设置 2 个监测基准点，在坝体及坝外坡自上而下建成 4 排监测点，共 11 个监测点。

后期建设在首期建设基础上，根据外坝坡面上升情况，逐步加高监测设施并随着坝体及外坝坡面的延伸，逐步增加完善监测设施。

首期建设坝体表面位移监测设施见表 20-6，后期建设坝体表面位移监测设施见表 20-7。

表 20-6 系统首期建设坝体表面位移监测设施

序号	设备名称	数量	技术规格
1	Leica TCA1800 测量机器人（利用原有设备）	1 套	精度：1"，1mm + 1.5 × 10 - 6D
2	GPR1 圆棱镜组	13 套	PF1
3	高精度气温计	2 套	分辨率：温度 0.1℃
4	高精度气压计	2 套	分辨率：气压 0.1MPa

序号	设备名称	数量	技术规格
5	测量机器人控制系统	1 套	机器人控制，支持光纤或无线通信
6	观测墩	13 个	
7	监测站房	1 间	利用尾矿库原有测量机器人监测站房
8	观测站房视频监控	1 个	枪式视频
9	观测站房视频通信	1 套	光端机

表 20-7　系统后期建设坝体表面位移监测设施

序号	设备名称	数量	技术规格
1	GPR1 圆棱镜组	13 套	PF1
2	在原测点位置建设观测墩		首期布设 11 个监测点，按照堆高 80m 计算，每堆高 3m 延长一个，每个监测点先后共延长 24 次观测墩
3	增设观测墩	13 个	增设的 13 个监测点，每堆高 3m 延长一次，每个测点先后延长 20 次

B　坝体表面竖向位移监测

坝体表面竖向位移（坝体不均匀沉降及坝体整体沉降）采用测量机器人监测系统进行监测，与水平位移监测共点、共设备、同步监测。

C　坝体内部位移监测

坝体内部位移监测采用土体测斜方法。该方法是在坝顶竖直钻孔，在孔内安装测斜管，将测斜管下端固定在基岩或稳固的土体中，在测斜管内各监测点的设计位置分别安装滑轮式测斜仪，求出坝体内部不同高度的水平位移量。

监测设施布设：后期建设在首期的 2 个测斜孔基础上进行延长，总共加装 8 个滑轮式测斜仪，需要测斜管总长 120m。首期建设坝体内部位移监测设施见表 20-8，后期建设坝体内部位移监测设施见表 20-9。

表 20-8　首期建设坝体内部位移监测设施

序号	设备名称	数量	技术规格
1	滑轮式测斜仪	11 套	精度：0.2mm/m，量程 30°，使用环境温度：-20 ~ +80℃，温度测量范围：-20 ~ +80℃
2	设备配套总线	475m	包括预留到最终坝面的总线长度
3	测斜管	180m	

表 20-9　后期建设坝体内部位移监测设施

序号	设备名称	数量	技术规格
1	滑轮式测斜仪	8 套	精度：0.2mm/m，量程 30°，使用环境温度：-20 ~ +80℃，温度测量范围：-20 ~ +80℃
2	设备配套总线	500m	包括预留到最终坝面的总线长度
3	测斜管	120m	ϕ70mm

20.7.3.3　浸润线监测

采用在测压孔内安装智能型渗压计的测量方法实现浸润线在线监测。系统首期建设和后期建设的浸润线监测点布设如下。

A　系统首期建设监测点布设

首期建设共布设 4 排 12 个浸润线观测孔、安装 12 个渗压计。通过一次性钻孔、下埋测压管的方式形成观测孔，单个钻孔深度约为 15m。

B　系统后期建设监测点布设

根据中线法堆坝的进度，后期建设通过在首期建设的测压管安装延长测压管方法，实现浸润线观测孔的连贯性。后期建设新增的监测点布设如下（不包括延长利用首期的孔）：

（1）在基础坝和拦碴坝之间坝面布设 2 排共 6 个浸润线监测孔；

（2）在拦碴坝上游坡底布设 1 排 3 个浸润线监测孔。

后期建设总共布设 3 排 9 个浸润线监测孔，安装 9 个渗压计。

首期建设坝体内部位移监测设施见表 20-10，后期建设坝体内部位移监测设施见表 20-11。

表 20-10　首期建设浸润线监测设施

序号	设备名称	数量	技术规格
1	渗压计	12 套	精度：10 mm，使用环境温度：−20 ~ +80℃，温度测量范围：−20 ~ +80℃
2	设备配套总线	240m	
3	测压管	216m	

表 20-11　后期建设浸润线监测设施

序号	设备名称	数量	技术规格
1	渗压计	9 套	精度：−10 mm，使用环境温度：−20 ~ +80℃，温度测量范围：−20 ~ +80℃
2	设备配套总线	270m	
3	测压管	2000m	

20.7.3.4　干滩监测

在尾矿坝上游东、西两侧山体非淹没区（距库水面高度不小于 30m）的适当位置各布设 1 个干滩监测点，干滩近景摄影自动监测系统设施见表 20-12。

表 20-12　干滩近景摄影自动监测系统设施

序号	设备名称	数量	技术规格
1	高档工业数字相机	2 套	包含工业相机和控制处理器
2	太阳能供电系统	2 套	太阳能板＋蓄电池或 220V 交流供电

干滩自动监测运用摄影测量技术，对尾矿库的干滩的长度、坡度和滩顶高程进行实时远程在线监测。

A 干滩监测主要技术参数

（1）设备型号：高档工业级高清数字相机。

（2）测量精度：高程 20mm、平面 30mm。

（3）监测周期：5~30min。

（4）使用环境温度：-40~+80℃。

B 监测内容

系统提供干滩人工常规监测数据的接口，监测内容包括滩顶高程、平均干滩坡度、干滩长度。每次监测工作完成后，按照规定格式即时将干滩监测数据上传至在线监测系统。

20.7.3.5 库水位监测

采用超声波液位计遥感测量的方法，实现尾矿库库水位在线监测，监测设施见表20-13。

库水位监测的位置设于尾矿库浮船取水站旁，采用安装渗压计实施库水位在线监测。

表 20-13 库水位监测设施

序号	设备名称	数量	技术规格
1	超声波液位计	1套	监测精度：10mm，量程：10m，使用环境温度：-30~+78℃
2	太阳能供电系统	1套	太阳能板、蓄电池

20.7.3.6 降雨量监测

采用智能雨量计的测量方法，实现降雨量在线监测，监测设施见表20-14。

监测点设于尾矿库原值班房房顶上，采用智能雨量计通过雨量桶接收到实际的降雨量，按照小时进行雨量统计监测。

表 20-14 雨量监测设施

序号	设备名称	数量	技术规格
1	智能雨量计	1套	量程：25.5mm/h；测量精度：0.1mm；使用环境温度：0~+80℃
2	设备箱	1个	防水、防腐

20.7.3.7 视频监控

视频监控布设在尾矿库值班室、尾矿坝西侧 EL730m 库区公路旁（实时对库区情况进行监控）、尾矿库尾（尾矿回水加压泵站房附近），以实现对库尾特别是排洪系统运行情况的监控，共布设 3 套视频装置，监控尾矿库库区和尾矿坝的安全状况。

视频采用带激光、红外线、云台功能的高端视频机光纤传输通信，实现库区在线视频监控。视频监控布点示意图如彩图 20-4 所示。

20.7.3.8 数据采集传输系统

根据大红山龙都尾矿库现状和生产工艺情况，由于中线法外坝面不断上升，埋设的渗压计和内部位移计等设备需要根据进度加高，为尽量减少坝体表面在线监测对中线法子坝堆积施工的影响，每个浸润线监测点及坝体内部位移监测点都分别安装一套数据采集传输系统。首期建设共需安装 15 套数据采集传输系统。其中在主坝体平台（EL640m）、25 级子坝平台（EL602m）、12 级子坝平台（EL575m）、基础坝顶平台上分别安装 3 套，库水位监测、2 个干滩监测分别各安装 1 套数据采集器。后期建设在初期坝和拦碴坝之间、拦碴坝顶布设 3 套。

采集器均采用太阳能供电，配 24A·h 蓄电池（抗风能力不低于 7 级）。

20.7.3.9　通信系统

本在线监测系统采用光纤通信、GPRS 无线通信两种布网方式。

A　供电系统

本在线监测监控系统采用 220V 交流供电及太阳能 +24A·h 蓄电池供电。

B　防雷系统

防雷系统包括防直击雷和感应雷系统。设备选型和安装施工参照相关技术规范要求。主要分为直接雷防护和感应雷防护两种方式。

C　现场在线巡查系统

库区现场巡查人员可以利用装有软件的手机采集现场巡查信息（如巡视时间、气象、巡视路线与区域、尾矿库运行状况、坝体及周边异常情况、现场图像、巡查人员等），通过 GPRS 无线网络发送到监测中心，系统接收到巡查信息后进行数据建库和统一管理，并在线实时发布巡查信息。

本次系统建设采用现场在线巡查系统一套。用于辅助尾矿库的安全在线监测和安全管理。

D　尾矿库可视化信息发布

通过建立可视化信息发布系统，可视化环境中查看监测点的监测信息和安全状况，为尾矿库的安全管理提供技术支持。

E　现场防盗、防雷措施

（1）防盗措施：安装于地表的监测设备均采用架空方式。

（2）防雷措施：本系统各个监控设备、数据传输设备内均设置了防感应雷设施，能有效杜绝系统局部设备遭受雷击时产生关联破坏的后果。

F　监控中心建设

监控中心建设包括系统服务器、大屏幕显示屏、网络硬盘录像机、不间断电源等设备；并在尾矿库值班室设置终端计算机（含不间断电源）。

20.7.4　在线监测系统功能

20.7.4.1　在线监测功能

A　对监控设备进行远程智能控制与管理

通过在监测信息系统的发布和浏览终端（凭特许身份进入），用户可以通过对话窗口掌握和控制现场监测监控设备的性能参数、工作状态、数据采样周期等。

B　"黑匣子"功能

系统建立监测设备采集过程详细记录平台（"黑匣子"），该平台可以对每个监测设备在采集数据过程的每个动作和细节进行记录，便于还原和分析各个监测设备工作状态及采集监测数据质量状况。

C 数据建库与储存

在线监测系统建立原始数据库，包括尾矿库勘测设计资料、安全管理资料、在线监测系统采集的原始数据信息（不可修改与删除）、现场巡查信息（不可修改与删除）、库区仿真建模数据等；成果数据库（不可修改与删除），包括监测数据平差计算资料、数据分析资料、监测成果及图表、预/报警信息、事故处置信息等。采用双备份方式进行数据储存，数据保存时间不低于 20 年。

D 人工监测与验证监测

本系统的信息浏览终端提供了人工监测数据接口，特许人员能够通过登录系统上传人工监测数据（系统提供标准的 Excel 数据表格），系统对人工上传数据自动进行建库和统一管理。

20.7.4.2 数据分析处理功能

A 监测数据平差计算

系统自动每对个监测设备采集的数据进行计算处理。对于测量机器人观测数据、静力水准仪测量数据、测斜仪观测数据，按照严密平差法计算各个监测数据的平差值，统计其测量中误差，并自动解算为尾矿坝坐标系中的坐标。

B 尾矿坝变形预测

尾矿坝发生变形除受到库内尾矿和积水的外荷载作用外，还受到坝体的筑坝方式、材料、自重、降雨量和温度的影响；另外，坝体位移还会随时间发生不可逆的变形（位移-时间效应）。

本系统采用组合预测技术，建立形变与多因子之间的预测模型和时序曲线拟合模型，基于现有的监测数据对未来某时期内的坝体形变进行预测，并利用实时动态的监测数据对已建立的模型进行自动修正，使预测模型更加贴近实际情况。

C 预/报警分析

当在线监测系统采集到异常变化监测数据并经分析判断无误后，能够自动进行报警等级的判别，并根据报警级别进行不同形式、不同人员范围的预警/报警。对于日常巡查信息、人工上传监测信息、人工输入报警信息，系统也能够自动实现相应级别的报警。根据安全预警级别的不同，预警信息分别发送到相应指挥中心及责任人处。

20.7.4.3 监测信息在线发布功能

（1）在线监测信息查询；

（2）自动生成监测成果报表；

（3）自动生成浸润线；

（4）自动生成监测数据变化过程曲线；

（5）自动生成变形分析与预报曲线；

（6）预警与报警，采用系统信息发布终端提示预/报警、手机短信报警两种方式；

（7）调洪高度推演发布。

20.7.5　小结

尾矿库安全在线监控系统首期工程于 2012 年 12 月 31 日投入试运行，后期工程于 2013 年 3 月底建成。该系统建成了坝体表面位移监测系统、坝体内部位移监测系统、浸润线监测系统、干滩监测系统、库水位监测系统、雨量监测系统、视频监控系统及监控中心。为尾矿库的安全管理提供及时、准确的监测信息，尾矿库坝体如有异常变化时，及时发布预/报警信息。该系统运行具有以下优缺点：

（1）优点：

1）系统建成后，为尾矿库在线巡查及监控提供了可靠保障，为指导生产管理提供了依据。

2）有利于尾矿库形成一套完整的数据收集分析系统，有利于尾矿库数据储存，形成完整的档案管理。

3）充分体现了大型国有企业对尾矿库安全管理的重视，利用现有先进科学技术与实际生产相结合进行实物和系统性分析，形成了一套大型尾矿库安全管理独特的系统管理模式，为今后的安全管理奠定了良好基础。

（2）缺点：

1）系统的稳定性较差，位移测量受中线法外坝坡面扬尘影响较大，经常发生因棱镜受污染，测量机器人无法测到实时数据的情况，对安全管理的实时指导性不强。

2）由于该系统的数据处理需通过现场信号箱采集信息后发回中央数据处理系统处理，该系统的数据显示平台所显示的数据存在一定的滞后性，不能反映实时情况。

3）监测系统各点关联性不强，未形成一套完整的分析系统，各监测点测量的时间点，人为操控性强，数据凌乱，维护单位现场服务技术差，后期维护工作量大。

参 考 文 献

[1] 罗钧耀，张召述，王金博，等. 大红山微细粒铁尾矿沉降特性研究 [J]. 硅酸盐通报，2012（4）：275~279.

[2] 张淑会，薛向欣，金在峰. 我国铁尾矿的资源现状及其综合利用 [J]. 材料与冶金学报，2004（12）：241~245.

[3] 闫满志，白丽梅，张云鹏. 我国铁尾矿综合利用现状问题及对策 [J]. 矿业快报，2008（7）：9~13.

[4] 程琳琳，朱申红. 国内外尾矿综合利用浅析 [J]. 中国资源综合利用，2005（11）：30~32.

[5] 李毅，谢文兵. 尾矿整体利用和环境综合治理对策研究 [J]. 矿产与地质，2003，98（4）：27~30.

[6] 孙水裕，缪建成. 选矿废水净化处理与回用的研究与生产实践 [J]. 环境工程，2005，23（1）：7~9.

[7] 杨燕，戴红波. 龙都尾矿库混合式筑坝坝体稳定性研究 [J]. 有色金属设计，2014（6）.

21 选矿系统自动控制

21.1 大型设备的远程自动控制

21.1.1 破碎机系统

21.1.1.1 破碎机在大红山铁矿的应用

破碎系统是选矿厂的主要生产系统之一。大红山铁矿自建厂以来根据不同需求主要选用旋回破碎机和颚式破碎机。

21.1.1.2 液压旋回破碎机控制系统

大红山矿业公司三选厂选用的大型液压旋回破碎机，其实现安全稳定的运作，必须保证油箱稀油润滑、冷却系统工作稳定可靠。如果旋回破碎机的润滑不良，各润滑部位摩擦发热严重，将导致轴衬及轴瓦表面烧伤、胶合、开裂、松动，并使油质很快劣化。这类故障集中反映在内部的重要润滑部位上，如直轴衬与偏心轴套之间、斜轴衬与主轴之间、躯体球面与碗形轴瓦之间。对此，在投产之初选用了西门子 S7 – 200PLC 测控系统，对破碎设备进行远程测控。

根据系统与设备的配套调试，整个测控系统实现了以下主要功能：

（1）主润滑系统回油温度测控。

（2）主润滑油箱油温测控。

（3）主润滑系统入口油温测控。

（4）破碎机轴瓦温度测控。

（5）主润滑系统进油流量测控。

（6）主润滑油泵出口压力测控。

（7）过滤器堵塞压力测控。

（8）主润滑系统回油油量测控。

此外，为了方便操作人员监控破碎机稀油站测控系统整体运行情况，主要监控数据运行在工控机中，在该硬件平台上运行西门子 WinCC 组态监控软件，即可完成破碎机稀油站运行信号、报警信息以及主要运行信号的历史趋势记录等工作。

液压旋回破碎机测控系统是将 PLC、工控一体机及最新的控制技术应用到了破碎机稀油润滑站测控系统中，实现了破碎机稀油润滑站的智能监控和数据管理。

21.1.2 半自磨、球磨系统

21.1.2.1 半自磨机在大红山铁矿的应用

大红山铁矿一共建成使用 4 套半自磨机（一选厂 $\phi5.5\text{m} \times 1.8\text{m}$ 半自磨机、二选厂 $\phi8.53\text{m} \times 4.27\text{m}$ 半自磨机、三选厂 $\phi8.8\text{m} \times 4.8\text{m}$ 铁系列半自磨机、三选厂 $\phi8.0\text{m} \times 3.2\text{m}$

铜系列半自磨机）。在设备选型方面，从国产到主要设备进口再到部分设备进口，各个系统在投入使用后，经过不断地进行系统内部优化，现已基本适应各项控制及技术指标要求，从配置、控制结构、逻辑保护、设计容量等方面综合对比，各有其特点及区域适用性。

A　四套半自磨机的共同点

（1）通过对磨体轴耳压力、磨声频谱及主电机功率来自动调节给矿量的高低及补加水。

（2）启动方式：顺序启动，逆向停止。

（3）保护方式：出现内部故障时，根据控制逻辑，选择性动作。

B　三选厂 $\phi 8.8m \times 4.8m$ 半自磨机的控制系统

a　系统组成

磨机 PLC 控制系统见图 21-1。

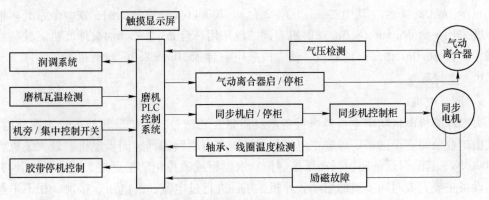

图 21-1　磨机 PLC 控制系统

b　控制系统

PLC 控制系统将给矿胶带运输机、主驱动电机、气动离合器、润滑系统、排矿泵等设备作为一个整体控制系统考虑。因此，与半自磨机相关联的前面给矿设备的停机控制信号和后面设备启动信号，都是磨机 PLC 控制系统的组成部分，相互之间构成了联锁关系。同时 PLC 控制系统把系统分为 A 类故障和 B 类故障，A 类故障为报警信息，B 类故障则停止相关联设备。

（1）润滑系统的启动和保护。润滑系统的启动既可在本地，又可在远程启动。

（2）同步电机的启动和保护。启动后，PLC 控制系统将接收来自高压启动柜是否有故障信号，如果有故障将自动停机，如果没有故障，控制系统将判断励磁电流正常时，进入监控状态。当电控系统出现故障时，PLC 控制系统保护控制回路动作，磨机脱离负载，停止电机工作。

（3）气动离合器的控制。气动离合器是磨机带动负载的关键部位。首先，它的启动需满足一定的气压要求，使其能够带动磨机的负荷。同时在离合器启动的瞬间，PLC 控制系统输出强励磁信号，保证同步电机正常运行。其次，在气动离合器控制回路中串入稀油站及同步电机故障节点，一旦稀油站或是同步电机系统发生故障，则 PLC 控制系统输出气动离合器脱离负载。

该磨机控制系统是使用罗克韦尔 Logix5000 型号的 PLC 及相关模拟量 I/O 模块作为控制器，现场控制柜触摸屏通过控制器自带的 RS232 端口与 PLC 连接，实现磨机主要参数的实时监控，如轴瓦温度、定子温度、油压力及流量等。同时通过控制柜内 Controlnet 通讯模块连接到工业以太网中，与选矿中控室上位机通讯，上位机平台上运行 Intouch 组态监控软件，主要实现磨机稀油站油流量、压力、温度等主要信号，同时对给矿量、磨机补加水量、同步电机功率等信号的历史趋势设置，实现了现场与控制台的实时监控，做到了智能化控制与数据化管理。

21.1.2.2　球磨系统

A　球磨机在大红山铁矿的应用

500kt/a 选矿厂二段磨采用 1 台 ϕ2.7m×3.6mm 溢流型球磨机，三段磨采用 ϕ3.2m×5.4m 溢流型球磨机。2006 年建成的 4000kt/a 选厂二、三段采用国内较大型的球磨机 ϕ4.8m×7m，共 4 台（其中二、三段各 2 台）。7000kt/a 选厂分为铜、铁两个系列。铜一段球磨采用一台 ϕ5.5m×8.5m 球磨机，铜二段采用一台 ϕ3.2m×6.4m 球磨机。铁一段球磨采用一台 ϕ6.0m×9.5m 球磨机，铁二段采用一台 ϕ5.0m×8.3m 球磨机。

B　控制原理

a　同步电机

大型球磨机电机功率主要考虑设备本身质量、装球量、给矿量和补水量等载荷因素，大红山矿业公司三个选矿厂球磨主电机都采用国产有刷励磁低速同步电机，最大装机容量为 6000kW，其配套设备还包括高压控制柜、水阻柜或磁控柜、星点柜、励磁柜、启动柜。这些设备主要完成对同步机的启动、停机，并且进行过电流、过电压、接地、相不平衡和同步机欠励等进行保护。同时通过 PLC 也对同步机的定子和转子两端轴承的温度进行检测保护。

b　气动离合器

球磨机的电机为空载启动，然后通过气动离合器连接到球磨机筒体负载，电机的启动并不代表球磨机已经运转，只有气动离合器闭合后，经过约 8s 时间，通过摩擦片将球磨机传动轴抱紧，使筒体转速正常，此时球磨机启动成功。离合器采用伊顿工业离合制动器（上海）有限公司生产的设备。

c　润滑系统

磨机两端主轴承受的负载载荷较大，需要符合润滑良好、工作可靠、调整灵活、保护完善等要求。润滑系统一般采用高（低）压稀油站，根据球磨机主轴承的工作原理不同，润滑方式也不同。动静压轴承润滑工作原理可采用"静压启动，动压润滑"的方式。在球磨机启动前先由高压油泵向中空轴与轴瓦底部之间泵入一些润滑油，在轴和瓦之间形成一层油膜，减小了启动阻力。在球磨机运转几分钟后，高压油泵停止工作。此时润滑油依靠球磨机的转动形成"动压润滑"。这时，在启动前后一段时间和停车前用高压系统，正常运行时用低压系统。而静压轴承润滑工作原理是在启动前后一直用高压系统托起球磨机主轴，形成连续油膜，并且有另一路高压系统作为止推定位运转部分，其低压系统一直运行。

500kt/a、4000kt/a 选厂球磨机磨体润滑采用"静压启动，动压润滑"的润滑方式，同步电机轴承采用甩油环自润对轴承进行润滑，而 7000kt/a 选厂球磨机磨体润滑采用"全静压"润滑方式，同步电机轴承采用 GDRS 双高双低稀油润滑站进行润滑，系统以 2 台低压油泵电机、2 台高压泵和加热器为控制对象；把系统压力温度液位的检测信号和各控制对象的启停及主机状态的信号送至 PLC，由 PLC 来完成系统的启停、联锁、报警。

C　电气控制系统的组成

（1）PLC 电气控制柜是整个磨机系统的控制中心，电控柜门上的触摸屏显示了机械各个部分的工作状态，并能完成声光预警及故障自动停机，柜门上的操作按钮可以控制各部分机械设备的启动和停止，远、近程及手动、自动由柜门上的选择开关自由选择。由它控制的对象主要有油站低压泵电机 2 台、油站高压泵电机 3 台、循环泵 2 台、离合器电磁阀及喷射油站电磁阀等。

（2）高压开关电柜为高压同步电机提供电源，包括高压进线柜和高压断路器。

（3）同步电机励磁柜为 KGLF-2C 型同步电动机励磁装置。该装置控制核心由 SEIMENS 公司 S7200-PLC 和 Pro-face GP37-24V 触摸屏与 KGLF-2 型微机励磁控制器组成。主回路选用 6 只 KP500A/1800V 晶闸管风冷器件组成三相全控桥可控硅整流供电，采用全数字控制技术，运行参数由人机界面触摸屏设定，微机智能完成转差率检测、灭磁控制、运行显示、实时投励、脉冲形成、故障自诊断等功能。此励磁装置具有良好自诊断功能，能够进行运行参数及故障管理，可在线修改和显示当前运行的各种参数，并可循环存储故障信息，具有运行可靠、技术先进、结构简单、功能齐全、性能稳定、调试方便、维护简单等优点。

（4）4000kt/a 球磨机同步电机启动时，采用水阻柜降压启动，而 7000kt/a 球磨机同步电机采用 HDQ 型磁阀式高压固态软启动装置。该装置采用高压可控电抗器技术。该技术以低压金闸管为核心控制器，通过控制晶闸管的导通角来改变控制绕组中直流电流的大小，改变铁芯的磁导力，从而改变高压绕组的阻抗，达到降压限流的目的。

D　球磨系统与中控上位机的联系

球磨机的控制站与仪用控制站，通过工业以太网进行数据通信的电控系统，仪控和电控专业信号交接通过工业以太网通信方式来完成；同时在电气楼和磨矿变电所，均预留工业以太网通信接口。

中控电控系统和仪控系统通过 ControlNet 网和球磨控制站进行通信，主要采集球磨控制站设备运行时的各种信号：主电机定子温度、定子电流、电机轴瓦温度和主电机油站故障信号、全静压油站故障信号。通过采集到的信号进行逻辑判断对主电机或离合器进行监控，当接收到"重故障指令"电控系统将对电机或离合器进行保护性跳闸。中控上位机与球磨机控制站的通讯图如图 21-2 所示。

E　球磨控制站的组成

一台球磨机组成一个小的控制系统，系统核心部件是罗克韦尔 Logix5000 型号的 PLC 及相关模拟量 I/O 模块作为控制器，现场控制柜触摸屏通过控制器自带的 RS232 端口与 PLC 连接，实现磨机主要参数的实时监控，PLC 控制系统将主驱动电机、气动离合器、润滑系统、排矿泵等设备作为一个整体控制系统。因此，球磨机相关联的前面给矿设备的停机控制信号和后面设备启动信号输入，都是磨机 PLC 控制系统组成部分，它们相互之间构

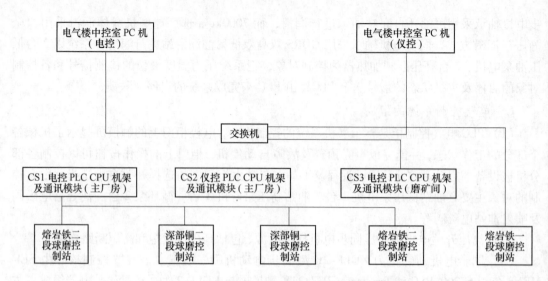

图 21-2　中控上位机与球磨机控制站的通讯图

成了联锁关系。同时 PLC 控制系统将系统分为 A 类和 B 类故障，即 B 类故障为报警信息，只提示不停相关设备；A 类故障则立即停止所有相关联的设备。系统组成如图 21-3 所示。

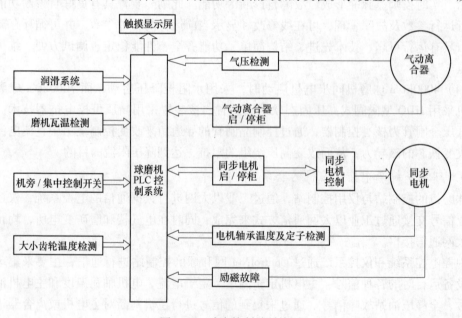

图 21-3　球磨控制站系统图

　　润滑系统的启动和保护：润滑系统的启动既可在本地，又可远程启动。启动过程中将辅机柜上的转换开关拨至"本柜自动"，然后按"油泵总起"按钮，设备根据编程好的逻辑自动运行。

　　主要功能还有同步机的启动和保护，气动离合器的控制。

　　系统自动化程度高，流程启停快捷，降低了工人的劳动强度，减少了大量操作人员。调度员在中控室便能实时监控设备运行情况，遇突发设备事故时可快速切停机，保证设备的安全运行。

21.1.3　浮选自动控制系统

21.1.3.1　浮选过程自动控制系统

A　系统结构组成

浮选过程自动控制系统的组成结构如图 21-4 所示。液位控制回路由液位测量装置、就地操作箱、气动调节阀和质量流量计等构成。液位测量装置将液位信号传递到就地操作箱，根据液位的设定值对气动执行机构进行自动调节，最终达到理想的液面高度。

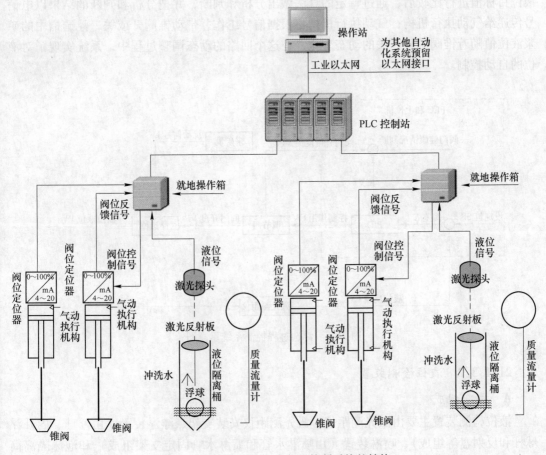

图 21-4　BFLC 液位/充气量控制系统的结构

B　性能特点

（1）液位测量装置采用激光测距仪，将液位实测值变化转换为 4~20mA 的标准输出信号。其一体化结构，磨损极小，使用寿命长，运行可靠。测量筒独特的结构可以有效阻隔浮选泡沫的进入，从而消除泡沫对于矿浆液位测量的干扰。液位测量装置配置喷淋装置，对浮子组件进行冲洗，保证其长期可靠工作。

（2）气动调节阀对每个浮选作业的矿浆液位都有优良的调节性能。气动调节阀不仅调节精度高，控制性能好，而且定位装置准确可靠。气动执行机构具有线性度好、调节准确、经久耐用的特点，并且具备多种故障断气保位功能。

（3）热式流量计作为专用的风量检查装置，测量效果准确且稳定，同时经久耐用，质量可靠。

（4）液位控制器部分为微机系统，专用的液位控制算法，控制性能极佳，可实现高精度的、多功能的检测和控制。

C 工作原理

浮选过程自动控制系统是一个负反馈单回路控制系统，如图21-5所示。液位测量装置将测得的浮选槽中的液位值实时地传递给控制器，控制器将此值与操作人员预先设定的液位目标值进行比较后，通过特定的算法做出分析和判断，并把分析和判断的结果以电信号传递给气动执行机构，气动执行机构将根据信号工作并带动锥阀开或关，浮选槽中的矿浆液位值随着锥阀的开和关的动态变化，在这个回路的动态调整过程中，系统实现了对液位的自动控制。

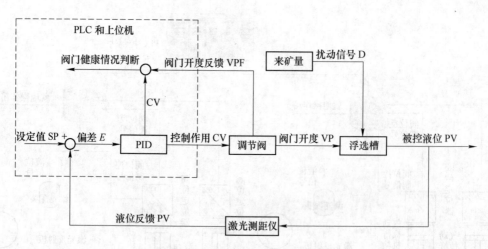

图 21-5 浮选过程控制系统示意图

21.1.3.2 液位检测装置

A 系统组成

液位检测装置主要由激光测距仪、激光测距仪安装支架、漂浮装置（由浮球、内外浮球杆和反射盘等组成）、喷淋装置（由喷淋水管和喷淋水管固定支架组成）和泡沫隔离筒等组成。

B 工作原理

激光测距仪向漂浮装置上面的反射盘发送激光，反射回来的激光通过激光测距仪探头转换成为 4~20mA 信号送回控制箱，控制箱内部的仪表将信号转化为液位信号，从而实现对液位的检测功能。

21.1.3.3 气动型执行装置

A 气动型执行装置的结构

其结构主要由气动执行机构和锥阀等组成。定位器安装在气缸上，通过输入的电信号对气缸的活塞杆进行调节，最终实现对阀门开度的控制。

B　工作原理

气动型执行装置是以压缩空气为动力，通过向气动执行机构输入 4～20mA 的电信号来控制锥阀的开度，最终实现调节介质流量的目的。气动型执行装置的自动调节主要是依靠定位器来加以实现的。定位器的结构如彩图 21-6 所示，其主要由显示屏、按钮、接线端子及执行机构等零部件组成。

定位器原理：定位器接收外部输入的 4～20mA 信号，通过其内部的微处理器对信号进行分析和处理，对输入和输出的气源进行重新分配，从而驱动气缸进行上、下运动，最终实现对气动执行机构进行有效控制的目的，如图 21-7 所示。

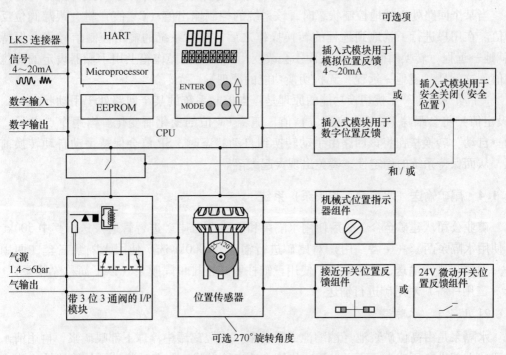

图 21-7　定位器的工作原理图

C　就地控制箱

就地控制箱主要由控制箱和控制箱支架组成。其中，控制箱由箱体、控制仪表（EN6000B4-23 手操器）和显示仪表（EN6000B3 数显表）、电源模块和空气开关等其他电子元器件组成。就地控制箱作为整个浮选过程控制系统的就地控制中心，控制着气动执行机构、气动调节蝶阀和电动阀等执行机构的运行，同时对各执行机构的运行情况及浮选液位的高度进行显示。

D　PLC 集中控制站

浮选过程中的液位高度、阀门开度和阀门开度反馈值等过程参数可以通过就地操作箱来控制。其优点是可以直接在现场设备旁操作，通过目测浮选槽内矿浆泡沫的厚度，在现场对泡沫厚度实现实时控制，操作方便快捷。但就地控制也有非常明显的弊端，即无法达到对众多控制点实施集中监控。因此，需要利用 PLC 集中控制柜，根据工艺的要求，对全厂浮选机液位进行集中控制和集中管理，从而达到控制系统的最优化。

PLC 集中控制站的组成：PLC 浮选液位控制站主要由箱体、柜内各种电子电路元器件（如 PLC 模块、继电器、隔离模块、接线端子、电源端子、空气开关和 UPS 电源等）及附在箱体上的风扇和灯管等组成。通过外部提供的电源驱动柜内的 PLC 工作，发出各项指令，进而实现远程控制浮选液位的目的。

E　就地手动投入远程自动的过程

BFLC 浮选过程自动控制系统具有"就地→远程"和"手动→自动"无扰切换功能。"就地→远程"无扰切换功能只有在阀位反馈有效的情况下才有效，"手动→自动"无扰切换功能只有在设置了"详细参数"页面中的"手动时 SP 跟踪 PV"时才有效。

当某个回路处于就地控制状态时，该系统的控制输出值（CV 值）将会跟踪阀位反馈的值。在用户进行了就地到远程的转换操作之后，控制系统的输出控制信号将会保持在"就地→远程"转换瞬间的值，从而不会改变用户在就地操作箱上用手操器设定的阀位控制值。这就是"就地→远程"无扰切换功能的原理。

"手动→自动"无扰切换功能的原理是：当控制系统的某个回路处于手动状态时，SP（设定值）将会跟踪 PV（被控液位）值，随着 PV 值的变化而变化。当用户点击了"手动→自动"转换按钮将该回路由手动转换到自动状态时，SP 值会保持手动自动转换前的值，从而保持系统的稳定性，避免出现大起大落。

21.1.4　尾矿输送（水隔泵、隔膜泵）系统

矿业公司从建矿至今，先后使用水隔泵和隔膜泵对尾矿进行管道泵送，其中 500kt 选厂使用水隔泵两套（一备一用）对尾矿进行输送，4000kt 选厂使用水隔泵三套（两用一备）对尾矿进行输送，7000kt 选厂使用三缸柱塞式正排量隔膜泵（以下简称隔膜泵）、四套（三用一备）对尾矿进行输送。

21.1.4.1　水隔泵

水隔泵是由高位矿浆池（浓缩池或喂料泵）向隔离罐中浮球下部喂矿浆，再用清水泵向浮球上部供高压清水，再通过浮球将压力传递给矿浆，并把矿浆推到外管线输送指定地点。由微机控制的液压站驱动 6 台清水阀，使 3 个隔离罐交替排浆、喂浆，实现均匀输送。通过传感器信号，微机对系统进行实时监控，并由故障诊断专家系统对故障进行分析、判断，再通过可视化系统提供给操作者。

21.1.4.2　隔膜泵

电机经联轴器与蜗杆连接，并带动蜗轮、N 轴运转，N 轴通过连杆带动柱塞做往复运动。吸液过程：当柱塞向后移动时，液压腔内产生负压，使膜片向后挠曲变形，介质腔容积增大，此时出口单向阀关闭，进口单向阀打开，介质进入泵头介质腔内，柱塞至后止点时，泵头的吸液过程结束。排液过程：当柱塞向前移动时，液压腔中的液压油推动膜片向前挠曲变形，介质腔容积减小，使进口单向阀组关闭，出口单向阀组打开，介质向上排出，柱塞连续做往复运动，即可连续输送介质。三组液压腔交替吸液、排液实现均匀输送。通过传感器信号，微机对系统进行实时监控。

水隔泵与隔膜泵比较：

（1）水隔泵和隔膜泵都能实现尾矿矿浆较长距离的输送。

（2）水隔泵和隔膜泵都能实现微机控制，既有较高的自动化程度，又可对非正常情况进行有效的控制。

（3）水隔泵还需要专门的高位浆池，对水隔泵喂料，而隔膜泵则由尾矿浓缩底流泵提供喂料压力。

（4）水隔泵需要专门的清水泵为其提供持续的清水压力，驱动水隔泵，隔膜泵直接由电动机驱动。

（5）由于水隔泵由清水泵提供驱动压力，对输送尾矿浆体积量进行控制较为困难；隔膜泵直接由电动机驱动，只要改变电动机转速即可改变尾矿浆输送体积量。

21.1.4.3　以隔膜泵为基础的尾矿输送控制系统

选矿厂尾矿浆，通过分矿箱分配给三套直线筛分级，去除出粗颗粒后的尾矿浆进入浓缩池，矿浆在浓缩池中沉降，多余的水返回选矿环水系统循环利用，浓缩后的矿浆由底流泵抽出并注入隔膜泵，由隔膜泵输送至尾矿库。

21.1.4.4　控制系统

该系统电气控制部分充分考虑管道输送过程中出现的各种非稳定运行情况，并对相应的情况自动做出相应的反应。例如：管道正常启动和停车，紧急停车，紧急停车后再启动，浓缩池底流泵故障切换，浓缩机故障，主管道阀门故障，主管道泵故障，主泵入口管道泄漏，主泵入口管道泄漏，主泵过压等。从而确保了设备安全稳定运行。

该系统除电气控制外，充分考虑安全稳定性、经济性，对其进行了有效的过程控制。

（1）浓度控制：浓缩机底流密度由一个 PID 控制回路控制。该控制器将测得的密度值与操作人员输入的设定值进行比较。密度控制器的输出信号为底流泵变频器提供一个远程设定值，后者据此来改变泵速。如果测得的底流密度高于密度控制器的设定值，将生成一个输出信号来提高底流泵的排放速度。底流泵排放速度提高，将通过减少固体颗粒在浓缩机压紧区的滞留时间而提高矿浆通过浓缩机的流速。如果测得的底流密度降到低于控制器的设定值，将生成一个输出信号来减小底流泵的排放速度。底流泵排放速度减小，将通过增加固体颗粒在浓缩机压紧区的滞留时间而减慢矿浆通过浓缩机的流速。

（2）流量控制：操作人员根据选厂生产要求在允许的最小和最大输送量范围内设定期望的流速，据此调整泵速以保持该流速。然后得到的期望流速值被传递到每台主泵的PLC。利用主泵冲程来计算流速，该流速将用于控制主泵变频器。

（3）主泵入口压力控制：入口压力 PID 回路将试图确保入口压力不低于设定值。如果入口压力低于设定值，它将优先于流量控制输出值控制并减小泵速设法维持入口压力。

（4）主泵出口压力控制：出口压力 PID 回路将试图确保出口压力不高于设定值。如果出口压力高于设定值，它将优先于流量控制输出值控制并减小泵速设法维持出口压力在设定值。

另外，还有浓缩机扭矩控制和底流泵流速控制等。

系统在保障了管道输送的目的同时，实现了最低成本运行。同时充分考虑在不同条件下管道运行的变化，灵活加以应对，加入了大量的人工干预接口。

21.1.5　尾矿充填输送系统

玉溪大红山矿业有限公司Ⅰ号铜矿带 1500kt/a 采矿工程尾矿充填输送系统主要分为：

充填制备站控制系统、充填隔膜泵站控制系统两大部分。两套系统之间有必要的联锁互锁控制，相距3.5km，控制信号采用光纤传输。本系统服务于Ⅰ号铜矿带深部1500kt/a采矿工程和Ⅲ-Ⅳ矿体800kt/a采矿工程。主要设备包括隔膜泵站、充填系统管线工程、分级旋流器组、立式砂仓、制备等。

采用Wonderware公司的InTouch作为监控软件，Rockwell Rslogix5000最新版本作为PLC编程软件。隔膜泵站段配置一套上位机，对相关工艺段进行监控和操作，制备站段配置两套上位机，对相关工艺段进行监控和操作。

21.1.5.1　操作及控制模式

A　就地控制

就地控制是可以不用PLC及上位机的独立操作模式。将设备工作模式选择在"就地"即可进行相关操作，主要满足检修或一些特殊工况的需要。

B　远程控制

远程控制是必须使用PLC及上位机的操作模式。将设备工作模式选择在"远程"即可进行相关操作，并可以监控一些重要设备数据，以便操作人员进行相应参考和判断。

21.1.5.2　设备监测点

目前控制系统中集中采集了设备的相关数据，例如：压力、流量、浓度、工作模式、运转情况等。当超过设定值时，会发出报警信息，重要数据可以在监控计算机的历史记录中查到，数据保存14天，可进行相关查询及拷贝储存。

21.1.5.3　制备站总貌画面

制备站总貌画面是四套制备设备的工艺流程的一个概况，同时还将对四套制备设备的主要参数进行显示，沙仓、水泥仓、搅拌槽液位实时显示，有直观的柱状图也有精确的数字显示，充填料的出口浓度及出口流量都清楚地显示在画面上。

A　1号制备设备画面

对1号充填设备进行相关操作和数据管理画面如彩图21-8所示。

本画面较为详细地显示各个参数，并可以对相关设备进行工艺参数的设定。本套设备里面主要涉及5个电动阀门、4个气动阀门、一台变频电机的操作和调控。

B　压缩空气气动调节的控制

双击压缩空气气动阀，工作在自动模式下，压缩空气调节阀的开口度自动调节，以保证压缩空气流量维持在设定值附近。选择手动模式下，手动按钮将变为蓝色，在手动按钮下方与上述同样的方法进行开口度设定，调节阀开口度与设定开口度匹配，不再随空气流量的变化而变化。

C　双螺旋给料机的控制

点击图中的手动/自动按钮可以进行手自动操作的切换，被选中的按钮将显示为蓝色，该给料机处于自动控制状态。在自动模式下点击启动按钮后，由PLC程序根据设定参数和检测参数自动调节水泥流量的大小，不需要人为干预。选择手动时，手动按钮将变为蓝色，在手动按钮下方与上述同样的方法进行电机转速的设定，0~100%对应电机0到最大转速，点击启动按钮后启动变频器，带动螺旋给料机进行给料，启动后启动按钮自动转换为停止按钮，手自动模式下点击停止按钮可以停止变频器。

在螺旋给料机下面有一排显示按钮和转速显示框，实时显示螺旋给料机的变频器运行状态及转速，如彩图 21-9 所示。

D　累计充填量

累计充填量是根据出口矿浆流量计算的一个计算值，该计算值可以提供对充填量的一个参考，当累计到一定值时，可以点击清零按钮进行清零，清零后再继续累计。

E　隔膜泵站

隔膜泵站主要是对两台充填隔膜泵进行监控和操作，以及相关的八组电动闸阀。该画面的图标设置仅是现场设备的相对位置关系，如彩图 21-10 所示。

该画面比较直观地显示了两台隔膜泵以及相关参数。在条件完全准备充分的情况下，点击主泵启动按钮启动后，主泵运行信号将通过以太网通讯的方式写入现场控制柜内的 PLC 中，此时显示为运行信号，主电机颜色变为绿色，但不代表泵处于实际运行状态，只有当泵实际运转时并有一定的冲程数后，三个柱塞泵动画开始动作，代表泵体正常启动。速度给定在上位机上以百分比展示，即 100% 对应隔膜泵电机的最大转速，也即最高运行频率 50HZ，0 对应零转速和零频率。

21.2　选矿工艺指标的实时优化控制

21.2.1　半自磨给矿控制系统

半自磨机给矿系统自动控制的目的，是为了提高磨机的运行效率。因此，在满足后续流程要求的条件下，使半自磨机的台·时处理量达到最大，同时使钢球、衬板等各类成本消耗降到最低。

21.2.1.1　系统检测参数分析

磨机在工作过程中，其声音的强弱、频率的高低，与矿物的充填量和矿石性质有着密切关系。当矿物充填少时，其声音强，频率高；当矿物充填多时，其声音弱，频率低。电耳就能准确判断出其声音强弱和频率的变化，分析出矿物的充填情况和矿石性质的变化，从而实现增矿或减矿的控制过程。

功率变送器输出信号的高低与磨机内负荷的高低成正比，充填量越多，功率变送器信号输出越高；到极值点后，随着充填量的增加，功率变送器信号反而降低；当功率下降到某一值后，磨机呈"胀肚"状态。所以需要保证磨机工作所在的功率信号处于最佳值的邻域内。

监测分级设备，即对分级设备返砂量进行监控。当磨机工作处于正常状况时，分级设备返砂量相对稳定；当磨机有"胀肚"趋势或矿石性质变硬时，分级设备返砂量增大；反之，则减小。

磨机主轴承高压油油压，也能间接反映磨机负荷的变化。正常情况下油压信号的高低与磨机内负荷的高低成正比，充填量越多，油压信号输出越高。

磨矿浓度的大小通过影响矿浆的密度、矿粒的黏着程度和矿浆的流动性，直接影响自磨机的处理量和排矿粒度合格率。对于具体的自磨生产过程，磨矿浓度有其最佳范围，磨矿浓度过高或过低都不利于改善磨矿效果。因此，稳定磨矿浓度对于提高自磨机的台·时处理能力是极其必要的。

21.2.1.2 基础控制系统

半自磨机给矿系统采用现场总线结构，主机 PLC 采用模糊控制＋常规控制实现（FUZZY＋PID）。通过磨音电耳、功率和返砂量等多因素进行判断控制。

自磨机磨音、自磨机功率、直线筛返砂量，这3个时刻变化值反映了自磨机在当前工作状况参数下模糊控制器的输入。模糊控制器根据这3个主要参数的变化或者变化趋势进行模糊判定。针对每一种变化趋势，模糊控制器都会给出特定的给矿原则，然后 PID 控制器会根据给矿原则调整变频器控制振动给料机，以达到精确给矿的目的。采用三因素分析判断磨机状态，避免了单因素检测造成的误判断的弊端。给矿控制原理如图 21-11 所示。

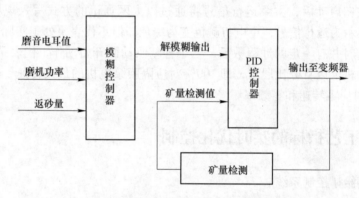

图 21-11　给矿控制原理框图

最佳磨矿浓度值由电耳、磨机功率及矿石性质分析经过模糊控制算法得到，这样将给矿水检测值与模糊控制器的输出比较，再经过 PID 整定输出至给矿水电动阀自动调节给矿水量，以达到控制磨矿浓度的目的。控制给矿水的系统原理方框图如图 21-12 所示。

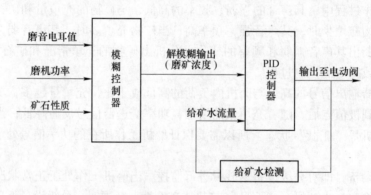

图 21-12　自磨机磨矿浓度控制原理方框图

21.2.1.3 矿业公司运用情况

大红山铁矿 2002～2010 年先后有三个选厂投产，由于投产时间不同，所采用的控制方式也有不同。

一选厂通过磨音参数判断充填量控制给矿，功率不参与给矿量调整，只是上限保护。

单一的控制运行方式，在矿石性质较差、矿石块度较大的情况下，即使磨机料位较高，磨音、功率会表现正常，给矿量不会调整便会引起"胀肚"现象。

二选厂主要通过磨音、功率、返砂量控制给矿量，主轴油压进行上限保护。在生产过程中，适当地加入人工干预，给矿量上限是人为设定。为了保持自磨机的最佳状态，调节两台给矿机的给矿系数，从而调整给矿的块粉比，由于衬板磨损，磨机自重会减小，主轴油压也会减小，主轴油压设定值随着衬板的更换来设置。

三选厂给矿量控制是在二选厂控制方式的基础上，引入计算机数据库技术，对参数的历史数进行记录和分析调整给矿量上限，保持磨机的最优状态。

21.2.2　磨矿分级

利用模糊控制理论，使模糊控制系统得以接受人的经验，模仿人的操作策略。通过调节给矿量和给矿水，使分级溢流粒度和浓度满足工艺要求，同时使磨机的台·时处理量达到最大。

磨机模糊控制系统：实际生产过程中，影响球磨机工作的因素很多。可选择以下几个主要因素，包括磨机声频、磨机功率、旋流器的沉砂量、旋流器溢流粒度。模糊控制器的最后输出是磨机给矿量、排矿水及返砂水。这些输出值经限幅处理后作为 PID 控制器的输入，PID 控制器的输出控制系统中的执行机构进行生产。

21.2.2.1　磨机功率状态检测与控制

球磨机电机的功率与装载量有关，通过检测球磨机电机的功率，可以间接检测磨机的装载量。钢球、矿石、水是磨机装载量的三个主要组成部分，而钢球在其中又占有很大比例。一般情况下，钢球量是球磨机电机功率的主要决定因素。当钢球、矿石和水三部分的比例适当时，才能取得好的磨矿效果。理论上通过磨机功率可判断球磨机钢球量是否欠载，但实际上钢球量稍有欠载难以判断，只能根据生产实践数据，通过累计磨矿量算出应添加钢球量，即一定的累计磨矿量需要一定的钢球量，累计加入的矿量是由电子秤计量的，所以钢球量也能基本确定。功率变送器输出信号的高低与磨机内负荷的高低呈正相关，装载量越多，功率变送器信号输出越高。但是在发生"胀肚"情况下，功率变送器信号反而降低，所以需要保证磨机工作在功率信号处于最佳值的邻域内。

功率信号高于临界点后又减小，表明磨机内存矿过多、给矿粒度变粗或矿石硬度升高，可控制输出给矿信号减小或控制给矿停止一段时间，直到功率信号回升，接近某个定值后再恢复原给矿量。正常情况下，原矿给矿量是球磨机处理能力所允许的，导致"胀肚"的原因一般是原矿粒度及硬度的变化造成的。

另外，通过监测或计算分析旋流器的压力，也有利于磨机工作状态的调整。当磨机工作处于正常状况时，旋流器的压力相对稳定；当磨机有"胀肚"趋势或矿石性质变硬时，旋流器的沉砂量增大；反之，则减小。可由旋流器的沉砂量的变化来适当调节磨机给矿量，使磨机处于相对稳定的工作状态。

21.2.2.2　矿浆池液位的控制

选矿工艺过程和生产中，工艺设备要求矿浆池既不排空，也不跑矿。矿浆槽的液位受入矿量、排矿量、补加水的影响，通常入矿量是由流程决定的，需要调节排矿和补加水两个环节解决液位问题。补加水是为了满足旋流器给矿浓度，当液位过高时，通常在压力允许范围内，适当提高矿浆泵的转速，增加压力，加大排矿量；如果压力达到上限，则需要适当放宽浓度要求，减少补加水量。当液位过低时，应在旋流器给矿浓度要求范围内，先增补加水量，如果仍未能够达到要求，则需适当降低矿浆泵的转速，减小矿浆槽的排矿量，其控制原理如图21-13所示。

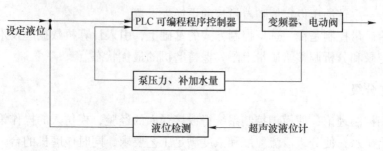

图 21-13 矿浆池液位的控制原理方框图

21.2.3 大红山矿业有限公司选别自动控制系统

21.2.3.1 矿浆品位检测

在选矿生产过程中，产量和质量（品位）是体现生产效率的两个缺一不可的指标。生产指导原则是在保证产品质量的前提下，尽可能提高产量。质量指标体现在精矿和尾矿品位。精矿品位关乎产品是否合格，是否满足输出条件；尾矿品位反映金属回收率，反映出磨选设备的效率。故在控制系统中对精矿（三磁精矿）进行检测，品位检测不合格时，将信号反馈到PLC，系统及时作出调整，以保证最终产品质量。大红山铁矿选矿厂采用DF-5730矿浆品位在线检测仪实时检测矿浆中精矿品位。

21.2.3.2 矿浆浓度和流量检测

矿浆浓度和流量是选矿过程中最重要的参数指标。选矿过程中，矿浆在各工序之间流动，其流量和浓度的大小直接影响各工序的操作和指标，对矿浆浓度和流量的检测将有助于选别指标的提高。大红山铁矿选矿厂主要采用超声波流量计检测管道矿浆流量，及核仪表变送器或压差浓度计检测矿浆浓度。

21.2.3.3 影响铁精矿品位的因素

影响铁精矿品位的因素有给矿量、矿石粒度、矿浆浓度、弱磁机工作间隙、磁系偏角、圆筒转速、冲散水量和卸矿冲洗水量、高梯度强磁机励磁电流、转环转速、脉动冲次等，其中最主要的因素是矿石粒度、矿浆浓度、高梯度磁选机励磁电流。

矿石粒度越细，矿石单体解离度就越高，无论是弱磁选还是强磁选，对于提高铁精矿品位、降低尾矿品位的效果都会更好。矿浆浓度过大，造成分选浓度过大，精矿颗粒容易被较细的脉石颗粒覆盖和包裹而分选不开，脉石进入精矿就会降低铁精矿品位；矿浆浓度过小，即分选浓度过低，又会造成流速增大，导致选别时间缩短，使一些本来有机会进入精矿的细小磁性颗粒落入尾矿，造成尾矿品位升高，降低金属回收率。因此，应根据需求，对矿浆浓度进行相应调整。在磁选机处调整主要是通过给矿冲散水的大小、矿浆池补加水来调整，其中最主要的是分级溢流浓度必须根据磁选要求来调整。矿浆经过一段弱磁后，强磁性矿物被分选出来，后续流程中高梯度磁选机主要用来选别含有弱磁性矿物的矿浆，励磁电流越大，产生的磁场越强，尾矿品位越低，金属回收率越好，精矿品位会略有下降；反之，金属回收率降低，尾矿品位升高。

21.2.3.4　选别自动控制系统控制方式

选别自动控制系统是根据品位仪、浓度计检测的实时数据及高梯度磁选机的励磁电流等参数进行动态调节影响铁精矿品位的相关因素。

A　弱磁机的控制

对于弱磁选工艺，一般采用永磁式磁选机，主要通过控制矿浆浓度以及磁选机的给矿量，保证弱磁选效果。

矿浆浓度的大小主要决定了在一定矿量下的矿浆流速。选分浓度大时，矿浆流速慢，矿浆运动阻力大，精矿容易机械夹杂脉石而降低精矿品位。同时流速低时，可使磁性矿粒在扫选区充分回收，所以尾矿品位低，金属回收率高；反之，当选分浓度小时，矿浆流速高，精矿品位和尾矿品位都会增高，并使回收率降低。

适宜的选分浓度要根据作业的生产指标并通过生产实验来确定。一般粗选作业浓度要大些，精选作业浓度要小些。

给矿量过大，磁选机处于过负荷状态下运行，选矿效率会大大降低，导致尾矿品位升高，金属回收率降低；给矿量过小，不能充分发挥磁选机的工作性能，减少经济效益。因此要时刻保证弱磁机的给矿量在正常范围。

选别自动控制系统能根据磁选机入口浓度计和流量计检测的矿浆浓度及流量，及时调节给矿吹散水的大小以及矿浆入口阀门开度，使矿浆流量及浓度保持在正常范围，从而保证磁选机选矿质量和产量。

其他影响永磁筒式磁选机工作的因素还有很多，如槽体形式（图 21-14）、磁系结构、磁场特性（彩图 21-15）、工作间隙（即粗选区圆筒表面到槽体底板之间的距离）、磁系偏角、圆筒转速以及卸矿冲洗水等。磁选机正常工作时应调整好以下几个参数：

a　工作间隙要适宜

底板和筒皮的距离过大，矿浆流量大，有利于提高处理能力，但距圆筒表面较远处的磁场较弱，尾矿品位增高，降低了金属回收率，现象是尾矿跑黑；如果工作间隙小，底板附近的磁场力大，降低了尾矿品位，回收率高，但精矿品位会降低，现象是筒皮带水；工作间隙过小，矿浆在选别空间流速增大，磁性矿粒来不及吸到圆筒表面，随着快速流动的矿浆带到尾矿中，增加尾矿中的金属流失，甚至出现因尾矿排不出去而产生"满槽"现象。

底板到筒皮之间的适宜距离，应根据各厂具体生产情况，通过试验确定，并在安装和检修中保持这一距离。

b　磁系偏角大小要适宜

磁系偏角小，尾矿品位低；磁系偏角太小（小于 5°），排出精矿困难，反而造成尾矿品位升高，但对精矿品位影响不明显，这是由精矿不能提升到应有的高度而脱落造成的。

磁系偏角增大，尾矿品位增高；磁系偏角过大（大于 20°）时，尾矿品位更高，现象是尾矿跑黑，这是由于精矿提升过高，扫选区缩短的缘故，此时对精矿品位影响不明显，

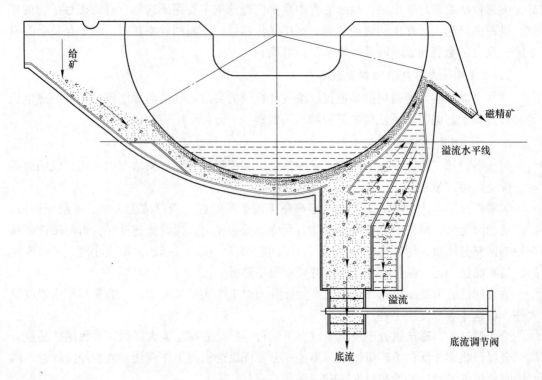

图 21-14　弱磁机槽体形式

但精矿卸矿困难。在生产中适宜的磁系偏角为 15°~20°，如果发现磁系偏角不适当时，应及时调整到正常的位置。

　　c　圆筒转速的大小要适宜

　　圆筒转速小时，产量低，精矿品位也低，随着转速的提高，磁翻作用增大，精矿品位和设备的处理能力也相应提高，但回收率稍有下降。

　　d　卸矿冲洗水流量正常

　　卸矿冲洗水主要用来从筒皮上卸下精矿，它的大小以保证卸掉精矿即可。工作中还要经常注意水里的杂质以免引起管道、孔眼堵塞。当发现堵塞时应立即停水，卸下水管端盖、拔下胶管放水或者用铁丝通透。

　　B　高梯度磁选机的控制

　　高梯度磁选机主要是通过对励磁电流和冲洗水流量的控制来保证磁选效果。入选矿浆浓度对选别效果及磁选机负荷有很大的影响，自动控制系统通过浓度计检测矿浆浓度和对磁选机电流检测，判断磁选机工作状态，调节电动给水调节阀，向矿浆池补加水，保证合适的矿浆浓度并避免磁选机过负荷情况的发生，达到最好的选别效果及设备良好的运行状态。其他影响选矿指标的因素有：

　　（1）如果液位太低，脉动不起作用，会导致精矿品位大幅度下降和尾矿品位升高。提高液位的方法有：

　　1）关小尾矿阀；

　　2）增大给矿量；

3）增大漂洗水量。

（2）增大脉动冲次，在一定的范围内精矿品位会提高，回收率基本不变，但脉动冲次太高会使尾矿品位升高。

（3）磁场强度越高，尾矿品位越低，但精矿品位略有下降。

（4）如果磁介质堵塞或不清洁，会严重降低选矿指标，应及时清洗。

参 考 文 献

[1] 徐炜. 技术创新与管理创新并举，努力打造一流现代化矿山企业 [J]. 中国矿业，2012.8.

22　选矿厂技术、管理创新

22.1　选矿厂技术创新

近年来，选矿技术突飞猛进，新工艺、新技术层出不穷，装备大型化、自动化趋势日益明显。大红山铁矿是一座年轻的矿山，建矿以来一直注重技术创新，按照高起点的要求，用新工艺、新装备建设选矿厂，投产后一直不断地进行技术改造工作，选矿厂技术创新走在全国同行业的前列。

在充分研究了大红山铁矿的物性特点的基础上，进行了以下 9 个主要方面的革新与创新。

22.1.1　大型半自磨工艺的应用与创新

大红山铁矿处于高山峡谷区，矿区土地资源少，选矿规模大，常规的三段一闭路破碎工艺不适用于大红山铁矿的生产实际，因此，对原碎磨工艺（即"SAB"流程）进行了技术创新。2004 年，增加了顽石破碎作业，建成了以国内第一座达产达标、最大规模的半自磨工艺（即"SABC"流程）替代中细碎作业的大型选矿厂，形成了粗碎-半自磨的工艺流程。至 2010 年，共建成了三条大型半自磨生产线，分别为 $\phi 8.53m \times 4.27m$ 半自磨机的 4000kt/a 选矿厂、铁系列 $\phi 8.8m \times 4.8m$ 半自磨机的 3500kt/a 选矿厂以及铜系列 $\phi 8.0m \times 3.2m$ 半自磨机的 1500kt/a 选矿厂，在多年的生产实践中，积累了丰富的半自磨技术应用的成功经验。

大型半自磨工艺的主要优势是占地面积小，工艺简单，缩短了生产流程，减少了操作检修人员；单系列产能大，日处理 10kt 以上很常见；湿式磨矿，解决了粉尘问题。

通过多年的探索与实践，研发了具有自主知识产权的半自磨机新型格子板，通过将出料端衬板中的盲板改为格子板，开孔率提高了 8.56%，扩大了自磨机中矿浆的排矿通道，增大了半自磨机的排矿量，极大地提高了半自磨机的工作效率；同时，单块衬板质量的减幅达到 37.66%，大幅度地节约了原料成本。研发了矿浆电子浓度计等，提高了磨机的效率。碎磨技术改造后，最终的磨矿细度达到 $-45\mu m$ 占 80%，达到了铁矿物单体解离的要求，磨机处理能力提高了 25%，对大红山铁矿的"增量"起到了非常重要的作用，引领了大型半自磨机在国内的发展和推广应用。

22.1.2　阶段磨矿阶段选别、预先抛尾的磨选工艺的应用与创新

大红山铁矿原矿是混合型矿石，主要可回收的矿物为磁铁矿和赤铁矿。在所有工序中，磨矿工序的原材料消耗量最大、成本高。为降低成本，选厂采用"阶段磨矿-阶段选别-预先抛尾"的磨选工艺，在一段磨矿分级后就进行预先选别，经弱磁-强磁后抛掉 33% 左右的粗尾，粗精矿进入二段磨矿作业系统，大幅度地减少了二段磨的入磨量，对控制磨矿工序的生产成本起到了至关重要的作用。

22.1.3　异磁性矿物的梯级场强磁分离技术

大红山式铁矿性质复杂、差异大；脉石带铁，铁离子在脉石中以晶格置换或铁矿物被脉石包裹的形式存在，含铁硅酸盐矿物与赤褐铁矿的比磁化系数相近；强磁分选时贫连生体，尤其是似鲕状结构矿粒，会带入较多的脉石矿物进入精矿；如果降低分选过程的磁场强度，弱磁性矿物会损失于尾矿中。另外，经过对不同的不合格精矿与尾矿的矿物学分析，可看出部分目的矿物的单体解离度较高，因此，对于已经单体解离的矿物可以根据不同矿物的比磁化系数的差异，来确定分选的磁场强度，利用异磁性矿物的梯级场强磁分离技术和自主研发的方便加油的磁选机等，实现了不同矿物高效分离的目的。

该技术与降尾工程实施后，一选矿厂和二选矿厂总尾矿中的铁品位分别由 16.5% 降至 9.02%，由 16.2% 降至 10.53%，降低幅度分别达到 45.33% 和 35.00%。

22.1.4　优势互补的集成模式与微细粒矿物的强磁-离心重选联合回收技术

通过工艺矿物学研究可知，不合格的强磁选精矿含硅高，主要是由贫铁连生体或含铁硅酸盐矿物进入精矿造成的。由于矿物的组成粒级较细、脉石带铁等因素，造成有用矿物与脉石矿物的比磁化系数极为相近，磁团聚现象严重，单一磁选难以分选。另外，赤褐铁矿易磨、泥化程度高，且铁矿物嵌布粒度细、性质复杂，造成尾矿铁品位偏高、含有大量的硅酸铁和赤褐铁矿。

根据矿石的"物性"，优选成熟的选矿设备，优化与集成相关的工艺与设备的优势要素，形成优势互补的有机整体与集成技术，产生"1 + 1 > 2"的集成效应。该工艺与设备集成的模式，紧密联系了设备与工艺的关系，既充分发挥了设备的互补优势，又紧密联系了工艺要求；既利用了成熟设备的稳定性，又增加了工艺流程的灵活性与适应性。

高梯度磁选机运行稳定、处理量大，用于粗选可抛弃大量脉石，精选则难以获得高品位的铁精矿。因此，该设备适于粗选作业，可充分发挥其富集比大、回收率较高、效率高的优点。离心选矿机用于精选作业，则能较好地解决贫连生体难以剔除的问题。这两种设备相结合，可充分发挥集成工艺流程的优势，成熟的磁选-离心机重选的复合集成工艺与设备，可以实现优势互补，是大红山式铁矿资源高效分选的重要技术。因此，大红山铁矿在国内首次最大规模地引进了 72 台 $\phi2400\text{mm}$ 新型离心机设备，解决了难选微细粒、高硅型赤褐铁矿提质、降尾的技术难题，引领了国内大型连续离心选矿机应用于微细粒赤褐铁矿物回收的技术潮流；且工艺流程简单、合理，生产运行稳定可靠，特别是高效回收了 $-37\mu\text{m}$ 的弱磁性铁矿物；同时，精矿品位由 60% 提高至 62% 以上、硅含量平均降低了 2%；原矿入选铁品位由 41% 降至 35%；取得了很好的经济效益、环境效益和社会效益。

22.1.5　研发复合流程和集成技术

根据大红山式铁矿资源的特点，首次提出了"分类逐级降尾、同步提质降硅的平衡理论观点"、"优势互补的集成技术理论观点"，研发了适合大红山式铁矿资源性质的绿色选矿工艺流程和集成技术，采用独特设计的"小闭路大开路"磁-重复合流程和"强磁降尾-中矿再磨-反浮选"的复合流程（见图 22-1 和图 22-2）。在选矿生产过程中完成了集

"降尾"、"降硅提质"与"增量"于一体的复合分选技术。这项技术克服了"提质"与"降尾"独立处理的弊端,首次提出将开路流程的"提质"与"降尾"结合,"提质"的中矿进入"降尾"流程,无中矿返回,也无中矿进入尾矿,可以极大地减少流程中贫连生体的逐步累积与弱磁性矿物的二次选别,有效地降低贫连生体对选别的干扰和弱磁性矿物的损失,既保证了精矿品位,又降低了尾矿中铁金属的损失率;同时,这种集成工艺流程只需通过管道连接的改变便可融入现有流程,保持了该流程一定的独立性,使"矛盾"的两端在更高的水平和层次上统一起来。

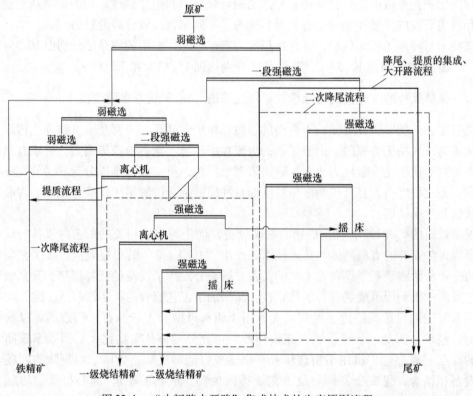

图 22-1 "小闭路大开路"集成技术的生产原则流程

通过提质、降尾与增量的同步实施,优化了产品结构,铁的总回收率提高了 9.6%。

22.1.6 阳离子反浮选处理次级精矿

大红山铁矿总精矿采用离心机技术提高品位,但一直没有放弃对浮选的研究与利用。为了降低尾矿品位、减少有价金属的损失,从尾矿中进一步回收品位低、成分复杂的次级精矿是非常必要的。为此,经过多次研究与技改,对次精矿最终采用阳离子反浮选技术,取得较好的效果,精矿品位提升了 11%、硅含量降低了 13%~15%,浮选尾矿降低了13%。成为大红山铁矿选矿厂发展的重要的技术储备。

22.1.7 形成了 6 项关键的集成技术

形成的 6 项关键集成技术见彩图 22-3。

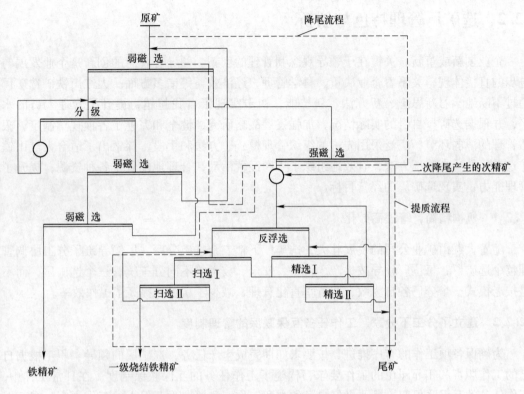

图 22-2 强磁降尾-中矿再磨-反浮选的复合流程

22.1.8 构建 4 个 "互补体系"

根据矿石的特殊 "物性"，利用 6 项关键技术，构建了 4 个互补体系（见彩图 22-4），形成了优势互补的集成技术，初步实现了精细化分选。

22.1.9 从极低金品位的原矿中回收金

大红山矿相关地质资料并未显示原矿中含金，但是，常有村民用毛毯收集选矿厂尾矿明槽中的金。2008 年年底，矿山组织了相关工程技术人员对矿石中金的选别进行可行性研究，结果表明，流程中各作业点的金含量均小于 0.2g/t、银含量均小于 5g/t。由于金的主要载体是没有磁性的铜矿物，在分选过程中主要进入尾矿，由此可以推断金也主要是进入尾矿，而且在尾矿系统中选别金不会对主流程造成大的影响。因此，决定针对一段强磁的尾矿，进行选金研究。

在中国传统的选金方法中，对于含金较低的矿石进行选别时，一直有采用毛毯选金的方法，其原理是让含金的矿浆流过毛毯，由于金颗粒较重而沉积在毛毯纤维中，其他矿石则被水流带走；累计到一定的时间以后，对毛毯加以洗涤，就可以得到金精矿。于是选矿厂设置了溜槽、铺设了毛毯，对尾矿进行选别。经过不断的调试，2010 年，从极低品位的原矿中回收金获得了成功，每月可从尾矿中回收品位 30g/t 左右的金精矿 10t 以上，取得了比较显著的经济效益。

22.2 选矿厂管理特色与创新

企业创新或革新，关键在于领导观念和管理的创新。领导者观念的创新是企业发展与进步的直接体现，关系着企业决策、科学管理、经济效益等诸多方面。大红山铁矿选矿厂通过不断地学习新思想、新方法、新技能，初步实现了自我超越，提升了管理人员的水平，并根据选矿厂自身的实际情况，加强发展战略研究，健全和完善了各项规章制度，狠抓管理的薄弱环节，广泛采用先进的组织管理模式、方法和手段，探索出了适合大红山铁矿选矿厂的一套管理方法，有效地组织了生产经营活动，合理地配置了各种资源，提升了管理能力，实现选矿厂的经营目标。

22.2.1 机构精简，管理高效化

随着大红山矿业公司的发展壮大，选矿厂下辖三个选矿分厂，厂领导班子分工协调管理整个选矿厂，每位厂领导按生产、设备、安全、技术等不同分工统管三个选矿厂，而不是按老模式三个分厂各自为政，实行垂直化管理，减少了层级，提高了工作效率。

22.2.2 建立了分工不分家、工作任务互保联保的管理制度

为确保各项工作的有序推进，按要求如期完成生产任务，选矿厂的领导、职工根据自己的工作职责和相邻岗位的工作要求，构建了工作任务的互保联保制度。在日常工作中，工作任务的互保联保双方既要做好自己的本职工作，又要熟悉互保人的工作内容，在互保人有事不在岗位时承担起对方人员相应的工作任务，做到"相互提醒、相互帮助、相互监督、相互保证"，保证工作按时按质完成，避免因互保人不在岗位上而导致工作的延误和损失。

22.2.3 设置信息沟通及时、反应迅速的层级会议制度

由于三个选矿厂的流程长，各位领导和管理部门的工作侧重点不同，为了保证信息对称，及时协调解决工作和生活中存在的问题，选矿厂设置了不同层级的会议制度，例如每天早晨的厂领导班子碰头会、每周生产工作总结分析会、交班会以及每天班前会等。

(1) 领导班子碰头会：根据工作需要，厂领导班子成员分属在两个地点办公，为保证信息对称，及时协调解决问题，每天早晨选矿厂领导班子在参加完矿业公司早调会后召开碰头会，通报各自分管工作的进展情况、存在问题，讨论决定解决问题的方法与措施、责任部门和责任人。

(2) 生产工作总结分析会：为总结分析上周的生产工作，安排本周工作，选矿厂每周召开生产工作总结分析会，各部门领导参加，总结分析上周工作，安排布置相关的工作任务，学习与领会相关的文件精神。

(3) 交班会：由于矿山所在地远离昆钢公司总部，大部分职工远离住宿区和家人在外地上班，根据矿业公司的规章制度，选矿厂操作人员实行四班三运转、工作三周休息一周的轮班制度，因此，选矿厂一、二、三作业区、检修车间和生产科，利用每周一晚上人员换班之际，分别召集班组长或本班全体职工召开交班会，交接本部门一周的工作及注意事

项，保证班组长轮休与交接班工作的顺利进行。

（4）班前会：由于职工倒班房宿舍距离矿区选矿厂9km，且上班处各岗位的工作地点分散，因此，选矿厂每天各班的15min班前会安排在生活区召开，之后职工乘坐交通班车进矿区上班，与当班岗位职工交接，由上、下班次带班的作业长在现场交接。

22.2.4　强化与落实领导干部的带班制度和现场综合检查制度

（1）中、夜班的领导带班制度：为解决选矿厂中、夜班职工的劳动纪律性差、生产组织失调与失控的问题，加强中、夜班工作的管理，在正常组织好生产、工作的同时，实行中、夜班厂领导及科室负责人的带班制度，每班现场检查劳动纪律，督促和指导工作落实。

（2）现场例行综合检查制度：自2009年9月开始，选矿厂开始组织现场例行综合检查，每天由厂领导带队，生产科组织，各科室、作业区、车间领导参加，每天检查完后，将需要处理的项目和需要考核的单位进行整理，经带队厂领导审核，生产科以通知单的形式传达到各部门，责令限期整改和月末执行考核。该项制度督促班组狠抓操作、设备、现场卫生等管理工作，为选矿厂的安全与稳定生产提供了很好的保障。

22.2.5　"一岗一策"的激励考核办法

为优化选矿厂不同岗位的经济责任制，强化成本管理，认真落实降本增效、节能减排的工作目标，充分利用薪酬的激励导向，将绩效工资和工作业绩挂钩，进一步提高和调动职工工作的责任心和积极性，确保选矿厂生产的安全、稳定与高效的运行，进一步加强安全生产监督管理和设备管理工作，选矿厂实行一个部门一项政策和"一岗一策"的绩效考核办法，各科室（作业区、车间）的年度实发工资严格按量化的考核指标分配当月薪酬；该项考核办法的激励原则主要是以正激励为主、负激励为补充、多种分配方式相结合，突出了生产建设的目标和效益的关系。

22.2.6　常抓不懈，实现长周期无生产安全事故

为进一步加强安全生产管理，杜绝生产安全事故的发生，保障职工群众的生命财产安全，实现长周期的安全文明生产，选矿厂制定了《关于实行长周期无生产安全事故的考核办法》。

加强岗位操作人员的应知、应会知识的抽查和操作技能培训，将理论培训改为现场培训为主、理论培训为辅，提高了培训的实效。抓好安全教育和培训工作，职工掌握了相关的安全知识，增强了职工安全意识和安全防控能力。在执行相关考核制度的同时，督促不达标的职工加强学习和掌握相关的技术技能。

选矿厂坚持隐患查找治理不放松，节能减排工作不停止。狠抓反"三违"工作，严格执行检查、考核、整改落实制度。每天安排领导带班检查各选矿厂的现场安全管理，每周有例行安全、设备、防汛检查，每月组织一次起重设备的专项检查等。针对查找出的安全隐患，做到定人、定时进行整改，及时消除安全隐患。

专门制定了《检修安全保障措施》，每次设备检修前，确定检修项目，落实负责人（安全责任人）或施工安全监管人。认真组织班前会，并负责落实各项安全措施和不安全

因素的交代。

认真落实职工安全的"联保互保"制度,逐级签订安全责任书。

选矿厂党支部在日常的创先争优活动中,充分发挥党员和骨干的先锋模范和带头作用,让党员积极参与工作责任区的安全工作,及时制止"三违"行为,督促整改安全隐患,狠抓安全管理和各项工作,全力组织好安全、高效、稳定、均衡的生产。

22.2.7　生产事故的分析处理制度

实施生产事故的分析处理制度,对生产过程中发生的任何事故都不放过,并引以为戒,及时组织对事故的分析处理,组织班组了解与掌握事故报告的内容与性质,避免类似事故或者重复事故的发生。

22.2.8　不断建立健全和完善管理制度

选矿厂点多、面广、流程长,在生产和管理过程中,为加强操作、规范操作纪律、优化生产指标,选矿厂一方面注重学习和借鉴,一方面注重经验教训的总结,不断地建立、健全和完善管理制度,确保各项指标的顺利完成。先后制定和完善了100多项管理规定和制度以及考核办法,例如选矿厂不同岗位的《岗位工作职责》、不同设备的《三大规程》以及日常管理规定等,并汇编成册,统一考核标准和依据,加大考核力度,突出制度管理,强化执行力,保证了各项工作的有序进行。

总之,革新、创新和制度是企业永恒的主题,创新给企业带来活力、带来生机。选矿厂只有不断革新、创新,才能不断发展、壮大,在新的形势下,实现新的跨越式发展。

图 12-1　大红山铁矿一选厂

图 12-2　大红山铁矿二选厂

图 12-3 大红山铁矿三选厂

图 13-1 8.53m×4.27m 半自磨机

图 14-1　$\phi 4.8 \mathrm{m} \times 7.0 \mathrm{m}$ 溢流型球磨机

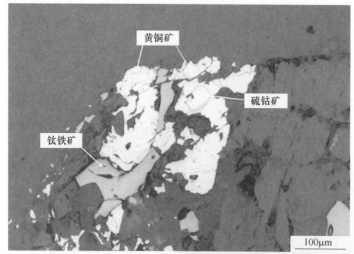

图 15-7 钴矿物包裹于黄铜矿中

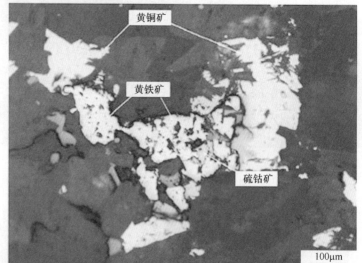

图 15-8 钴矿物包裹于黄铁矿裂隙中

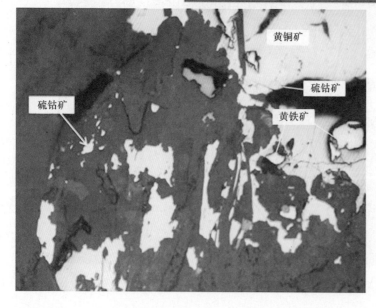

图 15-9 钴矿物包裹于脉石中

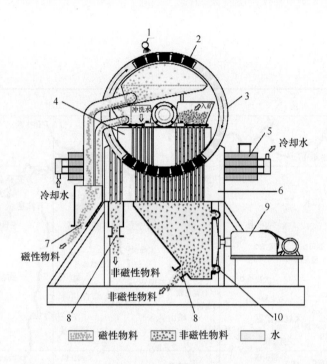

图 17-1　立环脉动高梯度磁选机的分选示意图

1—卸矿水；2—磁介质；3—转环；4—上磁极；5—励磁线圈；6—下磁极；
7—精矿；8—尾矿；9—脉动箱；10—橡胶鼓膜

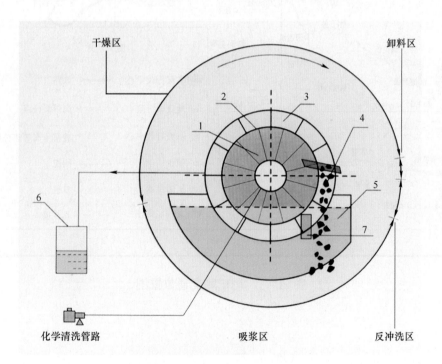

图 19-2　陶瓷过滤机工作原理

1—主轴转子；2—滤室；3—陶瓷板；4—滤饼；5—料浆槽；6—真空系统；7—超声波装置

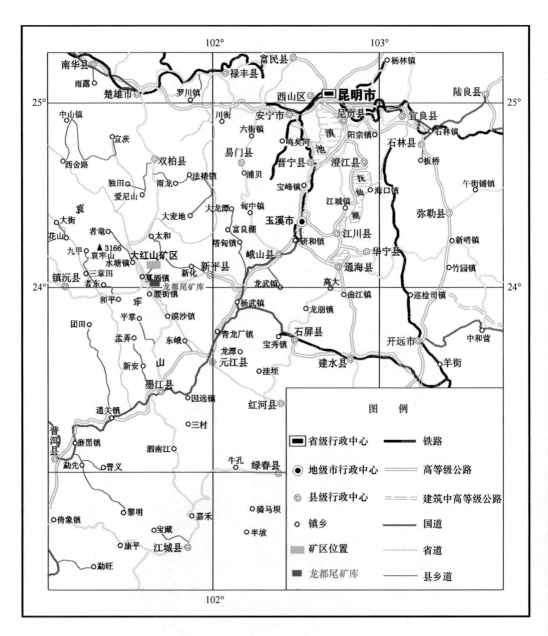

图 20-1 尾矿库交通位置图

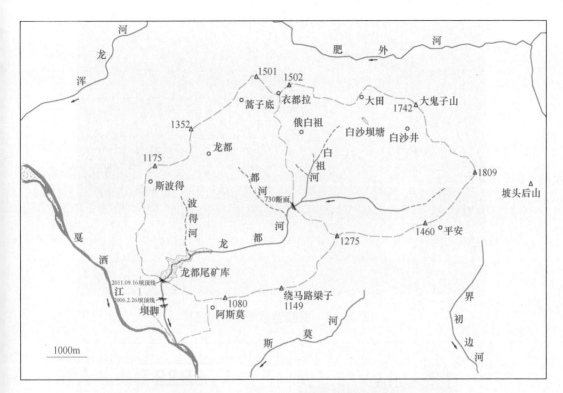

图 20-2　龙都尾矿库流域水系示意图

图 20-3　龙都尾矿库地形地貌图

图 20-4　视频监控布点示意图

TZIDC不带盖子，操作面板视图

TZIDC操作元件及显示

图 21-6　定位器结构图

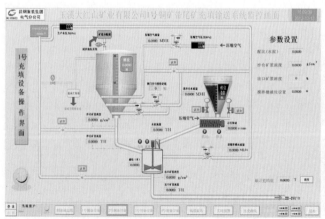

图 21-8　1号充填设备相关操作和数据管理
画面示意图

图 21-9　变频器运行状态及
转速控制示意图

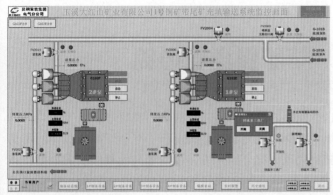

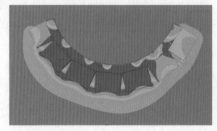

图 21-10　充填隔膜泵进行监控和操作画面示意图

图 21-15　弱磁机磁场分布云图

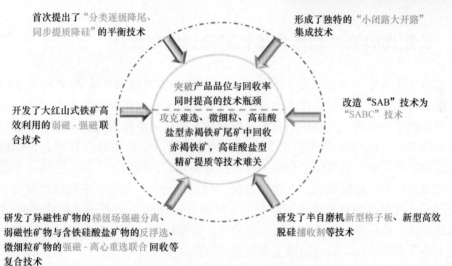

首次提出了"分类逐级降尾、同步提质降硅"的平衡技术

形成了独特的"小闭路大开路"集成技术

开发了大红山式铁矿高效利用的弱磁-强磁联合技术

突破产品品位与回收率同时提高的技术瓶颈
攻克难选、微细粒、高硅酸盐型赤褐铁矿尾矿中回收赤褐铁矿，高硅酸盐型精矿提质等技术难关

改造"SAB"技术为"SABC"技术

研发了异磁性矿物的梯级场强磁分离、弱磁性矿物与含铁硅酸盐矿物的反浮选、微细粒矿物的强磁-离心重选联合回收等复合技术

研发了半自磨机新型格子板、新型高效脱硅捕收剂等技术

图 22-3　关键的 6 项集成技术

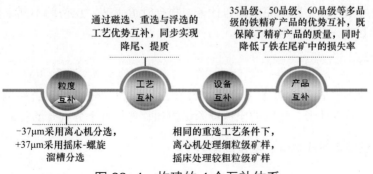

通过磁选、重选与浮选的工艺优势互补，同步实现降尾、提质

35 品级、50 品级、60 品级等多品级的铁精矿产品的优势互补，既保障了精矿产品的质量，同时降低了铁在尾矿中的损失率

粒度互补　工艺互补　设备互补　产品互补

-37μm 采用离心机分选，+37μm 采用摇床-螺旋溜槽分选

相同的重选工艺条件下，离心机处理细粒级矿样，摇床处理较粗粒级矿样

图 22-4　构建的 4 个互补体系

第3篇 精矿输送管道篇

本篇内容围绕大红山铁精矿输送管道，介绍了管道输送的特点和优势，以及国内外输送管道的发展。矿物管道输送技术绿色环保、无污染、节约能源、有利于冶金工业的可持续发展，是节能减排和低碳经济实施的典范，符合国家可持续发展和低碳经济的战略。该技术可应用于复杂地形下矿石原料、矿山尾矿等固体物料的远距离输送。此外，在湖泊清淤等方面也有广阔的应用前景。还阐述了大红山铁精矿管道的立项实施以及扩能改造工程，并通过大红山铁精矿管道与国内外管道的比较，介绍了大红山精矿管道的特点及工艺的复杂性、创新点。

23 概　　述

23.1　长距离固液两相流浆体管道输送发展综述

管道输送技术始于 19 世纪五六十年代。它的进一步发展则是从 20 世纪开始的。早期的管道输送技术因受工业控制技术的限制，主要应用于石油和天然气工业输送一些工艺特性较为简单的单一介质。近些年随着工业控制技术的进一步发展成熟，管道输送开始涉及固液两相流输送。自 1865 年美国宾夕法尼亚州建成第一条原油输送管道起，开始了现代管道运输的发展进程。管道输送作为一种新兴运输方式，区别于公路、铁路、水运、航空运输，管道运输不仅运输量大、连续、迅速、经济、安全、可靠、平稳以及投资少、占地少、费用低，并可实现自动控制。如今，全球的管道运输承担着很大比例的能源物资运输，包括原油、成品油、天然气、油田伴生气、煤浆、精矿等，它在国民经济和社会发展中起着十分重要的作用。管道运输主要优点可以概括如下。

23.1.1　运量大

管道输送可以连续不断地完成输送任务，根据管道工艺、规格的不同，其每年的运输量可以达到百万吨、千万吨级的规模。

23.1.2　占地少

埋于地下的运输管道，对于土地的永久性占用极少，分别仅为公路的 3%，铁路的 10% 左右，对于特殊地形、地区的土地资源保护和管理具有十分重要的意义。

23.1.3　管道运输建设成本低、建设周期短

国内外交通运输系统建设的大量实践证明，管道运输系统的建设周期与相同运量的铁

路建设周期相比，一般要缩短30%以上。特别是对地质地貌条件和气候条件都较差的矿区，大规模修建铁路、公路，其难度会更大，周期会更长，成本会更高。

23.1.4　管道运输安全可靠、连续性强

与传统的运输方式相比，管道运输能很好地保证运输物料特别是易燃、易挥发、易泄漏、易产生环境污染的物质的安全性。同时，可以克服运输过程中恶劣环境的影响，这些都是其保障运输安全可靠、连续的优势。

23.1.5　能耗少、成本低、效益高

发达国家采用管道运输石油，每吨千米的能耗不到铁路运输的1/7。在大量运输时，运输成本与水运接近，因此在无水运条件下，采用管道运输是一种最为节能的运输方式。管道运输是一种连续工程，运输系统不存在空载行程，因而系统的运输效率高。理论分析和实践经验已证明，管道口径越大，运输距离越远，运输量越大，运输成本就越低，以运输石油为例，管道运输、水路运输、铁路运输的运输成本之比为1:1:1.7。

利用水力管道输送颗粒粉状物料已成为一种先进的工业运输方式。第一条这样的管道是1957年由美国统一煤炭公司建成的，它从弗吉尼亚到加的斯长173km、管径254mm、年运量1300kt。目前，水力管道输送生产能力已由数百万吨扩大到数千万吨，输送距离已发展到数百千米以上。输送物料包括煤、高岭土、硬沥青、磷灰石、石灰石、河砂、尾砂以及铜、铁、镍等精矿。输送管径最大达965mm，泵的最大输送流量600m³/h，泵的最大压力达24.44MPa。如巴西萨马科铁精矿输送管道，输送距离396km、管径508mm、年运量12000kt，为世界上规模最大的铁精矿浆体输送管道。从我国冶金矿山来说，矿物管道输送方式是开发边远山区矿产资源或缓解铁路运输紧张状况、解决精矿外运和尾矿排放的有效方法。国内建成和在建的管道有大红山、尖山、翁福、攀钢、包钢等，精矿年输送量超过30000kt。

表23-1列出了截至2009年年初，国内外若干浆体管道输送工程实例。

表 23-1　国外主要矿物管道输送工程实例

管道名称	输送矿物	管道长度/km	管道直径/in	运输能力/Mt·a^{-1}	运行年龄（至 2009 年）	泵站数量	控制系统	有无内衬	是否连打
Savage River, Tasmania（澳大利亚）	铁精矿	80	9	2.3	43	1	其他	无	否
Freeport（印尼）	铜精矿	120	4	1.3	40	2	其他	无	否
SAMARCO（巴西）	铁精矿	396	20	12	35	2	其他	无	否
La Perla（墨西哥）	铁精矿	380	8/14	2/5	27	2	AB	无	否
Jian Shan（中国）	铁精矿	102	9	2	13	1	西门子	无	否
SF Phosphate（犹他州）	磷酸盐	92	10	2.9	28	1	施耐德	无	否
Simplot（爱达荷州）	磷酸盐	133	8	1.9	28	1	ABB	无	否
Escondida（智利）	铜精矿	160	7	1	20	1	ABB	无	否
Weng Fu（中国）	磷酸盐	45	9	2	14	1	西门子	无	否

管道名称	输送矿物	管道长度 /km	管道直径 /in	运输能力 /Mt·a^{-1}	运行年龄 (至 2009 年)	泵站数量	控制系统	有无内衬	是否连打
Los Bronces（智利）	铜矿石	60	24	17	14	1	施耐德	无	否
Alumbrera（阿根廷）	铜精矿	314	7	0.9	13	3	AB	有	2，3 站连打
Collahuasi（智利）	铜精矿	203	7	1	13	1	西门子	有	否
Century Zinc（澳大利亚）	铅-锌精矿	300	12	2.6	12	1	施耐德	有	否
Antamina（秘鲁）	铜-锌精矿	303	10/9/8	1.8	8	1	ABB	有	否
大红山（中国）	铁精矿	171	9	2.3	2	3	AB	无	1，2，3 站连打
ESSAR（印度）	铁精矿	250	16	8	2	2	西门子	无	否
SAMARCO（巴西）	铁精矿	400	16	8.0	1	2	ABB	无	否
白云鄂博西矿（中国）	铁精矿	145	14	5.5	1		西门子	无	否
内蒙古包钢（中国）	铁精矿	145	14	5	0.5	1	西门子	有	否

　　在国外，长距离浆体管道输送已被认为是一种经济、有效、技术上成熟、可靠的先进运输技术。我国在 20 世纪 50~70 年代，矿浆管道输送技术发展较缓慢，工程设计中一直沿用苏联的设计模式和计算方法。虽然也修建了一定数量的管道，但主要还是用于冶金矿山的尾矿排放，一般运距较短，输送的固体浓度也很低。进入 80 年代，为了节水降耗，提高生产效率，尾矿高浓度输送逐渐为人们所接受；同时，受国外长距离浆体管道输送的影响，我国的精矿长距离管道输送也开始为人们所关注。于是，冶金系统的设计研究单位与国内一些高校、科研院所一起，开始了一定规模的浆体管道输送技术的系统试验研究和理论探讨工作。这对推动我国长距离、高浓度矿浆管道输送进入实用化工业应用阶段打下了坚实的基础。从 90 年代初至今，我国的矿浆长距离输送管道有了长足进步，已从可行性研究、试验和初步设计阶段进入实际工业应用阶段。太原钢铁（集团）公司尖山铁矿铁精矿管道已于 1997 年正式投入运营。这是我国第一条铁精矿长距离输送管线，标志着我国从此结束了铁精矿只能用铁路、公路和水路运输的历史。紧接着在 1998 年中，鞍钢调军台选矿厂铁精矿管道也正式建成，并投入工业生产。2006 年，昆钢大红山管道也建成并投入工业生产。近 10 年来，浆体管道输送已成为我国冶金矿山基本建设设计中精矿外运或老矿山技术改造尾矿排放的主要方式之一。

23.2　大红山铁精矿输送管道概述

　　目前国内外大部分矿石运输采用公路运输或专用铁路运输，投资巨大，并产生大量污染性气体。而且在大量的矿石运输中还必须尽可能地减小对自然环境的污染，保护自然资源并坚持可持续发展战略，无形中给完成输送任务带来了困难。云南省大红山矿业公司矿区地处云南省玉溪市新平县哀牢山山腹，矿区到昆钢本部公路距离 260km，一半为三级、四级路面，一半为乡村公路，且经过多个自然保护区。汽车运输不仅经营成本高昂，还会造成环境破坏以及生态污染，大规模的公路运输很难实现。在研究初期，考虑到矿区周边交通情况较差，当时进行了铁路输送方案和管道输送方案比较，但是铁路运输由于投资巨大，方案最终被否决。相比之下，管道输送运量大、占地少、管道建设成本低、建设周期短、运行安全可靠、连续性强、能耗少、成本低、效益高。因此，管道输送方案被定为大红山矿区矿物运输的最终输送方案。

23.2.1　大红山铁精矿输送管道设计和实施

23.2.1.1　一期 2300kt/a 铁精矿输送管道

根据当时矿业公司产矿能力，大红山铁精矿输送管道一期工程设计规模为 2300kt/a。最初设想是就近利用铁路，曾规划东线从大红山到玉溪，西线从大红山到楚雄两个管道和铁路运输的方案。1993 年初步设计否定了火车转运方案，提出了直接用管道输送到昆钢。线路方案经过多次比选，最终选定线路 1.1 作为初步设计的线路。此线路长度相对较短，同时只需要 3 个泵站，管道系统简单，并且压力等级在 ANSI 1500 压力额定值内（这个等级是目前工业矿浆管道所采用的压力等级的泵出口压力）。如彩图 23-1 所示。

大红山一期 2300kt/a 铁精矿矿浆输送工程管道 1.1 线路，始于大红山矿区精矿浓缩机指定入口管道法兰，通过一条外径为 244mm（9.625in），无内衬钢管管道泵送到位于安宁市的终点站昆钢脱水站进过滤车间前指定的管道法兰，或终点站储料搅拌槽的泵送排料管道法兰，管道长度约 171km。管线起点为玉溪市新平县戛洒镇大红山矿区（大红山泵站），终点为昆明球团厂，管道全长 171km，跨越崇山峻岭，沿途经过两个地区，四个县市，十一个乡镇；共有十个隧道，十一个跨越；三个泵站、四个压力监测站、一个终点脱水站。

大红山铁精矿矿浆管道所选择的线路始于靠近玉溪市新平县戛洒镇的矿山所在的大红山 1 号泵站，位于所属选矿厂的西边，海拔 670m。管路穿越大红山矿沿着肥味河河谷后向东北方向到达靠近落施底田房的 2 号泵站站址，2 号泵站海拔高 1440m 和大红山 1 号泵站相隔 12.5km。在 2 号泵站之后，管道沿着一条废弃的林区简易公路向东北方向到达靠近新营盘的县级正规公路。管道沿着该公路到达管道的第一个高点，此高点海拔高度为 2010m，距新营盘镇不到 5km，管线长为 28.5km。从东部建一条 1.5km 长的隧道穿过原始森林和新营盘。第一个压力监测站（PMS1）放在隧道入口处。此后，管道继续越野沿着新营盘镇东侧山坡下山进入该线路的第一个深谷。2 号压力监测站位于 KP 44km 跨河处前。在穿越过（埋入式）屹施河之后，管道由东北向沿着当地乡村公路前进。沿着此公路的几个位置，采用空中跨越的方法跨过几个不稳定的小山谷。之后穿越一个叫鲁以尼的村庄，管道沿着一个陡峭的山坡再次越野穿越该乡通往第 2 个长隧洞。在此山区，有三个长隧道（长 1.5~2.5km）用于缩短管道长度和保证矿浆管道坡度。这些隧道终止于阿娜村的西部。管道沿着阿娜村南部山坡绕过该村与当地村庄公路相连。沿着此公路的山坡埋入的管道到达 3 号泵站所在的地点，它靠近一个叫迭舍莫的村庄。该泵站建在当地村庄公路南部的一个平坦的林地，海拔高度 1850m，KP 67km。

经过 3 号泵站后，管道继续沿着当地乡村公路铺设到管道线路的第二高点，北龙山口，海拔高度 2232m，KP122，此处修建一个长的隧道，以缩减管道长度。第三个压力监测站（PMS3）建在此点隧道进口处，用于监测加速流（负压力）和管道的正压力。管道经过第三个压力监测站后，从山上往山下铺设（图 23-2）。大多数线路沿着当地的公路，

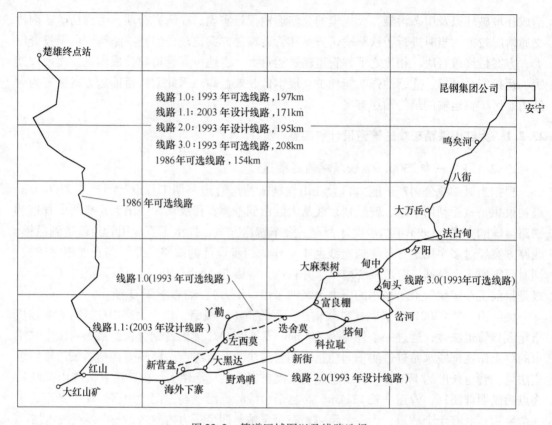

图 23-2　管道区域图以及线路选择

绕过当地村庄后到了昆钢已废弃的铁矿石索道卸矿站，海拔高度 1950m，KP131km。从索道站到安宁的昆钢原料厂有一条昆钢 40km 长的已废弃的窄轨铁路，这条铁路路基宽约 10m。将铁轨拆除后管道沿着铁轨的路基铺设。4 号压力监测站（PMS4）建在该区域。管道最终到达昆钢球团厂旁边的终点站。终点站海拔 1895m，KP 171km。

　　一期 2300kt/a 工程主要工艺流程如图 23-3 所示。

　　大红山矿区选矿厂的精矿矿浆（质量浓度 20%），在位于大红山泵站区域的浓缩池中进行浓缩，使得底流矿浆质量浓度满足工艺要求。一台带变速器的底流泵运行，另一台备用，控制矿浆输送浓度并泵送到两个搅拌储存槽中。石灰乳注入底流泵的吸入端管道，用来调整矿浆 pH 值以控制管道内部腐蚀。一对带可调速的离心式喂料泵从搅拌储存槽中将矿浆排入带有恒压吸入压力的主管道活塞隔膜泵。喂料泵也能将矿浆再返回到搅拌储存槽、浓缩机或紧急事故池。三个主管道泵站的全部矿浆泵均由变速电动机驱动，正常情况下两台运行，一台备用。正排量泵（PD 泵）的压力用以克服管道高程变化和摩擦损失，保证管道连续运行。

　　大红山泵站之后，有两个加压泵站，2 号泵站和 3 号泵站。分别位于管线距离大红山泵站 12.5km 和 67km 处，用于补充管道内的压力。在 2 号泵站不设搅拌储存槽或喂料泵。在大红山泵站的主泵通过改变泵速来控制流量，直接泵送到 2 号泵站的吸入端。2 号泵站设有三台主泵和一个事故池/水池，主泵通过速度控制来维持所需的正排压力。

　　3 号泵站与 2 号泵站设施基本相同。此外，3 号泵站有一个矿浆搅拌储存槽对矿浆进

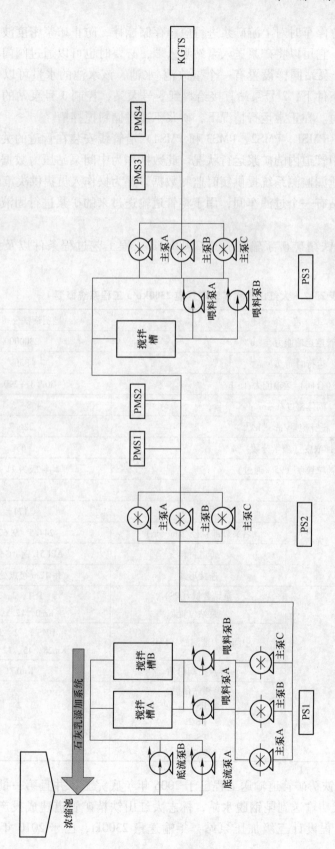

图 23-3 大红山管道 2300kt/a 工程主要设备及工艺流程

PS1—大红山泵站; PS2—二号泵站; PS3—三号泵站; KGTS—昆钢脱水站; PMS1——号压力监测站;
PMS2—二号压力监测站; PMS3—三号压力监测站; PMS4—四号压力监测站

行再搅拌，以便在紧急停车时对上游矿浆进行应急存储搅拌，防止矿浆密度波动。在储存槽下游有一个喂料泵，它可以将矿浆送入泵站吸入端，必要时也可以通过阀门的控制将矿浆返回到储存槽。3 号泵站同样设置有一个事故池/水池，该水池的水量可以供冲洗下游管道用。在正常运行条件下，2 号泵站直接给料到 3 号泵站，控制 3 号泵站的泵速以便保持一个最小的吸入压力。在正常运行情况下，矿浆不通过储料搅拌槽。

四个压力监测站（PMS1、PMS2、PMS3 和 PMS4）沿管线安装在管道的关键位置，用于监测管道运行过程中管道内的矿浆运行状况。此数据作为中间泵站压力数据的补充，同时为管道顾问软件和泄漏监测系统提供实时监测数据，并为操作人员提供决策的信息。

管道在安宁终端站有一个过滤车间，用于将管道输送过来的矿浆进行固液分离，生产合格的干矿粉。

表 23-2 为大红山铁精矿矿浆输送管道 2300kt/a 工程工艺过程条件以及设施的综合说明。

表 23-2 大红山铁精矿输送管道 2300kt/a 工程系统概要

工 艺 条 件		昆明钢铁公司精矿
管道运输能力/$t \cdot a^{-1}$		2300000
运行时间/$d \cdot a^{-1}$		330
设计（合同）运输能力/$t \cdot h^{-1}$		307.8（290.4）
固体密度/$t \cdot m^{-3}$		4.8 ~ 5.1
设计流量/$m^3 \cdot h^{-1}$		226.7
设计浓度（质量分数）/%		65
颗粒粒度（95% 通过）		平均粒级为 71 ~ 74μm
设 施		
精矿管道	长度/km	171
	名义外部直径/mm（in）	244.5（9.625）
	管道材料	API 5L 钢 l Gr. X 65
	连接形式	每 12m 接点处焊接
泵站	泵站数量（PS）	PS1, 2, 3
	泵站位置	Km0, 12.5, 67
	中间压力监测站（PMS）	PMS 1, 2, 3, 4 Km28, 45, 125, 148
	终点站阀门站	Km171
	搅拌储存槽 PS 1 PS 2 PS 3 终点站	2 无 1 2

大红山 2300kt/a 铁精矿管道输送工程已于 2006 年年底完工，并且第一批铁精矿浆头于 2007 年 1 月 1 日成功输送到昆钢脱水站，标志大红山铁精矿管道建成投产。昆钢大红山铁精矿管道一期工程设计三级加压泵站，年输送量 2300kt，已于 2010 年达产并超产

160kt。截至 2010 年年底,大红山铁精矿输送管道共计输送铁精矿 6570kt,产生利润 6.56 亿元。

23.2.1.2　二期扩能至 3500kt/a 铁精矿输送管道

随着大红山矿业公司生产规模的不断扩大,大红山管道 2300kt/a 的输送量已经满足不了选厂铁精矿的输送需求,公司决定对一期工程进行扩能改造。扩能改造之后,能使管道在不改变管道管径的前提下,将原有管道 2300kt/a 的产能提高到 3500kt/a,每年增加输送量 1200kt,可以减少昆钢集团采购资金 6 亿元,实现效益约 3 亿元。3500kt/a 工程主要工艺及设备流程如图 23-4 所示。

其具体实施步骤为:在管线原有设备条件下,在新建三选矿厂址设计一台 ϕ32m 的国产精矿浓缩机,用于处理扩能技术改造的铁精矿,然后泵送到 1 号泵站的矿浆搅拌槽。原有 1 号泵站的 ϕ22m 浓缩机处理矿量不变,所以对原有 1 号泵站的浓缩底流系统不进行改造,考虑到将来 4000kt/a 和 500kt/a 选厂产量可能增大的情况,还设计了将 500kt/a 选厂生产的铁精矿通过管道输送到 ϕ32m 的精矿浓缩机进行浓缩的工艺。

为了调节选厂和管道系统的生产能力,并且考虑到分级输送两种不同品位的铁精矿,在大红山泵站增加了 2 台 ϕ16m × 16m 矿浆搅拌槽和相应的喂料泵系统。原来的浓缩机系统、底流泵送系统、喂料泵系统、检测环管、事故池、主泵泵送系统、亚硫酸钠药剂添加系统、石灰乳添加系统的总体工艺不发生变化,只是进行小范围的改造。

在 2 号泵站以及 3 号泵站对原有喂料泵系统进行改造,增加 1 台喂料泵以及相应的阀门。更换原有全部环水泵,使之满足管道冲洗要求;扩大原有事故池容积,以满足管道系统的冲洗要求;事故池增加造浆设施,便于管道系统调节生产,同时增加相应公辅配套设施。新建的 4 号泵站和 5 号泵站,各新增 1 台主管道泵(正排量活塞隔膜泵),主管道采用已经敷设好的管道,不需要重新敷设。由于扩能后产量的增加,原有终端站过滤机过滤能力已不能满足生产要求,新增加了 4 台 80m^2 陶瓷过滤机。传送带系统除考虑因新增加的 4 台陶瓷过滤机需加长现有皮带的情况,还考虑现有过滤机出料口管道常有堵塞的情况,重新设计输送带系统。扩能之后,1 号泵站的出口压力会有增加,2 号泵站的出口压力从 21.5MPa 降至 19.7MPa,3 号泵站压力基本不变。因此,2 号泵站至 4 号泵站段的压力在扩能后的运行压力线都有所降低。

大红山铁精矿输送管道 3500kt/a 工程工艺条件以及设施的综合说明如表 23-3 所示。

大红山扩能系统 3500kt/a 铁精矿矿浆将从大红山矿区,通过原有管道 244.5mm (9.625in) 输送到安宁昆钢的过滤车间,矿浆先由原大红山泵站输送 12.5km,到原 2 号泵站。矿浆在 2 号泵站加压后输送到在 27.6km 处新增加的 4 号泵站(位于 1 号压力监测站的上游)。4 号泵站继续加压输送矿浆到 69km 处的原 3 号泵站。3 号泵站加压输送矿浆到约 116.4km 处新增加的 5 号泵站(3 号压力监测站的上游),5 号泵站直接加压输送矿浆到昆钢的过滤车间。大红山 3500kt/a 精矿输送管道,作业率为每年 330d 管道工作日。在 3500kt/a 精矿管道设计寿命期间,在正常工况下,系统将以 5 个泵站同时运行。在非正常工况下(24h 内),系统将故障 4 号泵站或 5 号泵站与管道隔离进行抢修,以原设计的 3 泵站模式降速运行,过剩精矿将由系统储蓄搅拌槽来调节,在系统恢复正常工况后,再提速以 5 个泵站同时运行。如果 3 号泵站不能工作,可以将其从管道中隔离进行抢修,用大红山泵站、2 号泵站、4 号泵站、5 号泵站同时降速运行,过剩精矿将由系统储蓄搅拌槽来

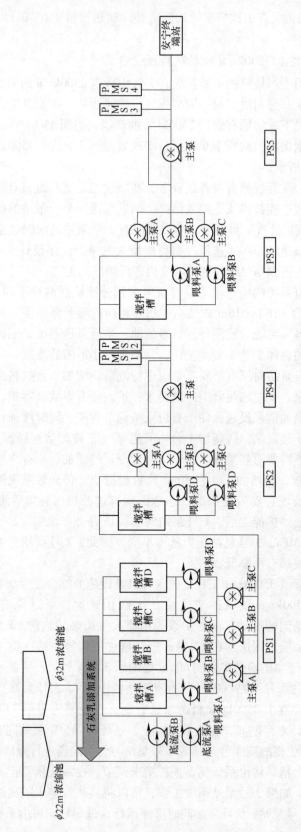

图 23-4 3500kt/a 工程主要工艺及设备流程

PS1—大红山泵站；PS2—新建四号泵站；PS5—新建五号泵站；
PMS1—一号压力监测站；PMS2—二号压力监测站；PMS3—三号压力监测站；PMS4—四号压力监测站

表 23-3 大红山铁精矿输送管道 3500kt/a 工程系统概要

系 统 概 要		
工艺条件		铁精矿
管道运输能力/t·a⁻¹		3500000
运行时间/d·a⁻¹		330
设计运输能力/t·h⁻¹		442
固体密度/t·m⁻³		4.815
设计流量/m³·h⁻¹		300
设计浓度（质量分数）/%		68
颗粒粒度（-95μm）/%		74
设 施		
精矿管道	长度/km	171
	外部直径/mm（in）	244.5（9.625）
	管道材料	API 5L 钢 Gr. X65
	连接形式	每 12m 接点处焊接
泵站	泵站数量（PS）	PS 1，2，4，3，5
	泵站位置	Km 0，12.5，27.6，69，116.4
	中间压力监测站（PMS）	PMS 1，2，3，4
		Km 29，45，119，148
	终点站阀门站	Km 171
	浓缩池	原有 1 台 φ22m
		增加 1 台 φ32m（他方设计）
	搅拌储存槽	
	PS1	原有 2 台 φ12m×12m
	PS2	再增加 2 台 φ16m×16m
	PS4（新增加的泵站）	原有 φ12m×12m
	PS3	无
	PS5（新增加的泵站）	原有 1 台 φ12m×12m
	终点站	无
终端过滤	陶瓷过滤机	增加 4 台 80m²
		改造现有胶带机和相关设施
其 他		
监控以及数据采集控制系统		1
（SCADA）及通讯系统		光纤
管道泄漏监测系统		1
管道阴极保护系统		强制电流以及牺牲阳极

调节，在系统恢复正常工况后，再提速以 5 个泵站同时运行。这样，管道输送系统将保证其作业率，满足选厂生产需要。

在正常停车前和启动前，系统将 4 号泵站或 5 号泵站与管道隔离，以原设计的 2 号和 3 号泵站连打模式降速运行避免 U 形管效应和加速流，过剩精矿将由系统储蓄搅拌槽来调节，在系统恢复正常工况后，再提速以 5 个泵站同时运行。

铁精矿矿浆管道系统设计由大红山泵站控制室的主控制站进行操作，要求 24h 连续值班。大红山控制室利用 SCADA 系统（一期 2300kt/a 管道即已设置）远程操作管道，在后续章节将详细介绍。

管道通过先进的 SCADA（监控和数据采集）系统对管道及其设备进行监视和控制，用管道顾问软件操作 SCADA，使管道按严格的程序运行，在各泵站及终点站设有释压装置，并设有泄漏检测系统进行监视，它可以向 SCADA 提供管道沿途 8 个地点（5 个泵站，2 个中间测压站及终点站）的流量、压力和密度数据，能检测系统的泄漏点数和位置，还能检测泄漏的位置，及时发出警告，以便操作人员应急处理，避免事故发生。万一发生堵管、泄漏等事故，各泵站及终点站设有事故池，同时管道能进行带负荷停车启动。为保证管道的正常运行，设有二套通讯系统，主要通讯用光缆连接整个管道系统，实现数据、视频、语音通讯，备用通讯采用当地的移动电话空中宽带来实现通讯及传输低速数据。

3500kt/a 铁精矿管道输送工程于 2010 年下旬成功投产。该工程实现了在不改变原有管道管径的条件下，有效提高管道的输送能力，是公司对大红山铁精矿输送管道在控制技术方面日臻完善的体现。借助 3500kt 扩能工程，管道公司 2011 年实现了营业收入 4.8 亿元，创造利润 2.6 亿元。

23.2.1.3 三期扩能至 5000kt/a 铁精矿输送管道

随着近年来国内外的市场环境和大红山矿业有限公司的发展要求，大红山年产 5000kt 精矿，需要通过对 3500kt/a 管道系统不断进行技术创新和改造，才能满足发展需求。系统改造情况如彩图 23-5 所示。图中红颜色显示部分为 5000kt/a 工程在 3500kt/a 工程的基础上进行的改造。主要有：PS1 增加 1 台 16m×16m 搅拌槽、1 台底流泵、3 台主管道泵，新增的 3 台主泵作为复线的主管道泵；PS2、PS3 各增加 2 台主管道泵，其中，PS2 增加的两台主泵作为复线的主管道泵；PS3 新增的两台主泵中一台作为原有管道的备用泵，另一台作为复线的主管道泵；技术参数与原有主泵一样；在 PS1 和 PS3 之间新建一条外径为 13.375in（339.7mm）、长度约 70km 的精矿管道；PS3 主泵前新建一个消能孔板站；新建玉溪研和终端站，从 PS3 到研和终端站新建一条外径为 219mm、长度为 64km 的精矿管道，并在该管道距 PS3 泵站 35.2km 处新建 5 号压力监测站 PMS5，以及对各站喂料泵等系统的小范围改造。

大红山选矿厂年产 5000kt 精矿，分别给到现在的 $\phi22m$ 和 $\phi32m$ 精矿浓缩机，然后通过底流泵给到 PS1 的 5 台精矿搅拌槽，搅拌槽矿浆通过喂料泵恒压给到 PS1 的 6 台主管道泵，通过原有 244mm 以及新建的 339.7mm 的精矿管道输送到现有 2 号泵站。矿浆到达现有 PS2 泵站，正常情况下直接给到主管道泵，其他情况给到 PS2 现有的矿浆搅拌槽，然后通过喂料泵给到主管道泵，直接加压输送到现有 3 号泵站。矿浆到达 PS3 后，经过消能孔板站后，给到精矿搅拌槽，或者直接给到主泵，其中一部分矿浆给到原有管线上的 4 台主泵，将 3200~3500kt/a 精矿输送到 PS5 泵站，通过 PS5 加压输送到安宁终端；另外 1500~1800kt/a 精矿给到复线主管道泵，通过新建的精矿管道将 1500~1800kt/a 精矿输送到玉溪研和终端过滤车间。

大红山铁精矿输送管道 5000kt/a 工程工艺条件以及设施的综合说明如表 23-4 所示。

表 23-4 大红山铁精矿输送管道 5000kt/a 工程系统概要

系 统 概 要		
工艺条件	PS1 ~ PS3 精矿	PS3 ~ 玉溪终端
管道运输能力/t·a⁻¹	5000000	1800000
运行时间/h·a⁻¹	8000	8000
设计运输能力/t·h⁻¹	625	225
固体密度/t·m⁻³	4.815	4.815
设计流量/m³·h⁻¹	450	168
设计浓度（质量分数）/%	66	65
颗粒粒度（-45μm）/%	74	74

设 施		
精矿管道（PS1-PS3）	长度/km	70
	外部直径/mm	339.7
	管道材料	API 5L 钢 Gr. X 65
	连接形式	每 12m 接点处焊接
精矿管道（PS3-研和）	长度/km	64
	外部直径/mm	219
	管道材料	API 5L 钢 Gr. X 65
	连接形式	每 12m 接点处焊接
泵站	泵站数量（PS） 泵站位置	PS 1, 2, 4, 3, 5 Km 0, 12.5, 27.6, 69, 116.4
	中间压力监测站（PMS）	PMS 1, 2, 3、4, 5 Km 29, 45, 119, 148, 35.2（从 PS3 开始）
终点站阀门站		KM 171, 玉溪终端为 130
浓缩池		玉溪增加 1 台 30m 浓缩机
PS1		增加 3 台主泵
PS2		增加 2 台主泵
PS3		增加 2 台主泵
研和终端过滤	陶瓷过滤机	增加 6 台陶瓷过滤机
其他	监控以及数据采集控制系统 （SCADA）及通讯系统	1 光纤
管道泄漏监测系统		1
管道阴极保护系统		强制电流以及牺牲阳极

5000kt/a 铁精矿管道输送工程设计每年有 5000kt 精矿的矿浆在 PS3 泵站全部落地，其中 3200kt 通过现有的 PS3 主管道泵经过 PS5 泵站加压输送到安宁终端过滤车间，其余 1800kt 通过在 PS3 新增加的两台主管道泵通过新建的约 64km 管道输送到玉溪研和终端，目前该工程已顺利投入运营。

5000kt/a 工程技术改造后，PS1 ~ PS2 ~ PS3 的管道系统每年输送 5000kt 精矿，PS3 ~

PS5～TS（安宁终端）的管道系统每年输送 3200kt 精矿，从 PS3 到玉溪研和终端每年输送 1800kt 精矿，每年作业为 8000h。在精矿管道设计寿命期间，在正常工况下，系统将 5000kt 精矿通过 PS1 和 PS2 全部输送到 PS3 的两个矿浆搅拌槽，然后分别喂料给 PS3 现有的泵站和新建的泵站（安装 2 台主泵，其中 1 台也是老系统的备用泵），将 3200kt 精矿输送到安宁终端，1800kt 精矿输送玉溪研和终端。技术改造后的系统有 SCADA 系统、管道顾问软件系统、泄漏监测系统，这些软件安装在泵站和终点站的控制室。泵站、中间压力监测站以及终点站通过光纤通讯进行连接，该光缆沿管道线路敷设，管道和其他设施通过 SCADA 系统进行监测和控制。此系统基于可编程序控制器（PLC），处理所有的一次控制并与现场设备有接口。可编程序控制器（PLC）将报告送到带有人-机界面（HMI）系统的个人电脑。所有可编程序控制器（PLC）和人-机界面（HMI）通过上述通讯系统彼此相互联系。精矿矿浆的控制和监测位于各泵站控制室，所有系统的控制和操作数据在控制室中均可获得，24h 有人值守。系统的控制一般处于自动稳定状态，操作者只需在过程不稳定、停车以及再启动期间进行必要的人工操作。在每个泵站区域和压力监测站以及终点站将都提供一个可编程序控制器（PLC）。所有有关的管道数据都将提供给位于大红山和安宁的调度中心操作人员。如果有不正常或紧急情况，如矿浆不合格、发生泄漏或管道堵塞时，它将会自动报警。输送精矿的管道将由一个有顺序的泵站停车程序来完成，先停止泵站设施，然后关闭位于安宁终端阀门站的隔离阀门，重新启动将需要打开终点站的阀门站，接着通过预定顺序缓慢启动各泵站。在计划长时间停车之前，应该先用水冲洗管道。

云南大红山管道有限公司是昆明钢铁控股有限公司下属全资子公司，在目前经济形势下，通过管道输送将对控股公司降低运输成本，提高经济效益有着重要的影响。5000kt/a 铁精矿管道输送技改工程的实施是充分利用大红山铁矿自有资源，提高管道输送能力，提高云南大红山管道公司经济效益的一项重要举措。技术改造后每年增加输送量 2700kt，可以减少控股公司运输采购资金 10 亿元，实现效益约 6 亿元。

由于在 3500kt/a 工程项目中新增加了 PS4、PS5 两级泵站，且新建的 PS4 泵站在管线上的位置位于原有 PS3 以及 PS2 泵站之间，为避免产生混淆，公司于 2013 年年初正式将各泵站的名称按照各站所在地理位置命名。PS1 更名为大红山站，PS2 更名为米尺莫站，PS3 更名为富良棚站，PS4 更名为新化站，PS5 更名为夕阳站。

23. 2. 2　大红山铁精矿输送管道投产运行及其特点

大红山一期 2300kt/a 铁精矿输送管道工程在 2006 年年底完工，于 2007 年 1 月 1 日第一批铁精矿浆头成功输送到昆钢脱水站，标志大红山铁精矿管道建成投产。大红山铁精矿管道一期工程原设计三级加压泵站，输送量 2300kt/a，已于 2010 年达产并超产 160kt/a；2010 年下半年进行扩产改造，扩产改造后增加了两级加压泵站，设计输送量 3500kt/a，于 2011 年 1 月试运行并投产。大红山铁精矿管道输送具有管线长、矿浆扬程高差大、矿浆输送压力大、矿浆输送管道控制难度高等特点，项目的建成投产，标志着我国精矿输送的工艺和装备水平达到了一个新的高度，同时奇迹般地创造了五个"中国钢铁工业之最"（图 23-6）：

（1）矿浆输送压力 24.44MPa，与秘鲁安塔密娜铜锌金矿并列世界第一；

（2）长距离矿浆输送管道敷设复杂程度居世界前列；

（3）长距离矿浆输送管道控制难度及先进性居世界前列；

（4）铁精矿矿浆输送管线长度 171km，居全国第一位；

（5）矿浆扬送高差 1520m，居全国第一位。

云南大红山管道有限公司目前担负着将大红山铁精矿安全、可靠、高效、经济地输送到昆钢的重要使命，已成为昆钢矿石原材料的重要生命线。公司在引进、消化、吸收再创造方面所做的工作有：

（1）多级泵站独立/连打运行模式之间的互相切换；

（2）U 形管道加速流的消除技术；

（3）矿浆管道运输中固体运量的数学模型及计量方法；

图 23-6　大红山铁精矿输送管道跨越

（4）管道泄漏点定位的数学模型与检测方法；

（5）矿浆在管道中运行状态的监控系统；

（6）设备故障在线智能检测分析系统；

（7）固体物料浆体管道输送智能工厂数字化平台。

上述 7 个方面获得 7 件计算机软件著作权登记、25 项专利保护，经巴西、智力 11 个城市 2 个矿山的现场测试，均能通过手机显示出大红山矿浆管道实时生产运行状况。该技术已输出到阿根廷、巴布亚新几内亚。

大红山铁精矿密度 4.8t/m³ 左右，是一种很容易沉降的不稳定矿浆。因此，要求对粒径控制为小于 325 目的颗粒（0.0445mm）占 73%。由于物料密度大，如果管道输送流速过小，容易淤积，造成堵塞；如出现停车，精矿就会淤积在管道底部，如果淤积层滑移到 U 形管线最低处，就可能发生管道不能启动、堵塞的重大事故，导致整条管道的报废。因此，要保证管道安全、稳定、经济运行，就必须对输送矿浆进行动态监测。

国际上已有几十条长距离铁精矿输送管道，但通过文献查询，均未见如此复杂地形。国内现有太钢尖山、鞍山调军台和云南大红山等铁精矿输送管道。尖山管道为中国第一条长距离铁精矿输送管道，全长 102km。它是由高海拔矿山至低海拔冶炼厂的单向下降运输方式，一级泵站就可以完成输送；矿浆输送压力仅为 6.8MPa。鞍山调军台基本为平地，地形不复杂，不存在大 U 形。大红山管道要复杂得多。图 23-7 为尖山铁精矿管道地形剖面图，图 23-8 为大红山铁精矿管线落差图。尖山管道和大红山管道特点对比见表 23-5。

表 23-5　尖山管道和大红山管道特点对比

特　点	尖山管道	大红山管道
长度	102km	171km
输送压力	6.8MPa	24.44MPa
大 U 形	没有	7 个 U 形，3 个大 U 形
泵站级数	一个泵站	多级泵站
扬程	500m	1520m

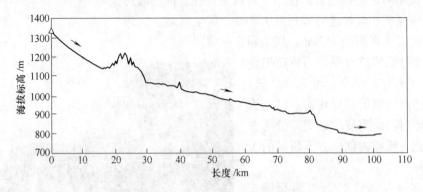

图 23-7 尖山铁精矿管道地形剖面图

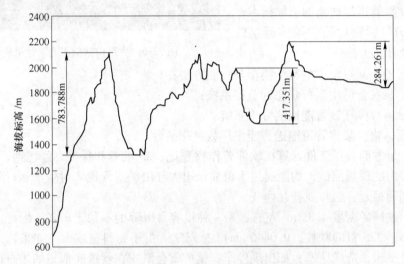

图 23-8 大红山铁精矿管线落差图

从图 23-7 中可看出，大红山管道地形复杂，沿途出现了 3 个大 U 形地形，4 个小 U 形。U 形管最大落差 784m。这种复杂地形，多级泵站输送，对长距离管道输送工艺提出了非常高的要求，如在全线带浆停车后，能否再重新启动，在批量输送时是否会产生加速流，各点的工艺参数在不同输送介质时是否发生变化等，这就要求精确确定矿浆在管道内的运行状态（流速、浓度梯度等）、浆头浆尾的准确位置、沿程阻力等。

综上所述，大红山管道是国内、国际上地形最复杂的管道之一。大红山管道由于地形极其复杂，对于矿浆管道输送具有重要的研究价值。

参 考 文 献

[1] 吴湘福. 矿浆管道输送技术的发展与展望 [J]. 金属矿山, 2000, 6:1~2.

[2] 陈光国. 我国长距离浆体管道输送系统的应用概况与展望 [J]. 金属矿山, 2015, 5:1~2.

[3] 昆钢玉溪大红山管道有限公司. 创新演绎卓越环保，铸就和谐——记云南大红山管道有限公司 [N]. 环境保护, 2012.2.

[4] 徐炜. 技术创新与管理创新并举，努力打造一流现代化矿山企业 [J]. 中国矿业, 2012, 8:3.

[5] 美国管道系统工程公司（PSI）. 昆钢集团大红山铁矿2300kt/a铁精矿管道输送工程初步设计（国外设计部分）[R]. 2004.3.

[6] 昆明有色冶金设计研究院. 昆钢集团大红山铁矿2300kt/a铁精矿管道输送工程初步设计（国内设计部分）[R]. 2004.4.

[7] 昆钢玉溪大红山管道有限公司. 坚持科技创新，开创管道输送美好未来 [N]. 云南科技管理，2009.8.

24 长距离固液两相浆体阻力特性与流速分布

由于西部复杂地形具有大 U 形管段，在下坡段，当输送的水力坡度小于管道敷设的水力坡度时，管道出现加速流，在管道最高处形成负压真空，特别在停泵启动时，必须进行水推浆操作，水流阻力（比降）小，形成加速流可能性大，如果产生加速流一对管道磨损严重（相当于平时的 3 倍）。另外，管道可能产生气蚀，同时负压管段可能产生弥合水击和加速流。为此，在管线的控制中必须解决矿浆在管道内的压力检测、浓度梯度检测、浆头和浆尾的准确定位、沿程阻力计算等问题，以便对压力、流速以及可能出现的加速流进行控制。

24.1 浆体的水力学特性

矿浆管道合适的水力学及工艺参数的选择按下列步骤来完成：

（1）通过实验室试验评价矿浆流变性、腐蚀特点以及可操作性；

（2）通过计算和与工业化管道运行数据进行比较，确定最小流速和浓度参数；

（3）根据上述结果确定可接受的矿浆浓度范围，同时根据实际经验进行判断；

（4）根据设计的精矿运输能力和流速，选择最合适的浓度范围和管道尺寸；

（5）计算摩阻压力损失；

（6）在管线纵剖面上绘制水力坡度（摩阻损失），以确定满足最大许可运行压力要求的管道壁厚；

（7）确定所需的泵站个数以及阀门/消能孔板站的个数；

（8）确定泵站、阀门/消能孔板站位置以及需要的管道壁厚；

（9）为所有的工艺流程确定流量以及矿浆参数；

（10）为所选择的系统建立运行范围（运输能力限制、流量、浓度以及泵站能力）；

（11）压力瞬时现象分析，将在施工图设计阶段完成。

系统运输能力以及有效性如表 24-1 所示。

表 24-1 系统运输能力及有效性

管道输送能力（干矿）/t·a^{-1}	2300000
管道运行时间/d·a^{-1}	330
管道输送量（干矿）/t·d^{-1}	6970
管道输送量（干矿）/t·h^{-1}	290.4

矿浆特性如表 24-2 所示。

样品 663A 用于水力学设计和计算，样品 662A 用于计算校核。

表 24-2 矿浆特性

参 数	样品 662A	样品 663A
固体密度/t · m^{-3}	5.05	4.86
流变学（屈服应力 $= A\phi^B$）	$A = 36166$	$A = 22361$
/dyn · cm^{-2}	$B = 5.636$	$B = 5.490$
流变学（黏度 $= 10^{Vr\,B'}$）/cP	$B' = 2.165$	$B' = 2.221$
颗粒粒度分布（95%通过）/μm	73.8	70.92
管道设计腐蚀许可值/mm · a^{-1}	0.33（KP0-10） 0.18（KP10-20） 0.13 磨蚀量	0.33（KP0-10） 0.18（KP10-20） 0.13 磨蚀量
矿浆 pH 值	10.5	10.5

表 24-3 所示为其他工业铁精矿矿浆管道的主要参数和预测的大红山铁精矿矿浆管道参数的比较。大红山铁精矿矿浆流变学特性、停车和再启动特性、管道线路特点、管道泵站排料以及主管道压力均在上述参考管道的经验范围内。大红山铁精矿矿浆管道充分考虑了矿浆管道输送现有技术和运行经验及水平。

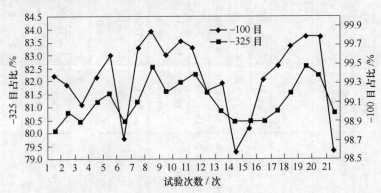

图 24-1 某段时间内主管粒径分布趋势

24.1.1 大红山管道浆体主要基础参数

通过选矿和磨矿设备制造的浆体，必须满足固体物料输送要求。下面简单介绍大红山铁精矿浆浆体输送工艺要求。

24.1.1.1 大红山管道浆体粒度分布

表 24-4 所列数据为大红山管道精矿的粒度分布范围，即与输送矿浆粒度相对应的能通过颗粒的累积百分比。

大红山矿业选厂能提供的铁精矿品级为 60%~63.5%，安全输送的固体质量浓度平均都达到 68%，甚至在 70% 以上。以 Ⅰ 号铁精矿为例，干固体颗粒密度为 4.488t/m^3。

粒径分布见图 24-1。

24.1.1.2 大红山管道矿浆浓度

大红山管道输送矿浆的最小输送质量浓度为 60%，最大输送质量浓度为 68%。研究

表24-3 铁精矿矿浆管道数据比较

	项目	savage R. 矿山	La Perla 矿山	Hipasam 矿山	Sicartsa 矿山	Kudremukh 矿山	Samarco 矿山	尖山矿山	大红山样品 地下样品 662A	大红山样品 地下样品 663A
矿浆特性	固体密度/t·m⁻³	5.00	5.00	4.91	4.76	4.91	4.90	4.99	5.03	4.86
	固体浓度/%	58~65	58~66	55~65	55~65	60~70	65	65	65	65
	设计/实际	实际	实际	实际	实际	实际	实际	实际	设计	设计
颗粒粒度分布	150目占比/%	<1	0.4	—	0.2	—	1.0	0.3	1.2	1.1
	200目占比/%	<8	4.0	0.8	1.3	—	4.0	1.3	4.9	4.5
	−325目占比/%	>82	72.6	91.4	85.8	85.0	>80	83.3	75.2	74.6
流变学	黏度/cP	7.8~10.5	7.8~10.5	4.0~12.0	5.6~16.0	5.0~16.5	6.8	12.0	5~9.8	5.4~12.3
	屈服应力/dyn·cm⁻²	2.2~29.8	2.2~29.8	0.7~16.2	15.0~38.5	10.0~11.0	3~4	30.34	12.6~56	12~48
	pH值	10.0~11.0	10.0~11.0	10.5	10.0	10.0~11.0	11.0	10.5	10.5	10.5
管道	管道尺寸/in	9.6	8/14	8	10	18/16	20	9	9.625	9.625
	长度/km	85	380	31.2	25.3	13/54	400	103	171	171
	开始年份	1967	1983	1978	1976	1980	1977	1997	2006	2006
	生产能力/t·h⁻¹	350max	202/606	345	440	1500	1473	250	290.4	290.4
水力学	梯度/m·km⁻¹	3.06-4.26/-	3.06-4.26/- 1.7~1.9	4.16~7.61	13.61	8.1/15.3@	4.7@	10.5@	8~11.8@	8~11.8@
	C/Ca @ Dep. Vel.	1.6/1.5	1.6/1.5	—	0.57	65%	65%	65%	65%	65%
	线速度/m·s⁻¹	1.7~1.9	2.25	2.25	1.83	2.2/2.3	1.7	1.6	1.5~1.8	1.5~1.8
	Von Karman	6.0/4.0	6.0/4.0	—	0.92	—	—	0.80	0.90	0.90
	腐蚀许可			4.0	4.0	7.9	6.8~1.4	12~5	13.0~5.0	13.0~5.0
	注释								试验厂样品	试验厂样品

注：1dyn/cm²=0.1Pa，1cP=1mPa·s。

表 24-4　精矿粒径分布范围

粒度/μm（目）	粗颗粒占比/%	细颗粒占比/%	备　注
150（100）	99.75	99.7	能通过 150μm 的颗粒至少达到 99%
106（150）	—	98.8	
75（200）	—	95.1	
53（270）		82.7	
45（325）	74.6	75.2	能通过 44μm 的颗粒至少达到 75%
38（400）		66.8	

大红山铁精矿管道输送的 I 号铁精矿矿浆粒径实时检测数据见表 24-5。

表 24-5　大红山铁精矿管道输送的 I 号铁精矿矿浆粒径实时检测数据

粒　径	占比/%					
	100 目	150 目	200 目	325 目	−325 目	−100 目
最大值	4.2	4.6	7.8	15.9	86.1	99.8
最小值	0.2	1.1	0.5	9.6	75.2	98.2
平均值	0.8	2.0	3.5	12.9	80.8	99.2

表明，管道阻力损失与浆体浓度近似成正比。浆体浓度增加，使颗粒间相互作用的程度加大，而且使水流支持颗粒悬浮的能量也加大，从而使管道阻力损失增加。矿浆的浓度会直接影响输送的顺利运行，浓度过低的矿浆，固体颗粒物会很快的沉降下来，随着浓度的增加，固体颗粒的沉降速度就会慢慢降低，达到某一临界浓度，固体颗粒物沉降速度就会无限接近零。但在增加浓度的同时，矿浆的黏度也会随之增加，黏度的增加直接导致的后果就是输送阻力的增加和管道磨损值的增加。需要有最小矿浆浓度来保持伪均质矿浆流的特点，以便提供足够的流变特性参数。所谓最小浓度，是要能使预知的粗颗粒得以悬浮，以减少对管道底部的过度磨损。低浓度可能引起矿浆的非均匀性，过多的水量输送造成能量浪费，同时增加终点站废水处理费用。较高矿浆浓度将更加经济，但同时可能导致压力损失及运行不稳定。对于最小浓度的分析，某矿山给出的指标是 60%~68%，固体质量浓度范围达到 65% 是作为最佳浓度，当然这是实验给出的数据，在实际试车调试运行中，如果矿浆的流变学特性容许的话，也可以将矿浆的浓度范围适当扩大。

24.1.1.3　大红山管道矿浆流变特性

这里以大红山次级铁精矿为例，对矿浆特性进行测试分析的情况进行介绍，其中矿浆形态见表 24-6 ~ 表 24-8。

表 24-6　筛分分析累计通过百分含量　　　　　　　　　　（%）

泰勒标准筛	试样（PSI 1015B）
60	100
100	99.73
150	98.26
200	93.82
270	85.84
325	80.99
400	76.78

表 24-7　矿浆流变特性

试样	$C_w/\%$	pH 值	V_{rsat}	ϕ_{sat}	η/μ	$\tau_y/dyn \cdot cm^{-2}$
	62.07	10.48	0.383	0.277	9.819	20.399
PSI	65.20	10.50	0.438	0.305	12.748	46.888
	68.11	10.57	0.499	0.333	17.981	96.150

表 24-8　沉降测试结果

实验样品	pH 值	C_w 初始值/%	C_w 最大值/%	ϕ_{sat} 初始值/%	ϕ_{sat} 最大值/%	最大沉降速度 /cm·h⁻¹
PSI 1015B	10.59	65.13	77.80	0.31	0.45	11.23

铁精矿矿浆试样：PSI 1015B；

接受矿样的 pH 值：8.30；

干固体颗粒密度：4.261t/m³；

流变特性关系式：

$$\tau_y = A\varphi_{sat}^{B}$$
$$A = 231692$$
$$B = 7.1388$$
$$\eta/\mu = 10^{V_r B'}$$
$$B' = 2.5755$$

式中　τ_y——屈服应力，dyn/cm²；

φ_{sat}——固体颗粒体积分数，%；

V_r——固体颗粒与水的体积浓度之比；

η——宾汉塑性黏度，cP；

μ——同温度下水的黏度，cP。

A　滑动角实验

采用试样：PSI 1015B，C_w 65.04%，pH 值 10.56。

随着管子右手端缓慢上升并平稳后，能见到表面细颗粒初始运动时的角度是与水平呈 13.27°，对应的坡度是 23.59%。

B　安息角实验

采用试样：PSI 1015B，C_w 65.04%，pH 值 10.56。

管子坡度设置在 12.08%（管子与水平面呈 6.89°），将矿浆充分摇匀后，沉降 24h，检查沉积的固体外形轮廓如图 24-2 所示。

如图 24-2 所示，在管子沉积底端，即管子的 1/4 处，沉积的固体表面与管轴平行，表明管子无堵塞现象发生。

C　腐蚀测试

大红山次级精矿在腐蚀测试实验中，短时间内就达到了稳定状态。

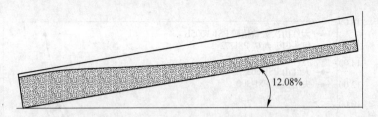

图24-2　安息角沉降24h后的示意图

同时，对相关的特性进行测试（表24-9），并给出了测试数据和图表。

表24-9　相关的特性测试结果

矿浆试样	pH 值	稳定后的平均值		
		溶解氧/mg·L^{-1}	腐蚀率/mg·L^{-1}	点蚀率/mm·a^{-1}
PSI 1015B	10.14	0.02	1.09	0.10

从彩图24-3和图24-4中可以看出，在泰勒标准筛筛孔尺寸为325目和100目情况下，浆体固体颗粒的累积通过率分别为75%和99%左右，与国内外部分长距离浆体输送管道输送浆体固体颗粒粒径范围基本一致。

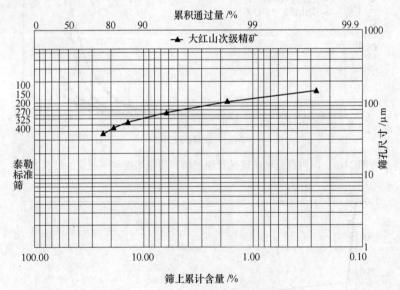

图24-4　大红山精矿粒度分布

从图24-5、图23-6可以看出，大红山铁精矿矿浆随着浓度的增大，其黏度以及屈服应力的增加值比其他管道浆体相对较小。

图24-7及图24-8所示分别为大红山铁精矿次级矿浆的沉降及腐蚀试验测试结果。通过矿浆的沉降测试，能够为浆体输送临界流速的选取提供有效参考依据。

大红山铁精矿管道目前实际输送的矿浆特性情况，见表24-10。

大红山铁精矿管道输送的矿浆沉降测试（坡度为14%），见表24-11。

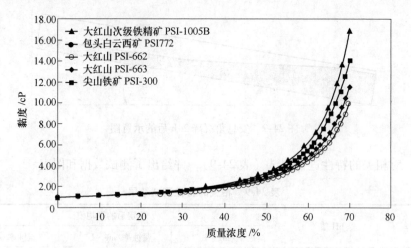

图 24-5　国内部分精矿输送管道铁精矿浆浓度与黏度的关系

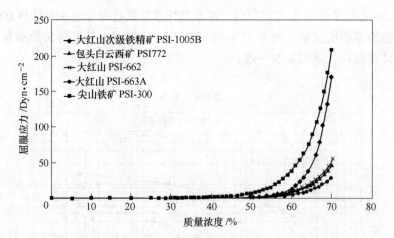

图 24-6　国内部分精矿输送管道铁精矿质量浓度与屈服应力的关系

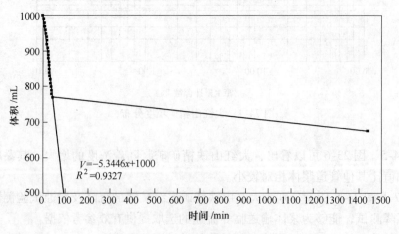

图 24-7　大红山次级矿浆沉降

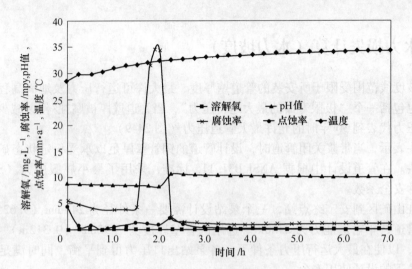

图 24-8　大红山次级矿浆腐蚀试验

表 24-10　大红山铁精矿管道输送的矿浆流变实时检测数据

参　数	样品浓度 $C_w/\%$	摩擦力矩 $M/N \cdot m$	动力黏度 $\eta/Pa \cdot s$	屈服应力 $\tau_y/dyn \cdot cm^{-2}$	雷诺数 Re
最大值	70.7	0.793	0.344	172.00	13317
最小值	62.1	0.236	0.069	34.50	1157
平均值	68.2	0.387	0.103	51.56	8623

表 24-11　大红山铁精矿管道输送的矿浆沉降测试

pH 值	C_w 初始值/%	C_w 最大值/%	ϕsat 初始值/%	ϕsat 最大值/%	最大沉降速度/cm·h^{-1}
10.6	65	77.8	0.31	0.45	11.23

注：ϕsat 为固体颗粒体积分数。

24.1.1.4　大红山管道矿浆 pH 值

大红山管道输送的矿浆最小 pH 值为 10.0，输送的矿浆最大 pH 值为 11.5。矿浆由于输送过程中固相颗粒对管道的磨损严重，采用添加石灰乳的方法来使管道的内壁结垢，形成一层钝化膜，从而使管壁的磨损和腐蚀控制在设计范围内，达到管道设计的使用寿命。同时适中的 pH 值能保持固相颗粒悬浮以降低管道堵塞的风险。矿浆 pH 值对浆体的影响表现为当浓度小于临界浓度时，pH 值对矿浆的影响很小，但是当碱性浆体的浓度大于临界浓度时，其黏度就会随浓度的增大而增大，控制矿浆 pH 值的合理性也尤为重要。

24.1.1.5　大红山管道矿浆温度

大红山管道输送的矿浆最低温度为 10℃，输送的矿浆最高温度为 30℃。实际情况是大红山管线沿途经过玉溪和安宁两市，玉溪属于亚热带湿润季风气候，而安宁具有典型的温带气候特点，两地均冬无严寒，且管线进行深埋处理，故无须采取额外措施来对矿浆温度进行控制就能满足输送要求。

24.1.1.6　大红山管道固体颗粒密度

大红山管道输送的矿浆中所含物料为赤铁矿，其固体颗粒密度为 4.86～5.05。

24.2　水力损失计算（水力坡度）

水力坡度线范围受限于所安装的管道壁厚度、最大许可运行压力及地面高程、运行范围。这里也包括一个"极限寿命的最大运行压力"，当管道壁厚被腐蚀/侵蚀减少到允许程度时，该压力代表到 30 年时的允许最大管道压力（图 24-9）。

静压头表示，当带浆关闭管道时，设计管道的钢管壁厚足以承受稳定状态矿浆水力坡度和静压头。在管道设计中根据 ANSI B31.11. 标准，采用了最小屈服应力（SMYS）的 80% 的设计安全系数。

从大红山矿区到安宁终点站，三个泵站设计需要一条外径为 244mm（9.625in）的铁精矿输送管道，年输送能力为 2300kt。选用的管壁厚度为 7.92mm（0.312in）~18.26mm（0.719in），以使在最大运行压力条件下，各泵站出口压力得到平衡，同时满足在给出的腐蚀许可值下的设计使用寿命。

在设计条件为 65% 固体浓度以及 290.4t/h 固体输送量时，每个泵站在水推浆批量运行时预期的最大主泵出口压力是 24.44MPa（3544psi，1MPa = 145psi）。该压力低于 ANSI 1500 压力标号所允许的最大安全运行压力。在正常的矿浆运行中，各泵站预期的泵的平均出口压力约 206bar（2987psi，1bar = 14.5psi）。

"U 形管效应"发生在当在深谷段上游的水（密度为 1）在推深谷下游的矿浆（密度大于 2）时，因密度（SG）不均衡而导致上游泵站需要额外的压力以维持同样的流速。

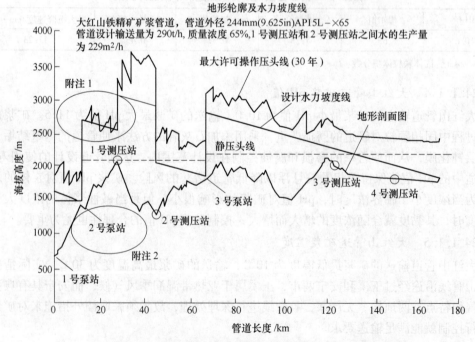

图 24-9　水力坡度与地形关系

（附注 1 超过中间管道的最大压力；附注 2 超过泵的最大压力）

24.3　压力损失计算

对于牛顿体压力损失计算采用 Colebrook 方程，对于矿浆流，使用 PSI 的矿浆水力模型（WASP 1.1）。管道流速水力计算时，使用6%的流量安全系数。此外，在管道水力坡度和管道纵剖面以及最大允许运行压头（MAOP）间隙之间，最小管道纵剖面余量用于设计（表24-12）。

表 24-12　管道余量设计

管道纵剖面余量/m	50
最大允许运行压力（MAOP）余量/m	50
最大允许运行压力下静态余量/m	125

24.4　矿浆固体浓度范围选择

需要有最小矿浆浓度来保持为均质矿浆流的特点，以便提供足够的流变特性参数。最小的矿浆浓度要求将能使预知的粗颗粒得以悬浮，以减少对管道底部的过度磨损。低浓度可能引起矿浆的非均匀性，过多的水量输送会造成能量浪费，同时增加终点站废水处理费用。较高矿浆浓度将更加经济，但同时可能导致压力损失及运行不稳定。

基于来自样品663A的矿浆特性报告，上述最小速度分析，类似的工业铁精矿矿浆管道运行经验以及终点站过滤车间的生产要求，浓度下限为62%。浓度在68%以上时，矿浆的屈服应力变高，使得管道压力下降，对轻微的浓度变化非常敏感。因此，将固体质量浓度定为62%~68%。作为本次初步设计的选择范围，将65%作为设计浓度。此浓度范围处于目前正在运行的工业铁精矿矿浆管道输送系统的正常范围。

应该注意到此范围是以试样663A的流变学特性为根据。但在试车调试运行期间，如果实际生产表明矿浆流变学特性容许的话，所输送的矿浆浓度范围可以扩大。

24.5　管道最小运行临界速度

管道最小运行临界速度的选择，是为了使矿浆中适宜的固体颗粒得以悬浮，以保持为均匀流体的行为，并使管道底部磨损最小化。最小速度也必须保证处于紊流流动状态。通常，对于细粒矿浆，应考虑较低浓度时，最小速度由固体沉积作用控制，在高浓度时，应考虑最小速度由层流到紊流过渡流速来控制。

基于矿浆特性、所选管道尺寸以及类似工业矿浆管道实际数据，最小临界速度（沉积）确定为1.25m/s。

图24-10所示为沉积速度、过渡速度以及设计速度与特定矿浆（样品663A）固体浓度之间的关系。对于矿浆而言，可以看出在所有浓度时沉积速度比层流/紊流过渡流速高，因此最小运行速度由沉积作用控制。

如果选矿厂生产的精矿比设计粒度组成更粗，并以低浓度输送时，那么管道的侵蚀将

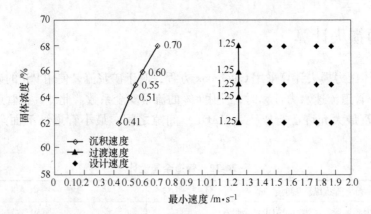

图 24-10　沉积速度、过渡速度及设计速度与矿浆样品 663A 固体浓度之间的关系

会加重。短期采用低浓度和粗粒运行是可能发生的，但是会增加一些底部的磨损。不建议在此条件下长期运行，因为将使管道使用寿命缩短。

参 考 文 献

[1] 赵利安，许振良. 水平管道中粗颗粒浆体摩阻损失的研究 [J]. 湖南文理学院学报（自然科学版），2007，1.

[2] 甘德清，高峰，孙光华，邵静静，侯永康. 浓度对大直径管道内浆体输送特性的影响 [J]. 金属矿山，2015，6.

[3] 江爱朋，王春林，范佳峰，邵兵. 煤泥流变特性试验研究与管道输送分析 [J]. 热力发电，2013，7.

[4] 白晓宁，胡寿根. 浆体管道的阻力特性及其影响因素分析 [J]. 流体机械，2002，10.

[5] 曹华德，曹斌，夏建新. 颗粒物料浆体流变特性变化及其机理分析 [J]. 矿冶工程，2014，2.

[6] 汪东，徐振良，孟庆华. 浆体管道输送临界流速的影响因素及计算分析 [J]. 管道技术与设备，2004，6.

[7] 王新民，李天正，张钦礼. 基于 GA-ELM 浆体管道输送临界流速预测模型研究 [J]. 中国安全生产科学技术，2015，8.

[8] 李鹏程，韩文亮，田龙. 高浓度管道输送参数计算模型的研究 [J]. 金属矿山，2005，4.

25 大红山管道工艺简介

大红山矿浆输送管道主要工艺从起始站点至终端站点包括浆体制备系统（浓缩底流系统、搅拌存储系统、石灰乳和亚硫酸钠添加系统）、管道加压系统和固液分离系统。

25.1 浆体制备系统及加压系统

大红山管道浆体制备系统主要由浓缩底流系统、搅拌槽存储系统和石灰乳添加系统组成，浓缩系统由浓缩池和高效浓密机组成，主要作用是将选厂提供的 20% 左右浓度的矿浆通过高效浓缩将浓度提高到 63%~68%，通过底流泵泵送给搅拌槽。搅拌系统由底流泵和搅拌槽组成，搅拌槽主要是将底流泵送来的合格矿浆和石灰乳搅拌均匀，同时也起到存储矿浆的作用；底流泵主要起加压和不合格矿浆修正作用。石灰乳添加系统主要由石灰添加槽、过滤桶、搅拌存储槽和计量泵组成，主要作用是提高矿浆 pH 值、降低管道磨损。

大红山管道加压系统主要采用的是：由荷兰奇好公司生产的高压力正排量隔膜泵，通过隔膜泵给矿浆足够的压力，向目的地或另一级加压泵站输送。因大红山管线是由低海拔向高海拔输送，且输送海拔差较大，所以要求隔膜泵运行压力较高。

25.1.1 大红山管道浆体制备系统设备组成及作用

浆体制备系统主要由浓缩机系统、搅拌槽系统、石灰乳和亚硫酸钠添加系统组成。

25.1.1.1 浓缩机系统

浓缩机系统主要作用就是将矿浆浓度提高到满足管道输送的技术要求。它由高效浓缩机及底流泵组成。目前大红山管道现有浓缩机根据池体直径大小分为 ϕ22m 浓缩机系统和 ϕ32m 浓缩机系统。浓缩合格的矿浆都是由底流泵输送给搅拌槽系统的。

由于铁精矿管道输送浓度为 62%~68%（质量浓度），而选矿生产的矿浆浓度为 20%~30%，不能满足管道输送的技术要求，要通过浓缩来达到。浓缩机的底流浓度需要大于 68%（质量浓度），进入搅拌槽存储和搅拌均匀后可满足管道输送要求。

浓缩机旋转是有方向要求的，耙架上的刮板是将矿浆往中心刮的，然后底流泵将矿浆从中心孔抽出，泵送到矿浆搅拌槽或进行小循环返回到浓缩机。浓缩机给矿口提供给絮流的环境，使矿浆进入浓缩机的中心。固体颗粒沉积，在浓缩机底部形成沉积层。耙架将沉积层上矿浆刮到浓缩机的圆锥形底部。当浓缩机正常运转和有足够的固体颗粒沉积时，浓缩机池体底部就会形成高浓度矿浆，多余的水通过池体溢流口排出。浓度达到输送要求，通过底流泵将矿浆输送给搅拌槽存储，否则容易形成沉积矿较多，导致压耙。

底流泵的作用就是将合格的浓度、pH 值的矿浆输送到矿浆搅拌槽；另一个作用是当浓缩池底流浓度不足时，可通过打开循环阀将低浓度矿浆再次进入浓缩池沉降，满足管道输送要求。大红山管道使用的底流泵都是离心泵，控制方式采用变频调速。其特点是可以通过调整底流泵速来控制底流浓度，确保浓缩池进矿量和出矿量保持平衡，保障浓缩机的正常运行。底流泵采用一备一用的方式，当运行泵发生故障时，可切换备用泵运行保障系统的正常运行。

25.1.1.2 搅拌槽系统

搅拌槽系统的主要作用就是对底流泵输送来的合格矿浆进行存储和搅拌均匀并通过喂料泵输送给主泵系统。在管道输送过程中，各加压泵站都必须设置搅拌槽，搅拌槽的容积大小与管道输送能力和工艺要求有关。大红山管线搅拌槽容积选择为选矿厂停止生产后，储存槽中的矿浆存储量仍然能够保证管道运行8h。搅拌槽系统由搅拌槽和喂料泵组成。搅拌槽为圆柱体，主要是用来存储底流泵输送来的矿浆并将矿浆搅拌均匀，防止矿浆沉积堵塞管道。

搅拌槽的供电系统必须保障，若出现供电故障，搅拌器停止运行，搅拌槽内存放的矿浆将会沉降，导致搅拌轴被压死，处理起来相当费时。搅拌器运行时搅拌槽液位必须在3m 以上，搅拌器停止时，必须能看到搅拌轴下叶片才可停止，避免下叶片被压死，无法启动搅拌器。日常运行过程中要防止杂物掉入搅拌槽，导致流程设备的损坏。

喂料泵的作用是将搅拌槽内存储的矿浆输送给主泵；另一个作用是当搅拌槽内存储的矿浆不满足管道输送工艺要求时，可通过喂料泵将不合格矿浆通过流程管路返回上道工艺流程重新处理。大红山管道使用的喂料泵同样是离心泵，控制方式采用变频调速。其特点是可以通过调整喂料泵速来控制供给主泵的吸入压力，确保主泵正常运行。喂料泵也是采用一备一用的方式，当运行泵发生故障时，可切换备用泵运行保障系统的正常运行。

25.1.1.3 石灰乳和亚硫酸钠添加系统

大红山浆体管道是用低碳钢做成的。由腐蚀和磨损引起的管道金属损耗在管路设计中占有主要地位。浆体管道的内部腐蚀明显不同于单纯输送流体的管道，固体颗粒的存在会加大腐蚀率，也会磨损管壁。选择管道管壁时要考虑服务年限的腐蚀裕量。长距离浆体管道设计的有效使用寿命一般为20 ~ 30 年。

腐蚀是一种电化学反应，需要具备下列因素：金属氧化的阳极，氧化剂还原的阴极，阳极和阴极之间的电极导体，电解质溶液。腐蚀可通过钝化管壁的阳极或阴极反应来控制。消除溶解氧和控制的浆体 pH 值可以显著降低腐蚀率。管道输送过程中，在矿浆中添加 Na_2SO_3 来消除矿浆或水中的溶解氧，同时通过添加 CaO 来提高矿浆的 pH 值。

石灰乳系统添加的目的是提高矿浆的 pH 值，降低腐蚀速率。提高矿浆 pH 值，目的是在管道内壁形成一层钝化膜 $Fe(OH)_2$ 或 $Fe(OH)_3$，通过形成的钝化膜来减缓矿浆内固体颗粒对管壁的磨蚀，从而使管道内壁腐蚀控制在设计范围内，达到设计的使用寿命。同时也可保持固体颗粒悬浮来降低矿浆堵塞的风险。大红山管道输送的是磁选矿浆，矿浆本身就是除氧剂，所以正常输送矿浆时没有必要在矿浆中添加亚硫酸钠。浆体管道输送过程中要确保管道的安全，水是一个必不可少的介质，所以在管道输送水时，需要添加亚硫酸钠来除去水中的溶解氧。因为管道内壁的腐蚀主要是溶解氧腐蚀，消除了溶解氧后可以使管道内壁腐蚀控制在设计范围内，达到设计的使用寿命。

石灰乳和亚硫酸钠添加设备主要由添加存储搅拌槽、过滤器、计量泵及管路检测仪表组成。石灰乳和亚硫酸钠添加位置一般是低压部位，所以大红山管道石灰乳添加的位置选择在底流泵入口端；亚硫酸钠添加位置选择在喂料泵入口端，其水管路同样由喂料泵入口端引入。

25.1.2　大红山管道加压系统组成及作用

大红山管道泵送系统主要是由维尔荷兰公司提供的 TZPM1600 型和 TZPM2000 型活塞隔膜泵组成。TZPM1600 型主泵运行参数：输送流量最小为 $12m^3/h$、最大为 $114.5m^3/h$；正常运行压力为 21MPa、最大运行压力为 23MPa；冲程数为 51spm。TZPM2000 主泵运行参数：输送量最大为 $300m^3/h$；最大运行压力为 16.3MPa；冲程数 59.9spm。

加压系统的作用是提供管道足够的运行压力、矿浆流量及流速，确保矿浆在管道内不发生沉降或堵塞。TZPM1600 型和 TZPM2000 型活塞隔膜泵属于正排量泵，所以必须在其出口设置过压保护。当发生堵塞或阀门错误关闭时，能保护设备安全。

25.2　大红山浆体管道

25.2.1　大红山管道的设计要求

管道始于大红山 1 号泵站，止于安宁的终端站。管道是选用高强度钢管外包裹着一层防腐层，并通过阴极保护系统来控制土壤对管道外部的腐蚀。将石灰乳添加到矿浆中以控制管道内部腐蚀。通常，管道中的矿浆流速较低，因而矿浆对管道的磨损不太明显。在前 22km 的管道腐蚀裕量为 0.152mm/a，3 号泵站开始下游 10km 的管道腐蚀裕量也为 0.152mm/a，其余管道的腐蚀裕量为 0.102mm/a，以确保精心操作下 30 年的管道设计使用寿命。

管道的水力设计方面，管道矿浆的输送需在全部 3 个泵站将矿浆泵送到 120km 处的最高点之后，在重力作用下浆流顺势而下，输送到终端站。管道外径相同而壁厚有所变化，是因为管道系统内给定点的设计压力不同所必需的。

25.2.2　大红山矿浆管道路线和泵站设置

大红山矿浆管道选线的原则是按建设和生产运行中最安全、最经济的原则组织的。选择的线路必须满足设计水力坡度要求。大红山矿浆管道设计水力坡度为 12%~14.5%，主要取决于所输送矿浆的沉降堆积角和滑降坡度，这些数据都必须通过实验来确定。

如彩图 25-1 及彩图 25-2 所示为大红山矿浆管道各泵站所处地理位置：大红山泵站位于云南省玉溪市新平县戛洒镇大红山矿区，海拔标高 670m；2 号泵站位于云南省玉溪市新平县新化乡米尺莫村，海拔标高 1454m，距离大红山泵站 12.5km；4 号泵站位于云南省玉溪市新平县新化乡，海拔标高 2065m，距离 2 号泵站 15km；3 号泵站位于云南省玉溪市峨山县富良棚乡，海拔标高 1857m，距离 4 号泵站 41.5km；5 号泵站位于云南省昆明市晋宁县夕阳乡，海拔标高 2012m，距离 3 号泵站 47.5km；终端脱水站位于昆明市安宁县昆钢厂区，海拔标高 1895m，距离 5 号泵站 53.5km。4 号泵站和 5 号泵站是 3500kt 扩能新增加的两级加压泵站。

泵站的位置选择取决于所选正排量隔膜泵的输送能力的大小和所设计矿浆管道管内径的大小。因矿浆管的沿途地理位置及海拔标高已经确定，所以泵站数量的多少取决于设备的能力。大红山矿浆管道就是由于输送量的增加，现有设备无法满足输送条件，而在 3500kt 扩能项目中新增加了两级加压泵站。

25.2.3　大红山矿浆管道直径和壁厚选择

设计指标见表 25-1。

表 25-1　大红山管道设计指标

管道输送产品	铁精矿
管道长度/km	171
管道规格和说明	管道是裸钢管，外径为 9.625in，平均壁厚为 0.395in（10mm），按照 API-5L 制作的 X-65
输送量/kt·a⁻¹	2300
流量/m³·h⁻¹	187~229
流速/m·s⁻¹	1.25~2.1（假定最小壁厚为 0.3125in）
浓度（质量浓度）/%	62~68
压力限制/MPa	系统最大运行压力是管道最大出口限制 22.9

大红山管道专家系统中的水力剖面和梯度图提供了管道压力限制的一个概要。管道壁厚的选取是为了与管线上所需的设计压力匹配，专家系统中所考虑的压力是在静压（管道带浆停车）和运行条件下的。对实际的压力另做计算，并连同对应的管道水力剖面来选择所必需的管道壁厚。管道壁厚是渐变的（即管道壁厚在管道沿线多处有变化），并且壁厚是与考虑了所在点海拔标高的压力要求相匹配的。

2 号泵站、3 号泵站和终端阀门站入口均配置了安全膜以防止管道过压。当管道停车时，泵站上游的管道压力将会明显增加。虽然阀门会同时关闭以防止管道过压，但是站内的阀门就是产生过压的最可能的源头。因而，在每一个泵站上游设置了安全膜。安全膜不能保护所有可能发生的过压事件。如果在两级泵站间的某点浆流堵塞或部分堵塞（可能发生在管道带浆再启动期间），堵塞点上游压力会超过管道设计压力。管道沿线配备了压力监控站，可提供管道中间的压力读数。管道操作员必须监控这些读数，特别是在带浆再启动期间，确保管道压力不超过允许值。

大红山矿浆管道设计最高压力必须能承受 400bar，主泵运行压力为 230bar。为了避免局部堵塞导致高压爆管，所以所选管子耐压值必须达到。大红山管道原设计 2300kt/a，根据输送流量、流速、浓度及主泵运行压力的关系，通过计算确定大红山矿浆管道的管道直径为 244.5mm，平均内径为 224.5mm。管径的大小取决于设计输送能力和设备运行压力，同时必须满足所输送矿浆的流变特性，所以必须通过实验后计算确定。

大红山矿浆管道壁厚的选择是根据大红山管道远途地形来选择的。海拔较低的地段压力等级相对较高，所以管道壁厚选择较厚，大红山矿浆管道在低洼位置铺设的管道壁厚为 0.4775in。例如 2 号压力检测站处管路壁厚必须是最厚的。海拔高的地段因压力等级低选择管道壁厚相对薄，例如 1 号压力检测站和 3 号压力检测站处管路铺设的管道壁厚为 0.3125in。由于大红山矿浆管道地形复杂，其管道的壁厚选择随着各点运行压力的变化而变化，管道壁厚的选择也是变化的。大红山管道的平均管壁厚度为 0.935in，整体计算时一般使用此壁厚。

25.3　设备选型及配置

25.3.1　浓缩机

25.3.1.1　浓缩机技术参数

大红山浓缩机（规格型号：THS32）的主要作用是将矿浆浓度提高到满足管道输送的技术要求。底流泵的作用是将合格浓度、pH 值的矿浆输送到矿浆搅拌槽。

由于铁精矿管道输送浓度为 62%~68%（质量浓度），而选矿生产的矿浆浓度为 20% 左右，不能满足管道输送的技术要求，要通过浓缩来达到。浓缩机的底流浓度需要大于 68%（质量浓度），矿浆 pH 值需要大于 10.5（在试车期间进行确定，因为在搅拌槽出口还需要添加稀释水，可能会降低矿浆 pH 值）。

25.3.1.2　浓缩机安装的各种仪表及其用途

浓缩机设备上安装有扭矩指示仪、液位计和耙架提升指示器；底流泵管道系统安装的 pH 计、浓度计、流量计。浓缩机设备上安装的检测仪器的作用：液位计用来实时检测浓缩机的液位；扭矩指示仪是一个非常重要的检测设备，用来检测浓缩机的负荷大小（检测浓缩机是否存在压矿）；耙架提升指示器也是用来检测浓缩机的压矿量；底流泵管道系统安装的检测仪器的作用：pH 计用来检测进入搅拌槽的矿浆 pH 值是否满足管道输送要求；浓度计用来检测进入搅拌槽的矿浆浓度是否满足管道输送要求；流量计用来检测是否与选矿生产量匹配。

25.3.1.3　渣浆泵（底流泵）

底流泵技术参数：规格型号为 6/4EE-AH 300。

大红山浓缩底流泵主要负责将 PS1 泵站的浓缩机矿浆输送到搅拌槽。通过底流浓度控制，直接将浓度合格矿浆给入搅拌槽中的一个，如果浓度太低，重新返回到浓缩机。设计的浓缩机能够满足管道输送量。在运行前几年，浓缩机处理量超过选矿厂的产量，因此将使矿浆返回到浓缩机，存在设计流量返回到浓缩机，通过手动阀门来完成这个循环。

设计的浓缩机用于将细的固体颗粒分离出来，允许固体颗粒靠重力沉积形成底流，然后从浓缩机底部排出。含有固体颗粒 200mg/L 溢流水通过浓缩机顶部溢流堰自流给入尾矿回水泵站进行循环使用。

A　大红山浓缩底流泵工艺操作

浓缩机给矿口提供给紊流的环境使矿浆进入浓缩机的中心。固体颗粒沉积，在浓缩机底部形成沉积层（也指沉积层）。耙架将矿浆输送到浓缩机排到圆锥形底部。当浓缩机正常运转和有足够的固体颗粒沉积层时，底流密度比较高。浓缩机底流密度（固体颗粒百分比）是个好的指示，在给矿和排出量平衡。为了获得高的矿浆密度，必须在浓缩机底部建立矿浆层。这需要一定的时间使矿浆致密，让矿浆中多余的水挤出。如果密度过高，底流矿浆泵送量（底流泵送速率）应该临时增加，来降低浓缩机固体量。同样，如果密度太低，表明沉积的固体层太薄，所以底流泵速要降低。耙架驱动的扭矩增加（增加了转动阻力），提供给操作者一个报警。在驱动电机继续运转时，扭矩增加表明耙架将缓慢提升。耙架提升出固体床层后，扭矩将降低。如果扭矩不能降低，尽管耙架继续升起，但耙架驱动电机将自动停车，目的是防止耙架或驱动电机损坏。

B 大红山浓缩底流泵工艺操作控制

浓缩机底流密度控制的目的是保持预期的底流密度，底流浓度的控制是通过改变泵的运转速度来达到的。如果底流浓度增加超过设定点后，底流泵的运转速度开始增加，速度增加就会降低固体颗粒沉积层的滞留时间。如果底流浓度低于设定点后，底流泵的运转速度开始降低，速度降低就会增加固体颗粒沉积层的滞留时间。

C 浓缩机底流泵安装的一些基本要求

浓缩机旋转方向有明确要求，耙架上的刮板用于将矿浆往中心刮，然后底流泵将矿浆从中心孔抽出，泵送到矿浆搅拌槽或进行小循环返回到浓缩机。

底流泵（离心泵）也具有转向要求。

25.3.2 搅拌槽

25.3.2.1 搅拌槽

一期搅拌槽数量及参数：2个，$\phi 12m \times 12m$；

二期搅拌槽数量及参数：2个，$\phi 16m \times 16m$。

搅拌槽为选矿厂提供生产矿浆的储放空间，从而满足管道输送的矿量需求。有关搅拌槽的主要关注点是钢板的腐蚀速率和槽体圆角（底角）中矿浆的沉积。在标记的位置每两年采用超声波测量一次，提供了对壳体壁厚损失的监控方法。腐蚀预计不会太高（搅拌槽大多在中间液位上运转），但如果腐蚀严重，将考虑采用氨基甲酸乙酯包缚或其他涂层方法。为防止腐蚀和磨蚀，搅拌槽底部采用牺牲钢板加衬。如果浇筑混凝土进槽体底部的角内以使圆角最小，则混凝土可能碎断和开裂。如果混凝土块进入矿浆管道，可能对管道、阀门、泵或仪表产生损坏。应每两年进行检查以检验并修补混凝土。矿浆沉积不影响搅拌槽的性能，但清理比较困难。

25.3.2.2 搅拌器

一期搅拌槽器设备包括减速机、搅拌轴及叶片。

延长搅拌器寿命的关键是保持减速机的油不能污染并保持减速机油箱油位在推荐的标准之内。在使用前和使用期间，对油分析检测可减轻产生的污染。

一台减速机工作时发出多大的噪声才算其工况好。如果发出噪声突然增大，是某些部件已损坏的信号，应立即启动预定停机时间，开盖检查。

叶轮叶片为橡胶包衬。在搅拌槽检查期间，这些部件必须按要求进行检查和维修。叶片的正确调整和平衡也是实现减速机使用寿命长的决定因素。对任何振动问题都必须迅速地查明原因，以避免过早发生故障。

25.3.3 渣浆泵（喂料泵）

喂料泵技术参数：规格型号为6/4EE-AH300。

喂料泵的作用是保持供给主泵的入口压力应在207~620kPa的范围内。在试运行、投产期间，或当矿浆特性发生改变时，喂料泵将被用来使矿浆循环通过测试回路，以获得水头和临界速度数据。

在一级加压泵站有 2 台喂料泵，一备一用。由于工艺原因，在二级和三级加压泵站只设置了单台喂料泵，每台喂料泵的驱动电机都由变频器进行变频控制。控制系统提供喂料泵速度的控制，以保持稳定的排出压力。当一个搅拌槽充满时，运转的喂料泵将在低于搅拌槽最低液位的转速下运行。入口压力的设定值应为 500kPa。轴套和填料应该日常监控。有一个流量指示开关可以校验流速。然而，保持填料恰好紧密，足以维持少量的水通过填料，控制泄漏也是重要的。压盖密封水质应保持在厂家手册制定的限制范围内。根据厂家手册，应该定期做叶轮端调整，来将重复循环以及伴随的磨损减至最小。在每一次轴的位置发生明显的改变后，V 形皮带需要调整重新拉紧。对填料、叶轮或其他元件的修理，应对照运行时间进行追踪，以便制定有效的预防性维修规程。

25.3.4　主泵

25.3.4.1　主管道正排量活塞隔膜泵

主管道正排量隔膜泵分为一期隔膜泵和二期隔膜泵两个型号。一期隔膜泵的主要技术参数如表 25-2 所示。

表 25-2　一期隔膜泵的主要技术参数

主电机		泵体		减速机	
型　号	AEDK-TK001	型　号	TZPM1600	型　号	D-46393
功率/kW	900	功率/kW	905	转矩/N·m	150270
额定电压/V	6000	出厂时间	2006 年	输入转速/r·min^{-1}	166～1586
频率/Hz	50	流量/m^3	114.5	输出转速/r·min^{-1}	5.3～51
绝缘等级	F	压力/MPa	23	VG	320
额定转速/r·min^{-1}	1480	冲程数/SPM	51	润滑油量/L	420.001
AMB/℃	45	活塞直径/mm	190	润滑油	Shell Tivela S320
		冲程距离/mm	508		
		动力端润滑油	Shell Omala320		
		推进液	Shell Tellus46		

二期隔膜泵的主要技术参数如表 25-3 所示。

表 25-3　二期隔膜泵的主要技术参数

型　号	TZPM2000
功率/kW	1426
出厂时间	2006 年
流量/m^3	300
动力端润滑油	Shell Omala320
压力/kPa	16300
冲程数/SPM	59.5
活塞直径/mm	280
冲程距离/mm	508
推进液	Shell Tellus46

主管道泵在遭受矿浆磨损的区域有消耗元件，例如：隔膜、阀门和阀座。主泵有液力端和动力端两部分。

25.3.4.2 液力端

根据目前类似的运行系统，液力端的部件及其使用寿命如下：隔膜，8000h；阀门，1500h；阀弹性体，400～800h；阀座，800h；阀轴套，400h。

25.3.4.3 隔膜

隔膜在工艺流体（矿浆）和推进液的介质间提供膜片隔离。推进液由每一个活塞推动，是动力端活塞与隔膜之间的连接介质。除非被损坏，最初隔膜通常8000h才更换。这样做可避免由于矿浆进入而污染推进液以及损坏控制阀。如果隔膜发生破裂，矿浆就可能泄漏进入推进液。

十字头间隙和轴承间隙会影响活塞和衬垫的寿命。这些公差在制造期间已固定且不能更改。如果某台特殊的泵，活塞、衬垫使用寿命非常低，则应该定时进行检查。这是一台正在工作的高压液体泵应予以最优先考虑的事。换句话说，没有办法拆卸阀门或更换隔膜。液压预拉紧螺栓用于将隔膜就位以及阀室压盖紧固件夹紧。阀座也使用相同的油泵拆卸。阀座拆卸系统，利用每个阀座的 OD 上的两个 O 形圈之间产生的液体压力来拆卸阀座。

动力端有一个浸入式加热器和循环油泵，在每次换油期间都需要进行检查。外部齿轮箱也有一个循环油泵和一个油冷却器，在每次换油期间都需要进行检查。

25.3.4.4 阀门

阀门为圆锥形的，有上部和底部导杆，采用约45°、接触面有金属部分的阀座以提高强度，顶部有弹性体部分提供气泡紧密密封。弹性体密封在顶部和底部两侧有一斜角，因而理论上可以翻转以提供一个新的密封面。密封必须及早转动，才能够在其使用寿命内可再次使用。

通常阀门故障是以下两种现象结合的结果：

（1）阀座中的金属和弹性体接触区域形成个别的环形槽。金属和弹性体之间的区域不以相同的速率磨损并产生圆形的凸起。此凸起导致弹性体密封挠曲并最终破裂，导致发生泄漏。

（2）由于矿浆的研磨和流体流动磨蚀，顶部导杆与套管和底部翼形垫与阀座内径间的间隙变大。由于间隙增大，阀门的垂直运动变得不稳定，导致更加无规则的侧向或对角运动。如果阀门关闭以防备在一边有大颗粒，阀门可以围绕大颗粒产生的高点在枢轴上转动。关闭状态下如果位移致使弹性体达不到200%的环形接触，将发生高压泄漏。如果由于泄漏故障继续磨损更多的金属，弹性体不能跨接某个缺口，那么在每一次闭合循环时，阀门将开始泄漏。阀门泄漏通常根据其产生的噪声来判断。通常在阀座发生明显的故障，可能已超过10～15min的时间，电机电流或转矩将开始显著的波动。如果允许问题出现的时间过长，流体冲蚀将磨穿阀座并损坏流体端座镗圆锥孔。流体端和较高速的多个元件作为正常维护的一部分，可能需要进行焊接修理，消除应力，热处理并重新机加工。特殊情况下流体端只能进行一次改造，但要在流体端的材料性能临界并且裂缝开始形成前进行。每次从主泵拆卸阀门，都需要对其进行测量以确定金属和弹性体的损耗。对该数据与故障进行比较，以策划预防性维护。可以制造一个工作夹具来简化此测量。理想状态下，为得到最佳结果可利用一块花岗岩面板。为使阀座保持在花岗岩板的上面，可制作一个精确的钢环。为用高度计测量从阀杆顶部到花岗岩面板的高度，装配好的阀门可以放进阀座内。阀门和阀座对在主泵内使用前后，都可进行此程序。

25.3.4.5　动力端

通常，动力端很少有问题。动力端的状况（在所有压力级别下，良好的活塞调整）是活塞和衬垫部件使用寿命长的关键。除标准轴承、齿轮磨损以及中间增设的调整垫外，磨损产生非常少。一个磨损的轴承可能影响接杆侧向运动。动力端润滑油的工况对设备使用寿命也是重要的。含水量应保持低于 50×10^{-6}，使腐蚀和过早的轴承磨损减至最小。如果注入主泵的润滑油是清洁的并且含水量低，水唯一可能进入的途径就是凝结水或者如果隔膜破裂且推进液受污染。即使这样，还有一个在推进液与动力端润滑油之间起屏障作用的活塞杆密封。

活塞杆密封不需要频繁更换，可 3 年更换一次。在每次换润滑油时，对于新油和消耗补充油都要抽取油样并进行分析。在润滑油过滤管道中有一个取样龙头，可用于取样。在试运转期间应进行振动测量，查找故障问题并提供一个基准测量，与此后每年的测量进行比较。如果检测到振动高于正常值，应考虑在任何时候安排另一次测量。由于运行温度低于 $80°$，不需要采用合成油，可能会发生油泄漏。当油位过高时，应安排停车进行调整。

25.3.4.6　减速机及驱动

驱动包括带有两台风扇的主电机，带轴的外部减速机，安装有循环油泵和带风扇的外部空气-油冷却器。主电机风扇带有过滤器，要求定期维修。电机有润滑脂润滑的轴承。需要注意，不能过度涂油，这样可能引起过热，可能会发生油泄漏。当油位过高时，应安排停车进行调整。作为每次换油的一个部分，齿轮齿面接触可以进行视觉检查。如果观察到点蚀或剥落，应拍照证明损坏的进展。外部冷却器会积聚灰尘，需要经常用水冲洗。

25.3.4.7　区域污水泵（渣浆泵）

区域污水泵（渣浆泵）技术参数：规格型号 100ZJC-134。

每个泵站有一台区域污水泵。终点站采用重力污水坑。这些装置位于主泵车间内的沉井中，但是接受排水设施从搅拌槽区域靠近到主泵车间。这些装置的维修类似于喂料泵，除非其不被频繁使用。

25.3.4.8　刀闸阀

刀闸阀位于泵站和终端的所有低压（300LB 磅级别额定 300psi）矿浆管道。这些阀门可以通过更换密封套和闸门进行现场修理。

这种类型的阀门，一个独特性能是在开动/运转过程中泄漏矿浆。阀体必须保持开启，这样泄漏发生不会造成内部堵塞。300LB 阀体已开有排泄口。在阀体的最低部分至少这些排泄口中的两个应保持开启。

阀中的弹性体是天然橡胶，如果润滑脂用作闸门润滑剂，那么橡胶将膨胀。推荐 Dow111 硅树脂阀门密封剂作为闸门润滑剂，应每周使用在常用的闸门上。偶尔使用的阀门应每月润滑一次。刀闸阀出现的最普通的问题是闸门弯曲，通常是由压力瞬变引起的。如果闸板所受弯曲不久，在损坏前进行密封。昆钢的阀门已经指定用 17-4PH 不锈钢闸门，通常在使用中不弯曲。

25.3.4.9 球阀

球阀用于所有高压矿浆管道。对于这种类型的阀门没有润滑要求。只需要定期检查，看执行器工作是否正常。这些阀门的最佳监控方法是定期测量扭矩。密封一个球阀的前提是球体与阀座之间近乎完美的接触。为此就应擦拭球体，目的是球体与阀座之间无微粒进入。一旦微粒带进，就会有一个漏泄路径。当一个球阀进入故障模式时，固体涂层开始出现在球体上，引人注目地增大扭矩。一旦某个阀门检测到有显著的扭矩增大，如果可能的话，应保持在开启位置，直到其可以拆卸、拆除并检查。

在阀门被认为泄漏的非常短的时间，可能出现较大的损坏。理论上，在察觉之前只有很小的表面瑕疵出现。采取更换一个球体到阀座上，进行少量现场修理是可能的。如果球体受损在一侧，也许可能旋转180°到没有损坏的一侧并对阀座的用于闭合基座的区域进行研磨。为了进行研磨，需要 $3\mu m$ 的金刚石研磨剂。由于在矿浆的高压差下开启和/或关闭，阀门内将发生球体和阀座磨损。经历这种高压差的阀门为主管线泵出口阀和放泄阀以及站内耗损阀门。在正常的情况下，最好主管线泵在通水的情况下停车，以使阀门磨损减至最小。商业上的运行经验显示，耗损阀门的球体和阀座使用寿命应是 200～300 次循环。不必要的开动应降至最低。

25.3.4.10 破裂片

破裂片安装在每一个阀门站有动力的阀门的管线上游中。其作用是在泵站和阀门站没有按固有顺序停车时保护管道，避免破裂。所有破裂片被管接到水池或矿浆转储池的沉淀区。每个破裂片都装备有一个爆片传感器，当破裂片爆裂时传感器需要更换。

25.4 压力监测站的分布

管道沿线的关键位置均设置了压力监测站。压力监测站用于监测管道各中间位置的情况。这些数据作为中间泵站可获得的压力数据补充，为操作员做操作决定提供信息和支持。另外，压力监测站数据（以及泵站、终端站数据）为管道顾问 TM 的泄漏探测系统提供必要的原始数据。

原大红山管线沿途设有 4 个压力检测站，在 5000kt/a 扩能之后，增加了一个 5 号压力监测站。每个压力检测站根据压力检测值的不同设置压力表、压力变送器、不间断电源和通讯控制。1 号压力检测站（PMS1）位于第三级加压泵站前，海拔标高 2100m 处于第一个 U 形管的最高点，用来检测和控制加速流。2 号压力检测站（PMS2），海拔标高 1316m 处于第一个 U 形管的最低点，用来检测和监控管道过压。3 号压力检测站（PMS3）位于第五级加压泵站（PMS4），海拔标高 1891m 处于第二个 U 形管的最低点，用来检测和监控管道过压。5 号压力监测站（PMS5），位于富良棚站到玉钢终端站管线的关键位置。

参 考 文 献

[1] 美国管道系统工程公司（PSI）. 昆钢集团大红山铁矿 2300kt/a 铁精矿管道输送工程初步设计（国外设计部分）[R]. 2004. 3.
[2] 昆明有色冶金设计研究院. 昆钢集团大红山铁矿 2300kt/a 铁精矿管道输送工程初步设计（国内设计

部分）［R］. 2004. 4.

［3］美国管道系统工程公司（PSI）. 昆钢集团大红山铁精矿管道扩能技术改造初步设计报告 C0066. 1-G-G-006［R］. 2009. 8.

［4］美国管道系统工程公司，中冶东方工程技术有限公司. 云南大红山管道输送技术创新节能减排改造工程项目可行性研究报告［R］. C0083-G-G-006［R］. 2010. 10.

［5］李静. 泵的布置和管道设计要求［J］. 广东化工，2015，16.

［6］吕一波，司亚梅. 浓缩机技术理论及设备发展［J］. 选煤技术，2006，5.

26 固液分离工艺流程设计

26.1 终端脱水建设规模

终端脱水站位于昆钢球团厂背后，占地约 $40hm^2$，具有铁精矿年脱水 3500kt 的生产能力。它是由 8 台 $6m^2$ 陶瓷过滤机、4 台 $80m^2$ 陶瓷过滤机、1 个 GZN-30 高效浓缩机、2 个 ASF-33H 自动重力式过滤器、1 个 $\phi16m$ 搅拌槽、1 个事故沉淀池等设备设施构成的大型脱水基地。

终端脱水站于 2006 年建成并试生产，设计初产量为 2300kt/a。主要作用是把大红山管道输送的铁精矿矿浆（见表 26-1）进行固液分离，把精矿含水量 9%~10% 的矿粉送到下游球团厂进行生产，而分离出来的水进行沉淀过滤后，输送至昆钢主生产管道，作为生产水使用。有效地节约了昆钢水资源，达到快速送矿生产，节约水资源的能力，起到了绿色环保的作用。

表 26-1 铁精矿矿浆特性

项 目	密度/g·cm⁻³	粒度/目	浓度/%	pH 值
数 据	4.86~5.03	-325 目占 80%~85%	65	10.5

26.1.1 终端脱水工艺流程说明

如图 26-1 所示，矿浆通过管道输送到终点站后，浆头浓度在 60% 以下时，切换到浓缩池；主管道矿浆浓度大于 60% 时，切换到陶瓷过滤机分配桶，浓缩池矿浆经浓缩后也泵送到陶瓷过滤机分配桶，并进入陶瓷过滤机进行脱水，脱水后的矿（含 9%~10% 的水分）

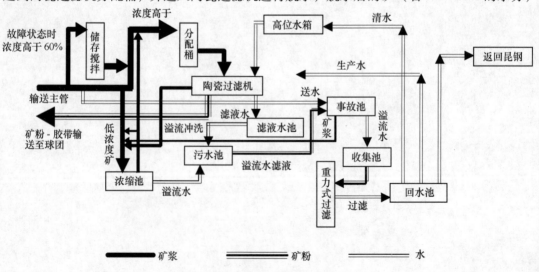

图 26-1 终端脱水工艺流程

通过胶带输送到球团料仓。

当脱水工序出现故障暂时不能脱矿，并能在短时间内处理好时，主管道矿浆切换到 $\phi16m$ 搅拌储存槽进行缓冲，条件许可时再泵送到陶瓷过滤机分配桶。

在出现事故状态，搅拌储存槽已不能接受矿浆，而主管道矿浆又必须输送的情况下，主管道矿浆切换到事故池。事故池内的矿物定期清理。

低浓度矿浆及脱水车间污水进入浓缩池进行沉淀溢流，连同陶瓷过滤机的滤液水进入污水池，通过污水池的水泵送至事故池进行三级沉淀，事故池的溢流水进入收集池；收集池的水再泵送到重力式过滤器进行过滤，过滤后的清水进入回水池，回水池的水泵送至昆钢生产水系统及高位水箱，提供陶瓷过滤机反冲水。

26.1.2　固液分离工艺配套设施

终端脱水站主体过滤设备为陶瓷过滤机，并配备了 $\phi16m$ 搅拌槽、浓缩池、底流泵、污水泵房、事故沉淀池、重力式过滤器、回水泵房等辅助设施。下面介绍主要辅助设施及设备的参数及作用。

26.1.2.1　$\phi16m$ 搅拌槽

终端脱水站使用的搅拌槽同起始泵站相同，不再赘述。

26.1.2.2　浓缩池

终端脱水站配备了一个内径为 $\phi30m$，池深为 3.97m、沉淀面积为 $706m^2$ 的浓缩池，使用 GZN-30 高效浓缩机作为浓缩设备。设备主要参数：桥架，15~25r/min；小时处理量，$50~100m^3/h$。该浓缩机能有效地满足终端脱水站工艺系统要求，陶瓷过滤机溢流的低浓度矿浆及管道输送的低浓度矿浆全部进入浓缩池，进行浓缩沉淀，浓度达到65%时，泵送至脱水车间进行脱水。

26.1.2.3　底流泵

终端脱水站浓缩池配备了 2 台 80ZJ-I-A52 型渣浆泵。设备参数：扬程，109.8m；流量，$107m^3/h$；电机功率，110kW；并分别配备 ABS 的变频器。在正常情况下，设备一用一备，在浓缩池内积矿过多时，可同时两台输送。作为浓缩池的底流系统的主要设备，是终端脱水站不可缺少的。

26.1.2.4　污水泵房

泵房为半地下式，尺寸为 $27m \times 7m \times 7m$，地下部分高 3m，地上部分高 4m。该泵站为综合性泵站，污水加压泵、底流泵及污泥泵都设在该泵站内。内置 4 台型号为 KBF80-160 型标准化工泵，作为污水泵使用。参数：扬程，30m；流量，$200m^3/h$；电机功率，45kW，三用一备。底部安装 1 台型号为 40ZDS15-40 型渣浆泵，抽取泄漏矿浆、积水等。参数：扬程，40m；流量，$15m^3/h$；电机功率，7.5kW。

26.1.2.5　事故沉淀池

事故沉淀池容积为 $6000m^3$，尺寸为 $60m \times 25m \times 4m$，池内设置两道隔墙，平分为三池，具有三级沉淀作用，作为终端脱水站主要工艺沉淀池使用。每池配备高压水枪及渣浆泵，作用为清理池内积矿。

26.1.2.6 重力式过滤器

终端脱水站配备两台 ASF-33H 型自动重力式过滤器，每台产水量 $171m^3/h$，进水水质为 $50\sim100mg/L$（SS 含量），出水水质为 $0\sim5mg/L$（SS 含量）。事故沉淀池溢流水经过该过滤器后，浊度、悬浮物等指标能达到并入公司生产水管网的要求，是终端脱水站重要水处理设备。

26.1.2.7 回水泵房

回水泵房作为终端脱水站水系统处理综合型泵站，配置三台型号为 KBF80-250 型标准化工泵。参数：扬程，30m；流量，$200m^3/h$；电机功率，45kW。该泵主要负责把固液分离出的水输送至公司生产水管网，正常生产，一用两备。两台型号为 150TS-78 型单级双吸泵。参数：扬程，70m；流量，$198m^3/h$；电机功率，55kW。该泵是终端脱水站主生产水供水泵，正常生产一用一备。三台型号为 200-150-315B 型单级单吸离心泵。参数：扬程，24m；流量，$346m^3/h$；电机功率，37kW。该泵负责泵送事故池溢流水至重力式过滤器，正常生产一用两备。

26.2 固液分离设备选型

终端脱水站过滤脱水规模大，产品直接送球团车间，水分要求为 9%～10%；由于球团厂对品位及管道输送的要求，铁精矿采取细磨，精矿细度 −325 目占 80%～85%，终端脱水车间为精矿输送系统的后续环节，精矿车间能否正常工作并保证较高的作业效率，是精矿输送系统能否顺利运行的重要保障。所以，对过滤设备运行的可靠性要求很高，设备选型既要适应大规模生产的要求，自动化水平要高，过滤产品的含水量及物料特性要满足球团工艺的要求，同时又要考虑节省设备的投资和经营费用。通过对各种过滤设备进行对比分析，终端脱水站选用了陶瓷过滤机作为主要脱水设备。

26.2.1 固液分离设备对比

26.2.1.1 固液分离设备适用性分析

传统的过滤设备为真空过滤机。近年来，为解决粒度细、黏度大的精矿过滤问题，各种形式的压滤机、圆盘式过滤机和陶瓷过滤机在选矿中也得到广泛应用。

大红山铁精矿管道过滤脱水规模大，产品直接送球团车间，水分要求低于 9%；由于球团厂对品位的要求及管道输送的要求，铁精矿采取细磨，精矿细度 −325 目占 80%～85%，矿浆粒径较细。另外，精矿脱水车间为精矿输送系统的后续环节，精矿车间能正常工作并保证较高的作业效率，是精矿输送系统能顺利运行的重要保障。由于该车间在整个项目中起承上启下的关键作用，所以，对过滤设备运行的可靠性要求很高，设备选型既要适应大规模生产的要求，自动化水平要高，过滤产品的含水量及物料特性要满足球团工艺的要求，同时又要考虑设备的投资和后期经营费用。

下面对各种类型的过滤机进行比较分析。

A 真空过滤机

用于各种精矿的过滤，根据物料性质不同可选取不同形式的真空过滤机。一般密度

大、粒度粗的铁精矿选用内滤式过滤机，而大红山铁精矿的密度虽大，但粒度较细，
-400 目含量约 67%，矿浆浓度为 65%，铁精矿颗粒的沉降速度比在清水中的沉降速度大
幅度下降，因而由于物料密度大对过滤机形式选择的影响已基本不存在。如大红山铁矿
500kt/a 选矿厂磁选精矿采用 60m^2 圆盘过滤机处理，磨矿细度为 -200 目占 85%，单位处
理能力为 900kg/m^2·h，精矿含水约 10%，设备运转正常。生产实践表明，圆盘过滤机用
于处理粒度较细的铁精矿可以取得较好的效果。大红山管道过滤脱水规模大，因而选择单
位体积处理能力大的设备较为合理，大型的盘式过滤机可作为大红山管道终端脱水设备。

B　压滤机

压滤机广泛用于物料特别是难过滤或对过滤物料的水分及滤液有特殊要求的地方。如
冶炼厂对反应渣的过滤，其目的是尽量回收滤液中的有用成分（可对滤饼进行清洗）；在
选矿中多用于难以过滤的铅锌精矿；在冶炼对原料有特殊要求时，采用常规的两段脱水设
备达不到精矿的水分要求，需进行干燥脱水时，选用压滤机脱水。如会东铅锌矿和金川镍
矿采用浓缩、压滤机两段脱水取代浓缩、过滤、干燥三段脱水，减少了污染及经营费用。
由于压滤机设备结构复杂、体积大、过滤面积小，操作维护较复杂，在大型的选矿厂中应
用不多。压滤机的特点是产品含水很低，本设计产品用于球团，不需要太低的水分，发挥
不了压滤机的优势。所以，压滤机作为终端脱水设备无优势，弊端较大。

C　陶瓷过滤机

陶瓷过滤机的结构与圆盘过滤机类似，所不同的是过滤介质为陶瓷板。其工作原理是
利用陶瓷板表面微孔的毛细作用使矿物吸附在滤板表面，辅助真空强化毛细效应，将物料
中的水分抽取出来，从而达到固液分离的目的。该型过滤机采用很小的真空泵可以达到较
高的真空度，电耗较低。陶瓷过滤机与圆盘过滤机相比，相同面积的电耗陶瓷过滤机仅为
15%；陶瓷过滤机自动化程度高，适合较细物料的过滤，同样适用于大红山管道脱水
设备。

26.2.1.2　固液分离设备经济性分析

根据上述对各种过滤设备的适用性进行分析，初步确定圆盘过滤机及陶瓷过滤机较为
适合大红山管道终端脱水设备，现在对两种设备的前期投资及后期运行费用进行分析，其
具体分析数据如表 26-2 所示。

表 26-2　设备适用性数据对比

机　型	60 平陶瓷过滤机	60 平盘式过滤机
运行功率/kW	28.5	200.5
年耗电费/万元	18.92	107.53
年滤布、滤板消耗费用/万元	27	6.5
年耗硝酸费用/万元	17.7	0
年消耗搅拌盘根密封/万元	0	0.5
合计年运行费用/万元	63.62	114.53

这里数据分析只考虑了一年的运行费用，如果时间越长，差距越大。根据数据，前期
投资圆盘陶瓷过滤机比陶瓷过滤机的费用低，但陶瓷过滤机后期运行费用具有优势，运行

费用明显低于圆盘过滤机，投资收益较高。经过反复分析论证，权衡了前期投资费用及后期维护运行成本，大红山管道终端脱水站选择了陶瓷过滤机作为脱水设备。

26.2.2　陶瓷过滤机运行原理

26.2.2.1　陶瓷过滤机的设备结构与脱水原理

陶瓷过滤机的主要结构包括：装有若干组陶瓷过滤板圆盘而形成的转子，产生自耦切换现象的抽吸和冲洗作用的分配头、防止固体沉淀的搅拌器、消除过滤板吸附固体所需的刮刀，对过滤板腹腔内部向外及超声波振荡的清洗系统，保持一定浆料液位的槽体和运行程序控制系统。其结构示意图见图 26-2。

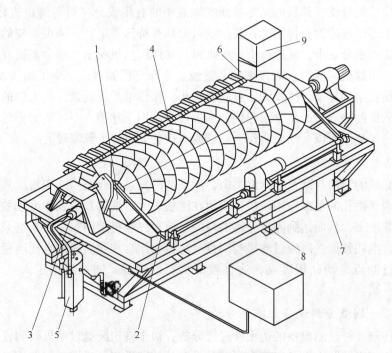

图 26-2　陶瓷过滤机结构原理图

1—主轴部件；2—搅拌传动部件；3—分配头部件；4—刮刀部件；5—管路系统；
6—气控系统；7—超声部件；8—自动加油系统；9—电气控制系统

过滤机运转时，过滤板由于抽真空的作用，转动浸没在槽内的浆料液面下，使过滤板表面形成一层固体颗粒堆积层，液体通过了过滤板由分配头切换进入真空桶。当吸有堆积层的过滤板离开浆料液面，形成滤饼时，由于真空的作用继续脱水，使滤饼进一步干燥。转子继续转动至装有刮刀的部位，使滤饼卸下，并转送至其他地方。

卸下滤饼后过滤板运转位置到达自耦切换成与抽真空流向相反的冲洗位置，形成从过滤板内部向外的冲洗作用，清除堵塞在陶瓷微孔内的颗粒。然后重新浸入浆料。所使用的冲洗液即是过滤所得，并进一步过滤的清液。当过滤机运行较长时间后，可进行对过滤板的全面冲洗，所使用的反冲洗液可加入化学剂，并协同超声波振荡，以保持过滤机的高效运行。陶瓷过滤机过滤车间见彩图 26-3。

26.2.2.2　陶瓷过滤机的配套设施

根据陶瓷过滤机的脱水原理，其主要配套系统有供酸系统、反冲洗水系统、超声波清洗系统。

A　酸洗系统

由于陶瓷过滤机的处理能力和滤饼水分与陶瓷板的恢复能力有直接关系，如果在清洗周期内陶瓷板被堵塞的微孔未得到最大限度的恢复，陶瓷板将出现衰减加剧的情况。陶瓷过滤机工作一定时间后，需要用硝酸和超声波对陶瓷板进行联合清洗，对堵塞的微孔进行疏通，以恢复陶瓷板的通透性。其中硝酸清洗用化学清洗法，主要通过硝酸对堵塞物进行反应并溶解。

硝酸通过 1 楼储酸桶泵送至 2 楼配酸桶，配酸桶与 12 台陶瓷过滤机酸桶为水平放置，均匀分配，计量酸泵抽取酸桶内的硝酸，实现陶瓷过滤化学清洗。清洗时硝酸浓度为 2%~5%。

B　反冲洗系统

反冲水系统采用的水源为陶瓷过滤机滤液水，滤液含固体量小于 50×10^{-6}。收集的滤液水泵送至高位水箱，供 12 台陶瓷过滤机用。

陶瓷板运转位置到达自耦切换成与抽真空流向相反的冲洗位置，形成从过滤板内部向外的冲洗，通过放置在陶瓷过滤机上方 10m 的高位水箱，对反冲洗水管进行供水，反冲洗水压为 0.08MPa，减缓陶瓷板衰减。

26.2.3　陶瓷过滤机的技术改造

经过 6 年的生产实践，发现所选用的陶瓷过滤机存在较多缺陷，设备过滤能力无法满足管道输送量日益增加的需要，严重影响了生产的正常运行。终端脱水站对陶瓷过滤机进行了大的技术改造，以确保 3500kt/a 输送量的顺利完成。其中，对其分配头、反冲水水质、反冲水水压、酸洗系统超声波清洗等系统进行了重点攻关，消除了设备缺陷，提高了设备的脱水能力及其运行的稳定性。

26.2.3.1　分配头

陶瓷过滤机分配头的作用主要是分配陶瓷过滤机主轴的吸矿区、干燥区、反冲洗区。反冲洗的作用主要是将反冲洗水和硝酸输送到陶瓷板内腔，并从内腔反冲洗出来，使陶瓷板堵塞物与硝酸发生反应，从而达到清洗的目的。分配头摩擦面不光滑、密封不好、分配孔不均匀等，均会导致吸矿、干燥不好或清洗不良等问题。以前的分配头由于设计的问题，存在分配头摩擦面不光滑、密封不好、分配孔不均匀等问题，导致出现"喘气"现象。

为解决这些问题，与设备厂家进行联合攻关试验。根据实验数据对分配口做了改进，新型分配头具有良好的配合性，未出现"喘气"现象。通过对酸洗过程中上酸情况进行试纸检测，上酸均匀。

26.2.3.2　酸洗系统

在使用硝酸清洗过程中，硝酸通过计量酸泵进入陶瓷过滤机。如果计量酸泵工作不稳定，将导致上酸量不稳定，表现为不上酸或上酸量不够，陶瓷板的酸洗不彻底，严重影响陶瓷过滤机的处理能力，并使滤饼水分升高。

为解决这个问题，对计量酸泵进行了重新选型实验，采用 AX-C736 型计量酸泵，进行了 5 个月的跟踪记录，新型计量酸泵运行正常，未出现空打、不上酸的情况，酸泵的温度和振动均正常，酸的流量也稳定。

26.2.3.3　反冲水水质

陶瓷过滤机反冲水水质如不好，会严重影响陶瓷板的再生，水质不达标时，容易形成陶瓷板反堵，产量急剧下降。原设计反冲水水源为陶瓷过滤机滤液水，正常情况下能满足水质需要。但出现陶瓷板破裂时，矿浆会通过破损的陶瓷板进入滤液池，污染水源，造成陶瓷板反堵，形成较大隐患。

发现问题后，取消了滤液作为水源，改用生产水系统循环后的清水。具体方法：对生产水系统中原有的 9000m³ 事故池进行改造，原有事故池改为工艺沉淀池，同时作为事故池使用，池内增加 2 道隔墙，形成三级沉淀溢流，循环后的清水达到反冲水水质要求。重新铺设反冲水供水管道，进行独立供水，确保水量充足，保证了反冲水水质的稳定。

26.2.3.4　反冲洗水水压

如陶瓷板反冲水水压不足，将导致陶瓷过滤机清洗后，再运转过程中，陶瓷板每旋转 1 圈，堵塞物不能及时从陶瓷板内部和表面清除，导致工作周期内过滤系数下降趋势加快。对反冲水系统进行改造，高位水箱加高 5m，使反冲水水压提高到 0.12MPa，有效地降低了陶瓷板的衰减速度。

26.2.3.5　超声波清洗系统

陶瓷过滤板在工作一定时间后，会出现衰减情况，单纯依靠反冲洗已无法实现陶瓷板再生，需用化学与物理方法联合清洗，其中物理清洗为超声波清洗。超声波系统的正常运行决定了陶瓷板能力的恢复，是极为重要的清洗系统。

原设备超声波系统对陶瓷板清洗能力不足，无法满足生产需要，主要存在以下问题：

（1）超声换能器安装方式为固定安装，安装位置为料槽底部，停机检修不便，花费时间过长。

（2）由于超声换能器安装在料槽底部位置，导致超声波换能器长期浸泡在矿浆内，而矿浆又在不断地进行搅拌，使换能器频繁地发生短路、磨损等情况。

（3）原来的超声换能器由于功率不够，导致在清洗过程中存在清洗不彻底的情况，即使增加清洗时间，也没有明显的效果。当一些超精细、黏度大的物质进入陶瓷板微孔内时，表现得更为突出。

为彻底解决问题，与超声波设备厂家进行了联合攻关，对超声波系统进行了技术改造。主要改造内容有：

（1）重新设计超声换能器提升装置，改为悬挂式安装后，将减少超声波换能器盒的故障；当发生故障时，易于对故障进行处理。

（2）提升装置采用了现代数控机械传动技术，使超声波换能器盒可以提升和传动以改变位置。在操作过程中，可以移动换能器盒进行分点清洗，能有效消除清洗盲区，提高再生能力。

（3）由于采用了机械化、自动化技术与伺服传动技术相结合的方法，机械手臂能够精确移动换能器振子盒；并解决了龙门架支撑系统问题；利用传感器技术，通过 PLC 实现生产工艺自动控制，并通过反馈输入的各种参数进行调节。通过采取以上措施，实现了传动系统准确定位。

（4）采用大功率超声清洗系统后，使原有被堵塞的板子得到再生，明显提高了清洗效果。

26.3　固液分离工艺实践

终端脱水站经过几年的生产实践，不断进行事故分析、经验总结，上升到理论，为平日的正常生产组织提供了理论依据，确保管道输送的正常运行。

26.3.1　平衡原理

主管道矿浆进矿量与脱矿量的平衡、浓缩池进矿量与出矿量的平衡、陶瓷过滤机槽体内矿浆浓度的平衡等三个方面，主管道矿浆进矿量与脱矿量的平衡是最终目的，浓缩池进矿量与出矿量的平衡是辅助和保障，陶瓷过滤机槽体内矿浆浓度的平衡是关键，决定脱水工艺和操作方法。任何一个平衡一旦打破，将引起另外两方面的不平衡，导致生产不平衡、设备运转不正常、出现恶性循环的情况。只有以上三个方面均保持平衡，才能保证生产的顺利组织。

陶瓷过滤机槽体浓度平衡，作为平衡理论的关键点，槽体浓度平衡的作用最终是提高陶瓷过滤机脱水系数，提升产量。原陶瓷过滤机设计的液位控制，当槽体内物料达到其高液位时，自动关闭进料阀，保持液位在一定位置。这样当陶瓷过滤机在运行过程中，持续对槽体内物料进行脱水，造成槽体浓度降低，且因铁精矿的密度较大，形成底部、中部、上部浓度不同，上部物料浓度过低。通过实践，矿浆浓度为 65% 左右时，矿浆浓度每变化1%，陶瓷过滤机脱矿能力将变化 8% 左右。陶瓷过滤机脱水对物料浓度高低有直接关系，浓度的降低直接影响到陶瓷过滤机的产能。

通过不间断地向槽体中部加入高浓度矿浆，让槽体上部低浓度矿浆进行溢流，保持槽体内浓度的相对平衡，能有效地提高陶瓷过滤机产能。

浓缩池进矿量与出矿量平衡是辅助和保障，为保持陶瓷过滤机槽体浓度，溢流出的低浓度矿浆需进入浓缩池，进行浓缩处理。浓缩后的高浓度矿浆再次泵送至分配桶，与主管道输送的矿浆进行混合，提升整体浓度。整体浓度提升后，对陶瓷过滤机的产能提升具有较为明显的作用。

26.3.2　循环原理

陶瓷过滤机槽体矿浆与浓缩池形成大循环，浓缩池与底流泵形成小循环；大循环不形成，将打破平衡理论，引起主管道矿浆进矿量与脱矿量的不平衡、陶瓷过滤机槽体内矿浆浓度的不平衡，陶瓷过滤机的脱矿能力得不到提高，生产无法顺利组织；小循环不形成，造成底流泵浓度低、流量小，泵送至陶瓷过滤机的矿量不足，陶瓷过滤机不能溢流低浓度矿浆，同时打破了浓缩池进矿量与出矿量的平衡，造成浓缩池跑混、压耙、死机，并且打破大循环和另外两方面的平衡。

26.3.3　衰减控制理论

陶瓷板清洗及使用周期内的衰减，是陶瓷板衰减的主要方面，也是陶瓷过滤机过滤系数下降的核心因素。应用陶瓷板的衰减规律和影响因素，控制陶瓷板的衰减周期、减缓衰减速度是保证脱矿能力的关键和核心。

26.3.4　操作实践

平衡、循环两个方面互为依托、互为前提，任何一个方面出现问题，都将引起另外一个方面出现问题；衰减是平衡和循环的前提和保障，陶瓷板衰减严重、衰减速度过快，将在整个工艺线中形成瓶颈。这个问题不解决，脱矿能力不够的问题不可能得到解决。其循环、平衡将被打破。

上述三个方面通过陶瓷过滤机系统、浓缩机系统形成一个大系统。一旦出现脱矿能力下降，必然是其中某一方面出现了问题，必须应用系统的方法进行操作调整和控制，提高脱矿能力，达到主管道矿浆进矿量与脱矿量平衡的最终目的。

根据浓度对陶瓷过滤机脱矿能力的影响试验，并结合平衡理论和循环理论，提出了溢流操作法。

传统的操作是陶瓷过滤机进料由槽体内料位的高低决定，料位到低位时进料，到高位时停止进料，不产生溢流。当料位达到高位停止进料时，陶瓷过滤机不断地脱矿，将槽体内的矿不断带走，导致槽体内余下的矿浆浓度越来越低，使陶瓷过滤机脱矿能力越来越低。

对槽体内矿浆浓度分布进行试验：分别在溢流管口、进料管口、槽体深度一半左右进行取样测试其浓度，其结果为溢流管口的浓度在30%左右，进料管口和槽体深度一半左右的浓度在65%以上。

为保证槽体内浓度与进料浓度基本一致并分布相对均匀，采用溢流操作法，对进料量进行调整，使在脱矿过程中溢流管一直保持一定量的溢流，让低浓度的矿浆溢流到浓缩池，通过浓缩后再循环到陶瓷过滤机。

该操作方法有效地应用了平衡理论和循环理论。

26.4　生产实践及应对措施

26.4.1　生产案例

2012 年 7 月，大红山选厂下矿量增加，主管道输送量达到 9500t/d 左右。输送量增加后，昆钢终端脱水站因 4 台 80m² 陶瓷过滤机存在带病运行，产能无法到达设计要求。小时脱水量约为 350t/h，无法达到管道输送量要求的 400t/h，每小时有大约 50t 精矿进入浓缩池沉积，造成浓缩池出现跑混现象。各生产班通过使用 φ16m 搅拌槽进行缓冲，缓解浓缩池跑混情况，但浓缩池跑混已属于生产事故，各班组未重视此情况。在 8 月 22 日夜班，1 号、2 号事故沉淀池被矿物堆满，3 号事故沉淀池矿物堆积至 2/3，出水口开始出现矿浆，重力式过滤器被矿物堵死，失去功能，进入清水池的水变为矿浆水，污染陶瓷过滤机反冲水，造成陶瓷板反堵，产量下降至 220t/h，输送过来的大量矿浆无法进行脱水，造成多余矿浆积压。事故发生后，公司组织相关人员，针对此次事故，采取各种措施，进行攻关。主要措施：

（1）主管道输送量降至最低，选厂下矿通过起始泵站及各加压泵站的搅拌桶进行缓冲。

（2）与上游工序沟通，减少选厂下矿量，争取缓冲时间。

（3）恢复生产水系统循环，确保陶瓷过滤机反冲水水质。

（4）更换重力式过滤器石英砂。

（5）更换被反堵的陶瓷板。

（6）检查设备运行状况是否正常。

通过以上措施的实施，恢复了脱水站生产的正常运行。

26.4.2　案例分析

通过案例分析可看出，此次事故主要有以下三方面的原因：

（1）终端脱水站在 7 月主管道输送量增加后，未能及时发现主管道的进矿量与脱水量的平衡已被打破，未及时查找原因。

（2）陶瓷过滤机出现明显的产能偏差，未及时分析原因，解决问题。

（3）出现浓缩池跑混现象后未重视，造成后续更大事故的发生。

26.4.3　应对措施分析

终端脱水站针对此次事故采取了多种措施，其目的性都很明确，现做具体分析：

（1）与上游工序沟通降低主管道输送量。从而为处理事故赢得了更多的时间。

（2）更换重力式过滤器石英砂。重力式过滤器作为终端脱水站水循环系统的重要过滤设备，恢复其正常运行是恢复生产水循环的必要条件。重力式过滤器的过滤介质为石英砂，在矿浆大量进入重力式过滤器后，造成石英砂被污染，设备无法正常运行。

（3）恢复生产水系统循环。终端脱水站的原有工艺为工艺沉淀池→收集池→重力式过滤器→清水池。通过增加 2 台渣浆泵，把收集池内的矿浆泵送至山顶水池，山顶水池再溢流进入重力式过滤器，增加了生产水的沉降空间，避免矿浆进入重力式过滤器，确保重力式过滤器不被矿浆堵塞，出水水质达到正常状态，恢复了生产水系统循环。同时保证了反冲水的水质，避免了陶瓷板的反堵，是解决此次事故的关键点。

（4）更换被反堵的陶瓷板。陶瓷过滤机的反冲水水源在事故中被污染，大量的矿浆进入陶瓷过滤机反冲洗系统，造成了陶瓷板从内部被堵塞，采用正常的联合清洗已无法恢复。

（5）检查设备运行状况。终端脱水站在事故发生前，未能对出现异常的设备进行认真检修，设备存在带病运行，是导致事故发生的原因之一。在事故发生后，公司组织技术力量，对 80m² 陶瓷过滤机、浓缩机等出现异常的设备进行了认真排查，更换了浓缩机上磨损严重的部件。对 80m² 陶瓷过滤机的分配头、超声波系统、真空管道进行了技术改造，确保了设备正常运行。

参 考 文 献

［1］云南大红山管道有限公司．一种提高陶瓷过滤机过滤系数的工艺方法．2009101196776［P］．2009-03-26．

［2］云南大红山管道有限公司．一种可提高过滤系数的陶瓷过滤机．2009201476715［P］．2009-04-14．

［3］刘海，陈定华．陶瓷过滤机在磷精矿脱水中的应用与实践［J］．化肥工业，2014，5．

［4］罗升，胡岳华．陶瓷过滤机的清洗实践与探讨［J］．矿冶工程，2004，1．

27　管道运行和机械设备维护

管道系统的运行具有极高的技术要求，本章从管道的一般操作原理和管道输送设备系统的维护两个方面对管道运行进行阐述。

27.1　管道系统的运行

在管道操作过程中，需要特别重视管道输送自身存在的一些特点，以便对管道顺利进行操作控制，如高压矿浆、管道磨损、主泵保护以及运行过程中设备存在的振动等。

27.1.1　高压矿浆

任何高压下的流体都是潜在的危险源，浆体尤其危险，这是因为悬浮在液体中的固体颗粒会产生类似喷沙的效果。维护、施工以及操作人员必须意识到高压矿浆的危险性。高压下矿浆发生的泄漏开始是一小滴，随后在几分钟内，迅速发展为危险的流体切割灾害。在流体喷射方向的任何东西都面临被切割的风险。当接近高压管道时，必须时时警惕这种隐患的发生。

任何时候都必须遵守以下预防措施：

如果不是绝对必需，不要打开阀门。

确保已警告新员工高压矿浆的危险。

人员在泄漏点周围必须小心谨慎。如果观察到泄漏，需对泄漏管段立即停车或切换成水，并且修复泄漏部位。

设备和管道均安有排气泄压孔、排放口和/或冲洗接口，可释放内部的压力。确保设备没有残存的压力，并且在打开设备时，确保压力表读数为 0。必须小心谨慎，因为压力表、排气泄压孔、排放口可能会堵塞。在打开设备之前，必须绝对保证没有任何残存的压力。

在设备上进行工作之前，确保所有隔离阀门都已关闭，然后再打开排气泄压孔或排放口，要特别小心，注意无人接近排放出口。

如果隔膜破裂，压力缓冲罐载压时不能打开，绝不要在压力缓冲罐上进行工作，除非主泵已停车，并且所有管道均与压力管道隔离。经常打开矿浆一侧管道的排放口，以释放残存的压力。对缓冲罐进行任何工作都需按照该设备规定的方式处理。

在管线载压时，不要尝试去找出泄漏的原因。要对管道或设备进行隔离，以修复泄漏；如有必要，需让管道系统停车。

27.1.2　磨损

27.1.2.1　机械设备

铁精矿浆的自然特性就是磨蚀性的。诸如搅拌器、喂料泵和主泵等机械设备的设计和选型，都能达到运行要求并且磨损最小。然而，磨损会发生，事实上管线的所有组件都需要进行日常维护。为了防止设备过度磨损或过早发生故障，必须在设计规定的范围内运行设备。必须对操作进行监控，符合系统的各项限制要求。

27.1.2.2　主管道

铁精矿是磨蚀性的。工业实践证明：控制矿浆运行速度是控制管道磨损的一个有效方法。大红山管道系统在设计的运行范围内，预期的磨损率是小的。一些管段允许短期较高的运行速度。这包括可能出现加速流（管线高点下游）的区域。因此，从设计上考虑，管道操作必须减少加速流。

27.1.2.3　泵站内管道

与主管道一样，泵站的管道也必须承受铁精矿浆和工艺水的磨蚀。另外，由于站内管道曲率半径小、T形接头、孔板和阀门导致站内更强的紊流。较强的紊流产生局部高流速，结果是产生更高的磨蚀率。

27.1.2.4　站内阀门

中间泵站、终端的高压阀门都设计为耐磨蚀的金属座球阀。但是，对流动着的矿浆执行开闭的主要阀门（磨损阀），由于通过阀门的压力降很高，阀门将承受很高的流速。多次操作后（取决于阀门的开闭次数）磨损阀将开始泄漏。因此，站内每个主要控制开或关的位置都安装两个阀门——磨损阀和密封阀。磨损阀（下游阀）先关后开，因此要承受因高流速和可能的气穴造成的高磨损。密封阀先开后关，它的主要作用是在磨损阀发生小的泄漏时，为泵站提供正常的停车。为避免磨损阀过快损坏，通常在磨损阀完全关闭后，关闭密封阀。所有自动程序都包含了这一功能。

27.1.3　主泵的保护

主泵是输送管道的重要部件，也是修理费用昂贵的部件。因此，开发了相应的操作步骤和设备联锁以保护主泵。例如：如果在主泵运转的情况下，喂料泵可能会在无料或无密封水时仍然运行，即使报警也不会停下喂料泵（SCADA系统将给操作员报警而非停止喂料泵）。如果入口压力不能保持在200~250kPa以上，主泵的轴承和曲轴会损坏，修理费用很高，并且需要大量的停车时间来完成修理。优先保护主泵的原则被采纳有两个主要原因。首先，除主泵以外，其他所有泵站设备都至少有一套完整备件。因此，为了保护主泵，它们可作出牺牲。其次，与主泵异常昂贵的修理费用相比，站内其他设备的修理费用很低。为保护作为系统优先权的主泵，必须强制执行本手册的操作步骤和程序，并确保SCADA系统联锁到位。

27.1.4　振动

主泵是往复运动式设备，会对与之连接的设备和管道产生振动。在主泵进、出口位置安装了压力缓冲罐来减缓振动。配管设计要求达到足够的刚度，耐振动。但是，可以预料到正常的振动会造成螺丝或配线松动，特别是进、出口阀门的执行器。必须对安装或连接在主泵上的所有设备进行日常检查并确保连接紧固。

27.2　管道主要输送设备系统维护

27.2.1　主泵的维护

主泵的工作原理：

（1）大红山铁精矿管道采用的主泵主要技术参数，如表 27-1 所示。

表 27-1　主管道泵主要技术参数

主 电 机		泵 体		减 速 机	
型　号	AEDK-TK001	型　号	TZPM1600	型　号	D-46393
功率/kW	900	功率/kW	905	转矩/N·m	150270
额定电压/V	6000	出厂时间	2006 年	输入转速/r·min⁻¹	166~1586
频率/Hz	50	流量/m³	114.5	输出转速 r·min⁻¹	5.3~51
绝缘等级	F	压力/MPa	23	VG	320
额定转速/r·min⁻¹	1480	冲程数/SPM	51	润滑油量/L	420.001
AMB/℃	45	活塞直径/mm	190	润滑油	壳牌齿轮润滑油 S320
		冲程距离/mm	508		
		动力端润滑油	壳牌 320 号耐压油		
		推进液	壳牌 46 号液压油		

（2）进出口脉动缓冲器的运行压力。它是正常工作压力的 30%~60%，如果出口管道存在振动现象，可将出口脉动缓冲器的预充压力降低一些，振动现象就会消除。

（3）隔膜泵的动力传递过程。动力传递过程是：主电机—柔性联轴器—减速机—齿轮联轴器—小齿轮轴—大齿轮（曲轴）—曲柄滑块（十字头）—连杆—活塞—推进液—隔膜—矿浆或水。

（4）隔膜泵的主要易损部件。进、出口锥阀；隔膜；活塞密封圈；二位二通阀上的隔膜；进出口阀箱的紧固螺丝。

（5）隔膜泵润滑方式。动力端润滑方式：

1）强制润滑。通过齿轮油泵向润滑点供油，包括轴承（大、小齿轮轴轴承、连杆大端轴承、十字头轴承）、活塞杆密封、滑块导轨等。

2）飞溅润滑。大齿轮在油箱内运转溅油润滑。

（6）隔膜泵形成控制原理。隔膜上连接有一个检测杆，检测杆上嵌有一块磁铁。正常情况下，隔膜带动检测杆往复运动，磁铁在两个励磁器间运动，当推进液过多时，隔膜前移，超过正常位置，产生感应信号，经 PLC 控制系统排油；当推进液不足时，隔膜后靠，超过正常位置，产生感应信号，经 PLC 控制系统补油。

27.2.2　ZTZP1600 型主泵设备检修与维护

27.2.2.1　推进液系统结构

其结构示意图如图 27-1 所示。

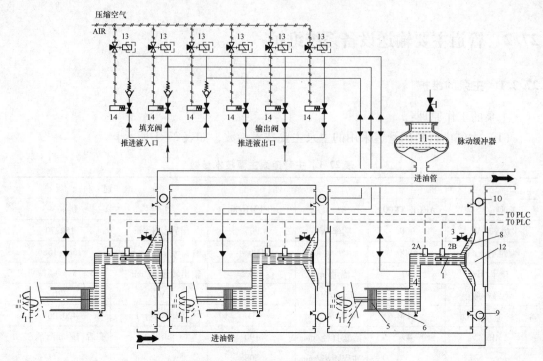

图 27-1 推进液系统结构示意图

1—监测杆；2A，2B—检测探头/起始器；3—排放阀；4—推进液腔；5—驱动活塞；6—汽缸衬；7—活塞杆；8—泵隔膜；9—进料阀；10—卸料阀；11—氮气包；12—料浆室；13—3/2 通阀；14—2/2 通阀

27.2.2.2 减速机、主泵系统结构

其结构示意图如图 27-2 所示。

27.2.2.3 设备维护规程

A 设备的日常点检

（1）现场面板无故障显示，无异常充排油信号；

（2）主泵出口压力平稳；

（3）推进液液位无异常升降；

（4）动力润滑油大于 70kPa，油温低于 90℃，油位正常；

（5）减速机油泵工作正常，油管温度，冷却风扇系统正常。

B 设备润滑制度及要求

其制度及要求见表 27-2。

C 设备易发生的故障及其产生的原因

其故障及原因见表 27-3。

27.2.2.4 设备检修规程

A 设备检修的周期和内容

（1）单向阀：更换周期为 1200h；

（2）入口、出口氮气罐隔膜：更换周期为 8000h 或 1 年；

（3）推进液隔膜：更换周期为 8000h 或 1 年；

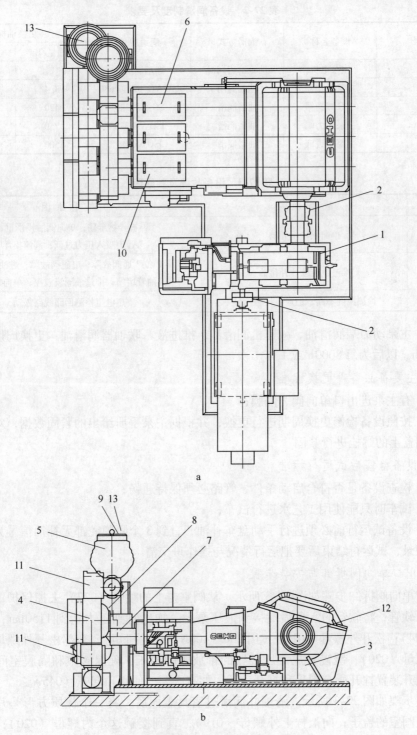

a

b

图 27-2　减速机、主泵系统结构示意图

1—减速齿轮；2—齿轮箱和泵、齿轮箱和电机间的连接；3—动力端油槽的油位玻璃；4—带隔膜的隔膜室；
5—氮气包；6—汽缸盖和活塞的检查；7—推进液系统的传输；8—隔膜腔背面开关；9—氮气包充气开关；
10—汽缸套、活塞密封；11—进出料阀门；12—动力端出口过滤器；13—氮气包进口压力的输送

表 27-2 设备润滑制度及要求

序号	设备名称	润滑方式	润滑牌号	更换油标准	
				油量/L	周期
1	主泵电机	油枪给脂润滑	锂基润滑油		1 周
2	主泵联轴器	注油封闭	ISO VG 460 或 680	3, 4	1 年
3	主泵减速箱	油浴润滑	SG-XPS320	420	1 年
4	主泵动力端	油浴润滑	ISO VG 320	750	1 年
5	主泵推进液	油浴润滑	ISO VG 46	500	1 年

表 27-3 设备故障及其原因

序号	故 障 现 象	产 生 原 因
1	单向阀产生异响	被异物卡住；单向阀磨损严重；管道吸入压力过低；阀座损坏
2	推进液连续性补排油	2 位 3 通阀故障；电磁阀故障；进油管或排油管堵塞；推进液隔膜破损；单向阀故障
3	检测温度不高，但产生报警信号	热电阻检测回路线路松动

（4）主泵动力端润滑油、减速机润滑油、推进液、联轴器润滑油：更换周期为第一次使用 200h，以后为每 8000h 或 1 年 1 次。

B　主要备品备件更换标准

（1）有主泵进出口单向阀、隔膜；

（2）按照设备检修更换周期进行更换，并根据主泵手册给出的紧固数据，对单向阀和隔膜的端盖上的螺栓进行紧固。

C　设备检修后试运行标准

（1）检查设备是否符合启动条件，管路必须保持通畅；

（2）试车时只能使用工艺水进行试车；

（3）设备试运行前必须进行手动盘车补油，直到 3 个隔膜腔都无补油信号为止，做好相关的记录，试运行结束后要把运行情况与操作班交清。

D　出口单向阀拆卸与安装步骤

出口单向阀拆卸步骤如图 27-3 所示。从阀室盖上的喷嘴（027）去掉保护罩，并且连接液压泵软管；将软管的六角喷嘴接到液压泵上，加压直到压力达到 1150bar；手动拧紧螺母（024）；松开外螺母（019）（用 200～400N·m 的扭矩），全部松开外螺母向上顶着里面的螺母（020）；缓慢释放液压装置的排放阀的油压，确保阀室和隔膜室间衬垫的位置；用提升装置拧开所有螺母和打开盖子，如有必要，使用顶起螺（045）。

安装步骤如图 27-3 所示。清理并润滑过密封表面后，将一个优质方形垫片插入阀外壳，安装阀室的盖子；向上拧上外螺母（019），直到接触这个内螺母（020）；拧上内螺母和外螺母直到盖子和阀室的金属面接触；确保活塞（018）放置到盖子里与盖子水平，活塞不能突出来；将液压泵连接到阀室盖上的液压喷嘴（027）上；现在对阀盖加压达到 1150bar，用 200～400N·m 的扭矩向下拧紧外螺母；缓慢释放液压装置的排放阀的油压并移动液压泵；重新安装喷嘴（027）上的保护装置。

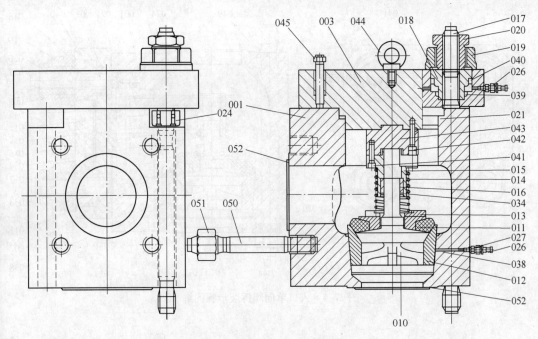

图 27-3　出口单向阀拆装步骤图解

E　入口单向阀拆卸与安装步骤

拆卸步骤如图 27-4 所示。从阀室盖上的喷嘴（027）去掉保护罩；并且连接液压泵软管将软管的六角喷嘴接到液压泵上，加压直到压力达到 1450bar；松开外螺母（019）（用 200～400N·m 的扭矩），全部松开外螺母向上顶着里面的螺母（020）；缓慢释放液压装置的排放阀的油压；现在松开螺母（024）；通过起阀装置打开进料阀盖的螺栓；现在移开覆盖再起阀装置的盖子，如果必要使用顶起螺栓。

装配步骤如图 27-4 所示。清理并润滑过密封表面后；将一个优质方形垫片插入阀外壳用起阀装置安装阀室盖子；向上拧上外螺母（019），直到接触这个内螺母（020）；拧上内螺母和外螺母直到盖子和阀室的金属面接触；确保活塞（018）放置到盖子里与盖子水平，活塞不能凸出来；装配盖子后，通过起阀装置的吊眼移开起阀装置；将液压泵连接到阀室盖上的液压喷嘴（027）上；现在对阀盖加压达到 1450bar，用 200～400N·m 的扭矩向下拧紧外螺母；缓慢释放液压装置的排放阀的油压并移动液压泵；重新安装喷嘴（027）上的保护装置。

F　拆卸阀座

阀座的拆卸有两种方法：一是用液压泵打压推出（最大 2000bar）；二是用阀座的牵引工具拖出。用液压泵推出时，将保护装置从阀室上的接头去掉，将液压泵连接到阀箱上接头，加压到阀座从阀箱中取出（最大 2000bar）。用阀座的牵引工具拖出，这种方法只有在液压方法无效的情况下才使用，如 O 形环泄漏。去掉阀室盖后，去掉整个阀门和弹簧，用带子在阀座的下面放置牵引装置（001）；现在向上调节螺母（006）直到图钉尽头（a] 002，b] 008）用牵引块把图钉放在四周部分并转动 90°；向上拉动图钉（a] 002，b] 008）；拧紧螺母（006），移动衬套下面的钥匙并松开阀座。如图 27-5 所示。

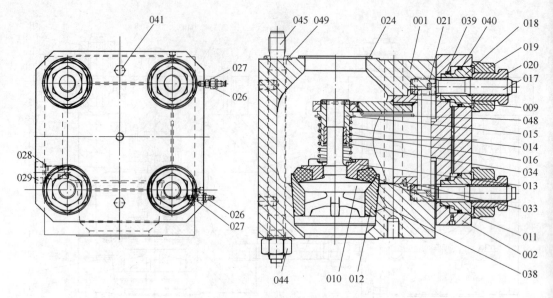

图 27-4 入口单向阀拆装步骤图解

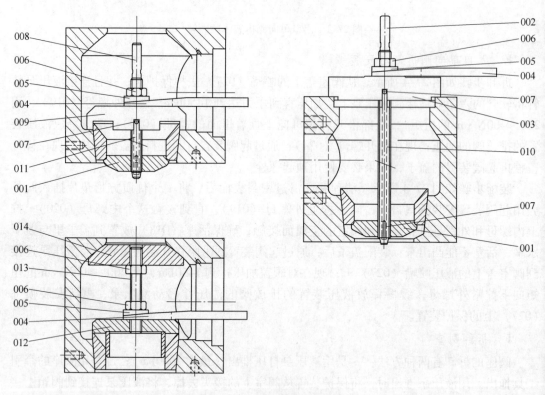

图 27-5 出口阀阀座阀的装配

应使用阀座安装装置来安装阀座。在将阀座插入进/出料阀之前，锥形阀座必须仔细清理，不得有锈迹、油漆、油等，O 形环应拉到阀座上、下的槽里；应使用新的 O 形环，阀里的锥形腔必须仔细清理，不得有锈迹、油漆、油等。在插入阀座后，用锤子敲击新阀座到阀室内，直到金属面相互接触。用手拉阀座检查阀座是否安装正确。

进入阀阀座的装配：应使用阀座安装装置来安装阀座。在将阀座插入进/出料阀之前，锥形阀座必须仔细清理，不得有锈迹、油漆、油等，O 形环应拉到阀座上、下的槽里，阀里的锥形腔必须仔细清理，不得有锈迹、油漆、油等。

在插入阀座后，装上特殊工具和再次连接液压泵的喷嘴，起到排气的作用。用千斤顶加压直到阀座与阀室的金属相接触（大约 500bar）。用手拉阀座检查阀座是否固定在阀室内。

G　活塞缸的拆卸安装

拆卸活塞、活塞杆和气缸内衬如图 27-6、彩图 27-7 所示。

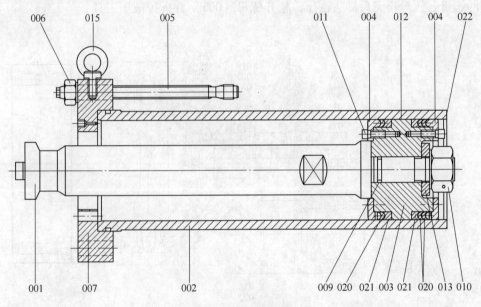

图 27-6　活塞缸拆装图解

确保前位的活塞是分解的（前位是指已有全部卸料冲程之后的位置），去掉夹具，松开柱塞杆和十字头之间的接头，将十字头移到最后面，拧开螺母和螺栓（006＋005）。不要去掉下面的 2 个螺栓（005），去掉止推环（007），将吊绳放在汽缸内衬下，保证吊绳不要放在汽缸内衬下面的螺栓下。保证吊绳上有一定的张力，将十字头杆向前直到接触活塞杆（001）并重新设置夹块使其连接到它们。气缸套可以移出腔体，用气缸套牵引工具将气缸套逐步移出缸体。将气缸内衬拔出器放在气缸内衬上，通过手动盘泵将内衬拔出气缸腔。转动十字头杆进入到它的后位，柱塞杆（001）、柱塞（003）和气缸衬（002）就可以从腔心里拉出。

如果柱塞密封环（021）和导向环（012）被料浆磨损或损坏，则需要更换。检查气缸内衬的槽。将整个柱塞和柱塞杆安装到气缸内衬里。保证气缸内衬的腔里的密封环（021）状况良好（加少许润滑油）。在气缸内衬腔和/或内衬外径上涂足够量的润滑油，以防止内衬和腔之间的腐蚀。将吊绳放在气缸套下，将整体装在泵里并将气缸套移到腔里。装上止推环（007）、螺栓和螺母（005 和 006）。按扭矩拧紧螺母（006）。移动十字头顶住柱塞杆，装上夹具，拧上四个螺丝。

　　H　隔膜的更换步骤

　　应使用特殊拆卸与组装工具以及盖子提升装置来拆卸隔膜腔（图 27-8 ~ 图 27-10）。关闭进出料口的阀门，主泵泄压后，打开隔膜腔后面的排气阀门，打开汽缸上排泄孔塞子，将推进液排出，如果推进液干净或经过回收可再次使用。

　　拧开防护罩（053）的螺栓（图 27-8），将液压工具放在螺栓上，连接液压泵和喷嘴（007），如必要可进行排气，手动拧紧螺母（003）并保证活塞（002）和环（001）水平。加压并刚好超过 1450bar，当活塞（002）的凹槽出现时停止。然后用杠杆（013）松开隔膜盖的螺母。螺母松完后卸去油压，松开螺母（003）并拆掉液压工具。

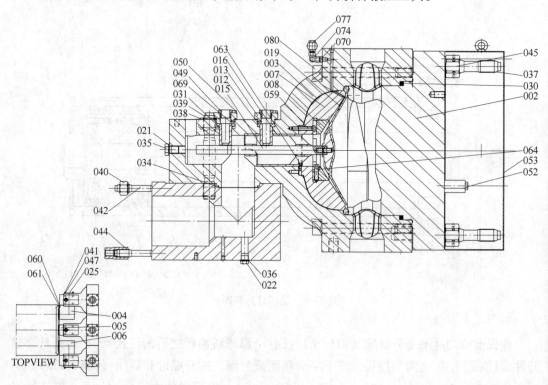

图 27-8　隔膜更换步骤图解

　　在盖子上装上隔膜盖子提升支架（图 27-9 和图 27-10 所示）。用顶起螺栓顶开隔膜腔盖子，打开盖子后拉出隔膜整体和监测杆，进行清理和检查。检查隔膜两侧是否破损，检查监测杆的表面和导向套，如果有严重擦痕和磨损，要更换；如果新隔膜和检测杆装在一起，要确定隔膜腔内隔膜和检测杆是清洁的。将隔膜内部与监测杆内部的金属与金属接触上，用一般扭矩拧在监测杆上。

　　若隔膜破裂，应该用水仔细清理整个推进液室，去掉所有杂物，检查隔膜腔内推进液侧的清洁度，在重新组装隔膜前，清理隔膜腔里隔膜卡子边，并涂润滑油检查盖子的密封环是否损坏，然后装回，把监测杆和隔膜一同插入到隔膜箱里。松开隔膜腔盖子（052）

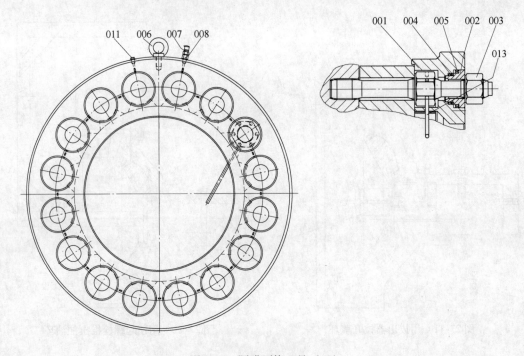

图 27-9　隔膜更换工具（一）

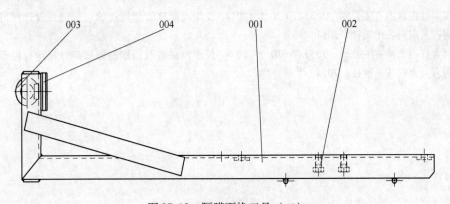

图 27-10　隔膜更换工具（二）

的顶起螺栓，用盖子牵引装置将隔膜腔盖放到隔膜腔里，安装完隔膜箱盖子后，拧紧 4 个特殊螺母，保证隔膜箱和盖子之间的金属面对金属面，拧紧所有其他螺母。将液压工具放在螺栓上，连接液压泵并去掉塞子（011）。

Ⅰ　隔膜腔进油环的拆卸

如果推进液受到污染，整个隔膜腔和汽缸装置必须清理。要求拆开隔膜腔外面的进油环，先去掉螺丝（064），拉出盖环（008）见图 27-8。

用合适的拔出器拉开盖环（图 27-11），放在检测杆夹紧套里，来支持拔出器，把第一个起始器盖子与夹紧衬套从隔膜腔移开。把特殊的提升工具（001）安装到加油环上，用顶起螺栓（004）推出加油环（图 27-12）。

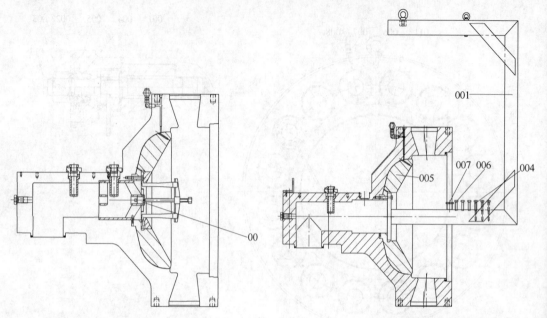

图 27-11 用拔出器拉开盖环   图 27-12 用顶起螺栓推出加油环

参 考 文 献

［1］云南大红山管道有限公司 . DB53/T 620. 1~2014. 长距离矿浆管道输送第一部分：设计规范 ［S］.
昆明：云南科技出版社，2014.

［2］云南大红山管道有限公司 . DB53/T 620. 2~2014. 长距离矿浆管道输送第二部分：运行控制 ［S］.
昆明：云南科技出版社，2014.

28　管道输送运行管理及智能工厂平台

28.1　系统设计

矿业公司的决策主要取决于对现场数据的准确把握及对形势的预判。如果无法准确了解真实情况或者难以判断未来趋势，决策就很难符合实际需求。因此设计的智能工厂紧紧围绕两个方面"智能"进行，即运作过程分析与预测（通过矿业公司各个层次的仿真模型）和辅助决策优化（通过矿业公司各个层次的优化模型），是根据底层控制系统，采集相关的实时数据，对生产过程进行优化；并且依据矿业公司不同层次的决策优化各有侧重点，对系统的各个层次进行集成。其中：物理系统的集成体现在通信方面；应用系统的集成体现在协作层面；业务系统的集成体现在协调层面。

通过对现实数据、设备及运作过程的仿真模型和优化模型三者之间的相互补充和修正，可以为矿业公司的运作提供高质量的决策支持信息，提高矿业公司的运作效率。为围绕"模拟"与"优化"的特点，构建如图28-1所示的集成关系。

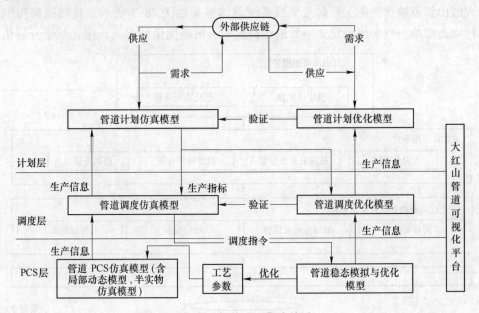

图 28-1　智能工厂集成关系

以"模拟"与"优化"为特点的智能工厂的建设，不同于其他的信息系统建设，它是以各种类型和各个不同层次的模型开发为核心的集成应用系统。为保证项目的有效实施，采用如图28-2所示的解决方案，进行计划指标的闭环管理和跟踪，以及各个功能模块的建模、仿真及测试。相对于传统的以数据为中心的解决方法，系统采用以模型管理为中心的采购、物资管理、质量检验、生产管理等数据集成为基础的"模拟"与"优化"

方法。从以下几方面对矿业公司智能管理模型作出评价，改进工作，提出更有用的分析信息。

（1）将当前矿业公司组织结构重构为"智能"决策中心结构。

（2）将矿业公司低成本目标和矿业公司的运营管理结合起来，并将生产控制、设备运营管理、模拟与决策优化等统一在同一框架之中，以实现业务的协同处理，提高矿业公司快速反应能力。

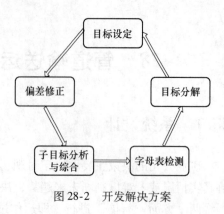

图 28-2　开发解决方案

28.2　智能工厂系统结构

28.2.1　设计思路

结合复杂地形高浓度铁精矿管道输送的特点，以"模拟"与"优化"为模型核心进行实施，从而建立功能完善的以"智能"为核心的智能工厂信息集成系统，充分发挥管道输送的整体优势，增强矿业公司低成本、高技术战略综合竞争力。

大红山管道输送智能工厂信息集成系统总体框架如图 28-3 所示。其功能架构围绕设备运行动态监测→数学模型建立→管道运行模拟→策略优化的方式，建立基于分层仿真与

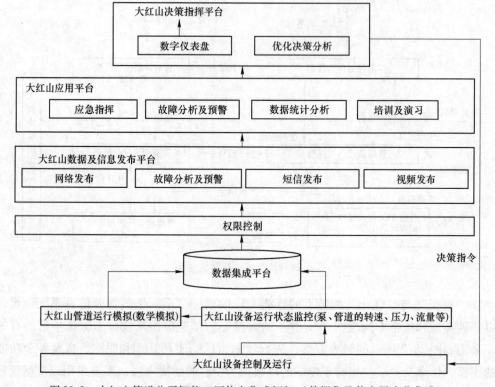

图 28-3　大红山管道公司智能工厂信息集成框架（数据集及信息层次化集成）

优化辅助决策的智能工厂，如图 28-4 所示。虚拟现实技术将是智能工厂的一个重要工具，虚拟现实平台实现技术，如图 28-5 所示。

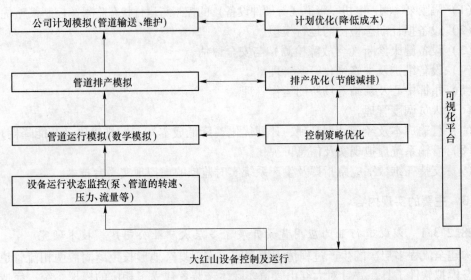

图 28-4 大红山管道公司智能工厂功能框架（基于仿真与优化辅助决策）

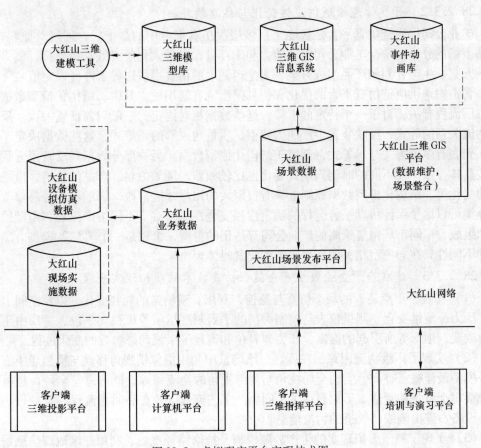

图 28-5 虚拟现实平台实现技术图

28.2.2　主要功能

（1）隔膜泵、阀、电机、管道（等硬件设备）的控制与运行状态监测（控制策略优化）。

（2）设备损耗动态检测与运行模拟。

（3）设备健康诊断（含故障检测）与安全评估。

（4）设备维护及维修优化策略管理。

（5）指挥中心及泵站等场所的运作管理。

（6）人员调度管理。

（7）管输成本及经营计划管理，计划优化（降低成本）与减排优化（节能降耗）。

（8）管输系统虚拟现实及信息可视化。

（9）支持三维数字应急指挥及生产系统实时监控的虚拟现实平台技术。

28.2.3　主要的实现内容

28.2.3.1　以管道行业为应用背景开展了多层次矿业公司建模技术研究

构建全流程多层次的生产过程仿真模型库。实现复杂地形长距离固液两相流管道输送的稳态模拟软件工具，并针对大红山管道实际生产装置建立了相应的模拟系统；完成动态仿真软件。依靠研究成果建立浆体输送的稳态模型。

28.2.3.2　开发管道输送供应链优化与仿真软件

矿业公司供应链仿真平台是智能工厂多层次仿真平台中的最上层，通过对原料市场、产品市场的分析，结合矿业公司生产能力和库存量，以最大化经济效益为目标，制订原料采购方案、生产计划和产品组成方案，为生产调度的仿真提供边界条件（设定值）。

管道输送供应链仿真平台的优化和仿真模型具有通用性。其中，结构化模型数据与具体工厂流程有关，对于一个特定的工厂，这些数据相对固定，一般只需配置一次。反映工厂物流关系的等式，反映装置生产能力约束、质量约束等的不等式，这些数据决定了一个工厂到底有多少等式与不等式，都属于结构化模型数据。另一部分数据则反映了方程式中一些具体参数，在不同的时间周期其变化也比较频繁，例如原料、产品的价格、市场需求量的变化等。结构化模型数据原则上只有权限大的用户才能修改，一般不能轻易修改，这样分类可以尽量保证仿真平台运行的稳定性和安全性。即对于不同生产流程、不同原料来源和组成、不同市场销售策略的矿业公司都适用的模型，也就是一个"活"模型。工厂个例的不同性只在与模型相关的底层数据库配置时体现出来。

28.2.3.3　建立基于企业级生产全流程仿真技术的虚拟现实平台

（1）实现了重点装置的动态仿真与监控，利用管道输送的粒径变化，以及空间上的浓度、压力、流量变化、测量仪表与控制阀门的平面刻度指示等可视化手段，呈现由于生产负荷改变、地形等所引起的温度、压力、料位和流量等系统动态参数的变化过程。

（2）实现了厂级物流跟踪，在厂区三维场景中利用摄像机视角移动与模型居中方法及设备模型最佳视点查询，实现全局视角与局部视角的物流跟踪，既可总览全厂，也可近距离观察每个设备和管道。形象表达了不同生产工艺流程以及产品回溯流程涉及的每一个装置、设备、进出侧线、管道的物流信息。

（3）实现了基于虚拟现实的生产故障模拟及抢修路径规划，利用三维地理信息系统中空间坐标与设备的对应关系，通过 Dijkstra 算法计算到达事故现场的最短路径，然后利用摄像机的不同视角移动方法观察小车的运动，以及通过火、烟、水等粒子效果来表现火灾的发生与灭火现象。

（4）实现了矿浆进入管道与到达昆钢脱水站的全流程模拟。提供了海量三维空间数据浏览、查询和分析功能，实现数据的 Internet 网络发布和应用服务。

（5）针对企业级仿真及优化需求构建多层次模型管理平台：针对流程工业多层次多分辨率的特点和各层次不同的需求，多层次模型管理平台在统一框架的基础上，通过建立描述模型库和应用模型库对基础模型进行集中管理，并以图形化的驱动方式结合领域专家知识，简单快速地帮助矿业公司不同层次的问题或分析任务搭建模型和提供服务。平台的统一框架和基础模型库克服了以往流程矿业公司不同层次间的模型和同一层次间的不同模型无法交互和"用完即弃"的缺点，提高了模型的重用性和建模的高效性。从流程企业的数据特性和模型管理的要求出发，多层次模型管理平台设计了一种用于储存层次化数据和支持模型管理的矿业公司数据结构及层次间数据映射的方法，从而为矿业公司数据管理平台中数据的有效传递、冗余数据的校正和融合及层次模型的关联奠定了基础。多层次模型管理系统融合了模型管理和数据管理平台优势，为典型行业的设备模型库、生产工艺模型库和智能优化方法库的运行管理设计了统一的模型规范和标准。从而为矿业公司系统工程中的调度、供应链和公用工程的仿真与优化提供高效可靠的支持及数据服务。建立的主要模型和系统如下：

1）建立矿浆的运行模型。建立能对规定格式数据进行处理后获取矿浆运行状态的模块；对矿浆运行相关的实时数据进行采集并进行有效管理；对相关有效管理的数据利用矿浆的运行模型进行处理，形成矿浆运行监测结果信息；建立图形化的管道配置及矿浆运行状态发布系统；分析长距离管道运行过程中管道内粒径变化，监测矿浆对管道的磨损腐蚀情况，以及动态监测管道中是否发生滞留粗颗粒矿浆的现象，从而及时避免因粗粒径矿浆积压在管道中而导致停车再启动时形成的管道磨损。并对粒径变化作出分析，得出经过不同距离输送后粒径的变化趋势，对后续管道运行起到指导性作用。

2）建立管道沿线地质灾害监控数学模型。实时监控管道沿线地形地貌变化情况、气象情况、沿线管道巡检员信息等，对地质灾害进行预测和监控；根据管道配置绘制出管道图形并设定相关配置信息，形成管道矿浆发布的完整配置信息；获取处理后的实时矿浆运行状态信息，与对应图形及配置进行结合，形成动态的显示信息及相关信息交互界面（包含管道、泵站的基础信息）。这样就可以在数据采集及管道基础信息的基础上，形成对应的图形化的高度集成的实时观测画面，可以和 GIS 系统相结合，实时观察最小单位矿浆管道运行情况；相关画面可以包含各泵站海拔高度、距离、矿浆压力、泵速等生产所需关注的各项信息；系统单个装置的运行状态（人、物），通过 GSM、GPS 等通信方式实现了智能物联网监控。

3）建立人、机、物在线智能监控系统。在线监控系统基于 ERP/MES/PCS 三层结构，结合管道输送的生产实际，以信息和管道专业知识为依托，通过关键技术（数据采集、专家模型、平台技术、数据库、移动通信技术、产品模型技术）实现专家系统与管理系统有机集成，达到管理、控制一体化。系统能够 $7 \times 24h$ 无故障运行，系统可以支持 1000 个终端同时使用，数据响应的时间不超过 10s；报文中的关键数据域以密文的方式传输或存储。

4）建立设备健康状态的监控系统。建立故障数据库，可用于判断同类设备的故障情况。建立管壁磨损腐蚀实时动态监控系统，判断管壁的泄漏问题。现场运行的设备都是通过系统对现场运行的设备进行实时数据采集，当某个设备运行的时间达到额定时间的60%、80%、90%时，系统分别自动显示该设备为绿色、黄色、红色。通过这样的技术手段，使得现场工作人员能够及时掌握各个设备运行的情况，从而有效地提高生产效率和保证安全生产。

5）智能冗余设备安全监控系统。采用冗余技术，底层PLC、上层数据库、智能控制设备均采用实时备份技术。一旦主设备受到网络攻击或者发生其他意外。备用设备马上运行，彻底保障系统安全运行。

针对流程工业多层次多分辨率的特点和各层次不同的需求，多层次模型管理平台在统一框架的基础上，通过建立描述模型库和应用模型库对基础模型进行集中管理，并以图形化的驱动方式，结合领域专家知识，简单快速地帮助矿业公司解决不同层次的问题，或分析任务，搭建模型和提供服务，最终构成智能工厂系统架构。

28.3 系统网络平台建设

为满足智能工厂的需要，首先对网络有较高的要求。必须对现有网络进行三网合一优化改造。智能工厂网络平台的优化改造设计应该遵循高可靠性、技术先进性和实用性、高性能、标准开放性、灵活性及可扩展性、易维护性和安全性等原则。

同时建立统一开放的软硬件系统平台，建立实时数据库和关系数据库，实现公司管理部门管理信息集成并结合管道输送的特点及设备、备件、成本等数据流，实现业务信息的连贯与一致。设计的网络拓扑结构如图28-6和图28-7所示。

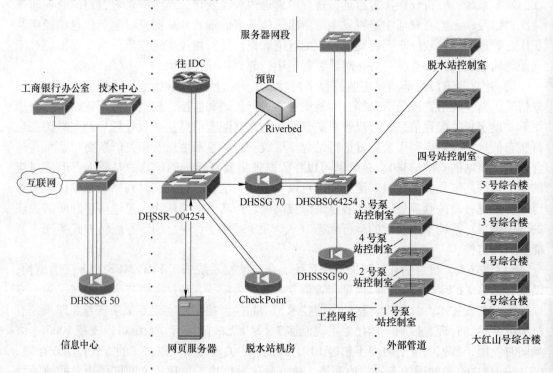

图28-6 大红山管道二层网络拓扑结构

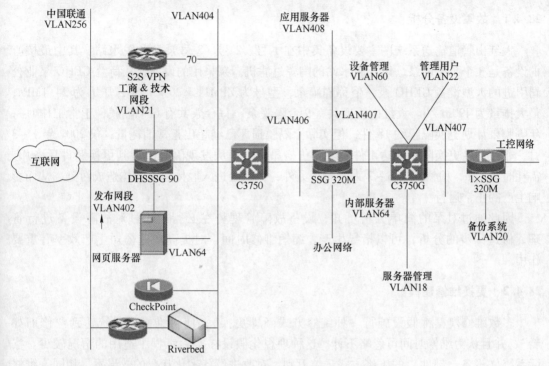

图 28-7 大红山管道三层网络拓扑结构

28.4 基于维修决策的故障设备管理信息系统

维修是指为保持"对象"完好工作状态所进行的一切工作。它对于工业生产设备、军事装备、城市基础设施（如道路、桥梁）、水利设施（如拦河大坝、海防大堤）以及交通运输工具等系统的正常工作或运行，保证其合理的使用寿命以及系统的安全性和可靠性都具有重要作用。从对单个轴承磨损情况的检测到整台设备的更换都属于维修工作的范畴。近年来，信息化和自动化水平不断提高，使得一线生产人员数量持续减少，然而设备的复杂化却使得用于维修的人力和费用不断上升。过去，维修往往被工程人员和矿业公司管理人员视为必要的辅助性工作而不受重视，学术界对维护工作的研究也不多。当前，矿业公司面临不断降低生产成本的巨大压力，减少维修费用与提高维修效率是有效途径之一。

维修主要可分为两类：故障后维修和预防维修。故障后维修，即运行设备直到产生故障之后再维修，是最早应用的维修方式。预防维修主要能使用先进的检测手段，可以评估系统的实际劣化程度（"健康"水平），安排维修工作。这不仅能够减少不必要的维修工作量，也可以进一步提高系统的安全性和可靠性。

故障设备管理信息系统，建立了故障数据库，可用于判断同类设备的故障情况。建立设备数据采集系统，对现场运行的设备进行实时数据采集，当某个设备运行的使用率达到60%、80%、90%时，系统分别自动显示该设备为绿色、黄色、红色。通过这样的技术手段，使得现场工作人员能够及时掌握各个设备运行的情况，从而有效地提高生产效率和保证安全生产。

28.4.1 故障设备分析

大红山管道输送系统的主要设备集中在 1 号、2 号、3 号泵站和脱水站。其中最核心的设备是 3 个泵站的泵，以及脱水站的陶瓷过滤机。泵采用的设备是从荷兰 GEHO 泵业公司引进的大型设备 GEHO 泵，俗称隔膜泵，型号为 ZPM11 × 20 × 1250，压力为 24.4MPa，最大排量为 490m³/h。大红山管道共有 9 台隔膜泵，每台泵共有 6 个隔膜，正常工作时每年隔膜泵计划更换隔膜约 18 件，但实际上隔膜损坏已经超出正常消耗量，仅 2007 年 1 ~ 3 月，非计划性更换隔膜就达 4 件。隔膜价格昂贵。而从发现隔膜破裂到更换新件后备用，需耗时 7 ~ 8h，检修人员 6 ~ 7 人参与。另外，料浆会进入腔体，对腔体造成污染，从而影响生产的正常运行。

因此通过对泵的简单分析可知，设备故障管理势在必行。通过对故障设备进行管理，做进一步的分析，可以指导生产，缩短维修时间，对提高矿业公司生产效率有重要作用。

28.4.2 更换维修建模

多数维修模型都假设施行一种维修方式（即更换），使得维修后系统达到"修旧如新"，并且认为维修时间可忽略不计。这种理想化假设在实际工程中适用的情况较少。实际系统（设备、部件）的维修方式千差万别，对改进设备劣化状况的效果不尽相同，维修所用时间相对于系统工作时间往往也不能忽略不计。因此，研究人员提出了"更换"之外的一些维修方式，定义如下 [5, 7]：更换（replacement）、极小修（minimal repair）、小修（minor maintenance）、大修（major maintenance, overhaul）。

这里讨论的维修模型，也是以更换为主的，例如单向阀、隔膜等核心设备发生故障后，均采取更换措施。统计 2009 年 1 月 2 日 ~ 2009 年 12 月 27 日，194 次设备故障中，更换的比例占 70% 以上。本章给出的维修模型（以设备更换为主）如下：

$$\alpha = \frac{\beta}{\eta} \times 100\%$$

式中　α——使用率；

　　β——该设备使用时间；

　　η——该设备平均极限使用时间，η 是可以评估的，经过 3 年的设备使用，根据维修更换记录。可以得出设备使用的平均极限时间。平均极限时间比设备规定的额定时间长 20% ~ 30%。

设备更换策略：某个设备的使用率 α 达到 60%、80%、90% 时，系统分别自动显示该设备为绿色、黄色、红色。显示红色，必须择机更换设备。

使用该简化模型，可以在一定的范围尽可能延长设备的使用寿命，减少成本，预防重大事故发生。

28.4.3 系统设计与实现

28.4.3.1 总体需求

能够实现现场设备与备品备件相结合管理，通过对现场设备的设备故障、开停、更换、检修等记录的监控，最终达到备品备件的申购、计划、库存与现场运行设备相结合，真正做到按现场设备运行情况来制订物资的收购计划。

28.4.3.2　设计思路

数据库分为三张表，第一张表按部门划分：1号、2号、3号泵站、脱水站；第二张表按故障类别划分：正常使用故障，非正常使用故障，特殊故障；第三张表，按故障级别划分：常规故障，重大故障。

28.4.3.3　故障级别

故障级别分为常规故障和重大故障。按照模块可以分为现场设备管理、设备故障管理、设备更换管理、设备开停机管理、设备检修计划、备品件申购管理、备品件库存管理。故障设备管理信息系统结构如图28-8所示。

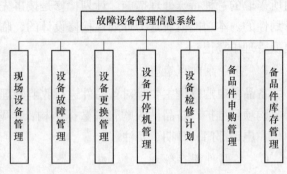

图28-8　故障设备管理信息系统结构

A　现场设备管理

（1）功能需求：各部门维护各自现场设备资料；能打印或导出（Excel）设备信息卡；按部门查询/打印现场设备清单；查看现场设备相关的检修记录；查看现场设备相关的故障记录；查看现场设备相关的停开机记录；查看现场设备相关的更换记录。

（2）现场设备数据结构需求：现场设备数据结构。要具体地反映出每台设备的基础信息。每台设备应包含如下信息：设备编码、名称、型号规格、技术参数、制造厂名、出厂编号、出厂日期、安装单位、安装日期、设备安装地点、设备质量、投产日期、供应商、使用时间、使用部门、保修日期。

B　设备故障管理

（1）功能需求：设备故障记录具有登记在设备检查、检修、点巡检过程中现场设备所产生故障现象、解决方法及处理结果的功能。其中，各泵站可以通过设备故障记录自行维护本站故障记录；故障记录与现场设备关联；各泵站故障记录信息要能够共享。

（2）设备故障记录数据结构需求：故障类别、对应设备、设备所属部门、故障发生时间、故障现象、故障处理过程、故障处理结果、故障历时、修复时间、报障人、处理人员、故障等级。

C　设备更换管理

（1）具有设备更换记录登记功能；设备更换历史信息按时间段、部门、现场设备名称查询。

（2）设备更换记录数据结构：现场设备（被更换部件的现场设备名称）、更换时间（设备检查或更换的时间）、更换部件（更换部件名称）、数量（更换部件数）、单位（数量单位）、更换原因（设备部件更换原因描述）、记录员、备注。

D　设备开停机管理

设备开停机记录登记分为两种方式，即由数采模块自动采集主设备停开机数据和给操作员提供设备停开机记录登记功能。同时，设备开停机管理中应具有历史信息，按部门、现场设备名称查询功能；设备开停机管理数据结构：现场设备、设备所属部门、停机时间、开机时间、停机历时、停机原因、备注。

E 设备检修

设备检修分为计划检修和临时检修。临时检修一般是现场设备发现影响正常生产故障时所采取的一种特殊处理措施。计划检修是按事先要做好的检修项目进行检修作业，是有计划性的。本功能模块是为计划性检修设计的，临时性检修结果可在设备故障管理或设备更换管理中登记。

F 备品件申购管理

备品件申购管理主要是对备品件进行收购管理。其中，包括备品件收购单维护和备品件收购项目维护。备品件收购管理数据结构：申购单号：备品件编号、规格型号、数量、单位、申请部门、日期、备注。

G 备品件库存管理

备品件库存管理中支持：各站各自管理备品件库，库存信息共享；备品件入库，记录备品件入库操作信息；备品件领用，记录备品件领用操作信息；备品件调配，记录备品件调配操作信息且自动平衡各库库存；备品件库存查询，提供在库信息查询功能。

通过对故障数据进行分析，建立更换维修模型，建立故障设备信息管理系统。该系统将使设备管理人员更方便地管理设备，加强对易发生故障设备的管理以及更清楚地了解到某一设备发生故障的类别，从而有针对性地对故障设备进行检修。该方法具有延长设备使用寿命、缩短维修时间、降低重大事故率、节约成本等优点，具有广泛的工程推广价值。

28.5 管道输送数据采集与监控系统设计

对于精确控制管道操作，需要更精确地掌握管道内矿浆流量位置、堵塞、泄漏及加速流情况。主操手不仅需要对现场各个仪表、设备信息进行判断，还需要对一些现场仪表、设备无法提供的数据信息进行判断。因此需要一个强大的数据采集与监控系统，提供所需实时信息。

出于稳定的需要，传统生产单位管理模式无法满足对现场设备的监控、管理。工程师需要不在现场情况下也能及时根据管线运行情况、设备运行情况，判断并消除设备故障。因此需要一个能实时反映各个现场设备状况的数据采集与监控系统。

按照上述要求，以复杂地形长距离铁精矿管道输送为背景，数据采集与监控系统需要实现：1 号～5 号泵站接入 OA 网络、SCADA 网络及 Internet 网络，并建立安全可靠的 Internet、OA、SCADA "三网合一"；1 号～5 号泵站接入 VOIP，实现 IP 视频生产监控，生产调度音频、会议接入；PLC 部分的编程、调试；根据项目用途配置管理、监控软件，采用监控和数据采集系统进行工厂测试，服务器应用整合。数据采集与监控系统包括网络通信系统、数据采集系统和监控系统。

网络采用 1000Mbps 以太网系统。在 SCADA 环网基础上建立自动切换备份双环。同时利用 ISP 所提供透传数字电路，自动切换公网备份线路。

28.5.1　网络设备技术要求

网络交换机为工业级产品。支持完全冗余电源及多种电源输入方式（9.6～60VDC，18～60VAC 或 110～230VAC）；现场交换机采用无风扇设计；工作环境温度支持环境温度 −40～70℃；支持多种安装方式（卡轨或机柜）；通过一般工业级产品认证：CUL 508；Cul1604 Clasee 1 Div. 2。交换机具备长期长距离传输能力，无中继条件下传输距离可达到 100km 以上。以太网交换机为模块化组合方式，端口数量和类型能灵活配置，以应对设计变更及未来改造。

网络设备具备抗强电磁干扰能力，以满足在强电磁干扰环境下产品的可靠性，交换机达到或超过 EMC EN61000-4-2，3，4，5，6 标准；同时在抗机械振动方面达到或超过 IEC 60068-2-27 shock 及 IEC 60068-2-6 vibration 标准；能够在湿度小于 95% 的环境下正常工作；产品平均无故障运行时间大于 20 年。

为保证网络性能和安全，以及对 VOIP 和控制数据指定优先级，工业以太网交换机支持基于 MAC 和 IP 地址的 SNMP V3；4 个级别的 Qos，端口优先级（IEEE 802.1D/p），流量控制（IEEE 802.3x），VLAN（IEEE 802.1Q），基于协议的 VLAN（IP，非 IP）组播（IGMP snooping/querier），组播检测/未知组播，广播限制器。

28.5.2　以太网技术要求

多重的网络拓扑和冗余方式：以太网交换机支持任意的网络拓扑（总线型、星型、环型）并保证在故障时能够快速切换。在链路冗余方面，支持 HIPER-Ring 超级冗余环型协议，实现环网冗余。100M 环网（100 台交换机）切换时间小于 200ms，1000M 环网（50 台交换机）切换时间小于 50ms。对于实时性要求更高的网络支持切换时间小于 10ms 的快速冗余协议 HIPER-Ring 2。支持 Network Coupling 网络耦合技术以实现区域分支网络之间冗余连接时快速的恢复性能，并实现小于 500ms 快速切换。支持 Link Aggregation 链路聚合功能，在提供冗余连接的同时，还有效地增加了交换机之间的通信带宽。

在网络管理方面，除支持通用的串行接口和 Web 界面网路管理方式外，还支持专用的网络管理软件，实现对大型网络的统一管理，网络拓扑图生成软件基于 LLDP（IEEE802.1 AB）标准协议，具备自动检测网络设备，自动生成网络拓扑结构图，自动监测设备状态、链路连接状态、交换机电源及风扇状态，以轮询方式和 SNMP 报警支持事件记录，事件可触发短信息通知、E-mail 通知、信息窗口，可以查看所有链接的历史数据。

数据采集与监控系统由很多任务组成，每个任务完成特定的功能。位于一个或多个机器上的服务器负责数据采集、数据处理（如量程转换、报警检查、事件记录、历史存储、执行用户脚本等）。服务器间可以相互通信。有些系统将服务器进一步单独划分成若干专门服务器，如报警服务器、记录服务器、历史服务器、登录服务器等。各服务器逻辑上作为统一整体，但物理上可能放置在不同的机器上。典型的硬件配置如图 28-9 所示。

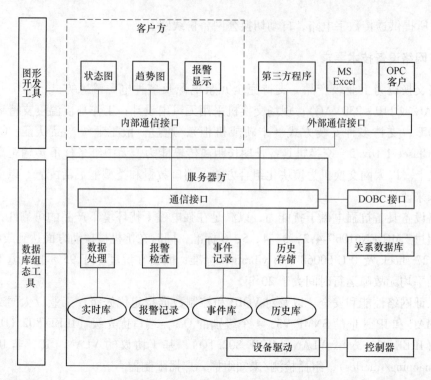

图 28-9 数据采集与监控系统典型的硬件配置

28.5.3 数据采集系统——PLC 控制系统

尽管各个泵站相距较远，但是大红山泵站、2 号泵站、3 号泵站、4 号泵站、5 号泵站及终端站之间最小系统通讯周期不得大于 200ms。实现六地操作：在大红山泵站、2 号泵站、3 号泵站、4 号泵站、5 号泵站、终端站均可根据权限控制整条管道。控制系统所用硬件适合顺序、过程、传动和运动控制的模块化，具有高性能控制的特点。

控制系统处理器通过 Ether Net/IP、Control Net、Device Net 和 Universal Remote I/O 监控 I/O。当在 PLC 机架内有多个处理器模块，甚至在控制网内有多个处理器模块时，所有的处理器都可以从所有的输入模块读到输入值。任何一个处理器都可以控制任何特定的输出模块。通过系统组态指定每个输出模块由哪个处理器控制。控制系统充分利用流体力学原理，自动判断管道内流体，自动切换模式，避免加速流的产生。运行过程中，浆头、浆尾经过泵站时，达到不停泵、无扰动切换功能。

设备无扰动切换：能够根据需要实现工作设备和备用设备之间的无扰动切换，避免"水锤"现象的发生和工艺参数的大范围波动，保证工作稳定。

管道输送中切换：能够根据工艺要求，在 4 号泵站、3 号泵站、5 号泵站发生故障停止工作时，控制系统能迅速稳定地切出故障泵站并降至相应工艺要求下运行。

人机界面（HMI）计算机显示所有支持操作程序所必需的信息。允许操作员与控制系统之间的直观互动。每个工作站都可以与现场 PLC 进行通信。每个工作站将采用远程标记参考与其他工作站进行通信。

界面中有所有输入点的图形状态显示。泵关闭时呈红色，打开时呈绿色。阀门关闭时呈红色，打开时呈绿色，黄色表示正在打开或正在关闭。所有模拟值都在其工艺图形上显示，并在旁边显示工程单位。对于矿浆管道、处理水管道和工艺水管道采用不同的颜色进行区分。

对于每个泵站和整个管道系统都有一个总体显示，并显示每个工作站的动态工艺分画面。这些显示表明所有主要设备的工作状态。整个管道系统的总显示表明所有喂料泵、主泵、泵入口和出口阀等主要工艺设备的状态。矿浆搅拌槽液位，所有压力、流量和密度值等主要工艺监测参数也都有显示。

设备和仪表如果出现任何报警，以闪烁的形式在界面上显示。

有一个综合通信状态屏和一个电气系统状态屏。电气系统状态显示屏表明从电源监视器读取的电压、电流和功率。HMI 通过以太网读取 10kV 电源有关数据。

设定值和报警限制。所有模拟、报警和联锁设定均可由操作人员调整。有统一的调整界面。

趋势显示。所有输入模拟量、输出模拟量均有数据记录功能、趋势图显示功能。系统具有记录管道控制指令的功能。系统对所有泵（开/关）、阀门（开/关）状态进行记录。归档数据保存 90 天。每个模拟量有自身的趋势界面。当点击模拟值时将弹出相应的趋势界面。

导航。每个界面有一个导航键区域，这些导航键包括所有总体显示和有关分画面的显示、报警显示屏、设定值显示屏和其他程序开发人员认为相关的屏幕。在该区域显示时间和日期。此外，用户能够从导航区域登入、登出和改变口令。

所有报警都将在 PLC 上生成。所有控制器输出都具有一个相关联的故障报警。所有模拟输入都可提供高和低报警。对标准的专用报警屏进行配置并提供给操作员。

提供报警历史。一名操作员可以存取过去 90 天内发生的报警。一个报警标题列出最近未确认的报警，随时显示在一台监视器上。

对于报警设置以下三种优先级别中的一种：重要、警告或咨询。所有报警都会激活闪烁灯和 PLC 面板上的报警器。操作人员可根据选择的报警优先等级关闭该特征。操作人员可以确认和重置报警。要确认一次报警，操作人员需要进入报警屏。在此，操作人员可以确认一个或所有报警。每个工作站都有一个单独的报警重置按钮。HMI 只能在其工作站重置报警。隐藏控制器可用来关闭其他站的重置。有一个显示屏设置在 HMI 所处的位置。

详细记录各个工作站的所有运行参数（如压力、电流、浓度、流量等）、所有泵运转时间的一份值班报告和矿浆流量累加表，以及供水的流量的累计和最大值、最小值，在每个班工作结束时自动产生。当操作人员要求时，该报告能送到报告打印机上打印，也可以存取以前产生的报告。

28.5.4 系统结果分析与结论

该数据采集与监控系统实现了 1 号 ~ 5 号泵站接入 OA 网络、SCADA 网络及 Internet 网络，并建立安全可靠的"三网合一"；1 号 ~ 5 号泵站接入 VOIP，实现 IP 视频生产监控，生产调度音频、会议接入的数据采集与监控系统。实际运行证明：该系统保证了信息传递的一对多实时性，融合网络、移动通信、软件编程等技术建立了一个多元化数据传输平台。保证了复杂地形长距离铁精矿管道输送的安全、稳定、高效运行，在国内外同行业中处于领先位置。

参 考 文 献

［1］吴建德，袁徐轶，普光跃．基于维修决策的管道输送故障设备管理信息系统［J］．科学技术与工程，2011.11.

［2］朱丹，范玉刚，邹金慧，吴建德，黄国勇．小波包能量谱——稀疏核主元在故障检测中的应用［J］．计算机工程与应用，2014.27.

［3］印嘉，吴建德，王晓东，范玉刚，冷婷婷．HHT 的往复式隔膜泵主轴故障诊断研究［J］．传感器与微系统，2013.4.

［4］靳振宇，吴建德，范玉刚，黄国勇，王晓东．基于 MEMS 加速度计的管道位移检测系统设计［J］．传感器与微系统，2012.1.

［5］马帅，王晓东，吴建德，范玉刚，黄国勇．基于支持向量机的矿浆管道堵塞信号识别方法［J］．江南大学学报（自然科学版），2013.5.

29　科研成果与技术创新应用

29.1　加速流控制消除技术研发与应用

当管道途经大 U 形管段时，管线敷设的水力坡度大于管道输送的设计水力坡度，由于能量不均衡导致在 U 形管线下坡段的矿浆形成加速流动现象。当出现矿浆加速流现象时，在 U 形管段最高处造成负压真空，极易形成气蚀及弥合水击，同时矿浆在管道内加速流动会严重加剧管道磨蚀（磨蚀量与流速三次方成正比），对管道的安全运行和保障管道设计的运行寿命形成了极大的隐患。因此，需要对矿浆加速流现象进行控制消除，以保障管道的安全运行及保障管道能达到设计的运行寿命。

该技术通过对加速流现象进行跟踪研究，揭示了加速流现象的形成机理，得出了加速现象形成的数学模型及相应的控制算法，利用加速流形成管段后置消能加上下级泵站联动控制的方法，成功解决了矿浆加速流现象。通过在 U 形管海拔高点安装压力检测装置对管道内矿浆的运行情况进行监测，判断管道内是否产生加速流现象。首先通过后置消能的方法对加速流现象进行预控制，在加速流形成管道的后端加装消能装置，消能装置的消能能力根据得出的矿浆最大富余能量来确定。消能装置如图 29-1 所示。

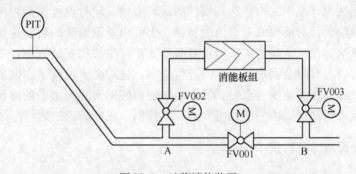

图 29-1　矿浆消能装置

借助研究得出的加速流数学模型及算法，对加速流易形成管段内矿浆的能量进行计算，当富余能量出现时，开启第一（FV002）、第二（FV003）消能阀门后关闭主管控制阀门（FV001），通过消能板反推高点的流体，减小其下流的速度，这样就能很好地抑制加速流的产生，保证管道安全高速运行。在消能装置的作用下，U 形管道内的矿浆能量得以平衡，加速流现象能够很好地得到控制消除；在后置消能的预控制下，加速流依旧出现时，通过提高上级泵站的泵速，同时降低下级泵站的泵速以提高出口压力来维持上、下游之间同样的流速，对加速流进行控制消除。

该技术的研发与应用，解决了在大 U 形、多起伏、高落差的复杂地形下，固液两相流浆体输送过程中多处同时产生加速流的主要技术难题，不仅保障了管道的安全高效运行与使用寿命，同时也为解决业内相关问题提供了大量的科学理论数据和生产实践支撑。

29.2 管道安全保障技术

根据生产运行情况及构成管道的材料限制，大红山管道的设计运行寿命为 30 年。管道输送具有连续运行的特点，运行过程中的管道泄漏等问题一旦出现就会严重影响生产，给公司带来严重的经济损失。因此，管道一旦投入运行，就必须做好管道的安全保护工作。

由于管道输送的矿浆中固体颗粒为硬度极高的赤铁矿石，且管道铺设采取深埋于地底的铺设方法，管道的损耗主要表现为固体物料对管壁的磨损及来自于土壤的电化学腐蚀。同时，因为管道采取水力输送，水作为输送介质在管道内运行时产生的溶解氧也会对管壁造成腐蚀。要保证管道的预期设计运行寿命及安全运行，就必须对这些引起管道损耗的因素进行控制。

29.2.1 管道内部磨蚀控制技术

管道内部的磨损主要来自固体颗粒的冲刷磨蚀，铁精矿颗粒形状不规则且硬度极高，在长期高速运行过程中会对管道内壁造成严重磨损。为控制这种现象带来的磨损，公司经过大量实验研究，最终采用在矿浆中添加 CaO 的方法来控制固体颗粒对管道的磨蚀。在矿浆中添加 CaO 能够提高矿浆的 pH 值，提高矿浆 pH 值目的是在管道内壁形成一层钝化膜 $Fe(OH)_2$ 或 $Fe(OH)_3$，通过形成的钝化膜来减缓矿浆内固体颗粒对管壁的磨蚀，从而使管道内壁腐蚀控制在设计范围之内，达到设计的运行寿命，同时也可保持固体颗粒悬浮来降低矿浆堵塞的风险。针对溶解氧对管道的腐蚀，大红山管道输送的是磁选铁精矿矿浆，矿浆本身就是除氧剂，在正常输送矿浆时没有必要在矿浆中添加亚硫酸钠。浆体管道输送过程，由于生产需要，有时会利用管道专门进行送水，这时由于没有了赤铁矿固体颗粒对溶解氧进行消除，所以在管道输送水时，需要添加亚硫酸钠来除去水中的溶解氧，消除管道中存在的溶解氧可以使管道内壁腐蚀得到更好的控制，保障管道的运行寿命。

29.2.2 管道外部腐蚀控制技术

因为大红山管道采取深埋地底的铺设方式，其外部腐蚀主要来自于土壤的电化学腐蚀。虽然在管道铺设之前也对管道采取了外部涂层覆盖保护，涂层的作用主要是物理阻隔作用，将金属基体与外界环境隔离，从而避免金属与周围环境的作用。但是因为涂层本身存在缺陷，有针孔的存在，而且在施工和运行过程中难免涂层被破坏，使金属暴露于腐蚀环境。这些缺陷的存在导致大阴极小阳极的现象出现，使得涂层破损处腐蚀加速。通过阴极保护的方法来完善涂层保护所存在的缺陷，根据管道运行的实际情况，对外加电流保护及牺牲阳极保护两种阴极保护方式进行了比较。牺牲阳极阴极保护是将电位更负的金属与管道连接，并处于同一电解质中，使该金属上的电子转移到管道上，使整个管道处于一个较负的相同的电位下。该方式简便易行，不需要外加电源，很少产生腐蚀干扰。而业内对于牺牲阳极的使用有很多失败的教训，认为牺牲阳极的使用寿命一般不会超过 3 年，最多 5 年。长期的研究表明，牺牲阳极阴极保护失败的主要原因是阳极表面生成一层不导电的硬壳，限制了阳极的电流输出。研究认为，产生该问题的主要原因是阳极成分达不到规范要求，其次是阳极所处位置土壤电阻率太高。外加电流保护是通过外加直流电源以及辅助阳极，迫使电子流（不是电流，否则没法保护，电流与电子流的方向相反）从土壤中流向被保护金属，使被保护金属结构电位低于周围环境。该方式主要用于保护大型或处于高土壤电阻率土壤中的金属结构。针对大红山管道铺设路线中土壤电阻率低等特点，最终选择了牺牲阳极的方法进行阴极保护。设计牺牲阳极阴极保护系统时，还专门针对阳极成分进行了严格的筛选，以控制因阳极成分不达标准而引起的牺牲阳极保护失效。

29.2.3　管道输送泄漏点定位技术

高压浆体管道运行过程中有很多因素都在加速其老化，如浆体中固体成分对内壁的击打磨蚀、土壤空气和浆体对内外管壁的氧化锈蚀、压力脉动使得管道持续振动产生疲劳、管道材料以及管段焊缝上的缺陷、沿途的人为破坏等。管道完全有可能在设计使用寿命结束前就在局部位置出现裂缝或缺口，巨大的内部压力使得即使最初只是一个很小的漏洞，在长期的运行过程中也会演化成严重的泄漏事故。高压管道泄漏不仅会破坏周边自然环境，给沿途居民和其他生命、财产造成威胁，也给矿业公司带来巨大的直接和间接的经济损失。因此在管道运行过程中及时检测泄漏发生以及准确定位的能力就非常重要，这决定了矿业公司可以缩短应急响应时间，尽可能降低泄漏造成的危害和损失。

29.2.3.1　泄漏点定位检测的技术前提

管道泄漏检测必须至少满足两个条件才能进行：

（1）所检测的管段是水力学独立的。"水力学独立"指该管段的压力和流量独立于其他管段，压力波不能穿过该管段的边界（因边界上有正排量活塞隔膜泵，压力波不能通过此类泵）。基于这个要求，大红山 171km 管线分为以下 3 个独立段，对各段需要进行独立检漏：

第 1 管段：PS1→PS2；

第 2 管段：PS2→PS3（含 PMS1 和 PMS2）；

第 3 管段：PS3→TS（含 PMS3 和 PMS4）；

PS：泵站；

PMS：压力检测站。

（2）所检测的管段处于稳态。检漏只对处于稳态的管段才能进行，否则就无法判断是什么因素引起压力的变化。非稳态情况下的压力变化可能来源于阀的开闭、泵速调整、浆头/浆尾经过管段，而不是泄漏。

管段进入"稳态"是指管段正在工作而不是停止（根据管段中的流量信息判断），流量大于 $5m^3/h$ 且流量变化率（ROC）小于 $2m^3/h/s$；管段中没有阀门位置的变化；管段两端的主泵泵速稳定；各主泵泵速的变化率（ROC）之和小于 $3\%/s$；管段中不存在浆头/浆尾；质量浓度变化率（ROC）小于 $5\%/s$。

如果以上条件中任何一个不满足，则停止对该管段的泄漏检测；当 4 个条件都满足时，管段回到稳态，再经过 10s 延迟后，恢复对该管段的泄漏检测。

29.2.3.2　泄漏检测方法

常用的检漏方法有压力变化率法、质量平衡法。对一个指定管段，当同时认为该管段泄漏的检漏方法数量大于等于 1 时，则认为该管段存在泄漏。

A　压力变化率法

（1）原理：如果管段内发现显著的压力下降，而又不是正常操作（包括阀门关闭、泵速调整、管道启停、浆头/浆尾经过）引起的，则认为管段内出现泄漏。

（2）要求：一个管段必须有 2 个或更多压力表，才能采用压力变化率法。

（3）适用性：适用于大红山管道的 3 个管段。

（4）各管段上的压力表包括：

第 1 管段：PIT-1161（起点），PIT-2002（终点）；

第 2 管段：PIT-2161（起点），PIT-3002（终点）；

第 3 管段：PIT-3161（起点），PIT-5002（终点）。

（5）以第 1 管段为例，说明压力变化率法的检测过程：

第 1 步：令压力变化率超限计数器为 0。

第 2 步：对该管段起点位置的压力表采样（采样频率 2Hz），当样本数量达 4 个时，开始计算该表所得压力值的移动平均数 MA 和移动平均数的变化率 $MA\text{-}ROC$，采用的 MA 算法为 $M=2$ 的简单移动平均数（SMA）：

$$M_t = (X_t + X_{t-1} + \cdots + X_{t-M} + 1)/M \tag{29-1}$$

第 3 步：计算压力 MA 的同时，还需要不断计算压力 MA 的变化率（%/s）：

$$MA - ROC_t = \frac{MA_t - MA_{t-1}}{MA_t} \cdot \frac{1}{\Delta t} \tag{29-2}$$

式中　Δt——MA_t 与 MA_{t-1} 对应的时间差，s。

第 4 步：比较 $MA\text{-}ROC_t$ 和预设的阈值（19%/s）的大小。如果 $MA\text{-}ROC_t$ 小于等于阈值，则继续对管段终点位置的压力表重复上述计算和比较过程；否则，压力变化率超限计数增 1，再对终点位置的压力表重复上述计算和比较过程。在对终点位置的压力表重复上述计算过程后，如果计算所得 $MA\text{-}ROC_t$ 小于等于阈值，则继续对管段起点位置的压力表重复上述计算和比较过程；否则，压力变化率超限计数器增 1，再对起点位置的压力表重复上述计算和比较过程。如此循环往复，当压力变化率超限计数器大于等于 2 时，如果该管段还处于稳态（很快会变为非稳态，因为泄漏引起的流量变化会使泵速调整来进行补偿，所以会进入非稳态），报告此管段发生泄漏。停止此管段的泄漏检测，直至人工重新启动检漏程序。对第 2 管段和第 3 管段，其检漏方法与第 1 管段基本相同。

B　质量平衡法

（1）原理：根据质量守恒定律，在一段足够长的时间（从而可以忽略不计局部扰动和噪声）内，通过管段上任意两个截面的流体体积应该相等，而流体体积 = 流量×时间，因此通过管段上任意两个截面的流量应相等。如果上游截面的流量大于下游截面的流量，则认为该管段出现泄漏。

（2）要求：一个管段必须有 2 个或更多流量计（可以是根据主泵冲程数来计算流量的虚拟流量计），才能采用质量平衡法。

（3）适用性：适用于大红山管道的 3 个管段。

（4）各管段上的压力表包括：

第 1 管段：100-FIT-MLP（起点），200-FIT-MLP（终点）；

第 2 管段：200-FIT-MLP（起点），300-FIT-MLP（终点）；

第 3 管段：300-FIT-MLP（起点），500-FIT-5011（终点）。

（5）以第 1 管段为例，说明质量平衡法的检漏过程：

第 1 步：令出入流量偏差超限标志为 0，令管段起点流量计为"主流量计"。

第 2 步：对该管段起点和终点的流量计 100-FIT-MLP、200-FIT-MLP 分别采样（采样频率 2Hz），当各流量计的样本数量达 20 个时，开始计算该流量计流量值的移动平均数 MA。采用的 MA 算法为 $M=18$ 的简单移动平均数（SMA）：

$$M_t = (X_t + X_{t-1} + \cdots + X_{t-M} + 1)/M \tag{29-3}$$

第 3 步：计算两个流量计各自的流量 MA 值时，还要不断计算两个流量 MA 值的偏差。

第 4 步：比较流量偏差和预设的阈值的大小。如果流量偏差大于阈值，则将出入流量偏差超限标志置为 1，此时如果该管段还处于稳态（很快会变为非稳态，因为泄漏引起的流量变化会使泵速调整来进行补偿，所以会进入非稳态），则报告此管段发生泄漏。停止此管段的泄漏检测，直至人工重新启动检漏程序。

对第 2 管段和第 3 管段，其检漏方法与第 1 管段基本相同。

采用以上两种方法均可确定管道是否存在泄漏。

29.2.3.3　泄漏点的准确定位

根据泄漏堵塞点产生的压力波传输到所在管段两端的压力表的存在时间差 ΔT，采用基于压力变化率法和质量平衡法，融合得到管道泄漏、堵塞的定位方法数学模型，从而计算泄漏堵塞点的位置。泄漏点定位的计算示意图如图 29-2 所示。

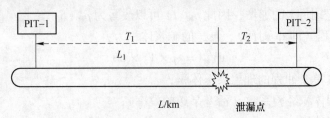

图 29-2　泄漏点的位置计算示意图

设压力波在水和矿浆中的传输速度分别为 V_w 和 V_s。

如果发生泄漏时的管道中为满管水：

$$\begin{cases} \Delta T = T_1 - T_2 \\ L_1 = V_w \times T_1 \\ L = V_w \times (T_1 + T_2) \end{cases} \tag{29-4}$$

式中，L 为管线长度；T_1 为压力波传送至 1 号压力变送器 PIT-1 所经历的时间；T_2 为压力波传送至 2 号压力变送器 PIT-2 所经历的时间。L、V_w 和 ΔT 已知，可求出泄漏点位置 L_1：

$$L_1 = L/2 + V_w \times \Delta T/2 \tag{29-5}$$

特例：$\Delta T = 0$ 时，$L_1 = L/2$，即泄漏点在管段中点。如果发生泄漏时为满管矿浆：

$$L_1 = L/2 + V_s \times \Delta T/2 \tag{29-6}$$

如果发生泄漏时管道中含有 1 个或多个水段和浆段，则需根据浆头/浆尾的动态位置修改方程组，计算 L_1。

管道泄漏与堵塞一直是国内外的研究热点，但多数集中于液体或气体的研究和工程实施。而本章给出的泄漏及堵塞点定位方法，在解决了高扬程、高浓度、多 U 形等难题之后，根据堵塞、泄漏点产生的压力波传输到所在管段两端的压力表的存在时间差，采用基于压力变化率法和质量平衡法，融合得到管道堵塞、泄漏的定位方法数学模型，从而计算出堵塞、泄漏点的位置。建立了铁精矿输送管道堵塞、泄漏点检测与定位数学模型，将管道泄漏点的判断误差控制在 0.2% 以内，泄漏检测精度达到几十米以内，解决了复杂地形下铁精矿管道输送的堵塞、泄漏定位难题，在固体物料管道输送领域具有广泛的应用推广价值。

29.3 矿浆计量的数学模型

大红山管道矿浆输送过程中对矿浆的计量是一项非常重要的工作。矿浆计量的准确性不仅保证了各部门之间生产协调有可靠的数据支撑，同时对通过每个站点的矿浆进行准确计量还能为管道的安全运行提供判断数据。矿浆通过上级泵站加压输送到下级泵站的过程中，下级泵站的进矿量应该与上级泵站的出矿量持平，若出现较大误差，则可判断矿浆管道有泄漏现象发生。公司根据自身设备和管道输送特点，研发了一种矿浆计量的数学模型，解决了铁精矿固液两相流管道输送过程中的浆体计量难题。

由于矿浆密度 $\rho_浆$ 随工况不同（例如打水打浆以及浆头浆尾）而连续变化，因此 $\rho_浆$ 是时间 t 的函数 $\rho_浆(t)$。对于定排量活塞隔膜泵，可以用活塞冲程数 S 的不断递增（视 S 为连续变化）来代替时间 t 的递增，因此 $\rho_浆(t)$ 可以改写为 $\rho_浆(S)$。

经过 $\mathrm{d}S$ 个冲程（即 $\mathrm{d}t$ 时间），泵送的矿浆体积为：

$$\mathrm{d}V_浆 = \eta \times V_0 \times \mathrm{d}S \tag{29-7}$$

式中　V_0——活塞单个冲程的理想泵送体积；

η——冲程体积经验系数（活塞泵送的效率）；

$V_浆$——矿浆体积。

于是，在 S 个冲程（即 t 时间）内，泵送的矿浆总体积和总质量分别为：

$$\mathrm{d}V_浆 = \int_0^s \eta V_0 \mathrm{d}S = \eta V_0 S \tag{29-8}$$

$$M_浆 = \int_0^s \rho_浆(S) \eta V_0 \mathrm{d}S \tag{29-9}$$

式中，$V_浆$ 的计算所需的冲程数 S 来自于现场 PLC 对主泵冲程数的采集；而 $M_浆$ 的计算所需的实时矿浆密度 $\rho_浆(S)$ 不是直接测得的，需用 PLC 自浓度计采得的实时矿浆质量浓度 $C_w(t)$ 或 $C_w(S)$ 来计算。由于

$$\rho_浆(S) = \frac{m_水 + m_矿}{V_水 + V_矿} \tag{29-10}$$

$$C_w(S) = \frac{m_矿}{m_水 + m_矿} \tag{29-11}$$

式（29-10）、式（29-11）联立可得：

$$\rho_{浆}(S) = \frac{\rho_{矿}}{\rho_{矿}/\rho_{水} - (\rho_{矿}/\rho_{水} - 1)C_{w}(S)} \tag{29-12}$$

式中，$\rho_{矿}$ 和 $\rho_{水}$ 均为常数；$\rho_{浆}(S)$ 可由浓度计值 $C_{w}(S)$ 唯一确定。将式（29-12）代入式（29-9），得在 S 个冲程中泵送的矿浆质量：

$$M_{浆} = \int_{0}^{s} \frac{\rho_{矿}}{\rho_{矿}/\rho_{水} - (\rho_{矿}/\rho_{水} - 1)C_{w}(S)}\eta V_{0}\mathrm{d}S \tag{29-13}$$

而其中所含的干矿质量为：

$$M_{矿} = \int_{0}^{s} C_{w}(S)\rho_{浆}(S)\eta V_{0}\mathrm{d}S$$

$$= \int_{0}^{s} \frac{\rho_{矿}C_{w}(S)}{\rho_{矿}/\rho_{水} - (\rho_{矿}/\rho_{水} - 1)C_{w}(S)}\eta V_{0}\mathrm{d}S \tag{29-14}$$

实际计算过程中，现场 PLC 约 90s 才能采集一次主泵冲程数和矿浆浓度值，即只能知道 $C_{w}(S)$ 在有限个离散采样点 S 上的取值，而不能知道 $C_{w}(S)$ 作为 S 的连续函数的表达式，因此必须把式（29-13）、式（29-14）两式中的定积分转化为数值积分才能求解。为尽量保证计算精度，这里以 2min（以下称为一个计算周期）为步长。n 个计算周期中泵送的浆体体积为：

$$V_{浆} = \sum_{i=1}^{n} \eta V_{0}S_{i} \tag{29-15}$$

式中　S_{i}——第 i 个计算周期中发生的冲程数，个；

对应的浆体质量为：

$$M_{浆} = \sum_{i=1}^{n} \frac{\rho_{矿}}{\rho_{矿}/\rho_{水} - (\rho_{矿}/\rho_{水} - 1)C_{w}(i)}\eta V_{0}S_{i} \tag{29-16}$$

式中　$C_{w}(i)$——第 i 个计算周期结束时 PLC 读取的浆体质量浓度。

这些浆体中含干矿质量为：

$$M_{矿} = \sum_{i=1}^{n} \frac{\rho_{矿}C_{w}(i)}{\rho_{矿}/\rho_{水} - (\rho_{矿}/\rho_{水} - 1)C_{w}(i)}\eta V_{0}S_{i} \tag{29-17}$$

整个管道中的干矿质量为：

$$M_{管内矿} = \sum_{i=1}^{3} \sum_{j=1}^{K_{i}} L_{ij}A_{0}\rho_{ij}C_{w}(i,j) \tag{29-18}$$

式中　L_{ij}——管段 i（共 3 个管段）中第 j 个同质流体段的长度（根据管道的运行历史动态计算 L_{ij}）；

A_{0}——管道横截面面积；

ρ_{ij}——管段 i 中第 j 个同质流体段的密度；

$C_{w}(i,j)$——管段 i 中第 j 个同质流体段的固体质量浓度；

K_{i}——管段 i 中流体段数。

整个管道中的生产水质量（不含矿浆中的水）：

$$M_{管内水} = \sum_{i=1}^{3} \sum_{j=1}^{K_{i}} \xi_{ij}L_{ij}A_{0}\rho_{ij}[1 - C_{w}(i,j)] \tag{29-19}$$

式中　ξ_{ij}——用于控制矿浆中的水是否计入管内水总质量的开关量。

这里，计算时矿浆中水不计入管内水总量；ξ_{ij} 的取值方法为：当管段 i 中第 j 个同质流体段为水时，取值为 1；为浆体时，取值为 0。通过上述方法，即可对矿浆进行实时计量。

29.4　泵站连打模式与独立模式的无扰动切换技术

大红山管道具有长距离、高落差等特点，其压力等级位居世界前列。因此，管线在沿途设置了多级加压泵站，以完成矿浆输送的高压力输送需求。大红山管道设置有五级加压泵站，在每个泵站都设置有独立的搅拌槽系统，用于在生产出现问题的情况下应急存储矿浆。在正常运行情况下，采取连打模式进行矿浆输送任务。连打模式是指矿浆经过上级泵站加压输送到下级泵站时，下级泵站直接通过主泵系统加压继续输送给下一泵站，而不将矿浆切入搅拌槽存储，后续泵站也重复该操作直到将矿浆从起点泵站输送到终端脱水站。连打运行模式下，由于搅拌槽不投入运行，可以节省一笔可观的运行费用，因而是一种高效节能的运行方式。在加压泵站出现设备故障或其他原因导致连打输送无法进行的情况下，需要将上级泵站输送过来的矿浆切入搅拌槽进行缓存，为设备抢修提供可操作性而不影响生产的正常进行，这时泵站需投入独立运行模式进行输送。独立运行模式是指上级泵站的矿浆到达下级泵站之后切入下级泵站的搅拌槽进行应急存储，当故障泵站设备恢复运行时将矿浆从搅拌槽打出供给该泵站的主泵体统入口进行输送。由于独立运行模式下需要运行搅拌槽、喂料泵等设备，相比连打输送模式，会产生更多的能耗。

本着经济运行的原则，需要进行长时间的连打模式输送。大红山管道各泵站所使用的加压泵为正排量活塞隔膜泵，其正常运行需要提供一定的入口压力。但是在连打模式和独立运行模式进行切换的过程中，会因为系统原有设计不足而导致主泵入口压力不足，进而导致主泵的自保护停车，给生产安全带来隐患。

如图 29-3 所示，在独立运行模式下，球阀 FV01、FV03、FV05 开启，FV02 关闭。当需要切换到连打模式输送时，需要开启 FV02。原设计 FV03 出口为水池或搅拌槽，与大气

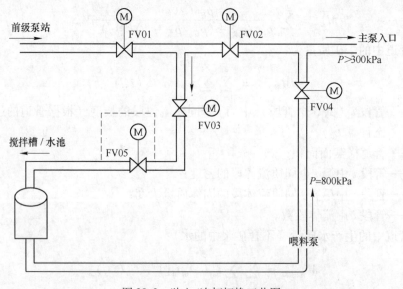

图 29-3　独立/连打切换工艺图

相通，所以开启 FV02 后使得主泵入口压力损失，造成主泵入口压力低，而导致主泵自保护停车。同样在连打模式时，球阀 FV01、FV02 开启，FV03 关闭，当要切换为独立模式时，需开启 FV03，这时同样造成主泵入口压力不足而停车。针对这一现象，公司研发了泵站连打模式与独立模式的无扰动切换技术，可保证这两种模式在切换过程中管道入口压力满足主泵入口压力要求，避免该过程中主泵因入口压力不足导致的自保护停车现象。

如图 29-4 所示，通过长期的设计研究，公司通过在 FV03 后部增加消能装置的方法，很好地解决了主泵入口压力不足而自保护停车的问题。由于主泵所需的正常入口压力为大于等于 800kPa，通过计算，得到了消能能力适中的陶瓷消能板。在 FV03 后加装消能装置后，顺利解决了原有压力损失的问题。同时，保证了主泵在运行模式切换下入口压力不发生变化，完成了多级正排量泵站连打运行模式及多级泵站独立模式切换为连打模式的无扰动切换，且无论是连打模式切换为独立模式，还是独立模式切换为连打模式，都保证了喂料泵、消能板两端的压力与主管道输送矿浆的进口压力一致，从而保障了主泵不会因为入口压力过低而造成自保护停车，排除了管道带浆停车带来的风险，使铁精矿浆体管道输送运行更具节能性、连续性、安全性。

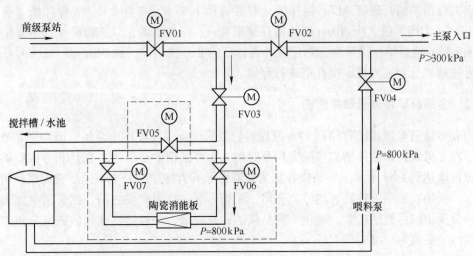

图 29-4 无扰切换工艺图

29.5 多品级矿物顺序输送新工艺

大红山矿区有多个选厂，不同选厂供应的铁精矿品位不同。根据业主的要求，不同品级的精矿不能混淆，需要分级进行输送。在这样的需求之下，管道公司最初选用的方案：

（1）根据生产需要，让管道先输送某个品级的精矿，当需要输送另外品级的精矿时，在管道中切入水，利用水将管道中上一品级的矿浆推到某一指定位置，再切入下一品级的矿浆，通过水来分离两种品级的矿浆。在这个过程中，输送水的过程至少持续 1～2h，而送水并不产生经济效益，所以这种方式造成了能耗的浪费，也降低了管道输送的效率。同时，这样的输送方式使得矿浆管道中可能同时存在水、一级精矿、二级精矿 3 种流体，而不同流体的密度不同、在管道中的流动机理不同，在流经管道的大 U 形下坡管段时流体容易产生加速流动现象，对矿浆管道的管壁磨蚀会加剧，管道的运行寿命将不能保证。

（2）由于实际生产过程中Ⅱ号精矿的产量远小于Ⅰ号精矿的产量，采取将Ⅱ号精矿用汽车运输到昆钢本部，Ⅰ号精矿专供管道输送的方式进行输送。但是，用汽车运输将不可避免地造成沿途的物料抛洒以及汽车倒转运过程的物料损耗，同时汽车运输还会造成大量的尾气排放、交通堵塞、公路损毁、交通安全隐患以及高昂的燃油费等间接不利因素。

基于上述不合理因素，原有运行方案不能作为公司运营的长久之计。在这样的背景下，管道公司本着节能环保以及经济高效运行的原则，提出了多品级矿物顺序输送新工艺。该工艺的研发及顺利投产，不仅成功解决了上述能源浪费、管道输送效率低以及管道运营存在的安全隐患等问题，也为固液两相流输送管道实现一管多用提供了有力的理论支撑，为管道输送技术谱写了新的篇章。

29.5.1 多品级矿物分级存储

大红山铁矿 500kt、4000kt 选厂铁精矿品位为 64%（以下称Ⅰ号铁精矿），三选厂 3800kt/a 铁系统及外委铁精矿品位为 58%~60%（以下称Ⅱ号铁精矿）。大红山铁精矿管道起点大红山泵站，现有 ϕ12m 搅拌槽（有效容积 1243m^3）2 座，ϕ16m 搅拌槽（有效容积 3014m^3）2 座。用 2 座 ϕ16m 搅拌槽存储来自一、二选厂的Ⅰ号铁精矿（约 20h 切换）。用 2 座 ϕ12m 搅拌槽存储来自三选厂和外委选厂的Ⅱ号铁精矿（约 8h 切换）。Ⅰ号铁精矿和Ⅱ号铁精矿分别进入指定搅拌槽进行存储。

29.5.2 多品级矿物分级顺序输送

当Ⅱ号铁精矿搅拌槽存储到 14m 液位时，当班调度安排大红山泵站管道切进Ⅱ号铁精矿浆。在Ⅱ号铁精矿搅拌槽矿浆送完后及时切入Ⅰ号铁精矿浆泵送，直到Ⅱ号铁精矿搅拌槽液位再次达到 14m 重复上一条操作。为了避免原有方案中为分离不同品级矿浆而切入的大量水，公司找到了一种特殊的分离介质，在切入下一品级矿浆之前，在管道中加入特殊介质以分隔不同品级的矿浆，避免不同品级的矿浆混淆，并通过特殊介质来区分跟踪管道中各浆体浆头浆尾的准确位置。

29.5.3 多品级矿物分级脱水

针对管道中顺序输送过来的多品级矿物，终端脱水站采取分级固液分离技术对矿浆进行脱水处理。根据实际生产情况，充分利用脱水站现有 ϕ12m 搅拌槽和 ϕ30m 浓缩池的缓冲储存能力实现分级处理。当其中一品级的矿到脱水站时切进搅拌槽进行缓冲储存，利用该时间处理浓缩池内另一品级的矿，充分处理完浓缩池内的矿后再处理当前品级的矿，Ⅰ号（Ⅱ号）铁精矿浆的浆头和浆尾进入脱水站搅拌槽进行缓冲，Ⅱ号（Ⅰ号）铁精矿浆直接进入过滤机进行过滤脱水，实现了不同品级的矿分级脱水。

29.6 管道输送智能化物联网浆体运行状态在线监控技术

在生产中，实时监控浆体流量、流速、压力是保证管道安全、稳定、经济运行的前提。但是，流量测量和计量一直是行业内难以解决的问题。依据泵腔体体积、浆体浓度、泵的冲程数等参数，建立固体运量的数学模型。采用动态、静态计量装置结合反馈修正模型的新技术，建立了铁精矿浆体管道运输中固体运量的动态迭代学习修正方法，解决了复杂地形长距离铁精矿管道输送中流量测量和计量的技术难题，实现了对铁精矿浆体管道输送固体运量的实时准确计量，与国内外的技术比较，已经达到了国际领先水平。

针对长距离复杂地形下铁精矿管道输送运行状态的复杂性，集成了网络、移动通信、自动控制等技术，研发出了整套基于智能化物联网铁精矿浆体运行在线监控系统（彩图29-5）。该系统可以监测铁精矿浆体对管道的磨损腐蚀情况，以及动态监测管道中是否发生滞留粗颗粒浆体的现象；直观地掌握管道内浆体的流动情况，包括批量输送浆头、水头的到达情况；浆体进、出口压力的监控；浆体所到地点的海拔高差；浆体输送里程等信息，实现了用手机和互联网对管道全流程远程监控。

该系统由设备专家系统、设备更换管理、远程设备管理、远程运行监控、远程智能仪表、远程安全管理、远程视频会议、远程生产管理、GPS 巡管系统、管道堵漏检测系统、智能冗余设备安全监控系统 11 个子系统组成，按照功能可划分为以下 5 个大的子系统：

（1）矿浆的运行监测系统。

（2）管道沿线地质状况监测系统。

（3）人、机、物在线智能监控系统。

（4）设备健康状态的监控系统。

（5）智能冗余设备安全监控系统。

借助该系统，建立了能对规定格式数据进行处理后获取矿浆运行状态的模块，对矿浆运行相关的实时数据进行采集并进行有效管理，对相关有效管理的数据利用矿浆的运行模型进行处理，形成矿浆运行监测结果信息。能建立图形化的管道配置及矿浆运行状态发布系统。目前，该系统运行 3 年多以来，在监控同一品级铁精矿浆与水在管道内的运行机理方面，能以很高精度记录矿浆与水以及中间介质抵达不同站点的确切时间。现已经完成分级输送运行监控系统开发，以不同颜色区分不同品级铁精矿，能准确计算不同品级铁精矿抵达各站点的时间。

如彩图 29-6 所示，橙色线段代表一品级的精矿浆，红色线段代表另一种品级的精矿，蓝色线段代表用于分隔两种品级精矿的中间介质。通过该系统，借助有效的管理系统，加强了精细调度、精心操作以及各单位信息传递与沟通协调。

与国内外固液两相流管线相比，建立的整套复杂地形长距离铁精矿浆体运行固体运量计算、堵塞点计算、智能监控成套集成创新系统，属国际首创，对于管道的安全、稳定、正常运行起到了重要保障作用。国外没有成功实施案例，该技术为我国铁精矿管道输送提供了重要技术支撑，整体水平达到国际领先。

29.7　长距离固液两相流多线多点输送创新技术应用

"多线多点"，指的是在同一条管道路线上铺设多条管道，且管道具有多个终端处理站（图 29-7）。

如图 29-7 所示，黑色线段表示原始大红山管线，起点为大红山泵站，途经米尺莫站、新化站、富良棚站、夕阳站，最后到达位于安宁市境内的昆钢脱水站，属于业内常见的一线一终端模式；从大红山站到富良棚站之间的红色线段表示5000kt/a扩能之后新建设的复线管道，该管道为原有管道路线上新增设的扩能管线，即所说的"多线"；绿色线段代表新建终端站与泵站之间的管道，如图29-7所示，管线在扩能之后新增设了两个终端站，玉钢终端站及新区终端站，这样，加上原有的昆钢终端站，管线就出现了3个终端处理站，也就是上面提到的"多点"。

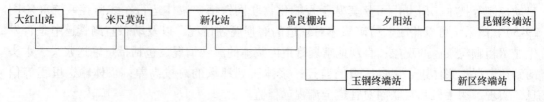

图29-7 多点多线工艺简图

大红山铁精矿输送管道阀门分流站见彩图29-8。

大红山铁精矿管道多线多点输送技术在长距离固液两相流管道输送这一行业内属于首例，具有很大的行业示范作用。该技术目前已经在大红山管线得到成功应用。该技术的成功应用，保障了玉钢、新区以及昆钢球团厂的原料供应，有效地解决了大红山矿区矿产资源的合理布置合理利用问题，为整个公司发展的统筹部署提供了更大的可操作性。

上述管道输送的技术创新成果及应用均取得了良好的应用效果，其中复杂地形长距离铁精矿固液两相浆体输送关键技术在大U形管道落差世界最大，输送压力并列世界第一、管线长度全国第一、矿浆扬送高程差全国第一的云南大红山铁精矿输送管线工程中，截至2013年，技术应用累计创造直接经济效益逾20亿元，对比公路运输，减少二氧化碳排放258kt。相关技术授权世界最大的美国管道公司作为全球总代理，授权重庆水泵公司用于其项目设计和设备销售配套产品；推广应用于阿根廷、秘鲁、巴布亚新几内亚的管道工程等。申请专利31项，授权7项；获软件著作权24项。经翁宇庆、戴永年、张勇传、王光谦四位院士等专家组成的鉴定委员会鉴定认为，该技术推动了管道输送领域的技术进步，成果整体水平达到国际领先。该成果获得2010年度国家科技进步二等奖、云南省科学技术进步二等奖、玉溪市科技进步一等奖、昆钢科技成果特等奖。

参 考 文 献

[1] 云南大红山管道有限公司. 一种用于多级泵站运行模式无扰动切换的消能装置 [P]. 中国专利 2009201480890. 2009-4-9.

[2] 云南大红山管道有限公司. 一种具有加速流抑制功能的浆体管道输送系统 [P]. 中国专利 ZL201420444663. 8. 2014-12-10.

[3] 云南大红山管道有限公司. 一种陶瓷过滤机分级脱水系统及方法 [P]. 中国专利 ZL201110281195. 8. 2014-7-9.

[4] 云南大红山管道有限公司. 一种高压力长距离浆体管道输送多级泵站在线切换方法 [P]. 中国专利 ZL200910148154. 4. 2011-2-9.

[5] 胡卫娜，蔡萌. 钢铁科技的世纪进发——记"复杂地形长距离铁精矿固液两相浆体输送关键技术及应用"的科技攻关 [N]. 中国科技奖励，2011. 1.

[6] 云南大红山管道有限公司. 勇立管道输送控制技术研究的潮头 [N]. 云南科技管理，2010. 12.

30 知识产权战略

30.1 大红山管道专利战略

30.1.1 激励发明战略

专利战略作为一个动态的战略过程，其第一步是激励发明创造战略。先有发明，后有创新，发明是创新重要源泉。激励发明创造战略，使得技术创新的源泉不断增大、永不枯竭。实行专利战略，有助于激励技术创新的积极性，保护矿业公司技术创新的成果不被假冒伪劣所侵占。管道输送技术在世界范围内均属于先进技术，大红山管道作为矿物管道输送领域一个极其成功的案例，更加注重对核心技术的知识产权战略保护。大红山管道公司采取了一系列措施：

（1）建立合理的奖励制度。公司鼓励员工进行发明创造，对申请专利的发明人给予相应的物质及精神奖励。

（2）增加研发投入。作为高新技术企业，管道公司每年不断增加研发投入，确保技术研发工作的顺利开展。

（3）加强与高校和研究机构的技术合作，高度重视产、学、研合作开发的专利管理工作。

30.1.2 技术开发战略

大红山管道采取技术开拓与改进应用并行的专利技术开发战略，一方面注重核心技术研发，申请基本专利保障技术创造能力；另一方面注重技术改进与创新，在现有技术上不断进行技术改造与创新，保持技术先进性的同时，不断申请改进专利、应用专利等外围专利。管道公司不断了解世界同类矿业公司技术的研发动态和最新成果，在不断创造研发新技术的同时，适时引进新技术，并尽快加以消化吸收，然后在引进技术的基础上进行改进和自主创新，研发出更好的技术，并适时申请专利，用法律保护自己的技术成果。

30.1.3 知识产权成果

30.1.3.1 知识产权成果数量

截至 2012 年年底，管道公司共计申请国内专利 313 项，其中，发明专利申请 157 项，实用新型专利 156 项，申请国际专利 7 项。获得授权国内专利共计 186 项，其中，授权发明专利 43 项，授权实用新型专利 143 项，获得授权国际专利 1 项。另外，管道公司获得软件著作权授权 24 项，拥有 1 项注册商标。

30.1.3.2 知识产权成果转化

大红山管道对长距离管道输送工艺提出了非常高的要求，实现铁精矿浆体安全、高效、稳定输送属世界性难题。所有相关的技术创新及知识产权转化都是围绕着为输送管道运营生命线服务，以保障其自始至终的安全、稳定、高效、环保运行。

　　一方面，大红山管道知识产权可直接转化为企业无形资产，经资产评估公司评估，大红山管道"一种固体管道运输中浓缩池杂质分离装置"系列发明专利技术价值为人民币30088.92万元，这为企业软实力提升起到了至关重要的作用。

　　另一方面，基于大红山管道知识产权基础，开展了一系列科技项目：

　　（1）2011年获得云南省专利转化实施计划项目"长距离铁精矿管道输送加速流消除及连打技术应用"，获得政府资助30万元。完成复杂地形长距离铁精矿浆体批量输送消除加速流的技术难点攻关，研发出了多级正排量容积泵前置无扰与后置消能的复合控制消除多处同时产生加速流技术，以及多级正排量泵站连打运行模式及多级泵站独立模式切换为连打模式的无扰动切换方法，实现了复杂地形长距离铁精矿浆体经济、安全和高效输送。

　　（2）以大红山管道知识产权作为科技创新的重要支撑材料，管道公司于2011年被云南省科技厅认定为工程技术研究中心，获得省科技厅专项经费资助；于2011年年底，与省科技厅联合共建云南省矿物管道输送技术研究中心，获得省科技厅专项经费资助。同时，大红山管道核心技术也被应用于服务社会。在云南省部分地区遭受3年连旱又发生持续干旱的严峻形势下，管道公司运用大红山铁精矿管道节能技术改造工程设施及相关技术，开展了新平境内新化乡、老厂乡的引水项目工程，解决了沿线10034人、大牲畜2982头、1250口小水窖、6478亩耕地的人畜饮水及乡村农作物灌溉问题，合理组织生产，利用输送矿浆间隙短时间补给农作物灌溉，有助于管道沿线当地经济的发展。

30.1.3.3　知识产权成果应用

　　以大红山管道知识产权为依托的核心技术广泛应用于国内外工程项目。国内项目主要在建工程有攀枝花盐边输水、尾矿、精矿管道工程，昆钢草铺新区精矿管道、大红山管道5000kt扩能技改工程。

　　核心技术输出到国外的管道工程，主要包括：阿根廷MSG矿铁精矿输送管道（2007年），秘鲁Toromocho膏体管道（2009年），巴布亚新几内亚镍钼矿输送管道（2009年）。

　　近年来，大红山管道核心产品已经进入国内和国际市场。国内最大水泵设备制造厂重庆水泵公司于2009年获得管道公司授权，将"矿浆管道物联网数字输送系统"作为其项目设计的数字化平台和设备销售配套产品；2011年7月，管道公司与美国VTI阀门签署销售协议，同意美国VTI阀门将"智能阀门系统"作为其阀门升级换代的基础，为其年产10000只大型阀门配套。同时在本公司建立全球VTI阀门灾备中心数据库。

参 考 文 献

[1] 胡卫娜，蔡萌. 钢铁科技的迸发——记"复杂地形长距离铁精矿固液两相浆体输送关键技术及应用"的科技攻关 [N]. 中国科技奖励，2011.1.

31　泵站建（构）筑物与跨越设计

31.1　泵站建（构）筑物设计

31.1.1　泵房

　　泵站布置为两跨（彩图 31-1），结构形式为门式刚架结构或排架结构，主跨为主泵厂房，附跨为配电室、控制室、备件库、办公室。主跨按主泵的最大件设置检修葫芦吊车，一般为地面操纵，起吊质量 10~15t。地面排水坡度比常规厂房的坡度要大，一般地面坡度不小于 1.0%，排水沟的坡度不小于 2.0%，排水沟布置在泵出口一侧且沿厂房纵向布置，集水坑容积要足够，最好能设置溢流沟且能自流到事故池。

　　为了保证安全，附跨房间与主跨泵房间墙上不宜设窗，控制室与主跨泵房间墙上设观察窗时，应采用隔声安全玻璃，配电附跨控制室、办公室等有人员职守的房间应设计空调，变频器室等发热大的设备房间应考虑通风设计。

31.1.2　支墩

　　高压泵的出口管道推力较大，大红山铁矿管道输送工程泵出口段的支墩推力达 70t，如何克服如此大的推力，把管道推力有效传给地基，同时保证管道运行稳定是本工程的难点。如采用传统混凝土支墩，截面面积达 $1m^2$ 以上，既不美观又占地面积大，影响地沟、管道设备的布置。本次采用了已属公司专利的钢骨混凝土支墩技术，支墩截面大幅度减小，而且刚度大幅度提高。

31.2　跨越设计

31.2.1　跨越类型

　　本工程把跨度小于 50m 的跨越称为小跨越。分三种做法：第一种做法采用支架跨越，用于跨越较平缓的山沟，最大跨度 12m。第二种做法采用倒三角形钢管桥梁跨越，用于山沟较深，设支架及两岸设锚定困难，最大跨度 45m。第三种做法采用吊架跨越，用于昆钢原料场至终点站一段，除部分采用支架跨越外，充分利用厂区胶带廊，把精矿管道吊在胶带廊上。

　　本工程把跨度大于 50m 的跨越称为大跨越。大跨越主要用于跨越相对宽而深的山沟。为了避开滑坡段及泥石流冲刷段，也采用了大跨越-悬索跨越，单跨跨度不宜大于 150m。分三种做法：第一种做法采用无塔柱跨越，用于跨越较深切的山沟，两岸陡峭，地质情况较好，悬索直接锚固于两岸陡壁上。第二种做法采用双塔柱跨越，用于跨越较深切山沟，两岸较缓，在两岸设塔柱将悬索改向锚于缓坡上。第三种做法采用单塔柱跨越，用于跨度较大的山沟，跨中设塔柱形成双跨度悬索跨越。

31.2.2　跨越变形控制

2 号泵站后跨越为 140m，冯家湾跨越为 280m，建成后成型较好。2 号泵站后跨越竖向平面及水平面均接近水平，冯家湾跨越在承载索平面（竖向平面）管道中部起弓，抗风索平面（水平面）接近水平。经过试车后，冯家湾跨越发生了弯曲变形，冯家湾跨越在抗风索平面（水平面）管道弯曲较大，在跨越的东段尤其明显。风索表现为北侧风索较紧，南侧风索松弛，最紧为西北角风索，最松弛为东南侧风索。产生弯曲变形的主要原因如下。

31.2.2.1　温度应力引起管道弯曲变形

（1）浆体在经过搅拌槽长时间的搅拌以及通过泵与管道时的摩擦，浆体的温度较高，估计达 20℃左右，而管道中水的温度又较低，试车期间启动及停机次数较多，管道中浆水交替频繁，管道内的温差变化大，引起管道弯曲变形。

（2）当地气温温差引起管道弯曲变形。

（3）由于跨越外侧的管沟内回填的填料基本上是现场的细土，而不是细沙，跨越两侧的弯管已被泥土固结，故弯管段无法在管沟内移动，不能吸收因直管段热胀冷缩产生的变形。

31.2.2.2　抗风索固紧力不够、不均匀，引起管道弯曲变形

（1）由于当地主导风向为西北风，北侧风索较紧，南侧风索松弛。

（2）长期主导风力及抗风索的拉索受力不均匀，更加大了抗风索平面（水平面）管道弯曲变形。

根据上述分析，管道发生弯曲变形的主因为温差变形。在不影响生产的情况下，在跨越的两端进行放松处理。具体做法为在跨越两端做一段盖板管沟，挖出约束的沙土，收到了很好的效果。管道在抗风索平面（水平面）恢复接近水平。说明在跨越两端采取变形补偿措施是有效的，用索系控制跨越的变形是有限的，索系只能确保管道的承载力及稳定。

参 考 文 献

［1］薛强. 管道跨越设计简介［J］. 天然气与石油，1999. 2.

［2］沈先忠，郎松军. 吊架式在管道跨越设计中的应用［J］. 天然气与石油，2002. 4.

图 23-1　大红山精矿管道线路位置图

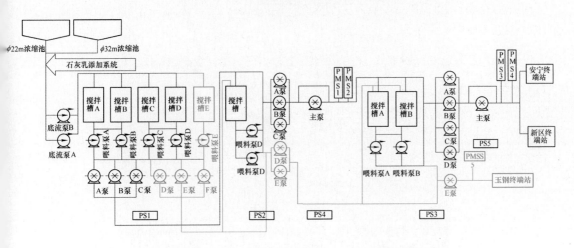

图 23-5　5000kt/a 工程主要工艺及设备流程

PS1—大红山泵站；PS2—2 号泵站；PS3—3 号泵站；PS4—新建 4 号泵站；PS5—新建 5 号泵站；
PMS1—1 号压力监测站；PMS2—2 号压力监测站；PMS3—3 号压力监测站；
PMS4—4 号压力监测站；PMS5—5 号压力监测站

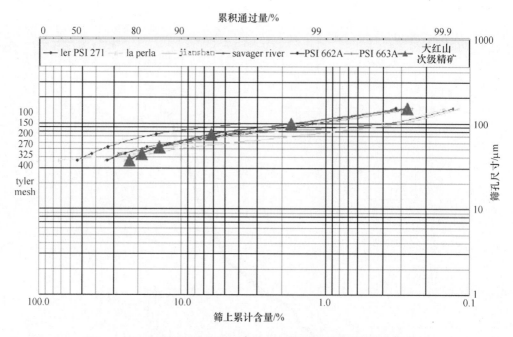

图 24-3　国内外部分长距离管道精矿输送矿浆粒度分布

图 25-1　管道平面图以及泵站位置

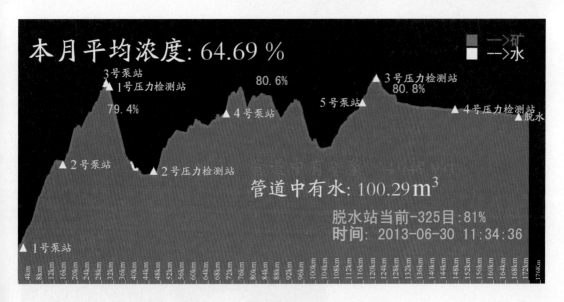

图 25-2　管道地形图以及泵站位置

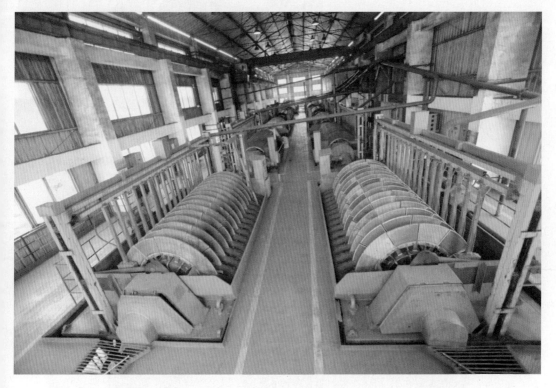

图 26-3　陶瓷过滤机过滤车间

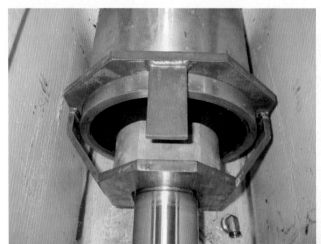

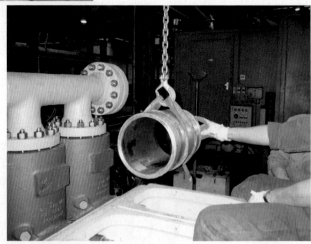

图 27-7　汽缸套、活塞与活塞杆的组装图解

图 29-5　浆体管道输送物联网技术管控中心

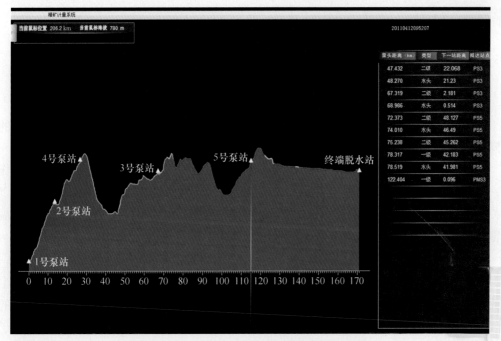

泵头距离（km）	类型	下一站距离	抵达站点
47.432	二级	22.068	PS3
48.270	水头	21.23	PS3
67.319	二级	2.181	PS3
68.986	水头	0.514	PS3
72.373	二级	48.127	PS5
74.010	水头	46.49	PS5
75.238	二级	45.262	PS5
78.317	一级	42.183	PS5
78.519	水头	41.981	PS5
122.404	一级	0.096	PMS3

图 29-6　矿浆在管道中运行的实时位置

图 29-8　大红山铁精矿输送管道阀门分流站

图 31-1　泵房概貌

第4篇　新模式办矿的探索与实践篇

玉溪大红山矿业有限公司在发展历程中，不断探索、实践、创新，走出了一条新的办矿模式之路。

玉溪大红山矿业有限公司办矿新模式：以资源型企业为主体，充分运用社会化协作条件，引进专业化团队，形成井建开拓、采矿生产、加工服务、生产后勤等外委承包，以合同关系为纽带、多种经济成分并存、主体企业有效管控、协作单位互利共赢、共同发展的新型矿山企业发展模式。

通过新的办矿模式，形成职责清晰、运作有序、分配合理、优势互补的组织结构，形成有效的市场运营机制与人才激励、分配机制，实现运营高效率，为完成不断增长的生产任务提供了可靠保证；建立了一套完整的技术创新管理体系，为技术创新和管理创新的持续、健康发展发挥了重要作用，不断实现新的突破；并形成了自己的企业文化，实现了矿山的和谐发展，为高效、高水平组织生产和运营奠定了坚实基础、注入了新的活力。在实现办矿目标方面取得了可喜的成果，并将进一步取得更加辉煌的成绩。

32　办矿新模式的背景

32.1　观念创新

随着经济全球化，社会化大生产的分工协作已经不再局限于一个地区、一个国家这种协作，已经扩展到全球。这种协作也打破了制度、体制、种族、宗教等的局限；也不再局限于资金、技术，已经扩展到资本、市场、物流、人力资源，甚至与企业的战略协同等。

大红山铁矿就是在这样的背景下，为充分利用社会优势资源，充分发挥社会协作条件，形成资源互补、协同发展的战略发展模式，重点突出核心竞争优势。采用新的模式办矿，即改变传统的办矿、经营管理和用工模式，不搞"小而全"的小社会。生活设施及机、汽、修等辅助设施充分依托昆钢基地及社会资源，实行社会化，以减少劳动定员，提高劳动生产率；采、掘工序作业选择由优秀的外包队伍承担；重点突出主体工艺和关键技术，采用高起点的技术、先进的工艺和设备，向国际先进水平看齐。关键设备采用进口的一流产品，提高自动化水平，实现先进、高效、可靠的生产；对一般设备和辅助环节，从实际出发，或采用国内先进产品，或从简设置，把资金用在关键地方；矿山总体发展规划方面以全面规划、远近结合为原则，搞好矿山的总体规划；新模式实施过程中注重科技创新与管理。实现达产快，效益好，长期持续稳定地发展生产。

32.2　实践探索

2003 年，大红山矿业公司建成 500kt/a 采矿工程，率先在全国冶金矿山行业推行采矿合同制，引入专业协作单位承包采矿，取得了明显的成效。2007 年，井下 4000kt/a 采矿工程投产后，继续推广应用新模式采矿的先进理念与经验，使合同制采矿模式成为大红山矿业公司新形势下办矿山企业的主体与核心。2010 年后，公司进一步深化新办矿模式，根据新形势，不断加强与外委合作单位的交流和合作，把外委协作单位纳入矿业公司总体发展目标来统筹管理。

目前，大红山已不再是一个简单的企业概念，而是一个地域概念、一个经济概念，是一个多元经济、多种利益共存、协作发展的新的矿业经济圈。尽管各个协作单位性质有所不同，隶属关系不一，但都处在一个地域内，共同在大红山矿区生存，生产上相互协作、经济上相互联系、工作上相互交流、文化上相互融合。矿区经济圈以整体协调发展的意识，从整体利益出发，统筹兼顾、突出重点，合作共赢、和谐发展。

33　新模式办矿管理

33.1　新模式有效管控

33.1.1　招标

招标是国际上采用的较为完善的工程项目承包方式，是市场经济规范运作的手段，也是公平竞争、有效控制企业运营成本的手段。

大红山铁矿从20世纪80年代末开始招标管理工作至今，一直坚持以招标的方式面向全国选择协作单位，招标工作经历了从初步认识、不断完善到逐步健全三个时期。在中国加入WTO之后，促进了市场化进程，加快了项目建设的推进速度，招标市场不断壮大。大红山铁矿也进入了新的发展时期，招标工作取得了长足发展。在较短时间内建成一批具有先进水平的项目，有效地控制了生产经营的成本，取得了较好经济效益、社会效益，并快速发展壮大起来。面对新的挑战，需要充分发挥社会协作条件，在较短时间内有计划、有组织地完成招标工作。特别是《招标投标法》颁布以来，招投标制度日趋完善和规范，国家行政监督管理体制逐步完善，只有不断完善招标前期的管理，才能保证招标的公开、公正、公平和诚信，提高招标采购效率，降低采购成本，维护公司利益。依靠市场机制，建立集中统一的交易平台，发挥电子商务平台优势，优化工作流程，执行在线招标、投标、开标、评标和监督检查等一系列业务操作，最终实现高效、专业、规范、安全、低成本的招投标管理。

33.1.1.1　大红山铁矿招标工作经历的三个持续阶段

（1）第一阶段：1997～2002年，主要招标范围是4000kt/a主控工程，由大红山建设指挥部组织邀请招标，选择具有同类业绩的和相应资质的协作单位。

（2）第二阶段：2002～2007年，委托云南省招标公司组织公开招标或邀请招标，招标范围是500kt/a和4000kt/a的井建开拓、采矿工程，公开招标或邀请招标选择协作单位。

（3）第三阶段：2007年至今，委托昆明钢铁控股有限公司招标管理办公室组织公开招标或邀请招标，招标范围是8000kt/a扩产工程、井下4000kt/a二期采矿工程、三选厂降尾、完善设备工艺流程改造及生产措施工程，公开招标或邀请招标选择协作单位。

33.1.1.2　招标现状

大红山铁矿目前主要招标的项目是：二道河1000kt/a采矿工程、井下4000kt/a二期采矿工程、红山红物流园项目、生产持续及技改项目、新立项的其他项目，主要由昆明钢铁控股有限公司招标管理办公室组织公开招标或邀请招标。由于生产与建设相互交叉，需要在编制技术文件时，认真分析项目特征，特别是招标范围分部工程内容描述、工艺流程及技术参数的审查工作，这关系到招标结果。项目责任单位（部门）在审核、完善招标技术文件时，要细化项目招投标前期管理，建立健全制度，不断探索，加快完善项目后评价制度，使技术和经济紧密结合；归纳总结招标过程的经验和教训，发挥社会协作力量，充分估计招标过程中可能出现的问题和风险因素，切实有效做好招标过程的动态管理，降低采购成本，提高招标采购效率，将招标的运营风险降到最小。

33.1.1.3 招标成果

通过对项目建设过程中实施全过程管理，有效控制项目投资，使建设项目稳步推进。500kt/a 采选实验工程仅用了 10 个月的时间就建成投产。4000kt/a 采、选、管道工程主体部分经过 3 年建设，于 2006 年建成投产。2009 年启动 8000kt/a 扩产工程，扩产工程的 1500kt/a 铜系列和 3800kt/a 熔岩系列选矿厂于 2011 年建成；扩产工程的 III_1、IV_1 号矿组采矿工程于 2012 年 5 月 30 日投产；扩产工程的 I 号铜 1500kt/a 采矿工程溜破提运系统于 2012 年 10 月 1 日带负荷试车；尾矿充填系统于 2012 年 12 月 23 日带浆试车；井下 4000kt/a 二期工程按一级网络计划顺利推进，完成计划的 101.31%。

经过不断进行对标挖潜、降本增效工作，实现生产过程均衡稳定的控制，先后建成变电站无人值守集中监控、过磅房无人值守集中计量系统，完善井下人员（车辆）定位和环境监测监控系统一期工程，井下通风远程集中监控、井下破碎和运输系统，江边水泵集中监控，二、三选厂主体设备运行参数采集以及协同办公与移动办公的有效整合，生产指挥中心管控大厅的运行，整合了矿业公司综合信息资源。大幅度提升了矿业公司信息化水平，由于不断地探索与实践，深入开展对标挖潜和降本增效活动，各部门之间有了相互交流、相互学习、相互促进、共同提高的机会，确保招标工作的有序推进，取得了丰硕成果（表 33-1）。

表 33-1 大红山铁矿各阶段招标成果汇总 （万元）

招标阶段	项目名称	招标方式及金额		
		公开	邀请	委托
1997~2002 年	井巷主控工程（含 500kt/a）		7780.9	7756.5831
2003~2007 年	4000kt/a 及采矿生产	46843.797	6896.4353	17993.2244
	扩产工程	5053.394	3816.39	
2008 年至今	4000kt/a 及前期工程	700		452.76
	扩产工程生产	305790.4631	6031.0578	
	4000kt/a 二期工程	74016.7996	5023.7929	
	技改工程	4372.16	1318.21	
合　计		436776.614	30866.79	26202.57

33.1.2 合同管理

按照矿业公司新模式办矿的思路，通过招标渠道选择优秀的承包队伍，他们积极参与矿业公司的建设、生产、服务，从而充分利用社会优质资源。矿业公司在这个过程中提供资金保证，承包队伍则提供技术、劳务服务。这是市场理论发展的必由之路，是社会资源得以有效利用的保障。

33.1.2.1 合同管理的发展过程

玉溪大红山矿业有限公司合同管理的发展主要经历两个阶段：其一是 1997~2007 年，

主要为大红山铁矿4000kt/a采、选、管道项目及500kt/a采、选项目，这是合同主要条款逐步完善的过程；其二是2008年至今，合同已充分体现矿业公司精细化管理的思路，主要为大红山铁矿8000kt/a扩产项目和大红山铁矿4000kt/a二期项目，这是在合同主要条款基础上进一步完善相关管理制度及有关规定的过程。

玉溪大红山矿业有限公司合同的形成主要有三种方式：一是通过公开或邀请招标方式签订的合同；二是经矿业公司组织内部比价或询价签订的合同；三是由矿业公司下发书面委托后签订的合同。三种方式共同点为合同签订前均由矿业公司组织合同双方进行合同谈判并形成谈判纪要。70%以上的合同初稿由矿业公司拟定。第一种方式签订的合同主要以投标文件、招标文件为依据，前提是投标文件必须实质性响应招标文件的要求，这类合同在谈判过程中没有太大争议。第二种方式签订的合同主要以投标文件、比价文件为依据，但存在比价文件约定事项较少，合同谈判过程中又必须明确相关事宜的责、权、利等，因此争议较大。第三种方式签订的合同主要以书面委托为依据，因为事前未作相关约定，加之工程技术复杂，施工难度大，施工环境差，谈判过程较为艰难，成交价不一定最优。从以上三种方式不难看出，通过招标方式订立的合同询价比更优、争议更少。

33.1.2.2　承揽合同的主要条款

其主要条款为承包范围及具体内容，工期要求，质量要求，合同价款及结算方式，支付方式，材料设备供应办法，违约责任，争议解决方式，质量保修条款，安全文明施工条款，合同份数，合同的生效与终止，其他约定事项等。相关条款中已包括矿业公司相关的管理制度。多年来，矿业公司签订的合同均处于不断完善的动态管理中。

33.1.2.3　合同管理制度的制定与执行

2007年以前签订的合同，其中部分管理制度主要是昆钢集团公司出台并强制执行的，主要为甲方供料管理办法。2007年之后矿业公司根据发展需要，相继出台了工期管理办法、质量管理办法、经济签证管理办法、设计变更管理办法、预结算编制送审管理办法、承包单位管理办法、碴石管理办法等，并在2012年前对制度做了进一步的修订完善，2013年出台了工期延期审批管理办法、自行采购管理办法等。2007年后是矿业公司制度建设的关键时期，科学的管理制度是保障矿业公司持续、健康、高效发展的必要条件。以上相关制度均进入与协作单位签订的相关合同中。矿业公司今后根据发展需要还将修订上述管理办法及制定新的管理制度。

33.1.3　过程管理

玉溪大红山矿业有限公司在办矿新模式下，采矿、选矿、建设、生产、各类施工总承包、服务、中介等协作单位近百家，加强过程管理，是对协作单位有效管控的基础，对降本增效、提高精细化管理水平具有举足轻重的作用。过程管理是指：使用一组实践方法、技术和工具来策划、控制和改进过程的效果、效率和适应性，包括过程策划、过程实施、过程监测（检查）和过程改进（处置）四个部分。

33.1.3.1　协作单位的选择

矿业公司目前的生产形式为大规模、多系统、连续性的生产模式，协作单位的选择至关重要，直接关系到整个矿业公司安全生产、质量、效益。为此矿业公司针对招标工作下发《玉溪大红山矿业有限公司项目建设招投标管理办法》。选择协作单位的方式主要有公开招标、邀请招标、比价、询价。公开招标的特点为招标程序组织性、竞争性、公开性、透明性、公正性，但公开招标的不利方面是程序和手续较为复杂，耗费时间，可能发生高价围标或低价抢标的情况。公开招标不可能对所有潜在投标人的资信了如指掌，供应商可能把各种手续及押金的负担附加在成本之内，增加采购成本。邀请招标的特点是不使用公告形式，只有收到邀请的单位才是合格的投标人，投标数量有限。与公开招标相比，因为不发布招标公告，招标文件只送几家，投标有效期大大缩短，不利方面是价格自由竞争不能得到充分体现，缺乏平等竞争的条件。因此，关键的建设、生产协作单位选择通常采用公开招标，如 1500kt/a 及 2500kt/a 采矿承包单位选择，4000kt/a 采、选、管道工程中的 380 有轨运输系统、溜破系统、采 2 号胶带提升运输系统、盲竖井提升系统、井下供水、排水、排泥系统等的建设。项目技术复杂或有特殊要求，专业性较强，只有少数几家潜在投标人可供选择，如大型半自磨机采购等，在发出邀请前到投标单位实地考察。比价、询价方式比较灵活、效率高、成本低，对 30 万元以下生产技改，急、难、险、重及零星工程采用矿业公司内部比价、询价方式选择协作单位，从矿业公司专家库中抽取评委组成评委小组进行评审。

33.1.3.2 协作单位的管理

协作单位管控的纽带是合同，协作单位选定后签订合同，以明确双方责、权、利、义务。井建工程管理方面主要是编制一级网络计划及各系统二级网络计划。在工程开工前，及时组织协作单位进行设计交底、会审，要求协作单位上报施工组织设计方案逐级审批。关键工程及重要设备安装必须报专项方案，并组织厂家与施工单位进行设计交底。实施过程中通过每月召开旬调会及时对各系统质量、进度、安全进行全程监管，及时协调各系统的施工交叉影响和存在问题，为协作单位创造良好的作业条件。

采矿生产方面，通过编制年度采掘计划，同时强化日常生产、技术管理。持续改进矿体开采设计，以及优化爆破、放矿参数，注重三级矿量的平衡管理。在保证原矿量的前提下，进一步提高平衡原矿品位，加强分采、分装、分运管理，有效降低废石混入率，并强化各项管理措施：

（1）严格制度管理。全年矿业公司共制定下发各类管理制度 52 项，通过建立健全制度，加强并规范了设备管理、生产经营管理、计质计量管理，并在制度执行过程中注重监督检查，加大对有章不循、有制不依的考核力度。

（2）优化财务管理。强化财务对各个单位、各个环节、各项成本的动态监管控制功能，增强财务对生产经营的分析指导作用。提高资金预算管理的运作水平，提高资金、资产的盈利能力。强化风险管控，重点细化对应收、应付及预付账款的有效监管和控制，防范违规事件，统筹协调做好税收筹划和政府支持政策的落实到位。

（3）强化工程基础管理。抓实、抓细项目前期工作，注重投入产出分析。细化项目招投标管理，杜绝开口合同。完善工程建设准入制度，控制工程分包、杜绝转包、以包代管。严格对项目启动过程的督查考核，落实项目建设单位管理责任，加快完善项目后评价制度，加大项目投资审计力度。制定下发《项目建设工程现场经济签证管理办法》，细化现场经济签证操作程序，规范工程实施过程中的签证行为，进一步控制工程费。制定下发《在建项目设计变更管理办法》，规范设计变更程序，确保变更完善、优化，促进工程建设质量的提高。

33.1.3.3 协作单位监控

充分利用计算机、信息网络和自动控制等技术，加强管理。完成了"选矿综合控制专家系统"绝大部分的研发工作，实现对生产过程均衡稳定的控制；实现变电站无人值守集中监控、过磅房无人值守集中计量；完善井下人员（车辆）定位和环境监测监控系统一期工程，井下通风远程集中监控，井下破碎和运输系统，江边水泵集中监控，二、三选厂主体设备运行参数采集以及协同办公与移动办公的有效整合，建设了生产指挥中心管控大厅，整合了矿业公司信息化资源。这些项目的实施，大幅度提升了矿业公司信息化水平，并通过信息化促进了矿业公司管理水平的提升。

协作单位结算，建设工程进度款支付方面，协作单位完成当月计划按 80% 计取，未完成当月计划则按完成率乘以 80% 计取；采矿进度款，完成当月计划按全额付款，未完成当月计划则按完成率乘以采矿综合单价计取。

33.1.4 制度落实

33.1.4.1 建立健全各项规章制度

为了有效管控承包单位，在工程管理中做到有章可循、有章必依、执行必严、违章必究。先后建立了《公司项目建设招投标管理办法》、《项目建设工程现场经济签证管理办法》、《工程（预）结算编制、审核的有关规定》、《工程建设及生产经营承包单位管理办法》等规章制度，以保证生产经营活动能够更加有序、有效进行，并通过制度的约束进行自我调整而制止或减少错误、消除或防止损失。

33.1.4.2 全面落实

结合公司的各项管理规定，进行全面落实。如在公司项目建设招投标管理办法中，严格按是否立项批准，设计方案文件是否审查通过，并按项目大小、费用多少来确定招标的方式。评标过程按公平、公正、公开原则进行，最终评标结果在矿业公司党政工联席会上确定通过，并按时移交相关资料并组卷归档案室。在项目建设工程现场经济签证管理办法中，主要针对设计方案文件是否通过审核，经济签证是否审核。对工程变更、修改或增加的签证，必须说明变更、修改或增加的原因，并通过矿业公司组织的专题会议讨论，形成会议纪要等材料。在工程（预）结算编制、审核的有关规定中，查看施工单位报送的结算书是否规范，是否有工程名称，（预）结算总造价，编制单位名称（盖章）及编制人（盖章）和编制日期，审核单位名称（盖章）、审核人（盖章）和审核日期，编制说明，内容包括工程性质，编制依据，编制内容，合同号，施工图号，所用定额及相关调价文件等涉及计量、计价的相关资料，隐蔽资料，合同复印件，变更单，签证单，技术措施方案及批复，材料单价的报送依据及批复等。结算书单价计算过程必须清楚，总价组合过程必须明确，否则不予受理。在工程建设及生产经营承包单位管理办法中，此文件是一个涉及面较广的文件，对施工单位从安全管理、质量工期、生产经营管理、采矿作业计划管理到其他等方面进行全方位管控。先由承包方认真清理上报到责任部门审批，最终汇总每月上报一次月报，季度、年度出考核结果，对出现的问题及时沟通处理。

33.1.4.3 实施的效果

通过认真落实执行相关规定，在各方面工作中收到了一些效果。如 2013 年一季度，在招投标工作中，二期工程完成了5项、扩能完成了5项、生产技改完成了9项、物流园完成了6项，都及时按程序完成招标。并对承包单位的资质、业绩、承包项目数按年统计，确保内部邀请招标工作的顺利进行。在合同外经济签证办理和审核中也取得一定的成果。凡大于2万元的经济签证都要附方案、文件等材料。最有效的是让每名技术人员从工程设计、合同上来控制，现在签订的合同大都是闭口合同，避免一些推诿扯皮现象。因此预结算编制、审核的质量更加规范，按规范结算了17项工程。在每月上报的生产经营管理报表中，能更有效地管控整个生产运行过程，确保按质按量完成任务。

33.1.5　工程造价管理与结算

大红山建设工程从500kt/a采、选项目开始，到4000kt/a采、选、管道运输项目，再到现在的8000kt/a扩产项目。其建设规模一次比一次大，建设步伐一次比一次稳。期间，虽遇到了诸多的问题，但都得到了有效的解决，形成了统一、专业、全过程和全方位的工程造价与结算管理。

33.1.5.1　组建统一的、专业的管理部门

大红山的结算工作面临着复杂而特有的工程，有地面工程、井巷工程、土建工程、安装工程、采矿工程、选矿工程，其中涉及房屋建筑、装饰装修、园林绿化、电力电信、公路铁路、化工等多个专业。为了适应多专业工程结算工作的需要，大红山公司现有专业工程造价人员8人，都持有相应的执业资格证书及印章，分别负责全系统土建、安装及有色金属矿井巷专业造价管理，并组建形成独立的造价管理部门"预结算组"，负责大红山扩产工程建设的招投标、合同、预结算等工作。

33.1.5.2　明确部门及人员的工作职责，对工程施行全过程、全方位的造价管理

（1）组织建立工程结算审核的组织保证体系，落实投资控制与结算审核的专职人员，明确任务及职责。如招标投标文件及合同的办理，工程变更及经济签证的编号、归档、核算，处理索赔及反索赔事宜等。

（2）让管理人员定期了解现场，尤其要熟悉工程现场签证、工程变更发生的原因及对应的实物。这样做，有利于对工程签证计量、计价，更有利于竣工结算审核。

（3）建立专项工作监督检查制度，制订工作计划，明确质量要求。

（4）根据工程项目的进展，分阶段向上级负责人提供工程竣工结算审核分析材料，为领导提供决策依据。

（5）主动与合作单位进行正式与非正式沟通，适时掌控工程的实施情况，为合理控制工程造价准备第一手资料。

33.1.5.3　建立健全统一的管理制度

为了规范结算相关事宜，大红山公司依据《中华人民共和国招标投标法》、《中华人民共和国合同法》、《建设工程价款结算暂行办法》、《云南省建设工程造价管理条例》等法律、法规，结合公司实际，制定了一些管理办法。例如：在合同中明确"工程结算书必须实事求是地编制，若出现报审的结算总价超过中介机构最终审定总额的15%时，则每增加1%扣减最终审定总额的1%，依此类推；扣减金额由甲方从合同价款中直接扣减。"用以防止施工单位高估、冒算，为竣工结算审核工作打下了良好的基础。

33.1.5.4　结算审核工作的要点及措施

A　竣工结算审核工作的要点

（1）加强对竣工资料的完整性审核。竣工资料是竣工结算审核的基础，从已审工程的资料情况看，个别施工单位的竣工资料是不完整的。比如，由二十三冶承担的 675～730m 井巷工程，就以测量图作为竣工图归档，实际施工的断面、支护的厚度、交叉口的施工情况等都无法在图上反映出来。于是要求他们重新作竣工图，3 个月还没有补充归档。由此可见，必须加强对竣工资料的完整性（是否缺失、签字手续是否有效等）进行审核，才能确保竣工结算的效率及审核质量。

（2）在工程实施过程中，对材料价格审核要严格把关，材料价格是结算的基础和依据，材料价是否真实，直接关系到投资是否真实。

（3）在结算审核过程中，正确看待出现的问题，妥善解决发生的争议。竣工结算是各方利益的焦点，在结算过程中，由于受利益驱动，有些单位和个人往往不择手段，为达到目的，甚至违纪违法，对经办人员进行威、逼、利、诱。而经办人员稍有不慎，就会给单位造成损失。因此，一定要正确看待出现的问题，依法依规，妥善解决发生的争议和问题。

4000kt/a 采、选、管道工程，针对竣工结算审核过程中出现的问题及发生的争议，主要是以业主方主持多方（设计方、监理方、造价公司、业主代表、施工方）共同参会讨论的方式加以解决。许多问题和争议，通过会议讨论，可使所有参会方都清楚出现的问题和存在的争议，并认真分析其产生的原因，最后得出各方都能接受的结论。会议结论形成纪要后下发，以规范各方行为并指导工程结算。

如在 171km 的精矿输送管线施工过程中，在进度报表审核时，关于土石方工程量及土石比例问题，每月都是争议的焦点。有时为审一份报表要花费很多时间，有几次因为争吵太激烈，导致审核工作无法进行下去。进度报表中经监理和业主代表审核的土石方工程量累计 257 万立方米，其中土方 112 万立方米、石方 145 万立方米。在竣工结算审核时，土石方的问题更是焦点中的焦点，指挥部先后组织召开了五次协调会，最终结算工程量为 163 万立方米，其中土方为 121 万立方米、石方为 42 万立方米。仅管线土石方一项就节约投资近 3000 万元。

事实证明，采用这种方式解决出现的问题和发生的争议，不仅是公开的、透明的，而且还是公正的、行之有效的。

（4）在工程实施过程中注意收集资料，积极应对索赔与反索赔。4000kt/a 采、选、管道工程在结算过程中收到的索赔报告达一二十份，涉及金额少的几万元，最多的是中国石油天然气管道局的索赔金额高达 896 万元，面对这些索赔报告，公司从以下几方面做工作：

1）对每份索赔报告的每一项索赔依据都进行甄别，对没有依据的索赔直接拒绝。

2）对索赔依据不充分的报告暂不接收。

3）对有充分索赔依据的报告，公司高度重视，首先对每个索赔依据通过查阅已有资料、询问监理、业主代表等方式进行逐一查证、逐一落实，其次对已经查证和落实的依据进行风险评估和费用测算，根据评估和测算结果提出至少两个处理方案上报指挥部领导。

4）根据指挥部确定的处理方案与对方进行谈判。

5）根据谈判结果对索赔报告进行批复。

通过以上工作，4000kt/a 工程的所有索赔都得到了妥善处理。

（5）其他应注意的问题：

1）认真仔细研究合同、合同附件以及各类文件协议的解释程序。尤其是该工程项目所涉及工程承包范围、合同签订类型、工程计价方法等。

2）明确开工、竣工时间，核准实际工期和计划工期的差异，这直接关系到工程索赔和材料价款的调整。

3）研究合同中奖罚条款的内容及含义。尤其是涉及争议条款、内容、含义、解决的方式以及优惠条款，用以指导全过程造价控制。

4）熟悉各种技术文件，包括工程竣工图、施工组织设计、施工方案及特殊的技术措施方案等。

5）结合实际发生的争议，依据合同约定对工程变更部分进行工程量以及计价的审核，涉及到结算价费率调整的部分，按照合同条款的优先顺序予以调整。

B　竣工结算审核工作的措施

（1）在每一项工程竣工结算前，应通过洽谈、协商的方式，制定该工程项目的结算原则，达成一致意见，以便指导结算审核工作，保证结算审核工作的顺利进行。

（2）收集当地材料市场的价格信息，以便竣工结算审核时用。

（3）审核工程施工组织设计方案，对与投标文件技术标不相符的部分，特别是涉及到造价调整的，应及时与现场管理人员沟通，从而明确更改方案的条件和背景。

（4）在结算审核工作开始之前，要对比合同内容，是否有与招标文件冲突或矛盾的地方。如存在异议，按照文本解释顺序，应加以明确。如招标文件条款本身存在歧义，则有必要由招标代理部门出具有效的文字说明加以解释，并以此作为结算审核的依据。

33.1.5.5　竣工结算审核工作的难点及应对措施

A　难点一：合同的审核

合同作为工程项目实施的前提依据，合同描述的完善程度尤为重要。因此必须对合同进行全面细致的审核，特别是对投资控制、结算方式、工程款支付方式、索赔事宜、纠纷的解决方式等有关条款进行分解。多年来，在工程竣工结算中，引起众多纠纷的原因中合同的因素占有很大的比例。

应对措施：

（1）明确合同签订类型。这里仅举一例：某合同的签订合同类型为固定价格合同。在工程竣工结算时，建设单位和施工单位对合同签订的类型存在着理解上的争议。建设单位认为是固定总价合同，合同范围内工程量如未有变更，则不再进行调整。而施工单位认为该合同为固定单价合同，应该是单价包死，工程量应该按照实际发生的来计量。

以上争议发生的关键原因是合同类型签订不明确，招标文件条款描述不明确。对此，项目管理单位对招标文件、合同协议书等进行了充分的研究，并要求招标代理部门对招标文件的有关条款进行解释说明。最终确定该合同为固定总价合同，投标范围内不再调整，可调部分仅为工程变更部分。即结算总价＝原投标价＋工程变更费用。

（2）规范合同用语。例如：在某些材料供应合同中，常规是写"材料送到现场"。但是有些工程现场范围极大，对方只要送到工地围墙以内就理解为"送到现场"。这对购买方极为不利，增加了二次搬运费的开支。严密的写法应为"材料送到操作现场"或"材料送达工程现场购买方指定位置"。

总之，作为合同的签订，不应有模棱两可、语义不清的语句，否则将会给最终的结算工作带来很大隐患。

（3）介绍两类常见合同价的审核方法：

1）固定总价合同的审查。首先，结算审核人员应对合同范围和清单范围、图纸范围进行分析，看其是否一致。其次，对承包商承担范围内的风险只需要按照承包报价书规定执行，对合同范围以外的变更、合同范围以外的费用进行全面细致的审查。

2）暂定合同价的审查。由于工期紧、设计文件尚不完善等原因，可由业主和承包商协商暂定合同价，以造价咨询部门测算的标底上下浮动一定百分比为依据，在工程竣工后，依据实际发生工程量、定额与合同中约定的信息价格进行结算。

B 难点二：工程现场签证的审核

现场签证是在施工现场由业主代表、监理工程师、施工负责人共同签署的用以证明施工活动中某些特殊情况的一种书面手续。它的特点是临时发生、具体内容不同、无规律可循、不可预见性强。因此，现场签证部分的审核工作成为工程竣工结算审核工作的难点之一。在实际工作中常见的有以下几点：

（1）应当签认的未签证。有很多建设单位在施工过程中随意性较强，施工中经常按照个人的意愿进行改动。既无设计变更，也不办理现场签证手续，到最终结算时，往往发生补签困难。当然，也存在一些施工单位整体素质较差，不清楚哪些费用需要签证，缺乏签证的意识。

（2）不规范的签证。按照原则，现场签证一般应由业主、监理、施工单位三方共同签字才能生效。缺少任何一方都属于不规范的签证，不能作为结算和索赔的依据。而且，业主和监理单位不能在签证单上笼统地签上"情况属实"，应对为何变更，由谁主张变更，费用由谁来承担等重要信息进行分析说明。

（3）涉及隐蔽工程的签证，包括因停水停电、图纸修改未及时通知施工单位，造成窝工等，人员和机械受到经济损失，认质认价单的规范签认，以及认质认价材料工程量的计量工作等。

应对措施：对于工程现场签证的审核，因每个工程有其特有的因素，很难一概而论。作为项目管理中的工程竣工结算工作，主要应以原始签认资料并结合合同约定进行审核。对于不明确的地方，可与建设单位相关负责人或施工单位相关人员进行有效的沟通，本着尊重合同约定，客观实际，公平公正的原则进行协调。最终完成对签证的审核工作。

优质、科学、高效的工程竣工结算审核工作，是有效的工程造价控制的手段之一。在工程项目管理的实施过程中切实有效地做到预控，就是最有效的控制方法。

33.2 大规模、多系统、连续性生产的有效组织

33.2.1 生产概况

33.2.1.1 采矿生产概况

大红山矿业公司采矿系统由 II_1 矿组 4000kt/a 采矿系统、III 号、IV 号矿 800kt/a 采矿系

统、Ⅱ₁头部 500kt/a 采矿系统、Ⅰ号铜矿带深部 1500kt/a 采矿系统、Ⅰ号铜矿带浅部 250kt/a 采矿系统、3800kt/a 露天采矿系统组成，在建的还有二道河 1000kt/a 采矿系统，Ⅱ₁矿组 4000kt/a 采矿二期工程。大红山矿业公司是露天-井下多采区联合开采的复合型矿山，露天井下、多采区联合开采的复合型矿山，在时空上呈现上、下同步开采。

在采矿方法上，大红山矿业公司多种采矿方法共存，不同系统根据矿体结构采用不同采矿方法。井下采矿方法有无底柱分段崩落法、房柱法、上向分层点柱充填法、分段空场嗣后充填法、分段空场法、留矿全面法等；露天采用陡帮剥离、缓帮开采工艺。

组织方式上，大红山矿业公司采用新矿新模式，通过外委承包的方式引入协作单位组织采矿生产，按分区域管理原则划分，六大采矿系统，井下协作单位 15 家，井下巷道约 200km，作业面 300 多个，进出通道共用。

受地形限制，以及为高效、低成本组织生产，采、选之间未设大型缓冲存矿设施，生产组织采选联动、连续性生产，其中采矿生产必须确保 40kt/d 的原矿均衡供给，以保证后续生产的正常运行。

33.2.1.2 选矿生产概况

大红山矿业公司先后建成 500kt/a 选厂、4000kt/a 选厂、7000kt/a 选厂（铜、铁两系列），日处理原矿接近 40kt。

三个选厂供水、供电、公辅设施共用，三个选厂生产既自成系统，又有交叉。选矿方法较为丰富，有磁选、重选、浮选等。生产出的成品矿有铁、铜、金等，铁成品矿又分 62%、50%、40% 等多种品级。其中，生产的所有 62% 品级铁精矿，由五级泵站加压，通过 171km 管道输送到昆钢集团本部直接进入球团厂。

33.2.2 生产调度系统

33.2.2.1 采矿调度系统

玉溪大红山矿业有限公司于 2006 年年底建成 4000kt/a 井下采矿调度系统，是大红山铁矿井下采矿系统生产、建设组织协调的指挥中心。现已建设了 11 个基础自动化系统（现场设备控制级），负责对现场生产设备、井下关键部位进行监控。建立了统一的生产管理调度系统，负责统一处理来自基础自动化系统的信息，完成基本的信息归档、数据分析及调度管理功能，同时将经过处理后的信息发送至更高一级的信息管理系统，即全矿集中管控、调度中心进行处理与调度。

33.2.2.2 选矿调度系统

选矿厂由 500kt/a、4000kt/a、7000k/a 三个选厂组成，每个选厂已建成生产指挥、协调系统，主要承担选矿生产系统的作业数据收集、显示、记录和统计，工艺流程管理，技术数据的处理、参数的设置，设备运行数据的信息监视等。

33.2.2.3 动力调度系统

动力调度系统是全矿风、水、电的平衡系统。掌握主机设备的正常开停、主机设备的运转情况，实行统一集中控制。

33.2.2.4 全矿集中调度系统

生产指挥中心调度系统是全矿集中调度系统的核心。它涵盖采矿生产、选矿生产、动力能源的所有方面，形成一个集设备运行监控和生产计划管理于一体的综合管理调度系统，掌握全公司生产情况，按生产需要，合理组织和调度各生产流程的开、停及选矿生产负荷的增减。同时集中三个生产系统数据及信息的共享，接受全矿计算机中心的管理，共同形成一个完整的计算机信息系统。

33.2.3　信息化在矿山的应用

大红山矿业公司在建矿之初就树立了构建数字化矿山，以信息化、自动化和智能化带动矿山的改革与发展的理念，努力开创安全、高效、绿色、和谐、可持续的发展新模式。现已建成井下通信与人员车辆定位系统、选矿自动控制系统、视频监测监控系统、生产调度监测系统（采、选、动力）、地压监测系统、尾矿库监测系统、办公自动化系统。各系统充分采集供水、供电、采矿生产、选矿生产、井下人员、车辆定位等各种信息。各系统在自成系统的基础上，所有信息集中到矿业公司生产指挥中心管控大厅，由生产指挥中心对生产过程进行有效的监督和管控。

33.2.4　生产组织

在大规模的生产组织中，矿业公司十分注重设备管理。采矿、选矿、管道推行设备点检修，真正做到以检定修，计划检修，每月定期组织设备例会，协调检修计划，做到全系统联动计划检修。实行备件物资集中采购、集中管理，提高物资备件的供货效率和质量，满足生产需要。同时合理分解生产指标，员工收入和生产指标挂钩考核，做到"市场重担人人挑，人人身上有指标"，有效地发挥了员工工作积极性，提高了生产效率。

33.2.5　外委采矿模式下的放矿管理

在外委采矿模式下的放矿管理是大红山有效组织大规模、多系统、连续性生产的重要环节。

33.2.5.1　外委采矿模式下的放矿管理方式

作为业主来说，对最初的工业试验情况和数据到实际生产这一过程的情况都能掌握是十分重要的，对生产过程中的各工序环节技术数据的收集更为重要。同时将各工序涉及的专业进行合理分工并密切配合，从而有效地指导生产，实现放矿管理的合理化。

第一，作为业主应充分认识到放矿管理是直接关系到企业经济效益的一个重要部分。放矿管理首先要建立一个完整的理论体系，即管理制度的指导依据。比如：对无底柱分段崩落法开采的管理，采矿技术参数应是相对固定的，外委采矿单位根据既定的技术参数来组织作业，如回采分段高度、进路间距、凿岩方式、炮孔布置参数等。通过生产实践来验证建立的理论体系，从而不断完善各项技术参数，使其成为适应企业需求的一套技术参数。

第二，业主必须掌握实际的生产地质条件及采场现状的实测资料，如采区的地质编录资料、坑道的测量数据等，并在此基础上建立矿山技术资料动态数据库，力求将已探明矿体任意位置的矿体地质信息、工程测量信息都置于业主的掌控之下。

第三，对生产过程作业的跟踪和数据的收集。当开拓工程、采准工程均按设计要求布置好，业主需对外委采矿单位的凿岩工作进行验收，对爆破设计进行审批，对各掌子面的铲装数量（即放出矿、岩量）进行实际统计，分阶段对掌子面矿石进行取样分析以确定既定的截止品位。通过上述环节对外委采矿单位放矿结果进行经济约束，达到业主所需的合理的矿石量和品位，并有效控制矿石的回收率和贫化率。

第四，统计分析。业主根据各项生产数据，分日、月、季、年对各项生产技术参数进行统计分析，并根据分析结果来验证企业的生产经营计划，从比较中找出差异，并通过横向类比一定范围内同类矿山企业的生产技术经济指标，从中找出差距与不足，通过采取有效的改进措施来不断完善矿山企业放矿管理的合理化。

33.2.5.2　大红山外委采矿放矿管理经验及现在的放矿管理

大红山铁矿遵循新矿新模式的办矿原则，按"观念新、体制新、机制新、管理新"的要求，从建矿之初，4000kt/a 一期采矿工程就采用了全外包的方式，利用社会力量进行采切、采矿、破碎、运输等。该承包模式体制灵活、竞争性强、所需配备人员精简。承包单位为追求利润最大化，会想尽一切办法加大生产量，这种新型办矿模式和市场经济相吻合。也正是大红山铁矿成功探索出的这一新矿新模式，使其仅用两年时间就顺利实现达产、超产，开创了国内矿业先例，创造了奇迹。

近几年来，放矿管理工作遵循贫富兼采、合理配矿、有效控制矿石的损失、贫化的原则，积累了宝贵的放矿管理经验。工程投产开始，通过对回采现场各生产工序的数据统计（包括凿岩参数、爆破参数、各回采进路的铲装数量，以及设备运行情况的统计等）并进行分析，确定不同条件下，各回采进路的矿石回收率和贫化率，并通过回收率的控制来确定各回采进路的截止放出矿石品位。在放矿技术管理上的具体做法如下：

（1）在已有的地质资料的基础上审批爆破设计，确定崩落矿石量和废石量以及品位。

（2）根据爆破设计确定掌子面的放出矿石量及截止品位。

（3）根据单位采场要求的每天综合出矿量及出矿品位，制订各回采进路的出矿比例，并根据各进路的出矿动态，对相应进路掌子面进行现场跟踪取样，跟踪矿石品位的变化。

（4）公司根据外委模式采矿，并根据甲、乙双方所签订的合同指标进行考核管理，确定采出矿石质量的下限指标，不合格的矿石不予结算，合格矿石根据质量等级予以结算。

采用外委模式采矿，大部分的现场作业都由外委单位承担，相当部分的技术工作均由施工单位承担。作为业主来说，必须掌握采场的最新地质资料，并根据生产现状制订合理的回采计划，根据爆破设计及放矿指导参数，在生产过程中及时跟踪采场放矿的实际数据，对各参数进行系统的统计分析，确定出指导生产的技术经济指标。

33.2.5.3　外委采矿模式下的损失贫化管理

A　准确可靠的生产地质资料是正确指导生产的基础

生产探矿是指在基建工程形成后，在采矿生产过程中根据采准工程揭露的矿体资源，对原有探矿资料进行补充和完善，并适当增加相应的工程，探明盲区的资源情况，进一步地提升资源的控制级别。生产探矿的控制程度高，是提高资源储量准确度的重要手段，对生产的指导性很强，是指导生产的基础。

在外委采矿之前，大红铁矿对各矿段（采区）均进行了生产探矿，并及时地对揭露的资源进行编录，同时推测盲区的资源情况，并增加相应的工程来探明周边矿体，对已有的地质资料进行完善和更新，以便更好地指导采矿生产。

目前，大红山铁矿生产范围广，生产规模大（11000kt/a 以上），地质专业技术人员相对稀缺。虽然各矿段均做过不同级别的探矿工作，但总体来说，管理人员对矿区的地质系统的掌握还仅限于局部，对新、老地质资料的结合不够完善，不同阶段的探矿工程衔接困难，对掌握整个矿区的各种地质构成的规律以及地质系统数据还有较大差距，具体表现在：

（1）大红山矿区的地质资料较为全面，但全面的地质资料却没有形成集中管理和系统管理，地质管理数字化程度较低。

（2）由于外委探矿单位较多，且矿区经过多阶段探矿，地质数据的系统性和规律性的衔接会出现一定差异，给生产带来负面影响。

（3）大红山铁矿要实现地质的集中管理和系统管理较困难，由于在实际生产中涉及到的外委单位较多，现场实测资料、回采现状资料和生产探矿资料的收集、整理，以及地质数据的更新、维护工作将耗费较大的人力和财力。

大红山铁矿属国内地下特大型矿山，今天的大红山已发展到一个相当高度的水平，推动这一发展的"功臣"莫过于新模式办矿的外委合作式的管理，但在外委板块上自身的技术水平和管理水平并没有跟上公司发展的步伐，在管理上精细化程度不足，在技术上的管理自动化和数字化程度不高。需要解决的问题有：

（1）进一步重视和抓好外委采矿采掘计划的编制（合同、合理的产能等）。

（2）改善现有合同存在的问题（不够具体、细化，指导性与可考核性不强）。

（3）解决好矿山的发展要求与科学采矿的矛盾，产能规模的确定应合理。

B 做好夹层（石）处理工作

在无底柱分段崩落法采矿中，夹层（石）将直接影响到企业的生产和经济效益。对矿体中夹层（石）的剔除可有效提高矿石资源的回收率，降低矿石的损失和贫化，使原矿的品质得到提高，减少选厂的生产成本，原矿采场实现对矿石与废石或低品位矿的分采、分运、分选，使产品多样化，多渠道销售，极大地增加了企业的经济效益。

大红山铁矿首先组织相关部门及专业技术人员成立效能监察小组，对各采区的回采情况进行全面的分析，对矿体的夹层（石）的剔除工作进行可行性研究，对采场夹层（石）的剔除可获得非常显著的经济效益。并从"崩矿步距"、"放矿高度"、"放矿管理"、"矿体的赋存条件"、"回采顺序"等方面进行了分析比较，确定剔除夹层（石）及低品位矿的技术思路。其次，根据最终圈定的采场地质资料计算采区爆破排位的地质品位，修正回采经济参数指标，编制放矿管理及夹层（石）剔除的实施考核办法，并对外委生产单位严格督促把关，将各项指标控制在合理范围内，同时促进了工作的规范开展及作业标准化；实施过程中，根据崩矿计划范围结合相关的资料及现场经验，对剔除的夹层（石）及低品位矿等相关指标提前做出预测，同时跟踪统计、综合分析相关的经济技术指标，不断完善、优化各方面的技术管理措施。

随着生产的推进，根据不同地段夹石的特征及量的构成，确定相应废石剔除方式及剔除量，并调整溜井剔除通道，使剔废工作有序、高效地开展。针对新型的办矿模式和复杂的采矿生产系统工程，大红山成立了质量监督小组，主要负责对剔废工作的监督，将现场品位的变动情况及时反馈给采矿专业技术人员，结合放矿设计的相关指标，实施现场24h的跟踪放矿、各进路剔废量的改进及落实。

剔除夹层（石）工作在现场作业场地受限的情况下，从时间、空间上分别加强了对现场作业的跟踪协调，既充分利用了铲装设备的作业率，同时也做到了剔除废石与放矿的同步进行。在实施过程中遵循以下原则：当采区剔除废石工作与局部生产发生矛盾时，优先满足剔废工作，加大各采区之间的产能协调工作，确保技改工程项目的顺序进行，同时确保原矿产量的供给。

在剔除夹层（石）的工作中，为能保证技改项目的总体实施效果，技术改造中实行了融专业技术人员、质量监督人员、取样认证人员、技术部门和统计部门及外委采矿承包单位等为一体的经济合同责任制。效能监察工作小组成员按照分工，各负其责，突出工作中的重点和难点，发现问题及时分析，并采取合理的措施及解决的办法，确保了效能监察项目的有效实施。

33.3　以人为本、加强安全生产管理

33.3.1　分级管理

矿业公司针对所采用的新型办矿模式，经过不断探索，形成了以"一岗双责"为主线的安全管理方式。

矿业公司作为国内特大型冶金地下矿山，基于新模式办矿，外委协作单位多，安全管理上若采用集中、垂直式管理方式，矿业公司将需要大量专职管理人员，且效果不理想。有效的做法是按职责实行分级管理。为此矿业公司要求各外委协作单位切实履行安全主体责任，秉承"我的安全我负责"的理念，采取齐抓共管，多方检查，狠抓落实措施。把各管理部门、各厂、各外委协作单位的领导及班组长、工程技术人员纳入专兼职安全管理人员队伍进行管理，由矿业公司统一颁发"安全督查"肩章，明确职责，在抓产量、质量、进度的同时，着重抓好安全工作，建立了人人抓安全、人人对安全生产负责的管理机制，充分发挥各类人员安全管理的主动性和积极性。经过几年实践，取得了明显效果。

在此主线下，构建了矿业公司安委会—安全环保监督部—各职能部门—各班组—各岗位的自上而下的塔形管理层级。各层级安全职责划分清晰：塔尖部分即矿业公司安委会和安全环保监督部，重点在于安全生产工作的研究、部署、决策及制订工作计划、管理制度，把指令一级一级地传递下去并进行监督检查；中层的管理部门和各外委协作单位重点在于工作组织和检查，班组和岗位则是具体执行和落实。各生产管理单位、外委协作单位均设立了安全科，配备了专（兼）职安全管理人员，有效地强化了安全管理工作。

33.3.2　安全培训

33.3.2.1　三级安全教育培训

把各外委协作单位从业人员的三级安全教育培训，纳入矿业公司统一组织管理。矿业公司开展矿级培训，外委协作单位开展车间级、班组级培训，并由职能管理部门监督、检查其培训质量和效果，改变以往厂（矿）、车间、班组各连续 3 天的培训方式，采取矿级、车间级、班组级培训交替进行的方式，即第一天开展矿级培训、第二天开展车间级培训、第三天开展班组级培训，如此循环，直至达到 72 学时（即 9 天）的培训要求，这样就避

免了培训走形式、走过场的现象，从而提升了培训效果。

33.3.2.2 日常安全教育培训

矿业公司在日常的培训方式上不断改革创新，采取了灵活多样的方式方法。例如：请公安民警（民爆物品管理）、交警（道路交通安全）、消防（消防安全知识）等政府部门授课；"以会代训"，在安全生产例会上讲授有关法规、标准、安全管理知识和技术。安排各单位交流经验；"以考代训"，通过提前通知或突然组织安全考试，成绩与薪酬挂钩等方式，营造了学习安全知识的良好氛围。

33.3.3 监测监控

矿业公司按照国家相关要求和安全生产实际需要，于2012年建成了较为先进、可靠、实用的井下人员（车辆）定位系统和监测监控系统。

人员（车辆）定位系统具有按部门、地域、时间、分站、人员（车辆）等分类查询、显示等功能；实时监测当前井下总人数（总车辆数）；实时监测当前井下各区域人数（车辆数）；实时监测当前各部门人员区域分布；实时监测当前某些特殊工种或特殊人员下井情况和所处位置；可查询下井人员的行程轨迹；能对下井人员的入井、出井时间，在井下各区域的停留工作时间等进行记录与统计并动态显示，生成相应的日报表、月报表等。并实现对井口人员入井管控，对未携带卡及异常卡人员禁止下井及大屏显示功能等。

监测监控系统实现了全矿井下的各类环境安全参数的监测，如一氧化碳、二氧化氮等有害气体浓度的实时监测，并传回地面实时显示与报警。监测井下风机设备的风压参数及开停状态，可监测回风井风速值，还可监测380m中央水仓液位等（详见11.7节介绍的矿山安全监测系统）。

33.3.4 制度创新

矿业公司实施安全管理，以强化外委协作单位自主管理为目的，制定出了许多促使其加强过程管理、引导其主动管理的制度，同时根据实际情况抓住重点环节，采取一些行之有效的方法、手段，以形成长效机制。

33.3.4.1 增强联动效应，使安全管理影响扩大到其上级公司和领导

外委中标单位一般在项目所在地成立项目部，专管经济效益，甚至有的只收管理费，其他工作（包括安全生产）几乎一概不闻不问。矿业公司为使外委协作单位重视安全管理，想办法设定措施，形成对其上级公司和领导的影响，制定了《玉溪大红山矿业有限公司生产安全事故"一岗双责"问责办法》、《玉溪大红山矿业有限公司工程建设及生产经营承包单位管理办法（试行）》、《玉溪大红山矿业有限公司生产安全事故考核管理办法》等相关管理制度。一旦发生生产安全事故或安全考评不合格、违章违规达到一定次数后，其上级领导要到大红山现场约谈、检讨，并在一段时期内其母公司及所属公司均不得参加有关的招投标活动。

33.3.4.2 多头给力，使其上级公司参与项目部安全管理

公司制定了《协作单位上级主管部门定期检查大红山项目部安全生产管理办法》，各外委协作单位上级领导及上级安全管理部门每季度必须到大红山现场对其项目部开展一次

安全大检查，提交检查报告，使安全工作不只是项目部内部的事，更关系到上级母公司或总部集团公司的声誉，上下齐心合力做好安全生产工作。

33.3.4.3　严把从业人员准入关

针对外委协作单位从业人员流动性大、素质参差不齐的特点，矿业公司制定了《下井人员管理办法》等规定，明确了从业人员的准入流程，把各外委协作单位的用工纳入统一、规范管理。首先，各外委协作单位对所有新招从业人员必须到当地公安机关进行身份核查、登记；其次，提出用工申请，出具公安机关证明、学历证明等，经矿业公司职能管理部门面试审查合格和人员基本信息采集完成后，方可进入安全教育培训阶段；最后，外委协作单位组织完成从业人员岗前体检、工伤保险缴纳、签订互保联保责任书，并经三级安全教育培训考核合格后，方能办理上岗的相关手续，对从业人员的准入条件做到了层层把关。

33.3.4.4　创新监督检查方式

（1）每月定期与当地公安机关联合对各协作单位的民爆物品使用、管理情况开展专项检查，及时发现和纠正存在的问题，建立了民爆物品检查、管理的长效机制。

（2）把各外委协作单位的安全科长、专职安全管理人员纳入到矿业公司层级的四个"三违"督查组，共同参与检查，不断促进和提高协作单位安全管理人员的能力和水平。四个督查组每周深入各个生产、建设场所开展一次专项督查，对发现的"三违"行为，除考核违章者外，还要对违章者所在单位和单位领导以及矿业公司职能管理部门领导一并实施考核，并在安全生产例会上进行通报，在各明显区域曝光。

（3）矿业公司除了认真组织开展好日常性、季度性、节日性和特种设备、消防、提升系统等专项性的安全检查外，还针对一定时期安全工作特点，确定一个检查侧重点，针对该类问题做深度的专项检查，做到整治一项，完善一项；整改一项，提高一项。历年来，先后实施了井下照明专项整治、民爆物品专项整治、井下溜井专项整治、协作单位安全管理人员和工程技术人员配置专项整治等一系列专项检查整治，收到了良好效果。

（4）组织外委协作单位开展"以安全生产为基础"的社会主义劳动竞赛，重点突出安全工作，按季度评比，授予"流动红旗"，半年一小结，年终做总结，对安全生产工作做得好的单位，有特点、有进步的单位进行表彰奖励，从而推动全员、全天候、全过程和全方位的安全生产工作，不断取得新成效。

33.3.5　安全标准化

矿业公司于 2008 年年底启动安全标准化创建工作，2010 年 12 月云南省安监局以云安监管〔2010〕271 号文正式认定本矿为安全标准化三级企业。2011 年 7 月、10 月国家安监总局和云南省安监局分别发文对安全标准化等级进行了调整，非煤矿山共分为一级、二级和三级，按文件规定，矿业公司自动升为安全标准化二级企业。

为认真贯彻落实国家、云南省关于金属非金属矿山安全标准化建设工作提出的新要求、新办法，进一步提升矿业公司安全生产标准化建设水平，有效消除事故隐患，防范生产事故的发生。作为昆钢和云南省矿山行业的排头兵，矿业公司必须充分发挥辐射和示范带动作用，以安全标准化为重要手段，规范所有安全工作，全面提升矿业公司管理水平。

各项工作的开展严格按照安全生产标准化一级标准的要求来组织。

33.3.5.1 安全生产标准化主要工作内容

A 宣传教育培训

安全生产标准化工作强调实行全员、全过程、全方位、全天候的监督管理。全员安全生产标准化培训，是安全生产标准化工作重点内容之一。根据实际情况，对各类人员分层次进行培训，使其全面认识到持续提升安全生产标准化工作的重要性，掌握安全生产标准化工作的具体内容，理解和掌握新的《考评办法》的要求和内涵。

B 推进软件与硬件的建设和完善

（1）对历年安全生产工作开展情况，按照标准化系统的要求，进一步梳理，整理完善相关安全管理资料，充分体现标准化系统运行的持续性。

（2）修订完善规章制度。按照新修订《金属非金属地下矿山安全生产标准化评分办法》的14个元素要求，结合实际，组织对原标准化72项规章制度的修订完善，进一步明确各级领导、各部门、各岗位及人员的安全职责和管理要求，使制度既符合标准要求，又具有可操作性、针对性和可持续性。

（3）隐患排查。按照新修订《金属非金属地下矿山安全生产标准化评分办法》的14个元素的内容，对照矿业公司的安全管理、现场作业、设施设备等方面进行隐患排查，并对矿业公司的安全现状做出基本判断。

（4）隐患整改。针对排查出的隐患和问题，制订整改方案，落实整改责任人、资金和完成时间，将安全生产标准化提升工作逐级分解，一级抓一级，切实将工作任务、工作责任落实到部门、单位和各个岗位，并予以完成。

（5）资料整理收集。对各成员单位所分解到安全生产标准化的内容对照检查的情况进行检查、验收、落实，同时整理收集相关的辅助资料。

C 内部自评

由矿业公司安全生产标准化领导小组组织相关人员对矿业公司安全生产标准化的实施情况进行自评和模拟考评，发现问题，找出差距，提出完善措施。以确保安全生产标准化活动的符合性、有效性，形成自评报告，为升级申请评审做准备。

D 改进与提高

根据自评和模拟考评的结果，解决安全生产标准化管理存在的问题和不足，不断提高安全生产标准化实施水平和安全绩效。

E 申报

在自评的基础上，接受昆钢控股公司安全生产监督管理部对矿业公司的内部审核，向国家安监总局确定的评审组织单位提出升级评审申请。

33.3.5.2 实施措施

安全生产标准化的内涵就是公司在全部生产经营和管理过程中，要自觉贯彻执行安全生产法律、法规、规程、规章和标准，并将这些内容细化，依据这些法律、法规、规程、规章和标准，不断修订、完善矿业公司安全生产方面的规章、制度、规程、标准，并贯彻实施，使矿业公司的安全生产工作不断得到加强并持续改进，使公司的本质安全水平不断得到提升，使公司的"人、机、环"处于和谐状态，并保持在最好的安全状态下运行，进而保证和促进公司在安全的前提下实现又好又快的发展。

（1）不断完善各项管理制度，从管理创新入手，努力提高规范化管理水平。

（2）采取有效措施，加大安全投入力度，为安全标准化工作开路，为公司持续、稳定、高效发展提供有力保障。

（3）从基础工作抓起，既抓硬件也抓软件，不断强化硬指标，努力改善软环境。

（4）建立安全标准化建设工作的奖励和约束机制，激发各部门、各单位以及广大员工的工作热情，全面提高公司安全标准化整体达标水平。

（5）强化安全标准化工作的领导，不断完善安全标准化工作的组织机构，形成各部门、各单位主要负责人亲自抓，分管安全的负责人具体抓，专业人员现场抓的强有力的组织保障体系，实行"责任制相统一"，认真落实安全标准化责任制。

33.4　建立创新管理体系、打造企业核心竞争力

33.4.1　技术中心管理体系

大红山技术中心经过"十一五"期间的建设与发展，建立了一套完整的技术创新管理体系，为技术创新的持续、健康发展发挥了重要作用。其中在科研项目管理、研发经费的管理和保障机制、激励机制、技术创新环境与氛围建设、产学研合作机制等方面形成了有效的运行管理模式。

33.4.1.1　科研项目管理

技术中心一直注重加强科研项目的管理工作。一是分类别、分层次设置科技项目；二是按程序严格审查立项项目，强化课题的日常管理，提高针对性与效率；三是抓好科研经费提取、使用和监督；四是建立健全并落实成果申报、鉴定与科技档案管理制度，建立健全各项技术管理制度等。

33.4.1.2　技术创新环境与氛围建设

技术中心十分重视技术创新的环境与氛围建设，通过大力开展技术创新的宣传教育，向广大员工灌输技术创新的思想，形成了浓厚的技术创新氛围。

公司定期邀请国内外专家、学者进行学术讲座，也请内部研发人员举办讲座，进行研究开发成果的交流，根据企业发展需要制定、调整各项激励技术创新政策。并制定了技术中心发展的中、长期规划，确定了研发工作的重点方向和重点项目，明确了人才培养目标。并积极选派研究开发人员参加国际、国内的各种学术会议，到国内外有关企业、研究机构进行考察学习，开展学术交流，从而形成了良好的企业创新环境。

33.4.1.3　产学研合作机制

技术中心通过完善内部管理体系，明确定位和主攻方向，建立健全了由总工程师、副总工程师、首席工程师、主任工程师、技术带头人组成的技术管理体系。同时与国内著名高校和科研院所（如昆明理工大学、中南大学、马鞍山矿山研究院、长沙矿山研究院等）共同组成技术中心理事会。以开放、联合、互动的模式与国内外的高校、科研院所、专业协会等合作，建立了开放型、高层次、多元化的产学研联合及国际合作。在开展一系列研发项目的实际运作中，根据技术创新的需要，与国内著名高校、实力较强的研究院分别签

订全面合作或专项合作协议，建立了领域性或专项合作关系，形成与高校、科研院所共建的研发机构和技术转移、成果转化等多种层次、不同方式的联合，有力推动了公司技术中心的建设，以及创新人才培养和综合创新能力的提升。

33.4.2　科研技改管理体制

建矿多年来，矿业公司一直积极对行业前沿科学技术、新工艺、新方法进行积极的探索，并为此开展了大量的科研技改项目，取得了丰硕的成果。一方面，运用这些科研技改项目取得的成果指导矿业公司的生产；另一方面，通过这些科研技改项目的实施，探索行业先进的科学技术，为推动矿业公司的科学发展乃至整个行业的科技进步贡献自己的力量。

33.4.2.1　科研技改项目实施的前期工作

对于科研技改项目的实施，矿业公司有着较为严格的审批程序。首先，科研技改项目，通常是生产过程的难题；其次，项目要通过各专业工程技术人员的讨论与评估，并针对问题提出可行方案或措施；最后，通过矿业公司组织相关专家进行会审，从各方面对方案进行审查，提出改进意见及实施建议，以保证科研技改项目科学合理。

33.4.2.2　科研技改项目的审批程序

第一，科研技改项目技术方案的产生。各部门的各专业技术人员则根据生产问题与发展需要，提出具有针对性的方案或措施。

第二，科研技改项目的技术方案审查。技术方案的初稿形成之后，在部门内部组织讨论并形成统一意见，并通过修改完善之后形成初审稿。初审稿形成之后，提交到总工办，由总工办组织各相关部门和相关专家进行审查，形成审查意见，并按意见修改完善，形成终审稿。

第三，科研技改项目的立项。立项一般采用申报评审制的方式，形式分为任务书和合同书两种。技术风险大，具有较大的探索性的项目，以任务书的形式立项，其他项目采用合同书的形式立项。新产品研发项目以合同书的形式立项。

33.4.2.3　科研技改项目的管理

项目管理是指对项目启动到项目验收或终止期间的管理。

技术中心在项目实施中的主要职责是：督促项目承担部门组织实施和报告项目执行情况，对项目执行情况进行检查评估。

项目承担部门在项目实施过程中的主要职责是：按实施计划组织实施项目；向公司和技术中心报告和通报主要事项；接受技术中心对项目执行情况的监督、检查，按要求填报调查表和统计表。

财务部收到批准立项资料后，每个项目建立专门的资金账目，专账管理，专款专用，凡不符合预算要求的开支不予办理用款手续。项目需购买设备，按控股公司现行的固定资产投资和招标采购有关规定办理。项目需外委试验和检验的，应选择有资质、实力强、价格合理的合作单位。

技术中心每个季度组织一次对项目的抽查。抽查的项目由技术中心根据具体情况确定，主要抽查内容是：项目开展情况和经费使用情况等。技术中心每半年对正在开展的项目中选定部分项目进行中期综合评估。评估的依据为项目《任务书》或《合同书》,《项目实施计划》或《新产品设计开发计划》,评估标准由技术中心制定。

33.4.2.4　科研技改项目的终止

项目终止是指项目在实施过程中遇到意外情况,项目无法进行下去或没有必要进行下去,为了减少风险、避免损失而中途停止项目。

项目停止,必须由承担部门向技术中心提出项目终止申请。技术中心接到项目终止申请后,按《玉溪大红山矿业公司科技计划项目管理办法》审核,并上报审批。

项目终止后,项目承担部门需将已形成的技术资料交技术中心;财务部停止该项目的经费使用,收回尚未使用的经费;项目承担部门按规定办理经费核销手续和资料归档手续。

33.4.2.5　科研技改项目的竣工验收

项目承担部门完成项目的研究开发内容后,应及时组织项目的总结,填写《玉溪大红山矿业有限公司科研项目验收申请》和《项目经费决算报告》。技术中心对项目《验收申请》及资料进行形式审查,依据项目《任务书》或《合同书》规定的研究开发内容和考核指标,作出是否同意组织验收的决定。在控股公司进行立项的科研项目,由技术中心先组织初步验收,初步验收合格的项目,由技术中心牵头向控股公司申请验收。并由控股公司邀请技术、管理和财务方面的 5～9 位专家组成专家组进行验收。专家组根据项目《任务书》或《合同书》规定的研究开发内容和考核指标,确认是否完成研究开发任务和考核指标,作出是否同意验收的结论。

项目通过验收后,项目承担部门按规定办理经费核销手续和资料归档手续。

没有通过技术中心形式审查或没有通过验收的项目,项目承担部门要按照公司科技部门和专家组的要求,继续开展相应的研究开发工作或补充相应的资料,具备验收条件后再申请验收。新产品研发项目通过验收后,技术中心书面通知生产管理部门。

33.4.3　技术参谋议事

矿业公司设置总工程师办公室,是科研技改项目的参谋议事机构。每一项科研技改项目都应经过总工程师办公室审查及总工程师办公室组织的专家会审。

首先,工程主管部门完成项目的方案设计之后,由总工办召集相关专家及工程技术人员对项目的技术方案进行审查,对方案的必要性、技术可行性、经济效益情况、技术参数的合理性等一一进行审查,并给出审查意见;其次,通过技术方案审查后的方案,则根据项目的实际情况,对项目进行立项,立项审查会由科技部门组织召开,与会专家主要针对项目的投资合理性进行审查,并形成审查意见;最后,领导层依据形成的方案技术审查与立项审查意见,对项目进行最终的评定,作出决策。

33.4.4　市场运营分配机制

在以新模式办矿为主导的前提下,大红山矿业公司紧密结合市场经济发展,始终以市场为导向、以效益为中心,依据创新创效的原则,逐步建立与市场接轨的成本管理机制,灵活高效的劳务代理制,建立了分层次多元化的分配、激励机制。

33.4.4.1　现代市场经济条件下的成本管理机制

现代市场经济条件下，企业降低成本的意识是无穷尽的。大红山矿业公司管理人员对成本控制高度重视，并充分认识到这种理念必须依靠组织措施才能形成现代的战略系统成本管理。

大红山在结合市场降成本方面做了许多工作，也取得了一些成效。一是把降低成本的工作从管理部门扩张到设计、生产与原料供应等各部门，形成全厂全员式的降低成本格局。二是将降低成本从战略布局的高度加以定位，从选择开发项目种类、规模起就预算、分析成本，再进一步从工程招、投标，确定合同等方面降成本，确立长期发展的战略成本意识。三是建立科技驱动型的成本管理理念。因市场环境逐步进入到微利时期，企业难以通过高价获得利润，计划机制下的"节能降耗"与单项成本管理，其成本下降空间十分有限，已无法适应市场经济发展的需要。科技驱动型成本管理，通过新产品开发、成熟产品的优化设计、新材料的运用、工艺技术的创新、设备技术的改进、员工素质的提高与应用信息化管理等，实现技术、管理手段与方法的科学化，进而将降低成本与技术进步有机结合起来，更加注重科技在扩大利润空间上的作用，由此形成系统的成本管理模式。大红山成立省级技术中心以来，逐步加大科技投入，每年制订大量的技改、技措与研发计划，以市场为导向，实行科学的矿石资源综合开采与利用技术。如低品位矿石重新圈定与规划开采、废石再选利用，尾矿降尾、充填与制砖利用，尾矿回水利用，铜、金、银、钴等伴生金属的综合回收利用等。在信息化集中调度指挥、集中计量与生产可视化监控及六大系统的建设方面也走在了前列。从多方面、多渠道加快了向科技驱动型成本管理的转变。四是形成系统成本管理理念。为适应市场经济发展，逐步树立系统成本管理理念，即将企业成本管理视为一项系统工程，强调整体与全局，对企业成本管理的对象、内容、方法进行系统的全方位的分析研究，将成本管理从生产延伸到市场价格与相关技术发展、工程设计等，在设计时将技术与经济紧密结合进行系统的分析评价，做投入与产出的对比，对一系列的原料成本、生产成本、销售成本等进行细致深入的分析。五是建立实施倒逼成本管理体制。即根据价值规律的要求，对企业生产经营中的各项成本开支进行计划、控制、核算、分析的全过程。改变原来传统的"价格减成本等于利润"的价格理论，形成"价格减利润等于成本"的模式，以市场价格为基准倒逼成本。再将此综合成本细分到各工序，将外部压力转化为内部的推动力，促使企业建立内部的成本控制与约束机制，完善以经济核算为手段的目标成本管理。换句话说，即将过去成本计算从原材料进厂开始，按厂内工序逐步结转的"正算"法，改变为从市场价格减目标利润开始，倒算出整个生产链中各个环节成本费用的总和，并对每一产品定出可够得着的目标成本，使其真实反映市场供求的变化。同时再将成本指标层层分解到分厂、工段或班组，最终以此指标匡算出量化成本指标，落实到每位员工。

大红山矿业公司按昆钢集团公司的相关文件精神，实行全方位倒逼成本。其做法是：

（1）以市场价格为尺度测算不同品种、品位的目标成本，进行控制和落实是倒逼成本的起点。

（2）以变化的市场为基准，从采购成本、生产成本、外委加工成本、期间费用等全方位挤水分，将深藏其中的成本潜力挖掘出来，倒逼成本。

（3）实行全员参与倒逼控制成本，将目标成本按照系统性原则进行横向到边全面展开与纵向到底层层分解落实到生产、管理各部门，每一道工序、每一个岗位，把责任落实到每位员工，并与个人经济利益挂钩，形成"千斤重担人人挑，人人肩上有指标"的全员参与控制成本格局。

（4）以精细化生产组织倒逼成本，降成本与生产的合理组织密切相关，要按照精细化的方针，经济高效地组织生产，严格执行生产计划，注重过程控制，加强各工序间的协同管理，抓好产品质量控制。

（5）建立严格考核机制倒逼成本，成立以财务为核心的成本管理领导小组，协调处理成本管理中的各种问题，对目标成本建立严格的考核制度及指标考核体系，推进倒逼成本管理的深入进行。

（6）以生产经营计划为目标倒逼动态成本管理，采用以市场倒逼方式按年、月下达单位成本和利润考核指标，同时按月下达工资含量。

（7）各单位的成本、利润、收入完成情况，原则上按当月实际盈亏数作为考核分配的依据。进行动态的成本考核管理，通过对比分析影响成本变动因素，严格控制变动成本。

33.4.4.2　市场定额承包的劳务代理制

矿山企业少不了一些辅助用工和临时工，这些岗位技术含量低、人员流动大。为了提高企业的劳动生产率和经济效益，大红山矿业公司对这些岗位采取了一种新型的用工模式，即劳务代理制。劳务代理是企业根据本单位生产经营需要聘请一些临时工、季节工，而本单位又不愿意承担这些人员的管理，以及为更好地发挥效率，用人单位委托劳务代理机构进行招聘及管理。

针对一些操作岗位、辅助岗位，后勤管理需要的清洁工、水电工、取样制样工、仓库保管员、保安人员等，对这些岗位的使用与收入分配采取市场定额承包方式，其报酬的标准主要根据当地劳动力市场价格确定，劳务人员的劳动、工资、社会保险等关系均由劳务机构与其建立并予以管理。

实施的步骤：先与劳务代理机构达成协议，明确所派出劳务人员的工资报酬、福利待遇、劳动保险及管理费用等事项，然后由劳务代理机构根据企业的实际要求输送劳务，最终按双方约定将费用支付给劳务机构。

33.4.4.3　分层次多元化的市场分配激励机制

A　与市场效益指标挂钩的岗位绩效工资制

为进一步发挥薪酬分配的激励和导向作用，调动职工积极性，吸引人才、留住人才，不断增强企业的创新能力和可持续发展能力，根据昆钢集团公司的统一要求，完善了以岗效工资为主的薪酬分配制度。

岗位绩效工资制是以按劳分配为原则，以岗位等级评价为基础，以岗位绩效为主要内容，以单位经营效益控制工资总量的一种工资制度。岗位绩效工资可由岗位基本工资、绩效工资、特殊岗位津贴三个工资单元组成。

a　岗位基本工资

这是体现岗位劳动差别的工资单元，以岗位劳动要素评价结果为确定依据，反映不同岗位在工资序列中的相对地位和差别。岗位薪级工资设置管理岗位系列和技术岗位系列。并注重分段调整岗位系数，拉开主要岗位与其他岗位的差距，突出主要岗位的作用。对现行岗位工资进行调整。借鉴"宽带薪酬"的原理，在同一岗位设置工资标准的上、下限值，作为本岗位的"薪酬带"。以岗位系数调整后确定的工资标准为本岗位"薪酬带"的中限值，在此基础上再上浮15%即为本岗位"薪酬带"的上限值，下浮15%即为本岗位"薪酬带"的下限值。形成公司内部岗位工资标准指导线制度。通过岗位工资指导线进一步体现劳动差别，拉开同一岗位不同能力和不同贡献的职工收入差距，将岗位工资制度下职工要获得更高收入必须通过提高岗位等级才能实现的途径，拓展为职工只要在现有的岗位上不断提高能力，改善工作绩效，也能够获得更高的报酬。即使在较低岗位上工作，也有可能得到更高收入，引导、激励较长时间处于同一岗位等级层次的职工专注本职工作，成为本岗位的行家里手。

　　b　绩效工资

　　这是体现职工在岗位劳动中劳动成果差别的工资单元，是岗位绩效工中最灵活，也是最具激励作用的部分。不同岗位根据岗位的不同特点定期考核。绩效工资的标准可根据公司效益和岗位评价来确定。根据大红山铁矿的生产特点可分成三个层次，即公司副科级以上中层干部，技术、管理业务主管，一般技术管理岗位。三个层次之间应拉开一定差距。

　　公司副科级以上中层干部的绩效工资与部门所担负的工作任务及主要经济技术指标挂钩。制定相应的考核办法，对超额完成工作任务或技术经济指标的，可在原基础上增加奖励；对未完成工作任务或经济技术指标的，应进行扣罚，甚至免发。充分利用绩效工资的灵活性来调动中层干部的积极性、主动性和创造性。

　　技术、管理业务主管是对公司的经营发展及安全运行产生重要作用的关键性岗位。他们虽不是中层干部，但却是公司技术生产、经营、管理岗位的骨干力量，也是各矿山行业竞争的主要人才，因此在绩效工资的分配上，向关键性的技术、管理岗位倾斜，尤其对重要的技术岗位，除了绩效工资以外，还单独设立技术津贴，并明确岗位职责、工作要求及效益指标，实行按月考核。

　　B　模拟年薪制

　　为建立健全企业高层管理人员收入分配的激励和约束机制，逐步形成结构合理、水平适当、管理规范的薪酬分配机制，充分调动矿山高层管理人员的积极性和创造性，促进企业经济效益和综合竞争力的持续增强，提高公司资产经营效率，昆钢集团公司对矿山高层管理人员实行年薪制。模拟年薪由基本年薪、效益年薪、中长期激励、特别奖励四部分组成。

　　（1）基本年薪是考虑年度资产总额、年营业收入、地区差别三个因素后，综合确定的一基数，按月发放。

　　（2）效益年薪是结合市场与年度效益确定的奖励。效益年薪采取按月预支、半年小结、年终结算的方式发放。按季度检查利润完成情况，公司对未完成利润指标的，按利润所欠比例减少预支金额。

　　（3）中长期激励是增设以三年为一个考核周期的任期经营业绩考核，以促使中层管理人员年薪收入与公司持续发展相挂钩。考核内容包括目标考核（利润、人均利润、经济增加值）、对标考核、管理评价。

　　（4）特别奖励是对生产经营工作成绩特别突出的矿山高层管理人员的特别奖励。

　　模拟年薪收入分配，坚持按劳分配、效率（效益）优先、兼顾公平的原则；坚持模拟年薪收入与公司生产经营情况及本单位经营效果挂钩考核的原则；坚持先考核后兑现、合理拉开差距的弹性激励原则；坚持既负盈又负亏、正负激励相结合的双向激励原则；坚持模拟年薪收入水平体现单位管理难度、利润贡献、收入贡献及单位生产经营成果对公司整体效益影响程度的原则。

模拟年薪的考核，根据单位的年度生产经营指标及公司对高层管理人员的履职要求，对正职制定一人一策的考核办法。年薪收入与生产经营指标和履职表现挂钩考核。

生产经营指标每月考核；履职表现实行季度考核，在每季度末月进行，考核结果在下季度的首月作为当月 30% 年薪收入的发放依据。

公司每半年以问卷形式进行职工对领导班子及成员的考评。考评结果报经公司核准后，对班子成员当月的模拟年薪进行考核。

中层管理人员的模拟年薪收入在本单位成本费用中列支，纳入工资总额统计和工资基金管理。

C　科研项目工资制

为进一步加大对科研人员的分配激励力度，激发科研人员的研发积极性和聪明才智，不断增强公司自主创新能力和可持续发展能力，提升公司的核心竞争力，公司推行科研项目工资制。

科研项目工资制是在对科研成果激励的同时，加大对科研过程的激励，旨在引导、激励科研人员勇于创新，敢于承担科研项目和课题，是现行工资制度的重要补充。

科研项目工资制适用于公司内部在生产、技改、产品开发、设备工艺优化、原料应用、质量改善、节能减排、管理创新等方面从事科研项目和课题研究的人员。它是经公司批准立项的科研项目（课题）参与人员实行的工资制。

科研项目工资制由基本工资 + 成果奖励 + 效益奖励构成。

a　基本工资

基本工资水平按照项目（课题）单位在岗职工的平均水平提高 20% 确定，同时根据项目（课题）人员在项目（课题）组中承担的工作、发挥的作用情况，再分别增加系数，具体为：项目（课题）负责人 0.65，子项目（课题）负责人（承担主要工作者）0.45，其他参与者 0.3，如参与两个以上项目（课题）者再加 0.2 的系数。即：基本工资 = $A + B + C$。A = 单位在岗职工平均工资，B = 单位在岗职工平均工资 $\times 20\%$，$C = (A + B) \times$ 系数。

b　成果奖励

根据现行的各类科技成果奖励规定，申报参与公司及其以上各类科技成果奖励评选所得奖励。

c　效益奖励

科研项目（课题）或成果转入实际应用后，可按其当年实际产生效益的一定比例一次性提取奖金，提奖比例为按所创效益的 1% 计提，兑现时个人奖金最高不超过 20 万元。

根据科研项目（课题）的具体情况，与项目（课题）组共同研究，制订相应的工作目标，并订立项目（课题）责任书。不定期进行检查和阶段性成果考评，对未达到工作目标的进行考核。实行科研项目工资制人员的工资由所在单位按月考核支付，纳入本单位工资总额统计和工资制度管理。

D 首席工程师技术年薪制

为鼓励专业技术人才专注于本职工作，为其职业发展搭建平台，切实体现技术、知识等要素参与分配，激发人才潜能，为企业发展提供技术支撑，公司推行首席工程师技术年薪制。

技术年薪制是以技术技能对公司发展的作用及贡献确定报酬，充分肯定人才价值的一种特殊工资制度。技术年薪制适用于公司在生产、技术、科研、设计、管理等方面具有较高学识水平和丰富经验，能引领本专业技术发展方向的专家。

经公司批准的首席工程师，其技术年薪水平按照单位正职领导模拟年薪收入 50%~120% 的额度由公司确定。同时应制定具体可行的考核办法，作为技术年薪的支付依据。对首席工程师的考核由单位正职承担。根据首席工程师在专业技术方面的建树和能力，合理确定考核指标及目标、任务，制定一人一策的考核办法。量化指标按月考核打分，累计计算；目标、任务按季检查、评价打分。当年未完成确定的考核指标及目标、任务的，按考核办法的规定扣发技术年薪。技术年薪在本单位成本费用中列出，纳入工资总额统计和工资制度管理。

E 技术带头人与岗位操作带头人津贴制度

为进一步完善分配激励机制，加强专业技术人才队伍建设，增强公司凝聚力和竞争力，营造吸引人才、留住人才、用好人才、培养人才的良好氛围，激发广大专业技术人员在生产、管理、技术、科研和企业改革发展中建功立业的主动性和创造性，增强企业的创新能力和竞争能力；为激励广大生产操作人员学习钻研专业知识，熟练掌握岗位操作技能，公司特推行技术带头人与岗位操作带头人津贴制度。

专业技术带头人是指在所从事的技术、管理专业方面具有一定的理论素养，对本专业工作有较深的研究和见解，专业技术水平领先，具有带头作用的职工。专业技术带头人通过选聘方式产生。

被聘任为专业技术带头人的职工实行专业技术带头人津贴；被聘任为岗位操作带头人的职工实行岗位操作带头人津贴。该津贴纳入工资总额统计和工资制度管理。

单位与专业技术带头人、操作带头人签订的聘任书中明确在聘期间的职责、目标、任务、津贴标准等；还应制定专业技术带头人及操作带头人与生产技术指标或经营管理目标挂钩的"专业技术带头人津贴考核办法"，按月考核。

技术带头人与岗位操作带头人制度，是公司的一项重要而有效的人才培养机制。

33.4.5 技术人才管理机制

人才是最宝贵、最重要的战略资源，是企业未来发展最重要的核心资源之一。企业要发展，就必须有一支高素质、专业化的人才队伍。

随着矿业的发展，公司在多方面均取得了显著成绩，提出了在"十二五"期间，创建"四型"企业，构建"绿色矿山，和谐矿山，数字矿山"，建成现代化一流矿山的战略目标。与此同时，随生产规模及经营管理目标的不断提高，面临的困难和压力也越来越大。为做大做强企业，打造自己的核心竞争力，矿业公司通过探索创新，推行以总工程师为核心的技术人才管理机制，培养新办矿模式所要求的复合型人才，实现矿业公司的可持续发展。

33.4.5.1　创新人才管理的运作机制

A　构建技术决策体系

矿业公司通过不断探索和创新，构建"总工程师—各专业副总工程师—主任工程师—专业技术带头人和岗位操作带头人—各专业的技术人员"的金字塔形的专业技术体系。组织架构为"总工程师—总工程师办公室—车间级技术科"。在组织架构和人才架构体系上形成了以总工程师为核心的技术决策体系。

技术项目通过技术决策体系，由各专业技术专家按层级和授权进行讨论后，得出技术决策结论，再提交行政决策，为行政决策打下了坚实的基础，避免了行政决策技术支撑的不足。并通过行政决策，集中对经营形势和企业发展的方向进行整体把握。两者互为补充，相互促进。

技术决策体系的逐步完善，推动了矿业公司技改技措项目的规范运作，同时也推动了矿业公司人才培养运作机制更加完善。

B　分级决策管理制度

大红山矿业公司技术决策实行分级管理制度。以技改项目立项审查为例，立项金额在10 万元以下的，在技改项目立项审查的过程中，由基层主任工程师召集基层工程技术人员初审，并经分管领导审核签字，到总工程师办公室备案即可；立项金额在 10 万元以上、30 万元以下的项目，由主任工程师初审后，提交各专业副总工程师组织会议进行技术审查，并经分管领导、总工程师、主管领导审核签字，到总工程师办公室备案；立项金额在30 万元以上、100 万元以下的项目，由主任工程师初审后，提交各专业副总工程师组织会议进行技术审查，并经矿业公司党、政、工联席会讨论决定后，由分管领导、总工程师、主管领导审核签字，到总工程师办公室备案；100 万元以上的项目，由主任工程师初审后，提交各专业副总工程师组织会议进行技术审查，并经矿业公司党、政、工联席会讨论决定后，由分管领导、总工程师、主管领导审核签字，经总工程师办公室到集团公司审批备案，完成技术决策的立项项目。

自下而上，集思广益的分级管理制度，运行结果表明，切实可行，效果明显。

33.4.5.2　创新人才队伍的培养机制

A　拓宽人才培养渠道

"总工程师—各专业副总工程师—主任工程师—专业技术带头人和岗位操作带头人—各专业的技术人员"的金字塔形的专业技术人才体系不断完善，拓宽了工程技术人员成才的渠道，为技术人才的发展搭建了平台，创造了条件，激励了公司专业技术人员的工作热情和积极性。

通过选聘主任工程师、技术带头人充实技术管理力量，在按层级进行的技术决策过程中，提高了整个技术决策系统的效率。

B　搭建平台，营造环境

（1）为员工提供发挥聪明才智的机会，建立平等竞争、优胜劣汰的岗位竞争机制，并优化参与环境，让有能力的员工参与企业的民主管理，参与企业的重大决策，增强员工的主人翁意识。

（2）积极开展谈心活动，在交流沟通中增进了解，掌握员工的心态变化，以适当调整工作岗位，使人才的工作与意愿、动态要素水平相适应。

（3）建立公开、公平、公正的考核程序，加大厂务、班务的公开力度。

（4）根据工作岗位要求和企业价值观要求，合理设计访谈和测试的程序、内容及方法，综合各种信息和资料，对应聘者进行全面、准确、科学的评估，对照企业工作岗位需要，挑选出适合的人选，使各个方面的人才都有施展其才能的舞台。

（5）尊重员工的工作价值，以业绩为检验和衡量标准，树立大家共同认可的核心价值观，根据其能力和特点分配工作，使他们正确定位，不断认识和提高自我，扬长避短，充分发挥潜能。

（6）紧扣和谐发展这个主题，优化人力配置，拓展育才渠道，实施专业技术岗位管理，为人才提供施展才华、实现抱负的广阔舞台，搭建干事创业的平台，让他们在最适合的岗位上各显其能，创造新业绩。

C　注重在实践中培养人才

创新人才队伍建设的实施方法就是生产实践。从分析问题、项目选择、方案设计、方案讨论审核、方案立项审查到实施及优化的整个过程中，放手让年轻的工程技术人员参与项目，由经验丰富的工程技术人员指导，完成项目，在实践中学习，在实践中锻炼，避免了从书本到书本，理论到理论的空谈。

在技术方案论证与审核，以及技术决策的各个环节，都邀请各个层面的技术专家参与技术决策，并让年轻的工程技术人员参与，以有机会和专家一起交流、讨论，得到锻炼和提高。同时也确保设计方案的可行性与系统性。在设计方案得到优化的同时，提高了设计水平，增强了工程技术人员的设计理论水平和实际工作能力。

加强对专业技术带头人、岗位操作带头人的培养，让他们全面负责主要科研、技改项目，并明确他们的工作目标与任务，按月在技术例会上进行总结汇报，以不断提高其综合能力。

除每年对各岗位掌握不同技术和不同技能的人员进行分阶段、分层次培训外，工程技术人员、技师、管理人员必须参加一项技术改造项目，从试验开始，参与实验报告、可研报告、设计说明书的编写和生产技术管理的全过程，以促进理论与实践的紧密结合。

D　教育培训，提升素质

矿业公司的员工培训方式灵活多样，以多种形式动态进行，由总工程师、各专业副总工程师、主任工程师、专业技术带头人和岗位操作带头人根据企业的发展状况确定授课内容与交流方式，灌输新思想、新理念。

同时，举办创新大讲坛，由各级领导以及高、中级工程技术人员、外出考察及培训人员为全矿技术、管理人员作专题讲座，传知识、讲管理、讲技术；讲授内容丰富多样，专业涉及采矿、选矿、地质、机械、管理等多个专业，涵盖范围广。借助于大红山创新大讲坛，科技人员不断提高知识水平及技术能力，同时通过上台讲课，锻炼了自己的表达能力，提高了传授技术知识的技能技巧。到 2013 年大红山创新大讲坛已经举办了 40 多期，参加人数达 3000 多人（次）。

此外，从企业的实际出发，有计划、有目的地举办各种类型的培训班，组织员工学习新知识、新技术、新工艺、新材料、新设备、新技能等，以更加适应新办矿模式下对知识型员工的要求。

33.4.5.3　科学管理，合理使用人才

科学完善的用人机制是提高人才管理水平的关键。科学合理使用人才，首先要对人才进行分类，建立科学的人才库，把人才分成高级人才、中级人才和基础人才等阶梯层次，越往上专业性越强，科研能力越高，人数越少；越往下通用性越强，人数越多。按照这一分类标准进行摸底调查，建立起庞大的人才库，把人才配置到合理状态。其次要建立科学的人才使用机制，制定科学的人才分类使用办法，对于高级技术人才，主要用待遇引人、事业留人，如聘为主任工程师，享受副科级待遇；对于中级人才，如技术带头人，要有意识地从自身队伍中选拔培养，多压担子；对于基础人才则立足于自身培养，培养出大批的应用型人才；再次，应建立人才储备机制，为满足当前和今后的人才需求，必须对专业人才进行储备，形成多专业、多元化、合理化的科技人才结构。

33.4.5.4　创新人才管理机制的效果

创新人才队伍建设，使工程项目出现"三快"，一是研究成果转化快，二是项目收效快，三是工程技术人员掌握技术快。在"三快"的同时，项目的新设备、新工艺操作岗位的员工，由于高级工和技师的参加，也能很快地掌握操作和维护技能。特别是工程技术人员，在生产管理过程中，学习并掌握了生产指挥、协调的能力。在完成多个技术改造项目的过程中，培养了一大批专业技术人员和维护、操作岗位的员工。

推行新的人才管理机制后，科研能力不断提升。矿业公司技术中心于2008年成立，2010年被认定为省级技术中心。到2013年为止技术中心共申报专利170项，国际专利7项，其中获得授权的发明专利5项、授权的新型专利61项及24项计算机版权登记。2013年1~5月受理专利59项。已获得中国钢铁工业协会冶金科学技术二等奖、云南省科技进步二等奖2项，冶金矿山科技成果三等奖1项，中国发明协会全国发明展览会铜奖，昆钢科技成果特等奖、一等奖、二等奖、三等奖共7项，玉溪市科技进步奖3项。

2009~2011年大红山矿业公司相继被授予"全国钢铁工业先进集体"、"全国环境保护优秀企业家"、中国冶金矿山"十佳厂矿"等称号。2013年获得"国家级绿色矿山试点单位"、"国家资源节约与综合利用示范矿山"称号。

33.5　倡导大红山精神与企业文化，实现矿山和谐发展

玉溪大红山矿业公司自建设以来，不断提升企业文化软实力，始终以"创四型企业，建一流矿山"为目标，不断培养企业精神，助推企业文化建设，带动企业发展；创新"一盘棋"的新模式管理理念，推动矿山融合发展。

33.5.1　企业文化

从20世纪50年代大红山在荒山中被发现以来，历经16年的地质勘探和工程建设的几度春秋，大红山的开发者始终以"吃苦耐劳的奉献精神，敢为人先的创新精神"谱写了艰苦创业与发展的新篇章。

大红山精神不仅为企业在建设过程中凝聚了力量，同时引领着公司矿业发展的方向。

大红山长距离矿浆输送管道铺设复杂程度堪称世界第一；管线 171km 的长度、大型半自磨机容积大、长距离胶带机绝对提升高度 421m，在国内领先；高分段、大间距、无底柱分段崩落法采场结构参数，居全国黑色金属矿山首位；提质降硅、提量降尾等重大技改工程效果显著；资源综合利用尾矿选金工艺实施以及选铜"零"的突破；尾矿干堆试验和井下尾砂充填新工艺的运用；省级技术中心的建成；国家级绿色矿山试点单位的申报成功；国家资源节约与综合利用示范矿山称号的获得。所有这些成绩和进步，每一次探索和实践，都是大红山人弘扬"吃苦耐劳的奉献精神，敢为人先的创新精神"，走出一条创新超越之路的结果。

先进的文化铸就企魂，美好的愿景凝聚人心。"吃苦耐劳的奉献精神，敢为人先的创新精神"，不断凝聚和激励着大红山矿业公司全体职工，在规范职工行为的同时，营造一种"求强创新，超越自我"的企业文化氛围，使大红山人自觉自愿地把"创四型企业，建一流矿山"作为自己追求的目标。这种"文化力"，为矿业公司的发展提供了不竭的精神动力，同时，也为新模式矿山企业文化建设的形成奠定了坚实的基础。

33.5.2　矿区和谐

大红山矿业公司推行全新的办矿模式，使矿业公司形成了协作单位多、人员结构复杂、管理难度大等的特点。同时，矿业公司职工远离昆钢本部，照顾不了家庭及亲人，而员工情绪、思想动态又是关系到生产建设和经营管理工作的主要因素之一。要解决这个问题，必须通过加强企业文化建设和推行一体化管理，创造员工认可的企业文化，把公司全体员工凝聚起来，形成矿山协调、可持续发展的不竭动力。

33.5.2.1　新模式下的企业文化

新办矿模式下的企业文化建设有着特殊性和一定的难度。矿业公司在企业文化建设过程中，坚持矿山发展问计于职工、问需于职工，走群众路线，采取自下而上、再自上而下的方式，从职工角度出发，群众广泛参与，对矿业公司企业文化理念系统进行提炼，形成了一套具有新矿新模式特色的企业文化成果体系。并按照"学习、宣贯、推广"三步骤，让企业精神和企业文化"入脑、入心"，广大职工精神面貌焕然一新。

33.5.2.2　推进企业文化建设，促进矿区和谐发展

大红山矿业公司结合新矿新模式的办矿特点，以安全文化为切入点，推进整个文化系统建设，成为根植于职工内心并得到自觉倡导和践行的文化理念。

A　安全文化理念的切入

矿业公司把安全文化建设作为企业文化建设的子系统。各基层单位通过宣讲国家安全法律、法规和企业安全生产方面的规章制度，以"警示语"、"三违"曝光栏、"家庭安全寄语"、"安全规范示意图"等形式，形成具有视觉冲击力和感染力且图文并茂的"安全文化"窗口。在矿区中营造出"人人讲安全、人人要安全、我以安全为中心"的浓厚氛围，同时，形成了"从'零'开始，向'零'奋斗"的安全管理新理念。

B　宣贯推广

矿业公司充分利用办公楼大厅、楼道、食堂、候车亭和厂房等，让企业文化理念"上

墙"。还印发《大红山矿业公司企业文化员工手册》，做到职工人手一册。此外，采用知识竞赛、测试、研讨、授课等方式，进一步宣讲、推广矿业公司企业文化理念。通过在基层单位职工中开展职业愿景规划、安全质量承诺等工作，倡导职工规范自己的日常行为，践行和体验企业文化。

C　深入渗透

矿业公司把矿区合作单位纳入"一盘棋"式管理，在召开生产例会、安全例会，进行职工进厂安全教育以及举办文体活动和节日联欢活动时，邀请合作单位一起参加。并结合安全、生产、经营、建设工作的实际，不断深入合作单位进行调研，在与矿区合作单位的沟通与交流的同时，逐步将矿业公司企业文化渗透到合作单位中，使合作单位的安全生产管理工作从制度"刚性"约束向文化"柔性"渗透转变，矿业公司与矿区合作单位形成了互利共赢、和谐发展的局面。

33.5.3　融合发展

玉溪大红山矿业有限公司在新模式办矿的思路下，充分运用"一盘棋"管理方式，把在矿区从事生产、建设、经营、后勤、劳务派遣等有关单位和员工一起纳入公司编制，进行统一管理，并不断完善各项管理制度，协调好安全生产组织管理、用工管理以及专项管理等工作，进一步推进矿山融合发展。

33.5.3.1　组织管理"一盘棋"

A　内部组织管理

大红山矿业公司由办公室、党群工作部、人力资源部、财务部、安全环保监督管理部、科技部（总工办、计质计量中心、技术中心）、预结算管理部、矿权管理部、项目管理部、机动物资部、通风地压管理部、尾矿管理部、生产指挥中心组成的机关部门和采矿管理部、选矿厂、动力分厂组成的基层单位，共同构成了玉溪大红山矿业有限公司的行政机构。并建立了"总工程师—各专业副总工程师—主任工程师（兼任技术中心采矿室、选矿室、机电室主任）—专业技术带头人和岗位操作带头人—各类专业技术人员"的专业技术体系。

矿业公司在企业发展方面，合理把握技术决策和行政决策，做到技术决策上认真把关，行政决策上认真审核，把风险降到最低。行政决策和技术决策之间有机联系和交织运行的渠道、方法、组织方式，引领了矿业公司的健康、稳定、可持续发展的方向。

B　外部管理体系

大红山矿业公司与长期在矿区从事外委生产加工、采矿、建设、生活后勤、劳务派遣等共98家外委协作单位，在矿区形成了生产上相互合作、经济上相互联系、生活上相互交流、文化上相互融合的一个有机整体。矿业公司各单位、部门均具有协调、管理、监督职责。大红山矿业已不再是一个简单的企业概念，而是一个地域概念、一个经济概念，是一个多元经济、多种利益共存、协作发展的新的矿区经济圈。

33.5.3.2　生产建设管理"一盘棋"

A　统一目标，统一思想

矿业公司的职工代表大会、专题工作会和各种形势任务教育活动，都邀请协作单位相关负责人一起参加。进一步统一思想、提高认识，从战略的高度、从昆钢及矿业公司发展的高度，攻坚克难，共同围绕昆钢公司下达的各项生产经营建设指标努力奋斗。

B 走访调研，解决问题

多年来，矿业公司领导坚持定期对协作单位进行走访调研，坚持每个季度召开座谈会，认真听取协作单位对生产建设的意见建议，共同分析讨论，并及时帮助协调、解决协作单位在生产工作中存在的实际困难，切实为生产建设保驾护航。

C 强化管理，互利共赢

矿业公司在对协作单位管理过程中，坚持以合同管理为基础，以精细化管理为手段，以严格管理为保证，建立行之有效的日常监督管理体系。派专业技术人员到所管理协作单位，作为"业务代表"，切实督促和指导采切掘进、原矿生产、破碎运输各环节生产工艺和技术，并直接参与协作单位的安全管理、生产管理和质量管理。使大红山的各项管理规定在采矿协作单位中得到进一步的贯彻落实。

33.5.3.3 安全管理"一盘棋"

矿业公司在总结传统矿山安全管理的基础上，不断创新安全管理新的工作思路和方式，推行"一盘棋"的安全管理模式。结合矿业公司企业文化建设，逐步建设推广具有矿山特色的安全文化子系统，使安全环保理念深入人心，矿山安全生产形势逐步好转。

A 制度管理一体化

为加强矿山安全管理，规范矿山生产秩序，矿业公司先后制定和完善了《生产安全事故"一岗双责"问责办法》、《"三违"管理办法》、《工程建设及生产经营承包单位管理办法》、《生产安全事故考核管理办法》、《职业卫生管理制度》、《职业卫生档案管理制度》、《通风防尘管理办法》、《劳动防护用品发放与使用管理制度》等一系列措施制度，统一管理各协作单位的安全工作。

B 监督检查高效化

矿业公司把采矿协作单位和井下建设施工单位的负责人纳入统一管理，进一步加大对施工单位的安全监管力度。把矿区协作单位人员纳入矿业公司级检查组，每周集中对矿区"三违"进行检查，相互对比、学习、借鉴，并引入政府部门检查及增加现场提问抽查等方式。对矿区安全实行区域负责制，每月进行一次重点专项安全检查，力求检查一项，整治一项，整改一项，完善一项，提高一项，为实现安全生产打下坚实基础。

C 措施管理系统化

矿业公司牵头统一组织开展外委协作单位从业人员的入厂前三级安全教育培训，每年矿业公司开展安全培训达上万人次。坚定不移地推行领导干部带班下井制度；不断推进和完善井下安全避险"六大系统"建设和ISO14001环境管理体系的认证工作。在矿山安全标准化持续推进工作方面，安全标准化达到二级的基础上，以一级为目标，PDCA循环，持续改进，扎实工作，以点带面推动矿山安全管理、现场管理、生产管理、技术管理的升级，促进安全工作转型升级。根据各外委协作单位用工复杂、从业人员流动性大、人员素质参差不齐的特点，矿业公司制定了《下井人员管理办法》等规定，明确了从业人员的准入流程，把各外委协作单位的用工纳入统一规范管理。

矿业公司领导班子成员挂钩联系协作单位，在开展"四群三深入"活动，实施领导干部"双挂双联"制度的基础上，针对采矿协助单位安全、生产等工作制定下发《大红山矿业公司领导班子成员挂钩联系采矿施工作业区实施意见（试行）的通知》，进一步加大了领导深入基层、深入实际指导、帮助和督促落实工作的力度。

33.5.3.4　人力资源管理"一盘棋"

按现代矿山发展要求，矿业公司高度重视人才培养工作，不断加大人才培养力度，提高人才储备力量。宣传好政策和制定相关管理规定，保持员工的稳定性和积极性，开展创新大讲坛、形势任务教育、职业技能培训和到优秀的企业交流等活动，不断提高员工的业务和专业技能。同时完善人才管理办法，引进优秀的人才和定期招聘新毕业的大学生，让企业具备较新知识与观念，以适应外部环境的变化。

人才队伍形成梯次培养。对新进的大学毕业生，根据生产实际，有计划地安排人员在不同岗位之间流动，熟悉各种生产流程，掌握更多专业技能，培养高素质的复合型人才，为矿山转型升级提供人才支撑。

加强协助单位人员流动管理，严把进出关，每年为协助单位员工进行安全培训，特殊工种、特种作业人员取证培训10000余人（次），促进了员工素质的提高。

劳务派遣员工的日常绩效考核与职工的考核适用同一办法，各单位绩效考核发放的工资总额为职工和劳务派遣员工的薪酬之和。合作单位员工、劳务派遣员工的工作业绩，纳入矿业公司的各项评比工作，对于业绩突出的劳务派遣员工与职工一同参加评比，一同接受表彰，使劳务派遣员工的工作得到充分的肯定。劳务派遣员工享有与职工相同的福利。

33.5.3.5　企业文化"一盘棋"

A　增强物质"硬"实力

抓班组建设，建"职工小家"。"职工小家"建设是班组建设的重要内容之一，是凝聚队伍、鼓舞和提高职工士气的重要手段，也是广大职工物质和精神生活的园地。长期以来，矿业公司一直潜心于为职工营造学习、休息的良好环境，让职工自觉地树立主人翁意识，把企业当成自己的"大家"，把班组当成"小家"。在矿业公司领导的关心和支持下，为班组配备了空调、灯具、桌椅和各类书籍、报纸，为职工业余时间学习休息创造了良好的条件。同时，职工们自己动手装饰"小家"，将岗位职责、规章制度、班务公开等内容"上墙"，使班组的民主管理能力和凝聚力不断增强。

同时，加强生活区建设。2009年5月，新建成600多套公寓式职工倒班房。目前，职工生活小区二区工程也已实施，协作单位人员将统一入住，统一管理，共同构建一个温馨和谐的大家庭。同时，在生活区先后建成了职工书屋、乒乓球室、健身房、篮球场和羽毛球场等有益于职工身心健康的文体设施，为职工营造了良好的生活、学习环境；加强职工食堂管理，引入市场化机制，采取招标方式对厂区和生活区两个职工食堂经营承包权对外承包。变普遍约束式管理为重点开放式管理，通过管食材采购渠道、食品安全卫生和促进承包单位达到餐饮企业A级标准等，促进食堂提高饭菜质量，为职工提供更安全卫生、特色优质的服务，不断提高食堂管理水平。

改善职工交通条件。一方面，加强管理，改善职工上、下班交通车乘车条件，并在节假日增开通勤车，较大程度改善了职工交通条件。另一方面，与租车单位联系，派好车，加强车辆维护保养，保障行车安全快捷，为矿区员工提供优质服务。

B 打造文化"软"实力

精神文明建设是企业凝聚合力、实现和谐的重要途径。为丰富矿区职工的业余文化生活，加强矿区职工之间的沟通与交流，引导激励职工热爱昆钢、忠诚昆钢、建设昆钢、奉献昆钢、发展昆钢、创新昆钢，营造积极向上的企业文化氛围，构建和谐矿山。

多年来，公司党委以企业文化建设为载体，在培育企业精神，凝聚员工队伍、塑造诚信形象中发挥作用，以文化力助推企业发展。矿业公司工会本着结合实际、因地制宜，坚持内容健康、形式多样、业余为主的原则，每月围绕一个主题，邀请协作单位一起开展文体、技术练兵、技能培训等活动。每年都定期组织举办"春节系列活动"、"三八节系列活动"、"安康杯知识竞赛"、"职工歌咏比赛"、"红山红杯"职工羽毛球比赛、"欢乐中秋·和谐矿山"文艺晚会和"红山红杯"男子篮球联赛。大红山矿区各协作单位均参加和观看了比赛，深受广大职工群众的欢迎。

通过这些主题活动的开展，进一步增强了矿区职工的友谊，密切了干群关系，强健了职工体魄，沟通了职工感情，加快了和谐矿区建设的步伐。

33.5.3.6 综合治理"一盘棋"

在综治、消防和禁毒方面，矿业公司按照"巩固、完善、规范、提高"的要求，坚持"打防结合，预防为主"和"预防为主、消防结合"的方针，按照"谁主管，谁负责"的原则，不断强化综治、消防、禁毒管理工作。每年与公司内部5个党支部、外委20多个协作单位签订有关《社会治安综合治理目标管理责任书》及《消防安全目标管理责任书》等，组织全矿范围内干部职工观看禁毒教育宣传片，在人员较为集中的食堂举行禁毒教育图片展，并发放禁毒宣传报，不断加强综治、消防和禁毒管理工作。对外围单位委派 1~2 名本单位人员管理，把综治、消防和禁毒安全工作任务层层分解到各部门、科室、班组及外委协作单位，切实做到层层抓管理、层层抓落实的良好局面。

在管理的同时，积极参与地方政府综治、消防和禁毒维稳工作，配合新平县政府和戛洒镇相关单位对流动人口、民爆物品、交通秩序、社会治安、消防安全和禁毒工作进行整治。在不同的时期，邀请戛洒镇相关单位工作人员到矿区给全矿范围内的干部、职工讲授有关综治、消防和禁毒知识，营造了防范措施健全、治安管理规范、案件发生较少、治安秩序良好的局面。提高职工自我消防安全防范意识，能有效应对、处置各种突发事件，确保矿业公司人员和财产安全，增强了干部、职工的拒毒、防毒意识，进一步为矿山的和谐发展做出贡献。

33.5.4 社会和谐发展

玉溪大红山矿业有限公司自建矿以来，走出了一条规模效益显著、资源有效利用、环境得到保护、经济跨越发展的一流现代化矿山发展之路。矿山经济效益与核心竞争力有了大幅度提升，为促进地方经济社会健康和谐发展乃至云南经济建设发展做出了积极贡献，已经成为引领云南省铁矿石行业的龙头企业。

矿业公司一直坚持以科学发展观为指导，把处理好企业与地方政府、当地群众的关系作为一项重要工作来抓。每年为社会提供众多就业岗位，成为地方政府保经济、保增长、保民生的重要保障。自 2002 年矿业公司正式成立以来，公司从新平县新化乡米尺莫村招收 39 名正式职工；引进劳务派遣员工 390 名，并择优录取转正了 10 名；吸纳了当地 3000 多名社会闲散劳动力从事矿山工作。目前，随着矿业公司的不断发展，带动了为矿山提供社会及第三产业服务的人员近 2 万多人，极大地缓解了地方人员就业难的问题。

矿业公司一直坚持"以人为本，共建和谐矿山"的发展理念，倡导企业文化与民族文化的融合，强调社会效益与经济效益并重，推进矿山企业与地方经济融合发展。建矿以来，矿业公司积极参加当地政府组织的系列活动，企业发展兼顾地方利益，强化协调服务，优化发展环境。玉溪市、新平县地方政府给予矿业公司大力帮助和支持，始终把优化发展环境作为重要抓手，以硬措施治理软环境，从项目立项、节能审查评估、用电需求、资源综合利用、清洁生产、安全生产、建设项目用地、工商注册登记、税务登记、城市规划许可、环境影响评价、水土保持方案到税收减免等方面，积极提供主动、规范、优质、高效的服务，着力营造良好的投资环境。

一是为充分照顾地方利益，大红山矿业公司在当地注册，把税费留在地方政府。上缴新平县的税费：2004 年为 906 万元，2005 年为 2786 万元，2006 年为 4509 万元，2007 年为 1.14 亿元，2008 年为 2.52 亿元，2009 年为 2.68 亿元，2010 年为 4.56 亿元，2011 年为 6.08 亿元，2012 年为 6.02 亿元。累计共上缴税费 17.94 亿元。

二是出资 3000 万元，建成大开门至新平公路；出资 351.89 万元，建成戛洒镇过境公路；出资 840.12 万元，建成戛洒至大红山公路；出资 45 万元为戛洒镇建造砖瓦厂；出资 2 万元为戛洒镇卫生院购买救护车。投资了 7 亿多元，建成了 171km 的环保、技术含量高的管道运输线，为山区村庄公路建设做出了巨大贡献。

三是坚持"新矿新模式、生活后勤社会化"的理念。职工以及到昆钢大红山铁矿参观、指导工作的领导和来宾的生活后勤都依托当地来办，推动了戛洒镇的餐饮、娱乐业产业链的建设，加快了小城镇的建设步伐。

四是推动了运输业的发展。除采取管道运输铁精矿外，每年生产的成品矿和富矿还有 400kt 以上，外面运进来的物资等需要大量的汽车运输，使当地的运输业发展迅速。

五是积极响应新平县"让贫困家庭看上电视"的号召，动员职工捐款购买电视机 10 台，送到管线工程经过的新化乡；出资 3.5 万元向新平县残联捐赠"爱心邮品"；出资 3.6 万元支持老厂乡保和村委会小学配置多媒体教室；出资 35 万元资助新化乡米尺莫村委会大耳租小组开展新农村建设；出资 5 万元资助新化乡白达莫村委会小学修缮校舍；出资 4.2 万元资助新化乡哈姆伯祖村委会修建乡村公路；出资 5 万元资助新化乡中学修建太阳能设施；无偿划拨南蚌村委会 60t 水泥，支持地方新农村建设。

六是吸收了大量当地及外地的剩余劳动力就业，增加当地居民收入，提高生活水平。自 20 世纪 80 年代末期起筹建、施工至今，平均每天用农民工 400 人，根据从事的工种不同，每月每人由施工方支付给农民工工资 1500~3000 元。在大红山矿区不断形成民营企业群体，吸收当地农民工就业，每天在矿业公司周边民营企业从事选矿加工的民工有 200 多人。在生产经营方面，矿业公司所用农民工，从事保安、门卫、清扫、食堂饮食服务等工作的近 100 人。

在矿山企业发展的带动下，矿山所处的戛洒镇工业经济迅猛发展，带动了当地的餐饮、住宿、旅游等第三产业的蓬勃发展，戛洒镇经济结构成功实现了由农业为主向工业为主的重大转变。从一个名不见经传的小镇，跨入了玉溪市"十大工业强镇"之列，发展成为云南省50个重点小城镇之一。戛洒镇的发展速度也日新月异，目前，约3.5万人口在此长期居住和生活在戛洒镇。全镇农业生产稳步发展，工业生产、固定资产投资快速增长，消费市场繁荣，财政、金融事业等稳定发展，当地人民生活水平明显提高。

34 新模式信息化办矿

充分应用信息化手段对于实现新模式办矿十分重要。为此,矿业公司建立了 ERP 系统、管理信息系统和信息发布系统。

34.1 管理信息系统

34.1.1 协同办公和移动办公的结合

为了顺应高速、高质的信息发展趋势,信息化跃入了矿业公司管理层的视线。早在 2005 年,集团公司就开始着手进行集团的信息化建设工作,先后实施了一些应用系统。大红山铁矿抓住机遇,为实现现代化,提升矿山公司管理水平、增强矿山公司竞争力,在集团公司信息化建设的统一规划下,逐步应用了协同办公系统及移动办公系统。

协同办公系统在统一的矿山公司信息平台上实现了对公文、销售、人事、资产、客户和采购等方面的管理,消除内部的各类信息孤岛,实现各部门、人员之间的信息共享和协同工作,创建了一个集成的、统一的、协调运作的协同办公平台。

协同办公与移动办公相结合,有效地提高办公效率,各类公文通过高速网络传递到目标用户,大大提高了办公效率,提高了信息传递的安全性、准确性,降低了重复工作造成的人力、物力资源浪费,节约了办公成本,符合节能减排的要求。

34.1.2 信息系统整合

矿山公司信息化已经涵盖了矿山生产的方方面面,信息化建设的程度对矿山公司的生存、发展和市场竞争力有直接作用。通过先进的计算机网络技术、数据库技术、计算机技术,把生产经营活动中的信息整合、共享,为矿山公司各层级决策者提供决策依据,进而达到提高矿山公司的经济效益的目的。

在矿山公司的生产经营活动中,各个生产、建设、销售、管理、安全监控节点,都在源源不断地产生各类信息,这些节点就是信息源。

信息系统由各类信息源组成,根据信息源的不同,所组成的信息系统也不同。按照矿业公司现在的信息系统组成,大致可分为生产信息系统、调度信息系统、安全监控信息系统和管理信息系统四类。

(1) 生产信息系统组成:井下生产信息系统、选矿生产信息系统、动力供电和供水信息系统等。

(2) 调度信息系统组成:井下生产调度系统、选矿生产调度系统和电力调度系统等。

(3) 安全监控信息系统:井下环境监测系统、视频监控系统、井下人员(车辆)定位系统和地压监测系统等。

(4) 管理信息系统组成:ERP 管理系统、办公自动化系统。

信息系统整合主要以各类信息数据为支撑，以网络技术、数据库存储技术为基础，建立规范的、严密的安全访问管理机制，面向矿山公司内部，提供安全、高速、内容丰富的信息服务。

34.2 信息发布系统

34.2.1 说明

信息发布系统就是在公司内部，如办公楼各层楼梯口、大厅、展厅、会议室内外、各办公室等，安装液晶平板电视，通过专业的播放管理系统发布动态和静态的信息，如矿山公司宣传片、安全宣传片、公司要闻、活动记录、职工培训、重要通知等。这些信息的发布不仅能够营造一个轻松、温馨的工作环境，而且能够及时地传递矿山公司文化，感染员工，提升矿山公司凝聚力。

34.2.2 系统功能

（1）功能强大：在大屏幕液晶和触摸屏上灵活组合视频、音频、动画，图片信息和字幕，向受众有效传递矿山公司的营销、宣传信息，发布公告，促进互动。对于欢迎信息、通知公告、内部新闻、产品介绍、天气预报、宣传资料、滚动字幕节目等即时信息，可以做到立即发布，在第一时间将最新的资讯传递给受众群体，并根据不同区域和受众群体，做到分级分区管理，有针对性地发布信息。

（2）易用：会用 OFFICE 就能使用系统。系统非常便利地进行宣传内容的制作、发布和管理，既方便又有效。先进、实用的制作工具，帮助矿山公司的管理人员制作精美的宣传内容，可以通过网络自动发布到播放器，播放端按照计划时间播放，除了营销宣传、信息公告之外，还可以插播新闻、天气、日历等信息。

34.2.3 权限分配

（1）超级权限：系统管理员；权限范围：对信息发布系统的主要管理者无限制。

（2）一级管理员：总经理、党委书记、办公室；权限范围：可对全部终端和任一终端发布、终止、修改信息。

（3）二级管理员：副总经理；权限范围：只对主管部门、区域内终端发布、终止、修改信息，但不能修改、终止由一级管理员发布的信息。

（4）三级管理员：部门主管领导、部门下设办公室；权限范围：只对部门管辖区域内的终端发布、终止、修改信息，但不能修改、终止由一、二级管理员发布的信息。

34.3 企业资源计划系统（ERP）

就企业层面来说，资源计划系统（ERP）就是一个有效地组织、计划和实施企业的人、财、物管理的系统。它依靠 IT 的技术和手段以保证其信息的集成性、实时性和统一性，是企业集团多元化经营的产物。昆钢集团公司和矿业公司与时俱进，降本增效，将

ERP 系统的应用作为公司信息化建设工作的重要组成部分。以信息技术为基础，以系统化的管理思想，为公司决策层及员工提供决策运行手段的管理平台。

大红山铁矿自实施 ERP 系统项目以来，结合矿山企业特有的生产情况，建立完善 ERP 系统所需基础，将 ERP 系统的管理思想和模块功能运用于矿山经营的各个环节，将原来各专业部门分散、割裂的职能集合成完整的管理流程，实现了大红山铁矿独具特色的矿山 ERP 管理系统。其中，主要包括几大模块：全新的财务及控制管理、精准的生产计划与控制管理、规范和完善的库存物资管理、精细化的设备管理、科学的人力资源管理等。

34.3.1　ERP 系统的基础

矿山设备的先进化、网路高速共享化、信息数据的全面化、业务流程的重组化，是矿山现代化的基本要素，是成功实施 ERP 系统的关键。

34.3.1.1　设备的信息化

设备信息化和现代化，是数据获取和处理的关键。自公司信息化办矿以来，公司通过设备的新建和更新，已先后引进并建成井下无线通信网路，选矿自动控制设备，生产调度监测设备，矿山机械设备自动化监控设备，过磅房自动监测设备，地压监测设备，尾矿库监测设备，办公计算机的全覆盖，下井人员识别设备，车辆识别设备，供水供电自动监控设备，矿区、生活区安保监控设备，全面实现了设备的自动化和信息化，网路的高速化和共享化。为 ERP 系统的建成打下了坚实的基础。

34.3.1.2　信息数据的全面化

"三分技术，七分管理，十二分的数据"，事实上，ERP 系统是一种管理工具，其本身并不是管理目标，基础数据才是成功实施 ERP 的重要前提和基础，基础数据的准确性、完整性、规范性和有效性是 ERP 系统实施成败的关键。

通过 ERP 系统将矿业公司的各类生产经营活动中的数据（包括各个生产、建设、购销、管理、安全监控节点提供的源源不断的信息数据）按照事先预定或者设置好的作业流程，根据控制的需求汇总，得到既定的信息。

按照矿业公司现在的 ERP 功能模块的组成，大致可分为财务与成本信息、生产计划与控制信息、库存物资信息、设备信息及人力资源和信息知识信息五大类。

（1）财务与成本信息组成：会计信息、财务信息、成本信息、固定资产信息、项目运维信息等。

（2）生产计划与控制信息组成：井下生产信息、选矿生产信息、动力供电和供水信息、管道供矿信息以及监控调度信息等。

（3）库存物资信息组成：原材料库存、成品库存、部件库存、备件库存和在制品库存、生产辅助服务物资等信息。

（4）设备信息组成：功能位置主数据、设备主数据、分类、测量点和计数器等信息。

（5）人力资源和信息知识信息组成：员工的基本信息、综合素质的评价和管理、绩效薪酬、行业政策法规以及业界动态等信息。

34.3.1.3　业务流程的再造化

ERP 系统模块虽然按功能划分，但是每个模块中的应用程序并不限定在某个部门使用，而是面向工作流，而工作流可以因公司发展阶段、因时间不同而异。这样，就有必要在业务流程和组织机构方面加以调整和变革，实行机构重组。

在不增加生产资源的情况下，通过最大限度发挥当前资源能力的方式，实现提高企业生产能力的目标。在对生产制造系统涉及的业务充分调研的基础上，对部门进行整合，以实现生产管理的一级管理为目标，赋予计划分配、调度指挥、信息匹配的职能，提高管控效率。针对采、选操作流程，结合矿业公司的管理深度、成本核算控制要求，将关键工序、控制点对操作流程进行划分，并确认这些环节能及时获得明细、准确的数据，确保系统运作简洁、准确。

大红山铁矿通过 ERP 系统成功实施，使得传统的业务流程产生了整理、优化、机构重组，实现了信息的最小冗余和最大共享。传统上需要几步或几个部门才能完成的工作，在 ERP 中一次即可完成，提高了生产效率，降低了成本。

34.3.2 全新的财务与成本控制管理

财务统一管理公司经济业务，将财务管理分解为由财务会计和管理会计两个模块组成的财务子系统。财务子系统内不同模块之间的联系和与其他应用模块的继承，使之成为公司所有部门的管理工具，起到优化经营管理业务流程，建成统一、继承、实时共享的财务管理信息平台的作用，为决策支持体系奠定良好基础。

ERP 系统可提供财务管理和会计核算应有的各种功能（包括信息系统、报表生成、分析和决策等），从而实现了包括会计管理、财务管理、成本控制、固定资产管理、项目管理等各种财务业务在内的功能。

34.3.2.1 财务管理

ERP 财务采用一级核算模式后，各个二级单位的资金账户将收回，在本部财务设立集中的资金账户，对资金的流入、流出进行集中的管理。同样，SAP 财务系统中的总账与应收、应付账是紧密集成的，对资金的流入、流出更加透明，增加了财务管理人员对资金流的预测能力，并做到了事前计划、事中控制和事后分析，大大提高了资金的使用效率，并节约资金的使用成本。

34.3.2.2 会计管理

与母公司昆钢集团相对应，大红山铁矿实施 ERP 的会计核算模块，涉及总账、应收账款、应付账款、法定合并、特殊用途分类账和资产会计等。

首先以总分类账为例，总账与物料管理集成，实现库存数与账面数统一；与资产明细账的集成，实现资产管理与财务账面一致；与应收应付集成，实现应收应付与总账一致。集成的总分类账使各财务部门可以得到公司的所有重要的业务流程的数据，部门可以用不同的会计科目表将有关项目记账到总分类账中，使用资产负债表灵活多样的报表功能可以从不同的汇总层次上向管理层和昆钢集团提供明晰的相关数据。

应收账款则是对客户账户进行监测与控制的模块，应收账款管理实现对销售业务与财务的实时统一，提供账户分析、示警报告、逾期清单以及灵活的催款功能。并对流动资金计划以及利润核算功能也能提供实时、一致的数据。

资产会计模块是记录资产从最初购置、废弃、转移直到报废的整个资产周期。ERP 系统的使用，可计算折旧、利息以及其他数据。资产管理的明细化，使财务资产会计与实物管理人员数据共享，以成本中心为单位，全面明晰责任。

34.3.2.3　成本管理

传统的矿山企业成本管理仅仅针对矿产品本身，只重视其制造成本，并没有基于价值链来核算和管理。随着矿山多元化的发展，其成本分布在各个环节，包括资本成本、服务成本、企业信息成本、物资成本、采矿成本、销售成本、弃置费用、人力成本、环境成本、技术成本及决策成本等。

大红山铁矿通过 ERP 系统的建立，将各个环节以财务数据形式集成于管理信息平台，进行统一管理和决策。并且按成本发生的时间先后，将成本管理控制划分为事前控制、事中控制、事后控制阶段，进行原始数据的收集和处理。

A　事前控制

这主要是指通过确定目标成本，建立成本控制网络。分解成本指标，将其分级落实到处（科）室、矿、坑（工区）、队组、个人。将产量、工程量、质量品种指标落实到计划统计部门；将供矿品位、采矿损失率、矿石贫化率、坑道合格率指标落实到地测部门；将采场设计、采掘作业效益、采场实现率、万吨采掘比、三级矿量平衡、采供比、爆破效率等指标落实到生产技术部门；将技术进步、机械化程度、化验数据合格指标落实到科技部门；将设备完好率、设备利用率、设备运转率、设备大中小修、备品备件采购成本、风水电等能耗管理、线损、功率因素等指标落实到机械动力部门；将原材料的采购与使用管理，消耗定额管理指标落实到供应部门；将劳动生产率、劳动定员定额、劳动纪律指标落实到劳动人事部门；将固定费用管理指标落实到财务部门；将产品（工程）产量计划、施工质量指标落实到工区、队组。实行分工合作、层层控制、归口管理、分级负责，在矿山上、下、左、右形成纵横交错的成本控制体系，并使成本控制与经济责任制有机地结合起来。

B　事中控制

在原矿生产过程中，从掘进起直至将矿石运至选矿场的整个阶段，对成本的形成和偏离目标成本的差异进行过程控制。其内容包括：建立成本反馈制度，把偏离成本目标的差异及时反馈给责任部门和个人，及时采取措施予以纠正；对工程质量、供矿品位等，建立严格的监督验收制度；对炸药、雷管、木料、钢材等主要材料，必须按定额供应，以限额领料单、代金券等形式加以控制；对费用开支，严格执行审批制度，并按预算执行，而且还要从开支的时间、用途和作用上进行控制；推行分级核算和采场成本核算制度，为成本的日常控制及时提供资料。

C　事后控制

一般是在掌握了成本的实际情况后，将其与目标成本相比较，计算出成本差异，确定成本节约与浪费，进而分析成本超支、节约的原因和责任归属，并对成本责任部门进行行业绩的考核与评价。根据比较与分析，总结经验，纠正偏差，修改标准，提出新的目标。

综上所述，利用数据化、明晰化的 ERP 系统，使得在矿山生产过程中，管理层和各生产部门可充分了解矿产品综合成本核算的各个环节，分析出产生成本的主要构成和影响因素，为矿业公司提供真实、准确、有效的数据，以期更好地控制矿业公司的产品综合成本，并为公司管理层提供决策依据，及时调整产品结构，增强矿业公司的市场竞争力。

34.3.2.4 固定资产管理

固定资产是大红山铁矿从事生产经营活动必须具备的物质资源和条件。它能带来巨大的经济利益，是公司从事生产经营活动的物质基础。

因此，通过利用 ERP 系统 AM 模块对固定资产进行管理，将固定资产管理的各个方面集成为一个规范化、透明化的体系，将固定资产的实物管理与财务资产管理结合起来，严格按照固定资产新增流程、调拨流程、固定资产报废流程操作，避免有账无物及有物无账的情况发生；能完成不同类别的资产新增录入、报废、闲置、批量查询、自动生成报表功能等；能为矿业公司提供真实、准确、有效的固定资产信息，更好地控制矿业公司的生产成本，为公司管理层提供决策依据，及时调整设备结构，增强矿业公司的市场竞争力。

34.3.2.5 项目管理

ERP 项目管理提供了全项目生命周期管理的功能，包括项目提出、可行性研究、立项批准、投资和竣工验收等全过程的管理；与总账、应收款管理、应付款管理、固定资产管理、采购管理、库存管理、设备管理等模块集成，可以实现对多个项目、子项目、任务及子任务按 WBS 结构进行收入成本的核算，以及预算的管理和控制。

（1）项目合同管理：招投标结束后，需要在系统中创建服务采购订单。合同作为系统的采购订单，通过系统将合同整个过程管起来，从创建采购订单到合同分次确认和发票校验，最后财务付款，全部由系统加以管理。

（2）项目竣工结束：从项目交工验收到项目结束整个过程都要在系统中确认，以便能随时了解到项目的进展，并将相关验收文档挂入系统，财务随着项目验收的进展作相应的项目结转。

（3）项目竣工结算：工程管理部门收到项目结算书后，相关科室进行结算审核，审核通过后，工程管理部门领导进行复审，复审结束后，工程指挥部门根据结算审批结果在ERP 系统中更改合同、设计图纸、定额，确认相关内容，将结算信息录入 ERP 系统，并维护相关文本信息。

34.3.3 精准的生产计划与控制管理

生产计划与控制是 ERP 系统的核心部分，以数据仓库和开放的数据库共同作为数据支持。生产计划是以企业战略管理模块中所制订的中、长期计划为指导，以企业的地质资源为约束条件，分别制订探矿计划和主生产计划，以及矿石生产和加工过程中的辅助作业计划。同时，根据矿山的生产能力，进行物料需求能力平衡，结合矿山的设备管理，制订设备的使用与维修计划等。由于矿山企业的供应链存在动态性，因此生产与计划控制模块要根据地质资源状况、矿产品市场和企业经营效果实时地进行调整。生产控制是矿山生产计划的执行过程，它实时地监控矿山生产的各个环节，采用联机事务处理的工作方式，进行相应的数据采集，并写入开放数据库，以供各功能模块使用。

34.3.3.1 生产计划

矿山生产计划管理，利用现代网络技术、计算机技术、统计学、矿山地质、矿山测量、采矿、选矿、冶炼、安全工程等技术，对矿山开采、资源管理及矿山生产中地、测、采、选、冶、销、计划、统计、调度、人力资源等多个环节的数据进行采集、存储、处理、提取、传输、汇总和分析加工，从库存开始编制生产计划到生产计划的下达、调整、执行、汇报及完成的生产全过程的控制，或者从订单开始进行生产计划的编制、下达、调整、执行、汇报及完成的生产全过程的控制。实现从合同签约、生产、交货到结算的全过程合同管理，从原材料到最终成品的全过程材料管理和全过程计划管理。

生产计划在采矿生产、选矿生产、质量管理、资金管理、能源管理、工程管理等方面都能体现出来，包括长远计划和短期计划。长远计划是矿山的宏观发展方向的反映，短期计划则是矿山近期的生产目标和规划。计划管理系统如图 34-1 所示。

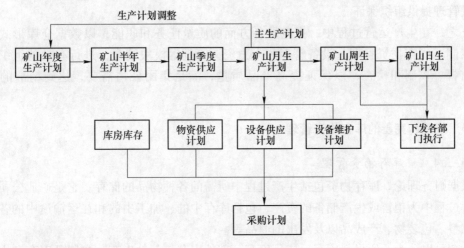

图 34-1　生产计划管理系统

34.3.3.2　生产控制

生产计划与排产的控制，是通过有效的计划编制和产能进行详细调度，在保证矿业公司生产任务的基础上，使生产能力发挥到最高水平。最大难处是部门间的协调和标准操作流程的贯彻执行。

生产控制系统的大部分数据来源于生产一线，因而对生产部门管理提出了更高的要求。生产部门的管理是否规范，是否能向其他业务部门及时提供明细的、准确的数据，是决定整个系统运行精度的关键。

34.3.3.3　质量管理

大红山铁矿通过 ERP 系统的建立，将全面质量管理作为实现各项经济技术指标的核心工作，并以此作为预期完成采、选、冶等任务的基础。其中，在生产运营过程中，确定质量管理的具体任务。

首先，加强地质勘探和生产探矿，不断提供新储量，保证三级矿量平衡，保证生产的持续性，为延长矿山寿命，搞好质量管理。

其次，加强采矿管理，增大开采强度，最大限度地减少金属量损失，提高回收率，降低矿石贫化率，防止伪顶（底）、夹石、脱帮及其他杂质混入，保证原矿品位的稳定性。

再次，加强选冶管理，改进选冶工艺，提高精矿质量和选冶回收率，提高综合开发利用资源的水平。

其他方面，要加强企业标准化管理，改进质量检测手段，搞好产品生产的入证工作。

针对以上质量管理的具体任务，根据矿山职能部门，划分为四个方面的管理：

（1）工作质量管理。包括井巷工程、地面工艺建筑工程、设备和设备安装工程等。

（2）设备维修质量管理。大红山铁矿生产战线长、环节多，设备种类繁多、移动性大。设备维修质量管理，对于提高公司效益非常重要。

（3）矿石质量管理。矿石的剥采和选别质量控制是关键，按设计要满足母公司昆钢集团的要求，必须提高精矿品位，降低硅含量，以降低母公司的冶炼成本。

（4）组织工作的管理。通过建立质量管理矿管领导机构，健全质量管理责任制，为推行质量管理提供组织保证。

总之，在生产运营过程中，把企业各方面的质量任务和职能，以数据仓库形式，与财务控制、库存物资管理、设备管理和人力资源管理等模块结合，进行有效的组织、协调、监督、控制和检查，以保证提高产品质量，满足集团公司需要，达到精准的生产控制。

34.3.4 规范和完善的库存物资管理

34.3.4.1 库存物资管理

根据财务理论，库存物资包括生产过程中所需的各种物品的储存。它是矿业公司在生产经营过程中为销售或生产储备的资产，包括库存中的、加工中的和在运输途中的各种材料、燃料、包装物、产成品以及发出的商品等。

库存可以分为：原材料库存、成品库存、部件库存、备件库存、在制品库存和生产辅助服务物资。矿业公司为保证生产经营的连续，必须有计划地采购、使用或销售库存。

库存管理包括物料转移的整个过程，可以根据在系统中建立库存地，按库位进行管理，记录每个库位的移动信息和账面库存信息。这个过程不仅是采购收货、采购退货，还包括生产的收发、计划内和计划外的收发、库存转移、库存调整。在做库存管理时，系统也将记录系统的操作时间和记账时间，并允许记录实际操作的单据号码，为后续的查询和检索提供方便。根据矿业公司的实际情况，可以采用周期性盘点、连续盘点、抽样盘点等方式对库存进行盘点。

其中，对于过程中产生的物资采购，以事先设置的采购协议并依据需求自动建立采购申请，也可以手工创建采购申请。通过将公司采购申请的审批策略配置到系统中，在实际业务操作中进行逐级审批，将审批完成并通过的采购申请转为采购订单。只有审批完成才准许采购，这样就建立起一个能有效监控的采购体系。

综上所述，通过对库存中的原材料、在制品和产成品进行有效的管理与控制，更好地发挥库存的功能，使矿业公司的生产经营与库存投资目标达到最优化，从而获取更多的利润。

34.3.4.2 发展前景

矿业公司实施 ERP 系统物资库存管理模块后，可形成较为规范和完善的库存管理体系，降低成本，准确而快速地进行决策，提高矿业公司的市场竞争力和快速的市场反应能力，大大减少采购流程，缩短物资的采购周期。同时，还可最大限度地减少库存量和不必要的资金积压，提高库存管理效率。

34.3.5 精细化的设备管理

ERP 系统将设备管理分为维修规划、维修处理、维修分析三个层次。维修规划是根据设备等的基础数据和维修历史，制订设备维修目标和计划；维修处理是完成计划的执行、收集各类维修历史数据；维修分析则是负责分析维修历史数据，并把分析结果反馈给维修计划。通过这一次次的闭环反馈，可减少非计划性的维修和抢修，达到降低维修成本的目的。

截至目前，矿业公司拥有世界一流的采掘、凿岩、运输、破碎、选矿和管输等机械设备，机械化、自动化程度较高。因此，设备管理的水平直接关系到矿业公司的最终经济效益。一方面，应最大限度地提高设备运转率，减少设备事故，提高设备生产效率；另一方面，应保证矿山设备的正常运转和维修。为此，必须加强精细化的设备管理。

ERP 系统的应用，将设备管理的各个方面集成为一个规范化、透明化的体系。系统具有设备资产台账和技术状态管理、设备相关文档管理、设备缺陷和事故管理、预防性维修管理、预测性维修管理、维修计划和安排、备品备件管理、工作单的生成和跟踪、维修作业成本核算、缺陷分析等功能。它对于实现设备精细化管理具有重要的作用。

34.3.5.1 设备管理目标

（1）设备、备件信息共享。以往备件计划员不能清晰了解备件的库存情况，根据个人经验做备件计划，结果造成备件计划不准确，导致采购成本增加、资金占用不合理。

（2）财务资产管理与设备实物管理紧密结合。严格按照设备的调拨流程、报废流程操作，避免了有账无物或有物无账的情况发生。

（3）日常维修、年度检修计划内容明细化、精确化。计划检修的内容是以检修工序进行明细化，具体能明确到为哪道工序检修提供备件和材料。

（4）年度检修费用超预算得到控制。计划的准确性，使得预算能得到较准确的估算。

（5）点检信息有助于系统性和科学性分析。

34.3.5.2 设备管理效果

通过设备管理与 ERP 其他生产管理、采购管理、财务管理、固定资产管理等子系统信息交付及共享的建立，实现了以下控制：

（1）矿山设备日常维修、年度检修计划费用控制。

（2）年度检修预算费用控制。

（3）检修中领用的备件、材料的实时控制，达到检修成本费用实时控制。

（4）检修项目检修工期控制。

（5）采用点检工作单进行控制。

其中，以 A 类设备、备件的管理为重点，加强设备的日常维护，强化点检、巡检制度，做到检修按计划组织，避免非计划停机，确保作业率达到 90%。积极研究推动材料、备件的功能性承包，推广零库存-寄售模式在采购中的运用。采用电力倒逼法和定额指标考核法，建立用电应急预案，把外委协作单位的用水、用电纳入指标考核范围，在组织好生产的同时，控制好生产成本。

管道公司部署检修工作，坚持计划与非计划检修相结合。对关键部件进行定期更换，以确保设备的安全运行。为保证生产任务的顺利实现，通过严格的点检和日常维护，精心安排检修计划，在不影响生产的前提下有计划、有步骤地进行检修，确保检修任务和检修质量，理顺检修维护工作。同时加强设备的运行监督。为进一步明确设备维护责任，实行设备维护包机到人，消除了维护不到位、工作拖沓等消极因素。

34.3.6　科学的人力资源管理

人力资源管理，是指运用现代化的科学方法，对与一定物力相结合的人力进行合理的培训、组织和调配，使人力、物力经常保持最佳比例，同时对人的思想、心理和行为进行恰当的诱导、控制和协调，充分发挥人的主观能动性，使人尽其才，事得其人，人事相宜，以实现组织目标。

ERP系统中此功能模块主要反映企业人员素质的评价和管理体系，同时也是企业获取外部信息（如政策法规、业界动态等）的重要途径。它是企业知识的积累和学习过程。人力资源和知识等信息在经过整理后写入开放数据库，为整个矿山所共享，以提高企业的整体知识水平。

期初，大红山铁矿在工资核算方面存在大量烦琐的手工操作，虽引入一些工资核算系统，一直到后来采用的一些人力资源系统，但是整个水平也只停留在分散运行的模式上。后来，由于矿山行业间的商业竞争越来越激烈，金属价格不稳定，企业效益下滑。在此背景下，如何吸引优秀人才，合理安排人力资源，降低人力成本，提高企业竞争力，就成为矿山思考的重要问题。

ERP系统在大红山铁矿的逐步建立和实施，在公司的管理中，始终是以生产制造及销售过程（供应链）为中心，其功能真正扩展到了全方位企业管理的范畴。其中的人力资源管理模块的功能范围，也从单一的工资核算、人事管理，扩展到可为公司的决策提供帮助的全方位解决方案。这些领域涵盖了人力资源规划、员工考核、劳动力安排、时间管理、招聘管理、员工薪资核算、培训计划、差旅管理等。并同ERP中的财务、生产系统组成高效的、具有高度集成性的管理系统。整个系统大大提高了企业的管理效率和管理水平，提高了决策的准确性，从而降低了企业的管理成本，提高了企业的生产效率。

35　新模式办矿总体目标及思路

在国家提出建设"资源节约型、环境友好型"两型矿山的基础上，大红山矿业公司自我加压，结合公司特点又提出建设"安全发展型、自主知识型"矿山，按建设"四型"矿山为总体目标，大胆创新突破，采取多种有效措施，向建设一流矿山迈进。

35.1　创四型企业、建一流矿山

35.1.1　资源节约型

大红山矿业公司十分重视资源节约型企业的建设，并取得了显著效果。

35.1.1.1　降低尾矿品位，成效显著

降低尾矿品位，提高金属回收率，减少尾矿排放量，是节约资源、提高资源利用率的首要工作。大红山矿业公司经过几年的不懈努力，先后建成三个选厂降尾系统，使一选厂、二选厂尾矿品位由设计的 14.91%、15.34% 均降至 10% 左右，每年从尾矿中回收二级精矿 800kt 左右。

35.1.1.2　低贫矿石利用

大红山矿业公司的浅部熔岩低贫矿石，表内矿储量 40070kt，地质品位 21.45%，表外矿储量 18520kt，品位 16.87%。该矿体由于地质品位低于国家工业指标，一直未能利用。

近年来，随着低贫矿石利用技术的突破，结合市场规模优势，同时因该资源位于大红山铁矿部分地下开采矿体的上方，随坑采范围的逐步扩大，将会影响到该资源的正常开采。为保护和利用资源，大红山铁矿进行了 7000kt/a 扩产工程露天采矿、选矿厂规划并及时投入生产，对浅部熔岩低贫含铜铁矿进行了抢救性开采，大大地提高了低品位矿石利用的范围与规模，为矿山持续发展奠定了良好的基础。

同时，为贯彻实施《云南省三年找矿行动规划》的部署和要求，大红山矿业公司通过研究大红山资源及开采现状，实施深部探矿与浅部探矿，周边找矿。到 2011 年，经过深部探矿工程的施工，探明深部铁矿的矿体边界、地质赋存情况、构造、水文地质，寻找到 579kt 的铁矿石和 564kt 的铜矿石资源；通过浅部探矿，找到平均品位为 18.96% 的铁矿石资源量 29671.2kt；通过降低工业圈定品位至 20%，增加资源量 56410kt。

35.1.1.3　废石利用

按照公司"十二五"规划目标，到"十二五"末实现采选能力 11000kt/a 以上，年产 5000kt 以上成品矿目标。但随着产能的不断增加，大红山铁矿资源的消耗速度也在加快。同时，大红山铁矿坑下每年产生废碴近 1000kt，其中近 600kt 含铁 17%。为了回收此部分矿石，大红山铁矿建成含铁废石抛选系统。此系统的处理能力为 1500kt/a，除能对井下近 1000kt 含铁废石进行破碎抛选外，还能对井下回收的近 500kt/a 低品位矿石和二级富矿进行破碎。同时，碴石经深加工后可作为级配碎石、石粉和建筑材料充分利用，化废为宝，

并由此产生良好的经济和社会效益。

35.1.1.4 尾矿中回收金

大红山矿业公司尾矿中含有极低品位的伴生金属金。为回收这部分金，进行了深入的技术研究。通过研究，自主创新设计与施工，采用自制的设备，自行试验并研究符合回收金精矿设备的坡度、给矿浓度、吸附的材料、流程等。由一种选矿设备、多种技术参数组成的流程和关键技术支撑了该项目的成功实施。

项目实施后从 4000kt/a 选厂尾矿（含金 0.17g/t）中回收品位 30~50g/t 品位的金精矿 120t/a，年经济效益 150 万元，并形成了自主知识产权。

35.1.1.5 获得国家资源节约与综合利用示范矿山称号

大红山铁矿在加强自身创新能力建设的同时，不断强化了科技成果总结、提炼，在矿产资源综合利用方面的水平得到显著提高，在经济、社会、生态与资源效益等方面取得了明显的成效。2013 年 4 月，被国土资源部授予"矿产资源节约与综合利用先进适用技术推广应用示范矿山"称号。

35.1.2 环境友好型

矿业公司成立以来，立足环境保护，以建设绿色矿山为目标，牢固树立"既要金山银山，更要绿水青山"的科学理念，在全矿上下营造"不重视生态的企业是没有希望的企业"的舆论氛围，采用先进技术手段，有效地保护矿山生态环境。

35.1.2.1 生产、生活废水零排放

为避免选矿厂、井下生产和生活污水对环境造成污染，并循环利用生产、生活污水，变废为宝，大红山矿业公司已建成生产和生活污水处理厂，实现了生产和生活污水全部循环利用（坑内每天外排的废水，经回水调节水池，再进入全自动反冲净水器，经处理后供生产循环使用）。

35.1.2.2 尾矿回水循环利用

大红山矿业公司投资近 6399 万元，建成尾矿回水工程。该工程的实施提高了矿山水资源的循环利用水平，进一步节约水资源，有效保护环境，达到了国家节能减排技术政策和清洁生产标准的要求。该工程争取到了国家重金属污染防治资金补助，且每年可节约成本 960 多万元。

35.1.2.3 大红山铁、铜两矿共用龙都尾矿库

大红山铁、铜两矿共用龙都尾矿库，避免了分别征地，多处设置尾矿库的问题，节约利用了土地资源。同时，推进尾矿干堆试验，提高尾矿排放浓度，减少尾矿含水量，最大限度地节约水资源，增加尾矿堆坝体的强度；对井下尾砂充填进行研究，将部分尾砂用于井下充填，减轻采空区形成后的地压力，为安全生产创造条件。

35.1.2.4 获得国家级绿色矿山试点单位称号

大红山铁矿在节能减排、环境保护技术的开发与应用工作中发挥了重要作用。建立了清洁化生产的技术体系，生产过程的"三废"排放量大幅度降低；同时大力推进复垦绿化工程，矿山绿化、复垦率大幅度提升。2013 年 10 月，被国土资源部确定为"国家级绿色矿山试点单位"。

35.1.3 安全发展型

大红山矿业公司在着力抓好生产建设的进程中，不断夯实基础，创新安全管理机制，坚定不移推行安全标准化工作。

35.1.3.1 推行矿领导干部下井带班制度

为了加强对下井作业人员的安全监管，以及对井下运输车辆超载、超速的管理和考核，加大现场管理、安全隐患排查整治的频次和考核力度，实行矿领导干部下井带班制度，收到了成效。

35.1.3.2 加大安全培训力度，创新安全培训机制

由矿业公司统一组织对各外委协作单位从业人员的三级安全教育培训和安全管理人员培训、特种作业人员培训等。

35.1.3.3 创新安全监督检查方式，抓好隐患排查和治理

每月确定一个检查侧重点，做深度的专项检查，达到整治一项，完善一项；整改一项，提高一项。每季度开展外委协作单位上级及主管部门领导到大红山矿业公司现场对其项目部开展安全检查，检查范围达到该单位在大红山矿业公司所承担工程作业场所的80%以上。检查形式以互检互查为主，并向矿业公司上报检查报告、限时整改责任书。

35.1.3.4 开展以"安全生产"为基础的社会主义劳动竞赛

从2013年第一季度开始，组织外委协作单位开展以"安全生产"为基础的社会主义劳动竞赛，重点突出安全工作，一个季度进行一次评比，授予"流动红旗"，半年一小结，年终总结，对安全生产工作做得好、有特点、有进步的单位进行表彰奖励，推动全员、全方位的安全生产工作。

35.1.3.5 狠抓"三违"，杜绝习惯性违章

以落实企业安全管理主体责任、领导干部安全生产"一岗双责"和规范员工作业行为为主线，结合矿山实际，制定并细化了各岗位工种"三违"行为的考核措施。成立四个督查组，每周对各个生产、建设场所开展一次专项督查，对发现的"三违"行为，除考核违章者外，还要对违章者所在单位、单位领导以及职能管理部门领导一并实施考核，并在井口、食堂等处进行曝光。员工违章，领导有责，单位也有责。

35.1.3.6 坚定不移地推行矿山安全标准化工作

在安全标准化达到三级的基础上，以一级为目标，PDCA循环，持续改进，扎实工作，以点带面推动矿山安全、现场、生产及技术管理的升级，全面提升矿业公司安全基础管理工作和专业管理水平，促进公司安全工作转型升级。

35.1.3.7 加大通风和地压研究

公司成立专管部门，重点解决井下生产、扩产建设中的通风和地压问题。

35.1.3.8 推进"六大系统"建设工作

按照国家对金属、非金属矿山建立"六大系统"的要求，坚定不移地加快建设步伐，在现有基础上，不断建立健全、规范完善井下通信系统、监测监控系统、紧急避险系统、压风自救系统、供水施救系统、井下人员定位系统。

35.1.3.9 矿业公司安全生产成效

矿业公司坚持把安全生产作为落实科学发展观，构建和谐矿山的重要内容，提到建设一流现代化矿山和安全标准化矿山的重要议事日程上。2006年被云南省安全生产监督管理局认定为"云南省安全生产示范企业"；2007年以来，已连续4年荣获"新平县安全生产先进单位"、"玉溪市安全生产先进单位"称号；2010年成为玉溪市第一家通过应急预案备案的非煤矿山企业；2010年被云南省安全生产监督管理局认定为安全标准化三级企业；2010年被国家环境保护部主管的《环境保护》杂志社评为"环境保护优秀企业"数据库入选单位。

35.1.4 自主知识型

作为昆明钢铁集团公司重要的原料基地，多年来，大红山矿业公司以组建技术中心为契机，搭建人才培养平台，打造企业核心竞争力，创建"自主知识型"企业。

35.1.4.1 技术革新

为了持续改进，使生产工艺更加科学合理，矿业公司不断开展技术革新。

A 采矿方面

经过多年的技术研究，大红山铁矿创新并实施了露天地下时空同步开采及地下不同区段联合开采的技术。形成了露天3800kt/a、地下充填法1500kt/a、崩落法4000kt/a上下同步开采，以及Ⅰ号铜浅部采用房柱法、深部Ⅲ、Ⅳ号矿分段采用空场嗣后充填法、各边角零星矿采用留矿全面法等集多矿段、多区段于一体的多系统、大规模、连续性开采。其中大红山矿业公司推广应用的高分段无底柱大间距分段崩落法采矿法，结构参数为20m×20m（分段高×进路间距），阶段高度为200m。其成功应用推动了无底柱分段崩落向高分段、大间距结构参数的发展，极大地降低了采矿工程的万吨采切比。

B 选矿方面

完成了近百项技术革新工程，创造了较好的经济效益。降硅、降尾、提质、增量工作取得了实质性的重大进展。

500kt/a工程投产后，大红山矿业公司新建一套重选工艺流程，从而使原本直接抛尾的二次强磁铁尾矿得以回收利用。为进一步合理利用铁矿石资源、优化选矿工艺流程和提质降尾起到了重要作用。

4000kt/a选厂建成投产后，大红山矿业公司果断提出了"抓中间、带两头"的生产组织思路：重点抓牢中间选厂的管理，积极带动前端的采矿和后端的管道运输，通过打通工艺流程和大量的技术改造，狠抓小时处理量，使年产4000kt/a选厂处理能力达到4800kt/a。

针对4000kt/a选厂建成投产后，尾矿品位偏高，回收率不高的实际问题，2007年4月，成立了技改工程领导小组，着手实施降尾、提量的技改项目。投产当年就生产品位52%以上铁精矿270kt。

35.1.4.2 技术管理

抓好技改工程的同时，矿业公司不断加强技术管理工作，建立并成功申报省级技术中心，同时建立了"总工程师—副总工程师—主任工程师—专业技术带头人和岗位操作带头人—各专业的技术人员"的技术管理组织体系。制定了技术创新项目分级组织、分级实施、分级管理、分级考核的运作机制。针对生产过程中存在的问题，成立了专项攻关工作组，负责组织技术攻关。

35.1.4.3 人才培养

大红山矿业公司立足于内部培养人才，为矿山转型升级提供人才支撑。一方面，加大与大专院校、科研院所合作，开展科研试验和课题研究；另一方面，组织专家开展选矿、采矿技术、尾矿固化干堆及充填等项目研究，在取得成果的同时，提高专业技术人员的实践能力。进一步完善各类专业技术人员的管理制度及考核办法，加大对技术骨干和生产骨干的培训考核、选拔任用力度，为"自主知识型"企业的建设提供人才支撑。

通过创建自主知识型企业，依靠科技对标挖潜和技改工作的实施，大红山矿业公司提质降尾等技改工作取得了显著的成效。选矿指标：二段强磁精矿经过离心机选别后，品位从48%提高到56%以上，管道铁精矿品位从60%提高到63%以上，二氧化硅含量从9%下降到7.5%以下。

35.1.5 建设一流矿山

矿业公司以"观念新、体制新、机制新、管理新"的新模式办矿，创新推行合同采矿模式，以外委加工合同为原则，以技术管理为手段，把好从原矿供应、精矿加工到精矿运输各环节的数量关和质量关，督促外包单位在确保产量的同时，确保各项经济技术指标的完成。矿业公司《建设一流矿山》的管理创新成果荣获"昆钢管理创新优秀成果"二等奖。在云南省冶金矿山现代化建设经验交流会上，矿业公司的矿山现代化建设经验成果在会上交流，受到与会者的一致好评。"大红山之路"被誉为现代化矿山的成功范本在全省推广。

大红山矿业公司作为昆钢自产矿的重要"粮仓"，肩负着昆钢资源型产业发展的重任。在"十二五"发展中，将实现原矿生产处理能力11000kt/a以上，成品矿生产能力5000kt/a以上，尾矿品位在10%以下，职工收入翻一番的奋斗目标。当前，公司领导和广大员工正在以建设"资源节约型、环境友好型、安全发展型和自主知识型"企业和"一流矿山"为目标阔步前进，为胜利完成"十三五"规划，建成小康社会，实现中华民族伟大复兴的"中国梦"而做出更大的贡献。

参 考 文 献

[1] 冷霞，唐国栋. 试析如何以企业文化建设促进企业和谐发展 [J]. 商场现代化，2015.
[2] 范有才，徐万寿，曹永芬. 大红山资源综合利用先进技术发展现状 [J]. 现代矿业，2013.
[3] 徐炜. 技术创新与管理创新并举，努力打造一流现代矿山企业 [J]. 中国矿业，2012.8.
[4] 张润红. 四型企业建设助推大红山矿区的和谐发展 [J]. 现代经济信息，2012.
[5] 余俊，尉迟培华. 魅力戛洒展新姿 [N]. 玉溪日报，2008.4.
[6] 范有才，徐万寿，曹永芬，等. 大红山资源综合利用先进技术发展现状 [J]. 现代矿业，2013.11.
[7] 玉溪大红山矿业有限公司. 既要金山银山更要绿水青山 [N]. 云南科技管理，2014.8.
[8] 周富诚，韩先智. 创建国内一流的现代化矿山 [J]. 云南科技管理，2013.1.
[9] 刘双临，钱琪. 昆钢大红山公司技改项目投入使用 [N]. 云南日报，2008.12.
[10] 魏建海. 大红山铁矿数字化矿山建设探讨 [J]. 有色金属设计，2009.9.
[11] 谭冬平. ERP中的人力资源管理核心技术的研究 [J]. 科技信息，2011.4.
[12] 詹进，吴玲，吴和平，等. 金属矿山企业资源计划系统构建模式研究 [J]. 湖南有色金属，2008.2.

下　卷　论文集

综　述

　　本卷为论文集，精选汇编了有关大红山铁矿基建至今的部分文献及论述，均来自生产及建设单位、设计及科研院所、高等院校等相关人员。其中，部分论文此前已先后在国内公开发表，由于时限关系，有的内容虽与后来的发展有出入，但作为矿区开发和生产过程中的研究和认识，仍可供业界借鉴和分享；另有一部分论文尚未公开发表过。

　　论文集内容包括矿区规划及建设，采矿、选矿、精矿管道、办矿模式和技经概算等方面，具有以点窥面、横向扩展、纵向探究的作用，以期作为专著正文内容之补充、大红山实践经验之细化，更便于矿山同行参考。

　　在汇编过程中，由于专著内容、篇幅和编纂时间所限，仍有大量论文未能收录，在此感谢各单位及作者的支持和谅解。同时，也感谢相关杂志期刊所给予的支持。最后，需要说明的是，由于编者来自不同单位或岗位，分析及论述各有所长，恳请读者不吝赐教。

大红山矿区的设计与实践

余南中

（昆明有色冶金设计研究院）

　　摘　要：本文阐述了在大红山矿区的设计和建设中，用创新和前瞻的理念指导设计，通过工艺创新，设备创新，建成国内一流现代化矿山所取得的成就，以及在新的扩产设计中所面临的挑战和对策。

　　关键词：大红山矿区开发扩产创新、大红山铜铁矿地下金属矿山二期工程设计、胶带运输机

1　简况

　　大红山矿区位于云南省玉溪市新平县戛洒镇，在云南省省会昆明市西南。从矿区经270km公路至昆明市，经260km公路至昆钢本部，经165km公路至玉溪，交通方便。矿区海拔标高600～1850m，属亚热带气候。

　　大红山矿区是1959年发现的火山喷发熔浆及火山气液富化成矿的大型铁矿床和火山喷发-沉积变质大型铁铜矿床。

　　矿区以F3断层为界，分为东部铁、铜详勘区段及西部详细普查区段。

　　F3断层以东区段又以曼岗河为界分为西部大红山铜矿（云铜玉溪矿业公司开采）及东部大红山铁矿（昆钢开采）。

大红山矿区资源丰富，矿区目前已知的矿石资源量在 780000kt 以上。

在 F3 断层以东区段，曼岗河以东的大红山铁矿，资源量约 567000kt，曼岗河以西的大红山铜矿，资源量约 110000kt。

在 F3 断层以西区段，资源量约 100000kt。

矿区铜金属量约 1700kt。

资源潜在价值约 1400 亿元。

矿区自 20 世纪 80 年代以来，按云南省和原中国有色金属工业总公司的合作协议，昆钢和云铜玉溪矿业公司（原易门矿务局）分别进行了大红山铁矿和大红山铜矿的开发。基于矿床埋藏条件，两矿目前都用地下开采。

大红山铁矿于 2002 年年底建成了 500kt/a 试验性采选工程。4000kt/a 采选管道工程 2004 年 8 月经国家发改委核准，于 2006 年 12 月月底建成投产。设计生产能力为 4000kt/a，并列国内地下金属矿山第二位，服务年限 50 年以上。本院承担采矿、尾矿、全矿公辅设施以及铁精矿输送管道（国内设计部分）的设计。

大红山铜矿一期采选工程是国家"八五"重点项目，设计规模为 2400t/d、792kt/a，于 1997 年 7 月 1 日投产；二期采选工程是云南省重点项目，设计规模也为 2400t/d、792kt/a，于 2003 年 6 月 26 日投产；一、二期设计规模共 1584kt/a。2007 年 7 月建成了二选厂一系列，设计规模为 4000t/d。通过挖潜改造，现大红山铜矿生产能力已达到采矿 13kt/d、选矿 15kt/d，采选 4000~5000kt/a 的水平，居国内地下金属矿山前列。本院承担一期采选工程的主体设计、二期工程和二选厂工程的全部设计（外部供电除外）。

2　已建项目的设计和实践

2.1　设计理念

在大红山矿区的设计和建设中，用创新和前瞻的理念指导设计，体现了用创新推动发展，在发展中实现和谐的精神。

结合大红山矿区的实际情况，矿山设计和建设的原则及项目定位是：充分体现解放思想，改革创新，以效益为中心的精神。认真总结国内外类似矿山建设和生产的经验，贯彻新模式办矿方针，精心设计，力求建成高起点、高水平、投资省、达产快、指标先进、效益好的国内新型现代化矿山。

在工艺、设备等方面，突出主体工艺和关键环节，采用高起点的、成熟的先进技术、工艺和设备，向国际先进水平靠拢。关键设备采用进口的一流产品，提高自动化水平，以实现先进、高效、可靠的生产；对一般设备和辅助环节，从实际出发，采用国内先进产品，或从简设置，把资金用在关键处。

做好矿区总体规划，处理好近期和长远发展的关系，"远近结合，立足当前，近期有利，见效快，效益好，长远合理，矿床潜力能充分发挥"；矿区建设以河为界，铜铁分建，公用设施统一规划，共用部分投资由双方合理分担。

注重环保、安全和工业卫生，"三同时"设计和建设，搞好节能减排。

认真贯彻新模式办矿方针，改革管理、用工等模式，突出主体、不搞"小而全"，千方百计节省投资，降低成本，提高效益，把有限的资金用在关键的地方，做好投资控制。

为把大红山矿区建成为一个工艺先进、高效低耗、环境良好、生产安全文明的新型现代化冶金矿区打好基础。

2.2　大红山铁矿

2.2.1　资源

大红山铁矿资源丰富，在矿权范围内地质资源储量共计 567000kt（铁矿石量484000kt，铜矿石量83000kt，铜金属量539.4kt）。

在设计范围内具有工业价值的铁矿含矿带共5个，即从下往上的Ⅰ、Ⅱ、Ⅲ、Ⅳ、Ⅴ矿带。

其中规模最大的是Ⅱ$_1$矿组，有表内矿石量245107.4kt，TFe 43.52%，是4000kt/a工程最主要的开采对象。

Ⅱ$_1$矿组由4个分层（矿体）组成，呈叠瓦状产出，赋存标高25.7~945m，埋深362.5~988.3m，总体东高西低，呈缓倾斜向西倾伏，总体倾角平均18°，矿体长1969m，中厚边薄，南北翘起，平均宽517m，面积1.02km^2，厚度2.61~221.61m，平均72.58m。

其余铁矿体多为缓倾斜-倾斜、中厚-厚矿体。

铁矿体主要产于红山组变钠质熔岩及石榴角闪绿泥片岩中，矿岩属于坚硬、半坚硬岩石，稳固性好，水文地质简单。

2.2.2　采矿

4000kt/a采矿工程通过工艺创新，设备创新，充分体现了现代矿业资源利用最大化、参数大型化、设备大型化、运输连续化、控制自动化、环境友好化的特点。

突出体现为"三大"、"一多"、"一连续"：

（1）"大参数"：采矿方法采用大参数结构的高分段大间距无底柱分段崩落法。主要地段分段高度20m，进路间距20m，设计参数为国内地下金属矿山第一。

（2）"大设备"：井下全面采用进口的具有国际先进水平的大型无轨机械化采掘设备。

（3）"大段高"：采用大高度集中运输水平的设置方式，取代常规的低段高、多中段分别运输方式，集矿高度达到340m。

（4）"一多"：主矿体沿倾斜划分多个区段，同时开采。

（5）"一连续"：胶带运输机连续运输，在国内地下冶金矿山率先采用了大倾角（14°）、长距离（1850m）、高强度胶带运输机连续运输，取代了传统的竖井或斜井的箕斗间断运输，提升高度421.15m，居国内同类矿山首位。

这些特点和创新，为矿山迅速达产和超产提供了保障。

2.2.2.1　首采地段及开采顺序

设计对矿区进行了总体规划，根据各矿带（矿段、矿体）的具体情况，确定分步开采，首先开采条件最好的深部铁矿中的Ⅱ$_1$矿组。

对Ⅱ$_1$矿组，利用矿体呈缓倾斜产出的特点，沿倾斜划分为头部、中部、下部及深部等区段，可同时开采。经比较，首采 400~705m 矿体，初期同时开采 500~705m 标高的中部区段（又分为Ⅰ、Ⅱ采区）及 400~500m 标高的下部区段主采区，开拓主控工程可以控制Ⅱ₁矿组约 1/3 的矿量，之后随着上述区段产量减产及消失，400m 以下深部区段陆续投入，基本上按 2 ~ 3 个区段同时生产，共同确保 4000kt/a 产量的原则安排生产。当开采至 100m 标高时，约可使 4000kt/a 稳产 40 年。

在设计中并对主矿体与周边矿体及各矿带的关系做了规划，为生产的进一步扩大和持续做了安排。其余矿带其后陆续开采以充分利用资源。

2.2.2.2　采矿方法

由于矿体厚大、矿岩稳固性好，可考虑采用空场法采矿嗣后用尾砂和井下废石充填处理采空区的方案，矿房能实现高效率采矿，有利于控制地压、安全生产和保护地表生态环境。但由于矿体水平面积大，需留纵向和横向矿柱，矿柱比例大（超过 52%），加上矿房，需三步骤回采，部分矿柱还需胶结充填（否则矿柱损失率高），工艺复杂，投资和生产成本较高。

无底柱分段崩落法不留矿柱，一步骤回采，工艺简单、高效，通过详细技术经济比较，设计推荐采用无底柱分段崩落法。

为了实现高效开采以确保能达到设计规模，根据国内外先进经验，经认真分析研究、放矿模拟试验和经济比较后，采用大参数无底柱分段崩落采矿法。分段高度 20m，进路间距 20m（薄矿体及边角局部 15m），大幅度降低了采切比，减少了基建和生产井巷工程量和费用，缓解了分段准备时间，增大了每次崩落矿量，并可获得好的放矿回贫指标，为采用大型无轨机械化采掘设备、实现大规模生产创造了条件，实现了高效低耗采矿。

为保证大参数采矿能达到预期效果，首先在落矿凿岩设备上加以保证，采用进口的瑞典阿特拉斯·柯普柯公司 Simba H1354 台车配 Cop 1838 型液压凿岩机，以期实现大孔深、高精度凿岩。并配以进口的瑞典 GIA 公司的 Giamec uv211 型装药台车。采场进路出矿用进口的汤姆洛克公司的 Toro1400E（6m³）电动铲运机（为国内最大的电动铲运机），二次破碎配以全液压移动式碎石机。这些设备均属目前世界先进产品。与之配套，1 个矿块（即 1 台 6m³ 电动铲运机）的设计能力为 650kt/a。采矿损失率 18.35%，废石混入率 17.17%，采切比 39.42m³/kt。

由于顶板岩石较坚硬，生产初期采取强制崩落放顶，生产中后期采用强制与自然或诱导落顶相结合的方式形成覆盖层，以保证作业安全。根据矿段具体情况分别采用岩石或矿石作覆盖层。

中部采区矿体倾角陡，垂直高度大，回采分段数量多，加之上部有一定量的（如用正规采矿时工程量大的）矿石可以用作盖层，条件有利。初期强制落顶可以选择用矿石作为覆盖岩层。随回采分段下移，上盘顶板暴露面积扩大，自然崩落逐步形成，必要时对崎角拉低切割及削帮，促使上盘岩石垮落形成覆盖岩层，初期强制崩落作为盖层的矿石部分可以在后续分段的放矿过程中逐步放出回收。

下部区段主采区矿体倾角缓，分段数有限，经因地制宜地根据上下关系、基建范围和生产持续等因素进行具体研究后，分东、西两部分考虑盖层方案。东部利用上部贫矿作为矿石盖层，西部利用含铁品位 16% ~ 18% 的废石作盖层。

经比较，基建期采用 Simba H1354 深孔凿岩台车，边采矿边落顶的方案。

为保证生产期掘进工作能适应采矿的需要，掘进设备采用进口的 Boomer281 单机液压凿岩台车打眼，用 3m³ 柴油铲运机出碴。

2.2.2.3　矿床开拓、井下破碎、提升、运输、通风、排水

大红山铁矿II_1主矿体首采400～705m矿体，矿石提升高度在400m左右，运量4000～5000kt/a，设计对箕斗竖井与胶带斜井方案进行了认真比较。与箕斗竖井方案相比，胶带斜井方案基建投资少12%，年经营费少29%，尤其是胶带斜井用连续运输代替箕斗竖井的间断提升，能力大，增产容易，管理简单，角度设置合适，可用无轨施工，头部驱动站比高井塔容易施工。因此，设计推荐采用具有国际先进水平、国内新颖的胶带斜井—无轨斜坡道—辅助盲竖井联合开拓方式。

运矿胶带主斜井倾角14°，包括井底平直段在内长1847m，采用带宽1200mm的胶带运输机运送矿石。主胶带运输机带速4m/s，带强40000N/cm，倾角14°，机长1865m，提升高度421.4m，居国内同类矿山首位。双滚筒3机驱动，直流电机，功率3×710kW，驱动系统采用CST可控软启动系统，运量1000t/h。

设无轨辅助斜坡道，供无轨设备上下通行，以及运送人员、材料，为采用无轨高效采矿设备创造条件。从井口至井下380m标高主要段长2719m，坡度主要段14.28%（1/7），缓坡段5%。

此外，为了有效地解决井下废石的提升和运输，设置各种管缆至坑下，并运送至各有轨阶段水平的人员、材料及承担一部分进风任务，在矿体南侧720m标高设一条辅助平硐及下掘一条盲竖井至首采区380m集矿水平。盲竖井净直径5.5m，井筒长468m，提升段长345m。

盲竖井用JKMD-2.8×4（1）E型、直径2.8m、4绳落地式摩擦提升机，单罐平衡锤提升。罐笼为双层，每次提两辆2m³固定式矿车。该井并设有JKM-1.3×4型小多绳提升机，提1.3m×0.98m的小罐笼，有备用电源，用作安全及零星人员上下提升。

采用大高度集中运输水平的设置方式，取代常规的低段高、多中段分别运输方式，集运高度达到340m。从而大大简化了开拓运输系统，减少了生产准备工程和管理工作，提高了生产可靠性，节省了经营费用。

380m集中运输水平用电机车有轨运输，采用环形连续运输方式，使用大型电机车、矿车、重轨运输，运输能力大，能耗低，费用省。矿石运到溜井车场卸矿，经溜井下放到设于344m标高破碎硐室，粗碎后用斜井胶带运输机运至地表选厂转运矿仓。井下粗碎设备选用进口42～56（42in，1in=25.4mm，下同）液压旋回破碎机1台，给矿块度850mm以下，破碎块度小于250mm。小时处理能力1000t。

380m水平矿石运输，采用ZK20-9/550型20t架线式电机车，单机牵引10m³底侧卸式矿车所组成的列车运输矿石。废石用2m³固定式矿车装载，经盲竖井提升至720m平硐，再用ZK10-9/550型10t电机车牵引废石列车，运至坑外。

轨距900mm，380m水平用43kg/m钢轨，720m平硐用38kg/m钢轨。

井下采用多风机多级机站通风，压抽结合，以抽为主，进回风井呈对角式布置，所需新鲜风流风量480m³/s，井下共计4级机站，17台风机。由于仅靠以上井巷尚不能满足进风风量的要求，在矿体南侧735m标高处掘一大断面专用进风斜井通至380m主进风平巷，再经专用进风天井送至上部作业分段。

为解决废风排出问题，在矿体北侧曼岗河东岸838m标高，设置两条大断面专用回风

斜井。

井下排水在 380m 水平盲竖井井底附近设中央水仓及水泵站，用 D155-67×7 型水泵 4 台作为主排水设备，每台流量 155m³/h，扬程 469m，电机功率 315kW。井下水用管道经盲竖井扬至 720m 平硐后用水沟自流至地表废水处理站。井下排水量，正常 6330m³/d，最大 9295m³/d（暴雨期间为 15313m³/d）。

井下采矿多用液压设备，压气需要量不大，但为适应新模式办矿，生产掘进工程外包，分散设置移动式空压机，用于各采矿分段的用风作业。

2.2.3 选矿和尾矿

2.2.3.1 选矿

采用适合矿石性质的半自磨-球磨、阶段磨矿、阶段选别、弱磁选-强磁选-浮选联合流程，设备大型化。自磨机采用进口的美卓 φ8.53m×4.27m 自磨机，其容积居国内第一，配套电机功率 5400kW。球磨机采用 φ4.8×7m 溢流型球磨机 4 台，其中二段磨矿和三段磨矿各 2 台。

选矿工艺流程采用阶段磨矿、阶段选别的选矿流程。磨矿段数为三段，其中一段为自磨，二、三段为球磨，一、二段为连续磨矿。一段自磨、一段球磨产品经弱磁-强磁的单一磁选工艺，抛弃产率为 32.5% 的合格尾矿。二段球磨产品采用弱磁-强磁-浮选工艺，得出品位 67% 的最终精矿。

2.2.3.2 尾矿

龙都尾矿库是大红山铁铜两矿共建共用的尾矿库，位于新平县戛洒镇龙都大沟下游，距铁矿区直线距离为 8km，库区汇水面积 28km²。

A 初期坝坝型及库容

初期坝坝高 30m，为透水堆石坝。尾矿堆坝高 180m，最终总坝高 210m，总库容 1.2 亿立方米，属国内高堆坝尾矿库之一。

B 尾矿输送

大红山铜、铁矿选厂在各自厂区先设加压泵站（用水隔离泵）扬至标高 865m 铜铁尾矿结合点，再用自流沟输送排入到龙都尾矿库堆存。

C 尾矿堆坝

前期 600m 标高以下采用上游堆坝，堆至 600m 标高（第 25 级子坝）时，增设坝外下游 1 号滤水坝，并改用中线法堆坝以增加库容。设计对尾矿的性质、入库量、堆坝上升速度等均有明确的严格要求，以保证尾矿堆坝的稳定安全。

D 排洪设施

库区在 610m 标高下采用钢筋混凝土管井排洪，初期加设坝前排洪槽沟（排水管内直径 2.0m，排水井内直径为 4.5m，排洪侧槽沟断面为 2m×1.4m）。610m 标高以上采用排水井-隧洞排洪。

2.2.4 铁精矿输送

2.2.4.1 概况

在 20 世纪 80 年代，昆钢组织美国管道系统工程公司（PSI）等国内外设计单位进行了大红山铁矿精矿外运方式的比较和管道输送方案的研究。经研究，公认只有用管道输送铁精矿到昆钢才能实现大红山铁矿的经济合理开发。对管道输送方案的路线，PSI 原提出西线方案（大红山至双柏、楚雄，脱水后装火车运昆钢）。本院进行研究后于 1987 年首先提出了东线直送昆钢的方案，在 1989 年 2 月云南省冶金厅组织的可行性研究审查会上得到认可，此后的设计和优化工作都围绕东线方案进行工作。

长距离精矿管道输送方案具有技术先进、可靠、清洁无污染及经济、运输成本低的特点。

最终建成的大红山铁精矿输送管道，起点在大红山矿区选矿厂西侧铁精矿浓缩池接口处，终点在昆钢球团厂西侧的终点站。输送系统由 3 个泵站、终点站及输送管线组成，起点站为 1 号泵站，设有从选矿厂送来的粒度合格的铁精矿浆接收及浓缩池、铁精矿浆储存及制备搅拌槽（添加石灰乳，调制 pH 值）、除氧控制、浓度控制等矿浆制备设施及输送主泵；线路沿线设有 2 号、3 号输送泵站及 4 个测压站；终点站设有矿浆接收、分配与储存的阀门站及搅拌槽，以及过滤脱水车间、污水处理回用设施。

管道总长 171km，其中小断面隧道 10 条，总计长度 14530m，单条长度 159～2457m。跨越 20 个，总长 1741m，其中悬索跨越 2 个，分别长 260m 及 140m。起点标高 670m，终点标高 1898m，线路三起三落，最高点标高 2190m，输送高差达 1520m。

2.2.4.2　管道系统主要参数

（1）输送能力：2300kt/a（精矿）；

（2）管道长度：171km；

（3）管道坡度：小于等于 12%（最大小于等于 15%）；

（4）管道材料：API5L 钢 1GrX65；

（5）管道外径：$D244.5mm$；

（6）管道壁厚：7.9～14.7mm；

（7）加压泵站：3 座；

（8）主泵：从荷兰进口 Geho 正排量活塞隔膜泵，型号为 TZPM 1600，流量 114.5m³/h，排出压力 23.0MPa，共 9 台（每座泵站 3 台，2 用 1 备）；

（9）主泵最大工作压力：24.44MPa；

（10）矿浆浓度：65%；

（11）输送流速：1.5m/s；

（12）设计矿浆流量：226.7m³/h；

（13）精矿细度：0.043mm 占 80%。

2.2.4.3　大红山矿浆管道输送的特点

（1）铁精矿矿浆输送管线长度居全国第一；

（2）矿浆扬送高差居全国第一；

（3）长距离矿浆输送管道敷设复杂程度居世界前列；

（4）矿浆输送压力与秘鲁安塔密娜铜锌金矿并列世界第一；

（5）主泵及自动化控制系统处于世界一流水平。

铁精矿输送管道工艺由美国管道系统工程公司（PSI）设计，国内配合设计由本院承担。

2.2.5 自动化、数字化设计

在采、选、管道设计中均采用了国内一流乃至世界一流的自动化、数字化设计。

广泛采用计算机对主要生产流程进行控制与监视，组成计算机网络对各生产流程进行调度管理、数据采集等。对采矿及公辅设施部分，设计拟定9个基础自动化系统（PLC设备控制级）及一个生产操作监视计算机级（矿山生产调度计算机中心），这两级的信息通过计算机网传送到设于矿部综合楼的全矿中央控制站计算机中心。

选矿厂设置可靠和实用的过程检测控制项目。对磨矿分级、选别、浓缩脱水作业等主工艺系统采用计算机监控或监测方式，实现工艺过程的自动控制。确保选矿指标先进稳定。整个管道输送系统设有世界先进的监测控制、过压保护、泄漏检测、通信等系统，确保管道安全、可靠地运行。设有先进的SCA DA（监控和数据采集）系统对管道及其设备进行监视和控制，用管道顾问软件操作SCADA，使管道按严格的程序运行，并设有泄漏检测系统进行监视。为保证管道的正常运行，主要通信用光缆连接整个管道系统，实现数据、视频、语音通信。

设计在矿部综合楼设置中央控制站，采用三电一体化的集散型计算机控制系统，将采矿、选矿、管道输送、总调度室和操作站连接起来，实现分散控制，互相操作，资源共享。

2.3 大红山铜矿

2.3.1 资源

大红山铜矿矿权范围内有含铁铜矿石量97800kt，铜金属量792.3kt，平均品位0.81%，伴生铁、金、银、硫。此外，还有贫铁矿石量14860kt，品位26.91%。

铜、铁矿体分布于I号矿带。该矿带共有7个矿体，其中3个（I_1、I_2、I_3）为含铁铜矿体，4个（I_o、I_a、I_b、I_c）为含铜贫铁矿体，开采利用价值较低。各矿体为中厚-厚矿体，呈缓倾斜-倾斜、叠瓦状产出，夹层间距数米到数十米。

主矿体I_3、I_2规模大，连续性好，铜金属量占首采区批准储量的94.43%，为主要开采对象。

矿岩稳固性较好，水文地质简单。

2.3.2 采矿

采矿设计的特点：

（1）对多层、中厚、缓倾斜至倾斜难采矿体采用无轨设备，进行机械化开采；

（2）全面采用充填处理采空区；

（3）采用主胶带斜井连续运输，代替箕斗竖井间断运输。

2.3.2.1 采矿方法和采掘设备

大红山铜矿对于多层缓倾斜中厚矿体，采用空场法采矿、采后充填处理采空区的方法进行开采。

根据不同的矿体厚度和倾角，分别采用小中段空场法、房柱法、全面法采矿，采后用尾砂和井下掘进废石充填处理采空区。

一期工程采用风动设备凿岩、电耙出矿。

二期工程采用无轨机械化开采。采用大盘区结构，中段高度50m、盘区长度100m，一个盘区的矿量相当于一期普通电耙出矿方法的5～10倍，为大规模生产创造了条件。

二期工程小中段空场法采矿采用 Atlas Copco 公司的 Simba H1354 凿岩台车配 COP1838 凿岩机凿岩，用 Normet 公司的 Charmec 6705 型进口装药车装药。用汤姆洛克公司的 TORO400E 型 4m³ 进口电动铲运机出矿。房柱法用 Atlas Copco 公司的 Boomer 281 台车配 Cop1838 凿岩机进行落矿凿岩，用国产 2m³ 柴油铲运机出矿。

开拓平巷掘进采用 Atlas Copco 公司的 Boomer H104 掘进台车配 Cop1238ME 凿岩机；采切平巷采用 Boomer 281 掘进台车配 Cop1838 凿岩机进行巷道掘进凿岩。用国产 2m³ 柴油铲运机进行掘进出碴。

2.3.2.2　矿床开拓、井下破碎、提升、运输

一期工程开采 550m 标高以上矿体，二期工程开采 550～400m 标高的矿体。

一期工程采用胶带斜井-辅助斜井开拓，二期工程采用箕斗斜井-辅助斜坡道开拓。箕斗斜井将下部矿石提升到井下粗破碎硐室破碎后进一期胶带斜井提升到地表。二者联合形成了完整的胶带斜井—箕斗斜井—辅助斜坡道联合开拓。

大红山铜矿运矿胶带主斜井，倾角 14°，采用 DX 型钢芯胶带运输机，机长 1475.5m，带宽 $B = 1000mm$，带速 $v = 3.15m/s$，胶带强度为 40000N/cm。双滚筒 3 机驱动，直流电机，功率 $3 \times 450kW$，直流数字式驱动系统，运量 700t/h。

大红山铜矿主胶带运输机提升高度 375m，居国内同类矿山前列。

中段采用环形运输方式，使用 14t 架线式电机车牵引 4m³ 底侧卸式矿车、762mm 轨距运输，运输能力大，能耗低，费用省。

井下采用国产 900mm 旋回破碎机进行粗破碎，给矿块度 700mm 以下，破碎块度小于 250mm。小时处理能力 700t，实际达到 900t 以上。

2.3.2.3　采空区处理及充填

大红山铜矿井下采空区采后用尾砂及废石进行充填，不但有效地控制了地压，保证了井下安全生产，而且很好地保护了地面生态环境，生产至今已 10 多年，地表没有发生沉陷和移动，植被完好，并大大减少了外排尾矿及废石量，极大地减轻了环境污染，取得了很好的经济、环境、安全效益。

尾砂充填在地表设充填制备站，采用立式砂仓自然分级和提高浓度、浓密机为主进行溢流水处理的制备工艺。处理后的尾砂用管道自流输送至井下采空区进行充填。尾砂充填浓度 60%～70%。井下掘进产出的废石，一、二期分别用矿车或铲运机、卡车运输，经盘区充填天井或直接倒入采空区。

2.3.3　选矿

大红山铜矿一、二期工程采出的矿石均由一选厂处理，设计能力为 2400t/d + 3000t/d，现已达到 10000t/d。

大红山铜矿一、二期工程选矿工艺流程、设备、配置、厂房及相关设施的设计，适合矿石性质，流程简捷，指标先进（达到国内领先水平）。

一、二期选矿工程均采用三段一闭路碎矿，一期采用二段磨矿，二期采用一段球磨磨矿；选别流程为先浮选铜、浮选尾矿进入磁选系统，所得铁精矿再磨再选，铜、铁精矿分别浓缩、过滤脱水。各主要作业的技术参数选择适应大红山矿石的性质。生产表明，在铜原矿品位 0.84%~0.89% 的情况下，铜回收率达 94.82%~95.21%，铜精矿品位达 27.47%~27.96%，而药剂消耗仅为松油 26~31g/t，丁黄药 23~28g/t，电耗仅 26kW·h/t，综合指标居国内前列，并能很好地综合回收铁、金、银、硫等有益元素。

碎矿作业：中碎原采用 PYB2200 标准圆锥碎矿机，细碎原采用 PYD2200 短头圆锥碎矿机，通过技改，将中细碎 3 台 ϕ2200mm 圆锥破碎机换成 3 台美卓矿机生产的 HP-500 圆锥破碎机后，日处理量已经突破 10000t/d。

一期设置有两个磨选系列。二期设一个磨选系列，磨矿采用 2 台 ϕ3.6m×4.5m 溢流型球磨机一段磨矿，用 ϕ600mm 旋流器分级，铁粗精矿再磨为 ϕ2.7m×3.6m 溢流型球磨机，配 ϕ350mm 旋流器分级。

浮选作业：铜粗扫选采用 JJF-16 型 16m³ 浮选机，精选采用 XCK-2.8 型 2.8m³ 浮选机。

铁精矿磁选作业：粗选及精选均采用 CTB1024 滚筒式磁选机。

为了充分利用大红山铜矿资源，于 2007 年 7 月建成了二选厂一系列，设计规模 4000t/d，实际生产已达到 5000t/d，工艺进一步完善。其特点是：以处理低品位矿石为主；碎磨流程注重多碎少磨，用两段磨矿，选别流程更加完善；设备进一步大型化（如粗碎和中细碎分别采用美卓矿机 C110 及 HP-500 圆锥破碎机，磨矿采用 ϕ3600mm×4500mm 球磨机，浮选采用 KYF-40 型 40m³ 浮选机，过滤采用 60m² 陶瓷过滤机）。二选厂两年来的生产实践表明：工艺流程和选用设备适应原矿性质，流程畅通，设备选型和配置合理，设备高效运作，产量和技术指标持续稳定。在原矿品位大幅降低、铜品位仅 0.32%~0.4% 的情况下，回收率达 93.28%~93.34%，精矿品位达 21%~22%，全厂电耗 24.34kW·h/t，选矿主要指标、电耗、选矿药剂、钢球等材料消耗仍居国内同类矿山的前列，实现了节能降耗、降低成本、提高效益的目标，效果明显，为有效提高我国贫铜矿资源的利用提供了好的经验。

2.4 矿区开发中初步实践的效果

2.4.1 创新推动了发展

大红山矿区的设计和建设体现了创新精神。创新使大红山矿区的开发取得了可喜的成绩，初步实现了和谐发展。

前述工艺和设备与过去国内和省内地下金属矿山的传统工艺和设备相比，发生了根本的变化。以往国内、省内传统的地下金属矿山的生产和作业，劳动强度大、劳动生产率低、安全和作业条件差、施工周期长、产量保证性差，要达到设计能力十分困难。20 世纪 80 年代冶金部、有色金属总公司等部委曾专门组织过国内地下金属矿山生产能力的调查，当时能达到设计能力的矿山极少，原因是多方面的，但工艺与设备落后是根本原因之一。大红山矿区的设计和建设根本改变了这种传统情况。

例如，大红山铜矿对多层、缓倾斜-倾斜、中厚-厚难采矿体采用高效率大型无轨采掘设备进行机械化大规模工业生产，二期采矿工程投产后短期内产量就增加了1倍（设计为800kt/a）。目前大红山铜矿一、二期工程年产量已超过4000kt的水平，一跃成为国内名列前茅的大型金属地下矿山，经济效益十分显著，社会效益良好。

大红山铁矿设计能力居国内地下金属矿山第二位，设计投产第一年达2000kt，第二年达3000kt，第三年达到设计产量4000kt。

2006年12月月底投产以来，生产情况良好。2007年（生产第一年）产原矿2580kt，精矿1100kt，加上浅部，合计生产精矿（成品矿）1670kt。

2008年（生产第二年），生产原矿4324kt，精矿1906.9kt，全矿共计生产原矿4830kt，成品矿2219.4kt。

2009年计划生产原矿5250kt，已居目前国内地下金属矿山的首位，产精矿2130kt，全矿共产原矿5460kt，成品矿2550kt。

矿山实现了丰厚的利润，取得了很好的经济效益。

特大型地下冶金矿山，在投产的第二年就超过设计能力，这在国内地下冶金矿山建设史上是一个新的纪录。

2.4.2　在创新和发展中实现和谐

在两矿的设计和建设中，十分注重环保。

大红山铜矿井下采空区采后用尾砂及废石进行充填，极大地减轻了环境污染，取得了很好的经济、环境和安全效益。

大红山铁矿采用清洁、环保的长距离矿浆管道输送方式输送铁精矿到昆钢，根本解决了运输污染问题。

两矿共同建设了龙都尾矿库堆存尾矿。龙都尾矿库设计库容1.2亿立方米，最终坝高达210m，属于国内高堆坝尾矿库之一，投产以来运行情况良好。近年来，虽然由于两矿产量不断扩大、选矿磨矿细度不断降低，给尾矿库带来了新的问题和压力，但两矿都给予了高度重视，正在积极采取应对措施，如建立新的隧洞排洪系统，进行中线法堆坝研究等。

两矿都系统地设置了废石场，按环保和安全要求堆放废石，并都进行了废石的循环利用（如再选再用，用作建筑材料等），不但减少了堆放场地，而且变废为宝，起到了很好的作用。

两矿都按环保要求设计和建设了采选废水处理回用系统，回水利用率都达到要求。

重视环境，改善生态，已引起了人们的高度重视。现大红山矿区在生产大力发展的同时，还基本建成了环境优美的花园式工厂。大红山矿区的开发初步体现了人与自然的和谐。

3　扩产设计

3.1　概况

为满足我国经发展对铜铁资源的需求，为实现云南省"十一五"对大型国有集团公司倍增计划的要求，以及为满足昆钢、云铜两大集团公司发展的需要，大红山矿区新一轮的大发展号角已吹响。按矿区资源、开采条件、两大集团公司的需要，在"十一五"期间，大红山矿区年产矿石的能力将扩大到16000kt以上，相应产出铁精矿5000kt/a、精矿含铜40kt/a以上，年产值近50亿元。其中大红山铁矿将由现在建成的4000kt/a采选能力，扩大到11000kt/a以上；大红山铜矿将建设西部矿段，使矿山保持5000kt/a以上的持续生产能力。

大红山铁矿8000kt/a采选运扩产项目由1个露天采场（熔岩铁矿露天采场）、5个井下开采矿带（段）（I号铜铁矿带深部和浅部、III_1、IV_1号矿体、II_1矿体720m头部、二道河铁矿）、1个选厂（3个选矿系列）以及相配套的公用辅助设施、精矿外运设施、环保、水保等构成。

大红山铜矿建设西部矿段及配套公辅设施、环保、水保等工程。

在扩产设计中，本院承担大红山铁矿扩产的总包设计及除选矿厂外的设计任务，承担大红山铜矿扩产的全部设计。

扩产工程建成后，大红山矿区不但将成为我国最大的以地下开采为主的金属矿山之一，而且在技术和装备方面将有很大发展，进一步跻身国内先进行列。在开采方式方面，特大型井下矿和大型露天矿并存；在开拓运输方面，大提升高度的胶带斜井、长无轨斜坡道、大型箕斗竖井（深度超千米）、罐笼竖井、长平硐、井下破碎站均有；在采矿方法方面，适应开采技术条件各异的崩落法、空场法、充填法十分丰富；采掘设备以国内外一流的无轨设备为主，矿山机械化水平先进；选矿方面半自磨、球磨、常规碎磨并举，磁、浮、重选各得其所，大型自磨机、球磨机、浮选机、磁选机、输送泵各显神通；世界最先进的长距离精矿输送管道更加成熟；自动化、信息化水平再上一层楼，将成为一座门类齐全、内容十分丰富、生动鲜活的现代化大型矿业生产、科研、教学基地，在提升我国矿业技术和装备方面发挥重要作用。

3.2 扩产项目特点和新的课题

（1）以开采和处理低品位矿石为主，且勘探储量级别低，经济风险大，必须下工夫提高资源利用率和抗风险能力。

（2）扩产矿段点多面广，矿体开采条件及矿体之间的空间关系复杂，彼此之间存在着紧密的相互影响和制约关系；"三下开采"的问题突出，安全风险大。

大红山铁矿熔岩铁矿露天采场最大采深达435m，并存在井下开采的影响。用井下开采的I号铜铁矿带在熔岩铁矿露天采场的下部，井下已投入生产的II_1主矿体4000kt/a开采地段及扩产建设的III_1、IV_1号矿体在露天采场南侧的下方，由于扩产规模大，需要上、下同时联合开采，致使井下开采各矿段与露天采场之间，以及它们相互之间存在突出的因采动引起的岩石移动、地压、爆破影响等问题；二道河矿体的地表有河流及工业、民用设施，大红山铜矿西部矿段的地表有河流、选矿厂、采矿工业场地等，均需要保护。在确保安全和防止发生地质灾害的前提下，实现大规模高效开采，具有极大的挑战性。在空间和时间关系上必须科学规划和安排，做好综合协调，在技术和工艺上必须采取先进的有效手段予以解决。

（3）开采规模大，开采品位低，致使同时产出的废石、尾矿、废水量大，对废石场、尾矿库和用地、生态环境都造成了巨大压力，环境风险大。由此产生的环境、安全、水土流失等问题应予以充分重视。要认真做好金属矿山无废开采及环境治理，做好环保、水保等设计。尾矿和废石堆存及尾矿、废石综合利用、复垦恢复生态环境等是扩建过程中必须要重点研究的问题。

必须认真做好绝大部分回水利用或少量处理达标排放工作。

大气污染物、地面水环境质量、工业企业噪声等一些环境问题也需要在扩建过程中加以解决。

（4）生产与扩建并举，井下施工和生产之间相互制约与影响矛盾突出，地表总图布置场地十分紧张，工程量的控制与平衡难度大；井下扩产各矿段在基建期间均要不同程度地利用已投产工程现有的通风、运碴和人员、设备及材料运输等系统，对生产将产生相当大的影响。系统之间相互影响的风险大。

3.3　用科学发展观指导扩产设计和建设

以上这些问题都给设计和建设带来了新的更大的挑战，需要用科学发展观指导扩产设计和建设，依靠进一步的创新来解决新的课题，推动发展，实现和谐，取得更优异的成果。

3.3.1　进一步提升设计理念

在以往实践的基础上，进一步用"创新、和谐、发展"的理念指导扩产设计。

（1）坚持开发与保护并重，开源与节流并举，"在保护中开发，在开发中保护"，实现资源最大程度综合利用和开发。统一规划，合理布局，综合勘查，合理开采，综合利用，提高资源利用水平。

（2）体现现代矿业"绿色、循环、持续"的思想和"节能减排"的方针，坚持保护生态环境、资源有序开发和合理利用，构建资源节约型、环境友好型社会。做到"投入与产出相承，生产与建设同步"，实现可持续发展。

（3）工艺技术敢于创新，工艺、设备力求先进、实用、合理。"前沿、一流"的水平和经济实用的原则有机结合。统一规划，因矿生法、灵活高效、优化配置、分步实施，达到生产规模最佳，经济技术指标先进，产能系统配置优化。总图布置全面规划、因地制宜，科学合理，充分利用现有土地资源，减少新增土地的占用。

（4）提高自动化、信息化水平，降低能耗，走新型工业化道路。

（5）实现低投入、高产出、低消耗、高效率，经济效益最优化。

3.3.2　技术方针

（1）探矿先行，及时开展升级探矿工作，以便落实资源。并根据探矿情况适时调整布局。

（2）在采矿方法、开拓方式等工艺选择，以及装备水平、工程布局等方面应有清醒的经济观念和抗风险意识，因矿生法，区别对待，注意控制投资，节能增效，降低成本，并注重过程检查和及时采取相应对策。

（3）在矿段关系方面，强化上部开采，尤其是对熔岩铁矿露天采场，采用高效率的设备和工艺，加大生产规模，缩短存在年限，争取在井下开采影响到露天采场之前结束开采，称为"抢救性开采"。

（4）用充填手段采下保上，保护地表设施。对大红山铁矿Ⅰ号铜铁矿带、Ⅲ₁、Ⅳ₁号矿体、二道河矿体，以及大红山铜矿西部矿段等，视具体情况，分别采用尾砂和废石充填、高浓度尾砂充填、高浓度尾砂和废石胶结充填等进行开采和处理采空区。

（5）抓紧进行有针对性的试验研究工作。包括：

1）资源充分利用方面，针对贫矿资源的地质、选矿综合利用进行研究和试验；

2）上、下矿段安全开采及相应技术措施方面，进行矿山岩石力学综合研究、地压活动监测及综合分析研究；充填材料、工艺、输送、采矿方法及充填处理采空区等的研究；进行矿山通风综合研究；

3）环保方面，进行尾矿堆坝、尾矿回水、尾矿输送、尾矿利用研究；废石场及废石合理排放和利用研究；水土保持及废石场、尾矿库复垦研究等。

（6）做好各矿段以及扩产和生产之间在时间和空间上综合关系的研究。通过采取必要的措施，合理地协调和安排，理顺开采顺序，加强管理，使相互影响减少到最低程度。

（7）充分利用原有工程的已有设施，尽量节约投资。

总之，必须认真总结经验，精心设计，保证生产正常进行，扩产顺利实施，创精品工程，使矿区更加和谐地发展。

（论文发表于 2009 年《有色金属设计》杂志第 3 期）

大红山矿区扩产设计中的风险和对策

余南中

（云南华昆工程技术股份公司❶）

摘　要： 大红山铁矿及大红山铜矿扩产矿段多为低品位矿石，矿段关系及开采技术条件复杂，面临经济、安全、环保、新老系统相互影响等风险和挑战。设计因势利导，拟从改进工艺，处理好开采顺序、时空关系、系统关系，充下保上，强化环保措施，加强有关研究等方面应对风险，以期获得良好的建设效果。

关键词： 低品位、难采矿体、三下开采、风险、对策

1　概况

大红山矿区位于云南省玉溪市新平县戛洒镇，在云南省省会昆明市西南。公路距离260km，交通方便。

大红山矿区是1959年发现的大型铁铜矿床。矿区东西长约5km，南北宽约2km，铜铁两矿目前已知的矿石资源量在700000kt以上。其中在曼岗河以东的大红山铁矿，资源量约567000kt，在曼岗河以西的大红山铜矿，资源量约150000kt。

经过十多年来的建设和发展，现在大红山铁、铜两座地下矿山的矿石生产规模已达到了年产10000kt的水平，成为目前我国最大的地下开采金属矿区之一。

大红山铁矿4000kt/a采选管道工程于2004年8月经国家发改委核准建设，设计生产能力为4000kt/a，居国内地下金属矿山第二位，于2006年12月底建成投产。2009年井下矿石生产量将达到5000kt以上，居目前国内地下金属矿山第一位。

大红山铜矿一期工程是国家"八五"重点项目，于1997年7月1日投产；二期工程是云南省重点项目，于2003年6月26日投产。一、二期工程设计规模共1584kt/a。经过改造，今年全矿矿石产量将超过4000kt/a。

大红山矿区铜、铁两矿现已纳入开采范围的储量约340000kt。由于铁、铜矿石都是我国紧缺的原料，为充分利用矿区资源，满足云南省和昆钢、云铜两大集团公司发展的需要，两矿的扩产工程目前正在紧张进行之中。其中大红山铁矿将在现有4000kt/a采选能力的基础上，扩大到11000kt/a以上；大红山铜矿将建设西部矿段，使矿山能力持续保持在5000kt/a以上。整个矿区将达到16000kt/a，仍将位居我国最大的以地下开采为主的金属矿区的前列。相应产出铁精矿4500~5000kt/a、精矿含铜35~40kt/a，年产值40亿~50亿元。不但将为昆钢、云铜的发展和云南省的经济发展作出新的更大的贡献，而且将进一步为我国金属矿山的建设提供宝贵的经验。

大红山铁矿8000kt/a扩产采矿项目包括：

1号铁铜矿段井下采矿（深部1500kt/a，浅部200kt/a）；

---

❶ 现昆明有色冶金设计研究院股份公司。

2 号铁矿段井下采矿（500kt/a）；

3 号铁矿段井下采矿（1000kt/a）；

4 号铁矿段井下采矿（1000kt/a）；

5 号铜铁矿段露天开采（3800kt/a）；

6 大红山铜矿扩产项目为 7 号铁铜矿段井下采矿（2000kt/a）。

以上项目将在今、明年至近几年内陆续建成投产。

2 资源特点

由于两矿先期都是选择条件较好的主体矿段进行建设，留下了周边、深部、勘探程度较低、品位较低、开采条件较困难的矿段，扩产设计以这些矿段为主，它们有以下特点。

2.1 多为缓倾斜-倾斜、中厚-厚、多层、埋深较大的难采矿体

矿体简况见表1。

表1 大红山矿区扩产矿段矿体简况

序号	矿段	规模	主要含矿岩石	矿体	埋深/m	主矿体				品位/%
						长/m	宽/m	倾角/(°)	厚度/m	
1	1号铁铜矿段	中型	变钠质凝灰岩	3个含铁铜矿、4个贫铁矿，层叠状产出	50~950	2200	1200~1400	12~55，平均36	1.7~21.4，平均6.9	Cu 0.61，SFe 20.25
2	7号铁铜矿段	中型	变钠质凝灰岩	3个含铁铜矿、2个贫铁矿，层叠状产出	258~944	2400~2700	1200~1400	17~43，平均27	1.0~21.2，平均4.71	Cu 0.64，SFe 16.38
3	2号铁矿段	小型	变钠质熔岩	2个，层叠状产出	350~400	370	238	30~51，部分10~21	5.4~33，平均16.77	TFe 37.50
4	4号铁矿段	中型	变钠质熔岩	19个，4个主要矿体层叠状产出	550~650	700~1000	300~600	0~40	1.3~48.7，平均22.5	TFe 41.05
5	5号铁矿段	中型	变钠质熔岩、凝灰岩	1个	400~890	斜长660	340~520	21~64	3~89.84，平均49.89	TFe 38.23
6	6号铜铁矿段	中型	变钠质熔岩、角闪片岩	4个铁矿、2个含铜铁矿，层叠状产出	0~350	350~1100	100~700	0~20	9~18	TFe 20.56，Cu 0.33

2.2 低品位为主

扩产涉及矿量268000kt，其中1号矿段、7号矿段、6号矿段均为低品位铜、铁矿石，矿量约占76%。

2.3 "三下开采"

"三下开采"是指在河流、建筑物、道路下开采。

1 号矿段在矿体西翼有曼岗河、矿体上盘有浅部 6 号矿段露天采场需要保护，与大红山铁矿 4000kt/a 工程开采的 II₁ 主矿体相距很近，开采区段之间的地压活动会相互影响。

7 号矿段在矿体开采范围之上有老厂河、本区的采矿工业场地、一选厂等地面设施需要保护。

4 号矿段矿体上盘有浅部 6 号矿段露天开采矿体需要保护，东南侧下方与大红山铁矿 4000kt/a 工程主矿体相距很近，会受其开采影响。

5 号铁矿段，矿体上部有河流、集镇、公路需要保护。

2.4　矿体空间关系复杂

大红山矿区矿床规模巨大。地勘查明大红山矿区有 5 个主要含矿带，共计 70 个矿体，其中大型矿体 4 个、中型矿体 9 个、小型矿体 57 个，矿体空间分布非常复杂。

大红山铁矿开采区内赋存有浅部 6 号铜铁矿段、深部 II₁ 主矿体、4 号铁矿段、I 号铁铜矿段。此外，在上述矿体间尚有其他小矿体，矿体赋存关系复杂。

赋存空间上，I 号矿段井下开采矿体在 6 号矿段露天采场之下，相距 190～460m。

4 号矿段开采矿体位于 6 号矿段露天采场南侧，距露天采场南部边帮高差约为 400～520m。

I 号矿段位于 II₁ 主矿体下盘，下段与 II₁ 主矿体相距最近处为 3～10m。

已建成的深部 4000kt/a 坑采工程，采用高分段大间距无底柱分段崩落法开采，位于 6 号矿段露天采场的东南侧。以 65° 移动角圈定移动影响区，对露采境界有较大影响。

图 1 所示为大红山铜铁矿区东段 A36 勘探线剖面图。

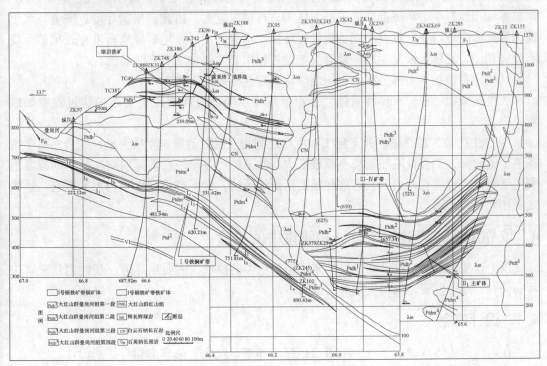

图 1　大红山铜铁矿区东段 A36 勘探线剖面图

2.5 矿岩特性

岩石多属坚硬、半坚硬岩类，矿岩抗压强度较高，稳固性较好。水文地质条件简单。

3 扩产项目的特点和风险

矿体的以上特点体现了矿业发展中所面临的"贫、难、深"的问题。随着条件较好的资源不断被大量开发，新的开采对象正朝"贫、难、深"方向发展。大红山扩产项目也是如此，面临以下风险：

（1）以开采和处理低品位矿石为主，且勘探储量级别低，经济风险大，必须下工夫提高资源利用率和抗风险能力。其开采效果更需要用先进设备来保证，以实现大的规模效益。

（2）扩产矿段点多面广，矿体开采条件及矿体之间的空间关系复杂，彼此之间存在着紧密的相互影响和制约关系；"三下开采"的问题突出，安全风险大。

由于业主要求扩产规模大，大红山铁矿几个矿段需要上、下同时联合开采，致使井下开采各矿段与露天采场之间，以及它们相互之间存在突出的因采动引起的岩石移动、地压、爆破影响等问题；5号矿段的地表有河流及工业、民用设施，大红山铜矿7号矿段的地表有河流、选矿厂、采矿工业场地等，均需要保护。要求在确保安全和防止发生地质灾害的前提下，实现大规模高效开采，具有极大的挑战性，在空间和时间关系上必须科学规划和安排，做好综合协调，在技术和工艺上必须采取先进的有效手段予以解决。

（3）开采规模大，开采品位低，致使同时产出的废石、尾矿、废水量大，对废石场、尾矿库和用地、生态环境都造成了巨大压力，环境风险大。由此产生的环境、安全、水土流失等问题应予以充分重视。要认真做好环保、水保等设计。尾矿和废石堆存及尾矿、废石综合利用、复垦、恢复生态环境等是扩建过程中必须要重点研究的问题。

必须认真做好绝大部分回水利用或少量处理达标排放工作。

大气污染物、地面水环境质量、工业企业噪声等环境问题也需要在扩建过程中加以解决。

（4）生产与扩建并举，井下施工和生产之间相互制约与影响矛盾突出，地表总图布置场地十分紧张，工程量的控制与平衡难度大；井下扩产各矿段在基建期间均要不同程度地利用已投产工程现有的通风、运碴和辅助运输等系统，对生产将产生相当大的影响。系统之间相互影响的风险大。

4 依靠创新，应对扩产设计和建设中的风险

以上这些问题都给设计和建设带来了新的更大的挑战，需要依靠进一步的创新来解决新的课题，推动发展，取得更优异的成果。

4.1 设计理念

在以往实践的基础上，进一步用"创新、和谐、发展"的理念指导扩产设计。

（1）坚持开发与保护并重，开源与节流并举，"在保护中开发，在开发中保护"，实现资源的最大限度综合利用和开发。统一规划，合理布局，提高资源利用水平。

（2）贯彻安全、高效、经济的设计思想，在确保安全的前提下，通过高效，确保矿山的高产、稳产，做到"投入与产出相承，生产与建设同步"，实现经济效益最佳。

（3）体现现代矿业"绿色、循环、持续"的思想和"节能减排"的方针，坚持保护生态环境、资源有序开发和合理利用，构建资源节约型、环境友好型矿山。做到"投入与产出相承，生产与建设同步"，实现可持续发展。

（4）敢于创新，工艺、设备力求先进、实用、合理。"前沿、一流"的水平和经济实用的原则有机结合。统一规划，因矿生法、灵活高效、优化配置、分步实施，达到生产规模最佳，经济技术指标先进，产能系统配置优化。

（5）总图布置全面规划、因地制宜，科学合理，充分利用现有土地资源，减少新增土地的占用。

（6）提高自动化、信息化水平，降低能耗，走新型工业化道路。

4.2　对策

（1）探矿先行，及早开展升级探矿工作，以便落实资源，并根据探矿情况适时调整布局。目前多数矿段的升级探矿已有相应成果，为进一步的设计和建设提供了资料。

（2）在工艺选择、装备水平、工程布局等方面应有清醒的经济观念和抗风险意识，因矿生法，区别对待。要认真优化设计，注意控制投资，节能增效，降低成本，并注重过程检查和及时采取相应对策。

影响项目效益的首要经济因素是产品的销售价格，受市场影响，业主是难以控制的。但设法控制投资和降低生产成本，通过自身的努力是可以有所作为的。大红山扩产项目部分经济风险分析指标见表2。

表2　大红山扩产项目部分经济风险分析指标

序号	项　　目		单位	1号铁铜矿段	7号铁铜矿段	4号铁矿段	6号铜铁矿段
1	开采方式			井下	井下	井下	露天
2	供矿品位	Fe	%	19.69	14.29	38.47	19.80
		Cu	%	0.54	0.57		含铜铁矿石0.32
3	项目盈利临界点售价	Fe精矿	元/t	652	450	389.61	622
		Cu精矿含铜	万元/t	3.29	3.37		3.14
4	吨原矿经营成本①	原矿成本	元/t	137.16	107.29	128.66	79.03
		盈利临界点成本	元/t	128.74	151.56	163.21	91.2
5	单位投资	项目投资	元/(t·a)	897.26	633.22	212.52	316.93
		盈利临界点投资	元/(t·a)	813.36	949.18	546.18	327.84

①吨原矿经营成本：含采矿制造成本、选矿加工费、尾矿输送费、精矿输送费、管理费、财务费用等。铁精矿输送按管道输送运费计算。

其中，金属价格对项目效益的影响是最敏感的。从售价的盈亏临界点来看，1号及7号铁铜矿段采矿工程，属低品位铜、铁矿石开采项目。当铁精矿价格低于360~380元/t，铜精矿含铜低于3.1万~3.3万元/t时，项目将亏损，在2009年年初就面临这样的险境。

就当前金属价格来说，电铜已回升到5万元/t以上，相应精矿含铜在3.5万元以上，高于评价取值。但仍表明开采的风险在经济低谷时期是非常大的，应通过降低成本、控制投资来增强应对能力。

就成本影响来说，改进工艺和设备是降低成本、改善经济效益的重要途径。从表 2 可见，7 号铁铜矿段的抗风险能力大于 1 号铁铜矿段。其重要因素之一是，设计用于处理 7 号矿段低品位矿石为主的大红山铜矿二选厂，设计流程符合矿石性质，碎磨流程充分实现了多碎少磨的原则，设备进一步大型化。两年多来处理类似低品位矿石的生产实践表明：在原矿品位大幅降低、铜品位仅 0.32% ~ 0.4% 的情况下，回收率仍达 93.28% ~ 93.34%，精矿品位 21% ~ 22%，全厂单位电耗 24.34kW·h/t，选矿药剂、钢球等材料消耗很低。这些指标居国内同类矿山的前列，实现了节能降耗、降低成本，提高效益的目标，抗风险效果明显。

而 1 号矿段因其相应指标比 7 号矿段差，抗风险能力也差，只有进一步改进工艺，充分发挥设备能力，降低成本才有效益。

单位矿石投资的高低直接影响项目的收益状况，投资所形成的建设期利息、生产经营期的财务费用、折旧费及摊销费用的增加等，都削弱了项目的效益。因此，优化设计，加强管理，做好投资控制也是改善效益的不可忽视的途径。

（3）在矿段实行联合开采的关系方面，大红山铁矿确保露天采场安全开采至关重要。设计采用放缓下部、强化上部，调整开采顺序，坑内、露天采取综合防治措施的方法来加以解决。尤其是对 6 号矿段露天采场，采用高效率的设备和工艺，加大生产规模，缩短存在年限，争取在井下开采影响到露天采场之前结束开采。

1）露天矿尽量加大规模，实现强采，缩短年限。6 号矿段露天采矿，原设计年供矿规模 3800 ~ 4000kt，境界平均剥采比 2.55t/t，生产剥采比 2.85t/t。境界最大采深 435m，台阶高度 15m。采用公路开拓方案，陡帮组合台阶横向剥离与缓帮横向采矿的工艺。采用大型高效设备，主要设备为：日本小松 PC1250-7SE 型 6.5m³ 和 PC750-6SE 型 4.5m³ 全液压挖掘机进行采剥作业，YZ-35 型牙轮钻（孔径 250mm），CS-165 潜孔钻进行采剥穿孔作业，45t 矿用卡车进行矿岩运输，矿山生产年限 14 年。井下如按原设计的 4000kt/a 产量进行开采，坑露关系基本能适应。但由于矿山投产以来井下生产规模不断加大，对露天采场的安全影响时间将会提前，为此，采取强采措施，进一步加大露采规模，缩短其生产年限。

根据露天设计进度计划，生产第 8 年后，生产剥采比由 2.8t/t 降到 2t/t 左右，11 年后小于 1t/t，且下部台阶矿量较大，此时，设备能力有富裕，具备提高产量的条件。

为实现强采要求，拟在生产过程中增加一整套采剥运设备，调整采剥工作面，局部可以采取尾追式开采，以提高采剥能力，使露天矿规模提高到 5500kt/a 左右，使其服务年限控制在 10 年左右，以减轻坑露之间的影响程度。

2）坑内采取措施，调整开采顺序，延缓对露天采场的影响。调整坑内开采的顺序，降低对露天矿影响最大的 4000kt/a 主采区的下降速度，加大对露天矿无影响的主采区南、西侧的中部采区及南翼采区的开采强度，并充分发挥将要建成投产的 4 号及 2 号矿段及西翼采区等工程的生产能力，通过各块段产量的协调，保证对井下原矿产量 5200kt/a 的要求，加上扩大露天矿产量，可实现大红山铁矿总体铁精矿产量的稳定。

此外，对于 I 号矿段及 4 号矿段地下开采，局部有可能影响到露天采场的地段，采取调小相应地段采场尺寸、增大矿柱尺寸、在适当位置留设保安矿柱等措施来加以预防。

　　3）露天矿自身采取防范措施。在上述大的安全措施控制下，根据观测情况，对局部产生的较小影响，采取以下应对措施：局部地段削帮减载，加大安全平台宽度，放缓边坡角；局部边坡进行加固；在采场采空部位设场内废石堆场，压护坡脚，阻挡滚石。

　　4）加强岩移监测。对井下4000kt/a一期开采的岩移和地压活动进行系统监测，根据监测数据和分析结果，预报地下开采引起岩石移动的趋势和速度，指导矿山安全、有序开采。

　　（4）用充填手段采下保上，保护地表设施。对大红山铁矿Ⅰ号矿段、4号矿段、5号矿段，以及大红山铜矿7号矿段等，视具体情况，分别采用高浓度尾砂和废石充填、高浓度尾砂和废石胶结充填等进行开采和处理采空区。

　　1）改变采矿方法，由崩落变为充填。1号、4号、5号、7号矿段都采用空场法采后充填处理采空区。采用先进高效的无轨采掘工艺。用铲运机出矿的分段空场法、阶段空场法、房柱法实现强采，采后及时充填采空区。采空区以矿块为单元，采用井下采掘废石和高浓度尾砂充填，充填尾砂采用深锥形高压浓缩机分级和浓缩后，通过隔膜泵加压输送至井下充填。

　　2）进行岩石力学分析研究。岩石力学初步分析表明，7号矿段矿体埋深为300～800m，与地表建筑物及河流的距离较远，空场法开采后，及时用尾砂及废石充填采空区，其最大倾斜率、最大曲率、最大伸张应变量分别为2.52mm/m、0.0344×10^{-3}/m、1.245mm/m，均小于允许变形值（Ⅰ级保护的安全允许分别为4mm/m、0.2×10^{-3}/m、2mm/m）。

　　而1号矿段与露天采场之间距离较近，在未系统留设矿柱、合理控制顶板暴露面积、及时按要求程度进行充填的情况下，采动影响属充分采动，地表移动变形的主要指标均高于地表建构筑物的保护标准。但当按设计要求，采用合理的盘区及开采单元尺寸、控制合理的顶板暴露面积、系统留设盘区和采场矿柱时，在开采过程中，矿柱和顶板不发生较大的垮塌，采后及时进行充填，并达到所要求的充填程度，则会变为非充分采动，大幅度减少上述变形参数的数值，有望达到地表建构筑物的保护标准。

　　空场法嗣后用废石及尾砂充填空区的工艺特点：

　　一是采用合适的采场尺寸及系统留设矿柱，采场落矿后形成空场，空场的顶板利用矿柱进行支撑，空场的暴露面积及矿柱尺寸需控制在能自稳的条件下，使空场顶板的变形是有限的。

　　二是采场出矿结束后，及时对空场进行废石及尾砂充填。空区充填后，充填体包裹矿柱，提高了矿柱的稳定性。

　　三是充填体消除了空区，可阻止顶板变形破坏的发展，消除顶板大面积冒落的可能性，避免出现大的地压活动。

　　从大红山铜矿多年来的生产实践经验看，由于采用了采后充填处理空区的工艺，有效控制了地压活动，至今尚未发现对地表建筑、工业场地、河流等产生影响。

　　3）采矿顺序和措施。1号、7号、4号、5号矿段，采用充填处理采空区，为便于废石和尾砂充填，采用自下而上的回采顺序。对于缓倾斜-倾斜多层矿体，各层矿体间，先采上层矿体，再依次开采下层矿体，上层矿体超前于下层矿体，超前距离不少于1个矿块的长度。上、下矿体矿柱对齐，但下层矿体视情况，可在矿房中留大的点柱支撑"楼板"。

（5）做好各矿段以及扩产和生产之间在时间和空间上综合关系的研究，有合有分，以分为主，通过必要的措施，合理的协调和安排，理顺开采顺序，加强管理，使相互影响减少到最低程度。

各矿段建立相对独立的开拓运输系统。

各矿段的通风系统尽量相对独立，对不可避免发生的少数关联处，通过加强调控来控制。

当新建矿段有的要利用已有生产矿段的井巷作初期路径进行施工时，认真理顺各矿段基建出碴和其他辅助运输的通道，尽量避免相互干扰。

（6）结合设计问题，抓紧进行有针对性的试验研究工作，包括：

1）资源充分利用方面，进行贫矿资源的地质、选矿综合利用研究和试验。

2）上、下矿段安全开采及相应技术措施方面，进行矿山岩石力学综合研究、地压活动监测及综合分析研究；进行充填材料、工艺、输送、采矿方法及充填处理采空区等的研究；进行矿山通风综合研究。

3）环保方面，进行尾矿堆坝、尾矿回水、尾矿输送、尾矿利用研究；进行废石场及废石合理排放和利用研究以及水土保持及废石场、尾矿库复垦研究等。

将研究成果及时用于设计，目前在矿山岩石力学研究，地压活动监测，尾矿堆坝、尾矿回水、尾矿输送、充填材料及输送、充填工艺研究等方面，已取得阶段性成果，其他研究正在进行中。

扩产工程建成后，可以使矿区实现安全、高效、经济的开采，在充分利用资源，对我国"贫、难、深"矿体进行有效开采方面，将提供新鲜的经验。届时，大红山矿区不但将成为我国最大的以地下开采为主的金属矿山之一，而且在技术和装备方面将有很大发展，进一步跻身国内先进行列，在提升我国矿业技术和装备方面发挥出重要作用。

（论文发表于 2009 年 11 月《金属矿山》增刊：第八届全国采矿学术会议论文）

技术创新与管理创新并举，努力打造一流现代化矿山企业

徐　炜

（昆钢大红山矿业有限公司）

摘　要： 玉溪大红山矿业公司属国内特大型地下开采矿山，运用先进的高分段大间距无底柱分段崩落法，采场结构参数为国内第一；选矿工艺采用的半自磨、球磨和重选、磁选、浮选阶段磨矿、阶段选别工艺以及衍生出的各种特殊的选矿工艺具有极好的代表性；长距离矿浆管道输送，敷设难度、运行压力为世界第一，输送距离为国内第一，大大减少了运输成本，低碳、节能、环保。大红山矿业公司解放思想、敢于创新，采用新模式办矿，采矿、井建施工全部合同外委承包；从"两型"企业到"四型"企业（资源节约型、环境友好型、安全发展型、自主知识型）的转变，具有独创性；以全方位打造"数字、绿色、和谐"的国际一流现代化矿山作为开发和建设的战略目标。

关键词： 技术创新、管理创新、四型企业、一流矿山

1　概况

玉溪大红山矿业有限公司系云南省昆明钢铁集团有限责任公司下属的全资子公司。现探明铁矿资源 450000kt，属国内地下特大型铁矿山，是集采矿、选矿、精矿管道输送于一体的大型联合企业，是目前中国最大也是最先进的地下开采矿山之一，是云南省采矿行业的龙头企业，也是昆钢集团下属公司中规模最大、经济技术指标和效益最好的矿山企业，是昆钢最重要的"粮仓"，成品铁矿产量占昆钢自产矿总量的 70% 以上。

公司地处中国花腰傣之乡的云南省玉溪市新平县戛洒镇，海拔标高 500m，占地面积约 1600 多亩，在职职工 756 人。自 2004 年成立后，公司就以建设现代化的一流矿山为目标，解放思想，勇于创新，大胆实践，不断探索符合现代矿山企业发展的经营管理之道。经过短短几年的发展，公司一年一个台阶，两年一个新气象，三年大变样，取得了令人瞩目的成绩。

基础建设方面：2002 年建成了 500kt/a 采选实验工程，2006 年建成了 4000kt/a 采、选、管道工程，2009 年启动 8000kt/a 扩产工程，2011 年建成了扩产工程的 1500kt/a 铜系列和 3800kt/a 系列选矿厂。目前，三个选矿厂生产规模达到年处理原矿 10000kt 以上。入选原矿品位：井下矿 35%、露天矿 19.31%，可生产出铁成品矿 4000kt 以上。

生产经营方面：2008 年完成成品矿 2450kt，提前实现"三年投产、三年达产"的目标；2009 年完成成品矿 2836.7kt，超计划完成 286.7kt，同比增长 16%，实现利润 1.56 亿元，上缴税费 2.68 亿元；2010 年完成成品矿 3248.8kt，同比增长 14.53%，实现利润 5.69 亿元，上缴税费 4.56 亿元。到 2011 年，生产再创新高：完成成品矿 4011.8kt，同比增长 23.49%，营业收入 28.1 亿元，实现利润 8.34 亿元，上缴税费 6.08 亿元，销售利润率达到 29.2%，人均创利 106.1 万元，各项指标均位于集团公司各单位前列。2006～2010

年玉溪大红山矿业有限公司利润见图1。
2004～2010年大红山铁矿部分生产技术经济指标见表1。

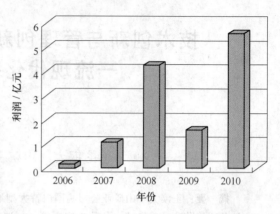

图1 2006～2010年玉溪大红山矿业有限公司利润

管理创新方面：矿业公司在组建之初，解放思想，勇于创新，大胆实践，遵循市场经济规律，建立了现代企业制度的运作模式，按照"观念新、体制新、机制新、管理新"的"四新"办矿模式建矿：充分利用社会资源，依托社会办矿，实行矿社分离，实施生活后勤社会化，矿山不再办社会；采矿生产外委承包，少用固定工，不断加强与外委协作单位的交流和联系，把外委协作单位纳入矿业公司"一盘棋"来统筹管理。这种办矿模式因其体制灵活、所需配备人员精简，竞争力强，使大红山铁矿实现了"三高"（采矿高水平、作业高效率、经济高效益）、"三少"（矿山用人少、辅助设施少、企业包袱少）、"两协作"（辅助生产专业化协作、生活后勤社会化协作），仅用两年时间就顺利实现达产、超产，开创了国内先例，创造了矿业奇迹。

表1 2004～2010年大红山铁矿部分生产技术经济指标

年 份	成品矿/kt	销售收入/亿元	上缴税费/亿元
2004	262	0.62	0.06
2005	316.7	1.93	0.27
2006	620	2.66	0.33
2007	1620	8.12	1.14
2008	2450	15.2	2.52
2009	2836.7	15.60	2.68
2010	3248.8	21.07	4.56
2011	4011.8	28.1	6.08

大红山铁矿连续5年荣获昆钢"红旗单位"称号，2008年被授予"全国钢铁工业先进集体"称号，2009年被新平县人民政府授予"工业企业纳税大户"和"优强工业企业"称号，2008～2009年，公司被玉溪市人民政府授予五星级"守合同重信用企业"称号，2010年，公司被国家安全生产监督管理总局评为"非煤矿山安全生产标准化二级企业（矿山）"，同年年底，公司被《环境保护》杂志社评为"环境保护优秀企业"数据库入选单位，2011年，大红山铁矿技术中心被认定为云南省省级企业技术中心，同年，矿业公司被云南省银行业协会评为2011年度云南省银行业"守信用客户"，并且大红山铁矿因其先进的管理理念、雄厚的技术实力和突出的生产经营业绩，被中国钢铁工业协会和中国矿业联合会联合评选为第四届全国"十佳厂矿"第一名。大红山铁矿真正走出了一条规模效益显著，资源有效利用，环境得到保护，带动地方经济跨越式发展的环境友好型矿山开发之路。

在"十二五"期间，大红山铁矿将以创建"资源节约型、环境友好型、安全发展型、自主知识型"四型企业，构建"绿色矿山，和谐矿山，数字矿山"为宗旨，以原矿生产12000kt/a以上，成品矿生产5000kt/a以上为目标，努力实现矿山转型升级，建成现代化的一流矿山。

2　交通地理位置

大红山铁矿位于云南省玉溪市新平县戛洒、老厂、新化三个乡镇的交界处。矿区海拔标高600~1850m，属亚热带气候。矿山至昆明有国家高速、Ⅰ、Ⅱ级公路及矿区公路相通。从矿山经新平至昆钢本部公路距离约260km，距昆明282km，交通十分便利。

3　矿床地质

3.1　矿床的产状

大红山铁矿5个主要含矿带（Ⅰ、Ⅱ、Ⅲ、Ⅳ、Ⅴ），共有70个矿体，其中规模最大的是Ⅱ$_1$矿组，有表内矿石量245107.4kt，TF43.52%，是4000kt/a工程最主要的开采对象。Ⅱ$_1$矿组由4个分层（矿体）组成，呈叠瓦状产出，赋存标高25.7~945m，埋深362.5~988.3m，总体东高西低，呈缓倾斜向西倾伏，总体倾角平均18°，矿体长1969m，中厚边薄，南北翘起，平均宽517m，面积1.02km²，厚度2.61~221.61m（平均为72.58m），为地下4000kt/a采矿工程的主要开采对象。其余铁矿体多为缓倾斜~倾斜、中厚~厚矿体。

铁矿体主要产于红山组变钠质熔岩及石榴角闪绿泥片岩中，矿岩属于坚硬、半坚硬岩石，稳固性好，水文地质简单。主要矿体分布见图2。矿体剖面图见图3。

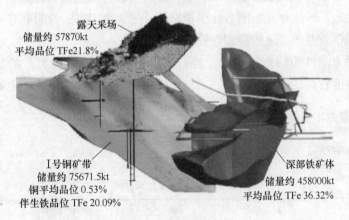

图2　主要矿体分布图

3.2　矿床开采技术条件

3.2.1　矿岩稳固性

矿区内风化作用深度一般在100m以内，各地层全风化带深度不大，而以半风化带发育为特征。风化裂隙一般规模小，裂隙率0.83~3.15条/m。

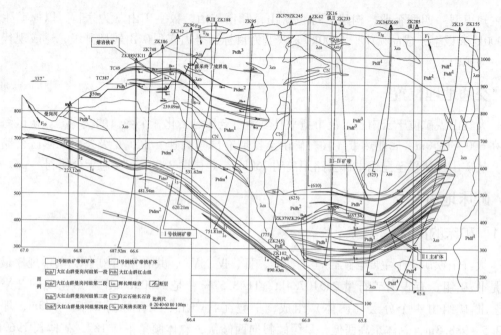

图 3　矿体剖面图

软弱结构面有断层带和岩体接触带，除 F3 断层带外，仅局部存在。从目前已施工的大量基建坑道工程所穿过的地层、岩性、构造情况来看，没有遇到较大的不良工程地质现象。仅在地层与岩体接触线附近、绿泥石化碳酸盐化发育且蚀变较强的辉长辉绿岩岩石相对较差。矿体产于红山组浅色变钠质熔岩中，含矿围岩为浅色块状含磁铁变钠质熔岩、绿泥石化变钠质熔岩。矿体顶底板围岩除少量绿泥片岩、角闪黑云片岩和接触带部位的蚀变辉长辉绿岩稳固性较差外，一般稳固性好。

从矿岩物理力学性质测定结果看，岩石多属坚硬、半坚硬岩类，矿石多属半坚硬类型，矿岩抗压强度较高，稳固性较好。工程地质条件的复杂程度应属于中等类型。

3.2.2　矿岩物理力学参数

矿岩物理力学参数，详见表 2、表 3。

表 2　矿岩物理力学参数

参　数	矿岩	单　位	Ⅱ₁矿体	备　注
平均体积密度	矿石	t/m³	3.70	
	岩石	t/m³	2.90	
松散系数	矿岩		1.60	
抗压强度	矿石	MPa	36.28 ~ 102.38	
	岩石	MPa	59.33 ~ 119.54	
自然安息角	矿石		46°10′	
内摩擦角	矿岩		37°59′ ~ 47°46′	

表3　岩石物理力学性质

地层代号	岩性	含水量/%	容重/g·cm⁻³	密度/t·m⁻³	极限干抗压强度/MPa	极限湿抗压强度/MPa	极限抗拉强度/MPa	凝聚力/MPa	内摩擦角	坚硬程度
Ptdf²	白云石/大理岩	0.13	2.81	2.88	80.41	77.18 ~ 78.06	6.37 ~ 8.63	6.37	58°3′	坚硬
Ptdm⁴	黑云、白云石/大理岩	0.55	2.43	2.93	48.35 ~ 85.51	36.77 ~ 69.73	8.14	14.02	39°8′	半坚硬
Ptdm³	角闪片岩/绿泥片岩、	0.20	2.99	2.92	22.85 ~ 96.99	19.91 ~ 69.14	7.65 ~ 8.24	12.16	43°2′	半坚硬为主
	黑云片岩/二云片岩	0.23	2.84	2.94	64.14 ~ 106.60	44.33 ~ 57.96	5.59 ~ 9.32			半坚硬
λω	辉长辉绿岩	0.09	2.89		45.50 ~ 58.84	28.44 ~ 31.38		11.87	44°16′	多为半坚硬
Pdth¹	变钠质熔岩		2.96	—	27.65 ~ 119.05	59.33 ~ 119.54		9.5	43°3′	坚硬

3.2.3　灾害地质

3.2.3.1　不良工程地质条件

矿区内山高谷深坡陡，覆盖层厚，风化强烈，水系发育。地处通海—石屏地震活动带和长期反复活动红河断裂边缘，具有地震活动和滑坡、崩塌、泥石流等不良地质现象。

勘探期间先后发生两次（1966年和1979年）滑坡，但影响范围小。1999年地表坑口工业场地施工时，边坡曾发生过相当规模的滑坡，对工业场地使用造成影响。区内河流雨季常发洪水，浑浊，含砂量大，其势迅猛，易造成人身伤亡和财产损失。

矿山生产建设中应注意风化带、断层破碎带、岩体接触带及裂隙发育部位矿岩稳固性变差，工程施工后所引起的不良地质现象。特别是在雨季施工的地表工程容易引起滑坡而产生泥石流带来的危害。

3.2.3.2　地热

大红山群弱裂隙含水层为储热层，三叠系干海子组泥岩为隔热盖层，为储热创造了条件。据勘探时期部分钻孔揭示，区内存在地热异常。在基建工程施工中，在热交换条件不良的深部独头工作面，坑内温度曾达32.0℃以上，甚至有达到36.0℃的地点。但是在通风系统形成后，坑内温度下降，接近当地气温正常值。地热对正常生产一般无明显危害，但在通风不良地段会对作业带来不利影响。生产中要进一步查证和研究，并注意观测对井下作业人员的影响程度，采取必要的降温措施。

3.2.3.3　铀矿化异常

Ⅰ、Ⅱ、Ⅲ和Ⅳ等4个矿带的相应部位，都具有不同程度的铀矿化，自下而上计有Y1 ~ Y44个铀矿化异常带。

Y1铀矿化异常带赋存于曼岗河组中上部角闪片岩中，位于Ⅰ号铁铜矿下部，沿黑色炭硅质板岩顶底板断续出现。分布于A44 ~ A49线以东曼岗河谷一带，厚度0.64m，含U一般小于0.01%。

Y2 铀矿化异常带产于红山组下段变钠质熔岩中，主要沿 II_1 矿组顶板绢云片岩和绢云母化变钠质熔岩分布，一般距矿体 0～0.5m，主要分布在 A37 线以西（本次开采范围在 A37 线以东），厚 0.28～22.56m，平均 3.87m，含 U 平均 0.01%。A37 线以东厚 1.2～13.87m，平均 5.36m，含 U 0.01%～0.27%，平均 0.11%。

Y3 铀矿化异常带产于红山组中段底部，赋存于 III_2 矿组底板，零星分布于 A30～A35 线，一般厚 0.2～0.5m，含 U 0.01%～0.02%。

Y4 铀矿化异常带产于红山组上段角闪变钠质熔岩顶部，赋存于 V_2 矿体之下 0～4.3m，一般厚 0.5～2m，含 U 0.01%～0.02%。

上述 4 个铀矿化异常带均无综合利用价值，而且对本次开采范围影响不大。但今后矿山生产建设中须进一步查明其赋存规律及对开采可能造成的影响程度，必要时采取相应防护措施。

3.3 资源储量

大红山矿区位于滇中台坳南端，红河断裂与绿汁江断裂所夹持的三角地带，属于古海相火山岩型铁铜矿床，为古海相火山岩型铁铜矿床。它由火山喷发-沉积变质型（I、II_{5-4}、III 号铁铜矿带）、受变质的火山喷溢熔浆型（II_{5-3} 矿体）、受变质的火山气液交代（充填）型（II_1 矿体）及岩浆期后热液钠化交代型（V_2、II_2 矿体）等四种成因类型组成。

大红山铁矿资源丰富，在矿权范围内地质资源储量共计 567000kt（铁矿石量 484000kt，铜矿石量 83000kt，铜金属量 539.4kt）。本矿床为铁、铜共生矿床。经查明有 5 个主要含矿带（I、II、III、IV、V），即从下往上的 I 号铁铜矿带、II 号铁矿带、III 号铁铜矿带、IV 及 V 号铁矿带。此外还有浅部熔岩铁矿及二道河矿段。

3.4 矿石类型及质量

3.4.1 矿石类型、矿石矿物及结构构造

3.4.1.1 矿石类型、矿物及结构构造总体特征

东矿段铁矿石按自然类型划分为单一铁矿石、含铁铜矿石及含铜铁矿石三大类；按主金属矿物又可划分为 9 个亚类；按脉石矿物可进一步划分为 21 个亚类。矿石工业类型有单一的铁矿石（可划分为磁铁矿石、赤磁铁矿石、磁赤铁矿石及赤铁矿石 4 类），铜铁共生矿石则按铁铜含量多少，划分为含铜铁矿石和含铁铜矿石两类。

II_1 矿体矿石主要金属矿物以磁铁矿、赤铁矿为主，假象赤铁矿（磁赤铁矿）次之，脉石矿物主要有钠长石、石英。矿石结构以中粗粒状为主，次为板状、叶片状及交代状结构；矿石构造有浸染状、花斑状、块状、致密块状等。矿石工业类型有磁铁矿石、赤磁铁矿石、磁赤铁矿石和赤铁矿石。

II_1 铁矿组的矿石类型，空间分布具有上磁下赤、东磁西赤、富磁贫赤的展布特征。根据地勘时期资料确定，400m 标高以上以磁铁矿、赤磁铁矿为主，400m 标高以下以磁赤铁矿为主，A34 线以东以磁铁矿、赤磁铁矿为主，A34 线以西以磁赤铁矿及赤铁矿为主（图 4）。富矿以磁铁矿及赤磁铁矿为主，而贫矿则以赤铁矿、磁赤铁矿为主，各矿石类型占比见表 4。

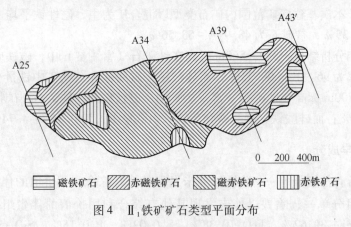

图4　Ⅱ₁铁矿矿石类型平面分布

表4　Ⅱ₁矿组表内矿矿石类型比例

标高/m	磁铁矿/%	赤磁铁矿石/%	磁赤铁矿石/%	赤铁矿石/%	合计/%
600 以上	22.09	45.66	30.97	1.28	100
400～600	37.02	43.74	17.29	1.95	100
400 以下	11.86	21.93	49.36	16.85	100
总　计	19.41	29.56	39.35	11.68	100

3.4.1.2　基建探矿地段矿石工业类型

根据肉眼所见磁铁矿、赤铁矿两种矿物含量多少和测试矿石磁性强弱程度及磁性铁分析结果，将矿石划分为磁铁矿、赤铁矿、磁赤铁矿和赤磁铁矿四个大类，划分标准见表5。

表5　矿石类型划分

矿石类型	TFe/FeO	磁性铁占有率/%	磁性率测定	相当规范划分类型
磁铁矿	<2.7	≥85	强磁性	磁性铁矿石
赤磁铁矿	2.7～4.5	<85～50	中等磁性	弱磁性铁矿石
磁赤铁矿	4.5～8	<50～15	弱磁性	弱磁性铁矿石
赤铁矿	>8	<15	弱磁性	弱磁性铁矿石

380～560m 标高基建探矿范围内，富矿以磁铁矿、赤铁矿石为主，矿石品位越高，磁性占有率越高，磁性铁占有率为 42.59%～92.00%，平均 72.39%；贫矿以赤磁、磁赤铁矿为主，磁赤铁矿石出现较多，局部还有赤铁矿石，磁性铁占有率为 29.13%～70.49%，平均 53.56%。

560～700m 标高基建探矿范围内，矿石以赤磁铁矿、磁赤铁矿石为主，局部还有磁铁矿、赤铁矿石，矿石品位越高，磁性占有率越高。富矿以赤磁铁矿为主，富矿的磁性铁占有率为 56.13%～89.65%，平均 67.18%；贫矿以赤磁、磁赤铁矿为主，贫矿的磁性铁占有率为 33.37%～68.29%，平均 48.91%。

矿石类型分布在空间上的变化：总体由西向东磁性铁占有率逐渐增高；由上至下，磁性铁占有率均呈逐渐增高趋势。

综上所述，本次基建探矿范围内矿石类型以混合矿为主，磁性铁平均占有率，富矿石为 67.18%~72.39%，贫矿石为 48.91%~53.56%。

组合样物相分析结果：380~560m 标高在铁矿石（富+贫）中，磁铁矿和赤铁矿两种矿物的铁分配率为 96.92%~99.33%；而硅酸铁、碳酸铁和黄铁矿中铁量少，为 0.61%~3.08%；560~700m 标高在铁矿石（富+贫）中，磁铁矿和赤铁矿两种矿物的铁分配率为 95.26%~99.14%；而硅酸铁、碳酸铁和黄铁矿中铁量少，为 0.86%~4.74%。

3.4.2 矿石化学成分

本区铁矿石有益组分单一，除铁以外未发现其他有综合利用价值的伴生组分。II_1 矿体铁矿石有益组分单一，除铁以外未发现其他有综合利用价值的伴生组分。其含量为：TFe 39.91%、SFe 39.62%、FeO 10.38%、S 0.02%、P 0.15%、SiO_2 30.08%、Al_2O_3 3.65%、CaO 1.49%、MgO 0.59%、K_2O 0.33%、Na_2O 1.13%、TiO 21.27%、Mn 0.03%、Cu 0.02%、Co 0.004%、V_2O 50.033%、Ga 0.0010%、Ge 0%、Pb 0.00%、Zn 0.00%、As 0.001%、Sn 0.004%、Cr 0.01%、Ni 0.005%、灼减 1.34%、Ba 0.036%。

铁矿石酸碱比值为 0.04%~0.15%，均属酸性矿石，不同品级，不同类型比值变化不大，由磁铁矿到赤铁矿其比值由大变小。

铁矿石有害组分 S、Pb、Zn、As、Sn、Cu、F 等含量很低，均未超过工业允许含量。

基建地段矿石化学成分：560~700m 标高，富矿矿石中 Na_2O 含量为 0.50%~0.90%，平均值 0.65%；TiO_2 含量为 0.45%~0.95%，平均值 0.58%。贫矿矿石中 Na_2O 含量为 1.58%~2.07%，平均值 1.75%；TiO_2 含量为 0.52%~0.953%，平均值 0.81%。

铁矿石有害组分：富矿为 S 0.026%、P 0.06%、SiO_2 18.41%、As 0.017%，贫矿为 S 0.037%、P 0.075%、SiO_2 34.28%、As 0.022%。

380~560m 标高：铁矿石（富矿+贫矿）CaO 1.65%，顶、底板围岩及夹石 5.67%。MgO 0.58%，顶、底板围岩及夹石 3.61%。富矿为 Na_2O 0.47%；K_2O 0.07%；TiO 20.71%；贫矿为 Na_2O 1.26%；K_2O 0.35%；TiO 21.26%。

铁矿石有害组分：富矿为 S 0.068%、P 0.14%、SiO_2 21.28%、As 0.016%；贫矿为 S 0.0102%、P 0.186%、SiO_2 36.13%、As 0.026%。

多次选矿试验结果表明，区内主要铁矿石属于有害组分含量不高。矿石适宜自磨工艺，属可选性能较好的可选矿石。

3.4.3 矿体（层）顶底板围岩及夹石对采出矿石质量的影响

II_1 矿组顶板为变钠质熔岩、绢云片岩及 III_1 含铜铁矿体。底板多与辉长辉绿岩体接触。南北两翼多与辉长辉绿岩、白云石钠长石岩接触，接触界面清楚。矿体内夹石与围岩岩性一致，为变钠质熔岩，围岩及夹石平均含 TFe17% 左右。矿体厚大，中部厚大完整，边薄而多分支，矿组内部（II_{1-4}、II_{1-3} 之间）夹石与矿体比：A25~A34 线为 48.47%，A34~A39 线为 14.67%，A39'~A43″线为 50.71%。总的夹石比为 37.95%。由于近矿围岩与矿体在矿物组合、结构构造特征方面有明显一致的渐变关系，矿体顶板围岩及夹石对采出矿石除有一定贫化作用外，一般不会对矿石性质引起质的变化。但是各类含矿岩石均具有富铁特征，加之部分地段矿体边缘多为表外矿，这对今后开采表内矿时降低贫化率较为有利。

4　开拓系统

大红山铁矿选择胶带斜井、无轨斜坡道、盲竖井联合的开拓方式。运矿胶带主斜井倾角14°，包括井底平直段在内长1847m，采2号主胶带运输机带宽1200mm，带速4m/s，带强40000N/cm，机长1865m，提升高度421.15m，采用双滚筒3机驱动，直流电机，功率3×710kW，驱动系统采用CST可控软启动系统。开拓系统示意图见图5。

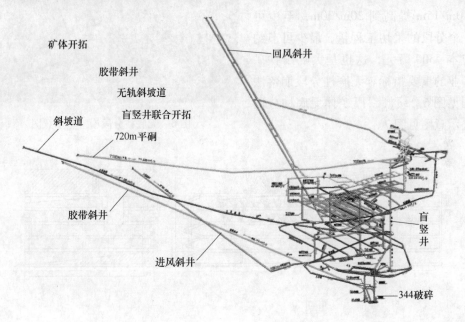

图5　开拓系统

大红山铁矿的采2号主胶带矿石提升运输系统，和其他矿山比具有以下几个特点：一是提升能力大。设计4000kt/a，目前已到5000kt/a，设计运输量800t/h，现提升到1000t/h；二是输送距离长，水平运距1796m，机长1858.558m；三是提升高度大，421.15m（垂直提升高度为国内第一）；四是服务时间长，大于50年。

选择胶带斜井运输矿石，是大红山铁矿成为目前国内第一大地下铁矿山的重要前提之一。胶带运输能力大，并且容易改造以加大运输能力，它对确保矿山实现尽快达产和超产起到了十分重要的作用。在国内特大型地下铁矿山中具有引领矿业的创新意义。

5　采矿方法

5.1　采矿方法应用

大红山铁矿以放矿理论研究为基础，以优化采矿结构参数为切入点，以生产能力大、减少投资、降低成本为目的，在国内提出了高分段大间距（20m×20m、30m×20m）的采矿理论，突破了国内无底柱分段崩落法采矿结构参数的常规理念。在此基础上，通过试验采场及生产实践验证，高分段大间距无底柱分段崩落法在大红山铁矿采矿生产实践中的应用是非常成功的，正在缩小与世界先进水平的差距。

无底柱分段崩落法开采理论与技术研究主要集中在两个方面，一是凿岩爆破工艺与技术，二是放矿理论与技术。大红山铁矿的无底柱分段崩落法采用的是高分段和大间距结构，分段高达到20m、进路间距20m，部分组合分段高达到30m、进路间距20m，目前为全国黑色金属矿山采场结构参数第一。回采高度按60m计算，分段高度从常规的10m/15m提高到20m/30m，至少可减少一个分段的采切工程量，最少可节约采切成本7500万元，这也是大红山铁矿引领矿业的重要指标。无底柱分段崩落法示意图见图6。缓倾斜厚矿体无底柱分段崩落法示意图见图7。

图6 无底柱分段崩落法示意图

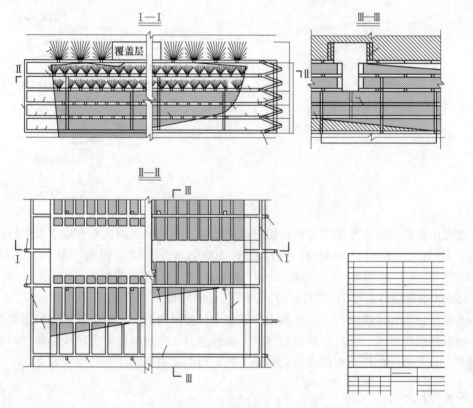

图7 缓倾斜厚矿体无底柱分段崩落法示意图

5.2 采矿设备

凿岩设备采用进口的瑞典 Atlas Copco（阿特拉斯·科普柯）公司的 SimbaH1354 中深孔凿岩台车，铲装设备主要采用芬兰汤姆洛克公司的 TORO1400E 电动铲运机（斗容6m³）。这些设备具有世界先进水平，对保证高分段大间距采矿工艺的实现起到了重要作用。

5.3　矿石运输、提升

采场崩落的矿石由铲运机通过溜井下放至380m中段运输水平，通过20t电机车牵引10m³底侧卸式矿车运至卸载站卸载，经过旋回破碎机粗碎后，再通过胶带运输系统转运至选厂地面矿仓。

设无轨辅助斜坡道，供无轨设备上下通行，以及运送人员、材料，为采用无轨高效采矿设备创造条件。从井口至井下380m标高主要段长2719m，坡度主要段14.28%（1/7），缓坡段5%。

此外，为了有效地解决井下废石的提升和运输，设置各种管缆至坑下，并运送至各有轨阶段水平的人员、材料及承担一部分进风任务，在矿体南侧720m标高设一条辅助平硐及下掘一条盲竖井至首采区380m集矿水平。盲竖井净直径5.5m，井筒长468m，提升段长345m。

盲竖井用JKMD-2.8×4（1）E型、直径2.8m、4绳落地式摩擦提升机，单罐平衡锤提升。罐笼为双层，每次提两辆2m³固定式矿车。该井并设有JKM-1.3×4型小多绳提升机，提1.3m×0.98m的小罐笼，有备用电源，用作安全及零星人员上下提升。

采用大高度集中运输水平的设置方式，取代常规的低段高、多中段分别运输方式，集运高度达到340m。从而大大简化了开拓运输系统，减少了生产准备工程和管理工作，提高了生产可靠性，节省了经营费用。

380m集中运输水平用电机车有轨运输，采用环形连续运输方式，使用大型电机车、矿车、重轨运输，运输能力大，能耗低，费用省。矿石运到溜井车场卸矿，经溜井下放到设于344m标高破碎硐室，粗碎后用斜井胶带运输机运至地表选厂转运矿仓。井下粗碎设备选用进口42～56（42in）液压旋回破碎机一台，给矿块度850mm以下，破碎块度小于250mm。小时处理能力1000t。

380m水平矿石运输，采用ZK20-9/550型20t架线式电机车，单机牵引10m³底侧卸式矿车所组成的列车运输矿石。废石用2m³固定式矿车装载，经盲竖井提升至720m平硐，再用ZK10-9/550型10t电机车牵引废石列车，运至坑外。

轨距900mm，380m水平用43kg/m钢轨，720m平硐用38kg/m钢轨。

5.4　通风

井下采用多风机多级机站通风，压抽结合，以抽为主，进回风井呈对角式布置，所需新鲜风流风量480m³/s，井下共计4级机站，17台风机。由于仅靠以上井巷尚不能满足进风风量的要求，在矿体南侧735m标高处掘一大断面专用进风斜井通至380m主进风平巷，再经专用进风天井送至上部作业分段。

为解决废风排出问题，在矿体北侧曼岗河东岸838m标高，设置两条大断面专用回风斜井。

5.5　排水

井下排水在380m水平盲竖井井底附近设中央水仓及水泵站，用D155-67×7型水泵4

台作为主排水设备，每台水泵流量 155m³/h，扬程 469m，电机功率 315kW。井下水用管道经盲竖井扬至 720m 平硐后用水沟自流至地表废水处理站。井下排水量，正常6330m³/d，最大 9295m³/d（暴雨期间 15313m³/d）。

6 4000kt/a 选矿厂

6.1 大红山铁矿选厂概况

大红山铁矿目前有三个选厂，四个生产系列，综合处理能力达 12000kt/a 以上，主要采用弱磁强磁重选联合选别流程。其中 4000kt/a 二选厂工艺流程最为经典，选厂厂房见图 8。

4000kt/a 选厂处理的对象是采自深部铁矿 II₁ 铁矿组的矿石，其工业类型可分为磁铁矿、赤磁铁矿、磁赤铁矿、赤铁矿四类。富矿主要为中至粗粒块状及斑块状石英磁铁矿及赤磁铁矿型；贫矿主要为细粒斑块状及浸染状石英赤铁矿及磁赤铁矿

图 8 4000kt/a 选厂厂房

型。原矿多元素分析结果、铁物相分析结果分别见表 6、表 7。

表 6 原矿多元素分析结果

元素	TFe	SFe	FeO	Al₂O₃	CaO	MgO	SiO₂	K₂O	Na₂O	烧损	S	P
含量/%	39.21	38.92	13.56	3.72	1.14	0.93	33.79	0.052	1.16	0.80	0.052	0.161

表 7 原矿铁物相分析结果

铁物相	磁铁矿	赤褐铁矿	假象赤铁矿	黄铁矿	硅酸铁	碳酸铁	合 计
含量/%	24.60	12.50	0.46	0.06	0.54	1.00	39.16
占有率/%	62.82	31.92	1.17	0.15	1.38	2.56	100.00

经过近十年的开采，原矿品位有了较大的变化，其中变化较大的为原矿 TFe 品位下降到 35.5% 左右，磁铁矿占有率下降到 50% 左右。

6.2 选厂生产能力及工艺流程

通过各项技术改造，4000kt/a 选厂的处理能力由原设计的 4000kt/a 提升至 4500kt/a 以上，矿石主要来自井下 4000kt/a 采矿系统，采出的矿石经井下粗碎，由采 3 号带式输送机运至选矿厂 1 号转运站，再由选 1 号带式输送机送至地面矿仓，矿石粒度 250~0mm，地面矿仓底部设有 1 台 ZBD1500×6000 重型板式给料机和 4 台 XZG1640 振动给料机，矿仓内矿石经重型板式给料机和振动给料机卸至选 2 号带式输送机，再经选 3 号带式输送机进入 φ8.53m×4.27m 半自磨机。4000kt/a 选厂半自磨机（φ8.53m×4.27m）见图 9。

半自磨机与直线振动筛构成闭路磨矿系统，设有 GK3070 型直线振动筛 2 台，一台工

作，另一台备用。筛上矿石依次经选 4
号、选 5 号、选 6 号、选 3 号带式输送机
返回半自磨机。筛下矿浆经渣浆泵送至 2
组 $\phi660 \times 7$ 旋流器，进入一段球磨分级
作业。

两台 $\phi4.8 \times 7$ 溢流型球磨机与 2 组
$\phi660 \times 7$ 旋流器构成一段球磨闭路磨矿系
统。旋流器沉砂自流至球磨机，球磨机排
矿自流至直线振动筛筛下泵池。旋流器溢
流自流至 8 台 $\phi1200 \times 2400$ 一段弱磁选

图 9　4000kt/a 选厂半自磨机 ($\phi8.53m \times 4.27m$)

机。一段弱磁选机尾矿自流至隔渣筛后进入一段强磁选机抛尾，一段弱磁精矿经脱磁器脱
磁后与一次强磁精矿合并自流至二段球磨机的排矿泵池。泵池内的矿浆经碴浆泵送至 2 组
$\phi350 \times 20$ 旋流器，进入二段球磨分级作业。

两台 $\phi4.8 \times 7$ 溢流型球磨机与 2 组 $\phi350 \times 20$ 旋流器构成二段球磨闭路磨矿系统。二
段旋流器沉砂自流返回二段球磨机，旋流器溢流自流至 2 台 4 管矿浆分配器，再进入 8 台
$\phi1200 \times 2400$ 二段弱磁选机，其精矿自流至 4 台 $\phi1200 \times 2400$ 三段弱磁选机精选。二、三
段弱磁选机尾矿自流至强磁给矿浓缩池，浓缩后的物料经泵送回主厂房，再经隔渣筛进入
二段强磁选机。

二段强磁选机精矿经离心机重选工艺提升品位至 60% 并入总精矿中，离心机尾矿经浓
缩后进入强磁粗选离心机精选产出次级精矿，最终尾矿自流至 2 台 $\phi53$ 尾矿浓缩池后输送
至尾矿库。

6.3　大红山铁矿选厂特点

大型半自磨机，利用半自磨工艺取代中细碎。现大红山铁矿有大型半自磨机 3 台，分
别为 $\phi8.0m \times 3.2m$ 一台（三选厂铜系列）、$\phi8.53m \times 4.27m$ 一台（4000kt/a 二选厂）、
$\phi8.8m \times 4.8m$ 一台（三选厂铁系列）。使用大型半自磨机大大减化了流程。与常规三段一
闭路破碎流程相比，工艺流程简单，占地面积大大减少，特别适合山区场地狭窄的矿山。

阶段磨矿阶段选别预先抛尾工艺。一
段球磨后采用一段弱磁选一段强磁选，抛
弃合格尾矿。一段弱磁选和一段强磁精矿
合并经二段球磨后，再进行两段弱磁选、
一段强磁选。这样进入二段球磨的矿量减
少，节能效果突出。

离心机重选回收细粒级赤铁矿。选矿
厂处理的矿石是采自深部铁矿 II_1 铁矿组
的矿石，其工业类型可分为磁铁矿、赤磁
铁矿、磁赤铁矿、赤铁矿四类。4000kt/a
选厂离心机见图 10。其中磁铁矿采用常用

图 10　4000kt/a 选厂离心机

的单一弱磁选流程处理，而赤铁矿的处理有一定的难度，先采用浮选工艺，但是浮选尾矿品位偏高。2009 年开始大红山铁矿进行了离心机技改工程，采用离心机选别赤铁矿，取得了很大的成功。主要流程为高梯度强磁选机粗选，离心机精选。离心机精矿品位达到 58% 以上，产率 60% 左右，金属回收率不低于 60%，总精矿品位达到 64% 以上，获得了很好的经济效益。在细粒级红矿选别方面取得了重大突破，为国内矿山同类型矿石的选别提供重要的借鉴依据。

6.4 产品方案

大红山铁矿 4000kt/a 选厂选矿产品方案见表 8；铁精矿质量见表 9；铁精矿粒度组成见表 10。

表 8 产品方案

产品名称	产量/kt·a^{-1}	产率/%	铁品位/%	铁回收率/%
铁精矿	1864	46.60	67.00	79.22
尾矿	2136	53.40	15.34	20.78
原矿	4000	100.00	39.41	100.00

表 9 铁精矿质量

元素	TFe	SFe	SiO$_2$	Al$_2$O$_3$	CaO	MgO	P	S	K$_2$O	Na$_2$O
含量/%	64.00	66.84	3.15	0.80	0.24	0.17	0.007	0.014	0.025	0.041

表 10 综合精矿筛水析结果

粒级/mm	产率/%		铁品位/%	铁分布率/%	
	个别	累计		个别	累计
+0.076	3.25		37.01	1.76	
-0.076 ~ +0.043	15.09	26.62	67.24	8.16	23.79
-0.038 ~ +0.019	70.32	96.94	71.14	73.35	97.14
-0.019	3.06	100.00	63.80	2.86	100.00
合 计	100.00		68.21	100.00	

7 绿色矿山建设

建绿色矿山是新形势下保证矿业可持续健康发展的必由之路，是实现科学发展、社会和谐的必然选择。以实现矿产资源利用最大化、环境影响最小化为目标，坚持节约、安全、清洁生产和可持续发展的原则，玉溪大红山矿业公司通过实施矿产资源利用集约化、开采方式科学化、生产工艺节能化、企业管理规范化、矿区环境建设园林化、矿区建设和谐化的具体实践，促进矿业经济与生态环境的和谐发展。重点将继续推进绿色矿山建设的规范化，根据矿产资源规划的要求制定绿色矿山建设的标准和相关办法，树立绿色矿山典型，推广绿色矿山建设，使绿色矿山建设工作向前推进一大步，安全、环保、可持续地发展矿业经济。

7.1　依法办矿

矿业公司严格遵守《矿产资源法》等相关法律法规，合法经营，证照齐全；矿产资源开发利用活动符合矿产资源规划的要求和规定，符合国家产业政策；严格按《矿产资源开发利用方案》、《矿山地质环境保护与治理恢复方案》、《土地复垦方案》等执行，对无偿取得的采矿权已进行了有偿处置；从未受到相关的行政处罚，从未发生严重违法事件。

7.2　节能减排

认真贯彻落实科学发展观，高度重视节能减排工作，并取得显著成效。安排专项资金进行了离心机工程和并管工程改造；对浆池进行变频改造；按国家淘汰产品目录，淘汰了一批变压器和水泵。对不符合节能标准的照明实施绿色照明改造。自动化改造方面建成了井下无线通信系统、进出井车辆人员识别系统、办公自动化系统、视频监控系统，提高了工作效率。

7.3　环境保护

采用先进技术手段有效地对矿山环境进行保护。171km 的管道运输建成，没有了因每天数百辆车运送矿石泼洒和有害气体的排放，减少了矿石堆放占用的土地，使当地的空气和土壤免受污染。目前新、改、扩建项目，严格按照环境保护"三同时"相关规定及设计、施工规范和监理要求开展工作。项目建设过程中，按照时间节点，组织环评、试生产及项目环保验收等工作。

按照《中华人民共和国环境保护法》，对重点环保设施进行了考察选型比较，采用招投标方式严格把关，择优选取了经济适用、先进可靠的实施方案。目前，需设置的环保设施均已全部配套实施完成。为确保项目建成投产后的生产组织管理，公司已建立健全了完善的组织机构及人员配置，制定了符合国家法律法规要求及生产实际的操作规程和安全生产规章制度、管理规定，可确保生产设备及环保设施正常稳定地运行。

建设污水处理系统，对井下水和洗矿用水进行了处理，反复循环利用，不再排向河流，保持周边河道水源的质量。已使用的 4000kt/a 选厂废水应急处理池原设计为经沉淀后的清水泵入 4000kt/a 选厂2 号环水池，再由 2 号环水泵泵入 4000kt/a 选厂整个环水系统进行循环使用。但由于受 2 号环水泵处理能力的限制，泵入 2 号环水泵池的处理后的清水会再次从 2 号环水池的溢流口流入到 4000kt/a 选厂废水应急处理池，经 4000kt/a 选厂废水应急处理池的溢流口注入到河中，造成水电资源的浪费；经改造后既满足了生产要求，又加强了污染源监督管理，落实污染减排措施，做到"三废"稳定达标排放，有效防范环境污染和生态破坏事故的发生。

7.4　土地复垦

按开采进度有计划、分区分期对采场植被进行清除，采空区及时回填土并覆土植树绿化，做到采一片，开一片，补偿恢复一片；排土场废土石及时压实，覆土植树，恢复植被。项目闭矿后将计划对采场、废石场进行复垦、绿化以减轻对采场、废石场生态环境的影响。

浅部熔岩铁矿露天 3800kt/a 采矿项目主体工程施工均采用较为先进的施工工艺，以机械施工为主，适当配合以人力施工。对采矿工程施工过程中产生的环境污染、土地破坏等问题，采取以下的预防控制措施：

（1）工程施工前对采场及废石场等场地进行表土剥离，合理确定采挖、排放表土的占地范围，本次拟采用推土机和装载机完成表土的剥离，对剥离表土进行妥善堆存管理，用作今后工程建设的绿化和复垦覆土或其他耕地的土壤改良。

（2）矿山在开采的过程中设计了开采台阶，自上而下进行开采，设计采用的开采台阶有利于矿体的开采，能够固定边坡，同时也能够充分利用空间，尽量减少扰动占压的土地面积，主体工程经过缜密计算，确定露天采场工作台阶高度 15m，终了时合并为 30m，台阶坡面角 65°、地表部分 50°，安全平台宽度 15m，运输平台宽度 16m，运输公路限制坡度 8%，既确保工程建设与运行安全，又确保采场边坡稳定，避免了采场帮滑坡和垮塌造成水土流失。

（3）项目建设过程中的 210.4640hm³ 被破坏土地，在水土保持方案中都进行了生物工程治理，其扰动土地整治率为 99.54%，水土流失总治理度为 97.15%，土壤流失控制比为 1.12，拦渣率为 99.17%，林草植被恢复率为 99.09%，林草覆盖率为 32.5%。

（4）主体工程提出，施工期间加强管理，在施工现场设置沉淀池，施工废水经沉淀处理后再外排。

（5）采矿作业过程中，主体设计为了消除粉尘污染，采取了有效的降尘措施，矿堆采用喷雾洒水抑尘，这样，有利于减少风蚀，改善作业环境；采矿工程构成单元的场地平整尽量采用挖高填低、以挖做填的方式，以减少弃土、保护生态、减少水土流失量。

（6）制订复垦方案、预留土地复垦费，在基建完成后，及时地对临时占地、挖损土地进行复垦，对使用规模大、使用周期长的工程项目，采用边使用边复垦的方法，极大地恢复土地使用功能和自然生态环境。

积极探索生态环境补偿机制，按照"谁开发、谁保护，谁破坏、谁恢复，谁污染、谁治理"的原则，从每吨原矿中提取 4~8 元的安全环保费用，交给当地政府，用于修复矿山，恢复植被。露天采矿做到开采一片，补偿恢复一片；排土场废土石及时压实，覆土植树，恢复植被。项目闭矿后将计划对采场、废石场进行复垦、绿化，减轻对采场、废石场生态环境的影响。大红山铁矿不断扩大矿区绿化植被，在 710m 平台、720m 平台、矿区道路、选矿厂及周边场所等进行绿化，进一步美化工作环境。在露天采矿区域 1175m 复垦土场设立了苗圃基地，栽有苗木 3000 株，预计 5 年后成材，获取良好的绿色环保和经济效益。公司将把矿区建设成花园式矿山，实现矿山发展与生态环境相协调，矿山建设与生态建设的有机统一，走可持续发展之路。

8 数字化矿山建设

8.1 大红山铁矿数字建模

为推动数字化矿山的建设，大红山铁矿引进先进的矿业软件，培养专业技术人员，对矿区内地表、地下进行数字可视化建模。根据地质探矿资料和现场实测资料建立矿体数据库，在做各种回采设计时，直接调用矿体数据库，各种技术经济参数指标自动生成，大大减轻了生产设计工作。及时反馈到矿体数据库中，能对生产现状做到实时监测，让公司的管理者和技术工作者通过信息平台能简单、快速地了解生产现状，进而实施有效的生产管理。另外，数字模型对安全生产的意义重大，以模型为载体，建立井下通风远程控制系统，对通风系统实时监控，通过对地压微震监测系统的建立对井下地压活动进行实时监测，为安全生产提供可靠的依据。同时也是数字化矿山建设必不可少的重要组成部分。

8.2　信号集中闭锁系统

大红山铁矿年产量4000kt/a，井下有轨运输380m、730m、720m平巷采用电机车牵引矿车进行运输。在380m运输平巷及730m、720m运输平巷各安装了一套KJ293矿井机车运输监控系统（即信集闭系统）基于DCS控制的本安型轨道运输监控系统，主要用于对大巷轨道机车运输系统的信号机状态、转辙机状态、机车位置、机车编号、运行方向、车皮数、空（实）车皮数等进行检测，并实现信号机、转辙机闭锁控制、地面远程调度与控制等功能的集散式计算机工业控制系统。系统能实时反映区段占锁情况以及每一设备和传感器的工作状态，并具有故障自动诊断、报警、数据记录等功能。整个系统在主控室通过监控主机对井下大巷的矿车运输实现监控和自动调度，指挥列车安全运行。

8.3　井下车辆识别系统（井下交通指挥系统）

车辆监控系统能实时监测井下斜坡道内各车辆的位置，显示在监控机上，能监测到井下车辆的位置、数量。根据车辆的行驶状态及交通规则，可在监控机上实时控制安装于各错车道口的信号灯的颜色（红色或绿色），对井下交通秩序进行有序的管理。从而能有效地提高运输车辆的生产效率，并能防止交通事故的发生。

8.4　井下人员定位系统

人员监控系统能对井下人员实时进行监测定位，能够监测下井工作人员的总人数，及其个体的姓名、年龄、所属单位、下井时间、出井时间以及下井和出井位置等信息，实时监测井下人员在矿井下的分布情况。这些资料信息都能随时在计算机上查阅和显示，并能作为数据记录保存下来，使管理人员能够随时掌握井下人员的信息，以便于进行更加合理的调度管理，提升了井下安全生产和科学管理的水平。

8.5　井下通风远程集中控制系统

大红山铁矿井下通风采用多级机站压抽结合的通风方式，以达到高效节能的目的。但多级机站通风的特点为风机数量多、容量不大、分布广。本矿井下通风系统可划分为4级，17台风机，8个站。从多级机站通风系统的特点看，只有实现集中控制，才能解决多级机站通风系统的运行管理，更有效地保证高效、节能的效果。因此本系统采用了远程I/O通信PLC网络系统，实现风机集中控制、风量调节、风速（风量）的测量，并进行事故反风控制。

在斜坡道井口办公楼设有风机集控室，并设主控PLC及监控计算机，另设8个通风机站，在通风机站中均采用带有Profibus总线接口的电机控制器和变频器，构成站内的现场总线网络。各通风机站还各装有 1 台"以太网/Profibus 网桥"以实现 Profibus 总线到以太网通信的转换，并最终实现通风机站与主站之间用光纤以太网进行通信。

由于井下通风系统各子站分布较广，用于其通信的以太网同时可以作为井下光纤主干网的补充，根据光纤通信传输距离远的特点，可以利用各机站网络设备箱内的以太网交换机将网络延伸到井下所有需要联网的设备。

设在 440m、460m 及 625m 水平的二级机站（2 号、3 号、4 号、5 号、6 号、7 号共 6 台风机）采用西门子 SIMOCODEpro 电机控制器对风机电机进行控制及保护，并通过电机控制器内置的通信接口实现风机的远程集控及数据遥测。SIMOCODEpro 电机控制器具有电机过载保护、电机热保护、堵转保护、缺相/相不平衡保护等电机保护功能，同时，其还具有三相电流、电压、有功功率、无功功率等参数的监控功能。

设在 380m、650m、510m、360m 水平及回风斜井井口的一、三、四级机站（1 号、8 号、9 号、10 号、11 号、12 号共 11 台风机）均采用低压交流变频器对风机电机进行控制，同时利用其内置通信接口实现远程集控、数据遥测及风量调节。由于变频器具有比电动机保护器更完善的保护及监控功能，因此所有电机重要的运行参数均可通过网络传送到集控室进行统一的显示及监控。在这些变频器控制的通风机风门上拟安装感应开关，以便对风门关闭状态进行监控。同时，在风机硐室出风端巷道内安装风速测量元件，以便除了电机电流等参数以外，还可以获得更直接、更真实的通风状况信息，这样再利用变频器的调速功能，可以获得对整个井下通风系统的风量进行人工或自动调节的功能。

8.6 井下通信系统（无线）

需信号覆盖的巷道有：斜坡道（710 井口至 344m、478m 至 730m、破碎硐室）；采 1-1、采 1-2，采 2 胶带斜井；380m 运输阶段；720m 主平坑运输巷道。在信息覆盖的巷道内可实现用 WiFi 手机拨打内线电话和外线电话，并在破碎硐室、380m 平巷信集闭、380m 平巷维修硐室、采矿调度室等关键硐室内装了固定的 IP 电话，在该网络内使用手机和座机拨打电话，通话清晰，可满足通话要求。

大红山铁矿井巷语音通信系统通过无线局域网（WLAN）的实际应用，不仅使之成为矿山井下应用无线局域网（WLAN）技术的标杆系统，同时在技术层面达到国内领先水平，为矿山井下实现数字化矿山打下基础。矿山井下利用该系统现有网络布局与带宽（主干线带宽 1G）的基础，可把监控系统、人员定位系统、地压检测系统、控制系统、通风远程监控、生产作业信息数据通过该网络传输到地面，从而发挥系统的最大效益。大红山 WiFi 语音方案示意图见图 11。

斜坡道交通监控系统，利用非接触射频识别技术实现车辆的位置传感，对井下车辆进行实时监控，提高斜坡道通行能力。

8.7 选矿专家系统

专家系统是一种在特定领域内具有专家水平解决问题能力的程序系统。它能够有效地运用专家多年积累的有效经验和专门知识，通过模拟专家的思维过程，解决需要专家才能解决的问题。

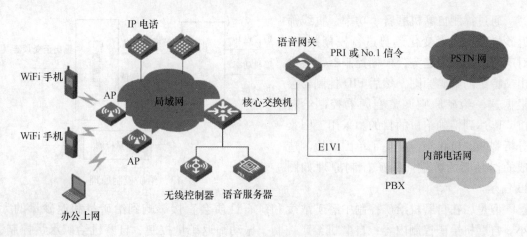

图 11　大红山 WiFi 语音方案

8.7.1　专家系统的特点

（1）具有专家水平的专门知识和经验；

（2）能够进行有效的逻辑推理运算；

（3）具有获取知识的特点，能够不断扩充知识范围；

（4）对用户是透明的，即用户无须知道系统的内部结构也可操作；

（5）具有交互性和灵活性。

8.7.2　专家系统组成

专家控制系统综合了各种数学方法、模糊理论、机器学习、智能逻辑推理的复杂"灰箱"系统。从组成结构上看，它包括数据预处理、专家知识库、推理机、知识学习、数据输出五个部分，实现基础自动化系统无法完成的控制内容，经济效益突出。专家系统组成原理如图 12 所示。

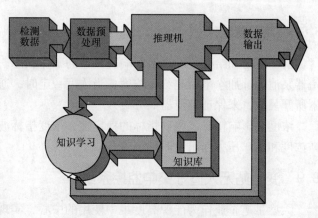

图 12　专家系统组成原理

8.8　生产过程自动控制系统

生产过程自动控制系统会使最终精矿、尾矿指标的稳定性及系统处理能力提高很大。生产过程的控制主要包括磨机控制、泵池控制、旋流器控制。

8.8.1　半自磨机自动给矿控制

半自磨机给矿系统采用现场总线结构，主机 PLC 采用模糊控制 + 常规控制实现（FUZZY + PID）。采用磨机电耳、磨机功率和返砂量多因素分析，控制效果达到稳定给矿量在人工操作的基础上提高 5% 的处理量。

通过检测自磨机磨音、功率、直线筛返砂量变化或者变化趋势进行模糊判定，对应每一种变化趋势，模糊控制器都会给出一特定的给矿原则，然后 PID 控制器会根据这一给矿原则调整变频器控制给料机，以达到精确给矿的目的。采用三因素分析判断磨机状态，避免了单因素检测造成的误判断的弊端。给矿控制原理如图13 所示。

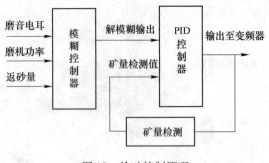

图 13　给矿控制原理

但是，在自磨机给矿控制中磨矿浓度和矿石性质会直接影响到给矿量和返砂量的大小。自磨机给矿控制内容：自磨机给矿控制、振动筛返矿量控制、自磨机给矿水量控制、自磨机磨矿浓度控制。

8.8.2　泵池控制

泵池的液位受入矿量、排矿量、补加水的影响。通常，入矿量是由流程决定的，泵池可控制的是排矿和补加。补加水是满足旋流器给矿浓度的，当液位过高时，在压力允许范围内，适当提高矿浆泵的转速，增加压力，加大排矿量。当液位过低时，应在旋流器给矿浓度要求范围内先增加补加水量，或适当降低矿浆泵的转速，减小矿浆槽的排矿量。

8.8.3　旋流器控制

给矿压力和给矿浓度直接影响旋流器的工作状态。当旋流器压力一定时，通过调节旋流器泵池的补加水来控制给矿浓度；当浓度一定时，通过调节旋流器给矿泵的转速和旋流器所开只数，来保证旋流器的分级效率。

浓度会影响精矿、尾矿指标的稳定性，浓度指标波动时，系统将会对分级旋流器的给矿浓度和给矿压力作出及时的调整。

8.9　变电站无人值守集中监控系统

大型工矿企业作为能源高度集中使用的中心，实现资源整合和集中管理，从而构建先进的管理模式和运行机制十分必要。按企业能源中心的组织结构形式，电力管理部门将设置独立的调度集控系统。负责电力系统的数据采集、监视、控制。实现"五遥"即遥信（YX）、遥测（YC）、遥控（YK）、遥调（YT）和遥视；还有附加功能，包括非电量仪表，自动装置的通信，以及在监控主机上分析、显示及保存上传的信息和数据。通过监控系统还可以完成 VQC（电压无功综合控制）功能及小电流接地选线功能、操作、谐波测试功能等。可在线监测与管理电网电压、电流不平衡度、频率变化、有功电能、无功电能、负序变化等。在电力系统发生异常和事故时，系统通过集中监视提供实时数据，有利于调度及时、快速和准确处理，把电力系统故障所造成直接经济损失和影响控制在最低限度，确保电力系统稳定运行，提高供电可靠性和供配电系统自动化水平，实现电力系统调度指挥功能。

该系统的优越性：

（1）先进性：调度集控系统可建立一个无人值班或少人值班的先进的管理体制。

（2）可靠性：利用集控系统，将各站情况还原到调度人员眼前，对无人值班站或少人值班的运行维护和下达调度令都是一个可靠的保证。

（3）安全性：对各种倒闸操作，检修都可由经验丰富的调度人员监管。防止了误操作发生的可能性。

（4）经济性：实现了无人值班或少人值班，使大量的分散运行费用变为了经济的集中运行，提高了工作效率。

8.10　过磅房无人值守集中计量系统

8.10.1　集中计量系统的基本原理

设置一个计量管控大厅，将分散的各计量点现场状况通过视频技术接入计量大厅操作终端，并设置大厅与各计量点的语音对讲系统和计量信息交互传递系统，计量操作在计量大厅内完成，计量结果在现场计量点实时显示，各用户单位通过网络即可查询、统计计量数据。

8.10.2　集中计量系统的特点

（1）系统应用 MOXA 卡技术，实现了现场仪表和计量管控大厅点对点数据传输，解决了干扰信号影响计量问题。

（2）系统设置了过磅质量判别功能，在过磅质量稳定时系统自动采集计量数据，避免了人工操作偏差，同时系统不允许手工输入质量数据，也不能粘贴复制，保证了计量结果准确性和数据传输的安全性、可靠性。

（3）整个计量过程实现全程视频监控和录像，系统保存质量数据同时自动对实物进行拍照，在图片上叠加质量信息和时间，并在现场显示屏同时显示计量结果。计量结果透明公开，实现了"阳光计量"。图片查询和录像回放功能使计量过程具备了可追溯性。

（4）汽车秤设置红外对射装置和 8 个摄像头，监控计量现场，防止车辆上秤不到位、司乘人员不下车过磅等影响计量结果的情况。

大红山集中计量系统不仅是传统计量方式的改变，更是业务流程和管理方式的诸多变革，涉及到进出厂管理、预报、过磅、取样、卸货等诸多环节。因此，该系统的顺利上线运行，不仅仅是单一计量负责部门的事，而是保卫部、采矿管理部、选矿厂、汽运公司等各相关单位群策群力才能办好的事。

8.11　江边水泵集中控制系统

江边加压泵站集中监控系统，能够实现在矿业公司管控大厅对江边泵站的集中监控。系统建成后可实现以下功能：

（1）泵站所有受控设备可实现现场、远程监控。

（2）可以自动对泵站的加压泵做出启停控制。

（3）在上位软件上可以监视高位水池、泵站的吸水池的水位、供水管内压力状况；可以监视水泵的运行状况，电流、电压的情况。这样就能全面直观地统计（班、天、月、年）供水变化趋势、供水量，以便及时做出调整。

（4）联锁功能。老系统设备及新系统设备实现必要的联锁，控制站实现设备间的联动逻辑控制，根据工艺要求实现设备的过程控制和反馈控制，能保证对矿区稳定供水。

（5）新老泵站 PLC 通过 TCP/IP 通信协议与现新增加的管控大厅主机通信，实现对江边泵站的集中监控。这样就改变了原来泵站必须有人全天候值守的运行模式，大大降低了运行成本。

8.12 工业视频系统集中控制

根据大红山未来发展的需求，由于原有各分厂摄像机以各分厂独立视频建设，因此，本次整改将所有摄像机全部进行重新编码，并将视频控制信号接入矿区视频监控总系统，实现全矿视频信号的完全调用和控制。

本次整改以全矿监控的整体功能及各分厂需求为依据进行规划。目前大红山矿业公司视频监控系统主要涉及生产调度中心、保安值班室、采矿、500kt、4000kt、8000kt 调度中心，本次整改主要是 8000kt 选矿厂视频整合完成，实现各分厂能灵活机动地调用全矿视频图像，并实现前端云台摄像机的控制功能。将全矿所有视频信号整合完毕后，分别在采矿、500kt、4000kt、8000kt 选矿厂设置分控中心，通过对中心矩阵的控制，实现所需图像的调用、控制功能。

8000kt 选矿区域新增 16 台摄像机，对 8000kt 选矿厂房区域进行监控；新建堆场区域增加 2 台摄像机，对堆场及进入堆场道路进行视频监视。

另外，按照大红山矿业公司基础数据网络建设需求，在全矿重要现场设备安装部位及控制机柜位置完成光缆布线施工，为以后矿区数字化系统管理建设做好准备。范围主要是江边、8000kt 电气楼 3 楼、5 楼、南岸车间、4000kt 电气楼 1 楼，4000kt 环水的光缆敷设，同时结合矿区视频整合及新增摄像机系统需要，增加老虎嘴光缆恢复、新建堆场及路口、8000kt 选矿厂到办公楼中心机房、熔岩磨矿车间、8000kt 选矿厂仓库、精铜仓库、主厂房 1 号区域、2 号区域等的摄像机安装所需光缆的建设。

8.13 协同办公系统及移动办公系统简介

随着现代信息交换的高速发展，传统的公文交换、信息传递已经不能满足实际使用需求。传统信息传递存在交换信息速度慢，准确性差等缺点，传递过程中受环境、时间、地点、人员等因素的影响较多，影响企业的发展。

现行的协同办公系统及移动办公系统具有传递信息安全可靠、迅速、便捷等优点。

（1）网络通信实时传递。通过先进的网络技术无论身在何方都能够通过预先设置好的网络链接，通过计算机终端或智能手机实时登录到协同办公系统平台进行操作。

（2）先进的平台构建思路。平台搭建基于 Web 网页，集电子邮件系统、电子传真系统、信息管理系统等于一体，根据公文交换的相关要求，确定了平台的功能。协同办公系统平台操作简便直观，稍有计算机知识的人也能很快熟练使用。

（3）信息传递高速、安全。内部通过 10G 带宽的光纤网络及合理的网络拓扑结构，外部通过接入公共以太网，实现了信息的高速传递。系统构建设置了安全架构，使用者通过分配的用户名进行平台登录，管理员按用户使用需求划分权限，保证了信息传递的准确可靠。

（4）有效提高办公效率。各类公文通过高速网络传递到目标用户，系统自动提示用户查看信息，同时具备事件督办能力和流程痕迹管理能力，大大提高了办公效率。

协同办公系统及移动办公系统的投入使用，提高了工作效率，提高了信息传递的安全性、准确性，降低了重复工作造成的人力资源浪费，节约了办公成本，符合节能减排的要求，是企业发展所应具备的条件。

8.14　精矿输送管道自动化、信息化

在运行大红山管道一年多的基础上，提出了管控一体化的思想及理论。管控一体化思想在管理思路上打破了传统的管理思路，应用信息化带动工业化的思想，将现代管理理论和计算机及自动控制技术紧密结合。

在管道运输领域的管控一体化的实力正在逐步显现出来。

9　技术创新和管理创新

9.1　技术创新

（1）大红山铁矿无底柱分段崩落法采场结果参数提升到 $20m \times 20m$ 或 $20m \times 30m$，已运用成功。

（2）用胶带斜井作为主提升井，替代常规的箕斗竖井，生产稳定，提升空间大，达产超产能力强。

（3）不断提高采矿的技术经济指标，严格控制出矿品位及回采率，努力提高资源的综合利用水平。将矿体的圈定品位由30%降至25%，提高资源的利用率。

（4）矿业公司经过几年的不懈努力，先后建成提质降硅系统、提量降尾系统，使500kt/a、4000kt/a选厂设计尾矿品位分别由 14.91%、15.34% 降至11%左右，每年从尾矿中回收40%品位二级精矿约700kt。通过新型设备-离心机一期工程的投入，确保了总精矿品位达64%，现进行离心机二期工程建设，可进一步将总尾矿降至10%以内，为下一道工序提供优质原料。

（5）投资近300万元，建成"尾矿回收金的流程"，每月可回收含金 30g/t 的金精矿10t以上。降低尾矿品位以增加金属回收率，减少尾矿排放量，是节约资源、提高资源利用率的首要工作，下一步还将从尾矿里提取钴金属。

（6）井下尾砂胶结充填骨料研究：生产过程中的部分尾砂用于井下充填，寻找水泥替代产品——高温陶瓷固化剂。降低生产成本，增加胶结强度，减少采空区形成后的压力，为安全生产创造条件。

（7）大红山铁矿开拓工程实现中段高度245m，回采结构参数 $20m \times 20m$，采矿工艺技术流程成熟、可靠，2012年，由中南大学、东北大学、北京矿冶研究总院、长沙矿山研究院、大红山铁矿、五矿邯邢矿业6家单位强强联手，共同开展国家科技部"十二五"第一批批准科技攻关与高新技术发展计划项目——"金属矿床高效地下开采关键技术研究及示范"的研究工作。作为其中的一个重要子课题，"大型金属矿床地下集中强化开采关键技

术"研究项目，由大红山铁矿和长沙矿山研究院负责组织研究。

（8）大红山铁精矿管道工程创造了五个"中国钢铁工业之最"（图14、图15）：

1）首创管控一体化管理思想，开发管控一体化管理系统平台；

2）铁精矿矿浆输送管线长度171km，为全国第一；

3）矿浆扬送高差1520m，为全国第一；

4）长距离矿浆输送管道敷设复杂程度位居世界前列；

5）矿浆输送压力24.44MPa，与秘鲁安塔密娜铜锌金矿并列世界第一。

图14 管道大跨越 　　　　　　　　　图15 管道安装敷设

（9）申请专利情况，详见表11。

表11 申请专利情况

序号	申请专利名称	申请国别	申请号	授权公告日
1	一种提高陶瓷过滤机过滤系数的工艺方法	中国	ZL200910119677.6	2011年4月27日
2	一种矿浆管道运输装置	中国	ZL200910008917.5	2010年11月24日
3	一种可提高矿浆浓度的矿浆浓缩系统及其控制方法	中国	ZL200910008970.5	2011年3月9日
4	一种长距离浆体管道输送压力检测系统及检测方法	中国	ZL200910119742.5	2010年11月24日
5	一种固体管道运输中浓缩池杂质分离装置	中国	ZL200910134911.2	2010年6月23日
6	一种高压力长距离浆体管道输送多级泵站在线切换方法	中国	ZL200910148154.4	2011年2月9日

9.2 管理创新

（1）采用新模式办矿，引入有资质的采矿单位，作为采矿协作单位承包采矿工作。这一模式有效地提高了采矿工作效率，并降低了采矿管理成本，取得了较好的效益。

（2）修订完善各种规章制度，强调标准化和精细化管理。

（3）成功申报省级企业技术中心，争取3年后成功申报国家级企业技术中心。

（4）瞄准国内一流矿山企业"对标挖潜"，降本增效，创新发展。

（5）大红山铁矿在中国冶金矿山企业协会第五届四次理事会"十佳厂矿"的评选活动中，荣膺"十佳厂矿"的称号。

（6）努力打造数字化矿山建设，实现矿山地质建模，视频监控，水泵、变电站、磅秤无人值守等。

（7）合理利用矿产资源，以创新理念为指导，努力实现矿山转型升级。

10　建设和谐矿山

坚持以科学发展观为指导，正确处理企业与地方政府、当地群众的利益关系是维护矿山周边社会稳定，营造企业良好发展环境的关键。自 2002 年年初，500kt/a 工程开始建设以来，玉溪大红山矿业有限公司共吸纳了 3000 多名劳务工人在矿山工作。2007 年年底从新平县新化乡米尺莫村委会招收了 39 名正式职工在矿业公司工作。大大地缓解了当地人员就业难的问题，以此带动为矿山提供社会及第三产业服务人员 2 万多人。积极参加当地政府组织的系列活动，倡导企业文化与民族文化的融合，强调社会效益与经济效益并重。建矿以来，昆钢集团玉溪大红山矿业有限公司先后为当地扶贫济困累计捐款 3200 万元。企业照顾地方利益，地方政府也把企业的事当成自己的事，强化协调服务，优化发展环境。玉溪市和新平县对大红山矿业公司的发展给予大力支持，始终把优化发展环境作为重要抓手，以硬措施治理软环境，从项目立项、节能审查评估、用电需求、资源综合利用、清洁生产、安全生产、建设项目用地、工商注册登记、税务登记、城市规划许可、环境影响评价、水土保持方案、税收减免等方面，积极提供主动、规范、优质、高效的服务，着力营造良好的投资环境。大红山矿山在开发中走出了一条和谐发展之路。为充分照顾地方利益，公司在当地注册，把税费留在地方政府。2004 年以来，累计上缴新平县税费 17.94 亿元，为地方经济持续、快速、跨越式发展作出了积极贡献。

多年来，矿业公司扎实有效地开展管理创新工作，促进了各项工作跨越式发展。受到云南省委书记秦光荣、国土资源部部长徐绍史等领导的高度褒奖：大红山铁矿有"两快"，即建设速度快、达产快；有"四个先进"，即管理先进、设计先进、技术先进、装备先进；有"四个好"，即经济效益好、社会效益好、技术效果好、环境保护好。领导的褒奖既是动力也是压力。我们将秉承"吃苦耐劳的奉献精神、敢为人先的创新精神"，坚定信心，攻坚克难，精细管理，勇于创新，按照创"四型"企业的要求，立足大红山，胸怀全昆钢，放眼全世界，通过管理创新，谋划大发展，实现新跨越，加快矿山转型升级，打造一流的现代化矿山。为国家、为社会，作出我们昆钢大红山人应有的新贡献。

11　结语

玉溪大红山矿业有限公司站在资源开发大趋势和自我发展战略的高度，解放思想，敢于创新，攻坚克难，大胆突破，把采用国际国内先进工艺、技术、装备，全方位打造"数字、绿色、和谐"的国际一流的现代化矿山作为大红山矿区开发和建设的战略目标。按照"观念新、体制新、机制新、管理新"的四新办矿模式摸索现代企业管理经验。推行外委承包采矿模式，取得成功。在开发建设和生产经营中实现了"两快"：建设速度快、达产快；体现了"四个先进"：管理先进、设计先进、技术先进、装备先进；做到了"四个好"：经济效益好、社会效益好、技术效果好、环境保护好。在创新安全管理机制，坚定不移推行安全标准化，促矿山安全发展方面取得长足进步。落实安全生产主体责任，推进"三个坚定不移"的有效开展，坚定不移地推行矿山安全标准化工作；坚定不移地推行矿领导干部带班下井制度；坚定不移地完善井下安全避险"六大系统"建设。夯实基础，创新机制，强化安全管理，提升了全员的安全意识和安全行为。在"十二五"期间，矿业公司将以建设"资源节约型、环境友好型、安全发展型、自主知识型"企业为宗旨，以原矿生产 12000kt/a 以上，成品矿生产 5000kt/a 以上为目标，努力实现矿山转型升级。

参 考 文 献

[1] 王运敏. 现代采矿手册 [M]. 北京：冶金工业出版社，2011.
[2] 刘于平. 现代矿山选矿工程设计手册 [M]. 北京：中国煤炭工业出版社，2006.
[3] 昆明有色冶金设计研究院. 昆明钢铁集团有限责任公司大红山铁矿（玉溪大红山矿业有限公司）地下 4000kt/a 采、选、管道工程初步设计 [R].

（论文发表于 2012 年 8 月《中国矿业》期刊）

采 矿

◇ 地质与采矿方法 ◇

利用偏线钻孔确定大红山铁矿
隐伏矿体空间位置的探讨

王志成　余正方　张玮

（昆钢集团大红山铁矿）

摘　要：在勘探大红山铁矿床的过程中，由于矿体埋藏深、钻孔弯曲，当钻孔穿过矿体时，普遍偏离勘探线剖面，给正确确定矿体的空间位置带来了一定的困难。本文提出了如何利用已经弯曲偏线的钻孔资料，编制正确的储量剖面新的作图方法，达到了充分利用偏线钻孔、正确反映隐伏 II_1 矿体的形态和空间位置的目的。

关键词：偏线钻孔、隐伏矿体、空间位置

1　概述

II_1 铁矿体是大红山铁矿规模最大、厚度最大、埋藏最深（达 988.31m）的隐伏矿体。全靠钻孔圈定矿体、探明储量，施工钻孔深达千余米。由于钻孔弯曲，加之矿体走向与勘探线不正交，当钻孔穿过该矿体时，多偏离勘探线剖面。普遍存在勘探线与矿体走向斜交的现象，导致反映到剖面上的矿体厚度和高程与顶底界等高线图的比较均有较大的误差，一般相差 10~20m，最大达 68m，垂厚一般相差 15m 左右，最大可达 55m。如果采用法线投影（正投影），将见矿段偏离剖面线距离小于线距 1/2 的钻孔所揭露的岩矿层垂直投影到剖面图上，或是将偏离大于 1/2 线距的钻孔孔段投影到与之相邻的剖面。显然，这种投影方法不能正确反映 II_1 矿体的空间形态和位置。

2　储量剖面新的作图方法与步骤

2.1　编制矿体顶、底界等高线图

（1）确定单工程见矿点、出矿点和矿体各分层点的位置。对矿区所有弯曲钻孔，都根据其孔口坐标和测斜资料进行了坐标整理，计算出各控制点与孔口的相对坐标位置。在此基础上计算钻孔见矿、出矿点的坐标（X、Y、H）。

（2）将见矿、出矿点坐标（X、Y、H）反映到绘有坐标网的平面图上，根据邻近点的平距和高程，按等高距 10m 内插，将高程相同的点用曲线连接，即得矿体顶、底界等高线图。

（3）确定矿体边界。II$_1$铁矿共施工边界控制钻孔 38 个，其中弯曲钻孔 35 个。为了合理确定矿体边界，先将未见矿的边界控制孔作全孔弯曲平面轨迹投影，然后根据矿体产状确定未见矿钻孔相应的矿体顶、底界位置，再以邻近见矿钻孔顶、底界位置，按两者间距的 1/2 作有限推断（自然尖灭点除外），将推断点及自然尖灭点连接起来，圈定出矿体的边界线。

2.2 调整原剖面线位置，减小钻孔在剖面上的形变

II$_1$铁矿体见矿钻孔 120 个，其中直孔 9 个，弯曲钻孔 111 个。为使部分弯曲偏线钻孔的见矿段靠近剖面线，以利直接投影利用，采取以下方法对原剖面位置进行调整：

（1）平行移动了 5 条剖面线的位置。即 A28 线向东移 35m，A29 线向东移 50m，A30 线向东移 80m，A34 线向东移 49.91m、A43′线向西移 19.88m。移动后的 A28′、A29′、A30′、A34′、A43′线参加储量计算。

（2）由 A36 线向东 80m 增加 A36c 线，使钻孔见矿段位于 A36 与 A37 线之间的 ZK379、ZK42、ZK16、ZK233、ZK34、ZK349 六个钻孔的见矿段靠近 A36′线；由 A41 线向东 20m 增加 A41d 线，使钻孔见矿段位于 A41 与 A41′线之间的 ZK181、ZK398、ZK395、ZK297 四个钻孔的见矿段靠近 A41′线。新增加的 A36′、A41′两剖面参加储量计算。

2.3 确定各剖面的矿体总体形态

图切矿体剖面外廓线的方法与在地形图上切取剖面地形线的方法类似。即将矿体顶、底界等高线与剖面线交点由平面图落到剖面图上，连接剖面图上相邻的高程点，得到剖面图的矿体顶、底界线。然后将顶、底界线端点用虚线连接，得到剖面图的矿体总体形态。II$_1$铁矿体原有勘探线剖面 23 条，这次共切勘探线剖面 30 条，纵剖面 4 条，参加储量计算（见图 1）。

（1）四边形 z_1'、z_3'、z_4'、z_2' 是正投影；

（2）四边形 z_1、z_3、z_4、z_2 是转后投影。

2.4 确定矿体内部各分层的空间位置

剖面图是反映矿体形态和空间位置的必要图件，只有准确的剖面图才能作为储量计算和矿山开采设计的依据。因此，利用偏线钻孔编制剖面图，不但要考虑矿体的产状，而且要考虑矿体厚度和品位等参数在投影距离内的变化。

前述矿体顶、底界等高线图，集中反映了矿体总体空间位置，在矿体顶、底界等高线图上切取剖面的矿体外廓线，得到了剖面矿体总体形态。在此基础上，视剖面两侧相邻钻孔见矿段偏线情况及矿体产状、厚度、品位变化情况，分别采用下述方法确定矿体各分层在剖面上的位置：

（1）线上直孔和沿剖面方向弯曲的钻孔，在剖面上直接利用。

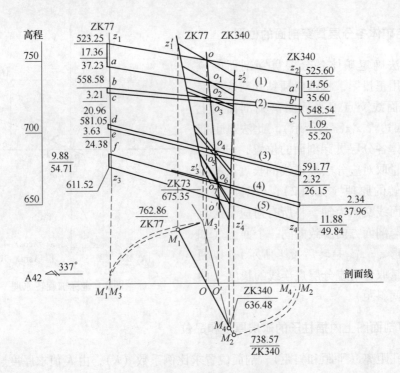

图1　钻孔贯穿剖面的作图轨迹线

（2）见矿段偏离剖面线距离小于勘探线距1/3，矿体走向与剖面线交角大于45°，投影距离内矿体厚度没有变化，采用走向投影。

（3）见矿段偏离剖面线距离小于勘探线距1/3，矿体走向与剖面线交角小于45°，投影距离内矿体厚度、品位的变化小于10%，采用假倾角（视倾向）投影。即垂直勘探线方向投影，根据矿体产状进行高程校正。

（4）见矿段偏离剖面线距离小于勘探线距1/3，矿体走向与剖面线交角小于45°，厚度变化大于10%，采用贯穿投影。即沿偏线钻孔与剖面另一侧相邻钻孔对应点连线方向进行投影。将剖面两侧相邻钻孔的见矿点、出矿点和对应分层点连线与剖面线交点，由平面图落到剖面图上，确定偏线钻孔各点贯穿剖面的位置，然后依分层按比例投置样槽。

（5）见矿段偏离剖面线距离大于勘探线距1/3、采用内插法确定矿体内各分层贯穿剖面的位置。并根据两孔矿层厚度、品位的变化情况，计算剖面上内插钻孔的矿层厚度和品位。储量计算剖面图根据43个孔内插出的27个柱子。现将方法依次分述如下。

2.4.1　确定两类插钻孔贯穿剖面的轨迹线

（1）如见矿段无方位和顶角变化，则将两内插钻孔对应顶、底连线与剖面线的交点，由平面图落到剖面图上，用直线连接顶、底两点，即得内插钻孔贯穿剖面的轨迹线。

（2）如见矿段有方位和顶角变化，须将两内插钻孔对应分层点连线与剖面线交点，由平面图落到剖面图上，然后由顶经各分层点至底连线，得到两内插钻孔贯穿剖面的轨迹线。

2.4.2　确定矿体各分层贯穿剖面的位置

用内插法确定矿体各分层贯穿剖面的位置，一般采用正投影，将两内插钻孔对应分层点连线与剖面线交点由平面图落到剖面图上（如图1中四边形 $z'_1z'_3z'_4z'_2$ 所示）。此法虽也能准确确定矿体各分层贯穿剖面的位置，但无法在图上准确量取对应分层点连线的长度。故运用坐标轴旋转的原理（见图2），以对应分层点连线与剖面线交点为轴，将所有对应分层点连线旋转到与剖面方向一致的同一个面上（如图1中四边形 $z_1z_3z_4z_2$ 是转后投影所示），以便在图上准确量取各对应分层点连线的长度（两对应点的空间斜距）。

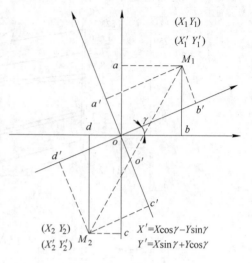

图2　坐标轴旋转原理

2.4.3　计算剖面图上内插柱子的矿层厚度和品位

根据两孔距离（平距和斜距）、剖面位置求比例系数（K），由 K 值求厚度、品位的增减值。单孔矿层厚度、品位加上增减值，得到剖面内插柱子的矿层厚度和品位。

（1）求比例系数（K）。K 值可根据两孔对应层中点的斜距、平距和投影距求得。在储量计算平面图上内插矿层可采厚度和边界品位，根据其平面距离，用坐标法内插，矿层中点的投影距离，即运用坐标旋转公式进行坐标变换。在旋转后的内插立面图上直接量取两孔对应层（包括顶、底）连线长度（L_1）、连线上单孔至剖面交点长度（L_2），L_2 除以 L_1 得比例系数 K。

（2）将 K 值乘以两孔厚度（m_1、m_2）的差值，得内插距离内厚度增减值（Δm）；K 值乘以两孔品位（C_1、C_2）的差值，得到内插距离内品位的增减值（ΔC）。然后令单孔矿层厚度（m_1）、品位（C_1）加、减内插距离内矿层厚度、品位的增减值，得剖面内插柱子的矿层厚度、品位（见表1）。

表1　内插品位、厚度计算

矿层编号	内插钻孔				两孔差值		两孔连线长度 L_1/m	单孔至剖面连线长度 L_2/m	品位增量 ΔC/%	厚度增量 Δm/m	内插[①]品位 C'/%	内插[②]厚度 M'/m
	品位/%		厚度/m		品位/%	厚度/m						
	ZK340 C_1	ZK77 C_2	ZK340 m_1	ZK77 m_2	$C_1 - C_2$	$m_1 - m_2$						
1	35.60	37.23	14.56	17.36	−1.63	−2.80	80	39	−0.79	−1.37	36.39	15.93
2	55.20	20.96	1.09	3.21	34.24	−2.12	78	37	16.24	−1.01	38.96	2.10
3	26.15	24.38	2.32	3.63	1.77	−1.31	82	37	0.80	−0.59	25.35	2.91
4	37.95		2.34				83	37			37.95	1.04
5	49.84	54.71	11.88	9.88	−4.87	2.00	83	37	−2.17	0.89	52.01	1.04

① $C' = C_1 - \dfrac{L_2}{L_1}(C_1 - C_2)$；② $M' = m_1 - \dfrac{L_2}{L_1}(m_1 - m_2)$。

2.5　编制矿体纵剖面图

在"图切"纵剖面矿体顶、底外廓线的基础上，根据 30 条横剖面，将横剖面各分层连线与纵线的交点直接落到纵剖面图上，确定纵剖面相应层的空间位置。与此同时，通过纵线或靠近纵线的钻孔见矿段投置到纵剖面图上（4 条纵线共投 15 个孔），经对应连层即成矿体纵剖面图。

2.6　检验剖面图的准确度

将所切水平断面标高线与剖面各分层连线的交点直接投影到绘有坐标网和纵、横剖面线的平面图上，然后对应连层。当连线自由度偏大时，再根据纵、横剖面和钻孔见矿段切一些不同方向的辅助剖面，确定连线通过的位置，以提高水平断面图的准确度。最后投置该水平的全部钻孔点，确定钻孔点均落到了对应的矿层连线范围内。

3　结语

（1）在大红山铁矿 II_1 所作的顶、底界等高线平面图及横剖面、纵剖面、水平断面图等图件，客观上起到了三度空间相互检查验证的作用。实践证明：用纵、横剖面图切制水平断面图，然后投置相应水平的钻孔点，全部钻孔点均落到了相对应的矿体分层范围内。说明在钻测斜资料可靠的情况下，所编制的图件是近于客观实际的。

（2）用上述方法所作的剖面图，图上投影和内插的钻孔，不完全反映实际的工程控制程度。故用其作储量计算时，应由平面反到剖面。即在平面图上根据钻孔矿层中点位置，储量级别划分条件，确定储量级别线，然后将级别线与剖面线交点由平面图落到剖面图上。经检验，两种方法 B 级块段储量计算面积仅相差 2.05%，由此计算储量是可行的，达到了充分利用偏线钻孔、正确反映隐伏 II_1 矿体的形态和空间位置的目的。

参 考 文 献

[1] 白谨. 勘探工程投影方法 [M]. 北京：地质出版社，1960.
[2] 李学勤. 坐标法整理钻孔测斜资料 [J]. 地质与勘探，1978（3）.
[3] 刘启明. 钻孔偏离剖面线时确定矿体空间位置的内插法 [J]. 地质与勘探，1978（3）.
[4] 朱中一，张理智，王家虎. 钻孔弯曲计算及投影 [J]. 地质科技，1978（3）.
[5] 四〇一队新开塘测量组. 坐标旋转公式的应用 [J]. 湖南地质科技情报（测绘专辑），1979（1）.

（论文发表于 2010 年 2 月《现代矿业》期刊）

大红山采场矿体群的"二次圈定"

覃龙江[1] 王志成[1] 余正方[1] 徐 刚[1] 丁红力[2]

(1. 昆钢玉溪大红山矿业有限公司；2. 昆钢工程技术公司)

摘 要： 通过地质编录和工程揭露，追索并查明矿体的形态、产状、空间分布及规模大小，对二次圈定前后矿体储量进行对比，简述二次圈定的重要性，提出采场二次圈定工作的基本技术要点。

关键词： 二次圈定、矿体形态与特征、储量计算

地质勘探贯穿于矿山设计、基建、生产，直到矿山闭坑等不同阶段。各阶段的地质工作成果，既为本阶段施工服务，又为下一阶段的开采服务。二次圈定工作是矿山企业降低矿石损失贫化率，增加矿石产量，降低生产成本，延长矿山服务年限，获得经济效益的重要途径。

1 大红山铁矿体的二次圈定

1.1 二次圈定工作

大红山铁矿二次圈定地质工作是在一期基建地质工作的基础上，按照设计确定的基建范围，在 II_1 矿体400m标高以上各个分段采场，充分利用开拓、采切工程，通过对大量坑道地质编录收集的地质资料综合整理分析对矿体进行控制圈定。在采准工程实施的基础上，进行坑道地质编录，描述矿体形态、产状、空间分布及地层情况、结构构造、矿体边界线等。通过二次圈定工作揭露采准工程地质现象，修改部分推测的地质界限，查找零星矿体及边角矿，对矿石储量级别进行升级。

1.2 二次圈定资料整理

1.2.1 圈定矿体原则

利用开拓、采切工程，进行坑道地质编录，收集地质资料综合整理分析，对矿体进行控制圈定，其原则是：

（1）从点着手、从面着眼，点面结合、面中求点，区域展开、重点突破；

（2）矿体呈似层状、透镜状，矿体厚度变化大，利用设计工程控制范围确定边界，若遇断层或侵入体，矿体边界采取齐头尖灭，直接外推到岩体或断层，矿体圈定中，结合采矿回采工艺的具体情况处理；

（3）圈定矿体编号与基建时一致；

（4）应根据探矿工程现场编录和取样分析，形成综合地质图件（平面图和剖面图），然后根据平剖面计算矿体地质储量，按照目前的工业品位圈定矿体，确定不同质量、用途

和开采技术条件下的矿产储量分布。

铁矿石储量计算和圈定矿体使用的工业指标划分等级见表1。

表1　铁矿石储量计算和圈定矿体使用的工业指标划分等级

工业品级	富矿	贫矿	表外矿	岩石
工业品位（TFe）/%	TFe≥45	30≤TFe<45	25≤TFe<30	TFe<25

1.2.2　整理综合图件

充分利用前人的地质资料和本次地质工作的成果，用 AutoCAD 作出矿体分段平面图，按照10m垂直间距切制横剖面图，再利用地勘纵线切制地质纵剖面图。

1.2.3　矿体储量计算

利用整理的综合图件（横剖面图）采用平行断面法计算矿体地质储量。储量计算公式见表2。

确定平均品位：单工程平均品位用单样品位与单样长度加权求得；块段平均品位用块段剖面面积加权法求得。

表2　平行断面法计算矿体地质储量

项目	梯　形	截　锥	楔形（或锥体）	符号意义
储量计算公式	$Q = \dfrac{(S_1 + S_2)Ld}{2}$	$Q = \dfrac{1}{3}(S_1 + S_2 + \sqrt{S_1 S_2})Ld$	$Q = \dfrac{1}{2}SLd$ 或 $Q = \dfrac{1}{3}SLd$	Q 为铁矿石量；S_1、S_2 为两相邻剖面面积；
备注	两相邻剖面面积之比小于40%	两相邻剖面面积之比大于40%	只有一个断面控制，而另一个断面等于零	L 为两相邻剖面之垂距；d 为矿石体重

1.3　采场矿体二次圈定前后资料对比分析

由于4000kt/a 一期矿体的圈定工作尚未全部完成，二次圈定形成的回采地质资料只有部分分段，待一期采矿工程二次圈定完善，资料的对比更准确有效。通过对矿体二次圈定完成的部分分段与基建相比后得知：矿体形态、产状、质量特征基本一致（除部分侵入体破坏矿体的程度及形状有差异外），见图1。

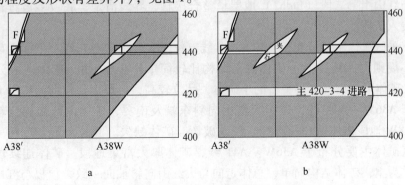

图1　基建地质剖面与二次圈定地质剖面对比

a—基建地质剖面；b—二次圈定后地质剖面

由于基建时期工程控制的程度不够，导致部分矿体界线只能推测，二次圈定针对这部分推测的矿体界线进行了修正，明显看出矿体实际界线较基建推测界线变小，实际矿量减少；边角矿在基建期探矿工程控制程度不够，导致边角矿消失或变小。如主采区3号矿块通过二次圈定后，矿体向东扩张，比基建时的矿体边界向东平移了约10m，从矿量上增加约10kt，虽然增加的矿石品级不是很好，但有一定的开采回收利用价值。二次圈定地质工作，不仅提高了矿石储量级别，还避免了采矿过程中废石混入，降低了采矿过程中矿石贫化、损失，节约了采矿成本，提高了经济效益。

1.4 二次圈定地质工作的成果

二次圈定为矿山地质工作积累了经验，也验证了基建地质储量的可靠性，深化了对矿床地质特征与成矿规律的认识。

（1）探明了地层主要由红山组（Ptdh2）灰绿色石榴绿泥黑云片岩、黑云绿泥片岩、绿泥黑云变钠质熔岩组成。

（2）进一步验证了近东西向 F_1、F_2 断层特征及性质。

（3）主矿体南边界（底板）有大量辉长辉绿岩（辉绿岩）沿断层带、裂隙入侵，地段使矿体消失。中部区段 II_{1-3} 主矿体连续性发生变化，矿体变得零星分散，矿体多为节理发育，规模不等，产状变化大，形态复杂，尖灭再现，矿化极不均匀和成矿后构造错综复杂。次级断层相对较发育，新发现切穿矿体的两组次级断层对矿体有一定影响。

（4）基本矿体地质特征。本矿床为古海相火山岩型铁铜矿床，由火山喷发-沉积变质型、受变质的火山喷溢熔浆型、气液交代型及岩浆期后热液钠化交代型等4种成因类型组成。4000kt/a主要开采对象为 II 矿组，II_1 矿体属于缓倾斜厚大矿体，该矿组由4个矿体（层）组成。矿体位于曼岗河南岸。分布于 A25～A43′ 线。

II_1 矿体矿石主要金属矿物以磁铁矿、赤铁矿为主。脉石矿物主要有钠长石、石英。矿石结构以中粗粒状为主。矿石构造有浸染状、花斑状、块状、致密块状等。基建坑道揭露的侵入岩类有辉长辉绿岩（蚀变辉长辉绿岩）、辉绿岩和白云石钠长石岩等。矿体围岩蚀变现象普遍，岩石改造强烈。其主要的蚀变类型有钠长石化、绢云母化、碳酸盐化、绿泥石化等。

II_1 矿体产于红山组第一段（Ptdh1）浅色变钠质熔岩中，含矿围岩与岩石产状一致；矿体顶板与红山组第二段（Ptdh2）地层呈整合接触，界线清楚；底板多被辉长辉绿岩破坏，局部侵入矿体。

中部 I 采区矿体主要分布于 A40～A43 线，位于大红山向斜东端，平面上矿体形态呈南西向的不规则"圈椅"状。矿体内部结构比较简单，II_{1-4}、II_{1-3} 矿体一般为1～2层，但是在 II_{1-3} 矿体下盘出现多层平行的小矿体，品位较高，但厚度比较薄；中部 II 采区矿体主要分布于 A36W～A41′线，位于大红山向斜东端及南翼，矿体内部结构比较简单，但A37W～A38W地段矿体被辉长辉绿岩侵入破坏，矿体缺失。II_{1-4}、II_{1-3} 矿体一般为1～2层；主采区矿体主要分布于 A36W～A41′线，矿体厚大富集地段。矿体连续性好，品位高，以富矿为主，矿体结构简单，总体走向与大红山向斜轴向一致，顶板与红山组第二段（Ptdh2）地层及 III_1 矿体呈整合接触，底板多被辉长辉绿岩破坏，局部地段侵入矿体。红山组是矿区主要含矿地层。矿区内断层倾角较大，均被辉绿辉长岩、白云石钠长岩、石英脉、碳酸盐泥质物等紧密胶结，降低了断层破碎的危害程度。从目前已施工的大量基建坑道工程所穿过的地层、构造及侵入体岩性情况看，没有遇到大的不良工程地质现象。仅在地层与岩体接触线附近发现绿泥石化及碳酸盐化。

2　问题及建议

2.1　存在的问题

（1）以往施工掘进的坑道由于完工时间长，坑道壁粉尘较厚，4000kt/a 采场矿体采用高分段大间距无底柱分段崩落法采矿，采矿进路联道顶板高，给现场地质编录观察地质现象带来不便，影响地质编录质量。所用坑道施工埋设的测量导线点多数属于临时导线点，很不规范，对原始地质编录和整理综合地质图件的编制造成一定影响。

（2）由于工程量大，施工周期长，竣工的坑道不能及时提供竣工坑道实测图，有些坑道工程使用设计提供的施工图作为二次圈定地质综合图件的依据。且局部地段坑道位置、形状与实际设计存在一定的误差，导致地质界线，矿体边界位置受到一定的影响。

（3）对矿床地质特征的解析不很深入，新揭露的矿床地质特征需要进一步认识。

2.2　建议

（1）加强采场二次圈定地质技术工作。三级矿量标准中明确规定只有经过采场二次圈定的矿量才能作为备采矿量，采矿技术人员才能进行中深孔设计。

（2）在安排生产作业计划时，应将采场二次圈定工作编入计划。矿山地质工作是矿山企业赖以生存和发展的基础，尤其二次圈定矿体地质工作，不仅验证矿体形态特征、储量的可靠性，更能使矿体空间形态、产状趋于实际，为矿体的开拓采准工程提供可靠的地质依据。

（3）建立健全矿山地质工作的管理机构。尽快把日常地质工作、地质技术管理、综合地质研究工作和矿产经济分析工作开展起来，以适应目前市场供求关系的变化。只有充分利用好有限的矿产资源，才能满足矿山生产不断发展的需要。

（论文发表于 2012 年 4 月《现代矿业》期刊）

高分段大间距无底柱分段崩落法
在大红山铁矿的应用

刘仁刚　王　健　徐　刚

（玉溪大红山矿业有限公司）

摘　要：本文以放矿理论研究为基础，以优化采矿结构参数为切入点，提出了高分段大间距的采矿理论，通过采场试验及生产实践验证，高分段大间距（20m×20m）无底柱分段崩落法在大红山铁矿采矿生产实践中的应用是非常成功的。

关键词：高分段大间距无底柱分段崩落法、结构参数、经济指标

1　引言

大红山铁矿是我国大型黑色金属矿山企业，2003年与中南大学合作，实施了"大红山高温深井缓倾斜厚大矿体开采综合技术研究"，其中包含了与中钢集团马鞍山矿山研究院合作开展的大红山铁矿采矿工程放矿试验研究（从2002年开始到2003年结束），与中南大学合作开展了大红山铁矿主采区高分段大间距无底柱分段崩落法开采理论、工艺和技术研究（从2004年开始到2007年结束）。经过5年的攻关，全面完成了攻关任务书规定的各项任务，取得了丰硕的研究成果。

大红山铁矿以放矿理论研究为基础，以优化采矿结构参数为切入点，以生产能力大、减少投资、降低成本为目的，提出了高分段大间距的采矿理论，突破了国内无底柱分段崩落法采矿结构参数的常规理念，在此基础上，通过采场试验及生产实践验证，高分段大间距无底柱分段崩落法在大红山铁矿采矿生产实践中的应用是非常成功的。大红山铁矿井下4000kt/a采矿工程于2006年12月月底投产，2007年生产原矿约2700kt，2008年生产原矿约4300kt，设计3年达产，大红山铁矿仅用2年的时间就顺利达产、超产，在国内创造了奇迹。2009年预计生产原矿5000kt以上。

2　放矿物理模拟试验

放矿物理模拟试验，主要研究了大红山矿区矿岩颗粒的物理模拟放矿试验，为矿区主体采矿工艺工业试验的参数选择、放矿理论研究提供基础数据。物理模拟试验得出的结论如下：

（1）单体试验的矿岩放矿漏斗移动边角约为70°，根据单体放出椭球体的发育情况，当分段高度为15m、放矿高度为30m时，放矿步距约为4.2～5.2m；当分段高度为20m、放矿高度为40m时，放矿步距为4.6～5.6m。

（2）15m分段高度时，合理的进路间距为20m；20m分段高度时，合理的进路间距为22m。

（3）试验表明，进路宽度的变化对放矿效果的影响较小。

（4）当采用 15m × 20m 的结构参数时，合理的放矿步距为 4.5 ~ 5.0m；采用 20m × 20m 的结构参数时，合理的放矿步距为 5.5 ~ 6.0m。

3 高分段大间距无底柱分段崩落法在大红山铁矿开采的研究

无底柱分段崩落法开采理论与技术研究主要集中在两个方面：一是凿岩爆破工艺与技术；二是放矿理论与技术。由于大红山铁矿的无底柱分段崩落法采用的是高分段和大间距结构，分段高达到 20m，进路间距 20m，部分组合分段高达到 30m，进路间距 20m，是目前国内结构参数最大的。因此在凿岩爆破理论与技术及放矿理论与技术方面都与传统的小结构参数不同，所以很有必要开展工业试验。

工业试验地点选择在矿区 A38′勘探线与纵 Ⅱ 勘探线相交点附近的富矿段，南北长平均 100m，东西长平均 50m；在高程上包括 480m、460m、440m 三个分层，480m 分层 3 条进路（放顶高度 30m、进路间距 40m），460m 分层 5 条进路（进路间距 20m），440m 分层 4 条进路（进路间距 20m），见图 1。

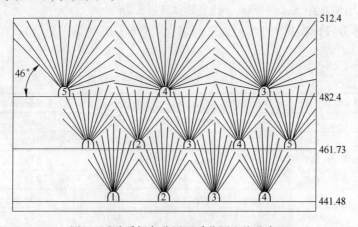

图 1 试验采场各分层回采范围和炮孔布置

试验矿块范围内地质矿量约 500kt，试验期间试验采场崩下矿石量 457162t，崩下金属量 200469.43t；放出矿石量 379982t，放出金属量 158646t，试验采场矿石回收率 83.11%，贫化率 4.79%。

工业试验表明，切割槽合理的凿岩爆破参数为：炮孔排距 1.2m、孔底距 1.4m、综合炸药单耗约 0.95kg/t；460m 分层合理的凿岩爆破参数为：崩矿步距 2.8m、炮孔排距 1.4m、孔底距 3.0m、综合炸药单耗约 0.5kg/t；440m 分层合理的凿岩爆破参数为：崩矿步距 4.6m、炮孔排距 1.53 ~ 1.55m、孔底距 3.0m、综合炸药单耗 0.5kg/t 左右。采用这些参数可使崩落矿石的大块率控制在 3% 以内。480m 分层在炮孔排距 2.7m，孔底距 4.0m 的条件下，爆破矿体上盘围岩就可形成覆盖岩石，此时的炸药单耗仅为 0.23kg/t，炮孔的崩岩量约 15.55t/m。工业实验证明，这种采矿方法具有回采率高、生产能力大的特点。

试验采场主要技术经济指标：采场生产能力为 548.4kt/a；矿石贫化率为 4.79%；损失率为 16.89%；采切比为 35.66m³/kt；采矿直接成本为 38.45 元/t。

在经济效益方面，由于目前国内普遍采用的 15m 分段高增加到 20m，不仅大大提高了采矿生产能力，降低采切成本，缩小了我国与西方国家同类采矿方法技术水平（30m 分段高）的差距，而且直接节省矿山建设资金5575万元，在工业试验期间创经济效益10867.4万元，在大红山铁矿主采区、中部Ⅰ采区、中部Ⅱ采区推广应用，创经济效益42565万元。

4 高分段大间距无底柱分段崩落法在大红山铁矿的应用

4.1 在主采区缓倾斜极厚矿体中的应用

主采区矿体极厚大，采用无底柱分段崩落采矿法，沿东西向平行于横向勘探线剖面方向每100m划分为一个条带，沿条带每100~140m划分为一个矿块，阶段高100m，分段高20m，一个阶段共有5个分段，矿块在每个分段布置6条出矿进路（特殊情况下布置5条或7条），出矿进路间距20m，每两个矿块布置一条矿石溜井，每4~5个矿块布置一条废石溜井。

主采区主要采用的炮孔参数：切割槽炮孔排距1.4m、孔底距1.2~2.2m；落矿层炮孔排距1.6m、崩矿步距3.2~4.8m、孔底距2.4~3.2m。

主采区具体分段标高见表1。目前已回采到420m分层（第三分层），主采区主要经济指标见表2。

表1 （一期工程）各采区分段标高

分段功能	中部Ⅱ采区/m	中部Ⅰ采区/m	南翼采区/m	主采区/m	西翼采区/m
落顶	675	590	无	480	500
基建	645	560		460	
基建	625	540		440	
生产持续	605	520		420	480
生产持续	580	500		400	460
生产持续	560	转入南翼采区	480		440
生产持续	540	460			420
生产持续	520	440			400
生产持续	500	420			
生产持续		400			

4.2 在中部Ⅱ采区急倾斜矿体中的应用

中部Ⅱ采区及南翼采区的矿体厚大（急倾斜矿体），采用垂直走向无底柱分段崩落采矿法，矿块垂直走向布置，长80~100m划分为一个矿块，分段高20~30m（560m分层分段高为30m），共计9个分段。矿块在每个分段上布置4条出矿进路（特殊情况下布置5条），出矿进路间距20m。每1~2个矿块布置一条脉外矿石溜井，每2~3个矿块布置一条脉外专用废石溜井。

中部Ⅱ采区主要采用的炮孔参数：切割槽炮孔排距1.2m、孔底距1.2~2.2m；落矿层炮孔排距1.8m、崩矿步距1.8~3.6m、孔底距2.2~2.8m。

中部Ⅱ采区及南翼采区具体分段标高见表1。目前已回采到520m分层（第三分层），主要经济指标见表2。

表2　一期工程（从投产到2009年2月底）各采区主要经济指标

采区名称	回采率/%	贫化率/%	大块率/%	中深孔崩矿量/t·m^{-1}	炸药单耗/kg·t^{-1}
主采区	80.44	21.44	2.49	10.52	0.43
中部Ⅱ采区	84.13	18.99	6.14	10.79	0.42
中部Ⅰ采区	73.26	13.83	3.86	10.68	0.42
合　计	80.66	19.26	3.56	10.64	0.42

4.3　在中部Ⅰ采区急倾斜矿体中的应用

中部Ⅰ采区北部矿体相对较薄，采用沿走向单进路无底柱分段崩落采矿法，南部矿体厚度相对较厚，采用沿走向双进路无底柱分段崩落采矿法，矿块沿走向布置，长80~100m划分为一个矿块，分段高20~30m（645m分层分段高为30m），共计8个分段。每个分段在脉内布置1/2条相距10~20m的出矿进路，在矿体下盘与出矿进路近似平行且相距20m以上的位置布置一条沿脉平巷。每2~3个矿块布置一条脉外矿石溜井。

中部Ⅰ采区主要采用的炮孔参数：切割槽炮孔排距1.2m、孔底距1.2~2.2m；落矿层炮孔排距1.8m、崩矿步距1.8~3.6m、孔底距2.2~2.8m。

中部Ⅰ采区具体分段标高见表1，目前已回采到605m分层（第三分层），中部Ⅰ采区主要经济指标见表2。

5　机械化配套设备在生产中的应用

5.1　凿岩设备

大红山铁矿采用的凿岩设备主要是瑞典阿特拉斯·科普科（Atlas Copco）公司生产的Simba系列凿岩台车SimbaH1354。该台车具有凿岩效率高、钻孔质量好、自动化程度高、易于操作、转弯半径小、出入采掘作业面灵活、可自动接钎和退钎等优点。钻机最大钻凿孔深55m，孔径范围55~110mm，BUT4钻臂系统可实现360°旋转，设计作业效率100km/（a·台）。

大红山铁矿生产中使用的凿岩机孔径76mm（部分110mm），最大孔深不超过35m，孔深在25m以内，效率最高、速度最快（0.5m/min），实际凿岩效率125km/（a·台），最高凿岩效率150km/（a·台），远远超出了设计指标。

5.2　无轨出矿设备

大红山铁矿使用的出矿设备主要是芬兰汤姆罗克（Tam rock）公司生产的TORO1400E（斗容6.0m^3）电动铲运机，辅助出矿设备有TORO1400（6.0m^3）、ST1010（4.0m^3）、ST-3.5D（3.5m^3）柴油铲运机等。

6　结语

（1）大红山铁矿突破无底柱分段崩落采矿法原有放矿理论的束缚，根据放出体的空间排列，合理结合了大间距和高分段的放矿排列形式，提出了相应的理论数据，揭示了高分段大间距无底柱分段崩落采矿法结构参数优化的本质。

（2）高分段大间距是无底柱采矿的一种新模式，适合于所有采用无底柱分段崩落法的矿山，该技术具有广泛的推广应用价值。

（3）大红山铁矿是国内首家应用高分段大间距理论（20m×20m、30m×20m）、依据工业放出体参数计算确定采矿结构参数的地下矿山。通过工业试验，解决了凿岩、爆破、出矿控制等一系列关键技术问题，取得了良好的技术经济指标，已在实践中形成了具有自主知识产权的高分段大间距集中化无底柱采矿的系列技术。

（4）大红山铁矿应用20m×20m、30m×20m高分段大间距采矿结构，目前回采到第三分层，回收率达到80.66%，贫化率为19.26%，今后经济指标将会越来越好。

（5）以20m×20m、30m×20m高分段大间距采矿技术为支撑，大红山铁矿配套应用了具有国际先进水平的高效采掘设备和中深孔凿岩设备，实现了集中化开采，在采区实施地点集中、工序集中、产量集中方面发挥了重要作用，大幅度提高了生产效率和经济效益。

（6）对于采用无底柱崩落法的矿山，加大分段高度、进路间距可大大减小采掘工程量，降低采矿成本，显著地改善巷道的应力集中状态，提高回采巷道的稳定性。高分段大间距采矿结构对矿体埋藏深、矿床地压大、矿岩破碎不稳定的矿山有十分重要的意义。

（论文发表于2009年9月《现代矿业》期刊）

大红山铁矿中部 I 采区回采中深孔布置方案的优化

普绍云

（玉溪大红山矿业有限公司）

摘 要： 大红山铁矿采矿主要采用无底柱分段崩落法，中深孔布置方式为扇形中深孔，中部 I 采区 625～675m 各分段及矿块根据原设计图件于 2007 年下半年全部施工结束。二次圈定资料结果显示，其矿块矿体发生较大变化，表现为矿体连续性差、地质品位下降、矿体之间的夹石变厚、矿体的厚度变薄、矿体往西偏移，其倾角变缓，矿体之间的夹石变厚，其进路布置沿矿体的走向且上下分层不是标准的正菱形交错。由于存在压矿问题，因而导致 4000kt/a 采矿生产下降速度不匹配，制约采矿生产的合理化开采。原中孔设计的思路是：本着充分回收矿产资源的原则，矿体上、下盘围岩与矿石全部用中孔崩落。鉴于矿体目前的实际情况，优化中深孔布置方案势在必行，有利于降低贫化，提高供矿品位，降低采矿成本。

关键词： 中深孔、优化、贫化率、成本

1 中 I 采区简介

中 I 采区分布于 A40～A42 线，开采标高 500～705m，地质储量 7980kt，地质矿石平均品位 35.55%。开采的分段为 500m、540m、560m、580m、605m、625m、645m、675m 分层，其中 675m 分层为强制落顶，其余分层为落矿分层。I 采区总体上其地质构造简单，没有较大的断层、裂隙，小的地质构造对采矿生产影响不大。采区侵入岩类主要有石英钠长斑岩、辉长辉绿岩、辉绿岩及石英钠长石白云岩等。矿石主要金属矿物以磁铁矿、赤铁矿为主，假象赤铁矿（磁赤铁矿）次之，脉石矿物主要有钠长石、石英。矿石结构以中粗粒状为主，其次为板状、叶片状及交代状结构；矿石构造有浸染状、花斑状、块状、致密块状等。

2 I 采区现状及分析

中 I 采区（625m、645m、675m 分段）是大红山铁矿 4000kt/a 采矿工程中的重要组成部分。采切工程布置按原设计施工图件 2007 年下半年施工完毕，其开采对象为 II_{1-4} 号、II_{1-3} 号矿体的上部。由于生产任务紧迫，急需采矿台车进入中深孔凿岩施工，但根据二次地质圈定资料、采切工程布置及部分设计中孔情况进行分析可知，从采切工程揭露的情况来看：

（1）由于前期各种因素的存在，导致回采、落顶进路布置不合理；

（2）矿体发生较大的变化，矿体往西偏移，其倾角变缓，矿体之间的夹石变厚；

（3）其进路布置沿矿体的走向且上下分层不是标准的正菱形交错；

（4）由于存在压矿问题，导致 4000kt/a 采矿生产下降速度不匹配，制约采矿生产的合理化开采。

3 中深孔布置方案比较

实践表明，中Ⅰ采区的回采工作十分重要，只要有上述任何一个因素存在，都将不利于矿山企业的发展。其主要表现在：

（1）由于矿体的倾角较缓，不利于回收大量的矿石，造成较大的损失；

（2）由于矿体之间的夹石变厚，带来剔废工作量大；

（3）由于矿体变缓上盘角及下盘角的废石是造成贫化的直接原因，经过充分的论证与研究，认为在中Ⅰ采区的回采上，完全可以通过中深孔布置的方式来综合解决上述问题。

因此，在中深孔布置时力求做到：

（1）尽量实现低贫化放矿管理的目的，以减少贫化，提高回采率；

（2）对于矿体二次圈定范围内上盘角及下盘角的废石尽量不爆破，以减少采矿生产成本及降低贫化；

（3）矿体之间的夹石预留于采场内，尽量不剔除，以减少中深孔量及有利于采矿生产组织。

鉴于上述因素，中部Ⅰ采区矿块回采爆破中深孔布置方案对比如下。

3.1 回采爆破方案炮孔布置方案一

该方案难以实现低贫化放矿管理。施工的中深孔数量最多，矿体的上盘角、下盘角的废石均全部崩落（图1）。其中，上盘角废石是造成贫化的主要原因，下盘角的废石须全部剔除后才能进行放矿是造成采矿成本直接上升的原因。其主要优点是中深孔孔深比较适中，孔深控制在30m范围内，施工较简单，凿岩效率高。但相应的生产管理难度加大。

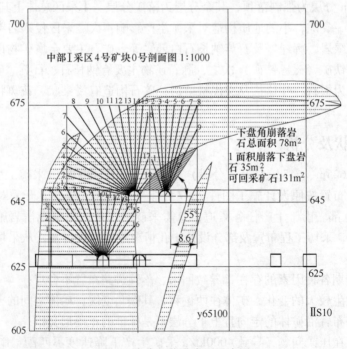

图1　方案一炮孔布置示意图

3.2　回采爆破方案炮孔布置方案二

该方案难以实现低贫化放矿管理。施工的中深孔数量比方案一少，矿体的上盘角全部崩落，下盘角的废石均不崩落（图2）。其上盘角废石是造成贫化的主要原因，下盘角的废石不需要剔除，采矿成本比方案一低。其主要优点是生产组织管理比方案一简单，另外的落矿进路可以作为回采工作面的回风，个别中深孔为34m，但大多数孔深在30m以内。

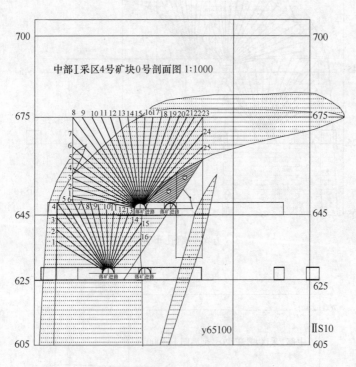

图2　方案二炮孔布置示意图

3.3　回采爆破方案炮孔布置方案三

该方案可实现低贫化放矿管理。孔深不长，最深不超过27m，施工简单。矿体的上盘角废石不需要崩落，下盘角的废石均全部崩落（图3）。虽然上盘角废石不会造成贫化，但下盘角的废石必须全部剔除，这是造成采矿成本直接上升的原因，同时不利于生产组织与管理。

3.4　回采爆破方案炮孔布置方案四

该方案可实现低贫化放矿管理。个别孔深长33m，大部分孔深控制在30m以内（图4），台车凿岩比方案三难度大。矿体的上盘角及下盘角废石不需要崩落，放矿时不需考虑贫化的问题，只需控制放矿量的多少。下盘角的废石不需要剔除，这是采矿成本直接下降的关键，同时有利于生产的组织与管理。

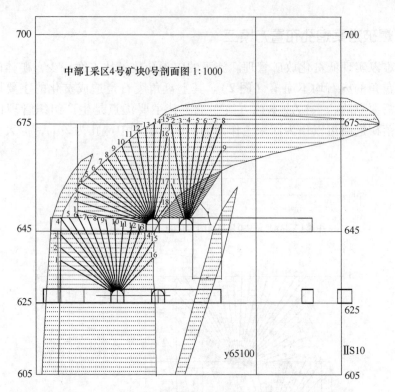

图 3 方案三炮孔布置示意图

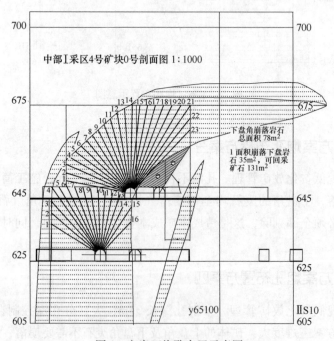

图 4 方案四炮孔布置示意图

从中深孔布置比较的结果来看（见表1）：方案四是最佳的。因为在中部Ⅰ采区回采矿块地质品位波动较大，结合矿业对矿石质量的需求，在方案选择上是有效的。通过人为的技术手段来降低贫化率，甚至采取低贫化放矿管理，是无底柱崩落法的关键。正是通过方案四，在回采范围内避开下盘角废石的剔除，一方面是有效地利用采矿台车的利用率，做到不浪费、不占用台车；另一方面是降低采矿生产成本的直接手段；另外，有利于生产组织管理，减小生产环节管理的难度。

表1 中深孔布置方案比较

方案	每条进路中孔量/m	每条进路崩矿量/t	上盘角崩落废石量/t	上盘角消耗中孔量/m	下盘角剔除废石量/t	下盘角消耗中孔量/m	废石混入率/%	生产难易程度
方案一	16411	143685	27144	1508	6786	1836	28.6	难
方案二	17966	142087	27144	1508	0	0	25.2	易
方案三	15545	143338	0	0	6786	1836	20.7	难
方案四	14879	142088	0	0	0	0	16.4	易

4 结语

采矿生产实践证明：在回采爆破中深孔布置方式上，中深孔优化应根据具体情况做具体分析。在采矿生产技术上有效地、人为地通过技术手段来达到目的，在回采范围内对下盘角废石进行少量的剔除，矿体之间的夹石尽量不爆破，一方面可有效地降低贫化率，提高矿石质量及回收率；另一方面它是降低采选生产成本的直接手段；同时，有利于采矿生产的组织，加大回采力度，为采区压矿问题的解决提前得到了释放。

参 考 文 献

[1]《大红山铁矿4000kt/a采矿初设》.
[2]《采矿设计手册》.

大红山铁矿 4000kt/a 放矿管理技术分析

范有才 李雪明

（玉溪大红山矿业有限公司）

摘 要： 本文简述了大红山无底柱分段崩落法采矿基本状况，总结无底柱分段崩落法放矿的主要经验，在物理模拟试验及工业试验所取得经验的基础上，针对生产中存在的技术管理问题，对生产技术经济指标进行系统测算分析与优化，提出了经济、合理的技术管理措施。

关键词： 大红山铁矿、无底柱分段崩落法、放矿管理技术

1 概述

无底柱分段崩落采矿方法具有采场结构简单、产量高、劳动力少、机械化程度高、效率高等优点。但该方法的主要缺点是损失贫化率过高。其中，影响损失及贫化最重要的环节就是放矿管理，直接影响矿山的总体效益。目前国内外对无底柱分段崩落法研究采用的是椭球体放矿理论，该理论较为成熟，但对于具体的矿山，由于分段高度、矿岩特性等不同，放矿管理也不同。

2 大红山无底柱分段崩落法采矿概况

大红山铁矿是昆钢集团公司主要原料供应基地，铁矿石储量超450000kt。初期设计规模4000kt/a，3年建设，3年达产。于2006年年底投入生产，仅用了2年即达到并超过设计规模。主矿体为缓倾斜厚大矿体，赋存于400~500m，采用无底柱分段崩落采矿法，进路垂直走向布置，上、下分段进路菱形交错布置。分段高20m，出矿进路间距在矿体厚大部位为20m，在矿体下盘与围岩接触的下三角地段将进路加密为10m。基建460m、440m分段出矿，480m落顶，落顶高度30m，开始采用强制崩落顶板围岩（含少量矿石）作为覆盖层，待顶板暴露面积逐渐扩大后自然冒落形成覆盖层。

3 物理模拟及工业试验结果

3.1 物理模拟试验

放出椭球体形态是无底柱分段崩落法放矿分析计算的基础，放出椭球体形态由崩下矿石松散体的物理性质决定。大红山矿业公司曾委托中钢集团马鞍山矿山研究院进行了实验室物理模拟及计算机模拟放矿试验。设计采用放矿高度20~50m两种粒级的平均值作为放矿椭球体参数。实验数据及平均值见表1。

表1 20m段高时矿石粒级放出椭球体参数

放出体高/m	横半轴/m	纵半轴/m	横轴偏心率	纵轴偏心率	流轴角/(°)	偏心率平均
10	2.1	2	0.869	0.882		

放出体高/m	横半轴/m	纵半轴/m	横轴偏心率	纵轴偏心率	流轴角/(°)	偏心率平均
15	2.6	2.4	0.923	0.935		
20	3	3	0.946	0.946		
25	3.8	3.6	0.946	0.952		
30	4.7	4.6	0.944	0.947		
35	5.3	5.2	0.949	0.951		
40	6.1	5.95	0.949	0.951		
45	6.8	6.65	0.95	0.952		
50	7.7	7.75	0.948	0.948	4.5	
全部平均			0.948	0.948		0.948
20~50平均			0.947	0.949		0.948

根据试验结果，20m段高下合适的进路间距为20m，其对应的试验合理放矿步距为4.1~5.1m，无论分段高度为多少，其进路宽度大小对无底柱放矿的结果影响都不大。当首层放出椭球体高度25m时，纵半轴3.6m，此时相应的参数最优。次分层类推纵半轴6.65m，由此要求上分层崩矿步距要小于下分层，并与椭球体参数相适应，以期达到参数最优。4000kt/a投产以来的参数主要依据工艺试验初步选取，崩矿步距取3.2m，排距为1.6m。因生产初期难以满足上、下分层超前关系的要求，上、下分层均取同样参数。

3.2 工业试验结果

经过工艺试验对生产工艺的跟踪分析，为更深入地研究工作奠定了基础。试验结果见表2、表3。

表2 试验采场460m放矿指标

试验次数	步距/m	孔底距/m	崩矿量/t	崩矿品位/%	放出矿石量/t	放出矿石品位/%	贫化率/%	回收率/%	回贫差/%	大块率/%
1	2.8	3	16062	35.82	8191	42.1	-17.5	51	68.5	0.8
2	3.4	2	21844	35.82	8960	46.29	-29.3	41	70.3	1.2
3	4.2	2.5	26983	35.82	8933	43.93	-22.7	33.1	55.8	1.2
4	2.8	2.5	17989	35.82	9029	42.48	-18.6	50.2	68.8	1.8
5	3.4	3	21844	35.82	11987	41.38	-15.5	54.9	70.4	1.8
6	4	2	21064	37.8	11121	43.71	-15.6	52.8	68.4	1.7
7	2.8	2	14557	37.8	8546	42.25	-11.8	58.7	70.5	3.1
8	3.4	2.5	17749	37.8	11439	41.08	-8.7	64.4	73.1	4
9	4	3	20821	37.8	8622	37.9	-0.3	41.4	41.7	1.7
10	2.8	3	14535	37.8	13733	35.79	5.3	94.5	89.2	3.4
11	3.4	3	17698	37.8	6579	33.82	10.5	37.2	26.7	2.7

表3 试验采场440m放矿指标

试验次数	步距/m	孔底距/m	崩矿量/t	崩矿品位/%	放出矿石量/t	放出矿石品位/%	贫化率/%	回收率/%	回贫差/%	大块率/%
1	4.2	3	24641	47.15	36752	40.49	14.1	149.2	135	3.4
2	4.8	2	28160	47.15	38111	44.04	6.6	135.3	128.7	5.9
3	5.1	2.5	29911	47.15	40603	42.43	10	135.7	125.7	6.3
4	4.2	2.5	24645	47.15	51966	40.47	14.2	210.9	196.7	5.5
5	4.8	3	28184	47.15	41835	44.56	5.5	148.4	142.9	5.2
6	5.4	2	31651	47.15	44422	39.3	16.7	140.4	123.7	4.6
7	4.2	2	24596	47.15	37345	39.57	16.1	151.8	135.8	3.2
8	4.6	2.5	26867	47.15	29953	38.16	19.1	111.5	92.4	3.6
9	5.1	2.5	29912	46.65	25357	42.66	8.5	84.8	76.2	2.7

由表2、表3可见,因勘探程度有限,崩矿品位的准确性较差,贫化率出现负值,但仍可以看出总体的规律,460m分段崩矿步距2.8m时,几次试验综合回贫差74%为最高;440m分段崩矿步距4.2m时,几次试验综合回贫差156%为最高。

3.3 试验放矿规律

根据模拟放矿结论,既要最大限度地回收矿石资源,又要尽可能地减少采切工程量,唯一的办法就是使放出椭球体相切。工艺试验分析表明,沿矿体纵剖面(沿A38c方向)在460m和440m两个分层内,保持放出椭球体相切的布置方式至少有三种:460m分层只放出纯矿石,440m分层贫化放矿;460m贫化放矿,440m分层同样是贫化放矿;460m分层贫化放矿,440m分层只放出纯矿石。这三种布置方式中,假设面积比与体积比差别不大,深入废石区剖面积与放出体剖面积之比,采用460m分层贫化放矿,440分层贫化放矿时最小。但实际椭球体放矿中,面积比与体积比是不一样的,所以由此得出的结论与实际存在一些偏差。

4 存在的问题

(1)放矿指标测算不具备系统性。在放矿指标的计算过程中,未进行各项指标的相关性及与实际情况对照的综合分析,且由于工作量大,地质矿量及品位未细化。由此,无法对崩矿范围内的夹石赋存状况进行掌握,进而进行可剔除性的综合考虑,对指标的优化与提升极为不利。

(2)上、下分段间的回收率指标不协调。从单分段上来考虑,460m、440m分段各矿块均笼统施行贫化放矿,在各进路各步距回采过程中,每步距地质状况不一,放矿高度不一,笼统的放矿方式对各步距能达到的最优值相距甚远。总体贫化率、损失率都较高。

(3)如前所述,460m分段与440m分段均实行低贫化放矿,但贫化度的掌握,截止品位的界定,需依据采场实际变动情况及市场矿石波动价格进行调整与不断优化。

(4)总体成本与经济分析未及时展开。从采矿系统而言,截止品位的合理确定,已经达到采矿经济的最优值,但从整个矿业公司的角度,应把原矿的采出品位,废石混入率,原矿性质及杂质含量结合后续工序，如管道运输及高炉提炼进行综合分析，以此结合采区矿体状况确定最优的原矿生产指标。这样才可实现总体效益。

5 技术分析与优化

5.1 技术指标测算分析

5.1.1 回收率的测算

设崩矿时炮孔控制的面积为 S，崩矿步距为 d，挤压条件下爆破后的松散系数为 1.3，则每次崩矿后崩下的矿石体积 $Q_b = 1.3Sd$，设放矿过程中实际放出的矿石体积为 Q_f，则放矿过程中矿石的回收率 $H = Q_f / Q_b$。

$$Q_f = \pi abc \left[\frac{2}{3} + \frac{a \tan a_{zh}}{\sqrt{a^2 \tan^2 a_{zh} + b^2}} \left(1 - \frac{a^2 \tan^2 a_{zh}}{3(a^2 \tan^2 a_{zh} + b^2)} \right) \right]$$

$$H = \frac{1}{1.3Sd} \left\{ \pi abc \left[\frac{2}{3} + \frac{a \tan a_{zh}}{\sqrt{a^2 \tan a_{zh} + b^2}} \left(1 - \frac{a^2 \tan^2 a_{zh}}{3(a^2 \tan^2 a_{zh} + b^2)} \right) \right] \right\}$$

根据中钢集团马鞍山矿山研究院试验结果，矿石粒级放出体参数，对于460m分层放矿高度为25m时，$Q_f = 482.24 \text{m}^3$，$Q_b = 377.22d$；440m分层放矿高度为45m时，$Q_f = 2852.19 \text{m}^3$，$Q_b = 495.6 \text{dm}^3$。因每步距炮孔控制的面积不一样，崩下的矿石体积也有变化，所以在各步距放出矿量相同的条件下回收率也是变化的。

5.1.2 混入率的测算

无底柱分段崩落法放矿是在端部约束的情况下进行放矿，放出椭球体是一个被切割的放出椭球体缺。但是，当放矿高度超过端部约束的高度放矿失去约束时，放矿条件与底部放矿时的情况近似，因此，超过端部约束上部放出的椭球体部分可近似地作为底部放矿时的放出椭球体来处理。如图1所示，当放出椭球体的高度为 h_1 时，纯矿石已放完，若再继续放矿，就会形成高 h_2 的放出椭球体，而在矿岩接触面上就会有（$h_2 - h_1$）的圆截锥体积 V_1 的废石混入矿石中，随后则为（$h_3 - h_1$）…，依此类推，混入不断增加。

根据采矿工艺试验的推算结果，顶部混入率的简化计算结果：

$$D_q = 1 + 2 \frac{h_1^3}{h_2^3} - 3 \frac{h_1^3}{h_2^2}$$

则质量混入率：

$$D_w = \frac{\gamma_y}{\gamma_{ky}} \left(1 + 2 \frac{h_1^3}{h_2^3} - 3 \frac{h_1^3}{h_2^2} \right)$$

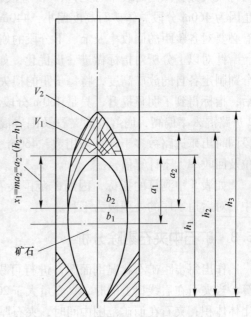

图1 一个水平矿岩接触面下的放矿

当既存在水平矿岩接触面又存在垂直矿岩接触面时，混入率的计算方法应该是将两个面混入的废石相加除以总放出矿量。根据沿进路方向放出椭球体的发育情况，按25m的放矿高度放出椭球体的纵半轴长3.6m。由于放出体前倾造成的纵半轴方向增加的距离（即表4中的修正值）：$\Delta b = 25/2 \times \tan\alpha_{zh} = 0.87m$，将$\Delta b$与纵半轴相加得放出体纵向距离4.47m。因此，当垂直矿岩接触面与崩矿面的距离1.3d大于4.47m时，就不会出现正面废石混入，反之，如果垂直矿岩接触面与崩矿面的距离小于上述数值，则会出现正面废石混入。由于放矿高度已确定，椭球体纵半轴长度已定，所以，正面废石混入主要由崩矿步距决定。由工艺试验计算结果，正面废石混入体积：

$$Q_y = \pi \frac{a_2}{3} b_2^2 \left[\frac{(1.3d)^3}{b_2^3} - 3\frac{1.3d}{b_2} + 2 \right]$$

5.2 放矿指标测算优化

依据上述分析，引入典型区域生产数据进行计算，结果见表4。

如表4所示，在生产地质条件较差的条件下，若仍采用试验的方式，460m分段统一按25m放矿高度放矿，440m分段统一按45m放矿高度放矿。综合各矿块的放矿品位仅28%，回收率113%，混入率为48%，过高。从表中数据挖掘分析可知，矿石赋存高度较小的进路，因回收率得不到有效控制，放矿高度远远超过矿石高度，大量废石混入。而矿石高度较大的进路，放矿高度又过小，导致矿石损失。造成总体品位过小。若对每条进路、每个步距的出矿指标进行细化，区别对待，使放矿高度均接近矿石高度，顶部废石混入将大大减少。同时表中可见，460m分段顶部混入较多，440m分段正面混入较多。主要是因为460m分段总体矿石高度偏小，440m分段在较高的放矿高度下崩矿步距偏小。所以有必要对各步距的回收率及上、下分段的崩矿步距区别对待。

针对以上分析对指标做进一步优化，如表5所示。依据各步距矿石高度及矿石质量，分别制定各自的放矿高度，将每步距的损失与贫化降至最小，以促使总体指标更优。优化后，指标得到了明显提升，只是460m分段混入率高于正常值，主要是3-3、3-5、5-7、8-2进路混入率偏高，崩落范围夹石及围岩混入所致。实际崩矿、配矿过程中，因440m分段同时出矿进路数多于计算采用数，460m分段同时出矿进路数少于计算数，实际出矿品位及回收率大于计算值。

如表5中测算的指标，因崩矿范围夹石量与矿石量未严格区分，夹石混入放出矿石中，对后道工序的处理极为不利。

5.3 矿石中夹石剔除分析

作出每步距矿石状况剖面图，进行可剔除性分析，结合放矿椭球体进行可剔除量测算，当夹石在眉线口上端时，夹石量大于200t时可剔除，剔除体积为放矿高到夹石顶的放出体体积；夹石在崩矿范围中间时，夹石厚度在5m以上时可剔除；夹石在崩落范围上部时，当崩落范围外是夹石或围岩时，不论夹石厚度的高低，在不能满足爆破补偿空间的情况下要剔除。当崩落范围外是矿石，且夹石厚度大于5m时，可以剔除。在放矿高度过低的情况下，为尽量回收一部分贫化矿石，可按截止品位放矿。

表 4 放矿指标测算

分段/m	进路	排号	崩矿量/t	崩矿品位/%	矿石高度/m	放矿高度/m	崩矿面间距/m	修正值/m	纵半轴/m	放出纵向距离/m	放出体积/m³	正面混入体积/m³	顶部混入体积/m³	质量混入/%	出矿品位/%	回收率/%
440	3-5	7~8	4200	31.4	28.8	45	4.16	1.77	6.65	8.42	2852	1066.3	847	60.4	22.3	208
	4-1	7~8	4205	34.4	28.8	45	4.16	1.77	6.65	8.42	2852	1066.3	847	60.4	23.4	208
	4-6	32~33	4207	58.6	40	45	4.16	1.77	6.65	8.42	2852	1066.3	0	30.9	45.6	208
	4-7	32~33	4203	59.3	58.7	45	4.16	1.77	6.65	8.42	2852	1066.3	0	30.9	46	208
	5-1	32~33	2800	54.1	22.4	45	4.16	1.77	6.65	8.42	2852	1066.3	1433	84.2	22.3	313
	5-2	32~33	3700	55.8	43.5	45	4.16	1.77	6.65	8.42	2852	1066.3	0	30.9	43.6	237
	5-3	33~34	4310	59	43.7	45	4.16	1.77	6.65	8.42	2852	1066.3	0	30.9	45.8	203
	7-4	31~32	5071	36.9	21	45	4.16	1.77	6.65	8.42	2852	1066.3	1564	89.9	18.4	173
	7-6	31~32	5238	44.1	31.4	45	4.16	1.77	6.65	8.42	2852	1066.3	624	52.2	29.6	167
	8-1	31~32	5328	43.8	47.3	45	4.16	1.77	6.65	8.42	2852	1066.3	0	30.9	35.3	164
	8-3	32~33	5325	44.7	20.9	45	4.16	1.77	6.65	8.42	2852	1066.3	1575	90.4	19	164
	8-5	33~34	5346	45.4	32	45	4.16	1.77	6.65	8.42	2852	1066.3	579	50.5	30.7	164
	小计		53933	46.7							34224	12795	7470	52.1	30.8	195
460	3-3	6~7	6218	16.4	6.1	25	4.16	0.98	3.6	4.58	482	7.4	410	82.9	16.3	24
	3-5	6~7	4972	26.3	3	25	4.16	0.98	3.6	4.58	482	7.4	463	96.8	16.6	30
	4-1	11~12	4477	31.6	20.7	25	4.16	0.98	3.6	4.58	482	7.4	38	7.2	30.5	33
	4-2	12~13	3870	31.7	17.3	25	4.16	0.98	3.6	4.58	482	7.4	110	19.5	28.7	38
	4-3	12~13	4424	37.9	23	25	4.16	0.98	3.6	4.58	482	7.4	9	2.5	37.3	33
	4-7	35~36	3040	54.4	28.8	25	4.16	0.98	3.6	4.58	482	7.4	0	1.1	53.9	49
	5-2	35~36	4808	40.3	21.9	25	4.16	0.98	3.6	4.58	482	7.4	21	4.5	39.3	31
	5-6	32~33	4321	20.9	8.1	25	4.16	0.98	3.6	4.58	482	7.4	364	71.6	17.6	34
	7-2	02~03	3110	32	18.4	25	4.16	0.98	3.6	4.58	482	7.4	83	14.7	29.7	48
	7-4	33~34	4150	23.8	21.3	25	4.16	0.98	3.6	4.58	482	7.4	29	5.7	23.4	36
	7-6	34~35	4408	31.2	21.6	25	4.16	0.98	3.6	4.58	482	7.4	24	5	30.4	34
	8-2	34~35	4010	20.9	10.2	25	4.16	0.98	3.6	4.58	482	7.4	306	58.1	18.2	37
	8-4	34~35	3902	20.5	31.3	25	4.16	0.98	3.6	4.58	482	7.4	1	1.1	20.4	38
	小计		55710	29							6269	96	1858	25.3	25.8	35
总计			109643	38							40493	12891	9328	48	28	113

表5 优化后放矿指标

分段 /m	崩矿量 /t	崩矿品位 /%	放出体积 /m³	正面混入 体积/m³	顶部混入 体积/m³	质量混入率 /%	出矿品位 /%	回收率 /%
440	53933	47	15766	3043	729	19.1	40.9	90
460	55664	29.0	6034	94	1896	26.9	25.6	33
合计	109597	38.0	21800	3137	2625	21.2	33.4	61

剔除后典型指标的优化汇总见表6，剔除后综合品位提高了2.2%。剔除后总废石混入率从剔除前的21.2%降至11%，其中460m水平混入率出现负值，是因为460m水平除了剔除夹石及围岩外，将部分低品位矿（其经济价值小于处理成本部分）剔除。

表6 剔除夹石后经济指标

分段 /m	崩矿 矿量/t	崩矿 品位/%	放出体积 /m³	正面混入 体积/m³	顶部混入 率/%	重复混入 率/%	出矿品位 /%	回收率 /%	可剔除量 /t	剔除夹石后出矿 矿量/t	剔除夹石后出矿 品位/%	剔除夹石后出矿 混入率/%
440	53935	46.7	15766	3043	729	19.1	40.9	90	2425	45977	42.2	14.8
460	55710	29.0	6034	94	1896	26.9	25.6	33	5293	12632	29.5	6.8
合计	109643	38.0	21800	3137	2625	21.2	33.4	61	7718	58609	35.6	11

6 改进措施

6.1 回收率控制措施

因矿体赋存状况不一，椭球体发育情况不一，放矿回收率必须区别对待，以使废石混入降到最低。当放出纯矿石时，纯矿石回收率=纯矿石放出体体积/(HBL)×100%，当放矿高为25m时，纯矿石回收率为30%；放矿高度45m时，纯矿石回收率为99%。25m以上落顶层有矿时，可适当增加回收率，但为了控制废石混入率，最高不能超过45%。440m、420m分段回收率控制在99%以下，400m分段在出矿品位满足要求的前提下，可适当增加回收率。从爆破补偿空间的角度考虑，第一出矿分段当矿石高度较小时，以达到30%的回收率时停止放矿。第二分段当矿石高度较小，无法满足下次爆破的补偿空间时，以达到60%的回收率时停止放矿。凡下分段无法回收的下盘矿体，在确保覆盖层（30m）的前提下，均采用截止品位放矿的方式，将矿石在本分段回收。

与其他矿山相比，大红山第二分层的回收率偏高，主要是大红山落顶高度30m，且覆盖层大多为岩石，为节约生产成本，落顶层不松动，而从下分层松动。第一分层为控制废石混入率，回收率较低，第二分层为满足爆破空间的要求不得不提高回收率。若在后期生产中，逐渐降低放顶高度，特殊地段采用矿石顶，更有利于经济指标的改进。

6.2 出矿方式改进

无底柱分段崩落法放矿方式可分为现行截止品位放矿、无贫化放矿、介于两种基本形式之间的低贫化放矿三种。若各分段均采用截止品位放矿，由于上、下分段的放矿间存在联系与制约，在第三分层放出第一分层的端部残留矿岩时，放矿高度较高，顶部矿岩移动速度较快，加快了第三分层的废石混入。此时若第三分层达到截止品位停止放矿，则导致本分段脊部残留较多，损失量大。同时因第一分层的贫化过大，整个出矿质量不理想。故须从整体矿石回收指标及经济效益来确定放矿方式。

大红山 4000kt/a 放矿方式实行第一分层无贫化放矿，因准备矿量及供矿量的关系，第二分层可采用过渡方法，采用低贫化放矿，以下分层逐渐提高回收率，最后一个分层采用截止品位放矿。这样总的出矿量由多进路出矿过渡到多分段出矿，出矿量不变，但出矿质量却明显提升。经过两个分段回采，矿石堆体、放出体与覆岩三者相互调整适应逐渐稳定下来，回收率也随之稳定。

6.3　截止品位的确定

合理的截止品位是根据步距放矿边际品位收支平衡原则确定的。盈亏平衡方程：

$$f = \frac{C_c \lambda a}{d}$$

则截止品位：

$$C_c = \frac{fd}{\lambda a}$$

式中，C_c 为截止品位；λ 为选矿金属回收率；a 为精矿售价；d 为精矿品位；f 为单位矿石采选费用。

大红山选矿金属回收率平均取 80%，精矿售价取 710 元/t，精矿品位 62.5%，单位矿石采选费用 226.21 元，则计算截止品位为 26.7%。

7　结论

（1）大红山放矿第一分层崩矿步距取 3.2m，第二分层以下取 4.2~4.8m，结合现场适当增大崩矿步距，能取得较好的放矿效果。基于上分段超前下分段的要求，上分段崩矿频数须大于下分段，但下分段步距出矿量大，能满足生产要求。

（2）放矿指标测算分析要细化。要依据各步距地质品位及矿石高度，确定合理的放矿高度，按放出椭球体发育参数及各指标间的系统相关性测算回收率、混入率及夹石剔除量等。

（3）出矿前须制订夹石剔除及回收率等计划指标，作为实际生产的指导参数。实际放矿过程中须严格控制回收率，同时加强出矿具体组织管理，将各项放矿指标控制在经济、合理的范围。

（4）放矿方式宜采用第一分段纯矿石放矿，次分段及以下采用逐渐增加贫化率的低贫化放矿，最末分段及下盘矿体按截止品位放矿。

（论文发表于 2009 年 11 月《现代矿业》期刊）

◇ 开拓与井建 ◇

胶带斜井在金属矿山及深井
开拓中的应用和探讨

余南中　张志雄　郭枝新

（昆明有色冶金设计研究院股份公司）

摘　要：本文介绍了在大红山铁矿等矿山大高度胶带斜井开拓的成功应用经验，胶带运输近年来的进展情况，分析了胶带斜井开拓的技术特点，研究了在深井开拓中与箕斗竖井的比较，探讨了合适的应用范围、存在问题和采取的措施。

关键词：胶带斜井、金属矿山、深井开拓

1　概述

在胶带斜井中设置胶带运输机的胶带斜井开拓方式，可以发挥胶带运输机连续运输、运输能力大、设备和工艺系统简单、易于实现自动化的特点，而且胶带运输机本身可以实现长距离输送，在深井开采中，还可以用多段胶带运输机接力运输来实现矿（岩）石的深井提升运输，具有用于规模大、埋藏深的矿井的使用条件。

20 世纪 90 年代以前，胶带斜井开拓在国内虽有用于井下金属矿山的，但并不多见。主要是认为胶带斜井倾角受到限制，矿井较深时，需要井下多段接力，运输系统复杂、可靠性低，井巷长、工程量大，施工困难，因而限制了胶带斜井开拓在井下金属矿山（尤其是较深矿井）的应用。

90 年代中期以来，公司在大红山铜矿工程设计中较早采用胶带斜井作为主井，提升铜铁矿石及废石。该胶带斜井的胶带运输机长 1475m、角度 14°、高差 375m，带宽 1000mm，带强 40000N/cm，带速 2.5m/s、双滚筒功率 3×355kW、液力耦合器传动，运量 2000kt/a，于 1997 年 7 月 1 日投产，使用效果很好。后为满足生产发展需要，改为双滚筒（3+1）×450kW、直流调速驱动，带速 3.15m/s，运量达到 4000kt/a。紧接着在大红山铁矿井下 4000kt/a 工程设计中也采用了胶带斜井，作为主井提升铁矿石，主要参数见表 1。主胶带运输机提升高度 421.15m，在国内生产矿山中名列前茅。用双滚筒 3 机驱动，交流电动机，功率 3×710kW，采用 CST 可控驱动系统，运量 4000kt/a，投产 5 年多以来，能力保证性强，运行成本低。现为满足产量增加需要，进行改造，主要再增加了一个驱动单元（改为 3+1），能力可达到 6000kt/a，效果十分突出。

在此基础上，大红山铁矿二期深部工程设计继续采用胶带斜井开拓。在一期的基础上向下延伸，构成 7 段胶带接力的矿石提升运输系统。提升高度 783m，胶带机总长度 4890.55m，共 13 个驱动单元同时运行，采用变频调速驱动，运量 6000kt/a。该系统无论

从胶带段数还是提升高度来看，在目前国内已实施建设的地下金属矿山中都走在前列。其系统组成见表1。

表1 大红山铁矿井下胶带运输系统组成

胶带机编号	胶带机长度/m	带宽/mm	带速/m·s^{-1}	带强/N·cm^{-1}	倾角	驱动装置功率/kW	备注
选1号转运胶带	310	1200	1.6		0.8°	单滚筒单电动机160	一期
采3号转运胶带	102.32	1200	1.6		0.8°	单滚筒单电动机37	一期
采2号主胶带	1865	1200	4	ST4000	14°	双滚筒四电动机(3用+1备)×710	一期
采4号主胶带	1079.14	1200	4	ST2500	10°12′14″	双滚筒四电动机(3用+1备)×710	二期
采5号转运胶带	165.49	1200	2.5	ST630	0°	单滚筒单电动机110	二期
采6号主胶带	1299.93	1200	4	ST2500	10°12′14″	双滚筒四电动机(3用+1备)×710	二期
采7-1号受料胶带	68.67	1400	1.6	ST630	0	单滚筒单电动机75	二期（平行的7-2号相同）

在本公司设计的地下金属矿山采用胶带斜井开拓并实施建设的矿山中还有攀钢尖山采场露天转地下开采工程、二道河铁矿、贵州猫场铝土矿等。

国内其他采用胶带斜井开拓的矿山也取得了成功经验。现在国内地下金属矿山（甚至在深井矿山）使用胶带斜井开拓越来越引起了大家的关注。

2 国内胶带运输的发展

这些年来，国内胶带运输发展很快。

2.1 长距离、多驱动、大运量胶带运输机层出不穷

一个典型例子，如广东封开华润水泥石灰石运输胶带，长40km，为满足运量要求，平行设置2条同样的胶带运输线，每条分3段（单机最长16.6km，6滚筒8个驱动单元），带宽1000mm，带速4.95m/s，胶带为ST 2850-1800，运量2500t/h、14000kt/(a·条)，驱动单元达到19套/条线，每套的电动机功率750kW，共14250kW。2条3段可以相互切换运行，总驱动单元达到38套。可重载启动。投运两年多来情况良好。

曹妃店50000kt/a煤码头输送系统带式输送机，机长1790m，带宽2000mm，带速6.1m/s、输送量达到8695t/h、47340kt/a。

其他例子还很多。

2.2 驱动方式越来越能保证胶带运输系统的可靠运行

在胶带运输机的驱动方面，CST可控驱动系统、交流变频系统的使用都很成熟。尤其是这些年来交流变频驱动发展很快，在适应多机驱动、提高可靠性方面更加有效。它具有以下优良功能：

（1）交流变频驱动利用数字设定任意大小的加减速度，配以S曲线功能，使加减速过

程非常平稳。

（2）大胶带输送机都是多机驱动，交流变频驱动方式带有主从控制功能，可以完美解决各电机负荷平衡、实现可靠的多机驱动。

（3）变频调速使胶带机具有调速功能，可以根据需要，设置最佳运行带速，既可节能又可减少机件和胶带的磨损，提高使用寿命。对特大型矿山，有利于适应矿山产量的逐步增加和发展。

（4）具有良好的重载启动、过载保护、胶带断裂保护能力。

（5）变频器基本无故障，基本免维护。进口变频器（如 ABB 公司、西门子公司、英国 CT 公司等的产品）平均无故障时间均大于 20 年。但在井下使用时要注意采取措施，做好电气硐室的防尘降温。

同时，胶带机整体控制和监测水平也有很大提高。

在此基础上，采用冗余配置的系统（设置驱动单元时，多设置一套备用单元），当任一台从机发生故障时，可以简单地将这台从机退出运行而不影响整条胶带机的运行，大大提高了运行可靠性。

2.3　国产胶带运输机和胶带质量不断提高

如北方重工、衡阳运机的胶带运输机，银河德普的胶带都可达到国际先进水平，其他一些知名厂家的产品也很好，完全能满足可靠使用的要求。北京雨润华公司开发的低阻力、节电、高使用寿命的托辊，为改进胶带运输机的效能，进行了有益的尝试。

这些都为在地下金属矿山和深井开采中使用胶带斜井开拓创造了极好的技术和设备条件。

2.4　胶带斜井检修道与开拓系统的配合越来越完善

安全规程规定，在倾斜巷道中采用带式输送机运输，输送机的一侧应平行敷设一条检修道。在检修道与开拓系统的合理配合方面，按本公司工程实践，有以下设置方式：

（1）与胶带运输机在同一井筒中设有轨检修道（图 1），符合上述规定。这是常规的设置方式。

大红山铁矿地下开采 4000kt/a 一期工程的采 2 号胶带斜井，攀钢尖山采场露天转地下开采工程主胶带斜井采用这一设置方式，倾角 14°。

（2）与胶带斜井平行设置有轨辅

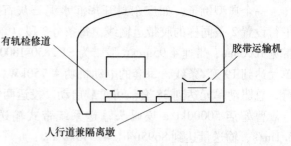

图 1　胶带斜井内设有轨检修道

助斜井，构成有轨双斜井开拓方式，并用辅助斜井作为胶带斜井中胶带运输机的检修通道，（图 2）。

大红山铜矿一期工程采用这一方式，倾角 14°。两斜井平行布置，中间设联络通道相互连通。两条斜井功能互补，不但减小了胶带斜井的断面，节省了井巷工程量，而且能减少一套提升设施，降低了投资和运营费用。二井可以平行掘进，互为措施，大大加快施工进度。实践表明，使用安全，完全满足生产要求。

图2　与胶带斜井平行设有轨提升斜井兼作检修道

（3）与胶带运输机在同一井筒中设无轨检修道（图3），并可供无轨设备通行。在大红山铁矿深部二期工程设计中采用这种设置方式。坡度一般以小于18%为宜。由于省去了有轨检修提升系统，并可用无轨设备施工，效率得到很大提高。

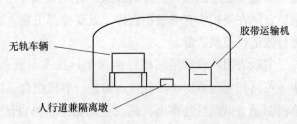

图3　胶带斜井内设无轨检修道

（4）与胶带斜井平行设无轨斜坡道（图4），构成无轨双斜井开拓方式，并用无轨斜坡道作为胶带斜井中胶带运输机的检修通道。二道河铁矿采用此种方式。

图4　与胶带斜井平行设无轨斜坡道兼作检修道

与胶带斜井相隔20～30m平行设置无轨斜坡道兼作胶带斜井的检修通道，二者每间隔100～150m设联络通道。不但大幅度节省了工程量，而且可以减小巷道断面，更适应工程地质条件不良的情况；同时二井平行掘进，互为措施，并可使用无轨设备施工，能加快施工进度；在安装时可用斜坡道在全线路展开工作，用多段斜井，可以在掘砌下段斜井时，利用斜坡道安装上段胶带运输机，以缩短工期。这种布置形成胶带斜井-辅助斜坡道的开拓方式，与现代化大型矿山相适应，是一种最合理的方式。但胶带斜井的坡度要适当控制，与斜坡道的坡度相互协调，一般小于18%，斜井长度比单独设置胶带运输机的斜井长一些。

3　胶带斜井用于金属矿山深井开拓的探讨

适用于深井的开拓方式，通常首选竖井。这里对胶带斜井开拓与竖井开拓进行比较，探讨胶带斜井开拓的合理适用范围。

3.1　技术特点

箕斗竖井，由于箕斗的容积可以较大，能达到$20m^3$以上，提升速度可达到$10～18m/s$以上，而且矿石的装卸时间短，提升设备和电控系统自动化程度高，可以很好适应大能力提升的需要，因而箕斗竖井在大型、特大型、超大型深井矿山的开拓中，是一种使用最多的提升和开拓方式。

但箕斗竖井提升仍属于间断提升，每次提升循环过程复杂，而且提升速度受到限制，目前国内外深井的提升速度很少有超过20m/s的。因此其提升能力仍受到较大限制。在目前条件下，超过千米深的一条（套）箕斗竖井提升能力很难超过6000～7000kt/a（900～1000t/h），而且技术和设备复杂，投资很大。此外，井上井下附属设施多，大深度的箕斗竖井群施工难度也很大，井塔（架）结构复杂、土建施工周期长，投资高；对钢绳的要求高，首绳在使用中有一根不合格，就要全部更换。而且一套竖井提升设施建成后，不容易进行改造以提高产量。

实践表明，胶带运输机结构简单，技术不复杂，自动化程度高，在大规模深井开拓中，可将相对简单的单段胶带运输进行多段组合，每段设备投资并未增加；胶带运输可以多机驱动，电动机功率小，驱动系统简单，投资低；附属设施少，驱动站土建结构简单，斜井施工造价比竖井低，费用少，因此综合投资低。

维护简单容易，胶带损坏后可以分段更换，对生产影响小，费用低。进行改造增加运量容易实现，例如大红山铜矿采2号主胶带运输机，利用年终检修时间短期就完成了改造。延伸容易，如大红山铁矿二期往下延伸，基本不影响生产。可以作为安全出口。

当然，胶带斜井也存在一些问题需要解决。

3.2 经济比较和合理适用范围

3.2.1 比较范围

根据目前国内深井开采的进展情况，这里暂对井深1500m以内、运量30000kt/a以下的情况进行研究。现就不同深度和规模对箕斗竖井和胶带斜井开拓进行技术经济对比。

胶带运输机运输能力大，小时运量可以达到数千吨至几万吨以上；对于年产量达到30000kt/a的深井金属矿山，只需要1条提升能力为6000t/h左右的胶带斜井就可以取代5条（套）6000kt/a提升能力的箕斗竖井。

由于在井下金属矿山，胶带斜井一段提升的高度受到各种因素的限制，目前国内超过400m的极少，从综合因素考虑，本研究以300m段为基本研究对象。

3.2.2 系统组成

3.2.2.1 胶带斜井

总提升高度1500m、规模30000kt/a时，需要胶带斜井一条，由5段组成。胶带斜井运输能力按6600t/h计，每段提升高度300m，采用平行胶带斜井设置斜坡道的布置方式，角度9°30′，斜井净断面宽4.2m×高3.2m。胶带机斜长1818m，主要配置和参数见表2。附属设施有为缩短工期而设置的施工措施竖井兼胶带系统回风井1条及相应措施平巷等。井巷工程包括胶带斜井、措施工程及相关硐室。

表 2　胶带斜井与箕斗竖井单独比较

序号	项目	单位	比 较 内 容							
1	提升高度	m	1500							
2	提升物料		铁矿石							
3	提升量	kt/a	30000		15000		10000		6000	
4	提升方式		箕斗竖井	胶带斜井	箕斗竖井	胶带斜井	箕斗竖井	胶带斜井	箕斗竖井	胶带斜井
5	需要数量		5 条。每条用 JKM6×6 井塔式多绳摩擦提升机提升 21m³ 双箕斗，v=18m/s，N=10500kW/台，竖井净直径 6m	1 条、5 段。每段带宽 2m，带速 5m/s，带强 ST5000，3 滚筒、5+1 驱动设置，N=2050kW/台	3 条，同前	1 条、5 段。带宽 1.6m，带速 4.5m/s，带强 ST4000，双滚筒、3+1 驱动设置，N=1750kW/台	2 条，同前	1 条、5 段。带宽 1.2m，带速 5m/s，带强 ST3500，双滚筒、3+1 驱动设置，N=1150kW/台	1 条，同前	1 条、5 段。带宽 1.2m，带速 4m/s，带强 ST2500，双滚筒、3+1 驱动设置，N=760kW/台
6	可比井巷工程量	km³	310.9	261.5	190.5	227.3	130.2	207.3	69	207.3
	可比投资	亿元	12.65	6.65	7.63	4.67	5.12	4.0	2.60	3.82

规模 15000kt/a、10000kt/a、6000kt/a 时，每段胶带斜井采用 2 个滚筒、3+1 的驱动单元。运量不同，相应采用不同的带宽、带速、带强和功率（见表 2）。

3.2.2.2　箕斗竖井

提升高度 1500m，提升能力按 6000kt/(a·条) 考虑，完成 30000kt/a 提升任务，需要 5 条，按竖井群集中布置，共用井塔。主要设备和参数见表 2。主要附属设施有上部井塔电梯 1 台，井底粉矿回收井 1 条，井底粉矿回收联络通道及排水泵站等。

规模 15000kt/a、10000kt/a、6000kt/a 时，需要的箕斗竖井分别为 3 条、2 条、1 条。具体组成情况见表 2。

3.2.2.3　箕斗竖井及胶带斜井与辅助井巷的组合

要实现年产千万吨级以上的大规模现代化开采，设置通地表的斜坡道是非常必要的，否则就需要将特大型铲运机（如 10m³ 铲）等设备拆分后下放。因此，箕斗竖井至少需要配套大副井（净直径 9~10m），最好还应设置斜坡道；胶带斜井配套斜坡道已可以满足特大型无轨设备和其他设备、人员、材料下井的基本需要，但最好再设置小副井以提高辅助运输的效率。故分别对不同的组合情况作了比较，见表 3。

表 3　胶带斜井与箕斗竖井及辅助井组合比较

序号	项目	单位	比 较 内 容		
1	提升高度	m	1500		
2	提升物料		铁矿石		
3	提升量	kt/a	30000	15000	10000

序号	项目	单位	比　较　内　容					
4	提升方式		箕斗竖井	胶带斜井	箕斗竖井	胶带斜井	箕斗竖井	胶带斜井
5	主辅井组合之一		箕斗竖井 + 大副井	胶带斜井 + 斜坡道	箕斗竖井 + 大副井	胶带斜井 + 斜坡道	箕斗竖井 + 大副井	胶带斜井 + 斜坡道
	可比工程量	万立方米	47.16	50.49	35.12	47.07	29.09	45.07
	可比投资	亿元	16.05	8.475	11.03	6.495	8.52	5.825
6	主辅井组合之二		箕斗竖井 + 小副井 + 斜坡道	胶带斜井 + 斜坡道 + 小副井	箕斗竖井 + 小副井 + 斜坡道	胶带斜井 + 斜坡道 + 小副井	箕斗竖井 + 小副井 + 斜坡道	胶带斜井 + 斜坡道 + 小副井
	可比工程量	km³	634.3	584.9	513.9	550.7	453.6	530.7
	可比投资	亿元	15.975	9.975	10.955	7.995	8.385	7.325

3.2.2.4　相应辅助井巷（按控制深度1500m考虑）

（1）可通行 $10m^3$ 铲的斜坡道净宽 5.8m、净高 4.43m，平均坡度 16.73%，约 24.34 万立方米，投资 1.825 亿元。

（2）大副井净直径 10m，设 JKM6×6 及 3.5×4 提升机各一套，井巷工程约 16.07 万立方米，投资约 3.4 亿元。

（3）小副井净直径 7m，设 JKM4.5×6 提升机一套，井巷工程约 8 万立方米，投资约 1.5 亿元。

3.2.3　比较条件

箕斗竖井、大副井等参考近年来国内若干深井设计研究的工程量、装备和投资情况，进行投资估算。胶带斜井、斜坡道等根据工程设计实践和近期价格进行投资估算。按岩石条件稳固、水文地质条件一般考虑。

3.2.4　比较结果和适用范围

以上开拓井巷单独和组合的比较结果趋势是一致的。由以上比较可以看出：

（1）在 1500m 深度、30000kt/a 左右规模时，胶带斜井优势显著，可比投资约少 47%（6 亿元），井巷工程约少 5 万立方米；而且矿山规模越大，用胶带斜井开拓越经济。

（2）在 1500m 深度、15000~10000kt/a 规模时，虽然工程量增大，但经济方面仍有明显优势（尤其当工期能缩短时），投资少 3~1 亿元。

（3）在 1000~1500m 深度情况下，随深度的减少，其优势增大；但随产量的减小（如减少至数百万吨时，为 5 段斜井对 1 条竖井），工程量和投资均大，优势逐步消失，产量越小，越不适合使用。

（4）在井深 1000m 以内、斜井段数不多，规模数百万吨级的大型矿山，在总体开拓条件合适时，采用胶带斜井开拓也可以充分发挥其优越性。大红山铜矿、大红山铁矿一、二期工程采用胶带斜井开拓就是很好的例证。

（5）深度 300~500m（含以下）时，胶带斜井段数少，即使规模较小（1000~4000kt/a），条件合适时也可使用，当然，规模越大越有利。

（6）总的来说，胶带斜井的运营费要低一些，如大红山铁矿一期可比年经营费少9.2%，二期少15.6%（箕斗竖井粉矿回收等增加了电耗，材料消耗也多一些）。

（7）比较结果还表明，辅助运输用斜坡道虽然工程量大一些，但投资比大副井少得多，而且使用方便，与胶带斜井配合最合适。

以上比较情况，因具体条件和方案的不同，将会出现各种各样的结果，但上述大的趋势是存在的。

然而，无论箕斗竖井还是胶带斜井开拓，都只是矿床总体开拓的一个重要组成部分，虽然单独考量各有优势，但除它们自身的特点外，还与矿体赋存条件、开采技术条件、厂址和外运条件、其他建设条件和建设要求等因素密切相关，必须结合矿床的总体开发要求来拟定完整合理的开拓方案，通过比较才能最终确定。

4 有关问题的解决途径及进一步研究的问题

4.1 可靠性问题

（1）如前所述，采用交流变频传动，使系统的可靠性大大提高。封开华润水泥长胶带、多驱动单元的成功经验充分表明了这一点。

（2）选用优质胶带运输机，特别是提高滚筒和托辊质量；选用优质防撕裂耐磨胶带，安全系数不宜小于7。

（3）确定合理的作业时间，如16.5h/d，作业率68%左右，留有充分的检查和维修时间。

总之，发展到现在，胶带运输的传动方式，机、带质量，监测、控制和保护手段，使用和管理经验都已有了长足的进展，使可靠性有了极大提高，远不是以往传统情况可比的了。

4.2 关于胶带斜井长度大、工期长的问题

多段胶带斜井总长度长，如由上往下顺序施工，工期长，可以采取措施来加以缓解。

采用胶带斜井与无轨斜坡道平行设置的方式，不但减少工程量，而且用无轨设备高效施工，二井互为措施，能大大加快进度。

使用多段胶带斜井时，宜设胶带系统回风井兼施工措施井，并可利用进回风井、管缆充填井、探矿井等作为施工通道，形成上、下多段同时施工，并改进施工方法，以缩短工期。

在正常工程地质条件下，采取综合措施后，工期可望得以改善，甚至可与箕斗竖井方案相近，见表4。

此外，条件合适时，可以增加段高，例如，将段高提高到400m，能减少段数和驱动站数，从而减少工程量、投资、工期和环节。

井深，用胶带斜井一次建成周期长时，如条件合适，可采用分期建设，如大红山铁矿。在下部深度增加数百米的范围内，用胶带斜井进行下延开拓，往往比竖井简单易行。超深矿井，可以考虑竖井与胶带斜井相结合，上部区段先用竖井开拓，下部区段用胶带斜井持续开拓。

表 4 工期比较

对比项目	序号	工程名称	工程长度/m	工作面数/个	月进度/m	耗时/月	第一年				第二年				第三年				第四年			
							1	2	3	4	1	2	3	4	1	2	3	4	1	2	3	4
斜井	1	胶带斜井一、二段	4000	1	150	26																
		三段	2000	2	60	17																
		四段	2000	2	60	17																
		五段	1140+280	1	90	12																
			280	1	90	13																
	2	胶带斜井一、二段	4000	1	150	26																
		三段	2000	2	60	17																
		四段	2000	2	60	17																
		五段	1440+280	1	60	12																
			280	1	90	3																
	3	措施竖井	900	1	100	9																
		措施平巷	300+300	2	100	3																
	4	进风竖井	1500	1	100	15																
		进风平巷	500	1	150	3																
	5	安装工程																				
		一段				6																
		二段				3																
		三段				3																
		四段				3																
		五段				3																
竖井	1	井口设施基坑开挖				3																
	2	井筒	5×1530	5	100	16																
	3	井底工程				6																
	4	井塔				6																
	5	安装工程				6																

说明：-------- 表示：备用及调剂时间

（斜井合计：39 个月；竖井合计：37 个月）

4.3　进一步研究的问题

（1）发展低阻力、节能托辊，并进一步提高带速。

（2）进一步优化胶带斜井和运输机的配置。如确定更合理的滚筒与驱动单元布置方式、负荷分配、带强、带速、托辊间距等。进一步研究和优化段与段之间转接方式、多滚筒驱动站及转接硐室的设置、转载卸料点的缓冲措施。

（3）进一步完善胶带机多机运行的检测、监控、保护、协调措施。

综上所述，随着我国矿业的发展，在深井开采中，条件合适时采用胶带斜井开拓是可以有所作为的。

（论文发表于 2012 年 8 月《中国矿业》期刊）

大红山铁矿地下破碎站设计中若干问题的处理

魏建海

（云南华昆工程技术股份公司❶）

摘 要：随着开采深度的延伸，大型地下破碎设备广泛应用，为矿山的高效生产提供了有力保障。各种先进设备的有效组合为矿山的大规模生产解决了产能瓶颈问题，有利的结构布局不但可以提供高效的设备效率，而且还可以保证高效的设备使用率。为矿山大规模生产提供雄厚的产能基础。

关键词：破碎站、破碎机基础、液压旋回破碎机、振动给矿机、液压碎石锤

1 工程概况

大红山铁矿 4000kt/a 工程开拓系统采用胶带斜井、无轨斜坡道、辅助盲竖井方案，井下原矿出矿块度 850mm，碎后块度 250mm，原矿经溜井下放到 380m 阶段，经 10m³ 矿车运输至卸载站，经溜井下放到井下破碎站，经破碎后进入碎后矿仓和胶带运输系统，经胶带运输至地表原矿仓。该系统中井下破碎系统和胶带运输系统是工程的重点。

2 破碎系统设备配置

大红山铁矿破碎站采用进口美卓（Metso）42-65 液压旋回破碎机，单级双肢体 XZG2438 振动给矿机（14KW）给矿（生产能力 1000～1200t/h），为配合粉碎大块矿石破碎站内配置 C50 固定式液压碎石锤。为解决井底胶带运输层和破碎站及 380m 阶段间垂直交通问题在破碎站附近设置 3t 电梯一部。

该套设备选型进口美卓（Metso）42-65 液压旋回破碎机是目前先进的矿石破碎设备，设备生产能力大，生产效率高，设备自带一套自动保护装置，保证了设备的完好率。

XZG2438 振动给矿机是厂家专利产品，设备质量轻，给矿连续性好，给矿均匀，生产能力大，采用链闸和振机的有效组合，可以很好地缓解振机检修问题和高生产能力的冲突。

C50 固定式液压碎石锤布置于破碎机旁，有效利用各种设备的特长，可以有效地将 42-65 液压旋回破碎机无法破碎的大块矿石破碎成较小块度再进入破碎机破碎，节约了大量处理大块矿石的时间，提高生产效率，是本院在大型井下矿山设备使用中的首创。

本次设计中采用高效率的单级双肢体振机为高效破碎机提供有利的产能保证，同时 C50 固定式液压碎石锤的设置为高效率的生产赢得了处理大块的宝贵时间。

---

❶ 现昆明有色冶金设计研究院股份公司。

3　破碎站布置

破碎站采用三面给矿的布置形式，两侧为溜井、链闸、单级双肢体振机给矿，正前方为矿用自卸汽车直接给矿，这种布置形式克服单一给矿方式的缺点，充分发挥了井下无轨设备的威力，为矿山的大规模生产提供了有力的通道保证。

大件通道一端连接无轨辅助斜坡道，另一端直通破碎站端部，作为破碎站的主要出入口和新鲜风流的入口，在破碎站入口的右侧设置变配电站及交通电梯，在破碎站对面端部设置回风联络通道与溜破系统专用回风道相通，采用贯穿风流解决破碎站回风，贯穿风流和喷雾降尘的组合运用，有效地改善了破碎站的生产环境，间接地保证了先进设备的完好率。

3.1　破碎硐室

破碎硐室采用1/3三心拱断面，硐室净宽9.5m，墙高8.6m，硐室采用钢筋混凝土支护，支护厚度500mm。硐室内设置50t检修桁车，为制作方便和保证制作精度，桁车柱及梁采用型钢组合结构，由地表加工后运入安装。

3.2　振机硐室

净宽6.51m，墙高7.28m，硐室内设置一台振动放矿机，硐室内设两层，下层为绕道和振机基础，人员可以通过振机下方绕道到达破碎硐室的另一侧，上层为振机的安全操作平台，上设可以横跨振机的人行天桥，作为通道和安全观察空间。在天桥外侧设置喷雾装置用于降尘。

3.3　破碎机受料槽

由于本次设计兼顾了以后汽车运矿的卸矿通道，破碎机受料槽必须根据实际情况向下沉2.5m，以利于以后汽车卸矿。受料槽采用钢筋混凝土结构，内衬20mm后锰钢板作为混凝土结构保护层，在汽车卸矿侧设置500mm高汽车车挡，两侧振机直接将矿石给入受料槽内。为解决液压碎石机破碎部分大块矿石问题，受料槽内留部分空间作为破碎大块矿石之用。

3.4　破碎机基础

42~65液压旋回破碎机采用直连拖动方式，破碎机和电机置于同一基础之上，在基础中、下部设置有检修通道和液压、冷却管路等，在入口处设置密闭门用以防止粉尘外泄，在检修出口外侧有冷却和液压设备及基础，整个基础层占据破碎硐室的大部分。基础层最宽处7.5m，长13.75m，垂直深度10m，为防止上、下层空间冲突，仅在液压破碎机侧设置钢筋混凝土结构的梁板，在另一侧仅设置部分活动铺板和活动栏杆，方便以后检修。

3.5　破碎站的通风

破碎站采用"穿堂风"方式通风，由大件通道入口和电梯井进入，通过破碎站后从回风斜坡道出，污风进入总回风系统。

3.6 破碎站的人员交通组织

由于破碎站被破碎机和给矿设备分割成两个部分，故两部分交通必须通过振动给矿机的检修通道和操作平台加以实现，同时为解决破碎设备基础层和破碎硐室之间的垂直交通问题，在破碎硐室内设置斜钢梯，通过斜钢梯下至破碎设备基础层的不同标高。

3.7 破碎硐室内降尘

由于破碎机在工作时产生大量粉尘，同时振动给矿机给矿石也会产生粉尘，在矿石比较干燥时粉尘特别大，破碎硐室除通过加强通风排出部分粉尘外，在两侧振动给矿机上方安装喷雾装置，可以形成有效雾幕笼罩粉尘，形成较好的降尘效果。

4 破碎机基础结构布置

根据破碎机工作特点和设备布置形式，破碎机基础采用大块式钢筋混凝土基础，为防止设备运转时振动力传递到上部硐室，影响硐室的稳定性，设计时将破碎设备基础与硐室支护结构分开。为保证破碎机基础的稳定性，对破碎机基础采取必要的加固措施。

由于液压碎石机臂长和覆盖受料槽一定范围的要求，液压碎石机必须布置在受料槽一侧的上层结构楼板面上，而该位置对受力及结构是最不利的受力位置。而液压碎石机工作时以振动冲击大块矿石为主，冲击时必然会对楼板等结构产生反作用力荷载，而荷载的方向和大小随碎石机的工作状况而发生变化。为防止冲击对楼板结构产生的破坏，必须采用大体量的结构件对抗冲击产生的局部变形，使结构不会在瞬间荷载引起的大变形情况下产生破坏。因此在碎石机作用范围内的梁板等结构采用增加构件尺寸的方法来抵抗瞬间冲击。液压碎石机布置于 800mm 厚钢筋混凝土板面上，板面下设置次梁，次梁梁高 1000mm，宽 400mm，次梁一端支撑于宽 500mm、高 1500mm 的钢筋混凝土梁上，另一端支撑在破碎机受料槽墙体上。

5 破碎机基础加固

由于破碎机基础直接坐落在下矿仓顶部，下矿仓净直径为 $\phi 6.5m$，相当于大型设备基础直接支撑于直径为 $\phi 6.5m$ 的井筒上方，破碎机基础只有四个角可以有效支撑在原岩上。破碎机在工作时不但有水平方向的扰动力还有垂直方向的扰动力，这些振动荷载直接影响设备基础的稳定。同时，破碎机基础与上部硐室的结构是独立的，为有效地将振动荷载传递给井筒周围的原岩，保证设备基础的稳定，设计时要对设备基础进行加固。加固方式是对下矿仓上口进行加固；对基础本身进行加固。加固措施是采用长锚杆和预应力锚索相结合，将混凝土与原岩锚固，使之能够协同工作，使设备工作时的振动荷载有效传递给周围原岩。

加固锚杆采用 $\phi 24$，长度 3.2m，间排距 1.5m，普通砂浆锚杆；加固长锚索采用直径 $\phi 31$ 的钢丝绳（抗拉强度不小于 $1550N/mm^2$）制作，长度 8m，共设置 16 根。长锚索安装时先把钢丝绳穿过锚固套，使锚固套板贴紧加固壁；其次以不小于 100kN 的拉力拉紧钢丝绳；把锚固塞楔入锚固套中，使其夹紧钢丝绳；最后撤去钢丝绳的拉力，锚固头的锚固力不小于 550kN，应通过试验确定锚塞楔入锚固套的深度。长锚索要全孔深度填注满砂浆，注浆时必须注意排出钻孔内的空气。

6 破碎机出料口加固措施

由于碎后矿石最大块度为 250mm，加之铁矿矿石坚硬，破碎系统服务年限较长等因素，必须对破碎机出料口至碎后矿仓间的基础内壁进行加固，以防止破碎后矿石直接冲击混凝土基础，使基础产生破坏。设计采用锰钢板加固，根据基础内壁形状，将锰钢板加工成矩形或弧形，采用内螺纹锚杆将锰钢板固定于基础内壁，使出矿口矿流不直接冲击基础内壁。后施工时修改为采用内螺纹锚杆固定锰钢板进行加固。

7 使用效果

大红山铁矿 2007 年 1 月 1 日投产，2008 年已经超产，各系统使用正常。本次设计选用的破碎机、振动给矿机以及首次在破碎站里配置液压破碎锤，使用效果理想。该套系统为先进的设备加上先进的理念，为大红山铁矿投产超产奠定了雄厚的产能保证基础。

8 存在问题及建议

（1）破碎硐室高度偏低，由于破碎硐室内采用先进的检修设备，占用空间较小，设计时过于要求减少工程量，造成检修吊车安装时比较困难。

（2）破碎站内应设置一个独立工作间比较合理，可摆放一些简易维修工具，也可供操作工人休息用。

（3）破碎机基础层最好有一条通道，可以改善基础层通风效果和排出基础层粉尘。

（4）破碎机出料口加固最好采用钢板作为模板一次浇灌成型，而采用内挂锰钢板由于设备振动，容易造成脱落，影响下部胶带运输。

（论文发表于 2009 年《有色金属设计》第 3 期）

高深溜井在大红山无底柱分段崩落
采矿法中的应用与改进

范有才 徐万寿 陈双云

（玉溪大红山矿业公司）

摘 要：大红山4000kt/a采矿工程采用大结构参数无底柱分段崩落法，设计采用高深溜井出矿。本文通过对系统生产中遇到的一系列技术问题进行分析，提出了高深溜井降段封堵、技术改造、溜井上延、溜井管理与大修的技术改进方案。

关键词：高深溜井、无底柱分段崩落法、技术改造

在大红山铁矿4000kt/a采矿工程中，为最大限度提升规模、降低成本，设计采用高深溜井出矿、集中水平运输，溜井深达180～245m。因矿山投产2年即超产（设计3年达产），生产任务繁重，溜井使用频度过高，出现了一系列技术问题，制约和影响了采矿生产。通过认真分析与改进，取得了显著的效果，同时也积累了较丰富的采矿生产管理、技术经验。

1 溜井降段封堵

随着生产规模的不断扩大，大红山4000kt/a采区各分段的快速回采，须通过各穿脉联络通道转入持续生产，因此联络通道溜井须进行降段封堵。由于各分段通过联络通道的时间不同及溜井敞口过大，须在各分段对各溜井分别进行横向封堵，而封堵方式的合理性关系到生产的正常推进。

溜井封堵位置为溜井口下3.5m处，封堵方式采用先锚固后浇灌混凝土较合理可行。封堵前为保证施工安全可靠，在溜井内用矿石填充至指定高度，并在矿堆上用细砂铺平，再用塑料袋等密封性材料覆盖作为隔离层；然后在溜井口下2m处平行并以85cm的间距打11根锚杆（$\phi 20mm \times 2.5m$螺纹锚杆）；最后在隔离层上浇筑厚度为3m的C20混凝土。此方式解决了溜井降段封堵的技术问题，大大改善了使用的安全性，满足了生产的需求，达到了生产合理接替的预期效果。

2 溜井技术改造

大红山井下4000kt/a采区，因无底柱分段崩落法大规模采矿的工艺特性及矿体品位分布的不均衡性，上、下分段须长期共用溜井，以满足供矿量与质量均衡配矿的要求。而各分段溜井为直通溜井，上分段出矿时，矿石碰撞井壁，在下分段产生飞石，进入下分段巷道内，给生产作业带来了较大的安全隐患。若不及时合理解决问题，将严重制约采矿生产顺利进行及3年达产目标的实现。

经分析，须对溜井进行改造，以满足使用要求：

（1）为便于溜矿，在溜井与联络通道交叉处设置斜溜口；

（2）为避免飞石伤及作业设备、人员，在溜井与联络通道交叉处上部设置挡板；

（3）为防止铲装设备滑入溜井及防止水进入溜井，在溜井与联络通道交叉处设置车挡，如图1所示。

具体实施方法是：刷斜口，对需刷斜口位置进行凿岩爆破，凿岩完成后将溜井内矿碴放至联络通道底板以下6~8m，使爆破后的矿碴进入溜井，斜口与溜井呈45°，长4.8m，高4.1m，靠溜井一侧宽6.6m，靠联络通道一侧宽4.4m，斜口成型后在两侧墙浇筑混凝土，其中靠溜井端厚1.6m，另一端500mm。

混凝土浇筑后斜口净宽为3.4m；挡板施工，先在溜井位置搭好脚手架并铺好木板，再在基岩上施

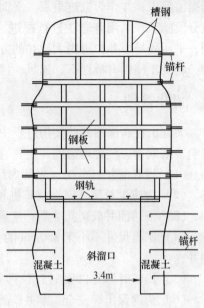

图1 溜井的改造

工φ20mm×1.5m的螺纹钢锚杆，每根槽钢两侧两根锚杆为一组（锚杆间距150mm），各组锚杆间距450~600mm，锚杆施工结束后，采用槽钢与锚杆进行焊接，焊接采用满焊，槽钢焊接结束后采用10mm的钢板与槽钢焊接，下部与斜口混凝土浇筑时预埋的38kg钢轨进行焊接；车挡施工，在联络通道内靠溜井一端施工车挡，先在基岩中施工φ20mm螺纹钢锚杆，间距为500mm，排距为400mm，锚杆长度为1200mm，嵌入基岩950mm，最后浇筑宽500mm、高300mm的混凝土形成车挡，长度根据各溜井情况有所不同。

通过改造，满足了使用要求，为上、下分段同时出矿创造了较好的条件。

3 溜井上延

随着生产规模的不断扩大，大红山井下4000kt/a采区溜井数量、溜井直径已无法满足生产需求，严重影响了生产任务的完成及产能的进一步升级。

根据采区每日需达产量及各分段需出矿量（回收率第一出矿分层按30%、第二出矿分层按95%，第三出矿分层按100%），结合溜井日出矿能力进行综合考虑，需对不同分层的溜井上延至不同的分层。以主采区为例，在大规模快速回采及上分段回采需超前下分段的无底柱分段崩落法采矿工艺的要求下，落顶分层需进行松动出碴，而落顶层缺少出碴溜井，经分析，K603溜井上延至落顶分层较可行，能满足使用要求。第一出矿分层回收率较低，经测算，溜井数量能满足要求，不再上延。第二出矿分层需大量出矿，需针对不同位置及条件将K1002、K1003、K1004、K804等溜井上延。为减小溜井上延过多增加成本及高深溜井的管理维护难度。第三、第四出矿分层通过充分利用已上延溜井，上、下分层共同使用来满足使用要求。但因溜井离运输分层距离较近，生产组织难度大，需增加储矿量。经分析，对各溜井从运输层至第三出矿层的直径扩刷至4.2m（原直径3m）是可行的。但在实施过程中，各溜井下段平面联络通道工程还有相当长的距离，部分溜井振机还未安装，很难利用溜井系统进行排碴。由此制订了详细的网络计划，对主要溜井的平面工

程提前施工，并作为掘进重点。平面工程施工的同时，有步骤地组织振机安装。溜井上延应分段施工，采用普通法进行掘进。为保证施工安全，采用"先下后上"的分段施工原则，采用先导小井，再刷大成井的方法进行施工，主要工序有搭设工作台、钻眼爆破、装岩，辅助工序则有撬浮石、通风、接管线等。

4 溜井管理

大红山在高深溜井的使用过程中，为了提高溜井的效率，避免对持续稳定的生产造成影响，采取了一些管理措施，主要有：

（1）设置溜井口车挡（采区内设置泄水孔），避免积水流入溜井；

（2）为减少对溜井振动放矿机和放矿口的破坏，严格控制溜井存矿高度大于 10m；

（3）下达溜井放矿指令后，应确保各溜井每班放矿一列车以上，以防止溜井堵塞；

（4）矿石尺寸不小于 850mm 的大块须铲到指定地点集中进行二次爆破，不允许放入溜井；

（5）出矿时溜井口原则上不予喷水，粉尘浓度大时需要有喷雾式洒水装置；

（6）为确保出矿安全，溜井位置应配置照明、警示灯、警示牌及安全护栏等。

5 溜井大修

盲溜井大修的安全措施是临时性的措施，待溜井大修作业完毕后需拆除，以保证溜井的功能正常使用。大红山通过施工工艺摸索、方案优化，安装可行性研究，形成了一套可行的盲溜井大修操作法。与传统的施工方法相比，该工艺在保证溜井大修工程质量、安全、工期上有明显的优势，可使盲溜井大修施工工效得到大幅度提高，同时可大幅度节约成本。

盲溜井大修安全措施：在大修的溜井上部两个分段高度处，先将矿石填满，然后在最上面的分段高度处溜井井筒上方悬挂溜井专用安全气囊，利用溜井里面的矿石作为支撑，按照一定的安全倾角搭安全棚，安全棚用槽钢铺满整个溜井井筒断面，上面用竹筏加铺。然后继续下放矿石到该安全平台的下分段，在该分段浇筑混凝土加锚杆平台，浇筑时预留 PVC 管炮孔和通风口，通风口兼作安全气囊挂绳孔口。待混凝土平台养护凝固好后，下放溜井井筒内矿石至放空。放空后在检修位置上方悬挂安全气囊即可开始溜井的大修作业。

盲溜井大修安全措施主要由安全气囊、槽钢安全棚、混凝土安全平台、通风散热系统组成。其中安全气囊为专用安全气囊，从国内专业厂家定制。槽钢安全棚由锚杆固定在分段口和井筒壁上，安全棚的横担由工字钢组成。混凝土安全平台为 C30 标号混凝土加锚杆浇筑在分段口井筒内。

如图 2 所示，实施过程中将整个盲溜井安全措施分成 3 段完成，即 380～400m、400～420m、420～440m。每一段的安全措施都起着不同的作用。整个安全措施施工从上往下采用流水作业，先在 420～440m 悬挂专用安全气囊，待安全气囊正常发挥作用时，再在 420m 分段搭建槽钢安全棚，待 420m 分段槽钢安全棚搭建好后，再在 400m 分段浇筑混凝土安全平台，待到混凝土安全平台养护好后将 420～440m 的专用安全气囊悬挂在 380～400m 分段。

在大修的溜井上部两个分段高度处分别采取安全措施，溜井上部更高处片帮等坠落物下落时通过第一平台缓冲作用，对第二平台的冲击力大大减小，当坠落物因块度大等各方面的原因，第二平台也不能发挥作用时，溜井井筒上方悬挂的安全气囊进一步起到缓冲作用，同时在听到冲击异响后，利用安全气囊被异物打通后放气的时间，现场维修人员能安全撤离。将矿石填满至最上分段高度处，利用溜井里面的矿石作为支撑，按照矿石自然堆积的安全倾角搭建上分段安全棚，操作便利、可行。再向下分段继续下放矿石到相应的操作平台，依次进行，操作有序、合理。因浇筑后上下完全封闭，在浇筑混凝土加锚杆安全平台时预留 PVC 管通风口，通过预留孔可形成上下贯穿风流，有利于通风。同时，因安全气囊上方需要用绳索悬挂，预留孔可兼作悬挂绳道，此预留孔也可作为大修完成后拆除安全平台的爆破自由面。充分利用了操作平台的有限空间，实现操作使用功能上的完备性。混凝土平台凝固养护好后，放空溜井井筒内矿石，并在维修工作面上方 2～2.5m 高处用绳索悬挂安全气囊，此安全气囊采用高强度合成纤维织物双面涂覆高性能橡胶经缝纫、粘合制成，具有高强抗冲击性能、耐磨、可任意折叠等特点。安全气囊除作为安全缓冲作用外，还可阻挡粘附在本段溜井壁上的碎石堕落。

大红山 2010 年初主要对 3 个溜井实施大修，通过对溜井大修工程实施过程的跟踪、分析与改进，共节约113.25 万元，取得了良好的经济与社会效益。

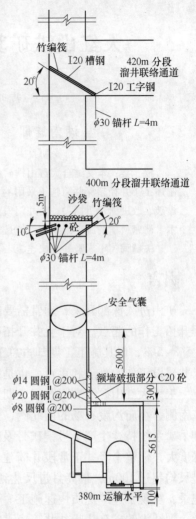

图 2　溜井大修工艺

参 考 文 献

[1] 张阳荣. 溜矿天井的防堵与疏通技术 [EB/OL]. http://www. Cnki. net, 2008.

[2] 李雪明，范有才. 大红山新模式采矿生产难点解析 [J]. 现代矿业, 2010, 12 (S): 14-16.

[3] 程治华，彭家斌，刘晓亮. 丰山铜矿主溜井改造技术研究 [J]. 采矿技术, 2010, 10 (2): 19-20.

[4] 汪太成. 狮子山铜矿主溜矿井系统的技术改造 [J]. 矿业研究与开发, 2000, 20 (5): 22-23.

[5] 钟纪胜，黄小红. 锡矿山南矿矿石溜井加固的应用实践 [J]. 采矿技术, 2008, 8 (4): 87-88.

（论文发表于 2011 年 11 月《采矿技术》期刊）

大红山铁矿箕斗竖井的快速施工技术

黄明健　王军华　谢海鹏

（湖南涟邵建设工程（集团）有限责任公司）

摘　要： 本文结合大红山铁矿深达1279m的小井径废石箕斗竖井连续优质快速施工实践，阐述了小井径超深井筒施工采用的机械化配套方案。施工中采用了二阶直斜眼掏槽深孔光面爆破、改进抓斗机抓尖、竖井钢模油缸防爆装置、井筒无缝砌壁、电子计量装置拌料等新技术。严密科学的施工组织与管理是确保实现快速施工的关键。

关键词： 千米竖井、快速施工、机械化配套、技术创新

0　引言

矿山进入深部开采，通常需要新建立（竖）井井筒进行开拓，井筒施工是矿山井巷工程开拓工作的起点。对于立井开拓矿井，其井筒施工工程量虽然仅占矿井建设总工程量的3.5%~5%，但其施工工期却占总工期的40%左右。因此加快立（竖）井井筒施工是所有矿井建设工作的难点和重点，也是缩短矿井建设总工期的关键。

玉溪大红山矿业有限公司二期工程废石箕斗竖井位于该公司4000kt/a地下采矿矿体的东南侧、小庙沟废石场的西北侧，是该矿深部二期采矿工程的主要开拓工程，用作深部二期采矿系统持续生产I号铜矿带及Ⅲ、Ⅳ矿体部分废石的提升通道。该竖井井筒断面小、深度大，但整个竖井正常段井筒建设工期14个月，平均月进尺83.5m，其中连续6个月进尺均超过100m，最高月进尺达到110.5m，生产安全无事故，刷新了云南省竖井施工新纪录，实现了连续优质快速施工。

大红山铁矿箕斗竖井井筒净直径5.5m，净断面23.76m^2，掘进直径6.3m，掘进断面30.19m^2，混凝土支护壁厚350mm，设计深度1279m，其中井颈段30m。井筒围岩硬度系数$f=8\sim10$，施工采用短掘短砌混合作业施工方法，掘砌段高控制4m。井筒正常涌水量小于10m^3/h，井筒施工中，对含水层段井筒采用壁后注浆和无缝砌壁等方法进行处理，使涌水量控制在0.5m^3/h左右，改善了劳动作业环境，是保证该箕斗竖井实现快速掘进的前提。

1　竖井快速施工机械合理配套

施工机械化配套水平对竖井井筒施工速度及质量起着十分重要的作用。众多立井施工实践表明，合理的机械设备配套是实现快速成井的强有力保证，因此对其机械化配套设备的合理选型至关重要。大红山箕斗竖井施工机械设备的选型充分结合了国内先进的立井施工作业设备配套经验，确保竖井施工中凿岩、装岩、支护、提升、通风和运输各个环节施工设备之间的能力与性能相互匹配，最终确定采用的主要井筒施工机械设备（见表1）。

表 1　箕斗竖井施工机械化配套设备

设　备	数　量	规　格　型　号
凿井井架	1 架	V 形钢管井架
主提升机	2 台	主提 JK-2.5/20（前期）；主提 JK-3.5/20（后期）
吊桶	4 个	3m³、2m³ 座钩式吊桶，2.4m³、2m³ 底卸式吊桶
伞形钻架	1 架	SJZ-5.6 型伞钻
凿岩机	6 台	YGZ-70 凿岩机
抓岩机	1 台	HZ-6 型中心回转抓岩机
模板	1 套	MJY 型（模高 4m，段高 4m）整体下滑金属模板
搅拌机	1 台	JS-1000 搅拌机配自动给料输送机及电子计量系统
注浆系统	1 套	RD-100 型钻机/2TGZ-120/105 型注浆泵
通风机	3 台	ZBKJ2×15 对旋式风机（前期）；ZBKJ2×30 对旋式风机（后期）
风筒	1 趟	D600 风筒
翻矸车	1 趟	翻矸平台座钩式自动翻矸

1.1　钻眼机具与爆破技术的合理配套

竖井施工通常采用爆破掘进，因此快速成井与爆破效果有直接联系，这就涉及钻眼机具和爆破技术的合理配套。根据本公司竖井施工经验，钻眼机具可优选配有 YGZ-70 型导轨式的伞形钻架，SJZ-5.6 型伞钻对于井筒净直径为 5~6m 的小断面情况是适宜的，可匹配小断面掘进的中深孔光面爆破技术。相应的爆破技术方面宜选择抗水性能好的乳化类炸药，采用反向连续式装药结构，选用 8 号半秒延期电雷管和 7m 长脚线的半秒延期非电导爆管，采用导爆管雷管及电磁雷管爆破网络，可提高装药速度，减少瞎炮，增加网络的准爆性。

1.2　装岩设备与排矸设备的合理配套

立井井筒施工循环中，装岩出矸时间往往占 40%~50%，缩短装岩出矸的时间是实现井筒快速施工的重要条件。箕斗竖井优选 HZ-6 型中心回转抓岩机配合改进抓尖，其出矸速度快，而且经堆焊处理的抓尖其耐磨性很好，减少了维修费用和时间耗损。为保证立井快速施工，采用座钩式自动翻矸装置，自卸式汽车排矸，从而做到最优装岩与排矸设备的配套。

1.3　砌壁模板及下料工艺的合理配套

竖井井筒砌壁模板的性能是影响成井速度及质量的关键设备。采用具有脱模能力强、刚度大、立模方便的 MJY 型整体金属刃角下行模板砌壁是有效可行的。MJY 型金属模板由地面的 3 台稳车悬吊，其直径根据井筒直径来确定，段高一般为 3~5m，本箕斗竖井采用 4m 段高。下料时，混凝土由输送车从集中搅拌站运至井口，采用 DX-3/2.4m 底卸式吊桶下放，对称浇筑，在浇灌口上设环形斜面板，确保新浇井壁和老井壁的接茬高度在10cm左右，做到新老井壁接茬严密，提高井壁浇筑质量，加快浇筑速度，用ZNQ-50型插入式高频混凝土振捣器振捣混凝土。

2 竖井快速施工技术创新

2.1 二阶直斜眼掏槽中深孔光面爆破

对于小断面竖井掘进，采用中深孔爆破技术可提高竖井掘进速度和经济效益。大红山铁矿箕斗竖井施工根据实验研究和现场经验，结合斜眼掏槽和直眼掏槽的优点，采用二阶槽眼同深、直斜眼掏槽方式：第一阶和第二阶掏槽孔深度均选定为4.5m，炮孔呈星形布置，其中一阶掏槽孔倾斜角度82°，圈径1.6m，布置8个炮眼，眼距620mm；二阶掏槽孔圈径1.8m，布置8个炮眼（表2），眼距710mm。

表2 爆破参数

项 目	圈径/m	眼数/个	眼深/m 垂深	眼深/m 小计（长度）	装药量/卷	起爆顺序
掏槽眼	1.6	8	4.5	36	112	I
掏槽眼	1.8	8	4.5	36	112	II
辅助眼	2.8	11	4.5	49.5	132	III
辅助眼	4.0	16	4.5	72	192	IV
辅助眼	5.2	20	4.5	90	200	V
周边眼	6.2	33	4.5	148.5	264	VI
合 计		96		432	379.5kg	

根据箕斗竖井井筒围岩 $f=8\sim10$ 的坚固特性，进行炮眼布置设计，并经试验选取最佳爆破参数（表2），炮眼布置如图1所示，爆破参数见表2，预期爆破效果见表3。施工中根据岩石情况及时调整，使爆破效率稳定在80%以上。

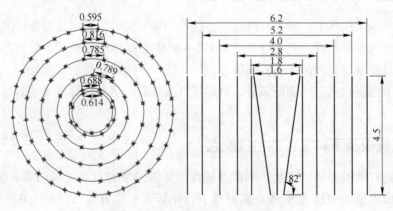

图1 箕斗竖井井筒炮眼布置

表3　预期爆破效果

炮眼利用率/%	循环进尺/m	循环岩石实体/m³	每循环炸药消耗量/kg	每循环雷管消耗量/个	单位体积炸药消耗/kg·m⁻³	单位体积雷管消耗/个·m⁻³	单位进尺炸药消耗/kg·m⁻¹	单位进尺雷管消耗/个·m⁻¹	单位原岩炮眼长度/m·m⁻³
84	3.8	118.5	379.5	96	3.2	0.81	99.9	25.3	3.6

2.2　改进抓斗机抓尖

抓斗机抓尖部分是顺利抓岩的关键，需要对其进行局部调质处理。为保证母材、固定套和内抓尖的力学性能，进行抓尖表面堆焊物的热处理时，采取了综合热处理工艺，经现场检验各项指标均达到施工要求。抓片采用 Mn56 钢组焊而成，为等强度整体结构，抓尖由内抓尖和高耐磨合金焊条的外表堆焊物组成，为复合耐磨性结构，内抓尖表面堆焊物采用 D182 焊条。箕斗竖井岩石的普氏系数 $f = 8 \sim 10$，未经堆焊处理的抓尖磨损一半长度的井筒进尺长度为 $20 \sim 50$m，堆焊处理后的抓尖磨损一半长度的井筒进尺长度为 $80 \sim 100$m。大大提高了装岩出矸的效率，有效提高了成井速度。

2.3　井筒无缝砌壁

井筒砌壁采用 MJY 型整体金属刃角下行模板，在其上口布置8根导向工字钢，施工中能方便脱立模，立模时间缩短，金属模板有效高度为4m。在浇灌口处安装环形斜面板，要求接茬严密，确保新浇井壁和老井壁的接茬高度在10cm左右。当井筒通过含水层时添加防水剂，以提高井壁防水能力。这有效改善了施工作业环境，确保各项工艺有序进行。

2.4　竖井金属模板油缸防爆装置

竖井金属模板液压系统主要由液压缸、液压伸缩杆、油管和阀等组成。它主要起支拆模板作用，在井筒掘砌混合作业中，金属模板液压系统要承受爆破掘进产生爆破飞石和爆破冲击波的作用，很容易导致金属模板液压系统的损坏，同时混凝土浆从搭接口渗出粘连钢模液压系统，使其无法伸缩，因而直接影响竖井砌壁质量和施工进度。大红山铁矿箕斗竖井施工中对金属模板液压系统进行防爆处理，在液压系统的表面加设可拆装的弧形钢板，降低了维修成本、提高了工作效率。

2.5　电子计量装置拌料

地面靠近竖井口的位置布设有混凝土搅拌站，选用 PLD-800S 双向式配料机进行配料，采用两台 S-1000 型搅拌机搅拌混凝土料，通过配料搅拌系统的电子计量装置，使混凝土搅拌操作方便、配料准确，充分满足了竖井井筒快速施工的要求。

3　施工组织与管理

竖井井筒施工机械化配套的核心主要表现在"五大一钻"。在井筒断面较小的情况下，对各种机械设备有序安排使用，需要有严密、科学的施工组织与管理。作业人员按钻眼爆破、出矸找平、立模砌壁、出矸清底四道工序实行滚班作业制，提高生产效率，推行机电维修包机制，减少了机电设备故障率。同时，根据工程实际情况设立项目部，实行垂直管理和扁平化管理，狠抓掘砌正规循环作业和辅助作业的配合，实现了快速施工。

3.1 施工过程管理

为了有效控制井筒工程施工质量，实现安全快速施工，大红山铁矿箕斗竖井施工过程中组建了高效精干、机制灵活、运转流畅的项目部，采用工业监控电视及计算机辅助施工管理，提高施工管理水平。对施工机具和设备实行了包机制，杜绝施工机具和设备带病作业，使用后立即进行检修和保养，保证正常循环使用。作业层采用专业化综合施工队形式，对固定工序和关键岗位的人员实现相对固定，以提高操作水平。强化职业技能培训和安全技术培训工作，定期组织开展技术比武，不断提高员工的操作技术水平。实行承包人、组室负责人风险抵押金制度；实行考核评分制，充分调动承包人员、管理人员的积极性。

3.2 施工工序管理

竖井井筒施工的4道主要工序受到作业空间较小的限制，实行平行作业很困难，所以要实现井筒快速施工，确保各工序的顺畅衔接很重要。大红山铁矿箕斗竖井施工过程中，将4个主要工序细化分解，尽可能地将各工序作业时间分配合理，制定好各道工序所需要的最低用时标准，这能有效缩短施工循环时间。施工中各工序按所定用时标准认真执行并考核，除机电维修人员以外，各工序施工人员一律按循环图表实行滚班制作业。各工种交接班实行按工序交接班制度，严格根据循环图表要求控制各工序作业时间，以保证正规循环作业。

4 结论

（1）竖井快速施工的实质是在保证施工安全和工程质量的前提下，充分利用机械化装备合理配套发挥出的高能高效，经过严格的施工组织与管理来缩短井筒建设工期，节省施工辅助费，使矿井提早投产，提前取得经济效益。大红山铁矿废石箕斗竖井在小井径超深的情况下能够实现快速施工，与较好的水文条件及采用先进配套的凿井施工装备是密切相关的。尤其是基本实现"五大一钻"机械化合理配套作业线，因而成井速度快、效率高。

（2）要实现超深竖井安全、优质、快速施工，必须进行技术革新，大红山铁矿箕斗竖井施工采用的二阶直斜眼掏槽深孔光面爆破、改进抓斗机抓尖、竖井钢模油缸防爆装置、井筒无缝砌壁、电子计量装置拌料等新技术，提高了施工过程的安全性、施工速度和施工质量。

（3）严密、科学的施工过程和施工工序管理，这也是确保大红山铁矿箕斗竖井实现快速施工的关键，其掘、砌、运转三大系统协调运作，各个工序紧凑衔接，避免工时浪费，为快速掘进奠定了基础。

参 考 文 献

[1] 沈毅，万战胜，汤丽立. 复杂地质条件下千米竖井快速施工、技术研究 [J]. 路基工程，2010，10(3)：236-239.

[2] 张传余，唐燕林，鲍胜芳.超大超深立井施工设备选型及布置 [J].采矿技术，2013，13（6）：103-106.

[3] 赵兴东.井巷工程 [M].北京：冶金工业出版社，2010.

[4] 温洪志，杨福辉，黄成麟.大强煤矿千米立井井筒快速施工技术 [J].煤炭工程，2012，9（12）：27-30.

[5] 牛学超，杨仁树.立井深孔爆破参数的探讨 [J].建井技术，2001，22（4）：33-36.

[6] 徐恩凌，邹根林，刘永根，等.丰龙煤矿千米立井井筒安全优质快速施工 [J].建井技术，2010，31（3）：15-20.

（论文发表于2014年7月《采矿技术》期刊）

◇ 通风与充填 ◇

大红山铁矿 4000kt/a 二期通风系统合理供风量研究

高 伟

（玉溪大红山矿业有限公司）

摘 要：矿井供风量是一个与通风效果、建设投资、运营费用密切相关的重要参数。对大红山铁矿 4000kt/a 二期工程通风系统合理供风量问题，在充分考虑一期通风系统存在的问题和对二期的影响后，结合井下大量无轨设备运行等因素，以柴油设备作业台数为依据，进行了通风系统需风量核算，并以井下同时工作的最多人数和万吨需风比对矿井需风量进行校核，最终确定大红山铁矿 4000kt/a 二期工程通风系统的合理供风量为 811.3m³/s。

关键词：矿井通风、需风量、供风量、供风系数

0 引言

对一个具体的工作面来说，供风量过多或者过少都是不合理的。最合理的状态就是供风量与需风量基本相符，适当留有一定备用系数。同样，对于整个通风系统来说，最合理的状况是矿井供风量与全部工作面总需风量基本相等，并使大部分工作面的供风量与需风量基本相符。即从各个微观工作面，一直到整个宏观通风系统，做到风量供需平衡。然而，将质量和数量符合要求的新风供入井下并按需分配给每一个工作面，是一项艰难的系统工程，必须投入相当的财力、物力和人力。

（1）必须投资开凿与风量大小相适宜的通风井巷；

（2）必须购置与风量大小及矿井风阻匹配的通风设备；

（3）必须消耗与风量三次方成正比的电能；

（4）必须投入与风量大小相配的管理工作。通风系统实耗功率与风量、巷道断面面积、断面周长、长度存在以下关系：

$$N = \frac{\alpha P L Q^3}{1000 S^3}$$

式中　　N——功率，kW；

　　　　α——摩擦阻力系数，N·s²/m⁴；

　　　　Q——风量，m³/s；

　　　　P——周长，m；

　　　　L——巷道长度，m；

　　　　S——面积，m²。

矿井的供风量是以建设投资、运行费用及有效管理为代价换取的，故设计时计算合理的供风量是解决矿山安全生产与投资和运行费用矛盾的重要环节。

1 一期工程通风系统存在的问题

1.1 各项通风指标分析

4000kt/a 一期通风系统实测进风量为 529.34m³/s；回风量为 566.71m³/s；风量供需比大于 1.4；年产万吨的耗风量为 1.416m³/s，现场通风未达到预期的效果。

1.2 影响因素分析

经过现场检测分析，导致通风没有达到预期效果的原因如下：

（1）2006 年 4000kt/a 工程投产后即展开扩产工程，必然要占用部分 4000kt/a 一期通风系统资源。

（2）大红山铁矿井下大量采用无轨设备运输矿碴，随着扩产工程的展开，柴油设备增加，而运碴车辆全部从斜坡道运行，导致斜坡道中新鲜风流被污染，风温较高，温度长时间在 30℃以上，风流进入工作面后导致工作面通风效果差。

（3）大红山铁矿属高地热矿床，据地勘报告钻孔测温资料反映，深部铁矿地温在 45℃以上，新掘进的巷道释放大量热量，使工作面温度升高。

（4）由于大红山地区夏秋季节地面温度在 30℃以上，最高达到 43℃，经巷道吸热后到达工作面的风流温度也在 28℃以上。

（5）一期溜破系统设计风量不足，破碎硐室（110m²）、两个卸载站（42m²）和采 1 号胶带（26m²）总断面面积为 178m²，回风量只有 56m³/s，不能满足卸载、破碎、胶带运输的排尘风量需要。

2 二期工程通风系统供风量研究

二期工程通风系统供风量计算吸取一期工程的经验，在二期设计时充分考虑各项影响因素计算合适的供风量。按照 0.25m/s 的排尘风速计算破碎系统的需风量（见表1）；同时，考虑新斜坡道回风量，将斜坡道中的汽车尾气直接排入回风井，不让其进入工作面污染采区，斜坡道断面 18.3m²，经过现场调查试验发现，至少产生 4m/s 的风速才能排走斜坡道中尾气而不会让人视线模糊，即新斜坡道中的回风量为 73.2m³/s。

表 1 无柴油设备区域按排尘风速计算总需风量

设备或硐室名称	断面面积/m²	排尘风速/m·s⁻¹	数量/个	需风量/m³·s⁻¹
炸药库	14	0.25	1	3.5
溜破系统卸载站	60	0.25	3	15
溜破系统破碎硐室	140	0.25	1	35
废石破碎系统破碎硐室	100	0.25	1	25
180m 排水泵站	14	0.25	1	3.5
合　计	328	0.25	7	82

2.1 按照柴油设备作业台数计算矿井供风量

2.1.1 采区需风量

通过现场统计，对井下运行的各无轨柴油设备进行分析，统计设备型号和每台柴油设备的时间利用系数，参考《金属矿井通风防尘设计参考资料》和《金属非金属矿山安全规程》，每台柴油设备的供风量选取 $4.08\text{m}^3/(\text{kW}\cdot\text{min})$ [1~3]，确定各无轨柴油设备的单台需风量（如表2所示）。

表2 矿井柴油设备需风量计算

设备名称	设备型号	设备功率/kW	时间系数	风量指标/$\text{m}^3\cdot(\text{kW}\cdot\text{min})^{-1}$	需风量/$\text{m}^3\cdot\text{s}^{-1}$
柴油铲运机	TORO1400	243	0.70	4.08	11.56
	SandvikLH307	150	0.70	4.08	7.14
	ACY-2	63	0.70	4.08	3.00
矿用卡车	AJK-20	130	0.07	4.08	6.19
国产卡车	5t	105	0.07	4.08	5.00
调度指挥车	越野车	66	0.07	4.08	3.14
坑下人车	2.5t	70	0.07	4.08	3.33
材料车	2.5t	70	0.07	4.08	3.33

注：需风量=设备功率×时间系数×风量指标÷60；时间系数指柴油设备每小时在矿内作业时间的百分比；风量指标指冶金矿山设计资料推荐选取的安全值（$4.08\text{m}^3/(\text{kW}\cdot\text{min})$）。

经过井下现场各区域统计，按照无轨柴油设备同时运行数量和运行区域，计算采区需风量（见表3）。

表3 有柴油设备区域计算总需风量

作业工序	设备或硐室名称	设备型号	设备功率/kW	工作台数/台	单位需风量/$\text{m}^3\cdot\text{s}^{-1}$	总需风量/$\text{m}^3\cdot\text{s}^{-1}$
采切作业	液压掘进钻车配凿岩机	Boomer281 cop1838 ME		4	4.00	16.00
	进口凿岩机钻车配凿岩机	SimbaH1354eop1838		7	4.00	28.00
采场出矿	电动铲运机	Toro1400E	160	6	7.50	45.00
		Toro1400	243	1	11.56	11.56
	柴油铲运机	SandvikLH307	150	11	7.14	78.54
		ACY-2	63	2	5.00	10.00
	矿用卡车	AJK-20	130	2	7.00	14.00
	国产卡车	5t	105	16	6.00	96.00
	电耙	2PJP-15	15	1	2.50	2.50
开拓采切	浅孔凿岩机	YTP-28		16	2.00	32.00
辅助作业	调度指挥车	越野车	66	6	5.00	30.00
	坑下人车	2.5t	70	4	5.00	20.00
	材料车	2.5t	70	4	5.00	20.00

2.1.2 供风系数

大红山铁矿属于高地热矿床，在选取供风系数时考虑到通风降温的作用，取地热降温系数 1.15，以缓解井下高温热环境；二期工程采矿方法是无底柱分段崩落法，与地表露天坑和其他采区之间存在较多漏风点，考虑矿井漏风系数 1.15；井下几个采区的通风系统相互连接并考虑到残矿回收等因素，计算供风量时考虑分风不均衡及备用系数 1.15。

综上所述，大红山铁矿二期通风系统的供风系数为：$1.15 \times 1.15 \times 1.15 \approx 1.52$。

2.1.3 矿井总供风量

矿井总风量为各采掘工作面、硐室与其他需风量及矿井漏风量之总和。

矿井总供风量 =（柴油设备区域总需风量 + 无柴油设备区域总需风量）× 供风系数 + 斜坡道中直接回入回风井的风量 = $(403.6 + 82) \times 1.52 + 73.2 = 811.31$（$m^3/s$）。

2.2 按照井下同时工作的最多人数计算矿井供风量

根据大红山铁矿劳动定额，井下同时工作的最多人数为 700 人，参考《金属非金属矿山安全规程》，每人每分钟供风量不小于 $4m^3$，计算取 $4.5m^3/(min \cdot 人)$[3]。按照井下同时工作的最多人数计算大红山铁矿二期通风系统矿井总需风量为：

$$Q = 700 \times 4.5/60 = 52.5 \quad (m^3/s)$$

根据井下同时工作的最多人数计算矿井总需风量 $52.5m^3/s$，供风系数和斜坡道需风量按 2.1 节计算结果，分别取 $1.52m^3/s$ 和 $73.2m^3/s$，则按照井下同时工作的最多人数计算矿井需风量为：

$$Q = 52.5 \times 1.52 + 73.2 = 153.0 \quad (m^3/s)$$

分别按照柴油设备作业台数和井下同时工作的最多人数计算矿井需风量为 $811.31m^3/s$ 和 $153.0m^3/s$，按照两者计算结果取大者，研究确定大红山铁矿二期工程通风系统总风量为 $811.31m^3/s$。

3 结论

计算确定大红山二期过程通风系统总供风量 $811.31m^3/s$，4000kt/a 二期工程产量按 5200kt/a 建设，年产万吨耗风量为 $1.56m^3/s$（大型矿山年产万吨耗风量为 $0.75 \sim 1.5m^3/s$），因大红山铁矿矿区气温、地温及生产工艺等特殊因素，故供风量应比一般矿山大。以总供风量 $811.31m^3/s$ 进行通风系统设计、风机选型，可满足二期工程安全生产的要求。

参 考 文 献

[1] 金属矿井通风防尘设计参考资料 [M]. 北京：冶金工业出版社，1982.

[2] 金属非金属地下矿山通风技术规范——通风系统鉴定指标 [S]. 国家安全生产监督管理总局，2008.

[3] 金属非金属矿山安全规程 [S]. 国家安全生产监督管理总局，2006.

[4] 刘尧聪. 大红山铁矿地下 4000kt/a 二期开采工程初步设计 [R]. 昆明有色冶金设计研究院股份公司，2010.

（论文发表于 2014 年 9 月《采矿技术》期刊）

大红山铁矿通风系统现状分析与调控策略

杨光勇[1]　王旭斌[2]　谢宁芳[3]

（1. 云铜迪庆矿业股份有限公司；2. 云南省安全生产监督管理局；
3. 昆明有色冶金设计研究院股份公司）

摘　要： 本文分析了目前我国最大的地下金属矿山——大红山铁矿通风系统的现状及存在的问题，并提出了通风系统调控的具体措施与方法，文中有大量的通风系统测定数据和技术指标可供参考。

关键词： 矿井通风系统、多级机站通风、大红山铁矿、昆明钢铁集团

1　概况与扩产前景

昆明钢铁集团（公司）大红山铁矿一期 4000kt/a 工程于 2007 年投产。目前，大红山铁矿原矿产量只能满足昆明钢铁集团铁矿石需求量的约三分之一。根据昆钢集团的发展战略，依托大红山丰富的铁矿石资源，大红山铁矿最终将开发成年产 12000kt 原矿的特大型铁矿石基地。至 2009 年年初，大红山铁矿露天及地下扩产项目的设计、施工已全面展开，利用大红山铁矿 4000kt/a 已有工程开发的地下扩产项目主要有：720m 头部 500kt/a 工程；Ⅰ号铜矿带 1500kt/a 工程；Ⅲ、Ⅳ矿体 800kt/a 工程；二道河 1000kt/a 工程；4000kt/a 深部工程等。除了深部工程尚处于方案研究外，其余扩产项目已陆续进入施工图设计、主控工程施工、基建探矿等阶段，大多数扩产项目与目前已投产的 4000kt/a 工程密切关联。在通风系统设计时，尽管都按各自相对独立的原则进行设计，但是由于井下运输、人员往来、措施工程、共用通风巷道等因素，投产后，各系统将难免会以目前 4000kt/a 工程通风系统为中心连接成一个相互贯通、相互影响的大型复杂通风系统。

初步计算，与 4000kt/a 工程关联的扩产项目全部投产后（产量达到 8800kt/a），通风系统的总风量将达到约 1500m³/s，机站风机总装机功率达到约 6000kW，主力机站风机达到 50 台，通风巷道的总长度将超过 160km，各工程汇总数据见表 1。

表 1　大红山铁矿扩产后主要通风系统汇总数据

工程名称	设计产量/kt·a⁻¹	设计总风量/m³·s⁻¹	装机总功率/kW	进展情况
4000kt/a 工程	4000	480.00	2280	已建成投产
720m 头部（Ⅱ₁）500kt/a 工程	500	77.90	200	已建成投产
Ⅰ号铜矿带 1500kt/a 工程	1500	337.40	1610	基建施工
Ⅲ、Ⅳ矿体 800kt/a 工程	800	90.68	110	基建施工
二道河 1000kt/a 工程	1000	177.71	440	可行性研究
4000kt/a 深部工程	新增 1000	新增 200.00	1000	初步设计
合　计	8800	1363.69	5640	

2　大红山铁矿4000kt/a工程通风系统改造前运行状况分析

20 世纪 90 年代初，大红山铁矿即开始不同采矿规模（1000kt/a、1500kt/a、2000kt/a、4000kt/a 等）的设计和论证，井下各大系统最终定型于 2005 年版初步设计优化，即按照4000kt/a 规模进行设计实施。通风系统也进行了传统主扇通风、全抽出式多级机站通风、压抽结合多级机站通风等不同方案的设计和比较，最终确定为以抽为主、压抽结合的多级机站通风模式，矿井总风量综合考虑工程投资、降温、排烟、排尘、排氡等因素后确定为480m³/s。根据 2005 年版初步设计优化，大红山铁矿 4000kt/a 工程通风系统设计、实施方案为：通风系统共设 4 级机站进行压抽结合通风，其中一、二级机站压入，三、四级机站抽出，一级机站只设置 1 个装机点，即一级机站 1 号风机设于主进风斜井底 380m 进风平巷中，压入全系统约 50% 的新鲜风量；深部采场二级机站 2 号～5 号风机安装在采场各分段进风井联道中，直接向采场工作面供风，中部采场（Ⅰ、Ⅱ采区）二级机站 6 号～7 号风机安装在各自回风平巷中；三级机站 8 号～10 号风机分别设于破碎系统 360m 回风平巷、510m 回风平巷、650m 回风平巷；四级机站 11 号～12 号风机为系统总回风，设于 1号、2 号总回风斜井口。破碎系统形成相对独立的通风系统，新鲜风由皮带斜井和斜坡道供给，污风通过破碎系统回风井由 8 号风机抽到 360m 回风平巷中。

通过设计方开发的通风软件进行网络解算，矿井总风量为 480.56m³/s，万吨矿石用风率 1.20，装机总功率为 2280kW，风机总台数 17 台。主要区段的分风结果为：深部采区252.14m³/s，中部采区 163.22m³/s，380m 运输中段回风 16.25m³/s，破碎系统48.95m³/s。

通风系统于 2007 年投产运行后，矿山委托第三方科研单位对通风系统进行了较全面的测量，同时把实测结果与设计值（网络解算结果）进行了对比，其中主要汇总数据见表2，各风机站测量数据见表 3。根据表中数据分析如下：矿井总风量实测结果比设计值即网络解算结果偏高约 10% 左右，这与通风巷道实际施工断面整体大于设计计算值所致；有效风量率、通风耗能、风机实际功率等与设计结果接近，通风系统主要通风巷道（主进风斜井、主斜坡道、720m 主平坑、胶带斜井、650m 回风平巷、1 号～2 号回风斜井、360m 破碎系统回风道等）的风量分配实测结果与网络解算结果相差较小。除少数机站因漏风短路出现异常外，通风系统各主力机站风机的实测工况数据、风机效率等指标与设计网络解算结果接近。

表 2　大红山铁矿原设计通风系统测量汇总数据

序号	参　　数	单　位	设计值	实测结果
1	矿井总进风量	m³/s	480.56	523.69
2	矿井总出风量	m³/s	480.56	547.20
3	有效风量率	%	80	84.27
4	风机额定功率	kW	2280	2280
5	风机实际功率	kW	1462.84	1458.41
6	每年耗电量	kW·h	12814400	12775700
7	风机装置效率	%	78.17	66.83

序号	参 数	单 位	设计值	实测结果
8	单位采掘矿石量的通风电耗	kW·h/t	3.20	3.19
9	专用进风斜井分风风量	m³/s	238.28	287.90
10	720m 主平坑分风风量	m³/s	77.58	77.96
11	主斜坡干道分风风量	m³/s	97.95	106.48
12	胶带斜井分风风量	m³/s	66.70	51.35
13	1 号回风斜井分风风量	m³/s	239.77	248.28
14	2 号回风斜井分风风量	m³/s	240.54	298.92
15	中部采区分风风量	m³/s	163.22	193.59
16	深部采区分风风量	m³/s	252.14	378.74 异常
17	破碎系统分风风量	m³/s	48.95	65.29
18	1 号回风斜井底 380m 回风巷道分风风量	m³/s	19.00	47.90 反风
19	420m、440m 与 1 号回风斜井联络通道分风风量	m³/s	0.00	42.52 漏风

表3 大红山铁矿原设计通风系统各级风机站测量数据

风机编号	安装地点 /m	所属机站	额定功率 /kW	风量 /m³·s⁻¹	风压 /Pa	有效功率 /kW	轴功率 /kW	风机装置效率/%
12-1 号	835	四级	200	139.28	760	103.84	139	74.71
12-2 号	835	四级	200	159.64	700	109.63	153	71.65
11-1 号	835	四级	200	125.20	730	89.66	123	72.89
11-2 号	835	四级	200	123.08	880	106.25	148	71.79
10 号	650	三级	320	193.59	580	110.15	148	74.42
9 号	510	三级	400	378.74	500	185.77	255	72.85
8 号	360	三级	90	65.29	100	6.40	29	22.09
7 号	625	二级	160	123.65	250	30.32	80.72	37.57
6 号	625	二级	22	49.96	100	4.90	18.87	25.97
5 号	460	二级	22	54.75	30	1.61	14.50	11.11
4 号	460	二级	22	32.98	20	0.65	15.50	4.17
3 号	440	二级	22	37.33	100	3.66	17.37	21.07
2 号	440	二级	22	49.67	30	1.46	18.43	7.93
1 号	380	一级	400	287.90	780	220.30	298	73.93
合计			2280			974.61	1458.41	66.83

通风系统投产后存在的主要问题是 380m 中段回风巷反风（导致部分穿脉反风）、510m 风机站 9 号风机（深部采区总回风机站）风量异常偏高、625m 中部Ⅱ采区回风机站 7 号风机及 360m 破碎系统回风机站 8 号风机风压工况异常偏低、二级机站 2 号~6 号风机风压工况异常偏低等。上述问题都可归结为局部通风网络结构失控，即现实巷道拓扑关系、巷道属性及连通性与设计不一致，这种情况在基建期或生产初期十分明显。

综上所述，大红山铁矿原设计4000kt/a工程通风系统投产运行后，在矿井总风量、有效风量率、风机总效率、主要通风干道的分风风量、各采区分风总量、进风源风质、主要通风干道的风速等方面均达到设计要求，也符合国家规程规范要求。尤其是主进风斜井在一级机站1号风机的作用下，进风量达到287.90m³/s，占总进风量约55%，充分发挥了进风斜井的进风功能，减轻了主斜坡道、胶带斜井的进风压力，同时也就减少了汽车尾气、胶带斜井粉尘对井下空气的污染。若能针对系统出现的问题，采取进一步调控措施，井下工作面取得较好的通风效果应在预期之中。

3　大红山铁矿4000kt/a工程通风系统改造后运行状况分析

大红山铁矿4000kt/a工程2007年投产后不久，与之相关的扩产项目已提到议事日程上。为了排出废石的需要，把专用进风斜井暂时改造为箕斗提升斜井，同时拆除装在进风斜井底的一级机站1号风机以及部分原设计的二级机站风机，作为通风补救措施，在380m中段回风平巷（1号斜井脚）、炸药库回风道、360m破碎系统回风平巷、中部采区分段通风联络通道、深部采区等多处新增安装了7.5~90kW风机约18台，总装机功率约360kW，形成了大红山铁矿4000kt/a工程改造后通风系统。

通风系统改造后，矿山也进行了相关测定，主要汇总数据见表4，风机测定数据见表5。测定结果及反馈资料分析表明，尽管通风系统在总风量、额定功率、实际功率等指标与改造前较为接近，但是通风系统的整体通风效果发生了较大变化，没有达到预期效果，具体分析如下。

表4　大红山铁矿通风系统改造后测量汇总数据

序号	参　数	单位	改造前	改造后
1	矿井总进风量	m³/s	523.69	529.34
2	矿井总出风量	m³/s	547.20	566.71
3	有效风量率	%	84.27	94.12
4	风机额定功率	kW	2280	1973
5	风机实际功率	kW	1458.41	1166.40
6	每年耗电量	kW·h	12775700	10217600
7	风机装置效率	%	66.83	71.22
8	单位采掘矿石量的通风电耗	kW·h/t	3.19	2.55
9	专用进风斜井分风风量	m³/s	287.90	163.10
10	720m主平坑分风风量	m³/s	77.96	121.60
11	主斜坡干道分风风量	m³/s	106.48	161.36
12	胶带斜井分风风量	m³/s	51.35	55.05
13	1号回风斜井分风风量	m³/s	248.28	249.16
14	2号回风斜井分风风量	m³/s	298.92	317.89
15	中部采区分风风量	m³/s	193.59	180.46
16	深部采区分风风量	m³/s	378.74	364.66
17	破碎系统分风风量	m³/s	65.29	56.51
18	1号回风斜井底380m回风巷道分风风量	m³/s	47.90	55.62
19	风机总数	台	17	26

表 5 大红山铁矿通风系统改造后各级风机站测量数据

风机编号	安装地点/m	所属机站	额定功率/kW	风量/m³·s⁻¹	风压/Pa	有效功率/kW	轴功率/kW	风机装置效率/%
12-1 号	835	四级	200	139.50	740	101.27	134	75.57
12-2 号	835	四级	200	178.39	610	106.75	145	73.62
11-1 号	835	四级	200	122.77	710	85.51	118	72.47
11-2 号	835	四级	200	126.39	800	99.19	139	71.36
10 号	650	三级	320	180.45	650	115.07	149	77.75
9 号	510	三级	400	364.68	520	186.03	252	73.82
8 号	360	三级	90	56.51	280	15.52	26	59.70
1 号回风井脚	625	三级	55	30.22	440	13.04	26.17	75.83
炸药库回风道	625	三级	55	25.40	430	10.72	18.86	56.83
344m 回风道	460	二级	90	56.51	380	21.07	50.86	41.42
675m 分段回风道	460	二级	22				14.76	
645m 分段回风道	440	二级	22				22.78	
中Ⅱ总回风道	440	二级	22				13.85	
中Ⅱ总回风道	380	二级	22				13.30	
520m、535m、540m、560m、605m、625m 等分段回风道			7.5×10				4.28×10	
合 计			1973				1166.38	

（1）取消一级机站后，主进风斜井的风量从改造前的 287.90m³/s 减少至 163.10m³/s，受到汽车尾气污染的主斜坡道的进风量从 106.48m³/s 增加到 161.36m³/s，720m 主运输平巷的进风量从 77.96m³/s 增至 121.60m³/s，主要进风干道的分风格局变得不合理。

（2）主进风斜井改造为箕斗斜井同时兼作进风井，新鲜风源进一步受到矿尘污染，同时也不符合"箕斗井不应兼作进风井"的安全规程要求。

（3）通风系统改造后，进入矿井的新风量在进风段就受到了污染，主要污染源有进风斜井排碴矿尘、胶带斜井运矿粉尘、主斜坡道汽车尾气及内燃热等。受污染的进风量约占总进风量的 70%（虽然原设计系统也存在胶带斜井运矿粉尘、主斜坡道汽车尾气等污染源，但是受到污染的进风量相对较少，约占总进风量的 30%），这也是通风系统改造后井下工作环境没有明显提升的原因之一。

（4）主斜坡道的风速从改造前的 5.20m/s 上升到 7.88m/s，已接近安全规程允许风速的上限，有大量汽车运行的斜坡道，其过高的风量和风速会增加井下的污染范围，还会给车辆安全行驶带来隐患，万一车辆发生燃烧事故，有毒有害的浓烟将直接危及井下人员的生命安全。

（5）取消原设计一级机站以及部分二级机站风机后，额外增加了约 18 台各种型号的风机，这些风机没有经过通风网络计算和配型，随意性较大，与原设计的三、四级机站风机难以匹配，造成通风网络阻塞和"大马拉小车"的现象，实际是增加了通风系统的阻力和耗能。

（6）原设计的 4 级机站共 17 台风机均纳入了远程集中监控系统，风机的启动、反风、运行状态监控、相关参数测量等是可控的或自动化的。通风系统改造后，超过半数的风机失去远程控制，孤立地运行在井下各个角落，需要投入大量人力来巡回检查，管理十分不便。改造后的通风系统已失去整体反风功能，遇到井下火灾或有毒气体泄漏事故时，需要通风系统整体反风来趋利避害将无能为力。

综上所述，取消一级机站、利用主进风斜井作为排碴通道，虽然短期内为扩产项目服务、加快扩产进程取得了一定成效，但是本区 4000kt/a 工程通风系统也为此付出了代价。随着大量扩产工程以及本区 4000kt/a 接替工程向深度推进，如果再不采取强有力措施和调控方案，井下通风问题会更加突出和尖锐。

4　大红山铁矿通风系统瓶颈问题及调控策略

大红山铁矿工程在长期的设计、论证过程中，局限于当时的投资环境及市场地位，井下各大系统（通风系统、运输系统、破碎系统、胶带提升系统等）并没过多考虑到扩产工程的需求，尤其是井下通风系统，为了压缩整体工程的项目投资，早期设计还削减了较多与通风有关的工程，如原来考虑三条断面约 $22m^2$ 的总回风斜井，削减为两条，总风量从原设计 $600m^3/s$ 减到 $480m^3/s$，方案设计受到一定影响。2007 年投产后，制约通风系统的能力提升、影响通风效果的因素较为复杂，综合分析如下：

（1）主要通风巷道断面不足，特别是总回风巷道断面严重偏小，1 号 ~ 2 号总回风斜井出口段断面之和约为 $44m^2$，却要负担 $480m^3/s$ 的回风量，投产后实际回风量高达 $547m^3/s$，平均风速达到 12.43m/s；负担 380m 运输水平及 360m 破碎系统回风任务的 1 号回风斜井下段（380 ~ 510m）通风断面只有约 $10m^2$，通风阻力很高，制约了破碎系统及 380m 运输水平通风效果；投产后各通风主干道的风速（改造前）已接近安全规程的上限，如主进风斜井为 14.81m/s，1 号回风斜井上段为 11.18m/s，2 号回风斜井上段为 13.47m/s，都明显超过经济合理风速的范围。

（2）在通风网路设计方面，除了少数专用通风井巷外，大部分通风巷道与井下运输巷道共用，没有独立的通风网路设计，矿井通风与运输的矛盾在无轨开采矿山尤为突出。井下运输影响矿井通风的主要表现为：运输道、措施道破坏通风网络结构，造成漏风或短路；风机站、通风构筑物常与运输车辆相矛盾；无轨车辆尾气通过运输道污染新鲜风流，等等。

（3）进风段新鲜风流受到污染，无轨车辆尾气是主要污染源之一。改造前通风系统进风段受到污染的新鲜风流仅有约 30%，改造后上升至 70%。这是由主进风斜井改为箕斗斜井后造成的，主进风斜井没有一级机站控制分风后，大量新风按自然分风规律被动从主斜坡道进入而造成污染。

（4）通风系统动态性管理措施失控。井下通风网络是个变动的网络，没有一劳永逸的通风系统，虽然主干通风网络不易变动，但是局部地段或采区网络巷道结构经常受到破坏，造成巷道漏风、巷道反风、风机短路等现象。因此，必须及时研究和采取合理的通风措施才能确保井下通风效果，这一工作从投产起将贯穿矿山开采的整个服务年限。

针对上述制约大红山铁矿通风系统的若干瓶颈问题，提出以下相应的调控策略与措施建议：增加总进风井和总回风井数量或断面，服务于本区及扩产项目的主控通风巷道应尽早投入使用；尽快恢复原来一级机站风机或在其他位置新建一级机站风机，使得在进风段无污染的新风量达到70%以上；通过控制分风策略或其他措施，尽量减少主斜坡道的进风量，同时对入井的所有车辆安装尾气净化装置；在后续扩产项目通风系统设计上，尽可能多地设计独立的通风网路，避免与无轨运输发生矛盾；加快矿井通风管理队伍的建设，以适应日趋复杂的通风系统管理需要。

参 考 文 献

[1] 谢宁芳. 通风专家 3.0 版主要功能及在矿山中的应用 [J]. 矿业快报，2001（13）：35-39.
[2] 赵梓成. 矿井通风计算及程序设计 [M]. 昆明：云南科技出版社，1992.
[3] 谢宁芳. 矿井通风系统优化设计方法与技巧 [J]. 有色金属设计，1994（2）：1-10.
[4] 谢宁芳. 多级机站通风及其发展新动向 [J]. 有色金属设计，1992（2）：15-20.

（论文发表于 2011 年 10 月《云南冶金》期刊）

全尾砂胶结充填体制备技术探讨

周富诚　唐国栋　郭俊辉

（玉溪大红山矿业有限公司）

摘　要：在矿山生产过程中，常常存在这样的问题——将矿石开采出地表以后形成地下采空区，给井下作业人员、设备以及地面构筑物等的安全带来了一定的威胁；而矿石经过选别之后产生的尾矿则需要设计尾矿库进行堆存，既占用了土地又有可能引发多种地质灾害，对耕地以及周围居民的安全产生极大的威胁。井下充填技术，特别是全尾砂胶结充填技术的应用为解决这一系列问题提供了较好的思路。

关键词：地下采空区、尾矿库、全尾砂、胶结充填技术

1　引言

无论是金属矿山还是非金属矿山开采出来的矿石，经过选厂的选别之后，取其精华，去其糟粕，最终取得有价值的精矿后产出尾砂。尾砂的处理有许多种方法，例如尾矿库储存、尾矿干堆、井下回填等。全国现有大大小小的尾矿库达 400 多万个，金属矿山堆存的尾矿量已达 5000000kt 以上，而且每年以产生 600000kt 的速度递增，其中铁矿山每年排放130000kt，有色金属矿山年排放尾矿量 140000kt，黄金矿山较少，也达 24500kt 以上。每年要花费 10～15 亿元用于堆存尾矿，花费 15～25 亿元用于维护尾矿库。因此，减少尾矿的排放是摆在矿业企业和矿业工作者面前的一件大事。我国大力倡导节能减排，尾砂充填采空区的采矿方法能够有效、无害化地处理尾砂，大量的减少尾矿的排放并对地下采矿生产活动带来极大的益处，这符合国家产业政策的要求。

2　尾砂胶结充填技术应用的背景

金属矿山的地下开采通常采用的三大采矿方法是：空场法、崩落法、充填法。充填采矿法是指在矿石的地下开采过程中，矿石的采出使得岩体的结构发生破坏，应力发生变化，经过重分布达到新的平衡而形成井下采空区，采用具有一定物理力学性能的材料进行及时填充，从而一方面对采空区围岩提供支撑，方便地压管理；另一方面为相邻矿体以及上层矿体的开采提供条件的一类采矿方法。采用尾砂充填采空区，可以有效保护地表不陷落，为相邻矿体的开采创造条件的同时，处理矿石选别过程中产生的尾矿，消除或减少尾砂的排放，保持矿区生态环境的完整，在采选整个过程中最大限度地降低矿产资源开采所带来的各种负面影响，使得矿山企业效益最大化。

在我国，地下矿产资源的开采面临着许多难题。比如：一是采空区的稳定性问题。随着矿石的采出，破坏了原先的岩体结构以及原岩应力场，形成的采空区将在应力重分布的作用下，达到新的应力平衡，在这一过程中如果应力应变在设计允许的范围内，则是安全的。但是，围岩的应力应变超出了设计允许的范围，将发生岩爆、冒顶、地表陷落、突水、地表水涌入井下、大规模的地压活动等各类安全事故，给井下安全生产带来极大的威

胁。二是矿石损失贫化率的控制问题。地下开采的对象是各种不同赋存条件的矿体，开采技术条件往往制约着采矿方法的应用，使得采矿方法的适应性受到了影响，大大增加了矿石的损失贫化率，造成了矿产资源的损失与浪费，使企业的效益有所降低。

充填采矿法的应用则可以有效地解决上述问题。对采空区进行高质量的充填并且充分接顶，形成具备足够强度和稳定性的充填体。一是可以限制采场围岩的变形与位移，有效地防控采空区围岩应力应变引起的安全事故；二是对矿柱提供水平压力，改善矿柱的受力状态，从而提高矿柱的承载能力；三是降低能量释放速度，提高地下结构抵抗动载荷的能力，控制岩爆或地下矿山结构发生突然破坏。此外，充填法适用于各种不同产状及赋存条件的矿体，适合各种不同开采技术条件的矿床。因而与空场法、全面法相比其损失贫化率都有所降低，可以最大限度地回收地下矿产资源，创造出更好的效益。与此同时，充填过后形成的充填体，只要强度足够，则可作为矿体上层回采的工作平台，由于充填体形成后表层近乎水平，故可以减少平整场地的工程量。

3 胶结充填体制备实践

3.1 胶结充填固结材料的选择

胶结充填最初始的一个工序也是最重要的一个工序，就是胶结充填体的制备，充填体固化时间的长短及在规定时间内所能达到的强度。它是关系到采矿采掘计划能否完成，人员、设备安全与否，矿石损失、贫化率能否降低的重要因素。同时，要达到较高的标准，所消耗的充填成本的高低与矿山企业的经济效益息息相关，也是影响矿山企业经济效益的一个重要因素。目前，国内绝大多数矿山企业的井下充填以矿石选别过程中产生的尾砂作为骨料，以水泥作为固化尾砂的胶结材料。

众所周知，水泥是一种常用的理想的建筑材料，具有较长的应用历史，将其作为井下胶结充填的固结材料，是众多应用井下充填技术的矿山企业的首选。然而，由于尾砂的粒度较细，不仅含许多石英等脉石矿物而且含各种不同的其他矿物成分。采用水泥作为胶结充填体的固结材料往往不具有针对性，使得胶结充填体的固结效果不够理想。

鉴于水泥的固结效果不佳，玉溪大红山铁矿采用昆明理工大学研制的低温陶瓷凝胶材料作为固结剂，对二选厂选别过程中产生的微细粒铁尾矿进行了胶结充填试验，取得了较好的效果。采用 P. C 42.5 水泥与低温陶瓷固结材料固化相同质量浓度的尾矿浆，所得到的不同配合比的强度测试结果如表 1 所示。

表 1 P. C 42.5 水泥与低温陶瓷凝胶材料固结尾砂强度对比

编号	浓度/%	灰砂比	抗压强度/MPa		
			3d	7d	28d
P. C 42.5 水泥					
S1	70	1:10	0.16	0.31	0.64
S2	70	1:8	0.30	0.56	1.14
S3	70	1:6	0.49	0.95	1.71
S4	70	1:4	1.06	2.03	3.68

编号	浓度/%	灰砂比	抗压强度/MPa		
			3d	7d	28d
低温陶瓷凝胶材料					
D1	70	1:16	0.69	1.28	3.14
D2	70	1:12	0.98	1.92	3.95
D3	70	1:10	1.09	2.6	4.53
D4	70	1:8	0.99	2.02	5.11

由表1可以看出，针对微细粒铁尾矿研制的低温陶瓷凝胶材料的固结效果比 P. C 42.5 水泥的固结效果更好，并且添加量比 P. C 42.5 水泥低，在制造成本相当的情况下，选择具有针对性的低温陶瓷凝胶材料处理铁尾矿，其充填成本比 P. C 42.5 水泥更低、效果更好。因此，在充填过程中应采用低温陶瓷凝胶材料作为尾砂胶结充填层的固结材料。

3.2　胶结充填浆体的制备过程

一般的充填矿山，在采用全尾砂充填或者尾砂胶结充填的过程中，应用于充填的尾砂的浓度提高到65%以上，以在浆体流动性、沉降特性、含水率等条件较优的情况下，在浇筑采场时可以更快地泌水、排水，在短时间内达到更高的强度。

从选厂出来的尾矿浆，是充填体的最初材料。一般情况下，由于全尾砂的粒度比较小，用以胶结充填时，其固结效果常常因为全尾砂中存在大量的微细粒结构而大打折扣。为此，许多矿山对选别过程中产生的全尾砂进行了分级，取其分级之后的粗颗粒进行胶结充填。常用水力旋流器等分级设备进行尾砂分级，再配以立式砂仓等浓缩装置，通过分级、浓缩之后排放至搅拌槽中添加合适配比的固结材料，再进行搅拌，待搅拌均匀之后，将制备完毕的浆体通过自流或泵送的形式压入井下的充填工作面，进行胶结充填。

3.3　井下胶结充填的施工操作

井下采出矿石后形成了采空区，采空区的充填有许多方法，如分层充填法、进路充填法、嗣后充填法等，根据矿岩稳固性、矿体赋存条件的不同，可以选用不同的充填方法。

以分层充填法中的上向分层充填法为例。该法适用于矿体稳固、围岩不稳固，倾斜至急倾斜、中厚至厚矿体，自下而上分层回采，每分层先采出矿石，然后再填入充填料，形成的充填体将起到支撑顶板和两帮的作用，并且作为上采的工作平台。其作业循环为凿岩爆破、出矿、充填和接顶。由于充填完毕之后上一阶段的底板将作为下一阶段的顶板，故人工假底的强度要达到足够的强度，以确保人员、设备在暴露的采区里能安全工作，并更好地控制地压活动所造成的其他破坏。

充填料进入采空区进行充填的工序比较简单，尾砂充填管经中段回风充填平巷、回风充填上山及上分段的切割平巷进入到各矿块上部对采空区进行充填。以出矿联络通道相邻的两个矿块（即共用一条出矿溜井的两个矿块）为一个单元进行充填。充填时将出矿联络通道及溜井密闭并加脱水设施。采用钢筋混凝土进行密闭，并在周边打锚杆对密闭墙进行锚固。为了尽快完成充填作业，减少充填环节对回采的制约，加设有效的胶结充填时浮水的脱水设施尤为重要，根据以往的充填经验，拟自密闭墙外侧起穿过密闭墙并沿倾向在各矿块内铺设 1~3 根 ϕ150mm 以上的脱水管。脱水管可用废旧钢管、PVC 管制作，制作时在管上钻出足够多的脱水孔洞，并在管周边包上土工布，以防止尾砂从中流出。为防止细泥沉淀堵塞脱水管，脱水管应按较大的坡度铺设（脱水管也可用钢筋焊制，呈管状的钢筋网格）。上述充填脱水管设置数量及管径应使充填时浮水能及时排出，充填体内的饱和水则主要利用采空区周围的围岩裂隙及上述充填脱水管在充填期间、充填间隔期间和充填养护期间排出。

尾砂充填的排水效果的好坏将对充填体的强度产生很大的影响，特别是全尾砂充填层加尾砂胶结充填层的组合模式，更需要具备运行良好的排水系统，使得尾矿浆中的水能尽快排净。为确保尾砂的泌水效果，建议采用低掺量的胶结充填层作为底层，再用高掺量的胶结充填层作为顶层，使得两层有着良好的泌水效果。底层强度较低，顶层则建立较高的强度以承担作业平台的高强度负荷，确保施工人员、设备的安全。按照要求，一般的胶结充填层要满足 3 天有 0.5MPa 的强度，达到人员走动不下陷的要求，7 天有 1.5~2.0MPa 的强度，达到能上铲运机的要求。

4　结语

全尾砂胶结充填技术的应用，对于空场以及采空区的处理都有着极好的效果。在保证作业人员、设备的安全，控制空场顶板冒顶、采空区塌陷、地表下陷等方面都有着较好的作用。与此同时，在降低矿石贫化率、降低矿石损失率上也有着较大的优越性，能减少资源的浪费，为矿山企业取得更好的经济及社会效益。今后这一领域的工作仍然需要一些探索：一是充填浆体的合理浓度；二是对更经济、更环保、更节能、效果更好的胶结材料的研制；三是胶结充填层的厚度以及合理配比的研究；四是胶结充填工艺的优化改善研究等。

参 考 文 献

[1] 宋雪娟. 尾矿贮存方式的一种趋势——干堆技术 [J]. 新疆有色金属, 2007 年 4 月（增刊）: 73~75.
[2] 高清寿. 新型铁尾矿干排干堆技术. 烟台金洋旋流器有限公司.
[3] 姚中亮. 金属矿山充填的意义、充填方式选择及典型应用实例. 长沙矿山研究院. 国家采矿工程技术研究中心.

大红山微细粒铁尾矿沉降特性研究

罗钧耀[1]　张召述[1]　王金博[1]　伍 祥[1]　唐国栋[2]

（1. 昆明理工大学化学工程学院；2. 玉溪大红山矿业有限公司）

摘 要：本文以大红山铁尾矿的充填为研究对象，研究了尾矿的粒度分布和自然沉降特性，比较了 PAM 和 CBC-T 对矿浆的沉降效果。研究结果表明：大红山铁尾矿属于微细粒尾矿的范畴，由于颗粒细、沉降速度慢、含水率高，很难满足充填要求；采用 PAM 进行絮凝处理，可以提高沉降速度，但絮体结构疏松，对胶结体强度有不良影响；采用 CBC-T 处理矿浆，能够显著地提高沉降速度和改善水质，在1h 内使沉降体浓度提高到60%以上，能够满足充填工程对尾矿的技术要求。

关键词：铁尾矿、沉降、尾矿充填

1 引言

玉溪大红山矿业有限公司是我国知名的铁矿采选企业，到 2015 年，每年原矿产量将达 12000kt，排放尾矿 6500kt，占用库容近 7000km³，现有龙都尾矿库在 3 年左右将达到设计库容，在资源化利用不能完全解决尾矿出路的情况下，必须寻找新的尾矿处理及堆存方式[1~4]。

由于玉溪大红山矿业有限公司是采用崩落法地下开采工艺，涉及井下充填，原设计采用采矿废石、分级尾砂为骨料，水泥为胶凝材料进行胶结充填。但实际情况是，因磨矿技术改进，尾矿粒度变小且均质性提高，难以通过分级获得足够数量的粗粒级尾矿，只能采用全尾砂胶结充填。尽管充填技术已在很多矿山系统得到应用[5]，但因各地尾矿性质不同，针对大红山尾矿是否能满足充填技术要求，需要通过试验确定。如果能实现全尾砂在充填作业中大量使用，既找到部分尾矿的出路，又满足充填必要的部分建筑材料的需求，具有一举多得的效益。在此背景下，本文对尾矿的沉降特性进行了研究。

2 试验

2.1 原料

2.1.1 铁尾矿

样品取自玉溪大红山矿业有限公司选矿厂尾矿排浆管，浓度一般为 32%，且有波动。尾矿主要矿物组成为磁铁矿、石英、白云石、绿泥石、黑云石、辉石、长石等；主要的化学成分为 SiO_2、FeO、CaO、Al_2O_3、MgO 等，还含有 S、Cu、Co、Ti 等有价元素，但含量均很少，铁尾矿化学成分含量见表 1。

表1 铁尾矿中主要化学成分

成　　分	SiO$_2$	MgO	TFe	Al$_2$O$_3$	CaO	Na$_2$O	其他
含量（质量分数）/%	55.41	2.68	12.10	9.18	4.86	3.87	11.9

图1是尾矿的粒度分布图。由图1可见：大红山铁尾矿粒度为 -0.074mm 的尾矿累计分布率将近70%。按照尾矿的分类，该尾矿属于微细粒尾矿的范畴，而粒径在 -0.037mm 以下尾矿产率为41.23%，这一部分尾矿长时间处于悬浮状态，不能满足充填和安全堆存的要求。

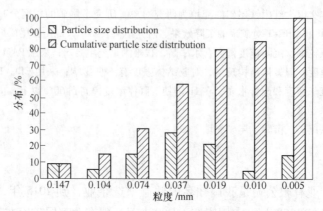

图1 尾矿粒度分布

2.1.2 沉降促进剂

本实验所用沉降剂是以工业废碴为主要原料复配而成的具有胶凝性质的铝硅酸盐材料，主要化学组成为：CaO、SiO$_2$、Al$_2$O$_3$、SO$_3$、K$_2$O、Na$_2$O、NH^{4+}、PO$_4^{3+}$以及高分子表面活性剂，命名为 CBC-T。其促进尾矿的沉降机理源于以下几方面：能提供强电解质离子中和磨矿过程产生的负电集聚，使细颗粒分散，强化沉降；在水相条件下，沉降促进剂迅速水化，产生活性的硅酸根和铝酸根阴离子，吸附在尾矿颗粒表面，重排聚合成新的铝硅聚合物使离散的尾矿颗粒聚集沉降[6,7]。

2.1.3 其他材料

聚丙烯酰胺（PAM）：相对分子质量大于700万，主要用于对比沉降效果；硫酸、烧碱、水玻璃等，主要用于调整矿浆的 pH 值。

2.2 试验方法

2.2.1 流动度

首先将尾矿浆及辅助材料在搅拌机中充分混合均匀，向长200mm、直径25mm的塑胶管内加入混合料，静置5s，迅速提起胶管，料浆自流形成圆面，用卷尺测出圆面具有代表性的相互垂直的两个直径，取平均值，就得到流动度（单位为 mm）。

2.2.2 泌水比与泌水速度

取搅拌均匀料浆注入量筒至规定刻度，自然静置，在静置过程中，固体颗粒逐渐下沉，清液层出现，在不同时段记录清液层和沉降层的高度。清液层高度与总高度之比为泌水比；清液层高度与沉降时间之比为泌水速度。

2.3　试验仪器

仪器包括：72L 筒式球磨机，101-1A 型电热鼓风干燥箱，JJ-5 型行星式水泥胶砂搅拌机，ISO 胶砂振动台，电子天平、电子秤（30kg、100kg），1000mL、500mL 量筒、烧杯，筛分机等。

3　试验过程、结果与讨论

3.1　原尾矿浆的沉降特性

图 2 所示为 32% 浓度原矿浆的自然沉降曲线。从图 2 可看出，矿浆的沉降分为两个阶段，在 80min 前属于沉降泌水段，沉降速度较快，沉降层的密度可以提高到 50% 左右；在 80min 后属于沉降停滞阶段，尽管随着时间的延长，沉降依然进行，但速度很慢，在工程上已无意义。通过自然沉降，要把浓度提高到 60% 以上，需要沉降 12h 以上。沉降体有板结现象，在振动作用下，表现出湿陷特性，随着沉降体厚度增大，底部颗粒承受上部压力而逐渐密实，挤出颗粒间水，板结性逐渐增强，稳定性逐渐提高，但在饱和状态下的含水率通常高于 30%，表观呈半干性状态，若进行强制性搅拌或振动，则会表现出塑性特征，具有一定流动性。这一特性在微细颗粒多的情况下更为明显，这种现象揭示了湿法堆存尾矿以及压滤干堆容易因二次液化而产生的潜在安全风险。

理论上，泌水层的密度近似为 $1.0g/cm^3$，可绘制出在不同沉降状态下的矿浆密度与浓度关系曲线（见图 3），该曲线在实际工程中十分有用，可通过体积-质量法测定矿浆密度而快速测试出矿浆浓度，从而确定其他参数。

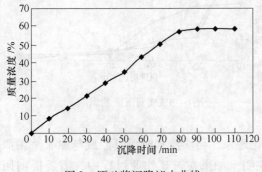

图 2　原矿浆沉降泌水曲线

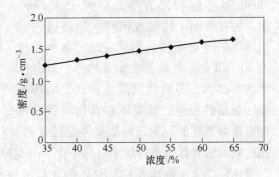

图 3　矿浆密度与浓度关系曲线

在沉降过程中，浆体分成明显的清水层、悬浮层和沉降层三层；沉降完成后，宏观上为清水层和沉降层，沉降层的颗粒尺寸是从上到下依次增大。通过沉降泌水，沉降体的浓度逐渐提高，导致流动度降低和黏度增大（见图 4、图 5），这一特性在矿浆的输送工程上十分重要。影响沉降的主要因素为固相级配和黏度大小。在沉降初期，固体颗粒间距大，相互影响小，沉降速度主要受颗粒形状的影响，粗颗粒快速沉降；随着沉降的进行，颗粒之间有相互作用，粗颗粒下沉过程中对细颗粒产生挟裹作用，使整体沉速增大；之后，固相置换使水向上运动，细颗粒的下沉减速。随着浆体的浓度增大，黏度增大，阻力系数增大，引起浆体的脉动和紊动，浆体粗细颗粒之间产生涡流作用，使得浆体整体沉降减慢。

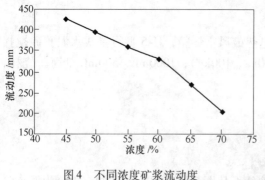

图 4　不同浓度矿浆流动度

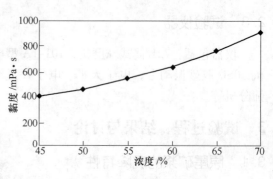

图 5　不同浓度矿浆黏度

3.2　PAM 对原尾矿浆的絮凝沉降作用

　　基于通过自然静置方法很难解决尾矿的快速沉降问题，本文研究了采用相对分子质量大于 700 万的聚丙烯酰胺来处理尾矿的效果。该絮凝剂已成功地应用于选矿过程中原矿的脱泥工艺，在添加量为 50g/t 情况下，具有良好的絮凝效果。由于尾矿的性质与原矿十分相似，故选择选矿脱泥用的絮凝剂。

　　研究过程中选用的尾矿浆浓度为 32%，PAM 预先配制成 2‰的水溶液。在 30r/min 搅拌状态下，把 PAM 均衡地加入到矿浆中，持续搅拌 20s，观察絮凝效果。

　　图 6 所示为 PAM 对沉降的影响。从图 6 可看出：PAM 对尾矿有显著的加速沉降作用，在添加量为 17.85g/t 的情况下，在 40min 基本能沉降完毕，在大于 35.7g/t 时，可在 30min 内完成沉降。但是通过对沉降体的含水率进行测试发现，含水率均在 50% 以上，絮凝剂添加量越多，絮凝体含水率越大；与自然沉降体相比，结构疏松，板结性很差；絮凝体在自然放置过程中有逐渐破坏的现象；对絮凝体进行过滤、

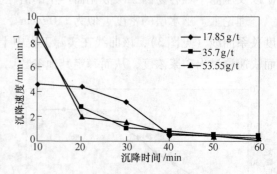

图 6　PAM 对沉降的影响

压实后，放置在自然环境中自然干化，出现粉化现象，再次浸水时可复原成与原矿浆相似的浆体，二次沉降性变差。PAM 的絮凝试验说明，如果在选矿作业过程中，需要提前回用尾矿中的水，减少矿浆输送量，适量添加 PAM 是可行的；在研究过程中，对比了在同样条件下固化胶结自然沉降尾矿和絮凝沉降尾矿固化体的性能：添加了絮凝剂后的尾矿固化体凝结时间显著延长，不同龄期的抗压强度要比自然沉降尾矿固化体降低 50% 以上，因此，絮凝尾矿不适合作为胶结充填的原料。

3.3　CBC-T 对原尾矿浆沉降的影响

　　CBC-T 添加量的不同对矿浆沉降有很大影响，通过初期的探索研究发现，CBC-T 掺量

为 0.5%～1.5% 时，矿浆表现出较高的沉降速率，且各掺量差异不大，同时上层液较为清澈，掺量低于 1.5% 时，虽然能使矿浆泌出清澈水分，水分可回收利用，但是大量 CBC-T 会改变矿浆中颗粒级配，使矿浆黏度增加，阻碍了沉降；而掺量低于 0.5% 时，虽有一定的加速沉降效果，但上层泌出液较浑浊。因此，考虑到工程实际应用与经济成本，将 CBC-T 掺量定为 0.5%。图 7、图 8 所示为 CBC-T 掺量为 0.5% 时，对原尾矿浆沉降的影响。

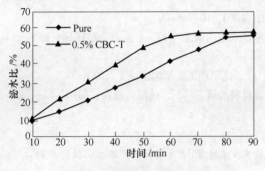

图 7 不同矿浆的沉降泌水特性   图 8 不同矿浆的沉降效果

图 7、图 8 说明：在矿浆中添加 0.5% 的 CBC-T 后，不同时段的泌水比和浓度均显著高于原矿浆，说明 CBC-T 的促沉作用是明显的。从泌水层的清澈度看，纯矿浆的泌水层在较长时间内呈浑浊状态，这是微细颗粒难以沉降的主要原因；而添加了 CBC-T 的矿浆，从泌水开始就清澈透明，说明 CBC-T 的活性离子更容易与微细的尾矿颗粒发生聚集、卷扫作用而聚沉。通过对沉降 2h 后的沉降体特性进行分析：纯矿浆粒级偏析大，粗细分层明显，较为涩重；而 CBC-T 处理矿浆的粗细颗粒较为均匀，塑性较好，该特性对输送十分有利，能够减少在管道弯头处的沉积，减少对管壁的摩擦和磨损。与 PAM 絮凝体相比，CBC-T 处理的沉降矿浆无絮体结构，最终沉降体的浓度要高 10% 左右，达到 60% 以上；在相同胶结条件下，与纯矿浆相比，可缩短胶结固化时间 3h，可提高不同龄期强度 10% 以上。这些性质在 CBC-T 在选矿流程、尾矿的胶结充填和安全堆存方面，提供了新的启示。

关于 CBC-T 的促沉机理目前还不十分清楚，但从效果看，应该是电离、吸附、化学结合、聚集沉降等多因素共同作用的结果。

4 结论

（1）大红山铁尾矿具有颗粒细，难沉降的特点，在工程上难以通过自然沉降提浓达到井下充填的目的。

（2）采用聚丙烯酰胺处理矿浆，可以显著地提高固体颗粒的沉降速度，但是最终沉降体含水率高达 50% 以上，且絮凝体的形成会显著降低胶结体的力学性能，不适合在在充填工艺中使用。

（3）在低浓度矿浆中掺加 0.5% 的 CBC-T 促沉剂，能够显著地提高微细粒尾矿的沉降速度，改善水质，提高沉降体的浓度，满足充填作业对矿浆的技术要求，但是关于 CBC-T 的作用机理以及对其他种类尾矿的适应性尚待研究。

参 考 文 献

[1] 闫满志，白丽梅，张云鹏，等．我国铁尾矿综合利用现状问题及对策 [J]．矿业快报，2008，7：9-13.

[2] 陈永亮，张一敏，陈铁军．铁尾矿建材资源化研究进展 [J]．金属矿山，2009，1：162-165.

[3] 张淑会，薛向欣，金在峰．我国铁尾矿的资源现状及其综合利用 [J]．材料与冶金学报，2004，12：241-245.

[4] 蔡霞．铁尾矿用作建筑材料的进展 [J]．金属矿山，2000，10：45-48.

[5] 解伟，隋利军，何哲祥．基于采矿充填的尾矿处置技术应用前景 [J]．工业安全与环保，2008，34（8）：37-39.

[6] 张召述．工业废渣制备 CBC 复合材料基础研究 [D]．昆明理工大学博士论文，2006.

[7] 范静斐，张召述，夏举佩．矿渣制备低温陶瓷复合材料的研究 [J]．硅酸盐通报，2010，12：1323-1328，1332.

（论文发表于 2012 年 4 月《硅酸盐通报》期刊）

分级尾砂胶结充填新工艺与新材料的研究

徐万寿　周富诚

（玉溪大红山矿业有限公司）

摘　要： 通过对充填工艺和胶结材料的研究，寻找到了更加适用的充填新工艺和性能更好的充填新胶结材料，改善了充填料浆的各种性能和充填体的力学性能，大大降低了充填成本，同时增加了矿山尾砂的处理方式，避免了环境污染，对建设绿色矿山起到了较好的促进作用。研究出的充填新工艺和胶结新材料具有向国内外推广的应用前景。

关键词： 充填采矿法、低温陶瓷凝胶材料、高效分级脱水设备、技术经济指标、应用前景

1　引言

充填采矿法是一种比较老的采矿方法。充填是指用适当的材料，如废石、碎石、河沙、炉渣或尾矿等，把地下采矿形成的空间进行回填的作业过程。充填的作用除用来防止由采矿引起的岩层大幅移动、地表沉降外，在充分回收矿产资源特别是高价和高品位矿石、保护生态和环境以及矿业可持续发展方面日益显示出其重要的作用，对深井开采和极复杂矿床开采也具有重要意义。因此，充填法的应用呈不断增长趋势。

在中国，充填工艺技术的发展，经历了废石干式充填、碎石混凝土胶结充填、分级尾砂水力充填和胶结充填、高浓度棒磨砂或分级尾砂胶结充填、全尾砂膏体胶结充填（包括各种固化剂替代水泥作胶凝剂）的发展过程。采用何种充填方法则视情况而定，但从降低充填成本、提高充填体强度考虑，研究新胶结充填材料替代水泥和采用高浓度料浆充填采空区已成为当今的发展趋势。同时充填料选用尾砂和掘进废石也是大势所趋。

玉溪大红山矿业有限公司是昆钢的骨干矿山，待技术改造完成后，将形成年处理原矿12000kt以上，年产精矿5000kt以上的生产能力，对于支撑昆钢的发展占有举足轻重的地位。但不容回避的是公司每年将排放折干铁尾砂6000kt以上，现在和云铜共用的龙都尾矿库将面临更大的压力，在3～5年内将达到设计库容，必须寻找新的尾矿处理和堆存方法。另外，随着矿体开采深度的不断增加，地压不断加大和坑温不断上升及部分矿体处于"三下开采"范畴，矿体开采难度较大。为较好解决尾矿处理和矿体开采难度大的问题，从公司采矿作业的实际情况和建设"四型"矿山企业出发，拟用尾砂进行井下充填采矿和剩余尾砂进行地表干堆，但需要解决尾砂充填关键技术和新形势下的尾矿安全堆存技术问题。究竟采用何种充填和堆存技术，是公司一直在探索的重大技术问题。

大红山铁尾矿是一种微细粒级尾砂，颗粒细，含泥量大，持水性强。2010年7月，由长沙矿山研究院进行的大红山铁尾矿井下胶结充填试验，得出结论：P.C 32.5水泥作为胶凝材料的充填体7d强度未达到上铲运机（2MPa）的要求；P.C 42.5水泥和5%分级尾砂、灰砂比1:5以上可满足7d上铲运机的强度要求；矿浆粒度和浓度对充填强度有很大影

响，需分级后才能进行充填，且要达到胶结充填工艺相关技术标准，采用水泥作为胶结材料，其消耗量较大。故大红山铁尾矿很难采用以水泥为代表的全尾砂胶结进行井下充填，这个条件决定了矿业公司必须研发相适应的以新材料为胶结剂的全尾砂或分级尾砂胶结充填技术，以提高充填体力学性能和降低充填成本。出于以上考虑，特提出本项目加以研究。

2 项目的研究内容

这项研究主要包括以下 4 个方面的内容：

（1）全尾砂和分级尾砂脱水工艺；

（2）全尾砂和分级尾砂胶结充填料的制备工艺；

（3）高浓度全尾砂和分级尾砂胶结充填料浆管道输送试验研究；

（4）新胶结充填材料的研究。

以上项目内容由昆明理工大学和玉溪大红山矿业有限公司共同研究。

高浓度全尾砂和分级尾砂胶结充填新工艺是以物理化学和胶体化学为理论基础，直接采用选厂的全尾砂浆，通过高效浓缩机、旋流器和立式砂仓等分级和脱水，得到浓度为 65% 左右、含水 35% 的湿尾砂浆。尾砂浆通过高效强力搅拌槽搅拌，以及自动检测仪表和与计算机综合处理数据，将分级尾砂与低温陶瓷胶凝材料按一定的灰砂比进行配比，制备成质量浓度在 65% 以上（一般为 70%）的充填料浆，料浆通过管道自流输送的方式送到井下采场充填，形成高质量稳定的均质或似均质结构的充填体。其工艺先进，配套齐全优良，获得的主要技术经济指标与 P. C 42.5 水泥对比（表 1、表 2），结论如下：

（1）在料浆浓度和胶结材料掺入量相同的情况下，低温陶瓷胶凝材料对玉溪大红山矿业有限公司的铁尾砂固化效果比 P. C 42.5 水泥好，或者说在充填强度一样的情况下，低温陶瓷胶凝材料比 P. C 42.5 水泥用量少。

（2）针对玉溪大红山矿业有限公司的铁尾砂，采用低温陶瓷胶凝材料固化尾矿进行胶结充填比 P. C 42.5 水泥有更好的经济性、工作性。

表 1 P. C 42.5 水泥与低温陶瓷凝胶材料固结尾砂强度对比

编号	浓度/%	灰砂比	抗压强度/MPa		
			3d	7d	28d
P. C 42.5 水泥					
S1	70	1:10	0.16	0.31	0.64
S2	70	1:8	0.30	0.56	1.14
S3	70	1:6	0.49	0.95	1.71
S4	70	1:4	1.06	2.03	3.68
低温陶瓷胶凝材料					
D1	70	1:16	0.69	1.28	3.14
D2	70	1:12	0.98	1.92	3.95
D3	70	1:10	1.09	2.6	4.53
D4	70	1:8	0.99	2.02	5.11

表2　两种胶结材料充填成本对比

项　目	P·C 42.5 水泥	低温陶瓷胶凝材料
胶结材掺量（胶矿比）	1:4	1:10
充填技术要求	7d 抗压强度大于 2.0MPa	7d 抗压强度大于 2.0MPa
填充材料	分级尾砂	分级尾砂乃至全尾砂
尾矿质量浓度要求/%	>68	>60
充填料流动性	矿浆稠厚	矿浆稀薄
矿浆离析	不	基本不
矿浆泌水性	不	泌水
摊铺性	较差（类似混凝土砂浆）	良好（可自流平）
胶凝材料使用成本/元·t^{-1}	500（含50元运费）	424（含120元运费）
充填料成本/元·t^{-1}	115	50
制浆难度	较大	容易
输送难度	较大	容易

（3）充填能力：料浆采用两条管道同时输送，每条管道输送能力为 160~190m³/h，按此流速输送，送往井下的砂浆量（质量浓度65%）达到4570m³/d 时，每天纯输送砂浆作业时间为 12~14h。这一充填能力将可满足玉溪大红山矿业有限公司正在建设的Ⅰ号铜矿带深部、Ⅲ号、Ⅳ号矿体和规划建设中的二道河铁矿投产后的充填需求。

3　配合新工艺研制和应用的设备及新材料

3.1　高效浓密机

这是以絮凝技术为基础研制的新型设备。试验研究证明，该机不仅结构参数合理，而且单位面积处理能力大，相当于普通浓密机（不加絮凝剂）的15倍以上。

3.2　旋流器

旋流器是一种利用流体压力产生旋转运动来进行尾砂分级、脱泥和浓缩的装置，适用于处理较细物料，其分离粒度为 0.25~0.01mm。该装置结构简单，本身无运动部件，易于操作，体积小但处理量大，分级效率高。全尾砂经过旋流器分级成的粗颗粒尾砂由底流口排出，成为沉砂或分级尾砂，并进入立式砂仓。剩余细颗粒尾砂和泥浆等自溢流管排出成为溢流。

3.3　立式砂仓

采用气水联动造浆，放出质量浓度 68%~70% 的尾矿浆，进入高效强力搅拌槽搅拌。胶结充填时，按尾矿干量以灰砂比 1:8~1:5 的比例加入低温陶瓷胶凝材料，搅拌制备成质量浓度 70%~74% 的砂浆，通过管道自流输送到井下充填；分级尾砂充填时，不需添加低温陶瓷胶凝材料，直接送井下充填。

3.4　螺旋给料机

它可确保低温陶瓷胶凝材料在输送过程中，实现稳流输送、计量和定量控制为一体，并保证稳定配料，确保充填料浆在制备过程中粉料的均匀混合。

3.5　高效强力搅拌槽

通过搅拌槽液位和给水控制，指导立式砂仓均衡放砂控制。当立式砂仓放砂浓度过高或螺旋给料机低温陶瓷胶凝材料添加量过大时，可调节放砂浓度。试验证明，高效强力搅拌槽能保证各种充填物料的均匀混合，制备出优质的高浓度充填料浆，具备较好的流动性、均质性，不易离析，降低了物料消耗和充填成本，总体提高了充填体力学性能。

3.6　仪表与微机系统

建立和完善微机的监测与控制是高浓度充填输送充填不可缺少的重要部分。通过仪表和微机系统可对流量计、浓度计、黏度计、密度计、压力传感器的数据参数进行分析处理，并进行实时调控。以达到对充填料浆的流量监测、浓度控制、物料给料、物料配比、泵压调节等进行实时监控，确保充填料浆不产生离析，具有稳定的特性和充填平稳进行的目的。

4　工艺比较

新工艺和新胶结材料的应用，与其普通工艺和胶结材料相比，具有以下几方面的优点：

（1）玉溪大红山矿业有限公司今后年产尾砂量在 6000kt 以上，除满足井下采矿充填外，还将有所剩余，其可以实现分级尾砂井下充填采矿，剩余细颗粒尾砂可实现干堆，能够比较充分地利用全尾砂。

（2）缩小了地表占地，解决或缓减了尾矿库库容不足的问题，可保证生产正常进行，同时避免污染环境，又节省了投资。

（3）在强力搅拌槽的作用下，以物理化学反应取代传统的机械混合，物料得到充分的搅拌，使低温陶瓷胶凝材料均匀分布于混合物料中，水化反应完全，提高了充填料浆的浓度和充填体的强度，降低了温陶瓷胶凝材料用量，大大节省了充填成本。

（4）充填料浆呈均质体或似均质体，在输送过程中呈非牛顿运动，有较好的稳定性和流动性，非常有利于料浆井下自流输送充填，不易发生离析和堵管。

5　结束语

与国内采用相关充填采矿法的矿山相比，整个充填工艺和胶结材料处于国内领先水平，其采矿充填成本得到了大幅度的降低，且充填体力学性能得以改善。该工艺及新胶结材料具有向国内外推广应用的良好前景。随着科学技术的进步，笔者认为今后这一领域的工作仍然需要进行以下一些探索：

（1）对更经济、更环保、更节能、效果更好的胶结材料的研制，特别是针对不同性质尾矿的相应胶结材料的研究。

（2）胶结充填合理配比及不同配比的胶结充填层之间，进行合理搭配的充填工艺的研究，即充填工艺的改善与优化研究等。

参 考 文 献

［1］于润沧，等．采矿工程师手册．

［2］昆明理工大学．尾矿固化干堆及井下充填扩大性工业试验研究报告．

［3］大红山铁矿Ⅰ号铜矿带深部 150 万 t/a 工程充填试验研究．长沙矿山研究院、玉溪大红山矿业有限公司．

［4］周云卿．高浓度全尾砂胶结充填新工艺和新设备的研究．

◇ 地压与岩石力学 ◇

大红山铁矿崩落法开采覆盖岩层
合理厚度研究

余正方

（昆钢集团玉溪大红山矿业有限公司）

摘　要： 覆盖层厚度的确定是崩落法开采的关键。本文针对大红山铁矿开采的实际情况，分别从满足井下开采采矿工艺、开采安全方面，采用理论计算及数值模拟分析，得出大红山铁矿崩落法开采的覆盖层合理厚度。

关键词： 崩落法、覆盖岩层、合理厚度

1　引言

大红山铁铜矿床为古海相火山岩型铁铜矿床，矿床规模巨大，铜、铁矿体分别产于大红山群曼岗河组和红山组地层中。大红山铁铜矿区以 F3 断层为界（图1），划分为西段和东段两个矿段。目前矿山开采集中在东段，东段中主要开采深部铁矿区段，设计采用无底柱崩落采矿方法，生产规模 4000kt/a。

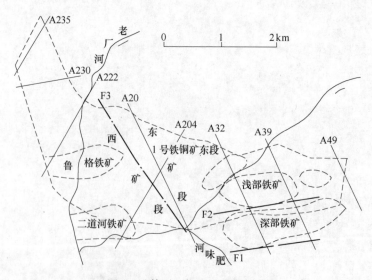

图 1　矿体平面投影及矿段划分

大红山铁矿深部主采区放顶水平为 +520m，距离地表约 500m。根据大红山铁矿地下开采初步设计，主采区放顶高度为 30m，松散系数按 1.2 考虑，覆盖层厚度为 36m。该厚

度仅是根据崩落法采矿工艺要求定性分析后选取的厚度，并未考虑其他影响因素。针对大红山铁矿开采实际情况，覆盖层厚度的选取应考虑以下几方面要求。

2 覆盖岩层厚度要求

崩落法是崩落部分围岩或矿石充填采空区，保证足够厚度的矿岩垫层，使空区与下部生产区隔离，使之形成缓冲岩石或矿石垫层，以控制矿山地压、转移和缓和应力集中，防止围岩大面积突然塌落产生的岩石冲击、地震波和气浪对生产区作业人员和设施的危害。

通常，覆岩垫层厚度要满足两点要求：第一，放矿后覆盖层岩石满足挤压爆破条件，并且能够埋没分段矿石，使崩下的矿石不会进入空区；第二，一旦大量围岩突然冒落时，覆盖岩层确实能起到缓冲作用，以保证回采安全。

对在大红山山坡地形条件下，塌陷坑已与地表贯通的矿山，覆盖层厚度还要考虑能够尽可能地延缓暴雨季节雨水渗入井下的速度和时间，防止井下形成泥石流。同时，必须保证塌陷坑内有足够的覆盖层延缓地表地表塌陷，将塌陷影响范围控制在紧邻露天采场边帮的安全范围外，保障露天开采的安全。

3 覆盖层厚度留设依据

目前合理的覆盖岩层厚度没有统一的计算公式，而矿山设计和生产中一般均按有些矿山总结的经验公式、科研成果、生产经验和金属非金属矿山安全规程的要求，留设覆岩垫层。主要经验公式和有关规定如下[1,2]：

（1）原冶金部马鞍山矿山研究院、中国人民解放军 89002 部队和铜陵狮子山铜矿，根据狮子山铜矿散体垫层的保安效果共同完成的现场试验，总结出关于冒落的顶板岩体经冲击散体垫层后引发巷道内的气浪压力和气浪风速与散体垫层厚度的经验公式：

1）气浪经过垫层后的压力与散体垫层厚度关系的回归式：

$$P = 0.045 e^{-0.3h} \quad (MPa)$$

2）通过垫层后的风速与垫层厚度的函数关系式：

$$v = 20.1 - 1.9h + 0.0087 h^2 \quad (m/s)$$

以上经验公式的条件是空区面积 $4000 m^2$ 左右，冒落岩体为同面积 70m 高的顶板，冒落高度为 140m，散体空隙度为 48.5%。

按照以上经验公式，在类似空区情况下，矿山巷道内人员可承受的压力限度为 0.003MPa、可承受的风度限度为 12m/s 时，满足回采巷道内减压要求的散体垫层厚度为 9.15m；满足回采巷道内减速要求的散体垫层厚度为 5.34m，考虑到随机性影响，狮子山铜矿推荐的散体垫层厚度为 12m。

（2）前苏联 B. P. 伊缅尼托夫教授，应用渗滤流体动力学的理论，按空区顶板岩层崩落时，压缩空气流过缓冲层的过程，提出的计算缓冲层厚度的公式：

$$h = 0.74 k_c^{0.3} H^{1.25} L^{0.02} \left(\frac{S_0}{S} \right)^3$$

式中 h——缓冲层厚度，m；

H——采空区顶板至缓冲层高度，m；

L——采空区顶板崩落岩层的厚度，m；

S_0——顶板中崩落岩层的面积，m^2；

S——顶板的暴露面积，m^2；

S_0/S——整层崩落系数，一般取 $0.5 \sim 0.7$；

k_c——组成缓冲层岩石粗糙系数，m，且有 $k_c = 6.6 \times 10^{-2} d_a$；

d_a——缓冲层中岩块的平均直径，m。

式中覆岩厚度主要取决于采空场高度，顶板崩落高度对垫层厚度的影响偏小，而且顶板崩落面积、崩落厚度均为不确定因素，因此实际计算很困难，参考价值很有限。

（3）覆盖层厚度满足减缓雨水渗入井下速度，同时覆盖层的粒级组成满足雨水渗入井下时，不会造成井下发生泥石流。雨水渗入井下的多少主要与渗透系数有关，而渗透系数又与覆盖层颗粒大小、级配等密切相关，根据研究，正常崩落法开采覆盖层的渗透系数应为 $3 \sim 7 m/h$。当覆盖层中粉状颗粒含量达到75%时，覆盖层具有一定隔水的能力。因此满足此要求的覆盖层厚度为：

$$H \geqslant Kt$$

式中　H——覆盖垫层厚度，m；

K——渗透系数，m/h；

t——入渗时间，h。

（4）大量的放矿试验表明，始终保持矿石被废石覆盖及矿岩界面的连续性和完整性是减少崩落开采过程中矿石损失和降低矿石贫化的关键。只要矿石始终被废石覆盖，既可保证挤压爆破条件的形成，也可避免矿石爆破后崩落至废石覆盖层顶面上造成损失，另外，只要覆盖层始终盖住两条进路之间存在的矿石脊部残留体，就可保证该部分残留矿石的有效回收。因此，满足采矿工艺要求的最低覆盖层厚度公式为：

$$H = h + h' = \left(1 + \sum_{i=1}^{n} n_i \cdot \frac{\rho}{1-\rho} \cdot \frac{\gamma_{矿}}{\gamma_{废}} \cdot \eta\right) \cdot h$$

式中　H——覆盖层厚度，m；

h——分段高度，m；

n——分段数，个；

ρ——废石混入率，%；

η——矿石回收率，%；

$\gamma_{矿}$——矿石密度，t/m^3；

$\gamma_{废}$——废石密度，t/m^3。

4　覆盖岩层厚度计算

按前面覆盖岩层留设依据计算如下：

（1）对比大红山铁矿开采形成的空区和狮子山铜矿冲击试验的空区条件，对减压和减速要求而言，满足狮子山铜矿的散体垫层厚度一定能够满足大红山铁矿开采对散体垫层厚度的要求。即散体垫层厚度只要达到12m以上即可。

（2）前苏联专家提出的缓冲层厚度公式，由于在实际中应用的局限性很难定量计算，因此本次覆盖层厚度不用该公式估算。

（3）按采矿工艺需求，选取参数：h 为20m、n 为5个、ρ 为18%、η 为80%、$\gamma_{矿}$ 为

$3.34t/m^3$、$\gamma_{废}$ 为 $2.5t/m^3$。根据公式计算得覆盖层厚度 H 为 $38.8m$。

（4）按减缓雨水渗入井下要求：根据大红山铁矿地下开采 4000kt/a 初步设计，考虑矿山开采后期暴雨时崩落区降雨渗入量为 $7490m^3/d$。从安全角度考虑，暴雨期井下停止生产，水泵主要抽排地表降水约需 8h，根据公式计算减缓雨水渗入井下要求的覆盖层厚度为 56m。

5　从保护露天采场安全角度考虑

结合大红山铁矿现状，从保护紧邻露天采场开采安全考虑，采用数值模拟当空区顶板一定厚度岩层随着开采的延深而自然崩落时，空区周边围岩的力学反应。

5.1　计算模型

长度 1200m，宽度 1120m，高度 750m，该模型顶面至 +1000m，模型共有 85132 个单元，95617 个节点。图 2 为三维计算模型剖面示意图。

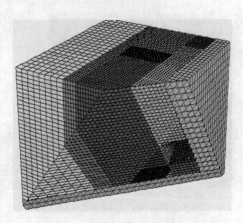

图 2　三维计算模型剖面示意图

岩体物理力学参数见表 1，采用莫尔-库仑（Mohr-Coulomb）屈服准则。模型左右、前后边界都施加水平方向的约束，底面施加垂直方向的约束，顶面简化为自由面。数值计算所采用的初始应力场为最大主应力方向近似水平东西向，其中最大主应力、中间主应力、最小主应力随深度的变化规律如下：

$$\sigma_1 = 1.337 + 0.047H \ (MPa)$$
$$\sigma_2 = 0.59 + 0.22H \ (MPa)$$
$$\sigma_3 = 1.01 + 0.012H \ (MPa)$$

式中，σ_1 为最大主应力；σ_2 为中间主应力；σ_3 为最小主应力；H 为测点深度，m。

表 1　岩体力学参数

参　数		白云石大理岩	贫矿	白云质钠长岩	变钠质熔岩	富矿	辉长辉绿岩
密度/g·cm^{-3}		2.81	3.31	2.73	2.86	3.60	2.80
抗压强度/MPa		39.1	39.5	32.8	41.5	41.8	31.4
抗拉强度/MPa		1.21	1.24	0.82	0.87	1.30	0.57
变形参数	变形模量/GPa	20.08	20.19	18.41	20.68	20.43	17.94
	泊松比	0.31	0.27	0.28	0.30	0.28	0.31
抗剪断参数	黏聚力/MPa	1.78	1.80	1.49	1.88	1.84	1.42
	内摩擦角/(°)	38.2	38.3	36.7	37.2	37.8	36.8

5.2　数值模拟结果

图 3～图 10 为在空区高度为 100m 高的情况下，顶板未冒落时和冒落 80m 高度充填空区后的最大主应力、Z 向应力、位移、塑性区云图。

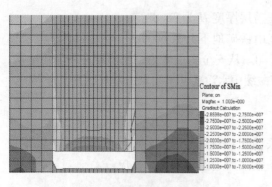

图 3　顶板未崩落时最大主应力云图

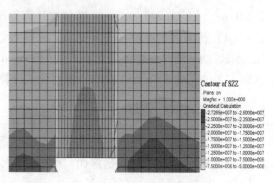

图 4　顶板未崩落时 Z 向应力云图

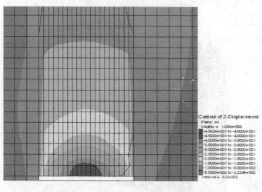

图 5　顶板未崩落时 Z 向位移云图

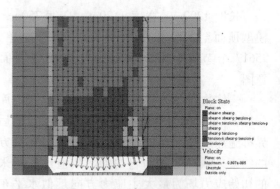

图 6　顶板未崩落时塑性区云图

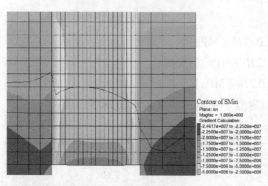

图 7　顶板崩落 80m 时剖面最大主应力云图

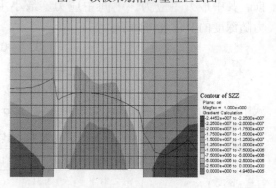

图 8　顶板崩落 80m 时剖面 Z 向应力云图

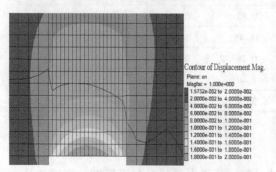

图 9　顶板崩落 80m 时位移云图

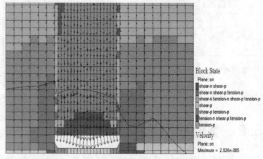

图 10　顶板崩落 80m 时塑性区云图

5.3 数值分析结果

根据数值模拟，当空区内有一定厚度的岩石充填时，相比于未被充填的空区，空区顶板一定高度范围内受空区影响的范围见图11。因此可知随着开采的延深，空区顶板一定高度内岩石崩落充填空区后（图12），围岩受力状态有了很大的改善。岩石移动角也由未充填时的68°增大为79°，大大缩小了地表移动影响范围。

因此，对于大红山铁矿，当空区冒落后，空区2/3高度范围内有足够岩石充填时，可以保证露天边坡的安全。在空区100m高度情况下，冒落高度为80m，即覆盖岩层厚度为105m。

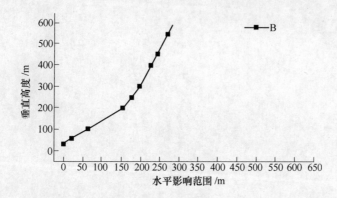

图11 空区未被充填时空区顶板垂直高度与水平影响范围的关系

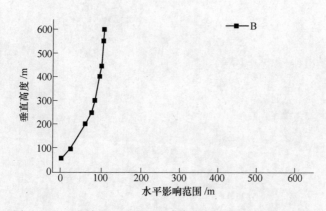

图12 空区充填后空区顶板垂直高度与水平影响范围的关系

6 结论

大红山铁矿覆盖层厚度不仅要满足崩落采矿法放矿要求和防止冲击气浪伤害方面的安全要求，同时还要满足保障地表紧邻露天采场的开采安全要求。因此，根据不同要求计算得出的覆盖层厚度取其最大值，即大红山铁矿深部采场崩落法开采覆盖岩层厚度不得小于105m。

参 考 文 献

［1］王述红，宁新亭，任凤玉. 崩落采矿法覆盖层合理保有厚度的探讨［J］. 东北大学学报（自然科学版），1998（5）：459-461.

［2］B. P. 伊缅尼托夫. 坚硬矿石的高效率采矿法［M］. 北京：中国工业出版社，1964.

（论文发表于 2014 年 1 月《现代矿业》期刊）

大红山铁矿采场垮塌区的处理

李雪明　杨国永

（玉溪大红山矿业有限公司）

摘　要：大红山铁矿的深部采区，由于复杂的地质条件，加之无底柱分段崩落法频繁的爆破，进路、联络通道片帮冒顶时有发生。420m 分段局部地段出现了严重的大面积垮塌，对采矿生产的顺利进行造成了严重的影响。结合采场现状及崩落法采矿的技术特点，采取合理的措施，处理垮塌区，既降低了垮塌区域的处理费用，又保证了采矿生产的顺利进行。

关键词：采场垮塌、处理方案、处理效果

1　概述

大红山铁矿深部采区受断层、节理裂隙发育、矿体缓倾斜呈层状产出等地质构造因素及爆破扰动的影响，处于 420m 分段切割槽以东的北部垮塌极为严重，形成了南北跨长28m、宽 4~5m 不等、高度不定的垮塌区域。为保证采矿的安全顺行，初步确定注浆支护方案：先在垮塌区沿掌子面按照一定的设计规格把槽钢插到碴堆上形成安全棚架，在棚架下支模板打混凝土三心拱，做成人工假顶，在做人工假顶时先预留孔径为 60mm 左右的注浆孔，假顶做好后，再向垮塌区内注浆，使垮塌区形成一个整体，方便以后中深孔施工及采矿。但在支护的过程中，监测发现垮塌区上方一直在垮塌，且由于大块较多等现场因素，致使安全棚架的架设相当困难，并且工期长，如继续垮塌（上部分层已爆破）还存在安全隐患，支护费用高。为此另寻办法尽快解决这一问题，并且降低处理费用成了大红山铁矿的紧迫任务。

2　采场现状的分析

按照回采规划，切槽以东由 6 号联络通道往 2 号联络通道方向退采，切槽继续往北拉开受垮塌区的制约，北东区段进路将无法回采，因此有必要结合垮塌区处理对原回采规划做优化调整。为了探明垮塌区高度，在北部掌子面继续实施出矿，通过出矿统计分析靠北端部已垮塌上部分的崩落分层。而要安全快速打开北部工作线，只能重打切割槽。综合以上因素决定在 4 号联络通道垮塌区南北两侧利用 1354 台车打深孔，实现 4 号联络通道南北剖面的垮塌区探界，取消 K404 溜井从 400m 分层向 420m 分层的上延，以垮塌 440m 分层的缺口作为重新拉槽的自由面分区实施中深孔爆破拉槽，待拉槽结束，加强切槽以西的回采力度，赶上南部工作线，实现采区的合理退采。

3　处理方案

通过现场的勘查，再结合探界的结果（见图 1），决定把垮塌区拉槽分为 3 个区域。

1 区是以 4 号穿脉作为新的切割槽，以垮塌区与上分层的贯通缺口作为自由空间，打前倾大直径中深孔向北边退采拉槽爆破；2 区在利用 6-4 进路以东已施工中孔的基础上补

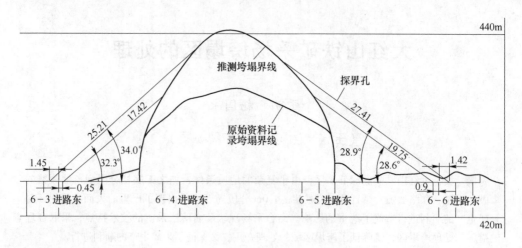

图1 4号联络通道垮塌界线探测方案

孔向西拉短槽，主要是为3区爆破提供自由面；3区布置一条与4号平行的措施巷，从6-4进路东一直延伸到6-6进路东，长30.4m，巷道施工完后用H1354凿岩台车向4号联络通道方向钻凿半扇形中深孔，以处理垮塌区，为6-4进路东及6-5进路东提供爆破补偿空间，使两条进路的回采爆破顺利进行。由于垮塌区受到断层控制整体往东垮塌，故而考虑在4号联络通道以西布置措施巷（见图2），巷道规格3.8m（高）×3.2m（宽），三心拱断面。具体施工顺序为以垮塌联络通道区为爆破自由面，先行爆破1区中深孔至420-6-4进路东采幅以北，再依次实施2区、3区的宽幅拉槽爆破，各区的中深孔布置见图3。3区中深孔的布置受到垮塌区及断层的影响，施工过程中需注意卡钎。

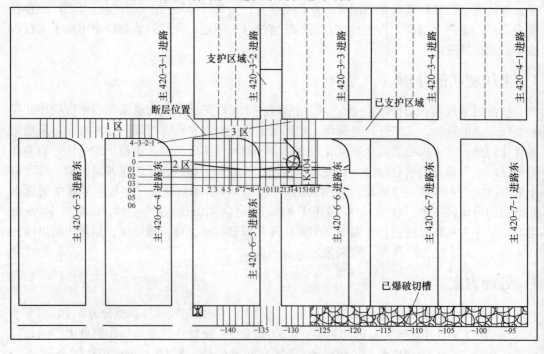

图2 垮塌区处理的措施巷布置

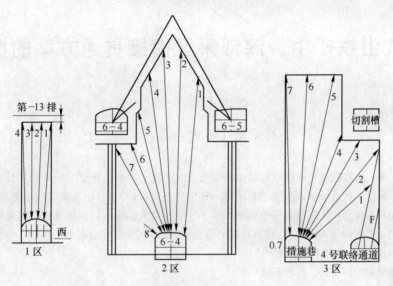

图 3　中深孔布置示意图

4　实施效果

（1）大幅度节约了支护成本。若采用注浆支护，支护困难，支护预计所需费用高达100 万元，且不一定达到预期效果。而措施联络通道及补孔费用投入不超过 10 万元，并减少了 K404 溜井 20m 的上延工程量，能达到预期目的。

（2）注浆支护施工时，安全得不到保障，注浆充填不能实现接顶，中深孔施工困难，还将造成卡钎，爆破效果不理想甚至发生悬顶等事故。

（3）通过此方案的实施，1 区的爆破一直没有出现问题，爆破效果比预期拉槽的效果还好，1 区爆破也顺利完成；2 区的爆破也达到了预期的目标，3 区的爆破正在有序进行，从目前的拉槽效果来看，方案可顺利实施。

（4）通过对垮塌区的处理，北部 6 号矿块已全面打开，提前释放产能，变不利为有利，为深部采区南北采矿平衡创造了条件。

（论文发表于 2010 年 3 月《云南冶金》期刊）

大红山铁矿中、深部采区衔接贯通方案的探讨

杨国永　李雪明

（玉溪大红山矿业有限公司）

摘　要： 大红山铁矿矿体赋存呈东高西低、南北翘起。本文介绍了把采区划分为深部采区和中部采区，从地质横剖面图上在中部采区下降至460m分段，中部采区和深部采区贯通，采空区面积的骤然扩大，造成安全隐患。为了使中深部采场地压能缓慢释放，实现安全自然崩落，同时考虑满足460m分段南翼采场的覆盖层，以尽可能多回收矿石，提出了中部采区和深部采区在480m分段贯通方案。

关键词： 中部采区、深部采区、衔接

1　概述

大红山铁矿是昆钢集团的重要原料基地。根据其矿体的赋存条件，设计将首采地段分为两部分：480m分段以下，被称为深部采区；在主采区的南翼矿体从590m分段一直延伸至400m分段，被称为中部采区。投产近3年来，中部采区采矿从590m下降至520m分层。随着矿业公司采矿规模的不断扩大，中部采区与深部采区的采空区必然提前贯通，贯通后采空场的突然扩大势必造成采区大的应力活动，对生产建设造成影响，甚至形成大面积垮塌、冒顶片帮、巷道变形等一系列的安全隐患。为此，必须采取预先控制措施，避免安全事故的发生，保证采矿生产的顺利进行。

2　中、深部采区设计交替连接存在问题

玉溪大红山矿业有限公司深部4000kt/a采矿，根据矿体赋存呈东高西低、南北翘起的特征，把采区划分为深部采区和中部采区。从地质横剖面图上可看出，主采区460m分段中部采区和深部采区矿体相连，此区段称为南翼采区。从南翼采区的初步设计回采看，深部和中部的贯通水平在460m水平，采场存在以下问题：

（1）中部采区和深部采区在460m水平贯通，主采区的空区面积已经很大，应力分布（集中）区域也随之加大。当中部采区开采降到500m水平时，在中部采区应力集中的坑道会受到很大程度的破坏。地压管理越来越难，随之也增加了巷道的维护量，中孔补孔，甚至可能发生爆破事故等。

（2）为了能和中部采区更好的衔接贯通，减小中部采区和南翼采区的矿石损失，紧靠南翼采区部位预留一条采矿进路，480m分段的落顶范围也没有覆盖到这一部分。从矿体赋存状况看，南翼采区靠主采区部分同样无覆盖层，主采区预留进路和南翼采区前部分势必在无覆盖层的状态下出矿，放矿回收率比较低，安全上得不到保障。

（3）根据地质平剖面图及南翼采区的初步设计，分析南翼采区和深部主采区的关系现状，两采区在460m分段贯通存在一定的困难（见图1）。

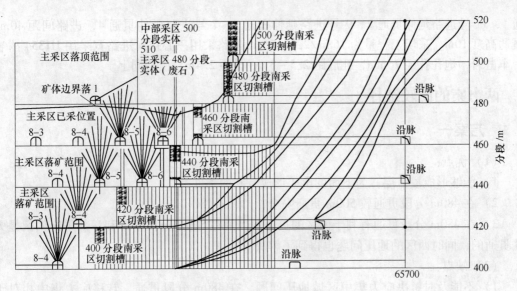

图1　中部采区和深部采区的关系

3　采场应力集中的解决方案

从图1可以看出，480m分段落顶和南翼采区480m以上是一个实体，从应力分布分析，480m分段的未崩落部分是应力最集中的地方，这给将来的采矿造成很大的困难，且主采区的预留进路及南翼采区的前半部分无落顶，造成矿石损失。为此，可把中部采区和深部采区的贯通提前，既可避免大的地压应力活动出现，又为下面的回采提供了落顶层，能较大地提高回收率，为采矿创造了有利条件。

3.1　方案一

480m分段落顶范围和南翼采区的距离为28～33m，设计在南翼采区的基础上，充分利用原来的探矿巷道，在施工过程中只需把原来的探矿巷道刷大，不需布置很多的工程，落顶高度20m，在480m分段设置4条落顶进路，贯通1到贯通4，其中贯通1不需刷扩，利用原来的6号穿脉，贯通2和贯通3只需在原来的基础上刷大即可，贯通4进路需重新开凿，进路宽采用3.8m×3.8m三心拱断面。本工程采切工程量为32m/431.04m³，刷扩工程量为73m/713.21m³。落顶中深孔采用H1354凿岩台车，孔底距2.7～3m，孔径76mm，排距2.4m。扇形布孔，边角孔采用10°，使用阿特拉斯ST3.5m³铲车出碴25%左右，能够满足下一次爆破的自由空间即可组织下一次爆破。通过在480m分段设置落顶进路，可取消南翼采区的原设计切割槽。可以利用前面落顶作为自由空间实施正排爆破。也可以取消4号切割天井，直接利用6号穿脉作为自由面，然后从西往东拉槽爆破。这部分工程已具备施工的条件，在保证安全的前提下首先把落顶条进路贯通，可以观察主采区空区的变化情况，为空区的监测起到很好的作用。为了安全起见，480m分段落顶的前面几排可以先组织爆破，后面落顶要等到500m拉槽完后，且进路正排爆破到安全距离才能实施落顶贯通爆破。

3.2　方案二

500m分段中部采区和深部采区的平面距离为32～45m，在500m的13号进路延伸贯通 1，11 号进路延伸贯通 2，9 号进路延伸贯通 3，7 号进路延伸贯通 4，进路间距 40m，贯通高度 10m，采切工程量为 168m/2254.56m³ 进路采用三心拱，进路宽采用 H1354 凿岩台车凿岩，炮孔孔径 76mm，孔底距 2.5~3m，排距 2.4m，出碴同上。

4 两方案的比较选择

4.1 方案一

（1）优点：

1）能够形成覆盖层，为下面的出矿形成有利的条件；

2）在 480m 分段贯通较 500m 贯通安全；

3）在 480m 分段贯通有利于西区的贯通，因为在 500m 分段中部和深部采区西区是无法贯通的，同时西区的地压问题也得到了解决。

（2）缺点：

1）不能及时解决应力集中区域地压问题，在 480m 分段贯通，转移应力集中相对于在 500m 贯通要滞后；

2）中孔爆破工程量大。

4.2 方案二

（1）优点：

1）中部采区和深部采区可以尽早贯通，减小地压对巷道的破坏；

2）在地压管理上，节约了成本；

3）爆破中孔工程量少。

（2）缺点：

1）在 500m 贯通施工安全得不到保障，因为 480m 落顶到 510m，500m 水平是空区，给以后的掘进、爆破带来困难；

2）南翼采区前半部分和主采区预留进路不能形成覆盖层，在之后的采矿过程中矿石损失会较大；

3）从 500m 贯通至 460m 开采完了以后，480~500m 的巨大实体会悬在中间，存在安全隐患。

综合分析以上两个方案的优缺点，同时考虑方案的可操作性，480m 分段实施贯通要比在 500m 贯通效果好，所以建议贯通的位置在 480m 分层。

5 结语

针对大红山目前遇到的技术难题，为了实现中、深部采区采空区地压的均衡缓慢释放、使应力不集中分布在中部采区，巷道更容易维护，避免安全隐患，为两采区交界处的出矿创造好的条件，提出了操作性较强的可供参考的解决方案。

（论文发表于 2010 年 1 月《现代矿业》期刊）

昆钢大红山铁矿塌陷区沉降测量的必要性

李波 王莎莎

（玉溪大红山矿业有限公司）

摘 要：随着矿山采矿生产的进行，地下岩石自然应力平衡状态就会遭到破坏，引起岩体变形和移动，引起地表塌陷及移动范围的逐渐扩大。为了研究其活动规律及岩石移动角，对地表大规模塌陷前起到预警作用，对塌陷区域警戒范围进行科学的圈定。应建立专门的观测站，定期进行变形观测。

关键词：塌陷区、沉降、采空区

0 引言

地表岩土体会在井下采空区应力变化因素作用下向下陷落，并在地面形成塌陷坑。需要对塌陷过程中的发展趋势、规律、存在的安全问题进行分析，并对其变化过程进行监测。根据大红山铁矿塌陷区范围内裂缝发展情况及地表导电回路监测系统监测主采区顶板冒落高度的监测成果，结合塌陷范围内地形，确定地表塌陷区域变形观测系统，对观测结果进行统计分析和制图，根据变化情况制定相应防治措施。

1 大红山铁矿地表塌陷区简述

大红山铁矿井下开采规模为4000kt/a，采用高分段、大间距无底柱分段崩落采矿方法。根据无底柱分段崩落采矿方法的特点，当采空区范围扩大时，将导致岩层大面积冒落，引起地表的变形、开裂。在2009年1月24日，由于受主采空区影响，在主采区正上方340m高的850m运输平巷斜井与环形车场岔口处出现裂缝，随后巷道出现片帮现象、920m标高回风平巷垮塌，冒落高度从850m标高增加到920m标高，380m、400m、420m、440m、560m、590m分段发生了剧烈的片帮冒顶、断裂、岩爆等地压现象。2011年8月开始受主采区空区移动范围内岩层错动的影响，主采区2号穿脉北东方向25m附近地表开裂下沉，裂缝数量、长度、宽度逐渐增加，低洼处水潭渗水干枯，地表可能塌陷范围巨大。因此，必须积极着手地表塌陷区变形测量监测系统的实施工作。

2 沉降监测系统的建立

2.1 设计原则

根据大红山矿山岩石力学性质推算的移动范围，通过地表位置测量，确定可能最先塌陷范围，用铁丝网闭合，作为警戒范围。在警戒范围内布控测量点，塌陷区观测站一般由多条观测线组成，沉降桩分布在整个塌陷区警戒范围内（见图1）。观测线沿预计的最大移动值方向和大致垂直于空区走向布设，并设在稳定性差、裂缝、离空区较近等因素多的地段。每条观测线均应有控制点和观测点。控制点应设于稳定地区，一般在塌陷区外控制点至少有两个，其间距大于 20m。

2.2　沉降测量系统建设要求

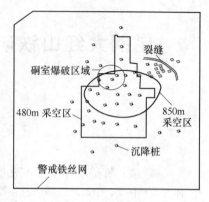

图 1　塌陷区警戒范围

根据冶金矿山测量规范、工程测量规范，用精密水准仪测量、GPS 测量、全站仪或其他技术方法。监测周期每月至少 2 次。沉降观测点要布置在能反映沉降特征且方便观测的位置，采用条带形和十字形观测网，布置观测点采用钢钉和混凝土埋桩的方法。基准点、工作基点和被观测物上的沉降观测点，点位要稳定；所用仪器、设备要稳定；观测人员要稳定；观测时环境条件要基本一致；观测路线、镜位、程序和方法要固定。做好原始记录，检查原始记录是否正确，精度是否合格，计算出变化值。然后填入沉降观测表中，绘制出沉降与时间的曲线图。观测数据要及时整理，将 X、Y、ΔZ 数据制表，绘制变化曲线图。

3　应用过程及实际效果

2011 年 11 月底开始对最初的塌陷区域原始地貌测量地形图，然后根据地形布置沉降观测点路线，初始高程测定。至 2012 年 5 月测量数据进行对比。利用 Excel 电子表格处理软件强大的数据表格和图表功能，对监测成果数据进行分析处理，提高监测成果的精确度和图面的直观性。在 Excel 文档中，点击常用工具栏中的"图表向导"在"标准类型"选项卡中的"折线图"，然后点击"子图表类型"中的"数据点折线图"，选击"系列"，有时 Excel 会由于其自动套用格式而自动生成系列，建议读者将其全部"删除"，点击"添加"，当光标在系列的"名称"中闪烁时，点选数据表中的"初次高程"，在"值"中点击左键；按住鼠标左键，拖选数据表中对应"高程值"的数据，在"分类（X）轴标志"中拖选数据表中的沉降测点，按要求填写图表标题"沉降观测曲线图"等步骤逐步操作，最后绘制出一幅沉降观测曲线图（见图 2）。经过周期性的测量分析后，监测结果表明，地表沉降位移逐渐增大、沉降速率加快，局部地段下沉错动最高的达到 90cm（见图 3）。

地表大范围开裂、下沉和塌陷，即出现大规模的地压活动，其危害是巨大的。根据岩石力学特性，裂缝对岩石的强度影响较大，张拉性裂缝较多，沉降错动大，加之以采空区中心向外出现了一个约 100m 的闭合裂缝圈、移动盆地，所以在井下采空区面积巨大的情况下，塌陷区存在大规模垮塌的可能性。此阶段要引起高度重视，及时研究，避免采空区顶板大规模垮塌所带来的危害。

4　结语

通过对塌陷区范围变形测量分析，得出塌陷区存在大规模垮塌的可能性。地表沉降测量数据显示，对处理采空区来说也是较佳时机，针对采空区顶板大规模垮塌所可能带来的危害，昆钢大红山铁矿及时采取了相应措施，并于 2012 年 4 月成功采用硐室爆破将采空区顶板强制崩落，消除了采空区顶板岩层因大面积垮塌造成对井下冲击的危害，保障了作

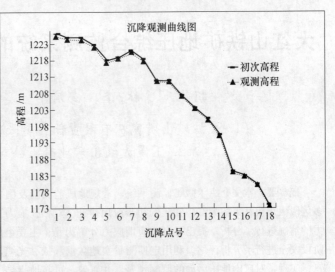

沉降观测成果表		
日期	2011年11月	2012年5月
测点	初次高程/m	观测高程/m	本次下沉/m
1	1226.164	1225.24	0.924
2	1224.976758	1224.32	0.656758
3	1225.032699	1224.246	0.786699
4	1222.739516	1222.22	0.519516
5	1217.995836	1217.12	0.875836
6	1218.899138	1218.56	0.339138
7	1220.990529	1220.264	0.726529
8	1218.36181	1217.76	0.60181
10	1211.731191	1211.43	0.301191
12	1203.522986	1203.21	0.312986
13	1200.224323	1200	0.224323
15	1184.111638	1183.8	0.311638
18	1173.932714	1173.7	0.232714

图 2　沉降观测曲线图

图 3　现场塌陷图

业人员与设备的安全。沉降测量系统的建立，为主动处理矿山采空区顶板提供科学基础数据、研究其活动规律，对地表大规模塌陷前的防治起到预警作用。强制崩落后塌陷区的最外圈裂缝圈周长约 1000m，面积约 66000m^2。初步的塌陷边界基本明确，对其研究岩石移动角具有重要的研究价值。所以，建立变形观测系统是必要的，对处理后的塌陷区研究也需要一个长期监测的过程，从一个企业的安全管理方面来说，是对危险源的一种实时监测。

参 考 文 献

［1］张国良．矿山测量学［M］．北京：中国矿业大学出版社，2001．
［2］桂小梅．浅谈沉降监测曲线图绘制的两种方法［B］．测绘与空间地理信息，2011（01）：0225-02．

大红山铁矿地压综合监测系统的初步应用研究

赵子巍[1] 胡静云[1] 林 峰[1] 彭府华[1] 李庶林[1] 余正方[2]

（1. 长沙矿山研究院有限责任公司采矿工程中心；

2. 玉溪大红山矿业有限公司）

摘 要：本文介绍了微震监测系统、常规地压监测网及围岩变形自动监测及报警系统在多区段大规模开采的大红山铁矿的初步应用研究。对钻孔应力计在安装初期自身所受多种应力的情况进行了分析，提出了自适应期应力分解为几个主要组成部分的构想。对矿山地压近阶段安全进行了分析评估。利用定期测量实地数据和依靠光缆及网络技术传输的实时数据信息，实现了对矿山地压活动的监测预警，并有效、可靠地指导了矿山安全生产。综合地压监测技术将在今后的矿山安全管理中起到更重要的作用。

关键词：微震监测、应力分解、地压监测、围岩变形、报警系统、矿山安全

我国矿山针对地压问题大多采用常规地压监测以获得应力、应变及位移等数据来指导安全生产。1986 年门头沟煤矿采用波兰 SYLOK 微震监测系统对采煤区的微地震进行监测研究，这是我国首次开展矿山多通道微震监测技术研究[1]。从此，微震监测技术在我国逐步普及，在某些矿山形成了多种常规地压监测技术和微震监测技术双管齐下的地压综合监测技术。矿山在开采过程中会出现各种各样的地压问题，而微震监测技术与常规地压监测技术所监测的地压问题是两个不同的阶段，能更全面地掌握矿山地压情况，综合保障矿山安全生产。

1 大红山铁矿地压综合监测背景

大红山铁矿采用大间距高分段无底柱分段崩落采矿法及无轨采掘设备运输，于 2010 年年初，露天矿建成投产，同时Ⅲ号、Ⅳ号及Ⅰ号铜矿带相继建成投产，空间上将形成露天、地下、浅部、深部、多矿段、多区段立体联合开采的局面[2]。由于无底柱分段崩落法的全部回采过程都在回采进路中完成，所以要重点关注井下人员集中的回采进路、联络巷道、沿脉平巷等区域的地压情况，保持其处于良好的状态。

目前，大红山铁矿采空区有主采空区、中Ⅰ采空区与中Ⅱ采空区，如图 1 所示。三大采空区并存，主采空区与中Ⅱ采空区已经在小规模的局部区域发生了贯通，且有多处岩石条件不是很好的巷道发生片帮、冒顶，当主采

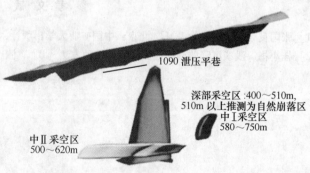

1090 泄压平巷

深部采空区:400～510m,
510m 以上推测为自然崩落区
中Ⅰ采空区
580～750m

中Ⅱ采空区
500～620m

图 1 多区段、多采空区空间关系示意图

区南翼区域开始回采和主采区进入380m及以下的二期工程时，随着采空区规模的扩大，三大采空区相互贯通的区域与规模将会更大，崩落范围与区域将会成倍地增加，在该区域开采过程中，每天凿岩放炮，相应扰动区也在不断扩大，到时将会发生较为严重的巷道开裂、片帮与垮塌等地压灾害，严重影响分段沿脉巷道与进路的稳定性。

主采空区高度为400~500m，暴露面积为8.5万平方米。随着主采空区暴露面积与体积的不断扩大，空区上方岩层不断冒落，引发地表不同程度的开裂与扩张。根据各种检测手段推测，主采空区顶板冒落到1050m高度，如果顶板悬空并造成整个覆盖岩层无控制的崩落，从而产生气浪冲击，采空区将面临着严峻的地压问题，严重威胁到采矿生产的正常进行。

长沙矿山研究院有限责任公司承担了大红山铁矿多区段大规模开采地压综合技术开发研究工作，相继采用了微震监测技术、常规地压监测网与围岩变形激光测距报警仪等先进的地压监测手段，及时进行安全预警，并采取相应的地压控制措施，以确保回采工作的顺利进行，为大红山铁矿的安全生产增添了一道坚实的防护墙[3,4]。

2　大红山铁矿地压监测系统的初步应用研究

为了保障矿山的人员安全和生产安全，大红山铁矿设置了3大系统，分别为微震监测系统、常规地压应力监测网及围岩变形激光测距自动监测系统，以监测采空区崩落范围的扩展与巷道围岩变形，对其进行高精度定位与应力、应变及位移的精确监测，并对采空区上覆悬顶变形和分段沿脉巷与进路的稳定性进行评价与预警，保证生产安全。

2.1　微震监测技术初步应用研究[5~7]

长沙矿山研究院有限责任公司在玉溪大红山矿业有限公司承担建立设计通道数为60的全数字型多通道微震监测系统。目的是监测多区段、多采空区条件下大规模开采导致的围岩塑性变形范围成倍扩大、特大采空区上覆顶板稳定性等可能产生的地压灾害。本文针对上覆顶板围岩体中微震事件的活动剧烈程度、震级频度 b 值、能量指标与累计视体积相互关系进行理论分析。

图2为上覆顶板1090m平硐内安装的微震监测传感器布置及理论模拟定位精度图，精

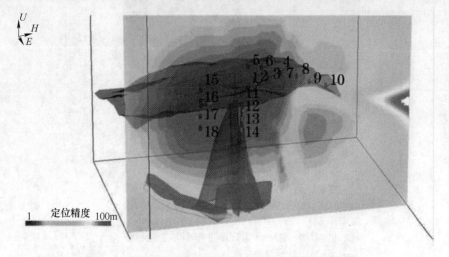

图2　上覆顶板传感器布置及理论模拟定位精度示意图

度为 1 ~ 100m。模拟精度完全覆盖大红山上覆顶板。系统建成投入使用至今，排除爆破噪声后共监测到 9024 件微震事件，矩震级为 −2.86 ~ 1.03，平均定位精度为 18m，基本满足工程精度的要求。图 3 为 1090m 传感器 11 月单通道微震事件走势图，事件走势及累计电压走势都相对较平缓，14 日有突增现象，但仍低于事件数与累计电压警戒值，井下无异常地压显现。

大红山铁矿作息时间为上午 6 ~ 8 点交接班，中午 11 ~ 13 点午休，下午 17 点交接班，故在这几个时段事件数平稳下降。大红山铁矿在每晚 19 点进行爆破，该时间点事件数上升，而后减少，其后 1h 即恢复生产，事件数又恢复到平均水平。图 4 为 11 月微震事件率小时变化趋势图，事件变化趋势与工作作息时间相符，事件以凿岩、放矿和爆破为主，微震监测系统能较全面地反映井下地压情况。

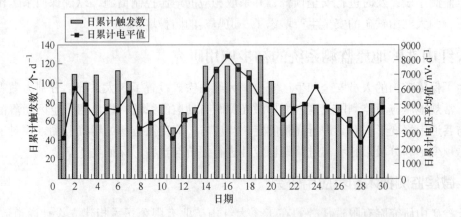

图 3　11 月 1090m 单通道微震事件及累计电压走势

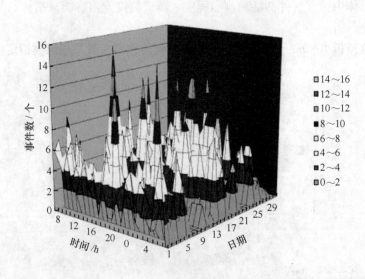

图 4　1090m 微震事件率小时变化趋势

由图 5 可知，震级频度 b 值也处于稳定状态，没有显著下降的现象；同时能量指标与累计视体积相互关系没有出现能量指标快速下降而同时累计视体积快速增加的现象。这些均说明现阶段矿区整体地压处于稳定，不会发生较严重地压灾害。

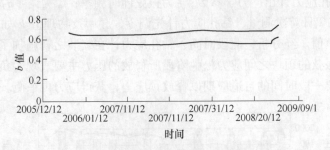

图 5　震级频度 b 值变化趋势

2.2　应力监测网的初步应用研究

大红山铁矿在规模最大与即将发生采空区贯通的主采空区与中 Ⅱ 采空区上、下盘围岩区域建立了应力监测网。钻孔应力计布置如图 6 所示，测力方向设置为垂直方向。

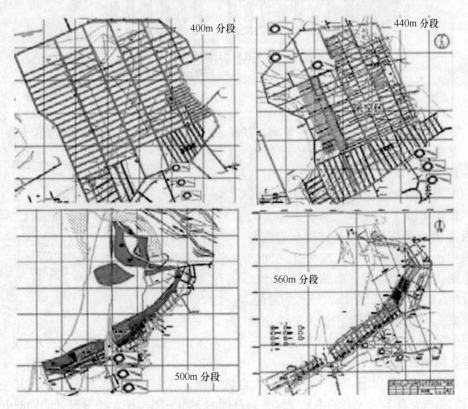

图 6　应力监测网

钻孔应力计为振弦式钻孔应力计，可由数据接收器直接测得当前应力状况下振弦的频

率值 f，以及经 GSJ-2A 型电脑检测仪根据各个钻孔应力计出厂参数与即时测得频率值而计算所得物理值与调零物理值的相对增量物理值 F：

$$F = -Af + Bf_0$$

式中，A、B 为钻孔应力计出厂学参数；f 为振弦即时频率；f_0 为调零时的频率值。

2012 年 9 月 12 日首次测量，钻孔应力计先调零，频率及物理值 F 如图 7 所示。除 16 号传感器外均为负值。经分析，此段时间，钻孔应力计在安装之初施加了预应力，围岩与钻孔应力计连接振弦的顶块之间应力松弛阶段所释放的压力主要表现为负值，即钻孔应力计与围岩之间需要一段时间的自适应期以释放预应力，获得应力再平衡。

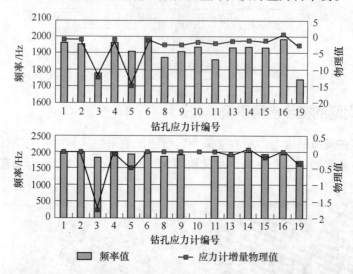

图 7 应力监测网 2012 年 9 月 12 日及 9 月 19 日监测结果

9 月 14 日重新调零，作为日后监测的基准。9 月 19 日再测，频率及物理值 F 如图 7 所示。其中 10 号传感器接口进水无读数，不影响整体监测结果。3 号、5 号、19 号传感器两次测量的物理值 F 都略小于其他传感器，整体物理值 F 较 12 日所测更接近 0，均为极为微小负值。经分析，初步的监测数据表明：目前围岩于钻孔应力计之间的自适应期处于结尾阶段，而钻孔应力计原出厂设定标准自适应期为 2h，经实际测量，安装完成一周后，物理值 F 仍为极微小负值，其中所测 F 值的形成为一复杂过程，而主要有两个组成部分，如图 8 所示。

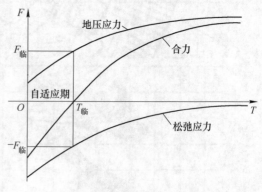

图 8 稳定期模拟主要应力的合力曲线

在 0 到 $T_{临}$（$T_{临}$ 大于 7d）为现测量的自适应期，两个主要的组成部分中，其一是均为正值的曲线，即本文关心的主采空区开采范围的不断下降与扩大和多采区的同时开采导致采空区的贯通与围岩塑形变形区域等因素所产生的地压应力；其二是均为负值的曲线，即在这次测量中（自适应期内）占主导地位体现出来的由于对钻孔应力计施加预应力而后引发的松弛应力。它们的合力在自适应期为负值，集中体现了松弛的预应力大于开采所产生的地压应力；而负值持续时间长，说明围岩不是松软岩石，能够很快释放预应力，迅速度过自适应期，以获得应力再平衡，而是由比较坚硬的岩石组成。其中 3 号、5 号、19 号传感器两次测量的数值都略小于其他传感器。初步判断，此 3 组传感器为最先在 400m 分层安装的传感器，技术人员对此 3 组传感器施加的预应力大于其他后续安装的传感器而致使其物理值 F 略低于其他传感器，可能需要更长时间的自适应期。

综上所述，围岩应力状况处于平稳阶段，主采空区与中Ⅱ采空区上、下盘围岩区域应力变化微小，因开采扰动导致的应力调整处于较为平缓的状态，所监测范围地压状况安全稳定。

应力监测网投入使用后 1 个月，除了 440m 分层 16 号传感器应力增量物理值 F 略有增加外，其他所有传感器均没有增加，说明在开采活动下，主采区与中Ⅱ采空区上、下盘围岩应力调整微小，目前主采区与中Ⅱ采空区上、下盘围岩地压状态稳定[8]。

2.3　围岩变形自动监测及报警系统的初步应用研究

围岩变形自动监测及报警系统由激光测试器、反光板、数据监控计算机、短信警报器及通信光缆组成，能最小分辨 1mm 的顶板相对下沉量。通过光缆把监测数据实时传输到监控室，当顶板下沉量超过预警值时，短信警报器会用手机短信的方式向指定手机号码发出一级、二级、累计上限报警，是较为先进的围岩变形实时自动监测与报警系统（见图 9）。

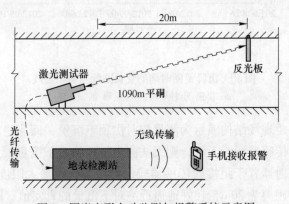

图 9　围岩变形自动监测与报警系统示意图

该激光测距仪的测距原理是[9]：由 220V 供电激光测试器对反光板发出间断的光信号，通过计算由反光板反射回来的光信号所需时间及光的传播速度，得出实时距离。设目标的距离为 L，光信号往返所走过的距离即为 $2L$，则有：

$$L = ct/2$$

式中　c——光在空气中传播的速度，$c \approx 3 \times 10^8 \text{m/s}$；

　　　t——光信号往返所经过的时间，s；

　　　L——检测目标的距离，m。

图 10 为围岩变形激光测距自动监测系统监测初期半个月的每小时平均测距与每天平

均沉降回归曲线图。经数据分析，由于巷道内通风、监测误差等原因，测得顶板起伏相对偏移差在 10mm 以内，故一级警报顶板沉降值设为 12mm，二级警报顶板沉降值设为 20mm，累计上限警报设为 100mm。

图 10 沉降量随时间的变化曲线与回归曲线

a—拱顶-小时平均；b—拱顶-回归曲线

由图 9 可知，测距现场结构演示为测量相对拱顶下沉量，而非绝对拱顶下沉量，即如果激光发射器与接收传感器同时下沉，则无法测出拱顶绝对下沉量。为了避免出现这样的问题，需要将激光发射器置于距接收传感器较远的位置，以最大限度地避免同时下沉量，故现场巷道内设置的距离为 20m，较好地逼近绝对下沉量的真实值。图 11 为 9 月 17 日 ~9

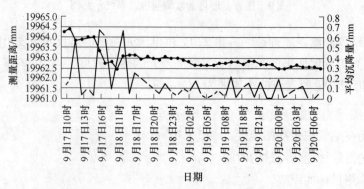

图 11 激光测距仪小时测距距离与小时平均下沉量

月 20 日的每小时测距量和每小时平均下沉量监测数据，两值均趋于微小起伏。从系统建成投入使用至今，目前系统工作正常，实时监测结果显示沉降量处于一个稳定的微小变化范围内，并且其一次回归曲线在 0mm 上下波动，说明 1090m 巷道顶板沉降量极为微小且平稳。也就是说，采空区上覆悬顶现阶段处于非常稳定的状态。顶板一直保持在 10mm 以内的偏移量，没有突增，安全稳定[8]。

3　结论

（1）综合地压监测系统能全方位覆盖无死角监测，并将在今后的矿山安全管理中起到更重要的作用；

（2）提出了钻孔应力计自适应期 F 值分解为几个主要组成部分的构想；

（3）围岩变形自动监测及报警系统能较好地反映采空区上覆顶板的沉降量；

（4）通过井下微震监测系统、常规地压应力监测网及围岩变形激光测距自动监测系统的初步应用，大红山铁矿多区段、多采空区生产状况评估为安全稳定。

参 考 文 献

[1] 杨志固，等 . 微震监测技术在深井矿山中的应用 [J]. 岩石力学与工程学报，2008，27（5）：1066-1073.

[2] Crystal A，Bertoncini，Mark K，et al. Fuzzy classification of roof fall predictor sinmicrose is micmonitoring [J]. Measurement，2010（43）：1690-1701.

[3] 尹贤刚，李庶林，黄沛生，等 . 微震监测系统在矿山安全管理中的应用研究 [J]. 矿业研究与开发，2006，26（1）：65-68.

[4] Harak C R. Acoustic emission for monitoring componentand structuresina server fatigue noise environment [J]. Materials Evaluation，1977，35（5）：59.

[5] 林峰，胡静云，李庶林 . 远程技术在多通道微震监测中的应用研究 [J]. 矿业研究与开发，2011，31（2）：56-58.

[6] 来兴平 . 基于非线性动力学的采空区稳定性集成监测分析与预报系统研究及应用 [J]. 岩石力学与工程学报，2002（11）.

[7] 胡静云 . 特大复杂采空区稳定性微震监测技术理论与应用研究 [D]. 长沙：长沙矿山研究院，2011.

[8] 张旭升 . 大红山铁矿采场地压规律及顶板岩层自然崩落机理研究 [D]. 长沙：中南大学，2006.

[9] 付智涛 . 激光定位技术在脱硫系统大惯性负载上的应用 .

（论文发表于 2013 年 5 月《采矿技术》期刊）

◇ 设备与自动化 ◇

大红山铁矿主斜井胶带运输

徐进平

（云南华昆工程技术股份公司❶）

摘 要：本文介绍了大红山铁矿主斜井胶带运输机的特点及其实践，旨在为类似工程的建设提供借鉴。

关键词：胶带运输机、CST、导料槽

大红山铁矿，位于云南省新平县境内。该矿为昆明钢铁公司的配套矿山，为国内特大型冶金地下矿山。2002 年年底 500kt/a 采选（试验性）工程建成投产，2006 年年底 4000kt/a 采选管道工程建成投产，4000kt/a 工程的主提升设备采用斜井胶带运输机。该胶带运输机输送能力大、运输距离长、提升高度大、带速高、驱动功率大。

1 线路布置

胶带运输机总长 1846.797m，运输铁矿石块度不大于 250mm，采用 1200mm 的胶带宽度。为保证矿石的平稳运行，主斜井角度 14°，尾部水平段给矿，设置两个给矿点，地表段为 7°，头部卸矿。

1.1 驱动站设置

胶带头部出露于地表，地表条件好，空间上受限制少，有利于设备检修，方便操作人员上、下班，因此，胶带驱动站设置在地表，胶带机头部段。

驱动功率大，单滚筒驱动已经不能适应，采用多滚筒驱动，可以降低输送带的张力和设备的强度要求。多滚筒驱动采用等驱动功率单元法进行功率分配，即驱动滚筒按一定的整倍数进行功率分配。采用功率分配比 $n=2:1$，对于斜井提升运输，降低输送带张力效果最好。

1.2 凸弧、凹弧半径

钢绳芯胶带通过凸弧段，胶带边缘不得超过许用伸长率（0.2%），必须符合 $h/R \leqslant 0.002$。DX 系列规定：$\theta=30°$，$h=(0.15\sim0.17)B$。

---

❶ 现昆明有色冶金设计研究院股份公司。

即头部凸弧半径：$R_2 \geqslant (75 \sim 85)B$

$$R_2 = 90 \sim 102m$$

参照大红山铜矿的现场使用经验，凸弧半径取 220m。

凹弧段应有足够大的半径，凹弧段胶带重力必须大于凹弧段胶带由张力作用的向上合力，即

尾部凹弧半径：$R_1 = S_i / (q_0 g)$ 或 $S_{i+1} / (q_0 g)$

$$R_1 = 41.485m \text{ 或 } 58.165m$$

按实际经验，并考虑胶带增加抗撕裂钢丝网和胶带工作面增加厚度，凹弧半径取 220m。

1.3　托滚组间距

根据铁矿石的松散密度（$r = 2.13 t/m^3$）、胶带截面载荷的情况，选择上托滚组间距 1200mm、下托滚组间距 3000mm、缓冲托滚组间距 400mm。

头部滚筒与第一组托滚的最小间距：$L \approx 2.67 \theta B = 1666mm$，由于该值大于上托滚组间距 1200mm，在头部滚筒与第一组托滚之间，增加槽角较小的过渡托滚组。

2　CST 系统

在 1998 年年初做初步设计时，笔者曾经对大型胶带运输机的驱动系统方案进行了初步探讨。由于该胶带运输机较长（1846.797m），提升高度大（421.4m）、带速高（4m/s）、系统惯性大（尤其在重载启动和紧急停机时），常规驱动系统的启动方式已经不能适应，当时能解决的方式有三种：一是采用 CST 技术，二是采用变频技术，三是采用直流电动机——PLC 数字式控制系统。由于变频方式当时还没有可用于大型胶带的定型产品；直流电动机——PLC 数字式控制系统，虽在竖井提升（摩擦式提升机、缠绕式提升机）和斜井提升（缠绕式提升机）成功使用，但提升机和胶带输送机的工况差别大，主电机与产尘源距离的远近不一样。粉尘，特别是有色金属的粉尘，将降低直流电机的可靠性。而 CST 技术投入使用较早，针对大型胶带运输机研制的机、电一体化集成度高的产品，已较好地解决了这一问题。2002 年年底，设计院有关人员与甲方一道，对山西阳泉煤矿的大型斜井胶带运输使用的 CST1950K 系统、直流电机驱动系统和江西德兴铜矿的 CST1120KR 系统进行实地考察后，选择 CST 技术，用于大红山铁矿主斜井胶带运输，并写入 2005 版（优化版）初步设计。

2.1　CST 简述及工作原理

可控启动传输（controlled start transmission，CST）是由多级齿轮减速箱、湿式离合器、液压系统及其控制系统组成的机电一体化产品。在减速箱的作用下，通过湿式离合器的摩擦片将电机的扭矩传输到胶带机的驱动滚筒上。

减速箱为行星轮减速装置，由输入齿轮组、输出行星轮减速组和离合器三部分组成。离合器为最关键部分，它是一个线性、湿式离合器力矩系统，传输到输出轴的力矩是由离合器的内液压压力控制，当活塞压力增加时，摩擦静片和动片沿着槽靠近。静片使动片（也即环齿圈）转速逐渐下降，同时输出轴转速增加，当环齿圈（动片）速度为零时，输

出轴达到额定速度的 100%。调节（控制）活塞的液压力，可精确控制电机通过输入轴传送到 CST 输出轴的力矩。环齿圈与输出轴的速度呈线性反比关系。即胶带机启动时，驱动电机空负荷先启动，CST 输出轴静止不动，当电机达到满速运行时，控制系统逐渐增加每台 CST 离合器的液压力，启动胶带机，逐渐加速到额定速度。在加速到额定速度前，逐渐且平稳的加速为输送机胶带的预拉紧提供了有利的条件。在加速阶段，持续时间可以根据输送机的负载情况进行调节，从而得到一个控制输送机安全启动的最佳时间范围。

输送机停车时，可以像控制启动一样进行控制，并适当延长停车时间，避免叠带发生，保证输送机安全停车。

多电机驱动时，输送机系统载荷的分配，是通过控制系统根据每台 CST 离合器液压压力的检测和反馈，允许一台或多台 CST 离合器在短时间内打滑来实现的。

CST 控制系统对输送机的启动、运行、停车全过程进行监测、保护和调整。

2.2　使用效果

（1）电机空载启动，减小了对电网的冲击，延长电机的使用寿命。多电机分时段启动，降低启动电流，既有利于电机又有利于电网。在运行中如需短暂停机，可以只停胶带，而电机不停，维持空载运行，减少电机的频繁启动次数，延长了电机的使用寿命。

（2）加、减速度线的斜率平缓可控，改善了胶带启动和停机时的冲击。因为启动加速时间足够长（0～120s 内可调），减速度小于自然减速度，因此，胶带机启动、运行、停车非常平稳，这样就降低了输送机对胶带和机械设备的强度要求。按常规启动方式，必须选择带强为 60000N/cm 的钢绳芯胶带，直径 $\phi1800mm$ 驱动滚筒 2 组，直径 $\phi1800mm$ 改向滚筒 3 组。采用 CST 技术，钢绳芯胶带带强降为 40000N/cm，驱动滚筒直径降为 $\phi1600mm$，即所有滚筒直径降低一级。

（3）三台电机驱动，能够随时平衡功率和负载均担。三台电机为一主、二次，随时平衡功率和负载均担，其间差异小。

（4）可以慢速运行，完成验带检查工作。胶带速度由 10%～50% 可调，方便、灵活、实用。但不主张长时间带负荷低速运行，因摩擦片损伤快，加速油温升高和老化。

3　导料槽

为保护好胶带，减少给矿时铁矿石砸带和对胶带的磨损，在胶带机尾部安装了弧线形导料槽。该导料槽入口大，出口小，为一弧线形腔体，由外方（CONVEYOR DYNAMICS, INC.）负责设计，国内胶带输送机厂负责加工制造。

弧线形导料槽的原理：将物料的初速（初能量）和下落过程中获得的动能，通过弧线形导料槽和槽中的导向板，转化为物料沿胶带运行（水平）方向的能量（水平速度），该水平速度与胶带速度同向，数值相等。

弧线形导料槽的使用，减轻了铁矿石砸带，减少了铁矿石对胶带的磨损，初期使用效果明显。由于国内耐磨钢板的材质达不到外方设计的要求，导向板等磨损快，维护量大。当矿石中含有未拣出的衬板和长形铁件时，容易阻塞，严重时影响生产。

大红山铁矿胶带运输系统由 4 条胶带组成，即采 1 号胶带（坑内，水平布置）、采 2 号胶带（主斜井）、采 3 号胶带（地表，水平布置）和选 1 号胶带（地表，上坡）。采 1

号胶带与采 2 号胶带之间采用外方设计的弧线形导料槽（两条胶带直交），采 2 号胶带与采 3 号胶带之间采用胶带机厂设计和制作的导料槽（两条胶带直交），采 3 号胶带与选 1 号胶带的转接导料槽（两条胶带斜交），采用积料型导料槽，由设计院设计。从整个胶带运输系统的 3 个导料槽使用情况来看，设计院设计的积料型导料槽使用效果最好，磨损小，不阻塞。对该成功经验加以总结和推广，根据料流和落料点的情况，对另外两个导料槽进行了改造。改造后的导料槽，解决了钢板磨损快，维护量大，易阻塞的问题，满足了生产的要求。

4　重锤拉紧

初步设计时选用自动拉紧，经过考察，并结合大红山铜矿的使用经验，更改为尾部重锤式拉紧。胶带尾部环境恶劣，潮湿、高温、通风条件差，维护困难。斜坡胶带在自身重力作用下自然拉伸，尾部为最小张力点，所需拉紧力小，拉紧行程短。由于采用 CST 技术，胶带启动平稳，重锤上下移动行程短，因此，尾部重锤式拉紧很适合坑内斜坡胶带运输机使用，适应坑内恶劣环境；拉紧力恒定，可免于维护。

5　结语

该胶带输送机于 2006 年 12 月 20 日一次带矿试车成功，2007 年全年输送铁矿石 2580kt，2008 年全年输送铁矿石 4320kt。投产第二年就达产并超产，这在国内地下矿山的建设史上是少有的。作为井下与井上联系的咽喉要道上的运输设备，胶带输送机的作用至关重要。该胶带机运行至今，所有工作性能正常，各项指标均达到了设计的预期目标。

参 考 文 献

[1] 采矿设计手册编委会. 采矿设计手册（4）矿山机械卷 [M]. 北京：中国建筑出版社，1988.

[2] Dodge. CST Model 1120K mechaical system instruction manual，1999.4.

[3] 徐进平. 强力胶带运输机驱动系统方案选择初探 [J]. 有色金属设计，2000（3）.

（论文发表于 2009 年《有色金属设计》杂志第 3 期）

无轨采矿设备在大红山矿区的应用

余南中　谭锐

（云南华昆工程技术股份公司❶）

摘　要：本文介绍了先进高效无轨采矿设备在大红山铜、铁两矿应用后，使这两座特大型地下金属矿山迅速达产，取得良好效果的情况，并论述了设备选型、使用中的经验、体会和对设备发展的要求。

关键词：无轨采矿设备、先进、高效

1　概况

大红山矿区位于云南省玉溪市新平县戛洒镇，在昆明市西南。公路距离 260km，交通方便。大红山矿区是 1959 年发现的大型铁铜矿床。经过多年来的建设和发展，现在大红山铁、铜两座地下矿山的矿石生产规模已达到了年产近 10000kt 的水平，成为目前我国最大的地下开采金属矿区之一。

大红山铁矿 4000k/a 采选管道工程 2004 年 8 月经国家发改委核准，于 2006 年 12 月月底建成投产。2009 年矿石生产量将达到 5300kt，现居国内地下金属矿山第一位。

大红山铜矿一期工程是国家"八五"重点项目，于 1997 年 7 月 1 日投产；二期工程是云南省重点项目，于 2003 年 6 月 26 日投产。一、二期工程设计规模共 1584kt/a，经过改造，2009 年矿石生产量将达到 4700kt/a。

大红山铁矿 4000kt/a 工程在矿山设计和建设中采用高分段大间距无底柱分段崩落采矿法，长距离、大倾角胶带斜井及无轨斜坡道联合开拓和大型无轨采掘装运设备进行开采，总体水平处于国内领先水平。

大红山铜矿对多层、中厚、缓倾斜至倾斜难采矿体采用无轨设备进行机械化开采，使用小中段空场法、房柱法采矿，采后全面采用尾砂及废石充填处理采空区；采用主胶带斜井连续运输代替箕斗竖井间断运输，实现了现代化大规模生产。

为了充分利用矿产资源，两矿的扩产工程目前正在紧张进行之中，扩产工程建成之后，大红山铁矿生产规模将达到 11000kt/a，铜矿将达到 5000kt/a，整个矿区将达到 16000kt/a，仍将位居国内最大的以地下开采为主的金属矿区的前列。不但将为昆钢、云铜的发展和云南省的经济发展作出新的贡献，而且将进一步为我国金属矿山的建设提供宝贵的经验。

2　大红山矿区高效采矿设备的使用情况

设备与工艺相辅相成，工艺促进设备的发展，设备推动工艺的进步。设备是实现工艺

---

❶　现昆明有色冶金设计研究院股份公司。

的基础、手段和保证。大红山依据其突出重点，兼顾一般，根据发展变化适时增补的设备配置原则，两矿均先后采用了先进、高效的无轨开采工艺，配置了国内一流的无轨采掘设备。先进的采矿设备保证了大规模、高效率、安全生产的实现，改变了矿山的面貌，取得了辉煌成果。

2.1　两矿无轨设备配备情况

2.1.1　大红山铜矿

二期工程使用无轨设备开采，设计规模 2400t/d，配置设备见表 1。

表 1　设计规模 2400t/d 的配置设备

设　备	型　号	数量/台
中深孔凿岩台车	SimbaH1354	2
平（斜）巷掘进凿岩台车	Boomer281	3
	Boomer104	2
出矿铲运机（4m³）	Toro-400E	3
	Toro-007	1
中深孔装药车	Normet6315XCR	1
移动式液压破碎锤	TM-12HD/TB830XS	1
出碴铲运机	国产 CY-2	6
运碴卡车	国产 JKQ-10	3

近几年生产中实行铜铁含采，加大了矿体厚度，随大直径深孔采矿方法的应用，添增了国产潜孔钻 T-150 型，2 台；T-100 型，2 台。

现井下出矿 4700kt/a，无轨开采约占产量一半。

现正采购增加无轨设备 21 台，包括 ACY-3L、ACY-4、EST1030、ST710 等国产和进口铲运机，Simba261、T-150 国产和进口潜孔钻，TM-12HD/TB830XS 移动式破碎台车，DS25-11 撬锚台车、Boltec 235H-DCS 锚杆台车等。

2.1.2　大红山铁矿

设计规模 4000kt/a，配置设备见表 2。

表 2　设计规模 4000kt/a 的配置设备

设　备	型　号	数量/台
中深孔凿岩台车	SimbaH1354	6
平（斜）巷掘进凿岩台车	Boomer281	6（使用 4）
出矿铲运机	Toro-1400E	4
	Toro-1400	1
移动式液压破碎锤	Normet	1
出碴、出矿铲运机	ST-3.5	8
装药车	GIA	3

现产量增加到 5000kt/a 以上，承包单位自行增加：SimbaH1354（1 台）；SimbaH254（2 台，二手设备）；ST-1010（4m）（2 台，原有）；Boomer104（1 台，原有）。

2.2 设备配置原则

2.2.1 中深孔凿岩

由于炮孔孔深大，保证中深孔凿岩质量是实现大规模生产的第一要务，需要有良好的设备来保证。

SimbaH1354 配 Cop1838 全液压凿岩机是两矿的主要采矿凿岩设备，效率高、钻孔质量好、自动化程度高、易于操作，钻孔最大深度 55m（大红山在 35m 左右），孔径 55～110mm（大红山用 78mm），在大红山主要用于打上向扇形炮孔。设计指标 70km/（台·a），现在实际可达到 100km/（台·a）。由于中深孔较深，为提高装药密度、保证装药质量和减轻劳动强度，在采区配中深孔装药车，并配移动式液压破碎锤，用于破碎大块。

2.2.2 采场出矿

Toro 为 4～6m³ 的电动铲运机，是采场出矿的主要设备，以电力作为动力。运行中电动机发热量小，出矿时铲装力大，装满系数高，转弯半径小，电缆卷放灵活，运行方便，特别适合于大规模地下矿山采场集中出矿。

Toro-1400E 为 6m³ 电铲，设计能力 600k～650kt/（台·a），实际可达到 700kt/（台·a）。

Toro-1400 及 Toro-007 柴油铲运机机动灵活、性能好，用于配合大电铲上、下分段转场和机动出矿。ST-3.5、ST-1010 柴油铲用于次要采区出矿。

2.2.3 平（斜）巷掘进凿岩

Boomer281 用于平（斜）巷掘进和房柱法采场落矿凿岩，Boomer104 配 Cop1432 全液压凿岩机，用于小断面巷道掘进凿岩。CY-2 柴油铲配合液压凿岩台车用于掘进出碴，或用于房柱法采场出矿。JKQ-10 用于运碴。

2.2.4 其他

由于矿岩较稳固，支护量相对不大，并受当时资金的限制，设计时暂没有配锚杆台车，辅助运输车辆由承包单位自行解决。现大红山铜矿已开采 12 年，井下地压增大，巷道支护量增加，故正在增加撬锚和锚杆台车。

2.3 效果

（1）大红山铜矿，对多层、缓倾斜～倾斜、中厚～厚难采矿体采用高效率、大型无轨采掘设备进行机械化大规模工业生产，二期采矿工程投产后短期内产量即从设计时的 800kt/a 扩大了一倍。目前大红山铜矿一、二期工程已达到年产 4700kt 的水平，比设计能力翻了两番多，一跃成为国内名列前茅的大型金属地下矿山，经济效益、社会效益十分显著。

（2）大红山铁矿，设计投产第一年达到 2000kt，第二年达到 3000kt，第三年达到设计产量4000kt。2006年12月月底投产以来生产情况良好，2007年（生产第一年）产原矿2580kt，2008年（生产第二年）产原矿4324kt，2009年计划产原矿5300kt。矿山实现了丰厚的利润，取得了很好的经济效益。

3　采用先进采矿设备，改变矿山面貌

大红山矿区的采矿工艺和高效采掘设备，与过去国内和云南省内地下金属矿山的传统工艺和常规设备相比，发生了根本的变化。以往传统的地下金属矿山的生产和作业劳动强度大，劳动生产率低，安全和作业条件差，施工周期长，产量保证性差，要达到设计能力十分困难。20世纪80年代冶金部、有色金属总公司等部委曾专门组织过国内地下金属矿山生产能力的调查，当时能达到设计能力的矿山极少，原因是多方面的，但工艺与设备落后是根本原因之一。

大红山矿区的采矿工艺以先进、高效的采掘设备作支撑，从根本上改变了传统生产状况。不但为矿山迅速达产、超产、进一步扩产提供了保障，而且极大地改善了作业条件。归纳起来，使用先进、高效的无轨采矿设备具有以下优势。

3.1　可以采用大的中段高度

先进、高效的无轨出矿设备，由于其具有机动、灵活、爬坡能力强、运距长、斗容大等优点，与常规设备（如电耙、气腿和支架式风动凿岩机等）相比，允许采用大的中段高度。

大红山铜矿为缓倾斜、厚～中厚矿体，中段高度从使用常规设备的15～25m发展到铲运机出矿的50～100m。

大红山铁矿为缓倾斜极厚矿体，中段高度达到100m，集矿高度达到340m。主矿体二期深部工程中段高度将发展到200m、300m。采用大的中段高度，使工程布置简洁，不但节省工程量和设施，减少投资，而且增加了开拓矿量，减少了新中段准备工作的紧张，有利于生产稳定，便于管理和实现大规模生产。

3.2　大采场参数

大红山铜矿空场法采矿盘区的长度从采用常规设备的50m发展到铲运机出矿的100m、300m。大红山铁矿采用了具有国际先进水平、国内第一的高分段大间距（20m×20m）无底柱分段崩落采矿法，崩矿量大大提高。采用大的采场参数后，不但减少了采切工程量，而且有利于大规模生产能力的实现和产量的稳定。

3.3　掘进效率高，有利于实现采掘平衡

采用高效掘进设备后，大大提高了井巷的施工速度，缩短了采场准备时间，有利于采掘平衡，必要时可迅速准备出备采采场，十分主动。例如，大红山铜矿一个200kt矿量的盘区，采切工程量约120m，只需4个月左右就可以完成，而采用常规设备和工艺，需划分为几个采场同时准备，一个采场需准备一年多。

3.4 改善劳动条件，减轻劳动强度

原井上、井下人员通行，需多种方式（罐笼、人车）倒运，平面上人车、步行相结合，竖向上，要爬天井、斜井。环节多，定时上下，费时、费力，十分劳累，现乘汽车直达工作面，轻松快捷，省时、省力。材料、设备运输十分简捷、方便。采掘工作面作业劳动强度大大降低，大大地提高了劳动生产率。

3.5 与常规设备比较，高效、节能、产量保证性强

20 世纪 90 年代初期，大红山铜矿一期工程设计时，由于种种原因，采用常规电耙、风动凿岩机进行采掘作业生产，设计规模 2400t/d，达产用了 3 年时间，生产中段数 3~4 个。近年来产量达到 7000t/d，生产中段数 7 个，战线长、用人多、能耗高、管理复杂。而二期工程采用无轨机械化开采，设计规模相同，一年达产，目前产量也达到 7000t/d，但只 1 个或 2 个中段生产，人员不到一期工程的 1/5。

大红山铁矿扩产工程，有的矿段、矿体厚度大而沿走向长度很短、面积很小，能布置的矿块数很少，如不用高效率采掘设备来提高单位产量，则难以扩大生产能力，不能满足扩产要求。例如，有一个较小的矿段，产量 500kt/a。设计用铲运机出矿与电耙出矿作了详细对比，由于该矿段矿体短，电耙出矿难以达到 500kt/a 产量，需要多分段、多采场同时出矿，工程量和相关设施多，投资高，作业人员多，能耗高；而铲运机方案，只需一个分段出矿，使工程量、相关设施、投资、作业人员均减少，能耗低，效益好。两方案比较见表 3。

表 3 方案比较

方案	基建井巷工程量/m³	项目总投资/万元	采矿成本/元·t⁻¹	财务内部收益率（所得税后）/%
铲运机	70604.53	6671.65	52.21	24.78
电耙	83374.40	7715.82	72.11	10.69

此外，对高效无轨设备和常规设备进行了能耗、人工消耗等方面的比较。无轨设备尤其是进口设备价格高，但电耗及用人少，效率高。有关设备的对比如下：

（1）中深孔液压凿岩台车与普通高风压潜孔钻对比。单位落矿量电耗为 1:13.44；单位落矿量人工为 1:4。

（2）液压掘进凿岩台车与 Y6 风动凿岩机对比。单位凿岩量电耗为 1:4；单位凿岩量人工为 1:(6~7)。

（3）6m 电动铲运机与 55kW 电耙绞车对比。单位出矿量电耗为 1:4；单位出矿量人工为 1:(10~12)。

由此可见，采用高效无轨采掘设备与常规采掘设备相比，后者虽然可以降低投资，减少备品备件及维修费，但大幅度增加了电费及人工费，能耗大幅度增加，不符合节能减排方针。尤其是对于大型、特大型矿山来说，生产能力保证性差，效果不佳。

3.6 有关问题和影响因素

（1）设备备用问题。大红山两矿对进口设备初期不整机备用，随着生产的发展和设备

的状况逐步添增，形成备用。

（2）作业率问题。除受备品、备件、维修、保养、作业面数量及准备情况等影响之外，还受设备承包台班费等经济因素的影响。由于采用外包作业方式，对有的非必用设备，承包使用单位为了降低成本而置之不用，以常规设备代用。

（3）环境污染问题。油烟、升温、粉尘，尤其是柴油铲运机，仍有一定影响。有的承包单位为减少投入，往往用一些地表的普通车辆进行井下作业，污染严重。今后随着矿业和设备的发展，以及环保法制、环保意识的增强，将逐步解决。

（4）设备价格问题。有的设备价格高，不容易接受。

（5）成本问题。单独考量时，有的作业成本仍较偏高，影响了使用范围和作业率。

（6）效率问题。受作业条件、设备管理等的影响，有的设备不能充分发挥作用。

4　矿业发展对设备的要求

4.1　发展特点

随着条件较好的资源不断被大量开发，新的采矿项目正向"深、贫、难"发展。其开采效果更需要用先进设备来保证，以实现规模效益。大规模、大参数、大设备将进一步发展。

4.2　目前对无轨设备的需求

4.2.1　对不同设备的需求程度

（1）不可或缺的设备。铲运机都需要；中深孔凿岩台车与采矿方法有关，无底柱分段崩落法、小中段空场法十分需要；潜孔钻与采矿方法有关，下向大直径深孔采矿法、VCR法、侧向深孔崩矿法很需要。

（2）工作面充分时，效率和效益才能发挥的设备。平巷凿岩台车须有充分工作面，才能发挥高效的优势，否则会因作业率低，引起台班费高，有的又恢复使用气腿凿岩。

（3）配套的设备。根据条件选择，如移动式液压破碎锤、锚杆台车、撬锚台车等，根据需要配置。

（4）辅助设备。适用于井下的无轨材料车、人车、服务车、加油车等辅助设备，由于价格仍较高，目前尚没有普遍配置，一些矿山往往以地表车辆代用。随矿业的发展和设备的改进、价格的适度、环保要求的加强，今后有望得到逐步推广。

4.2.2　对设备的要求

（1）凿岩设备。能打环形中深孔的设备，可提高分段高度，大幅度减小采切比，提高安全性，并可提高工艺的灵活性；打上向扇形孔的设备，孔深和精度应进一步提高，要能实现孔深、偏斜、三维测孔。

（2）铲装设备。国产电动铲运机系列进一步完善。国产运矿卡车性能和使用寿命应进一步提高。

（3）中深孔装药台车适应国内炸药的使用，应做进一步研究。

4.2.3 钻井设备

随着设备和技术的发展，中段高度正在加大。国内外大的中段高度是一个发展方向。如基鲁纳铁矿（Kiruna），从上向下开采，每次延伸的段高从过去的100m、120m发展到200m，在KUrd0计划中，更达到了270m，控制矿量达到430000kt，按22000kt/a规模，可服务15～20年。国内也正向大段高发展，就大红山铁矿深部工程而言，建设一个运输中段，井巷工程量近100km，加上运输、供配电系统和其他设施，投资近1亿元，而且由于井巷工程量大，增加了排碴运输的压力、延长了建设周期。如果中段高度能从100m增加到200m、300m，3个中段变2个甚至1个中段，节省的工程量和投资是很大的，效益非常显著。但由于受高溜井施工方法和设备限制，如用常规吊罐法施工，溜井高度在100m左右时已非常困难，劳动强度大，安全性差，作业效率低，更大的高度难以实现。只有寻找高效设备——天井钻机。但国产天井钻机成孔直径一般在2m以下，需要二次扩帮，并且在$f=14$以上的岩石中作业滚刀使用寿命较短，精度也差。而国外同类产品虽然可在硬岩中掘进6m的天井，但价格十分昂贵。因此，需要寻求投资和费用可接受的、钻井精度高、效率高的天井钻机。同时，应积极研究其他适合高天溜井掘进的施工设备和方法。

（论文发表于2010年1月《现代矿业》杂志）

金属非金属地下矿山"三大系统"探索

赵立群 资 伟 郭朝辉

（昆明有色冶金设计研究院股份公司）

摘 要： 本文主要对金属非金属地下矿山"三大系统"的设计与实现进行探索，以玉溪大红山矿业有限公司地下矿山相关系统的建设为背景，对各系统的结构、功能和实际应用效果进行了论述，提出了一种在金属非金属地下矿山三大系统的可行性方案。

关键词： 金属非金属地下矿山、三大系统

1 引言

2011 年 9 月 1 日国家安全生产监督管理总局颁布实施了金属非金属地下矿山"六大系统"建设规范。包括《金属非金属地下矿山监测监控系统建设规范（AQ 2031—2011）》、《金属非金属地下矿山人员定位系统建设规范（AQ 2032—2011）》、《金属非金属地下矿山紧急避险系统建设规范（AQ 2033—2011）》、《金属非金属地下矿山压风自救系统建设规范（AQ 2034—2011）》、《金属非金属地下矿山供水施救系统建设规范（AQ 2035—2011）》、《金属非金属地下矿山通信联络系统建设规范（AQ 2036—2011）》。由于其中的监测监控系统、人员定位系统以及通信联络系统与信息自动化技术密切相关，所以在业内又被称为"三大系统"。

2 三大系统

2.1 监测监控系统

监测监控系统主要包括有毒有害气体监（检）测、通风系统监测、视频监控和地压监测四个部分。系统结构如图 1 所示。

玉溪大红山矿业有限公司大红山铁矿在建设初期就以建设现代化矿山为目标，已经建设完成了包含井下多级通风、盲竖井提升、矿石破碎运输、380m 分段铁路信号、35kV 变电站及 6kV 变电所电网监控、井下中央泵房控制、视频等功能的监测监控系统。这些监测监控系统通过现场的 PLC 进行数据监控，并通过光纤连成一个整体，集中在地面和井下两个调度中心进行远程监控。分别如图 2 和图 3 所示。

按照现行规范要求，矿山需增设便携式的气体分析仪。另外需在必要的地点增加在线气体检测传感器和地压传感器，并入原有的 PLC 控制网络。

井下人员定位系统，主要由主机、传输接口、分站（读卡器）、识别卡、传输线缆等设备及管理软件组成。结构如图 4 所示。

井下人员定位系统现在大多使用的是射频识别即 RFID（radio frequency identification）技术。该项技术可分为有源和无源两种，主要区别是在识别卡内是否内置电源。无源识别

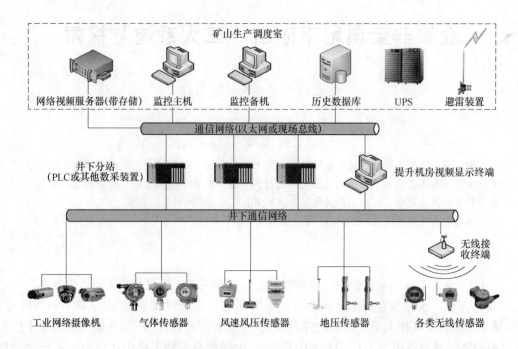

图 1 监测监控系统结构

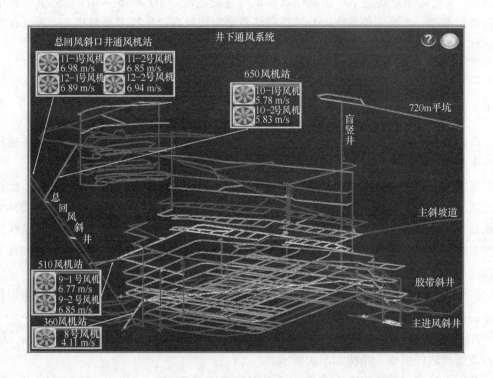

图 2 井下多级通风监控

图 3　视频监控

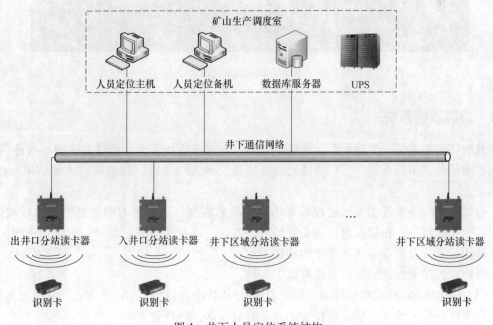

图 4　井下人员定位系统结构

卡体积小、价格低，但识别距离有限，不适合作为井下人员定位使用。井下常用的是有源识别卡。这种识别卡识别速度快、距离远、识别率高，配合分布于井下的读卡器可对携带识别卡的人员定位。读卡器越多，定位就越精确。大红山铁矿已经建有人员定位系统，但是早先的系统定位精度不高，按规范要求，需增加读卡器站点以提高定位精度。如图5所示。

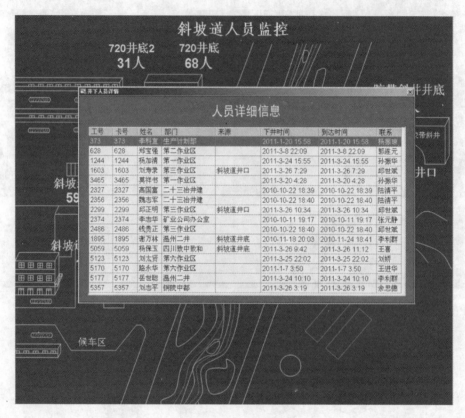

图5 井下人员定位

2.2 通信联络系统

通信联络系统是一个在生产、调度、管理、救援等各环节中，通过发送和接收通信信号实现通信及联络的系统，包括有线通信联络系统和无线通信联络系统。系统结构如图6所示。

有线通信联络系统主要通过程控电话交换机来实现。这类技术的发展已经比较成熟，供应厂家也比较多，在建设时注意安装地点、方式，以及选择满足组呼、全呼、选呼、强拆、强插、紧呼及监听等规范要求的功能。

目前主流的无线通信联络系统有以下几种：

（1）采用 GSM 移动通信技术。由于目前 GSM 数据通信采用 GPRS 方式，属窄带传输，为保证无线信号的传输通畅，需设置的站点数量较多，投资较大。

（2）采用 WLAN 方式。采用无线加有线的方式，技术上较成熟，语音采用 VOIP 模

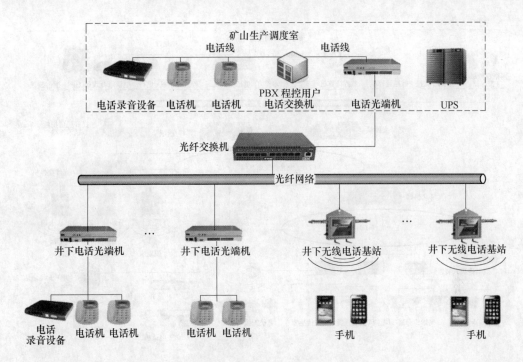

图6 通信联络系统结构

式，同时在数据传输能保证100M以上带宽，且具有良好的扩展性。

（3）采用CDMA技术。能满足语音通信、数据通信的要求，不仅具有GSM同样的特点，而且领先于GSM。

尽管规范没有强制要求建立无线通信联络系统，但是无线通信技术在近几年发展迅猛，通信更为方便、灵活，矿山可根据自己实际情况选择安装。大红山铁矿目前选择的是WLAN方式的无线通信，实际使用情况良好。

3 总体构架设计

规范鼓励将通信联络系统与监测监控系统、人员定位系统进行总体设计、建设。总体构架设计如图7所示。

将"三大系统"进行总体设计，有利于整体系统构架的优化、综合网络布局的优化以及对系统进行集中的管理和维护。

4 设计要点

在"三大系统"的建设过程中，积极应用先进技术，不断地改进建设的思路和方法，使系统更加稳定、可靠，最大限度地为地下矿山的安全生产提供有力的保障。下面介绍在项目设计建设中总结的几项要点。

4.1 充分利用现有资源

在我国，很多大型矿山都有着多年的自动化建设的探索，建成了多种多样的自动化系统。有些系统功能已经满足了"三大系统"建设规范的部分要求，对于这些系统，在保证

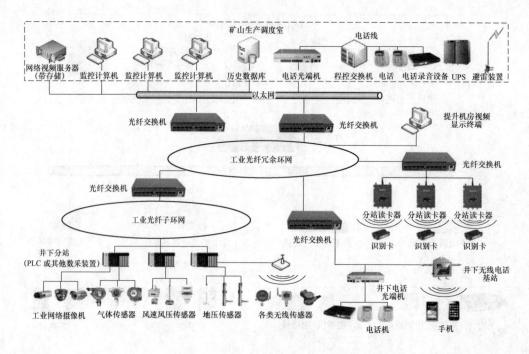

图 7 总体构架设计

运行稳定可靠的前提下，应当以节约成本，避免资源浪费为原则，以系统改造的方式，充分利用现有资源。

4.2 保障网络通信

"三大系统"的对网络的依靠性很高，由于井下地位环境复杂，且常有塌方等现象造成网络通信中断，因此保障网络通信正常是保障系统稳定可靠的必要前提。通常，可以选用冗余双环网的网络构架，选择不同的通道敷设光纤，且注意光纤的安装位置以保证网络的畅通。

4.3 设备维护管理

由于井下温度高、湿度大、粉尘多，常规电气设备很难在这种环境下长期稳定地工作，所以选择设备时，要注意选择合适的 IP 等级的工业设备，以保证系统工作的稳定性。另外，在系统运行过程中，应该建立有效的设备点检、巡检制度，定期对设备进行清理和维护。例如风速和气体传感器，因为处于井下粉尘的环境，如果不定期清理，将会造成传感器阻塞，从而导致数据不准或者传感器失效。

5 结束语

认真贯彻落实《国务院关于进一步加强企业安全生产工作的通知》精神，进一步提升金属非金属地下矿山的安全生产保障能力，积极推动地下矿山"三大系统"的标准化建设，保障非煤矿山产业健康、稳定地发展是大家共同努力的目标。

参 考 文 献

[1] 王林祥. 金属非金属矿山井下避险六大系统安装使用和监督检查必备手册 [M]. 徐州：中国矿业大学出版社.

[2] 李哲. 有色金属矿山安全六大系统的探讨 [J]. 硅谷，2012 (11)：163 -164.

[3] 谭细军. 金属非金属地下矿山"六大系统"建设原则 [J]. 现代矿业，2011 (9)：52-54.

（论文发表于 2013 年《有色金属设计》杂志第 1 期）

地下特大型铁矿山数字化监控调度系统的开发和应用

资 伟 赵立群 郭朝辉

（昆明有色冶金设计研究院股份公司）

摘 要：以昆钢大红山铁矿数字化矿山监控调度系统建设为背景，对互联网技术、异构系统的数据整合技术在地下特大型矿山中的应用进行探索研究，实现了一个对矿山采矿生产的运行调度、故障检测、远程控制等高度集成的矿山数字化监控调度系统。该系统能有效地提升矿山的生产水平、安全水平和劳动生产率，同时取得了明显的节能减排效果。系统经过多年的实际运行，效果良好，极具推广前景。

关键词：数字化矿山、异构系统、监控调度

1 引言

昆钢大红山铁矿属国内地下特大型铁矿山，经过多年的建设，先后建成了井下多级通风系统、盲竖井提升系统、矿石破碎运输系统、井下人员车辆定位调度系统、380m 分段铁路信号系统、35kV 变电站及 6kV 变电所电网系统、井下中央泵房控制系统等 7 个基础自动化子系统。研究如何将分布于整个矿山采矿作业区的多个异构子系统进行优化、改造和整合，将有助于提升矿山的生产水平、安全水平和劳动生产率，实现生产调度、管理的数字化、信息化，最终实现矿山数字化。

2 系统功能设计

（1）对原有子系统进行优化改造，在充分利用现有设备的条件下，提高矿山采矿效率，并实现节能减排。

（2）通过工业级光纤以太环网整合井下多级通风系统、盲竖井提升系统、矿石破碎运输系统、井下人员车辆定位调度系统、380m 分段铁路信号系统、35kV 变电站及 6kV 变电所电网系统、井下中央泵房控制系统在地面及井下 380m 分段调度指挥中心进行集中监控调度。

（3）对重要生产过程数据进行实时、高效、不丢失的存储，为完成数据的处理、统计及事故分析提供可靠的第一手资料。

（4）通过历史报警、报表和趋势图对生产过程数据进行统计、分析，从而改进和优化生产工艺，降低生产成本，提高企业的整体运营效率，获取最大经济效益。

（5）建立工业门户网站，使用户可以通过 IE 浏览器在各生产管理职能部门之间实现信息共享，真实地了解和掌握生产实际情况，促进各部门之间的协作，提高生产管理水平。

（6）集成视频监控系统，在整个矿山作业区主要地段和设备附近设置视频监控点，所拍摄的视频信号通过光纤网络直接传输至采矿调度指挥中心进行监控和存储，真实再现整

个采矿作业区的作业情况，最大限度地发挥智能管理的作用，创造安全、健康的工作环境，并减少维护人员，提高工作效率。

（7）系统构架设计，如图 1 所示。

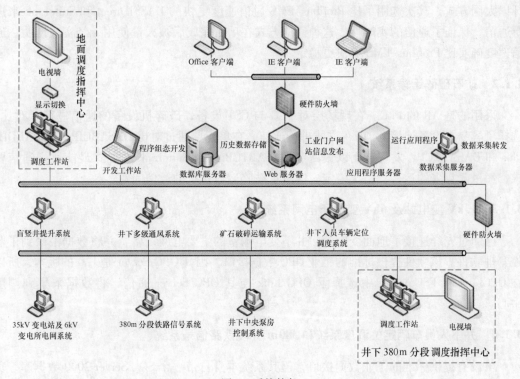

图 1 系统构架

昆钢大红山铁矿数字化矿山监控调度系统选用具有 ArchestrA 技术的 Wonderware 系统平台，将各子系统的实时生产信息汇聚到地面和井下 380m 分段调度指挥中心。该平台本身提供了大量的支持标准工业协议的连接组件，可以与国内外大多数的 PLC（包括 Rockwell、Siemens、GE、ABB、Honeywell 等）设备进行实时的点对点通信以及消息发送。在其他行业的应用中，其联通性、可靠性和稳定性已得到充分的验证。将该平台应用到数字化矿山监控调度系统当中，实现了对 7 个子系统的数据整合，完成了对矿山生产的整体监控，提高了子系统之间的协作能力，解决了矿山原来存在的自动化孤岛问题。

同时，数字化矿山监控调度系统还对各重要生产环节实现了视频监控和存储，进一步保障了系统运作的可靠性和安全性，系统架构如图 1 所示。

3 技术研究

在该项目的具体实施中，主要针对以下几个方面进行了深入研究。

3.1 异构系统的数据交互

3.1.1 盲竖井提升系统、井下多级通风系统和井下中央泵房控制系统

采用的是西门子的 PLC。在 PLC 与现场设备通信的现场层，对比了 MPI 网络、Profibus 工业现场总线、工业以太网络、PtP 连接和 AS-I 网络，选用了 Profibus-DP 作为该层的通信协议，达到了高速通信和设备快速响应的效果。在 PLC 与控制站和监控调度系统连接的单元层，首先对比了现场总线和光纤以太网通信，选用了成本更低和抗干扰性更好的光纤以太网方式，其次选用了比 Profibus-FMS 通信速度更快的 DASSIDirect 和 SuiteLink 来进行通信，保证了通信的实时性。这种通信方式在项目完成后被大量使用，经实践证明，通信速度确实比 Profibus-FMS 更快更稳定。

3.1.2 矿石破碎运输系统

采用的是 AB 的 PLC。在现场层对 PLC 与 CST 设备，破碎机设备的通信进行了对比，选择了容易与设备连接的 DH+ 方式进行通信。在单元层通过对比 DASABCIP、DASABDH-Plus 和 DASABTCP，发现选用以太网和 DASABTCP 结合 SuiteLink 的方式最能达到通信要求，经过 3 年多的运行，情况稳定，解决了破碎运输系统的通信问题。

3.1.3 35kV 变电站及 6kV 变电所电网系统

已通过光纤连接了地面变电站、井下变电硐室的主要电网设备，并将数据汇聚到了监控管理软件。该软件提供标准的工业 OPC 数据接口，因其 OPC Server 是 1.0 的版本，所以在 OPCLink 和 FSGateway 中选择了 OPC Link 与其 OPC Server 通信，将数据采集到调度中心。

3.1.4 井下人员车辆定位调度系统和 380m 分段铁路信号系统

虽没有提供标准的工业数据接口，但其系统本身自带一个 SQL Server 2000 数据库，负责存储实时和历史数据。SQL Server 2000 提供标准的数据库接口，而采用的 Wonderware 系统平台软件并不直接支持数据库的访问，但能在平台中使用脚本调用 NET Framework 中的类库的方法来实现高级的语言编程。经过对比数据库访问的 ODBC、OLEDB、ADO 和 ADO. net 方式，采用了在 SQL Server 2000 数据库中根据数据表结构建立用户数据库，并通过 ADO. net 访问的方式取得子系统数据。

3.1.5 监控调度系统

经过研究，已经实现了使用 OPC 接口和标准数据库接口向上层系统开放的能力。同时经过对数据的整理、计算和归纳，具备了直接与 ERP 系统连接并提供数据的能力，有助于今后企业实现智能化。集成后的生产流程监控画面如图 2 所示。

3.2 低碳环保，绿色生产

（1）井下多级通风系统在最初的时候采用的是总回风斜井抽风、主进风斜井压风的方式的混合通风模式，由于井下坑道复杂，温度逐渐升高，通风效果不理想。对比了国内常用的压风式通风、抽风式通风和混合式通风，研究制定了一套总回风斜井和井下多层级抽风的多级多机站通风方式，井下多层面的通风效果好，经实际测试比同类系统的通风方式节能 30% 以上。

（2）井下多级通风系统在与监控调度中心集成后，实现了基站的无人值守。还研究了

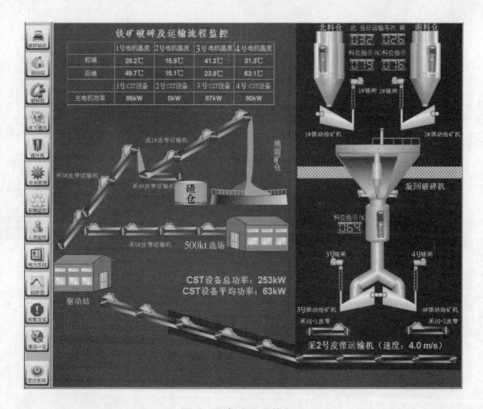

图2 生产流程监控画面

一套通过计算井下人员车辆定位系统测量的井下各层人数和实际风量情况实现风机的自动调速的方法，使节能效果提高了 10%。

（3）变频控制技术的节能效果明显。经实际测试，当电机转速下降为原转速的 4/5 时，省电 48.6%，当电机转速下降为原转速的 1/2 时，省电 86.7%。盲竖井提升系统、井下多级通风系统和井下中央泵房控制系统等井下大量的电机驱动，都采用了变频控制技术。例如：在井下多级通风系统，用变频器代替了闸门或者挡板；在井下中央泵房控制系统根据水位变化自动调节泵机功率等。通过变频控制技术的大量使用，达到节能减排的效果。

3.3 安全生产

（1）项目建设初期，7 个子系统是分散在全矿的不同地方的，一旦设备发生故障，调度人员需要很长时间才能得到信息，安排人员维修。通过将各个子系统的报警信息统一集成，并利用不同的报警级别，合理划分故障报警的等级，使调度人员具备了快速故障定位、分析故障原因并组织抢修的能力，保证了矿山生产安全稳定。

（2）在项目建设过程中，尽管井下人员车辆定位调度系统具备了定位井下车辆和人员的能力，但是因井下通道坡度大、货车超载、超速严重、驾驶员素质偏低等原因，经常造成井下交通安全事故，严重妨碍了井下汽车运输的畅通。通过集成井下车辆定位系统，对违规人员采取必要的处罚措施，有效地遏制了井下交通安全事故的发生，保证了井下交通的畅通。井下车辆定位信息如图 3 所示。

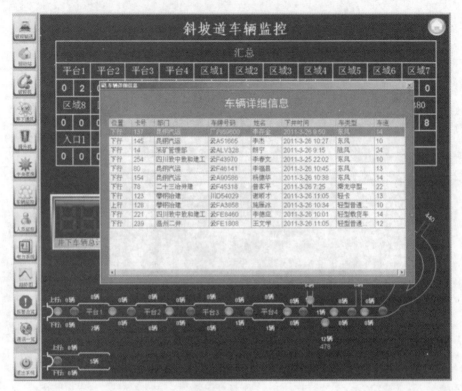

图3 井下车辆定位信息

（3）通过设备的运行参数和报警信息虽然可以得知现场的生产情况，但是缺乏一种更直观的认知。通过在井下各个重要设备和通道安装摄像头，使调度人员能够更直观地了解井下生产作业情况，进一步保障了井下生产安全。

3.4 故障预测维护

虽然报警功能提高了调度人员对故障的及时定位、及时抢修的能力，但是一旦设备发生故障，还是会对生产的连续性造成影响。经过统计，将设备的一些低级别但不至于引起设备停运的报警进行了累计，并且以频率图表的方式显示出来，帮助调度人员对设备进行预测性维护，大大降低了设备故障的发生率。

3.5 计算机互联网技术

（1）本系统以风机、阀门等最基础的设备建立模板，采用对象方式构建矿山模型，结构化地体现了整个矿山的体系架构，方便管理维护。在开发过程中，以对象模板派生实例，对模板进行改动时，实例自动更新，优化了开发过程。当系统需要扩充或者更新时，可以利用已有模板快速组态，节省了二次开发时间和成本，方便推广应用。

（2）系统充分利用了计算机网络技术，实现了灵活部署、自动更新和负载分担。在工程师站将项目内容分别部署到平台内各计算机站点，使不同的计算机站点实现不同的功能应用，而无须到其他站点手动操作。当平台硬件无法满足需求或需要增加新的内容时，可随时增加计算机站点，将应用任务拆分和部署到新的站点，以实现负载分担。

（3）在项目建设初期，安装在斜坡道的光缆经常被汽车撞断，给调度人员造成了不少的麻烦。后来发现，这是由光缆安装位置过低引起的。经过研究，改变了光缆的安装位置，将光缆安装在通道的斜上方，这样可以有效地防止光缆被撞断，即使光缆因振动掉落也不会影响交通。

（4）在项目建设中发现，偶尔有通信中断的现象出现，主要问题是发生在光纤物理链路方面。起初，采用的是普通交换机与光纤收发器配合使用的方式。这种方式因井下温度30～50℃，相对湿度80%~85%，灰尘量大，容易出现光纤收发器故障，导致交换机和光纤之间的通信中断的故障。后经研究，采用了符合 IP65 标准并直接带有光口的交换机来替代普通的交换机，解决了这个问题。同时为保障通信的稳定性，在控制站与 PLC（设备）、调度中心与 PLC（设备）之间安装了双环网，并且调度中心与 PLC（设备）之间的两根光缆通过井下不同的通道与 PLC 网络连接，充分地保证了通信的稳定。在最坏的情况下，即使调度中心与底层的 PLC 通信中断，依然可以通过 PLC 附近的控制站完成对设备的控制。

4　结束语

昆钢大红山铁矿数字化矿山监控调度系统通过大量先进技术的应用，有效地提升矿山的生产水平、安全水平和劳动生产率，同时取得了明显的节能减排效果。系统经过多年的实际运行，效果良好，极具推广前景。

参 考 文 献

[1] 郭朝辉，赵立群，等. 现场总线在数字式直流传动系统中的应用 ［J］. 有色冶金设计与研究，2003，24（增刊）：19-21.

[2] 傅博. 大红山铁矿原矿运输 PLC 控制系统的设计 ［J］. 有色金属设计，2009，3：25-28.

[3] 席朝阳，等. 新型模式的矿山生产调度系统设计 ［J］. 辽宁工程技术大学学报（自然科学版），2004（z1）：139-141.

[4] 杨永明. 云锡松矿 1360 主平巷铁道运输自动化调度系统 ［J］. 云南冶金，2002，31（4）：52-54，57.

（论文发表于 2011 年 11 月《采矿技术》期刊）

LC + FM458 构架在大红山铁矿箕斗井提升机上的应用

杨建华

（昆钢大红山建设指挥部）

摘　要：大红山扩产工程箕斗井承担着井下矿石到地面的运输，矿井提升机的控制对提升工作起着关键作用。对同步电动机调速系统而言，传统的控制主要采用交-交变频、交-直-交变频完成。本文介绍了西门子公司交-交变频器 PLC + FM458 构架在大红山铁矿箕斗井提升机系统上的应用，详细说明了控制系统的组成、功能、控制、配置及系统的优缺点。

关键词：PLC + FM458 构架、箕斗井、提升机、交-交变频器、控制

大功率同步电机的调速控制，传统的方式主要有交-交变频和交-直-交变频两种。交-交变频器采用晶闸管自然换流方式，工作稳定，可靠。交-交变频的最高输出频率是电网频率的 1/3 ~ 1/2，在大功率低频范围有很大的优势。交-交变频没有直流环节，变频效率高，主回路简单，不含直流电路及滤波部分，与电源之间无功功率处理以及有功功率回馈容易。虽然大功率交-交变频器得到了普遍的应用，但因其功率因数低，高次谐波多，输出频率低，变化范围窄，使用元件数量多，其应用受到了一定的限制。它在传统大功率电机调速系统中应用较多。

交-直-交变频器比较常见，由整流器、滤波系统和逆变器三部分组成。整流器是二极管三相桥式不控整流器或大功率晶体管组成的全控整流器；逆变器是大功率晶体管组成的三相桥式电路，其作用正好与整流器相反，它是将恒定的直流电交换为可调电压，可调频率的交流电。中间滤波环节是用电容器或电抗器对整流后的电压或电流进行滤波。

1　提升机控制系统组成

大红山铁矿箕斗井提升机控制系统主要由提升主电机、中压开关柜、变压器（定子整流变压器 6 台，励磁整流变压 1 台）、工艺控制柜 WTC、操作台、低压配电柜（400V/220V/24V）、SL150 交-交变频器（包括传动控制柜、定子整流柜、励磁整流柜）、井筒信号、装卸载电控系统及动态功率补偿装置组成。

2　控制系统特点

2.1　控制系统架构

针对铁矿山行业的特殊性，采用 PLC + FM458 构架的控制系统。逻辑控制部分由西门子 S7-400PLC 来实现，工艺控制部分由 FM458 控制器来实现。S7-400PLC 是西门子公司生产的高端 PLC 系列，其在处理时间、处理精度，容错能力，故障率、扩展能力、通信能力、易用性等方面均具有一定优势。主要用来实现逻辑联锁控制和保护功能。

　　FM458 是针对行业对自动化和工艺控制要求较高的场合下开发的 64 位处理器。FM458 的高浮点运算能力和程序固定时间处理能力充分满足了矿山生产对工艺控制的准确性与实时性的要求。FM458 主要用来实现工艺控制，如位置控制、井筒开关信号检测、行程控制、速度控制、工艺过程控制等。

　　三闭环的控制方式使系统能严格按照设定曲线运行，全数字的闭环控制方式使停车位置准确，不依赖停车开关停车，减少了故障点，自动化程度高，减少了系统运行过程中的人工参与。

2.2　网络通信

　　系统对所有远程信号采集和控制均采用 Profibus 通信方式进行，在远程站放置 ET200 装置。这种分布式网络控制方式布线简单，拓扑扩展方便，减少了现场接线，维护方便，故障率低，可为设备生产和故障处理节省大量时间和人力。

2.3　控制回路

　　系统分为安全回路、电气停车回路、闭锁回路三大控制回路。根据信号的轻重级别不同，把故障分成三种，故障发生时，系统将采取不同的控制方式，便于实际故障查找与排除。

2.4　双 PLC 控制的主控、监控系统

　　提升机控制工艺复杂，设备之间联锁较多，对实时性和安全性要求甚高。因此，本次设计把安全可靠放在第一位。所有的与安全有关的现场设备信号分别进入主控、监控系统进行联锁比较，主控 PLC、监控 PLC 系统在工艺控制功能上实行双路独立信号采集、状态判断、实时运算、控制指令生成等，任意一个系统发现故障信号时立即采取相应措施，有效避免了单 PLC 系统可能发生的信号误采集，CPU 自身运算错误等故障发生。

2.5　传感器信号的双路检测

　　提升机控制系统的精确可靠控制必须以采集信号的准确、实时为前提，高性能的 S7-400PLC 和 FM458 为信号采集、传输、处理提供了保障。

　　轴编码器采用双路输出的高精度编码器，信号分别进入主控和监控系统。三个编码器反馈数据相互比较，确保每一个参与运算数据的准确性。

　　井筒开关信号直接进入控制系统，不采用继电器，大大减少了硬件延时带来的控制的不准确性。

2.6　提升机控制专用功能块和工艺控制程序

　　任何系统控制都存在自身的特殊性，利用西门子提升机控制专用功能块，位置、速度、加速度、冲力、爬行等曲线设定只需要改变参数即可，大大节省了编程开发时间、人力成本、调试时间等。该功能块确保了提升时间的最优化处理，缩短了不必要的爬行时间。

　　工艺控制中加入了包络线速度、逐点速度、连续速度等速度监视；重载提升、重载下

放、提升超载、滑绳、位置突变、超速、过卷等软件保护功能。

所有的提升机控制工艺均为参数输入，功能块参数化的方式给以后的维护和诊断带来了方便。

3 工艺控制系统功能

3.1 主控系统

提升机的主控系统由西门子 S7-400PLC 结合 ET200 组成，协调管理提升机的操作和报警任务。可以对提升机的速度、位置、扭矩、距离等进行检测并采取相应的控制。

3.2 监控系统

提升机的监控室是由两路控制器实现的。其中第一路（即通道 A）在前面主控系统中已叙述。提升机的第二路（即通道 B）监控功能由西门子公司的 S7-400PLC 结合 ET200 组成，监控系统是在硬件和软件上均独立于全面所描述的提升机主控系统 PLC 的。它的主要功能包括：全提升周期的连续速度监控，位置突变监控，重载提升的监控，重载下放的监控，滑绳监控，软过卷保护，硬过卷保护等。

3.3 安全回路

安全回路中（安全回路、电气停车回路、闭锁回路）集成了所有的危及人或物的安全的故障信号。当有此类故障信号时，信号触发了安全回路。则可以导致机械安全制动、电气停车或禁止提升机的下一个提升周期。

根据安全规程，安全回路是在主 PLC 系统和监控 PLC 系统中通过各自安全一样的软件实现的。两路软件安全回路的输出通过少许的继电器串联形成冗余回路。输出的安全回路触发信号，通过继电器驱动液压制动系统，并且系统给出故障的报警。

主要安全回路分类：

（1）闭锁回路。故障发生后，仍旧允许提升机继续完成本次提升。但在本周期完成之后，提升机将被闭锁，不能启动，直至故障被排除后复位。如变压器超温。

（2）电气停车回路。故障发生后，系统将立即实行电气停车。之后，提升机将不能启动，直至故障被排除后复位。如轴承超温。

（3）安全回路。故障发生后，提升机立即抱闸实施机械制动，提升机不能启动，直至故障被排除后复位。如急停按钮被按下。安全回路设计在两套完全独立的硬件（PLC）和软件系统中。其分别是在主控 PLC 和提升机监控系统 PLC 中描述的结构中实现的。

上述两个通道中的安全回路的运算结果是相互监控的，当发现有不同结果时，系统将启动紧急制动，并且发出系统不对称报警。

4 集中控制

提升机控制的操作在控制室内统一进行，控制室设三段式操作台，操作台内放置 ET200M，操作和控制等信号接至 ET200M，经过 Profibus-DP 网络与控制系统进行通信。在这个操作台上安设了所有的与操作有关的信号，LED 指示灯和显示仪表。

5　低压配电

低压配电系统共由两个柜子（1F11/1W11）组成，两个柜子已经做了并柜处理。1F11提供 400V 低压配电电源，1W11 提供 230V/24V 低压配电电源。柜内设有欠压保护装置和绝缘监测装置。在低压柜旁还有 1 个 230V/6kV 的 UPS（不间断电源），目的是在断电时，为系统提供后备电源，以防某些数据的丢失。

在设计低压配电系统时，为重要设备供电的断路器都配备有辅助触点，并将这些辅助触点接入到安设在低压柜中的 ET200 远程站中，这种配置可以将断路器的状态纳入 PLC 的监测之中。并且由于 ET200 远程端子就安装在低压柜中，省掉了电缆接线工作。

6　交-交变频传动装置

高压供电系统中有 6 台定子整流变压器，三台接法为 Dy，5，另外三台为 D，d0，变压器二次输出接进 6 台变频器柜（定子整流功率柜），变频器输出经切换柜后接至电动机的双绕组线圈（电动机双绕组没有相位差）。

7　外部接口

井筒信号系统与主控系统之间通过 Profibus-DP 总线传输信号，对于重要信号，通过硬线连接实现联锁。

井筒内共安装了 8 个井筒开关，其中，左箕斗安装了 4 个，两个同步开关，一个过卷开关，一个极限过卷开关，右箕斗和左箕斗相同。同步开关的作用：一是校正记数误差，实现同步功能；二是不在井筒开关 ±5m 范围内动作时，会报故障，实现位置监测；三是提供速度包络线；四是同步开关误动作时，系统设置有跳跃保护功能。井口停车点没有安装到位开关。井口停车点由系统计算脉冲来实现。

在整个提升系统中，共装有 4 个编码器。其中，导向轮侧装有 1 个位置检测编码器（双路输出）、主轴侧装有 1 个速度检测编码器（双路输出）、1 个位置检测编码器（双路输出）+1 个矢量控制编码器（单路输出），用来实现对提升机速度、位置的监控。提升机采用闭环控制系统，对速度、位置、转矩、同步信号等实现自动化控制。

8　系统配置的优缺点

玉溪大红山矿业有限公司是国内自动化程度较高的大型矿山，箕斗井担负着井下矿石的运输任务，其重要性不言而喻。提升系统的安全可靠是安全稳定生产的重要保障，因此，设计时把安全可靠放在第一位。其主要优点如下：

（1）系统安全可靠，采用西门子公司 PLC + FM458 构架，双 CPU 结构，提高了纠错能力，避免了错误信号产生的误动作；

（2）结构清晰，系统内部分工明确；

（3）信号处理及时，运算能力大大提高，使得控制更加及时；

（4）系统扩展性好；

（5）开放性强，采用西门子符合国际标准的 Profibus 通信协议，便于以外部系统通信。

其主要缺点如下：

（1）系统过于庞大，交-交变频器虽然在结构上只有一个中间环节，省去了中间直流环节，看似简单，但所用的器件数量却很多，总体设备庞大；

（2）输入功率因数较低，谐波电流含量大，频谱复杂等，因此须配置滤波和无功补偿设备。

9 结语

交-交变频器 PLC + FM458 构架在玉溪大红山矿业有限公司箕斗井提升机调速上已成功使用多年。PLC + FM458 构架的控制系统有效地发挥了交-交变频器的高效率，并有效地降低变频器调节率，减少了交-交变频的部分不利因素。该控制系统运行效果良好，能安全、可靠、稳定、经济、有效地满足生产要求，同时减轻工人劳动强度，提高生产管理水平。

参 考 文 献

[1] 邓星钟，等. 机电传动控制 [M]. 武汉：华中科技大学出版社，2007.
[2] 廖晓钟. 电力电子技术与电气传动 [M]. 北京：北京理工大学出版社，2000.
[3] 李德华. 交流调速控制系统 [M]. 北京：电子工业出版社，2003.
[4] 许建国. 电机与拖动基础 [M]. 北京：高等教育出版社，2004.
[5] 孔凡才. 自动控制系统 [M]. 北京：机械工业出版社，2003.
[6] 林瑞光. 电机与拖动基础 [M]. 杭州：浙江大学出版社，2002.

（论文发表于 2010 年 8 月《云南冶金》期刊）

数控模拟视频监控在大红山铁矿视频整合中的应用

谢顺荣

（玉溪大红山矿业有限公司）

摘　要： 用数控模拟视频监控技术将大红山铁矿原有采矿、500kt 选厂、4000kt 选厂三个独立的视频监控系统汇总到总调度中心，以便总调度中心对生产现场情况实时掌握，及时准确地进行调度。建立以集中和分控相结合的管理模式，以核心矩阵为中心，在车间建立分控中心，实现视频资源的共享。

关键词： 数控模拟视频监控、矩阵、云台、光端机、视频分配器、硬盘录像机

1　引言

应用工业电视监控系统提高管理效率，已成为科学管理的重要方式。工业电视系统利用光纤通信技术、多媒体计算机技术等对主要生产环节、重要设备及重要场所实现实时监控。作为企业，工业电视系统的实施，为安全生产、调度指挥、科学决策等提供了直观、可靠的手段。对提升管理水平、提高企业社会形象有重大意义。

2　整合前的状况

大红山铁矿原有三套视频监控系统：采矿调度、500kt 选厂调度、4000kt 选厂调度。它们各自独立且分散。

采矿区共 34 个视频监控点在采矿调度中心监管，500kt 选矿厂共 11 个视频监控点，4000kt 选矿厂共 27 个视频监控点。三套视频图像信号没有进入总调监控中心，未实现对各区的生产状况进行实时监视的互联。总调不能实时、有效地对生产现场的实时状况进行监视。

采矿区的视频监控模式不统一，有 22 个视频监控点的模拟信号进入工控式视频服务器统一监管。另外 12 个视频监控点由摄像机采集图像后传输给嵌入式视频服务器（朗驰 4 路编码器），再由嵌入式视频服务器通过 TCP/IP 方式进入采矿调度。不同模式，不同平台，给监管工作带来不便。

原视频系统的扩展能力差，为固化式设备，满载后就不能再容纳新增点，如要增加新的监控点，往往是牵一发而动全身。

3　整合方案

3.1　建设目标

选用数控模拟视频监控系统对矿区的各视频监控系统进行整合，同时为公司局域网的建设奠定良好的网络基础。数控模拟系统发展已非常成熟，性能稳定，在实际工程中得到

广泛应用，特别是在大、中型视频监控工程中的应用尤为广泛。

数字信号控制的模拟视频监控系统基于 PC 机实现对矩阵主机的切换控制及对系统的多媒体管理。采用软件设计，实现摄像机到监视器的视频矩阵切换，云台和镜头的控制，串口连接报警设备的报警信息，并通过程序编程自动完成视频切换、云台控制、报警录像等各项控制功能。系统能充分利用 PC 机的资源，使视频监控系统随计算机技术的发展而不断进步，同时其开放性的结构特性更可使之与其他多种系统实现互动集成。

针对原有系统状况，在最大限度地利用好原有设备的前提下，对采矿、500kt 选厂、4000kt 选厂的视频监视系统进行完善整合，以满足使用需求为原则，兼顾当前的使用及以后的拓展，完成经济实用、安全可靠、性能稳定、易于扩展的统一完善的系统实现视频监控的汇总。拓扑图见图 1。

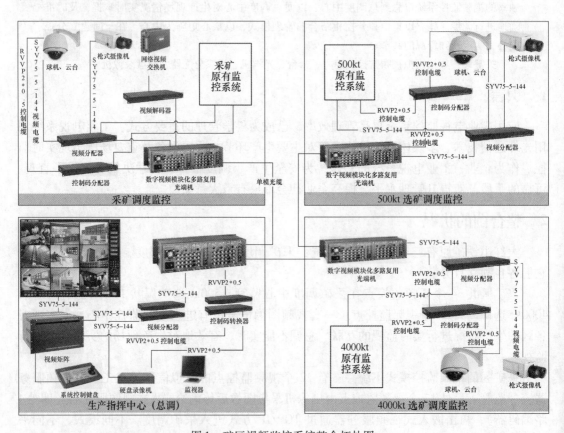

图 1 矿区视频监控系统整合拓扑图

3.2 统一摄像机视频信号

对网络摄像机数据信号转模拟信号后进入统一管理平台，用网络视频解码服务器，对部分网络摄像机信号进行解码，还原成模拟信号。由数字视频光端机传输至总调度室。

网络摄像机的数据进入视频解码服务器后，通过第三方软件解码得到 YUV 数据流（变换电路得到亮度信号 Y 和两个色差信号 R-Y（即 U）、B-Y（即 V），最后发送端将亮度和色差三个信号分别进行编码，用同一信道发送），由视频解码卡对 YUV 数据流进行还原后输出至 BNC 接口上。

3.3　控制信号及视频信号复用

在各分监控中心将多路控制信号输入分配成多路独立的控制信号输出，去控制解码接收器。提高系统的驱动能力和抗干扰能力，复用后的控制信号通过带反向数据的数字视频光端机传输至总调监控中心。当总调需对矿区的生产情况做巡视时，直接利用矩阵控制键盘巡视即可。

用数字高清 BNC 分配器（又叫视频分配器），将各监控系统的所有模拟视频监控信号进行复用后变成两路模拟视频监控信号，其中一路进入现有工控式视频服务器，供分区监控中心监控，一路进入数字视频光端机的发射机上，通过光纤干线传输至总调监控中心，进行统一监管各生产区的状况。

3.4　信号进入总调监控中心后的整合实施

在通过数字视频光端机接收了各区的视频信号后，统一进入总调数字视频分配器，由数字视频分配器做视频信号的复用。

对视频信号的复用，每一路视频信号复用成两路：一路进入总调室的工控式视频服务器（录像机）；另一路进入 256 从 32 出（最大可扩展量）的核心矩阵，通过控制键盘控制信号输出至监视器或大屏幕。

在保证视频图像高质量、实时传输的前提下，视频传输、控制设备均选用模块化可扩展设备，具备更好的集成度和良好的可扩展性。

3.5　集中分控

全矿的视频整合完成后，矿区所有监控点位视频信号已汇集到总调度中心，为满足选矿、采矿、安保等职能调度需求，通过从核心视频矩阵输出分组和建立分控点，实现各相应职能调度部门所需视频图像的输出。即选矿调度对选矿范围的所有视频图像进行监视和切换，采矿调度对采矿范围的所有视频图像进行监视和切换，保卫组可对所有安防监控点的图像进行监视和切换，其分控原理如图 2 所示。

3.6　整合后的光纤链路组建远程视频监控网络

利用光纤传输电视图像，不论在图像质量、抗干扰能力，还是在传输距离、性价比方面，都具有明显的优越性。

矿区、500kt 选矿区、4000kt 选矿区的模拟视频监控信号，利用光缆作传输介质，建设的统一信息化平台，采用层绞式管道光缆芯单模光缆，在满足了现行各区视频监控信号的整合、扩展的同时，为数据网络的组建与扩展奠定了物理链路的基础。

主干用层绞式管道光缆芯单模光缆，到各分区统一进入 ODF 架配纤（图 3）。统一、规范的结构化布纤，便于多业务网络的拓展。

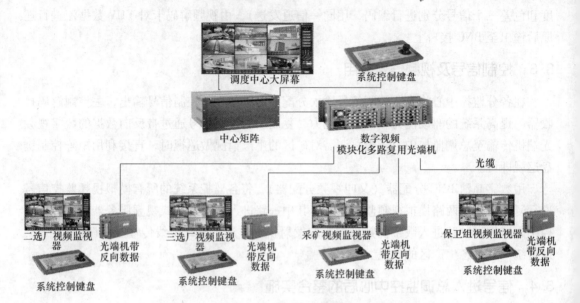

图 2 视频分控原理图

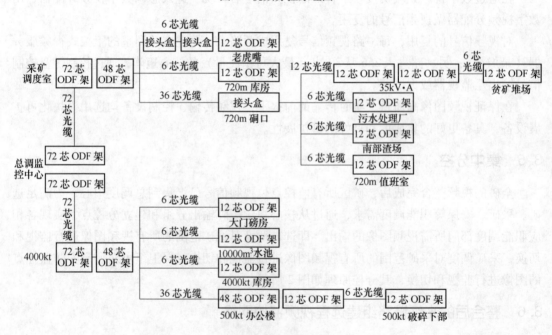

图 3 光纤网络链接图

4 结束语

利用数控模拟视频监控系统,通过统一的平台和管理软件将大红山总调度中心与各分散子系统设备联网,实现由监控中心对各子系统的管理与监控。同时从核心矩阵视频输出分组和建立分控点,实现各相应职能调度部门所需视频图像的输出。极大地提高了调度的准确性、实时性,为安全生产、现场调度、科学决策等提供了直观、可靠的手段。

◇经济与管理◇

大红山铁矿 4000kt/a 采选管道工程建设的初步经济评价和效果分析

余南中 张 岚

（昆明有色冶金设计研究院）

摘 要：本文阐述了现代化大型铁矿山开采建设的意义，在设计中通过采取先进工艺和设备、新模式建矿的措施，提高了项目的经济效益保证程度。通过对项目的劳动生产率、投资、成本与国内类似矿山进行分析比较，并通过盈利指标、敏感性分析所说明的项目盈利状况及抗风险能力，以及项目建成后生产的初步效果，进一步说明了这一问题。并对项目建设意义进一步作了说明。

关键词：建设意义、工艺设备先进、新模式建矿、成本、建设投资、财务盈利指标、建设的初步效果

1 概述

大红山铁矿区位于云南省玉溪市新平县戛洒镇，在云南省省会昆明市西南。从矿区经270km 公路通昆明市，经 260km 公路至昆钢本部，经 172km 公路至玉溪，交通方便。矿区海拔标高 600～1850m，属亚热带气候。

大红山铁矿资源丰富，在矿权范围内地质资源储量 567000kt。（铁矿石量 484000kt，铜矿石量 83000kt，铜金属量 539.4kt）。

大红山铁矿 4000k/a 采选管道工程 2004 年 8 月经国家发改委核准，于 2006 年 12 月月底建成投产。设计生产能力为 4000kt/a，目前居国内投产的地下金属矿山第二位。

1.1 项目建设的背景及意义

我国铁矿石产量远远满足不了钢铁工业发展的需要，自给率仅 50% 左右，长期以来，需要大量进口。2007 年进口铁矿石 383000kt，预计 2008 年进口 435000kt。

昆钢是云南省的支柱企业之一。昆钢所需的铁矿石过去主要依靠原有的 4 座铁矿山，经过几十年开采，资源已近枯竭。2004 年昆钢实际生产钢 2760kt，在所消耗矿石中，自产矿仅占 11.7%，进口矿占 31.9%，省内收购矿占 59.32%。2007 年产钢 5470kt，自产矿率仅 26.5%，远低于全国平均水平。

铁矿石供应不足已成为严重制约昆钢生产发展的主要因素之一。

此外，利用进口矿，近几年来矿价不断攀升，到厂价远高于大红山自产矿价。

按照昆钢"十一五"发展规划，至 2010 年钢产量将达 8000kt，相应需成品矿石约15000kt。因此，利用大红山铁矿的丰富资源，及早开发大红山铁矿，对于提高昆钢自产

矿率和改善经济效益，使昆钢早日拥有自己长期稳定的大型铁矿供应基地，改变企业目前资源的瓶颈状况，有效降低企业面临的原材料风险，具有十分重要的作用。同时也将缓解国内铁矿石自给率严重不足的矛盾。

1.2 新模式建矿的特点在本次设计中的运用

大红山铁矿为昆钢所属大型采矿、选矿及管道运输联合企业，建设规模为4000kt/a，初步设计结合矿体条件采用了具有国内外先进水平的新技术和新设备，并按照市场原则实行新模式建矿。通过工艺创新、设备创新，充分体现了现代采矿业的资源利用最大化、参数大型化、设备大型化、运输连续化、控制自动化、环境友好化的特点。

采矿方法采用大参数（国内第一）结构的无底柱分段崩落法，大幅度降低了采场准备的井巷工程量和费用；采掘设备引进具有世界先进水平的大型凿岩和装运设备，技术先进可靠，保证了大产量的实现；开拓运输采用具有国际先进水平、国内新颖的胶带斜井-无轨斜坡道联合开拓方式，用高强度胶带运输机连续运输取代了传统的竖井或斜井的箕斗间断运输，并采用大高度集中运输水平的设置方式，取代常规的低段高、多中段分别运输方式，集运高度达到340m。运输能力大，能耗低，费用省。

选矿采用适合矿石性质的半自磨-球磨、阶段磨矿、阶段选别、弱磁选-强磁选-浮选联合流程，设备大型化。自磨机采用进口的8.53m×4.27m自磨机，其容积为国内第一。优化设备配置，提高选矿自动化水平。

精矿外运采用国际先进的经济、高效及清洁的长距离矿浆管道输送方式，将铁精矿输送至昆钢，经济和环境效益良好。

总之，设计在采矿、选矿和管道输送技术方案中，广泛采用了国内外的新技术、新设备、新工艺和新方法，以及先进的计算机控制管理系统，达到了国内或国际先进水平。为大红山铁矿4000kt/a采选管道工程取得良好的建设效果及经济效益提供了有力的保证。

此外，通过改革创新，采用新模式办矿的设计理念，对提高效益也起到了积极的作用。其主要措施有：

（1）设计广泛采用新技术、新工艺和大型设备，提高装备水平和自动化水平，同时尽量合并和减少用人岗位，实行一人多岗操作，使主体工艺的岗位定员大为减少。

（2）以昆钢的雄厚生产设施为依托，简化矿山公辅设施，特别是取消全矿总机修和汽修，只设采选车间一级的设备维护检修，减少了辅助生产工人。

（3）按新模式办矿的原则，充分利用社会力量及发挥地方的积极性，根据作业性质分别对待。矿山生产外委给有实力和经验、能够胜任生产的队伍进行承包，采矿监测计量、选矿、管道输送等主要工作岗位自理，地表的部分辅助工种和服务性工作由临时工承担。

2 技经主要指标简况及分析

2005年9月的初步设计（修订），在上述设计特点的基础上，进行技术经济分析，与当时的国内类似矿山进行比较，对经济情况进行初步评价。

2.1 劳动生产率

职工定员按照设计规模、生产工艺特点和工作制度，本着精简和提高效能的原则进行配备，既要努力向国际先进水平靠拢，又要符合我国国情，力求大幅度减少劳动定员。

在新模式办矿原则的指导下，进行劳动定员设置。

具体措施如下：

（1）对各生产系统和部门的固定职工与临时工，以及矿部技术及管理人员人数进行分配控制设计。

（2）外包工作及临时工约占所需定员的71.97%，人数为1284人，全矿固定职工总人数为500人，全矿劳动定员为1784人。

（3）考虑矿山管理水平的提高，将管理及技术人员比例按全矿职工总人数的8%左右配备（不含采矿生产系统部分），减少全矿管理人员和服务性人员。

（4）采矿各主要作业区的管理及技术人员全部由外包单位承担，选矿、精矿输送管道等生产系统车间级管理及技术人员由昆钢设置，采矿生产工人有8%为固定职工，主要设置在各工段的计量、取样、化验、监控及要害系统等关键的生产岗位，选矿、精矿管道输送主要岗位以固定职工为主，全矿公辅设施以外委人员或临时工为主。矿部管理及技术人员除精干的党政人员外，主要负责全矿的采矿、选矿、精矿输送的计划、生产、技术、安全、环保、质量、物资、营销、合同、财务及人力资源等综合职能部门的工作。生活福利及服务性、保安、医疗、文教等工作尽量实行社会化及外委。

（5）将全矿岗位总定员1784人，按采矿、选矿（含尾矿）和管道运输三个生产系统进行分摊后，分别计算出各系统的全员劳动生产率指标，并与国内重点大型铁矿2004年的技术经济指标对比，其结果见表1。

表1　全员劳动生产率指标对比

序号	项目	单位	坑下采矿	选矿	管道运输	全矿
一	本设计					
1	分摊的系统定员	人	1175	447	162	1784
	全员劳动生产率					
	按原矿计	t/(人·a)	3404	8949		2242
	按精矿计	t/(人·a)			11509	1045
二	国内大型铁矿全员劳动生产率（按原矿计）					
1	全国重点坑采及重点选厂平均	t/(人·a)	1384	4592		
2	镜铁山铁矿及酒钢选厂	t/(人·a)	2334	6788		
3	梅山铁矿	t/(人·a)	2948	2203		
4	攀枝花矿山公司选矿厂	t/(人·a)		4992		
5	鞍钢所属铁矿弓长岭	t/(人·a)	1112	3780		
6	武钢所属铁矿程潮	t/(人·a)	1512	3116		

以上对比资料均采用2004年第四季度重点地下铁矿山及选厂的平均值进行测算。从表中对比资料可以看出，本设计采矿全员劳动生产率（按原矿计）为3404t/（人·a），选矿全员劳动生产率为8949t/（人·a），高于全国重点铁矿坑采和重点选厂的平均水平，也高于类似重点铁矿山和选矿厂的水平。

由于贯彻先进的设计指导思想和按新模式建矿的原则，精简机构，压缩定员，从而大大提高了劳动生产率。

2.2 项目投资分析

项目总投资为229621.26万元，其中建设投资总额226195.91万元。

将建设投资总额226195.91万元按采矿、选矿和管道输送三个生产系统进行分摊后，分别计算出各系统的单位投资指标：采矿（原矿）为220.53元/t，选矿（原矿）为146.20元/t，管道输送为467.67万元/km。全矿综合单位投资（原矿）为565.49元/t。

用本设计单位投资指标与国内近年设计的大型铁矿投资指标加以对比（见表2）。

表2 单位投资指标对比

序号	项 目	生产能力/kt·a⁻¹	单位	地下采矿	选矿	管道输送	全矿	备注
一	本设计投资指标	4000						
1	固定资产投资分摊		万元	88210.56	58481.42	79503.93	226195.91	
	单位投资指标							
2	每吨原矿投资		元/t	220.53	146.20		565.49	
							366.73	采选
	每千米管道输送投资		万元/km			467.67		
二				国内类似大型厂矿投资实例				
1	太钢尖山铁矿	4000	万元	露天开采 61378	93310	54200	208888	1995年7月调概
	每吨原矿投资		元/t		233.3		522.2	
	每千米管道输送投资		万元/km			530.59		
2	金山店铁矿东区	2000	万元	53030				1995年5月可研
	每吨原矿投资		元/t	265.2				
3	齐大山铁矿调军台选厂		万元		177265			1995年3月调概
	每吨原矿投资		元/t		197.0			
4	北铭河铁矿	1800	万元				70350	2003年
	每吨原矿投资		元/t		390.83			
5	东瓜山铜矿	3300	万元				167000	2003年
	每吨原矿投资		元/t				506.06	

根据表2投资指标，做以下对比分析。

2.2.1　矿山工程投资比较

武钢金山店铁矿东区 2000kt 地下开采工程，采用竖井开拓及无底柱分段崩落采矿法，开采条件与大红山铁矿相似。1995 年设计投资 53030 万元（含利用原有固定资产），原矿单位投资 265.2 元/t。

北铭河 1800kt/a 铁矿采矿投资（原矿）为 390.83 元/t。

东瓜山铜矿采选工程投资（原矿）506.06 元/t。本次设计扣除精矿管道输送部分投资后，仅采选工程投资（原矿）为 366.73 元/t，低于北铭河铁矿及东瓜山铜矿投资。

与以上矿山相比，由于本矿规模较大，采用了先进高效的采矿工艺、系统和设备，建矿环境及建矿模式均较有利，故单位投资较低。

2.2.2　选矿工程投资比较

尖山铁矿和齐大山铁矿，始建于 1992～1996 年，适逢物价涨幅高峰期，银行贷款利率高达 14.76%，且两矿有关设施相对采用了较高标准，其中齐大山选厂引进设备较多，故投资均较高。

本设计选矿单位投资低于尖山铁矿和齐大山铁矿的投资。

2.2.3　精矿管道输送工程投资比较

尖山铁矿管道为我国黑色冶金矿山系统投产第一例。该矿管道长 102.15km，仅设一座泵站，设计年输送铁精矿 1600kt，可以达到的输送能力 2000kt/a，单位投资为 530.6 万元/km。本设计管道长达 171km，沿线地形更为复杂，需设 3 座泵站，年输送能力为 2300kt 铁精矿。故无论就运距还是运量来说，均属当今全国之最。单位投资指标 467.67 万元/km，远小于尖山管道的单位投资，充分体现了本设计精矿管道良好的投资效益。

2.3　项目成本分析

2.3.1　采矿、选矿、管道运输的制造成本

本设计分别计算采矿、选矿、尾矿输送、精矿输送、精矿脱水及新水的制造成本。各段成本计算范围：采矿成本自井下生产工作面起算至原矿卸入选矿厂选 1 号胶带运输机转运矿仓止；选矿成本自原矿受料起算至精矿浓缩池止；尾矿输送从尾矿输送加压泵站起算至龙都尾矿库止；管道运输成本自选厂精矿进入精矿管道 1 号泵站浓密池起算至昆钢终点站将精矿过滤脱水送至球团厂入料点止。

成本计算以正常达产年为计算基础，年生产原矿 4000kt，精矿量按每年实际出矿品位计算。

依上述划分原则计算的制造成本为：采矿（原矿）50.16 元/t，选矿加工（原矿）45.26 元/t，尾矿输送 4.49 元/t，精矿输送 35.82 元/t，精矿过滤脱水 3.61 元/t。精矿至昆钢的总成本费用为 291.05 元/t。

2.3.2　成本分析

将本设计的制造成本与国内类似大型铁矿 2004 年第四季度平均实际成本指标加以对比（见表 3）。

表3 制造成本对比

序	项 目	采矿（原矿）/元·t⁻¹	选矿加工（精矿）/元·t⁻¹	管道运输（精矿）/元·t⁻¹	
				制造成本	其中，经营成本
一	本设计：制造成本	50.16	236.03	39.43	27.40
	管道吨公里经营费				0.16 元/(t·km)
二	国内大型铁矿实际成本				
1	全国重点铁矿平均	78.17	255.2		
2	梅山铁矿	79.31	240.36		
3	西石门铁矿	66.5	297.23		
4	北铭河铁矿	53.01			
5	太钢尖山铁矿（按1993年价格计算）				
	管道输送经营成本				12.26
	管道吨公里经营费				0.12 元/(t·km)
6	程潮铁矿	104.08	385.04		

根据表3成本对比做以下分析。

2.3.2.1 采矿成本

本设计采矿成本低于2004年全国重点坑采铁矿的平均成本，而接近或略低于较先进矿山（如梅山铁矿、程潮铁矿）的成本指标。梅山铁矿与程潮铁矿年产量分别为3600kt和2800kt，均为竖井开拓，单位成本分别为79.31元/t和104.08元/t。本设计成本低于梅山与程潮两矿成本，是由于大红山设计体现了按新模式办矿和高效率生产的结果。

2.3.2.2 选矿成本

本设计选矿加工成本低于2004年全国重点铁矿选矿厂的平均成本，接近于较先进的特大型铁选厂成本水平。镜铁山选厂为强磁与焙烧磁选，成本较高。梅山铁矿为磁选与浮选联合流程，但原矿品位高，选矿比仅1.38，大红山选矿比为2.146，梅山铁矿选矿成本较大红山铁矿成本高。

本设计引进先进的大型磨机，采用自磨工艺和阶段磨选流程，并按新模式建矿，简化辅助设施，精简定员，显著降低投资和生产费用，使选矿加工成本接近于国内特大型铁选厂的先进指标。

2.3.2.3 管道输送成本

尖山铁矿管道输送工程，按2000年价格计算的经营成本（精矿）为12.26元/t（已扣除折旧费），折算吨公里经营费（精矿）为0.12元/(t·km)。本设计管道比尖山管道更长，工程更复杂，生产条件更差，加之目前原材料、油价等上涨，按现价计算吨公里经营费为0.16元/(t·km)，略高于尖山管道单位经营费，属于合理范围。

2.3.3　总成本费用测算

按照经济评价的要求，除计算采、选、管道的制造成本外，尚需计算全矿管理费用（含摊销费和资源补偿费）、销售费用（本项目无此项费用）、财务费用（含流动资金利息及长期贷款利息），从而计算出精矿至昆钢的总成本费用（精矿）为291.05元/t。总成本费用测算汇总见表4。

表4　总成本费用测算汇总

序号	项　　目	采矿（原矿）/元·t^{-1}	选矿加工（原矿）/元·t^{-1}（含尾矿输送）	管道输送（精矿）/元·t^{-1}	合计/元·t^{-1}
一	制造成本	50.16	47.66	39.41	249.29
1	辅助材料	8.80	10.42	1.03	42.27
2	燃料及动力	8.74	22.63	12.24	79.55
3	生产工人工资及福利费	7.55	1.92	1.92	22.23
4	制造费用	25.07	12.69	24.22	105.24
	其中：维简费	15.00			32.18
	折旧费		5.48	12.02	23.78
	其他制造费	10.07	7.21	12.20	49.27
二	管理费用				35.07
1	摊销费				5.92
2	其他管理费（含资源补偿费）				29.15
三	销售费用				0.00
四	财务费用：				6.68
	流动资金利息				2.11
	长期贷款利息				4.57
五	精矿至昆钢的总成本费用				291.05
	其中：经营成本				222.49

2.4　项目盈利能力及敏感性分析

本次评价采用的产品售价是参考近年昆钢进口铁精矿及外购矿石的到厂价格，考虑风险因素确定精矿为480元/t（不含税价），542.40元/t（含税价）。

经计算，本项目的各项财务盈利能力指标为：

（1）投资利润率13.41%；

（2）投资利税率18.32%；

（3）全部投资财务内部收益率13.15%（税后）；

（4）全部投资财务净现值（$I = 6.12\%$）145712.93万元（税后）；

（5）全部投资回收期9.93年（税后，含建设期4年）；

（6）自有资金财务内部收益率：16.41%；

（7）设计达产年吨精矿利润170元。

全部财务现金流量计算见图1。

项目的盈亏平衡点为42.01%，即产品产量达到设计产量的42.01%可不亏不盈，项目有较强的应变能力。

本项目就产品价格、产品产量、经营成本、矿石品位、建设投资等因素变化对经济效益的影响进行敏感性分析。与设计时的基准收益率6.12%相比，产品价格、矿石品位及产量下降所能承受的最大风险分别为28.45%、29.21%及38.68%。对项目效益的影响相对不大，说明项目有较强的抗风险能力。

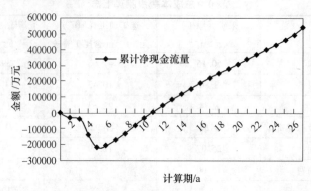

图1　全部投资财务现金流量

3　项目建设的初步效果

大红山铁矿设计能力4000kt/a，目前居国内投产的地下金属矿山第二位，设计规划投产第一年达2000kt，第二年达3000kt，第三年达到设计产量4000kt。

2006年12月月底投产，投资控制在概算范围内，一年来生产情况良好。2007年产原矿2400kt，产精矿1100kt，加上浅部，共计产精矿（成品矿）1580kt。在投产的第一年生产成本较高、并按昆钢内部价（低于市场价）计算的情况下，仍获得了良好的经济效益。

2008年计划产原矿4600kt，加上浅部700kt，全矿共计产原矿5300kt，产精矿（成品矿）3300kt。经济效益显著，即使按内部价计划的利润指标，吨精矿利润也可达到设计指标。

生产的初步实践进一步表明，该项目的建成具有十分重要的意义：

（1）项目属于特大型地下冶金矿山，在投产的第二年就超过设计能力，这在国内地下冶金矿山建设史上将是一个新的纪录。

（2）提高了昆钢自产矿比例。在自产矿与进口矿价格存在较大价差的情况下，自产矿量增加就意味着经济效益的增加，也意味着昆钢抵御国际铁矿石原料市场风险能力的增强。

（3）项目的建成，不但促进了大红山铁矿进一步扩产工程的实施，而且有力地推动了昆钢大幅度提升自产矿石的进程，意味着昆钢将在更广阔的层面上实施新的资源发展战略。

（4）随着国际市场铁矿石价格上涨（预计今年涨幅达60%以上），项目所能获得的利润将更加可观。

4　结语

大红山铁矿 4000kt/a 采选管道工程的建成投产及一年来的初步生产实践效果表明，设计、建设和生产新模式办矿管理都具有前瞻性、先进性，项目是成功的，经济效益非常可观。对于满足云南省和昆钢的发展需要、缓解我国铁精矿的供需矛盾，提升我国地下金属矿山的设计、建设和开采技术水平都具有重要的意义。

在已取得成绩的基础上，应进一步加强科学管理，充分掌握和熟悉工艺设备，贯彻科学合理的开采顺序、采掘进度、地压管理和控制；进一步管好用好先进的设备，保障设备高效运行；充分利用好主富矿体周边的低品位矿石，以期实现长期高产稳产，防止开采中矿石损失和贫化加剧，以取得更好的经济、环境、社会效益。并充分利用 4000kt/a 采选管道工程所创造的良好建设条件，为进一步开发大红山铁矿的总体资源及周边资源，实现更宏伟的扩产目标而发挥更大的作用。

（论文发表于 2008 年《有色金属设计》第 3 期）

大红山铜铁矿项目风险分析与对策研究

张 岚

（昆明有色冶金设计研究院）

摘 要：本文通过分析目前钢铁市场、铜金属市场价格的波动情况、经营成本、建设投资、税收政策、利率等因素，对大红山铜、铁矿山开采项目的影响，计算各种风险因素的灵敏度系数绝对值，以确定各种风险因素对项目盈利的影响程度，评价项目抗风险能力，寻求项目风险防范的各种有效措施。

关键词：钢铁市场、铜金属市场、价格、经营成本、建设投资、利率、资源税、风险防范对策

1 概述

2008 年钢铁市场经历了大起大落，惊涛骇浪。全球钢价 CRU 指数于 2008 年 1 月份创出新高，达到 182.7。国内钢材价格从 2300 元/t 飙升至 6000 元/t，2008 年上半年国内铁矿石价格上涨 61.5%~96.5%，下半年钢价急转直下，仅两三个月的时间全国钢价从 2008 年 6 月份的最高点均价 6338 元/t 降至 1120~2600 元/t 不等，下降幅度平均达 50% 以上，目前钢材市场的跌幅也逐步趋缓。

铜的价格自 2006 年 5 月 11 日创出新高 8600 美元/t 之后，震荡下行，进入 2007 年后开始回升，但自 2007 年 5 月后开始在 7000~8000 美元/t 的高位震荡。从 2007 年 5 月份创下 8940 美元/t 的价格高位纪录后，至 2008 年年底已跌逾 55%。铜金属企业的盈利下滑幅度较大。

铁精矿、铜精矿价格的走势受多种因素的影响。如国际国内经济形势，进出口政策，关税，钢铁行业、有色金属行业发展趋势的变化，汇率，以及相关商品如石油的价格波动等，都会对精矿价格产生影响。总之，尽管不同时期主导精矿价格波动因素不尽相同，但供求关系是影响精矿价格变化的根本因素，其他因素都直接或间接地反映到供求的变化上。

按国土资源部的统计与分析，在 45 种主要矿产对 2020 年需求的保证程度上，铜矿、铁矿属于不能保证的矿种，尤其铁矿居不能保证需求的矿种的首位。中国近年来随着工业化程度和城镇化建设的加快，钢铁工业、铜金属工业发展迅速，相对应的是 2009 年进口铁矿石的依存度还将增加至 70% 以上。我国铜精矿自给率仅在 20% 左右，因此，铜、铁矿石的开采都是国家政策支持和鼓励的。在这种情况下，铜矿、铁矿开采的经济性在市场价格波动时，尤显重要，本文依据近年大红山铜矿、铁矿开采设计中的案例，对这些项目进行市场价格波动、经营成本、建设投资、税收政策、利率的影响因素分析，以确定各种风险因素对项目盈利的影响程度、项目抗风险能力的强弱、项目对各种风险因素的灵敏度，以此寻求项目风险防范的各种措施。

2 价格影响程度

设计案例的成果资料见表1。

表 1 设计案例的成果资料

报告编制时间	项目名称	编制深度	矿山开采规模/kt·a⁻¹	开采方式	产品产量 铁精矿/kt·a⁻¹	产品产量 铜精矿/t·a⁻¹	销售价格/元·t⁻¹ 铁精矿	销售价格/元·t⁻¹ 铜精矿含铜	营业收入/万元·a⁻¹ 铁精矿	营业收入/万元·a⁻¹ 铜精矿含铜	采矿制造成本/元·t⁻¹	成本/元·t⁻¹ 铁精矿	成本/元·t⁻¹ 铜精矿含铜	维简费/元·t⁻¹	5年期以上长期利率/%	流动资金短期利率/%	税后全部投资财务内部收益率/%	资本金财务内部收益率/%	投资利润率/%	投资利税率/%
2005年4月	Ⅰ号矿段采、选、运工程	初步设计	4000	坑采	1861.9		542.40		100989.81		50.16	291.05		15.00	6.02	5.85	13.15	16.41	13.41	18.32
2006年7月	Ⅱ号矿段采矿工程	预可研	1000	坑采	453.6		480.00		21772.87		53.37	334.11		18.00	7.83	7.47	19.32	28.94	27.60	28.94
2006年2月	Ⅲ号矿段采矿工程	预可研	1500	坑采	191.7	7425.00	480.00	42000.00	9202.06	31185.00	74.67	301.95	26420.92	18.00	7.83	7.29	15.17	19.48	14.19	19.97
2009年7月	Ⅲ号矿段采矿工程	初步设计	1500	坑采	221.6	7507.36	630.00	31800.00	13958.42	23873.39	86.95	453.07	22869.32	18.00	7.83	5.31	5.27	4.93	4.24	7.89
2007年7月	Ⅳ号矿段采矿工程	初步设计	200	坑采	22.3	912.73	480.00	42000.00	1071.79	3833.46	79.90	332.55	28987.04	18.00	7.83	7.47	20.04	23.82	13.25	20.94
2008年1月	Ⅴ号矿段采矿工程	可研	3800	露采	910.1	1351.47	530.00	42000.00	48236.33	4540.92	43.35	400.00	31062.80	18.00	7.83	7.47	12.81	18.22	6.80	19.28
2009年5月	Ⅴ号矿段采矿工程	初步设计	4000	露采	960.4	1503.46	630.00	31800.00	60503.80	4780.99	45.76	496.97	25085.20	15.00	5.94	5.31	6.57		3.04	10.13
2008年4月	Ⅵ号矿段采矿工程	初步设计	5280（外购330）	坑采	442.4	22986.02	600.00	45000.00	26542.89	103437.11	101.69	404.08	30305.94	18.00	7.83	7.47	27.56	27.49	11.45	15.42

表1中的价格为报告中采用的基准价格，当铁精矿、铜精矿价格上涨或下跌时，项目的损益将发生变化，各项目的抗风险能力程度各不相同，计算结果见表2。

表2　敏感度分析

序号	项目名称	增减幅度/%	销售价格/元·t⁻¹		税后全部投资财务内部收益率/%	灵敏度系数	备注
			铁精矿	铜精矿含铜			
1	Ⅰ号矿段采、选、运工程	20	650.88		17.27	1.57	
		10	596.64		15.27	1.61	
		评价值	542.40		13.15		
		−10	488.16		10.86	1.74	
		−20	433.92		8.37	1.82	
		−29.11	384.52		5.97	1.87	临界点
2	Ⅱ号矿段采矿工程	20	576.00		29.95	2.75	
		10	528.00		26.05	3.48	
		评价值	480.00		19.32		
		−10	432.00		16.56	1.43	
		−20	384.00		9.58	2.52	
		−18.83	389.61		6.03	3.65	临界点
3	Ⅲ号矿段采矿工程（预可研）	20	576.00	50400.00	18.70	1.17	
		10	528.00	46200.00	16.34	0.77	
		评价值	480.00	42000.00	15.17		
		−10	432.00	37800.00	10.28	3.22	
		−20	384.00	33600.00	4.51	3.51	
		−26	355.22	31081.54	5.92	2.34	临界点
4	Ⅲ号矿段采矿工程（初步设计）	20	756.00	38160.00	8.62	3.19	
		10	693.00	34980.00	6.98	3.26	
		评价值	630.00	31800.00	5.27		
		−10	567.00	28620.00	3.37	3.60	
		−20	504.00	25440.00	1.31	3.76	
		3.56	652.42	32938.57	5.85	3.12	临界点
5	Ⅳ号矿段采矿工程	20	576.00	50400.00	31.03	2.74	
		10	528.00	46200.00	25.69	2.82	
		评价值	480.00	42000.00	20.04		
		−10	432.00	37800.00	13.90	3.06	
		−20	384.00	33600.00	6.94	3.27	
		−21.30	377.75	33053.08	5.94	3.30	临界点

序号	项目名称	增减幅度/%	销售价格/元·t⁻¹		税后全部投资财务内部收益率/%	灵敏度系数	备注
			铁精矿	铜精矿含铜			
6	V号矿段采矿工程（可研）	20	636.00	50400.00	26.35	5.28	
		10	583.00	46200.00	19.97	5.59	
		评价值	530.00	42000.00	12.81		
		−10	477.00	37800.00	4.22	6.71	
		−20	424.00	33600.00	−7.77	8.03	
		−8.13	486.94	38587.41	5.99	6.55	临界点
7	V号矿段采矿工程（初步设计）	20	756.00	38160.00	15.69	6.94	
		10	693.00	34980.00	11.38	7.31	
		评价值	630.00	31800.00	6.57		
		−10	567.00	28620.00	0.55	9.16	
		−20	504.00	25440.00	−6.69	10.09	
		−1.21	622.35	31413.89	5.94	7.95	临界点
8	VI号矿段采矿工程	20	720.00	54000.00	48.55	3.81	
		10	660.00	49500.00	37.42	3.58	
		评价值	600.00	45000.00	27.56		
		−10	540.00	40500.00	18.64	3.24	
		−20	480.00	36000.00	10.25	3.14	
		−25.09	449.49	33711.67	5.90	3.13	临界点

敏感度系数是指评价指标变化的百分率与不确定性因素变化的百分率之比。敏感度系数高，表示项目评价指标对该不确定因素敏感程度度高。临界点指产品价格下降的极限点，财务内部收益接近或略低于5.94%（2008年12月30日实施的银行长期贷款利率），项目将由可行变为不可行状态。

从灵敏度系数来看，灵敏度系数都大于零，说明项目的收益与产品价格同方向变化，价格的高低直接影响项目的收益状况。V号矿段采矿工程对价格的灵敏度系数最高，且初步设计灵敏度系数比可研高，是由于项目属低品位铜、铁矿贫矿资源，供矿铁品位19.80%，铜品位0.32%，熔岩铁矿占总矿量85%，熔岩含铜铁矿占总矿量15%。当价格发生变化时，项目抵御风险能力较弱。计算结果也进一步说明，当金属价格上涨时，矿石开采的经济临界品位降低，低品位矿石的开采有盈利，反之，则开采的经济临界品位升高，项目处于亏损状态。

从临界点来看，Ⅰ号矿段采、选、运工程及Ⅱ号矿段采矿工程属非低品位铁矿石开采项目，铁矿石价格低于380~390元/t，项目税后财务内部收益率将低于5年期长期贷款利率，项目将处于亏损状态。Ⅲ号矿段采矿工程预可研及Ⅳ号矿段采矿工程项目，属铜、铁矿石开采项目，铁矿石价格低于360~380元/t，铜精矿含铜低于3.1~3.3万元/t，项目将处于不可行状态。

2009年7月完成的Ⅲ号矿段采矿工程初步设计开采项目，由建设条件发生变化，建设投资增加，采、选成本增加等因素导致项目盈利的临界点为铁矿石价格达到 652.42 元/t，铜精矿含铜达到 32938.57 元/t 时，项目才能由不可行状态变为可行状态。

Ⅴ号矿段采矿工程项目，初步设计灵敏度系数比可研高，可研中铁矿石价格低于 486.94 元/t，铜精矿含铜低于 38587.41 元/t，项目将处于不可行状态。在初步设计中铁矿石价格低于 622.35 元/t，铜精矿含铜低于 31413.89 元/t，项目将处于不可行状态。说明低品位矿石开采的风险在经济低谷时期是非常大的。

Ⅵ号矿段采矿工程属低品位铜、铁矿石开采项目，初步设计灵敏度系数较低，铁矿石价格低于 450 元/t，铜精矿含铜低于 3.4 万元/t，项目将处于不可行状态。项目具有一定抵御市场风险的能力。

需要说明的是，由于报告编制时间不同，价格体系发生很大的变化。2006 年以前编制的项目敏感度系数相对比后期的项目低，因此临界点降低的幅度较大，但金属价格对项目的敏感度较高的趋势是非常明显的。

3 经营成本影响程度

表 3 中的评价值的经营成本为报告中折合到每吨原矿的单位成本，当经营成本上升或降低时，项目的损益将发生变化，各项目的抗风险能力程度各不相同，计算结果见表 3。

表 3 经营成本影响程度

序号	项目名称	增减幅度/%	经营成本 /元·t⁻¹	税后全部投资 财务内部收益率/%	灵敏度系数	备 注
1	Ⅰ号矿段采、选、运工程	20	124.44	11.10	-0.78	
		10	114.07	12.14	-0.77	
		评价值	103.70	13.15		
		-10	93.33	14.13	-0.75	
		-20	82.96	15.09	-0.74	
		52.10	170.99	6.00	-1.04	临界点
2	Ⅱ号矿段采矿工程	20	154.40	10.25	-2.35	
		10	141.53	15.18	-2.14	
		评价值	128.66	19.32		
		-10	115.80	23.02	-1.91	
		-20	102.93	26.46	-1.85	
		27.47	163.21	5.93	-2.52	临界点
3	Ⅲ号矿段采矿工程（预可研）	20	176.49	11.71	-1.14	
		10	161.78	13.52	-1.08	
		评价值	147.07	15.17		
		-10	132.36	16.69	-1.01	
		-20	117.66	18.13	-0.98	
		35.99	211.82	5.92	-1.69	临界点

续表3

序号	项目名称	增减幅度/%	经营成本/元·t⁻¹	税后全部投资财务内部收益率/%	灵敏度系数	备　注
4	Ⅲ号矿段采矿工程（初步设计）	20	164.59	2.96	-2.19	
		10	150.87	4.01	-2.38	
		评价值	137.16	5.27		
		-10	123.44	6.36	-2.09	
		-20	109.73	7.47	-2.09	
		-6.09	128.74	5.92	-2.05	临界点
5	Ⅳ号矿段采矿工程	20	174.93	11.75	-2.07	
		10	160.35	16.04	-2.00	
		评价值	145.77	20.04		
		-10	131.19	23.84	-1.90	
		-20	116.62	27.49	-1.86	
		28.59	192.45	5.98	-2.45	临界点
6	Ⅴ号矿段采矿工程（可研）	20	94.84	1.37	-4.46	
		10	86.94	7.56	-4.10	
		评价值	79.03	12.81		
		-10	71.13	17.50	-3.66	
		-20	63.23	21.80	-3.51	
		12.67	89.08	5.99	-4.20	临界点
7	Ⅴ号矿段采矿工程（初步设计）	20	107.47	-1.68	-5.01	
		10	98.52	3.05	-5.36	
		评价值	89.56	6.57		
		-10	80.60	9.65	-4.68	
		-20	71.65	12.49	-4.50	
		1.38	91.20	5.97	-6.63	临界点
8	Ⅵ号矿段采矿工程	20	438.37	16.74	-1.96	
		10	401.84	21.98	-2.03	
		评价值	365.31	27.56		
		-10	328.78	33.60	-2.19	
		-20	292.25	40.21	-2.29	
		37.72	516.11	5.85	-2.09	临界点

　　从灵敏度系数来看，灵敏度系数都为负值，说明项目的收益与经营成本呈反方向变化，经营成本的高低直接影响项目的收益状况，灵敏度系数绝对值均低于产品价格的灵敏度系数，说明经营成本的敏感程度均低于产品价格的敏感程度。

　　Ⅴ号矿段采矿工程项目经营成本的灵敏度系数绝对值最高，且初步设计灵敏度系数比可研高，也说明项目开采低品位矿石随着原材料的涨价，经营成本的风险增大。

同样，Ⅲ号矿段采矿工程项目中，初步设计灵敏度系数比可研高，Ⅲ号矿段采矿工程项目灵敏度系数相对比Ⅴ号矿段项目低，说明虽然项目在初步设计中效益处于临界状态，但其经营成本并不是决定项目风险的首要因素。

4　建设投资影响程度

表4的评价值的投资为报告中项目采、选及公辅总投资折合到每吨原矿的单位投资，当单位矿石投资上升或降低时，项目的损益将发生变化，各项目的抗风险能力程度各不相同，计算结果见表4。

表4　建设投资影响程度

序号	项目名称	增减幅度/%	矿石单位投资/元·t⁻¹	税后全部投资财务内部收益率/%	灵敏度系数	备注
1	Ⅰ号矿段采、选、运工程	20	712.83	10.86	-0.87	
		10	653.43	11.93	-0.93	
		评价值	594.03	13.15		
		-10	534.63	14.54	-1.06	
		-20	475.22	16.15	-1.14	
		689.64	1103.72	5.96	-0.08	临界点
2	Ⅱ号矿段采矿工程	20	255.02	15.69	-0.94	
		10	233.77	17.35	-1.02	
		评价值	212.52	19.32		
		-10	191.26	21.70	-1.23	
		-20	170.01	24.61	-1.37	
		178.68	546.18	5.98	-0.39	临界点
3	Ⅲ号矿段采矿工程（预可研）	20	552.17	12.99	-0.72	
		10	506.16	13.99	-0.78	
		评价值	460.14	15.17		
		-10	414.13	16.56	-0.92	
		-20	368.11	18.25	-1.02	
		216.15	1394.81	5.97	-0.28	临界点
4	Ⅲ号矿段采矿工程（初步设计）	20	1076.71	3.88	-1.32	
		10	986.99	4.52	-1.42	
		评价值	897.26	5.27		
		-10	807.53	6.07	-1.53	
		-20	717.81	7.11	-1.76	
		-5.08	813.36	6.01	-2.78	临界点

续表4

序号	项目名称	增减幅度/%	矿石单位投资/元·t⁻¹	税后全部投资财务内部收益率/%	灵敏度系数	备注
5	Ⅳ号矿段采矿工程	20	391.23	16.01	-1.00	
		10	358.63	17.82	-1.10	
		评价值	326.03	20.04		
		-10	293.42	22.78	-1.37	
		-20	260.82	26.27	-1.56	
		198.35	873.85	5.95	-0.35	临界点
6	Ⅴ号矿段采矿工程（可研）	20	215.05	8.75	-1.58	
		10	197.13	10.59	-1.73	
		评价值	179.20	12.81		
		-10	161.28	15.54	-2.13	
		-20	143.36	18.99	-2.41	
		19.32	249.48	5.98	-2.76	临界点
7	Ⅴ号矿段采矿工程（初步设计）	20	380.31	3.49	-2.34	
		10	348.62	4.90	-2.55	
		评价值	316.93	6.57		
		-10	285.23	8.60	-3.08	
		-20	253.54	11.11	-3.45	
		2.30	327.84	5.96	-4.04	临界点
8	Ⅵ号矿段采矿工程	20	602.46	21.59	-1.08	
		10	552.26	24.38	-1.16	
		评价值	502.05	27.56		
		-10	451.85	31.19	-1.32	
		-20	401.64	35.32	-1.41	
		338.65	1263.36	5.99	-0.23	临界点

　　从灵敏度系数来看，灵敏度系数都为负值，说明项目的收益与单位矿石投资呈反方向变化，单位矿石投资的高低直接影响项目的收益状况，灵敏度系数绝对值中，Ⅲ号矿段采矿工程初步设计项目，初步设计的投资与可研相比，增加了一倍，由于投资增大幅度比经营成本增加的幅度大，投资对项目的敏感程度高于经营成本。

　　其他项目的灵敏度系数绝对值低于经营成本的灵敏度系数，说明建设投资的敏感程度通常低于经营成本的敏感程度。

　　Ⅴ号矿段采矿工程及Ⅲ号矿段采矿工程项目，初步设计灵敏度系数绝对值均比可研高，也说明项目在初步设计中投资的风险增大。

5　利率影响程度

　　由于计算时点不同，设计案例所采用的计算利率有差异，2007年及2008年银行贷款利率经历了几次大幅度调整，对项目预测的贷款偿还年限、所产生的财务费用及对项目的盈利能力产生一定的影响。为分析研究利率变化对项目的影响程度，采用近期 2008 年 12 月 23 日银行贷款利率，5 年以上长期贷款利率为 5.94%，流动资金短期贷款利率为 5.31%。调整后计算结果见表 5。

表 5　财务费用调整结果

序号	项目名称	5 年以上长期利率/%	财务费用（原矿）/元·t^{-1}	资本金财务内部收益率/%	调整后的利率/%	调整后的财务费用（原矿）/元·t^{-1}	资本金财务内部收益率/%	灵敏度系数
1	Ⅰ号矿段采、选、运工程	6.02	3.11	16.41		2.94	16.43	−0.098
2	Ⅱ号矿段采矿工程	7.83	3.32	28.94		2.31	29.50	−0.079
3	Ⅲ号矿段采矿工程（预可研）	7.83	3.25	19.48		2.09	19.94	−0.100
4	Ⅲ号矿段采矿工程（初步设计）	5.94	11.42	4.93		11.42	4.93	
5	Ⅳ号矿段采矿工程	7.83	2.84	23.82	5.94	2.08	24.46	−0.110
6	Ⅴ号矿段采矿工程（可研）	7.83	2.56	18.22		1.87	19.07	−0.194
7	Ⅴ号矿段采矿工程（初步设计）	5.94	4.36	6.57		4.36	6.57	

Ⅵ号矿段采矿工程项目资金全部采用自有资金，不参加重新测评。Ⅲ号矿段采矿工程初步设计及 Ⅴ号矿段采矿工程初步设计评价中已采用 5.94% 的长期贷款利率，也不计算利率和调整灵敏度系数，如果将来银行的贷款利率进一步调整，其变化的趋势与其他项目的变化趋势完全一致。

利率的变化对项目的灵敏度系数的影响，与金属价格波动、经营成本及建设投资的影响程度相比要低，灵敏度系数全部为负数，说明伴随利率的波动，项目的收益与融资后项目资本金财务内部收益率指标呈反方向变化。这一趋势也说明在目前银行贷款利率较低的前提下，建设投资项目尽量采用银行贷款资金是非常有利的时机。

6 税收政策的影响程度

近几年来，我国矿业行业的税收政策进行过多次的调整，包括所得税、资源税、增值税及矿产品的进出口关税，本文仅研究分析目前调整呼声较高的资源税收政策对项目的影响程度。

我国矿产资源有偿使用制度主要包括三个部分：资源税、资源补偿费、采矿权使用费和探矿权使用费。资源税是按应税产品的产量和规定的单位税额计征；资源补偿费是按矿产品营业收入的一定比例征收；采矿权使用费和探矿权使用费是按采矿区或勘探区块面积逐年缴纳。资源税是从量征收，不是与资源的可采储量挂钩，而是与已经开采完成的量挂钩。导致的后果是，为了降低开采成本，企业尽可能地开采资源丰厚的矿石，而对那些资源含量少的矿石则丢弃一边，导致矿产资源浪费严重。目前资源税的改革方式、税率的调整，是否能与矿产资源补偿费合并征收等问题，制定新的《矿产法》已经提上议事日程。经测算，资源税调整后设计案例的成本增减情况见表6。

表6　资源税调整结果

序号	项目名称	资源税/元·t^{-1}	资源税占营业收入的比率/%	净利润（原矿）/元·t^{-1}	资源税占销售收入比率增减幅度/%	净利润（原矿）/元·t^{-1}	增减幅度/%	灵敏度系数
1	Ⅰ号矿段采、选、运工程	8	3.17	57.88	1	55.97	-3.30	-3.30
					-1	59.77	3.27	-3.27
2	Ⅱ号矿段采矿工程	8	3.67	26.73	1	24.93	-6.71	-6.71
					-1	28.53	6.77	-6.77
3	Ⅲ号矿段采矿工程（预可研）	8	2.97	48.97	1	47.04	-3.94	-3.94
					-1	51.24	4.63	-4.63
4	Ⅲ号矿段采矿工程（初步设计）	8	3.17	28.52	1	26.32	-46.25	-7.71
					-1	30.70	-37.31	-7.64
5	Ⅳ号矿段采矿工程	8	3.26	32.39	1	30.51	-5.83	-5.83
					-1	34.29	5.85	-5.85
6	Ⅴ号矿段采矿工程（可研）	8	5.76	9.14	1	8.04	-11.99	-11.99
					-1	10.22	11.88	-11.88
7	Ⅴ号矿段采矿工程（初步设计）	8	5.10	7.24	1	5.92	-35.25	-18.24
					-1	8.52	-6.74	-17.75
8	Ⅵ号矿段采矿工程	7.8	2.17	57.71	1	55.24	-4.29	-4.29
					-1	60.18	4.28	-4.28

从表6可以看出，灵敏度系数均为负值，说明资源税的增减与利润呈反方向变化。Ⅴ号矿段采矿工程资源税占营业收入的比率较大，矿石净利润最低，因此，对资源税的增减非常敏感，灵敏度系数的绝对值最大，且初步设计灵敏度系数的绝对值大于可研绝对值，说明当资源税增加时，对开采低品位矿石利润影响较大，非常不利于低品位矿石的开采。这也说明国家在制定资源税收政策时不应该"一刀切"，对于资源综合利用的低品位矿石应该给予特殊优惠政策。

其他几个设计案例，对资源税调整灵敏度系数反应较敏感，敏感程度按项目自身的净利润情况有所不同，矿石净利润低，灵敏度系数的绝对值相对较大，对项目净利润的影响也较大。反之，矿石净利润高，灵敏度系数的绝对值相对较小，对项目净利润的影响也较小。

7　防范风险对策研究

7.1　市场波动风险防范

在经济繁荣期积累了大量财富的矿产企业正在经历经营和财务状况的双重考验。在全球金属现货、股票市场大幅度下挫的过程中，铜矿业企业、钢铁企业成为各国金属现货、股票市场的领跌主力。近一年来，全球很多矿业的股份跌幅甚至超过了基础大宗商品价格。铜矿业、钢铁企业进入了矿业的低谷时期，说明市场行情、产品价格是企业难以控制的，而价格的敏感度系数比其他因素都高，直接影响项目的效益。在此情况下，这些案例项目如何才能规避风险、确保项目的可行性呢？

7.1.1　规避市场风险应确保资源的自给率

目前我国铜精矿自给率仅在20%左右。由于TC/RC的不断下降，将导致国内一些铜冶炼厂发生亏损，并使冶炼厂减产或停产，这种情况在铜精矿自给率较低的矿业企业中尤其突出。国内部分使用废铜和粗铜的冶炼企业，因原料供应偏紧及冶炼成本上升已开始减产。根据国内陆续公布的冶炼企业减产统计资料，2008年国内精铜实际产量减少235~300kt，降至3600~3665kt。案例中的Ⅵ号矿段采矿工程自给率在95%左右，在铜价位较低状况下，项目仍具有一定的盈利能力。因此确保资源的自给率，避免市场矿价波动直接造成项目的经营风险，是风险防范的有效途径。

根据近三年的统计数据，铁矿石对外依存度高，需大量进口。近年来进口铁矿石不断增加，进口矿石的依存度也不断增大，至2008年依存度增大至60%以上，而2009年依存度还将增大至70%以上，进口铁矿石价格一路上涨，从2002年进口铁矿石到岸均价是24.83美元/t，至2008年上涨到139.3美元/t，上涨了4.6倍之多；每年铁矿石谈判的结果均是以涨价告终，2008年更是接受了巴西矿涨价65%、澳矿涨价79.88%的历史最高涨幅，使我国钢铁企业遭受了巨大的损失。因此，企业拥有资源，在市场经济周期运行过程中可以避免更大的损失。

这些案例项目，资源基本上全部为自产，可以根据市场价格的波动情况，控制产量，有效地规避市场波动的风险。

7.1.2　有效地控制成本

对已投资实施生产的项目，如Ⅰ号矿段采、选、运工程及Ⅳ号矿段采矿工程项目，成本控制的重点在于可变成本的控制，投资所形成的固定资产折旧为固定成本，这一部分成本在生产经营期不可能控制。人工费作为固定成本支出，可控程度一般，在企业出现减产时，企业往往也对人工费进行适度调整。

可变成本主要是原辅材料、动力及维简费等，可变成本在总成本费用中占的比例较高，同时，可控程度较高。通过调整规模、优化工艺技术、采用高效设备、提高管理水平是可以实现的。

随着开采技术的提高，设备大型化，矿山开采项目的劳动生产率得到较大程度的提高，人工成本在一定的程度上也可以得到降低。

另外，目前PPI（生产者物价指数）是在低价位上运行，对于原、辅材料可以采取签订长期合同或保值性期货交易的方法来应对这种风险。

7.1.3　建设投资的控制

对于在建项目，如Ⅱ号矿段采矿工程、Ⅴ号矿段采矿工程及Ⅵ号矿段采矿工程项目，或正在设计过程中的项目，如Ⅲ号矿段采矿工程项目，成本控制的重点在于建设投资的控制。如前面计算分析所述，建设投资的敏感度系数通常低于经营成本的敏感度系数，但在投资增长幅度较大的情况下，建设投资将上升为仅次于产品价格的敏感因素。当产品价格处于低价位时，项目亏损的风险非常大，投资所形成的建设期利息、生产经营期的财务费用、折旧费及摊销费用的增加等，都会削减项目的效益。同时由于企业生产经营处于低谷时期，企业的流动资金不足，银行贷款的难度较大，投资超预算容易造成项目的竣工延迟、停工等建设风险，这些因素的出现，可能制约企业将来的经济效益。因此，应对建设投资给予足够的重视。

对建设投资风险防范的措施，可以采用目前国际上通用的新型承发包模式：EPC 承包模式、CM 承包模式、Partnering 模式。

EPC 也即从设计、材料设备采购到工程施工实行全面、全过程的"交钥匙"承包，这种方式有利于降低工程造价，缩短建设周期。

CM 承包模式可以组织快速路径施工，实现有条件的"边设计、边施工"，施工任务多次分包，施工合同总价不是一次确定，有一部分完整图纸就分包一部分，将施工合同合理地化整为零，CM 承包单位将承担超出部分工程费用，可以将工程投资风险大大减少。

Partnering 模式为工程建设各参与方共同参与的承包模式，各参与方按协议中的共同目标、任务分工和行为规范，共同参与工程建设。在信息公开、资源共享的基础上，保证工程项目造价、进度、质量的一种模式。

7.2　国家政策风险

7.2.1　资源税

当矿产品高价位 PPI 运行时，通过调高资源税，对相关利益关系进行调节。可以在一定程度上控制行业产能的过度扩张，促进整个行业的有序发展。同时有助于加快矿业行业整合速度和淘汰落后产能的速度。但它同时也会增加企业成本，挤压企业利润空间，对精矿产品的产能有一定的影响。

CPI 和 PPI 同步或不同步运行时，新的资源税如果能将资源税的调整与 CPI 和 PPI 挂钩，笔者认为这样的调整可能更有意义。

另外，国家对于资源税的调整，应对不同品级的资源区别对待。从前面资源税影响分析可看出，资源税对项目的效益影响的灵敏度系数的绝对值是非常高的。资源税增加时，对开采低品位矿石的企业利润影响较大，非常不利于低品位矿石的开采。这也说明国家在制定资源税收政策时不应该"一刀切"，对于资源综合利用的低品位矿石应该给予特殊优惠政策。因此对于V号矿段采矿工程项目，既利用了低品位资源，又抢救了受深部铁矿开采影响的矿体，提高了资源利用率，就应享受政策上的优惠。企业应争取降低资源税、所得税，减免资源补偿费用等税费。使项目可以获得一定的经济效益，以保证项目的可行性。

7.2.2　银行利率

项目的财务风险，与融资方式、利率变化有关。当债务资本比例较高时，投资者将承担较多的债务成本，并冲击项目的收益，加大财务风险；当债务资本比率较低时，财务风险就小。

利率的变化对项目的灵敏度系数的影响，与金属价格波动、经营成本及建设投资的影响程度相比要低，因此应做好项目融资决策、融资结构分析，寻求合理的融资结构，使项目能够在贷款利率较低的前提下，建设投资项目尽量采用银行贷款资金，在贷款利率较高的条件下，适度调整贷款资金比例，以降低财务风险。

7.3 产业整合寻求出路

虽然铜金属受到最为严峻的挑战和考验，企业经济效益增幅明显下降，但铜产品产量继续保持增长，预计今后两三年国内铜消费仍将保持较快速度增长。随着原料价格的大幅波动，不少抗风险能力不强的铜加工企业已退出市场，而资源分割的不利形势，还将对企业的成本控制和运营效率提出更高要求，寻求产业的整合成为了企业必然出路。只有增强企业的发展能力和抗御市场风险的能力，产业的战略重组、整合才能不断推进，企业分布格局也将发生重大变化。打造若干大型铜业企业或企业集团，提高产业集中度，实现集约化生产经营是铜工业发展政策的重要内容，企业联合将是一条最健康的发展之路。

铁矿石是钢铁企业发展的"战略性能源"，为满足今后企业的发展，收购"战略性能源"目前应该是较好的时机。当经济危机时，许多小型铁矿公司现金流紧张，抄底是一个好时机。2008 年 11 月 3 日，首钢旗下两家香港上市公司以 1.625 亿澳元的价格收购澳大利亚吉布森山铁矿（Mt Gibson）2.7 亿股票。获得吉布森山铁矿公司绝对的控股地位。而 2008 年年初，洽谈的收购价格为每股 2.60 澳元，总约计 2 亿澳元（约合 13.79 亿港元）。这个例子说明，在经济周期的低位接盘，可以避免当资源恐慌的时候，再进行高位接盘所带来的高风险，从而把握住经济周期的命脉。

8 结论

（1）项目的收益与产品价格呈同方向变化，价格的高低直接影响项目的收益状况，产品价格的灵敏度系数较高。

（2）项目的收益与经营成本呈反方向变化，经营成本的高低直接影响项目的收益状况，灵敏度系数绝对值均低于产品价格的灵敏度系数，说明经营成本的敏感程度均低于产品价格的敏感程度。

（3）项目的收益与单位矿石投资呈反方向变化，单位矿石投资的高低直接影响项目的收益状况，建设投资的敏感程度通常低于经营成本的敏感程度。

（4）利率的变化对项目的灵敏度系数的影响程度相当低，伴随利率的波动，项目的收益与融资后项目资本金财务内部收益率指标呈反方向变化。

（5）资源税的增减与利润呈反方向变化，当资源税增加时，对开采低品位矿石利润影响较大，非常不利于低品位矿石的开采，资源税的灵敏度系数绝对值较高。

总之，大红山铜矿、铁矿开采项目，在市场价格激烈波动和国家税收政策、利率的调整下，项目存在各种风险因素，会出现亏损或临界状态。各种风险因素对项目盈利的影响程度是不一样的。在实际工作中，应对各项目抗风险能力的强弱、对各种风险因素的灵敏度及项目不可行的临界点作出预警，以此寻求并采取针对各种项目风险防范的措施。

（论文发表于 2009 年《有色金属设计》杂志第 3 期）

昆钢大红山铁矿工程建设投资的控制

王正华

（昆钢大红山铁矿建设指挥部）

摘　要：工程建设投资的控制工作应贯穿于项目建设的全过程，任何一个环节都不能掉以轻心，只有在工程管理的每一个阶段都进行投资控制，昆钢大红山铁矿工程建设才能在批准的概算投资下按质按期完成。

关键词：工程建设、全过程、投资控制

1　前言

就工程建设领域而言，建设节约型社会，减少对资源消耗最集中的体现就是加强工程项目的投资控制，使工程建设物有所值，实现项目的投资、质量、工期三大控制目标。但在实际项目建设过程中，三大控制目标是既矛盾又统一的关系。特别是投资控制，在昆钢大小项目中，工程投资失控的情况比比皆是。其表现为：建设项目决算超预算、预算超概算、概算超估算的"三超"现象，不胜枚举。作为大红山铁矿建设指挥部主要负责人，本人结合自己30多年在昆钢工程建设管理方面积累的经验，就大红山铁矿建设工程近40亿元投资的控制谈一些看法。

投资项目管理就是建设项目投资的控制。也就是说，在项目投资决策阶段、设计阶段、招投标阶段和建设实施阶段，把建设项目投资控制在批准的投资限额以内，随时纠正发生的偏差，以保证项目管理目标的实现，取得较好的投资效益和社会效益。从某种意义上说，投资控制的好与坏直接关系到建设项目质量的高与低，直接关系到建设项目进度的快与慢，直接关系到建设项目的成功与否。对建设项目投资决策阶段的投资控制是建设项目投资管理的重要组成部分。投资项目管理涉及到建设项目的全过程，是一个全面投资控制。

首先，从可行性研究开始，就应明确控制目标，确定项目总投资和各单位工程明细投资，并以此作为计划和控制的目标限额。在其后的设计、承发包、施工、竣工阶段，随着工作的不断深入，工程不断得到充实和具体化，应及时编制设计概算，施工图预算、进度预算和竣工结算，并不断以前者控制后者，以后者检验、充实、修正前者。具体来说，在建设项目可行性研究阶段确定投资估算，初步设计时，以原设计方案选择的投资估算为目标。施工图设计时，以初步设计概算为目标，在施工时，以施工图预算和建安工程承包价为控制目标，各阶段形成一个投资的目标控制体系。

其次，强化全过程控制，是全面投资控制的重要手段。全面投资控制就是要由原来的单一预结算管理变为多阶段，相互关联的全方位管理，将投资控制贯穿于建设项目的全过程。事前运用各种科学方法分析预测、科学决策，事中科学组织实施、精心管理，事后科学地分析总结，从而能动地影响决策，设计、施工等阶段的全过程管理。有资料研究表

明，在初步设计阶段，影响建设项目投资的可能性为 75% ~95%；在技术设计阶段，影响建设项目投资的可能性为 35% ~75%；在施工图设计阶段，影响建设项目投资的可能性为 25% ~35%；而到了施工阶段，影响建设项目投资的可能性只有 10%。由此看来，控制建设项目投资的关键在于设计阶段，由于施工阶段是"按图施工"，在施工阶段所进行的投资控制并不是控制工程投资，而是控制施工中可能增加的新的工程费用，实际决定建设项目投资多少，在设计阶段，即项目的前期就已确定。下面从几个方面对项目的投资控制工作做进一步阐述。

2 设计阶段的控制

2.1 EPC 总承包模式

由建设单位负责，根据评审通过的可行性研究报告的批复中的建设规模、建设标准、设备费用、建安费用等进行设计招标，可多方面择优选择设计方案，通过设计招标竞争，对提高设计质量，最大限度地减少设计变更，缩短设计周期，提高设计概算和施工图预算的准确性，限制"三超"（概算超估算、预算超概算、结算超预算）具有重要的实际意义。目前国际国内比较通行的做法 EPC（设计-采购-施工试运行总承包模式），有经验的建设单位或有较成熟建设经验的项目、生产线，可通过 EPC 总承包模式达到控制投资的较好效果。

2.2 限额设计

按照批准的可行性研究报告及投资估算控制初步设计及概算，设计各专业要在保证原可行性研究方案和初步设计工艺要求、标准不变的前提下，按分配的投资限额进行设计，并且严格控制设计变更，达到控制、节约投资的目的。

2.3 优化设计

由建设单位组织资深设计专家，认真进行设计图纸优化，工程概预算的审核，严格控制建设的规模、标准和投资。

2.4 方案调整

根据现场实际情况，在满足使用功能标准不变，确保安全和工期的前提下，优化调整设计施工图，也是投资控制的一种方式。例如：在大红山铁矿建设扩产工程 1 号铜矿带 1 号、2 号回风斜井井口平基挡墙施工时，设计按照地形和硐口标高完成了挡墙施工图设计。但经现场放线，发现不但挡墙施工困难，而且土方工程量非常大，加之坑口场地十分狭小，边坡陡高差约 30m，如按设计施工将引起大面积放坡，导致征地范围扩大，造成林地、土地补偿费用大幅度增加，且手续办理时间较长等一系列问题。为保证工期和尽可能节约费用，指挥部和边坡勘察治理、设计单位共同研究，对方案进行调整。由于边坡土质较好、稳定、无不良地质状况，故将重力式挡墙改为简单的边坡喷锚治理，经调整支护方案后，减少了投资，节约了其他费用，也使硐口和边坡施工可同时展开，提前工期近两个月。

实践证明，设计对建设项目投资、项目建设工期、工程质量以及建成后获得较好的经济和社会效益，都起着决定性的作用。因此，在确保项目使用功能、标准的前提下，根据实际合理调整优化设计可以降低投资费用，充分挖掘设计潜力，将是控制建设项目投资的关键所在。

3　招投标和合同管理对项目投资的控制

建设项目的招投标和合同管理都对投资的节约产生重要的影响。建设项目招标包括监理招标、造价公司招标、施工招标、设备及材料的招标等。合同管理则是贯穿于建设项目全过程。在市场经济条件下，建设方可以通过招投标和加强合同管理的方式，实现对项目投资的控制和节约。

3.1　建设方通过招标，引入市场竞争机制

这样做可以降低建设项目的投资支出，节约建设成本。招投标实质是一种优选的方式，其中进行优选的评价内容至关重要。建设单位或委托有资质的招标公司，根据审核后的施工设计图、施工图预算，以及建设项目的其他实际情况，组织编制招标文件，招标可采用公开招标和模拟招标形式。通过招投标竞争，可选择有经济实力、价格合理的承包商作为中标单位。

3.2　编制招标文件

编制时要充分考虑投资的情况（包括可允许投资多少建安费、设备费及相关配套费等），施工现场地上地下的情况，项目建设要求，对投标单位的要求（包括对投标书的要求），根据编制的施工图预算确定标底、评标的原则，根据出图情况确定开工、竣工日期，招标文件中要明确合同的主要条款和承包的范围、材料设备的供应方式及价格，工程量的调整，结算办法，工程款的支付等情况。招标文件编制的质量高低将直接影响到承包单位的选择和合同的约定，所以编制招标文件要尽可能完善。

3.3　完善承包合同

由建设方及相关职能部门根据招标文件的有关要求，结合投标和中标情况，起草、商谈、签订施工承包合同，通过合同形式把双方的责、权、利固定下来，明确划定双方的责、权、利，工程承包范围和方式，承发包的工作范围，材料设备采购的有关规定。合同外经济签证，工程设计变更结算方式及变更价款等，凡是涉及有关投资费用的条款必须全部进入合同内容，这样避免将来在施工、结算过程中引起争议和导致投资增加。

4　施工阶段

该阶段投资控制主要是调整优化施工方法、减少变更，处理好质量、工期、投资三者关系。

4.1　施工方法调整和优化是投资控制的方法之一

施工阶段是项目建设中费用支出最集中的一个阶段。建设项目的投资主要发生在该阶

段。此时，施工图已完成，投资分解比较深入，控制目标已非常明确，尽管节约投资的范围已经很小，但浪费投资的可能性却很大，因而依然要对投资控制给予足够的重视。笔者曾参与昆钢高速线材工程厂区平基土石方的施工管理。按图纸要求，必须将耕植土清除，一般深度要求为 0.5~1m。由于整个新建厂区面积巨大，耕植土换填工程量投资费用高达300 多万元。该区域原为农田，土质为粉质黏土，区域内大部分为铁路，对地耐力的要求不高，有建（构）筑物处耕植土将在基础施工时被挖出，经指挥部组织工程技术人员反复论证决定，只要做好排水工作，人工清除地表耕植物，耕植土不需要换填。该调整优化方案实施后，取得了很好的经济效益并加快了工期。

4.2　施工过程中严格控制设计施工变更

大量的设计施工变更将导致工程费用的增加。笔者曾参加过的昆钢铁前三厂第三烧结厂工程建设。该项目由于设计、设备、材料、地基施工等原因，产生了大量的变更，5 亿元投资的项目，变更通知就高达 3000 多项，费用高达 2000 多万元。如此多的变更，不但造成工程费用的增加，而且必然影响工程的工期和质量。

4.3　正确处理好质量、工期、投资三个要素之间的关系

在工程投资形成的全过程中，影响投资的基本要素有三个方面：工期、质量、投资本身。工期与质量的变化在一定条件下可以影响和转化为投资的变化，投资的变动同样也直接影响到转化后质量与工期的变化。例如，当需要缩短建设工期时，就需要增加额外的资金投入，从而发生一些赶工费之类的费用，这样"工期的缩短"就会转化成投资的增加。而当需要提高工程质量时，也需要增加资金的投入，这样"质量的提高"就会转化成"投资的增加"。相反，当削减一个项目的投资时，其工期和质量就会受到直接影响，甚至造成质量下降、工期延迟。

在具体实施管理中，项目管理人员必须熟悉施工图纸和施工组织设计，熟悉合同文件，熟悉项目的允许投资和施工图招标，严格按合同条款执行。严格审核现场签证，在把好工程质量关的同时，采纳各种合理化的建议，减少环节，努力降低工程造价，严格控制有增加投资的设计变更，工程签证严格执行工程设计变更与合同外经济签证管理规定，工程项目材料、设备的采购，应严格执行国家相关招投标管理规定，施工中还要严格付款控制、变更控制、价格审核、施工分包中的投资控制等。

5　竣工结算

竣工结算是反映工程项目实际造价的文件，是工程投资控制的最后一道关口。稍有不慎，有可能导致多计结算款，造成业主的损失。特别是后补的现场签证因时间过长很容易造成"高估冒算"。笔者曾经历的大红山铁矿建设工程 4000kt/a 尾矿浓缩池工程，基坑换填处理工作就因当时现场管理工作不到位，施工单位后补技术资料、现场签证，虽然各单位人员签字手续齐全，但在结算审查时发现有问题，结果重新组织复查隐蔽资料、施工记录及签证资料，核减了近一半的签证量，节约了上百万元的投资。

工程管理人员必须配合审计单位，熟悉该工程项目的合同文件有关工程造价的内容、条款。熟悉施工图纸、工程项目的有关补充协议、设计变更、工程签证单等涉及变更工程

价款的资料，认真进行结算的审核，做到既不漏项也不重复计算（包括定额子目中的工程内容）。

　　总之，工程建设投资的控制工作应贯穿于项目建设的全过程，任何一个环节都不能掉以轻心，只有在工程管理的每一个阶段进行投资控制，昆钢大红山铁矿工程建设才能在批准的概算投资下按质按期完成。

（论文发表于 2009 年《矿业研究与开发》期刊第 5 期）

浅谈矿山井下基建项目管理探索与实践

李春红

（玉溪大红山矿业有限公司）

摘 要：矿山井下基建工程管理是一门综合性的系统管理学，井下基建工程管理涉及设计管理、合同管理、施工管理、安全管理、质量管理等内容。

关键词：基建工程、管理、施工

1 概述

玉溪大红矿业有限公司井下基建工程采用"公开招标选定承包单位"的模式进行工程施工。目前，基建承包单位共有 11 家，其中包含同时承包采矿的单位，井下基建承包单位和采矿承包单位共有 17 家。矿山基建工程施工周期一般为 3~5 年，井下基建工程点多、面广，开拓方式复杂，井下基建工程施工和采矿生产交叉影响较大。经过多年的采矿方法摸索和选矿生产实验，玉溪大红山矿业有限公司在原有 500kt/a 采选规模基础上，于 2006 年建成 4000kt/a 铁原矿产能规模，于 2008 年达产、超产，采选各项经济指标都达到设计要求，取得较好的经济效益。在此基础上，玉溪大红山矿业有限公司于 2007 年开始着手 8000kt/a 扩产项目建设，2009 年 200kt/a 铜原矿项目建成，2010 年 500kt/a 的铁原矿项目和 3800kt/a 露天熔岩铁矿项目投产，Ⅰ号铜矿带 1500kt/a 铜矿项目和 1000kt/a 铁矿项目即将建成，扩产工程中另外一个铁矿采矿项目也在开始建设。在扩产工程项目建设的同时，为了确保资源开采的连续性，2010 年又开始着手 4000kt/a 二期采矿工程项目，目前正在筹备和建设中。

玉溪大红山矿业有限公司井下基建工程施工的流程一般为：设计单位根据勘探设计院的地质探矿成果提交施工图纸—编制招标技术资料并组织内部审查—编制招标文件并发售—公开招标和专家评标—选定承包单位和监理单位—图纸会审和技术交底—承包单位进场—工程竣工验收、资料归档结算。

矿山基建工程管理是一门综合的系统管理学，如何科学合理的安排施工工期，为采矿生产创造条件，最终实现持续、稳定的生产发展，井下基建工程在施工管理中扮演着重要的角色。井下基建工程的施工管理涉及设计管理、合同管理、施工管理、安全管理、质量管理等。井下基建工程的施工管理概括为"四控两管一协调"，其中"四控"指的是质量控制、进度控制、投资控制和安全控制，"两管"指的是合同管理和信息管理，"一协调"指的是工程施工过程中各种关系的协调。

2 井下基建工程管理

2.1 设计管理

矿山基建工程设计应超前于施工，设计单位根据可行性研究对井下基建工程进行设计，设计单位提交的施工图应该全面和系统地反映整个工程情况，使业主对工程有一个全面、系统的了解。但在实际工作中，设计单位是将整个井下基建系统工程项目的图纸陆续提交给矿山企业的，边施工边设计，甚至是边施工边修改，这样造成矿山企业在井下基建施工管理过程中处处被动，不能宏观地掌控工程的全局。而只有全面系统熟悉工程的设计可行性研究，才能在合同内对设计单位约定相关细则，督促设计单位提前、阶段性提交下一步将开展工程的施工图纸，制定详细的图纸提交计划和考核管理办法。探矿成果资料必须提前提交给设计单位。矿山企业必须加大探矿力度，摸清矿体的赋存条件，矿石的储量和品级，以便设计单位根据探矿资料对初步设计进行修正和优化，从而形成可行性研究报告。矿山企业根据可行研究和市场情况，以及对工程投资和回报进行测算而作出决策，避免盲目"大干快上"而造成设计不合理，导致投资大、经营亏损的现象。

建立健全图纸会审和设计交底管理制度，在施工前对施工图进行校对和审核，尽早对设计不合理的地方进行修改和优化，确保设计费用在合理投资范围内，且满足采矿功能的使用性、实用性要求，避免在施工过程中发生较大的设计变更。井下基建工程施工单位必须具备根据现有采矿系统和基建施工情况，全面、系统地对施工图纸进行审核的能力。在施工前必须要求设计单位、承包单位、监理公司对施工图进行设计交底，有条件的话可比照类似工程进行实物设计交底。

编制招标技术资料时，对特殊地段的施工，要根据目前的技术装备对施工工艺提出相应要求，加之开挖地质资料不全，设计单位对施工现场不熟悉，故在招标技术资料中必须将施工图中未涉及而实际施工过程中必然发生的措施工程逐一列举。比如高大硐室、高天（溜）井在设计中必须有相应的喷混凝土、喷锚、喷锚网临时支护工程量，避免在施工过程发生安全事故，或因临时支护不在承包单位施工范围内而拒绝支护，给后续永久支护造成安全威胁或造成支护等级升高。

2.2　合同管理

在合同管理中必须高度重视合同谈判，必须严格细化井下基建工程施工内容和承包单价。在合同谈判中要有工程管理的前瞻性，将工程施工过程中会出现的措施费用进行细化，避免在施工过程中产生较多或较大的经济签证。科学合理地制定工程施工工期，明确类似新增工程的结算方式，明确合同外工程参照的定额和结算方式，明确市场因素波动而引起的材料、人工工资等费用的处理办法，做到合同内明文规定和避开市场风险，同时也避免施工过程中发生扯皮和纠纷。明确双方的权利和义务，并在施工过程中严格按照合同办事，督促承包单位履行合同约定。

2.3　施工管理

全面系统了解井下基建工程项目的子项组成，合理编制工程项目施工的一级网络计划，确保主控工程先行施工，其他工程逐步推进。

不仅要编制合理的设计图纸提交计划，而且还要编制工程项目施工的一级网络计划，并严格按照一级网络计划下达承包单位的年、季度、月旬施工计划和任务。基建项目工程系统的进回风井工程施工必须超前于其他工程，为井下基建工程施工创造必要的通风条件。在一级网络计划编制的前提条件下，要求承包单位按照一级网络计划的时间节点编制二期网络计划，并有效干预二级网络计划的施工情况，在二级网络计划中明确与主控工程相关联工程的主要线路施工，并严格要求承包单位优先施工主要线路。

在工程施工过程中及时认定因非主观因素影响造成工程停工的时间，用书面的形式确认工程延误时间并协商工程工期延期时间，避免事后搞"回忆录"。

掌握工程施工情况，"拿捏"工程招标节奏。井下基建工程施工具有阶段性，为确保项目在一级网络计划时间节点逐步推进，实现按计划投产的目标，工程项目的子项施工必须分阶段逐步按要求推进。通俗地讲，上、下平面工程施工到一定程度，就应该对上、下平面间的高天（溜井）进行招标，工程招标的节奏必须"拿捏"适度，避免过早或过晚。合理划分工程标段，避免标段划分不合理致使交叉施工和构成安全隐患。

矿山企业必须及时测定设置系统等级的主要测量控制点，并有效进行闭合、附合、平差及纠正。井下基建工程的开口定位都是就近主要测量控制点放线敷设，通过支导线放线进行施工的。随着巷道不断延伸，必然造成一定的测量偏差。特别是有轨运输巷道施工必须严格按设计图纸施工，巷道中腰线和巷道轮廓线必须及时标定，避免超、欠挖。有轨运输巷道掘进与轨道铺设、电机车滑轴线敷设等安装工作最好由同一家承包单位来组织施工，避免由两家单位施工导致因巷道支护、边帮和底板超、欠挖处理而交叉影响，或影响有轨运输环线单机试车的时间节点。

井下基建工程施工管理是一种痕迹性的管理，同时也是一种动态性的管理。

2.4 溜井施工安全管理

在井下基建工程管理过程中，必须严格对施工组织设计进行审核，涉及高溜井施工必须编制专项安全措施方案，确保安全措施落实到位。大红山铁矿 I 号铜矿带 380m 中段以上溜井共 11 条，相应装矿硐室 11 个，其中 3 条溜井控制在 380～400m 标高，三条溜井控制在 380～420m 标高，另外 5 条溜井控制在 380～480m 标高。40m 以下的溜井施工采取小断面（长×宽＝2m×2m）反向掘进，正向刷大至 5m 或 3m 直径的工艺施工；大于 40m 的溜井采用反井钻机正向扩刷至 1.4m 直径，再人工正向刷大至 3m 直径的工艺施工。

在人工扩刷溜井井筒前，井口安设 5t 卷扬机，卷扬机悬挂吊桶或吊篮用于人员和材料上或下，将井口用工字钢梁交错规则铺设，在工字钢上面铺设 $\delta=5mm$ 花纹钢板。井口安全措施做好后，采用"短段刷大短段喷混凝土支护"方式对井筒进行施工。溜井和装矿硐室掘进完后，在井筒与装矿硐室交界位置附近用木板封闭井筒。采用这种安全措施不仅能确保装矿硐室的浇筑安全，而且在后续振机安装的过程中可重复利用，以保障安装人员的安全。

2.5 质量管理

井下基建工程前期主要为掘进施工，后期将进入大量的钢筋混凝土浇筑施工，接着就是设备、设施安装高峰期。为确保施工质量符合规范和设计要求，在工程隐蔽前，必须对钢筋绑扎和模板支护严格把关，确保混凝土支护厚度，重点工程的浇筑和安装过程，必须要求监理人员进行旁站，针对不同建设时期对监理公司提出配备齐全不同时期的专业技术人员要求，根据工程规模大小，合理要求监理公司配备相应专业技术人员。在质量管理控制的过程中，用相机或摄影机记录施工，做到过程管理和痕迹管理到位。

在施工过程中存在承包单位"层层转包"，以包代管，坐收管理费等现象。在混凝土浇筑和钢材制安阶段，为确保施工质量，不允许承包单位对承包的工程分包给不具备施工资质的其他单位或个人，特别是包工、包料。监理公司对承包单位的进场材料严格把关，建立健全进场材料报验制度，并进行抽检，将劣质和不符合要求的材料拒之门外。

3　结语

矿山井下基建工程管理是一门综合性的系统管理学。由于承包单位较多，在施工过程中难免存在许多问题需协调解决，加之，受生产和基建工程建设的交叉影响，施工管理涉及人、财、物的管理。选择优秀、专业的承包单位，培养矿业企业的技术人才，特别是培养具备自主设计能力的专业技术力量十分重要。还要在以往井下基建工程施工的基础上，不断积累和总结自身的经验，并汲取其他矿山企业的成功经验，从而更好地为今后的生产建设服务。

采取行之有效的管理和控制手段，以服务的姿态为承包单位创造有利的施工条件，减少安全和质量事故，合理安排施工工序，缩短施工周期，降低项目投资费用。既为采矿生产创造条件，实现矿山企业持续、稳定发展，又使承包单位在短期内的投资能得以回收，最终实现双赢的目标。

（论文发表于 2013 年 7 月《地球》期刊）

选 矿

◇ 选矿工艺 ◇

昆钢大红山铁矿 4000kt/a 选矿厂
设计方案探讨

沈立义

（昆钢玉溪大红山矿业公司）

摘　要： 本文介绍了昆钢大红山铁矿 4000kt/a 选矿厂设计应考虑的出发点及基本思路，对设计方案提出了具体看法。

关键词： 选矿厂、赤铁矿、设计方案

在 4000kt/a 选矿设计中，要充分地利用好五个矛盾：一是矿石的软硬差的矛盾；二是矿石块度差的矛盾；三是磁性差异的矛盾；四是矿物表面化学性质差异的矛盾；五是矿物密度差异的矛盾。这些矛盾解决好了，4000kt/a 选矿设计就成功了。自磨磨矿利用好大红山铁矿矿石软硬差的矛盾，同时要充分人为地制造矿石块度差的矛盾，大块比例一定要占小时给矿量的 25%~30%，否则失去自磨、半自磨的可能。

1　漏斗皮带与运输

矿石的软硬差是大红山铁矿自然生成的，块度差的矛盾和大块比例的形成是人为制造、控制和利用的。这就要从设计入手，充分地制造和利用这一矛盾。

自磨给矿粒度 250~0mm，要人为地制造 25%~30% 的大块比例，自磨机以上的作业要设计好，破碎的漏斗要不能堵塞，漏斗宽度应保证给矿的最大块 250×3 = 750（mm）以上，皮带耐冲击，落矿点就必须考虑缓冲措施，落矿点的皮带应考虑缓冲支撑的大托辊。

2　露天矿仓配矿

一切的设计都要人为地制造和利用块度差的矛盾和大块比例的矛盾，自磨以前就有大块的存在。自磨露天矿仓采用受矿面积大的给矿机，但必须采用 5 台，皮带中间 1 台，皮带两边各 2 台，多点受矿。可根据矿块大小和安息角的不同，开动各方位的给矿机，人为配矿，真正做到人为地制造、利用块度差的矛盾，能让自磨机小时给矿量达到 25%~30%

的大块含量；同时消除露天矿仓因给矿少造成的大面积死角，增大矿仓的利用容积。破碎制造了大块，漏斗、皮带、托辊等保证了大块存在的运输，露天矿仓和板式给矿机的大面积多点受矿是人为地控制和利用块度差和块度比例的矛盾，使自磨机有一个良好的给矿条件，发挥自磨机的工作效率。

美国的蒂尔登磁铁矿选厂，每天处理 150kt 原矿，品位 15%，精矿 64%，矿石硬度 $f = 16$，采用露天矿仓，自磨，给矿粒度同样是 250 ~ 0mm，采用的就是板式给矿机的多点受矿。因此，露天矿仓使用多点受矿的板式给矿机可以考虑。

3　自磨机的选择

（1）自磨机小时给矿量 537.2t，按 85% 的运转效率计算。设计选用 $\phi 8.53m \times 4.42m$ 自磨机。按半工业试验的生产效核，满足不了 537.2t/h 处理量的要求，即使 $\phi 9.75m \times 4.27m$ 磨机只能达到能力的 90%。

（2）按 500kt/a 试验厂实际生产率校核。$\phi 8.53m \times 4.42m$ 自磨机生产能力不够，仅 441t/h，只能满足 82.1% 的能力，选用 $\phi 9.75m \times 3.66m$ 自磨机在生产能力上能满足要求。

（3）设计小时自磨给矿量 537.2t，运转率 85%，按半工业试验的生产率校核。$\phi 8.53m \times 4.42m$ 自磨机满足不了要求，$\phi 9.75m \times 4.27m$ 磨机只能达到能力的 90%，而 500kt/a 试验厂 $\phi 9.75m \times 3.66m$ 自磨机在生产能力上能满足要求，但实际生产中达不到 85% 的运转率，2003 年实际生产运转率为 65.22%，按 75% 的运转率计算，选择 $\phi 9.75m \times 4.27m$ 的自磨机可以。

4　与自磨机形成闭路的设施

与自磨机形成闭路的筛分设施，应考虑国内外较成熟的与自磨机相连的外部圆筒筛，代替与之形成闭路的直线振动筛和皮带。

5　自磨机的操作与检修

自磨机给矿口人抬脚就能进入自磨机中，这样方便检修，特别注意自磨机料位观察孔的设置，方便自磨机操作与调整，同时可降低自磨机给矿皮带的坡度。

6　阶段磨矿阶段选别与一、二段连续磨矿

阶段磨矿与阶段选别有很多优点，一段磨选后可抛去 25% 产率的低品位尾矿，400kt/a 规模的选厂，每年可抛去 1000kt 的粗选尾矿。但由于一段磨矿粒度 -200 目占 52%，对泵、管道磨损严重。设计中应考虑耐磨管的应用，其中尾矿管 $\phi 30m$ 浓缩池下的泵磨损很严重。除了考虑耐磨管，还要考虑耐磨泵的选用。如果改用一、二段连续磨矿，二次分级细度为 -200 目占 85%，可避免管道，泵磨损严重的现象，但二段磨矿如按 q_{-200} 目占 0.619t/(m³·h)，计算需要磨机容积 286.4m³。这么大容积的球磨机，有关资料还没有找到。以下按一段磨矿、二、三段连续磨矿的阶段磨矿、阶段选别的设计方案讨论。

（1）除了采用耐磨管、耐磨泵以外，重点要把提高一段自磨细度放在首位。利用一段自磨处理量范围宽的优势和矿石易碎难磨的特点，试验一次充填 1.97%（6t），在吨矿耗 0.3kg 钢球的基础上，逐步地增加试验量和配比的尺寸宽度，比如配比钢球直径 $\phi 150mm$、

$\phi120mm$、$\phi100mm$、$\phi80mm$、$\phi60mm$。大红山铁矿石易碎难磨，$\phi90 \sim \phi80mm$ 钢球比例可大一点，特别探索 $\phi90 \sim \phi80mm$ 钢球的补加量，提高一段细度。一可减轻二段球磨机负荷、提高二段球磨机磨矿细度，从而增加选矿的经济效益；二可减轻管磨矿道、泵的磨损，减少强磁机的堵塞。

（2）与自磨机形成闭路的直线振动筛，筛孔可试验减小到能工作的范围。

流程考察自磨机的返砂比为设计的 1/2，筛孔减小后，可减小二段磨矿粒度，试验 $-3mm$ 的筛下粒度降到 $-1mm$ 的可能。

这可在 500kt/a 自磨机圆筒筛筛网上做试验，成功后应用到 4000kt/a 筛网选型和自磨机钢球制度添加中；同时也应用于 500kt/a 选矿提高一段磨矿细度，减轻二段磨矿负荷，减轻管道、泵的磨损和提高二段磨矿细度，提高选矿技术经济指标，克服 500kt/a 二段磨矿容积偏小的缺陷，为完成生产任务打下基础。

7　二、三段球磨机

（1）二段溢流型球磨机，原设计的 2 台后经优化改为 1 台，电动机功率为 500kW，基本上和自磨机形成了 1:1 的电机功率比例，设计 q_{-200} 目为 0.75t/($m^3 \cdot h$)，选用球磨机容积 195m^3。按 500kt/a 试生产数据 q_{-200} 目为 0.619t/($m^3 \cdot h$)，需要容积 207m^3，设计选用二段球磨机虽可采用，但负荷偏重。采用 $\phi5.49m \times 8.83m$ 溢流型球磨机，有效容积 206.6m^3，与 500kt/a 选矿实际测算 q_{-200} 目为 0.619t/($m^3 \cdot h$)，需要容积 207m^3 相符。调军台选矿厂采用球磨机，电动机功率 4474kW，小时处理量 379t。大红山铁矿 4000kt/a 选矿二段磨矿给矿量设计为 389.47t/h。二段磨矿选用 $\phi5.49m \times 8.83m$ 溢流型球磨机可以满足生产要求。球磨机容积确定以后，电动机功率一定要配够，否则会影响钢球充填和球磨机转速。调军台选矿厂选用 4474kW，故选用 5000kW 可以达到要求。

（2）三段溢流型球磨机，原设计的 2 台改为 1 台，电机功率同样为 5000kW，和自磨机、二段球磨机形成 1:1:1 的电机功率比例；三段细度 $-0.043mm$（-325 目）占 80%，小时处理量也是 389.47t，设计选择 $q = 0.22t/(m^3 \cdot h)$，所需磨机容积和二段磨矿设计相似，为 195m^3，设计选择合适。但由于 500kt/a 选矿没有三段磨矿，无生产数据检验 q 值，采用二段磨机容积为 206.6m^3 的 $\phi5.49m \times 8.83m$ 溢流型球磨机可以达到要求，同样要注意磨机电机的功率匹配。

8　与球磨机形成闭路的泵和水力旋流器

水力旋流器泵的选型、泵的功率过大或过小，都会造成矿浆量不匹配。水力旋流器经 500kt/a 选矿实地对照考察，水力旋流器前应加脱磁器。

9　二、三段磨矿给矿器的设置

二、三段磨矿给矿器的设置，设计中二、三段球磨机给矿平台与水力旋流器沉砂平台高差为 7m，水力旋流器沉砂入二、三段磨矿高差太大，矿浆不能缓慢给入磨机，最严重的会形成抛物线流，造成磨机空磨，人为地减小了磨机容积，加给矿器使矿浆缓慢流入磨机，充分利用磨机容积。

10　各点浓缩机的选型

浮选前的强磁精矿浓缩采用斜板，但要求做试验，得出参数以便产品的设计、制作，同时提交设计参数。二段强磁选前的中矿浓缩、尾矿浓缩采用常规浓缩机。精矿浓缩由外国专家配合精矿管道输送一同考虑。

11　尾矿泵的选型

500kt/a选矿的尾矿水隔离泵能用，但小问题多，如浮球的平衡铁、阀门、阀芯等易坏，检修量大，除了设备机体本身有一些问题以外，主要还是由选矿磨矿细度不够、粒度粗、尾矿品位高造成的。待4000kt/a选矿三段磨选建成后，细度细了、尾矿品位降低了，情况会有好转。4000kt/a可选用水隔离泵。如果磨矿细度不够，选用任何选别设备，选矿指标都不会好，精矿品位低，尾矿品位高，选任何型号的泵都会出问题，这是系统工程的问题。不仅尾矿泵，将来的精矿管道输送要是细度不够，同样是要出大问题的。

12　磨矿细度是选矿系统工程成败的关键

磨矿细度关系到选矿经济指标的达标，关系到精矿、尾矿的输送和顺畅。这就需要年处理矿量、原矿性质与磨机容积相匹配。

13　过滤机的选择

过滤机的选择主要是以用户要求的产品水分选择的。陶瓷过滤机过滤水分，无论是磁选-浮选流程，还是单-磁选流程，铁精矿水分均为8%，滤液水质也较好，20mg/L以下；而圆盘过滤机两种精矿的过滤水分为9%，均高于陶瓷过滤机。滤液混浊，而球团水分要求9%，这就要选择陶瓷过滤机，才能满足要求。但精矿管道输送，加石灰调整矿浆的pH值，石灰加水加矿砂是一种质好的三合土，担心裸露的陶瓷毛细透气孔在真空压力的作用下，堵塞陶瓷毛细气孔，虽然石灰量不大，但还是有所担心。希望到加石灰的精矿陶瓷过滤厂家考察，以得出可行的依据。

14　强磁选机与大红山铁矿赤铁矿磁性差异的矛盾

强磁选机的选别对象是赤铁矿，但大红山铁矿的赤铁矿脉石带铁，云母、长石等脉石带铁，嵌布粒度极细，60%嵌布于0.05mm以下，尤其是硅酸盐，比磁化系数均和赤铁矿相当，流程考察强磁精选精矿中有不少的强磁性矿物。所以无论正浮还是反浮的选别效果都和强磁一样，采用药剂抑制脉石时，同时也抑制了铁；用药剂浮选铁时，同时也会带有脉石，依然存在着精矿品位低、尾矿品位高的现象。强磁选是利用矿物磁性差异的矛盾而进行选别的，但由于脉石带铁，强磁机失去了这一优势，脉石进入精矿，使精矿品位降低；进入尾矿，使尾矿品位增高。

15　正浮、反浮选对大红山铁矿赤铁矿表面化学性质的差异

由于脉石带铁，无论采用正浮还是反浮，同样失去了矿物表面化学性质的差异。以上两个论点，回答了4000kt/a选矿试验中强磁选别和浮选选别效果差的原因。

　　寻求一种利用矿物密度差异的矛盾，利用这个矛盾，希望能寻求一种较适应大红山铁矿赤铁矿的重选选别方法。但一直困惑的是 - 325 目占 80%（ - 0.043mm 占 80%），这样的细度有相应的选别设备吗？能回收细粒级的选矿设备，可取样做试验。一旦试验成功，可用来代替浮选，4000kt/a 选矿将成为磁选-重选联合流程。希望在提高选别指标的同时，消除浮选的污染和降低生产成本。

　　现在要落实的就是两项工作：

　　（1）过滤机用盘式过滤机还是陶瓷过滤机，或者用其他型号的过滤机。

　　（2）重选是否能代替浮选，特别是 - 0.043mm 占 80% 时，有没有成熟的处理细粒级的重选设备。

（论文发表于 2004 年 10 月《金属矿山》期刊）

云南大红山铁矿 4000kt/a 选矿厂半自磨系统设计

曾　野

（中冶长天国际工程有限责任公司）

摘　要：云南大红山铁矿选矿厂半自磨系统选用进口 $\phi8.53m \times 4.27m$ 半自磨机，分级设备为 $3.0m \times 7.3m$ 国产双层直线筛。设计中，吸收国外半自磨机"碎磨"的理念，根据国内现有设备技术水平，结合大红山铁矿实际情况，进行了包括半自磨机设备规格确定、分级直线筛配置、碴浆泵和输送管道系统的合理设计，使选厂在短期内顺利达产。

关键词：铁矿山、选矿、大型半自磨、设计

1　概述

云南大红山铁矿是昆钢的主要铁矿石原料供应基地，拥有铁、铜矿资源储量的 500000kt，21 世纪初开始开发利用，于 2002 年和 2006 年先后建成 500kt/a 选厂和 4000kt/a 选厂，处理的磁-赤混合铁矿，2011 年建成 6800kt/a 选厂，处理含铜铁矿、含铁铜矿和熔岩铁矿。各选厂全部采用半自磨碎磨工艺，其中 4000kt/a 选厂在国内冶金行业首次成功使用大型半自磨机，是冶金行业重新认识半自磨机工艺的里程碑式的工程。

2　原矿性质

2.1　矿石类型

4000kt/a 选厂处理的对象是采自深部铁矿Ⅱ铁矿组的矿石，其工业类型可分为磁铁矿、赤磁铁矿、磁赤铁矿、赤铁矿四类。富矿主要为中~粗粒块状及斑块状石英磁铁矿及赤磁铁矿型；贫矿主要为细粒斑块状、浸染状石英赤铁矿及磁赤铁矿型。深部的赤铁矿比例逐步增加。

2.2　矿石构造

矿石主要为块状构造，角砾状构造、浸染状构造、斑状构造较少，不同矿石类型颜色有所差异。

2.3　矿石结构

铁矿石主要呈粒状结构、浸染状结构、碎裂结构三种结构。

2.4　矿物组成及含量

2.4.1　金属矿物

（1）氧化矿：磁铁矿、赤铁矿、褐铁矿、磁赤铁矿。

（2）硫化矿：黄铁矿、磁黄铁矿、黄铜矿。

2.4.2 脉石矿物

主要为石英，其次为斜长石、白云母、黑云母、碳酸盐、绿泥石、透闪石、符山石、石榴石、磷灰石、独居石、蛇纹石。

矿石中各矿物含量见表1。

表1 大红山铁矿矿物含量

矿物	磁铁矿	赤铁矿	黄铁矿	石英	长石	白云母
含量/%	34.02	180	0.13	32.96	3.29	4.16
矿物	黑云母	绿泥石	碳酸盐	闪石类	其他	合计
含量/%	2.01	1.72	2.01	0.89	0.51	100.00

2.5 主要矿物嵌布特征

（1）磁铁矿：结晶粒度较粗，大于0.1mm部分约占50%，主要与石英互嵌，其次为绿泥石、方解石。呈致密集合体、自形-半自形粒状、变形柱状、细粒半自形-他形嵌布形态。

（2）赤铁矿：主要伴生矿物为石英，少量为绿泥石等，粒度较磁铁矿细，60%以上分布于0.05mm以下。

（3）石英：主要呈他形单晶颗粒组成集合体棱角状产出。

（4）绿泥石：他形，纤维形集合体，形成团粒与石英、铁矿物互嵌。在铁矿石中有时见有蠕虫状绿泥石充填于铁矿物裂隙。

2.6 主要铁矿物物理性质

（1）矿石综合平均密度为3.59t/m³，矿石松散系数1.6。
（2）围岩综合平均密度为2.90t/m³，岩石松散系数1.6。
（3）废石混入率为16.17%~17.88%。
（4）矿石水分为2%~3%，不含泥。

3 半自磨试验

3.1 自磨介质适应性试验

自磨介质适应性试验由北京矿冶研究总院完成，使用的主要试验设备是 ϕ1800mm × 400mm 自磨介质试验器。试验结果如下：试样低能冲击功指数：7.31kW·h/t，6.63kW·h/st；100目（100目=0.149mm）球磨功指数：12.63kW·h/t，11.45kW·h/st；10目棒磨功指数：12.51kW·h/t，11.43kW·h/st；自磨介质功指数：172.8kW·h/t。

Norm数计算结果见表2。

Norm基准是用来判断介质能否以足够的块度与被粉碎物料并存于自磨机中的一种衡量尺度。一般来说，Norm数大于1时可形成足够的介质，等于1时属于极限情况，小于1时则不能形成足够的介质。

表2　Norm数计算结果

项　目	P值	低能冲击功指数	100目球磨功指数	10目棒磨功指数
$W_i/kW \cdot h \cdot st^{-1}$		6.63	11.45	11.34
Norm（1）	16	2.41	1.40	1.41
Norm（2）	21.44%	2.59	1.50	1.51
Norm（3）	30.55%	1.84	1.07	1.08
Norm（4）	105000μm	2.44	1.41	1.42
平均Norm		2.32	1.35	1.36

　　根据大红山铁矿试样的试验结果，对照上述标准，说明大红山铁矿石自磨时能够形成充分的自磨介质。

3.2　自磨半工业试验

　　武钢矿业公司矿山设计研究所完成自磨半工业试验。
　　自磨半工业试验结果详见表3。

表3　主试样半工业全/半自磨流程试验结果

项　目			单　位	全自磨	半自磨
试验条件		自磨台时处理量	t/h	0.7	0.9
		自磨控制浓度	%	65.0	65.0
		自磨机转速	r/min	22.2	22.2
		介质（钢球）添加比例	%	0.0	1.97
试验结果		振动筛上返矿量平均值	%	37.35	38.25
		自磨负荷平均值	kg	833.97	796.16
		自磨充填率平均值	%	27.01	24.00
		自磨实际排矿浓度	%	63.44	64.78
		自磨介质单位消耗	kg/t	0.00	0.23
	单位功耗	自磨 总功耗	kW·h/t	13.53	10.72
		自磨 净功耗	kW·h/t	9.69	7.65
		球磨 总功耗	kW·h/t	31.81	25.94
		球磨 净功耗	kW·h/t	83.14	58.02
	产品细度 -0.076mm	自磨给矿	%	1.68	1.68
		振动筛下	%	55.70	50.95
		球磨给矿	%	50.05	42.32
		分级溢流	%	88.31	87.02
	选别指标	原铁矿品位	%	38.45	37.75
		综合精矿品位	%	63.37	63.27
		综合尾矿品位	%	9.84	9.25
		综合精铁回收率	%	88.09	88.41

3.3 试验结果结论

大红山铁矿石采用全自磨或半自磨工艺均可行，同时认为大红山铁矿石更适于采用半自磨。

4 设计原则

在工艺、设备等的设计方面，突出主体工艺和关键环节，采用高起点的技术，先进的工艺和设备，向国际先进水平靠拢。关键设备采用进口的一流产品，提高自动化水平，以实现先进、高效、可靠的生产；对一般设备和辅助环节，从实际出发，采用国内先进产品，从简设置，把资金用在关键处。

基于上述原则，半自磨机为关键设备，考虑进口；直线筛、砂浆泵属于一般设备，在国内采购。

5 设计规模和工作制度

选矿厂设计规模为年处理原矿 4000kt。选矿厂生产为连续工作制，设备作业率为85%，设备作业时间为 7440h/a。半自磨系统处理能力为 537.63t/h。

6 设计指标

选矿厂设计指标见表4。

表4 选矿厂设计指标

产品	产量/kt·a^{-1}	产率/%	铁品位/%	铁回收率/%
铁精矿	2051.5	51.29	64.00	82.00
尾矿	1948.5	48.71	14.79	18.00
原矿	4000	100.00	40.03	100.00

7 半自磨工艺的确定

20世纪80年代初，国内多个选厂采用了（半）自磨工艺，投产后各选厂的电耗与选矿加工费普遍高于普通碎磨流程。国内选矿厂采用（半）自磨工艺的热情随之降温。但是，国外自磨工艺却发展迅速，80年代以后新建的大型选厂多数采用了自磨或半自磨工艺。自磨工艺在国外得以广泛应用的重要原因，是对自磨机的定位与国内不同：他们把（半）自磨作为一种碎-磨设备使用，完成中、细碎和粗磨，细磨由球磨机来完成。（半）自磨产品粒度较粗，电耗被控制在合理的范围内，再加上（半）自磨工艺流程短、环节少，综合消耗与常规碎磨流程相当，甚至低于常规碎磨流程。而国内把（半）自磨当磨矿设备使用，产品细度多为 -3mm 或 -0.074mm 占40%以上，电能使用的效率不高。

大红山铁矿 4000kt/a 选矿厂属于大型选厂，建设场地狭窄，不适合采用流程长、环节多、占地大的常规碎磨流程。同时，已经完成的自磨试验结果表明，其原矿适合（半）自磨流程，为采用（半）自磨流程提供了有力的技术支持。为了稳妥可靠，在1998年的初步设计中进行了方案技术经济比较，结果见表5。

表5　自磨方案与常规碎磨方案比较

序号	项　　目	单位	方案Ⅰ（自磨-球磨）	方案Ⅱ（常规碎磨）	比较（Ⅰ-Ⅱ）
1	处理原矿规模	万吨/年	400	400	
2	破碎磨矿流程		一段粗碎、半自磨、球磨	三段破碎、两段球磨	
3	主要可比工艺设备				
	ϕ2.2m 圆锥破碎机	台		6	
	ϕ2.4m×4.8m 圆振动筛	台		8	
	ϕ9.75m×4.27m 自磨机（二手）	台	2（1台备用）		
	ϕ5.03m×6.71m 球磨机（二手）	台	2		
	ϕ3.6m×4.5m 球磨机	台		8	
	ϕ3m 双螺旋分级机	台		8	
	DZSQ3070 直线振动筛	台	2（1台备用）		
	旋选器组	台	2		
4	磨选工艺设备总重	t	3929	4940	-1011
5	磨选系统供配电				
	总装机容量	kW	24704	21484	+3220
	总工作容量	kW	16836	19593	-2757
	年耗电量	kW·h/t	85507000	94536000	-9029000
	单位电耗	kW·h/t	21.377	23.634	-2.257
6	主要生产材耗				
	破碎衬板	t/a	—	200.0	-200.0
	磨矿衬板	t/a	1170.1	902.6	+267.5
	钢球	t/a	5300.8	7826.0	-2525.2
7	选矿系统可比静态投资	万元	31638	34267	-2629
8	选矿年加工成本	万元/a	12135.9	14039.9	-1904.0
9	单位选矿加工费（原矿）	元/t	30.34	35.10	-4.76

　　表5中半自磨机拟使用艾兰铜矿二手设备，规格偏大，且1用1备，导致半自磨方案装机功率大。比较结果表明，半自磨方案的可比静态投资、选矿加工费均低于常规碎磨方案，半自磨方案在经济上是合理的。至此，已经完成的所有研究和经济分析结果表明，半自磨方案可行。

8　磨矿流程结构

　　（半）自磨流程主要有单段（半）自磨、（半）自磨+球磨、（半）自磨+球磨+顽石破碎，具体采用的流程需要根据矿石性质和选矿工艺要求确定。

　　大红山铁矿矿石中有用矿物嵌布粒度细，其中赤铁矿60%以上分布于0.05mm以下，需要细磨才能单体解离。同时，根据选矿试验结果，在磨矿细度达到-0.074mm占55%

时可以抛出 30% 的合格尾矿，但这样的细度明显不在（半）自磨合理的产品粒度范围内，不应该选用单段（半）自磨流程，应该在（半）自磨之后使用球磨来保证阶段磨矿产品细度。

自磨半工业试验结果表明，没有顽石积聚现象，不需要设顽石破碎设施。

根据上述分析，选用半自磨 + 球磨流程方案。半自磨 + 球磨系统设备联系图见图 1。

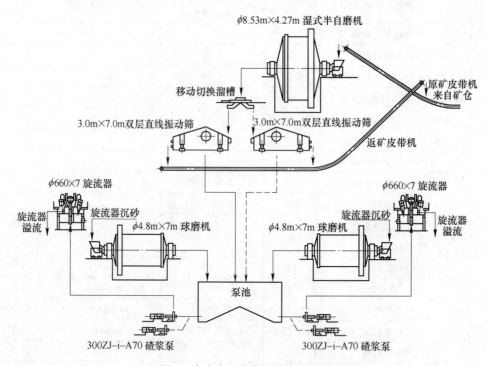

图 1　半自磨 + 球磨系统设备联系

9　主要设备选用

9.1　半自磨机

按照惯例，大红山铁矿 4000kt/a 选厂半自磨机由供货商 Metso 公司进行选型试验、规格计算并承诺使用效果，原则上供货商只对样品负责。作为选厂设计方，认为受采样条件限制，半自磨试验样品的代表性有局限性，半自磨机选型应该在考虑矿石性质正常波动的同时，考虑后期矿石性质的不确定性，应加大波动系数，最终确认选用 $\phi 8.53\mathrm{m} \times 4.27\mathrm{m}$ 半自磨机 1 台。

9.2　分级设备

通常与半自磨机配套的分级设备有圆筒筛和直线振动筛。圆筒筛与半自磨机排矿口相连，随半自磨机一起转动，设备结构和后续工艺设施配置简单。其缺点是筛分效率低，筛孔不易调整；相反，直线振动筛作为半自磨机分级设备时，筛分效率高，筛网可以快速更换，有利于提高设备作业率，也可以灵活调整产品粒度。

主要设备见表6。

表6　半自磨系统主要设备（含一段球磨）

序号	设备名称、型号规格及主要性能参数	数量	主电动机功率/kW·台⁻¹
1	ϕ8.53m×4.27m 湿式半自磨机 附：润滑系统、千斤顶、衬板机械手、衬板冲击锤	1	5400
2	3.0m×7.0m 双层直线振动筛 筛孔尺寸：上层为15mm×30mm，下层为5mm×12mm	2	37
3	ϕ4.8m×7.0m 溢流型球磨机，附：润滑系统、千斤顶	2	2500
4	旋流器组 ϕ660×7	2	18.5
5	300ZJ-i-A70 碴浆泵，配变频调速电机	4	280

10　产品粒度

一般（半）自磨经济的产品粒度为10~15mm，由于下道工序——输送矿浆的碴浆泵选用国产设备，没有输送大颗粒矿浆的实际运行经验，本次设计中将半自磨产品粒度定为7~10mm，与理想的产品粒度15mm相比，半自磨机的处理能力下降8%~5%，已在半自磨机选型时留有余地。

11　保证生产顺利进行的几项设计措施

（1）大红山铁矿矿石的硬度有"越深越硬"趋势，随着采矿深度的增加，不排除多年后半自磨作业会出现顽石积聚现象，到那时，靠增加加球量来消除顽石将增加球耗和衬板消耗，可能不是最优的选择。本次设计在返矿输送环节已留有安装顽石破碎设备所需要的空间，如果发生顽石积聚，可以考虑将半自磨改为自磨，并增加顽石破碎设备。

（2）为了降低投资，半自磨机分级作业选用2台国产双层直线筛，1用1备。在半自磨排矿口设计了特殊的矿浆切换系统，可实现直线筛不停矿切换，确保整个半自磨系统工作时间，弥补了国产直线筛不能24h/d连续运转的不足。

因半自磨排矿最大粒度达50mm以上，并含有废球，对筛网磨损很大；双层直线筛上层筛网孔径大、耐磨性好，可以起到保护下层筛网的作用。

（3）因输送的矿浆中固体颗粒粒径在7mm以上，为了减小设备和管道的磨损，在碴浆泵选型设计时，严格控制其工作转速。在进行管道管径计算时，确定合理的矿浆流速，既防止流速过低而导致矿砂沉降堵塞管道，又防止流速太高而增加管道磨损。

（4）半自磨配备衬板机械手，换衬板时间可减少一半以上。

12　实际生产情况和数据分析

12.1　生产情况统计

选厂于2006年12月底建成，2007年为试产期，2008年处理量超过设计规模。半自磨各年生产统计结果见表7。

表7 半自磨生产统计结果

指 标	2007 年	2008 年	2009 年	2010 年	2011 年	2012 年
原矿年处理量/t·a^{-1}	2542464	4716365	4560118	4825047	4782783	3547290
原矿小时处理量/t·h^{-1}	434.3	633.3	591.4	619.9	626.2	456.8
原矿品位（设计）/%	40.03	40.03	40.03	40.03	40.03	40.03
原矿品位（实际）/%	32～35	32～75	32～35	32～35	32～35	32～35
全年生产时间/h	5854	7447	7711	7783	7638	7766
作业率/%	66.82	85.01	88.03	88.85	87.19	89.64
直线筛筛孔规格/mm×mm	5×12	8×16	8×16	8×16	8×16	8×16
原矿年生产消耗钢球/kg·t^{-1}		8.8～9.5	8.8～9.5	8.8～9.5		
原矿电耗/kW·h·t^{-1}		0.94	1.13	1.26	0.63	0.81
原矿消耗衬板/kg·t^{-1}		约0.1	约0.1	约0.1		

12.2 生产数据分析

（1）试产结束后连续4年原矿处理量超过设计规模，最多达到4825kt/a。2012年，半自磨机大齿圈出现啃齿现象，在等待配件的过程中选厂压产运行，影响了全年原矿处理量指标。

（2）正式投产后，各年设备作业率达到或超过设计指标，表明在直线筛分级、矿浆输送、半自磨机衬板机械手等环节采取的一系列针对性设计措施是有效的。

（3）选厂投产后，原矿实际品位低于设计要求，为了完成生产任务，选厂只能靠提高原矿处理量来确保精矿产量，半自磨介质填充率长期维持在12%甚至更高，造成半自磨的钢球、衬板消耗量过大。

（4）钢球质量不稳定也是球耗高的原因之一，半自磨排矿中废球很多，影响半自磨处理能力的发挥。

（5）为了增加半自磨处理量，选厂从2008年8月起，将直线筛筛孔5mm×12mm改为8mm×16mm，直线筛下的碴浆泵叶轮转速提高10%～15%，过流件使用寿命急剧下降，改筛孔前约28～30d更换一次过流件，改筛孔后一套过流件只能使用12～14d，在加大碴浆泵规格、降低叶轮转速后，过流件使用寿命恢复正常。实际使用效果表明，设计中对碴浆泵叶轮转速的选择是合理的。

13 建议与探讨

建议在生产中探索最佳生产规模，将生产成本控制在合理范围内。因此，不提倡无限制地增加半自磨处理量。虽然增加介质充填率可以提高半自磨处理量，但是会造成电耗激增、钢球消耗和衬板消耗过大。

14　结语

云南大红山铁矿选矿厂半自磨系统是国内冶金矿山大型半自磨机首次成功应用，工艺方案的确定和设备的选用都经过充分论证，生产实践证明，方案和设备选择是合理和可行的。

（论文发表于 2013 年 6 月《工程建设》期刊）

云南大红山铁矿三选厂深部铜系列选矿设计

曾　野

（中冶长天国际工程有限责任公司）

摘　要：大红山铁矿三选厂深部铜矿系列设计规模为 2400kt/a，处理含铁铜矿。在设计中，针对原矿性质不稳定的实际情况，吸取大红山铁矿一、二选厂的成功经验，充分考虑今后生产可能面临的问题，确定合理的流程、指标和设备选型，加强自动化控制，使选厂在短期内顺利达产达标。

关键词：铜选厂、设计、半自磨、碎磨、浮选、磁选

1　概述

云南大红山铁矿是昆钢的主要铁矿石原料供应基地，拥有铁、铜矿资源储量约 500000kt。21 世纪初开始开发利用，已有 3 个选矿厂建成投产，设计原矿处理能力分别为 500kt/a、4000kt/a、6800t/a。一选、二选处理深部磁-赤混合铁矿，三选厂包括熔岩铁矿、深部铜矿和深部铁矿三个系列，其中熔岩铁矿系列和深部铜矿系列的设计、施工总承包由中冶长天国际工程有 j 限责任公司（CIE）承担，于 2010 年 12 月～2011 年 3 月先后建成。深部铁矿系列待建。

深部铜矿系列设计规模为 2400kt/a，处理深部 I 号矿带含铁铜矿。

2　原矿性质

2.1　矿石类型

该系列处理对象为曼岗河以东 I 号矿带的 I_3、I_2 及 I_1 号含铁铜矿体原矿。按所含主要脉石矿物不同可将矿石分为两种主要类型：

（1）石英型磁铁、黄铜矿石。主要脉石矿物为石英，其次为黑云母、石榴石等，铁矿物主要为磁铁矿，其次为赤铁矿、菱铁矿，铜矿物主要为黄铜矿，其次为斑铜矿。

（2）碳酸盐型磁铁、黄铜矿石。主要脉石矿物为铁白云石，其次为石英、黑云母、石榴石等。铁矿物主要为磁铁矿、菱铁矿，铜矿物为黄铜矿，较少斑铜矿。

2.2　矿石结构

矿石主要为粒状结构、浸染状结构，其他结构次之。

2.3　矿石构造

矿石主要为浸染状构造，其次为条纹、条带状构造，少量为斑状构造。

2.4　矿物组成及含量

（1）金属矿物：磁铁矿、赤铁矿、黄铁矿、黄铜矿、斑铜矿、黑铜矿、硫钴矿、菱铁

矿、石墨。

（2）脉石矿物：石英、黑云母、碳酸盐、石榴石、角闪石、斜长石、硅灰石、绢云母、绿泥石、磷灰石、碳质物。

矿石中各矿物含量见表1。

表1　矿石中矿物相对含量

矿　物	含　量/%	矿　物	含　量/%
黄铜矿	0.84	云母类	18.46
斑铜矿	0.19	碳酸盐	29.19
磁铁矿	8.84	石榴石	4.66
赤铁矿	6.79	绿泥石	2.91
黄铁矿	1.39	长石	1.01
石英	21.85	其他	3.87

2.5　主要矿物嵌布特征

（1）黄铜矿：不规则他形粒状均匀分布于矿石，常和斑铜矿、黄铁矿连晶。

（2）磁铁矿：包括少量钛磁铁矿，主要为半自形粒状，较少为他形，呈单晶或连晶浸染嵌布，但以单晶为主，与脉石矿物紧密互嵌，有的晶粒边缘被赤铁矿交代成半假象矿。

（3）赤铁矿：次生氧化矿、交代磁铁矿形成假象矿或半假象矿，两者常为连晶。

（4）黄铁矿：不规则他形粒状浸染嵌布，并常与黄铜矿连晶。

（5）石英：呈他形粒状或碎屑状，主要与黑云母互嵌，其次与碳酸盐、石榴石等紧密接触。

（6）碳酸盐类：主要由白云石 $[CaMg(CO_3)]$ 和菱铁矿（$FeCO_3$）组成，矿石中碳酸盐矿物一般呈自形-半自形粒状集合体产出，晶粒中常含微细的铁矿物包体。

3　选矿试验研究

3.1　试验流程及试验指标

2007年1月，马鞍山矿山研究院完成了《昆钢大红山铁矿扩产所处理的矿石工艺矿物学及选矿试验研究报告》，试验中进行了阶段磨矿、选铁-浮铜和阶段磨矿、浮铜-选铁全流程试验，两试验流程的不同之处是一段磨矿后先浮选或是先磁选，试验结果见表2。

表2　流程试验指标

流　程	产品	产率/%	品位/%		回收率/%	
			铜	铁	铜	铁
浮铜-选铁	铜精矿	2.36	18.78	43.95	90.41	4.87
	铁精矿	9.55	0.141	65.24	2.75	29.26
	尾矿	88.09	0.038	16.01	6.84	65.97
	原矿	100.00	0.49	21.37	100.00	100.00

续表2

流　　程	产品	产率/%	品位/%		回收率/%	
			铜	铁	铜	铁
浮铁-选铜	铜精矿	2.42	17.04	38.43	83.99	4.42
	铁精矿	9.56	0.302	64.84	5.88	29.54
	尾矿	88.02	0.057	15.32	10.13	66.04
	原矿	100.00	0.491	20.98	100.00	100.00

试验结果表明，浮铜-选铁流程铜选别指标明显好于选铁-浮铜流程，精矿含铜品位和铜回收率分别高1.74%和6.47%。

3.2　对弱磁性铁矿物的回收试验

一段弱磁尾矿，不但量大而且铁品位达到15.85%。这部分铁矿物主要是以不易回收的赤褐铁矿、碳酸铁、硅酸铁等弱磁性铁矿物为主，对这部分铁矿物进行了强磁、重选、强磁-重选回收试验。

试验结果表明，选铜后一段弱磁尾矿为极难选的赤褐铁矿、碳酸铁等铁矿物，经各种方法选别，其精矿品位仅为19%~23%，回收意义不大。

3.3　自磨介质适应性试验

自磨介质适应性试验结果表明：Ⅰ号含铁铜矿石的介质能力基准NORM值都大于1，作为自磨介质是合格的，且是较好的介质。

4　设计规模及产品方案

选矿厂年处理原矿2400kt，年产含铜品位18%的铜精矿40.3kt和含铁品位60%的铁精矿236kt。

5　几个工艺环节的设计

5.1　选别流程

5.1.1　阶磨阶选

根据选矿试验结果，原矿磨至-0.074mm占65%~70%时，利用浮选可以获得合格的铜精矿，同时，也可以利用磁选抛出产率为79%的合格尾矿。所以，采用阶磨阶选符合"能收早收、能丢早丢"的原则，阶磨阶选是必然的选择。

5.1.2　先浮后磁

根据选矿流程对比试验结果，"浮铜-选铁"流程铜精矿品位、回收率比"选铁-浮铜"流程分别高1.74%和6.47%，且"选铁-浮铜"流程铁精矿中铜含量超标，高达0.302%。因此设计采用"浮铜-选铁"工艺流程。

5.2　选别指标

Ⅰ号含铁铜矿石与相邻的大红山铜矿所处理的原矿属于同一条矿带，地面以曼岗河为界，曼岗河以西的Ⅰ号含铁铜矿带Ⅰ₃、Ⅰ₂号矿体已由大红山铜矿开采，其一选厂的一、二期工程已先后投产，多年来生产指标达到并突破了设计指标。并且有一个规律：原矿品位变化对精矿品位和回收率影响不大。参照铜矿多年的生产经验和该矿Ⅰ号含铁铜矿选矿试验研究，确定铜精矿铜回收率为93%，铜精矿含铜品位18%，其中铜回收率设计指标超过已有的试验指标。

5.3　半自磨碎磨流程

大红山铁矿一选厂和二选厂都采用半自磨碎磨流程，半自磨机在投产后短时间内达到设计处理能力，没有明显的顽石积聚现象。

根据测定，铜系列原矿的物理性质与一、二选厂原矿没有太大差异。

自磨介质适应性试验结果表明：大红山Ⅰ号含铁铜矿石的介质能力基准NORM值都大于1，作为自磨介质是合格的，且是较好的介质。

大红山铁矿扩产工程场地狭窄，不具备布置常规碎磨设备的条件，而半自磨工艺在简化流程方面具有优势。通过多年的生产实践，现场技术人员已积累了丰富的半自磨生产经验，综合考虑这些因素后，设计确定采用半自磨碎磨流程。

5.4　浮选参数

5.4.1　浮选给矿粒度

试验结果表明，浮选给矿粒度为-0.074mm占70%~72%时，铜精矿品位和回收率都达到试验要求，但铜精矿含铁很高，达到35%以上，试验阶段曾进行针对性试验，将浮选给矿粒度降低到-0.074mm占85%，铜精矿含铁仍无明显降低。据试验人员判断，原因是铁矿物呈微细粒与铜共生，必须进一步降低给矿粒度，才有可能使铁、铜分离。由于国家有关标准未对铜精矿含铁量进行限制，且矿样有限，研究单位未进行进一步的试验。

在其后的设计阶段，设计人员了解到，处理同一矿体原矿的大红山铜矿并未发现铜精矿含铁异常。与大红山铜矿相比，该矿铜矿物嵌布粒度较细，但矿物组成类似，出现此异常情况的直接原因无疑是铁矿物过细。因此，在设计中为减小浮选给矿粒度预留了条件，即加大磨机规格，在40%介质填充率时，浮选给矿粒度最细为-0.074mm占85%，生产中可根据原矿实际情况进行调整。

5.4.2　浮选时间

按照浮选试验条件试验推荐浮选时间为3min，通常设计时间取试验时间的2倍。但在该次设计中，根据大红山铜矿的实际生产经验判断，原矿有存在氧化铜的可能，参照类似矿山的经验，将浮选粗选时间延长到15min。

5.5 药剂制备与添加

根据选矿试验结果，工程铜浮选添加的药剂是丁基黄药和 2 号油。设计考虑先在药剂间集中制备，然后用药剂泵送至主厂房程控加药机。虽然试验样品矿物测定原矿测定中未发现氧化铜，但考虑到选厂在今后生产中可能会处理周边其他矿源含有氧化铜的矿石，所以设计中设置了备用药剂制备与添加设施。

6 工作制度和设备作业率

选矿厂生产为连续工作制，每年工作时间为 365d。磨矿仓顶之前设备作业率同采矿作业相同，即 62.15%，设备年作业时间为 5445h。磨矿仓底之后设备作业率为 85%，设备年作业时间为 7440h。

7 主要设备选择

7.1 选型原则和装备水平

（1）半自磨机规格按二选厂半自磨机推算，选用国内一流设备。

（2）选用直线筛作为半自磨机分级设备，不设备用筛。在选择设备厂家时，首先考虑确保设备作业率达到 85%。

（3）浮选机粗选与扫选作业选用大型浮选机，确保回收率；精选作业使用小规格浮选机，确保精矿品位，降低操作难度。

（4）浮选前的一段球磨机的磨矿细度按 -0.074mm 占 85% 考虑。

（5）所有设备由控制室集中控制和监视，使用 CIE 开发的"选矿综合控制专家系统"，优化各工艺环节。

（6）浮选设液位自动控制。

（7）浮选给药选用程控加药机。

（8）全厂矿浆取样使用程控在线取样机。

（9）使用 PSI300 在线粒度分析仪监测磨矿粒度。

（10）所有矿浆阀为气动阀，归中控室集中控制。

7.2 设备规格型号

主要设备规格型号见表 3。

表 3　主要设备选型

作　业	设 备 规 格	数量/台	电机功率/kW
半自磨	8.0m×3.2m 半自磨机	1	3600
一段球磨	5.5m×8.5m 球磨机	1	4500
二段球磨	3.2m×6.4m 球磨机	1	1000
半自磨分级	GK2.4m×6.1m 直线筛	1	9.3×2
一段分级	660mm×7 水力旋流器组	1	

作　业	设　备　规　格	数量/台	电机功率/kW
二段分级	350mm×6mm 水力旋流器组	1	
粗、扫浮选	KYF200 浮选机	4	220
精浮选	BF-4 型浮选机	12	15
一磁	LCTY1224 永磁磁选机	4	7.5
二磁	CTB1224 永磁磁选机	2	7.5
三磁	LCTJ1030 永磁磁选机	2	7.5
铜精矿浓缩	NXZ-15J 浓缩机	1	5.5
铜精矿过滤	45m² 陶瓷过滤机	2	16.2

8　车间组成与工艺生产过程

8.1　车间组成

铜系列属于三选厂的一部分，主要车间包括磨矿仓、主厂房、铜精矿浓缩池、铁精矿浓缩池、铜精矿浓缩池及泵房、药剂间。除磨矿仓外，其余厂房与熔岩系列共用。

8.2　工艺生产过程

选矿厂矿石主要来自坑下，经坑下粗碎至 250～0mm，由箕斗提升至地面，由带式输送机送至磨矿仓。

磨矿仓内矿石依次由仓底振动给料机、铜－4号、铜－5号带式输送机给入半自磨机。

半自磨机排矿进入 1 台 2.4m×6.1m 直线振动筛分级，筛上矿石返回半自磨机，筛下矿浆泵送至 660mm×7 旋流器，进入一段球磨分级作业。

一段闭路球磨系统由 1 台 5.5m×8.5m 溢流型球磨机与 1 组 660mm×7 旋流器构成。旋流器沉砂自流返回球磨机。旋流器溢流经搅拌槽加药搅拌后，进入浮选机进行一粗、一扫、三精选别，获得的铜精矿经浓缩、过滤，进入精矿仓堆存。

浮选尾矿自流至 4 台 LCTY1224 筒形磁选机选别，抛除产率为 79% 的合格尾矿后，进入二段球磨分级作业。

1 台 3.2m×6.4m 溢流型球磨机与 1 组 350mm×6mm 旋流器构成二段球闭路球磨系统。旋流器溢流依次进入 CTB1224 永磁磁选机（二磁）和 LCTJ1030 永磁磁选机（三磁）精选，获得的铁精矿浓缩至 70% 后给入已建成的二选厂铁精矿管道输送系统，完成全部选矿过程。

9　设计流程、设计指标和设计技术经济指标

选矿厂设计流程为半自磨-两段阶磨阶选-先浮后磁流程，原则流程详见图 1。选矿厂设计指标见表 4，设计技术经济指标见表 5。

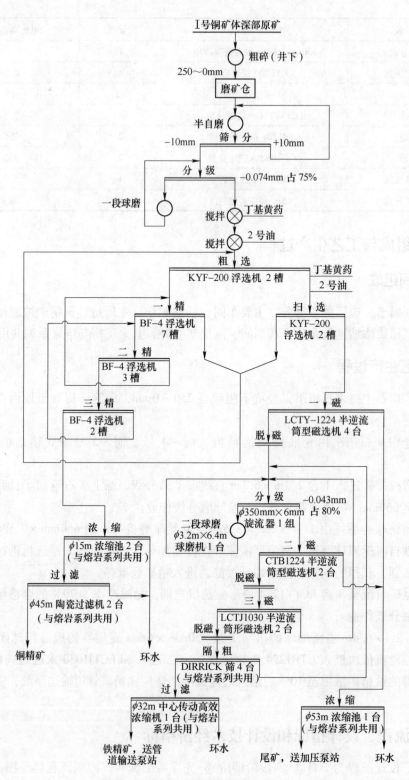

图 1 选矿原则流程

表4 选矿厂设计指标

产品	产率/%	产量/kt·a⁻¹	品位/%		回收率/%	
			铜	铁	铜	铁
铜精矿	2.36		18.78	43.95	90.41	4.87
铁精矿	9.55		0.141	65.24	2.75	29.26
尾矿	88.09		0.038	16.01	6.84	65.97
原矿	100.00		0.49	21.37	100.00	100.00

表5 铜系列设计技术经济指标

指标	单位	指标值
选矿单位耗新水量原矿	m³/t	1.28
选矿单位耗电量原矿	kW·h/t	28.7
选矿工序单位能耗标煤	kg/t	11.6
选矿厂区占地面积	hm²	2.97
生产人员	人	108
选矿全员劳动生产率原矿	t/(人·a)	20000
选矿系列投资总值	万元	32212.64
选矿加工制造成本原矿	元/t	48.80

10 实际生产情况与指标分析

10.1 生产指标

铜系列于2011年3月底建成,因采矿供矿问题,直到2012年年初才正式开始处理含铜原矿。浮选调试结束后,精矿品位和回收率接近或超过设计指标。2012年部分生产指标见表6。

表6 铜系列生产指标

时间 (2012年)	原矿处理量 /t·h⁻¹	原矿品位/%		铜 精 矿			铁 精 矿		浮铜细度/% (0.074mm)	铁精矿细度/% (0.043mm)
		Cu	Fe	Cu品位/%	Fe品位/%	Cu回收率/%	Fe品位/%	Fe回收率/%		
6月	247.14	0.381	20.35	19.71	25.84	89.91	63.63	42.94	79.90	91.60
6月9日	235.80	0.389	20.42	19.97	26.87	89.57	64.04	43.79	84.60	92.00
6月14日	252.70	0.431	20.45	23.63	27.36	87.17	64.22		75.30	90.90
6月23日	267.70	0.398	20.22	22.83	27.94	87.40	64.11	39.03	77.60	91.40
12月	314.04	0.205	20.20	20.26	30.38	86.44	59.47	49.13	74.30	81.40

10.2 生产指标分析

(1) 2012年6月份铜系列原矿处理量较低,7月份"半自磨给矿控制系统"投入后,处理量逐渐提高，7 月、8 月、9 月原矿处理量分别为 257.14t/h、269t/h、304t/h，12 月份已接近设计要求。

（2）投产后选厂为按原设计指标组织生产，按照铜精矿含铜品位 20%、铜回收率 90% 执行，其中含铜品位 20% 高于设计品位，2012 年 12 月实际生产已基本达到上述指标。

（3）原矿品位变化对铜精矿含铜品位的影响不大。

（4）2012 年 12 月与 6 月相比，浮选给矿粒度变粗，按规律铜回收率应该提高，但实际生产中有所降低，可能是氧化铜含量增加所致。

（5）铜精矿含铁品位对浮选给矿粒度很敏感，粒度变细，铜精矿含铁品位明显下降，据分析是因为铁矿物解离度提高，进入铜精矿的铁连生体减少。这证实了试验阶段对铜精矿含铁高的原因分析是正确的。要把铜精矿含铁品位控制在 30% 以下，浮选给矿粒度至少要达到 -0.074mm 占 75%。

（6）原矿含铁品位变化不大，二段球磨细度是确保铁精矿含铁品位的关键，细度达到 -0.043mm 占 80% 以上时，铁精矿含铁品位才能达到 60%。

11　结语

在大红山铁矿三选厂设计中，吸取了一、二选厂的成功经验，针对原矿性质不稳定和试验不充分的实际情况，充分预测今后生产可能面临的问题，确定合理的流程、指标和设备，并加强自动控制，选厂在短期内顺利达到了设计目标，说明该工程设计合理、可行。

（论文发表于 2013 年 2 月《工程建设》期刊）

浅谈昆钢大红山铁矿 4000kt/a 选厂生产工艺改造实践

张江龙　刘　娟

（昆钢大红山铁矿）

摘　要：通过总结大红山铁矿 4000kt/a 选厂改造过程中一些成功的经验和技术措施，分析工艺流程存在的问题，在充分论证改造方案的基础上，进行技术改造，使选矿工艺指标得到了大幅度提高，达到了预期目的，取得了显著的经济效益。

关键词：选矿厂、工艺流程、技术改造

1　概述

昆钢大红山铁矿位于云南省玉溪市新平县戛洒镇境内，矿产资源丰富，是集采、选、管道输送于一体的大型铁矿山之一，是昆钢主要的铁矿石原料基地。目前大红山铁矿选矿厂下设三个选矿分厂，一选厂设计处理量为 500kt/a，二选厂设计处理量为 4000kt/a，三选厂设计处理量为 7000kt/a，经过多年的不断探索和改造，目前已具备年处理原矿 11500kt 的规模。其中二选厂于 2007 年建成投产，年产铁精矿粉 2000kt，处理的矿石为深部磁赤混合低硫磷酸性矿石，主要金属矿物有磁铁矿、赤铁矿等，脉石矿物主要为石英，其次为斜长石、白云母等。矿石结构以粒状、碎裂状、脉状结构为主，晶粒完好。矿石以块状构造为主，较少角砾状、浸染状、斑状构造。磁铁矿结晶粒度较粗，+0.1mm 约占 50%；赤铁矿粒度较细，-0.05mm 超过 60%。

随着昆钢公司的不断发展壮大，公司的原料缺口将进一步加大。为了提升公司的核心竞争力，合理高效利用资源，提高公司的自产矿比例，大红山铁矿工程按照整体规划，设计留有余地，分步实施，最后逐步完善的原则，对原工艺流程进行了技术改造，2009 年进行一期离心机工程改造，2012 年进行一段强磁尾矿扩能降尾改造，2013 年进行 φ30m 浓缩池改造。

2　工艺流程简介

大红山铁矿二选厂生产工艺为阶段磨矿、阶段选别、弱磁-强磁-重选工艺（图 1），矿石经井下 φ1200mm 旋回破碎机破碎至粒度为 0~250mm，通过胶带运输机输送到地面矿仓堆存，然后通过振动给矿机及给矿皮带给入 φ8.53m×4.27m 大型半自磨机，半自磨机与两台 GK3.0m×7.0m 直线振动筛组成磨矿闭路，振动筛筛下物经泵泵至两组 φ660mm×7mm 旋流器预先分级，旋流器与两台 MQYφ4.0m×7.0m 溢流型球磨机组成二段磨矿闭路，旋流器溢流进入一段弱磁，一段弱磁采用 10 台 XCTB1224 永磁筒式磁选机，一段弱磁尾矿进入一段强磁选别，一段强磁采用 10 台 SLon-2000 高梯度磁选机，一段强磁机精矿及一段弱磁精矿通过泵分别泵至 φ350mm×20mm、φ350mm×10mm 旋流器进行分级，旋

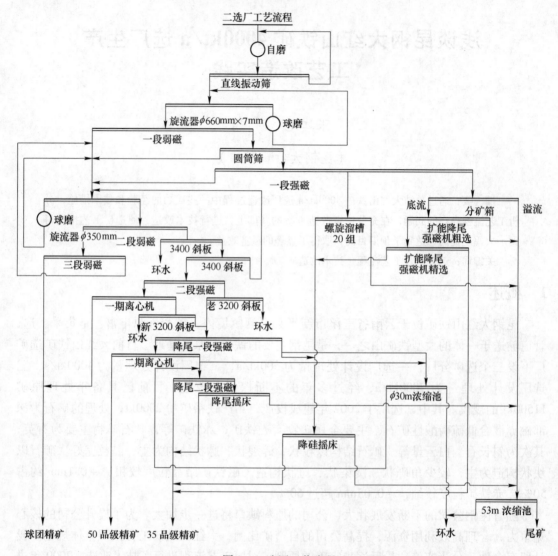

图1　二选厂工艺流程

流器与两台 MQYϕ4.0m×7.0m 溢流型球磨机组成三段磨矿闭路，一段强磁尾矿进入扩能降尾系统进行再次选别，三段旋流器溢流通过二段、三段弱磁进行选别，三段弱磁精矿为最终精矿，二段弱磁机尾矿通过 KMLZ3400m² 斜板浓密机浓缩后进入二段强磁，二段强磁分别采用两台 SLon-2000 及三台 LGS-2000 高梯度磁选机，二段强磁精矿进入 44 台 SLon-2400 离心机进行选别，离心机精矿为最终精矿，二段强磁尾矿和离心机尾矿通过两台 KM-LZ-3200/55 斜板浓密机浓缩后进入降硅及降尾系统。

3　提质降尾工程改造

3.1　矿石性质分析

　　大红山铁矿矿石为磁赤混合铁矿，磁铁矿结晶粒度较粗，利用阶段磨矿阶段选别工艺，磨矿细度至 -325 目占 70%，利用单一弱磁选流程即可得到有效回收。三段弱磁精矿品位可达到 66%，回收率可达到 80% 以上，赤铁矿嵌布粒度较细，0.045 ~ 0.037mm 占有率为 52.37% 左右。为获得较高的单体解离度需较高的磨矿细度，现有的半自磨 + 球磨流程难以实现，大红山铁矿原处理赤铁矿的工艺流程（图 2）为弱磁 + 强磁 + 摇床重选，摇床精矿为最终精矿，精矿品位为 57.25%，摇床尾矿品位 38.47%，三段弱磁精矿和摇床精矿混合精矿品位为 62.5%，精矿中二氧化硅含量占 7.02%，无法满足集团公司生产需要。针对这一现状 2009 年大红山铁矿进行离心机技术改造（图 3），利用离心机选别二段强磁精矿。二段强磁精矿矿石性质分析如表 1、表 2、表 3 所示。

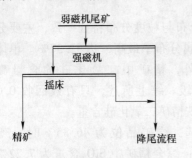 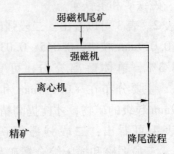

图 2　造前工艺流程图　　　　　　　　图 3　改造后工艺流程图

表 1　二段强磁精矿铁物相分析

物　相	硅酸铁	硅酸铁	菱铁矿	赤（褐铁矿）	其　他	全　铁
含量/%	5.04	3.50	1.29	36.53	3.60	49.96
分布率/%	10.09	7.00	2.58	73.13	7.20	100.00

表 2　磁（赤）铁矿的单体解离率

颗粒种类	单体颗粒数	连生体颗粒数			解离率/%
		1/4	2/4	3/4	
含量/%	5.04	3.50	1.29	36.53	
颗粒数	1627	31	22	13	98.3
折算为单体颗粒数	1627	7.75	11	9.75	

表 3　二段强磁精矿矿粒度分析

粒级/mm	产率/%	Fe 品位/%	金属分布率/%	SiO_2 含量/%	SiO_2 分布率/%
+0.2	0.42	20.65	0.42	40.47	2.95
-0.2 ~ +0.154	0.60				
-0.154 ~ +0.125	0.79	15.61	0.25	48.61	2.75
-0.125 ~ +0.105	0.99	16.78	0.50	45.76	4.88
-0.105 ~ +0.088	0.50				
-0.088 ~ +0.074	4.82	23.96	2.31	39.88	13.77
-0.074 ~ +0.045	18.14	42.93	15.59	21.73	28.21
-0.045 ~ +0.037	40.94	63.87	52.37	4.91	14.39

粒级/mm	产率/%	Fe品位/%	金属分布率/%	SiO$_2$含量/%	SiO$_2$分布率/%
-0.037 +0.019	26.75	46.02	24.65	10.89	20.85
-0.019 ~ +0.010	3.74	34.78	2.60	25.08	6.71
-0.010	2.31	27.89	1.29	33.35	5.52
Σ	100	49.93	100	13.97	100

从表1可以看出：二段强磁精矿中主要有用矿物为赤铁矿，占73.19%，还有少量的硅酸铁、磁铁矿和菱铁矿。

从表2、表3可以看出：二段强磁精矿中金属分布与粒度分布特征一致，主要分布在0.074 ~ 0.019mm粒级，0.045 ~ 0.037mm粒级铁金属分布率最高，达52.37%。单体解离度达98.3%，单体解离充分，可直接入选。另外，精矿中二氧化硅的含量高，占13.97%，主要分布在+0.074mm和-0.019mm粒级。综上所述，只有效回收0.074 ~ -0.019mm粒级的矿物，才能提高精矿品位，降低铁精矿二氧化硅含量。

从表4可看出：二段强磁精矿利用摇床重选，给矿品位为46.85%时，产率为45.13%，三段弱磁和摇床综合精矿品位为62.28%，综合精矿中SiO$_2$含量为7.22%，精矿品位为57.23%，精矿品位提高10.38%。

从表5可看出：二段强磁精矿利用离心机重选，给矿品位为47.79%时，产率为57.09%，三段弱磁和摇床综合精矿品位为64.82%，综合精矿中SiO$_2$含量为5.34%，精矿品位为60.08%，精矿品位可提高12.29%。

表4 改造前生产技术指标

月份	给矿品位/%	精矿品位/%	尾矿品位/%	产率/%	综合精矿品位/%	综合精矿SiO$_2$含量/%
1月	48.71	56.21	39.57	54.93	61.31	7.86
2月	47.69	57.36	38.33	49.19	62.24	6.92
3月	46.54	58.09	39.07	39.27	63.06	6.80
4月	45.97	57.44	37.24	43.22	62.03	7.57
5月	45.33	57.07	37.81	39.04	62.76	6.96
合计	46.85	57.23	38.40	45.13	62.28	7.22

表5 改造后生产技术指标

月份	给矿品位/%	精矿品位/%	尾矿品位/%	产率/%	综合精矿品位/%	综合精矿SiO$_2$含量/%
1月	47.17	60.41	40.23	49.26	64.58	5.72
2月	46.98	60.11	36.04	62.07	64.58	5.38
3月	48.22	59.47	36.68	58.10	64.95	5.26
4月	47.32	60.73	36.09	59.29	64.86	5.19
5月	49.28	59.69	35.62	56.75	65.15	5.17
合计	47.79	60.08	36.93	57.09	64.82	5.34

综上所述，可以得出以下结论：

（1）利用离心机重选，在给矿品位波动不大的情况下，比利用摇床重选精矿品位提高 1.91%，产率提高 11.96%，综合精矿品位提高 2.54%，综合精矿中 SiO_2 含量可降低 1.88%，离心机选别效果要优于摇床选别。

（2）摇床单位面积处理能力低且占用厂房面积大，另外，摇床耗水量大，增加浓缩系统压力，从而导致循环水浑浊，影响精矿品位及现场设备的管理维护工作。

（3）摇床的操作维护比离心机复杂，采用离心机可降低工人劳动强度，减少选矿厂劳动定员。

4　扩能降尾工程改造

2012 年随着二选厂处理量的增加及原矿性质的变化，原有的处理一段强磁尾矿的螺旋溜槽-摇床工艺能力不足，而且选别效果不理想。为完成矿业公司制定的 2012 年将尾矿品位降至 8% 以下的工作目标，选矿厂联合公司科技部对二选厂进行了流程考察，根据流程考察情况，一段强磁尾矿量占总尾矿量的 60% 以上，金属占有率占总尾矿量的 50% 以上，其品位在 9.5% 左右。因此，该段的降尾工作非常重要，将总尾品位降低到 8% 以下是关键性的。根据这一情况，大红山铁矿领导决定对二选厂一段强磁尾矿开展扩能降尾工程技术改造。

4.1　一段强磁矿石性质分析

一段强磁尾矿中有氧化物、硅酸盐、磷酸盐、钨酸盐及硫化物 6 类 18 种矿物存在，硅酸铁含量偏高，粗颗粒的赤铁矿连生体较多，难回收的微细颗粒赤铁矿金属分布率较高，一段强磁尾矿多元素分析和粒度分析分别见表 6 和表 7。

表 6　一段强磁尾矿多元素分析

成分	As (10^{-6})	P	S	TFe	SiO_2
含量/%	7.28	0.35	0.03	9.50	58.30
成分	Al_2O_3	CaO	MgO	K_2O	Na_2O
含量/%	10.43	3.74	2.52	1.08	3.50

表 7　一段强磁尾矿粒度分析

粒度 d/mm	产率/%	品位/%	分布率/%
+0.20	5.88	8.59	5.50
-0.20 +0.154	3.97	9.11	3.94
-0.154 +0.105	6.30	9.95	6.82
-0.105 +0.088	1.82	10.72	2.12
-0.088 +0.074	9.41	10.73	10.99
-0.074 +0.045	18.10	8.37	16.48
-0.045 +0.037	8.79	10.99	10.51
-0.037 +0.019	26.61	6.48	18.76
-0.019 +0.010	9.18	13.55	13.54
-0.010	9.94	10.46	11.31
合　计	100.00	9.19	100.00

从表6、表7可以看出：一段强磁尾矿主要有用组分为 Fe，较适合选别的中间粒级（ +0.019 ~ -0.074mm）产率仅占 53.5%，金属占有率仅 45.75%；+0.074mm 粒级产率高达 27.38%，在较高的强磁粗选条件下将会影响精矿品位；难选的 -0.010mm 粒级产率为 9.94%，金属占有率为 11.31%。

从表8、表9可以看出：有 88.48% 的铁赋存于赤铁矿中，有 4.23% 的铁赋存于钛铁矿中，有 7.29% 的铁赋存于硅酸盐中。粗颗粒的赤铁矿连生体较多，难回收的微细颗粒赤铁矿金属分布率较高，适宜分选的粒级含量较少，决定选矿的精矿品位及金属回收率应在一个较低的水平。

表8 磁（赤）铁矿的单体解离率

颗粒种类	单体颗粒数	连生体颗粒数			解离率/%
		1/4	2/4	3/4	
颗粒数	425	21	7	1	97.8
折算为单体颗粒数	425	5.25	3.5	0.75	

表9 一段强磁尾矿铁物相分析

矿 物	含量/%	矿物中铁的含量/%	矿物中铁的分配量/%	铁在各主要矿物中的分配率/%
赤铁矿	11	70.0	7.70	88.48
钛铁矿	1	36.8	0.368	4.23
绿泥石	5	9.9	0.495	5.69
电气石	1	14.0	0.14	1.60
其他	82	—	—	—
合计	100	—	8.703	100.0

4.2 工艺流程研究及分析比较

通过对一段强磁尾矿性质进行分析，对低品位的一段强磁尾矿，要不要磨矿后再选，如何粗选抛尾获得粗精矿，粗精矿如何处理从而获得 35 品级精矿，是本次试验研究的主要内容，试验设备主要采用强磁选 SLon-100 高梯度磁选机、$\phi 1050mm \times 500mm$ 摇床。

4.2.1 磨矿细度及磁场强度试验

在不同的磁场强度下用强磁选对不同细度的一段强磁尾矿进行选别，试验结果见表10。

表10 磨矿细度及磁场强度试验

磨矿细度 -325 目/%	磁场强度	选矿指标					
		原矿/%	精矿/%	尾矿/%	产率/%	回收率/%	选矿效率/%
59.29（不磨）	1T	9.35	29.39	5.00	17.84	56.06	18.52
	1.2 T	9.35	31.62	4.77	17.06	57.69	21.18

磨矿细度 −325 目/%	磁场强度	选矿指标					
		原矿/%	精矿/%	尾矿/%	产率/%	回收率/%	选矿效率/%
70.87	1T	9.30	39.68	4.83	12.83	54.73	27.12
	1.2T	9.30	38.06	4.58	14.10	57.70	27.34
79.39	1T	9.01	39.07	4.69	12.57	54.49	26.86
	1.2T	9.01	38.08	4.39	13.71	57.96	27.62
85.55	1T	9.44	37.17	4.91	14.04	55.29	25.32
	1.2T	9.44	37.34	4.53	14.96	59.19	27.27
89.73	1T	9.59	37.10	4.93	14.49	56.04	25.52
	1.2T	9.59	36.75	4.83	14.91	57.15	25.69

从表10可以看出：

（1）1.2T的高磁场强度选矿指标好于1T，不磨矿情况下，金属回收率提高了约1.5%，最好磨矿细度条件下（−325目占85.55%）金属回收率提高了约4%，表明较高的磁场强度有利于赤铁矿的回收。

（2）在1T的磁场强度条件下，不磨（即细度较粗时）可获得较高的金属回收率，但精矿品位较低，这表明磨矿有助于赤铁矿的单体解离，但同时会产生更多的不能被磁场捕获的微细粒赤铁矿。

（3）从技术的角度看，在−325目占85.55%的条件下，用1.2T磁场强度选别，此时选矿指标较好，精矿品位达到37.34%，回收率高达59.19%。由此可见，"细磨−超强磁场选别"是选别微细粒赤铁矿的发展方向之一。

（4）从工业生产来看，1.2T的高梯度磁选机在我国尚未得到普及，属于新设备，其价格高于1T强磁机30%以上，另外，工业生产条件下，强磁选指标受给矿浓度、给矿量等多方面的影响，可能会抵消磁场强度高带来的优势。因此，未开展工业性试验前，应用1.2T的磁场选别不能确定其优势。

（5）综上所述，不磨矿条件下，用1T的磁场强度选别可获得较好的技术经济指标，其缺点是精矿品位仅30%，需要进一步提高。

4.2.2 工艺流程试验

通过分析试验分别进行不磨强磁─粗─精─摇床流程试验、不磨强磁─粗─精─摇床扫选流程试验，选择试验给矿量为200g/次，实验数质量流程如图4、图5所示。

由图4可以看出：

（1）如用强磁─粗─精选别一段强磁尾矿，可获得品位40%以上的铁精矿，其产率为10.26%，金属回收率47.34%，尾矿品位5.49%。

（2）用摇床精选40品级强磁精矿，可生产出50品级，但摇床尾矿品位高达28.37%，金属损失率较高，总尾矿品位升高了1%。

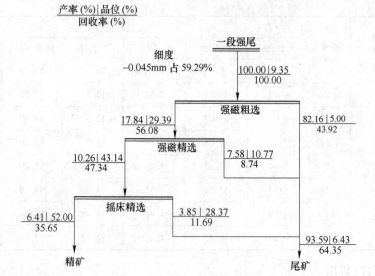

图 4　强磁—粗—精-摇床流程试验

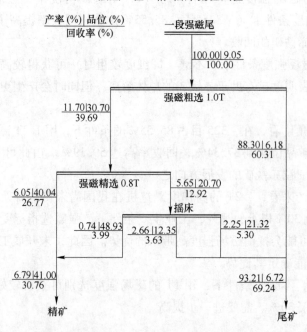

图 5　不磨强磁—粗—精-摇床扫选流程试验

由图 5 可以看出，本次试验指标与 2010 年试验相比，出现了较大的变化：

（1）用强磁—粗—精流程选别一段强磁尾矿，可获得品位 40% 左右的铁精矿，其产率为 6.05%，金属回收率为 26.77%，尾矿品位为 7.05%。与 2010 年试验指标相比，精矿产率降低了 4.21%，回收率降低了 20.57%，总尾矿品位提高了 1.56%。试验指标变差，原因是矿石性质发生了较大变化。

（2）用摇床扫选强磁精选尾矿，中矿品位低于尾矿品位，如将摇床中矿并入总尾，摇床精矿、尾矿合并（品位 28.15%）进入总精，则总精矿产率为 9.04%，品位为 36.10%，回收率为 36.06%，尾矿品位为 6.36%。

4.2.3　工艺流程确定

（1）本次试验通过对一段强磁尾矿的再选，一方面验证了 2010 年"强磁—粗—精"工艺获得 40 品级精矿技术上是可行的，另一方面可能是矿石性质发生了变化，致试验指标恶化。2010 年指标：原矿品位 9.35%，精矿产率 10.26%，品位 43.14%，回收率 47.34%，尾矿品位 5.49%。2012 年相同流程试验指标：原矿品位 9.05%，精矿产率 6.05%，品位 40.04%，回收率 26.77%，尾矿品位 7.05%。2012 年试验指标大幅下滑。

（2）2012 年"强磁—粗—精"验证试验，强磁精选尾矿品位高达 20% 左右，而 2010 年试验该值仅为 10% 左右。因此，对强磁精选尾矿采用强磁或摇床再选是必要的。"强磁—粗—精-摇床扫选"试验流程可获得产率 6.79%、品位 41.00%、回收率 30.76% 的精矿，尾矿品位为 6.72%。如精矿品位降至 36%，则保守估计，精矿产率可提高到 8.37%，回收率提高到 33.43%，尾矿品位 6.57%。

（3）"强磁—粗—扫—精"（扫选采用 1.3T 超高磁场强度）精矿产率为 10.95%，品位 35.56%，回收率 43.03%，尾矿品位 5.79%。在当前条件下，采用 1.3T 超高强磁工艺尚未进行工业试验，不具备生产使用条件。

（4）根据保守试验指标，当一段强磁尾矿量 210t/h，作业率 85% 时，每年可回收 40 品级铁精矿 210 × 24 × 365 × 0.85 × 0.0679 = 106.2kt，金属量为 43.5kt。

（5）推荐采用的工艺流程见图 4。

4.2.4　改造前、后生产技术指标情况

通过工艺流程改造，选矿工艺技术指标得到了极大的改善。改造前、后生产技术指标分别如表 11、表 12 所示。

表 11　改造前生产技术指标

月份	给矿品位/%	精矿品位/%	尾矿品位/%	产率/%	35% 品级精矿品位/%	摇床尾矿品位/%
3 月	9.84	10.64	9.65	19	32.45	11.32
4 月	9.67	10.32	9.50	21	33.46	12.13
5 月	8.96	10.58	8.62	17	34.24	13.24
6 月	9.35	10.68	9.12	22	33.28	13.28
7 月	9.46	10.79	9.25	23	34.1	12.96
合计	9.46	10.60	9.23	20.4	33.51	12.59

表 12　改造后生产技术指标

月份	给矿品位/%	精矿品位/%	尾矿品位/%	产率/%	35% 品级精矿品位/%	摇床尾矿品位/%
1 月	9.23	16.5	6.45	27	35.42	10.32
2 月	9.54	17.1	6.64	28	34.21	11.25
3 月	8.96	16.32	6.02	29	35.26	10.24
4 月	9.35	16.89	6.93	24	35.81	11.28
5 月	9.46	16.25	6.22	32	36.41	10.96
合计	9.31	17.01	6.34	28	35.42	10.81

从表 11 可看出：一段强磁尾矿采用螺旋溜槽重选时，给矿品位为 9.46% 时，产率为 20.4%，螺旋溜槽精矿品位为 10.6%，尾矿品位 9.23%，35% 品级精矿品位为 33.51%，摇床尾矿品位为 12.59%。

从表 12 可看出：一段强磁尾矿采用强磁机粗选 + 精选 + 重选流程选别时，给矿品位为 9.31% 时，产率为 28%，粗选强磁机精矿品位 17.01%，尾矿品位 6.34%，35% 品级精矿品位 35.42%，摇床尾矿品位 10.81%。

综上所述，可以得出以下结论：

（1）采用强磁机粗选 + 精选 + 重选流程，在给矿品位波动不大的情况下，比采用螺旋溜槽 + 摇床工艺的精矿品位提高 6.41%，产率提高 7.6%，35% 品级精矿品位提高 1.91%，摇床尾矿品位可降低 1.78%，选矿技术指标得到了明显的改善。

（2）生产实践证明，利用强磁机选别赤铁矿，特别是微细粒赤铁铁可以使生产技术指标得到极大的改善，也说明了超高磁场强度磁选机将是选别微细粒赤铁矿的一个发展方向。

5　结论

大量的生产与改造实践表明，通过对原有的工艺流程进行流程考察及分析论证，找出其中存在的问题并进行技术改造，可以提高选矿系统的处理能力，提高精矿品位，降低尾矿品位，提高金属回收率，实现节能降耗，提高经济效益。

参 考 文 献

[1] 李冬洋，等. 大红山铁矿离心机回收细粒级赤铁矿技术改造造的研究与实验. 论文发表于 2014 年《中国科技博览》期刊第 22 期.

大红山铁矿 4000kt/a 选矿厂降尾改造

王 蕾 李冬洋

（昆钢玉溪大红山矿业有限公司）

摘 要：大红山铁矿4000kt/a选矿厂尾矿品位较高，降低尾矿铁品位有利于提高铁回收率。在对一段强磁选尾矿和二段强磁选尾矿性质研究的基础上，分别进行了回收工艺研究。研究表明，一、二段强磁尾矿分别采用1粗1精重选流程和1粗1精强磁选、强磁精选尾矿摇床再选流程处理，均能显著降低尾矿铁品位，从而提高精矿铁回收率。

关键词：铁尾矿、强磁选、重选

大红山铁矿矿石为磁、赤铁混合低硫磷酸性矿石，主要金属矿物有磁铁矿、赤铁矿等，脉石矿物主要为石英，其次为斜长石、白云母等。矿石结构以粒状、碎裂状、脉状结构为主，晶粒完好。矿石以块状构造为主，较少角砾状、浸染状、斑状构造。磁铁矿结晶粒度较粗，+0.1mm约占50%；赤铁矿粒度较细，-0.05mm超过60%。

4000kt/a的选矿厂于2007年投产，生产采用半自磨-球磨机-弱磁选-强磁选-混合精矿再磨-弱磁选-强磁选流程，弱磁选精矿与强磁选精矿合并为最终精矿，1段强磁尾矿和2段强磁尾矿合并为最终尾矿。系统投产后尾矿品位一直高居不下，其中1段强磁尾矿产率达40%以上，铁品位约为10%；2段强磁尾矿产率达30%以上，铁品位约为25%。现场根据金属流失的严重程度，分阶段对尾矿回收进行了研究，此次降尾改造共分2个阶段，首先完成了二段强磁尾矿降尾改造，然后对一段强磁尾矿进行了降尾改造。

1 二段强磁选尾矿再回收

1.1 矿石性质

二段强磁尾矿矿物组成见表1，粒度组成及金属分布率见表2。

表1 二段强磁尾矿矿物组成分析结果

矿物	赤铁矿	绿泥石	石英	白云母	钠长石	白云石	方解石	其他
含量/%	34.05	20.30	18.48	10.27	8.62	6.21	1.07	1.00

从表1可以看出，二段强磁选尾矿中有用矿物为赤铁矿，占34.05%。

表2 二段强磁尾矿粒度组成及金属分布率

粒度/mm	产率/%	Fe品位/%	Fe分布率/%
+0.074	10.16	9.54	3.47
0.074~0.063	7.27	12.98	3.36
0.063~0.045	9.45	20.41	6.91

续表 2

粒度/mm	产率/%	Fe 品位/%	Fe 分布率/%
0.045 ~ 0.037	26.34	44.84	42.30
0.037 ~ 0.019	23.04	30.18	24.91
0.019 ~ 0.010	6.79	24.36	5.92
0.010 ~ 0.005	2.30	22.14	1.82
-0.005	14.65	21.55	11.31
合　计	100.00	27.92	100.00

从表 2 可以看出，二段强磁选尾矿粒度较细，-0.074mm 占 89.84%、-0.045mm 占 73.12%；铁矿物为 0.045 ~ 0.019mm 有明显的富集现象，该粒级的产率为 49.38%、金属分布率为 67.21%；-0.019mm 粒级产率较低，为 23.74%，金属分布率为 19.05%。

矿物为 0.045 ~ 0.019mm 有明显的富集现象，该粒级的产率为 49.38%、金属分布率为 67.21%；-0.019mm 粒级产率较低，为 23.74%，金属分布率为 19.05%。

1.2　试验研究

二段强磁选尾矿中有用矿物主要为赤铁矿，因此，按 1 粗 1 精 1 扫流程进行了赤铁矿回收试验，强磁选磁感应强度为 1.0T，试验结果见表 3。

表 3　二段强磁尾矿赤铁矿回收试验结果

产 品	产率/%	品位/%	回收率/%
再选精矿 1	12.58	52.38	32.91
尾矿 1	87.42	12.96	67.09
二段强磁选尾矿	100.00	17.92	100.00

从表 3 可以看出，采用 1 粗 1 精 1 扫流程可以显著降低二段强磁尾矿的铁品位，再选精矿 1 铁品位达到了 52.38%，试验指标良好，因此对生产流程中的二段强磁选尾矿进行了再回收改造。

1.3　生产改造

生产系统改造过程中，为了进一步稳定再选精矿 1 的铁品位，取消了试验流程中的扫选作业，即对原二段强磁尾矿进行 1 粗 1 精高梯度强磁选。工程改造于 2008 年 1 月完成并投产。生产流程见图 1，二段强磁尾矿回收系统考察结果见表 4。

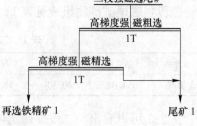

图 1　二段强磁选尾矿再回收流程

表 4　改造前、后二段强磁选尾矿铁品位对比

阶　段	改 造 前	改 造 后
铁品位/%	15.84	13.88

从表4可以看出，现场原二段强磁选尾矿经1粗1精强磁选，可以将铁品位从15.84%降至13.88%，有效地控制了金属流失。

在试验取得理想指标的情况下，进行了工艺再完善改造，增加了回收系统强磁选设备的数量，减轻了设备负荷；同时，对回收系统中精选尾矿进行了摇床重选，从而进一步降低了二段强磁选系统的尾矿品位。改造后尾矿铁品位进一步下降至13.45%。

2 一段强磁选尾矿再回收

2.1 矿石性质

一段强磁尾矿矿物组成见表5，粒度组成及金属分布率见表6。

表5 一段强磁尾矿矿物组成分析结果

矿物	赤铁矿	绿泥石	石英	白云母	长石	白云石	磷灰石	其他
含量/%	11.00	5.00	33.00	11.00	28.00	6.00	4.00	2.00

从表5可以看出，一段强磁选尾矿中有用矿物为赤铁矿，占11.00%，铁矿物含量明显低于2段强磁选尾矿。

表6 一段强磁尾矿粒度组成及金属分布率

粒度/mm	产率/%	Fe品位/%	Fe分布率/%
+0.250	4.26	9.04	4.14
0.250 ~ 0.147	12.67	8.90	12.12
0.147 ~ 0.104	8.38	7.82	7.04
0.104 ~ 0.074	12.14	13.11	17.10
0.074 ~ 0.037	23.78	6.28	16.04
0.037 ~ 0.019	19.23	7.76	16.04
0.019 ~ 0.010	3.70	14.71	5.84
0.010 ~ 0.005	3.17	9.93	3.38
-0.005	12.68	13.52	18.40
合 计	100.00	9.31	100.00

从表6可以看出，一段强磁选尾矿粒度分布较宽，+0.074mm占37.45%、-0.019mm占19.55%；铁矿物在各粒级分布较均匀，没有明显的富集现象。

2.2 磨矿细度试验

从矿石性质分析可知，一段强磁选尾矿粒度较粗，可能存在有用矿物单体解离不充分的情况，因此对一段强磁选尾矿进行了磨矿细度试验研究，试验采用1次粗选流程，高梯度磁选机磁感应强度为1T，试验结果见表7。

表7 磨矿细度试验结果

磨矿细度（-200目含量）/%	精矿铁品位/%	尾矿铁品位/%
60	31.62	4.39
70	36.75	4.58
80	38.06	4.77
90	38.08	4.83

从表 7 可以看出,提高磨矿产品细度有利于提高精矿铁品位,但这种变化趋势并不明显,因此 1 段强磁选尾矿回收试验未进行再磨矿。

2.3 试验研究

一段强磁选尾矿中有用矿物主要为赤铁矿,在进行了强磁选和重选流程比较试验后,确定了图 2 所示的试验流程,试验结果见表 8。

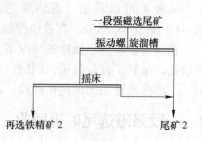

图 2 一段强磁选尾矿再回收试验流程

表 8 一段强磁选尾矿再选工业试验结果

产 品	产 率/%	品 位/%	回 收 率/%
再选精矿 2	4.93	50.20	27.20
尾矿 2	95.07	6.97	72.80
一段强磁选尾矿	100.00	9.10	100.00

从表 8 可以看出,采用图 2 所示的回收流程可以显著降低一段强磁尾矿的铁品位,再选精矿 2 铁品位达到了 50.20%,试验指标良好,因此对生产流程中的一段强磁选尾矿进行了再回收改造。

2.4 生产改造

一段强磁尾矿再回收系统改造流程为试验流程,工程改造于 2011 年 1 月完成并投产,系统共有 30 组振动螺旋溜槽用于粗选作业,98 台摇床用于精选作业,一段强磁选尾矿回收系统考察结果见表 9。

表 9 改造前、后一段强磁选尾矿铁品位对比

阶 段	改 造 前	改 造 后
铁品位/%	12.92	11.30

从表 9 可以看出,现场原一段强磁选尾矿经 1 粗 1 精重选,可以将铁品位从 12.92% 降至 11.30%,有效地控制了金属流失。

3 结论

(1) 大红山 4000kt/a 选矿厂二段强磁尾矿采用 1 粗 1 精高梯度磁选机强磁选、精选尾矿摇床重选流程处理,可以将二段尾矿铁品位从 15.84% 降至 13.45%。

(2) 大红山 4000kt/a 选矿厂一段强磁尾矿采用 1 粗 1 精重选流程处理,可以将一段强磁选精矿铁品位从 12.92% 降至 11.30%。

(论文发表于 2012 年 8 月《现代矿业》期刊)

大红山铁矿4000kt/a选厂再磨流程及设备选择讨论

李登敏[1] 段希祥[2]

（1. 大红山铁矿选矿车间；2. 昆明理工大学国土资源工程学院）

摘 要：首先介绍了大红山铁矿4000kt/a选矿厂再磨流程设备选择的两个方案，并从各方面分析了两个方案的优点及存在问题，指出了功指数法选择再磨磨机中的几个重要问题，并提出相应的建议。

关键词：大红山铁矿选矿厂、再磨流程及设备、方案选择

1 序言

昆钢大红山铁矿4000kt/a选矿厂是省内规模最大的选矿厂，而且采用了在西南地区均没有应用的自磨技术，因而它的建设受到选矿界的关注。主管部门、研究院所、设计院乃至国外设备厂商，都对选厂的碎磨方法、碎磨流程及设备的选择做了大量工作，各自提出了不同的技术方案。目前，各个方案均在不断论证及完善过程中。本文就再磨流程及磨机容量选择方面开展一些分析讨论，供选厂碎磨流程及设备选择参考。

2 碎磨流程及设备选择的初步方案概况

考虑国外大型铁矿选厂的技术状况及大红山铁矿的建厂条件，设计中决定采用半自磨+球磨的碎磨方法，这已为各方所认同。但在具体的碎磨流程及设备选择上则提出了不同的方案：

（1）设计院提出，将粗碎后250~0mm原矿用8.53m×4.42m自磨机一台（7000HP）磨至-200目占52%，然后经弱磁选及强磁选后抛弃27.50%的尾矿，粗精矿合并经两段连续磨矿，一段再磨采用2台ϕ4.5m×7.5m溢流型球磨机，磨到-200目（0.074mm）达85%，二段再磨采用2台ϕ4.5m×7.5m溢流型球磨机，磨到-325目（0.043mm）达80%，粗精矿再磨精选后确保铁精矿品位达67.0%以上。

（2）国外厂商提出，将粗碎后250~0mm原矿用ϕ8.53m×3.35m半自磨机一台（5000HP，顽石中间破碎机功率1000HP）磨至-2mm达80%，再用一台ϕ6.7m×10.21m溢流型球磨机（10900HP）连磨至325目达80%，然后进行磁选产精矿及丢尾矿。仅就再磨矿的流程而言，国外厂商的方案流程简单，但无法实现中间抛尾，要将全部矿石磨到325目达80%时才是最终抛尾，存在严重的"不必要破碎"。设计院的方案多了一段再磨，但再磨前已抛弃27.5%的尾矿，符合节能降耗原则。

3 再磨流程的分析讨论

确定磨矿流程时要考虑的因素很多，诸如磨矿的段数、磨矿分级设备的投资、磨矿的

能耗、磨矿分级设备的占地面积及建筑费用、操作维修费用等，而常常被遗忘的则是磨矿产品的质量及对选别的影响。这里对上述两个再磨方案的诸多因素进行分析讨论。

3.1 再磨流程的段数、设备投资、占地面积及建筑费用

毫无疑问，采用一段再磨比采用二段再磨减少一段流程，设备投资费、占地面积及建筑费用也节省。但这是建厂时投资上的一次性节省，当然这种节省可降低固定资产回收在产品成本中的比例，对降低产品成本有其有利的一面，并且工艺流程简单也减少操作维修工作量及费用，有利于实现工艺过程的自动化。减少操作维修费用也有利于产品成本的降低。从上述几个方面看，国外厂商提出的再磨方案优于设计院提出的二段再磨方案。

3.2 再磨矿的效率及能耗分析

国外厂商的方案要将全部矿石磨细到 325 目达 80% 才选矿抛尾，设计院的方案产品细度 -200 目达 52% 时就丢弃占原矿 27.5% 的尾矿，显然，设计院的方案要节省磨矿能耗，节省的能耗可定量计算出来。

国外厂商表示粒度用的是 P_{80} 粒度，矿石磨到 325 目达 80%，即磨矿粒度为 325 目（0.043mm）。国内习惯用 d_{95} 粒度，325 目指 95% 通过 0.043mm。但在计算生产率时，通常又用 -200 目利用系数，按 -200 目计。那么，325 目达 80% 时，物料中的 -200 目又是多少呢？根据 P_{80} 与 d_{95} 粒度的相互换算办法[1]，P_{80} 为 325 目（0.043mm）时，相当于 d_{95} 的 0.085mm，即 170 目，其中的 -200 目含量为 91%，换句话说，按我国 d_{95} 的习惯，磨到 -200 目达 91% 时，达到 325 目达 80%。

这样，按设计院方案，4000kt 矿石中有 27.5% 只磨到 -200 目占 52% 就被抛弃，而剩余的 72.5% 的矿石才磨到 -200 目占 91%（即 325 目达 80%）；按国外厂商的方案，4000kt 均要磨到 -200 目占 91%（即 325 目达 80%）。显然，国外厂商的方案中要多磨的矿石量为 4000kt×27.5% =1100kt，即多将 1100kt 矿石由 -200 目占 52% 磨到占 91%。按国外厂商方案，采用 6.7m×10.21m 磨机，功率为 10900 马力 =8128.3kW，如有用功为 85%，则耗于磨矿的有用功率为 8128.3kW×85% =6909kW。磨机小时设计矿量 537.2t/h，将矿石由 -2mm（-200 目占 21%）磨到 -200 目占 91%（325 目占 80%）时，每吨 -200 目矿石的耗电为 6909÷[537.2×(0.91-0.21)] =18.373kW·h/t。按磨矿功耗理论计算可知，矿石由 -200 目占 21% 磨到占 52%，粗磨段消耗的功耗较低，再由 -200 目占 52% 磨到占 91%，细磨消耗段的功耗高，而且，细磨段（-200 目占 52% 至占 91%）所耗的功耗占整个段（-200 目占 21%~91%）的约 80%，耗电也是 80%，即 80%×18.373 =14.698kW·h/t。则将 1100kt 矿石由 -200 目占 52% 磨到占 91% 所耗的电为 1100kt×14.698kW·h/t =16167800kW·h。如每千瓦·时电 0.37 元，则多耗电费 598.209 万元。

每年多将 1100kt 矿石由 -200 目占 52% 磨到占 91% 而多耗电 16167800kW·h，只是国外厂商方案耗电高的一个原因。而高 6.7m×10.21m 大型球磨机的磨矿效率低也是耗电高的另一主要原因。关于大型球磨机的应用效果问题，国外著名学者 B. K. ЗАХВАТКИЙ 曾专文作过论述[2]，指出大型球磨机的主要优势是简化系列，减少投资，节省建筑物及构筑物费用，从而降低成本，但大型球磨机的磨矿效率低于小直径球磨机。因此，他建议球

磨机直径不超过5m。我国杰出的磨矿专家李启衡教授对此问题作了更为精辟的分析[3]，并从国内外的大量生产资料统计证明，我国2.7～3.6m直径磨机的磨矿效率比国外4～5m大型球磨机高得多。之所以出现上述情况，是由于大型球磨机转速低（受磨损限制不能高）及装球率低（由钢球运动状态限制）造成的。当然，大红山铁矿确定采用的ϕ4.5m×7.5m及ϕ6.7m×10.21m两种磨机均属大型磨机，只不过ϕ6.7m×10.21m磨机的缺点更突出一些。ϕ4.5m×7.5m磨机的装球率尚可为35%～40%，大于6m的磨机装球率仅20%左右。球磨机中的打击及研磨毕竟是磨细的主要作用力，装球少了自然不会有高的磨矿效率，所以，刻意追求过大的磨机可能因磨矿效率的降低而冲淡大型磨机的优势。

因此，从磨矿效率及能耗上考虑，这种时时起作用的影响因素对磨矿成本的影响会更大。可以认为设计院的再磨方案优于国外厂商的方案。

3.3　再磨产品质量及影响分析

磨矿是为选矿准备原料的，磨矿产品质量的好坏直接决定着选别指标的高低[4]。关于再磨产品质量对选别的影响问题，由于无法做试验，也无法提出来，上述两个方案中也未触及。但是，生产单位必须考虑，因为会影响着今后生产指标的高低。现大红山500kt选矿厂精矿品位难以达到稳定在64%，抛尾品位较高，主要原因还在于磨矿细度较粗所致。

应该说，大型球磨机易于实现磨内球径的精确化，其产品无论粒度组成还是解离情况均优于中小型球磨，昆明理工大学多年的大量研究工作均证实了这一点[5～7]。这一点，对ϕ4.5m×7.5m及ϕ6.7m×10.21m大型球磨机均具有。所不同的是，设计院采用两段再磨，国外厂商方案采用一段再磨，显然，两段再磨的产品质量优于一段再磨，因为一段再磨一次就磨到325目，无疑会加重过磨造成过粉碎，而两段再磨中合格粒级的物料及时排出磨矿循环，过粉碎轻。最有说服力的是大红山铜矿的生产实践。大红山铜矿一期选矿将-20mm原矿两段磨矿磨到-200目占70%，而二期选矿则一次将-20mm原矿磨矿磨到-200目占70%，给矿粒度相同，产品粒度相同，但两段磨矿的产品过粉碎轻，选矿回收率比一段磨矿的高近2%，而且，两段磨的生产能力比一段磨的生产能力高10%以上，尽管它们容积相近。

另外，两段磨矿可以各段分别配球，磨矿效率可以提高。因此，从产品质量及对选矿的影响考虑，设计院的两段再磨无疑优于国外厂商的一段再磨。

4　再磨磨机的容量选择讨论

设计院的再磨选择采用我国常用的容积法计算选择，国外厂商的再磨选择采用欧美常用的功指数法计算选择。这里不讨论自磨机容量选择，只讨论再磨流程及再磨磨机的容量选择问题。

4.1　再磨磨机容量选择的原始资料审核

国外厂商采用功指数计算磨机容积，此方法在欧美常用，但该方法并非完善，在布干难尔选厂设计中采用，结果是磨机容积选择过小。国外厂商用大红山铁矿的矿石测过功指数，仅报道了100目的功指数为11.18kW·h/t（短吨）。用100目的功指数如何准确计算325目的功指数？又如何来选择磨到325目的磨机容积？此问题须查清及慎重。最好实测

325 目的功指数，用 100 目功指数推算 325 目功指数时误差大。

我国某研究院做过大红山铁矿石的功指数测定，结果如下：

55 目球磨功指数　9.94kW·h/t（短吨），11.13kW·h/t

100 目球磨功指数　11.45kW·h/t（短吨），12.63kW·h/t

200 目球磨功指数　12.15kW·h/t（短吨），13.61kW·h/t

325 目球磨功指数　42.06kW·h/t（短吨），46.36kW·h/t

尽管大红山铁矿矿石的力学特性是易碎难磨，但也不至于 325 目的功指数为 200 目的 3 倍以上。此 325 目功指数有待重新核实，否则会影响再磨磨机的容量选择。

北京冶院做过包头等铁矿石的功指数测定，细级别功指数虽高一些，但没有上述的差距大（见表1）。

表1　包头等铁矿石功指数测定结果

矿石种类		可磨度 G69	功　指　数	
			kW·h/t（短吨）	kW·h/t
包头钢铁	100 目	2.30	9.65	10.64
	200 目	1.36	12.00	13.23
	270 目	1.09	13.00	14.33
	325 目	0.95	13.65	15.04
首钢铁矿	100 目	2.552	9.66	10.65
	200 目	1.165	13.28	14.64
某氧化矿	100 目	1.94	10.76	11.67
	200 目	1.14	13.95	15.38
	270 目	1.02	14.74	16.24

依据上述资料，可以用功指数法校核一下国外厂商方案的磨机容量选择。

4.2　功指数校核国外厂商的 ϕ6.7m×10.21m 磨机选择

按照功指数法选择的方法及程序[8]，325 目功指数为 46.36kW·h/t，根据给矿粒度 2000μm（2mm）及产品粒度 43μm（325 目），以及相关修正系数，求出修正后的功指数为 49.868kW·h/t，则 537.2t/h 所需要总功率为 537.2t/h×49.868kW·h/t×1.341 马力/kW = 35924 马力，这为所选 6.7m×10.21m 磨机 10900 马力的 3.3 倍。问题可能出在 325 目的功指数为 46.36kW·h/t 以上。按同样的程序及方法，用 100 目的功指数 12.63kW·h/t 当作 325 目的功指数计算，所需功率 10990 马力，与厂商选的 10900 马力几乎相同，厂商未测 325 目功指数，只测 100 功指数，故厂商计算选择错误。而某研究院 325 目功指数高达 46.36kW·h/t 同样有问题，须重新核定。

4.3　容量法核查两段再磨磨机计算选择

两段再磨流程中一段磨机设计处理量 389.47t/h，给矿粒度 -200 目占 52%，产品粒度 -200 目占 85%，按设计选定的 q_{-200} = 0.75t/m³·h 计算，所需磨机容积仅 171m³，按

$q_{-200} = 0.66t/m^3 \cdot h$ 计算，所需容积才是 $195m^3$。据 500kt 试验厂近一年的实际生产资料确定，q_{-200} 为 $0.62t/m^3 \cdot h$，计算出所需容积为 $206m^3$。由于生产上尚存在提高生产率的余地，q_{-200} 大于 $0.62t/m^3 \cdot h$ 是完全可能的，选择 $195m^3$ 没有问题，选两台 $\phi4.5m \times 7.5m$ 溢流型磨机，总容积可达到 $208m^3$，能满足 $195m^3$ 的要求。

二段再磨流程中二段磨机设计处理量 389.47t/h，给矿粒度 −200 目 85%，产品粒度 325 目达 80%，设计选定 $q_{-200} = 0.22t/(m^3 \cdot h)$。按 $P80$ 与 $d95$ 粒度换算办法，325 目达 80%，相当于 −200 目占 91%，按上述条件计算，所需磨机容积 $106m^3$。当今后要求铁精矿品位 67.5% 或更高，磨矿粒度 −200 目达 96% 时，所需磨机容积才达到 $195m^3$。所以选两台 $4.5m \times 7.5m$ 磨机便于设备维修管理，也存在进一步提高细度的余地。

最好对二段 $q_{-200} = 0.75t/m^3 \cdot h$ 及三段 $q_{-200} = 0.22t/m^3 \cdot h$ 两个指标再进一步核定，以确保再磨磨机选择的科学性。

5 结论

通过以上分析研究及讨论，得出以下结论：

（1）国外厂商的一段再磨流程虽然简单及有诸多优点，但能耗高及产品特性不好，影响选别，不可取。设计院的两段再磨效率高、能耗低及产品特性好，采用此方案较好。

（2）国外厂商没有做 325 目的功指数测定，计算磨机容积的结果不可靠，国内某研究院做的 325 目功指数太大，应重新核定。

（3）设计院设计的两段再磨磨机容量能满足要求并留有余地，最好再核定两段细磨机的 −200 目利用系数值。

参 考 文 献

[1] 段希祥. 碎散物料的 $P80$ 和 $d95$ 粒度及其相互换算 [J]. 有色金属（选矿部分），1985，（5）：27-31.

[2] B. K. 3AXBATKИЙ，张兴仁译. 大直径和大容积球磨机的使用情况和经济效果 [J]. 国外金属选矿，1979，（4）：9-14.

[3] 李启衡. 近代大型球磨机和我国现用磨机的磨矿效果比较. 昆明工学院，全国首届选矿机械学术会议论文. 1983.6.

[4] 李启衡. 碎矿与磨矿（第 1 版）[M]. 北京：冶金工业出版社，1980.

[5] 吴彩斌，段希祥. 不同装补球下球磨机产品粒度组成特性研究 [J]. 有色金属（选矿部分），2002，（3）：36-39.

[6] 段希祥. 完善磨矿过程提高磨矿及选别效率的研究 [J]. 云南冶金，2002，（3）：45-51.

[7] 段希祥. 改善磨矿产品质量是选矿精矿提质降杂的重要途径 [J]. 金属矿山，2002 年 9 月增刊.66-70.

[8] 王宏勋. 破碎与磨碎实验技术 [M]. 北京：冶金部有色金属选矿情报网，1982.

（论文发表于 2005 年 4 月《云南冶金》期刊）

昆钢大红山二选厂强磁选精矿提质降硅技改实践

刘仁刚　沈立义　刘洋

（昆钢玉溪大红山矿业有限公司）

摘　要： 昆钢大红山铁矿二选厂采用振动螺旋溜槽 + 摇床重选工艺代替浮选工艺，对铁品位 49.43%，SiO_2 含量 16.71% 的强磁选精矿进行选别，精矿铁品位提高到 58.71%，SiO_2 含量降到 12.32%，铁回收率 85.21%，达到了降低 SiO_2 技改含量，提高铁精矿品位，节约成本的目的。

关键词： 强磁选精矿、提质降杂、浮选、重选

昆钢大红山铁矿是昆钢主要的铁矿石原料基地，设计一选厂处理矿石 500kt/a，二选厂处理矿石 4000kt/a。至 2010 年将达到年处理矿石 12000kt 的生产能力，成为国内的几个大型矿山之一。大红山铁矿 4000kt/a 选矿厂，原设计为阶段磨矿、阶段选别的弱磁选-强磁选浮选流程。在实际生产中二次强磁选精选精矿品位仅为 48%~51%（设计 53.44%）。该精矿品位偏低，导致 4000kt/a 选矿厂总精矿品位为 59%~61%（设计 67.50%），SiO_2 含量高达 9% 左右，严重影响铁精矿质量和炼铁成本降低。为了提高铁精矿质量，降低炼铁成本，针对上述状况，大红山铁矿对二次强磁选精矿实施了提质降硅技改工程，达到了降低 SiO_2 等有害元素含量，提高铁精矿品位，节省成本的目的。

1　二次强磁选精矿分析

1.1　二次强磁选精矿多元素分析

二次强磁选精矿多元素化学分析结果见表 1。

表 1　二次强磁选精矿多元素化学分析结果

元素	TFe	As（10^{-6}）	P	S	K_2O
含量/%	49.70	3.08	0.050	0.01	0.34

元素	SiO_2	MgO	Na_2O	Al_2O_3	CaO
含量/%	18.43	1.07	0.96	2.92	1.20

从表 1 可知，二次强磁选精矿主要有用元素为 Fe，主要杂质为 SiO_2，有害元素硫、磷较少。

1.2　二次强磁选精矿矿物分析

二次强磁选精矿矿物分析结果见表 2。

表2 二次强磁选精矿矿物分析结果

矿物名称	磁铁矿	赤铁矿	钠长石	石英	绿泥石	铁白云石	其他
含量/%	15	40	15	10	10	5	5

从表2可知，二次强磁选精矿主要有用矿物为赤铁矿，其次为磁铁矿；主要脉石为钠长石、石英、绿泥石等，占45%以上。

1.3 二次强磁选精矿粒度与解离度分析

二次强磁选精矿粒度分析及铁在各粒级中的分布情况见表3，解离度测定结果见表4。

表3 二次强磁选精矿粒度分析及铁在各粒级中的分布

粒度/mm	产率/%	铁品位/%	铁分布率/%
+0.147	9.37	24.23	4.61
-0.147 ~ +0.074	4.12	29.99	2.51
+0.074	1.70	62.37	2.15
-0.074 ~ +0.037	69.28	56.11	78.84
-0.037 ~ +0.019	11.89	41.9	10.10
-0.019 ~ +0.010	1.45	27.18	0.80
-0.010 ~ +0.005	0.73	22.9	0.34
-0.005	1.45	22.5	0.66
合 计	100.00	49.31	100.00

表4 二次强磁选精矿（赤）磁铁矿单体解离度的测定结果

颗粒种类	单体颗粒/个	连生体颗粒数/个			解离率/%
		1/4	2/4	3/4	
颗粒数	1625	18	10	15	98.7
折算为单体颗粒数	1625	4.5	5	11.25	

从表3可见，铁主要分布在0.074 ~ 0.019mm粒级，金属占有率为88.94%；主要有用矿物赤铁矿、磁铁矿的解离率达到98.7%。

综上所述，二次强磁选精矿中铁矿物由赤铁矿、磁铁矿组成，占矿物总量的55%；脉石矿物为石英、钠长石、绿泥石等，占矿物总量的45%。铁矿物与脉石矿物的密度差异大，有利于采用重选法。

2 试验及结果

试验重点放在对二次强磁选精矿进行浮选与重选流程方案的对比。

2.1 浮选试验

（1）实验室浮选试验。采用 XFD_2-63 单槽浮选机，试验原则流程见图1。

由浮选条件试验确定最佳条件后，5次浮选试验平均结果为给矿品位 51.35%，精矿品位 53.03%，尾矿品位 48.31%，回收率 66.52%。

（2）4000kt/a 选矿厂原浮选流程工业试验。采用 JJF-Ⅱ型 20m³ 浮选机，4000kt/a 选矿厂原浮选流程见图 2。

浮选工业试验平均结果为给矿品位 50.77%，精矿品位 59.57%，尾矿品位 40.52%，回收率 63.13%。

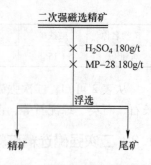

图 1 浮选试验原则流程

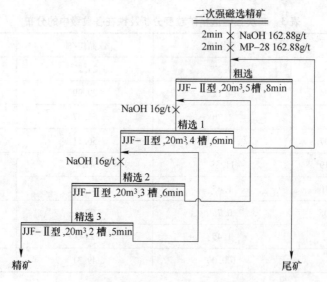

图 2 4000kt/a 选矿厂原浮选流程

2.2 重选试验

采用云锡式摇床与 φ900mm 螺旋溜槽，试验流程见图 3。

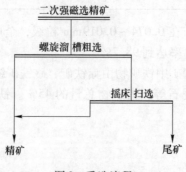

图 3 重选流程

重选试验平均结果为给矿品位 47.44%，精矿品位 61.45%，尾矿品位 36.87%，回收率 63.20%。

2.3 重选与浮选比较

重选与浮选优缺点的对比见表5。

表5 重选和浮选优缺点的对比

项 目	重 选	工 业 浮 选
占地面积	较大	较小
设备数量	较多	较少
操作管理	较简单	较复杂
生产成本	低	高
回收率/%	63.20	63.13
精矿品位/%	61.45	59.57
尾矿品位/%	36.87	40.52

（1）从选矿指标来看，重选优于浮选，尾矿品位低于浮选，减少了铁金属量损失。

（2）从生产成本来看，重选无须对矿浆加温和使用药剂，生产成本明显低于浮选，且降低对环境的污染。

（3）从大红山选矿厂实际生产来看，供矿品位达不到设计要求，加之矿石性质的变化，生产用水 pH 值为 8 ~ 9，不易达到浮选 pH 值为 5.5 的条件；MP - 28 药剂为黏稠液体，流动性差不易配制；硫酸使用量比设计量大，酸泵输送能力有限，工人配酸次数较多，并存在一定安全隐患，不利于浮选；在工业试验中，正浮选泡沫多，浮选机及溜槽都存在跑槽现象。

（4）由以上比较得出，采用重选工艺对 4000kt/a 选矿厂二次强磁选精矿进行选别优于浮选作业。因此，推荐采用摇床与 φ900mm 螺旋溜槽的 1 次粗选、1 次扫选的重选方案。

3 4000kt/a 选矿厂强磁选精矿提质降硅技改设计

（1）工程按照"整体规划，设计留有余地，分步实施，最后逐步完善"的原则进行设计。从大红山实际情况出发，厂址选择在已建成的降尾技改工程厂房旁的空地上，设计预留今后扩产安放设备的空间。

（2）充分利用地形高差，在坡度仅能保证 3% 的条件下，对浓度 20% 左右、细度 -74μm 占 80% 的矿浆设计为自流流程，减少 2 台碴浆泵。在坡度仅有 5% 的条件下，对摇床精矿、中矿、尾矿矿槽设计为自流。设计中采用摇床精矿、中矿、尾矿碴浆泵集中布置，方便操作与管理。

（3）把原有 3200m² 斜板浓密机与新增 2 号环水上水管设计在内，充分地利用现有的设备资源。提质降硅技改工程尾矿进入已建成的降尾技改工程，采用 1 次粗选、1 次精选、1 次扫选高梯度强磁选机进行回收选别，使得两者有机联系起来，既保证 4000kt/a 选矿厂总精矿质量，又满足 4000kt/a 选矿厂降低总尾矿品位和增量的迫切要求。

（4）土建方面，慎重做好对压力 24.44MPa 铁精矿矿浆输送管道的保护措施。采取了重新挖开，加钢套管，加填细砂后，再浇筑混凝土的保护措施，确保管道安全运行。

（5）设备采用 φ900mm 振动螺旋溜槽 10 台（3 头），摇床 102 台。根据对原矿性质分析和选矿试验研究，流程设计为振动螺旋溜槽粗选，摇床扫选的重选流程，初步设计工艺流程见图4。

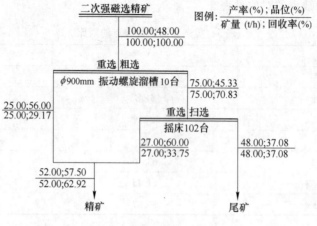

图4 初步设计技改工艺流程

4 提质降硅技改工程指标和效益

（1）提质降硅技改工程实际生产流程考察指标，见图5。

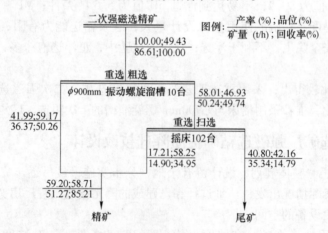

图5 提质降硅技改工程流程考察指标

（2）提质降硅技改工程设计与生产考察指标对比见表6。

表6 技改工程设计与生产考察指标对比

指 标	给矿品位/%	精矿品位/%	尾矿品位/%	回收率/%
设计指标	48.00	57.50	37.08	62.92
实际生产指标	49.43	58.71	42.16	85.21

从表6可以看出，实际生产指标已经超过了设计指标。

（3）经济效益。提质降硅重选技改工程投产后，大红山4000kt/a选矿厂管道精矿品位可提高到63%~64%，SiO_2含量降到6%~7%，这样精矿品位可提高2%，SiO_2降低2%。

按照集团公司质量考核标准，铁品位每升高1%，售价多增加20元，另据集团公司技术中心的介绍，SiO_2每降低1%，高炉降低成本200元。但玉溪大红山矿业有限公司每提高1个铁品位，损失回收率增加3%，损失产率增加1.5%。矿业公司经济效益损失18904.6万元/a。集团公司高炉可获经济效益58704万元/a。这样可获得经济效益39406.4万元/a（扣除生产成本393万元/a）。

5　结论

（1）该项目于2008年8月1日开工，11月15日竣工，提质降硅工程总投资1174万元，提质降硅运行成本比浮选成本节省9222.5万元/a，提质降硅工程从动工到带矿试车1次成功，总共仅107天。经流程考察，二次强磁选精矿Fe品位从现在的49.43%提高到58.71%，4000kt/a选矿厂总精矿Fe品位从60%左右提高到63.50%，SiO_2含量从9%左右降到7%以下，各项指标均达到满意效果，为后续炼铁工艺提供了更加优质的铁精矿。

（2）提质降硅工程与降尾工程的有机结合，解决了4000kt/a选矿厂增产与提质之间的主要矛盾，标志着昆钢大红山铁矿在降低有害元素，进一步提高铁精矿品位方面迈上了新台阶。

（论文发表于2010年7月《金属矿山》期刊）

大红山铁矿 4000kt/a 选矿厂尾矿再选试验及初步实践

沈立义

（昆钢集团玉溪大红山矿业有限公司）

摘　要： 从昆钢大红山尾矿性质研究入手，通过小型试验，采用 SLon-2000m 立环脉动高梯度强磁选机经一次粗选、一次精选生产工艺流程，回收尾矿中的铁矿物，获得了较好的技术指标和经济效益。

关键词： 铁尾矿、赤铁矿、针铁矿、强磁选工艺

昆钢集团有限责任公司是云南省钢铁工业重点骨干企业，下属的玉溪大红山矿业有限公司位于云南省玉溪市新平傣族、彝族自治县嘎洒镇境内。玉溪大红山矿业有限公司开发的矿产资源丰富，地质储量 460000kt 铁矿石，主要矿体地质品位高，平均为 40%，是昆明钢铁集团有限责任公司铁矿石的主要资源基地。

玉溪大红山矿业有限责任公司开发工程是云南省实施国家西部大开发战略的关键工程。2002 年 3 月破土动工建设一座 500kt/a（由长沙冶金设计院设计）采选的铁矿石选矿自磨工业试验厂，当年 12 月 31 日竣工投产，2003 年 4 月投入正式生产，设计采、选能力 500kt/a，年产铁精矿 264.3kt，品位 64%，回收率 82.80%，一段半自磨磨矿细度 −200 目占 55%，二段磨矿细度 −200 目占 85%，小时处理量 67.15t。

500kt/a 选矿厂设计采用国产的 $\phi 5.5m \times 1.8m$ 半自磨机 1 台，为一段磨矿，二段磨矿采用 1 台 $\phi 2.7m \times 3.6mm$ 溢流型球磨机。2006 年建成的 4000kt/a 选矿厂采用国内目前最大型的 $\phi 8.53m \times 4.27m$ 自磨机 1 台，为一段半自磨，二、三段采用国内较大型的 $\phi 4.8m \times 7m$ 球磨机 4 台（二、三段各 2 台）的阶段磨矿、阶段选别的弱磁选-强磁选-正浮选（重选）的联合流程，自磨机给矿粒度 250～0mm，自磨机与直线振动筛形成闭路，筛下粒度 −6mm，进入与二段磨矿形成闭路的水力旋流器，一、二段连续磨矿，二段磨矿水力旋流器溢流排矿粒度 −200 目占 60%，经弱磁选-强磁选抛尾，粗精矿进入与三段磨矿形成闭路的水力旋流器，排矿粒度 −325 目占 80%，精矿管道输送距离 171km，高差 1600m，泵站 3 座，压力 25MPa，浓度 60%，精矿输送量 2300kt/a，过滤车间位于集团公司烧结厂。

在集团公司正确领导和支持下，大红山矿业公司 2007 年的技术改造工作有了很大的发展。紧紧围绕矿业公司生产经营的总目标，从采矿、选矿到管道运输、辅助设施等生产环节进行了多项技术改造。其中包括降尾提高产量、尾矿再选工程技改，为投产第一年圆满地完成生产任务提供了技术支撑。

1　尾矿再选的必要性

2008 年 4000kt/a 选矿厂达产，铁精矿达到设计的 1864kt。但入选原矿品位同年降到

35%~36%（设计39.41%），精矿品位要求63.50%。按2006年17%的尾矿品位算，产率40.86%，选矿比2.45倍，需入选原矿4566.8kt/a（设计4000kt/a），要多入选566.8kt/a。作为设计4000kt/a选矿厂，要求20%的增产能力，才能达到600t/h。4000kt/a选矿厂自磨机达设计指标除了功耗要满足以外，规格能否达到要求，也必须进行核算（取500kt/a选矿试验厂试验参数计算）。计算如下：

$$Q = 80 \times (8.53/5.5)2.6 \times 4.27/1.8 = 593.98\text{t/h}（设计为537.2\text{t/h}）$$

式中，Q为4000kt/a小时处理量；80为500kt/a工业试验小时处理量；8.53为4000kt/a的自磨机直径；5.5为500kt/a工业试验的自磨机直径；4.27为4000kt/a自磨机长度；1.8为500kt/a工业试验自磨机长度；2.6为中硬矿系数（软矿取2.5，硬矿取2.7）。

可见，4000kt/a选矿厂选择ϕ8.53m×4.27m自磨机1台为一段半自磨是合理的，满足设计、生产时的能力要求，即为537.2t/h。

由于尾矿品位高，会造成金属流失和效益上的损失；尾矿品位高、密度大，会造成尾矿输送系统负荷加重。2006年实际处理量还未达到设计处理量时，ϕ53m浓密机耙子经常被压死，尾矿泵经常损坏，不但影响生产，也对今后的达产、超产产生极大的影响。因此，4000kt/a选矿厂降尾工程的技术改造已经成了提高效益、维持稳定生产、达产超产、降低金属流失和节能减排要解决的主要矛盾。为探索尾矿的物理、化学性质和尾矿再选的可行性，摸清4000kt/a选矿厂实际生产尾矿偏高的主要原因及存在的问题，寻求解决的最佳方案，最终达到预期的效果，尾矿再选工程实施具有实际意义。

2　4000kt/a选矿厂尾矿性质对指标的影响

4000kt/a选矿厂自投产以来，尾矿品位一直偏高。经流程考察，二次强磁选抛尾品位高达24%~28%。经尾矿原矿性质的研究，主要以氧化铁的形式赋存，由赤铁矿、针铁矿、磁铁矿、褐铁矿4种氧化铁矿石组成，其中以赤铁矿，针铁矿为主。二次强磁选尾矿多元素化学分析见表1，铁物相分析见表2，矿物种类及其含量见表3，铁在各粒级的金属分布见表4，主要铁矿物单体解离度及其结合情况见表5。

表1　尾矿多元素化学分析结果

元素	Fe	Sn	MgO	Na_2O	K_2O	Al_2O_3	TiO_2	SiO_2
含量/%	24.40	0.047	2.24	1.45	0.742	8.06	1.76	41.7

表2　铁物相分析结果

铁物相	磁黄铁矿	黄铁矿	磁铁矿	赤（褐）铁矿	全铁
铁含量/%	0.90	0.05	1.04	23.80	25.79
铁分布率/%	3.49	0.19	4.03	92.29	100.00

表3　矿物种类及其含量

矿物	在各粒级中的含量/%						
	+0.15mm	-0.074mm	-0.074~ +0.037mm	-0.037~ +0.019mm	-0.019~ +0.010mm	-0.010mm	总样
赤（针）铁矿	9.66	15.42	47.69	43.14	41.81	39.00	32.84

矿物	在各粒级中的含量/%						
	+0.15mm	-0.074mm	-0.074~ +0.037mm	-0.037~ +0.019mm	-0.019~ +0.010mm	-0.010mm	总样
磁铁矿	4.23	4.08	1.07	1.63	0.95	0.87	1.56
褐铁矿	0.68	0.59	0.52	1.40	2.63	1.83	1.13
硫铁矿		0.14	0.70	0.05	0.35	0.23	0.51
钛铁矿			0.37	1.00	0.82	1.02	0.49
石英/长石	65.20	63.20	34.36	40.00	43.00	45.13	37.56
方解石/白云石	1.03	0.80	0.69	1.00	1.08	1.11	0.80
云母/依利石	9.38	8.02	5.37	5.50	1.09	2.28	4.23
辉石/符山石	2.28	1.43	2.68	0.35	1.90	2.38	2.47
透闪石/阳起石	1.25	0.30	1.15	1.16	1.46	2.11	1.05
绿泥石	2.45	0.30	1.15	1.16	1.46	2.11	1.05
萤石	2.81	2.90	2.70	2.17	2.53	2.25	2.26
锡石			微量	微量	微量		微量
金红石/锐钛矿			微量	个别			微量
滑石		0.64	微量	个别			0.42

表4 铁在各粒级的金属分布

粒级/mm	产率/%	累计产率/%	品位/%	金属率/%	累计金属率/%
+0.15	7.37		9.77	2.89	
筛分 0.074	11.56	18.93	12.72	5.92	8.81
水析 0.074	27.21	46.14	32.77	35.87	44.68
+0.037	13.60	59.74	28.33	15.50	60.18
-0.037+0.019	20.13	79.87	26.86	21.75	81.93
-0.019+0.010	7.94	87.81	24.84	7.94	89.87
-0.010+0.005	4.54	92.35	24.52	4.48	94.35
-0.005	7.65	100.00	18.36	5.65	100.00
合 计	100.00		24.86	100.00	

表5 主要铁矿物单体解离度及其结合情况

项 目			+0.15mm	筛分 -0.074mm	水析 -0.074mm	-0.037~ +0.019mm	-0.019~ +0.010mm	-0.010mm	总样
单体 >4/5		本级	24.63	33.59	89.78	94.23	96.15	98.15	
		对原矿	0.81	1.99	32.20	14.61	20.91	7.79	78.21
结合体	4/5 ~1/2	本级	8.71	10.76	0.73	1.02	1.43	0.16	1.63
		对原矿	0.25	0.64	0.26	0.16	0.31	0.01	
	1/2 ~1/4	本级	10.32	9.63	0.84	0.22	0.14	0.02	1.23
		对原矿	0.29	0.57	0.30	0.03	0.03	0.01	
	<1/4	本级	18.45	22.18	0.09	0.22	0.11	0.33	1.94
		对原矿	0.53	1.31	0.03	0.03	0.02	0.02	

续表5

项 目		+0.15mm	筛分 -0.074mm	水析 -0.074mm	-0.037~ +0.019mm	-0.019~ +0.010mm	-0.010mm	总样
小 计	本级	62.11	76.16	91.44	95.69	97.83	98.66	
	对原矿	1.78	4.51	32.79	14.83	21.27	7.83	83.01
包裹体及其他 铁、微细粒铁	本级	37.89	23.84	8.56	4.31	2.17	1.34	6.86
	对原矿	1.11	1.41	3.08	0.67	0.48	0.11	6.86
-0.005mm	本级							4.48
	对原矿							5.65
合 计	本级	100.00	100.00	100.00	100.00	100.00	100.00	
	对原矿	2.89	5.92	35.87	15.50	21.75	7.94	100.00

从表1~表3可看出，矿石中主要含 Sn、Fe、SiO_2、Al_2O_3、TiO_2、MgO 等元素，可供选矿回收利用的组分是 Fe，铁主要是赤铁矿、针铁矿。针铁矿是褐铁矿经脱水作用和再结晶后所形成的产物，理论含铁为 63%。需要抛尾或降低的组分是 SiO_2、Al_2O_3、MgO、Na_2O、K_2O 等元素。

矿物粒级主要分布为微细粒的（-0.074+0.01）mm。从表5可看出，该粒级铁矿物单体解离度95%<4/5，属于夹带铁矿物多的微细颗粒矿石。该粒级铁矿物在主流程中回收，会降低总精矿品位；放到总尾矿中，尾矿品位会升高。由于脉石夹带铁矿物及尾矿的特性，要在尾矿再选改造工程中回收这部分赤铁矿、针铁矿其难度较大，需采用强磁选工艺回收。

3 尾矿再选方案的确定

针对 4000kt/a 选矿厂尾矿中脉石夹带难以回收的铁矿物，根据昆明冶金研究院、云锡公司设计院的实验室试验，采用强磁选流程，可生产品位为 50% 以上的铁精矿，总尾矿可降到 13%~14%。根据分析、试验研究和方案比较的结果，自行设计、自行组织施工了尾矿再选工程，采用一次粗选、一次精选的流程，回收的主要目标是单体解离度较好、尾矿含铁较多、夹带脉石少的矿物。整个设计本着整体规划、分步实施，最后完善的原则展开。昆明冶金研究院实验室强磁选工艺回收尾矿的数质量试验流程见图1。

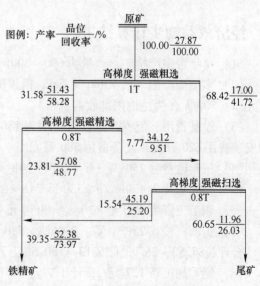

图1 实验室强磁选数质量流程

4 4000kt/a 选矿厂尾矿再选工程初步实践

结合昆钢大红山铁矿的实际，2007 年 5~9 月进行了 4000kt/a 尾矿再选工程技术改造的设计。设计中吸收了国内外选矿新技术，新设备、新工艺的发展与动向，经过设备的选型和技术参数的确定等多个方案的比较和多次的设计优化，确定了主体设备采用国内较先进的 SLon-2000mm 立环脉动高梯度强磁选机，并利用地形高差，流程采用全自流实施。

2007 年 10 月 12 日，土建破土动工，2007 年 12 月 28 日尾矿再选工程完工并试车，29 日一次带矿试车成功。采用一次粗选、一次精选强磁选工艺流程，经流程考察各项指标达到预计效果。当选矿厂二次强磁选尾矿含铁品位达 20%～30% 时，精矿品位达 52% 左右，尾矿品位达 13%～18%，总尾矿品位降到 14%。尾矿再选工程初步实践表明，日产精矿达 600～800t，年生产 150～200kt 铁精矿。2008 年 1～2 月尾矿再选生产情况见表 6，尾矿再选强磁选生产数质量流程考察结果见图 2。

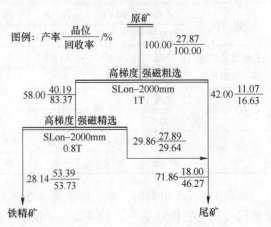

图 2　尾矿再选生产数质量流程考察结果

表 6　2008 年 1～2 月尾矿再选实际生产情况

月份	尾矿再选精矿				选矿厂总尾矿品位/%
	产率/%	品位/%	回收率/%	产出精矿量/t	
1 月	5.77	52.20	7.84	20710.40	14.30
2 月	5.88	51.25	8.09	18320.00	14.82

5　经济效益初步计算结果

（1）每年可多产精矿。产量为 600～800t/d，150～200kt/a。

（2）多增加产值（按 150kt/a 算）。销售价格按 500 元/t 计，1500kt×500 元/t＝7500 万元/a（500 元/t 为昆钢内部收购价格）。

（3）设备费用、流程改造投入费用为 1300 万元。其中，土建费用 100 万元，工程材料安装费用 620 万元，设备费用 580 万元。

（4）每年电费为 250kW·h×330d×24h×85%×0.52 元/kW·h＝87.52 万元。

（5）年用水费为 400m³/h×330d×24h×85%×1 元＝26.93 万元。

（6）职工工资为 4 万元×20 人＝80 万元/a。

（7）折旧。按 6.23% 计算：0.0623×580 万元＝36.13 万元。

合计：87.52＋26.93＋36.13＝150.58 万元。

（8）尾矿加工费 1.7 元/t，计 1.7 元/t×150kt/a＝25.5 万元/a。

（9）效益估算：产值－成本－年运输费＝7500－256.08－2400＝4843.92 万元。

（论文发表于 2008 年 5 月《金属矿山》期刊）

大红山铁矿矿物资源加工综合利用研究

童雄 王晓 谢贤 蓝卓越

（昆明理工大学国土资源工程学院；
云南省金属矿尾矿资源二次利用工程研究中心）

我国经济社会的持续快速发展，对矿产资源的需求大幅度地增加，大规模开发资源使得矿山的开采品位逐年降低，开采回采率提高 1% ~ 2%，采出矿石的平均品位降幅达 12.3%。

开采深度逐渐加大，矿体形态、产状日益复杂，呈现出共伴生状态和复杂难选的窘况。

资源综合利用存在消耗量大、生产流程长、能耗和成本高、环境污染严重、"三废"排放量大、初级产品比例大等问题。有色金属主金属采选回收率仅为 60%，比发达国家低 10% ~ 20%；共伴生金属综合利用率只有 30% ~ 35%，仅为发达国家的一半；有色金属工业单位产品能耗为 4.76t 标准煤，比国际先进水平高 15% 左右。

未能从根本上突破复杂金属资源选冶的基础理论瓶颈，在工艺、药剂、技术与装备、产业规模、产品结构等方面缺乏核心技术支撑。

1 矿物资源加工存在的问题

1.1 选择磨碎介质、磨矿条件——粒度效应

常规的碎磨过程以目的矿物为主，忽视主矿物与脉石矿物的硬度差异，脉石矿物通常处于被动或者从属地位，导致过粉碎和泥化现象，严重地影响资源的高效回收。

1.2 研究方法与模式的禁锢——工艺效应

相对排他性的研究方法导致很少研究不同分选方法和工艺流程、分离与富集设备等的优劣与互补，难以获得最优的分选方法、最佳的分选产品结构及结果。

1.3 排他效应

传统的矿物加工方法割裂了碎磨、浮选、重选、磁电选等分选工艺彼此之间的关联；缺少系统的矿物加工理论，初学者很难全面、系统地了解和掌握矿物加工学科的全过程。

1.4 现代矿物加工工程学科新的内涵和外延

逐步与采矿、冶金、环境、经济等学科进行交叉和融合，形成了新的方向，传统的选矿方法已经难以涵盖学科发展的新领域。

由于传统的矿物加工研究方法和手段，没有从系统的角度研究矿石的性质、碎磨、分选与产品之间的关系，导致很难进行精确化、精细化的分离与富集过程，容易产生过粉碎和泥化等粒度不均衡现象，形成矿浆浓度不均、分选设备不够和谐匹配、工艺流程不够合理顺畅、产品结构不理想等现象，导致精矿互含严重、产品结构不合理、选冶一体化的缺失等问题，不利于资源的高效与综合利用。

2 综合利用的互补效应

2.1 提出及意义

随着矿产资源开发利用的深度和广度达到新的水平，应不断地调整矿物高效分选的理念与模式，打破传统的禁锢，尽可能改进传统的分离与富集的技术模式，有效地集成经典的分选方式，优化已有的技术路线，开拓集成效果明显、工艺流程简单、指标先进的分选方法，促进"工艺矿物学"向"应用矿物学"的转化，从处理对象的源头，寻找解决复杂矿资源高效回收的技术方法。

复杂矿资源高效利用的多层次互补体系（multi-level complementary system for utilization of the refractory mineral resources，MCSURMR），是以实现资源综合利用的最大化与生态矿山建设为目标，通过构建粒度互补、工艺互补、药剂互补、设备协同和产品结构互补等效应，融合矿产资源利用与生产集成技术，有机地衔接开采-分选-冶炼-环保-经济等多个环节，集开采、加工、产品供给于一体，形成资源加工在整个利用体系内的优化（图1）。

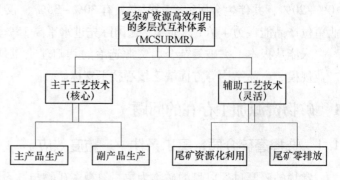

图1 复杂矿资源高效利用的多层次互补体系示意图

它体现了复杂矿资源高效分选方法与手段的系统性、合理性、互补性等效应；弥补了传统的矿物加工学科缺乏系统理论的缺憾，为构建和谐选矿提供了理论依据；探讨性地提出了现代矿物加工理念，针对复杂矿资源的高效与综合利用问题，初步构建了高效利用的多层次互补效应，在综合考虑矿物自身的硬度、密度、可浮性、磁电性、化学反应性等物性特点的基础上，紧密结合选矿药剂、分选工艺和设备、产品结构等要素。

2.2 互补的主要内容构成

2.2.1 粒度互补

（1）基础：主要取决于目的矿物的构造和结构等"物性"。

（2）核心：以目的矿物的嵌布特征（特殊物性）、利用程度和冶炼过程对产品细度的要求。

（3）粒度互补效应：针对原矿中矿物嵌布粒度不均匀、磨矿粒度不均匀、尾矿粒度不均匀、充填和冶炼过程对粒级的要求等嵌布特征与细度特性。

（4）实现方式：

1）通过数学模型等形式，保证碎磨矿粒度组成最优、能耗最低，防止过粉碎与泥化现象，构建碎磨过程的粒度互补与能耗平衡的模式；

2）研究粒度大小与解离度之间的关系，分步实现单体与连生体之间的解离平衡；

3）研究矿物嵌布特征、单体入选和连生体入选对分选效率的影响，构建粗粒入选与细粒入选之间、单体解离入选与连生体入选之间的互补效应等，建立多层次梯级入选的分选模式；

4）在提高产品质量的同时，优化产品品级与粒度组成，为冶炼提供最优的产品等；

5）严格控制尾矿粒度构成，降低尾矿对回填和堆存过程的影响和环境污染等；

6）构建分选指标与产品、尾矿粒度等之间的平衡模式。

2.2.1.1 矿物粒度与分选过程的关系

有用矿物的原生粒度特性，可以反映矿石破碎后目的矿物粒度组成特点和解离状态，直接影响后续分选工艺技术的难易程度与技术方案的选择。因此，掌握矿石的矿物组成、解离特征、连生状态与分布规律等粒度组成特征，对确定最佳的磨矿细度、优化工艺流程、确定精选方案等，具有很大的实用价值。

但目前的粉碎技术，不可能达到目的矿物的选择性、完全的单体解离，同样对于连生体复合矿粒，磨矿细度不断降低，不仅增加能耗和成本，也提高分选难度。事实上，解离的更重要的目的是形成最佳的磨矿粒度组成以及单体与连生体之间的解离平衡。

2.2.1.2 碎磨过程中的粒度互补

（1）粒度大小与解离度之间的关系：单体解离与粒度组成是制约分选技术发展与影响技术指标的关键因素，矿物工艺粒度大小一般作为单体解离难易程度的标准。

（2）矿物嵌布特征与单体解离和连生体之间的关系：矿物嵌布特征与磨矿细度和单体解离度之间存在着密切关系，无论在碎磨理论还是在实践上，都表明矿物单体解离度和矿物工艺粒度呈正相关。

2.2.1.3 "多碎"与"少磨"之间的粒度互补与能耗互补

矿石的粉碎包括爆破、破碎与磨矿，承载了粒度由大到小的整个过程，各作业之间相互联系，又相互制约。

2.2.1.4 碎矿与磨矿之间的粒度互补

碎矿产品粒度与入磨物料粒度之间存在一个平衡点，在合理的范围内，减小磨矿的入磨粒度，对优化破碎和磨矿全过程的处理能力和粉碎效率具有重要意义。

2.2.1.5 碎矿与磨矿的能耗互补

将矿石的整个粉碎过程作为一个整体系统进行研究，适当将能耗合理地前移至爆破和破碎作业，实现能耗的合理配置，从整体上降低矿石粉碎全过程的能耗。

2.2.1.6 返砂与新给矿之间的粒度互补

优化返砂与磨机新给矿的配比，可以改变磨机内物料的粒度组成，在返砂粒度与新给矿粒度之间形成粒度结构的优势互补效应，从而提高磨矿效率，返砂比与相对生产率的关系见图2。

在合理范围内，磨机相对生产率随返砂比的增加而迅速提高的原因：综合给矿粒度组成变粗，扩大粗粒与细粒的粒度差异，形成粒度结构互补；磨机全长粗级别的含量增加，使整个磨机全长上能够高效率磨矿。

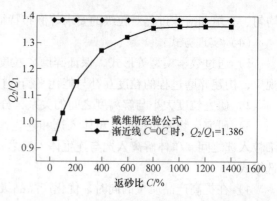

图2　返砂比与相对生产率的关系

2.2.1.7　浮选过程的粒度互补

（1）单体颗粒：粒度大小不同的矿粒的浮选行为是有差别的，与粗粒相比，可浮性相同的细粒向气泡附着更快和更牢固；粒度过粗（大于 0.1mm）和过细（小于 0.006mm）都不利于浮选。

（2）连生颗粒：不同解离度的颗粒的浮选活度相差很大，连生体中脉石矿物种类、容积含量以及具有相等体积的有用矿物与脉石矿物的可浮性差异等，均会影响连生颗粒的浮选行为。

因此，提高浮选效率需要考虑：

1）单体颗粒与连生体颗粒的性质和分选行为的差异；

2）单体与连生体颗粒浮选行为的互补；

3）选矿流程结构与药剂制度的优化；

4）分级调浆/阶段磨选：根据矿石的粒度组成不同，采用不同的调浆方式，构建有效的分选模式等。

2.2.1.8　磁选过程的粒度互补

（1）矿粒粒度对强磁性矿物的磁性产生的影响：相同矿物的粗、细粒级的磁性差异互补，磁铁矿的粒度减小，比磁化率随之减小，而矫顽力增加。

（2）连生体对磁选过程产生的影响：单体、连生体的磁性差异互补，连生体的比磁化率随其中磁铁矿含量的增加而增大，但呈非线性增加。

存在问题：

1）解离度不够，铁矿物颗粒与杂质连生，降低产品质量、达不到管道输送要求等；

2）提高解离度而造成过磨，不仅增加能耗，且造成磨矿产物的泥化与流失，磁选时易出现磁团聚现象，杂质污染精矿、过滤困难等；

3）优化磨矿产品的粒度组成，利用粒度互补效应，构建梯级磁选、多工艺互补的分选技术。

2.2.1.9　重选过程的粒度互补

与其他选矿方法相比，重选处理的物料相对较粗，适宜处理的矿石粒度范围相对较宽；因此，由矿物粒度不同导致分选行为的差异，可通过采用不同的分选工艺配合粒度互补，实现粒度效应的优势分选。

2.2.1.10　冶炼过程的粒度互补

生产优质球团矿的三个基本因素：原料合适的粒度组成、适宜的水分及稳定的化学组成；其中原料合适的粒度组成指粗粒级和细粒级之间的合适配比与平衡，实现粗粒与细粒之间的互补，球团内的颗粒排列一般采用最紧密堆积（即大颗粒之间嵌入中等颗粒，中等颗粒之间嵌入小颗粒）。

2.2.2　工艺流程互补

2.2.2.1　浮选工艺的互补

浮选是最重要、用途最广泛的分选工艺，覆盖的领域在不断扩大；但是每一种浮选工艺都各有优劣，因此，根据实际情况，可以构建不同分选工艺之间的优势互补工艺。

2.2.2.2　重选工艺的互补

重选工艺主要应用于粗、中粒物料的预先抛尾与富集，其选矿效率和设备的处理能力较低，尤其处理细粒物料的分选效率非常低。因此，研究并构建不同重选工艺之间、重选与浮选和磁选等工艺之间优势互补的联合工艺，具有极其重要的意义。

2.2.2.3　磁选工艺的互补

在磁选工艺中，磁选设备的选择主要取决于入选物料的磁性强弱和矿物颗粒的大小；根据不同矿物的磁选行为特性，选择不同的磁场强度，形成异磁性矿物的梯级场强磁分离技术，是构成磁选工艺优势互补效应的核心内容；在复杂多金属矿和稀有金属矿的分选过程中，单一分选工艺难以获得合格的精矿，或者不能综合利用多金属矿石资源时，需要联合磁选、重选或者其他方法等互补的工艺流程，克服单一分选工艺的局限性。

2.2.2.4　化学分选工艺的互补

化学选矿适于处理有用组分含量低、杂质和有害组分含量高、组成复杂的难选物料。其分选效率比物理选矿法高，但过程复杂、经济成本与环境成本高，因此，应尽可能利用物理选矿工艺和化学选矿工艺的各自优势，形成互补的工艺流程。

2.2.3　药剂互补

以不同入选物料的物理特性、化学特性以及磨矿产品的粒级特性等为基础；利用物理化学性质不均匀的矿物表面对不同性能的药剂产生吸附效应，调整剂为捕收剂吸附创造条件以及矿浆环境对药剂作用效果的影响等；研发新型分选药剂、优化药剂制度、挖掘不同药剂之间的交互作用等。

实现方式：

（1）研究同种药剂之间的协同效应：主要是研究活化剂之间、抑制剂之间、捕收剂之间和起泡剂之间对同种矿物的互补作用，加强药剂的作用效果与选择性。

（2）研究异类或者异型药剂之间的交互效应：主要研究活化剂、抑制剂、捕收剂和起泡剂等不同作用效应的药剂之间对矿物分选效果的协同作用，通过优化药剂制度，提高分选指标。

（3）构建药剂与药剂制度、分选环境之间的互补效应：在浮选及浸出的药剂理论研究基础上，研究药剂与加药点、药剂作用环境等之间的效应，以提高精矿的指标、降低药耗以及减少环境污染等。

2.2.4　设备协同与互补效应

以处理对象的矿物学特性为基础，紧密联系矿物加工过程的工艺流程；研发针对性的新型选矿设备，以改进分选工艺；从矿物加工的全过程出发，整体考虑设备的优化配置制度，在"工艺互补"的基础上，建立一个较为完善、灵活高效的"设备互补"体系。

实现方式：

（1）研究选矿设备与选矿工艺、选矿设备与矿物特性等之间的有机联系：构建整个矿物加工工艺、设备流程为一个完整的、流畅的、顺应矿石性质的、和谐的分选系统。

（2）研究和发展不同的分选设备的互补与协同模式。

（3）构建针对不同的粒度特性、物理分选性和化学分选性等不同的分选设备的互补与协同模式：包括碎磨设备之间、碎磨设备与分级设备之间、浮选设备之间、磁选设备之间、重选设备之间以及浮选设备与磁选和重选设备之间等的优势协同模式，形成一个环环相扣的、集成效应显著的有机整体。

（4）构建自动化、智能化和精细化的分选设备体系：研究选矿技术和选矿设备之间的内在的互补联系，提高选矿设备的可靠性和工艺可控性，建立矿物加工过程中的精细化分选模式。

2.2.5 产品的互补效应

坚持优质资源优先开发、普通资源合理开发、劣质资源综合开发的指导思想，形成优质产品、合格产品和中间产品的多级、多层次的产品互补体系。

根据资源禀赋与产品结构的特点，促进分选技术与冶炼技术的融合，从而降低入选品位，释放难处理、低品位的矿石资源，扩大可利用资源的储量，拓宽冶炼给料的质量标准，降低资源的损失率。

实现方式：

（1）研究复杂矿资源产出多品级产品的互补模式：以资源综合利用为着眼点，结合粒度互补、工艺互补、药剂互补、设备协同等，构建产出精矿、次精矿、中矿等多级产品结构的互补效应。

（2）研究多类型的产品结构与综合经济效益最优化的平衡模式：在资源、技术与效益等多因素的共同约束下，优化多类型的产品结构，提高资源的综合利用率，实现综合经济效益最优化。

（3）建立矿物加工与冶金工程之间技术指标与经济效益的最大化的资源利用技术模式与管理模式：通过生产出满足冶炼要求的多结构、多品级的产品，实现高效回收资源、均衡选冶过程、最大化经济效益、和谐生态环境的有机统一。

（4）构建高效分选技术、冶炼综合指标与资源综合利用三者之间的平衡模式：通过优化产品结构，在更高层次上实现资源的高效利用。

3 大红山铁矿难处理铁矿石资源综合利用的应用

3.1 大红山铁矿资源的复杂性

铁矿物"234"的特点与特色鲜明，"综合利用"难度大：

（1）两多：连生体多，包裹体多。即磁铁矿与赤褐铁矿被石英和长石等包裹而形成较多的连生体和包裹体。

（2）三接近：主要脉石与铁矿物的密度、表面化学性质、比磁化系数较接近。

（3）四高：

1）硅酸盐含量，原矿中 45% 以上；

2）铁精矿中硅含量，50 品级和 35 品级铁精矿中，SiO_2 品位分别为 15%、29% 左右；

3）原生微细粒含量，磁铁矿 $-19\mu m$ 占 15% 以上，赤褐铁矿 $-19\mu m$ 占 33%，部分呈似鲕状结构；

4）次生微细粒含量，碎磨产品中 $-19\mu m$ 占 10%，尾矿中 $-19\mu m$ 占 45%。

3.2　待解决的四项关键技术

（1）选择性碎磨技术：实现矿石合理的破碎与目的矿物的充分解离。

（2）高效分选技术：主要包括与矿石的特殊物性相适应的选择性脱硅技术，强化微细颗粒和泥化的有用矿物的回收技术等。

（3）多品级产品结构：实现目的矿物最大程度的回收，降低尾矿损失，实现一次性抛尾，避免尾矿的二次开采与多次分选。

（4）精细化生产：满足工业生产的大型化、自动化与精细化的分选工艺与设备要求，使科技创新最大化地转化为生产力。

3.3　大红山铁矿资源高效综合利用的互补效应

根据矿石的特殊"物性"，构建 4 个优势互补（图 3）的集成效应，初步实现了精细化分选。

3.3.1　粒度互补

针对原矿中磁铁矿、赤铁矿的嵌布粒度微细，采用阶段磨矿、阶段选别的三段磨选技术，实现了磁铁矿与赤褐铁矿不同粒度之间的互补效应，降低了矿石的过粉碎和泥化现象，消除了 $-10\mu m$ 对分选过程的影响。

3.3.2　工艺互补

"半自磨破碎与顽石破碎技术"、"磁性矿物的梯级场强磁分离技术"、"微细粒矿物的强磁-离心重选联合技术"磁选/重选与浮选工艺的优势互补，建立了"小闭路大开路"。

3.3.3　设备协同

液压旋回破碎机＋半自磨机＋球磨机的碎磨设备协同；相同的重选工艺条件下，离心机处理细粒级矿样，摇床处理较粗粒级矿样。

3.3.4　产品互补

35 品级、50 品级、60 品级等多品级的铁精矿产品的优势互补；60 品级以上的铁精矿为高炉炼铁的优质原料，以提高生铁产量为目标；50 品级铁精矿以平衡精矿价格对入炉价格的影响，降低生铁生产成本为目标；35 品级则以铁矿资源的高效回收为目标，从资源的源头提高铁矿的总回收率。

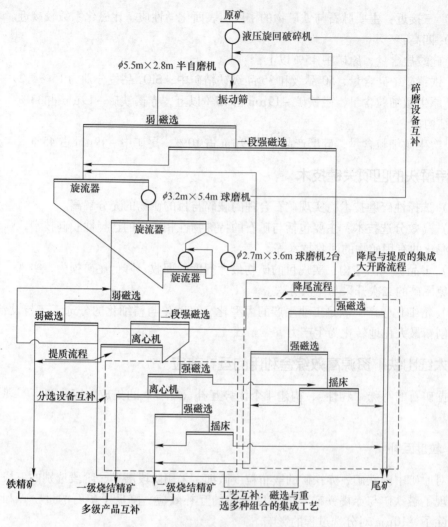

图 3　大红山铁矿矿物加工互补优化流程

3.4　技改前、后的技术参数对比

　　由图 4 可知，大红山铁矿矿物加工自综合互补优化应用以来，利用指标取得了较好的效果：

　　（1）提高精矿质量、降低尾矿损失。60 品级和 50 品级铁精矿提高到 62% 左右，SiO$_2$ 含量平均降低 2%；铁的总回收率提高了 9.6%、尾矿品位由 16.5% 降至 10.8%。

　　（2）提高选矿产厂处理能力。磨机处理能力提高了 25%；选矿厂年处理量由 8500kt 提高到 12500kt。

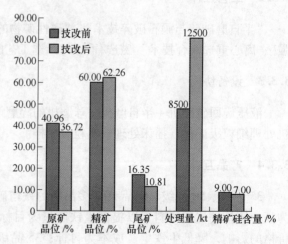

图 4　技改前、后技术参数对比

（3）降低入选品位，同步实现提质、降尾目标。原矿入选铁品位由41%降至27%；释放了品位为27%的低品位铁矿资源100000kt。

3.5　取得的成果

成果被认定为2013年度云南十大科技进展；获2013年度云南省科学技术进步一等奖、2013年度中国有色金属工业科学技术一等奖。

◇设备与自动化◇

大红山选矿厂半自磨自动化控制系统的应用

李 丹[1] 王 浩[2] 刘建平[3]

(1. 玉溪大红山矿业有限公司选矿作业区；

2，3. 辽宁丹东东方测控有限责任公司)

摘 要：本文介绍了昆钢大红山矿业公司4000kt/a选矿厂现在的生产工艺、设备情况，以及与辽宁丹东东方测控公司联合开发全流程的自动化控制系统。针对如何提高半自磨机小时处理量的问题，通过对半自磨机的负荷状态进行检测，优化给矿控制，收到很好的效果。

关键词：半自磨机、选矿自动化、核子秤、PID控制

1 引言

玉溪大红山矿业公司4000kt/a选矿厂于2006年12月建成投产。设计年处理原矿量为4000kt，品位39.41%，精矿产量1860kt，品位67%。生产采用先进的半自磨工艺代替传统的中、细碎流程，三段磨矿、弱磁、强磁、浮选、阶段磨矿阶段选别的工艺流程。作为昆钢集团铁矿石的主要原料基地，在现今市场经济条件下，发挥着举足轻重的作用。

由于井下采矿采用大间距、无底柱分段崩落法，原矿中废石混入率高，投产后原矿品位降到了35%，给选矿厂的生产带来了很大的困难。一是原矿处理量低，达不到设计537.2t/h的要求；二是由于原矿性质变化，铁精矿品位在61%左右，选比高，回收率低。矿业公司根据选厂的实际情况，并结合昆钢集团公司对原料的市场需求情况，及时调整，将铁精矿品位定位在64%，在此基础上加大力度解决半自磨机的小时处理量问题。同时对生产流程进行调整，浮选工艺因回收率太低、选别效果差、成本太高等原因，用摇床重选代替，精矿品位指标达到64%的目标。

为了解决自磨机的小时处理量问题，矿业公司对"半自磨机排料端格子板"、"钢球规格"、"直线筛筛孔尺寸"进行技术改造。另外，由于设计时选厂没有包含自动控制部分，只能人工现场操作控制，给生产的组织和稳定带来了很大的困难。2008年7月，矿业公司对全流程的工艺控制进行自动化改造，将半自磨机、球磨机、旋流器和泵池的状态参数集中传送到中控室，对半自磨机的给矿、球磨磨矿和旋流器压力、渣浆泵池的液位和泵的变频调速、各主要管路上矿浆浓度进行优化控制。值班调度人员在对整个生产工艺流程完全掌握的情况下，对整个系统实现实时有效的监控。

2　半自磨工艺流程和自动控制原理

2.1　半自磨机工艺流程

采场采出的原矿经过井下粗碎后由1号皮带转运到选矿厂的地面矿仓，通过地面矿仓下部呈梅花形布置的4台振动给矿机和1台板式给矿机给到2号皮带，再经2号、3号皮带转运进入 $\phi 8.53m \times 4.27m$ 半自磨机，半自磨机的排料经直线筛筛分后，筛上物再由4号、5号、6号皮带回到2号皮带上，筛下物经1号泵池进入下段球磨、旋流器闭路磨矿流程。

2.2　自动控制原理

2.2.1　PID控制的基本原理

由于来自外界的各种扰动不断产生，要想达到现场控制对象值保持恒定的目的，就必须不断地进行控制。若扰动出现使得现场被控参数发生变化，现场检测元件就会将这种变化记录并传送给PID控制器，改变过程变量值，经变送器送至PID控制器的输入端，并与其给定值进行比较得到偏差值，调节器按此偏差并以预先设定的整定参数控制规律发出控制信号，去改变调节器的开度，使调节器的开度增加或减少，从而使现场控制对象值发生改变，并趋向于给定值，以达到控制目的。

2.2.2　控制系统简介

系统分为过程联锁控制和工艺指标控制。过程联锁控制是通过对所有设备形成的磨矿闭路进行分析后，对其启动和停机过程进行联锁控制。启动顺序为：3号皮带→2号皮带→6号皮带→5号皮带→4号皮带→直线筛→半自磨机；停止顺序反之。给矿机不参与启动联锁，只是在联锁闭环中任何一台设备停止的情况下停止给矿，正常停机时应先人为地停止给矿，将半自磨机的料位拉低到安全高度后，才停止系统。当整个联锁闭环中任何一台设备出现故障跳闸，系统的所有设备将全部停机，相邻设备之间启动和停止间隔时间可以上位机的组态画面上进行设定，以适应不同的启停过程，比如在系统紧急停机、或是跳闸的情况下，可以设定在很短的时间内将系统中所有的设备全部启动，防止漏斗堵塞或压死皮带等情况，造成二次停机。

工艺控制则采用PID调节控制，分为给矿量的控制和给水量的控制。给矿的控制是通过检测半自磨机前后端静压轴承的高压油压力、电机功率，以及通过电耳检测半自磨机内的物料抛砸筒壁的声音强弱，来判断半自磨机的料位和负荷情况。然后将这些信号综合分析以后，以压力参数为主，以功率和电耳值为辅对给矿量的增减进行控制，以达到稳定给矿的目的。信号采集由压力变送器、电流互感器、电耳、核子秤、电磁流量计完成对相应静压轴承的油压、电机功率、物料抛砸筒壁的声音、给矿量和给水量的检测，并传输到中控室的PLC系统和上位机（图1）。系统经过对料位的高低判断，输出一个给矿量的值，5台给矿机的变频器则根据核子秤返回的实际给矿量与这个系统输出值进行比较，以调整频率使实际给矿量值与系统输出值进行匹配。

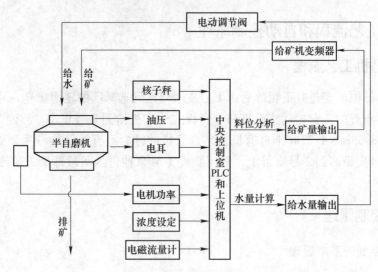

图1 半自磨系统原理

给水量的控制是由由人工根据原矿的变化对磨矿浓度进行设定，然后通过核子秤的计量和设定的磨矿浓度进行计算得到一个给水量的输出值，再通过电动调节阀的自动调节，使电磁流量实际测量得到的水量与之匹配。

3 控制情况及结果

系统经过设计、施工和调试，于2008年年底投入生产使用，收效明显。原来的人工看守时，整个给矿、半自磨、返矿系统设立了5个岗位，不仅人工投入较多，而且因人为因素较多，经常造成事故停机，半自磨机的作业率较低。自该自动化系统投入以后，减少了两个岗位不用工人值守，而且岗位工人的劳动强度有很大幅度的降低，只需做好设备的点巡检、保养、润滑和现场管理工作即可。

全选厂最重要的半自磨机操作岗位的职责也完全改变了。自动化系统改造之前，半自磨机给矿的操作主要由岗位工人凭眼睛看、耳朵听等经验对磨机料位和负荷进行判断，然后再人为调整给矿机的频率进行给矿量的调节。这种操作方法误差很大，经常出现给矿量忽大忽小，磨机料位忽高忽低，磨机经常性地出现空砸现象。不仅对设备的损伤很大，半自磨机的平均小时给矿量也较低。系统改造之后，用相关检测元件取代了原来的人工判断，在原矿性质变化相对较小的情况下，给矿过程十分平稳，有效地稳定了给矿。只有在原矿变化较大时，人为地在上位机上调整给矿的块粉比，以提高半自磨机的给矿。

系统投入生产使用以后，半自磨机的小时处理量提高了40~45t/h，达到了在原来的基础上提高8%~10%以上的设计目标，现已稳定在590t/h左右。半自磨机筒体衬板的使用寿命也从处理原矿量为1650kt/套提高到了1860kt/套，效果显著。

另外，选矿厂在半自磨机的操作室增加了一台工控机，与中控室的PLC系统通过网络通讯，将相关参数设定和调整的主动权交给岗位工人，大大地提高了岗位工人的工作积极性。

4　结语

　　该项目是矿业公司继 500kt/a 选厂自动化系统改造成功后的又一重要技改工程，投资较大，科技含量较高，实现了半自磨机的平稳、高效给矿，给下道工序创造良好的、平稳的给矿条件，稳定了生产过程和工艺指标，也减轻了岗位工人的劳动强度。同时也保证了设备的安全运行，半自磨机衬板使用寿命得到延长。该自动化系统的实施，给矿业公司带来了较好的经济和社会效益。

昆钢大红山铁矿 4000kt/a 选矿厂中 φ8.53m × 4.27m 半自磨机的应用实例

李登敏

（昆钢玉溪大红山矿业有限公司）

摘　要： 昆钢大红山铁矿于 2002 年建成投产 500kt/a 试验选厂，2006 年建成 4000kt/a 采、选、管道工程。4000kt/a 选矿工艺采用半自磨＋球磨的阶段磨矿的阶段选别流程，介绍了选用 φ8.53m × 4.27m 半自磨机的应用情况。

关键词： 铁矿选矿厂、半自磨机、阶段磨矿、阶段选别

大红山铁矿位于云南省玉溪市新平彝族、傣族自治县戛洒镇，在紧靠哀牢山脉东侧的戛洒江（红河、元江上游）东岸。大红山铁矿是昆钢主要的铁矿石原料基地，昆钢对大红山铁矿的开发研究始于 20 世纪 80 年代。1985 年云南省人民政府与中国有色金属总公司签署相关协议，吹响了大红山铜、铁两矿开发建设的号角；1993 年 3 月开展三通一平工作，1997 年获得了冶金部的预审，2002 年大红山铁矿 500kt/a 采选工程已建成投产；2004 年国家发改委核准昆钢大红山铁矿地下 4000kt/a 规模采、选、管道工程项目，2006 年 12 月大红山铁矿地下 4000kt/a 采、选、管道工程建成投产。大红山铜、铁两矿共建的外部供电、戛洒江大桥及外部公路等工程，为边疆少数民族地区的开发和繁荣创造了条件。

1　地质资源

大红山矿区位于滇中台坳南端、红河断裂与绿汁江断裂所夹持的三角地带，是 1959 年发现的火山喷发熔浆及火山气液富化成矿的大型铁矿床和火山喷发—沉积变质大型铁铜矿床。矿区以 F3 断层为界，分为东部铁、铜详勘区段及西部地质评价区段。F3 断层以东区段又以曼岗河为界分为西部铜矿（云铜）及东部铁矿（昆钢）。矿区东段表内＋表外铁矿石储量为 458253.4kt，其中表内矿 B＋C 级 230345.6kt，D 级 110781.9kt，合计 341127.5kt，平均品位 TFe41.14%，有富矿 148780kt，TFe50.77%，同时提交了铜金属量（表内＋表外）1351.1kt，平均品位 Cu0.707%。

大红山铁矿范围内具有工业价值的铁矿含矿带共 5 个，即从下往上的 Ⅰ、Ⅱ、Ⅲ、Ⅳ、Ⅴ矿带。进行了储量计算的矿体共 70 个，其中大型矿体 3 个（$Ⅱ_{1-4}$、$Ⅱ_{1-3}$铁矿体及 $Ⅰ_3$铜矿体），中型 7 个，其余为小型矿体。规模最大的是深部铁矿中的 $Ⅱ_1$矿组，有表内矿石量 245107.4kt，TFe43.52%（B＋C 级 193857.3kt，TFe43.84%、D 级 51250.1kt，TFe42.32%），其中富矿 135727.2kt，TFe50.65%；表内矿石量占全矿详勘表内矿储量 307420kt 的 79.73%，占详勘 B＋C 级储量 216020kt 的 89.74%，是最主要的开采对象。

2　选矿厂设计规模

根据大红山铁矿资源赋存情况和开采技术条件，经多次可行性研究工作及原冶金部和

国际工程咨询公司组织的专家多次论证，认为矿山主要地质储量均在深部，适宜采用大型采掘设备进行井下开采，地下开采规模可达 4000kt/a。

选矿厂规模为年处理原矿 4000kt/a，1998 年初步设计选矿产品方案见表 1、铁精矿多元素化学分析结果见表 2。

表 1 产品方案

产品	产量/kt·a^{-1}	产率/%	铁品位/%	铁回收率/%
铁精矿	2051.5	51.29	64.00	82.00
尾矿	1948.5	48.71	14.79	18.00
原矿	4000	100.00	40.03	100.00

表 2 铁精矿多元素化学分析结果

元素	TFe	SFe	SiO$_2$	Al$_2$O$_3$	CaO	MgO	P	S	K$_2$O	Na$_2$O
含量/%	64.0	63.5	5.71	1.34	0.33	0.32	0.010	0.011	0.055	0.25

2005 年初步设计调整了大红山铁矿 4000kt/a 选矿厂前期入选原矿品位为 TFe39.41%，设计采用阶段磨矿，弱磁选-强磁选-浮选工艺流程，铁精矿指标如下：产率 46.6%，产量 1864kt/a，含铁品位 67%，铁回收率 79.22%。矿山服务年限 50 年以上，稳产期 40 年。

2.1 选矿工艺及主要设备

2.1.1 原矿破碎

原矿粗破碎设于坑下 34m 标高的破碎硐室。采场矿石出矿块度 0~850mm，破碎后矿石块度 0~250mm。设计选用 1 台进口的 42in 液压旋回破碎机，处理能力 1000t/h。破碎后的矿石用 $B = 1200$mmDX 型钢绳芯胶带输送机送至地面。矿石送至地面坑口后，由胶带输送机转送至选矿厂自磨地面堆场矿仓，供给自磨机。

2.1.2 磨选流程

设计经技术经济比较，采用半自磨 + 球磨工艺。由于大型自磨机国内不制造，故确定采用引进国外生产的 ϕ8.53m×4.27m 半自磨机 1 台，配套电机功率 5400kW。球磨机采用 ϕ4.8m×7m 溢流型球磨机 4 台。其中二段磨矿和三段磨矿各 2 台。

选矿工艺流程采用阶段磨矿、阶段选别的选矿流程。磨矿段数为三段，其中一、二段为连续磨矿。一段自磨、球磨产品经弱磁选-强磁选的单一磁选工艺，抛弃产率为 32.5% 的合格尾矿。二段球磨产品采用弱磁选-强磁选-浮选工艺，得出最终精矿。最终产品磨矿细度为 -325 目占 80%（管道输送细度要求不小于 75%）。

3 自磨试验

3.1 国内自磨试验

根据长沙冶金设计研究院提出的自磨试验要求，昆钢大红山铁矿建设指挥部委托某矿冶研究总院进行了大红山铁矿石自磨介质适应性试验，委托某矿业公司矿山设计研究所进行了大红山铁矿石半工业自磨试验。

自磨介质适应性试验：研究单位采用的主要试验设备是 $\phi 1800mm \times 400mm$ 自磨机。试验结果：试样低能冲击功指数 7.31kW·h/t，6.63kW·h/st；100 目球磨功指数 12.63kW·h/t，11.45kW·h/st；10 目棒磨功指数 12.51kW·h/t，11.43kW·h/st；自磨介质功指数 172.8kW·h/t。

Norm 数计算结果见表 3。

表 3　Norm 数计算结果

项　目	P 值	低能冲击功指数	100 目球磨功指数	10 目棒磨功指数
$W_i / kW \cdot h \cdot st^{-1}$		6.63	11.45	11.34
Norm（1）	16	2.41	1.40	1.41
Norm（2）	21.44%	2.59	1.50	1.51
Norm（3）	30.55%	1.84	1.07	1.08
Norm（4）	105000μm	2.44	1.41	1.42
平均 Norm		2.32	1.35	1.36

Norm 指数是用来判断介质能否以足够的块度与被粉碎物料并存于自磨机中的一种衡量尺度。一般来说，Norm 数大于 1 时可形成足够的介质。根据大红山铁矿试样的试验结果，对照上述标准，说明大红山铁矿石自磨时能够形成充分的自磨介质。

3.2　自磨半工业试验结果

从试验结果可以得出如下结论：大红山铁矿石采用全自磨或半自磨工艺均可行，同时认为大红山铁矿石更适于采用半自磨。试验结果见表 4。

表 4　半工业全/半自磨流程试验结果

试　验　条　件			全自磨	半自磨
自磨台·时处理量/t			0.7	0.9
自磨控制浓度/%			65.0	65.0
自磨机转速/r·min^{-1}			22.2	22.2
介质（钢球）添加比例/%			0.0	1.97
试　验　结　果				
振动筛上返矿量平均值/%			37.35	38.25
自磨负荷平均值/kg			833.97	796.16
自磨充填率平均值/%			27.01	24.00
自磨实际排矿浓度/%			63.44	64.78
自磨介质单位消耗/kg·t^{-1}			0.00	0.23
单位功耗/kW·h·t^{-1}	自磨	总功耗	13.53	10.72
		净功耗	9.69	7.65
	球磨	总功耗	31.81	25.94
		净功耗	83.14	58.02

续表4

试 验 条 件		全自磨	半自磨
产品细度 −0.076mm 占比/%	自磨给矿	1.68	1.68
	振动筛下	55.70	50.95
	球磨给矿	50.05	42.32
	分级溢流	88.31	87.02
选别指标/%	原铁矿品位	38.45	37.75
	综精矿品位	63.37	63.27
	综尾矿品位	9.84	9.25
	综铁矿回收率	88.09	88.41

3.3 设备选型试验

在设备选型阶段，美国某公司利用大红山铁矿提供的井下矿样，进行了与选型相关的试验。

（1）批次瀑落式试验综合结果。见表5。

表5 试验综合结果

试 验 号	1	2	3	4	5
装球量/%（磨矿容积）	0	6	8	10	12
钢球＋矿/%（磨矿容积）	8.2	13.9	15.8	17.5	19.4
净功耗/kW·h·t^{-1}	4.0	7.5	8.2	8.8	9.0
净功耗/kW·h·t^{-1}	11.0	6.1	6.0	5.6	5.5
净功耗/kW·h·t^{-1}（−200目占65%）	17.9	16.2	19.0	13.9	13.5

（2）邦德球磨功指数试验。邦德球磨功指数试验数据见表6。功指数为12.42kW·h/t（100目）。

表6 邦德球磨功指数试验结果

试验号	新给料量 /g	入磨量 /g	磨矿量 /g	转速 /r·min^{-1}	累计产量 /g	产量 /g·min^{-1}	磨出量 /g·min^{-1}	每转产量 /g·r^{-1}
1	1721.6	457.9	34.0	100	1051.5	670.1	212.2	2.122
2	670.1	178.2	313.7	147	1224.0	497.6	319.4	2.173
3	497.6	132.4	359.5	164	1260.2	461.4	329.0	2.006
4	461.4	122.7	369.2	183	1217.1	504.5	381.8	2.086
5	504.5	134.2	357.7	170	1232.6	489.0	354.8	2.087

4 半自磨的选型

4.1 500kt/a选厂半自磨机生产指标

2002年投产以来的生产实践表明，大红山铁矿500kt/a选矿厂 ϕ5.5m×1.8m 半自磨机设计处理能力 67.1t/h，生产中 ϕ5.5m×1.8m 半自磨机处理能力短时间内达到设计要求，平均处理能力为 73.1t/h，排矿细度为 40%~45%，且没有明显的顽石积聚现象。

试验结果和生产情况表明，半自磨工艺在单系列大型化、简化流程和提高作业率方面具有优势（表7），大红山铁矿石适宜采用半自磨工艺。

表7 500kt/a 选厂半自磨机生产指标

时 间	4000kt/a 选厂半自磨机生产指标/t		半自磨机运转时间/h		半自磨机作业率/%
	累计	当年	累计	当年	当年
2004 年	481752.0	481752.0	7456.2	7456.2	83.97
2005 年	522074.3	1003826.3	938.58	15394.8	90.62
2006 年	592512.7	596339.0	632.6	23027.4	87.13
2007 年	580745.6	2177084.6	7120.32	30147.7	81.28
2008 年 2 月	126860.1	2303944.7	1353.46	31501.2	95.58

4.2 4000kt/a 选厂半自磨机选型

（1）原始参数。原矿处理量 Q_r = 537.2t/h，原矿松散密度 y = 2.13t/m³，给矿块度 d = 250~0mm；磨矿产品粒度即振动筛（检查筛）筛下产品粒度 -6mm 且 P_{80} = 2mm，-0.074mm 占 21%。

根据大红山 500kt/a 选矿厂生产，当产品细度为 -0.074mm 占 21% 时，推测 ϕ5.5m×1.8m 半自磨机处理量为 81t/h，转速 74% 临界转速。

（2）工作制度。连续工作制，365d/a，3 班/d，8h/班，设备运转时间 7446h/a。

（3）设备使用环境。海拔高度为 700~710mm；环境温度 1~45℃；年平均降雨量 930mm；年平均相对湿度 85%；地震烈度里氏 7 度。

（4）半自磨机处理能力计算。预选 ϕ8.53m×4.27m（ϕ28′×14′）半自磨 1 台，用类比法计算：

$$Q_d = Q_r(D_d/D_r)n \cdot (L_d/L_r)$$

式中，Q_r = 81t/h；D_d = 8.53 - 0.15 = 8.38m；D_r = 5.5 - 0.15 = 5.35；L_d = 4.27m；L_r = 1.8m；n = 2.6。

$$Q_d = 81 × (8.38/5.35) × 2.6 × (4.27/1.8) = 617.1t/h$$

由于 Q_d = 617.1t/h，大于核算量（Q = 605t/h），根据大红山铁矿的原矿性质、试验以及选矿工艺流程的需要，在自磨机内加入少量钢球介质，以达到最佳的磨矿效果，所以通过招标选用国外某公司生产的 ϕ8.53m×4.27m 半自磨机。

为了保证 4000kt/a 选厂磨矿细度，采用直线筛与半自磨闭路；为便于实现阶段磨矿流程两段磨矿的平衡和稳定，并采用半自磨与一段球磨连磨流程，一段球磨机使用水力旋流器分级闭路。

4.3 4000kt/a 选厂半自磨机的设备配置

具体内容包括：

（1）自磨机筒体分三段制造，用钢板进行机加工和焊接；

（2）端盖分两段制造，采用铸铁进行机加工；

（3）可拆卸的中空轴；

（4）可伸缩的给矿溜槽，带可更换的耐磨衬板；

（5）提砂斗轮式给料端中空轴钢衬板；

（6）卸料端中空轴耐磨钢衬板；

（7）两个静压套筒轴承，带底板和温度检测器；

（8）用于轴承润滑的外 t 式静压润滑系统；

（9）单斜齿轮；

（10）合金钢铸造的小齿轮，带集成轴；

（11）两个小齿轮球形滚珠轴承，带集成底板；

（12）齿轮和小齿轮保护罩，带挡泥板式密封装置和自动控制的喷油润滑系统；

（13）一套铬钼钢衬板，包括 6mm 厚的橡胶衬背和现场衬板安装时的五金工具；

（14）一套铬钼合金钢卸矿装置和矿浆提升板；

（15）一套液压千斤顶系统，带两个千斤顶支架；

（16）一套液压微拖系统；

（17）空气离合器；

（18）1 台定速、功率 5400kW 的同步电机，三相 6.6kV/50Hz。

此外，半自磨随机引进还附有衬板机械手（表 8）和衬板螺栓冲击锤，可缩短衬板更换时间、降低劳动强度。

表 8　半自磨机衬板机械手参数

机械手回转半径/m		适用衬板质量/t	自重/t	半自磨机内径/m
最大	最小			
4.70	1.91	1.15	10.88	ϕ8.53

4.4　4000kt/a 选厂半自磨机的生产实践

大红山铁矿 4000kt/a 选矿厂于 2006 年 12 月 28 日全流程打通，12 月 30 日第一批铁精矿浆经 171km 的管道，攀越崇山峻岭于 2007 年 1 月 1 日到达昆钢球团厂，标志着大红山铁矿 4000kt/a 采、选、管道工程全面建成。大红山铁矿 4000kt/a 选厂 2007 年 10 月~2008 年 2 月的半自磨机处理能力见表 9，平均处理能力为 530.1t/h，接近设计处理量 Q = 537.2t/h。

表 9　4000kt/a 选厂半自磨机生产指标

时　间	4000kt/a 选厂半自磨机生产指标/t		半自磨机运转时间/h		半自磨机作业率/%
	累计	当年	累计	当年	当年
2007 年 10 月	307737.80	307737.8	590.46	590.5	79.36
2007 年 11 月	245660.90	553398.7	484.88	1075.3	67.34
2007 年 12 月	232343.00	785741.7	427.40	1502.7	57.45
2008 年 1 月	359089.90	1144831.6	662.30	2165.0	89.02
2008 年 2 月	311384.70	1456216.3	582.30	2747.3	86.65

5 结论

（1）半自磨工艺不需要常规的中细碎流程，而且流程短，占地面积少，比较适合大红山铁矿山高谷深、山势陡峭、平地少的大红山地形。

（2）虽然可以依靠增加半自磨机的尺寸和功率来达到要求的磨矿细度，但使用自磨机获得更细的产品，在经济上不合理。半自磨最好被当作一台破碎机、粗磨机来使用。把它作为球磨机准备原料，强迫半自磨机作为细磨，意味着磨矿回路总的功率将增加。

（3）采用半自磨＋球磨磨矿流程，可增加磨矿系统的稳定。由于磨矿介质多，介质比例稳定，球磨对原矿可磨度的适应能力要比半自磨好，球磨机对原矿可磨性变化起到"缓冲"作用，可使原矿量调整幅度减小，增加磨矿系统的稳定性。

（4）由于大红山矿石种类较多，开采过程中难以配矿，实际生产中原矿可磨性将有较大波动，直接影响半自磨机的处理能力和产品细度。

（论文发表于 2008 年 11 月《金属矿山》期刊）

水隔泵回水池和压力波动技改解决多级清水泵的磨损问题

杨天明

（玉溪大红山矿业有限公司）

摘　要：水隔离浆体泵是以水为驱动液和隔离介质，离心清水泵为动力，微机控制清水阀的开关，使三个隔离罐交替吸入和排出浆体的设备。在大红山铁矿，水隔泵作为选矿工艺中的最后一道工序——尾矿处理，起着十分重要的作用。但由于回水池的设计原因和管路系统的波动原因，导致清水泵平衡盘磨损过快，并引起管路焊缝开裂等设备故障，造成水隔泵系列停车，严重影响了生产。经过对回水池及系统压力波动的技改，基本解决了多级清水泵磨损问题，有力保障了生产的顺利进行。

关键词：水隔离泵、回水池、压力波动、稳压罐

大红山铁矿4000kt/a使用三个系列 L S G B 380/4.0 立式水隔离矿浆泵（以下简称水隔泵）输送尾矿至龙都尾矿库，年处理浆量约达到10000t/a。2006年12月底投产时，由于回水池的设计不合理，矿浆吸入清水泵以及管路系统压力波动的原因，导致清水泵平衡盘磨损过快，经常更换平衡盘，并引起管路焊缝开裂，严重影响生产。矿业公司经过对回水池改造，保证了回水池水质；在水隔泵管路系统中加设稳压罐，减小了系统振动，减少了清水泵检修次数，有力地保证了尾矿处理量，确保了主厂房生产线的顺利进行。水隔泵使用至今已达5年多，在大红山矿业有限公司充分发挥了其应有的作用。

1　水隔离泵的组成及工作原理

1.1　水隔离泵的组成以及单罐工作原理

水隔泵由高压清水泵、隔离罐、给料装置、控制阀、液压站、变频器、微机自控系统及辅助装置组成。

如图1所示，在压力容器（隔离罐）内，有一浮球1，浮球的上端是清水，下端是尾矿浆。当外部尾矿浆加压时，通过进浆止回阀7进入隔离罐，浮球浮起，此时，出水止回阀5打开，上部的清水排出容器；当尾矿浆进入隔离罐适量时，出水止回阀5关闭，进水止回阀4在压力作用下打开，高压水进入隔离罐，通过浮球传力将高压水的压力转给浮球下面的尾矿浆，排浆止回阀6在压力的作用下打开，此时进浆止回阀7关闭，高压尾矿浆通过排浆管输送至尾矿坝；当浮球下降到一定高度时，出水止回阀5打开，进水止回阀4关闭，浮球上部清水泄压，同时，进浆止回阀7打开，排浆

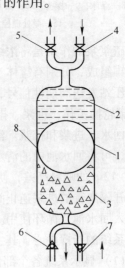

图1　单罐水隔离泵组成示意图
1—浮球；2—清水；3—尾矿浆；
4—进清水阀；5—出水清水阀；
6—出浆止回阀；7—进浆止回阀；
8—水隔离泵罐体

止回阀6关闭，向隔离罐内进浆。尾矿浆到达一定量后，重复上述过程，周而复始，从而实现利用加压清水作动力输送尾矿浆的目的。

1.2 水隔离泵系统的组成及设备

单罐水隔离泵的输送尾矿浆过程是断续的，不符合实际生产的需要。实际生产中的水隔离泵是一个严密的设备组合系统。主要设备有：隔离罐组合（A、B、C 三个）、硴浆泵、清水泵、液压站、清水回水池、喂料池及直线振动筛等，详见图2。

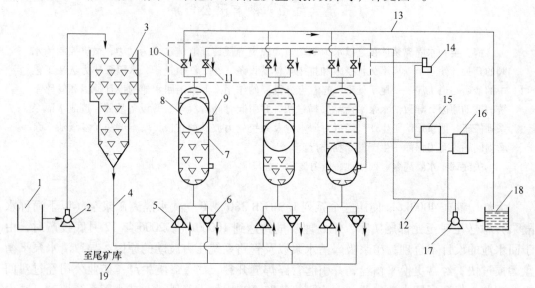

图 2　水隔离泵组工作原理

1—尾矿浓密池；2—硴浆泵；3—喂料池；4—进浆管；5—进浆止回阀；6—排浆止回阀；7—水隔离泵罐体；
8—浮球；9—探头；10—回水清水阀；11—进水清水阀；12—清水进水管；13—清水回水管；14—液压站；
15—微处理控制器；16—变频器；17—多级离心泵；18—回水池；19—排浆管

硴浆泵的作用是将浓缩池底流尾矿提升至喂料池内。隔离罐组合由 A、B、C 三个并联单罐组成，分别有罐体、浮球、液压控制清水阀、进出浆逆止阀等部件。微处理控制器向液压站发送周期性信号，使液压站按一定的规律打开和关闭6个清水进水、回水阀，使3个罐轮换工作；进浆、排浆、进水、回水分别以周期进行工作，从而使整个系统连续进水、回水、进浆和排浆。清水泵一般采用多级离心泵，其能力符合尾矿输送的流量和扬程要求，可将回水池中的清水送入隔离罐，形成高压水。由于水隔泵没有自吸能力，因此需要 8~12m 的喂料高差，使喂料池高于隔离罐的顶端，尾矿浆进入喂料池后能通过自身压力打开隔离罐的进浆逆止阀进入罐体。清水泵从回水池中吸水加压后送入隔离罐，回水自流进入回水池，循环使用。考虑到水的损耗，回水池应该补充一定新水。微处理控制器是整个系统的指挥中心，其主要作用有：

（1）显示系统各个部件的即时工作状态。

（2）数字显示浮球上、下运动的时间，即某一个罐进浆时间和排浆时间（一般完成一次进浆、排浆共用48s时间）。

（3）自动监控回水池水位，及时调整补水大小，保证回水池的水量。

（4）控制进水清水阀和回水清水阀的打开和关闭，使泵组连续工作。

1.3 水隔离泵系统的工作原理

1号、4号底流泵（该处有4台渣浆泵，1号、4号为可调频率渣浆泵，调节电机转速控制流量即可满足供浆量，考虑费用及故障问题，2号、3号为普通渣浆备用泵，两用两备。）将53m的1号、2号浓缩池尾矿浆泵入高位喂料池内，矿浆通过自身压力打开水隔泵其中一个隔离罐的进浆逆止阀，向罐内送浆；此时该罐的清水回水阀打开，向回水池排水；达到一定量后，高压清水阀打开，高压水进入罐体，此时排浆逆止阀打开，开始排浆。同时，另外两个隔离罐以1/3周期的时间差进浆和排浆。由于喂料池向水隔泵进浆、清水泵向水隔泵进水以及水隔泵向尾矿库输送矿浆均是连续不断的，从而实现整个系统工作的连续性。

2 水隔泵多级清水泵的磨损问题

大红山铁矿4000kt/a水隔泵使用D280-43×8型多级离心泵作为水隔泵的动力源，以水为驱动液体或传压介质，通过主机变频控制三个隔离罐交替吸入或排出矿浆，实现矿浆输送。在使用初期，多级离心泵平衡盘磨损极快，约10天左右就要更换一次，且极易造成泵轴窜动过大，导致磨损泵腔和叶轮，极大地影响了生产。通过分析，引起平衡盘磨损原因主要是回水池中的尾矿吸入了泵体，而造成回水污染的原因是隔离罐的内泄漏，即浮球下部的矿浆进入了上部的高压清水中。由于浮球的腰带与隔离罐存在一定间隙以及柔性隔离片不可避免的磨损，造成了内泄漏。因内泄漏是水隔泵应用的缺点，目前尚无很好的处理办法，便把分析放到了回水池的水质改良问题上。经过对回水池改造，较成功地改善了水质，但多级泵平衡盘磨损过快的问题依然存在，只不过更换周期由原来的10天左右延长到30天左右。经过多方分析与研究，在系统压力波动引起管路焊缝漏液等情况中，为减小振动，在清水管路及回水管路中加设了稳压罐（蓄能器）后，不仅系统振动减小了，而且清水泵平衡盘磨损也骤然减少，更换周期达到了90天左右。因此，可以确定，多级清水泵平衡盘的磨损过快的主要是由水质问题和压力波动问题引起的。下面介绍其改造情况。

3 水隔泵回水池改造前、后对比

改造后（图3）由于溢流口较高，由水隔泵罐体内泄漏并经回水管进入水池的尾矿沉降于1号池底（由右到左，分别为1号、2号、3号、4号池），进入2号、3号、4号池的回水基本上清洁，避免了因尾矿吸入多级离心泵造成平衡盘及平衡座的急剧磨损，减少了备件消耗和减轻了检修工的劳动强度。

图3 改造前、后对比

4 关于压力波动的分析

当某一个隔离罐还在注入高压清水时，另一个隔离罐的清水阀就打开；或者在一个隔离罐刚要关闭时，另一个又打开，使得清水管路和隔离罐内的低压浆体沟通，在清水阀打开的瞬间使清水管路的压力突然下降，产生了压力波动，造成了管路的振动。波动的次数与清水阀的开闭频率相等，使清水泵受到了极大损坏。为消除和降低压力波动，在管路系统中安装稳压罐（蓄能器），利用空气可压缩的原理，使其吸收和释放压力波动时产生或需给补的能量。

4.1 稳压罐尺寸

稳压罐尺寸：$\phi 325mm$，$H = 4000m$，如图 4 所示。

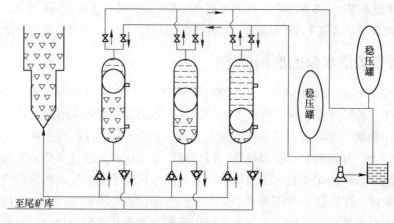

图 4 稳压罐尺寸

4.2 稳压罐加设后的振动改善情况

稳压罐加设在进水管路及回水管路（与各隔离罐并联）后，不仅压力波动减小了，管路振动减小了，多级清水泵平衡盘磨损也减小了，管路弯头焊缝开裂情况也得到了极大的改善，使清水泵检修周期从原来的 10 天延长到了 3 个月左右，减小了检修工的劳动强度，更重要的是确保了水隔泵的正常使用，有力保障了生产线的顺利运行。

5 结束语

自 2007 年改造后，通过几年的使用，以上两项技改虽未能完全达到目的，但其在生产中确实起到了作用。避免了多级离心泵的非正常磨损，减少了备件的消耗成本，保证了生产的顺利运行；设备的检修周期间隔时间加长，检修工人的劳动强度有所减小。今后还将逐步在水隔泵噪声控制和清水水耗方面多下工夫，不断完善和改造，使其更加符合大红山的生产现状，提高大红山的经济效益。

参 考 文 献

[1] 葛思华. 液压系统故障诊断［M］. 西安：西安交通大学出版社，2001，7.

[2] 孙萍，刘大志. 水隔离浆体泵技术应用发展回顾与前瞻［J］. 矿业快报，2006 年 6 月，第 444 期.

[3] 李文建. 水隔离泵在黄金矿山的应用［J］. 黄金，第 15 卷，1994 年第 5 期.

[4] 玉溪大红山矿业有限公司. 操作规程合订本（试行）（下册）.

在线式粒度分析仪在选矿自动化上的应用

杨建华

（玉溪大红山矿业有限公司）

摘　要：随着国内选矿生产设备的大型化，与其配套的电器设备随之增加，安全、均衡的生产对过程检测仪表的推陈出新迫在眉睫。传统的常规仪表已无法满足生产需要，因此，一些特殊仪表加入到矿山的生产领域，最大限度地减小劳动强度，提高自动控制水平是企业追求的目标。选矿全流程自动化控制系统是一个大型的、复杂的控制系统。它是破碎自动化控制、磨矿分级自动化控制、选别自动化控制以及浓缩过滤自动化控制等的有机结合。

关键词：过程检测、常规仪表、自动化控制、磨矿、分级、选别

磨矿分级自动化控制是选矿自动化控制的重中之重，是关键，是难点。磨矿控制在选矿生产过程控制中处于核心地位，过程影响因素多，过程变化复杂，系统相应周期短。其中，粒度、浓度是两个最主要因素。对浓度的检测，国内已得到很好的解决，但粒度检测仪表成本高、精度低、不稳定，在磨矿自动化中很少使用，造成整个控制系统控制精度低，过程跟踪慢，无法满足选矿生产需求，难形成真正意义上的闭环控制。因此，在传统控制的基础上，引入粒度反馈闭环控制是选矿自动控制的发展方向。

1　粒度分析仪功能描述

粒度分析仪是一种矿浆流连续在线粒度检测仪，是磨矿工艺流程控制中不可或缺的在线粒度测量仪器。它具有测量多个粒级和浓度的能力。其测量技术原理是基于超声波吸收现象而进行矿浆粒度和浓度的测量。能够在线、实时测量多达三个流道五个粒度分级的矿浆流。通过特定的配置，仪器可以适应 $P80$ 粗 $290\mu m$，细 $25\mu m$ 的粒度分布。该仪器可用于 $2.0 \sim 4.5 m^3/h$（$8 \sim 18GPM$）的连续矿浆流自动获取检测样品并且返回工艺流程。

2　自磨自动化控制系统功能描述

自磨机控制环节是整个磨选工艺流程的入口，其控制效果的好坏直接影响后续工序的作业指标甚至最终产品的产量和质量。

众所周知，自磨机的磨矿浓度过大，物料在磨机内流动速度慢，被磨时间长，容易过磨。另外，粗粒不容易下沉，易随矿浆流走，造成"跑粗"。而浓度过稀，物料流动速度快，被磨时间短，也容易出现"跑粗"。一般粗磨浓度为 $75\% \sim 85\%$。通过检测给矿量和返矿量。进行计算得到加水量并进行控制，从而使磨矿浓度控制在适当的范围内。

磨机给矿量的大小决定了自磨机的生产效率，给矿量合适，磨机工作效率高，但当给矿量超过自磨机通过能力时，磨机将出现"胀肚"现象。同时，磨机给矿量的大小将决定磨机溢流量的粒度，为此，要做到：

（1）必须检测磨机的功率和音频信号来判断磨机的运行情况，控制给矿量，保证磨机

运行稳定。

（2）必须检测返砂量，来确定实际给矿量，且保证磨机的运行效率。

（3）必须检测后段物料的状况，并根据后段物料的状况来调节给料量。

（4）必须监测磨机的溢流粒度情况，来调节给料量，从而保证磨机的生产质量。

综上所述，磨机的给料量是一个受多参数环节影响的控制量，控制上极其复杂。但其控制又有一定的经验控制范围和优选控制因子。为此，根据选厂长年的运行经验及数据，按照加权控制法，多参数分段式串级 PID 控制，同时结合生产运行经验提供参数给定接口，自诊断维护功能生成一套控制功能模块，来控制变频器、调节板式给矿机电机的速度，从而调节给矿量（见图1）。

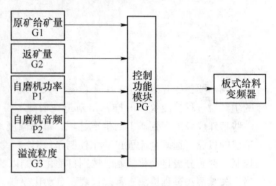

图1 自磨机控制框图

3 二段球磨分级自动化控制概述

在一段自磨控制优化的基础上，二段球磨控制的重点和难点在旋流器的分级上。实践表明，矿浆分级控制的好坏，将直接影响到精矿的品位和粒度。

在旋流分级器的溢流处增加一个粒度在线检测仪器，用于分级器的溢流粒度检测，并作为分级溢流的闭环反馈量。同时，检测旋流分级器的进口浓度和压力，始终根据粒度要求来控制好旋流分级器的进口浓度和压力。同时检测旋流分级器的沉砂浓度（见图2）。

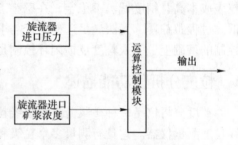

图2 分级控制框图

4 系统配置及其说明

要实现选矿生产过程的控制，采用可编程序控制器（PLC）可实现设备启停、联锁保护、过程跟踪、趋势记录、报警信息等功能。常规仪表能为 PLC 提供可靠的保障，在系统中加入粒度分析仪，通过给磨矿回路控制提供分析数据，从而提高了回收率和处理量。粒度分析仪能够针对任何进矿变化或者旋流器波动提供及时的反馈。将磨矿自动化带进闭环跟踪控制领域。

5 使用效果分析

粒度分析仪采用了先进的超声信号处理技术，扩大了在多频率下测量 PSD 的粗度和细度范围，增强了稳定性和可重复性。因此能够适应更广泛的矿浆产品类型、标定范围和磨矿变化。结合专有的标定模型，可以提供多达 5 个积累粒度分级输出。另外，只要所测量的矿浆浓度和粒度变化的总范围不超过超声波测量装置的信号范围限制，该仪器就可以适应更大幅度的磨矿工艺变化，而无须更换传感器。

　　粒度分析仪标定是根据每一产品或取样流道一系列样品的化验室分析结果来标定的。绝对浓度测量精度可好于 0.75% 一个 σ。可以同时测量多达 5 个粒级。例如，粒级可以是 +208μm（+65 目）、+147μm（+100 目）、+74μm（200 目）、+43μm（+325 目）和 -43μm（-325 目）。

　　该技术在国外已经有矿山等领域应用 40 多年的经验，在国内选矿上应用收效大：

　　（1）提高回收率；

　　（2）提高能源利用率；

　　（3）探测工艺波动，如旋流器紊动；

　　（4）特别值得提及的是，在利用管道技术输送精矿时，该粒度分析仪能保障精矿粒度，为延长管道使用寿命提供保障。

6　结束语

　　选矿全流程自动化控制系统是一个大型的、复杂的控制系统。它是破碎自动化控制、磨矿分级自动化控制、选别自动化控制以及浓缩过滤自动化控制等的有机结合。其中，选矿生产基础自动化是现代化矿山提升形象、降低生产成本、提高生产能力的重要手段。

参 考 文 献

［1］中冶长天.4000kt/a 选矿流程图.

［2］中冶长天.昆钢大红山铁矿 4000kt/a 选矿初步设计说明书.

［3］孔凡才.自动控制系统.北京：机械工业出版社，2003.

（论文发表于 2010 年《中国电子商务》期刊第 5 期）

昆钢大红山提高 $\phi 8.53m \times 4.27m$ 半自磨机处理量实践

郑 旭

（玉溪大红山矿业有限公司）

摘 要： 通过对半自磨机给料粒度合理搭配；调整半自磨机钢球尺寸；调整半自磨钢球补加量来控制磨机合适的充填率；格子衬板改造；排矿直线筛筛孔改造；半自磨机给矿自动化控制等改变了半自磨工艺，提高了处理量并降低了半自磨机的钢耗和电耗，达到了很好的效果，并且每年可创造经济效益 2.26 亿元。

关键词： 半自磨机、半自磨工艺、处理量

1 引言

昆钢大红山铁矿是昆钢主要的铁矿石原料基地，设计一选厂处理矿石 500kt/a，二选厂处理矿石 4000kt/a，三选厂处理矿石 7000kt/a。经过多年来针对半自磨机的技术改造，目前一选厂处理矿石已经达到了 700kt/a，二选厂处理矿石已经达到了 4500kt/a，目前已具有 11500kt/a 原矿处理规模，为国内的几个大型矿山之一，并被评为 2011 年第四届全国冶金矿山"十佳厂矿"。2012 年将达到年处理矿石 12200kt 的特大规模，年产成品矿 4700kt 以上，占昆钢集团自产成品矿的 63.6%，实现销售收入 34 亿元。

由于大红山受建厂面积的限制，大红山铁矿三个选厂无一例外都采用了半自磨工艺。该工艺符合大红山铁矿实际情况，并简化了生产工艺流程，缩短了采场到选厂的距离。

大红山铁矿自 4000kt/a 选厂建厂以来，一直对半自磨工艺进行了一系列的技术改造，总结半自磨机提高处理量的实际生产经验，充分地挖掘和发挥了半自磨的技术优越性，大幅度提高了半自磨处理能力。

2 大红山铁矿 4000kt/a 选厂半自磨工艺

大红山铁矿 4000kt/a 选厂 $\phi 8.53m \times 4.27m$ 半自磨机入选原矿主要来自井下，采出矿石经井下 $\phi 1200$ 旋回破碎机粗碎至 $0 \sim 250mm$ 块度后，由采矿胶带运输至地面矿仓堆存，在地面矿仓下部不同位置布置了 1 号、2 号、3 号、4 号四台振动给料机、一台重型板式给料机进行给矿，再由 2 号、3 号皮带给入到 $\phi 8.53m \times 4.27m$ 半自磨机内，半自磨机排矿进入到筛孔为 $5mm \times 12mm$ 直线振动筛进行筛分，筛上物经 4 号、5 号、6 号皮带返回半自磨机内，筛下物由渣浆泵送到两组 $\phi 660mm \times 7mm$ 旋流器进行分级，沉砂进入到 $\phi 4.8m \times 7m$ 溢流型球磨机两台再磨，旋流器溢流进入弱磁选机选别的半自磨-阶段磨矿-阶段选别的弱磁-强磁-浮选工艺流程。

4000kt/a 选厂于 2006 年年底投产，2007 年自磨机小时处理量上半年为 363.21t/h，下半年为 503.4t/h。2008 年 11 月提升到 561.37t/h，超过了原设计的 537.2t/h，选矿厂结合

半自磨设备特点和生产实际，对 4000kt/a 选厂 $\phi 8.53m \times 4.27m$ 半自磨机进行了一系列的技术改造，目前已达到了 610t/h 的处理能力。不仅提高了自磨机小时给矿量，为昆钢提供了更多优质的铁精矿，而且达到了降低成本、降低单耗、节能减排、创造经济效益的目的。

3　34000kt/a 选厂入磨矿石性质

3.1　矿物特性

原矿多元素分析结果、铁物相分析结果分别见表1、表2。

表1　原矿多元素分析结果

元素	TFe	SFe	FeO	Ag_2O_3	CO	MgO
含量/%	39.21	38.92	13.56	3.72	1.14	0.93
元素	SO_2	K_2O	Na_2O	烧损	S	P
含量/%	33.79	0.052	1.16	0.80	0.052	0.161

表2　原矿铁物相分析结果

铁物相	磁铁矿	赤褐铁矿	假象赤铁矿	黄铁矿	硅铁矿	碳酸铁矿	合计
含量/%	24.6	12.5	0.46	0.06	0.54	1.00	39.16
占有率/%	62.82	31.92	1.17	0.15	1.38	2.56	100.0

从表中可以看出脉石矿物以石英、斜长石、黑云母、绿泥石为主。

赤铁矿硬度远大于磁铁矿硬度（表3），在利用软硬差自磨的同时，由于赤铁矿难磨，消耗的介质也会增多。

表3　主要铁矿物密度及显微硬度测定

矿　物	密度 $d/t \cdot m^{-3}$	韦氏硬度（HV）	相当于摩氏硬度（HV）
磁铁矿	5.12	488~519	5.3~5.4
赤铁矿	4.56	847~900	6.4~6.5

工业铁矿物磁铁矿较赤铁矿粗，磁铁矿占 36.65% 大于 0.1mm，赤铁矿 63.75% 在 0.05mm 以下，说明磁铁矿将近一半富集在粗粒级，而赤铁矿大部分富集在细粒范围。

4　大红山铁矿 4000kt/a 选厂半自磨生产实践

4.1　调整入磨矿石粒度组成，提高半自磨机处理能力

大红山铁矿石富矿主要为中至粗粒块状及斑块状石英磁铁矿及赤、磁铁矿型，贫矿主要为细粒斑块状、侵染状石英赤铁矿及赤铁矿型，磁铁矿嵌布粒度粗，硬度小，品位高，赤铁矿嵌布粒度细，硬度大，品位低。当自磨机处理磁铁矿占有率高时，硬度低、含粉高，经过粗碎后半自磨产品粒度较适合。处理磁铁矿占有率低时，即赤铁矿含量增加，矿石坚硬致密，嵌布粒度较细，矿石磨到要求粒度所需时间较长，入磨粒度影响处理量和自磨机生产效率。从矿物嵌布粒度、硬度差异分析来看，当原矿粒度和性质发生变化时，通

过调整入磨矿石粒度组成就成了提高半自磨矿效率和处理量的主要因素。

从表4可以看出，半自磨供矿占比中 -250~150mm 大块占比仅10.53%，块矿占比不足， -2.5mm 以下占比同样偏少，而 -50~ +15mm 占比27.32% 属于难磨粒子。

表4 矿石粒度分布

粒 级/mm	质 量/kg	占 比/%
-250 ~ +150	120.0	10.53
-150 ~ +100	220.8	19.37
-100 ~ +50	184.2	16.16
-50 ~ +15	311.4	27.32
-15	304	26.67
-15 ~ +10	59.3	5.2
-10 ~ +5	69.3	6.08
-5 ~ +2.5	37.3	3.27
-2.5 ~ +0.9	34.6	3.08
-0.9 ~ +0.45	18.8	1.65
-0.45 ~ +0.3	13.5	1.19
-0.3 ~ +0.2	7.9	0.67
-0.2 ~ +0.15	7.5	0.66
-0.15 ~ +0.125	4.4	0.39
-0.125 ~ +0.105	4.1	0.36
-0.105 ~ +0.097	3.1	0.27
-0.097 ~ +0.088	2.6	0.23
-0.088 ~ +0.075	4.2	0.37
-0.075	37.3	3.27

矿石本身既是加工的对象又充当磨矿的介质。矿石粒度大、大粒多则冲击能力大，有利于破碎中等粒度块矿，磨机产量高，功率消耗低；但如果矿石粒度太大且大块矿过多，则矿石磨到要求粒度所需时间较长，矿石的粒度、硬度的变化对半自磨机处理能力波动影响很大，影响自磨机生产效率。

因此，合理搭配入磨矿石中块矿与粉矿比例，按两头大（块矿与粉矿多）、中间小的原则，合理搭配矿石比例，可有效提高半自磨机磨矿效率。

通过调整旋回破碎机的排矿口大小，将排矿口宽度由 180mm 调小到 160mm 后，降低了 ϕ8.53m ×4.27m 半自磨机入料粒度，提高了细粒比例，同时矿石在高空抛落过程中的粒度大小、密度大小的自然分级，在不同的粒级矿石下布置有振动给矿机，通过调整不同位置振动给矿机频率，增加入磨矿石中块矿比例。

利用赤铁矿硬度远大于磁铁矿的软硬差异，因为磁铁矿占36.65%大于0.1mm嵌布粒度较粗，将近一半富集在粗粒级。且解理发育，密度较赤铁矿大，在人为地制造矿石块差异。

生产实践证明：调整不同的块粉矿配比，达到了有效提高半自磨矿效率和磨机处理能力的目的。

4.2 调整半自磨机钢球尺寸

从表5可以看出，半自磨机内大于250mm矿物粒级为0，-250+150mm含量为11.25%。粒级主要分布为（-100+15）mm占59.04%，可见，半自磨机内大块矿石的不足已严重地制约了半自磨处理能力的提高，因此必须在磨机加入一定数量大直径钢球，弥补大块矿石的不足，以增强冲击力，强化半自磨机的破碎和粗磨作用，以达到提高半自磨机处理能力，提高磨机效率和降低电耗的目的。

表5 半自磨机内矿物粒级分布

粒 级/mm	质 量/kg	占 比/%
-250+150	127.7	11.25
-150+100	114.3	10.07
-100+50	319.5	28.15
-50+15	350.2	30.89
合 计	1134.6	100

按照加入钢球与矿石粒度直径相匹配的方法，采取把原来补加钢球球径由 ϕ150 加大到 ϕ180mm，以达到增大冲击力的目的。

由介质落下时的动能 $E = mv^2/2$ 计算，当半自磨线速度相同只考虑介质质量时，得出：$E_2/E_1 = (d_2/d_1)^2$，则钢球直径的增加与冲击能量的增加呈平方关系。

因此，当钢球球径由 ϕ150mm 加大到 ϕ180mm 和钢球 ϕ180mm 占比由 10%~20% 提高到 40%，增加大直径钢球的比例并与 250~150mm 矿石占比相当，以弥补大块矿石的不足，才能增加半自磨机冲击力，充分发挥半自磨机破碎和粗磨的优势。

4.3 调整半自磨钢球补加量，控制磨机合适的充填率

在半自磨矿中，只有在一定的充填率条件下才能发挥半自磨机最佳的冲击和磨剥作用。当处理能力和充填率达到平衡时，充填率为稳定充填率。超过时易出现"胀肚"。对调整半自磨钢球补加量来控制磨机合适的充填率的实验，半自磨机钢球充填率控制在13%±2%，并建立半自磨机和球磨机钢耗台账，根据磨矿细度和效果，维持合理的磨机充填率并进行持续磨机钢耗调整。半自磨机钢耗调整和控制在 (0.8±0.4)kg/t。半自磨机、球磨机内钢球达到了平衡和稳定，钢球充填率达到13%±2%的水平时，经半自磨自然磨剥，形成钢球与不同级别矿物的配比和比例，使得磨机的给矿量与排矿量始终保持相对的平衡状态并达到了提高磨矿效率和提升小时处理量的目的，收到较好效果。解决了半自磨机给矿因原矿块度配比的变化而影响生产指标的问题，达到了流程顺畅、指标稳定。

4.4 半自磨机格子衬板的改造

因为半自磨机排矿粒度界限较宽，且细粒级别含量较大，其作用是起筛分作用，所以增大筛孔和增加开空率，细粒级别含量变化不大，便于矿浆流的通过且通过能力加大，以达到提高半自磨机处理量目的。

4.4.1 原 ϕ8.53m×4.27m 半自磨机外圈格子板

提升条设计高度为250mm，提升条高度过高，导致铸造时出现缩孔、夹砂等缺陷，在使用中出现开裂，磨损加剧等现象，缩短使用寿命，并由于自磨机外圈格子板提升条过高，会阻碍矿石排出，减弱自磨机的处理能力。

通过对外圈格子板提升条高度减小100mm和格子板开孔部位增厚25mm，开孔在长度方向上增加10mm。

改变半自磨机格子板尺寸，提升条高度减小100mm，这样就降低了提升条的铸造难度和消除了衬板的内部缺陷，延长使用寿命3个月，同时保护出料端筒体衬板不受反弹回来的钢球撞击，延长筒体衬板的使用寿命（图1）。

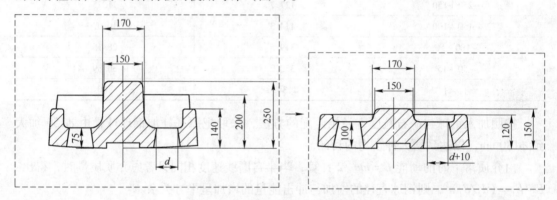

图1 改变半自磨机格子板尺寸

4.4.2 将半自磨机排料端盲板改为格子板

半自磨机排料端内圈衬板原设计是盲板，在实际生产中，半自磨机的小时处理能力不能满足工艺流程的需求。为提高半自磨机的小时处理能力，对半自磨机的盲板做如图2所示的开孔改造，开孔率为11.78%，安装尺寸不变。

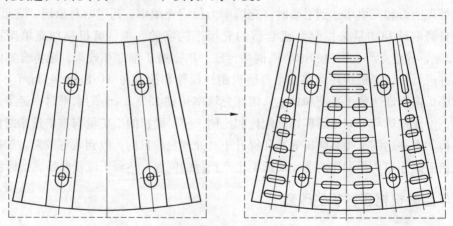

图2 盲板的开孔改造

开孔在长度方向上增加10mm，外圈格子板的开孔率由原来的14.893%增大到

16.095%，改造后半自磨机处理能力和磨矿效率得到了有效的提高。

4.5 半自磨机排矿直线筛筛孔的改造

直线筛是处理自磨机排矿的设备，设计中小于6mm的矿石进入二段磨，大于6mm的矿石作为返砂返回自磨机。如果能够减少返回自磨机的返砂，自磨机的处理能力将会得到提高。经过流程查定，发现二段球磨的生产能力还有一定富余，将部分自磨返矿转移到二段磨是可行的。经过充分论证和研究，决定将直线筛筛孔由设计的5mm×12mm改为8mm×16mm的筛孔。由于钢球补加和磨机充填率控制合理，磨机排矿粒级较均匀，同时也减少了粗颗粒对泵、管道的磨损，选矿生产指标也趋于稳定。改造后充分发挥了二段球磨机的富裕能力进行了阶段磨矿阶段选别的工艺流程，把合格的粗粒尾矿抛掉，减少了自磨返矿量，自磨机小时处理能力得到了提高，取得了较好的效果。

4.6 实施半自磨机给矿自动化控制

半自磨对入磨矿石性质、块度等工艺条件的变化，反应尤其敏感，波动较大，不易控制。

结合半自磨设备特点和生产实际，实施半自磨机给矿自动化控制，确保半自磨给矿均衡稳定供给，最大限度地释放半自磨机的产能。

给矿的控制是通过检测半自磨机前后端静压轴承的高压油压力、电机功率，和通过电耳检测半自磨机内的物料抛砸筒壁的声音强弱，来判断半自磨机的料位和负荷情况。然后将这些信号综合分析以后，以压力参数为主、以功率和电耳值为辅对给矿量的增减进行控制，以达到稳定给矿的目的。信号采集由压力变送器、电流互感器、电耳、核子秤、电磁流量计完成对相应静压轴承的油压、电机功率、物料抛砸筒壁的声音、给矿量和给水量的检测，并传输到中控室的PLC系统和上位机。系统经过对料位的高低判断，输出一个给矿量的值，5台给矿机的变频器则根据核子秤返回的实际给矿量与这个系统输出值进行比较，以调整频率使实际给矿量值与系统输出值进行匹配。

给水量的控制是由人工根据原矿的变化对磨矿浓度进行设定，因为磨矿浓度实际为半自磨机的排矿浓度，当磨矿浓度大时，会产生过粉碎现象，磨矿浓度过低时，随磨机提升的矿粒减少，使其未被提升和抛落，就被排出，粒度会变粗。对于铁矿来说，当块矿多时，浓度应高。当粉矿多时，应多加水，浓度应低。所以磨矿浓度对磨机功率影响不大，但对磨矿细度和处理能力有影响。

然后，通过核子秤的计量和设定的磨矿浓度进行计算，得到一个给水量的输出值，再通过电动调节阀的自动调节，使电磁流量实际测量得到的水量与之匹配。

半自磨机给矿自动化控制系统运行以后，用相关检测元件取代了原来的人工判断。生产实践证明，当半自磨机给矿量控制在（610±10）t/h，半自磨机磨矿浓度控制在82%左右，半自磨机给水量控制在150~164m³/h时，半自磨磨矿系统运行比较稳定，提高了磨矿效率并提高了半自磨机小时处理量，从而提高了整个选厂的处理能力。

5 结语

通过对半自磨机给料粒度合理搭配；调整半自磨机钢球尺寸；调整半自磨钢球补加量

来控制磨机合适的充填率；格子衬板改造；排矿直线筛筛孔改造；半自磨机给矿自动化控制等改进措施的实施，几年来的实践表明，磨矿效率可平均提高 10%，半自磨机处理能力由投产时的平均 363.21t/h，逐步提高到目前的平均 610t/h 并超过了原设计的 537t/h，提高了 73t/h，选厂原矿处理量增加 578kt，球团精矿年产量增加 289kt，按销售价格为 650 元/t 计算：$289 \times 650 = 18785$ 万元/a，且半自磨机钢耗由原来的 2.91kg/t 下降到目前的 1.65kg/t，可节约成本 3024 万元/a，半自磨机电耗由原来的 39.55kW·h/t 下降到目前的 36kW·h/t，可节约成本 781 万元/a，合计每年可创造经济效益 2.26 亿元。

参 考 文 献

[1] 中冶长天设计院. 昆钢大红山 4000kt/a 选厂设计手册（选矿工艺分册）.

[2] 沈立义. 大红山铁矿 500kt/a 选矿自磨、半自磨试验及相关问题的探讨 [J]. 金属矿山，增刊. 2005，(8)：304~308.

[3] 李启衡. 碎矿与磨矿 [M]. 北京：冶金工业出版社，2004.

（论文发表于 2013 年《云南冶金》期刊第 3 期）

大红山铁矿 500kt/a 铁选厂三段磨细磨与高频振网筛闭路分级技术改造

李平　沈立义

（昆钢玉溪大红山矿业有限公司）

摘　要： 本文介绍了昆钢大红山铁矿 500kt/a 选矿厂三段磨矿细磨与高频振网筛形成闭路技术改造的意义、目的和预计达到的目标，找出了主要矛盾和采取的相应措施，总结了三段磨矿技术改造中设计、技术管理的经验。

关键词： 三段磨矿、细磨、高频振网筛

昆明钢铁集团有限责任公司是云南省钢铁工业重点骨干企业，下属的玉溪大红山矿业有限公司位于云南省玉溪市新平县嘎洒镇境内。500kt/a 采、选的选矿厂于 2003 年已投入生产，计划 2006 年建成投产的 4000kt/a 深部开采的采、选、管道输送工程，是 21 世纪初的资源战略工程，也是带动地方经济发展的龙头项目。500kt/a 选矿厂工艺的完善，指标的达标与稳产高产，关系到 4000kt/a 深部开采的采、选、管道输送工程指标的达标、工艺的稳定和生产的顺利进行。因此，500kt/a 选矿厂三段磨矿技术改造和流程的完善具有现实和长远的意义。

玉溪大红山矿业有限公司开发的大红山矿产资源丰富，铁矿石地质储量 460000kt。主矿体地质品位高，平均 40%，是昆明钢铁集团有限责任公司铁矿石的主要资源基地。玉溪大红山矿业有限公司开发工程是云南省实施国家西部大开发战略的关键工程。2002 年 3 月破土动工，建设了一座 500kt/a 采、选的铁矿自磨工业试验厂，当年 12 月 31 日竣工投产，建厂时间仅用 10 个月，并且一次试车成功，2003 年 4 月投入正式生产。设计采、选能力 500kt/a，年产铁精矿 264.3kt，品位 64%，回收率 82.8%，一段自磨、半自磨磨矿细度 −20 目占 5%，二段磨矿细度 −20 目占 85%，小时处理量 67.15t。玉溪大红山矿业有限公司 500kt/a 选矿流程设计为一段自磨，二段球磨的阶段磨矿，阶段选别的弱磁−强磁流程。

1　目的

500kt/a 采、选的自磨、半自磨工业试验厂建设的目的是：

（1）为 4000kt/a 采、选、铁精矿管道输送的建设、生产探索经验。

（2）为 4000kt/a 采、选、铁精矿管道输送的建设、生产培养锻炼干部职工队伍。

（3）为昆钢集团总公司提供一部分优质铁精矿。

2　500kt/a 选厂、4000kt/a 选厂设计流程

（1）500kt/a 选厂设计采用国产的 $\phi5.5m \times 1.8m$ 半自磨 1 台，直线振动筛与半自磨形成闭路为一段磨矿，给矿粒度 250～0mm，排矿粒度 −200 目占 55%（实际生产 −200 目

占 35%~40%），直线振动筛筛孔 3mm，筛上返回半自磨机，筛下进入弱磁-强磁选抛尾，粗精矿进入与二段磨 $\phi 2.7m \times 3.6m$（1 台）溢流型球磨机与 $\phi 350mm$ 水力旋流器形成闭路，排矿粒度 -200 目占 85%（实际生产 -200 目占 60%~70%），沉砂进入球磨机，溢流进入弱磁-强磁-重选的磁、重联合流程（重选工艺于 2003 年 12 月完成技术改造）。

（2）2006 年建成的 4000kt/a 选矿厂。采用国内最大型的 $\phi 8.53m \times 4.27m$ 自磨机 1 台，$\phi 4.8m \times 7m$ 球磨机 4 台（第二段磨矿 2 台、第三段磨矿 2 台），组成的阶段磨矿、阶段选别的弱磁-强磁-浮选（重选）的磁、浮（重）联合流程。自磨给矿粒度 250~0m，自磨机与直线振动筛形成闭路，筛下粒度 -6~0m，进入与二段球磨机形成闭路的 $\phi 600mm$ 水力旋流器，一、二段连续磨矿，二段磨矿水力旋流器溢流排矿细度 -200 目占 60%。经弱磁-强磁抛尾，粗精矿进入与三段磨矿形成闭路的。$\phi 350mm$ 水力旋流器，排矿粒度 -325 目占 80%（-0.043mm 占 80%）。经弱磁-强磁-浮选（重选）联合流程选别得最终精矿。精矿管道输送距离 174km，高差 1600m，泵站 3 座，过滤车间位于集团公司烧结厂。

4000kt/a 设计指标：规模 4000kt/a，精矿产率 47.8%，精矿品位 67%，铁回收率 80%，深部开采 500kt/a 采矿工程、4000kt/a 的深井开拓坑道工程已完成 6096.4km（760km³），为 2006 年 4000kt/a 选矿厂的投产做了前期准备工作。

3　原矿性质与创新点

大红山铁矿以磁铁矿为主，占 60%，赤铁矿为辅，占 40%，脉石矿物以石英为主，该矿物属磁铁矿、赤铁矿型酸性混合矿石。

（1）磁铁矿。嵌布粒度较粗，近半数大于 0.1m，容易磨选，部分赤铁矿与之呈连晶，在选磁铁矿的同时，可随其进入弱磁精矿；

（2）赤铁矿。60% 以上分布于 0.05mm 以下，其中 -0.02mm 占 33.44%，粒度较细，需要引起注意的是，有部分微细粒晶呈侵染状嵌布于脉石中，与脉石关系紧密，磨矿后这部分颗粒中的贫连生体在强磁机的强磁场作用下，会带入较多脉石进入精矿，尤其是铺状结构的周边是由微细粒的磁铁矿、赤铁矿组成的，中间由石英、硅酸盐矿物所形成的，由于是蜻状结构周边有微细粒的磁铁矿，中间有硅、硅酸盐脉石（硅酸盐比磁化系数又与赤铁矿相当），强磁选机磁场降低到 200kA/m（25000e），精矿品位依然难提高，同时细粒矿物会随脉石进入尾矿，影响回收率。

根据磁铁矿嵌布粒度粗，赤铁矿嵌布粒度细的特点，大红山铁矿 500kt/a 选矿工业试验厂、4000kt/a 大型选矿厂采用了阶段磨矿、阶段选别流程。根据赤铁矿硬度高、品位低，磁铁矿硬度低、品位高的特点，利用矿石软硬差的矛盾和人为粗碎制造块度差的矛盾，采用自磨、半自磨技术。根据赤铁矿嵌布粒度细，脉石带铁、硅酸盐比磁化系数又与赤铁矿相当、结构复杂的特点，采用了三段磨矿细磨工艺和赤铁矿强磁-摇床重选工艺，利用矿物密度差异的矛盾，弥补强磁选机对选别细粒赤铁矿物、脉石带铁复杂结构的不足、利用重选密度差异的矛盾抛出比磁化系数与赤铁矿相当的硅酸盐和带铁少的脉石，弥补强磁机失去磁性差异的矛盾。大红山铁矿复杂的原矿性质，细粒嵌布的、脉石带铁的赤铁矿选矿，要得到好的指标必须细磨，管道输送必须细磨，球团工艺必须细磨。选矿、管道、球团 3 点连成了 1 条必须细磨的直线，选矿厂的细磨成了首要的关键工序。

4 500kt/a 选矿设计生产指标、选矿试验与存在的问题

4.1 选矿指标

500kt/a 选矿试验厂自投产以来，2003 年试车投产完成铁精矿 183.3kt（计划 100kt），铁精矿品位 62.98%，回收率 83.98%，磨矿细度 -200 目占 60%~70%。2004 年完成 246.2kt（计划 200kt），精矿品位 63.50%，回收率 80%。磨矿细度 -200 目占 60%~70%。2005 年 9 月三段磨矿技术改造成功后，全年完成 268.8kt（计划 250kt、设计 264.3kt），精矿品位提高到 64%~65%，回收率 85%，磨矿细度提升到 -200 目占 85%，三段磨矿技术改造各项生产实际选矿指标均超过设计选矿指标。500kt/a 选矿试验厂三段磨矿细磨改造达到了预期的目的，并创造了好的成绩。

4.2 存在的问题与选矿试验

经两年多生产实践中的摸索，原设计两段磨磨矿细度一直徘徊在 -200 目占 60% 左右（设计 -200 目占 85%），磨矿细度不能达标，严重制约和影响选矿指标的提升和球团厂的成球率。为提高磨矿细度，达到提升选矿指标和增大自产矿的能力，选矿试验围绕 500kt/a 选矿实验厂的生产，结合远景 4000kt/a 特大型选矿厂的各方面实践，试验包括外部和内部，取制样上千个批次，流程考察报告、试验报告数十份。这些报告在指导 500kt/a 选厂生产的同时，已为选矿流程技术改造提供了依据和方向，描绘着 500kt/a 选厂选矿生产，也同时勾勒出 4000kt/a 大型选矿厂的轮廓。

最有代表性的是 500kt/a 选厂流程考察的两个报告，两个报告的点连成了一条主线，这一条主线通向 500kt/a 选厂三段磨的流程技术改造，也提供了 4000kt/a 大型自磨、半自磨选矿厂设计、生产、建设的依据和参数。

（1）2004 年 1 月完成编写的"大红山铁矿 500kt/a 选厂流程考察报告"，主要目的是考察设计与实际生产的差距。报告明确指出"生产指标不能达标的主要矛盾是设计规模与磨矿细度的矛盾，主要原因是两段磨磨矿作业不匹配，二段磨机容积偏小，返砂比高达 631%（设计 300%），导致磨矿细度和精矿品位低于设计指标"。

（2）2004 年 3 月针对 500kt/a 选矿磨矿细度不达标，对自磨、球磨机给矿粒度、磨机内物料、磨机排矿物料粒度进行了筛析分析，摸索到自磨机、球磨机合理的钢球充填率和吨原矿钢球消耗添加量的规律，进行了第二次流程考察。考察的目的是：

1）探索不同钢球、钢段的充填率、钢球、钢段大小比例、吨原矿钢球、钢段消耗添加量的变化、不同自磨介质的材质对磨矿指标的影响和相应磨矿细度的择优。

2）探索最大处理量与相应的磨矿细度。

3）观察二段球磨机的变化情况，寻求解决办法。报告又一次证明了第一次流程考察的结论"经过两段磨机加配钢球、钢段的工作和实际功耗计算，自磨介质的形状采用钢段较好，材质在硬度和耐磨的一对矛盾中综合选择，采用锰钢类型的 V71Mn2 型轨道钢，使自磨机增大处理量至 85t/h（设计 67.15t/h）。但二段球磨机循环负荷依然高于设计 2 倍多，磨矿细度 -200 目降至 60%，二段磨机容积小，已成为影响选矿指标的瓶颈，设计的一段自磨机额定电机功率 800kW，容积 42m³、二段球磨机额定电机功率 400kW，容积

$19m^3$，一、二段磨矿形成 1:0.5 的电机功率比例和容积比例，实际生产功耗计算应该为 1:1 的比例。"报告推荐的方案有二：一是原设计二段球磨机扩容技术改造；二是原设计二段磨矿改为三段磨矿。经专家组讨论，领导决策，决定采用原设计的二段磨矿改为三段磨矿。

三段磨矿技术改造工程于 2005 年 2 月破土动工，8 月 31 日竣工，9 月 1 日一次试车成功，完成了 500kt/a 选矿试验厂三段磨矿技术改造。

5　总体思路、技术方案、实施效果

面对矿业公司规定改造时间的要求和兼顾生产、改造、建设在同一时间、空间、同一地点和复杂交错的、立体交叉作业的实际情况，组织分析了第一次设计三段磨矿技术改造实施后失败的主要原因是：新增的 $\phi 3.2m \times 5.4m$ 溢流型球磨机不能位于第三段与 $\phi 24m$ 浓缩池、德瑞克高频振动细筛形成闭路。第二次自行设计并编制了 500kt/a 选矿试验厂三段磨矿技术改造的工艺流程、施工方案和三级网络计划，技术上设计了新增的 $\phi 3.2m \times 5.4m$ 溢流型球磨机为二段，$\phi 2.7m \times 3.6m$ 溢流型球磨机为三段形成的二、三段连续磨矿的二段与 $\phi 350mm$ 水力旋流器、三段与陆凯高频振网筛形成闭路磨矿的工艺流程。大红山铁矿 500kt/a 选矿试验厂三段磨矿技术改造如期完成，在生产工艺技术上有重大突破，采用陆凯高频振网筛与三段磨矿形成闭路的新工艺，改善了产品质量，优化了工艺流程，降低了生产成本，增强了矿山企业文化力的内涵，提升了自产矿的生产能力。主要产品质量创造了历史新高，磨矿细度从 -200 目占 60% 提高到 -200 目占 85%，铁精矿品位从原来的 63% 提高到 64%~65%，回收率从原来的 77.8% 提高到 85%，处理量提高到 80t/h（设计 67.15t/h），尾矿品位逐步下降，产品产量逐月上升。

（1）经济效益。500kt/a 试验厂三段磨矿技术改造后，根据 2004 年生产指标，原矿品位均为 40% 时，精矿品位从 2003 年的 63.3% 提高到 64%~65%，尾矿品位从原来的 18.09% 降到 12%，回收率从 77.88% 提高到 85%，产率从 48.46% 提高到 52.05%。由于三段磨矿技术改造，处理量的提高和选矿指标的提升，每年多产 59621.52t，品位 64.04% 的铁精矿，处理量从 2003 年的 64t/h 提高到 80t/h（设计 67.15t/h），小时处理量在原设计的基础上提高 13t，达到了提高精矿产量 10%~15% 的预期目的。产值 2981.1 万元，净效益 1561.73 万元。

（2）大红山铁矿 500kt/a 选厂三段磨矿技术改造流程。大红山铁矿的原矿性质需要细磨，得到好的指标，达到管道输送的要求，提高球团的成球率。500kt/a 选矿厂三段磨矿技术改造采用半自磨-球磨-球磨的阶段磨矿、阶段选别的弱磁-强磁-重选的磁、重联合流程，一段自磨与直线振动筛形成闭路，筛孔 3mm，筛上返回自磨机，筛下进入一次弱磁-强磁选别，强磁抛尾，粗精矿进入 $\phi 350mm$ 水力旋流器，溢流至二段选别，沉砂进入二段 $\phi 3.2m \times 5.4m$ 球磨机，排矿进入 0.09mm 筛孔的 3 层网陆凯高频振网筛（3 台），筛上进入 2.7m×3.6m 球磨机，筛下给入旋流器溢流进入二段弱磁-强磁-重选（重选对强磁精矿或尾矿进行选别）得最终精矿。

技术改造三段磨矿细磨磨矿流程为一段自磨、半自磨。$\phi 5.5m \times 1.8m$，自磨机额定电机功率 800kW，二段磨矿 $\phi 3.2m \times 5.4m$ 溢流型球磨机，额定电机功率 800kW，三段磨矿 $\phi 2.7m \times 3.6m$ 溢流型球磨机，额定电机功率 400kW。一、二、三段磨机的额定电机功率比例分别为 1:1:0.5。因此，三段磨矿技术改造采用陆凯高频振网筛与 $\phi2.7m \times 3.6m$ 溢流型球磨机形成闭路，较成功地解决了一、二、三段磨机不匹配的问题。

6 结论

（1）一、二段磨机一对一的设计配置中，二段磨机容积偏小，使一段自磨机粒度要求较细（-200 目占 45%~55%），限制了自磨机粗磨能力的发挥。同时二段磨矿负荷加重，突出表现就是磨矿细度达不到设计要求，循环负荷成倍增加。针对"贫"、"细"、"杂"难选赤铁矿的特点。进行三段磨矿细磨技术改造。二段采用扩容的办法，三段采用原来的 $\phi2.7m \times 3.6m$ 球磨机，采用陆凯高频振网筛与之形成闭路，弥补磨机不匹配的缺陷和克服水力旋流器反富集的现象。

（2）大红山铁矿 500kt/a 选矿试验厂三段磨矿技术改造二、三段球磨机采用陆凯高频振网筛、水力旋流器与之形成闭路，是提高铁精矿质量的重要途径，具有工艺简单、成本低的特点。

（3）目前我国磁铁矿选矿厂，多数常规磁选机受分选原理限制，粒度越细，磁团聚越严重，陆凯高频振网筛与球磨机的闭路使用，减少连生夹带现象，对提高精矿品位、球团冶炼、管道输送都具有很好经济效益和社会效益的。

（论文发表于 2006 年 8 月《金属矿山》期刊）

◇ 尾矿与总图 ◇

龙都尾矿库中线法筑坝尾矿料的
物理力学性能研究

杨 燕[1] 戴红波[1,2] 杨永浩[2] 徐佳俊[2]

(1. 昆明有色冶金设计研究院股份公司；
2. 重庆大学资源及环境科学学院)

摘　要：中线法堆积高尾矿坝的案例在国内外并不多见。大红山龙都尾矿库拟在上游法堆坝达到 100.0m 高的基础上，改用中线法继续堆积尾矿坝，使其达到 180.0m 高。为论证筑坝方案的可行性，有必要对中线法的旋流分级产生的沉砂尾矿和溢流尾矿的物理力学性能进行测试分析。通过现场取样，室内土工试验测试，获得了大红山龙都尾矿库中线法筑坝尾矿料的物理力学性能参数。结果显示：沉砂尾矿的压缩性、渗透性、抗剪强度参数均比溢流尾矿的要好；而且尾矿的压缩性、渗透性与尾矿的粒径大小、孔隙比的关系密切。通过旋流分级后，能满足中线法堆坝的要求。

关键词：尾矿、土力学、土工试验

0 引言

尾矿是一种特殊的人工砂土。它与一般工程上的砂土在颗粒组成、物理力学性质等方面存在一定的差异[1~3]。尾矿库是地表存储尾矿的一种特殊工业构筑物，也是矿山最大的危险源之一[4,5]。尾矿坝是尾矿库的主要组成部分。尾矿坝一旦失稳破坏，则后果十分严重[6~10]。

通常情况下，尾矿坝主要由尾矿堆积而成。因此，入库尾矿和堆坝尾矿的物理力学性质，不仅影响到尾矿坝堆积方式的选择，而且与尾矿坝的稳定性息息相关。按照规范要求[11]，在尾矿库工程设计时，必须提供尾矿的土力学性质等基础资料。

按照大红山龙都尾矿库的设计规划，该尾矿库采用分期、多方式筑坝，即初期采用上游式筑坝，坝体达到了一定高度后，改用中线法筑坝，最后又采用上游式筑坝。目前，尾矿库将进入中线法筑坝阶段。为了使工程设计更可靠、更科学，确保尾矿库万无一失，有必要对中线法筑坝尾矿的物理力学性质进行试验测试与分析。

1 工程概况

为了节省投资，保护环境，大红山铁矿（昆明钢铁公司）和大红山铜矿（玉溪矿业公司）共同出资新建龙都尾矿库，为两家矿山共同使用。

为满足两家矿山堆存尾矿的需要，龙都尾矿库设计库容为 12 亿立方米，尾矿堆积坝高 180.0m，最终坝高为 210.0m。

按照设计，尾矿库使用初期，采用上游法筑坝。初期坝为透水堆石坝，坝高 30m，坝顶标高 + 550m。当尾矿坝坝顶标高达到 + 600 ~ + 640m 时，改用中线法堆坝，直到 + 700m，之后又改用上游法堆坝。

龙都尾矿库于 1997 年 7 月建成并投入使用，目前尾矿库按 1:5 的外坡，采用上游法堆坝已至 + 612m 标高，将进入中线法堆坝阶段。

中线法堆坝是采用旋流分级工艺。即选厂排出的尾矿，经过旋流器分级后，分为两部分：一部分为从沉砂口排出的尾矿，直接用于堆积坝，另一部分为溢流口排出细粒级尾矿，通过管道排放到尾矿库内。

2 堆坝尾矿的物理性质试验

为了全面掌握两组尾矿的物理性质，通过现场取样，分别采取了旋流分级后的溢流尾矿和沉砂口排放的尾矿进行物理性质测试。试验包括颗粒分析、密度、界限含水率、自然堆积密度等。

2.1 颗粒组成测试与分析

尾矿的粒度是尾矿的一项重要的物理指标，颗粒大小和粒径分布与其物理力学性质存在一定的联系。同时，对坝体的稳定性也有很大影响[12,13]。两组尾矿样的颗粒分布曲线如图 1 所示。从图中可以看出，溢流尾矿 + 0.075mm 含量为 11.4%，较细，不均匀系数 $C_u = 20.0$，曲率系数 $C_c = 0.0241$；沉砂口排出的尾矿 + 0.075mm 的含量为 58.5%，较粗，不均匀系数 $C_u = 5.2$，曲率系数 $C_c = 1.393$，级配良好。

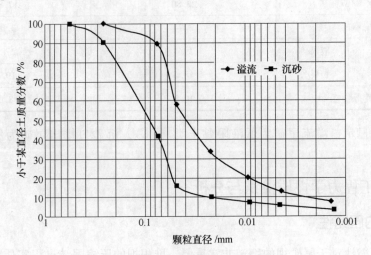

图 1　两种尾矿的颗粒分布曲线

2.2 自然沉积密度试验

自然沉积密度试验设备是采用特制的、底部设有排水的密度沉积仪。堆积时间按 7 天考虑，每天定时测其堆积密度和相应的含水率，绘制堆积时间与干密度、含水率的变化曲线（图2）。待干密度趋于稳定后，再测试两组尾矿的物理性质参数，结果见表1。

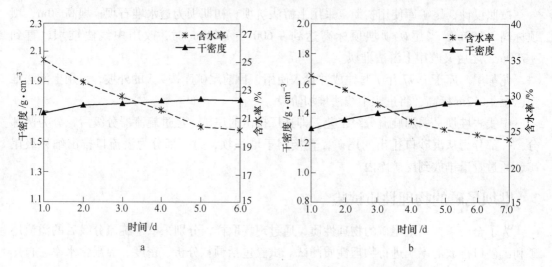

图2 自然沉积状态下尾矿干密度、含水率随时间变化
a—沉砂口排出尾矿；b—溢流口排出尾矿

表1 两组尾矿的物理性质

试 验 尾 矿		溢 流 尾 矿	沉 砂 尾 矿
干密度/g·cm^{-3}		1.48	1.83
饱和密度/g·cm^{-3}		1.78	2.14
含水率/%		23.80	17.80
密度/g·cm^{-3}		2.94	3.09
界限含水率	液限/%	29.4	27.5
	塑限/%	18.6	19.3
塑性指数		10.8	8.0

试验结果显示，溢流尾矿为低液限黏土类（CL），沉砂口排出尾矿为低液限粉土类（ML）。

3 尾矿的工程力学性质测试与分析

3.1 尾矿的压缩性

尾矿的压缩性对于尾矿坝的稳定非常重要。堆积坝的压缩固结过程实质就是尾矿含水量降低、密度增加、孔隙水压力消散和强度增长的过程。

采用高压固结仪，针对两组尾矿进行了饱和、非饱和状态下的固结试验。垂直荷载按0.05MPa，0.1MPa，0.2MPa，0.4MPa，0.8MPa，1.6MPa，3.2MPa分级施加。两组尾矿的 e-lgP 关系曲线见图3。两组尾矿的压缩系数和压缩模量见表2。

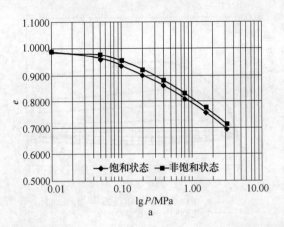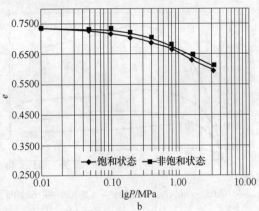

图 3 两组尾矿的 e-lgP 关系曲线

a—溢流尾矿；b—沉砂尾矿

表 2 两组尾矿的压缩性指标

尾 矿	状 态	垂直压力 0.1~0.2MPa	
		压缩系数/MPa^{-1}	压缩模量/MPa
溢流	饱和	0.372	5.35
	非饱和	0.313	6.349
沉砂	饱和	0.125	13.89
	非饱和	0.0937	18.518

从表 2 中试验结果可知：两组均属中压缩性。

3.2 尾矿的渗透性

渗透性关系到尾矿坝的渗透稳定性。试验测试采用变水头法。测试结果见表 3。两组尾矿的渗透系数为 $4.0 \times 10^{-4} \sim 8.0 \times 10^{-4}$ cm/s，均为中等透水性。

表 3 两组尾矿的渗透系数

尾 矿	渗透系数	
	KV/cm · s^{-1}	KH/cm · s^{-1}
溢流尾矿	5.0×10^{-4}	4.0×10^{-4}
沉砂尾矿	8.0×10^{-4}	4.5×10^{-4}

3.3 尾矿砂的抗剪强度特性测试与分析

尾矿的抗剪强度指标对于尾矿坝的稳定性分析至关重要[14,15]。按照土工试验规范要求，针对两组尾矿采用高压小三轴仪试验。根据坝体应力状态，试验施加的围压分别为 100kPa，400kPa，800kPa，1200kPa 和 2000kPa。每组取了 5 个圆柱形试样。进行了不固结不排水（UU），固结排水（CD），固结不排水（CU）试验。试验结果取峰值或应变 15% 的强度作为破坏标准。测试结果见图 4 和表 3。

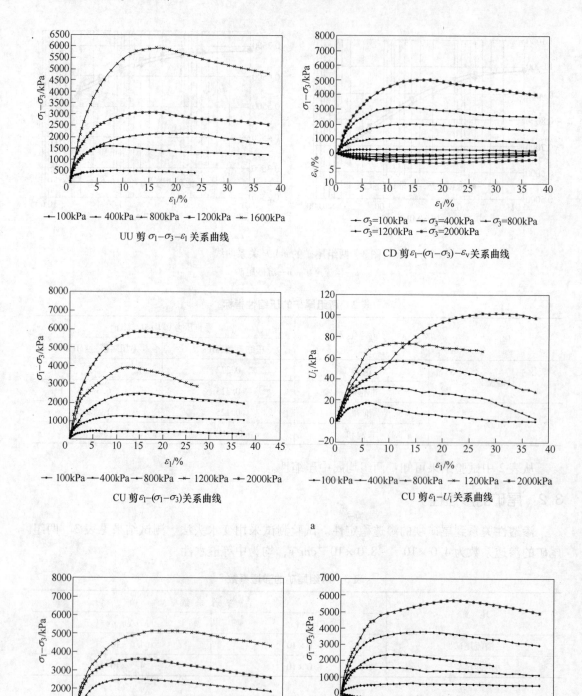

UU 剪 $\sigma_1-\sigma_3-\varepsilon_1$ 关系曲线

CD 剪 $\varepsilon_1-(\sigma_1-\sigma_3)-\varepsilon_v$ 关系曲线

CU 剪 $\varepsilon_1-(\sigma_1-\sigma_3)$ 关系曲线

CU 剪 ε_1-U_i 关系曲线

a

UU 剪 $\sigma_1-\sigma_3-\varepsilon_1$ 关系曲线

CD 剪 $\varepsilon_1-(\sigma_1-\sigma_3)-\varepsilon_v$ 关系曲线

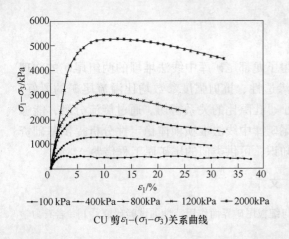

CU 剪 ε_1-(σ_1-σ_3)关系曲线

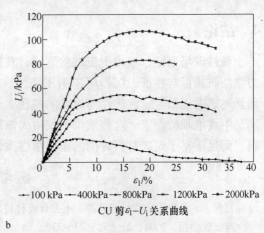

CU 剪 ε_1-U_i关系曲线

b

图4　两组尾矿的三轴剪切试验结果

a—溢流尾矿；b—沉砂尾矿

3.4　尾矿的非线性力学指标

由于邓肯-张双曲线模型能较好地反映土体的非线性形态，在土体的稳定性分析与变形计算中应用较多[16,17]。邓肯-张模型中的参数是通过三轴试验来获取的。其中，切线模量和切线泊松比的表达式如下：

$$E_t = K \cdot P_a \left(\frac{\sigma_3}{P_a} \right)^n \left[1 - \frac{R_f(1-\sin\phi)(\sigma_1-\sigma_3)}{2c\cos\phi + 2\sigma_3\sin\phi} \right]^2 \tag{1}$$

$$\mu = \frac{G - F \cdot \log\left(\dfrac{\sigma_3}{P_a}\right)}{\left\{ 1 - \dfrac{D(\sigma_1-\sigma_3)}{K \cdot P_a\left(\dfrac{\sigma_3}{P_a}\right)^n\left[1 - \dfrac{R_f(1-\sin\phi)(\sigma_1-\sigma_3)}{2c\cos\phi + 2\sigma_3\sin\phi}\right]} \right\}^2} \tag{2}$$

根据固结不排水试验结果可以确定邓肯-张模型中的参数值，具体步骤可参考文献[17]。两组尾矿样的非线性力学参数值见表4，表5。

表4　两组尾矿的抗剪强度指标

尾矿	不固结不排水（UU）		固结排水（CD）		固结不排水（CU）			
	c_u/kPa	ϕ_u/(°)	c_d/kPa	ϕ_d/(°)	c_{cu}/kPa	ϕ_{cu}/(°)	c'/kPa	ϕ'/(°)
溢流尾矿	80.0	32.5	35.0	36.7	55.0	35.5	63.0	37.2
沉砂尾矿	130.0	33.5	125.0	33.9	80.0	33.5	75.0	34.8

表5　两组尾矿的邓肯-张模型参数

尾矿	模量系数 K	模量指数 n	破坏比 R_f	泊松比			黏聚力 c/kPa	内摩擦角 ϕ/(°)
				G	F	D		
溢流尾矿	345.0	0.51	0.76	0.39	0.08	3.73	63.0	37.2
沉砂尾矿	444.2	0.54	0.79	0.29	0.01	3.15	75.0	34.8

4　结论

通过现场取样，室内土工试验测试，获得了龙都尾矿库中线法堆坝的两组尾矿的物理力学性质指标与特征，沉砂尾矿的压缩性、渗透性、抗剪强度参数均比溢流尾矿的要好；而且尾矿的压缩性、渗透性与尾矿的粒径大小、孔隙比的关系密切。通过旋流分级，能够满足中线堆坝的要求。这些成果不仅可为该尾矿库中线法堆坝坝体稳定性分析提供基础资料，而且丰富了尾矿材料方面的土力学性质知识，可供类似的尾矿库工程借鉴。

参 考 文 献

[1] 尹光志，张东明，魏作安，等. 土工合成材料与细粒尾矿界面作用特性的试验研究 [J]. 岩石力学与工程学报，2004，23 (3)：236-239.

[2] 张建隆. 尾矿砂力学特性的试验研究 [J]. 武汉水利水电大学学报，1995，28 (6)：685-689.

[3] 保华富，张光科，龚涛. 尾矿料的物理力学性能试验研究 [J]. 四川联合大学学报（工程科学版），1999，30 (5)：115-120.

[4] 魏作安，尹光志，沈楼燕，等. 探讨尾矿库设计领域中存在的问题 [J]. 有色金属（矿山部分），2002，(4)：44-45.

[5] 沈楼燕，魏作安. 探讨矿山尾矿库闭库的一些问题 [J]. 金属矿山，2002，(6)：47-48.

[6] 徐宏达. 我国尾矿库病害事故统计分析 [J]. 工业建筑，2001，31 (1)：69-71.

[7] M. Rico, G. Benito, A. R. Salgueiro, et al. Reported tailings dam failures：A review of the european incidents in the worldwide context [J]. Journal of Hazardous Materials，2008，152 (2)：846-852.

[8] Harder L F J, Stewart J P. Failure of Tapo Canyon Tailings Dam [J]. Journal of Performance of Constructed Facilities，1996，10 (3)：109-114.

[9] Fourie A B, Blight G E, Papageorgiou G. Static liquefaction as a possible explanation for the merriespruit tailings dam failure [J]. Canadian Geotechnical Journal，2001，37 (4)：707-719.

[10] Mc Dermott R K, Sibley J M. Aznalcollar tailings dam accident a case study [J]. Mineral Resources Engineering，2000，9 (1)：101-118.

[11] 中华人民共和国建设部. 选矿厂尾矿设施设计规范（ZBJ1—90）[S]. 北京：中国计划出版社，1991.

[12] 余君，王崇淦. 尾矿的物理力学性质 [J]. 企业技术开发，2005，24 (4)：3-4.

[13] 王雪平. 某尾矿的物理力学性能研究 [J]. 山西建筑，2008，34 (20)：93-94.

[14] 王凤江，张作维. 尾矿砂的堆存特征及其抗剪强度特性 [J]. 岩土工程技术，2003，(4)：209-212.

[15] 阮元成，郭新. 饱和尾矿料静、动强度特性的试验研究 [J]. 水利学报，2004，(1)：67-73.

[16] 高江平，李芳. 黄土邓肯-张模型有限元计算参数的试验 [J]. 长安大学学报（自然科学版），2006，26 (2)：10-13.

[17] 钱家欢，殷宗泽. 土工原理与计算 [M]. 北京：中国水利水电出版社，1996.

（论文发表于 2013 年《矿业研究与开发》杂志第 1 期）

大红山尾矿固化干堆探索

郭俊辉 唐国栋 周富诚

（昆钢玉溪大红山矿业公司）

摘　要： 对大红山尾矿固化干堆的试验探索表明，固化干堆对尾矿堆存不仅具有环保的优势，而且具有节能环保和安全生产的特点，社会、经济和环境效益显著。

关键词： 尾矿堆存、固化干堆、环保、安全、经济效益

1　引言

尾矿是矿山采出来的矿石经选矿厂选出有用的物质以后，剩余的固体废料，一般是由选矿厂排放的尾矿矿浆经自然脱水后形成的固体废料，它以浆状形式排出。根据国家安监局统计数据，全国共有 12655 座尾矿库。金属矿山堆存的尾矿量已达 5000000kt 以上，而且以 600000kt/a 的速度递增，其中铁矿山每年排放 130000kt，有色金属矿山年排放 140000kt。尾矿存放不仅占用大量土地，而且严重污染环境，给人类生产、生活带来危害。近年来，我国尾矿库溃坝事故频繁发生，造成了恶劣的社会影响和严重的伤亡事故、环境污染，以及重大的财产损失，尾矿的安全存放现已受到全社会的广泛关注。

我国 90% 以上的尾矿库采用上游法筑坝工艺，这种尾矿库的主要灾害形式是溃坝引发的泥石流，事故频率显著高于其他形式尾矿库。其主要原因是坝体稳定性差，沉积密度低，浸润线偏高，渗流难以控制。其本质则可归结为"水是造成溃坝和形成泥石流灾害的祸源"，在足够的水力作用下，现行尾矿坝（尾矿、黏土和砂土为主的筑坝材料）将发生从坝岸、渗流、坝体开始的三种形式的破坏。

2　实施尾矿干堆的必然性

基于湿法堆存技术存在难以解决的溃坝风险，而资源化利用又不能完全代替尾矿堆存的背景下，我国已经对尾矿干堆、井下充填和膏体堆存技术在很多矿山加以应用。尾矿库安全分析与评价、监测和监管措施以及干堆法无疑大大提高了我国尾矿库的安全性，但没能从根本上消除上游筑坝法存在的溃坝隐患。

尾矿干堆是尾矿传统贮存方法的一种变革。它是利用各种设备通过一定工艺将尾矿浆实现干料和水的最大化分离，达到含水量要求的干料可运输至尾矿堆场贮存，水则可以作为选矿厂回水利用。干堆不但可以筑坝，大幅度地增加尾矿库的库容，也可减少尾矿库的投资，这对新建矿山或尾矿库即将到期的老矿山，采用这样的工艺技术更有优越性。

干堆与水力充填法相比，安全性得到显著改善，尾矿库利用系数提高，但存在投资大、运行成本高、有地域适应性的不足。研究低成本的脱水工艺、高效的输送方式和解决膏体的二次泥化以及表面干粉扬尘问题是实现干堆技术可持续发展的关键。尾矿干堆的优点：安全性较湿排要好，避免了尾矿库存在所面临的风险；占地少、后续生产成本低；可

以开发原来不具备建设尾矿库条件的矿山；对堆场要求的条件不苛刻，可利用废弃的采矿坑作为堆场；回水利用率可达到80%以上，在严重缺水地区优势明显，可减少对环境的污染。

大红山铁矿尾砂属于密度比较大的尾砂类型，物理活性较好。尾矿平均粒径为 $d_{cp} = 0.0766mm$，中值粒径为 $d_{50} = 0.05mm$，粒径 $d \geqslant 0.05mm$ 的占0.6%，粒径 $d > 0.074mm$ 的占24.29%，现在尾矿堆存是由大红山铁矿和大红山铜矿共同使用的龙都尾矿库堆存，尾矿采用混合堆坝方案，具体方案是 $-600m$ 标高先采用上游法堆坝，$+600 \sim -640m$ 标高采用中线法堆坝，$+640m$ 以上采用上游法堆坝。但由于需要采用全尾砂充填，借鉴大红山铜矿经验，充填利用尾砂占整个尾矿的70%，剩余的30%进入尾矿库，实际上充填用尾砂超过了70%，只有井下充填分离沉积剩下来的尾矿泥等极细颗粒尾砂被输送排放到龙都尾矿库用于堆坝，改变了原设计要求的全尾矿堆存方案。

尾矿粒度较细，长期堆存，风化现象严重，产生二次扬尘，粉尘在周边地区四处飞扬，特别在干旱、狂风季节，细粒尾矿腾空而起，可形成长达数里的"黄龙"，造成周围土壤污染，并严重影响居民的身体健康。据专家论证，尾矿也是沙尘暴产生的重点尘源之一。

尾砂质量的改变，堆积坝质量变差，大红山尾矿坝的稳定性降低达不到设计规范的要求，干滩坡度较缓使得库区防洪能力减弱，每年雨季时，矿山要组织大量人力、物力进行尾矿库的抗洪抢险，严重影响到矿山的安全生产。大红山铁矿为了解决尾矿堆存，实施井下充填和尾矿干堆两方面的问题，与昆明理工大学合作，利用冶金废渣制成的低温陶瓷胶凝材料固化高含水、微细粒铁尾矿，实现尾矿固化干堆和胶结充填，达到资源循环利用，保护环境，安全生产和节能减排的目的。

3 尾矿固化干堆

固化干堆是干堆的一个创新干堆模式，目前在国内的矿山企业还没有达到工业化。它是利用低温陶瓷胶凝材料固化高含水微细粒的铁尾矿，尾矿不需要脱水，直接把尾矿浆与胶凝材料混合搅匀后输送到尾矿库，能快速发生沉降泌水，沉降体继续固化胶结，最终形成具有一定承载力、水稳性、不能流动的固体，从而达到安全堆存尾矿的目的。

低温陶瓷胶凝材料是以工业废渣为主要原料，在接近常温条件下，通过混合料中各组分的化学反应，制成的性能与陶瓷相似的一种高性能绿色环保材料。

低温陶瓷胶凝材料固化体是硅铝、双硅铝长链为主的无机高分子聚合物，具有高温陶瓷的物理力学性能和优良的耐久性；在具有传统水泥基材料优良施工操作性的同时，最终物质之间的连接是以离子键和共价键为主，具有优良的尺寸稳定性、抗渗耐冻、耐腐蚀、耐高温、耐水热性能；低温陶瓷胶凝材料的水化不同于水泥，不存在氢氧化钙和钙矾石的粗大晶体，能在高含量有机物和腐蚀性介质的环境中正常凝结固化。可在广泛领域替代水泥基材料、陶瓷材料、石材、高分子聚合物、金属材料使用，衍生制品可广泛用于建筑、交通、环保等领域。

尾矿主要由 CaO、SiO_2、Al_2O_3、MgO、Fe_2O_3、TiO_2、Na_2O 等无机材料组成，可提供形成低温陶瓷长链结构的基本组成要素，在一定的技术条件下，可以使其颗粒表面存在的硅酸盐网络结构解离，并再度链接而形成无机高分子长链结构。这样，尾矿颗粒就能通过表面的化学反应形成的低温陶瓷体牢固地连接在一起，达到尾矿固化和资源化的目的。低温陶瓷胶凝材料固化尾矿的科学依据如下：

（1）用工业废渣如粉煤灰、矿渣、尾矿制备的低温陶瓷胶凝材料最终产物具有环状分子链构成的类沸石非晶体结构，其独特的笼形结构可以把尾矿中的重金属离子和其他毒性物质分割包围在空腔内，能有效解决尾矿中重金属及可溶物的淋出问题。

（2）低温陶瓷胶凝材料需要以水为反应介质，在水相条件下，实现矿物的解离、重组和聚合。而尾矿中的含水率通常高达60%以上，利用其作为胶凝材料的工作用水，则尾矿就无须脱水而可直接沉降固化。

（3）尾矿中通常含有与黏土相似的硅酸盐物质和有机选矿药剂。这些物质强烈抑制水泥的水化，因此采用传统水泥作为尾矿固化材料不能获得预期效果。而低温陶瓷胶凝材料则不同，它不存在传统水泥的水化反应，而是依靠其自身的电离和硅酸盐侵蚀产生活性硅铝进入溶液，并通过缩聚连接成为大分子的无机聚合物，在低温陶瓷胶凝材料的水化过程中，尾矿残余选矿药剂可作为表面活性剂促进其反应的进行。黏土在低温陶瓷胶凝材料提供的电解质作用下，发生脱水作用，生成具有活性的硅羟基、铝羟基基团（称为亚黏土），在体系中活性 SiO_2 的作用下，发生缩聚反应，形成长链结构的铝硅酸盐矿物，参与低温陶瓷体的形成。

通过上述作用，由尾矿和低温陶瓷胶凝材料组成的混合料在自然堆存过程中，将逐步硬化成为坚硬的岩土，不受雨雪、气候和腐蚀性介质的影响，即使在极端地质灾害（如地震、连续暴雨）的作用下，也不会因液化而造成灾害。因此，尾矿固化堆存与传统技术相比，具有独特优点：

（1）具有水力充填法工艺简单、投资省、运行费用低的优点，把以往堆存体的流塑态或沼泽态变成了可以稳定堆存的固态，消除了堆存体自身的安全隐患；与干堆法相比，在更安全的前提下，可节省庞大的浓缩、脱水、输送投资，可显著降低运行成本；与膏体堆存相比，可显著提高堆存体的密实度、抗剪强度和尾矿库利用效率，减少土地占用，通过强化沉降泌水，可节约水资源；可根据需要，适当调整技术参数就能满足堆存、筑坝、充填和二次利用要求。

（2）尾矿经固化后，彻底改变了原有尾矿的堆存模式，从根本上消除了尾矿库作为潜在泥石流源的危害，把作为重大危险源的尾矿库安全监管问题变成了尾矿堆存的边坡稳定问题，从大范围的灾害预警、防范问题变为局部滑坡的治理及防治问题。

微细粒尾矿的低温陶瓷化技术，不但符合国家安全生产产业导向，符合大红山绿色矿山的发展要求，具有重要的科学价值和实际意义，技术成果的推广应用，将产生不可估量的经济价值和社会意义，也可为现行和选矿工艺变革条件下的尾矿安全堆存提供新的理论依据。

4 大红山铁矿尾矿固化干堆试验探索

大红山铁尾矿用水泥作为胶结材料时，5%分级尾砂，灰砂比为1:4，当浓度达到77.5%时，料浆开始突变，流动性变差。10%分级尾砂，灰砂比为1:4，当浓度达到72.5%时，料浆开始突变，流动性变差。相同浓度料浆，5%分级尾砂的料浆流动性优于10%分级尾砂料浆。

采用水泥胶结，水泥消耗量较大，矿浆粒度和浓度对干堆强度有很大影响，且用水泥对尾矿进行干式堆存还没有先例。为满足大红山坝体强度和稳定性达到尾矿干堆的要求，特委托昆明理工大学实验室对大红山铁矿第二作业区的尾矿进行了尾矿固化试验。分别进行了粒度分析、流动度、沉降速度和泌水性的测试，重点进行了实验室模块固化试验和实验室扩大固化干堆试验。

当尾矿浓度为65%时，掺加10%的胶凝材料，3d抗压强度达到0.5MPa、7d抗压强度达到1.5MPa以上；当尾矿浆浓度提高到68%~70%时，胶凝材料掺量可降到8%。

当尾矿浆浓度为70%时，掺加6%的胶凝材料，可直接进行碾压筑坝，坝体3d抗压强度达到0.8MPa、7d达到2.2MPa、28d达到4.8MPa以上。

从前期的试验情况看，采用低温陶瓷材料对尾矿进行固化干堆、井下充填，能取得很好的效果，与水泥相比，添加量少，固化强度高。

大量研究数据说明，采用低温陶瓷胶凝材料固化尾矿堆存和筑坝的技术方案是可行的。为了确保工业化应用的绝对安全可靠，进行了扩大性工业试验。试验探索了适合大红山铁矿尾矿固化干堆和筑坝要求的低温陶瓷胶凝材料，并通过模拟尾矿固化干堆和筑坝情况进行试验，摸索满足尾矿干堆和筑坝时需要的固化材料添加情况和强度变化情况。通过扩大试验，收集尾矿固化干堆和井下充填所需参数，根据试验参数和试验结果，制定符合大红山尾矿固化干堆和充填所需要的技术规范和设计依据。通过试验，对比分析过滤干堆和固化干堆成本差异，为尾矿干堆提供技术依据。

5 大红山尾矿固化干堆技术指标

大红山尾矿固化干堆技术指标：

（1）流变特性。满足矿浆泵送和尾矿库干堆要求。

（2）固化指标。分区作业，3d泌水完成，7d产生固结强度（水饱和浸泡不二次泥化，抗压强度大于0.2MPa）。

（3）固化剂掺量。大于6%（相当于折干尾矿）。

（4）扩大性试验的规模和工艺满足工业化应用要求。

（5）固化体土工特性满足干堆技术要求。

6 大红山尾矿固化干堆工艺

固化干堆工艺流程见图1。

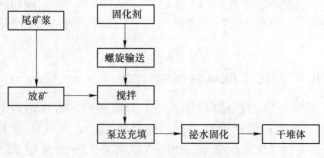

图1 尾矿固化干堆工艺流程

7 大红山固化干堆工业化实验浆体基础数据

表 1 所示为工业试验中固化干堆工业化试验时浆体基础数据。实验时由于浆体浓度变化频繁，固化干堆所用浓度变化范围较大，筑坝与充填浆体浓度能保持在 60%。为了更好地比较原浆加入固化剂后流变特性的改变，固化干堆选取原浆浓度为 50%，固化剂掺量为 10%、9%、7%、6%、5%、4%、3%。

表 1 固化干堆工业化实验浆体基础数据

灌浆位置		状态	含水率 /%	流动度 /mm	密度 /g·cm⁻³	泌水比 /%
区域						
固化干堆区	第1层 10%	原浆	50	395	1.46	49.0
		混合浆	47	345	1.54	37.5
	第2层 9%	原浆	50	395	1.46	49
		混合浆	47	360	1.53	38.5
	第3层 7%	原浆	50	395	1.46	49
		混合浆	48	370	1.49	40
	第4层 6%	原浆	50	395	1.46	49
		混合浆	48	375	1.48	41
	第5层 5%	原浆	50	395	1.46	49
		混合浆	49	380	1.47	42.5
	第6层 4%	原浆	50	395	1.46	49
		混合浆	50	385	1.47	44
	第7层 3%	原浆	34	260	1.66	23
		混合浆	33	180	1.74	21

8 固化干堆强度测试

实验中干堆区所用原浆浓度一般为 45%~55%，浓度变化较为频繁。根据选矿厂排出的尾矿浆浓度的实际情况，实验中将尾矿浓度固定为 50%，进行固化剂不同掺量下的抗压强度测试，测试结果见表 2。

表 2 固化干堆强度测试

编号	浓度 /%	掺量 /%	灰砂比 /%	流动度 /mm	强度/MPa		
					3d	7d	28d
1	50	3	1:33	372	0.10	0.18	—
2	50	4	1:25	365	0.12	0.24	0.39
3	50	5	1:20	354	0.15	0.38	0.52
4	50	6	1:17	362	0.20	0.46	0.84
5	50	7	1:14	360	0.23	0.50	1.00
6	50	9	1:11	358	0.32	0.67	1.33
7	50	10	1:10	355	0.34	0.85	1.41

当掺入量分别为 1% 和 2% 固化剂时，也具有较好的泌水效果，达到 3d 泌水完成，7d 产生固结强度的要求。

以上述数据显示，固化剂掺量在各个范围内都能满足要求，28d 强度都能大于 0.2MPa，且有较好水稳性，满足固化干堆的强度要求。

9 小结

尾矿库溃坝的本质在于两方面：一是堆存体本身是泥石流的根源；二是坝体不坚固。解决其中的任何一个问题都能避免重大尾矿库灾害的发生，两个问题都解决，则可实现尾矿库安全。

由玉溪大红山矿业有限公司与昆明理工大学联合开展的"大红山微细粒铁尾矿固化干堆及井下充填试验"项目历经半年，取得了重大技术突破，为公司的尾矿安全处理和利用提供了关键技术支撑。项目获得的主要成果如下：

（1）项目开发出了专门针对微细粒铁尾矿固化干堆和井下充填的低温陶瓷胶凝材料。该胶凝材料是以昆钢钢铁冶金渣为主要原料复配而成，具有良好的施工操作性和经济性。掺入到尾矿浆中后，能强化尾矿的沉降和泌水，其活性组分与尾矿颗粒发生化学反应，形成具有良好胶结性能的低温陶瓷矿物，把尾矿固结成为具有一定强度、承载力和水稳性的复合材料，达到了废物综合利用，节能环保和安全生产的目的。

（2）在含水率 30%~60% 的微细粒铁尾矿浆中掺入相当于折干尾矿 3%~10% 的低温陶瓷胶凝材料，12h 完成沉降泌水，可快速回收矿浆水的 60%；沉降体 3d 具有初始固结强度，成为可以稳定堆存的半干性物料，7d 完全板结成具有强度、水稳性和承载力的固化体，实现了高含水、微细粒尾矿的低成本的湿法输送堆存和安全的干法堆存目标。由于尾矿被固化，其形态由原来的流塑态转化为稳定的固体，尾矿库的安全风险就从以往的溃坝引发的泥石流灾害模型转化成了局部的边坡治理问题，危险等级降低，重大安全隐患被消除。堆存模式的本质性变化，使堆存高度与原湿法堆存方式相比可提高 3~4 倍，可减少土地占用 80% 以上，降低运行成本 30% 以上，社会、经济和环境效益显著。

（3）本项目依托于工程实际，在接近工业化条件下进行试验，获得了一套完善的尾矿、固化体物理力学性能、土工特性等基础性数据资料，为后续工业化应用提供了依据。

（4）试验了两种固化剂，在其试验室最佳掺量条件下进行了扩大性工业试验。试验结果表明，两种固化剂均能满足工艺需要，并对铁尾矿产生良好的固化作用，但相比之下，干堆与充填固化剂的固化效果要优于筑坝材料的固化效果。

（5）固化剂掺入到尾矿浆中，一般均引起流动度损失，固化剂掺量越大，流动度损失越大；经过实验发现少量的固化剂（0.5%~1%）能显著提高尾矿的泌水效果。

（6）固化剂掺入铁尾矿中后，发生沉降和泌水，泌水完成后，沉降体开始凝胶化，流动度逐渐减小，24h 后完全丧失流动性，但此时的含水率通常为 20% 左右；随着时间的延长，产生固化收缩，固化剂掺量在 5% 以下的固化体有大量裂纹产生，增加了水分散发速度，固结速度加快，而高掺量裂纹不多，但依然固化明显。

参 考 文 献

[1] 罗敏杰. 浅谈尾矿干堆技术 [J]. 有色冶金设计与研究，第 30 卷第 6 期：27-29.

[2] 迟春霞, 沈强. 尾矿干堆技术探讨 [J]. 黄金, 第 23 卷第 8 期: 47-49.

[3] 尹光志, 魏作安, 许江. 细粒尾矿及其堆坝稳定性分析. 重庆: 重庆大学出版社, 2004. 10.

[4] 袁永强. 我国尾矿库安全现状分析及建议 [J]. 有色冶金设计与研究, 2010, 31 (1): 32-33, 53.

[5] 易光旺. 尾矿库主要危险因素辨识与分析 [J]. 广东安全生产, 2010, (13): 42-43.

[6] 郑欣, 秦华礼, 许开立. 导致尾矿坝溃坝的因素分析 [J]. 中国安全生产科学技术, 2008, 4 (1): 51-54.

[7] 尹光志, 张东明, 魏作安, 等. 土工合成材料与细粒尾矿界面作用特性的实验研究 [J]. 岩石力学与工程学报, 2004, 23 (4): 426~429.

[8] 赵高举, 魏作安, 万玲, 等. 龙都尾矿库存在的问题与对策 [J]. 有色金属 (矿山部分), 2003, 55 (1): 42~43.

[9] 唐建新, 尹志光, 魏作安, 等. 龙都尾矿库细粒尾矿堆坝模型试验研究 [J]. 中国矿业, 2004, 13 (1): 54~56.

[10] 宋雪娟. 尾矿储存方式的一种趋势——干堆技术 [J]. 新疆有色金属, 2007 增刊: 74~75.

[11] 常前发. 我国矿山尾矿综合利用和减排的新进展 [J]. 金属矿山, 2010, 3 (405): 1~6.

大红山铁矿总图设计中的突出问题与对策

刘家文 夏欣

（云南华昆工程技术股份公司❶）

摘 要：通过大红山铁矿的总图设计实践，论述了大红山铁矿 4000kt/a 工程和扩产工程中总图设计所面临的地形狭窄、高差大、地质条件复杂多变、工业场地用地紧张等突出问题，提出了解决这些突出问题的主要对策和总图设计实践。

关键词：大红山铁矿、总图设计、突出问题、对策

1 概述

昆钢大红山铁矿位于云南省新平县戛洒镇、老厂乡和新化乡交界地带。自昆钢大红山铁矿建设以来，先后进行了以下工程建设，分别为：

（1）2002 年 500kt/a 采选试验性工程。

（2）4000kt/a 采、选、管道工程，其中铁精矿用管道运输，经 171km 到达昆钢。原矿为地下开采，胶带斜井运矿。废石采用 900mm 窄轨的平硐及地表汽车联合运输。设计采用硝水箐沟（下段）基建废石场和南部生产期废石场排废。采、选、运工程及尾矿库、废石场、机汽修、给排水、110kV 总变电站、35kV 变电站及矿部、路网等公辅设施，已于 2006 年 12 月建成投产。

（3）扩产工程：新增 8000kt/a 采矿工程（其中露采 3800kt/a）和新建 7000kt/a 第三选矿厂工程。坑采原矿采用箕斗竖井及地带胶带运输。废石采用胶带斜井（改造原运矿胶带斜井）及地表公路运输。露采原矿和废石均用 45t（TR50）汽车运输。精矿运输，除铜精矿用汽车运输以外，铁精矿仍主要用管道输送。基建废石和生产废石分别堆放在新设计的哈姆伯祖废石场和硝水箐、南部、小庙沟废石场。分采、分装、分运、分堆、分管，待作复垦用的采场表土堆放在临时堆存场地。

2 总图设计面临的问题

本工程属于典型的山区厂矿设计工程。大红山铁矿位于云贵高原云南省中部哀牢山山脉东侧，属构造剥蚀中山河谷地形，矿区内河流深切、山高谷深、山坡陡峻、地形坡度一般为 30°~40°，缓坡地段也在 10°左右，地形高差较大。矿区区域地质位于扬子准地台、康滇地轴、滇中中台坳三组构造线的交汇地带，处于偏东西向构造带内，属区域性近东西向的底巴都背斜的南翼西端。次级的后期北西、北东向断裂较为发育，整个区域构造较复杂。由于区域地形地质复杂多变，因此，在 4000kt/a 工程和扩产工程总图设计中，遇到的突出问题很多。主要表现在以下几个方面。

❶ 现昆明有色冶金设计研究院股份公司。

2.1　地形地质复杂多变

河流深切、山高谷深、山坡陡峻、地形地质复杂多变，是本矿建设的一大特点，也是总图设计的一大难点。

2.2　不稳定的高大边坡和工程滑坡很多

在矿区周边3km范围内，找不到一块地形完整、面积够用、位置适宜、标高合适的场地。同时，因本工程项目多、规模大，各工业场地需要的面积也大，因此，设计不可避免地要采取大开大挖的方式进行场地平整，在场地平整过程中，又由此带来一些很不稳定的高大边坡和诱发多个工程滑坡。据统计，4000kt/a工程和扩产工程中大于30m的不稳定高大边坡有7个，15～30m的不稳定高边坡有8个，中小型滑坡有4个，大型滑坡2个，如不治理，将影响总图布置和企业安全生产。

2.3　工业场地用地十分紧张

大红山铁矿采、选工程，项目多、规模大，需要工业场地面积也大。4000kt/a工程和扩产工程总体规划需要工业场地总面积约30hm²（合465亩），经过大开挖，最大限度地平整出来的场地面积也只有19.22hm²（合288.3亩），占规划总用地面积的62%，面积空缺11.78hm²（合176.7亩），占规划总用地面积的38%，这些空缺面积，均是工艺必须用到的，且位置、标高、面积大小等要求都是很高的重要场地，如果另选场地，将在矿区3km以外，则总体规划极不合理，它将严重影响企业经济效益。

2.4　4000kt/a工程与扩产工程发展用地的矛盾突出

4000kt/a采选工程用地比较紧张，在这种情况下，还要考虑企业发展，再上扩产采、选工程，扩产工程与4000kt/a工程用地之间的矛盾将更加突出。扩产工程中用地条件要求最高的7000kt/a选矿厂厂址场地和配套设施场地难以解决，问题很突出。

3　主要对策

3.1　对策原则

本工程如按一般常规手段进行总体规划与设计，是无法完成任务的，必须更新设计理念、改变思维定式，扩大视野，打开思路；必须变被动为主动，处理好4000kt/a工程和扩产工程的关系，有针对性地寻找新的更安全、更科学、更经济、更合理、更可行、更实际的路。

设计工作，遇到问题多和问题大并不可怕，因为有问题，就要找办法解决，解决了问题，设计水平和设计质量才能在实践中得到提高。

总图设计中总体规划十分重要。总体规划布局是否合理，对企业的投入与产出影响极大。

本工程中的总体规划，按充分体现现代厂矿企业先进、文明、良好形象的要求和技术超前的意识设计，具体体现在政策性、安全性、科学性、先进性、综合性、经济性、可行性和时代感等方面，为企业创造有利条件，尽快达到"环境、社会、经济"三大效益的建设目标。根据上述原则，分别采取针对总图设计中各突出问题的对策措施。

3.2　地形、地质条件处理对策

对具有不良地形、地质、施工难度大、基建投资高的场地，对不是非用不可的，总图设计时用最经济、最容易的办法，以尽量避开为主加以解决；实在避不开的场地边坡，采用投资相当或投资相近的喷锚方案支护。

3.3　高大边坡和工程滑坡处理对策

对于高大边坡及工程滑坡稳定性的了解，必须通过工程地质及水文地质勘察判定。高大边坡及工程滑坡治理之前，需要设计根据工程重要性确定其安全等级与安全系数 k，并使设计安全系数 k 大于等于拟定安全等级对应的安全系数 $[k]$，即 $k \geq [k]$。

不稳定高大边坡及工程滑坡治理方案：本工程高大边坡及工程滑坡，根据工程重要性，安全等级均定为一级，$[k] = 1.35$。

高度不大于 15m 的土质或石质挖方边坡，勘察确定其安全系数：$1.15 \leqslant k \leqslant 2$ 的边坡，一般采用浆砌毛石挡墙 + 生态边坡支护。

高度为 $10 \sim 30m$ 土质或石质挖方边坡，安全系数 $k \leqslant 1.1$ 的，一般采用锚索挡墙分段错台支护方案支护。

高度在 30m 左右，安全系数 $1.16 < k \leqslant 1.21$ 的土石胶结较好的边坡，一般采用削坡、减载后，采用锚杆 + 挂网 + 喷浆方案支护。

3.4　工业场地用地紧张的处理对策

对工业场地面积空缺很大的情况，除了在矿区山坡地大开大挖平整场地以外，还大胆改造和充分利用了肥味河、曼岗河和二道河位置很好、标高适宜、面积较大、工程量省的河滩地及水淹地，作为紧缺的工业场地。

3.4.1　整治河道变害为利

3.4.1.1　河道现状及其危害

大红山铁矿位于曼岗河、肥味河交汇处的三角地带，暴雨时节，山洪暴涨，来势凶猛，在洪水冲刷与侧蚀作用下严重破坏了河道两岸的岸坡，不少河段形成了弯弯曲曲的大面积乱石堆地、河滩地及水淹地，以后，洪水还会继续冲刷侧蚀与破坏河道两岸，对沿河新建的对外公路和两岸坡地开发利用都十分不利。

矿区临近曼岗河，肥味河及二道河三段河道，河道弯曲不直，在洪水淹没范围内，当时无法耕种利用的河滩地加起来，面积约有 12.50hm² 多，当初设想，如果能将这些有害无益的地域都改变成有用的工业用地，将有利于总图布置，工艺流程更加合理。

3.4.1.2　精心设计科学治理

洪水猛如虎，想跟洪水打交道，不是一件容易的事，没有大的胆识和专业技术是不行的。治理河道，只能成功，不能失败，否则，将会带来不可抗拒的洪涝灾害和不可挽回的经济损失。具体做法是：认识水性，按水力学的要求，治理洪水，使洪水安全、有序地进行排放。

3.4.1.3 河道整治方法

（1）拟定上述 3 段河道防洪标准：按 50 年一遇设防，以 100 年一遇的洪峰流量校核。

（2）曼岗河、肥味河、二道河的汇水面积的计算结果，分别为 119km^2、55km^2 和 204.1km^2。

（3）计算洪峰流量，选用洪峰流量计算公式（公式略），分别计算曼岗、肥味河、二道河 50 年一遇洪峰流量分别为 331m^3/s、166m^3/s、499m^3/s，100 年一遇洪峰流量分别为 382m^3/s、191m^3/s，575m^3/s。

（4）根据河床纵坡，分别计算各河段流速。

（5）根据各河段纵坡、流速及 100 年一遇校核流量，计算各条河段过水断面和确定河道设计断面（减少宽度，加大深度，提高流速和通过能力）。

（6）根据设计断面，确定河道宽度和 100 年一遇的洪水位标高。

（7）截弯取直，确定新的河堤挡墙位置。

（8）根据 100 年一遇洪峰流量校核洪水位高度和水的浮力，确定防冲刷措施，材质、厚度与高度及场地标高。

（9）设计河堤高度和结构断面，最终满足安全有序的排洪要求。

3.4.2 整治河道，成果喜人

通过截弯取直、修筑河堤，取得了一举多得的可喜成果，具体包括：

（1）洪水可以安全、有序通过，不再浸蚀河道两岸，河道两岸的稳定安全有了保障（改道治理河段）。

（2）成功获得了十分宝贵的工业用地面积 11.78hm^2，解决了场地面积空缺的问题。河道整治后具体获得的工业场地由以下部分组成：

1）曼岗河和肥味河交汇处 685m 平台，获得了场地面积约 0.9hm^2；

2）曼岗河 4 号桥北端东面河滩，获得了工业场地面积约 0.7hm^2；

3）肥味河北岸：从 5 号桥经 710m 平台入口处、经 6 号桥（北）到 720m 主平硐口立交桥，公路路基用地约 0.6hm^2；

4）肥味河南岸：临时生产水池和 500kt/a 水隔泵站精矿回收池场地面积约 0.75hm^2；

5）胶带斜井窄轨铁路甩车道场地和采矿污水处理站场地面积约 0.75hm^2，金诚信施工队住地面积约 0.5hm^2；

6）二道河南面，获得了工业用地面积约 3.83hm^2；

7）二道河北面，获得了工业用地面积约 4.00hm^2。

（3）由无用的河滩地改为可贵的工业用地，不但解决了用地面积空缺的问题，而且还解决了多余土方无处堆放和堆放影响环境的问题。

（4）最显著的成果是为企业扩产工程选矿厂及配套设施的总图布置创造了条件，打下了基础。

3.5　4000kt/a 工程与扩产工程用地间问题的处理对策

4000kt/a 工程与扩产工程用地的矛盾突出。在总图设计中，设计采用先认识、再调整、再优化、再完善、再提高、再适应的做法，满足了企业用地不断发展的需要。

大红山铁矿是在 500kt/a 采选试验性工程、4000kt/a 采、选、运工程及扩产 12000kt/a 采、选、运工程的过程中不断发展起来的，中间经历了 10 年时间。设计集思广益，大红山项目部与业主密切合作、沟通，一直在不断调整、优化、完善，最终形成了较为合理的总图方案。

由于场地紧张，除了大填、大挖造地和整治河道改地以外，为了增加场地面积，满足企业发展的需要，还对本矿（采、选）工程总图布置先后作过 5 次调整与优化。

第一次调整优化：根据总体规划，在既原则，又灵活，既合理，又可能的前提条件下，对 4000kt/a 工程废石和矿石转运仓仓址、对 6 号跨河公路桥桥址等都进行了调整优化，废石运输经营费节省了 1127 万元，6 号桥工程投资节省了 393 万元。由此，总图布置避开了不良地形、地质条件，变得更加紧凑合理了。

第二次调整优化：在本院的主导作用与有力协调下，并多次争取了业主和有关设计单位的支持，合并了采、选办公大楼、食堂和浴室等，解决了 4000kt/a 工程精矿输送加压泵站，尾矿 $\phi53m$ 浓缩池及尾矿输送水隔泵站等设施布置在二道河北岸工艺流程不顺的问题，同时，为扩产工程三选厂布置在二道河北岸奠定了基础。

第三次调整优化：根据节约用地、节省投资，增加用地面积和调整用地功能又不增加投资的原则，调整了油库库址，取消了加油站专有道路，新增加了 700m 平台场地，同时，该场地还处理了工程余土回填土方量约 10 多万立方米。

第四次调整优化：在满足 685m 行政区平台基本功能要求的前提下，矿部办公大楼后面，停车场由原设计 3 排减少为 2 排，700m 平台宽度增加至 42m，调整后的场地不但有利于总图布置，还增加了余土回填土方量约 5.4 万立方米。

第五次调整优化与协调换地：因本矿扩产工程需要，在二道河北岸（主要由河滩地改造出来的）工业场地以内，将 4000kt/a 的选矿厂的总仓库区设施，全部调整到了新增加的 700m 平台。同时，按箕斗竖井出矿和扩产工程选矿厂 3 个系列的用地要求，与铜矿协调互换土地约 $0.96hm^2$。协调换地以后，场地价值倍增，二道河北岸场地由此成了首选的，也是唯一的扩产工程三选厂厂址（场地面积约 $7.9hm^2$）。该厂址是设计通过整治河道、多次调整优化和建议并协助业主与铜矿互换土地等有力措施得到的。

4　结语

大红山铁矿 4000kt/a 工程已于 2006 年 12 月建成投产，各项指标良好，各工业场地、边坡、挡土墙及改造河道河堤挡土墙等设施均比较稳定，达到了设计的预期效果。目前，扩产工程正在紧张、有序地进行设计、施工和建设。

（论文发表于 2009 年《有色金属设计》杂志第 3 期）

◇ 精 矿 管 道 ◇

大红山铁精矿管道试车和调试研究

薛天铸[1] 傅玉滨[2]

（1. 美国管道系统工程（中国）公司，北京 100125；

2. 昆明钢铁集团有限责任公司，昆明 650308）

摘 要： 通过现场试验和调试研究，确定了大红山浆体管道的各种参数的运行范围，同时验证了管道输送系统的设计。根据生产运行情况，大红山铁精矿浆体管道输送能力完全达到了设计生产能力2300kt/a。

关键词： 铁精矿管道、试车和调试、环管检测试验、带浆停泵再启动试验

大红山铁精矿管道系统是把大红山矿区铁精矿通过一条外径为244.5mm（9.625in）无内衬钢管管道通过3级加压泵站输送到昆钢集团的安宁钢铁厂。管道系统设计输送能力为2300kt/a，输送矿浆浓度为62%~68%，2007年3月20日结束试验和调试，投入生产后输送管线运行良好。

管道系统包括：

（1）三级加压泵站（分别为1号，2号，3号泵站）；

（2）4座压力检测站；

（3）矿山附近的一台 $\phi22m$ 浓缩机；

（4）5台12m×12m矿浆搅拌槽（其中1号泵站2台，2号泵站1台，3号泵站1台，终端1台）；

（5）外径为244.5mm，全长171km的埋地管道；

（6）安宁终端的辅助设施。

管道系统控制通过PLC内部软件来完成，HMI（human-machineinterface, anoperator-controlconsole）内部软件允许人机交互。每一个泵站有自己的PLC，且能够在SCADA（supervisory control and data acquisition）系统通讯失效后继续控制和操作本站的设备。PLC按照控制的需要进行数据交换，例如，3号泵站在批量输送水期间需要了解29km高点的压力，防止加速流。每一台主泵装备有本地的控制面板，包括PLC和HMI。在泵站内部的PLC对所有泵的预启动、启动、停止和操作程序固化。泵站之间和终端通信系统由管道系统工程公司（PSI）进行设计，系统包括声音和数据传输。

浆体管道投产前的调试研究是保证输送管道安全运行的关键环节之一。下面重点介绍大红山铁精矿管道试车和调试研究。

1 环管检测试验

检测环管的直径与输送管道的外径一样，其壁厚为主管道中最薄壁厚。在浆体被送入主泵之前，浆体经过检测环管可以对主管道中的运行参数进行一系列检测与监控，起到"安检"的作用。

它主要包括两方面：一是现场测量不同浓度和流速下浆体管道的水力梯度；二是现场测试各种运行状态下（特别是最低输送流速条件下）管道断面上部（离上管壁 $0.08D$，D 为环管内径）、中部和下部的浆体颗粒粒级组成，根据环管检测的测试结果确定大红山铁精矿管道的输送范围。在输送管线试车和调试期间，共进行了 3 次检测环管试验。

1.1 根据环管检测试验确定不同流速对应的水力梯度

大红山铁精矿管道实际环管检测（2007 年 3 月 14 日）的测试结果如图 1 所示。

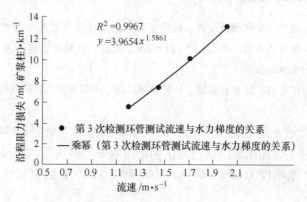

$$R^2 = 0.9967$$
$$y = 3.9654x^{1.5861}$$

● 第 3 次检测环管测试流速与水力梯度的关系
—— 乘幂（第 3 次检测环管测试流速与水力梯度的关系）

图 1 检测环管测试梯度损失与流速的关系

1.2 根据环管检测试验确定最小运行速度

在管道直径确定的条件下，输送管道最小运行流速主要取决于矿浆浓度，通过计算运行管道中每个粒级的浓度分布，再依据粗颗粒粒度分布中固体的悬浮率计算最小运行流速。

根据检测环管试验以及矿浆水力计算模型来确定最小运行流速，矿浆运行流速过低会造成浆体管道运行不稳定，表现为最大颗粒滑移与沉降，沿管道底部做跳跃运动，甚至形成固体颗粒床层，使管底的磨损加大，在极端情况下还可导致管道堵塞，因此必须避免低流速；相反，矿浆运行流速过高又会造成磨阻损失和管壁磨损。因此，合理确定浆体管道的输送速度范围非常重要。

通过环管检测试验结果分析和矿浆水力计算模型确定，输送管道在矿浆浓度为 62%~68%、最小输送流量为 $187m^3/h$ 的条件下，管道中的矿浆仍处于伪均质流。

在输送矿浆质量浓度 67%、流量 $216m^3/h$ 的试验条件下，对管道断面上部、中部、下部进行取样，并对取样进行固体颗粒粒级组成分析及固体质量浓度测量，其结果如表 1 所示。从试验结果可知，管道断面上部、中部、下部浆体的粒级组成变化很小，按照瓦斯普的均质流与非均质流的判别标准，本铁精矿浆体在该流动条件下属于均质流，固体颗粒在管道断面的分布是均匀的，粗颗粒基本没有沉降。

表1 管道断面取样粒级组成分析结果

泰勒筛/目	顶部试样/%	中部试样/%	底部试样/%
+100	0.47	0.38	0.47
+150	1.33	1.33	1.36
+200	2.76	3.05	2.95
+270	6.57	7.54	7.15
+325	3.27	3.35	3.59
-325	85.60	84.34	84.48
质量浓度	67.24	67.20	67.29

1.3 确定浓度运行范围

通常，管道高浓度运行比低浓度运行时经济，但浓度过高时，管道运行的敏感性和高压力损失会成为影响管道安全运行的主要因素。在输送浓度达到一定值以后，即使浓度发生较小的变化，甚至有时不超过测量误差范围，也会导致浆体流变参数和管道压力损失相当大的变化，这给管道控制带来非常大的困难，因此矿浆浓度必须控制在一个合适的范围内。

1.4 环管检测试验结论

根据环管检测的试验结果以及管道断面取样粒级组成分析结果，确定管道输送矿浆的运行浓度为 62% ~ 68%，最合适的运行浓度为 65% ~ 66%，实际输送的流量为 215 ~ 232m³/h，输送的最小流量为 187m³/h，pH 值控制在 10 ~ 11，沿程摩阻损失为 9m（矿浆柱）/km 左右，检测环管的粗糙度为 0.173mm（0.0068in）。这些参数是完全满足设计要求的，管道输送系统的设计也得到了试验的验证。

2 主管道测试

2.1 主管道输送清水试验

主管道的长度为 171km，管道的平均内径为 224mm。主管道在 2007 年 12 月 20 日开始分管段输送清水，主管道的清水试验的主要目的是验证各段管线是否能正常运行、测控系统是否准确可靠以及获得输送管道的清水阻力特性，通过清水阻力特性可以计算确定主管道的粗糙度。表2 列出了大红山不同管段粗糙度的测试结果。

表2 不同管段粗糙度的测试结果

管 段	绝对粗糙度/mm（in）
1 号 ~ 2 号泵站之间的管道	0.0254（0.0010）
2 号 ~ 3 号泵站之间的管道	0.1524（0.0006）
3 号至终端之间的管道	0.3048（0.0012）

2.2 主管道输送矿浆试验

2008 年 2 月 25 日大红山铁精矿管道第 2 次开始输送矿浆，设定的矿浆浓度为 65%，输送的矿浆流量为 217m³/h，输送的干矿量为 291.58t/h，各座加压主泵站的出口压力见表3。

表3　第2次矿浆输送基本参数

管段范围	开始输送时刻	切换水时刻	质量浓度/%	流量/m³·h⁻¹	pH 值	固体量/t·h⁻¹	输送矿浆时间/h	出口最大压力/MPa（bar）	输送矿量/t
1 号~2 号	1:22	13:47	65.00	217	10.5	291.58	12.42	18.3（183）	3620.443
2 号~3 号	7:26	19:15	64.57	224	10.5	296.93	11.82	18.719（187.19）	3508.776
3 号至终端站	20:27	7:38	64.23	224	10.5	293.73	11.18	17.528（175.28）	3284.836

2.3　管道带浆停泵再启动试验

主管道充满矿浆正常运行停泵再启动的目的是，确定管道带浆停车8h再启动主泵不会超过额定的运行压力。这也是模拟泵站设备突然出现故障或者电力系统突然停电，造成这一管道输送系统带浆停泵的极限工况。

由于在试车过程中，选矿生产不出足够的矿浆，所以最后决定整条管道分段充满矿浆进行停车8h再启动试验。2008 年 3 月 14~27 日期间，对1 号~2 号泵站（PS1 至 PS2）、2 号~3 号泵站（PS2 至 PS3）、3 号泵站至终端（PS3 至终端）之间各自进行了具有代表性的多次管道带浆停泵再启动试验。

2.3.1　PS1 至 PS2 管段带浆停车再启动

原始条件：管道共输送 2.02h 的矿浆，管道共存放 589.95t 干矿量。干矿量输送速度为292.54t/h，停车再启动成功共耗时 26min。PS1 至 PS2 停车再启动输送参数和再启动开始到正常转速87%的数据显示见表4 和图2。

表4　PS1 至 PS2 停车再启动输送参数

停车次数	矿浆浓度/%	流量/m³·h⁻¹	主泵最大出口压力/MPa（bar）	实际停车时间/h
1	65.6	217	17.157（171.57）	8.03

2.3.2　PS2 至 PS3 管段带浆停车再启动

原始条件：管道共输送 10.37h 的矿浆，管道共存放 3078.22t 干矿量。管道设定的矿浆浓度为64.57%，输送的矿浆流量为224m³/h，输送的干矿量为 296.93t/h。主泵的出口压力18.406MPa（184.06bar）。停车再启动成功共耗时28min。

管道输送矿浆浓度为64.57%，管道里面充满矿浆，PS3 的入口阀门也是矿浆，PS2 的泵站停车时也是矿浆，最后组织冲洗主泵，停车8h。PS2 至

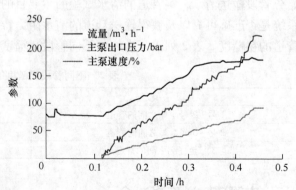

图2　PS1 至 PS2 管段停车再启动
开始到正常转速87%的数据

PS3 管段停车再启动输送参数和带浆停车再启动数据显示见表 5 和图 3。

表 5　PS2 至 PS3 停车再启动输送参数

停车次数	矿浆浓度/%	流量/m³·h⁻¹	主泵最大出口压力/MPa（bar）	实际停车时间/h
1	64.57	224	18.4（184）	8

2.3.3　PS3 至终端管段带浆停车再启动

本次输送的目的是进行 PS3 至终端之间管段带浆停车 8h 再启动试验。输送工艺：PS1 泵送至 PS2 搅拌槽，PS2 至 PS3 以及终端站，首先采用管对管连打方式。因主泵故障后改变输送方式为槽对槽，在停车再启动期间，由于没有将 PS3 至终端之间的输送模式改变为水池或搅拌槽给矿模式，所以造成在启动过程中连续停车 2 次，最后启车正常。

原始条件：PS3 至终端之间管段全部充满矿浆，管道共存放 5378.72t 干矿

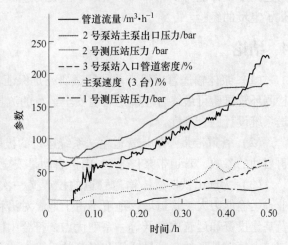

图 3　PS2 至 PS3 管段带浆停车再启动数据

量。管道设定的矿浆浓度为 64.73%，输送的矿浆流量为 224m³/h，输送的干矿量为 296.93t/h。主泵的出口压力 18.4MPa（184bar）。共耗时 58min，再启动成功。

管道输送矿浆浓度为 64.73%，管道里面充满矿浆，终端的入口阀门也是矿浆，PS3 泵站在停车前冲洗了 5min，然后带浆停车 8h。PS3 至终端管段停车再启动输送参数和带浆停车再启动数据显示见表 6 和图 4。

表 6　PS3 至终端停车再启动输送参数

停车次数	矿浆浓度/%	流量/m³·h⁻¹	主泵最大出口压力/MPa（bar）	实际停车时间/h
1	64.73	224	18.4（184）	8

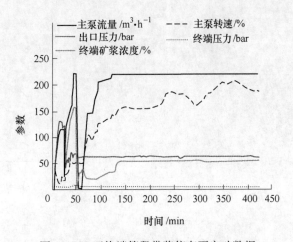

图 4　PS3 至终端管段带浆停车再启动数据

3 生产运行

目前，大红山铁矿精矿管道精矿输送浓度一直保持在66%，已成功运行很长时间，输送矿浆流量一直控制为217～225m³/h，精矿粉输送能力达到300.25t/h（干矿），输送能力达到了设计能力2300kt/a，生产中已成功进行了多次带浆停车再启动，为今后的生产提供了宝贵的经验。

4 结论

（1）浆体输送管道投产前的调试研究是保证输送管道安全运行的关键环节之一，通过检测环管试验可最终合理确定管道安全运行的流量范围和浓度范围，并可验证浆体管道输送系统设计的合理性。

（2）管道带浆停泵是管道输送系统运行的极限恶劣工况，通过合理确定管道带浆停泵再启动的参数，管道带浆停泵8h内再启动是安全可行的。

（3）大红山铁矿浆体输送管道的投产又一次验证了长距离管道输送技术具有连续作业、运输能力大、管道埋入地下不占土地、对沿程环境没有污染、不受气候条件的影响以及基建投资和运营成本低等一系列优点，符合中国国情和产业发展方向，是地处山区的金属矿山精矿外运的一种最适用和经济的运输方式。

参 考 文 献

[1] 车跃光. 尖山长距离铁精矿管线的设计与建设 [J]. 矿冶工程，2005，25（12）：42-45.

（论文发表于2009年4月《焊管》期刊）

钢铁科技的世纪迸发

——记"复杂地形长距离铁精矿固液两相浆体输送关键技术及应用"的科技攻关

中国是一个钢铁消费大国。新中国成立初，钢铁工业在极低的起点上开始启动了工业化的进程。60 多年来，特别是近 30 多年来，中国钢铁业的发展在很大程度上成为中国改革开放历史进程和经济建设成就的缩影。现在，作为最重要的战略资源材料，钢铁在国民经济和国防军工中的重要性日益凸显。随着我国钢铁工业的快速发展，稳定的铁精矿供给已成为制约该行业发展的瓶颈。国外的铁矿石价格上涨，加之国内发现的大储量矿山多处于交通不便、地形复杂的边远山区，且许多矿山地处国家自然保护区。如何高效率、低成本、无污染地将年产数百万吨的铁矿石运输到钢铁厂，已经成为一个世界性的难题。如今，在 2010 年荣获国家科学技术进步奖二等奖的项目"复杂地形长距离铁精矿固液两相浆体输送关键技术及应用"成功地攻克了这一难题，并在推广应用中取得了良好的社会效益和经济效益。

1　产学研合作助推科技升级

当前，世界多极化、经济全球化、新科技革命相互作用，一个个新的技术群和新的产业群竞相崛起。"产学研合作"成为走向高端，实现跨越的必然选择。经济发展需要科技问道，产学研合作成为解决科技与经济"两张皮"的利器，产学研合作的技术创新体系也成为创新型社会建设的重要突破口。"复杂地形长距离铁精矿固液两相浆体输送关键技术及应用"就是产学研合作的有力佐证，是国内多所高校与企业合作研究的成果。通过实施国家发展和改革委员会重大科技计划项目"昆明钢铁集团有限责任公司大红山铁矿地下4000kt/a 规模采、选、管道工程项目"、国家自然科学基金及昆钢控股集团有限公司配套项目的资助，这个项目的完成单位——云南大红山管道有限公司针对我国复杂地形铁精矿管道输送的重大技术难题，着重围绕钢铁冶金原料供给的迫切需求，尽全力组织科技攻关团队在学科与工程的前沿开展探索和研发，10 余年坚持产学研紧密联合攻关，取得了一系列突破性成果，创造性地解决了复杂地形铁精矿管道输送机理研究、加速流控制、在线监控集成系统等关键问题，大大推进了我国冶金工业原料输送的整体科学与技术水平。"复杂地形长距离铁精矿固液两相浆体输送关键技术及应用"被同行公认为绿色环保、节约能源的项目，促进了复杂地形固体物料固液两相输送的关键技术发展，对提升我国冶金工业的核心竞争力和科技创新力起到了积极的推动作用。而且，它属于清洁冶金技术，对环境无污染，对实现清洁生产和循环经济起到了良好的示范作用，是节能环保和低碳经济实施的典范，为我国冶金工业的可持续发展提供了保障。

2　十年磨剑但求创新

"复杂地形长距离铁精矿固液两相浆体输送关键技术及应用"属于矿山科学技术采矿

环境工程技术领域，着力解决了大 U 形、多起伏、高落差复杂地形下铁精矿管道输送的力学、机械、自动化等多学科交叉与集成技术难题，研发了复杂地形长距离铁精矿管道输送的成套关键技术及与新技术匹配的新装备，成功应用在控制难度大、工艺要求高的云南省大红山铁精矿输送过程，提升了我国复杂地形长距离铁精矿管道输送的技术水平和产业实力。经过科研人员十多年的科技攻关取得了一系列关键技术的突破：

第一，系统发展了复杂地形长距离铁精矿输送的固液两相流运动理论，建立了固液两相伪均质流和非均质流数学模型，揭示了管道中流速、压力、浓度、级配等运行参数和地形坡度、管道阻力、管壁磨损之间的关系，揭示了复杂地形下大落差 U 形管道中加速流的形成机理和运动特征，为复杂地形长距离管道输送的运行工况设计和事故工况处理提供了整套理论支撑。

第二，首次提出了复杂地形长距离铁精矿浆体批量输送消除加速流的新技术，研发了多级正排量容积泵前馈无扰与后置消能的复合控制消除多处同时产生加速流技术，提出了多级正排量泵站连打运行模式及多级泵站独立模式切换为连打模式的无扰动切换方法，实现了复杂地形长距离铁精矿浆体经济、安全和高效输送。

第三，首次提出了复杂地形长距离铁精矿输送管道的堵塞、泄漏点定位检测新技术，建立了管道堵塞、泄漏检测与定位数学模型，将管道堵塞、泄漏点的判断误差控制在 0.2% 以内；发展了事故停泵及启动技术，解决了停泵 25h 带浆启动难题。

第四，首次提出了智能化物联网铁精矿浆体运行状态在线监控技术，建立了铁精矿浆体管道运输中固体运量的智能计量方法、管道磨损腐蚀监测方法、粗颗粒矿浆滞留监测方法，集成采用网络、移动通讯、自动控制等技术，研发出了完整的基于智能化物联网的铁精矿浆体运行在线监控集成平台，实现了对铁精矿浆体管道输送的全方位、全流程在线智能监控与管理。在与当前国内外同类项目的技术、效益、市场竞争力的比较中，"复杂地形长距离铁精矿固液两相浆体输送关键技术及应用"这一项目具有明显优势。一方面，自主创新的"适合大红山铁精矿管道的恒定流模型"是建立在固液两相流伪均质流理论基础上，考虑了颗粒非均匀悬浮造成的附加阻力；比较国际最先进的美国管道公司采用 Durand 公式的方法，根据颗粒悬浮指数，分级计算阻力的方法。恒定流模型计算更准确、简单、方便。该技术解决了复杂地形长距离铁精矿管道输送固液两相管道运输恒定流速问题，达到国际领先水平。另一方面，目前国内外消除加速流均采取单点消除技术，地形也较简单，不存在多泵站连打问题。云南大红山管道有限公司研发的多级正排量泵前馈无扰与后置消能的复合控制消除多处加速流的新技术，为国际首创，解决了复杂地形长距离铁精矿管道输送加速流的消除问题；与所研发的多级泵连打无扰切换技术联用，极大地实现了节能降耗。相比公路运输，大红山管道单位吨铁精矿运送能耗降低 90%。

此外，研发的铁精矿管道输送智能化物联网浆体运行状态在线监控成套集成创新系统，属国际首创，对于管道的安全、稳定、正常运行起到了重要保障作用。国外没有成功实施案例，该技术为我国铁精矿管道输送提供了重要技术支撑。"复杂地形长距离铁精矿固液两相浆体输送关键技术及应用"这一项目通过发展复杂地形长距离铁精矿输送的固液两相流运动理论，开发复杂地形长距离铁精矿浆体批量输送消除加速流的新技术、复杂地形长距离铁精矿输送管道的堵塞、泄漏点定位检测新技术、智能化物联网铁精矿浆体运行状态在线监控技术等集成创新，突破了大 U 形、多起伏、高落差复杂地形下铁精矿管道输送多学科交叉与集成的许多技术难题，研发成功了复杂地形长距离铁精矿固液两相管道输送关键技术，并在昆明钢铁控股有限公司大红山铁矿成功应用，取得了显著的经济效益和社会效益。该技术是高新技术改造传统产业的成功典范，适用于国内外各种铁、铜等金属精矿的复杂地形长距离输送，推动了该领域的技术进步。从科技制高点走向市场，科技创新能力不断提高，创新成果不断涌现，只有科技成果走向产业化才能更好发挥科技创新在经济、社会发展中的支撑作用。"复杂地形长距离铁精矿固液两相浆体输送关键技术及应用"抢占了科技制高点，在应用中也接受了市场的检验。早在2007年1月，复杂地形长距离铁精矿固液两相浆体输送关键技术就在昆明钢铁控股有限公司大红山管道中应用，设备运转正常，无安全事故，至今已输送铁精矿6900kt，技术应用累计经济效益51.844亿元人民币，技术简单、可行，投资少、回报率高、无"三废"排放、节能减排。在大U形管道落差世界最大（784m），矿浆输送压力并列世界第一（24.44MPa），管线长度全国第一（171km），矿浆扬送高程差全国第一（1520m）的云南大红山铁精矿输送管线工程中，技术应用累计经济效益51.8亿元，参照公路运输，减少二氧化碳排放258kt。

这个项目的经济效益和社会效益日益凸显，其良好的应用前景也被国内外同行所看好。在大洋彼岸，这个项目的创新技术得到国际第一大管道公司美国管道系统公司的认可，经过商务谈判，昆明钢铁控股有限公司授权PSI为"矿浆管道物联网数字输送系统"全球总代理。在国内，授权最大水泵设备制造厂重庆水泵公司，在其开展项目设计、设备销售等相关业务时，将"矿浆管道物联网数字输送系统"作为其项目、设备的数字化平台，作为其项目、设备的配套产品共同销售。目前，这个项目的核心技术正在推广应用于阿根廷、秘鲁、巴布亚新几内亚管道工程等。据统计，"复杂地形长距离铁精矿固液两相浆体输送关键技术及应用"这一项目申请专利31项，其中，国内专利24项、国际专利7项，授权共计10项，获软件著作权24项。2009年，云南省科技厅组织翁宇庆、戴永年、张勇传、王光谦四位院士等业界专家组成鉴定委员会对这些技术进行了会议鉴定，鉴定意见上这样写道："复杂地形长距离铁精矿固液两相浆体输送关键技术，推动了该领域的技术进步，成果达到国际领先水平"。

（国家奖展示项目）

陶瓷过滤机尾轮控制系统的改进设计

李如学[1,2] 普光跃[1,2] 潘春雷[1,2] 白建民[1,2] 吴建德[1,2,3]

（1. 云南大红山管道有限公司；

2. 云南省应用技术研究院管道输送技术研究中心；

3. 昆明理工大学信息工程与自动化学院）

摘　要：目前，陶瓷过滤机是一种广泛用于矿山选厂及精矿脱水的分离设备。在实际应用中，陶瓷过滤机尾轮控制系统存在的两大问题：一是生产过程中滤饼在积矿平台上的堆积现象，造成陶瓷机卸料漏斗堵塞，损坏陶瓷板。另外一个问题就是料斗的挂料问题严重。针对这些问题，对陶瓷过滤机尾轮控制系统进行了改进设计，开发出了胶带机尾轮控制系统，即在陶瓷机料仓内的挂料突然落下冲击胶带时，能够及时可靠地将设备切换到保护状态，避免事故扩大。对于挂料，通过将原来的70°设计成80°，即可很好地解决挂料问题。实际应用表明了该方法的有效性。

关键词：陶瓷过滤机、尾轮控制系统、脱水、系统改进

陶瓷过滤机问世于19世纪80年代中期，是一种以陶瓷过滤机为过滤介质的新型、高效、节能的固液分离设备[1]。陶瓷过滤机具有分离速率高（过滤速度快、产能高）、分离精度高（滤液含固低、滤饼水分低）、运行效率高（易于实现自动化、连续性好、节能）的特点。滤饼水分显著低于传统真空过滤机，其滤液清澈。含固量小于5×10^{-6}，减少了超细颗粒在精矿脱水流程中循环量，提高了回水利用率和优化粒级组成。达到节能、降低生产成本的目的；避免了经常更换过滤机滤布的繁重劳动，改善了工人操作环境和维修工作量。同时大幅度降低维修费用。陶瓷过滤机从开机到停机，包括定期清洗和故障停机整个工作过程用PLC进行全自动控制，可长时间连续运转，管路和机器不易堵塞，维修工作量小，生产环境优良，无须岗位人员定点看管[2]。基于这些优点，目前，陶瓷过滤机已广泛应用于各矿山选厂及精矿脱水等[3~5]。

在陶瓷机脱水工艺中，滤饼经过刮刀剥落后掉入陶瓷机料仓，再由胶带、卸料小车送到储料仓备用。以上滤饼运出的系统，即为陶瓷过滤机储料系统。该系统中存在两大问题，一是在生产过程中滤饼会逐渐堆积，使料仓中间出现积矿平台，造成陶瓷机卸料漏斗堵塞，并可能导致陶瓷板损坏。另外一个问题就是料斗的倾角设计为70°，会导致挂料现象发生[6,7]。

因而，本文基于以上存在的问题，对陶瓷过滤机尾轮控制系统进行了改进设计，按照需要开发出了胶带机尾轮控制系统，即在陶瓷机料仓内的挂料突然落下冲击胶带时，能够及时可靠地将设备切换到保护状态，避免事故扩大。对于挂料，通过设计将原来角度增加10°，即可很好地解决挂料问题。

1　系统存在的问题及原因分析

1.1　系统的应用背景介绍

昆钢大红山铁矿于 2006 年年底前建设投入了一条长距离铁精矿输送管道，并于 2007 年 1 月 1 日成功输送了第 1 批矿到脱水站。该管道长度为 171km，由 3 个加压泵站和 1 个脱水站组成。管道输送能力为 2300kt/a（干矿），小时输送量为 340t/h；输送矿浆浓度为 62%~68%，pH 值为 10.5；选矿工艺为磁选加反浮选。

1.2　存在的问题及原因

在陶瓷过滤机储料系统的出料系统中，最大的问题是料仓中间出现积矿平台，在生产过程中滤饼在积矿平台堆积，造成陶瓷机卸料漏斗堵塞，陶瓷板损坏。另外一个问题就是料斗的倾角设计为 70°，造成挂料；在积矿平台堆积的滤饼只能够靠人工清除。生产过程中虽做了很多改进，但一直未从根本上消除积矿的故障。造成了陶瓷过滤机系统不能实现无人值守。由于存在以上问题，如果要从根本上改造和消除，需要移动陶瓷机的安装位置，重新做陶瓷机混凝土基层，重新排布各种管道，工作量和费用大于重新安装一台新的陶瓷机，因此一直没有实现。以上问题，可以在设计过程中加以考虑解决。由于设计缺陷，在生产过程中经常出现陶瓷机料仓存在挂料现象，胶带存在被压停的风险。存在着胶带被压停而被拉断，事故扩大的隐患和现实。为了解决这个矛盾，按需要开发出了胶带机尾轮控制系统。在陶瓷机料仓内的挂料突然落下冲击胶带时，能够及时可靠地将设备切换到保护状态，避免事故扩大。

2　改进措施

本装置设计的目的在于提供一种检测可靠、结构简单、制造成本低的输送带检测报警装置。实现本装置目的的技术方案：改造后的传送带检测控制装置，包括检测体、接近开关、时间继电器、中间继电器和导线几个部分。检测体安装在传送带尾轮的轴上，随着尾轮转动；传动带的尾轮旋转一周，检测体与接近开关接近一次；接近开关选用高频振荡型接近开关，要求开关有一对独立的常开触点和常闭触点；接近开关安装在传动带的机架上，不随尾轮转动；尾轮转动一周，检测体与接近开关接近一次，接近开关的常开触点和常闭触点变换一次。由于是电子元件，可靠性比较好。接近开关把开关信号传递给时间继电器。时间继电器用来调节时间。如果时间继电器在设定的时间内未接到接近开关发送的开关信号，将会控制中间继电器动作，控制胶带的主电路停机；控制胶带机前端的设备进入紧急停机状态；同时发出报警。避免事故扩大。改造后胶带尾轮控制系统的具体实施方式如图 1 所示：从动轮轴 1 安装有检测体 2。检测体 2 材质普碳钢，可以用 A3 钢；检测体 2 可以焊接在从动轮轴 1 上。由于接近开关选用高频类接近开关，对金属类检测体比较敏感，使用效果较好。接近开关 4

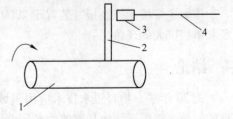

图 1　无触点接近开关传感器安装示意图
1—动轮轴；2—检测体；3—接近开关；
4—胶带机支架

固定在胶带机的支架上。安装比较简单易行。

如图 2 所示,无触点接近开关传感器 CA_4;A_4K 和 A_4B 是接近开关内部的动开触点和动闭触点;T_1 和 T_2 是时间继电器;T_1B 和 T_2B 是 T_1 和 T_2 的动开触点;J_5 和 J_6 是中间继电器;J_5B 和 J_6B 是中间继电器 J_5 和 J_6 的常闭触点。工作原理如下:胶带在正常运转时,检测体 1 随着胶带被动轴转动;每转动一周与接近开关接近一次;接近开关内部的动

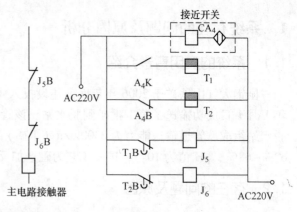

图 2 检测电路的电气原理图

开触点 A_4K 和动闭触点动作一次;延时断开的继电器 T_1 和 T_2 由于受到延时动作时间 t 的影响,始终处于吸合的状态;延时继电器 T_1 和 T_2 的动断触点 T_1B 和 T_2B 处于断开位置;中间继电器 J_5 和 J_6 处于断开位置;中间继电器 J_5 和 J_6 串联在主电路中的常闭触点处于接通状态。胶带机正常运行。当胶带机出现打滑等异常故障时,胶带机的从动轮轴 1 停止转动;如果停转的时间大于时间继电器 T_1 和 T_2 的设定时间 t 时,接近开关内部的动开触点 A_4K 或者动闭触点 A_4B 必然有一只处于长期接通状态;导致时间继电器 T_1 或者 T_2 必然有一只处于吸合状态;时间继电器 T_1 或者 T_2 的动开触点 T_1B 和 T_2B 必然有一对处于接通状态;中间继电器 J_5 和 J_6 中有一只吸合后,中间继电器的常闭触点将胶带机的主电路断开,起到保护作用。如果把中间继电器的触点串联到前端设备电路中,可以同时对前端设备的启停进行控制,达到避免事故扩大和报警的目的。

该项装置中选用内部有一对动开触点和动闭触点的接近开关,可以有效地解决检测体恰巧停止在接近开关附近的控制问题。

3 改进后的效果

陶瓷过滤机尾轮控制系统改造后的优点及其使用效果:改造后的装置充分利用了无触点接近开关传感器的定位精度高、使用寿命长、安装调整方便、对恶劣环境的适用能力强,以及无接触、无压力、无火花、迅速发出电气指令等优点,实现对输送带的及时、可靠检测。

改造后的装置结构简单,制造成本低,可用于胶带输送机的皮带打滑检测和对前端设备控制以及报警的作用。

该输送带检测控制报警装置于 2009 年 3 月投入使用后,消除了胶带被压停而造成拉断和事故扩大的现象。

4 结论

近 20 年来,物料脱水技术应用领域不断扩大。解决陶瓷过滤机脱水系统在生产中出现的问题,需要系统地从浆体物料因素、脱水设备因素、生产工艺因素和操作维护因素等方面考虑解决。本文对尾轮控制系统中存在的两大问题,进行了系统的改进设计,解决了料斗挂料问题,有效避免了滤饼在积矿平台上的堆积现象,保护了陶瓷板,并开发出了胶

带机尾轮控制系统，输送带检测控制报警装置在实际应用中，能够消除胶带被压停而造成拉断和避免事故的扩大。

参 考 文 献

[1] 林愉，曾鸿海，丰庆平．陶瓷过滤机反冲洗管路的改进设计［J］．矿山机械，2009；37（23）：91-93.

[2] 刘广龙．陶瓷过滤机应用于浮选铜镍精矿的研究［J］．云南冶金，2002；31（6）：6-21.

[3] 谢蓬根，刘广龙．金川镍选厂精矿过滤现状及努力方向［J］．过滤与分离，2001；（2）：32-40.

[4] 梅向阳．TT型陶瓷过滤机在阳山铁矿选厂的应用［J］．矿山机械，2009；37（15）：123-124.

[5] 谭蔚，石建明，朱企新，等．国外过滤与分离技术的进展［J］．化工机械，2002；29（4）：245-248.

[6] 万德明．HTG-18型陶瓷过滤机系统改造［J］．矿山机械，2006；34（1）：129-130.

[7] 石继军，邓合汉．使用陶瓷过滤机降低精矿水分、提高精矿质量的作用［J］．有色金属（选矿部分），2005；（1）：33-36.

（论文发表于2012年10月《科学技术与工程》期刊）

一种长距离浆体输送管道拒雷击
控制系统的设计

拔海波[1]　安　建[1,2]　普光跃[1]　潘春雷[1]　吴建德[1,2]

（1. 云南大红山管道有限公司；
2. 云南省矿物管道输送工程技术研究中心）

摘　要： 针对长距离矿浆管道输送存在的雷击灾害，提出了一种基于长距离浆体输送管道的拒雷控制系统。该系统包括浆体钢管、机电设备、综合有源＋无源等离子拒雷装置和多个电涌保护器。在浆体钢管与机电设备之间的绝缘段的两侧分别安装第一电涌保护器和第二电涌保护器，采用瞬态接地的方式来实现等电位接地，克服了强制电流式阴极保护的矿浆钢管道不能直接接地的缺陷，同时防止了雷电侵入波对设备铁精矿管道的危害。实际应用表明了该方法的有效性。

关键词： 浆体输送管道、拒雷控制系统、离子抗雷装置、电涌保护器

长距离浆体输送管道的拒雷工作一直是一个难题[1]。由于管线长、地况复杂、高海拔等原因，长期以来没有一个行之有效的解决办法。以云南大红山管道有限公司 3 号泵站为例[2]，该泵站位于多雷区域，多次发生雷击灾害，使作为泵站最主要设备的变频调速器等电力和电子系统受到危害，给人员和其他设施也带来安全威胁。3 号泵站多次发生雷击事件，经现场调研，该泵站容易遭受雷击的具体原因如下：

（1）输浆钢管道长达 171km，管径为 244mm，其本身为截面大、电阻小，具有易引雷和易传导雷电暂态过电压的特性。管道整体对地具有较低的接触电阻，构成在长距离范围内易吸引雷击的"电极"。

（2）泵站位于具有一定金属矿物含量、容易接受雷云电场感应而引雷的区域。此外，泵站位于山脚与平地交界地带，在雷云电场的感应作用下会造成地面感应电场较强和电场畸变、激化而容易引雷。雷云过顶时，已观察到站内金属窗栏放电现象，表明地面感应电场很强。

（3）泵站引入的 35kV 输电线路跨越具有铁矿的多雷区域而将雷击产生的暂态过电压传输至泵站，多次造成设备损坏或故障停运。

（4）泵站边异突的输电钢塔和站内的钢结构厂房、金属设施及相连的铁矿浆输送钢管道，均具有良好的导电性，使站内总的接地电阻较小（$R < 1\Omega$），构成了容易引接直击雷的条件，使站区成为易遭受雷击的目标。

因而，针对泵站的多雷现象，本文提出了一种基于长距离浆体输送管道拒雷控制系统[3,4]，它克服了强制电流式阴极保护的矿浆钢管道不能直接接地的缺陷，解决了长距离浆体输送管道遭遇雷击的问题。

1　系统设计

针对以上问题和现场设备多数都为导电体，在设计拒雷系统时，没有采用"引雷入

地"式[5]拒雷；而是采用先进的综合有源＋无源等离子拒雷装置（CPLR）实施拒雷。

1.1　CPLR 拒雷机理

综合有源＋无源等离子拒雷装置（CPLR）集有源和无源等离子防雷机理于一体。当雷云电荷[6]尚较为分散、雷云电场[7]尚未过激时，在阵列针管端散射出有源发生的10^{15}个/m^3高浓度非平衡冷等离子体，与针管尖端在雷云电场作用下辉光放电产生的非平衡冷等离子体复合，由针管端向空间发散。针管端浓度最高的等离子体首先对针管周围的电场起到削弱和均匀化作用，进而沿雷云电场及其地面感应电场两个方向漂移，同时沿离子浓度低的方向扩散，中和雷云负电荷及地面感应正电荷，对雷云电场及其地面感应电场起到削弱和均匀化作用，使雷云电场不能形成对被保护目标的击穿而实现非"引雷入地"式拒雷。

1.2　拒雷系统设计

该系统主要由控制器、雷电预警器、综合有源＋无源等离子拒雷装置（CPLR）组成，如图 1 所示。通过控制器 2 与雷电预警器 3 连接，并且控制器 2 控制雷电预警器 3 中的报警结点开关。

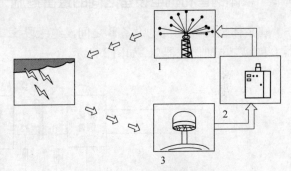

图 1　CPLR 总体结构示意图
1—综合有源＋无源等离子拒雷装置（CPLR）；
2—控制器；3—雷电预警器

2　拒雷系统的控制方式

需要拒雷系统工作时，接通综合有源＋无源等离子拒雷装置（CPLR）供电电源，雷电预警器 3 开始运转。当雷云距被保护目标直线距离约 3km（到达历时约需 15min）时，大气电场强度上升到雷电预警器 3 的报警限值（预整定限值为 20kV/m）时，报警结点开关接通，报警信号灯发亮，启动综合有源＋无源等离子拒雷装置 1 的等离子发生器电离空气并经输气管向大气中发散高浓度等离子体。

当雷云漂移至距被保护目标直线距离约 3km 以外时，大气电场强度下降到雷电预警器 3 的报警限值以下，报警结点开关延时约 15min 断开，报警信号灯熄灭，等离子发生器停运。由报警信号结点开关接通到断开的整个防雷运行周期平均为 1h，其中包括等离子发生器在雷云到来前 15min 接通和雷云移走后 15min 断开的安全余度时间，则雷云作用的净周期约为 30min。

3　具体施工方法

3.1　拒雷塔的安装

在泵站东侧围墙里边架设一座 42m 高的钢塔（地基开挖尺寸为 7m × 7m × 2.5m）安装 CPLR。按 CPLR 安装高度的 10 倍计拒雷保护半径，直击雷防护范围约为 600m，可覆盖泵站的全部设施并留有充分余度。如图 2 所示。

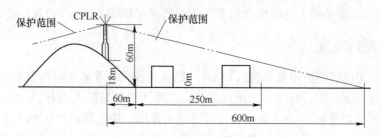

图 2 　 CPLR 拒雷保护范围侧视图

3.2 　浆体钢管和机电设备之间的避雷措施

　　在浆体钢管 A 和机电设备 B 之间设绝缘段 5，在绝缘段的两侧分别安装第一电涌保护器 1 和第二电涌保护器 2，如图 3 所示。

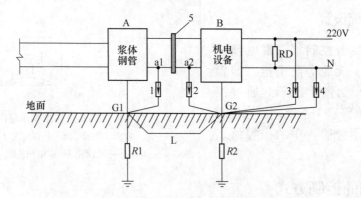

图 3 　管道加装 SPD 保护系统图

1—第一电涌保护器；2—第二电涌保护器；3—第三电涌保护器；

4—第四电涌保护器；5—绝缘段；G1，G2—接地点；L—接地带；

A—浆体钢管；B—机电设备；RD—强弱电设备

　　浆体钢管 A 与钢管接地点 G1 电连接，浆体钢管 A 与绝缘段 5 之间设有接口 n_1，接口 01 与钢管接地点 G1 之间设有第一电涌保护器 1；机电设备 B 与设备接地点 G2 电连接，机电设备 B 与绝缘段 5 之间设有接口 n_2，接口 n_2 与设备接地点 G2 设有所述第二电涌保护器 2。钢管接地点 G1 和所述设备接地点之间还设有一接地带 L。机电设备 B 中包含强弱电设备 RD，强弱电设备 RD 的输入端和输出端分别通过第三电涌保护器 3 和第四电涌保护器 4 与地连接。采取等电位接地并配置 SPD 后，使机电设备将受到限压保护而免遭铁精矿管道引入的雷电侵入波危害。

4 　结论

　　该拒雷控制系统由于在绝缘段的两侧分别安装第一电涌保护器和第二电涌保护器，克服了强制电流式阴极保护的矿浆钢管道不能直接接地的缺陷；在强弱电设备 RD 的输入端和输出端分别通过第三电涌保护器和第四电涌保护器与地连接，使得机电设备将受到限压保护而免遭铁精矿管道引入的雷电侵入波的危害。同时，采用 CPLR 综合有源 + 无源等离子拒雷装置，对防雷击区域进行直击雷防护，拒雷击于保护范围之外，使雷电对泵站的侵入波能量大幅度衰减，也彻底解决了人身安全隐患问题和设备、厂房等设施安全隐患问题。

参 考 文 献

[1] 安建，普光跃，黄朝兵，等．铁精矿管道输送中固体运量的智能计量 [J]．金属矿山，2010；404（2）：114-116.

[2] 普光跃，安建，王健，等．长距离、高扬程固体物料输送管道压力分段控制系统的设计 [J]．工矿自动化，2010；2（2）：65-67.

[3] 吴翼斌，王绍宏，蔡正平．固体物料的浆液管道输送 [J]．上海海运学院学报，1992；1（3）：8-12.

[4] 胡寿根，秦宏波，白晓宁，等．固体物料管道水力输送的阻力特性 [J]．机械工程学报，2002；38（10）：12-16.

[5] 李景禄．现代防雷技术 [M]．北京：中国水利水电出版社，2009.

[6] 王益斌．等离子技术在军用装备防雷中的应用初探 [J]．地面防空武器，2011；42（1）：21-24.

[7] 王才伟，陈茜，刘欣生，等．雷雨云下部正电荷中心产生的电场 [J]．高原气象，1987；6（1）：65-73.

（论文发表于 2012 年 1 月《科学技术与工程》期刊）

长距离、高扬程固体物料输送管道压力分段控制系统设计

拔海波

（云南大红山管道有限公司）

摘　要：针对由于运输管线长、多个大 U 形起伏、高扬程、输送压力大等原因，而导致大红山铁精矿运输管道在运行过程中易发生多级泵站切换停车故障、管道磨损严重等问题，提出了一种压力分段控制技术方案，即采用消能板实现多级泵站无扰动切换技术，实际应用有效。

关键词：固体物料、管道输送、压力分段控制、消能板、无扰动切换、加速流

1　引言

大红山铁精矿运输管线长为 171km，为国内该领域最长；由于云贵高原地形特殊，形成多个大 U 形起伏，矿浆扬送高程差为 1520m，输送难度为国际上罕见；矿浆输送压力达到 24.44MPa，为国际上最高。因此，要保证矿浆输送管道安全、平稳、经济、环保地运行，技术要求十分苛刻。针对上述情况，提出了一种压力分段控制技术方案，即采用消能板实现多级泵站无扰动切换技术，从而解决由于压力过大引起意外停车的问题；采用消能板组解决由于大 U 形起伏、高扬程所产生的加速流问题，减小加速流对管道内壁的磨损。

2　控制系统分析

2.1　多级泵站的切换问题

大红山铁精矿运输管道共有 3 个泵站。终端阀门站由一套控制系统控制，主操手在其中一个泵站操作整条 171km 管道的所有设备，其余泵站人员主要监控本站设备的运行情况。由于各泵站相隔太远，而中间泵站均在崇山峻岭中，没有无线通信信号可供联络，通过人工实现 3 个泵站之间的连打（泵站与泵站之间管道不断开，连续输送）非常困难。而系统的压力变化很大，在系统运行初期，经常出现各个泵站的切换故障，从而引起意外停车。这就要求系统必须实现多级泵站的无扰动切换，保证 3 个泵站不间断地工作。

2.2　大 U 形起伏、高扬程产生加速流的问题

大红山铁精矿运输管道地形复杂，沿途出现了 3 个大 U 形地形，这对长距离管道输送工艺提出了较高的要求：在全线带浆停车后能重新再启动，在批量输送时不会产生加速流。为保证长距离估计物料管道输送安全、稳定、经济，对流速必须严格控制，流速过慢会发生淤积，导致堵塞，流速过快会磨蚀管道。在输送矿浆过程中，如果产生加速流（理论上可能产生加速流的地点在管道的高点），矿浆对管道磨损的影响将会以 3 倍计。管道的设计磨损为 30 年，如果不能有效控制加速流的产生，那么管道的寿命将不会超过 8 年。

3 控制系统

3.1 多级泵站独立/连打模式之间的无扰动切换技术

图 1 为利用消能板完成多级泵站运行模式之间无扰动切换的示意图。原设计中，在独立模式运行时，球阀 FV01、FV03 开启，FV02 关闭。当要切换为连打模式时，需开启 FV02，但 FV03 出口为水池或搅拌槽，与大气相通，所以开启 FV02 后使得主泵入口压力为零，造成主泵入口压力过低，被保护停车。同样，在连打模式时，球阀 FV01、FV02 开启，FV03 关闭要切换为独立模式时，需开启 FV03，这时同样会产生主泵入口压力为零而保护停车的情况。因此需在 FV03 后部增加一套升压装置，在正常流速时产生 800kPa 的升压值，保障主泵入口压力切换时无变化。

采用消能板，通过计算消能孔径，可得消能板两端的压力拟固定在 800kPa，使得当球阀 FV02 状态变化时，球阀 FV02 两端的压力差为零，保证了主泵入口压力的要求，从而完成运行模式的切换。

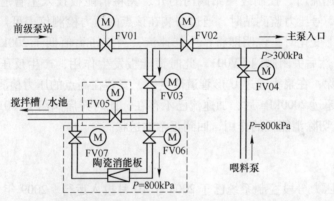

图 1　利用消能板完成多级泵站运行模式之间无扰动切换示意图

3.2 U 形管道加速流的消除技术

大红山铁精矿运输管道自 2006 年 1 月 1 日投产运行以来，根据系统运行时设计，3 号压力监测站出口的该段管道的正常磨损（管道内壁）应小于 0.13mm/a，设计使用寿命为 30 年。管道运行 2 年以来，公司工作人员一直对管道使用磨损情况进行检测，在 2008 年年初检测人员检测后发现，管道内壁磨损最严重的部分已达到 0.82mm，即每年的磨损达到了约 0.41mm，是正常磨损值的 3 倍。根据磨损最严重的情况推算，4 年后该段管道的磨损将达到 3.28mm，到时管道的厚度将不能满足长距离、高压力的输送要求。造成 3 号压力监测站出口段管道内壁磨损严重的主要原因是由于在管道设计方案当中没有考虑如何采取措施抑制该段管道所产生的加速流，使管道磨损严重。如果在输送每批矿浆时不能有效地控制加速流的产生，那么预计使用 30 年的管道将在 8 年后就面临报废的危险，这就给管道的安全、经济、高效运行带来极大的安全隐患。

大红山铁精矿运输管道 3 号压力监测站位于白龙山口，海拔为 2190m，距离终端站约为 52km，在批量输送浆推水时，该段管道内流体会产生加速流，对管道的磨损较为严重。管线主要是通过 3 个泵站联合控制泵速的方式来控制 3 号压力监测站加速流的产生。要消除该加速流，就必须增大该点后段管道的阻力。试验证明，利用消能板组控制加速流的产生能够达到预期效果。

根据安装在海拔高点的压力检测仪表数值的变化，可判断该段管道是否产生加速流。在终端站的主管段上安装消能板组，增大 3 号压力监测站后段管道的阻力，如图 2 所示。根据浆体流变特性得出浆体的黏滞系数与水的黏滞系数，可得出浆推水时高点

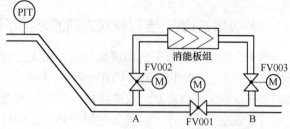

图 2 利用消能板组消除加速流示意图

多余的能量。当出现加速流时，开启阀门 FV002、FV003，关闭阀门 FV001，此时由于消能板的作用，浆体在该位置将受到较大阻力，在 A ~ B 两端将出现压力差，并且该阻力将从 A 点反传至 3 号压力监测站，从而达到消除加速流的目的。

具体实施内容：在终端站的主管道上并联安装消能板及阀门，当前端高点（3 号压力监测站）产生加速流时，控制终端站阀门的开、关将消能板投入主管道。在浆推水过程中，当浆头到达 3 号压力监测站时，通过安装在该点的压力检测仪表可知是否有加速流产生。当该压力向下变化时，说明即将产生加速流；当该压力值低于 200kPa 时，开启阀门 FV002、FV003，然后关闭阀门 FV001，此时消能板发生作用，产生反压，反推流体使得高点的加速流消除；在浆头通过 U 形管道低点后，安装在高点的压力检测仪表开始向上变化，当该压力值超过 2000kPa 后，加速流已不存在，此时开启阀门 FV001，然后关闭阀门 FV002、FV003，切除消能板的作用，回到正常输送状态。

4 结语

本文介绍的压力分段控制系统已于 2008 年 10 月投入运行。2009 年 10 月，云南昆明钢铁集团总公司检查大红山铁精矿运输管道中 3 个大 U 形起伏段，管壁的磨损均小于 0.1mm/a，低于管道的设计要求 0.13mm/a；非大 U 形起伏管道的磨损均小于 0.05mm/a。管道的使用寿命得到了保证。另外，系统没有出现由于压力变化过大引起的停机重新启动情况。系统的实际运行结果表明，改控制技术的有效性。科技文献查新表明，改控制技术为国内首创，对同行业具有一定的示范作用。

参 考 文 献

[1] 白晓宁，胡寿根，张道方，等. 固体物料管道水力输送的研究进展与应用 [J]. 水动力学研究与进展，2001，16（3）：304-310.

[2] 胡寿根，秦宏波，白晓宁，等. 固体物料管道水力输送的阻力特性 [J]. 机械工程学报，2002，38（10）：13-16.

[3] 蔡保元，霍春源，钱锐. 固体物料水力管道最佳输送流速的确定 [J]. 机械工程学报，2001，37（12）：91-93.

[4] 魏庆元. 管道输送系统在固体物料运输中的应用 [J]. 重庆建筑大学学报，2002，24（1）：45-48.

（论文发表于 2015 年 1 月《昆钢科技》期刊）

◇ 新模式办矿 ◇

践行科学发展观与深化矿山改革

王正华

（昆钢大红山铁矿建设指挥部）

摘 要：以科学发展观为指导，调整生产经营模式，剥离社会职能，降低生产经营成本，实现销售收入、利润的稳定增长，深化三项制度改革，构建现代化新型矿山。

关键词：科学发展观、资源配置、降低生产成本、构建新型矿山、三项制度改革

"以人为本、全面、协调、可持续发展"的科学发展观，是马列主义、毛泽东思想、邓小平理论和"三个代表"重要思想的继承和发展，是当代中国的马克思主义。我们践行科学发展观，就是要紧密结合昆钢大红山矿业公司多年来生产、建设的经验教训，实事求是地进行概括总结，针对企业在深化改革中暴露的矛盾和问题进行思考、分析，拟定出加快矿山改革发展的规划方案，在工作中深入实践，在行动上加以落实。为此，本人根据科学发展观的要求，结合矿业公司深化改革和管理创新的学习理解，粗浅地谈几点认识。

1 调整矿山产权结构，实现国有资产的有序流动和合理流转，剥离社会职能逐步建立起规范的现代企业制度，实现新矿、新模式

在昆钢集团支持和玉溪市政府的促成下，为推进自营矿山的公司制改革，昆钢集团公司 2004 年 1 月与云南红塔集团共同出资组建了玉溪大红山矿业有限公司。矿业公司从成立之日起，就按照现代产权制度的要求结合新矿、新模式的办矿思路，分离部分社会职能，逐步推行采矿专业化承包模式，充分利用社会资源和力量，走出了一条用专业化、工序承包方式的新型矿山的成功路子，并按现代化企业制度的要求，完成了矿业公司内部的责、权、利的配置，提高了矿山的活力和动力，实现了国有资产保值增值。2002 年年底 500kt/a 采、选试验性工程建成后，从 2004 年开始矿业公司的销售收入均逐年上升。2004 年矿业公司销售收入 6219 万元，利润 417 万元，2006 年年底 4000kt/a 采选管道建成，到 2008 年矿业公司销售收入达到 152026 万元，利润 41264 万元，矿业公司人均创利润 63.4 万元，成为昆钢集团的利润大户。

2 完善和健全法人治理结构、理顺母子公司关系和国有产权代理制度

玉溪大红山矿业有限公司成立之时就在公司章程中明确了股东会、董事会、监事会和经营管理机构的职权，在多元投资主体存在的前提下，在股东会、董事会、经理层相互制衡的基础上法人治理结构开始了运转，董事会议事制度得到充分有效执行。

经过几年生产经营，矿业公司围绕企业的法人治理结构核心公司制，建立起各司其职、协调运转、有效制衡的法人治理结构，使企业内部各权力机构之间密切配合、步调一致、科学决策、高效运作。严格按照《公司法》的规定，初步建立起规范的法人治理结构，通过加强以董事会为主体的法人治理结构建设，探索建立规范化与高效率相结合的决策机制，完善配套的法人治理制度。

3 转换经营机制，提高管理水平，降低经营成本，增强市场竞争力

深化国企经营机制改革，确保所有者、经营者和监督者依法行使职权，提高管理水平，增强市场竞争力，建立有效的激励机制与约束机制是现代企业制度的必然要求。

规范公司运作，以体制创新带动机制创新。以组织机构扁平化为出发点，结合矿业公司实际，充分研究管理幅度和管理层次的关系，进行"分配制度、干部人事制度和用工制度"改革，激发职工工作的主动性和积极性，打破平均主义、"大锅饭"的分配方式，以基本工资保底，逐步推行产量、质量、指标品位和奖金挂钩，实施了工段、车间的成本、效益和工资总额奖金挂钩考核。对消除国企惰性，对于充分调动职工的积极性取得了新的突破。实现了以体制求生存，灵活的机制谋发展设想，展示了充满激情和活力的现代企业风貌。

主辅分离，实行专业化对外承包管理。逐步探索出新的办矿模式，分流了辅助作业，实施了采矿、运输、外部供水等专业、工序的对外承包，取得较好效益。在扩展思路，探索新矿新模式的矿山生产、经营和建设方面迈出了新步伐。

建立并完善了对矿业公司经营管理层的激励和约束机制。制定各作业区、各班组工序的经济责任考核体系和分配体系，进一步探索完善员工薪酬分配制度，在兼顾公平的前提下，扩大了管理、技术等要素参与收入分配的范围和力度。

改善了矿业公司在资金运作、生产销售、收入分配、用人决策和廉洁自律等重大问题上的监督，定期召开党政联席会，对重大子项进行通报和审议，逐步实现了生产经营与监督机制并行的现代企业管理制度。

在推行生活后勤社会化的过程中，紧密依托地方政府，坚持走社会化的新矿新模式的道路，矿区没有设医疗、卫生设施，经警、消防、保卫全部由社会承担，职工住宿按倒班房的标准建设，职工上下班交通、食堂统一对外承包，经过几年的运行，收到了较好的效果，在很大程度上减轻了企业的社会负担。

4 加强内部管理，抓住以挖掘发展潜力为重点的降成本工作，充分利用社会资源，建设现代矿山

坚持"以人为本"的管理思想，狠抓干部队伍和技术骨干队伍建设，创造条件切实抓好在岗职工专业技术水平的培训提高。结合矿业公司的实际，有针对性地对员工进行业务水平、综合素质的培训、锻炼和提高，以适应现代化特大型矿山的建设和生产需要。

经过几年的探索，对井下采矿协作单位的管理取得很好的经验，通过互惠互利的合同方式约定明确了矿业公司和协作单位的责、权、利关系，确保双方各司其职，共同遵守合同约定，双方都取得了满意的经济效益，充分体现了产权明晰、权责明确、双方共赢的现代化企业经营管理要求。

为加强进口设备监管，对承包单位使用的进口井下设备管理维护专门制定了强制性规定。从而保证了设备的完好率和利用率。

在资源的占领控制上，我们对大红山矿区周边铁、铜矿石资源进行了调查和研究。在充分开发、利用已控制资源的同时，强化资源意识，加强综合利用开发研究，特别是低品位含铁铜矿熔岩铁铜的综合开发利用，将使大红山铁矿区的资源储量大幅度增加。

加快信息化建设，创建现代化数字矿山。新型大型矿山的数字化管理建设是时代进步、科技进步、管理进步的必然要求，作为特大型现代化矿山，我们将致力于把大红山铁矿建设成为现代化数字矿山。正在进行的"信、集、闭"系统将和现有的自动化网络系统共同组成现代化数字矿山重要的管理、控制、指挥体系。

明确目标，合理定位，全力打造矿山企业文化。大红山铁矿作为一个新型的现代化大型矿山，矿业公司经过艰苦的努力提炼出了一系列符合矿山特点的企业文化精神，将对提高职工思想道德素质、丰富职工精神文化生活、弘扬时代精神、激励职工爱岗敬业，树立起具有大红山矿业公司特色的和谐文化、价值取向发挥重要的作用。

在经营管理上，我们一方面加强内部绩效考核，狠抓生产过程各环节的精细操作，进一步降低生产的能耗、物耗；另一方面树立市场意识、客户意识，拓宽生产经营思路，获取成品矿销售经营利益最大化，努力提升企业的核心竞争力。

5 实施内部资源整合，发挥资源统一配置作用，提高资源利用效率

随着我国市场经济的蓬勃发展和改革开放的不断深化，我国钢铁工业有了新的发展，昆钢集团在 2005 年提出了大幅度提高铁矿石自给率和资源战略的决策，要求大红山矿业公司在五年内达到自产铁精矿 4000kt/a 的目标。

为适应昆钢集团新一轮发展的需要，昆钢大红山铁矿 8000kt/a 采、选、运扩产建设工程从 2008 年的全线启动后现正紧张地实施。本期扩产工程建设由井下采矿、露天采矿、选矿和公辅配套四大部分组成，按照"一级网络计划"要求，1500kt/a Ⅰ号铁铜矿带深部采矿、1000kt/a 深部Ⅲ$_1$、Ⅳ$_1$矿体采矿、500kt/a Ⅱ$_1$矿组 720m 头部采矿、3800kt/a 熔岩铁矿露采、7000kt/a 大型选矿厂以及公辅配套项目等工程的建设，从 2008 年 1 月开工，工程计划 2011 年 9 月建成，二道河铁矿工程因受矿权办理的影响，将于 2009 年年底展开，2013 年年底建成。扩产工程建成后，将实现年产铁、铜原矿 8000kt、新增选矿能力 7000kt，产铁精矿 2180kt/a、产铜金属 100kt/a。

本扩产工程主要为充分利用多金属（铜、铁）低品位矿石，是提高对大红山铁矿的资源综合利用的项目。扩产工程全部建成后，玉溪大红山矿业有限公司原矿生产规模将达到 12000kt/a 以上，获得铁精矿 4000kt/a 以上，铜金属 100kt/a。

为此，矿业公司和建设指挥部紧密结合矿山自身的实际进行研究，面对现实，抓住机遇和挑战，与时俱进、深化改革，提出以下措施：

（1）继续推行新的办矿模式，降低成本；

（2）加大对现有采矿技术调整和选矿设备的改造力度；

（3）扩大专业工序外包范围，进一步节约人工成本增强效益；

（4）加大对周边矿资源的综合利用和占有最大限度的提高出矿量和矿山服务年限；

（5）推行引进和培养技术人才相结合战略，鼓励自学成才；

（6）全力推进 8000kt 扩产项目的实施，确保按一级网络计划的节点目标的要求建成。

随大红山铁矿 4000kt/a 工程 2006 年年底建成投产，目前采、选、管道及公辅等生产已从达产朝大幅度超产方向急速推进，采矿生产紧密结合矿山可持续发展、稳定生产，攻坚克难，努力提高矿石回收率和原矿品位，降低废石混入率，全面协调好采矿、供矿工作，为降低选矿成本打下基础。

切实践行科学发展观，针对不同的市场需求，按"分采、分选、分运、分销"的指导原则，组织多元化的生产，向集团公司输送不同级别的铁矿石产品及铜精矿产品，实现资源的综合回收利用。

6 为适应现代化新型矿山发展的需要，加快现有信息系统改造，充分利用已建成的 ERP 系统，优化管理系统，提高管理效率，降低管理费用

6.1 加快信息化系统的改造，充分利用现有的信息资源

"ERP"（企业资源计划的英文缩写）是现代企业中强化信息化建设的重要手段，是整合企业人流、物流、财流、信息流，能够实现信息共享的大型网络数据库信息管理系统。如今，应用现代信息和通信技术，将管理和服务通过网络技术进行集成，在互联网上实现组织结构和工作流程的优化重组，将实现超越时间、空间与部门分隔的限制，全方位地在企业内部开展优质、规范、透明、符合国际水准的管理和服务，是现代企业中信息化建设的努力方向。

玉溪大红山矿业有限公司现已申请网站域名，有公司专用的电子邮箱地址。所以必须着手加快建设矿业公司信息网站，重视管理，专人维护，在搞好对外宣传的同时，加大对全体管理人员的技能培训，充分利用网站、邮件及 ERP 系统开展办公自动化，本着自动化、高效化、信息化的原则开展矿业公司信息化工作，诸如业务报表上传、会议纪要网上传阅等实现无纸化办公，提高管理效率，降低管理费用。

6.2 优化管理系统，进一步理清工作关系，明确部门工作职责，提高管理工作效率

矿企领导要统筹安排和组织协调好各职能部门工作关系。进一步明确各职能部门、各岗位职责与权限，使各职能部门力求做到各司其职、相互协调、管理高效的扁平化管理。尽量缩短信息传递链条，为经营层和决策层快速提供强有力的信息支撑和决策保证。现行内部经营组织机构需要随着生产、扩产、建设的发展，进一步明确管理职能，按照精干高效的原则做到因事设岗，实现科学管理上水平、工作效率满负荷。

优化组织结构，提高管理效率，降低管理费用。拟建的"生产指挥中心"，与"建设指挥部"共同对生产经营和建设负责，充分发挥"生产指挥中心"及"建设指挥部"直接承担生产管理和建设指挥的核心作用，并与其他"机关部室"密切联系，为经营层和决策层提供建设性意见和决策依据。

7 实施资源战略，采取有效措施，降低资源的生产成本和采购成本，增强对省内外资源的控制力度

目前矿业公司正在考虑采取多种方式，控制周边资源，防止周边资源的外流和浪费。

大红山铁矿周边有多个小矿山及小型选厂，为控制和保护资源，将考虑对这些资源进行整合，通过为个体企业提供技术支持服务，为小型选厂提供低品位矿石外委加工，进一步实现对资源的合理利用，逐步提高采、选技术指标，降低生产成本，通过采用合作经营的方式实现对周边矿资源的控制，扩大对大红山矿区周边资源量的占有，以减轻昆钢集团的矿石外购压力。

对大红山铁矿未来规模资源和利用与开发进行了预测分析后，我们认为：5 年以后，大红山铁矿区将形成年产矿石 12000kt 的生产规模。届时它将成为我省乃至全国规模最大、设备最现代、技术最先进、办矿模式最新、采矿方法最多、最复杂的综合型特大型铁矿山，也是昆钢走向世界的主要核心竞争力。

8　加大对标挖潜和技术创新、技术改造力度，提高各项生产技术经济指标

在总结 500kt/a 选厂三段磨成功改造、自动化改造并取得实际生产绩效的基础上，矿业公司进一步实施 4000kt/a 选矿工艺流程的改造，提高了各项生产指标。完成了 4000kt/a 选厂半自磨机处理量的提高和铁精矿降硅改造。通过对选矿耐磨材料、磨矿介质和大型、新型采选设备操作、维护、保养的研究，已稳定地实现了设备作业率的提高。

加强矿山地质、采矿管理工作的研究，确保矿山地质储量、品位与采出矿量、品位的相对吻合，避免金属量不平衡或品位倒挂，确保集团公司和矿业公司的利益。

加强管道输送技术的研究和管理，跟踪国内外管道输送新技术并实践应用，建成并完成了铁精矿管控一体化工作，使铁精矿管道输送成为大红山矿业公司和昆钢集团的一个新的经济增长点。

9　建立财务预算体系，提高资本运作效率，拓宽资本融资渠道

正在研究设立财务预算管理委员会（以下简称委员会）。委员会是财务预算管理的参谋和协调机构。由分管副经理、纪委书记、财务部主任、计划部主任、预算组组长等有关人员组成。主要负责研究审议应提请矿业公司办公会研究、决定的财务、预算管理事项；协调预算执行中部门之间的工作事项和存在的问题；组织日常管理工作；检查分析预算执行情况；研究整个矿业公司的资金经营运作方案、措施，并指导财务预算管理等；继续完善现行收入分配激励机制，实施全面预算管控评分体系考核，逐步拉开收入分配档次。

财务部是财务预算管理的综合归口部门。主要负责委员会的日常工作，财务预算管理综合制度的制定，财务预算方案、决算报告的编制，内部资金的管理，预算执行情况的分析，资金的日常调度平衡和现金流量控制管理，以及参与项目的经济评价等。

各专业部、组、室按职责分工，主要负责项目及执行预算管理制度的制定，牵头组织项目经济评价、提出项目安排建议方案，配合财务预算的编制，项目概算、预算管理、竣工验收和决算审查，以及预算执行的分析和控制。负责财务预算管理的审计监督，包括审计制度的制定，财务预决算审计、专项审计、效益审计和预算管理内控制度的审计等。

10　正在深化的矿业公司三项制度改革工作

根据矿业公司几年来推进三项制度改革的实践，以干部人事制度改革为核心，以用工制度改革为着力点，以分配制度改革为重点，以管理模式调整为支撑点的三项制度改革取得了重要进展。按照实事求是、大胆突破、逐步巩固完善、全面深化的原则，矿业公司已

逐步建立起了与市场经济体制相适应的科学、合理、规范的用人、用工、分配制度及相配套的督导机制。达到了最大限度地激发企业活力，增强领导干部的危机感和紧迫感，增强员工的竞争意识，改变了矿业公司广大干部员工的工作作风，提高了工作效率，使每位员工都能自勉自励、自珍自重，十分珍惜岗位，不用扬鞭自奋蹄，从根本上提高了矿业公司管理水平和竞争力。

企业的发展关键靠人才，出路靠改革。按照现代企业制度的要求，矿业公司的人力资源开发与管理体系是：继续围绕企业发展这个主题，进一步深化三项制度改革；依法规范用工，建立灵活用工的进出机制，坚持减员增效方针；按市场规律配置人力资源，分配逐步与劳动力市场价格接轨；在收入分配上要拉开收入差距，深入探索绩效考核，对中层干部实行个人收益与矿业公司生产经营效益挂钩考核，建立干部能上能下、优胜劣汰的动态管理机制；在选人用人上，始终坚持"德才兼备，注重实绩"的原则，坚持双向选择，平等自愿的原则；公开竞争上岗，有效地增强广大员工的危机意识和紧迫感，通过人事制度的改革极大地调动广大员工的积极性和创造性。

进一步更新劳动用工观念，积极探索多元化劳动用工机制。采用多渠道的用工方式，一方面招聘、引进急需专业的高校毕业生和社会上的专业技术人才，及时补充壮大专业人才队伍；另一方面又从企业的发展和经济效益出发，继续结合新的办矿模式，不断提高劳动生产率，严格控制在职职工人数，尽可能采用专业工序对外承包、单位承包，以充分利用社会劳动力资源，逐步探索采用社会"劳务派遣"方式引入当地社会劳动力，实现经济、平稳地使用非在职劳动用工和专业化用工。

在扩产工程项目建成后，原矿规模达到 8000kt/a、铁精矿稳定在 4000kt/a 规模时，必须使矿业公司在职员工人数控制在 1000 人以内，实现规模效益的同步增长。

（论文发表于 2009 年 3 月《有色金属设计》期刊）

论企业运营中协作单位有效管控的
探索与实践

摘 要：进入经济全球化时代后，社会化大生产的分工协作已经不再局限于一个地区、一个国家之内，这种协作也打破了制度、体制、种族、宗教的局限。而且在全社会的经济活动中，许多企业的生产经营也已打破了股权的局限，发展成为相互协作、共同发展的利益共同体。这种协作不再局限于资金、技术，极大地扩展到资本、市场、物流、人力资源，甚至企业的战略协同等领域中去。

玉溪大红山矿业有限公司（以下简称矿业公司）就是在这样的背景下，充分利用社会协作条件，采用新模式办矿，在较短时间内建成投产，取得了较好经济效益、社会效益，并快速发展壮大起来，在国内矿山界引起不小的震动。今天我们就在此来共同研究在企业运营中协作单位有效管控的问题，以玉溪大红山矿业公司为例，依据大红山矿业公司实际运作情况，梳理和总结了公司对协作单位进行有效管控的具体探索与实践。

在实际运作中，各公司的实际情况不尽相同，希望本文中的一些结论能对行业内的其他单位、公司有所启发和借鉴。

关键词：协作单位、管控合同

1 大红山矿业公司协作单位发展状况

1.1 大红山矿业公司简介

大红山矿业公司坐落于中国花腰傣之乡的云南省玉溪市新平傣族彝族自治县戛洒镇，隶属于云南省昆明钢铁集团有限责任公司。矿山距昆明 282km，经新平至昆钢本部约 260km。矿权 5.23km^2，矿石储量约 458000kt，平均铁品位为 36.32%。

昆钢于 20 世纪 80 年代开始进行大红山铁矿开发利用的前期工作。1986 年 12 月 4 日，昆钢与长沙院签订工程设计合同，由长沙院负责完成昆钢大红山铁铜矿矿区采选可行性研究任务；1990 年 10 月，成立了大红山铁矿筹建组；1992 年 11 月 11 日，成立了大红山铁矿工程指挥部；1997 年调整了大红山铁矿建设指挥部，现场建设再次启动；2004 年成立了大红山矿业公司；2008 年成立管道公司；2011 年撤销了大红山铁矿建设指挥部，其职能并入大红山矿业公司。

1997 年，昆钢公司调整大红山铁矿建设指挥部领导班子，经云南省政府和玉溪市政府协调，大红山铁矿现场建设再次启动，开始井建开拓工程；2002 年 12 月 31 日建成了 500kt/a 采、选试验工程；2006 年 12 月 30 日建成了 4000kt/a 采、选、管道工程。2009 年 9 月 28 日启动 8000kt/a 扩产工程，2010 年 9 月 27 日开始进行 4000kt/a 井下二期采矿工程的建设。2010 年 12 月 30 日建成了扩产工程中的 1500kt/a 铜系列和 3800kt/a 熔岩系列选矿厂、3800kt/a 露天采矿场，目前，采、选生产规模达到 11000kt，入选原矿品位为井下矿 35%，露天矿 19.31%，可生产出铁成品矿 4000kt 以上。

大红山 4000kt/a 井下采矿设计矿床开拓方式为胶带斜井、无轨斜坡道、盲竖井联合开拓方式。采矿方法主要采用高分段、大间距（20m×20m）无底柱分段崩落法。采场采出矿石通过溜井下放至 380m 运输水平，通过 20t 电机车牵引 10m^3 底侧卸式矿车运输到卸载站卸载，经过旋回破碎机粗破碎后，再通过胶带运输系统（其中采 2 号胶带长 1858.6m，垂直提升高度 421.15m）运转至选厂地面矿仓。3800kt/a 露天熔岩采矿项目采用陡帮剥离、缓帮开采工艺，设计用 14 年时间抢救性开采处于陷落区范围内的低品位（19.31%）熔岩铁矿 50000kt 以上。

大红山 4000kt/a 选矿生产采用半自磨 + 一段球磨、二段球磨的磨矿分级流程；选别采用阶段磨矿、阶段选别流程；主要选矿方法有弱磁、SLon 高梯度强磁选，离心机、摇床和反浮选进行尾矿再选。8000kt/a 选矿采用一段半自磨-球磨 + 球磨的阶段磨矿、阶段选别的熔岩铁矿系列弱磁、强磁全磁流程；一段半自磨-球磨 + 球磨的阶段磨矿、阶段选别的含铜铁矿系列的浮选、弱磁选的磁浮流程，产出 60%、50%、40% 以上三个品级的铁精矿，尾矿品位已经降低至 10% 以下。

大红山铁精矿经细筛后达到 1 号泵站浓缩到 65% 以上，由三级（座）泵站加压（最大压力 24.44MPa）后，经 171km 管道从大红山矿区输送到昆钢总部（最大高差 1512m）。铁精矿浆通过 1 号泵站送出，经 2 号、3 号泵站加压，途经 4 个县市、11 个村镇、49 个村委会、140 个村民小组（其中有 10 条隧道总长 15km、28 个跨越、3 个加压泵站及 1 个终点站），送达昆钢需要 33h 左右。2011 年进行扩能改造，输送能力提高至 3500kt/a；2012 年进行第二次扩能改造，增加到玉钢、草铺新区的管道，输送能力提高至 5000kt/a。

大红山矿业公司所采用的先进工艺技术和设备，起步就与世界同步。当时在国际国内均属领先水平：长距离矿浆输送管道敷设复杂程度为世界第一；管线 171km 的长度为国内第一；大型半自磨机容积（8.8m×4.8m）为国内第一；井下采 2 号胶带机（1858.6m）、绝对提升高度（421.15m）为国内第一；高分段、大间距（20m×20m）无底柱分段崩落法采场结构参数为全国黑色金属矿山第一。三大采矿方法（崩落法、充填法、空场法）、三大选矿方法（磁选、浮选、重选）在大红山均得到很好的实践和运用。

1.2 大红山矿业公司的办矿新模式

大红山矿业有限公司创新办矿模式——以资源型企业为主体，充分运用社会化协作条件，引进专业化团队，形成井建开拓、采矿生产、加工服务、生产后勤等外委承包，以合同关系为纽带，多种经济成分并存的，主体企业有效管控、运营高效率，协作单位互利共赢、共同发展的新的矿山企业发展模式。

2003 年，大红山矿业公司开始 500kt/a 采矿工程，在全国冶金矿山行业率先创新推行采矿合同制，引入专业协作单位承包采矿，取得了明显的成效。2007 年矿业公司井下 4000kt/a 采矿工程投产后，继续运用新模式采矿，运用合同制采矿模式，形成大红山矿业公司新形势下办矿山企业的主体与核心。2010 年以后，玉溪大红山矿业有限公司进一步深化办矿模式，针对新形势，不断加强与外委合作单位的交流和联系，把外委协作单位纳入矿业公司总体发展目标来统筹管理。

合同采矿模式——以外委合同为基础、技术管理为手段，把好采切掘进、原矿生产、破碎运输各环节的数量关和质量关，督促协作单位在确保产量的同时，要确保安全及各项经济技术指标（如回收率、废石混入率、贫化率）的完成。

大红山采用的合同采矿具有以下特点：一是创新了矿山企业管理的理念，其管理模式更适合市场经济的规律，有效提高企业的运营效率、经济效益和抗风险能力，合作共赢、共同发展。二是充分发挥社会化大生产下的专业分工，利用协作单位的专业化人才，提高社会资源的配置，提高企业的发展速度。三是进一步强化了业主单位生产管理、技术管理、质量管理，从采场设计参数上进行严格控制，有效降低各采场矿石的损失率及贫化率，使采矿生产有序、均衡地进行，使原矿品位稳定、贫富兼采，保证"三级矿量"平衡，确保可持续发展。四是破除了传统矿山企业的弊端，大幅度提高劳动生产率，员工数量、管理环节减少，生产组织高效，生产成本降低并得以控制，经济效益与社会效益大幅度提高（表1、表2）。

表1　2007年以后原矿产量、质量、贫化率、废石混入率

年　份	生产铁原矿						贫化率 /%	废石混入率/%
	干量/t		品位/%		金属量/t			
	当年	累计	当年	累计	当年	累计		
2007	3511232.01	3511232.01	36.65	36.65	1286866.53	1286866.53	19.9	31.9
2008	4954100.89	8465332.90	35.93	36.23	1780008.45	3066874.98	16.72	27.93
2009	5908816.53	14374149.43	35.13	35.78	2075767.25	5142642.23	10.12	17.38
2010	6879741.50	21253890.93	35.74	35.77	2458819.61	7601461.84	7.28	12.72
2011	9645408.46	30899299.39	29.31	33.75	2827069.22	10428531.06	13.52	22.99
2012（8月止）	6862192.21	37761491.60	28.43	32.78	1950921.25	12379452.31	9.34	16.98

表2　2004～2012年收入、利润

年　份	2004	2005	2006	2007	2008	2009	2010	2011
收入/万元	6219	19261	26582	81247	152144	160862	215680	285487
利润/万元	417	2122	2392	11760	42664	15560	56075	83467

大红山已不再是一个简单的企业概念，而是一个地域概念、一个经济概念，是一个多元经济、多种利益共存、协作发展的新的矿业经济圈。尽管各个协作单位性质有所不同，隶属关系不一，但都处在一个地域内，共同在大红山矿区生存、生产上相互协作、经济上相互联系、生活上相互交流、文化上相互融合。矿区经济圈以整体协调发展的意识，从整体利益出发，统筹兼顾、突出重点，合作共赢、和谐发展，构建和谐矿山。

目前大红山拥有采矿生产协作单位8家（表3），施工建设协作单位35家，外委协作选厂4家，中介协作单位25家；昆钢在职员工798人，劳务派遣工492人，外委从业人员3931人左右。

表3　协作单位情况

年　份	施工单位/家	采矿单位/家	中介评估/家	后勤服务/家	合计/家
1997～2002	20	2	8	5	35
2002～2007	32	4	16	10	62
2007～2012	35	8	25	30	98

面对如此众多的协作单位、从业员工如何进行有效的管理，大红山矿业公司不断地进行了探索与实践。

2　通过招标机制选择协作单位

新模式办矿要从外部引入协作单位，如何选择协作单位？大红山矿业公司的实践是通

过招标选择协作单位。

通过招标引入竞争机制，掌握主动，进而实现对协作单位的有效管控。首先，通过招标选择适合的协作单位，有效控制基建投资，为后期生产经营控制成本奠定基础。招标过程中，要解放思想，不要被投标人牵制，使项目未展开就处于被动。要敢于突破，不要局限于业绩，因为有业绩的企业也是从无业绩企业走过来的。其次，通过招标，引入竞争机制，形成"鲶鱼效应"，对原有协作单位形成有效制衡，控制建设投资和生产成本，同时强化对原有协作单位的管控。项目实施过程中，充分利用市场化运作方法，掌握主动，有效制衡。

2.1 大红山矿业公司的协作单位选择——招标选择

大红山从 1997 年开始的 4000kt/a 主控工程采用邀请招标至今，一直坚持以招标的方式面向全国选择协作单位。在招标选择中，力求做到了公平、公正、公开。但这一机制的形成在大红山也是一个逐步认识、逐步提高、逐步完善的过程。大致可分为三个阶段：

第一阶段：1997～2002 年，由大红山建设指挥部组织邀请招标（图 1）。

主要项目：大红山主控工程——"五个合同、六条井"（胶带斜井、斜坡道、380m 运输平巷、720m 运输平巷、进回风井），通过考察，由指挥部选择一定的具有同类业绩的、具有相应资质的井建施工单位进行招投标。

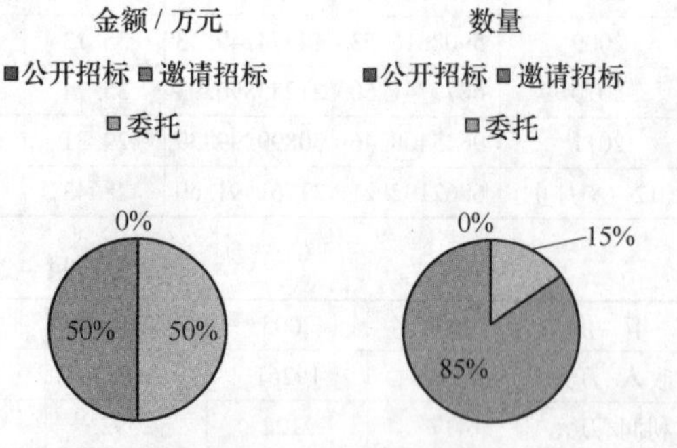

第二阶段：2002～2007 年，委托云南省招标公司组织邀请招标或公开招标（图 2）。

图 1 第一阶段招标情况

（第一阶段：1997～2002 年，金额：邀请招标占 50.08%，直接委托占 49.92%；数量：邀请招标占 15.15%，直接委托占 84.85%）

主要项目：500kt/a 和 4000kt/a 的井建开拓、采矿工程，通过邀请招标或公开招标选择合作单位，采矿合同 12 年。

第三阶段：2007 年至今，委托集团公司招标办组织公开招标或邀请招标（图 3）。

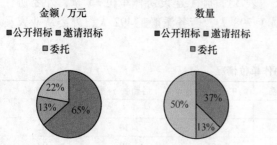

图 2 第二阶段招标情况

（第二阶段：2002～2007 年，委托云南省招标公司组织邀请招标或公开招标。金额：80603.24 万元：公开招标占 64.39%，邀请招标占 13.29%，直接委托占 22.32%；数量 155 次：公开招标占 37.42%，邀请招标占 12.9%，直接委托占 49.68%）

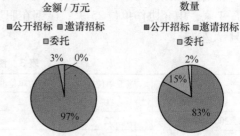

图 3 第三阶段招标情况

（第三阶段：2007 年至今，委托集团公司招标办组织公开招标或邀请招标。金额：392886.32 万元：公开招标占 96.85%，邀请招标占 3.15%；数量 295 次：公开招标占 84.07%，邀请招标占 15%）

主要项目：8000kt/a扩产工程、4000kt/a井下二期工程、三选厂降尾、完善设备工艺流程改造，按照规范公开招标。

招标情况汇总见表4。

表4 招标情况汇总

年 份	项 目	招标方式及金额/万元			招标方式数量/件		
		公开	邀请	委托	公开	邀请	委托
1997~2002	井巷主控工程（含500kt）		7780.9	7756.5831		5	28
2002~2007	4000kt/a主控及采矿生产	46843.797	6896.4353	17993.2244	53	14	77
	扩产工程	5053.394	3816.39		5	6	
2007年至今	4000kt/a主控及前期工程	700		452.76	1		5
	扩产工程生产	305790.4631	6031.0578		115	34	
	4000kt二期工程	74016.7996	5023.7929		27	8	
	技改工程	4372.16	1318.21		106	5	
合 计		436776.614	30866.79	26202.57	307	72	110

这三个时间段既是大红山协作单位选择的三个阶段，也是昆钢招标工作发展的三个阶段。通过招标选择新的协作单位进入，也通过招标控制原有协作单位的采矿、施工单价。同时，历史及经验告诉我们：牢牢掌握发牌权，是掌握主动、管控好协作单位的最有效方式。

需要注意的是，在牢牢掌握主动权的同时，还要创建一个合作的平台，寻找平衡点，合作关系才能相对稳定、相对长久。对大红山而言，主矿体的采矿方法是高分段、大间距、无底柱崩落，一年换一个采矿单位不可能，不科学，也是正常生产经营所不允许的。

2.2 招标工作重点和难点

如何通过招标，选择好今后的协作单位？通过多年的实践，我们发现，要组织好招标及其相关工作，要做好以下三个方面的工作。

2.2.1 充分做好项目招标的前期工作是基础

（1）组织好初步设计、施工图、技术文件资料的审查，提出审查意见。这是工程项目招标的前提和基础，作为企业管理者，不是做形式审查，而是要对实质内容进行认真的审查。

（2）合理分标，划分标段，确定招标范围。标段划分要从全局考虑，既要有利于投资控制、保证质量，同时还要考虑到项目实施中如何有效管控，最大限度地减少各合同标段的交叉影响，确保安全、工期和质量。

（3）合理确定拦标价。充分利用中介力量在短时间内完成工程项目的预算工作，为合理确定拦标价提供直接依据。

2.2.2 进入招标程序以后，认真组织招标文件的编制和审查是关键

现阶段招标文件的初稿由招标代理公司编制，但招标代理公司对项目的具体情况并不

清楚，所以初稿只形成框架。对项目的具体情况、技术标准、工艺参数及难点、重点和控制点等只有业主最清楚，我们在审核招标文件时，对关键性条款逐一进行斟酌、修改补充和完善，要将可能出现的问题和风险进行充分的估计、考虑，尽最大努力将今后运营中的风险降到最小。

招标文件发出到开标还有一段时间，作为业主一定要充分利用这段时间，这是业主对招标文件查缺补漏的最后时间，专业人员要认真研读招标文件，对查出的问题通过招标公司以补遗的方式进行完善。

2.2.3 专业、有责任心做好评标工作，这是协作单位选择的重要环节

在评标工作展开前招标公司已经从专家库里随机抽取了专家，但抽取的专家不一定专业，有的对项目情况根本不清楚，在评标时只能对项目进行大体的了解，做一般性的评价。

相关规定允许业主代表参与评标，我们针对不同的项目委派专业经验丰富、负责任的代表参与，甚至是今后对协作单位的直接管理者参与评标，负责任地、客观地向评委会说清项目的具体情况，为评委的评判提供必要的支撑。

3 协作单位的日常管理

通过招标，有效控制了基建期的投资，控制了生产经营的成本，为企业经济效益的提升奠定了基础。但新协作单位通过招标进入，数量逐步增多。

大红山现有采矿协作单位 8 家，施工协作单位 35 家，外委协作选厂 4 家，中介评估单位 25 家，后勤服务单位 30 家，外委从业人员 3931 人。

对数量多的施工单位进行日常管理并管理好，这是一个不断探索、不断实践的过程。在实践中，大红山对协作单位的日常管理是以合同管理为前提和基础，以精细管理为手段，以严格管理为保证，建立行之有效的日常监督管理体系，形成过程严格管控、结果激励表彰。

3.1 以合同管理为前提和基础

对协作单位的管理首先要以合同为基础，合作双方都是企业，企业经营都要追求效益的最大化，双方的合作关系是以合同为纽带建立起来的契约关系。在合同签订过程中要充分利用合同条款，充分运用经济杠杆，引导协作单位和业主单位形成合作双赢、共同发展的方式。合同谈判中，对原则问题不能退让。

为满足昆钢钢铁主业快速发展的需要，积极应对进口铁矿石价格的日益上涨，按照集团公司多生产自产成品矿的要求，矿业公司积极采取措施，同大红山周边私企选矿厂建立协作关系，充分利用外委选厂的加工能力处理低品位矿石，扩大总体生产能力。2011 年，与矿业公司合作的 4 个选矿厂已形成年产 400kt 铁精矿的生产能力，对矿业公司乃至钢铁主业的生产可谓意义重大。对外委协作选矿厂的管理，充分利用合同条款，利用经济杠杆，既加强了管理又取得了双赢。

转变结算方式：由原矿结算变为精矿结算。2009 年以前，大红山与外委选厂的结算是以处理的原矿数量进行的，造成外委选厂只追求原矿的处理量，不管精矿的回收率、尾矿

的品位。2010 年以后，大红山认真研究，通过改变结算方式来改变外委选厂片面追求处理量的现象，进一步加强对经济技术指标的考核，减少了"跑、冒、滴、漏"现象，提高了回收率，增加了精矿产量。

运用经济杠杆：进一步降低外委选厂的尾矿、增加成品矿产量。2011 年，要求协作选厂自己投资增加降尾设备，主要就是高梯度磁选机。因为投资大，协作单位一开始不愿意投入，大红山在加工合同中按照互惠互利、合作共赢的原则，明确所产出的降尾精矿按照一定的价格进行回收，运用经济杠杆促使协作单位自己投资了降尾系统，同时也利用矿业公司技术优势派出人员指导各外委选厂进行流程改造，增加降尾高梯度、降尾摇床设施，使尾矿品位从原来的 15% 降到了 12%，不仅降低了尾矿、增加了成品矿产量，还使矿石资源得到充分回收利用。自投运至 2012 年 8 月，累计增加烧结精矿产量 65470t，累计品位 47.13%，金属量 30856t（表 5）。

表 5　外委选厂 2 号烧结精矿

选厂名称	截止日期	生产 2 号烧结精矿	累计品位/%
平安矿业	2011 年 8 月 23 日～2012 年 8 月 25 日	20086	47.66
电积铜选厂	2011 年 4 月 27 日～2012 年 8 月 25 日	19564	44.82
锦和一选厂	2011 年 3 月 18 日～2012 年 8 月 25 日	21520	48.75
锦和二选厂	2012 年 1 月 1 日～2012 年 8 月 25 日	4300	47.1
合计生产 2 号烧结精矿		65470	47.13

3.2　以精细管理为手段

3.2.1　采掘计划的制订

自上而下、自下而上、再自上而下，科学合理；采掘计划的执行，横向到边、纵向到底，严格管理。

在矿山生产管理中有一项最重要的工作，就是采掘计划的制订。编制采掘（剥）计划的目的是用来指导完成上级机关下达的年度生产任务，进行掘进和矿石回采工作的合理安排。通过具体安排矿体、阶段和矿块回采的先后顺序和工作量，达到完成矿石产量和质量指标，并验证基建与生产准备、各生产阶段（开拓、采准、切割和回采）之间的衔接是否协调，确定生产所需的人员、设备及投资费用等。采掘计划是全面安排矿山采掘（剥）生产的最重要技术文件，直接关系到矿山企业的经济效益，关系到矿山企业是否能够持续、稳定均衡地发展和确保生产的良性循环。

从 2005 年开始，每年 6 月、7 月，集团公司均要组织召开年度的自产矿提升工作会，确定各矿山下一年度的成品矿生产总量。大红山每年 8 月、9 月开始制订下一年度的采掘计划。但整个采掘计划的制订，充分听取各采矿生产协作单位的意见和建议。编制的流程：成品矿总量的确定→总经理组织调研→采矿管理部编制→总工办组织各协作单位、各部门讨论→采矿管理部修改、完善→总工程师组织审查、批准。通过自上而下、自下而上、再自上而下地做工作，有效保证年度成品矿总量需要的原矿量；充分听取采矿生产协作单位的意见和建议，保证计划制订的科学性、合理性。更为重要的是通过这样的沟通，将协作单位的生产充分纳入大红山的生产管理体系，让他们充分融入到大红山的生产目标之中。

在年度的生产组织中，由采矿管理部将年度采掘计划进行分解，在分解到 8 家采矿单位，分解到半年度、季度、月度计划的基础上，进一步确定日计划、周计划，并对照检查完成情况，实现对采矿生产和协作单位的有效控制——以日保周、以周保月、以月保年，保质、保量、保平衡。2002 ~ 2011 年原矿出矿见表 6。

表 6 2002 ~ 2011 年原矿出矿

年份	2003	2004	2005	2006	2007	2008	2009	2010	2011
出矿/kt · a^{-1}	360.4	758.6	1065.4	1000.5	3511.2	4954.1	5908.8	6879.7	9645.4

3.2.2 形成"支部建在连上"日常管理的机制

为进一步加强对采矿协作单位的管控，2011 年采矿管理部将本部门的专业技术人员派到所管理的 8 家采矿协作单位，作为"业务代表"，生产量大的单位派 2 ~ 3 名，小的单位派 1 ~ 2 名，将"支部建在连上"。通过这一机制的建立，直接参与协作单位的安全管理、生产管理和质量管理，使大红山的各项管理要求在采矿协作单位中得到进一步的贯彻落实。

3.3 以严格管理为保证

协作单位经过招标这一选择的过程确定，签订合同之后，就是一个合作的关系。但在日常管理中业主单位和协作单位的关系也是一个博弈的关系，要在新模式矿山实现精细化管理，需要以严格管理作为保证。

矿山是国家安全监督管理部门重点监督的八大危险行业之一。大红山作为目前全国最大的井下非煤矿山，8 月末的作业面达到了 286 个，每日三个班在井下作业人员为 1800 ~ 2000 人。由于从业人员的素质参差不齐，曾较为普遍地存在"三违"现象。2010 年以后，随着国家对安全生产的监管力度不断加大，大红山建立了矿业公司和协作单位两级领导干部带班下井制度，并严格执行，不断改进和完善。

但刚开始时，协作单位的认识也是不一致的，操作的难度也较大。带班按照要求必须是项目经理、副经理，一天三班均需有领导带班。可有的项目部项目经理、副经理只有 3 人，于是出现了由驾驶员带班的、作业班长带班的。同时集团公司对安全生产的要求不断提高，出台了"三违"检查考核办法，加大了日常安全生产管理的力度。

大红山严格执行了国家和集团公司的相关规定，认真组织做好协作单位的领导和从业人员培训、学习，统一思想、提高认识；同时以大红山矿业公司的名义发函给各项目部的上级母公司，要求各项目部任命并配备足额的领导，保证带班下井制度的严格执行。组织从业人员的培训和学习，提高他们的基本素质，根据矿山生产的实际，制定了"三违"检查考核实施细则，组织了四个"三违"检查组，每周对井下、地面的各生产作业单位进行安全检查，查到"三违"现象不论是本公司的员工还是协作单位的员工，均严格按照 A、B、C 三类违章进行考核。

与此同时，不断创新管理方法，从 2011 年三季度开始，要求各协作单位的上级领导及安全管理部门，每个季度一次到大红山现场，配合矿业公司安全监督管理部进行季度安全检查，并提交检查报告，制订整改措施，检查整改情况。在检查自己作业场所的同时，各协作单位之间相互学习、取长补短、相互促进，各协作单位的上级部门也加大了对自己项目部的管理、考核。从而有效地促进了现场管理、安全管理、生产管理工作水平的提升。

通过严格管理，使安全生产形势朝好的方向转化，确保了大红山大规模生产的有序、高效，同时也在广大干部、员工中树立了"宽是害、严是爱"的安全生产管理意识。

3.4 日常管理的重点和难点

3.4.1 协作单位专业人员的配备，组织机构的建立健全

这是一个重点也是一个难点，在招标文件中以及双方签订的合同中，均有要求协作单位必须配备一定数量的地、测、采、机电等相关专业的人员，这是组织好大规模、安全、高效生产的重要保证。但实际执行中协作单位也在考虑减少人员负担，同时各类矿山人才紧缺，往往人员配备不足，成为了业主方监控的难点。

在配备一定数量的专业技术人员的基础上，建立健全必要的组织机构，如协作单位安全科、生产科的建立，形成业主与协作单位之间有效的工作机制，信息传递的快速、指令执行的有效、无障碍，这是日常管控的一个重点。但设立安全科，要求配备不少于3人的专职安全员，这又是一个难点。

3.4.2 协作单位从业人员的文化素质低，流动性相对较大

这又是一个难点。2011年，为提高协作单位从业人员的业务素质、安全素质，取得上岗证，大红山矿业公司组织了75班次、11090人次的培训，加大对协作单位从业人员的培训力度，而且目前又组织了48班次、9268人次的培训。从监控的协作单位人员情况看，人员流动性超过了30%。这一情况不仅生产组织难度大，安全管理的难度和压力也较大。

4 建立协同的目标体系，建设和谐矿山

在一个多元经济、多元文化、多民族环境下要形成协同的目标，是一个大课题。2010年以后，大红山将一部分长期的协作单位纳入矿业公司编制，作为矿业公司下属的作业区，纳入全矿"一盘棋"管理，逐步建立起大红山协同的目标体系。

4.1 利益目标的统一

2010年，将长期合作的10家协作单位编入矿业公司的作业区，作为采矿管理部、项目部、生产指挥中心直接管理的下属单位，利用多种渠道、多种方式将大红山的发展目标置入协作单位：阐述一个目标——昆钢兴、红山红，红山红、红山兴，这需要业主方与协作方共同努力；阐述一个观点——现在的大红山已经不再简单的是昆钢的大红山，而是一个经济共同体，是所有协作单位共同建设发展了大红山；阐述一个道理——"皮之不存毛将焉附"，大红山的繁荣兴盛是业主单位与协作单位共同的利益。

2012年，面对世界经济持续的不景气，昆钢公司大规模地开展了"对标挖潜、降本

增效"工作。大红山为确保昆钢的效益,一方面不允许协作单位涨价,甚至是做工作降低协作单位的承包单价。但整个 12 年的采矿合同期中已经过去的 6 年均未调整过单价,但这 6 年中随着经济的快速增长,物价、人工费也大幅度上涨。如何稳住协作单位?大红山在抓好自身"对标挖潜、降本增效"工作的同时,组织并指导协作单位开展"对标挖潜、降本增效"工作,建立炸药单耗、铲运机吨矿消耗、凿岩台车每米消耗等指标,在协作单位中定期开展,指导并帮助协作单位降低成本,形成合理的利润空间,为共同利益目标的实现打牢基础。

4.2　生产目标与安全目标的统一

从 2010 年开始,大红山每个月 20 日召开安全会,要求项目经理必须参会,集中学习国家、云南省、昆钢集团公司有关法律法规和制度要求,总结当月、布置下月安全生产工作。每个月 25 日召开生产会,要求分管生产的项目副经理必须参会,生产指挥中心安排下个月的生产计划。2011 年大红山进一步提出建设"安全发展型"企业的目标,通过几年持之以恒的努力,逐步形成了共识:组织好生产的前提是抓好安全,在大红山形成了"人人讲安全、人人要安全、人人管安全"的企业安全文化氛围。

4.3　企业文化的融合和人文关怀

在抓好企业生产经营、建设发展工作的同时,大红山注重研究新模式矿山存在众多的协作单位,不同的协作单位有着不同的企业文化。矿业公司正在尝试并努力将众多的企业文化进行融合,形成一个以昆钢企业文化为主、多个协作单位不同企业文化中的有益成分作为补充的大红山文化。

为拉近业主单位与协作单位的距离,打破甲方、乙方对立的思维定式,在每个季度第一个月的 10 日,定期组织协作单位座谈会,各协作单位的主要领导并邀请其上级公司的领导参加。

大红山每年的职代会均邀请协作单位参加,2010 年以前是作为列席代表参会,没有表决权,2011 年以后协作单位的代表是作为正式代表、组成代表团参会,享有表决权,并参与对矿业公司的领导班子、领导干部的年度考评。

每年的春节、中秋节,矿业公司都要由领导带队亲自到协作单位的驻地,对节日期间坚守岗位的员工进行慰问。

为丰富广大员工的业余文化生活,2010 年以后,每年组织的"红山红"杯男子篮球联赛、羽毛球赛,中秋、春节文艺晚会等文体活动,均邀请协作单位组队参加,得到越来越多的协作单位的认同,吸引越来越多员工的参与。

业主单位与协作单位因合同契约建立起合作关系,更多地表现出"刚性",不是权利就是义务,缺乏情感交流。通过这一系列的工作,有效弥补了这种关系在中国文化背景下的不足,更多地体现了昆钢的企业文化和人文关怀。

5　新形势下的思考

大红山的建设是在矿山人才普遍缺乏的背景下创新的办矿模式,在当时是上上之选,这已经是不争的事实。

但凡事有一利就有一弊，在总结优点、长处时，我们也在思考其不利和短板所在。

5.1 管理幅度变宽、管理难度不断加大，对管理者、管理团队的综合素质要求越来越高，人才培养的难度大，周期长

由于生产建设发展的需要，越来越多的协作单位通过公开招标进入大红山矿业公司，对协作单位的管理难度也在持续增大。据研究，一个管理者最有效的管理下属的人数是不超过 10 人；但是没有一项研究结果来论证，一个团队最多可以有效管理多少个团队。不同的企业有不同的企业文化和企业价值观，加之管理水平、专业水平、人员素质等各方面都存在差异，要把那么多不同的队伍管理好，确实不容易，本来已经很难办的事情更增加了难度。

业主对协作单位所执行的主要是管理职能，而要管理好协作单位在客观上就要求我们的管理团队必须在专业技能、管理能力等方面具有一定的优势，才有可能实现有效管理。新模式办矿在一定程度上造成公司自有员工工作的惰性，依赖性强，主动性也显不够，对自身管理队伍、技术队伍、操作骨干队伍能力的培养和提高有较大影响。以采矿生产为例，因为不直接参与采矿生产，年轻的采矿专业管理人员对炸药单耗，凿岩台车、铲运机的实际工作效率、生产消耗等资料掌握不准，专业水平提升不易。因而矿业公司形成了这样一个困境，我们既需要专业技术强的人才，却又很难在实际工作中培养人才。

5.2 业主的部分管理缺乏法律的支撑

对协作单位的监管存在政策、法律支持上的不足。双方都是独立法人单位，业主方的监管管得细、管得严，缺乏法律、制度的支撑；管得粗、管得松又会引发很多问题。对于业主方的监管，具体管什么，管到什么程度，政府相关部门也没有具体的标准，而发生问题时往往又归于业主监管不到位。

5.3 采矿合同周期相对长，定价缺乏弹性，存在一定的风险

为保证采矿生产的持续、均衡、稳定，一般采矿承包合同的周期相对较长，超过 3 年。合同单价一经确定，又缺乏弹性，一定程度上只能涨不能降。

在经济上行时期，采矿成本可通过合同方式提前锁定，对业主方控制成本、增加效益有好处。4000kt/a 采矿合同是在 2006 年签订的，总合同期 12 年，3 年一续签。今年进入第三个合同周期，在前两个合同周期是经济上升期，矿石价格也快速上涨，通过做工作均未调整合同单价。但如果出现经济下行，降成本难度也非常大。如今，在进行第三个合同周期签订时，谈判异常艰苦，要实现下调采矿合同单价，难度相当大。

5.4 在国家税收政策变化时，调整的难度也非常大

国家税务总局于 2011 年 11 月 7 日发布《国家税务总局关于纳税人为其他单位和个人开采矿产资源提供劳务有关货物和劳务税问题的公告》，把为矿山企业提供的劳务分为营业税和增值税两块："纳税人提供的矿山爆破、穿孔、表面附着物（包括岩层、土层、沙层等）剥离和清理劳务，以及矿井、巷道构筑劳务，属于营业税应税劳务，应当缴纳营业税。纳税人提供的矿产资源开采、挖掘、切割、破碎、分拣、洗选等劳务，属于增值税应

税劳务，应当缴纳增值税。"

按此要求，部分业务调整为缴纳增值税，这样一来，调整带来的难度就增大了许多。目前矿业公司有 8 家采矿单位，修改合同牵一发动全身，已形成的结算体系就将被打破，因为要把原来的吨矿单价结算，变更为结算爆破、穿孔、剥离单价，其中的过程监控就不容易做到。如果只是合同形式上满足检查要求，结算不变的话，就会给后期上级部门检查带来相当大的风险，因为结算单等原始凭证是不能更改的。

对一个年产 12000kt 原矿的矿业公司来说，在国家公告中明确了增值税劳务的情况下，又不是自有职工采矿的情况下，没有增值税劳务是无论如何也说不过去的。

参 考 文 献

[1] 谢钰敏，魏晓平. 企业创新国际化发展模式研究 [J]. 工业技术经济，2013 (1).

[2] 魏晓平. 矿产资源可持续利用的新探索——评《矿产经济学》一书 [J]. 中国地质大学学报（社会科学版），2013 (4).

[3] 魏晓平，周肖肖，程晓娜. 中国能源矿产开采路径与最优开采路径相悖原因 [J]. 北京理工大学学报（社会科学版），2013 (3).

[4] 高晖. 浅谈实现企业运营管理科学化发展的途径 [J]. China's Foreign Trade，2010 (22).

[5] 陈子祺. 浅析企业的运营管理及未来的发展趋势 [J]. 科技信息，2010 (28).

[6] 刘明，周辉. 浅论建筑施工安全管理的现状及发展方向 [J]. 建筑安全，2007 (12).

[7] 马骉. 国有企业经营者激励与约束机制探讨 [J]. 铁路采购与物流，2008 (9).

[8] 朱琪，邓曦东，詹峰，等. 基于大型综合施工企业的管控模式选择研究——以葛洲坝集团三峡分公司为例 [J]. 科技创新导报，2011 (7).

[9] 乔雪莲. 母子公司管控模式及其影响因素的研究现状及述评 [J]. 现代管理科学，2010 (12).

[10] 张正堂，吴志刚. 企业集团母子公司管理控制理论的发展 [J]. 财经问题研究，2004 (6).

[11] 葛京，等. 跨国企业集团管理 [M]. 北京：机械工业出版社，2002.

[12] 郑林. 国有企业治理结构研究 [M]. 郑州：河南人民出版社，2002.

云南大红山管道有限公司简介

云南大红山管道有限公司成立于 2008 年 8 月 1 日，为昆明钢铁控股有限公司下属全资子公司，是专门从事矿物及其他固体物料管道输送控制技术研究、开发和管理的科研及服务型高新技术企业。公司目前承担着滇中区域内（新平县、峨山县、安宁市、玉溪市）的固体物料管道输送网（该管道网络具备滇中区域内水、铁精矿及铜精矿等物料的输送能力）、昆明市东川区多级跌落铁精矿输送管道以及东川高压输水管道的经营。现已形成滇中区域内覆盖新平县、峨山县、安宁市及玉溪市的固体物料管道输送复杂管网，所负责经营的管道总里程达 352.5km，年输送能力达 9000kt。

公司依托科技创新，注重知识产权，打造国内外先进核心技术。截至 2015 年 12 月，先后取得 20 余项国家及省部级科技成果，其中国家科技进步二等奖 1 项、冶金科学技术二等奖 1 项、云南省科技进步二等奖、科技发明二等奖各 1 项。截至 2015 年，公司共计申请国内专利 492 项，申请国际专利 7 项。获得授权发明专利 79 项，授权实用新型专利 219 项，授权国际专利 2 项。同时，管道公司获得软件著作权授权 24 项，拥有 1 项注册商标，发布云南省地方标准 2 项。

公司先后被认定为国家高新技术企业、云南省创新型试点企业、云南省科技小巨人企业、云南省知识产权优势企业。2011 年被云南省科技厅认定为"矿物管道输送工程技术研究中心"，同年与云南省科技厅应用院、昆明理工大学联合共建了"云南省矿物管道输送技术研究中心"；2014 年成功通过省级企业技术中心认定。公司现已建成以省级企业技术中心为主，吴建德博士工作站、专家工作站为辅的系统性科研机构，拥有一批包括博士、硕士、学术和技术带头人、高级职称人才等在内的核心研发团队成员，并拥有国内一流的矿物管道输送实验室，配备粒径分析仪、微型泵、德瑞克筛等高精密仪器。以省级企业技术中心为依托，各中心平台展开了长距离、高落差、复杂地形管道输送、检测与控制等相关技术研究，通过新技术、新工艺的研究开发带动科技创新，保证公司核心技术在本行业始终处于领先地位。

公司推行精细化管理，不断提高技术水平和服务质量，推进公司的标准化管理、程序化运作和数据化考量。积极挖掘管道运输新市场，探索公司新的发展渠道与合作方式，持续优化产业结构，提供更加高效便捷、低碳环保的管道运输及相关服务。深入推行低碳、绿色、环保，提高资源综合利用效率，大力发展循环经济。在发展过程中积极履行社会责任，利用自身技术优势为社会发展与环境保护贡献力量。

五矿二十三冶建设集团有限公司简介

五矿二十三冶建设集团有限公司是以建筑安装、矿业工程、房地产开发、基础设施投资为主业的国有企业。公司成立于1953年，2006年7月成为中国五矿集团公司成员企业，2013年4月，更名为"五矿二十三冶建设集团有限公司"。公司具有国家冶金工程施工总承包特级，建筑工程、矿山工程、市政公用工程、机电安装工程施工总承包一级、钢结构工程专业承包一级和房地产开发一级等企业资质。自公司成立以来，业务遍及全国29个省、直辖市、自治区和10余个国家，先后承建了一大批国家、地方和涉外重点建设项目，获评鲁班奖、国优、部优和省优工程300余项。

2002年以来，公司先后承担了大红山铁矿精矿输送管道隧洞掘进、地表办公大楼及生活设施建设、井下354m破碎硐室掘进及设备安装、4000kt/a胶带斜井施工、4000kt/a破碎胶带系统安装、选厂离心机提质降硅设备专项工程、720m卸载站及轨道安装工程、590m铜矿带探矿掘进、大红山铁矿扩产工程精矿系统工程、大红山铜矿无轨工艺中深孔施工、二道河矿段1000kt/a采选工程辅助竖井场地平整工程、大红山龙都尾矿库中期中线法堆坝建设项目排洪隧道支洞排洪管工程等一系列矿建工程。

由于在矿建项目中的出色表现，2006年3月公司在大红山开辟了采矿、破碎及胶带运矿业务线。先后承接了井下中部采区1500kt/a采矿任务（含采场回采进路、切割槽及切割天井、天溜井等竖向工程的施工）、4000kt/a矿石胶带运输、1800kt/a南翼采区采矿任务、4000kt/a采矿生产持续南翼采区（中部Ⅱ采区）460m分段及440m分段A38W勘探线以东采切掘进工程、4000kt/a二期采矿工程380～260m分段新增斜坡道工程、4000kt/a二期采矿工程东上340m分段采切工程、大红山铁矿含铁废石抛选工程、4000kt/a采矿工程生产持续东部采切工程等一系列项目。

公司在大红山铁矿设立了五矿二十三冶矿山分公司采运项目部，项目部实行项目经理负责制，设综合办公室、工程技术部、安全质量环保部、经营财务部和物资供应部等五个职能部室。项目部拥有采矿和运矿两个工区，采矿工区主要承担井下矿采矿任务，共有技术管理人员42人，员工320人，井下生产全部采用国外进口的大型无轨设备，有中深孔凿岩配备阿特拉斯H1354液压凿岩台车3台；铲装出矿配备山特维克TORO1400E电铲1台（6m³），阿特拉斯ST-3.5柴油铲运机5台（3.5m³）；巷道掘进配备Boomer 281凿岩台车2台。运矿工区主要承担井下主采区所有矿石的破碎及提升任务，共有技术管理人员30人，员工70人，主要承担从旋回破碎机经1790m钢芯胶带机到选厂原矿仓系统设备设施的维护、保养及操作工作，年破碎运矿量4800kt以上。

通过在大红山铁矿的实践，公司对大型矿山的基建施工和矿石回采形成了一套独有的较完善的管控体系。

十年风雨，砥砺前行。自公司承担大红山井下采矿和基建任务以来，通过精心组织，取得了采矿业务第一年投产就达产并超产的优良业绩，并在之后每年都稳产超产，年供矿量在2000kt以上，原矿提升每年在4800kt以上。10年来，累计完成掘进施工近40万立方米，采矿量约16000kt，运矿量约38000kt，除此之外，公司还创造了连续1500多天零工亡的纪录，受到了大红山矿业公司及昆钢集团的一致好评，真正体现了五矿二十三冶"值得信赖的伙伴，天长地久的朋友"的企业品牌观。

西南有色昆明勘测设计（院）股份有限公司简介

西南有色昆明勘测设计（院）股份有限公司始建于 1956 年，是云南省勘察设计施工企业首家依法改制为股份公司的科技型企业，隶属于云南省有色地质局。现有职工 548 人，技术管理人员 389 人，其中正副高级工程师 106 人，工程师 256 人，注册岩土工程师 15 人，一、二级注册建筑师、结构师、建造师（项目经理）118 人，并有一支以技师为骨干组成的经验丰富、技术精湛的技工队伍。拥有各类精良的设备、仪器 810 多台（套）。

经过几十年的艰苦创业和奋斗，公司已为全国十余个省、直辖市和自治区以及缅甸、老挝、印度尼西亚等国家的冶金、矿山、铁路、公路、电力、水利、建工等行业完成了 5000 多项勘察、深基坑支护工程设计与施工、地基基础处理、矿产勘查、地质环境、地质灾害治理等工程，完成产值 40 多亿元，取得了较好的经济效益和社会效益，树立了良好的企业形象，公司综合实力大幅增强，进入云南省勘察设计骨干企业的前列。

公司持有国家对外承包工程经营资格证书，以及地质、矿产、地热水资源、环境保护、建筑工程等方面的 30 多个专业资质和资格证书。

公司科技实力雄厚，是全国甲乙级勘察设计单位中推行全面质量管理的先进单位，是云南省较早通过质量、环境、职业健康安全三体系认证的勘察设计单位。公司已有 100 多项工程获国家级、省部级优秀工程奖和 QC 小组成果奖，其中获国家银质奖 5 项、国家科技进步二等奖 10 项，获省部级科技进步二等奖 6 项。公司是国家级"重合同、守信用"企业，连续 15 年获省市"重合同、守信用"先进单位称号，是省级档案达标单位和昆明市"文明单位"。

公司坚持团结、勤奋、求实、创新的企业精神，以"一切为用户着想，切实为用户服务，永远对用户负责"为经营宗旨，以优秀的工程质量和优质的服务，竭诚为各界提供满意的产业服务。这里要强调的是，公司作为昆钢大红山铁矿的长期合作伙伴，自 1990 年尾矿库勘察、坑口工业场地工程勘察开始，就与工程指挥部建立了长期、良好的合作互信关系。1999 年起承担了工业场地边坡勘察、500kt/a、4000kt/a 选矿厂及辅助设施拟建场地岩土工程勘察，特别是 2001～2006 年承担完成了多期大红山铁矿坑内基建探矿工程的施工及技术工作，参与了大红山铁矿 4000kt/a 精矿输送线路的选线，承担了精矿输送线路地质灾害危险性评估、岩土工程勘察工作。2008 年下半年起，承担了大红山铁矿 I 号铜矿带基建探矿工程、二道河铁矿 IV₃ 矿体详查工程、840 基建探矿、井下中导孔排水孔施工、刻槽取样、降低品位重新圈定矿体综合研究、三选厂岩土工程勘察、多项边坡勘察设计治理、大红山铁矿扩产工程选矿系统 3800kt/a 熔岩系列选矿磨矿车间场地岩土工程地质勘察等项目，创造了较好的经济效益及社会效益。2013 年，因矿山办理变更 15000kt/a 采矿许可证的需要，依据大红山铁铜矿区（东段）于 1966 年开始进行的普查、勘探，至 2012 年的所有基建探矿地质工作，对约 450km 钻探资料、近 9 万件分析成果等进行资料分析、整理、综合研究，编制新平县大红山铁铜矿区东段深部铁矿储量核实（生产探矿）报告，通过了云南国土资源厅储量评审中心的评审，为矿山提供了准确的矿石保有量、品位等地质资料，为矿山生产、储量管理提供了科学依据。

回顾历史，西南有色昆明勘测设计（院）股份有限公司全程参与了大红山铁矿从创业之初到现在发展成为全国现代化一流矿山的全过程，为大红山铁矿提供了测量、矿产地质、水工环地质、岩土工程治理、地质灾害评估等服务，并伴随着昆钢大红山铁矿的发展而前行。

铜陵有色金属集团铜冠矿山建设
股份有限公司简介

铜陵有色金属集团铜冠矿山建设股份有限公司（原铜陵中都矿山建设有限责任公司）是一家隶属于铜陵有色金属集团控股有限公司的国有大型矿建施工企业，始建于1962年5月。具有矿山工程施工总承包一级资质和国家商务部批准的境外工程总承包、劳务输出及服务贸易经营资质。主要从事境内外矿山工程施工、采矿、地质灾害治理、机电设备安装、房屋建筑和安全环保工程施工、机械修造、钢结构制作安装、技术服务、各类商品和技术进出口、大型非标件加工制作。

公司拥有省部级专家15名，国家注册一、二级建造师72名，各类专业技术人员300余名，中高级职称人员125名，中高级技术工人400余名。现有各类主要施工设备2300多台（套）和30余条国内外先进的竖井和平巷机械化作业线，拥有多项独特的千米竖井掘砌安工艺、复杂地质条件下防治水综合施工技术。目前已具备年开拓100万立方米、坑内采矿6000kt和同时施工30条竖井（其中千米竖井15条）的施工能力。

公司坚持"以人为本、持续改进"的管理理念，实施标准化管理，先后参与制定5项国家标准、2项行业标准。于1999年12月通过ISO 9000质量体系认证，2006年11月通过质量/环境/职业健康安全管理体系认证，2010年全面导入卓越绩效管理模式。

50多年来，公司秉承"创造成就未来"的核心理念，坚持服务全球矿业，奉献进取，打造精品。施工足迹遍布安徽、江苏、浙江、山东、湖北、河南、河北、广东、福建、辽宁、云南、陕西、甘肃、青海、内蒙古、新疆等省和自治区，以及赞比亚、刚果（金）、津巴布韦、土耳其、蒙古国。先后承建了国内有色、冶金、黄金、化工系统60余座大中型矿山，以及印度韦丹塔矿业资源公司、赞比亚康科拉铜矿、中色集团赞比亚谦比西铜矿、中国中铁蒙古国乌兰矿、刚果（金）金森达铜矿、津巴布韦伊尼亚蒂铜金矿和土耳其ETI铜矿项目，已建成竖井125条，千米深井28条。荣获1项国家级科技进步奖、3项省部级科技进步奖；拥有15项专利、国家首届海外项目"优质工程"等多项国家和省部级优质工程、36项省部级工法、100多项企业级工法。先后荣获"全国优秀施工企业"、"全国建筑业先进单位"、"全国守合同重信用企业"、"全国建筑业AAA级信用企业"、"全国安康杯优胜单位"、"安徽省文明单位"、"安徽省劳动保障诚信示范企业"、"安徽省卓越绩效奖"等称号，是一家具有国际竞争力的现代矿山建设施工企业。

公司自2010年6月开始，先后中标承建了玉溪大红山矿业公司Ⅰ号铜矿带1500kt/a采矿工程520m分段采切工程、Ⅰ号铜矿带1500kt/a采矿工程和Ⅲ号及Ⅳ号矿体充填工程、Ⅰ号铜矿带1500kt/a采矿工程380m中段及480m中段采区安装工程、Ⅰ号铜矿带1500kt/a采矿工程井下充填管线安装工程（回风斜井、Ⅰ号铜矿带、Ⅲ号与Ⅳ号矿体井下充填管线敷设安装）以及4000kt/a二期采矿工程辅助竖井提升机、井筒装备、设备设施等安装工程，截至目前共完成采矿量7120kt、掘进量42.1万立方米，为玉溪大红山矿业公司的发展作出了积极的贡献。

昆明科汇电气有限公司简介

昆明科汇电气有限公司是昆明有色冶金设计研究院股份公司的全资子公司，具有独立法人资格。主要提供矿井提升机数字式交流变频、直流传动系统（获云南省科技进步三等奖）、矿山大型胶带机传动系统（获云南省科技进步三等奖）、管控一体化系统（获云南省科技进步三等奖）、尾矿库安全在线监测系统（获中国有色金属协会科技进步三等奖）及工矿企业自动控制系统全集成（设计、设备成套、编程、组态、系统调试、安装及人员培训等全方位的技术服务）。

现有专业技术人员及设备制造人员共 58 人，其中享受国务院特殊津贴的科技专家 1 人，云南省有突出贡献优秀专业技术人才 1 人，国家注册电气工程师 5 人，教授级高工 3 人，高级工程师 16 人，工程师 20 人。

为客户提供先进、高性能、高可靠性的产品是昆明科汇电气有限公司发展的理念，为用户提供快捷、周到、终身服务是昆明科汇电气有限公司服务的宗旨。

典型业绩：大红山铁矿数字化矿山监控调度系统获云南省科技进步三等奖。

该项目主要是通过工业级光纤以太环网获得盲竖井提升系统、井下多级通风系统、井下中央泵房、矿石破碎运输系统、斜坡道信号系统、380 铁路信号系统、井下视频系统、35kV 变电所及 6kV 变电所等九大系统的生产实时数据，完成其生产控制系统的动态画面展现；对重要生产过程数据进行实时、高效、不丢失的存储，为完成数据的统计分析及事故分析提供了可靠的第一手资料；实现了对生产过程数据的统计、分析及历史趋势分析图表；利用工业门户网站实现了职能部门之间的生产信息共享，提高了生产管理水平；集成了视频监视系统，使调度管理人员更加真实地了解现场情况，方便调度和维护；同时将地面指挥中心的数据和视频信号送达井下 380 调度指挥中心，方便井下调度。

该项目投产以来，极大地提高了矿山的管理水平，超出了用户希望达到的目标，在节能、维护、提高采出矿量等方面取得了很好的效果。云南省及国家有关部委领导都曾到现场参观指导，并给予了高度评价。矿山管理调度系统已成为大红山铁矿对外的标志性窗口，为大红山铁矿赢得了良好的声誉。

地　址：昆明市白塔路 208 号昆明有色冶金设计研究院 5 楼
传　真：0871-63136167　　　电　话：0871-63175563
E-mail：khdqsjy@163.com　　　邮　编：650051

山特维克集团简介

　　山特维克（Sandvik）是一家来自瑞典的全球化的高科技工程集团，自 1862 年 Fredrik GöranGöransson 创立山特维克以来，为客户创造价值的信念，始终根植于山特维克的历史之中。山特维克已屹立 150 多年，但是商业理念和精神依然如故。

　　目前山特维克拥有员工约 45000 名，业务覆盖 150 多个国家和地区。2015 年的发票销售额达 860 亿瑞典克朗，在研发领域的投资为 30 亿瑞典克朗。如今在全球设有 60 个研发中心，有效专利达 8000 多项。

　　山特维克为各行各业的客户提供产品、解决方案和服务，包括机械行业、汽车工业、能源行业、航空航天业、采矿业、建筑工业以及消费者相关领域。致力于为客户提升生产效率、盈利能力和安全水平。客户之所以选择我们，是因为我们可以助其提高能效和生产效率，改善生产工艺，从而保证他们的可持续发展。集团优势业务包括金属切削刀具、矿山和岩石技术、不锈钢材料、特种合金等，并在全球占据领先地位。

　　早在 1985 年，山特维克就进入中国，山特维克矿山和其岩石技术是山特维克集团旗下的一块领域，是世界领先的设备、工具、服务及技术解决方案的供应商，为露天和地下矿山客户提供支持。工程技术涵盖采石、隧道挖掘、拆除和回收，以及其他土木工程的应用。

　　山特维克矿山和岩石技术在中国的总部和研发中心都位于上海，同时在上海、包头、洛阳和无锡建有工厂，无论客户的工地在哪里，山特维克矿山的专家都会在第一时间为客户提供有效的技术支持，并针对客户的特殊要求提供定制化服务，帮助客户减少不必要的停工时间，从而实现更高的生产效率及利润，不断引领行业发展，深谙生产工艺、了解客户需求，持续推出革命性的解决方案，为客户的业务增加价值。

　　先进的技术与设备在矿山开采过程中起着决定性作用。采矿技术的发展离不开与之相适应的采矿设备，其中凿岩设备有举足轻重的作用。无底柱分段崩落法是矿山开采中常见的技术之一。提高分段高度和加大进路间距可以降低采准工程量（减少分段巷道和出矿进路数量），提高开采效率，节省开采成本，然而这也意味着设备也要随之改进。在全国还没有任何一家企业敢于尝试的时候，玉溪大红山矿业有限公司和昆明有色冶金设计研究院在中国采矿业勇做"第一个吃螃蟹的人"。所采用的大参数无底柱分段崩落采矿法，一期主要地段分段高度 20m（二期首采地段 30m），进路间距 20m。设计参数大胆创新，为国内地下金属矿山第一。

　　山特维克在大红山铁矿 4000kt/a 一期工程中提供了 6m³ 级 TORO1400E 电动铲运机 4 台及 TORO1400 柴油铲运机 1 台，在二期工程中又提供了 5.4m³ 级 LH514E 电动铲运机 5 台、LH514 柴油铲运机 1 台，成为大红山铁矿实现高产的主力出矿设备。尤其是在二期工程 30m 分段高度的无底柱分段崩落法采矿中，在中国首次提供了山特维克（Sandvik）DL421-15C 型顶锤式液压凿岩台车 4 台。自 2015 年 10 月大红山二期工程正式启动并使用山特维克 DL421-15C（孔径 102mm）以来，和一期工程相比，单次爆破吨数平均由原来一期（孔径 76mm）的 10t 提升到了 18t，增长了 80%；最大孔深超过 40m，进尺米数由一期的 300 米/天增加到了 380 米/天，增长了 26%。实验达到每台 DL421-15C 的凿岩最高效率为 13.5 万米/（台·年）。为实现大参数、高效率采矿提供了可靠的凿岩设备保证。

湖南涟邵建设工程（集团）有限责任公司简介

湖南涟邵建设工程（集团）有限责任公司是广东宏大爆破股份有限公司（股票代码：002683）全资子公司，国家高新技术企业。主营矿山建设及采矿，具有矿山工程施工总承包一级、隧道工程专业承包一级、建筑工程施工总承包二级、公路工程施工总承包二级、地基与基础工程专业承包二级、建筑机电安装工程专业承包二级、防水防腐保温工程专业承包二级、爆破资质三级。公司通过了质量体系、环境体系、职业安全卫生体系、安全生产标准化的认证。施工范围涉及冶金、有色、电力、煤炭、化工、交通、铁路、水利、建材、城建、旅游等10多个行业。

公司资金实力雄厚，拥有上市公司的融资平台，具有较强的抵御风险能力；公司传承了60多年的施工经验和技术能力（先后取得了13项实用新型专利、1项发明专利、8部省级工法，获1项中国有色金属工业科学技术二等奖）；装备有国内领先的一大批2JKZ-4×2.65变频凿井提升机、Simba H1354中深孔凿岩台车、EBZ200A综合掘进机等施工设备；技术结构合理，人力资源丰富，专业人才齐全，其中有两院院士（特聘）2人、教授级高工、高级工程师等各类科技人员861人（主要研发人员286人），国家一级建造师50人，二级建造师87人。

公司秉承"崇德崇新、共创共赢"，"干一项工程，树一座丰碑，交一方朋友，创一流业绩"的经营理念，依靠雄厚的实力、科学的管理，承建了国内许多大型矿山工程。

2006年底进入玉溪大红山矿业有限公司，迄今已完成施工项目20余项，主要业绩如下：

（1）4000kt/a箕斗竖井工程，井深1279m，净直径5.5m，系优质工程。获得"太阳杯"荣誉和1项省级工法、2项高新专利，井筒施工实现了连续5个月月进尺超100m，在整个工程施工过程中没有发生轻伤以上的安全事故，创造了中国深井施工优异成绩。

（2）Ⅰ号铜矿带1500kt/a工程箕斗井安装工程。隶属西南第一高刚性井架，井架自身高70m、重约700t，系优良工程。

（3）Ⅰ号铜矿带1500kt/a溜破系统及电梯井建安工程，获得1项省级工法。

（4）Ⅰ号铜矿带1500kt/a回风斜井工程，系优良工程。

（5）4000kt/a二期采矿工程40m以下溜破系统工程，获得2项省级工法。

湖南涟邵建设工程（集团）有限责任公司多次荣获全国、省市重合同守信用单位、全国工程建设AAA+级信用示范单位、全国煤炭建设矿建施工前十强、湖南诚信百强品牌企业、安全生产目标管理先进单位等称号。为适应新形势的需要，公司将借助母公司宏大爆破"矿山管家"、"民爆一体化"、"现场混装炸药车"及"爆破技术领先"的优势，进一步深化改革，优化资源配置，加强企业管理，提高市场竞争能力，做大做强做优，实施规模经营战略，向百亿矿山建井及采矿承包服务企业迈进。

中钢集团马鞍山矿山研究院有限公司简介

中钢集团马鞍山矿山研究院有限公司始建于1963年（原冶金工业部直属重点科研院所），目前是我国冶金矿山领域大型综合性研究开发机构，国家创新型试点企业，国家火炬计划重点高新技术企业，安徽省高新技术企业。主要从事矿产资源相关技术研发与利用；矿山、公用工程咨询、评价、设计与工程总承包，是非煤固体矿山及其相关学科专业设置齐全、人才相对集中、试验装备配套、产业初具规模的综合性科研和设计机构。

公司拥有"金属矿山安全与健康国家重点实验室"、"金属矿产资源高效循环利用国家工程研究中心"、"国家金属矿山固体废物处理与处置工程技术研究中心"、"国家非煤固体矿山安全工程技术研究中心"等创新研发平台；编辑出版中文核心期刊《金属矿山》、《现代矿业》；并设有院士工作站、博士后工作站。先后承担并完成了"六五"至"十二五"国家重大科技攻关、科技支撑计划、国家重大技术装备国产化、国家级新产品、国家火炬计划等项目50余项。其中，关键技术和工艺包括：

（1）露天地下平稳过渡开采技术。在露天转地下、地下转露天采矿和露天与地下联合开采方面，具有丰富的经验和雄厚的技术力量，研究成功了露天转地下开采平稳过渡的一系列关键技术；发明了露天转地下合理时空界限的确定方法；开发了露天地下联合开拓运输系统最佳衔接技术及产能衔接仿真技术、露天地下相互协调安全高效采矿工艺技术、露天地下开采岩层变形影响预测预报及决策系统。

（2）大型露天矿山陡帮开采技术。研发确定了铁路运输和汽车运输两种方式的组合台阶结构参数和开采工艺，提高了工作帮坡角，有效降低了生产剥采比，开发了露天矿汽车－铁路、汽车－胶带联合运输技术，成功实现了40‰～50‰陡坡铁路运输。

（3）环境复杂矿床上行式无废开采技术。针对"三下"、松软破碎、富水等环境复杂矿床开采的特殊性、复杂性及生态保护要求，将上行式开采模式、连续回采工艺、无废开采及高效能采充作为一个技术体系协同设计与集成，实现了地表构筑物和区域水环境的无扰动开采。

（4）复杂采空区探测与综合处理技术。开发了采空区危害解除与综合利用成套技术。采用先进的物探、激光三维扫描设备以及稳定性分析程序，可以对地下历史遗留不明采空区，复杂群采空区进行调查、探测、分析、危害解除、转换利用及综合治理。

（5）料仓堵塞清除技术。针对料仓普遍存在的堵塞难题，创造性地提出了"气动助流＋机械助流"的破堵理论，发明了料仓堵塞清除技术。可广泛应用于矿山、冶金、电力、煤炭、建材等行业。

在大红山铁矿4000kt/a一期、二期采矿工程中承担了放矿试验及坑露联合开采的岩石力学和地压研究工作。

云南泛亚勘探技术有限公司简介

云南泛亚勘探技术有限公司是昆钢控股有限公司根据自身发展需要加大地质探矿工作力度，于 2011 年底挂牌成立的子公司，是一个定位于矿产资源勘查及开发等方面的资源型专业技术公司，注册资本 1000 万元。2013 年 1 月取得云南省国土资源厅颁发的固体矿产勘查丙级资质许可证书，2015 年 1 月，取得云南省住房和城乡建设厅颁发的矿山工程施工总承包三级资质和土石方工程总承包三级资质证书，2015 年 7 月，取得云南省国土资源厅颁发的固体矿产勘查乙级资质许可证书。

一、公司业务范围

公司的业务范围主要有：固体矿产勘查、矿产勘查研究，矿山技术咨询服务及分析测试，矿山工程设计，矿产品经营，矿山工程施工，土石方工程施工，钻探工程服务等。

主要工作特点：为商业性地质勘查开发项目提供技术和管理的总体解决方案，包括矿业权维护（探矿权、采矿权的年检、延续）及申办、资源储量核实、各类勘查报告编制、固体勘查项目地质方案设计、勘查方案评估及审查、矿业政策咨询等。

二、公司技术团队

公司聘请了省内外著名地质专家担任公司的技术顾问，组建了一支以勘查开发为主的专业技术团队。现从业人员 28 人，其中固定员工 22 人；各类专业技术人员 22 人，其中勘查专业技术人员 19 人，具有高级专业技术职称 6 人，中级专业技术职称 11 人，初级专业技术职称 1 人；大学以上学历 22 人，其中硕士 3 人。

三、公司现有主要探矿设备

公司目前拥有钻机：XY-44 型钻机 1 台（套），设计施工深度 1000m；XY-4 型钻机 2 台（套），设计施工深度 800m；XY-2 型钻机 1 台（套），设计施工深度 400m；ZDY900SG 坑内全液压钻机 2 台（套），设计施工深度 300m，另外，还配备了数字储存式无线测斜仪 1 台、物探仪器 3 台（套）等其他探矿设备。

四、公司业绩

公司先后承担了"大红山铁矿哈姆白祖大沟探矿技术服务及工程施工"、"云南省澜沧县惠民铁矿区旱谷坪矿段氧化矿首采区 1、2 区块勘探"、"云南省澜沧县惠民铁矿区旱谷坪矿段氧化矿首采区 3 区块详查"、"镇康县振兴矿业有限责任公司小河边铁矿生产探矿钻探施工"、"东川包子铺铁矿勘探工程"、"大理宾川石灰岩勘探工程"、"大红山井下生产探矿"、"景洪疆峰铁矿井下生产补充勘探"等项目。

五、公司经营理念

公司采取"地质勘查为先导，矿业开发为支撑，探采选联动发展，产品经营与资本经营相结合"的产业发展模式，以矿产资源勘查技术服务、矿业开发为主营业务，兼顾其他业务协调发展，实现产业发展和盈利模式的多元化。

公司针对国内矿产资源市场，致力于国内矿产资源的勘查、开发、选冶业的发展和相关技术咨询，同时为资源勘探和矿业开发投资者架起桥梁，发挥平台作用。

六、公司发展战略

公司秉承"诚信、合作、共赢、发展"和"质量、责任、专业、效率"的经营理念，以最优质的服务，最大化效益服务于社会，争取以更多更好的资源奉献给与本公司精诚合作的伙伴！

昆明和安矿业有限公司简介

昆明和安矿业有限公司是一家以矿山工程施工，矿山开发建设为主业，多元化经营、多角度拓展的现代企业。公司是由社会自然人发起的民营股份制公司，2005 年 7 月 21 日，向云南省工商部门、建设厅登记注册为昆明和安矿业有限公司，注册资本金 2000 万元。2012 年 5 月 23 日经云南省建设厅核定为矿山工程施工总承包二级资质。公司长期与中国恩菲有色冶金设计研究院、兰州有色冶金设计研究院等科研单位合作，服务于矿山持续接替采选冶工程及矿山土建配套设施工程的施工。

"技术先进、效率创优、人文和谐"是昆明和安矿业有限公司的经营理念。公司自成立以来，不断加强管理，注重提升企业生产能力，坚持质量第一、安全生产的方针；重合同、守信用，赢得了良好的社会信誉。

公司现有各类从业人员 200 多人，其中工程技术人员和经营管理人员 50 多人，具有中高级职称人员 20 多人，工程技术类人员 40 人，一级建造师 5 人，二级建造师 20 人。拥有各种现代化施工装备：阿特拉斯 1354 中深孔台车 2 台、Boomer 281 掘进凿岩台车 1 台、山特维克 LH410 铲运机 2 台、瑞典 ALP820E 空压机 13 台、矿用防爆型通风机 30 多台、柳工装载机 15 台，设备资产总额 5000 万元。

近年来公司实现总产值递增，2013 年总产值为 6000 万元，2014 年总产值为 7800 万元，2015 年总产值为 12000 万元。工程质量合格率为 100%，工程优良率为 85%，近五年未发生重大质量、安全事故。

近年施工完成的主要工程有云南迪庆矿业开发有限公司井巷工程施工及开拓采矿工程，云铜勘查南涧矿业有限公司井巷工程施工，峨山铜业有限公司峨腊厂铜矿勘探工程施工，云南宏鑫矿业公司—勐腊县瑶区乡新山龙潭箐铜矿采选工程，云南黄金矿业集团股份有限公司楚雄小水井金矿剥离、采矿、爆破工程，云南金平县红河矿业有限公司龙脖和铜矿区开拓采矿工程，云南迪庆通吉格铜矿矿山建设工程施工，贵州中盟磷业有限公司瓮安县华雄磷业商贸有限公司白岩磷矿 600kt/a 项目等，有多个工程被业主评为优良典范工程。

公司在建的工程主要有贵州中盟磷业有限公司瓮安县华雄磷业商贸有限公司白岩磷矿 600kt/a 项目，云南富宁铅锌矿 300kt/a 采矿工程，云南省临沧市双江县银厂河矿山工程，怒江兰坪县塔山矿业有限公司采矿工程，昆钢玉溪大红山矿业有限公司 4000kt/a 采矿生产持续西部采切工程、昆钢大红山铁矿 II₁ 矿组 720m 头部矿段 500kt/a 井下采矿生产持续工程、玉溪大红山矿业有限公司二道河矿段 1000kt/a 采矿工程 45m、145m 探矿平巷工程等。

公司宗旨：安全第一，质量第一，服务用户，信誉至上，以诚信、务实、开拓、创新的理念打造企业品牌，以质量求生存，以速度求发展。

公司精神：团结、务实、高效、创新。

公司一向遵循"自愿、平等、互利、互惠"的原则，同各有关建设单位真诚合作，共同为国家建设事业作出贡献。

湘潭市电机车厂有限公司简介

湘潭市电机车厂有限公司（湖南韶力电气有限公司）是国内知名的集电机车研发、制造、服务于一体的综合型股份制企业，是全国煤炭行业机电设备、配件定点生产企业；拥有国内矿用电机车行业最为齐全的生产资质和安全资质。公司注册商标"韶力"，荣膺"中国驰名商标"和"中国质量万里行知名品牌"。

公司主要产品有1.5～152t架线式电机车、2.5～45t蓄电池式电机车，以及电机车相关配套设备和配件。

ISO 9001：2008质量管理体系在公司得到有效运行，"创一流企业，造一流产品，做一流员工"的理念贯穿公司各个环节，致力于打造矿山设备研制、开发、生产、服务的专业化平台。

公司与湖南大学、中南大学、湖南科技大学（原湘潭矿业学院）等院校合作，不断进取，不断创新。先后拥有电机车斩波调速控制系统、全液压调速控制系统、变频调速控制系统、双机牵引控制系统、无人驾驶控制系统，以及有轨豪华载人机车、蓄电池快速电机车等国内领先技术的自主知识产权。

公司不断加大基础建设和精良设备的投入：拥有交直流电机生产中心、变速箱数控加工中心、铅酸蓄电池加工中心、零件强硬度和动静平衡检测中心，以及模拟机车实际运行工况的多功能矿用机车测试轨道等先进的生产和检测设备。

公司注重人才的培养、储备和激励：建立了完善的培训机制和激励机制，拥有大批的具备丰富经验的专业技术人员、管理人员和熟练的操作工人。

公司拥有遍布全国的销售和服务网络32个，总部设有客户服务中心，通过全天候的服务热线响应用户有关机车的技术咨询和服务要求，并建立全面的客户数据库档案。

公司与国内大中型煤业集团公司、非煤矿业集团公司、钢铁企业集团公司、工程建设集团公司等长期合作，如与昆钢控股、宝钢集团、武钢集团、马钢集团、河北钢铁、西山煤电、阳煤集团、开滦矿业、冀中能源、紫金矿业、中国黄金、中国铝业、中国铁建、中国水电等大型企业建立了长期合作伙伴关系。

公司具有独立进出口企业资格证书，与国内外多家国际贸易公司和使用单位建立了供需关系。近年来公司产品出口到老挝、越南、俄罗斯、塔吉克斯坦、吉尔吉斯斯坦、格鲁吉亚、赞比亚、肯尼亚、秘鲁、厄瓜多尔等国家以及中国台湾地区。

地　址：湖南湘潭天易示范区海棠中路300号　　邮编：411228
电　话：0731-57800111　　　　传　真：0731-57808111
邮　箱：dianjiche@163.com　　　网　站：www.dianjiche.net

云南建投矿业工程有限公司简介

云南建投矿业工程有限公司（以下简称"公司"）是具有独立法人资格的矿山工程施工总承包企业，其前身为"十四冶建设集团云南矿业工程有限公司"。公司始建于1965年，于2005年改制重组后成立"十四冶建设云南第二井巷工程有限公司"，2008年更名为"十四冶建设集团云南矿业工程有限公司"。公司为原十四冶建设集团有限公司国有全资子公司，主营业务涉及有色金属矿山、隧道建设、市政建设等。先后完成了硐库工程、地下建筑工程、机电安装及非标金属构件制作安装工程、爆破工程、工业与民用建筑工程、地质勘察工程等100余项，施工足迹遍及云南、贵州、四川、湖北、安徽、江苏、山西、内蒙古、西藏等省、自治区，为地区经济发展作出了巨大贡献。期间，数十项工程荣获省、部、市级优质工程奖，公司连续12年被云南省工商局评为"重合同、守信用"先进单位。